BIOQUÍMICA

Tradução da 8ª edição norte-americana

Dados Internacionais de Catalogação na Publicação (CIP)
(Câmara Brasileira do Livro, SP, Brasil)

Campbell, Mary K.

Bioquímica / Mary K. Campbell, Shawn O. Farrell ;
[tradução e revisão técnica] Robson Mendes
Matos. - 2. ed. - São Paulo : Cengage Learning, 2018.

2. reimpr. da 2. ed. de 2015.
Título original: Biochemistry
8. ed. norte-americana.
Bibliografia.

ISBN 978-85-221-1870-0

1. Bioquímica I. Farrell, Shawn O.. II. Título.

15-04685 CDD-572.07

Índice para catálogo sistemático:

1. Bioquímica : Estudo e ensino 572.07

BIOQUÍMICA

Tradução da 8ª edição norte-americana

Mary K. Campbell
Mount Holyoke College

Shawn O. Farrell

Tradução e revisão técnica

Robson Mendes Matos
DPhil. – University of Brighton - UK
Professor Associado III – Universidade Federal do Rio de Janeiro (UFRJ) – Campus Prof. Aloísio Teixeira – Macaé

CENGAGE

Austrália • Brasil • México • Cingapura • Reino Unido • Estados Unidos

CENGAGE

Bioquímica – Tradução da 8ª edição norte-americana

2ª edição brasileira

Mary K. Campbell e Shawn O. Farrell

Gerente editorial: Noelma Brocanelli

Editora de desenvolvimento: Viviane Akemi Uemura

Supervisora de produção gráfica: Fabiana Alencar Albuquerque

Título original: Biochemistry – 8th edition

(ISBN 13: 978-1-285-42910-6; ISBN 10: 1-285-42910-9)

Tradução e revisão técnica: Robson Mendes Matos

Tradução da 5ª edição: All Tasks

Copidesque: Cristiane Mayumi Morinaga

Revisão: Bel Ribeiro e Mayra Clara Albuquerque Venâncio dos Santos

Diagramação: Triall Composição Editorial

Indexação: Casa Editorial Maluhy & Co.

Capa: Buono Disegno

Imagem de fundo da 1ª capa e orelha da 4ª capa: 123dartist/Shutterstock

Imagem dos elementos químicos da 1ª capa: Mr Aesthetics/Shutterstock

Especialista em direitos autorais: Jenis Oh

Pesquisa iconográfica: ABMM

Editora de aquisições: Guacira Simonelli

ISBN 13: 978-85-221-1870-0

ISBN 10: 85-221-1870-1

Cengage Learning
Condomínio E-Business Park
Rua Werner Siemens, 111 – Prédio 11 – Torre A – Conjunto 12
Lapa de Baixo – CEP 05069-900 – São Paulo – SP
Tel.: (11) 3665-9900 Fax: 3665-9901
SAC: 0800 11 19 39

Para suas soluções de curso e aprendizado, visite **www.cengage.com.br**

Impresso no Brasil
Printed in Brazil
2. reimpr. – 2018

Para todos aqueles que tornaram este livro possível, e especialmente para todos os estudantes que o usarão.

—Mary K. Campbell

Para os estudantes adultos que estão retornando à minha aula, especialmente aqueles com filhos e empregos em tempo integral... meu aplauso.

—Shawn O. Farrell

Sobre os Autores

Mary K. Campbell

Mary K. Campbell é professora emérita de química no Mount Holyoke College, onde ministrou cursos semestrais de bioquímica e orientou diversos alunos de graduação em projetos de pesquisa na mesma área. Com frequência ensinou química geral e físico-química. Em dado momento, ao completar 36 anos no Mount Holyoke College, já havia ensinado cada subárea da química, exceto química orgânica. Seu grande interesse por escrever levou à publicação das sete primeiras edições altamente bem-sucedidas deste livro-texto. Nascida na Filadélfia, Mary recebeu seu Ph.D. da Indiana University e fez pós-doutorado em química biofísica na Johns Hopkins University. Sua área de interesse inclui pesquisa em físico-química de biomoléculas, especialmente estudos espectroscópicos de interações entre proteínas e ácidos nucleicos.

Mary gosta de viajar, e recentemente visitou partes do México próximas à sua residência, em Tucson, Arizona. Ela participa de eventos na University of Arizona e gosta de caminhar no deserto e nas montanhas.

Shawn O. Farrell

Shawn O. Farrell cresceu no norte da Califórnia e concluiu o bacharelado em bioquímica pela University of California, Davis, onde estudou o metabolismo dos carboidratos. Recebeu seu Ph.D. em bioquímica na Michigan State University, onde estudou o metabolismo dos ácidos graxos. Por 18 anos, Shawn trabalhou na Colorado State University, ministrando disciplinas teóricas e práticas sobre bioquímica. Graças ao seu interesse nessa área, escreveu diversos artigos em publicações científicas. Ele é coautor (em conjunto com Lynn E. Taylor) de *Experiments in Biochemistry:* A Hands-On Approach (*Experimentos em Bioquímica*: Uma Abordagem Prática). Shawn começou a se interessar por bioquímica na faculdade, pois coincidia com sua paixão por ciclismo. Praticante de atividades ao ar livre, Shawn competiu durante 17 anos e, agora, é juiz em competições de ciclismo no mundo todo. Atualmente, é diretor técnico da USA Cycling, agência nacional que regulamenta as corridas de ciclismo nos Estados Unidos. Além disso, é ávido praticante de pesca com mosca (*fly-fishing*), além de ter recebido recentemente a faixa preta, terceiro dan, em Tae Kwon Do e a faixa preta, primeiro dan, em hapkido de combate. Shawn também escreveu artigos sobre pesca com mosca para a revista *Salmon Trout Steelheader*. Suas outras paixões são futebol, xadrez e idiomas estrangeiros. É fluente em espanhol e francês e, atualmente, está aprendendo alemão e italiano.

No seu quinquagésimo aniversário, teve aulas de esqui *downhill* e agora se tornou praticamente. Nunca cansado de educação, ele visitou a CSU (California State University) novamente, desta vez do outro lado do pódio, e obteve seu Master of Business Administration (MBA) em 2008.

Sumário

Prefácio

Este livro destina-se a estudantes de qualquer área da ciência ou da engenharia que desejam uma introdução equivalente a um semestre em bioquímica, mas que não têm a intenção de se tornar especialistas no assunto. Nosso principal objetivo ao escrever este livro foi fazer que a bioquímica fosse a mais clara e aplicada possível, além de familiarizar os estudantes de ciências com os principais aspectos da bioquímica. Para estudantes de Biologia, Química, Física, Geologia, Nutrição, Fisiologia dos Esportes e Agricultura, a bioquímica tem grande impacto no conteúdo de suas áreas, especialmente nas de medicina e de biotecnologia. Para engenheiros, estudar bioquímica é especialmente importante para quem deseja ingressar em uma carreira como a engenharia biomédica ou alguma forma de biotecnologia.

Os estudantes que utilizarão este livro devem estar em um nível intermediário de seus estudos. Uma disciplina de iniciação em biologia, química geral e pelo menos um semestre de química orgânica são considerados necessários para a melhor compreensão.

NOVIDADES DESTA EDIÇÃO

Todos os livros didáticos evoluem para atender a interesses e necessidades de estudantes e professores, bem como para incluir informações mais atuais. Diversas mudanças marcam esta edição.

Tópicos Modernos de Bioquímica Esta revisão insere artigos característicos atualizados em novos avanços e tópicos na área de bioquímica, como células-tronco, malária, gene de câncer de seio (BRCA), envelhecimento, felicidade, e mais!

Nova e Inovadora Apresentação de Conexões Bioquímicas. Além de Muitos Tópicos Novos! Em resposta ao pedido dos leitores por mais Quadros de Conexões Bioquímicas, adicionamos várias novas seções ao livro. Veja a lista completa dos Quadros de Conexões Bioquímicas no Índice. As Conexões Bioquímicas cobrem uma variedade de conceitos importantes e novas pesquisas. Elas agora estão fluindo com a narrativa e são colocadas exatamente onde precisam ser lidas em cada capítulo. E embora tenham uma apresentação diferente do resto da narrativa, a intenção é que sejam lidas dentro da narrativa, e não devem ser ignorados. Elas são como o crescendo na música clássica – a mudança no ritmo da narrativa normal para a apresentação visual e de voz única das Conexões Bioquímicas evitam que o nível de interesse do estudante caia –, assim, os estudantes estão sempre engajados.

Novo Glossário nas Margens! Não há mais necessidade de folhear o livro até o final o final e ler as definições completas de termos chave. Eles agora são definidos nas margens.

Cobertura Atualizada Cada capítulo do livro foi atualizado com os desenvolvimentos e descobertas científicas atuais na área de bioquímica.

Tabela de Mudanças por Capítulo

Capítulo 1	Material revisado em esquemas de classificação baseados nos reinos e domínios; um novo exercício de revisão
Capítulo 2	Expansão da seção sobre tipos de interações intermoleculares; oito novos exercícios de revisão
Capítulo 3	Revisão do material sobre hormônios peptídicos; oito novos exercícios de revisão
Capítulo 4	Retirado o quadro Conexões Bioquímicas sobre nutrição, e adicionado outro sobre anemia falciforme; seis novos exercícios de revisão
Capítulo 5	Adicionadas novas seções sobre técnicas de identificação de proteína e proteômica, usando material da quadro Conexões Bioquímicas da edição anterior; oito novos exercícios de revisão
Capítulo 6	Invertida a ordem das Seções 6-5 e 6-6; seção expandida sobre inibição, para incluir a inibição não competitiva e mista; eliminado o quadro Conexões Bioquímicas sobre enzima e memória; seção sobre derivada de Michaelis-Menten simplificada; adicionada seção sobre cinética com substratos múltiplos; adicionados dez novos exercícios de fim de capítulo.
Capítulo 7	Novo quadro Conexões Bioquímicas sobre efeitos medicinais de um composto do salgueiro; quatro novos exercícios de revisão
Capítulo 8	Novo material sobre composição lipídica de membranas intercelulares; adicionado material sobre as membranas na administração de medicamentos; discussão das quinases de tirosina como receptores de membrana relacionados ao artigo Tópicos Modernos sobre receptores acoplados de proteína G; quatro novos exercícios de revisão
Capítulo 9	Apagado o quadro Conexões Bioquímicas sobre árvore familiar de DNA
Capítulo 10	Material expansivo em replissomo, material expandido em quebras da fita dupla no reparo de DNA; oito novos exercícios de final de capítulo
Capítulo 11	Material expandido em operons, material adicionado no papel do mediador na transcrição eucariótica, material adicionado em remodelagem de cromatina e enzimas modificadoras de histona; eliminada a seção Conexões Bioquímicas em TFIIH; material expandido em micro RNA, e interferência de RNA; nova seção Conexões Bioquímicas em epigenética; eliminada a seção Conexões Bioquímicas em prova transcricional, dezenove novos exercícios de final de capítulo
Capítulo 12	Adicionada nova seção Conexões Bioquímicas em virologia e como a gripe pode alterar a estrutura de leitura de tradução; removido o material de selenocisteína de uma seção Conexões Bioquímicas e colocada no capítulo principal, adicionado novo material em codon iniciante no sistema imunológico, adicionado material sobre como o ribossomo está envolvido no dobramento de proteína, oito novos exercícios de final de capítulo
Capítulo 13	Seção modificada sobre tomates Flavr-Savr, eliminada a seção Conexões Bioquímicas em RNA de interferência
Capítulo 14	Adicionada uma nova seção sobre AIDS; eliminadas duas seções Conexões Bioquímicas sobre gripe, ambas as quais foram movidas para os artigos de Tópicos Modernos; adicionada uma nova seção Conexões Bioquímicas sobre vacinas, nove novos exercícios de final de capítulo
Capítulo 15	Tratamento revisado de acoplamento de reações em bioenergética, seis novos exercícios de final de capítulo
Capítulo 16	Discussão de fibras solúveis versus insolúveis, tratamento expandido de oligossacarídeos nos determinantes de tipos de sangue, quatro novos exercícios de final de capítulo
Capítulo 17	Discussão do efeito de Warburg e metabolismo de carboidrato na células cancerosas, abordagem estendida em controle hormonal no metabolismo de carboidrato, quatro novos exercícios de final de capítulo
Capítulo 18	Adicionada uma abordagem de regulação recíproca e controle hormonal de metabolismo de carboidratos, seis novos exercícios de final de capítulo
Capítulo 19	Novo quadro no uso de marcação para determinar a origem do CO2 liberado pelo ciclo do ácido cítrico, adicionado material sobre fosforilação no nível do substrato, dois novos exercícios de final de capítulo
Capítulo 20	Condensação do material de interesse histórico para o foco mais marcante da cadeia transportadora de elétron, três novos exercícios de final de capítulo
Capítulo 21	Novo material sobre controle hormonal de apetite, cinco novos exercícios de final de capítulo
Capítulo 22	Quadro atualizado sobre vegetais antimalária para relacionar com o artigo sobre malária nos Tópicos Modernos, quadro atualizado em genes de cloroplastos para incluir os mecanismos epigênicos de controle
Capítulo 23	Novo material sobre possíveis papéis da S-adenosilmetioanina na reação de nitrogenase e na metilação de histona
Capítulo 24	Material expandido sobre obesidade; adicionada seção de Conexões Bioquímicas sobre obesidade, diabetes e câncer; eliminada seção Conexões Bioquímicas em envelhecimento (movida para Tópicos Modernos), seis novos exercícios de final de capítulo

Novo Design e Rotulação Melhorada na Arte A rotulação atualizada nas ilustrações por todo o livro aumenta a legibilidade, que, por sua vez, melhora a habilidade do estudante de compreender os conceitos chave. Como um corolário para o programa da arte atualizado do livro, o design e as paletas de cores também foram modernizadas.

Recursos Comprovados

Impacto visual Ideal para aprendizes visuais, a abordagem do estado da arte deste livro ajuda os estudantes a visualizar os processos chave e entender tópicos importantes.

Conexões Bioquímicas Os quadros Conexões Bioquímicas destacam tópicos especiais de interesse particular para estudantes. Os tópicos frequentemente têm implicações clínicas, como câncer, Aids e nutrição. Esses ensaios auxiliam os estudantes a fazer a conexão entre a bioquímica e o mundo real.

Aplique Seu Conhecimento Os quadros Aplique Seu Conhecimento são intercalados dentro dos capítulos e projetados para fornecer aos estudantes experiência na resolução de problemas. Os tópicos escolhidos são áreas de estudo nas quais os estudantes normalmente têm mais dificuldade. São incluídas *Soluções e estratégias de resolução de problemas*, fornecendo exemplos da abordagem de resolução de problema para material específico.

Inclusão Antecipada da Termodinâmica O material selecionado sobre termodinâmica aparece bem cedo no livro. O Capítulo 1 inclui seções sobre *Energia e Variação, Espontaneidade nas Reações Bioquímicas* e *a Vida e a Termodinâmica.* Além disso, o Capítulo 4 contém uma seção ampliada sobre *Dinâmica do Dobramento Proteico.* Consideramos essencial que os estudantes entendam a força motriz dos processos biológicos e que boa parte da biologia (dobramento proteico, interações proteína-proteína, ligação de moléculas pequenas etc.) é orientada pela desorganização favorável das moléculas de água.

Resumos e Perguntas Cada capítulo termina com um resumo conciso, uma ampla seleção de perguntas e uma bibliografia comentada. Como já declarado, os resumos foram totalmente revisados para refletir a estrutura dos Exercícios de Revisão. O número de perguntas aumentou nesta edição para oferecer mais autotestes de domínio do conteúdo e mais material para lição de casa. Esses exercícios encaixam-se em quatro categorias: *Verificação de Fatos, Pergunta de Raciocínio, Conexões Bioquímicas* e *Matemática.* As perguntas de *Verificação de Fatos* são desenvolvidas para que os estudantes avaliem rapidamente seu domínio do material, enquanto as *Perguntas de Raciocínio* são feitas para que trabalhem questões mais instigantes. As perguntas das *Conexões Bioquímicas* testam os estudantes sobre os ensaios de *Conexões Bioquímicas* naquele capítulo. As perguntas *Matemáticas* são de natureza quantitativa e com foco em cálculos.

Organização

Uma vez que a bioquímica é uma ciência multidisciplinar, a primeira tarefa ao apresentá-la a estudantes das mais diversas formações é colocá-la em um contexto. Os Capítulos 1 e 2 fornecem o histórico necessário e conectam a bioquímica a outras ciências. Os Capítulos 3 a 8 concentram-se na estrutura e na dinâmica de importantes componentes celulares. A biologia molecular é abordada nos Capítulos 9 a 14.

Alguns tópicos são discutidos diversas vezes, como o controle do metabolismo de carboidratos. As discussões seguintes utilizam e incorporam as informações que os estudantes já aprenderam. É especialmente útil o estudante regressar a um tópico depois de tê-lo assimilá-lo e refletir sobre ele.

Os dois primeiros capítulos do livro relacionam a bioquímica a outras áreas da ciência. O Capítulo 1 aborda algumas das relações menos óbvias, como as conexões entre bioquímica e física, astronomia e geologia, sobretudo no contexto da origem da vida. Os grupos funcionais em moléculas orgânicas são discutidos em função de seu papel na bioquímica. Esse capítulo prossegue para o vínculo mais imediatamente aparente entre bioquímica e biologia, em especial com relação à distinção entre procariotos e eucariotos, assim como a função das organelas em células eucarióticas. O Capítulo 2 aproveita material familiar da química geral, como tampões e propriedades solventes da água, mas enfatiza a perspectiva bioquímica com relação a tal material.

Os Capítulos 3 a 8, sobre a estrutura de componentes celulares, concentram-se na estrutura e na dinâmica de proteínas e membranas, além de fornecer uma introdução a alguns aspectos da biologia molecular. Os Capítulos 3, 4, 6 e 7 abordam aminoácidos, peptídeos e a estrutura e ação de proteínas, incluindo catálise de enzimas. O Capítulo 4 inclui mais material sobre termodinâmica, como as interações hidrofóbicas. O Capítulo 5 foca nas técnicas para isolar e estudar as proteínas. A discussão sobre enzimas é dividida em dois capítulos (6 e 7) para dar aos estudantes mais tempo para entender totalmente a cinética e os mecanismos das enzimas. O Capítulo 8 trata da estrutura de membranas e seus componentes lipídicos.

Os Capítulos 9 a 14 exploram os tópicos de biologia molecular. O Capítulo 9 introduz a estrutura dos ácidos nucleicos. No Capítulo 10, é discutida a replicação do DNA. Já o Capítulo 11 concentra-se na transcrição e regulação de genes. Esse material sobre a biossíntese de ácidos nucleicos é dividido em dois capítulos para dar aos estudantes tempo suficiente para avaliar o funcionamento de tais processos. O Capítulo 12 encerra o tópico com a tradução da mensagem genética e a síntese proteica. O Capítulo 13 foca nas técnicas de biotecnologia, e o 14 trata de vírus, câncer e imunologia.

Os Capítulos 15 a 24, exploram o metabolismo intermediário. O Capítulo 15 abre o tópico com os princípios químicos que fornecem alguns temas unificantes. Os conceitos de termodinâmica aprendidos anteriormente na química geral e no Capítulo 1 são aplicados especificamente a tópicos de bioquímica, como reações acopladas. Além disso, ele faz explicitamente a conexão entre metabolismo e reações de transferência de elétrons (oxirredução).

As coenzimas são introduzidas neste capítulo e discutidas em capítulos posteriores no contexto das reações nas quais têm uma função. O Capítulo 16 discute os carboidratos. O Capítulo 17 inicia o panorama das vias metabólicas ao discutir a glicólise. A discussão do metabolismo do glicogênio, da gliconeogênese e da via da pentose fosfato no Capítulo 18 oferece as bases para o tratamento de mecanismos de controle no metabolismo de carboidratos. A discussão sobre o ciclo do ácido cítrico é seguida pela cadeia transportadora de elétrons e pela fosforilação oxidativa nos Capítulos 19 e 20. Os aspectos catabólicos e anabólicos do metabolismo de lipídeos são tratados no Capítulo 21. No Capítulo 22, a fotossíntese aborda a discussão sobre o metabolismo de carboidratos. Este capítulo aprofunda a origem das plantas antimalárias e tem conexão com o Tópico Moderno sobre malária. O Capítulo 23 completa o exame sobre as vias ao discutir o metabolismo de compostos que contêm nitrogênio, como aminoácidos, porfirinas e nucleobases. O Capítulo 24 é um resumo que dá uma visão integrada do metabolismo, incluindo um tratamento de hormônios e segundos mensageiros. A visão geral do metabolismo inclui uma breve discussão sobre nutrição e outra, um pouco mais longa, sobre o sistema imunológico.

Este livro oferece um panorama sobre tópicos importantes de interesse para bioquímicos e mostra como o notável progresso recente da bioquímica tem impacto em outras ciências. Aextensão tem a finalidade de dar aos professores uma seleção dos tópicos favoritos sem ser excessivo para o tempo limitado disponível em um semestre.

Opções Alternativas de Ensino

A ordem na qual os capítulos individuais são cobertos pode ser alterada para atender às necessidades de grupos específicos de estudantes. Embora seja preferível uma discussão inicial sobre termodinâmica, as partes dos Capítulos 1 e 4 que lidam com termodinâmica podem ser cobertas no início do Capítulo 15, "A Importância das Variações de Energia e do Transporte de Elétrons no Metabolismo". Todos os capítulos sobre biologia molecular (9 a 14) podem preceder ou seguir o metabolismo, dependendo da escolha do professor. A ordem na qual o material sobre biologia molecular é ensinado pode variar de acordo com a preferência do professor.

Agradecimentos

A ajuda de várias pessoas tornou este livro possível. O financiamento da Dreyfus Foundation possibilitou a disciplina introdutória experimental, que foi a gênese de diversas ideias para este livro. Edwin Weaver e Francis DeToma, do Mount Holyoke College, dedicaram muito do seu tempo e energia para iniciar esta disciplina. Diversas outras pessoas no Mount Holyoke foram generosas em seu apoio, estímulo e boas ideias, especialmente Anna Harrison, Lilian Hsu, Dianne Baranowski, Sheila Browne, Janice Smith, Jeffrey Knight, Sue Ellen Frederick Gruber, Peter Gruber, Marilyn Pryor, Craig Woodard, Diana Stein e Sue Rusiecki. Agradecimentos especiais a Sandy Ward, bibliotecária de ciências, e a Rosalia Tungaraza, especialista em bioquímica da turma de 2004. Três estudantes, Nam Ho, Bem Long e Alejandra Pesquisera, de Engenharia Química 443 (Projeto Sênior II) da University of Arizona apossaram-se da Conexão Bioquímica de Biotecnologia no Capítulo 8 e a transformaram no processo atual de administração de medicamento. O mentor deles foi Harry Patton, engenheiro e empresário, e o professor da disciplina foi o Professor Kimberly Oregon. O Professor Todd Hoare, do Departamento de Engenharia Química da Harvard Medical School, forneceu muitas ideias úteis sobre como transformar a publicação original no processo final. Agradecimentos especiais também a Laurie Stargell, Marve Paule e Steven McBryant, da Colorado State University, por sua ajuda e assistência editorial. Agradecemos aos diversos estudantes de bioquímica que utilizaram e comentaram as versões anteriores deste livro.

Gostaríamos de agradecer aos colegas que contribuíram com suas ideias e críticas para o manuscrito. Alguns revisores responderam a consultas específicas com relação ao próprio texto. Obrigado por seu esforço e por suas sugestões úteis.

Agradecimentos aos revisores

7ª edição norte-americana

Paul D. Adams, *University of Kansas*
Dan Davis, *University of Arkansas*
Nick Flynn, *Angelo State University*
Denise Greathouse, *University of Arkansas*
James R. Paulson, *University of Wisconsin–Oshkosh*
Kerry Smith, *Clemson University*
Alexandre G. Volkov, *Oakwood University*

8ª edição norte-americana

Kenneth Balazovich, Ph.D, *University of Michigan*
Laurent Dejean, *California State University at Fresno*
Marcy Hernick, *Virginia Tech*

Holly Huffman, *Arizona State University*
Mark Kearley, *Florida State University*
James Knopp, *North Carolina State University*
Paul Larsen, *University of California–Riverside*
Gerry Prody, *Western Washington University*
Sandra Turchi, *Millersville University*

Gostaríamos também de agradecer ao pessoal da Cengage Leraming, que foi fundamental no desenvolvimento deste livro: Alyssa White, Promotora de Desenvolvimento de Conteúdo, cujas ideias criativas somaram muito a esta edição; Tanya Nigh, Gerente Sênior de Projeto de Conteúdo, que orientou a produção deste livro, fazendo que o trabalho se tornasse uma tarefa muito mais fácil; e Mary Finch, Diretora de Produção, que foi a fonte de muito encorajamento. Agradecemos a Tom McDonough, nosso Especialista de Direitos de Aquisições na Cengage, que forneceu excelente guia e direções por toda a revisão. Agradecemos também a Promotora Associada de Desenvolvimento de Media Elizabeth Woods, a Gerente de Mercado Lindsay Lettre, a Coordenadora de Conteúdo Brendan Killion e a Assistente de Produção Karolina Kiwak.

Matt Rosenquist, da Graphic World Inc, atuou diligentemente como nosso editor de produção. As pesquisadoras de fotos e texto Susan Buschhorn e Christie Barros fizeram maravilhas com suas buscas desafiadoras. Estendemos nossa mais sincera gratidão aos aqui citados e a todos os outros aos quais devemos a oportunidade de fazer este livro. Fundamental para a direção dada a este projeto foi o falecido John Vondeling. John foi uma lenda no mercado editorial, e sua orientação e amizade farão falta.

Nota final de Mary Campbell

Obrigada a minha família e amigos, cujo apoio moral significou tanto para mim no decorrer do meu trabalho. Anos atrás, quando iniciei este projeto, não percebi que se tornaria uma grande parte de minha vida; parte esta que se tornou imensamente satisfatória.

Nota final de Shawn Farrell

Não posso dizer exatamente quão impossível este projeto seria sem minha maravilhosa família, que aguentou um marido e pai que se tornou um ermitão no escritório. Minha esposa, Courtney, conhece o desafio de viver comigo quando estou trabalhando e dormindo apenas quatro horas por noite. Não é fácil, e poucas teriam sido tão compreensivas. Também gostaria de agradecer a David Hall, representante literário, por me iniciar neste caminho, e John Vondeling, por me dar uma oportunidade de me expandir em outros tipos de livros e projetos.

BIOQUÍMICA

TÓPICOS MODERNOS

A Genética do Câncer de Mama

De todas as doenças que nos causa danos, o câncer certamente se qualifica como uma doença mortal. O nível de temor é, se possível, até maior com o câncer de mama. Não é uma surpresa que inúmeras pesquisas têm sido devotadas ao tópico. Em outubro de 2012, a Rede de Atlas de Genôma do Câncer Network publicou resultados que representaram o auge de décadas de trabalho. Eles chamaram seus resultados de "retratos moleculares abrangentes dos tumores de mama humanos." Vamos examinar como esta história se desenvolveu.

Um dos estudos principais focou nos aspectos genéticos do câncer de mama. Em 1990, um grupo de pesquisadores na Califórnia estudou 23 famílias "estendidas" com 146 casos de câncer de mama. Eles focaram no número de indivíduos afetados em uma determinada família, especialmente naquelas com início precoce da doença. O método de pesquisa combinou a análise genética clássica com estudos de DNA. A análise estatística de incidência de câncer na árvore genealógica indicou que aqueles cânceres não eram casos esporádicos que surgiam de mutações somáticas nos indivíduos, mas estavam geneticamente relacionados. Em duas dessas duas famílias, homens desenvolveram câncer de mama. É muito incomum que os homens desenvolvam o câncer de mama, mas isto acontece. O DNA foi obtido de amostras de sangue tiradas de 329 membros das famílias sendo estudadas. Os *southern blots* (veja o Capítulo 13 para detalhes de como esta técnica de hibridização de DNA funciona) forneceram informações sobre a homologia de amostras de DNA dentre os vários membros da família. A variação no DNA relacionado à ocorrência de câncer de mama foi localizada no cromossomo 17, caracterizado por um número variável de repetições em série de sequências específicas de DNA. Este resultado foi a primeira pedra fundamental na determinação da genética do câncer de mama. O gene é denominado *BRCA1*.

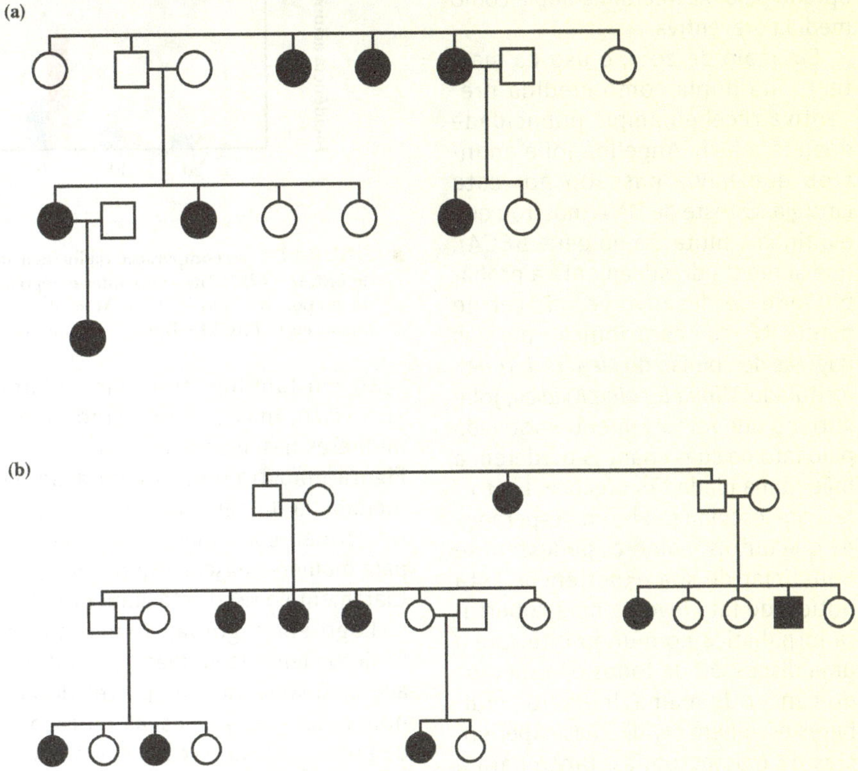
(a)
(b)

■ Árvores genealógicas mostrando a distribuição genética do câncer de mama em duas famílias. Cada linha horizontal representa uma geração. Os homens são mostrados como quadrados e as mulheres como círculos. Um símbolo preenchido representa um indivíduo que teve câncer de mama, e um em branco a não ocorrência. Observe que os homens podem desenvolver o câncer de mama.

Aproximadamente na mesma época, pesquisadores em Utah realizavam investigações similares sobre a genética do câncer de mama. Eles usaram a análise genética e citológica para estudar a relação entre a doença de mama proliferativa (PBD) e o câncer de mama. PBD é o termo usado para descrever vários tipos de lesões de mama não malignas. Os pesquisadores descobriram que uma alta incidência de PBD, detectada citologicamente, correlaciona-se fortemente com alto risco de câncer de mama devido à história familiar. A PBD pode representar um estado pré-canceroso. Esses resultados os levaram a considerar a possibilidade de que o desenvolvimento do câncer de mama envolva vários genes.

Em 1994, um grupo de pesquisadores internacional anunciou a descoberta de um segundo gene para a suscetibilidade ao câncer de mama que não estava relacionado ao *BRCA1*. Este segundo gene, denominado *BRCA2*, está localizado no cromossomo 13. Algumas diferenças significativas entre os dois genes eram facilmente aparentes. Ambos conferem um alto grau de suscetibilidade ao câncer de mama, mas diferem no grau de risco de câncer de ovário. A presença de *BRCA1* aumenta substancialmente o risco de câncer de ovário, mas o *BRCA2* não. Além disso, o câncer de mama masculino não parece estar ligado ao *BRCA1*, mas existe um pequeno risco para homens que possuem o gene *BRCA2*. Para as mulheres que possuem esses genes, a probabilidade de ter câncer de mama em algum momento da vida é de mais de 80%. Algumas mulheres com esta predisposição genética têm optado pela mastectomia dupla como medida preventiva.

Em maio de 2013, o uso da mastectomia dupla como medida preventiva recebeu ampla publicidade quando a atriz Angelina Jolie anunciou que havia passado por esta cirurgia. O teste de DNA mostrou que ela tinha a mutação no gene *BRCA1*, que aumenta drasticamente a probabilidade de desenvolver câncer de mama. Na sua contribuição para as páginas de opinião do *New York Times*, intitulado *Minha Escolha Médica*, Jolie afirmou que foi fortemente motivada pelo fato de suas crianças perderem a mãe numa idade tão precoce. Ela tornou sua escolha pública na esperança de que outras mulheres pudessem se beneficiar de sua experiência. Esta notícia de fato levou a uma cobertura jornalística no mundo inteiro e a uma discussão de todos os aspectos do câncer de mama. Inúmeras mulheres escolhem dividir suas experiências de mastectomias, tanto para a prevenção quanto para o tratamento. Essas histórias mostram que o gerenciamento do câncer de mama mudou significativamente no decorrer dos anos, em grande parte por causa dos avanços na pesquisa.

Com o passar do tempo, tornou-se aparente que os genes *BRCA1* e *BRCA2* são supressores do câncer. Algumas famílias têm baixa incidência de câncer de mama até que ocorra um caso com uma dessas mutações. Em praticamente todos esses casos, a mutação provou-se ser herdada dos pais. Um número de outros fatores pode afetar, e de fato afeta, o desenvolvimento do câncer. Por exemplo, mulheres com altos níveis de atividade física e peso normal na adolescência têm uma tendência mais baixa ao câncer de mama que mulheres que eram sedentárias ou obesas na adolescência. Parece também que os riscos estão aumentando com o tempo. Mulheres nascidas antes de

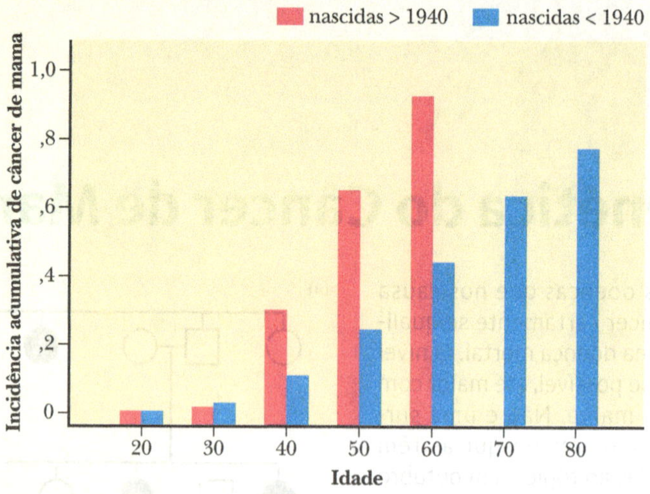
nascidas > 1940
nascidas < 1940
Incidência acumulativa de câncer de mama
1,0
,8
,6
,4
,2
0
20
30
40
50
60
70
80
Idade

FIGURA 1 Uma comparação da incidência de câncer de mama para mulheres com mutações de *BRCA1* e *BRCA2* nascidas antes e depois de 1940, mostrando o risco crescente com o passar do tempo. (Baseado em King, M. et al. (2003). Breast and ovarian cancer risks due to inherited mutations in BRCA1 e BRCA2. *Science* 302(5645),645. Copyright © Cengage Learning®)

1940 em famílias afetadas tinham alto risco, mas é maior ainda para mulheres nascidas depois de 1940. A Figura 1 mostra uma comparação da incidência de câncer de mama, particularmente em idades mais baixas, para mulheres nascidas antes de 1940. Claramente o risco está aumentando.

Logo em seguida, o sucesso do Projeto Genoma Humano permitiu o acesso à sequência de partes do genoma afetadas por essas mutações de predisposição ao câncer. Em 2006, genes codificados por proteínas extensivamente estudados foram sequenciados usando-se amostras de tecidos de pacientes com câncer. Os tumores de mama e colorretais foram usados no estudo porque estão entre os cânceres mais comuns. Como a Figura 2 mostra, foram necessárias várias rodadas de amplificação da reação em cadeia da polimerase (PCR) e subsequente sequenciamento para realizar este objetivo. As sequências dos mesmos genes no tecido normal foram usadas como controles. Outra parte da tarefa foi selecionar as mutações somáticas em indivíduos que são características de câncer e dis-

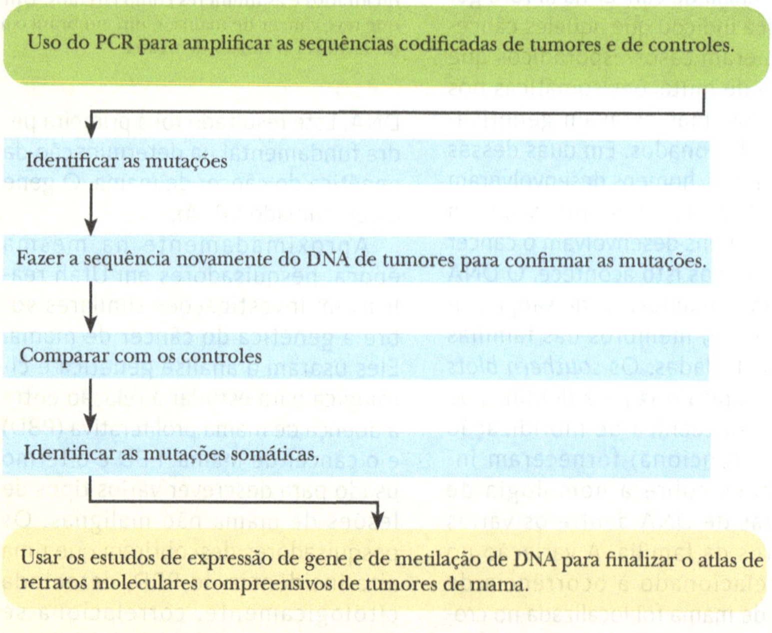
Uso do PCR para amplificar as sequências codificadas de tumores e de controles.
Identificar as mutações
Fazer a sequência novamente do DNA de tumores para confirmar as mutações.
Comparar com os controles
Identificar as mutações somáticas.
Usar os estudos de expressão de gene e de metilação de DNA para finalizar o atlas de retratos moleculares compreensivos de tumores de mama.

FIGURA 2 Diagrama esquemático do procedimento de varredura usado para identificar mutações associadas ao câncer. (Adaptado de Sjöblom, T., et al. (2006). The consensus coding sequences of human breast and colorectal cancers. *Science* 314, 269.)

tingui-las das mutações germinativas que são passadas para as gerações seguintes. Um resultado importante foi a descoberta de que cada câncer incluía um número de mutações, ao invés de uma única mutação responsável pelo câncer. O trabalho feito neste estudo usa métodos até, mas não incluindo, a parte sombreada em amarelo na Figura 2. Veremos estas técnicas usadas no desenvolvimento do atlas compreensivo de mutações.

Em 2007, os cientistas, baseando-se em estudo feito no ano anterior, foram capazes de chegar a inúmeras conclusões sobre as variações genéticas que levam ao câncer. Um resultado surpreendente é que os tumores contêm um número de mutações individuais. Em um câncer típico, ocorrem aproximadamente 80 mutações, cada uma das quais provoca uma variação de aminoácido. Análises estatísticas sugerem que nem todas essas mutações levam ao câncer. O número de mutações que disparam ou mantêm o câncer é provavelmente menor que 15. Entretanto, a identificação das mutações é apenas o começo. Ela não fornece informações sobre como a mutação leva ao desenvolvimento de um tumor. Identificar as proteínas codificadas pelos genes mutantes é uma etapa à frente porque indica as vias que podem ser afetadas. Observe o uso de vias no plural, não no singular. Algumas pequenas variações na eficiência de várias reações podem combinar bem com o evento de disparo no desenvolvimento do câncer. Uma olhada nas mudanças estruturais nas proteínas que catalisam reações nessas vias pode sugerir abordagens terapêuticas. Neste estudo, foram encontradas mutações em inúmeras enzimas, incluindo a enzima de glicosilação *GALNT5*. A Figura 3 mostra a estrutura cristalina desta enzima com substrato ligado. As esferas amarelas são os aminoácidos que sofreram mutações, que se localizam próximos ao sítio ativo, superposto na estrutura. Esta informação não sugere nenhum avanço terapêutico, mas sim abordagens para desenvolver novas terapias.

O trabalho da Rede de Atlas de Genoma do Câncer construído a partir de toda esta pesquisa anterior culminou na publicação de uma imagem ampla das mudanças genéticas no câncer de mama (veja o artigo da *Nature* citado na bibliografia). Resultados de inúmeros métodos entraram na análise. Uma análise de anomalias na metilação do DNA foi uma técnica, e o sequenciamento de éxons outra. As análises de expressão de gene tanto com o mRNA quanto com o miRNA também tiveram um papel. A expressão de gene pelo DNA foi, ainda, outro método, assim como a análise de polimorfismos de nucleotídeo único (variações em uma base no DNA). Mesmo com técnicas automatizadas e os tipos de processamento em rede descritos no Capítulo 13, este trabalho foi um enorme empreendimento. Veja a Figura 2 para um resumo do método. Observe as técnicas adicionadas àquelas usadas em estudos mais antigos (a parte destacada em amarelo).

Esses resultados têm alguma correlação com características clínicas, mas a correspondência não é completa. Sabemos, por exemplo, que o agente quimioterápico herceptina é eficaz apenas nos tipos de câncer nos quais o gene para o Fator de Crescimento Epidérmico Humano (HER2) é sobre-expresso. É possível determinar se este é o caso em pacientes individuais e planejar o tratamento de acordo. Idealmente, virá o tempo quando poderemos correlacionar todas as mutações com características clínicas específicas e planejar o tratamento adequado. Este tempo ainda não chegou, mas este tipo de trabalho o torna próximo.

Bibliografia Comentada

The Cancer Genome Atlas Network. Comprehensive Molecular Portraits of Human Breast Tumours. *Nature* **490**, p. 61-70 (2012). [Centenas de autores de todo o mundo compilaram informações genéticas sobre os tumores de mama.]

Hall, J., Lee, M., Newman, B., Morrow, J., Anderson, L., Huey, B. e King, M. Linkage of Early-Onset Familial Breast Cancer to Chromosome 17q21. *Science* **250**, p. 1684-89 (1990). [Descoberta de um gene de câncer de mama (*BRCA1*).]

King, M., Marks, J. e Mardell, J., para o New York Breast Cancer Study Group. Breast and Ovarian Cancer Risks Due to Inherited Mutations in *BRCA1* e *BRCA2*. *Science* **302**, p. 643-46 (2003). [Fatores que afetam o desenvolvimento de câncer em mulheres com essas mutações.]

Sjoblom, T. e outros 30 autores. The Consensus Coding Sequences of Human Breast and Colorectal Cancers. *Science* **314**, p. 268-74 (2006). [O uso das técnicas de biologia molecular para obter informação de sequência nas mutações de tumor que ocorrem com frequência.]

Skolnick, M. e outros 12 autores. Inheritance of Ploriferative Breast Disease in Breast Cancer Kindreds. *Science* **250**, p. 1715-20 (1990). [Um relato sobre a alta incidência de doença de mama proliferativa em famílias com alta incidência de câncer de mama.]

Wood, L. e 40 outros autores. The Genomic Landscapes of Human Breast and Colorectal Cancers. *Science* **318**, p. 1008-13 (2007). [Uma discussão extensiva da genética do câncer.]

Wooster, R. e outros 30 autores. Localization of Breast Cancer Susceptibility Gene, *BRCA2*, to Chromosome 13q 12-13. *Science* **265**, p. 2088-90 (1994). [Um relato sobre o segundo principal gene de suscetibilidade ao câncer de mama.]

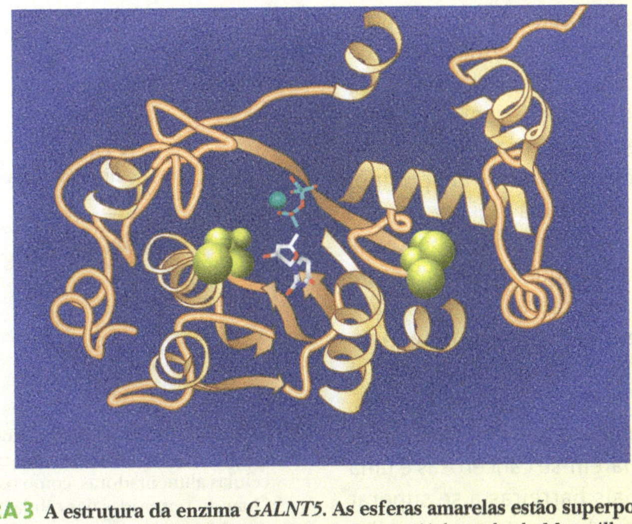

FIGURA 3 **A estrutura da enzima *GALNT5*. As esferas amarelas estão superpostas, mostrando as mutações de aminoácido em um tumor.** (Adaptado de Macmillan Publishers Ltd: The Cancer Genome Atlas Network, (2012). Comprehensive molecular portraits of human breast tumours. *Nature* 490, 62.)

Células-tronco: Ciência e Política

Células-tronco são precursoras de todos os tipos de células. São células indiferenciadas com a capacidade de formar qualquer tipo celular, assim como se replicar em mais células-tronco. As células-tronco frequentemente são chamadas células progenitoras por sua capacidade de se diferenciar em muitos tipos celulares. Uma célula-tronco pluripotente é aquela capaz de originar todos os tipos celulares em um embrião ou em um adulto. Algumas células são chamadas multipotentes por poderem se diferenciar em mais de um tipo celular, mas não em todos. Quanto mais longe do estado de zigoto estiver a célula no curso de seu desenvolvimento, menor será a potência do tipo celular. O uso de células-tronco, especialmente células-tronco embrionárias (ES, do inglês *embryonic stem*), tem sido um campo excitante de pesquisa que realmente decolou no final da década de 1990.

História da Pesquisa com Células-tronco

A pesquisa com as células-tronco começou na década de 1970 com o estudo de células de teratocarcinoma encontradas no câncer dos testículos. Essas células constituem misturas bizarras de células diferenciadas e não diferenciadas. Elas foram chamadas células de carcinoma embrionário (CE). Descobriu-se que eram pluripotentes, o que levou à ideia de usá-las como terapia. Contudo, a pesquisa foi suspensa porque as células eram originadas de tumores, o que tornava seu uso perigoso, e por serem aneuploides, o que significa que tinham o número errado de cromossomos. Como veremos, a possibilidade de as células tornarem-se cancerosas é uma das principais barreiras a se superar quando consideramos o uso de células-tronco para a terapia de tecido.

O trabalho inicial com as células ES teve origem a partir de células cultivadas após terem sido retiradas de embriões. Os pesquisadores descobriram que essas células-tronco poderiam ser semeadas e mantidas em cultura por longos períodos. A maioria das células diferenciadas, por outro lado, não prolifera em culturas por períodos prolongados. As células-tronco são mantidas em cultura pela adição de certos fatores, como o fator inibidor de leucemia, ou as células alimentadoras (células não mitóticas, como os fibroblastos). Uma vez liberadas desses controles, as células ES se diferenciam em todos os tipos de células, como mostra a Figura 1.

As Células-tronco Oferecem Esperança

Células-tronco colocadas em um tecido particular, como o sangue, diferenciam-se e se desenvolvem como células sanguíneas. Outras, colocadas no tecido cerebral, desenvolvem-se como células cerebrais. Esta é uma descoberta animadora, porque antigamente se acreditava haver poucas esperanças para pacientes com lesões na medula espinhal e outras lesões nervosas, visto que as células nervosas normalmente não se regeneram. Em teoria, neurônios poderiam ser produzidos para tratar doenças neurodegenerativas, como o mal de Alzheimer ou o mal de Parkinson. Células musculares poderiam ser produzidas para tratar distrofias musculares e doenças cardíacas. Em um estudo, células-tronco de camundongo foram injetadas no coração de um camundongo que sofreu infarto do miocárdio. As células espalharam-se de uma região não afetada para a zona infartada e começaram a desenvolver um novo tecido cardíaco. Células-tronco pluripotentes humanas foram usadas para regenerar tecido nervoso em ratos com lesões nervosas, e foi provado que melhoram a ca-

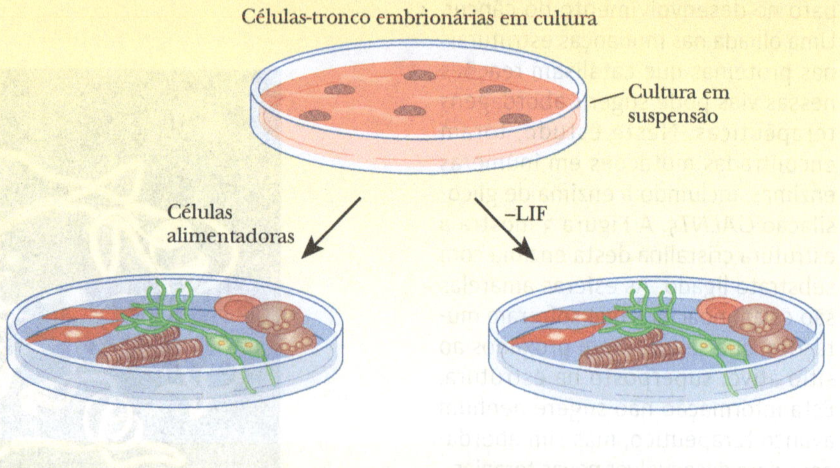
Células-tronco embrionárias em cultura
Cultura em suspensão
Células alimentadoras
–LIF

■ **FIGURA 1 Células-tronco embrionárias pluripotentes podem ser cultivadas em uma cultura celular.** Elas são mantidas em um estado indiferenciado quando cultivadas com determinadas células alimentadoras, como os fibroblastos, ou pelo uso do fator inibidor da leucemia (LIF). Quando removidas das células alimentadoras, ou quando o LIF é removido, elas começam a se diferenciar em uma ampla variedade de tipos de tecidos, que podem então ser colhidos e cultivados para a terapia tissular. (Reproduzido de D onovan, P. J.; Gearhart, J. The end of the beginning for pluripotent stem cells. *Nature*, n. 414, p.92-97, 2001.)

pacidade motora e cognitiva em ratos que sofreram AVC. (Veja os artigos de Sussman, de Aldhous e de Donovan citados na bibliografia.) Resultados como esses levaram alguns cientistas a afirmar que a tecnologia das células-tronco será o avanço mais importante desde a clonagem.

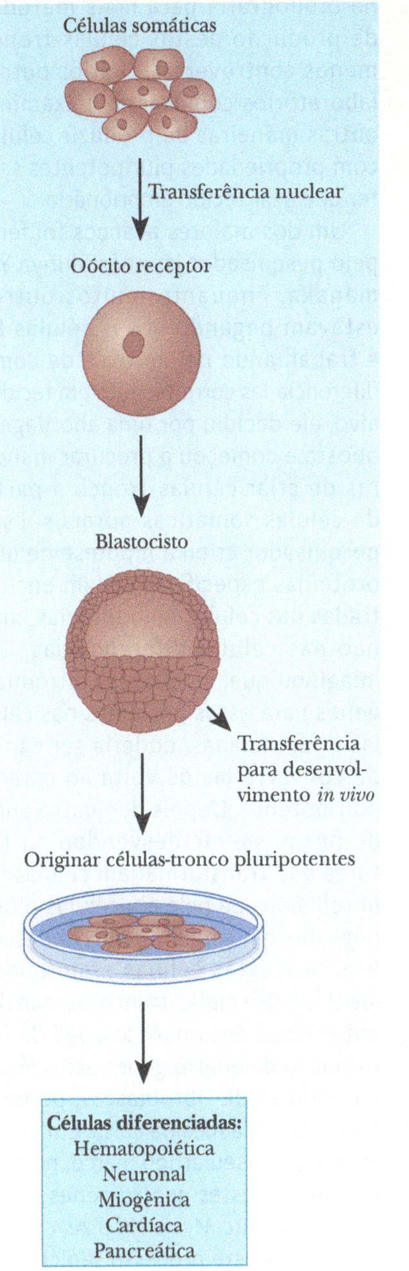
Células somáticas
Transferência nuclear
Oócito receptor
Blastocisto
Transferência para desenvolvimento *in vivo*
Originar células-tronco pluripotentes
Células diferenciadas:
Hematopoiética
Neuronal
Miogênica
Cardíaca
Pancreática

■ FIGURA 2 **Reprogramação de um núcleo somático.** Quando transplantado em um oócito, o núcleo somático pode responder a fatores citoplasmáticos e ser novamente reprogramado para totipotência. Esses fatores citoplasmáticos apagam a memória molecular das células somáticas, que podem, então, ser usadas para a colheita de células-tronco pluripotentes ou para transferir um blastocisto em um transportador e desenvolver um organismo *in vivo*. (Reproduzido de Surani, M. A. Reprogramming of genome function through epigenetic inheritance. *Nature*, n. 414, p. 122-127, 2001.)

Células-tronco realmente pluripotentes são colhidas sobretudo do tecido embrionário e exibem a maior capacidade de se diferenciar em vários tecidos e se reproduzir em cultura celular. Células-tronco também foram retiradas de tecidos adultos, uma vez que sempre existem algumas delas em um organismo, mesmo no estágio adulto. Essas células geralmente são multipotentes, pois podem formar vários tipos celulares diferentes, mas não são tão versáteis como as células-tronco embrionárias (ES). Por tal motivo, muitos cientistas acreditam que as células ES representam o padrão de ouro para terapia tissular. A aquisição e o uso de células-tronco também podem estar relacionados a uma técnica chamada reprogramação celular, um componente necessário de todo processo de clonagem de mamíferos inteiros, como a clonagem que produziu a ovelha mais famosa do mundo, a Dolly. A maioria das células somáticas em um organismo contém os mesmos genes, porém, as células se desenvolvem como tecidos diferentes, com padrões de expressão genética extremamente diversos. Um mecanismo que altera a expressão dos genes sem alterar a verdadeira sequência de DNA é chamado mecanismo epigenético. Um estado epigenético do DNA em uma célula é um traço herdado que permite a existência de uma "memória molecular" nas células. Em essência, uma célula hepática pode se lembrar de onde veio e continuará a se dividir e permanecerá como célula hepática. Esses estados epigenéticos envolvem a metilação de dinucleotídeos de citosina-guanina e interações com proteínas da cromatina. Os genes de mamíferos possuem um nível adicional de informação genética chamada *imprinting*, que permite que o DNA mantenha uma memória molecular de sua origem da linha germinativa. O DNA paterno é impresso de modo diferente do materno. No desenvolvimento normal, apenas o DNA originado dos dois pais seria capaz de se combinar e originar uma descendência viável.

Normalmente, os estados epigenéticos das células somáticas são travados, de modo que os tecidos diferenciados permaneçam estáveis. A chave para a clonagem de um organismo inteiro foi a capacidade de apagar o estado epigenético e devolvê-lo ao estado de um ovo fertilizado, que tem o potencial de produzir todos os tipos celulares. Foi mostrado que, se o núcleo de uma célula somática for injetado em um oócito receptor (veja a Figura 2), o estado epigenético do DNA pode ser reprogramado, ou pelo menos parcialmente. A memória molecular é apagada e a célula começa a se comportar como um verdadeiro zigoto. Isto pode ser utilizado para originar células-tronco pluripotentes ou para transferir um blastocisto em um portador materno para crescimento e desenvolvimento. Em novembro de 2001, o primeiro blastocisto humano clonado foi criado deste modo, com o objetivo de desenvolver células suficientes para a colheita de células-tronco pluripotentes para pesquisa.

A Ciência Assume a Política

A controvérsia continua a enfurecer o mundo inteiro sobre o uso das células ES. A questão é sobre ética e definição de vida. As células ES vêm de muitas fontes, incluindo fetos abortados, cordões umbilicais e embriões de clínicas de fertilização *in vitro*. O relatório sobre as células embrionárias humanas clonadas aumentou a controvérsia. Sob a administração de Bush, em 2001 o governo dos Estados Unidos baniu o financiamento governamental para pesquisa das células-tronco, embora permita que as pesquisas continuem em todas as linhagens celulares embrionárias já existentes. As questões impulsionando as controvérsias são: algumas poucas células criadas por clonagem terapêutica de suas próprias células somáticas constituem vida? Se constituem vida, elas têm os mesmos direitos que um ser humano concebido naturalmente? Se fosse possível, seria permitido que alguém desenvolvesse seu clone terapêutico até um adulto?

Em março de 2009, o presidente Obama anunciou que estava revogando a política de célula-tronco da administração Bush, dando nova esperança ao pesquisadores de célula-tronco, embora ainda exista muita burocracia em relação a quais linhagens de células poderiam ser usadas e a ética por trás delas. Em dezembro de 2009, o National Institutes of Health (NIH) listou as 13 novas linhagens aprovadas para financiamento federal. Esperava-se que mais de uma centena de novas linhagens fossem aprovadas até o fim de 2010. Em abril de 2009, o NIH liberou um rascunho de suas recomendações, que foi visto como um grande avanço em relação às 21 linhagens de células aprovadas antes. Algumas restrições são baseadas em quando as linhagens de células foram derivadas e a ética envolvendo o consentimento dos doadores. As novas linhagens de célula tinham que ser derivadas de embriões excedentes de casais que passaram por tratamento de fertilidade. As linhagens de células-tronco derivadas de pesquisa de clonagem ou de transferência nuclear de célula somática não eram elegíveis.

Apesar da ordem executiva de Obama removendo as restrições da administração Bush na pesquisa de célula-tronco, o campo foi atingido por um sério golpe em agosto de 2010. Dois pesquisadores, James Sherley e Theresa Deisher, processaram o governo federal com base na ilegalidade de financiar pesquisa em células ES, uma vez que o financiamento os privava de fazer pesquisas com outros tipos de célula. O juiz Royce Lamberth concordou e determinou que o financiamento de pesquisa em célula ES humana tinha que ser suspenso. Os advogados do governo argumentaram em outra direção, alegando que o dano às carreiras de dois cientistas é excedido pelo mal a pacientes que estavam sendo privados de curas em potencial e a contribuintes cujos impostos estavam sendo desperdiçados enquanto a moratória na pesquisa ocorria. A decisão de Lamberth jogou a pesquisa em célula-tronco em um parafuso por dois anos.

As cortes federais analisaram o processo movido por Sherley e Deisher, decidindo finalmente pela revogação da sentença de Lamberth. Finalmente, em janeiro de 2013, a Suprema Corte decidiu não acolher o recurso contra a decisão das cortes federais, basicamente fazendo a pesquisa em célula-tronco retornar à posição que mantinha depois da ordem executiva de Obama em permitir financiamento federal para a pesquisa em célula ES humana. Embora poucos acreditem que o debate tenha acabado, atualmente os pesquisadores e pacientes de célula-tronco estão novamente esperançosos em relação a seus futuros.

A Busca Por Células-tronco Menos Controversas

Embora o futuro da pesquisa em célula-tronco esteja muito mais claro agora do que estava em 2010, os pesquisadores não se acomodaram durante os anos de dificuldades. Em vez disso, começaram a tentar encontrar maneiras de criar células-tronco que não pareçam tão controversas. Pesquisadores da Universidade de Columbia propuseram que os embriões que tinham parado de se dividir poderiam fornecer uma boa fonte de células-tronco. As clínicas de fertilidade que fazem fertilização *in vitro* têm muito mais embriões fracassados que bem-sucedidos. No momento em que percebem que os embriões não são viáveis e decidem não implantá-los, poderiam ser capazes de cultivar células-tronco a partir deles. Outras tentativas de gerar células-tronco envolvem usar outros tecidos, como células do líquido amniótico. Estas têm muitas das propriedades de células-tronco verdadeiras, embora não sejam verdadeiramente pluripotentes.

Catherine Verfaillie, da Universidade de Minnesota, tem purificado células da medula óssea, chamadas células progenitoras multipotentes adultas (MAP). Estas são menos versáteis que as células-tronco embrionárias, mas a pesquisa sugeriu que podem ser muito úteis para técnicas terapêuticas. Nessa pesquisa, foram usadas as células MAP para repopular as células sanguíneas de camundongos cujas células sanguíneas tinham sido destruídas pela radiação. (Veja os artigos de Holden citados na bibliografia para mais métodos de produção destas células-tronco menos controversas.) Vários outros laboratórios começaram a examinar outras maneiras de produzir células com propriedades pluripotentes sem ter que usar tecido embrionário.

Um dos maiores avanços foi feito pelo pesquisador japonês Shinya Yamanaka. Enquanto muitos outros estavam pegando novas células ES e trabalhando no controle de como diferenciá-las corretamente em tecidos alvo, ele decidiu por uma abordagem oposta e começou a procurar maneiras de criar células-tronco a partir de células somáticas normais. Este pesquisador criou a hipótese de que proteínas específicas seriam encontradas nas células embrionárias, mas não nas células diferenciadas. Ele imaginou que, se pudesse introduzir genes para essas proteínas nas células diferenciadas, poderia ser capaz de convertê-las de volta ao estado pluripotente. Depois de quatro anos de pesquisa, ele desvendou 24 fatores que transformariam células de fibroblastos da pele em células pluripotentes em camundongos, e descobriu que estas células eram quase idênticas às células-tronco. Yamanaka então descobriu que, através da introdução de quatro genes específicos nas células de fibroblastos, poderia ser realizada a mesma coisa. Em 2006, ele publicou seu artigo marco, no qual identificou estes quatro genes como *Oct3/4*, *Sox2*, *c-Myc* e *Klf4*. As células derivadas deste processo são chamadas células-tronco pluripotentes induzidas (células iPS). Yamanaka e outros pesquisadores têm derivado células iPS de muitos tecidos, incluindo fígado, estômago e cérebro. Estas células mostram algumas das mesmas habilidades que as células-tronco verdadeiras e têm sido transformadas em células de pele, músculo, cartilagem e nervos. Em 2007, pesquisadores dos Estados Unidos estenderam a técnica para criar células iPS humanas em um trabalho reconhecido como o segundo colocado no *Avanços do Ano* do periódico *Science*.

Há duas preocupações com a pesquisa original que levou à produção das células iPS. A primeira foi o uso do gene *c-Myc*, que é um poderoso gene do câncer. Em suma, produzir células pluripotentes pode ser examinado como similar a produzir células cancerosas, já que as duas têm muitas das mesmas propriedades. Além disso, a pesquisa mostrou que, nos camundongos, o *c-Myc* pode ser evitado e, mesmo assim, as células iPS podem ser produzidas. O outro risco é de que os quatro genes foram entregues usando retrovírus, que, como visto no Capítulo 13, é um procedimento que carrega seus próprios riscos. Este segundo perigo foi tratado em novembro de 2008, quando Matthias Stadtfeld e coautores geraram células iPS sem integração viral, usando o adenovírus do resfriado comum. O adenovírus foi capaz de produzir os cofatores necessários nas células sem se integrar no DNA da célula hospedeira. Suas células iPS mostraram todas as habilidades das células iPS geradas com o retrovírus. Pensa-se que esta seja uma alternativa mais segura.

Os cientistas sabem mais sobre como criar as células iPS do que sobre os motivos de suas técnicas funcionarem, mas continuam buscando as razões. Em 2009, Yamanaka, bem como vários outros pesquisadores, publicaram simultaneamente evidência de que uma parte crítica da produção de iPS é a supressão de *p53*, um gene supressor de tumor discutido no Capítulo 14. Entretanto, isso leva a uma situação complicada. Para fazer células iPS, o *p53* deve ser suprimido, mas para as células ser estáveis e úteis uma vez criadas, este fator de transcrição deve ser reativado. A criação de células iPS foi um grande avanço, mas o novo tipo de bloco ainda não convenceu muitas pessoas. As mais recentes comparações de células iPS e ES tradicionais indicam que as células ES são mais fáceis de ser diferenciadas em tecidos alvo que suas correlatas iPS.

Cortando o Homem Médio

Independente do uso de células ES ou iPS, a pesquisa original que levou à terapia de tecido envolveu várias modificações no tipo de célula. Primeiro, uma célula tinha que ser mudada para uma pluripotente. Então a célula pluripotente tinha que ser convertida no tipo de tecido desejado. O mais novo processo envolve evitar esta transição e mudar um tipo de célula diretamente para outro. No final de 2008, pesquisadores da Universidade de Harvard usaram técnicas de reprogramação de célula para mudar de um tipo de célula pancreática em camundongos para células beta que produzem insulina. Esta técnica permite a programação direta de um tipo de célula em outro. Depois de analisar cuidadosamente 1.000 fatores de transcrição, os pesquisadores descobriram que, ativando apenas três genes nas células exócrinas do pâncreas dos camundongos, podiam mudar células exócrinas para células beta produtoras de insulina. Uma técnica similar, chamada troca de linhagem, envolve outra maneira de trocar os tipos de células; neste caso, voltando a célula para uma menos diferenciada até um ponto de ramificação e então rediferenciando-la em outra coisa. Tais destinos têm implicações óbvias para o tratamento da diabetes e muitas outras doenças.

Muitos Caminhos para a Reprogramação

Pesquisadores interessados em estudar a reprogramação de célula têm uma variedade de caminhos para escolher atualmente. Um deles é transferir um ovo não fertilizado, como no processo que levou à ovelha clonada Dolly. O caminho mostra como uma célula diferenciada do estômago pode ser usada para regressar a um estado não diferenciado na forma de uma célula pluripotente. Outro, ainda, é trocar uma linhagem na qual um macrófago se torna um linfócito. Outro é a conversão direta de uma célula exócrina em uma célula beta endócrina.

As Células-tronco São uma Fraude?

Nenhum pesquisador ético lhe diria que estaremos curando danos severos à medula espinhal no próximo ano ou mais, apesar de muitos experimentos promissores em modelos animais. Dada a dificuldade em reparar tecidos nervosos, o fato de haver qualquer melhora pode parecer incrível, mas serão muitos anos ou décadas até que os tratamentos estejam facilmente acessíveis. Ainda há muito que se aprender sobre todas as formas de reprogramação de célula. Por exemplo, mesmo que os pesquisadores sejam capazes de transformar células pancreáticas de camundongo de um tipo em outro, a aprovação para tentativas humanas dependeria de um melhor entendimento do motivo exato do funcionamento do processo, algo que ainda é um mistério.

Infelizmente, a esperança oferecida pelas células-tronco fez surgir muitas clínicas que prometem resultados para clientes desesperados. Uma dúzia ou mais de companhias produzem células-tronco para uso clínico, e há clínicas em vários países, incluindo Turquia, Azerbaijão, República Dominicana, Holanda e China. Campanhas de propaganda de tais países têm atraído vários pacientes dispostos a gastar mais de US$ 20.000 pela terapia de célula-tronco, mas ainda existe pouca prova de que qualquer das declarações dessas clínicas sejam válidas. Muitos cientistas de reputação na pesquisa mundial em células-tronco estão atualmente investigando algumas das declarações e instalações dessas companhias. (Veja o artigo de Enserink citado na bibliografia para uma descrição completa do estado das clínicas de terapia de célula-tronco humana.) A luta política sobre células-tronco continua nos Estados Unidos. Até mesmo celebridades têm apoiado a pesquisa em célula-tronco e políticos que a apoiam. O ator Michael J. Fox, ele próprio vítima do mal de Parkinson, é um patrocinador importante da pesquisa em células-tronco (veja Figura 3).

Enquanto a imprensa popular tem focado o uso potencial de células-

-tronco para terapia de tecido para curar doenças, há outro uso muito importante das células-tronco, chamado modelagem de doença. Os cientistas podem pegar células de pacientes individuais, criar iPSCs e fazê-las crescer em cultura. Essas células têm a mesma doença genética que o paciente. Com um conjunto expandido adequado de células para trabalhar, eles podem então estudar o efeito de medicamentos nas células do paciente, permitindo basicamente experimentação direta em um virtual "paciente em uma placa de petri". Embora não tão glamouroso quanto a potencial cura de uma severa medula espinhal via terapia de tecido, em curto prazo a modelagem de doença permitirá o uso incontroverso das células do próprio paciente para ajudar a tratar uma doença (veja o artigo de Vogel na bibliografia).

Bibliografia Comentada

Aldhous, P. Can they rebuild us? *Nature* **410**, p. 622-25, 2001. [Artigo sobre como as células-tronco podem levar a terapias para reconstrução de tecidos.]

Donovan, P. J.; Gearhart, G. The End of the Beginning for Pluripotent Stem Cells. *Nature* **414**, p. 92-97, 2001. [Uma revisão da situação da pesquisa com células-tronco.]

Enserink, M. Selling the Stem Cell Dream. *Science* **313**, p. 160-63, 2006. [Artigo sobre as clínicas que consideram a propaganda em torno de terapias de célula-tronco.]

Gurdon, J. B. e Melton, D. A. Nuclear Reprogramming in Cells. *Science* **322**, p. 1811-15 (2008).

Holden, C. Biologists Change One Cell Type Directly into Another. *Science* **321**, p. 1143 (2008).

—. Controversial Marrow Cells Coming into Their Own? *Science* **315**, p. 760-61 (2007). [Artigo dobre as células progenitoras multipontentes da medula óssea.]

—. A Fresh Start for Embryonic Stem Cells. *Science* **322**, p. 1619 (2008). [Um dos primeiros anúncios sobre a revogação de Obama do banimento de célula-tronco.]

—. NIH Aproves First New Lines; Many More on the Way. *Science* **326**, p. 1467 (2009). [Artigo sobre as novas linhas de célula-tronco aprovadas sob a administração Obama.]

—. Scientists Create Human Stem Cell Line from "Dead" Embryos. *Science* **313**, p. 1869 (2006). [Artigo sobre uma possível fonte menos controversa para células-tronco.]

—. Versatile Stem Cells without the Ethical Baggage? *Science* **315**, p. 170 (2007). [Artigo sobre os líquidos amnióticos e seu uso como substitutos das células-tronco.]

Holden C. e Kaiser, J. Draft Stem Cell Guidelines Please Many, Disappoint Some. *Science* **324**, p. 446 (2009). [Artigo sobre as reações para as novas recomendações de célula-tronco.]

Hornyak, T. Turning Back the Celular Clock. *Scientific American*, p. 112-15 (Dezembro de 2008). [Uma revisão da pesquisa inicial que levou às células iPS.]

Normile, D. Receipe for Induced Pluripontent Stem Cells Just Got Clearer. *Science* **325**, p. 803 (2009).

Stadfeld, M., Nagaya, M., Utikal, J. Weir, G. e Hochedlinger, K. Induced Pluripotente Stem Cells Generated without Viral Integration. *Science* **322**, p. 945-49 (2008). [Trabalho original mostrando que as células iPS podem ser produzidas usando adenovírus.]

Sussman, M. Cardiovascular Biology: Hearts and Bones. *Nature* **410**, p. 640-41, 2001. [Artigo sobre como as células-tronco podem ser usadas para regenerar tecidos.]

Vogel, G. Diseases in a Dish Take Off. *Science* **330**, p. 1172-73 (2010).

STEM CELL RESEARCH
Providi... Hope for New Cures
HR 810:
STEM CELL
RESEARCH
Bringing Hope
to Millions

FIGURA 3 **Ativistas famosos.** Michael J. Fox tem sido entrevistado várias vezes em relação à política norte-americana sobre a pesquisa em células-tronco. Ele também tem feito campanha para políticos que a apoiam.

A Ciência da Felicidade e da Depressão

Independente se pensamos sobre isto ou não, felicidade é um tópico importante nas nossas vidas. Nos Estados Unidos, sempre pensamos sobre a importância fundamental da felicidade, motivo pelo qual os fundadores incluíram "vida, liberdade e a busca da felicidade" na Declaração de Independência. Quanto tempo gastamos ponderando a natureza da felicidade é uma reflexão sobre a natureza de nossas vidas e quanto temos que lutar para sobreviver. Uma geração atrás, as pessoas estavam muito ocupadas, tentando colocar comida na mesa, para se preocupar com coisas tolas como se eram ou não felizes. Entretanto, no século XXI, ao menos nos países de primeiro mundo, as pessoas têm mais tempo e luxo para pensar sobre isso.

O Cérebro e o Prazer

Para começar a entender a natureza da felicidade, devemos primeiro ser capazes de entender como o cérebro funciona em relação às emoções que associamos com a felicidade. Por décadas os cientistas vêm tentando determinar onde estão os "centros de felicidade" no cérebro. Na década de 1950 um psiquiatra chamado Robert Heath fez alguns trabalhos pioneiros no mapeamento do cérebro através do implante de eletrodos nos cérebros de pacientes que sofreram de uma variedade de aflições, incluindo epilepsia, esquizofrenia e depressão. Ele estava tentando encontrar o assento biológico das desordens estimulando regiões no cérebro, o que resultou em algumas descobertas incríveis. Os pacientes catatônicos com desesperança sorriam, falavam e davam gargalhadas enquanto as áreas de seus cérebros eram estimuladas, mas, assim que o estímulo terminava, retornavam a seus estados catatônicos. Para continuar o estudo, Heath instalou eletrodos em cinco pacientes, que poderiam controlar seu próprio estímulo. Um paciente se autoestimulou 1.500 vezes em uma sessão de três horas. Esses experimentos ajudaram a definir estruturas no cérebro que seriam chamadas de "centro do prazer", e as teorias destes experimentos perduraram por décadas. Nos anos seguintes, muitos pesquisadores usaram modelos animais para demonstrar resultados similares. Embora possa não ser intuitivo que alguém possa dizer se um rato está deprimido ou não, há determinados comportamentos que são comuns a todos os mamíferos, e os pesquisadores usam essas dicas para determinar se animais não humanos estão deprimidos.

Entretanto, uma suposição sutil no trabalho inicial foi a de que a repetição implicava que o indivíduo estava derivando prazer da resposta. E se este nem sempre fosse o caso? No início da década de 2000, Morten Kringelbach e Kent Berridge (veja o artigo The Joyful Mind na bibliografia) começaram a questionar essa suposição. Muitos comportamentos viciantes conhecidos podem ser encontrados quando um indivíduo repete uma ação obsessivamente, mesmo sem parecer desfrutar verdadeiramente do objeto desta obsessão. Usando modelos animais, eles começaram a estudar o enigma "gostar *versus* querer". As regiões do cérebro identificadas na década de 1950 estão posicionadas na frente do cérebro e são ativadas pelo neurotransmissor dopamina (mostrado adiante), liberado pelos neurônios que se originam próximo ao tronco cerebral.

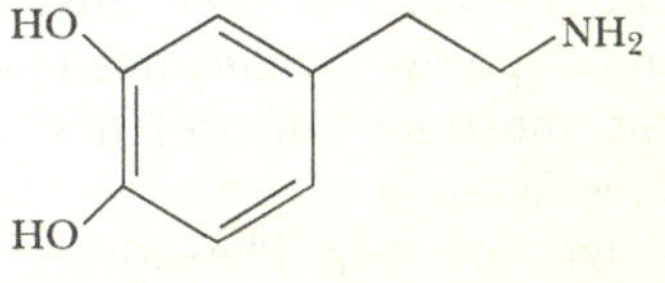
HO
HO
NH_2

Dopamina

Kringelbach e Berrige criaram a hipótese de que se essas áreas do cérebro fossem realmente os centros de prazer, então inundá-las com dopamina ou remover os receptores de dopamina alteraria a resposta do animal a um estímulo prazeroso, mas isto não foi o que descobriram. Eles usaram camundongos *knockout* (Capítulo 13) que não tinham uma proteína que removeria a dopamina assim que fosse liberada. Assim, estes animais teriam mais dopamina em seus sistemas. Se a dopamina estivesse levando ao prazer, deveriam ser camundongos "mais felizes" quando encarassem estímulos de prazer. Entretanto, o que eles descobriram foi que os camundongos buscavam estímulos de prazer, tais como comidas doces, mais ativamente que seus correlatos normais, mas, uma vez que conseguiam o prêmio, pareciam não gostar mais dele. Os roedores privados de dopamina não mostram interesse em oferendas doces. Eles morrem de fome, a menos que sejam cuidados. Consequentemente, a dopamina não parece ser o neurotransmissor do prazer, mas está intimamente ligada à motivação de atingir o prazer, uma distinção sutil. Em estudos humanos, a dopamina também parece mais relacionada à percepção pessoal do quanto se quer muito uma coisa, ao invés de quanto se gosta dela. Isso também foi confirmado pelos estudos de pessoas viciadas em drogas de recreação, muitas das quais agem inundando o cérebro com dopamina. O vício persiste por muito tempo após a sensação de prazer associada com a droga cessar. Os alcoólatras e os viciados em drogas normalmente "têm que" ingerir seus venenos específicos mesmo que não queiram.

O trabalho original da década de 1950 focou em uma área do cérebro próxima ao tronco cerebral, agora chamada área tegmental ventral, como mostrada na Figura 1.

Esta área se comunica com várias outras áreas do cérebro como mostrado, mas acredita-se agora estar relacionada à parte do desejo do prazer, em vez de à parte de gostar.

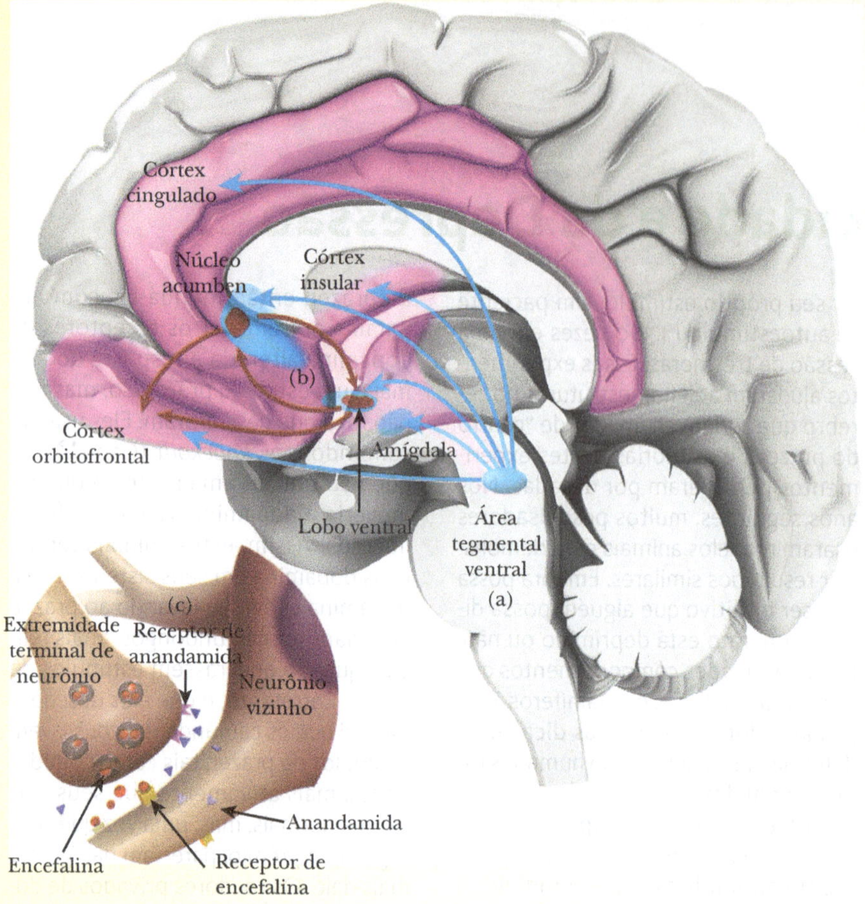
Córtex
cingulado
Núcleo
acumben
Córtex
insular
(b)
Córtex
orbitofrontal
Amígdala
Lobo ventral
Área
tegmental
ventral
(a)
(c)
Extremidade
terminal de
neurônio
Receptor de
anandamida
Neurônio
vizinho
Anandamida
Encefalina
Receptor de
encefalina

■ **FIGURA 1** **Querer e gostar.** Evidência mostra que existe uma diferença entre querer e gostar, embora estes estejam relacionados. Em (a), vários caminhos neurais associados com o querer começam na área tegmental frontal e são propagados para outras partes do cérebro (setas azuis). Essas vias do querer são com frequência associadas com a liberação do neurotransmissor dopomina as vias já foram pensadas para ser as únicas relacionadas ao prazer. Mais recentemente, os pesquisadores focaram outras áreas que estão relacionadas ao gostar (b). Estas envolvem pontos hedônicos (mostrados em vermelho), como o núcleo acumben e o lobo ventral. A química envolvida nestes pontos hedônicos está mostrada em (c). Um estímulo de prazer, como o gosto por chocolate, induz a extremidade terminal de um neurônio a liberar encefalina, que migra para um neurônio vizinho, onde se ligam aos receptores de encefalina. Este libera outro neurotransmissor, anandamida, que é a versão natural do organismo do ingrediente ativo da maconha, THC. A anandamida volta para os seus receptores no primeiro neurônio, estabelecendo um circuito de retroalimentação que estende o sentimento de prazer. (*AXS Biomedical Animation Studio, Inc.*)

Por exemplo, receber um presente que você realmente quer é normalmente mais gratificante que receber um que você não queria.

Sem descontar a importância do querer, os cientistas procuraram encontrar outras áreas do cérebro que estavam relacionadas com o prazer, que ficaram conhecidas como pontos hedônicos. Um destes é encontrado em uma sub-região dos núcleos acumbens (mostrado em vermelho na Figura 1). Outra é encontrada próxima ao lobo ventral (também mostrado em vermelho). Kringelbach e Berridge identificaram essas descobertas encontrando áreas nos cérebros de roedores que, quando estimuladas, aumentavam os sinais de aparência de prazer. Os caminhos que estão relacionados aos sentimentos de prazer nestas estruturas não são baseados na dopamina. Em vez disso, o são nos hormônios peptídicos discutidos no Capítulo 3, chamados encefalinas (mostrado adiante), que são pentapetídeos:

Tyr—Gly—Gly—Phe—Met

ou

Tyr—Gly—Gly—Phe—Leu

As encefalinas ligam-se aos receptores opioides nos neurônios próximos. Estes então liberam outro hormônio chamado anandamida (mostrado a seguir):

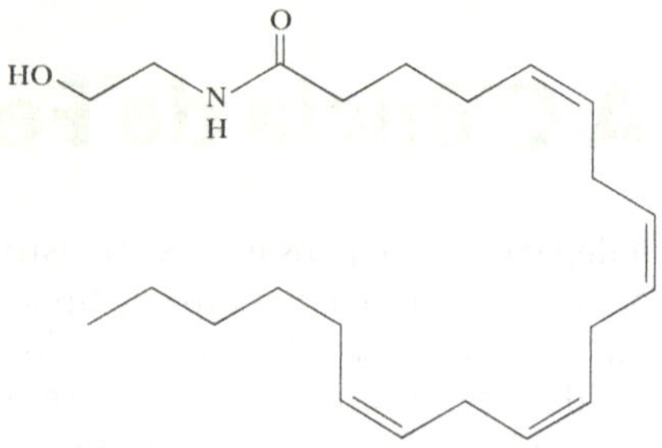
HO
O
N
H

Anandamida

A anandamida é a versão natural do organismo da molécula de THC, encontrada na maconha, e acredita-se que regule e propague o sentimento de prazer instigado pelas encefalinas.

Embora cada um dos pontos hedônicos seja pequeno, como mostrado na Figura 1, eles fazem uma inter-relação complexa com muitas partes do cérebro. É bastante complicado e indubitavelmente será estudado por anos à frente, mas a separação de querer e gostar foi a pedra fundamental para a psicologia.

Não se Preocupe – Seja Feliz

Alguns acreditam que ela seja causada pelo nosso estilo de vida competitivo. Outros pensam que seja devida a toxinas. Outros, ainda, que se deve à má alimentação. Qualquer que seja a causa, não há dúvida de que milhões de norte-americanos sofrem de depressão. A indústria farmacêutica e os campos de psiquiatria e psicologia são fortemente financiados por receitas de pacientes lutando contra a depressão. Mas, antes de falarmos sobre grandes medicamentos e antidepressivos, vamos examinar algumas das pesquisas sobre opções mais seguras e mais baratas. Nos últimos anos, descobriu-se que uma deficiência em muitos compostos está relacionada com a depressão.

Ácidos Graxos

No início de 2011, pesquisadores relataram on-line, no periódico *Nature Neuroscience*, que as deficiências em ácidos graxos poli-insaturados ômega 3 alteram o funcionamento do sistema endocanabinoide, um grupo de lipídeos e seus receptores que estão envolvidos no humor, nas sensações de dor e em outros processos. Eles observaram que camundongos submetidos a uma dieta baixa em ácidos graxos poli-insaturados ômega-3 têm baixo níveis de ômega-3 no cérebro, o que está associado com uma alteração no funcionamento do sistema endocanabinoide, especificamente a um déficit do receptor do canabinoide CB1 no córtex pré-frontal do cérebro. Os receptores de canabinoides são uma classe de receptores da membrana celular sob a superfamília Receptor Acoplado à Proteina G. Os receptores de canabinoides são ativados por três grupos principais de ligantes endocanabinoides (produzido pelos mamíferos), planta canabinoide (como o THC, produzido pela canabis) e canabinoides sintéticos. Todos os endocanabinoides e plantas canabinoides são compostos lipofílicos, isto é, solúveis em gorduras. O receptor canabinoide CB1 tem sido relacionado a desordens depressivas.

Os estudos seguiram mais de 600 casos de depressão e mostraram que os pacientes que tinham alimentação mais rica em ácidos graxos trans tinham quase 50% mais probabilidade de ser depressivos. Embora muita pesquisa ainda precise ser feita, isto poderia indicar que comer salmão e outras fontes de ácidos graxos ômega 3, bem como alimentação baixa em ácidos graxos trans, podem ajudar tanto a cabeça quanto o coração.

Vitamina D

Um experimento clínico está testando o efeito da suplementação de vitamina D na resistência da insulina e no humor em mulheres diabéticas. A resistência aumentada à insulina (diabetes tipo 2) tem sido associada à depressão. Níveis mais altos de vitamina D têm sido associados a um risco reduzido de depressão, diabetes e outros alimentos. O estudo está procurando administrar 50.000 unidades internacionais de vitamina D por semana por 6 meses a 80 mulheres com diabetes tipo 2 estável e idades entre 18-70 anos com sinais de depressão. As participantes serão avaliadas em três pontos para níveis de vitamina D no sangue e outros fatores. Há evidência para sugerir que a suplementação de vitamina D pode diminuir a resistência à insulina. A diabetes tipo 2 está em crescimento nos Estados Unidos e há algumas evidências de que vários fatores, incluindo a alimentação e as deficiências em vitaminas, podem levar a esta doença, bem como à depressão associada.

Vitamina B12

A vitamina B12 tem a maior e mais complexa estrutura química de todas as vitaminas. Ela é única dentre as vitaminas por conter um íon metálico, o cobalto. Cobalamina é o termo usado para se referir a compostos com atividade da vitamina B12. A metilcobalamina e a 5-desoxiadenosil cobalamina são as formas da vitamina B12 usadas pelo corpo humano. Muitos suplementos contêm cianocobalamina, que é rapidamente convertida em 5-desoxiadenosil e metilcobalamina. Nos mamíferos, a cobalamina é um cofator para apenas duas enzimas, metionina sintase e L-metilmalonil-CoA mutase.

A metilcobalamina é necessária para a função da enzima dependente de folato, metionina sintase. Esta enzima é necessária para a síntese do aminoácido metionina, a partir da homocisteína. A metionina, por sua vez, é necessária para a síntese de S-adenosilmetionina, um grupo doador de grupo metila usado em muitas reações biológicas de metilação, incluindo a metilação de um número de locais dentro do DNA e RNA. Acredita-se também que a deficiência de vitamina B12 esteja envolvida na depressão. Estudos descobriram que até 30% dos pacientes hospitalizados em razão da depressão são deficientes em vitamina B12. Um estudo de várias centenas de mulheres portadoras de deficiências físicas com idade acima de 65 anos mostrou que aquelas com deficiência de vitamina B12 tinham quase 70% mais probabilidade de sofrer depressão que aquelas cujos níveis de vitamina B12 eram normais. A relação entre a deficiência de vitamina B12 e a depressão não está muito clara, mas pode envolver a S-adenosilmetionina (SAMe). A vitamina B12 e o folato são necessários para a síntese de SAMe, um doador de grupo metila essencial para o metabolismo de vários neurotransmissores.

Antidepressivos – Apresentando as Grandes Armas?

Pessoas vêm tentando curar a depressão por séculos usando qualquer que seja sua versão de uma "pílula da felicidade". Até a década de 1950, os medicamentos opioides eram usados para a depressão, seguidos pelas anfetaminas através da década de 1960. Em 1952, o psiquiatra Max Luri foi o primeiro a usar um antidepressivo dedicado, Isoniazida, embora tenha sido usado anteriormente para combater a tuberculose.

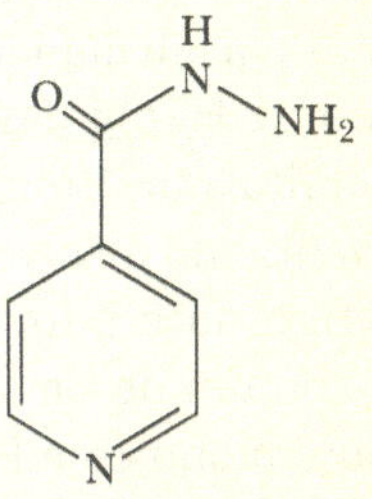

H
N
O
NH_2
N

Isoniazida

Nas décadas que se seguiram, houve uma explosão no número e nos tipos de medicamentos comercializados para combater a doença pouco conhecida. Algumas das principais classes de antidepressivo e como eles funcionam são mostrados a seguir. A maioria inibe a recaptação dos neurotransmissores que estão associados à felicidade e à depressão.

Os inibidores de recaptação seletiva de serotonina (SSRIs) são atualmente um dos antidepressivos mais populares. Eles bloqueiam a reabsorção do neurotransmissor, serotonina. Os exemplos comuns destes são: Prozac®, Zoloft® e Lexapro®.

Os inibidores de recaptação de norepinefrina (NRIs) bloqueiam a recaptação deste importante neurotransmissor.

Os inibidores de seretonina-norepinefrina (SNRIs) bloqueiam a recaptação tanto de serotonina quanto de norepinefrina e representam outra importante classe moderna de antidepressivos.

Os inibidores de recaptação de norepinefrina-dopamina (NDRIs) incluem o Wellbutrin®.

Os inibidores de monoamina oxidase (MAOIs) eram uma classe mais antiga de antidepressivos. Eles agem inibindo a enzima monoamina oxidase, que degrada dopamina, serotonina e norepinefrina. Devido a complicações com estes medicamentos, eles não são mais receitados como antes.

Existem várias outras classes de antidepressivos, e cada uma das descritas abrangem muitos exemplos de medicamentos. Por consequência, pode-se perguntar por que a depressão ainda não foi eliminada de uma vez. Infelizmente, nenhum desses medicamentos funciona como esperávamos em um mundo perfeito. Robin Marantz Henig descreve em seu artigo intitulado Lifting the Black Cloud (Levantando a Nuvem Negra) (veja o artigo na bibliografia) um caso bem comum de uma paciente que gastou um ano com Paxil® (um SSRI), que destruiu seu apetite sexual. Ela então tentou Xanax®, um medicamento ansiolítico. Este trouxe de volta seu apetite sexual, mas teve outros efeitos colaterais. Então ela tentou o Paxil de novo, seguido pelo Lexapro (outro SSRI) e o Pristiq® (um SNRI). Então, ela foi para o Zolof e Wellbutrin, o último dos quais se supunha eliminar os efeitos colaterais do Zolof. Infelizmente esta abordagem de tentativa e erro é comum com a prescrição de antidepressivos. Eles não funcionam da mesma forma para todo mundo. O mais comum e popular desde as décadas de 1980 e 1990 são os SSRIs e SNRIs, mas não funcionam em 30% dos casos. Eles também levam muito tempo para começar a funcionar, por volta de semanas. Durantes essas semanas, as chances de suicídio são cinco vezes maiores. As companhias de medicamentos continuam a buscar melhores medicamentos, mas o número daquelas dispostas a fazer este esforço está diminuindo, o que é uma má notícia para as 15 milhões de pessoas só nos Estados Unidos que estão clinicamente depressivas.

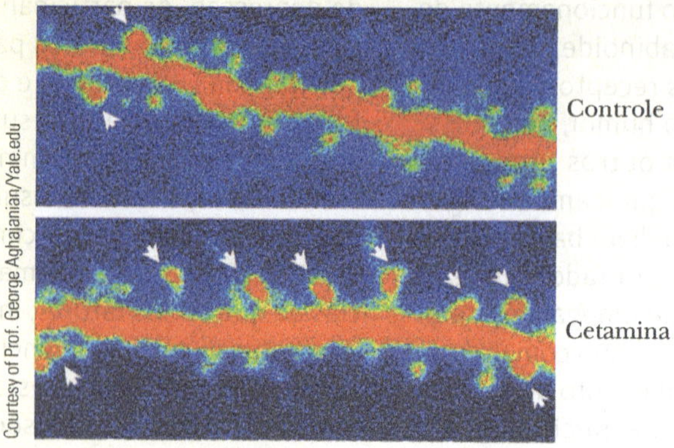
Controle
Cetamina
Courtesy of Prof. George Aghajanian/Yale.edu

■ **FIGURA 2** **Na presença de cetamina, mostrou-se que os dendritos neuronais fazem crescer mais espinhas que o controle.**

Os cientistas estão buscando um antidepressivo que funcione mais rapidamente. Isto eliminaria o perigoso período de espera e torná-los-ia mais eficientes para determinar qual o correto para determinado indivíduo. Uma maneira foi começar com modelos animais, usando medicamentos que se sabe serem mais rápidos. Um desses medicamentos é a cetamina.

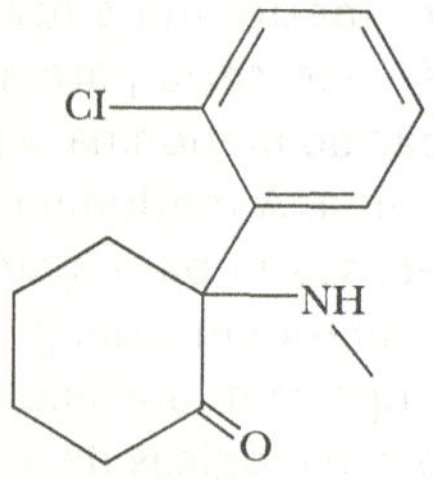
Cl
NH
O

Cetamina

A cetamina é um analgésico e uma droga ilícita chamada K especial. Em grandes doses, provoca alucinações, e em roedores pode ser tóxica para as células nervosas, tornando-a um antidepressivo menos ideal para os humanos. Entretanto, parece funcionar muito rapidamente e alivia os sintomas quase imediatamente. Estudos em camundongos mostraram que o medicamento faz que comecem a produzir proteínas necessárias para construir novas sinapses entre os neurônios no córtex pré-frontal, uma área do cérebro que se comporta anormalmente nos animais deprimidos. Com 24 horas, os camundongos começam a mostrar novas espinhas sinápticas junto com dendríticas, que são projeções que recebem impulsos de outros neurônios. Em vários estudos, quanto mais espinhas, mais rapidamente os impulsos nervosos são transmitidos e menos o animal mostra sinais de depressão. Na depressão existe atrofia no córtex pré-frontal e no hipocampo. Está claro que a criação das espinhas sinápticas é uma maneira como a cetamina ou outros medicamentos similares ajudam a combater a depressão. A Figura 2 mostra como os dendritos fazem crescer mais espinhas quando a cetamina é administrada.

Pesquisa adicional com a cetamina tem demonstrado que o crescimento neuronal é mediado através da ativação de uma enzima chamada mTOR, a mesma enzima vista no Tópico Moderno sobre envelhecimento. Como muitos acreditam que a cetamina seja muito arriscada para um antidepressivo, os cientistas estão buscando outros medicamentos que ativam a mTOR. Sabe-se que a cetamina estimula a mTOR evitando que o glutamato, um neurotransmissor importante, encoste em seu receptor, chamado receptor NMDA (N-metil-D-aspartato); portanto, encontrar um medicamento que bloqueie aquele sítio é uma área ativa na pesquisa.

Outro medicamento que age rapidamente e já esteve em uso em outros propósitos – doença do movimento – é a escopolamina.

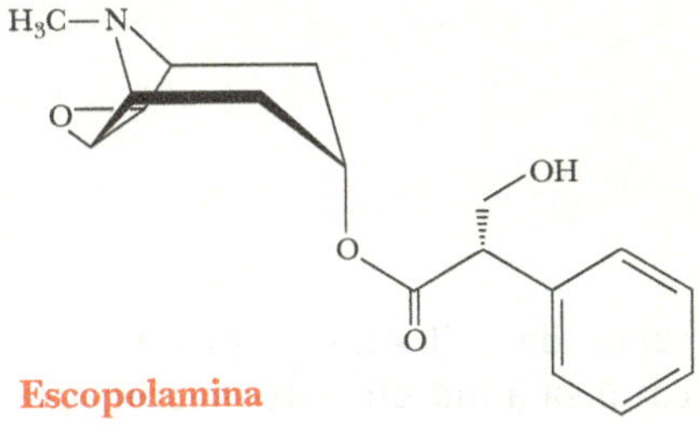

H_3C—N
O
OH
O
O

Escopolamina

A escopolamina influencia um sistema diferente. Ela bloqueia a ligação do neurotransmissor acetilcolina a um tipo de transmissor chamado receptor muscarínico. Em estudos com mais de 40 sujeitos, mostrou-se que injeções de escopolamina aliviam os sintomas da depressão em três dias, com alguns pacientes relatando se sentir melhor no dia seguinte. Entretanto, um bloco de impedimento é a necessidade de injeções intravenosas. Isto a faz não tão prática quanto um comprimido ou um adesivo de pele, mas estas duas técnicas não se mostraram tão eficientes.

Apesar do problema de quão lentamente muitos antidepressivos atuam, os pesquisadores têm também tentado enfrentar a questão de os medicamentos conhecidos não funcionarem para todas as pessoas. Algumas companhias estão mirando outros sistemas receptores, como os nicotínicos, assim chamados porque respondem à nicotina bem como a seu substrato natural, a acetilcolina. Entretanto, alguns dos trabalhos mais excitantes envolvem abordagens diferentes ao invés de apenas vir com um medicamento que se ligará a um receptor. Um dos métodos é aumentar a neurogênese no hipocampo, uma vez que se sabe que um dos problemas vistos em pacientes depressivos é a atrofia dos neurônios no cérebro. Sabe-se também que os SS-RIs e SNRIs em uso agem não apenas afetando os níveis de serotonina, mas também aumentando o crescimento neuronal. A companhia Neuralstem está fazendo testes na fase 1 com uma forma de comprimido de um medicamento chamado NSI-189, que tem se mostrado promissor no crescimento do hipocampo. A atrofia neuronal leva anos para ocorrer, e este comprimido não agirá rapidamente, mas a companhia espera que seus efeitos sejam duradouros.

Fechando o círculo, os estudos mais singulares estão de novo focando na serotonina, mas com uma abordagem completamente diferente. Eles objetivam aumentar os receptores de serotonina (Capítulo 13). O gene sendo examinado é o *p11*, que codifica uma proteína instrumental no movimento dos receptores de serotonina para a superfície celular. Paul Greengard e seus colegas do Instituto Rockefeller mostraram que, tanto em roedores quanto em humanos, os indivíduos com comportamentos similares à depressão mostram também baixos níveis de *p11*. Usando um transportador de adenovírus, Grengard coloca o *p11* diretamente no núcleo acumben de camundongos deficientes e seus comportamentos depressivos diminuem. Estudos atuais estão em curso para ver se uma abordagem similar funcionará em macacos. Se funcionar, então os cientistas acreditam que a terapia do gene para os humanos será uma possibilidade.

Existem muitas notícias boas e ruins com relação à felicidade na sociedade moderna. A boa notícia é que a maioria das pessoas tem uma qualidade de vida que lhes permite focar em coisas mais interessantes, como prazer e felicidade. A notícia ruim é que muitas pessoas sofrem para encontrá-la, o que é motivo de tantas pesquisas em andamento para ajudar as pessoas a se sentirem mais felizes, ou no mínimo menos deprimidas. Este artigo apenas dá uma pincelada, mas está claro que o cérebro é um órgão muito complicado, como é a química associada a ele. É quase irônico que um ramo da ciência que está buscando maneiras de estender a vida encontre sem querer uma enzima, mTOR, cuja inibição relaciona-se com vidas mais longas, enquanto outro ramo, buscando a cura da depressão, descobre que a ativação da mesma enzima relaciona-se com a redução da depressão. Podemos apenas esperar que não sejamos deixados com uma escolha entre vida longa ou felicidade.

Bibliografia Comentada

Marantz Henig, R. Lifting the Black Cloud. *Scientific American* p. 66-71 (março de 2012).

Kringelbach, M. L. e Berridge, K. C. The Joyful Mind. *Scientific American* p. 40-45 (agosto de 2012).

Humanos *versus* Gripe

No outono de 2009, uma frase comum ouvida nos pátios das escolas era "Ele pegou a suína," referindo-se à eclosão da gripe suína que começou na primavera daquele ano. Certamente, qualquer leitor deste livro já teve uma gripe, doença que a maioria das pessoas considera um fato incômodo da vida, algumas vezes anualmente. Existem epidemias frequentes de gripe ao redor do mundo, com algumas sendo muito sérias. Em 1918, houve uma pandemia mundial de gripe que matou mais de 50 milhões de pessoas, e foi uma das piores epidemias da história, superando a peste negra na Idade Média. Para uma comparação, existem hoje apenas 40 milhões de pessoas vivendo com o vírus HIV, e levou 30 anos para chegar a este ponto. O vírus da gripe tem estado entre nós por centenas de anos, e nunca foi completamente controlado pela medicina moderna.

O que é um Vírus de Gripe?

Uma única partícula do vírus influenza (um virion) é um genoma fita molde de RNA de fita única com um envoltório proteico que se projeta através de um envelope de bicamada lipídica. A Figura 1 mostra as características estruturais do vírus influenza.

Existem três tipos principais, designados A, B e C, dependendo das diferenças nas proteínas do nucleocapsídeo. Os vírus influenza causam infecções do trato respiratório superior, provocando febre, dores musculares, dores de cabeça, congestão nasal, dor de garganta e tosse. Um dos maiores problemas é que as pessoas afetadas pela gripe frequentemente têm infecções secundárias, incluindo pneumonia, o que torna a gripe potencialmente letal. Vamos abordar o vírus da gripe A porque, dos três, ele é responsável pela maioria das doenças humanas. As características mais proeminentes do envoltório viral são duas proteínas espiculares. Uma é chamada hemaglutinina (HA), que recebe este nome porque faz os eritrócitos se aglutinarem. A segunda é a neuraminidase (NA), uma enzima que catalisa a hidrólise de uma ligação de ácido siálico com a galactose ou a galactosamina (veja o Capítulo 16). Acredita-se que a HA ajude o vírus a reconhecer as células alvo. Acredita-se também que a NA ajude o vírus a atravessar as membranas mucosas. São conhecidos 16 subtipos de HA (denominados H1 – H16) e 9 subtipos de neuraminidase (designados N1 – N9) foram catalogados. H1, H2, H3, N1 e N2 aparecem na maioria das viroses que afetam os humanos. Os vírus da influenza A individual são nomeados fornecendo os subtipos de HA e NA – por exemplo, H1N1 ou H3N2. O vírus que provoca a gripe aviária, que tem estado no noticiário por vários anos, é o H5N1. A presença da proteína H5 afeta humanos, mas até agora em uma extensão menor que os outros subtipos HA. Ela, obviamente, afeta pássaros, com mais fatalidade entre frangos, patos e gansos. Quando a gripe aviária apareceu pela primeira vez, dizimou bandos de aves ao redor do globo.

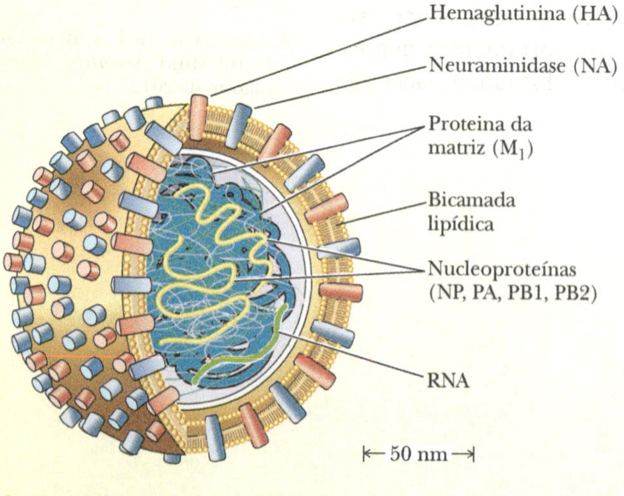
Hemaglutinina (HA)
Neuraminidase (NA)
Proteína da matriz (M_1)
Bicamada lipídica
Nucleoproteínas (NP, PA, PB1, PB2)
RNA
50 nm

■ FIGURA 1 **Diagrama seccional do virion da influenza.** As espículas HA e NA estão inseridas em uma bicamada lipídica formando o envoltório externo do virion. Uma proteína da matriz, M1, reveste o interior dessa membrana. O núcleo do vírion contém os oito segmentos de fita simples que constituem o seu genoma em um complexo com as proteínas NP, PA, PB1 e PB2 para formar estruturas helicoidais chamadas neocapsídeos. (Reproduzido com permissão do Estado de Bunji Tagawa.)

Como os Vários Vírus da Gripe Afetam os Humanos?

A natureza do subtipo de vírus determina seu efeito nos humanos. Os fatores relevantes para os epidemiologistas são a transmissibilidade e a mortalidade. Por exemplo, houve apenas algumas centenas de casos de pessoas contraindo a gripe aviária; portanto, sua transmissibilidade é baixa. Entretanto, dos que se sabe terem contraído o vírus, mais de 60% morreram; logo, ainda é uma grande preocupação. Em contraste, a febre suína de 2009 foi a variedade H1N1, que é mais transmissível, e que levou à primeira pandemia de gripe em 40 anos. No entanto, ela é muito menos mortal para aqueles que a contraíram. Em muitos casos, seus sintomas não são piores que aqueles de muitas gripes comuns, e houve poucas fatalidades. Um dos filhos do autor frequenta uma pequena escola que teve 32 casos de gripe suína em um único dia, apenas dois a menos que o necessário para fechar a escola por uma semana. Embora não se sentindo particularmente bem um dia, todos os alunos foram enviados à escola mesmo assim, um fato, segundo o autor, que não será esquecido, já que custou uma semana sem escola. Um dos alunos foi mais tarde diagnosticado com gripe suína.

Por Que Não Podemos Eliminar a Gripe?

Embora a gripe esteja entre nós por milênios, ela está sempre mudando, e é esta possibilidade de tantas variações que preocupa as agências responsáveis pela saúde pública, como o Centro de Controle e Prevenção de Doenças (CDC) e a Organização Mundial de Saúde (OMS). Ocorrem frequentes mutações com os vírus, tornando difícil montar uma boa defesa. Uma das grandes preocupações é que uma cepa com alta taxa de mortalidade poderia sofrer mutação para uma que também seja muito transmissível. A Figura 2 mostra como a mortal cepa aviária poderia mudar potencialmente.

Em uma possibilidade, o vírus (o vírus aviário H5N1 neste exemplo) sofre mutação e muda suas proteínas superficiais, tornando-o mais capaz de se ligar a células humanas e infectá-las (rota branca). A outra possibilidade é que dois vírus possam infectar a mesma célula (H5N1 e H3N2 neste exemplo, rota amarela). Os RNAs virais poderiam se misturar e produzir genes reordenados, levando a diferentes capacidades em uma nova cepa mutada. Os genes reordenados podem aparecer a qualquer momento, uma vez que um hospedeiro é infectado por múltiplas cepas de vírus. Isto pode acontecer entre humanos, aves e porcos, por exemplo, considerando que todos os três tipos de animais estão frequentemente juntos, como em uma fazenda que tem frangos e porcos.

A mortal gripe de 1918 também foi uma gripe suína H1N1. Indícios de que a gripe de 2009 não era completamente nova vieram do fato de que pessoas jovens foram atingidas muito mais duramente que pessoas idosas, a passo que estas são normalmente os alvos de novas viroses de gripe. Isto indicou que pessoas que estavam vivas por muitas décadas tinham alguma imunidade à gripe suína de 2009. Esta evidência ajudou a levar a uma identificação mais rápida do tipo de gripe. Embora separadas por quase 100 anos, a gripe de 1918 e a gripe suína de 2009 eram tão similares, que camundongos que receberam a vacina contra o vírus de 1918 produziram anticorpos que neutralizaram completamente a versão de 2009. Em 1997, uma gripe que era em grande parte de origem humana foi descoberta em porcos na América do Norte. Um ano mais tarde, pesquisadores descobriram outra versão que combinava genes de fontes humanas, aviárias e suínas, uma reordenação tripla. A gripe suína de 2009 também foi uma reordenação tripla, que combinou peças de três fontes diferentes. Tais combinações demonstram que os vírus da gripe não ficam contidos em uma única espécie por muito tempo. Esta é a principal razão pela qual os cientistas se preocupam com qual será a próxima mistura de genes de gripe. É também por isso que a CDC e a OMS levam cada caso de gripe seriamente. Uma combinação da mortalidade da gripe aviária com a transmissibilidade da gripe suína de 2009 poderia levar a uma nova peste. Felizmente, não aconteceu até agora.

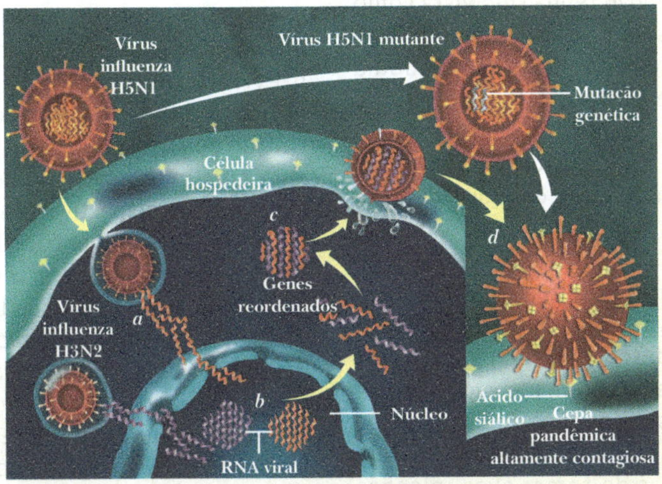
Vírus influenza H5N1
Vírus H5N1 mutante
Mutação genética
Célula hospedeira
c
d
Genes reordenados
Vírus influenza H3N2
a
b
Núcleo
RNA viral
Ácido siálico
Cepa pandêmica altamente contagiosa

■ FIGURA 2 **Duas possíveis estratégias para vírus mutantes.** A cepa H5N1 pode sofrer uma mutação que a faria se ligar mais facilmente à célula e, por consequência ser mais efetiva (rota branca). Tanto a cepa H5N1 quanto a H3N2 podem se ligar à mesma célula e então misturar seus RNAs para formar genes reordenados (rota amarela). (Alice. Chem, 2005 para *Scientific American*)

Muita Informação?

Na última década, o mundo assistiu a três famosas eclosões de gripe ocupando os noticiários: SARS, gripe aviária e gripe suína. Os pesquisadores aprenderam muito sobre saúde pública e prontidão epidêmica a partir dessas eclosões. Muitos concordaram que demos sorte de a altamente transmissível gripe suína não ser tão letal. Também concordaram que tivemos sorte de a gripe aviária (H5N1) não ser muito transmissível. Na realidade, não parecia passar de humano para humano muito bem, e certamente não através de quaisquer mecanismos de transporte pelo ar. A grande questão foi, consequentemente, e se o H5N1 se tornar transportável pelo ar? Os resultados poderiam ser catastróficos, uma vez que os humanos têm de pouca a nenhuma imunidade à variedade H5.

Muitos pesquisadores estudam a transmissibilidade de doenças usando furões, um modelo humano razoável, e algumas dessas pesquisas chamou a atenção de agências governamentais. Em 2012, um debate assolou as comunidades científicas e governamentais em relação a quanta informação deve ser tornada pública sobre estudos de dois laboratórios diferentes que trabalhavam na pergunta "e se" sobre vírus mutantes da gripe. O trabalho foi feito no laboratório de Ron Fouchier, um virologista na Holanda, e por Yoshihiro Kawaoka, um virologista que trabalha tanto em Madison, Wisconsin, quanto na Universidade de Tóquio. O estudo de Fouchier usou furões em gaiolas em uma tentativa de mostrar a transmissibilidade por transporte pelo ar do vírus nativo H5N1.

O vírus nativo H5N1 não passa de furão para furão através do ar. Os pesquisadores produziram três mutações no vírus H5N1, mas estas também não passaram de furão para furão. Entretanto, a passagem repetida do vírus de um furão para outro levou a mutações adicionais. Depois de 10 passagens, o vírus que sofreu mutação mostrou-se ser transmissível através do ar. Isto demonstrou que não era tão difícil para o vírus sofrer mutação para uma forma transportada pelo ar. As conclusões dos estudos de Kawaoka foram similares. Entretanto, muitos meses depois, esses resultados foram considerados os artigos mais famosos que nunca foram publicados. Em 2011, a U. S. National Science Advisory Board for Biosecurity (NSABB) recomendou que os resultados desses dois artigos não fossem publicados na forma completa. A comissão sentiu que a metodologia completa daria aos pretensos terroristas as informações de que necessitavam para realizar o que todo mundo temia. Entretanto, após uma seção entre entendidos no assunto da OMS discordar das recomendações, a NSABB revisou uma versão modificada dos artigos e mudou sua posição, permitindo sua publicação.

Vacinas da Gripe

Além de monitorar as estações anuais de gripe e esperar que novas cepas mortais não se desenvolvam, as agências governamentais também se preocupam em ter estoque suficiente de vacinas necessárias para proteger as pessoas contra a gripe. Muitas pessoas tomam injeções anuais contra a gripe e existe uma reserva de vacinas da gripe padrão. Infelizmente, não existe vacina nem aproximadamente suficiente para cobrir todos, especialmente se surgir uma nova e mais virulenta cepa. A gripe suína de 2009 foi outro aviso deste problema, porque o espalhamento da doença teve seu pico muito antes que pudessem ser produzidas vacinas suficientes. Uma das razões é que poucas companhias estão dispostas a fabricar mais vacinas devido ao temor de litígio. Em meados da década de 1970 havia de 40 a 50 companhias no mundo fabricando vacinas contra gripe, mas hoje existem apenas algumas poucas. Embora tivesse havido uma epidemia, uma pandemia nunca se materializou, e as pessoas processaram as companhias por causa dos efeitos colaterais das vacinas. Atualmente, os governos comissionam a produção de vacinas da gripe e assumem os riscos de litígio.

Embora muito da resposta à epidemia de 1976 tenha sido vista como um desastre, ao mesmo tempo o que se aprendeu sobre o vírus ajudou a levar a respostas muito mais rápidas às cepas modernas de gripe, como as gripes aviária e suína de 2009. Da mesma forma que com qualquer vírus que sofre mutação rapidamente, produzir vacinas é sempre um jogo desafiante de gato e rato. A cada ano versões ligeiramente diferentes são descobertas, e os laboratórios tentam combinar a vacina a suas melhores suposições do que a "gripe do dia" será. Muitas pessoas fazem promessas de tomar suas injeções anuais contra a gripe. Outras nem pensariam em tomar. Uma vez que muitos dos sintomas da gripe que sofremos são parcialmente devido à resposta de nosso organismo à vacina, as pessoas acham que contraíram a gripe da vacina, embora o que realmente sentem seja apenas suas imunidades em ação.

Os Anticorpos Monoclonais Assumem a Gripe

Além de gerar vacinas contra o vírus da gripe, os cientistas tentam também gerar anticorpos monoclonais que combaterão a doença. Os anticorpos monoclonais são caros para produzir e, em muitos casos, a tentativa é frustrada por causa da natureza do vírus em mudar rapidamente. Consequentemente, os pesquisadores têm procurado um anticorpo que atacará parte do vírus que não muda. No início de 2009, duas equipes independentes relataram que haviam criado anticorpos que reagiriam com uma parte da proteína hemaglutina (HA) do vírus da gripe. A boa notícia foi que a parte da proteína hemaglutina ligada pelo anticorpo é relativamente constante e não muda entre cepas.

As equipes identificaram 10 anticorpos diferentes que reconheceram o subtipo H5 encontrado na gripe aviária e descobriram que também bloqueariam oito dos quinze tipos de HA. Elas testaram os anticorpos em camundongos tanto antes quanto depois de serem administrados com quantidades letais de gripe aviária. A maioria dos roedores sobreviveu, indicando que aqueles anticorpos funcionariam como prevenção ou cura.

A comunidade médica está animada com a perspectiva de somar outra arma à eterna luta contra a gripe. Tais anticorpos podem ser usados para fornecer uma imunidade passiva imediata a pessoas que não respondem bem às vacinas, como as idosas ou aquelas cujos sistemas imunológicos estão comprometidos, e também permitirão uma contramedida forte à pandemia iminente. O lado negativo de descobertas novas como esta é o custo. Não existem vacinas baratas o suficiente para atender às necessidades ao redor do mundo, e muitos países economicamente desfavorecidos têm problemas em obtê-las, especialmente um anticorpo monoclonal caro. Mesmo assim, muitos percebem que os governos que podem comprá-los seriam espertos ao estocar alguns destes novos anticorpos como uma proteção contra a próxima pandemia.

Bibliografia

Cohen, J. What´s Old is New: 1918 Virus Matches 2009 H1N1 Strain. *Science* **327**, p. 1563-64 (2010).

—. Does Forewarned = Forearmed with Lab-Made Avian Influenza Strains?. *Science* **335**, p. 785-87 (2012).

Enserink, M. Public at Last, H5N1 Study Offers Insight into Virus's Possible Path to Pandemic. *Science* **336**, p. 1494-95 (2012).

—. e Cohen J. One H5N1 Paper Finally Goes to Press: Second Greenlighted. *Science* **336**, p. 529-30 (2012).

Gibbs, W. W. e Soares, C. Preparing for a Pandemic. *Scientific American* p. 45-52 (novembro de 2005).

Soares C. Eyes on the Swine. *Scientific American* p. 15-16 (julho de 2009).

Vijaykrishna, D. Poon, L. M. Zhu, H. C., Ma, S. K., Li, O. T. W., Cheung, C. L., Smith, G. J. D., Peiris, J. S. M. e Guan, Y. Reassortment of Pandemic H1N1/2009 Influenza A Virus in Swine. *Science* **328**, p. 1529 (2010).

Xu, R., Ekiert, D. C. Krause, J. C., Hai, R., Crowe, J. E. e Wilson, I. A. Structural Basis of Preexisting Immunity to the 2009 H1N1 Pandemic Influenza Virus. *Science* **328**, p. 357-60 (2010).

Malária

Qualquer um que vive em um clima tropical está ciente da malária e dos problemas que esta doença pode causar. Centenas de milhares de pessoas são afetadas ao redor do mundo a cada ano, e aproximadamente um milhão de pessoas morrem por causa dela. Não é surpresa que este tópico seja de grande interesse, especialmente em países em desenvolvimento. Uma possível abordagem para a situação é aprender os fatos básicos sobre a malária, com uma visão para melhorar tanto a prevenção quanto o tratamento. O Centro de Controle e Prevenção de Doenças (CDC) mantém um site na internet sobre a malária (www.cdc.gov/MALARIA), com links para informações específicas sobre vários aspectos da doença. Uma característica importante é um mapa interativo com atualizações nas condições nos países onde a malária é endêmica (Figura 1).

Uma das informações mais úteis para qualquer um que vive em áreas afetadas, bem como para seus visitantes, é o parasita específico que provoca a malária, do gênero *Plasmodium* (um protista), que é predominante ali. O *Plamodium falciparum* é a espécie que provoca as infecções mais severas, e a maioria da pesquisa em malária tem focado este parasita. O parasita *Plasmodium* ataca o fígado de humanos infectados. A infecção surge da picada da fêmea do mosquito *Anopheles*, o transmissor usual, com a transmissão do parasita a partir da saliva do mosquito para a corrente sanguínea do humano. O sangue transporta o parasita para o fígado, onde se reproduz. O parasita está em um estágio haploide do seu ciclo de vida, chamado esporozoíto; logo ele se reproduz assexualmente, dando origem a muitos metazoítos. Estes vão para a corrente sanguínea e entram nas hemácias, onde se reproduzem ainda mais. As hemácias infectadas desintegram-se e liberam os metazoítos. O resultado são febre e calafrios recorrentes, sintomas iniciais da malária. Alguns metazoítos nas hemácias desenvolvem-se em células germinais haploides que são liberadas na corrente sanguínea. Quando uma fêmea do mosquito pica um humano infectado, ela suga seu sangue, levando junto as células germinativas. No intestino do mosquito, as células germinativas amadurecem e se fundem para formar zigotos diploides de *Plasmodium*. As células diploides passam por meiose no intestino do mosquito, produzindo esporozoítos. O ciclo se repete quando o mosquito pica outro humano, transmitindo a doença (Figura 2).

Os mosquitos reproduzem-se livremente em água parada e sabe-se, há séculos, que áreas próximas a brejos fedorentos e sujos têm alta incidência de malária. Na realidade, a palavra malária significa "ar ruim" em italiano. A malária não é mais endêmica no sul da Europa, em grande parte como

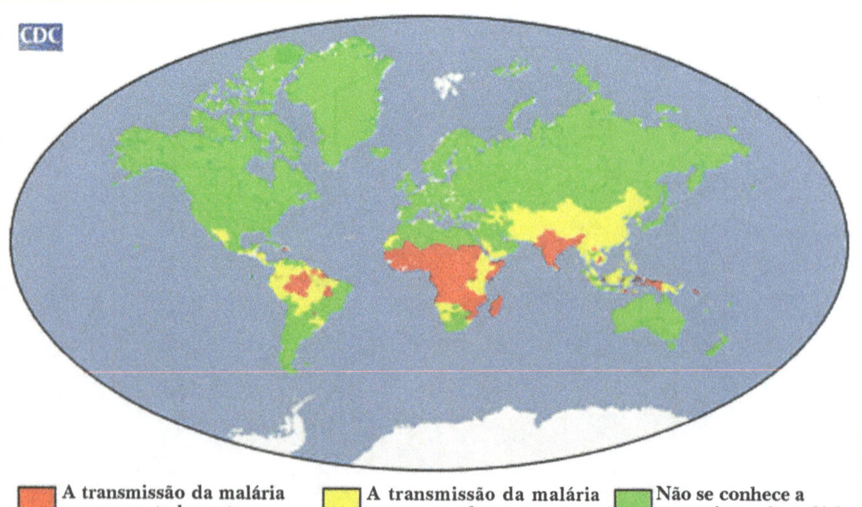
CDC
A transmissão da malária ocorre em toda parte
A transmissão da malária ocorre em algumas partes
Não se conhece a transmissão da malária

CDC

FIGURA 1 **Uma mapa do site do CDC sobre malária.** A doença é comum nas áreas em vermelho e ausente nas áreas verdes. Há links específicos no site que fornecem uma atualização das informações das áreas amarelas.

Cyrille Gibot/Alamy

O uso de mosquiteiro é um maneira simples e eficaz para prevenção do espalhamento da malária.

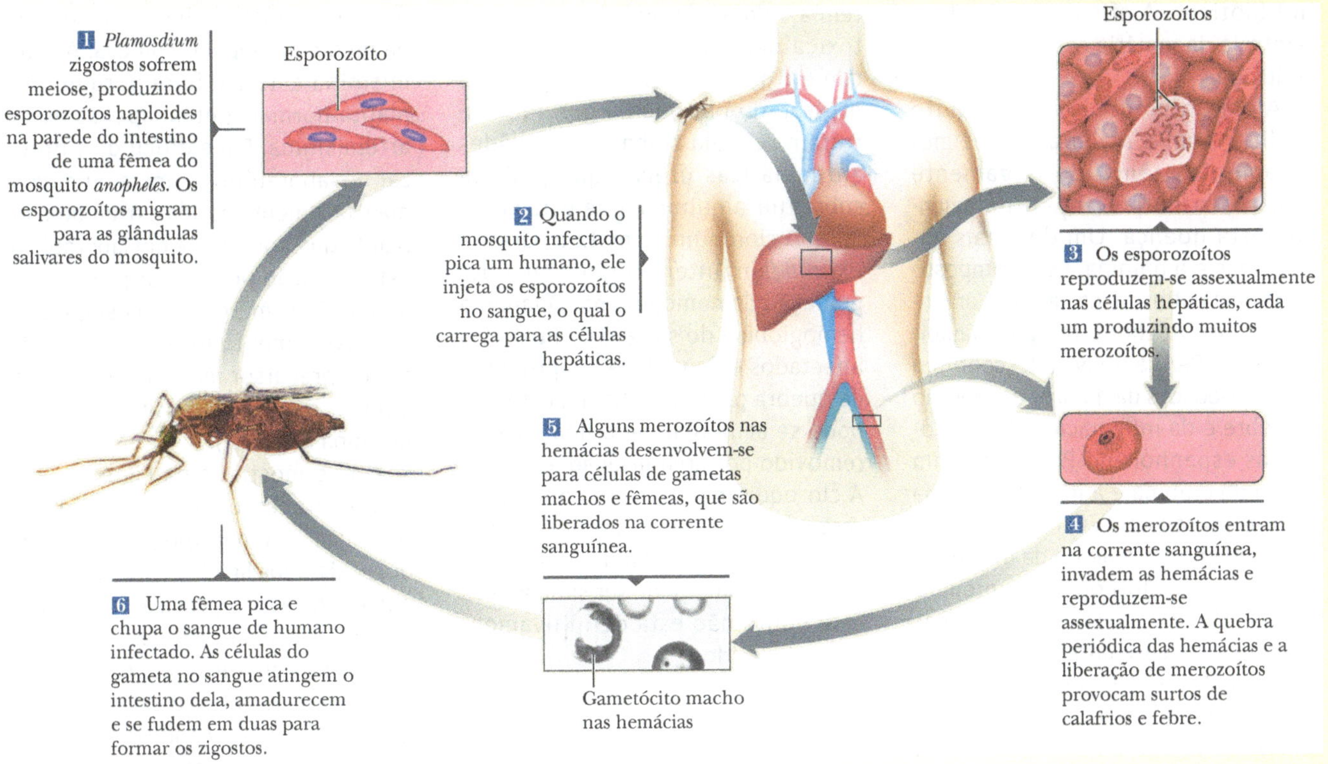
1 *Plamosdium* zigostos sofrem meiose, produzindo esporozoítos haploides na parede do intestino de uma fêmea do mosquito *anopheles*. Os esporozoítos migram para as glândulas salivares do mosquito.
Esporozoíto
2 Quando o mosquito infectado pica um humano, ele injeta os esporozoítos no sangue, o qual o carrega para as células hepáticas.
Esporozoítos
3 Os esporozoítos reproduzem-se assexualmente nas células hepáticas, cada um produzindo muitos merozoítos.
4 Os merozoítos entram na corrente sanguínea, invadem as hemácias e reproduzem-se assexualmente. A quebra periódica das hemácias e a liberação de merozoítos provocam surtos de calafrios e febre.
5 Alguns merozoítos nas hemácias desenvolvem-se para células de gametas machos e fêmeas, que são liberados na corrente sanguínea.
Gametócito macho nas hemácias
6 Uma fêmea pica e chupa o sangue de humano infectado. As células do gameta no sangue atingem o intestino dela, amadurecem e se fudem em duas para formar os zigostos.

FIGURA 2 **O ciclo de vida de Plasmodium protista causador da malária.** (*De RUSSEL/WOLFE/HERTZ/STARR,* Biology, *1E. ©2008 Cengage Learning.*)

resultado da drenagem dos brejos. Outros impedimentos para as picadas do mosquito, como repelentes, roupas protetoras e mosquiteiro têm uma longa história de uso na luta contra a malária. A Organização Mundial da Saúde (OMS) estimula fortemente o uso de mosquiteiros saturados com repelentes para proteger as camas durante as horas da noite, quando os mosquitos estão ativos.

Quanto uma doença tem um inseto como vetor, o uso de inseticidas imediatamente vem à mente como uma abordagem para controlar aquela doença. Durante a Segunda Guerra Mundial e nos anos imediatamente após, o DDT (diclorodifenilcloroetano) tornou-se de amplo uso para matar os mosquitos transmissores da malária, bem como os vetores insetos de outras doenças. Este composto é insolúvel em água por causa de sua natureza apolar. Como mostra a estrutura, suas ligações carbono-hidrogênio e carbono-cloro são consideradas essencialmente apolares por causa de suas pequenas diferenças de eletronegatividade, 0,4 e 0,5, respectivamente. Como resultado, o DDT é altamente solúvel em gorduras, incluindo o tecido adiposo de animais.

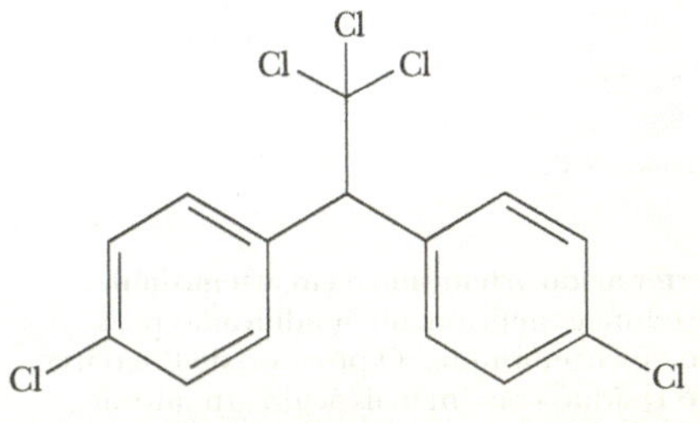
Cl
Cl
Cl
Cl
Cl

DDT

Um dos problemas com o uso do DDT é que ele tende a se acumular nos animais, com concentrações crescentes em animais superiores na cadeia alimentar. O DDT pode aparecer em áreas distantes do local da aplicação original porque é transportado pelo vento como um vapor. O acúmulo em carnívoros pode ter drásticas consequências no caso de predadores como as águias americanas e as pescadoras. Quando esses pássaros metabolizam o DDT, um produto de degradação interfere na deposição de cálcio nas cascas de seus ovos. As cascas quebram com o peso do pássaro adulto em seus ninhos, reduzindo drasticamente o número de pássaros jovens que realmente nascem. O DDT está proibido nos Estados Unidos desde a década de 1970, mas existem traços amplamente distribuídos em todas as espécies, incluindo na gordura humana e no leite materno.

O banimento do DDT não é mundial, e algumas aplicações restritas ocorrem nos Estados Unidos para proteger a saúde pública. Calorosa controvérsia envolve essas restrições, com um grupo opinando que o não uso de DDT levou ao espalhamento de doenças como a malária e provocou altas taxas de mortalidade. A discussão tende a não incluir um ponto importante, ou seja, o da resistência adquirida. Em uma determinada população de insetos, sempre haverá alguns que são resistentes ao DDT. Estes são os que sobreviverão para se reproduzir. O mesmo princípio leva ao aumento de bactérias patogênicas resistentes a antibiótico, com a constante necessidade de desenvolver novos antibióticos. A eficácia do DDT no controle da malária está certamente reduzida.

Além do controle do mosquito ao lidar com a malária, vários medicamentos têm sido largamente utilizados para a prevenção e tratamento desta doença. Um dos mais conhecidos é a quinina. Este composto ocorre na natureza, na casca da árvore quina. Os Quíchuas, indígenas habitantes do Peru e Bolívia, descobriram as propriedades da quinina na redução da febre e da inflamação. Os missionários espanhóis no Peru adotaram o uso de quinina e a introduziram na Europa no século XVII, onde foi bem-sucedida no tratamento da malária. A casca da quina tornou-se um produto valioso de exportação do Peru, mas não era suficiente para a demanda de quinina. As árvores de quina foram subsequentemente cultivadas nas Filipinas e onde agora é conhecido como Indonésia, que se tornou o maior fornecedor mundial. Durante a Segunda Guerra Mundial, os Estados Unidos e seus aliados estavam sem suprimentos de quinina por causa da ocupação japonesa das áreas nas quais as árvores de quina eram cultivadas. Químicos orgânicos tiveram sucesso na síntese de quinina no laboratório em 1944, mas a extração da casca ainda permanece a maneira mais eficiente para obter quinina. Por volta da década de 1940, a busca era por outros agentes antimaláricos eficazes.

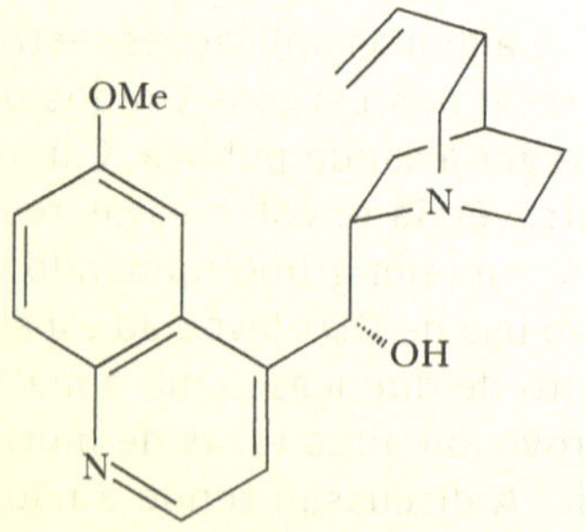
OMe
N
OH
N

Quinina

O próximo antimalárico a se tornar de uso comum foi a cloroquinina. Semelhante à quinina, a cloroquinina tem um sistema de anel aromático quinolina contendo nitrogênio. Quando a cloroquinina foi sintetizada pela primeira vez na década de 1930, temia-se que ela pudesse ser muito tóxica para ser usada como medicamento. Testes adicionais sob a pressão do período de guerra mostraram que ela tinha propriedades antimaláricas úteis e que poderia substituir a quinina, que estava em falta. A cloroquinina mata o parasita *Plasmodium* interferindo com a degradação da hemoglobina. Quando a hemoglobina do sangue de humanos infectados é degradada em produtos de quebra proteica e heme, este não pode se acumular. Se o heme não é removido por cristalização, é tóxico. A cloroquinina interfere com o processo de cristalização, eventualmente matando o *Plasmodium*. O modo de ação da quinina pode ser similar, mas este ponto não está definitivamente estabelecido.

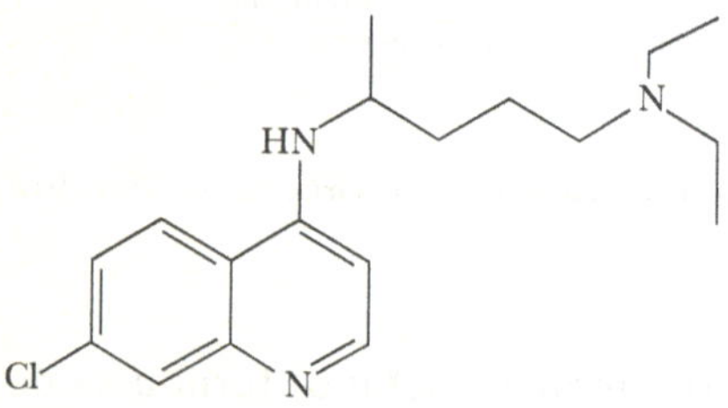
HN
N
Cl
N

Cloroquinina

Outro antimalárico de origem vegetal tem provado ser altamente eficaz (veja Conexões Bioquímicas 22.2). Este composto, artemisinina, pode ser extraído da *Artemisia annua*, planta usada há muito tempo na medicina popular chinesa. A artemisinina está em falta porque uma planta normal contém apenas 1% de artemisinina. Ela é difícil de sintetizar no laboratório. Como a quinina, é mais facilmente obtida extraindo-a da planta que por síntese em laboratório. Esta situação pode estar próxima de mudar. Dois métodos em estágios de desenvolvimento focam a conversão de um precursor mais facilmente disponível, o ácido artemisínico, na artemisinina (Figura 3).

Como mostrado na Figura 3, ambos os processos necessitam da introdução de um grupo peróxido com dois oxigênios ligados entre si no precursor. A reação precisa de energia, que é fornecida na forma de luz (uma reação fotoquímica). O processo em grande escala, que é o estágio para o qual a fábrica está sendo construída a fim de realizar a síntese, usa ácido artemisínico de células de levedura geneticamente projetadas. O processo de fluxo, que até então só tem sido feito em pequena escala, usa resíduo da extração da artemisinina da *Artemisia*. A luz usada para disparar a reação pode penetrar melhor a mistura de reação em uma célula de fluxo do que é possível com um grande recipiente de grande escala. Será interessante ver qual método eventualmente se provará mais eficaz. Os

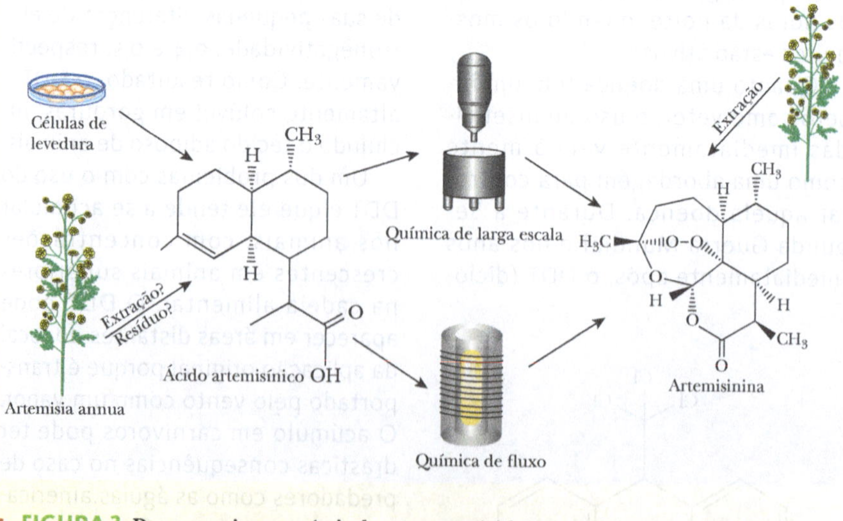
Células de levedura
Química de larga escala
Extração
Extração?
Resíduo?
Ácido artemisínico OH
Artemisia annua
Química de fluxo
Artemisinina

FIGURA 3 Duas maneiras possíveis de converter ácido artemisínico em artemisinina. O processo em grande escala usa células de levedura geneticamente modificadas para produzir o ácido artemisínico para a conversão em artemisinina. O processo de fluxo usa resíduos da extração de artemisina da planta; o resíduo contém mais ácido artemisínico que a artemisinina originalmente encontrada na planta.

esforços para produzir mais artemisinina poderia eventualmente salvar milhões de vidas a cada ano.

Os avanços nas ciências biológicas têm fornecido ferramentas eficazes na obtenção de informações sobre o genoma e o proteoma do mosquito vetor e no uso desta informação para lidar com a malária. O *Anopheles gambiae* é a espécie vetor mais comum. Em 2002, sua sequência de genoma foi determinada. Uma vez que a sequência de nucleotídeos foi estabelecida, o objetivo é determinar a sequência para os genes e famílias de genes. Foi possível usar o genoma completo da mosca de fruta *Drosophila melanogaster* para comparação, porque já estava disponível. *Drosophila melanogaster*, obviamente, é a espécie que tem sido usada para estabelecer muitos dos princípios fundamentais da genética eucariótica. Mais especificamente, a informação sobre o proteoma de ambas as espécies estava disponível para comparação. Uma analogia frequentemente usada é que a sequência de nucleotídeos do DNA é o roteiro de uma peça, enquanto o proteoma (o conjunto completo de proteínas expresso por um genoma em determinado momento) é a produção real da peça no palco.

A comparação do proteoma entre *Anopheles* e *Drosophila* é particularmente valiosa na determinação de quais genes têm papel mais proeminente no *Anopheles* para originar mais proteínas. A questão "Quais genes estão envolvidos na alimentação por sangue?" é de particular interesse. Ambas as espécies têm inúmeras serina proteases, que são efetores de imunidade inata, e processos similares que exigem hidrólises proteicas, mas o *Anopheles* tem aproximadamente 100 mais desta classe de proteína que a *Drosophila*. Inúmeras proteínas são afetadas da mesma forma. Uma maneira de usar esta informação é selecionar as vias metabólicas conectadas com a alimentação por sangue e mirá-las com agentes adequados. Os receptores que permitem que os mosquitos selecionem vítimas humanas por odores representam outro alvo possível, e uma oportunidade de melhorar os repelentes de insetos. Outra maneira ainda é encontrar formas de inibir o desenvolvimento do *Plasmodium* no intestino do mosquito. O ponto aqui é usar o sistema imunológico do mosquito para inibir o desenvolvimento do parasita.

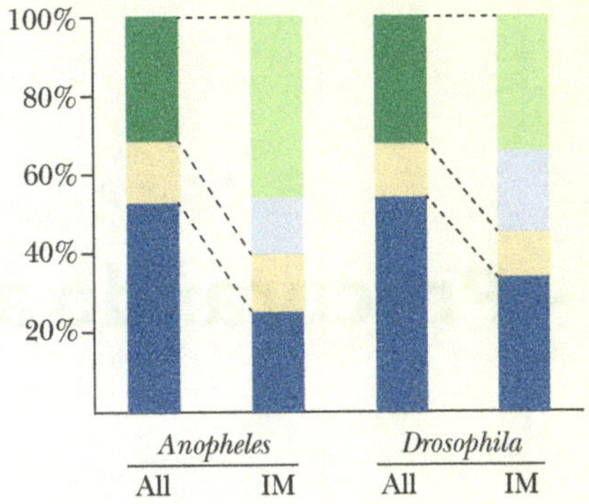
100%
80%
60%
40%
20%
Anopheles
All
IM
Drosophila
All
IM

FIGURA 4 Comparação das proteínas imunológicas no *Anopheles* e na *Drosophila* e com os proteomas totais. A barra à esquerda em cada par (All) é o proteoma total, e aquelas à direita em cada par representam as proteínas imunológicas (IM). As seções verdes representam as proteínas específicas da espécie (verde-escuro) ou pouca homologia com as outras espécies (verde-claro). As azuis representam proteínas que são similares em números de espécies.

Inúmeras proteínas envolvidas na resposta imunológica no *Anopheles* são específicas por espécie. A Figura 4 mostra uma comparação das proteínas do *Anopheles* com proteínas similares na *Drosophila*, expressas como porcentagens. A barra à esquerda em cada par mostra a relação genética do proteoma total em espécies relacionadas. As seções azuis mostram a correspondência 1:1 na estrutura, e as amarelas, as relações próximas. As seções verdes mostram as espécies específicas e aquelas com pouca homologia em espécies relacionadas. *Anopheles* e *Drosophilas* são similares em relação ao proteoma total. A barra à direita em cada par mostra a mesma informação para proteínas de imunidade. Está claro que o *Anopheles* tem alta proporção de proteínas específicas da espécie relacionadas à resposta imunológica, que apresenta alvos possíveis para intervenção.

Uma doença tão amplamente espalhada como a malária é difícil de combater, mas o fato de ter tantos aspectos diferentes apresenta um número maior de alvos para os pesquisadores abordarem. A malária não é o flagelo que foi no passado, mas, mais progresso é um importante objetivo no cuidado da saúde mundial. Será interessante ver qual progresso ocorrerá nos próximos anos.

Bibliografia Comentada

Cristophides, G. e mais de 30 coautores. Imunity-Related Genes and Gene Families in *anopheles gambiae*. *Science* **298**, p. 159-65 (2002). [Análise detalhada concentrada no sistema imunológico.]

Holt, R. e mais de 120 coautores. The Genome Sequence of the Malaria Mosquito *Anopheles gambiae*. *Science* **298**, p. 129-49 (2002). [Análise do genoma com uma comparação com o da *Drosophila melanogaster*.]

Kupferschmidt, K. Can New Chemistry Make a Malaria Drug Plentiful and Cheap? *Science* **336**, p. 798-99 (2022). [Dois processos no estágio de desenvolvimento poderiam aumentar enormemente o estoque de um dos medicamentos antimaláricos mais potentes que se conhece.]

Zdobnov, E. e 35 coautores. Comparative Genome and Proteome Analysis of *Anapholes gambiae* and *Drosophila melanogaster*. *Science* **298**, p. 149-59 (2002). [Comparação da homologia proteica nas duas espécies.]

Envelhecimento – Procurando a Fonte Bioquímica da Juventude

Logo após a origem da humanidade, as pessoas descobriram que, se vivessem o suficiente, sofreriam deterioração gradual na saúde à medida que envelhecessem. Imediatamente depois, perceberam que isto não as agradava. A partir daquele momento, os humanos têm estado obcecados em encontrar formas de voltar o relógio, ou, no mínimo, impedi-lo de avançar. Neste livro vimos muitas referências a aplicações práticas da bioquímica que podem levar a uma maior qualidade de vida e talvez até a uma vida mais longa. Muitas delas têm sido intuitivas, tais como manutenção de um estilo de vida saudável através da alimentação, exercício físico e evitar fatores negativos, como o hábito de fumar. Entretanto, nunca estamos satisfeitos. Esta é a era da gratificação instantânea – a era do Viagra, Rogaine, cremes de testosterona e outros medicamentos usados para permitir aos homens se sentir mais jovens. Qualquer um investiria em uma companhia que pudesse desenvolver uma pílula verdadeiramente contra o envelhecimento – uma fonte da juventude em garrafa.

Embora as causas exatas do envelhecimento ainda não estejam claras, acreditamos que ela seja o desgaste natural da habilidade do corpo em se manter e reparar os danos. A lógica dita que a seleção natural não pode ajudar nossa longevidade, porque a diferença entre viver 70 e 130 anos acontece depois dos anos reprodutivos; portanto, não existe pressão seletiva para a longevidade. Em outras palavras, se existe um gene para a longevidade, ele pode apenas ser seletivamente passado à frente se afetar o sucesso reprodutivo. Muitos cientistas criam a hipótese de que as mudanças evolucionárias levam as espécies a preferir desenvolvimento e procriação precoces em vez da manutenção de um corpo em idade avançada. Uma vez que o organismo tenha reproduzido, seus genes são basicamente imortais, embora o recipiente que os carrega não seja. Acredita-se que o envelhecimento seja dirigido pelo acúmulo ao longo da vida de danos celulares e moleculares não reparados.

Quando Pensamos e Estudamos o Envelhecimento, Quais São as Verdadeiras Preocupações?

Existem tópicos principais. Um é a vida útil máxima, ou seja, o tempo máximo que qualquer membro de uma espécie viveu. Para os humanos, ela é de aproximadamente 120 anos. Outro é a expectativa média de vida. Este número tem aumentado drasticamente para os humanos nos últimos cem anos, embora atualmente esteja crescendo muito lentamente. A expectativa média de vida cresceu em mais de 30 anos desde o início dos anos 1900, principalmente por causa da medicina moderna. As doenças que matavam pessoas cedo e complicações na infância levavam a muitas mortes ainda na juventude, que traziam para baixo a expectativa média de vida. Portanto, inicialmente é quanto tempo você viveria se nada o matasse. Segundo, significa quanto tempo é realmente provável que você viva conhecendo-se todos os fatores ambientais. Uma terceira consideração é a qualidade de vida. Independente de a expectativa de vida crescer ou não, as pessoas hoje estão experimentando uma qualidade de vida muito maior à medida que envelhecem. Quando as pessoas dizem, "70 é um novo 40", querem dizer que agora vemos os septuagenários como sendo tão ativos hoje quanto eram há 40 anos décadas. O objetivo da gerontologia é melhorar a saúde próximo ao fim da vida, em vez de fazer que as pessoas vivam 300 anos. Os médicos buscam melhorar "a extensão da saúde", o número de anos livres de doenças crônicas e outros tópicos relacionados à idade.

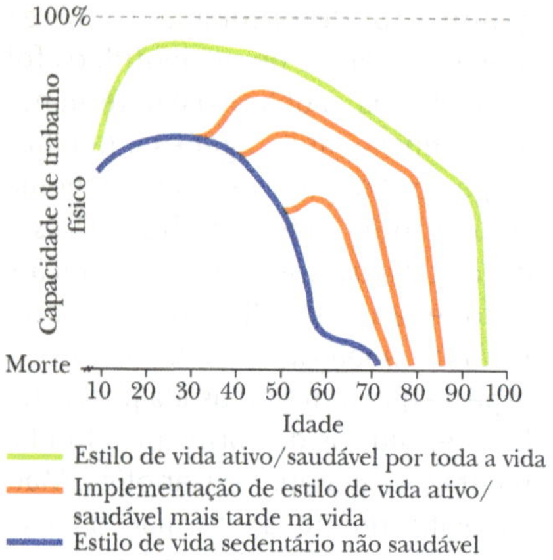
100%
Capacidade de trabalho físico
Morte
10 20 30 40 50 60 70 80 90 100
Idade
Estilo de vida ativo/saudável por toda a vida
Implementação de estilo de vida ativo/ saudável mais tarde na vida
Estilo de vida sedentário não saudável

FIGURA 1 **Os efeitos do exercício na vida útil e na qualidade de vida.** (De Hoeger/Hoeger, *Fitness and Wellness*, 10 ed. © 2009 Cengage Learning.)

Exercício Físico e a Idade

Não há dúvidas de que levar um estilo de vida saudável pode estender a vida de uma pessoa, bem como tornar os anos disponíveis mais prazerosos e produtivos. O preparo físico e a alimentação podem levar uma pessoa a evitar muitas das doenças às quais os idosos normalmente sucumbem, como doença cardíaca, infarto e algumas formas de câncer. Estar fisicamente em forma pode retardar o declínio geral que sofremos à medida que envelhecemos. Quanto mais cedo começar os exercícios físicos, melhor. A Figura 1 mostra como os diferentes tipos de níveis de preparo físico estão relacionados com a deterioração com o envelhecimento.

A Figura 1 mostra claramente que, quanto mais cedo os estilos de vida fisicamente ativos começam, maior a habilidade da pessoa em fazer trabalho físico e menor é o declínio desta capacidade. As pessoas que eram ativas desde os 10 anos tinham uma capacidade de trabalho global muito maior. Igualmente importante, aos 85 anos tinham a mesma capacidade que uma pessoa sedentária de 25 anos, e conseguiram passar dos 90 anos antes que o mais sério declínio para a morte comesse. Para muitas pessoas, isto é a mais importante estatística. Quando as pessoas imaginam se realmente iriam querer viver por mais de 100 anos, sua resposta indubitavelmente dependeria de como esses anos se pareceriam. Como um famoso comediante disse certa vez, "Eu realmente vou querer viver outros 20 anos usando fraldas geriátricas?". Muitas pessoas, se oferecida a escolha, prefeririam viver por muito tempo e provavelmente escolheriam a curva verde na figura, na qual seriam relativamente bem saudáveis em idades mais avançadas; e, então, um declínio rápido, em vez de um lento e demorado que os sobrecarregasse e a suas famílias.

A Longevidade Pode Ser Aumentada Quimicamente?

Mas, e se pudéssemos aumentar a longevidade e a qualidade de vida? Descobrimos há mais de 70 anos que a restrição de calorias (RC) está associada com a longevidade aumentada em formas de vida tão variadas quanto leveduras e roedores. Recentemente, os primatas foram adicionados a esta lista. Em algumas espécies, a ingestão calórica restrita em 30% em relação a níveis normais mostrou aumentar a vida útil em 30% ou mais. Esta técnica ainda é o único método absolutamente provado de prolongar a vida útil, além de não fumar e evitar os comportamentos perigosos mais óbvios. Além do prolongamento da vida útil, a RC leva à maior qualidade de vida e previne muitas doenças, como câncer, diabetes, inflamação e até doenças neurodegenerativas. Muitos mecanismos para este aumento de longevidade têm sido sugeridos, incluindo benefícios de saúde gerais de redução de peso e melhoramentos específicos no gerenciamento de DNA devido a níveis mais baixos de compostos oxidativos que são criados como produtos laterais do metabolismo. Entretanto, 15 anos atrás pesquisadores começaram a detectar uma família de genes na levedura *Saccharomyces cerevisiae* que parecia estar no centro desses aumentos na longevidade devido à RC. O mais bem caracterizado destes genes é o SIR2 na levedura. SIR2 é um membro de uma família de genes chamada genes sirtuinas, e a evidência indica que são reguladores chave do mecanismo de longevidade. Seu modo de ação é baseado nas mudanças fundamentais no metabolismo do organismo, especialmente as vias de sinalização de insulina. Na levedura e nos nematelmintos, as manipulações genéticas que dobraram o número de genes SIR2 aumentaram a vida útil em 50%!

O produto proteico da versão nos mamíferos do gene SIR2 é uma proteína chamada SIRT1. É uma desacetilase proteica induzida por tensão que é dependente de NAD^+. Ela regula a sobrevivência celular, o envelhecimento replicativo, a inflamação e o metabolismo via a desacetilação de histonas (Capítulo 10). A RC é um estímulo que provoca estresse biológico semelhante à escassez de alimento natural. O SIRT1 parece estar no centro de uma resposta generalizada ao estresse que instiga o organismo para a sobrevivência. Como a Figura 2 mostra, o SIRT1 nos mamíferos ocupa uma papel fundamental na longevidade através da estabilidade melhorada do DNA, reparo e defesa aumentada, sobrevivência prolongada da célula, produção e uso de energia melhorados e outras respostas coordenadas ao estresse.

Os camundongos que foram projetados sem o SIRT1 não mostram o aumento de longevidade associado à RC. Além disso, dobrando-se o

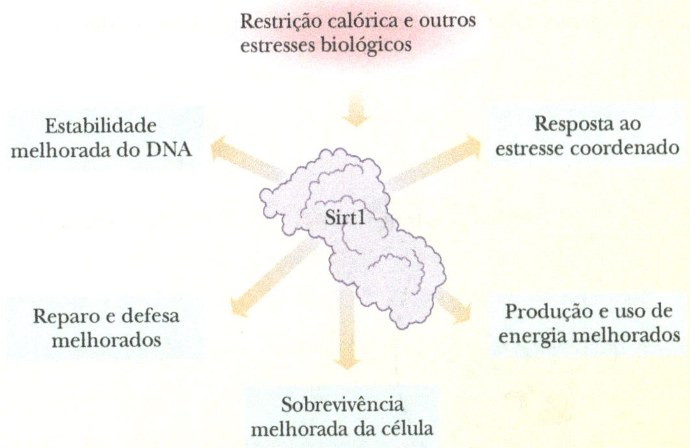
Restrição calórica e outros estresses biológicos
Estabilidade melhorada do DNA
Resposta ao estresse coordenado
Sirt1
Reparo e defesa melhorados
Produção e uso de energia melhorados
Sobrevivência melhorada da célula

FIGURA 2 **O SIRT1 e sua suposta relação com a saúde e a longevidade.** A enzima SIRT1 parece ser responsável pelos efeitos de melhoria da saúde e da longevidade por conta da restrição calórica nos mamíferos. A escassez de alimento e outros fatores de estresse disparam a atividade aumentada pelo SIRT1, que, por sua vez, altera as atividades nas células. Através da impulsão de determinadas moléculas sinalizadoras, como a insulina, o SIRT1 também pode coordenar a resposta ao estresse através do organismo. (Reimpresso com permissão de *Scientific American*, Unlocking the Secrets of Longevity Genes de David A. Sinclair e Lenny Guarente, Março de 2006.)

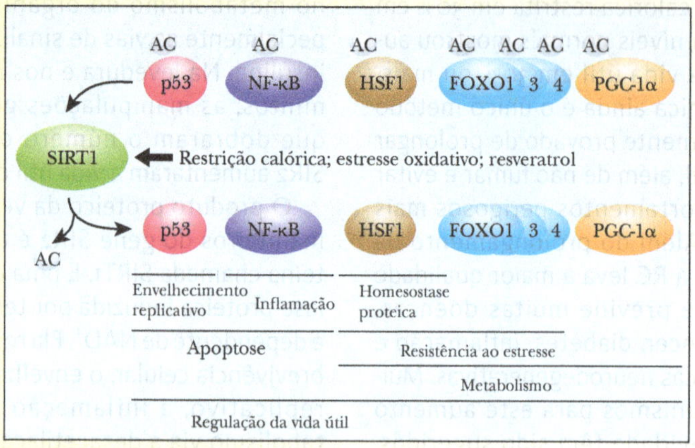
AC
AC
AC
AC AC AC AC
p53
NF-κB
HSF1
FOXO1 3 4
PGC-1α
SIRT1
Restrição calórica; estresse oxidativo; resveratrol
AC
Envelhecimento replicativo
Inflamação
Homeostase proteica
Apoptose
Resistência ao estresse
Metabolismo
Regulação da vida útil

■ FIGURA 3 **SIRT1 é uma enzima que desacetila vários fatores de transcrição importantes que afetam o metabolismo e o envelhecimento.** (Baseado em Saunders, L. R. e Verdin, E. (2009), Stress response to aging. *Science* 323, p. 1021. Copyright © 2015 Cengage Learning®)

número de genes SIRT, em um organismo, confere-se-lhe impassividade à restrição calórica. Portanto, não é geralmente aceito que a restrição calórica promova a longevidade através da ativação de sirtuinas em geral e SIRT1 em particular.

Obviamente, os humanos preferem não viver uma vida de privações para colher os benefícios de um prolongamento da vida útil e, portanto, a busca por um estimulador de SIRT1 estava iniciada. Um dos primeiros compostos que se descobriu ser um ativador natural de sirtuinas é uma pequena molécula chamada resveratrol, um polifenol que está presente no vinho tinto e fabricado por muitas plantas quando sob estresse. Alimentar leveduras, vermes ou moscas com resveratrol, ou colocados em uma dieta de RC prolonga suas vidas em aproximadamente 30%, mas apenas se possuísem o gene SIR2. Descobriu-se que o resveratrol aumenta em 13 vezes a atividade do SIRT1. Uma vez que uma pequena molécula pode aumentar a longevidade, nada poderia ser mais atrativo que o resveratrol, especialmente para bebedores de vinho. Níveis aumentados de SIRT1 em camundongos e ratos permitem que algumas das células dos animais sobrevivam em face de estresse que normalmente dispararia seus suicídios programados. Ele faz isso regulando várias outras proteínas celulares chave, como a P53 (Capítulo 14), NF-kB, HSF-1, FOXO1, 3 e 4 e PGC-1a (Figura 3). Além disso, o SIRT1 é estimulado pelas razões aumentadas de $NAD^+/NADH$, situação que surge quando a respiração é aumentada, como acontece com o jejum. Portanto, acredita-se que o SIRT1 aja tanto como um sensor de disponibilidade de nutrientes quanto como um regulador da resposta do fígado. O SIRT1 tem sido ligado à regulação de insulina e ao fator de crescimento semelhante à insulina. Como visto no Capítulo 14, sabe-se que a insulina tem importante papel no estado metabólico geral do organismo.

A descoberta das sirtuinas e do efeito da RC e do resveratrol levou a pesquisa adicional sobre o envelhecimento e a longevidade. Infelizmente, nos últimos anos, vários pesquisadores, incluindo um que fez parte da pesquisa original, têm tido dúvidas inveteradas devido à inabilidade em repetir partes chave dos experimentos. Alguns experimentos têm mostrado que o resveratrol não faz nada para ajudar as células da levedura a viver mais. Outros estudos mostraram que a RC estendeu a vida útil na levedura mesmo quando o gene SIR2 era apagado, o que está em conflito com a teoria original de que a RC está afetando o SIR2.

Tem-se descoberto que várias vias de sinalização importantes têm um papel. Descobriu-se que um medicamento chamado rapamicina aumenta a vida útil nos camundongos. Seu alvo direto é uma proteína que recebeu o nome do alvo mamífero da rapamicina (mTOR). Tanto a RC quanto a rapamicina diminuem a atividade da enzima mTOR, como mostrado na Figura 4.

A enzima mTOR ativa uma proteína quinase ribossômica S6 (RSK), chamada S6K1, que fosforila as proteínas ribossomais S6. As RSKs modulam a tradução do mRNA e a síntese proteica em resposta à sinalização da mTOR. Mostrou-se que a longevidade é aumentada pela inibição da enzima mTOR, que por sua vez inibe a enzima S6K1. Outra proteína quinase, AMPK, parece ser estimulada pelo processo.

Embora estejamos a décadas de ver uma verdadeira pílula da longevidade, os estudos citados aqui indicam a promessa de que tal composto possa ser encontrado. Como é geral-

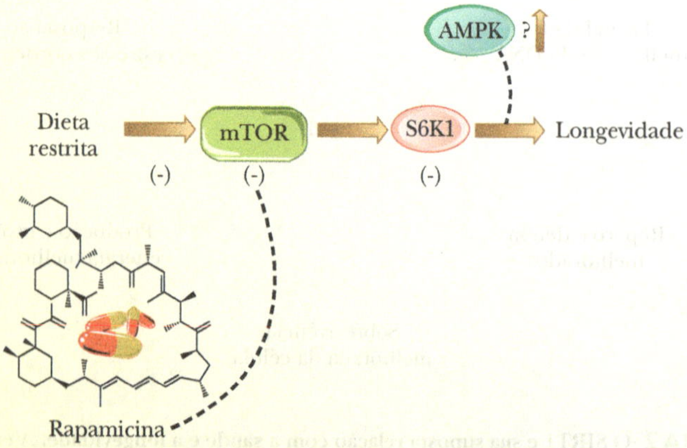
AMPK
?
Dieta restrita
mTOR
S6K1
Longevidade
(-)
(-)
(-)
Rapamicina

■ FIGURA 4 **Base química para a longevidade.** Tanto a restrição alimentar quanto a droga rapamicina inibem a proteína mTOR. Quando a mTOR é inibida, por sua vez inibe a produção de S6K1, que leva a uma longevidade aumentada. Em um mecanismo muito pouco entendido, a proteína AMPK é estimulada pelo mesmo processo. (Baseado em Kaeberlein, M. e Kapahi, P. (2009). Aging is a RSKy businees. *Science* 326, p. 55. Copyright © 2015 Cengage Learning®.)

mente o caso, deve ser muito mais fácil encontrar o tesouro quando temos certeza de que ele existe. Tanto a mTOR quanto a S6K1 podem ser modificadas por pequenas moléculas, como vimos no caso da rapamicina. Mostrou-se que a rapamicina reduz a adiposidade em camundongos, pelo menos no curto prazo. Por que não se vê a rapamicina nas prateleiras das farmácias?

A razão é que há um longo caminho antes de entendermos verdadeiramente este processo. Por um lado, os cientistas estão preocupados com os efeitos colaterais. Um efeito colateral conhecido da rapamicina, quando usada por longo período, é a supressão imunológica. Além disso, existe evidência de que tentativas de prolongar a vida frequentemente também têm consequências no estímulo dos cânceres. Vários estudos de linhagens de células cancerosas mostraram que têm níveis significativamente maiores de sirtuinas que células normais. Portanto, o estímulo da longevidade de células não funciona se estimularmos o tipo errado de células. A rapamicina tem sido também envolvida, em camundongos e humanos, com a intolerância à glicose e a resistência à insulina. Estes efeitos colaterais, se deixados por longo período, podem superar os benefícios da longevidade.

Os cientistas atualmente buscam maneiras de desacoplar os efeitos positivos na longevidade dos efeitos negativos na homeostase que a rapamicina produz. A resposta pode estar nos detalhes do que a proteína mTOR faz. Descobriu-se que a mTOR está envolvida em dois complexos proteicos diferentes, como mostrado na Figura 5.

A mTOR está envolvida em um complexo chamado mTORC1, que regula as vias envolvidas na autofagia, a tradução de mRNA e outras vias celulares. Ela está associada também com a mTORC2, que regula a sinalização de insulina. A inibição da mTOR via rapamicina inibe ambas as vias, embora com diferentes efeitos – aumentando a longevidade quando a mTORC1 é inibida e impedindo o metabolismo da glicose quando a $mTORC_2$ é inibida. Portanto, os cientistas continuam procurando uma pequena molécula que possa ter o mesmo efeito na mTORC1 que a rapamicina, mas que não inibirá a mTORC2.

Em resumo, a expectativa de vida pode ser aumentada mantendo-se um estilo de vida saudável e evitando atividades que possam matá-lo (o que deve ser o mais inteligente, mas de alguma forma não está na cabeça de algumas pessoas). Entretanto, o conhecimento obtido de estudos com sirtuinas e mTOR na última década tem sido a primeira indicação de que ainda podemos ser capazes de controlar nossa longevidade, incluindo uma vida útil máxima, ainda que em algum momento no futuro.

Bibliografia

Couzin-Franken, J., Aging Genes: The Sirtuin Story Unravels. *Science* **334**, p. 1194-98 (2011).

Hall, S. S. In Vivo Vitalis? Compounds Activate Life-Extending Genes. *Science* **301**, p. 1165 (2003).

Hughes, K. J. e Kennedy, B. K. Rapamycin Paradox Resolved. *Science* **335**, p. 1578-79 (2012).

Kaeberlein, M. e Kapahi, P. Aging is a RSKy Business. *Science* **326**, p. 55-56 (209).

Kirkwood, T. Why Can´t We Live Forever? *Scientific American,* p. 42-50 (setembro de 2010).

Saunders, L. R. e Verdin, E. Stress Response and Aging. *Science* **323**, p. 1021-22 (2009).

Sinclair, D. A. e Guarente, L. Unlocking the Secrets of Longevity Genes. *Scientific American,* p. 48-50 (março de 2006).

Stipp, D. A. New Path to Longevity. *Scientifica American,* p. 33-39 (janeiro de 2012).

Topisirovic, L. e N. Sonenberg. Burn Out or Fade Away? *Science* **327**, p. 1210-11 (2010).

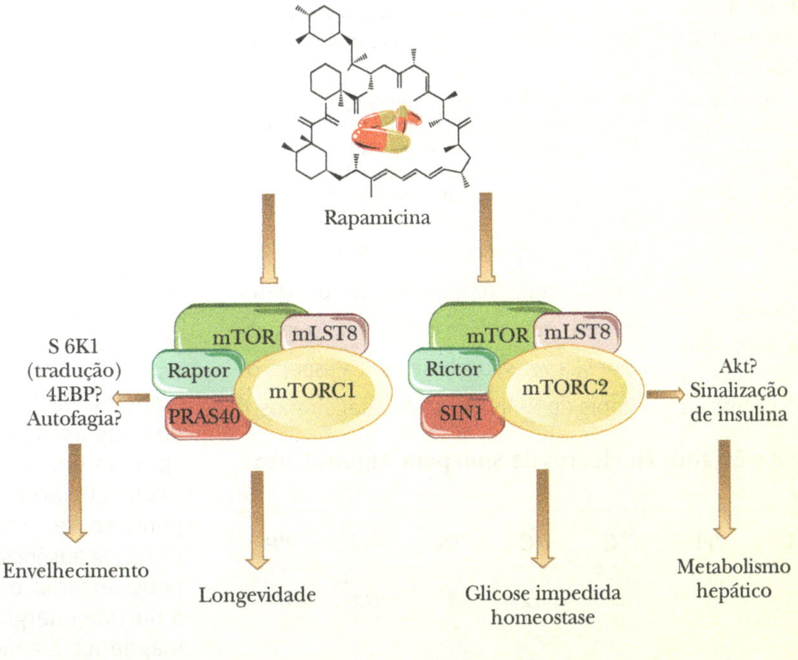

Rapamicina
mTOR
mLST8
Raptor
mTORC1
PRAS40
mTOR
mLST8
Rictor
mTORC2
SIN1
S 6K1
(tradução)
4EBP?
Autofagia?
Akt?
Sinalização
de insulina
Envelhecimento
Longevidade
Glicose impedida
homeostase
Metabolismo
hepático

■ FIGURA 5 **A rapamicina afeta duas vias diferentes.** *Adaptado de Hughes, K. J. e Kennedy, B. K. (2012). Rapamycin paradox resolved.* Science *335, 1578.*

Proteínas e Ímãs: Ressonância Magnética Nuclear na Bioquímica

Muitos dos leitores deste livro já se depararam com a espectroscopia de ressonância magnética nuclear (RMN) na disciplina de química orgânica. Esta técnica também está assumindo grande papel na bioquímica, rivalizando com a sua importância para a química orgânica. A RMN opera com os mesmos princípios que a imagem por ressonância magnética (MRI) no amplo uso na prática clínica. Diferentes nomes são usados para evitar confusão que possa surgir da palavra "nuclear", que está frequentemente associada com material radioativo. Os isótopos radioativos são amplamente usados clinicamente para diagnóstico e tratamento (medicina nuclear). Entretanto, todos os átomos têm núcleos e muito mais núcleos são estáveis que aqueles que sofrem decaimento radioativo.

A propriedade dos átomos que torna a RMN possível é conhecida como spin nuclear. Quando uma partícula carregada, como um núcleo atômico, gira, cria um campo magnético associado com o movimento da carga elétrica. Cada tipo de núcleo tem um número quântico de spin característico, denominado m_s. (Os números quânticos são um conceito da química geral, na qual foram usados para descrever aspectos da estrutura atômica.) Alguns têm número quântico de spin 0, alguns têm valores de ½ e outros, valores iguais a 1, dependendo do número de prótons e nêutrons que compreendem cada núcleo. O número quântico de spin determina o número de estados de spin, que por sua vez são a base para a espectroscopia de RMN. A tabela a seguir mostra o número de estados de spin para alguns núcleos importantes.

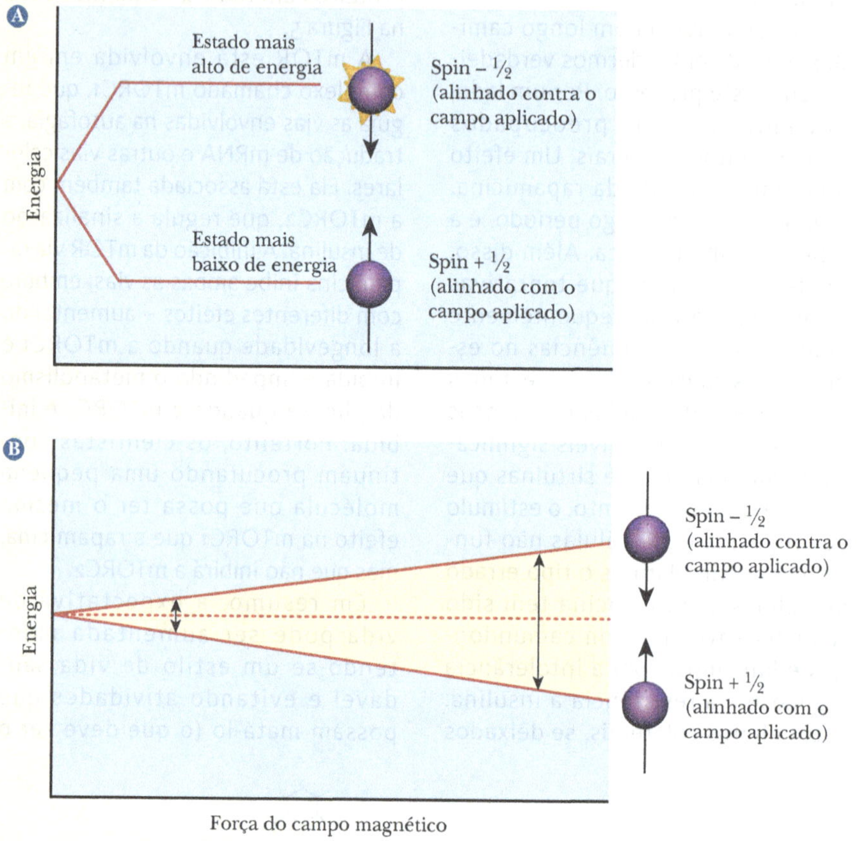
A
Estado mais alto de energia
Spin – ½ (alinhado contra o campo aplicado)
Energia
Estado mais baixo de energia
Spin + ½ (alinhado com o campo aplicado)
B
Spin – ½ (alinhado contra o campo aplicado)
Energia
Spin + ½ (alinhado com o campo aplicado)
Força do campo magnético

■ **FIGURA 1** Um campo magnético aplicado produz uma separação de energia nos estados de spin de núcleos como ^{1}H e ^{13}C com número quântico de spin = ½. A parte (a) mostra a separação de energia quando os spins estão alinhados com ou contra o campo magnético. A parte (b) mostra como a diferença de energia depende da força do campo magnético aplicado. (De BROWN/FOOTE, *ORGANIC CHEMISTRY*, 2 ed. © 1998 Cengage Learning.)

Números Quânticos de Spin e Estados Nucleares de Spin para Alguns Isótopos de Elementos Comuns

Elemento	^{1}H	^{2}H	^{12}C	^{13}C	^{14}N	^{15}N	^{31}P
Número quântico de spin (m_s)	1/2	1	0	1/2	1	1/2	1/2
Número de estados de spin ($2m_s + 1$)	2	3	1	2	3	2	2

Todas as formas de espectroscopia dependem das transições entre os níveis de energia nas moléculas da amostra. Neste caso, os vários níveis de energia são os diferentes estados de spin em um campo magnético aplicado. Observe particularmente o ponto sobre o campo magnético aplicado. Na ausência de um campo magnético externo, os estados de spin têm a mesma energia. Quando o campo magnético é aplicado, os estados de spin interagem diretamente, dando origem a energias diferentes. (Obviamente, se só existe um estado de spin, não há separação e nem possibilidade de uma transição.) A separação de energia depende da força do campo magnético. A Figura 1 mostra como esta separação surge e como é dependente da força do campo magnético. Observe que este exemplo é para núcleos com números quânticos de spin ½. Spins iguais a 1 originam mais níveis de energia, com a possibilidade de mais transições e, consequentemente, de mais espectros complexos. Como resultado, os núcleos com spin ½ são usados na RMN em preferência àqueles com spin 1.

Como todas as formas de espectroscopia, o RMN mede a interação de uma amostra com a radiação eletromagnética em determinada faixa de comprimento de onda, independente de ser no ultravioleta, infravermelho ou de radiofrequência (RF). Para o RMN, a região apropriada do espectro está na região de radiofrequência. Na espectroscopia óptica (ultravioleta ou infravermelho), uma amostra é colocada em um caminho entre a fonte de luz e o detector. A presença de um campo magnético no RMN literalmente adiciona outra dimensão. A fonte de radiação (um transmissor de RF) é posicionada em um ângulo de 90° em relação às direções do campo magnético, e o detector (um receptor de RF) colocado em um ângulo de 90° em relação às direções tanto do campo magnético quanto do transmissor de RF.

Por mais de 50 anos, os cientistas trabalharam para melhorar a espectroscopia de RMN até o ponto em que fosse possível estudar moléculas tão grandes quanto as proteínas. Dois fatores são particularmente importantes ao tornar possível a obtenção de espectros detalhados de RMN para moléculas tão complexas quanto as proteínas. O primeiro é a invenção dos magnetos supercondutores. Agora é possível usar campos magnéticos de grandeza mais poderosa que aqueles usados 50 anos atrás. Por causa do aumento na força do campo, os picos nos espectros são mais separados e mais fáceis de analisar. O segundo fator é o aumento no poder computacional, que permite que os pesquisadores processem dados brutos usando o processo matemático chamado transformada de Fourier. Grandes quantidades de dados podem ser processados rapidamente, permitindo maior exatidão e redução nos erros aleatórios. Muitos dos espectros de RMN obtidos hoje são espectros de RMN com transformada de Fourier (FT-RMN).

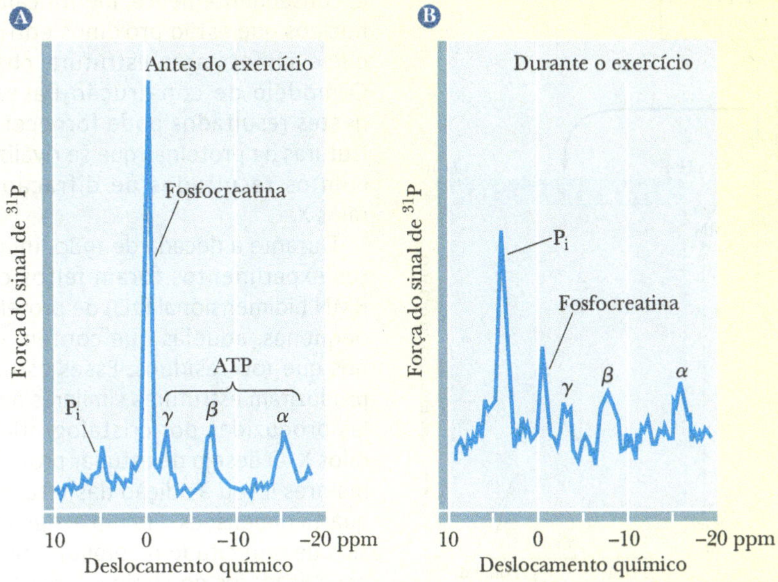
A
Antes do exercício
Fosfocreatina
ATP
P_i
γ
β
α
Força do sinal de ^{31}P
10
0
−10
−20 ppm
Deslocamento químico
B
Durante o exercício
P_i
Fosfocreatina
γ
β
α
Força do sinal de ^{31}P
10
0
−10
−20 ppm
Deslocamento químico

FIGURA 2 Os espectros de RMN de fósforo do músculo do antebraço de um ser vivo em tempo real. O item (a) mostra o espectro antes do exercício, e o item (b) o resultado durante o exercício. Observe que há três picos separados para três átomos de fósforo (α, β e γ) de ATP. (*De GARRETT/GRISHAM,* Biochemistry, *4E. ©2009 Cengage Learning.)*

A maior parte dos espectros de RMN é de RMN de hidrogênio, que dependem de transições do isótopo normal de hidrogênio. É possível usar qualquer núcleo com um spin ½ com algumas qualificações. Os isótopos de ^{13}C e ^{15}N têm baixa abundância natural, mas é possível obter espectros com base neles por técnicas de enriquecimento. Além deles, o ^{31}P, com spin ½, é o isótopo normal do fósforo e pode ser usado em aplicações nas quais o fósforo tem um papel. A Figura 2 mostra um exemplo de RMN de fósforo que evidencia uma ligação entre a espectroscopia de RMN e a IRM clínica.

Vimos no Capítulo 15 que os compostos de fósforo são importantes na bioenergética. A Figura 2 mostra os espectros de RMN de fósforo do músculo do antebraço em um ser humano vivo (a) antes e (b) durante os exercícios. Cinco picos são visíveis em cada espectro: três para os três átomos de fósforo do ATP e um para a fosfocreatina e o íon fosfato (P_i). O termo "deslocamento químico" refere-se ao fato de que cada átomo de fósforo está em um ambiente ligeiramente diferente no campo magnético por causa do padrão de ligação em cada um destes compostos. Cada uma das duas partes da figura indica a presença de ambiente eletrônico (deslocamento químico) para cada átomo de fósforo, com a altura de cada pico indicando a quantidade relativa.

Moléculas maiores como as proteínas terão espectros muito mais complicados que o exemplo anterior, logo, são necessárias mais informações para analisar os dados. A separação da informação em um espectro de forma útil é feita através da adição de dimensões à análise de dados. Uma abordagem análoga pode ser vista na Seção 5-3, na qual uma amostra que contém uma mistura de proteínas é submetida à eletroforese em uma dimensão para atingir uma separação parcial e, então, para submeter o grupo resultante de proteínas parcialmente separadas a outra técnica de eletroforese a 90° da original. A Figura 3 mostra a forma geral de como a separação bidimensional é atingida.

Outra analogia que tem sido usada é a de que um espectro de RMN convencional de uma proteína é similar a um livro de vários volumes que foi comprimido em uma única linha de texto com todas as palavras misturadas. Se a única linha (uma dimensão) pudesse ser expandida em uma página (duas dimensões), esta seria uma etapa na direção correta, mas muitas

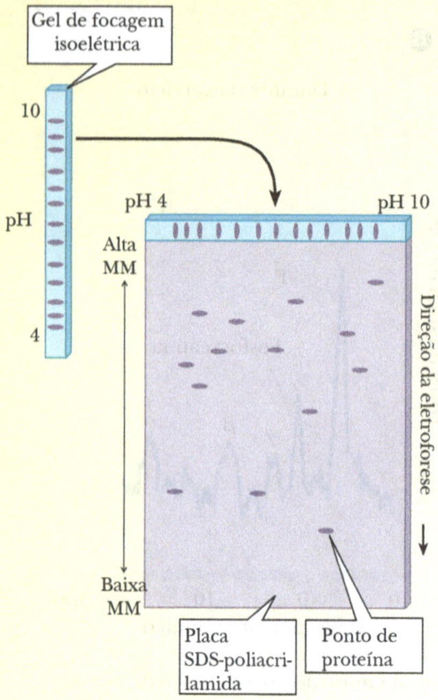

Gel de focagem isoelétrica
10
pH
4
pH 4
pH 10
Alta MM
Baixa MM
Direção da eletroforese
Placa SDS-poliacrilamida
Ponto de proteína

■ **FIGURA 3 Eletroforese bidimensional.** Uma mistura de proteínas é separada pela focagem isoelétrica em uma direção. As proteínas focalizadas são então corridas usando-se SDS-PAGE perpendicular à direção da focagem isoelétrica. Assim, as bandas que aparecem no gel foram separadas inicialmente pelos pontos isoelétricos e então por tamanho.

palavras ainda estariam misturadas. Uma terceira dimensão expandiria a informação em um livro e partes significativas da mensagem se tornariam inteligíveis. Uma quarta dimensão resultaria no conjunto de vários volumes com a mensagem tornando-se facilmente lida. Os experimentos de RMN em duas, três e quatro dimensões têm sido feitos, todos tornando possível a análise de espectros mais complexos.

O processo real da análise multidimensional de espectros de RMN é altamente matemático e depende do método de transformada de Fourier. A adição de dimensões aos espectros de RMN depende, no final das contas, em ajustar os experimentos de tal forma que a transformada de Fourier possa ser feita inúmeras vezes. O processo é bastante complexo e não entraremos em detalhes. O sinal é analisado por transformada de Fourier e colocado em gráfico em um eixo (uma dimensão). Cada vez que uma transformada de Fourier diferente do sinal é feita, adiciona-se outro eixo ao gráfico. Os resultados finais mostram a interação entre os núcleos no campo magnético e, consequentemente, identificam os núcleos que estão próximos entre si, que é a informação estrutural chave. O modelo de construção baseado nestes resultados pode fornecer estruturas de proteínas que se rivalizam com os resultados de difração de raios X.

Durante a década de 1980, inúmeros experimentos foram feitos com RMN bidimensional (2D) de proteínas pequenas, aquelas que contêm menos que 100 resíduos. Esses estudos produziram estruturas similares àquelas produzidas por cristalografia de raios X. O desejo de estudar proteínas maiores levou à adição das terceira e quarta dimensões. Em um artigo clássico de 1991 citado na bibliografia, os pesquisadores do National Institutes of Health (NIH) descreveram os resultados de RMN multidimensional da interleucina - 1β, uma proteína de 153 resíduos que tem papel importante na inflamação. Eles obtiveram os espectros de RMN de hidrogênio (^{1}H), ^{13}C e ^{15}N. O processamento dos dados para combinar os espectros para cada espécie de núcleo para fornecer espectros 2D foi feito, seguido de combinações apropriadas para fornecer resultados tridimensionais e tetradimensionais (3D e 4D). A combinação de todos os espectros permitiu que os pesquisadores chegassem à estrutura. Os resultados foram comparados com aqueles obtidos por difração de raios X. Esta estrutura pode ser encontrada no banco de Dados de Proteínas na URL http://www.rcsb.org/pdb/explore/explore.do?structureId=6B. A estrutura está mostrada na Figura 4.

Outro estudo de RMN sobre a estrutura da interleucina-1β mostra algumas das características únicas da determinação da estrutura proteica por RMN comparada ao que pode ser obtido por cristalografia de raios X. A diferença importante entre os dois métodos é que os estudos de RMN que abordamos usam amostras em solução, enquanto a cristalografia de raios X, por definição, usa amostras cristalinas. Nem todas as proteínas podem formar cristais, o que imediatamente exige um método baseado em solução para determinar a estrutura de tais proteínas. Além disso, mesmo amostras cristalinas contêm uma quantidade razoável do líquido (a "água mãe") no qual a proteína foi dissolvida e do qual ela foi cristalizada. A água mãe normalmente contém sais, como sulfato de amônio, e tais cristais têm moléculas de água chamadas água de hidratação. Se uma água de hidratação está fortemente ligada a uma posição, ela aparecerá

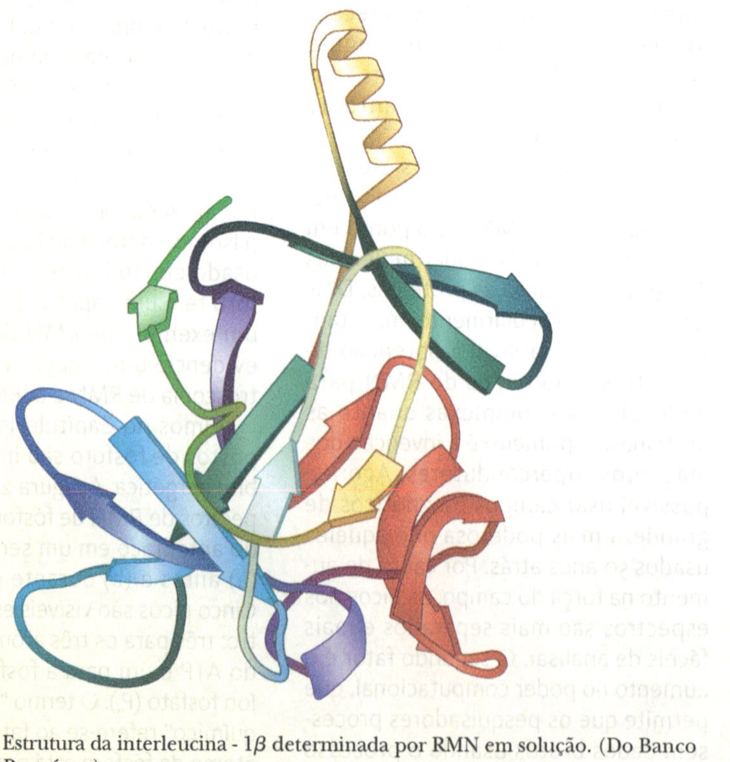

■ **FIGURA 4** Estrutura da interleucina - 1β determinada por RMN em solução. (Do Banco de Dados de Proteínas.)

na estrutura cristalográfica final. Se ela está fracamente ligada sem uma posição fixa, não aparecerá na estrutura. Entretanto, uma vez que os estudos de RMN em solução levam em consideração o fato de as moléculas em solução estarem em constante movimento, uma molécula de água associada com a proteína pode ser detectada, mesmo se não estiver firmemente ligada em uma posição fixa (Figura 5). Os métodos de RMN desenvolvidos para proteínas deste tamanho forneceram uma estrutura mostrando a água fracamente ligada na cavidade hidrofóbica da interleucina-1β. Até aquela época, a presença desta água era desconhecida.

■ **FIGURA 5** Diagrama de fita da interleucina-1β. Vista posterior mostrando a espinha dorsal da proteína em verde e a água ligada em vermelho. (Adaptado de Ernst, J. A., et al. (1995). Demonstration of positionally disordered water within a protein hidrophobic cavity by NMR. *Science* 267, 1815.)

Se a água fracamente ligada pode ser detectada, a questão que surge é se a mobilidade conformacional pode ser detectada dentro da molécula de proteína em si. A resposta é que, de fato, é possível com o RMN em solução, mas não com a cristalografia de raios X. A mobilidade conformacional é uma parte integral do modo de ação de algumas proteínas. A proteína supressora de tumor p53 é um exemplo importante. Descobriu-se com os estudos iniciais de RMN que esta proteína é um tetrâmero, mas trabalhos mais recentes determinaram que as partes móveis interagem com o DNA. A ligação da proteína p53 com o DNA dispara a ação de enzimas reparadoras de DNA (Figura 6). O desdobramento parcial de monômeros da proteína permite que a ligação ocorra como deve. Este trabalho na região não estruturada da proteína não poderia ter sido feito com nenhum outro método.

O poder da espectroscopia de RMN para lidar com questões de importância bioquímica é limitado apenas pela ingenuidade dos pesquisadores que planejam os experimentos. Os algoritmos computacionais para a obtenção de espectros e análise dos resultados estão constantemente sendo melhorados. Por exemplo, o artigo de Raman et al. citado na bibliografia descreve o uso de algoritmos computacionais sofisticados para deduzir as estruturas de proteínas a partir das espinhas dorsais, mas não das cadeias laterais. Este método foi usado com dados de proteínas de estruturas conhecidas. Os resultados destes métodos foram comparados com aqueles obtidos por métodos anteriores. Será interessante ver o que o futuro pode trazer em relação a aplicações bioquímicas à medida que a espectroscopia de RMN melhore ainda mais.

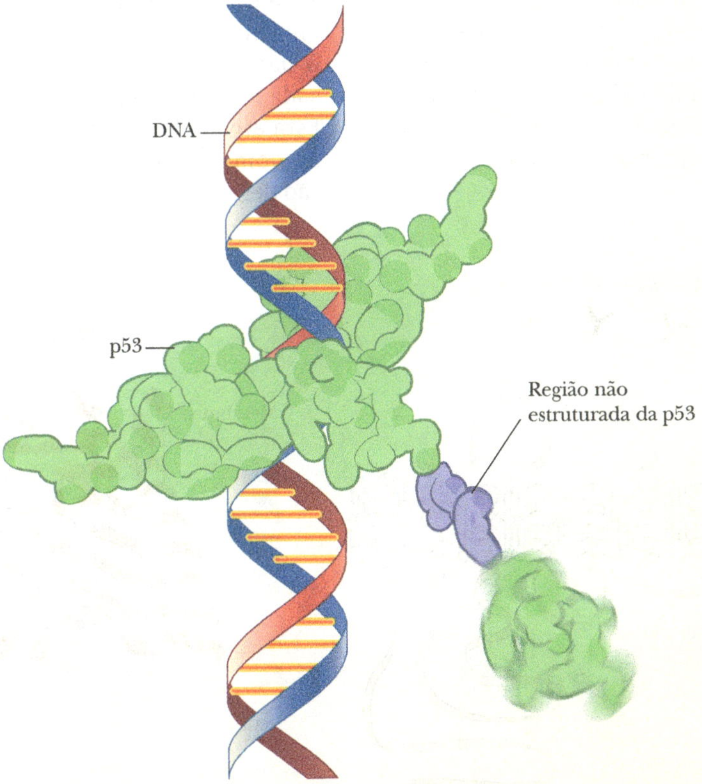
DNA
p53
Região não estruturada da p53

■ **FIGURA 6** As regiões não estruturadas da p53 permitem que a proteína empacote-se em si mesma ao redor das hélices duplas de DNA. Parte da p53 já está ligada à hélice dupla. A parte não estruturada da p53 (mostrada em roxo) tem mobilidade conformacional suficiente para permitir que o resto da p53 (borrão verde) se mova para uma posição para se ligar a outras partes do DNA. A parte da p53 que ainda não está ligada é altamente móvel. (AXS Biomedical Animation Studio, Inc.)

Bibliografia Comentada

Clore, G. e Gronenborg, A. Structures of Larger Proteins in Solution: Three- and Four-Dimensional Heteronuclear NMR Spectroscopy, *Science* **252**, p. 1390-99 (1991). [Uma descrição de métodos de RMN para a determinação de estrutura de proteína.]

—., Omichinski, J., Sakaguchi, K., Zambrano, N., Skakmoto, H., Appella, E. e Gronenborn, A. High-Resolution Structure of the Oigomerization Domain of p53 by Multinuclear NMR, *Science* **265**, p. 386-91 (1994). [Determinação da estrutura tetrâmera da proteína p53.]

Dunker, A. e Kriwacki, R. The Olderly Chaos of Proteins. *Scientific American* **304** (4), p. 68-73 (2011). [O uso de espectroscopia de RMN para observar a mobilidade conformacional de proteínas em solução.]

Ernst, J., Clubb, R., Zhou, H., Gronenborn, A. e Clore, G. Demonstration of Positionally Disordered Water in a Protein Hydrophobic Cavity by NMR. *Science* **267**, p. 1813-17 (1995). [Detecção de moléculas de água ligadas a uma proteína de maneira não rígida.]

Raman, S., et al. NMR Structure Determination for Larger Proteins Using Backbone-Only Data. *Science* **327**, p. 1014-18 (2010). [Uso de algoritimos computacionais avançados para extrair as quantidades máximas de informações dos espectros de RMN.]

Proteína G – Receptores Acoplados

Quando nossos corpos respondem a estímulos externos como a luz e o odor, ou quando experimentamos a resposta lutar ou fugir, a amplamente distribuída classe de proteínas conhecidas como receptores acoplados de proteína G (GCPRs) tem papel central. A posição central nos processos da vida desses receptores recebeu muita atenção da mídia no outono de 2012, com o anúncio do Prêmio Nobel em Química para Brian Kobilka, da Stantford University, e Robert Lefkowitz, da Duke University, por seu trabalho com estas proteínas. Quais são as características destas proteínas que as tornam tão importantes?

epa european press photo agency b. v./Alamy

■ Brian Kobilka

JONATHAN NACKSTRAND/AFP/Getty Images/Newscom

■ Robert Lefkowitz

Estas proteínas receptoras aparecem nas membranas celulares e estão acopladas às proteínas G no lado interno da membrana celular. (Veja Conexões Bioquímicas 8.2 e Seção 24-3.) Todo GCPRs rodeia a membrana e consiste em sete segmentos em hélice α. Elas são chamadas de proteínas de sete segmentos de transmembrana (7-TMS). A rodopsina, proteína chave na visão, e os receptores α- e β-adrenérgico, ambos os quais ligam-se ao hormônio epinefrina, são exemplos de GCPRs. Como um exemplo, a Figura 1 mostra a estrutura de um receptor β-adrenérgico.

Quando uma molécula sinalizadora liga-se a um GPCR, como mostrado na Figura 2, inicia-se uma série de eventos que leva à transmissão e amplificação do sinal dentro da célula. O evento de ligação ativa a proteína G; por isso o nome receptor acoplado a ela. O resultado pode ser inibidor ou estimulador, dependendo do tipo específico de receptor. Independente de a ligação ser inibidora ou estimuladora, ela provoca a dissociação da estrutura da subunidade trimérica da proteína G. As subunidades são designadas α, β e γ. As subunidades β e γ permanecem ligadas entre si. A subunidade α vai sinalizar a próxima etapa na célula, como inibição ou ativação de uma enzima específica. No processo, ocorre uma troca de GDP ligada à subunidade α para GTP. A GTP ligada é hidrolisada lentamente pela subunidade α. Esta atividade de GTPase dá origem ao nome proteína G. Essas reações são descritas em detalhes no Capítulo

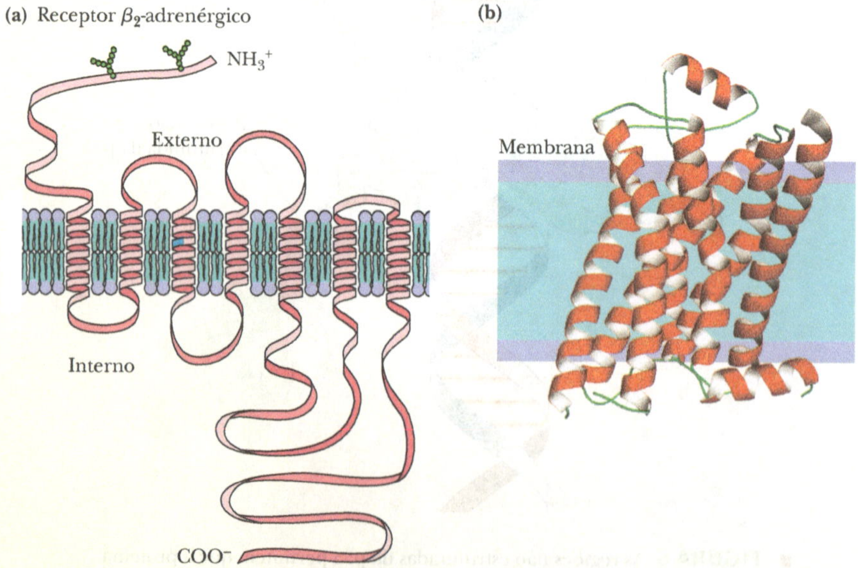
(a) Receptor β_2-adrenérgico
NH_3^+
Externo
Interno
COO⁻
(b)
Membrana

■ **FIGURA 1** **Estrutura de um receptor β-adrenérgico** (a) Diagrama esquemático dos sete segmentos em hélice da transmembrana. (b) As principais características da estrutura de um receptor β-adrenérgico. (De GARRETT/GRISHAM, *Biochemistry*, 4ed. © 2009 Cengage Learning.)

24. A ampla faixa de efeitos depende do fato de que existem inúmeros receptores diferentes, todos com vários subtipos. Existem também inúmeros tipos de proteínas G, com a maioria das variações na subunidade α. As várias combinações de receptores e proteínas G podem dar origem a inúmeras respostas. (A descoberta das proteínas G deu o Prêmio Nobel de Medicina de 1994 a Alfred Gilman, da University of Texas Southwestern Medical Center, e Martin Rodbell, do National Institutes of Health.)

O número de GPCRs atinge centenas, com muitos papéis no organismo. Eles são agrupados em classes dependendo da similaridade da sequência de aminoácidos e da especificidade funcional. Deste enorme grupo, nos concentraremos em dois tipos principais de receptor para o hormônio

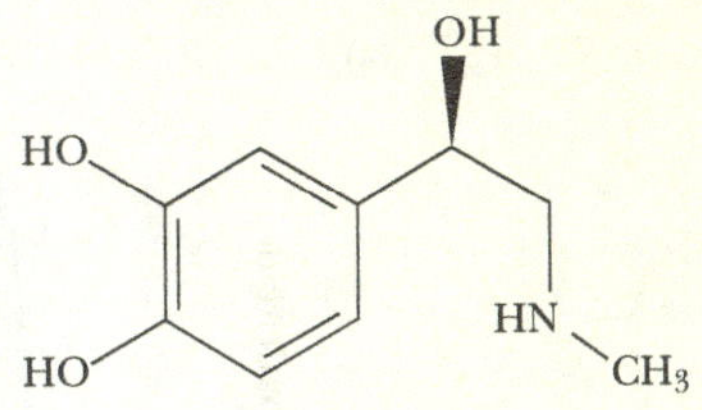
OH
HO
HO
HN
CH_3

Epinefrina

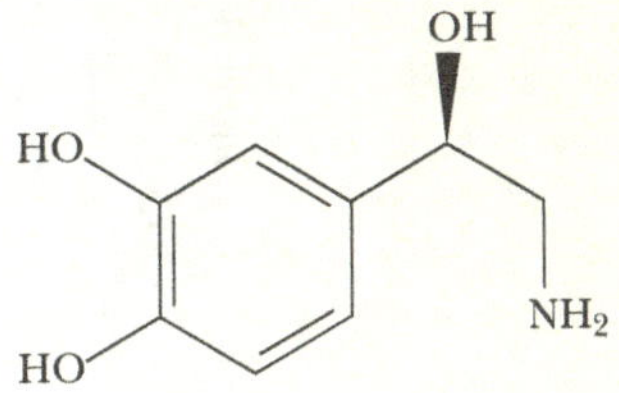
OH
HO
HO
NH_2

Norepinefrina

neurotransmissor epinefrina, os receptores α- e β-adrenérgicos. Estes ligam-se a catecolaminas, chamadas epinefrina e sua análoga norepinefrina, os hormônios da resposta lutar ou fugir.

Os receptores α- e β-adrenérgicos têm inúmeros subgrupos. Os membros destes subgrupos interagem com diferentes tipos de proteínas G e têm efeitos diferentes. O receptor α_1 aumenta a concentração intracelular de íon cálcio e estimula a contração do músculo liso. O grupo receptor α_2 tem vários papéis, muitos deles ligados com o trato gastrointestinal. Os receptores β são divididos em três tipos principais (Figura 3); os resultados da sua atuação variam de contração do músculo cardíaco ao relaxamento do músculo liso.

Uma boa maneira de entender os GPCRs, suas estruturas e suas muitas funções é examinar os métodos que foram usados para determinar suas propriedades. Aqui estão algumas das perguntas que podemos fazer. Quais genes codificam essas proteínas? Qual é a sequência de aminoácidos especificada por essas proteínas? Qual é a estrutura tridimensional dos GPCRs? Como a estrutura desses receptores determina suas funções?

Clonagem, sequenciamento e expressão da codificação de gene para o receptor α_2-adrenérgico plaqueta foi uma importante etapa inicial no

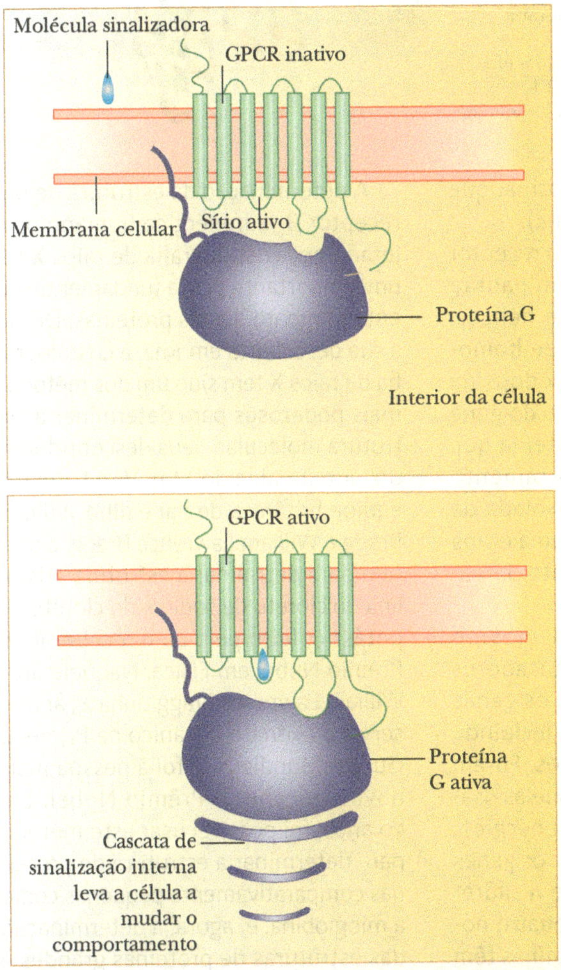
Molécula sinalizadora
GPCR inativo
Membrana celular
Sítio ativo
Proteína G
Interior da célula
GPCR ativo
Proteína G ativa
Cascata de sinalização interna leva a célula a mudar o comportamento

FIGURA 2 A ligação de uma molécula de sinal a um GCPR leva à ativação de uma proteína G, que, por sua vez, leva a um efeito dentro da célula por um mecanismo em cascata.

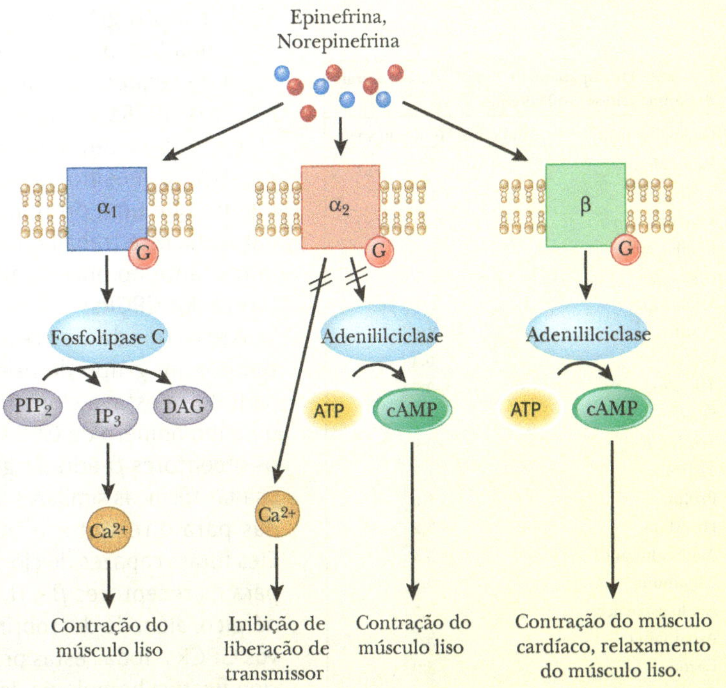
Epinefrina, Norepinefrina
α_1
G
α_2
G
β
G
Fosfolipase C
PIP_2
IP_3
DAG
Ca^{2+}
Adenililciclase
ATP
cAMP
Ca^{2+}
Adenililciclase
ATP
cAMP
Contração do músculo liso
Inibição de liberação de transmissor
Contração do músculo liso
Contração do músculo cardíaco, relaxamento do músculo liso.

FIGURA 3 Um resumo dos efeitos da ligação de catecolaminas aos receptores adrenérgicos. Veja a Seção 24-4 para uma descrição das reações da fosfolipase C e da adenilato ciclase.

entendimento das relações entre estes receptores. Usando a sequência de aminoácidos da proteína purificada como um guia, Kobilka, Lefkowitz e seus colegas sintetizaram sondas de oligonucleotídeos correspondentes. As sondas foram usadas para varrer uma biblioteca de DNA genômica, usando as técnicas descritas em detalhes no Capítulo 13. O gene recuperou códigos para uma proteína de 450 resíduos de aminoácidos de comprimento. A etapa seguinte foi usar a análise de hidrofobicidade para prever as regiões da sequência com probabilidade de representar os segmentos em hélice de transmembrana. Esta análise depende da tendência de aminoácidos com cadeias hidrofóbicas laterais estar em locais removidos do meio aquoso e a tendência correspondente de aminoácidos com cadeias laterais polares estar em contato com o meio aquoso. A tabela mostra o índice de hidrofobicidade para aminoácidos padrão. O número positivo indica uma cadeia lateral que tem probabilidade de estar na parte hidrofóbica de uma proteína, e o negativo indica uma cadeia lateral que será encontrada em contato com o meio aquoso.

Os resultados estavam disponíveis a partir de uma análise comparativa

Escala de Hidropaticidade para Cadeias Laterais de Aminoácidos em Proteínas*

Cadeia Lateral	Índice de Hidropaticidade
Isoleucina	4,5
Valina	4,2
Leucina	3,8
Fenilamina	2,8
Cisteína	2,5
Metionina	1,9
Alanina	1,8
Glicina	- 0,4
Treonina	- 0,7
Serina	- 0,8
Triptofano	- 0,9
Tirosina	- 1,3
Prolina	- 1,6
Histidina	- 3,2
Ácido glutâmico	- 3,5
Glutamina	- 3,5
Ácido aspártico	- 3,5
Asparagina	- 3,5
Lisina	- 3,9
Arginina	- 4,5

*De Kyte, J. e Doolittle, R., 1982. A simple method for displaying the hidropathic character of a protein. *Journal of Molecular Biology* p. **157**:105-32.

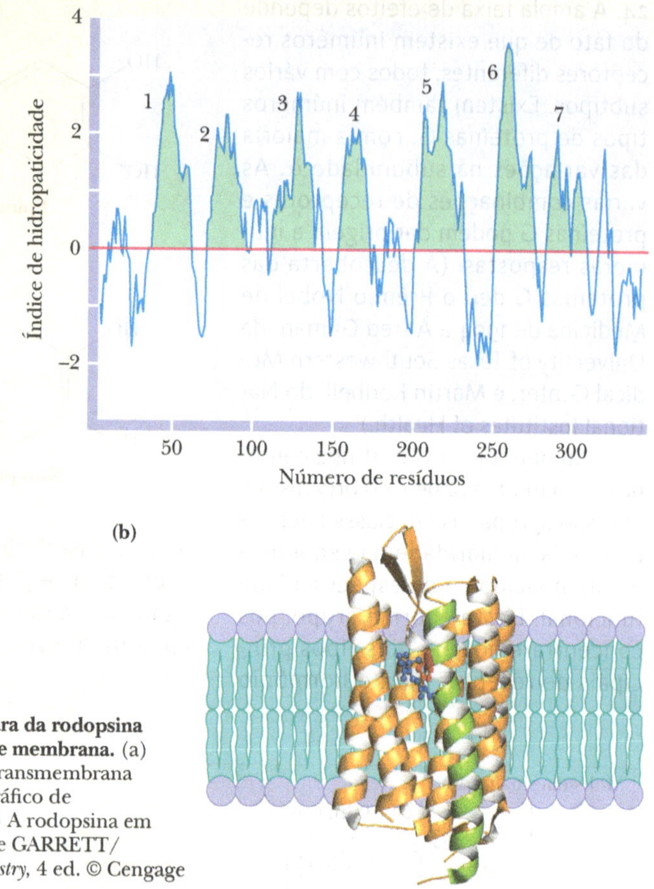

(a)
Índice de hidropaticidade
4
2
0
−2
1
2
3
4
5
6
7
50
100
150
200
250
300
Número de resíduos
(b)

■ **FIGURA 4** **Estrutura da rodopsina em uma ambiente de membrana.** (a) Sete segmentos de transmembrana são previstos pelo gráfico de hidropaticidade. (b) A rodopsina em uma membrana. (De GARRETT/GRISHAM, *Biochemistry*, 4 ed. © Cengage Learning.)

da proteína da visão rodopsina, que também é um GPCR (Figura 4).

A análise de sequência do receptor α_2-adrenérgico mostrou um padrão similar das regiões de sete hélices, com uma boa quantidade de homologia de sequência com a rodopsina e outros GPCRs. A expressão do gene clonado forneceu uma proteína que mostrou o mesmo comportamento ligante que uma proteína isolada da natureza. Este trabalho foi uma etapa importante no entendimento da natureza dos CPCRs.

Aproximadamente ao mesmo tempo, um grupo de pesquisadores na Bélgica estava clonando os genes para um número de GPCRs, incluindo os receptores β-adrenérgicos. Foram usadas técnicas similares àquelas usadas para o receptor α-adrenérgico. Eles foram capazes de clonar os genes para os receptores β_1-, β_2- e α_2-adrenérgico, além de descobrir quatro novos GPCRs. Todas estas proteínas têm significativa homologia de sequência, outra importante peça de informação dessa classe de receptores.

A determinação da estrutura de um receptor β_2-adrenérgico humano projetado por cristalografia de raios X foi uma importante pedra fundamental no entendimento dessas proteínas. Desde a sua descoberta em 1912, a cristalografia de raios X tem sido um dos métodos mais poderosos para determinar a estrutura molecular. Seus descobridores, o cientista alemão Max Von Laue e a equipe britânica de pai e filho William Bragg e William Lawrence Bragg, a usaram para detrminar a estrutura cristalina do cloreto de sódio e do cloreto de potássio, feito pelo qual receberam o Prêmio Nobel em Física. Naquele ano, William Lawrence Bragg tinha 25 anos e servia o exército britânico na Primeira Guerra Mundial. Ele foi a pessoa mais nova a receber o Prêmio Nobel. Em 50 anos, foi possível usar este método para determinar a estrutura de proteínas comparativamente pequenas como a mioglobina, e, agora, a determinação das estruturas de proteínas grandes e complexas tornou-se uma rotina, embora longe de uma operação trivial. No caso do receptor β_2-adrenérgico, infor-

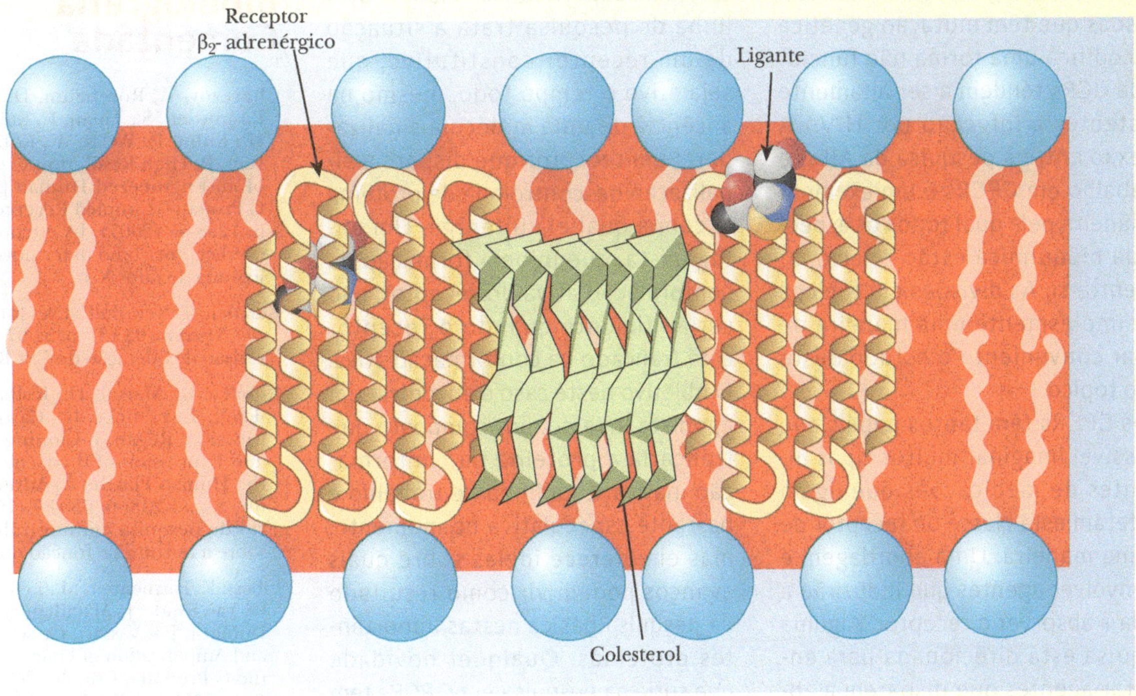
Receptor
β_2- adrenérgico
Ligante
Colesterol

FIGURA 5 Estrutura do receptor β-adrenérgico humano (amarelo) incrustado em uma membrana lipídica e ligado a um ligante difusível, com colesterol e ácido palmítico (verde claro) entre as duas moléculas receptoras. (Adaptado de Cherezov, et al. (2007). High-resolution crystal structure of na enginerred human β_2-adrenergic G protein-coupled receptor. *Science* 318, p. 1258.)

mações detalhadas sobre a estrutura tridimensional fornecem compreensão mais clara dos detalhes de ligação. Uma imagem clara da ligação pode, por sua vez, ser útil no projeto de medicamentos. A Figura 5 mostra um dímero de um receptor na membrana (mostrado em amarelo), com o colesterol (mostrado em verde-claro) ligado entre as duas moléculas de proteína. O ligante sintético carazolol é mostrado como um modelo molecular.

A maior questão de todas é como usar as propriedades dos CPCRs na medicina. Um número de possibilidades vem à mente. Uma usa o fato de que eles são proteínas alostéricas (veja Conexões Bioquímicas 7.1). O modo geral de ação de moduladores alostéricos é mostrado na Figura 6.

O ponto principal é que o efetivador alostérico bloqueia a ligação da molécula sinalizadora mudando a conformação do GPCR, e não pelo bloqueio do sítio de ligação. Um exemplo importante deste efeito é aquele conectado ao tratamento da AIDS. É bem conhecido que o vírus da AIDS liga-se às células T ajudantes do sistema imunológico, interagindo com a superfície celular da proteína CD4. Porém, mais recentemente, descobriu-se que a proteína CPCR chamada CCR5 também tem papel importante na ligação. A CCR5 tem um sítio ligante para a gp120, a notória proteína de revestimento viral que tem papel importante na infecção de HIV. Os moduladores alostéricos que fazem a variação conformacional na CCR5 que impede que ela se ligue à gp120 poderiam ser uma importante etapa no tratamento da AIDS. Os medicamentos baseados neste conceito estão sendo desenvol-

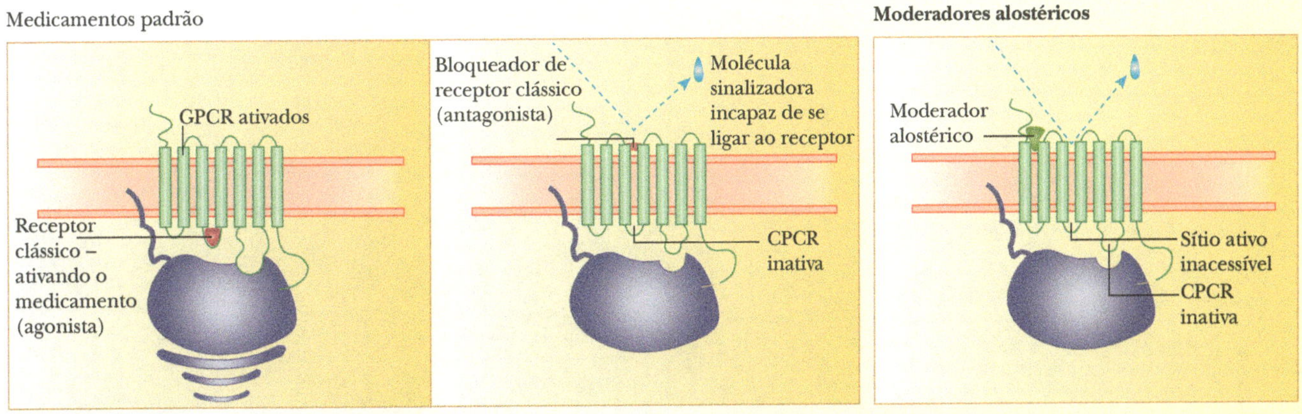
Medicamentos padrão
GPCR ativados
Receptor clássico – ativando o medicamento (agonista)
Bloqueador de receptor clássico (antagonista)
Molécula sinalizadora incapaz de se ligar ao receptor
CPCR inativa
Moderadores alostéricos
Moderador alostérico
Sítio ativo inacessível
CPCR inativa

FIGURA 6 Comparação do modo de ação de medicamentos padrão (antagonistas ligantes) com medicamentos que operam como moderadores alostéricos.

vidos e têm atingido testes clínicos. (Pessoas que têm mutação genética que codifica uma forma não funcional da CCR5 tendem a ser altamente resistentes à infecção por HIV.) A conexão entre a pesquisa da AIDS e o trabalho em CPCRs é um exemplo da maneira pela qual todos os aspectos da bioquímica estão relacionados entre si. As divisões em tópicos são simplesmente uma maneira de tornar conveniente o estudo deste vasto tópico.

Os CPCRs têm tantos papéis que é possível imaginar muitos tipos diferentes de medicações que ligam ou afetam esta classe de receptor de alguma maneira. Uma abordagem é desenvolver agentes que induzirão a célula a absorver o receptor. Alguma pesquisa está direcionada para encontrar agentes que disparem a absorção da proteína CCR5. O vírus da AIDS, qualquer que seja a maneira como sofra mutação, não pode se ligar a um receptor que não mais esteja na superfície da célula. Outra linha de pesquisa trata a situação de um receptor constitutivo, que seja ativo o tempo todo, mesmo na ausência de uma molécula sinalizadora; um receptor que dispare a sinalização descontrolada de proteína G com a qual ela interage. Um antagonista, que inibe a formação da conformação ativa do receptor, não seria eficiente quando o receptor está trancado na conformação ativa. O objetivo neste caso é encontrar um agonista inverso, um composto que trancaria a proteína na conformação inativa. Esta linha de trabalho é bastante especulativa no momento, mas ela oferece ideias sobre quais avanços podem vir como resultado da pesquisa básica nestas importantes proteínas. Qualquer novidade que surja na pesquisa em GPCRs tem probabilidade de levar a inúmeros avanços na medicina. Atualmente estima-se que 50% das medicações em uso afetem as GPCRs.

Bibiliografia Comentada

Cherezov, V., Rosebaum, D., Hanson, M., Rasmussen, S., Thian, F., Kobilka, T., Shoi, H., Kuhn, P., Weiss, W., Kobilka, B. e Stevens, R. High-Resolution Crystal Structure of an Engineered Human β_2-Adrenergic G Protein – Coupled Receptor. *Science* **318**, p. 1258-65 (2007). [A estrutura detalhada do receptor como determinada por cristalografia de raios X.]

Kenakin, T. New Bull's-Eyes for Drugs. *Scientific American* **93** (4), p. 51-57 (2005). [Uma revisão de operação de CPCR.]

Kobilka, B., Matsui, H., Kolbilka, T., Yang-Feng, T., Francke, U., Caron, M., Lefkowitz, R. e Regan, J. Cloning, Sequencing, and Expression of the Gene Coding form the Human Platelet α_2-Adrenergic Receptor. *Science* **238**, p. 650-87 (1987). [Relatório de pesquisa em um trabalho de base sobre a estrutura e função do receptor.]

Libert, F., Parmentier, M., Lefort, A., Dinsart, C., Van Sande, J., Maenhaut, C., Simons, M., Dumont, J. e Vassart, G. Selective Cloning and Amplification of Four New Members of the G Protein – Coupled Receptor Family. *Science* **244**, p. 569-72 (1989). [Estudo das similaridades entre GPCRs.]

Service, R. Receptor Scientists to Receive Chemistry Nobel. *Science* **338**, p. 313-14 (2012). [Artigo de notícias sobre os trabalhos vencedores de Prêmio Nobel em GPCRs.]

A Bioquímica e a Organização das Células

1

1-1 Temas Básicos

Como a bioquímica descreve os processos vitais?

Organismos vivos, como os humanos, e até mesmo células individuais das quais eles são compostos, são consideravelmente complexos e diversos. Todavia, certas características são comuns a todas as coisas vivas, da bactéria mais simples ao ser humano. Todas elas usam os mesmos tipos de *biomoléculas*, e todas utilizam energia. Como resultado, os organismos podem ser estudados através de métodos químicos e físicos. A crença nas "forças vitais" (forças que se acreditava existirem apenas em organismos vivos) apoiada pelos biologistas do século XIX há muito tem dado lugar à consciência de uma unidade subjacente em todo o mundo natural.

As disciplinas aparentemente não relacionadas à bioquímica podem fornecer respostas para importantes perguntas bioquímicas. Por exemplo, os testes de imagem por ressonância magnética (IRM), que têm um papel importante nas ciências da saúde originadas com os físicos, tornaram-se uma ferramenta

SUMÁRIO DO CAPÍTULO

[Continua]

[Continuação]

importante para os químicos, e atualmente têm um grande papel na pesquisa bioquímica. O campo da bioquímica abrange muitas disciplinas, e sua natureza multidisciplinar permite o uso de resultados de diversas ciências para responder a questões sobre a *natureza molecular de processos vitais.* Aplicações importantes deste tipo de conhecimento são feitas em campos relacionados à medicina – a compreensão sobre saúde e doenças no nível molecular leva ao tratamento mais efetivo de enfermidades de diversos tipos.

As atividades dentro de uma célula são semelhantes ao sistema de transporte de uma cidade. Os carros, ônibus e táxis correspondem às moléculas envolvidas em reações (ou séries de reações) dentro de uma célula. De forma semelhante, as rotas trafegadas por veículos podem ser comparadas às reações que ocorrem na vida da célula. Observe particularmente que diversos veículos trafegam em mais de uma rota – por exemplo, carros e táxis podem ir praticamente a qualquer lugar –, enquanto outros modos mais especializados de transporte, como metrôs e bondes, estão confinados a uma só rota. Da mesma forma, algumas moléculas desempenham diversas funções, enquanto outras participam apenas de séries específicas de reações. Além disso, *as rotas operam simultaneamente*, veremos que isto é verdade nas diversas reações dentro de uma célula.

Continuando a comparação, o sistema de transporte de uma grande cidade tem mais tipos de transporte do que o de uma cidade pequena. Enquanto uma cidade pequena pode ter apenas carros, ônibus e táxis, uma grande cidade pode ter esses e outros tipos, como bondes ou metrôs. Comparativamente, algumas reações são encontradas em todas as células, e outras, apenas em tipos específicos de células. Além disso, mais características estruturais são encontradas nas células maiores e mais complexas de organismos maiores do que em células mais simples de organismos como bactérias.

Uma consequência inevitável desta complexidade é a grande quantidade de terminologia necessária para descrevê-la: aprender um vocabulário consideravelmente novo é parte essencial do estudo da bioquímica. Você também verá diversas referências cruzadas neste livro, que são um reflexo das várias conexões entre os processos que ocorrem na célula.

Como as coisas vivas se originaram?

A semelhança fundamental entre células de todos os tipos faz a especulação sobre a origem da vida ser uma pergunta interessante. Como os componentes dos nossos corpos se juntaram e fazem as coisas que fazem? Quais são as moléculas da vida? Mesmo a estrutura de biomoléculas comparativamente pequenas consiste em várias partes. Grandes biomoléculas, como proteínas e ácidos nucleicos, têm estruturas complexas, e células vivas são extremamente mais complexas. Ainda assim, *tanto as moléculas como as células devem ter surgido, provavelmente, de moléculas muito simples,* como água, metano, dióxido de carbono, amônia, nitrogênio e hidrogênio (Figura 1.1). Por sua vez, essas moléculas simples devem ter surgido de átomos. A forma como o próprio universo, e os átomos dos quais ele é composto, foi criado é um tópico de grande interesse para astrofísicos e outros cientistas. Moléculas simples foram formadas pela combinação de átomos, e as reações de moléculas simples, por sua vez, levaram a moléculas mais complexas. As moléculas que exercem uma função em células vivas hoje são as mesmas encontradas na química orgânica – elas simplesmente operam em um contexto diferente.

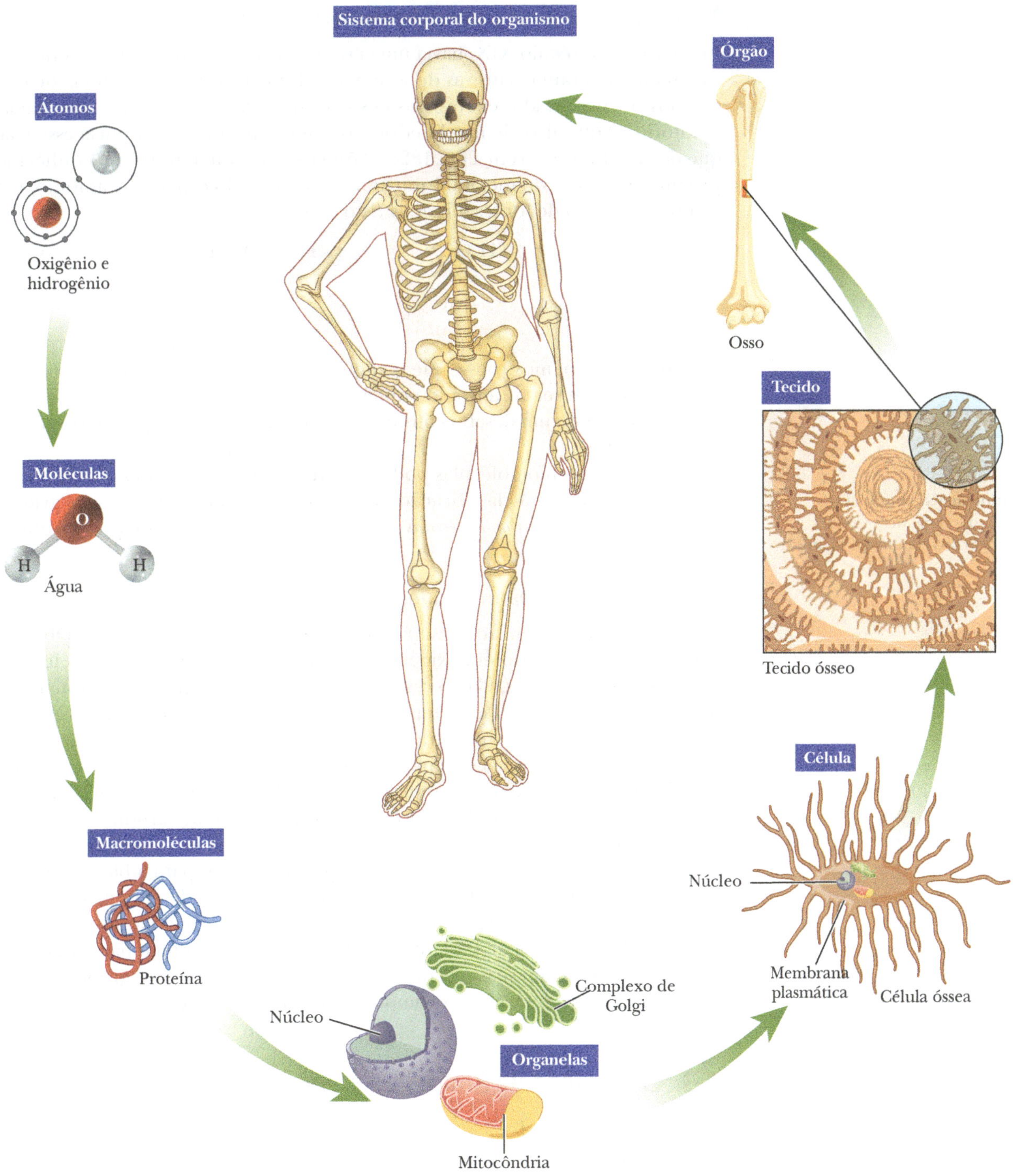
Sistema corporal do organismo
Órgão
Átomos
Oxigênio e
hidrogênio
Osso
Tecido
Moléculas
O
H
H
Água
Tecido ósseo
Célula
Macromoléculas
Núcleo
Proteína
Membrana
plasmática
Célula óssea
Complexo de
Golgi
Núcleo
Organelas
Mitocôndria

FIGURA 1.1 Níveis de organização estrutural no corpo humano. Observe a hierarquia do simples ao complexo.

1-2 Fundamentos Químicos da Bioquímica

química orgânica é o estudo de compostos de carbono, especialmente de carbono e hidrogênio e seus derivados

Química orgânica é o estudo de compostos de carbono e hidrogênio e seus derivados. Como o aparelho celular de organismos vivos é feito de compostos de carbono, as biomoléculas fazem parte da matéria de química orgânica. Além disso, há diversos compostos de carbono que não são encontrados em nenhum organismo, e vários tópicos importantes para a química orgânica têm pouca conexão com seres vivos. Vamos nos concentrar nos aspectos da química orgânica necessários para compreender o que ocorre nas células vivas.

Um químico pode fazer as moléculas da vida no laboratório?

Até o início do século XIX, havia uma crença firme nas "forças vitais", que presumidamente eram exclusivas de seres vivos. Esta crença incluía a ideia de que compostos encontrados em organismos vivos não podiam ser produzidos em laboratório. O químico alemão Friedrich Wöhler realizou a experiência essencial que desmentiu esta crença em 1828. Wöhler sintetizou a ureia, um conhecido produto de dejeto do metabolismo animal, a partir do cianato de amônio, um composto obtido de fontes minerais (isto é, não vivas).

$$NH_4OCN \rightarrow H_2NCONH_2$$

Cianato de amônio   Ureia

A partir de então, mostrou-se que qualquer composto que ocorre em um organismo vivo pode ser sintetizado em laboratório, embora, em diversos casos, a síntese represente um desafio considerável até mesmo para o químico orgânico mais experiente.

As reações das biomoléculas podem ser descritas pelos métodos da química orgânica, que exige a classificação de compostos de acordo com seus **grupos funcionais**. *As reações das moléculas baseiam-se nas reações de seus respectivos grupos funcionais.*

grupos funcionais grupos de átomos que dão origem às reações características dos compostos orgânicos

O que torna as biomoléculas especiais?

A Tabela 1.1 lista alguns desses grupos biologicamente importantes. Observe que a maioria deles contém oxigênio e nitrogênio, que estão entre os elementos mais eletronegativos. Como resultado, diversos desses grupos funcionais são polares, e esta natureza polar tem papel essencial em sua reatividade. Alguns grupos de importância vital para químicos orgânicos não aparecem na tabela porque as moléculas que contêm esses grupos, como haleto de alquila e cloretos de acila, não possuem nenhuma aplicabilidade em particular na bioquímica. Por sua vez, os derivados do ácido fosfórico que contêm carbono são pouco mencionados nos cursos iniciais sobre química orgânica, mas os ésteres e os anidridos deste ácido (Figura 1.2) são de importância vital para a bioquímica. O trifosfato de adenosina (ATP), molécula que é a moeda de energia da célula, contém tanto ligações éster como anidrido envolvendo o ácido fosfórico.

Classes importantes de biomoléculas possuem grupos funcionais característicos que determinam suas reações. Discutiremos as reações dos grupos funcionais quando considerarmos os compostos nos quais elas ocorrem.

1-3 O Começo da Biologia: Origem da Vida

A Terra e Sua Idade

Até hoje, sabemos de apenas um planeta que sem dúvida suporta a vida: o nosso. A Terra e suas águas são consideradas universalmente como a fonte e o pilar da vida como a conhecemos. Uma primeira e natural pergunta é como a Terra, assim como o Universo do qual ela faz parte, começaram a existir.

Como e quando a Terra nasceu?

Atualmente, a teoria cosmológica mais amplamente aceita para a origem do Universo é a do *big bang*, uma explosão cataclísmica. De acordo com a cosmologia do big bang, toda a matéria no Universo estava originalmente confinada em um volume relativamente pequeno de espaço. Como resultado de uma tremenda explosão, essa "bola de fogo primordial" começou a se expandir com uma grande força. Imediatamente após o big bang, o Universo estava extremamente quente, na ordem de 15 bilhões (15×10^9) K. (Observe que as

TABELA 1.1 Grupos Funcionais de Importância Bioquímica

Classe de Composto	Estrutura Geral	Grupo Funcional Caracaterístico	Nome do Grupo Funcional	Exemplos
Alcenos	$RCH{=}CH_2$ $RCH{=}CHR$ $R_2C{=}CHR$ $R_2C{=}CR_2$	$C{=}C$	Ligação dupla	$CH_2{=}CH_2$
Alcoóis	ROH	—OH	Grupo hidroxila	CH_3CH_2OH
Éteres	ROR	—O—	Grupo éter	CH_3OCH_3
Aminas	RNH_2 R_2NH R_3N	$-N\langle$	Grupo amino	CH_3NH_2
Tióis	RSH	—SH	Grupo sulfidrila	CH_3SH
Aldeídos	$R{-}C({=}O){-}H$	$-C({=}O)-$	Grupo carbonila	$CH_3C({=}O)H$
Cetonas	$R{-}C({=}O){-}R$	$-C({=}O)-$	Grupo carbonila	$CH_3C({=}O)CH_3$
Ácidos carboxílicos	$R{-}C({=}O){-}OH$	$-C({=}O){-}OH$	Grupo carboxila	$CH_3C({=}O)OH$
Ésteres	$R{-}C({=}O){-}OR$	$-C({=}O){-}OR$	Grupo éster	$CH_3C({=}O)OCH_3$
Amidas	$R{-}C({=}O){-}NR_2$ $R{-}C({=}O){-}NHR$ $R{-}C({=}O){-}NH_2$	$-C({=}O){-}N\langle$	Grupo amida	$CH_3C({=}O)N(CH_3)_2$
Ésteres de ácido fosfórico	$R{-}O{-}P({=}O)(OH){-}OH$	$-O{-}P({=}O)(OH){-}OH$	Grupo éster fosfórico	$CH_3{-}O{-}P({=}O)(OH){-}OH$
Anidridos de ácidos fosfóricos	$R{-}O{-}P({=}O)(OH){-}O{-}P({=}O)(OH){-}OH$	$-P({=}O)(OH){-}O{-}P({=}O)(OH)-$	Grupo anidrido fosfórico	$HO{-}P({=}O)(OH){-}O{-}P({=}O)(OH){-}OH$

temperaturas Kelvin são escritas sem o símbolo de grau.) Desde esse fenômeno, a temperatura média do Universo tem diminuído como resultado da sua expansão, e as temperaturas menores permitiram a formação de estrelas e planetas. Em seus estágios iniciais, o Universo tinha uma composição muito simples. Havia hidrogênio, hélio e um pouco de lítio (os três menores e mais simples elementos da tabela periódica), que foram formados na explosão original do big bang. Acredita-se que o restante dos elementos químicos tenha sido formado de três maneiras: (1) por meio de reações termonucleares que ocorrem normalmente nas estrelas, (2) em explosões de estrelas, e (3) pela ação de raios cósmicos fora das estrelas a partir da formação da galáxia. O processo pelo qual os elementos são formados nas estrelas é um tópico de interesse tanto para químicos como para astrofísicos. Para nossos propósitos, ob-

1 Reação do ácido fosfórico com um grupo hidroxila para formar um éster, que contém uma ligação P-O-R. O ácido fosfórico é mostrado em sua forma não ionizada nesta figura. Os modelos de volume atômico do ácido fosfórico e seu metil éster são mostrados. As esferas vermelhas representam o oxigênio; as brancas, o hidrogênio; as verdes, o carbono, e as laranjas, o fósforo.

2 Reação de duas moléculas de ácido fosfórico para formar um anidrido, que contém uma ligação P-O-P. Um modelo de volume atômico do anidrido do ácido fosfórico é mostrado.

3 Estrutura do ATP (trifosfato de adenosina), mostrando duas ligações anidrido e uma ligação éster.

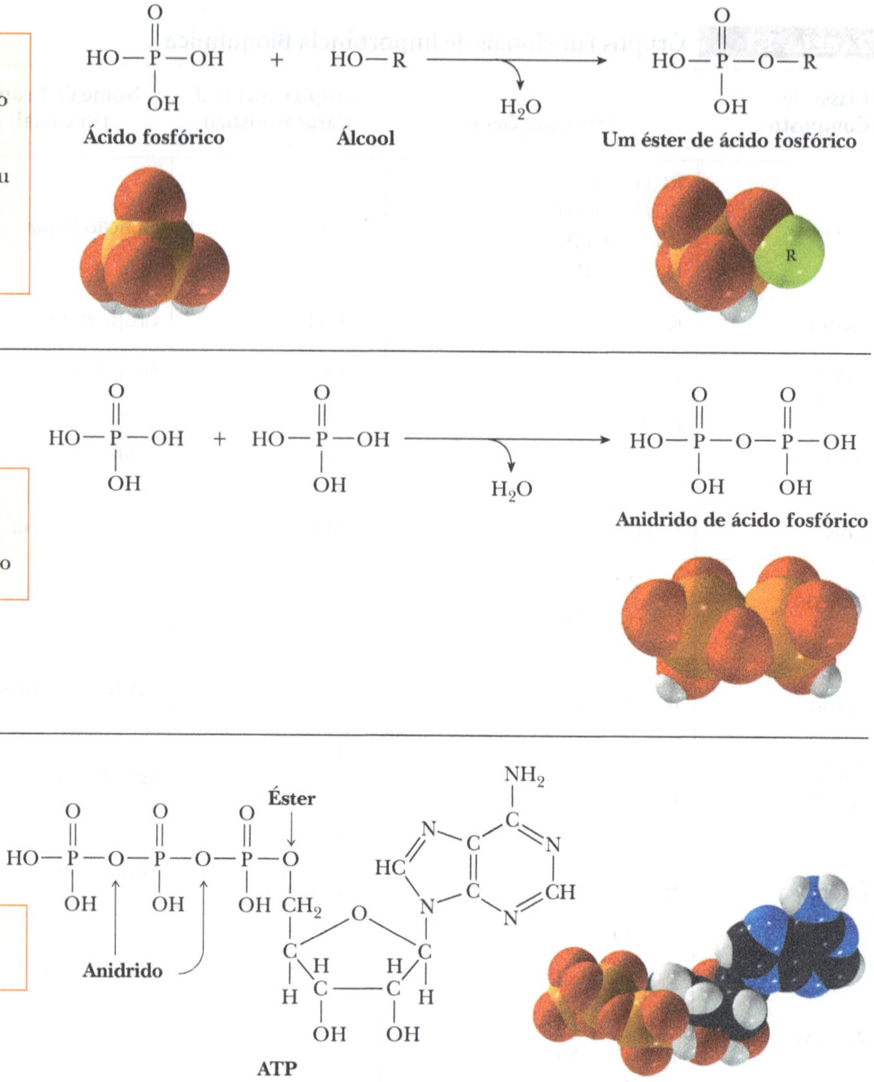
Ácido fosfórico
Álcool
Um éster de ácido fosfórico
Anidrido de ácido fosfórico
Éster
Anidrido
ATP

Figura 1.2 O ATP e as reações para sua formação.

serve que os isótopos mais abundantes de elementos biologicamente importantes, como carbono, nitrogênio, oxigênio, fósforo e enxofre, têm *núcleos particularmente estáveis.* Esses elementos foram produzidos por reações nucleares em estrelas de primeira geração, as originais produzidas logo após o início do Universo (Tabela 1.2). Diversas estrelas de primeira geração foram destruídas por explosões chamadas *supernovas*, e seu material estelar foi reciclado para produzir estrelas de segunda geração, como o nosso Sol, bem como nosso sistema solar. A datação radioativa, que utiliza o decaimento de núcleos instáveis, indica que a idade da Terra (e do restante do sistema solar) é de 4 a 5 bilhões (4×10^9 a 5×10^9) de anos. A atmosfera nos primórdios da Terra era muito diferente desta em que vivemos, e provavelmente atravessou diversos estágios antes de atingir sua composição atual. A diferença mais importante é que, de acordo com a maioria das teorias sobre a origem da Terra, havia muito pouco ou nenhum oxigênio livre (O_2) nos estágios iniciais (Figura 1.3). A Terra primitiva era constantemente irradiada por luz ultravioleta do Sol, porque não havia a camada de ozônio (O_3) na atmosfera para bloqueá-la. Sob essas condições, ocorriam as reações químicas que produziram as biomoléculas simples.

Os gases normalmente previstos como presentes na atmosfera nos primórdios da Terra incluem NH_3, H_2S, CO, CO_2, CH_4, N_2, H_2 e H_2O (tanto na forma líquida como na gasosa). No entanto, não há um consenso sobre as quantias relativas desses componentes, a partir dos quais as biomoléculas se originaram. Muitas das teorias iniciais sobre a origem da vida consideravam o CH_4 como a fonte de carbono,

TABELA 1.2 Abundância dos Elementos Importantes em Relação ao Carbono*

Elemento	Abundância nos Organismos	Abundância no Universo
Hidrogênio	80–250	10.000.000
Carbono	1.000	1.000
Nitrogênio	60–300	1.600
Oxigênio	500–800	5.000
Sódio	10–20	12
Magnésio	2–8	200
Fósforo	8–50	3
Enxofre	4–20	80
Potássio	6–40	0,6
Cálcio	25–50	10
Manganês	0,25–0,8	1,6
Ferro	0,25–0,8	100
Zinco	0,1–0,4	0,12

* Abundância é expressa como o número de átomos relativo a mil átomos de carbono.

N2
N N
H
H O
H2O
H NH3
H N
H
S H
H
H2S
O
C
O
CO2
Benzeno
N2
N N
Adenina
Açúcares
N C H
(Ácido cianídrico)
Metano
Ácido graxo
N2
N
N
Formaldeído
S H
H
H2S

FIGURA 1.3 As condições nos primórdios da Terra eram inóspitas para a maioria das formas de vida de hoje. Havia muito pouco ou nada de oxigênio livre (O_2). Os vulcões entravam em erupção liberando gases, e tempestades violentas produziam chuvas torrenciais que cobriam a Terra. A seta verde indica a formação de biomoléculas a partir de precursores simples.

porém, estudos mais recentes têm demonstrado que quantias significativas de CO_2 já existiam na atmosfera há pelo menos 3,8 bilhões ($3{,}8 \times 10^9$) de anos.

Esta conclusão baseia-se em evidências geológicas: as rochas mais antigas conhecidas têm 3,8 bilhões de anos e são carbonatos que se formam a partir do CO_2. Qualquer NH_3 originalmente presente deve ter se dissolvido nos oceanos, deixando N_2 na atmosfera como a fonte de nitrogênio exigida para a formação de proteínas e ácidos nucleicos.

Biomoléculas

Como eram as biomoléculas que provavelmente se formaram no começo da Terra?

Foram realizados experimentos nos quais os compostos simples da atmosfera primordial puderam reagir sob os diversos conjuntos de condições que pudessem existir na Terra primitiva. Seus resultados indicam que esses compostos simples reagem *abioticamente*, ou, como a palavra indica (*a*, "não", e *bios*, "vida"), na ausência de vida, para originar compostos biologicamente importantes, como os componentes de proteínas e ácidos nucleicos. De interesse histórico é a bem conhecida experiência de Miller-Urey. Em cada teste, uma descarga elétrica simulando raios atravessa um sistema fechado que contém H_2, CH_4 e NH_3, além de H_2O. Moléculas orgânicas simples, como o formaldeído (HCHO) e o ácido cianídrico (HCN), são produtos típicos de tais reações, assim como os aminoácidos, os blocos construtores das proteínas. De acordo com uma das teorias, reações como essas ocorriam nos oceanos na Terra primordial; outros pesquisadores defendem que elas aconteciam nas superfícies de partículas de argila que existiam nos primórdios da Terra. É verdade que substâncias minerais semelhantes à argila podem servir como catalisadores em diversos tipos de reação. Ambas as teorias têm seus defensores; contudo, mais pesquisas serão necessárias para esclarecer as muitas questões que ainda permanecem sem solução. Mais um ponto, teorias recentes da origem da vida focam no RNA, não em proteínas, como as primeiras moléculas genéticas. Acredita-se que as proteínas se desenvolveram mais tarde na evolução das primeiras células. Este ponto, porém, não diminui a importância desse primeiro experimento na síntese abiótica de biomoléculas.

Experimentos recentes mostraram que é possível sintetizar nucleotídeos a partir de moléculas simples através de um caminho que inclui um precursor, que não é um açúcar nem uma base nucleica, mas um fragmento consistindo em açúcar e uma parte de uma base. O fragmento 2-amino-oxazol é altamente volátil e pode vaporizar e condensar de tal forma a dar origem a pacotes de material puro em quantidades razoavelmente grandes. Por sua vez, os fosfatos liberados por ação vulcânica podem reagir com o 2-amino-oxazol para produzir nucleotídeos (Figura 1.4). Os produtos incluem nucleotídeos que não são partes do RNA atual, mas a intensa luz ultravioleta, que estava presente nos primórdios da Terra, destruiu aqueles nucleotídeos, deixando aqueles encontrados no RNA atual.

monômeros pequenas moléculas que podem se ligar a várias outras para formar um polímero

polímeros macromoléculas formadas pela ligação de pequenas unidades

As células vivas na forma como existem hoje são agrupamentos que incluem moléculas muito grandes, como proteínas, ácidos nucleicos e polissacarídeos. Essas moléculas são muitas ordens de grandeza maiores que aquelas menores das quais são formadas. Centenas ou milhares dessas moléculas menores, ou **monômeros**, podem ser ligadas para produzir macromoléculas, que também são chamadas **polímeros**. A versatilidade do carbono é importante aqui. O carbono é tetravalente e pode formar ligações com o próprio carbono e com diversos outros elementos, originando diferentes tipos de monômeros, como aminoácidos, nucleotídeos e monossacarídeos (monômeros de açúcar).

proteínas macromoléculas formadas pela polimerização de aminoácidos

ácidos nucleicos macromoléculas formadas pela polimerização de nucleotídeos

Proteínas e ácidos nucleicos têm um papel chave nos processos da vida. Nas células atuais, os aminoácidos (monômeros) se combinam por polimerização para formar **proteínas**; os nucleotídeos (também monômeros) se combinam para formar **ácidos nucleicos**; e a polimerização de monômeros de açúcar produz os polissacarídeos. Os experimentos de polimerização com aminoácidos realizados sob as condições da Terra primordial produziram polímeros similares a proteínas. Experiências semelhantes foram feitas sobre a polimerização abiótica de nucleotídeos e açúcares, que tende a acontecer menos facilmente que a polimerização de aminoácidos. Grande parte desta discussão é especulativa, mas é uma maneira útil de começar a pensar sobre as biomoléculas.

Os diversos tipos de aminoácidos e nucleotídeos podem facilmente ser diferenciados entre si. Quando os aminoácidos formam polímeros, com a perda

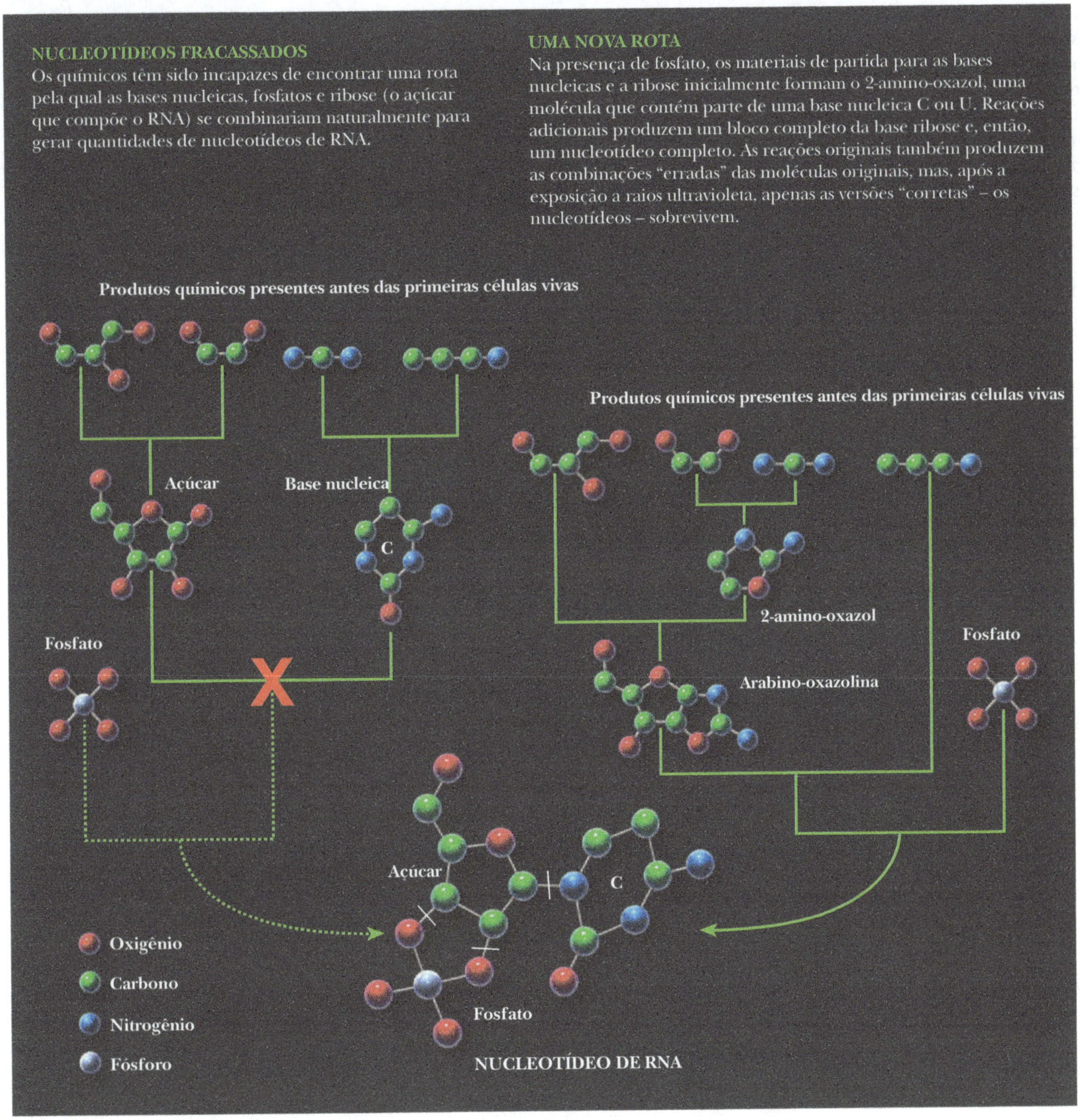
NUCLEOTÍDEOS FRACASSADOS
Os químicos têm sido incapazes de encontrar uma rota pela qual as bases nucleicas, fosfatos e ribose (o açúcar que compõe o RNA) se combinariam naturalmente para gerar quantidades de nucleotídeos de RNA.
UMA NOVA ROTA
Na presença de fosfato, os materiais de partida para as bases nucleicas e a ribose inicialmente formam o 2-amino-oxazol, uma molécula que contém parte de uma base nucleica C ou U. Reações adicionais produzem um bloco completo da base ribose e, então, um nucleotídeo completo. As reações originais também produzem as combinações "erradas" das moléculas originais, mas, após a exposição a raios ultravioleta, apenas as versões "corretas" – os nucleotídeos – sobrevivem.
Produtos químicos presentes antes das primeiras células vivas
Açúcar
Base nucleica
C
Fosfato
Produtos químicos presentes antes das primeiras células vivas
2-amino-oxazol
Arabino-oxazolina
Fosfato
Açúcar
C
Fosfato
Oxigênio
Carbono
Nitrogênio
Fósforo
NUCLEOTÍDEO DE RNA

FIGURA 1.4 **Síntese abiótica de nucleotídeos.** O composto volátil 2-amino-oxazol é um intermediário chave que eventualmente dá origem aos nucleotídeos. (Copyright © Andrew Swift)

de água que acompanha esse processo espontâneo, a sequência de aminoácidos determina a propriedade da proteína formada. De modo semelhante, o código genético está baseado na sequência de nucleotídeos monoméricos que se polimerizam para formar ácidos nucleicos, as moléculas da hereditariedade (Figura 1.5). No entanto, em polissacarídeos, a ordem dos monômeros raramente tem um efeito importante nas propriedades do polímero, nem carrega nenhuma informação genética. (Outros aspectos da *ligação* entre monômeros são importantes para os polissacarídeos, como veremos ao discutir os carboidratos no Capítulo 16.) Observe que todos os blocos construtores têm uma "cabeça" e uma "cauda", dando uma noção de direção até mesmo no nível do monômero (Figura 1.6).

O efeito da sequência de monômeros sobre as propriedades dos polímeros pode ser ilustrado por um outro exemplo. A classe de proteínas conhecida como *enzimas* exibe **atividades catalíticas**, ou seja, elas aumentam a velocidade de reações químicas quando comparadas com reações não catalisadas. No contexto da origem da vida, as moléculas

Figura 1.5 Macromoléculas informacionais. Macromoléculas biológicas são informacionais. A sequência de unidades monoméricas em um polímero tem o potencial de conter informação se a ordem de unidades não for muito repetitiva. Os ácidos nucleicos e as proteínas são macromoléculas informacionais; os polissacarídeos não.

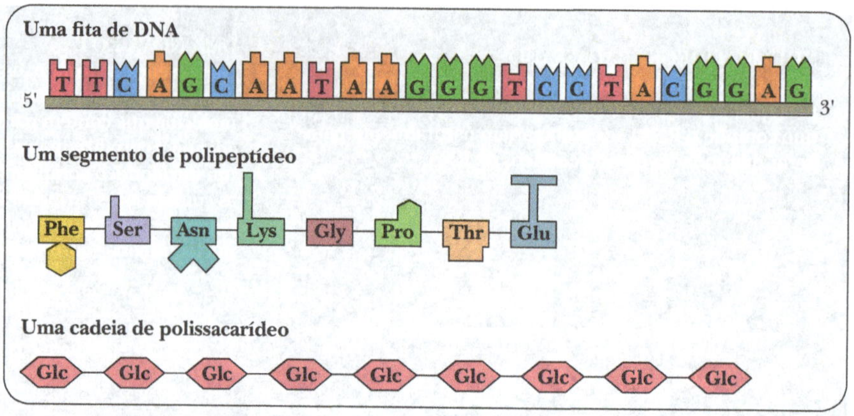
Uma fita de DNA
5'
3'
Um segmento de polipeptídeo
Phe
Ser
Asn
Lys
Gly
Pro
Thr
Glu
Uma cadeia de polissacarídeo
Glc

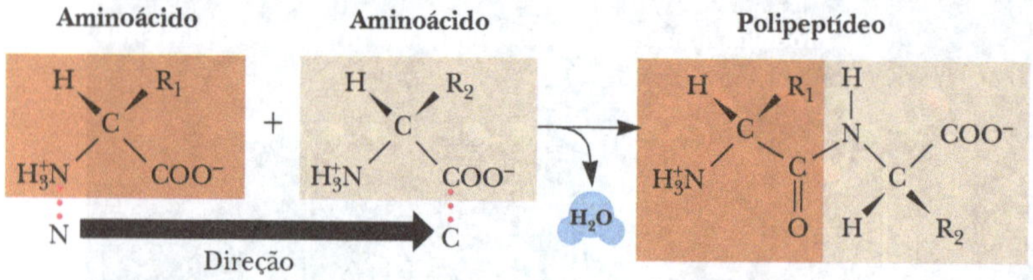
Aminoácido
Aminoácido
Polipeptídeo
N
C
Direção
H2O

A Os aminoácidos constroem proteínas ao conectar o grupo carboxila de um aminoácido ao grupo amina do aminoácido seguinte.

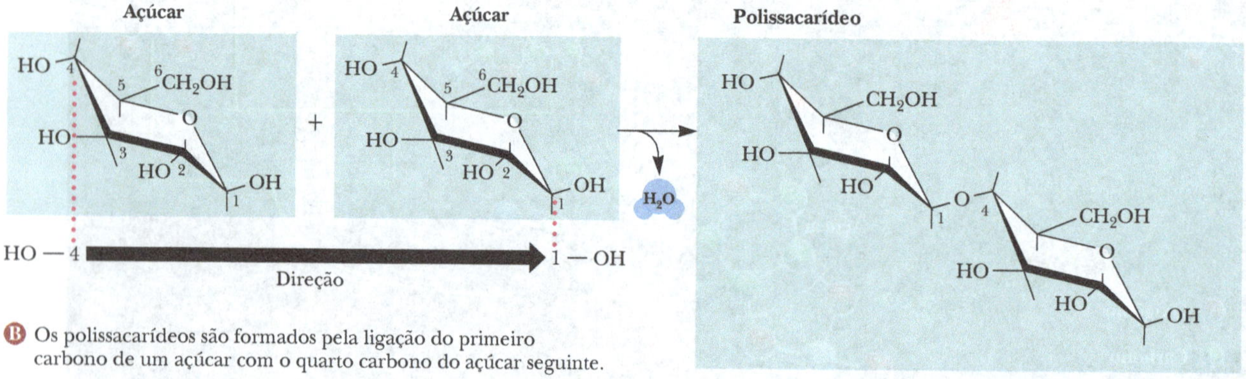
Açúcar
Açúcar
Polissacarídeo
HO — 4
1 — OH
Direção
H2O

B Os polissacarídeos são formados pela ligação do primeiro carbono de um açúcar com o quarto carbono do açúcar seguinte.

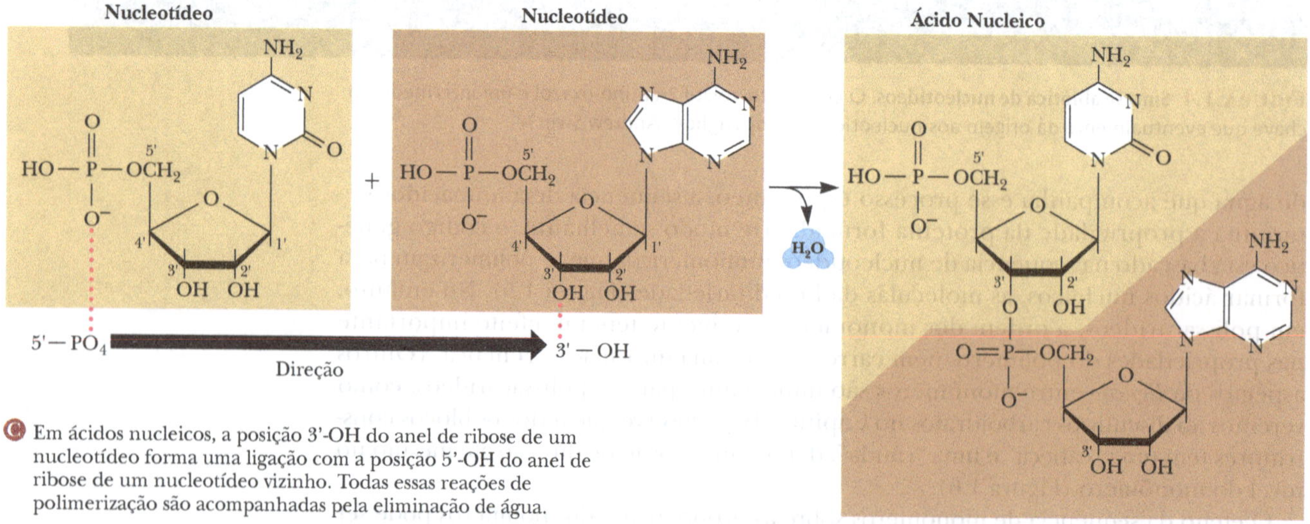
Nucleotídeo
Nucleotídeo
Ácido Nucleico
5'— PO4
3' — OH
Direção
H2O

C Em ácidos nucleicos, a posição 3'-OH do anel de ribose de um nucleotídeo forma uma ligação com a posição 5'-OH do anel de ribose de um nucleotídeo vizinho. Todas essas reações de polimerização são acompanhadas pela eliminação de água.

Figura 1.6 Direcionalidade nas macromoléculas. Macromoléculas biológicas e seus blocos construtores têm uma "noção" de direção.

catalíticas podem facilitar a produção de grandes números de moléculas complexas, permitindo o acúmulo destas. Quando um grande grupo de moléculas relacionadas se acumula, surge um sistema complexo com algumas características de organismos vivos, que tem organização não aleatória, tende a se reproduzir e compete com outros sistemas pelas moléculas orgânicas simples existentes no ambiente. Uma das funções mais importantes das proteínas é a **catálise**, e a eficiência catalítica de determinada enzima depende de sua sequência de aminoácidos. A sequência específica dos aminoácidos presentes determina, por fim, as propriedades de todos os tipos de proteína, incluindo as das enzimas. Se não fosse a catálise de proteína, as reações químicas que ocorrem nos nossos corpos seriam muito lentas para ser úteis aos processos da vida. Teremos muito a dizer sobre este ponto nos Capítulos 6 e 7.

Nas células atuais, a sequência de aminoácidos nas proteínas é determinada pela sequência de nucleotídeos nos ácidos nucleicos. O processo pelo qual as informações genéticas são traduzidas em sequências de aminoácidos é bastante complexo. O *DNA* (*ácido desoxirribonucleico*), um dos ácidos nucleicos, serve como material de codificação. O **código genético** é a relação entre as sequências de nucleotídeos nos ácidos nucleicos e de aminoácidos nas proteínas. Como resultado dessa relação, as informações para a estrutura e a função de todos os seres vivos são transmitidas de uma geração a outra. O funcionamento do código genético não é mais um mistério total, porém, ainda está longe de ser completamente elucidado. As teorias sobre a origem da vida consideram como um sistema de codificação pode ter se desenvolvido, e novos dados nessa área podem fornecer uma luz sobre o código genético atual.

atividade catalítica habilidade de aumentar a velocidade de uma reação química

catálise processo de aumento da velocidade de reações químicas

código genético informação para a estrutura e a função de todos os organismos vivos

De Moléculas para Células

O que veio primeiro – os catalisadores ou as moléculas hereditárias?

A descoberta de que o *RNA* (*ácido ribonucleico*), outro ácido nucleico, é capaz de catalisar seu próprio processamento trouxe implicações importantes para a discussão sobre a origem da vida. Até esta descoberta, a atividade catalítica era associada exclusivamente a proteínas. Agora, o RNA, em vez do DNA, é considerado por diversos cientistas como tendo sido o código genético original, e ainda executa esta função em alguns vírus. A ideia de que a catálise e a codificação ocorrem em uma molécula constituiu o ponto de partida para mais pesquisas sobre a origem da vida. O "mundo do RNA" é a ideia convencional atual, mas ainda há diversas perguntas sem resposta a respeito deste ponto de vista.

De acordo com a teoria do mundo do RNA, o aparecimento de uma forma de RNA capaz de codificar para sua própria replicação foi o ponto principal na origem da vida. Os polinucleotídeos podem orientar a formação de moléculas cuja sequência é uma cópia exata da molécula original. Esse processo depende de um mecanismo de molde (Figura 1.7), que é extremamente eficiente na produção de cópias exatas, mas relativamente lento. É necessário um catalisador, que pode ser um polinucleotídeo ou até mesmo a própria molécula original. Os polipeptídeos, no entanto, são catalisadores mais eficientes que os polinucleotídeos, mas ainda há dúvidas em relação a serem capazes ou não de orientar a formação de cópias exatas de si mesmos. Lembre-se de que, nas células atuais, o código genético se baseia em ácidos nucleicos, e a catálise, principalmente em proteínas. De que modo a síntese do ácido nucleico (que exige muitas proteínas enzimáticas) e a síntese da proteína (que exige que o código genético especifique a ordem dos aminoácidos) surgiram? De acordo com esta hipótese, o RNA (ou uma ordem de aminoácidos) original-

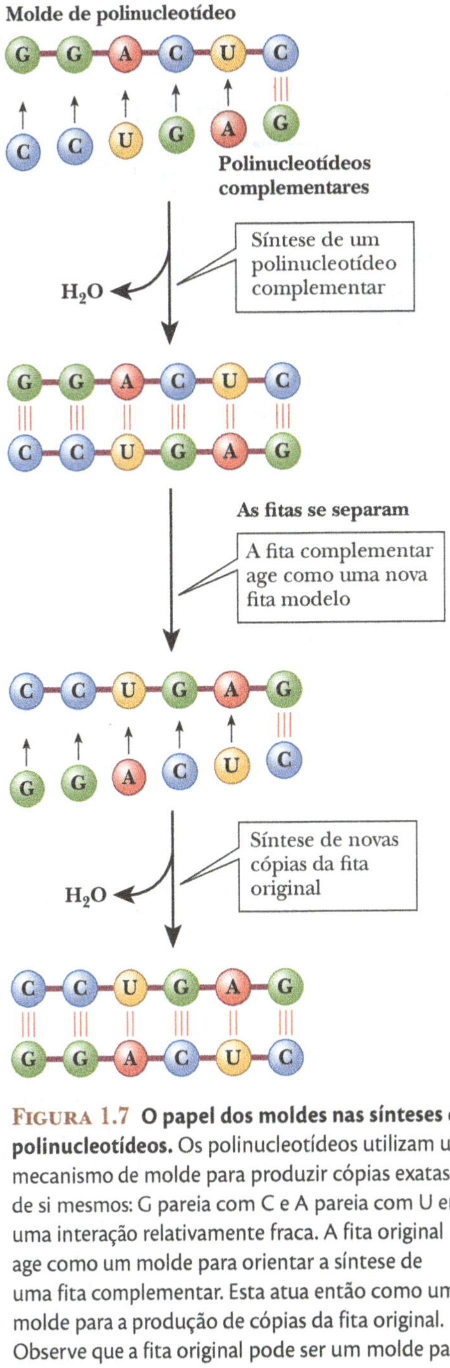
Molde de polinucleotídeo
Polinucleotídeos complementares
Síntese de um polinucleotídeo complementar
H_2O
As fitas se separam
A fita complementar age como uma nova fita modelo
Síntese de novas cópias da fita original
H_2O

FIGURA 1.7 O papel dos moldes nas sínteses de polinucleotídeos. Os polinucleotídeos utilizam um mecanismo de molde para produzir cópias exatas de si mesmos: G pareia com C e A pareia com U em uma interação relativamente fraca. A fita original age como um molde para orientar a síntese de uma fita complementar. Esta atua então como um molde para a produção de cópias da fita original. Observe que a fita original pode ser um molde para diversas fitas complementares, que, por sua vez, podem produzir diversas cópias da fita original. Esse processo dá origem a uma amplificação em diversas vezes da sequência original. (Copyright © A. Alberts, D. Bray, J. Lewis, M. Raff, K. Roberts e J. D. Watson. *The Molecular Biology of the Cell*. 3. ed., 1994. Reproduzido com permissão da Garland Science/Taylor & Francis Books, Inc.)

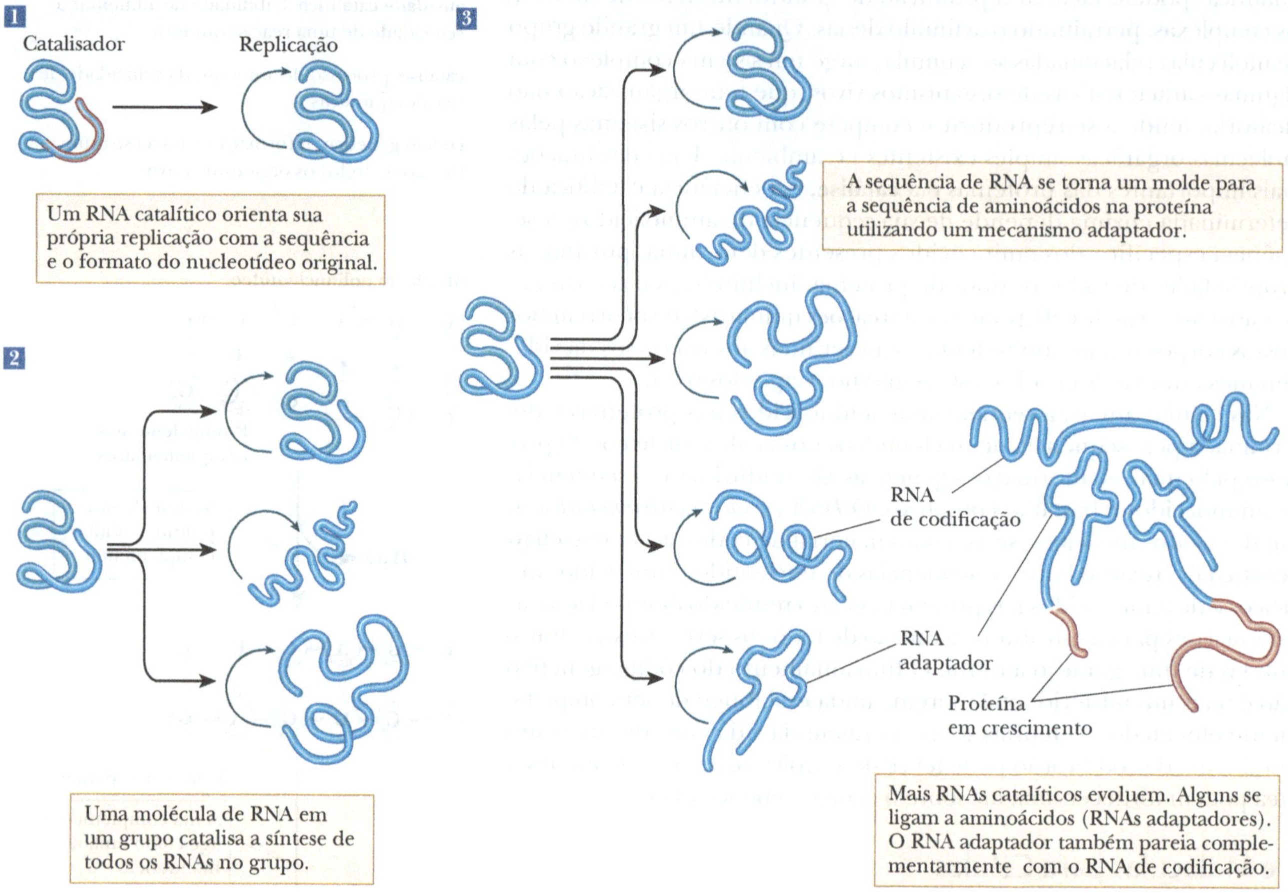
1
Catalisador
Replicação
Um RNA catalítico orienta sua própria replicação com a sequência e o formato do nucleotídeo original.
2
Uma molécula de RNA em um grupo catalisa a síntese de todos os RNAs no grupo.
3
A sequência de RNA se torna um molde para a sequência de aminoácidos na proteína utilizando um mecanismo adaptador.
RNA de codificação
RNA adaptador
Proteína em crescimento
Mais RNAs catalíticos evoluem. Alguns se ligam a aminoácidos (RNAs adaptadores). O RNA adaptador também pareia complementarmente com o RNA de codificação.

FIGURA 1.8 Estágios na evolução de um sistema de moléculas de RNA autorreplicante. Em cada etapa aparece mais complexidade no grupo de RNAs, levando finalmente à síntese de proteínas como catalisadores mais eficientes. (Copyright © A. Alberts, D. Bray, J. Lewis, M. Raff, K. Roberts e J. D. Watson. *The Molecular Biology of the Cell.*, 3. ed., 1994. Reproduzido com permissão da Garland Science/Taylor & Francis Books, Inc.)

mente exerceu ambos os papéis, catalisando e codificando sua própria replicação. Posteriormente, o sistema evoluiu até o ponto de ser capaz de codificar a síntese de catalisadores mais eficazes, no caso, as proteínas (Figura 1.8). Mais tarde, o DNA assumiu o lugar de material genético principal, relegando o RNA, mais versátil, a um papel intermediário na orientação da síntese de proteínas sob a direção do código genético que o DNA indica. Há controvérsias a respeito desta teoria, mas tem atraído uma atenção considerável recentemente. Permanecem muitas perguntas sem resposta sobre a função do RNA na origem da vida, mas, claramente, tal função deve ser muito importante.

Outro ponto essencial no desenvolvimento de células vivas é a formação de membranas que separam as células de seus ambientes. O agrupamento de moléculas codificadoras e catalíticas em um compartimento separado faz com que as moléculas tenham contato mais próximo entre si e excluam material externo. Por motivos que exploraremos detalhadamente nos Capítulos 2 e 8, os lipídeos são perfeitamente adequados para formar as membranas celulares (Figura 1.9).

Recentemente, têm sido feitas tentativas de combinar várias linhas de raciocínio sobre a origem da vida em uma *teoria de origem dupla.* De acordo com esta linha de pensamento, os desenvolvimentos da catálise e do sistema de codificação surgiram separadamente, e a combinação dos dois produziu a vida como a conhecemos. O surgimento de agregados de moléculas capazes de catalisar reações foi uma origem da vida, e o surgimento de um sistema de codificação baseado em ácido nucleico a outra.

Uma teoria de que a vida começou em partículas de argila é uma forma da teoria da origem dupla. De acordo com este ponto de vista, a codificação surgiu primeiro,

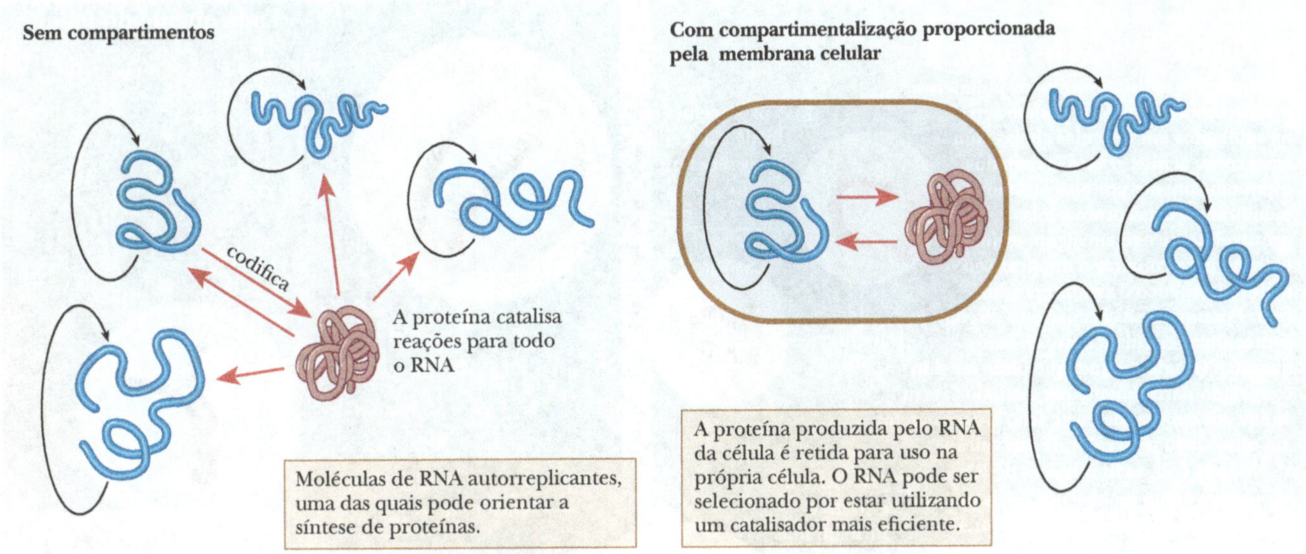
Sem compartimentos
Com compartimentalização proporcionada pela membrana celular
codifica
A proteína catalisa reações para todo o RNA
Moléculas de RNA autorreplicantes, uma das quais pode orientar a síntese de proteínas.
A proteína produzida pelo RNA da célula é retida para uso na própria célula. O RNA pode ser selecionado por estar utilizando um catalisador mais eficiente.

Figura 1.9 **A importância vital da uma membrana celular na origem da vida.** Sem compartimentos, grupos de moléculas de RNA devem competir com outros no mesmo ambiente pelas proteínas que eles sintetizam. Com compartimentos, os RNAs têm acesso exclusivo a catalisadores mais eficientes e ficam mais próximos uns dos outros, facilitando a ocorrência de reações. (Copyright © A. Alberts, D. Bray, J. Lewis, M. Raff, K. Roberts e J. D. Watson. *The Molecular Biology of the Cell.* 3. ed., 1994. Reproduzido com permissão da Garland Science/Taylor & Francis Books, Inc.)

mas o material codificante era a superfície de argila natural. Pensa-se que o padrão de íons na superfície da argila serviu como o código, e acredita-se que o processo de crescimento de cristal tenha sido o responsável pela replicação. Nucleotídeos, então moléculas de RNA, formaram-se na superfície de argila. As moléculas de RNA assim formadas foram liberadas da superfície da argila e encapsuladas em vesículas de lipídeos, formando protocélulas. Neste cenário, as protocélulas existem em um tanque com um lado quente e outro frio. Os polinucleotídeos de dupla fita são formados no lado frio do tanque em um molde de fita única (Figura 1.10). A protocélula move-se para o lado quente do tanque, onde as fitas se separam. A membrana incorpora mais membranas de lipídeos. A protocélula se divide, com um RNA de fita única em cada célula-filha, e o ciclo se repete.

No desenvolvimento a partir de protocélulas a células únicas para as modernas bactérias, proteínas e, então, DNA entram em cena. Neste cenário, as riboenzimas (moléculas catalíticas de RNA) desenvolvem e dirigem a duplicação do RNA. Outras riboenzimas catalisam reações metabólicas, eventualmente dando origem a proteínas (Figura 1.11). Finalmente, proteínas, ao invés de riboenzimas, catalisam muitas das reações na célula. Ainda mais tarde, outras enzimas catalisam a produção de DNA, que assume o papel principal na codificação. O RNA agora serve como um intermediário entre o DNA e as proteínas. Este cenário supõe que o tempo não é o fator limitante no processo. Em uma tentativa de estudar as origens da vida, os cientistas também têm tentado combinar as melhores propriedades das proteínas e dos ácidos nucleicos, e criado os ácidos nucleicos peptídicos, PNA. Evidências mostram que os blocos fundamentais destes híbridos poderiam também ter formado a molécula original que permitiu que a vida se formasse. Atualmente, os cientistas estão tentando criar células vivas artificiais com base no PNA. O objetivo é demonstrar que, sob as condições da "sopa primordial", moléculas simples poderiam formar moléculas complexas que possuem as funções críticas de catálise e replicação, e que estas poderiam então formar células capazes de se dividir.

Até o momento, nenhuma das teorias sobre a origem da vida está estabelecida como definitiva, e nenhuma é desmentida definitivamente. Este tópico ainda está sob intensa investigação. Parece bastante improvável que um dia saibamos com certeza como a vida se originou neste planeta, mas essas conjecturas nos permite refletir sobre algumas das questões importantes, como aquelas sobre catálise e codificação, que veremos muitas vezes neste livro.

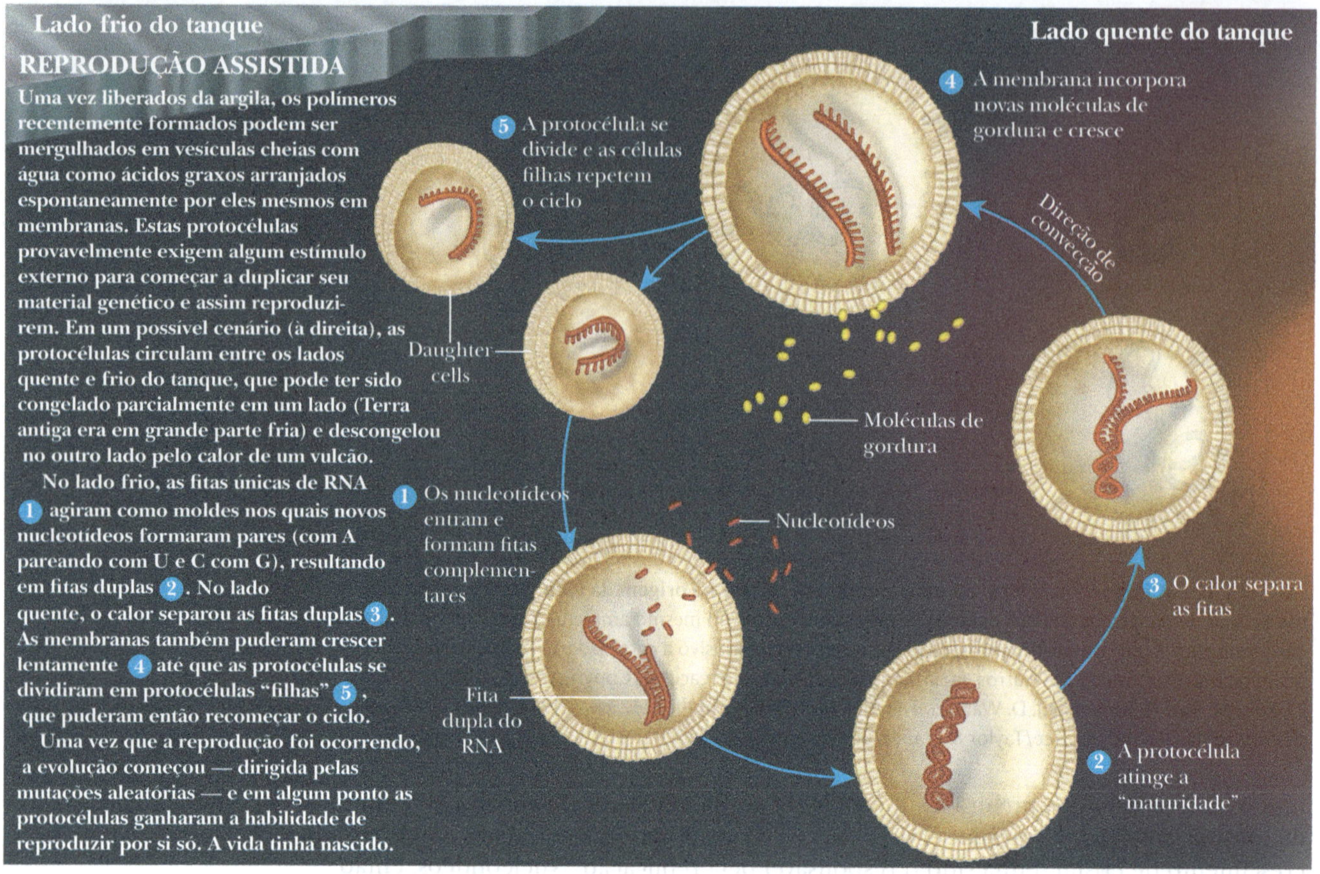
Lado frio do tanque
REPRODUÇÃO ASSISTIDA
Uma vez liberados da argila, os polímeros recentemente formados podem ser mergulhados em vesículas cheias com água como ácidos graxos arranjados espontaneamente por eles mesmos em membranas. Estas protocélulas provavelmente exigem algum estímulo externo para começar a duplicar seu material genético e assim reproduzirem. Em um possível cenário (à direita), as protocélulas circulam entre os lados quente e frio do tanque, que pode ter sido congelado parcialmente em um lado (Terra antiga era em grande parte fria) e descongelou no outro lado pelo calor de um vulcão.
No lado frio, as fitas únicas de RNA 1 agiram como moldes nos quais novos nucleotídeos formaram pares (com A pareando com U e C com G), resultando em fitas duplas 2. No lado quente, o calor separou as fitas duplas 3. As membranas também puderam crescer lentamente 4 até que as protocélulas se dividiram em protocélulas "filhas" 5, que puderam então recomeçar o ciclo.
Uma vez que a reprodução foi ocorrendo, a evolução começou — dirigida pelas mutações aleatórias — e em algum ponto as protocélulas ganharam a habilidade de reproduzir por si só. A vida tinha nascido.
Lado quente do tanque
4 A membrana incorpora novas moléculas de gordura e cresce
5 A protocélula se divide e as células filhas repetem o ciclo
Direção de convecção
Daughter cells
Moléculas de gordura
1 Os nucleotídeos entram e formam fitas complementares
Nucleotídeos
3 O calor separa as fitas
Fita dupla do RNA
2 A protocélula atinge a "maturidade"

Figura 1.10 **Replicação e Reprodução.** Quando os polímeros de RNA inicialmente se formaram, podiam se replicar no lado frio de um tanque, produzindo RNA de fita dupla. As fitas se separam no lado quente e se dividem em novas protocélulas. (© 2009 *Andrew Swift*)

1-4 A Maior Distinção Biológica – Procariotos e Eucariotos

Todas as células contêm DNA. O DNA total de uma célula é chamado **genoma**. As unidades hereditárias individuais, que controlam traços individuais pela codificação de uma proteína ou de um RNA funcional, são conhecidas como **genes**.

genoma o DNA total da célula

genes unidades individuais de herança

As primeiras células que evoluíram devem ter sido bastante simples, com o aparato mínimo necessário para os processos vitais. Os tipos de organismos que vivem hoje, e provavelmente se parecem mais com as células primordiais, são os **procariotos**. Esta palavra de origem grega (*karyon*, "núcleo, noz") literalmente significa "antes do núcleo". Os procariotos incluem as *bactérias* e as *cianobactérias* (anteriormente chamadas algas azul-esverdeadas; como o novo nome indica, elas estão mais relacionadas com as bactérias). Os procariotos são organismos unicelulares, mas podem estar associados em grupos, formando colônias com alguma diferenciação de funções celulares.

procariotos micro-organismos sem núcleo distinto nem organelas envolvidas por membranas

Qual a diferença entre um procarioto e um eucarioto?

A palavra *eucarioto* significa "núcleo verdadeiro". **Eucariotos** são organismos mais complexos e podem ser uni ou pluricelulares. Um núcleo bem definido, separado do restante da célula por uma membrana, é uma das principais características que diferenciam um eucarioto de um procarioto. Cada vez mais evidências fósseis indicam que os eucariotos evoluíram a partir dos procariotos há cerca de 1,5 bilhão ($1{,}5 \times 10^9$) de anos, cerca de 2 bilhões de anos após a vida aparecer na Terra. Exemplos de eucariotos unicelulares incluem as leveduras e o *Paramecium* (organismo frequentemente discutido nos cursos básicos

eucariotos organismos cujas células têm núcleos bem definidos e organelas envolvidas por membranas

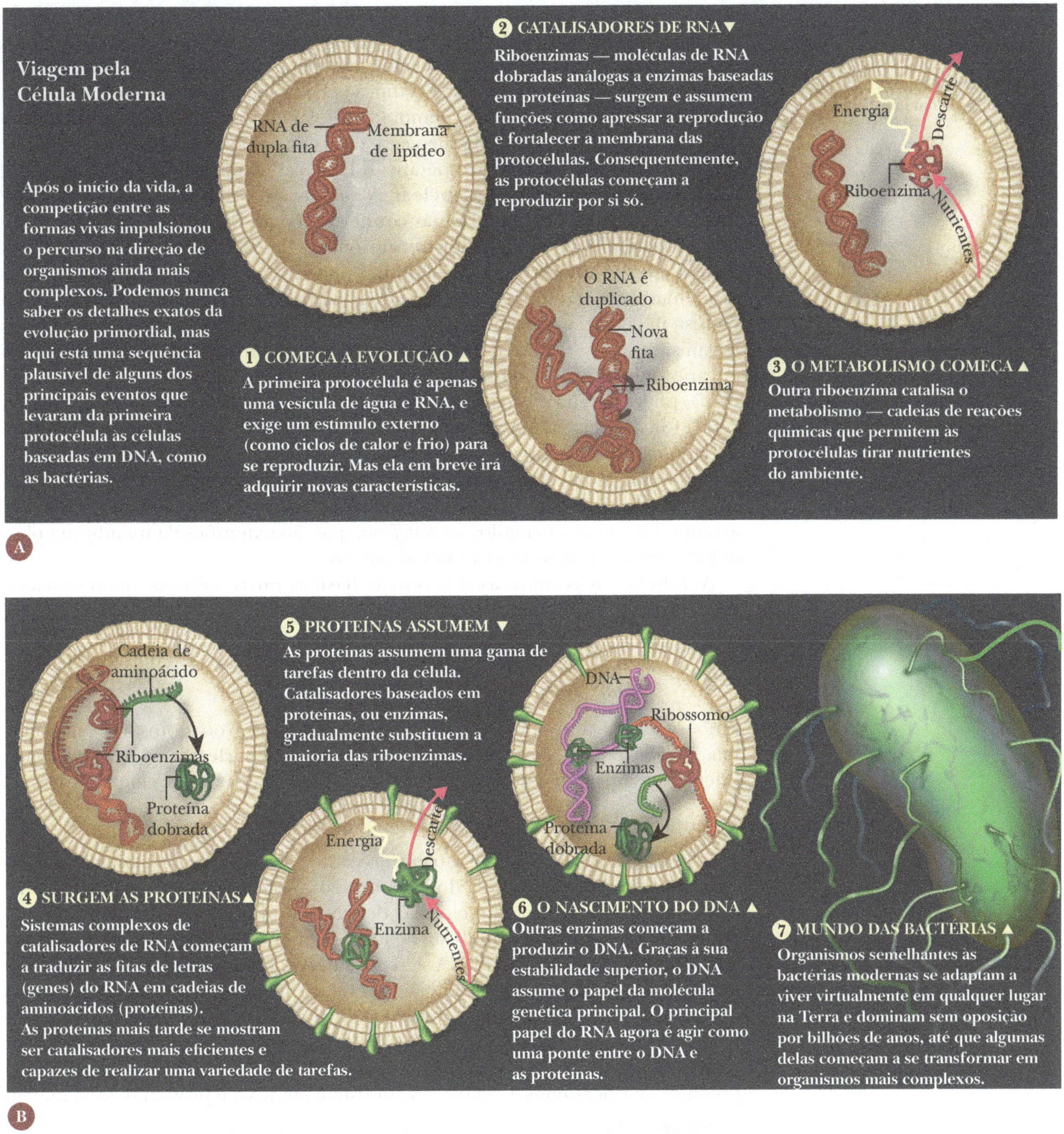
Viagem pela
Célula Moderna
Após o início da vida, a competição entre as formas vivas impulsionou o percurso na direção de organismos ainda mais complexos. Podemos nunca saber os detalhes exatos da evolução primordial, mas aqui está uma sequência plausível de alguns dos principais eventos que levaram da primeira protocélula às células baseadas em DNA, como as bactérias.
RNA de dupla fita
Membrana de lipídeo
1 COMEÇA A EVOLUÇÃO ▲
A primeira protocélula é apenas uma vesícula de água e RNA, e exige um estímulo externo (como ciclos de calor e frio) para se reproduzir. Mas ela em breve irá adquirir novas características.
2 CATALISADORES DE RNA ▼
Riboenzimas — moléculas de RNA dobradas análogas a enzimas baseadas em proteínas — surgem e assumem funções como apressar a reprodução e fortalecer a membrana das protocélulas. Consequentemente, as protocélulas começam a reproduzir por si só.
O RNA é duplicado
Nova fita
Riboenzima
Energia
Descarte
Riboenzima
Nutrientes
3 O METABOLISMO COMEÇA ▲
Outra riboenzima catalisa o metabolismo — cadeias de reações químicas que permitem às protocélulas tirar nutrientes do ambiente.
A
Cadeia de aminoácido
Riboenzimas
Proteína dobrada
4 SURGEM AS PROTEÍNAS ▲
Sistemas complexos de catalisadores de RNA começam a traduzir as fitas de letras (genes) do RNA em cadeias de aminoácidos (proteínas). As proteínas mais tarde se mostram ser catalisadores mais eficientes e capazes de realizar uma variedade de tarefas.
5 PROTEÍNAS ASSUMEM ▼
As proteínas assumem uma gama de tarefas dentro da célula. Catalisadores baseados em proteínas, ou enzimas, gradualmente substituem a maioria das riboenzimas.
Energia
Descarte
Enzima
Nutrientes
DNA
Ribossomo
Enzimas
Proteína dobrada
6 O NASCIMENTO DO DNA ▲
Outras enzimas começam a produzir o DNA. Graças à sua estabilidade superior, o DNA assume o papel da molécula genética principal. O principal papel do RNA agora é agir como uma ponte entre o DNA e as proteínas.
7 MUNDO DAS BACTÉRIAS ▲
Organismos semelhantes às bactérias modernas se adaptam a viver virtualmente em qualquer lugar na Terra e dominam sem oposição por bilhões de anos, até que algumas delas começam a se transformar em organismos mais complexos.
B

FIGURA 1.11 **Do RNA revestido por membranas até a bactéria.** (A) As riboenzimas começam a catalisar várias reações, dando origem ao metabolismo. (B) As proteínas eventualmente assumem a maior parte da catálise. O DNA se transforma na principal molécula de codificação. (©2009 *Andrew Swift*)

de biologia); todos os organismos multicelulares (vegetais e animais, por exemplo) são eucariotos. Como é de se esperar, as células eucarióticas são mais complexas e normalmente muito maiores que as procarióticas. O diâmetro de uma célula procariótica típica é da ordem de 1 a 3 μm (1×10^{-6} a 3×10^{-6} m), enquanto o de uma célula eucariótica típica é de aproximadamente 10 a 100 μm. A distinção entre procariotos e eucariotos é tão básica que, agora, é um ponto chave na classificação de organismos vivos; é muito mais importante que a distinção entre vegetais e animais.

A principal diferença entre células eucarióticas e procarióticas é a existência de organelas, especialmente o núcleo, nos eucariotos. **Organela** é uma parte da célula que tem uma função distinta e é cercada por sua própria membrana dentro da célula. Em contraste, a estrutura de uma célula procariótica é relativamente simples, sem organelas envoltas em membranas. No entanto, assim como uma célula eucariótica, a procariótica tem uma membrana celular, ou plasmática, que a separa do mundo exterior. A membrana plasmática é a única encontrada na célula procariótica. Nos procariotos e nos eucariotos, a membrana celular consiste em uma camada dupla (bicamada) de moléculas de lipídeo com diversas proteínas nela inseridas.

organela parte de uma célula envolta por membrana com uma função específica

As organelas têm funções específicas. Uma célula eucariótica típica tem um núcleo com uma membrana nuclear. A *mitocôndria* (organelas respiratórias) e um sistema interno de membranas conhecido como *retículo endoplasmático* também são comuns a todas as células eucarióticas. As reações de oxidação que produzem energia ocorrem na mitocôndria eucariótica. Nos procariotos, reações semelhantes ocorrem na membrana plasmática. Os *ribossomos* (partículas que consistem em RNA e proteína), que são os sítios de síntese proteica em todos os organismos vivos, frequentemente vinculam-se ao retículo endoplasmático nos eucariotos. Nos procariotos, os ribossomos ficam livres no citosol. Uma diferenciação pode ser feita entre o citoplasma e o citosol. *Citoplasma* refere-se à parte da célula fora do núcleo, enquanto *citosol* é a parte aquosa da célula que se localiza do lado externo das organelas envoltas por membranas. Os *cloroplastos*, organelas nas quais ocorre a fotossíntese, são encontrados em células vegetais e algas verdes. Em procariotos capazes de realizar fotossíntese, as reações ocorrem em arranjos laminares chamados *cromatóforos*, que são extensões da membrana plasmática, em vez de acontecer nos cloroplastos.

A Tabela 1.3 resume as diferenças básicas entre células eucarióticas e procarióticas.

1-5 Células Procarióticas

Embora não haja nenhum núcleo bem definido nos procariotos, o DNA da célula fica concentrado em uma região chamada **região nuclear**. Esta parte da célula orienta suas operações de forma muito semelhante à dos núcleos eucarióticos.

Como o DNA procariótico é organizado sem um núcleo?

região nuclear a parte da célula procariótica que contém o DNA

O DNA dos procariotos não é intrincado com proteínas em grandes grupos e arquitetura especificada como a do DNA dos eucariotos. Em geral, há apenas uma molécula simples, fechada e circular de DNA nos procariotos. Este círculo de DNA, que constitui o genoma, está ligado à membrana celular. Antes de uma célula procariótica se dividir, o DNA se replica e os dois círculos de DNA resultantes são ligados à membrana plasmática. A célula, então, se divide, e cada uma das duas células-filhas recebe uma cópia do DNA (Figura 1.12).

Em uma célula procariótica, o citosol (parte solúvel da célula fora da região nuclear) frequentemente apresenta uma aparência levemente granular, por causa da presença de **ribossomos**. Como estes consistem em RNA e proteínas, são também

Tabela 1.3 Comparação entre Procariotos e Eucariotos

Organela	Procariotos	Eucariotos
Núcleo	Não há núcleo definido; há DNA, mas não está separado do restante da célula	Presente
Membrana celular (plasmática)	Presente	Presente
Mitocôndria	Nenhuma; as enzimas para reações de oxidação estão localizadas na membrana plasmática	Presente
Retículo endoplasmático	Nenhum	Presente
Ribossomos	Presente	Presente
Cloroplastos	Nenhum; a fotossíntese (quando há) está localizada em cromotóforos	Presente em plantas verdes

chamados de *partículas de ribonucleoproteínas*; são os sítios de síntese proteica em todos os organismos. A presença de ribossomos é a principal característica visível do citosol procariótico. (As organelas envoltas por membranas, características dos eucariotos, não são encontradas em procariotos.)

Cada célula é separada do mundo externo por uma **membrana celular**, ou membrana plasmática, um conjunto de moléculas de lipídeo e proteínas. Além da membrana celular e externa a ela, uma célula bacteriana procariótica possui uma **parede celular**, composta, principalmente, por material polissacarídeo, uma característica que compartilha com células eucarióticas vegetais. A natureza química das paredes celulares de procariotos e eucariotos é um tanto diferente, mas ambas possuem a característica comum de serem formadas por polissacarídeos produzidos pela polimerização de açúcares. Como a parede celular é feita de material rígido, presumidamente serve de proteção para a célula.

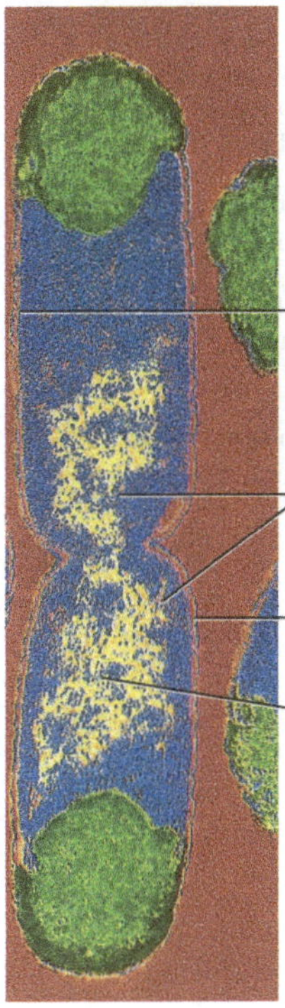
Membrana celular
Ribossomos
Parede celular
Região nuclear (área mais clara no centro da célula)
CAMR/A. Barry Dowsett/Science Source

FIGURA 1.12 Micrografia eletrônica de uma bactéria. Imagem colorida obtida por microscopia eletrônica de um procarioto típico: a bactéria *Escherichia coli* (ampliada 16.500 vezes). O par no centro mostra que a divisão em duas células está quase completa.

1-6 Células Eucarióticas

Os vegetais e animais multicelulares, assim como protistas e fungos, são eucariotos, mas há diferenças óbvias entre eles, refletidas no nível celular. Uma das maiores diferenças entre os eucariotos e os procariotos está na presença de organelas subcelulares.

As três organelas mais importantes nas células eucarióticas são o núcleo, a mitocôndria e o cloroplasto. Cada uma delas é separada do restante da célula por uma membrana dupla. O núcleo contém a maior parte do DNA celular e é o sítio onde ocorre a síntese de RNA. As mitocôndrias contêm enzimas que catalisam importantes reações produtoras de energia.

Os cloroplastos, encontrados em plantas e em algas verdes, são os sítios de fotossíntese. Tanto as mitocôndrias como os cloroplastos contêm DNA diferente daquele encontrado no núcleo, e ambos executam transcrição e síntese proteica diferentes daquelas orientadas pelo núcleo.

As células vegetais, assim como as bactérias, têm paredes celulares. Em sua maior parte, uma parede celular vegetal é composta pelo polissacarídeo celulose, o que dá à célula sua forma e estabilidade mecânica. Os **cloroplastos**, organelas fotossintéticas, são encontrados em plantas e algas verdes. As células animais não têm paredes celulares nem cloroplastos. Isto também se aplica a alguns protistas. A Figura 1.13 mostra algumas diferenças importantes entre células vegetais típicas, células animais típicas e procariotos.

ribossomos sítios de síntese de proteínas em todos os organismos, consistindo de RNA e proteína

membrana celular membrana externa da célula que a separa do mundo exterior

parede celular revestimento externo de células animais e vegetais

cloroplastos organelas que são os sítios de fotossíntese nos vegetais verdes

Quais são as organelas mais importantes?

O **núcleo** é talvez a organela eucariótica mais importante. Um núcleo típico exibe diversas características estruturais importantes. É envolto por uma *membrana nuclear dupla* (normalmente chamada envelope nuclear). Uma de suas características mais proeminentes é o **nucléolo**, rico em RNA. O RNA de uma célula (com exceção da pequena quantia produzida em organelas como mitocôndrias e cloroplastos) é sintetizado a partir de um molde de DNA no nucléolo para exportação ao citoplasma através de poros na membrana nuclear. Este RNA é essencialmente destinado aos ribossomos. Também visível no núcleo, frequentemente perto da membrana nuclear, está a **cromatina**, um agregado de DNA e proteína. O principal genoma eucariótico (seu DNA nuclear) é duplicado antes que ocorra a divisão celular, assim como nos procariotos. Nos eucariotos, as duas cópias do DNA, que devem ser distribuídas igualmente entre as células-filhas, estão associadas com proteína. Quando uma célula está prestes a se dividir, os filamentos levemente organizados de cromatina são firmemente enrolados, e os **cromossomos** resultantes podem ser vistos no microscópio. Os genes, responsáveis pela transmissão de caracteres hereditários, fazem parte do DNA encontrado em cada cromossomo.

Uma segunda organela eucariótica muito importante é a **mitocôndria**, que, como o núcleo, tem uma membrana dupla. A membrana externa tem super-

núcleo organela que contém o principal instrumento genético nos eucariotos

nucléolos parte do núcleo rico em RNA

cromatina complexo de DNA e proteína encontrado nos núcleos eucarióticos

cromossomos estruturas lineares que contêm o material genético e proteínas associadas

mitocôndria organela que contém o instrumento responsável para a oxidação aeróbia dos nutrientes

cristas dobras na membrana mitocondrial interna

matriz a parte de uma mitocôndria dentro da membrana interna da mitocôndria

retículo endoplasmático (RE) sistema contínuo de membrana única por toda a célula

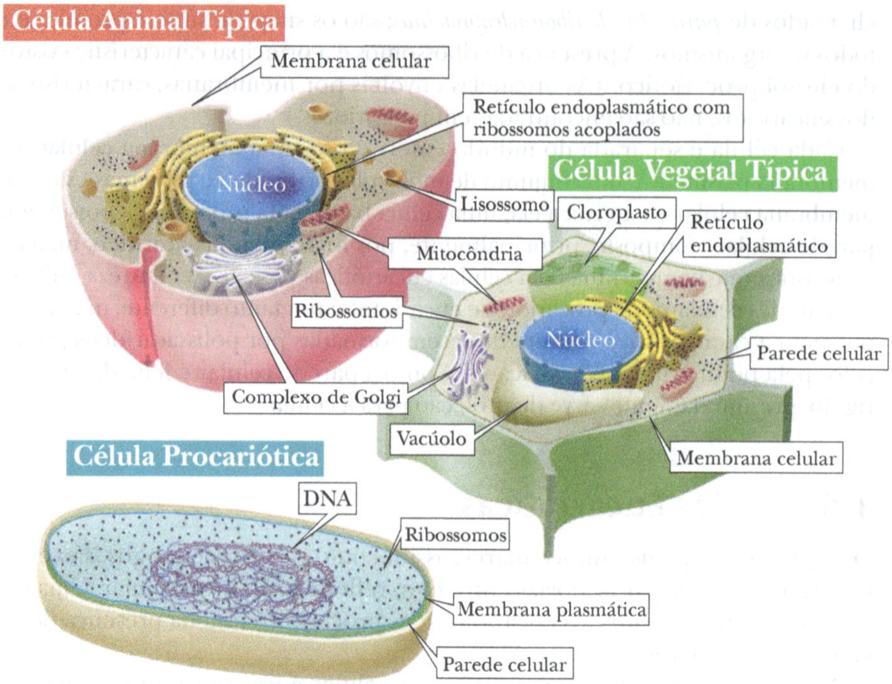
Célula Animal Típica
Membrana celular
Retículo endoplasmático com ribossomos acoplados
Núcleo
Lisossomo
Mitocôndria
Ribossomos
Complexo de Golgi
Célula Vegetal Típica
Cloroplasto
Retículo endoplasmático
Núcleo
Parede celular
Vacúolo
Membrana celular
Célula Procariótica
DNA
Ribossomos
Membrana plasmática
Parede celular

Figura 1.13 Comparação entre células animal típica, vegetal típica e procariótica.

fície bastante lisa, mas a interna apresenta diversas dobras chamadas **cristais**. O espaço dentro da membrana interna é chamado **matriz**. Os processos de oxidação que ocorrem na mitocôndria produzem energia para a célula. A maioria das enzimas responsáveis por essas reações importantes está associada à membrana mitocondrial interna. Outras enzimas necessárias para as reações de oxidação, bem como DNA diferente daquele encontrado no núcleo, são encontrados na matriz mitocondrial interna. As mitocôndrias também contêm ribossomos similares aos encontrados em bactérias, e possuem tamanho semelhante a muitas delas, tipicamente cerca de 1 μm de diâmetro e de 2 a 8 μm de comprimento. Teoricamente, elas podem ter surgido da absorção de bactérias aeróbias por células hospedeiras maiores.

O **retículo endoplasmático (RE)** faz parte de um sistema contínuo de membranas simples por toda a célula; a membrana se dobra, ficando com a aparência de membrana dupla em imagens por microscopia eletrônica. O retículo endoplasmático é ligado à membrana celular e à membrana nuclear. E ocorre em duas formas, a rugosa e a lisa. O *retículo endoplasmático rugoso* está recoberto de ribossomos ligados à membrana. Os ribossomos, que também podem ser encontrados livres no citosol, são os sítios de síntese proteica em todos os organismos. O *retículo endoplasmático liso* não tem ribossomos ligados a ele.

Os cloroplastos são organelas importantes encontradas apenas em vegetais e em algas verdes. Sua estrutura inclui membranas, e seu tamanho é relativamente grande, normalmente com até 2 μm de diâmetro e de 5 a 10 μm de comprimento. O aparato fotossintético é encontrado em estruturas especializadas chamadas *grana* (singular: *granum*), que são corpos membranosos empilhados no interior do cloroplasto. Os grana são facilmente vistos com imagens de microscopia eletrônica. Os cloroplastos, como as mitocôndrias, contêm um DNA característico diferente do encontrado no núcleo. Os cloroplastos e as mitocôndrias também contêm ribossomos semelhantes aos encontrados em bactérias.

Quais são alguns dos outros componentes das células?

Membranas são importantes para as estruturas de algumas organelas menos conhecidas. Uma delas, o **complexo de Golgi**, é separada do retículo endoplasmático, mas frequentemente encontrada próximo à sua porção lisa. O complexo de Golgi é formado por uma série de vesículas membranosas (Figura 1.14) e envolvido na secreção de proteínas da célula, mas também está presente em células cuja função principal não é a secreção de proteínas. Em especial, é o local na célula onde os açúcares são ligados a outros componentes celulares, como proteínas. A função desta organela ainda é assunto para pesquisa.

Outras organelas em eucariotos são semelhantes ao complexo de Golgi, uma vez que envolvem membranas lisas simples e possuem funções especializadas. Os **lisossomos**, por exemplo, são vesículas envoltas por membranas contendo enzimas hidrolíticas que poderiam causar danos consideráveis à célula se não fossem separadas fisicamente dos lipídeos, proteínas ou ácidos nucleicos. No interior do lisossomo, essas enzimas degradam as moléculas alvo, normalmente oriundas de fontes externas, como uma primeira etapa no processamento de nutrientes para a célula. Os **peroxissomos** são semelhantes aos lisossomos: sua principal característica é conter enzimas envolvidas no metabolismo do peróxido de hidrogênio (H_2O_2), que é tóxico para a célula. A enzima *catalase*, que está presente nos peroxissomos, catalisa a conversão do H_2O_2 em H_2O e O_2. Os **glioxissomos** são encontrados apenas em células vegetais e contêm as enzimas que catalisam o *ciclo do glioxilato*, uma rota que converte alguns lipídeos em carboidrato, tendo o ácido glioxílico como intermediário.

Por muito tempo, o **citosol** foi considerado nada mais que um líquido viscoso, mas estudos recentes por microscopia eletrônica revelaram que esta parte da célula tem uma certa organização interna. As organelas são mantidas no lugar por uma rede de fibras finas que parecem consistir principalmente em proteínas. Esse **citoesqueleto**, ou *retículo microtrabecular*, é conectado a todas as organelas (Figura 1.15). Ainda há diversas questões sobre sua função na organização celular, mas sua importância para manter a infraestrutura da célula é inquestionável.

A membrana celular dos eucariotos serve para separar a célula do mundo exterior. Consiste em uma camada dupla de lipídeos, com vários tipos de proteínas inseridos na matriz lipídica. Algumas proteínas transportam substâncias específicas através da barreira da membrana. O transporte pode ocorrer nos dois sentidos, com substâncias úteis à célula sendo trazidas e outras exportadas.

As células vegetais (e as algas) têm paredes celulares externas à membrana plasmática, mas as células animais não. A celulose que compõe as paredes celulares vegetais é um dos principais componentes do material vegetal: madeira, algodão, linho e a maioria dos tipos de papel são compostos principalmente por celulose. Nas células vegetais também há grandes **vacúolos** centrais, vesículas no citoplasma envoltas por uma mem-

complexo de Golgi organela citoplasmática que consiste em vesículas membranosas achatadas, normalmente envolvidas na secreção de proteínas

lisossomos organelas envolvidas por membranas que contêm enzimas hidrolíticas

peroxissomos vesículas ligadas à membrana que contêm enzimas envolvidas no metabolismo do peróxido de hidrogênio (H2O2)

glioxissomos organelas envolvidas por membranas que contêm enzimas do ciclo do glioxalato

citosol parte da célula que se localiza fora do núcleo e de outras organelas envolvidas por membranas

citoesqueleto (retículo microtrabecular) rede de fibras finas, constituídas principalmente de proteínas, que permeia o citosol

vacúolos cavidades dentro do citoplasma de uma célula, normalmente envoltas por uma membrana única, que pode servir a funções de secreção, excreção ou de armazenamento

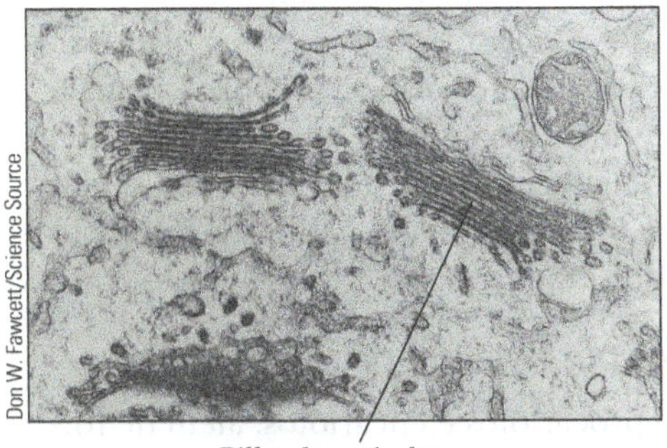
Don W. Fawcett/Science Source
Pilha de vesículas membranosas achatadas

FIGURA 1.14 Complexo de Golgi de uma célula de mamífero (aumento de 25.000 vezes).

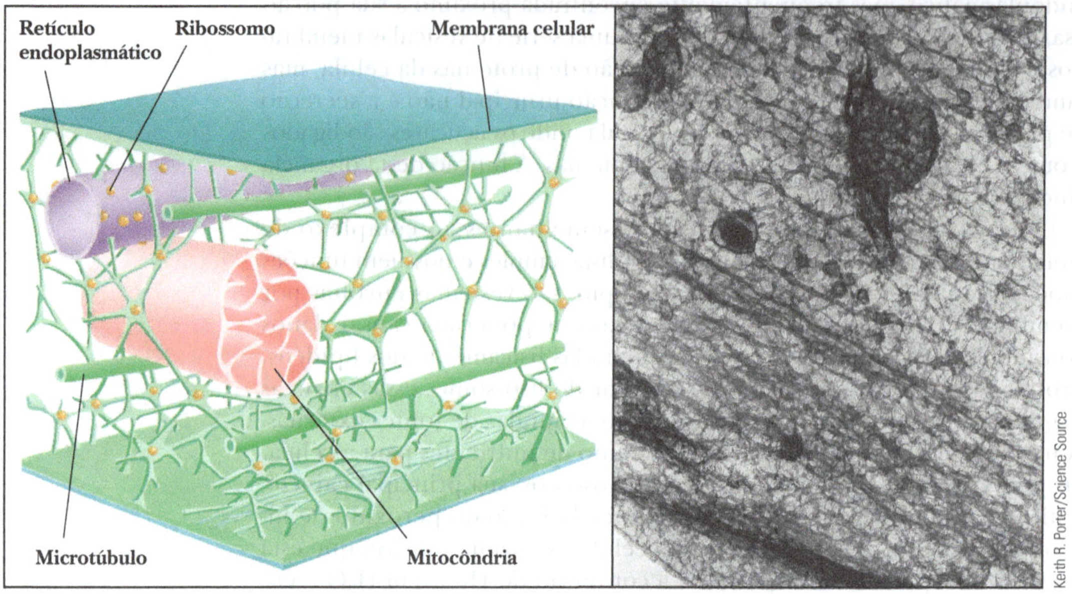
Retículo endoplasmático
Ribossomo
Membrana celular
Microtúbulo
Mitocôndria
Keith R. Porter/Science Source

Ⓐ Essa rede de filamentos, também chamada citoesqueleto, preenche o citosol. Alguns filamentos, denominados microtúbulos, são constituídos da proteína tubulina. Há organelas como as mitocôndrias que estão ligadas aos filamentos.

Ⓑ Imagem por microscopia eletrônica do retículo microtrabecular.

FIGURA 1.15 O retículo microtrabecular.

brana simples. Embora às vezes os vacúolos apareçam em células animais, os dos vegetais são maiores e mais proeminentes. Eles tendem a aumentar em número e tamanho à medida que a célula vegetal envelhece. Uma função importante dos vacúolos é isolar substâncias residuais tóxicas para a célula, produzidas em maiores quantidades do que aquela que a planta pode secretar para o ambiente.

Esses produtos residuais podem ser intragáveis ou até mesmo tóxicos o suficiente para desencorajar sua ingestão por herbívoros (organismos que se alimentam de vegetais), oferecendo, assim, alguma proteção para a planta.

A Tabela 1.4 resume as organelas e suas funções.

1-7 Como Classificamos os Eucariotos e os Procariotos

Os organismos vivos podem ser classificados de várias maneiras. O esquema original de classificação biológica, estabelecido no século XVIII, dividiu todos os organismos em dois reinos: dos vegetais e dos animais. Neste esquema, os vegetais são organismos que obtêm alimento diretamente do Sol, e os animais são organismos que se movimentam para buscar seu alimento. Mas existem muitos outros métodos. Por exemplo, pode-se distinguir a vida com base na presença ou não de parede celular no organismo, ou se o organismo é de célula única ou não.

Com a classificação original, descobriu-se que alguns organismos, especialmente as bactérias, não têm uma relação óbvia com nenhum desses reinos. Ficou claro também que uma divisão mais fundamental dos organismos vivos, na verdade, não é entre vegetais e animais, mas entre eucariotos e procariotos. No século XX foram introduzidos os esquemas de classificação que dividem organismos vivos em mais reinos do que os dois tradicionais.

Como os cientistas classificam os organismos vivos atualmente?

Um sistema de cinco reinos considera as diferenças entre procariotos e eucariotos, além de fornecer classificações para eucariotos que não parecem ser vegetais nem animais.

O reino **Monera** consiste apenas de organismos procarióticos. As bactérias e as cianobactérias são membros deste reino. Os outros quatro são compostos por organismos eucarióticos. O

TABLE 1.4 Resumo das Organelas e Suas Funções

Organela	Função
Núcleo	Localização do genoma principal; sítio da síntese da maior parte de RNA e de DNA
Mitocôndria	Sítio de reações de oxidação produtoras de energia; tem seu próprio DNA
Cloroplasto	Sítio de fotossíntese em plantas verdes e algas; tem seu próprio DNA
Retículo endoplasmático	Membrana contínua por toda a célula; parte rugosa cravada por *ribossomos* (o local da *síntese proteica*)*
Complexo de Golgi	Série de membranas achatadas; envolvido na secreção de proteínas pelas células e em reações que ligam açúcares a outros componentes celulares
Lisossomos	Vesículas envoltas por membranas que contêm enzimas hidrolíticas em seu interior
Peroxissomos	Vesículas que contêm enzimas envolvidas no metabolismo do peróxido de hidrogênio
Membrana celular	Separa o conteúdo celular do mundo exterior; este conteúdo inclui organelas (mantidas no lugar pelo *citoesqueleto**) e o *citosol*
Parede celular	Camada externa rígida de células vegetais
Vacúolo central	Vesícula envolta por membrana (em células vegetais)

*Como organela é definida como uma parte da célula envolta por uma membrana, os ribossomos não são, rigorosamente falando, organelas. O retículo endoplasmático liso não tem ribossomos acoplados, e também há ribossomos livres no citosol. A definição de *organela* também afeta a discussão da membrana celular, do citosol e do citoesqueleto.

reino **Protista** inclui organismos unicelulares, como *Euglena, Volvox, Amoeba* e *Paramecium.* Alguns protistas, incluindo as algas, são pluricelulares. Os três reinos que consistem principalmente em eucariotos multicelulares (com poucos eucariotos unicelulares) são: Fungi, Plantae e Animalia. O reino Fungi inclui leveduras, mofo e cogumelos. Os fungos, as plantas e os animais devem ter evoluído de ancestrais eucarióticos mais simples, mas a prinycipal mudança evolutiva foi o desenvolvimento de eucariotos a partir de procariotos (Figura 1.16).

Monera um dos cinco reinos usados para classificar os organismos vivos; inclui os procariotos

Protista um dos cinco reinos usados para classificar os organismos vivos; inclui os eucariotos de célula única

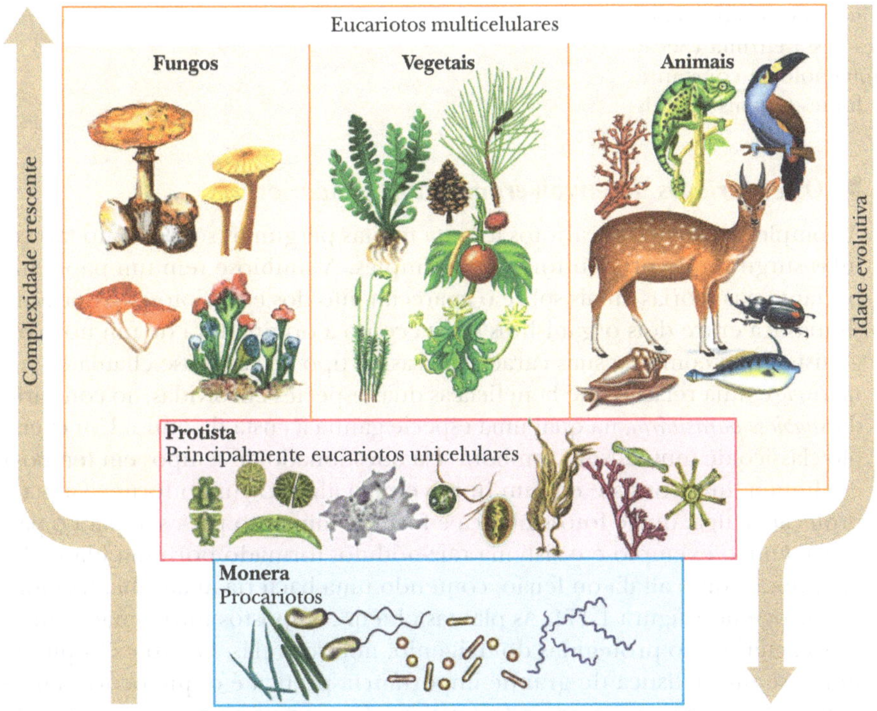
Eucariotos multicelulares
Fungos
Vegetais
Animais
Complexidade crescente
Idade evolutiva
Protista
Principalmente eucariotos unicelulares
Monera
Procariotos

FIGURA 1.16 Esquema de classificação em cinco reinos.

arqueobactéria procariotos com características bioquímicas únicas; vivem em ambientes extremos

eubactéria bactéria típica do ambiente atual

Um grupo de organismos pode ser classificado como procarioto, já que não tem um núcleo bem definido; esses organismos são chamados **arqueobactérias** (bactérias primitivas), para distingui-los das **eubactérias** (bactérias verdadeiras), pois há diferenças marcantes entre os dois tipos de organismos. As arqueobactérias são encontradas em ambientes extremos (consulte o quadro CONEXÕES **BIOQUÍMICAS 1.1**) e, por este motivo, também são chamadas extremófilas. A maioria das diferenças entre arqueobactérias e outros organismos está relacionada às suas características bioquímicas, como a estrutura molecular das paredes celulares, membranas e alguns tipos de RNA.

1.1 Conexões **Bioquímicas** | biotecnologia

Extremófilos: A Estrela da Indústria

As arqueobactérias vivem em ambientes extremos e, portanto, às vezes, são chamadas extremófilas. Os três grupos de arqueobactérias – metanógenas, halófilas e termoacidófilas – têm preferências específicas sobre a natureza exata do seu ambiente. As *metanógenas* são anaeróbias estritas que produzem metano (CH_4) a partir de dióxido de carbono (CO_2) e de hidrogênio (H_2).

As *halófilas* exigem concentrações de sal muito altas, como as encontradas no mar Morto, para seu crescimento. As termoacidófilas exigem altas temperaturas e condições ácidas para crescer – normalmente 80 °C a 90 °C e pH 2. Essas exigências para seu desenvolvimento podem ter resultado de adaptações a condições adversas na Terra primitiva. Como esses organismos podem tolerar tais condições, as enzimas que produzem também devem ser estáveis. A maioria das enzimas isoladas de eubactérias e eucariotos não é estável sob tais condições. Algumas das reações de maior importância para a indústria de biotecnologia são catalisadas por enzimas e realizadas sob condições que fazem que a maioria das enzimas perca sua capacidade catalítica em pouco tempo. Essa dificuldade pode ser evitada com a utilização de enzimas de extremófilas. Um exemplo é o DNA polimerase do *Thermus aquaticus* (Taq polimerase). A tecnologia de reação em cadeia da polimerase (PCR) depende bastante das propriedades dessa enzima (Seção 13-6). Representantes da indústria de biotecnologia constantemente procuram em vulcões submarinos e fontes termais organismos que produzam tais enzimas. ▶

Stephan Hoerold/istockphoto.com

Fonte termal no Parque Nacional de Yellowstone. Algumas bactérias podem viver até mesmo nesse ambiente inóspito.

Nigel Cattlin/Alamy

FIGURA 1.17 **O sistema de raízes de uma planta leguminosa.** Plantas leguminosas vivem simbioticamente com bactérias fixadoras de nitrogênio em suas raízes.

▶ *Os eucariotos desenvolveram-se dos procariotos?*

A complexidade dos eucariotos levanta muitas perguntas sobre como tais células surgiram de progenitores mais simples. A simbiose tem um papel importante nas teorias atuais sobre o aparecimento dos eucariotos; a associação simbiótica entre dois organismos é vista como a originadora de um novo organismo que combina suas características. O tipo de simbiose chamado *mutualismo* é uma relação que beneficia as duas espécies envolvidas, ao contrário da *simbiose parasitária*, na qual uma espécie ganha à custa da outra. Um exemplo clássico de mutualismo (embora seja questionado de tempos em tempos) é o líquen, que consiste em um fungo e uma alga. O fungo fornece água e proteção à alga, que é fotossintética e fornece alimento para si e para o parceiro. Outro exemplo é o sistema raiz-nódulo, formado por uma planta leguminosa, como alfafa ou feijão, contendo uma bactéria anaeróbia fixadora de nitrogênio (Figura 1.17). As plantas obtêm compostos nitrogenados úteis e as bactérias são protegidas do oxigênio, nocivo a elas. Outro exemplo de simbiose mutualística de grande importância prática é o que ocorre entre humanos e bactérias – como a *Escherichia coli*, que vive no trato intestinal. As bactérias recebem nutrientes e proteção de seu ambiente imediato. Em retorno, auxiliam nosso processo digestivo. Sem as bactérias intestinais benéficas, logo desenvolveríamos disenteria e outros distúrbios intestinais. Essas bactérias também são uma fonte de determinadas vitaminas, já que podem sintetizá-las, e nós não. As linhagens patogênicas causadoras de doenças da *E. coli* que frequentemente aparecem em noticiário são extremamente diferentes das que habitam naturalmente o trato intestinal.

A simbiose teve um papel importante no desenvolvimento dos eucariotos?

Na simbiose hereditária, uma célula hospedeira maior contém um número geneticamente determinado de organismos menores. Exemplo é o protista *Cyanophora paradoxa*, hospedeiro eucariótico que contém um número geneticamente determinado de cianobactérias (algas azul-esverdeadas). Essa relação é um exemplo de **endossimbiose**, pois as cianobactérias estão dentro do organismo hospedeiro. As cianobactérias são procariotos aeróbios capazes de realizar fotossíntese (Figura 1.18). A célula hospedeira recebe os produtos da fotossíntese e, em troca, as cianobactérias são protegidas do ambiente e ainda têm acesso ao oxigênio e à luz solar em razão do pequeno tamanho do hospedeiro. Nesse modelo, com a passagem de várias gerações, as cianobactérias teriam perdido gradualmente a capacidade de existir independentemente e se tornado organelas dentro de um tipo novo e mais complexo de célula. Tal situação no passado pode ter originado os cloroplastos, que não são capazes de existir de forma independente. Seu DNA autônomo e seu aparato para a síntese proteica de ribossomos não conseguem mais suprir todas as suas necessidades, mas o fato de que essas organelas têm seu próprio DNA e são capazes de sintetizar proteínas sugere que possam ter existido como organismos independentes em um passado distante.

endosimbiose relação simbiótica na qual um organismo menor está completamente contido dentro de outro maior

Um modelo semelhante pode ser proposto para a origem das mitocôndrias. Considere a seguinte situação: uma grande célula hospedeira anaeróbia assimila algumas bactérias aeróbias menores. A célula maior protege as menores e lhes fornece nutrientes. Como no exemplo utilizado para o desenvolvimento de cloroplastos, as células menores também têm acesso ao oxigênio. A célula maior, por si só, não consegue realizar oxidação anaeróbia de nutrientes, mas alguns dos produtos finais de sua oxidação anaeróbia podem ser oxidados pelo metabolismo aeróbio mais eficiente das células menores. Como resultado, a célula maior pode obter mais energia de uma quantidade determinada de alimento do que seria capaz sem as bactérias. Com o passar do tempo, os dois organismos associados evoluíram para formar um novo organismo aeróbio, que contém mitocôndrias derivadas das bactérias aeróbias originais.

O fato de que tanto mitocôndrias como cloroplastos têm seu próprio DNA é uma evidência bioquímica importante a favor desse modelo. Além disso, mitocôndrias e cloroplastos possuem seu próprio aparato para a síntese de RNA e de proteínas. O código genético de mitocôndrias é levemente diferente do encontrado no núcleo, o que fundamenta a ideia de uma origem independente. Assim, os remanescentes desses sistemas para a síntese de RNA e de proteínas poderiam refletir a existência anterior das organelas como células de vida livre. É razoável concluir que grandes organismos unicelulares que assimilavam bactérias aeróbias continuaram a evoluir, formando mitocôndrias a partir das bactérias, e, por fim, originaram as células animais. Outros tipos de organismos unicelulares assimilaram tanto bactérias aeróbias como cianobactérias, e evoluíram para formar mitocôndrias e cloroplastos. Tais organismos eventualmente originaram as plantas verdes.

As conexões propostas entre procariotos e eucariotos não são estabelecidas com absoluta precisão, e deixam diversas perguntas sem respostas. Ainda assim, oferecem uma referência interessante a partir da qual se pode considerar a evolução e as origens das reações que ocorrem nas células.

Jouke van der Meer/iStockphoto.com

Figura 1.18 Fósseis de estromatólitos. Estromatólitos são grandes massas rochosas compostas por diversas camadas de cianobactérias (algas azul-esverdeadas) que foram preservadas graças à sua capacidade de secretar carbonato de cálcio. Elas estão entre os mais antigos vestígios orgânicos encontrados. Este espécime data de cerca de 2,4 bilhões de anos atrás. A formação de estromatólitos atingiu seu pico durante o final do período pré-Cambriano (4 bilhões a 570 milhões de anos atrás), mas ainda ocorre nos dias de hoje. O espécime da foto foi encontrado na Argentina.

1-8 Energia Bioquímica

Qual é a fonte de energia nos processos vitais?

redução ganho de elétrons

oxidação perda de elétrons

Todas as células precisam de energia para diversas finalidades. Várias reações que ocorrem na célula, particularmente as que envolvem a síntese de grandes moléculas, não podem acontecer a menos que energia seja fornecida. O Sol é a fonte essencial de energia para toda a vida na Terra. Os organismos fotossintéticos absorvem energia da luz e a utilizam para orientar as reações que convertem dióxido de carbono e água em carboidratos e oxigênio. (Observe que essas reações envolvem o processo químico de **redução**.) Organismos não fotossintéticos, como animais que consomem esses carboidratos, utilizam-nos como fonte de energia. (As reações que liberam energia envolvem o processo químico de **oxidação**.) Discutiremos os papéis das reações de oxidação e redução em processos celulares no Capítulo 15, e você verá vários exemplos de tais reações nos capítulos seguintes. Por enquanto, é útil e suficiente lembrar, da química geral, que *oxidação é a perda de elétrons, e redução, o ganho de elétrons.*

Como medimos as variações de energia na bioquímica?

termodinâmica estudo das transformações e da transferência de energia

Uma das questões mais importantes sobre qualquer processo é o fato de ele ser energeticamente favorável ou não. **Termodinâmica** é o ramo da ciência que lida com esta questão. O ponto principal é que *os processos que liberam energia são favorecidos.* Em contrapartida, os processos que exigem energia são desfavorecidos. A variação de energia depende apenas do estado das moléculas presentes no início do processo e do seu estado ao final. Isso é verdadeiro seja o processo em questão formação, quebra de uma ligação, formação ou rompimento de uma interação intermolecular ou qualquer outro possível que exija ou possa liberar energia. Discutiremos esses tópicos com mais detalhes quando abordarmos o enovelamento proteico no Capítulo 4 e em considerações sobre energia no metabolismo no Capítulo 15. Este material é de importância crucial, e tende a ser desafiador para muitos. O que diremos sobre ele agora facilitará sua aplicação nos capítulos posteriores.

Uma reação que ocorre como parte de diversos processos bioquímicos é a hidrólise do composto trifosfato de adenosina, ou ATP (Seção 1-2).

Esta é uma reação que libera energia (30,5 kJ mol^{-1} de ATP = 7,3 kcal mol de ATP). Mais especificamente, essa energia assim liberada possibilita a ocorrência de reações que exigem energia. Há várias maneiras de expressar a transferência de energia. Uma das mais comuns é a energia livre, *G*, discutida em química geral. Lembre-se também, da química geral, que uma redução (liberação) de energia leva a um estado mais estável do sistema em questão. A redução de energia é frequentemente mostrada, de forma ilustrativa, como semelhante a um objeto que rola montanha abaixo (Figura 1.19) ou cachoeira abaixo. Esta representação utiliza a experiência comum e facilita a compreensão do conceito.

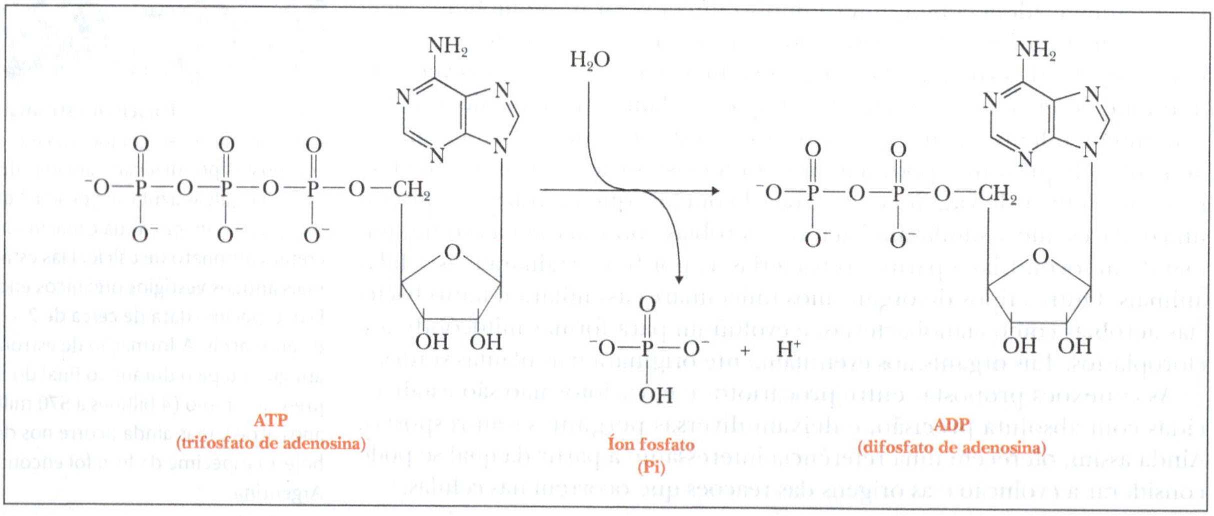

H_2O
ATP
(trifosfato de adenosina)
Íon fosfato
(Pi)
ADP
(difosfato de adenosina)

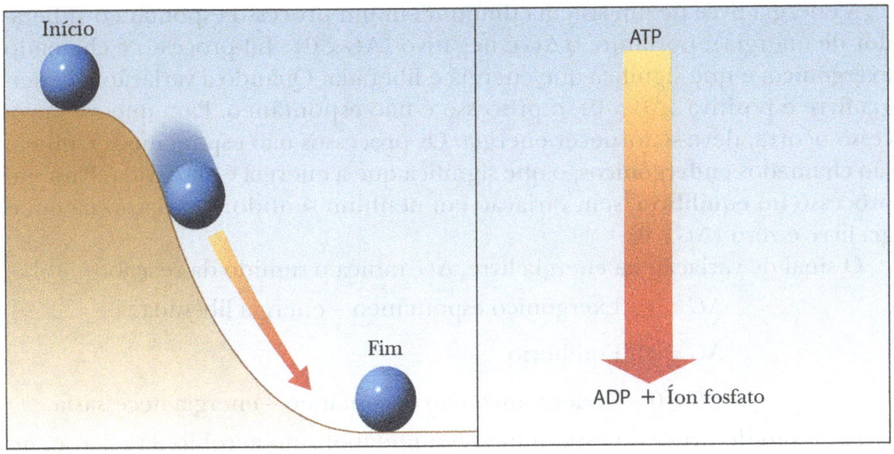
Início
ATP
Fim
ADP + Íon fosfato

Ⓐ Uma bola rola por um declive, liberando energia potencial.

Ⓑ O ATP é hidrolizado para produzir ADP e um íon fosfato, liberando energia. A liberação de energia quando a bola rola pelo declive é análoga àquela em uma reação química.

FIGURA 1.19 Representação esquemática de uma redução de energia.

stephan kerkhofs/Shutterstock.com
Ⓐ
Visuals Unlimited/Corbis
Ⓑ

FIGURA 1.20 Dois exemplos de transformações de energia em sistemas biológicos. (a) Essa arraia elétrica (peixe marinho da família Torpedinidae) converte energia química em energia elétrica; (b) o bioluminescente dinoflagelado Pyrodinium converte energia química em energia luminosa.

1-9 Energia e Variação

Quais tipos de variações de energia ocorrem nas células vivas?

A energia pode assumir diversas formas e ser convertida de uma forma para outra. Todos os organismos vivos necessitam de energia e a utilizam de forma variada. Por exemplo, movimentação envolve a energia mecânica, e a manutenção da temperatura corporal usa a energia térmica. Já a fotossíntese requer a energia solar. Alguns organismos, como diversas espécies de peixe, são ótimos exemplos do uso da energia química para produzir energia elétrica (Figura 1.20). A formação e a quebra de biomoléculas envolvem variações na energia química.

Qualquer processo que realmente ocorra sem a intervenção externa é **espontâneo** no sentido utilizado em termodinâmica. *Espontâneo não significa "rápido"; alguns processos espontâneos podem demorar longo tempo para acontecer.* Na última seção, usamos o termo *energeticamente favorável* para indicar processos espontâneos. As leis da termodinâmica podem ser utilizadas para prever se haverá alguma variação envolvendo transformações de energia. Exemplo de tal variação é uma reação química na qual as ligações covalentes são quebradas e novas são formadas. Outro, é a formação de interações não covalentes, como as ligações de hidrogênio, ou as interações hidrofóbicas, quando as proteínas se dobram para formar suas estruturas tridimensionais características. A tendência da existência de substâncias polares e apolares em fases separadas é um reflexo das energias da interação entre moléculas individuais – em outras palavras, um reflexo da termodinâmica da interação.

espontâneo na termodinâmica, a característica de uma reação ou processo que ocorre sem a intervenção externa

1-10 Espontaneidade e Reações Bioquímicas

Como podemos prever quais reações ocorreram nas células vivas?

O critério mais utilizado para prever a espontaneidade de um processo é a **energia livre**, indicada pelo símbolo *G*. (Rigorosamente falando, o uso deste critério exige condições de temperatura e pressão constantes, comuns na termodinâmica bioquímica.) Não é possível medir valores absolutos de energia; apenas as *variações* na energia que ocorrem durante um processo podem ser medidas. O valor da variação na energia livre, ΔG (onde o símbolo Δ indica variação), fornece as informações necessárias sobre a espontaneidade do processo em consideração.

energia livre uma grandeza termodinâmica; diagnóstico para a espontaneidade de uma reação a temperatura constante

exergônico libera energia

endergônico absorve energia

equilíbrio estado no qual um processo direto e um processo inverso ocorrem na mesma velocidade

A energia livre de um sistema diminui em um processo espontâneo (liberador de energia); portanto, o ΔG é negativo ($\Delta G < 0$). Tal processo é chamado **exergônico**, o que significa que energia é liberada. Quando a variação na energia livre é positiva ($\Delta G > 0$), o processo é não espontâneo. Para que este processo ocorra, deve-se fornecer energia. Os processos não espontâneos também são chamados **endergônicos**, o que significa que a energia é absorvida. Para um processo no **equilíbrio**, sem variação em nenhum sentido, a variação na energia livre é zero ($\Delta G = 0$).

O sinal de variação na energia livre, ΔG, indica o sentido da reação:

$\Delta G < 0$ Exergônico espontâneo – energia liberada

$\Delta G = 0$ Equilíbrio

$\Delta G > 0$ Endergônico não espontâneo – energia necessária

Exemplo de processo espontâneo é o metabolismo aeróbio da glicose, no qual a glicose reage com o oxigênio para produzir dióxido de carbono, água e energia para o organismo.

$$\text{Glicose} + 6O_2 \rightarrow 6CO_2 + 6H_2O \qquad \Delta G < 0$$

Exemplo de processo não espontâneo é o reverso da reação que vimos na Seção 1-8 – ou seja, a fosforilação do ADP (difosfato de adenosina) para fornecer ATP (trifosfato de adenosina). Essa reação ocorre em organismos vivos porque os processos metabólicos fornecem energia.

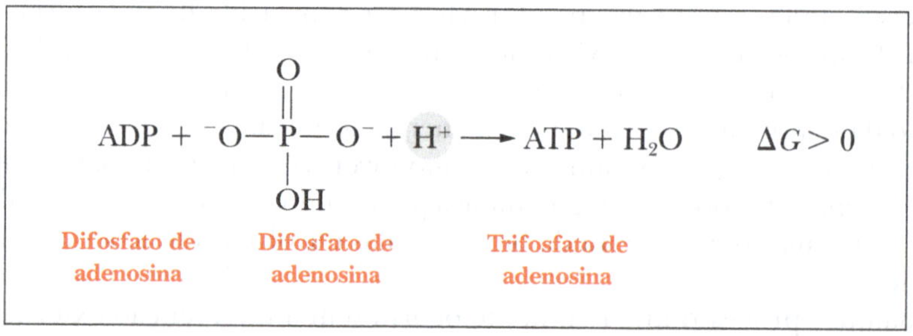
ADP + ⁻O—P(=O)(OH)—O⁻ + H⁺ ⟶ ATP + H₂O
ΔG > 0
Difosfato de adenosina
Difosfato de adenosina
Trifosfato de adenosina

1-11 Vida e Termodinâmica

Periodicamente, vemos a declaração de que a existência de seres vivos é uma violação das leis da termodinâmica, especificamente da segunda. Uma olhada nas leis esclarecerá se a vida é possível termodinamicamente, e uma futura discussão a respeito da termodinâmica aumentará nossa compreensão sobre esse importante tópico.

A vida é termodinamicamente possível?

As leis da termodinâmica podem ser descritas de várias formas. De acordo com uma formulação, a primeira lei diz "não é possível vencer", e a segunda, "não é possível atingir o equilíbrio". De forma menos loquaz, a primeira lei declara que é impossível converter energia de uma forma para outra com eficiência superior a 100%. Em outras palavras, esta é a lei de conservação de energia. A segunda lei declara que até mesmo uma eficiência de 100% na transferência de energia é impossível.

Ambas as leis da termodinâmica podem ser relacionadas à energia livre com uma equação bastante conhecida:

$$\Delta G = \Delta H - T\Delta S$$

Nessa equação, G é a energia livre, como antes; H significa **entalpia**, e S, entropia. As discussões sobre a primeira lei concentram-se na variação da entalpia, ΔH, que é *o calor de uma reação a pressão constante*. Essa quantidade é relativamente fácil de medir. As variações de entalpia para muitas reações importantes foram determinadas e estão disponíveis em tabelas de livros de química geral. As discussões sobre a segunda lei concentram-se nas variações da entropia, ΔS, um conceito descrito e medido menos facilmente que as variações na entalpia. As variações de entropia são particularmente importantes para a bioquímica.

entalpia uma grandeza termodinâmica medida como o calor de reação à pressão constante.

Uma das definições mais úteis sobre entropia vem de considerações estatísticas. Do ponto de vista estatístico, um aumento na entropia de um sistema (substância(s) em consideração) representa um aumento no número de organizações possíveis de objetos, como as moléculas individuais. Livros têm uma entropia maior quando espalhados pela sala de leitura de uma biblioteca que quando em seus lugares adequados nas estantes. Os livros espalhados estão claramente em um estado mais disperso do que aqueles nas prateleiras. A tendência natural do universo é em direção à dispersão crescente de energia, e os organismos vivos empregam muita energia na manutenção da ordem contra esta tendência. Como todos os pais sabem, podem passar horas limpando o quarto de uma criança de dois anos, mas ela pode desfazer tudo isso em segundos. Similarmente, as células usam uma grande quantidade de energia para lutar contra a tendência natural em direção à dispersão em vários arranjos diferentes e manter a estrutura celular intacta.

Outra declaração da segunda lei é: *em qualquer processo espontâneo, a entropia do universo aumenta* ($\Delta S_{univ} > 0$). Esta declaração é geral e aplica-se a qualquer conjunto de condições; não se limita ao caso especial de temperatura e pressão constantes, como é o da declaração de que a energia livre diminui em um processo espontâneo. *As variações de entropia são particularmente importantes para a determinação da energética do dobramento proteico.* Veja CONEXÕES **BIOQUÍMICAS 1.2**.

1.2 Conexões Bioquímicas | termodinâmica

Prevendo as Reações

Consideremos um sistema bastante simples para ilustrar o conceito de entropia. Colocamos quatro moléculas em um recipiente. Há uma chance igual de que cada uma esteja no lado esquerdo ou direito do recipiente. Matematicamente, a *probabilidade* de encontrar determinada molécula em um dos lados é de 1/2. Podemos expressar qualquer probabilidade como uma fração que varia de 0 (impossível) para 1 (completamente certo). Podemos ver que há 16 maneiras possíveis de organizar as quatro moléculas no recipiente. Em apenas uma situação todas as moléculas ficarão no lado esquerdo, mas há seis organizações possíveis com as quatro moléculas distribuídas igualmente entre os dois lados. *A disposição menos organizada (mais dispersa) é mais provável que uma altamente organizada.* A entropia é definida em termos do número de arranjos possíveis das moléculas.

A equação de Boltzmann para a entropia, S, é $S = k \ln W$. Nela, o termo W representa o número de arranjos possíveis das moléculas, ln é o logaritmo na base e, e k é a constante universalmente conhecida como constante de Boltzmann. Ela é igual a R/N, onde R é a constante do gás e N o número de Avogadro ($6{,}02 \times 10^{23}$), o número de moléculas em um mol. ◗

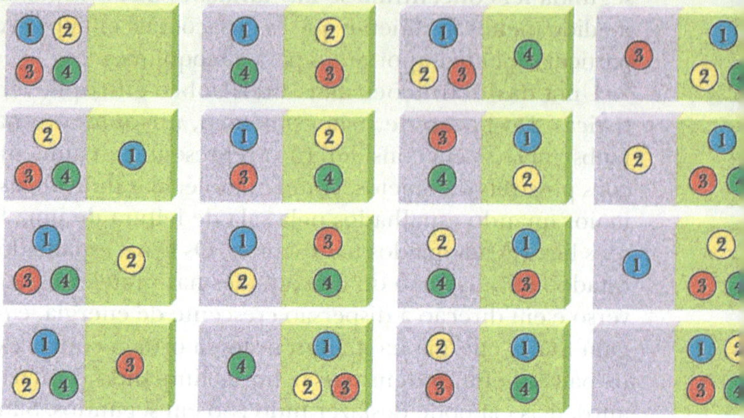

As 16 situações possíveis para um sistema de quatro moléculas que podem ocupar qualquer um dos lados de um recipiente. Todas as quatro moléculas ficarão no lado esquerdo em apenas um desses arranjos.

Resumo

Como a bioquímica descreve os processos vitais? A bioquímica é um campo multidisciplinar que aborda questões sobre a natureza molecular de processos vitais. Muitas reações químicas ocorrem simultaneamente nas células vivas.

Como as coisas vivas se originaram? As semelhanças bioquímicas fundamentais observadas em todos os organismos vivos causaram especulações sobre as origens da vida.

Um químico pode fazer as moléculas da vida no laboratório? Tanto a química orgânica quanto a bioquímica lidam com as reações de moléculas que contêm carbono. Uma vez que a estrutura destas moléculas é a mesma independentemente de se originarem em organismos vivos ou no laboratório, é possível, mas algumas vezes muito difícil, produzir as moléculas da vida em um laboratório.

O que torna as biomoléculas especiais? Tanto a química orgânica quanto a bioquímica baseiam suas abordagens no comportamento de grupos funcionais, mas suas ênfases são diferentes, porque alguns grupos funcionais importantes para a química orgânica não têm uma função na bioquímica, e vice-versa. Os grupos funcionais importantes para a bioquímica incluem: carbonila, hidroxila, carboxila, aminas, amidas e ésteres. Derivados do ácido fosfórico, como ésteres e anidridos, também são importantes.

Como e quando a Terra nasceu? A Terra, junto com o resto do sistema solar, foi formada aproximadamente há 4 a 5 bilhões de anos a partir de elementos produzidos pela primeira geração de estrelas.

Como eram as biomoléculas que provavelmente se formaram no começo da Terra? Demonstrou-se que biomoléculas importantes podem ser produzidas sob condições abióticas (sem vida) a partir de compostos simples considerados presentes na atmosfera primitiva da Terra. Essas biomoléculas simples podem polimerizar, também sob condições abióticas, para originar compostos semelhantes a proteínas e outros com semelhança menos marcante com ácidos nucleicos.

Quem surgiu primeiro – o catalisador ou as moléculas hereditárias? Toda atividade celular depende da presença de catalisadores, que aumentam a velocidade das reações químicas, e do código genético, que orienta a síntese dos catalisadores. Nas células atuais, a atividade catalítica está associada a proteínas, e a transmissão do código genético, aos ácidos nucleicos, especialmente o DNA. As duas funções podem um dia ter sido executadas por uma única biomolécula, o RNA. Considera-se que o RNA era o material codificador original, e demonstrou-se recentemente que ele também tem atividade catalítica. A formação de ligações peptídicas na biossíntese de proteínas é catalisada pelas porções de RNA do ribossomo.

Qual a diferença entre um procarioto e um eucarioto? Os organismos são divididos em dois grupos principais com base em suas estruturas celulares. Os *procariotos* não têm membranas internas, enquanto os *eucariotos* sim. As organelas, que são as partes da célula inclusas em membranas com funções específicas, são características de eucariotos.

Como o DNA procariótico é organizado sem um núcleo? Nos *procariotos*, a célula não tem um núcleo bem definido nem uma membrana interna; mas apenas uma região nuclear, a porção da célula que contém o DNA, e uma membrana celular que a separa do mundo exterior. A outra característica principal do interior de uma célula procariótica é a presença de ribossomos, local da síntese proteica.

Quais são as organelas mais importantes? Uma célula *eucariótica* tem núcleo bem definido, membranas internas, além de membrana celular e estrutura interna consideravelmente mais complexa. Nos eucariotos, o núcleo é separado do restante da célula por uma membrana dupla. O DNA eucariótico no núcleo é associado a proteínas, especialmente a uma classe de proteínas chamada histona. A combinação de ambos tem motivos estruturais específicos, o que não é o caso dos procariotos. Há um sistema contínuo de membranas, chamado retículo endoplasmático, por toda a célula. Os ribossomos eucarióticos são frequentemente ligados ao retículo endoplasmático, mas alguns ficam livres no citosol. As organelas envoltas por membranas são características de células eucarióticas. Duas das mais importantes são as mitocôndrias, locais de reações produtoras de energia, e os cloroplastos, locais da fotossíntese.

Quais são alguns dos outros componentes das células? Outros componentes das células eucarióticas incluem o complexo de Golgi (envolvido na secreção de proteínas das células), os lisossomos (recipientes para enzimas hidrolíticas) e o citoesqueleto (uma estrutura para a organização de várias organelas).

Como os cientistas classificam os organismos vivos atualmente? Duas formas de classificação de organismos dependem da distinção entre procariotos e eucariotos. No esquema de cinco reinos, os procariotos ocupam o reino Monera. Os outros quatro reinos consistem de eucariotos: Protista, Fungi, Plantae e Animalia.

Os eucariotos desenvolveram-se dos procariotos? Um grande número de pesquisas aborda a questão de como os eucariotos podem ter surgido dos procariotos.

A simbiose teve um papel importante no desenvolvimento dos eucariotos? Muito da sua lógica depende da ideia de *endossimbiose*, na qual células maiores podem ter absorvido bactérias aeróbias, originando eventualmente as mitocôndrias, ou bactérias fotossintéticas, que, por sua vez, originaram os cloroplastos.

Qual é a fonte de energia nos processos vitais? Todas as células necessitam de energia para executar seus processos vitais. O Sol é a principal fonte de energia para a Terra. Os organismos fotossintéticos capturam a energia luminosa do Sol como energia química dos carboidratos que produzem. Esses carboidratos, por sua vez, servem como fontes de energia para outros organismos.

Como medimos as variações de energia na bioquímica? É possível medir as quantidades de energia liberadas ou absorvidas em um processo para verificar se ele tem probabilidade de ocorrer ou não. As reações que liberam energia são energeticamente favorecidas, enquanto as que requerem energia são desfavorecidas.

Quais tipos de variações de energia ocorrem nas células vivas? A energia pode assumir várias formas, que podem ser convertidas de uma para outra nas células. A termodinâmica lida com variações de energia que determinam se um processo ocorrerá. Um processo que acontece sem intervenção externa é chamado *espontâneo.*

Como podemos prever quais reações ocorrerão nas células vivas? Em um processo espontâneo, a energia livre diminui (o ΔG é negativo). Em um processo não espontâneo, a energia livre aumenta.

A vida é termodinamicamente possível? Além da energia livre, o valor da entropia é uma grandeza importante na termodinâmica. A entropia do Universo aumenta em qualquer processo espontâneo. As reduções locais da entropia podem ocorrer dentro de um aumento geral da entropia. Os organismos vivos representam as diminuições locais da entropia.

Exercícios de Revisão

Os exercícios ao final de cada capítulo são divididos em duas ou mais categorias para fornecer o benefício de mais de uma abordagem para revisão.

As perguntas de *Verificação de Fatos* permitirão que você avalie seu domínio sobre importantes fatos facilmente disponíveis. Em alguns capítulos, o material presta-se a cálculos quantitativos, e, nestes, você verá uma categoria *Matemática.* As *Perguntas de Raciocínio* pedem para reunir os fatos e usá-los nas questões que exigem o uso de conceitos do capítulo de maneiras moderadamente criativas. Por último, as questões relacionadas aos quadros Conexões Bioquímicas são chamadas *Conexões Bioquímicas.*

1-1 Temas Básicos

1. **VERIFICAÇÃO DE FATOS** Explique por que os termos a seguir são importantes para a bioquímica: polímero, proteína, ácido nucleico, catálise, código genético.

1-2 Fundamentos Químicos da Bioquímica

2. **VERIFICAÇÃO DE FATOS** Associe cada entrada na Coluna a com uma na Coluna b. Na Coluna a, temos os nomes de alguns grupos funcionais importantes, e na b, suas estruturas.

Coluna a	Coluna b
Grupo amina	CH_3SH
Grupo carbonila (cetona)	$CH_3CH{=}CHCH_3$
Grupo hidroxila	$CH_3CH_2\overset{O}{\overset{\|}{C}}H$
Grupo carboxila	$CH_3CH_2NH_2$
Grupo carbonila (aldeído)	$CH_3\overset{O}{\overset{\|}{C}}OCH_2CH_3$
Grupo tiol	$CH_3CH_2OCH_2CH_3$
Ligação éster	$CH_3\overset{O}{\overset{\|}{C}}CH_3$
Ligação dupla	$CH_3\overset{O}{\overset{\|}{C}}OH$
Ligação amida	CH_3OH
Éter	$CH_3\overset{O}{\overset{\|}{C}}N(CH_3)_2$

3. **VERIFICAÇÃO DE FATOS** Identifique os grupos funcionais nos compostos a seguir.

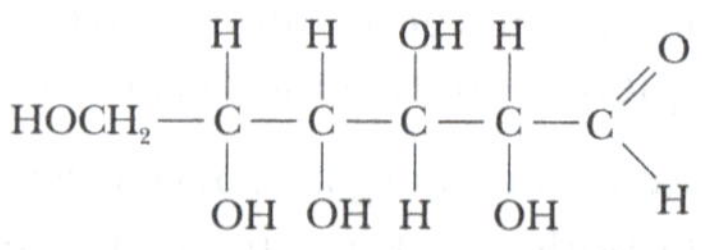

Glicose

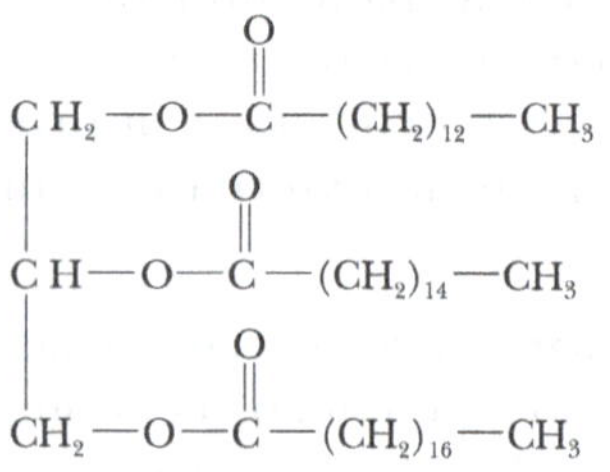

Um triglicerídeo

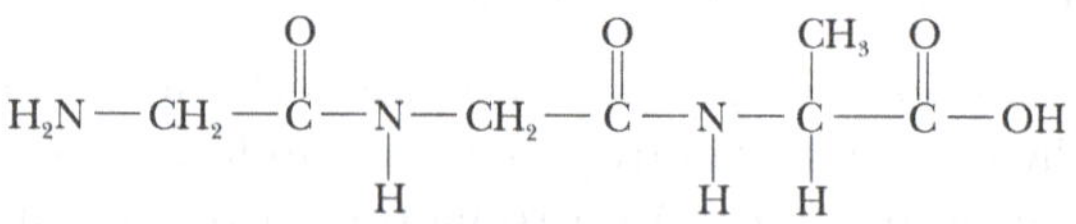

Um peptídeo

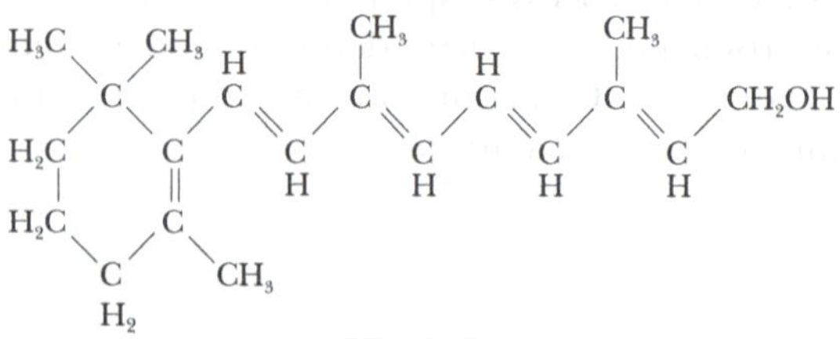

Vitamina A

4. **PERGUNTA DE RACIOCÍNIO** Em 1828, Wöhler foi a primeira pessoa a sintetizar um composto orgânico (ureia, a partir do cianato de amônio). Como isso contribuiu, no final, para a bioquímica?

5. **PERGUNTA DE RACIOCÍNIO** Um amigo entusiasta de alimentação saudável e agricultura orgânica lhe pergunta se a ureia é "orgânica" ou "química". Como você responde a esta pergunta?

6. **PERGUNTA DE RACIOCÍNIO** A bioquímica é diferente da química orgânica? Explique sua resposta (considere características como solventes, concentrações, temperaturas, velocidade, produção, reações colaterais e controle interno).

1-3 O Começo da Biologia: Origem da Vida

7. **PERGUNTA DE RACIOCÍNIO** Uma missão inicial em Marte continha instrumentos que determinaram a presença de aminoácidos na superfície desse planeta. Por que os cientistas ficaram tão animados com a descoberta?

8. **PERGUNTA DE RACIOCÍNIO** As proteínas comuns são polímeros de 20 aminoácidos diferentes. Quantas subunidades seriam necessárias para obter um número de Avogadro de sequências possíveis?

9. **PERGUNTAS DE RACIOCÍNIO** Os ácidos nucleicos são polímeros de apenas quatro monômeros diferentes arranjados de forma linear. Quantas sequências diferentes são possíveis caso se faça um polímero com apenas 40 monômeros? Como este número se compara ao número de Avogadro?

10. **PERGUNTA DE RACIOCÍNIO** O RNA é frequentemente caracterizado como a primeira molécula "biologicamente ativa". Que duas propriedades ou atividades o RNA exibe e são importantes para a evolução da vida? *Dica*: Nem as proteínas nem o DNA têm essas *duas* propriedades.

11. **PERGUNTA DE RACIOCÍNIO** Por que o desenvolvimento da catálise foi importante para o desenvolvimento da vida?

12. **PERGUNTA DE RACIOCÍNIO** Quais são as duas principais vantagens dos catalisadores enzimáticos em organismos vivos em relação a catalisadores químicos simples, como ácidos ou bases?

13. **PERGUNTA DE RACIOCÍNIO** Por que o desenvolvimento de um sistema codificador foi importante para o desenvolvimento da vida?

14. **PERGUNTA DE RACIOCÍNIO** Comente sobre o papel do RNA na catálise e na codificação nas teorias sobre a origem da vida.

15. **PERGUNTA DE RACIOCÍNIO** Você considera uma conjectura razoável que as células poderiam ter surgido como um mero citoplasma, sem uma membrana celular?

1-4 A Maior Distinção Biológica – Procariotos e Eucariotos

16. **VERIFICAÇÃO DE FATOS** Liste cinco diferenças entre procariotos e eucariotos.

17. **VERIFICAÇÃO DE FATOS** Os locais de síntese proteica são diferentes nos eucariotos e nos procariotos?

1-5 Células Procarióticas

18. **PERGUNTA DE RACIOCÍNIO** Suponha que um cientista alegue ter descoberto mitocôndrias em bactérias. Tal alegação pode ser provada como válida?

1-6 Células Eucarióticas

19. **VERIFICAÇÃO DE FATOS** Desenhe uma célula animal idealizada e identifique suas partes por seu nome e função.

20. **VERIFICAÇÃO DE FATOS** Desenhe uma célula vegetal idealizada e identifique suas partes por seu nome e função.

21. **VERIFICAÇÃO DE FATOS** Quais são as diferenças entre o aparato fotossintético de plantas verdes e as bactérias fotossintéticas?
22. **VERIFICAÇÃO DE FATOS** Quais organelas são cercadas por uma membrana dupla?
23. **VERIFICAÇÃO DE FATOS** Quais organelas contêm DNA?
24. **VERIFICAÇÃO DE FATOS** Quais organelas são locais de reações produtoras de energia?
25. **VERIFICAÇÃO DE FATOS** Declare como as organelas a seguir são diferentes entre si em termos de estrutura e função: complexo de Golgi, lisossomos, peroxissomos, glioxissomos. Quais são as semelhanças entre elas?

1-7 Como Classificamos os Eucariotos e os Procariotos

26. **VERIFICAÇÃO DE FATOS** Liste os cinco reinos nos quais organismos vivos estão divididos e dê, pelo menos, um exemplo de um organismo que pertença a cada reino.
27. **VERIFICAÇÃO DE FATOS** Quais dos cinco reinos consiste em procariotos? Quais consistem em eucariotos?
28. **VERIFICAÇÃO DE FATOS** Como a classificação em cinco reinos difere daquela baseada apenas em vegetais e animais?
29. **PERGUNTA DE RACIOCÍNIO** Quais são as vantagens de ser um organismo eucariótico (em vez de procariótico)?
30. **PERGUNTA DE RACIOCÍNIO** Mitocôndrias e cloroplastos contêm DNA, que é mais parecido com o DNA procariótico que com o nuclear (eucariótico). Utilize esta informação para sugerir como os eucariotos podem ter surgido.
31. **PERGUNTA DE RACIOCÍNIO** Evidências fósseis indicam que os procariotos existem há cerca de 3,5 bilhões de anos, enquanto a origem dos eucariotos é datada de apenas 1,5 bilhão de anos atrás. Sugira por que, apesar do tempo mais- curto de evolução, os eucariotos são muito mais diversos (representados por um número muito maior de espécies) do que os procariotos.

1-8 Energia Bioquímica

32. **VERIFICAÇÃO DE FATOS** Quais processos são favorecidos: os que exigem energia ou os que liberam energia?

1-9 Energia e Variação

33. **VERIFICAÇÃO DE FATOS** A expressão termodinâmico *espontâneo* refere-se a um processo que ocorre rapidamente?

1-10 Espontaneidade e Reações Bioquímicas

34. **CONEXÕES BIOQUÍMICAS** Para o processo

$$\text{Soluto apolar} + H_2O \rightarrow \text{Solução}$$

quais são os sinais de ΔS_{univ}, ΔS_{sis} e ΔS_{viz}? Qual o motivo para cada resposta? (ΔS_{viz} refere-se à variação de entropia da vizinhança; todo o Universo, exceto o sistema.)

35. **VERIFICAÇÃO DE FATOS** Quais dos processos a seguir são espontâneos? Explique sua resposta para cada processo.
    (a) A hidrólise do ATP a ADP e P_i
    (b) A oxidação da glicose em CO_2 e H_2O por um organismo
    (c) A fosforilação do ADP a ATP
    (d) A produção de glicose e O_2 a partir de CO_2 e H_2O na fotossíntese
36. **PERGUNTAS DE RACIOCÍNIO** Em qual dos processos a seguir a entropia aumenta? Em cada caso, explique por que ela aumenta ou não.
    (a) Uma garrafa de amônia é aberta. O odor de amônia rapidamente se espalha pelo ambiente.
    (b) O cloreto de sódio dissolve-se na água.
    (c) Uma proteína é completamente hidrolisada em seus aminoácidos componentes.

Dica: Para as Perguntas 37 a 39, considere a equação

$$\Delta G = \Delta H - T(\Delta S).$$

37. **PERGUNTAS DE RACIOCÍNIO** Por que é necessário especificar a temperatura ao compor uma tabela listando valores de ΔG?
38. **PERGUNTAS DE RACIOCÍNIO** Por que a entropia de um sistema depende da temperatura?
39. **PERGUNTAS DE RACIOCÍNIO** Uma reação a 23 °C tem $\Delta G = 1$ kJ mol^{-1}. Por que esta reação pode se tornar espontânea a 37 °C?
40. **PERGUNTAS DE RACIOCÍNIO** A ureia se dissolve muito rapidamente na água, mas a solução vai esfriando enquanto a ureia se dissolve. Como isto é possível? Parece que a solução está absorvendo energia.
41. **PERGUNTAS DE RACIOCÍNIO** Você espera que a reação ATP → ADP + P_i seja acompanhada de um aumento ou de uma diminuição da entropia? Por quê?

1-11 Vida e Termodinâmica

42. **PERGUNTAS DE RACIOCÍNIO** A existência de organelas em células eucarióticas representa um nível maior de organização que o encontrado nos procariotos. Como isto afeta a entropia do Universo?
43. **PERGUNTAS DE RACIOCÍNIO** Por que ter organelas é vantajoso para uma célula? Discuta este conceito a partir da perspectiva da termodinâmica.
44. **PERGUNTAS DE RACIOCÍNIO** O que você espera que tenha maior entropia: o DNA em sua forma conhecida de dupla hélice ou o DNA com fitas separadas?
45. **PERGUNTAS DE RACIOCÍNIO** Como você modificaria sua resposta à Pergunta 29 à luz do material sobre termodinâmica?
46. **PERGUNTAS DE RACIOCÍNIO** É mais ou menos provável que as células do tipo que conhecemos evoluam em um gigante gasoso como o planeta Júpiter?
47. **PERGUNTAS DE RACIOCÍNIO** Quais considerações termodinâmicas podem ser inseridas para encontrar uma resposta razoável à Pergunta 46?
48. **PERGUNTAS DE RACIOCÍNIO** Se células do tipo que conhecemos evoluírem em um outro planeta do nosso sistema solar, é mais provável que isso aconteça em Marte ou em Júpiter? Por quê?
49. **PERGUNTAS DE RACIOCÍNIO** O processo de dobramento proteico é espontâneo no sentido termodinâmico. Ele origina uma conformação altamente organizada que tem menor entropia que a proteína estendida. Por quê?
50. **PERGUNTAS DE RACIOCÍNIO** Na bioquímica, o processo exergônico da conversão de glicose e oxigênio em dióxido de carbono e água no metabolismo aeróbio pode ser considerado o inverso da fotossíntese, na qual o dióxido de carbono e a água são convertidos em glicose e oxigênio. Você espera que os dois processos sejam exergônicos, endergônicos, ou um exergônico e outro endergônico? Por quê? Você espera que os dois processos ocorram da mesma forma? Por quê?

Bibliografia Comentada

O progresso das pesquisas é muito rápido na bioquímica, e a literatura no campo é vasta e crescente. Muitos livros são publicados a cada ano, e diversos periódicos especializados divulgam artigos ou revisões sobre pesquisas originais. As referências a essa literatura estão disponíveis no final do livro. Uma referência especialmente útil é a *Scientific American*; seus artigos incluem revisões gerais sobre os tópicos discutidos. *Trends in Biochemical Sciences e Science* (publicação semanal da Associação Americana para o Progresso da Ciência) é mais avançada, mas pode servir como fonte primária de informação sobre qualquer tópico. Além do material impresso, muitas informações se tornaram disponíveis em formato eletrônico. A *Science* regularmente cobre sites de interesse e tem o seu próprio (**http://www.sciencemag.org**). As publicações agora aparecem na internet. Algumas exigem assinaturas, e diversas bibliotecas de faculdades e universidades as têm, assim disponibilizando as publicações para alunos e para o corpo docente. Outros sites são gratuitos. Um deles, o PubMed, é um serviço do governo norte-americano que lista artigos sobre ciências biomédicas e disponibiliza seus links. Seu URL é **http://www.ncbi.nlm.nih.gov/PubMed**.

Os bancos de dados permitem acesso instantâneo a estruturas proteicas e ácidos nucleicos. Também serão dadas referências a recursos eletrônicos.

Água: O Solvente das Reações Bioquímicas

2

2-1 Água e Polaridade

A água é o principal componente da maioria das células. A geometria da molécula da água e suas propriedades como solvente têm papéis importantes na determinação das características dos seres vivos.

A tendência de um átomo de atrair elétrons para si em uma ligação química (isto é, para se tornar negativo) é chamada **eletronegatividade**. Os átomos do mesmo elemento, obviamente, compartilham elétrons igualmente em uma ligação – isto é, têm a mesma eletronegatividade –, mas elementos diferentes não possuem necessariamente a mesma eletronegatividade. O oxigênio e o nitrogênio são altamente eletronegativos, muito mais que o carbono e o hidrogênio (Tabela 2.1).

eletronegatividade medida da tendência de um átomo atrair elétrons para si em uma ligação química

O que é polaridade?

Quando dois átomos com a mesma eletronegatividade formam uma ligação, os elétrons são compartilhados igualmente entre ambos. Entretanto, se átomos com diferentes eletronegatividades formam uma ligação, os elétrons não são compartilhados igualmente e grande parte da carga negativa é encontrada mais próxima a um deles. Nas ligações O—H na água, o oxigênio é mais eletronegativo que o hidrogênio; portanto, há uma maior probabilidade de os elétrons de ligação ficarem mais próximos do oxigênio do que do hidrogênio. A diferença na eletronegatividade entre o oxigênio e o hidrogênio origina uma carga *parcial* positiva e negativa, normalmente representada por como δ^+ e δ^-, respectivamente (Figura 2.1). Ligações como estas são chamadas **ligações polares**. Em situações nas quais a diferença de eletronegatividade é muito pequena, como na ligação C—H do metano (CH_4),

ligações polares ligações nas quais os dois átomos têm um compartilhamento desigual dos elétrons ligantes

SUMÁRIO DO CAPÍTULO

TABELA 2.1 Eletronegatividades de alguns elementos

Elemento	Eletronegatividade*
Oxigênio	3,5
Nitrogênio	3,0
Enxofre	2,6
Carbono	2,5
Fósforo	2,2
Hidrogênio	2,1

* Os valores de eletronegatividade são relativos e selecionados como números positivos variando de menos de 1, para alguns metais, até 4, para o flúor.

apolar refere-se a uma ligação na qual os dois átomos compartilham uniformemente os elétrons

dipolos moléculas com extremidades positiva e negativa devido à distribuição desigual de elétrons nas ligações

ponte salina uma interação que depende da atração de cargas desiguais

forças de van der Waals associações não covalentes baseadas na atração entre si de dipolos transitórios fracos; também chamadas *interações de van der Waals* ou *ligações de van der Waals*

raio de van der Waals a distância entre o núcleo de um átomo e sua superfície eletrônica efetiva

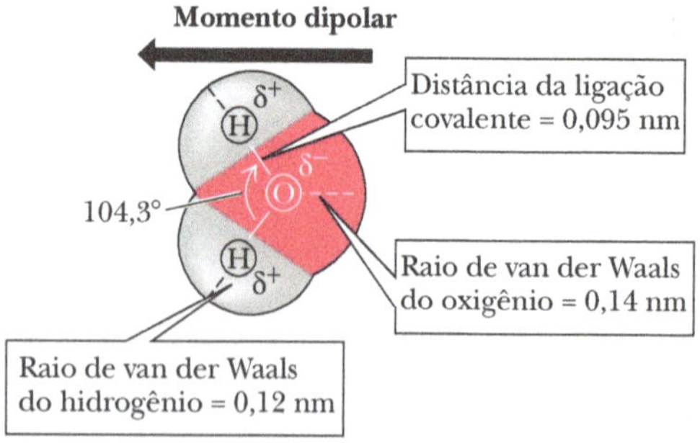

Momento dipolar
δ+
H
O
δ−
104,3°
H
δ+
Distância da ligação covalente = 0,095 nm
Raio de van der Waals do oxigênio = 0,14 nm
Raio de van der Waals do hidrogênio = 0,12 nm

FIGURA 2.1 A estrutura da molécula de água. O oxigênio tem uma carga parcial negativa, e os hidrogênios têm carga parcial positiva. A distribuição desigual de carga origina o gran de momento dipolo da água. O momento dipolo nesta figura aponta na direção da carga negativa para a carga positiva, a convenção utilizada por físicos e físico-químicos. Os químicos orgânicos o desenham apontando na direção oposta. O raio de van der Waals é a distância efetiva entre o núcleo de um átomo e sua superfície eletrônica, independente de o átomo estar isolado ou em uma molécula.

o compartilhamento de elétrons de ligação é praticamente igual, e a ligação é, então, chamada **apolar**.

Em alguns casos, em função da sua geometria, uma molécula pode ter ligações polares, mesmo sendo apolar. O dióxido de carbono é um exemplo. As duas ligações C═O são polares, mas, como a molécula de CO_2 é linear, a atração dos elétrons de oxigênio em uma das ligações é cancelada pela atração igual, mas em sentido oposto, pelo oxigênio no outro lado da molécula.

$$\overset{\delta^-}{O}=\overset{2\delta^+}{C}=\overset{\delta^-}{O}$$

A água é uma molécula angular com um ângulo de ligação de 104,3° (Figura 2.1), e o compartilhamento desigual de elétrons nas duas ligações não é cancelado como ocorre na molécula de CO_2. O resultado é que os elétrons de ligação terão mais probabilidade de ser encontrados próximos aos átomos de oxigênio da molécula do que aos de hidrogênio. As ligações com extremidades positivas e negativas são chamadas **dipolos**.

Propriedades Solventes da Água

▶ *Por que alguns compostos se dissolvem em água e outros não?*

A natureza polar da água determina amplamente suas propriedades solventes. Os compostos iônicos com cargas totais, como o cloreto de potássio (KCl, K^+ e Cl^- em solução), e os compostos *polares* com cargas parciais (isto é, dipolos), como o etanol (C_2H_5OH) ou a acetona [$(CH_3)_2C{=}O$)], tendem a se dissolver em água. O princípio físico envolvido é a atração eletrostática entre cargas opostas, mas existem diferentes tipos de ligações com diferentes forças, dependendo dessas atrações eletrostáticas. Para entender o comportamento dos compostos bioquímicos em solução, devemos inicialmente entender a natureza de algumas ligações não covalentes importantes.

Ligações Iônicas

Em um cristal de sal, como o mostrado na Figura 2.2, os íons positivos e negativos são mantidos juntos por ligações iônicas. As ligações iônicas e as covalentes são as mais fortes, sendo muitas vezes mais fortes que as próximas mais fracas. Muito do comportamento das biomoléculas, entretanto, é devido às forças intermoleculares que abordaremos em seguida.

Pontes Salinas

Analogamente às ligações iônicas encontradas em cristais de sais, as biomoléculas frequentemente têm nelas grupos ionizáveis. A cadeia lateral do aminoácido ácido aspártico (veja Capítulo 3) forma o ânion carboxilato, COO^-. A cadeia lateral do aminoácido lisina forma um cátion do grupo amino $—NH_3^+$. A atração entre essas duas cadeias laterais em solução com frequência controla como as moléculas de proteína se dobram em solução. Quando essas moléculas com cargas opostas estão muito próximas, chamamos o resultado de **ponte salina**.

Interações Íon-Dipolo

Os íons em solução também podem interagir com moléculas que têm dipolos, como mostrado nas Figuras 2.2 e 2.3a. Em ambos os casos, a água é mostrada como a molécula com o dipolo. Um íon carregado irá interagir com a carga parcial oposta na água.

Forças de van der Waals

Existem vários tipos de forças fracas que são chamadas **forças de van der Waals**, em homenagem ao cientista holandês Johannes Diderik van der Waals. Dentre estas forças estão três ligações não covalentes que não envolvem uma interação eletrostática de íon completamente carregado.

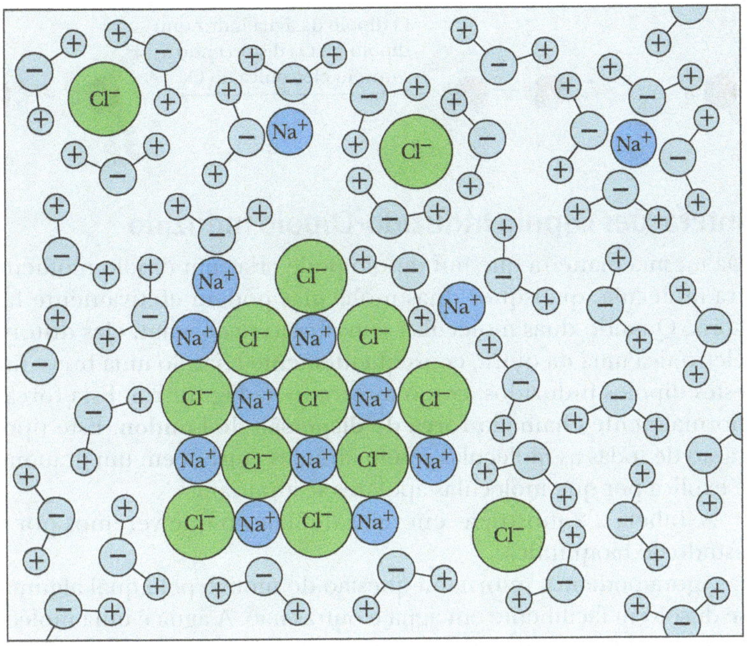

Cl⁻
Na⁺

FIGURA 2.2 As ligações iônicas são substituídas por interações íon-dipolo. Em sólidos iônicos, as ligações iônicas mantêm os cátions e ânions juntos. Em solução aquosa, estas ligações iônicas são substituídas por interações íon-dipolo. Os íons cloreto com cargas negativas são atraídos para as cargas parciais positivas na água. Os íons sódio carregados positivamente são atraídos pelas cargas parciais negativas na água. Os íons circundados de água deste tipo são chamados de camadas de hidratação.

Interações Dipolo-Dipolo

Estas forças ocorrem entre moléculas que são dipolos, com o lado parcialmente positivo de uma molécula atraindo o lado parcialmente negativo de outra molécula, como mostrado na Figura 2.3b.

Interações Dipolo-Dipolo Induzido

Um dipolo permanente em uma molécula, quando entra em contato mais próximo com qualquer molécula – mesmo aquelas que não têm dipolos –, pode induzir um dipolo transitório na outra. À medida que a nuvem eletrônica do dipolo empurra contra a nuvem eletrônica de outra molécula, distorce momentaneamente a nuvem eletrônica. Isso cria um breve dipolo e, neste momento, as duas moléculas são atraídas entre si, como mostrado na Figura 2.4.

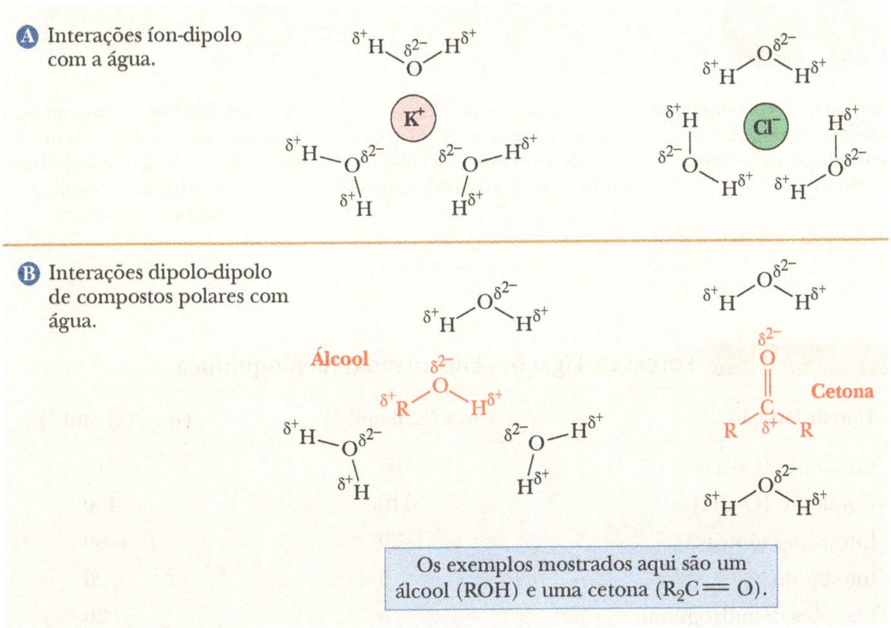

A Interações íon-dipolo com a água.
K⁺
Cl⁻
B Interações dipolo-dipolo de compostos polares com água.
Álcool
Cetona
Os exemplos mostrados aqui são um álcool (ROH) e uma cetona (R₂C═O).

FIGURA 2.3 Interações íon-dipolo e dipolo-dipolo. As interações íon-dipolo e dipolo-dipolo ajudam os compostos iônicos e polares a se dissolverem em água.

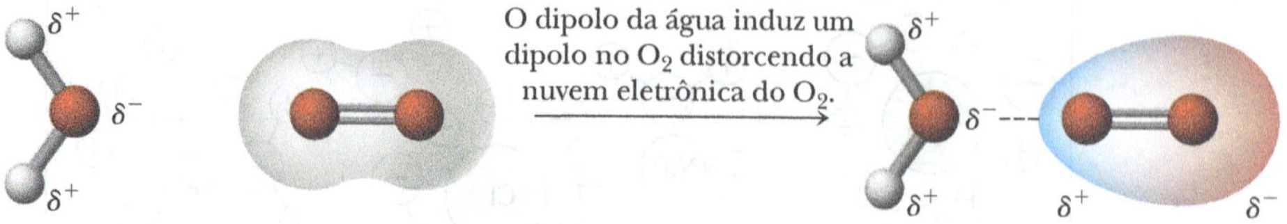
δ+
δ−
δ+
O dipolo da água induz um dipolo no O_2 distorcendo a nuvem eletrônica do O_2.
δ+
δ−
δ+
δ+
δ−

Figura 2.4 Interação dipolo-dipolo induzido. Uma molécula polar, como a água, pode induzir um dipolo em uma molécula apolar, como o oxigênio, distorcendo a nuvem eletrônica da molécula. (J. A. Dean: *Lange's Handbook of Chemistry*, 14. ed., Figura 13.2, p. 584. Nova York, McGraw-Hill, 1992. Reimpresso com permissão.)

Interações Dipolo Induzido-Dipolo Induzido

Da mesma maneira que um dipolo pode criar um dipolo momentâneo em outra molécula, quaisquer duas moléculas podem efetivamente fazer a mesma coisa. Quando duas moléculas sem dipolo se chocam, elas distorcem a nuvem eletrônica uma da outra, consequentemente criando uma breve interação entre estes dipolos induzidos, como mostrado na Figura 2.5. Esta força de atração é normalmente chamada **força de dispersão de London**. Este tipo de força é a razão de todas as moléculas serem atraídas entre si em um grau muito pequeno e explica por que moléculas apolares se atrairiam.

forças de dispersão de London uma atração entre dipolos induzidos transitórios

A Tabela 2.2 mostra as energias de ligação que veremos por todo o nosso estudo de bioquímica.

Agora podemos retornar à questão do motivo pelo qual algumas substâncias se dissolvem facilmente em água e outras não. A água é uma molécula muito polar e forma facilmente ligações íon-dipolo com compostos iônicos ou ligações dipolo-dipolo com compostos polares neutros. A situação representada na Figura 2.2 é um excelente exemplo. As ligações iônicas são muito fortes. Por que um cristal de NaCl se dissolveria em água? Poderíamos pensar que as ligações iônicas entre o Na^+ e o Cl^- fariam com que o cristal salino permanecesse exatamente como ele era, "ignorando" a água. Entretanto, quando o sal se dissolve e os íons se tornam hidratados, eles são rodeados por moléculas de água, e cada um pode formar ligações íon-dipolo com ela. Podemos pensar nos sólidos dissolvendo-se em água como um cabo de guerra energético. Se as ligações formadas entre os íons dissolvendo-se e a água são mais favoráveis que as ligações que mantêm o sólido unido, ele se dissolverá. O NaCl dissolve-se facilmente. Outros sólidos não se dissolvem. As substâncias iônicas e polares tendem a dissolver em água e são chamadas **hidrofílicas** (do grego "amantes de água") por causa desta tendência.

hidrofílica tendência de se dissolver em água

Os hidrocarbonetos (compostos que contêm apenas carbono e hidrogênio) são apolares. As interações íon-dipolo e dipolo-dipolo responsáveis pela solubi-

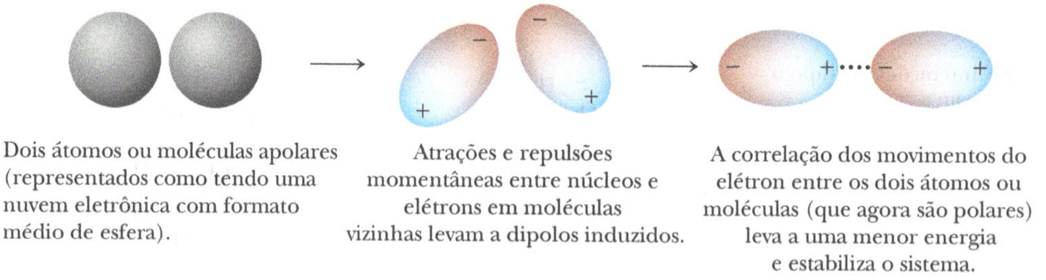
Dois átomos ou moléculas apolares (representados como tendo uma nuvem eletrônica com formato médio de esfera).
Atrações e repulsões momentâneas entre núcleos e elétrons em moléculas vizinhas levam a dipolos induzidos.
A correlação dos movimentos do elétron entre os dois átomos ou moléculas (que agora são polares) leva a uma menor energia e estabiliza o sistema.

Figura 2.5 Interações dipolo induzido-dipolo induzido, ou forças de dispersão de London. Atrações e repulsões momentâneas entre núcleos e elétrons criam dipolos induzidos e levam a uma estabilização líquida devida às forças atrativas. (J. A. Dean: *Lange's Handbook of Chemistry*, 14. ed., Figura 13.13. Nova York, McGraw-Hill, 1992. Reimpresso com permissão.)

Tabela 2.2 Forças de Ligações Encontradas na Bioquímica

Tipo de Ligação	Força (kcal mol^{-1})	Força (kJ mol^{-1})
Covalente (C—H)	105	413
Covalente (O—H)	110	460
Interações iônicas	1–20	4–80
Íon-dipolo	5	20
Ligações de hidrogênio	5	20
Interações de van der Waals	1	4

TABELA 2.3 **Exemplos de Substâncias Hidrofílicas e Hidrofóbicas**

Hidrofílicas	Hidrofóbicas
Compostos covalentes polares [p. ex.: alcoóis como C_2H_5OH (etanol) e cetonas como $(CH3)_2C{=}O$ (acetona)]	Compostos covalentes apolares [p. ex.: hidrocarbonetos como o C_6H_{14} (hexano)]
Açúcares	Ácidos graxos, colesterol
Compostos iônicos (p. ex.: KCl)	
Aminoácidos, ésteres fosfatados	

lidade de compostos iônicos e polares não ocorrem para compostos apolares; portanto, esses compostos tendem a não se dissolver em água.

Uma discussão completa sobre o porquê de as substâncias apolares serem insolúveis em água exige argumentos de termodinâmica, que discutiremos nos Capítulos 4 e 15. No entanto, os tópicos abordados aqui sobre as interações intermoleculares serão úteis como apoio para esta discussão. Por enquanto, é suficiente saber que, para as moléculas de água, é termodinamicamente menos favorável se associar com moléculas apolares do que com outras moléculas de água. Como resultado, as moléculas apolares não se dissolvem em água e são chamadas **hidrofóbicas** (do grego "que têm horror a água"). Os hidrocarbonetos em particular tendem a se isolar de um ambiente aquoso. Um sólido apolar deixa material não dissolvido na água. Um líquido apolar forma um sistema em duas fases com a água; exemplo é uma mancha de óleo. As interações entre as moléculas apolares são chamadas de **interações hidrofóbicas** ou, em alguns casos, *ligações hidrofóbicas*, embora isto seja excessivamente simplista, o que será também explicado na Seção 4-6.

hidrofóbica tendência a não se dissolver na água

interações hidrofóbicas atrações entre moléculas que são apolares; também chamadas *ligações hidrofóbicas*

A Tabela 2.3 oferece exemplos de substâncias hidrofóbicas e hidrofílicas.

Por que água e óleo misturados se separam em duas camadas?

Uma única molécula pode ter porções polares (hidrofílicas) e apolares (hidrofóbicas). As substâncias deste tipo são chamadas **anfipáticas**. Um ácido graxo de cadeia longa com um grupo de ácido carboxílico polar e uma longa porção apolar de hidrocarboneto é um ótimo exemplo de substância anfipática. O grupo de ácido carboxílico, a "cabeça", contém dois átomos de oxigênio além do carbono e do hidrogênio; ele é muito polar e pode formar um ânion carboxilato em pH neutro. O restante da molécula, a "cauda", contém apenas carbono e hidrogênio, e, assim, é apolar (Figura 2.6). Um composto como este tende a formar, na presença de água, estruturas chamadas *micelas*, nas quais os grupos de cabeças polares estão em contato com o meio aquoso e as caudas apolares são isoladas do contato com a água (Figura 2.7). Um processo similar é responsável pela se-

anfipática refere-se a uma molécula que tem uma extremidade com um grupo polar solúvel em água e outra extremidade com um grupo de hidrocarboneto apolar que é insolúvel em água

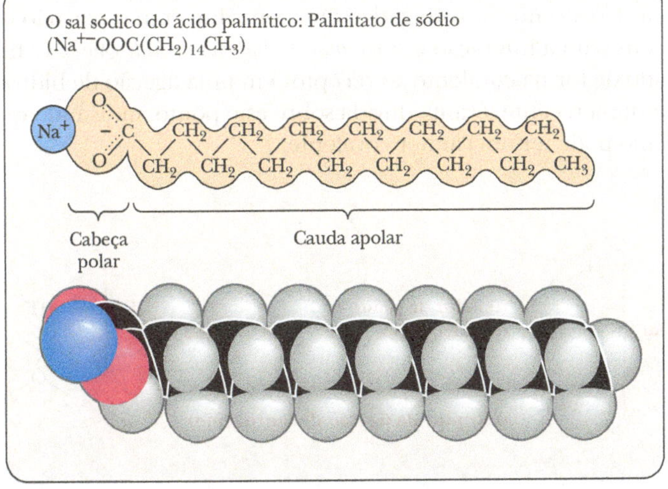
O sal sódico do ácido palmítico: Palmitato de sódio
($Na^{+-}OOC(CH_2)_{14}CH_3$)
Cabeça polar
Cauda apolar

FIGURA 2.6 **Uma molécula anfifílica: o palmitato de sódio.** Moléculas anfifílicas são frequentemente simbolizadas por uma esfera e uma estrutura de linha em zigue-zague, na qual a esfera representa a cabeça polar hidrofílica, e a linha em zigue-zague a cauda de hidrocarboneto hidrofóbica apolar.

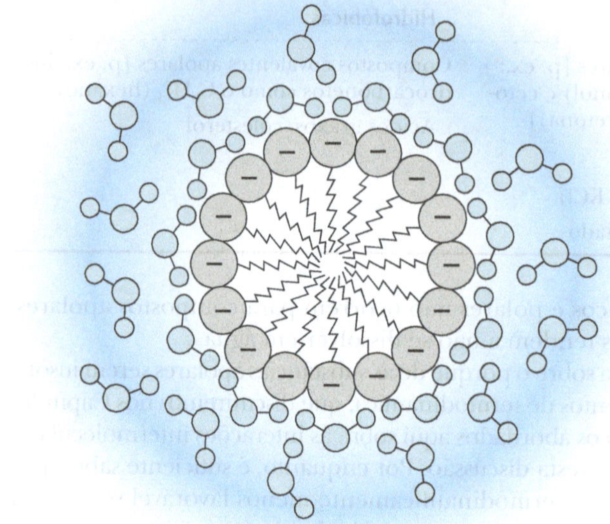

Figura 2.7 Formação de micela a partir de moléculas anfipáticas em solução aquosa. Quando micelas são formadas, os grupos polares ionizados entram em contato com a água e as partes apolares da molécula ficam protegidas do contato com a água.

paração de óleo e água, como o que você veria no molho italiano de uma salada. Quando agitadas, inicialmente as substâncias se misturam. Imediatamente depois, você pode ver pequenas esferas ou gotas de óleo. Como estas flutuam em água, elas passam para cima e se juntam em uma camada de óleo.

2-2 Ligações de Hidrogênio

ligação de hidrogênio associação não covalente formada entre um átomo de hidrogênio ligado covalentemente a um átomo eletronegativo e um par solitário de elétrons em um outro átomo eletronegativo

Além das interações discutidas na Seção 2.1, há outro tipo importante de interação covalente: a **ligação de hidrogênio**. Ela tem origem eletrostática e pode ser considerada um caso especial de interação dipolo-dipolo. Quando o hidrogênio é ligado de forma covalente a um átomo eletronegativo, como o oxigênio ou o nitrogênio, ele tem uma carga parcial positiva em razão da ligação polar, situação que não ocorre quando o hidrogênio se liga de forma covalente ao carbono. Essa carga parcial positiva do hidrogênio pode interagir com um par de elétrons não compartilhado (uma fonte de carga negativa) de outro átomo eletronegativo. Todos os três átomos ficam em linha reta, formando as ligações de hidrogênio. Essa disposição permite a maior carga parcial positiva possível ao hidrogênio e, consequentemente, a interação mais forte com o par de elétrons não compartilhado no segundo átomo eletronegativo (Figura 2.8). O grupo composto pelo átomo eletronegativo ligado de forma covalente ao hidrogênio é chamado *doador da ligação de hidrogênio*, e o átomo eletronegativo que contribui com o par não compartilhado de elétrons para a interação é o *receptor da ligação de hidrogênio*. O hidrogênio não está ligado de forma covalente ao receptor em uma ligação de hidrogênio normal. Uma pesquisa recente levanta dúvida sobre este ponto, indicando que a ligação de hidrogênio pode ter um caráter covalente.

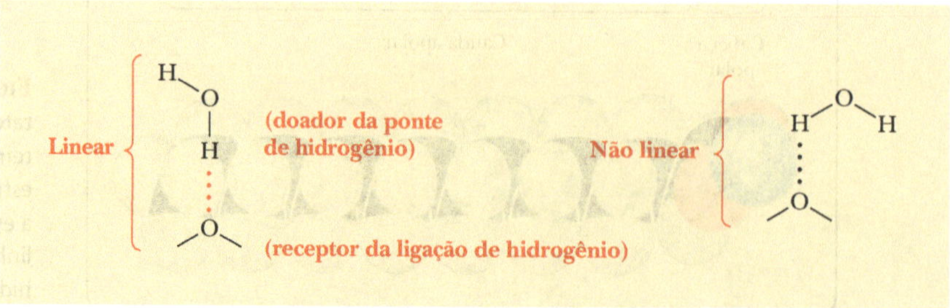
Linear
(doador da ponte de hidrogênio)
(receptor da ligação de hidrogênio)
Não linear

Figura 2.8 Uma comparação entre as ligações de hidrogênio lineares e não lineares. As ligações não lineares são mais fracas que aquelas nas quais os três átomos ficam alinhados.

Por que a água tem propriedades tão interessantes e únicas?

Uma análise sobre os sítios de ligação de hidrogênio em HF, H_2O e NH_3 pode produzir algumas observações úteis. A Figura 2.9 mostra que a água constitui uma situação ideal em termos do número de ligações de hidrogênio que cada molécula pode formar. A água tem dois hidrogênios para formar as ligações de hidrogênio e dois pares de elétrons não compartilhados no oxigênio, que podem entrar na formação de ligações de hidrogênio com outras moléculas de água. Cada molécula de água está envolvida em quatro ligações de hidrogênio – como doadora em duas e receptora em duas. O fluoreto de hidrogênio tem apenas um hidrogênio para entrar em uma ligação de hidrogênio como doador, mas tem três pares não compartilhados de elétrons no flúor que podem se ligar a outros hidrogênios. A amônia tem três hidrogênios para doar a uma ligação de hidrogênio, mas apenas um par de elétrons não compartilhado, no nitrogênio.

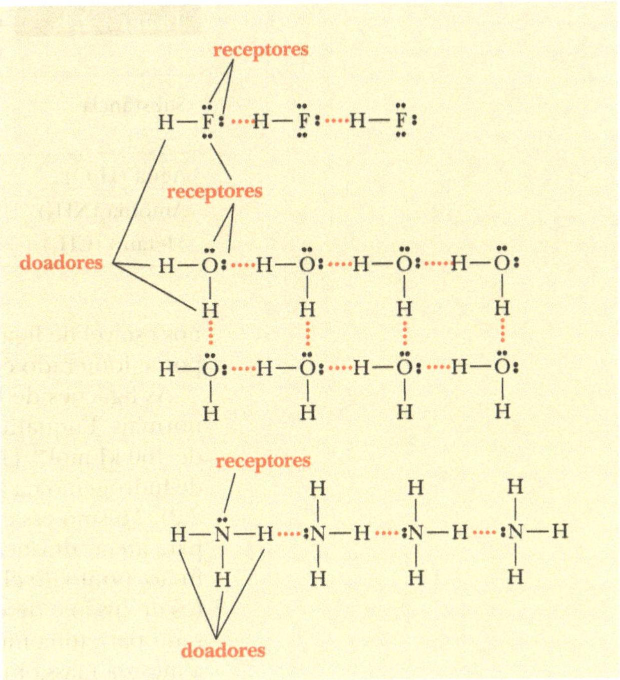
receptores
receptores
doadores
receptores
doadores

Figura 2.9 Sítios de ligação de hidrogênio. Uma comparação dos números de sítios de ligações de hidrogênio em HF, H_2O e NH_3 (as geometrias reais não são mostradas). Cada molécula de HF tem um doador e três receptores de ligação de hidrogênio. Cada molécula de H_2O tem dois doadores e dois receptores. Já cada molécula de NH_3 tem três doadores e um receptor.

O arranjo geométrico das moléculas de água ligadas ao hidrogênio tem implicações importantes nas propriedades da água como solvente. O ângulo de ligação da água é de 104,3°, como mostrado na Figura 2.1, e o ângulo entre os pares de elétrons não compartilhados é semelhante. O resultado é um arranjo tetraédrico de moléculas de água. A água líquida consiste em arranjos de ligações de hidrogênio que parecem cristais de gelo. Cada um desses arranjos pode conter até 100 moléculas de água. A ligação de hidrogênio entre as moléculas de água pode ser vista mais claramente na estrutura regular cristalina do gelo (Figura 2.10). Há várias diferenças, no entanto, entre as formações de ligações de hidrogênio na água líquida e na estrutura dos cristais de gelo. Na água líquida, as ligações de hidrogênio são desfeitas e renovadas de forma constante, com algumas moléculas sendo retiradas e outras se juntando ao grupo. Uma aglomeração pode quebrar e se refazer em intervalos de 10^{-10} a 10^{-11} segundos na água a 25 °C. Por sua vez, um cristal de gelo tem uma disposição mais ou me-

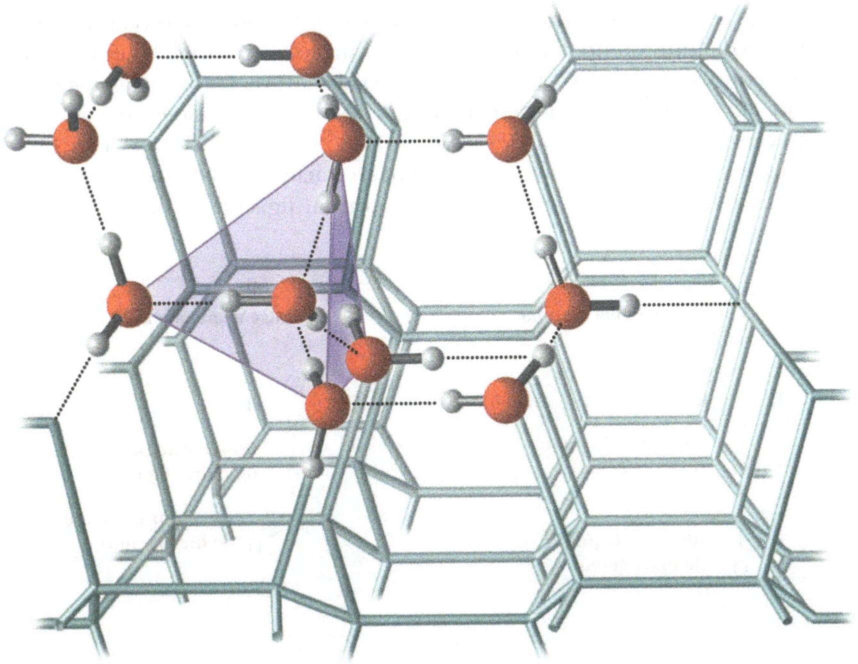

Figura 2.10 Ligação tetraédrica na água. Em um arranjo de moléculas de H_2O em um cristal de gelo, cada molécula de H_2O está ligada por ligação de hidrogênio às outras quatro.

Tabela 2.4 **Comparação entre Propriedades da Água, da Amônia e do Metano**

Substância	Peso Molecular	Ponto de Fusão (°C)	Ponto de Ebulição (°C)
Água (H_2O)	18,02	0,0	100,0
Amônia (NH_3)	17,03	−77,7	−33,4
Metano (CH_4)	16,04	−182,5	−161,5

nos estável de ligações de hidrogênio e, obviamente, seu número de moléculas por aglomerado é superior a 100 em muitas ordens de grandeza.

As ligações de hidrogênio são muito mais fracas que as ligações covalentes normais. Enquanto a energia exigida para quebrar a ligação covalente O—H é de 460 kJ mol^{-1} (110 kcal mol^{-1}), a energia necessária para quebrar as ligações de hidrogênio na água é de aproximadamente 20 kJ mol^{-1} (5 kcal mol^{-1}) (Tabela 2.2). Mesmo essa quantia comparativamente pequena de energia é suficiente para afetar drasticamente as propriedades da água, especialmente seu ponto de fusão, ponto de ebulição e sua densidade, comparadas com as do gelo. Os pontos de fusão e de ebulição da água são consideravelmente maiores que o esperado para uma molécula desse tamanho (Tabela 2.4). Outras substâncias com a mesma massa molecular, como o metano e a amônia, têm pontos de fusão e de ebulição muito mais baixos. As forças de atração entre as moléculas de tais substâncias, em razão do número e da força de suas ligações de hidrogênio, são muito mais fracas que a atração entre as moléculas de água. A energia dessa atração deve ser superada para derreter gelo ou evaporar a água.

O gelo tem uma densidade menor que a da água líquida porque o arranjo cristalino mantido exclusivamente por ligações de hidrogênio é compactado de forma menos densa que na forma líquida. Esta última possui menos ligações de hidrogênio, e, assim, é mais densa que o gelo. Por isso, cubos de gelo e *icebergs* flutuam. A maioria das substâncias se contrai ao congelar, mas ocorre o contrário com a água. No tempo frio, os sistemas de refrigeração de carros exigem anticongelantes para evitar o congelamento e a expansão da água, o que poderia rachar o bloco do motor. O mesmo princípio é utilizado em técnicas de rompimento de células, com diversos ciclos de congelamento e descongelamento sendo aplicados. Por fim, organismos aquáticos podem sobreviver em climas frios por causa da diferença de densidade entre gelo e água líquida, uma vez que lagos e rios congelam da superfície para o fundo, e não o contrário.

A ligação de hidrogênio também tem uma função no comportamento da água como solvente. Se um soluto polar pode ser doador ou receptor de ligações de hidrogênio, ele não apenas poderá formar ligações de hidrogênio com a água, mas também envolver-se em interações dipolo-dipolo não específicas. A Figura 2.11 mostra alguns exemplos. Os alcoóis, as aminas, os ácidos carboxílicos e os ésteres, assim como os aldeídos e as cetonas, podem formar ligações de hidrogênio com

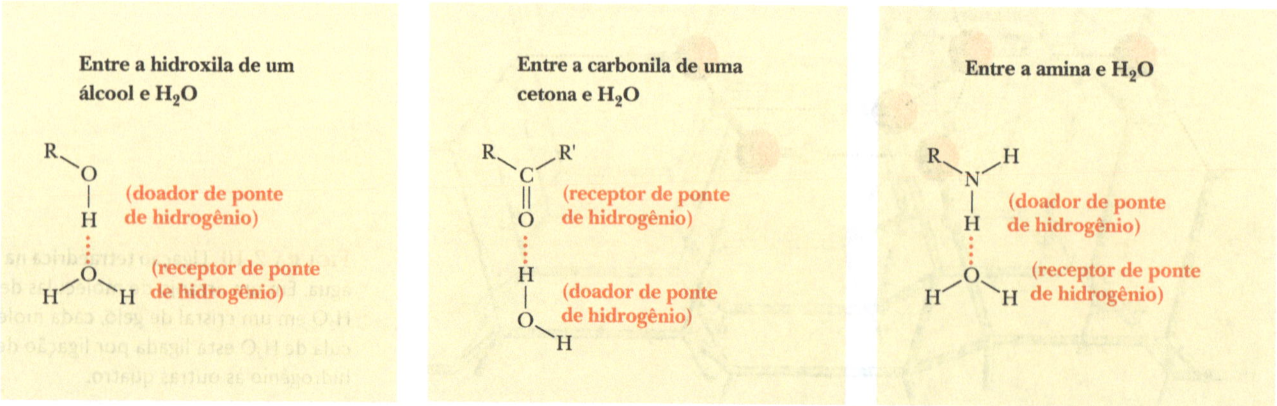

Entre a hidroxila de um álcool e H_2O
(doador de ponte de hidrogênio)
(receptor de ponte de hidrogênio)
Entre a carbonila de uma cetona e H_2O
(receptor de ponte de hidrogênio)
(doador de ponte de hidrogênio)
Entre a amina e H_2O
(doador de ponte de hidrogênio)
(receptor de ponte de hidrogênio)

Figura 2.11 Exemplos de ligação de hidrogênio entre grupos polares e água.

a água; portanto, são solúveis em água. É difícil exagerar a importância da água para a existência da vida na Terra, assim como imaginar a vida com base em outro solvente. O quadro CONEXÕES **BIOQUÍMICAS 2.1** explora algumas implicações desta declaração.

2.1 Conexões **Bioquímicas** | química

Como a Química Básica Afeta a Vida: A Importância da Ligação de Hidrogênio

Diversos bioquímicos renomados especularam que a ligação de hidrogênio é essencial para a evolução da vida. Assim como o carbono, os polímeros e a estereoquímica, ela é um dos critérios que podem ser utilizados para a pesquisa de vida extraterrestre. Embora a força de uma ligação de hidrogênio individual (ligação de H) seja fraca, o fato de tantas ligações de H poderem ser formadas significa que, coletivamente, elas podem exercer uma força *muito* poderosa. Praticamente todas as propriedades exclusivas da água (altos pontos de fusão e ebulição, gelo e as características de densidade e potência como solvente) resultam de sua capacidade de formar muitas ligações de hidrogênio por molécula.

Se observarmos a solubilidade de um íon simples, como Na^+ ou Cl^-, descobriremos que a água é atraída a esses íons por polaridade. Além disso, outras moléculas de água formam ligações H com as moléculas de água vizinhas, normalmente 20 ou mais moléculas de água por íon dissolvido. Quando consideramos uma biomolécula simples, como o gliceraldeído, as ligações de H começam na própria molécula. Pelo menos oito moléculas de água se ligam diretamente à molécula de gliceraldeído e, depois, mais moléculas de água se ligam a essas oito.

A forma de muitas proteínas é determinada pelo arranjo ordenado e repetitivo das ligações de hidrogênio. As estruturas ampliadas da celulose e dos peptídeos em folha β permitem a formação de fibras fortes pela ligação H intracadeia. As hélices simples (como no amido) e as hélices α das proteínas são estabilizadas pelas ligações de H intracadeias. As hélices duplas e triplas, como no DNA e no colágeno, envolvem ligações H entre duas ou três fitas, respectivamente. O colágeno contém diversos aminoácidos especiais que possuem um grupo hidroxila adicional, permitindo, assim, mais ligações de hidrogênio, o que oferece estabilidade.

A ligação de hidrogênio também é fundamental para a especificidade do transporte de informações genéticas. A natureza complementar da dupla-hélice do DNA é mantida pelas ligações de hidrogênio. Tanto a especificidade quanto a variação do código genético são resultantes de ligações H. Na verdade, diversos compostos que causam mutações genéticas atuam alterando os padrões de ligação H. Por exemplo, o fluorouracil é frequentemente receitado por dentistas para o herpes labial (feridas virais nos lábios e na boca) porque causa mutações no vírus do herpes simples que provoca as feridas. ◗

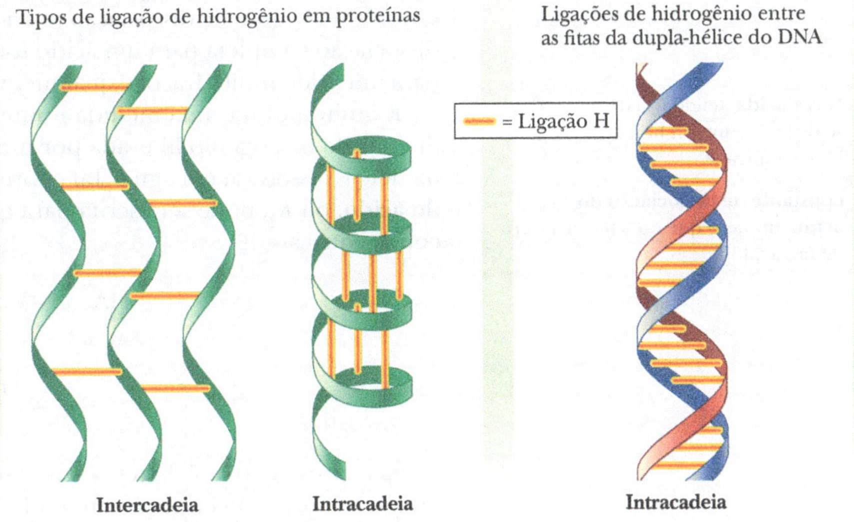
Tipos de ligação de hidrogênio em proteínas
Ligações de hidrogênio entre as fitas da dupla-hélice do DNA
= Ligação H
Intercadeia
Intracadeia
Intracadeia

Outras Ligações de Hidrogênio Biologicamente Importantes

As ligações de hidrogênio têm um envolvimento essencial na estabilização da estrutura tridimensional de moléculas biologicamente importantes, incluindo o DNA, o RNA e as proteínas. As ligações de hidrogênio entre bases complementares são uma das características mais marcantes da estrutura de dupla-hélice do DNA (Seção 9-3). O RNA transportador também tem uma estrutura tridimensional complexa caracterizada por regiões com ligações de hidrogênio (Seção 9-5). A ligação de hidrogênio em proteínas origina duas estruturas importantes, as conformações de hélice α e de folha pregueada β. Os dois tipos de conformação são amplamente encontrados em proteínas (Seção 4-3). A Tabela 2.5 resume alguns dos tipos mais importantes de ligações de hidrogênio em biomoléculas.

2-3 Ácidos, Bases e pH

O comportamento bioquímico de diversos compostos importantes depende de suas propriedades ácido-base.

TABELA 2.5 **Exemplos dos Tipos de Ligações de Hidrogênio Encontradas em Moléculas Biologicamente Importantes**

Arranjo da Ligação	Moléculas nas Quais a Ligação Aparece
—O—H·····O—(H)	Ligação H formada na H_2O
—O—H·····O=C<	Ligação da água com outras moléculas
N—H·····O—(H)	Importante nas estruturas de proteína e ácido nucleico
N—H·····O=C<	
N—H·····N<	
>N—H·····N⟨ ⟩NH	

O que são ácidos e bases?

Embora exista mais de uma definição de ácido, uma biologicamente útil é a de uma molécula que age como doadora de prótons (íons de hidrogênio). Em química, esta é também conhecida como ácido de Brønsted. Uma base é semelhantemente definida como uma receptora de prótons. A velocidade com que ácidos ou bases doam e recebem prótons depende da natureza química dos compostos envolvidos. O grau de dissociação dos ácidos na água, por exemplo, varia entre a dissociação completa para um ácido forte e praticamente nenhuma dissociação para um ácido muito fraco, e qualquer valor intermediário é possível.

força ácida tendência de um ácido de se dissociar um íon hidrogênio e sua base conjugada

constante de dissociação do ácido número que caracteriza a força de um ácido

É muito útil ter uma medida numérica da **força ácida**, que é a quantidade de íons de hidrogênio liberada por um ácido quando uma determinada quantia dele é dissolvida em água. Tal expressão, chamada **constante de dissociação do ácido**, ou K_a, pode ser escrita para qualquer ácido, HA, que reaja de acordo com a equação

$$\underset{\text{Ácido}}{HA} \rightleftharpoons \underset{\text{Base conjugada}}{H^+ + A^-}$$

$$K_a = \frac{[H^+][A^-]}{[HA]}$$

Nesta expressão, os colchetes referem-se à concentração em quantidade de matéria – isto é, a concentração em mols por litro. Para cada ácido, a quantidade K_a tem um valor numérico fixo a uma dada temperatura. Tal valor é maior para ácidos mais completamente dissociados: quanto maior o valor de K_a, mais forte será o ácido.

Rigorosamente falando, a reação ácido-base anterior é uma reação de transferência de prótons, na qual a água atua como uma base e também como solvente. Uma maneira mais correta de escrever a equação é a seguinte:

$$\underset{\text{Ácido}}{HA(aq)} + \underset{\text{Base}}{H_2O(\ell)} \rightleftharpoons \underset{\text{Ácido conjugado de } H_2O}{H_3O^+(aq)} + \underset{\text{Base conjugada de HA}}{A^-(aq)}$$

A notação (aq) refere-se a solutos em solução aquosa, enquanto (ℓ) à água em seu estado líquido. Já sabemos que não há "prótons livres" (íons de hidrogênio livres) em solução; mesmo para o íon hidrônio (H_3O^+) o nível de hidratação está subestimado em solução aquosa. Todos os solutos são amplamente hidratados em solução aquosa. Escreveremos a forma abreviada de equações para dissociação de ácidos para poder simplificar, mas a função da água deve ser considerada durante toda nossa discussão.

O que é pH?

As propriedades ácido-base da água têm um papel importante nos processos biológicos, graças à função fundamental da água como solvente. O grau da autodissociação da água em íon de hidrogênio e hidroxila,

$$H_2O \rightleftharpoons H^+ + OH^-$$

é pequeno, mas o fato de ela ocorrer determina importantes propriedades de diversos solutos (Figura 2.12). Tanto o íon hidrogênio (H^+) como a hidroxila (OH^-) estão associados a várias moléculas de água, assim como todos os íons em solução aquosa, e a própria molécula de água na equação faz parte de um agrupamento de tais moléculas (Figura 2.13). É especialmente importante ter uma estimativa do grau de dissociação da água. Podemos começar com a equação

$$K_a = \frac{[H^+][OH^-]}{[H_2O]}$$

A concentração em quantidade de matéria da água pura, $[H_2O]$, é muito grande em comparação com quaisquer concentrações possíveis de solutos, e pode ser considerada constante. (O valor numérico é 55,5 mol L^{-1}, que pode ser obtido ao se dividir a massa em gramas de água em 1 litro, 1.000 g, pela massa molecular da água, 18 g mol^{-1}; 1.000/18 = 55,5 mol L^{-1}.) Portanto,

$$K_a = \frac{[H^+][OH]}{[55,5]}$$

$$K_a \times 55,5 = [H^+][OH^-] = K_w$$

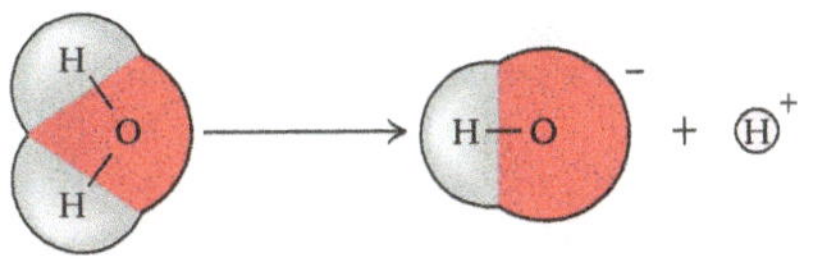
H
O
H
H—O
+
H

Figura 2.12 Ionização da água.

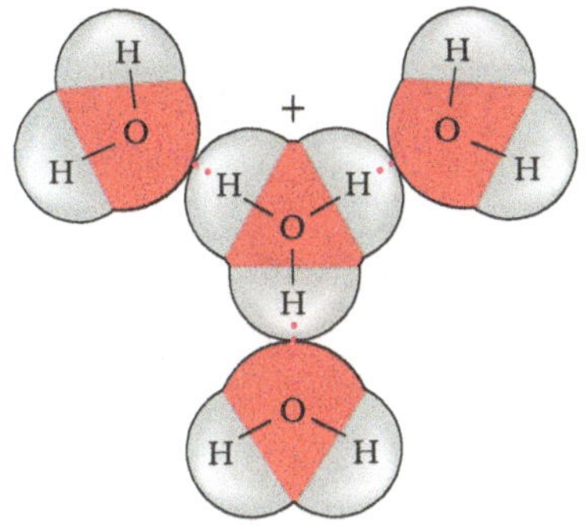
H
O
H
+
H
O
H
H
H
O
H
H
O
H
H

Figura 2.13 Hidratação do íon de hidrogênio na água.

Uma nova constante, K_w, a **constante do produto iônico da água**, acaba de ser definida, e a concentração de água está incluída em seu valor.

constante do produto iônico da água medida da tendência de a água se dissociar para fornecer o íon hidrogênio e o íon hidróxido

O valor numérico de K_w pode ser determinado experimentalmente ao se medir a concentração de íons hidrogênio em água pura. A concentração de íons hidrogênio também é igual, por definição, à de íons hidroxila, porque a água é um ácido monoprótico (que libera um único próton por molécula). A 25 °C, em água *pura*,

$$[H^+] = 10^{-7} \text{ mol } L^- = [OH^-]$$

Assim, a 25 °C, o valor numérico de K_w é dado pela expressão

$$K_w = [H^+][OH^-] = (10^{-7})(10^{-7}) = 10^{-14}$$

Esta relação, que derivamos da água pura, é válida para *qualquer* solução aquosa, seja ela neutra, ácida ou básica.

Há uma ampla gama de concentrações possíveis de íons hidrogênio e íons hidroxila em solução aquosa, o que torna desejável definir um valor para expressar tais concentrações de forma mais conveniente do que pela notação exponencial. Essa quantidade é chamada de *pH*, definida como

$$pH = -\log_{10} [H^+]$$

com o logaritmo na base 10. Observe que, por ser um logaritmo, a diferença de uma unidade de pH implica uma diferença de dez vezes na concentração de íons hidrogênio $[H^+]$. Os valores de pH de algumas soluções aquosas típicas podem ser determinados por um cálculo simples, que você pode praticar no **Aplique seu Conhecimento 2.1.**

2.1 Aplique Seu Conhecimento

Cálculos de pH

De tempos em tempos você encontrará sessões como esta nos capítulos. Elas lhe darão a oportunidade de praticar o que acabou de aprender.

Continua

Continuação

Como em água pura $[H^+] = 1 \times 10^{-7}$ mol L^{-1} e pH = 7, você pode calcular o pH das seguintes soluções aquosas:

a. HCl 1×10^{-3} mol L^{-1}

b. NaOH 1×10^{-4} mol L^{-1}

Assuma que a autoionização da água dê uma contribuição irrisória às concentrações de íons hidrogênio e íons hidroxila, o que normalmente é verdade, a menos que as soluções sejam extremamente diluídas.

Solução

Os principais pontos na abordagem deste problema são a definição de pH, que precisa ser utilizada nas duas partes, e a autodissociação da água, necessária na segunda parte.

a. Para HCl 1×10^{-3} mol L^{-1}, $[H_3O^+] = 1 \times 10^{-3}$ mol L^{-1}; portanto, pH = 3.

b. Para NaOH 1×10^{-4} mol $^{-1}$, $[OH^-] = 1 \times 10^{-4}$ mol L^{-1}. Porque $[OH^-][H_3O^+] = 1 \times 10^{-14}$, $[H_3O^+] = 1 \times 10^{-10}$ mol L^{-1}; portanto, pH = 10.

Quando uma solução tem pH 7, diz-se que ela é *neutra*, como a água pura. Soluções ácidas têm valores de pH inferiores a 7, e soluções básicas têm valores de pH superiores a 7.

Na bioquímica, a maioria dos ácidos encontrados é ácido fraco. Estes têm valores de K_a bem abaixo de 1. Para evitar usar números com expoentes negativos grandes, uma grandeza similar, pK_a, foi definida por analogia com a definição de pH:

$$pK_a = -\log_{10} K_a$$

O valor de pK_a é uma medida numérica conveniente da força do ácido. Quanto menor seu valor, mais forte será o ácido. A situação é o reverso da observada em K_a, na qual maiores valores implicam ácidos mais fortes (Tabela 2.6).

Por que queremos conhecer o pH?

Há uma equação que relaciona o valor de K_a de qualquer ácido fraco ao pH da solução que contém tanto tal ácido quanto sua base conjugada. Essa relação é muito usada na bioquímica, especialmente quando é necessário controlar o pH para condições ótimas de reação. Muitas reações não ocorrem se o pH não estiver no seu valor ideal. As macromoléculas biológicas importantes perdem atividade em extremos de pH. A Figura 2.14 mostra como as atividades de três enzimas são afetadas pelo pH. Observe que cada uma tem um pico de atividade que cai rapidamente quando o pH é alterado a partir do ideal. Além disso, algumas consequências fisiológicas drásticas podem ser resultantes de flutuações do pH no organismo. A Seção 2-5 tem mais informações sobre como o pH pode ser controlado. Para demonstrar a equação envolvida, primeiro é necessário obter o logaritmo dos dois lados da equação de K_a:

$$K_a = \frac{[H^+][A^-]}{[HA]}$$

$$\log K_a = [H^+] + \log \frac{[A^-]}{[HA]}$$

$$-\log [H^+] = -\log K_a + \log \frac{[A^-]}{[HA]}$$

Então, utilizamos as definições de pH e pK_a:

$$pH = pK_a + \log \frac{[A^-]}{[HA]}$$

equação de Henderson-Hasselbalch relação matemática entre o pK_a de um ácido e o pH de uma solução contendo o ácido e sua base conjugada

Esta relação é conhecida como **equação de Henderson-Hasselbalch**, e é útil para prever as propriedades de soluções-tampão utilizadas para controlar o pH

Tabela 2.6 **Constantes de Dissociação de Alguns Ácidos**

Ácido	HA	A^-	K_a	pK_a
Ácido pirúvico	$CH_3COCOOH$	$CH_3C{-}COO^-$	$3{,}16 \times 10^{-3}$	2,50
Ácido fórmico	$HCOOH$	$HCOO^-$	$1{,}78 \times 10^{-4}$	3,75
Ácido láctico	$CH_3CHOHCOOH$	$CH_3CH{-}HCOO^-$	$1{,}38 \times 10^{-4}$	3,86
Ácido benzoico	C_6H_5COOH	$C_6H_5COO^-$	$6{,}46 \times 10^{-5}$	4,19
Ácido acético	CH_3COOH	CH_3COO^-	$1{,}76 \times 10^{-5}$	4,76
Íon amônio	NH_4^+	NH_3	$5{,}6 \times 10^{-10}$	9,25
Ácido oxálico (1)	$HOOC{-}COOH$	$HOOC{-}COO^-$	$5{,}9 \times 10^{-2}$	1,23
Ácido oxálico (2)	$HOOC{-}COO^-$	$^-OOC{-}COO^-$	$6{,}4 \times 10^{-5}$	4,19
Ácido malônico (1)	$HOOC{-}CH_2{-}COOH$	$HOOC{-}CH_2{-}COO^-$	$1{,}49 \times 10^{-3}$	2,83
Ácido malônico (2)	$HOOC{-}CH_2{-}COO^-$	$^-OOC{-}CH_2{-}COO^-$	$2{,}03 \times 102^{-6}$	5,69
Ácido málico (1)	$HOOC{-}CH_2{-}CHOH{-}COOH$	$HOOC{-}CH_2{-}CHOH{-}COO^-$	$3{,}98 \times 10^{-4}$	3,40
Ácido málico (2)	$HOOC{-}CH_2{-}CHOH{-}COO^-$	$^-OOC{-}CH_2{-}CHOH{-}COO^-$	$5{,}5 \times 10^{-6}$	5,26
Ácido succínico (1)	$HOOC{-}CH_2{-}CH_2O{-}OOH$	$HOOC{-}CH_2{-}CH_2{-}COO^-$	$6{,}17 \times 10^{-5}$	4,21
Ácido succínico (2)	$HOOC{-}CH_2{-}CH_2{-}COO^-$	$^-OOC{-}CH_2{-}CH_2{-}COO^-$	$2{,}3 \times 10^{-6}$	5,63
Ácido carbônico (1)	H_2CO_3	HCO_3^-	$4{,}3 \times 10^{-7}$	6,37
Ácido carbônico (2)	HCO_3^-	CO_3^{2-}	$5{,}6 \times 10^{-11}$	10,20
Ácido cítrico (1)	$HOOC{-}CH_2{-}C(OH)$ $(COOH){-}CH_2{-}COOH$	$HOOC{-}CH_2{-}C(OH)$ $(COOH){-}CH_2{-}COO^-$	$8{,}14 \times 10^{-4}$ $1{,}78 \times 10^{-5}$	3,09 4,75
Ácido cítrico (2)	$HOOC{-}CH_2{-}C(OH)\ (COOH)$ ${-}CH_2{-}COO^-$	$^-OOC{-}CH_2{-}C(OH)$ $(COOH){-}CH_2{-}COO^-$		
Ácido cítrico (3)	$^-OOC{-}CH_2{-}C(OH)\ (COOH)$ ${-}CH_2{-}COO^-$	$^-OOC{-}CH_2{-}C(OH)\ (COO^-){-}$ $CH_2{-}COO^-$	$3{,}9 \times 10^{-6}$	5,41
Ácido fosfórico (1)	H_3PO_4	$H_2PO_4^-$	$7{,}25 \times 10^{-3}$	2,14
Ácido fosfórico (2)	$H_2PO_4^-$	HPO_4^{2-}	$6{,}31 \times 10^{-8}$	7,20
Ácido fosfórico (3)	HPO_4^{2-}	PO_4^{3-}	$3{,}98 \times 10^{-13}$	12,40

de misturas de reações. Quando os tampões forem discutidos na Seção 2-5, nos interessará a situação na qual a concentração do ácido, [HA], e a concentração da base conjugada, [A⁻], são iguais ([HA] = [A⁻]). A razão [A⁻]/[HA], então, é igual a 1, e o logaritmo de 1 é igual a zero. Portanto, quando uma solução contém concentrações iguais de um ácido fraco e sua base conjugada, seu pH é igual ao valor de pK_a do ácido fraco.

2-4 Curvas de Titulação

Quando uma base é adicionada a uma solução ácida, o pH da solução muda. **Titulação** é um experimento no qual quantidades medidas de base são adicionadas a uma quantidade medida de ácido. É conveniente e simples acompanhar o progresso da reação com um aparelho medidor de pH. O ponto da titulação no qual o ácido está exatamente neutralizado é chamado **ponto de equivalência**.

titulação experimento no qual uma quantidade medida de base é adicionada a um ácido

ponto de equivalência o ponto em uma titulação na qual o ácido é exatamente neutralizado

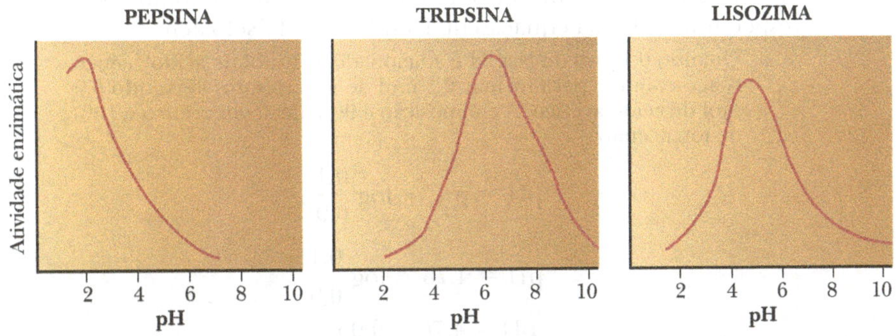
PEPSINA
TRIPSINA
LISOZIMA
Atividade enzimática
2 4 6 8 10
pH

Figura 2.14 **pH *versus* atividade enzimática.** Pepsina, tripsina e lisozima têm curvas de pH ideais íngremes. A pepsina tem sua atividade máxima em condições muito ácidas, como seria esperado de uma enzima digestiva encontrada no estômago. A lisozima tem sua atividade máxima próxima ao pH 5, enquanto a tripsina é mais ativa próxima ao pH 6.

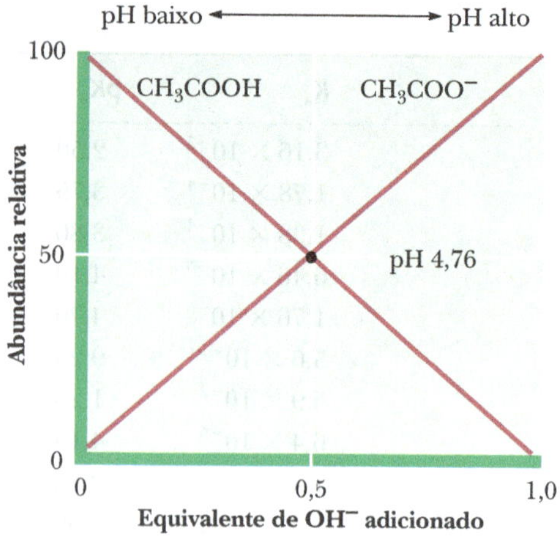
pH baixo
pH alto
100
50
0
Abundância relativa
CH_3COOH
CH_3COO^-
pH 4,76
0
0,5
1,0
Equivalente de OH^- adicionado

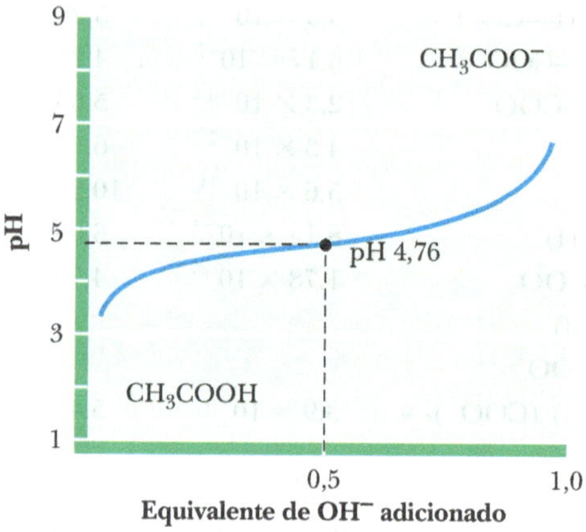
9
7
5
3
1
pH
CH_3COO^-
pH 4,76
CH_3COOH
0,5
1,0
Equivalente de OH^- adicionado

FIGURA 2.15 Curva de titulação para o ácido acético. Note que há uma região perto do pK_a na qual a curva é relativamente achatada. Em outras palavras, o pH varia muito pouco à medida que se adiciona base nesta região da curva de titulação.

Se o pH é monitorado enquanto a base é adicionada a uma amostra de ácido acético no decorrer de uma titulação, um ponto de inflexão na curva da titulação é atingido quando o pH se iguala ao pK_a do ácido acético (Figura 2.15). Como vimos em nossa discussão sobre a equação de Henderson-Hasselbalch, um valor de pH igual ao pK_a corresponde a uma mistura com concentrações iguais do ácido fraco e sua base conjugada – neste caso, o ácido acético e o íon acetato, respectivamente. O pH no ponto de inflexão é de 4,76, que é o pK_a do ácido acético. O ponto de inflexão ocorre quando 0,5 mol de base é adicionado para cada mol de ácido presente. Perto do ponto de inflexão, o pH muda muito pouco com a adição de mais base.

Após 1 mol de base ter sido adicionado para cada mol de ácido, o ponto de equivalência é atingido e praticamente todo o ácido acético é convertido em íon acetato (veja a Pergunta 52 ao final deste capítulo). A Figura 2.15 também coloca em gráfico a abundância relativa de ácido acético e do íon acetato com adições crescentes de NaOH. Observe que a soma das porcentagens de ácido acético e de íon acetato totaliza 100%. O ácido (ácido acético) é progressivamente convertido em sua base conjugada (íon acetato) à medida que mais NaOH é adicionado durante a titulação. Pode ser útil registrar as porcentagens de um ácido e de uma base conjugada desta forma para poder entender o significado real da reação que ocorre em uma titulação. A forma das curvas na Figura 2.15 representa o comportamento de qualquer ácido fraco monoprótico, mas o valor do pK_a de cada ácido individual é que determina os valores de pH no ponto de inflexão e no ponto de equivalência. Veja a seção **Aplique Seu Conhecimento 2.2.**

2.2 Aplique Seu Conhecimento

Calculando os Valores de pH para Ácidos e Bases Fracos

Calcule as quantidades relativas de ácido acético e íon acetato presentes nos pontos a seguir quando 1 mol de ácido acético é titulado com hidróxido de sódio. Utilize também a equação de Henderson-Hasselbalch para calcular os valores do pH nesses pontos. Compare seus resultados com a Figura 2.15.

a. 0,1 mol de NaOH é adicionado
b. 0,3 mol de NaOH é adicionado
c. 0,5 mol de NaOH é adicionado
d. 0,7 mol de NaOH é adicionado
e. 0,9 mol de NaOH é adicionado

Solução

Abordamos este problema como um exercício em estequiometria. Há uma proporção 1:1 entre as quantidades de matéria de ácido que reagiu e de base adicionada. A diferença entre a quantidade de matéria original de um ácido e a quantidade de matéria que reagiu é a quantidade de matéria de ácido restante. Esses são os valores a ser utilizados no numerador e no denominador, respectivamente, da equação de Henderson-Hasselbalch.

a. Quando 0,1 mol de NaOH é adicionado, 0,1 mol de ácido acético reage com ele para formar 0,1 mol de íon acetato, deixando 0,9 mol de ácido acético. A composição é 90% de ácido acético e 10% de íon acetato.

$$pH = pK_a + \log \frac{0,1}{0,9}$$

$$pH = 4,76 + \log \frac{0,1}{0,9}$$

$$pH = 4,76 - 0,95$$

$$pH = 4,76 - 0,95$$

Continua

Continuação

b. Quando 0,3 mol de NaOH é adicionado, 0,3 mol de ácido acético reage com ele para formar 0,3 mol de íon acetato, deixando 0,7 mol de ácido acético. A composição é 70% de ácido acético e 30% de íon acetato.

$$pH = pK_a + \log \frac{0,3}{0,7}$$
$$pH = 4,39$$

c. Quando 0,5 mol de NaOH é adicionado, 0,5 mol de ácido acético reage com ele para formar 0,5 mol de íon acetato, deixando 0,5 mol de ácido acético. A composição é 50% de ácido acético e 50% de íon acetato.

$$pH = pK_a + \log \frac{0,5}{0,5}$$
$$pH = 4,76$$

Observe que isto é possível sem usar muita matemática. Sabemos que quando [HA] = [A^-], pH = pK_a. Desse modo, no instante em que adicionamos 0,5 mol de NaOH a 1 mol de ácido acético, soubemos que havíamos adicionado NaOH suficiente para converter metade do ácido na forma da base conjugada. Assim, o pH deve ser igual ao pK_a.

d. Quando 0,7 mol de NaOH é adicionado, 0,7 mol de ácido acético reage com ele para formar 0,7 mol de íon acetato, deixando 0,3 mol de ácido acético. A composição é 30% de ácido acético e 70% de íon acetato.

$$pH = pK_a + \log \frac{0,7}{0,3}$$
$$pH = 5,13$$

e. Quando 0,9 mol de NaOH é adicionado, 0,9 mol de ácido acético reage com ele para formar 0,9 mol de íon acetato, deixando 0,1 mol de ácido acético. A composição é 10% de ácido acético e 90% de íon acetato.

$$pH = pK_a + \log \frac{0,9}{0,1}$$
$$pH = 5,71$$

A Tabela 2.6 lista os valores para a constante de dissociação, K_a, e para o pK_a de alguns ácidos. Observe que esses ácidos são divididos em três grupos. O primeiro consiste em ácidos monopróticos, que liberam um íon de hidrogênio e têm um único K_a e pK_a. O segundo, em ácidos dipróticos, que podem liberar até dois íons hidrogênio e têm dois valores de K_a e dois valores de pK_a. O terceiro é o de ácidos polipróticos, que podem liberar mais de dois íons de hidrogênio. Os dois exemplos de ácidos polipróticos dados aqui, o ácido cítrico e o ácido fosfórico, podem liberar três íons hidrogênio e têm três valores de K_a e três valores de pK_a. Os aminoácidos e os peptídeos, tópicos do Capítulo 3, comportam-se como ácidos dipróticos e polipróticos; veremos exemplos de suas curvas de titulação mais adiante. Aqui, há um modo de acompanhar formas protonadas e desprotonadas de ácidos e suas bases conjugadas que pode ser particularmente útil para ácidos dipróticos e polipróticos. Quando o pH de uma solução é menor que o pK_a de um ácido, a forma protonada predomina (lembre-se de que a definição de pH inclui um logaritmo negativo). Quando o pH de uma solução é maior que o pK_a de um ácido, a forma desprotonada (base conjugada) predomina.

$$pH < pK_a$$

H^+ ativado, substância protonada

$$pH > pK_a$$

H^+ desativado, substância desprotonada

2-5 Tampões

tampão algo que resiste à variação

solução tampão solução que resiste a mudanças no pH ao se adicionar quantidades moderadas de ácido ou base fortes

Tampão é algo que resiste à variação. Em termos da química de ácidos e bases, uma **solução tampão** tende a resistir a mudanças no pH quando pequenas ou moderadas quantidades de um ácido ou base fortes são adicionadas. Uma solução tampão consiste em uma mistura de ácido fraco e sua base conjugada.

Como os tampões funcionam?

Vamos comparar as mudanças no pH que ocorrem na adição de quantidades iguais de ácido forte ou base forte à água pura em pH 7 e a uma solução tampão a pH 7. Se 1,0 mL de HCl 0,1 mol L^{-1} for adicionado a 99,0 mL de água pura, o pH cairá drasticamente. Se o mesmo experimento for realizado com 0,1 mol L^{-1} de NaOH em vez de 0,1 mol L^{-1} de HCl, o pH aumentará drasticamente (Figura 2.16).

Vamos começar calculando o que acontece quando adicionamos 1 mL de HCl 0,1 mol L^{-1} a 99,0 mL de água pura.

Uma vez que o HCl é um ácido forte, suporemos que o HCl 0,1 mol L^{-1} se dissocie completamente para fornecer H_3O^+ 0,1 mol L^{-1}. Se temos 1 mL do ácido, calculamos a quantidade de H_3O^+ como a seguir:

$$1 \text{ mL} = 1 \times 10^{-3} \text{ L}$$

$$1 \times 10^{-3} \text{ L} \times 0{,}1 \text{ mol L}^{-1} = 1 \times 10^{-4} \text{ mol de } H_3O^+$$

Em consequência, 1×10^{-4} mol de H_3O^+ é diluído para um volume final de 100 mL ou 0,1 L, porque foi adicionado 1 mL a 99 mL. A concentração final de H_3O^+ é calculada como a seguir:

$$1 \times 10^{-4} \text{ mol de } H_3O^+/0{,}1 \text{ L} = 1 \times 10^{-3} \text{ mol L}^{-1}$$

O pH é então calculado com base na definição:

$$\text{pH} = -\log [H_3O^+] = -\log (1 \times 10^{-3}) = 3$$

Se adicionarmos 1 mL de NaOH 0,1 mol L^{-1}, os cálculos são feitos de maneira similar para gerar a concentração de $[OH^-]$, que também se iguala a 1×10^{-3} mol L^{-1} porque usamos a mesma concentração e o mesmo volume de base.

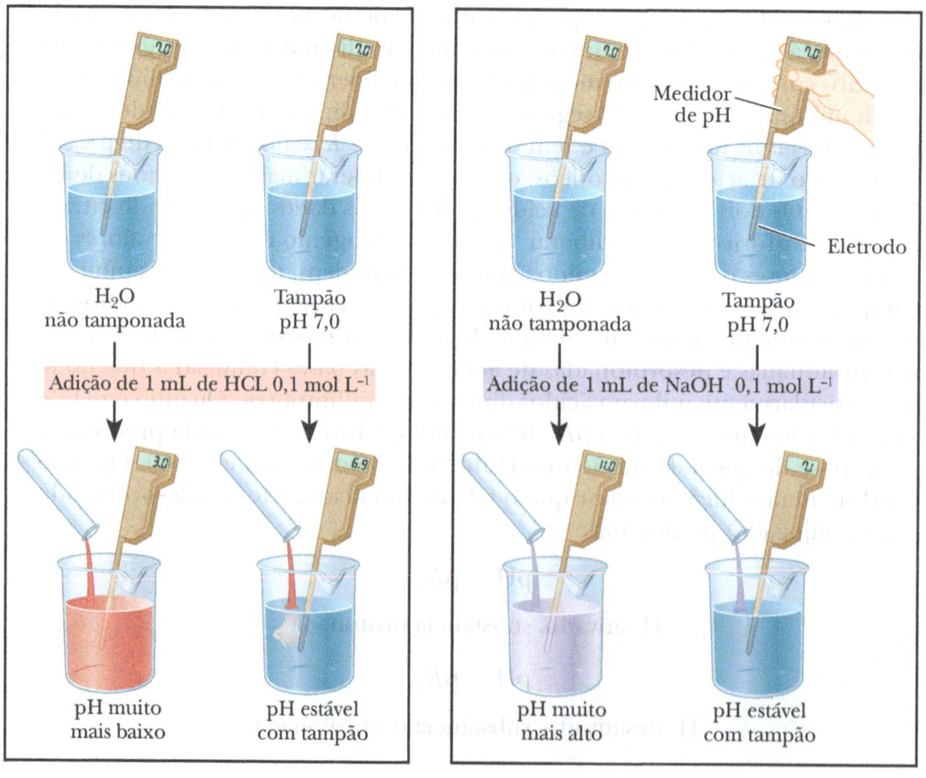
Medidor de pH
Eletrodo
H₂O não tamponada
Tampão pH 7,0
Adição de 1 mL de HCL 0,1 mol L⁻¹
Adição de 1 mL de NaOH 0,1 mol L⁻¹
pH muito mais baixo
pH estável com tampão
pH muito mais alto

FIGURA 2.16 **Tamponamento.** O ácido é adicionado aos dois béqueres à esquerda. O pH da água não tamponada cai drasticamente, enquanto o pH do tampão continua estável. A base é adicionada aos dois béqueres à direita. O pH da água não tamponada aumenta drasticamente, enquanto o do tampão continua estável.

A $[H_3O^+]$ é então calculada usando a concentração de OH^- e a equação da água:

$$[OH^-][H_3O^+] = 1 \times 10^{-14}$$

$$[H_3O^+] = 1 \times 10^{-14}/[OH^-] = 1 \times 10^{-14}/1 \times 10^{-3} = 1 \times 10^{-11}$$

Finalmente, o pH é calculado:

$$pH = -\log (1 \times 10^{-11}) = 11$$

Os resultados são diferentes quando 99,0 mL de solução tampão são utilizados em vez de água. Uma solução que contém os íons hidrogenofosfato e dihidrogenofosfato, HPO_4^{2-} e $H_2PO_4^-$, em proporções adequadas pode servir como tal tampão. A equação de Henderson-Hasselbalch pode ser utilizada para calcular a proporção $HPO_4^{2-}/H_2PO_4^-$ que corresponde ao pH 7, como mostrado na seção **Aplique Seu Conhecimento.**

2.3 Aplique Seu Conhecimento

Usando a equação de Henderson-Hasselbalch

Inicialmente, convença-se, através de cálculos, de que a razão A^-/HA apropriada para pH 7 é 0,63 parte de HPO_4^{2-} para 1 parte de $H_2PO_4^-$.

Solução

Utilize a equação de Henderson-Hasselbalch com pH = 7 e pK_a = 7,20.

$$pH = pK_a + \log \frac{[A^-]}{[HA]}$$

$$7{,}00 = 7{,}20 + \log \frac{[HPO_4^{2-}]}{[H_2PO_4^-]}$$

$$-0{,}20 = \log \frac{[HPO_4^{2-}]}{[H_2PO_4^-]}$$

$$\frac{[HPO_4^{2-}]}{[H_2PO_4^-]} = \text{antilog } -0{,}20 = 0{,}63$$

Para fins ilustrativos, vamos considerar uma solução na qual as concentrações sejam $[HPO_4^{2-}]$ = 0,063 mol L^{-1} e $[H_2PO_4^-]$ = 0,10 mol L^{-1}; isto dá a proporção de base conjugada/ácido fraco de 0,63 já encontrada. Se 1,0 mL de HCl 0,10 mol L^{-1} for adicionado a 99,0 mL do tampão, a reação

$$[HPO_4^{2-}] + H^+ \rightleftharpoons H_2PO_4^-$$

ocorre, e quase todo o H^+ adicionado será utilizado. As concentrações de $[HPO_4^{2-}]$ e de $[H_2PO_4^-]$ mudarão, e as novas concentrações poderão ser calculadas.

Concentrações (mol L^{-1})

	$[HPO_4^{2-}]$	$[H^+]$	$[H_2PO_4^-]$
Antes da adição de HCl	0,063	1×10^{-7}	0,10
HCl adiciondo — ainda sem reação	0,063	1×10^{-3}	0,10
Depois de HCl reagir com HPO_4^{2-}	0,062	A ser encontrada	0,101

Então, o novo pH pode ser calculado utilizando-se a equação de Henderson-Hasselbalch e as concentrações de íon fosfato. O valor de pK_a apropriado é 7,20 (Tabela 2.6).

$$pH = pK_a + \log \frac{[HPO_4^{2-}]}{[H_2PO_4^-]}$$

$$pH = 7{,}20 + \log \frac{0{,}062}{0{,}101}$$

$$pH = 6{,}99$$

O novo pH é 6,99, uma variação muito menor que aquela que ocorre na água pura (Figura 2.16). De modo análogo, se 1,0 mL de NaOH 0,1 mol L^{-1} for utilizado, a mesma reação acontece como em uma titulação:

$$H_2PO_4^- + OH^- \rightleftharpoons HPO_4^{2-}$$

Praticamente todo o OH^- adicionado é utilizado, mas resta uma pequena quantidade. Como esse tampão é uma solução aquosa, ainda é verdadeiro que $K_w = [H^+][OH^-]$. O aumento na concentração de íons hidroxila implica a redução da concentração de íon hidrônio aumentando o pH. Use a equação de Henderson-Hasselbalch para calcular o novo pH e se convencer de que o resultado é pH = 7,01, novamente uma mudança muito menor no pH do que a que ocorreu em água pura (Figura 2.16). Os tampões funcionam obedecendo ao princípio de Le Chatelier. Este princípio afirma que se é aplicada uma tensão a um sistema em equilíbrio, o equilíbrio se deslocará no sentido de aliviá-la. Consequentemente, se adicionamos íon hidrogênio a um sistema de tampão, adicionamos tensão à reação:

$$HA \rightleftharpoons H^+ + A^-$$

Para aliviar a tensão, o H^+ reage com o A^- para manter o equilíbrio. Veremos este efeito muitas vezes em nossos estudos. Diversas reações biológicas não ocorrerão a menos que o pH continue dentro de limites bastante estreitos e, como resultado, os tampões têm grande importância prática no laboratório de bioquímica. Veja a seção **Aplique Seu Conhecimento 2.4.**

2.4 Aplique Seu Conhecimento

Como os Tampões Funcionam?

Calcule o pH se você adicionou 3 mL de HCl 0,1 mol L^{-1} a: (a) 97 mL de água pura em pH 7,0, ou (b) 100 mL do mesmo tampão de fosfato em pH 7,0 já apresentado.

Solução

(a) 3 mL = 0,003 L de HCl 0,1 mol L^{-1}
0,003 L × 0,1 mol L = 0,0003 mol de H^+
0,0003 mol de H^+ estão em um volume final de 100 mL ou 0,1 L
0,0003 mol/0,1 L = 0,003 de H^+ mol L^{-1}.
pH = – log 0,003 = 2,52

(b) A partir da descrição anterior, sabemos que o tampão de fosfato em pH 7 é composto de HPO_4^{2-} = 0,063 mol L^{-1} e $H_2PO_4^-$ = 0,1 mol L^{-1}. Se há 100 mL do tampão, então a quantidade de matéria de HA = 0,01 e a quantidade de matéria de A^- = 0,0063.
Quando adicionamos 0,0003 mol de H^+ ocorre a seguinte reação:
$HPO_4^{2-} + H^+ \rightarrow H_2PO_4^-$, até que um dos reagentes se esgote. Neste caso, será o H^+.
A nova quantidade de $H_2PO_4^-$ será 0,01 + 0,0003 = 0,0103
A nova quantidade de HPO_4^{2-} será 0,00063 – 0,0003 = 0,006.
O pH é calculado usando a equação de Henderson-Hasselbalch:
pH = 7,2 + log(0,006/0,0103) = 6,97

Como escolhemos um tampão?

A análise sobre as curvas de titulação pode oferecer a visão de como os tampões funcionam (Figura 2.17a). O pH de uma amostra sendo titulada varia muito pouco na proximidade do ponto de inflexão de uma curva de titulação. Além disso, no ponto de inflexão, a metade da quantidade de ácido presente originalmente foi convertida na base conjugada. A segunda fase da ionização do ácido fosfórico,

$$H_2PO_4^- \rightleftharpoons H^+ + HPO_4^{2-}$$

foi a base do tampão utilizado como exemplo. O pH no ponto de inflexão da titulação é 7,20, um valor numericamente igual ao pK_a do íon dihidrogenofosfato. Nesse pH, a solução contém concentrações iguais às dos íons dihidrogenofosfato e mono-hidrogenofosfato, formas do ácido e da base, respectivamente. Usando a equação de Henderson-Hasselbalch, podemos calcular a razão entre a forma de base conjugada e a forma de ácido conjugado para qualquer pH quando conhecemos o pK_a. Por exemplo, se escolhermos um pH de 8,2 para um tampão composto por $H_2PO_4^-$ e HPO_4^{2-}, poderemos achar a razão

$$pH = pK_a + \log \frac{[HPO_4^{2-}]}{[H_2PO_4^-]}$$

$$8{,}2 = 7{,}2 + \log \frac{[HPO_4^{2-}]}{[H_2PO_4^-]}$$

$$1 = \log \frac{[HPO_4^{2-}]}{[H_2PO_4^-]}$$

$$\frac{[HPO_4^{2-}]}{[H_2PO_4^-]} = 10$$

Assim, quando o pH é uma unidade maior que o pK_a, a razão entre a base conjugada e o ácido conjugado é 10. Quando o pH é duas unidades acima que o pK_a, a razão é 100, e assim por diante. A Tabela 2.7 mostra esta relação para diversos incrementos do valor do pH.

Uma solução tampão pode manter o pH em um valor relativamente constante em razão da presença de quantidades consideráveis de ácido e de sua base conjugada. Esta condição é atingida em valores de pH iguais ou próximos ao pK_a do ácido. Se OH^- for adicionado, uma quantidade considerável da forma ácida no tampão estará presente na solução para reagir com a base adicionada. Se H^+ for adicionado, também haverá uma quantia considerável da base conjugada do tampão para reagir com o ácido adicionado.

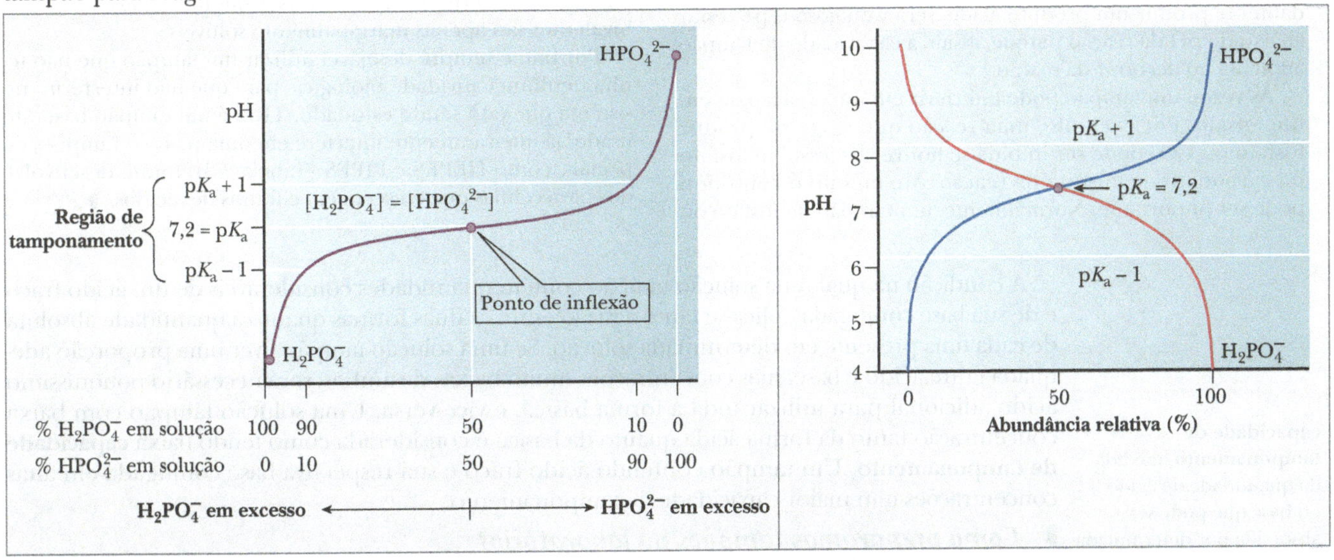
pH
HPO_4^{2-}
Região de tamponamento
pK_a + 1
7,2 = pK_a
pK_a – 1
$[H_2PO_4^-] = [HPO_4^{2-}]$
Ponto de inflexão
$H_2PO_4^-$
% $H_2PO_4^-$ em solução 100 90 50 10 0
% HPO_4^{2-} em solução 0 10 50 90 100
$H_2PO_4^-$ em excesso
HPO_4^{2-} em excesso
10
9
8
7
6
5
4
pH
pK_a + 1
pK_a = 7,2
pK_a – 1
HPO_4^{2-}
$H_2PO_4^-$
0 50 100
Abundância relativa (%)

A A curva de titulação do $H_2PO_4^-$ mostrando a região de tamponamento para o par $H_2PO_4^-/HPO_4^{2-}$.

B Abundância relativa do $H_2PO_4^-$ e do HPO_4^{2-}.

FIGURA 2.17 **Relação entre a curva de titulação e a ação de tamponamento do $H_2PO_4^-$.**

Tabela 2.7 Valores de pH e Razões Base/Ácido para Tampões

Se o pH é igual a	A proporção da forma base/ácido é igual a
$pK_a - 3$	1/1.000
$pK_a - 2$	1/100
$pK_a - 1$	1/10
pK_a	1/1
$pK_a + 1$	10/1
$pK_a + 2$	100/1
$pK_a + 3$	1.000/1

O par H_2PO_4/HPO_4^- é adequado como tampão para agir em pHs próximos a 7,2, e o par CH_3COOH/CH_3COO^- é adequado como tampão próximo ao pH 4,76. Para valores de pH abaixo do pK_a, a forma ácida predomina, e para valores de pH acima do pK_a, a forma básica predomina. A região de platô em uma curva de titulação, na qual o pH varia pouco, cobre um intervalo de pH que se estende aproximadamente a uma unidade de pH em cada lado do pK_a. Assim, há um intervalo de duas unidades de pH nas quais o tampão é eficiente (Figura 2.17b).

Em muitos estudos bioquímicos, deve ser mantida uma faixa estrita de pH para que o experimento seja bem-sucedido. Usando nosso conhecimento da faixa de um tampão efetivo comparado com seu pK_a, podemos selecionar um tampão apropriado. Se fôssemos fazer um experimento e precisássemos que o pH fosse 7,2, deveríamos escolher o par H_2PO_4/HPO_4^- como nosso tampão. Se queremos um pH próximo de 9,0, procuramos em tabelas de tampões para encontrar aquele com pK_a próximo de nove. O quadro CONEXÕES **BIOQUÍMICAS 2.2** explora com maior detalhe a seleção de tampão.

2.2 Conexões **Bioquímicas** | química de tampão

Seleção de Tampão

Boa parte da bioquímica é estudada executando-se reações enzimáticas em tubos de ensaio ou *in vitro* (literalmente, em vidro). Tais reações normalmente são tamponadas para manter um pH constante. Da mesma forma, praticamente todos os métodos de isolamento de enzimas, e até mesmo o crescimento de células em cultura de tecidos, utilizam soluções tamponadas. Os critérios a seguir são úteis para selecionar um tampão para uma dada reação bioquímica:

1. Valor de pK_a adequado para o tampão.
2. Ausência de interferência com a reação ou o ensaio.
3. Força iônica adequada do tampão.
4. Nenhuma precipitação de reagentes ou produtos em razão da presença do tampão.
5. A natureza não biológica do tampão.

A regra de ouro é que o pK_a deve ser ± 1 unidade de pH do pH da reação; ±½ pH é ainda melhor. Embora o tampão genérico perfeito tenha um pH igual a seu pK_a, se a reação conhecidamente produz um produto ácido, será vantajoso o pK_a estar abaixo do pH da reação porque, assim, a capacidade do tampão aumenta no decorrer da reação.

Às vezes, um tampão pode interferir em uma reação ou em um ensaio. Por exemplo, uma reação que exige ou produz fosfato ou CO_2 pode ser inibida se houver excesso de fosfato ou carbonato na mistura da reação. Até mesmo o contraíon pode ser importante. Normalmente, um tampão de fosfato ou carbonato é preparado a partir do sal de Na^+ ou de K^+. Como muitas enzimas que reagem com os ácidos nucleicos são ativadas por um desses dois íons e inibidas pelo outro, a escolha de Na^+ ou de K^+ para um contraíon pode ser crucial. Um tampão também pode afetar a determinação espectrofotométrica de um ensaio com produto colorido.

Se um tampão tem baixa capacidade de tamponamento no pH desejado, sua eficiência com frequência pode ser aumentada ao se aumentar sua concentração. No entanto, diversas enzimas são sensíveis à alta concentração de sal. Muitas vezes, estudantes iniciantes em bioquímica têm dificuldade no isolamento e nos ensaios de enzimas porque não conseguem avaliar a sensibilidade de várias delas. Felizmente, para minimizar este problema, a maioria dos manuais de laboratório de bioquímica pede o uso de enzimas bastante estáveis.

Um tampão pode provocar a precipitação de uma enzima, ou até mesmo de um íon metálico, que pode ser um cofator para a reação. Por exemplo, diversos sais de fosfato de cátions bivalentes são apenas marginalmente solúveis.

Por fim, é sempre desejável utilizar um tampão que não tenha nenhuma atividade biológica, para que não interferira no sistema que está sendo estudado. TRIS é um tampão bastante usado, já que raramente interfere em uma reação. Tampões especiais, como HEPES e PIPES (Tabela 2.8), foram desenvolvidos para células que crescem em culturas de tecidos. ◗

A condição na qual uma solução tampão contém quantidades consideráveis de um ácido fraco e de sua base conjugada aplica-se tanto à razão entre as duas formas quanto à quantidade absoluta de cada uma presente em determinada solução. Se uma solução tampão tiver uma proporção adequada entre ácido e base, mas concentrações muito baixas de ambos, será necessário pouquíssimo ácido adicional para utilizar toda a forma básica, e vice-versa. Uma solução tampão com baixa concentração tanto da forma ácida quanto da básica é considerada como tendo baixa **capacidade de tamponamento**. Um tampão contendo ácido fraco e sua respectiva base conjugada em altas concentrações tem maior capacidade de tamponamento.

capacidade de tamponamento medida da quantidade de ácido ou base que pode ser absorvida por determinada solução tampão

◗ *Como preparamos tampões no laboratório?*

Quando estudamos tampões teoricamente, com frequência utilizamos a equação de Henderson-Hasselbalch e fazemos diversos cálculos relativos às proporções entre a forma de base conjugada e a forma de ácido conjugado. No entanto, na prática, fazer um tampão é muito mais fácil. Para ter um tampão, são necessárias apenas duas formas de tampão presentes na solução em quantidades razoáveis. Essa situação pode ser obtida pela adição de quantidades predeterminadas da base conjugada (A^-) ao ácido conjugado (HA), ou podemos iniciar com um e criar o outro. Na prática, isto é feito assim. Lembre-se de que HA e A^- são interconvertidos pela adição de um ácido forte ou de uma base forte (Figura 2.18). Para fazer um tampão, podemos começar com a forma HA e adicionar NaOH até que o pH esteja correto, conforme determinado por um medidor de pH. Também podemos começar com A^- e adicionar HCl até que o pH esteja correto. Dependendo da relação do pH que desejamos com o pK_a do tampão, pode ser mais conveniente começar com um em vez do outro. Por exemplo, se fizermos um tampão de ácido acético/acetato em pH 5,7, faz mais sentido começar com a forma A^- e adicionar uma pequena quantidade de HCl para reduzir o pH até 5,7, do que começar com HA e adicionar muito mais NaOH para aumentar o pH até que ultrapasse o pK_a.

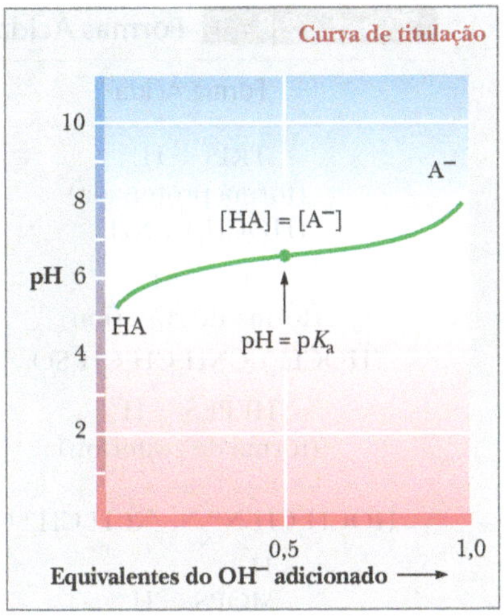
Curva de titulação
10
8
6
4
2
pH
A⁻
[HA] = [A⁻]
HA
pH = pKa
0,5
1,0
Equivalentes do OH⁻ adicionado

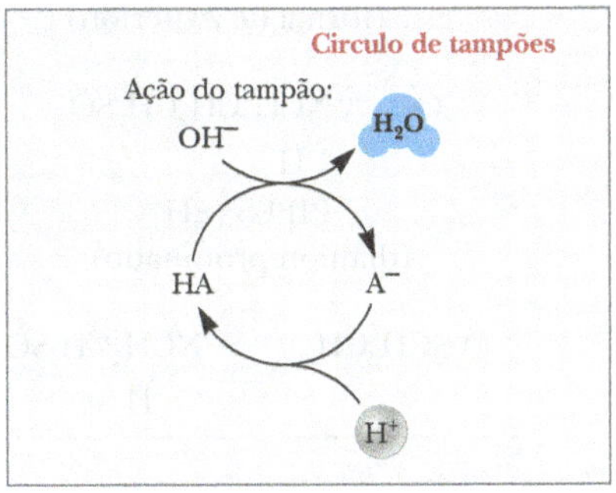
Círculo de tampões
Ação do tampão:
OH⁻
H₂O
HA
A⁻
H⁺

Figura 2.18 **Duas maneiras de se analisar os tampões.** Na curva de titulação, vemos que o pH varia muito pouco perto da região onde [HA] = [A^-]. No círculo de tampões, vemos que, ao se adicionar OH^- ao tampão, o HA se converte em A^-. Ao adicionar H^+, converte-se em HA.

Os tampões de pH natural estão presentes nos organismos vivos?

Até agora, consideramos tampões a partir da perspectiva de um químico tentando controlar um experimento. Entretanto, a verdadeira importância dos tampões é que eles são essenciais à vida. Os sistemas de tampão em organismos vivos e no laboratório baseiam-se em diversos tipos de compostos. Como o pH fisiológico, na maioria dos organismos, fica em torno de 7, pode-se esperar que o sistema de tampão de fosfato seja amplamente utilizado em organismos vivos. Este é o caso quando concentrações de íon fosfato são altas o suficiente para que o tampão seja eficiente, como na maioria dos fluidos intracelulares.

O par H_2PO_4/HPO_4^- é o principal tampão nas células. No sangue, os níveis de íon fosfato são insuficientes para uma ação tamponante, e, assim, um sistema de tamponamento diferente é operado.

O sistema de tamponamento sanguíneo baseia-se na dissociação de ácido carbônico (H_2CO_3):

$$H_2CO_3 \rightleftharpoons H^+ + HCO_3^-$$

onde o pK_a do H_2CO_3 é 6,37. O pH do sangue humano, 7,4, está próximo ao final da faixa de tamponamento desse sistema; contudo, um outro fator entra na situação.

O dióxido de carbono pode se dissolver em água e em fluidos à base de água, como o sangue. O dióxido de carbono dissolvido forma ácido carbônico, que, por sua vez, reage para produzir o íon bicarbonato. A conversão de CO_2 aquoso e água em ácido carbônico é catalisada por uma enzima, a anidrase carbônica. Esta é uma das mais eficientes enzimas na bioquímica, capaz de converter um milhão de moléculas de CO_2 em ácido carbônico por segundo. Aprenderemos mais sobre a eficiência de enzima no Capítulo 6.

$$CO_2(g) \rightleftharpoons CO_2(aq)$$
$$CO_2(aq) + H_2O(\ell) \rightleftharpoons H_2CO_3(aq)$$
$$H_2CO_3(aq) \rightleftharpoons H^+(aq) + HCO_3^-(aq)$$
$$\text{Equação líquida: } CO_2(g) + H_2O(\ell) \rightleftharpoons H^+(aq) + HCO_3^-(aq)$$

No pH do sangue, que é cerca de uma unidade mais alta que o pK_a do ácido carbônico, a maior parte do CO_2 dissolvido está presente como HCO_3^-. O CO_2 transportado para os pulmões para a expiração assume a forma de íon bicarbonato. Há uma relação direta entre o pH do sangue e a pressão do gás dióxido de carbono nos pulmões. As propriedades da hemoglobina, proteína que transporta oxigênio no sangue, também participam neste processo.

O sistema tampão fosfato é muito comum em laboratório (*in vitro*, fora do organismo vivo), assim como em organismos vivos (*in vivo*). O sistema tampão com base no TRIS [*tris*(hidroximetil)aminometano] também é amplamente utilizado *in vitro*. Outros tampões bastante usados recentemente são os **zwitterions**, que são compostos com carga tanto positiva quanto negativa. Normalmente, considera-se que os zwitterions têm menos probabilidade de interferir com as reações bioquímicas quando comparados com alguns dos tampões citados anteriormente (Tabela 2.8).

zwitterions moléculas que têm tanto carga positiva quanto negativa

TABELA 2.8 **Formas Ácida e Básica de Alguns Tampões Bioquímicos Úteis**

Forma Ácida		Forma Básica	pK_a
TRIS—H^+ (forma protonada) $(HOCH_2)_3CNH_3^+$	N—*tris*[hidroximetil]aminometano (TRIS) $\rightleftharpoons$	TRIS (amina livre) $(HOCH_2)_3CNH_2$	8,3
$^-$TES—H^+ (forma de zwiterion) $(HOCH_2)_3C\overset{+}{N}H_2CH_2CH_2SO_3^-$	N—*tris*[hidroximetil]metil-2-aminoetano sulfonato (TES) $\rightleftharpoons$	$^-$TES (forma aniônica) $(HOCH_2)_3CNHCH_2CH_2SO_3^-$	7,55
$^-$HEPES—H^+ (forma de zwiterion) $HOCH_2CH_2N^+$(H)⟨⟩$NCH_2CH_2SO_3^-$	N—2—hidroxietilpiperazina-N′–2–etano sulfonato (HEPES) $\rightleftharpoons$	$^-$HEPES (forma aniônica) $HOCH_2CH_2N$⟨⟩$NCH_2CH_2SO_3^-$	7,55
$^-$MOPS—H^+ (forma de zwiterion) O⟨⟩$^+NCH_2CH_2CH_2SO_3^-$ (H)	Ácido 3—[N—morfolino] ácido propanossulfônico(MOPS) $\rightleftharpoons$	$^-$MOPS (forma aniônica) O⟨⟩$NCH_2CH_2CH_2SO_3^-$	7,2
$^{2-}$PIPES—H^+ (diânion protonado) $^-O_3SCH_2CH_2N$⟨⟩$^+NCH_2CH_2SO_3^-$ (H)	Ácido piperazina—N,N′-*bis*[2-ácido etanossulfônico] (PIPES) $\rightleftharpoons$	$^{2-}$PIPES (diânion) $^-O_3SCH_2CH_2N$⟨⟩$NCH_2CH_2SO_3^-$	6,8

acidose uma condição na qual o pH do sangue fica abaixo de 7,35

alcalose uma condição na qual o pH do sangue fica acima de 7,45

A maioria dos sistemas vivos funciona em níveis de pH próximos a 7. Os valores de pK_a de vários grupos funcionais, como os grupos carboxila e amina, estão muito acima ou abaixo deste valor. Como resultado, sob condições fisiológicas, diversas biomoléculas importantes existem como espécies carregadas até certo ponto. As consequências práticas deste fato são analisadas nos quadros CONEXÕES **BIOQUÍMICAS 2.3** e **2.4**.

2.3 Conexões **Bioquímicas** | a química do sangue

Algumas Consequências Fisiológicas do Tamponamento do Sangue

A manutenção do pH apropriado é uma função essencial em todos os organismos vivos. A concentração de íon hidrogênio deve ser mantida em uma faixa muito estreita. O sangue humano normal, por exemplo, tem pH de 7,4. Ele pode subir ou cair em aproximadamente 0,05, dependendo da concentração de rejeitos metabólicos. Alguns estados doentios podem causar variações no pH que chegam a ser mortais. Quando o sangue humano cai abaixo de 7,35, a condição é chamada **acidose**. Isto pode vir de produção excessiva de metabólitos ácidos ou de uma falha dos rins na remoção de produtos metabólicos laterais ácidos. Isto pode ocorrer durante a diabetes não controlada ou durante longos períodos sem alimentação. Se o pH aumenta acima de 7,45, chama-se **alcalose**, que pode ser causada por processo vomitivo excessivo ou pela ingestão de grandes quantidades de medicamentos alcalinos. Se não verificado, pode acarretar parada respiratória.

O processo de respiração tem papel importante no tamponamento do sangue. Em especial, um aumento na concentração de H^+ pode ser tratado com o aumento da taxa de respiração. Inicialmente, o íon hidrogênio adicionado se liga ao íon bicarbonato, formando ácido carbônico.

$$H^+(aq) + HCO_3^-(aq) \rightleftharpoons H_2CO_3(aq)$$

Um aumento de ácido carbônico aumenta os níveis de dióxido de carbono dissolvido, e, por fim, a quantidade de dióxido de carbono gasoso nos pulmões.

$$H_2CO_3(aq) \rightleftharpoons CO_2(aq) + H_2O(\ell)$$
$$CO_2(aq) \rightleftharpoons CO_2(g)$$

Uma alta taxa de respiração remove esse excesso de dióxido de carbono dos pulmões, iniciando um deslocamento nas posições de equilíbrio de todas as reações anteriores. A remoção de CO_2 gasoso diminui a quantidade de CO_2 dissolvido. O íon hidrogênio reage com o HCO_3 e, no processo, reduz a concentração de H^+ no sangue, que volta ao seu nível original. Desta forma, o pH do sangue se mantém constante.

Em contraste, a *hiperventilação* (respiração excessivamente rápida e profunda) remove tanta quantidade de dióxido de carbono dos pulmões, que aumenta o pH do sangue, às vezes a níveis tão perigosamente altos que levam a fraqueza e até mesmo a desmaios. Os atletas, no entanto, aprenderam como usar o aumento no pH do sangue causado pela hiperventilação. Séries curtas de exercícios intensos produzem altos níveis de ácido láctico no sangue devido à queima de glicose. A presença de tanto ácido láctico tende a reduzir o pH do sangue, mas um breve período (30 segundos) de hiperventilação antes de um evento de curta distância (por exemplo, corrida de 400 m, nado 100 m, corrida de bicicleta de 1 km, ou qualquer evento que dure entre 30 segundos e 1 minuto) evita os efeitos do aumento de ácido láctico e mantém o equilíbrio do pH.

Um aumento de H^+ no sangue pode ser causado por grandes quantidades de qualquer ácido que possa entrar na corrente sanguínea. A aspirina, assim como o ácido láctico, também é um ácido, e a acidificação extrema resultante da ingestão de grandes doses deste medicamento pode causar *envenenamento por aspirina*. A exposição a *altas altitudes* tem efeito semelhante à hiperventilação ao nível do mar. Em resposta à atmosfera rarefeita, a taxa de respiração aumenta. Assim como na hiperventilação, mais dióxido de carbono é removido dos pulmões, reduzindo o nível de H^+ no sangue, aumentando, assim, o pH. Quando uma pessoa que normalmente vive ao nível do mar é colocada repentinamente em um local acima deste nível, seu pH sanguíneo aumenta temporariamente, até que ela se adapte à nova altitude. ◗

2.4 Conexões Bioquímicas | ácidos e esportes

Ácido Láctico – Nem Sempre o Vilão

Se você perguntar a qualquer um que sabe alguma coisa de esportes sobre o ácido láctico, você provavelmente ouvirá que ele é o ácido que provoca dor e fadiga muscular. Este tem sido o dogma desde 1929, quando foram escritos os primeiros artigos sobre acúmulo de ácido láctico nos tecidos musculares sob condições anaeróbicas. Entretanto, o ácido láctico não é bioquimicamente de todo ruim e, de fato, evidência recente sugere que existem alguns benefícios que desconhecíamos anteriormente.

Em primeiro lugar, devemos fazer a distinção entre o íon hidrogênio dissociado do ácido láctico e sua base conjugada, o lactato. O íon H^+ liberado é a espécie reativa, e mais provavelmente o responsável pela dor que associamos com o ácido láctico acumulado nos músculos. A diminuição do pH celular teria efeitos em uma variedade de enzimas e sistemas musculares. Entretanto, a base conjugada, lactato, é removida pelo sangue e levada ao fígado. Uma vez no fígado, é convertida em glicose através de um processo chamado glicogeneogênese, que veremos no Capítulo 18. Os pacientes hospitalares frequentemente recebem aplicações introvenosas de soluções de lactato para indiretamente manter altos os níveis de glicose no sangue.

Até recentemente, qualquer atleta teria declarado o ácido láctico como o vilão da sua performance muscular. Um estudo recente sugeriu que, em uma situação na qual os músculos foram se tornando cansados, o ácido láctico na realidade man-

Orla/Dreamstime.com

teve a habilidade de a membrana muscular despolarizar e repolarizar por mais tempo, permitindo que os músculos continuassem a contrair mesmo que estivessem cansados. A mesma evidência foi vista em casos de humanos que sofriam de uma doença na qual ocorre falta da enzima que quebra o glicogênio muscular. Sem esta quebra, o metabolismo anaeróbico é impossível e nenhum ácido láctico se acumula. Os resultados: as fibras musculares desses pacientes se cansavam mais rapidamente. Alguns dos "conhecimentos" sobre os efeito indesejável do ácido láctico no cansaço muscular podem ser explicados pelo fato de que a dor muscular parece estar ligada à diminuição da performance muscular. O ácido láctico, como a suposta causa da dor muscular, foi consequentemente admitido como sendo também a causa da fadiga muscular. Esta é uma área ativa de pesquisa, e ainda temos muito a aprender sobre ela. Apesar das décadas de estudo e do mito popular, realmente ainda não sabemos exatamente o que causa a fadiga muscular. ◗

Resumo

O que é polaridade? Quando dois átomos com a mesma eletronegatividade formam uma ligação, os elétrons são compartilhados igualmente entre os dois átomos. Entretanto, se átomos com diferentes eletronegatividades formam uma ligação, os elétrons não são compartilhados igualmente, e mais da carga negativa é encontrada mais próxima a um dos átomos.

Por que alguns compostos se dissolvem em água e outros não? A natureza polar da água determina enormemente suas propriedades como solvente. Compostos iônicos com cargas totais e compostos polares com cargas parciais tendem a dissolver em água. O princípio físico envolvido é a atração eletrostática entre cargas diferentes. A extremidade negativa de um dipolo da água atrai um íon positivo ou a extremidade positiva de um outro dipolo. A extremidade positiva de uma molécula de água atrai um íon negativo ou a extremidade negativa de outro dipolo.

Por que água e óleo misturados se separam em duas camadas? As moléculas de óleo são anfiáticas – têm cabeças polares (hidrofílicas) e caudas apolares (hidrofóbicas). Quando óleo e água se separam em duas camadas, os grupos polares da cabeça das moléculas de óleo estão em contato com o ambiente aquoso, e as caudas apolares são sequestradas da água. As interações de Van der Waals entre as moléculas apolares fornecem a base energética para este arranjo molecular espontâneo.

Por que a água tem propriedades tão interessantes e únicas? A água tem propriedades únicas para uma molécula do seu tamanho, tais como altos pontos de ebulição e fusão. Isto se deve às extensivas ligações de hidrogênio possíveis entre suas moléculas. Cada molécula de água tem duas fontes de carga parcial positiva e duas de carga parcial negativa. Isto permite que a água forme uma rede na forma sólida e se ligue com muitas outras moléculas de água na forma líquida. A extensa ligação de hidrogênio exige grandes quantidades de energia para se romper e, em consequência funde-se e entra em ebulição em temperaturas mais altas que outras moléculas de seu tamanho relativo.

O que são ácidos e bases? Ácidos são compostos que liberam íons hidrogênio (prótons) quando dissolvidos em solução aquosa. Em outras palavras, são doadores de prótons. Bases são compostos receptores de prótons.

O que é pH? A definição matemática de pH é o negativo do logaritmo da concentração de íons hidrogênio. Quanto mais baixo o pH, mais ácida a solução. Por causa do termo log, variação de uma unidade no pH significa uma variação de 10 na concentração de íons hidrogênio.

Por que queremos conhecer o pH? É importante conhecer o pH porque muitas reações biológicas exigem uma faixa muito estreita de seus valores. Por exemplo, uma enzima que é ativa em pH 7,0 pode estar completamente inativa em pH 8,0. As soluções usadas na ciência frequentemente devem ter seus pH controlados para que o experimento funcione corretamente. Enquanto as variações locais no pH podem ocorrer em determinadas organelas subcelulares, uma célula deve manter seu pH próximo da neutralidade para se manter viva.

Como os tampões funcionam? Os tampões funcionam com base na natureza dos ácidos fracos e suas bases conjugadas que compõem o tampão. Se uma fonte extra de íon hidrogênio é adicionada a uma solução tampão, esta reage com a base conjugada para formar o ácido fraco. Se uma fonte de íon hidróxido é adicionada, ela reage com o ácido fraco para formar água e a base conjugada. Desta maneira, H^+ ou OH^- adicionado é "usado" adicionando-o a um tampão. Isto mantém o pH muito mais estável do que se o mesmo ácido ou base tivesse sido adicionado a um sistema sem tampão.

Como escolhemos o tampão? Principalmente sabendo o pH que desejamos manter. Por exemplo, se estamos realizando um experimento e queremos que a solução fique com um pH 7,5, procuramos um tampão que tenha um pK_a de 7,5, porque os tampões são mais eficientes quando o pH é próximo do pK_a.

Como preparamos tampões no laboratório? A maneira mais eficiente de se preparar um tampão no laboratório é adicionar a forma de ácido fraco ou a forma de base fraca do composto de tampão a um recipiente, adicionar água e então medir o pH com o medidor específico. O pH será muito baixo ou muito alto. Então, adicionamos ácido forte ou base forte até que o pH seja o desejado do tampão. Então, completamos a solução até seu volume final, de tal forma que a concentração esteja correta.

Os tampões de pH naturais estão presentes nos organismos vivos? Tampões não são apenas um sistema artificial usado no laboratório. Os sistemas vivos são tamponados por compostos naturais. Os tampões naturais de fosfato e carbonato mantêm o pH fisiológico próximo de 7,0.

Exercícios de Revisão

2-1 Água e Polaridade

1. **PERGUNTA DE RACIOCÍNIO** Por que a água é necessária para a vida?
2. **PERGUNTA DE RACIOCÍNIO** Como seria a bioquímica se não houvesse diferença de eletronegatividade entre os átomos?
3. **VERIFICAÇÃO DE FATOS** O que é a força de van de Waals?
4. **VERIFICAÇÃO DE FATOS** O que é um dipolo induzido?
5. **VERIFICAÇÃO DE FATOS** O que é uma ponte salina?
6. **VERIFICAÇÃO DE FATOS** Sob quais circunstâncias uma molécula que tem um dipolo não é polar?
7. **PERGUNTA DE RACIOCÍNIO** Qual você acha seria uma interação mais forte e por quê: entre o íon sódio e a carga parcial negativa no oxigênio no etanol (CH_3CH_2OH) ou entre duas moléculas de etanol?
8. **VERIFICAÇÃO DE FATOS** Liste os três tipos de forças de van der Waals em ordem decrescente de força.

2-2 Ligações de Hidrogênio

9. **VERIFICAÇÃO DE FATOS** Ligação de hidrogênio é um caso especial de qual tipo de força intermolecular?
10. **PERGUNTA DE RACIOCÍNIO** Por que você acha que a maioria dos livros didáticos não considera ligação de hidrogênio como um exemplo de força de van der Waals?
11. **VERIFICAÇÃO DE FATOS** Cite algumas macromoléculas que têm ligações de hidrogênio como parte de sua estrutura.
12. **CONEXÕES BIOQUÍMICAS** Como as ligações de hidrogênio estão envolvidas na transferência de informações genéticas?
13. **PERGUNTA DE RACIOCÍNIO** Explique o fato de as ligações de hidrogênio não serem encontradas entre moléculas de CH_4.
14. **PERGUNTA DE RACIOCÍNIO** Desenhe três exemplos de tipos de moléculas que podem formar ligações de hidrogênio.
15. **VERIFICAÇÃO DE FATOS** Quais são as exigências para que moléculas formem ligações de hidrogênio? (Que átomos devem estar presentes e envolvidos em tais ligações?)
16. **PERGUNTA DE RACIOCÍNIO** Diversas propriedades do ácido acético podem ser justificadas em termos de dímeros formados por ligações de hidrogênio. Proponha uma estrutura para tal dímero.

17. **PERGUNTA DE RACIOCÍNIO** Quantas moléculas de água podem formar ligações de hidrogênio *diretamente* com glicose, sorbitol e ribitol mostrados a seguir?

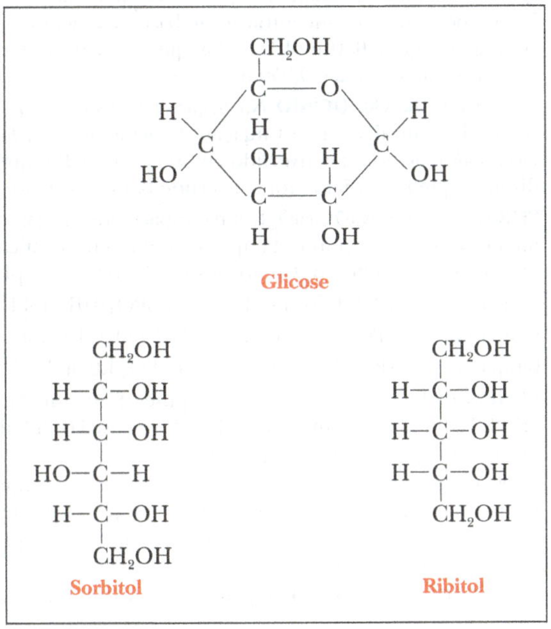
Glicose
Sorbitol
Ribitol

18 **PERGUNTA DE RACIOCÍNIO** Tanto o RNA como o DNA têm grupos fosfatos carregados negativamente como parte de suas estruturas. Você espera que os íons que se ligam aos ácidos nucleicos sejam carregados positiva ou negativamente? Por quê?

2-3 Ácidos, Bases e pH

19. **VERIFICAÇÃO DE FATOS** Identifique ácidos e bases conjugados nos seguintes pares de substâncias:

(a) $(CH_3)_3NH^+/(CH_3)_3N$
(b) $^+H_3N—CH_2COOH/^+H_3N—CH_2—COO^-$
(c) $^+H_3N—CH_2—COO^-/H_2N—CH_2—COO^-$
(d) $^-OOC—CH_2—COOH/^-OOC—CH_2—COO^-$
(e) $^-OOC—CH_2—COOH/HOOC—CH_2—COOH$

20. **VERIFICAÇÃO DE FATOS** Identifique os ácidos e bases conjugados nos seguintes pares de substâncias:

(a) $(HOCH_2)_3\,CNH_3^+$ $(HOCH_2)_3\,CNH_2$

(b) 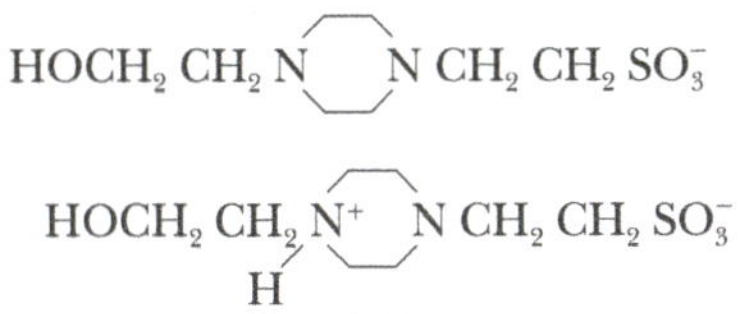

(c) 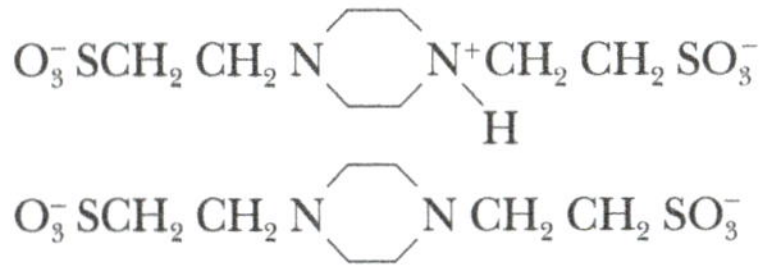

21. **PERGUNTA DE RACIOCÍNIO** A aspirina é um ácido com pK_a de 3,5; sua estrutura inclui um grupo carboxila. Para ser absorvida na corrente sanguínea, ela deve atravessar a membrana que reveste o estômago e o intestino delgado. Moléculas eletricamente neutras podem atravessar a membrana mais facilmente que as carregadas. É de se esperar que mais aspirina seja absorvida no estômago em que o pH do suco gástrico é cerca de 1, ou no intestino delgado, onde o pH é de aproximadamente 6? Explique sua resposta.

22. **VERIFICAÇÃO DE FATOS** Por que o pH muda em uma unidade se a concentração de íon hidrogênio muda em um fator de 10?

23. **MATEMÁTICA** Calcule a concentração de íon hidrogênio, $[H^+]$, para cada uma das seguintes soluções:
(a) Plasma sanguíneo, pH 7,4
(b) Suco de laranja, pH 3,5
(c) Urina humana, pH 6,2
(d) Amônia doméstica, pH 11,5
(e) Suco gástrico, pH 1,8

24. **MATEMÁTICA** Calcule a concentração de íon hidrogênio, $[H^+]$, para cada uma das seguintes soluções:
(a) Saliva, pH 6,5
(b) Fluido intracelular do fígado, pH 6,9
(c) Suco de tomate, pH 4,3
(d) Suco de toranja (*grapefruit*), pH 3,2

25. **MATEMÁTICA** Calcule a concentração de íon hidroxila, $[OH^-]$, para cada solução utilizada na Pergunta 24.

2-4 Curvas de Titulação

26. **VERIFICAÇÃO DE FATOS** Defina:
(a) Constante de dissociação do ácido
(b) Força do ácido
(c) Anfipático
(d) Capacidade de tamponamento
(e) Ponto de equivalência
(f) Hidrofílico
(g) Hidrofóbico
(h) Apolar
(i) Polar
(j) Titulação

27. **PERGUNTA DE RACIOCÍNIO** Observe a Figura 2.17 e a Tabela 2.8. Qual composto na tabela daria uma curva de titulação mais similar àquela mostrada na figura? Por quê?

28. **PERGUNTA DE RACIOCÍNIO** Observe a Figura 2.17. Se você fizesse esta titulação usando TRIS ao invés de fosfato, como a curva de titulação se assemelharia àquela da figura? Por quê?

2-5 Tampões

29. **CONEXÕES BIOQUÍMICAS** Liste os critérios utilizados para selecionar um tampão para uma reação bioquímica.

30. **CONEXÕES BIOQUÍMICAS** Qual é a relação entre pK_a e o intervalo útil de um tampão?

31. **MATEMÁTICA** Qual é a razão $[CH_3COO^-]/[CH_3COOH]$ em um tampão acetato com pH 5?

32. **MATEMÁTICA** Qual é a razão $[CH_3COO^-]/[CH_3COOH]$ em um tampão acetato com pH 4?

33. **MATEMÁTICA** Qual é a razão $TRIS/TRIS\text{-}H^+$ em um tampão TRIS com pH 8,7?

34. **MATEMÁTICA** Qual é a razão de $HEPES/HEPES\text{-}H^+$ em um tampão HEPES com pH 7,9?

35. **MATEMÁTICA** Como você prepararia 1 litro de um tampão fosfato 0,050 mol L^{-1} com pH 7,5 utilizando K_2HPO_4 cristalino e uma solução de HCl 1,0 mol L^{-1}?

36. **MATEMÁTICA** O tampão necessário para a Pergunta 35 também pode ser preparado utilizando NaH_2PO_4 cristalino e uma solução de NaOH 1,0 mol L^{-1}. Como você o faria?

37. **MATEMÁTICA** Calcule o pH de uma solução tampão preparada misturando-se 75 mL de ácido láctico 1,0 mol L^{-1} (veja a Tabela 2.6) e 25 mL de lactato de sódio 1,0 mol L^{-1}.

38. **MATEMÁTICA** Calcule o pH de uma solução tampão preparada ao se misturar 25 mL de ácido láctico 1,0 mol L^{-1} e 75 mL de lactato de sódio 1,0 mol L^{-1}.

39. **MATEMÁTICA** Calcule o pH de uma solução tampão que contém ácido acético 0,10 mol L^{-1} (Tabela 2.6) e acetato de sódio 0,25 mol L^{-1}.
40. **MATEMÁTICA** Um catálogo no laboratório tem a receita para preparar 1 litro de um tampão TRIS 0,0500 mol L^{-1} com pH 8: Dissolva 2,02 g de TRIS (base livre, MM = 121,1 g mol^{-1}) e 5,25 g de hidrocloreto de TRIS (forma ácida, MM = 157,6 g mol^{-1}) em um volume total de 1 litro. Verifique se este procedimento está correto.
41. **MATEMÁTICA** Se você misturar volumes iguais de HCl 0,1 mol L^{-1} e TRIS (forma amina livre; veja a Tabela 2.8) 0,20 mol L^{-1}, a solução resultante será um tampão? Por que sem, ou por que não?
42. **MATEMÁTICA** Qual seria o pH da solução descrita na Pergunta 41?
43. **MATEMÁTICA** Se você tiver 100 mL de um tampão TRIS 0,10 mol L^{-1} com pH 8,3 (Tabela 2.8) e adicionar 3,0 mL de HCl 1 mol L^{-1}, qual será o novo pH?
44. **MATEMÁTICA** Qual será o pH da solução na Pergunta 43 se você adicionar mais 3,0 mL de HCl 1 mol L^{-1}?
45. **MATEMÁTICA** Mostre que, para um ácido fraco puro em água, pH = (pK_a – log [HA])/2.
46. **MATEMÁTICA** Qual é a razão entre as concentrações de íon acetato e ácido acético não dissociado em uma solução com pH 5,12?
47. **CONEXÕES BIOQUÍMICAS** Você precisa executar uma reação enzimática com pH 7,5. Um amigo sugere um ácido fraco com pK_a de 3,9 como tampão. Esse ácido e sua base conjugada formarão um tampão adequado? Por quê?
48. **MATEMÁTICA** Se o tampão sugerido na Pergunta 47 fosse feito, qual seria a proporção entre base conjugada/ácido conjugado?
49. **CONEXÕES BIOQUÍMICAS** Sugira um intervalo de tamponamento adequado para as seguintes substâncias:
    (a) Ácido láctico (pK_a = 3,86) e seu sal de sódio
    (b) Ácido acético (pK_a = 4,76) e seu sal de sódio
    (c) TRIS (pK_a = 8,3, veja a Tabela 2.8) em sua forma protonada e em sua forma amina livre
    (d) HEPES (pK_a = 7,55, veja a Tabela 2.8) em sua forma de zwitterion e em sua forma aniônica
50. **CONEXÕES BIOQUÍMICAS** Qual dos tampões mostrados na Tabela 2.8 você escolheria para formar um tampão com pH 7,3? Explique por quê.
51. **MATEMÁTICA** A solução na Pergunta 35 é chamada 0,050 mol L^{-1}, embora nem a concentração de base livre nem de ácido conjugado seja 0,050 mol L^{-1}. Por que é certo dizer que a concentração correta é 0,050 mol L^{-1}?
52. **PERGUNTA DE RACIOCÍNIO** Na Seção 2-4, dissemos que, no ponto de equivalência da titulação do ácido acético, *praticamente todo* o ácido foi convertido em íon acetato. Por que não dizemos que *todo* o ácido foi convertido em íon acetato?
53. **PERGUNTA DE RACIOCÍNIO** Defina capacidade de tamponamento. Como os seguintes tampões são diferentes em capacidade de tamponamento? Como eles são diferentes em pH?
    Tampão a: Na_2HPO_4 0,01 mol L^{-1} e NaH_2PO_4 0,01 mol L^{-1}
    Tampão b: Na_2HPO_4 0,10 mol L^{-1} e NaH_2PO_4 0,10 mol L^{-1}
    Tampão c: Na_2HPO_4 1,0 mol L^{-1} e NaH_2PO_4 1,0 mol L^{-1}
54. **CONEXÕES BIOQUÍMICAS** Se você quiser fazer um tampão HEPES com pH 8,3 e tiver ácido HEPES e base HEPES disponíveis, com qual começaria, por quê?
55. **CONEXÕES BIOQUÍMICAS** Normalmente dizemos que um tampão perfeito tem seu pH igual ao seu pK_a. Cite uma situação na qual seria vantajoso ter um tampão com pH 0,5 unidade mais alta que seu pK_a.
56. **VERIFICAÇÃO DE FATOS** Que qualidade dos zwitterions os torna tampões desejáveis?
57. **PERGUNTA DE RACIOCÍNIO** Diversos tampões utilizados atualmente, como HEPES e PIPES, foram desenvolvidos por terem características desejáveis, como resistência à mudança do pH com a diluição. Por que esta característica é vantajosa?
58 **PERGUNTA DE RACIOCÍNIO** Outra característica dos tampões modernos, como o HEPES, é que seu pH muda pouco com as mudanças de temperatura. Por que isto é desejável?
59. **PERGUNTA DE RACIOCÍNIO** Identifique os zwitterions na lista de substâncias da Pergunta 19.
60. **CONEXÕES BIOQUÍMICAS** Um tratamento frequentemente recomendado para soluços é prender a respiração. A condição resultante de hiperventilação provoca o acúmulo de dióxido de carbono nos pulmões. Preveja o efeito no pH sanguíneo.

3 Aminoácidos e Peptídeos

3-1 Os Aminoácidos Existem no Mundo Tridimensional

Por que é importante especificar a estrutura tridimensional dos aminoácidos?

Dentre todos os aminoácidos possíveis, apenas 20 são normalmente encontrados em proteínas. A estrutura geral dos aminoácidos inclui um **grupo amina** e um **grupo carboxila**, ambos ligados ao carbono α (aquele próximo ao grupo carboxila). O carbono α também é ligado a um hidrogênio e ao **grupo de cadeia lateral**, representado pela letra R. O grupo R determina a identidade do aminoácido específico (Figura 3.1). A fórmula bidimensional mostrada aqui pode transmitir apenas parcialmente a estrutura comum dos aminoácidos, porque uma das propriedades mais importantes desses compostos é sua forma tridimensional, ou **estereoquímica**.

grupo amina grupo funcional —NH_2

grupo carboxila grupo funcional —COOH que se dissocia para fornecer o ânion carboxilato, —COO^-, e um íon hidrogênio.

grupo de cadeia lateral parte de um aminoácido que determina sua identidade

estereoquímica ramo da química que trata da forma tridimensional das moléculas

Todo objeto tem uma imagem especular. Diversos pares de objetos que possuem essa imagem podem ser sobrepostos uns aos outros; duas xícaras de café de cores idênticas, por exemplo. Em outros casos, objetos com imagens especulares não podem ser sobrepostos uns aos outros, mas estão relacionados entre si, como a mão esquerda se relaciona com a direita. Tais imagens especulares não sobrepostas são chamadas **quirais** (do grego *cheir*, "mão"). Diversas biomoléculas importantes são quirais. Um centro quiral frequentemente encontrado em biomoléculas é um átomo de carbono com quatro grupos diferentes ligados a ele (Figura 3.1). Tal centro existe em todos os aminoácidos, exceto na gli-

quiral refere-se a um objeto que não é sobreponível a sua imagem especular

RESUMO DO CAPÍTULO

3-1 Os Aminoácidos Existem no Mundo Tridimensional
- Por que é importante especificar a estrutura tridimensional dos aminoácidos?

3-2 Aminoácidos Individuais: Suas Estruturas e Propriedades
- Por que as cadeias laterais dos aminoácidos são tão importantes?
- Quais aminoácidos têm cadeias laterais apolares? (Grupo 1)
- Quais aminoácidos têm cadeias laterais polares eletricamente neutras? (Grupo 2)
- Quais aminoácidos têm grupos carboxila em suas cadeias laterais? (Grupo 3)
- Quais aminoácidos têm cadeias laterais básicas? (Grupo 4)
- Quais aminoácidos são menos comumente encontrados nas proteínas?

3-3 Aminoácidos Podem Agir Tanto como Ácidos Quanto como Bases
- O que acontece quando titulamos um aminoácido?

3-4 Ligação Peptídica
- Quais grupos nos aminoácidos reagem para formar uma ligação peptídica?

3-5 Peptídeos Pequenos com Atividade Fisiológica
- Quais são algumas das funções biológicas de pequenos peptídeos?

3.1 CONEXÕES BIOQUÍMICAS FISIOLOGIA | Hormônios Peptídicos – Pequenas Moléculas com Grandes Efeitos

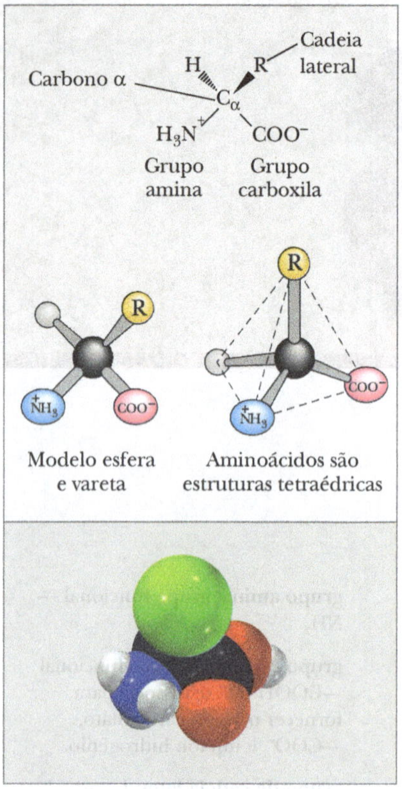
Carbono α
Cadeia lateral
Grupo amina
Grupo carboxila
Modelo esfera e vareta
Aminoácidos são estruturas tetraédricas

FIGURA 3.1 Fórmula geral de aminoácidos, mostrando as formas iônicas que predominam no pH 7.

cina. A glicina tem dois átomos de hidrogênio ligados ao carbono α; em outras palavras, a cadeia lateral (grupo R) da glicina é o hidrogênio. A glicina não é quiral (ou, de outra forma, é **aquiral**) por causa de sua simetria. Em todos os outros aminoácidos que ocorrem normalmente, o carbono α tem quatro grupos diferentes ligados a ele, originando duas formas de imagens especulares que não podem ser sobrepostas. A Figura 3.2 mostra desenhos em perspectiva dessas duas possibilidades, ou **estereoisômeros**, para a alanina, em que o grupo R é —CH_3. Os triângulos tracejados representam ligações direcionadas que se afastam do observador, e os de linhas sólidas representam as ligações direcionadas para fora do plano do papel, na direção do observador.

Dois estereoisômeros possíveis de outro composto quiral, o L- e o D-gliceraldeído, são mostrados para comparação com as formas correspondentes de alanina. Essas duas formas de gliceraldeído são as bases da classificação de aminoácidos nas formas L e D. A terminologia vem do latim *laevus* e *dexter*, significando "esquerda" e "direita", respectivamente, e tem origem na capacidade de compostos opticamente ativos rotacionar luz polarizada para a esquerda ou para a direita. Os dois estereoisômeros de cada aminoácido são designados **L- e D-aminoácidos** em razão de sua semelhança com o padrão de gliceraldeído. Quando desenhada em determinada orientação, a forma L do gliceraldeído tem o grupo hidroxila do lado esquerdo da molécula, e a forma D do lado direito, como mostrado em perspectiva na Figura 3.2 (projeção Fischer). Para determinar a designação L ou D para um aminoácido, ele é desenhado como mostrado. Em um aminoácido, a posição do grupo amina no lado esquerdo ou no direito do carbono α determina a designação L ou D. Os aminoácidos que aparecem em proteínas são todos da forma L. Embora os aminoácidos D sejam encontrados na natureza, com mais frequência em paredes celulares bacterianas e em alguns antibióticos, não são encontrados nas proteínas.

3-2 Aminoácidos Individuais: Suas Estruturas e Propriedades

Por que as cadeias laterais dos aminoácidos são tão importantes?

Os grupos R, e, portanto, os aminoácidos individuais, são classificados de acordo com diversos critérios, dois dos quais são especialmente importantes. O primeiro é a natureza polar ou apolar da cadeia lateral. O segundo depende da presença de um grupo ácido ou básico na cadeia lateral. Outros critérios úteis incluem a presença de grupos funcionais ácidos ou básicos nas cadeias laterais, assim como a natureza de tais grupos.

aquiral refere-se a um objeto que é sobreponível com sua imagem especular

estereoisômeros moléculas que diferem entre si em suas configurações (forma tridimensional); também chamadas isômeros ópticos

L- e D-aminoácidos cuja esterioquímica é a mesma que os padrões estereoquímicos L- e D-gliceraldeído, respectivamente

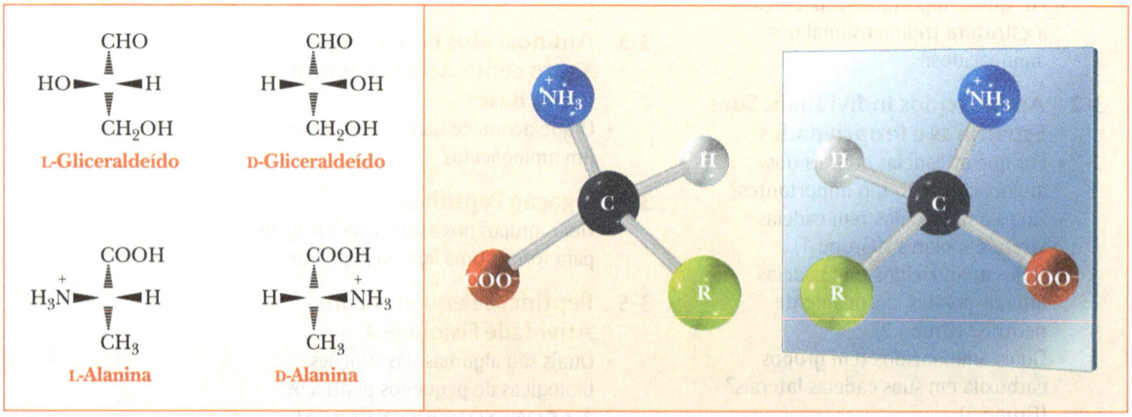
L-Gliceraldeído
D-Gliceraldeído
L-Alanina
D-Alanina

FIGURA 3.2 A estereoquímica da alanina e da glicina. Os aminoácidos encontrados nas proteínas têm a mesma quiralidade doL-gliceraldeído, que por sua vez é oposta à do D-gliceraldeído.

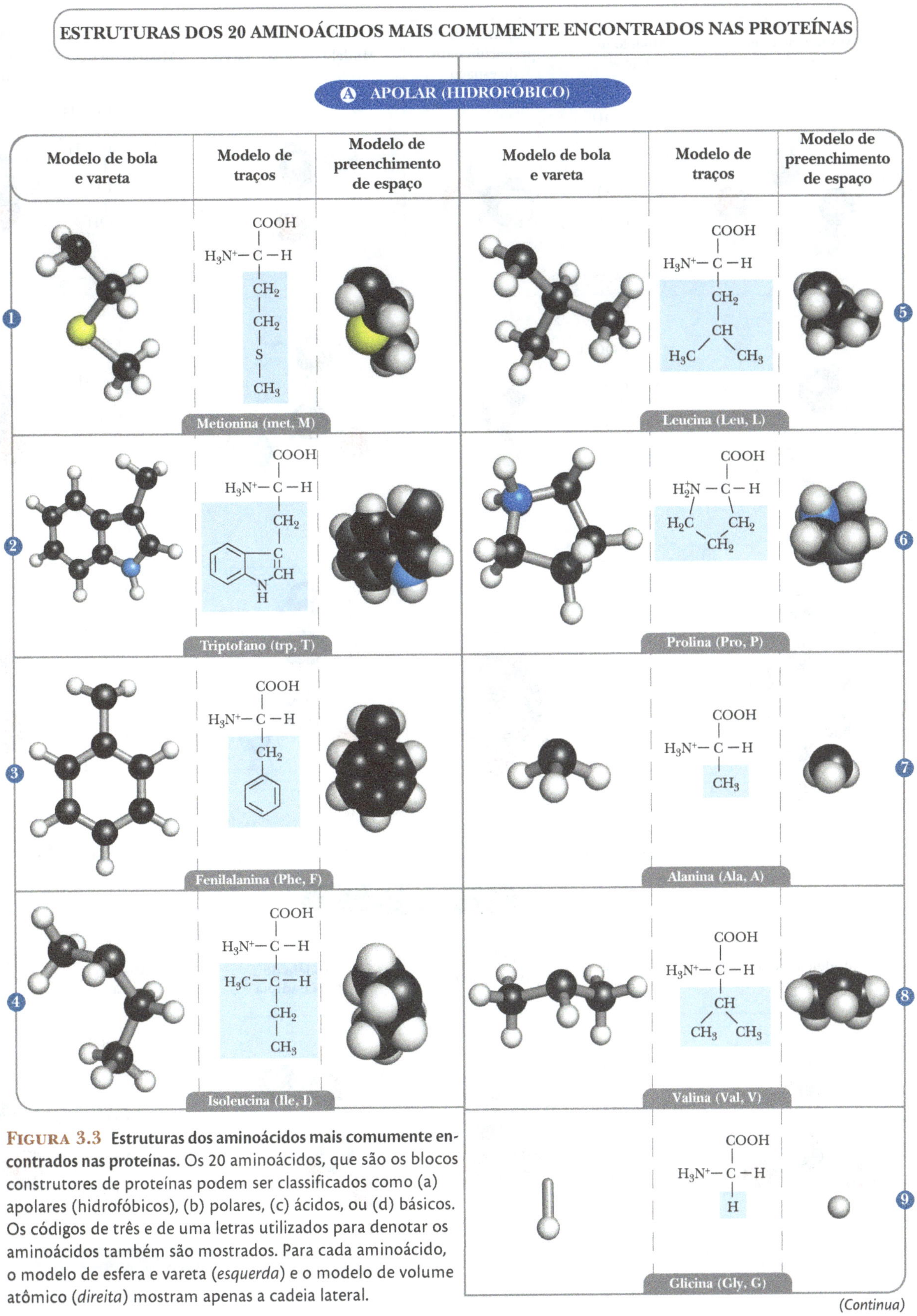
ESTRUTURAS DOS 20 AMINOÁCIDOS MAIS COMUMENTE ENCONTRADOS NAS PROTEÍNAS
A APOLAR (HIDROFÓBICO)
Modelo de bola e vareta
Modelo de traços
Modelo de preenchimento de espaço
Modelo de bola e vareta
Modelo de traços
Modelo de preenchimento de espaço
1
Metionina (met, M)
5
Leucina (Leu, L)
2
Triptofano (trp, T)
6
Prolina (Pro, P)
3
Fenilalanina (Phe, F)
7
Alanina (Ala, A)
4
Isoleucina (Ile, I)
8
Valina (Val, V)
9
Glicina (Gly, G)

FIGURA 3.3 Estruturas dos aminoácidos mais comumente encontrados nas proteínas. Os 20 aminoácidos, que são os blocos construtores de proteínas podem ser classificados como (a) apolares (hidrofóbicos), (b) polares, (c) ácidos, ou (d) básicos. Os códigos de três e de uma letras utilizados para denotar os aminoácidos também são mostrados. Para cada aminoácido, o modelo de esfera e vareta (*esquerda*) e o modelo de volume atômico (*direita*) mostram apenas a cadeia lateral.

(Continua)

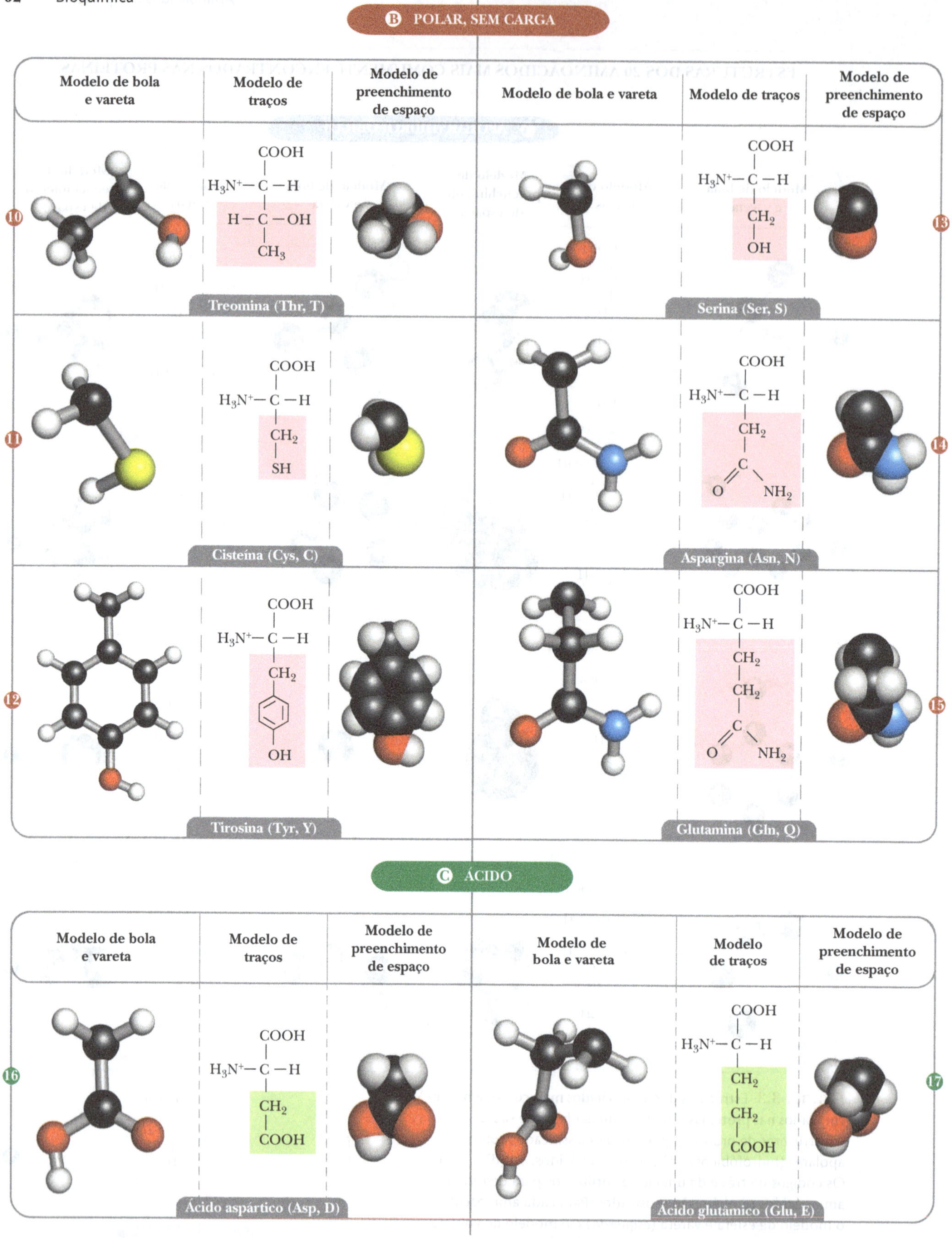
B POLAR, SEM CARGA
Modelo de bola e vareta
Modelo de traços
Modelo de preenchimento de espaço
10
COOH
H3N+—C—H
H—C—OH
CH3
Treomina (Thr, T)
13
COOH
H3N+—C—H
CH2
OH
Serina (Ser, S)
11
COOH
H3N+—C—H
CH2
SH
Cisteína (Cys, C)
14
COOH
H3N+—C—H
CH2
C
O
NH2
Aspargina (Asn, N)
12
COOH
H3N+—C—H
CH2
OH
Tirosina (Tyr, Y)
15
COOH
H3N+—C—H
CH2
CH2
C
O
NH2
Glutamina (Gln, Q)
C ÁCIDO
Modelo de bola e vareta
Modelo de traços
Modelo de preenchimento de espaço
16
COOH
H3N+—C—H
CH2
COOH
Ácido aspártico (Asp, D)
17
COOH
H3N+—C—H
CH2
CH2
COOH
Ácido glutâmico (Glu, E)

Figura 3.3 — continuação

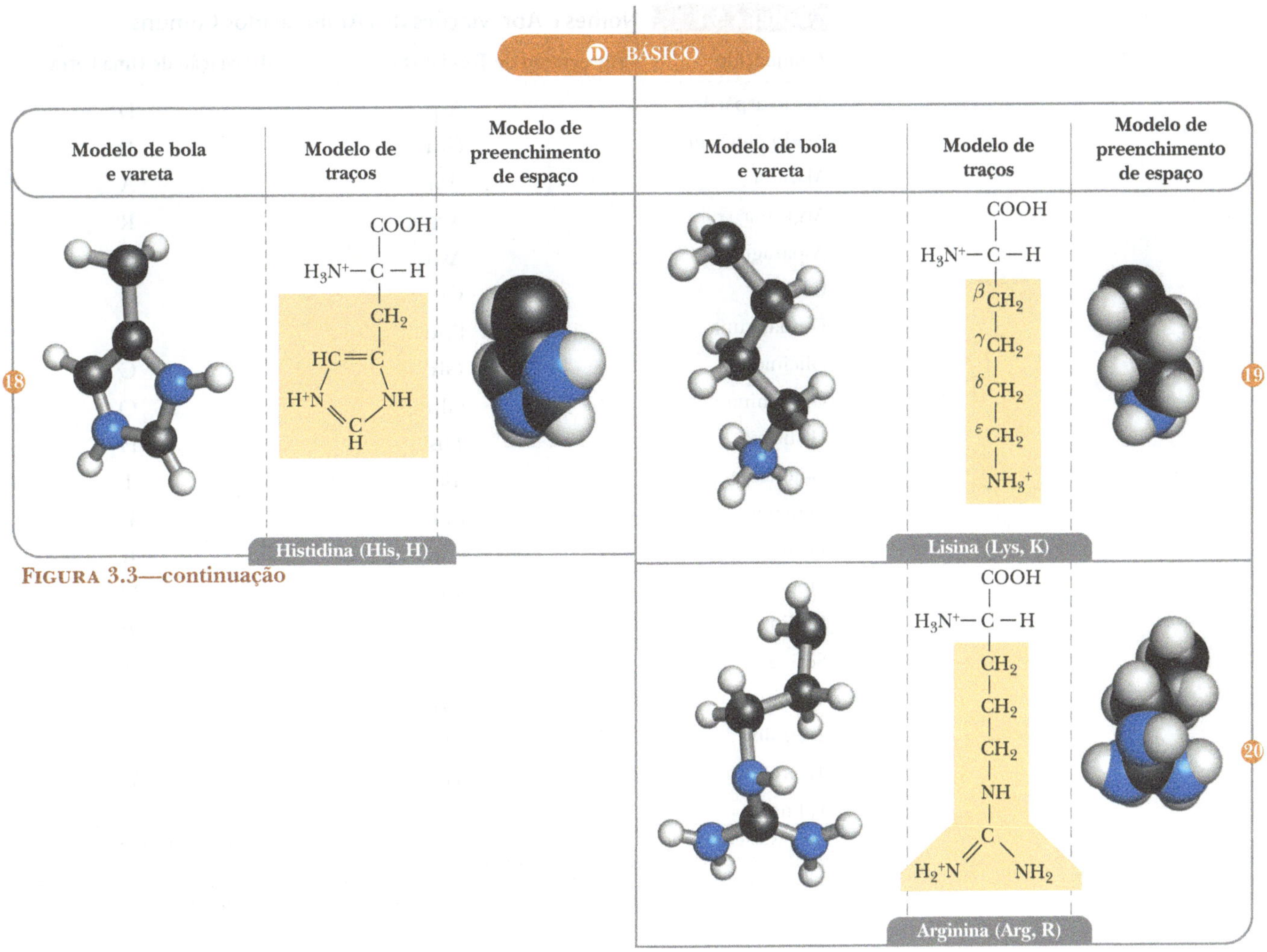
D BÁSICO
Modelo de bola e vareta
Modelo de traços
Modelo de preenchimento de espaço
Modelo de bola e vareta
Modelo de traços
Modelo de preenchimento de espaço
COOH
H3N+—C—H
CH2
HC=C
H+N
NH
C
H
Histidina (His, H)
18
COOH
H3N+—C—H
β CH2
γ CH2
δ CH2
ε CH2
NH3+
Lisina (Lys, K)
19
COOH
H3N+—C—H
CH2
CH2
CH2
NH
C
H2+N
NH2
Arginina (Arg, R)
20

FIGURA 3.3—continuação

Como já mencionado, a cadeia lateral do aminoácido mais simples, glicina, é um átomo de hidrogênio, e apenas neste caso dois átomos de hidrogênio estão ligados ao carbono α. Em todos os outros aminoácidos, a cadeia lateral é maior e mais complexa (Figura 3.3). Os átomos de carbono da cadeia lateral são designados com as letras do alfabeto grego, contando a partir do carbono α. Esses átomos de carbono são, por sua vez, os carbonos β-, γ-, δ- e ε (veja lisina na Figura 3.3). Um átomo de carbono terminal é chamado carbono ω, do nome da última letra do alfabeto grego. Frequentemente nos referimos aos aminoácidos pelas abreviações de três ou de uma letra dos seus nomes, sendo a última mais utilizadas hoje em dia. A Tabela 3.1 lista essas abreviações.

Quais aminoácidos têm cadeias laterais apolares? (Grupo 1)

Grupo de aminoácidos que tem cadeias laterais apolares. Este grupo consiste em glicina, alanina, valina, leucina, isoleucina, prolina, fenilalanina, triptofano e metionina. Em diversos elementos desse grupo — alanina, valina, leucina e isoleucina — cada cadeia lateral é um grupo de hidrocarboneto alifático (em química orgânica, o termo *alifático* refere-se à ausência de um anel de benzeno ou de estrutura relacionada). A prolina tem uma estrutura cíclica alifática, e o nitrogênio está ligado a dois átomos de carbono. Na terminologia da química orgânica, o grupo amina da prolina é uma amina secundária, e a prolina é frequentemente chamada *ácido imino*. Por sua vez, os grupos amina de todos os outros aminoácidos comuns são aminas primárias. Na fenilalanina, o grupo hidrocarboneto é aromático (contém um grupo cíclico semelhante ao anel de benzeno) em vez de ser alifático. No triptofano, a cadeia lateral contém um anel indol, que também é aromático. Na metionina, a cadeia lateral contém um átomo de enxofre, além dos agrupamentos de hidrocarbonetos alifáticos (veja a Figura 3.3).

Tabela 3.1 Nomes e Abreviações dos Aminoácidos Comuns

Aminoácido	Abreviação de Três Letras	Abreviação de Uma Letra
Ácido aspártico	Asp	D
Ácido glutâmico	Glu	E
Alanina	Ala	A
Arginina	Arg	R
Asparagina	Asn	N
Cisteína	Cys	C
Fenilalanina	Phe	F
Glicina	Gly	G
Glutamina	Gln	Q
Histidina	His	H
Isoleucina	Ile	I
Leucina	Leu	L
Lisina	Lys	K
Metionina	Met	M
Prolina	Pro	P
Serina	Ser	S
Tirosina	Tyr	Y
Treonina	Thr	T
Triptofano	Trp	W
Valina	Val	V

Obs.: As abreviações de uma letra começam com a mesma letra do respectivo aminoácido. Quando os nomes de diversos aminoácidos começam com a mesma letra, os nomes fonéticos (ocasionalmente em outro idioma) são utilizados, como a "Rginina" asparDie, Fenylolamine e "tWiptofano". Quando dois ou mais aminoácidos começam com a mesma letra, é o menor que leva a abreviação de uma letra correspondente à que inicia o seu nome.

Quais aminoácidos têm cadeias laterais polares eletricamente neutras? (Grupo 2)

Este grupo de aminoácidos tem cadeias laterais polares que são eletricamente neutras (sem cargas) em pH neutro; inclui serina, treonina, tirosina, cisteína, glutamina e asparagina. A glicina também é incluída aqui por conveniência, pois não tem uma cadeia lateral apolar.

Na serina e na treonina, o grupo polar é uma hidroxila (—OH) ligada a um grupo hidrocarboneto alifático. O grupo hidroxilana tirosina é ligado a um grupo hidrocarboneto aromático, que eventualmente perde um próton em pH mais altos. (O grupo hidroxila na tirosina é um fenol, ácido mais forte que o álcool alifático; como resultado, a cadeia lateral da tirosina pode perder um próton em uma titulação, enquanto a da serina e a da treonina exigiriam um pH tão alto, que os valores de pK_a não são fornecidos para essas cadeias laterais.) Na cisteína, a cadeia lateral polar consiste em um grupo tiol (—SH), que pode reagir com outros grupos tióis da cisteína para formar ligações dissulfeto (—S—S—) nas proteínas em uma reação de oxidação (Seção 1-9). O grupo tiol também pode perder um próton. Os aminoácidos glutamina e asparagina têm grupos amida, que derivam de grupos carboxila, em suas cadeias laterais. As ligações amida não se ionizam na faixa de pH normalmente encontrada em bioquímica. A glutamina e a asparagina podem ser consideradas derivadas dos aminoácidos do Grupo 3, o ácido glutâmico e o ácido aspártico, respectivamente. Esses dois aminoácidos têm grupos carboxila em suas cadeias laterais.

Quais aminoácidos têm grupos carboxila em suas cadeias laterais? (Grupo 3)

Dois aminoácidos, o ácido glutâmico e o ácido aspártico, têm grupos carboxila em suas cadeias laterais além daquele presente em todos os aminoácidos. Um grupo carboxila pode perder um próton, formando o ânion carboxilato correspondente (Seção 2-5) – o glutamato e o aspartato, respectivamente, no caso desses dois aminoácidos. Por causa da presença de carboxilato, a cadeia lateral de cada um desses dois aminoácidos é carregada negativamente em pH neutro.

Quais aminoácidos têm cadeias laterais básicas? (Grupo 4)

Três aminoácidos — histidina, lisina e arginina — têm cadeias laterais básicas, as quais são carregadas positivamente em pH neutro ou em torno dele. Na lisina, o grupo amina da cadeia lateral é ligado a um terminal hidrocarboneto alifático. Na arginina, o grupo básico da cadeia lateral, o grupo guanidina, tem estrutura mais complexa que o grupo amina, mas também é ligado a um terminal hidrocarboneto alifático. Na histidina livre, o pK_a do grupo imidazol da cadeia lateral é 6,0, o que não é longe do pH fisiológico. Os valores de pK_a para aminoácidos dependem do ambiente e podem mudar consideravelmente dentro de uma proteína. Nas proteínas, a histidina pode ser encontrada nas formas protonada ou desprotonada, e as propriedades de várias proteínas dependem do fato de resíduos individuais de histidina estarem ou não carregados. Faça um teste com os exercícios Aplique Seu Conhecimento 3.1.

3.1 Aplique Seu Conhecimento

Aminoácidos, Suas Estruturas e Propriedades

1. No grupo a seguir, identifique os aminoácidos com cadeias laterais apolares e os que têm cadeias laterais básicas: alanina, serina, arginina, lisina, leucina e fenilalanina.
2. O pK_a da cadeia lateral do grupo imidazol da histidina é 6,0. Qual é a razão entre as cadeias laterais não carregadas e carregadas em pH 7?

Solução

Observe que, na primeira parte desta sessão prática, você deve fazer uma verificação de fatos sobre o material deste capítulo, e, na segunda, relembrar e aplicar conceitos de um capítulo anterior.

1. Veja a Figura 3.3. Apolares: alanina, leucina e fenilalanina. Básicas: arginina e lisina. A serina não está em nenhuma categoria porque tem uma cadeia lateral polar.
2. A razão é 10:1 porque o pH é uma unidade mais alta que o pK_a.

Aminoácidos Incomuns

Quais aminoácidos são menos comumente encontrados nas proteínas?

Existem muitos outros aminoácidos além dos listados aqui. Eles ocorrem em algumas, mas não em todas, proteínas. A Figura 3.4 mostra alguns exemplos das diversas possibilidades. Todos são derivados de aminoácidos comuns e produzidos pela modificação do aminoácido pai depois que a proteína é sintetizada pelo organismo em um processo chamado modificação pós-tradução. A hidroxiprolina e a hidroxilisina são diferentes dos aminoácidos pai por terem grupos hidroxila em suas cadeias laterais. Elas são encontradas apenas em algumas proteínas do tecido conjuntivo, como o colágeno. A tiroxina é diferente da tirosina por ter um grupo aromático extra que contém iodo na cadeia lateral; é produzida apenas na glândula tireoide e formada pela modificação pós-tradução de resíduos de tirosina na proteína tiroglobulina. Em seguida, a tiroxina é liberada como um hormônio pela proteólise da tiroglobulina.

3-3 Aminoácidos Podem Agir Tanto como Ácidos Quanto como Bases

Em um aminoácido livre, os grupos carboxila e amina da estrutura geral estão carregados em pH neutro — a porção carboxilato negativamente, e o grupo amina positivamente. Os aminoácidos sem grupos carregados em suas cadeias laterais existem em solução neutra como zwitterions sem nenhuma carga líquida. Um zwitterion tem tanto cargas positivas como negativas iguais; em solução, é eletricamente neutro.

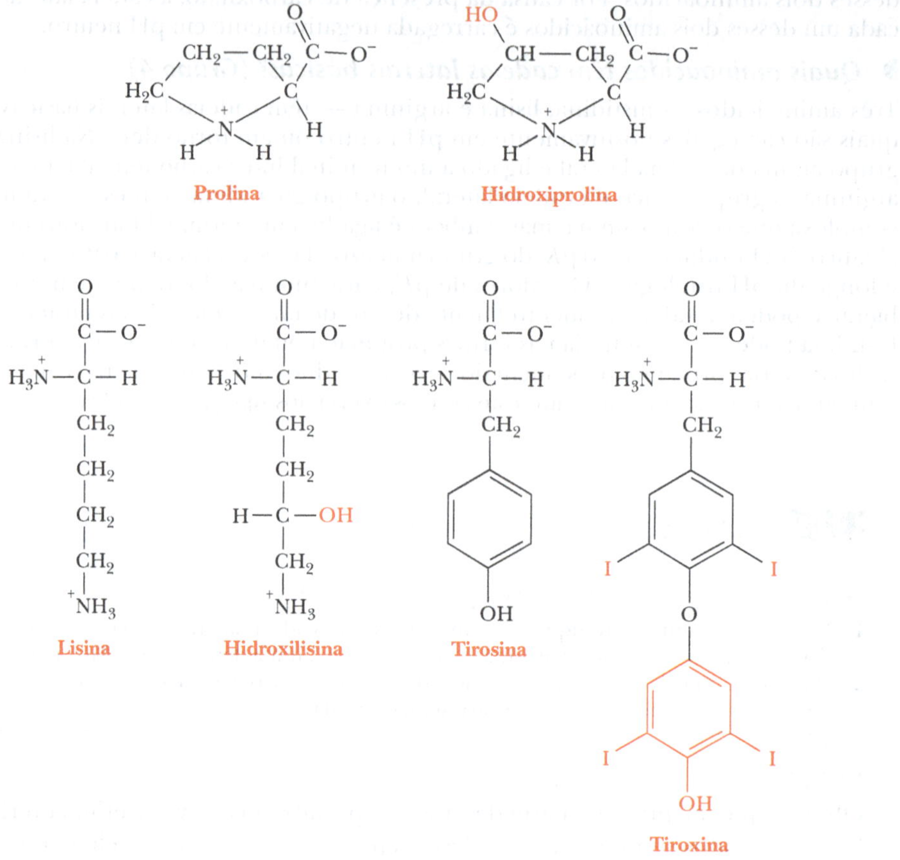
Prolina
Hidroxiprolina
Lisina
Hidroxilisina
Tirosina
Tiroxina

FIGURA 3.4 Estruturas da hidroxiprolina, da hidroxilisina e da tiroxina. As estruturas dos aminoácidos pai — prolina para a hidroxiprolina, lisina para a hidroxilisina, e tirosina para a tiroxina — são mostradas para comparação. Todos os aminoácidos são mostrados em suas formas iônicas predominantes em pH 7.

Não existem aminoácidos neutros na forma NH_2—CHR—COOH (isto é, sem grupos carregados).

O que acontece quando titulamos um aminoácido?

Quando um aminoácido é titulado, sua curva de titulação indica a reação de cada grupo funcional com o íon hidrogênio. Na alanina, carboxila e amina são os dois grupos tituláveis. Em pH muito baixo, a alanina tem um grupo carboxila protonado (portanto, sem carga) e um grupo amina carregado positivamente que também é protonado. Sob essas condições, a alanina tem uma carga líquida positiva de 1. Com a adição de base, o grupo carboxila perde seus prótons para se tornar um grupo carboxilato carregado negativamente (Figura 3.5a) e o pH da solução aumenta. Agora, a alanina não tem nenhuma carga líquida. À medida que o pH aumenta com a adição de mais base, o grupo amina protonado (um ácido fraco) perde seus prótons e a molécula de alanina passa a ter carga negativa de 1. A curva da titulação da alanina é a de um ácido diprótico (Figura 3.6).

Na histidina, a cadeia lateral de imidazol também contribui com um grupo titulável. Com valores de pH muito baixos, a molécula de histidina tem carga líquida positiva de 2, porque tanto o grupo imidazol quanto o grupo amina têm cargas positivas. Com a adição de base e o consequente aumento do pH, o grupo carboxila perde um próton para se tornar um carboxilato como antes, e agora a histidina tem carga positiva de 1 (Figura 3.5b). Com a adição de ainda mais base, o grupo imidazol carregado perde seus prótons e, nesse ponto, a histidina não tem mais carga líquida. Em valores ainda mais altos de pH, o grupo amina perde seus prótons, como no caso da alanina, e a molécula de histidina agora passa a ter carga negativa de 1. A curva de titulação da histidina é a de um ácido triprótico (Figura 3.7).

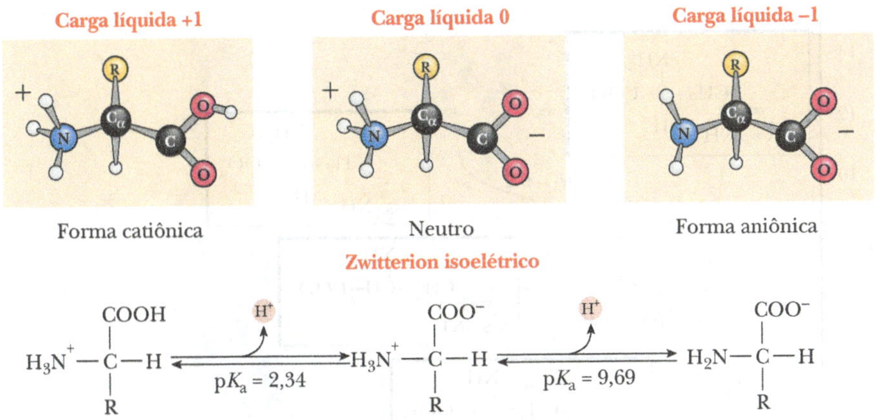
Carga líquida +1
Carga líquida 0
Carga líquida –1
Forma catiônica
Neutro
Zwitterion isoelétrico
Forma aniônica
pKa = 2,34
pKa = 9,69

A Formas iônicas dos aminoácidos mostradas sem considerar qualquer ionização nas cadeias laterais. A forma catiônica é a de pH baixo, e a titulação de espécies catiônicas com base produz os zwitterions, e, finalmente, a forma aniônica.

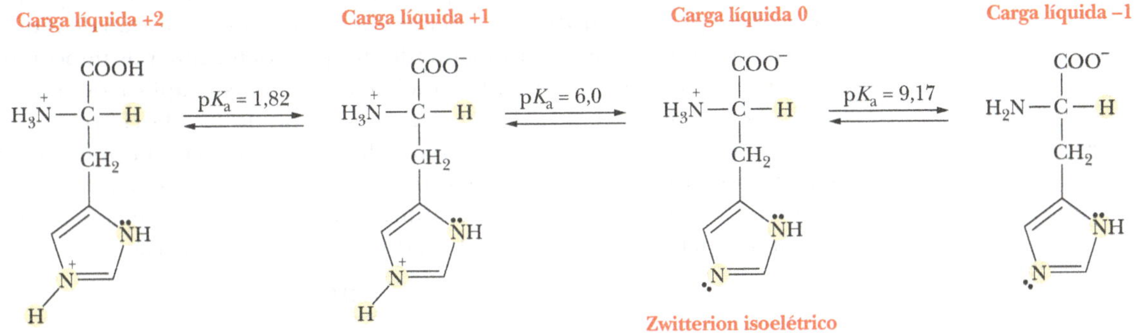
Carga líquida +2
Carga líquida +1
Carga líquida 0
Carga líquida –1
pKa = 1,82
pKa = 6,0
pKa = 9,17
Zwitterion isoelétrico

B Ionização da histidina (um aminoácido com a cadeia lateral titulável).

FIGURA 3.5 **A ionização de aminoácidos.**

Assim como os ácidos discutidos no Capítulo 2, os grupos tituláveis de cada aminoácido têm valores de pK_a característicos. Os valores de pK_a dos grupos α-carboxila são um tanto baixos, em torno de 2; dos grupos amina são muito mais altos, com valores variando de 9 a 10,5; dos grupos de cadeia lateral, incluindo os grupos amina e carboxila, dependem da natureza química desses grupos. A Tabela 3.2 lista esses valores. A classificação de um aminoácido como ácido ou básico depende do pK_a da cadeia lateral, assim como da natureza química do grupo. A histidina, a lisina e a arginina são consideradas aminoácidos básicos porque cada uma de suas cadeias laterais tem um grupo que contém hidrogênio e pode existir de forma protonada ou desprotonada. No entanto, a histidina tem pK_a na faixa ácida. O ácido aspártico e o ácido glutâmico são considerados ácidos porque cada um tem uma cadeia lateral de ácido carboxílico com valor baixo de pK_a. Esses grupos ainda podem ser titulados depois que o aminoácido é incorporado em um peptídeo ou em uma proteína, mas o pK_a do grupo titulável na cadeia lateral não é necessariamente o mesmo em uma proteína em relação a um aminoácido livre. Na verdade, pode ser bastante diferente. Por exemplo, um pK_a de 9 foi relacionado para uma cadeia lateral de aspartato na proteína tioredoxina.

O fato de que aminoácidos, peptídeos e proteínas têm valores diferentes de pK_a origina a possibilidade de que eles podem ter cargas diferentes em um determinado pH. A alanina e a histidina, por exemplo, têm cargas líquidas de –1 em pH alto, acima de 10; o único grupo carregado é o ânion carboxilato. Em pH mais baixo, em torno de 5, a alanina é um zwitterion sem carga líquida, mas a histidina tem carga

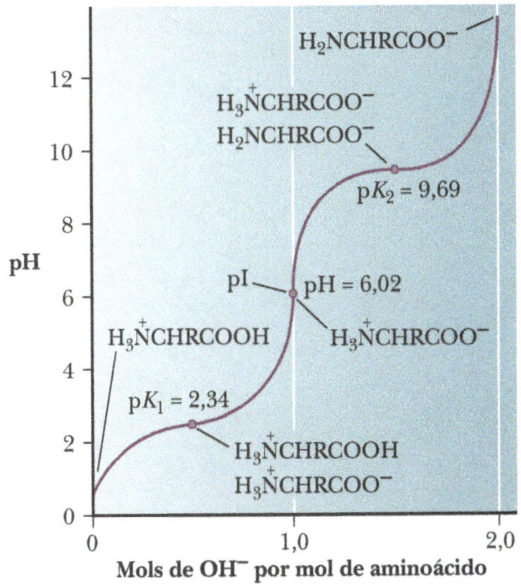
pH
Mols de OH⁻ por mol de aminoácido
pK₂ = 9,69
pI
pH = 6,02
pK₁ = 2,34

FIGURA 3.6 **Curva de titulação da alanina.**

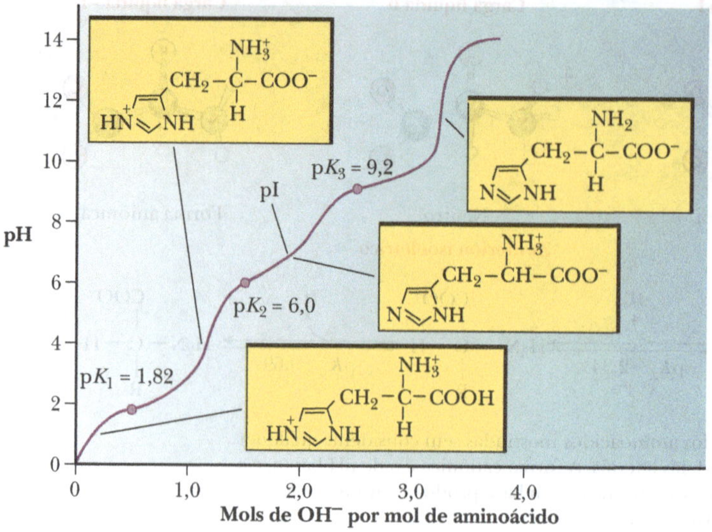
pH
14
12
10
8
6
4
2
0
Mols de OH⁻ por mol de aminoácido
pK1 = 1,82
pK2 = 6,0
pK3 = 9,2
pI

FIGURA 3.7 Curva de titulação da histidina. O pH isoelétrico (pI) é o valor no qual as cargas positivas e negativas são iguais. A molécula não tem carga líquida.

líquida de 1 neste pH porque o grupo imidazol está protonado. Essa propriedade é a base para a **eletroforese**, um método comum de separação de moléculas em um campo elétrico, extremamente útil para determinar as importantes propriedades de proteínas e ácidos nucleicos. Veremos as aplicações em proteínas no Capítulo 5, e em ácidos nucleicos no Capítulo 13. O pH no qual uma molécula não tem carga líquida é chamado **pH isoelétrico**, ou ponto isoelétrico (símbolo **pI**). Em seu pH isoelétrico, uma molécula não migrará em um campo elétrico. Essa propriedade é utilizada em métodos de separação. O pI de um aminoácido que pode ser calculado pela seguinte equação:

eletroforese método de separação de moléculas com base na razão entre a carga e o tamanho

pH isoelétrico (pI) pH no qual uma molécula não tem carga líquida; também chamado *ponto isoelétrico*

$$pI = \frac{pK_{a1} + pK_{a2}}{2}$$

TABELA 3.2 Valores de pK_a dos Aminoácidos Comuns

Ácido	α-COOH	α-NH_3^+	RH ou RH^+
Gly	2,34	9,60	
Ala	2,34	9,69	
Val	2,32	9,62	
Leu	2,36	9,68	
Ile	2,36	9,68	
Ser	2,21	9,15	
Thr	2,63	10,43	
Met	2,28	9,21	
Phe	1,83	9,13	
Trp	2,38	9,39	
Asn	2,02	8,80	
Gln	2,17	9,13	
Pro	1,99	10,6	
Asp	2,09	9,82	3,86*
Glu	2,19	9,67	4,25*
His	1,82	9,17	6,0*
Cys	1,71	10,78	8,33*
Tyr	2,20	9,11	10,07
Lys	2,18	8,95	10,53
Arg	2,17	9,04	12,48

* Para esses aminoácidos, a ionização do grupo R ocorre antes da ionização α-NH_3^+.

A maioria dos aminoácidos tem apenas dois valores de pK_a; portanto, essa equação é facilmente utilizada para calcular o pI. Para os aminoácidos ácidos e básicos, porém, devemos tirar a média dos valores corretos de pK_a. O pK_{a1} é para o grupo funcional que foi dissociado em seu ponto isoelétrico. Se houver dois grupos dissociados em um pH isoelétrico, o pK_{a1} é o pK_a mais alto dos dois. Portanto, o pK_{a2} é para o grupo que não foi dissociado no pH isoelétrico. Se houver dois grupos não dissociados, aquele com menor pK_a será utilizado. Faça um teste com os exercícios **Aplique Seu Conhecimento 3.2** para ver quão bem você pode usar estes conceitos.

3.2 Aplique Seu Conhecimento

Titulações de Aminoácidos

1. Qual dos aminoácidos a seguir tem carga líquida de +2 em baixo pH? Qual deles tem carga líquida de –2 em pH alto? Ácido aspártico, alanina, arginina, ácido glutâmico, leucina e lisina.
2. Qual é o pI para a histidina?

Solução

Observe que a primeira parte desta sessão prática lida apenas com a descrição qualitativa da perda bem-sucedida de prótons pelos grupos tituláveis nos aminoácidos individuais. Na segunda, você precisa mencionar a curva da titulação, bem como fazer um cálculo numérico dos valores de pH.

1. A arginina e a lisina têm cargas líquidas de +2 em pH baixo, por causa de suas cadeias laterais básicas. Os ácidos aspártico e glutâmico têm carga líquida de –2 em pH alto por causa de seus ácidos carboxílicos nas cadeias laterais. A alanina e a leucina não se encaixam nessas categorias, porque não possuem cadeias laterais tituláveis.
2. Desenhe ou imagine a histidina em um pH muito baixo. Ela terá a fórmula mostrada na Figura 3.5b na extrema esquerda. Essa forma tem carga líquida de +2. Para chegar ao ponto isoelétrico, devemos adicionar alguma carga negativa ou remover alguma positiva. Isso acontecerá na solução de forma a aumentar o pK_a. Portanto, começamos retirando o hidrogênio do grupo carboxila, porque tem o menor pK_a (1,82). Isso nos deixa com a forma mostrada em segundo lugar da esquerda para a direita na Figura 3.5b. Essa forma tem carga de +1; então, devemos remover outro hidrogênio para chegar à forma isoelétrica. O hidrogênio virá da cadeia lateral de imidazol, porque ela tem o pK_a seguinte mais alto (6,0). Esta é a forma isoelétrica (segunda a partir da direita). Agora, tiramos a média entre o grupo com maior pK_a que perdeu um hidrogênio e o grupo com menor pK_a que ainda mantém seu hidrogênio. No caso da histidina, os números a serem substituídos na equação para o pI são 6,0 [pK_{a1}] e 9,17 [pK_{a2}], o que dá um pI de 7,58.

3-4 Ligação Peptídica

Quais grupos nos aminoácidos reagem para formar uma ligação peptídica?

Aminoácidos individuais podem ser unidos uns aos outros pela formação de ligações covalentes. A ligação é formada entre o grupo α-carboxila de um aminoácido e o grupo α-amina do seguinte. Água é eliminada no processo, e os **resíduos** do aminoácido ligado permanecem após esta eliminação (Figura 3.8). Uma ligação formada deste modo é chamada **ligação peptídica**. **Peptídeos** são compostos formados pela união de um pequeno número de aminoácidos, que podem variar de dois a várias

resíduos parte das unidades monoméricas incluídas em polímeros após liberar água entre os monômeros ligados

ligação peptídica ligação de amida entre aminoácidos em uma proteína

peptídeos moléculas formadas pela união de várias dúzias de aminoácidos por ligações de amida

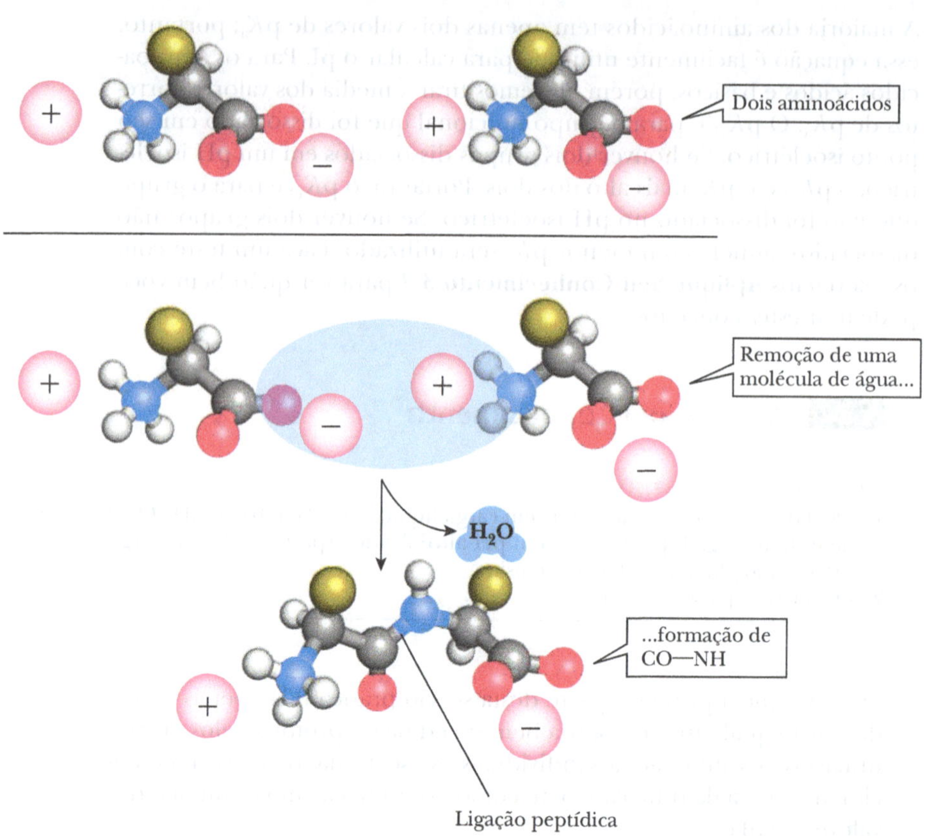
Dois aminoácidos
Remoção de uma molécula de água...
H_2O
...formação de CO—NH
Ligação peptídica

FIGURA 3.8 Formação da ligação peptídica. (De GARRETT/GRISHAM, *Biochemistry*, 4E. © 2009 Cengage Learning.)

cadeia polipeptídica a espinha dorsal de uma proteína; formada pela união de aminoácidos por ligações peptídicas (amida)

estruturas de ressonância fórmulas estruturais que diferem entre si apenas na posição dos elétrons

dezenas. Em uma proteína, muitos aminoácidos (normalmente mais de cem) são unidos por ligações peptídicas para formar uma **cadeia polipeptídica** (Figura 3.9). Outro nome para um composto formado pela reação entre um grupo amina e um grupo carboxila é *amida*.

A ligação carbono-nitrogênio formada quando dois aminoácidos são unidos em uma ligação peptídica é normalmente escrita como uma ligação simples, com um par de elétrons compartilhado entre dois átomos. Com um simples deslocamento na posição de um par de elétrons, é bem possível escrever esta ligação como dupla. Essa movimentação de elétrons é bastante conhecida na química orgânica, e resulta em **estruturas de ressonância**, que diferem umas das outras apenas no posicionamento dos elétrons. As posições das ligações simples e duplas em uma estrutura de ressonância são diferentes das suas posições em outras estruturas de ressonância do mesmo composto. Nenhuma estrutura de ressonância representa realmente a ligação no composto; na verdade, todas elas colaboram para a situação da ligação.

A ligação peptídica pode ser escrita como uma ressonância híbrida de duas estruturas, uma com uma ligação simples entre o carbono e o nitrogênio, e outra

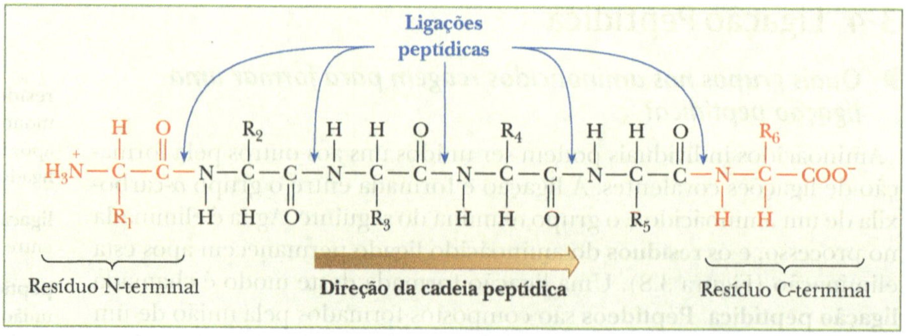
Ligações peptídicas
Resíduo N-terminal
Direção da cadeia peptídica
Resíduo C-terminal

FIGURA 3.9 Um pequeno peptídeo mostrando a direção da cadeia peptídica (N-terminal para C-terminal).

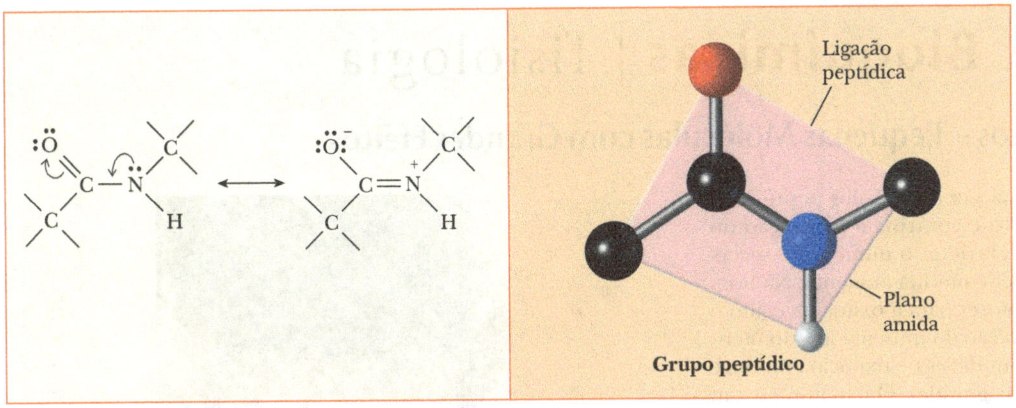
Ligação peptídica
Plano amida
Grupo peptídico

Ⓐ Estruturas por ressonância do grupo peptídico.

Ⓑ O grupo peptídico planar.

Figura 3.10 **As estruturas por ressonância da ligação peptídica levam a um grupo planar.** *(Ilustração por Irving Geis. Direitos de propriedade do Howard Hughes Medical Institute. Não pode ser reproduzida sem autorização.)*

com uma ligação dupla entre o carbono e o nitrogênio. A ligação peptídica tem caráter parcial de ligação dupla. Como resultado, o grupo peptídico que forma o elo entre os dois aminoácidos é plano. A ligação peptídica também é mais forte que uma ligação simples comum por causa da estabilização por ressonância.

Essa característica estrutural tem implicações importantes para as conformações tridimensionais de peptídeos e proteínas. Há rotação livre em torno das ligações entre o carbono α de determinado resíduo de aminoácido e o nitrogênio da amina e o carbono da carbonila de tal resíduo, mas não há rotação significativa em torno da ligação peptídica. Essa restrição estereoquímica tem uma função importante na determinação de como o esqueleto proteico pode se dobrar.

3-5 Peptídeos Pequenos com Atividade Fisiológica

Quais são algumas das funções biológicas de pequenos peptídeos?

O Capítulo 4 todo abordará a estrutura das proteínas, e os 6 e 7 discutirão sua ação como enzimas. Entretanto, as proteínas e os peptídeos têm inúmeros papéis bioquímicos. Um dos mais importantes é o de hormônios; veremos alguns exemplos de controle hormonal à medida que abordarmos as reações bioquímicas em capítulos posteriores. Naturalmente, outras classes de compostos, particularmente os esteroides, podem ser hormônios. A notoriedade dos hormônios de esteroides nos escândalos de *doping* nos esportes pode obscurecer o fato de que peptídeos podem ser hormônios. Podemos, agora, dar uma olhada rápida nos hormônios peptídicos para preparar o caminho às discussões posteriores.

Alguns hormônios peptídicos importantes têm estruturas cíclicas. Dois exemplos bem conhecidos com muitas características estruturais em comum são a oxitocina e a vasopressina (Figura 3.11). Em cada um há uma ligação —S—S— responsável pela estrutura cíclica. Cada um desses peptídeos contém nove resíduos de aminoácidos, cada um com um grupo amida (em vez de um grupo carboxila livre) no C-terminal, e cada um tem um grupo amida (ao invés de um grupo carbonila livre) na extremidade do C-terminal, e cada um tem uma ligação de dissulfeto entre os resíduos de cisteína nas posições 1 e 6. A diferença entre esses dois peptídeos é que a oxitocina possui um resíduo de isoleucina na posição 3 e um resíduo de leucina na posição 8, e a vasopressina possui um resíduo de fenilalanina na posição 3 e um resíduo de arginina na posição 8. Esses dois peptídeos têm importância fisiológica considerável como hormônios (veja o quadro CONEXÕES **BIOQUÍMICAS 3.1**).

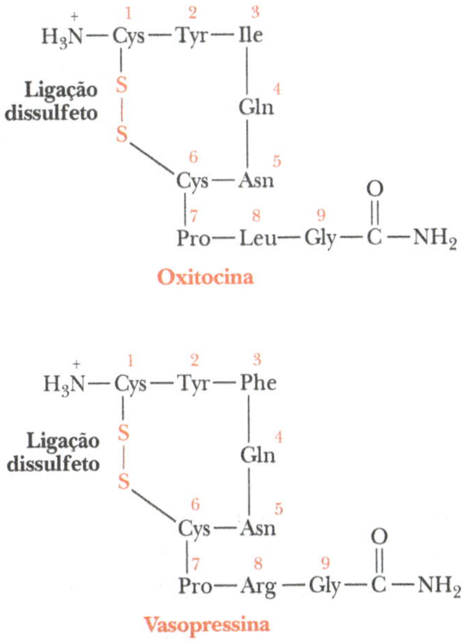
Ligação dissulfeto
Oxitocina
Ligação dissulfeto
Vasopressina

Figura 3.11 **Estruturas da oxitocina e da vasopressina.**

3.1 Conexões Bioquímicas | fisiologia

Hormônios Peptídicos – Pequenas Moléculas com Grandes Efeitos

A oxitocina e a vasopressina são hormônios peptídicos. A oxitocina induz o parto e controla a contração do músculo uterino. Durante a gravidez, o número de receptores para a oxitocina na parede uterina aumenta. Na hora do parto, o número de receptores para a oxitocina é alto o suficiente para causar a contração do músculo liso do útero na presença de pequenas quantidades de oxitocina produzidas pelo organismo no final da gravidez. O feto move-se em direção ao colo do útero devido à força e à frequência das contrações uterinas. O colo expande-se, enviando impulsos nervosos ao hipotálamo. Quando os impulsos atingem essa parte do cérebro, o *feedback* leva à liberação de mais oxitocina pela hipófise posterior. A presença de mais oxitocina leva a contrações mais fortes do útero, para que o bebê seja forçado através do colo cervical e nasça. A oxitocina também tem uma função no estímulo do fluxo de leite. O processo de sucção envia sinais nervosos ao hipotálamo do cérebro materno. A oxitocina é liberada e transportada pelo sangue até as glândulas mamárias. A presença de oxitocina faz que o músculo liso das glândulas mamárias se contraia, forçando a expulsão do leite. No decorrer da sucção mais hormônio é liberado, produzindo ainda mais leite.

A vasopressina tem um papel no controle da pressão sanguínea ao regular a contração do músculo liso e, assim como a oxitocina, é liberada pela ação do hipotálamo na hipófise posterior e transportada pelo sangue até os receptores específicos. A vasopressina estimula a reabsorção de água pelos rins, tendo efeito antidiurético. Quanto mais água é retida, maior é a pressão sanguínea.

Svetlana Fedoseyeva/Shutterstock.com

A amamentação estimula a liberação de oxitocina, produzindo mais leite.

RESUMO

Por que é importante especificar a estrutura tridimensional dos aminoácidos? Os aminoácidos, que são unidades monoméricas de proteínas, têm uma estrutura geral em comum, com um grupo amina e um grupo carboxila ligados ao mesmo átomo de carbono. A natureza das cadeias laterais, mencionadas como grupos R, é a base das diferenças entre os aminoácidos. Com exceção da glicina, os aminoácidos podem existir em duas formas, designadas L e D. Esses dois estereoisômeros são imagens especulares que não podem ser sobrepostas. Os aminoácidos encontrados nas proteínas são da forma L, mas alguns aminoácidos D ocorrem na natureza.

Por que as cadeias laterais dos aminoácidos são tão importantes? Um esquema de classificação para aminoácidos pode se basear nas propriedades de suas cadeias laterais. Dois critérios especialmente importantes são a natureza polar ou apolar da cadeia lateral e a presença de um grupo ácido ou básico na cadeia lateral.

Quais aminoácidos têm cadeias laterais apolares? (Grupo 1) Um grupo de aminoácidos tem cadeias laterais apolares. As cadeias laterais são, na maior parte das vezes, hidrocarbonetos alifáticos ou aromáticos ou seus derivados.

Quais aminoácidos têm cadeias laterais polares eletricamente neutras? (Grupo 2) Um segundo grupo de aminoácidos tem cadeias laterais que contêm átomos eletronegativos, como oxigênio, nitrogênio e enxofre.

Quais aminoácidos têm grupos carboxila em suas cadeias laterais? (Grupo 3) Dois aminoácidos – ácido glutâmico e ácido aspártico – têm grupos carboxila em suas cadeias laterais.

Quais aminoácidos têm cadeias laterais básicas? (Grupo 4) Três aminoácidos – histidina, lisina e arginina – têm cadeias laterais básicas.

Quais aminoácidos são menos comumente encontrados nas proteínas? Alguns aminoácidos são encontrados apenas em algumas proteínas. Eles são formados a partir dos aminoácidos comuns depois que a proteína foi sintetizada na célula.

O que acontece quando titulamos um aminoácido? Em aminoácidos livres com pH neutro, o grupo carboxilato é carregado negativamente (ácido), e o grupo amina positivamente (básico). Os aminoácidos sem grupos carregados em suas cadeias laterais existem em solução neutra, como zwitterions, sem nenhuma carga líquida. As curvas de titulação de aminoácidos indicam as variações de pH nas quais os grupos tituláveis ganham ou perdem um próton. As cadeias laterais de aminoácidos também podem contribuir com grupos tituláveis: a carga (se houver) de uma cadeia lateral deve ser considerada na determinação da cadeia líquida no aminoácido.

Quais grupos nos aminoácidos reagem para formar uma ligação peptídica? Os peptídeos são formados pela união do grupo carboxila de um aminoácido com o grupo amina de outro aminoácido em uma ligação covalente (amida). As proteínas consistem em cadeias polipeptídicas; o número de aminoácidos em uma proteína é normalmente 100 ou mais. O grupo peptídeo é plano; esta restrição estereoquímica tem papel importante na determinação de estruturas tridimensionais de peptídeos e proteínas.

Quais são algumas das funções biológicas de pequenos peptídeos? Peptídeos pequenos, que contêm de dois a diversas dezenas de resíduos de aminoácidos, podem ter efeitos fisiológicos notáveis no organismo.

Exercícios de Revisão

3-1 Os Aminoácidos Existem no Mundo Tridimensional

1. **VERIFICAÇÃO DE FATOS** Como os D-aminoácidos são diferentes dos L-aminoácidos? Quais as funções biológicas exercidas por peptídeos que contêm D-aminoácidos?

3-2 Aminoácidos Individuais: Suas Estruturas e Propriedades

2. **VERIFICAÇÃO DE FATOS** Qual aminoácido *não* é tecnicamente um aminoácido? Qual aminoácido não contém nenhum átomo de carbono quiral?
3. **VERIFICAÇÃO DE FATOS** Cite um aminoácido no qual o grupo R contenha: um grupo hidroxila, um átomo de enxofre, um segundo átomo de carbono quiral, um grupo amina, um grupo amida, um grupo ácido, um anel aromático e uma cadeia lateral ramificada.
4. **VERIFICAÇÃO DE FATOS** Identifique os aminoácidos polares, os aminoácidos aromáticos e os aminoácidos que contêm enxofre, dado um peptídeo com a seguinte sequência de aminoácidos:

   Val—Met—Ser—Ile—Phe—Arg—Cys—Tyr—Leu

5. **VERIFICAÇÃO DE FATOS** Identifique os aminoácidos apolares e os aminoácidos ácidos no seguinte peptídeo:

   Glu—Thr—Val—Asp—Ile—Ser—Ala

6. **VERIFICAÇÃO DE FATOS** Existem outros aminoácidos além dos 20 encontrados nas proteínas? Caso haja, como eles são incorporados nas proteínas? Dê um exemplo de tal aminoácido e de uma proteína na qual ele ocorra.

3-3 Aminoácidos Podem Agir Tanto como Ácidos Quanto como Bases

7. **MATEMÁTICA** Dê a forma ionizada predominante dos seguintes aminoácidos em pH 7: ácido glutâmico, leucina, treonina, histidina e arginina.
8. **MATEMÁTICA** Desenhe as estruturas dos seguintes aminoácidos, indicando a forma carregada que existe em pH 4: histidina, asparagina, triptofano, prolina e tirosina.
9. **MATEMÁTICA** Dê a forma predominante dos aminoácidos da Pergunta 8 em pH 10.
10. **MATEMÁTICA** Calcule o ponto isoelétrico de cada um dos aminoácidos a seguir: ácido glutâmico, serina, histidina, lisina, tirosina e arginina.
11. **MATEMÁTICA** Esboce uma curva da titulação para o aminoácido cisteína e indique os valores de pK_a para todos os grupos tituláveis. Indique também o pH no qual esse aminoácido não tem carga.
12. **MATEMÁTICA** Esboce uma curva da titulação para o aminoácido lisina e indique os valores de pK_a para todos os grupos tituláveis. Indique também o pH no qual esse aminoácido não tem carga.
13. **MATEMÁTICA** Um químico orgânico normalmente fica feliz com rendimentos de 95%. Se você sintetizar um polipeptídeo e atingir uma produção de 95% para cada resíduo de aminoácido adicionado, qual será sua produção final após adicionar dez resíduos (ao primeiro aminoácido)? E após adicionar 50 resíduos? E após 100 resíduos? Esses rendimentos seriam bioquimicamente "satisfatórios"? Como os baixos rendimentos são evitados bioquimicamente?
14. **MATEMÁTICA** Esboce uma curva de titulação para o ácido aspártico e indique os valores de pK_a para todos os grupos tituláveis. Indique também o intervalo de pH no qual o par conjugado ácido-base Asp +1 e Asp 0 atuarão como tampões.
15. **PERGUNTA DE RACIOCÍNIO** Sugira um motivo pelo qual os aminoácidos normalmente são mais solúveis em pH extremos do que em pH neutro (observe que isto não significa que eles sejam insolúveis em pH neutro).
16. **PERGUNTA DE RACIOCÍNIO** Escreva equações para mostrar as reações de dissociação iônica dos seguintes aminoácidos: ácido aspártico, valina, histidina, serina e lisina.
17. **PERGUNTA DE RACIOCÍNIO** Com base nas informações da Tabela 3.2, há algum aminoácido que possa servir de tampão em pH 8? Em caso afirmativo, qual?
18. **PERGUNTA DE RACIOCÍNIO** Se você tivesse um aminoácido imaginário baseado no ácido glutâmico, mas no qual o hidrogênio ligado ao carbono γ fosse substituído por outro grupo amina, qual seria a forma predominante desse aminoácido em pH 4, 7 e 10, se o valor de pK_a fosse 10 para o grupo amina exclusivo?
19. **PERGUNTA DE RACIOCÍNIO** Qual seria o pI para o aminoácido imaginário descrito na Pergunta 18?
20. **PERGUNTA DE RACIOCÍNIO** Identifique os grupos carregados no peptídeo mostrado na Pergunta 4 em pH 1 e em pH 7. Qual é a carga líquida desse peptídeo nesses dois valores de pH?
21. **PERGUNTA DE RACIOCÍNIO** Considere os seguintes peptídeos: Phe–Glu–Ser–Met e Val–Trp–Cys–Leu. Esses peptídeos têm cargas líquidas diferentes em pH 1 e em pH 7? Indique as cargas nos dois valores de pH.
22. **PERGUNTA DE RACIOCÍNIO** Em cada um dos dois grupos de aminoácidos a seguir, qual aminoácido seria mais fácil de distinguir entre os outros no grupo com base na titulação?
    (a) gly, leu, lys
    (b) glu, asp, ser
23. **PERGUNTA DE RACIOCÍNIO** O aminoácido glicina poderia ser a base de um sistema tampão? Em caso afirmativo, em qual intervalo de pH ele seria útil?

3-4 Ligação Peptídica

24. **VERRIFICAÇÃO DE FATOS** Esboce as estruturas por ressonância para o grupo peptídico.
25. **VERRIFICAÇÃO DE FATOS** Como as estruturas de ressonância de um grupo peptídico contribuem para o arranjo plano desse grupo de átomos?
26. **PERGUNTA DE RACIOCÍNIO** O grupo peptídico seria plano se o grupo amina de aminoácidos fosse ligado ao carbono β do aminoácido ao invés do carbono α?
27. **PERGUNTA DE RACIOCÍNIO** Um peptídeo pode agir como tampão? Caso possa, por quê?

28. **PERGUNTA DE RACIOCÍNIO** Considere os peptídeos Ser—Glu—Gly—His—Ala e Gly—His—Ala—Glu—Ser. Como esses dois peptídeos se diferem?
29. **PERGUNTA DE RACIOCÍNIO** Você esperaria que as curvas de titulação dos dois peptídeos da Pergunta 28 fossem diferentes? Por que sim, ou por que não?
30. **PERGUNTA DE RACIOCÍNIO** Quais são as sequências de todos os tripeptídeos possíveis contendo os aminoácidos aspártico, leucina e fenilalanina? Utilize as abreviações de três letras para expressar sua resposta.
31. **PERGUNTA DE RACIOCÍNIO** Responda à Pergunta 30 utilizando abreviações de uma letra para os aminoácidos.
32. **PERGUNTA DE RACIOCÍNIO** A maioria das proteínas contém mais de 100 resíduos de aminoácidos. Se você decidir sintetizar um polímero de 100 aminoácidos com os 20 aminoácidos diferentes disponíveis para cada posição, quantas moléculas diferentes você poderá formar?
33. **PERGUNTA DE RACIOCÍNIO** Se os aminoácidos alanina e glicina reagem para formar uma ligação peptídica, existe mais de um produto da reação? Caso haja, quais são os produtos?
34. **PERGUNTA DE RACIOCÍNIO** Por que não indicamos as cadeias laterais dos aminoácidos que formam a ligação peptídica (veja a Figura 3.10)?
35. **PERGUNTA DE RACIOCÍNIO** A presença de um centro quiral em um aminoácido afetaria a formação da ligação peptídica?
36. **PERGUNTA DE RACIOCÍNIO** O que você pode deduzir (ou saber) sobre a estabilidade de aminoácidos quando comparada com a de outras unidades de blocos construtores de biopolímeros (açúcares, nucleotídeos, ácidos graxos etc.)?
37. **PERGUNTA DE RACIOCÍNIO** Se você soubesse tudo sobre as propriedades dos 20 aminoácidos comuns (proteicos), poderia prever as propriedades de uma proteína (ou de um grande peptídeo) formada a partir deles?
38. **PERGUNTA DE RACIOCÍNIO** Sugira um motivo pelo qual os aminoácidos tiroxina e hidroxiprolina são produzidos pela modificação pós-tradução dos aminoácidos tirosina e prolina, respectivamente.
39. **PERGUNTA DE RACIOCÍNIO** Considere os peptídeos Gly—Pro—Ser—Glu—Thr (cadeia aberta) e Gly—Pro—Ser—Glu—Thr com uma ligação peptídica unindo a treonina e a glicina. Esses peptídeos são quimicamente iguais?
40. **PERGUNTA DE RACIOCÍNIO** Você espera poder separar os peptídeos da Pergunta 39 por eletroforese?
41. **PERGUNTA DE RACIOCÍNIO** Sugira um motivo pelo qual a biossíntese de aminoácidos e proteínas seria eventualmente interrompida em um organismo que tem carboidratos como sua única fonte de alimento.
42. **PERGUNTA DE RACIOCÍNIO** Você está estudando com um amigo que desenha a estrutura da alanina em pH 7. Ela tem um grupo carboxila (—COOH) e um grupo amina (—NH_2). Quais sugestões você faria?
43. **PERGUNTA DE RACIOCÍNIO** Sugira um motivo (ou motivos) pelo qual os aminoácidos polimerizam para formar proteínas que têm, comparativamente, poucas ligações covalentes cruzadas na cadeia polipeptídica.
44. **PERGUNTA DE RACIOCÍNIO** Sugira o efeito na estrutura de peptídeos se o grupo peptídico não fosse plano.
45. **PERGUNTA DE RACIOCÍNIO** Especule sobre as propriedades de proteínas e peptídeos se nenhum dos aminoácidos comuns tivesse enxofre.
46. **PERGUNTA DE RACIOCÍNIO** Especule sobre as propriedades das proteínas que poderiam ser formadas se os aminoácidos não fossem quirais.

3-5 Peptídeos Pequenos com Atividade Fisiológica

47. **VERIFICAÇÃO DE FATOS** Quais são as diferenças estruturais entre os hormônios peptídicos oxitocina e vasopressina?
48 **VERIFICAÇÃO DE FATOS** Quais as diferenças funcionais entre os hormônios oxitocina e vasopressina?
49. **VERIFICAÇÃO DE FATOS** Qual o papel da ligação de dissulfeto na oxitocina e na vasopressina?
50. **VERIFICAÇÃO DE FATOS** É possível formar peptídeos cíclicos sem ligações entre as cadeias laterais dos aminoácidos constituintes?

A Estrutura Tridimensional de Proteínas

4

4-1 Estrutura e Função da Proteína

Proteínas biologicamente ativas são polímeros que consistem em aminoácidos unidos por ligações peptídicas covalentes. Várias conformações diferentes (estruturas tridimensionais) são possíveis para uma molécula tão grande quanto a proteína. Dessas diversas estruturas, uma ou algumas (quando muito) têm atividade biológica; estas são chamadas **conformações nativas**. Muitas proteínas não têm estrutura repetitiva regular óbvia. Como consequência, são frequentemente descritas como tendo grandes segmentos de "estrutura aleatória" (também chamada *espiral aleatória*). O termo *aleatório*, na verdade, é inadequado, já que a mesma estrutura é encontrada na conformação nativa de todas as moléculas de determinada proteína, e esta conformação é necessária para seu funcionamento correto. Devido a esta complexidade, as proteínas são definidas em quatro níveis de estrutura.

conformações nativas formas tridimensionais das proteínas com atividade biológica

▶ *Quais são os níveis de estrutura das proteínas?*

A **estrutura primária** é a ordem na qual os aminoácidos são ligados de forma covalente. O peptídeo Leu–Gly–Thr–Val–Arg–Asp–His (lembre que o aminoácido N-terminal é sempre representado como o primeiro à esquerda) tem uma estrutura primária diferente da do Val–His–Asp– Leu–Gly–Arg–Thr, embora ambos tenham o mesmo número e os mesmos tipos de aminoácidos. Observe que a ordem de aminoácidos pode ser escrita em uma linha. A estrutura primária é a primeira etapa unidimensional na especificação da estrutura tridimensional

estrutura primária a ordem na qual os aminoácidos em uma proteína estão ligados por ligações peptídicas

RESUMO DO CAPÍTULO

estrutura secundária arranjo no espaço dos átomos do esqueleto em uma cadeia polipeptídica

domínios (estrutura supersecundária) aglomerados específicos de temas estruturais secundários nas proteínas

estrutura terciária arranjo no espaço de todos os átomos na proteína

grupos prostéticos porções das proteínas que não consistem em aminoácidos

subunidades partes individuais de uma molécula maior (por exemplo, as cadeias polipeptídicas individuais que constituem uma proteína completa)

estrutura quaternária interação de várias cadeias polipeptídicas em uma proteína de subunidade múltipla

de uma proteína. Alguns bioquímicos definem estrutura primária incluindo todas as interações covalentes, inclusive as ligações dissulfeto que podem ser formadas pela cisteína. No entanto, consideraremos as ligações dissulfeto como parte da estrutura terciária, que será descrita posteriormente.

Dois aspectos tridimensionais de uma única cadeia polipeptídica, chamados estruturas secundária e terciária, podem ser considerados separadamente. A **estrutura secundária** é o arranjo espacial dos átomos do esqueleto peptídico. As disposições de hélice α e de folha β pregueada são dois tipos diferentes de estrutura secundária. Essas estruturas têm interações repetitivas resultantes da ligação de hidrogênio entre a amida N—H e os grupos carbonila do esqueleto peptídico. As conformações das cadeias laterais de aminoácidos não fazem parte da estrutura secundária. Em muitas proteínas, o dobramento de partes da cadeia pode ocorrer independente do dobramento de outras partes. Tais porções de proteínas enoveladas de forma independente são chamadas **domínios**, ou **estrutura supersecundária**.

A **estrutura terciária** inclui o arranjo tridimensional de todos os átomos da proteína, inclusive nas cadeias laterais ou em qualquer **grupo prostético** (grupos de átomos que não são aminoácidos).

Uma proteína pode consistir em múltiplas cadeias polipeptídicas chamadas **subunidades**. O arranjo das subunidades em relação às outras é a **estrutura quaternária**. A interação entre as subunidades é mediada por interações não covalentes, como ligações de hidrogênio, atrações eletrostáticas e interações hidrofóbicas.

4-2 Estrutura Primária das Proteínas

A sequência de aminoácidos (estrutura primária) de uma proteína determina sua estrutura tridimensional, que, por sua vez, determina suas propriedades. Em cada proteína, a estrutura tridimensional correta é necessária para seu funcionamento perfeito.

Por que é importante conhecer a estrutura primária?

Uma das demonstrações mais impressionantes da importância da estrutura primária é encontrada na hemoglobina associada à *anemia falciforme.* Nesta doença genética, os glóbulos vermelhos não conseguem se ligar ao oxigênio de forma eficiente, e assumem um formato característico de foice, vindo daí o nome da doença. As células falciformes tendem a se prender em pequenos vasos sanguíneos, cortando a circulação, e, assim, danificando órgãos. Essas consequências drásticas derivam da troca de um resíduo de aminoácido na sequência da estrutura primária.

Diversas pesquisas estão sendo conduzidas para determinar os efeitos que as mudanças na estrutura primária exercem nas funções das proteínas. Utilizando técnicas de biologia molecular, como a mutagênese sitiodirigida, é possível substituir qualquer resíduo de aminoácido em uma proteína por outro de aminoácido específico. A conformação da proteína modificada, assim como sua atividade biológica, podem, então, ser determinadas. Os resultados de tais substituições de aminoácidos vão de efeitos irrisórios até a perda total de atividade, dependendo da proteína e da natureza do resíduo modificado.

A determinação da sequência de aminoácidos em uma proteína é uma operação rotineira, mas não trivial, na bioquímica clássica. Ela é feita em diversas etapas, que devem ser executadas cuidadosamente para se obter resultados precisos (Seção 5-4).

4-3 Estrutura Secundária das Proteínas

Esta estrutura é o arranjo das ligações de hidrogênio do esqueleto proteico, a cadeia polipeptídica. Aqui, a natureza das ligações no esqueleto proteico tem um papel importante. Dentro de cada resíduo de aminoácido há duas ligações com rotação razoavelmente livre. Elas são (1) entre o carbono α e o nitrogênio do grupamento amina desse resíduo, e (2) entre o carbono α e o carbono da carboxila do mesmo resíduo. A combinação do grupo peptídico plano com as duas ligações de rotação livre tem implicações importantes para as conformações tridimensionais de peptídeos e proteínas. Um esqueleto da cadeia peptídica pode ser visualizado como uma série de cartas de baralho, cada uma representando um grupo peptídico plano. As cartas são ligadas em cantos opostos por dobradiças, representando as ligações em torno das quais há uma liberdade considerável de rotação. As cadeias laterais também possuem papel essencial na determinação do formato tridimensional de uma proteína, mas apenas seu esqueleto é considerado na estrutura secundária. Os ângulos ϕ (fi) e ψ (psi), frequentemente chamados ângulos de Ramachandran (em homenagem a G. N. Ramachandran, que os descreveu), são utilizados para designar as rotações em torno das ligações C—N e C—C, respectivamente. A conformação de um esqueleto proteico pode ser descrita pela especificação dos valores de ϕ e ψ para cada resíduo (–180° a 180°). Dois tipos de estruturas secundárias que ocorrem frequentemente nas proteínas são as de **hélice α** e **folha β pregueada** (ou folha β) mantidas por ligações de hidrogênio. Os ângulos f e c repetem-se em aminoácidos contínuos nas estruturas secundárias. A hélice α e a folha pregueada β não são as únicas estruturas secundárias possíveis, mas elas são de longe as mais importantes e merecem uma olhada mais aprofundada.

hélice α um dos padrões de dobramento mais frequentemente encontrados no esqueleto proteico

folha β pregueada um dos mais importantes tipos de estrutura secundária, na qual o esqueleto proteico é quase que totalmente estendido com ligações de hidrogênio entre as fitas adjacentes

Estruturas Periódicas nos Esqueletos de Proteínas

A hélice α e a folha β pregueada são estruturas periódicas – suas características se repetem a intervalos regulares. A hélice é α parecida com uma vareta e envolve apenas uma cadeia polipeptídica. A estrutura da folha β pregueada pode dar uma formação bidimensional e envolver uma ou mais cadeias polipeptídicas.

Por que a hélice α é tão predominante?

A hélice α é estabilizada por ligações de hidrogênio paralelas ao seu eixo no interior do esqueleto de uma única cadeia polipeptídica. Contando a partir da extremidade N-terminal, o grupo C—O de cada resíduo de aminoácido está ligado por hidrogênio ao grupo N—H do aminoácido colocado a quatro resíduos de distância adiante na sequência linear formada por ligações covalentes. A conformação helicoidal permite um arranjo linear dos átomos envolvidos nas ligações de hidrogênio, o que lhes dá o máximo de força, e, assim, torna a conformação helicoidal bastante estável (Seção 2-2). Há 3,6 resíduos para cada volta da hélice, e seu *passo* (distância linear entre pontos correspondentes em voltas sucessivas) é de 5,4 Å.

A unidade angstrom, 1 Å = 10^{-8} cm = 10^{-10} m, é conveniente para distâncias interatômicas em moléculas, mas não é uma unidade do Sistema Internacional (SI). O nanômetro (1 nm = 10^{-9} m) e o picômetro (1 pm = 10^{-12} m) são as unidades do SI utilizadas para distâncias interatômicas. Em unidades do SI, o passo de uma hélice α é 0,54 nm, ou 540 pm. A Figura 4.2 mostra as estruturas de duas proteínas com alto grau de teor de hélice α.

Proteínas têm quantidades variáveis de estruturas em hélice α, indo de uma baixa porcentagem a quase 100%. Muitos fatores podem desestruturar a hélice α. O aminoácido prolina cria uma curvatura no esqueleto por causa da sua estrutura *cíclica*. Ela não pode se acomodar na hélice α porque (1) a rotação em torno da ligação entre o nitrogênio e o carbono α é altamente restrita, e (2) o grupo α-amina da prolina não pode participar da ligação de hidrogênio intracadeia. Outros fatores localizados envolvendo as cadeias laterais incluem a forte repulsão eletrostática causada pela proximidade de diversos grupos carregados com o mesmo sinal, como grupos de resíduos de lisina e arginina carregados positivamente, ou grupos de resíduos de aspartato e glutamato carregados negativamente. Outra possibilidade é o efeito de densidade (repulsão estérica) causado pela proximidade de diversas cadeias laterais volumosas. Na confor-

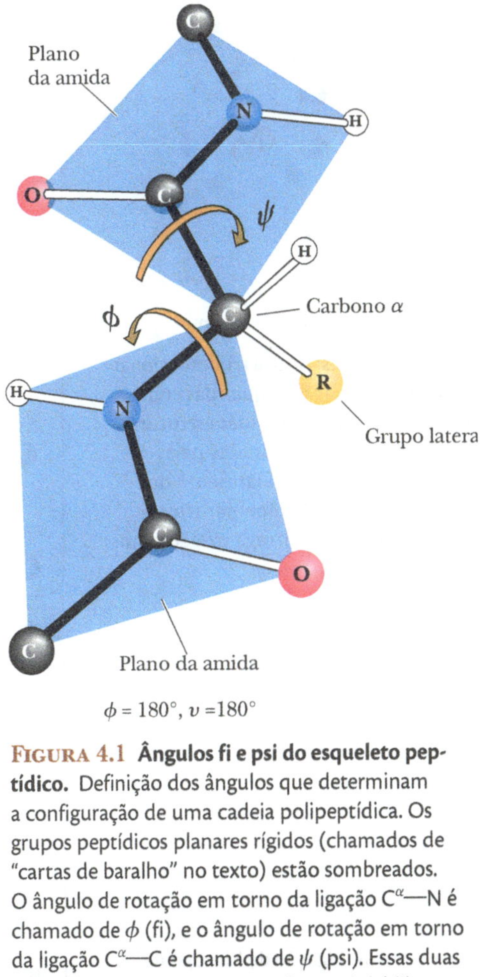
Plano da amida
C
N
H
O
C
ψ
H
ϕ
C
Carbono α
R
H
N
Grupo lateral
C
O
C
Plano da amida
ϕ = 180°, υ =180°

FIGURA 4.1 Ângulos fi e psi do esqueleto peptídico. Definição dos ângulos que determinam a configuração de uma cadeia polipeptídica. Os grupos peptídicos planares rígidos (chamados de "cartas de baralho" no texto) estão sombreados. O ângulo de rotação em torno da ligação C^{α}—N é chamado de ϕ (fi), e o ângulo de rotação em torno da ligação C^{α}—C é chamado de ψ (psi). Essas duas ligações são aquelas em torno das quais há liberdade de rotação. (*Ilustração por Irving Geis. Direitos de propriedade do Howard Hughes Medical Institute. Não pode ser reproduzida sem autorização.*)

mação em hélice α, todas as cadeias laterais ficam do lado externo da hélice; não há espaço suficiente para elas em seu interior. O carbono α fica no lado externo da hélice e pode haver maior densidade se ele estiver ligado a dois átomos que não sejam de hidrogênio, como é o caso da valina, da isoleucina e da treonina.

▶ *Como as folhas β se diferenciam da hélice α?*

O arranjo de átomos na conformação da folha β pregueada é muito diferente daquele observado na hélice α. O esqueleto peptídico na folha β é quase completamente estendido. As ligações de hidrogênio podem ser formadas entre diferentes partes de uma mesma cadeia dobrada sobre si mesma (*ligações intracadeia*) ou entre diferentes cadeias (*ligações intercadeia*). Se as cadeias peptídicas se estendem na mesma direção (isto é, se estão todas alinhadas em termos de suas extremidades N-terminal e C-terminal), uma folha pregueada paralela é formada. Quando cadeias alternadas se estendem em direções opostas, uma folha pregueada antiparalela é formada (Figura 4.3). A ligação de hidrogênio entre as cadeias peptídicas na folha β pregueada origina uma estrutura repetida em zigue-zague – por isso o nome "folha pregueada". Observe que as ligações de hidrogênio são perpendiculares à direção da cadeia proteica, e não paralelas a ela como na hélice α.

Irregularidades em Estruturas Regulares

Outras estruturas helicoidais são encontradas nas proteínas. Elas frequentemente estão presentes em segmentos menores que com a hélice α, e, às ve-

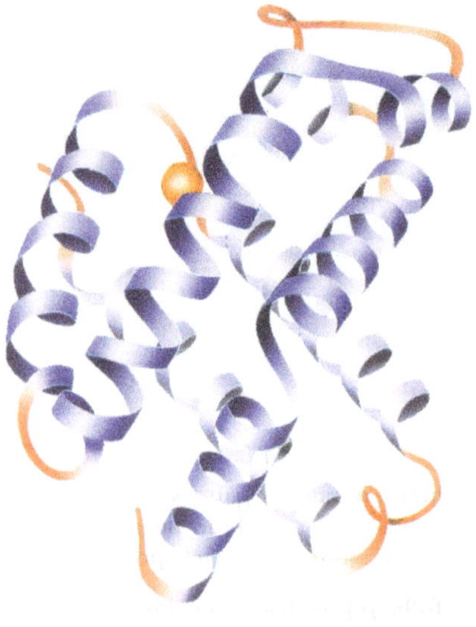

Subunidade da hemoglobina β

Mioemeritrina

FIGURA 4.2 Estrutura tridimensional de duas proteínas com quantias consideráveis de hélice α em suas estruturas. As hélices são representadas pelas partes espiraladas regularmente do diagrama de fita. A mioemeritrina é uma proteína que carrega oxigênio nos invertebrado.

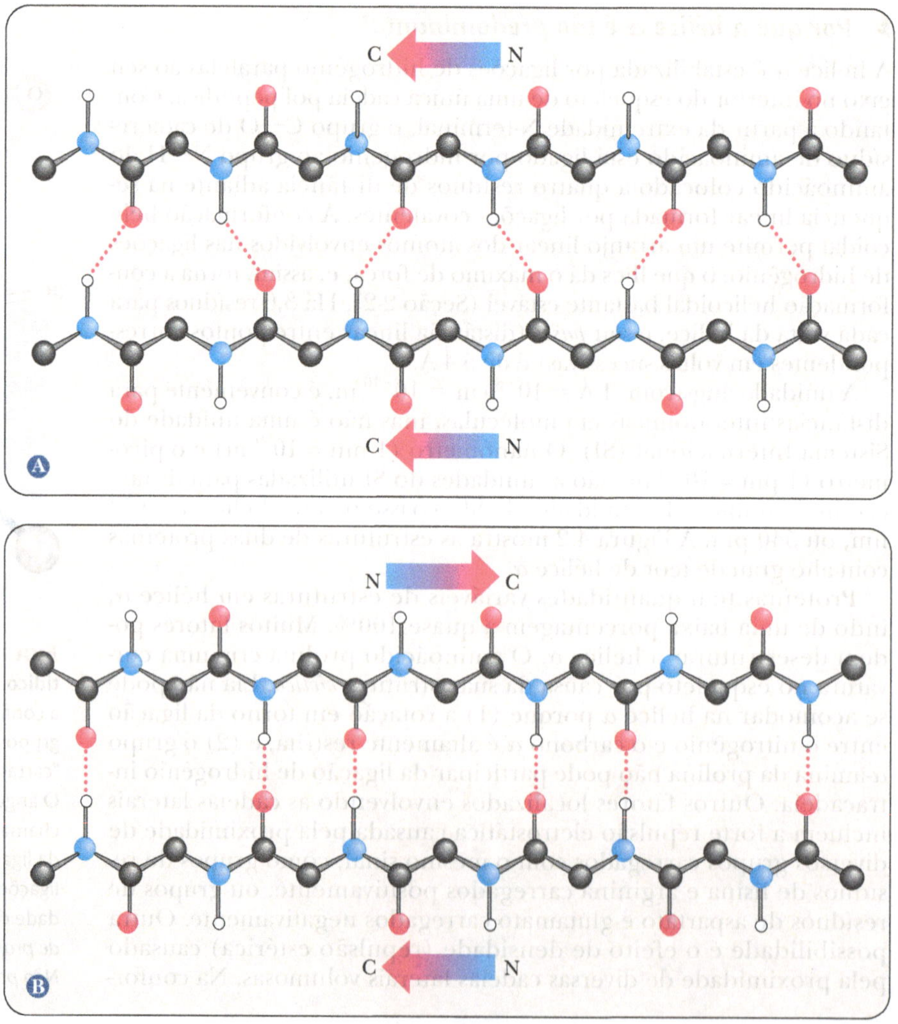
C
N
A
N
C
C
N
B

FIGURA 4.3 Ligação de hidrogênio nas folhas β pregueadas. Diagrama de bola e vareta mostrando o arranjo de ligações de hidrogênio nas folhas β pregueadas (a) paralelas e (b) antiparalelas.

zes, quebram a natureza regular desta. A mais comum é a hélice 3_{10}, que tem três resíduos por volta e dez átomos no anel formado ao fazer a ligação de hidrogênio. Outras hélices comuns são chamadas 2_7 e $4{,}4_{16}$, seguindo a mesma nomenclatura da hélice 3_{10}.

Protuberância β é uma irregularidade não repetitiva comum encontrada em folhas β antiparalelas. Ela ocorre entre duas ligações de hidrogênio da estrutura β normal e envolve dois resíduos em uma fita e um na outra. A Figura 4.4 mostra protuberâncias β típicas.

protuberância β irregularidade não repetitiva nas folhas β

O dobramento proteico requer que os esqueletos peptídicos e as estruturas secundárias possam mudar de direção. Com frequência, uma volta reversa marca a transição entre uma estrutura secundária e a outra. Por motivos estéricos (espaciais), a glicina é no geral encontrada em **voltas reversas**, nas quais a cadeia polipeptídica muda de direção. O único hidrogênio da cadeia lateral evita o grupamento (Figuras 4.5a e 4.5b). Como a estrutura cíclica da prolina tem a geometria correta para uma volta reversa, este aminoácido também é frequentemente encontrado em tais voltas (Figura 4.5c).

voltas reversas partes de proteína nas quais a cadeia polipeptídica dobra-se em torno de si mesma

Estruturas Supersecundárias e Domínios

A hélice α, a folha β pregueada e outras estruturas secundárias são combinadas de diversas formas à medida que a cadeia polipeptídica de uma proteína dobra sobre si mesma. A combinação de fitas α e β produz diversos tipos de estruturas supersecundárias nas proteínas. A característica mais comum deste tipo é a *unidade βαβ*, na qual duas fitas paralelas de folha β estão conectadas por um segmento de hélice α (Figura 4.6a). Uma *unidade αα* (hélice-volta-hélice) consiste em duas hélices β antiparalelas (Figura 4.6b). Em tal arranjo, há contatos energeticamente favoráveis entre as cadeias laterais nos dois segmentos da hélice. Em um *meandro β*, uma folha antiparalela é formada por uma série de voltas reversas muito próximas que conectam segmentos da cadeia polipeptídica (Figura 4.6c). Outro tipo de folha antiparalela é formado quando a cadeia polipeptídica dobra-se sobre si mesma em um padrão conhecido como *chave grega*, nomeado a partir de um desenho decorativo encontrado em cerâmica do período clássico (Figura 4.6e). **Motivo** é uma estrutura supersecundária de repetição. As sequências proteicas que permitem um meandro β ou uma chave grega podem ser frequentemente encontradas organizadas em barril β na estrutura terciária da proteína (Figura 4.7). Os motivos são importantes e nos dizem muito sobre o dobramento proteico. No entanto, não

motivo estrutura supersecundária repetitiva

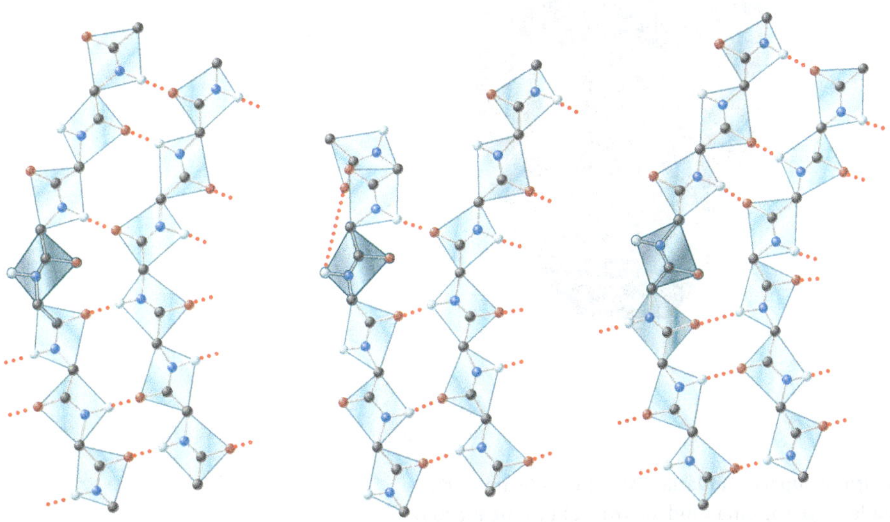
Protuberância clássica
Protuberância G-1
Protuberância ampla

FIGURA 4.4 Protuberâncias β. Modelo de bola e vareta de três diferentes estruturas de protuberância β. As ligações de hidrogênio são mostradas como pontos vermelhos.

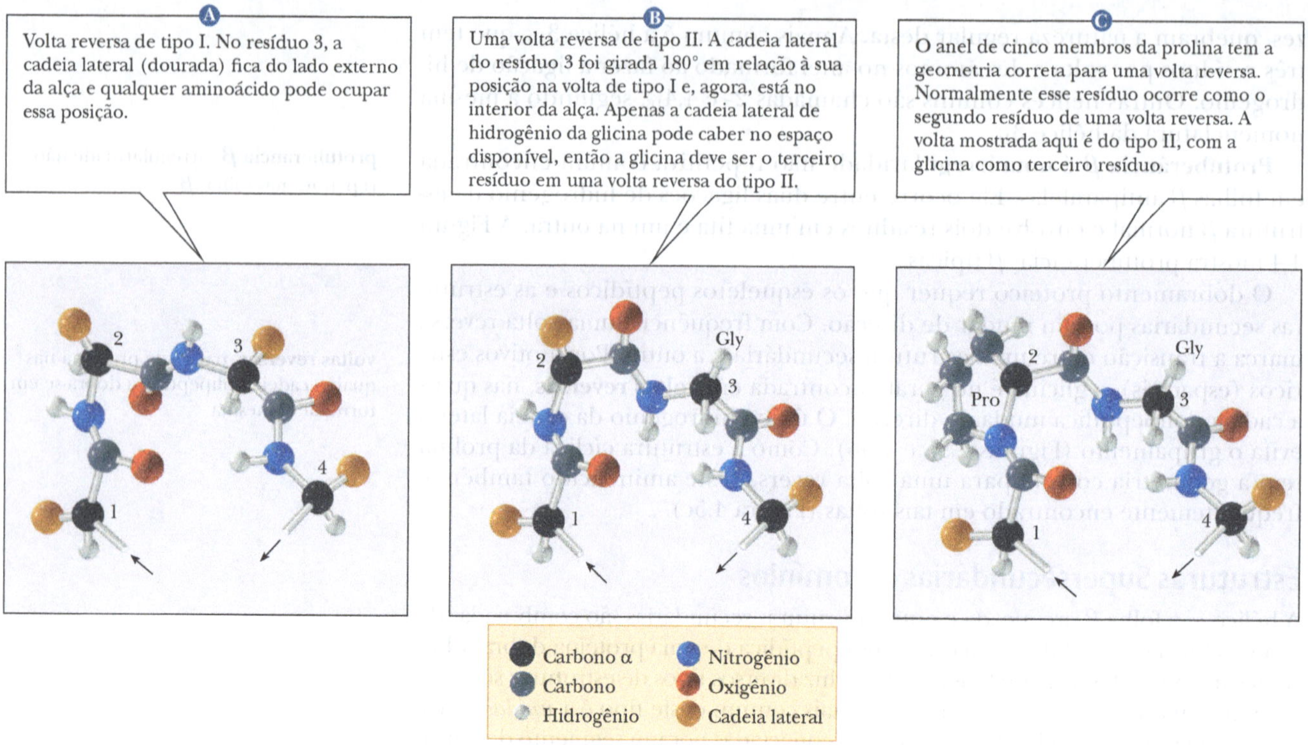
A
Volta reversa de tipo I. No resíduo 3, a cadeia lateral (dourada) fica do lado externo da alça e qualquer aminoácido pode ocupar essa posição.
B
Uma volta reversa de tipo II. A cadeia lateral do resíduo 3 foi girada 180° em relação à sua posição na volta de tipo I e, agora, está no interior da alça. Apenas a cadeia lateral de hidrogênio da glicina pode caber no espaço disponível, então a glicina deve ser o terceiro resíduo em uma volta reversa do tipo II.
C
O anel de cinco membros da prolina tem a geometria correta para uma volta reversa. Normalmente esse resíduo ocorre como o segundo resíduo de uma volta reversa. A volta mostrada aqui é do tipo II, com a glicina como terceiro resíduo.
1
2
3
4
Gly
Pro
Carbono α
Carbono
Hidrogênio
Nitrogênio
Oxigênio
Cadeia lateral

FIGURA 4.5 **Estruturas de voltas reversas.** As setas indicam as direções das cadeias polipeptídicas.

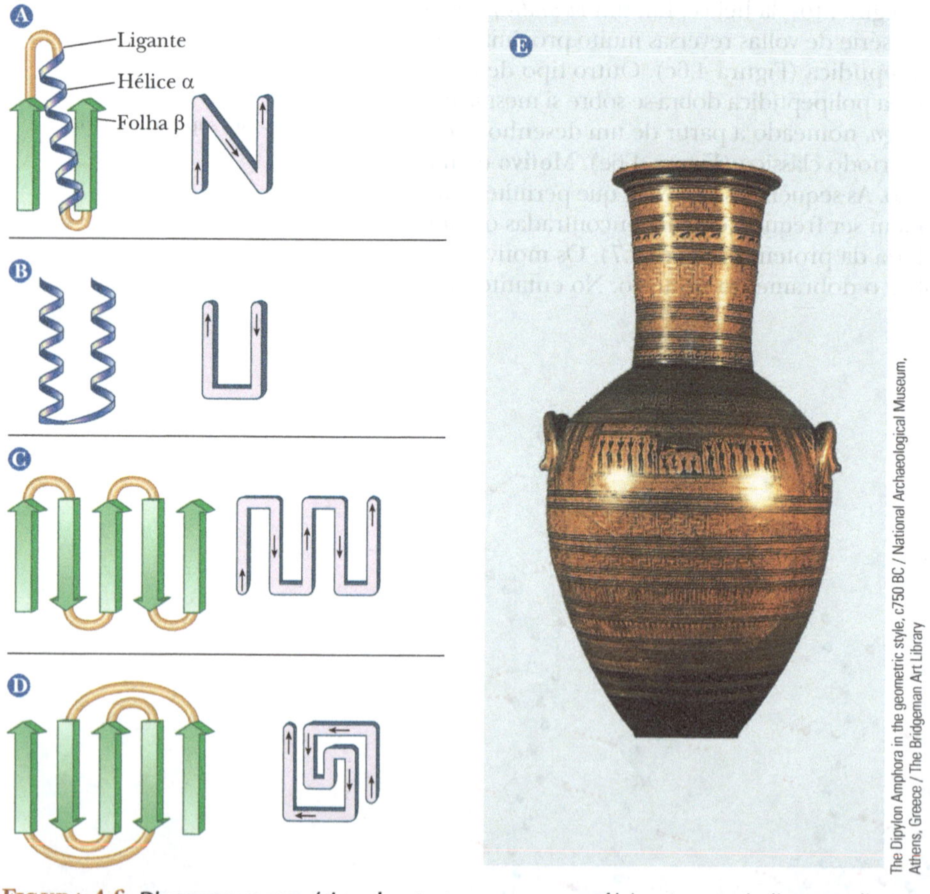
A
Ligante
Hélice α
Folha β
B
C
D
E
The Dipylon Amphora in the geometric style, c750 BC / National Archaeological Museum, Athens, Greece / The Bridgeman Art Library

FIGURA 4.6 **Diagramas esquemáticos de estruturas supersecundárias.** As setas indicam as direções das cadeias polipeptídicas.(a) Uma unidade $\beta\alpha\beta$, (b) uma unidade $\alpha\alpha$, (c) um meandro β e (d) a chave grega. (e) O motivo de chave grega na estrutura proteica se assemelha aos padrões geométricos nesse vaso grego antigo, originando o nome.

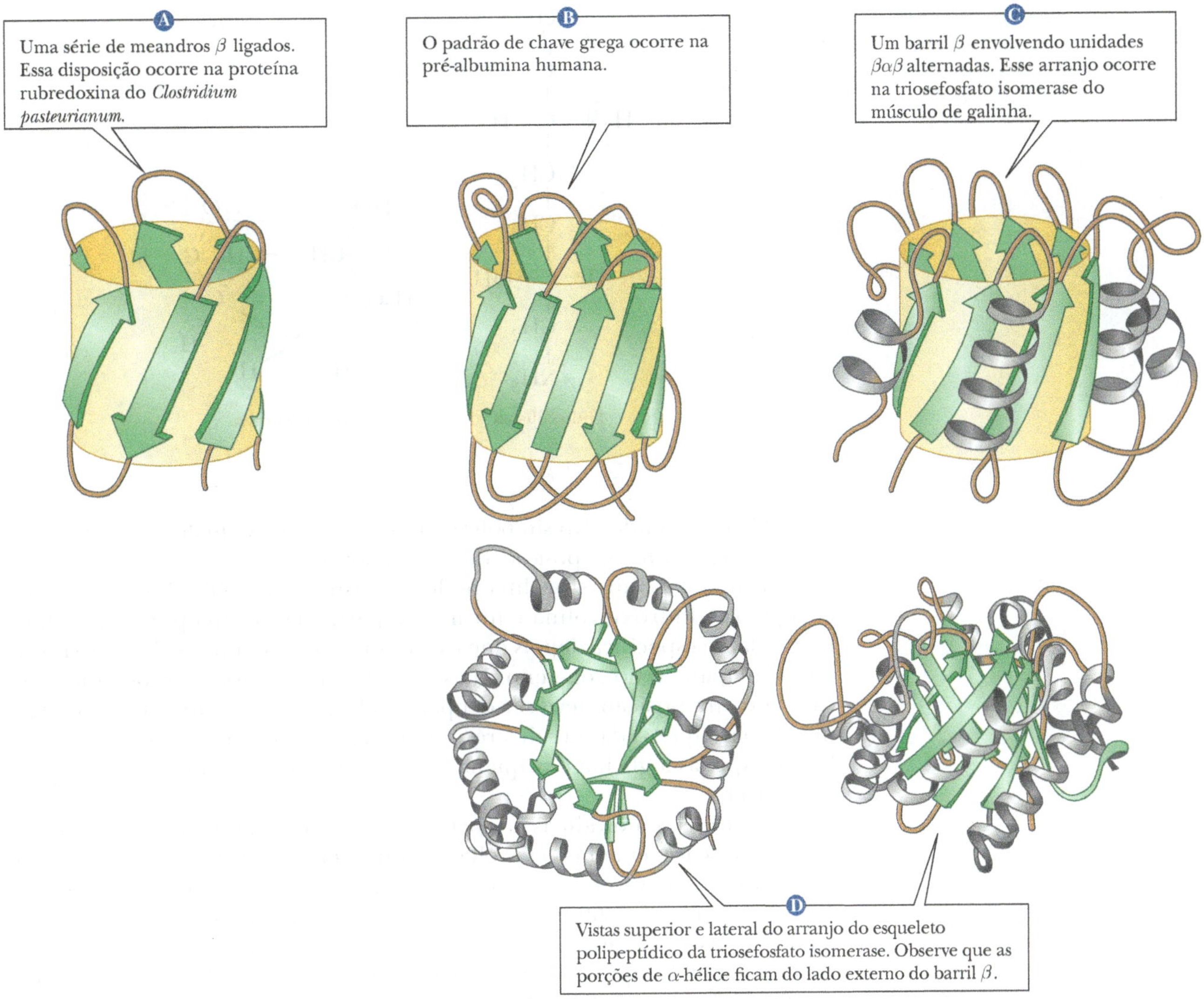
A
Uma série de meandros β ligados. Essa disposição ocorre na proteína rubredoxina do *Clostridium pasteurianum*.
B
O padrão de chave grega ocorre na pré-albumina humana.
C
Um barril β envolvendo unidades $\beta\alpha\beta$ alternadas. Esse arranjo ocorre na triosefosfato isomerase do músculo de galinha.
D
Vistas superior e lateral do arranjo do esqueleto polipeptídico da triosefosfato isomerase. Observe que as porções de α-hélice ficam do lado externo do barril β.

FIGURA 4.7 Algumas organizações em barril β.

nos permitem prever nada sobre a função biológica das proteínas, pois são encontrados em proteínas e enzimas com funções bastante diferentes.

Muitas proteínas com o mesmo tipo de função têm sequências proteicas semelhantes; em consequência, os domínios com conformações similares são associados à função em particular. Muitos tipos de domínios foram identificados, incluindo três tipos diferentes pelos quais as proteínas se ligam ao DNA. Além disso, as sequências curtas de polipeptídeos dentro de uma proteína orientam a modificação pós-tradução e a localização subcelular. Por exemplo, muitas sequências têm um papel na formação de glicoproteínas (aquelas que contêm açúcares além da cadeia polipeptídica). Outras sequências específicas indicam que uma proteína deve ser ligada a uma membrana ou secretada da célula, ou marcam uma proteína para fosforilação por uma enzima específica.

A Tripla Hélice do Colágeno

O colágeno, um componente dos ossos e do tecido conjuntivo, é a proteína mais abundante nos vertebrados. Ela é organizada em fibras insolúveis em água que têm grande resistência. Uma fibra de colágeno consiste em três cadeias polipeptídicas envoltas umas nas outras em uma torção parecida com a de uma corda, ou seja, a tripla hélice. Cada uma das três cadeias tem, dentro de certos limites, uma sequência repetitiva de três resíduos de aminoácidos, X–Pro–Gly

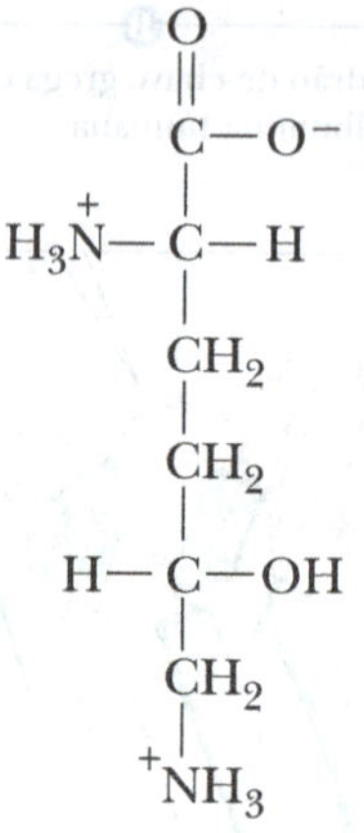
Hidroxilisina

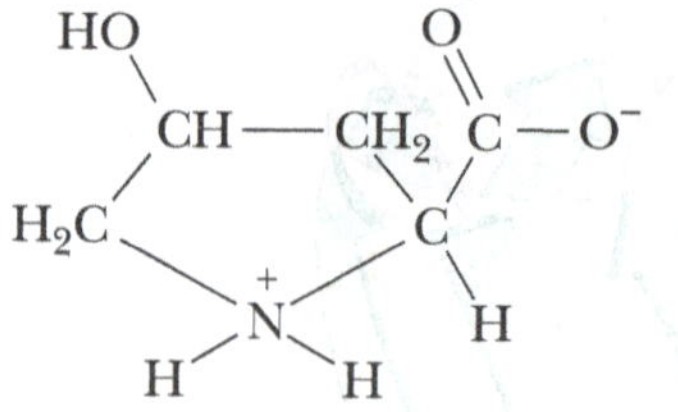
Hidroxiprolina

ou X–Hyp–Gly, onde Hyp simboliza a hidroxiprolina, e qualquer aminoácido pode ocupar a primeira posição, designada por X.

A prolina e a hidroxiprolina podem constituir até 30% dos resíduos no colágeno. A hidroxiprolina é formada a partir da prolina por uma enzima hidroxilante específica depois que os aminoácidos são unidos. A hidroxilisina também aparece no colágeno. Na sequência de aminoácidos do colágeno, cada terceira posição deve ser ocupada pela glicina. A tripla hélice é organizada para que cada terceiro resíduo de cada cadeia esteja no interior da hélice. Apenas a glicina é pequena o suficiente para se acomodar no espaço disponível.

As três cadeias individuais do colágeno são hélices diferentes da própria hélice α. Elas se torcem umas em volta das outras em um arranjo super-helicoidal para formar uma vareta rígida. Essa molécula em tripla hélice é chamada *tropocolágeno*, que tem 300 nm (3.000 Å) de comprimento e 1,5 nm (15 Å) de diâmetro. As três fitas são unidas por ligações de hidrogênio envolvendo os resíduos de hidroxiprolina e hidroxilisina. A massa molecular da formação em três fitas é de cerca de 300.000; cada fita contém cerca de 800 resíduos de aminoácidos. No colágeno também ocorrem ligações covalentes, tanto intra como intermoleculares, formadas pelas reações de resíduos de lisina e histidina. A quantidade de ligações cruzadas em um tecido aumenta com a idade. É por isso que a carne de animais mais velhos é mais dura que a de animais mais jovens.

O colágeno no qual a prolina não é hidroxilada em níveis adequados o hidroxiprolina é menos estável que o colágeno normal. Os sintomas do escorbuto, como sangramento nas gengivas e descoloração da pele, resultam do colágeno frágil. A enzima que hidroxila a prolina e, assim, mantém o estado normal do colágeno, requer ácido ascórbico (vitamina C) para continuar ativa. Essencialmente, o escorbuto é causado por uma deficiência alimentar em vitamina C. Veja o quadro CONEXÕES **BIOQUÍMICAS 16.2.**

Dois Tipos de Conformações de Proteínas: Fibrosa e Globular

É difícil traçar uma separação clara entre as estruturas secundária e terciária. A natureza das cadeias laterais (parte da estrutura terciária) em uma proteína pode influenciar o dobramento do esqueleto (a estrutura secundária). A comparação do colágeno com fibras de seda e de lã pode ser esclarecedora. As fibras de seda consistem, em sua maior parte, em proteína fibroína, que, como o colágeno, tem estrutura fibrosa, mas, ao contrário dele, é constituída principalmente de folhas β. As fibras de lã são feitas, em grande parte, de proteína queratina, que é basicamente do tipo hélice α. Os aminoácidos dos quais o colágeno, a fibroína e a queratina são compostos determinam a conformação que as proteínas adotarão, mas todos são **proteínas fibrosas**.

proteínas fibrosas proteínas cuja forma global é de uma vareta longa e estreita

Em outras proteínas, o esqueleto dobra-se sobre si mesmo para produzir uma forma mais ou menos esférica. Elas são chamadas **proteínas globulares**, das quais podemos ver muitos exemplos. As seções em hélice e de folha pregueada podem ser organizadas de forma a unir as extremidades da sequência próximas uma das outras em três dimensões. As proteínas globulares, diferente das fibrosas, são solúveis em água e têm estruturas compactas; suas estruturas terciária e quaternária podem ser bastante complexas.

proteínas globulares proteína cuja forma global é mais ou menos esférica

4-4 Estrutura Terciária das Proteínas

A estrutura terciária de uma proteína é o arranjo tridimensional de todos os átomos na molécula. As conformações das cadeias laterais e as posições de qualquer grupo prostético fazem parte da estrutura terciária, assim como a disposição de seções helicoidais e de folha pregueada umas em relação às outras. Em uma proteína fibrosa, que tem a forma geral de uma longa vareta, a estrutura secundária também fornece muitas informações sobre a estrutura terciária. O esqueleto helicoidal da proteína não se dobra sobre si mesmo, e o único aspecto importante da estrutura terciária, que não é especificado pela estrutura secundária, é a disposição dos átomos das cadeias laterais.

Para uma proteína globular, é necessário um número de informações consideravelmente maior. É preciso determinar a forma como as seções helicoidais e de folha pregueada se dobram sobre si mesmas, além das posições dos átomos da cadeia lateral e de qualquer grupo prostético. As interações entre as cadeias laterais desempenham um papel importante no dobramento proteico. O padrão de dobramento muitas vezes aproxima, na estrutura terciária da proteína nativa, resíduos que estão separados na sequência de aminoácidos.

Forças Envolvidas nas Estruturas Terciárias

Muitas forças e interações têm a função de manter unida uma proteína na sua conformação nativa correta. Algumas dessas forças são covalentes, mas muitas não são. A estrura primária de uma proteína — a ordem dos aminoácidos na cadeia polipeptídica — depende da formação de ligações peptídicas, que são covalentes. Níveis de estrutura de ordem mais elevada, como a conformação do esqueleto (estrutura secundária) e as posições de todos os átomos da proteína (estrutura terciária), dependem de interações não covalentes. Se a proteína é composta por diversas subunidades, a interação das subunidades (estrutura quaternária, Seção 4-5) também dependerá de interações não covalentes. As forças de estabilização não covalentes contribuem para que determinada proteína adote a estrutura mais estável, com energia mais baixa.

Há diversos tipos de ligação de hidrogênio em proteínas. A ligação de hidrogênio no *esqueleto* é um grande determinante da estrutura secundária; as ligações de hidrogênio *entre as cadeias laterais de aminoácidos* também são possíveis nas proteínas. Os resíduos apolares tendem a se agrupar no interior das moléculas de proteína como resultado de interações *hidrofóbicas.* A atração *eletrostática* entre grupos de cargas opostas, que frequentemente ocorre na superfície da molécula, resulta na proximidade entre tais grupos. Diversas cadeias laterais podem ser *complexadas* em um único íon metálico (exixtem também íons metálicos em alguns grupos prostéticos).

Além dessas interações não covalentes, as *ligações dissulfeto* formam elos covalentes entre as cadeias laterais de cisteínas. Quando essas ligações são formadas, restringem os padrões de dobramento disponíveis para as cadeias polipeptídicas. Existem métodos de laboratório especializados para determinar o número e as posições de ligações dissulfeto em determinada proteína. Informações sobre os locais de ligações dissulfeto podem, então, ser combinadas ao conhecimento da estrutura primária para fornecer a *estrutura covalente completa* da proteína. Observe a diferença sutil aqui: a estrutura primária é a ordem dos aminoácidos, enquanto a estrutura covalente completa também especifica as posições das ligações dissulfeto (Figura 4.8).

Uma proteína não exibe necessariamente todas as características estruturais possíveis dos tipos que acabamos de descrever. Por exemplo, não há ligações dissulfeto na mioglobina e na hemoglobina, que são as proteínas de armazenamento e transporte de oxigênio e exemplos clássicos de estrutura proteica. No entanto, ambas contêm íons Fe(II) como parte de um grupo prostético. Em contraste, as enzimas tripsina e quimotripsina não contêm íons metálicos complexados, mas têm ligações dissulfeto. Ligações de hidrogênio, interações eletrostáticas e hidrofóbicas ocorrem na maior parte das proteínas.

A conformação tridimensional de uma proteína é o resultado da interação entre todas as forças estabilizadoras. Sabe-se, por exemplo, que não é possível para a prolina acomodar-se no interior da hélice α, e que sua presença pode levar uma cadeia polipeptídica a se dobrar, terminando em um segmento de hélice α. No entanto, a presença de prolina não é uma *exigência* para dobra em uma cadeia polipeptídica. Outros resíduos também são encontrados em regiões de curvatura nessas cadeias. Os segmentos de proteínas nessas regiões da cadeia polipeptídica e em outras regiões da proteína que não estão envolvidas em estruturas helicoidais ou de folha pregueada são frequentemente chamados "aleatórios" ou "dobramento aleatório". Na verdade, as forças que estabilizam cada proteína são responsáveis por sua conformação.

Como se pode determinar a estrutura terciária de uma proteína?

cristalografia por raios X método experimental para a determinação da estrutura tridimensional de moléculas, como a estrutura terciária ou quaternária de proteínas

A técnica experimental utilizada para determinar a estrutura terciária de uma proteína é a **cristalografia por raios X**. Cristais perfeitos de algumas proteínas podem ser obtidos sob condições cuidadosamente controladas. Neles, todas as moléculas individuais da proteína têm a mesma conformação tridimensional e a

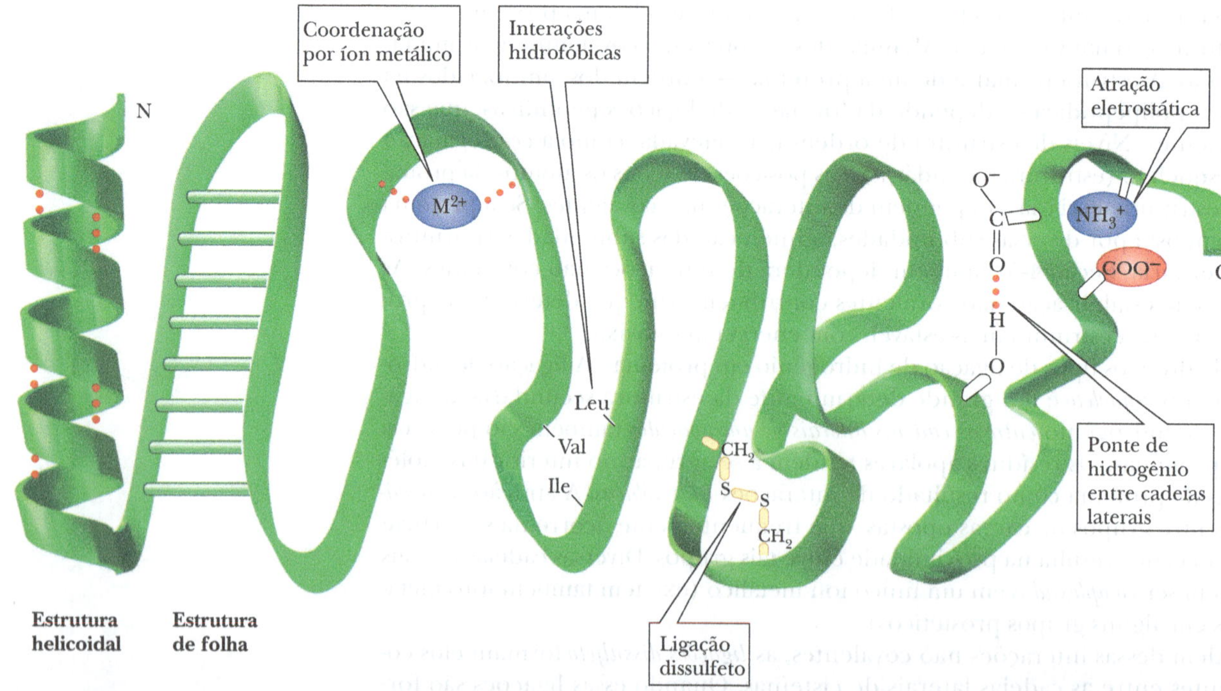
Coordenação por íon metálico
Interações hidrofóbicas
Atração eletrostática
N
M^{2+}
O^-
C
O
H
O
NH_3^+
COO^-
C
Leu
Val
Ile
CH_2
S
S
CH_2
Ponte de hidrogênio entre cadeias laterais
Estrutura helicoidal
Estrutura de folha
Ligação dissulfeto

FIGURA 4.8 **Forças que estabilizam a estrutura terciária das proteínas.** Observe que a estrutura helicoidal e a de folha são dois tipos de esqueleto mantidos por ligação de hidrogênio. Embora esses esqueletos façam parte da estrutura secundária, sua conformação restringe os possíveis arranjos das cadeias laterais.

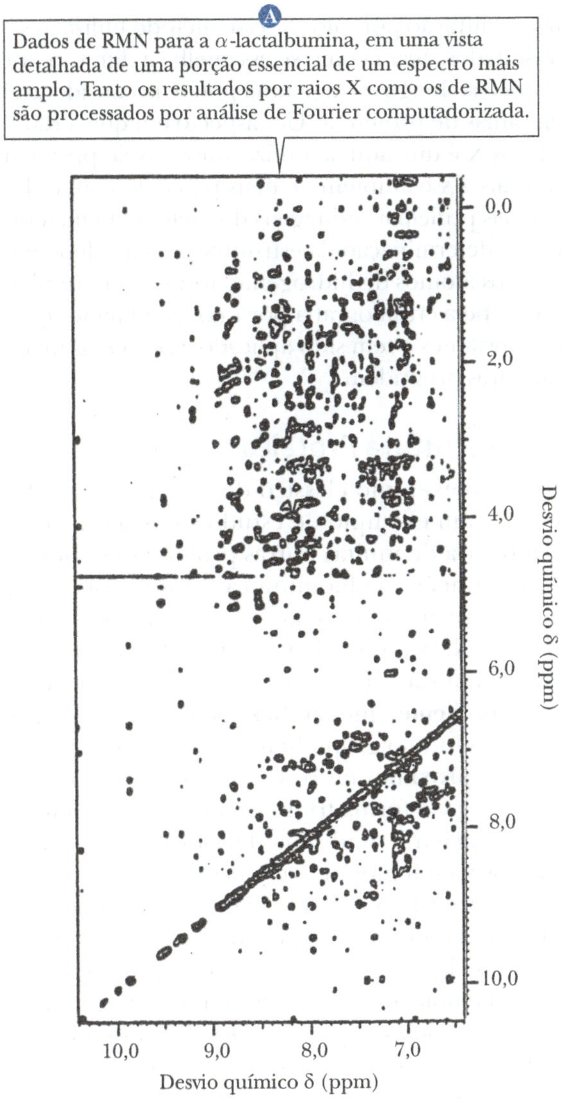
A
Dados de RMN para a α-lactalbumina, em uma vista detalhada de uma porção essencial de um espectro mais amplo. Tanto os resultados por raios X como os de RMN são processados por análise de Fourier computadorizada.
0,0
2,0
4,0
6,0
8,0
10,0
Desvio químico δ (ppm)
10,0
9,0
8,0
7,0
Desvio químico δ (ppm)

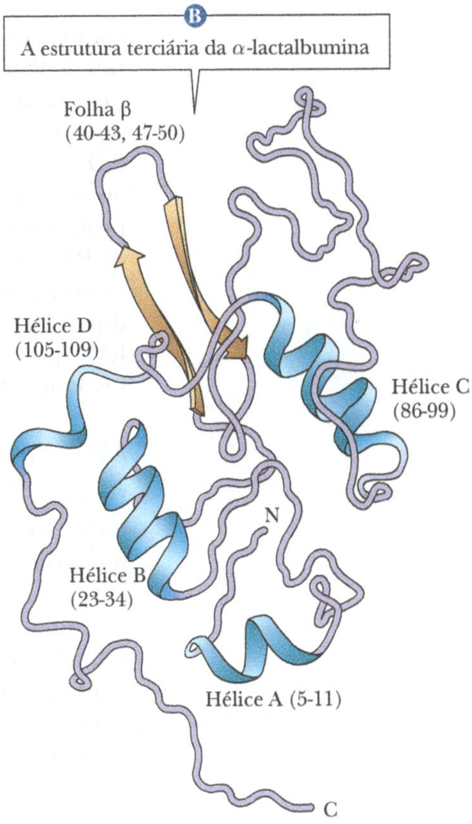
B
A estrutura terciária da α-lactalbumina
Folha β
(40-43, 47-50)
Hélice D
(105-109)
Hélice C
(86-99)
N
Hélice B
(23-34)
Hélice A (5-11)
C

FIGURA 4.9 **Um grande número de dados pontuais é necessário para determinar a estrutura terciária de uma proteína.** (Veja a Figura 4.10 para a estrutura da mioglobina como determinado pela cristalografia por raios X.) *(b, cortesia do professor C. M. Dobson, da Universidade de Oxford.)*

mesma orientação. Cristais dessa qualidade podem ser formados somente a partir de proteínas com grau de pureza muito alto, e não é sempre possível obter essa estrutura se a proteína não pode ser cristalizada.

Quando um cristal adequadamente puro é exposto a um feixe de raios X, um *padrão de difração* é produzido em uma chapa fotográfica ou em um contador de radiação. O padrão é produzido quando os elétrons em cada átomo da molécula dispersam os raios X. O número de elétrons no átomo determina a intensidade da sua dispersão de raios X; átomos mais pesados dispersam mais eficientemente que os mais leves. Os raios X dispersados a partir de átomos individuais podem se reforçar ou cancelar uns aos outros (estabelecer interferência construtiva ou destrutiva), originando o padrão característico para cada tipo de molécula. Uma série de padrões de difração obtidos de diversos ângulos contém as informações necessárias para determinar a estrutura terciária. As informações são extraídas dos padrões de difração mediante uma análise matemática conhecida como *séries de Fourier*. Milhares de cálculos são necessários para determinar a estrutura de uma proteína e, embora sejam feitos por computador, o processo é um tanto longo. Melhorar os procedimentos de cálculos é objeto de pesquisas.

Outra técnica que suplementa os resultados da difração por raios X começou a ser amplamente utilizada nos últimos anos: forma de **espectroscopia de ressonância magnética nuclear (RMN)**. Nesta aplicação particular de RMN, chamada *RMN 2-D* (bidimensional), grandes grupos de dados pontuais são sujeitos à análise por

espectroscopia de ressonância magnética nuclear (RMN) método para a determinação da forma tridimensional de proteínas em solução computador (Figura 4.9a). Como na difração por raios X, esse método utiliza as séries de Fourier para analisar os resultados, assim como se assemelha à difração por raios X em outro aspecto: é um processo longo e exige uma potência considerável dos computadores e apenas miligramas de proteínas. Um aspecto em que a RMN 2-D é diferente da difração por raios X é que aquela utiliza amostras de proteína em solução aquosa, em vez de cristais. Esse ambiente é mais parecido com o das proteínas nas células, o que é uma das principais vantagens do método. O método de RMN mais amplamente usado na determinação da estrutura proteica depende essencialmente das distâncias entre os átomos de hidrogênio, fornecendo resultados independentes daqueles obtidos pela cristalografia por raios X. O método de RMN passa por aprimoramentos constantes e tem sido aplicado a proteínas maiores à medida que esses aprimoramentos progridem.

Mioglobina: Um Exemplo de Estrutura Proteica

De diversas formas, a mioglobina é o exemplo clássico de uma proteína globular. Nós a utilizaremos aqui como um exemplo de estudo sobre a estrutura terciária. (Veremos a estrutura terciária de muitas outras proteínas em outros contextos quando discutirmos suas funções na bioquímica.) A mioglobina foi a primeira proteína cuja estrutura terciária completa (Figura 4.10) foi determinada pela cristalografia por raios X. A molécula completa de mioglobina consiste em uma única cadeia polipeptídica de 153 resíduos de aminoácidos e inclui um grupo prostético, o grupo **heme**, que também ocorre na hemoglobina. A molécula de mioglobina (incluindo o grupo heme) tem estrutura compacta, com os átomos internos muito próximos entre si. Esta estrutura fornece exemplos de várias forças responsáveis pela forma tridimensional das proteínas.

heme composto cíclico encontrado nos citocromos, na hemoglobina e na mioglobina

A mioglobina tem oito regiões hélice α e nenhuma de folha β pregueada. Aproximadamente 75% dos resíduos na mioglobina são encontrados nessas regiões helicoidais, designadas pelas letras de A até H. A ligação de hidrogênio no esqueleto polipeptídico estabiliza as regiões de hélice α, e as cadeias laterais de aminoácidos também estão envolvidas nas ligações de hidrogênio. Os resíduos polares estão no lado externo da molécula. O interior da proteína contém quase exclusivamente resíduos de aminoácidos apolares. Dois resíduos polares de histidina são encontrados no interior da molécula; eles estão envolvidos nas interações com o grupo heme e com a ligação de oxigênio, e, assim, têm um papel importante na função da molécula. O grupo heme plano cabe em um bolsão hidrofóbico na porção proteica da molécula, e é mantido na posição por atrações hidrofóbicas entre o anel porfirínico do grupo heme e as cadeias laterais apolares da proteína. A presença do grupo heme afeta drasticamente a conformação do polipeptídeo: a apoproteína (a cadeia polipeptídica sozinha, sem o grupo prostético heme) não se dobra tão fortemente como a molécula completa.

O grupo heme consiste em um íon metálico, o Fe(II), e uma porção orgânica, a protoporfirina IX (Figura 4.11). (A notação Fe(II) é preferível à Fe^{2+} quando os íons metálicos aparecem em complexos.) A porção de porfirina é composta por quatro anéis de cinco átomos com base na estrutura do pirrol. Esses quatro anéis estão ligados por ligações de grupos metino (–CH=) para formar uma estrutura quadrática plana. O íon Fe(II) tem seis sítios de coordenação e forma seis ligações de complexação com o íon metálico. Quatro dos seis sítios são ocupados pelos átomos de nitrogênio dos quatro anéis de tipo pirrólico da porfirina para fornecer o grupo heme completo. A presença do grupo heme é necessária para que a mioglobina se ligue ao oxigênio.

O quinto sítio de coordenação do íon Fe(II) é ocupado por um dos átomos de nitrogênio da cadeia lateral imidazólica do resíduo de histidina F8 (o oitavo resíduo no segmento helicoidal F). Este resíduo é um dos dois situados no interior da molécula. O oxigênio é ligado ao sexto sítio de coordenação do ferro. O quinto e o sexto sítios de coordenação estão em posições perpendiculares e em lados opostos ao plano do anel porfirínico. O outro resíduo de histidina

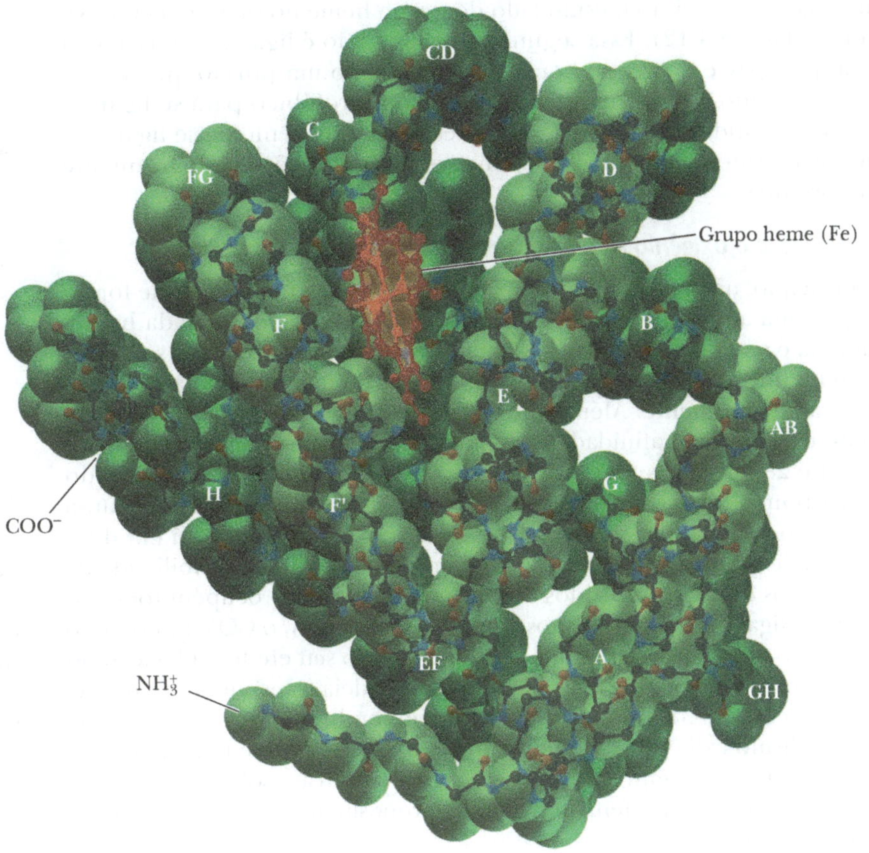
CD
C
FG
D
Grupo heme (Fe)
F
B
E
AB
H
F'
G
COO^-
EF
A
GH
NH_3^+

FIGURA 4.10 TEstrutura da molécula de mioglobina. O esqueleto peptídico e o grupo heme. Os segmentos helicoidais são designados pelas letras A até H. Os termos NH_3 e COO^- indicam as extremidades N-terminal e C-terminal, respectivamente.

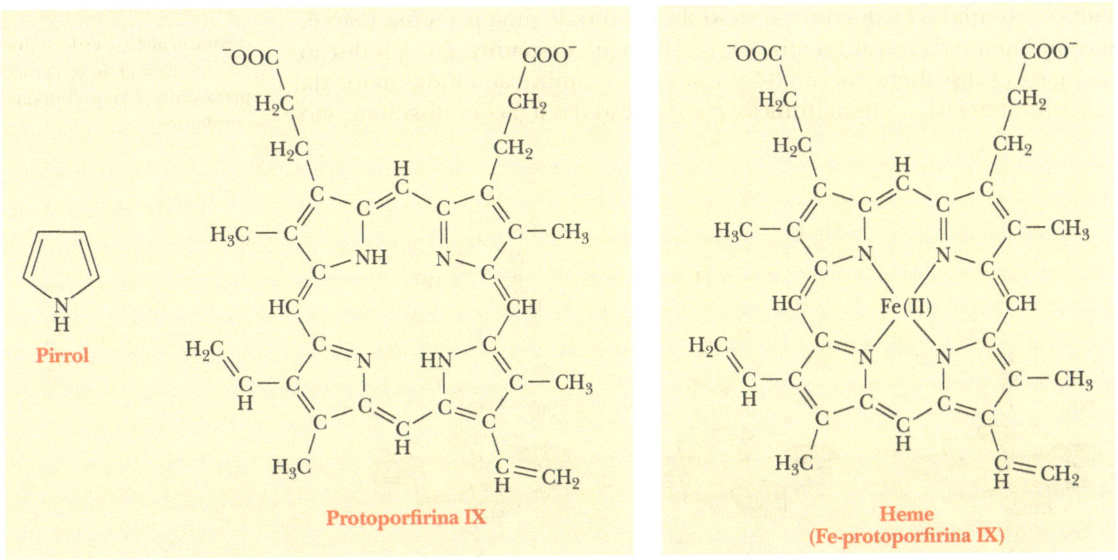
Pirrol
Protoporfirina IX
Heme
(Fe-protoporfirina IX)

FIGURA 4.11 A estrutura do grupo heme. Quatro anéis pirrólicos são unidos por grupos de ligação para formar um anel porfirínico plano. Diversos anéis porfirínicos isoméricos são possíveis dependendo da natureza e do arranjo das cadeias laterais. O isômero da porfirina encontrado no heme é a protoporfirina IX. A adição de ferro à protoporfirina IX produz o grupo heme.

no interior da molécula, o resíduo E7 (o sétimo resíduo no segmento helicoidal E), está no mesmo lado do grupo heme no qual se liga o oxigênio (Figura 4.12). Essa segunda histidina não é ligada ao ferro ou a qualquer parte do grupo heme, mas age como um portão que abre e fecha quando o oxigênio entra no bolsão hidrofóbico para se ligar ao heme. A histidina E7 inibe de forma estérica o oxigênio de se ligar perpendicularmente ao plano do heme, com ramificações biologicamente importantes.

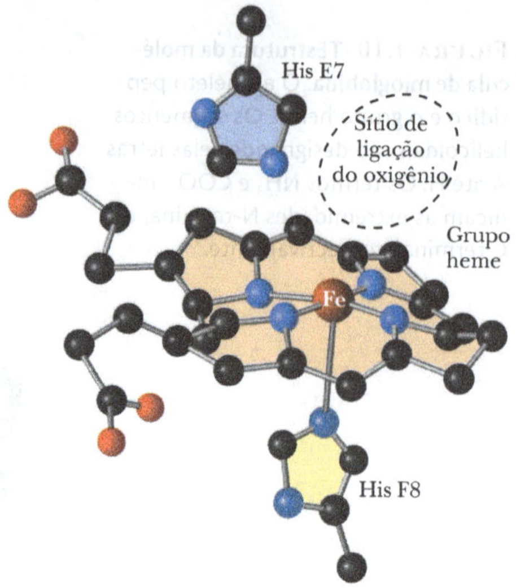
His E7
Sítio de ligação do oxigênio
Grupo heme
Fe
His F8

FIGURA 4.12 O sítio de ligação do oxigênio na mioglobina. O anel porfirínico ocupa quatro dos seis sítios de coordenação do Fe(II). A histidina F8 (His F8) ocupa o quinto sítio de coordenação do ferro (veja o texto). O oxigênio está ligado no sexto sítio de coordenação do ferro, e a histidina E7 fica próxima ao oxigênio. *(Leonard Lessin/Waldo Feng/Mt. Sinai CORE.)*

▶ *Por que o oxigênio tem ligação imperfeita com o grupo heme?*

A princípio, não pareceria intuitivo o fato de o oxigênio se ligar de forma imperfeita ao grupo heme. Afinal, a função da mioglobina e da hemoglobina é se ligar ao oxigênio. Não faria sentido que o oxigênio se ligasse fortemente? A resposta está no fato de mais de uma molécula poder se ligar ao grupo heme. Além do oxigênio, o monóxido de carbono também se liga a ele. A afinidade do heme livre com o monóxido de carbono (CO) é 25.000 vezes maior que com o oxigênio. Quando o monóxido de carbono é forçado a se ligar em um ângulo na mioglobina por causa do bloco sérico da His E7, sua vantagem sobre o oxigênio cai em duas ordens de grandeza (Figura 4.13). Isso protege contra a possibilidade de que traços de CO produzidos durante o metabolismo ocupem todos os sítios de ligação ao oxigênio nos hemes. Mesmo assim, o CO é um veneno poderoso em grandes quantidades por causa do seu efeito na ligação do oxigênio à hemoglobina e na etapa final da cadeia transportadora de elétrons (Seção 20-5). É importante também lembrar que, embora nosso metabolismo exija que a hemoglobina e a mioglobina se liguem ao oxigênio, seria igualmente desastroso se o heme nunca o soltasse. Portanto, uma ligação muito perfeita derrotaria o propósito das proteínas transportadoras de oxigênio.

Na ausência da proteína, o ferro do grupo heme pode ser oxidado a Fe(III); o heme oxidado não se liga ao oxigênio. Assim, a combinação do heme com a proteína é necessária para ligar o O_2 para armazenar oxigênio.

Desnaturação e Renaturação

As interações não covalentes que mantêm a estrutura tridimensional de uma proteína são fracas; portanto, não surpreende o fato de que elas possam ser rompidas facilmente. O desdobramento de uma proteína (isto é, o rompimento da estrutura terciária) é chamado **desnaturação**. A redução de ligações dissulfeto (Seção 3-5) leva à desorganização ainda maior da estrutura terciária. A desnaturação e a redução das ligações dissulfeto são

desnaturação desdobramento da estrutura tridimensional de uma macromolécula provocado pela quebra das interações não covalentes

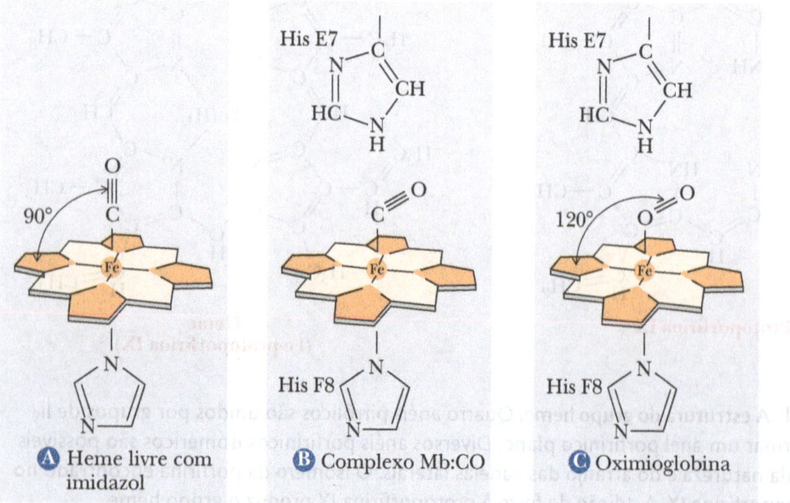
90°
O
C
Fe
N
N
Ⓐ Heme livre com imidazol
His E7
C
N
CH
HC
N
H
C
O
Fe
His F8
N
N
Ⓑ Complexo Mb:CO
His E7
120°
O
O
Fe
His F8
Ⓒ Oximioglobina

FIGURA 4.13 O oxigênio e o monóxido de carbono em ligação com o grupo heme da mioglobina. A presença da histidina E7 força um ângulo de 120° com relação ao oxigênio ou ao CO.

frequentemente combinadas quando se deseja o rompimento completo da estrutura terciária das proteínas. Sob condições experimentais adequadas, a estrutura desfeita pode, então, ser completamente recuperada. Esse processo de desnaturação e renaturação é uma demonstração drástica da relação entre a estrutura primária da proteína e as forças que determinam a estrutura terciária. Para diversas proteínas, vários outros fatores são necessários para a renaturação completa, mas o ponto importante é que a estrutura primária determina a estrutura terciária.

As proteínas podem ser desnaturadas de diversas formas. Uma delas é pelo *calor*. Um aumento na temperatura favorece as vibrações no interior da molécula, e a energia dessas vibrações pode se tornar grande o suficiente para desfazer a estrutura terciária. Em *extremos de pH*, tanto altos como baixos, pelo menos algumas cargas da proteína ficam faltando, e, assim, as interações eletrostáticas que normalmente estabilizariam a forma funcional nativa da proteína são drasticamente reduzidas. Isso leva à desnaturação.

A ligação de *detergentes*, como o dodecil sulfato de sódio (SDS), também desnatura as proteínas. Os detergentes tendem a desfazer as interações hidrofóbicas. Se um detergente possui carga, ele poderá também desfazer as interações eletrostáticas no interior da proteína. Outros reagentes, como a *ureia* e o *hidrocloreto de guanidina*, formam ligações de hidrogênio com a proteína mais fortes que aquelas dentro dela. Esses dois reagentes também podem desfazer interações hidrofóbicas praticamente da mesma forma que os detergentes (Figura 4.14).

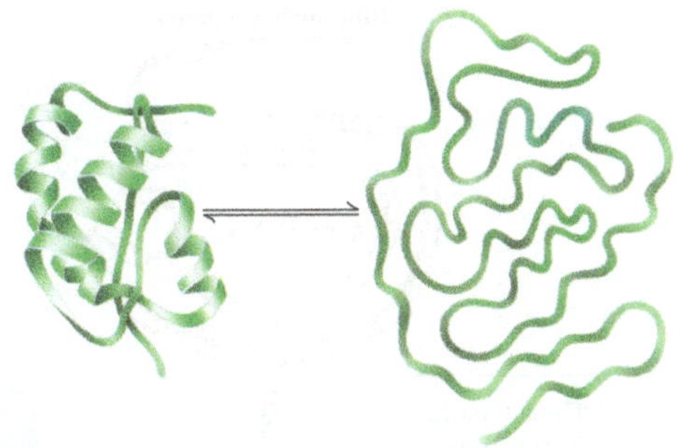
Nativa
Desnaturada

Figura 4.14 A desnaturação de uma proteína. A conformação nativa pode ser recuperada quando as condições para desnaturação são removidas.

O *β-mercaptoetanol* ($HS—CH_2—CH_2—OH$) é frequentemente utilizado para reduzir ligações dissulfeto para dois grupos sulfidrila. A ureia normalmente é adicionada à mistura da reação para facilitar o desdobramento proteico e aumentar a acessibilidade de dissulfeto ao agente redutor. Se as condições experimentais forem selecionadas de modo adequado, a conformação nativa da proteína poderá ser recuperada quando o mercaptoetanol e a ureia forem removidos (Figura 4.15). Experimentos desse tipo fornecem uma das mais fortes evidências de que a sequência de aminoácidos da proteína contém todas as informações necessárias para produzir a sua estrutura tridimensional completa. Os pesquisadores de proteínas buscam com certo interesse as condições nas quais uma proteína pode ser desnaturada — incluindo a redução de dissulfeto — e sua conformação nativa, recuperada posteriormente.

4-5 Estrutura Quaternária das Proteínas

A estrutura quaternária é o nível final da estrutura proteica e é própria das proteínas que contêm mais de uma cadeia polipeptídica. Cada cadeia é chamada de *subunidade*. O número de cadeias pode variar de duas a mais de uma dúzia, e as cadeias podem ser idênticas ou diferentes. Alguns exemplos que ocorrem normalmente são **dímeros**, **trímeros** e **tetrâmeros**, consistindo em duas, três e quatro cadeias polipeptídicas, respectivamente. (O termo genérico para tal molécula, composta por um pequeno número de subunidades, é **oligômero**.) As cadeias interagem entre si de forma não covalente via atrações eletrostáticas, ligações de hidrogênio e interações hidrofóbicas.

dímeros moléculas consistindo em duas subunidades

trímeros moléculas consistindo em três subunidades

tetrâmeros moléculas consistindo em quatro subunidades

oligômero agregado de várias unidades (monômeros) menores; a ligação pode ser covalente ou não covalente

alostérico propriedade de proteínas de subunidades múltiplas como a de uma variação conformacional em uma subunidade induzir uma variação em outra subunidade

Como resultado dessas interações não covalentes, mudanças sutis na estrutura de um sítio em uma molécula proteica podem causar alterações drásticas nas propriedades em um sítio distante. As proteínas que exibem essa propriedade são chamadas **alostéricas**. Nem todas as proteínas com diversas subunidades têm efeitos alostéricos, embora muitas os apresentem.

Uma ilustração clássica da estrutura quaternária das proteínas e de seu efeito nas propriedades moleculares é uma comparação entre a hemoglobina, uma proteína alostérica e a mioglobina, que é composta por uma única cadeia polipeptídica.

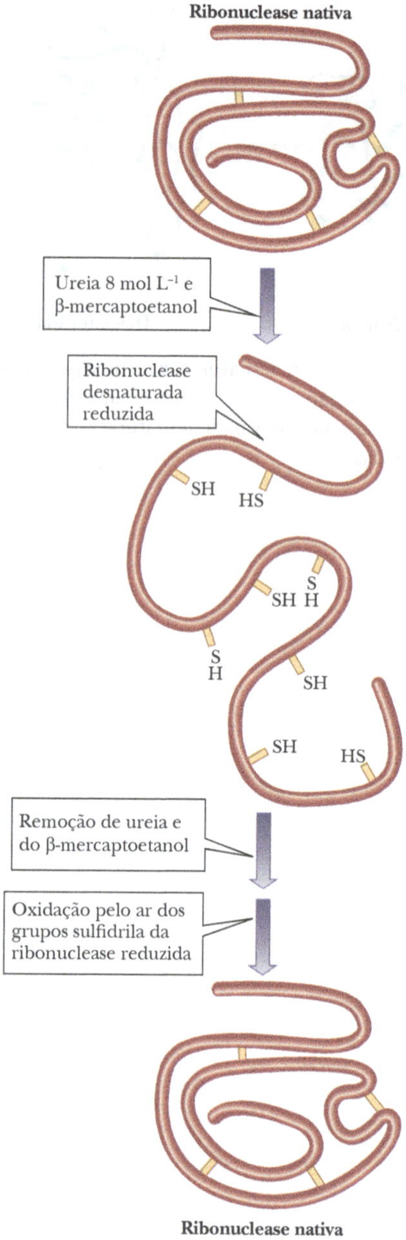
Ribonuclease nativa
Ureia 8 mol L⁻¹ e β-mercaptoetanol
Ribonuclease desnaturada reduzida
SH
HS
SH
S H
S H
SH
SH
HS
Remoção de ureia e do β-mercaptoetanol
Oxidação pelo ar dos grupos sulfidrila da ribonuclease reduzida
Ribonuclease nativa

Figura 4.15 Desnaturação e renaturação na ribonuclease. A proteína ribonuclease pode ser completamente desnaturada pela ação conjunta da ureia e do mercaptoetanol. Quando as condições de desnaturação são retiradas, a atividade proteica é recuperada.

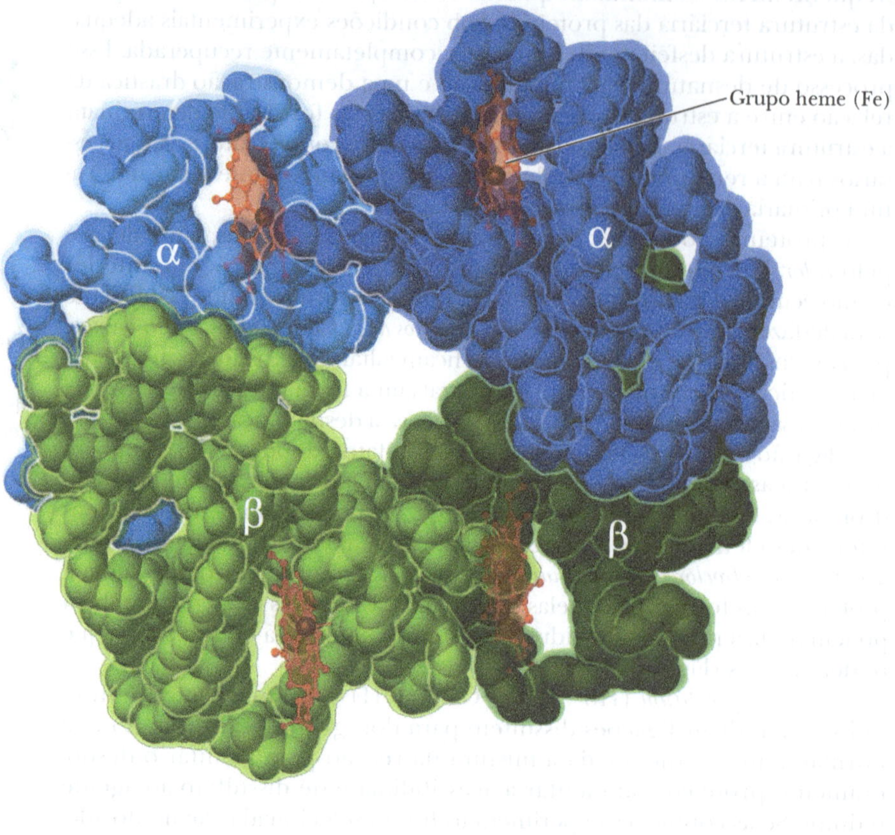
Grupo heme (Fe)
α
α
β
β

Figura 4.16 Estrutura da hemoglobina. A hemoglobina ($\alpha_2\beta_2$) é um tetrâmero que consiste em quatro cadeias polipeptídicas (duas cadeias α e duas β).

cooperatividade positiva efeito cooperativo pelo qual a ligação do primeiro ligante a uma enzima ou proteína faz que a afinidade por um próximo ligante seja maior

hiperbólica característica da curva em um gráfico de tal forma que ela aumenta rapidamente e então se nivela

sigmoidal refere-se a uma curva em forma de S em um gráfico característico de interações cooperativas

Hemoglobina

A hemoglobina é um tetrâmero, que consiste em quatro cadeias polipeptídicas, duas cadeias α e duas cadeias β (Figura 4.16). (Nas proteínas oligoméricas, os tipos de cadeias polipeptídicas são designados por letras gregas. Neste caso, os termos α e β não têm nenhuma relação com a hélice α e com a folha β pregueada; em vez disso, referem-se a duas subunidades de cadeia polipeptídica diferentes.) As duas cadeias α da hemoglobina são idênticas, assim como as duas cadeias β. A estrutura geral da hemoglobina é $\alpha_2\beta_2$ na notação de letras gregas. Tanto as cadeias α como as β da hemoglobina são muito semelhantes à cadeia da mioglobina. A cadeia α tem 141 resíduos de comprimento, e a cadeia β, 146. Para comparação, a cadeia da mioglobina tem 153 resíduos de comprimento. Muitos dos aminoácidos da cadeia α, da cadeia β e da mioglobina são *homólogas*, isto é, têm os mesmos resíduos de aminoácido nas mesmas posições. O grupo heme é o mesmo na mioglobina e na hemoglobina.

Já vimos que uma molécula de mioglobina liga-se a uma molécula de oxigênio. Quatro moléculas de oxigênio podem, portanto, ligar-se a uma molécula de hemoglobina. Tanto a hemoglobina como a mioglobina se ligam ao oxigênio de forma reversível, mas a ligação de oxigênio à hemoglobina mostra **cooperatividade positiva**, o que não ocorre na mioglobina. Cooperatividade positiva significa que, quando uma molécula de oxigênio é ligada, fica mais fácil para a próxima molécula se ligar. Um gráfico das propriedades de ligação de oxigênio da hemoglobina e da mioglobina é uma das melhores maneiras de ilustrar este ponto (Figura 4.17).

Quando o grau de saturação da mioglobina com o oxigênio é colocado em gráfico em relação à pressão de oxigênio, observa-se um crescimento constante da curva até que a saturação completa seja atingida e a curva se torne nivelada. A curva de ligação de oxigênio da mioglobina é, assim, chamada de **hiperbólica**. Em contraste, o formato da curva de ligação do oxigênio na hemoglobina é **sigmoidal**. Essa forma indica que a ligação da primeira molécula de oxigênio facilita a ligação da segunda, que facilita a ligação da terceira, que, por sua vez, facilita a ligação da quarta. É exatamente isso o que quer dizer o termo *ligação cooperativa*. No entanto, observe que, embora a ligação cooperativa signifique que ligar cada oxigênio subsequente seja mais fácil que ligar o anterior, a curva de ligação ainda é mais baixa que a da mioglobina em qualquer pressão de oxigênio. Em outras palavras, em qualquer pressão de oxigênio, a mioglobina terá uma porcentagem de saturação mais alta que a hemoglobina.

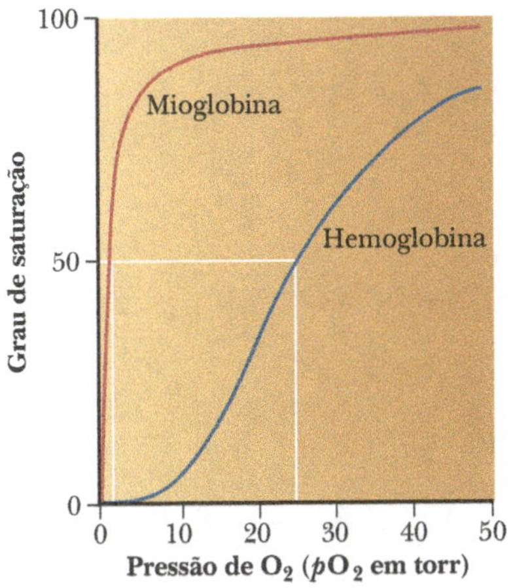
100
50
0
Mioglobina
Hemoglobina
Grau de saturação
0 10 20 30 40 50
Pressão de O₂ (pO₂ em torr)

FIGURA 4.17 Uma comparação entre os comportamentos de ligação de oxigênio da mioglobina e da hemoglobina. A curva da ligação de oxigênio da mioglobina é hiperbólica, enquanto a da hemoglobina é sigmoidal. A mioglobina é 50% saturada com oxigênio a pressão parcial de 1 torr; a hemoglobina não atinge a saturação de 50% até que a pressão parcial de oxigênio atinja 26 torr.

torr unidade de pressão igual àquela exercida por uma coluna de mercúrio de 1 mm de altura a 0 °C

Como a hemoglobina funciona?

Os tipos diferentes de comportamento da mioglobina e da hemoglobina estão relacionados às funções dessas proteínas. A mioglobina tem a função de *armazenar* oxigênio no músculo. Ela deve ligar-se fortemente ao oxigênio em pressões muito baixas e, então, torna-se 50% saturada em uma pressão parcial de oxigênio de 1 torr. (**torr** é uma unidade de pressão amplamente utilizada, mas não é uma unidade do SI. Um torr é a pressão exercida por uma coluna de mercúrio com 1 mm de altura a 0 °C. Uma atmosfera é igual a 760 torr.) A função da hemoglobina é *transportar* oxigênio, e ela deve ser capaz tanto de ligar o oxigênio fortemente como liberá-lo facilmente, dependendo das condições. Nos alvéolos pulmonares (onde a hemoglobina deve ligar-se ao oxigênio para transportá-lo aos tecidos), a pressão de oxigênio é de 100 torr. A essa pressão, a hemoglobina está 100% saturada de oxigênio. Nos capilares de músculos ativos, a pressão de oxigênio é de 20 torr, o que corresponde a menos de 50% de saturação da hemoglobina, que ocorre a 26 torr. Em outras palavras, a hemoglobina libera oxigênio facilmente nos capilares, onde a necessidade de oxigênio é muito grande.

Mudanças estruturais durante a ligação de moléculas pequenas são características de proteínas alostéricas, como a hemoglobina. Esta tem estruturas quaternárias diferentes nas formas ligada (oxigenada) e não ligada (desoxigenada). Na hemoglobina oxigenada, as duas cadeias β são muito mais próximas entre si do que na hemoglobina desoxigenada. A mudança é tão marcante que as duas formas da hemoglobina possuem estruturas cristalinas diferentes.

Mudanças Conformacionais que Acompanham a Função da Hemoglobina

Outros ligantes estão envolvidos nos efeitos cooperativos quando o oxigênio se liga à hemoglobina. Tanto o H^+ como o CO_2, que também se ligam à hemoglobina, afetam sua afinidade pelo oxigênio, alterando a estrutura tridimensional da proteína de forma sutil, mas importante. O efeito do H^+ (Figura 4.18) é chamado *efeito Bohr*, em homenagem a seu descobridor, Christian Bohr (pai do físico Niels Bohr). A capacidade da mioglobina de ligar-se ao oxigênio não é afetada pela presença de H^+ ou de CO_2.

Um aumento na concentração de H^+ (isto é, uma redução do pH) diminui a afinidade da hemoglobina por oxigênio. O aumento do H^+ causa a protonação dos principais aminoácidos, incluindo os N-terminais das cadeias α e a His^{146} das cadeias β. A histidina protonada é atraída para, e estabilizada por, uma ligação salina com a Asp^{94}. Isso favorece a forma desoxigenada de hemoglobina. Um tecido metabolicamente ativo, que requer oxigênio, libera H^+, acidificando, assim, seu ambiente. A hemoglobina tem uma afinidade menor pelo oxigênio nessas

$$HbO_2 + H^+ + CO_2 \underset{\text{Alvéolos pulmonares}}{\overset{\text{Tecido metabolicamente ativo (como o músculo)}}{\rightleftharpoons}} O_2 + Hb\begin{smallmatrix} / CO_2 \\ \backslash H^+ \end{smallmatrix}$$

FIGURA 4.18 As características gerais do efeito Bohr. Em tecido metabolicamente ativo, a hemoglobina libera oxigênio e liga-se ao CO_2 e ao H^+. Nos pulmões, a hemoglobina libera CO_2 e H^+ e liga-se ao oxigênio.

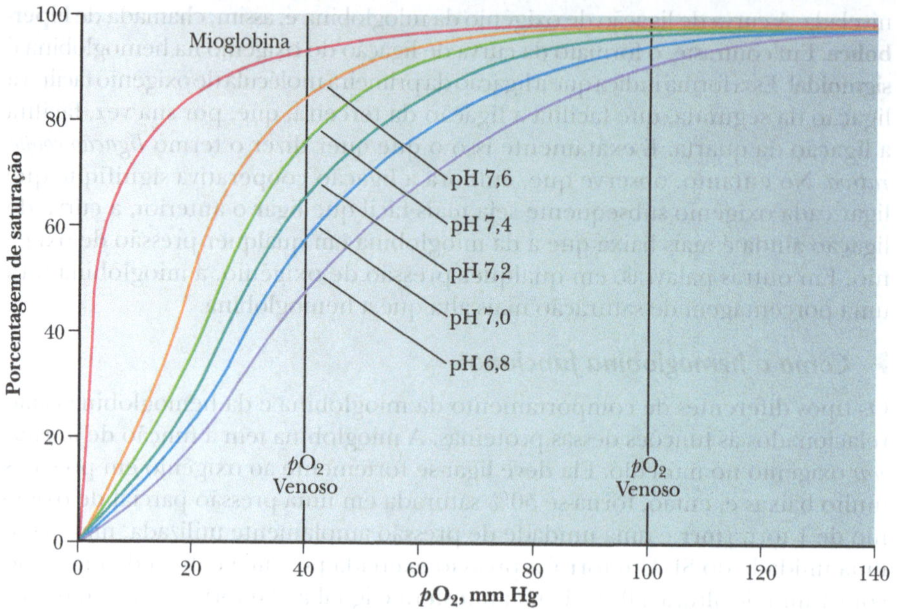

100
80
60
40
20
0
Porcentagem de saturação
Mioglobina
pH 7,6
pH 7,4
pH 7,2
pH 7,0
pH 6,8
pO_2 Venoso
pO_2 Venoso
0
20
40
60
80
100
120
140
pO_2, mm Hg

Figura 4.19 As curvas de saturação de oxigênio para a mioglobina e a hemoglobina em cinco valores diferentes de pH.

condições, e libera oxigênio onde é necessário (Figura 4.19). As propriedades ácido-base da hemoglobina afetam, e são afetadas por, suas propriedades de ligação do oxigênio. A forma oxigenada da hemoglobina é um ácido mais forte (tem pK_a menor) que sua forma desoxigenada. Em outras palavras, a hemoglobina desoxigenada tem maior afinidade pelo H^+ que a forma oxigenada. Assim, as mudanças na estrutura quaternária da hemoglobina podem modular o tamponamento do sangue por meio da própria molécula de hemoglobina.

A Tabela 4.1 resume as características importantes do efeito Bohr. Grandes quantidades de CO_2 são produzidas pelo metabolismo. O CO_2, por sua vez, forma o ácido carbônico, H_2CO_3. O pK_a do H_2CO_3 é 6,35; o pH normal do sangue é 7,4. Como consequência, cerca de 90% do CO_2 dissolvido estarão presentes como íon bicarbonato, HCO_3^-, liberando H^+. (A equação de Henderson-Hasselbalch pode ser utilizada para confirmar esse fato.) O sistema de tamponamento *in vivo* envolvendo o H_2CO_3 e o HCO_3^- no sangue foi discutido na Seção 2-5. A presença de maiores quantidades de H^+ como resultado da produção de CO_2 favorece a estrutura quaternária característica da hemoglobina desoxigenada. Portanto, a afinidade da hemoglobina por oxigênio é reduzida. O HCO_3^- é transportado até os pulmões, onde se une ao H^+ liberado quando a hemoglobina é oxigenada, formando H_2CO_3. Por sua vez, o H_2CO_3 libera CO_2, que é, então, exalado. A hemoglobina também transporta algum CO_2 diretamente. Quando a concentração de CO_2 é alta, ela se combina aos grupos amina α livres para formar carbamato:

$$R{-}NH_2 + CO_2 \rightleftharpoons R{-}NH{-}COO^- + H^+$$

Essa reação transforma os terminais α-aminas em ânions, que, então, podem interagir com a cadeia α Arg^{141}, também estabilizando a forma desoxigenada.

Tabela 4.1 Um resumo do Efeito Bohr

Pulmões	Músculo Metabolicamente Ativo
Maior pH que no tecido metabolicamente ativo	Menor pH devido à produção de H^+
Hemoglobina liga-se ao O_2	Hemoglobina libera O_2
Hemoglobina libera H^+	Hemoglobina liga-se ao H^+

Na presença de grandes quantidades de H^+ e CO_2, como no tecido respiratório, a hemoglobina libera oxigênio. A presença de grandes quantidades de oxigênio nos pulmões inverte o processo, fazendo que a hemoglobina se ligue ao O_2. A hemoglobina oxigenada pode, então, transportar oxigênio aos tecidos. O processo é complexo, mas permite um ajuste preciso do pH, assim como dos níveis de CO_2 e O_2.

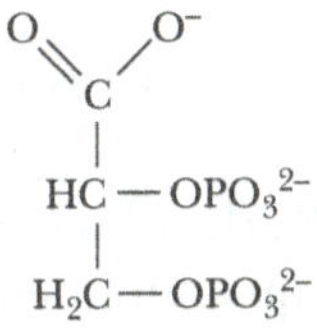

A hemoglobina no sangue também está ligada a outro ligante, o *2,3-bisfosfoglicerato (BPG)* (Figura 4.20), com efeitos drásticos em sua capacidade de ligação com o oxigênio. A ligação do BPG à hemoglobina é eletrostática; ocorrem interações específicas entre as cargas negativas do BPG e as cargas positivas da proteína. Na presença de BPG, a pressão parcial na qual 50% da hemoglobina ligam-se ao oxigênio é de 26 torr. Se não houvesse BPG no sangue, a capacidade de ligação ao oxigênio da hemoglobina seria muito maior (50% da hemoglobina ligada ao oxigênio a cerca de 1 torr), e pouco oxigênio seria liberado nos capilares. A hemoglobina "purificada", que é isolada do sangue e da qual o BPG endógeno foi removido, exibe esse comportamento (Figura 4.21).

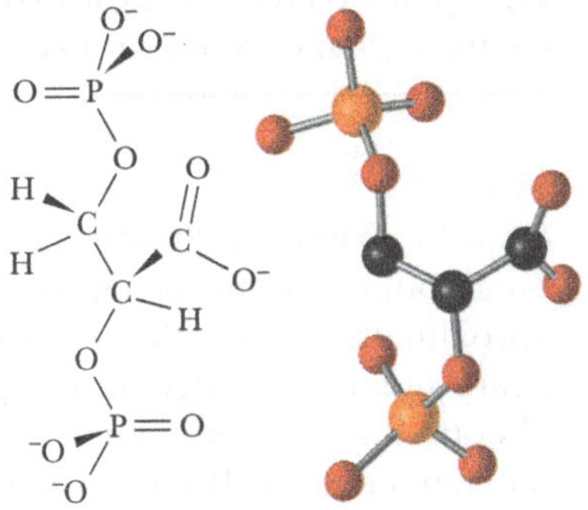

Figura 4.20 A estrutura do BPG. O BPG (2,3-*bis*fosfoglicerato) é um importante influenciador alostérico da hemoglobina.

O BPG também tem papel no suprimento de oxigênio para o feto em crescimento. O feto recebe oxigênio da corrente sanguínea da mãe via placenta. A hemoglobina fetal (Hb F) tem maior afinidade pelo oxigênio que a hemoglobina materna, o que permite a transferência eficiente de oxigênio da mãe para o feto (Figura 4.22). Duas características da hemoglobina fetal contribuem para essa maior capacidade de ligação de oxigênio. Uma é a presença de duas cadeias polipeptídicas diferentes. A estrutura da subunidade da Hb F é $\alpha_2\gamma_2$, onde as cadeias β da hemoglobina adulta (Hb A), a hemoglobina normal, foram substituídas pelas cadeias γ, que têm estrutura semelhante, mas não idêntica. A segunda característica é que a Hb F se liga menos fortemente ao BPG que a Hb A. Na cadeia β da hemoglobina adulta, a His^{143} forma uma ligação salina até o BPG. Na hemoglobina fetal, a cadeia γ tem uma substituição de aminoácido, de uma serina para a His^{143}. Essa mudança de um aminoácido carregado positivamente para um neutro diminui o número de contatos entre a hemoglobina e o BPG, reduzindo o efeito alostérico o suficiente para dar à hemoglobina fetal uma curva de ligação mais alta que a da hemoglobina adulta. Você pode testar seu entendimento de como a hemoglobina responde ao pH através do **Aplique Seu Conhecimento 4.1.** O quadro CONEXÕES **BIOQUÍMICAS 4.1** discute outro tipo de cadeia de hemoglobina, a Hb S, que provoca a doença anemia falciforme.

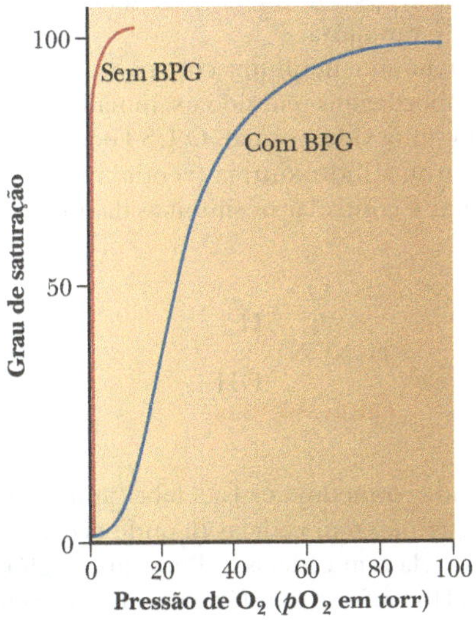
100
Sem BPG
Com BPG
50
0
Grau de saturação
0
20
40
60
80
100
Pressão de O_2 (pO_2 em torr)

Figura 4.21 Uma comparação entre as propriedades de ligação de oxigênio da hemoglobina na presença e na ausência de BPG. Observe que a presença de BPG reduz acentuadamente a afinidade da hemoglobina pelo oxigênio.

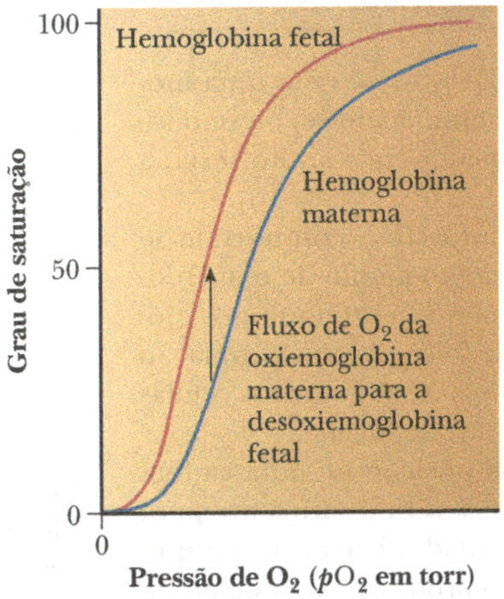
100
Hemoglobina fetal
Hemoglobina materna
50
Fluxo de O_2 da oxiemoglobina materna para a desoxiemoglobina fetal
0
Grau de saturação
0
Pressão de O_2 (pO_2 em torr)

Figura 4.22 Uma comparação entre a capacidade de ligação de oxigênio das hemoglobinas fetal e materna. A hemoglobina fetal liga-se menos fortemente ao BPG e, consequentemente, tem maior afinidade pelo oxigênio que a hemoglobina materna.

4.1 Aplique Seu Conhecimento

Resposta do Oxigênio ao pH na Hemoglobina

Suponha que durante uma corrida de 400 m o pH diminua nas células musculares de 7,6 para 7,0 enquanto a pO_2 permaneça constante em 40 mm de Hg. Qual é o efeito da ligação do oxigênio na hemoglobina nas células musculares? Qual é a implicação disso? Qual é o efeito na mioglobina?

Solução

Usando a Figura 4.20, você pode ver que em pH 7,6 e 40 mm de Hg, a hemoglobina está aproximadamente 82% saturada. Em pH 7,0, esta cai para aproximadamente 58% de saturação. Isto significa que a hemoglobina se ligará menos ao oxigênio em pH mais baixo, ou, em outras palavras, ela liberará mais oxigênio para as células musculares. Entretanto a mioglobina não tem efeito de Bohr, e não existe efeito causado pela diminuição do pH.

4.1 Conexões **Bioquímicas** | medicina

Anemia Falciforme

A hemoglobina humana adulta normal tem duas cadeias α e duas cadeias β. Entretanto, algumas pessoas têm um tipo ligeiramente diferente de hemoglobina no sangue. Esta hemoglobina (chamada Hb S) difere do tipo normal apenas nas cadeias β e apenas em uma posição nestas duas cadeias: o ácido glutâmico, na sexta posição da Hb normal é substituído por um resíduo de valina na Hb S.

	4	5	6	7	8	9
Hb Normal	—Thr—	Pro—	Glu—	Glu—	Lys—	Ala—
Hb falciforme	—Thr—	Pro—	Val—	Glu—	Lys—	Ala—

Esta mudança afeta apenas duas posições em uma molécula contendo 574 resíduos de aminoácidos e, mesmo assim, é suficiente para produzir uma doença muito séria, a anemia falciforme.

Os glóbulos vermelhos contendo Hb S comportam-se normalmente quando há fornecimento amplo de oxigênio. Quando a pressão de oxigênio diminui, entretanto, os glóbulos vermelhos ficam na forma de foice. Esta má formação ocorre nos capilares. A defesa do organismo destrói as células entupidoras e a perda das células provoca anemia.

Essa mudança em apenas uma posição de uma cadeia consistindo em 146 aminoácidos é severa o suficiente para provocar uma alta taxa de mortalidade. Uma criança que herda dois genes programados para produzir a hemoglobina falciforme (um homozigoto) tem uma chance 80% menor de sobreviver até a fase adulta que uma criança com apenas um gene (um heterozigoto), ou uma criança com dois genes normais. Apesar da alta mortalidade de homozigotos, o traço genético sobrevive. Na África central, 40% da população em áreas dominadas por malária carregam o gene falciforme, e 4% são homozigotos. Parece que os genes falciformes ajudam a adquirir imunidade contra a malária no início da vida de tal forma que nas áreas dominadas pela malária a transmissão desses genes é vantajosa.

Não existe absolutamente nenhuma cura para a anemia falciforme, mas várias abordagens têm sido examinadas para melhorar as chances de uma vida normal. O US Food and Drug Administration aprovou a hidroxiureia (vendida sob o nome de Droxia) para tratar e controlar os sintomas da doença.

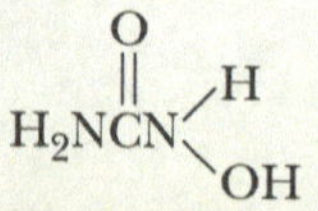
O
H
H_2NCN
OH
HIDROXIUREIA

A hidroxiureia induz a medula óssea a fabricar a hemoglobina fetal (Hb F), que não tem cadeias β, onde ocorre a mutação. Ao invés disso, ela tem cadeias γ. Portanto, os glóbulos vermelhos contendo Hb F não se transformam em foice nem en-

Continua

Continuação

topem os capilares. Com a terapia da hidroxiureia, a medula óssea ainda fabrica a Hb S que sofreu mutação, mas a presença de células com a hemoglobina fetal dilui a concentração de células falciformes, consequentemente aliviando os sintomas da doença.

Muito recentemente, os cientistas pensaram em uma abordagem ainda mais nova para aumentar os níveis de Hb F no sangue. Esta técnica é baseada na interferência do RNA, uma técnica que aprofundaremos mais quando estudarmos as técnicas de biologia molecular (Capítulo 9). Sem adiantar muito a discussão, os cientistas descobriram uma proteína, chamada BCL11A, que reprime a produção da proteína Hb F. Esta é uma parte normal de desenvolvimento e controla a troca da cadeia γ para a cadeia β na hemoglobina adulta. Usando modelos animais, eles mostraram que, eliminando a produção de BCL11A ao interferir na sua produção, os animais começaram a produzir a cadeia γ novamente. Esta foi uma notícia muito excitante. A próxima etapa no processo envolverá o design de medicamento com o objetivo de criar um que inibirá a produção ou a função do BCL11A. ◗

4-6 Dinâmica do Dobramento Proteico

Sabemos que a sequência de aminoácidos determina a estrutura tridimensional de uma proteína. Sabemos também que as proteínas podem adotar espontaneamente suas conformações nativas, ser desnaturadas e renaturadas de volta em suas conformações nativas, como mostrado na Figura 4.15. Estes fatos podem nos levar à seguinte pergunta:

bioinformática aplicação de métodos computadorizados para processar grandes quantidades de informações em bioquímica

homologia semelhança entre sequencias de monômeros nos polímeros

◗ *Podemos prever a estrutura terciária de uma proteína conhecendo-se a sua sequência de aminoácidos?*

Com as técnicas modernas de computação, somos capazes de prever a estrutura da proteína. Isto tem se tornado cada vez mais possível à medida que computadores mais potentes permitem o processamento de grandes quantidades de informação. O encontro da bioquímica com a computação originou o campo promissor da **bioinformática**. A previsão da estrutura proteica é uma das principais aplicações da bioinformática. Outra importante aplicação é a comparação de sequências de base nos ácidos nucleicos, tópico que discutiremos no Capítulo 13, junto com outros métodos para trabalhar com ácidos nucleicos. Como veremos, podemos agora prever a estrutura proteica e a função sabendo a sequência de nucleotídeo do gene que eventualmente leva à proteína final.

O primeiro passo para prever a arquitetura proteica é a busca em bancos de dados de estruturas conhecidas pela *homologia sequencial* entre a proteína cuja estrutura será determinada e as proteínas de arquitetura conhecida, onde o termo **homologia** refere-se à semelhança entre duas ou mais sequências. Se a sequência da proteína conhecida for semelhante o suficiente à da proteína sendo estudada, a estrutura da proteína conhecida torna-se o ponto de partida para a *modelagem comparativa*. O uso de algoritmos de modelagem que comparam a proteína em estudo com as estruturas conhecidas leva à previsão de uma estrutura. Esse método é mais útil quando a homologia sequencial é maior que 25% a 30%. Se a homologia sequencial for menor que 25% a 30%, outras abordagens são mais úteis. Os algoritmos de *reconhecimento de dobra* permitem a comparação com os motivos conhecidos de dobramento comuns à maioria das estruturas secundárias. Vimos vários desses motivos na Seção 4-3. Aqui há uma aplicação dessas informações. Outro método é a *previsão de novo*, com base nos primeiros princípios da química, da biologia e da física. Esse método também pode originar as estruturas subsequentemente confirmadas pela cristalografia por raios X. O fluxograma na Figura 4.23 mostra como as técnicas de previsão utilizam as informações existentes nos bancos de dados. A Figura 4.24 mostra uma comparação entre as estruturas previstas de duas proteínas (lado direito) para a proteína de reparo do DNA MutS e a proteína bacteriana HI0817. As estruturas cristalinas das duas proteínas são mostradas à esquerda.

Uma considerável quantidade de informações sobre sequências e arquitetura de proteínas está disponível na internet. Um dos recursos mais importantes é o Protein Data Bank, operado sob patrocínio do Research Collaboratory for Structural Bioinformatics (RCSB). Seu

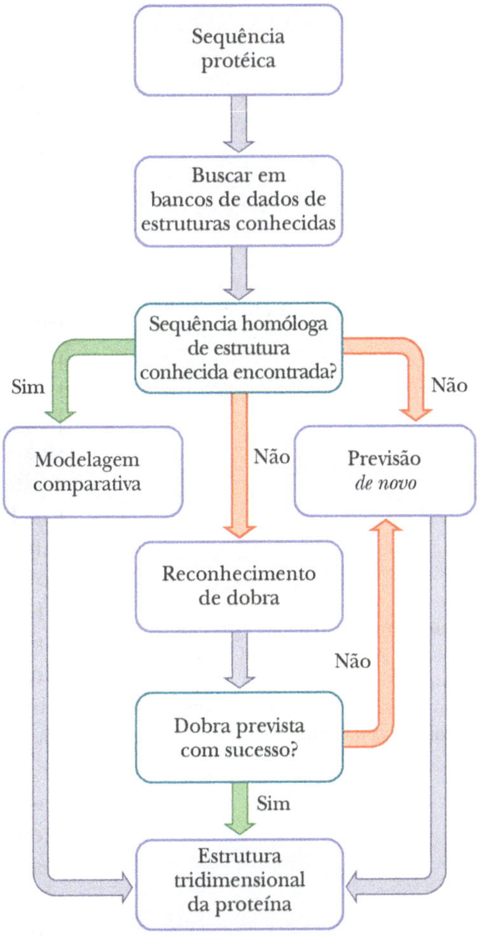

Sequência protéica
Buscar em bancos de dados de estruturas conhecidas
Sequência homóloga de estrutura conhecida encontrada?
Sim
Não
Modelagem comparativa
Não
Previsão de novo
Reconhecimento de dobra
Não
Dobra prevista com sucesso?
Sim
Estrutura tridimensional da proteína

FIGURA 4.23 Previsão de conformação de proteína. Um fluxograma mostrando o uso de informações existentes em bancos de dados para prever a conformação proteica. (*Cortesia de Rob Russell, EMBL.*)

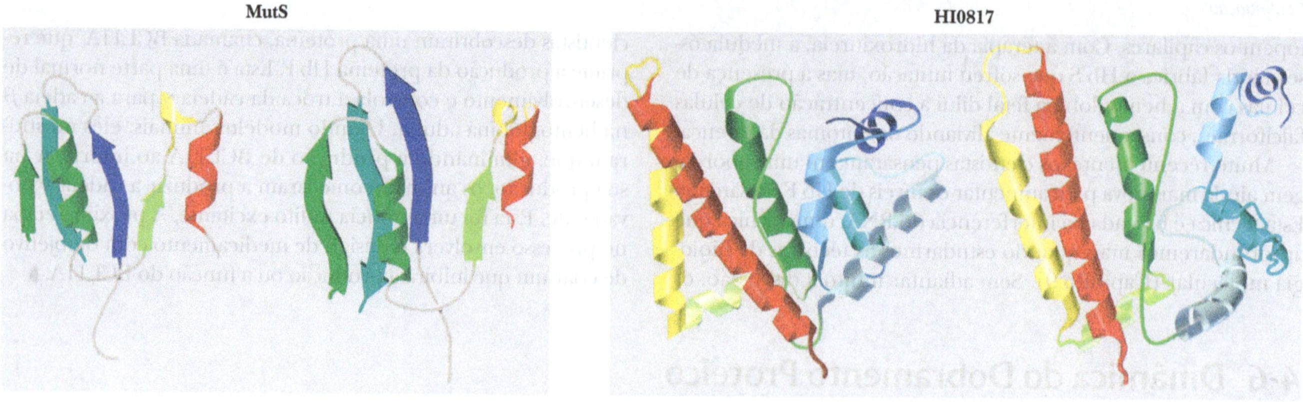
MutS
HI0817

Figura 4.24 **Estruturas previstas versus reais.** Uma comparação entre as estruturas previstas de duas proteínas (lado direito) para a proteína de reparo do DNA MutS e a proteína bacteriana HI0817. As estruturas cristalinas das duas proteínas são mostradas à esquerda. *(Cortesia da Universidade de Washington, em Seattle.)*

URL é **http://www.rcsb.org/pdb**. Este site, que contém diversos sites espelhados ao redor do mundo, é o único banco de informações estruturais sobre moléculas grandes. Ele inclui materiais sobre ácidos nucleicos, assim como sobre proteínas. Sua página inicial tem um botão com links direcionados especificamente a aplicações educativas.

Os resultados da previsão estrutural utilizando os métodos discutidos nesta seção também estão disponíveis na internet. Um dos endereços mais úteis é **http://predictioncenter.gc.ucdavis.edu**. Outras excelentes fontes de informação estão disponíveis por meio do National Institutes of Health (**http://pubmedcentral.nih.gov/tocrender.fcgi?iid=1005** e **http://www.ncbi.nlm.nih.gov**), e do servidor do ExPASy (Expert Protein Analysis System), em **http://us.expasy.org**.

Interações Hidrofóbicas: Estudo de Caso em Termodinâmica

Introduzimos rapidamente a noção de interações hidrofóbicas na Seção 4-4. As interações hidrofóbicas têm consequências importantes na bioquímica e um papel importante no dobramento proteico. Uma grande variedade de moléculas pode assumir estruturas definidas como resultado de interações hidrofóbicas. Já vimos a forma como as bicamadas de fosfolipídeos podem formar tal disposição. Lembre (Seção 2-1) que os fosfolipídeos são moléculas que têm cabeças contendo grupos polares e caudas longas apolares de cadeias de hidrocarbonetos. Essas bicamadas são menos complexas que uma proteína dobrada, mas as interações que levam à sua formação também desempenham papel essencial no dobramento proteico. Sob condições adequadas, um arranjo em camada dupla é formado para que os grupos polares de diversas moléculas entrem em contato com o ambiente aquoso, ao passo que as caudas apolares ficam em contato entre si e são protegidas do ambiente aquoso. As bicamadas formam estruturas tridimensionais chamadas **lipossomos** (Figura 4.25). Tais estruturas são modelos úteis para membranas biológicas, que consistem em diversas bicamadas com proteínas nelas inseridas. As interações entre a bicamada e as proteínas inseridas também são exemplos de interações hidrofóbicas. A própria existência das membranas depende das interações hidrofóbicas, que também possuem um papel essencial no dobramento proteico.

lipossomos agregados esféricos de lipídeos arranjados de tal forma que os grupos polares da cabeça estejam em contato com a água, e as caudas apolares protegidas da água

As interações hidrofóbicas são um fator importante no dobramento de proteínas em estruturas tridimensionais específicas necessárias para seu funcionamento como enzimas, transportadoras de oxigênio ou elementos estruturais. Sabe-se experimentalmente que as proteínas tendem a se dobrar para que cadeias laterais apolares hidrofóbicas fiquem protegidas da água no interior da proteína, enquanto as cadeias laterais polares hidrofílicas ficam no exterior da molécula e são acessíveis ao ambiente aquoso.

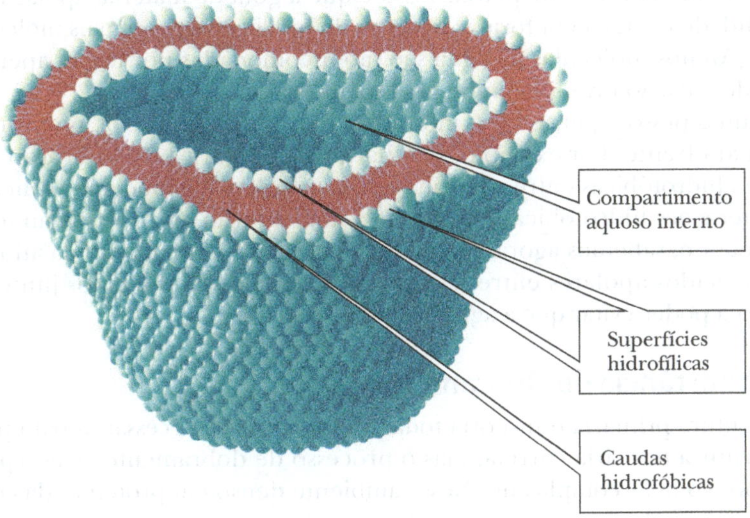
Compartimento aquoso interno
Superfícies hidrofílicas
Caudas hidrofóbicas

FIGURA 4.25 Diagrama esquemático de um lipossomo. Essa estrutura tridimensional está organizada de forma que as cabeças hidrofílicas dos lipídeos entrem em contato com o ambiente aquoso. As caudas hidrofóbicas estão em contato entre si e são mantidas protegidas do ambiente aquoso.

O que torna as interações hidrofóbicas favoráveis?

As interações hidrofóbicas são processos espontâneos. A entropia do universo aumenta quando elas acontecem.

$$\Delta S_{\text{univ}} > 0$$

Como exemplo, vamos supor que tentemos misturar o hidrocarboneto líquido hexano (C_6H_{14}) com água e consigamos não uma solução, mas um sistema de duas fases, uma de hexano e uma de água. A formação de uma solução mista não é espontânea, ao passo que a de duas fases sim. Termos de entropia desfavorável entram em cena se a formação da solução requerer a criação ordenada de solvente, neste caso, a água (Figura 4.26). As moléculas de água que cercam as moléculas apolares podem fazer ligações de hidrogênio entre si, mas, desse modo, têm menos orientações possíveis do que se fossem cercadas por outras moléculas de água por todos os lados. Isso introduz uma ordem de nível mais alto, evitando a dispersão de energia, mais parecida com a treliça de gelo do que com a água líquida, e, assim, com uma entropia menor. A redução de entropia necessária é muito grande para que o processo ocorra. Portanto, substâncias apolares não se dissolvem na água; ao invés, moléculas apolares associam-se entre si por interações hidrofóbicas e são excluídas da

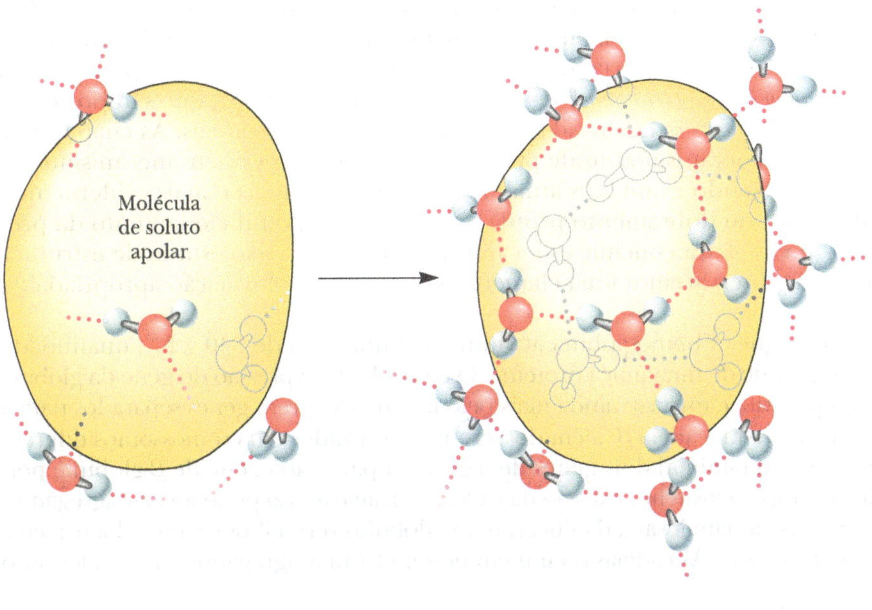
Molécula de soluto apolar

FIGURA 4.26 Moléculas de água rodeiam uma molécula hidrofóbica e são capazes de interagir com muitas moléculas de água, reduzindo a entropia.

água. Outra maneira de pensar nisso é que a gota de material apolar rompe a habilidade da água em formar ligações de hidrogênio com mais moléculas de água. Menos moléculas de água são tão incomodadas por terem apenas uma grande gota, ao invés de muitas gotas pequenas.

Muitas pessoas pensam nas interações hidrofóbicas entre os aminoácidos de trás para frente. Por exemplo, se olharmos na Figura 4.8 a indicação de interações hidrofóbicas entre a leucina, valina e isoleucina, podemos concluir que as interações hidrofóbicas referem-se a uma atração entre estes aminoácidos. Entretanto, sabemos agora que na realidade não se trata tanto da atração dos aminoácidos apolares entre si, mas, ao invés, eles são forçados juntos de tal forma a poder evitar que a água interaja com eles.

A Importância do Dobramento Correto

A estrutura primária transporta todas as informações necessárias para produzir a estrutura terciária correta, mas o processo de dobramento *in vivo* pode ser um pouco mais complicado. Nesse ambiente denso em proteínas da célula, as proteínas podem começar a se dobrar incorretamente enquanto são produzidas, ou começar a se associar a outras proteínas antes de iniciar seu processo de dobramento. Nos eucariotos, as proteínas podem precisar ficar desdobradas por tempo suficiente para serem transportadas através da membrana de uma organela subcelular.

As proteínas corretamente dobradas normalmente são solúveis no ambiente aquoso da célula, ou estão corretamente ligadas às membranas. Entretanto, quando as proteínas não se dobram corretamente, podem interagir com outras proteínas e formar agregados. Isso ocorre porque as regiões hidrofóbicas que deveriam estar mergulhadas dentro da proteína permanecem expostas e interagem com outras regiões hidrofóbicas em outras moléculas. Várias desordens neurodegenerativas, como o Alzheimer, o mal de Parkinson e a doença de Huntington, são provocadas por acúmulo de depósitos de proteínas de tais agregados.

Chaperonas de Dobramento Proteico

Para ajudar a evitar o problema de dobramento incorreto da proteína, proteínas especiais chamadas chaperonas ajudam no dobramento correto e preciso de muitas outras. O nome da proteína vem da ideia antiga de enviar uma pessoa jovem para um encontro com um "protetor", chamado chaperona, que garantiria que o encontro não se desviasse de um comportamento socialmente aceitável. Em outras palavras, a chaperona previne ligações "inadequadas". Na dinâmica do dobramento proteico, a chaperona faz a mesma coisa. Ela previne uma proteína de associar-se com outra à qual não deveria se associar ou impede a associação com ela mesma de maneiras apropriadas. A primeira dessas proteínas a ser descoberta foi a de uma família chamada hsp70 ([para *proteína do choque térmico* (*Heat-Shock Protein*)] com MM de 70.000), que são proteínas produzidas na *E. coli* cultivada acima das temperaturas ideais. As chaperonas existem em organismos desde procariotos até humanos e seus mecanismos de ação estão sendo estudados atualmente. Tornou-se mais e mais evidente que a dinâmica do dobramento proteico é crucial para o funcionamento da proteína *in vivo*. Para concluir este capítulo e finalizar nosso estudo de estrutura proteica, observaremos uma chaperona que ajuda na formação apropriada de hemoglobina.

No sangue, a hemoglobina acumula-se a um nível de 340 g L^{-1}, quantidade muito grande de uma única proteína. O controle da expressão do gene da globina é complicado, e torna-se ainda mais pelo fato de existirem genes separados para a cadeia α e para, cadeia β, além de serem encontrados em cromossomos diferentes. Existem também dois genes de α-globina para cada gene de β-globina; portanto, sempre existe um excesso da cadeia α. Este excesso pode formar agregados, os quais poderiam levar à danificação dos glóbulos vermelhos e a uma doença chamada *talassemia*. As cadeias α também podem formar agregados entre si, levando a uma forma inútil de hemoglobina. O segredo para a bem-sucedida produção de hemoglobina é manter a estequiometria apropriada entre os dois tipos de cadeias. As cadeias α devem ser mantidas sem se agregar em quantidade suficiente para complexar com a cadeia β. Desta maneira, as cadeias α serão ocupadas com as cadeias β e não formarão agregados de cadeias α. Felizmente, existe uma chaperona específica para a cadeia α, chamada de proteína estabilizante de α-hemoglobina (AHSP). Esta chaperona previne que as cadeias α provoquem estrago nos glóbulos vermelhos e as entrega para as cadeias β.

O dobramento proteico é um tópico muito atual na bioquímica. O quadro CONEXÕES **BIOQUÍMICAS 4.2** descreve exemplos particularmente intrigantes da importância do dobramento proteico.

4.2 Conexões **Bioquímicas** | medicina

Doenças Causadas por Dobramento Proteico

Existem várias doenças bem conhecidas que são causadas pelo dobramento incorreto de proteínas, incluindo a doença de Creutzfeld-Jacob, o mal de Alzheimer, o mal de Parkinson e a doença de Huntington. Examinaremos em mais detalhes duas destas.

Doenças de Príons

Estabeleceu-se que o agente causador da doença da vaca louca (conhecida como encefalopatia bovina, ou BSE), assim como das doenças relacionadas: *scrapie* em ovelhas, a doença da debilidade crônica em veados e alces e a encefalopatia espongiforme (kuru e doença de Creutzfeldt-Jakob) nos humanos, é uma pequena proteína (28-kDa) chamada príon. (Observe que os bioquímicos tendem a chamar a unidade de massa atômica de *Dalton*, abreviada como Da.) Príons são glicoproteínas encontradas nas membranas celulares de tecidos nervosos. Recentemente, a proteína príon foi encontrada na membrana celular de células conjuntivas hematopoiéticas, precursoras para as células do sange, e há certa evidência de que o príon ajuda na maturação de células guia. As doenças aparecem quando a forma normal da proteína príon, PrP (Figura a), dobra-se em uma forma

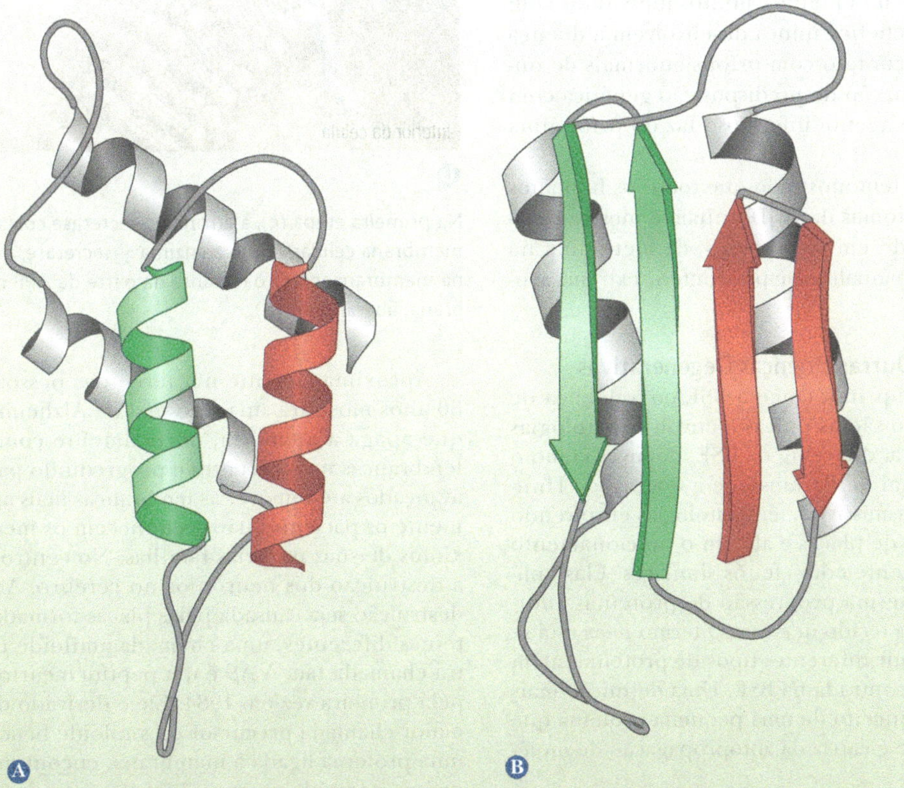
A
B

(a) Estrutura normal do príon (PrP). (b) Estrutura anormal do príon (PrP^{sc}).

Continua

incorreta chamada de PrP[sc] (Figura b). Como um modelo ruim, estas formas anormais da proteína príon são capazes de converter outras formas normais em anormais. Essa mudança pode ser propagada no tecido nervoso. A *scrapie* é conhecida há anos, mas não se sabia que ela cruzava fronteiras entre espécies. Então, foi mostrado que o surto da doença da vaca louca apareceu depois da inclusão de restos de ovelhas na alimentação do gado. Sabe-se atualmente que comer carne contaminada de animais com a doença da vaca louca pode causar encefalopatia espongiforme, agora conhecida como uma nova variante da doença de Creutzfeldt-Jakob (vCJD) nos humanos. Príons normais têm alta porcentagem de hélices α, mas as formas anormais têm maior porcentagem de folhas β pregueadas. Observe que, neste caso, a mesma proteína (uma única sequência bem definida) pode existir sob formas alternativas. Essas folhas β pregueadas nas proteínas anormais interagem entre as moléculas de proteína e formam placas insolúveis, fato também observado no mal de Alzheimer e em várias outras doenças neurológicas. Essas placas podem ser vistas com amostras de tecido imunocolorido dos cérebros de pessoas portadoras das doenças.

Esse mecanismo foi tópico de uma controvérsia considerável ao ser proposto pela primeira vez. Vários cientistas esperavam a descoberta de que um vírus de ação lenta fosse a causa principal dessas doenças neurológicas. A suscetibilidade a tais doenças pode ser herdada, portanto, certo envolvimento do DNA (ou RNA) era esperado. Alguns chegaram ao ponto de falar em "heresia" quando Stanley Prusiner recebeu o Prêmio Nobel de Medicina em 1997 por sua descoberta dos príons, mas evidência substancial mostrou que os príons são os agentes infecciosos, e que nem vírus nem bactérias estão envolvidos. Agora, parece que os genes para tal suscetibilidade à forma incorreta existem em todos os vertebrados, originando o padrão de transmissão da doença observado; no entanto, muitos indivíduos com esta suscetibilidade genética nunca desenvolvem a doença se não entrarem em contato com príons anormais de outra fonte. Esta combinação de predisposição genética com a transmissão por um agente infeccioso faz do príon uma doença única.

Estudos adicionais têm mostrado que todos os humanos que mostraram os sintomas da vCJD tinham a mesma substituição de aminoácido em seus príons, da metionina na posição 129, conhecida atualmente por conferir extrema sensibilidade à doença.

Mal de Alzheimer e Outras Doenças Degenerativas

As doenças diretas de príon, como a BSE ou a doença de Creutzfeldt-Jakob, não são as únicas a envolver patologias como o príon. Embora, diferente da BSE, doenças como o mal de Alzheimer, mal de Parkinson e a doença de Huntington não sejam transmissíveis, têm patologias envolvendo proteínas formadoras de placas e afetam o funcionamento do cérebro, normalmente com efeitos similares. Elas também parecem ter a mesma progressão de proteínas anormais propagando-se no tecido nervoso. O termo *príon* está se expandindo para incluir diferentes tipos de proteínas além da original 28-kDa encontrada na BSE. Uma definição mais genérica incluiria o conceito de uma pequena proteína que tem formas múltiplas e é capaz da autopropagação de molécula para molécula.

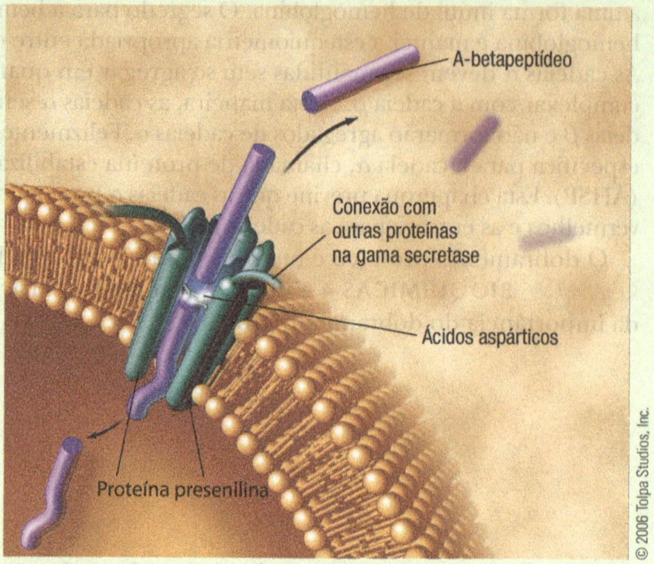
A-betapeptídeo
Conexão com outras proteínas na gama secretase
Ácidos aspárticos
Proteína presenilina
© 2006 Tolpa Studios, Inc.

C

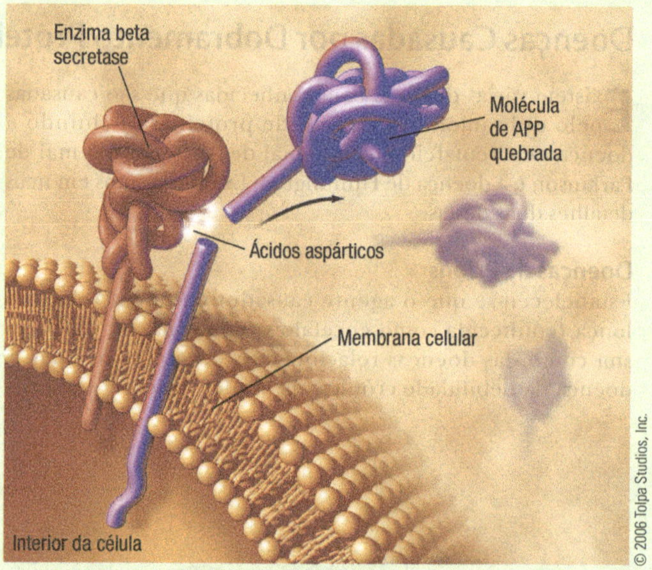
Enzima beta secretase
Molécula de APP quebrada
Ácidos aspárticos
Membrana celular
Interior da célula
© 2006 Tolpa Studios, Inc.

D

Na primeira etapa (c), a enzima β-secretase corta o APP fora da membrana celular. Então a enzima γ-secretase, que fica localizada na membrana, corta o restante da parte da APP dentro da membrana, liberando β (d).

Aproximadamente um terço das pessoas por volta dos 80 anos mostrará sinais do mal de Alzheimer, uma doença que apaga a memória, normalmente começando com as lembranças mais recentes e progredindo para estágios mais avançados até remover as lembranças mais antigas. Eventualmente os pacientes não reconhecem os membros mais próximos de suas próprias famílias. No centro da doença está a destruição dos neurônios no cérebro. Acredita-se que a destruição seja causada pelas placas formadas por duas proteínas diferentes, uma chamada amiloide β ou Aβ, e a outra chamada tau. A Aβ é um peptídeo curto que foi isolado pela primeira vez em 1984. Ele é derivado de uma proteína maior chamada precursor da amiloide beta (APP). A APP é uma proteína ligada à membrana, encontrada parcialmente dentro e fora de um neurônio. Duas enzimas cortadoras de

Continua

Continuação

proteínas chamadas β-secretase e γ-secretase cortam a Aβ da APP, um processo normal que ocorre na maioria das células do corpo. Os cientistas acreditam que o metabolismo da Aβ é o que provoca a doença. Em concentrações altas o suficiente, as proteínas Aβ formam fibras insolúveis e formam placas nas células nervosas.

Tem-se mostrado que as mutações nos genes que produzem γ-secretase provocam uma forma precoce e agressiva do mal de Alzheimer. Outras mutações do próprio APP também estão envolvidas. A combinação de evidências da importância do peptídeo Aβ e as enzimas que a criam tem levado à "hipótese em cascata da mailoide". De acordo com esta hipótese, o mal de Alzheimer começa com o acúmulo de Aβ, que é cortado da APP. Na primeira etapa (Figura c), a enzima β-secretase corta o APP do lado de fora da membrana celular. Em seguida, a enzima γ-secretase, localizada na membrana, corta a parte restante do APP no interior da membrana, liberando a Aβ (Figura d).

Os pesquisadores vêm focando suas pesquisas para uma cura do mal de Alzheimer com base neste processo. Têm sido desenvolvidos medicamentos que inibem a atividade da γ-secretase. Outros, fazem que a enzima β-secretase corte a APP em uma posição diferente, o que produziria uma forma de Aβ menor e menos perigosa. Infelizmente, apenas eliminar a atividade das enzimas traz seus próprios perigos, uma vez que as enzimas também têm uma função natural dentro do tecido nervoso. Por exemplo, a β-secretase também está envolvida na mielinização apropriada dos nervos.

Como a proteína tau também está envolvida, o mal de Alzheimer é, por isso, uma das doenças chamadas de taupatia. Outra taupatia é chamada de demência frontotemporal (DFT). Esta pode levar anos para se desenvolver, e alguns pacientes passam por cuidados de médicos por anos antes de descobrir a verdadeira natureza de sua doença. Os agregados de proteínas tau no cérebro podem provocar comportamento social inapropriado, depressão, insônia e eventualmente levar a tendências suicidas. Estudos recentes também ligaram os traumas na cabeça de atletas praticantes de esportes de contato e as desordens de tensão pós-traumática em soldados portadores de DFT com as proteínas tau. ◗

Resumo

Quais são os níveis de estrutura das proteínas? Existem quatro níveis de estrutura proteica: primária, secundária, terciária e quaternária. Nem todas as proteínas têm os quatro níveis. Por exemplo, apenas as proteínas com cadeias polipeptídicas múltiplas têm a estrutura quaternária.

Por que é importante conhecer a estrutura primária? A estrutura primária é a ordem na qual os aminoácidos se unem de forma covalente. A estrutura primária de uma proteína pode ser determinada por métodos químicos. A sequência de aminoácidos (estrutura primária) de uma proteína determina sua estrutura tridimensional, o que, por sua vez, determina suas propriedades. Um exemplo notável da importância da estrutura primária é a anemia falciforme, uma doença causada pela mudança de um aminoácido em duas das quatro cadeias da hemoglobina.

Por que a hélice α é tão predominante? A hélice α é estabilizada por ligações de hidrogênio paralelas ao eixo da hélice dentro do esqueleto de uma única cadeia polipeptídica. A conformação helicoidal permite um arranjo linear dos átomos envolvidos nas ligações de hidrogênio, o que fornece às ligações força máxima e torna assim a conformação helicoidal muito estável.

Como as folhas β se diferem da hélice α? O arranjo dos átomos na conformação de folha β pregueada difere enormemente daquele na hélice α. O esqueleto peptídico na folha β está quase completamente estendido. As ligações de hidrogênio podem ser formadas entre diferentes partes de uma cadeia única que é dobrada de volta em si mesma (ligações intracadeia) ou entre cadeias diferentes (ligações intercadeias). A ligação de hidrogênio entre as cadeias peptídicas na folha β pregueada dá origem a uma estrutura em zigue-zague repetida. As ligações de hidrogênio são perpendiculares à direção da cadeia proteica, e não paralela a ela, como na hélice α.

Como se pode determinar a estrutura terciária de uma proteína? A técnica experimental usada para determinar a estrutura terciária de uma proteína é a cristalografia de raios X. Podem-se criar cristais perfeitos de algumas proteínas sob condições cuidadosamente controladas. Quando um cristal adequadamente puro é exposto a um feixe de raios X, produz-se um padrão de difração em uma placa fotográfica ou em um contador de radiação. O padrão é produzido quando os elétrons em cada átomo da molécula dispersam os raios X. Os raios X dispersados a partir de átomos individuais podem se reforçar ou se cancelar uns os outros (estabelecer interferência construtiva ou destrutiva), originando o padrão característico para cada tipo de molécula.

Por que o oxigênio tem ligação imperfeita com o grupo heme? Mais de um tipo de molécula pode se ligar ao grupo heme. Além do oxigênio, o monóxido de carbono também se liga ao heme. A afinidade do heme livre com o monóxido de carbono (CO) é 25.000 vezes maior que com o oxigênio. Quando o monóxido de carbono é forçado a se ligar em um ângulo na mioglobina, sua vantagem sobre o oxigênio cai em duas ordens de grandeza. Isso protege contra a possibilidade de que traços de CO produzidos durante o metabolismo ocupem todos os sítios de ligação ao oxigênio nos hemes.

Como a hemoglobina funciona? A função da hemoglobina é transportar oxigênio, e ela deve ser capaz tanto de ligar o oxigênio fortemente como liberá-lo facilmente, dependendo das condições. Na hemoglobina a ligação de oxigênio é cooperativa (à medida que cada oxigênio é ligado, fica mais fácil para o próximo se ligar) e modulada por ligantes como H^1, CO_2 e BPG. A ligação de oxigênio à mioglobina não é cooperativa.

Podemos prever a estrutura terciária de uma proteína conhecendo-se a sua sequência de aminoácidos? É possível, até certo ponto, prever a estrutura tridimensional de uma proteína a partir de sua sequência de aminoácidos. Os algoritmos por computador se baseiam em duas abordagens, uma das quais é baseada na comparação de sequências com as das proteínas cujo padrão de dobramento é conhecido. Outra abordagem baseia-se nos motivos de dobramento que ocorrem em diversas proteínas.

O que torna as interações hidrofóbicas favoráveis? As interações hidrofóbicas são processos espontâneos. A entropia do universo aumenta quando elas acontecem. As interações hidrofóbicas, que dependem da entropia desfavorável da água que envolve solutos apolares de hidratação, são particularmente importantes para determinar o dobramento proteico.

Exercícios de Revisão

4-1 Estrutura e Função da Proteína

1. **VERIFICAÇÃO DE FATOS** Combine as seguintes afirmações sobre a estrutura proteica com seus níveis adequados de organização. (i) Estrutura primária (ii) Estrutura secundária (iii) Estrutura terciária (iv) Estrutura quaternária
   (a) Arranjo tridimensional de todos os átomos
   (b) A ordem dos resíduos de aminoácido na cadeia polipeptídica
   (c) A interação entre as subunidades em proteínas que consistem em mais de uma cadeia polipeptídica
   (d) O arranjo do esqueleto polipeptídico mantido por ligações de hidrogênio
2. **VERIFICAÇÃO DE FATOS** Defina desnaturação em termos dos seus efeitos nas estruturas secundária, terciária e quaternária.
3. **VERIFICAÇÃO DE FATOS** O que é a natureza da estrutura "aleatória" das proteínas?

4-2 Estrutura Primária das Proteínas

4. **PERGUNTA DE RACIOCÍNIO** Sugira uma explicação para a observação de que, quando as proteínas são quimicamente modificadas para que as cadeias laterais específicas tenham uma natureza química diferente, elas não podem mais ser desnaturadas de forma reversível.
5. **PERGUNTA DE RACIOCÍNIO** Racionalize as seguintes observações:
   (a) A serina é o resíduo de aminoácido que pode ser substituído causando menor efeito sobre a estrutura e a função de uma proteína.
   (b) A substituição do triptofano causa maior efeito sobre a estrutura e a função de uma proteína.
   (c) Substituições como Lys → Arg e Leu → Ile normalmente têm pouquíssimo efeito sobre a estrutura e a função de uma proteína.
6. **PERGUNTA DE RACIOCÍNIO** A glicina é um aminoácido altamente conservado nas proteínas (ou seja, é encontrado na mesma posição na estrutura primária de proteínas relacionadas). Sugira um motivo para isto ocorrer.
7. **PERGUNTA DE RACIOCÍNIO** Uma mutação que troca um resíduo de alanina em uma proteína por uma isoleucina leva à perda de atividade de tal proteína. A atividade é recobrada quando outra mutação no mesmo sítio transforma a isoleucina em glicina. Por quê?
8. **PERGUNTA DE RACIOCÍNIO** Um estudante de bioquímica caracteriza o processo de cozinhar carne como um exercício de desnaturação de proteínas. Comente a validade desta observação.

4-3 Estrutura Secundária das Proteínas

9. **VERIFICAÇÃO DE FATOS** Liste as três principais diferenças entre proteínas fibrosas e globulares.
10. **VERIFICAÇÃO DE FATOS** O que são ângulos de Ramachandran?
11. **VERIFICAÇÃO DE FATOS** O que é uma protuberância β?
12. **VERIFICAÇÃO DE FATOS** O que é uma volta reversa? Desenhe dois tipos.
13. **VERIFICAÇÃO DE FATOS** Liste algumas diferenças entre as formas de hélice α e de folha β da estrutura secundária.
14. **VERIFICAÇÃO DE FATOS** Liste algumas combinações possíveis entre hélices α e folhas β de estruturas supersecundárias.
15. **VERIFICAÇÃO DE FATOS** Por que a prolina é frequentemente encontrada em sítios onde a cadeia polipeptídica se curva em um ângulo fechado nas moléculas de mioglobina e hemoglobina?
16. **VERIFICAÇÃO DE FATOS** Por que a glicina deve ser encontrada em intervalos regulares na tripla hélice do colágeno?
17. **PERGUNTA DE RACIOCÍNIO** Você ouve o comentário de que a diferença entre lã e seda é a diferença entre estruturas helicoidais e a de folha pregueada. Você considera este ponto de vista válido? Por que sim, ou por que não?
18. **PERGUNTA DE RACIOCÍNIO** Roupas de lã encolhem quando lavadas em água quente, mas peças de seda não. Sugira um motivo com base nas informações deste capítulo.

4-4 Estrutura Terciária das Proteínas

19. **VERIFICAÇÃO DE FATOS** Desenhe duas ligações de hidrogênio, uma que faça parte de uma estrutura secundária e outra de uma estrutura terciária.

20. **VERIFICAÇÃO DE FATOS** Desenhe uma interação eletrostática possível entre dois aminoácidos em uma cadeia polipeptídica.
21. **VERIFICAÇÃO DE FATOS** Desenhe uma ligação dissulfeto entre duas cisteínas em uma cadeia polipeptídica.
22. **VERIFICAÇÃO DE FATOS** Desenhe a região de uma cadeia polipeptídica mostrando um bolsão hidrofóbico que contenha cadeias laterais apolares.
23. **PERGUNTA DE RACIOCÍNIO** Os termos *configuração* e *conformação* aparecem em descrições de estrutura molecular. Qual a diferença entre eles?
24. **PERGUNTA DE RACIOCÍNIO** Teoricamente, uma proteína poderia assumir um número praticamente infinito de configurações e conformações. Sugira algumas características proteicas que limitem drasticamente esse número.
25. **PERGUNTA DE RACIOCÍNIO** Qual é o maior nível de estrutura proteica encontrado no colágeno?

4-5 Estrutura Quaternária das Proteínas

26. **VERIFICAÇÃO DE FATOS** Liste duas semelhanças e duas diferenças entre a hemoglobina e a mioglobina.
27. **VERIFICAÇÃO DE FATOS** Quais são os dois aminoácidos essenciais próximos ao grupo heme tanto na hemoglobina quanto na mioglobina?
28. **VERIFICAÇÃO DE FATOS** Qual é o maior nível de organização na mioglobina? E na hemoglobina?
29. **VERIFICAÇÃO DE FATOS** Sugira uma forma na qual a diferença entre funções da hemoglobina e da mioglobina esteja refletida nos formatos de suas respectivas curvas de ligação de oxigênio.
30. **VERIFICAÇÃO DE FATOS** Descreva o efeito Bohr.
31. **VERIFICAÇÃO DE FATOS** Descreva o efeito do 2,3-*bis*fosfoglicerato na ligação do oxigênio à hemoglobina.
32. **VERIFICAÇÃO DE FATOS** Como a curva de ligação de oxigênio da hemoglobina fetal é diferente daquela encontrada na hemoglobina materna?
33. **VERIFICAÇÃO DE FATOS** Qual é a diferença essencial de aminoácido entre a cadeia β e a cadeia γ da hemoglobina?
34. **PERGUNTA DE RACIOCÍNIO** Na hemoglobina oxigenada, $pK_a = 6{,}6$ para as histidinas na posição 146 da cadeia β. Na hemoglobina desoxigenada, o pK_a desses resíduos é 8,2. Como esta informação pode estar correlacionada ao efeito Bohr?
35. **PERGUNTA DE RACIOCÍNIO** Você está estudando com uma amiga que está no processo de descrição do efeito Bohr. Ela diz que, nos pulmões, a hemoglobina se liga ao oxigênio e libera íons hidrogênio; como resultado, o pH aumenta. Ela também diz que, no tecido muscular metabolicamente ativo, a hemoglobina libera oxigênio e se liga ao íon hidrogênio e, como resultado, o pH diminui. Você concorda com o raciocínio dela? Por que sim ou por que não?
36. **PERGUNTA DE RACIOCÍNIO** Como a diferença entre a cadeia β e a cadeia γ da hemoglobina explica as diferenças na ligação de oxigênio entre Hb A e Hb F?
37. **PERGUNTA DE RACIOCÍNIO** Sugira um motivo para a observação de que as pessoas com anemia falciforme às vezes têm problemas de respiração durante voos em grandes altitudes.
38. **PERGUNTA DE RACIOCÍNIO** Um feto homozigoto para hemoglobina falciforme (Hb S) tem Hb F normal?
39. **PERGUNTA DE RACIOCÍNIO** Por que a Hb fetal é essencial para a sobrevivência de animais placentários?
40. **CONEXÕES BIOQUÍMICAS** Por que se espera encontrar alguma Hb F em adultos que sofrem de anemia falciforme?
41. **PERGUNTA DE RACIOCÍNIO** Quando a desoxi-hemoglobina foi isolada pela primeira vez em sua forma cristalina, o pesquisador notou que os cristais mudavam de cor, de púrpura para vermelho, e também de formato, enquanto ele os olhava ao microscópio. O que acontece em nível molecular? *Dica:* os cristais foram montados em uma lâmina de microscópio com uma lamínula *levemente* colocada sobre ela.
42. **CONEXÕES BIOQUÍMICAS** Qual é a causa direta da anemia falciforme (pense na estrutura primária)?
43. **CONEXÕES BIOQUÍMICAS** Qual é o efeito da troca da sequência de aminoácido na Hb S que faz que as células assumam a forma de foice?
44. **CONEXÕES BIOQUÍMICAS** Por que os cientistas acreditam que o aspecto de foice da célula ainda não se extinguiu na população humana considerando quão letal é ser homozigoto para esse gene?
45. **CONEXÕES BIOQUÍMICAS** Qual o propósito de se tratar pacientes com anemia falciforme com hidroxiureia?
46. **CONEXÕES BIOQUÍMICAS** O que é BCL11A e como ele está relacionado com a hemoglobina?
47. **CONEXÕES BIOQUÍMICAS** Sabendo-se o propósito da hemoglobina, o que se poderia imaginar como um aspecto negativo de ter toda a nossa hemoglobina como Hb F ao invés de Hb A?

4-6 Dinâmica do Dobramento Proteico

48. **PERGUNTA DE RACIOCÍNIO** Você descobriu uma nova proteína, cuja sequência tem cerca de 25% de homologia com a ribonuclease A. Como você realizaria a previsão, em vez da determinação experimental, de sua estrutura terciária?
49. **PERGUNTA DE RACIOCÍNIO** Comente sobre a energética do dobramento proteico com base nas informações deste capítulo.
50. **PERGUNTA DE RACIOCÍNIO** Vá ao site da RCSB para o Protein Data Bank (**http://www.rcsb.org/pdb**). Dê uma breve descrição da molécula prefoldin, que pode ser encontrada em *chaperonas*.
51. **VERIFICAÇÃO DE FATOS** O que é uma chaperona?
52. **CONEXÕES BIOQUÍMICAS** O que é um príon?
53. **CONEXÕES BIOQUÍMICAS** Quais são as doenças conhecidas causadas por príons anormais?
54. **CONEXÕES BIOQUÍMICAS** Quais são as estruturas secundárias proteicas diferentes entre um príon normal e outro infeccioso?
55. **VERIFICAÇÃO DE FATOS** Quais são algumas doenças provocadas pelo dobramento incorreto das proteínas?
56. **VERIFICAÇÃO DE FATOS** O que faz que as proteínas formem agregados?
57. **PERGUNTA DE RACIOCÍNIO** Quais outras possíveis organizações do gene da globina poderiam existir se não houvesse a necessidade de uma globina chaperona de globina?
58. **CONEXÕES BIOQUÍMICAS** Qual é a natureza da mutação do príon que leva à extrema sensibilidade à doença de príon?
59. **CONEXÕES BIOQUÍMICAS** Qual é a diferença mais significativa entre as doenças de príon e as outras doenças provocadas pelas placas do tipo amilose, como o mal de Alzheimer?
60. **CONEXÕES BIOQUÍMICAS** Quais aspectos da transmissão de *scrapie* ou outras encefalopatites espongiformes agem como doenças genéticas? Quais aspectos agem como doenças transmissíveis?
61. **CONEXÕES BIOQUÍMICAS** Quais enzimas são conhecidas por estar envolvidas no mal de Alzheimer?
62. **CONEXÕES BIOQUÍMICAS** Quais enzimas estão envolvidas na formação das placas destrutivas encontradas no mal de Alzheimer?
63. **CONEXÕES BIOQUÍMICAS** Descreva o que acontece de acordo com a "hipótese de cascata de amilose".
64. **CONEXÕES BIOQUÍMICAS** Por que os médicos não gostariam

de apenas inibir completamente a β-secretase em um paciente com mal de Alzheimer?

65. **CONEXÕES BIOQUÍMICAS** A doença da imunodeficiência combinada severa (SCID) é caracterizada pela ausência total de um sistema imunológico. Desenvolveram-se linhagens de camundongos com SCID. Quando camundongos com SCID que são predispostos a doenças causadas por príons são infectados por PrP^{sc}, não desenvolvem essas doenças. Como esses fatos se relacionam à transmissão de doenças causadas por príons?

66. **CONEXÕES BIOQUÍMICAS** Uma linhagem isolada de ovelhas foi encontrada na Nova Zelândia. A maioria delas tinha o gene para predisposição a *scrapie*, mas nenhum animal contraiu a doença. Como esses fatos se relacionam à transmissão de doenças causadas por príons?

Técnicas de Purificação e Caracterização de Proteínas

5

5-1 Extração de Proteínas Puras de Células

Existem muitas proteínas diferentes em uma única célula. Um estudo detalhado das propriedades de qualquer proteína requer uma amostra homogênea consistindo em apenas um tipo de molécula. A separação e o isolamento, ou purificação de proteínas, são a primeira etapa, essencial para experimentos posteriores. Em geral, as técnicas de separação se concentram no tamanho, na carga e na polaridade — fontes de diferenças entre as moléculas. Várias etapas são executadas para eliminar contaminantes e chegar a uma amostra pura da proteína em questão. À medida que os passos da purificação são executados, é feita uma tabela da recuperação e pureza da proteína para verificar o que foi ganho. A Tabela 5.1 mostra uma típica purificação de uma enzima. A coluna **porcentagem de recuperação** rastreia quanto da proteína em questão foi retida em cada etapa. Esse número, em geral, cai progressivamente durante a purificação, e espera-se que, quando a proteína estiver pura, reste produto suficiente para o estudo e a caracterização. A coluna atividade específica compara a pureza da proteína em cada etapa, e esse valor deve aumentar se a purificação for bem-sucedida.

porcentagem de recuperação medida da quantidade de enzima recuperada em cada etapa de um experimento de purificação

Como obtemos proteínas das células?

Antes que as etapas da verdadeira purificação possam começar, a proteína deve ser liberada das células e de organelas subcelulares. A primeira etapa, chamada **homogeneização**, envolve o rompimento das células. Isso pode ser feito com uma ampla variedade de técnicas. A abordagem mais simples é moer o tecido

homegeneização processo de quebra das células para liberar as organelas

RESUMO DO CAPÍTULO

TABELA 5.1 **Exemplo de Esquema de Purificação de Proteínas: Purificação da Enzima Xantina Desidrogenase de um Fungo**

Fração	Volume (mL)	Proteína Total (mg)	Atividade Total	Atividade Específica	Porcentagem de Recuperação
1. Extrato bruto	3.800	22.800	2.460	0,108	100
2. Precipitado em sal	165	2.800	1.190	0,425	48
3. Cromatografia de troca iônica	65	100	720	7,2	29
4. Cromatografia de peneira molecular	40	14,5	555	38,3	23
5. Cromatografia de imunoafinidade	6	1,8	275	152,108	11

em um liquidificador com um tampão adequado. As células são rompidas, liberando as proteínas solúveis. Esse processo também rompe várias organelas celulares, como mitocôndrias, peroxissomos e retículo endoplasmático. Uma técnica mais suave é o uso de um homogeneizador Potter-Elvejhem, tubo de ensaio de parede espessa através do qual passa um êmbolo bem ajustado. Ao se espremer o homogenato em torno do êmbolo, as células são rompidas, mas muitas organelas permanecem intactas. Outra técnica, chamada sonicação, envolve o uso de ondas sonoras para romper as células. As células também podem sofrer ruptura por ciclos de congelamento e descongelamento. Se a proteína em questão estiver solidamente acoplada a uma membrana, detergentes podem ter de ser adicionados para desprender as proteínas. Depois que as células são homogeneizadas, elas são submetidas à **centrifugação diferencial**.

centrifugação diferencial processo no qual as células rompidas são centrifugadas várias vezes, aumentando a força de gravidade a cada vez

Girar a amostra com 600 vezes a força da gravidade (600 × *g*) resultará em um *pellet* de células e núcleos não rompidos. Se a proteína desejada não é encontrada nos núcleos, esse precipitado é descartado. O sobrenadante pode, então, ser centrifugado a uma velocidade maior, como 15.000 × *g*, para separar as mitocôndrias. Uma centrifugação posterior a 100.000 × *g* separa a fração microssomal, que consiste em fragmentos de ribossomos e de membranas. Se a proteína em questão for solúvel, o sobrenadante dessa centrifugação será coletado e já estará parcialmente purificado, uma vez que os núcleos e as mitocôndrias já foram removidos. A Figura 5.1 mostra uma separação típica por centrifugação diferencial.

salting out técnica de purificação para proteínas baseada na solubilidade diferencial nas soluções de sal

Depois que as proteínas são solubilizadas, frequentemente são submetidas a uma purificação bruta com base na solubilidade. Sulfato de amônio é o reagente mais comum utilizado nessa etapa, e esse procedimento é chamado ***salting out***. As proteínas têm diversas solubilidades em compostos polares e iônicos, e permanecem solúveis por causa da sua interação com a água. Quando o sulfato de amônio é adicionado a uma solução proteica, uma parte da água é removida da proteína para formar ligações íon-dipolo com os sais. Com menos água disponível para hidratar as proteínas, elas começam a interagir entre si por meio de ligações hidrofóbicas. Com uma quantidade definida de sulfato de amônio, forma-se um precipitado que contém proteínas contaminantes. Essas proteínas são centrifugadas e descartadas. Então, mais sal é adicionado e um conjunto diferente de proteínas, que normalmente contém a proteína em questão, precipita. Esse precipitado é coletado por centrifugação e guardado. A quantidade de sulfato de amônio é normalmente medida em comparação com uma solução 100% saturada. Um procedimento comum envolve levar a solução a cerca de 40% de saturação e, depois, centrifugar o precipitado que se forma. Depois, mais sulfato de amônio é adicionado ao sobrenadante, normalmente a um nível de 60% a 70% de saturação. O precipitado formado contém com frequência a proteína em questão. Essas técnicas preliminares em geral não fornecem uma amostra muito pura, mas têm a importante tarefa de preparar o homogenato bruto para os procedimentos mais eficientes que virão a seguir.

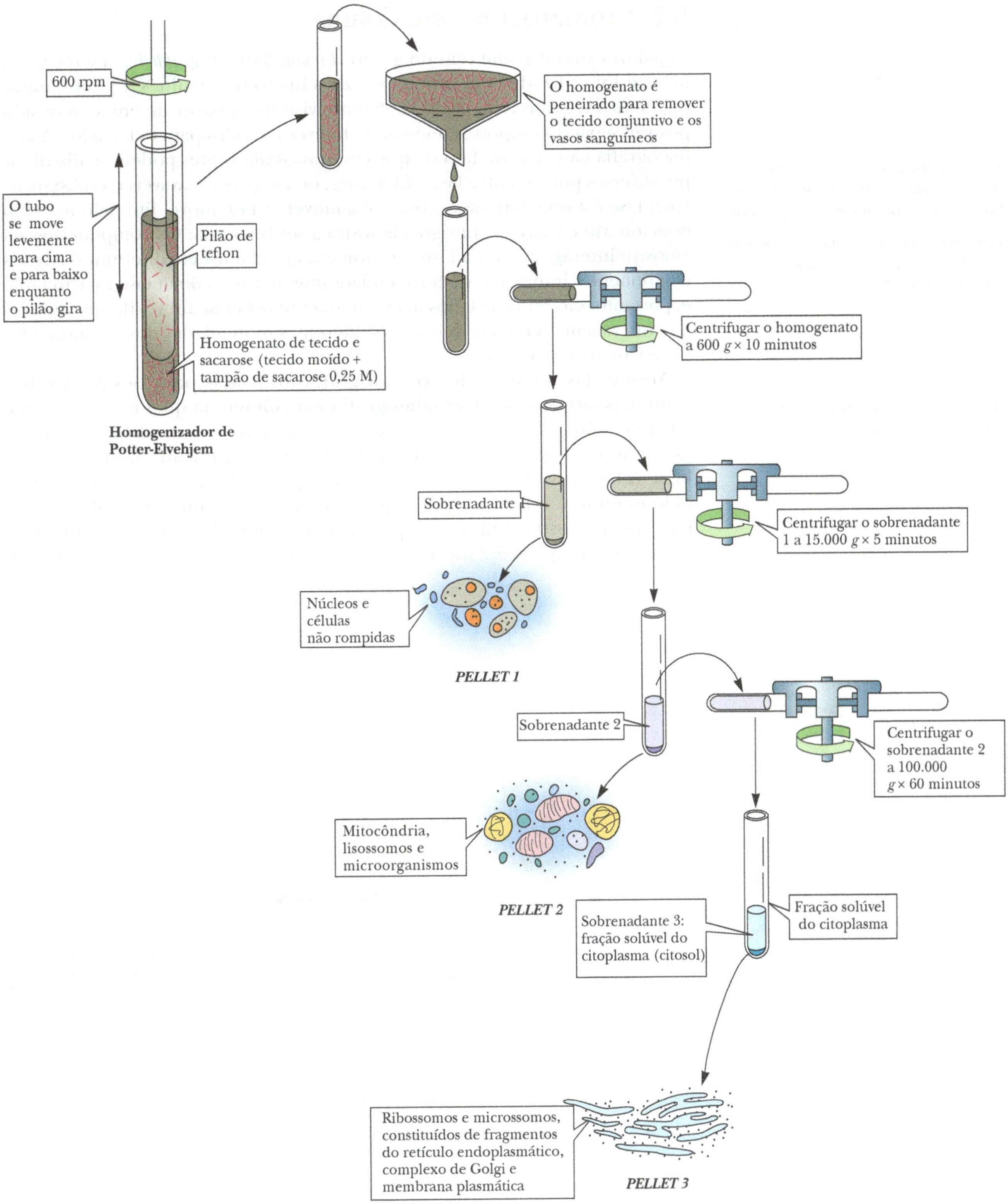
600 rpm
O tubo se move levemente para cima e para baixo enquanto o pilão gira
Pilão de teflon
Homogenato de tecido e sacarose (tecido moído + tampão de sacarose 0,25 M)
Homogenizador de Potter-Elvehjem
O homogenato é peneirado para remover o tecido conjuntivo e os vasos sanguíneos
Centrifugar o homogenato a 600 g × 10 minutos
Sobrenadante 1
Centrifugar o sobrenadante 1 a 15.000 g × 5 minutos
Núcleos e células não rompidas
PELLET 1
Sobrenadante 2
Centrifugar o sobrenadante 2 a 100.000 g × 60 minutos
Mitocôndria, lisossomos e microorganismos
PELLET 2
Sobrenadante 3: fração solúvel do citoplasma (citosol)
Fração solúvel do citoplasma
Ribossomos e microssomos, constituídos de fragmentos do retículo endoplasmático, complexo de Golgi e membrana plasmática
PELLET 3

Figura 5.1 **Centrifugação diferencial.** A centrifugação diferencial é utilizada para separar componentes celulares. À medida que o homogenato celular é submetido a forças *g* crescentes, componentes celulares cada vez menores terminam no *pellet*.

5-2 Cromatografia em Coluna

fase estacionária na cromatografia, a substância que retarda seletivamente o fluxo da amostra, afetando a separação

fase móvel na cromatografia, a porção do sistema na qual a mistura a ser separada se move

cromatografia em coluna forma de cromatografia na qual a fase estacionária é empacotada em uma coluna

A palavra *cromatografia* vem do grego *chroma*, "cor", e *graphein*, "escrever". A técnica foi utilizada pela primeira vez no início do século XX para separar pigmentos vegetais com cores facilmente visíveis. A partir de então, tem sido possível separar compostos sem cor, se houver métodos para detectá-los. A cromatografia baseia-se no fato de que compostos diferentes podem se distribuir por diversos pontos entre fases diferentes, ou porções separáveis da substância. Uma fase é a **estacionária** e a outra é a **móvel**. A fase móvel flui pelo material estacionário e carrega consigo a amostra a ser separada. Os componentes da amostra interagem com a fase estacionária em extensõess diferentes. Alguns componentes interagem de forma relativamente forte com a fase estacionária, e, portanto, são transportados mais lentamente pela fase móvel do que aqueles que interagem com menos força. As diferentes mobilidades dos componentes são a base da separação.

Muitas das técnicas de cromatografia utilizadas para pesquisa sobre proteínas são formas de **cromatografia em coluna**, na qual o material que compõe a fase estacionária é empacotado em uma coluna. A amostra é um pequeno volume de solução concentrada, que é aplicada no topo da coluna. A fase móvel, chamada *eluente*, passa pela coluna. A amostra é diluída pelo eluente e o processo de separação também aumenta o volume ocupado pela amostra. Em uma experiência bem-sucedida, toda a amostra sai da coluna. A Figura 5.2 mostra o diagrama de um exemplo de cromatografia em coluna.

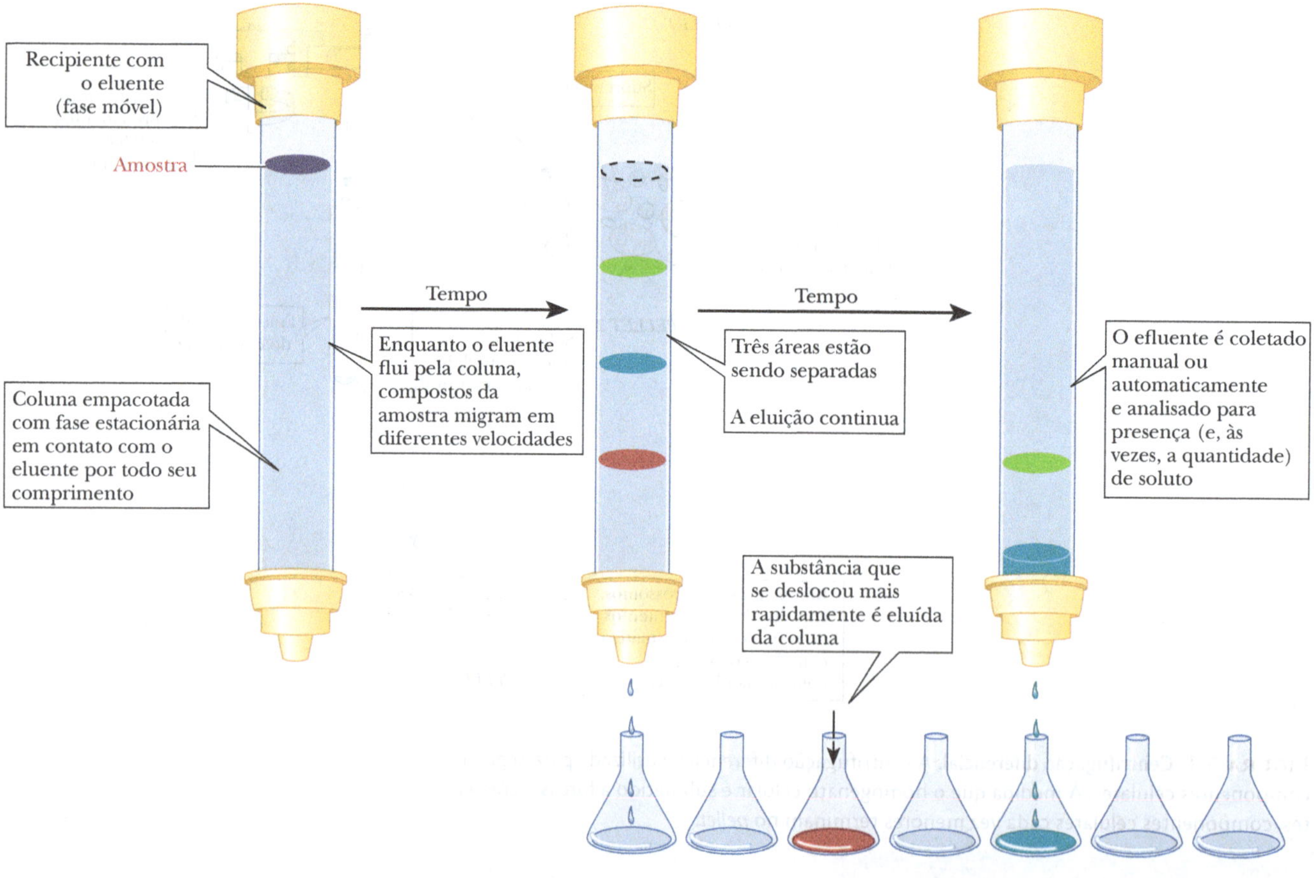
Recipiente com o eluente (fase móvel)
Amostra
Coluna empacotada com fase estacionária em contato com o eluente por todo seu comprimento
Tempo
Enquanto o eluente flui pela coluna, compostos da amostra migram em diferentes velocidades
Tempo
Três áreas estão sendo separadas
A eluição continua
A substância que se deslocou mais rapidamente é eluída da coluna
O efluente é coletado manual ou automaticamente e analisado para presença (e, às vezes, a quantidade) de soluto

FIGURA 5.2 **Cromatografia em coluna.** Uma amostra com vários componentes é aplicada à coluna. Os diversos componentes deslocam-se com velocidades diferentes e podem ser coletados individualmente.

Quais são os diferentes tipos de cromatografia?

A **cromatografia de exclusão por tamanho**, também chamada **cromatografia por filtração em gel**, separa as moléculas com base no tamanho, o que a torna um modo útil de classificar proteínas de diversas massas moleculares. É uma forma de cromatografia em coluna na qual a fase estacionária consiste em partículas de gel com ligações cruzadas. As partículas de gel normalmente têm forma de esferas e consistem em um de dois tipos de polímero. O primeiro é um polímero de carboidrato, como a **dextrana** ou a **agarose**. Esses dois polímeros são frequentemente chamados por seus nomes comerciais: Sephadex e Sepharose, respectivamente (Figura 5.3). O segundo se baseia em **poliacrilamida** (Figura 5.4), que é vendida com o nome comercial de Bio-Gel. A estrutura de ligação cruzada desses polímeros produz poros no material. A extensão da ligação cruzada pode ser controlada para selecionar um tamanho de poro desejado. Quando uma amostra é aplicada à coluna, moléculas menores, que podem entrar nos poros, tendem a atrasar seu movimento coluna abaixo, diferente das moléculas maiores. Como resultado, as moléculas maiores são eluídas primeiro, seguidas pelas menores após estas terem escapado dos poros.

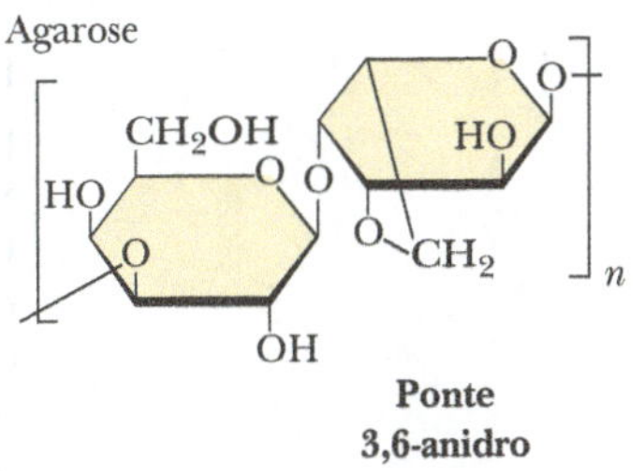
Agarose
CH2OH
HO
O
HO
OH
CH2
n
Ponte
3,6-anidro

FIGURA 5.3 Unidade de dissacarídeo repetitiva da agarose, que é utilizada para cromatografia em coluna.

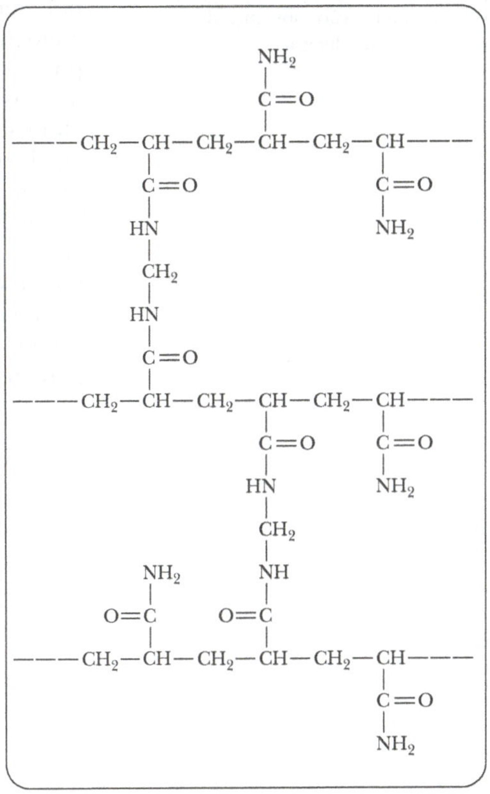
NH2
C=O
CH2—CH—CH2—CH—CH2—CH
HN
CH2
NH

FIGURA 5.4 Estrutura da poliacrilamida de ligação cruzada.

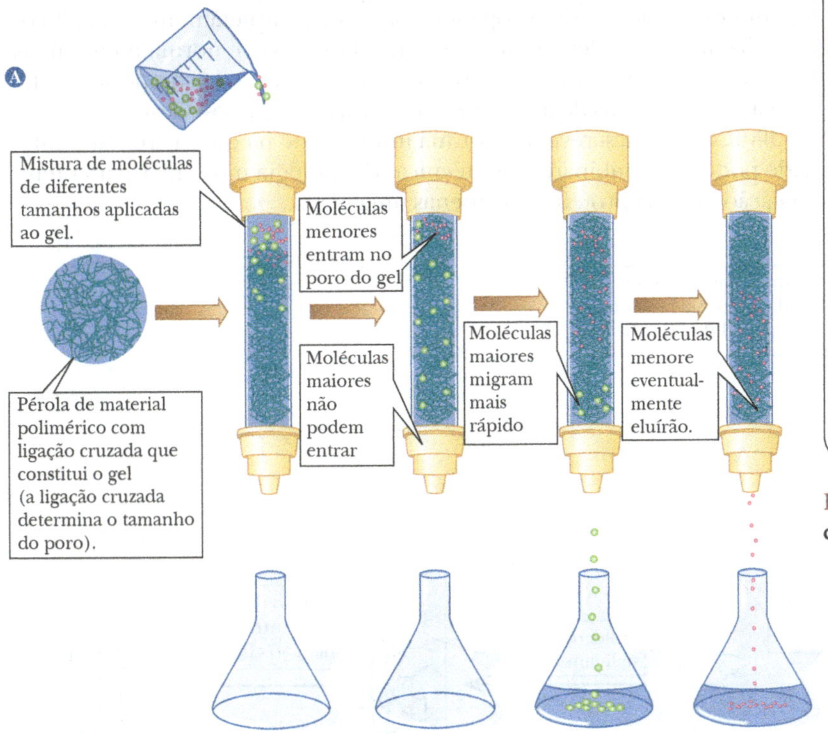
A
Mistura de moléculas de diferentes tamanhos aplicadas ao gel.
Pérola de material polimérico com ligação cruzada que constitui o gel (a ligação cruzada determina o tamanho do poro).
Moléculas menores entram no poro do gel
Moléculas maiores não podem entrar
Moléculas maiores migram mais rápido
Moléculas menore eventualmente eluírão.

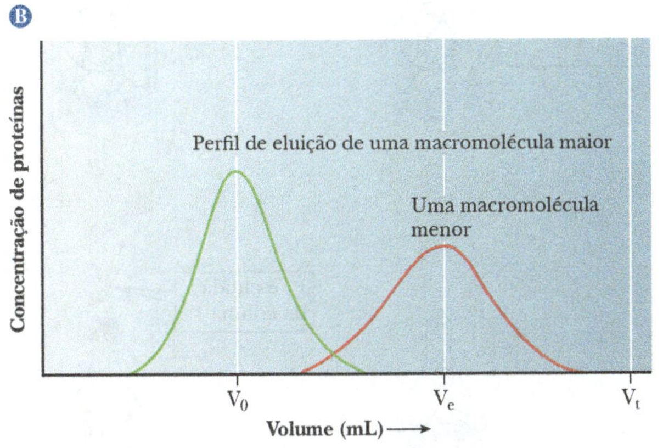
B
Concentração de proteínas
Perfil de eluição de uma macromolécula maior
Uma macromolécula menor
V0
Ve
Vt
Volume (mL)

FIGURA 5.5 Cromatografia por filtração em gel. As moléculas maiores são excluídas do gel e se movem mais rapidamente através da coluna. As moléculas menores têm acesso ao interior das esferas do gel, portanto demoram mais para eluir. Nos procedimentos de cromatografia em coluna como este, a concentração de proteína é normalmente medida pela absorção no UV à medida que a amostra elui da coluna.

cromatografia de exclusão por tamanho outro nome para a cromatografia de filtração em gel, que é uma técnica usada para separar biomoléculas com base no tamanho

cromatografia por filtração em gel um tipo de cromatografia de coluna no qual as moléculas são separadas de acordo com o tamanho enquanto atravessam a coluna

dextrana polissacarídeo complexo frequentemente utilizado em resinas de cromatografia em coluna

agarose polissacarídeo complexo usado para fazer resinas para uso na eletroforese e na cromatografia em coluna

poliacrilamida forma de eletroforese na qual um gel de poliacrilamida serve tanto como uma peneira quanto como um meio de suporte

A cromatografia em peneira molecular é representada esquematicamente na Figura 5.5. As vantagens desse tipo de cromatografia são (1) sua conveniência para separar moléculas com base no tamanho e (2) o fato de que ela pode ser utilizada para estimar a massa molecular pela comparação da amostra com um conjunto de padrões. Cada tipo de gel usado tem uma gama específica de tamanhos que irão se separar linearmente com a redução do peso molecular. Cada gel também tem um limite de exclusão, uma proteína de tamanho grande demais para caber nos poros. Todas as proteínas desse tamanho ou maior irão eluir primeiro e simultaneamente.

cromatografia de afinidade poderoso procedimento de separação em coluna baseado na ligação específica de moléculas a um ligante

A **cromatografia de afinidade** utiliza as propriedades específicas de ligação de diversas proteínas. É outra forma de cromatografia em coluna com material polimérico utilizado como fase estacionária. A característica que distingue a cromatografia de afinidade é que o polímero se une de forma covalente a algum composto, chamado de *ligante*, que se liga especificamente à proteína desejada (Figura 5.6). As outras proteínas da amostra não se ligam à coluna e podem facilmente ser eluídas com tampão, enquanto a proteína ligada continua na coluna. A proteína ligada pode, então, ser eluída da coluna ao serem adicionadas altas concentrações do ligante em forma solúvel, competindo, assim, pela ligação da proteína com a fase estacionária. A proteína une-se ao ligante na fase móvel e é recuperada da coluna. A interação proteína-ligante também pode ser interrompida com uma mudança no pH ou na força iônica. A cromatografia de afinidade é um método conveniente de separação, e tem a vantagem de produzir proteínas muito puras. Alguns ligantes de afinidade são projetados para ser completamente específicos para uma molécula que se deseja purificar. Entretanto, isso é normalmente mais caro. Existem outros ligantes que são específicos para grupos de compostos. A Tabela 5.2 lista algumas resinas de afinidade específicas por grupos. O quadro CONEXÕES **BIOQUÍMICAS 13.3** descreve uma forma interessante na qual a cromatografia de afinidade pode ser combinada com técnicas de biologia molecular para oferecer a purificação de uma proteína em apenas uma etapa.

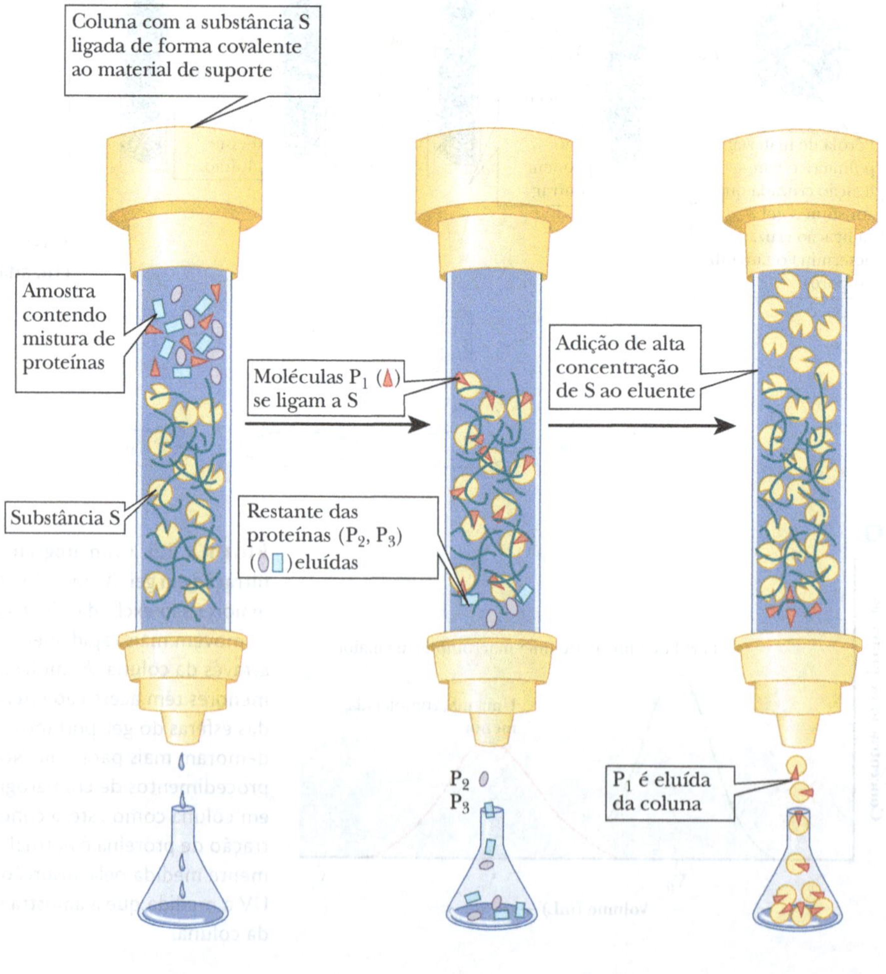
Coluna com a substância S ligada de forma covalente ao material de suporte
Amostra contendo mistura de proteínas
Substância S
Moléculas P_1 se ligam a S
Restante das proteínas (P_2, P_3) eluídas
Adição de alta concentração de S ao eluente
P_2
P_3
P_1 é eluída da coluna

FIGURA 5.6 O princípio da cromatografia de afinidade. Em uma mistura de proteínas, apenas uma (chamada de P_1) se ligará a uma substância (S) chamada substrato. O substrato é acoplado à matriz da coluna. Quando as outras proteínas (P_2 e P_3) forem lavadas, P_1 pode ser eluída com a adição de uma solução com alta concentração de sal ou de S livre.

cromatografia de troca iônica método para separar substâncias com base em suas cargas elétricas

trocador catiônico tipo de resina de troca iônica que tem carga líquida negativa e liga-se a moléculas carregadas positivamente que fluem pela coluna

trocador aniônico tipo de resina de troca iônica que tem carga líquida negativa e liga-se a moléculas carregadas positivamente que fluem pela coluna

TABELA 5.2 Resinas de Afinidade Específica por Grupos

Adsorvente Específico de Grupo	Especificidade por Grupo
Concavalina A – agarose	Glicoproteínas e glicolipídeos
Cibacron Azul – agarose	Enzimas com cofatores de nucleotídeos
Ácido borônico – agarose	Compostos com grupos cis-diol
Proteína A – agarose	Anticorpos do tipo IgG
Poli(U) – agarose	Ácidos nucleicos contendo sequências poli(A)
Poli(A) – agarose	Ácidos nucleicos contendo sequências poli(U)
Iminodiacetato – agarose	Proteínas com afinidade por metais pesados
AMP – agarose	Enzimas com cofatores NAD^+, quinases dependentes de ATP

A **cromatografia de troca iônica** é logisticamente similar à cromatografia de afinidade. Ambas utilizam uma coluna com uma resina que liga a proteína em questão. No entanto, na cromatografia de troca iônica a interação é menos específica e se baseia na carga líquida. Uma resina de troca iônica terá um ligante com carga positiva ou negativa. Uma resina carregada negativamente é um **trocador catiônico**, e uma resina carregada positivamente é um **trocador aniônico**. A Figura 5.7 mostra alguns ligantes típicos de troca iônica. A Figura 5.8 ilustra seu princípio

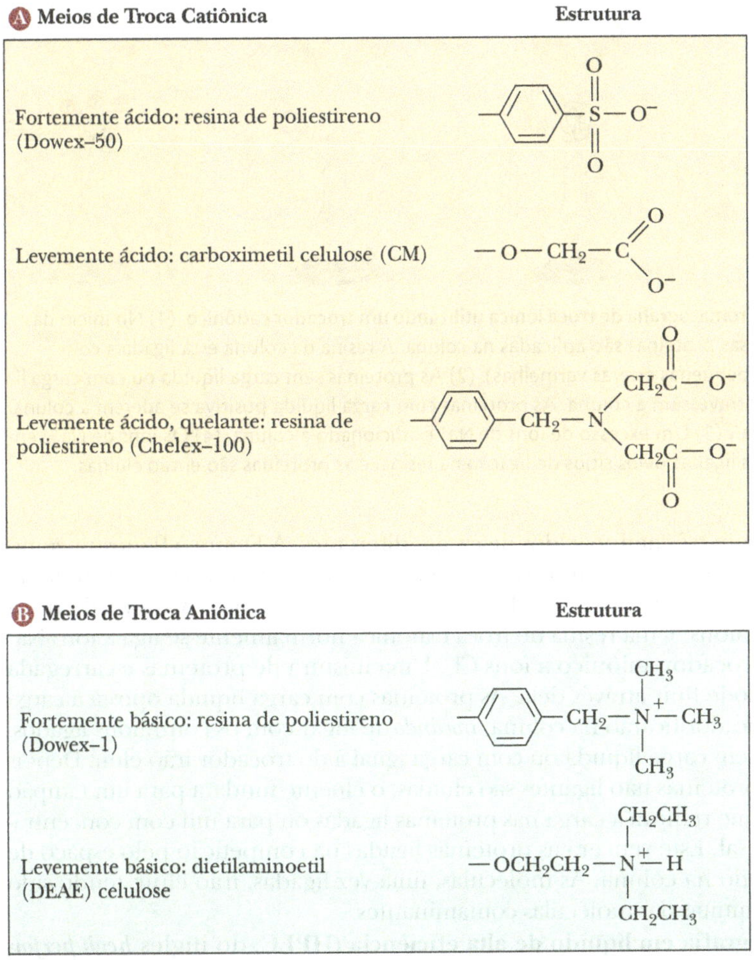
A Meios de Troca Catiônica
Estrutura
Fortemente ácido: resina de poliestireno (Dowex–50)
Levemente ácido: carboximetil celulose (CM)
Levemente ácido, quelante: resina de poliestireno (Chelex–100)
B Meios de Troca Aniônica
Estrutura
Fortemente básico: resina de poliestireno (Dowex–1)
Levemente básico: dietilaminoetil (DEAE) celulose

FIGURA 5.7 Resinas usadas na cromatografia de troca iônica. (a) Resinas de troca catiônica, e (b) resinas de troca aniônica normalmente utilizadas para separações bioquímicas.

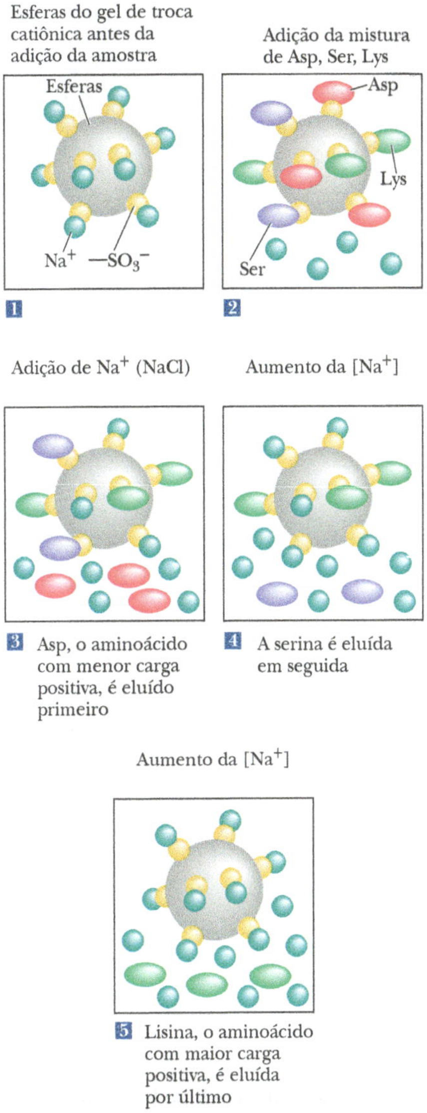
Esferas do gel de troca catiônica antes da adição da amostra
Adição da mistura de Asp, Ser, Lys
Esferas
Na+ —SO3−
Asp
Lys
Ser
1
2
Adição de Na+ (NaCl)
Aumento da [Na+]
3 Asp, o aminoácido com menor carga positiva, é eluído primeiro
4 A serina é eluída em seguida
Aumento da [Na+]
5 Lisina, o aminoácido com maior carga positiva, é eluída por último

FIGURA 5.8 Operação de uma coluna de troca catiônica para separar uma mistura de aspartato, serina e lisina. (1) A resina de troca catiônica na forma inicial de Na^+. (2) Uma mistura de aspartato, serina e lisina é adicionada à coluna com a resina. (3) Um gradiente de eluição do sal (NaCl, por exemplo) é adicionado à coluna. O aspartato, aminoácido com menor carga positiva, é eluído primeiro. (4) À medida que a concentração de sal aumenta, a serina é eluída. (5) À medida que a concentração de sal aumenta ainda mais, a lisina, que é o aminoácido com maior carga positiva entre os três, é eluída por último.

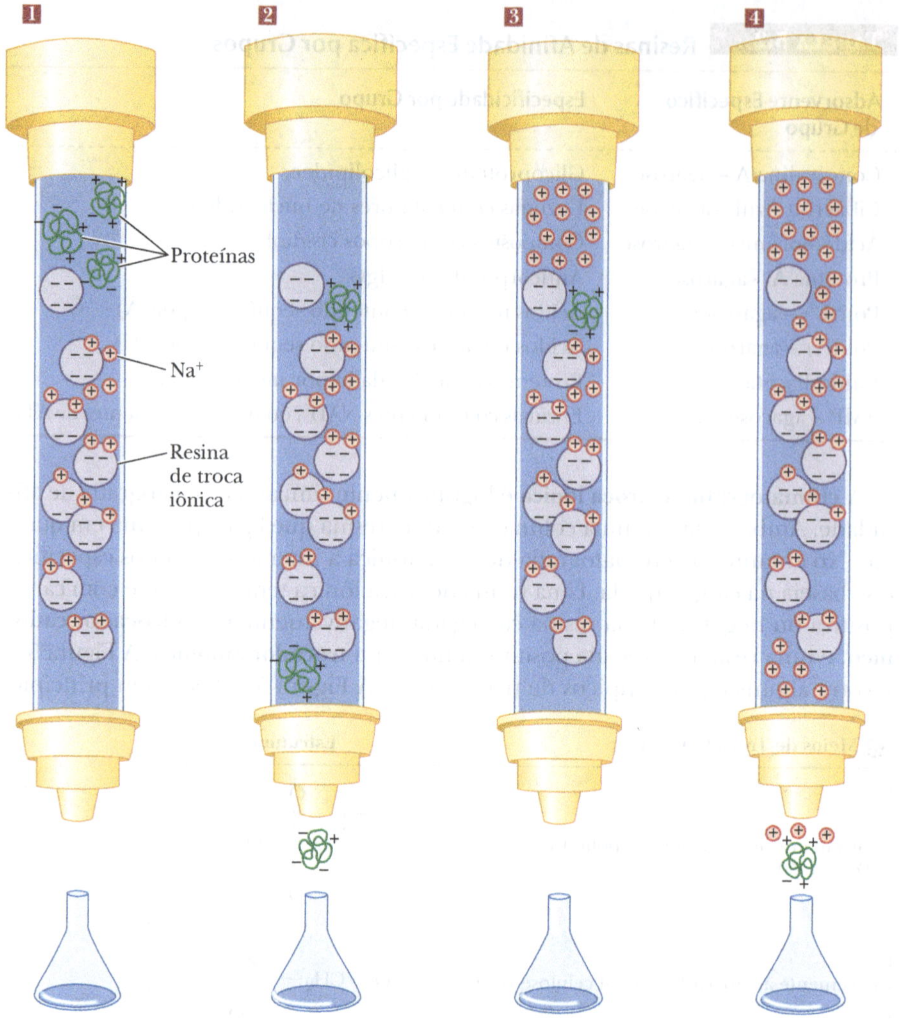
1
2
3
4
Proteínas
Na+
Resina
de troca
iônica

FIGURA 5.9 **Cromatografia de troca iônica utilizando um trocador catiônico.** (1) No início da separação, diversas proteínas são aplicadas na coluna. A resina da coluna está ligada a contraíons de Na^+ (pequenas esferas vermelhas). (2) As proteínas sem carga líquida ou com carga líquida negativa atravessam a coluna. As proteínas com carga líquida positiva se aderem à coluna, deslocando o Na^+. (3) Um excesso de íons de Na^+ é adicionado à coluna. (4) Os íons de Na^+ vencem as proteínas ligadas pelos sítios de ligação na resina, e as proteínas são então eluídas.

operacional com três aminoácidos de cargas diferentes. A Figura 5.9 mostra como a cromatografia de troca catiônica separa as proteínas. A coluna é inicialmente equilibrada com um tampão de pH e força iônica adequados. A resina de troca liga-se a contraíons. Uma resina de troca catiônica normalmente se liga a íons Na^+ ou K^+, e um trocador aniônico a íons Cl^-. Uma mistura de proteínas é carregada na coluna e pode fluir através dela. As proteínas com carga líquida oposta à carga líquida do trocador ficarão na coluna, *trocando* de lugar com os contraíons ligados. As proteínas sem carga líquida ou com carga igual à do trocador irão eluir. Depois que todas as proteínas não ligantes são eluídas, o eluente mudará para um tampão com um pH que remova a carga nas proteínas ligadas ou para um com concentração maior de sal. Este vencerá as proteínas ligadas na competição pelo espaço de ligação limitado na coluna. As moléculas, uma vez ligadas, irão eluir, tendo sido separadas de muitas das moléculas contaminantes.

cromatografia em líquido de alta eficiência (HPLC) técnica de cromatografia sofisticada que fornece purificações rápidas e limpas

HPLC de fase reversa uma forma de cromatografia em líquido de alta eficiência na qual a fase estacionária é apolar e a fase móvel é um líquido polar

A **cromatografia em líquido de alta eficiência** (**HPLC**, do inglês ***hegh-performance liquid chromatography***) explora os mesmos princípios vistos para outras técnicas cromatográficas, mas são usadas colunas de resolução muito alta que podem correr sob altas pressões. As separações de alta resolução podem ser realizadas muito rapidamente usando instrumentação automatizada. Uma separação que poderia levar horas em uma coluna padrão pode ser feita em minutos com a HPLC. A **HPLC de fase reversa** é uma técnica largamente utilizada para a separação de moléculas apolares. Nela, uma solução de compostos apolares é colocada através de uma coluna com um líquido apolar imobilizado em uma matriz inerte. Um líquido mais polar serve como a fase móvel e passa pela matriz. As moléculas de soluto são eluídas na proporção de suas solubilidades no líquido mais polar. A seção **Aplique Seu Conhecimento 5.1** mostra uma purificação envolvendo várias etapas.

5.1 Aplique Seu Conhecimento

Purificação de Proteína

A tabela a seguir mostra alguns resultados típicos para uma purificação de proteína. A proteína sendo purificada é a enzima lactato desidrogenase, que catalisa uma reação entre o ácido láctico e o NAD^+ para fornecer NADH e piruvato. A purificação de uma enzima é monitorada por comparação com a atividade específica da enzima em vários pontos na purificação. A atividade específica é uma medida da atividade da enzima dividida pela massa de proteína na amostra. Quanto maior o número, mais pura a amostra.

Etapa de Purificação	Atividade Total da Enzima (μmol de produto/min)	Atividade Específica da Enzima (μmol de produto/min/mg de proteína)
Homogenato Cru	100.000	0,15
Sobrenadante 20.000 × *g*	75.000	0,24
Precipitação por sal	36,000	0,75
Cromatografia de Troca Iônica	12.000	3,4
Cromatografia por Afinidade com Cibacron Azul Agarose	6.000	42
Cromatografia de Filtração com Gel Sephadex	500	90

Qual etapa foi a mais eficaz na purificação da enzima? Qual etapa foi a mais onerosa em termos de recuperação da enzima?

Solução

Se dividirmos a atividade específica de qualquer etapa de purificação (fração) pela imediatamente anterior, obteremos o chamado "fator de purificação" para cada etapa. Quanto maior o número, mais efetiva foi aquela etapa. Adicionando este cálculo à tabela, obtemos os seguintes resultados:

Etapa de Purificação	Atividade total da Enzima (μmol product/min)	Atividade específica da enzima (μmol Atividade total de Enzima	Fator de purificação
Homogenato Cru	100.000	0,15	n/a
Sobrenadante 20.000 × *g*	75.000	0,24	1,6
Precipitação por sal	36.000	0,75	3,1
Cromatografia de Troca Iônica	12.000	3,4	4,5
Cromatografia por Afinidade com Cibacron Azul Agarose	6.000	42	12,4
Cromatografia de Filtração com Gel Sephadex	500	90	2,1

Continua

Continuação

Os resultados mostram que a etapa de cromatografia por afinidade forneceu a purificação única mais alta de 12,4 para uma única etapa. Este geralmente é o caso devido ao poder da técnica.

Cálculos similares podem mostrar qual etapa foi a mais onerosa comparando com a atividade total de cada fração. A última etapa da purificação, a cromatografia por filtração com gel, provocou perda de 90% da atividade que foi aplicada a ela, foi a mais onerosa. Cientistas, ao fazer uma purificação, devem levar em consideração os benefícios e custos em termos de purificação e perda de produto.

5-3 Eletroforese

eletroforese método para separar moléculas com base na proporção entre carga e tamanho

eletroforese em gel de poliacrilamida SDS (SDS-Page) técnica eletroforética que separa proteínas com base no tamanho das proteínas

gel nativo gel sem SDS ou outro composto que desnaturaria as proteínas sendo separadas

focalização isoelétrica método para separar substâncias com base em seus pontos isoelétricos.

A **eletroforese** baseia-se na movimentação de partículas carregadas em um campo elétrico em direção a um eletrodo de carga oposta. As macromoléculas têm mobilidades diferentes dependendo de suas cargas, formatos e tamanhos. Embora muitos meios de suporte venham sendo utilizados para a eletroforese, incluindo papel e líquido, o suporte mais comum é um polímero de agarose ou acrilamida semelhante ao utilizado para cromatografia em coluna. Uma amostra é aplicada nos poços formados no meio de suporte. Uma corrente elétrica atravessa o meio a uma voltagem controlada para atingir a separação desejada (Figura 5.10). Depois que as proteínas são separadas no gel, este é colorido para revelar as posições das proteínas, como mostrado na Figura 5.11.

Qual a diferença entre gel agarose e gel poliacrilamida?

Os géis com base em agarose são utilizados mais frequentemente para separar ácidos nucleicos, e serão discutidos no Capítulo 13. Para as proteínas, o suporte mais comum à eletroforese é a poliacrilamida (Figura 5.4), embora a agarose às vezes seja usada. Um gel de poliacrilamida é preparado e moldado como uma matriz contínua de ligação cruzada, em vez de ser moldado na forma de esferas do gel, como na cromatografia em coluna. Em uma variação da eletroforese com gel de poliacrilamida, a amostra de proteína é tratada com o detergente dodecil sulfato de sódio (SDS, do inglês *sodium do decyl sulfate*) antes de ser aplicada ao gel. A estrutura do SDS é $CH_3(CH_2)_{10}CH_2OSO_3Na^+$. O ânion liga-se fortemente às proteínas via adsorção não específica. Quanto maior a proteína, mais do ânion ela adsorverá. O SDS desnatura completamente as proteínas, rompendo todas as interações não covalentes que determinam as estruturas terciária e quaternária. Isso significa que as proteínas com subunidades podem ser analisadas assim como as cadeias polipeptídicas constituintes. Todas as proteínas em uma amostra têm uma carga negativa como resultado da adsorção do SO_3^- aniônico. As proteínas também terão aproximadamente o mesmo formato, que será o de uma espiral aleatória. Na **eletroforese em gel de poliacrilamida SDS (SDS-Page**, do inglês ***SDS-polyocrylamide-gelelectrophoresis***), a acrilamida oferece mais resistência a moléculas grandes do que às pequenas. Como o formato e a carga são aproximadamente os mesmos para todas as proteínas da amostra, o tamanho da proteína se torna o fator determinante na separação: proteínas pequenas se movem mais rapidamente que as maiores. Do mesmo modo que a cromatografia de peneira molecular, a SDS-Page pode ser utilizada para estimar as massas moleculares de proteínas pela comparação da amostra com amostras padrão. Para a maioria das proteínas, o log da massa molecular está linearmente relacionado à sua mobilidade na SDS-Page, como mostrado na Figura 5.12. As proteínas também podem ser separadas em acrilamida sem SDS, e, neste caso, o gel é chamado de **gel nativo**. Este é algumas vezes útil, quando o estudo pede uma proteína na conformação nativa. Entretanto, nesse caso a mobilidade não está relacionada especificamente com o tamanho, uma vez que três variáveis controlam a descida no gel: tamanho, forma e carga.

A **focalização isoelétrica** é outra variação da eletroforese em gel. Como diferentes proteínas têm diferentes grupos tituláveis, elas também têm pontos isoelétricos diferentes. Lembre-se (Seção 3-3) de que o pH isoelétrico (pI) é o

BSIP SA/Alamy

Figura 5.10 Montagem experimental para a eletroforese em gel. As amostras são colocadas acima do gel. Quando a corrente é aplicada, as moléculas carregadas negativamente migram em direção do eletrodo positivo.

pH no qual uma proteína (ou aminoácido ou peptídeo) não tem carga líquida. No pI, o número de cargas positivas equilibra exatamente o número de cargas negativas. Em uma experiência de focalização isoelétrica, o gel é preparado com um gradiente de pH paralelo ao gradiente do campo elétrico. Conforme as proteínas migram pelo gel sob a influência do campo elétrico, encontram regiões de pH diferente, então, a carga na proteína muda. Eventualmente, cada proteína atinge o ponto no qual não tem nenhuma carga líquida — seu ponto isoelétrico — e então não migra mais. Cada proteína permanece na posição no gel correspondente a seu pI, permitindo um método efetivo de separação.

Uma combinação engenhosa, conhecida como eletroforese em gel bidimensional (gel 2-D), permite uma melhor separação com o uso de focalização isoelétrica em uma dimensão e execução de SDS-Page correndo a 90° com relação à primeira (Figura 5.13).

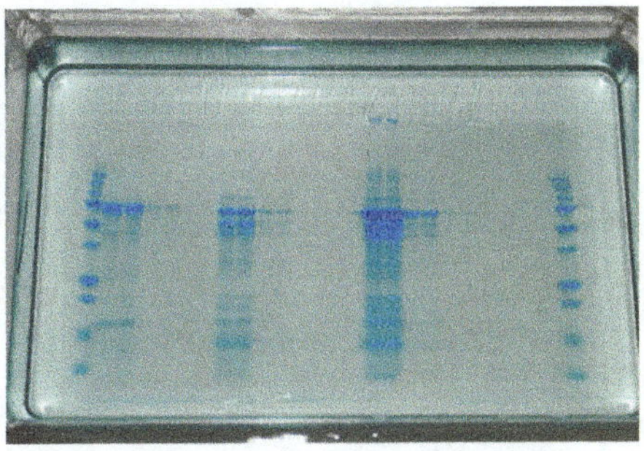
Ron Kloberdanz/Shutterstock.com

FIGURA 5.11 Separação de proteínas por eletroforese em gel. Cada banda visível no gel representa uma proteína diferente. Na técnica de SDS-Page, a amostra é tratada com detergente antes de ser aplicada ao gel. Na focalização isoelétrica, um gradiente de pH percorre o comprimento do gel. As proteínas no gel foram coloridas com Azul de Coomassie.

5-4 Determinando a Estrutura Primária de uma Proteína

Determinar a sequência de aminoácidos em uma proteína é uma operação rotineira, mas não trivial, na bioquímica clássica. Suas várias partes devem ser executadas cuidadosamente para se obterem resultados precisos (Figura 5.14).

A Etapa 1 na determinação da estrutura primária de uma proteína é estabelecer quais são os aminoácidos presentes e em quais proporções. Degradar uma proteína nos aminoácidos componentes é relativamente fácil: aqueça uma solução proteica em ácido, normalmente HCl 6 mol L^{-1}, de 100 °C a 110 °C por 12 a 36 horas para hidrolisar as ligações peptídicas. A separação e a identificação dos produtos são mais difíceis e são feitas de forma mais eficiente por um analisador de aminoácidos. Esse instrumento

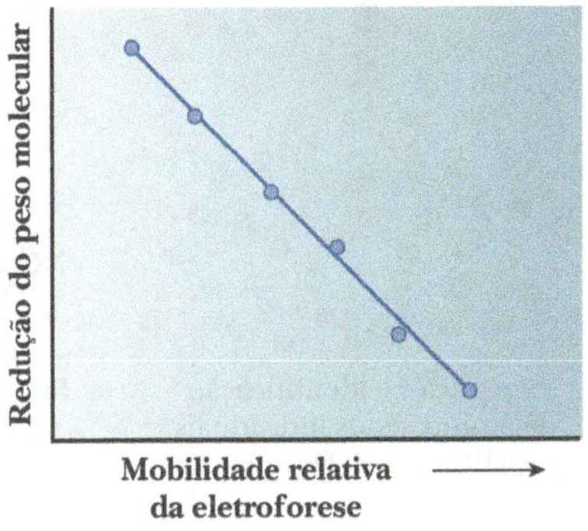
Redução do peso molecular
Mobilidade relativa da eletroforese

FIGURA 5.12 Relação entre a massa molecular e a mobilidade. Um gráfico da mobilidade relativa na eletroforese de proteínas em SDS-Page *versus* o log das massas moleculares dos polipeptídios individuais aproxima-se de uma reta.

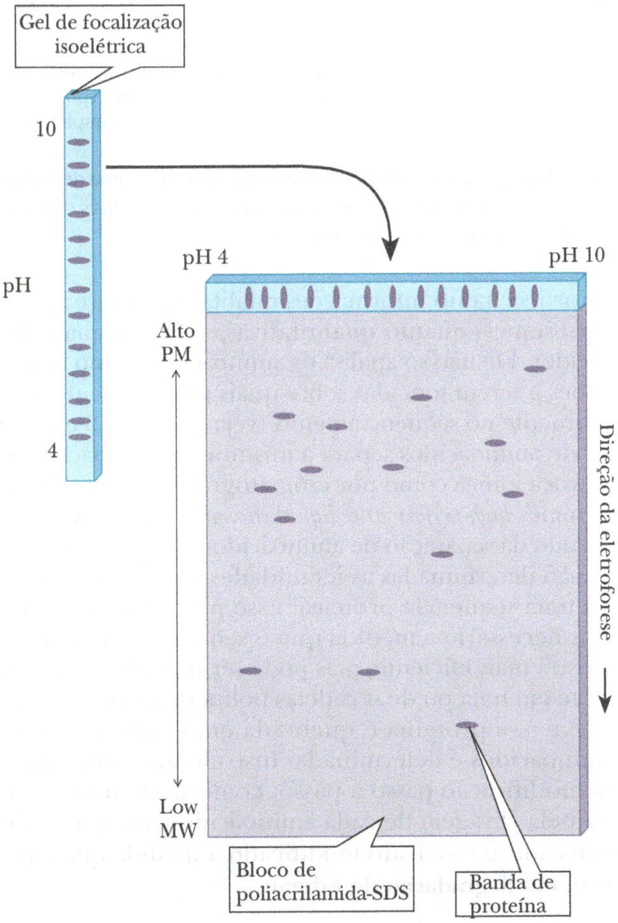
Gel de focalização isoelétrica
10
pH
4
pH 4
pH 10
Alto PM
Low MW
Direção da eletroforese
Bloco de poliacrilamida-SDS
Banda de proteína

FIGURA 5.13 Eletroforese bidimensional. Uma mistura de proteínas é separada por focalização isoelétrica em uma direção. As proteínas focalizadas então correm, utilizando o SDS-Page perpendicular à direção da focalização isoelétrica. Assim, as bandas que aparecem no gel foram separadas primeiramente pela carga e, depois, por tamanho.

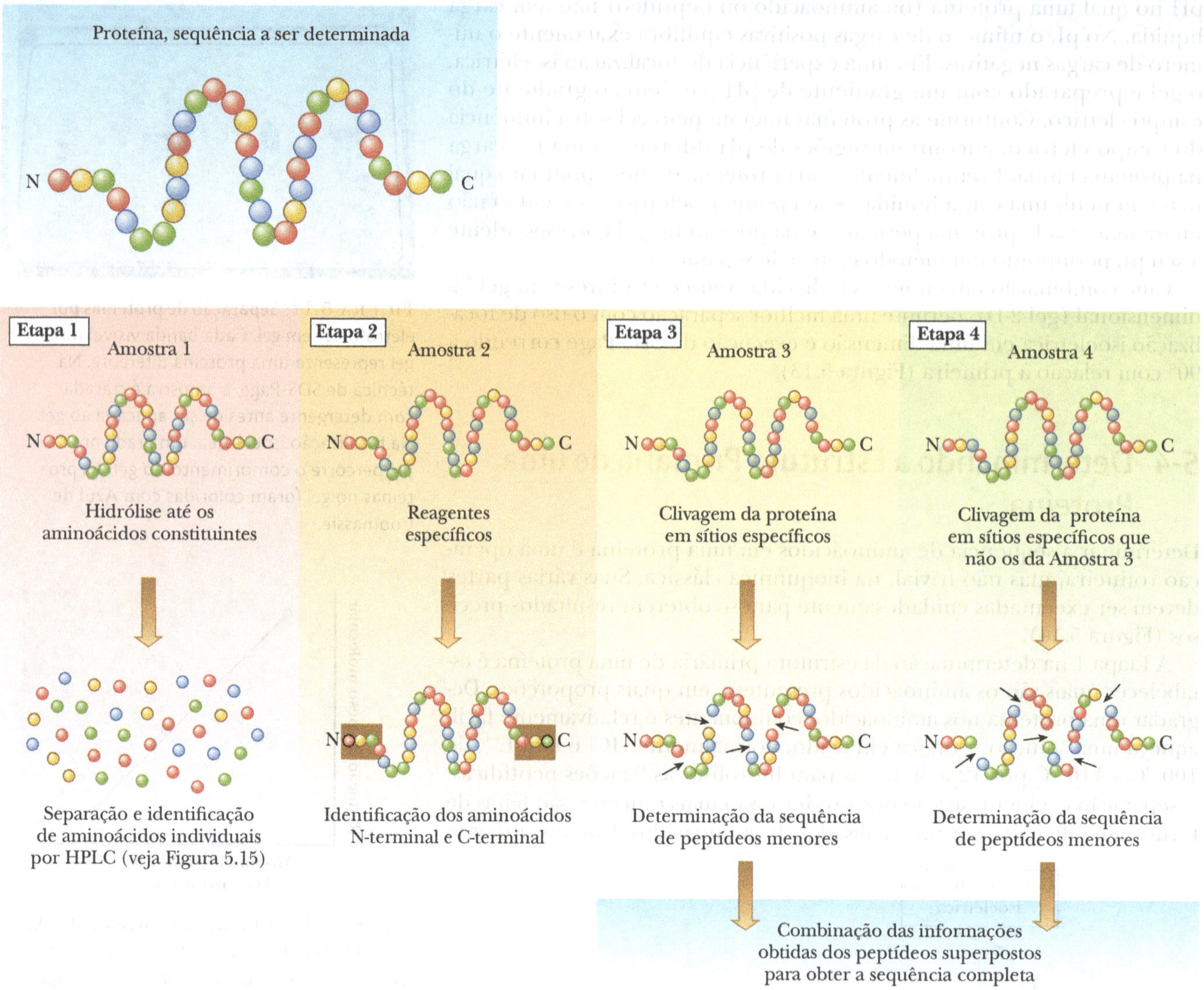
Proteína, sequência a ser determinada
N
C
Etapa 1
Amostra 1
Hidrólise até os aminoácidos constituintes
Separação e identificação de aminoácidos individuais por HPLC (veja Figura 5.15)
Etapa 2
Amostra 2
Reagentes específicos
Identificação dos aminoácidos N-terminal e C-terminal
Etapa 3
Amostra 3
Clivagem da proteína em sítios específicos
Determinação da sequência de peptídeos menores
Etapa 4
Amostra 4
Clivagem da proteína em sítios específicos que não os da Amostra 3
Determinação da sequência de peptídeos menores
Combinação das informações obtidas dos peptídeos superpostos para obter a sequência completa

FIGURA 5.14 Estratégia para determinar a estrutura primária de uma determinada proteína. A sequência de aminoácidos pode ser determinada por quatro análises diferentes executadas em quatro amostras separadas da mesma proteína.

automatizado fornece tanto informações qualitativas, sobre as identidades dos aminoácidos presentes, quanto quantitativas, sobre as quantidades relativas de tais aminoácidos. Ele não só analisa os aminoácidos como também possibilita informar decisões a serem tomadas sobre quais procedimentos devem ser escolhidos posteriormente no sequenciamento (veja as Etapas 3 e 4 na Figura 5.14). Um analisador de aminoácidos separa a mistura de aminoácidos tanto por cromatografia de troca iônica como por cromatografia em líquidos de alta eficiência (HPLC, do inglês *high-performance liquid chromatography*). A Figura 5.15 mostra um típico resultado da separação de aminoácidos com essa técnica.

Na Etapa 2, são determinadas as identidades dos aminoácidos N-terminal e C-terminal em uma sequência proteica. Esse procedimento está se tornando cada vez menos necessário à medida que o sequenciamento de peptídeos individuais se mostra mais eficiente, mas pode ser utilizado para verificar se uma proteína consiste em uma ou duas cadeias polipeptídicas.

Nas Etapas 3 e 4, a proteína é quebrada em fragmentos menores e a sequência de aminoácidos é determinada. Instrumentos automatizados podem executar uma modificação passo a passo, começando da extremidade N-terminal, seguida pela clivagem de cada aminoácido na sequência e a indicação subsequente de cada aminoácido modificado à medida que é removido. Este processo é chamado **degradação de Edman**.

degradação de Edman método para determinar a sequência de aminoácidos em peptídeos e proteínas

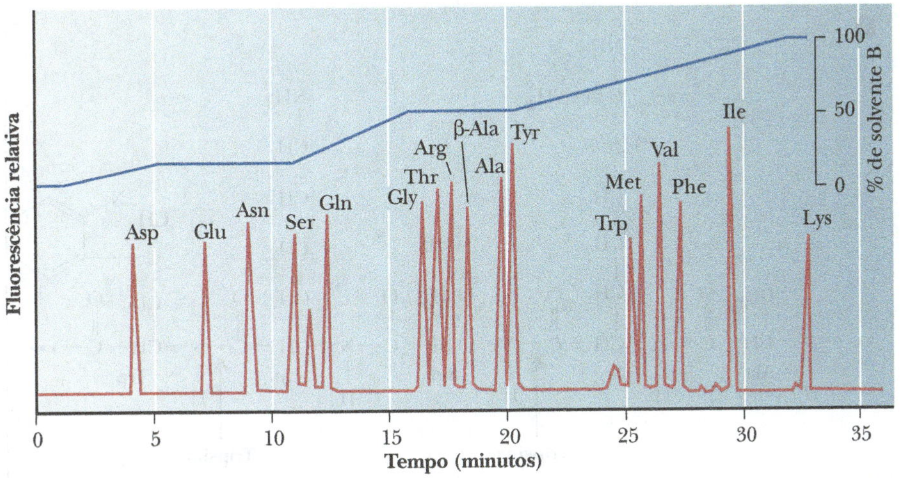
Fluorescência relativa
Asp
Glu
Asn
Ser
Gln
Gly
Thr
Arg
β-Ala
Ala
Tyr
Trp
Met
Val
Phe
Ile
Lys
100
50
0
% de solvente B
0
5
10
15
20
25
30
35
Tempo (minutos)

FIGURA 5.15 **Cromatograma HPLC de separação de aminoácido.**

▶ ***Por que as proteínas são quebradas em pequenos fragmentos para o sequenciamento de proteína?***

O método de degradação de Edman torna-se mais difícil à medida que o número de aminoácidos aumenta. Na maioria das proteínas, a cadeia tem mais de 100 resíduos de extensão. Para o sequenciamento, normalmente é necessário quebrar uma longa cadeia polipeptídica em fragmentos, que varia de 20 a 50 resíduos, por razões que serão explicadas posteriormente.

Clivagem da Proteína em Peptídeos

As proteínas podem ser clivadas em sítios específicos por enzimas ou reagentes químicos. A enzima **tripsina** quebra as ligações peptídicas preferencialmente em aminoácidos com grupos R carregados positivamente, como a lisina e a arginina. A clivagem ocorre de tal forma que o aminoácido com a cadeia lateral carregada passa a constituir a extremidade C-terminal de um dos peptídeos produzidos pela reação (Figura 5.16). O aminoácido C-terminal da proteína original pode ser qualquer um dos 20 possíveis, e não é necessariamente aquele no qual a clivagem ocorre. Um peptídeo pode ser identificado automaticamente como a extremidade C-terminal da cadeia original se seu aminoácido C-terminal não for um sítio de clivagem.

tripsina enzima proteolítica específica para resíduos de aminoácidos básicos como o sítio da hidrólise

Outra enzima, a **quimotripsina**, quebra ligações peptídicas preferencialmente em aminoácidos aromáticos: tirosina, triptofano e fenilalanina. O aminoácido aromático torna-se a extremidade C-terminal dos peptídeos produzidos pela reação (Figura 5.17).

quimotripsina enzima proteolítica que hidrolisa preferencialmente ligações amida adjacentes em resíduos de aminoácidos aromáticos

No caso do reagente químico **brometo de cianogênio** (CNBr), os sítios de clivagem estão nos resíduos internos de metionina. O enxofre da metionina reage com o carbono do brometo de cianogênio para produzir uma lactona homoserina na extremidade C-terminal do fragmento (Figura 5.18).

brometo de cianogênio reagente que quebra proteínas em resíduos internos de metionina

A clivagem de uma proteína por qualquer um desses reagentes produz uma mistura de peptídeos, os quais, então, são separados pela cromatografia em líquidos de alta eficiência. O uso de vários desses reagentes produz misturas diferentes em amostras diferentes de uma proteína a ser sequenciada. As sequências de um conjunto de peptídeos produzidas por um reagente irão se sobrepor às sequências produzidas por outro reagente (Figura 5.19). Como resultado, os peptídeos podem ser organizados na ordem adequada depois que suas sequências forem determinadas.

Sequenciamento de Peptídeos: Método de Edman

O sequenciamento real de cada peptídeo produzido por clivagem específica de uma proteína é obtido pela aplicação repetida do procedimento chamado degra-

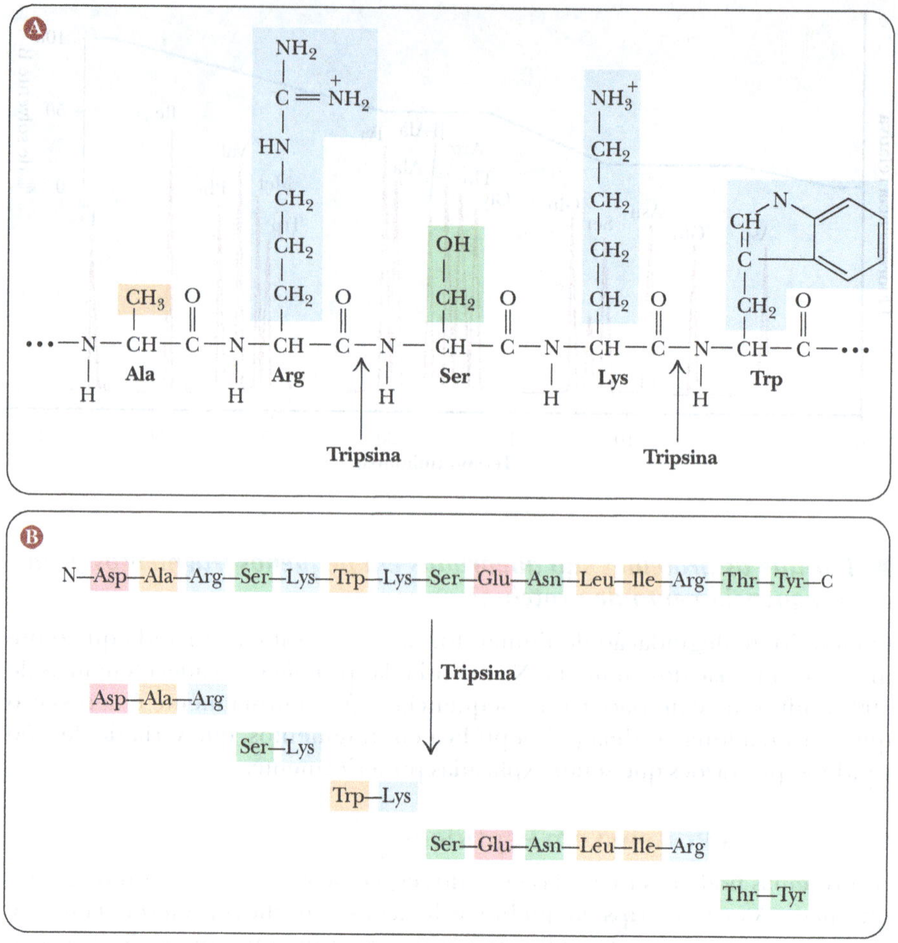
A
NH2
C = NH2
HN
CH2
CH2
CH2
CH3
OH
CH2
NH3+
CH2
CH2
CH2
CH2
CH
N
C
CH2
•••—N—CH—C—N—CH—C—N—CH—C—N—CH—C—N—CH—C—•••
Ala
Arg
Ser
Lys
Trp
Tripsina
Tripsina
B
N—Asp—Ala—Arg—Ser—Lys—Trp—Lys—Ser—Glu—Asn—Leu—Ile—Arg—Thr—Tyr—C
Tripsina
Asp—Ala—Arg
Ser—Lys
Trp—Lys
Ser—Glu—Asn—Leu—Ile—Arg
Thr—Tyr

Figura 5.16 Digestão peptídica com tripsina (a) A tripsina é uma enzima proteolítica, ou protease, que quebra especificamente aquelas ligações peptídicas nas quais a arginina ou a lisina contribuem para a função carbonila. (b) Os produtos da reação são uma mistura de fragmentos de peptídeo com resíduos de Arg ou Lys C-terminal e um único peptídeo derivado da extremidade C-terminal do polipeptídeo.

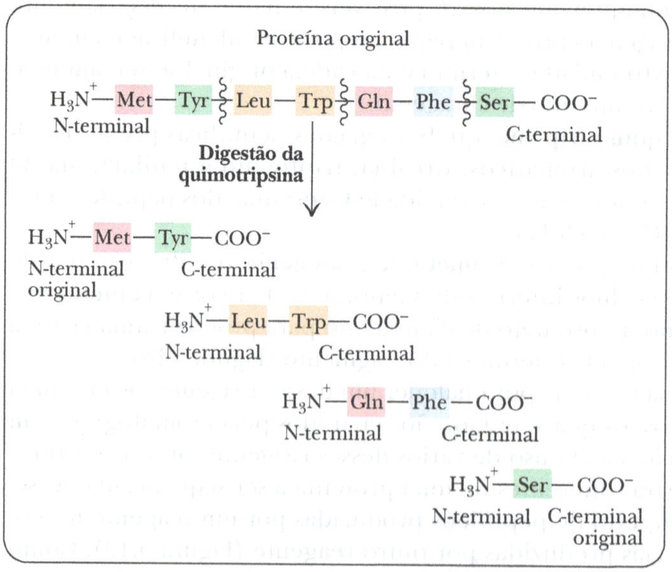
Proteína original
H3N+—Met—Tyr—Leu—Trp—Gln—Phe—Ser—COO−
N-terminal
C-terminal
Digestão da quimotripsina
H3N+—Met—Tyr—COO−
N-terminal original
C-terminal
H3N+—Leu—Trp—COO−
N-terminal
C-terminal
H3N+—Gln—Phe—COO−
N-terminal
C-terminal
H3N+—Ser—COO−
N-terminal
C-terminal original

Figura 5.17 Clivagem de proteínas por enzimas. A quimotripsina hidrolisa proteínas em aminoácidos aromáticos.

dação de Edman. A sequência de um peptídeo que contém de 10 a 40 resíduos pode ser determinada por esse método em cerca de 30 minutos usando-se 10 picomols de material, com o intervalo baseando-se na quantidade de fragmentos purificados e na complexidade da sequência. Por exemplo, a prolina é mais difícil de ser sequenciada que a serina por causa de sua reatividade química (as sequên-

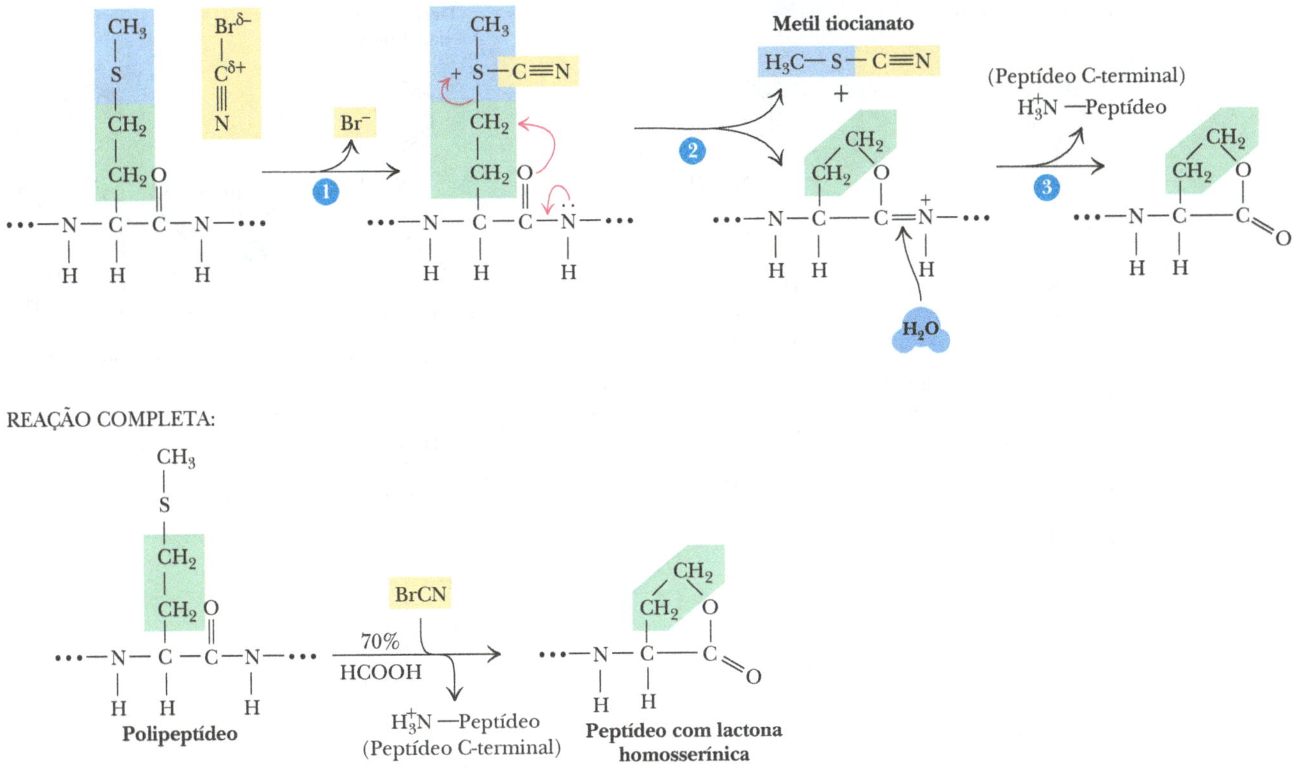
Metil tiocianato
(Peptídeo C-terminal)
REAÇÃO COMPLETA:
BrCN
70%
HCOOH
Polipeptídeo
(Peptídeo C-terminal)
Peptídeo com lactona homosserínica

FIGURA 5.18 **Clivagem de proteínas em resíduos internos de metionina por brometo de cianogênio.**

Quimotripsina	$H_3\overset{+}{N}$—Leu—Asn—Asp—Phe
Brometo de cianogênio	$H_3\overset{+}{N}$—Leu—Asn—Asp—Phe—His—Met
Quimotripsina	His—Met—Thr—Met—Ala—Trp
Brometo de cianogênio	Thr—Met
Brometo de cianogênio	Ala—Trp—Val—Lys—COO^-
Quimotripsina	Val—Lys—COO^-
Sequência completa	$H_3\overset{+}{N}$—Leu—Asn—Asp—Phe—His—Met—Thr—Met—Ala—Trp—Val—Lys—COO^-

FIGURA 5.19 **Uso de sequências em sobreposição para determinar a sequência da proteína.** A digestão parcial foi feita utilizando-se quimotripsina e brometo de cianogênio. Para ficar mais claro, apenas o N-terminal e o C-terminal do peptídeo completo são mostrados.

cias de aminoácidos dos peptídeos individuais na Figura 5.19 são determinadas pelo método de Edman depois que os peptídeos são separados uns dos outros). As sequências sobrepostas dos peptídeos produzidas por reagentes diferentes fornecem a chave para solucionar o problema. O alinhamento de sequências correspondentes de diferentes peptídeos possibilita a dedução da sequência completa. O método de Edman tornou-se tão eficiente, que não se considera mais necessário identificar as extremidades N-terminal e C-terminal de uma proteína por métodos químicos ou enzimáticos. Ao interpretar resultados, no entanto, é necessário lembrar que uma proteína pode consistir em mais de uma cadeia polipeptídica.

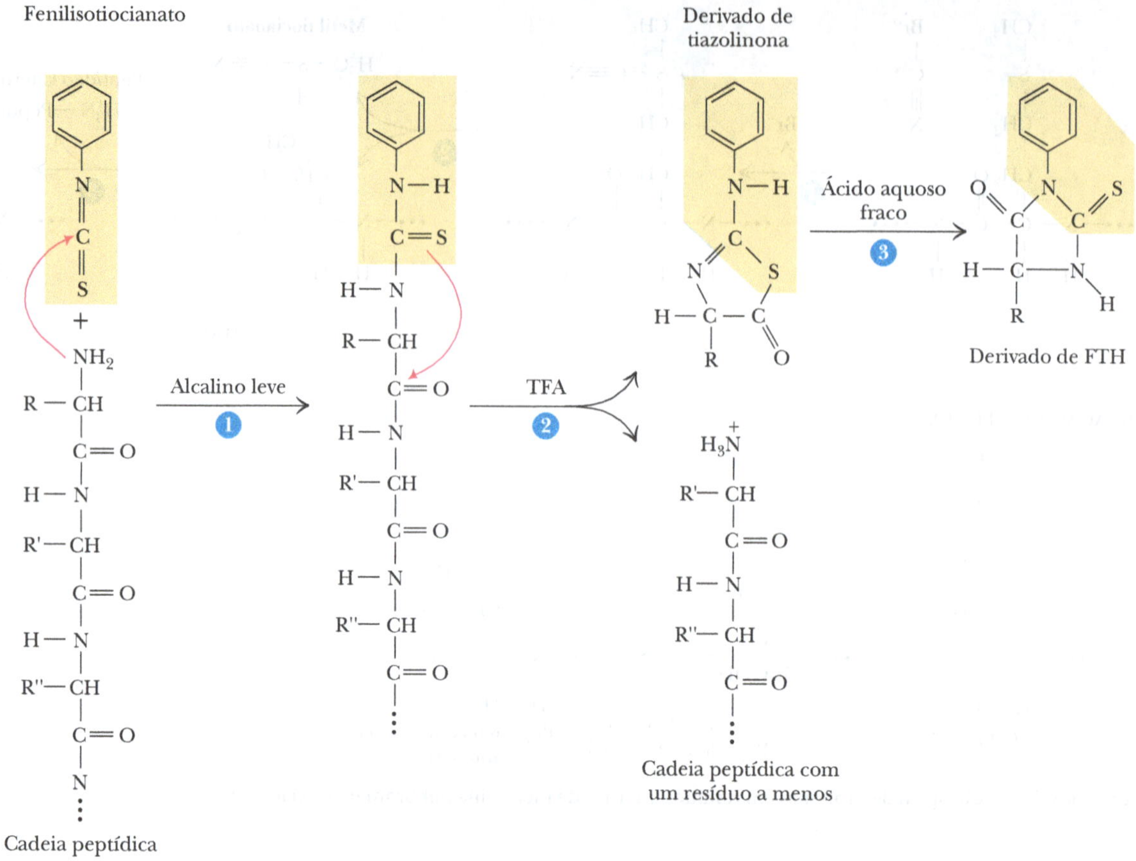
Fenilisotiocianato
Alcalino leve
TFA
Derivado de tiazolinona
Ácido aquoso fraco
Derivado de FTH
Cadeia peptídica
Cadeia peptídica com um resíduo a menos

FIGURA 5.20 Sequenciamento de peptídeos pelo método de Edman. (1) O fenilisotiocianato se combina com o N-terminal de um peptídeo sob condições levemente alcalinas para formar uma substituição de feniltiocarbamoil. (2) Com o tratamento com TFA (ácido trifluoroacético), ele forma um ciclo para liberar o aminoácido N-terminal como um derivado de tiazolinona, mas as outras ligações peptídicas não são hidrolisadas. (3) A extração e o tratamento orgânicos com ácido aquoso produzem o aminoácido N-terminal como um derivado de feniltioidantoína (FTH). O processo é repetido com o restante da cadeia peptídica para determinar o N-terminal exposto em cada estágio até que todo o peptídeo seja sequenciado.

sequenciador instrumento automatizado utilizado na determinação da sequência de aminoácidos de um peptídeo ou da sequência de nucleotídeos de um ácido nucleico

No sequenciamento de um peptídeo, o reagente de Edman, *isotiocianato de fenil*, reage com o resíduo N-terminal do peptídeo. O aminoácido modificado pode ser removido por clivagem, *deixando o restante do peptídeo intacto*, e detectado como derivado de feniltioidantoína do aminoácido. O segundo aminoácido do peptídeo original pode, então, ser tratado da mesma forma, assim como o terceiro. Com um instrumento automático chamado **sequenciador** (Figura 5.20), o processo é repetido até que todo o peptídeo seja sequenciado.

Outro método de sequenciamento utiliza o fato de que a sequência de aminoácidos de uma proteína reflete a sequência de bases do DNA no gene que a codificou. Usando os métodos disponíveis atualmente, às vezes é mais fácil obter a sequência do DNA que a da proteína (veja a Seção 13-8 para uma discussão sobre os métodos de sequenciamento para ácidos nucleicos). Utilizando o código genético (Seção 12-2), pode-se determinar imediatamente a sequência de aminoácidos da proteína. Embora esse método seja conveniente, ele não determina as posições de ligações dissulfeto, não detecta aminoácidos como a hidroxiprolina, que são modificados após a tradução, nem leva em conta o amplo processamento que ocorre com os genomas eucarióticos antes que a proteína final seja sintetizada (Capítulos 11 e 12). O quadro **Aplique Seu Conhecimento 5.2** fornece uma oportunidade de prática da análise de fragmentos peptídicos e reconstrução do peptídeo original.

5.2 Aplique Seu Conhecimento

Sequenciamento de Peptídeo

Uma solução de um peptídeo de sequência desconhecida foi dividida em duas amostras. Uma foi tratada com tripsina, e a outra, com quimotripsina. Os menores peptídeos obtidos por tratamento com tripsina tinham as sequências:

Leu—Ser—Tyr—Ala—Ile—Arg
LSYAIR

e

Asp—Gly—Met—Phe—Val—Lys
DGMFVK

Os menores peptídeos obtidos pelo tratamento da quimotripsina tinham as sequências:

Val—Lys—Leu—Ser—Tyr
VKLSY

Ala—Ile—Arg
AIR

e

Asp—Gly—Met—Phe
DGMF

Deduza a sequência do peptídeo original.

Solução

O ponto chave aqui é que os fragmentos produzidos pelo tratamento com duas enzimas diferentes têm sequências em sobreposição. Essas sobreposições podem ser comparadas para fornecer a sequência completa. Os resultados do tratamento com tripsina indicam que há dois aminoácidos básicos no peptídeo, a arginina e a lisina. Um deles deve ser o aminoácido C-terminal, porque nenhum outro fragmento foi gerado além desses dois. Se houvesse outro aminoácido além do resíduo básico na posição C-terminal, o tratamento apenas com tripsina teria fornecido a sequência. O tratamento com quimotripsina oferece as informações necessárias. A sequência do peptídeo Val—Lys—Leu—Ser—Tyr (VKLSY) indica que a lisina é um resíduo interno. A sequência completa é Asp—Gly—Met—Phe—Val—Lys—Leu—Ser—Tyr—Ala—Ile—Arg (DGMFVKLSYAIR).

Para finalizar esta seção, vamos voltar ao por que precisamos cortar a proteína em pedaços. Uma vez que o analisador de aminoácido está nos fornecendo a sequência, é fácil imaginar que poderíamos analisar uma proteína de 100 aminoácidos em uma etapa com o analisador e obter a sequência sem ter que digerir a proteína com tripsina, quimiotripsina ou outros reagentes químicos. Entretanto, devemos considerar a realidade lógica de se fazer a degradação de Edman. Como mostrado na etapa 1 da Figura 5.20, reagimos o peptídeo com o reagente de Edman, fenilisotiocianato (PITC). A estequiometria desta reação é a de uma molécula de peptídeo reagindo com uma molécula de PITC. Isso produz uma molécula do derivado PTH na etapa 3, que é então analisada. Infelizmente, é muito difícil obter uma combinação estequiométrica exata. Por exemplo, digamos que estamos analisando um peptídeo com a sequência Asp—Leu—Tyr etc. Por simplicidade, suponhamos que adicione-

espectrometria de massas (MS) técnica que separa fragmentos moleculares de acordo com suas razões massa-carga

ionização por eletrospray (ESI-MS) forma de espectrometria de massas na qual a amostra é convertida em finas gotas por spray

espectrometria de massas tandem técnica na qual a saída de um espectrômetro é analisada em um segundo espectrômetro

ionização por dessorção a laser assistida por matriz – tempo de percurso (MALDI-TOF MS) técnica que usa um laser para ionizar a amostra de proteína para a MS

mos 100 moléculas do peptídeo a 98 moléculas de PITC porque não podemos medir a quantidade de forma exatamente perfeita. O que acontece então? Na etapa 1 o PITC é o limitante, de modo que eventualmente terminamos com 98 derivados PTH de aspartato, que são analisados corretamente, e sabemos que o N-terminal é aspartato. Na segunda etapa da reação, adicionamos mais PITC, mas agora existem dois peptídeos; 98 deles começam com a leucina e 2 com aspartato. Quando analisamos os derivados PTH da etapa 2, obtemos dois sinais, um dizendo que o derivado é a leucina e outro que é o aspartato. Nessa etapa, a pequena quantidade de derivado PTH de aspartato não interfere na capacidade de reconhecer o segundo aminoácido verdadeiro. Entretanto, em cada etapa, esta situação piora conforme mais produtos laterais aparecem. Em algum ponto, obtemos uma análise dos derivados do PTH que não podem ser identificados. Por esta razão, temos que começar com fragmentos menores, de tal forma que possamos analisar a sequência deles antes que o sinal se degrade.

5-5 Técnicas de Identificação de Proteínas

Grande parte da pesquisa na química de proteínas envolve a separação e a identificação das proteínas estudadas. O quadro CONEXÕES **BIOQUÍMICAS 5.1** descreve uma das mais poderosas – embora ainda cara – técnicas para a determinação da estrutura proteica, a espectrometria de massas. Entretanto, nem todos os pesquisadores têm acesso a um espectrômetro de massas, e muita informação pode ser reunida sem ter que recorrer a um processo que consome tanto tempo.

5.1 CONEXÕES **BIOQUÍMICAS** | instrumentação

O Poder da Espectrometria de Massas

Embora existam muitas técnicas que permitem uma abordagem sutil para a determinação do conteúdo e da estrutura proteica, nenhuma delas tem o poder refinado da **espectrometria de massas (MS**, do inglês ***mass spectrametry***). Um espectrômetro de massas explora a diferença na razão massa-carga (m/z) de átomos ou moléculas ionizados para separá-los dos outros. A razão m/z é uma propriedade tão característica, que pode ser usada para obter informações estruturais e químicas sobre as moléculas e identificá-las.

Quando as partículas carregadas são separadas com base em suas razões m/z, chegam ao detector em tempos diferentes. A aplicação original da MS no início do século XX levou à descoberta dos isótopos. Os isótopos do gás nobre argônio foram detectados usando um aparelho que pareceria muito simples atualmente. Por muitos anos, os métodos de detecção eram baseados em ter a substância a ser analisada na forma gasosa ou que fosse fácil de volatilizar. Com o tempo, os métodos de MS foram desenvolvidos de tal forma que permitissem que moléculas tão grandes quanto as proteínas, que normalmente não são voláteis, fossem analisadas.

Um tipo comum de MS é a **ionização por eletrospray (ESI-MS)**. Uma solução de macromoléculas é borrifada na forma de gotas a partir de um capilar sob um forte campo elétrico. As gotas ganham cargas positivas à medida que deixam o capilar. A evaporação do solvente deixa moléculas carregadas multiplamente. Uma proteína típica de 20 k-Da pega até 10 a 30 cargas positivas. O espectro de MS desta proteína revela todas as espécies carregadas de forma diferente como uma série de picos bem definidos cujos valores consecutivos de m/z diferem pela carga e massa de um único próton, como mostrado na figura: a diminuição dos valores de m/z indica um aumento no número de cargas por molécula. A **espectrometria de massas tandem** usa outro espectrômetro para o fluxo da fonte de ESI

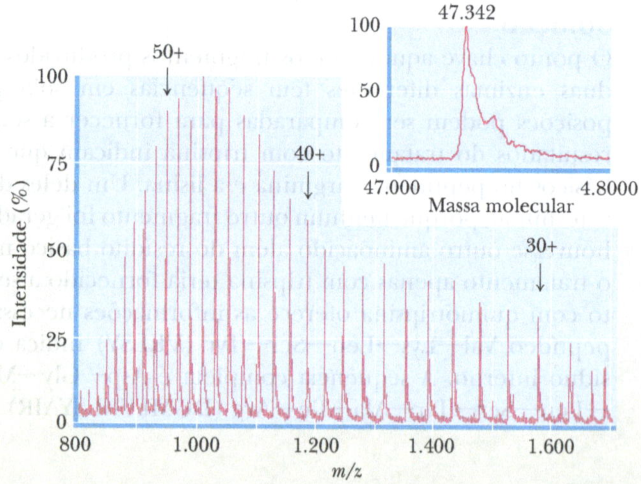
100
75
50
25
0
Intensidade (%)
50+
40+
30+
800
1.000
1.200
1.400
1.600
m/z
100
50
0
47.342
47.000
4.8000
Massa molecular

que pode analisar misturas complexas de proteína, como digeridos trípticos ou proteínas saindo de uma coluna de HPLC.

Outro tipo de MS é a **ionização por dessorção a laser assistida por matriz – tempo de percurso (MALDI-TOF MS**, do inglês ***matrix-assisted laser desorption ionization-time of ligth***). Uma amostra de proteína é misturada com uma matriz química que inclui uma substância que absorve luz. Um pulso de laser é usado para excitar a matriz química, criando um microplasma que transfere a energia para as moléculas de proteína na amostra, ionizando e ejetando-as para a fase gasosa. Dentre os produtos estão moléculas de proteína que pegaram um único próton. Estas espécies carregadas positivamente podem ser selecionadas pela MS por análise de massas. A MALDI-TOF MS é muito sensível e muito acurada. Quantidades de atomol (10^{-18}) e uma molécula podem ser detectadas. ▶

Quais são algumas das técnicas comuns de identificação de proteína?

Nesta seção examinaremos três técnicas que varrem a faixa do antigo ao moderno.

Ensaio Imunossorvente Ligado a Enzima (Elisa)

Uma das primeiras técnicas de identificação de proteína desenvolvidas foi o ensaio imunossorvente ligado a enzima, ou **Elisa (do inglês Enzyme-linked immunoabsorbent assay)**. Esta técnica é baseada em reações entre as proteínas e os anticorpos. Estudaremos com mais profundidade os anticorpos no Capítulo 14, mas a ideia básica é que os vertebrados produzem proteínas, chamadas anticorpos, quando encontram moléculas estrangeiras, incluindo outras proteínas. Os anticorpos se ligam muito especificamente a proteínas que induziram sua criação. Os pesquisadores aprenderam rapidamente a aproveitar essa capacidade de criar anticorpos para uma variedade de proteínas. Uma vez criados, esses anticorpos tornam-se excelentes "iscas" que buscarão e se ligarão às proteínas alvo. A única coisa restante é encontrar uma maneira de ver onde essas iscas terminam e saber onde a proteína está. A Figura 5.21 mostra um diagrama de um design básico para este processo. A etapa 1 mostra uma série de proteínas (formas geométricas aleatórias). Uma delas, o triângulo, é uma proteína para a qual o anticorpo foi criado. Este, chamado **anticorpo primário**, está mostrado como uma molécula com forma de Y ligando-se à sua proteína alvo na etapa 2. A razão de representarmos o anticorpo na forma de um Y ficará clara no Capítulo 14, no qual estudaremos a estrutura de anticorpo. Infelizmente, a ligação deste anticorpo não é visível, portanto, não sabemos onde a proteína alvo está. Para remediar isto, um **anticorpo secundário** é usado para localizar o primário. Este anticorpo secundário tem algum tipo de marcador que permite seja visto. Neste caso, o marcador é uma enzima que catalisa uma reação específica. Tal reação envolve a oxidação do 4-cloro-1-naftol a seguir:

$$\text{4-cloro-1-naftol}_{\text{red}} + H_2O_2 \rightarrow \text{4-cloro-1-naftol}_{\text{oxidado}} + H_2O + \tfrac{1}{2}\, O_2$$

A forma oxidada deste composto é violeta, portanto, quando quer que a cor violeta apareça, sabemos que tínhamos a proteína alvo. Existem duas outras maneiras comuns de identificar o anticorpo secundário. A primeira maneira é ter o seu marcador como uma molécula fluorescente. A segunda maneira é ter o marcador radioativo. Um fluorímetro ou um contador de radioisótopo pode, então, ser usado, respectivamente, para encontrar as proteínas alvo.

Um Elisa é normalmente realizado em uma bandeja plástica cheia de poços minúsculo, chamada placa de microtitulador, como mostrado na Figura 5.22. Muitas amostras de proteínas diferentes podem ser estudadas de uma vez desta maneira. A presença da cor em uma placa nos diz que a proteína alvo está presente. Na análise quantitativa, a intensidade da cor nos diz a quantidade relativa da proteína alvo.

Western blot

Western blot refere-se à transferência de proteínas de uma eletroforese em gel, normalmente SDS-Page, para uma membrana fina de nitrocelulose ou algum outro material absorvente. Uma vez transferidas, as proteínas são identificadas da mesma maneira que com o Elisa. O nome em inglês, *western blot*, veio de uma derivação <<jocosa>> de todas as técnicas de *blot*. A técnica original de *blotting* foi desenvolvida para a transferência de DNA de um gel para a nitrocelulose. Ela foi desenvolvida por um pesquisador chamado Southern, logo, sua técnica foi chamada *Southern blot*. A segunda técnica a ser projetada transferiu o RNA e, quase como uma piada, foi chamada *northern blot*. A terceira técnica de *blot* foi para proteínas, logo, os cientistas, que gostam de um bom trocadilho, a chamaram de *western blot*. Veremos *southern blot* e *northern blot* no Capítulo 13.

A Figura 5.23 mostra o design básico de um experimento de *western blot*. Na etapa 1, as proteínas são separadas em um gel via eletroforese como descrito na Seção 5-3. Na etapa 2, o gel é colocado entre papel de filtro e nitrocelulose e colocado em uma segunda câmara de eletroforese que dirigirá as bandas para fora do gel e para dentro da membrana de nitrocelulose.

Elisa ensaio imunossorvente ligado a enzima

anticorpo primário anticorpo que reagirá com a proteína sendo estudada ou procurada durante um experimento

anticorpo secundário anticorpo que reagirá com o primário usado em um experimento Elisa ou de imunodetecção

western blot técnica na qual as proteínas foram inicialmente separadas usando a eletroforese em gel e então transferidas para uma membrana de nitrocelulose para análise e identificação

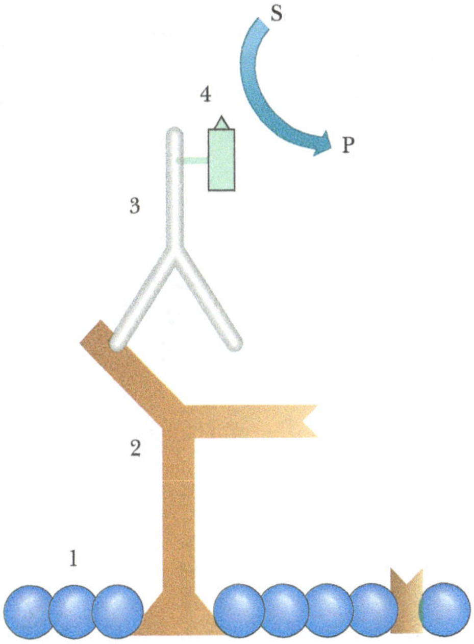
S
4
P
3
2
1

FIGURA 5.21 Uso de anticorpos primário e secundário para visualizar uma proteína com imunodetecção. (De Farrell/Taylor, *Experiments in Biochemistry*, *2.ed.* ©2006 Cengange Learning.)

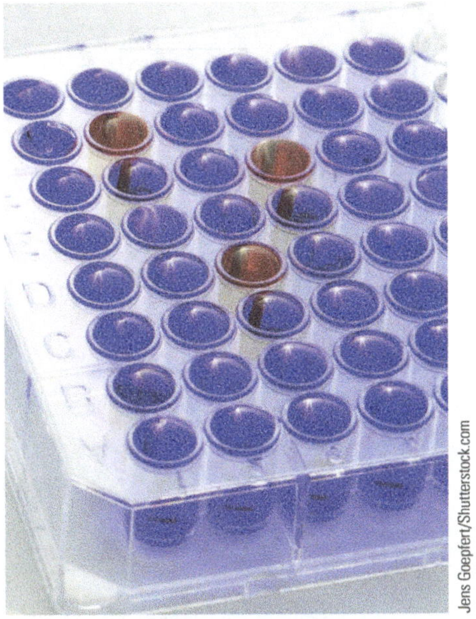
Jens Goepfert/Shutterstock.com

FIGURA 5.22 Placa de microtitulador mostrando o resultado de um ensaio Elisa.

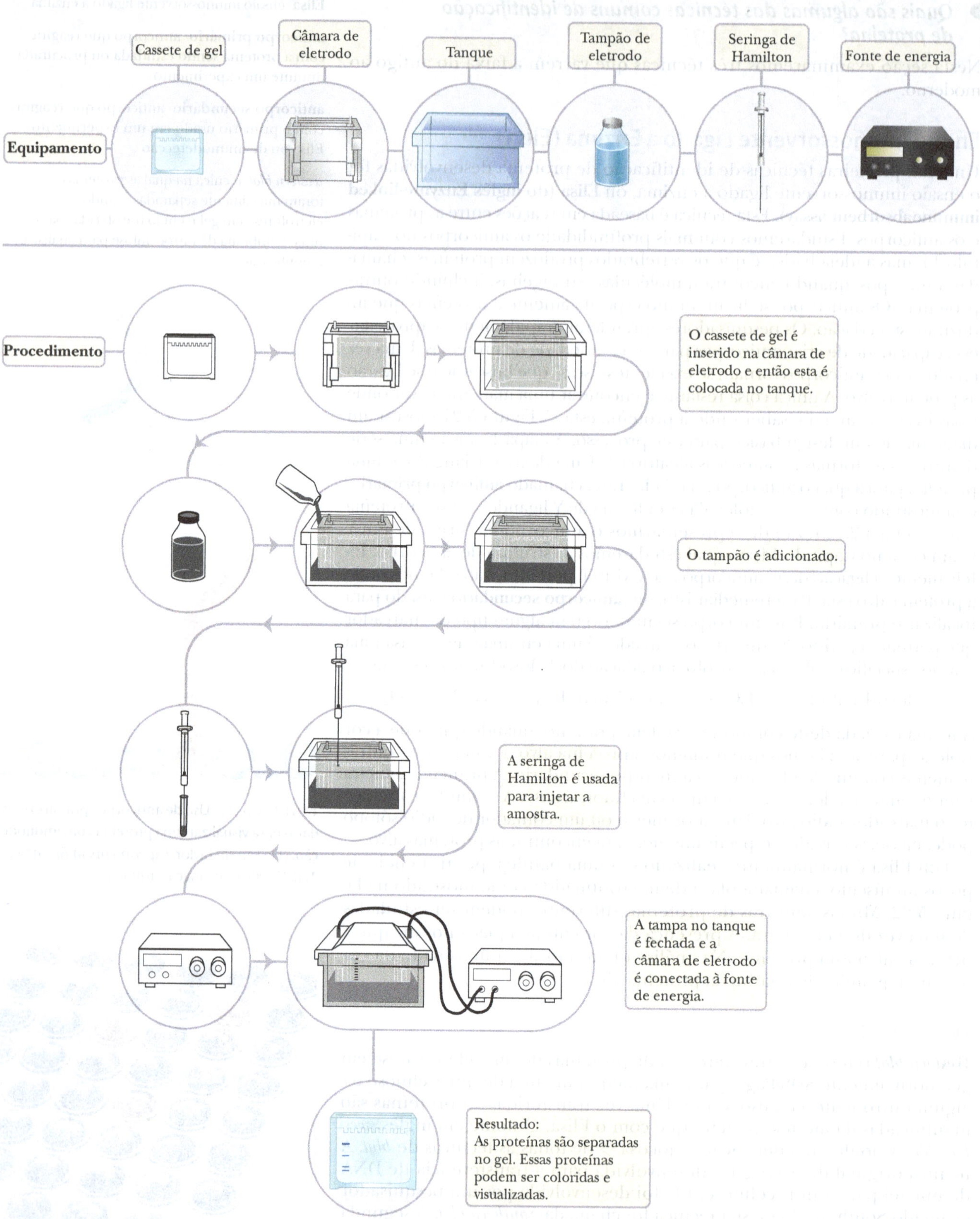
Cassete de gel
Câmara de eletrodo
Tanque
Tampão de eletrodo
Seringa de Hamilton
Fonte de energia
Equipamento
Procedimento
O cassete de gel é inserido na câmara de eletrodo e então esta é colocada no tanque.
O tampão é adicionado.
A seringa de Hamilton é usada para injetar a amostra.
A tampa no tanque é fechada e a câmara de eletrodo é conectada à fonte de energia.
Resultado:
As proteínas são separadas no gel. Essas proteínas podem ser coloridas e visualizadas.

Figura 5.23 O design básico de um experimento de *western blot*. *(Continua)*

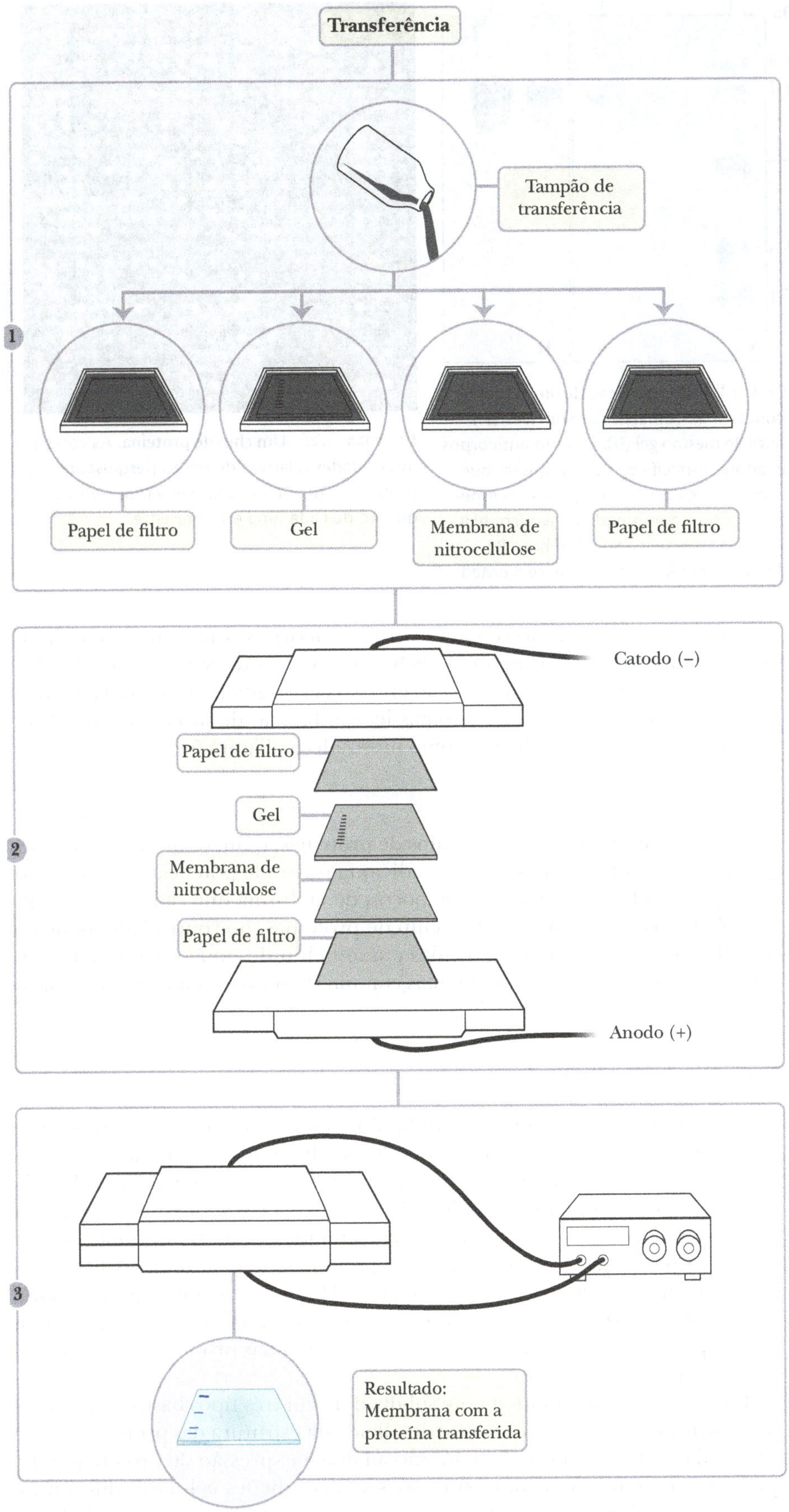
Transferência
Tampão de transferência
1
Papel de filtro
Gel
Membrana de nitrocelulose
Papel de filtro
Catodo (–)
Papel de filtro
Gel
2
Membrana de nitrocelulose
Papel de filtro
Anodo (+)
3
Resultado: Membrana com a proteína transferida

FIGURA 5.23 — continuação

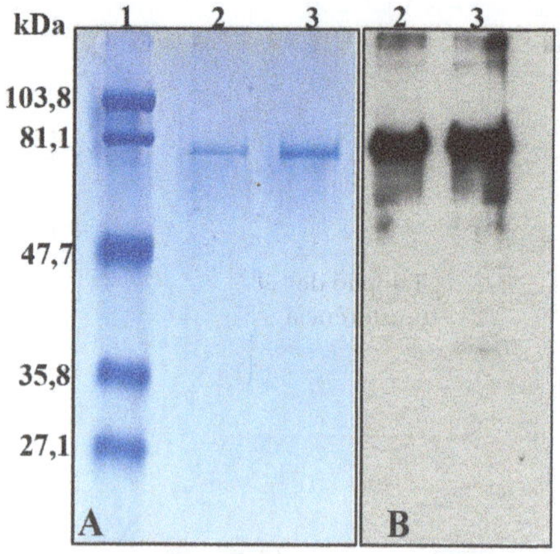
kDa
1
2
3
2
3
103,8
81,1
47,7
35,8
27,1
A
B

Figura 5.24 **Comparação de um gel colorido com azul de Comassie (a) e um *western blot* feito do mesmo gel (b).** Usando anticorpos e marcadores específicos que permitem que sejam vistos, a localização de proteínas específicas pode ser determinada no *western blot*. (a, Gustoimages/Science Source/Photo Researchers; b, 2009 Azza et al, licensee BioMed Central Ltd.)

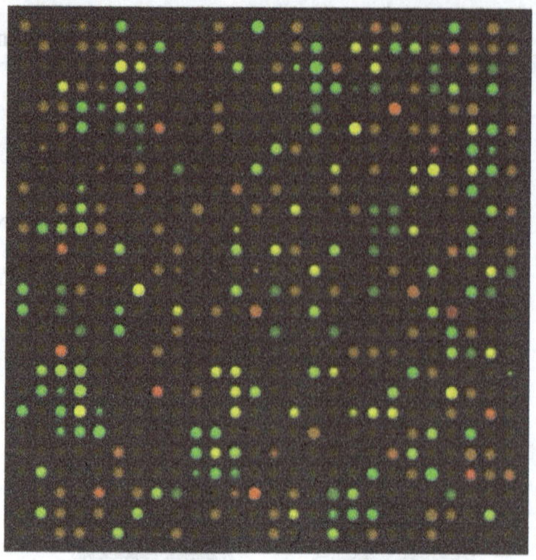
Alila07/Dreamstime.com

Figura 5.25 **Um chip de proteína.** As cores e intensidades relativas dizem ao pesquisador quais proteínas são encontradas em vários pontos e quanto de cada uma está presente.

A nitrocelulose é então tratada com os anticorpos primário e secundário, que abordamos anteriormente, e as bandas relevantes são visualizadas. Em muitos casos, é feita uma comparação entre o gel original, manchado com uma proteína geral como o azul de Coomassie, e as bandas de proteína marcada de anticorpo na membrana de *blot*, como mostrado na Figura 5.24.

Chips de Proteínas

chips de proteínas também chamados microrredes de proteínas: pequenas placas de poucos centímetros de lado que podem ter dezenas de milhares de proteínas implantadas

As microrredes de proteínas, ou **chips de proteínas**, usam os mesmos conceitos que vimos com Elisa e western blot e adicionam grande potência. Por exemplo, um experimento Elisa típico usa 96 poços, de tal forma que cada experimento pode examinar 100 amostras. Um chip de proteínas, por outro lado, pode ter 30.000 amostras separadas agarradas em um chip de poucos centímetros de lado. A fluorescência á a maneira mais comum de ver os resultados, como mostrado na Figura 5.25.

5-6 Proteômica

proteômica estudo das interações entre todas as proteínas da célula

proteoma o conteúdo proteico total da célula

As técnicas introduzidas neste capítulo são o esqueleto das ciências biológicas modernas, e serão vistas ao longo de todo este livro. Isso não poderia ser mais verdadeiro para a tendência atual conhecida como **proteômica**, a análise sistemática do complemento completo de proteínas de um organismo, seu **proteoma**, é um dos campos que crescem mais rapidamente. Determinada célula pode estar produzindo vários milhares de proteínas em determinado momento, logo, estudar o proteoma é uma tarefa difícil. Muitas das técnicas que acabamos de estudar são usadas para determinar a natureza e a identidade das proteínas e um experimento comum pode comparar as proteínas produzidas em uma célula sob situações diferentes.

A proteômica é frequentemente subdividida em três tipos básicos. A proteômica estrutural oferece uma análise detalhada da estrutura das proteínas sendo produzidas. A proteômica de expressão analisa a expressão de proteínas e frequentemente considera suas expressões sob condições celulares diferentes. Ela é um contribuinte importante para nosso entendimento de metabolismo e doença. A proteômica de interação nos oferece a oportunidade de examinar como as proteínas interagem com as moléculas.

Como as técnicas de proteína individual se combinam para estudar a proteômica?

Pode-se utilizar a combinação de técnicas simples de separação de proteínas, métodos complicados e caros, como Maldi-TOF MS (veja CONEXÕES **BIOQUÍMICAS 5.1**) e tremendas habilidades computacionais. Kumar et al. descreveram um sistema elegante envolvendo três das técnicas que vimos para determinar as interações entre proteínas em um sistema celular. Eles criaram as proteínas que chamaram "a isca". Estas foram marcadas com uma indicação de afinidade e colocadas para reagir com outros componentes da célula. As proteínas-isca marcadas foram então deixadas para se ligar a uma coluna de afinidade. Ao fazer isso, pegaram quaisquer outras proteínas ligadas a elas. O complexo ligado foi eluído da coluna, e então purificado com SDS-Page. As bandas foram excidas e digeridas com tripsina. Desta maneira, as identidades das proteínas associadas com a isca foram estabelecidas. Por todo este livro você verá muitos exemplos das maneiras pelas quais tal informação é juntada.

Resumo

Como obtemos proteínas das células? O rompimento das células é o primeiro passo para a purificação das proteínas. As diversas partes das células podem ser separadas por centrifugação. Essa é uma etapa útil porque as proteínas tendem a ocorrer em organelas determinadas. Altas concentrações de sal precipitarão grupos de proteínas, que serão então separadas por cromatografia e por eletroforese.

Quais são os diferentes tipos de cromatografia? A cromatografia por filtração em gel separa proteínas com base no tamanho. A cromatografia de troca iônica separa as proteínas com base na carga líquida. A cromatografia por afinidade separa as proteínas com base em suas afinidades por ligantes específicos. Para purificar uma proteína, muitas técnicas são usadas, e frequentemente são usadas várias etapas diferentes de cromatografia.

Qual a diferença entre gel agarose e gel poliacrilamida? A eletroforese de gel agarose é usada principalmente para separar ácidos nucleicos, embora também possa ser usada para separação por gel nativo de proteínas. A acrilamida é o meio usual para a separação de proteínas. Quando os géis de acrilamida são corridos com o reagente químico SDS, as proteínas separam-se com base apenas no tamanho.

Por que as proteínas são quebradas em pequenos fragmentos para o sequenciamento de proteína? A degradação de Edman tem os limites práticos da quantidade de aminoácidos que pode ser quebrada de uma proteína e analisada antes de os dados resultantes se tornarem muito confusos. Para evitar este problema, as proteínas são cortadas em pequenos fragmentos usando enzimas e reagentes químicos, e estes fragmentos são sequenciados pela degradação de Edman.

Quais são algumas das técnicas comuns de identificação de proteína? Existem várias maneiras de identificar as proteínas. A espectrometria de massas mede as razões carga-massa de átomos em moléculas e pode identificar uma proteína até no nível atômico. O ensaio de imunoabsorvente ligado a enzima (Elisa) e os *western blots* exploram a ligação específica de anticorpos a uma proteína com a subsequente visualização do complexo anticorpo-proteína. No Elisa isto é realizado em uma placa de microtitulador. Com os *western blots*, as proteínas são primeiro separadas com eletroforese em gel e então as bandas são transferidas para uma membrana, como a nitrocelulose. Uma técnica muito poderosa usa milhares de proteínas coladas em um *slide*, chamado microrrede de proteína ou chip de proteína.

Como as técnicas de proteína individual se combinam para estudar a proteômica? Proteômica refere-se às tentativas de estudar o complemento inteiro de proteínas sendo produzido por uma célula em determinado momento sob condições específicas. Todas as técnicas estudadas neste capítulo estão envolvidas na obtenção da identidade e da natureza de muitos milhares de proteínas em uma célula.

Exercícios de Revisão

5-1 Extração de Proteínas Puras de Células

1. **VERIFICAÇÃO DOS FATOS** Quais são os tipos de técnicas de homogeneização disponíveis para solubilizar uma proteína?
2. **VERIFICAÇÃO DOS FATOS** Quando você escolheria utilizar um homogeneizador Potter-Elvejhem em vez de um liquidificador?
3. **VERIFICAÇÃO DOS FATOS** O que significa "*salting out*"? Como funciona?
4. **VERIFICAÇÃO DOS FATOS** Quais diferenças entre proteínas são responsáveis por sua solubilidade diferencial em sulfato de amônio?
5. **VERIFICAÇÃO DOS FATOS** Como você isolaria as mitocôndrias de células hepáticas utilizando centrifugação diferencial?
6. **VERIFICAÇÃO DOS FATOS** Você pode separar mitocôndrias de peroxissomos utilizando apenas centrifugação diferencial?
7. **VERIFICAÇÃO DOS FATOS** Dê um exemplo de um cenário no qual se pode isolar parcialmente uma proteína com centrifugação diferencial utilizando apenas uma centrifugação.
8. **VERIFICAÇÃO DOS FATOS** Descreva um procedimento para isolar uma proteína fortemente associada à membrana mitocondrial.
9. **PERGUNTA DE RACIOCÍNIO** Você está purificando uma proteína pela primeira vez. Você a solubilizou com homogeneização em um liquidificador, seguida por centrifugação diferencial. Você quer tentar precipitação com sulfato de amônio como próximo passo. Não sabendo nada de antemão sobre a quantidade de sulfato de amônio a ser adicionada, desenvolva uma experiência para encontrar a concentração adequada (porcentagem de saturação) de sulfato de amônio a ser utilizada.
10. **PERGUNTA DE RACIOCÍNIO** Se você tivesse uma proteína X, que é uma enzima solúvel encontrada dentro do peroxissomo, e quisesse separá-la de uma proteína Y semelhante, mas que é uma enzima encontrada associada à membrana mitocondrial, quais seriam suas técnicas iniciais para isolar tais proteínas?

5-2 Cromatografia em Coluna

11. **VERIFICAÇÃO DOS FATOS** Qual é a base para a separação de proteínas pelas técnicas a seguir?
    (a) Cromatografia de filtração em gel
    (b) Cromatografia por afinidade
    (c) Cromatografia de troca iônica
    (d) HPLC de fase reversa
12. **VERIFICAÇÃO DOS FATOS** Qual é a ordem de eluição de proteínas em uma coluna de filtração em gel? Por quê?
13. **VERIFICAÇÃO DOS FATOS** Quais são as duas formas nas quais um composto pode ser eluído de uma coluna de afinidade? Quais podem ser as vantagens e desvantagens de cada uma?
14. **VERIFICAÇÃO DOS FATOS** Quais são as duas formas nas quais um composto pode ser eluído de uma coluna de troca iônica? Quais podem ser as vantagens e desvantagens de cada uma?
15. **VERIFICAÇÃO DOS FATOS** Por que a maioria das pessoas elui proteínas ligadas em uma coluna de troca iônica, aumentando a concentração de sal em vez de mudar o pH?
16. **VERIFICAÇÃO DOS FATOS** Quais são os dois tipos de compostos que compõem a resina para cromatografia em coluna?
17. **VERIFICAÇÃO DOS FATOS** Desenhe um exemplo de composto que serviria como trocador catiônico. Desenhe também para um trocador aniônico.
18. **VERIFICAÇÃO DOS FATOS** Como a cromatografia de filtração em gel pode ser utilizada para se chegar a uma estimativa da massa molecular de uma proteína?
19. **PERGUNTA DE RACIOCÍNIO** O Sephadex® G-75 tem um limite de exclusão de massa molecular de 80.000 para proteínas globulares. Se você tentasse utilizar esse material de coluna para separar a desidrogenase alcoólica (MM 150.000) da β--amilase (MM 200.000), o que aconteceria?
20. **PERGUNTA DE RACIOCÍNIO** Com relação à pergunta 19, você poderia separar a β-amilase da albumina de soro bovino (MM 66.000) utilizando essa coluna?
21. **PERGUNTA DE RACIOCÍNIO** Qual é a principal diferença entre a HPLC de fase reversa e a cromatografia padrão de troca iônica ou de filtração em gel?
22. **PERGUNTA DE RACIOCÍNIO** Qual a diferença entre a HPLC e a cromatografia de troca iônica?
23. **PERGUNTA DE RACIOCÍNIO** Desenvolva uma experiência para purificar a proteína X em uma coluna de troca aniônica. A proteína X tem ponto isoelétrico de 7,0.
24. **PERGUNTA DE RACIOCÍNIO** Com relação à pergunta 23, como você purificaria a proteína X utilizando cromatografia de troca iônica se ela for estável apenas em um pH entre 6 e 6,5?
25. **PERGUNTA DE RACIOCÍNIO** Qual seria uma vantagem em utilizar uma coluna de troca aniônica com base em uma amina quaternária [isto é, resina-$N^+(CH_2CH_3)_3$] em vez de uma amina terciária [resina-$NH^+(CH_2CH_3)_2$]?
26. **PERGUNTA DE RACIOCÍNIO** Você quer separar e purificar a enzima A das enzimas contaminantes B e C. A enzima A é encontrada na matriz da mitocôndria. A B está associada à membrana mitocondrial, e a C é encontrada no peroxissomo. As enzimas A e B têm massa molecular de 60.000 Da. A C tem massa molecular de 100.000 Da. A enzima A tem pI de 6,5. As B e C têm valores de pI de 7,5. Desenvolva uma experiência para separar a enzima A das outras duas.
27. **PERGUNTA DE RACIOCÍNIO** Uma mistura de aminoácidos consistindo em lisina, leucina e ácido glutâmico será separada por cromatografia de troca iônica, utilizando uma resina de troca catiônica em pH 3,5, com o tampão de eluição no mesmo pH. Qual desses aminoácidos será eluído primeiro? Será necessário outro tipo de tratamento para eluir um desses aminoácidos da coluna?
28. **PERGUNTA DE RACIOCÍNIO** Uma mistura de aminoácidos consistindo em fenilalanina, glicina e ácido glutâmico será separada por HPLC. A fase estacionária é aquosa e a fase móvel é um solvente menos polar que a água. Qual desses aminoácidos se moverá mais rapidamente? Qual se moverá mais lentamente?
29. **PERGUNTA DE RACIOCÍNIO** Na HPLC de fase reversa, a fase estacionária é apolar e a fase móvel é um solvente polar em pH neutro. Qual dos três aminoácidos da Pergunta 28 se moverá mais rapidamente em uma coluna de HPLC de fase reversa? Qual se moverá mais lentamente?
30. **PERGUNTA DE RACIOCÍNIO** A cromatografia de filtração em gel é um método útil para remover sais, como sulfato de amônio, das soluções proteicas. Descreva como esta separação é feita.

5-3 Eletroforese

31. **VERIFICAÇÃO DOS FATOS** Quais são os parâmetros físicos de uma proteína que controlam sua migração na eletroforese?
32. **VERIFICAÇÃO DOS FATOS** Quais são os tipos de compostos que formam os géis utilizados na eletroforese?
33. **VERIFICAÇÃO DOS FATOS** Dos dois principais polímeros utilizados na cromatografia em coluna e na eletroforese, qual seria mais imune à contaminação por bactérias e outros organismos?
34. **VERIFICAÇÃO DOS FATOS** Quais tipos de macromoléculas são normalmente separados nos géis de eletroforese de agarose?
35. **VERIFICAÇÃO DOS FATOS** Se você tivesse uma mistura de proteínas com tamanhos, formatos e cargas diferentes e as separasse com eletroforese, que proteínas se moveriam mais rapidamente em direção ao anodo (eletrodo positivo)?
36. **VERIFICAÇÃO DOS FATOS** O quer dizer SDS-Page? Qual é o benefício que se obtém ao utilizá-lo?

37. **VERIFICAÇÃO DOS FATOS** Como a adição de dodecilsulfato de sódio a proteínas afeta a base da separação na eletroforese?

38. **VERIFICAÇÃO DOS FATOS** Por que a ordem de separação com base em tamanhos é oposta na filtração em gel e na eletroforese de gel, mesmo que frequentemente utilizem o mesmo composto para formar a matriz?

39. **VERIFICAÇÃO DOS FATOS** A figura mostrada a seguir é de uma experiência de eletroforese utilizando SDS-Page. A faixa à esquerda tem os seguintes padrões: albumina de soro bovino (MM 66.000), ovalbumina (MM 45.000), gliceraldeído 3-fosfato desidrogenase (MM 36.000), anidrase carbônica (MM 24.000) e tripsinogênio (MM 20.000). A faixa à direita é desconhecida. Calcule a MM desta.

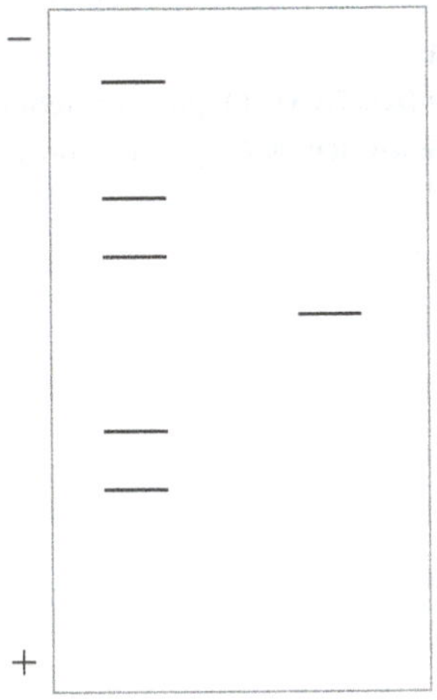
−
+

5-4 Determinando a Estrutura Primária de uma Proteína

40. **VERIFICAÇÃO DOS FATOS** Por que não é mais considerado necessário determinar o aminoácido N-terminal de uma proteína em uma etapa separada?

41. **VERIFICAÇÃO DOS FATOS** Quais informações úteis você pode obter se determinar o aminoácido N-terminal em uma etapa separada?

42. **PERGUNTA DE RACIOCÍNIO** Mostre por uma série de equações (com estruturas) o primeiro estágio do método de Edman aplicado a um peptídeo que tenha leucina como seu resíduo N-terminal.

43. **PERGUNTA DE RACIOCÍNIO** Por que a degradação de Edman não pode ser utilizada eficientemente com peptídeos muito longos? (*Dica*: Pense na estequiometria dos peptídeos e do reagente de Edman, e no rendimento percentual das reações orgânicas que as envolvem.)

44. **PERGUNTA DE RACIOCÍNIO** O que aconteceria durante uma experiência de sequenciamento de aminoácido utilizando a degradação de Edman se você adicionasse acidentalmente duas vezes mais reagente de Edman (em uma base por mol) que o peptídeo sendo sequenciado?

45. **PERGUNTA DE RACIOCÍNIO** Uma amostra de um peptídeo desconhecido foi dividida em duas alíquotas. Uma delas foi tratada com tripsina, e a outra com brometo de cianogênio. Dadas as seguintes sequências (N-terminal para C-terminal) dos fragmentos resultantes, deduza a sequência do peptídeo original.

Tratamento com tripsina

Asn—Thr—Trp—Met—Ile—Lys

Gly—Tyr—Met—Gln—Phe

Val—Leu—Gly—Met—Ser—Arg

Tratamento com brometo de cianogênio

Gln—Phe

Val—Leu—Gly—Met

Ile—Lys—Gly—Tyr—Met

Ser—Arg—Asn—Thr—Trp—Met

46. **PERGUNTA DE RACIOCÍNIO** Uma amostra de um peptídeo de sequência desconhecida foi tratada com tripsina; outra amostra do mesmo peptídeo foi tratada com quimotripsina. As sequências (N-terminal para C-terminal) de peptídeos menores produzidos pela digestão de tripsina foram:

Met—Val—Ser—Thr—Lys

Val—Ile—Trp—Thr—Leu—Met—Ile

Leu—Phe—Asn—Glu—Ser—Arg

As sequências de peptídeos menores produzidas pela digestão de quimotripsina foram:

Asn—Glu—Ser—Arg—Val—Ile—Trp

Thr—Leu—Met—Ile

Met—Val—Ser—Thr—Lys—Leu—Phe

Deduza a sequência do peptídeo original.

47. **PERGUNTA DE RACIOCÍNIO** Você está no processo para determinar a sequência de aminoácidos de uma proteína e deve harmonizar resultados contraditórios. Em um ensaio, você determinou uma sequência com glicina como aminoácido N-terminal e asparagina como o aminoácido C-terminal. Em outro ensaio, seus resultados indicaram a fenilalanina como aminoácido N-terminal e a alanina como aminoácido C-terminal. Como você harmoniza essa aparente contradição?

48. **PERGUNTA DE RACIOCÍNIO** Você está no processo para determinar a sequência de aminoácidos de um peptídeo. Depois da digestão de tripsina seguida pela degradação de Edman, você vê os seguintes fragmentos de peptídeo:

Leu—Gly—Arg

Gly—Ser—Phe—Tyr—Asn—His

Ser—Glu—Asp—Met—Cys—Lys

Thr—Tyr—Glu—Val—Cys—Met—His

O que é anormal com relação a esses resultados? Qual pode ter sido o problema que causou isso?

49. **PERGUNTA DE RACIOCÍNIO** As composições de aminoácidos podem ser determinadas ao se aquecer uma proteína em HCl 6 mol L^{-1} e passar o hidrolisado através de uma coluna de troca iônica. Se você fosse realizar uma experiência de sequenciamento de aminoácidos, por que desejaria obter uma composição de aminoácidos primeiro?

50. **PERGUNTA DE RACIOCÍNIO** Suponha que você esteja se preparando para realizar uma experiência de sequenciamento de aminoácidos em uma proteína que contém 100 aminoácidos, e a análise destes mostra os seguintes dados:

Aminoácido	Número de Resíduos
Ala	7
Arg	23,7
Asn	5,6
Asp	4,1
Cys	4,7
Gln	4,5
Glu	2,2
Gly	3,7
His	3,7
Ile	1,1
Leu	1,7
Lys	11,4
Met	0
Phe	2,4
Pro	4,5
Ser	8,2
Thr	4,7
Trp	0
Tyr	2,0
Val	5,1

Qual produto químico ou enzima normalmente utilizado para cortar as proteínas em fragmentos seria o menos útil para você?

51. **PERGUNTA DE RACIOCÍNIO** Quais enzimas ou produtos químicos você escolheria para cortar a proteína da Pergunta 50? Por quê?
52. **PERGUNTA DE RACIOCÍNIO** Com quais sequências de aminoácidos a quimotripsina seria um reagente eficiente para o sequenciamento da proteína da Pergunta 50? Por quê?
53. **CONEXÕES BIOQUÍMICAS** Quais são os dois principais tipos de espectrometria de massas?
54. **CONEXÕES BIOQUÍMICAS** Qual é a vantagem da MALDI--TOF MS?

5-5 Técnicas de Identificação de Proteínas

55. **VERIFICAÇÃO DOS FATOS** Qual é a base para a técnica chamada Elisa?
56. **VERIFICAÇÃO DOS FATOS** Qual é a diferença entre um anticorpo primário e um anticorpo secundário?
57. **VERIFICAÇÃO DOS FATOS** Quais são as maneiras pelas quais o complexo anticorpo-proteína pode ser visualizado no Elisa ou *western blot*?
58. **VERIFICAÇÃO DOS FATOS** Quais são os principais procedimentos envolvidos em um *western blot*?
59. **VERIFICAÇÃO DOS FATOS** De onde vem o nome *western blot*?
60. **PERGUNTA DE RACIOCÍNIO** Qual é uma vantagem de se usar um ensaio Elisa ao invés de microrredes de proteínas para estudar um proteoma? Qual é a desvantagem?
61. **PERGUNTA DE RACIOCÍNIO** Quais as vantagens de transferir as bandas de proteínas de um gel para a nitrocelulose durante o *western blot*?
62. **PERGUNTA DE RACIOCÍNIO** Qual é o ponto de rotular um anticorpo secundário com um marcador que pode ser visualizado ao invés de apenas marcar o anticorpo primário?

5-6 Proteômica

63. **VERIFICAÇÃO DOS FATOS** O que é proteômica?
64. **PERGUNTA DE RACIOCÍNIO** Qual é o propósito da marca na proteína-isca?

O Comportamento das Proteínas: Enzimas

6

6-1 As Enzimas São Catalisadores Biológicos Eficientes

De todas as funções das proteínas, a **catálise** provavelmente é a mais importante. Na ausência de catálise, a maioria das reações nos sistemas biológicos ocorreria de forma excessivamente lenta para fornecer produtos a um ritmo adequado para um organismo metabolizante. Os catalisadores que desempenham essa função nos organismos são chamados **enzimas**. Com exceção de alguns RNAs (ribozimas) que têm atividade catalítica (descritos nas Seções 11-8 e 12-4), todas as enzimas são proteínas globulares (Seção 4-3). As enzimas são os catalisadores mais eficientes conhecidos; elas podem aumentar a velocidade de uma reação por um fator de até 10^{20} mais do que reações não catalisadas. Os catalisadores não enzimáticos, em contraste, normalmente aumentam a velocidade da reação por fatores de 10^2 a 10^4.

catálise processo de aumento da velocidade de reações químicas

enzima catalisador biológico, normalmente uma proteína globular, sendo o RNA de autoprocessamento a única exceção

Como veremos nos próximos dois capítulos, as enzimas são caracterizadas por serem altamente específicas – a ponto de poderem distinguir estereoisômeros de um determinado composto – e por aumentarem enormemente a velocidade de uma reação. Em muitos casos, a ação das enzimas é ajustada precisamente por processos regulatórios.

6-2 Cinética *versus* Termodinâmica

A velocidade de uma reação e seu favorecimento termodinâmico são dois tópicos diferentes, embora estejam intimamente relacionados. Isto é verdadeiro para todas as reações, independente de haver um catalisador envolvido ou não. A diferença entre a energia dos reagentes (estado inicial) e a dos produtos (estado final) de uma reação fornece a variação de energia, expressa como

RESUMO DO CAPÍTULO

[Continua]

[Continuação]

- Por que a quimotripsina e a ATcase têm curvas de velocidade diferentes?

6-7 Inibição Enzimática
- Como podemos identificar um inibidor competitivo?
- Como podemos identificar um inibidor não competitivo?
- Como podemos distinguir entre inibição pura e inibição não competitiva?
- Como podemos identificar um inibidor incompetitivo?

6.4 CONEXÕES BIOQUÍMICAS MEDICINA | Inibição Enzimática no Tratamento da Aids

variação de energia livre padrão diferença entre as energias de reagentes e produtos sob condições padrão

energia de ativação energia necessária para iniciar uma reação

estado de transição estágio intermediário em uma reação no qual as ligações antigas são rompidas e novas ligações são formadas

variação de energia livre padrão, ou $\Delta G°$. As variações de energia podem ser descritas por várias grandezas termodinâmicas relacionadas. Utilizaremos a variação de energia livre padrão em nossa discussão; o fato de uma reação ser favorável ou não depende do $\Delta G°$ (veja as Seções 1-9 e 15-2). As enzimas, como todos os catalisadores, aceleram reações, mas não podem alterar a constante de equilíbrio ou a variação de energia livre. A velocidade de reação depende da energia livre de ativação, ou **energia de ativação** ($\Delta G^{\circ\ddagger}$), o fornecimento da energia necessária para iniciar a reação. A energia de ativação para uma reação não catalisada é maior que a de uma reação catalisada. Em outras palavras, uma reação não catalisada necessita de mais energia para ser iniciada. Por este motivo, sua velocidade é menor que a da reação catalisada.

A reação entre glicose e gás oxigênio para produzir dióxido de carbono e água é um exemplo de reação que necessita de diversos catalisadores enzimáticos:

$$\text{Glicose} + 6\ O_2 \rightarrow 6\ CO_2 + 6\ H_2O$$

Esta reação é termodinamicamente favorável (espontânea no sentido termodinâmico) porque sua variação de energia livre é negativa ($\Delta G° = -2.880$ kJ mol^{-1} = –689 kcal mol^{-1}).

Se uma reação é espontânea, significa que ela é rápida?

Observe que o termo *espontâneo* não significa "instantâneo". A glicose é estável no ar com um fornecimento ilimitado de oxigênio. A energia que deve ser fornecida para iniciar a reação (que, então, continua com liberação de energia) — energia de ativação — é conceitualmente semelhante ao ato de empurrar um objeto morro acima para que ele possa deslizar para baixo do outro lado.

A energia de ativação e sua relação com a variação de energia livre de uma reação podem ser mais bem entendidas graficamente. Na Figura 6.1a, a coordenada *x* mostra até que ponto a reação ocorre, e a coordenada *y* indica a energia livre para uma reação idealizada. O *perfil da energia de ativação* mostra os estágios intermediários da reação, aqueles entre os estados inicial e final. Esse perfil é essencial para a discussão sobre catalisadores. A energia de ativação afeta diretamente a velocidade de reação, e a presença de um catalisador acelera tal reação trocando o mecanismo em que ela ocorre, assim reduzindo a energia de ativação. A Figura 6.1a mostra um gráfico da energia de uma reação exergônica espontânea, como a oxidação completa da glicose. No pico da curva que conecta os reagentes e os produtos está o **estado de transição** com a quantidade de energia necessária e o arranjo correto dos átomos para fornecer os produtos. A energia de ativação também pode ser vista como a quantidade de energia livre necessária para levar os reagentes ao estado de transição.

A analogia de viajar em uma estrada que passa entre dois vales é frequentemente utilizada em discussões sobre o perfil da energia de ativação. A variação de energia corresponde à mudança de altitude, e o progresso da reação corresponde à distância percorrida. O análogo ao estado de transição é o topo da estrada. Esforços consideráveis foram gastos na elucidação dos estágios intermediários das reações de interesse para químicos e bioquímicos e na determinação das vias ou

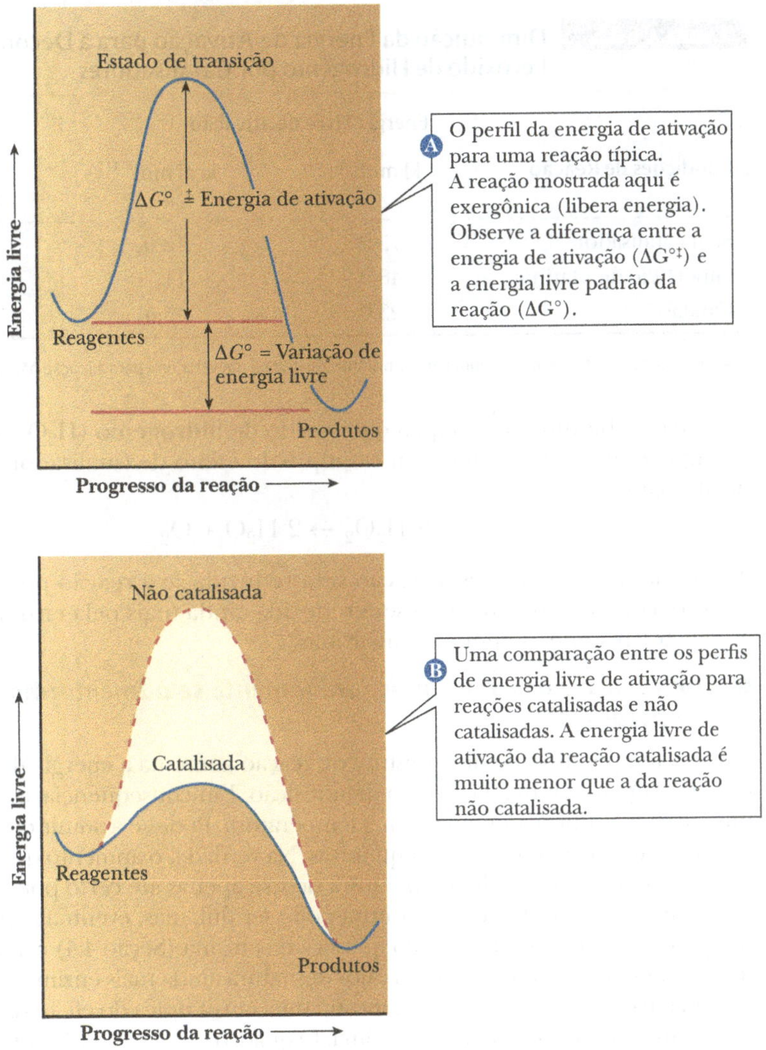
Estado de transição
$\Delta G^{\circ\ddagger}$ = Energia de ativação
Energia livre
Reagentes
ΔG° = Variação de energia livre
Produtos
Progresso da reação
A
O perfil da energia de ativação para uma reação típica. A reação mostrada aqui é exergônica (libera energia). Observe a diferença entre a energia de ativação ($\Delta G^{\circ\ddagger}$) e a energia livre padrão da reação (ΔG°).
Não catalisada
Catalisada
Energia livre
Reagentes
Produtos
Progresso da reação
B
Uma comparação entre os perfis de energia livre de ativação para reações catalisadas e não catalisadas. A energia livre de ativação da reação catalisada é muito menor que a da reação não catalisada.

FIGURA 6.1 Perfis de energia de ativação. (a) O perfil da energia de ativação para uma reação típica. A reação mostrada aqui é exergônica (libera energia). Observe a diferença entre a energia de ativação ($\Delta G^{\circ\ddagger}$) e a energia livre padrão da reação (ΔG°). (b) Uma comparação entre os perfis de energia livre de ativação para reações catalisadas e não catalisadas. A energia livre de ativação da reação catalisada é muito menor que a da reação não catalisada.

dos mecanismos de reações entre os estados inicial e final. A dinâmica das reações, estudo dos estágios intermediários dos mecanismos de reação, é atualmente um campo bastante ativo de pesquisas. No Capítulo 7, examinaremos o uso de moléculas que imitam o estado de transição, chamadas análogos do estado de transição, que são usadas para estudar os mecanismos de catalisadores enzimáticos.

O efeito mais importante de um catalisador em uma reação química fica aparente em uma comparação entre os perfis da energia de ativação da mesma reação catalisada e não catalisada, como mostrado na Figura 6.1b. A variação de energia livre padrão para a reação, ΔG°, continua inalterada quando um catalisador é adicionado, mas a energia de ativação, $\Delta G^{\circ\ddagger}$, é reduzida. Na analogia estrada e vale, o catalisador é um guia que encontra um caminho mais fácil entre os dois vales. Uma comparação semelhante pode ser feita entre as duas estradas que levam de San Francisco a Los Angeles. O ponto mais alto da Interstate 5 é Tejon Pass (elevação: 1.500 m) e é análogo à via não catalisada. O ponto mais alto da U.S. Highway 101 não é muito mais alto que 330 m. Assim, a Highway 101 é um caminho mais fácil e análogo à via catalisada. Os pontos inicial e final da viagem são os mesmos, mas os caminhos entre eles são diferentes, assim como os mecanismos das reações catalisadas e não catalisadas. A presença de uma enzima reduz a energia de ativação necessária para que moléculas de substrato alcancem o estado de transição. A concentração das moléculas no estado de transição aumenta consideravelmente. Como resultado, a velocidade da reação catalisada é muito maior que a da reação não catalisada. Os catalisadores enzimáticos aumentam a velocidade de reação em muitas potências de 10.

TABELA 6.1 Diminuição da Energia de Ativação para a Decomposição do Peróxido de Hidrogênio por Catalisadores

Condições de Reação	Energia Livre de ativação kJ mol^{-1}	kcal mol^{-1}	Velocidade Relativa
Sem catalisador	75,2	18,0	1
Superfície de platina	48,9	11,7	$2{,}77 \times 10^4$
Catalase	23,0	5,5	$6{,}51 \times 10^8$

As velocidades são fornecidas em unidades arbitrárias relativas a um valor de 1 para a reação não catalisada a 37 °C.

A reação bioquímica na qual o peróxido de hidrogênio (H_2O_2) é convertido em água e oxigênio fornece um exemplo do efeito de catalisadores na energia de ativação:

$$2\ H_2O_2 \rightarrow 2\ H_2O + O_2$$

A energia de ativação dessa reação será reduzida se a reação puder continuar em superfícies de platina, mas será reduzida ainda mais pela enzima catalase. A Tabela 6.1 resume as energias envolvidas.

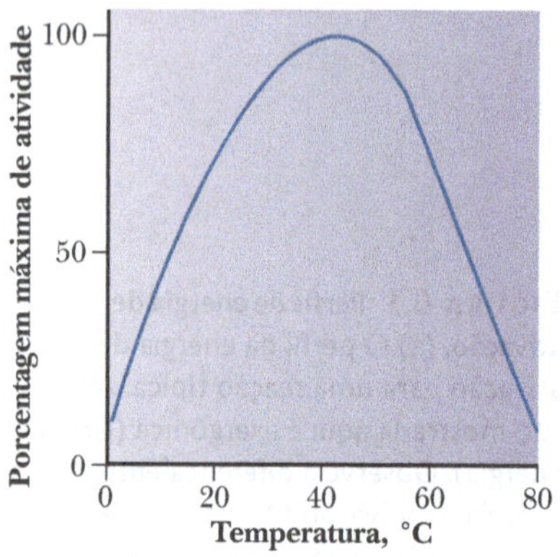
100
50
0
Porcentagem máxima de atividade
0
20
40
60
80
Temperatura, °C

FIGURA 6.2 O efeito da temperatura sobre a atividade enzimática. A atividade relativa de uma reação enzimática em função da temperatura. A diminuição da atividade acima de 50 °C é devida à desnaturação térmica.

Uma reação ocorrerá mais rapidamente se aumentarmos a temperatura?

Elevar a temperatura de uma mistura de reação aumenta a energia disponível para que os reagentes atinjam o estado de transição. Em consequência, a velocidade de uma reação química aumenta com a temperatura. Pode-se assumir que isto seja verdadeiro para todas as reações bioquímicas. Na verdade, o aumento da velocidade de reação com o aumento de temperatura ocorre apenas até certo ponto nas reações bioquímicas. Aumentar a temperatura pode ser útil, mas, eventualmente, atinge-se um ponto no qual a desnaturação química da enzima (Seção 4.4) é atingida. Acima dessa temperatura, adicionar mais calor desnatura ainda mais enzimas e desacelera a velocidade de reação. A Figura 6.2 mostra uma curva típica do efeito da temperatura sobre uma reação catalisada por enzima. O quadro CONEXÕES **BIOQUÍMICAS 6.1** descreve outra forma na qual a especificidade de enzimas é bastante útil.

6.1 Conexões **Bioquímicas** | ciências da saúde

Enzimas como Indicadoras de Doenças

Algumas enzimas são encontradas apenas em tecidos específicos ou em um número limitado desses tecidos. A enzima lactato desidrogenase (LDH) tem dois tipos diferentes de subunidades — um encontrado principalmente no músculo cardíaco (H) e outro no músculo esquelético (M). Essas duas unidades são levemente diferentes na composição de aminoácidos; consequentemente, podem ser separadas por eletroforese ou cromatografia com base na carga. Como a LDH é um tetrâmero de quatro subunidades, e como as subunidades H e M podem combinar-se de todas as formas possíveis, a LDH pode existir em cinco formas diferentes, chamadas **isoenzimas**, dependendo da origem das subunidades. Um aumento em qualquer forma de LDH no sangue indica algum tipo de dano ao tecido. Um ataque cardíaco costumava ser diagnosticado por um aumento na LDH do músculo cardíaco. Da mesma maneira, há formas diferentes de creatina quinase (CK), uma enzima que ocorre no cérebro, no coração e no músculo esquelético. O aparecimento do tipo cerebral indica um derrame ou tumor cerebral, enquanto o tipo

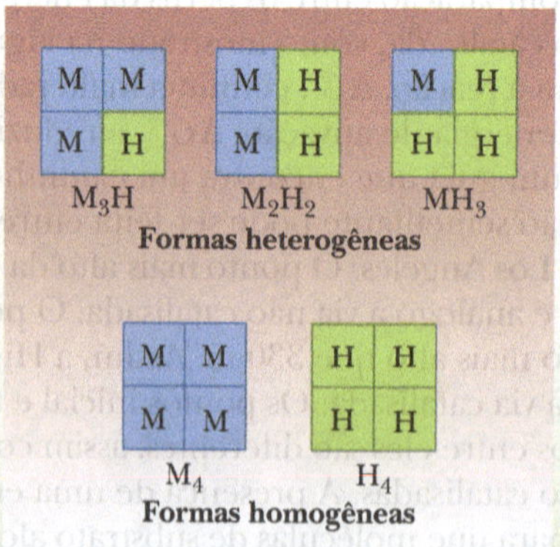
M M
M H
M H
M H
M H
H H
M_3H
M_2H_2
MH_3
Formas heterogêneas
M M
M M
H H
H H
M_4
H_4
Formas homogêneas

As possíveis isoenzimas da lactato desidrogenase. O símbolo M refere-se à forma da desidrogenase predominante no músculo esquelético, e o símbolo H à forma predominante no músculo cardíaco.

Continua

Continuação

cardíaco indica um ataque do coração. Depois de um ataque cardíaco, a CK aparece mais rapidamente no sangue que a LDH. O monitoramento da presença das duas enzimas amplia a possibilidade de diagnóstico, o que é útil, uma vez que pode ser muito difícil diagnosticar um ataque cardíaco brando. Um nível elevado da isoenzima cardíaca no sangue é uma indicação definitiva de dano ao tecido cardíaco.

Uma enzima especialmente útil para exames é a acetilcolinesterase (ACE), importante para o controle de determinados impulsos nervosos. Muitos pesticidas interferem nesta enzima, portanto, agricultores são frequentemente testados para verificar se não sofreram exposição inadequada a essas toxinas agrícolas. Na verdade, mais de 20 enzimas são utilizadas normalmente em laboratórios clínicos para diagnosticar doenças. Há indicadores altamente específicos para enzimas ativas no pâncreas, em hemácias, no fígado, no coração, no cérebro, na próstata e em diversas glândulas endócrinas. Como essas enzimas são relativamente fáceis de se analisar, mesmo utilizando-se técnicas automatizadas, elas fazem parte do exame de sangue "rotineiro" que seu médico provavelmente pedirá. ◗

6-3 Equações Cinéticas de Enzimas

isoenzimas formas múltiplas de uma enzima que catalisam a mesma reação geral, mas têm parâmetros físicos e cinéticos sutis

A velocidade de uma reação química é normalmente expressa em termos de variação na concentração de um reagente ou de um produto em determinado intervalo de tempo. Qualquer método experimental conveniente pode ser utilizado para monitorar as variações na concentração. Em uma reação do tipo $A + B \rightarrow P$, onde A e B são reagentes e P o produto, a velocidade da reação pode ser expressa tanto em termos da velocidade de desaparecimento de um dos reagentes quanto em termos da velocidade de aparecimento do produto. A velocidade de desaparecimento de A é $-\Delta[A]/\Delta t$, em que Δ simboliza a variação, [A] é a concentração de A em mols por litro, e t é o tempo. Da mesma forma, a velocidade de desaparecimento de B é $\Delta[B]/\Delta t$, e a velocidade de desaparecimento de P é $\Delta[P]/\Delta t$. A velocidade da reação pode ser expressa em termos de qualquer uma dessas mudanças, porque as velocidades de aparecimento do produto e desaparecimento do reagente estão relacionadas pela equação estequiométrica para a reação.

$$\text{Velocidade} = \frac{-\Delta[A]}{\Delta t} = \frac{-\Delta[B]}{\Delta t} = \frac{\Delta[P]}{\Delta t}$$

Os sinais negativos para as variações da concentração de A e B indicam que A e B estão sendo gastos na reação, enquanto P está sendo produzido.

Estabeleceu-se que a velocidade de uma reação em determinado momento é proporcional ao produto das concentrações dos reagentes elevadas às potências adequadas.

$$\text{Velocidade} \propto [A]^f\,[B]^g$$

ou, representado como uma equação,

$$\text{Velocidade} = k\,[A]^f\,[B]^g$$

onde k é uma constante de proporcionalidade chamada **constante da velocidade**. Os expoentes f e g *devem ser determinados experimentalmente*. Eles *não são necessariamente* iguais aos coeficientes da equação balanceada, mas frequentemente o são. Os colchetes, como de costume, denotam a concentração molar. Quando os expoentes da equação da velocidade forem determinados experimentalmente, um mecanismo para a reação – uma descrição detalhada das etapas ao longo da via entre reagentes e produtos – pode ser proposto.

constante da velocidade uma constante de proporcionalidade na equação que descreve a velocidade de uma reação

Os expoentes na equação da velocidade normalmente são números inteiros pequenos, como 1 ou 2 (também há alguns casos nos quais o expoente 0 aparece). Os valores dos expoentes estão relacionados ao número de moléculas envolvidas nas etapas detalhadas que constituem o mecanismo da reação. A *ordem total* de uma reação é a soma de todos os expoentes. Se, por exemplo, a velocidade de uma reação $A \rightarrow P$ for dada pela equação de velocidade

$$\text{Velocidade} = k[A]^1 \qquad (6.1)$$

onde k é a constante de velocidade e o expoente para a concentração de A é 1, então essa reação é de **primeira ordem** em relação ao reagente A e de primeira ordem no total. A velocidade de decaimento radioativo do rastreador amplamente utilizado, o isótopo fósforo 32 (^{32}P; massa atômica = 32), depende apenas da concentração de ^{32}P presente. Aqui temos um exemplo de reação de

primeira ordem descreve uma reação cuja velocidade depende da primeira potência da concentração de um único reagente primeira ordem. Apenas os átomos de ^{32}P estão envolvidos no mecanismo de decaimento radioativo, que, como uma equação, toma a forma

$$^{32}P \rightarrow \text{produtos de decaimento}$$
$$\text{Velocidade} = k[^{32}P]^1 = k[^{32}P]$$

Se a velocidade de uma reação A + B → C + D for dada por

$$\text{Velocidade} = k[A]^1[B]^1 \qquad (6.2)$$

onde k é a constante da velocidade, o expoente para concentração de A é 1 e o expoente para concentração de B é 1, diz-se que a reação é de primeira ordem em relação a A, de primeira ordem em relação a B e de **segunda ordem** no total. Na reação do glicogênio$_n$ (um polímero da glicose com n resíduos de glicose) com o fosfato inorgânico, P_i, para formar glicose 1-fosfato + glicogênio$_{n-1}$, a velocidade da reação depende da concentração dos dois reagentes.

segunda ordem descreve uma reação cuja velocidade depende do produto das concentrações de dois reagentes

$$\text{Glicogênio}_n + P_i \rightarrow \text{Glicose 1-fosfato} + \text{Glicogênio}_{n-1}$$
$$\text{Velocidade} = k[\text{Glicogênio}]^1[P_i]^1 = k[\text{Glicogênio}][P_i]$$

onde k é a constante da velocidade. Tanto o glicogênio quanto o fosfato fazem parte do mecanismo de reação. A reação entre glicogênio e fosfato é de primeira ordem em relação ao glicogênio, de primeira ordem em relação ao fosfato, e de segunda ordem no total.

Muitas reações comuns são de primeira ou de segunda ordem. Depois que a ordem da reação é determinada experimentalmente, podem ser feitas algumas propostas sobre o mecanismo da reação.

A velocidade de uma reação é sempre baseada na concentração de reagentes?

Os expoentes em uma equação de velocidade podem ser igual a zero, como no caso da velocidade para uma reação A → B dada pela equação

$$\text{Velocidade} = k[A]^0 = k \qquad (6.3)$$

Tal reação é chamada **ordem zero**, e sua velocidade, que é constante, não depende da concentração de reagentes, mas de outros fatores, como a presença de catalisadores. As reações catalisadas por enzimas podem exibir uma cinética de ordem zero quando a concentração de reagentes for tão alta que a enzima esteja completamente saturada com as moléculas dos reagentes. Este ponto será discutido com mais detalhes posteriormente, neste capítulo, mas, por enquanto, podemos considerar a situação análoga a um gargalo de tráfego no qual carros em seis pistas tentam atravessar uma ponte com duas pistas. A velocidade com que os carros atravessam não é afetada pelo número de carros esperando, apenas pelo número de pistas disponíveis na ponte.

ordem zero refere-se a uma reação que ocorre a velocidade constante, independente da concentração do reagente

6-4 Ligação Enzima-Substrato

Em uma reação catalisada por uma enzima, esta liga-se ao **substrato** (um dos reagentes) para formar um complexo. A formação do complexo leva à formação das espécies do estado de transição, que então forma o produto. A natureza dos estados de transição nas reações enzimáticas é, por si só, um amplo campo de pesquisa, mas algumas afirmações gerais podem ser feitas sobre o assunto. O substrato liga-se, normalmente por interações não covalentes, a uma pequena porção da enzima chamada **sítio ativo**, frequentemente localizado em uma fenda ou bolsão na superfície da proteína, e consistindo em determinados aminoácidos essenciais para a atividade enzimática (Figura 6.3). A reação catalisada acontece no sítio ativo, normalmente em várias etapas.

substrato reagente em uma reação catalisada por uma enzima

sítio ativo parte de uma enzima à qual o substrato se liga e na qual a reação ocorre

Por que as enzimas se ligam aos substratos?

A primeira etapa é a ligação do substrato à enzima, que ocorre por causa de interações altamente específicas entre o substrato e as cadeias laterais e os aminoácidos que constituem o sítio ativo. Dois modelos importantes foram

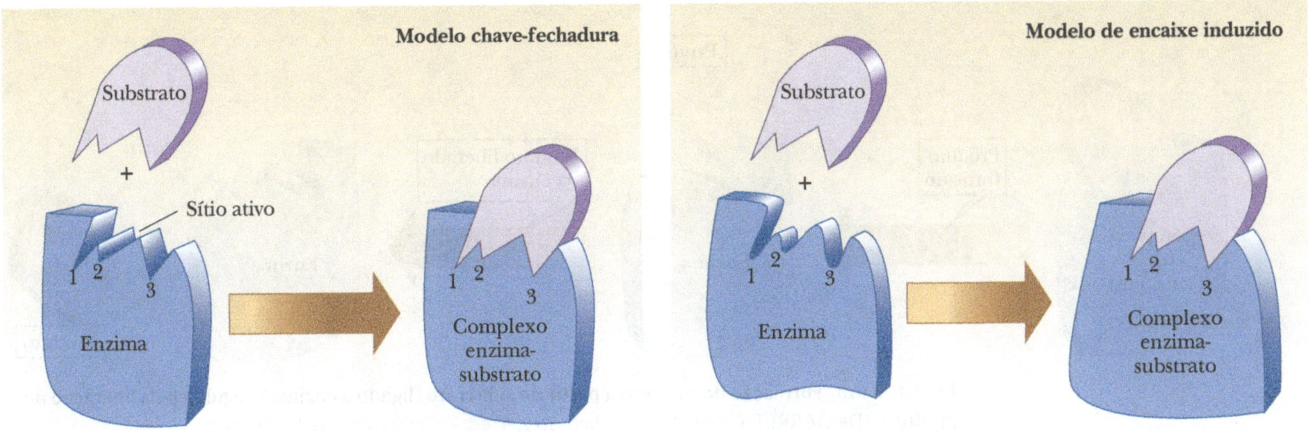
Modelo chave-fechadura
Substrato
+
Sítio ativo
1 2
3
Enzima
1 2
3
Complexo enzima-substrato
Modelo de encaixe induzido
Substrato
+
1 2
3
Enzima
1 2
3
Complexo enzima-substrato

A No modelo chave-fechadura, o formato do substrato e a conformação do sítio ativo são complementares entre si.

B No modelo de encaixe induzido, a enzima sofre uma mudança conformacional ao se ligar ao substrato. O formato do sítio ativo torna-se complementar ao do substrato somente depois que este se liga à enzima.

FIGURA 6.3 **Dois modelos para descrever a ligação de um substrato a uma enzima.**

desenvolvidos para descrever o processo de ligação. O primeiro, **modelo chave-fechadura**, supõe um alto grau de semelhança entre o formato do substrato e a geometria do sítio de ligação na enzima (Figura 6.3a). O substrato liga-se a um sítio cujo formato complementa o seu, como uma chave em uma fechadura ou uma peça correta em um quebra-cabeça tridimensional. Este modelo tem um apelo intuitivo, mas é atualmente basicamente de interesse histórico, porque não considera uma propriedade importante das proteínas, ou seja, sua flexibilidade conformacional. O segundo modelo leva em conta o fato de que as proteínas têm alguma flexibilidade tridimensional. De acordo com esse **modelo de encaixe induzido**, a ligação do substrato induz a uma mudança conformacional na enzima que resulta em um encaixe complementar depois que o substrato está ligado (Figura 6.3b). O sítio de ligação tem um formato tridimensional diferente antes da ligação do substrato. O modelo de encaixe induzido também se torna mais atraente quando consideramos a natureza do estado de transição e a diminuição da energia de ativação que ocorre com uma reação catalisada por enzima. A enzima e o substrato devem se ligar para formar o complexo ES antes que qualquer outra coisa possa. O que aconteceria se essa ligação fosse muito perfeita? A Figura 6.4 mostra o que ocorre quando E e S se ligam. Deve haver uma atração entre E e S para que isso ocorra. Essa atração faz que o complexo ES esteja mais abaixo em um diagrama de energia do que E + S no início. Então, o ES ligado deve atingir a conformação do estado de transição $EX^‡$. Se a ligação entre E e S para formar ES fosse de um ajuste perfeito, ES estaria em uma energia tão baixa que a diferença entre ES e $EX^‡$ seria muito

modelo chave-fechadura descrição da ligação de um substrato a uma enzima de forma que o sítio ativo e o substrato se encaixem perfeitamente

modelo de encaixe induzido uma descrição da ligação do substrato a uma enzima de forma que a conformação da enzima muda para acomodar o formato do substrato

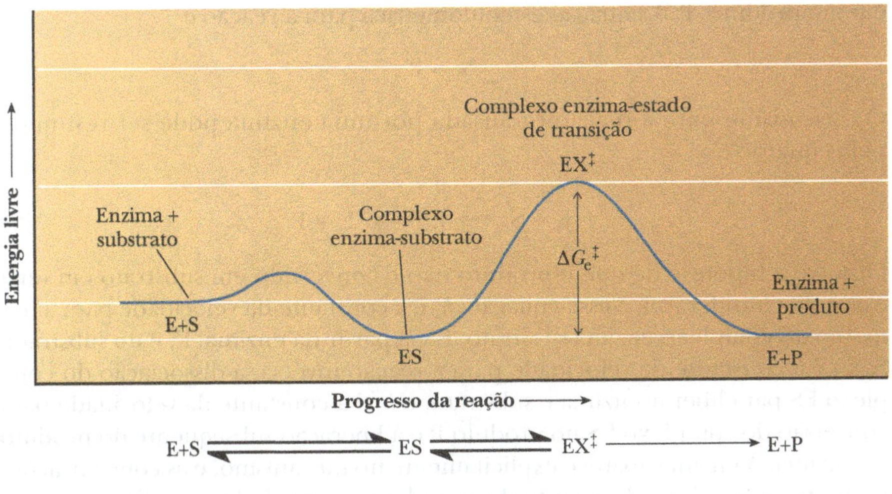
Complexo enzima-estado de transição
EX‡
Energia livre
Enzima + substrato
Complexo enzima-substrato
ΔGe‡
Enzima + produto
E+S
ES
E+P
Progresso da reação
E+S ⇌ ES ⇌ EX‡ → E+P

FIGURA 6.4 **Perfil da energia livre de ativação de uma reação com forte ligação do substrato à enzima para formar o complexo enzima-substrato.**

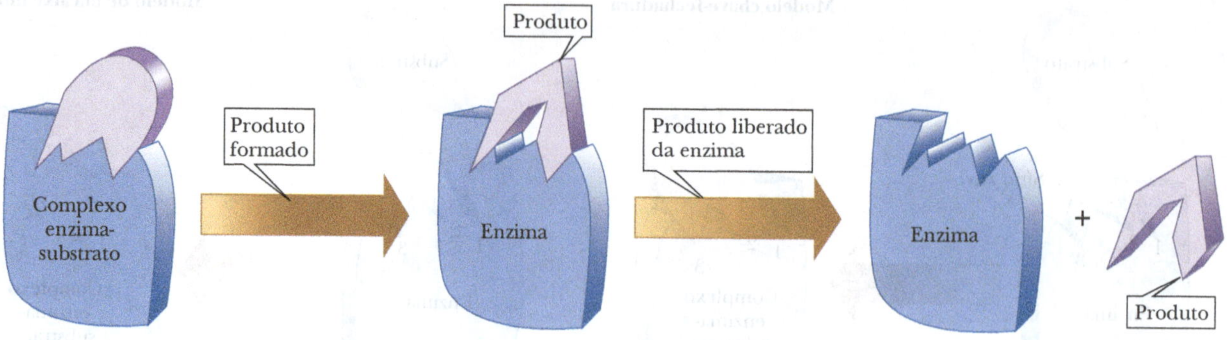
Produto
Produto formado
Complexo enzima-substrato
Enzima
Produto liberado da enzima
Enzima
+
Produto

FIGURA 6.5 Formação do produto a partir do substrato (ligado à enzima), seguida pela liberação do produto. (De GARRET/GRISHAM, *Biochemistry*, 4. ed. © 2009 Cengage Learning.)

grande. Isso desaceleraria a velocidade da reação. Vários estudos mostraram que as enzimas aumentam a velocidade da reação ao reduzirem a energia do estado de transição, $EX^{\ddagger}$, enquanto aumentam a energia do complexo ES. O modelo do encaixe induzido certamente confirma esta última observação melhor que o modelo chave-fechadura. Na verdade, o modelo do encaixe induzido imita o estado de transição.

Depois que o substrato é ligado e o estado de transição é subsequentemente formado, a catálise pode acontecer. Isso significa que as ligações devem ser reorganizadas. No estado de transição, o substrato está ligado próximo aos átomos com os quais reagirá. Além disso, o substrato é colocado na orientação correta com relação a esses átomos. Os dois efeitos, proximidade e orientação, aceleram a reação. À medida que ligações são rompidas e novas são formadas, o substrato se transforma em produto. O produto é liberado da enzima, que, então, pode catalisar a reação de mais um substrato para formar mais produto (Figura 6.5). Cada enzima tem seu próprio e único mecanismo de catálise, o que não é surpreendente, graças à grande especificidade das enzimas. Mesmo assim, há alguns mecanismos gerais de catálise nas reações enzimáticas. Duas enzimas, quimotripsina e aspartato transcarbamoilase, são bons exemplos desses princípios gerais.

6-5 A Abordagem de Michaelis-Menten para a Cinética Enzimática

Um modelo especialmente útil para a cinética das reações catalisadas por enzimas foi elaborado em 1913 por Leonor Michaelis e Maud Menten, que é o modelo básico para muitas enzimas e amplamente utilizado, embora tenha sofrido diversas modificações.

Uma reação muito simples pode ser a conversão de um único substrato, S, em um produto, P. A equação estequiométrica para a reação é

$$S \rightarrow P$$

O mecanismo para a reação catalisada por uma enzima pode ser resumido pela equação

$$E + S \underset{k_{-1}}{\overset{k_1}{\rightleftharpoons}} ES \overset{k_2}{\rightarrow} E + P \qquad (6.4)$$

Observe a hipótese de que o produto não é convertido em substrato em uma extensão considerável. Nessa equação, k_1 é a constante da velocidade para a formação do complexo enzima-substrato, ES, a partir da enzima, E, e do substrato, S; k_{-1} é a constante da velocidade para a reação inversa, a dissociação do complexo ES para liberar enzima e substrato, e k_2 é a constante da velocidade para conversão do complexo ES no produto P e a liberação subsequente do produto da enzima. A enzima aparece explicitamente no mecanismo, e as concentrações tanto da enzima livre, E, quanto do complexo enzima-substrato, ES, portanto, aparecem nas equações de velocidade. Os catalisadores caracteristicamente são regenerados ao final da reação, e este é o caso das enzimas.

Quando medimos a velocidade de uma reação enzimática em concentrações variáveis de substrato, vemos que a velocidade depende da concentração de substrato [S]. Medimos a velocidade inicial da reação (a velocidade medida imediatamente depois que a enzima e o substrato são misturados) para ter certeza de que o produto não é convertido em substrato em uma extensão considerável. A velocidade pode ser escrita como V_{inic} ou V_0 para indicar essa velocidade inicial, mas é importante lembrar que todos os cálculos envolvidos na cinética enzimática assumem que a velocidade medida é a inicial. Podemos fazer um gráfico de nossos resultados como na Figura 6.6. Na área inferior da curva (em baixos níveis de substrato), a reação é de primeira ordem (Seção 6-3), implicando que a velocidade, V, depende da concentração de substrato [S]. Na área superior da curva (em altos níveis de substrato), a reação é de ordem zero; a velocidade é independente da concentração. Os sítios ativos de todas as moléculas enzimáticas estão saturados. Em concentração infinita de substrato, a reação continuaria em sua velocidade máxima, escrita como $V_{máx}$.

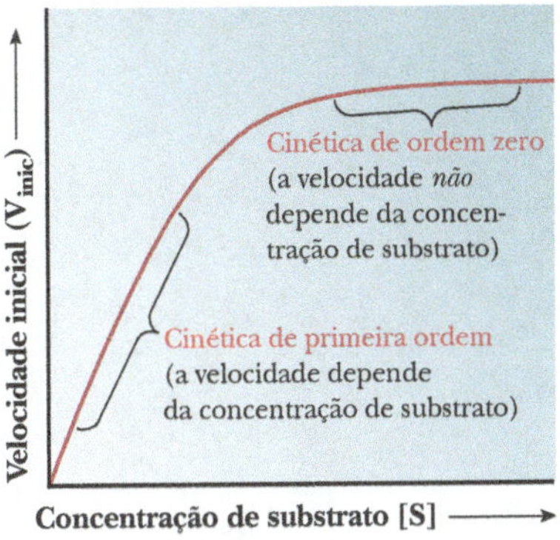

Velocidade inicial (V_{inic})
Cinética de ordem zero
(a velocidade *não* depende da concentração de substrato)
Cinética de primeira ordem
(a velocidade depende da concentração de substrato)
Concentração de substrato [S]

FIGURA 6.6 A velocidade e a cinética observadas em uma reação enzimática dependem da concentração de substrato. A concentração de enzima, [E], é constante.

A concentração de substrato na qual a reação ocorre com a metade da sua velocidade máxima tem significado especial. Ela é representada pelo símbolo K_M, que pode ser considerado o inverso de uma medida da afinidade da enzima pelo substrato. Quanto mais baixo for o K_M, maior a afinidade.

Vamos examinar as relações matemáticas entre as grandezas [E], [S], $V_{máx}$ e K_M. O mecanismo geral da reação catalisada por enzima envolve a ligação da enzima, E, ao substrato para formar um complexo, ES, que forma então o produto. A velocidade de formação do complexo enzima-substrato, ES, é

$$\text{Velocidade de formação} = \frac{\Delta[\text{ES}]}{\Delta t} = k_1[\text{E}][\text{S}] \qquad (6.5)$$

onde $\Delta[\text{ES}]/\Delta t$ significa a variação na concentração do complexo, $\Delta[\text{ES}]$, durante determinado tempo Δt, e k_1 é a constante da velocidade para a formação do complexo.

O complexo ES pode seguir em duas direções: retornar à forma de enzima e substrato, ou originar o produto e liberar a enzima. A velocidade de desaparecimento do complexo é a soma das velocidades das duas reações.

$$\text{Velocidade de desaparecimento} = \frac{-\Delta[\text{ES}]}{\Delta t} = k_{-1}[\text{ES}] + k_2[\text{ES}] \qquad (6.6)$$

O sinal negativo no termo $-\Delta[\text{ES}]/\Delta t$ significa que a concentração do complexo diminui à medida que o complexo é rompido. O termo k_{-1} é a constante da velocidade para a dissociação do complexo para regenerar a enzima e o substrato, e k_2 é a constante de velocidade para a reação do complexo para fornecer o produto e a enzima.

As enzimas são capazes de processar o substrato de forma bastante eficiente, e um **estado estacionário** é atingido rapidamente, no qual a velocidade de formação do complexo enzima-substrato é igual à do seu desdobramento. Há pouquíssimo complexo presente, e ele se converte rapidamente, mas sua concentração continua a mesma no decorrer do tempo. De acordo com a *teoria do estado estacionário*, então, a velocidade de formação do complexo enzima-substrato é igual à do seu desdobramento,

estado estacionário condição na qual a concentração de um complexo enzima-substrato permanece constante apesar da renovação contínua

$$\frac{\Delta[\text{ES}]}{\Delta t} = \frac{-\Delta[\text{ES}]}{\Delta t} \qquad (6.7)$$

e

$$k_1[\text{E}][\text{S}] = k_{-1}[\text{ES}] + k_2[\text{ES}] \qquad (6.8)$$

Para solucionar a concentração do complexo ES, é necessário conhecer a concentração das outras espécies envolvidas na reação. A concentração inicial de substrato é uma condição experimental conhecida e não muda de forma significativa durante as etapas iniciais da reação. A concentração de substrato é muito maior que a de enzima. A concentração total de enzima, $[\text{E}]_T$, também é conhecida, mas uma grande proporção dela pode estar envolvida no complexo. A concentração de enzima livre, [E], é a diferença entre $[E]_T$, a concentração total, e [ES], e pode ser escrita como a equação:

$$[E] = [E]_T - [ES] \tag{6.9}$$

Substituindo a concentração de enzima livre, [E], na Equação 6.8,

$$k_1([E]_T - [ES])\ [S] = k_{-1}[ES] + k_2[ES] \tag{6.10}$$

Reunindo todas as constantes de velocidade para as reações individuais,

$$\frac{([E]_T - [ES])[S]}{[ES]} = \frac{k_{-1} + k_2}{k_1} = K_M \tag{6.11}$$

constante de Michaelis valor numérico para a força da ligação de um substrato com uma enzima; um parâmetro importante na cinética enzimática

onde K_M é chamada **constante de Michaelis**. Continuando a reorganização das equações de velocidade e constantes, Michaelis e Menten deduziram uma equação geral que define a velocidade de reação em termos da concentração de substrato, K_M, e $V_{máx}$, a velocidade máxima, como mostrado na Equação 6.12. Esta é conhecida como a equação de Micahelis-Menten,

$$V = \frac{V_{máx}\,[S]}{K_M + [S]} \tag{6.12}$$

A Figura 6.6 mostra o efeito do aumento da concentração de substrato na velocidade observada. Em tal experimento, a reação é executada em várias concentrações de substrato, e a velocidade é determinada seguindo o desaparecimento do reagente ou o aparecimento do produto, por qualquer método conveniente. Em baixas concentrações de substrato, observa-se a cinética de primeira ordem. Em concentrações mais altas de substrato (bem acima de 10 $\times$ K_M), quando a enzima está saturada, observa-se a velocidade de reação constante característica da cinética de zero ordem.

Essa velocidade constante, quando a enzima está saturada, é a $V_{máx}$ para a enzima, um valor que pode ser aproximadamente estimado a partir do gráfico. O valor de K_M também pode ser estimado a partir do gráfico. Da Equação 6.12,

$$V = \frac{V_{máx}\,[S]}{K_M + [S]}$$

Quando as condições experimentais são ajustadas para que $[S] = K_M$,

$$V = \frac{V_{máx}\,[S]}{[S] + [S]}$$

e

$$V = \frac{V_{máx}}{2}$$

Em outras palavras, quando a velocidade da reação é metade de seu valor máximo, a concentração de substrato é igual à constante de Michaelis (Figura 6.7). Este fato é a base da determinação gráfica de K_M.

O que acontece se existe mais de um substrato? Observe que a reação utilizada para gerar a equação geral de Michaelis-Menten foi a equação de enzima mais simples possível, na qual um único substrato se converte em um único produto. A maioria das enzimas catalisa as reações contendo dois ou mais substratos. No entanto, isso não invalida nossas equações. Para enzimas com múltiplos substratos, as mesmas equações podem ser utilizadas, mas apenas um substrato pode ser estudado por vez. Se, por exemplo, tivéssemos a reação catalisada por uma enzima

$$A + B \rightarrow P + Q$$

ainda poderíamos usar a abordagem de Michaelis-Menten. Se mantivermos A em níveis de saturação e, então, variarmos a quantidade de B em um intervalo amplo, a curva de velocidade *versus* [B] ainda será uma hipérbole, e ainda poderemos calcular K_M para B. Por outro lado, poderemos manter o nível de B nos níveis de saturação e variar a quantidade de A para determinar K_M para A.

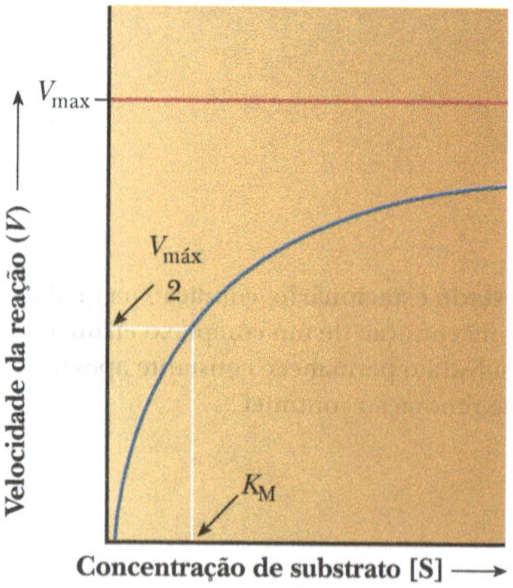

Vmax
Vmáx / 2
KM
Velocidade da reação (V)
Concentração de substrato [S]

FIGURA 6.7 **Determinação gráfica de $V_{máx}$ e K_M a partir de um gráfico da velocidade de reação, V, em relação à concentração de substrato [S].** $V_{máx}$ é a velocidade constante alcançada quando a enzima está completamente saturada com substrato, um valor que frequentemente deve ser estimado a partir de tal gráfico.

A existência de múltiplos substratos envolvidos em uma reação catalisada por enzima leva a uma complexidade na ordem de eventos que podem ocorrer. Com apenas dois substratos, já podemos visualizar várias maneiras pelas quais os substratos e produtos podem formar complexos com a enzima. Os mecanismos mais comuns são chamados **mecanismo ordenado**, **mecanismo aleatório** e **mecanismo pingue-pongue**.

mecanismo ordenado mecanismo enzimático no qual os substratos têm que se ligar à enzima em uma ordem específica

mecanismo aleatório mecanismo enzimático no qual os substratos podem se ligar à enzima em qualquer ordem

mecanismo pingue-pongue mecanismo enzimático no qual um substrato liga-se à enzima e libera um produto antes que o segundo substrato se ligue à enzima

Com um mecanismo ordenado, existe uma ordem na qual os substratos devem se ligar e os produtos ser liberados, como mostrado na Equação 6.13:

$$\mathrm{E} \xrightarrow{\;\mathrm{A}\downarrow\;} \mathrm{EA} \xrightarrow{\;\mathrm{B}\downarrow\;} \mathrm{AEB} \leftrightarrow \mathrm{PEQ} \xrightarrow{\;\mathrm{P}\uparrow\;} \mathrm{EQ} \xrightarrow{\;\mathrm{Q}\uparrow\;} \mathrm{E} \qquad (6.13)$$

Com um mecanismo aleatório, qualquer um dos substratos pode se ligar primeiro e qualquer dos produtos pode também assim ser liberado, como mostrado na Equação 6.14:

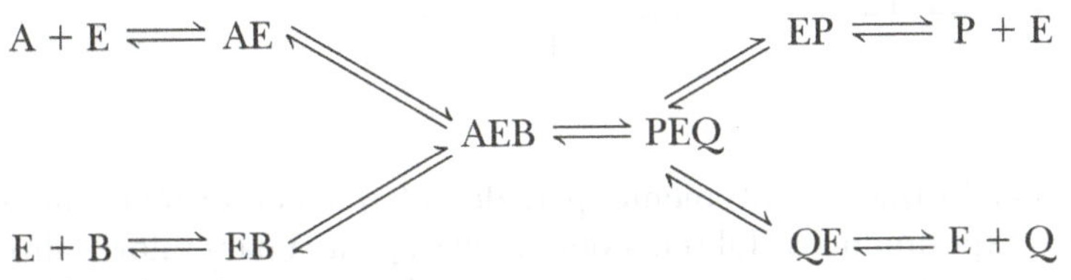
A + E ⇌ AE
E + B ⇌ EB
AEB ⇌ PEQ
EP ⇌ P + E
QE ⇌ E + Q

(6.14)

(De GARRETT/GRISHAM, *Biochemistry*, *4. ed.* © 2009 Cengage Learning.)

Em um mecanismo pingue-pongue, um substrato se liga à enzima e reage, criando uma versão modificada da enzima (E') mais o primeiro produto, P. O produto é liberado, e então o segundo substrato se liga, como mostrado na Equação 6.15:

$$\mathrm{E + A} \longrightarrow \mathrm{EA} \longrightarrow \mathrm{E'P} \longrightarrow \underset{\downarrow\,\mathrm{P}}{\mathrm{E'}} \longrightarrow \underset{\uparrow\,\mathrm{B}}{\mathrm{E'B}} \longrightarrow \mathrm{EQ} \longrightarrow \mathrm{E + Q} \qquad (6.15)$$

Como calculamos K_M e $V_{máx}$ em um gráfico?

A curva que descreve a velocidade de uma reação enzimática não alostérica é hiperbólica. No passado, era bastante difícil estimar $V_{máx}$ porque ela é uma assíntota, e o valor nunca é atingido com qualquer concentração finita de substrato que poderíamos usar no laboratório. Isto, por sua vez, dificulta a determinação de K_M da enzima. Atualmente, a equação pode ser facilmente resolvida com um computador ou calculadora gráfica. Entretanto, examinaremos como lidar com tal problema se você precisar resolvê-lo manualmente em um laboratório. É consideravelmente mais fácil trabalhar com uma linha reta do que com uma curva. Pode-se transformar a equação para uma hipérbole (Equação 6.12) em uma equação para uma linha reta obtendo as recíprocas dos dois lados:

$$\frac{1}{V} = \frac{K_M + [S]}{V_{máx}\,[S]}$$

$$\frac{1}{V} = \frac{K_M}{V_{máx}\,[S]} + \frac{[S]}{V_{máx}\,[S]}$$

$$\frac{1}{V} = \frac{K_M}{V_{máx}} \times \frac{1}{[S]} + \frac{1}{V_{máx}} \qquad (6.16)$$

A equação agora tem a forma de uma linha reta, $y = mx + b$, onde $1/V$ toma o lugar da coordenada y e $1/[S]$ toma o lugar da coordenada x. A inclinação da reta, m, é $K_M/V_{máx}$, e a interseção, b, é $1/V_{máx}$. A Figura 6.8 apresenta essa informação graficamente como o **gráfico dos duplos recíprocos de Lineweaver-Burk**. Normalmente, é mais fácil desenhar a melhor reta passando por um conjunto de pontos do que estimar o melhor ajuste de pontos de uma curva. Existem méto-

gráfico dos duplos recíprocos de Lineweaver-Burk método gráfico para análise da cinética de reações catalisadas por enzimas

$$\frac{1}{V} = \frac{K_M}{V_{máx}}\left(\frac{1}{[S]}\right) + \frac{1}{V_{máx}}$$

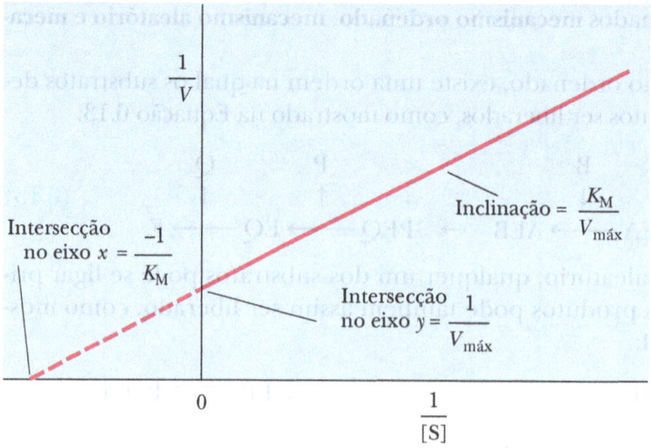

1/V
Inclinação = $K_M/V_{máx}$
Intersecção no eixo x = $-1/K_M$
Intersecção no eixo y = $1/V_{máx}$
0
1/[S]

FIGURA 6.8 Um gráfico dos duplos recíprocos de Lineweaver-Burk para a cinética enzimática. O recíproco da velocidade de reação, $1/V$, é representado graficamente com relação ao recíproco da concentração de substrato, $1/[S]$. A inclinação da reta é $K_M/V_{máx}$, e a interseção no eixo y é $1/V_{máx}$. A interseção no eixo x é $-1/K_M$.

dos computadorizados convenientes para desenhar a melhor reta com uma série de pontos experimentais. Tal reta pode ser extrapolada para valores altos de [S], aqueles que podem ser inatingíveis por causa dos limites de solubilidade ou do custo do substrato. A extrapolação da reta pode ser utilizada para obter $V_{máx}$.

A seção **Aplique o Seu Conhecimento 6.1** fornece a oportunidade de praticar a colocação de dados cinéticos de enzima simples em gráfico para determinar K_M e $V_{máx}$.

6.1 Aplique Seu Conhecimento

Os dados a seguir descrevem uma reação catalisada por enzima. Faça um gráfico desses resultados utilizando o método de Lineweaver-Burk e determine valores para K_M e $V_{máx}$. As concentrações são fornecidas em milimol por litro, mmol L^{-1}. (A concentração da enzima é a mesma em todas as experiências.)

Concentração de Substrato (mmol L^{-1})	Velocidade (*mM* sec^{-1})
2,5	0,024
5,0	0,036
10,0	0,053
15,0	0,060
20,0	0,061

Solução

A recíproca da concentração de substrato e da velocidade fornece os seguintes resultados:

$1/[S]$ [(mmol $L^{-1})^{-1}$]	$1/V$ [(mmol L^{-1} $s^{-1})^{-1}$]
0,400	41,667
0,200	27,778
0,100	18,868
0,067	16,667
0,050	15,625

Continua

Continuação

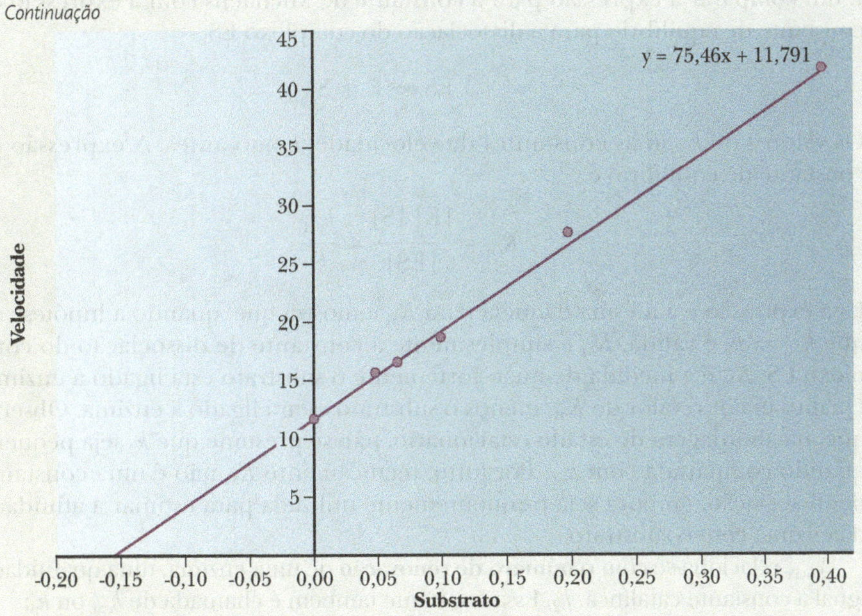
y = 75,46x + 11,791
Velocidade
Substrato
45
40
35
30
25
20
15
10
5
-0,20 -0,15 -0,10 -0,05 0,00 0,05 0,10 0,15 0,20 0,25 0,30 0,35 0,40

A construção de um gráfico dos resultados fornece uma linha reta. Visualmente a partir do gráfico, a interseção de y é 12 e a interseção de x é – 0,155. O recíproco da interseção de y é $V_{máx}$, que é igual a 0,083 mmol L–1 s–1. O recíproco do negativo da interseção de $x = K_M$ = 6,45 mmol L–1. Podemos também usar a equação exata para o melhor ajuste para os pontos experimentais, que é $1/V = 75{,}46\,(1/[S]) + 11{,}8$. O uso da equação gera: K_M = 6,39 mmol L–1 e $V_{máx}$ = 0,0847 mmol L–1 s^{-1}.

O que significam K_M e $V_{máx}$?

Já vimos que, quando a velocidade de uma reação, V, é igual à metade da velocidade máxima possível, $V = V_{máx}/2$, então $K_M = [S]$. Uma interpretação para a constante de Michaelis, K_M, é que ela é igual à concentração de substrato na qual 50% dos sítios ativos da enzima estão ocupados pelo substrato. A constante de Michaelis possui as unidades de concentração.

Outra interpretação de K_M baseia-se nas hipóteses do modelo original de Michaelis-Menten para a cinética enzimática. Reveja a Equação 6.4:

$$E + S \underset{k_{-1}}{\overset{k_1}{\rightleftharpoons}} ES \xrightarrow{k_2} E + P \qquad (6.4)$$

Como antes, k_1 é a constante da velocidade para a formação do complexo enzima-substrato, ES, a partir da enzima e do substrato; k_{-1} é a constante da velocidade para a reação reversa, a dissociação do complexo ES para liberar enzima e substrato, e k_2 é a constante da velocidade para a formação do produto P e subsequente liberação do produto a partir da enzima. Lembre-se também da Equação 6.11, na qual

$$K_M = \frac{k_{-1} + k_2}{k_1}$$

Considere o caso no qual a reação E + S → ES ocorre mais frequentemente que ES → E + P. Em termos cinéticos, isso significa que a constante da velocidade de dissociação k_{-1} é maior que a constante da velocidade para formação do produto, k_2. Se k_{-1} for *muito* maior que k_2 ($k_{-1} >> k_2$), como foi pressuposto originalmente por Michaelis e Menten, então temos aproximadamente que

$$K_M = \frac{k_{-1}}{k_1}$$

É útil comparar a expressão para a constante de Michaelis com a expressão da constante de equilíbrio para a dissociação do complexo ES,

$$ES \underset{k_1}{\overset{k_{-1}}{\rightleftharpoons}} E + S$$

Os valores de k são as constantes da velocidade, como antes. A expressão da constante de equilíbrio é

$$K_{eq} = \frac{[E]\,[S]}{[ES]} = \frac{k_{-1}}{k_1}$$

Essa expressão é a mesma daquela para K_M e mostra que, quando a hipótese de que $k_{-1} >> k_2$ é válida, K_M é simplesmente a constante de dissociação do complexo ES. K_M é a medida de quão fortemente o substrato está ligado à enzima. Quanto maior o valor de K_M, menos o substrato estará ligado à enzima. Observe que, na abordagem de estado estacionário, não se presume que k_2 seja pequena quando comparada com k_{-1}. Portanto, tecnicamente K_M não é uma constante de dissociação, embora seja frequentemente utilizada para estimar a afinidade da enzima com o substrato.

número de renovação (*turnover*) quantidade de matéria de um substrato que reage por segundo por mol de enzima

$V_{máx}$ relaciona-se com o **número de renovação** de uma enzima, uma quantidade igual à constante catalítica, k_2. Essa constante também é chamada de k_{cat} ou k_p:

$$\frac{V_{máx}}{[E_T]} = \text{número de renovação} = k_{cat}$$

O número de renovação é a quantidade de matéria de substrato que reage para formar o produto por mol de enzima por unidade de tempo. Essa afirmação pressupõe que a enzima esteja totalmente saturada com substrato, e, assim, que a reação ocorra na velocidade máxima. A Tabela 6.2 lista números de renovação para enzimas típicas, com as unidades expressas *por segundo*.

TABELA 6.2 Números de Renovação e K_M para Algumas Enzimas Típicas

Enzima	Função	k_{cat} = Número de Renovação Enzimática*	K_M**
Catalase	Catalisa a conversão de H_2O_2 em H_2O e O_2	4×10^7	25
Anidrase Carbônica	Catalisa a hidratação de CO_2	1×10^6	12
Acetilcolinesterase	Regenera a acetilcolina, uma substância importante na transmissão de impulsos nervosos, em acetato e colina	$1{,}4 \times 10^4$	$9{,}5 \times 10^{-2}$
Quimotripsina	Enzima proteolítica	$1{,}9 \times 10^2$	$6{,}6 \times 10^{-1}$
Lisozima	Degrada os polissacarídeos da parede celular bacteriana	0,5	6×10^{-3}

* A definição de número de renovação enzimática é a quantidade de matéria de substrato convertida em produto por mol de enzima por segundo. As unidades são s^{-1}.

** As unidades de K_M são milimol por litro.

Os números de renovação são uma ilustração bem dramática da eficiência da catálise enzimática. A catalase é um exemplo de uma enzima particularmente eficiente. Na Seção 6-1, encontramos a catalase em seu papel na conversão do peróxido de hidrogênio em água e oxigênio. Como a Tabela 6.2 indica, ela pode transformar 40 milhões de mols de substrato em produto a cada segundo. O quadro CONEXÕES **BIOQUÍMICAS 6.2** fornece um exemplo interessante da importância da anidrase carbônica. O quadro CONEXÕES **BIOQUÍMICAS 6.3** fornece uma ideia da importância das constantes cinéticas que examinamos nesta seção.

6.2 CONEXÕES BIOQUÍMICAS | neurociência

A Enzima Permite que Você Saboreie Champanhe

Como mostrado na Tabela 6.2, a enzima anidrase carbônica age muito rapidamente, renovando mais de um milhão de moléculas de produto por segundo por molécula de enzima. Esta enzima é muito importante fisiologicamente, uma vez que é responsável pelo modo como transportamos o CO_2 para e de dentro dos pulmões como parte de nosso metabolismo. Ela catalisa a reação:

$$CO_2(g) + H_2O(\ell) \rightarrow H_2CO_3(\ell) \rightarrow HCO_3^- + H^+$$

O dióxido de carbono é uma molécula comum a muitos processos metabólicos, mas circula no sangue na forma muito mais solúvel de ácido carbônico. O sangue é incapaz de transportar CO_2 dissolvido suficiente diretamente para dar suporte ao nosso metabolismo, o que torna a anidrase carbônica importante. O ácido carbônico também está em equilíbrio com o bicarbonato e o H^+, que ajuda a manter o pH do sangue.

O dióxido de carbono é também o que causa a efervescência nas bebidas carbonatadas, que afeta enormemente nossa experiência com a bebida. Ninguém gosta de cerveja ou refrigerante sem gás. Entretanto, até recentemente, ninguém realmente entendia o motivo. Alguns anos atrás, dois médicos escalaram uma alta montanha enquanto tomavam o medicamento acetazolamida, comumente usado para prevenir a doença da altitude. Eles levaram junto seis pacotes de cerveja, antecipando a celebração por atingir o topo. Infelizmente, a cerveja estava sem gás e com um gosto horrível. Investigações adicionais mostraram que o uso do medicamento arruinou o gosto de refrigerante e champanhe, mas não do whisky e de outras bebidas não carbonatadas.

Em 2009, uma equipe de neurocientistas liderados pelo Dr. Charles Zuker fizeram estudos para explicar este fenômeno. Eles identificaram as células receptoras do paladar na língua que respondiam ao CO_2. Estas células também respondem ao gosto azedo. Determinaram também que o sensor molecular dessas células era, na realidade, um tipo de anidrase chamada anidrase carbônica 4. A anidrase carbônica é inibida pela acetazolamida. Este trabalho mostrou que a anidrase carbônica é responsável por como percebemos as bebidas carbonatadas. No passado, as pessoas pensavam que nosso paladar para a percepção da carbonação fosse devido ao estouro das bolhas, que atingiam mecanorreceptores na boca. ◗

CHAMPAGNE

Henrik Weis/Lifesize/Jupiter Images

6.3 Conexões Bioquímicas | físico-química orgânica

Informação Prática a Partir de Dados Cinéticos

A matemática da cinética enzimática pode certamente parecer desafiadora. Na realidade, um entendimento dos parâmetros cinéticos pode frequentemente fornecer informações chave sobre o papel de uma enzima em um organismo vivo. Muitas das maneiras de fazer gráficos cinéticos deste ti-po foram desenvolvidas por físico-químicos orgânicos, que então propuseram mecanismos para reações de todos os tipos com base nos dados cinéticos (veja a Seção 7-6). Três aspectos são úteis: a comparação de K_M, a comparação de k_{cat} ou o número de renovações, e a comparação das razões k_{cat}/K_M.

Comparação de K_M

Vamos começar comparando os valores de K_M para duas enzimas que catalisam uma etapa inicial na quebra de açúcares: hexoquinase e glicoquinase. Ambas catalisam a formação de uma ligação de fosfato éster com um grupo hidroxila de um açúcar. A hexoquinase pode usar qualquer um dos vários açúcares de seis carbonos, incluindo a glicose e a frutose, os dois componentes da sacarose (o açúcar comum), como substratos. A glicoquinase é uma isoenzima de hexoquinase que está envolvida principalmente no metabolismo da glicose. O K_M para a hexoquinase é 0,15 mmol L^{-1} para a glicose e 1,5 mmol L^{-1} para a frutose.

O K_M para a glicoquinase, uma enzima específica do fígado, é 20 mmol L^{-1}. Devemos usar a expressão K_M aqui, mesmo que as hexoquinases estudadas não sigam a cinética de Michaelis-Menten, e o termo $[S]_{0,5}$ pode ser apropriado. Nem todas as enzimas têm um K_M, mas todas têm uma concentração de substrato que dá origem à $V_{máx}/2$.

A comparação desses números nos diz muito sobre o metabolismo do açúcar. Como o nível latente para a glicose no sangue é de 5 mmol L^{-1}, esperar-se-ia que a hexoquinase estivesse completamente ativa para todas as células do organismo. O fígado não estaria competindo com as outras células pela glicose. Entretanto, depois de uma alimentação rica em carboidrato, os níveis de glicose no sangue normalmente excedem 10 mmol L^{-1}, e, nesta concentração, a glicoquinase do fígado teria atividade razoável. Além disso, uma vez que a enzima é encontrada apenas no fígado, o excesso de glicose será preferencialmente tomado dentro do fígado, onde pode ser estocado como unidade de glicogênio até que seja necessário. Também, a comparação dos dois açúcares para a hexoquinase indica claramente que a glicose é preferida em relação à frutose como um nutriente.

Continua

Comparação do Número de Renovação

Como pôde ser visto na Tabela 6.2, as primeiras duas enzimas são muito reativas; a catalase tem um dos maiores números de renovação de todas as enzimas conhecidas. Esses altos números fazem referência à sua importância na desoxigenação do peróxido de hidrogênio e na prevenção de formação de bolhas de CO_2 no sangue; estas são suas respectivas reações. Os valores para a quimotripsina e acetilcolinesterase estão na faixa para enzimas metabólicas "normais". A lisozima é uma enzima que degrada determinados componentes polissacarídeos de paredes celulares de bactérias. Ela está presente em muitos tecidos do corpo. Sua baixa eficiência catalítica indica que ela atua bem o suficiente para catalisar a degradação de polissacarídeo sob condições normais.

Comparação de k_{cat}/K_M

Embora o k_{cat} por si só seja um indicativo da eficiência catalítica sob condições de substrato saturado, [S] está raramente saturada sob condições fisiológicas para muitas enzimas. A razão *in vivo* de $[S]/K_M$ é frequentemente na faixa de 0,01 a 1, significando que os sítios ativos não estão preenchidos com o substrato. Sob estas condições, o nível de substrato é pequeno e a quantidade de enzima livre aproxima-se do nível de enzima total, uma vez que a maior parte não está ligada ao substrato. A equação de Michaelis-Menten pode ser reescrita na seguinte forma:

$$V = \frac{V_{máx}[S]}{K_M + [S]} = \frac{k_{cat}[E_T][S]}{K_M + [S]}$$

Se substituirmos ET por E e supusermos que [S] é desprezível em comparação a K_M, podemos reescrever a equação como:

$$V = (k_{cat}/K_M)[E][S]$$

Portanto, sob essas condições, a razão entre k_{cat} e K_M é uma constante de segunda ordem e fornece a medida da eficiência catalítica da enzima sob condições de não saturação. A razão entre k_{cat} e K_M é muito mais constante entre enzimas diferentes do que K_M ou k_{cat} sozinhos. Examinando as primeiras três enzimas na Tabela 6.2, podemos ver que os valores de k_{cat} variam em uma faixa de aproximadamente 3.000. Os valores de K_M variam em uma faixa de aproximadamente 300. Quando a razão entre k_{cat} e K_M é comparada, entretanto, a faixa é de apenas 4. O limite superior de uma constante de segunda ordem é dependente do limite controlado de difusão de quão rápido E e S entram em contato. O limite de difusão em um ambiente aquoso é na faixa de 10^8 a 10^9. Muitas enzimas se desenvolveram para ter razões entre k_{cat} e K_M que permitam que as reações ocorram nestas velocidades limite. Isto é apontado como cataliticamente perfeito. ◗

6-6 Exemplos de Reações Catalisadas por Enzimas

quimotripsina enzima proteolítica que hidrolisa preferencialmente ligações amida adjacentes a resíduos de aminoácidos aromáticos

A **quimotripsina** é uma enzima que catalisa a hidrólise de ligações peptídicas, com alguma especificidade para resíduos que contêm anéis aromáticos nas cadeias laterais. Ela também quebra as ligações peptídicas em outros sítios, como a leucina, a histidina e a glutamina, mas com uma frequência menor do que nos resíduos de aminoácidos aromáticos. E, ainda, catalisa a hidrólise de ligações ésteres.

Reações catalisadas pela quimotripsina

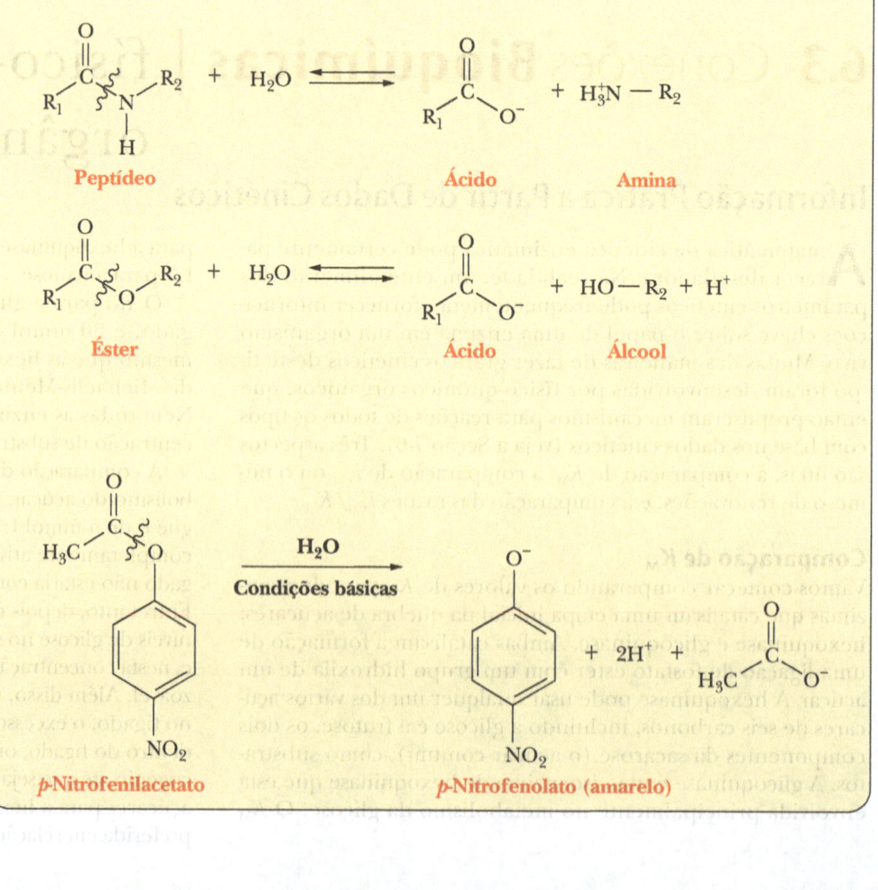
Peptídeo
Ácido
Amina
Éster
Ácido
Álcool
H₂O
Condições básicas
p-Nitrofenilacetato
p-Nitrofenolato (amarelo)

Embora a hidrólise de éster não seja importante para a função fisiológica da quimotripsina na digestão proteica, ela é um sistema modelo conveniente para investigar a catálise enzimática de reações de hidrólise. O procedimento normal de laboratório é utilizar ésteres *p*-nitrofenil como substrato e monitorar o progresso da reação pelo aparecimento da cor amarela na mistura de reação devido à produção de íon *p*-nitrofenolato.

Em uma reação típica na qual o éster *p*-nitrofenil é hidrolisado pela quimotripsina, a velocidade experimental da reação depende da concentração de substrato – neste caso, éster *p*-nitrofenila, como mostrado na Figura 6.9.

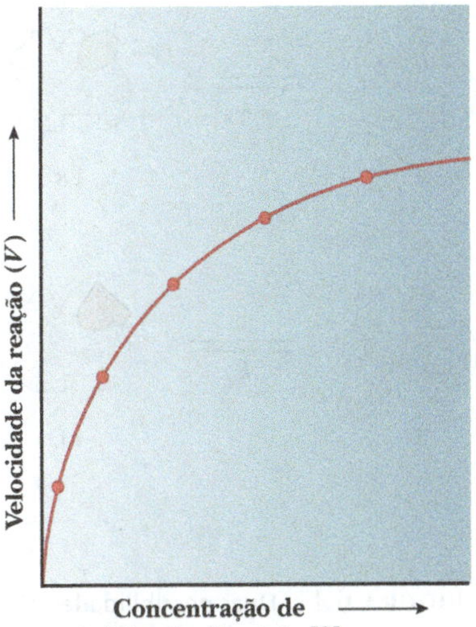
Velocidade da reação (V)
Concentração de p-Nitrofenilacetato [S]

FIGURA 6.9 Dependência da velocidade da reação, *V*, e da concentração de *p*-nitrofenilacetato, [S], em uma reação catalisada por quimotripsina. A forma da curva é hiperbólica.

Outra reação catalisada por enzimas é a catalisada pela **aspartato transcarbamoilase (ATCase)**. Essa reação é o primeiro passo em uma via que leva à formação de trifosfato de citidina (CTP) e trifosfato de uridina (UTP), que são extremamente necessários para a biossíntese de RNA e DNA. Nessa reação, o fosfato de carbamoila reage com aspartato para produzir aspartato de carbamoila e íon fosfato.

aspartato transcarbamoilase (ATCase) exemplo clássico de enzima alostérica que catalisa uma reação primordial na biossíntese da pirimidina

$$\text{Fosfato de carbamoila} + \text{Aspartato} \rightarrow \text{Aspartato de carbamoila} + HPO_4^{2-}$$

Reação catalisada por aspartato transcarbamoilase

A velocidade dessa reação também depende da concentração do substrato – neste caso, a concentração de aspartato (a concentração de fosfato de carbamoil é mantida constante). Resultados experimentais mostram que, novamente, a velocidade da reação depende da concentração de substrato a concentrações baixas e moderadas e, mais uma vez, a velocidade máxima é atingida em altas concentrações de substrato.

No entanto, há uma diferença muito importante. Para esta reação, o gráfico que mostra a dependência da velocidade de reação com relação à concentração de substrato tem um formato sigmoidal, em vez do hiperbólico que esperaríamos (Figura 6.10).

Por que a quimotripsina e a ATcase têm curvas de velocidade diferentes?

Os resultados experimentais sobre a cinética da reação da quimotripsina e do aspartato transcarbamoilase representam os resultados experimentais obtidos com diversas enzimas. O comportamento cinético geral de várias enzimas é parecido com o da quimotripsina, enquanto o de outras é semelhante ao do aspartato transcarbamoilase. Podemos utilizar essa informação para tirar algumas conclusões gerais sobre o comportamento enzimático. A comparação entre comportamentos cinéticos da quimotripsina e da ATCase é parecida com a relação entre os comportamentos de ligação de oxigênio na mioglobina e na hemoglobina, discutidos no Capítulo 4. A ATCase e a hemoglobina são proteínas alostéricas; a quimotripsina e a mioglobina não (lembre-se, da Seção 4-5, que as proteínas alostéricas são aquelas nas quais mudanças sutis em um sítio afetam a estrutura e a função em outro. Efeitos cooperativos, como o fato de que ligar a primeira molécula de oxigênio à hemoglobina facilita a ligação de outras moléculas de oxigênio, são uma marca registrada das proteínas alostéricas). As diferenças no comportamento de proteínas alostéricas e não alostéricas podem ser entendidas em termos de modelos com base nas diferenças estruturais entre os dois tipos de proteínas. Quando encontrarmos os mecanismos das muitas reações catalisadas por enzimas nos capítulos seguintes, precisaremos de um modelo que explique o gráfico sigmoidal para enzimas alostéricas, bem como o gráfico hiperbólico explicado pela equação de Michaelis-Menten.

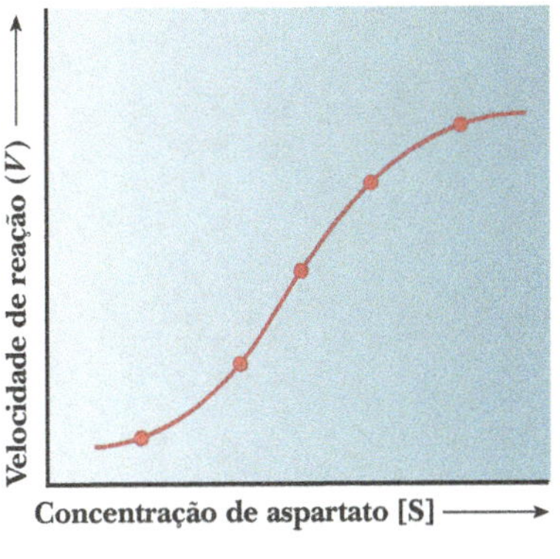
Velocidade de reação (V)
Concentração de aspartato [S]

FIGURA 6.10 Dependência da velocidade de reação, *V*, com relação à concentração de aspartato, [S], em uma reação catalisada pela aspartato transcarbamoilase. A forma da curva é sigmoidal.

6-7 Inibição Enzimática

Um **inibidor**, como o nome já diz, é uma substância que interfere na ação de uma enzima e desacelera a velocidade de uma reação. Várias informações sobre reações enzimáticas podem ser obtidas ao se observar as mudanças na reação causadas pela presença de um inibidor. Um inibidor pode afetar uma reação enzimática de duas maneiras. Um inibidor reversível pode ligar-se à en-

inibidor uma substância que diminui a velocidade de uma reação catalisada por enzima

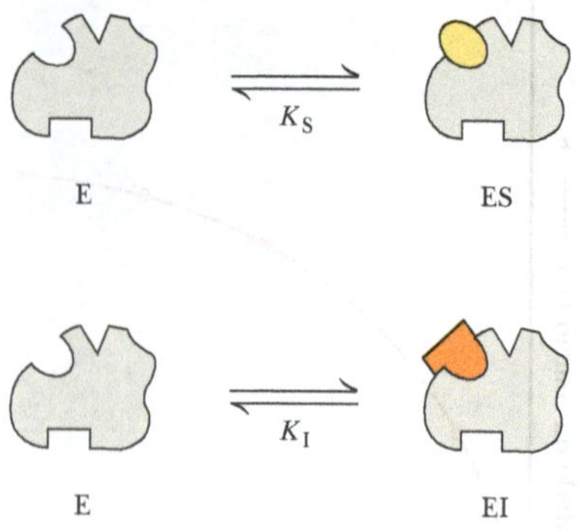

E
ES
K_S
E
EI
K_I

FIGURA 6.11 **Duas possibilidades mutuamente exclusivas para o substrato ou o inibidor se ligar a uma enzima no caso da inibição competitva.** (De Campbell/Farrell, *Biochemistry*, 7. ed. © 2012 Cengage Learning.)

inibição competitiva diminuição na atividade enzimática causada pela ligação de um substrato análogo ao sítio ativo

zima e ser liberado em seguida, deixando-a em sua condição original. Um inibidor irreversível reage com a enzima, produzindo uma proteína que deixa de ser enzimaticamente ativa de tal forma que a enzima original não pode ser regenerada. Examinaremos vários desses tipos de inibidores.

Quais são os principais tipos de inibidores reversíveis? Quatro classes principais de inibidores reversíveis podem ser diferenciadas com base nos sítios na enzima à qual se ligam. Uma classe consiste em compostos muito semelhantes à estrutura do substrato. Neste caso, o inibidor pode ligar-se ao sítio ativo e bloquear o acesso do substrato a ele. Esse modo de ação é chamado **inibição competitiva**, porque o inibidor compete com o substrato pelo sítio ativo da enzima. Com um inibidor competitivo, podemos escrever duas equações diferentes, mutuamente exclusivas:

$$E + S \rightleftharpoons ES \text{ ou } E + I \rightleftharpoons EI \quad (6.17)$$

Pode-se determinar também uma equação de equilíbrio para a quebra do complexo enzima-inibidor:

$$K_I = \frac{[E]\ [I]}{[EI]} \quad (6.18)$$

A competição pelo sítio ativo é mostrada em termos de imagens na Figura 6.11. Começando com a enzima livre, o substrato (amarelo) pode se ligar ao sítio ativo ou ao inibidor (vermelho), mas uma vez que ambos ocupam o mesmo espaço, apenas um pode se ligar de cada vez.

Como podemos identificar um inibidor competitivo?

Na presença de um inibidor competitivo, a inclinação do gráfico de Lineweaver-Burk muda, mas a interseção em *y* não. (A interseção em *x* também muda.) A $V_{máx}$ fica inalterada, mas K_M aumenta. Mais substrato é necessário para chegar a uma determinada velocidade na presença de inibidor do que em sua ausência. Este ponto aplica-se particularmente ao valor específico $V_{máx}/2$ (lembre que, em $V_{máx}/2$, a concentração de substrato, [S], é igual a K_M) (Figura 6.12). A inibição competitiva pode ser revertida por uma concentração suficientemente alta de substrato.

Pode-se mostrar algebricamente (embora não o façamos aqui) que, na presença de um inibidor competitivo, o valor de K_M aumenta por um fator de:

$$1 + \frac{[I]}{K_I}$$

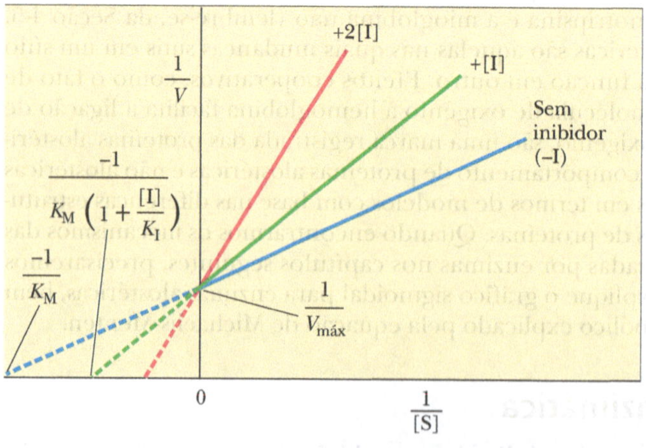

+2[I]
+[I]
$\frac{1}{V}$
Sem inibidor (–I)
$\frac{-1}{K_M\left(1+\frac{[I]}{K_I}\right)}$
$\frac{-1}{K_M}$
$\frac{1}{V_{máx}}$
0
$\frac{1}{[S]}$

FIGURA 6.12 **Um gráfico duplo recíproco de Lineweaver-Burk da cinética enzimática para inibição competitiva.** (De Campbell/Farrell, *Biochemistry*, 7. ed. © 2012 Cengage Learning.)

Se substituirmos K_M (1 + [I]/K_I) por K_M na Equação 6.16, obtemos

$$\frac{1}{V} = \frac{k_M}{V_{máx}} \times \frac{1}{[S]} + \frac{1}{V_{máx}}$$

$$\frac{1}{V} = \frac{k_M}{V_{máx}}\left(1 + \frac{[I]}{K_I}\right) \times \frac{1}{[S]} + \frac{1}{V_{máx}}$$

$$y = \quad m \quad \times \; x \; + \; b \qquad (6.19)$$

Aqui, o termo 1/V assume o lugar da coordenada y, e o 1/[S] o lugar da coordenada x, como foi no caso da Equação 6.16. A interseção 1/$V_{máx}$, o termo b na equação de uma reta, não mudou desde a equação anterior, mas a inclinação $K_M/V_{máx}$ na Equação 6.16 aumentou pelo fator (1 + [I]/K_I). A inclinação, o termo m na equação da reta, agora é

$$\frac{K_M}{V_{máx}}\left(1 + \frac{[I]}{K_I}\right)$$

explicando as mudanças na inclinação do gráfico de Lineweaver-Burk. Observe que a interseção y não muda. Esse tratamento algébrico de inibição competitiva está de acordo com os resultados experimentais, validando o modelo, assim como os resultados validam o modelo de Michaelis-Menten subjacente para a ação enzimática. É importante lembrar que a característica mais distinta de um inibidor competitivo é o fato de que o substrato ou o inibidor pode ligar-se à enzima, mas não ambos. Como os dois competem pela mesma localidade, o substrato suficientemente alto "vencerá" o inibidor. É por isso que $V_{máx}$ não muda; é uma medida da velocidade [substrato] infinita.

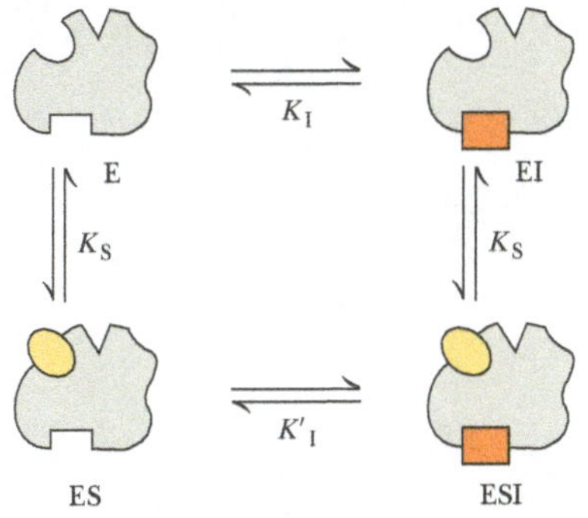

K_I
E
EI
K_S
K_S
K'_I
ES
ESI

FIGURA 6.13 Natureza da ligação entre substrato e inibidor na inibição não competitiva.

A próxima classe de inibidor reversível que examinaremos tem um padrão de ligação completamente diferente, chamada **inibição não competitiva**. Um inibidor não competitivo se liga a um sítio na enzima diferente daquele ao qual o substrato se liga, mas, ainda assim, leva a uma inibição da atividade da enzima. A enzima pode se ligar ao substrato, ao inibidor ou a uma combinação dos dois, como mostrado na equação a seguir:

inibição não competitiva uma forma de inativação de enzimas na qual uma substância se liga a um local que não é o sítio ativo, mas distorce o sítio ativo de tal forma que a reação é inibida

$$\begin{array}{ccccc} & \overset{+S}{E \rightleftharpoons} & ES \rightarrow E + P & & \\ +I & \updownarrow & \updownarrow & +I & \\ & EI \underset{+S}{\rightleftharpoons} & ESI & & \end{array} \qquad (6.20)$$

Isto é mostrado na Figura 6.13. Existem dois sítios distintos, um para o substrato e outro para o inibidor. Entretanto, o inibidor afeta a velocidade de catálise quando ligado. Uma caso limitante de inibição não competitiva é chamado de *inibição não competitiva pura.* Neste tipo de inibição, a ligação do inibidor não tem efeito na ligação do substrato. Em outras palavras, o substrato pode se ligar tão bem à E quanto ao EI. O mesmo é verdadeiro para o inibidor. Ele pode se ligar tão bem a E quanto ao ES. A única diferença é que, quando o inibidor está ligado, a catálise não pode ocorrer, como mostrado na Equação 6.20.

Como podemos identificar um inibidor não competitivo?

Os resultados cinéticos da inibição não competitiva são diferentes dos da competitiva. O gráfico de Lineweaver-Burk para uma reação na presença e na ausência de um inibidor não competitivo mostra que tanto a inclinação quanto a interseção do eixo y mudam para a reação inibida (Figura 6.14), sem mudar a interseção do eixo x. O valor de $V_{máx}$ diminui, mas o de K_M permanece o mesmo; o inibidor não interfere na ligação de um substrato ao sítio ativo. O aumento da concentração de substrato não pode superar a inibição não competitiva porque o inibidor e o substrato não estão competindo pelo mesmo sítio.

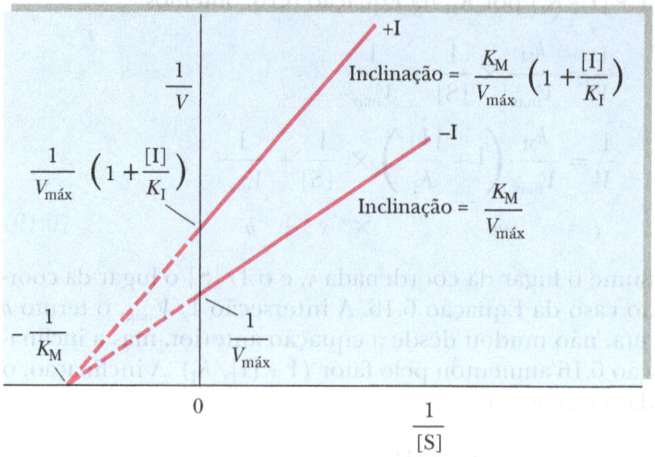
+I
$\frac{1}{V}$
Inclinação = $\frac{K_M}{V_{máx}}\left(1+\frac{[I]}{K_I}\right)$
–I
$\frac{1}{V_{máx}}\left(1+\frac{[I]}{K_I}\right)$
Inclinação = $\frac{K_M}{V_{máx}}$
$-\frac{1}{K_M}$
$\frac{1}{V_{máx}}$
0
$\frac{1}{[S]}$

FIGURA 6.14 Um gráfico de Lineweaver-Burk para a cinética enzimática de uma inibição não competitiva.

Na presença de um inibidor não competitivo, I, a velocidade máxima da reação, $V^I_{máx}$, tem a fórmula (não faremos a dedução aqui)

$$V^I_{máx} = \frac{V_{máx}}{1 + [I]/K_I}$$

na qual K_I é, novamente, a constante de dissociação para o complexo enzima-inibidor, EI. Lembre-se de que a velocidade máxima, $V_{máx}$, aparece nas expressões para a inclinação e para a interseção na equação do gráfico de Lineweaver-Burk (Equação 6.16):

$$\frac{1}{V} = \frac{K_M}{V_{máx}} \times \frac{1}{[S]} + \frac{1}{V_{máx}}$$

$$y = m \times x + b$$

Na inibição não competitiva, substituímos o termo $V_{máx}$ pela expressão para $V^I_{máx}$ para obter

$$\frac{1}{V} = \frac{K_M}{V_{máx}}\left(1 + \frac{[I]}{K_I}\right) \times \frac{1}{[S]} + \frac{1}{V_{máx}}\left(1 + \frac{[I]}{K_I}\right) \quad (6.21)$$

$$y = m \times x + b$$

Inibição não competitiva

As expressões, tanto para a inclinação quanto para a interseção na equação para um gráfico de Lineweaver-Burk de uma reação não competitiva, foram substituídas por expressões mais complicadas na equação que descreve a inibição não competitiva. Essa interpretação é confirmada pelos resultados observados. Com um inibidor puro e não competitivo, a ligação do substrato não afeta a ligação do inibidor, e vice-versa. Como K_M é uma medida de afinidade entre a enzima e o substrato, e o inibidor não afeta a ligação, K_M não muda com a inibição não competitiva.

A seção **Aplique Seu Conhecimento 6.2** lhe fornece a oportunidade de praticar a construção de um gráfico e analisar os dados cinéticos para um sistema não inibido e inibido.

6.2 Aplique Seu Conhecimento

A sacarose (açúcar comum) é hidrolisada em glicose e frutose (Seção 16.3) em uma experiência clássica em cinética. A reação é catalisada pela enzima invertase. Utilizando os dados a seguir, determine, pelo método de

Continua

Lineweaver-Burk, se a inibição dessa reação por 2 mol L^{-1} de ureia é competitiva ou não competitiva.

Concentração de Sacarose (mol L^{-1})	V, Sem Inibidor (unidades arbitrárias)	V, Inibidor Presente (mesmas unidades arbitrárias)
0,0292	0,182	0,083
0,0584	0,265	0,119
0,0876	0,311	0,154
0,117	0,330	0,167
0,175	0,372	0,192

Solução

Faça um gráfico dos valores recíprocos para as concentrações de sacarose no eixo x e dos valores recíprocos para as duas velocidades de reação no eixo y. Observe que as duas retas têm inclinações diferentes e diferentes interseções de eixo y, típicas da inibição não competitiva. Observe a mesma interseção no lado negativo do eixo x, o que dá $-1/K_M$.

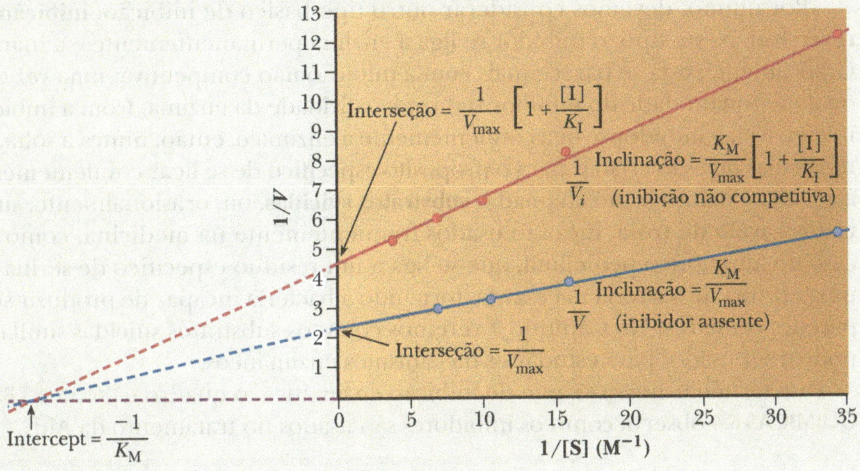

1/V
Interseção = $\frac{1}{V_{max}}\left[1+\frac{[I]}{K_I}\right]$
Inclinação = $\frac{K_M}{V_{max}}\left[1+\frac{[I]}{K_I}\right]$
$\frac{1}{V_i}$ (inibição não competitiva)
Inclinação = $\frac{K_M}{V_{max}}$
$\frac{1}{V}$ (inibidor ausente)
Interseção = $\frac{1}{V_{max}}$
Intercept = $\frac{-1}{K_M}$
1/[S] (M^{-1})

Não é difícil acreditar que a inibição não competitiva pura é relativamente rara devido à existência de parâmetros extremos de duas moléculas capazes de se ligar a uma enzima sem afetar a ligação da outra. Um tipo mais comum de inibição não competitiva é chamado *inibição incompetitiva mista*. Com este tipo de inibição, ainda se aplicam a Equação 6.20 e as Figuras 6.13 e 6.14, mas a ligação de I afeta a ligação de S. As constantes de dissociação K_I e K'_I (Figura 6.14) não são idênticas.

Como podemos distinguir entre inibição pura e inibição não competitiva?

Uma vez que qualquer quantidade de inibidor derrubará a atividade, a $V_{máx}$ ainda é reduzida com uma inibição não competitiva mista, exatamente como era com um inibidor não competitivo puro. Entretanto, uma vez que a ligação do inibidor não afeta a ligação com o substrato, K_M também aumenta. Se examinarmos o padrão de inibição com o gráfico de Lineweaver-Burk, veremos que as linhas não interceptam nenhum dos eixos. Ao invés disso, interceptam em algum lugar no quadrante esquerdo, como mostrado na Figura 6.15.

Para completar nosso exame dos tipos básicos de inibição reversível, voltaremos agora para a **inibição incompetitiva**. Embora se possa pensar que esta é

inibição incompetitiva um tipo de inibição na qual o inibidor pode se ligar ao ES, mas não a E livre uma tentativa de fazer uma brincadeira, existe uma grande diferença entre a inibição incompetitiva e a inibição não competitiva; as palavras podem parecer semelhantes, mas não significam a mesma coisa. Um inibidor incompetitivo liga-se apenas ao complexo ES, como mostrado na Equação 6.22:

$$\begin{array}{c} E + S \rightleftharpoons ES \longrightarrow E + P \\ + \\ I \\ k_{I-1} \Big\uparrow\!\!\Big\downarrow k_I \\ EIS \end{array} \qquad (6.22)$$

Como podemos identificar um inibidor incompetitivo?

Como poderíamos esperar, o gráfico de Lineweaver-Burk para um inibidor incompetitovo ainda tem outra forma. Neste caso, as linhas são paralelas, como mostrado na Figura 6.16. A $V_{máx}$ diminui como era de se esperar, porque qualquer quantidade de inibidor amarrará parte do complexo ES em sua forma inútil EIS. Entretanto, a aparente K_M na realidade diminui, fazendo parecer que o substrato se liga melhor à enzima. Isto, porque a presença do inibidor remove parte do complexo ES. Pelo princípio de LeChatelier, isto força a equação a se reajustar para a direita, simulando a formação do complexo ES.

inibição irreversível ligação covalente de um inibidor a uma enzima, causando inativação permanente

substratos suicidas (substratos cavalo de troia) moléculas usadas para se ligar à enzima irreversivelmente e inativá-las

Por último, devemos considerar outro tipo básico de inibição: **inibição irreversível**. Neste tipo, o inibidor se liga à enzima permanentemente e a inativa. Graficamente, esta se parece mais com a inibição não competitiva, uma vez que qualquer quantidade do inibidor reduzirá a atividade da enzima. Com a inibição irreversível, o inibidor se liga covalentemente à enzima e, então, nunca a solta. As moléculas que são criadas para o propósito específico de se ligar covalentemente à enzima e inativá-la são chamadas **substratos suicidas**, ou, ocasionalmente, **substratos cavalo de troia**. Eles são usados frequentemente na medicina, como no caso do antibiótico penicilina, que se liga a um resíduo específico de serina de uma enzima de bactéria necessária, tornando a bactéria incapaz de produzir suas paredes celulares. No Capítulo 7 veremos como os substratos suicidas similares podem ser usados para estudar os mecanismos enzimáticos.

Para terminar nosso exame de inibição enzimática, o quadro CONEXÕES **BIOQUÍMICAS 6.4** observa como os inibidores são usados no tratamento da Aids.

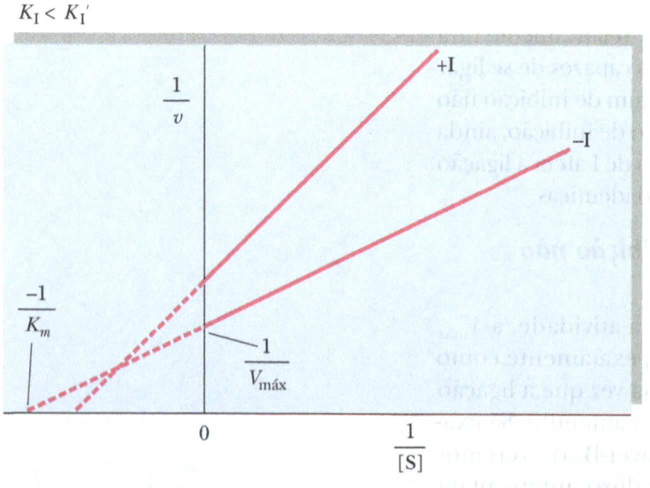
$K_I < K_I'$
$\frac{1}{v}$
+I
–I
$\frac{-1}{K_m}$
$\frac{1}{V_{máx}}$
0
$\frac{1}{[S]}$

FIGURA 6.15 Gráfico duplo recíproco de Lineweaver-Burk da cinética enzimática para inibição não competitiva.

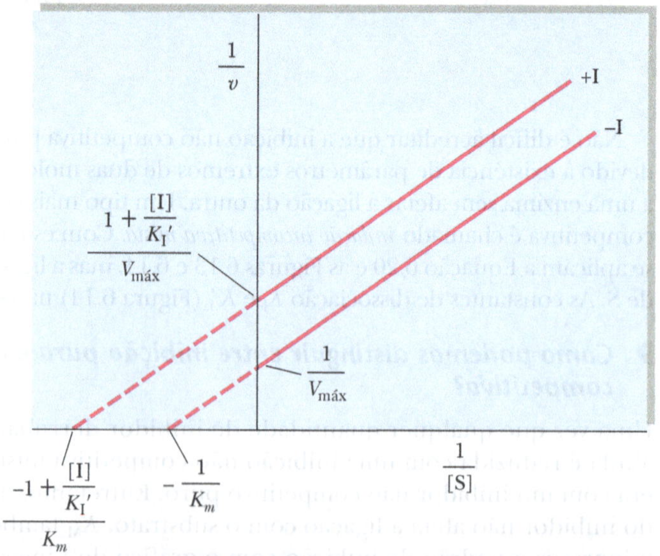
$\frac{1}{v}$
+I
–I
$\frac{1 + \frac{[I]}{K_I}}{V_{máx}}$
$\frac{1}{V_{máx}}$
$\frac{-1 + \frac{[I]}{K_I'}}{K_m}$
$-\frac{1}{K_m}$
$\frac{1}{[S]}$

FIGURA 6.16 Gráfico duplo recíproco de Lineweaver-Burk da cinética enzimática para inibição incompetitiva. (Figura 13.16 de GARRETT/GRISHAM, *Biochemistry*, 4. ed ©2009 Cengage Learning.)

6.4 Conexões Bioquímicas | medicina

Inibição Enzimática no Tratamento da Aids

Uma estratégia chave no tratamento da síndrome da imunodeficiência adquirida, Aids, tem sido desenvolver inibidores específicos que bloqueiam seletivamente as ações de enzimas exclusivas do vírus da imunodeficiência humana (HIV), causadora da Aids. Diversos laboratórios estão trabalhando nesta abordagem para o desenvolvimento de agentes terapêuticos. Três enzimas chave são atualmente alvos para o tratamento da Aids — transcriptase reversa, integrase e protease.

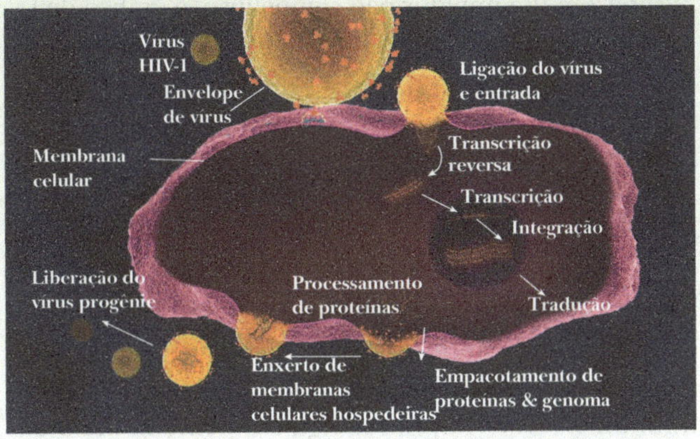
Vírus HIV-1
Envelope de vírus
Ligação do vírus e entrada
Membrana celular
Transcrição reversa
Transcrição
Integração
Liberação do vírus progênie
Processamento de proteínas
Tradução
Enxerto de membranas celulares hospedeiras
Empacotamento de proteínas & genoma

Louise Martin-Carpenter/GlaxoSmithKline

A partir do momento que uma célula é infectada com HIV, três enzimas chave estão envolvidas na replicação do vírus – transcriptase reversa, integrase e protease. Reimpresso com permissão de *Science* **311**, 943 (2006).

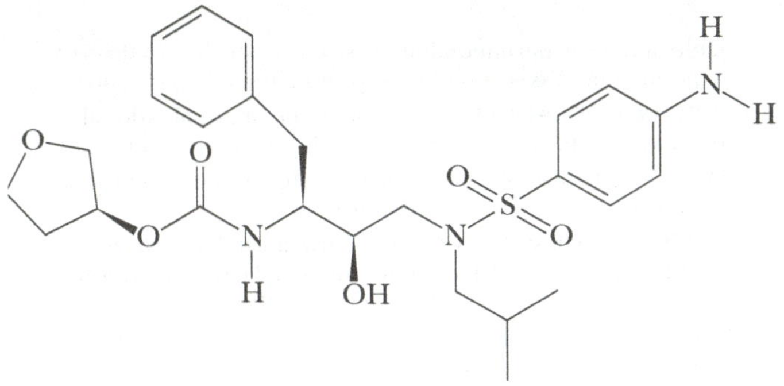
H
N
H
O
O
O
S
O
O
N
H
N
OH

Estrutura do amprenavir (VX-478), um inibidor de HIV protease desenvolvido pela Vertex Pharmaceuticals. (Vertex Pharmaceuticals, Inc.)

Uma das mais importantes enzimas alvo é a HIV protease, essencial para a produção de novas partículas do vírus em células infectadas. A HIV protease é exclusiva desse vírus. Ela catalisa o processamento de proteínas virais dentro de uma célula infectada. Sem essas proteínas, partículas viáveis do vírus não podem ser liberadas para causar mais infecções. A estrutura da HIV protease, incluindo seu sítio ativo, foi conhecida a partir de resultados de cristalografia por raios X. Com essa estrutura em mente, os cientistas desenvolveram e sintetizaram compostos para ligar ao sítio ativo. Foram feitos aprimoramentos no desenvolvimento dos medicamentos com a obtenção de estruturas de uma série de inibidores ligados ao sítio ativo da HIV protease. Essas estruturas também foram elucidadas por cristalografia de raios X. Este processo levou, finalmente, a vários compostos comercializados por diversas empresas farmacêuticas. Esses inibidores de HIV protease incluem o saquinavir da Hoffman-LaRoche, ritonavir da Abbott Laboratories, indinavir da Merck, Viracept da Pfizer, e o amprenavir da Vertex Pharmaceuticals (essas empresas mantêm páginas altamente informativas na internet).

O alvo mais recente é a enzima viral chamada integrase, necessária para que o vírus copie a si próprio na célula hospedeira. Um medicamento recente produzido pela Merck, chamado MK-0518, inibe a enzima integrase. O tratamento da Aids é mais efetivo quando uma combinação de terapias medicamentosas é utilizada, e os inibidores de HIV protease têm um papel importante. O uso de inibidores múltiplos para as enzimas chave permitem que os níveis de cada um permaneçam abaixo dos níveis tóxicos para a célula.

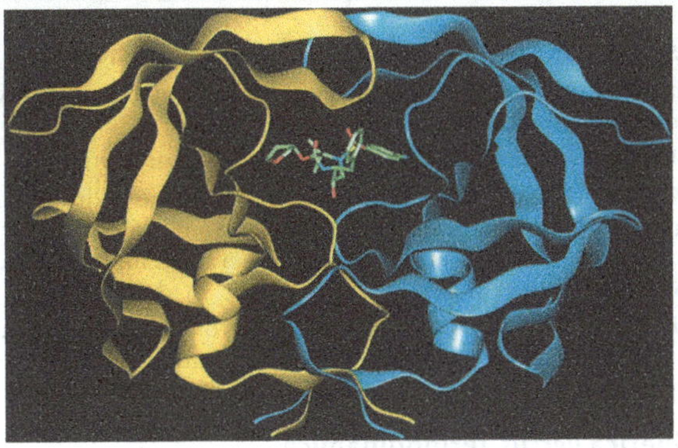

Vertex Pharmaceuticals, Inc.

Sítio ativo do VX-478 complexado com HIV-1 protease.

Resumo

Se uma reação é espontânea, significa que ela é rápida? A espontaneidade termodinâmica não pode nos dizer se a reação será rápida. A velocidade de uma reação é uma propriedade cinética controlada pela natureza do estado de energia do complexo ES e do estado de transição. As enzimas aceleram uma reação, criando uma situação na qual a distância entre o estado de transição e o complexo ES em um diagrama de energia é reduzida.

Uma reação ocorrerá mais rapidamente se aumentarmos a temperatura? Uma reação química pode ocorrer mais rapidamente em temperaturas mais altas. Entretanto, quando a reação é catalisada por uma enzima, isto só é verdade para uma faixa específica de temperaturas. Se a temperatura é muito aumentada, ela desnatura a enzima e a velocidade da reação é reduzida significativamente, provavelmente a zero.

A velocidade de uma reação é sempre baseada na concentração de reagentes? Em muitas situações, a concentração dos reagentes influencia a velocidade de uma reação catalisada por enzima. Entretanto, se há muito pouca enzima e uma quantidade saturada de substrato, então todas as moléculas de enzima estarão ligadas ao substrato. A adição de mais substrato sob essas condições não aumentará a velocidade da reação. Quando isso acontece, a enzima já está funcionando na $V_{máx}$ e exibindo cinética de ordem zero.

Por que as enzimas se ligam aos substratos? Enzimas e substratos são atraídos entre si via interações não covalentes, como interações eletrostáticas. O sítio ativo de uma enzima tem aminoácidos em uma orientação específica, onde podem se ligar ao substrato. O diagrama de energia mostrará que a energia do complexo ES é menor que a energia do E + S sozinhos.

Como calculamos K_M e $V_{máx}$ em um gráfico? K_M e $V_{máx}$ podem ser estimados colocando em gráfico a velocidade *versus* [S]. Entretanto, uma maneira mais exata é fazer o gráfico de Linewaver-Burk de $1/V$ *versus* $1/[S]$. Com tal gráfico, a interseção de y produz $1/V_{máx}$, que pode ser então convertida em $V_{máx}$. A interseção de x é $-1/K_M$, que também pode ser convertido em K_M.

O que significa K_M e $V_{máx}$? Matematicamente K_M é igual à concentração do substrato que produz a velocidade de $V_{máx}/2$. É também uma medida bruta da afinidade entre a enzima e o substrato, onde uma K_M baixa indica uma alta afinidade. A $V_{máx}$ nos diz quão rápido a enzima pode gerar o produto sob condições de substrato saturado.

Por que a quimotripsina e a ATcase têm curvas de velocidade diferentes? A quimotripsina e o aspartato transcarbamoilase exibem tipos diferentes de cinética. A quimotripsina é uma enzima não alostérica e exibe cinética hiperbólica. A ATCase é uma enzima alostérica. Ela tem múltiplas subunidades e a ligação de uma molécula de substrato afeta a ligação da molécula seguinte de substrato. Ela exibe cinética sigmoidal.

Como podemos identificar um inibidor competitivo? Comparando o gráfico de Lineweaver-Burk de uma reação não inibida com aquele para uma reação inibida, pode-se identificar o inibidor como competitivo se as curvas interceptam o eixo y.

Como podemos identificar um inibidor não competitivo puro? Com um inibidor não competitivo, o gráfico de Lineweaver-Burk mostra linhas que não interceptam o eixo x.

Como podemos identificar um inibidor não competitivo misto? Com um inibidor não competitivo misto, a linhas no gráfico de Lineweaver-Burk interceptam-se em algum lugar no quadrante à esquerda, e não interceptam os eixos.

Como podemos identificar um inibidor incompetitivo? Com um inibidor incompetitivo, as linhas no gráfico de Lineweaver-Burk são paralelas.

O que é um substrato suicida? Substrato suicida é um inibidor irreversível. Ele se liga covalentemente à enzima, inativando-a. Os substratos suicidas são importantes medicamentos na medicina, usados para estudar os mecanismos de enzimas.

Exercícios de Revisão

6-1 As Enzimas são Catalisadores Biológicos Eficientes

1. **VERIFICAÇÃO DE FATOS** Como a efetividade catalítica das enzimas se compara à da catálise não enzimática?
2. **VERIFICAÇÃO DE FATOS** Todas as enzimas são proteínas?
3. **MATEMÁTICA** A catalase quebra o peróxido de hidrogênio cerca de 10^7 vezes mais rápido que a reação não catalisada. Se esta exigisse um ano para ocorrer, qual seria o tempo necessário para a reação catalisada pela catalase?
4. **PERGUNTA DE RACIOCÍNIO** Dê dois motivos pelos quais catalisadores enzimáticos são 10^3 a 10^5 vezes mais eficazes que as reações catalisadas, por exemplo, por H^+ ou OH^- simples.

6-2 Cinética *versus* Termodinâmica

5. **VERIFICAÇÃO DE FATOS** Na reação entre a glicose e o oxigênio os produtos são dióxido de carbono e água,

$$\text{Glicose} + 6\,O_2 \rightarrow 6\,CO_2 + 6\,H_2O$$

o $\Delta G°$ é –2.880 kJ mol^{-1}, uma reação fortemente exergônica. No entanto, uma amostra de glicose pode ser mantida indefinidamente em atmosfera contendo oxigênio. Harmonize essas duas afirmações.
6. **PERGUNTA DE RACIOCÍNIO** A natureza se basearia na mesma reação para catalisar uma reação nos dois sentidos (direto ou inverso) se $\Delta G°$ fosse –0,8 kcal mol^{-1}? E se fosse –5,3 kcal mol^{-1}?
7. **PERGUNTA DE RACIOCÍNIO** Sugira uma razão para explicar por que o aquecimento de uma solução que contém uma enzima diminui consideravelmente sua atividade. Por que a redução de atividade frequentemente é muito menor quando a solução contém altas concentrações de substrato?
8. **PERGUNTA DE RACIOCÍNIO** Um modelo é proposto para explicar a reação catalisada por uma enzima. Dados de velocidade obtidos experimentalmente se encaixam dentro do erro experimental. Essas descobertas provam o modelo ou não?
9. **PERGUNTA DE RACIOCÍNIO** A presença de um catalisador altera a variação de energia livre padrão de uma reação química?
10. **PERGUNTA DE RACIOCÍNIO** Que efeito tem um catalisador na energia de ativação de uma reação?
11. **PERGUNTA DE RACIOCÍNIO** Uma enzima catalisa a formação de ATP a partir de ADP e íon fosfato. Qual é seu efeito sobre a velocidade de hidrólise de ATP para ADP e íon fosfato?
12. **PERGUNTA DE RACIOCÍNIO** A presença de um catalisador pode indicar o aumento da quantidade de produto obtida em uma reação?

6-3 Equações Cinéticas de Enzimas

13. **VERIFICAÇÃO DE FATOS** Para a reação hipotética

$$3A + 2B \rightarrow 2C + 3D$$

a velocidade foi determinada experimentalmente como

$$\text{Velocidade} = k[A]^1\,[B]^1$$

Qual é a ordem dessa reação com relação a A? E com relação a B? Qual é a ordem geral da reação? Sugira quantas moléculas de A e B devem estar envolvidas no mecanismo detalhado da reação.
14. **PERGUNTA DE RACIOCÍNIO** A enzima lactato desidrogenase catalisa a reação

$$\text{Piruvato} + \text{NADH} + H^+ \rightarrow \text{lactato} + \text{NAD}^+$$

o NADH absorve luz a 340 nm na região do ultravioleta próximo do espectro eletromagnético, mas o NAD^+ não. Sugira um método experimental para seguir a velocidade dessa reação, supondo que você tenha disponível um espectrofotômetro capaz de medir a luz nesse comprimento de onda.

15. **PERGUNTA DE RACIOCÍNIO** Você utilizaria um medidor de pH para monitorar o progresso da reação descrita na Pergunta 14? Por que sim, ou por que não?

16. **PERGUNTA DE RACIOCÍNIO** Sugira um motivo para executar reações enzimáticas em soluções tampão.

6-4 Ligação Enzima-Substrato

17. **VERIFICAÇÃO DE FATOS** Diferencie os modelos chave-fechadura e do encaixe induzido para a ligação de um substrato a uma enzima.

18. **VERIFICAÇÃO DE FATOS** Utilizando um diagrama de energia, mostre por que o modelo chave-fechadura pode levar a um mecanismo enzimático ineficiente (*Dica:* Lembre que a distância até o estado de transição deve ser minimizada para que uma enzima seja um catalisador eficiente.)

19. **PERGUNTA DE RACIOCÍNIO** Com outras coisas sendo iguais, qual seria uma potencial desvantagem de uma enzima que tivesse uma afinidade muito alta com seu substrato?

20. **PERGUNTA DE RACIOCÍNIO** Os aminoácidos que estão muito distantes na sequência de aminoácidos de uma enzima podem ser essenciais para sua atividade catalítica. O que isso sugere sobre seu sítio ativo?

21. **PERGUNTA DE RACIOCÍNIO** Se apenas poucos resíduos de aminoácidos de uma enzima estão envolvidos em sua atividade catalítica, por que a enzima precisa de um número tão grande de aminoácidos?

6-5 A Abordagem de Michaelis-Menten para a Cinética Enzimática

22. **VERIFICAÇÃO DE FATOS** Mostre graficamente como a velocidade da reação depende da concentração de uma enzima. Uma reação pode ficar saturada de enzima?

23. **VERIFICAÇÃO DE FATOS** Defina *estado estacionário* e comente sobre a relevância deste conceito para as teorias de reatividade enzimática.

24. **VERIFICAÇÃO DE FATOS** Como o número de renovação de uma enzima está relacionado com $V_{máx}$?

25. **MATEMÁTICA** Para uma enzima que exibe a cinética de Michaelis-Menten, qual é a velocidade da reação, V (como porcentagem de $V_{máx}$), observada nos seguintes valores?

(a) $[S] = K_M$

(b) $[S] = 0{,}5K_M$

(c) $[S] = 0{,}1K_M$

(d) $[S] = 2K_M$

(e) $[S] = 10K_M$

26. **MATEMÁTICA** Determine os valores de K_M e $V_{máx}$ para a descarboxilação de um β-cetoácido fornecida nos dados a seguir:

Concentração de Substrato (mol L^{-1})	Velocidade [(mmol L^{-1})$^{-1}$ min^{-1})]
2,500	0,588
1,000	0,500
0,714	0,417
0,526	0,370
0,250	0,256

27. **MATEMÁTICA** Os dados cinéticos na tabela a seguir foram obtidos para a reação entre dióxido de carbono e água para produzir bicarbonato e íon hidrogênio catalisados pela anidrase carbônica:

$$CO_2 + H_2O \rightarrow HCO^{-3} + H^+$$

[H. De Voe and G. B. Kistiakowsky, *J. Am. Chem. Soc.*, 83, 274, (1961)]. A partir desses dados, determine K_M e $V_{máx}$ para essa reação.

Concentração de Dióxido de Carbono (mmol L^{-1})	1/Velocidade [(mol L^{-1} s)]
1,25	36×10^3
2,5	20×10^3
5,0	12×10^3
20,0	6×10^3

28. **MATEMÁTICA** A enzima β-metilaspartase catalisa a desaminação do β-metilaspartato

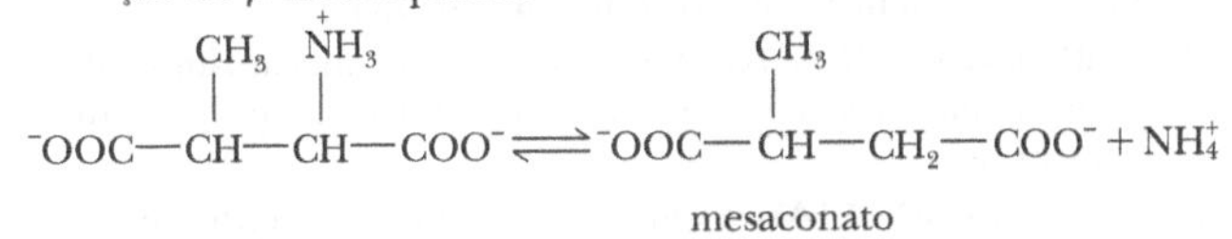

mesaconato absorve a 240 nm

[V. Williams; J. Selbin, *J. Biol. Chem.* 239, 1636, (1964)]. A velocidade da reação foi determinada pelo monitoramento da absorção do produto a 240 nm (A_{240}). A partir dos dados na tabela a seguir, determine K_M para a reação. Como o método de cálculo é diferente daquele nas Perguntas 26 e 27?

Concentração de Substrato (mol L^{-1})	Velocidade (ΔA_{240} min^{-1})
0,002	0,045
0,005	0,115
0,020	0,285
0,040	0,380
0,060	0,460
0,080	0,475
0,100	0,505

29. **MATEMÁTICA** A hidrólise de um peptídeo que contém fenilalanina é catalisada pela α-quimotripsina com os resultados a seguir. Calcule K_M e $V_{máx}$ para a reação.

Concentração de Peptídeo (mol L^{-1})	Velocidade (mol L^{-1} min^{-1})
$2{,}5 \times 10^{-4}$	$2{,}2 \times 10^{-6}$
$5{,}0 \times 10^{-4}$	$5{,}8 \times 10^{-6}$
$10{,}0 \times 10^{-4}$	$5{,}9 \times 10^{-6}$
$15{,}0 \times 10^{-4}$	$7{,}1 \times 10^{-6}$

30. **MATEMÁTICA** Para a $V_{máx}$ obtida na Pergunta 26, calcule o número de renovação enzimática (constante de velocidade catalítica) pressupondo o uso de 1×10^{-4} mol de enzima.

31. **MATEMÁTICA** Você realiza uma experiência de cinética enzimática e calcula uma $V_{máx}$ de 100 μmol de produto por minuto. Se cada teste utilizou 0,1 mL de uma solução enzimática com concentração de 0,2 mg mL^{-1}, qual seria o número de renovação enzimática se a enzima tivesse massa molecular de 128.000 g mol^{-1}?

32. **PERGUNTA DE RACIOCÍNIO** A enzima D-aminoácido oxidase tem um número de renovação enzimática muito alto porque os D-aminoácidos são potencialmente tóxicos. A K_M para essa enzima está no intervalo de 1 a 2 mmol L^{-1} para os aminoácidos aromáticos e entre 15 e 20 mmol L^{-1} para aminoácidos como serina, alanina e os aminoácidos ácidos. Quais desses aminoácidos são os substratos preferidos dessa enzima?

33. **PERGUNTA DE RACIOCÍNIO** Por que é útil fazer um gráfico dos dados de velocidade para as reações enzimáticas como uma reta em vez de uma curva?

34. **PERGUNTA DE RACIOCÍNIO** Sob quais condições podemos supor que K_M é uma indicação da afinidade de ligação entre o substrato e a enzima?
35. **CONEXÕES BIOQUÍMICAS** Por que a acetazolamida faz a cerveja parecer sem gás?
36. **CONEXÕES BIOQUÍMICAS** Como os cientistas determinaram que a anidrase carbônica é um sensor químico de CO_2?
37. **CONEXÕES BIOQUÍMICAS** Como os valores de K_M para a glicoquinase e para a hexoquinase refletem seus papéis no metabolismo do açúcar?
38. **CONEXÕES BIOQUÍMICAS** Quando o valor de K_{cat}/K_M se aproxima da eficiência catalítica de uma enzima?
39. **VERIFICAÇÃO DE FATOS** Quais são os três mecanismos mais comuns para reações catalisadas por enzimas que têm dois substratos?
40. **VERIFICAÇÃO DE FATOS** Qual a maior diferença entre um mecanismo pingue-pongue e um ordenado ou um aleatório?
41. **VERIFICAÇÃO DE FATOS** Como os cientistas determinam a K_M de um substrato que é parte de uma reação ordenada com dois substratos?
42. **PERGUNTA DE RACIOCÍNIO** Se você faz um gráfico de velocidade de uma reação catalisada por enzima *versus* [S] para cada um dos dois substratos que são parte de um mecanismo aleatório, esperaria ver o mesmo formato de curva? Justifique sua resposta.

6-6 Exemplos de Reações Catalisadas por Enzimas

43. **VERIFICAÇÃO DE FATOS** Mostre graficamente a dependência da velocidade da reação em relação à concentração de um substrato para uma enzima que segue a cinética de Michaelis-Menten e para uma enzima alostérica.
44. **VERIFICAÇÃO DE FATOS** Todas as enzimas exibem a cinética que obedece à equação de Michaelis-Menten? Quais não obedecem?
45. **VERIFICAÇÃO DE FATOS** Como você pode reconhecer uma enzima que não exibe a cinética de Michaelis-Menten?
46. **VERIFICAÇÃO DE FATOS** Se você descreve uma enzima como o aspartato transcarbamoilase e diz que ela exibe cooperatividade, o que você quer dizer?

6-7 Inibição Enzimática

47. **VERIFICAÇÃO DE FATOS** Como a inibição competitiva e a não competitiva pura podem ser diferenciadas em termos de K_M?
48. **VERIFICAÇÃO DE FATOS** Por que um inibidor competitivo não altera a $V_{máx}$?
49. **VERIFICAÇÃO DE FATOS** Por que um inibidor não competitivo puro não altera a K_M observada?
50. **VERIFICAÇÃO DE FATOS** Diferencie entre os mecanismos moleculares da inibição competitiva e os da não competitiva.
51. **VERIFICAÇÃO DE FATOS** A inibição de enzima pode ser revertida em todos os casos?
52. **VERIFICAÇÃO DE FATOS** Por que um gráfico de Lineweaver-Burk é útil para a análise de dados cinéticos de reações enzimáticas?
53. **VERIFICAÇÃO DE FATOS** Onde as linhas formam uma interseção em um gráfico de Lineweaver-Burk que mostra inibição competitiva? E neste mesmo gráfico que mostra inibição não competitiva?
54. **VERIFICAÇÃO DE FATOS** Qual é a diferença entre as inibições não competitivas pura e mista?
55. **PERGUNTA DE RACIOCÍNIO** Por que podemos dizer que ter presente um inibidor não competitivo puro é similar a ter menos enzima presente?
56. **PERGUNTA DE RACIOCÍNIO** Quando comparamos a ligação de I e de S à enzima em um inibidor não competitivo misto, supomos que a ligação de I diminui a afinidade da enzima por S. O que aconteceria se o oposto fosse verdade?
57. **VERIFICAÇÃO DE FATOS** Por que a K_M aparente diminui na presença de um inibidor incompetitivo?
58. **VERIFICAÇÃO DE FATOS** O que é um substrato suicida? Por que eles são importantes?
59. **VERIFICAÇÃO DE FATOS** Se fizéssemos um gráfico de Lineweaver-Burk de um inibidor irreversível, a qual tipo de inibição reversível ele mais provavelmente se assemelharia?
60. **MATEMÁTICA** Desenhe gráficos de Lineweaver-Burk para o comportamento de uma enzima para a qual os seguintes dados experimentais estão disponíveis.

[S] (mmol L^{-1})	*V*, Sem Inibidor (mmol min^{-1})	*V*, Inibidor Presente (mmol min^{-1})
3,0	4,58	3,66
5,0	6,40	5,12
7,0	7,72	6,18
9,0	8,72	6,98
11,0	9,50	7,60

Quais são os valores de K_M e $V_{máx}$ para as reações inibida e não inibida? O inibidor é competitivo ou não competitivo?

61. **MATEMÁTICA** Para a reação da aspartase a seguir (veja a Pergunta 28), na presença do inibidor hidroximetilaspartase, determine a K_M e se a inibição é competitiva ou não competitiva.

[S] (concentração molar)	*V*, Sem Inibidor (unidades arbitrárias)	*V*, Inibidor Presente (mesmas unidades arbitrárias)
1×10^{-4}	0,026	0,010
5×10^{-4}	0,092	0,040
$1,5 \times 10^{-3}$	0,136	0,086
$2,5 \times 10^{-3}$	0,150	0,120
5×10^{-3}	0,165	0,142

62. **PERGUNTA DE RACIOCÍNIO** É bom (ou ruim) que as enzimas possam ser inibidas reversivelmente? Por quê?
63. **PERGUNTA DE RACIOCÍNIO** A inibição não competitiva é um caso limitador no qual o efeito de um inibidor de ligação não tem nenhum impacto sobre a afinidade com o substrato e vice-versa. Sugira como um gráfico de Lineweaver-Burk se pareceria para um inibidor com esquema de reação semelhante ao da página 151 (reação de inibição não competitiva), mas em que o inibidor ligado reduziu a afinidade entre EI e o substrato.
64. **CONEXÕES BIOQUÍMICAS** Você foi contratado por uma empresa farmacêutica para trabalhar no desenvolvimento de medicamentos para tratar a Aids. Quais informações deste capítulo lhe serão úteis?
65. **PERGUNTA DE RACIOCÍNIO** Você espera que o inibidor irreversível de uma enzima seja ligado por interações covalentes ou não covalentes? Por quê?
66. **PERGUNTA DE RACIOCÍNIO** Você espera que a estrutura de um inibidor não competitivo de determinada enzima seja semelhante à de seu substrato?
67. **CONEXÕES BIOQUÍMICAS** Qual parte do ciclo de vida do HIV é interrompida pelos medicamentos indinavir e amprenavir?
68. **CONEXÕES BIOQUÍMICAS** Qual parte do ciclo de vida do HIV é interrompida pelo medicamento MK-0518?

O Comportamento das Proteínas: Enzimas, Mecanismos e Controle

7

7-1 O Comportamento de Enzimas Alostéricas

O comportamento de várias enzimas bem conhecidas pode ser descrito de forma bastante adequada pelo modelo de Michaelis-Menten; porém, as enzimas alostéricas têm um comportamento bastante diferente. No capítulo anterior, vimos que há semelhanças entre a cinética da reação de uma enzima, como a quimotripsina, que não apresenta comportamento alostérico, e a ligação do oxigênio à mioglobina, que também é um exemplo de comportamento não alostérico. A analogia estende-se para mostrar a semelhança no comportamento cinético de uma enzima alostérica, como a aspartato transcarbamoilase (ATCase), e a ligação do oxigênio à hemoglobina. Tanto a ATCase quanto a hemoglobina são proteínas alostéricas; os comportamentos de ambas exibem efeitos cooperativos causados por mudanças sutis na estrutura quaternária (lembre-se de que a *estrutura quaternária* é o arranjo no espaço que resulta da interação de subunidades por meio de forças não covalentes, e que a *cooperatividade positiva* se refere ao fato de que a ligação de baixos níveis de substrato facilita a ação da proteína em altas concentrações de substrato, seja a ação catalítica, seja outro tipo de ligação). Além de exibir cinética corporativa, as enzimas alostéricas têm uma resposta diferente à presença de inibidores daquela das enzimas não alostéricas.

Como as enzimas alostéricas são controladas?

A ATCase catalisa a primeira etapa em uma série de reações na qual o produto final é o trifosfato de citidina (CTP, do inglês *cytidine triphosphate*), um nucleotí-

RESUMO DO CAPÍTULO

[Continua]

deo trifosfato necessário para formar o RNA e o DNA (Capítulo 9). As vias que produzem nucleotídeos são energeticamente custosas e envolvem diversas etapas. A reação catalisada pela aspartato transcarbamoilase é um bom exemplo de como tal via é controlada para evitar o excesso de produção desses compostos. Para a síntese de DNA e RNA, os níveis de diversos nucleotídeos trifosfato são controlados. O CTP é um inibidor da ATCase, enzima que catalisa a primeira reação nessa via. Esse comportamento é um exemplo de **retroinibição** (também chamada de inibição do produto final), na qual o produto final da sequência de reações inibe a primeira reação da série (Figura 7.1). Retroinibição é um mecanismo eficiente de controle porque toda a série de reações pode ser inativada quando houver um excesso de produto final, evitando, assim, o acúmulo de intermediários na via; é, ainda, uma característica geral do metabolismo e não está restrita às enzimas alostéricas. No entanto, a cinética observada da reação de ATCase, incluindo o modo de inibição, é típica de enzimas alostéricas.

retroinibição processo pelo qual o produto final de uma série de reações inibe a primeira reação da série

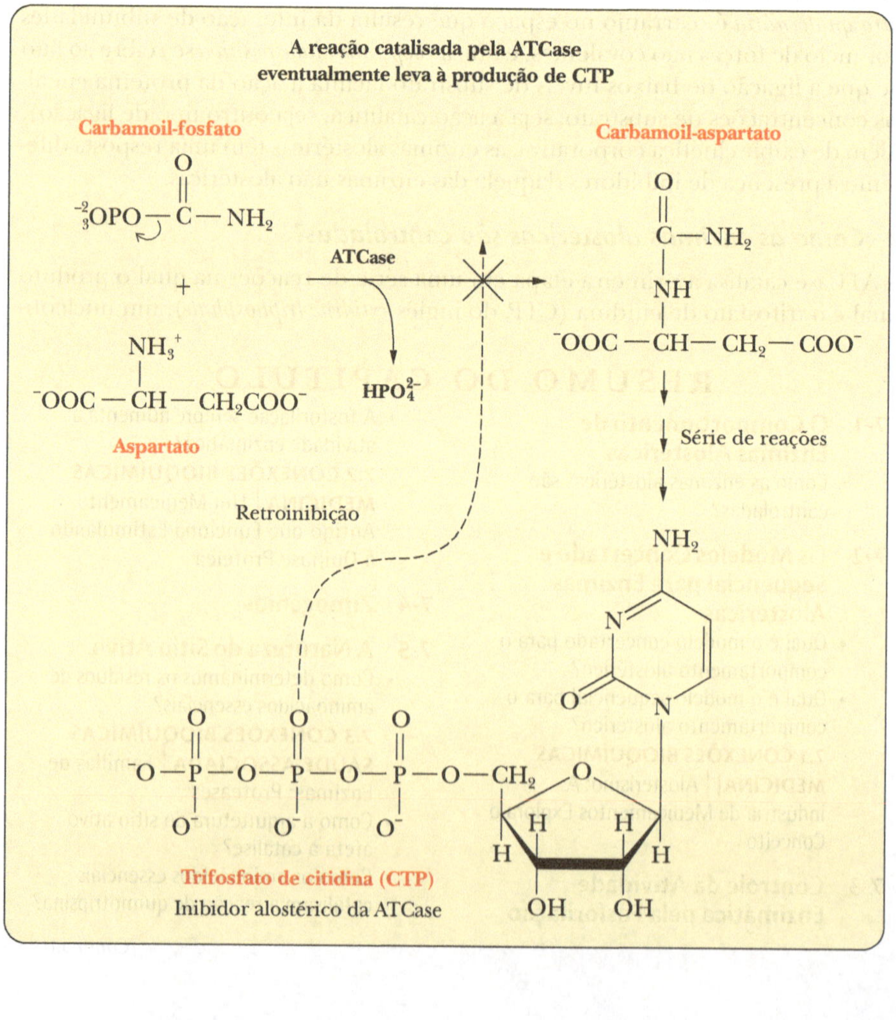
A reação catalisada pela ATCase eventualmente leva à produção de CTP
Carbamoil-fosfato
Carbamoil-aspartato
ATCase
HPO_4^{2-}
Aspartato
Série de reações
Retroinibição
Trifosfato de citidina (CTP)
Inibidor alostérico da ATCase

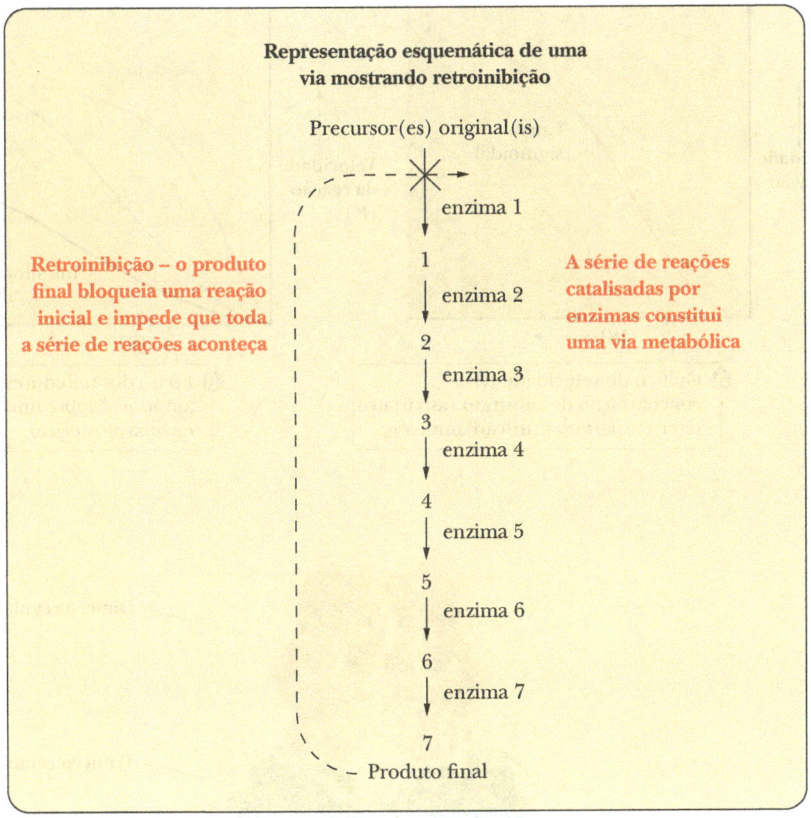
Representação esquemática de uma via mostrando retroinibição
Precursor(es) original(is)
enzima 1
1
enzima 2
2
enzima 3
3
enzima 4
4
enzima 5
5
enzima 6
6
enzima 7
7
Produto final
Retroinibição – o produto final bloqueia uma reação inicial e impede que toda a série de reações aconteça
A série de reações catalisadas por enzimas constitui uma via metabólica

FIGURA 7.1 Representação esquemática de uma via mostrando uma retroinibição.

Quando a ATCase catalisa a condensação do aspartato e do fosfato de carbamoila para formar aspartato de carbamoil, a representação gráfica da velocidade como uma função da concentração crescente de substrato (aspartato) é uma curva sigmoidal, e não uma hipérbole, como a obtida com enzimas não alostéricas (Figura 7.2a). A curva sigmoidal indica o comportamento cooperativo das enzimas alostéricas. Nessa reação de dois substratos, o aspartato é o substrato para o qual a concentração é variada, enquanto a concentração de fosfato de carbamoila é mantida constante em altos níveis.

A Figura 7.2b compara a velocidade de uma reação não inibida de ATCase com a velocidade de reação na presença de CTP. No último caso, a curva sigmoidal ainda descreve o comportamento da velocidade da enzima, mas a curva se desloca para níveis mais altos de substrato. Uma concentração mais alta de aspartato é necessária para que a enzima atinja a mesma velocidade de reação. Em altas concentrações de substrato, a mesma velocidade máxima, $V_{máx}$, é observada na presença ou na ausência de **inibidor** (abordado na Seção 6.7). Como no esquema de Michaelis-Menten a $V_{máx}$ muda quando uma reação ocorre na presença de um inibidor não competitivo, uma inibição não competitiva não pode ser o caso descrito aqui. O mesmo modelo de Michaelis-Menten associa esse tipo de comportamento à inibição competitiva, mas essa parte do modelo ainda não fornece uma representação razoável do caso. Os inibidores competitivos ligam-se ao mesmo sítio do substrato porque são muito semelhantes em estrutura. A molécula de CTP é muito *diferente* estruturalmente do substrato, o aspartato, e é ligada a um sítio diferente na molécula de ATCase. A ATCase é composta de dois tipos diferentes de subunidades. Uma delas é a subunidade catalítica, que consiste em seis subunidades de proteínas organizadas em dois trímeros. A outra é a subunidade reguladora, que também consiste em seis subunidades de proteínas organizadas em três dímeros (Figura 7.3). As subunidades catalíticas podem ser separadas das reguladoras pelo tratamento com *p*-hidroximercuribenzoato, que reage com as cisteínas na proteína. Quando

inibidor substância que diminui a velocidade de uma reação catalisada por enzima

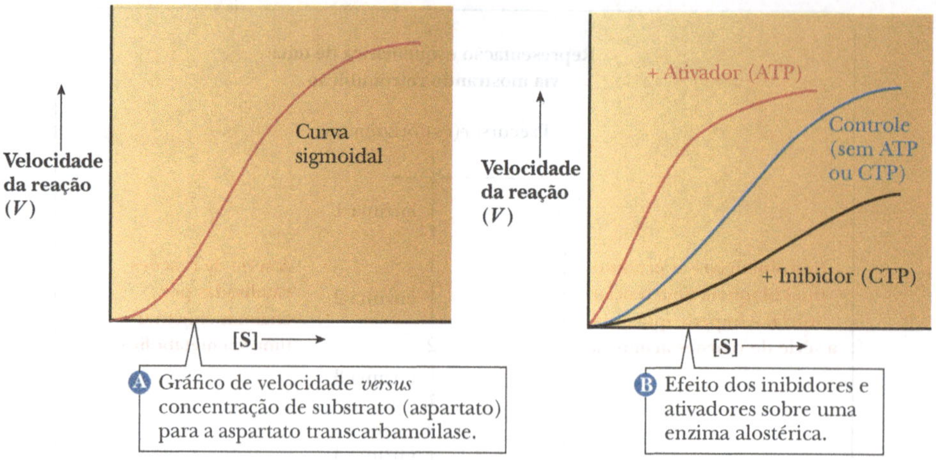
Velocidade da reação (V)
Curva sigmoidal
[S]
A Gráfico de velocidade versus concentração de substrato (aspartato) para a aspartato transcarbamoilase.
Velocidade da reação (V)
+ Ativador (ATP)
Controle (sem ATP ou CTP)
+ Inibidor (CTP)
[S]
B Efeito dos inibidores e ativadores sobre uma enzima alostérica.

FIGURA 7.2 Cinética enzimática de uma enzima alostérica.

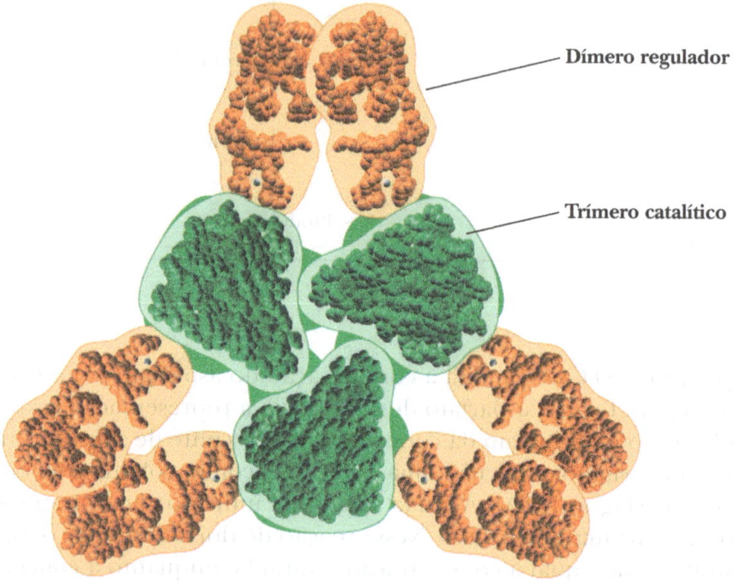
Dímero regulador
Trímero catalítico

FIGURA 7.3 Organização da aspartato transcarbamoilase mostrando os dois trímeros catalíticos e os três dímeros reguladores.

tratada dessa forma, a ATCase ainda catalisa a reação, mas perde seu controle alostérico pelo CTP e a curva passa a ser hiperbólica.

A situação torna-se "cada vez mais curiosa" quando a reação de ATCase ocorre não na presença de CTP, um nucleosídeo de pirimidina trifosfato, mas na de trifosfato de adenosina (ATP), um nucleosídeo de purina trifosfato. As semelhanças estruturais entre CTP e ATP são aparentes, mas o ATP não é um produto da via que inclui a reação de ATCase e produz CTP. Tanto o ATP quanto o CTP são necessários para a síntese de DNA e RNA. As proporções relativas entre ATP e CTP são especificadas pela necessidade do organismo. Se não houver CTP suficiente com relação à quantidade de ATP, a enzima requererá um sinal para produzir mais CTP. Na presença de ATP, a velocidade da reação enzimática é aumentada em baixos níveis de aspartato, e a forma da curva da velocidade se torna menos sigmoidal e mais hiperbólica (Figura 7.2b). Em outras palavras, há menos cooperatividade na reação. O sítio de ligação para ATP na molécula de enzima é o mesmo do sítio para o CTP (o que não é surpreendente, em razão da sua semelhança estrutural), mas o ATP age mais como um ativador, em vez de um inibidor, como o CTP. Quando há baixa de CTP no organismo, a reação da ATCase não é inibida e a ligação do ATP aumenta ainda mais a atividade enzimática.

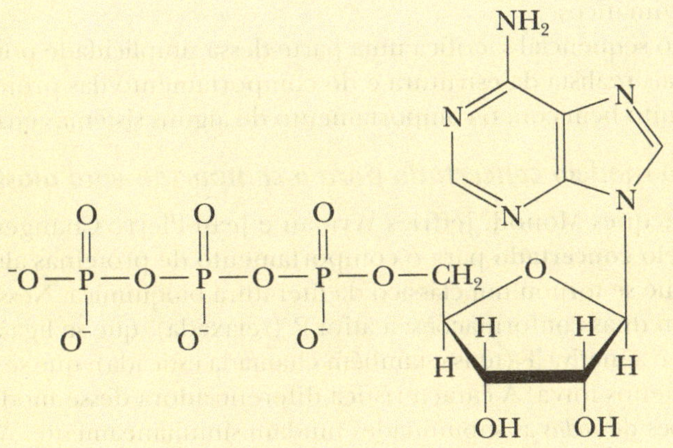
NH2
N
N
N
N
O
O
O
-O—P—O—P—O—P—O—CH2
O-
O-
O-
O
H
H
H
H
OH
OH

Trifosfato de adenosina (ATP), um nucleotídeo de purina; ativador da ATCase

Embora seja tentador considerar a inibição de enzimas alostéricas da mesma forma que a das enzimas não alostéricas, boa parte da terminologia não é adequada. "Inibição competitiva" e "inibição não competitiva" são termos reservados para as enzimas que se comportam de acordo com a cinética de Michaelis-Menten. Com as enzimas alostéricas, a situação é mais complexa. Em geral, há dois tipos de sistemas de enzima, chamados **sistemas K** e **sistemas V**. Um sistema K é uma enzima no qual a concentração de substrato que produz metade da $V_{máx}$ é alterada pela presença de inibidores ou de ativadores. A ATCase é um exemplo de um sistema K. Como não estamos lidando com um tipo de enzima de Michaelis-Menten, o termo K_M não se aplica. Para uma enzima alostérica, o nível de substrato na metade de $V_{máx}$ é chamado de $\boldsymbol{K_{0,5}}$. Em um sistema V, o efeito de inibidores e ativadores muda a $V_{máx}$, mas não o $K_{0,5}$.

sistemas K combinações de enzimas alostéricas e inibidores ou ativadores, nas quais a presença do inibidor/ativador muda a concentração do substrato que produz metade de $V_{máx}$

sistemas V combinações de enzimas alostéricas e inibidores ou ativadores nas quais a presença do inibidor/ativador muda a velocidade máxima da enzima, mas não o nível de substrato que produz metade de $V_{máx}$

$\boldsymbol{K_{0,5}}$ o nível de substrato na metade da $V_{máx}$ em um sistema K

efetor alostérico uma substância – substrato, inibidor ou ativador – que se liga a uma enzima alostérica e afeta sua atividade

efeitos homotrópicos efeitos alostéricos que ocorrem quando diversas moléculas idênticas são ligadas a uma proteína

efeitos heterotrópicos efeitos alostéricos que ocorrem quando substâncias diferentes são ligadas a uma proteína

A chave para o comportamento alostérico, incluindo cooperatividade e modificações de cooperatividade, é a existência de múltiplas formas para a estrutura quaternária de proteínas alostéricas. A palavra *alostérico* vem de *allo*, "outro", e *steric*, "formato", referindo-se ao fato de que as possíveis conformações afetam o comportamento da proteína. A ligação de substratos, inibidores e ativadores muda a estrutura quaternária de proteínas alostéricas, e essas mudanças na estrutura são refletidas em seu comportamento. Uma substância que modifica a estrutura quaternária e, desse modo, o comportamento de uma proteína alostérica ao se ligar a ela é chamada **efetor alostérico**. O termo *efetor* pode ser aplicado a substratos, inibidores ou ativadores. Muitos modelos foram propostos para o comportamento de enzimas alostéricas, e vale a pena compará-los.

Vamos primeiro definir dois termos. Os **efeitos homotrópicos** são interações alostéricas que ocorrem quando diversas moléculas idênticas são ligadas a uma proteína. A ligação de moléculas de substrato a sítios diferentes em uma enzima, como a do aspartato à ATCase, é um exemplo de efeito homotrópico. Os **efeitos heterotrópicos** são interações alostéricas que ocorrem quando substâncias diferentes (como inibidor e substrato) se ligam à proteína. Na reação de ATCase, a inibição pelo CTP e a ativação pelo ATP são efeitos heterotrópicos.

7-2 Os Modelos Concertado e Sequencial para Enzimas Alostéricas

Os dois principais modelos para o comportamento de enzimas alostéricas são o concertado e o sequencial. Eles foram propostos em 1965 e 1966, respectivamente, e ambos são utilizados atualmente como base para interpretação de resultados experimentais. O modelo concertado tem a vantagem de ser comparativamente simples, e descreve muito bem o comportamento de alguns sistemas enzimáticos.

O modelo sequencial sacrifica uma parte dessa simplicidade por uma representação mais realista da estrutura e do comportamento das proteínas; e também lida muito bem com o comportamento de alguns sistemas enzimáticos.

Qual é o modelo concertado para o comportamento alostérico?

modelo concertado uma descrição da atividade alostérica na qual as conformações de todas as subunidades mudam simultaneamente

Em 1965, Jacques Monod, Jeffries Wyman e Jean-Pierre Changeux propuseram o **modelo concertado** para o comportamento de proteínas alostéricas em um artigo que se tornou um clássico da literatura bioquímica. Nesse modelo, a proteína tem duas conformações: a ativa R (relaxada), que se liga ao substrato fortemente, e a inativa T (tensa, também chamada esticada), que se liga ao substrato com menos força. A característica diferenciadora desse modelo é que as conformações de *todas* as subunidades mudam simultaneamente. A Figura 7.4a mostra uma proteína hipotética com duas subunidades. Ambas mudam de conformação a partir da conformação inativa T para a conformação R ao mesmo tempo; isto é, há uma mudança concertada de conformação. A proporção de equilíbrio entre as formas T/R é chamada L, e presume-se que seja alta – isto é, há mais enzimas presentes da forma T não ligada que da forma R não ligada. A ligação do substrato a uma dessas formas pode ser descrita pela constante de dissociação da enzima e do substrato, *K*, com afinidade maior pelo substrato na forma R que na forma T. Assim, $K_R \ll K_T$. A razão entre K_R/K_T é chamada *c*. A Figura 7.4b mostra um caso limite no qual K_T é infinitamente maior que K_R ($c = 0$). Em outras palavras, o substrato não se ligará à forma T de forma alguma. O efeito alostérico é explicado por este modelo com base na perturbação do equilíbrio entre as formas T e R. Embora inicialmente a quantidade de enzima na forma R seja pequena, quando o substrato se liga à forma R, ele remove a forma R livre. Isso causa a produção de mais forma R para restabelecer o equilíbrio, o que possibilita a ligação de mais substrato. Esse deslocamento de equilíbrio é responsável pelos efeitos alostéricos observados. O modelo de Monod-Wyman-Changeux foi mostrado matematicamente para explicar os efeitos sigmoidais

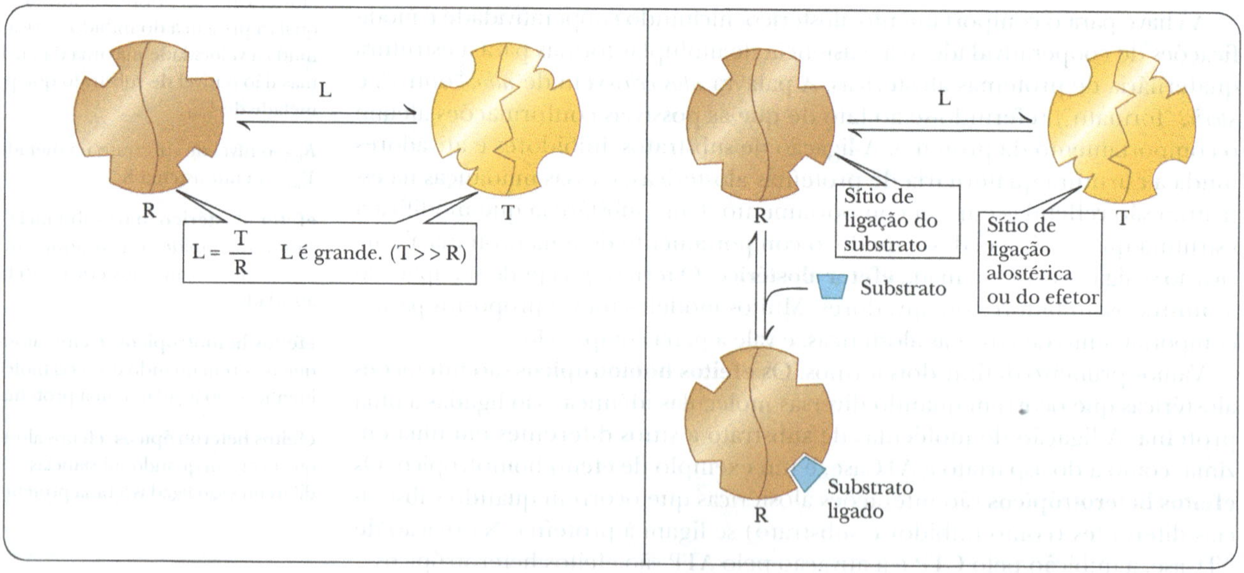
L
R
T
L = T/R L é grande. (T > > R)
L
R
T
Sítio de ligação do substrato
Sítio de ligação alostérica ou do efetor
Substrato
R
Substrato ligado

A Uma proteína dimérica pode existir nos dois estados conformacionais em equilíbrio, a forma T (tensa) ou a forma R (relaxada). L é a proporção entre as formas T e a forma R. Na maioria dos sistemas alostéricos, L é grande, então há mais enzima presente na forma T que na R.

B Pelo princípio de Le Chatelier, a ligação do substrato desloca o equilíbrio a favor do estado relaxado (R) ao remover o R não ligado. A constante de dissociação para o complexo enzima-substrato é K_R para a forma relaxada, e K_T para a forma tensa. $K_R < K_T$, portanto, o substrato, se liga melhor à forma relaxada. A razão de K_R/K_T é chamada c. Essa figura mostra um caso limitante no qual a forma tensa não se liga ao substrato de modo algum. Neste caso, K_T é infinita e c = 0.

FIGURA 7.4 O modelo de Monod-Wyman-Changeux (MWC) para transições alostéricas, também chamado modelo concertado.

vistos com as enzimas alostéricas. O formato da curva se baseará nos valores L e *c*. À medida que L aumenta (forma T livre altamente favorecida), o formato se torna mais sigmoidal (Figura 7.5). À medida que o valor para *c* diminui (maior afinidade entre o substrato e a forma R), a curva também se torna mais sigmoidal.

No modelo concertado, os efeitos de inibidores e ativadores também podem ser considerados em termos de deslocamento de equilíbrio entre as formas T e R da enzima. A ligação de inibidores a enzimas alostéricas é cooperativa; os inibidores alostéricos se ligam à forma T da enzima e a estabilizam. A ligação de ativadores a enzimas alostéricas também é cooperativa; os ativadores alostéricos se ligam à forma R da enzima e a estabilizam. Quando um ativador, A, está presente, a ligação cooperativa de A desloca o equilíbrio entre as formas T e R, com a forma R sendo favorecida (Figura 7.6). Como resultado, há menos necessidade de substrato, S, para deslocar o equilíbrio a favor da forma R e há menor necessidade de cooperatividade para a ligação de S.

Quando um inibidor, I, está presente, a ligação cooperativa de I também desloca o equilíbrio entre as formas T e R, mas, desta vez, a forma T é favorecida (Figura 7.6). Mais substrato é necessário para mudar o equilíbrio de T em relação a R em favor da forma R. Um maior grau de cooperatividade é necessário na ligação de S.

Qual é o modelo sequencial para o comportamento alostérico?

O nome de Daniel Koshland está associado com a proposição do **modelo sequencial** para o comportamento alostérico. A característica diferenciadora desse modelo é que a ligação do substrato induz à mudança conformacional da forma T para a forma R – o tipo de comportamento postulado pela teoria de encaixe induzido para a ligação de substrato. Uma mudança conformacional de T para R em uma subunidade facilita a mesma mudança conformacional em outra subunidade, e, dessa forma, a ligação cooperativa é expressa nesse modelo (Figura 7.7a).

modelo sequencial uma descrição da ação de proteínas alostéricas na qual uma mudança conformacional em uma subunidade é transmitida sequencialmente para as outras subunidades

No modelo sequencial, a ligação de ativadores ou de inibidores também ocorre pelo mecanismo de encaixe induzido. A mudança conformacional que começa com a ligação do inibidor ou do ativador a uma subunidade afeta as conformações de outras subunidades. O resultado líquido é o favorecimento do estado R quando um ativador está presente e o favorecimento da forma T quando o inibidor, I, está presente (Figura 7.7b). A ligação de I a uma subunidade provoca uma mudança conformacional de tal forma que fica ainda menos provável que a forma T se ligue ao substrato como antes. Essa mudança conformacional é transmitida a outras su-

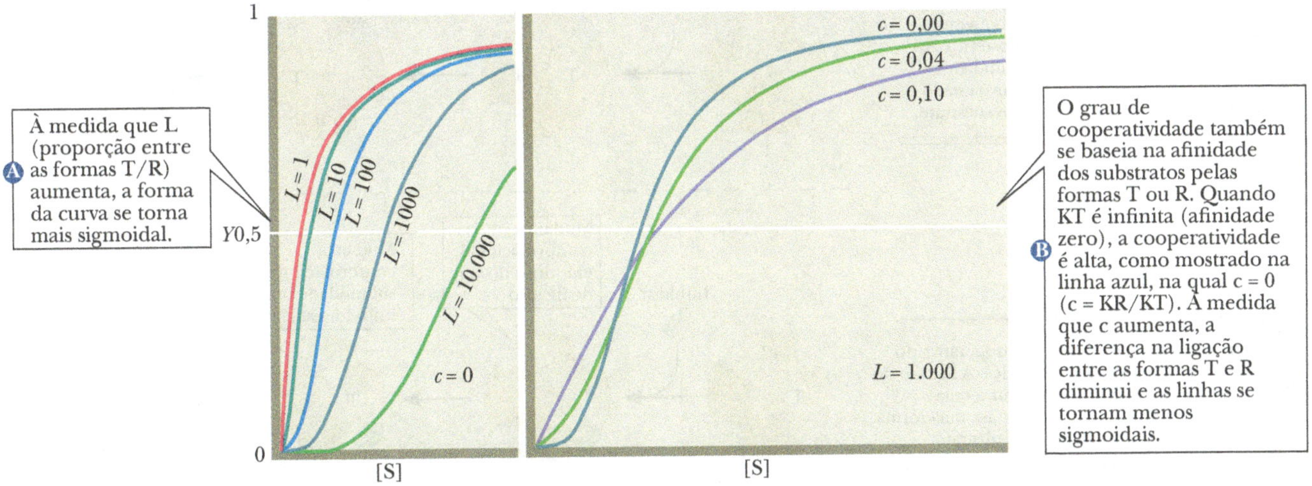
1
Y0,5
0
[S]
[S]
L = 1
L = 10
L = 100
L = 1000
L = 10.000
c = 0
c = 0,00
c = 0,04
c = 0,10
L = 1.000
A
À medida que L (proporção entre as formas T/R) aumenta, a forma da curva se torna mais sigmoidal.
B
O grau de cooperatividade também se baseia na afinidade dos substratos pelas formas T ou R. Quando KT é infinita (afinidade zero), a cooperatividade é alta, como mostrado na linha azul, na qual c = 0 (c = KR/KT). À medida que c aumenta, a diferença na ligação entre as formas T e R diminui e as linhas se tornam menos sigmoidais.

FIGURA 7.5 **O modelo de Monod-Wyman-Changeux (ou concertado).** (Adaptado de Monod, J.; Wyman, J.; Changeux, J.-P. *Journal of Molecular Biology*, n. 12, v. 92, 1965. On the nature of allosteric transitions: a plausible model. Com permissão de Elsevier.)

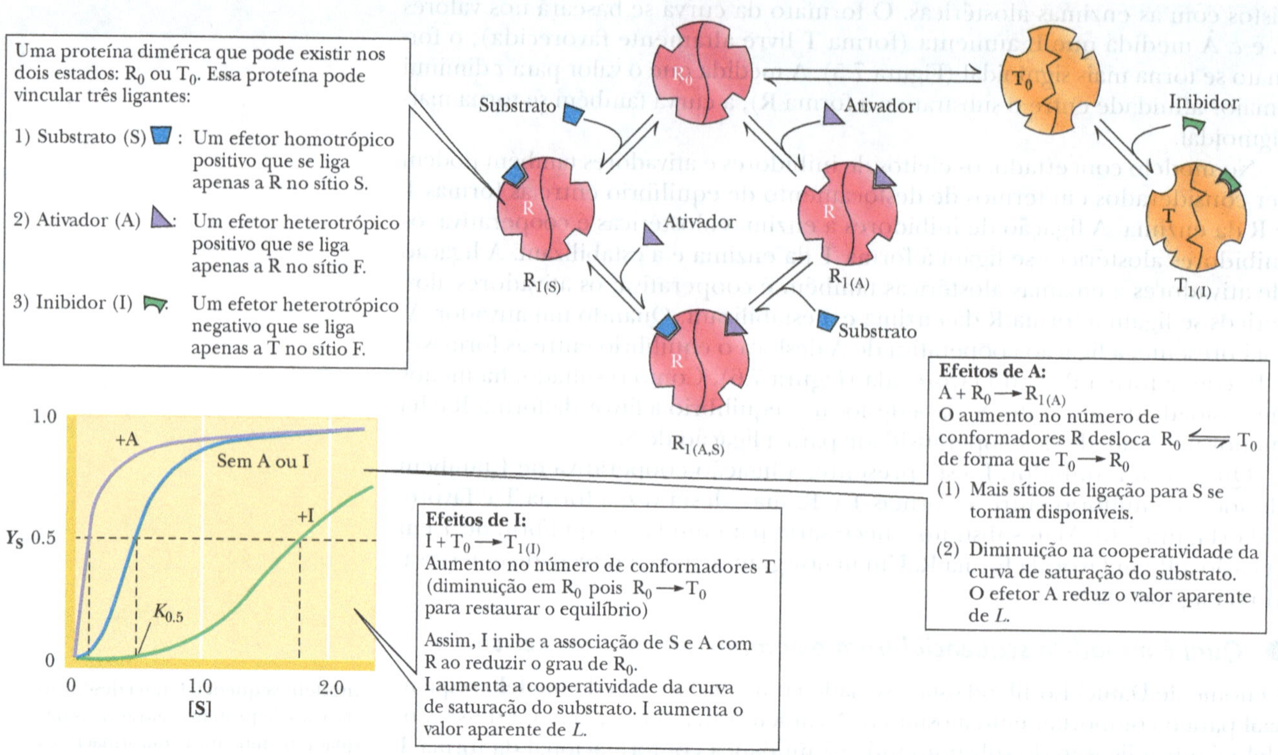

Uma proteína dimérica que pode existir nos dois estados: R_0 ou T_0. Essa proteína pode vincular três ligantes:
1) Substrato (S) : Um efetor homotrópico positivo que se liga apenas a R no sítio S.
2) Ativador (A) : Um efetor heterotrópico positivo que se liga apenas a R no sítio F.
3) Inibidor (I) : Um efetor heterotrópico negativo que se liga apenas a T no sítio F.
Substrato
R_0
Ativador
T_0
Inibidor
R
Ativador
R
T
$R_{1(S)}$
$R_{1(A)}$
$T_{1(I)}$
Substrato
R
$R_{1(A,S)}$
Efeitos de A:
$A + R_0 \rightarrow R_{1(A)}$
O aumento no número de conformadores R desloca $R_0 \rightleftharpoons T_0$ de forma que $T_0 \rightarrow R_0$
(1) Mais sítios de ligação para S se tornam disponíveis.
(2) Diminuição na cooperatividade da curva de saturação do substrato. O efetor A reduz o valor aparente de *L*.
1.0
+A
Sem A ou I
Y_S 0.5
+I
$K_{0.5}$
0
0
1.0
2.0
[S]
Efeitos de I:
$I + T_0 \rightarrow T_{1(I)}$
Aumento no número de conformadores T (diminuição em R_0 pois $R_0 \rightarrow T_0$ para restaurar o equilíbrio)
Assim, I inibe a associação de S e A com R ao reduzir o grau de R_0.
I aumenta a cooperatividade da curva de saturação do substrato. I aumenta o valor aparente de *L*.

FIGURA 7.6 **Efeitos dos ativadores e inibidores de ligação com o modelo concertado.** Ativador é uma molécula que estabiliza a forma R. O inibidor estabiliza a forma T.

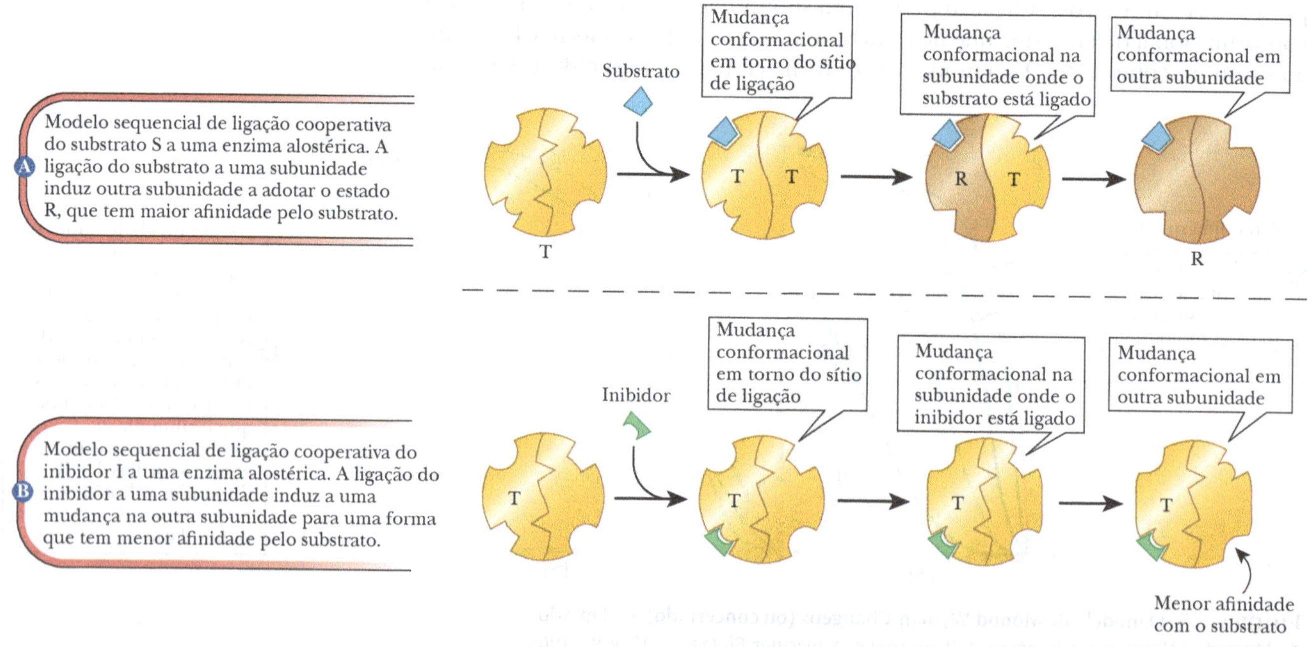

A
Modelo sequencial de ligação cooperativa do substrato S a uma enzima alostérica. A ligação do substrato a uma subunidade induz outra subunidade a adotar o estado R, que tem maior afinidade pelo substrato.
Substrato
Mudança conformacional em torno do sítio de ligação
Mudança conformacional na subunidade onde o substrato está ligado
Mudança conformacional em outra subunidade
T
T T
R T
R
B
Modelo sequencial de ligação cooperativa do inibidor I a uma enzima alostérica. A ligação do inibidor a uma subunidade induz a uma mudança na outra subunidade para uma forma que tem menor afinidade pelo substrato.
Inibidor
Mudança conformacional em torno do sítio de ligação
Mudança conformacional na subunidade onde o inibidor está ligado
Mudança conformacional em outra subunidade
T
T
T
T
Menor afinidade com o substrato

FIGURA 7.7 **Modelo sequencial de ligação cooperativa.**

bunidades, também fazendo que tenham maior afinidade pelo inibidor do que pelo substrato. Este é um exemplo de comportamento cooperativo que leva a uma maior inibição da enzima. Da mesma forma, ligar um ativador causa uma mudança conformacional que favorece a ligação do substrato, e este efeito é passado de uma subunidade a outra.

O modelo sequencial para ligar efetores de todos os tipos – incluindo substratos – a enzimas alostéricas tem uma característica peculiar, não vista no modelo concertado. As mudanças conformacionais assim induzidas podem reduzir a probabilidade de a enzima se ligar a mais moléculas do mesmo tipo. Esse fenômeno, chamado **cooperatividade negativa**, foi observado em algumas enzimas. Uma delas é a tirosil tRNA sintase, que tem um papel na síntese proteica. Na reação catalisada por essa enzima, o aminoácido tirosina forma uma ligação covalente com uma molécula de RNA transportador (tRNA). Nas etapas subsequentes, a tirosina é passada adiante na sequência da proteína em crescimento. A tirosil tRNA sintase consiste em duas subunidades. A ligação da primeira molécula de substrato a uma das subunidades inibe a ligação de uma segunda molécula à outra subunidade.

cooperatividade negativa efeito cooperativo em que a ligação do primeiro ligante a uma enzima ou uma proteína faz que a afinidade pelo próximo ligante seja menor

O modelo sequencial explica com sucesso a cooperatividade negativa observada no comportamento da tirosil tRNA sintase. O modelo concertado não oferece subsídio para a cooperatividade negativa. O quadro CONEXÕES **BIOQUÍMICAS 7.1** descreve como a indústria farmacêutica tira vantagem do alosterismo.

sítios alostéricos sítios de ligação em uma molécula alvo para efetores alostéricos

7.1 Conexões **Bioquímicas** | medicina

Alosterismo: A Indústria de Medicamentos Explora o Conceito

Enquanto os pesquisadores buscam curas médicas definitivas para muitas doenças, como a Aids, as companhias famacêuticas estão tendo tempos cada vez mais difíceis para encontrar novos tratamentos usando as técnicas clássicas de modelagem de medicamentos. Tradicionalmente, os cientistas buscam novos medicamentos que imitem o comportamento de moléculas sinalizadoras, como os hormônios e neurotransmissores. A ideia era que esses "falsos" hormônios se ligariam a receptores celulares no lugar de seus correlativos naturais e ativariam ou inibiriam o receptor correspondente. Entretanto, um dos problemas com esta técnica é que bilhões de anos de evolução levaram a um sistema eficiente no qual muitos tipos de receptores diferentes ligam-se à mesma molécula sinalizadora. Consequentemente, ocorrem efeitos colaterais, porque o efeito esperado de um medicamento em um tipo de receptor provavelmente afetará vários outros inadvertidamente.

Mais recentemente, as companhias farmacêuticas têm tentado ir além da tentativa de imitar a molécula sinalizadora exata, e estão, inclusive, indo além de fabricar medicamentos que se ligam ao sítio ativo do receptor. Ao invés disso, elas estão modelando medicamentos que se ligam a outros sítios no receptor, os **sítios alostéricos**.

Os medicamentos alostéricos têm várias vantagens sobre os seus mais tradicionais correlatos "ortostéricos (mesmo sítio)". Inicialmente, a ligação de uma molécula ao sítio ativo real do receptor dará origem a uma resposta liga/desliga ou sim/não. Como temos visto neste capítulo, os efetores alostéricos modulam a resposta de uma maneira mais sutil, como um interruptor regulador em contraste a um interruptor liga/desliga.

Em segundo lugar, o uso de medicamentos alostéricos permite que sejam mais específicos para um ou mais tipos de receptores. Se existem 50 receptores diferentes que se ligam ao glutamato neutransmissor, por exemplo, a evolução terá produzido o sítio de ligação mais similar para todos esses receptores, ou, caso contrário, não poderiam se ligar ao glutamato. Entretanto, não haveria pressão evolucionária para fazer que o restante dos receptores fosse similar. Isso permite que os cientistas encontrem sítios alostéricos de ligação que são mais específicos.

Quando uma das próprias moléculas do organismo, como um neurotransmissor, se liga ao chamado sítio ativo do seu receptor em uma célula (*direita*) – algo como uma chave se encaixando em uma fechadura –, o receptor aciona uma cascata intracelular sinalizadora que finalmente faz que a célula mude sua atividade. Muitos medicamentos inibem ou melhoram tal sinal.

ATIVIDADE CELULAR NORMAL

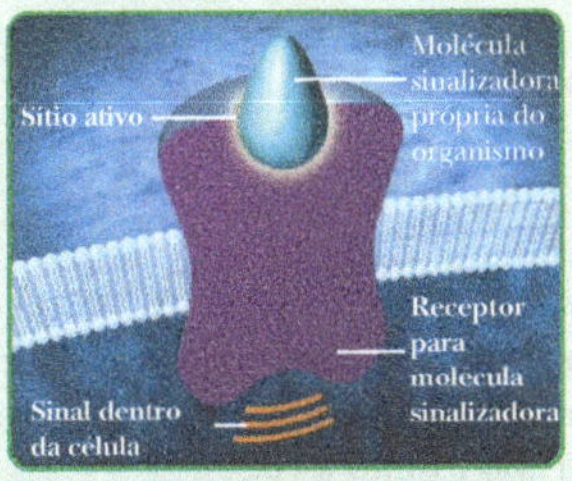

Molécula sinalizadora própria do organismo
Sítio ativo
Receptor para molécula sinalizadora
Sinal dentro da célula

COMO OS MEDICAMENTOS CLÁSSICOS AGEM

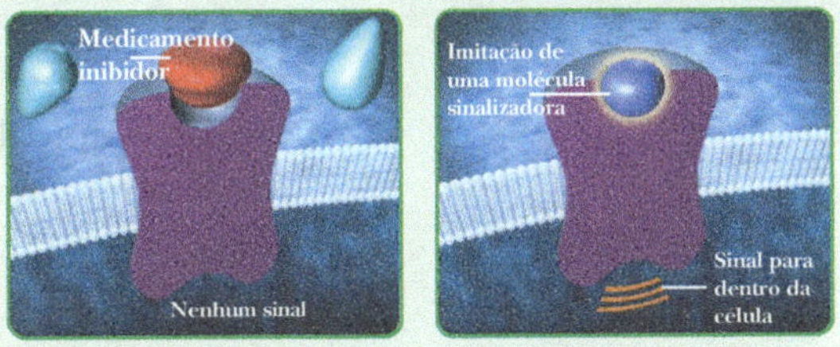

Medicamento inibidor
Nenhum sinal
Imitação de uma molécula sinalizadora
Sinal para dentro da célula

Medicamentos típicos ligam-se ao sítio ativo da substância nativa e bloqueiam o sinal da molécula endógena (*esquerda*) ou imitam seus efeitos (*direita*).

COMO OS MEDICAMENTOS ALOSTÉRICOS AGEM

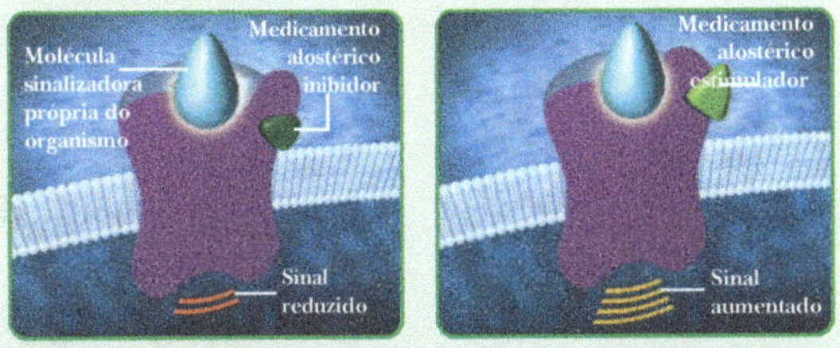

Molécula sinalizadora própria do organismo
Medicamento alostérico inibidor
Sinal reduzido
Medicamento alostérico estimulador
Sinal aumentado

Os medicamentos alostéricos não vão para os sítios ativos. Em vez disto, ligam-se a outras áreas, modificando a forma do receptor de uma maneira que diminui (*esquerda*) ou aumenta (*direita*) a resposta do receptor para a substância nativa. Os agentes alostéricos devem, a princípio, fazer que o sítio ativo pegue um neurotransmissor menos ou mais eficaz que o normal.

Kenneth Eward

Continua

Em terceiro lugar, os medicamentos alostéricos podem ser mais seguros porque não têm efeito, a não ser que o ligante natural esteja presente. Como exemplo, podemos comparar os efeitos de dois sedativos do sistema nervoso central – Fenobarbital e Valium. O fenobarbital liga-se ao sítio ativo de um receptor neuratransmissor e é mortal se tomado em grande quantidade. O valium, agora, é conhecido como um medicamento alostérico que se liga a um sítio diferente nos receptores para o ácido γ-aminobutírico (GABA), o principal neutrotransmissor inibidor do organismo. O valium liga a resposta do receptor para o GABA subir bastante, mas tomá-lo em excesso não é tão mortal quanto o fenobarbital, uma vez que não provoca efeito direto.

Nos últimos anos, dois novos medicamentos alostéricos chegaram ao mercado. Um é o Cincalet de Amgen, medicamento projetado para combater deficiência renal crônica melhorando a ação dos receptores de cálcio. Outro é uma medicação para HIV produzido pela Pfizer, chamada Maraviroc, que interfere na entrada do HIV nas células.

Além disso, vários medicamentos estão em teste ou começarão a ser testados, incluindo medicamentos contra o mal de Alzheimer, refluxo gastroesofágico, esquizofrenia e mal de Parkinson. ◗

7-3 Controle da Atividade Enzimática pela Fosforilação

Um dos mecanismos de controle para as enzimas é pela fosforilação. Os grupos hidroxila da cadeia lateral da serina, da treonina e da tirosina podem formar ésteres fosfatos. A presença de fosfato pode converter um precursor inativo em uma enzima ativa, ou vice-versa. O transporte através de membranas fornece um importante exemplo, como a bomba de íons sódio-potássio, que desloca o potássio para dentro da célula e o sódio para fora (Seção 8-6). A fonte do grupo fosfato para o componente proteico da bomba de íon sódio-potássio e para diversas fosforilações enzimáticas é o ATP ubíquo. Quando o ATP é hidrolisado em difosfato de adenosina (ADP), energia suficiente é liberada para permitir a ocorrência de diversas reações que seriam energeticamente desfavoráveis de outra forma. No caso da bomba de Na^+/K^+, o ATP doa um fosfato ao aspartato 369 como parte do mecanismo, causando uma mudança de conformação na enzima (Figura 7.8). As proteínas que catalisam essas reações de fosforilação são chamadas **proteinoquinases**. A *quinase* refere-se a uma enzima que catalisa a transferência de um grupo fosfato, quase sempre a partir do ATP, para algum substrato. Essas enzimas têm um papel importante no metabolismo.

proteinoquinase classe de enzimas que modifica uma proteína ao acoplar um grupo fosfato a ela

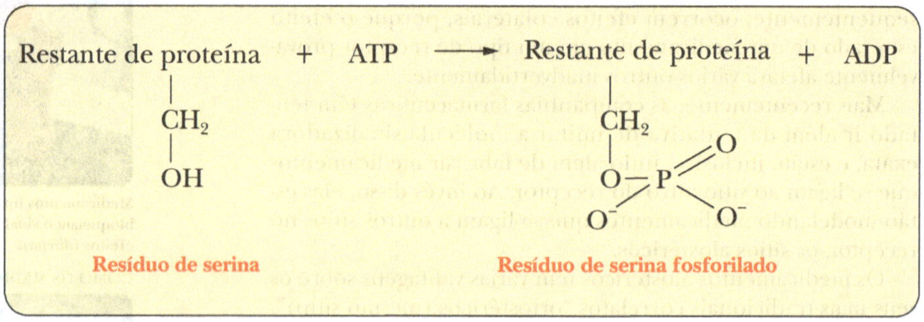
Restante de proteína + ATP → Restante de proteína + ADP
CH2
OH
CH2
O
O–P
O⁻
O⁻
Resíduo de serina
Resíduo de serina fosforilado

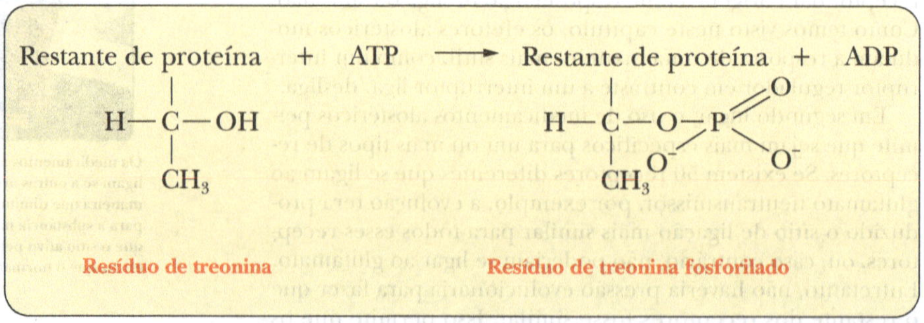
Restante de proteína + ATP → Restante de proteína + ADP
H–C–OH
CH3
H–C–O–P
O
O⁻
O⁻
CH3
Resíduo de treonina
Resíduo de treonina fosforilado

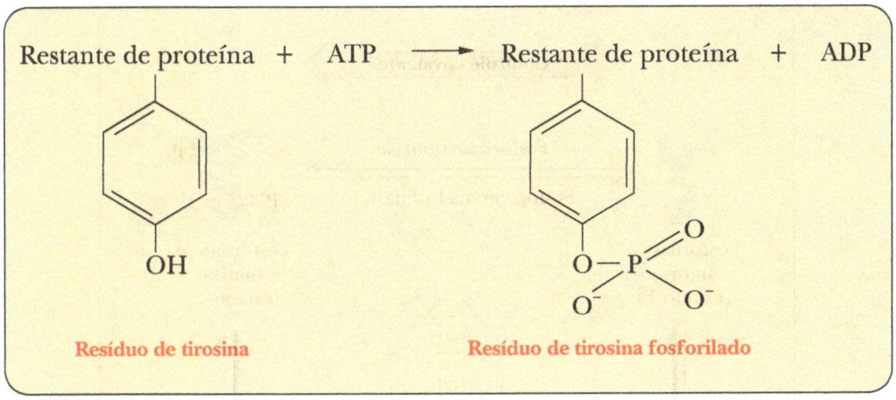
Restante de proteína + ATP → Restante de proteína + ADP
OH
O
O—P
O⁻
O⁻
Resíduo de tirosina
Resíduo de tirosina fosforilado

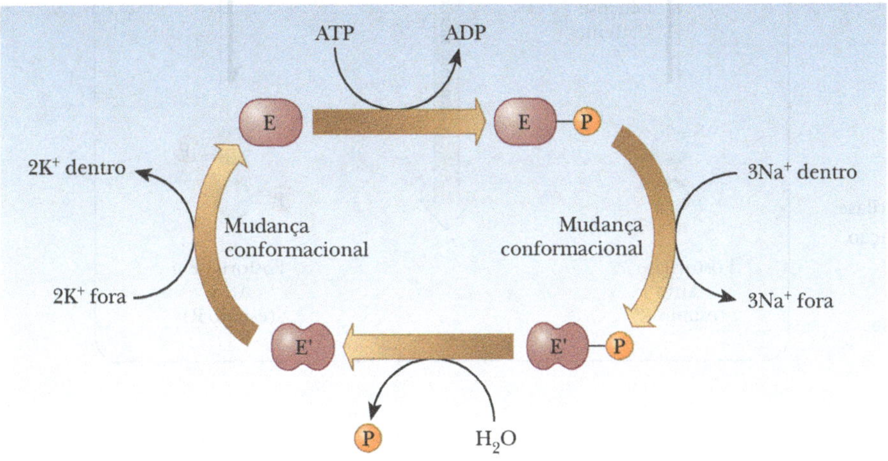
ATP
ADP
E
E
P
2K⁺ dentro
3Na⁺ dentro
Mudança conformacional
Mudança conformacional
2K⁺ fora
3Na⁺ fora
E'
E'
P
P
H₂O

FIGURA 7.8 **A fosforilação da bomba de sódio-potássio está envolvida no ciclo da membrana proteica entre a forma como se liga ao sódio e a forma como se liga ao potássio.**

Vários exemplos aparecem em processos envolvidos na geração de energia, como é o caso do metabolismo de carboidratos. A glicogênio fosforilase, que catalisa a etapa inicial da clivagem do glicogênio armazenado (Seção 18-1), existe em duas formas – a glicogênio fosforilase fosforilada *a* e a glicogênio fosforilase desfosforilada *b* (Figura 7.9). A forma *a* é mais ativa que a *b*, e as duas formas da enzima respondem a diferentes efetores alostéricos, dependendo do tipo de tecido. A glicogênio fosforilase é, assim, sujeita a dois tipos de controle – regulação alostérica e modificação covalente. O resultado líquido é que a forma *a* é mais abundante e ativa quando a fosforilase é necessária para quebrar o glicogênio a fim de fornecer energia.

A fosforilação sempre aumenta a atividade enzimática?

Embora fosse conveniente ter um modelo no qual a fosforilação sempre aumentasse a atividade de uma enzima, a bioquímica não é tão generosa conosco. Na realidade, não podemos prever se a fosforilação aumentará ou diminuirá a atividade de uma enzima. Em alguns sistemas, os efeitos de duas enzimas opostas são coordenados. Por exemplo, uma enzima chave em um caminho catabólico pode ser ativada pela fosforilação, enquanto sua contraparte em um caminho anabólico oposto é inibida pela fosforilação. O quadro CONEXÕES **BIOQUÍMICAS 7.2** descreve como os efeitos medicinais da aspirina estão relacionados com a fosforilação e as proteinoquinases.

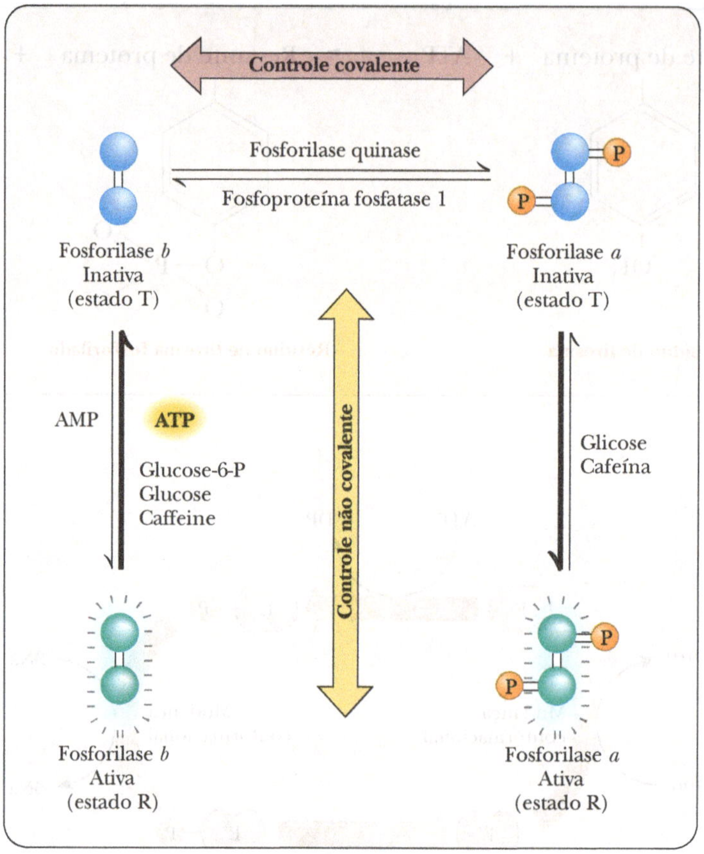
Controle covalente
Fosforilase quinase
Fosfoproteína fosfatase 1
Fosforilase *b*
Inativa
(estado T)
Fosforilase *a*
Inativa
(estado T)
AMP
ATP
Glucose-6-P
Glucose
Caffeine
Controle não covalente
Glicose
Cafeína
Fosforilase *b*
Ativa
(estado R)
Fosforilase *a*
Ativa
(estado R)
P

FIGURA 7.9 **A atividade da glicogênio fosforilase está sujeita ao controle alostérico e à modificação covalente via fosforilação.** A forma fosforilada é mais ativa. A enzima que coloca um grupo fosfato na fosforilase é chamada de fosforilase quinase.

7.2 Conexões **Bioquímicas** | medicina

Um Medicamento Antigo que Funciona Estimulando a Quinase Proteica

Existem muitas enzimas diferentes que caem na classe conhecida como proteinoquinases; aprenderemos mais sobre como elas controlam o metabolismo todo o tempo. Um artigo recente descreve o controle de uma proteinoquinase que é encontrada em muitos caminhos metabólicos, a proteinoquinase ativada por AMP ou AMPK. Descobriu-se que a enzima é estimulada pelo salicilato, a forma dissociada do ácido salicílico, um composto natural do casco do salgueiro, conhecido por suas propriedades terapêuticas desde a antiguidade. Ele é também o princípio ativo na aspirina, acetilsalicilato. Além de suas propriedades como analgésico, a aspirina há muito tem sido implicada em uma variedade de tópicos de saúde. Um dos mais recentes é seu uso para ajudar a prevenir os ataques do coração. Pacientes com risco de ataques cardíacos são frequentemente aconselhados a tomar pequenas doses diárias de aspirina.

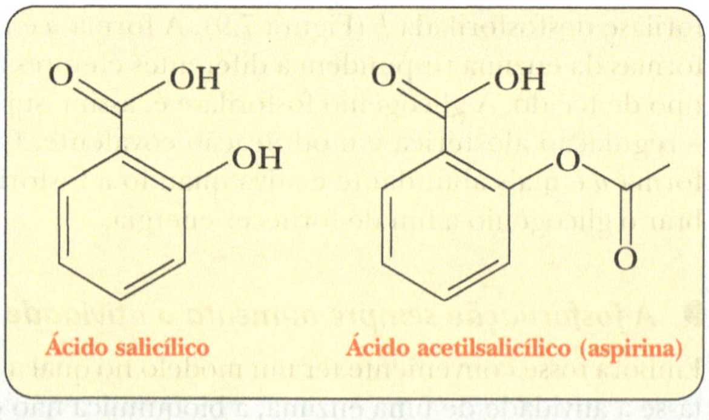
O
OH
OH
Ácido salicílico
Ácido acetilsalicílico (aspirina)

Os pesquisadores mostraram que um dos efeitos do salicilato é estimular a AMPK, que por sua vez estimula o metabolismo de gorduras e a redução de ácidos graxos circulando no plasma. É muito provável que este efeito de diminuição de ácidos graxos circulantes seja a ligação da aspirina com a redução nos ataques cardíacos. O salicilato também se mostra promissor no tratamento da diabetes tipo 2. Nos próximos capítulos, veremos muitos exemplos de proteinoquinases e seu efeito no metabolismo. ◗

7-4 Zimogênios

As interações alostéricas controlam o comportamento das proteínas por meio de mudanças reversíveis na estrutura quaternária, mas esse mecanismo, embora seja mais efetivo, não é o único disponível. O **zimogênio**, um precursor inativo de uma enzima, pode ser transformado irreversivelmente em uma enzima ativa pela clivagem de ligações covalentes.

zimogênio uma proteína inativa que pode ser ativada pela hidrólise específica de ligações peptídicas

As enzimas proteolíticas tripsina e quimotripsina (Capítulo 5) são um exemplo clássico de zimogênios e suas formas de ativação. Suas moléculas de precursores inativos, o tripsinogênio e o quimotripsinogênio, respectivamente, são formados no pâncreas, onde causariam dano se estivessem na sua forma ativa. No intestino delgado, onde suas propriedades digestivas são necessárias, elas são ativadas pela clivagem de ligações peptídicas específicas. A conversão de quimotripsinogênio em quimotripsina é catalisada pela tripsina, que, por sua vez, surge do tripsinogênio como resultado da reação de clivagem catalisada pela enzima enteropeptidase. O quimotripsinogênio consiste em uma única cadeia polipeptídica com 245 resíduos de comprimento, e cinco ligações dissulfeto (—S—S—). Quando o quimotripsinogênio é liberado no intestino delgado, a tripsina presente no sistema digestivo quebra a ligação peptídica entre a arginina 15 e a isoleucina 16, contando a partir da extremidade N-terminal da sequência do quimotripsinogênio (Figura 7.10). A clivagem produz π-quimotripsina ativa. O fragmento do resíduo 15 continua ligado ao resto da proteína por uma ligação dissulfeto. Embora α-quimotripsina esteja totalmente ativa, ela não é o produto final dessa série de reações. Ela atua sobre si mesma para remover dois fragmentos dipeptídicos, produzindo α-quimotripsina, que também é totalmente ativa. Os dois fragmentos dipeptídicos clivados são Ser 14—Arg 15 e Thr 147—Asn 148. A forma final da enzima, π-quimotripsina, tem três cadeias polipeptídicas unidas por duas das cinco, ainda intactas, ligações dissulfeto originais. (As outras três ligações dissulfeto também continuam intactas; elas ligam partes de cadeias polipeptídicas simples.) Quando o termo *quimotripsina* é utilizado sem especificar a forma α ou π, isso normalmente significa a forma final α.

As mudanças na estrutura primária que acompanham a conversão do quimotripsinogênio em α-quimotripsina provocam mudanças na estrutura terciária. A enzima é ativa por causa de sua estrutura terciária, da mesma forma que o zimogênio é inativo por causa de sua estrutura terciária. A estrutura tridimensional da quimotripsina foi determinada por cristalografia de raios X. O grupo amino pro-

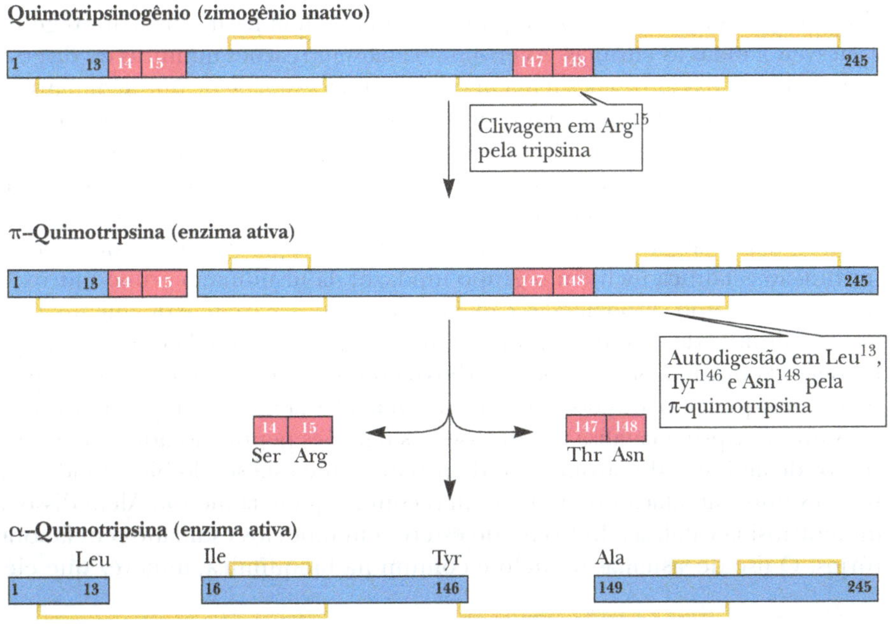
Quimotripsinogênio (zimogênio inativo)
1
13
14
15
147
148
245
Clivagem em Arg15 pela tripsina
π-Quimotripsina (enzima ativa)
1
13
14
15
147
148
245
Autodigestão em Leu13, Tyr146 e Asn148 pela π-quimotripsina
14
15
Ser Arg
147
148
Thr Asn
α-Quimotripsina (enzima ativa)
Leu
Ile
Tyr
Ala
1
13
16
146
149
245

FIGURA 7.10 A ativação proteolítica do quimotripsinogênio.

tonado do resíduo de isoleucina exposto pela primeira reação de clivagem está envolvido em uma ligação iônica com a carboxila da cadeia lateral do resíduo de aspartato 194. Essa ligação iônica é necessária para a conformação ativa da enzima porque está próxima ao sítio ativo. O quimotripsinogênio não tem essa ligação; portanto, não tem a conformação ativa e não pode se ligar ao substrato.

caspases uma família de homodímeros cisteína proteases responsáveis por muitos processos

apoptose a morte bioquímica e biologicamente preparada de uma célula

Outra classe importante de proteases são as **caspases**, uma família de homodímeros cisteína proteases responsáveis por muitos processos na biologia celular, incluindo a morte celular programada, ou **apoptose**. Elas também estão envolvidas na sinalização dentro do sistema imune e na diferenciação da célula-tronco. A apoptose é um fenômeno natural no qual as células estão sempre sendo renovadas. A interrupção da apoptose pode levar a formas de câncer. Entretanto, a apoptose pode também causar a morte não desejada de células, como ocorre com aquelas circundando os neurônios mortos por um derrame. As células imediatas que foram privadas de oxigênio morrem rapidamente, mas as circundantes morrem mais lentamente devido à apoptose.

As caspases são as inicialmente produzidas na forma inativa chamada procaspase, que mais tarde são ativadas pela proteólise das suas formas imaturas. Uma vez ativadas, as caspases lançam uma série de ataques contra alvos específicos, levando à morte das células. As caspases são atualmente um tópico moderno de estudo, à medida que os cientistas tentam encontrar maneiras de explorar sua relação com câncer e derrames para tentar combatê-los.

7-5 A Natureza do Sítio Ativo

Nesta seção examinaremos o mecanismo específico pelo qual uma enzima é capaz de aumentar a velocidade de uma reação química. O mecanismo é baseado no arranjo tridimensional exato dos aminoácidos no sítio ativo. Podemos fazer várias perguntas sobre o modo de uma enzima. Aqui estão algumas das mais importantes:

1. Quais são os resíduos de aminoácidos da enzima que estão no sítio ativo (lembre-se deste termo do Capítulo 6) e quais catalisam a reação? Em outras palavras, quais são os resíduos de aminoácidos essenciais?
2. Qual é a relação espacial dos resíduos de aminoácidos essenciais no sítio ativo?
3. Qual é o mecanismo pelo qual os resíduos de aminoácidos essenciais catalisam a reação?

As respostas a essas perguntas estão disponíveis para a quimotripsina, e utilizaremos seu mecanismo como um exemplo de ação enzimática. Informações sobre sistemas conhecidos como o da quimotripsina podem levar a princípios gerais aplicáveis a todas as enzimas. As enzimas catalisam reações químicas de diversas formas, mas todas as reações têm em comum a necessidade de que algum grupo reativo na enzima interaja com o substrato. Nas proteínas, os grupos α-carboxila e α-amino dos aminoácidos não estão mais livres porque formaram ligações peptídicas. Assim, os grupos reativos da cadeia lateral são aqueles envolvidos na reação da enzima. As cadeias laterais de hidrocarbonetos não contêm grupos reativos nem estão envolvidas na ação da enzima. Grupos funcionais que podem ter função catalítica incluem o grupo imidazol da histidina, o grupo hidroxila da serina, o grupo carboxila das cadeias laterais do aspartato e do glutamato, o grupo sulfidrila da cisteína, o grupo amino da cadeia lateral da lisina e o grupo fenólico da tirosina. Se o grupo α-carboxila ou o grupo α-amino da cadeia peptídica estão posicionados no grupo ativo, então eles também têm participação.

A quimotripsina catalisa a hidrólise das ligações peptídicas adjacentes a resíduos de aminoácidos aromáticos da proteína que está sendo hidrolisada; outros resíduos são atacados também, mas com frequência menor. Além disso, a quimotripsina catalisa a hidrólise de ésteres em modelos estudados em laboratórios. O uso de sistemas modelo é comum na bioquímica, uma vez que eles fornecem as características essenciais de uma reação em uma forma simples, com a qual é mais fácil trabalhar que aquela encontrada na natureza. A ligação amida (peptídica) e a ligação éster são suficientemente semelhantes para que a enzima possa aceitar os dois tipos de compostos como substratos. Os sistemas modelo com base na hidrólise de ésteres são frequentemente utilizados para estudar a reação de hidrólise peptídica.

Um composto modelo típico é o acetato de *p*-nitrofenila, que é hidrolisado em dois estágios. O grupo acetila é ligado de forma covalente à enzima ao final do primeiro estágio (etapa 1) da reação, mas o íon *p*-nitrofenolato é liberado. No segundo estágio (etapa 2), o intermediário acil-enzima é hidrolisado, liberando acetato e regenerando a enzima livre. A cinética observada quando o acetato de *p*-nitrofenila é misturado pela primeira vez com a quimotripsina mostra um aumento explosivo inicial e, depois, uma fase mais lenta (Figura 7.11). Essa reação é consistente com uma enzima que tem duas fases, uma delas com frequência formando um intermediário acilado-enzima.

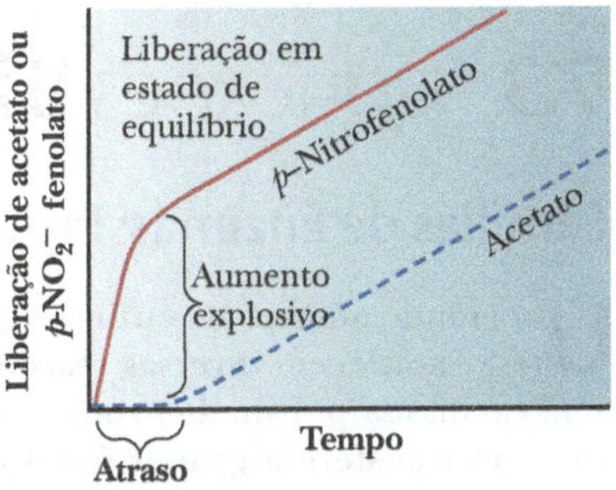

Liberação de acetato ou p-NO_2^- fenolato
Liberação em estado de equilíbrio
p-Nitrofenolato
Acetato
Aumento explosivo
Atraso
Tempo

FIGURA 7.11 Cinética observada na reação da quimotripsina. Um crescimento repentino inicial de *p*-nitrofenolato é visto, seguido por uma liberação mais lenta e em estado de equilíbrio que corresponde à aparência do outro produto, acetato.

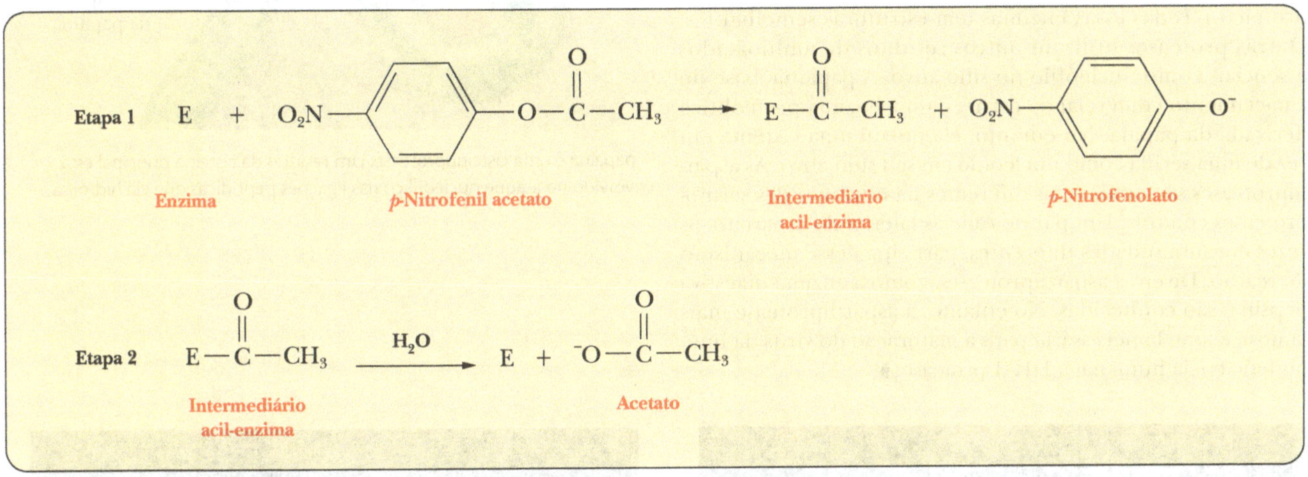

Etapa 1
Enzima
p-Nitrofenil acetato
Intermediário acil-enzima
p-Nitrofenolato
Etapa 2
H_2O
Intermediário acil-enzima
Acetato

Como determinamos os resíduos de aminoácidos essenciais?

É necessário que o resíduo de serina esteja na posição 195 para a atividade da quimotripsina. Com relação a isto, a quimotripsina é típica da classe de enzimas conhecidas como **serinoproteases**, assim como a tripsina e a trombina, já mencionadas (veja o quadro CONEXÕES **BIOQUÍMICAS 7.3**). A enzima é completamente inativada quando essa serina reage com a diisopropilfosfofluoridato (DIPF), formando uma ligação covalente que une a cadeia lateral da serina ao DIPF. A formação de versões modificadas de forma covalente de cadeias laterais específicas nas proteínas é chamada **marcação**, amplamente utilizada em estudos laboratoriais. Os outros resíduos de serina da quimotripsina são muito menos reativos e não são marcados por DIPF (Figura 7.12).

serinoproteases classe de enzimas proteolíticas nas quais uma hidroxila de serina tem papel essencial na catálise

marcação modificação de um resíduo específico de uma enzima

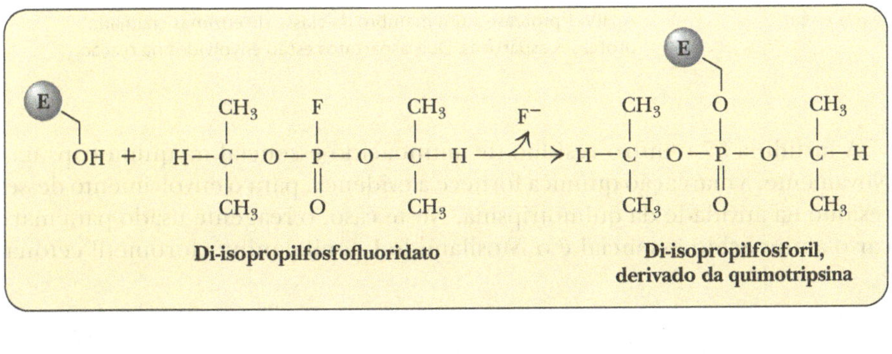

Di-isopropilfosfofluoridato
Di-isopropilfosforil, derivado da quimotripsina

FIGURA 7.12 As marcações da serina do sítio ativo da quimotripsina pelo di-isopropilfosfofluoridato (DIPF).

7.3 Conexões Bioquímicas | saúde associada

Famílias de Enzimas: Proteases

Um grande número de enzimas catalisa funções semelhantes. Acontecem diversas reações de oxirredução, cada uma catalisada por uma enzima específica. Já vimos que as quinases transferem grupos fosfato. Outras enzimas ainda catalisam reações hidrolíticas. As enzimas com funções semelhantes podem ter estruturas altamente variáveis. A característica importante que elas têm em comum é o fato de possuírem um sítio ativo que pode catalisar a reação em questão. Diversas enzimas diferentes catalisam a hidrólise das proteínas. A quimotripsina é um exemplo da classe das serinoproteases, mas muitas outras são conhecidas, incluindo a elastase, que catalisa a degradação da proteína elastina do tecido conjuntivo, e a enzima digestiva tripsina. (Lembre-se de que vimos a tripsina pela primeira vez em sua função no sequenciamento proteico.) Todas essas enzimas têm estruturas semelhantes. Outras proteases utilizam outros resíduos de aminoácidos essenciais como nucleófilo no sítio ativo. A papaína, base do amaciamento comercial da carne, é uma enzima proteolítica derivada da papaia. No entanto, ela possui uma cisteína em vez de uma serina como nucleófilo em seu sítio ativo. As aspartilproteases são ainda mais diferentes na estrutura das serinoproteases comuns. Um par de cadeias laterais do aspartato, às vezes em subunidades diferentes, participa desse mecanismo de reação. Diversas aspartilproteases, como a enzima digestiva pepsina, são conhecidas. No entanto, a aspartilprotease mais famosa é aquela necessária para a maturação do vírus da imunodeficiência humana, a HIV-1 protease. ◗

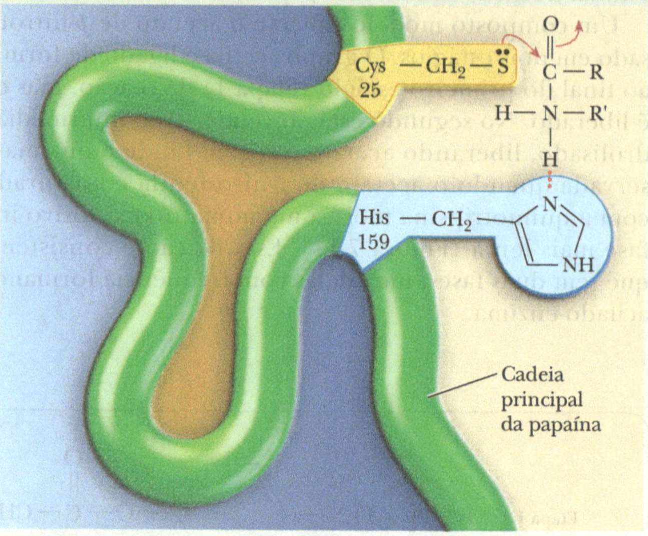
Cys
25
— CH₂ — S
O
C — R
H — N — R'
H
His
159
— CH₂
N
NH
Cadeia principal da papaína

A papaína é uma cisteinoprotease. Um resíduo da cisteína principal está envolvido no ataque nucleofílico nas ligações peptídicas que ela hidrolisa.

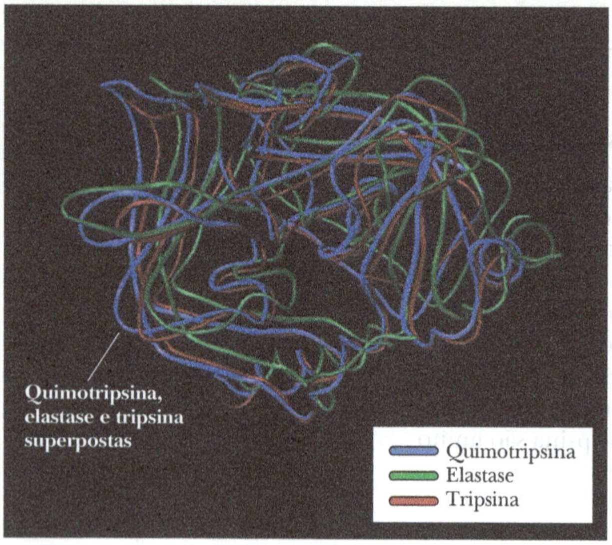
Quimotripsina, elastase e tripsina superpostas
Quimotripsina
Elastase
Tripsina

Quimotripsina, elastase e tripsina são serinoproteases e têm estruturas semelhantes.

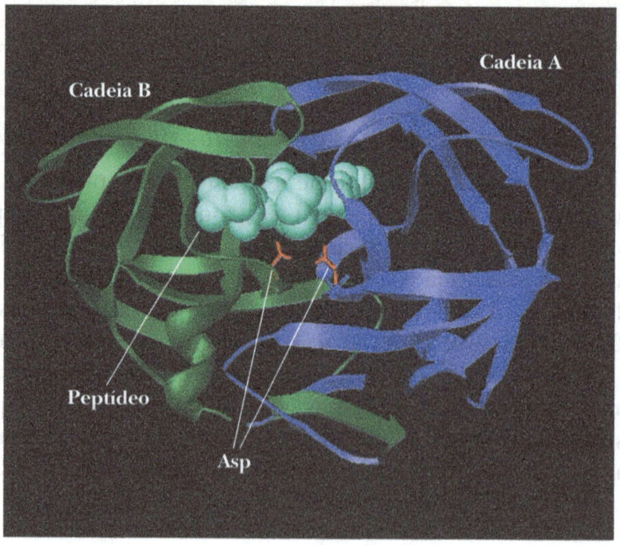
Cadeia A
Cadeia B
Peptídeo
Asp

De Understand Biochemistry CD-ROM. Copyright 1999. The Mona Group LLC.

A HIV-1 protease é um membro da classe de enzimas chamada proteases aspárticas. Dois aspartatos estão envolvidos na reação.

A histidina 57 é outro resíduo de aminoácido essencial na quimotripsina. Novamente, a marcação química fornece a evidência para o envolvimento desse resíduo na atividade da quimotripsina. Neste caso, o reagente usado para marcar o aminoácido essencial é o *N*-tosilamido-L-fenilalanina clorometil cetona

Marcação da histidina do sítio ativo da quimotripsina por TPCK

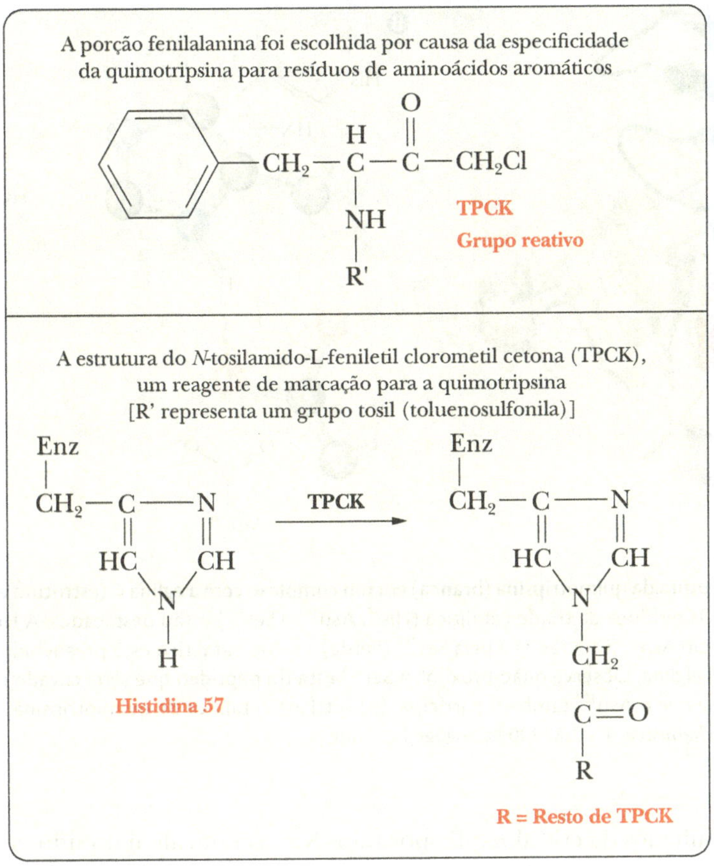
A porção fenilalanina foi escolhida por causa da especificidade da quimotripsina para resíduos de aminoácidos aromáticos
O
H
CH2 — C — C — CH2Cl
NH
R'
TPCK
Grupo reativo
A estrutura do N-tosilamido-L-feniletil clorometil cetona (TPCK), um reagente de marcação para a quimotripsina [R' representa um grupo tosil (toluenosulfonila)]
Enz
CH2 — C — N
HC CH
N
H
Histidina 57
TPCK
Enz
CH2 — C — N
HC CH
N
CH2
C = O
R
R = Resto de TPCK

(TPCK), também chamado de tosil-L-fenilalanina clorometil cetona. A porção de fenilalanina é ligada à enzima por causa de sua especificidade para resíduos de aminoácidos aromáticos no sítio ativo, e o resíduo de histidina do sítio ativo reage porque o reagente de marcação é semelhante ao substrato normal.

Como a arquitetura do sítio ativo afeta a catálise?

Tanto a serina 195 quanto a histidina 57 são necessárias para a atividade da quimotripsina; portanto, elas devem estar próximas entre si no sítio ativo. A determinação da estrutura tridimensional da enzima por cristalografia de raios X fornece a evidência de que os resíduos do sítio ativo realmente têm uma relação espacial próxima. O enovelamento do esqueleto da quimotripsina, predominantemente uma formação de folha pregueada antiparalela, posiciona os resíduos essenciais em torno de um bolso do sítio ativo (Figura 7.13). Apenas alguns resíduos estão diretamente envolvidos no sítio ativo, mas a molécula inteira é necessária para fornecer o arranjo tridimensional correto para os resíduos críticos.

Outras informações importantes sobre a estrutura tridimensional do sítio ativo emergem quando um complexo é formado entre a quimotripsina e um substrato análogo. Quando um desses substratos análogos, o formil-L-triptofano, liga-se à enzima, a cadeia lateral do triptofano encaixa-se em uma bolsa hidrofóbico próximo à serina 195. Esse tipo de ligação não é surpreendente, tendo em vista a alta especificidade da enzima para resíduos de aminoácidos aromáticos no sítio de clivagem.

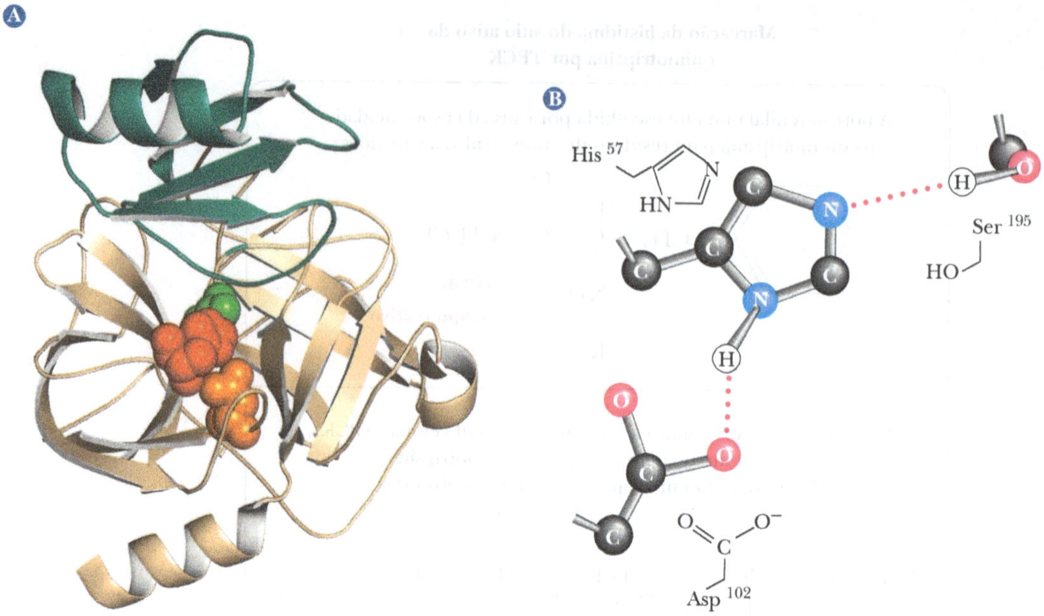
A
B
His 57
HN
N
C
C
C
N
N
C
H
H
O
Ser 195
HO
O
O
C
C
O
O⁻
C
Asp 102

FIGURA 7.13 **(a) A estrutura da quimotripsina (branca) em um complexo com a eglina C (estrutura em fita azul), uma proteína alvo.** Os resíduos da tríade catalítica (His^{57}, Asp^{102} e Ser^{195}) estão destacados. A His^{57} (vermelha) está flanqueada pelo Asp^{102} (dourado) e pela Ser^{195} (verde). O sítio catalítico está preenchido por um segmento de peptídeo de elglina. Observe quão próxima a Ser^{195} está do peptídeo que seria clivado na reação de quimotripsina. Observe que o Asp^{102} também participa. (b) A tríade catalítica de quimiotripsina. (De GARRETT/GRISHAM, *Biochemistry*, 4. ed. © 2009 Cengage Learning.)

Os resultados da cristalografia por raios X mostram, além do sítio de ligação para as cadeias laterais de aminoácidos aromáticos de moléculas de substrato, um arranjo definido das cadeias laterais de aminoácidos que são responsáveis pela atividade catalítica da enzima. Os resíduos envolvidos nessa organização são a serina 195 e a histidina 57.

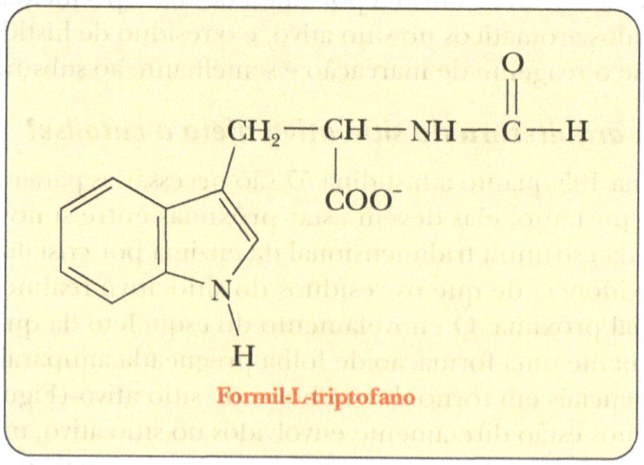
Formil-L-triptofano

Como os aminoácidos essenciais catalisam a reação de quimotripsina?

Qualquer mecanismo de reação postulado deve ser modificado ou descartado se não for coerente com os resultados experimentais. Existe um consenso, mas não uma concordância total, sobre as principais características do mecanismo discutido nesta seção.

Os resíduos de aminoácidos essenciais, a serina 195 e a histidina 57, estão envolvidos no mecanismo da ação catalítica. Na terminologia da química orgânica, o oxigênio da cadeia lateral da serina é um **nucleófilo**, ou uma substância com afinidade com o núcleo. Um nucleófilo tende a se ligar a sítios com carga ou polarização positiva (sítios pobres em elétrons), em contraste com um **eletrófilo**, ou substância com afinidade por elétrons, que tende a se ligar a sítios com carga ou polarização negativa (sítios ricos em elétrons). O oxigênio nucleofílico da serina ataca o carbono da carbonila do grupo peptídico. O carbono agora tem quatro ligações simples, e é formado um intermediário tetraédrico; a ligação —C = O original torna-se uma ligação simples, e o oxigênio da carbonila torna-se um oxiânion. O intermediário acil-enzima é formado a partir da espécie tetraédrica (Figura 7.14). A histidina e a porção amina do grupo peptídico original estão envolvidas nessa parte da reação, à medida que o grupo amina forma ligações de hidrogênio com a porção imidazol da histidina. Observe que o imidazol já está protonado e que o próton veio do grupo hidroxila da serina. A histidina comporta-se como uma base "roubando" o próton da serina; na terminologia da físico-química orgânica, a histidina age como uma base catalisadora geral. A ligação carbono-nitrogênio do grupo peptídico original se rompe, deixando o intermediário acil-enzima. O próton "roubado" pela histidina foi doado ao grupo aminoácido liberado. Ao doar o próton, a histidina agiu como um ácido na quebra do intermediário tetraédrico, embora tenha agido como base em sua formação.

nucleófilo substância rica em elétrons que tende a reagir com sítios com carga ou polarização positiva

eletrófilo substância pobre em elétrons que tende a reagir com centros com carga ou polarização negativas

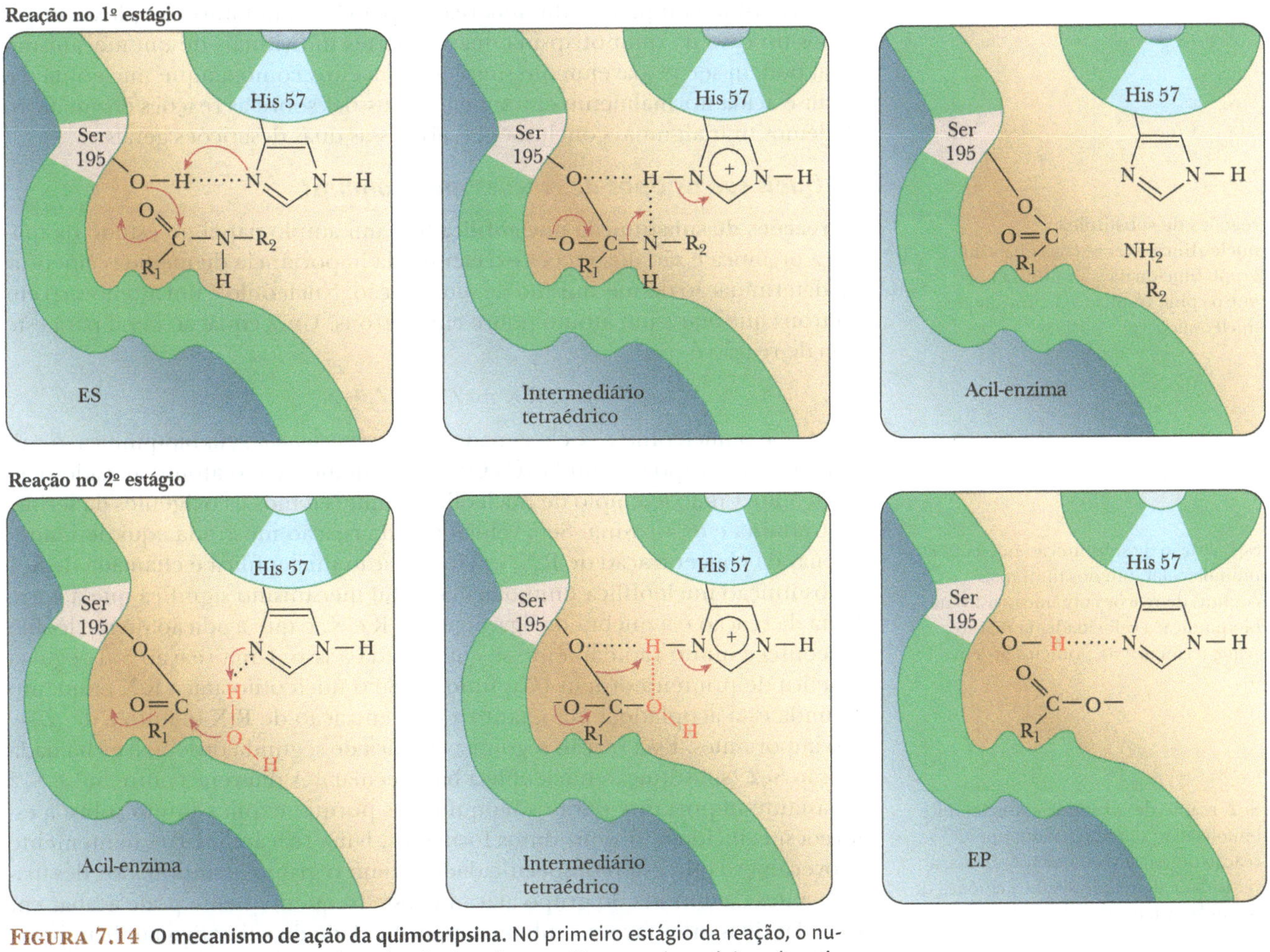

Reação no 1º estágio
His 57
Ser 195
ES
Intermediário tetraédrico
Acil-enzima
Reação no 2º estágio
Acil-enzima
Intermediário tetraédrico
EP

FIGURA 7.14 O mecanismo de ação da quimotripsina. No primeiro estágio da reação, o nucleófilo serina 195 ataca o carbono da carbonila do substrato. No segundo estágio, a água é o nucleófilo que ataca o intermediário acil-enzima. Observe o envolvimento da histidina 57 em ambos os estágios da reação. (Hammes, G. *Enzyme Catalysis and Regulation*. Nova York: Academic Press, 1982. Usado com permissão da Elsevier.)

Na fase de desacilação da reação, as últimas duas etapas são revertidas, com a água agindo como o nucleófilo atacante. Nessa segunda fase, a água é ligada por ligações de hidrogênio à histidina. Agora, o oxigênio da água faz o ataque nucleofílico sobre o carbono acila que veio do grupo peptídico original. Mais uma vez, é formado um intermediário tetraédrico. Na etapa final da reação, a ligação entre o oxigênio da serina e o carbono da carbonila se rompe, liberando o produto com o grupo carboxila onde o grupo peptídico original costumava estar, e regenerando a enzima original. Observe que a serina é ligada por ligação de hidrogênio à histidina. Essa ligação de hidrogênio aumenta o caráter nucleofílico da serina, enquanto na segunda parte da reação a ligação de hidrogênio entre a água e a histidina aumenta o caráter nucleofílico da água.

O mecanismo de ação da quimotripsina é especialmente bem estudado e, em diversos aspectos, um mecanismo típico. Vários tipos de mecanismos de reação para a ação enzimática são conhecidos e serão discutidos nos contextos das reações catalisadas pelas enzimas em questão. Para que se tenha uma base, é útil abordar alguns aspectos gerais de mecanismos catalíticos e como eles afetam a especificidade das reações enzimáticas.

7-6 Reações Químicas Envolvidas nos Mecanismos Enzimáticos

O mecanismo completo para uma reação pode ser um tanto complexo, como vimos no caso da quimotripsina, mas as partes individuais de um mecanismo total podem ser razoavelmente simples. Conceitos como ataque nucleofílico e catálise ácida normalmente entram em discussões sobre as reações enzimáticas. Podemos tirar algumas conclusões gerais dessas duas descrições gerais.

Quais são os tipos de reações mais comuns?

reações de substituição nucleofílica reações nas quais um grupo funcional é substituído por outro como resultado de um ataque nucleofílico

As **reações de substituição nucleofílica** têm um amplo papel no estudo da química orgânica e são ilustrações excelentes da importância de medidas cinéticas na determinação do mecanismo de uma reação. Nucleófilo é um átomo rico em elétrons que ataca um átomo pobre em elétrons. Uma equação geral para este tipo de reação é

$$R{:}X + {:}Z \rightarrow R{:}Z + X$$

onde :Z é o nucleófilo e X é chamado *grupo abandonador*. Na bioquímica, o carbono de um grupo carbonila (C= O) frequentemente é o átomo atacado pelo nucleófilo. Como exemplo de nucleófilos comuns temos os oxigênios da serina, da treonina e da tirosina. Se a velocidade da reação mostrada aqui depender apenas da concentração de R:X, então a reação nucleofílica é chamada de **S_N1** (substituição nucleofílica unimolecular). Tal mecanismo significa que a parte lenta da reação é a quebra da ligação entre R e X, e que a adição do nucleófilo Z acontece muito rapidamente se comparada a isso. Uma reação S_N1 segue a cinética de primeira ordem (Capítulo 6). Se o nucleófilo ataca R:X enquanto X ainda está acoplado, então, tanto a concentração de R:X quanto a de :Z serão importantes. Essa reação seguirá a cinética de segunda ordem, e é chamada reação **S_N2** (substituição nucleofílica bimolecular). A diferença entre S_N1 e S_N2 é bastante importante para os bioquímicos porque explica muito sobre a estereoespecificidade dos produtos formados. Uma reação S_N1 frequentemente provoca perda de estereoespecificidade. Como o grupo abandonador desaparece antes da entrada do grupo atacante, este frequentemente pode acabar em uma das duas orientações, embora a especificidade do sítio ativo também possa ser limitante neste caso. Com uma reação S_N2, o fato de o grupo abandonador ainda estar acoplado força o nucleófilo a atacar de um lado específico da ligação, levando a apenas uma estereoespecificidade possível no produto. Os

S_N1 reação de substituição nucleofílica unimolecular; um dos tipos mais comuns de reações orgânicas vistos na bioquímica; a velocidade da reação segue a cinética de primeira ordem

S_N2 reação de substituição nucleofílica bimolecular; um importante tipo de reação orgânica visto na bioquímica; a velocidade de reação segue a cinética de segunda ordem ataques nucleofílicos à quimotripsina foram exemplos de reações S_N2, embora nenhuma estereoquímica seja observada porque a carbonila atacada se tornou um grupo carbonila novamente ao final da reação e, portanto, não era quiral.

Para discutir a catálise ácido-base, é útil relembrar as definições de ácidos e bases. Na definição de Brønsted-Lowry, um ácido é um doador de prótons, e uma base é um receptor de prótons. O conceito de **catálise ácido-base geral** depende da doação e da aceitação de prótons por grupos como imidazol, hidroxila, carboxila, sulfidrila, amino e cadeias laterais do fenol dos aminoácidos. Todos esses grupos funcionais podem agir como ácidos ou bases. A doação e a aceitação de prótons originam a quebra e a formação da ligação que constituem a reação enzimática.

catálise ácido-base geral uma forma de catálise que depende da transferência de prótons

Se o mecanismo enzimático envolver um aminoácido que doa um íon hidrogênio, como na reação

$$R—H^+ + R—O^- \rightarrow R + R—OH$$

então esta parte do mecanismo será chamada de catálise ácida geral. Se um aminoácido obtém um íon hidrogênio de um dos substratos, como na reação

$$R + R—OH \rightarrow R—H^+ + R—O^-$$

então esta parte do mecanismo será chamada de catálise básica geral. A histidina é um aminoácido que frequentemente participa de ambas as reações, já que tem um hidrogênio reativo na cadeia lateral imidazólica, que se dissocia quando próximo ao pH fisiológico. No mecanismo da quimotripsina, vimos tanto a catálise básica quanto a ácida pela histidina.

Uma segunda forma de catálise ácido-base baseia-se em outra definição, mais geral, de ácidos e bases. Na formulação de Lewis, um ácido é um receptor de par de elétrons, e uma base é um doador de par de elétrons. Íons metálicos, incluindo os biologicamente importantes, como Mn^{2+}, Mg^{2+} e Zn^{2+}, são ácidos de Lewis. Assim, eles podem participar da **catálise metal-íon** (também chamada de catálise ácido-base de Lewis). O envolvimento do Zn^{2+} na atividade enzimática da carboxipeptidase A é um exemplo deste tipo de comportamento. Essa enzima catalisa a hidrólise da ligação peptídica C-terminal das proteínas. O Zn(II), necessário para a atividade da enzima, é complexado com a cadeia lateral imidazólica das histidinas 69 e 196 e com o carboxilato da cadeia lateral do glutamato 72. O íon zinco também está complexado com o substrato.

catálise metal-íon (catálise ácido-base de Lewis) uma forma de catálise que depende da definição de Lewis para ácidos como sendo um receptor de par de elétrons e uma base como um doador de par de elétrons

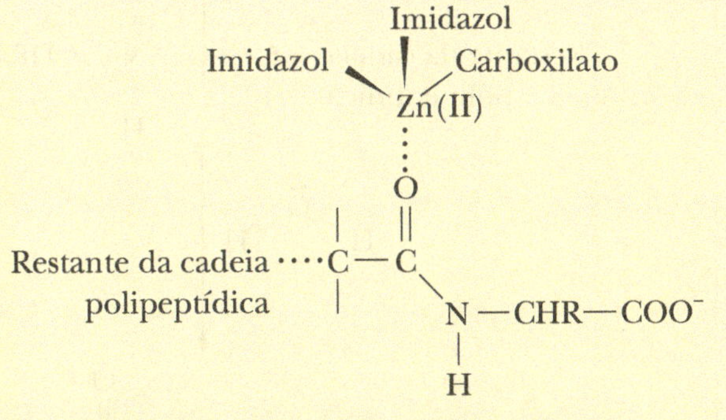
Imidazol
Imidazol
Carboxilato
Zn(II)
O
C
C
Restante da cadeia polipeptídica
N—CHR—COO⁻
H

Um íon zinco é complexado com três cadeias laterais da carboxipeptidase e com um grupo carbonila no substrato.

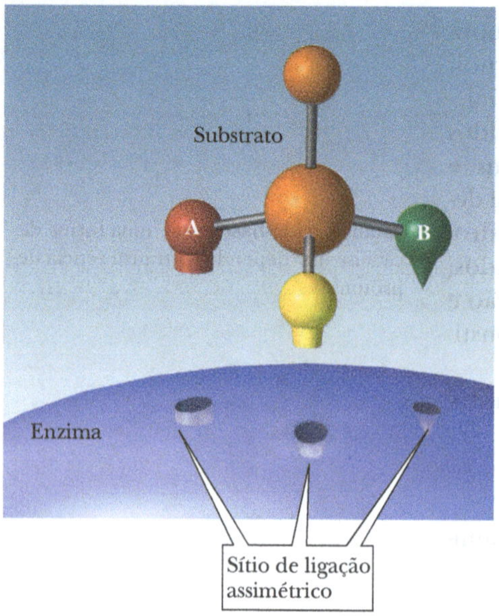
Substrato
A
B
Enzima
Sítio de ligação assimétrico

FIGURA 7.15 Um sítio de ligação assimétrico em uma enzima pode diferenciar entre grupos idênticos, como A e B. Observe que o sítio de ligação consiste em três partes, possibilitando uma ligação assimétrica porque uma parte é diferente das outras duas.

O tipo de ligação envolvido no complexo é semelhante à ligação que une o ferro ao grande anel envolvido no grupo heme. A ligação do substrato ao íon zinco polariza o grupo carbonila, tornando-o suscetível ao ataque pela água e permitindo que a hidrólise aconteça mais rapidamente que na reação não catalisada.

Existe uma conexão real entre os conceitos de ácidos e bases e a ideia de nucleófilos e suas substâncias complementares, os eletrófilos. Um ácido de Lewis é um eletrófilo, e uma base de Lewis é um nucleófilo. A catálise por enzimas, incluindo sua notável especificidade, baseia-se nesses princípios químicos bem conhecidos que operam em um ambiente complexo.

A natureza do sítio ativo tem uma função particularmente importante na especificidade das enzimas. Uma enzima que mostra uma *especificidade absoluta*, catalisando a reação de um, e somente um, substrato para um produto em particular provavelmente terá um sítio ativo um tanto rígido que é mais bem descrito pelo modelo chave-fechadura para ligação de substratos. As diversas enzimas que mostram *especificidade relativa*, catalisando as reações de substratos estruturalmente relacionados para produtos relacionados, aparentemente têm mais flexibilidade em seus sítios ativos e são mais bem caracterizadas pelo modelo de encaixe induzido ou ligação enzima-substrato – a quimotripsina é um bom exemplo. Por fim, há enzimas *estereoespecíficas* com especificidades nas quais a atividade óptica é importante. O próprio sítio de ligação deve ser assimétrico nesta situação (Figura 7.15). Se a enzima se ligar especificamente a um substrato opticamente ativo, o sítio de ligação deverá ter o formato do substrato, e não sua imagem especular. Existem até mesmo enzimas que introduzem um centro de atividade óptica no produto. Neste caso, o substrato não é opticamente ativo. Há apenas um produto, que é um entre dois isômeros possíveis, não uma mistura de isômeros ópticos.

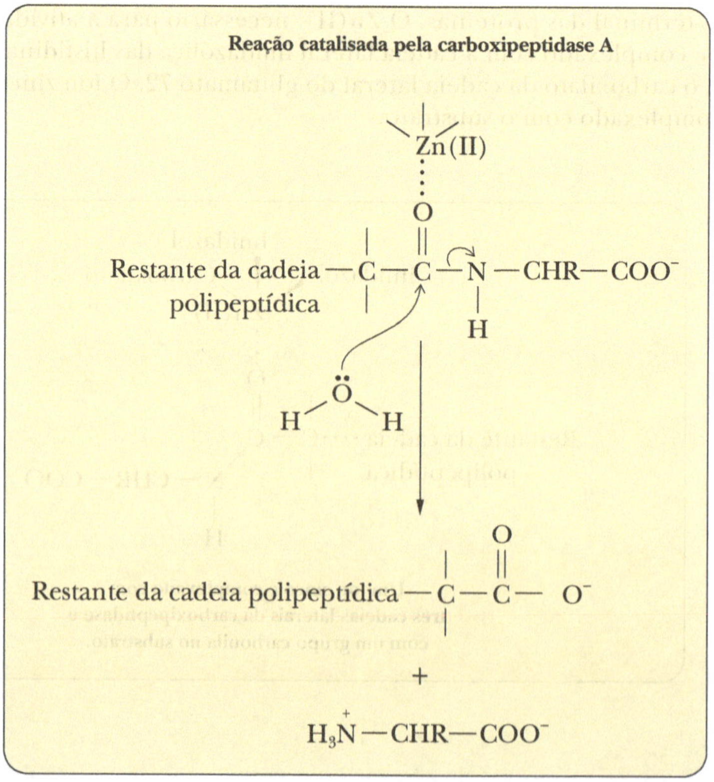
Reação catalisada pela carboxipeptidase A
Zn(II)
Restante da cadeia polipeptídica
CHR—COO⁻
Restante da cadeia polipeptídica
H₃N—CHR—COO⁻

7-7 O Sítio Ativo e os Estados de Transição

Agora que passamos um tempo examinando os mecanismos e o sítio ativo, vale a pena revisitar a natureza da catálise enzimática. Lembre-se de que uma enzima reduz a energia de ativação ao diminuir a energia necessária para chegar ao estado de transição (Figura 6.1). A verdadeira natureza do estado de transição é uma espécie química intermediária em estrutura entre o substrato e o produto. Esse estado de transição frequentemente tem um formato bastante diferente do substrato ou do produto. No caso da quimotripsina, o substrato tem o grupo carbonila, que é atacado pela serina reativa. O carbono do grupo carbonila tem três ligações e a orientação é plana. Depois que a serina realiza o ataque nucleofílico, o carbono fica com quatro ligações e um arranjo tetraédrico. Esse formato tetraédrico é o estado de transição da reação, e o sítio ativo deve tornar essa mudança mais viável.

Como determinamos a natureza do estado de transição?

O fato de que a enzima estabiliza o estado de transição foi mostrado diversas vezes pelo uso dos **análogos do estado de transição**, que são moléculas com um formato que imita o estado de transição do substrato. A prolina racemase catalisa uma reação que converte a L-prolina em D-prolina. No decorrer da reação, o carbono α deve mudar de um arranjo tetraédrico para uma forma plana e, depois, de volta à tetraédrica, mas com a direção de duas ligações invertidas (Figura 7.16). Um inibidor da reação é o pirrol-2-carboxilato, uma substância química estruturalmente semelhante à que a prolina pareceria em seu estado de transição, porque sempre é plana no carbono equivalente. Esse inibidor se liga à prolina racemase 160 vezes mais fortemente que a prolina. Os análogos do estado de transição têm sido utilizados com várias enzimas para ajudar a verificar um mecanismo e uma estrutura suspeitos do estado de transição, bem como para inibir uma enzima seletivamente. Em 1969, William Jencks propôs que um imunógeno (molécula que provoca uma resposta do anticorpo) estimularia os anticorpos com uma atividade catalítica se imitasse o estado de transição da reação. Richard Lerner e Peter Schultz, que criaram os primeiros anticorpos catalíticos, verificaram essa hipótese em 1986. Como um anticorpo é uma proteína desenvolvida para se ligar a moléculas específicas no imunó-

análogo do estado de transição composto sintetizado que imita a forma do estado de transição de uma reação enzimática

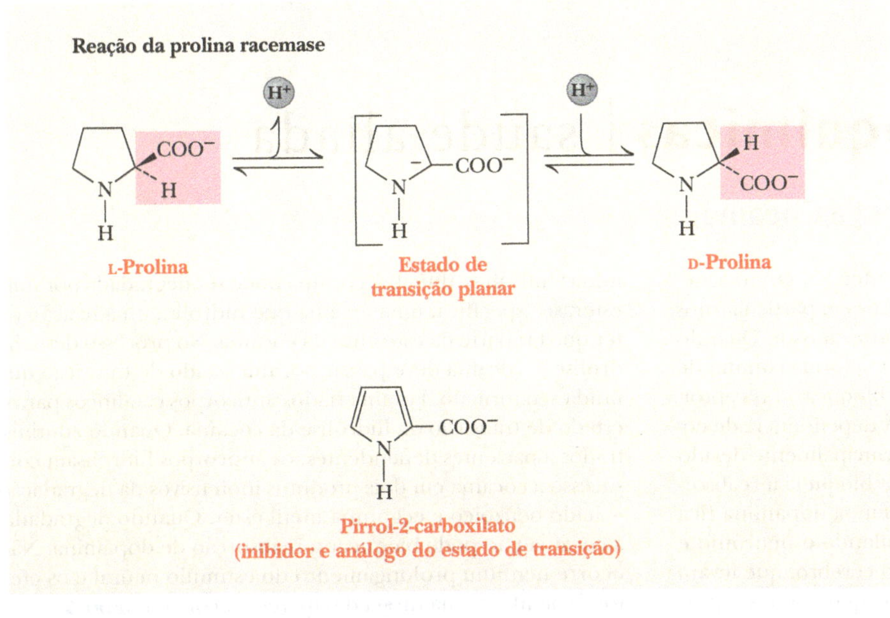
Reação da prolina racemase
H+
H+
COO−
H
N
H
L-Prolina
COO−
N
H
Estado de transição planar
H
COO−
N
H
D-Prolina
COO−
N
H
Pirrol-2-carboxilato (inibidor e análogo do estado de transição)

FIGURA 7.16 Reação da prolina racemase. O pirrol-2-carboxilato e a Δ-1-pirrolina-2-carboxilato imitam o estado de transição plano da reação.

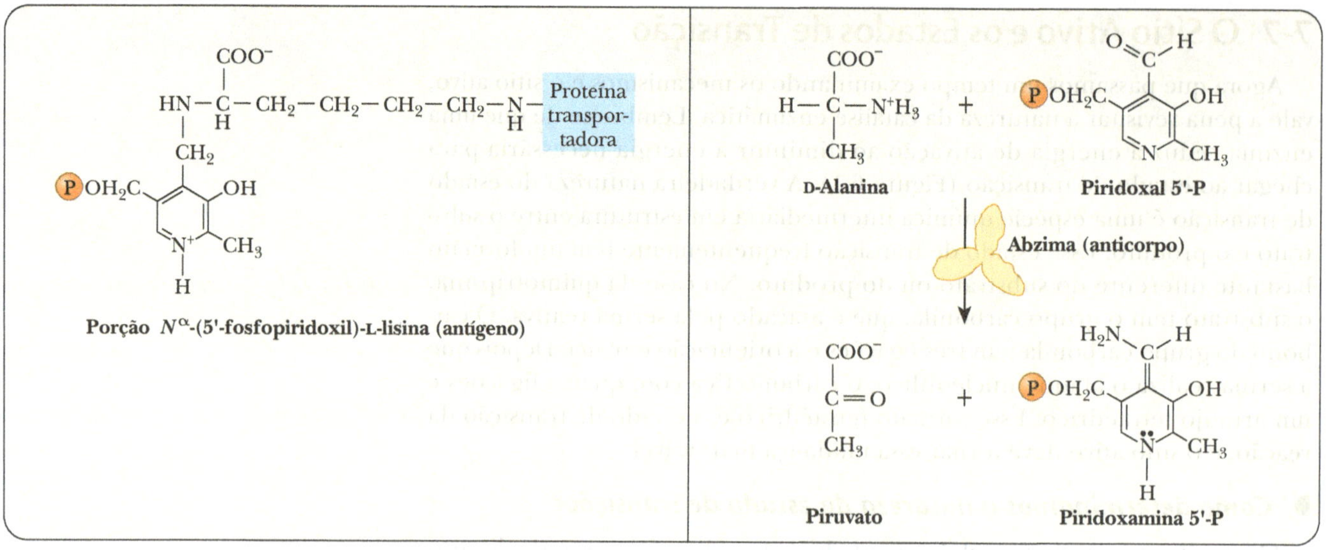
COO⁻
HN—C—CH₂—CH₂—CH₂—CH₂—N—
H
H
Proteína transportadora
CH₂
P OH₂C
OH
N⁺
CH₃
H
Porção Nα-(5'-fosfopiridoxil)-L-lisina (antígeno)
COO⁻
H—C—N⁺H₃
CH₃
D-Alanina
+
O
H
C
P OH₂C
OH
N
CH₃
Piridoxal 5'-P
Abzima (anticorpo)
COO⁻
C=O
CH₃
Piruvato
+
H₂N
C
H
P OH₂C
OH
N
CH₃
H
Piridoxamina 5'-P

Ⓐ A porção N^{α}-(5'-fosfopiridoxil)-L-lisina é um análogo do estado de transição para a reação de um aminoácido com o 5'-fosfato de piridoxal. Quando essa porção é acoplada a uma proteína e injetada em um hospedeiro, age como um antígeno, e, então, o hospedeiro produz anticorpos que têm atividade catalítica (abzimas).

Ⓑ A abzima, então, é utilizada para catalisar a reação.

FIGURA 7.17 Abzimas.

geno, o anticorpo será, em essência, um falso sítio ativo. Por exemplo, a reação entre o fosfato de piridoxal e um aminoácido para formar o ácido ceto–α e o fosfato de piridoxamina correspondentes é muito importante no metabolismo do aminoácido. A molécula N^{α}-(5'-fosfopiridoxil)-L-lisina serve como um análogo do estado de transição para essa reação. Quando esta molécula do antígeno foi utilizada para provocar anticorpos, tais anticorpos, ou **abzimas**, tiveram atividade catalítica (Figura 7.17). Assim, além de ajudarem a verificar a natureza do estado de transição ou formar um inibidor, os análogos do estado de transição agora oferecem a possibilidade de formar enzimas sob medida para catalisar uma ampla variedade de reações. O quadro CONEXÕES **BIOQUÍMICAS 7.4** descreve como os anticorpos catalíticos podem ser usados para combater o vico em cocaína.

abzimas anticorpos que são produzidos contra um análogo do estado de transição e que têm atividade catalítica semelhante à de uma enzima natural

7.4 Conexões **Bioquímicas** | saúde aliada

Anticorpos Catalíticos Contra a Cocaína

Diversas drogas que provocam dependência, como a heroína, operam ligando-se a um receptor em particular nos neurônios, imitando a ação de um neurotransmissor. Quando uma pessoa é dependente de tal droga, uma forma comum de tratamento é utilizar um composto para bloquear o receptor, negando-lhe, assim, o acesso da droga. A dependência de cocaína sempre foi de difícil tratamento, principalmente devido ao seu *modus operandi* peculiar. A cocaína bloqueia a reabsorção do neurotransmissor dopamina. Assim, a dopamina fica no sistema por mais tempo, superestimulando o neurônio e conduzindo aos sinais de recompensa no cérebro, que levam à dependência. Utilizar uma droga para bloquear um receptor seria inútil neste caso, e talvez tornasse a remoção da dopamina ainda mais difícil. A cocaína pode ser degradada por uma esterase específica, uma enzima que hidrolisa uma ligação éster que faz parte da estrutura da cocaína. No processo desta hidrólise, a cocaína deve passar por um estado de transição que muda seu formato. Foram criados anticorpos catalíticos para o estado de transição da hidrólise da cocaína. Quando administrados a pacientes dependentes, os anticorpos hidrolisam com sucesso a cocaína em dois produtos inofensivos da degradação – ácido benzoico e ecgonina metil éster. Quando degradada, a cocaína não pode bloquear a reabsorção de dopamina. Não ocorre nenhum prolongamento do estímulo neural e os efeitos dependentes da droga desaparecem com o tempo. ◗

7-8 Coenzimas

Cofatores são substâncias não proteicas que participam das reações enzimáticas e são regeneradas para reações futuras. Os íons metálicos frequentemente realizam tal função e formam uma das duas classes importantes de cofatores. Outra classe importante (**coenzimas**) é uma mistura de compostos orgânicos – muitos deles são vitaminas ou estão metabolicamente relacionados a vitaminas.

coenzimas substâncias não proteicas que participam de uma reação enzimática e são regeneradas ao final da reação.

Como os íons metálicos são ácidos de Lewis (receptores de pares de elétrons), podem agir como catalisadores ácido-base de Lewis. Também podem formar compostos de coordenação ao se comportarem como ácidos de Lewis, enquanto os grupos aos quais se ligam atuam como bases de Lewis. Os compostos de coordenação são uma parte importante da química dos íons metálicos em sistemas biológicos, como mostrado para o Zn(II) na carboxipeptidase e para o Fe(II) na hemoglobina. Os compostos de coordenação formados por íons metálicos tendem a ter geometrias bastante específicas, que auxiliam no posicionamento dos grupos envolvidos na reação, produzindo uma catálise ideal.

Algumas das mais importantes coenzimas orgânicas são vitaminas e seus derivados, especialmente as vitaminas B. Muitas dessas coenzimas estão envolvidas em reações de oxirredução, que fornecem energia para o organismo. Outras servem como agentes de transferência de grupos em processos metabólicos (Tabela 7.1). Veremos essas coenzimas novamente quando discutirmos as reações nas quais elas estão envolvidas. No momento, investigaremos apenas uma coenzima particularmente importante para a oxirredução e uma coenzima transportadora de grupo.

A nicotinamida adenina dinucleotídeo (NAD^+) é uma coenzima que participa de diversas reações de oxirredução. Sua estrutura (Figura 7.18) tem três partes – um anel nicotinamida,

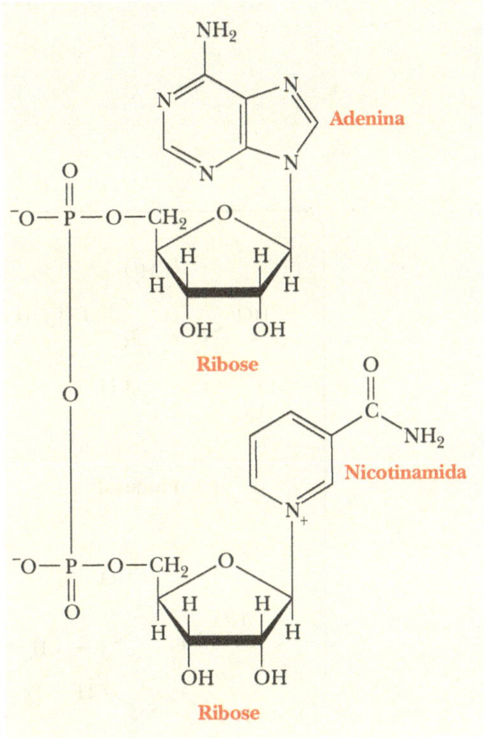
NH2
Adenina
Ribose
Nicotinamida
Ribose

FIGURA 7.18 Estrutura da nicotinamida adenina dinucleotídeo (NAD^+).

TABELA 7.1 Coenzimas, Suas Reações e as Vitaminas Precursoras

Coenzima	Tipo de Reação	Precursores da Vitamina	Veja Seção
Biotina	Carboxilação	Biotina	18-2, 21-6
Coenzima A	Transferência de acila	Ácido pantotênico	15-5, 19-3, 21-6
Coenzimas de flavina	Oxidorredução	Riboflavina (B_2)	15-5, 19-3
Ácido lipoico	Transferência de acila	—	19-3
Coenzimas de nicotinamida adenina	Oxidorredução	Niacina	15-5, 17-3, 19-3
Fosfato de piridoxal	Transaminação	Piridoxina (B_6)	23-4
Ácido tetraidrofólico	Transferência de unidades com um carbono	Ácido fólico	23-4
Pirofosfato de tiamina	Transferência de aldeído	Tiamina (B_1)	17-4, 18-4

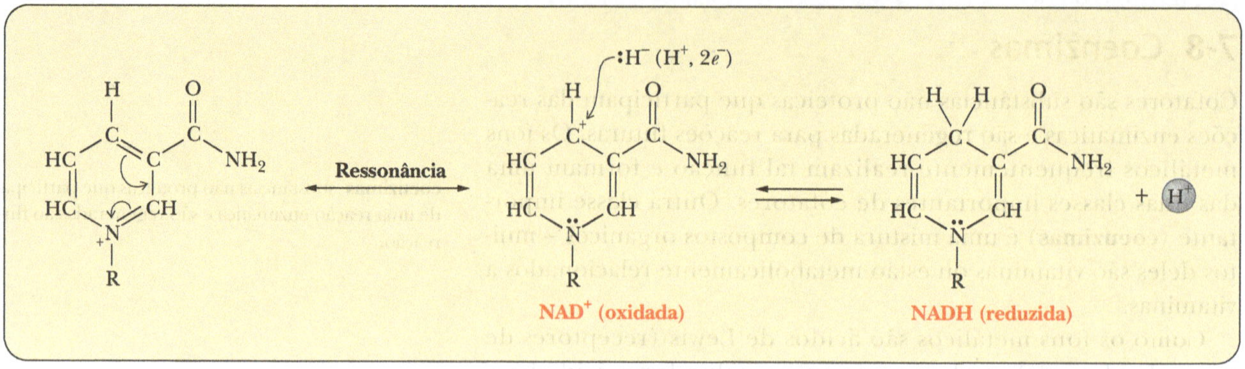
:H⁻ (H⁺, 2e⁻)
Ressonância
NAD⁺ (oxidada)
NADH (reduzida)

FIGURA 7.19 **A função do anel nicotinamida nas reações de oxirredução.** R é o restante da molécula. Nas reações deste tipo, um H^+ é transferido com os dois elétrons.

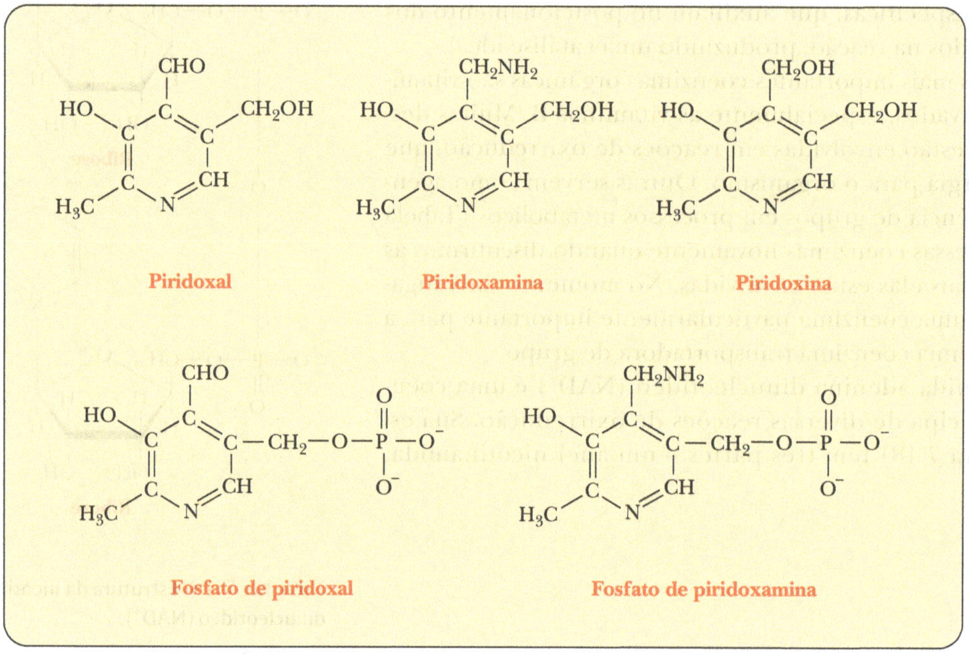
Piridoxal
Piridoxamina
Piridoxina
Fosfato de piridoxal
Fosfato de piridoxamina

FIGURA 7.20 **As formas da vitamina B_6.** As três primeiras estruturas são a própria vitamina B_6, e as duas últimas mostram as modificações que originam a coenzima metabolicamente ativa.

um anel de adenina e dois grupos de açúcares fosfatados unidos. O anel de nicotinamida contém o sítio no qual ocorrem as reações de oxidação e redução (Figura 7.19). O ácido nicotínico é outro nome para a vitamina niacina. A porção adenina–açúcar–fosfato da molécula está estruturalmente relacionada aos nucleotídeos.

As vitaminas B_6 (piridoxal, piridoxamina e piridoxina, além de suas formas fosforiladas, que são coenzimas) estão envolvidas na transferência de grupos amina de uma molécula para outra, uma etapa importante na biossíntese de aminoácidos (Figura 7.20). Na reação, o grupo amina é transferido do doador para a coenzima e, então, da coenzima para o receptor final (Figura 7.21). Para finalizar nosso estudo de enzimas, o quadro CONEXÕES **BIOQUÍMICAS 7.5** examina como os cientistas criam catalisadores para ajudar a limpar o ambiente.

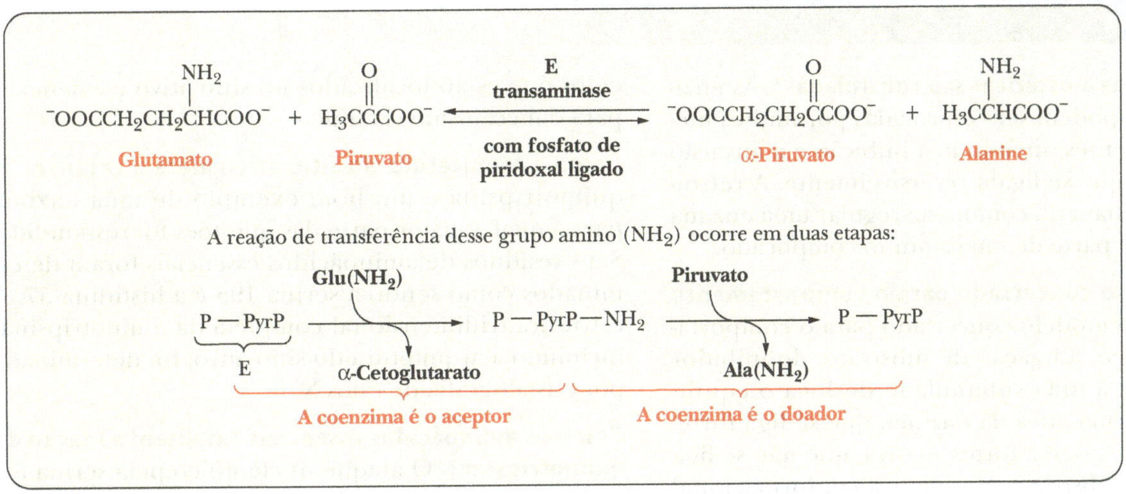

E
transaminase
com fosfato de piridoxal ligado
Glutamato
Piruvato
α-Piruvato
Alanine
A reação de transferência desse grupo amino (NH_2) ocorre em duas etapas:
Glu(NH_2)
Piruvato
P — PyrP
E
α-Cetoglutarato
P — PyrP — NH_2
Ala(NH_2)
A coenzima é o aceptor
A coenzima é o doador

FIGURA 7.21 **A função do fosfato de piridoxal como uma coenzima na reação de transaminação.** PLP é o fosfato de piridoxal, P é a apoenzima (a cadeia polipeptídica sozinha) e E é a holoenzima ativa (polipeptídeo mais coenzima).

7.5 Conexões Bioquímicas | toxicologia ambiental

Catalisadores para a Química Verde

Bilhões de galões de rejeitos tóxicos são jogados no ambiente a cada ano. Entre os danos causados pelos nossos estilos de vida industriais e o rompante crescimento da população mundial, muitos cientistas têm previsto que a Terra está caminhando para um colapso ambiental global. Em resposta, tanto a ciência quanto a indústria estão trabalhando em maneiras de reduzir e limitar a toxicidade de compostos produzidos por sínteses industriais. Isto levou ao novo campo **química verde**, no qual compostos alternativos menos tóxicos estão substituindo lentamente seus predecessores mais tóxicos.

A natureza tem alguns sistemas próprios de destoxificação, geralmente incluindo peróxido de hidrogênio e oxigênio. Estas duas substâncias atuando juntas são capazes de purificar a água e limpar rejeitos industriais. Entretanto, na natureza, tais reações exigem uma enzima, como a peroxidase, para aumentar a velocidade da reação a um nível significativo. Pesquisa atual revelou algumas moléculas sintéticas que possuem uma habilidade enzimática para catalisar uma reação necessária. Um importante conjunto destas moléculas é chamado de **TAML** (ligantes macrocíclicos de tetra-amido). O coração da molécula é um átomo de ferro unido aos quatro átomos de nitrogênio, como mostrado na figura, e os dois sítios de coordenação restantes estão ligados a ligantes de água. Anéis de carbono chamados macrocíclicos estão ligados à unidade central. Da mesma forma que o ferro na hemoglobina é reativo e pode se ligar ao oxigênio, o TAML tem a vantagem de propriedades similares. Neste caso, ele reage com H_2O_2 para deslocar um ligante de água. O H_2O_2 então expele outra molécula de água, deixando uma espécie muito reativa com uma grande separação de carga entre o centro de ferro e o oxigênio aniônico no sítio do ligante. Esta molécula final é poderosa o suficiente para reagir com muitas toxinas químicas e destruí-las. Através do ajuste dos componentes do TAML, os pesquisadores podem moldá-los para toxinas, incluindo versões que sejam capazes de desativar mais de 99% dos esporos de *Bacillus atrophanes*, uma espécie bacteriana similar ao antrax. Eles também têm sido usados para descolorir rejeitos de fábricas de celulose. Os pesquisadores que trabalham com TAML esperam moldá-lo para atacar outras doenças infecciosas e poluentes ambientais. ◗

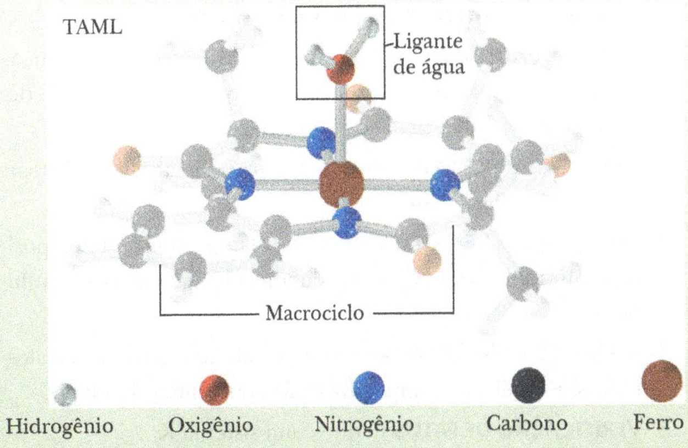

TAML
Ligante de água
Macrociclo
Hidrogênio
Oxigênio
Nitrogênio
Carbono
Ferro

química verde nome popular para qualquer química que use intencionalmente produtos químicos menos tóxicos e menos agressivos ao ambiente

TAML moléculas sintéticas (ligante macrocíclico de tetra-amido) que são usados como destoxificadores

Resumo

Como as enzimas alostéricas são controladas? As enzimas alostéricas podem ser controladas por muitos mecanismos diferentes, incluindo a inibição e a ativação por moléculas que se ligam reversivelmente. A retroinibição é uma maneira comum de regular uma enzima alostérica que é parte de um caminho complicado.

Qual é o modelo concertado para o comportamento alostérico? No modelo concertado para o comportamento alostérico, a ligação de substrato, do inibidor ou do ativador a uma subunidade desloca o equilíbrio entre a forma ativa da enzima, que se liga fortemente ao substrato, e a forma inativa, que não se liga fortemente ao substrato. A mudança conformacional ocorre em todas as subunidades ao mesmo tempo.

Qual é o modelo sequencial para o comportamento alostérico? No modelo sequencial, a ligação de substrato induz a mudança conformacional em uma subunidade, e a mudança é passada subsequentemente a outras subunidades.

A fosforilação sempre aumenta a atividade enzimática? Algumas enzimas são ativadas ou desativadas dependendo da presença ou ausência de grupos fosfato. Esse tipo de modificação covalente pode ser combinado com interações alostéricas, permitindo um alto grau de controle sobre as vias enzimáticas.

Como determinamos os resíduos de aminoácidos essenciais? Diversas questões surgem sobre os eventos que ocorrem no sítio ativo de uma enzima no decorrer de uma reação. Algumas das questões mais importantes dizem respeito à natureza dos resíduos de aminoácidos essenciais, sua organização espacial e o mecanismo da reação. O uso de reagentes de marcação e cristalografia de raios X permite-nos determinar os aminoácidos que estão localizados no sítio ativo e essenciais para o mecanismo catalítico.

Como a arquitetura do sítio ativo afeta a catálise? A quimotripsina é um bom exemplo de uma enzima para a qual a maior parte das questões foi respondida. Seus resíduos de aminoácidos essenciais foram determinados como sendo a serina 195 e a histidina 57. A estrutura tridimensional completa da quimotripsina, incluindo a arquitetura do sítio ativo, foi determinada por cristalografia de raios X.

Como os aminoácidos essenciais catalisam a reação de quimotripsina? O ataque nucleofílico pela serina é a principal característica do mecanismo, com a histidina ligada à serina por ligação de hidrogênio no decorrer da reação. A reação ocorre em duas fases. Na primeira, a serina é o nucleófilo e existe um intermediário acil-enzima. Na segunda, a água age como o nucleófilo e o intermediário acil-enzima é hidrolisado.

Quais são os tipos de reações mais comuns? Sabemos que os mecanismos de reações orgânicas comuns, como a substituição nucleofílica e a catálise geral ácido-base, têm funções importantes na catálise enzimática.

Como determinamos a natureza do estado de transição? O entendimento da natureza da catálise foi auxiliado pelo uso de análogos do estado de transição, moléculas que imitam este estado. Os compostos normalmente se ligam às enzimas melhor que o substrato natural e, assim, ajudam a verificar o mecanismo. Eles também podem ser utilizados para desenvolver potentes inibidores ou criar anticorpos com atividade catalítica, chamados abzimas.

Exercícios de Revisão

7-1 O Comportamento de Enzimas Alostéricas

1. **VERIFICAÇÃO DE FATOS** Que características diferenciam as enzimas que sofrem controle alostérico daquelas que obedecem à equação de Michaelis-Menten?
2. **VERIFICAÇÃO DE FATOS** Qual é a função metabólica da aspartato transcarbamoilase?
3. **VERIFICAÇÃO DE FATOS** Que molécula age como efetor positivo (ativador) da ATCase? Que molécula age como seu inibidor?
4. **VERIFICAÇÃO DE FATOS** O termo K_M é utilizado com enzimas alostéricas? E a inibição competitiva e não competitiva? Explique.
5. **VERIFICAÇÃO DE FATOS** O que é um sistema K?
6. **VERIFICAÇÃO DE FATOS** O que é um sistema V?
7. **VERIFICAÇÃO DE FATOS** O que é um efeito homotrópico? E o que é um efeito heterotrópico?
8. **VERIFICAÇÃO DE FATOS** Qual é a estrutura da ATCase?
9. **VERIFICAÇÃO DE FATOS** Como o comportamento cooperativo das enzimas alostéricas é refletido em um gráfico da velocidade de reação *versus* a concentração de substrato?
10. **VERIFICAÇÃO DE FATOS** O comportamento das enzimas alostéricas se torna mais ou menos cooperativo na presença de inibidores?
11. **VERIFICAÇÃO DE FATOS** O comportamento das enzimas alostéricas se torna mais ou menos cooperativo na presença de ativadores?
12. **VERIFICAÇÃO DE FATOS** Explique o significado de $K_{0,5}$.

13. **PERGUNTA DE RACIOCÍNIO** Explique o experimento utilizado para determinar a estrutura da ATCase. O que acontece à atividade e às atividades reguladoras quando as subunidades são separadas?

7-2 Os Modelos Concertado e Sequencial para Enzimas Alostéricas

14. **VERIFICAÇÃO DE FATOS** Diferencie entre os modelos concertado e sequencial para o comportamento de enzimas alostéricas.
15. **VERIFICAÇÃO DE FATOS** Qual modelo alostérico pode explicar a cooperatividade negativa?
16. **VERIFICAÇÃO DE FATOS** Com o modelo concertado, que condições favorecem maior cooperatividade?
17. **VERIFICAÇÃO DE FATOS** Com relação ao modelo concertado, o que é o valor L? O que é o valor *c*?
18. **PERGUNTA DE RACIOCÍNIO** É possível imaginar modelos para o comportamento de enzimas alostéricas que não sejam os que vimos neste capítulo?

7-3 Controle da Atividade Enzimática pela Fosforilação

19. **CONEXÕES BIOQUÍMICAS** Qual tem sido o método histórico usado na modelagem de medicamentos?
20. **CONEXÕES BIOQUÍMICAS** Qual a principal razão para os efeitos colaterais com os medicamentos tradicionais que se ligam ao sítio ativo de um receptor?
21. **CONEXÕES BIOQUÍMICAS** Quais são as vantagens de se usar medicamentos alostéricos em contraste com os ortostéricos?
22. **CONEXÕES BIOQUÍMICAS** Como o valium funciona?
23. **CONEXÕES BIOQUÍMICAS** Por que tomar muito valium não é tão perigoso como tomar muito fenobarbital?
24. **CONEXÕES BIOQUÍMICAS** Quais são os dois medicamentos alostéricos recentes que estão atualmente no mercado? O que eles fazem?
25. **VERIFICAÇÃO DE FATOS** Qual é a função de uma proteinoquinase?
26. **VERIFICAÇÃO DE FATOS** Que aminoácidos são frequentemente fosforilados por quinases?
27. **PERGUNTA DE RACIOCÍNIO** Quais são algumas possíveis vantagens para a célula da combinação da fosforilação com controle alostérico?
28. **PERGUNTA DE RACIOCÍNIO** Explique como a fosforilação está envolvida na função da ATPase sódio-potássio.
29. **PERGUNTADE RACIOCÍNIO** Explique como o glicogênio fosforilase é controlado de forma alostérica e por modificação covalente.

7-4 Zimogênios

30. **CONEXÕES BIOQUÍMICAS** Qual é o composto natural que levou eventualmente à aspirina?
31. **CONEXÕES BIOQUÍMICAS** Qual é a relação entre a ação do salicilato ou aspirina que os pesquisadores acreditam explicar alguns dos seus efeitos terapêuticos?
32. **VERIFICAÇÃO DE FATOS** Cite três proteínas que estão sujeitas ao mecanismo de controle da ativação do zimogênio.
33. **CONEXÕES BIOQUÍMICAS** Cite três proteases e seus substratos.
34. **VERIFICAÇÃO DE FATOS** O que são caspases?
35. **PERGUNTA DE RACIOCÍNIO** Explique por que a clivagem da ligação entre a arginina 15 e a isoleucina 16 do quimotripsinogênio ativa o zimogênio.
36. **PERGUNTA DE RACIOCÍNIO** Por que é necessário ou vantajoso para o organismo produzir zimogênios?
37. **PERGUNTA DE RACIOCÍNIO** Por que é necessário ou vantajoso para o organismo produzir precursores de hormônio inativos?
38. **VERIFICAÇÃO DE FATOS** O que é apoptose?
39. **VERIFICAÇÃO DE FATOS** Quais doenças estão ligadas à apoptose?

7-5 A Natureza do Sítio Ativo

40. **VERIFICAÇÃO DE FATOS** Quais são os dois aminoácidos essenciais no sítio ativo da quimotripsina?
41. **VERIFICAÇÃO DE FATOS** Por que a reação enzimática para a quimotripsina ocorre em duas fases?
42. **PERGUNTA DE RACIOCÍNIO** Descreva brevemente a função da catálise nucleofílica no mecanismo da reação da quimotripsina.
43. **PERGUNTA DE RACIOCÍNIO** Explique a função da histidina 57 no mecanismo da quimotripsina.
44. **PERGUNTA DE RACIOCÍNIO** Explique por que a segunda fase do mecanismo da quimotripsina é mais lenta que a primeira.
45. **PERGUNTA DE RACIOCÍNIO** Explique como o pK_a para a histidina 57 é importante para sua função no mecanismo de ação da quimotripsina.
46. **PERGUNTA DE RACIOCÍNIO** Um inibidor que marca especificamente a quimotripsina na histidina 57 é a N-tosilamido-L-feniletil clorometil cetona. Como você modificaria a estrutura desse inibidor para marcar o sítio ativo da tripsina?

7-6 Reações Químicas Envolvidas nos Mecanismos Enzimáticos

47. **PERGUNTA DE RACIOCÍNIO** Quais propriedades dos íons metálicos os tornam cofatores úteis?
48. **VERIFICAÇÃO DE FATOS** Na bioquímica, qual grupo normalmente é atacado por um nucleófilo?
49. **PERGUNTA DE RACIOCÍNIO** O que significa catálise geral ácida com relação aos mecanismos enzimáticos?
50. **PERGUNTA DE RACIOCÍNIO** Explique a diferença entre um mecanismo de reação S_N1 e um mecanismo de reação S_N2.
51. **PERGUNTA DE RACIOCÍNIO** Qual dos dois mecanismos de reação na Pergunta 48 tem probabilidade de causar uma perda de estereoespecificidade? Por quê?
52. **PERGUNTA DE RACIOCÍNIO** Um experimento é realizado para testar um mecanismo sugerido para uma reação catalisada por enzima. Os resultados encaixam-se exatamente no modelo (até a extensão do erro experimental). Os resultados provam que o mecanismo é correto? Justifique sua resposta.

7-7 O Sítio Ativo e os Estados de Transição

53. **PERGUNTA DE RACIOCÍNIO** Quais seriam as características de um análogo do estado de transição para a reação da quimotripsina?
54. **PERGUNTA DE RACIOCÍNIO** Qual é a relação entre um análogo do estado de transição e o modelo de encaixe induzido da cinética enzimática?

55. **PERGUNTA DE RACIOCÍNIO** Explique como um pesquisador produz uma abzima. Qual é a finalidade dela?

56. **CONEXÕES BIOQUÍMICAS** Por que a dependência de cocaína não pode ser tratada com um medicamento que bloqueia o receptor de cocaína?

57. **CONEXÕES BIOQUÍMICAS** Explique como as abzimas podem ser utilizadas para tratar a dependência de cocaína.

7-8 Coenzimas

58. **VERIFICAÇÃO DE FATOS** Cite três coenzimas e suas funções.

59. **VERIFICAÇÃO DE FATOS** Como as coenzimas se relacionam às vitaminas?

60. **VERIFICAÇÃO DE FATOS** Que tipo de reação utiliza a vitamina B_6?

61. **PERGUNTA DE RACIOCÍNIO** Sugira uma função para as coenzimas com base nos mecanismos de reação.

62. **PERGUNTA DE RACIOCÍNIO** Uma enzima usa NAD^+ como uma coenzima. Utilizando a Figura 7.19, preveja se um íon $H:^-$ marcado radioativamente tenderia a aparecer preferencialmente em um lado do anel de nicotinamida em vez de no outro lado.

63. **CONEXÕES BIOQUÍMICAS** O que é química verde?

64. **CONEXÕES BIOQUÍMICAS** Quais algumas maneiras nas quais os TAML são usados?

Lipídeos e Proteínas Estão Associados nas Membranas Biológicas

8

8-1 Definição de um Lipídeo

O que são lipídeos?

Lipídeos são compostos que ocorrem frequentemente na natureza. São encontrados em lugares tão diversos como a gema do ovo e o sistema nervoso humano, e são importantes componentes de membranas vegetais, animais e microbianas. A definição de um lipídeo baseia-se na solubilidade. Os lipídeos são pouco solúveis (na melhor das hipóteses) em água, mas extremamente solúveis em solventes orgânicos, como o clorofórmio ou a acetona.

Gorduras e óleos são lipídeos típicos em termos de solubilidade, mas este fato não define realmente sua natureza química. Em termos químicos, lipídeo é uma mistura de compostos que compartilham algumas propriedades com base em semelhanças estruturais, principalmente uma preponderância de grupos apolares.

Classificados de acordo com sua natureza química, os lipídeos encaixam-se em dois grupos principais. Um, que consiste em compostos de cadeia aberta com grupos de cabeça polar e longas caudas apolares, incluindo *ácidos graxos, triacilgliceróis, esfingolipídeos, fosfoacilgliceróis* e *glicolipídeos.* O segundo grupo principal consiste em compostos de anéis fundidos (cadeias cíclicas), os *esteroides*; um importante representante deste grupo é o colesterol.

RESUMO DO CAPÍTULO

[Continua

[Continuação]

8.4 CONEXÕES BIOQUÍMICAS NEUROCIÊNCIA | A Visão Tem Muita Química

8.5 CONEXÕES BIOQUÍMICAS NUTRIÇÃO | Por Que Devemos Comer mais Salmão?

8-8 Prostaglandinas e Leucotrienos
- Qual a relação das prostaglandinas e leucotrienos com os lipídeos?

8-2 Naturezas Químicas dos Tipos de Lipídeos

O que são ácidos graxos?

Um ácido graxo tem um grupo carboxila na extremidade polar e uma cadeia de hidrocarbonetos na cauda apolar. Os ácidos graxos são compostos **anfipáticos**, porque o grupo carboxila é hidrofílico e a cauda de hidrocarboneto é hidrofóbica. O grupo carboxila pode ionizar sob condições adequadas.

anfipático refere-se a uma molécula que tem uma extremidade com um grupo polar solúvel em água e a outra com um grupo hidrocarboneto apolar insolúvel em água

Um ácido graxo que ocorre em um organismo vivo normalmente contém um número par de átomos de carbono, e a cadeia de hidrocarbonetos geralmente não tem ramificação (Figura 8.1). Se existem ligações duplas entre os carbonos na cadeia, o ácido graxo é *insaturado*; se existem apenas ligações simples, é *saturado*. As Tabelas 8.1 e 8.2 listam alguns exemplos das duas classes. Nos ácidos graxos insaturados, a estereoquímica na ligação dupla normalmente é *cis*, em vez de *trans*. A diferença entre ácidos graxos *cis* e *trans* é muito importante para seu formato geral. A dupla ligação *cis* faz uma prega na cauda de hidrocarboneto de cadeia longa, enquanto o formato de um ácido graxo *trans* é semelhante à de um ácido graxo saturado em sua conformação totalmente estendida. Observe que as ligações duplas são isoladas umas das outras por diversos carbonos com ligações simples; os ácidos graxos normalmente não têm sistemas de ligações duplas conjugadas. A notação utilizada para ácidos graxos indica os números de átomos de carbono e de ligações duplas. Neste sistema, 18:0 denota um ácido graxo saturado com 18 carbonos sem ligações duplas, e 18:1, um ácido graxo com 18 carbonos e uma ligação dupla. Observe que, nos ácidos graxos insaturados da Tabela 8.2 (exceto o ácido araquidônico), há uma ligação dupla no nono átomo de carbono a partir da extremidade carboxila. A posição da ligação dupla resulta da forma como ácidos graxos insaturados são sintetizados no organismo (Seção 21-6). Os ácidos graxos insaturados têm pontos de fusão mais baixos que os saturados. Óleos vegetais são líquidos à temperatura ambiente porque possuem maiores proporções de ácidos graxos insaturados do que as gorduras animais, que tendem a ser sólidas. A conversão de óleos em gorduras é um processo comercial importante. Ela envolve a hidrogenação, processo de adição de hidrogênio às ligações duplas de ácidos graxos insaturados para produzir o ácido saturado correspondente. A oleomargarina, em especial, utiliza óleos vegetais parcialmente hidrogenados, que tendem a incluir ácidos graxos *trans* (veja o quadro CONEXÕES **BIOQUÍMICAS 8.1**).

Os ácidos graxos raramente são encontrados livres na natureza, mas fazem parte de muitos lipídeos naturais.

O que são triacilgliceróis?

Glicerol é um composto simples que contém três grupos hidroxila(Figura 8.2). Quando todos os três grupos álcool formam ligações ésteres com ácidos graxos, o composto resultante é um **triacilglicerol**; o nome mais antigo para este tipo de composto é *triglicerídeo*. Observe que os três grupos éster são a parte polar da molécula, enquanto as caudas dos ácidos graxos são apolares. É usual três ácidos graxos diferentes estarem esterificados a grupos álcool da mesma molécula de glicerol. Os triacilgliceróis não ocorrem como componentes de membranas (como

glicerol composto de três carbonos que contém três grupos hidroxila, cada um ligado a um carbono

triacilglicerol lipídeo formado pela esterificação de três ácidos graxos em glicerol; também chamado *triglicerídeo*

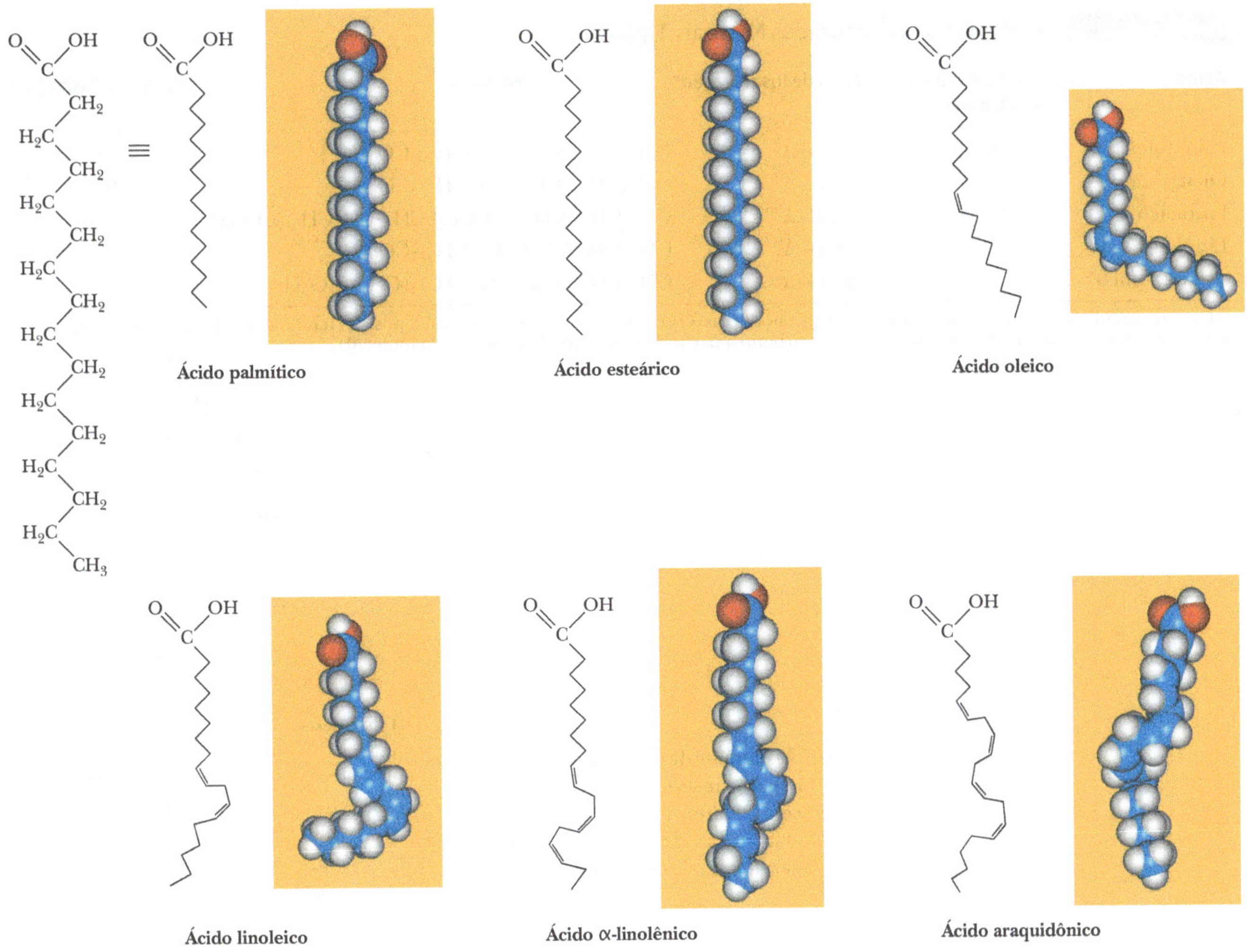
Ácido palmítico
Ácido esteárico
Ácido oleico
Ácido linoleico
Ácido α-linolênico
Ácido araquidônico

FIGURA 8.1 **Estruturas de alguns ácidos graxos típicos.** Observe que a maioria dos ácidos graxos naturais contém números pares de átomos de carbono, e que quase sempre as ligações duplas são *cis* e raramente conjugadas.

TABELA 8.1 Ácidos Graxos Saturados de Ocorrência Natural

Ácido	Número de Átomos de Carbono	Fórmula	Ponto de Fusão (°C)
Láurico	12	$CH_3(CH_2)_{10}CO_2H$	44
Mirístico	14	$CH_3(CH_2)_{12}CO_2H$	58
Palmítico	16	$CH_3(CH_2)_{14}CO_2H$	63
Esteárico	18	$CH_3(CH_2)_{16}CO_2H$	71
Araquídico	20	$CH_3(CH_2)_{18}CO_2H$	77

outros tipos de lipídeos), mas acumulam-se no tecido adiposo (principalmente em células adiposas) e fornecem um meio de armazenamento de ácidos graxos, particularmente nos animais. Eles servem como depósitos concentrados de energia metabólica. A oxidação completa de gorduras produz cerca de 9 kcal g^{-1}, em contraste com 4 kcal g^{-1} para carboidratos e proteínas (veja as Seções 21-3 e 24-2).

Quando um organismo utiliza ácidos graxos, as ligações ésteres dos triacilgliceróis são hidrolisadas por enzimas chamadas **lipases**. A mesma reação de hidrólise pode ocorrer fora de organismos vivos, com ácidos ou bases. Quando uma base como hidróxido de sódio ou hidróxido de potássio é utilizada, os produtos

TABELA 8.2 Ácidos Graxos Insaturados Naturais Típicos

Ácido	Número de Átomos de Carbono	Grau de Insaturação*	Fórmula	Ponto de Fusão (°C)
Palmitoleico	16	16:1—Δ^9	$CH_3(CH_2)_5CH{=}CH(CH_2)_7CO_2H$	−0,5
Oleico	18	18:1—Δ^9	$CH_3(CH_2)_7CH{=}CH(CH_2)_7CO_2H$	16
Linoleico	18	18:2—$\Delta^{9,12}$	$CH_3(CH_2)_4CH{=}CH(CH_2)CH{=}CH(CH_2)_7CO_2H$	−5
Linolênico	18	18:3—$\Delta^{9,12,15}$	$CH_3(CH_2CH{=}CH)_3(CH_2)_7CO_2H$	−11
Araquidônico	20	20:4—$\Delta^{5,8,11,14}$	$CH_3(CH_2)_4CH{=}CH(CH_2)_4(CH_2)_2CO_2H$	−50

* Grau de insaturação refere-se ao número de ligações duplas. Os índices sobrescritos indicam a posição das ligações duplas. Por exemplo, Δ^9 refere-se a uma ligação dupla no nono átomo de carbono a partir da extremidade carboxila da molécula.

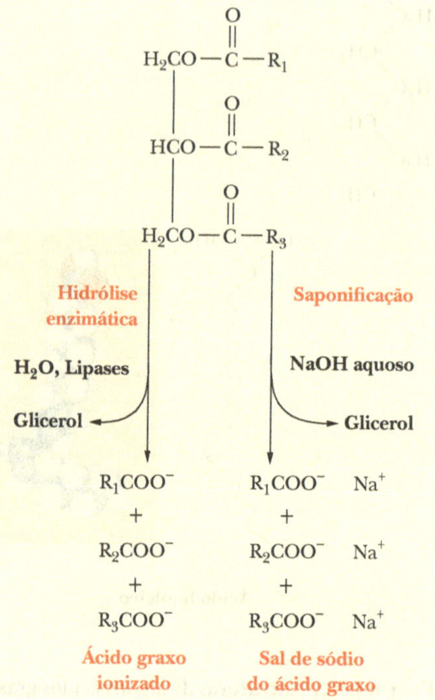

Hidrólise enzimática
Saponificação
H₂O, Lipases
NaOH aquoso
Glicerol
Glicerol
Ácido graxo ionizado
Sal de sódio do ácido graxo

FIGURA 8.2 **Hidrólise de triacilgliceróis.** O termo *saponificação* refere-se às reações do éster de glicerila com o hidróxido de sódio ou potássio para produzir um sabão, que é o sal do ácido graxo de cadeia longa correspondente.

da reação, chamada *saponificação* (Figura 8.2), são o glicerol e os sais de sódio ou potássio dos ácidos graxos. Esses sais são sabões. Quando sabões são utilizados com água rica em sais, os íons magnésio e cálcio da água reagem com os ácidos graxos para formar precipitados – resíduo característico (escuma) deixado dentro de pias e banheiras. O outro produto da saponificação, glicerol, é utilizado em cremes e loções, bem como na fabricação de nitroglicerina.

O que são fosfoacilgliceróis?

É possível que um dos grupos álcool do glicerol seja esterificado por uma molécula de ácido fosfórico, ao invés de ácido carboxílico. Em tais moléculas de lipídeo, dois ácidos graxos também são esterificados à molécula de glicerol. O composto resultante é chamado ácido fosfatídico (Figura 8.3a). Os ácidos graxos são normalmente ácidos monopróticos com apenas um grupo carboxila capaz de formar uma ligação éster, mas o ácido fosfórico é triprótico e, assim, pode formar mais de uma ligação éster. Uma molécula de ácido fosfórico pode formar ligações ésteres tanto com o glicerol quanto com algum outro álcool, criando um *fosfatidiléster* (Figura 8.3b).

Os fosfatidilésteres são classificados como fosfoacilgliceróis. As naturezas dos ácidos graxos variam imensamente, assim como nos triacilgliceróis. Como resultado, os nomes desses tipos de lipídeos (como triacilgliceróis e fosfoacilgliceróis) que contêm ácidos graxos devem ser considerados nomes genéricos.

A classificação de um fosfatidiléster depende da natureza do segundo álcool esterificado ao ácido fosfórico. Alguns dos lipídeos mais importantes nessa

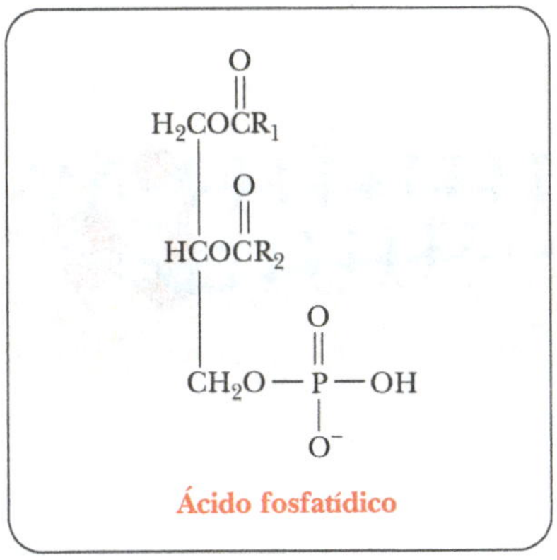

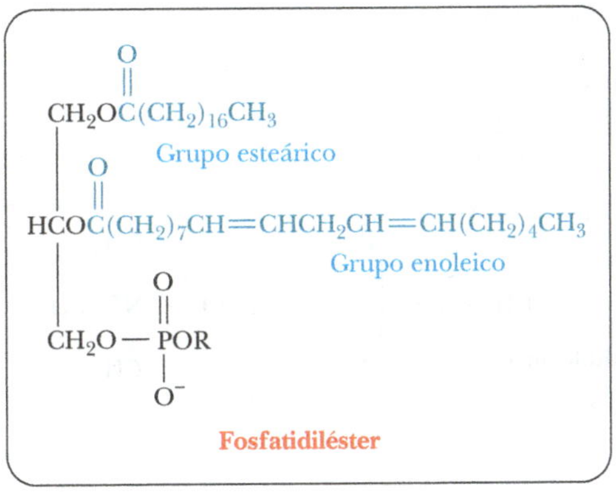

A Um **ácido fosfatídico**, no qual o glicerol é esterificado ao ácido fosfórico e a dois ácidos carboxílicos diferentes. R_1 e R_2 representam as cadeias de hidrocarboneto dos dois ácidos carboxílicos.

B Um fosfatidiléster (**fosfoacilglicerol**). O glicerol é esterificado a dois ácidos carboxílicos, ácido esteárico e ácido linoleico, assim como ao ácido fosfórico. Este, por sua vez, é esterificado a um segundo álcool, ROH.

FIGURA 8.3 **Arquitetura molecular dos fosfoacilgliceróis.**

ácido fosfatídico composto no qual dois ácidos graxos e o ácido fosfórico estão esterificados aos três grupos hidroxila do glicerol

fosfoacilglicerol (fosfoglicerídeo) ácido fosfatídico com outro álcool esterificado à porção de ácido fosfórico

classe são *fosfatidiletanolamina* (cefalina), *fosfatidilserina*, *fosfatidilcolina* (lecitina), *fosfatidilinositol*, *fosfatidilglicerol* e *difosfatidilglicerol* (cardiolipina) (Figura 8.4). Em cada um desses tipos de compostos, a natureza dos ácidos graxos na molécula pode variar imensamente. Todos esses compostos têm caudas hidrofóbicas longas e apolares e cabeças polares altamente hidrofílicas, e, assim, são notavelmente anfipáticos. (Já vimos esta característica em ácidos graxos.) Em um fosfoacilglicerol, a cabeça polar é carregada, já que o grupo fosfato está ionizado em pH neutro. Também ocorre frequentemente um grupo amina carregado positivamente cedido por um álcool amino esterificado ao ácido fosfórico. Os fosfoacilgliceróis são componentes importantes de membranas biológicas.

O que são ceras e esfingolipídeos?

Ceras são misturas complexas de ésteres de ácidos carboxílicos e alcoóis de cadeia longa. Frequentemente servem de cobertura protetora tanto para vegetais quanto para animais. Nos vegetais, elas cobrem caules, folhas e frutos; nos animais, são encontradas em pelos, penas e pele. O cerotato de miricila (Figura 8.5), principal componente da cera de carnaúba, é produzido pela carnaubeira brasileira. A carnaúba é amplamente utilizada em ceras para assoalhos e automóveis. O principal componente do espermacete, uma cera produzida por baleias, é o palmitato de cetila (Figura 8.5). O uso do espermacete como componente de cosméticos tornou-o um dos produtos mais preciosos dos esforços dos baleeiros no século XIX.

ceras misturas de ésteres de ácidos carboxílicos de cadeia longa e alcoóis de cadeia longa

Os **esfingolipídeos** não contêm glicerol, e sim um álcool aminado de cadeia longa, a esfingosina, da qual esta classe de compostos tira seu nome (Figura 8.5). Esfingolipídeos são encontrados tanto em vegetais quanto em animais; são particularmente abundantes no sistema nervoso. Os compostos mais simples desta classe são as ceramidas, que consistem em um ácido graxo ligado ao grupo amino da esfingosina por uma ligação de amida (Figura 8.5). Nas **esfingomielinas**, o grupo álcool primário da esfingosina é esterificado a ácido fosfórico, que, por sua vez, é esterificado a outro álcool aminado, a colina (Figura 8.5). Observe as semelhanças estruturais entre a esfingomielina e outros fosfolipídeos. Duas longas cadeias de hidrocarboneto estão ligadas a um esqueleto que contém grupos álcool. Um desses grupos álcool do esqueleto está esterificado a ácido fosfórico. O outro – a colina, neste caso – também é esterificado a ácido fosfórico. Já vimos que a colina ocorre nos fosfoacilgliceróis. As esfingomielinas são anfipáticas e ocorrem em membranas celulares do sistema nervoso.

esfingolipídeo lipídeos cuja estrutura se baseia na esfingosina

esfingomielinas compostos nos quais o álcool primário de esfignosina é esterificado a ácido fosfórico, que também é esterificado em outro álcool amino

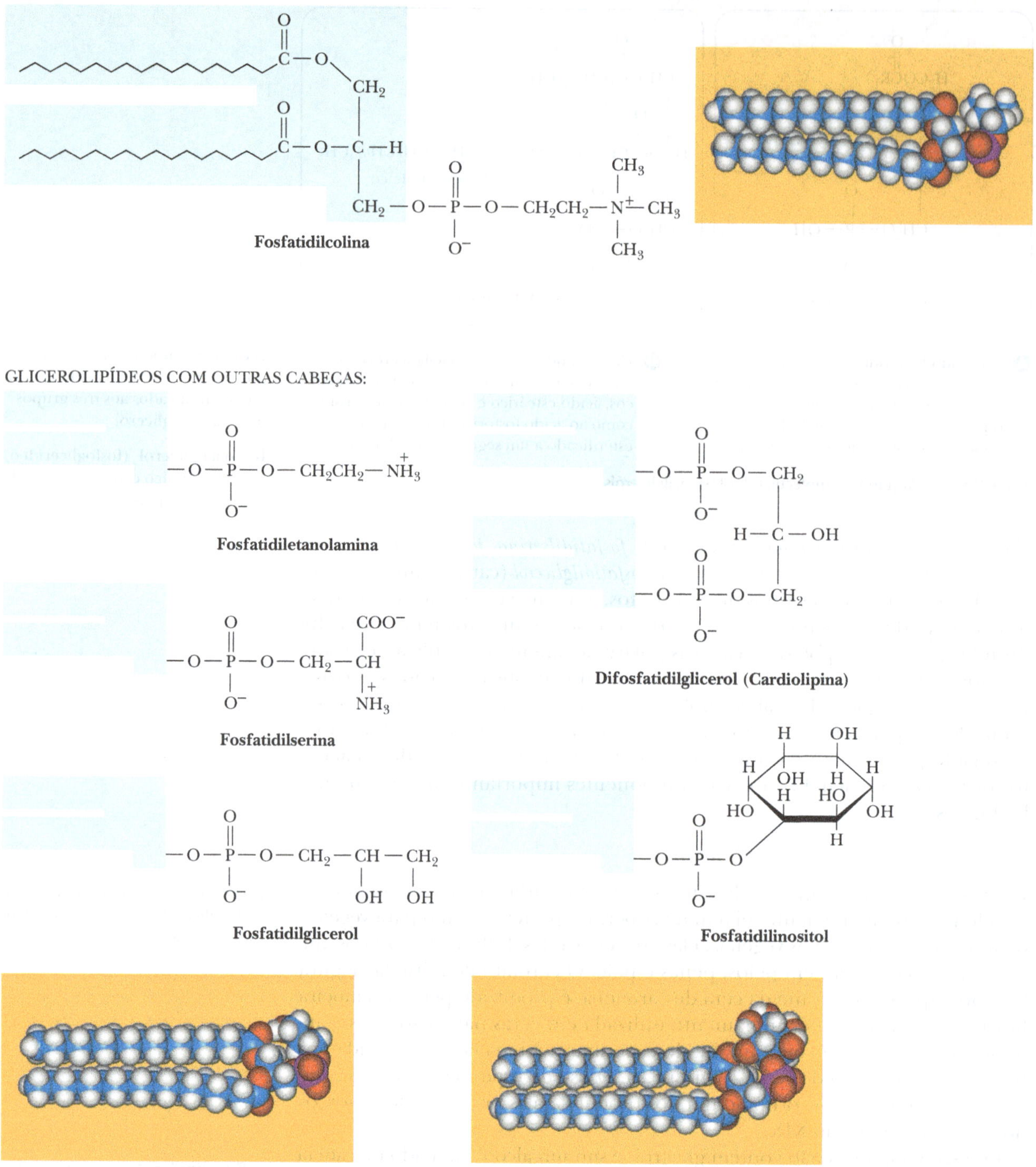
Fosfatidilcolina
GLICEROLIPÍDEOS COM OUTRAS CABEÇAS:
Fosfatidiletanolamina
Difosfatidilglicerol (Cardiolipina)
Fosfatidilserina
Fosfatidilglicerol
Fosfatidilinositol

FIGURA 8.4 **Estruturas de alguns fosfoacilgliceróis e modelos atômicos de preenchimento de espaço da fosfatidilcolina, do fosfatidilglicerol e do fosfatidilinositol.**

O que são glicolipídeos?

Se um carboidrato estiver ligado a um grupo álcool de um lipídeo por uma ligação glicosídica (veja a Seção 16-3 para uma discussão sobre ligações glicosídicas), o composto resultante será um **glicolipídeo**. Com bastante frequência, as **ceramidas** (veja a Figura 8.5) são moléculas mãe dos glicolipídeos, e a ligação glicosídica é formada entre o grupo álcool primário da ceramida e um resíduo de açúcar. O composto resultante é chamado **cerebrosídeo**. Na maioria dos casos, o açúcar é a glicose ou a galactose; por exemplo, um glicocerebrosídeo é um cerebrosídeo que contém glicose (Figura 8.6). Como o nome indica, os ce-

glicolipídeo um lipídeo ao qual uma porção de açúcar está ligada

ceramida lipídeos que contêm um ácido graxo ligado à esfingosina por uma ligação amida

cerebrosídeo um glicolipídeo que contém esfingosina e um ácido graxo além da porção de açúcar rebrosídeos são encontrados nas células nervosas e cerebrais, principalmente nas membranas celulares. A porção de carboidrato desses compostos pode ser bastante complexa. Gangliosídeos são exemplos de glicolipídeos com uma porção de carboidrato complexa que contém mais de três açúcares. Um deles é sempre um ácido siálico (Figura 8.7). Esses compostos também são chamados de ácidos glicoesfingolipídeos em razão de sua carga negativa líquida em pH neutro. Glicolipídeos são frequentemente encontrados como marcadores em membranas celulares, e têm um papel importante na especificidade de tecidos e órgãos. Gangliosídeos também estão presentes em grandes quantidades nos tecidos nervosos. Sua biossíntese e degradação são discutidas na Seção 21-7.

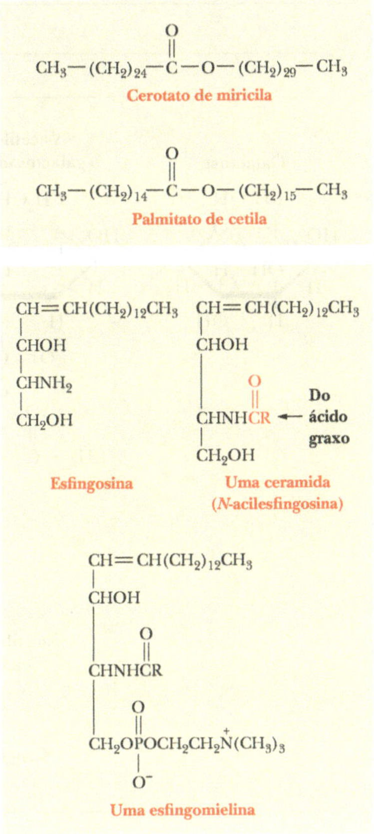
Cerotato de miricila
Palmitato de cetila
Do ácido graxo
Esfingosina
Uma ceramida (N-acilesfingosina)
Uma esfingomielina

Figura 8.5 **Estruturas de algumas ceras e esfingolipídeos.**

▶ *O que são esteroides?*

Muitos compostos com funções altamente diferentes são classificados como **esteroides** por terem a mesma estrutura geral: um sistema de anéis fundidos consistindo em três anéis com seis átomos (anéis A, B e C) e um anel com cinco átomos (anel D). Existem vários esteroides importantes, incluindo os hormônios sexuais (veja a Seção 24-3 para mais esteroides de importância biológica). O esteroide mais interessante para nossa discussão sobre membranas é o **colesterol** (Figura 8.8). O único grupo hidrofílico na estrutura do colesterol é a hidroxila. Como resultado, essa molécula é altamente hidrofóbica. O colesterol é abundante nas membranas biológicas, especialmente nos animais, mas não ocorre em membranas celulares procarióticas. A presença do colesterol nas membranas pode modificar o papel das proteínas ligadas a elas. O colesterol tem várias funções biológicas importantes, incluindo sua função como precursor de outros esteroides e da vitamina D_3. Veremos um modelo estrutural de cinco carbonos (a unidade isopreno) comum a esteroides e a vitaminas solúveis em gordura, o que é uma indicação de sua relação biossintética (Seções 8-7 e Seções 21-8). No entanto, o colesterol é mais conhecido por seus efeitos nocivos à saúde quando está presente em excesso no sangue. Ele influencia o desenvolvimento da *aterosclerose*, condição na qual depósitos de lipídeo entopem os vasos sanguíneos e provocam doenças cardíacas (veja a Seção 21-8).

8-3 Membranas Biológicas

Cada célula tem uma membrana celular (também chamada membrana plasmática); as células eucarióticas também têm organelas envoltas por membranas, como os núcleos e as mitocôndrias. A base molecular da estrutura da membrana está em seus componentes lipídicos e proteicos. Agora, veremos como a interação entre a bicamada lipídica e as proteínas da membrana determina sua função. As membranas não apenas separam as células do ambiente externo, mas também representam papéis importantes no transporte de substâncias específicas para dentro e para fora das células. Além disso, diversas enzimas importantes são encontradas nas membranas e dependem desse ambiente para seu funcionamento.

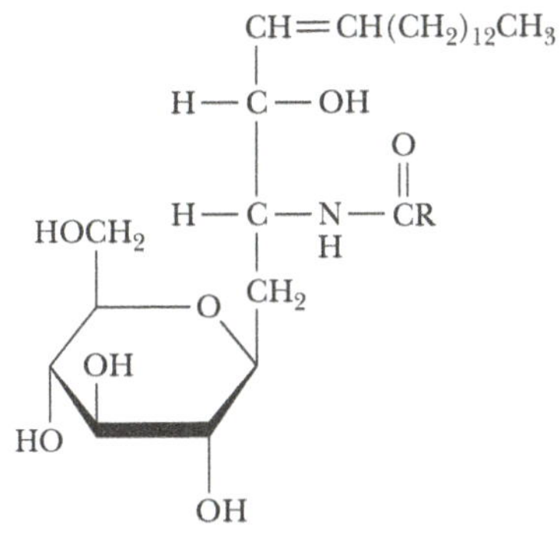

Um glicocerebrosídeo

Figura 8.6 **Estrutura de um glicocerebrosídeo.**

Os *fosfoglicerídeos* são excelentes exemplos de moléculas anfipáticas e os principais componentes lipídicos das membranas. A existência de *bicamadas lipídicas* depende de interações hidrofóbicas, como descrito na Seção 4-6. Essas bicamadas são utilizadas frequentemente como modelos para membranas biológicas por terem diversas características em comum, como interior hidrofóbico e capacidade de controlar o transporte de pequenas moléculas e íons, mas são mais simples e fáceis de trabalhar em laboratório do que as membranas biológicas.

A diferença mais importante entre as bicamadas lipídicas e as membranas celulares é que estas contêm proteínas além de lipídeos. O componente proteico de uma membrana pode compor de 20% a 80% de sua massa total. Uma compreensão da estrutura membranosa exige o conhecimento de como os componentes proteicos e lipídicos contribuem para as propriedades da membrana.

esteroide lipídeo com uma estrutura característica de anel fundido

colesterol esteroide que ocorre nas membranas celulares; precursor de outros esteroides

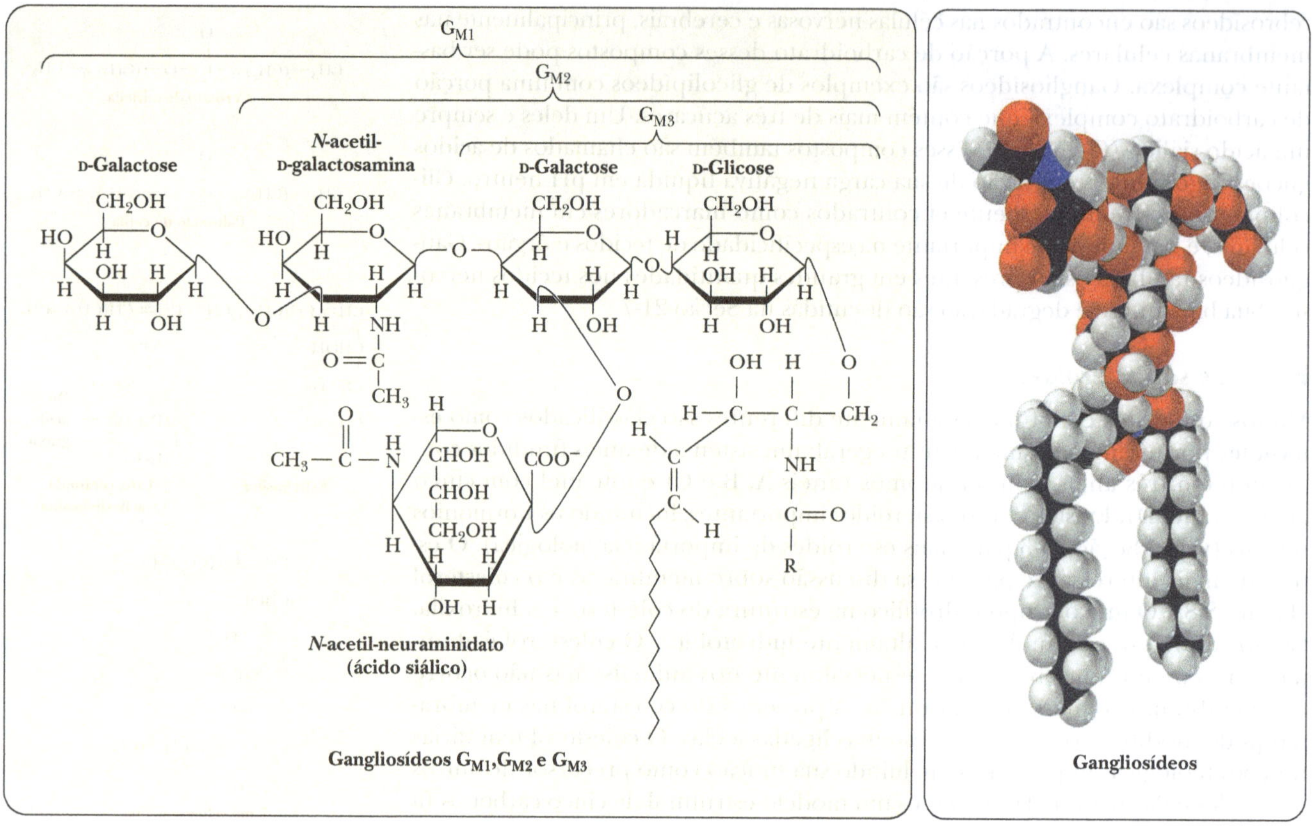
G_M1
G_M2
G_M3
D-Galactose
N-acetil-D-galactosamina
D-Galactose
D-Glicose
N-acetil-neuraminidato
(ácido siálico)
Gangliosídeos G_M1, G_M2 e G_M3
Gangliosídeos

FIGURA 8.7 As estruturas de diversos gangliosídeos importantes. Um modelo molecular de preenchimento de espaço do gangliosídeo G_{M1} também é mostrado.

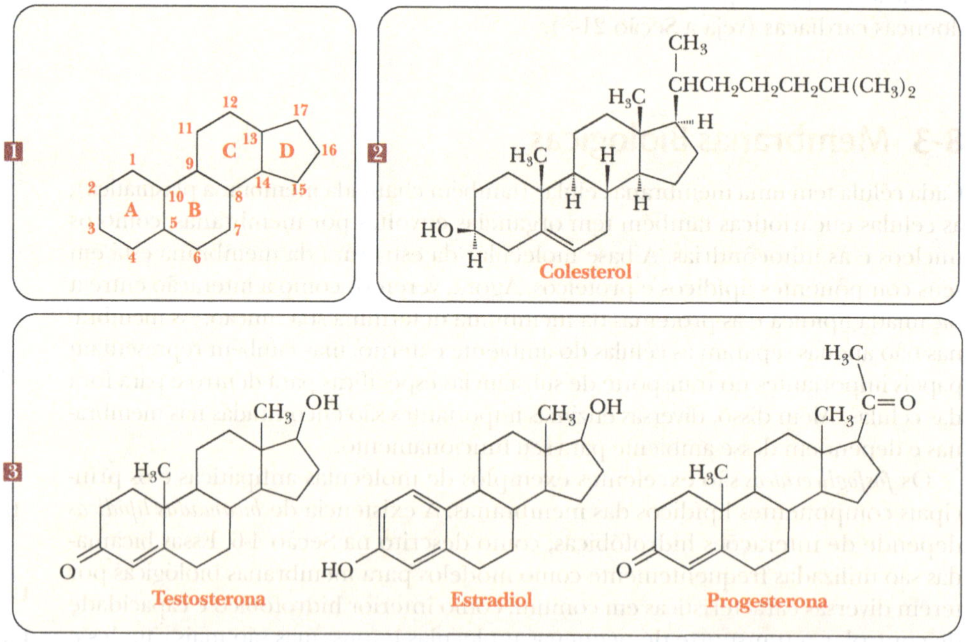
1
2
3
Colesterol
Testosterona
Estradiol
Progesterona

FIGURA 8.8 Estruturas de alguns esteroides. (a) Estrutura de anéis fundidos dos esteroides. (b) Colesterol. (c) Alguns hormônios esteroides sexuais.

Qual é a estrutura das bicamadas lipídicas?

As membranas biológicas contêm, além de fosfoglicerídeos, glicolipídeos como parte do componente lipídico. Os esteroides estão presentes nos eucariotos — colesterol nas membranas animais e em compostos semelhantes, chamados fitosteróis, nos vegetais. Na porção de **bicamada lipídica** da membrana (Figura 8.9), as cabeças polares entram em contato com a água e as caudas apolares ficam na parte interna da membrana. Toda a organização da bicamada é mantida por interações não covalentes, como as de van der Waals e as hidrofóbicas (Seção 2-1). A superfície da bicamada é polar e contém grupos carregados. O interior de hidrocarboneto apolar da bicamada consiste em cadeias saturadas e insaturadas de ácidos graxos e no sistema de anéis fundidos do colesterol.

bicamada lipídica agregado de moléculas de lipídeos no qual os grupos polares estão em contato com a água, mas não as porções hidrofóbicas

As camadas, tanto interna quanto externa, da bicamada contêm misturas de lipídeos, mas suas composições são diferentes e podem ser utilizadas para a distinção entre elas (Figura 8.10). As moléculas maiores tendem a ocorrer na camada externa, enquanto as menores na camada interna.

A Tabela 8.3 mostra a composição lipídica de vários tipos de membranas nas células do fígado de rato. Observe que a distribuição dos principais tipos de lipídeos, como a fosfatidilcolina, a fosfatidiletanolamina e o colesterol, varia enormemente.

Como a composição da bicamada afeta suas propriedades?

A disposição do interior de hidrocarboneto da bicamada pode ser organizada e rígida ou desorganizada e fluida. A fluidez da bicamada depende da sua composição. Nos ácidos graxos saturados, uma organização linear das cadeias de hidrocarbonetos leva à compactação firme de moléculas na bicamada, e, assim, à rigidez.

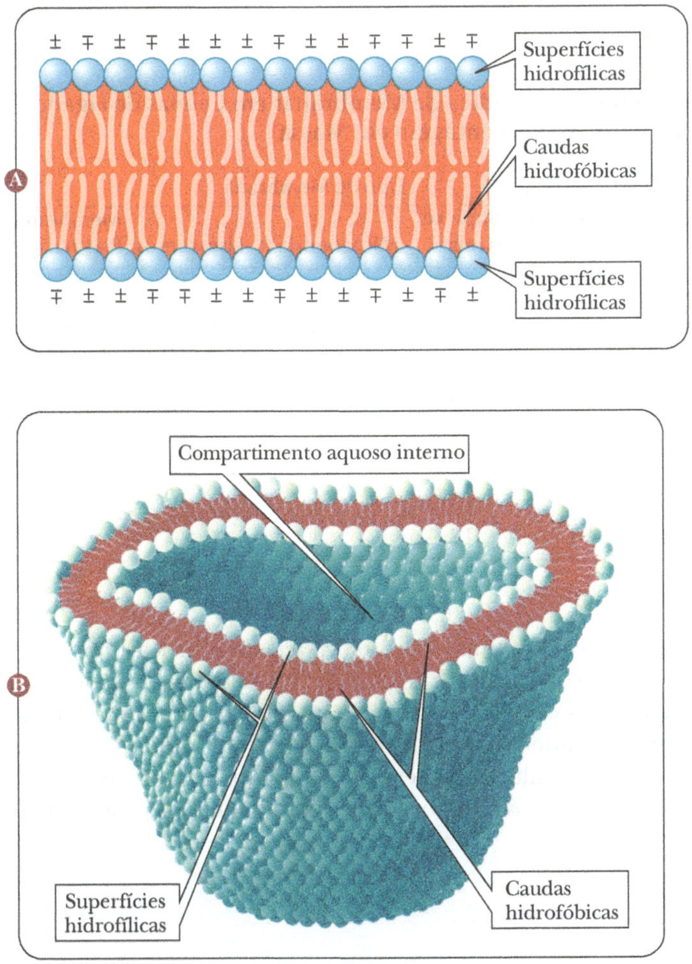
A
Superfícies hidrofílicas
Caudas hidrofóbicas
Superfícies hidrofílicas
B
Compartimento aquoso interno
Superfícies hidrofílicas
Caudas hidrofóbicas

FIGURA 8.9 **Bicamadas lipídicas.** (a) Desenho esquemático de uma porção da bicamada constituída de fosfolipídeos. A superfície polar da bicamada contém grupos carregados. As "caudas" de hidrocarbonetos estão no interior da bicamada. (b) Vista em corte de uma vesícula com uma bicamada lipídica. Observe o compartimento interno aquoso e o fato de que a camada interna é mais compacta que a camada externa. (De Bretscher, M. S. The molecules of the cell membrane. *Scientific American*, out. 1985, p. 103. Arte: Dana Burns-Pizer.)

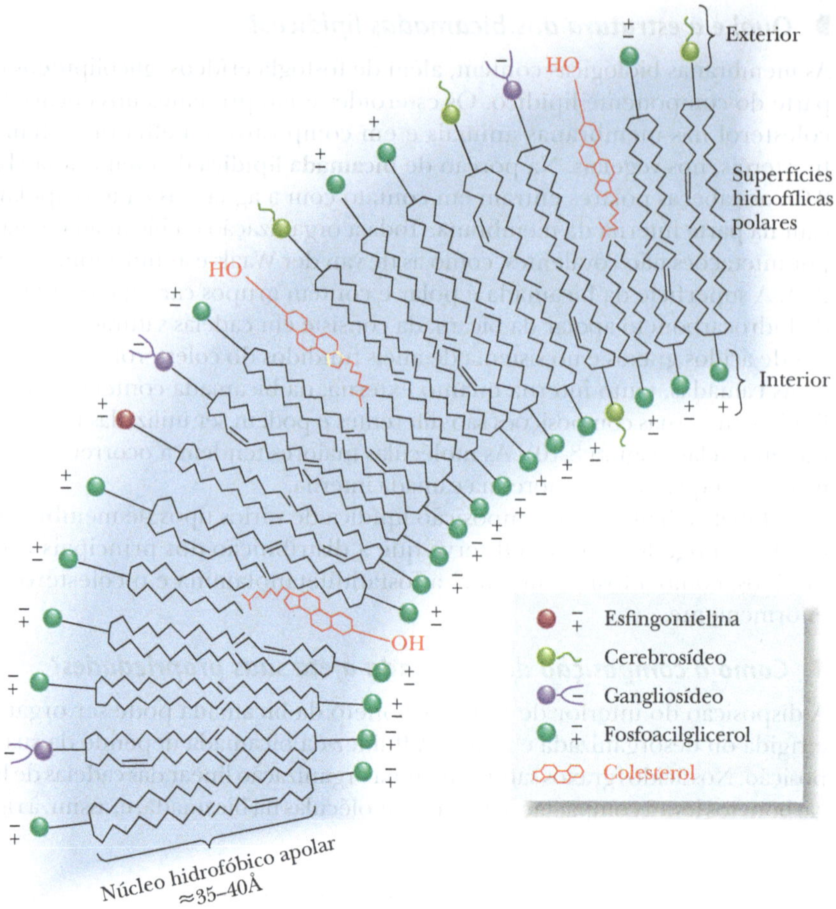
Exterior
HO
Superfícies
hidrofílicas
polares
HO
Interior
OH
Esfingomielina
Cerebrosídeo
Gangliosídeo
Fosfoacilglicerol
Colesterol
Núcleo hidrofóbico apolar
≈35–40Å

Figura 8.10 Assimetria da bicamada lipídica. As composições das camadas externa e interna são diferentes. A concentração de moléculas maiores é mais alta na camada externa, que tem mais espaço.

Tabela 8.3 Composição Lipídica de Membranas em Células de Fígado de Rato, em Porcentagem em Massa

Tipo de Lipídeo	Tipo de Membrana				
	Membrana Nuclear	Complexo de Golgi	Mitocôndria	Lisossomos	Membrana Plasmática
Fosfatidilcolina	49	42	38	27	28
Fosfatidiletanolamina	13	17	34	9	16
Esfingolipídeos	3	7	0	13	12
Fosfatidilinositol	10	10	5	3	6
Fosfatidilserina	3	5	0	0	6
Cardiolipina	3	0	17	0	0
Lipídeos minoritários	4	3	0	0	0
Colesterol	15	17	4	33	28

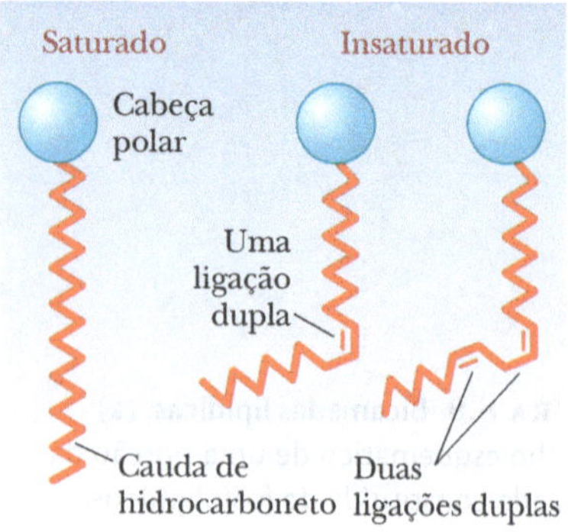
Saturado
Insaturado
Cabeça
polar
Uma
ligação
dupla
Cauda de
hidrocarboneto
Duas
ligações duplas

Figura 8.11 Efeito das ligações duplas na conformação da cauda de hidrocarbonetos de ácidos graxos. Os ácidos graxos insaturados têm dobras em suas caudas.

Os ácidos graxos insaturados têm uma dobra na cadeia de hidrocarboneto que não aparece nos ácidos graxos saturados (Figura 8.11). As dobras provocam desordem na compactação das cadeias, o que permite uma estrutura mais aberta do que seria possível para cadeias retas saturadas (Figura 8.12). Por sua vez, a estrutura desorganizada causada pela presença de ácidos graxos insaturados com ligações duplas em posição *cis* (e, portanto, dobras) em suas cadeias de hi-

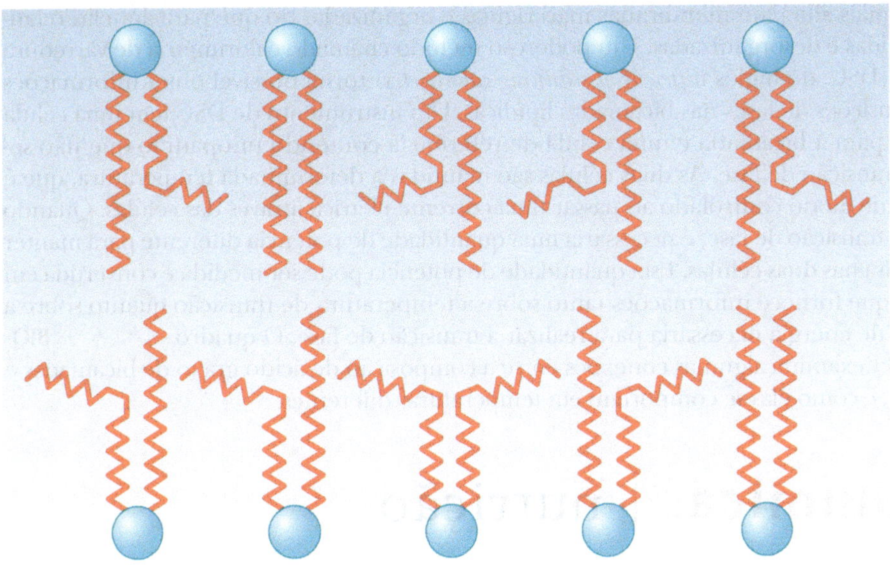

FIGURA 8.12 Desenho esquemático de uma porção altamente fluida de uma bicamada fosfolipídica. As dobras das cadeias laterais insaturadas evitam forte compactação nas porções de hidrocarboneto dos fosfolipídeos.

drocarboneto provoca mais fluidez na bicamada. Os componentes lipídicos de uma bicamada estão sempre em movimento, com maior mobilidade em bicamadas fluidas e menor nas mais rígidas.

A presença de colesterol também pode aumentar a ordem e a rigidez. A própria estrutura em anéis fundidos do colesterol é bastante rígida, e sua presença estabiliza a disposição linear dos ácidos graxos saturados por interações de van der Waals (Figura 8.13). A porção lipídica de uma membrana vegetal tem uma porcentagem maior de ácidos graxos insaturados, especialmente ácidos graxos poli-insaturados (contendo duas ou mais ligações duplas), do que a parte lipídica de uma membrana animal. Além disso, a presença de colesterol é característica das membranas animais, e não das vegetais. Como resultado, as membranas animais são menos fluidas (mais rígidas) que as vegetais, e as membranas de procariotos, que não contêm quantidades consideráveis de esteroides, são as mais fluidas de todas. Pesquisas sugerem que os esteróis vegetais podem agir como bloqueadores naturais do colesterol, interferindo na absorção de colesterol alimentar.

Com o calor, bicamadas organizadas se tornam menos organizadas; bicamadas que são comparativamente desorganizadas se tornam ainda mais desorganizadas. Essa transição cooperativa acontece em uma temperatura característica, como a fusão de um cristal, que também é uma transição cooperativa (Figura 8.14). A temperatura de

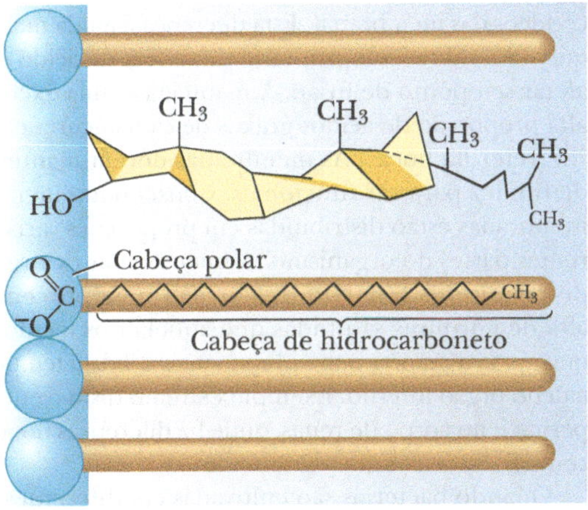
CH3
CH3
CH3
CH3
HO
CH3
O
C
-O
Cabeça polar
CH3
Cabeça de hidrocarboneto

FIGURA 8.13 Enrijecimento da bicamada lipídica causado pelo colesterol. A presença de colesterol em uma membrana reduz a fluidez por estabilizar conformações estendidas das cadeias de hidrocarbonetos das caudas dos ácidos graxos, como resultado de interações de van der Waals.

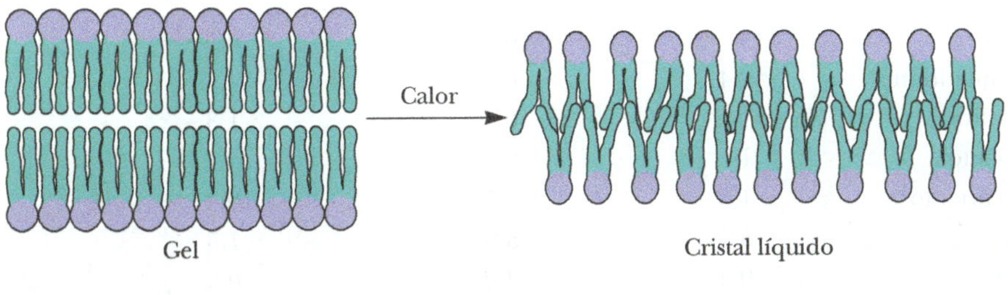
Calor
Gel
Cristal líquido

FIGURA 8.14 Ilustração da transição da fase cristalina de gel para líquido, que ocorre quando uma membrana é aquecida com a temperatura de transição, T_m. Observe que a área superficial deve aumentar e a espessura diminuir à medida que a membrana atravessa uma fase de transição. A mobilidade das cadeias lipídicas aumenta drasticamente.

transição é mais alta para membranas mais rígidas e organizadas do que para aquelas relativamente fluidas e desorganizadas. Um poderoso método chamado calorimetria de varredura diferencial (DSC, do inglês *differential scanning calorimetry*) torna possível obter informações sobre as transições de fases nas bicamadas lipídicas. Um instrumento de DSC tem uma célula de amostra para a bicamada e uma célula de referência contendo um padrão que não sofrerá uma transição de fase. As duas células são mantidas a determinada temperatura, que é aumentada de modo controlado ao passar uma corrente elétrica através das células. Quando ocorre uma transição de fase, é necessária uma quantidade de potência diferente para manter a temperatura nas duas células. Esta quantidade de potência pode ser medida e convertida em um gráfico que fornece informações tanto sobre a temperatura de transição quanto sobre a quantidade de energia necessária para realizar a transição de fase. O quadro CONEXÕES **BIOQUÍMICAS 8.1** examina algumas conexões entre a composição de ácido graxo de bicamadas e membranas, e como elas se comportam em temperaturas diferentes.

8.1 Conexões **Boquímicas** | nutrição

Manteiga *versus* Margarina — Qual É Mais Saudável?

Utilizamos os termos "gorduras" animais e "óleos" vegetais em razão das naturezas sólida e fluida desses dois grupos de lipídeos. A principal diferença entre gorduras e óleos é a porcentagem de ácidos graxos insaturados nos triglicerídeos e fosfoglicerídeos das membranas. Esta diferença é ainda mais importante que o fato de o comprimento da cadeia de ácido graxo poder afetar seu ponto de fusão. A manteiga é uma exceção; ela tem alta proporção de ácidos graxos de cadeia curta e, assim, pode "derreter na boca". As membranas devem manter certo grau de fluidez para ser funcionais. Consequentemente, gorduras insaturadas estão distribuídas em proporções variadas em diferentes partes do organismo. As membranas de órgãos internos de mamíferos homeotérmicos têm uma porcentagem mais alta de gorduras saturadas que aquela dos tecidos da pele, o que ajuda a manter a membrana mais sólida à temperatura mais alta do órgão interno. Exemplo extremo disto é encontrado nas pernas e no corpo de renas, onde há diferenças notáveis nos percentuais de ácidos graxos saturados.

Quando bactérias são cultivadas em diferentes temperaturas, a composição de ácido graxo das membranas muda, apresentando mais ácidos graxos insaturados em temperaturas mais baixas, e mais ácidos graxos saturados nas mais altas. O mesmo tipo de diferença pode ser visto em células eucariotas que crescem em culturas de tecidos.

Mesmo se analisarmos somente os óleos vegetais, encontraremos diferentes proporções de gorduras saturadas em diferentes tipos de óleos. A tabela a seguir fornece a distribuição para uma colher de sopa (14 g) de diferentes óleos.

Como as doenças cardiovasculares estão correlacionadas a dietas ricas em gorduras saturadas, uma dieta com mais gorduras insaturadas pode reduzir o risco de ataques cardíacos e derrames. O óleo de canola é uma opção alimentar atraente por ter alta proporção de ácidos graxos insaturados em relação aos ácidos graxos saturados. Desde a década de 1960, sabemos que alimentos mais ricos em gorduras poli-insaturadas são mais saudáveis. Infelizmente, embora o óleo de oliva seja popular na culinária italiana e o de canola seja uma tendência para outras cozinhas, despejar óleo no pão ou na torrada não é saudável. Assim, as empresas começaram a comercializar substitutos da manteiga que se baseavam em ácidos graxos insaturados, mas que também tivessem as características físicas da manteiga, como solidez à temperatura ambiente. Eles atingiram esta meta ao hidrogenar parcialmente as ligações duplas dos ácidos graxos insaturados que compõem os óleos. A ironia é que, para evitar o consumo dos ácidos graxos saturados na manteiga, seus substitutos foram criados a partir de óleos poli-insaturados com a remoção de algumas das ligações duplas, tornando-os, assim, mais saturados. Além disso, muitos dos produtos comercializados como saudáveis (margarinas com óleo de cártamo e de canola) podem causar novos riscos à saúde. No processo de hidrogenação, algumas ligações duplas são convertidas para a forma *trans*. Estudos agora mostram que os ácidos graxos *trans* aumentam a proporção de colesterol LDL (lipoproteína de baixa densidade) em comparação com HDL (lipoproteína de alta densidade), um correlato positivo para doenças cardíacas. Assim, os efeitos dos ácidos graxos *trans* são semelhantes aos dos ácidos graxos saturados. Nos últimos anos, no entanto, novos substitutos para a manteiga têm sido vendidos com a advertência "não contém ácidos graxos *trans*".

Tipo de óleo ou Gordura	Exemplo	Saturado (g)	Monoinsaturado (g)	Poli-insaturado (g)
Óleos tropicais	Óleo de coco	13	0,7	0,3
Óleos semitropicais	Óleo de amendoim	2,4	6,5	4,5
	Óleo de oliva		10,3	1,3
Óleos temperados	Óleo de canola	1	8,2	4,1
	Óleo de cártamo	1,3	1,7	10,4
Gordura animal	Banha	5,1	5,9	1,5
	Manteiga	9,2	4,2	0,6

Lembre-se de que a distribuição de lipídeos não é a mesma nas partes interna e externa da bicamada. Uma vez que a bicamada é curva, as moléculas da camada interna são mais firmemente compactadas (veja a Figura 8.10). Moléculas maiores, como os cerebrosídeos (veja a Seção 8-2), tendem a estar localizadas na camada externa. Há uma tendência muito pequena de migração de "mudança súbita" de moléculas de lipídeos de uma camada da bicamada para outra, mas ela ocorre ocasionalmente. Entretanto, o movimento da parte lateral das moléculas de lipídeos dentro de uma das duas camadas ocorre com frequência, especialmente nas bicamadas mais fluidas. Existem vários métodos para monitorar os movimentos das moléculas dentro de uma bicamada lipídica. Uma das maneiras mais poderosas usa a espectroscopia de fluorescência. Este método faz uso do fato de que algumas moléculas absorvem luz de determinado comprimento de onda e então reemitem luz de outro comprimento de onda mais longo. As moléculas de lipídeos por si só não são fluorescentes, mas podem ser "marcadas" com grupos que são. A fluorescência pode ser detectada mesmo em níveis muito baixos. Este fato torna possível o uso da técnica como a base da microscopia de fluorescência, que detectará as partes marcadas nas bicamadas. Existem muitas variações nas técnicas de detecção, mas em todos os casos elas são baseadas na luz fluorescente reemitida. O uso da fluorescência pode ser expandido aos estudos em membranas reais ao invés de bicamadas. As membranas contêm proteínas além da camada lipídica. As cadeias laterais de triptofano e tirosina têm fluorescência intrínseca, e esta propriedade pode ser usada para obter informações sobre a parte proteica da membrana.

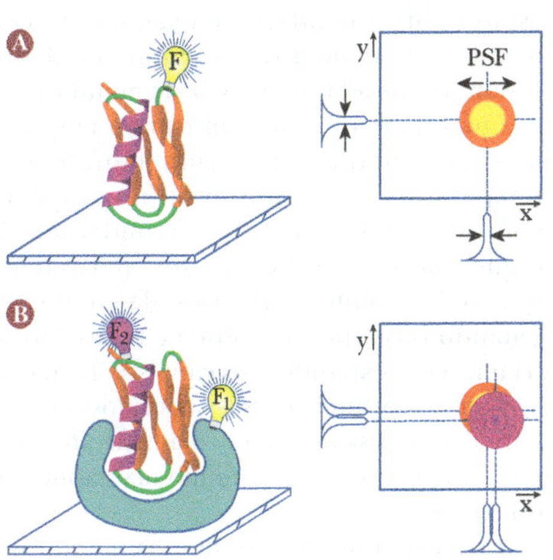
A
F
PSF
y
x
B
F2
F1
y
x

FIGURA 8.15 A espectroscopia de fluorescência de molécula única pode ser usada para determinar (a) a posição de um único centro de fluorescência, ou (b) a distância entre dois centros de fluorescência. (Veja o texto.) (De Weiss, S. *Science* 283 (5408), 1976.)

A espectroscopia de fluorescência é tão sensível, que pode ser usada para detectar informação sobre moléculas únicas. Como mostrado na Figura 8.15a, uma única macromolécula pode ser marcada com uma unidade fluorescente (o fluoróforo, rotulado de F na figura). O sinal de fluorescência é monitorado em duas dimensões na amostra orientada. Torna-se possível localizar o fluoróforo na molécula. "PSF" significa função de espalhamento pontual (em inglês, *point-spread function*), o erro da estimativa. Na Figura 8.15b estão presentes dois fluoróforos. A distância entre eles pode ser determinada subtraindo-se a distância entre os centros de suas PSF. O quadro CONEXÕES **BIOQUÍMICAS 8.2** discute outra aplicação das propriedades físicas das membranas.

lipossomos agregados esféricos de lipídeos organizados de forma que os grupos polares estão em contato com a água e as caudas apolares separadas da água

8.2 Conexões **Bioquímicas** | biotecnologia

As Membranas na Administração de Medicamentos

Levar um medicamento até um local onde ele possa ser mais eficaz é obviamente importante, com enormes ramificações comerciais. Um número de tecnologias tem sido aplicado para este objetivo, que incluem injeções, aplicações tópicas na pele e implantes. E, mais importante para os nossos propósitos, elas tiram vantagem das propriedades das membranas e de sistemas modelo para as membranas. Vimos como as moléculas de lipídeos formam estruturas em camadas, estas estruturas são o ponto chave no desenvolvimento de um sistema de administração. No Capítulo 2, vimos como as moléculas anfipáticas como os ácidos graxos, podem formar micelas, que são conjuntos com uma única camada de ácidos graxos, com as caudas apolares sequestradas da água e as cabeças polares em contato com a água. As substâncias apolares podem ser empacotadas nas micelas para a administração onde se deseja. No Capítulo 4, e antes, neste capítulo, vimos bicamadas lipídicas com superfície e interior polares e partes apolares das moléculas formando um "recheio de sanduíche" entre elas. É possível também construir vesículas lipídicas com camadas múltiplas.

Uma vez que a força motriz por trás da formação de bicamadas lipídicas está na exclusão de água da região hidrofóbica de lipídeos, e não em algum processo enzimático, as membranas artificiais podem ser criadas no laboratório. Os **lipossomos** são estruturas estáveis em uma bicamada lipídica que forma uma vesícula esférica. Essas vesículas podem ser preparadas com agentes terapêuticos no interior e, então, usadas para entregar o agente para um tecido alvo.

Para conduzir o processo mais à frente, as vesículas podem ser preparadas com substâncias artificiais incrustadas possíveis de ser usadas para controlar o processo de liberação do agente terapêutico. Algumas das substâncias incrustadas podem ser criadas para criar um botão "liga-desliga" para a administração do medicamento. Um relatório recente de pesquisadores da Harvard Medical School descreve um processo deste tipo.

Foram preparadas bicamadas incrustadas com nanogéis de um polímero sintético. Este polímero, poli(*N*-isopropilacrilamida) (Pnipam), forma um hidrogel que é engolido no seu estado nativo, mas destruído com aquecimento. Este polímero é similar à poliacrilamida, a base de géis usados na eltroforese. A grande diferença é que esta aplicação faz uso seguro do material. As acrilamidas usadas para a eletroforese são neurotóxicas. O tamanho dos nanogéis no seu

Continua

Continuação

estado nativo combina-se exatamente com a largura da membrana. Além disto, as nanopartículas (óxido de ferro) foram incrustadas na matriz de membrana.

Quando é aplicado um campo magnético, as partículas de magnetita esquentam, levando a um aumento da temperatura em alguns graus no Pnipam. O hidrogel se contrai, mas a membrana circundante, não. O resultado é que são formados canais que permitem a passagem de um medicamento de um lado da membrana para o outro. Quando o campo magnético é removido, as partículas esfriam, o gel expande e os canais se fecham.

Um dos primeiros usos sugeridos para esta tecnologia é para a administração controlada de analgésicos aos pacientes, mas pode-se esperar muito mais aplicações com o passar do tempo.

Este exemplo do uso de uma membrana sintética para a administração de medicamento não é o único resultado de pesquisa em um campo muito ativo. Membranas naturais e sintéticas estão sendo testadas com métodos de controle do tamanho do poro como um fator importante. Não é surpresa que os Institutos Nacionais de Saúde apoiem muitos desses trabalhos. As descrições de muitos sistemas podem ser encontradas nos sites da Pubmed (www.ncbi.nlm.nih.gov/pubmed/). Podemos esperar ver muitas maneiras novas de administração de medicamentos com o passar do tempo. ◗

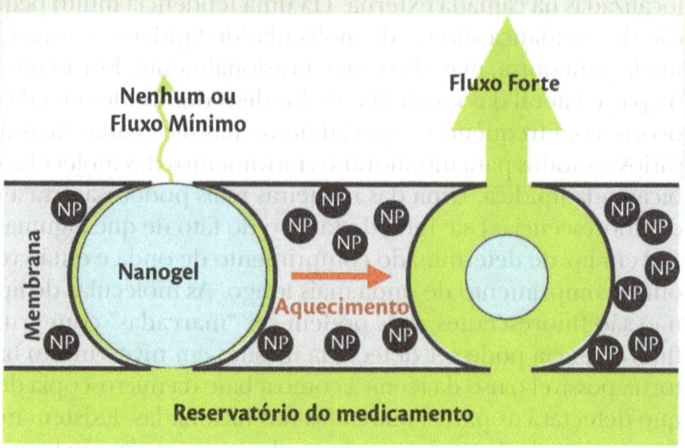
Nenhum ou Fluxo Mínimo
Fluxo Forte
Membrana
Nanogel
Aquecimento
NP
Reservatório do medicamento

A aplicação de um campo magnético leva ao aquecimento, que por sua vez cria um canal para que o medicamento migre do reservatório através da membrana. NP indica as nanopartículas de óxido de ferro

8-4 Tipos de Proteínas de Membranas

◗ *Como as proteínas estão associadas com a bicamada nas membranas?*

proteínas periféricas proteínas fracamente ligadas ao lado externo de uma membrana

proteínas integrais proteínas integrantes de uma membrana

As proteínas de uma membrana biológica podem estar associadas à bicamada lipídica de duas formas: como **proteínas periféricas** na superfície da membrana, ou como **proteínas integrais** dentro da bicamada lipídica (Figura 8.16). Observe que a proteína integral rodopsina (mostrada em roxo) consiste principalmente em porções helicoidais que rodeiam a membrana. A proteína

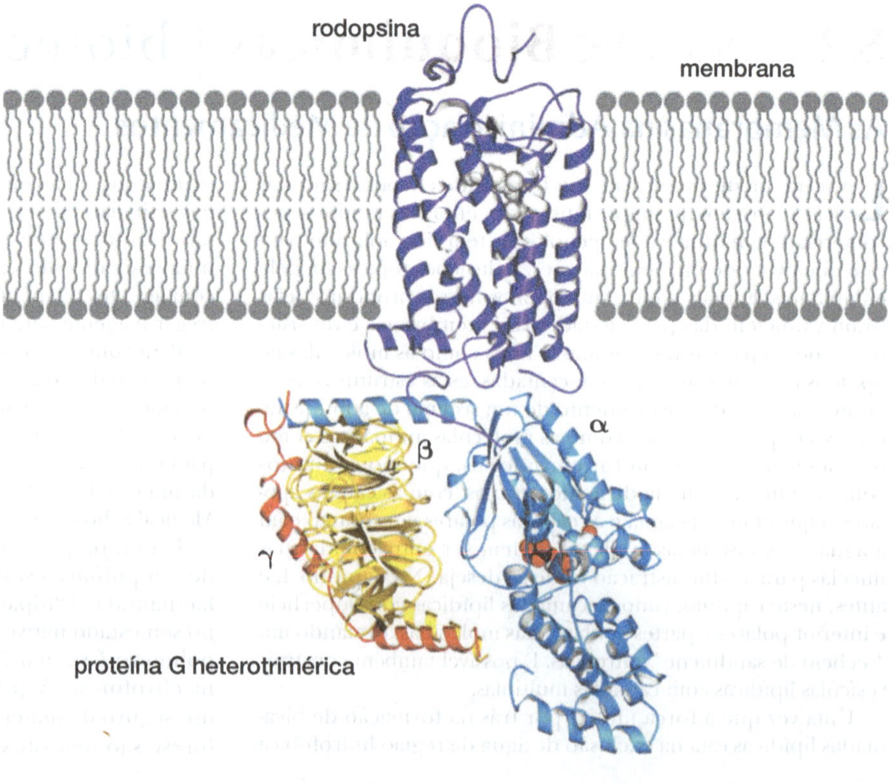
rodopsina
membrana
α
β
γ
proteína G heterotrimérica

FIGURA 8.16 Proteínas integrais e periféricas. A proteína integral rodopsina rodeia a membrana. A proteína G heterotrimérica é do tipo periférica. As três subunidades são rotuladas como alfa, beta e gama. (Figura *3-15, p. 103*) em *Protein Structure and Function*, de Gregory Petsko & Dagnar Ringe (Oxford University Press, 2008). Adaptado da figura em Hamm, H. E. & Gilchrist, A.: *Current Opinion in Cell Biology*, 1996 8: 189–196, com permissão de Elsevier.)

periférica G é um trímero. As três subunidades diferentes são mostradas em vermelho, amarelo e azul. As proteínas periféricas normalmente ligam-se às cabeças carregadas da bicamada lipídica por interações polares, eletrostáticas, ou ambas. Elas podem ser removidas por tratamentos suaves, como aumentar a força iônica do meio. As relativamente numerosas partículas carregadas presentes em um meio de alta força iônica sofrem mais interações eletrostáticas com os lipídeos e com as proteínas, "varrendo" as comparativamente menos numerosas interações eletrostáticas entre a proteína e o lipídeo.

Remover proteínas integrais das membranas é muito mais difícil. Condições drásticas, como o tratamento com detergentes ou sonicação (exposição a vibrações ultrassônicas), normalmente são necessárias. Tais medidas frequentemente desnaturam a proteína, que permanece ligada aos lipídeos apesar de todos os esforços para obtê-la na forma pura. A proteína desnaturada é obviamente inativa, mesmo que continue ligada a lipídeos. Felizmente, técnicas de ressonância magnética nuclear agora permitem aos pesquisadores estudar proteínas desse tipo em tecidos vivos ou em membranas reconstituídas. A integridade estrutural de todo o sistema membranoso parece ser necessária para a atividade da maioria das proteínas de membranas.

As proteínas podem ser inseridas na membrana de diversas maneiras. Quando uma proteína rodeia completamente a membrana, é frequentemente na forma de uma α-hélice ou de uma folha β. Essas estruturas minimizam o contato das porções polares do esqueleto peptídico com os lipídeos apolares no interior da bicamada (Figura 8.17). As proteínas também podem ser ancoradas aos lipídeos por ligações covalentes de cisteínas ou grupos amina livres na proteína a uma das várias âncoras lipídicas. Os grupos miristoil e palmitoil são âncoras comuns (Figura 8.17).

As proteínas de membranas têm diversas funções. A maioria, mas não todas, das funções importantes da membrana é do componente proteico. As **proteínas transportadoras** ajudam a mover substâncias para dentro e para fora das células, e as **proteínas receptoras** são importantes na transferência de sinais extracelulares, como os transportados por hormônios ou neurotransmissores, nas células. Além disso, algumas enzimas são firmemente ligadas a membranas; exemplos incluem várias enzimas responsáveis por reações de oxidação aeróbica, encontradas em partes específicas de membranas mitocondriais. Algumas dessas enzimas estão na superfície interna da membrana e outras na superfície externa. Existe uma distribuição desigual de proteínas de todos os tipos nas camadas interna e externa de todas as membranas celulares, assim como a distribuição de lipídeos é assimétrica.

proteínas transportadoras componentes da membrana que fazem a mediação da entrada de substâncias específicas em uma célula

proteínas receptoras proteínas localizadas em uma membrana celular com sítio de ligação específico para substâncias extracelulares

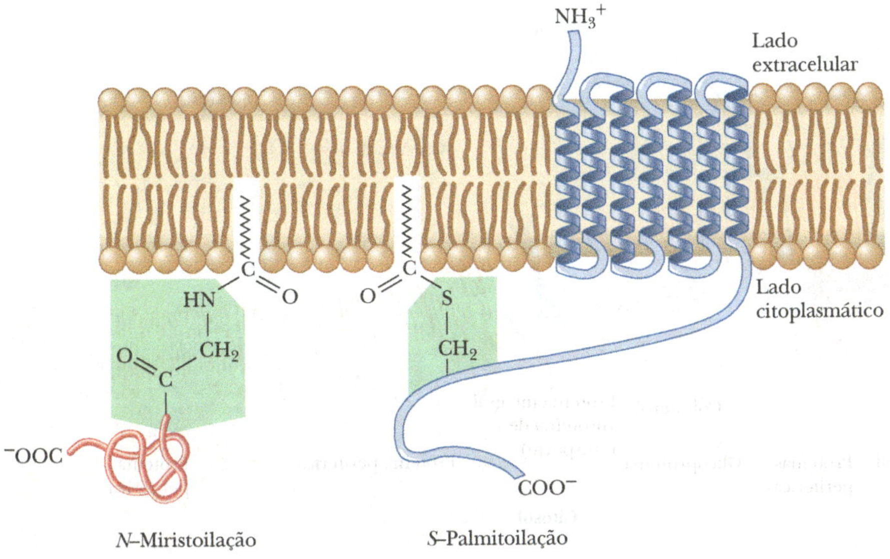
NH_3^+
Lado extracelular
Lado citoplasmático
HN
C
O
O
C
CH_2
^-OOC
O
C
S
CH_2
COO^-
N–Miristoilação
S–Palmitoilação

FIGURA 8.17 Determinadas proteínas estão presas a membranas biológicas por âncoras lipídicas. Especialmente comuns são os motivos de ancoragem *N*-miristoil e *S*-palmitoil mostrados aqui. A *N*-miristoilação ocorre sempre no resíduo da glicina *N*-terminal, enquanto as ligações de tioéster ocorrem em resíduos de cisteína dentro da cadeia polipeptídica. Os receptores acoplados por proteína G, com sete segmentos transmembranosos, podem conter uma (às vezes duas) âncora de palmitoil na ligação de tioéster aos resíduos de cisteína no segmento *C*-terminal da proteína.

8-5 O Modelo do Mosaico Fluido para a Estrutura da Membrana

Como as proteínas e a bicamada lipídica interagem entre si nas membranas?

modelo do mosaico fluido o modelo para a estrutura da membrana no qual as proteínas e uma bicamada lipídica existem lado a lado sem ligações covalentes entre proteínas e lipídeos

Vimos que as membranas biológicas têm componentes tanto lipídicos quanto proteicos. Como estas duas partes se combinam para produzir uma membrana biológica? Atualmente, o **modelo de mosaico fluido** é a descrição mais aceita das membranas biológicas. O termo *mosaico* significa que os dois componentes existem lado a lado sem formar outra substância de natureza intermediária. A estrutura básica de membranas biológicas é a da bicamada lipídica com as proteínas incrustadas na estrutura da bicamada (Figura 8.18). Com o passar do tempo, tem se tornado aparente que a associação preferencial pode ocorrer entre esfingolipídeos, esteróis e proteínas de membranas. Os lipídeos são distribuídos em conjuntos conhecidos como *rafts*, que se tornam os blocos fundamentais nos quais a especificidade da membrana é baseada.

As proteínas da membrana tendem a ter uma orientação específica na membrana. O termo *mosaico fluido* quer dizer que o mesmo tipo de movimento lateral que vimos nas bicamadas lipídicas também ocorre nas membranas. As proteínas "flutuam" na bicamada lipídica e podem se mover ao longo do plano da membrana.

É possível obter imagens por microscopia eletrônica de membranas que foram congeladas e, depois, fraturadas ao longo da interface entre as duas camadas. A camada externa é removida, expondo o interior da membrana, que tem uma aparência granular por causa da presença de proteínas integrais da membrana (Figura 8.19). Além da microscopia eletrônica, a microscopia de força atômica pode prover imagens úteis e informativas das membranas. Os dois métodos diferem no princípio físico no qual o processamento da imagem é baseado. A microscopia eletrônica normal depende da dispersão de um feixe de elétrons da superfície da amostra. Na microscopia de força atômica, a superfície é varrida usando uma ponteira (*cantiliver*) com uma ponta fina. As medidas elétricas determinam a força gerada entre a ponta e a superfície da amostra, que gera a imagem.

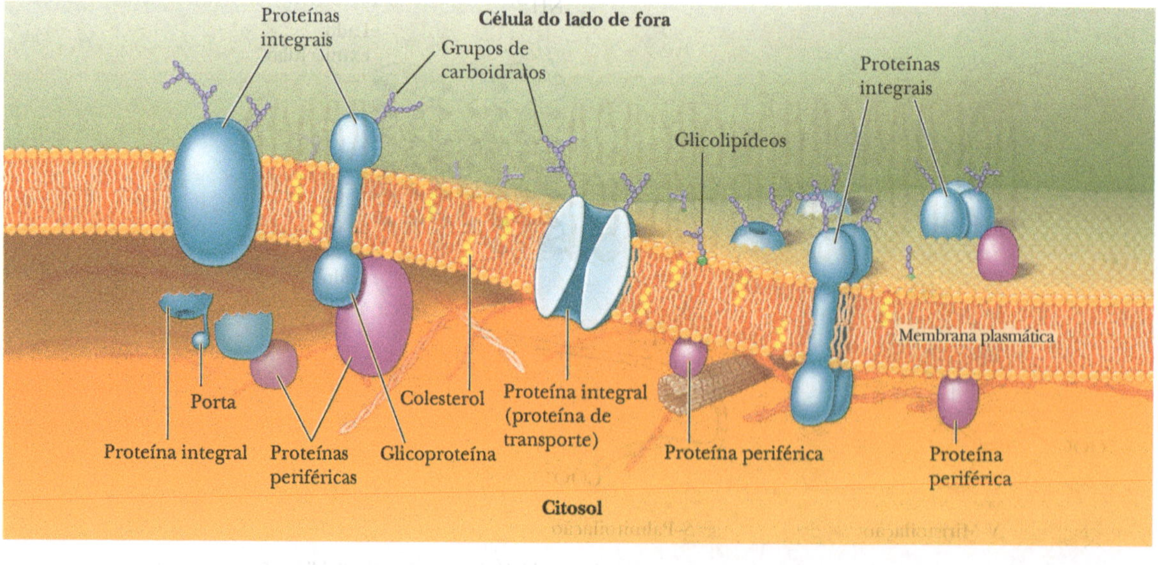
Célula do lado de fora
Proteínas integrais
Grupos de carboidratos
Proteínas integrais
Glicolipídeos
Membrana plasmática
Porta
Proteína integral
Proteínas periféricas
Glicoproteína
Colesterol
Proteína integral (proteína de transporte)
Proteína periférica
Proteína periférica
Citosol

Figura 8.18 **Modelo do mosaico fluido da estrutura de membrana.** As proteínas integrais da membrana rodeiam a membrana, mas as proteínas periféricas estão associadas com um lado ou outro da membrana. (De Russel/Hertz/Mcmillan, *Biology*, 3. *ed.* © 2014 Cengage Learning.)

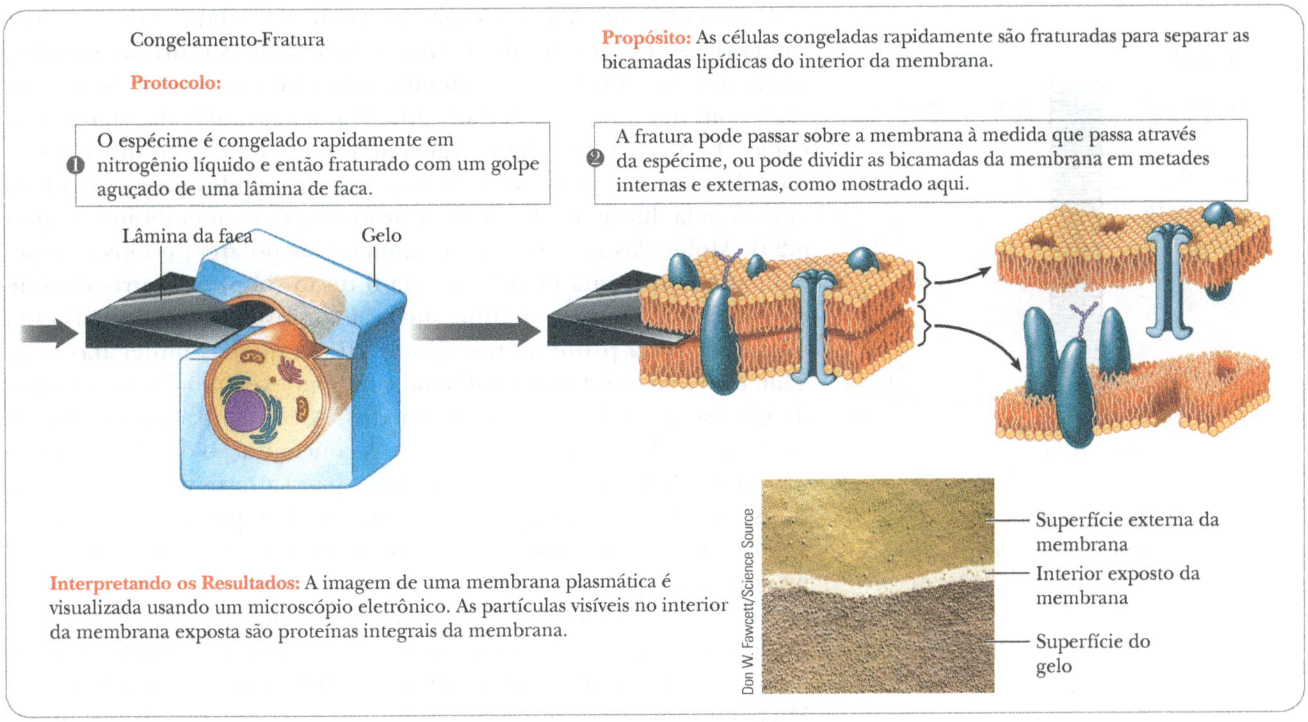
Congelamento-Fratura
Propósito: As células congeladas rapidamente são fraturadas para separar as bicamadas lipídicas do interior da membrana.
Protocolo:
1 O espécime é congelado rapidamente em nitrogênio líquido e então fraturado com um golpe aguçado de uma lâmina de faca.
2 A fratura pode passar sobre a membrana à medida que passa através da espécime, ou pode dividir as bicamadas da membrana em metades internas e externas, como mostrado aqui.
Lâmina da faca
Gelo
Interpretando os Resultados: A imagem de uma membrana plasmática é visualizada usando um microscópio eletrônico. As partículas visíveis no interior da membrana exposta são proteínas integrais da membrana.
Don W. Fawcett/Science Source
Superfície externa da membrana
Interior exposto da membrana
Superfície do gelo

FIGURA 8.19 **A técnica de congelamento-fratura.** As seções numeradas 1 e 2 mostram o método. A figura na parte de baixo mostra os resultados. (De Russel/Hertz/Mcmillan, *Biology*, 3. ed. © 2014 Cengage Learning.)

8-6 As Funções das Membranas

Como já mencionado, três importantes funções ocorrem dentro ou sobre as membranas (além da função estrutural, como fronteiras e envoltórios de todas as células e das organelas de eucariotos). A primeira dessas funções é o *transporte*. Membranas são barreiras semipermeáveis ao fluxo de substâncias para dentro e fora das células e organelas. O transporte através das membranas pode envolver a bicamada lipídica e as proteínas da membrana. As outras duas importantes funções envolvem principalmente as proteínas da membrana. Uma dessas funções é a *catálise*. Como já vimos, as enzimas podem se ligar – em alguns casos muito fortemente – às membranas, e a reação enzimática ocorre nestas. A terceira função significativa é a *propriedade de receptor*, na qual as proteínas se ligam a substâncias específicas e biologicamente importantes que acionam reações bioquímicas na célula. Abordaremos as enzimas ligadas a membranas nos capítulos seguintes (especialmente em nossa discussão sobre reações de oxidação aeróbica nos Capítulos 19 e 20). Agora, veremos as outras duas funções.

Como ocorre o transporte através das membranas?

A questão mais importante sobre o transporte de substâncias através de membranas biológicas é se o processo requer ou não que a célula gaste energia. No **transporte passivo**, uma substância se move de uma região com maior concentração para outra com menor concentração. Em outras palavras, o movimento de uma substância é na mesma direção de um *gradiente de concentração*, e a célula não gasta energia. No **transporte ativo**, uma substância move-se de uma região com menor concentração para outra com maior concentração (contra um gradiente de concentração), este processo exige que a célula gaste energia.

transporte passivo processo pelo qual uma substância entra na célula sem haver gasto de energia

transporte ativo processo que requer energia para mover substâncias para dentro de uma célula contra um gradiente de concentração

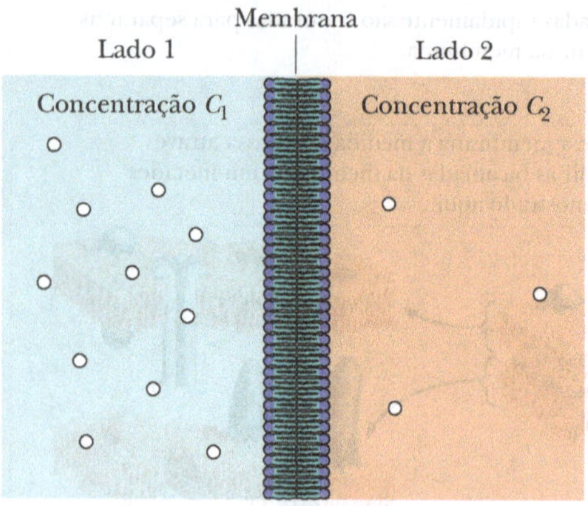
Membrana
Lado 1
Lado 2
Concentração C_1
Concentração C_2

$$\Delta G = RT \ln \frac{[C_2]}{[C_1]}$$

Figura 8.20 **Difusão passiva.** A difusão passiva de uma espécie sem carga através de uma membrana depende apenas das concentrações (C_1 e C_2) nos dois lados da membrana.

difusão simples o processo de passagem através de um poro ou abertura em uma membrana sem necessidade de transportador ou de gasto de energia

difusão facilitada um processo pelo qual substâncias entram em uma célula ligando-se a uma proteína transportadora; esse processo não precisa de energia

bomba de íons sódio-potássio a saída de íons sódio da célula com a entrada simultânea de íons potássio, ambos contra gradientes de concentração

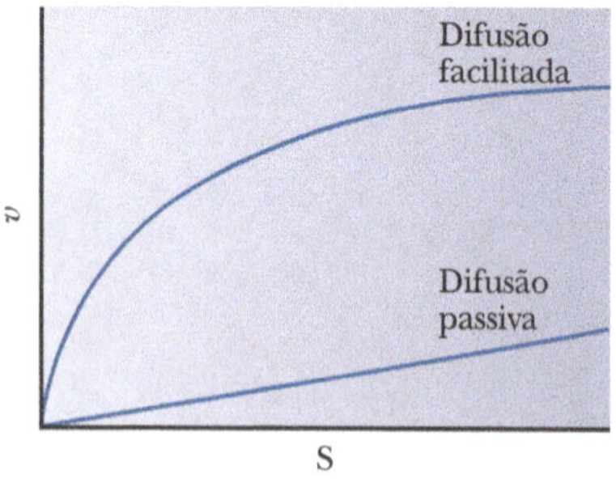
Difusão facilitada
Difusão passiva
v
S

Figura 8.21 **Difusão passiva e Difusão facilitada podem ser diferenciadas graficamente.** Os gráficos para a difusão facilitada são semelhantes aos das reações catalisadas por enzimas (Capítulo 6) e exibem comportamento de saturação. O valor *v* significa velocidade de transporte. *S* é a concentração do substrato sendo transportado.

O processo de transporte passivo pode ser subdividido em duas categorias – difusão simples e difusão facilitada. Na **difusão simples**, uma molécula move-se diretamente através da membrana sem interagir com nenhuma outra molécula. Pequenas moléculas sem carga, como O_2, N_2 e CO_2, podem atravessar as membranas por difusão simples. A velocidade de movimento através da membrana é controlada apenas pela diferença de concentração através da membrana (Figura 8.20). Moléculas maiores (especialmente as polares) e íons não podem atravessar uma membrana via difusão simples. O processo de movimentação passiva de uma molécula através de uma membrana utilizando uma proteína transportadora, à qual as moléculas se ligam, é chamado **difusão facilitada**. Um bom exemplo é o movimento da glicose para dentro dos eritrócitos. A concentração de glicose no sangue é de cerca de 5 mmol L^{-1}. A concentração de glicose no eritrócito é inferior a 5 mmol L^{-1}. A glicose passa através de uma proteína transportadora chamada glicose permease. Este processo é chamado de difusão facilitada porque nenhuma energia é gasta e utiliza-se uma proteína transportadora. Além disso, esta difusão é identificada pelo fato de que a velocidade de transporte, quando colocada em um gráfico contra a concentração da molécula sendo transportada, fornece uma curva hiperbólica semelhante à vista na cinética enzimática de Michaelis-Menten (Figura 8.21). Em uma proteína transportadora, um poro é criado com o dobramento do esqueleto e das cadeias laterais. Muitas dessas proteínas têm diversas porções em α-hélice que atravessam a membrana; em outras, um barril β forma o poro. Em um exemplo, a porção helicoidal da proteína rodeia a membrana. O exterior, que está em contato com a bicamada lipídica, é hidrofóbico, enquanto a parte interna, através da qual os íons passam, é hidrofílica. Observe que esta direção é inversa à observada nas proteínas globulares solúveis em água.

O transporte ativo exige a movimentação de substâncias contra um gradiente de concentração. Ele é identificado pela presença de uma proteína transportadora e a necessidade de uma fonte de energia para mover os solutos contra um gradiente. No *transporte ativo primário*, o movimento de moléculas contra o gradiente está diretamente ligado à hidrólise de uma molécula de alta energia, como o ATP. A situação é tão semelhante ao bombeamento de água morro acima, que um dos exemplos mais amplamente estudados de transporte ativo, a movimentação de íons potássio para dentro de uma célula simultaneamente à movimentação de íons sódio para fora da célula, é conhecido por **bomba de íons sódio-potássio** (ou bomba de Na^+/K^+).

Sob circunstâncias normais, a concentração de K^+ é maior dentro de uma célula que em fluidos extracelulares ($[K^+]_{dentro} > [K^+]_{fora}$), mas a concentração de Na^+ é menor dentro da célula que fora ($[Na^+]_{dentro} < [Na^+]_{fora}$). A energia necessária para mover esses íons contra seus gradientes vem de uma reação exergônica (liberadora de energia), a hidrólise de ATP em ADP e P_i (íon fosfato). Não pode haver transporte de íons sem a hidrólise de ATP. A mesma proteína parece servir tanto como a enzima que hidrolisa a ATP (ATPase) como a proteína transportadora; ela consiste em diversas subunidades. Os reagentes e os produtos dessa reação de hidrólise – ATP, ADP e P_i – continuam dentro da célula, e o fosfato torna-se ligado de forma covalente à proteína transportadora como parte do processo.

A bomba de Na^+/K^+ opera em diversas etapas (Figura 8.22). Uma subunidade da proteína hidrolisa o ATP e transfere o grupo fosfato para uma cadeia lateral de aspartato em outra subunidade (Etapa 1). (A ligação formada aqui é um anidrido misto; veja a Seção 1-2.) Simultaneamente, há a ligação de três íons Na^+ do interior da célula. A fosforilação de uma subunidade causa uma mudança conformacional na proteína, que abre um canal, ou poro, através do qual os três íons Na^+ podem ser liberados para o fluido extracelular (Etapa 2). Fora da célula, dois íons K^+ ligam-se à enzima da bomba, que ainda está fosforilada (Etapa 3). Há outra

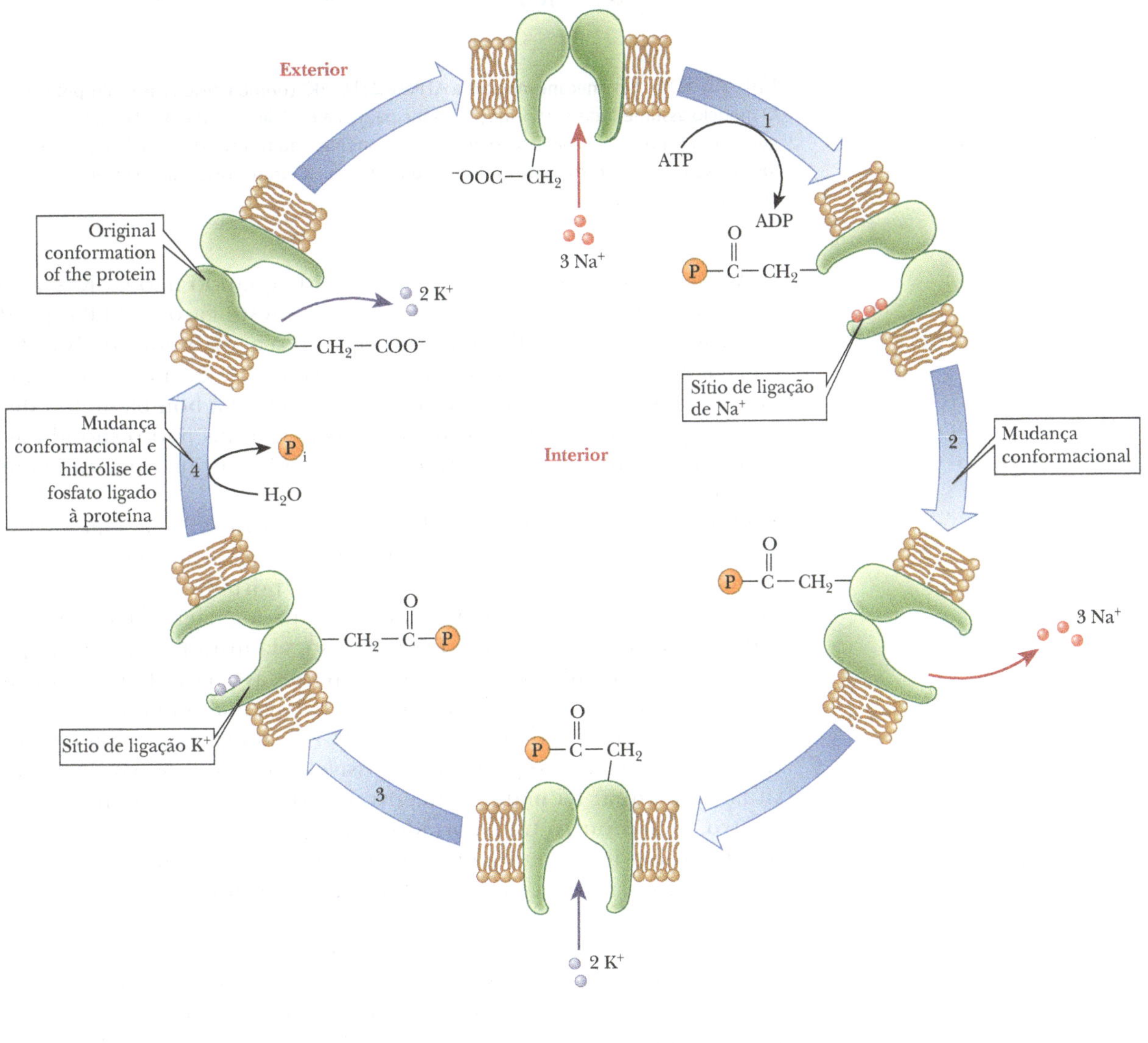
Exterior
1
ATP
ADP
⁻OOC—CH₂
3 Na⁺
P—C—CH₂
Original conformation of the protein
2 K⁺
CH₂—COO⁻
Sítio de ligação de Na⁺
Interior
2
Mudança conformacional
Mudança conformacional e hidrólise de fosfato ligado à proteína
4
Pᵢ
H₂O
3 Na⁺
CH₂—C—P
Sítio de ligação K⁺
3
2 K⁺

FIGURA 8.22 A bomba de íons de sódio-potássio (veja o texto para mais detalhes).

mudança conformacional quando a ligação entre a enzima e o grupo fosfato é hidrolisada. Esta segunda mudança conformacional regenera a forma original da enzima e permite que os dois íons K^+ entrem na célula (Etapa 4). O processo de bombeamento transporta três íons Na^+ para fora da célula a cada dois íons K^+ transportados para dentro dela (Figura 8.23).

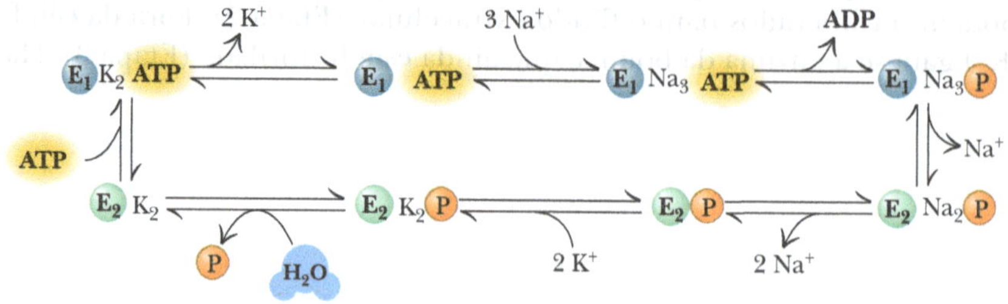
2 K+
3 Na+
ADP
E1 K2 ATP
E1 ATP
E1 Na3 ATP
E1 Na3 P
ATP
Na+
E2 K2
E2 K2 P
E2 P
E2 Na2 P
P
H2O
2 K+
2 Na+

FIGURA 8.23 Um mecanismo para a ATPase de Na^+/K^+ (bomba de íons de sódio-potássio). O modelo assume duas conformações principais, E_1 e E_2. A ligação de íons Na^+ a E_1 é seguida pela fosforilação e liberação de ADP. Os íons Na^+ são transportados e liberados, e os íons K^+ são ligados antes da desfosforilação da enzima. O transporte e a liberação de íons K^+ completam o ciclo.

A operação da bomba pode ser invertida quando não há K^+ e a concentração de Na^+ no meio extracelular é alta; neste caso, o ATP é produzido pela fosforilação de ADP. O funcionamento real da bomba de Na^+/K^+ ainda não é completamente entendido, e provavelmente é ainda mais complicado do que sabemos até o momento. Também há uma bomba de íon de cálcio (Ca^{2+}), que é tópico de investigação. As perguntas não respondidas sobre o mecanismo detalhado do transporte ativo fornecem oportunidades para futuras pesquisas.

Outro tipo de transporte é chamado *transporte ativo secundário*. Exemplo é a galactosídeo permease nas bactérias. A concentração de lactose dentro da célula bacteriana é maior que a externa, portanto, mover a lactose para dentro da célula requer energia. No entanto, a galactosídeo permease não hidrolisa o ATP diretamente. Em vez disso, ela utiliza a energia ao permitir que íons hidrogênio fluam através da permease para dentro da célula no seu gradiente de concentração. Desde que haja mais energia disponível permitindo que íons hidrogênio fluam ($-\Delta G$) do que a necessária para concentrar a lactose ($+\Delta G$), o processo é possível. No entanto, para chegar a uma situação na qual há maior concentração de íons hidrogênio fora do que dentro, algum outro transportador ativo primário deve estabelecer o gradiente do íon hidrogênio. Os transportadores ativos que criam gradientes de íon hidrogênio são chamados **bombas de próton**.

bombas de prótons proteínas integrais da membrana que criam um gradiente de íon hidrogênio ao longo da membrana

Como os receptores de membrana funcionam?

O primeiro passo na produção dos efeitos de algumas substâncias biologicamente ativas é ligar a substância a um sítio receptor de proteínas no exterior da célula. A interação entre proteínas receptoras e as substâncias ativas às quais se ligam tem características em comum com o reconhecimento enzima-substrato. Há uma exigência de grupos funcionais essenciais com a conformação tridimensional correta entre si. O sítio de ligação, seja em um receptor, seja em uma enzima, deve fornecer um bom encaixe para o substrato. Na ligação ao receptor, como no comportamento das enzimas, existe a possibilidade de inibição da ação da proteína por algum tipo de "veneno" ou inibidor. O estudo das proteínas receptoras está menos avançado que o das enzimas porque diversos receptores são proteínas integrais ligadas firmemente, e sua atividade depende do ambiente da membrana.

Os receptores são, com frequência, grandes proteínas oligoméricas (com diversas subunidades) com massas moleculares na ordem de centenas de milhares. Além disso, o receptor, muito frequentemente, tem pouquíssimas moléculas em cada célula, aumentando as dificuldades em isolar e estudar esse tipo de proteína. O quadro CONEXÕES **BIOQUÍMICAS 8.3** fornece um exemplo de quão importante podem ser as funções de um receptor.

8.3 Conexões **Bioquímicas** | fisiologia

Gotas de Lipídeos Não São Apenas Grandes Bolas de Gorduras

Nas micrografias eletrônicas de células de gordura, grandes gotas de gordura são facilmente visíveis. Muito visíveis são as gotas de lipídeos. Por décadas, pensou-se nestas estruturas como grandes bolas de gordura, uma maneira conveniente de estocar triacilgliceróis para consumo. Entretanto, essas gotas são circundadas por um membrana fina de fosfolipídeos que contém muitas proteínas de membrana com atividades amplamente variadas. Pelo lado negativo, elas também podem estar envolvidas em várias doenças lipídicas, doenças cardiovasculares e diabetes. Pensa-se agora que essas gotas de lipídeos são uma organela em suas próprias ordens.

Um das primeiros indícios de que as gotas lipídicas eram mais que um conjunto de gordura veio no início dos anos 1990, a partir do pesquisador Constantine Londos. Ele e seus colegas identificaram uma proteína chamada *perilipina* na membrana das gotas lipídicas em células gordurosas. Eles descobriram que quando as células são estimuladas a metabolizar os ácidos graxos nas gotas lipídicas, esta proteína é fosforilada. Isso sugere um mecanismo mais complicado de controlar a digestão de lipídeos em células gordurosas do que antes se imaginava. Mais de uma dúzia de proteínas foram identificadas na membrana de gotas lipídicas.

Acredita-se agora que a perilipina guarda as fontes de gordura da gota lipídica. Quando não fosforilada, a proteína não permite que as enzimas de digestão de gordura acessem os triacilgliceróis. Quando fosforilada, a proteína muda a conformação e permite o acesso. Estudos com ratos mutantes sem perilipina mostraram que estes comem mais que seus correlatos do tipo selvagem, e ainda queimam dois terços das calorias extras consumidas. Um rato de uma cepa que não tem a habilidade de responder a um hormônio supressor do apetite, chamado *leptina*, será obeso. Um rato duplamente mutante que não pode responder à leptina e também não tem perilipina terá uma queima extra de gordura que quase equilibra o apetite aumentado. Estudos adicionais de tais proteínas nas membranas de gotas lipídicas puderam levar a terapias úteis contra a obesidade. ◗

Os receptores de proteína atuam de várias maneiras, dando origem a diferentes ações receptoras. Veremos muitos exemplos em contexto quando abordarmos metabolismo e o seu controle. Um deles é baseado no controle da atividade proteica pela fosforilação ou desfoforilação das cadeias laterais, frequentemente os grupos hidroxila da tirosina. Vimos esta forma de controle de atividade enzimática na Seção 7-4, mas o efeito não está confinado às enzimas das vias metabólicas. Uma importante classe de proteínas receptoras, chamadas tirosina quinases, faz a mediação da função de receptores nesta via. As tirosina quinases têm um papel importante no metabolismo de carboidrato devido ao seu efeito no modo como a insulina controla os níveis de açúcar no sangue. Outras proteínas importantes envolvidas na sinalização para a célula são chamadas proteínas G, porque sua operação exige a hidrólise da guanosina trifosfato (GTP). Elas estão amplamente distribuídas nas membranas eucarióticas e têm muitas funções. A Figura 8.16 mostra um exemplo de uma proteína G com suas três subunidades designadas por letras gregas. Falaremos extensivamente sobre elas no Capítulo 24. Como um exemplo, as proteínas G estão permanentemente ativadas na cólera, ao invés de ser ativadas e desativadas.

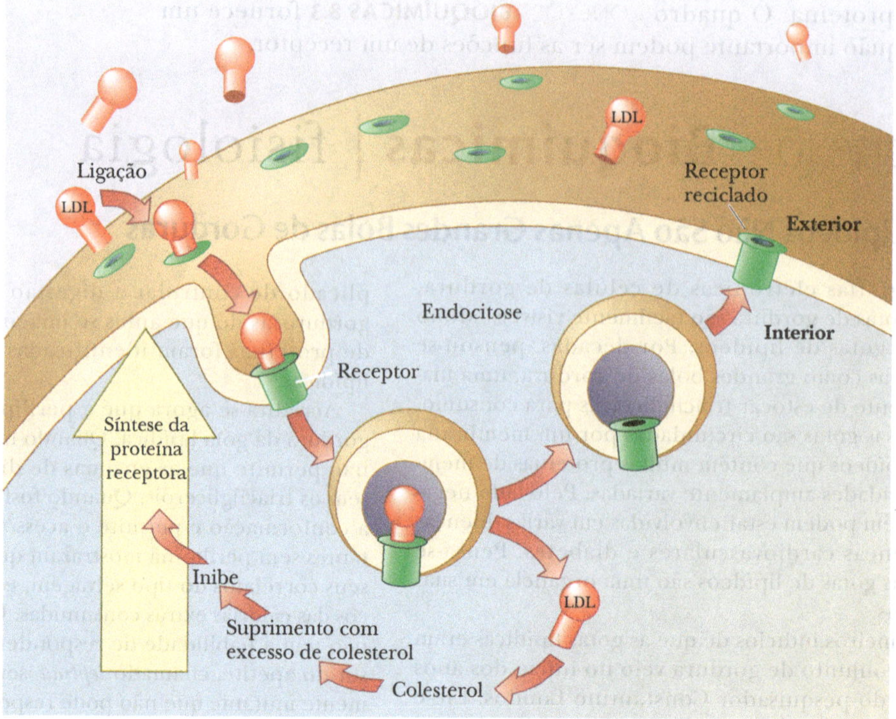

LDL
Ligação
LDL
Receptor reciclado
Exterior
Endocitose
Interior
Receptor
Síntese da proteína receptora
Inibe
LDL
Suprimento com excesso de colesterol
Colesterol

FIGURA 8.24 **Modo de ação do receptor de LDL.** Uma porção da membrana com o receptor de LDL e a LDL ligada é levada para dentro da célula como uma vesícula. A proteína receptora libera LDL e é devolvida para a superfície celular quando a vesícula se funde com a membrana. A LDL libera o colesterol no interior da célula. Um suprimento com excesso de colesterol inibe a síntese da proteína receptora de LDL. Um número insuficiente de receptores leva a níveis elevados de LDL e de colesterol na corrente sanguínea. Essa situação aumenta o risco de ataques cardíacos.

O resultado é o transporte ativo irregular de Na^+, que leva à perda de água e eletrólitos e, finalmente, à diarreia, característica da cólera. Os receptores podem ser muito específicos em suas atividades e podemos usar um agora como estudo de caso para a atividade receptora.

Um tipo importante de receptor é o da lipoproteína de baixa densidade (LDL, do inglês *low density protein*), a principal transportadora de colesterol na corrente sanguínea. A LDL é uma partícula que consiste em diversos lipídeos – em particular, o colesterol e os fosfoglicerídeos – e uma proteína. A porção de proteína da partícula de LDL liga-se ao seu receptor em uma célula. O complexo formado entre a LDL e o receptor é colocado dentro da célula por um processo chamado *endocitose.* A proteína receptora, então, é reciclada de volta à superfície da célula (Figura 8.24). A porção de colesterol da LDL é utilizada na célula, mas um fornecimento em excesso de colesterol causa problemas, inibindo a síntese do receptor de LDL. Se houver muito poucos receptores de LDL, o nível de colesterol na corrente sanguínea aumentará. Eventualmente, o excesso de colesterol será depositado nas artérias, bloqueando-as gravemente. Este bloqueio, chamado aterosclerose, pode levar a ataques cardíacos e acidentes vasculares. Em diversos países industrializados, os níveis basais de colesterol no sangue são altos, e a incidência de ataques cardíacos e derrames alta. (Falaremos mais sobre este assunto depois que virmos a via metabólica na qual o colesterol é sintetizado no organismo na Seção 21-8.)

8-7 As Vitaminas Lipossolúveis e Suas Funções

▶ ***Qual é o papel das vitaminas lipossolúveis no organismo?***

Algumas vitaminas, tendo diversas funções, são de interesse neste capítulo por serem solúveis em lipídeos. Essas vitaminas lipossolúveis são hidrofóbicas, o que explica sua solubilidade (Tabela 8.4).

Tabela 8.4 Vitaminas Lipossolúveis e Suas Funções

Vitamina	Função
A	Serve como sítio da reação fotoquímica primária da visão
D	Regula o metabolismo de cálcio (e fósforo)
E	Serve como antioxidante; necessária para a reprodução em ratos, e pode ser para a reprodução humana
K	Tem função reguladora na coagulação do sangue

Vitamina A

O hidrocarboneto amplamente insaturado **β-caroteno** é o precursor da **vitamina A**, também conhecida como **retinol**. O β-caroteno é abundante nas cenouras, mas também está presente em outros vegetais, especialmente nos amarelos. Quando um organismo exige vitamina A, o β-caroteno é nela convertido (Figura 8.25).

β-caroteno um hidrocarboneto insaturado; precursor da vitamina A

vitamina A composto lipossolúvel responsável pelo evento fotoquímico primário da visão

retinol a forma de álcool da vitamina A

Um derivado da vitamina A tem função essencial na visão quando se liga a uma proteína chamada *opsina*. As células em cone da retina contêm diversos tipos de opsina e são responsáveis pela visão em luz forte e da cor. As células em bastonetes da retina contêm apenas um tipo de opsina, responsável pela visão em luz suave. A química da visão tem sido estudada mais amplamente nas células em bastonetes do que nas em cones, aqui discutiremos os eventos que ocorrem nas células em bastonetes.

A vitamina A tem um grupo álcool que é oxidado enzimaticamente a um grupo aldeído, formando o **retinal** (Figura 8.25b). Duas formas isômeras de retinal, envolvendo a isomerização *cis-trans* em torno de uma das ligações duplas, são importantes no comportamento desse composto *in vivo*. O grupo aldeído do retinal forma uma imina (também chamada base de Schiff) com o grupo amino da cadeia lateral de um resíduo de lisina na opsina de células em bastonetes (Figura 8.26).

retinal a forma de aldeído da vitamina A

O produto da reação entre o retinal e a opsina é a **rodopsina**. O segmento externo das células em bastonetes contém discos achatados de membranas, sendo que estas consistem em 60% de rodopsina e 40% de lipídeo. Para mais detalhes sobre como a rodopsina atua na visão, veja o quadro CONEXÕES **BIOQUÍMICAS 8.4**.

rodopsina uma molécula crucial para a visão; ela é formada pela reação do retinal com a opsina

8.4 Conexões **Bioquímicas** | neurociência

A Visão Tem Muita Química

A principal reação química na visão, responsável pela geração de um impulso no nervo óptico, envolve a isomerização *cis-trans* em torno de uma ligação dupla na porção retinal da rodopsina. Quando a rodopsina está ativa (isto é, pode reagir à luz visível), a ligação dupla entre os átomos de carbono 11 e 12 do retinal (11-*cis*-retinal) tem orientação *cis*. Sob a influência da luz, ocorre uma reação de isomerização nessa ligação dupla, produzindo o todo *trans*-retinal. Como essa forma não pode se ligar à opsina, o todo *trans*-retinal e a opsina livre são liberados. Como resultado dessa reação, um impulso elétrico é gerado no nervo óptico e transmitido ao cérebro para ser processado como um evento visual. A forma ativa da rodopsina é regenerada pela isomerização enzimática do todo *trans*-retinal de volta para a forma 11-*cis* e subsequente reformação da rodopsina.

A deficiência de vitamina A pode ter consequências drásticas, como previsto pela sua importância para a visão. A cegueira noturna – e até mesmo a total – pode ocorrer, especialmente em crianças. Por outro lado, um excesso de vitamina A pode ter efeitos danosos, como fragilidade óssea. Os compostos lipossolúveis não são excretados tão prontamente como as substâncias solúveis em água, e quantidades excessivas de vitaminas lipossolúveis podem se acumular no tecido adiposo. ◗

Continua

Continuação

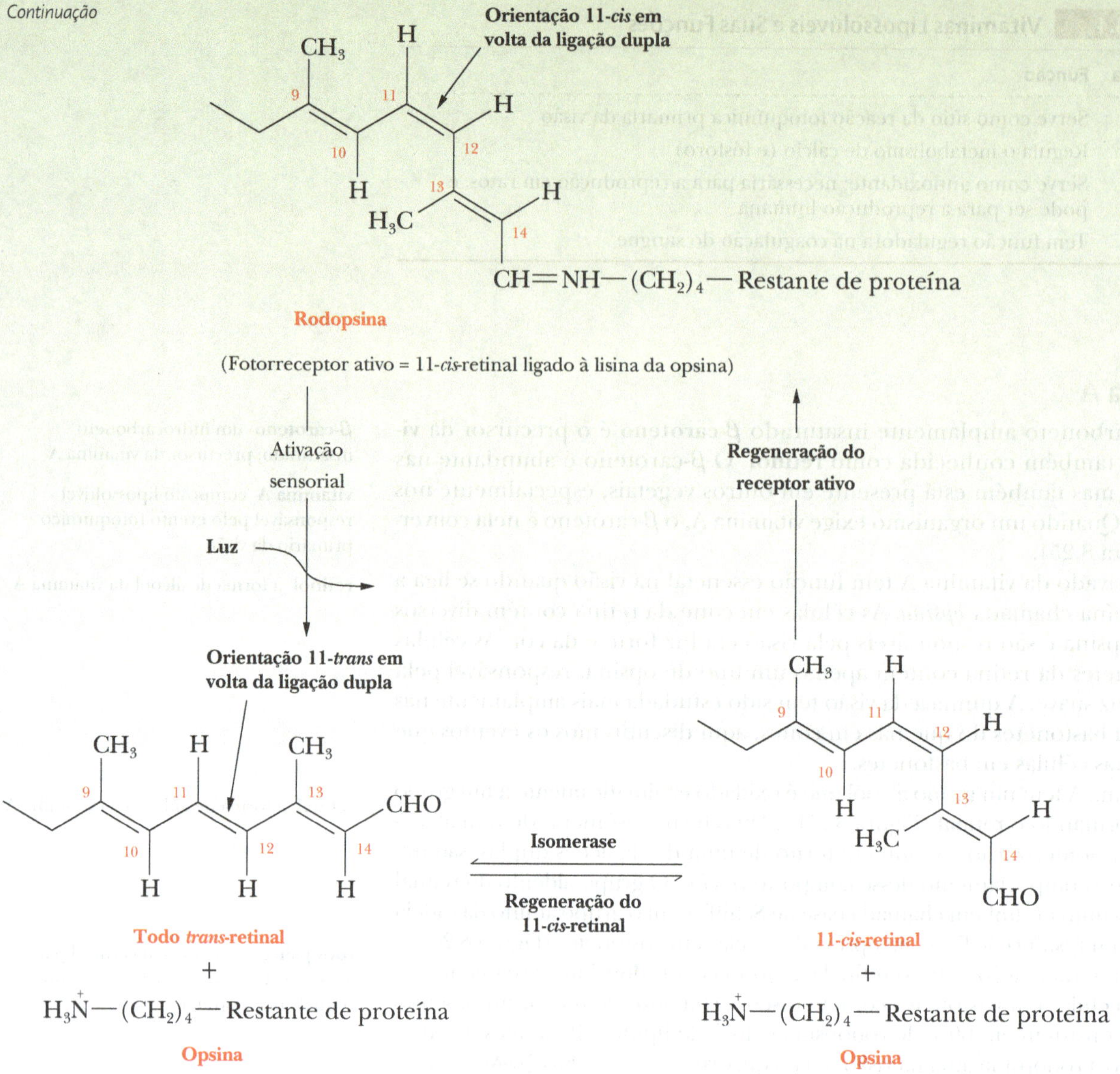
Orientação 11-*cis* em volta da ligação dupla
$CH=NH-(CH_2)_4-$ Restante de proteína
Rodopsina
(Fotorreceptor ativo = 11-*cis*-retinal ligado à lisina da opsina)
Ativação sensorial
Luz
Regeneração do receptor ativo
Orientação 11-*trans* em volta da ligação dupla
Todo *trans*-retinal
$H_3\overset{+}{N}-(CH_2)_4-$ Restante de proteína
Opsina
Isomerase
Regeneração do 11-*cis*-retinal
11-*cis*-retinal
$H_3\overset{+}{N}-(CH_2)_4-$ Restante de proteína
Opsina

A principal reação química da visão.

Vitamina D

vitamina D composto lipossolúvel que regula o metabolismo de cálcio e fósforo.

As diversas formas de **vitamina D** têm um papel essencial na regulação do metabolismo do cálcio e do fósforo. Um dos mais importantes destes compostos, a vitamina D_3 (colecalciferol), é formado a partir do colesterol pela ação da radiação ultravioleta do sol. A vitamina D_3 é processada no organismo para formar derivados hidroxilados, que são as formas metabolicamente ativas desta vitamina (Figura 8.27). A presença de vitamina D_3 leva à maior síntese de uma proteína de ligação ao Ca^{2+}, que, por sua vez, aumenta a absorção no intestino. Este processo resulta na absorção de cálcio pelos ossos.

Uma deficiência de vitamina D pode provocar *raquitismo*, uma condição na qual os ossos de crianças em fase de crescimento se tornam macios, resultando em deformidades esqueléticas. As crianças, especialmente os bebês, têm maior necessidade de vitamina D do que os adultos. O leite com suplemento de vitamina D está disponível para a maioria das crianças. Adultos expostos a quantidades normais de luz solar normalmente não precisam de suplementos de vitamina D.

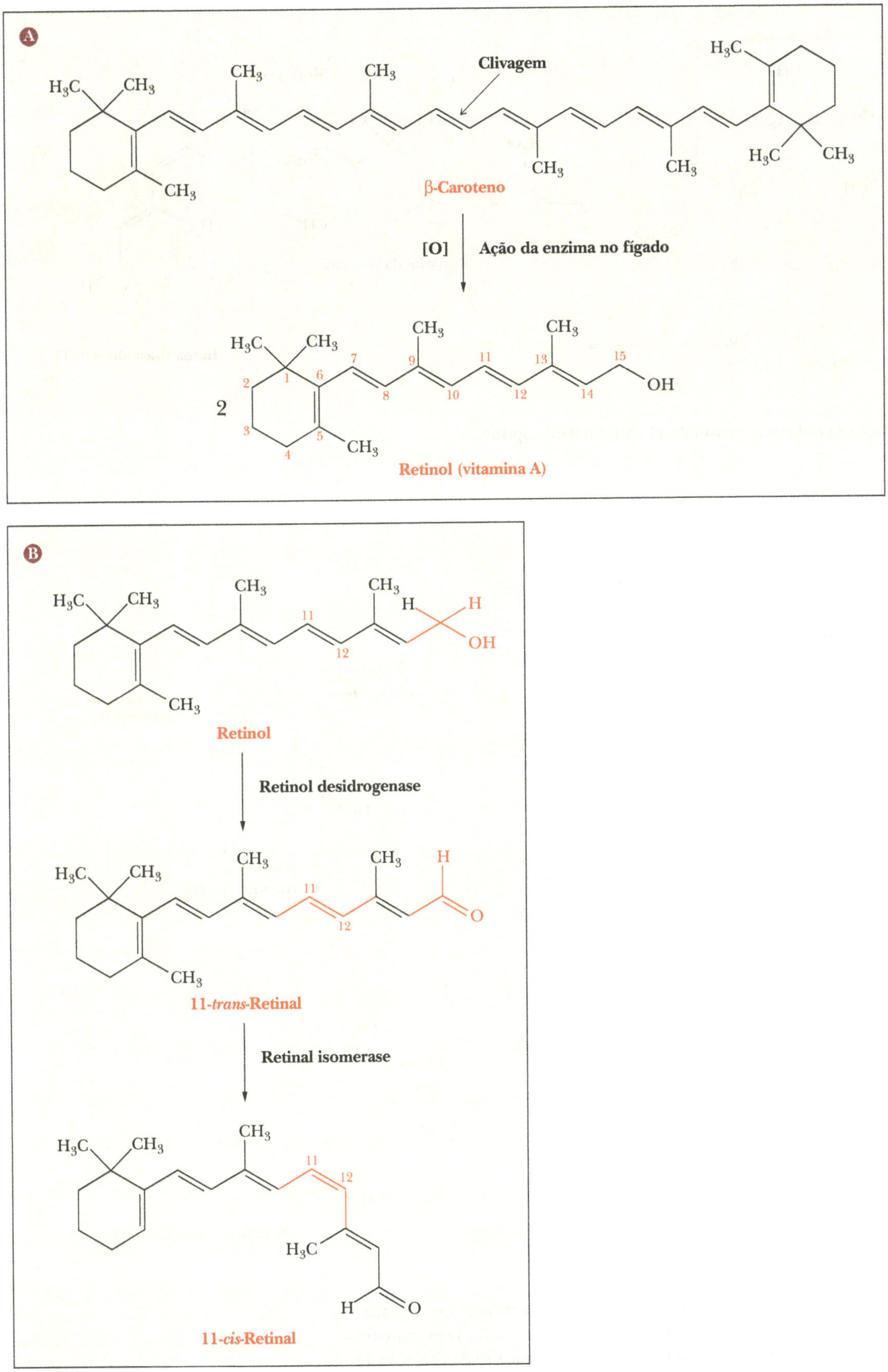
A
Clivagem
β-Caroteno
[O]
Ação da enzima no fígado
2
Retinol (vitamina A)
B
Retinol
Retinol desidrogenase
11-*trans*-Retinal
Retinal isomerase
11-*cis*-Retinal

FIGURA 8.25 Reações da vitamina A. (a) Conversão de β-caroteno em vitamina A. (b) Conversão da vitamina A em 11-*cis*-retinal.

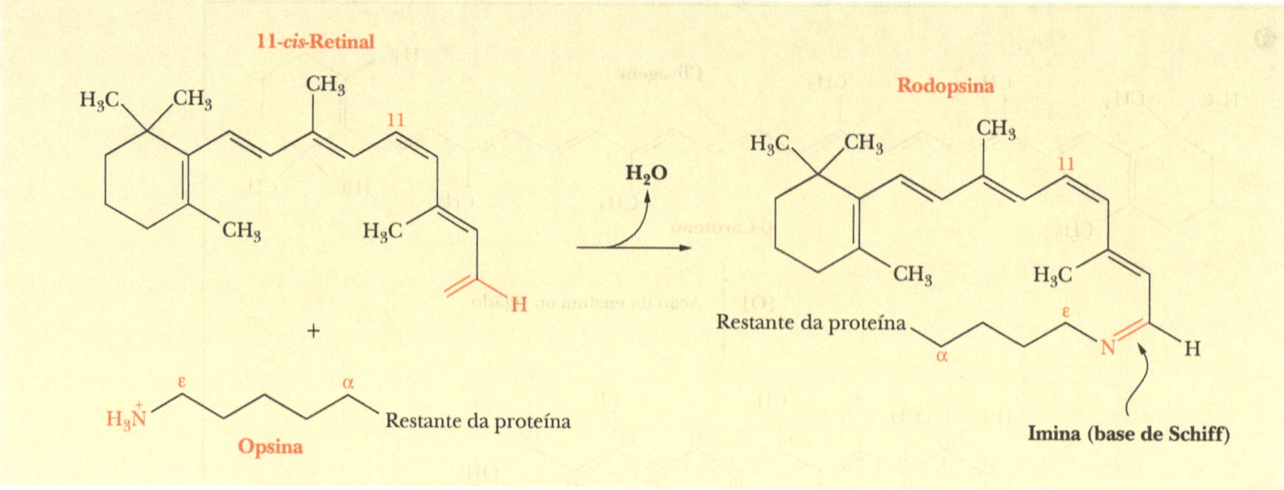
11-cis-Retinal
H3C
CH3
CH3
11
CH3
H3C
H
+
H3N
ε
α
Restante da proteína
Opsina
H2O
Rodopsina
H3C
CH3
CH3
11
CH3
H3C
Restante da proteína
α
ε
N
H
Imina (base de Schiff)

Figura 8.26 Formação da rodopsina a partir do 11-*cis*-retinal e da opsina.

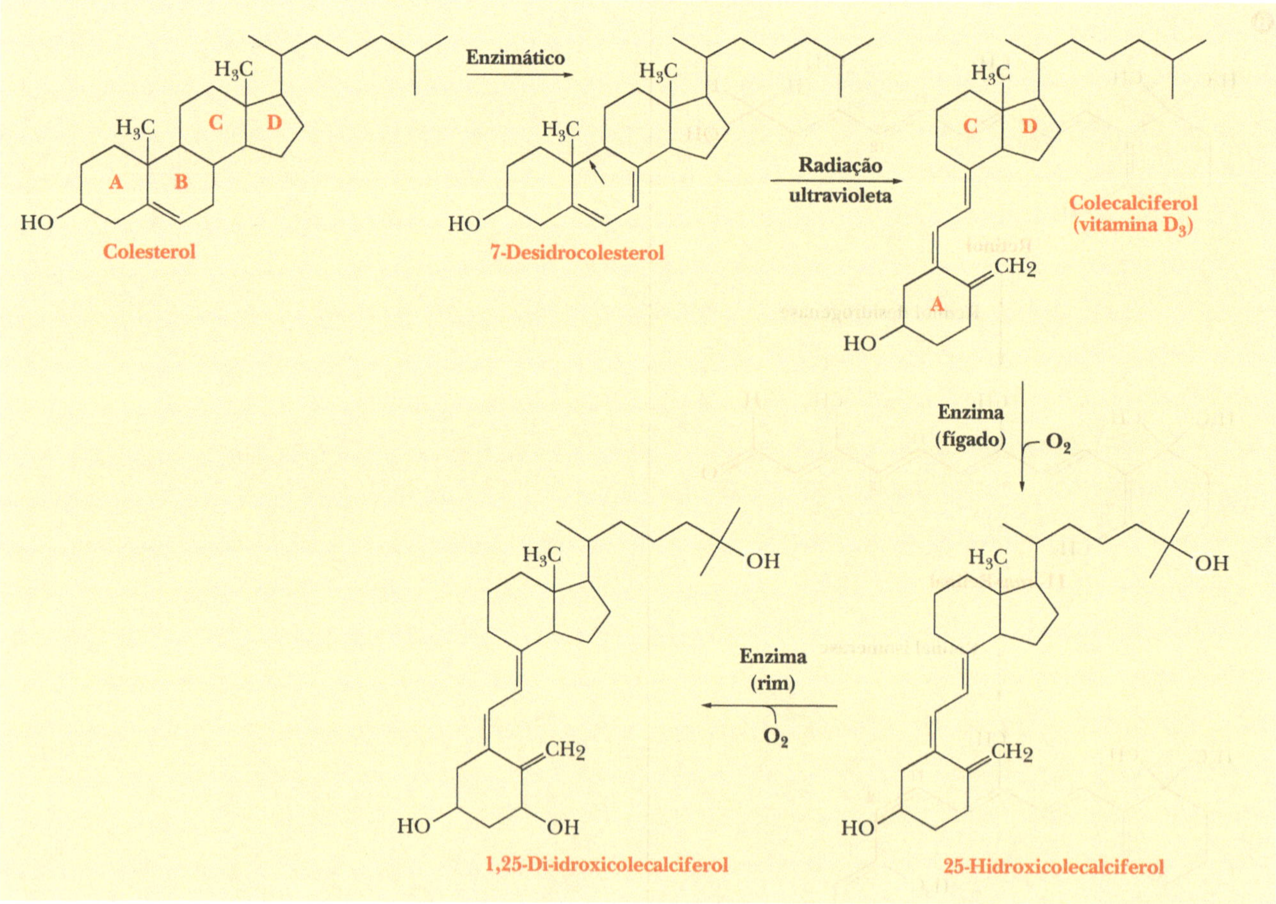
H3C
H3C
C
D
A
B
HO
Colesterol
Enzimático
H3C
H3C
HO
7-Desidrocolesterol
Radiação
ultravioleta
H3C
C
D
Colecalciferol
(vitamina D3)
CH2
A
HO
Enzima
(fígado)
O2
H3C
OH
CH2
HO
25-Hidroxicolecalciferol
Enzima
(rim)
O2
H3C
OH
CH2
HO
OH
1,25-Di-idroxicolecalciferol

Figura 8.27 **Reações da vitamina D.** A clivagem fotoquímica ocorre na ligação mostrada pela seta. Os rearranjos de elétrons após a clivagem produzem a vitamina D_3. O produto final, 1,25-di-idroxicolecalciferol, é a forma mais ativa da vitamina na estimulação da absorção de cálcio e fosfato pelo intestino e na mobilização de cálcio para o desenvolvimento ósseo.

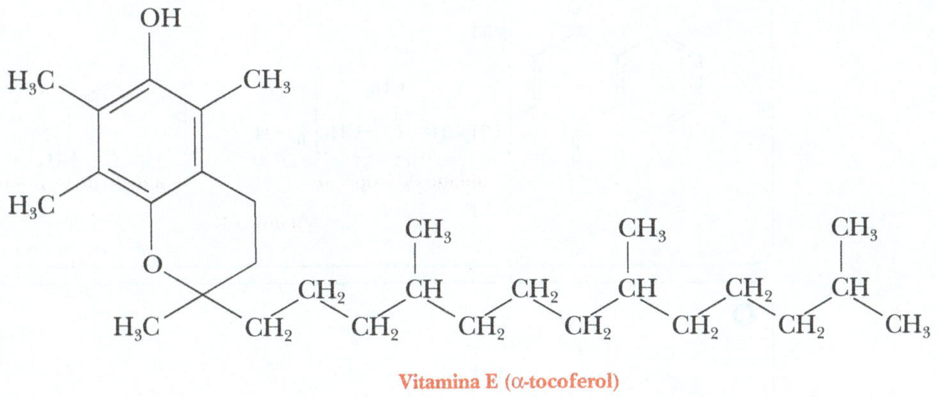
OH
H_3C
CH_3
H_3C
O
H_3C
CH_3
CH_3
CH_3
CH_2
CH
CH_2
CH
CH_2
CH
CH_2
CH_2
CH_2
CH_2
CH_2
CH_2
CH_3
Vitamina E (α-tocoferol)

FIGURA 8.28 A forma mais ativa de vitamina E é o α-tocoferol.

Vitamina E

A forma mais ativa da **vitamina E** é o **α-tocoferol** (Figura 8.28). Nos ratos, esta vitamina é necessária para a reprodução e a prevenção da doença *distrofia muscular.* Não se sabe se esta necessidade existe nos humanos. Uma propriedade química bem estabelecida da vitamina E é que ela é um **antioxidante** – ou seja, um bom agente redutor –, portanto, reage com os agentes oxidantes antes que estes possam atacar outras biomoléculas. A ação antioxidante da vitamina E comprovadamente protege compostos importantes, incluindo a vitamina A, da degradação no laboratório; e provavelmente executa esta função também nos organismos.

vitamina E antioxidante lipossolúvel

α-tocoferol a forma mais ativa da vitamina E

antioxidante um forte agente redutor que é facilmente oxidado e, assim, evita a oxidação de outras substâncias

Pesquisas recentes mostraram que a interação entre a vitamina E e as membranas aumenta sua efetividade como antioxidante. Outra função dos antioxidantes como a vitamina E é reagir com – e, assim, remover – as substâncias bastante reativas e altamente perigosas conhecidas como **radicais livres**. Um radical livre tem, pelo menos, um elétron desemparelhado, responsável por seu alto grau de reatividade. Os radicais livres podem ter um papel importante no desenvolvimento do câncer e no processo de envelhecimento.

radicais livres moléculas altamente reativas que têm no mínimo um elétron desemparelhado

Vitamina K

O nome da vitamina K vem do dinamarquês Koagulation, porque essa vitamina é um fator importante no processo de coagulação sanguínea. O sistema de anéis bicíclicos contém dois grupos carbonila, os únicos grupos polares na molécula (Figura 8.29). Uma longa cadeia lateral insaturada de hidrocarbonetos consiste em unidades repetidas de isopreno, cujo número determina a forma exata da vitamina K. Diversas formas dessa vitamina podem ser encontradas em um único organismo, mas o motivo para essa variação não é muito compreendido. A vitamina K não é a única que encontramos com unidades de isopreno, mas é a primeira na qual o número de unidades de isopreno e seus graus de saturação fazem diferença. (Você pode discernir as porções derivadas de isopreno nas estruturas das vitaminas A e E?) Também se sabe que os esteroides são derivados biossinteticamente das unidades de isopreno, mas a relação estrutural não é óbvia (Seção 21-8).

vitamina K composto lipossolúvel que tem papel importante na coagulação sanguínea

A presença de vitamina K é necessária no processo complexo de coagulação do sangue, que envolve diversas etapas e várias proteínas, e estimula muitas perguntas sem respostas. Sabe-se definitivamente que a vitamina K é necessária para modificar a protrombina e outras proteínas envolvidas no processo de coagulação. De forma mais específica, com a protrombina, a adição de outro grupo carboxila altera as cadeias laterais de diversos resíduos de glutamato da protrombina. Essa modificação do glutamato produz resíduos de γ-carboxiglutamato (Figura 8.30). Os dois grupos carboxila próximos formam um *ligante bidentado* ("com dois dentes"), que pode se ligar ao íon cálcio (Ca^{2+}). Se a pro-

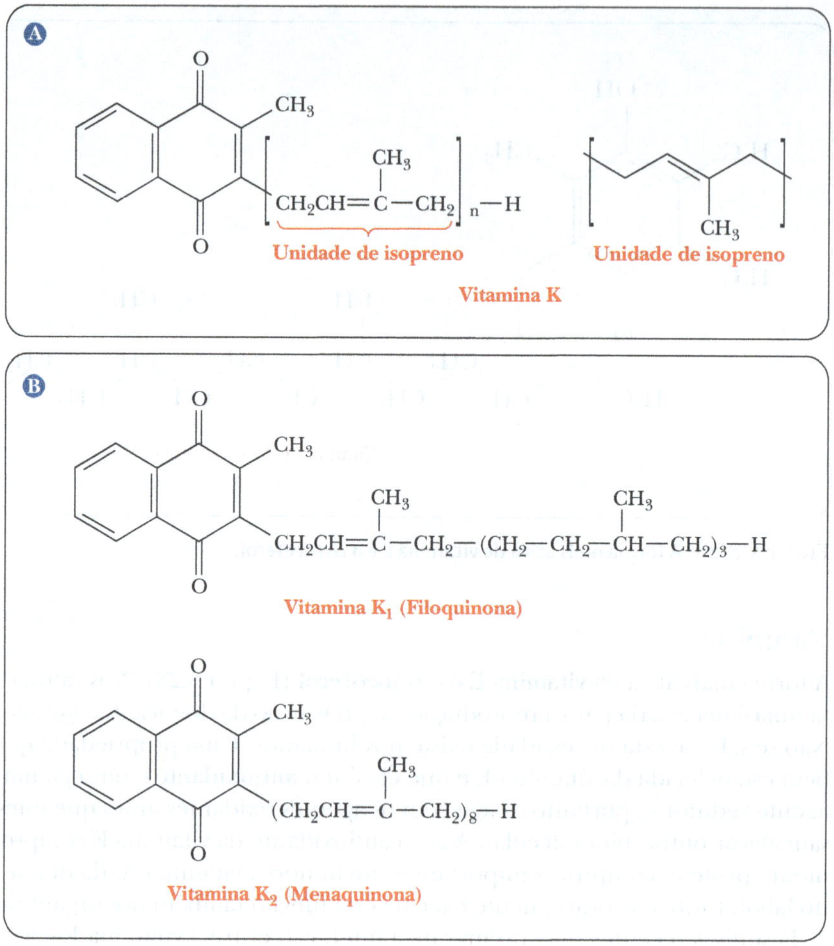
A
CH3
CH3
CH2CH=C—CH2
n—H
Unidade de isopreno
CH3
Unidade de isopreno
Vitamina K
B
CH3
CH3
CH3
CH2CH=C—CH2—(CH2—CH2—CH—CH2)3—H
Vitamina K1 (Filoquinona)
CH3
CH3
(CH2CH=C—CH2)8—H
Vitamina K2 (Menaquinona)

FIGURA 8.29 Vitamina K. (a) Estrutura geral da vitamina K, necessária para a coagulação sanguínea. O valor de *n* é variável, sendo normalmente < 10. (b) A vitamina K_1 tem uma unidade de isopreno insaturada; o restante é saturado. A vitamina K_2 tem oito unidades de isopreno insaturadas.

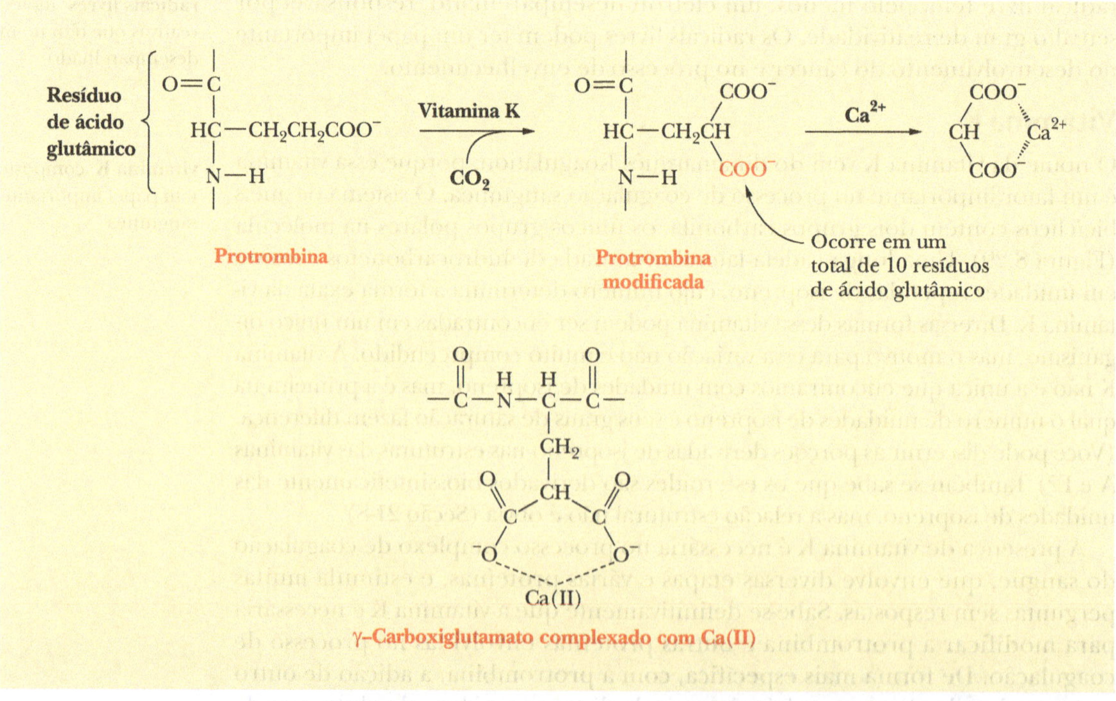
Resíduo de ácido glutâmico
O=C
HC—CH2CH2COO⁻
N—H
Vitamina K
CO2
Protrombina
O=C
COO⁻
HC—CH2CH
COO⁻
N—H
Protrombina modificada
Ca2+
COO⁻
CH
Ca2+
COO⁻
Ocorre em um total de 10 resíduos de ácido glutâmico
CH2
CH
Ca(II)
γ-Carboxiglutamato complexado com Ca(II)

FIGURA 8.30 **O papel da vitamina K na modificação da protrombina. A estrutura detalhada do γ-carboxiglutamato no sítio de complexação do cálcio é mostrada na parte inferior.**

trombina não for modificada dessa forma, ela não se ligará ao Ca^{2+}. Embora haja muito mais a ser aprendido sobre a coagulação sanguínea e a função da vitamina K neste processo, tal aspecto, pelo menos, está bem estabelecido, porque o Ca^{2+} é necessário para a coagulação sanguínea. (Dois anticoagulantes bastante conhecidos, o dicumarol e a varfarina – um veneno para rato –, são antagonistas da vitamina K.)

8-8 Prostaglandinas e Leucotrienos

Qual a relação das prostaglandinas e leucotrienos com os lipídeos?

Um grupo de compostos derivados de ácidos graxos tem ampla variedade de atividades fisiológicas. Eles são chamados de **prostaglandinas** porque foram detectados pela primeira vez no fluido seminal, que é produzido pela próstata. Desde então, mostrou-se que eles estão amplamente distribuídos em diversos tecidos. O precursor metabólico de todas as prostaglandinas é o **ácido araquidônico**, um ácido graxo que contém 20 átomos de carbono e quatro ligações duplas. As ligações duplas não são conjugadas. A produção de prostaglandinas a partir do ácido araquidônico ocorre em diversas etapas, que são catalisadas por enzimas. Cada prostaglandina tem um anel com cinco membros, e elas são diferentes entre si pelos números e posições das ligações duplas e dos grupos que contêm oxigênio (Figura 8.31).

As estruturas das prostaglandinas e suas sínteses em laboratório têm sido tópicos de grande interesse para os químicos orgânicos, especialmente por causa dos muitos efeitos fisiológicos desses compostos e da sua possível utilidade na indústria farmacêutica. Algumas funções das prostaglandinas são: a participação no controle da pressão sanguínea, na estimulação da contração do músculo liso e na indução da resposta inflamatória. A aspirina inibe a síntese de prostaglandinas, especialmente em plaquetas sanguíneas, uma propriedade responsável por seus efeitos anti-inflamatórios e antitérmicos. A cortisona e outros esteroides também têm efeito anti-inflamatório por inibirem a síntese de prostaglandina.

prostaglandinas derivados de ácido araquidônico que contêm um anel de cinco membros e são de importância farmacêutica

ácido araquidônico ácido graxo que contém vinte átomos de carbono e quatro ligações duplas; precursor das prostaglandinas e dos leucotrienos

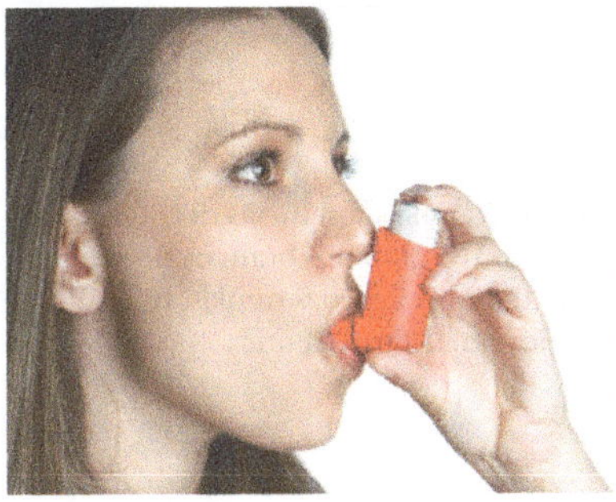

Jason Stitt/Shutterstock.com

A pesquisa com leucotrienos pode fornecer novos tratamentos para a asma, talvez eliminando a necessidade dos inaladores, como este aqui mostrado.

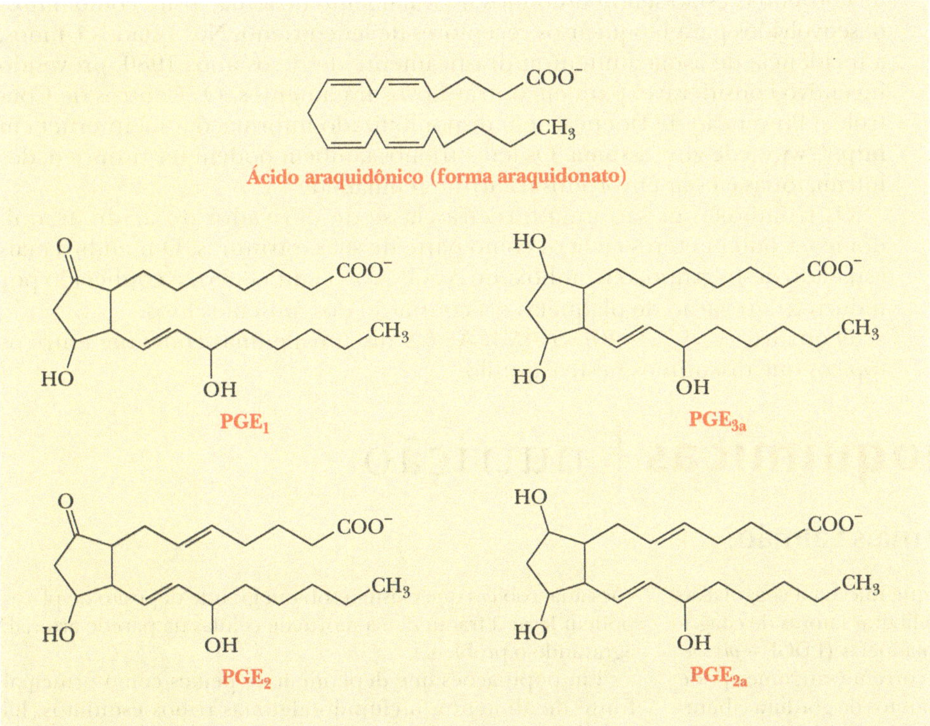
COO⁻
CH3
Ácido araquidônico (forma araquidonato)
O
COO⁻
CH3
HO
OH
PGE1
HO
COO⁻
CH3
HO
OH
PGE3a
O
COO⁻
CH3
HO
OH
PGE2
HO
COO⁻
CH3
HO
OH
PGE2a

FIGURA 8.31 O ácido araquidônico e algumas prostaglandinas.

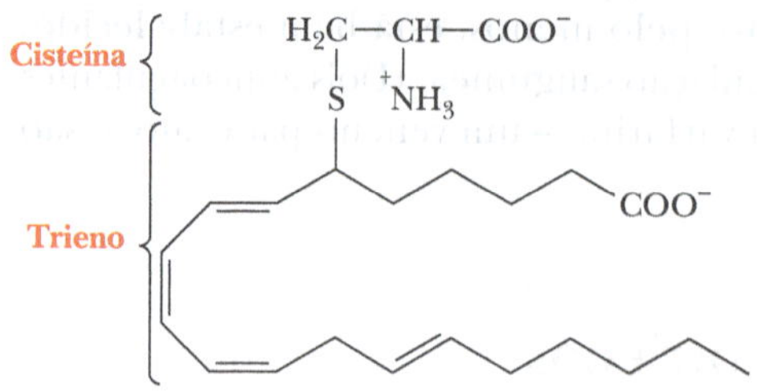
Cisteína
$H_2C-CH-COO^-$
S
$\overset{+}{N}H_3$
Trieno
COO^-

FIGURA 8.32 O leucotrieno C.

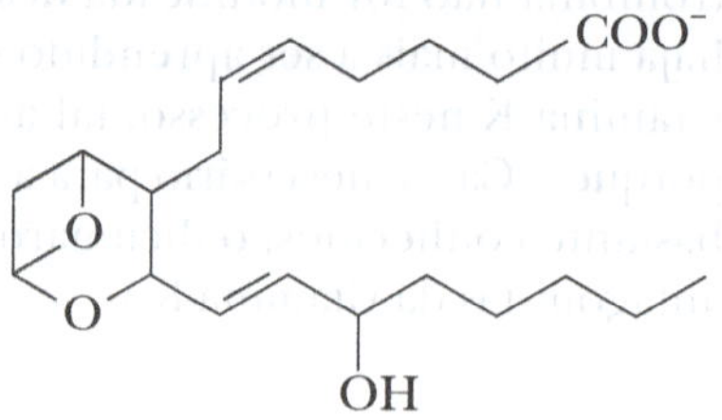
COO^-
O
O
OH
Tromboxano A_2
(TxA_2)

FIGURA 8.33 O tromboxano A_2.

As prostaglandinas conhecidamente inibem a agregação de plaquetas. Assim, elas podem ter valor terapêutico ao prevenir a formação de coágulos sanguíneos, que cortam o suprimento de sangue ao cérebro ou ao coração e causam determinados tipos de derrames e ataques cardíacos. Mesmo que este comportamento fosse a única propriedade útil das prostaglandinas, já justificaria esforços consideráveis em pesquisa. Ataques do coração e derrames são duas das principais causas de mortes nos países industrializados. Mais recentemente, o estudo das prostaglandinas tornou-se um tópico de grande interesse graças à sua possível atividade antitumoral e antiviral.

leucotrienos substâncias derivadas dos leucócitos (glóbulos brancos do sangue) que tem três ligações duplas; têm importância farmacêutica

Leucotrienos são compostos que, assim como as prostaglandinas, derivam do ácido araquidônico. São encontrados nos leucócitos (glóbulos brancos sanguíneos) e têm três ligações duplas conjugadas; esses dois fatos explicam seu nome. (Os ácidos graxos e seus derivados normalmente não têm ligações duplas conjugadas.) O leucotrieno C (Figura 8.32) é um típico membro deste grupo; observe os 20 átomos de carbono no esqueleto de ácido carboxílico, uma característica que o relaciona estruturalmente ao ácido araquidônico. (As prostaglandinas e os leucotrienos com 20 carbonos também são chamados eicosanoides.) Uma propriedade importante dos leucotrienos é sua capacidade de contrair o músculo liso, especialmente nos pulmões. Ataques de asma podem resultar desta ação de constrição, uma vez que a síntese de leucotrieno C parece ser facilitada por reações alérgicas, como ao pólen. Medicamentos que inibem a síntese do leucotrieno C estão sendo utilizados no tratamento de asma, assim como outros desenvolvidos para bloquear os receptores de leucotrieno. Nos Estados Unidos, a incidência de asma aumentou drasticamente desde os anos 1980, provendo incentivo considerável para encontrar novos tratamentos. Os Centros de Controle e Prevenção de Doenças têm disponibilizado informações na internet em **http://www.cdc.gov/asthma**. Os leucotrienos também podem ter propriedades inflamatórias e estar envolvidos na artrite reumatoide.

Os tromboxanos são uma terceira classe de derivados do ácido araquidônico. Contêm éteres cíclicos como parte de suas estruturas. O membro mais estudado deste grupo, o tromboxano A_2 (TxA_2) (Figura 8.33), é conhecido por induzir a agregação de plaquetas e a contração dos músculos lisos.

O quadro CONEXÕES **BIOQUÍMICAS 8.5** discute algumas conexões entre os tópicos que discutimos neste capítulo.

8.5 Conexões **Bioquímicas** | nutrição

Por Que Devemos Comer mais Salmão?

Plaquetas são elementos do sangue que iniciam a coagulação sanguínea e o reparo de tecidos ao liberar fatores de coagulação e de crescimento derivados de plaquetas (PDGF – *platelet derived growth factor*). A turbulência na corrente sanguínea pode fazer que as plaquetas se rompam. Depósitos de gordura e bifurcações nas artérias levam a esta turbulência, de tal forma que as plaquetas e o PDGF estão envolvidos na coagulação do sangue e no crescimento da placa aterosclerótica. Além disso, as condições anaeróbicas que existem sob um grande depósito de placas podem levar à fraqueza e à morte de células na parede arterial, agravando o problema.

Em populações que dependem de peixes como principal fonte de alimento, incluindo algumas tribos esquimós, há pouquíssimo diagnóstico de doenças cardíacas, embora pessoas nesses grupos tenham dietas ricas em gordura e altos níveis de colesterol no sangue. A análise de sua dieta levou à descoberta de que alguns ácidos graxos altamente insaturados são encontrados nos óleos de peixes e em mamíferos aquáticos. Uma classe desses ácidos graxos é chamada ômega-3 (ω_3), e tem como exemplo o ácido eicosapentenoico (EPA):

$$CH_3CH_2(CH{=}CHCH_2)_5(CH_2)_2COOH$$

Ácido eicosapentenoico (EPA)

Observe a presença de uma ligação dupla no terceiro átomo de carbono a partir da extremidade da cauda de hidrocarboneto. O sistema de nomenclatura ômega baseia-se na numeração das ligações duplas do último carbono no ácido graxo, em vez do grupo carbonila [o sistema delta (Δ)]. Ômega é a última letra do alfabeto grego.

Os ácidos graxos ômega-3 inibem a formação de certas prostaglandinas e do tromboxano A, que é semelhante em estrutura àquelas. O tromboxano liberado pelas artérias rompidas faz que as plaquetas formem uma massa no local da lesão e aumentem o tamanho do coágulo. Assim, qualquer interrupção na síntese de tromboxano resultará em uma menor tendência de formar coágulos e, portanto, menor possibilidade de dano arterial.

A aspirina também inibe a síntese das prostaglandinas, embora seja menos potente que o EPA. Ela inibe a síntese das prostaglandinas responsáveis pela inflamação e percepção da dor. A aspirina tem sido envolvida na redução da incidência de doenças cardíacas, provavelmente por um mecanismo semelhante ao do EPA. No entanto, pessoas tratadas com anticoagulantes do sangue ou que têm facilidade de sangramento não devem tomar aspirina. ◗

Teubner/StockFood Creative/Getty Images

Resumo

O que são lipídeos? Lipídeos são compostos insolúveis em água, mas solúveis em solventes orgânicos apolares. Um grupo de lipídeos consiste em compostos de cadeia aberta, todos com uma cabeça polar e uma longa cauda apolar; esse grupo inclui ácidos graxos, triacilgliceróis, fosfoacilgliceróis, esfingolipídeos e glicolipídeos. O glicerol, os ácidos graxos e o ácido fosfórico são frequentmente obtidos como produtos de degradação de lipídeos. Um segundo grupo principal consiste em compostos de anéis fundidos, os esteroides.

O que são ácidos graxos? Ácidos graxos são ácidos carboxílicos que podem ou não conter ligações duplas em sua porção de hidrocarboneto.

O que são triacilgliceróis? Triacilgliceróis são as formas de armazenamento de ácidos graxos nas quais a parte ácida é esterificada em glicerol.

O que são fosfoacilgliceróis? Fosfoacilgliceróis diferem dos triacilgliceróis por terem uma parte contendo fósforo esterificada pelo glicerol. Esses compostos são componentes importantes de membranas biológicas.

O que são ceras e esfingolipídeos? Ceras são ésteres de ácidos graxos e alcoóis de cadeia longa. Os esfingolipídeos não contêm glicerol, mas têm um álcool de cadeia longa chamado esfingosina como parte de sua estrutura.

O que são glicolipídeos? Nos glicolipídeos, uma parte de carboidrato está ligada covalentemente ao lipídeo.

O que são esteroides? Os esteroides têm uma estrutura de anéis fundidos característica. Outros lipídeos são compostos de cadeia aberta.

Qual é a estrutura das bicamadas lipídicas? Uma membrana biológica consiste em uma parte lipídica e uma parte proteica. A parte lipídica é uma bicamada, com as cabeças polares em contato com o interior e o exterior aquoso da célula, e as porções apolares do lipídeo no interior da membrana.

Como a composição da bicamada afeta suas propriedades? A presença de ácidos graxos insaturados nos componentes da membrana leva a uma maior fluidez do que com uma preponderância de ácidos graxos saturados. Contrariamente, a presença de ácidos graxos saturados e colesterol tende a enrijecer a bicamada. A compactação das moléculas na bicamada pode sofrer uma transição reversível de uma forma ordenada para uma desordenada. Com frequência ocorre a movimentação lateral das moléculas de lipídeo dentro de uma camada da membrana.

Como as proteínas estão associadas com a bicamada nas membranas? As proteínas que ocorrem nas membranas podem ser periféricas, encontradas na superfície da membrana, ou integrais, que ficam dentro da bicamada lipídica. Diversos motivos estruturais, como grupos de sete α-hélices, ocorrem nas proteínas que rodeiam as membranas. As proteínas periféricas estão ligadas de forma mais frouxa a uma superfície da membrana por ligações de hidrogênio ou atrações eletrostáticas, enquanto as proteínas integrais estão incrustadas solidamente na membrana.

Como as proteínas e a bicamada lipídica interagem entre si nas membranas? O modelo do mosaico fluido descreve a interação entre lipídeos e proteínas nas membranas biológicas. As proteínas "flutuam" na bicamada lipídica.

Como ocorre o transporte através das membranas? Três importantes funções ocorrem dentro ou sobre as membranas. A primeira, o transporte através da membrana, pode envolver sua bicamada lipídica, bem como as suas proteínas. (A segunda, a catálise, é executada pelas enzimas ligadas à membrana.) A questão mais importante sobre o transporte de substâncias através de membranas biológicas é se o processo exige gasto de energia pela célula. No transporte passivo, uma substância se move de uma região com maior concentração para outra de menor concentração, não precisando gastar energia da célula. O transporte ativo requer a movimentação de substâncias contra um gradiente de concentração, uma situação semelhante ao bombeamento de água morro acima. Tanto a energia como uma proteína carregadora são necessárias para o transporte ativo. A bomba de íons de sódio-potássio é um exemplo de transporte ativo.

Como os receptores de membrana funcionam? As proteínas receptoras na membrana ligam substâncias biologicamente importantes que disparam uma resposta importante na célula. A primeira etapa nos efeitos de algumas substâncias biologicamente ativas é a sua ligação a um sítio receptor da proteína no exterior da célula. A interação entre as proteínas receptoras e as substâncias ativas às quais elas se ligam é muito semelhante ao reconhecimento enzima-substrato. A ação de um receptor frequentemente depende de uma mudança conformacional na proteína receptora. Os receptores podem ser canais proteicos operados por ligantes, em que a ligação do ligante abre temporariamente uma proteína de canal através da qual substâncias como íons podem fluir na direção de um gradiente de concentração.

Qual é o papel das vitaminas lipossolúveis no organismo? As vitaminas lipossolúveis são hidrofóbicas, em razão de suas propriedades de solubilidade. Suas estruturas são, no final das contas, derivadas de unidades de isopreno de cinco carbonos. Um derivado da vitamina A tem papel essencial na visão. A vitamina D controla o metabolismo de cálcio e de fósforo, afetando a integridade estrutural dos ossos. A vitamina E é conhecida como antioxidante; suas outras funções metabólicas não estão definitivamente estabelecidas. A presença da vitamina K é necessária para o processo de coagulação do sangue.

Qual a relação das prostaglandinas e leucotrienos com os lipídeos? O ácido araquidônico, um ácido graxo insaturado, é o precursor das prostaglandinas e dos leucotrienos, compostos com uma vasta gama de atividades fisiológicas. A estimulação da contração do músculo liso e a indução de inflamação são efeitos comuns às duas classes de compostos. As prostaglandinas também estão envolvidas no controle da pressão arterial e na inibição de agregação plaquetária do sangue.

Exercícios de Revisão

8-1 Definição de um Lipídeo

1. **VERIFICAÇÃO DE FATOS** Proteínas, ácidos nucleicos e carboidratos são agrupados por características estruturais comuns. Qual é a base para o agrupamento de substâncias como os lipídeos?

8-2 Naturezas Químicas dos Tipos de Lipídeos

2. **VERIFICAÇÃO DE FATOS** Quais são as características estruturais em comum entre um triacilglicerol e uma fosfatidiletanolamina? Como as estruturas desses dois tipos de lipídeos se diferenciam?
3. **VERIFICAÇÃO DE FATOS** Desenhe a estrutura de um fosfoacilglicerol que contenha glicerol, ácido oleico, ácido esteárico e colina.
4. **VERIFICAÇÃO DE FATOS** Quais as características estruturais em comum entre uma esfingomielina e uma fosfatidilcolina? Como as estruturas desses dois tipos de lipídeos se diferenciam?
5. **VERIFICAÇÃO DE FATOS** Você acabou de isolar a forma pura de um lipídeo que contém apenas esfingosina e um ácido graxo. A que classe de lipídeos ele pertence?
6. **VERIFICAÇÃO DE FATOS** Que característica estrutural um esfingolipídeo tem em comum com as proteínas? Há semelhanças funcionais?
7. **VERIFICAÇÃO DE FATOS** Escreva a fórmula estrutural de um triacilglicerol e nomeie as partes componentes.
8. **VERIFICAÇÃO DE FATOS** Como a estrutura dos esteroides é diferente da dos outros lipídeos discutidos neste capítulo?
9. **VERIFICAÇÃO DE FATOS** Quais são as características estruturais das ceras? Quais são alguns usos comuns de compostos deste tipo?
10. **PERGUNTA DE RACIOCÍNIO** Qual é mais hidrofílico, o colesterol ou os fosfolipídeos? Justifique sua resposta.
11. **PERGUNTA DE RACIOCÍNIO** Escreva uma equação, com fórmulas estruturais, para a saponificação do triacilglicerol na Questão 7.
12. **PERGUNTA DE RACIOCÍNIO** Plantas suculentas de regiões áridas geralmente têm a superfície coberta com cera. Sugira por que tal cobertura é valiosa para a sobrevivência da planta.
13. **PERGUNTA DE RACIOCÍNIO** Nos supermercados, os produtos da seção de legumes e frutas (pepinos, por exemplo) são cobertos com cera para despacho e armazenamento. Sugira um motivo para isto.
14. **PERGUNTA DE RACIOCÍNIO** As gemas de ovo contêm uma grande quantidade de colesterol, mas também uma alta quantidade de lecitina. Do ponto de vista alimentar e de saúde, como essas duas moléculas se complementam?
15. **PERGUNTA DE RACIOCÍNIO** Na preparação de molhos que envolvem a mistura de água e manteiga derretida, gemas de ovo são adicionadas para evitar a separação. Como elas fazem isto? *Dica:* gemas de ovo são ricas em fosfatidilcolina (lecitina).
16. **PERGUNTA DE RACIOCÍNIO** Quando aves aquáticas têm suas penas cobertas com petróleo bruto após um derramamento, o resgate as limpa para remover os resíduos de óleo. Por que elas não são libertadas imediatamente após a limpeza?

8-3 Membranas Biológicas

17. **VERIFICAÇÃO DE FATOS** Quais dos lipídeos a seguir *não* são encontrados em membranas animais?
    (a) Fosfoglicerídeos
    (b) Colesterol
    (c) Triacilgliceróis
    (d) Glicolipídeos
    (e) Esfingolipídeos
18. **VERIFICAÇÃO DE FATOS** Qual(is) declaração(ões) a seguir é (são) consistente(s) com o que se sabe sobre membranas?
    (a) Uma membrana consiste em uma camada de proteínas localizada entre duas camadas de lipídeos.
    (b) As composições das camadas lipídicas interna e externa são as mesmas em qualquer membrana individual.

(c) As membranas contêm glicolipídeos e glicoproteínas.

(d) Bicamadas lipídicas são importantes componentes das membranas.

(e) A ligação covalente ocorre entre lipídeos e proteínas na maioria das membranas.

19. **PERGUNTA DE RACIOCÍNIO** Por que algumas empresas alimentícias podem achar economicamente vantajoso anunciar seus produtos (por exemplo, triacilgliceróis) como sendo compostos de ácidos graxos poli-insaturados com ligações duplas *trans*?

20. **PERGUNTA DE RACIOCÍNIO** Sugira um motivo pelo qual óleos vegetais parcialmente hidrogenados são tão amplamente utilizados em alimentos embalados.

21. **CONEXÕES BIOQUÍMICAS** A margarina utilizada na culinária (Crisco) é composta de óleos vegetais, que normalmente são líquidos. Por que ela é sólida? *Dica:* leia o rótulo.

22. **CONEXÕES BIOQUÍMICAS** Por que a American Heart Association recomenda o uso de óleo de canola ou de oliva em vez do óleo de coco para cozinhar?

23. **PERGUNTA DE RACIOCÍNIO** Nas bicamadas lipídicas, há uma transição de ordem/desordem semelhante à fusão de um cristal. Em uma bicamada lipídica na qual a maioria dos ácidos graxos é insaturada, você espera que essa transição ocorra a uma temperatura superior, inferior ou igual àquela na qual a maioria dos ácidos graxos em uma bicamada lipídica fosse saturada? Por quê?

24. **CONEXÕES BIOQUÍMICAS** Discuta brevemente a estrutura da mielina e sua função no sistema nervoso.

25. **PERGUNTA DE RACIOCÍNIO** Sugira um motivo pelo qual as membranas celulares de uma bactéria cultivada a 20°C tendem a ter uma maior proporção de ácidos graxos insaturados que as membranas de bactérias da mesma espécie cultivadas a 37°C. Em outras palavras, as bactérias cultivadas a 37°C têm maior proporção de ácidos graxos saturados em suas membranas celulares.

26. **PERGUNTA DE RACIOCÍNIO** Sugira um motivo pelo qual animais que vivem em climas frios tendem a ter maior proporção de resíduos de ácidos graxos poli-insaturados em seus lipídeos que aqueles que vivem em climas quentes.

27. **PERGUNTA DE RACIOCÍNIO** Qual é a força motriz para a formação de bicamadas fosfolipídicas?

28. **VERIFICAÇÃO DE FATOS** As quantidades relativas de colesterol e fosfatidilcolina são as mesmas em todos os tipos de membranas encontrados em uma célula típica de mamíferos?

8-4 Tipos de Proteínas de Membranas

29. **VERIFICAÇÃO DE FATOS** Como as técnicas de fluorescência podem ser usadas para monitorar o movimento de lipídeos e proteínas nas membranas?

30. **VERIFICAÇÃO DE FATOS** Defina *glicoproteína* e *glicolipídeo*.

31. **VERIFICAÇÃO DE FATOS** Todas as proteínas associadas a membranas rodeiam a membrana de um lado a outro?

32. **PERGUNTA DE RACIOCÍNIO** Uma membrana consiste em 50% de proteína em massa e 50% de fosfoglicerídeos em massa. A massa molecular média dos lipídeos é 800 Dalton, e o das proteínas é 50.000 Dalton. Calcule a razão molar entre lipídeos e proteínas.

33. **PERGUNTA DE RACIOCÍNIO** Sugira um motivo pelo qual o mesmo sistema proteico move íons de sódio e potássio para dentro e para fora da célula.

34. **PERGUNTA DE RACIOCÍNIO** Suponha que você esteja estudando uma proteína envolvida no transporte de íons para dentro e para fora das células. Você espera encontrar resíduos apolares no interior ou no exterior? Por quê? Você espera encontrar resíduos polares no interior ou no exterior? Por quê?

8-5 O Modelo do Mosaico Fluido para a Estrutura de Membranas

35. **PERGUNTA DE RACIOCÍNIO** Que declarações a seguir são consistentes com o modelo do mosaico fluido da membrana?

(a) Todas as proteínas da membrana são ligadas em seu interior.

(b) Tanto as proteínas como os lipídeos sofrem difusão transversal (*flip-flop*) de dentro para fora da membrana.

(c) Alguns lipídeos e proteínas sofrem difusão lateral ao longo da superfície interna e externa da membrana.

(d) Os carboidratos são ligados de forma covalente ao exterior da membrana.

(e) O termo *mosaico* refere-se apenas à organização dos lipídeos.

36. **VERIFICAÇÃO DE FATOS** Qual o papel da fosforilação dos resíduos de tirosina na ação das proteínas receptoras?

37. **VERIFICAÇÃO DE FATOS** Qual a ligação entre a hidrólise de GTP com as ações das proteínas receptoras?

8-6 As Funções das Membranas

38. **PERGUNTA DE RACIOCÍNIO** Sugira um motivo pelo qual íons inorgânicos, como K^+, Na^+, Ca^{2+} e Mg^{2+}, não atravessam membranas biológicas por difusão simples.

39. **PERGUNTA DE RACIOCÍNIO** Quais declarações são coerentes com os fatos conhecidos sobre o transporte em membranas?

(a) O transporte ativo move uma substância de uma região onde a concentração é menor para outra onde a concentração é maior.

(b) O transporte não envolve nenhum poro ou canal nas membranas.

(c) As proteínas transportadoras podem estar envolvidas no transporte de substâncias para o interior das células.

8-7 As Vitaminas Lipossolúveis e Suas Funções

40. **PERGUNTA DE RACIOCÍNIO** Qual é a relação estrutural entre a vitamina D_3 e o colesterol?

41. **VERIFICAÇÃO DE FATOS** Cite uma propriedade química importante da vitamina E.

42. **VERIFICAÇÃO DE FATOS** O que são unidades de isopreno? Qual sua relação com o material deste capítulo?

43. **VERIFICAÇÃO DE FATOS** Cite as vitaminas lipossolúveis e dê uma função fisiológica para cada.

44. **CONEXÕES BIOQUÍMICAS** Qual é a função da isomerização *cis-trans* do retinal na visão?

45. **PERGUNTA DE RACIOCÍNIO** Por que é possível argumentar que a vitamina D não é uma vitamina?

46. **PERGUNTA DE RACIOCÍNIO** Dê um motivo para a toxicidade que pode ser causada por overdoses de vitaminas lipossolúveis.

47. **PERGUNTA DE RACIOCÍNIO**Por que alguns antagonistas da vitamina K agem como anticoagulantes?

48. **PERGUNTA DE RACIOCÍNIO** Por que muitos suplementos vitamínicos são vendidos como antioxidantes? Como isto se relaciona ao material neste capítulo?

49. **PERGUNTA DE RACIOCÍNIO** Um amigo, preocupado com a saúde, pergunta se comer cenouras é melhor para a visão ou para a prevenção do câncer. O que você diz a ele? Explique.

8-8 Prostaglandinas e Leucotrienos

50. **CONEXÕES BIOQUÍMICAS** Defina o ácido graxo ômega-3.
51. **VERIFICAÇÃO DE FATOS** Quais são as principais características estruturais dos leucotrienos?
52. **VERIFICAÇÃO DE FATOS** Quais são as principais características estruturais das prostaglandinas?
53. **PERGUNTA DE RACIOCÍNIO** Cite duas classes de compostos derivados do ácido araquidônico. Sugira alguns motivos para a grande quantidade de pesquisas biomédicas dedicadas a esses compostos.
54. **CONEXÕES BIOQUÍMICAS** Descreva uma possível conexão entre o material neste capítulo e a integridade das plaquetas sanguíneas.

Ácidos Nucleicos: Como a Estrutura Transfere Informações

9

9-1 Níveis de Estrutura nos Ácidos Nucleicos

No Capítulo 4 identificamos quatro níveis de estrutura – primária, secundária, terciária e quaternária – nas proteínas. Os ácidos nucleicos podem ser vistos da mesma forma. A *estrutura primária* dos ácidos nucleicos é a ordem das bases na sequência de polinucleotídeos, e a *estrutura secundária* é a conformação tridimensional do esqueleto da molécula. A *estrutura terciária* é especificamente o superenrolamento da molécula.

O DNA (ácido desoxirribonucleico) e o RNA (ácido ribonucleico) são os dois principais tipos de ácidos nucleicos.

Quais as diferenças entre o DNA e o RNA?

As diferenças importantes entre o DNA e o RNA aparecem nas suas estruturas secundária e terciária, portanto, descreveremos essas características estruturais separadamente para cada um deles. Embora nada na estrutura do ácido nucleico seja diretamente análogo à estrutura quaternária das proteínas, a interação dos ácidos nucleicos com outras classes de macromoléculas (por exemplo, as proteínas) para formar complexos é semelhante às interações das subuni-

RESUMO DO CAPÍTULO

dades em uma proteína oligomérica. Um exemplo bastante conhecido é a associação do RNA e das proteínas nos **ribossomos** (mecanismo de geração de polipeptídeo da célula); outro, é a automontagem do vírus mosaico do tabaco, em que a fita do ácido nucleico se enrola em um cilindro de subunidades de proteínas de revestimento.

ribossomos locais de síntese de proteínas em todas as organelas, consistindo em RNA e proteína

9-2 A Estrutura Covalente dos Polinucleotídeos

Polímeros podem sempre ser quebrados em unidades cada vez menores, até sua menor unidade única, chamada monômero. Os monômeros dos ácidos nucleicos são os **nucleotídeos**. Um nucleotídeo individual consiste em três partes – uma base nitrogenada, um açúcar e um resíduo de ácido fosfórico – todas unidas de forma covalente.

nucleotídeos bases purínicas ou pirimidínicas ligadas a um açúcar (ribose ou desoxirribose), que, por sua vez, está ligado a grupos fosfato

A ordem das bases nos ácidos nucleicos do DNA contém as informações necessárias para produzir a sequência correta de aminoácidos nas proteínas da célula.

Quais são as estruturas e os componentes dos nucleotídeos?

As **bases de ácido nucleico** (também chamadas **nucleobases**) são de dois tipos – *pirimidínicas* e *purínicas* (Figura 9.1). Neste caso, a palavra *base* não se refere a um composto alcalino, como o NaOH, mas a um composto aromático nitrogenado com um ou dois anéis. É comum ocorrerem três **bases pirimídicas** (compostos aromáticos de um anel) – *citosina*, *timina* e *uracila*. A citosina é encontrada tanto no RNA quanto no DNA. A uracila ocorre apenas no RNA. No DNA, a uracila é substituída pela timina; em poucos casos, a timina também é encontrada em algumas formas de RNA. As **bases purínicas** comuns (compostos aromáticos de dois anéis) são a *adenina* e a *guanina*, e ambas ocorrem no RNA e no DNA (Figura 9.1). Além dessas cinco bases comuns, há bases "incomuns", com estruturas um pouco diferentes, encontradas principalmente, mas não exclusivamente, em RNAs transportadores (Figura 9.2). Em muitos casos, a base é modificada por metilação.

bases de ácidos nucleicos (nucleobases) compostos aromáticos nitrogenados que constituem a parte de código dos ácidos nucleicos

bases pirimídicas compostos aromáticos nitrogenados que contêm anéis de seis membros; os compostos pais de diversas nucleobases

bases purínicas compostos aromáticos nitrogenados que contêm anéis de seis membros fundidos a anéis de cinco membros; os compostos pais de duas nucleobases, a adenina e a guanina

Nucleosídeo é um composto que consiste em uma base e um açúcar ligados de forma covalente. Ele difere do nucleotídeo, pois não tem um grupo fosfato em sua estrutura. Em um nucleosídeo, a base forma uma ligação glicosídica com o açúcar. As ligações glicosídicas e a estereoquímica dos açúcares serão discutidas detalhada-

nucleosídeo base púrica ou pirimidínica ligada a um açúcar (ribose ou desoxirribose)

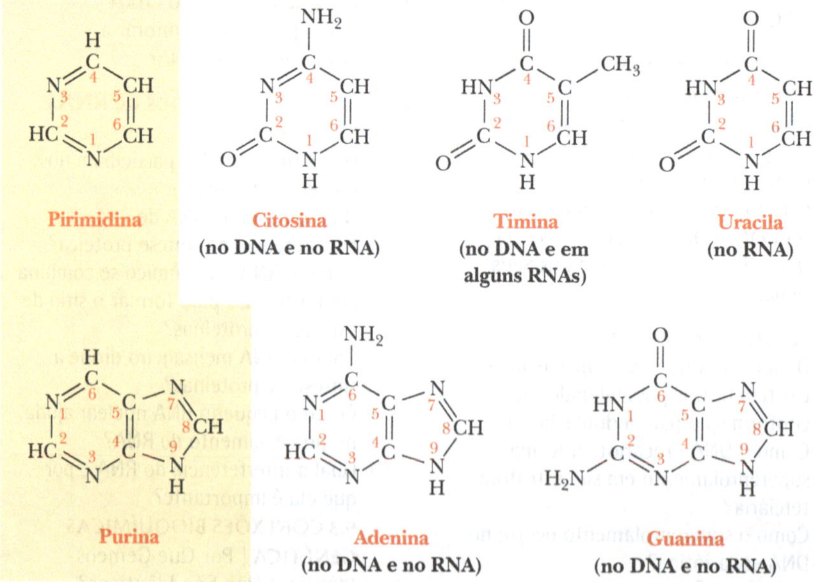
Pirimidina
Citosina
(no DNA e no RNA)
Timina
(no DNA e em alguns RNAs)
Uracila
(no RNA)
Purina
Adenina
(no DNA e no RNA)
Guanina
(no DNA e no RNA)

FIGURA 9.1 Estruturas das nucleobases comuns. As estruturas das bases pirimídicas e purínicas são mostradas para comparação.

mente na Seção 16-2. Caso você queira consultar o material sobre a estrutura dos açúcares, verá que ele não depende do conteúdo dos capítulos que o antecedem. Por hora, é suficiente dizer que uma *ligação glicosídica* liga um açúcar a alguma outra molécula. Quando o açúcar é β-D-ribose, o composto resultante é um **ribonucleosídeo**; quando o açúcar é β-D-desoxirribose, o composto resultante é um **desoxirribonucleosídeo** (Figura 9.3). A ligação glicosídica é feita pelo carbono C-1' do açúcar ao nitrogênio N-1 das pirimidinas ou ao nitrogênio N-9 das purinas. Os átomos do anel da base e os átomos de carbono do açúcar são numerados, com os números dos átomos de açúcar assinalados com aspas simples para evitar confusão. Observe que nos dois casos o açúcar está ligado a um nitrogênio (uma ligação *N*-glicosídica).

Quando o ácido fosfórico é esterificado com um dos grupos hidroxila da porção de açúcar de um nucleosídeo, forma-se um nucleotídeo (Figura 9.4). Este recebe o nome do nucleosídeo do qual é derivado, acrescido do prefixo *monofosfato de*; a posição do éster fosfato é especificada pelo número do átomo de carbono no grupo hidroxila para os quais é esterificado – por exemplo: 3'-monofosfato de adenosina ou 5'-monofosfato de desoxicitidina.

Os nucleotídeos 5' são encontrados com mais frequência na natureza. Se grupos adicionais de fosfato formam ligações de anidrido com o primeiro fosfato, são gerados nucleosídeos difosfatados e trifosfatados correspondentes. Lembre-se deste ponto da Seção 2-2. Esses compostos também são nucleotídeos.

Como os nucleotídeos se combinam para fornecer os ácidos nucleicos?

A polimerização dos nucleotídeos dá origem a ácidos nucleicos. A ligação entre monômeros em ácidos nucleicos envolve a formação de duas ligações éster pelo ácido fosfórico. Os grupos hidroxila para os quais o ácido fosfórico é esterificado são aqueles ligados aos carbonos 3' e 5' de resíduos adjacentes. A ligação repetida resultante é uma **ligação 3',5'-fosfodiéster**. Os resíduos de nucleotídeo dos ácidos nucleicos são numerados a partir da extremidade 5', que normalmente carrega um grupo fosfato, até a extremidade 3', que em geral possui um grupo hidroxila livre.

A Figura 9.5 mostra a estrutura de um fragmento de uma cadeia de RNA. O *esqueleto açúcar-fosfato* repete-se por toda a extensão da cadeia. A característica mais importante da estrutura dos

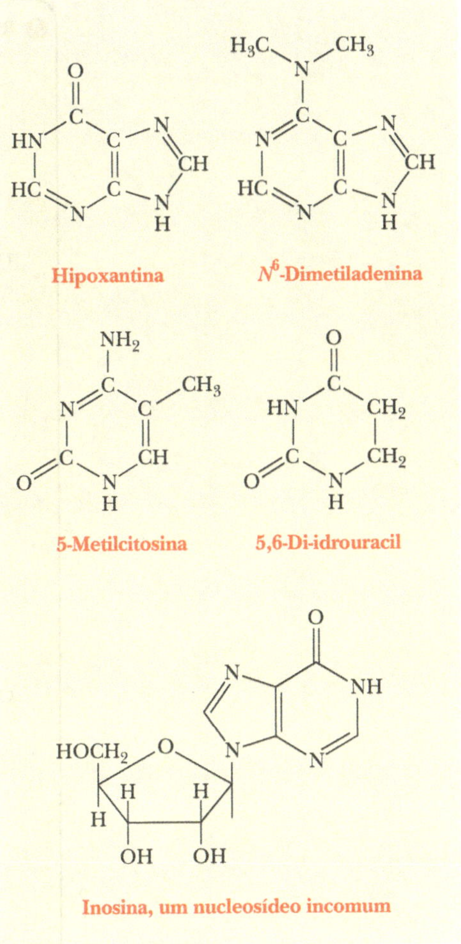
Hipoxantina
N^6-Dimetiladenina
5-Metilcitosina
5,6-Di-idrouracil
Inosina, um nucleosídeo incomum

FIGURA 9.2 Estrutura de algumas nucleobases menos comuns. Quando a hipoxantina está ligada a um açúcar, o composto correspondente é chamado inosina.

ribonucleosídeo composto formado quando uma nucleobase forma uma ligação glicosídica com a ribose

desoxirribonucleosídeo composto formado quando uma nucleobase e uma desoxirribose formam uma ligação glicosídica

ligação 3'-5'-fosfodiéster ligação covalente na qual o ácido fosfórico é esterificado no 3' hidroxila de um nucleosídeo e no 5' hidroxila de outro nucleosídeo; ela forma o esqueleto dos ácidos nucleicos

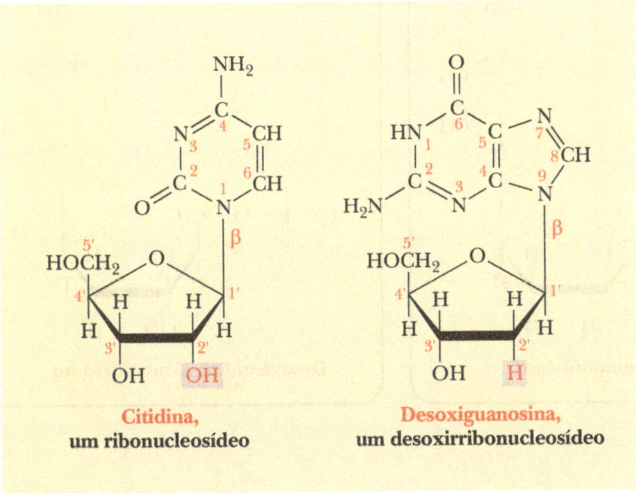
Citidina,
um ribonucleosídeo
Desoxiguanosina,
um desoxirribonucleosídeo

FIGURA 9.3 Comparação das estruturas de um ribonucleosídeo e um desoxirribonucleosídeo. (Um nucleosídeo não tem um grupo fosfato em sua estrutura.)

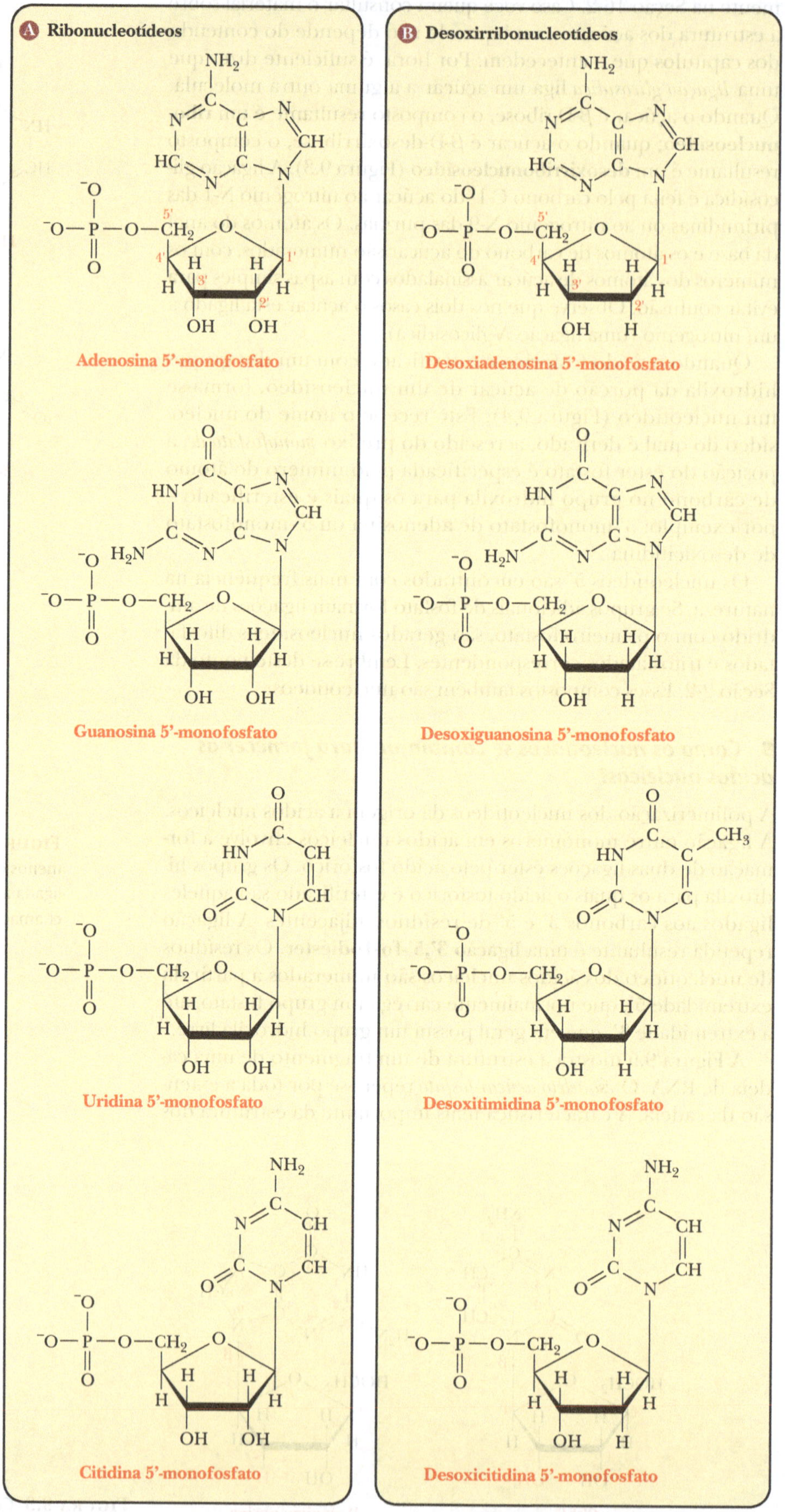
A Ribonucleotídeos
B Desoxirribonucleotídeos
Adenosina 5'-monofosfato
Desoxiadenosina 5'-monofosfato
Guanosina 5'-monofosfato
Desoxiguanosina 5'-monofosfato
Uridina 5'-monofosfato
Desoxitimidina 5'-monofosfato
Citidina 5'-monofosfato
Desoxicitidina 5'-monofosfato

FIGURA 9.4 As estruturas e os nomes dos nucleotídeos de ocorrência mais comum. Cada nucleotídeo tem um grupo fosfato em sua estrutura. Todas as estruturas são mostradas nas formas que existem em pH 7.

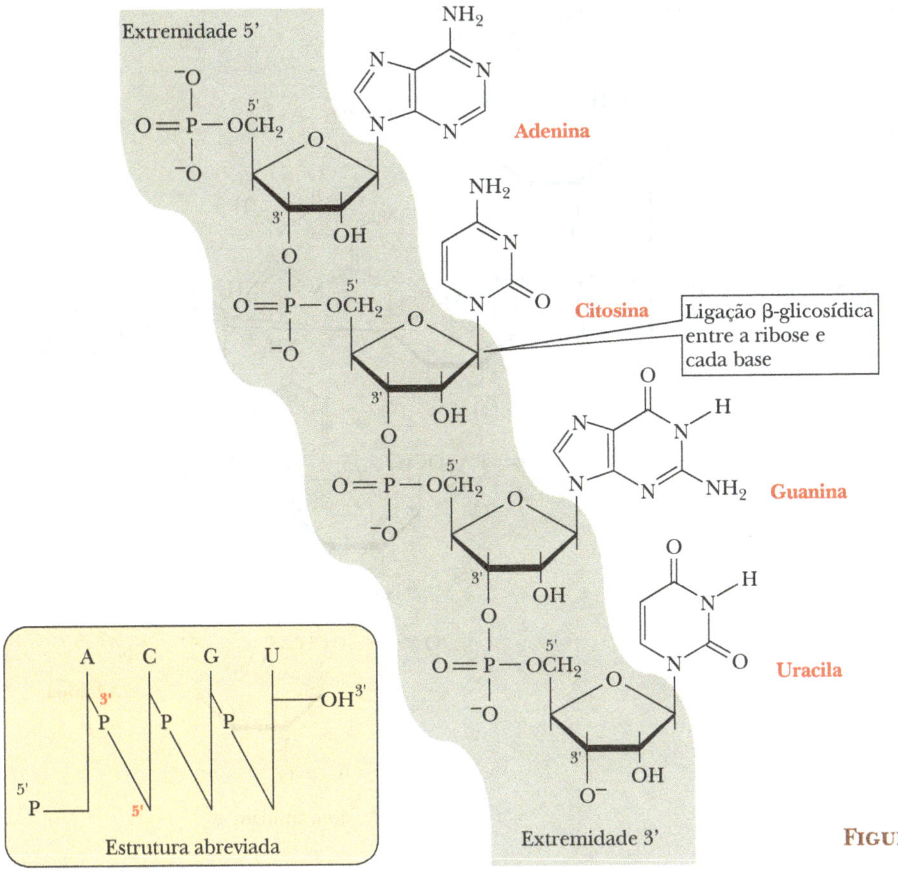
Extremidade 5'
Adenina
Citosina
Ligação β-glicosídica entre a ribose e cada base
Guanina
Uracila
Extremidade 3'
Estrutura abreviada

FIGURA 9.5 Fragmento de uma cadeia de RNA.

ácidos nucleicos é a identidade das bases. É possível escrever formas abreviadas da estrutura para transmitir essa informação essencial. Em um sistema de notação, letras únicas, como A, G, C, U e T, representam as bases individuais. As linhas verticais mostram a posição das porções de açúcar às quais as bases individuais estão anexadas, e uma linha diagonal através da letra "P" representa uma ligação fosfodiéster (Figura 9.5). Entretanto, um sistema ainda mais comum de notação usa somente letras individuais para mostrar a ordem das bases. Quando é necessário indicar a posição no açúcar ao qual o grupo fosfato está ligado, a letra "p" é escrita à esquerda do código de uma letra para que a base represente um nucleotídeo 5', e à direita para representar um nucleotídeo 3'. Por exemplo, pA significa 5'-monofosfato de adenosina (5'-AMP), e Ap significa 3'-AMP. A sequência de um oligonucleotídeo pode ser representada como pGpApCpApU, ou, ainda mais simples, como GACAU, com os fosfatos subentendidos.

Uma porção de uma cadeia de DNA difere da cadeia de RNA descrita apenas pelo fato de que o açúcar é a 2'-desoxirribose, em vez de ribose (Figura 9.6). Na notação abreviada, o desoxirribonucleotídeo é especificado da maneira usual. Às vezes, um "d" é acrescentado para indicar um resíduo de desoxirribonucleotídeo; por exemplo, G é substituído por dG, e o análogo desoxi do riboligonucleotídeo no parágrafo anterior seria d(GACAT). No entanto, dado que a sequência deve se, referir ao DNA em razão da presença de timina, a sequência GACAT não é ambígua e também seria uma abreviação adequada.

O quadro CONEXÕES **BIOQUÍMICAS 9.1** descreve um problema de interesse da ciência e da lei quando envolve a "propriedade" dos genes.

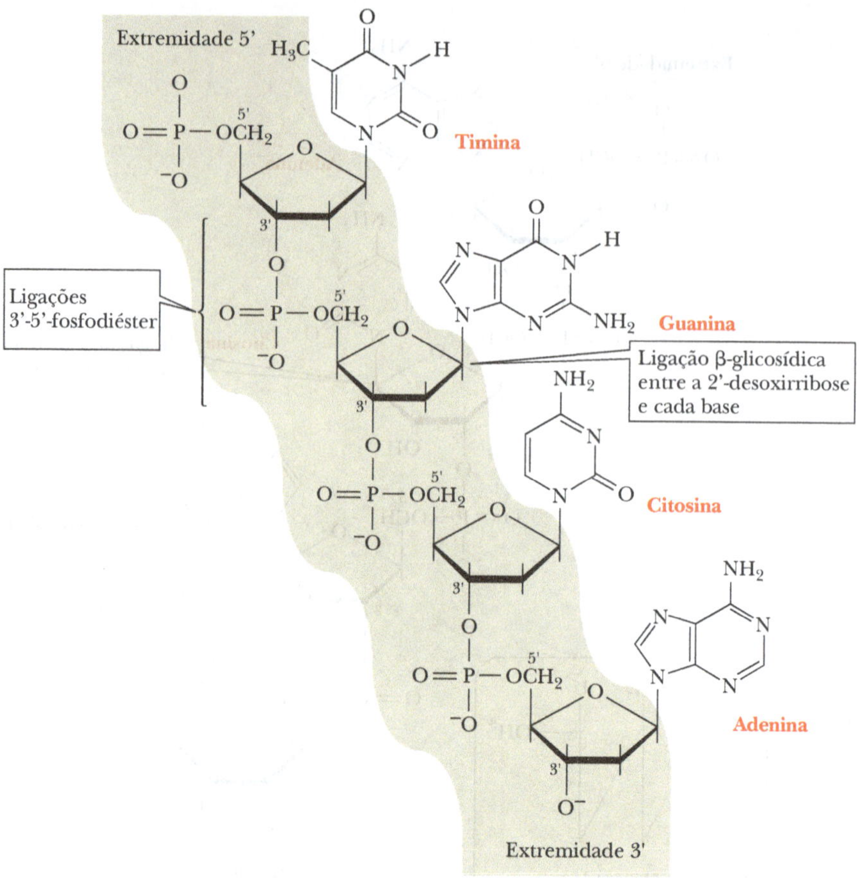

Extremidade 5'
Timina
Guanina
Citosina
Adenina
Ligações 3'-5'-fosfodiéster
Ligação β-glicosídica entre a 2'-desoxirribose e cada base
Extremidade 3'

FIGURA 9.6 **Porção de uma cadeia de DNA.**

9.1 Conexões Bioquímicas | lei

Quem Tem a Propriedade dos Seus Genes?

"Existe um gene nas células do seu organismo que tem um papel no desenvolvimento da medula espinhal embrionária. Ele pertence à Universidade de Harvard. A Incyte Corporation, baseada em Wilmengton, Delawere, patenteou o gene para um receptor para histamina, o composto liberado pelas células durante o período da febre do feno. Aproximadamente metade de todos os genes que se sabe estarem envolvidos no câncer estão patenteados."* Após a explosão das informações que vieram do Projeto Genoma Humano (Veja o quadro Conexões Bioquímicas 9.2), as firmas comerciais, universidades e até as agências governamentais começaram a buscar patentes de genes, que deram início a uma batalha filosófica e legal que continua até hoje. As células humanas têm aproximadamente 24.000 genes, que são o diagrama de 100 trilhões de células no nosso corpo. Aproximadamente 20% do genoma humano foi patenteado. Desde 2006, a Incyte Coorporation é proprietária de aproximadamente 10% de todos os genes humanos conhecidos.

Logo, a questão que vem em mente é, "como uma companhia pode patentear uma entidade biológica?". Bem, claramente eles não podem, na realidade, patentear você ou os seus genes, pelo menos não aqueles que você carrega. O que pode ser patenteado é o DNA purificado contendo a sequência dos genes e as técnicas que permitem o estudo dos genes. A ideia de patentear as informações começou com um caso marcante em 1972, quando Ananda M. Chakrabarty, um engenheiro da General Electric, entrou com um pedido de uma patente de uma cepa de bactérias *Pseudomonas* que poderiam quebrar manchas de óleo com mais eficiência. Ele fez experimentos com a bactéria, colocando-a para assumir o DNA de plasmódios (anéis de DNA; veja o Capítulo 13), que dão a habilidade de limpar. O escritório de patentes rejeitou o pedido sob a alegação de que produtos naturais e organismos vivos não podem ser patenteados. Entretanto, a batalha não tinha acabado, e, em 1980, a Suprema Corte aceitou a apelação no mesmo ano em que as técnicas de biologia molecular e tecnologia de DNA recombinantes começaram a decolar. O Presidente da Suprema Corte, Warren Burger, argumentou contra patentear a vida, dizendo: "qualquer coisa sob o sol que é feita pelo homem" poderia ser patenteada. O resultado foi apertado, apenas 5 a 4 a favor de Chakrabarty, e as ramificações continuam até hoje. Têm sido dadas patentes para sequências de genes, organismos completos, como bactérias específicas, e tipos de células, como células-tronco. Uma patente de um clone ou a proteína que ele produz dá ao proprietário a exclusividade para comercializar a proteína, como a insulina ou a eritroproteína. Em 2005, a maior portadora de patentes era a Universidade da California, com mais de 1.000 patentes. O governo dos Estados Unidos era o segundo, com 926; e a primeira empresa comercial na lista, Sanofi Aventis, vinha em terceiro, com 587.

*Stix, G. Owning the Stuff of Life. *Scientific American* (fev. 2006), p. 78.

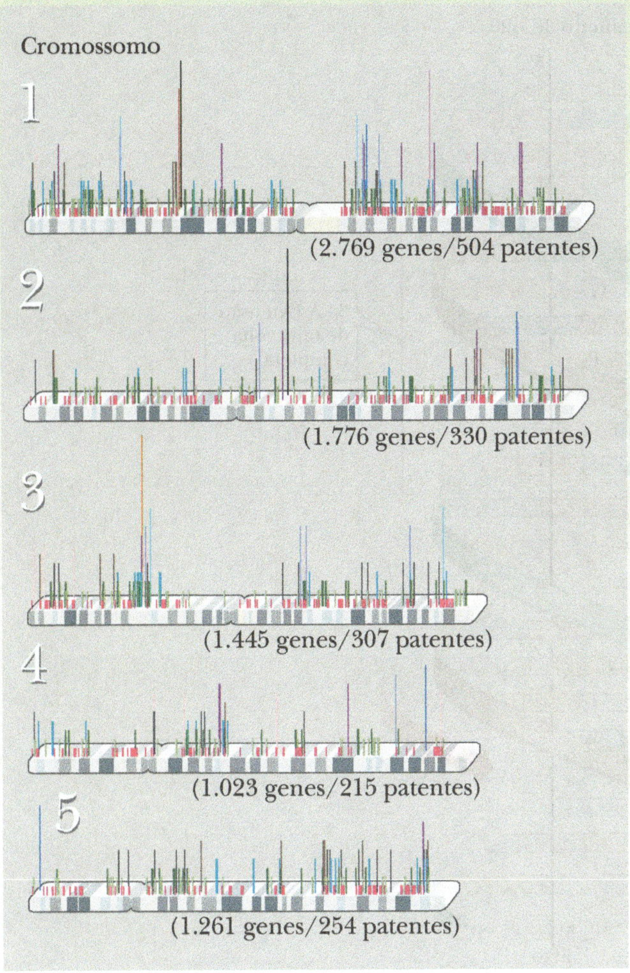
Cromossomo
1
(2.769 genes/504 patentes)
2
(1.776 genes/330 patentes)
3
(1.445 genes/307 patentes)
4
(1.023 genes/215 patentes)
5
(1.261 genes/254 patentes)

Existem vários tópicos agitando a controvérsia. Os proponentes para o sistema de patentes apontam que ela tira dinheiro da pesquisa. As companhias não irão querer investir centenas de milhares a milhões de dólares em pesquisa se não puderem obter um ganho tangível. Permitir que se obtenha a patente de um produto significa que elas podem eventualmente recuperar o investimento. Os oponentes acreditam que uma patente com qualquer quantidade de informação sufoca a pesquisa e até evita o avanço da medicina. Se uma companhia detém a patente de um gene que se sabe estar envolvido em uma doença, então outras não podem estudá-lo com eficiência e talvez desenvolver tratamentos melhores e mais baratos. O último ponto de vista tem sido objeto de intenso escrutínio recentemente, porque as patentes de genes de diagnóstico inibem tanto a pesquisa quanto a medicina clínica. No centro do conflito estão as patentes para dois genes relacionados ao câncer de mama, o *BRCA 1* e o *BRCA 2*, ambos pertencentes à Myriad Genetics, Inc., de Salt Lake City. Em 2009, um grupo de pacientes, médicos e profissionais de pesquisa abriram um processo para invalidá-las. Eles argumentaram que os dois genes são "produtos da natureza", e nunca deveriam ter sido patenteados. Os efeitos de longo prazo de tal processo foram importantes o suficiente para que a American Civil Liberties Union tenha se juntado aos requerentes.

Os oponentes das patentes de genes obtiveram uma grande vitória em março de 2010, quando o juiz da Corte Federal, Robert Sweet, decidiu contra a Myriad no processo do BRCA 1 e do BRCA 2, afirmando que os genes humanos não podem ser patenteados. Portanto, quem tem a propriedade dos genes? Até o momento, você. ◗

Este mapa dos cromossomos oferece uma indicação de quão frequente os genes têm sido patenteados nos Estados Unidos. Cada barra colorida representa o número de patentes em determinado segmento de um cromossomo, que pode conter vários genes. As patentes podem reivindicar múltiplos genes, e um gene pode receber múltiplas patentes. Como consequência, o número de patentes indicado para cada cromossomo não necessariamente bate com a soma dos valores representados pelas barras coloridas. (*Laurie Grace*)

9-3 A Estrutura do DNA

Representações da estrutura de dupla-hélice do DNA tornaram-se comuns na literatura científica e também na imprensa popular. Quando a **dupla-hélice** foi proposta por James Watson e Francis Crick, em 1953, uma série de atividades de pesquisa foi desencadeada, o que levou a grandes avanços na biologia molecular.

dupla-hélice duas cadeias de polinucleotídeos enroladas uma na outra; o motivo estrutural fundamental do DNA

◗ *Qual é a natureza da dupla-hélice?*

A determinação da estrutura de dupla-hélice baseou-se primeiro na construção de um modelo e em padrões de difração de raios X. As informações dos padrões de raios X foram acrescentadas às das análises químicas, que demonstraram que a quantidade de A era sempre a mesma que a de T, e que a quantidade de G era sempre igual à de C. Isto é conhecido como a regra de Chargaff, em homenagem ao cientista austríaco, Erwin Chargaff, que a descobriu. As duas linhas de evidências foram usadas para concluir que o DNA consiste em duas cadeias de polinucleotídeos enroladas uma na outra para formar uma hélice. Ligações de hidrogênio entre as bases em cadeias opostas determinam o alinhamento da hélice, com os pares de bases posicionados em planos perpendiculares ao eixo da hélice. O esqueleto açúcar–fosfato é a parte externa da hélice (Figura 9.7). As cadeias estendem-se em direções antiparalelas, uma de 3' para 5' e outra de 5' para 3'.

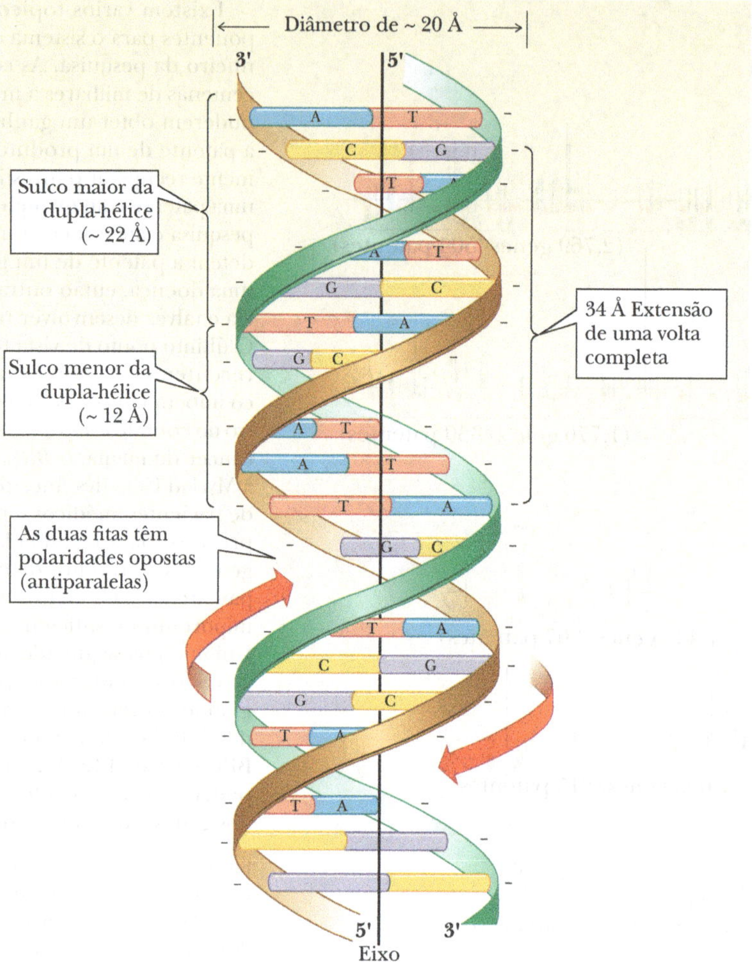
Diâmetro de ~ 20 Å
3'
5'
Sulco maior da dupla-hélice (~ 22 Å)
Sulco menor da dupla-hélice (~ 12 Å)
34 Å Extensão de uma volta completa
As duas fitas têm polaridades opostas (antiparalelas)
5'
3'
Eixo

FIGURA 9.7 A dupla-hélice. Uma volta completa da hélice estende-se por dez pares de bases, cobrindo uma distância de 34 Å (3,4 nm). Os pares de bases individuais ficam a 3,4 Å (0,34 nm) de distância um do outro. Os locais onde as fitas se cruzam escondem pares de bases que se estendem perpendicularmente ao observador. O diâmetro interno tem 11 Å (1,1 nm), e o externo tem 20 Å (2,0 nm). No limite do contorno cilíndrico da dupla-hélice há dois sulcos, um maior e um menor. Ambos são grandes o suficiente para acomodar cadeias polipeptídicas. Os sinais negativos ao longo das fitas representam os vários grupos fosfato com carga negativa ao longo de toda a extensão de cada fita.

O padrão de difração de raios X do DNA mostrou a estrutura e o diâmetro da hélice. A combinação das evidências da difração de raios X e da análise química levou à conclusão de que o pareamento da base é *complementar*, o que significa que a adenina pareia com a timina e a guanina com a citosina. Como o pareamento complementar das bases ocorre ao longo de toda a dupla-hélice, as duas cadeias também são chamadas de *fitas complementares*. Em 1953, estudos da composição das bases do DNA de várias espécies já haviam demonstrado que, dentro de uma faixa de erro experimental, as porcentagens em mol de adenina e timina (quantidades de matéria expressas como porcentagens do total) eram iguais; o mesmo foi verificado com a guanina e a citosina. Um par de bases de adenina-timina (A–T) tem duas ligações de hidrogênio entre as bases; um par de bases de guanina-citosina (G–C) tem três (Figura 9.8).

O diâmetro interno do esqueleto açúcar–fosfato da dupla-hélice é de cerca de 11 Å (1,1 nm). A distância entre os pontos de ligação das bases das duas fitas do esqueleto açúcar–fosfato é a mesma para os dois tipos de pares de bases (A–T e G–C), cerca de 11 Å (1,1 nm), o que possibilita uma dupla-hélice com um esqueleto regular sem protuberâncias evidentes. Outros pares de bases, além do A–T e do G–C, também são possíveis, mas não possuem o padrão correto de ligações de hidrogênio (pares A–C ou G–T) ou as dimensões certas (pares de purina–purina ou pirimidina–pirimidina) para permitir uma dupla-hélice regular (Figura 9.8). O diâmetro externo da hélice é de 20 Å (2,0 nm). A extensão de uma volta completa da hélice ao longo do seu eixo é de 34 Å (3,4 nm) e contém dez pares de bases. Os átomos que compõem as duas cadeias de polinucleotídeos da dupla-hélice não preenchem totalmente o cilindro imaginário ao seu redor, deixando espaços vazios conhecidos como sulcos. Há um grande **sulco principal** e um pequeno **sulco secundário** na dupla-hélice; os dois podem ser sítios onde medicamentos ou polipeptídeos se ligam ao DNA (veja a Figura 9.7). Em pH fisiológico neutro, cada grupo fosfato do esqueleto carrega uma carga negativa. Íons com carga positiva, como Na^+ ou Mg^{2+}, e polipeptídeos com cadeias laterais carregados positivamente são frequentemente associados ao DNA a fim de neutralizar as

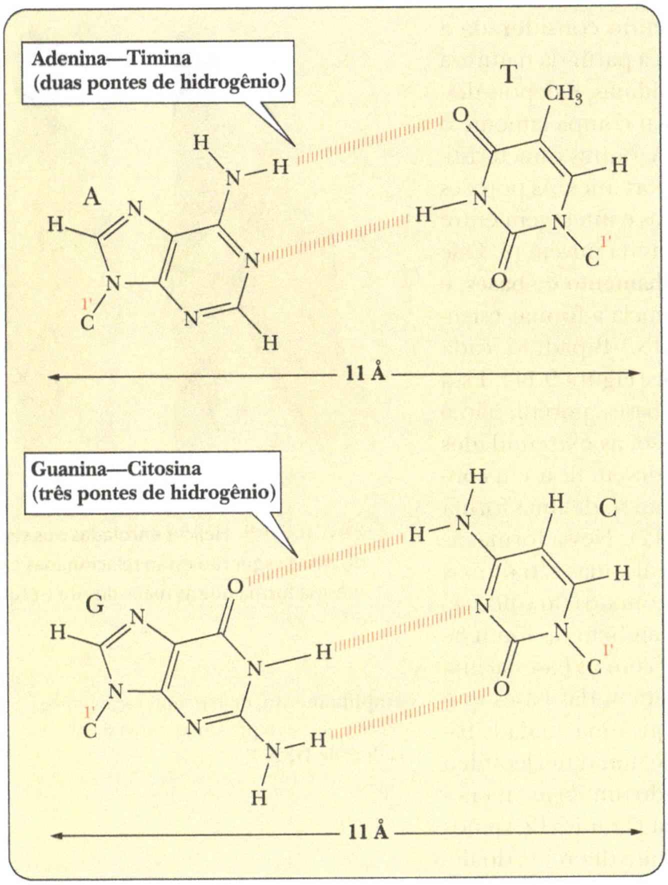
Adenina—Timina
(duas pontes de hidrogênio)
A
T
11 Å
Guanina—Citosina
(três pontes de hidrogênio)
G
C
11 Å

FIGURA 9.8 Pareamento de bases. O par de bases adenina-timina (A–T) tem duas ligações de hidrogênio, enquanto o par de bases guanina-citosina (G–C) tem três. As ligações de hidrogênio são moshadas como linhas verticais vermelhas.

cargas negativas. O DNA eucariótico, por exemplo, forma um complexo com histonas (proteínas com carga positiva) no núcleo da célula.

sulco principal o maior dos dois espaços vazios em um cilindro imaginário que inclui a dupla-hélice do DNA

sulco secundário o menor dos dois espaços vazios em um cilindro imaginário que inclui a dupla-hélice do DNA

Existem outras possibilidades de conformação para a dupla-hélice?

A forma do DNA que discutimos até agora é chamada **DNA-B**. Acredita-se que esta seja a principal forma existente na natureza. Entretanto, outras estruturas secundárias podem ocorrer, dependendo das condições, como a natureza do íon positivo associado ao DNA e a sequência de bases específicas. Uma das outras formas é o **DNA-A**, que tem 11 pares de bases para cada volta da hélice. Seus pares de bases não são perpendiculares ao eixo da hélice, mas ficam posicionados em um ângulo de cerca de 20° em relação ao eixo da hélice. Uma importante característica compartilhada pelo DNA-A e pelo DNA-B é que ambos possuem a hélice enrolada para a direita, ou seja, para cima na direção em que os dedos da mão direita giram quando o polegar está apontando para cima (Figura 9.9). A forma A do DNA foi originalmente encontrada em amostras de DNA desidratadas, e muitos pesquisadores acreditavam que esta forma era um artefato da preparação do DNA. Híbridos de DNA:RNA podem adotar uma formação A porque a 2'-hidroxila na ribose impede que uma hélice de RNA adote a forma B; híbridos de RNA:RNA também podem ser encontrados na forma A.

DNA-B forma mais comum da dupla-hélice de DNA

DNA-A forma da dupla hélice do DNA caracterizada por ter menos resíduos por volta e diferentes tamanhos de sulcos com dimensões mais semelhantes entre si do que aqueles encontrados no DNA-B

Outra forma variante da dupla-hélice, o **DNA-Z**, tem o sentido da mão esquerda; ela gira na direção dos dedos da mão esquerda (Figura 9.9). Sabe-se que o DNA-Z ocorre na natureza, especialmente quando há uma sequência alternada de purina–pirimidina, como dCpGpCpGpCpG. Sequências com citosina metilada na posição de número 5 do anel de pirimidina também podem ser encontradas na forma Z. É possível que elas desempenhem um papel na regulação da expressão do gene. A forma Z do DNA também é um assunto de pesquisa ativa entre os bioquímicos, e também pode ser considerada como derivada da forma B do DNA, produzida virando-se um lado do esqueleto 180° sem ter de quebrá-lo ou a ligação de hidrogênio das bases complementares. A Figura 9.10 mostra como isso pode ocorrer. O nome da forma Z do DNA vem do aspecto de zigue-zague do esqueleto fosfodiéster quando visto de lado.

DNA-Z forma helicoidal do DNA que gira para a esquerda; ocorre normalmente sob certas circunstâncias

Há muito tempo, a forma B do DNA vem sendo considerada a forma de DNA normal e fisiológica. Ela foi prevista a partir da natureza das ligações de hidrogênio entre purinas e pirimidinas, e depois descoberta experimentalmente. Embora seja fácil focar completamente o pareamento de bases e a ordem das bases no DNA, outras características da estrutura do DNA são da mesma forma importantes. As porções do anel das bases do DNA são bastante hidrofóbicas e interagem entre si por meio da ligação hidrofóbica de seus elétrons da nuvem pi. Esse processo é normalmente conhecido como **empilhamento de bases**, e até mesmo o DNA de fita simples tem uma tendência a formar estruturas em que as bases podem se empilhar. No DNA-B padrão, cada par de bases é torcido 32° em relação ao anterior (Figura 9.11). Essa forma é perfeita para o pareamento máximo de bases, porém, não é ideal para a sua sobreposição máxima. Além disso, as extremidades das bases que estão expostas ao sulco secundário devem ficar em contato com a água nessa forma. Muitas bases enrolam-se de uma forma característica, chamada *torção da hélice* (Figura 9.12). Nessa forma, as distâncias entre os pares de bases não são as ideais, mas são ótimas para o empilhamento, e a água é eliminada dos contatos do sulco secundário com as bases. Além de torcer, as bases também deslizam lateralmente, o que permite que interajam melhor com as bases acima e abaixo delas. A torção e o deslizamento dependem das bases que estão presentes, e os pesquisadores identificaram que uma unidade básica para estudar a estrutura do DNA é, na verdade, um dinucleotídeo com suas bases complementares. Isto é considerado um *degrau* na nomenclatura da estrutura do DNA. Por exemplo, na Figura 9.12, vemos um degrau AG/CT, que tende a adotar uma estrutura diferente do degrau GC/GC. Quanto mais se conhece sobre a estrutura do DNA, fica evidente que a estrutura DNA-B padrão, como um bom modelo, não descreve verdadeiramente as regiões locais do DNA. Muitas proteínas

FIGURA 9.9 **Hélices enroladas nos sentidos direito e esquerdo estão relacionadas entre si da mesma forma que as mãos direita e esquerda.**

empilhamento de base interação entre bases que estão próximas entre si e uma cadeia de DNA

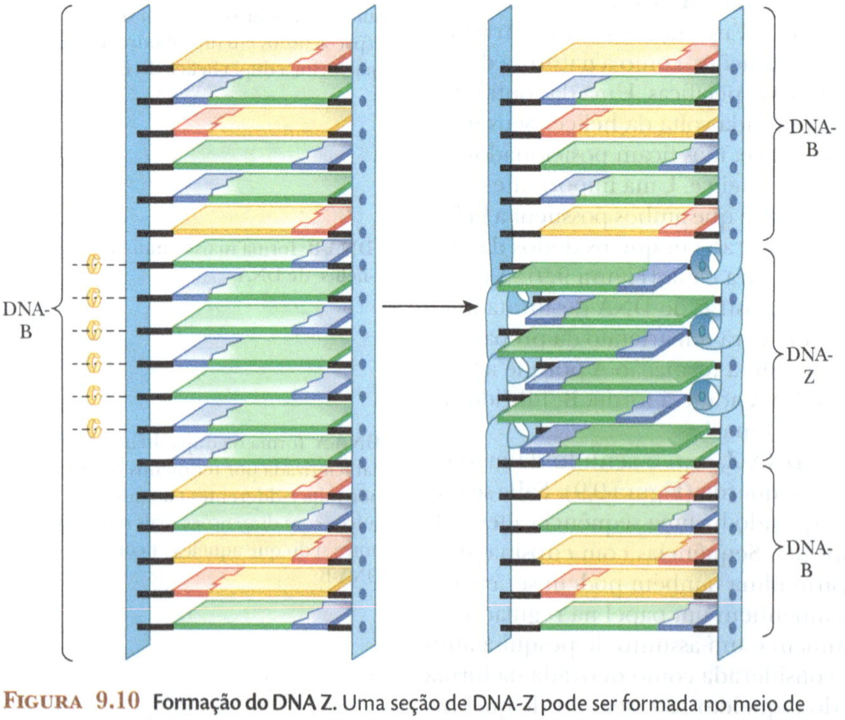
DNA-B
DNA-B
DNA-Z
DNA-B

FIGURA 9.10 **Formação do DNA Z.** Uma seção de DNA-Z pode ser formada no meio de uma seção de DNA-B pela rotação dos pares de bases, conforme indicado pelas setas curvas.

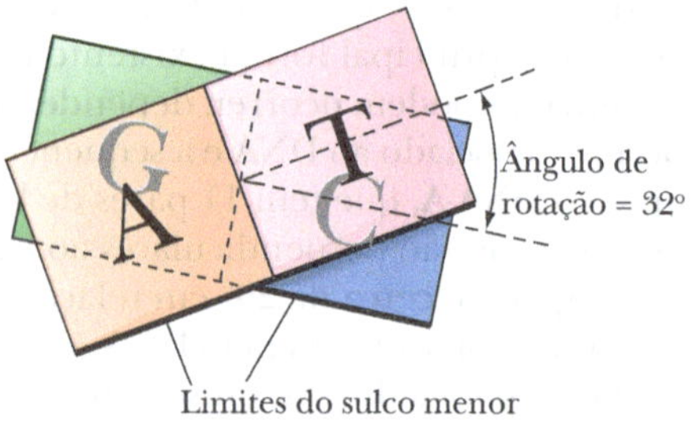
G
T
A
C
Ângulo de rotação = 32°
Limites do sulco menor

FIGURA 9.11 **Torções helicoidais.** Dois pares de bases com 32° de volta helicoidal no sentido da mão direita; os limites do sulco secundário estão representados pelo sombreado mais escuro.

T
A
G
C

FIGURA 9.12 **Pares de base da hélice torcida.** Observe como as ligações de hidrogênio entre as bases estão distorcidas por esse movimento, mas, ainda assim, permanecem intactas. As bordas do sulco secundário das bases estão sombreadas.

de ligação do DNA reconhecem a estrutura completa de uma sequência de DNA, estrutura que é dependente da sequência, mas não é a sequência do DNA em si.

A molécula de DNA tem um comprimento consideravelmente maior que seu diâmetro; ela não está completamente imóvel e pode dobrar-se em si mesma de maneira similar àquela das proteínas, uma vez que elas se dobram em suas estruturas terciárias. A dupla-hélice que temos abordado até aqui é relaxada, o que significa que não tem torções além das suas próprias torções helicoidais. As figuras do DNA relaxado tornam mais fácil o entendimento do básico da estrutura do DNA, mas, na realidade, a maioria dos DNA tem torções extra, o que faz que formem **superenrolamentos**.

superenrolamentos torções adicionais (além e acima daquelas da dupla-hélice) no DNA circular fechado

Como o DNA procariótico forma superenrolamento em sua estrutura terciária?

O DNA procariótico é circular, e forma superenrolamentos. Se as fitas estão subenroladas, formam **superenrolamentos negativos**. Se estão sobre-enroladas, formam **superenrolamentos positivos** (Figura 9.13). O DNA duplo subenrolado tem menos que o número normal de voltas, enquanto o DNA sobre-enrolado tem mais. O superenrolamento do DNA é análogo a torcer ou destorcer uma corda de tal forma que ela esteja tensionada torcionalmente. O superenrolamento negativo introduz uma tensão torcional, o que favorece o desenrolamento da dupla-hélice do DNA-B no sentido da mão direita, enquanto o superenrolamento positivo sobre-enrola tal hélice. Ambas as formas de enrolamento compactam o DNA, como um elástico enrolando uma bola.

superenrolamentos negativos DNA circular com menos número de voltas da hélice que o normal

superenrolamentos positivos DNA circular com mais número de voltas da hélice que o normal

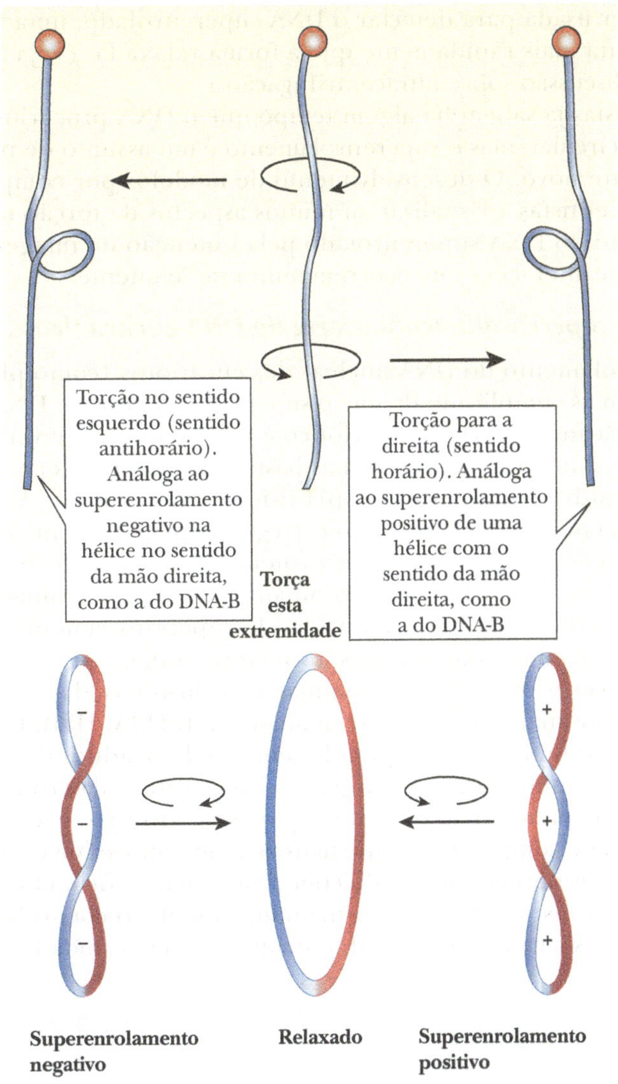

Torção no sentido esquerdo (sentido antihorário). Análoga ao superenrolamento negativo na hélice no sentido da mão direita, como a do DNA-B
Torça esta extremidade
Torção para a direita (sentido horário). Análoga ao superenrolamento positivo de uma hélice com o sentido da mão direita, como a do DNA-B
Superenrolamento negativo
Relaxado
Superenrolamento positivo

FIGURA 9.13 Topologia do DNA superenrolado. A dupla-hélice do DNA pode ser comparada a uma corda de duas fitas enroladas para a direita. Se uma extremidade da corda é girada no sentido anti-horário, as fitas começam a se separar (superenrolamento negativo). Se a corda é girada no sentido horário, ela fica muito torcida (superenrolamento positivo). Pegue uma corda com vários fios torcidos no sentido da mão direita e repita essa operação para se convencer. (Baseado em Pernnisi, E. (2006), *Science* 312 (5779), 1467-68. Copyright © 2015 Cengage Learning®.)

As enzimas que afetam o superenrolamento do DNA foram isoladas de vários organismos. O DNA circular que ocorre de modo natural é superenrolado negativamente, exceto durante a replicação, quando se torna superenrolado positivamente. É fundamental, para a célula, regular esse processo. As enzimas que estão envolvidas na mudança do estado de superenrolamento do DNA são chamadas **topoisomerases,** e são divididas em duas classes. As topoisomerases de classe I dividem o esqueleto fosfodiéster de uma fita de DNA, atravessam a outra extremidade e unem o esqueleto novamente. As topoisomerases de classe II dividem as duas fitas do DNA, atravessam algumas das hélices de DNA remanescentes entre as extremidades divididas e então se unem novamente. Em ambos os casos, os superenrolamentos podem ser acrescentados ou removidos. Como veremos nos capítulos seguintes, essas enzimas desempenham um papel importante na replicação e na transcrição, onde a separação das fitas da hélice causa o superenrolamento. A **DNA girase** é uma topoisomerase bacteriana que introduz superenrolamentos negativos no DNA. O mecanismo é demonstrado na Figura 9.14. A enzima é um tetrâmero. E divide as duas fitas do DNA, portanto, é uma topoisomerase classe II.

O superenrolamento foi observado de forma experimental em DNAs que ocorrem naturalmente. Evidências particularmente fortes foram obtidas de micrografias eletrônicas demonstrando de forma clara as estruturas enroladas do DNA circular de várias origens diferentes, incluindo bactérias, vírus, mitocôndrias e cloroplastos. A ultracentrifugação pode ser usada para detectar o DNA superenrolado, uma vez que ele sedimenta mais rapidamente que a forma relaxada. (Veja a Seção 9-5 para a discussão sobre ultracentrifugação.)

Os cientistas já sabem há algum tempo que o DNA procariótico geralmente é circular, mas o superenrolamento é um assunto de pesquisa relativamente novo. O desenvolvimento de modelos por computador ajudou os cientistas a visualizarem muitos aspectos da torção e do entrelaçamento do DNA superenrolado pela obtenção de imagens "instantâneas" de alterações que ocorrem muito rapidamente.

Como o superenrolamento ocorre no DNA eucariótico?

O superenrolamento do DNA nuclear dos eucariotos (como plantas e animais) é mais complicado do que o superenrolamento do DNA circular dos procariotos. O DNA eucariótico é um complexo de várias proteínas, especialmente com proteínas básicas que têm cadeias laterais de carga positiva abundantes em pH fisiológico (neutro). A atração eletrostática entre os grupos fosfato carregados negativamente do DNA e os grupos com carga positiva das proteínas favorece a formação de complexos desse tipo. O material resultante é chamado **cromatina**. Assim, as alterações topológicas induzidas do superenrolamento da cromatina acomodam os componentes histonas-proteínas.

As principais proteínas da cromatina são as **histonas**, das quais existem cinco tipos mais importantes, chamados H1, H2A, H2B, H3 e H4. Todas essas proteínas contêm grande número de resíduos de aminoácidos básicos, como a lisina e a arginina. Na estrutura da cromatina, o DNA está firmemente ligado a todos os tipos de histonas, exceto a H1. A proteína H1 é comparativamente mais fácil de remover da cromatina, mas dissociar as outras histonas do complexo é mais difícil. Outras proteínas além da histona também formam um complexo com o DNA dos eucariotos, mas não são nem tão abundantes nem tão estudadas quanto as histonas.

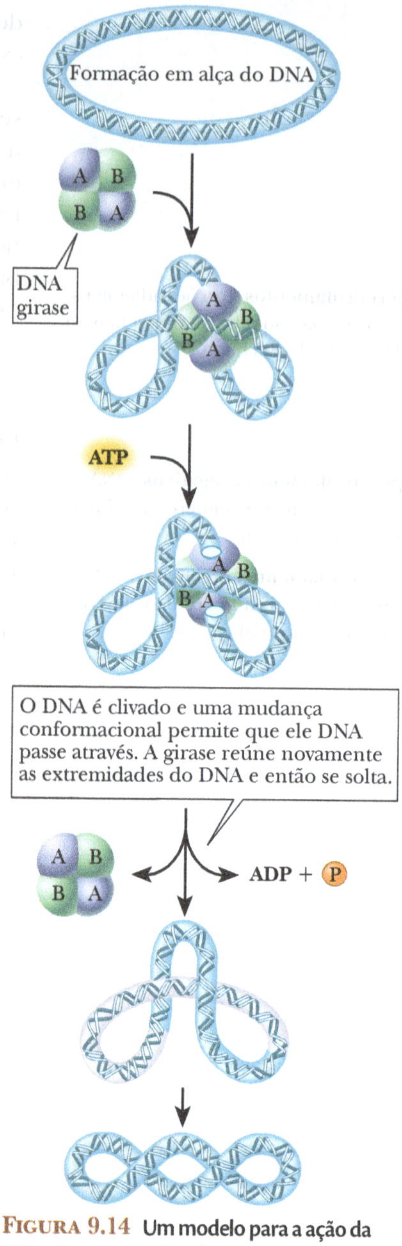
Formação em alça do DNA
A
B
DNA girase
ATP
O DNA é clivado e uma mudança conformacional permite que ele DNA passe através. A girase reúne novamente as extremidades do DNA e então se solta.
ADP + P

FIGURA 9.14 **Um modelo para a ação da DNA girase bacteriana (topoisomerase II).**

topoisomerases enzimas que relaxam o superenrolamento no DNA circular fechado

DNA girase enzima que introduz um superenrolamento em um DNA circular fechado

cromatina complexo de DNA e proteína encontrado em núcleos eucarióticos

histonas proteínas básicas encontradas complexadas ao DNA eucariótico

nucleossomo estrutura globular na cromatina onde o DNA é envolto por um agregado de moléculas de histona

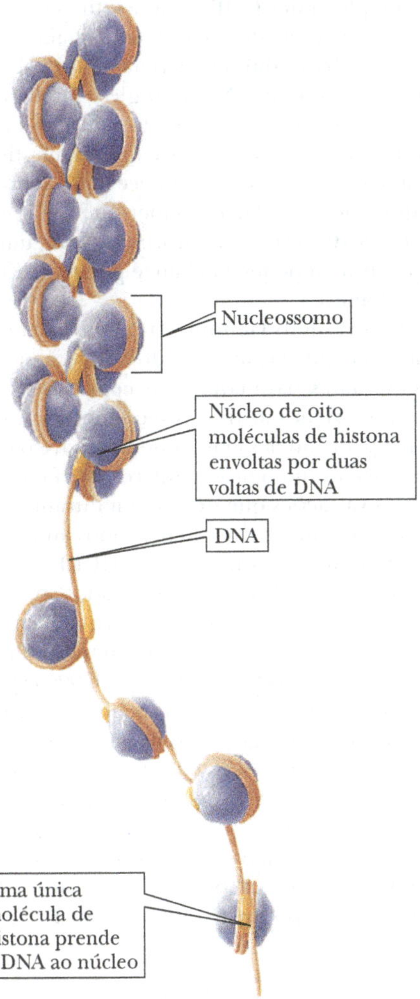
Nucleossomo
Núcleo de oito moléculas de histona envoltas por duas voltas de DNA
DNA
Uma única molécula de histona prende o DNA ao núcleo

FIGURA 9.15 **A estrutura da cromatina.** O DNA está associado às histonas em um arranjo com a aparência de um colar de contas. O "fio" é o DNA, e cada uma das "contas" (nucleossomos) consiste em DNA envolto em um núcleo de proteína de oito moléculas de histona. O enrolamento adicional das regiões espaçadoras do DNA produz a forma compacta da cromatina encontrada na célula.

Na micrografia eletrônica, a cromatina assemelha-se a um colar de contas (Figura 9.15). Essa aparência reflete a composição molecular do complexo proteína–DNA. Cada "conta" é um **nucleossomo**, que consiste em DNA envolto em um núcleo de histona. Esse núcleo de proteína é um octâmero, que inclui duas moléculas de cada tipo de histona, exceto a H1; a composição do octâmero é $(H2A)_2(H2B)_2(H3)_2(H4)_2$. Os "fios" são chamados *regiões espaçadoras*, que consistem em um complexo de DNA e algumas histonas H1 e proteínas não histônicas. Como o DNA enrola em volta das histonas no nucleossomo, cerca de 150 pares de bases estão em contato com as proteínas; a região espaçadora tem uma extensão aproximada de 30 a 50 pares de bases. As histonas podem ser modificadas por acetilação, metilação, fosforilação e ubiquitinilação. A ubiquitina é uma proteína envolvida na degradação de outras proteínas. Ela será estudada mais adiante no Capítulo 12. A modificação das histonas altera seu DNA e as características de ligação das proteínas, e como essas alterações afetam a transcrição e a replicação é um assunto de pesquisa intensiva (Capítulo 11).

A estrutura e o espaçamento reais dos nucleossomos parecem ser importantes por si só. Enquanto muitos cientistas focam na sequência real do DNA, existe evidência de que a estrutura da cromatina seja também importante por outras razões. Recentemente, os cientistas estudaram a taxa de variação genética no DNA do peixe japonês killifish, *Oryzias latipes.* Eles descobriram que a variação foi cíclica e correspondeu a uma estrutura de cromatina. Entretanto, o que surpreendeu os pesquisadores foi que a natureza cíclica era diferente dependendo de qual tipo de mutação era examinada. Na parte da união, a taxa de mutações de inserção ou de retirada atingia o ápice. Nesta mesma região, a taxa de mutação por substituição, onde um nucleotídeo é substituído por outro, era seu ponto mais baixo. Como esses fatos se relacionam às taxas de mutação é um mistério, mas claramente a estrutura da cromatina e o espaçamento dos nucleossomos devem ser muito importantes para ambos, uma vez que a taxa de mutação não é aleatória e é afetada por aquelas estruturas. O quadro CONEXÕES **BIOQUÍMICAS 9.2** descreve o Projeto Genoma Humano, a tentativa de sequenciar todo o genoma humano.

9.2 Conexões **Bioquímicas** | genética

O Projeto Genoma Humano: O Tesouro da Caixa de Pandora?

O Projeto Genoma Humano (PGH) é uma tentativa massiva para determinar toda a sequência do genoma humano, cerca de 3,3 bilhões de pares de bases distribuídos por 23 pares de cromossomos. Esse projeto, cujo início formal se deu em 1990, é um esforço mundial motivado por dois grupos. Um deles é uma empresa privada chamada Celera Genomics, que teve seus resultados preliminares publicados na revista *Science* em fevereiro de 2001. O outro é um grupo público de pesquisadores, chamado International Human Genome Sequencing Consortium (Consórcio Internacional para Sequenciamento do Genoma Humano). Seus resultados preliminares foram publicados na revista *Nature* em fevereiro de 2001. Os pesquisadores ficaram surpresos ao descobrir que existem apenas cerca de 30 mil genes no genoma humano. Este número, desde então, diminuiu para

25 mil. Isso é similar a muitos outros eucariotos, incluindo alguns tão simples quanto o nematelminto *Caenorhabditis elegans*.

O que é possível fazer com essa informação? Por meio dela, seremos finalmente capazes de identificar todos os genes humanos e determinar quais conjuntos de genes podem estar envolvidos em todos os traços genéticos humanos, incluindo doenças que possuem uma base genética. Existe uma interação elaborada entre os genes, portanto, talvez nunca consigamos dizer se um defeito em um dado gene vai determinar que o indivíduo desenvolverá uma doença específica. Contudo, algumas formas de triagem com certeza passarão a ser rotina entre os exames médicos no futuro. Isso seria benéfico, por exemplo, se alguém mais suscetível a doenças cardíacas do que a média obtivesse tal informação ainda jovem. Esse indivíduo poderia então decidir fazer alguns ajustes no estilo de vida e na sua dieta, o que poderia diminuir sua probabilidade de desenvolver uma doença cardíaca.

Muitas pessoas temem que a disponibilidade de informações genéticas possa levar à discriminação genética. Por esta razão, o PGH é um exemplo raro de projeto científico em que porcentagens exatas de apoio financeiro e esforço de pesquisa foram destinadas às implicações éticas, legais e sociais (ELSI, do inglês ethical, legal, and social implications) da pesquisa. A pergunta é frequentemente colocada da seguinte forma: Quem tem o direito de saber suas informações genéticas? Você? Seu médico? Seu cônjuge ou empregador? Uma companhia de seguros? Essas questões não são triviais, mas ainda não foram respondidas de forma definitiva. O filme *Gattaca* – A experiência genética, lançado em 1997, mostrou uma sociedade na qual a classe social e econômica de uma pessoa era definida no nascimento, com base no seu genoma. Muitos cidadãos demonstraram preocupação com o fato de que a triagem genética poderia acarretar um novo tipo de preconceito e intolerância contra pessoas "geneticamente recusadas". Muitas pessoas sugeriram que não há sentido em fazer a busca de genes potencialmente danosos se não existir uma terapia significativa para a doença que eles podem "causar". No entanto, é comum os casais quererem saber com antecedência se existe a probabilidade de poderem transmitir a seus filhos uma doença potencialmente letal.

Dois exemplos específicos são pertinentes aqui:

1. Não há vantagem em testar o gene do câncer de mama se uma mulher *não* pertence a uma família com alto risco para a doença. A presença de um gene "normal" neste indivíduo de baixo risco não diz nada sobre a possibilidade de ocorrência de uma mutação no futuro. O risco de desenvolver o câncer de mama não muda se uma pessoa de baixo risco tem o gene normal, de modo que as mamografias e o autoexame mensal são suficientes.
2. A presença de um gene nem sempre prevê o desenvolvimento de uma doença. Alguns indivíduos que ficaram sabendo ser portadores do gene para a doença de Huntington viveram até a velhice sem desenvolver a patologia. Alguns homens funcionalmente estéreis descobriram ter fibrose cística, que carrega o efeito colateral da esterilidade em razão do mau funcionamento do canal de cloreto, que é uma característica dessa doença (veja a Seção 13-7). Eles tomaram conhecimento do fato ao ir a uma clínica para avaliar a natureza do seu problema de infertilidade, embora jamais tivessem demonstrado sintomas verdadeiros da doença quando crianças, a não ser, talvez, uma alta ocorrência de doenças respiratórias.

A natureza de companhias comerciais surgindo com testes genéticos tem se tornado muito controversa nos últimos anos. Por exemplo, a deCODE Genetics, uma companhia na Islândia, lançou um avaliador de câncer de mama que verifica sete mudanças de bases diferentes (chamadas polimorfismos de nucleotídeo único, ou SNP do inglês, single-nucleoside polymorphisms). Seu preço é US$ 1.625. Muitos cientistas ficaram contrariados com este preço, e muitos questionaram se o teste vale a pena. Ainda se desconhece tanto sobre o câncer de mama, que não está claro se saber que uma pessoa tem um ou até sete SNPs seria uma informação útil, uma vez que indicaria apenas uma pequena chance percentual na chance de contrair a doença.

Desde que o Projeto Genoma Humano terminou, uma década atrás, os cientistas têm estado ansiosos para sequenciar outros genomas para comparar com o DNA humano. Tais estudos poderiam mostrar as sequências conservadas e verter uma luz para aqueles genes que são chave para a sobrevivência de espécies biológicas similares, bem como aqueles que indicam as variações que ocorreram durante o processo evolucionário. Por consequência, cinco anos atrás, o National Human Genome Research Institute (NHGRI) montou uma lista de 32 mamíferos e 24 outros vertebrados cujos DNA gostariam de analisar. Em um simpósio internacional de geneticistas, determinou-se que congeladores ao redor do mundo já continham amostras de DNA de mais de 16.000 espécies diferentes. Logo depois, foi lançado o Projeto Genoma 10K, que propõe sequenciar 10.000 genomas nos próximos cinco anos. Muitos sentem que é uma ilusão, uma vez que isso significa analisar um genoma por dia. Além disso, para tornar a tarefa possível, a tecnologia precisa continuar melhorando e ficar mais barata. Entretanto, aqueles envolvidos estão confiantes de que os genomas podem todos ser analisados, embora o quando ainda seja um ponto de interrogação. ◗

Piko/Science Source

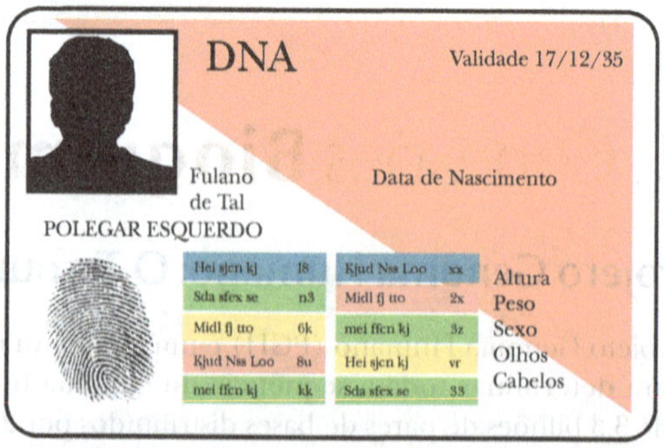
DNA
Validade 17/12/35
Fulano de Tal
Data de Nascimento
POLEGAR ESQUERDO
Altura
Peso
Sexo
Olhos
Cabelos

Seu genoma poderia aparecer em uma carteira de identidade em um futuro previsível. (Imagem da digital: Powered by Light RF/Alamy.)

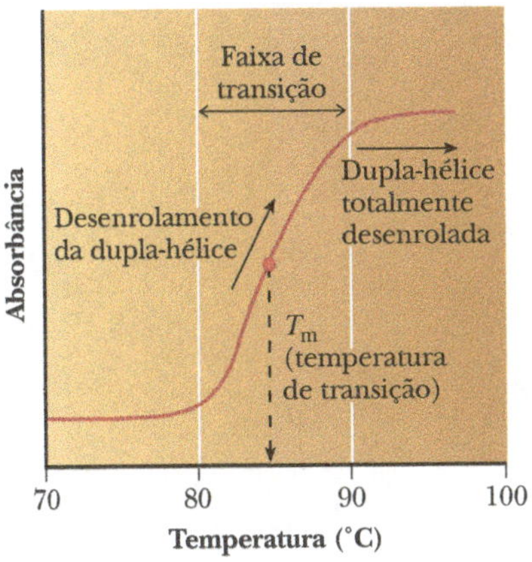
Faixa de transição
Dupla-hélice totalmente desenrolada
Desenrolamento da dupla-hélice
Absorbância
T_m (temperatura de transição)
70
80
90
100
Temperatura (°C)

Figura 9.16 **Determinação experimental da desnaturação do DNA.** Este é um perfil típico de curva de fusão do DNA, representando o efeito hipercrômico observado durante o aquecimento. A temperatura de transição (fusão), T_m, aumenta à medida que a porcentagem de guanina e citosina (o conteúdo G–C) aumenta. A curva inteira seria deslocada para a direita para um DNA com um conteúdo de G–C maior, e para a esquerda com um conteúdo de G–C menor.

9-4 Desnaturação do DNA

Já vimos que as ligações de hidrogênio entre os pares de base são um fator importante para manter a estrutura da dupla-hélice. A quantidade de energia de estabilização associada às ligações de hidrogênio não é muito grande, mas essas ligações mantêm as duas cadeias de polinucleotídeos no alinhamento correto. Além disso, o empilhamento das bases na conformação nativa do DNA contribui com a maior parte da energia de estabilização. A energia deve ser acrescentada a uma amostra de DNA para romper as ligações de hidrogênio e as interações do empilhamento. Normalmente, isso é feito por meio do aquecimento do DNA em solução.

Como podemos monitorar a desnaturação do DNA?

A desnaturação do DNA por calor, também chamada *fusão*, pode ser monitorada experimentalmente observando-se a absorção de luz no ultravioleta. As bases absorvem luz em uma região de comprimento de onda de 260 nm. Quando o DNA é aquecido e as fitas se separam, o comprimento de absorção não muda, mas a quantidade de luz absorvida aumenta (Figura 9.16). Este efeito é chamado *hipercromicidade*, e baseia-se no fato de que as bases, que estão empilhadas umas sobre as outras no DNA nativo, desempilham-se quando o DNA é desnaturado.

Como as bases interagem de modo diferente nas orientações empilhada e não empilhada, sua absorbância muda. A desnaturação por aquecimento é uma maneira de obter um DNA de fita simples (Figura 9.17), que tem muitos usos. Alguns desses usos são discutidos no Capítulo 13. Quando o DNA é replicado, primeiro se torna uma fita simples, de forma que as bases complementares podem ser alinhadas. Este mesmo princípio é visto durante uma reação química usada para determinar a sequência do DNA (Capítulo 13).

Sob dado conjunto de condições, existe um ponto central característico da curva de fusão (a temperatura de transição, ou temperatura de fusão, representada por T_m) para cada tipo de DNA de fonte distinta. A razão básica para essa propriedade é que cada tipo de DNA tem uma composição de base bem definida. Um par de bases G–C possui três ligações de hidrogênio, e um par de bases A–T possui apenas duas. Quanto maior a porcentagem de pares de bases G–C, maior será a temperatura de fusão de uma molécula de DNA. Além do efeito dos pares de bases, os pares G–C são mais hidrofóbicos que os A–T, e, portanto, se empilham melhor, o que também afeta a curva de fusão.

A renaturação do DNA desnaturado é possível com resfriamento lento (Figura 9.16). As fitas separadas podem se recombinar e formar os mesmos pares de bases responsáveis pela manutenção da dupla-hélice. A renaturação é também chamada de anelamento, e é uma etapa muito importante em muitas das

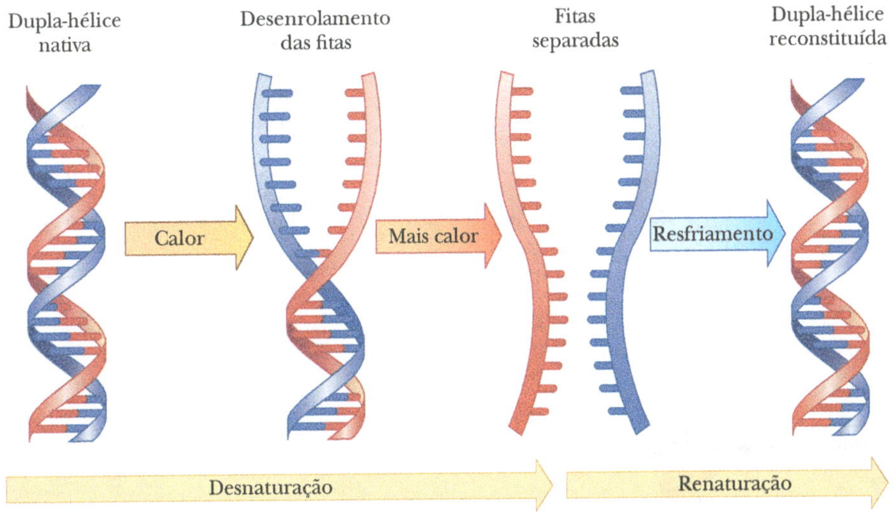
Dupla-hélice nativa
Desenrolamento das fitas
Fitas separadas
Dupla-hélice reconstituída
Calor
Mais calor
Resfriamento
Desnaturação
Renaturação

Figura 9.17 **Hélice desenrolada na desnaturação do DNA.** A dupla-hélice desenrola quando o DNA é desnaturado, com a consequente separação das fitas. A dupla-hélice é formada novamente na renaturação com resfriamento lento e anelamento.

técnicas empregadas para estudar a biologia molecular. Uma vez que as fitas são separadas, cada uma delas pode anelar com sua parceira original ou com outra molécula complementar. Frequentemente esses complementos são projetados pelos pesquisadores para permitir que seja estudado e manipulado o DNA.

9-5 Os Principais Tipos de RNA e Suas Estruturas

Quais tipos de RNA participam nos processos da vida?

Seis tipos de RNA – RNA transportador (tRNA), RNA ribossômico (rRNA), RNA mensageiro (mRNA), RNA nuclear pequeno (snRNA), micro RNA (miRNA) e RNA curto interferente (siRNA) – desempenham um papel importante nos processos vitais das células. A Figura 9.18 mostra o processo de transferência de informações. Os vários tipos de RNA participam da síntese de proteínas em uma série de reações controladas pela sequência de bases do DNA da célula. *As sequências de bases de todos os tipos de RNA são determinadas pelas do DNA.* O processo por meio do qual a ordem das bases passa do DNA para o RNA é chamado transcrição (Capítulo 11).

Os ribossomos, nos quais o rRNA está associado às proteínas, são os sítios de montagem da crescente cadeia polipeptídica durante a síntese de proteínas. Os aminoácidos são trazidos para o sítio da montagem ligados ao tRNA de forma covalente, como aminoacil-tRNAs. A ordem das bases no mRNA especifica a ordem dos aminoácidos na proteína em crescimento; este processo é chamado **tradução** da mensagem genética. Uma sequência de três bases no mRNA direciona a incorporação de um aminoácido específico na cadeia cres-

tradução processo de síntese proteica no qual a sequência de aminoácidos da proteína reflete a sequência de bases no gene que codifica esta proteína

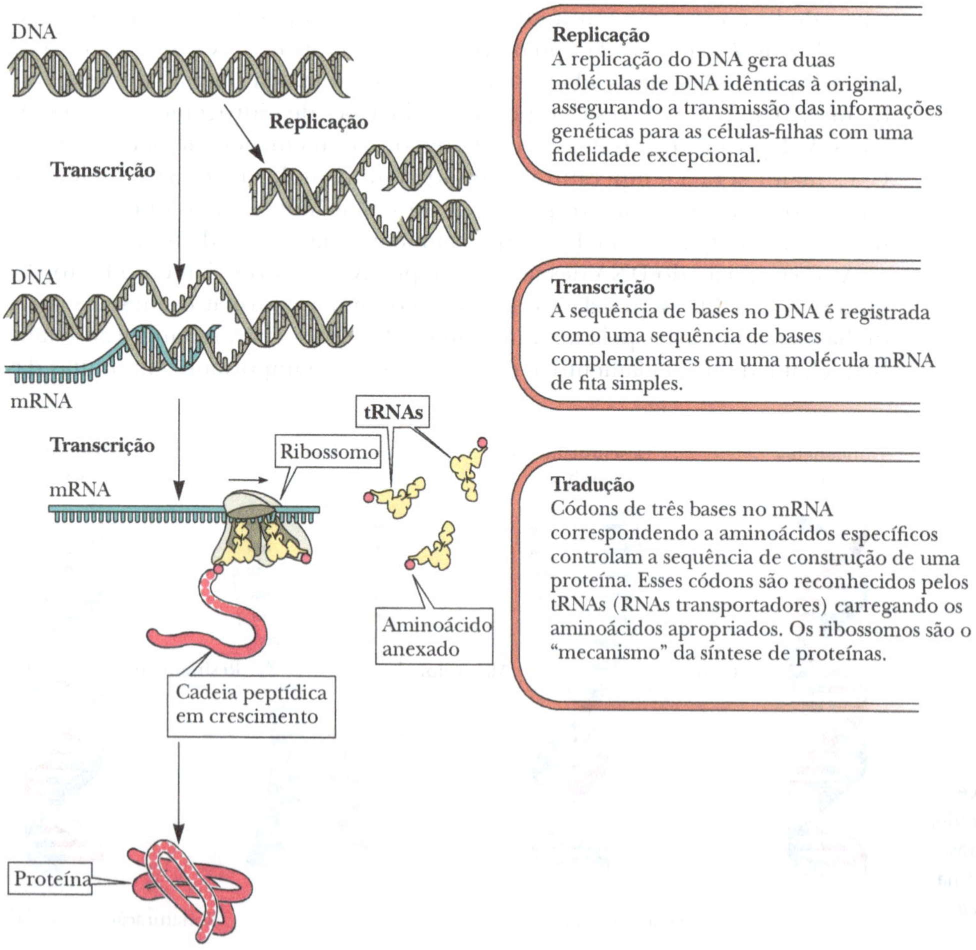
DNA
Replicação
Transcrição
DNA
mRNA
Transcrição
mRNA
Ribossomo
tRNAs
Aminoácido anexado
Cadeia peptídica em crescimento
Proteína
Replicação
A replicação do DNA gera duas moléculas de DNA idênticas à original, assegurando a transmissão das informações genéticas para as células-filhas com uma fidelidade excepcional.
Transcrição
A sequência de bases no DNA é registrada como uma sequência de bases complementares em uma molécula mRNA de fita simples.
Tradução
Códons de três bases no mRNA correspondendo a aminoácidos específicos controlam a sequência de construção de uma proteína. Esses códons são reconhecidos pelos tRNAs (RNAs transportadores) carregando os aminoácidos apropriados. Os ribossomos são o "mecanismo" da síntese de proteínas.

FIGURA 9.18 O processo fundamental de transferência de informações nas células. (1) Informações codificadas na sequência de nucleotídeos do DNA são transcritas por meio da síntese de uma molécula de RNA cuja sequência é ditada pela sequência do DNA. (2) À medida que a sequência desse RNA é lida (em grupos de três nucleotídeos consecutivos) pelo mecanismo de síntese de proteínas, é transferido para a sequência de aminoácidos em uma proteína. Esse sistema de transferência de informações é encapsulado no dogma DNA → RNA → proteína.

cente de proteínas. (Discutiremos os detalhes da síntese de proteínas no Capítulo 12.) Veremos que os detalhes do processo vão diferir nos procariotos e nos eucariotos (Figura 9.19). Nos procariotos, não há membrana nuclear, portanto, o mRNA pode direcionar a síntese de proteínas enquanto ainda está no processo de transcrição. O mRNA eucariótico, por outro lado, é submetido a um processamento considerável. Uma das partes mais importantes do processo é o *splicing* das sequências intervenientes (íntrons), de forma que as partes do mRNA que serão expressas (éxons) são adjacentes uma à outra.

interferência de RNA (RNAi) um processo onde pequenos pedaços de RNA afetam a expressão do gene

Os RNAs nucleares pequenos são encontrados apenas no núcleo das células eucarióticas, e são diferentes dos outros três tipos de RNA. Eles estão envolvidos no processamento dos produtos de transcrição iniciais do mRNA até a forma madura, adequada para ser exportada do núcleo até o citoplasma para a tradução. Micro RNAs e RNAs curtos interferentes são as descobertas mais recentes. SiRNAs são os principais participantes na **interferência de RNA (RNAi)**, um processo que foi percebido pela primeira vez em vegetais e posteriormente em mamíferos, incluindo os seres humanos. Descobriu-se que os micro RNAs

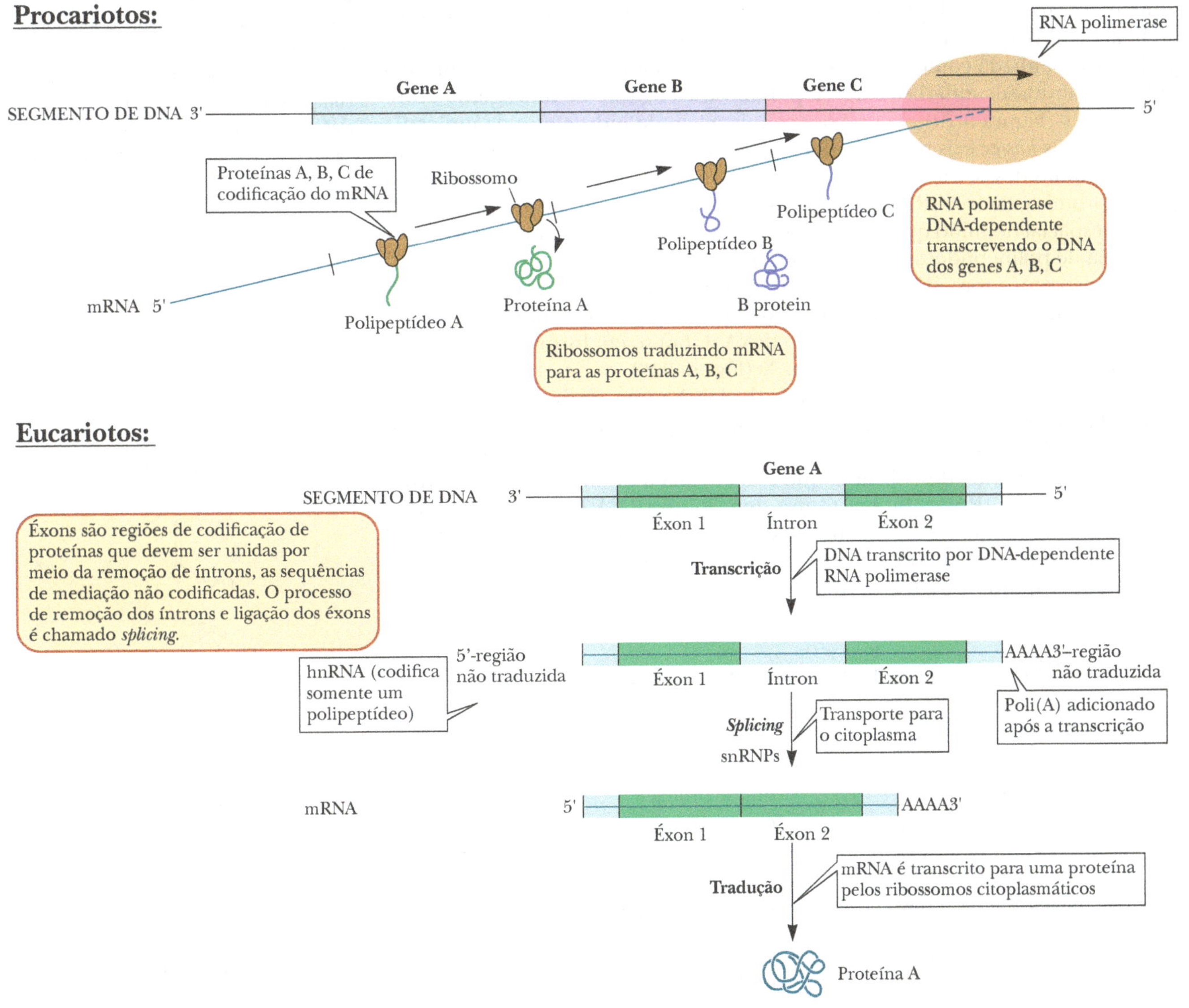
Procariotos:
RNA polimerase
Gene A
Gene B
Gene C
SEGMENTO DE DNA 3'
5'
Proteínas A, B, C de codificação do mRNA
Ribossomo
Polipeptídeo C
RNA polimerase DNA-dependente transcrevendo o DNA dos genes A, B, C
Polipeptídeo B
mRNA 5'
Proteína A
B protein
Polipeptídeo A
Ribossomos traduzindo mRNA para as proteínas A, B, C
Eucariotos:
Gene A
SEGMENTO DE DNA 3'
5'
Éxon 1
Íntron
Éxon 2
Éxons são regiões de codificação de proteínas que devem ser unidas por meio da remoção de íntrons, as sequências de mediação não codificadas. O processo de remoção dos íntrons e ligação dos éxons é chamado *splicing*.
Transcrição
DNA transcrito por DNA-dependente RNA polimerase
5'-região não traduzida
AAAA3'-região não traduzida
hnRNA (codifica somente um polipeptídeo)
Éxon 1
Íntron
Éxon 2
Splicing
snRNPs
Transporte para o citoplasma
Poli(A) adicionado após a transcrição
mRNA
5'
AAAA3'
Éxon 1
Éxon 2
Tradução
mRNA é transcrito para uma proteína pelos ribossomos citoplasmáticos
Proteína A

FIGURA 9.19 O papel do mRNA na transcrição. As propriedades das moléculas de mRNA em células procarióticas *versus* eucarióticas durante a transcrição e a tradução.

são parte de uma das relações evolucionárias mais antigas, aquela entre bactérias e bacteriófagos. As bactérias produzem esses pequenos RNAs, os quais então se ligam às sequências do DNA de fago, prevenindo a infecção. Descobriu-se também que eles são importantes no reparo de nervos danificados nos músculos (Capítulo 11). A RNAi está sendo usada extensivamente também pelos cientistas que desejam eliminar o efeito de um gene para ajudar a descobrir suas funções (veja o Capítulo 13). A Tabela 9.1 resume os tipos de RNA.

Qual o papel do RNA de transferência na síntese proteica?

Tipos diferentes de moléculas de tRNA podem ser encontrados em cada célula viva porque pelo menos um tRNA se liga especificamente a cada aminoácido que ocorre nas proteínas.

Normalmente, há várias moléculas de tRNA para cada aminoácido. Um tRNA é uma cadeia de polinucleotídeos de fita simples, entre 73 e 94 resíduos de nucleotídeo de extensão, e geralmente possui massa molecular de cerca de 25 mil Da (os bioquímicos tendem a chamar a unidade de massa atômica de *Dalton*, cuja abreviação é Da).

No tRNA ocorrem ligações de hidrogênio intracadeias, formando pares de bases A–U e G–C similares aos que ocorrem no DNA, exceto pela substituição da timina pela uracila. As duplas-hélices formadas têm a forma helicoidal A, em vez de helicoidal B, que é a forma predominante no DNA (Seção 9-3). A molécula pode ser desenhada como uma *estrutura de folha em trevo*, que pode ser considerada a estrutura secundária do tRNA, pois mostra a ligação de hidrogênio entre certas bases (Figura 9.20). As porções com ligações de hidrogênio da molécula são chamadas *hastes*, e as porções onde não ocorrem essas ligações são chamadas *alças*. Algumas dessas alças contêm bases modificadas (Figura 9.21). Durante a síntese proteica, tanto o tRNA quanto o mRNA são ligados ao ribossomo em um arranjo espacial definido que, por fim, garante a ordem correta dos aminoácidos na cadeia de polipeptídeos em crescimento.

Uma estrutura terciária específica é necessária para que o tRNA interaja com a enzima que liga covalentemente o aminoácido à extremidade 2' ou 3'. Para produzir essa estrutura terciária, o tRNA dobra-se em formato de "L", que foi determinado pela difração por raios X (Figura 9.22).

Após o RNAt ser transcrito a partir do DNA, uma enzima específica, a ATP(CTP):tRNA nucleotransferase adiciona a sequência CCA à extremidade 3'. Esta é uma etapa necessária antes da ligação do aminoácido correto ao tRNA. Recentemente, descobriu-se que esta enzima tem um papel no controle de qualidade dos tRNAs. Se existe um defeito no tRNA ou se a molécula é pequena semelhante à molécula do tRNA, mas não o verdadeiro tRNA, então a enzima coloca um CCACCA na extremidade 3'. Isto ativa um caminho de decaimento rápido da molécula tRNA.

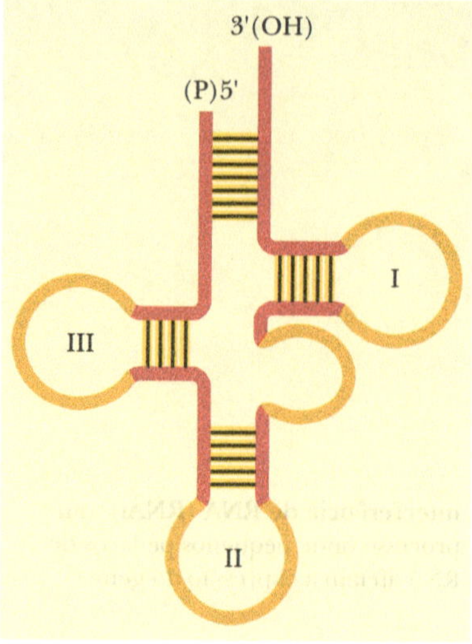
3'(OH)
(P)5'
I
II
III

FIGURA 9.20 Representação da estrutura em forma de folha de trevo do RNA transportador. As regiões de fita dupla (em vermelho) são formadas dobrando-se a molécula e estabilizadas por ligações de hidrogênio entre pares de bases complementares. As alças periféricas estão exibidas em amarelo. Há três alças principais (numeradas) e uma secundária de tamanho variável (não numerada).

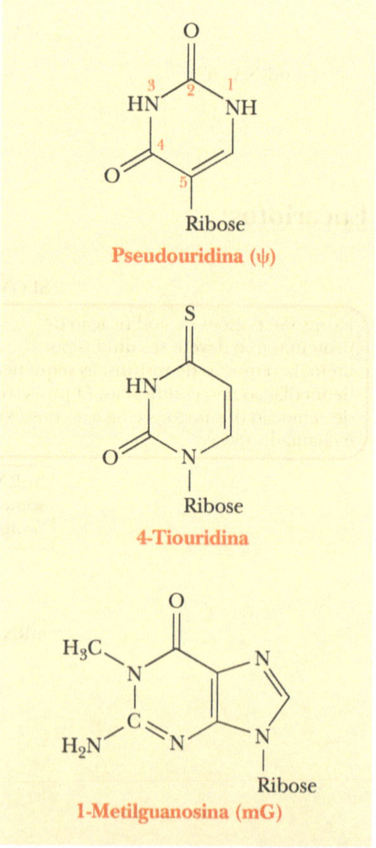
Ribose
Pseudouridina (ψ)
Ribose
4-Tiouridina
Ribose
1-Metilguanosina (mG)

FIGURA 9.21 Estruturas de algumas bases modificadas encontradas no RNA transportador. Observe que a pirimidina na pseudouridina está vinculada à ribose no C-5, em vez de ser no N-1, como usual.

TABELA 9.1 As Funções dos Diferentes Tipos de RNA

Tipo de RNA	Tamanho	Função
RNA transportador	Pequeno	Transporta aminoácidos até o sítio da síntese proteica
RNA ribossômico	Vários tipos – de tamanho variável	Combina com as proteínas para formar ribossomos, o sítio da síntese proteica
RNA mensageiro	Variável	Direciona a sequência de aminoácidos das proteínas
RNA nuclear pequeno	Pequeno	Processa o mRNA inicial até sua forma madura nos eucariotos
RNA curto interferente	Pequeno	Afeta a expressão do gene; usado pelos cientistas para isolar um gene que está sendo estudado
Micro RNA	Pequeno	Afeta a expressão do gene; importante no crescimento e no desenvolvimento

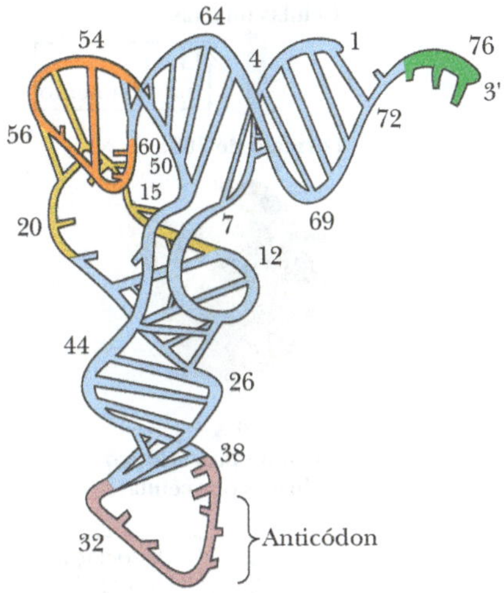
64
54
4
1
76
3'
56
72
60
50
15
20
7
69
12
44
26
38
32
Anticódon

FIGURA 9.22 **Estrutura tridimensional do tRNA da fenilalanina da levedura obtida por meio da difração de raios X de seus cristais.** A dobra terciária está ilustrada, e o esqueleto de ribose–fosfato é apresentado como uma fita contínua; as ligações de H estão indicadas por hastes transversais. Bases não pareadas estão demonstradas como barras curtas e não conectadas. A alça do anticódon está na parte inferior, e a extremidade do receptor –CCA 3'–OH está na parte superior direita.

Como o RNA ribossômico se combina com proteínas para formar o sítio de síntese de proteínas?

Ao contrário do tRNA, as moléculas de rRNA tendem a ser bastante grandes, e apenas alguns tipos de rRNA estão presentes em uma célula. A investigação dos próprios ribossomos é uma abordagem útil para o entendimento da estrutura do rRNA, por causa da íntima associação entre ele e as proteínas que ocorrem nessas organelas.

A porção do RNA de um ribossomo contribui com 60% a 65% da massa total da organela, e a porção proteica constitui os restantes 35% a 40%. A dissociação dos ribossomos em seus componentes provou ser uma forma útil de estudar sua estrutura e suas propriedades. Um empenho particularmente importante foi determinar o número e o tipo de moléculas do RNA e das proteínas que compõem os ribossomos. Essa abordagem ajudou a elucidar a função dos ribossomos na síntese proteica. Tanto nos procariotos quanto nos eucariotos, um ribossomo consiste em duas subunidades, sendo uma maior que a outra. Por sua vez, a subunidade menor consiste em uma molécula de RNA grande e cerca de 20 proteínas diferentes; a subunidade maior consiste em duas moléculas de RNA em procariotos (três em eucariotos) e cerca de 35 proteínas diferentes em procariotos (cerca de 50 em eucariotos). As subunidades são facilmente dissociadas umas das outras em laboratório, reduzindo-se a concentração de Mg^{2+} no meio. O processo pode ser revertido elevando-se a concentração de Mg^{2+} até seu nível original, e os ribossomos ativos podem ser reconstituídos por esse método.

Uma técnica chamada *ultracentrifugação analítica* mostrou-se muito útil para monitorar a dissociação e a reassociação dos ribossomos. A Figura 9.23 mostra uma ultracentrífuga analítica. Não precisamos

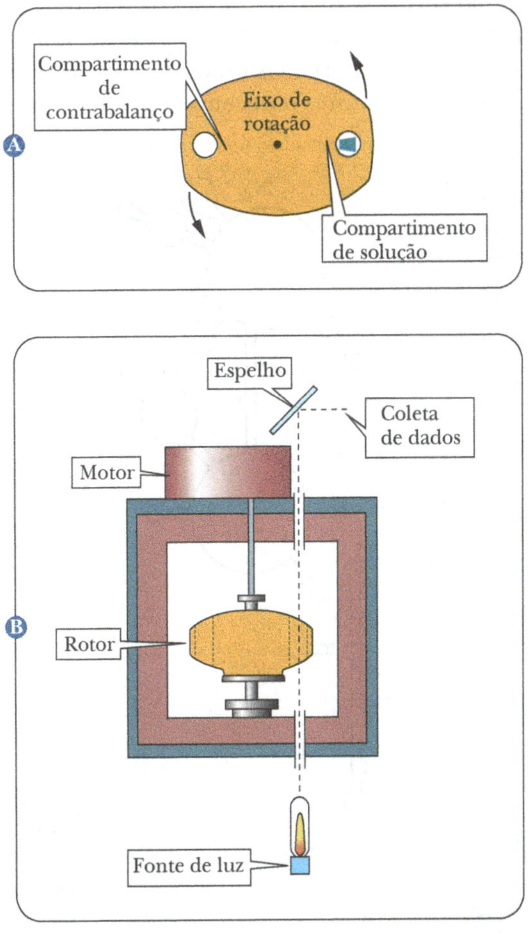
A
Compartimento de contrabalanço
Eixo de rotação
Compartimento de solução
B
Espelho
Coleta de dados
Motor
Rotor
Fonte de luz

FIGURA 9.23 **Ultracentrifugação analítica.** (a) Visão superior do rotor de uma ultracentrífuga. O compartimento da solução tem janelas ópticas, pelas quais passa um feixe de luz a cada revolução. (b) Vista lateral do rotor de uma ultracentrífuga. A medida óptica feita quando o compartimento de solução passa pelo feixe de luz possibilita monitorar o movimento das partículas em sedimentação.

considerar todos os detalhes desta técnica, desde que fique claro que seu objetivo básico é a observação do movimento dos ribossomos, do RNA ou da proteína em uma centrífuga. O movimento da partícula é caracterizado por um *coeficiente de sedimentação*, expresso em *unidades Svedberg* (S), que recebeu este nome depois que o cientista sueco Theodor Svedberg inventou a centrífuga. O valor de S aumenta com a massa molecular da partícula em sedimentação, mas não é diretamente proporcional a ela, porque o formato da partícula também afeta sua velocidade de sedimentação.

Os ribossomos e o RNA ribossômico têm sido intensivamente estudados utilizando-se coeficientes de sedimentação. A maioria das pesquisas em sistemas procarióticos foi conduzida com a bactéria *Escherichia coli*, que utilizaremos como exemplo. Um ribossomo de *E. coli* normalmente possui um coeficiente de sedimentação de 70S. Quando um ribossomo bacteriano intacto de 70S se dissocia, produz uma subunidade leve de 30S e uma subunidade pesada de 50S. Observe que os valores dos coeficientes de sedimentação não são cumulativos, o que mostra a dependência do valor S no formato da partícula. A subunidade de 30S contém um rRNA de 16S e 21 proteínas diferentes. A subunidade de 50S contém um rRNA de 5S, um rRNA de 23S e 34 proteínas diferentes (Figura 9.24). Para efeito de comparação, os ribossomos eucarióticos têm um coeficiente de sedimentação de 80S, e as subunidades menor e maior têm 40S e 60S, respectivamente, sendo que a subunidade menor dos eucariotos contém um rRNA de 18S, e a subunidade maior contém três tipos de moléculas de rRNA: 5S, 5,8S e 28S.

O rRNA de 5S foi isolado em muitos tipos diferentes de bactéria e as sequências de nucleotídeos foram determinadas. Um rRNA de 5S típico tem cerca de 120 resíduos de nucleotídeos de extensão e uma massa molecular em torno de 40 mil Da. Algumas sequências também foram determinadas para as moléculas de rRNA de 16S e 23S. Essas moléculas têm, respectivamente, cerca de 1.500 e 2.500 resíduos de nucleotídeos de extensão, respectivamente. A massa molecular do rRNA de 16S é de cerca de 500 mil Da, e a do rRNA de 23S em torno de um milhão de Da. Os graus das estruturas secundária e terciária nas moléculas de RNA maiores parecem ser substanciais.

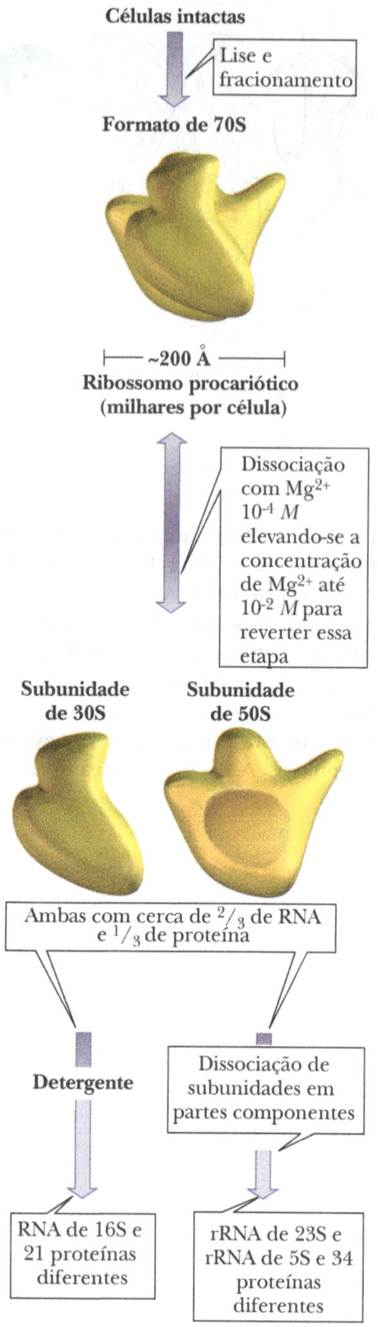
Células intactas
Lise e fracionamento
Formato de 70S
~200 Å
Ribossomo procariótico (milhares por célula)
Dissociação com Mg^{2+} 10^{-4} *M* elevando-se a concentração de Mg^{2+} até 10^{-2} *M* para reverter essa etapa
Subunidade de 30S
Subunidade de 50S
Ambas com cerca de 2/3 de RNA e 1/3 de proteína
Detergente
Dissociação de subunidades em partes componentes
RNA de 16S e 21 proteínas diferentes
rRNA de 23S e rRNA de 5S e 34 proteínas diferentes

FIGURA 9.24 A estrutura de um ribossomo procariótico típico. Os componentes individuais podem ser misturados, produzindo subunidades funcionais. A reassociação de subunidades dá origem a um ribossomo intacto.

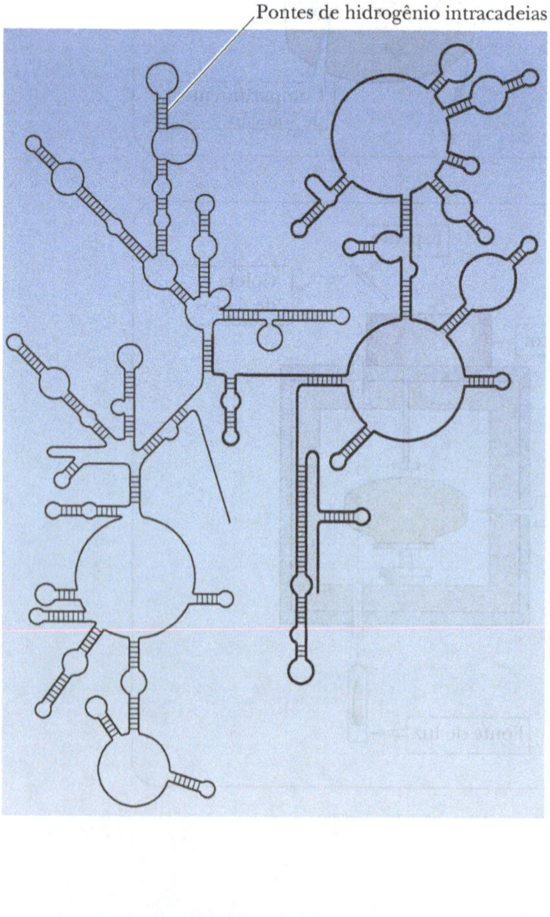
Pontes de hidrogênio intracadeias

FIGURA 9.25 Esquema de uma estrutura secundária proposta para o rRNA de 16S. O padrão de dobramento intracadeias inclui regiões de alças e de fita dupla. Observe a grande quantidade de ligações de hidrogênio intracadeias.

Propôs-se uma estrutura secundária para o rRNA de 16S (Figura 9.25), e foram feitas sugestões sobre a maneira como as proteínas se associam ao RNA para formar a subunidade de 30S.

RNA nuclear heterogêneo (hnRNA) RNA eucariótico que é inicialmente produzido pela transcrição do DNA; contém sequências de intervenção que não codificam para qualquer proteína

íntrons sequências interventoras no DNA que não aparece na sequência final do mRNA

A *automontagem dos ribossomos* ocorre na célula viva, mas o processo pode ser reproduzido em laboratório. A elucidação da estrutura do ribossomo é um campo ativo de pesquisa. A ligação de antibióticos a subunidades ribossômicas bacterianas para evitar a automontagem do ribossomo é um dos focos da investigação. A estrutura dos ribossomos também é um dos pontos usados para comparar e contrastar eucariotos, eubactérias e arqueobactérias (Capítulo 1). O estudo do RNA tornou-se muito mais interessante em 1986, quando Thomas Cech mostrou que algumas moléculas de RNA exibiam atividade catalítica (Seção 11-8). Igualmente notável foi a recente descoberta de que o RNA ribossômico, e não a proteína, é a parte de um ribossomo que catalisa a formação de ligações peptídicas nas bactérias (Capítulo 12).

Como o RNA mensageiro dirige a síntese de proteínas?

partículas de rebanucleoproteína nuclear pequenas (snRNPs) complexos RNA–proteína encontrados no núcleo que ajuda no processamento de moléculas de RNA para exportar ao citosol

O menos abundante dos principais tipos de RNA é o mRNA. Na maioria das células, ele constitui não mais de 5% a 10% do RNA celular total. As sequências de bases no mRNA especificam a ordem dos aminoácidos nas proteínas. Em células que se multiplicam rapidamente, muitas proteínas diferentes são necessárias em um curto intervalo de tempo. Uma reciclagem rápida na síntese proteica é essencial. Consequentemente, fica óbvio que o mRNA é formado quando necessário, direciona a síntese de proteínas, e então é degradado para que os nucleotídeos possam ser reciclados. Dos principais tipos de RNA, o mRNA é o que normalmente recicla mais rapidamente na célula. Tanto o tRNA quanto o rRNA (bem como os próprios ribossomos) podem ser mantidos intactos por muitos ciclos de síntese proteica.

A sequência de bases do mRNA que direciona a síntese de uma proteína reflete a sequência de bases de DNA no gene que codifica essa proteína, embora essa sequência de mRNA seja frequentemente alterada após ser produzida a partir do DNA. As moléculas de RNA mensageiro são de tamanhos heterogêneos, assim como as proteínas cujas sequências elas especificam. Não se sabe muito sobre um possível dobramento intracadeias no mRNA, com exceção do dobramento que ocorre durante o término da transcrição (Capítulo 11). É provável também que vários ribossomos estejam associados a uma única molécula de mRNA em algum momento durante o curso da síntese proteica. Nos eucariotos, o mRNA é inicialmente formado como uma molécula precursora maior chamada **RNA nuclear heterogêneo (hnRNA)**. Eles contêm longas partes de sequências intervenientes chamadas **íntrons**, que não codificam uma proteína. Esses íntrons são removidos por *splicing* pós-transcricional. Além disso, unidades protetoras chamadas *cap 5'* e *caudas de poliadenilato 3' (poli A)* são adicionadas antes de o mRNA estar completo (Seção 11-7).

Como o pequeno RNA nuclear ajuda no processamento do RNA?

Uma molécula de RNA descoberta mais recentemente é o RNA nuclear pequeno (snRNA), que é encontrado, como o nome diz, no núcleo das células eucarióticas. Esse tipo de RNA é pequeno, com cerca de 100 a 200 nucleotídeos de extensão, mas não é uma molécula de tRNA nem uma subunidade pequena de rRNA. Na célula, ele é combinado a proteínas formando **partículas de ribonucleoproteína nuclear pequenas**, normalmente abreviadas como **snRNPs** (pronuncia-se "*snurps*"). Essas partículas têm um coeficiente de sedimentação de 10S. Sua função é ajudar no processamento do mRNA inicial transcrito a partir do DNA em uma forma madura, pronta para ser exportada para fora do núcleo. Nos eucariotos, a transcrição ocorre no núcleo, mas, como a maior parte da síntese proteicas ocorre no citosol, o mRNA tem de ser exportado primeiro. Muitos pesquisadores estão trabalhando nos processos de *splicing* do RNA, que serão descritos na Seção 11-8.

Qual a interferência do RNA e por que ela é importante?

Em 2002, a revista *Science* apresentou de forma inédita a descoberta de um processo chamado interferência de RNA. Descobriu-se que pequenos trechos de RNA (20 a 30 nucleotídeos de comprimento) exerciam um enorme controle sobre a expressão do gene.

Observou-se que esse processo era um mecanismo de proteção em muitas espécies, com os siRNAs, sendo utilizado para eliminar a expressão de um gene não desejado, por exemplo, um que esteja causando um crescimento descontrolado da célula ou um gene que veio de um vírus. Esses pequenos RNAs também estão sendo usados por cientistas que desejam estudar a expressão do gene. No que se tornou uma explosão de novas biotecnologias, muitas empresas foram criadas para produzir e comercializar siRNAs de laboratório e revelar centenas de genes conhecidos. Essa tecnologia também tem aplicações médicas; o siRNA foi usado para proteger o fígado de ratos da hepatite e para ajudar a limpar as células infectadas da doença. As aplicações da biotecnologia de interferência de RNA serão discutidas um pouco mais no Capítulo 13. Por enquanto, podemos dizer que muitas novas companhias de biotecnologia têm surgido nos últimos anos para explorar possíveis aplicações de interferência de RNA. Para terminar nossa introdução aos ácidos nucleicos, os quadros CONEXÕES **BIOQUÍMICAS 9.3** e **9.4** descrevem alguns dos fascinantes tópicos que estão na ponta da biologia molecular atualmente.

9.3 Conexões **Bioquímicas** | genética

Por Que Gêmeos Idênticos Não São Idênticos?

Aprendeu-se muito sobre as diferenças entre a natureza e a criação através do estudo dos gêmeos. Normalmente, os gêmeos separados no nascimento são estudados mais tarde para ver quão diferentes se tornaram. As diferenças e similaridades entre eles nos fornecem uma visão de quanto nossa fisiologia e nosso comportamento são controlados pela genética. Entretanto, algumas vezes, gêmeos criados juntos sob circunstâncias aparentemente idênticas podem se tornar muito diferentes. Embora a sequência real de DNA seja a mesma nos dois gêmeos, eles podem ser muito diferentes de outras formas. O estudo da **epigenética** é uma área ativa de pesquisa, que se refere a variações no DNA que não refletem na sequência de bases real. As modificações epigenéticas de DNA agem como interruptores que ligam ou desligam determinados genes. Se estas modificações não são as mesmas em cada um dos dois gêmeos, então os gêmeos não serão mais idênticos.

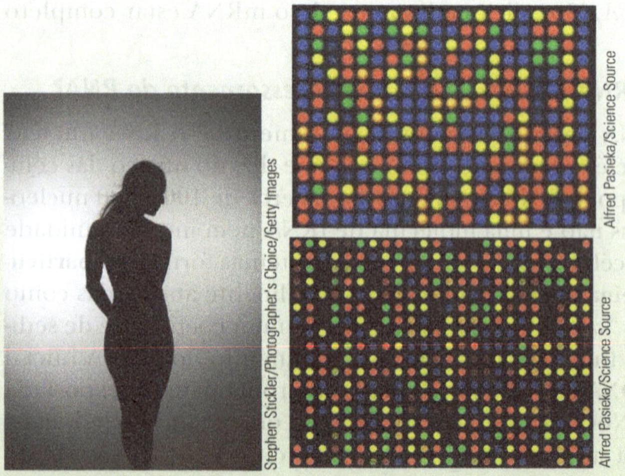
Stephen Stickler/Photographer's Choice/Getty Images
Alfred Pasieka/Science Source
Alfred Pasieka/Science Source

Sofisticadas microrredes codificadas para mostrar as diferenças epigênicas poderiam mostrar por que gêmeos idênticos não são os mesmos. (Reimpresso com permissão de *Nature*.)

O exemplo mais conhecido de um mecanismo epigênico é a metilação do DNA, onde uma citosina é marcada com um grupo metila, como mostrado na figura. Isso normalmente está associado com o desligamento da expressão do gene. Outro mecanismo epigênico é a remodelagem da cromatina. As proteínas de histona abordadas na Seção 9-3 podem ser modificadas pela adição dos grupos metila, acetila ou fosfato. Isso, por sua vez, influencia a atividade de genes adjacentes. A acetilação geralmente liga a expressão dos genes, enquanto a metilação silencia a expressão.

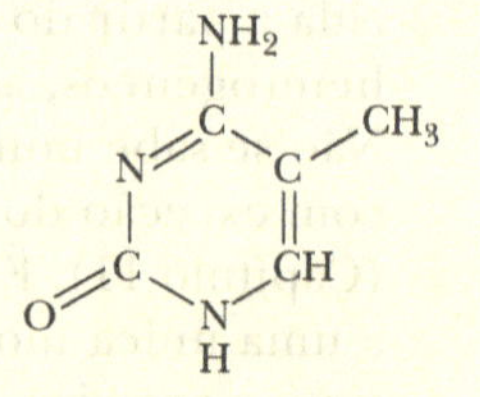
NH2
CH3
N
C
CH
O
H

5-Metilcitosina

Estrutura da 5-metilcitosina

Uma vez que determinados estados de doenças podem estar ligados a estados epigênicos, é possível um indivíduo desenvolver uma doença enquanto seu(sua) gêmeo(a) não desenvolve. A suscetibilidade a doenças é frequentemente uma característica familiar, mas o mecanismo real de se adquirir a doença pode requerer variações epigênicas no DNA de uma célula. As variações epigênicas são conhecidas por ser importantes no campo da pesquisa de câncer, mas apenas recentemente os cientistas têm estudado essa relação entre o estado epigênico e outras doenças como esquizofrenia, deficiências imune, obsesidade, diabetes e doença cardíaca.

epigenética estudo de como o DNA é mudado e modificado de uma maneira que afeta a expressão do gene, mas sem uma mudança real na sequência de bases

9.4 Conexões Bioquímicas | genômica

O Genoma Sintético Criado

Para os pesquisadores interessados em estudar a natureza da vida e a sua relação com a química do DNA, o Santo Graal dos experimentos é demonstrar que o DNA sintético pode levar à vida. Em maio de 2010, a ciência deu um passo gigante em direção a este objetivo. O pioneiro do laboratório do Projeto Genoma Humano, J. Craig Venter, projetou com sucesso o DNA sintético e o usou para dirigir a reprodução de uma espécie de bactéria.

O experimento foi completado em diversos estágios, eventualmente gastando 40 milhões de dólares, uma equipe de mais de 20 pesquisadores e uma década para ser finalizado. Ele começou quando Ventner e dois colegas, Clyde Hutchinson e Hamilton Smith, demonstraram que poderiam transplantar o DNA de uma espécie de bactéria para outra. Em 2008, eles criaram um cromossomo artificial da bactéria *Mycoplasma genitalium*, que foi escolhida por ter o menor genoma de um organismo vivo livre, com apenas 600.000 bases. Além da sequência do DNA natural, a versão sintética continha sequências de "marcas d'água" construídas que lhes permitiram diferenciar a versão sintética da natural. Infelizmente, a bactéria *M. genitalium* reproduziu muito lentamente para ser estudada com eficiência, o que os levou a trocar a espécie para a *Mycoplasma mycoides*, de crescimento mais rápido, que contém 1 milhão de bases.

Em 2009, eles demonstraram que era possível transplantar o DNA da *M. mycoides* em uma prima próxima, *M. capricolum*. Eles culminaram o experimento, em 2010, ao pegar a versão sintética do DNA da *M. mycoides* e transplantar nas células da *M. Capricolum*, que tinham tido o DNA removido. As sequências de marcas d'água permitiram o crescimento de colônias de bactérias azuis para mostrar quais colônias em crescimento tinham o DNA sintético ao invés do natural (veja a figura).

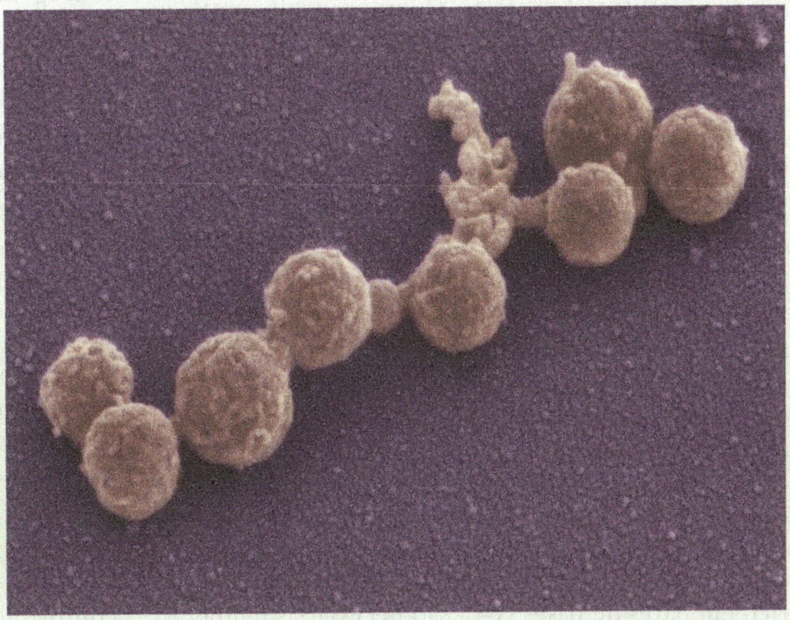

T. Deerinck and M. Ellisman/NCMIR, University of California, San Diego

A vida recriada. SEM (Scanning Electron Microscopy) de grupo de bactéria.

Alguns cientistas chamaram o experimento de "a vida recriada", porque ele não demonstrou bem a criação de vida a partir da química, uma vez que o DNA foi transplantado em células que estavam vivas anteriormente. Entretanto, este experimento é uma demonstração da pedra fundamental da importância do DNA para todos os processos, uma vez que o DNA sintetizado quimicamente foi capaz de assumir as células de *M. capricolum* evacuadas e começar a criar colônias de *M. mycoides*.

Embora ainda leve anos ou décadas até que os cientistas possam começar a criar organismos projetados, o potencial para criar micróbios que possam sintetizar medicamentos ou combustíveis faz que os biologistas moleculares fiquem excitados para ver quais organismos surgem dos laboratórios de pesquisa de Ventner e outros pesquisadores no futuro. ◗

Resumo

Quais as diferenças entre o DNA e o RNA? O DNA (ácido desoxirribonucleico) e o RNA (ácido ribonucleico) são dois tipos de ácidos nucleicos. O DNA contém o açúcar desoxirribose, mas o RNA tem a ribose na mesma posição. A diferença nos açúcares dá origem a diferenças nas estruturas secundária e terciária. A estrutura primária dos ácidos nucleicos é a ordem das bases na sequência polinucleotídica, e a estrutura secundária é a conformação tridimensional do esqueleto. A estrutura terciária é especificamente o superenrolamento da molécula.

Quais são as estruturas e componentes dos nucleotídeos? Os monômeros dos ácidos nucleicos são os nucleotídeos. Um nucleotídeo individual consiste em três partes – uma base nitrogenada, um açúcar e um resíduo de ácido fosfórico –, todas unidas entre si de forma covalente. As bases são ligadas aos açúcares, formando nucleosídeos.

Como os nucleotídeos se combinam para fornecer os ácidos nucleicos? Os nucleosídeos são ligados por ligações do tipo éster ao ácido fosfórico para formar o esqueleto fosfodiéster.

Qual é a natureza da dupla-hélice? A dupla-hélice originalmente proposta por Watson e Crick é a característica mais surpreendente da estrutura do DNA. As duas fitas enroladas estendem-se em direções antiparalelas com as ligações de hidrogênio entre as bases complementares. A adenina forma par com a timina, e a guanina com a citosina.

Existem outras possibilidades de conformação para a dupla-hélice? Sabe-se que existem algumas variações na representação usual da dupla-hélice (DNA-B). No DNA-A, os pares de bases localizam-se em um ângulo com o eixo da hélice e no DNA-Z, a hélice é no sentido esquerdo, ao invés de ter a forma mais comum, com o sentido direito de DNA-B. Sabe-se que essas formas variantes têm papéis fisiológicos.

Como o DNA procariótico forma superenrolamento em sua estrutura terciária? O superenrolamento é uma característica da estrutura do DNA tanto de procariotos quanto de eucariotos. O DNA procariótico é normalmente circular e torcido em uma forma superenrolada antes de o círculo se fechar. A forma de superenrolamento tem um papel na replicação do DNA.

Como o superenrolamento ocorre no DNA eucariótico? O DNA eucariótico é complexado com histonas e outras proteínas básicas, mas sabe-se menos sobre a ligação das proteínas que no DNA procariótico.

Como podemos monitorar a desnaturação do DNA? Quando o DNA é desnaturado, a estrutura de dupla-hélice é rompida; o progresso desse fenômeno pode ser acompanhado pelo monitoramento da absorção da luz ultravioleta. A temperatura na qual o DNA se desnatura pelo aquecimento depende da composição de sua base; para desnaturar um DNA rico em pares de bases G–C, são necessárias temperaturas mais altas.

Quais tipos de RNA participam nos processos da vida? Os seis tipos de RNA – RNA transportador (tRNA), RNA ribossômico (rRNA), RNA mensageiro (mRNA), RNA nuclear pequeno (snRNA), micro RNA (miRNA) e RNA curto interferente (siRNA) – diferem em estrutura e função.

Qual o papel do RNA transportador na síntese proteica? O RNA transportador é relativamente pequeno, com cerca de 80 nucleotídeos de extensão. Ele exibe extensos pareamentos intracadeia por ligações de hidrogênio, representadas em duas dimensões pela estrutura de folha de trevo. Os aminoácidos são trazidos para o sítio da síntese proteica ligados aos RNAs transportadores.

Como o RNA ribossômico se combina com proteínas para formar o sítio de síntese de proteínas? As moléculas de RNA ribossômico tendem a ser longas e são complexadas às proteínas para formar subunidades ribossômicas. O RNA ribossômico também exibe extensos pareamentos internos por ligações de hidrogênio.

Como o RNA mensageiro dirige a síntese de proteínas? A sequência de bases em um dado mRNA determina a sequência de aminoácidos em uma proteína específica. O tamanho das moléculas de mRNA varia com o tamanho da proteína.

Como o RNA nuclear pequeno ajuda no processamento do RNA? O mRNA eucariótico é processado no núcleo por um quarto tipo de RNA, o RNA nuclear pequeno, que é composto por proteínas para formar as partículas de proteína ribonuclear pequena (snRNPs). O mRNA eucariótico é inicialmente produzido em uma forma imatura que deve ser processada removendo-se os íntrons e adicionando-se unidades de proteção nas extremidades 5' e 3'.

Qual a interferência do RNA e por que ela é importante? O micro RNA e o RNA curto interferente são bastante pequenos, com cerca de 20 a 30 bases de comprimento. Eles atuam no controle da expressão gênica e foram as mais recentes descobertas na pesquisa do RNA.

Exercícios de Revisão

9-1 Níveis de Estrutura nos Ácidos Nucleicos

1. **PERGUNTA DE RACIOCÍNIO** Considere o seguinte à luz do conceito de níveis de estrutura (primária, secundária, terciária e quaternária) conforme definido para as proteínas.
   (a) Qual é o nível apresentado pelo DNA de fita dupla?
   (b) Qual é o nível apresentado pelo tRNA?
   (c) Qual é o nível apresentado pelo mRNA?

9-2 A Estrutura Covalente dos Polinucleotídeos

2. **VERIFICAÇÃO DE FATOS** Qual é a diferença estrutural entre a timina e a uracila?
3. **VERIFICAÇÃO DE FATOS** Qual é a diferença estrutural entre a adenina e a hipoxantina?
4. **VERIFICAÇÃO DE FATOS** Dê o nome da base, do ribonucleosídeo ou do desoxirribonucleosídeo, e o ribonucleosídeo trifosfatado de A, G, C, T e U.

5. **VERIFICAÇÃO DE FATOS** Qual é a diferença entre ATP e dATP?
6. **VERIFICAÇÃO DE FATOS** Dê a sequência da fita oposta a ACGTAT, AGATCT e ATGGTA (todas lidas de 5' → 3').
7. **VERIFICAÇÃO DE FATOS** As sequências da Pergunta 6 são do RNA ou do DNA? Por quê?
8. **PERGUNTA DE RACIOCÍNIO** (a) É biologicamente vantajoso o DNA ser estável? Justifique sua resposta. (b) É biologicamente vantajoso o RNA ser instável? Justifique sua resposta.
9. **PERGUNTA DE RACIOCÍNIO** Um amigo afirma que apenas quatro tipos diferentes de bases são encontrados no RNA. O que você lhe diria?
10. **PERGUNTA DE RACIOCÍNIO** Nos primórdios da biologia molecular, alguns pesquisadores especulavam que o RNA, e não o DNA, devia ter uma estrutura covalente ramificada em vez de linear. Por que surgiriam essas especulações?
11. **PERGUNTA DE RACIOCÍNIO** Por que o RNA é mais vulnerável à hidrólise alcalina do que o DNA?

9-3 A Estrutura do DNA

12. **VERIFICAÇÃO DE FATOS** Em quais ácidos nucleicos naturais você esperaria encontrar hélices em forma de A, em forma de B, em forma de Z, nucleossomos e DNA circular?
13. **VERIFICAÇÃO DE FATOS** Desenhe um par de bases G–C e de bases A–T.
14. **VERIFICAÇÃO DE FATOS** Qual(is) das seguintes afirmações está(ão) correta(s)?
    (a) Os ribossomos bacterianos consistem em subunidades de 40S e 60S.
    (b) O DNA procariótico é normalmente complexado com histonas.
    (c) O DNA procariótico existe normalmente como um círculo fechado.
    (d) O DNA circular é superenrolado.
15. **CONEXÕES BIOQUÍMICAS** Quais são as duas principais visões em oposição ao patenteamento de genes?
16. **CONEXÕES BIOQUÍMICAS** Descreva o caso que foi o marco para a batalha de patentes de biotecnologia atuais.
17. **CONEXÕES BIOQUÍMICAS** Quais dois genes estão no centro de uma briga judicial atual e qual é a importância deles?
18. **VERIFICAÇÃO DE FATOS** Como os sulcos maiores e menores do DNA-B se comparam aos do DNA-A?
19. **VERIFICAÇÃO DE FATOS** Qual(is) das seguintes afirmações é(são) verdadeira(s)?
    (a) As duas fitas do DNA correm paralelamente desde sua extremidade 5' até 3'.
    (b) Um par de bases adenina-timina contém três ligações de hidrogênio.
    (c) Contraíons com carga positiva estão associados ao DNA.
    (d) Os pares de bases do DNA são sempre perpendiculares ao eixo da hélice.
20. **VERIFICAÇÃO DE FATOS** Defina *superenrolamento, superenrolamento positivo, topoisomerase* e *superenrolamento negativo.*
21. **VERIFICAÇÃO DE FATOS** O que é torção da hélice?
22. **VERIFICAÇÃO DE FATOS** O que é um degrau AG/CT?
23. **VERIFICAÇÃO DE FATOS** Por que ocorre a torção da hélice?
24. **VERIFICAÇÃO DE FATOS** Qual é a diferença entre DNA-B e DNA-Z?
25. **VERIFICAÇÃO DE FATOS** Se o DNA-B circular é superenrolado positivamente, o superenrolamento é em sentido horário ou anti-horário?
26. **VERIFICAÇÃO DE FATOS** Descreva resumidamente a estrutura da cromatina.
27. **CONEXÕES BIOQUÍMICAS** Qual o motivo por trás do Projeto Genoma 10K?
28. **PERGUNTA DE RACIOCÍNIO** Liste três mecanismos que relaxam a tensão de torção em moléculas de DNA helicoidais.
29. **PERGUNTA DE RACIOCÍNIO** Explique como ocorre a DNA girase.
30. **PERGUNTA DE RACIOCÍNIO** Explique e desenhe um diagrama de como a acetilação ou a fosforilação pode alterar a afinidade de ligação entre o DNA e as histonas.
31. **PERGUNTA DE RACIOCÍNIO** Você esperaria encontrar pares de bases de adenina-guanina ou citosina-timina no DNA? Por quê?
32. **PERGUNTA DE RACIOCÍNIO** Uma das estruturas originais propostas para o DNA tinha todos os grupos fosfato posicionados no centro de uma longa fibra. Dê um motivo pelo qual essa proposta foi rejeitada.
33. **PERGUNTA DE RACIOCÍNIO** Qual é a composição de bases completa de um DNA eucariótico de fita dupla que contém 22% de guanina?
34. **PERGUNTA DE RACIOCÍNIO** Por que foi necessário especificar que o DNA da Pergunta 33 tinha fita dupla?
35. **PERGUNTA DE RACIOCÍNIO** Qual seria a característica mais óbvia da distribuição das bases de uma molécula de DNA de fita dupla?
36. **CONEXÕES BIOQUÍMICAS** Qual é o objetivo do Projeto Genoma Humano? Por que os pesquisadores querem saber os detalhes do genoma humano?
37. **CONEXÕES BIOQUÍMICAS** Explique as considerações legais e éticas envolvidas na terapia gênica humana.
38. **CONEXÕES BIOQUÍMICAS** Um recente comercial de uma empresa biomédica falou sobre um futuro em que cada indivíduo teria um cartão contendo todo o seu genótipo. Quais seriam as vantagens ou desvantagens desse cartão?
39. **PERGUNTA DE RACIOCÍNIO** Uma tecnologia chamada PCR é usada para replicar grandes quantidades de DNA na ciência forense (Capítulo 13). Com essa técnica, o DNA é separado por aquecimento com um sistema automatizado. Por que a informação sobre a sequência do DNA é necessária para usar essa técnica?

9-4 Desnaturação do DNA

40. **PERGUNTA DE RACIOCÍNIO** Por que o DNA com alto conteúdo de A–T tem uma temperatura de transição mais baixa, T_m, que o DNA com alto conteúdo de G–C?

9-5 Os Principais Tipos de RNA e Suas Estruturas

41. **VERIFICAÇÃO DE FATOS** Esboce uma típica estrutura folha de trevo do RNA transportador. Aponte qualquer similaridade entre o modelo do trevo e as estruturas propostas do RNA ribossômico.
42. **VERIFICAÇÃO DE FATOS** Qual é o objetivo do RNA nuclear pequeno? O que é um snRNP?
43. **VERIFICAÇÃO DE FATOS** Qual tipo de RNA é o maior? Qual é o menor?
44. **VERIFICAÇÃO DE FATOS** Qual tipo de RNA tem a menor quantidade de estrutura secundária?
45. **VERIFICAÇÃO DE FATOS** Por que a absorção aumenta quando uma amostra de DNA se desenrola?
46. **VERIFICAÇÃO DE FATOS** O que é RNA interferente?
47. **PERGUNTA DE RACIOCÍNIO** Qual dos dois tem mais ligações de hidrogênio, o tRNA ou o mRNA? Por quê?
48. **PERGUNTA DE RACIOCÍNIO** As estruturas dos tRNAs contêm várias bases incomuns além das quatro típicas. Sugira um motivo para as bases incomuns.
49. **PERGUNTA DE RACIOCÍNIO** Qual dos dois se degrada mais rapidamente na célula, o mRNA ou o rRNA? Por quê?
50. **PERGUNTA DE RACIOCÍNIO** O que seria mais danoso para uma célula, uma mutação no DNA ou um erro de transcrição que leva a um mRNA incorreto? Por quê?

51. **PERGUNTA DE RACIOCÍNIO** Explique resumidamente o que acontece com o mRNA eucariótico antes de ele ser transferido para a proteína.

52. **PERGUNTA DE RACIOCÍNIO** Explique por que uma subunidade ribossômica de 50S e uma subunidade ribossômica de 30S se combinam para formar uma subunidade de 70S, em vez de 80S.

A Biossíntese de Ácidos Nucleicos: Replicação

10

10-1 O Fluxo de Informação Genética na Célula

A sequência de bases no DNA codifica a informação genética. A duplicação do DNA, dando origem a uma nova molécula de DNA com a mesma sequência de bases que a original, é uma etapa necessária sempre que uma célula se divide para produzir células-filhas. Esse processo de duplicação é chamado **replicação**. A verdadeira formação de produtos dos genes requer RNA; a produção de RNA em um modelo de DNA é chamada **transcrição**, que será estudada no Capítulo 11. A sequência de bases do DNA reflete-se na sequência de bases do RNA. Três tipos de RNA estão envolvidos na biossíntese de proteínas; desses, o RNA mensageiro (mRNA) tem especial importância. Uma sequência de três bases no mRNA especifica a identidade de um aminoácido da forma direcionada pelo código genético. O processo mediante o qual a sequência de bases dirige a sequência de aminoácidos é chamado **tradução**, e será estudado no Capítulo 12. Em quase todos os organismos, o fluxo de informações genéticas é DNA → RNA → proteína. As únicas exceções importantes são alguns vírus (chamados retrovírus) nos quais o RNA, e não o DNA, é o material genético. Nesses vírus, o RNA pode direcionar sua própria síntese, assim como a do DNA; a enzima **transcriptase reversa** catalisa esse processo. Nem todos os vírus em que o RNA é o material genético são retrovírus, mas todos os retrovírus têm uma transcriptase reversa. Na verdade, esta é a origem do termo *retrovírus*, referindo-se à situação reversa à usual na transcrição. Em casos de infecção por retrovírus, como o HIV, a transcriptase reversa é um alvo para o desenvolvimento de medicamentos. A Figura 10.1 mostra as formas como as informações são transferidas dentro da célula. Esse esquema foi chamado "Dogma Central" da biologia molecular.

replicação processo de duplicação do DNA

transcrição processo de formação de RNA a partir de um modelo de DNA

tradução processo de síntese proteica no qual a sequência de aminoácidos da proteína reflete a sequência de bases no gene que codifica esta proteína

transcriptase reversa enzima que direciona a síntese de DNA em um modelo de RNA

RESUMO DO CAPÍTULO

(Continua)

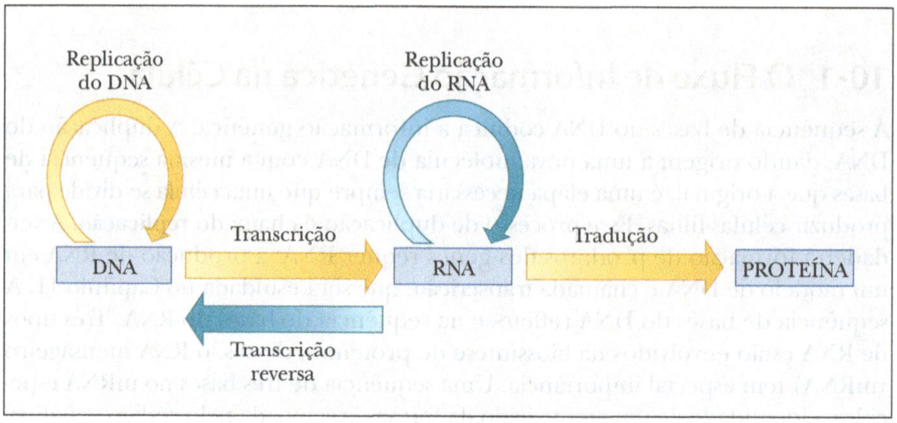
Replicação do DNA
Replicação do RNA
DNA
Transcrição
RNA
Tradução
PROTEÍNA
Transcrição reversa

FIGURA 10.1 **Mecanismos de transferência de informações na célula.** As setas amarelas representam os casos gerais, e as azuis, os casos especiais (a maioria em RNA viral).

10-2 A Replicação do DNA

O DNA natural existe em várias formas. São conhecidos DNAs de fitas simples e duplas, e ambos podem existir tanto na forma linear como na circular. Como resultado, é difícil generalizar sobre todos os casos possíveis de replicação do DNA. Uma vez que muitos DNAs têm fitas duplas (dupla-hélice), podemos apresentar algumas características gerais da replicação do DNA desse tipo de fita que se aplicam tanto ao DNA linear como ao circular. A maioria dos detalhes do processo que discutiremos aqui foi investigada pela primeira vez em procariotos, particularmente na bactéria *Escherichia coli.* Vamos utilizar as informações obtidas por meio de experimentos nesse organismo para a maior parte de nossas discussões sobre o tópico. A Seção 10-7 discutirá as diferenças entre a replicação procariótica e eucariótica.

O processo por meio do qual uma molécula de DNA de dupla-hélice é duplicada para produzir duas moléculas de fita dupla é complexo. Essa complexidade exige um alto grau de ajuste, que, por sua vez, garante uma fidelidade considerável na replicação. A célula enfrenta três importantes desafios ao passar pelas etapas necessárias. O primeiro é como *separar as duas fitas do DNA.* Elas são enroladas uma ao redor da outra, de forma que, para separá-las, é necessário que sejam desenroladas. Além disso, para que a dupla-hélice se desenrole continuamente, a célula também tem de proteger as partes desenroladas do DNA da ação das **nucleases**, que atacam particularmente o DNA de fita simples. A segunda tarefa envolve a *síntese do DNA da extremidade 5' até a 3'.* As duas fitas antiparalelas devem ser sintetizadas na mesma direção em modelos antiparalelos. Em outras palavras, o modelo tem uma fita $5' \rightarrow 3'$ e uma $3' \rightarrow 5'$, assim como o DNA recém-sintetizado. A terceira tarefa é *proteger contra erros na replicação,* garantindo que a base correta seja adicionada à cadeia crescente de polinucleotídeos. Para descobrir as respostas a esses desafios é necessária uma compreensão do material desta seção e das três seções seguintes.

nucleases enzimas que hidrolisam um ácido nucleico; específica para DNA ou RNA

Replicação Semiconservativa

A replicação do DNA envolve a separação das duas fitas originais e a produção de duas novas tendo as originais como molde. Cada nova molécula de DNA contém uma fita original e uma fita recém-sintetizada. Essa situação é o que chamamos **replicação semiconservativa** (Figura 10.2). Os detalhes desse processo diferem nos procariotos e nos eucariotos, mas a natureza semiconservativa da replicação é observada em todos os organismos.

replicação semiconservativa modo no qual o DNA se reproduz sozinho, de forma que uma fita vem do DNA parental e a outra é recém-formada

Como os cientistas desvendaram que a replicação é semiconservativa?

A replicação semiconservativa do DNA foi estabelecida inequivocamente no final da década de 1950, por experimentos realizados por Matthew Meselson e Franklin Stahl. A bactéria *E. coli* foi cultivada em meio com $^{15}NH_4Cl$ como a única fonte de nitrogênio, sendo o ^{15}N um isótopo pesado de nitrogênio. (O isótopo usual de nitrogênio é o ^{14}N.) Nesse meio, todos os compostos de nitrogênio recém-formados, incluindo as nucleobases de purina e pirimidina, ficam marcados com ^{15}N. O DNA marcado com ^{15}N é mais denso que o não marcado, que contém o isótopo comum, ^{14}N. Nesse experimento, as células marcadas com ^{15}N foram então transferidas para um meio que continha somente ^{14}N. As células continuaram crescendo no novo meio. A cada nova geração em crescimento, uma amostra de DNA era extraída e analisada pela técnica de **centrifugação em gradiente de densidade** (Figura 10.3). Esta técnica depende do fato de que o DNA ^{15}N pesado (DNA que contém apenas ^{15}N) formará uma banda no fundo do tubo, ao passo que o DNA ^{14}N leve (contendo somente ^{14}N) aparecerá na parte superior do tubo. O DNA que contém uma mistura 50–50 de ^{14}N e ^{15}N formará uma banda em posição intermediária entre as outras duas. No experimento real, esse DNA híbrido de 50–50 foi observado após uma geração, um resultado esperado na replicação semiconservativa. Após duas gerações no meio mais leve, metade do DNA nas células deveria ser o híbrido 50–50 e metade o DNA ^{14}N mais leve. Esta previsão dos tipos e quantidades de DNA que deveriam ser observados foi confirmada pelo experimento.

centrifugação em gradiente de densidade técnica de separação de substâncias em uma ultracentrífuga com a aplicação da amostra no topo de um tubo que contém uma solução com densidades variadas

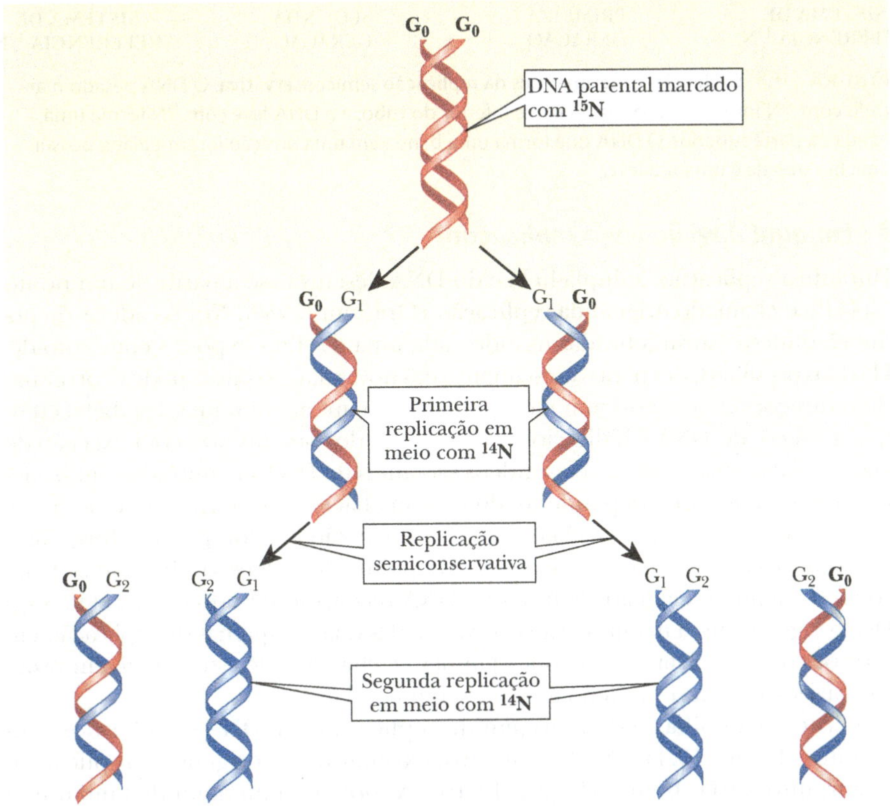

G_0 G_0
DNA parental marcado com ^{15}N
G_0 G_1
G_1 G_0
Primeira replicação em meio com ^{14}N
Replicação semiconservativa
G_0 G_2
G_2 G_1
G_1 G_2
G_2 G_0
Segunda replicação em meio com ^{14}N

FIGURA 10.2 **O padrão de marcação de fitas contendo ^{15}N na replicação semiconservativa.** (G_0 indica fitas originais; G_1, novas fitas após a primeira geração; G_2, novas fitas após a segunda geração.)

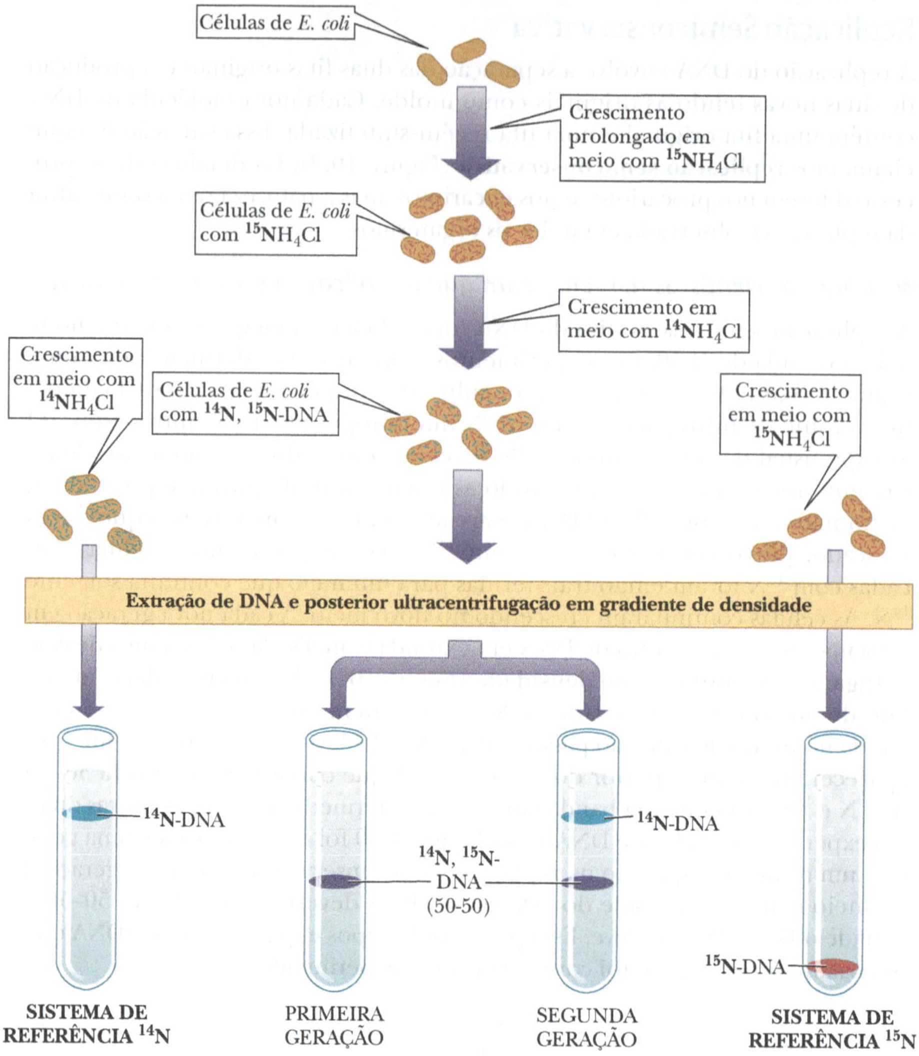

Células de E. coli
Crescimento prolongado em meio com $^{15}NH_4Cl$
Células de E. coli com $^{15}NH_4Cl$
Crescimento em meio com $^{14}NH_4Cl$
Crescimento em meio com $^{14}NH_4Cl$
Células de E. coli com ^{14}N, ^{15}N-DNA
Crescimento em meio com $^{15}NH_4Cl$
Extração de DNA e posterior ultracentrifugação em gradiente de densidade
^{14}N-DNA
^{14}N, ^{15}N-DNA (50-50)
^{14}N-DNA
^{15}N-DNA
SISTEMA DE REFERÊNCIA ^{14}N
PRIMEIRA GERAÇÃO
SEGUNDA GERAÇÃO
SISTEMA DE REFERÊNCIA ^{15}N

FIGURA 10.3 **Evidências experimentais da replicação semiconservativa.** O DNA pesado marcado com ^{15}N forma uma banda na parte inferior do tubo, e o DNA leve com ^{14}N forma uma banda na parte superior. O DNA que forma uma banda em uma posição intermediária possui uma fita pesada e uma fita leve.

Em qual direção vai a replicação?

origem da replicação ponto no qual a dupla-hélice do DNA começa a se desenrolar, no início da replicação

forquilhas de replicação na replicação do DNA, ponto no qual são formadas as novas fitas de DNA

Durante a replicação, a dupla-hélice do DNA desenrola-se a partir de um ponto específico chamado **origem da replicação** (OriC em *E. coli*). Novas cadeias de polinucleotídeos são sintetizadas usando cada uma das fitas expostas como molde. Há duas possibilidades para o crescimento das novas fitas: a síntese pode ocorrer nas duas direções desde a origem da replicação, ou apenas em uma. Estabeleceu-se que a síntese do DNA é bidirecional na maioria dos organismos, com exceção de alguns vírus e plasmídeos. (Plasmídeos são anéis de DNA encontrados em bactérias que se replicam independente do genoma bacteriano normal, e serão discutidos na Seção 13-3.) Para cada origem de replicação, há dois pontos (**forquilhas de replicação**) nos quais novas cadeias de polinucleotídeos são formadas. Uma "bolha" (também chamada "olho") de DNA recém-sintetizado entre regiões do DNA original é uma manifestação do avanço das duas forquilhas de replicação em direções opostas. Esta característica também é chamada de estrutura θ, em razão da sua semelhança com a letra grega teta minúscula.

Existe uma bolha (e uma origem de replicação) no DNA circular dos procariotos (Figura 10.4a). Nos eucariotos, existem várias origens de replicação, e, portanto, várias bolhas (Figura 10.4b). As bolhas aumentam de tamanho e finalmente se fundem, dando origem a duas moléculas filhas de DNAs. Esse

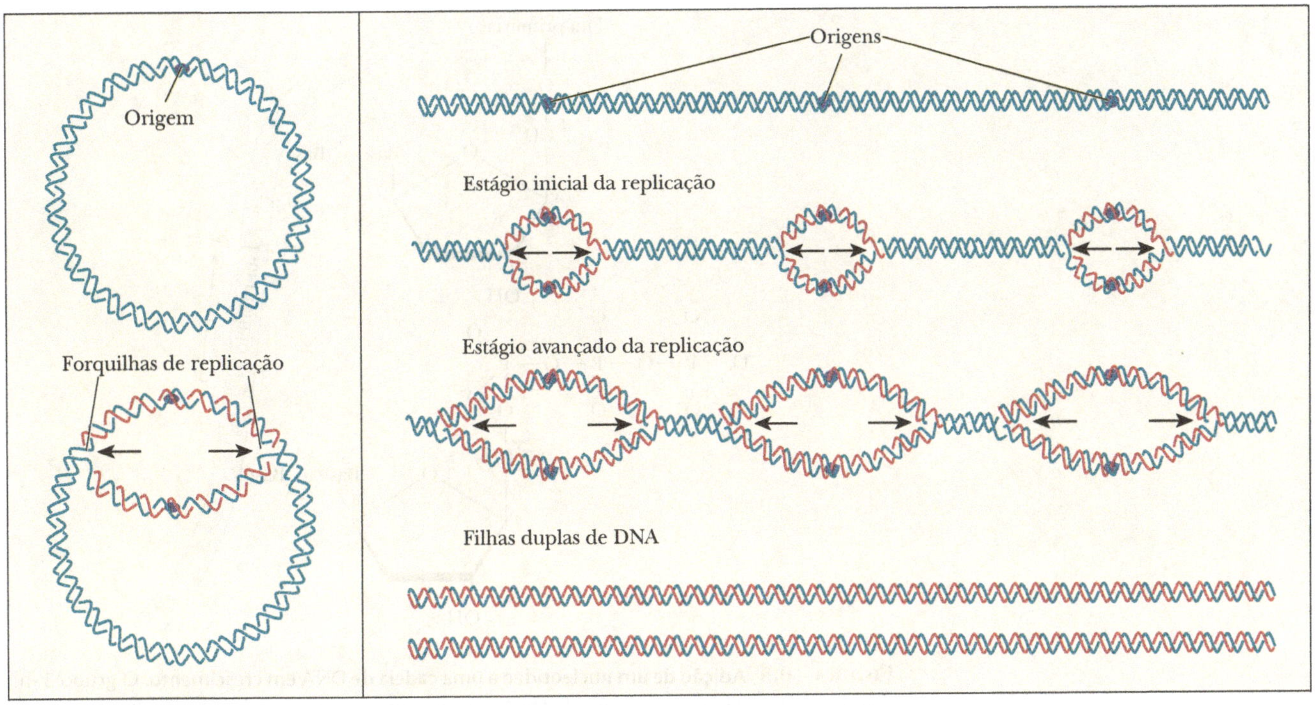
Origem
Forquilhas de replicação
Origens
Estágio inicial da replicação
Estágio avançado da replicação
Filhas duplas de DNA

Ⓐ Replicação do cromossomo de *E. coli*, um procarioto típico. Existem uma origem de replicação e duas forquilhas de replicação.

Ⓑ Replicação do cromossomo de um eucarioto. Há várias origens de replicação, e duas forquilhas de replicação para cada origem. As "bolhas" que surgem a partir de cada origem acabam se fundindo.

FIGURA 10.4 **Replicação bidirecional.** É mostrada a replicação bidirecional do DNA para procariotos (uma origem de replicação) e para eucariotos (várias origens). A replicação bidirecional refere-se à síntese como um todo (compare com a Figura 10.6).

crescimento bidirecional das duas novas cadeias de polinucleotídeos representa o *crescimento real da cadeia.* As duas novas cadeias de polinucleotídeos são sintetizadas no sentido 5' → 3'.

10-3 DNA Polimerase

Replicação Semidescontínua do DNA

Toda síntese de cadeias de nucleotídeos acontece na direção 5' → 3' a partir da perspectiva da cadeia sendo sintetizada. Isto é devido à natureza da reação da síntese do DNA. O último nucleotídeo adicionado à cadeia em crescimento tem uma 3'-hidroxila no açúcar. O nucleotídeo em surgimento tem um 5'-trifosfato no seu açúcar. O grupo 3'-hidroxila na extremidade da cadeia em crescimento é um nucleófilo. Ele ataca o fósforo adjacente ao açúcar no nucleotídeo a ser adicionado na cadeia de crescimento, levando à eliminação do pirofosfato e à formação de uma nova ligação de fosfodiéster (Figura 10.5). Discutimos o ataque nucleofílico por um grupo hidroxila em comprimento no caso de proteases serina (Seção 7-5); aqui, vemos outra instância deste tipo de mecanismo. É útil sempre manter este mecanismo em mente. Quanto mais profundamente estudamos o DNA, mais a direcionalidade 5' → 3' pode levar à confusão em relação a sobre qual fita de DNA estamos discutindo. Se você sempre se lembrar de que toda síntese de nucleotídeos ocorre na direção 5' → 3' a partir da perspectiva da cadeia em crescimento, será muito mais fácil entender o processo que virá.

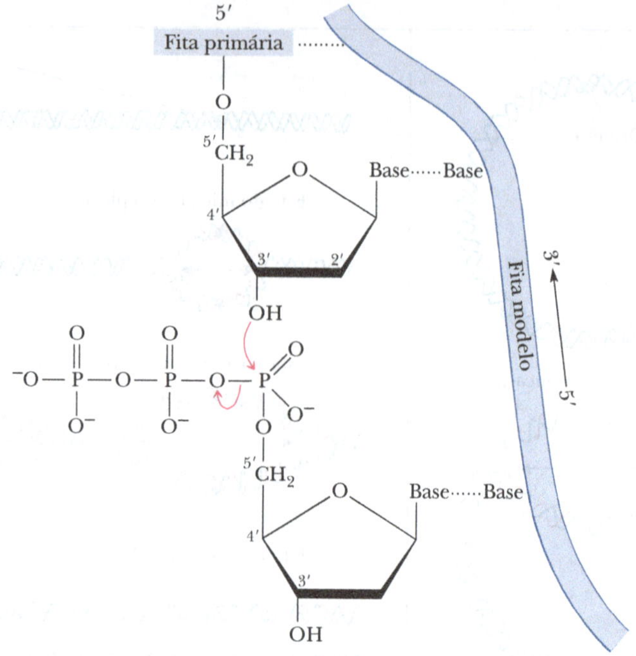
5′
Fita primária
O
5′ CH2
O
Base······Base
4′
3′
2′
OH
O
O
O
⁻O—P—O—P—O—P
O⁻
O⁻
O⁻
O
5′ CH2
O
Base······Base
4′
3′
OH
Fita modelo
3′
5′

FIGURA 10.5 Adição de um nucleotídeo a uma cadeia de DNA em crescimento. O grupo 3'-hidroxila na extremidade da cadeia de DNA em crescimento é um nucleófilo. Ele ataca o fósforo adjacente ao açúcar no nucleotídeo, que é adicionado à cadeia em crescimento. O fosfato é eliminado, e é formada uma nova ligação de fosfodiéster.

Esta natureza universal da síntese apresenta um problema para a célula porque, como a síntese de DNA prossegue ao longo de uma forquilha de replicação, as duas fitas estão indo em direções opostas.

DNA ligase enzima que une segmentos separados de DNA

Como a replicação pode prosseguir ao longo do DNA se as duas fitas estão indo em direções opostas?

O problema é solucionado por diferentes modos de polimerização para as duas fitas em crescimento. Uma fita nova (a contínua) é formada continuamente desde sua extremidade 5' até sua extremidade 3' na forquilha de replicação a partir da fita molde exposta de 3' para 5'. A outra fita (a descontínua) é formada de modo semidescontínuo em pequenos fragmentos (normalmente 1.000 a 2.000 nucleotídeos de comprimento), às vezes chamados fragmentos de Okazaki, em homenagem ao cientista que os analisou pela primeira vez (Figura 10.6). A extremidade 5' de cada um desses fragmentos fica mais próxima da forquilha de replicação do que a extremidade 3'. Os fragmentos da fita descontínua são então ligados por uma enzima chamada **DNA ligase**.

A seção **Aplique Seu Conhecimento 10.1** examina como a química da síntese de DNA pode explicar por que dois medicamentos funcionam para ajudar a combater a Aids.

10.1 Aplique Seu Conhecimento

Estrutura do DNA

Um derivado do nucleosídeo amplamente divulgado é o 3'-azido-3'-desoxitimidina (AZT). Este composto tem sido bastante usado no tratamento da Aids (síndrome da imunodeficiência adquirida), assim como o 2'-3'-didesoxi-inosina (DDI). Proponha um motivo para a eficiência desses dois compostos. *Dica*: Como esses dois compostos podem se ajustar a uma cadeia de DNA?

Continua

Continuação

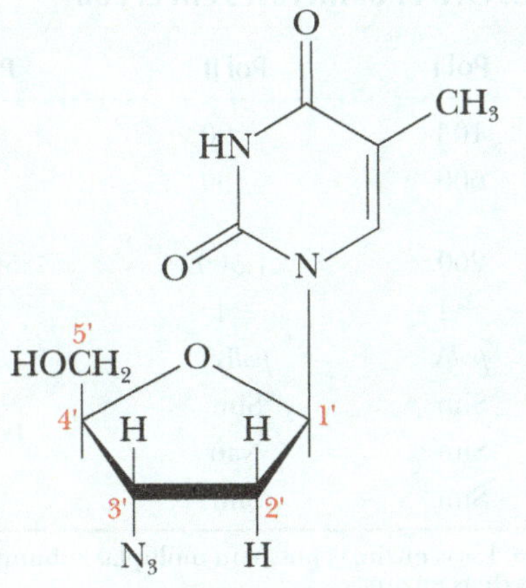

O
HN
CH3
O
N
5'
HOCH2
O
4'
H
H
1'
3'
2'
N3
H

AZT

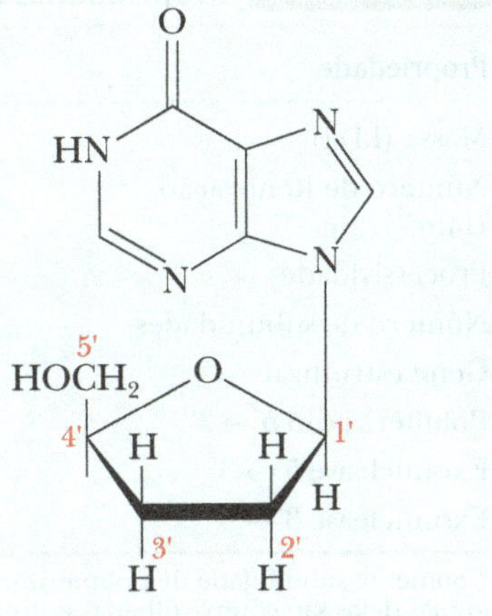

O
HN
N
N
N
5'
HOCH2
O
4'
H
H
1'
H
3'
2'
H
H

DDI

Solução

Nenhum dos dois compostos tem um grupo hidroxila na posição 3' da porção de açúcar. Eles não podem formar as ligações fosfodiéster encontradas nos ácidos nucleicos. Assim, interferem na replicação do vírus da Aids, impedindo a síntese do ácido nucleico.

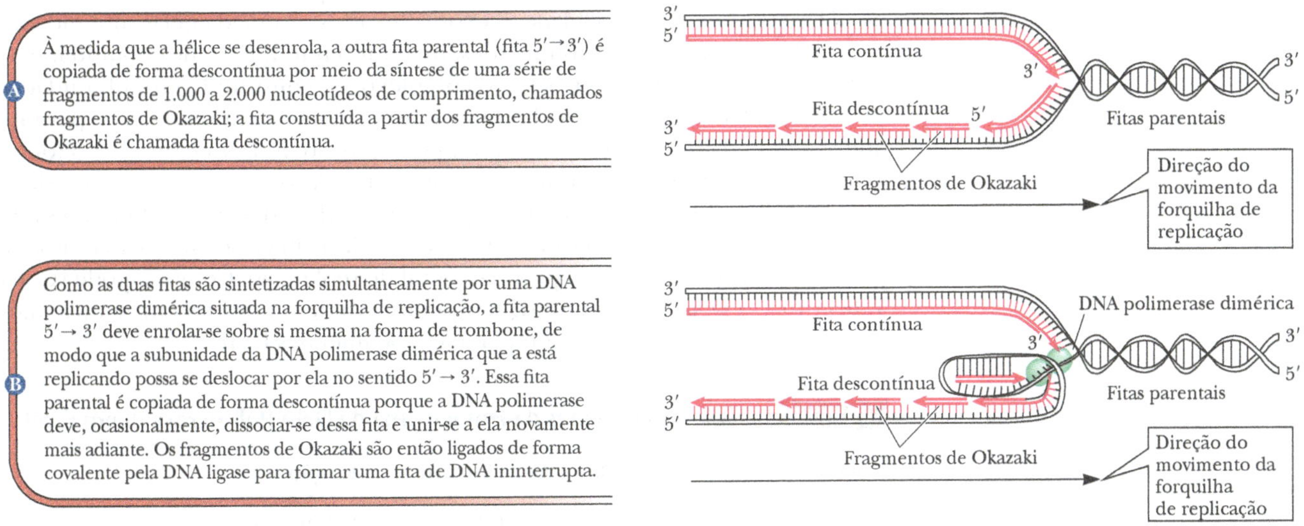

A
À medida que a hélice se desenrola, a outra fita parental (fita 5'→3') é copiada de forma descontínua por meio da síntese de uma série de fragmentos de 1.000 a 2.000 nucleotídeos de comprimento, chamados fragmentos de Okazaki; a fita construída a partir dos fragmentos de Okazaki é chamada fita descontínua.
3'
5'
Fita contínua
3'
Fita descontínua
5'
3'
5'
Fragmentos de Okazaki
3'
5'
Fitas parentais
Direção do movimento da forquilha de replicação
B
Como as duas fitas são sintetizadas simultaneamente por uma DNA polimerase dimérica situada na forquilha de replicação, a fita parental 5'→ 3' deve enrolar-se sobre si mesma na forma de trombone, de modo que a subunidade da DNA polimerase dimérica que a está replicando possa se deslocar por ela no sentido 5' → 3'. Essa fita parental é copiada de forma descontínua porque a DNA polimerase deve, ocasionalmente, dissociar-se dessa fita e unir-se a ela novamente mais adiante. Os fragmentos de Okazaki são então ligados de forma covalente pela DNA ligase para formar uma fita de DNA ininterrupta.
3'
5'
Fita contínua
DNA polimerase dimérica
3'
Fita descontínua
3'
5'
Fragmentos de Okazaki
3'
5'
Fitas parentais
Direção do movimento da forquilha de replicação

FIGURA 10.6 **O modelo semidescontínuo de replicação do DNA.** O DNA recém-sintetizado está em vermelho. Como as DNA polimerases só polimerizam nucleotídeos no sentido 5' → 3', as duas fitas devem ser sintetizadas no sentido 5' → 3'. Assim, a cópia da fita parental 3' → 5' é sintetizada continuamente; a fita recém-sintetizada é designada fita contínua.

DNA Polimerase da *E. coli*

A primeira DNA polimerase descoberta foi encontrada em *E. coli*. A **DNA polimerase** catalisa a adição sucessiva de cada novo nucleotídeo à cadeia em crescimento.

DNA polimerase enzima que forma DNA a partir de desoxirribonucleotídeos sobre um molde de DNA

Existem pelo menos cinco DNA polimerases em *E. coli*. Três delas têm sido estudadas mais intensamente, e algumas de suas propriedades estão listadas na Tabela 10.1. A DNA polimerase I (Pol I) foi descoberta primeiro, com a subsequente descoberta das polimerases II (Pol II) e III (Pol III). A polimerase I consiste em uma única cadeia de polipeptídeos, mas as II e III são proteí-

TABELA 10.1 Propriedades das DNA Polimerases em *E. coli*

Propriedade	Pol I	Pol II	Pol III
Massa (kDa)	103	90	830
Número de Renovação (min^{-1})	600	30	1.200
Processividade	200	1.500	≥500.000
Número de subunidades	1	≥4	≥10
Gene estrutural	*polA*	*polB**	*polC**
Polimerização 5'→ 3'	Sim	Sim	Sim
Exonuclease 5'→ 3'	Sim	Não	Não
Exonuclease 3'→ 5'	Sim	Sim	Sim

* Somente subunidade de polimerização. Essas enzimas possuem múltiplas subunidades, e algumas delas são compartilhadas entre as duas enzimas.

processividade o número de nucleotídeos incorporados em uma cadeia de DNA em crescimento antes da DNA polimerase se dissociar do DNA molde

nas com multissubunidades que compartilham algumas subunidades comuns. A polimerase II não é necessária para a replicação; é uma enzima exclusiva para reparo. Recentemente, foram descobertas mais duas polimerases, a Pol IV e a Pol V. Ambas são também enzimas de reparo, e estão envolvidas em um único mecanismo de reparo chamado respostas SOS (veja o quadro Conexões Bioquímicas 10.2). Duas importantes considerações a respeito do efeito de qualquer uma das polimerases são a velocidade da reação sintética (número de renovação) e a **processividade**, que é o número de nucleotídeos ligados antes de a enzima se dissociar do molde (Tabela 10.1).

A polimerase III consiste em uma enzima principal responsável pela atividade de polimerização e pela atividade 3' exonucleásica — formada pelas subunidades α-, ε- e θ – e várias outras subunidades, incluindo um dímero de subunidades α responsável pela ligação ao DNA, e o complexo γ – consistindo em subunidades γ-, δ-, δ', χ- e ψ também conhecida como a carregadora de grampo) –, que permite que as subunidades β formem um grampo em torno do DNA e desliza ao longo dele durante o processo de polimerização. A Tabela 10.2 fornece a composição da subunidade do complexo da DNA polimerase III. Todas essas polimerases adicionam nucleotídeos a uma cadeia polinucleotídica em crescimento, mas desempenham diferentes papéis no processo geral de replicação. Como se pode ver na Tabela 10.1, a DNA polimerase III tem o número de renovação enzimática mais alto e maior processividade se comparada às polimerases I e II.

TABELA 10.2 Subunidades da Holoenzima da DNA Polimerase III em *E. coli*

Subunidade	Massa (kDa)	Gene Estrutural	Função
α	130,5	*polC (dnaE)*	Polimerase
ε	27,5	*dnaQ*	3'-exonuclease
θ	8,6	*holE*	Montagem de α e ε ?
τ	71	*dnaX*	Montagem da holoenzima no DNA (carregador de grampo)
β	41	*dnaN*	Grampo deslizante, processividade
γ	47,5	*dnaX(Z)*	Parte do complexo γ* (carregador de grampo)
δ	39	*holA*	Parte do complexo γ*
δ	37	*holB*	Parte do complexo γ*
χ	17	*holC*	Parte do complexo γ*
ψ	15	*holD*	Parte do complexo γ*

* As subunidades γ, δ, δ, χ e ψ formam o chamado complexo γ, que é responsável pela colocação das subunidades β (o grampo deslizante) no DNA. O complexo γ é referido como carregador de grampo. As subunidades δ e τ são codificadas pelo mesmo gene.

Se as DNA polimerases são adicionadas a um molde de DNA de fita simples com todos os desoxinucleotídeos trifosfatados necessários para fazer uma fita de DNA, não ocorrerá nenhuma reação. Descobriu-se que as DNA polimerases não podem catalisar a síntese desde o início. Todas as três enzimas requerem a presença de um **primer**, uma fita curta de oligonucleotídeo à qual a cadeia crescente de polinucleotídeos é anexada de forma covalente nos primeiros estágios da replicação. Em essência, as DNA polimerases devem ter um nucleotídeo com um grupo hidroxila na extremidade 3' livre já no lugar para que possam adicionar o primeiro nucleotídeo como parte da cadeia em crescimento. Na replicação natural, esse primer é o RNA.

primer na replicação do DNA, um pequeno segmento de RNA unido por ligação de hidrogênio ao DNA molde ao qual a fita de DNA em crescimento está ligada no início da síntese

A reação da DNA polimerase requer os quatro desoxirribonucleosídeos trifosfatados – dTTP, dATP, dGTP e dCTP. O Mg^{2+} e o próprio molde de DNA também são necessários. Em razão da necessidade de um RNA primer, todos os ribonucleosídeos trifosfatados – ATP, UTP, GTP e CTP – também são primordiais; eles são incorporados ao primer. O primer (RNA) está ligado ao molde (DNA) por ligações de hidrogênio e oferece, assim, uma estrutura estável a partir da qual a cadeia nascente pode começar a crescer. A fita de DNA recém-sintetizada começa a crescer, formando uma ligação covalente com o grupo hidroxila da extremidade 3' livre do primer.

Já se sabe que a DNA polimerase I tem uma função especializada na replicação – reparar e "remendar" o DNA –, e que a DNA polimerase III é a enzima responsável principalmente pela polimerização da fita de DNA recém-formada. A principal função das DNA polimerases II, IV e V é de enzima de reparo. As atividades da exonuclease listadas na Tabela 10.1 fazem parte das funções de revisão e reparo das DNA polimerases, um processo por meio do qual os nucleotídeos incorretos são removidos do polinucleotídeo de forma que os nucleotídeos corretos possam ser incorporados. A atividade exonucleásica 3' → 5', que todas as três polimerases possuem, faz parte do mecanismo de **revisão**; nucleotídeos incorretos são removidos no curso da replicação e substituídos pelos corretos. A revisão é feita em um nucleotídeo por vez. A atividade exonucleásica 5' → 3' retira trechos curtos de nucleotídeos durante o **reparo**, normalmente envolvendo vários nucleotídeos por vez. Os RNA primers também são removidos dessa maneira. Esse mecanismo de revisão e reparo é menos efetivo em algumas DNA polimerases.

revisão (*proofreading*) processo de remoção de nucleotídeos incorretos quando a replicação do DNA está em andamento

reparo remoção enzimática de nucleotídeos incorretos do DNA e sua substituição por nucleotídeos corretos

10-4 As Proteínas Necessárias para a Replicação do DNA

A replicação do DNA é realizada em todos os organismos por um complexo de proteínas múltiplas chamado **replissomo**. Na bactéria, o replissomo consiste em 13 proteínas diferentes que trabalham juntas para sintetizar o DNA em fitas contínua e descontínua.

replissomo complexo de DNA polimerase, primer, primase e helicase na forquilha de replicação

Duas questões surgem ao separar as duas fitas do DNA original para que ele possa ser replicado. A primeira é como conseguir o desenrolar contínuo da dupla-hélice. Esta questão é complicada pelo fato de que o DNA procariótico existe em uma forma circular fechada e superenrolada (veja a Seção 9-3). A segunda é como proteger trechos de DNA de fita simples que estão expostos ao ataque de nucleases intracelulares resultantes do desenrolamento.

Superenrolamento e Replicação

Uma enzima chamada **DNA girase** (topoisomerase classe II) catalisa a conversão do DNA circular relaxado com um corte (quebra na cadeia) em uma fita para a forma superenrolada com o corte selado (Figura 10.7). Um leve desenrolamento da hélice antes de o corte ser selado introduz o superenrolamento. A energia necessária para esse processo é fornecida pela hidrólise do ATP. Existem algumas evidências de que a DNA girase causa a quebra da fita dupla do DNA no processo de conversão da forma circular relaxada para a superenrolada.

DNA girase enzima que introduz um superenrolamento em um DNA circular fechado

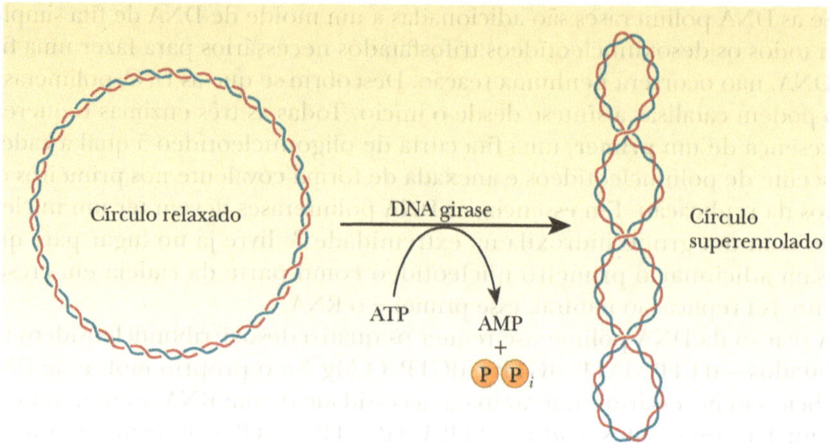
Círculo relaxado
DNA girase
ATP
AMP
+
P P i
Círculo superenrolado

Figura 10.7 A DNA girase produz uma superenrolado no DNA circular.

Como a replicação funciona com o DNA superenrolado?

helicase proteína que desenrola a dupla-hélice do DNA no processo de replicação

Na replicação, a função da girase é um pouco diferente. O DNA procariótico em sua forma natural é superenrolado negativamente; no entanto, a abertura da hélice durante a replicação introduziria superenrolamentos positivos além da forquilha de replicação. Para observar este fenômeno, tente endireitar um pedaço de fio de telefone e observe o que acontece com as espirais da frente. Se a forquilha de replicação continuar se movendo, a força de torção das superespirais positivas acaba impossibilitando a continuidade da replicação. A DNA girase age para evitar esses superenrolamentos positivos, colocando superenrolamentos negativos à frente da forquilha de replicação (Figura 10.8). Uma proteína de desestabilização da hélice, chamada **helicase**, promove o desenrolamento ligando-se à forquilha de replicação. Várias helicases são conhecidas, incluindo a *proteína DnaB* e a *proteína rep*.

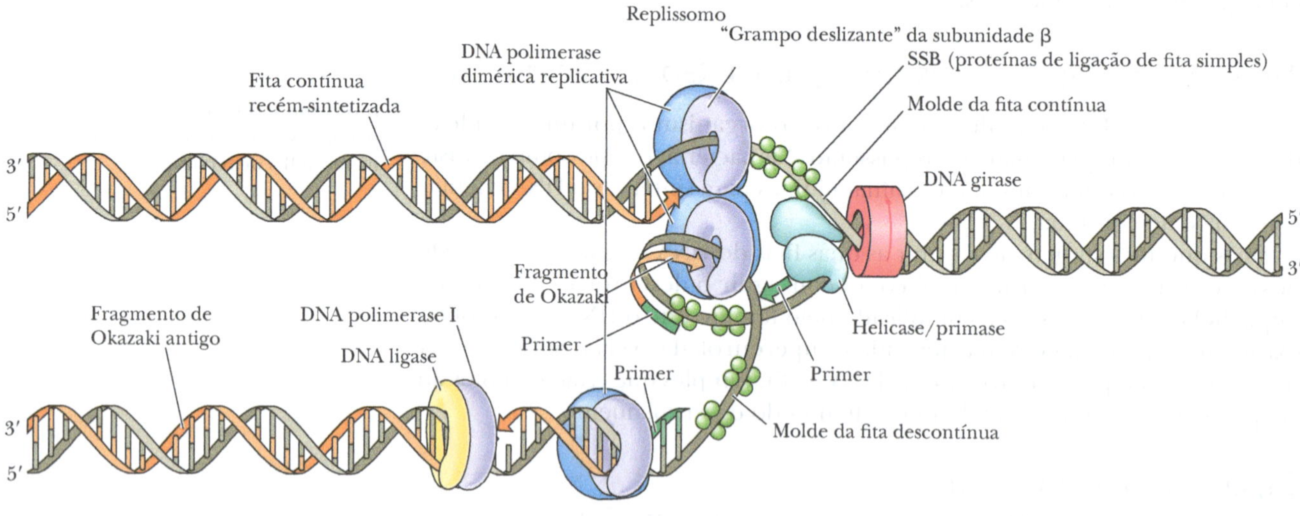
Replissomo
"Grampo deslizante" da subunidade β
SSB (proteínas de ligação de fita simples)
DNA polimerase dimérica replicativa
Fita contínua recém-sintetizada
Molde da fita contínua
DNA girase
3′
5′
5′
3′
Fragmento de Okazaki
Fragmento de Okazaki antigo
DNA polimerase I
DNA ligase
Primer
Primer
Helicase/primase
Primer
Molde da fita descontínua
3′
5′

Figura 10.8 **Características gerais de uma forquilha de replicação.** O DNA de dupla-hélice é desenrolado pela ação da DNA girase e da helicase, e as fitas simples são envoltas com SSB (ss-DNA ligado a proteína). Periodicamente, a primase prepara a síntese na fita descontínua. Cada metade da polimerase dimérica replicativa é uma holoenzima ligada à sua fita molde por um grampo deslizante da subunidade β. A DNA polimerase I e a DNA ligase agem ao longo da fita descontínua para remover RNA primers, substituindo-os pelo DNA, e para ligar os fragmentos de Okazaki.

Como o DNA de fita única é protegido por tempo suficiente para a replicação?

As regiões de fitas simples são muito suscetíveis à degradação por nucleases. Se não for conholada, tornar-se-ia muito difícil a finalização da replicação antes que a danificação do DNA ocorresse. Uma outra proteína, chamada **proteína de ligação de fita simples (SSB)**, estabiliza as regiões de fita simples ligando-se firmemente a essas porções da molécula. A presença desta proteína de ligação do DNA protege as regiões de fita simples de sofrer hidrólise pelas nucleases.

proteína de ligação a fita simples (SSB) na replicação do DNA, uma proteína que protege as seções de fita simples do DNA da ação das nucleases

A Reação da Primase

Uma das grandes surpresas nos estudos da replicação do DNA foi a descoberta de que o *RNA serve como primer na replicação do DNA*. Fazendo um retrospecto, isso não é de todo surpreendente, porque o RNA pode ser formado pela via novamente sem um primer, embora a síntese do DNA requeira um primer. Essa descoberta reforça as teorias da origem da vida, em que o RNA, em vez do DNA, teria sido o material genético original. O fato de ter se demonstrado a habilidade catalítica do RNA em várias situações deu suporte a esta teoria (Capítulo 11). Um primer na replicação do DNA deve ter um grupo hidroxila livre na extremidade 3' à qual a cadeia em crescimento possa se anexar, e tanto o RNA quanto o DNA podem fornecer esse grupo. A atividade primer do RNA foi observada pela primeira vez *in vivo*. Em alguns dos experimentos originais *in vitro*, o DNA foi usado como primer porque se esperava um primer que consistisse em DNA. Organismos vivos são, obviamente, muito mais complexos que sistemas moleculares isolados, e, como resultado, podem trazer várias surpresas para os pesquisadores.

De onde vem o primer?

Na sequência, descobriu-se que uma outra enzima, a **primase**, é responsável por copiar um pequeno trecho da fita do DNA molde para produzir a sequência do RNA primer. A primeira primase foi descoberta em *E. coli*. A enzima consiste em uma única cadeia de polipeptídeos, com massa molecular de cerca de 60 mil. Existem entre 50 e 100 moléculas de primase em uma célula típica da *E. coli*. O primer e as moléculas de proteína presentes na forquilha de replicação constituem o **primossomo**. As características gerais da replicação do DNA, incluindo o uso de um RNA primer, parecem ser comuns a todos os procariotos (Figura 10.8).

primase enzima que faz uma seção curta de RNA para agir como prime para a síntese de DNA

primossomo complexo na forquilha de replicação na síntese de DNA; ele consiste no primer do RNA, primase e helicase

Síntese e Ligação de Novas Fitas de DNA

A síntese de duas novas fitas de DNA é iniciada pela DNA polimerase III. O DNA recém-formado é ligado à hidroxila do terminal 3' do RNA primer, e a síntese acontece da extremidade 5' para a 3', tanto na fita contínua quanto na descontínua. À medida que a forquilha de replicação se desloca, o RNA primer é removido do DNA pela polimerase I, utilizando sua atividade exonucleásica. O primer é substituído por desoxinucleotídeos, e também pela DNA polimerase I, utilizando sua atividade polimerásica. (A remoção do RNA primer e sua substituição por partes perdidas das fitas de DNA recém-sintetizadas realizada pela polimerase I constituem o mecanismo de reparo já mencionado.) Nenhuma das DNA polimerases pode selar os cortes restantes; a DNA ligase é a enzima responsável pela união final da nova fita. A Tabela 10.3 resume os principais pontos da replicação do DNA em procariotos.

Qual é a arquitetura das DNA polimerases e do replissomo?

Apesar de alguma variação de sequência, as várias DNA polimerases têm uma estrutura muito comum que é frequentemente comparada à mão direita, com domínios referindo-se aos dedos, palma e polegar, como mostrado na Figura 10.9. O sítio ativo onde a reação da polimerase é catalisada localiza-se na fenda no domínio da palma, entre os domínios dos dedos e do polegar. O domínio dos dedos age no reconhecimento e ligação do desoxiribonucleotídeo, e o dedão é responsável pela ligação do DNA.

Tabela 10.3 Resumo da Replicação do DNA em Procariotos

1. A síntese do DNA é bidirecional. Duas forquilhas de replicação avançam em direções opostas a partir de uma origem de replicação.
2. A direção da síntese do DNA é da extremidade 5' para a 3' da fita recém-formada. Uma fita (contínua) é formada continuamente, enquanto a outra (descontínua) é formada descontinuamente. A seguir, na fita descontínua, pequenos fragmentos de DNA (fragmentos de Okazaki) são ligados uns aos outros.
3. Cinco DNA polimerases foram encontradas na *E. coli.* A polimerase III é a principal responsável pela síntese de novas fitas. A primeira enzima de polimerase descoberta, a polimerase I, está envolvida na síntese, nos mecanismos de revisão e de reparo. As polimerases II, IV e V funcionam como enzimas de reparo sob condições únicas.
4. A DNA girase introduz um ponto de rotação antes do deslocamento da forquilha de replicação. Uma proteína desestabilizadora da hélice, a helicase, une-se à forquilha de replicação e promove o desenrolamento do DNA. As regiões de fita simples do DNA molde que ficam expostas são estabilizadas por uma proteína de ligação do DNA.
5. A primase catalisa a síntese de um RNA primer.
6. A síntese de novas fitas é catalisada pela Pol III. O primer é removido pela Pol I, que também o substitui por desoxinucleotídeos. A DNA ligase sela os cortes remanescentes.

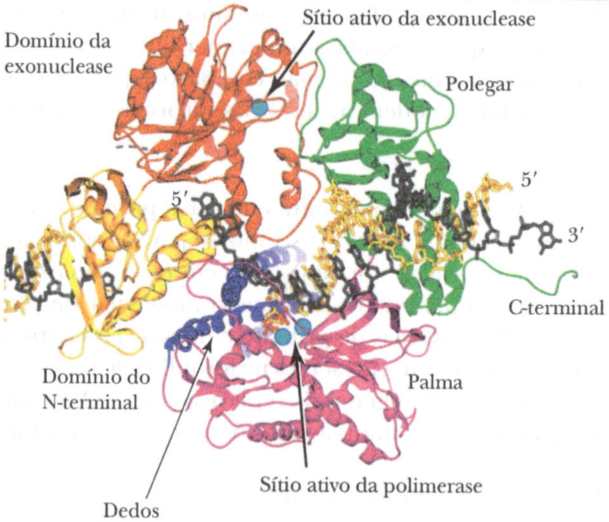
Domínio da exonuclease
Sítio ativo da exonuclease
Polegar
5′
5′
3′
C-terminal
Domínio do N-terminal
Palma
Sítio ativo da polimerase
Dedos

Figura 10.9 Representação estrutural da DNA polimerase. (Adaptado da Figura 1 em Franklin, M. C., Wang, J. e Steitz, T. A. (2001). *Structure o the replicating complex of a Pol family DNA polymerase.* Cell *105, 657-667,* com a permissão de Elsevier.)

A natureza do replissomo é uma área de estudo muito ativa. Por décadas o dogma tem sido que o replissomo contém duas moléculas de Pol III, uma para a fita contínua e outra para a descontínua. Enquanto isso era intuitivo, alguns estudos de 2010-2012 mostraram que a estequiometria consiste, na realidade, em três enzimas Pol III envolvidas, como mostra a Figura 10.8. Marcando moléculas específicas no replissomo com marcadores fluorescentes e observando o local de proteínas ligadas, os pesquisadores foram capazes de mostrar que três moléculas estão ligadas no replissomo ou próximo dele. Comparando os locais de Pol III e as proteínas de fita única ligadas, eles concluíram que uma nova Pol III é usada para cada fragmento Okazaki, e que o replissomo tem uma Pol III dedicada à síntese da fita contínua e duas dedicadas à síntese da fita descontínua.

Como os carregadores de grampo funcionam?

Na *E. coli*, a parte polimerizante da Pol III é um dímero da subunidade β, e forma um anel fechado, chamado grampo deslizante, em torno da cadeia de DNA. Isto é uma complicação para o processo de replicação inteiro, uma vez que, de al-

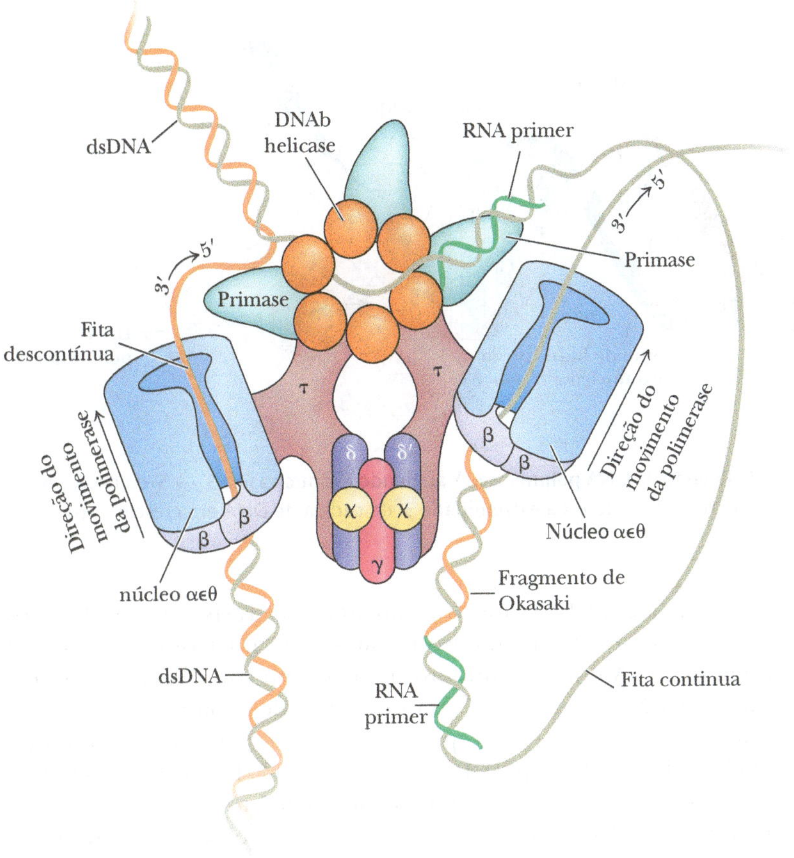
dsDNA
DNAb helicase
RNA primer
3′ 5′
Primase
Primase
Fita descontínua
τ
τ
δ
δ′
χ
χ
γ
β
β
β
β
Direção do movimento da polimerase
Direção do movimento da polimerase
Núcleo αεθ
núcleo αεθ
Fragmento de Okasaki
dsDNA
RNA primer
Fita contínua

Figura 10.10 **Diagrama da orientação do carregador de grampo dos grampos deslizantes e do DNA na forquilha de replicação.**

guma forma, este anel tem que ir ao redor do DNA. O grampo não pode circundar a cadeia de DNA espontaneamente porque o dímero é um anel fechado. Em vez disso, a parte da enzima Pol III que é chamada de carregador de grampo abre o grampo deslizante e insere a cadeia de DNA. Em todas as espécies, esses carregadores de grampo evoluem independentemente de modo muito similar. Na *E. coli*, o carregador de grampo são os complexos γ e τ, com o complexo γ sendo composto de várias subunidades, como descrito na Tabela 10.2. Todos os carregadores de grampo são enzimas pentaméricas que são membros de uma família de ATPases chamada superfamília AAA+. A Figura 10.10 mostra um diagrama da orientação do carregador de grampo, dos grampos deslizantes e do DNA. Observe que as SSBs e a terceira Pol III não são mostradas.

10-5 Revisão e Reparo

A replicação do DNA ocorre somente uma vez a cada geração em cada célula, ao contrário dos outros processos, como a síntese de RNA e de proteínas, que ocorrem muitas vezes. É fundamental que a fidelidade do processo de replicação seja a mais alta possível para evitar **mutações**, que são erros de replicação. Mutações que ocorrem com frequência são danosas, até mesmo letais, aos organismos. A natureza desenvolveu várias maneiras de assegurar que a sequência de bases do DNA seja copiada de forma exata.

Erros de replicação ocorrem espontaneamente somente uma vez em cada 10^9 a 10^{10} pareamentos de bases. *Revisão* significa a remoção de nucleotídeos incorretos durante o processo de replicação, imediatamente após serem adicionados ao DNA em crescimento. A DNA polimerase I possui três sítios ativos, conforme demonstrado por Hans Klenow. A Pol I pode ser dividida em dois fragmentos principais. Um deles (fragmento de Klenow) contém a atividade da polimerase e a atividade de revisão. O outro contém a atividade de

mutações mudanças no DNA, provocando alterações subsequentes em um organismo que podem ser transmitidas geneticamente

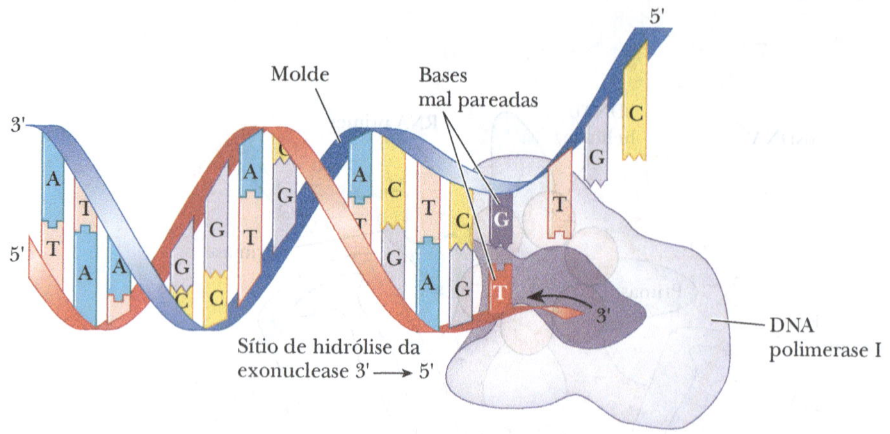
5'
Molde
Bases
mal pareadas
3'
5'
A
T
T
A
A
G
G
C
C
T
A
G
A
T
C
G
T
C
G
A
G
C
G
T
G
T
C
3'
Sítio de hidrólise da
exonuclease 3' ⟶ 5'
DNA
polimerase I

FIGURA 10.11 **Revisão da DNA polimerase.** A atividade exonucleásica 3' → 5' da DNA polimerase I remove os nucleotídeos da extremidade 3' da cadeia de DNA em crescimento.

reparo de 5' → 3'. A Figura 10.11 mostra a atividade de revisão da Pol I. Erros na ligação de hidrogênio levam à incorporação de um nucleotídeo incorreto em uma cadeia de DNA em crescimento uma vez em cada 10^4 a 10^5 pareamentos de bases. A DNA polimerase I usa sua atividade exonucleásica 3' para remover o nucleotídeo incorreto. A replicação reinicia quando o nucleotídeo correto é adicionado, também pela DNA polimerase I. Embora a especificidade do pareamento de bases por meio de ligações de hidrogênio represente um erro em cada 10^4 a 10^5 pares de bases, o mecanismo de revisão da DNA polimerase aumenta a fidelidade da replicação para um erro em cada 10^9 a 10^{10} pares de bases.

Como a revisão melhora a fidelidade de replicação?

Durante a replicação, ocorre um *processo de excisão e reparo* catalisado pela polimerase I. A excisão é a remoção do RNA primer pela atividade exonucleásica 5' da polimerase, e o reparo é a incorporação dos desoxinucleotídeos correspondentes pela atividade polimerásica da mesma enzima. Observe que essa parte do processo ocorre depois que a polimerase III sintetizou a nova cadeia de polinucleotídeos. O DNA preexistente também pode ser reparado pela polimerase I, usando o método de excisão e reparo, se uma ou mais bases foram danificadas por um agente externo, ou se um mau pareamento foi ignorado pela atividade de revisão. A DNA polimerase I é capaz de usar sua atividade exonucleásica 5'→ 3' para remover os RNA primers ou erros de DNA à medida que se desloca ao longo do DNA. Então, ela o preenche com sua atividade polimerásica. Este processo é chamado **tradução nick** (Figura 10.12). Além de enfrentar essas mutações espontâneas causadas por erros na leitura do código genético, os organismos são frequentemente expostos a agentes **mutagênicos**. Tais agentes incluem a luz ultravioleta, a radiação ionizante (radioatividade), assim como vários agentes químicos, que levam a alterações no DNA além daquelas produzidas por mutação espontânea. O efeito mais comum da luz ultravioleta é a criação de dímeros de pirimidina (Figura 10.13). Os elétrons π de dois carbonos em cada uma das duas pirimidinas formam um anel ciclobutil, que distorce o formato normal do DNA e interfere na sua replicação e na sua transcrição. O dano químico, que frequentemente é causado por radicais livres (Figura 10.14), pode levar a uma quebra no esqueleto fosfodiéster da fita de DNA. Esta é uma das principais razões para os antioxidantes ser tão populares como suplementos alimentares atualmente.

tradução nick um tipo de reparo de DNA que envolve a polimerase I usando sua atividade exonucleásica de 5' para 3' para remover os primers ou substituir nucleotídeos danificados

mutagênicos agentes que provocam uma mutação que incluem a radiação e as substâncias químicas que alteram o DNA

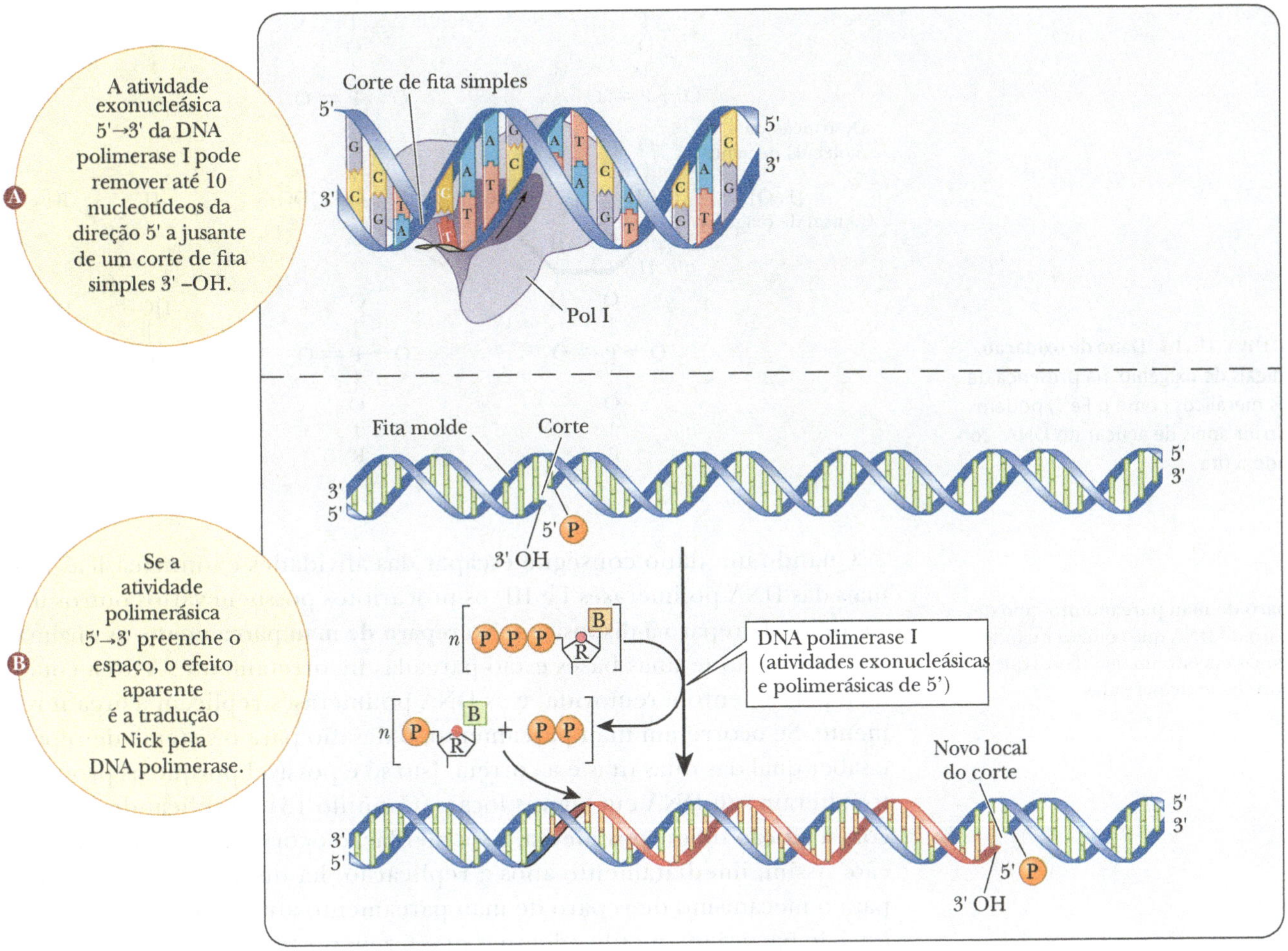
A atividade exonucleásica 5'→3' da DNA polimerase I pode remover até 10 nucleotídeos da direção 5' a jusante de um corte de fita simples 3' –OH.
Corte de fita simples
5'
3'
Pol I
Fita molde
Corte
5' P
3' OH
Se a atividade polimerásica 5'→3' preenche o espaço, o efeito aparente é a tradução Nick pela DNA polimerase.
DNA polimerase I (atividades exonucleásicas e polimerásicas de 5')
Novo local do corte

FIGURA 10.12 **Reparo da DNA polimerase.**

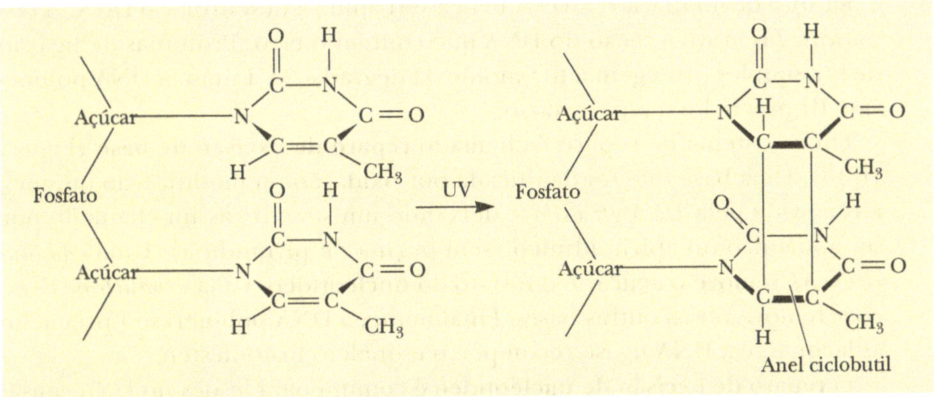
Açúcar
Fosfato
UV
Anel ciclobutil

FIGURA 10.13 **A irradiação UV causa a dimerização das bases de timina adjacentes.** Um anel ciclobutil é formado entre os carbonos 5 e 6 dos anéis de pirimidina. O pareamento normal das bases é rompido na presença desses dímeros.

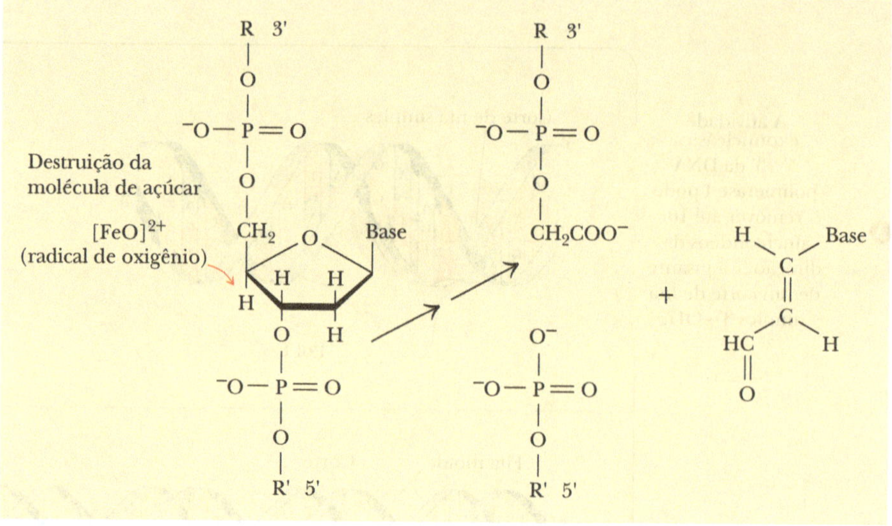
Destruição da
molécula de açúcar
$[FeO]^{2+}$
(radical de oxigênio)
Base

FIGURA 10.14 **Dano de oxidação.** Radicais de oxigênio, na presença de íons metálicos como o Fe^{2+}, podem destruir anéis de açúcar no DNA, cortando a fita.

reparo de mau pareamento tipo de reparo do DNA que começa quando as enzimas encontram duas bases que estão incorretamente pareadas

Quando um dano consegue escapar das atividades exonucleásicas normais das DNA polimerases I e III, os procariotos possuem vários outros mecanismos de reparo à disposição. No **reparo de mau pareamento**, as enzimas reconhecem que duas bases estão pareadas incorretamente. A área com o mau pareamento é removida, e as DNA polimerases replicam a área novamente. Se ocorre um mau pareamento, o desafio para o sistema de reparo é saber qual das duas fitas é a correta. Isto só é possível porque os procariotos alteram seu DNA em alguns locais (Capítulo 13) modificando as bases com a adição de grupos metila. Essa metilação ocorre logo após a replicação. Assim, imediatamente após a replicação, há um intervalo oportuno para o mecanismo de reparo de mau pareamento atuar. Suponha que uma espécie bacteriana metile adeninas que fazem parte de uma única sequência. Originalmente, as duas fitas parentais são metiladas. Quando o DNA é replicado, ocorre um erro, e uma T é posicionada em oposição a G. Como a fita parental continha adeninas metiladas, as enzimas podem distinguir a fita parental da fita filha recém-sintetizada sem as bases modificadas. Assim, T é o erro, e não G. Então, várias proteínas e enzimas são envolvidas no processo de reparo. *MutH, MutS* e *MutL* formam uma alça entre o erro e um sítio de metilação. A DNA helicase II ajuda a desenrolar o DNA. A *exonuclease I* remove a seção do DNA que contém o erro. Proteínas de ligação de fita simples protegem a fita molde da degradação. Então, a DNA polimerase III preenche o espaço vazio.

reparo de excisão de base tipo de reparo do DNA que se inicia com uma enzima removendo uma base danificada, seguida pela remoção do resto do nucleotídeo

reparo de excisão de nucleotídeo tipo de reparo do DNA no qual DNA danificado ou deformado é reparado pela remoção de uma seção de DNA contendo o dano

Outro sistema de reparo é chamado **reparo de excisão de base** (Figura 10.15). Uma base que foi danificada por oxidação ou modificação química é removida pela *DNA glicosilase*, deixando um *sítio AP*, assim chamado por ser apurínico ou apirimidínico (sem purina ou pirimidina). Uma *endonuclease AP* remove o açúcar e o fosfato do nucleotídeo. Uma *exonuclease de excisão* remove várias outras bases. Finalmente, a DNA polimerase I preenche as lacunas, e a DNA ligase recompõe o esqueleto fosfodiéster.

O **reparo de excisão de nucleotídeo** é comum para lesões no DNA causadas por meios ultravioleta ou químicos, que com frequência levam a estruturas deformadas de DNA. Uma grande seção de DNA contendo a lesão é removida pela *ABC excinuclease*. A DNA polimerase I e a DNA ligase trabalham para preencher a lacuna. Esse tipo de reparo também é o mais comum para corrigir danos causados pela radiação ultravioleta em mamíferos. Defeitos nos mecanismos de reparo do DNA podem levar a consequências drásticas. Um dos exemplos mais notáveis é a doença *xerodermia pigmentosa*. Os indivíduos afetados desenvolvem vários tumores cancerosos de pele quando ainda jovens porque não têm o sistema de reparo para corrigir o dano causado pela luz ultravioleta. A endonuclease que remove a porção danificada do DNA provavelmente é a enzima que está faltando nessa doença. A enzima de reparo que reconhece a lesão foi chamada

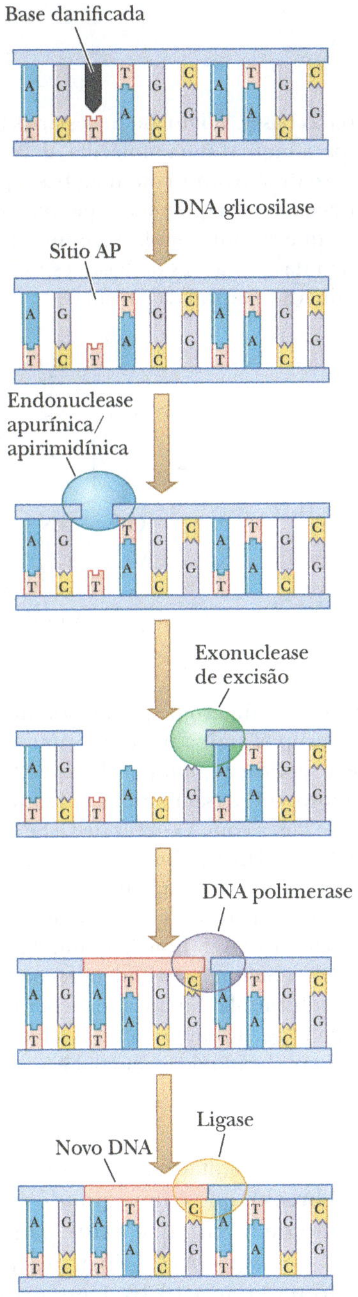
Base danificada
DNA glicosilase
Sítio AP
Endonuclease apurínica/ apirimidínica
Exonuclease de excisão
DNA polimerase
Ligase
Novo DNA

FIGURA 10.15 Reparo de excisão de base. Uma base danificada (▮) é excisada do esqueleto açúcar–fosfato pela DNA glicosilase, criando um sítio AP. Então, uma endonuclease apurínica/apirimidínica exerce o papel de fita do DNA, e uma nuclease de excisão remove o sítio AP e vários nucleotídeos. A DNA polimerase I e a DNA ligase consertam a lacuna.

proteína XPA por causa da doença. As lesões cancerosas acabam espalhando-se por todo o corpo, levando à morte. O quadro CONEXÕES BIOQUÍMICAS 10.1 descreve outro aspecto da fidelidade da replicação do DNA.

10.1 Conexões Bioquímicas | genética

Por Que o DNA Contém Timina e Não Uracila?

Uma vez que tanto a uracila quanto a timina formam pares de bases com a adenina, por que o RNA contém uracila e o DNA timina? Atualmente, os cientistas acreditam que o RNA era a molécula hereditária original, e que o DNA se desenvolveu depois. Ao comparar as estruturas da uracila e da timina, a única diferença é a presença de um grupo metila no C-5 da timina. Esse grupo não está do lado da molécula envolvida no pareamento das bases. Como são necessárias fontes de carbono e energia para metilar uma molécula, deve haver uma razão para o DNA se desenvolver com uma base que faz a mesma coisa que a uracila, mas requer mais energia para ser sintetizada. A resposta é que a timina ajuda a garantir a fidelidade da replicação. Uma das mutações de bases espontâneas mais comuns é a desaminação natural da citosina.

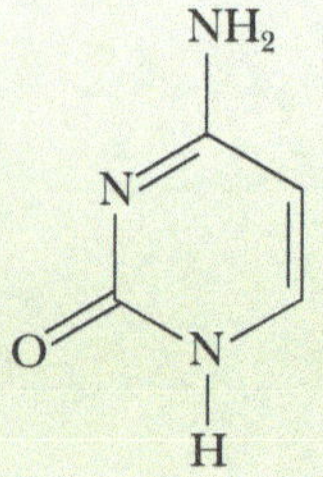

Citosina
(2-oxi-4-aminopirimidina)

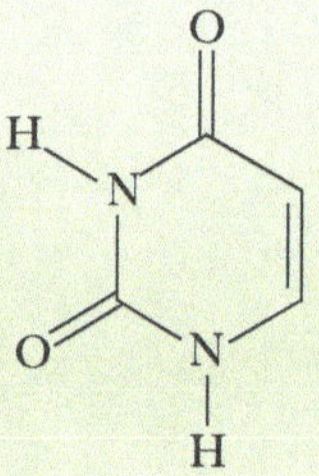

Uracila
(2-oxi-4-oxipirimidina)

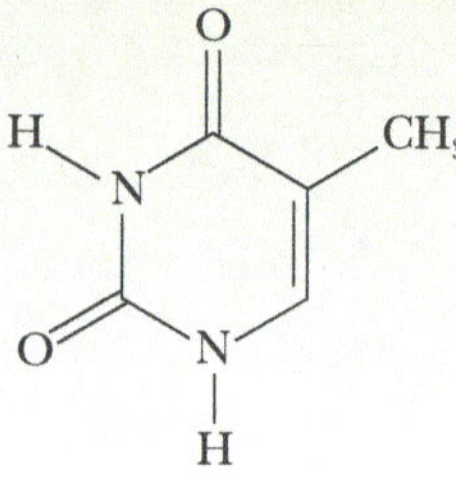

Timina
(2-oxi-4-oxi 5-metilpirimidina)

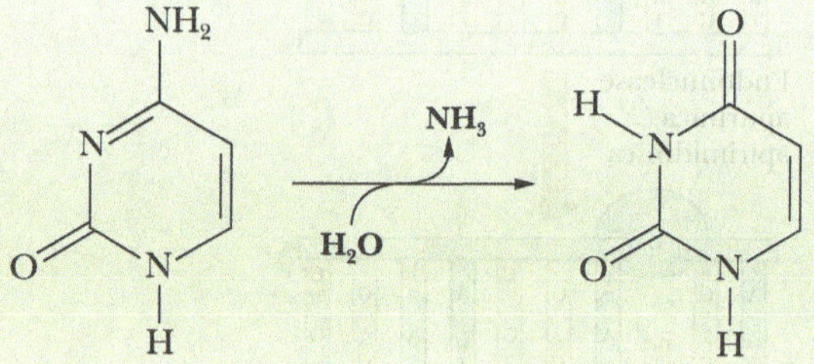
NH3
H2O
Citosina
Uracila

A qualquer momento, um número pequeno, porém finito, de citosinas perde seus grupos amina para se tornar uracila. Imagine que, durante a replicação, um par de bases C–G se separe. Se, nesse momento, o C desaminar para U, a tendência será formar um par de bases com A em vez de G. Se U fosse uma base natural no DNA, as DNA polimerases iriam apenas alinhar uma adenina a partir da uracila, e não haveria como saber se a uracila era um erro. Isso aumentaria o nível de mutação durante a replicação. Como a uracila é uma base que não ocorre no DNA, as DNA polimerases podem reconhecê-la como um erro e, assim, substituí-la. Então, a incorporação da timina ao DNA, embora energeticamente mais custosa, ajuda a garantir que o DNA seja replicado de forma fiel.

quebra de dupla fita (DSB) uma quebra de ambas as fitas de uma molécula de DNA

Quando ambas as fitas de DNA são quebradas, o resultado é chamado **quebra de dupla fita (DSB, do inglês double-stranded break)**, que é uma grande ameaça para a estabilidade do genoma. Um mecanismo de reparo que existe para lidar com a DSB é chamado *junção de extremidades não homólogas (NHEJ*, do inglês nanhomalogous DNA end-joining*)*, como mostrado na Figura 10.16. Uma proteína heterodimérica chamada Ku70/80 se liga às extremidades quebradas do DNA e recruta várias outras proteínas que reparam o dano, incluindo a DNA ligase IV. Como este mecanismo de reparo prossegue sem um modelo, ele é um mecanismo inclinado ao erro.

Outra maneira de reparar as quebras de fita dupla envolve o processo de recombinação, que veremos na seção a seguir.

10-6 Recombinação de DNA

Recombinação genética é um processo natural no qual a informação genética é rearranjada para formar novas associações. Por exemplo, comparada a seus pais, a prole pode ter novas combinações de características por causa da recombinação. No nível molecular, a recombinação genética é a troca de uma sequência de DNA com outra ou a incorporação de uma sequência de DNA em outra. Se a recombinação envolve uma reação entre sequências homólogas, então o processo é chamado **recombinação homóloga**. Quando sequências muito diferentes de nucleotídeos recombinam, dá-se uma **recombinação não homóloga**.

O processo envolvido na recombinação homóloga é também chamado de recombinação geral, porque as enzimas que medeiam a troca podem usar basicamente qualquer par de sequências homólogas de DNA. Ela ocorre em todos os organismos, e prevalece durante a produção de gametas nos organismos diploides durante a meiose. Em animais superiores, ela também ocorre em células somáticas e é responsável pelos rearranjos dentro das células imunes, o que leva à enorme diversidade de imunoglobulinas que os vertebrados possuem (veja o Capítulo 14). A recombinação não ocorre aleatoriamente em torno de um cromossomo. Existem algumas áreas de um cromossomo com muito mais probabilidade de mostrar a recombinação. Essas zonas são chamadas **hot spots**.

A recombinação foi primeiramente mostrada por Meselson e Weigle, que usaram dois fagos diferentes para infectar bactérias (veja a Figura 10.17). Um dos fagos tinha DNA leve e o outro DNA pesado. Sem a recombinação, o DNA leve sempre empacotaria em partículas leves de vírus, e o pesado em partículas pesadas. Isto levaria a apenas duas populações de fagos após a infecção. Os resultados de Meselson e Weigle mostraram, entretanto, que existiam combinações intermediárias com DNA de diferentes massas. Isto demonstrou que o DNA do fago foi recombinado.

A recombinação ocorre pela quebra e reunião de fitas de DNA de tal forma que ocorra a troca física de partes do DNA. O mecanismo foi deduzido em 1964 por Robin Holliday e é chamado **modelo Holliday** veja (Figura 10.18). Inicialmente os dois segmentos homólogos de DNA se alinham. Nos eucariotos isso é chamado *pareamento de cromossomo.* Ocorre um nick no mesmo local em duas fitas homólogas, mostrado como as fitas (–) na Figura 10.18b. Os DNAs na duas fitas então trocam de lugar, ou se cruzam, no nick pelo processo de *invasão de fita,* mostrado na Figura 10.18c. O cruzamento pode então prosseguir para baixo em cada fita de DNA, como que abrindo um zíper e fechando em outro diferente. A migração de ramificação leva à troca de fita entre os dois pedaços homólogos de DNA. Isso leva à troca de genes e as características causadas por eles.

Na *E. coli,* as principais moléculas envolvidas são o complexo de enzima *RecBCD,* que inicia a recombinação; a proteína *RecA,* que liga o DNA de fita única, e as proteínas *RuvA, RuvB* e *RuvC,* que dirigem a migração de ramificação. Homólogos destas proteínas eucarióticas têm sido encontrados, indicando que o processo fundamental de recombinação geral é conservado.

A recombinação é um processo crítico durante a meiose. Surpreendentemente, a segregação de cromossomos durante a formação de gametas é bastante inexata, com estimativas indicando que ocorrem números anormais de cromossomos nos gametas, chamados **aneuploide**, em 10% a 25% de todas as concepções. Esta é a principal causa de aborto e defeitos no nascimento. O processo de recombinação é crítico para a segregação correta dos cromossomos, e uma área ativa de pesquisa por esta razão. Recentemente, cientistas descobriram vários genes envolvidos no controle da recombinação. Descobriu-se que um desses genes, o *PRDM9,* é muito importante na manutenção da recombinação nos conhecidos hot spots. O produto de proteína do PRDM9 é a proteína dedo de zinco (Seção 11-7), que age como uma histona metiltransferase. Diversas variações da sequência para o PRDM9 foram descobertas, e os pesquisadores estão estudando os efeitos das variações neste gene na recombinação e na meiose correta. O quadro CONEXÕES **BIOQUÍMICAS 10.2** descreve como o reparo e a recombinação funcionam para proteger a bactéria de dano severo no DNA.

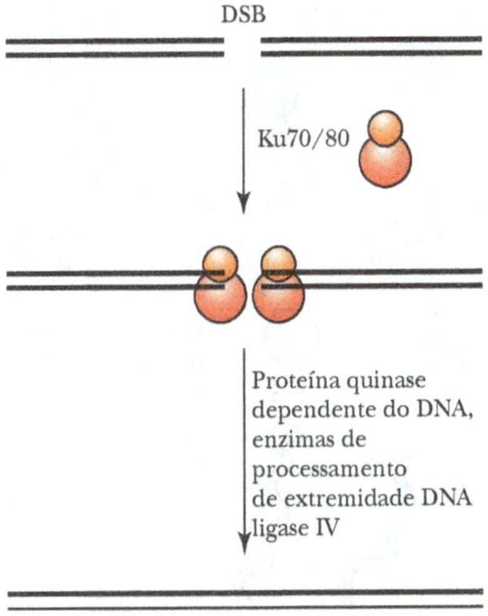

DSB
Ku70/80
Proteína quinase dependente do DNA, enzimas de processamento de extremidade DNA ligase IV

FIGURA 10.16 **Junção de extremidade não homóloga: um dos mecanismos para o reparo de quebras de fitas duplas no DNA.** (GARRETT/GRISHAM, *Biochemistry,* 4. ed. © 2009 Cengage Learning.)

recombinação genética termo geral para vários processos pelos quais a informação genética é rearranjada

recombinação homóloga recombinação genética entre sequências de DNA homólogas

recombinação não homóloga recombinação genética entre sequências muito diferentes de nucleotídeos

hot spots áreas em um cromossomo onde é provável haver eventos de recombinação

modelo Holliday modelo de como a recombinação ocorre entre cromossomos homólogos

aneuploide situação em que uma célula tem um número anormal de cromossomos

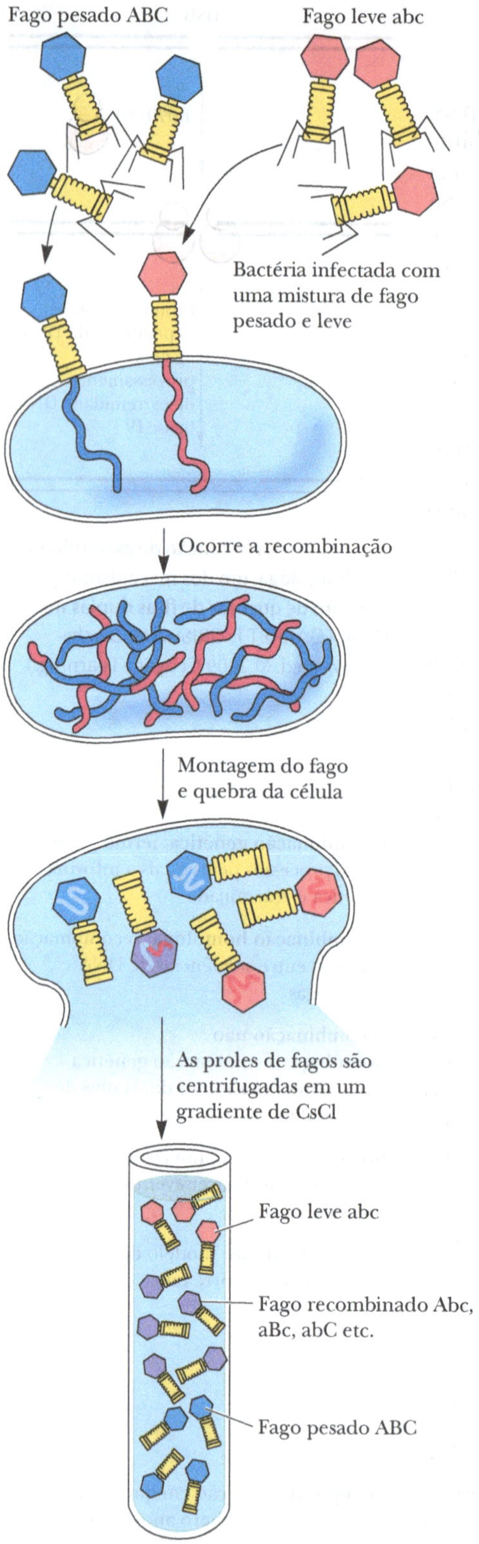

Fago pesado ABC
Fago leve abc
Bactéria infectada com uma mistura de fago pesado e leve
Ocorre a recombinação
Montagem do fago e quebra da célula
As proles de fagos são centrifugadas em um gradiente de CsCl
Fago leve abc
Fago recombinado Abc, aBc, abC etc.
Fago pesado ABC

FIGURA 10.17 O experimento de Meselson e Weigle demonstrou que uma troca física de partes do cromossomo realmente ocorre durante a recombinação. O fago "pesado", rotulado de ABC neste diagrama, foi usado para coinfectar a bactéria com o fago "leve", o fago abc. A prole da infecção foi coletada e submetida à centrifugação de densidade CsCl. Os fagos parentais tipo ABC e abc foram bem separados no gradiente, mas os fagos recombinantes (ABc, Abc etc.) estavam distribuídos difusamente entre as duas fitas parentais, porque continham cromossomos constituídos de fragmentos de DNA tanto "pesado" quanto "leve". Esses cromossomos recombinantes formaram por quebra e reunião dos cromossomos parentais "pesados" e "leves". (GARRETT/GRISHAM, *Biochemistry*, 4. ed. © 2009 Cengage Learning.)

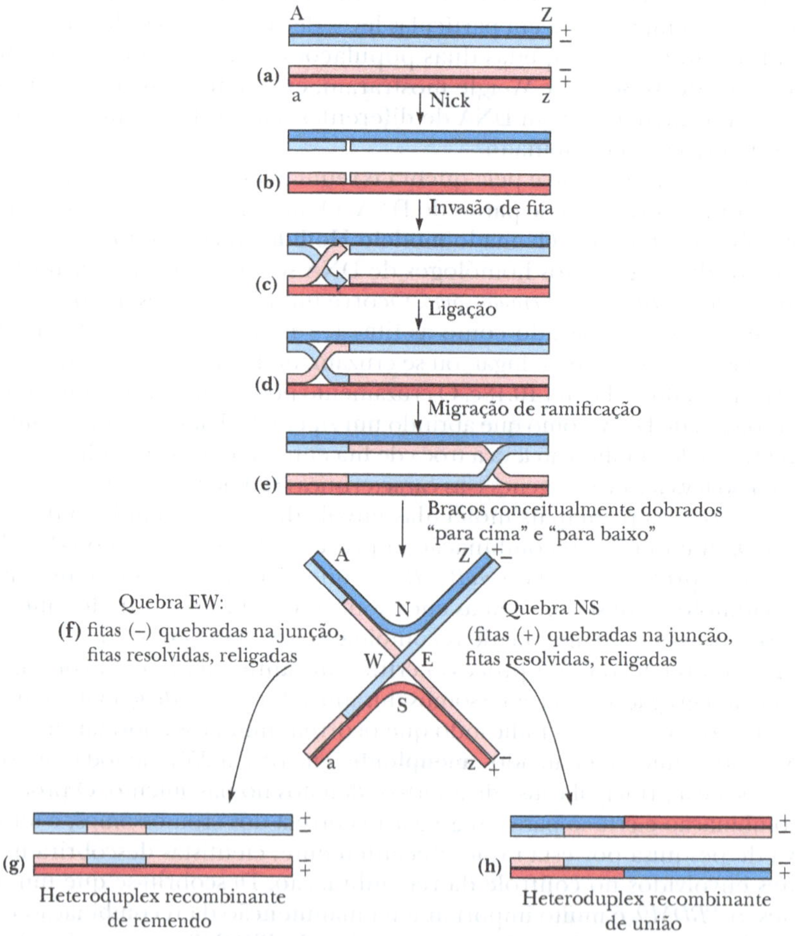

A
Z
a
z
(a)
Nick
(b)
Invasão de fita
(c)
Ligação
(d)
Migração de ramificação
(e)
Braços conceitualmente dobrados "para cima" e "para baixo"
Quebra EW:
(f) fitas (–) quebradas na junção, fitas resolvidas, religadas
Quebra NS
(fitas (+) quebradas na junção, fitas resolvidas, religadas
N
W
E
S
(g)
Heteroduplex recombinante de remendo
(h)
Heteroduplex recombinante de união

FIGURA 10.18 O modelo Holliday para a recombinação homóloga. Os sinais + e – rotulam fitas de polaridade semelhante. Por exemplo, suponha que as duas fitas indo de 5' para 3' lidas da esquerda para a direita são rotuladas como +, e duas fitas indo de 3' para 5' lidas da esquerda para a direita, são rotuladas como –. Apenas as fitas de polaridade semelhante trocam o DNA durante a recombinação (veja o texto para a descrição detalhada). (GARRETT/GRISHAM, *Biochemistry*, 4. ed. © 2009 Cengage Learning.)

10.2 Conexões Bioquímicas | microbiologia

A Resposta de SOS na *E. coli*

Quando bactérias são submetidas a condições extremas e sofrem vários danos no seu DNA, os mecanismos normais de reparo não dão conta da tarefa de repará-los. Entretanto, as bactérias possuem uma última carta na manga, que é chamada apropriadamente de resposta SOS. Pelo menos 15 proteínas são ativadas como parte desta resposta, incluindo a misteriosa DNA polimerase II. Outra importante proteína é chamada *recA*. Seu nome vem do fato de estar envolvida em um evento de recombinação. O DNA homólogo pode recombinar-se por uma variedade de mecanismos (veja a Seção 10-6).

A figura demonstra o mecanismo de reparo do DNA procariótico sob duas circunstâncias diferentes. A situação inicial é mostrada em (a). As fitas parentais são mostradas em verde-escuro e azul-escuro. A fita parental de baixo tem uma lesão séria (borda rosa) que não pode ser reparada pelos outros mecanismos de reparo que vimos nesta seção. Na fita inferior, a sequência na lesão pode ser perdida. Se as lesões são infrequentes, a recombinação pode ser usada para reparar a fita inferior. Em (b), um pedaço da fita parental superior (verde-escuro) é usada para recombinar com a fita parental inferior (azul-escuro). Desta maneira, a replicação é capaz de continuar. A fita verde-claro pode ser replicada normalmente para preencher o pedaço que falta. Este tipo de recombinação é visto quando as lesões são infrequentes. Se as lesões são muito frequentes, a recombinação não funciona. Neste caso, ocorre uma replicação propensa a erro. Neste caso, a DNA polimerase apenas "pressupõe" o que acontece com a lesão e continua. Ocorrem muitos erros e a taxa de mutação é alta, mas algumas bactérias sobreviverão. ◗

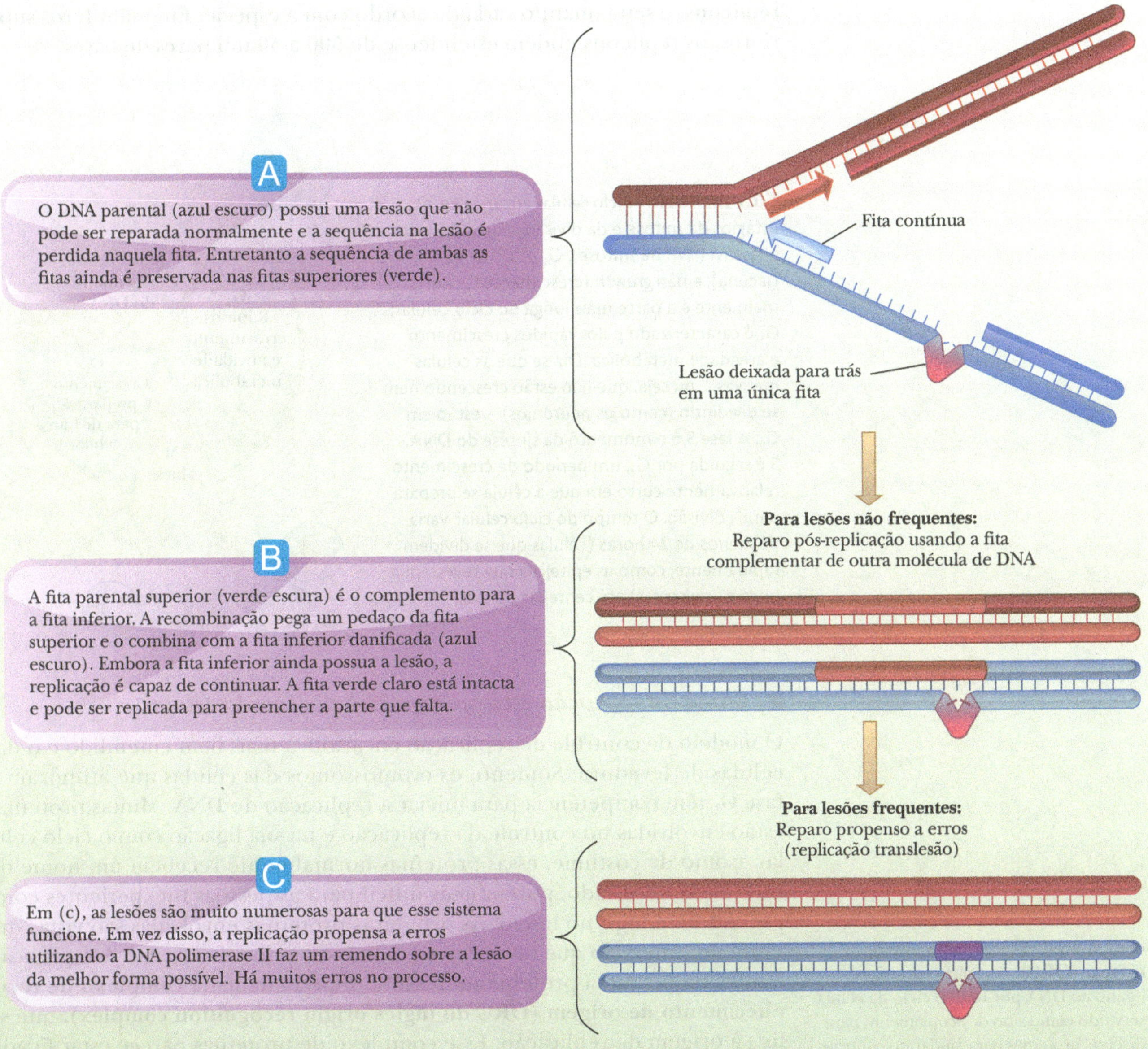
A
O DNA parental (azul escuro) possui uma lesão que não pode ser reparada normalmente e a sequência na lesão é perdida naquela fita. Entretanto a sequência de ambas as fitas ainda é preservada nas fitas superiores (verde).
Fita contínua
Lesão deixada para trás em uma única fita
Para lesões não frequentes:
Reparo pós-replicação usando a fita complementar de outra molécula de DNA
B
A fita parental superior (verde escura) é o complemento para a fita inferior. A recombinação pega um pedaço da fita superior e o combina com a fita inferior danificada (azul escuro). Embora a fita inferior ainda possua a lesão, a replicação é capaz de continuar. A fita verde claro está intacta e pode ser replicada para preencher a parte que falta.
Para lesões frequentes:
Reparo propenso a erros (replicação translesão)
C
Em (c), as lesões são muito numerosas para que esse sistema funcione. Em vez disso, a replicação propensa a erros utilizando a DNA polimerase II faz um remendo sobre a lesão da melhor forma possível. Há muitos erros no processo.

Ilustração: Weber Amendola. Com base em: **A recombinação pode ser usada para reparar lesões infrequentes.** (*De Principles of Biochemistry, Albert L. Lehninger, David L. Nelson and Michael M. Cox.Copyright © 1993 pela W. H. Freeman & Co.*)

replicadores múltiplas origens da replicação na síntese do DNA eucariótico

réplicons fragmentos de cromossomos onde está ocorrendo a síntese de DNA

10-7 A Replicação do DNA Eucariótico

Nossa compreensão sobre a replicação em eucariotos não é tão extensa quanto a que temos sobre os procariotos, em razão da maior complexidade nos eucariotos e da consequente dificuldade em estudar os processos. Embora muitos dos princípios sejam os mesmos, a replicação eucariótica é mais complicada por três questões básicas: existem várias origens de replicação, o tempo deve ser controlado de acordo com o tempo de divisão das células, e há mais proteínas e enzimas envolvidas.

Em uma célula humana, nada menos que bilhões de pares de bases de DNA devem ser replicados uma vez, e apenas uma vez, por ciclo celular. O crescimento e a divisão celular estão divididos em fases – M, G_1, S e G_2 (Figura 10.19). A replicação do DNA ocorre durante algumas horas na fase S, e existem caminhos para garantir que o DNA seja replicado uma só vez por ciclo. Cromossomos eucarióticos realizam essa síntese do DNA fazendo que a replicação comece a partir de várias origens de replicação, também chamadas **replicadores**, que são sequências específicas de DNA que normalmente estão entre sequências de genes. Um cromossomo humano médio pode ter várias centenas de replicadores. As zonas onde ocorre a replicação são chamadas **réplicons**, e seu tamanho varia de acordo com a espécie. Em mamíferos superiores, os réplicons podem estender-se de 500 a 50 mil pares de bases.

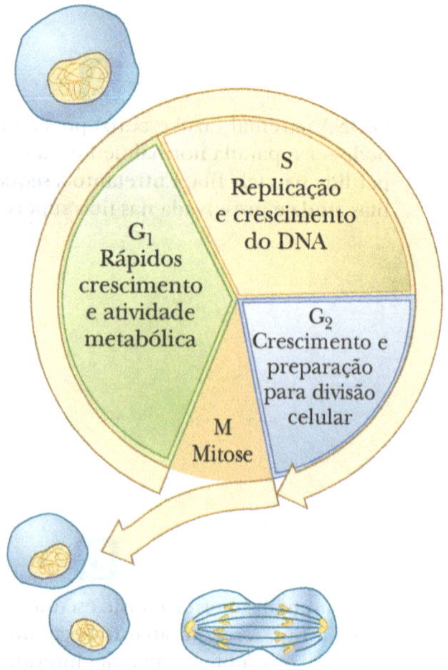
S
Replicação e crescimento do DNA
G_1
Rápidos crescimento e atividade metabólica
G_2
Crescimento e preparação para divisão celular
M
Mitose

FIGURA 10.19 **Ciclo celular eucariótico.** Os estágios da mitose e da divisão celular definem a fase M ("M" de mitose). G_1 – "G" de *gap* (lacuna), e não *growth* (crescimento) – normalmente é a parte mais longa do ciclo celular; G_1 é caracterizado pelos rápidos crescimento e atividade metabólica. Diz-se que as células inativas – ou seja, que não estão crescendo nem se dividindo (como os neurônios) – estão em G_0. A fase S é o momento da síntese do DNA. S é seguida por G_2, um período de crescimento relativamente curto em que a célula se prepara para a divisão. O tempo do ciclo celular varia de menos de 24 horas (células que se dividem rapidamente, como as epiteliais que revestem a boca e as vísceras) até centenas de dias.

Como a replicação está amarrada à divisão da célula?

complexo de reconhecimento da origem (ORC) complexo proteico ligado ao DNA por todo o ciclo da célula servindo como sítio de acoplamento para diversas proteínas para ajudar no controle da replicação

O modelo de controle de replicação eucariótica mais bem entendido é o das células de levedura. Somente os cromossomos das células que atingiram a fase G_1 têm competência para iniciar a replicação do DNA. Muitas proteínas estão envolvidas no controle da replicação e na sua ligação com o ciclo celular. Como de costume, essas proteínas normalmente recebem um nome de referência abreviado, porém mais difícil para as pessoas inexperientes compreenderem logo no início. As primeiras proteínas envolvidas são vistas durante um intervalo que ocorre entre o início e o fim da fase G_1. A replicação é iniciada por uma proteína multissubunitária chamada **complexo de reconhecimento de origem (ORC do inglês origin recognition complex)**, que se liga à origem da replicação. Esse complexo de proteínas parece estar ligado ao DNA durante todo o ciclo celular, mas serve como um sítio de ligação para várias proteínas que ajudam a controlar a replicação. A próxima proteína a ser ligada é um fator de ativação chamado **proteína ativadora da replicação (RAP, do inglês replication activator protein)**. Depois que a proteína ativadora é ligada, os **fatores de liberação da replicação (RLFs, do inglês replicatiam licensing factors)** podem ser ligados. Na levedura, existem pelo menos seis RLFs diferentes. Este nome vem do fato de que a replicação não pode continuar até que eles estejam ligados. Uma das chaves para ligar a replicação à divisão celular foi a descoberta de que algumas das proteínas RLF são citosólicas. Portanto, elas têm acesso ao cromossomo apenas quando a membrana nuclear se dissolve durante a mitose. Até estarem ligadas, a replicação não pode acontecer. Após a ligação das RLFs, o DNA torna-se competente para a replicação. A combinação do DNA, do ORC, da RAP e dos RLFs constitui o que os pesquisadores chamam **complexo pre-replicação (pré-RC, do inglês pre-replication complex)**.

A próxima etapa envolve outras proteínas e proteínas quinases. No Capítulo 7, aprendemos que muitos processos são controlados por quinases de fosforilação de proteínas alvo. Uma das grandes descobertas nesse campo foi a existência de **ciclinas**, que são proteínas produzidas em uma parte de um ciclo celular e degradadas em outra. Elas são capazes de se combinar com as proteínas quinases específicas, denominadas **proteínas quinases dependentes de ciclina (CDKs, do inglês cyclin-dependent protein Kinases)**. Quando essas ciclinas se combinam com as CDKs, são capazes de ativar a replicação do DNA e também bloquear a nova montagem de um pré-RC após a iniciação. O estado de atividade das CDKs e as ciclinas determinam o intervalo oportuno para que ocorra a síntese de DNA. Complexos ciclina-CDK fosforilam sítios na RAP, nos RLFs e no próprio ORC. Depois de fosforilada, a RAP se dissocia do pré-RC, assim como os RLFs. Depois de fosforilados e liberados, a RAP e os RLFs são degradados. Portanto, a ativação da ciclina-CDKs serve tanto para iniciar a replicação do DNA quanto para impedir a formação de outro pré--RC. Na fase G_2, o DNA já foi replicado. Durante a mitose, o DNA é dividido nas células-filhas. Ao mesmo tempo, a membrana nuclear dissolvida permite a entrada dos fatores de liberação, produzidos no citosol, de forma que cada célula-filha possa iniciar um novo ciclo de replicação.

proteína ativadora da replicação (RAP) proteína cuja ligação prepara o início da replicação do DNA nos eucariotos

fatores de liberação da replicação (RLFs) proteínas necessárias para replicação do DNA nos eucariotos

complexo pré-replicação (pre-RC) o complexo de DNA, proteína de reconhecimento (ORC), proteína ativadora (RAP) e fatores de licenciamento (RLFs) que torna o DNA competente para replicação nos eucariotos

ciclinas proteínas que têm função importante no controle do ciclo celular ao regular a atividade das quinases

proteína quinase dependente da ciclina proteínas quinases que interagem com as ciclinas e controlam a replicação

Polimerases de DNA Eucariótico

Pelo menos 19 polimerases diferentes estão presentes nos eucariotos, das quais cinco foram estudadas mais extensivamente (Tabela 10.4). O uso de animais, em vez de vegetais, para estudo evita a complicação de qualquer síntese de DNA nos cloroplastos. As cinco mais bem estudas polimerases são chamadas α, β, γ, δ e ε. As enzimas α, β, δ e ε são encontradas no núcleo, e a forma γ ocorre na mitocôndria.

Como as polimerases eucarióticas estão relacionadas com as procarióticas?

A polimerase α foi a primeira a ser descoberta, e possui a maioria das subunidades. Ela também tem a capacidade de fazer primers, mas não tem uma atividade de revisão 3' → 5' e possui processividade baixa. Após produzir o primer de RNA, a Pol δ adiciona aproximadamente 20 nucleotídeos, e é então substituída pelas Pol δ e ε. A polimerase δ é a principal DNA polimerase nos eucariotos. Ela interage com uma proteína especial chamada *PCNA* (de *proliferating cell nuclear antigen*, antígeno nuclear de célula proliferadora). O PCNA é o equivalente eucariótico da porção da Pol III que funciona como um grampo deslizante (β). Ele é um trímero com três proteínas idênticas que envolvem o DNA (Figura 10.20). O papel da DNA polimerase δ não é tão

Tabela 10.4 **Propriedades Bioquímicas das Polimerases de DNA Eucariótico**

	α	δ	ε	β	γ
Massa (kDa)					
Nativo	>250	170	256	36-38	160-300
Núcleo catalítico	165-180	125	215	36-38	125
Outras subunidades	70, 50, 60	48	55	Nenhum	35, 47
Local	Núcleo	Núcleo	Núcleo	Núcleo	Mitocôndria
Funções associadas					
Exonucleásica 3' 5'	Não	Sim	Sim	Não	Sim
Primase	Sim	Não	Não	Não	Não
Propriedades					
Processividade	Baixa	Alta	Alta	Baixa	Alta
Fidelidade	Alta	Alta	Alta	Baixa	Alta
Replicação	Sim	Sim	Sim	Não	Sim
Reparo	Não	?	Sim	Sim	Não

Fonte: Adaptado de Kornberg, A.; Baker, T. A. *DNA Replication*. 2. ed. Nova York: W. H. Freeman and Co., 1992.

claro, mas evidência recente sugere que ela esteja envolvida na replicação da fita descontínua. É possível que ela substitua a polimerase δ na síntese da fita descontínua. A DNA polimerase β parece ser uma enzima reparadora. A DNA polimerase γ realiza a replicação do DNA na mitocôndria. Várias DNA polimerases isoladas de animais não têm atividade exonucleásica (enzimas α e β). Neste sentido, as enzimas animais diferem das DNA polimerases procarióticas. Em células animais existem enzimas exonucleolíticas separadas.

Forquilha de Replicação Eucariótica

As características gerais da replicação do DNA nos eucariotos são similares às dos procariotos. A Tabela 10.5 resume as diferenças. Assim como nos procariotos, a replicação do DNA nos eucariotos é semiconservativa. Há uma fita contínua com síntese contínua no sentido 5' → 3' e uma fita descontínua com síntese descontínua no sentido 5' → 3'.

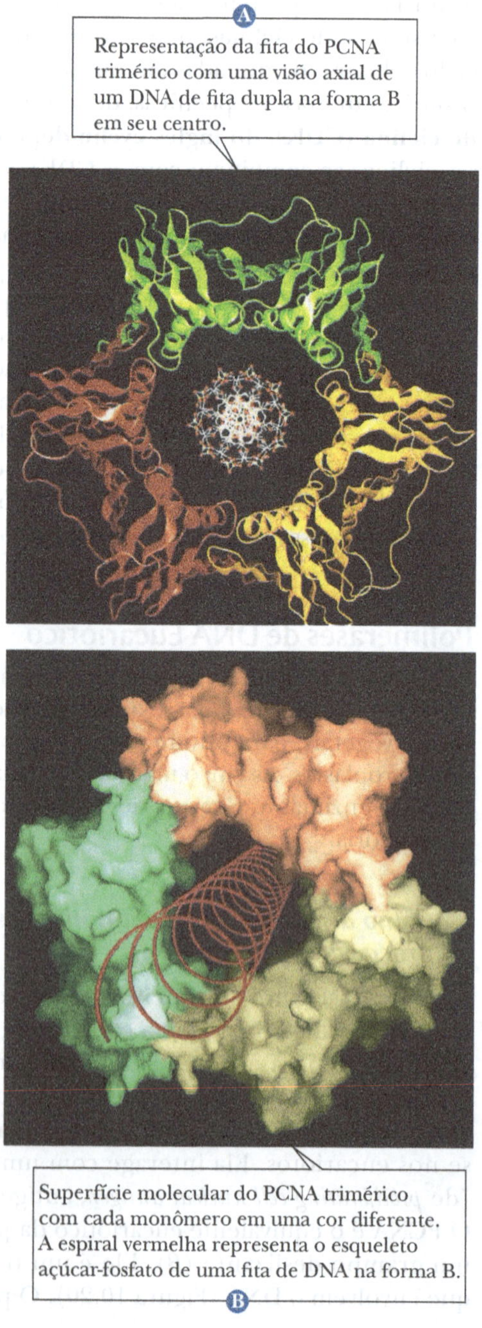
A
Representação da fita do PCNA trimérico com uma visão axial de um DNA de fita dupla na forma B em seu centro.
Superfície molecular do PCNA trimérico com cada monômero em uma cor diferente. A espiral vermelha representa o esqueleto açúcar-fosfato de uma fita de DNA na forma B.
B

Figura 10.20 **Estrutura do homotrímero PCNA.** O anel trimérico de PCNA dos eucariotos é notavelmente similar à sua cópia procariótica, o grampo deslizante β dimérico. (Adaptado da Figura 3 em Krishna, T. S., et al., 1994. Crystal Structure of the Eukaryotic DNA Polymerase Processivity Factor PCNA. *Cell 79*, p. 1233-1243, com a permissão da Elsevier.)

Tabela 10.5 **Diferenças na Replicação do DNA de Procariotos e de Eucariotos**

Procariotos	Eucariotos
Cinco polimerases (I, II, III, IV, V)	Cinco polimerases (α, β, γ, δ, ε)
Funções da polimerase:	Funções das polimerases:
I está envolvida na síntese, revisão, reparo e remoção de RNA primers	α: é uma enzima de polimerização
II também é uma enzima de reparo	β: é uma enzima de reparo
III é a principal enzima de polimerização	γ: está envolvida na síntese do DNA mitocondrial
IV e V são enzimas de reparo sob condições anormais	δ: é a principal enzima de polimerização ε: é a enzima de replicação da fita contínua
Polimerases também são exonucleases	Nem todas as polimerases são exonucleases
Uma origem de replicação	Várias origens de replicação
Fragmentos de Okazaki com 1.000-2.000 resíduos de comprimento	Fragmentos de Okazaki com 150-200 resíduos de comprimento
Não há proteínas combinadas com o DNA	Há histonas complexadas ao DNA

Um RNA primer é formado por uma enzima específica na replicação do DNA eucariótico, como acontece nos procariotos, mas, neste caso, a atividade de primase está associada à Pol α. A formação de fragmentos de Okazaki (normalmente de 150 a 200 nucleotídeos de comprimento nos eucariotos) é iniciada pela Pol α. Depois que o RNA primer é formado e alguns nucleotídeos são adicionados pela Pol α, a polimerase se dissocia e é substituída pela Pol δ e sua proteína PCNA anexada. Outra proteína, chamada *RFC* (*replication factor C*, fator de replicação C), está envolvida na anexação do PCNA à Pol δ. No final, o RNA primer se degrada, mas, no caso dos eucariotos, as polimerases não têm a atividade exonucleásica de 5' $\rightarrow$ 3' para fazê-lo. Em vez disso, enzimas separadas, FEN-1 e RNase H1, degradam o RNA. O movimento contínuo da Pol δ preenche as lacunas deixadas pela remoção do primer. Como na replicação procariótica, topoisomerases aliviam a torção do desenrolar da hélice, e uma proteína ligante de fita simples, chamada RPA, protege o DNA da degradação. Finalmente, a DNA ligase sela os cortes que separam os fragmentos.

Outra importante diferença entre a replicação do DNA nos procariotos e nos eucariotos é que o DNA procariótico não é complexado a histonas, como o DNA eucariótico. A biossíntese da histona ocorre ao mesmo tempo e ritmo que a biossíntese de DNA. Na replicação eucariótica, as histonas são associadas ao DNA à medida que ele é formado. Um aspecto importante da replicação do DNA nos eucariotos, que afeta especialmente os seres humanos, está descrito no quadro CONEXÕES **BIOQUÍMICAS 10.3.** O quadro CONEXÕES **BIOQUÍMICAS 10.4** explora algumas pesquisas fascinantes envolvendo a replicação do RNA.

10.3 Conexões Bioquímicas | aliado à saúde

Telomerase e Câncer

A replicação de moléculas lineares de DNA representa problemas específicos para as extremidades das moléculas. Lembre-se de que, na extremidade 5' de uma fita de DNA sendo sintetizada, existe inicialmente um RNA primer curto, que posteriormente deve ser removido e substituído pelo DNA. Isso nunca é problema com um molde circular, porque a DNA polimerase I que está vindo do lado 5' do primer (anteriormente, fragmento de Okazaki) pode remendar o RNA com o DNA. Entretanto, com um cromossomo linear isto não é possível. Em cada extremidade, haverá uma cadeia de DNA 3' e 5'. A fita molde da extremidade 5' não é problema, pois uma DNA polimerase que a está copiando estará se movendo de 5' para 3' e será capaz de continuar até a extremidade do cromossomo desde o último RNA primer. Já a fita molde da extremidade 3' representa um problema – veja a parte (a) da figura. O RNA primer na extremidade 5' da nova fita (em verde na página ao lado) não tem como ser substituído. Lembre-se de que todas as DNA polimerases requerem um primer, e, como não há nada a montante (do lado 5'), não há como substituir o RNA primer com o DNA. O RNA é instável, e o RNA primer será degradado a tempo. De fato, a menos que algum mecanismo especial seja criado, a molécula linear ficará mais curta a cada replicação.

As extremidades dos cromossomos eucarióticos possuem uma estrutura especial chamada telômero, que é uma série de sequências repetidas de DNA. No DNA do espermatozoide e do óvulo dos seres humanos, a sequência é 5'TTAGGG3', e essa sequência é repetida mais de mil vezes na extremidade dos cromossomos. Esse DNA repetitivo não é codificado e age como um tampão contra a degradação da sequência de DNA nas extremidades, o que ocorre com cada replicação à medida que os RNA primers são degradados. Já existem evidências de uma relação entre a longevidade e o comprimento do telômero; alguns pesquisadores sugeriram que a perda do telômero do DNA com a idade faz parte do processo de envelhecimento natural. Em consequência, o DNA se tornaria inviável e a célula morreria.

Entretanto, mesmo com telômeros longos, as células acabam morrendo quando seu DNA fica mais curto a cada replicação, a menos que exista algum mecanismo compensatório. A solução criativa encontrada é uma enzima chamada telomerase, que proporciona um mecanismo para a síntese dos telômeros – veja a parte (b) da figura. A enzima telomerase é uma proteína ribonuclear, contendo uma seção de RNA que é o complemento do telômero. Nos seres humanos, essa sequência é 5'CCCUAA3'. A telomerase liga-se à fita 5' na extremidade do cromossomo e usa uma atividade de transcriptase reversa para sintetizar o DNA (em vermelho, página ao lado) na fita 3', usando seu próprio RNA como molde. Isso permite que a fita molde (em roxo, página ao lado) seja alongada, estendendo efetivamente o telômero.

Quando a natureza da telomerase foi descoberta, acreditava-se que ela era uma "fonte da juventude" e que, se pudéssemos descobrir como fazê-la continuar, talvez as células (e as pessoas) jamais morressem. Um trabalho bem recente

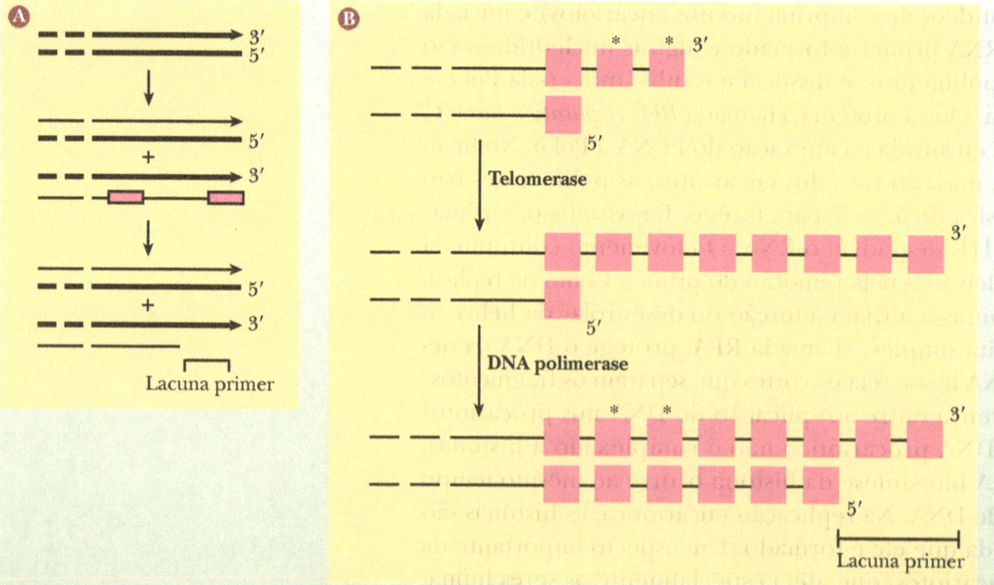
A
3'
5'
5'
3'
5'
3'
Lacuna primer
B
3'
5'
Telomerase
3'
5'
DNA polimerase
3'
5'
Lacuna primer

Replicação do telômero. (a) Na replicação da fita descontínua, RNA primers curtos são adicionados (em rosa) e estendidos pela DNA polimerase. Quando o RNA primer na extremidade 5' de cada fita é removido, não há sequência de nucleotídeo para ler no próximo ciclo de replicação do DNA. O resultado é uma lacuna (lacuna primer) na extremidade 5' de cada fita (apenas uma extremidade de um cromossomo é mostrada nesta figura). (b) Os asteriscos indicam sequências na extremidade 3' que não podem ser copiadas pela replicação convencional do DNA. A síntese do DNA telomérico pela telomerase alonga as extremidades 5' de fitas de DNA, permitindo que as fitas sejam copiadas pela replicação normal do DNA.

demonstrou que, embora a enzima telomerase *continue* ativa em tecidos de crescimento rápido, como as células sanguíneas, o lúmen intestinal, a pele e outros, ela *não* está ativa na maioria dos tecidos adultos. Quando as células da maioria dos tecidos adultos se dividem, para substituição ou reparo, elas não preservam as extremidades do cromossomo. Consequentemente, uma quantidade suficiente de DNA se vai, um gene vital é perdido e a célula morre. Isso deve fazer parte do processo normal de envelhecimento e morte.

A grande surpresa foi a descoberta de que a telomerase é reativada nas células cancerosas, explicando, em parte, sua imortalidade e habilidade para se manterem dividindo-se rapidamente. Essa observação criou uma nova possibilidade para a terapia do câncer: se pudermos prevenir a reativação da telomerase em tecidos cancerosos, o câncer pode morrer de causas naturais. O estudo da telomerase é apenas a ponta do *iceberg*. Deve haver outros mecanismos para proteger a integridade dos cromossomos além da telomerase. Usando técnicas descritas no Capítulo 13, camundongos foram alterados geneticamente para ficar sem telomerase. Esses camundongos mostraram encurtamento contínuo dos telômeros em replicações e gerações sucessivas, mas, no fim, o encurtamento parou, indicando que algum outro processo também foi capaz de conservar o comprimento dos cromossomos. Atualmente, o relacionamento entre telômeros, recombinação e reparo do DNA está sendo estudado. ◗

A **A Replicação na extremidade de um molde linear**

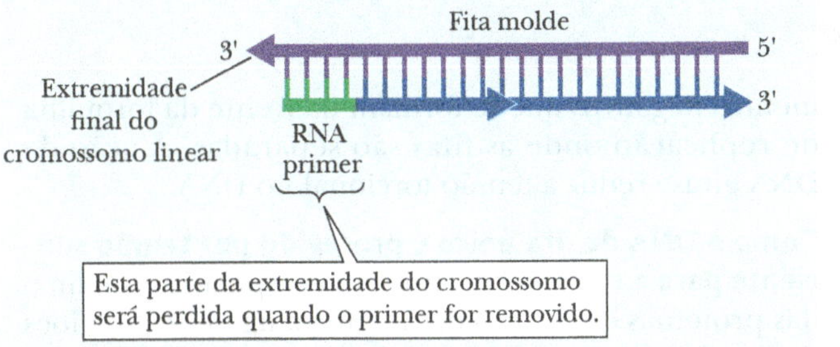
Fita molde
3'
5'
Extremidade final do cromossomo linear
3'
RNA primer
Esta parte da extremidade do cromossomo será perdida quando o primer for removido.

B **Um mecanismo por meio do qual a telomerase deve agir. (Neste caso, o RNA da telomerase age como um molde para transcrição reversa**

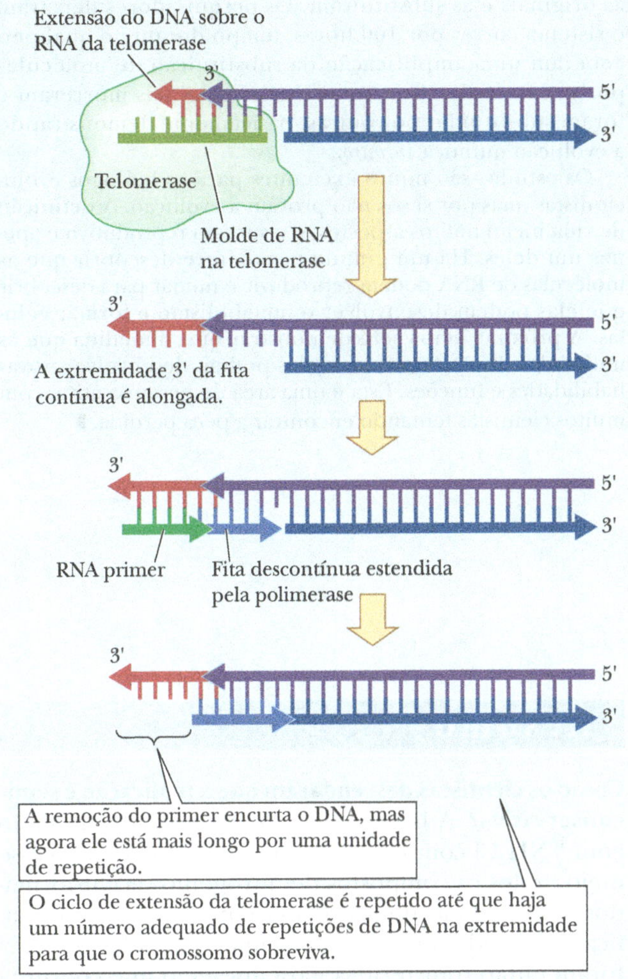
Extensão do DNA sobre o RNA da telomerase
3'
5'
3'
Telomerase
Molde de RNA na telomerase
3'
5'
3'
A extremidade 3' da fita contínua é alongada.
3'
5'
3'
RNA primer
Fita descontínua estendida pela polimerase
3'
5'
3'
A remoção do primer encurta o DNA, mas agora ele está mais longo por uma unidade de repetição.
O ciclo de extensão da telomerase é repetido até que haja um número adequado de repetições de DNA na extremidade para que o cromossomo sobreviva.

10.4 Conexões **Bioquímicas** | biologia evolucionária

RNAs Autorreplicantes

Enquanto este capítulo tratou da replicação do DNA, a replicação do RNA é também um tópico moderno na bioquímica. Os proponentes da hipótese "o mundo do RNA" acreditam que o RNA foi a molécula original da hereditariedade, a primeira a pegar compostos simples e transformá-los em moléculas grandes com funções. Para demonstrar como a evolução poderia ter começado, os cientistas têm procurado uma maneira de cobrir a lacuna entre as moléculas simples que estavam disponíveis antes de a vida na Terra começar e aquelas que poderiam reproduzir, metabolizar, formar células etc. Em essência, os cientistas estão procurando maneiras de criar vida em um tubo de ensaio. Se eles puderem criar vida artificial, então se tornará muito mais fácil imaginar como ela poderia ter acontecido naturalmente com bilhões de anos de tentativa e erro.

Em janeiro do último ano, Gerald Joyce e Tracey Lincoln publicaram um trabalho mostrando que haviam criado uma série de moléculas pequenas de RNA que poderiam reproduzir, mudar e competir por recursos limitados, exatamente as características que Charles Darwin visualizou no nível das espécies quando propôs a *sobrevivência dos mais adaptados*. No estudo, eles começaram com 24 variações de

Continua

Continuação

RNA, todas as quais reproduziram, mas em diferentes taxas. Algumas vezes a reprodução não foi tão fiel, e ocorreram mutações. Algumas das mutações sobreviveram melhor que as originais e as substituíram. Os pesquisadores deixaram o sistema correr por 100 horas, tempo durante o qual perceberam uma amplificação da substituição de moléculas por um fator de 10^{23}. As moléculas originais morreram e foram substituídas por outras, basicamente demonstrando a evolução química *in vitro*.

Os estudos são muito excitantes para os biólogos evolucionistas, mas por si sós não provam a evolução. A definição de vida inclui muitos aspectos, e o sucesso reprodutivo é apenas um deles. Há um grande passo entre descobrir que as moléculas de RNA podem reproduzir e mudar para descobrir que elas podem desenvolver o metabolismo e formar células. A próxima etapa será demonstrar que, à medida que as moléculas de RNA evoluem, elas podem desenvolver novas habilidades e funções. Esta é uma área de pesquisa ativa, com muitos cientistas tentando encontrar a peça perdida. ◗

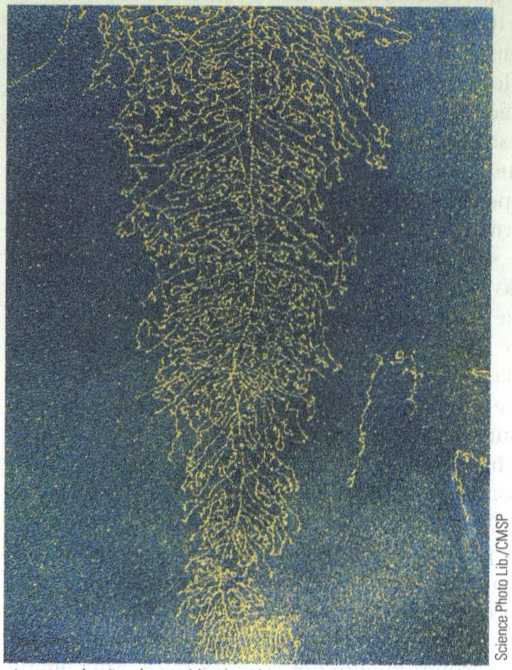
Science Photo Lib./CMSP

A reprodução de moléculas de RNA espalha-se a partir de um único esqueleto de DNA. Os cientistas mostraram recentemente que tal RNA em um tubo de ensaio pode demonstrar muitas das características da evolução.

Resumo

Como os cientistas desvendaram que a replicação é semiconservativa? A bactéria *E. coli* foi cultivada em meio com $^{15}NH_4Cl$ como a única fonte de nitrogênio. Nesse meio, todos os compostos de nitrogênio recém-formados, incluindo as nucleobases de purina e pirimidina, ficam marcados com ^{15}N. As células marcadas com ^{15}N foram então transferidas para um meio que continha somente ^{14}N. A cada nova geração de crescimento, uma amostra de DNA era extraída e analisada por gradiente de densidade. O DNA que contém uma mistura 50–50 de ^{14}N e ^{15}N aparece em uma posição intermediária entre duas bandas após uma geração, um resultado esperado com a replicação semiconservativa.

Em qual direção vai a replicação? A replicação ocorre em ambas as direções a partir da sua origem. Isto é, cada fita de DNA é replicada e, a partir da origem, duas forquilhas de replicação avançam em direções opostas.

Como a replicação pode prosseguir ao longo do DNA se as duas fitas estão indo em direções opostas? Existem diferentes modos de polimerização para as duas fitas em crescimento. Uma fita recém-formada (fita contínua) é sintetizada de forma contínua da sua extremidade 5' para a 3' na forquilha de replicação na fita modelo exposta 3' para 5'. A outra (fita descontínua) é sintetizada de forma descontínua em pequenos fragmentos, chamados framentos de Okazaki. Os fragmentos da fita descontínua são unidos pela DNA ligase.

Como a replicação funciona com o DNA superenrolado? A DNA girase é usada para induzir os superenrolamentos negativos no DNA para compensar os superenrolamentos negativos que se formam na frente da forquilha de replicação onde as fitas são separadas. A ação da DNA girase reduz a tensão torcional no DNA.

Como o DNA de fita única é protegido por tempo suficiente para a replicação? Proteínas específicas chamadas proteínas de ligação de fita única ligam-se a regiões de fita simples e as protegem das nucleases.

De onde vem o primer? A enzima primase usa a fita de DNA como modelo e cria uma fita de RNA complementar, que é o primer para a síntese do DNA.

Qual é a arquitetura das DNA polimerases e do replissomo? As DNA polimerases têm uma estrutura muito comum que é frequentemente comparada à mão direita, com domínios referindo-se aos dedos, palma e polegar. O sítio ativo onde a reação da polimerase é catalisada localiza-se entre os domínios dos dedos e do polegar. O domínio dos dedos age no reconhecimento e ligação do desoxiribonucleotídeo, e o dedão é responsável pela ligação do DNA. Três enzimas Pol III estão envolvidas no replissomo. Uma nova Pol III é usada para cada fragmento Okazaki. O replissomo tem uma Pol III dedicada à síntese da fita contínua e duas dedicadas à síntese da fita descontínua.

Como os carregadores de grampo funcionam? A parte polimerizante da Pol III é um dímero da subunidade β e forma um grampo deslizante em torno da cadeia de DNA. A parte da enzima Pol III chamada de carregador de grampo abre o grampo deslizante e insere a cadeia de DNA. Todos os carregadores de grampo são enzimas pentaméricas, que são membros de uma família de ATPases chamadas de superfamília AAA+.

Como a revisão melhora a fidelidade da replicação? A mutação espontânea de bases e a inserção de um nucleotídeo incorreto normalmente levam a um erro uma vez em cada 10^4 a 10^5 bases. Entretanto, a capacidade de revisão das DNA polimerases permite que os pareamentos errados sejam removidos, reduzindo os erros para um erro em cada 10^9 a 10^{10}.

Como a replicação está amarrada à divisão da célula? A replicação eucariótica está amarrada à divisão da célula por várias proteínas, incluindo o complexo de reconhecimento de origem, a proteína ativadora da replicação e os fatores de liberação da replicação (RLFs). O processo é controlado pelas ciclinas, proteínas produzidas durante as fases G_1 e S que ligam as quinases dependentes de ciclina e ativam a replicação.

Como as polimerases eucarióticas estão relacionadas com as procarióticos? Cinco polimerases estão presentes nos eucariotos, em comparação com as três presentes nos procariotos. Elas são rotuladas de α a ε. O principal polimerizador é a versão δ, que é similar à Pol III nos procariotos. As várias polimerases variam em tamanho, complexidade, processividade e em seus níveis de atividades exonucleásicas e de reparo. A versão γ é encontrada apenas na mitocôndria, mas as outras são encontradas no núcleo.

Exercícios de Revisão

10-1 O Fluxo de Informação Genética na Célula

1. **VERIFICAÇÃO DE FATOS** Defina *replicação*, *transcrição* e *tradução*.
2. **PERGUNTA DE RACIOCÍNIO** A afirmação a seguir é verdadeira ou falsa? Por quê? "O fluxo de informações genéticas na célula é sempre DNA → RNA → proteína."
3. **PERGUNTA DE RACIOCÍNIO** Por que é mais importante para o DNA ser replicado corretamente do que transcrito corretamente?

10-2 A Replicação do DNA

4. **VERIFICAÇÃO DE FATOS** Por que nos referimos à replicação do DNA como um processo semiconservativo? Quais são as evidências experimentais da natureza semiconservativa do processo? Quais resultados experimentais você esperaria obter se a replicação do DNA fosse um processo conservativo?
5. **VERIFICAÇÃO DE FATOS** O que é uma forquilha de replicação? Por que ela é importante na replicação?
6. **VERIFICAÇÃO DE FATOS** Descreva as características estruturais de uma origem de replicação.
7. **VERIFICAÇÃO DE FATOS** Por que é necessário desenrolar a hélice do DNA no processo de replicação?
8. **PERGUNTA DE RACIOCÍNIO** No experimento de Meselson-Stahl, que definiu a natureza semiconservativa da replicação do DNA, o método de extração produziu fragmentos curtos de DNA. Que tipo de resultados poderiam ter sido obtidos com pedaços mais longos de DNA?
9. **PERGUNTA DE RACIOCÍNIO** Sugira uma razão pela qual seria improvável a replicação sem o desenrolamento da hélice do DNA.

10-3 DNA Polimerase

10. **VERIFICAÇÃO DE FATOS** As enzimas da DNA polimerase também funcionam como exonucleases?
11. **VERIFICAÇÃO DE FATOS** Compare e contraste as propriedades das enzimas DNA polimerase I e polimerase III da *E. coli.*
12. **PERGUNTA DE RACIOCÍNIO** Defina *processividade* e indique a importância deste conceito na replicação do DNA.
13. **PERGUNTA DE RACIOCÍNIO** Comente a dupla função dos reagentes monoméricos na replicação.
14. **PERGUNTA DE RACIOCÍNIO** Qual a importância da pirofosfatase na síntese dos ácidos nucleicos?
15. **PERGUNTA DE RACIOCÍNIO** A síntese do DNA sempre ocorre da extremidade 5' para a 3'. As fitas molde têm direções opostas. Como a natureza lida com esta situação?
16. **PERGUNTA DE RACIOCÍNIO** O que aconteceria com o processo de replicação se a cadeia de DNA em crescimento não tivesse uma extremidade 3' livre?
17. **PERGUNTA DE RACIOCÍNIO** Sugira uma razão para o alto desperdício de energia que ocorre ao se inserir um desoxirribonucleotídeo em uma molécula de DNA em crescimento. (Cerca de 15 kcal mol^{-1} são utilizadas para formar uma ligação fosfoéster, que na verdade requer apenas cerca de um terço dessa energia para ser sintetizado.)
18. **PERGUNTA DE RACIOCÍNIO** Por que não é surpresa o fato de a adição de nucleotídeos em uma cadeia de DNA em crescimento ocorrer por substituição nucleofílica?
19. **PERGUNTA DE RACIOCÍNIO** É incomum o fato de que as subunidades β da DNA polimerase III, que formam um grampo deslizante ao longo do DNA, não contenham o sítio ativo para a reação de polimerização? Explique sua resposta.

10-4 As Proteínas Necessárias para a Replicação do DNA

20. **VERIFICAÇÃO DE FATOS** Liste as substâncias necessárias para replicação do DNA catalisado pela DNA polimerase.
21. **VERIFICAÇÃO DE FATOS** Descreva a síntese descontínua da fita descontínua na replicação do DNA.
22. **VERIFICAÇÃO DE FATOS** Quais são as funções das enzimas girase, primase e ligase na replicação do DNA?
23. **VERIFICAÇÃO DE FATOS** Regiões de DNA de fita simples são atacadas por nucleases na célula e, ainda assim, partes do DNA estão nessa forma durante o processo de replicação. Explique.
24. **VERIFICAÇÃO DE FATOS** Descreva a função da DNA ligase no processo de replicação.
25. **VERIFICAÇÃO DE FATOS** O que é o primer na replicação do DNA?
26. **PERGUNTA DE RACIOCÍNIO** Como ocorre o processo de replicação em uma molécula de DNA superenrolada?
27. **PERGUNTA DE RACIOCÍNIO** Por que é necessário um RNA primer curto para a replicação?
28. **VERIFICAÇÃO DE FATOS** Quais são as características comuns de todas as DNA polimerases?
29. **VERIFICAÇÃO DE FATOS** Qual foi a mudança recente no número estimado de enzimas Pol III que estão associadas com o replissomo?
30. **VERIFICAÇÃO DE FATOS** Quais experimentos levaram à mudança no nosso entendimento da estequiometria em relação ao replissomo?
31. **VERIFICAÇÃO DE FATOS** Por que o carregador de grampo é necessário na replicação?

10-5 Revisão e Reparo

32. **VERIFICAÇÃO DE FATOS** Como ocorre a revisão no processo de replicação do DNA?
33. **VERIFICAÇÃO DE FATOS** A revisão sempre ocorre pelo mesmo processo na replicação?
34. **VERIFICAÇÃO DE FATOS** Descreva o processo de reparo de excisão no DNA usando a excisão de dímeros de timina como exemplo.
35. **CONEXÕES BIOQUÍMICAS** Qual o benefício para o DNA em ter timina em vez de uracila?
36. **PERGUNTA DE RACIOCÍNIO** Seu livro contém cerca de 2 milhões de caracteres (letras, espaços e pontuações). Se você pudesse digitar com a mesma exatidão com que o procarioto E. *coli* incorpora, revisa e repara as bases na replicação (aproximadamente um erro não corrigido a cada 10^9 a 10^{10} bases), quantos livros como este você teria de digitar até que um erro não corrigido fosse "permitido"? (Assuma que o índice de erro é de 1 em 10^{10} bases.)
37. **PERGUNTA DE RACIOCÍNIO** A *E. coli* incorpora desoxirribonucleotídeos no DNA a uma velocidade de 250 a 1.000 bases por segundo. Utilizando o valor mais alto, traduza-o em velocidade de digitação em palavras por minuto. (Assuma cinco caracteres por palavra, usando a analogia de digitação da Pergunta 36.)
38. **PERGUNTA DE RACIOCÍNIO** Dada a velocidade de digitação da Pergunta 37, por quanto tempo você deve digitar, ininterruptamente, com a fidelidade demonstrada pela *E. coli* (veja a Pergunta 36) até que um erro não corrigido seja permitido?
39. **PERGUNTA DE RACIOCÍNIO** A metilação dos nucleotídeos pode desempenhar um papel na replicação do DNA? Se a resposta for sim, que tipo de papel?
40. **PERGUNTA DE RACIOCÍNIO** Como a quebra no reparo do DNA pode desempenhar um papel no desenvolvimento de câncer em seres humanos?
41. **CONEXÕES BIOQUÍMICAS** Os procariotos conseguem lidar com danos drásticos ao DNA de maneiras não disponíveis para os eucariotos?
42. **VERIFICAÇÃO DE FATOS** Qual é uma maneira direta de reparar as quebras de DNA de dupla fita?
43. **VERIFICAÇÃO DE FATOS** Quais proteínas são usadas na NHEJ?
44. **VERIFICAÇÃO DE FATOS** Por que a NHEJ é um mecanismo propenso a erro?
45. **VERIFICAÇÃO DE FATOS** Qual é o papel da Ku70/80 no reparo direto de DSBs?

10-6 Recombinação de DNA

46. **VERIFICAÇÃO DE FATOS** O que é recombinação homóloga?
47. **VERIFICAÇÃO DE FATOS** Como Messelson e Werigle demonstraram a recombinação?
48. **PERGUNTA DE RACIOCÍNIO** Como o uso de DNA marcado com isótopos pesados tem sido instrumental no nosso entendimento da replicação?
49. **VERIFICAÇÃO DE FATOS** Qual é o modelo de Holliday?

10-7 A Replicação do DNA Eucariótico

50. **VERIFICAÇÃO DE FATOS** Os eucariotos têm número de origem de replicação inferior, superior ou igual ao dos procariotos?
51. **VERIFICAÇÃO DE FATOS** Como a replicação do DNA nos eucariotos difere do processo nos procariotos?
52. **VERIFICAÇÃO DE FATOS** Qual o papel das histonas na replicação do DNA?
53. **PERGUNTA DE RACIOCÍNIO** (a) A replicação do DNA eucariótico é mais complexa que a do procariótico. Dê uma razão para que isso aconteça. (b) Por que as células eucarióticas precisam de mais tipos de DNA polimerases do que as bactérias?
54. **PERGUNTA DE RACIOCÍNIO** Como as DNA polimerases dos eucariotos diferem das DNA polimerases dos procariotos?
55. **PERGUNTA DE RACIOCÍNIO** Qual é a relação entre o controle da síntese do DNA nos eucariotos e os estágios do ciclo celular?
56. **CONEXÕES BIOQUÍMICAS** Qual seria o efeito na síntese do DNA se a enzima telomerase fosse inativada?
57. **PERGUNTA DE RACIOCÍNIO** Seria vantajoso para uma célula eucariótica se a síntese das histonas ocorresse mais rapidamente que a síntese do DNA?
58. **PERGUNTA DE RACIOCÍNIO** O que são fatores de liberação da replicação? Como eles receberam esse nome?
59. **PERGUNTA DE RACIOCÍNIO** A síntese do DNA é mais rápida nos procariotos ou nos eucariotos?
60. **PERGUNTA DE RACIOCÍNIO** Descreva uma série de etapas por meio das quais a transcriptase reversa produz DNA em um molde de RNA.
61. **CONEXÕES BIOQUÍMICAS** Cite uma diferença importante na replicação do DNA circular *versus* DNA linear de fita dupla.
62. **PERGUNTA DE RACIOCÍNIO** Por que é razoável que os eucariotos tenham uma DNA polimerase (Pol γ) que opera somente na mitocôndria?
63. **CONEXÕES BIOQUÍMICAS** O que queremos dizer por "mundo de RNA"?
64. **CONEXÕES BIOQUÍMICAS** Por que os cientistas estão excitados em descobrir que moléculas de RNA podem ser produzidas de modo que sejam autorreplicantes?

A Transcrição do Código Genético: Biossíntese do RNA

11

11-1 Visão Geral da Transcrição

Como vimos no Capítulo 10, o dogma central da biologia molecular é que o DNA produz o RNA, e este produz as proteínas. Ao processo de produção do RNA a partir do DNA dá-se o nome de **transcrição**, que é o principal ponto de controle na expressão dos genes e na produção das proteínas.

transcrição o processo de formação de RNA a partir de um molde de DNA

Na utilização das informações genéticas, uma das fitas da molécula do DNA de fita dupla é transcrita em uma sequência complementar de RNA. A sequência de RNA difere da de DNA em um aspecto: a base timina (T) no DNA é substituída pela base uracila (U) no RNA. De todos os DNAs de uma célula, somente alguns são transcritos. A transcrição produz todos os tipos de RNA – mRNA, tRNA, rRNA, snRNA, miRNA e siRNA. Novos tipos de RNA e novas funções para ele são descobertos todos os anos.

Os detalhes da transcrição do RNA diferem um pouco entre procariotos e eucariotos. Por exemplo, o processo é muito mais complicado nos eucariotos do que nos procariotos, envolvendo uma série de fatores de transcrição. A maior parte das pesquisas sobre este tema foi realizada em procariotos, especialmente em *E. coli*, porém, algumas características gerais são encontradas em todos os organismos, exceto no caso de células infectadas por RNA viral.

▶ *Quais são as características básicas comuns a todas as transcrições?*

Embora existam muitas diferenças entre a transcrição nos procariotos e nos eucariotos, e até mesmo entre a transcrição de diferentes tipos de RNA nos eucariotos, alguns aspectos são constantes. A Tabela 11.1 resume as principais características do processo.

RESUMO DO CAPÍTULO

[Continua]

[Continuação]

Tabela 11.1

Características Gerais da Síntese de RNA
1. O RNA é sintetizado a partir de um molde de DNA em um processo denominado transcrição; a enzima que catalisa o processo é a RNA polimerase dependente de DNA.
2. São necessários todos os quatro ribonucleosídeos trifosfatados (ATP, GTP, CTP e UTP), bem como o íon Mg^{2+}.
3. Não há necessidade de uma sequência primer para a síntese do RNA, mas é sim um molde de DNA.
4. Assim como ocorre com a biossíntese do DNA, a cadeia do RNA cresce da extremidade 5' para a 3'. O nucleotídeo na extremidade 5' da cadeia retém seu grupo trifosfato (abreviado como ppp).
5. A enzima utiliza uma das fitas do DNA como molde para a síntese do RNA. A sequência de bases do DNA contém sinais para iniciação e encerramento da síntese do RNA. A enzima liga-se à fita molde e desloca-se ao longo dela na direção 3' para 5'.
6. O molde de DNA permanece inalterado.

11-2 Transcrição nos Procariotos

RNA Polimerase na *Escherichia coli*

RNA polimerase enzima que catalisa a produção de RNA em um molde de DNA

núcleo da enzima (da RNA polimerase) enzima sem a subunidade sigma

holoenzima enzima completa, com todas as partes componentes, incluindo as coenzimas e todas as subunidades

A enzima que sintetiza o RNA é chamada **RNA polimerase**, e a mais extensivamente estudada é aquela isolada a partir da *E. coli*. A massa molecular dessa enzima é de aproximadamente 470 mil Da, e ela apresenta uma estrutura multissubunitária. Foram identificados cinco tipos de subunidades, designadas por α, ω, β, β' e σ. A verdadeira composição da enzima é $\alpha_2\omega\beta\beta'\sigma$. A ligação da subunidade σ é um pouco mais fraca que as outras na enzima (a porção $\alpha_2\omega\beta\beta'$), e é denominada **núcleo da enzima**. A **holoenzima** é composta por todas as subunidades, incluindo a subunidade σ.

Qual a função das subunidades da RNA polimerase?

A subunidade σ está envolvida no reconhecimento de promotores específicos, ao passo que as β-, β'-, α- e ω- são combinadas para tornar o sítio ativo pronto para a polimerização. O mecanismo da reação de polimerização é uma área ativa de pesquisa.

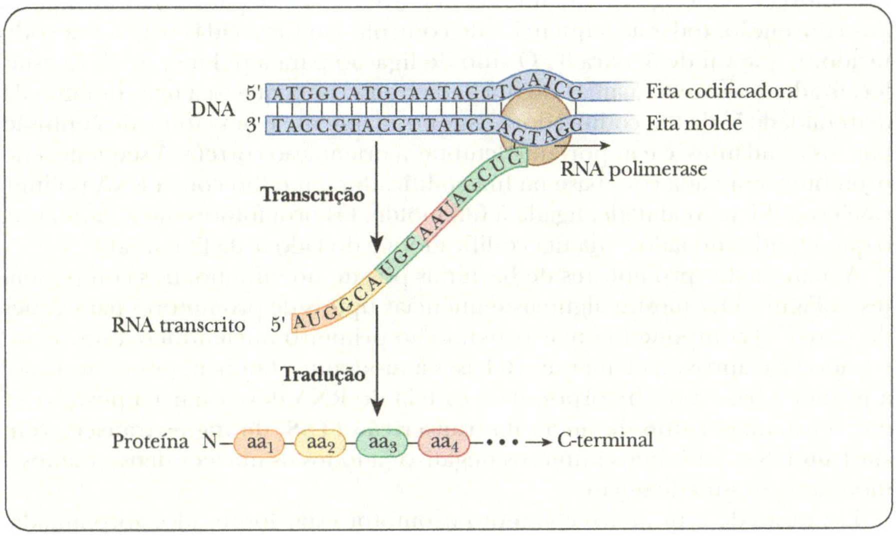
DNA
5' ATGGCATGCAATAGCTCATCG
3' TACCGTACGTTATCGAGTAGC
Fita codificadora
Fita molde
RNA polimerase
Transcrição
RNA transcrito
5' AUGGCAUGCAAUAGCUC
Tradução
Proteína N– aa1 – aa2 – aa3 – aa4 –• • • → C-terminal

FIGURA 11.1 A base da transcrição. A RNA polimerase utiliza a fita molde do DNA para realizar uma transcrição de RNA, que possui a mesma sequência da fita não molde do DNA, com exceção da substituição de T por U. Caso esse RNA seja um mRNA, poderá ser traduzido, posteriormente, a uma proteína.

Qual das fitas do DNA é usada na transcrição?

A Figura 11.1 mostra a base da transferência de informações do DNA para a proteína. Das duas fitas de DNA, uma serve de molde para a síntese do RNA. A RNA polimerase lê esse molde da extremidade 3' para 5'. Essa fita tem vários nomes. O mais comum é **fita molde**, por ser aquela que irá direcionar a síntese do RNA. Ela é chamada, também, **fita antissenso**, em razão de seu código ser o complemento do RNA que será produzido. E, às vezes, é denominada **fita (–)**, por convenção. A outra fita é denominada **fita codificadora**, pois sua sequência de DNA será idêntica à de RNA gerada (com a exceção de U substituindo T). Ela é chamada, também, **fita senso**, uma vez que a sequência do RNA é aquela utilizada para determinar quais aminoácidos serão produzidos no caso de um mRNA. E é chamada, ainda, de **fita (+)**, por convenção, ou mesmo **fita não molde**. Para os nossos fins, utilizaremos os termos *fita molde* e *fita codificadora* no decorrer do texto. Em decorrência de o DNA na fita codificadora possuir a mesma sequência do RNA gerado, ele será utilizado ao abordarmos a sequência dos genes para proteínas ou para promotores e elementos de controle no DNA.

fita molde (antissenso ou [–]) fita de DNA utilizada como molde para a síntese de RNA

fita codificadora (senso [+] ou não molde) fita de DNA que tem a mesma sequência do RNA que é sintetizado a partir do molde

O núcleo da enzima da RNA polimerase é ativado cataliticamente, porém, falta especificidade. O núcleo da enzima irá transcrever sozinho as duas fitas de DNA quando somente uma delas contiver as informações no gene. A holoenzima da RNA polimerase liga-se a sequências específicas de DNA e transcreve somente a fita correta. O papel essencial da subunidade σ é o reconhecimento do **promotor** (sequência de DNA que indica o início da transcrição de RNA; veja a Seção 11-3). A subunidade σ fracamente ligada é liberada após o início da transcrição e aproximadamente dez nucleotídeos terem sido acrescentados à cadeia do RNA. Os procariotos podem apresentar mais de um tipo de subunidade σ. A natureza da subunidade σ pode direcionar a RNA polimerase para diferentes promotores e gerar a transcrição de vários genes para refletir condições metabólicas diferentes.

promotor porção do DNA à qual a RNA polimerase se liga no início da transcrição

A Estrutura do Promotor

Mesmo os organismos mais simples contêm uma grande quantidade de DNA que não é transcrita. A RNA polimerase deve possuir uma maneira de identificar qual das duas fitas é a fita molde, que trecho da fita deve ser transcrito e onde está localizado o primeiro nucleotídeo do gene a ser transcrito.

Como a RNA polimerase sabe onde começar a transcrição?

Promotores são sequências de DNA que fornecem essa direção para a RNA polimerase. A região promotora à qual a RNA polimerase se liga está mais próxima da extremidade 3' da fita molde do que o gene a partir do qual o RNA será sintetizado. O RNA é formado da extremidade 5' para a 3', portanto, a polimerase move-se ao longo da fita molde da extremidade 3' para a 5'. Entretanto, por convenção, todas as sequências de controle são fornecidas para a fita codificadora, que vai de 5' para 3'. O sítio de ligação para a polimerase deve estar localizado *a montante* (acima) do início da transcrição, que está mais distante da extremidade 5' da fita codificadora. Isso normalmente é uma fonte de confusão para os estudantes, e é importante lembrar a orientação correta. A sequência do promotor será dada com base na fita codificadora, mesmo com a RNA polimerase estando, na realidade, ligada à fita molde. Os promotores são a montante, o que significa do lado 5' da fita codificadora e do lado 3' da fita molde.

A maioria dos promotores de bactérias possui, no mínimo, três componentes. A Figura 11.2 mostra algumas sequências típicas de promotores para genes de *E. coli*. O componente mais próximo ao primeiro nucleotídeo a ser incorporado fica, aproximadamente, 10 bases a montante. Também por convenção, a primeira base a ser incorporada à cadeia do RNA deve estar na posição +1 e é denominada **sítio de início da transcrição (TSS, do inglês transcription start site)**. São atribuídos números negativos a todos os nucleotídeos situados a montante do sítio de início.

Em razão de o primeiro elemento promotor estar localizado, aproximadamente, 10 bases a montante, ele é denominado região –10, mas é chamado também **Pribnow box**, em consideração ao seu descobridor. Após o Pribnow box, há de 16 a 18 bases que são completamente variáveis. O próximo elemento promotor está localizado, aproximadamente, 35 bases a montante do TSS, e é denominado, simplesmente, **região –35** ou **elemento –35**. Elemento é um termo geral para uma sequência de DNA que, de alguma forma, é importante para o controle da transcrição. A área que abrange do elemento –35 ao TSS é denominada **núcleo promotor**. A montante do núcleo promotor pode estar localizado um **elemento UP**, que intensifica a ligação da RNA polimerase. Os elementos UP, em geral, estendem-se de –40 a –60. A região que abrange da extremidade do elemento UP até o sítio de início da transcrição é conhecida como **promotor estendido**.

A sequência de bases das regiões promotoras foi determinada para uma série de genes procarióticos. Uma característica impressionante é o fato de elas conterem muitas bases em comum, denominadas **sequências de consenso**. As regiões promotoras são ricas em A–T, com duas ligações de hidrogênio por par de base. Consequentemente, elas são dissociadas mais facilmente do que as regiões ricas em G–C, que apresentam três ligações de hidrogênio por par de base. A Figura 11.2 mostra as sequências de consenso para as regiões –10 e –35.

sítio de início da transcrição (TSS) local na fita molde de DNA onde o primeiro ribonucleotídeo é utilizado para iniciar a síntese de RNA

Pribnow box sequência de bases de DNA que faz parte de um promotor procariótico; está localizada 10 bases antes do sítio inicial de transcrição

região –35 (ou elemento –35) parte do DNA que é base 35 a montante do início da transcrição de RNA, importante para o controle da síntese de RNA nas bactérias

núcleo promotor na transcrição procariótica, a porção do DNA do sítio de início da transcrição à região –35

elemento UP elemento promotor procariótico que está 40 a 60 bases a montante do sítio de início da transcrição

promotor estendido na transcrição procariótica, o DNA do sítio de início da transcrição até o elemento UP

sequências de consenso sequências de DNA às quais a RNA polimerase se liga; elas são idênticas em muitos organismos

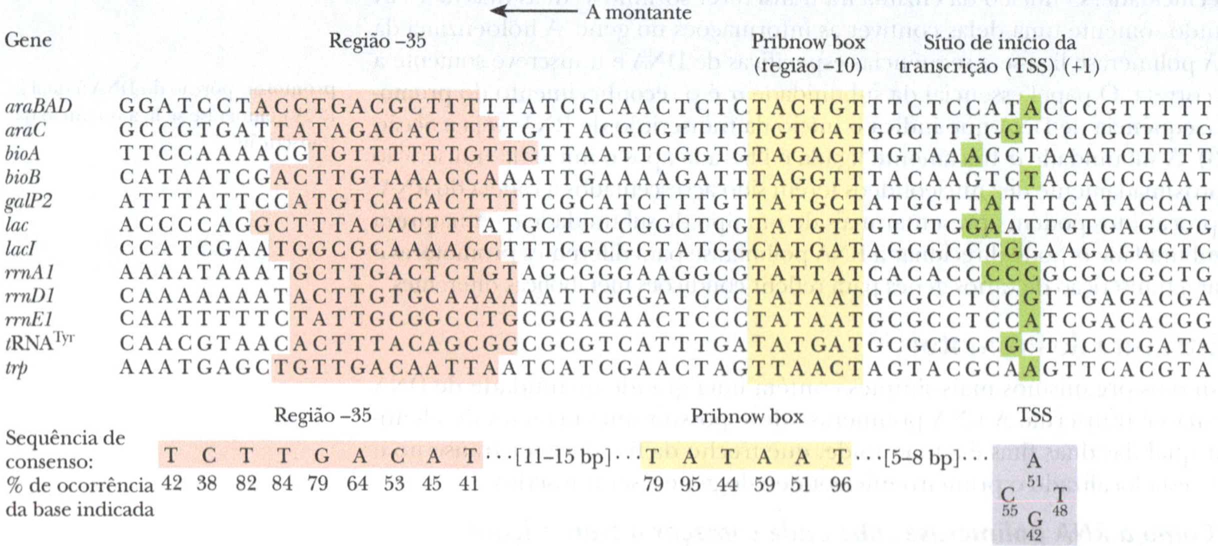
A montante
Gene
Região –35
Pribnow box (região –10)
Sítio de início da transcrição (TSS) (+1)
araBAD GGATCCTACCTGACGCTTTTTATCGCAACTCTCTACTGTTTCTCCATACCCGTTTTT
araC GCCGTGATTATAGACACTTTTGTTACGCGTTTTTGTCATGGCTTTGGTCCCGCTTTG
bioA TTCCAAAACGTGTTTTTTGTTGTTAATTCGGTGTAGACTTGTAAACCTAAATCTTTT
bioB CATAATCGACTTGTAAACCAAATTGAAAAGATTTAGGTTTACAAGTCTACACCGAAT
galP2 ATTTATTCCATGTCACACTTTTCGCATCTTTGTTATGCTATGGTTATTTCATACCAT
lac ACCCCAGGCTTTACACTTTATGCTTCCGGCTCGTATGTTGTGTGGAATTGTGAGCGG
lacI CCATCGAATGGCGCAAAACCTTTCGCGGTATGGCATGATAGCGCCCGGAAGAGAGTC
rrnA1 AAAATAAATGCTTGACTCTGTAGCGGGAAGGCGTATTATCACACCCCCGCGCCGCTG
rrnD1 CAAAAAAATACTTGTGCAAAAAATTGGGATCCCTATAATGCGCCTCCGTTGAGACGA
rrnE1 CAATTTTTCTATTGCGGCCTGCGGAGAACTCCCTATAATGCGCCTCCATCGACACGG
tRNATyr CAACGTAACACTTTACAGCGGCGCGTCATTTGATATGATGCGCCCCGCTTCCCGATA
trp AAATGAGCTGTTGACAATTAATCATCGAACTAGTTAACTAGTACGCAAGTTCACGTA
Região –35
Pribnow box
TSS
Sequência de consenso:
T C T T G A C A T ···[11–15 bp]··· T A T A A T ···[5–8 bp]··· A C T G
% de ocorrência da base indicada
42 38 82 84 79 64 53 45 41
79 95 44 59 51 96
51 55 48 42

FIGURA 11.2 **As sequências de promotores representativos da *E. coli*.** Por convenção, eles são apresentados como a sequência que será encontrada na fita codificadora da esquerda para a direita como na direção de 5' para 3'. Os números abaixo da sequência de consenso indicam a porcentagem de tempo que determinada posição permanece ocupada pelo nucleotídeo indicado.

Embora as regiões –10 e –35 de muitos genes sejam semelhantes, há também algumas variações significativas que são importantes para o metabolismo do organismo. Além de direcionar a RNA polimerase para o gene correto, a sequência de bases dos promotores controla a frequência com a qual o gene é transcrito. Alguns promotores são fortes, enquanto outros são fracos. Um promotor forte liga-se à RNA polimerase firmemente; deste modo, o gene será transcrito com mais frequência. Em geral, conforme uma sequência de promotores difere da sequência de consenso, a ligação da RNA polimerase torna-se mais fraca.

A Iniciação da Cadeia

Geralmente, o processo de transcrição (assim como a tradução, como veremos no Capítulo 12) é dividido em fases para facilitar seu estudo. A primeira fase da transcrição é denominada **iniciação da cadeia**, a parte desse processo que foi mais estudada, além de ser, também, a mais controlada.

A iniciação da cadeia começa quando a RNA polimerase (RNA pol) se liga ao promotor e forma o que chamamos **complexo fechado** (Figura 11.3). A subunidade σ direciona a polimerase para o promotor. Ela une as regiões –10 e –35 do promotor ao núcleo da RNA polimerase por meio de uma "aba" flexível na subunidade σ. Os núcleos das enzimas que não apresentam subunidade σ

iniciação da cadeia (na transcrição) parte da transcrição na qual a RNA polimerase liga-se ao DNA, as fitas são separadas e o primeiro nucleotídeo liga-se ao seu complemento

complexo fechado complexo que inicialmente se forma entre a RNA polimerase e o DNA antes que a transcrição comece

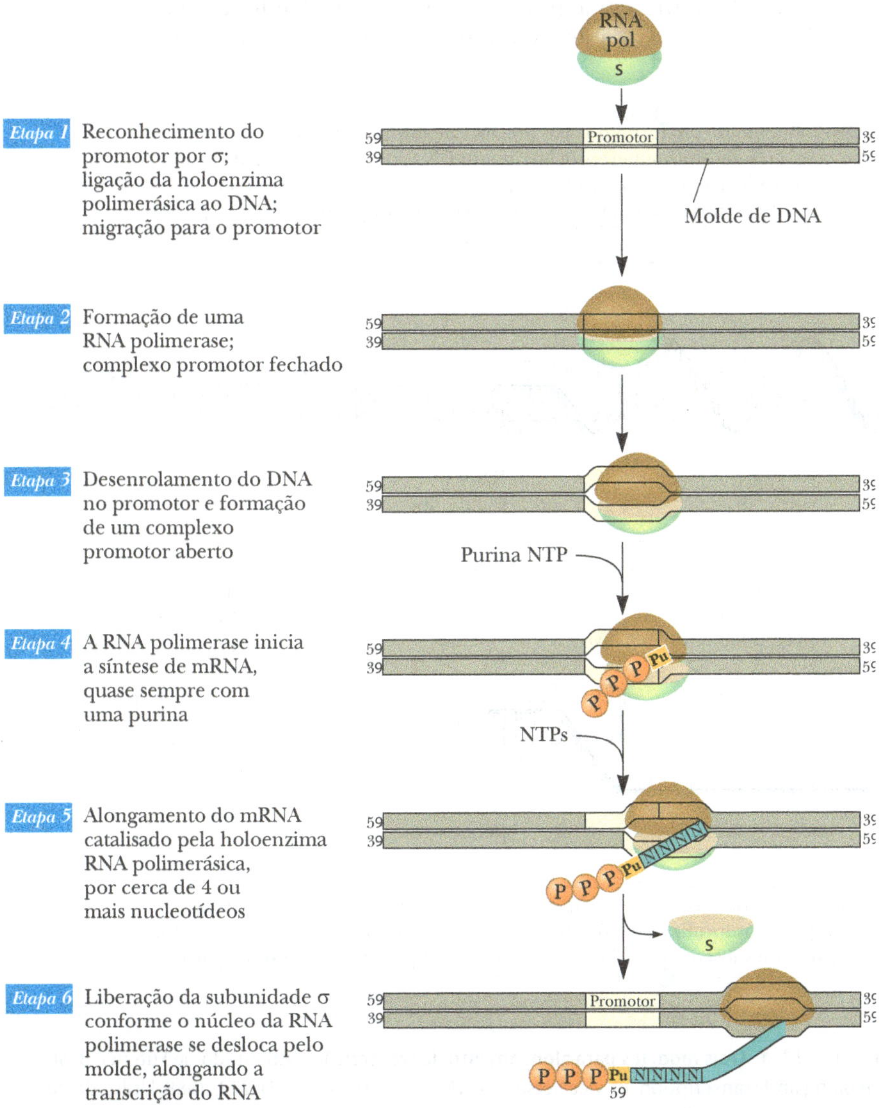
RNA pol
s
Etapa 1
Reconhecimento do promotor por σ; ligação da holoenzima polimerásica ao DNA; migração para o promotor
Promotor
Molde de DNA
Etapa 2
Formação de uma RNA polimerase; complexo promotor fechado
Etapa 3
Desenrolamento do DNA no promotor e formação de um complexo promotor aberto
Purina NTP
Etapa 4
A RNA polimerase inicia a síntese de mRNA, quase sempre com uma purina
NTPs
Etapa 5
Alongamento do mRNA catalisado pela holoenzima RNA polimerásica, por cerca de 4 ou mais nucleotídeos
Etapa 6
Liberação da subunidade σ conforme o núcleo da RNA polimerase se desloca pelo molde, alongando a transcrição do RNA
P P P Pu N N N N N
59

FIGURA 11.3 Sequência de eventos nas fases de iniciação e alongamento da transcrição, quando esta ocorre em procariotos. Os nucleotídeos nessa região são numerados em relação à base no sítio de início da transcrição, designada como +1.

se ligarão às áreas do DNA que não possuem promotores. A holoenzima pode ligar-se a um DNA "sem promotor", porém se dissociará sem ser transcrita.

complexo aberto forma do complexo de RNA polimerase e DNA que ocorre durante a transcrição

A iniciação da cadeia requer a formação do **complexo aberto**. Estudos recentes mostram que uma porção das subunidades β' e σ iniciam a separação da fita, fundindo aproximadamente 14 pares de bases que circundam o sítio de início da transcrição. A primeira base no RNA é uma purina ribonucleosídeo trifosfato, e se une à sua base complementar no DNA na posição +1. Quanto às purinas, A tende a ocorrer com mais frequência que G. Esse primeiro resíduo retém seu grupo de 5' trifosfatos (indicado por ppp na Figura 11.3).

Alongamento da Cadeia

Após a separação das fitas, uma bolha de transcrição de aproximadamente 17 pares de bases se desloca pela sequência do DNA a ser transcrita (Figura 11.3), e a RNA polimerase catalisa a formação das ligações fosfodiéster entre os ribonucleotídeos incorporados. Quando incorporados cerca de dez nucleotídeos, a subunidade σ dissocia-se, sendo posteriormente reciclada para se ligar a outro núcleo de enzima da RNA polimerase.

O processo de transcrição leva ao superenrolamento do DNA, com superenrolamento negativo a montante da bolha de transcrição e superenrolamento positivo a jusante, como mostra a Figura 11.4. As topoisomerases relaxam os superenrolamentos na frente e atrás da bolha de transcrição em progresso. A velocidade de alongamento da cadeia não é constante. A RNA polimerase move-se rapidamente em algumas regiões do DNA e lentamente em outras, podendo fazer uma pausa de até um minuto antes de continuar.

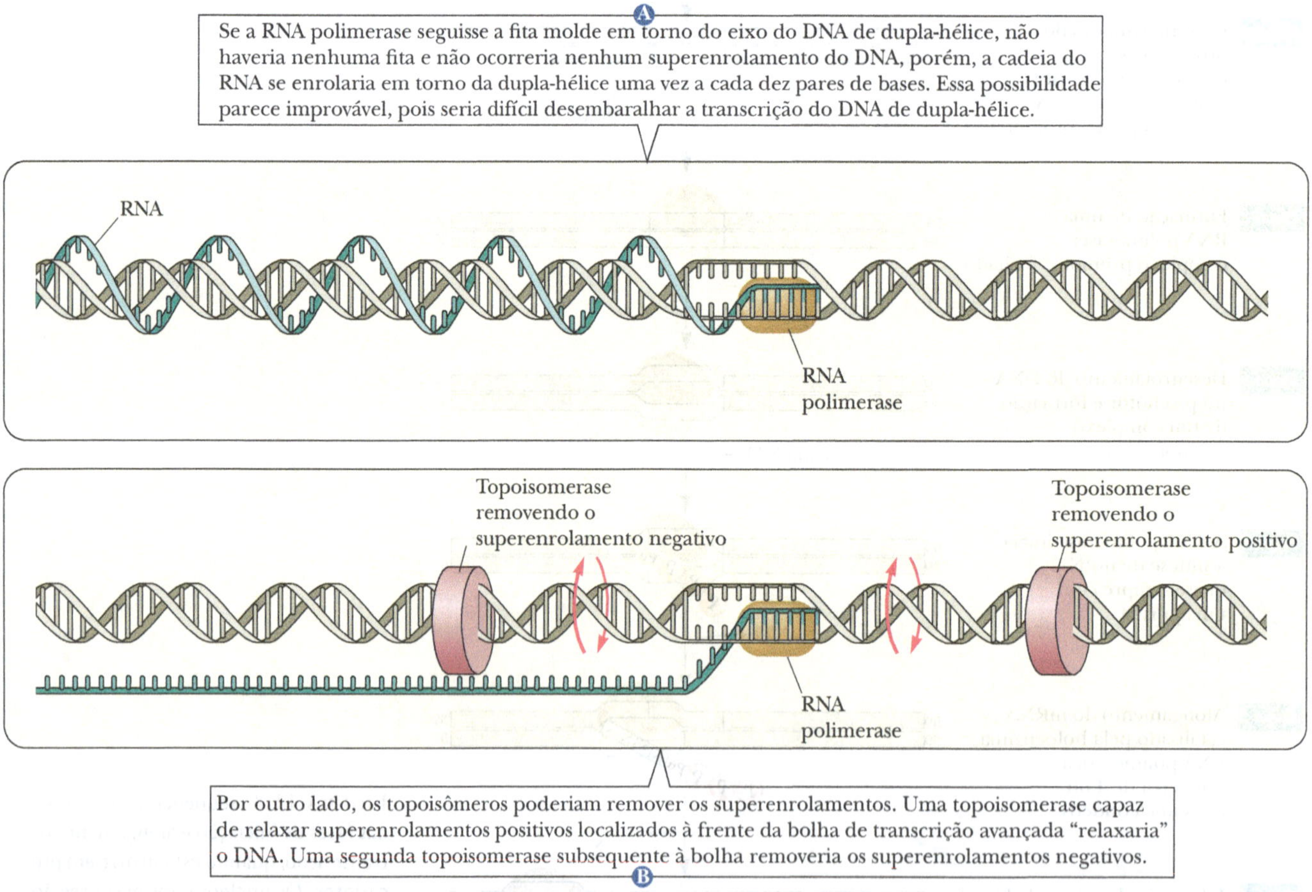
A
Se a RNA polimerase seguisse a fita molde em torno do eixo do DNA de dupla-hélice, não haveria nenhuma fita e não ocorreria nenhum superenrolamento do DNA, porém, a cadeia do RNA se enrolaria em torno da dupla-hélice uma vez a cada dez pares de bases. Essa possibilidade parece improvável, pois seria difícil desembaralhar a transcrição do DNA de dupla-hélice.
RNA
RNA polimerase
Topoisomerase removendo o superenrolamento negativo
Topoisomerase removendo o superenrolamento positivo
RNA polimerase
Por outro lado, os topoisômeros poderiam remover os superenrolamentos. Uma topoisomerase capaz de relaxar superenrolamentos positivos localizados à frente da bolha de transcrição avançada "relaxaria" o DNA. Uma segunda topoisomerase subsequente à bolha removeria os superenrolamentos negativos.
B

FIGURA 11.4 **Dois modelos para alongamento de transcrição.** (Adaptado de Futcher, B. Supercoiling and transcription, or vice versa? *Trends in Genetics 4*, p. 271-272, 1988. Utilizado com permissão de Elsevier Science.)

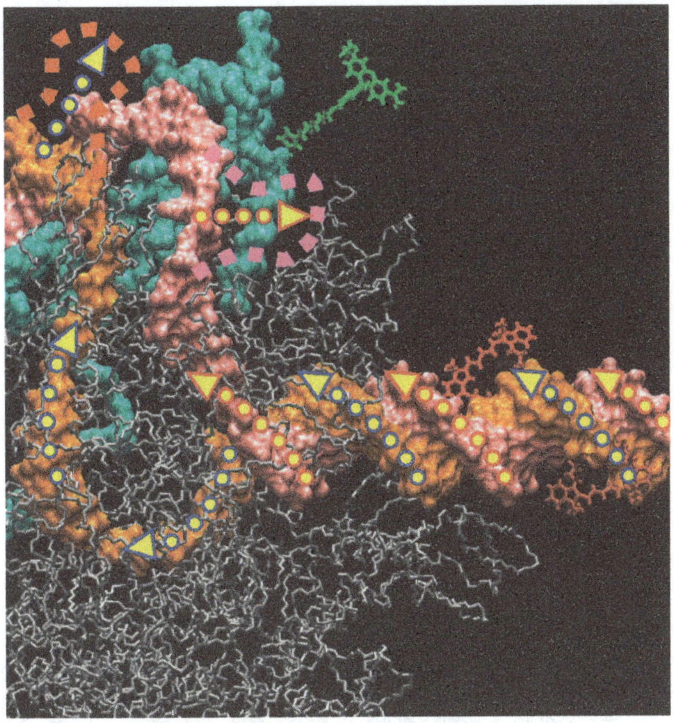

Figura 11.5 Pronto para amassar. O modelo mostra um complexo promotor aberto de RNA polimerase bacteriana (RNAP) preparado para começar a síntese de RNA, com setas designando os movimentos dos segmentos de DNA que ocorrem à medida que os primeiros nucleotídeos são combinados para formar uma cadeia de RNA. O DNA a jusante (à direita) gira para o interior e separa-se no canal de sítio ativo da polimerase. As fitas molde (laranja) e codificadora de DNA seguem os caminhos indicados, movendo-se à medida que a cadeia de RNA (não mostrada) é polimerizada no molde. Os sítios de extrusão de DNA de fita simples são mostrados pelas setas destacadas no alto. σ^{70} (azul); cadeias de núcleo RNAP (cinza). As marcas fluorescentes mostradas em vermelho e verde foram usadas para monitorar o movimento que demonstra o fenômeno de "amassamento". (Cortesia de Achillefs Kapandis [University of Oxford], Shimon Weiss [University o California, Los Angeles] e Richard H. Ebright [Rutgers University].)

Em vez de terminar cada cadeia de RNA, a RNA polimerase, na realidade, libera muitas cadeias próximo do começo do processo após aproximadamente 5 a 10 nucleotídeos terem sido montados, em um processo chamado *transcrição abortiva*. A causa desta transcrição é a falha da RNA polimerase em quebrar suas próprias ligações com o promotor via a subunidade σ. O estudo deste processo levou ao modelo atual do mecanismo de transcrição. Para que o alongamento da cadeia ocorra, a RNA polimerase deve ser capaz de se lançar para fora do promotor. Devido à forte ligação entre a subunidade σ e o promotor, isto exige energia substancial. A Figura 11.5 mostra o modelo atual do complexo aberto que permite a progressão no alongamento da cadeia. A RNA polimerase está ligada fortemente ao promotor de DNA. Ela "amassa" o DNA nele mesmo, provocando tensão torcional das fitas de DNA separadas. Como um arco sendo carregado com energia potencial à medida que a corda do arco é puxada, isto fornece energia para permitir que a polimerase se liberte.

Terminação da Cadeia

A terminação da transcrição de RNA também envolve sequências específicas *a jusante* do gene para o RNA a ser transcrito. Existem dois tipos de mecanismos de terminação. O primeiro é denominado **terminação intrínseca**, controlado por sequências específicas denominadas **sítios de terminação**, que são caracterizados por duas repetições invertidas espaçadas por outras bases (Figura 11.6). As repetições invertidas são sequências de bases complementares, de tal forma que podem torcer em torno de si mesmas. Assim, o DNA codificará várias uracilas. Quando o RNA for gerado, as repetições invertidas formarão uma alça em forma de grampo. Isto tende a interromper o progresso da RNA polimerase. Ao mesmo tempo, a presença das uracilas gera uma série de pares de bases A–U entre a fita molde e o RNA. Os pares A–U apresentam ligações de hidrogênio fracas se comparados aos pares de G–C, e o RNA se dissocia da bolha de transcrição, encerrando a transcrição.

terminação intrínseca tipo de terminação da transcrição que não depende da proteína rho

sítios de terminação áreas no DNA que causam a terminação da transcrição ao gerar alças em grampos e uma zona de ligação fraca entre o DNA e o RNA

Outro tipo de terminação envolve uma proteína especial denominada *rho* (ρ). Sequências de terminação dependentes de rho também geram uma alça em forma de grampo. Neste caso, a proteína ρ liga-se ao RNA e busca a polimerase, como mostra a Figura 11.7. Quando a polimerase transcreve o RNA que gera uma alça em forma de grampo (não mostrada na figura), ela é paralisada, dando à proteína

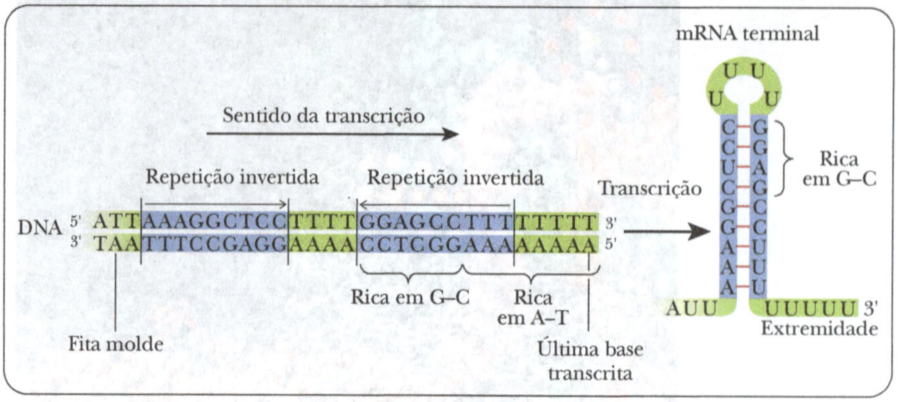

mRNA terminal
Sentido da transcrição
Repetição invertida
Repetição invertida
Transcrição
Rica em G–C
DNA
5' ATTAAAGGCTCCTTTTGGAGCCTTTTTTTT 3'
3' TAATTTCCGAGGAAAACCTCGGAAAAAAAA 5'
Rica em G–C
Rica em A–T
Fita molde
Última base transcrita
AUU
UUUUU 3'
Extremidade

FIGURA 11.6 Repetições invertidas terminam a transcrição. As repetições invertidas na sequência de DNA que está sendo transcrita podem gerar uma molécula de mRNA que cria uma alça em forma de grampo. Isto é frequentemente utilizado para terminar a transcrição.

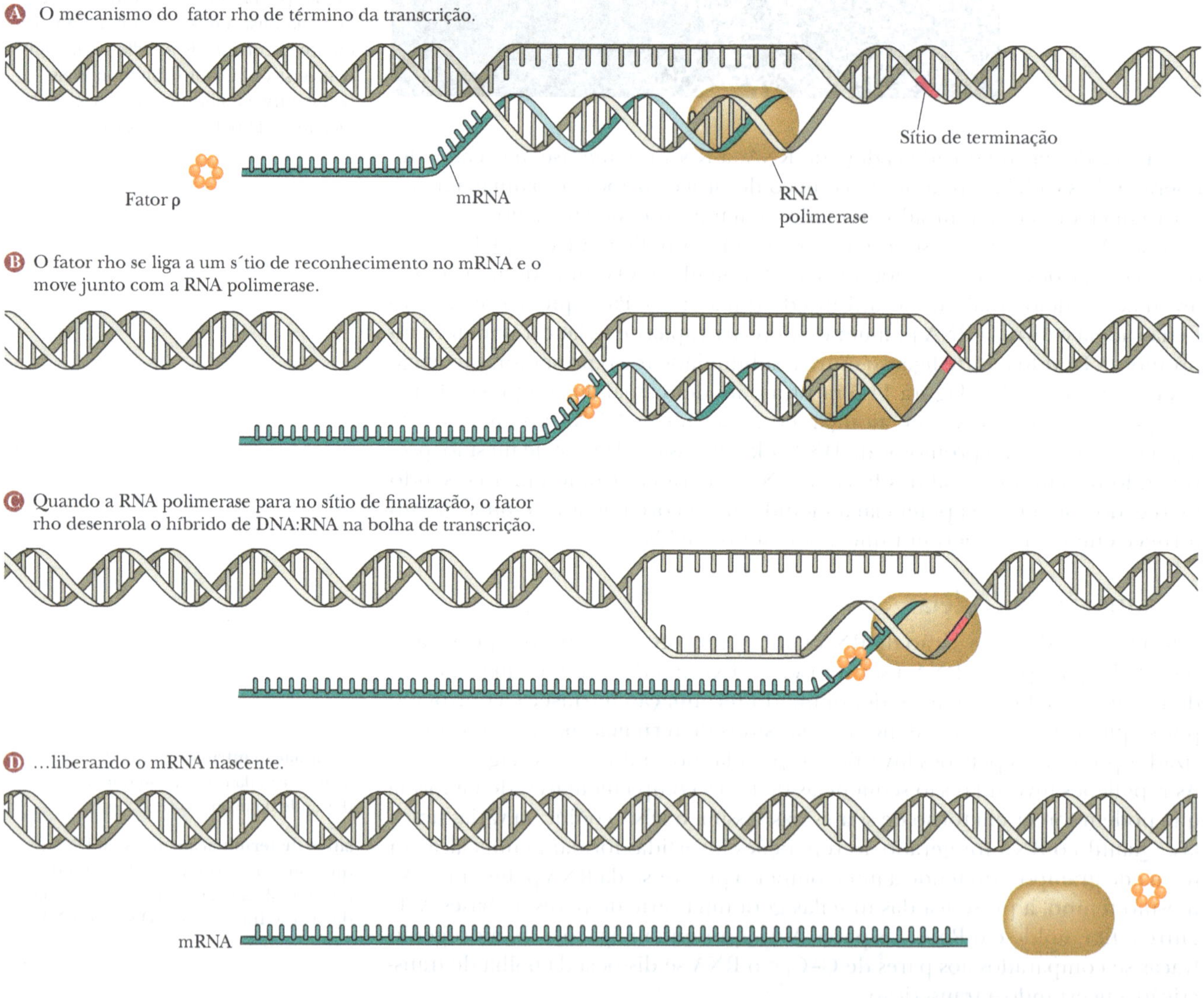

A O mecanismo do fator rho de término da transcrição.
Sítio de terminação
Fator ρ
mRNA
RNA polimerase
B O fator rho se liga a um s´tio de reconhecimento no mRNA e o move junto com a RNA polimerase.
C Quando a RNA polimerase para no sítio de finalização, o fator rho desenrola o híbrido de DNA:RNA na bolha de transcrição.
D …liberando o mRNA nascente.
mRNA

FIGURA 11.7 Mecanismo do fator rho de terminação de transcrição. O fator rho (ρ) (a) liga-se a um sítio de reconhecimento no mRNA e (b) move-se ao longo dele, após a RNA polimerase. (c) Quando a RNA polimerase faz uma pausa no sítio de terminação, o fator rho desenrola o híbrido DNA:RNA na bolha de transcrição, liberando o mRNA nascente (d).

ρ uma chance de alcançá-lo. Quando a proteína ρ atinge o sítio de terminação, ela facilita a dissociação do mecanismo de transcrição. Tanto o movimento da proteína ρ quanto a dissociação requerem ATP.

11-3 A Regulação da Transcrição nos Procariotos

Embora muitos RNAs e proteínas sejam produzidos até mesmo em célula procariótica simples, nem todos são produzidos ao mesmo tempo ou nas mesmas quantidades. Nos procariotos, o controle da transcrição é em grande parte responsável por controlar o nível de produção de proteína. Na realidade, muitos equiparam o controle da transcrição à expressão do gene.

Como a transcrição é controlada nos procariotos?

Nos procariotos, a transcrição é controlada de quatro maneiras principais - fatores σ alternativos, reforçadores, óperons e atenuação da transcrição, que serão abordados em separado.

Fatores σ Alternativos

Vírus e bactérias podem exercer certo controle sobre quais genes serão expressos ao produzir diferentes subunidades σ, que irão direcionar a RNA polimerase para genes diferentes. Um exemplo clássico de como isto funciona é a ação do fago SPO1, um vírus que infecta a bactéria *Bacillus subtilis.* O vírus possui um conjunto de genes denominado *genes precoces*, que são transcritos pela RNA polimerase do hospedeiro utilizando sua subunidade σ regular (Figura 11.8). Um dos genes virais precoces codifica uma proteína denominada *gp28.* Esta proteína é, na verdade, outra subunidade σ, que direciona a RNA polimerase para transcrever preferencialmente mais genes virais durante a *fase intermediária.* Os produtos de transcrição da fase intermediária são *gp33* e *gp34*, que juntos formam um outro fator σ, que direciona a transcrição dos *genes tardios.* Lembre-se de que os fatores σ são reciclados. Inicialmente, a *B. subtilis* utiliza os fatores σ padrão. Quanto mais gp28 for produzida, passa a competir pela ligação com o fator σ padrão para a RNA polimerase, subvertendo, consequentemente, o mecanismo de transcrição para o vírus em vez da bactéria.

Outro exemplo de fatores σ alternativos é observado na resposta da *E. coli* ao choque térmico. A subunidade σ normal nessa espécie é denominada σ^{70}, em razão da sua massa molecular de 70 mil Da. Quando as *E. coli* crescem sob temperaturas superiores à ideal, produzem outro conjunto de proteínas em resposta, sendo produzido outro fator σ, denominado σ^{32}. Esse fator direciona a RNA polimerase para se ligar a diferentes promotores, que, normalmente, não são reconhecidos pela σ^{70}.

Reforçadores

Certos genes de *E. coli* apresentam sequências a montante da região promotora estendida. Os genes para produção de RNA ribossômico possuem três sítios a montante, denominados *sítios Fis*, por serem sítios de ligação para a proteína denominada Fis (Figura 11.9). Esses sítios estendem-se da extremidade do elemento UP em –60 até –150, e são exemplos de uma classe de sequências de DNA denominada **reforçadores**. Os reforçadores são sequências que podem ser ligadas por proteínas denominadas **fatores de transcrição**, uma classe de moléculas que veremos muito nas Seções 11-4 e 11-5.

Qual a diferença entre um reforçador e um promotor?

Quando uma sequência de DNA é rotulada como promotor, isto implica que o a RNA polimerase liga-se àquela região do DNA. Reforçador, por outro lado, é uma sequência de DNA que normalmente é a montante do promotor. A polimerase não se liga a reforçadores. Quando os reforçadores permitem uma resposta à alteração das condições metabólicas,

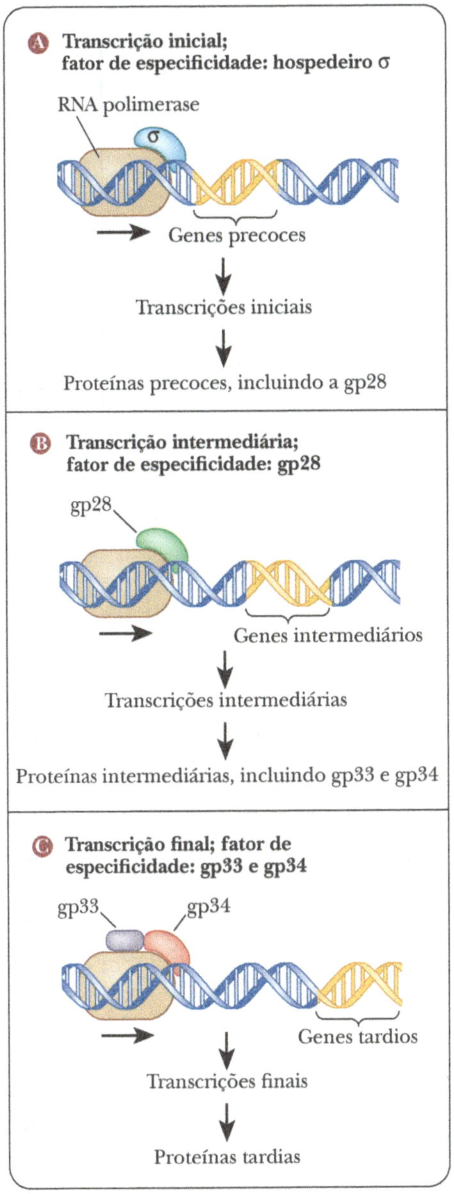

A Transcrição inicial; fator de especificidade: hospedeiro σ
RNA polimerase
σ
Genes precoces
Transcrições iniciais
Proteínas precoces, incluindo a gp28
B Transcrição intermediária; fator de especificidade: gp28
gp28
Genes intermediários
Transcrições intermediárias
Proteínas intermediárias, incluindo gp33 e gp34
C Transcrição final; fator de especificidade: gp33 e gp34
gp33
gp34
Genes tardios
Transcrições finais
Proteínas tardias

FIGURA 11.8 Controle de transcrição por diferentes subunidades σ. (a) Quando o fago SPO1 infecta a *B. subtilis*, a RNA polimerase hospedeira (marrom) e a subunidade σ (azul) transcrevem os genes precoces do DNA viral causador da infecção. Um dos produtos dos genes precoces é o gp28 (verde), uma subunidade σ alternativa. (b) A gp28 direciona a RNA polimerase para transcrever os genes intermediários, os quais produzem a gp33 (roxo) e a gp34 (vermelho). (c) A gp33 e a gp34 direcionam a RNA polimerase do hospedeiro para transcrever os genes tardios. (Adaptado sob permissão de Weaver, R. F. *Molecular Biology*, McGraw-Hill, 1999.)

reforçadores sequências de DNA que se ligam a um fator de transcrição e aumentam a velocidade de transcrição

fatores de transcrição proteínas ou outros complexos que se ligam a sequências de DNA e alteram o nível basal da transcrição

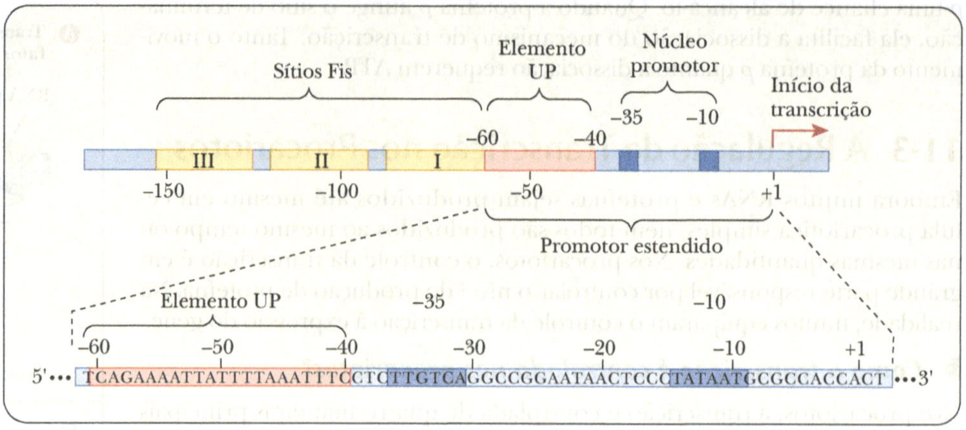
Sítios Fis
Elemento UP
Núcleo promotor
−35
−10
Início da transcrição
−60
−40
III
II
I
−150
−100
−50
+1
Promotor estendido
Elemento UP
−35
−10
−60
−50
−40
−30
−20
−10
+1
5'••• TCAGAAAATTATTTTAAATTTCCTCTTGTCAGGCCGGAATAACTCCCTATAATGCGCCACCACT •••3'

FIGURA 11.9 **Elementos de um promotor bacteriano.** O núcleo promotor inclui as regiões −10 a −35. O promotor estendido inclui o elemento UP. A montante do elemento UP pode haver reforçadores, como os sítios Fis encontrados nos promotores para genes que codificam o RNA ribossômico na *E. coli*. A proteína Fis é um fator de transcrição. (Adaptado sob permissão de Weaver, R. F. *Molecular Biology*, McGraw-Hill, 1999.)

elementos de resposta sequências de DNA que se ligam a fatores de transcrição envolvidos no controle mais generalizado das vias

silenciador sequência de DNA que se liga a um fator de transcrição e reduz o nível da transcrição

como choque de temperatura, são geralmente chamados **elementos de resposta**. Quando a ligação do fator de transcrição aumenta o nível da transcrição, o elemento é considerado um reforçador. Quando a ligação do fator de transcrição reduz a transcrição, o elemento é considerado um **silenciador**. A posição e a orientação do reforçador são menos importantes que as sequências que fazem parte do promotor. Biólogos moleculares podem estudar a natureza dos elementos de controle efetuando alterações neles. Quando as sequências dos reforçadores são deslocadas de um local no DNA para outro, ou eles têm suas sequências revertidas, ainda assim funcionam como reforçadores. O estudo do número e da natureza dos fatores de transcrição é a pesquisa mais comum em biologia molecular atualmente.

Óperons

óperon grupo de genes operador, promotor e estrutural

indutor uma molécula que se liga à transcrição de um gene

indução (da síntese de enzimas) estímulo para a produção de uma enzima pela presença de um indutor específico

Nos procariotos, os genes que codificam as enzimas de determinadas vias metabólicas são, em geral, controlados como um grupo, com os genes que codificam as proteínas dessa via mantidos juntos e sob o controle de um promotor em comum. Esse grupo de genes é denominado **óperon**. Geralmente, os genes não são transcritos todo o tempo. Em vez disso, a produção dessas proteínas pode ser desencadeada pela presença de uma substância adequada, chamada **indutor**. Este fenômeno é denominado **indução**. Um exemplo particularmente bem estudado de uma proteína indutora é a enzima *β-galactosidase* na *E. coli*.

O dissacarídeo *lactose* (um *β*-galactosídeo; Seção 16-3) é o substrato da *β*-galactosidase. A enzima hidrolisa a ligação glicosídica entre galactose e glicose, os monossacarídeos, que são as partes componentes da lactose. A *E. coli* pode sobreviver com a lactose como sua única fonte de carbono. Para tal, a bactéria necessita da *β*-galactosidase para catalisar a primeira etapa da degradação da lactose.

A produção da *β*-galactosidase ocorre somente na presença de lactose, não na de outras fontes de carbono, como a glicose. Um metabólito da lactose, a alolactose, é o verdadeiro indutor, e a *β*-galactosidase é uma *enzima indutível*.

gene estrutural gene que dirige a síntese de uma proteína sob o controle de um gene regulador

A *β*-galactosidase é codificada por um **gene estrutural** (*lacZ*) (Figura 11.10). Os genes estruturais codificam os produtos genéticos que estão envolvidos na via bioquímica do óperon. Dois outros genes estruturais compõem o óperon. Um deles é o *lacY*, que codifica a enzima lactose permease, que permite à lactose penetrar na célula. O outro é o *lacA*, que codifica uma enzima denominada transacetilase. Não se sabe qual a finalidade desta última enzima, porém, alguns acreditam que seu papel seja tornar inativos determinados antibióticos

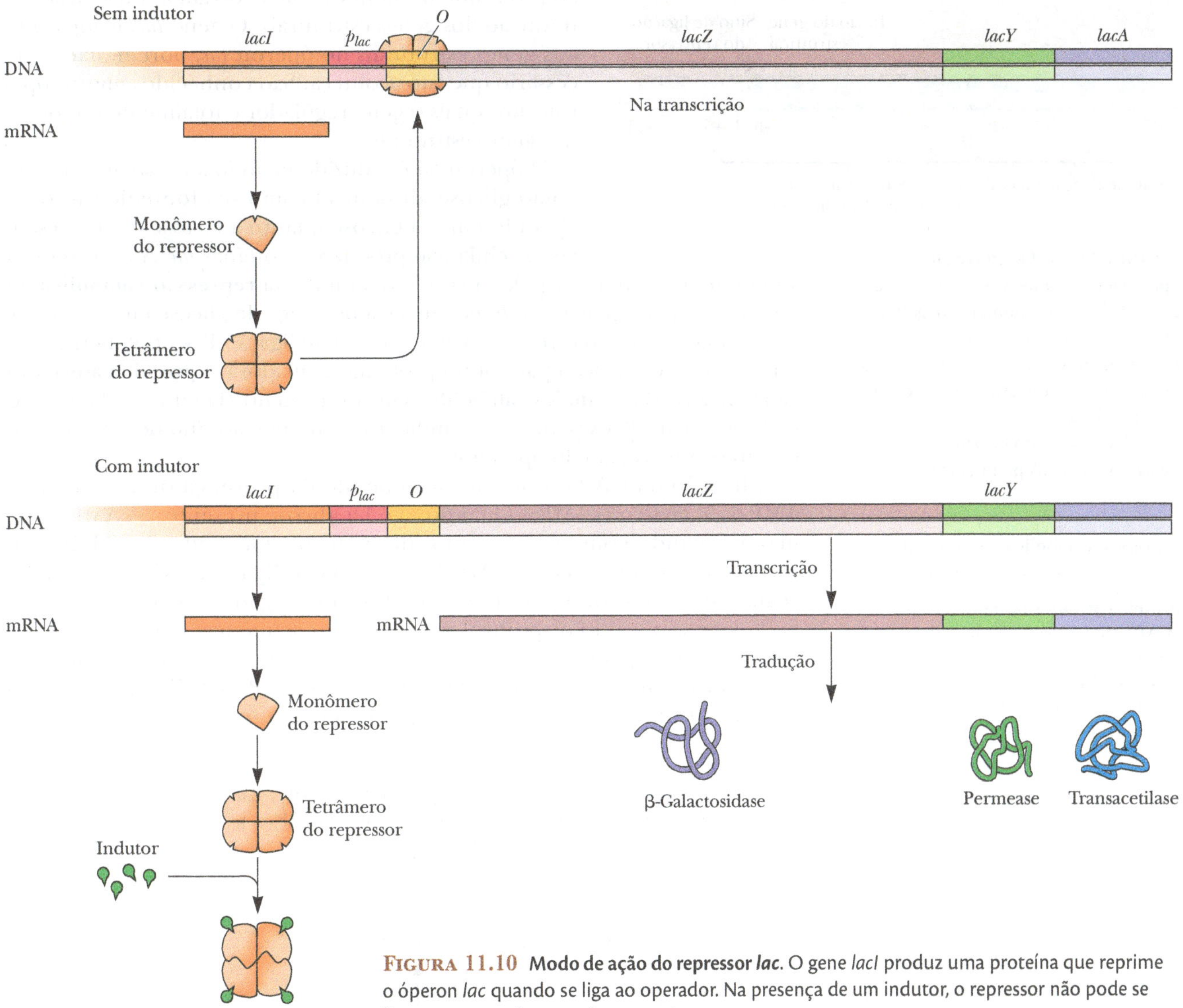

Sem indutor
DNA
lacI
plac
O
lacZ
lacY
lacA
Na transcrição
mRNA
Monômero do repressor
Tetrâmero do repressor
Com indutor
DNA
lacI
plac
O
lacZ
lacY
Transcrição
mRNA
mRNA
Tradução
Monômero do repressor
Tetrâmero do repressor
Indutor
β-Galactosidase
Permease
Transacetilase

FIGURA 11.10 **Modo de ação do repressor *lac*.** O gene *lacI* produz uma proteína que reprime o óperon *lac* quando se liga ao operador. Na presença de um indutor, o repressor não pode se ligar, e os genes óperon são transcritos.

que possam penetrar na célula através da lactose permease. A expressão desses genes estruturais encontra-se, por sua vez, sob o controle de um **gene regulador** (*lacI*), e o modo de operação do gene regulador é a parte mais importante do mecanismo óperon *lac*. O gene regulador é responsável pela produção de uma proteína, o **repressor**. Como o nome indica, o repressor inibe a expressão dos genes estruturais. Na presença do indutor, essa inibição é eliminada. Este é um exemplo de *regulação negativa*, pois o óperon *lac* é ativado, a menos que haja algo presente que o desative, que, neste caso, é o repressor.

gene regulador gene que promove a síntese de uma proteína repressora

repressor proteína que se liga a um gene operador bloqueando a transcrição e a eventual tradução de genes estruturais sob controle de tal operador

Como a repressão funciona no lac óperon?

A proteína repressora produzida pelo gene *lacI* forma um tetrâmero ao ser traduzida. Ela se liga, então, a uma parte do óperon denominada **operador** (*O*) (Figura 11.10). Quando o repressor está ligado ao operador, a RNA polimerase não pode se ligar à região promotora adjacente (*plac*), o que facilita a expressão dos genes estruturais. Juntos, o operador e o promotor constituem os **sítios de controle**.

Na indução, o indutor liga-se ao repressor, produzindo um repressor inativo que não pode se ligar ao operador (Figura 11.10). Em razão de o repressor não estar mais ligado ao operador, a RNA polimerase pode, agora, ligar-se

operador elemento de DNA ao qual um repressor da síntese proteica se liga

sítios de controle elementos operador e promotor que modulam a produção de proteínas cuja sequência de aminoácidos é codificada pelos genes estruturais sob seu controle

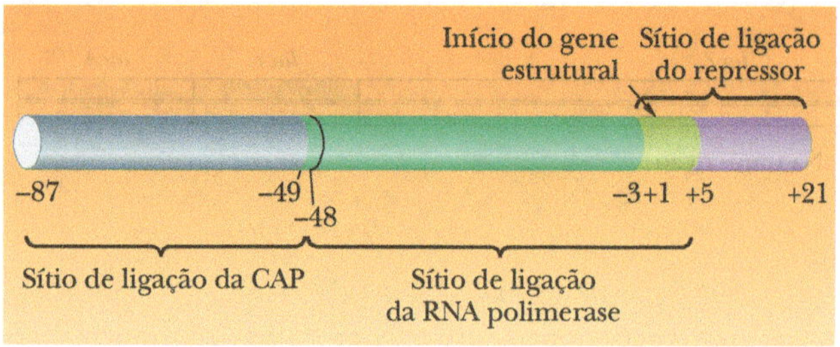
Início do gene estrutural
Sítio de ligação do repressor
–87
–49
–48
–3+1
+5
+21
Sítio de ligação da CAP
Sítio de ligação da RNA polimerase

Figura 11.11 **Os sítios de ligação em óperon *lac*.** A numeração refere-se aos pares de bases. Os números negativos são atribuídos a pares de bases nos sítios reguladores. Os números positivos indicam o gene estrutural, começando pelo par de bases +1. O sítio de ligação da CAP é observado próximo ao sítio de ligação da RNA polimerase.

repressão catabólica repressão da síntese de proteínas *lac* pela glicose

proteína ativadora catabólica (CAP) proteína que pode se ligar a um promotor quando complexada com cAMP, permitindo que a RNA polimerase se ligue ao seu sítio de entrada no mesmo promotor

ao promotor, permitindo que ocorram a transcrição e a tradução dos genes estruturais. O gene *lacI* é adjacente aos genes estruturais no óperon *lac*, porém, não é necessário que isto aconteça. São conhecidos muitos óperons nos quais o gene regulador é totalmente removido dos genes estruturais.

O óperon *lac* é induzido quando a *E. coli* tem lactose, e não glicose, disponível como sua fonte de carbono. Quando tanto a glicose quanto a lactose estão presentes, a célula não produz as proteínas *lac*. A repressão da síntese de proteínas *lac* pela glicose é denominada **repressão catabólica**. O mecanismo pelo qual a *E. coli* reconhece a presença de glicose envolve o promotor, que possui duas regiões. Uma é o sítio de ligação RNA polimerase, e a outra, o sítio de ligação para outra proteína reguladora, a **proteína ativadora catabólica (CAP, do inglês catabolite activator protein)** (Figura 11.11). O sítio de ligação para RNA polimerase também se sobrepõe ao sítio de ligação para o repressor na região do operador.

A ligação da CAP ao promotor depende da presença ou ausência de AMP 3',5' cíclico (cAMP). Quando não há glicose presente, o cAMP é formado, atuando como um "caçador de sinal" para a célula. A CAP forma, então, um complexo com cAMP. Este complexo liga-se ao sítio da CAP na região do promotor. Quando o complexo está ligado, a RNA polimerase pode ligar-se ao sítio disponível para ela e dar sequência à transcrição (Figura 11.12). O promotor *lac* é particularmente fraco, e a ligação de RNA polimerase é mínima na ausência do complexo CAP—cAMP ligado ao sítio da CAP. O sítio da CAP é um exemplo de elemento reforçador, e o com-

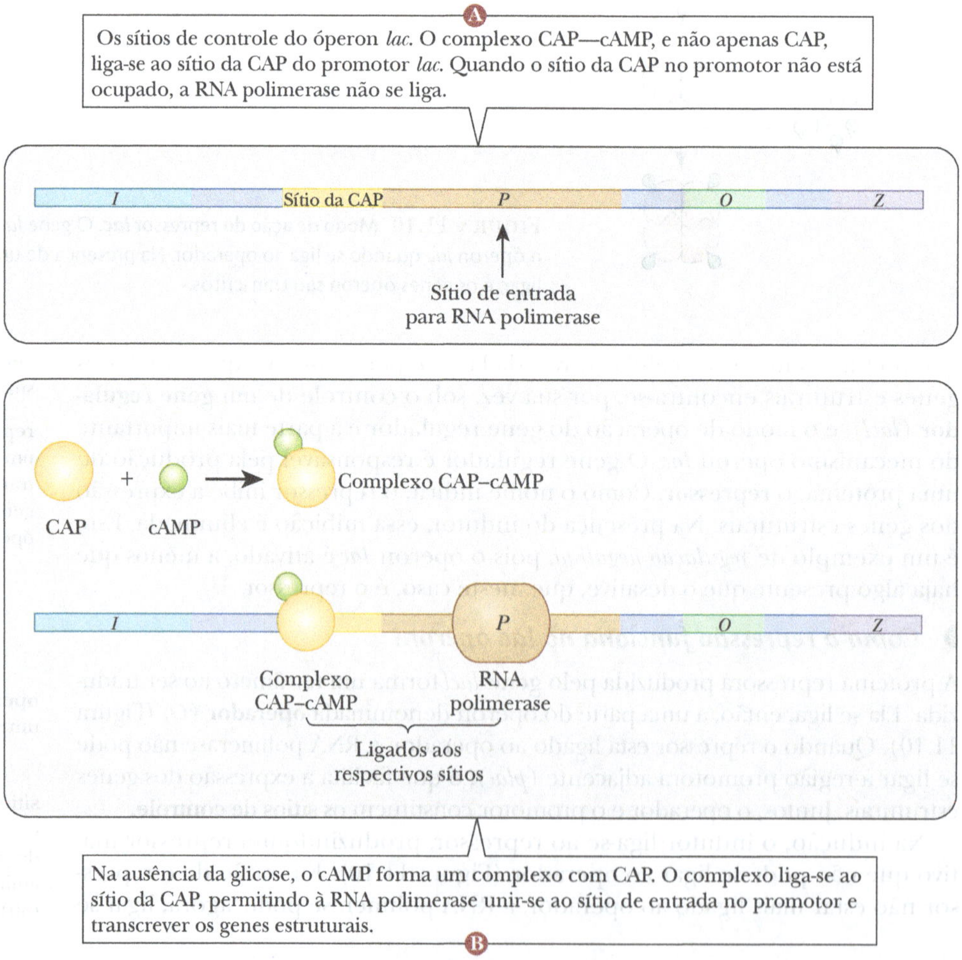
A
Os sítios de controle do óperon *lac*. O complexo CAP—cAMP, e não apenas CAP, liga-se ao sítio da CAP do promotor *lac*. Quando o sítio da CAP no promotor não está ocupado, a RNA polimerase não se liga.
I
Sítio da CAP
P
O
Z
Sítio de entrada para RNA polimerase
CAP
+
cAMP
Complexo CAP–cAMP
I
P
O
Z
Complexo CAP–cAMP
RNA polimerase
Ligados aos respectivos sítios
Na ausência da glicose, o cAMP forma um complexo com CAP. O complexo liga-se ao sítio da CAP, permitindo à RNA polimerase unir-se ao sítio de entrada no promotor e transcrever os genes estruturais.
B

Figura 11.12 Repressão catabólica.

plexo CAP–cAMP, um fator de transcrição. A modulação de transcrição por CAP é um tipo de *regulação positiva.*

Quando a célula possui um suprimento adequado de glicose, o nível de cAMP é baixo. A CAP liga-se ao promotor somente quando forma o complexo com cAMP. A combinação de regulação positiva e negativa com o óperon *lac* significa que a presença da lactose é necessária, porém não suficiente para a transcrição dos genes estruturais do óperon. São necessárias a presença de lactose *e* ausência de glicose para que o óperon se torne ativo. Como veremos à frente, muitos fatores de transcrição e elementos de resposta envolvem o uso de cAMP, um mensageiro comum na célula.

Os óperons podem ser controlados por mecanismos de regulação positiva ou negativa. Eles são classificados, também, como **induzíveis**, **reprimíveis**, ou ambos, dependendo de como respondem às moléculas que controlam sua expressão. Existem quatro possibilidades, conforme mostra a Figura 11.13. A figura no canto superior esquerdo mostra um sistema de controle negativo com indução. É um controle negativo porque uma proteína repressora interrompe a transcrição ao se ligar ao promotor. É um sistema de indução porque a presença do indutor ou **coindutor**, como é frequentemente chamado, libera a repressão, como vimos com o óperon *lac.* Os sistemas de controle negativos podem ser identificados pelo fato de que, se o gene para o repressor sofrer algum tipo de mutação que interrompa a expressão do repressor, o óperon sempre será expresso. Os genes que são sempre

induzível (e/ou reprimível) descreve um óperon cuja expressão de gene é controlada pela presença ou ausência de um indutor ou um repressor

coindutor uma pequena molécula dentro de um óperon induzível que se liga a um indutor ou repressor

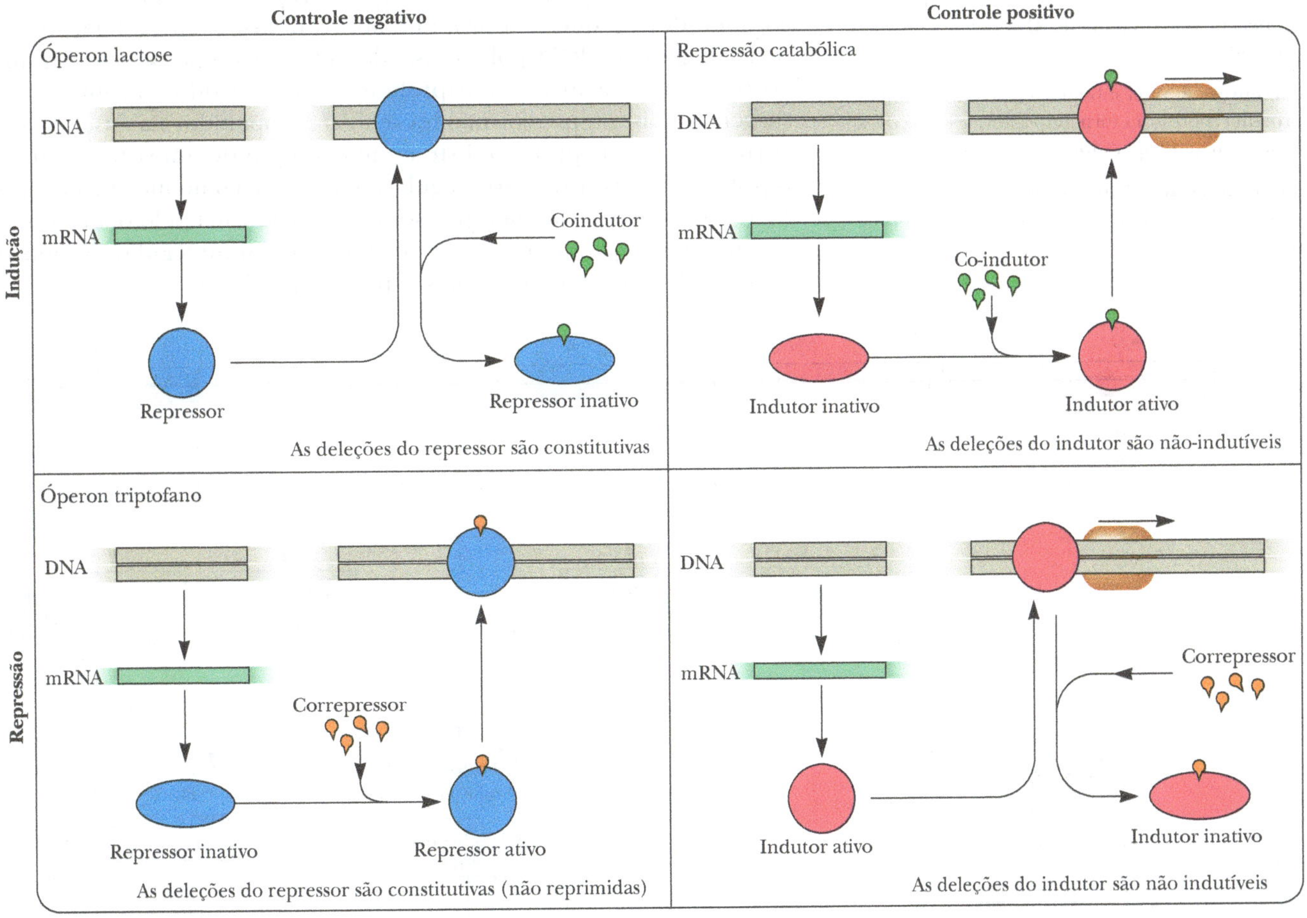
Controle negativo
Controle positivo
Óperon lactose
DNA
mRNA
Coindutor
Repressor
Repressor inativo
As deleções do repressor são constitutivas
Repressão catabólica
DNA
mRNA
Co-indutor
Indutor inativo
Indutor ativo
As deleções do indutor são não-indutíveis
Indução
Óperon triptofano
DNA
mRNA
Correpressor
Repressor inativo
Repressor ativo
As deleções do repressor são constitutivas (não reprimidas)
DNA
mRNA
Correpressor
Indutor ativo
Indutor inativo
As deleções do indutor são não indutíveis
Repressão

FIGURA 11.13 Os mecanismos básicos de controle observados nos genes de controle. Eles podem ser induzíveis ou reprimíveis, podendo ainda ser controlados de forma positiva ou negativa. Os coindutores podem estimular indutores, enquanto os correpressores podem ativar repressores ou inativar indutores.

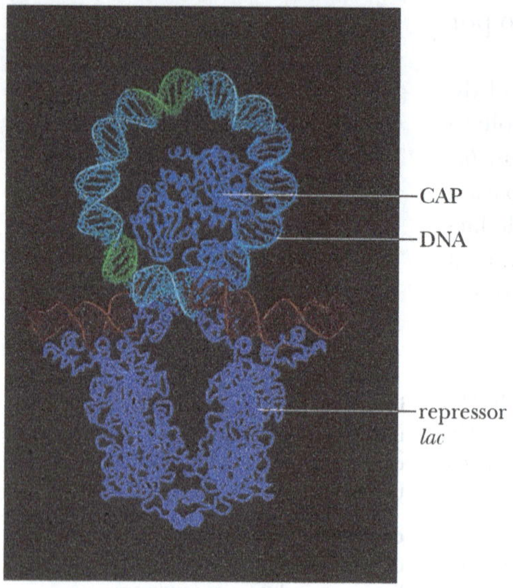
CAP
DNA
repressor
lac

O repressor *lac* e a CAP ligados ao DNA. (De Mitchell Lewis, et al (1º de março de 1996) *Science* 271 (5253), 1247. Usado com permissão da AAAS.)

constitutivos refere-se à transcrição e à expressão de genes que não são controladas por nada, a não ser pela ligação inerente da RNA polimerase ao promotor

correpressor uma substância que se liga a uma proteína repressora tornando-a ativa e capaz de se ligar a um gene operador

autorregulação (de um óperon) sistema no qual o produto de um óperon regula sua própria produção

expressos são denominados **constitutivos**. A figura no canto superior direito (p. 291)mostra um sistema de indução controlado positivamente. A proteína de controle é um indutor que se liga ao promotor, estimulando a transcrição, porém ela age somente quando ligada a seu coindutor. Este é o processo observado na proteína ativadora catabólica com o óperon *lac*. Esses sistemas de controle positivo podem ser identificados pelo fato de que, se o gene para o indutor sofre mutação, ele não pode ser expresso, ou seja, é *não indutível*. A figura no canto inferior esquerdo (p. 291)mostra um sistema de repressão controlado negativamente. Um repressor interrompe a transcrição, porém este atua somente na presença de um **correpressor**. Da mesma forma que um indutor, um correpressor poderia ser uma proteína ou uma pequena molécula. A figura no canto direito inferior (p. 291)mostra um sistema reprimível controlado positivamente. Uma proteína indutora liga-se ao promotor, estimulando a transcrição; entretanto, na presença do correpressor, o indutor torna-se inativo.

O óperon *trp* da *E. coli* codifica uma sequência condutora (*trpL*) e cinco polipeptídeos, *trpE* a *trpA*, como mostra a Figura 11.14. As cinco proteínas formam quatro enzimas diferentes (mostradas nos três quadros próximos à parte inferior da figura). Essas enzimas catalisam o processo multietapas que converte o corismato em triptofano. O controle do óperon ocorre por meio de uma proteína repressora que se liga a duas moléculas de triptofano. Quando há uma grande quantidade de triptofano, esse complexo repressor–triptofano liga-se ao operador *trp* que está próximo ao promotor *trp*. Essa ligação impede a ligação da RNA polimerase; desta forma, o óperon não é transcrito. Quando os níveis de triptofano estão reduzidos, a repressão é suspensa, pois o repressor não irá se ligar ao operador na ausência do correpressor, o triptofano. Este é um exemplo de um sistema que é reprimível e encontra-se sob regulação negativa, como mostra a Figura 11.13. A própria proteína repressora *trp* é produzida pelo óperon *trpR* e também o reprime. Este é um exemplo de **autorregulação**, pois o produto do óperon *trpR* regula sua própria produção.

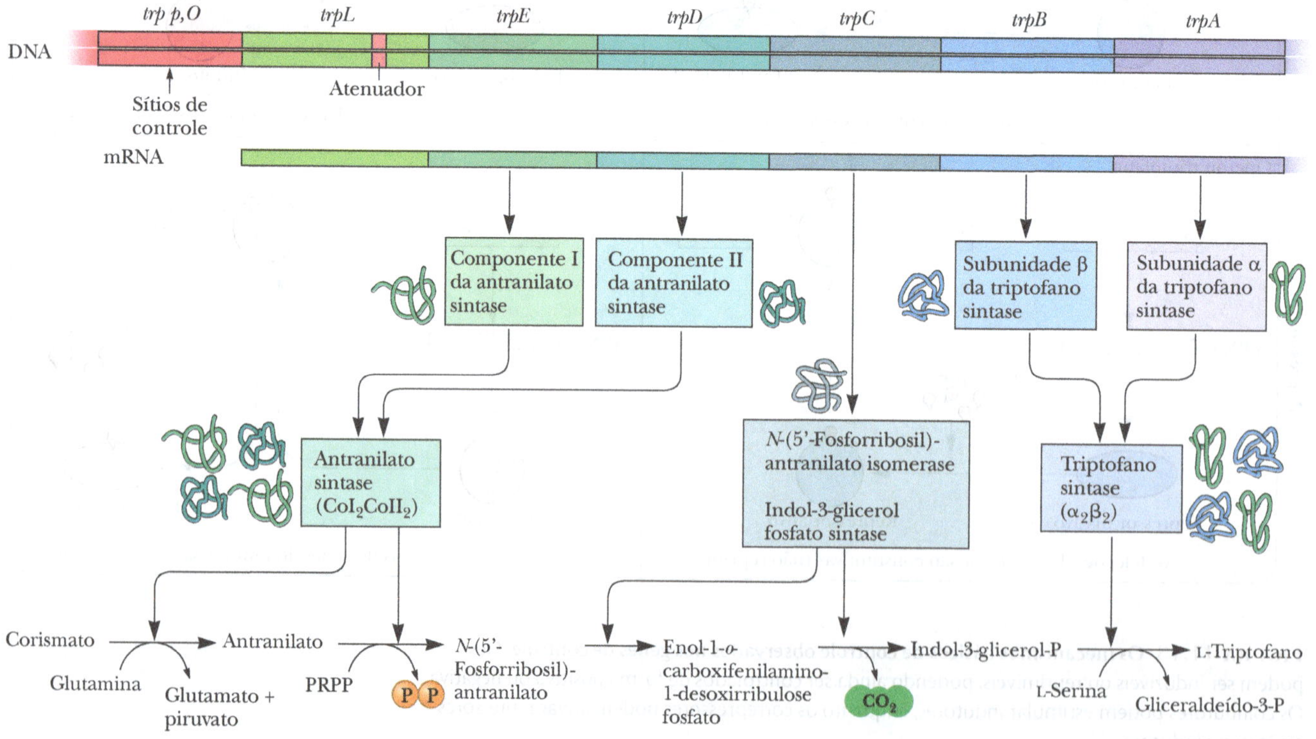
trp p,O
trpL
trpE
trpD
trpC
trpB
trpA
DNA
Sítios de controle
Atenuador
mRNA
Componente I da antranilato sintase
Componente II da antranilato sintase
Subunidade β da triptofano sintase
Subunidade α da triptofano sintase
Antranilato sintase (CoI_2CoII_2)
N-(5'-Fosforribosil)-antranilato isomerase
Indol-3-glicerol fosfato sintase
Triptofano sintase ($\alpha_2\beta_2$)
Corismato
Antranilato
Glutamina
Glutamato + piruvato
PRPP
P P
N-(5'-Fosforribosil)-antranilato
Enol-1-o-carboxifenilamino-1-desoxirribulose fosfato
CO_2
Indol-3-glicerol-P
L-Serina
L-Triptofano
Gliceraldeído-3-P

FIGURA 11.14 O óperon ***trp*** de ***E. coli.***

Atenuação da Transcrição

Além da repressão, o óperon *trp* é regulado pela **atenuação da transcrição**. Este mecanismo de controle opera alterando a transcrição *após* seu início por meio da terminação ou pausa da transcrição. Os procariotos não apresentam separação entre transcrição e tradução como os eucariotos. Assim, os ribossomos são vinculados ao mRNA enquanto ele está sendo transcrito. O primeiro gene do óperon *trp* é a sequência *trpL* que codifica um peptídeo líder. Esse peptídeo líder possui dois resíduos de triptofano importantes. A tradução da sequência líder de mRNA depende de haver suprimento adequado de tRNA carregado com triptofano (Capítulos 9 e 12). Quando a quantidade de triptofano é escassa, o óperon é traduzido normalmente. Quando é abundante, a transcrição é encerrada prematuramente após apenas 140 nucleotídeos da sequência líder terem sido transcritos. As estruturas secundárias formadas no mRNA da sequência líder são responsáveis por este efeito (Figura 11.15).

atenuação de transcrição tipo de controle de transcrição no qual a transcrição é controlada após ter começado via pausas e liberação precoce de sequências incompletas de RNA

Como as estruturas secundárias do RNA estão envolvidas na atenuação da transcrição?

Há três possíveis alças em forma de grampo que podem se formar nesse RNA — a **estrutura de parada 1·2**, o **terminador 3·4** ou o **antiterminador 2·3**. A transcrição começa normalmente e prossegue até a posição 92, na qual o ponto da estrutura de parada 1·2 pode se formar. Isto leva a RNA polimerase a fazer uma parada na sua síntese de RNA. Um ribossomo começa a traduzir a sequência líder, que libera a RNA polimerase de sua pausa e permite o reinício da transcrição. O ribossomo segue logo atrás da RNA polimerase mostrada na Figura 11.16. O ribossomo para sobre o códon de parada UGA do mRNA, impedindo a alça em forma de grampo do antiterminador 2·3 de se formar e permitindo, em vez disso, que se forme a alça em forma de grampo do terminador 3·4. Esta última possui a série de uracilas características de terminação independente de rho. A RNA polimerase cessa a transcrição quando essa estrutura do terminador se forma.

estrutura de parada 1·2 alça em forma de grampo que pode se formar durante a atenuação da transcrição, provocando a liberação prematura do RNA transcrito

terminador 3·4 alça em forma de grampo que pode se formar durante a atenuação de transcrição, provocando a terminação prematura da transcrição

antiterminador 2·3 alça em forma de grampo que pode ser formada durante a atenuação da transcrição, permitindo que a transcrição continue

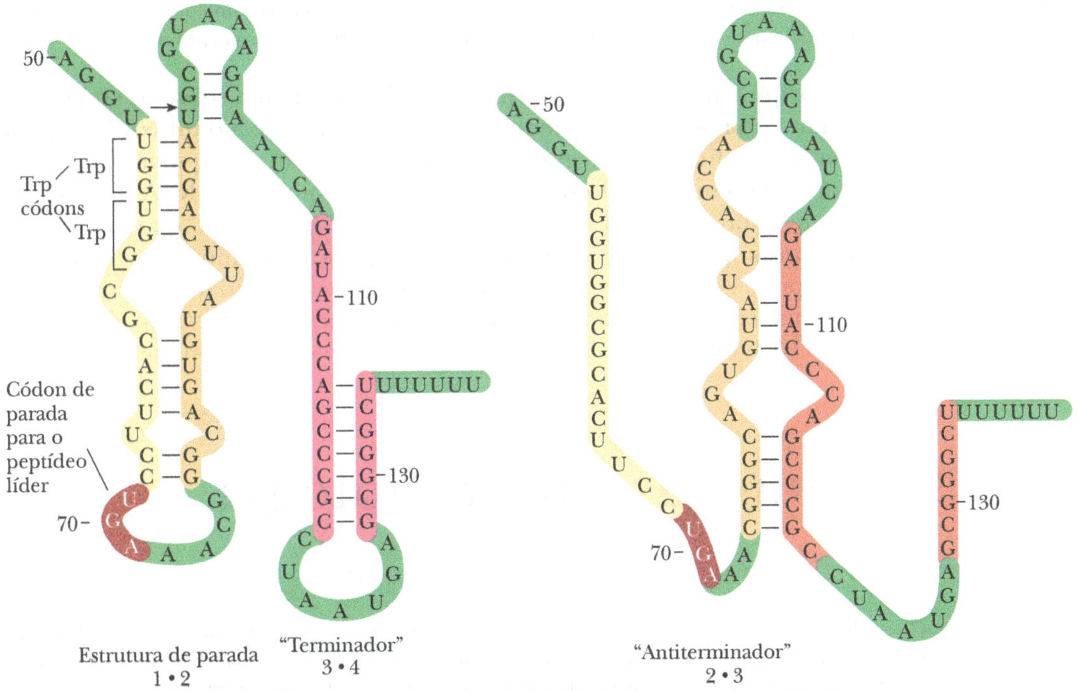
50
Trp
Trp códons
Trp
Códon de parada para o peptídeo líder
70
110
130
UUUUUUU
Estrutura de parada 1•2
“Terminador” 3•4
50
70
110
130
UUUUUUU
“Antiterminador” 2•3

FIGURA 11.15 **Estruturas secundárias alternativas podem se formar na sequência líder do mRNA para o óperon *trp*.** A ligação entre as regiões 1 e 2 (amarela e marrom) é chamada estrutura de parada. As regiões 3 e 4 (roxas) formam, então, a alça em grampo do terminador. A ligação alternativa entre as regiões 2 e 3 gera uma estrutura antiterminador.

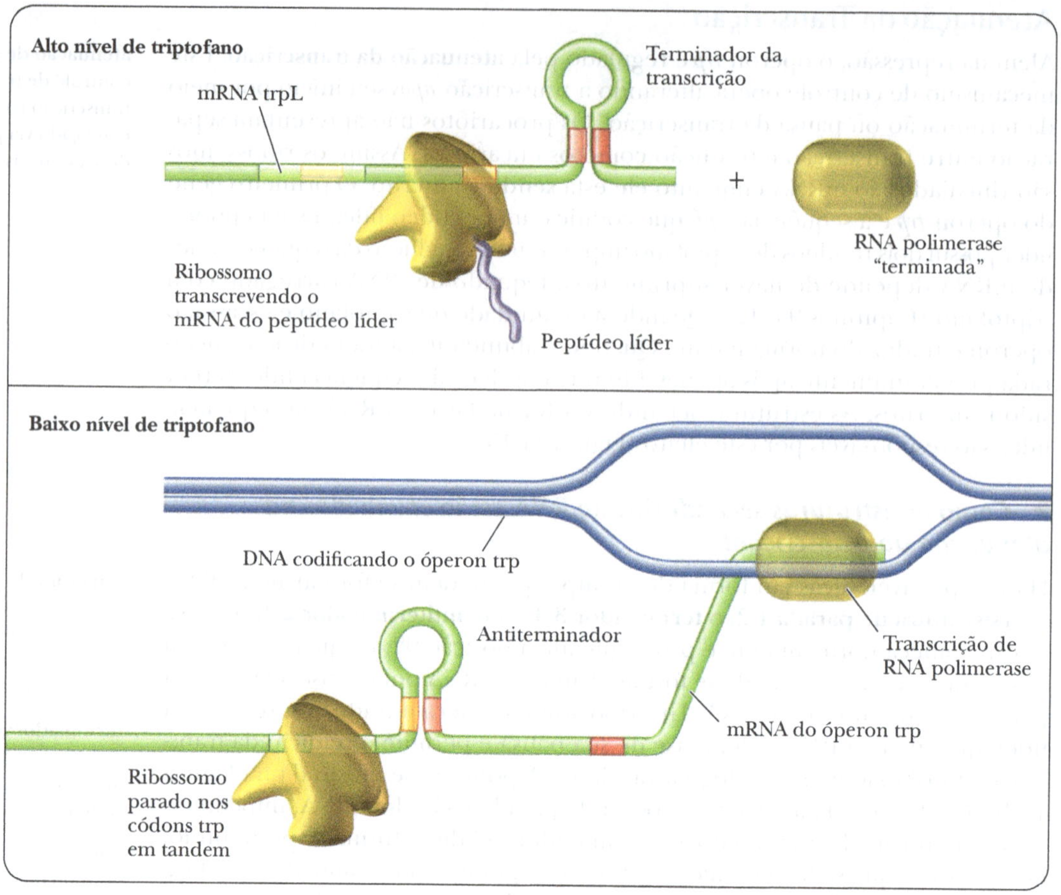
Alto nível de triptofano
mRNA trpL
Terminador da transcrição
+
RNA polimerase "terminada"
Ribossomo transcrevendo o mRNA do peptídeo líder
Peptídeo líder
Baixo nível de triptofano
DNA codificando o óperon trp
Antiterminador
Transcrição de RNA polimerase
mRNA do óperon trp
Ribossomo parado nos códons trp em tandem

Figura 11.16 **O mecanismo de atenuação no óperon *trp*.** A estrutura de parada forma-se quando o ribossomo passa rapidamente sobre os códons trp, quando os níveis de triptofano estão altos. Isto causa a interrupção prematura da transcrição, quando é permitido que a alça de terminação se forme. Quando o nível de triptofano está baixo, o ribossomo para nos códons trp, permitindo que se forme a alça do antiterminador e a transcrição possa continuar.

Se o triptofano é limitado, o ribossomo faz uma pausa sobre os códons de triptofano no mRNA da sequência condutora. Isto deixa o mRNA livre para formar a alça em forma de grampo do antiterminador 2·3, que interrompe a formação da sequência do terminador 3·4, de modo que a RNA polimerase continue a transcrever o restante do óperon. A transcrição é atenuada em vários outros óperons que se ocupam com a síntese de aminoácidos. Nesses casos, sempre há códons para o aminoácido, que é o produto da via que atua da mesma maneira que os códons do triptofano neste exemplo. O quadro CONEXÕES **BIOQUÍMICAS 11.1** discute o tópico relacionado aos ribointerruptores.

11.1 Conexões **Bioquímicas** | bacteriologia

Os Ribointerruptores Fornecem Outra Arma Contra os Patógenos

Além dos controles de transcrição discutidos na seção anterior, outra descoberta recente é que os procariotos também têm mecanismos baseados no próprio mRNA transcrito. Ao estudar o mecanismo de certas vitaminas e cofatores, os cientistas descobriram que o mRNA de rotas envolvidas na produção dessas vitaminas poderia se ligar às próprias vitaminas. O mRNA tem duas funções – detecção e tomada de decisão. Juntas, essas duas funções são chamadas *ribointerruptores*. Um ribointerruptor é constituído de duas partes. Na extremidade 5' está o domínio de detecção chamado *aptâmero*. Um dos ribointerruptores conhecidos liga-se à tiamina pirofosfato (TPP), uma vitamina que veremos durante nosso estudo de metabolismo (veja a figura). A porção do aptâmero do mRNA é capaz de se ligar à TPP e consequentemente agir como um sensor para esta vitamina. Se o ribointerruptor detecta que a vitamina está presente, então ele pode responder de uma maneira que previne a tradução do mRNA, evitando, assim, uma rota que produziria mais de uma molécula que claramente não é necessária. No exemplo do sensor TPP, a tradução é evitada quando uma alça na forma de grampo se forma e bloqueia o sítio de iniciação da tradução. Outros processos de suspensão da tradução foram descobertos. Um ribointerruptor reconhece outro metabólito de vitamina, a flavina mononucleotídeo (FMN). Quando a FMN está ligada ao aptâmero, é criado um grampo terminador similar àquele que se forma durante a atenuação da transcrição. Em outro exemplo, um ribointerruptor que reconhece o açúcar, glucosamina-6-fosfato (GlcN6P), se autodestrói na sua presença.

Mais de uma dúzia de patógenos humanos têm ribointerruptores como parte de seus metabolismos. Os pesquisadores têm esperança de encontrar moléculas que podem agir como um inibidor competitivo e enganar o ribointerruptor na ação, como se o substrato natural estivesse presente. Se o ribointerruptor controla um processo vital, então desligá-lo mataria o patógeno. Os alvos dos ribointerruptores têm sido identificados em muitas bactérias diferentes que podem ser danosas para o homem, incluindo a *Bacillus anthracis, Hemophilius influenza, Helicobacter pyroli, Salmonella entérica* e *Streptococcus pneumoniae.* ◗

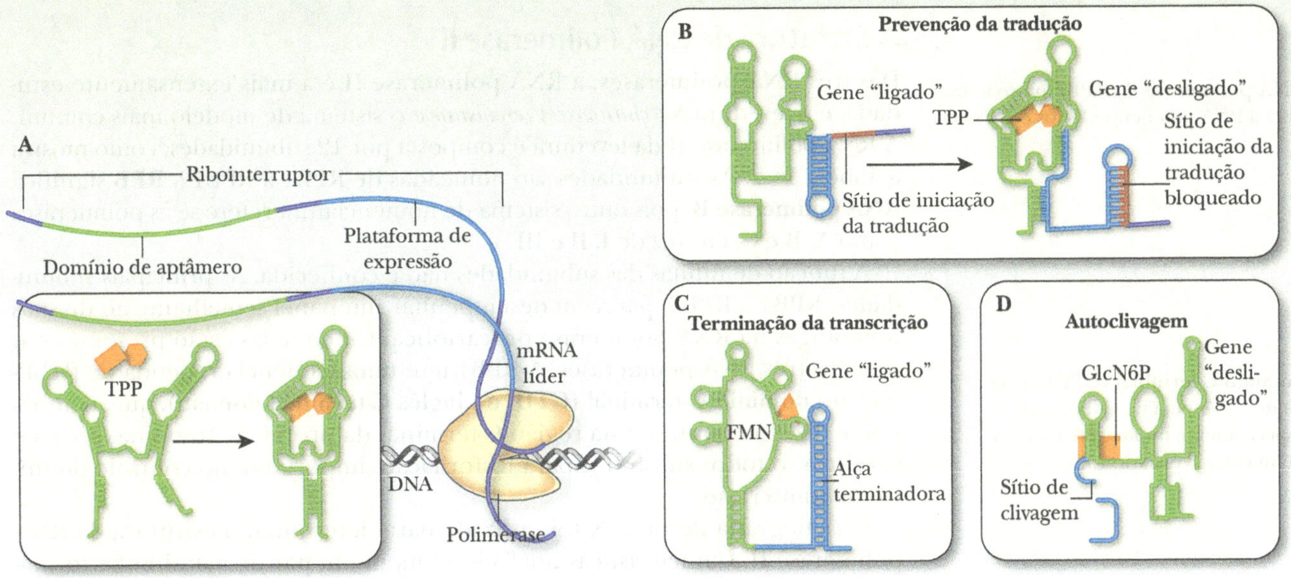
A
Ribointerruptor
Domínio de aptâmero
Plataforma de expressão
TPP
mRNA líder
DNA
Polimerase
B
Prevenção da tradução
Gene "ligado"
TPP
Gene "desligado"
Sítio de iniciação da tradução bloqueado
Sítio de iniciação da tradução
C
Terminação da transcrição
Gene "ligado"
FMN
Alça terminadora
D
Autoclivagem
GlcN6P
Gene "desligado"
Sítio de clivagem

Detecção de metabólito (A): Um aptâmero para a coenzima tiamina polifosfato (TPP) assume uma forma definida (esquerda) à medida que sai da polimerase. Quando TPP está presente, o aptâmero se liga a ela, agarrando a molécula firmemente (direita). **Respostas do ribointerruptor:** os ribointerruptores empregam uma variedade de estratégias para controlar a fabricação de proteínas. Quando TPP está ausente, por exemplo, a plataforma de expressão pode deixar um sítio de iniciação da tradução aberto para os ribossomos, permitindo que as instruções de expressão do gene permaneçam "ligadas" (B, esquerda). Quando a TPP está ligada pelo aptâmero, a plataforma de expressão pode formar um grampo que bloqueia a tradução, "desligando" o gene. (B, direita). Um ribointerruptor detectando a coenzima flavina mononucleotídeo (FMN) forma uma alça em forma de grampo que para a transcrição de sua mensagem pela polimerase (C). Uma ribozima incomum ativada pela glicosamina-6-fosfato (GlcN6P) se autodestrói por clivagem (D).

11-4 Transcrição nos Eucariotos

Vimos que os procariotos apresentam uma RNA polimerase única, que é responsável pela síntese de todos os três tipos de RNA procarióticos — mRNA, tRNA e rRNA. A polimerase pode trocar fatores σ para interagir com diferentes promotores, porém, o núcleo da polimerase permanece o mesmo. O processo de transcrição é, como era de se esperar, mais complexo nos eucariotos do que nos procariotos. Sabe-se que existem três RNA polimerases com atividades diferentes. Cada uma transcreve um conjunto diferente de genes e reconhece um conjunto diferente de promotores:

1. A RNA polimerase I é encontrada no nucléolo e sintetiza os precursores da maioria dos, mas não de todos, RNAs ribossômicos.
2. A **RNA polimerase II** é encontrada no nucleoplasma e sintetiza os precursores de mRNA.
3. A RNA polimerase III é encontrada no nucleoplasma e sintetiza os tRNAs, os precursores do RNA ribossômico 5S e uma variedade de outras pequenas moléculas de RNA envolvidas no processamento do mRNA e no transporte da proteína.

RNA polimerase II RNA polimerase nos eucariotos responsável pela produção do mRNA

Todos os três tipos de RNA polimerase eucariótica são proteínas complexas e grandes (500 a 700 kDa), compostas por dez ou mais subunidades. Suas estruturas gerais diferem, mas todas possuem algumas subunidades em comum. Todas elas possuem duas subunidades maiores que compartilham uma homologia sequencial com as subunidades β e β' da RNA polimerase procariótica que compõe a unidade catalítica. Não existem subunidades σ para direcionar as polimerases aos promotores. A detecção de um gene a ser transcrito é alcançada de forma diferente nos eucariotos, e a presença dos fatores de transcrição, dos quais há centenas, tem um papel mais importante. Sabe-se que os vegetais têm duas outras RNA polimerases, Pol IV e Pol V, com funções mal compreendidas, embora estejam envolvidas na produção de pequenas moléculas de RNA que são parte do silenciador de gene (veja a Seção 11-6). Restringiremos nossa discussão à transcrição por Pol II.

A Estrutura de RNA Polimerase II

RNA polimerase B (RPB) outro nome para a RNA polimerase II nos eucariotos

Das três RNA polimerases, a RNA polimerase II é a mais extensamente estudada, e a levedura *Saccharomyces cerevisiaie* é o sistema de modelo mais comum. A RNA polimerase II da levedura é composta por 12 subunidades, como mostra a Tabela 11.2. As subunidades são nomeadas de RPB1 a RPB12. **RPB** significa **RNA polimerase B**, pois outro sistema de nomenclatura refere-se às polimerases como A, B e C, em vez de I, II e III.

A função de muitas das subunidades não é conhecida. As principais subunidades, RPB1 a RPB3, parecem desempenhar um papel semelhante ao de suas homólogas na RNA polimerase procariótica. Cinco delas estão presentes em todas as três RNA polimerases. A RPB1 tem uma sequência repetida de PTSP-SYS no **domínio C-terminal (CTD, do inglês C-terminal domain)**, que, como o nome diz, é encontrado na região C-terminal da proteína. Treonina, serina e tirosina são todos substratos para fosforilação, importante no controle do início da transcrição.

domínio C-terminal (CTD) região de uma proteína no C-terminal, especialmente importante na RNA polimerase B eucariótica

Cristalografia de raios X foi utilizada para determinar a estrutura da RNA polimerase II. Características notáveis incluem um par de mandíbulas formadas pelas subunidades RPB1, RPB5 e RPB9, que parecem fixar o DNA a jusante do sítio ativo. Um grampo próximo ao sítio ativo é formado por RPB1, RPB2 e RPB6, e pode estar envolvido na fixação do híbrido DNA:RNA à polimerase, aumentando a estabilidade da unidade de transcrição.

Tabela 11.2 Subunidades da RNA Polimerase II da Levedura

Subunidade	Tamanho (kDa)	Características	Homólogo da *E.coli*
RPB1	191,6	Sítio de fosforilação	β'
RPB2	138,8	Sítio de ligação de NTP	β
RPB3	35,3	Região central	α
RPB4	25,4	Reconhecimento do promotor	σ
RPB5	25,1	Em Pol I, II e III	
RPB6	17,9	Em Pol I, II e III	
RPB7	19,1	Exclusivo de Pol II	
RPB8	16,5	Em Pol I, II e III	
RPB9	14,3		
RPB10	8,3	Em Pol I, II e III	
RPB11	13,6		
RPB12	7,7	Em Pol I, II e III	

O recente trabalho estrutural sobre RNA polimerases em procariotos e eucariotos gerou algumas conclusões notáveis com relação à sua evolução. Há uma extensiva homologia entre as regiões centrais das RNA polimerases em bactérias, leveduras e seres humanos, levando os pesquisadores a especular que a RNA polimerase evoluiu há eras, em uma época na qual somente os procariotos existiam. Conforme organismos mais complexos se desenvolviam, eram acrescidas camadas de outras subunidades ao núcleo da polimerase para refletir o metabolismo mais complicado e a compartimentalização dos eucariotos.

Como a Pol II reconhece o DNA correto para transcrever?

Promotores da Pol II

Existem quatro elementos dos promotores de Pol II (Figura 11.17). O primeiro inclui uma variedade de **elementos a montante**, que atuam como reforçadores e silenciadores. Proteínas ligantes específicas ativam a transcrição acima dos níveis basais, no caso dos reforçadores, ou a suprimem, no caso dos silenciadores. Dois elementos comuns que se encontram próximos ao núcleo promotor são a caixa GC (–40), que tem a sequência de consenso GGGCGG, e a caixa CAAT (alongando-se para –110), que tem a sequência de consenso GGCCAATCT.

O segundo elemento, encontrado na posição –25, é o **TATA box**, que tem a sequência de consenso TATAA(T/A).

O terceiro elemento inclui o sítio de início da transcrição na posição +1, entretanto, no caso dos eucariotos, ele está cercado por uma sequência denominada **elemento iniciador** (ou iniciadores) (*Inr*), que não é bem conservada. Por exemplo, a sequência para um tipo específico de gene pode ser $_{-3}$YYCAYYYYY$_{+6}$, onde Y indica qualquer uma das pirimidinas, e A é a purina no sítio de início da transcrição (TSS).

O quarto elemento é um possível regulador a jusante, embora estes sejam mais raros que os reguladores a montante. Em muitos promotores naturais, falta pelo menos um dos quatro elementos. O iniciador mais o TATA box compõem o núcleo promotor, e são as duas partes mais constantes entre as diferentes espécies e genes. Alguns genes não possuem TATA box, e são denominados promotores "sem TATA". Em alguns genes, o TATA box é necessário para a transcrição, e sua exclusão acarreta uma perda de transcrição. Em outros, o TATA box orienta corretamente a RNA polimerase. A eliminação do TATA box nesses genes faz que a transcrição ocorra aleatoriamente em pontos de início. Considerar ou não um elemento regulador em particular como parte do promotor é, geralmente, uma questão a ser analisada. Aqueles que são considerados parte do promotor estão próximos ao TSS (50-200 bp) e demonstram especificidade com relação à distância e à orientação da sequência. As sequências reguladoras que não são consideradas parte do promotor podem ser totalmente removidas do TSS, e sua orientação é irrelevante. Experimentos mostram que, quando essas sequências são revertidas, elas ainda funcionam e, quando são deslocados vários milhares de pares de bases a montante, elas ainda continuam funcionando.

elementos a montante na transcrição, uma porção das sequências mais próxima da extremidade 3' do que a do gene a ser transcrito, onde o DNA é lido da extremidade 3' à extremidade 5' e o RNA é formado da extremidade 5' à extremidade 3'; na tradução, mais próxima da extremidade 5' do mRNA

TATA box elemento promotor encontrado na transcrição eucariótica localizado 25 bases a montante do sítio de início da transcrição

elemento iniciador sequência frouxamente conservada em torno do sítio do início da transcrição no DNA eucariótico

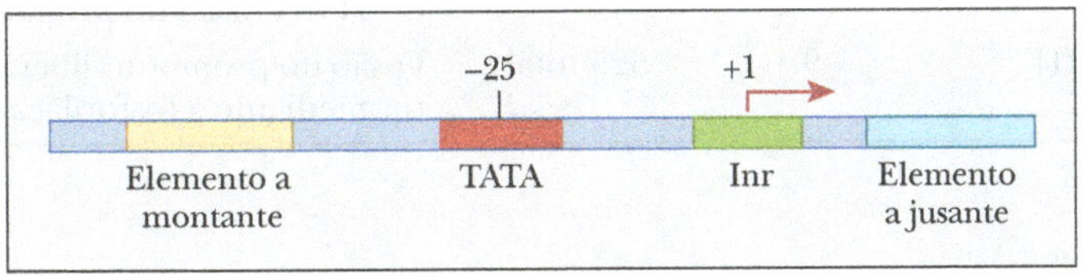
–25
+1
Elemento a montante
TATA
Inr
Elemento a jusante

FIGURA 11.17 **Os quatro elementos dos promotores da Pol II.**

Iniciação da Transcrição

A maior diferença entre as transcrições nos procariotos e nos eucariotos é o número total de proteínas associadas à versão eucariótica do processo. Qualquer proteína que regule a transcrição, mas que não seja em si uma subunidade da RNA polimerase, é um fator de transcrição. Como veremos, há muitos fatores de transcrição para a transcrição eucariótica. A massa molecular do complexo total de Pol II e todos os fatores associados excedem 2,5 milhões Da.

A iniciação da transcrição se dá com a formação de um **complexo de pré-iniciação**, e a maior parte do controle de transcrição ocorre nesta etapa. Esse complexo, normalmente, engloba a RNA polimerase II e seis **fatores gerais de transcrição (GTFs, do inglês general transcription factors)** – TFIIA, TFIIB, TFIID, TFIIE, TFIIF e TFIIH.

complexo de pré-iniciação na transcrição eucariótica, a fase em que a RNA polimerase e os fatores gerais de transcrição ligam-se ao DNA

fatores gerais de transcrição (GTFs) os seis fatores de transcrição que se ligam primeiro ao DNA para iniciar a transcrição

O que os fatores de transcrição eucariótica fazem?

Os fatores gerais de transcrição são necessários a todos os promotores. Ainda há muito trabalho sendo realizado para determinar a estrutura e a função de cada uma das partes do complexo de pré-iniciação. Cada um dos GTFs tem uma função específica e é acrescido ao complexo em uma ordem definida. A Tabela 11.3 resume os componentes do complexo de pré-iniciação.

A Figura 11.18 mostra a sequência de eventos na transcrição de Pol II. A primeira etapa na formação do complexo de pré-iniciação é o reconhecimento do TATA box por TFIID. Esse fator de transcrição é, na verdade, uma combinação de várias proteínas. A proteína principal é denominada **proteína de ligação à TATA (TBP, do inglês TATA-bending protein)**, e há muitos **fatores associados à TBP (TAFIIs)**. Em razão de a TBP também estar presente e ser necessária para Pol I e Pol III, é um fator de transcrição universal e, também, extremamente conservada. Entre espécies tão diferentes quanto leveduras, plantas, moscas de frutas e seres humanos, as TBPs apresentam mais de 80% de aminoácidos idênticos. A proteína TBP liga-se ao menor sulco do DNA no TATA box por meio dos últimos 180 aminoácidos de seu domínio C-terminal. Como mostra a Figura 11.19, a TBP posiciona-se no TATA box como uma sela. O sulco secundário do DNA é aberto, e o DNA é dobrado em um ângulo de 80°.

proteína de ligação à TATA (TBP) uma parte de um dos fatores gerais de transcrição encontrados na transcrição eucariótica; liga-se à porção da TATA box do promotor

fatores associados à TBP (TAFIIs) proteínas que estão associadas à própria proteína de ligação à TATA Box

Tabela 11.3 Fatores Gerais de Iniciação de Transcrição

Fator	Subunidade	Tamanho (kDa)	Função
TFIID-TBP	1	27	Reconhecimento do TATA box, posicionamento do DNA do TATA box ao redor de TFIIB e Pol II
TFIID-TAF_{II}s	14	15–250	Reconhecimento do núcleo promotor (elementos não TATA), regulação positiva e negativa
TFIIA	3	12, 19, 35	Estabilização da ligação de TBP, estabilização da ligação TAF–DNA
TFIIB	1	38	Recrutamento da Pol II e de TFIIF, reconhecimento do sítio de início para a Pol II
TFIIF	3	156 total	Alvo do promotor da Pol II
TFIIE	2	92 total	Recrutamento de TFIIH, modulação da helicase, ATPase e atividades de quinase de TFIIH fusão do promotor
TFIIH	9	525 total	Fusão do promotor, liberação do promotor mediante a fosforilação de CTD

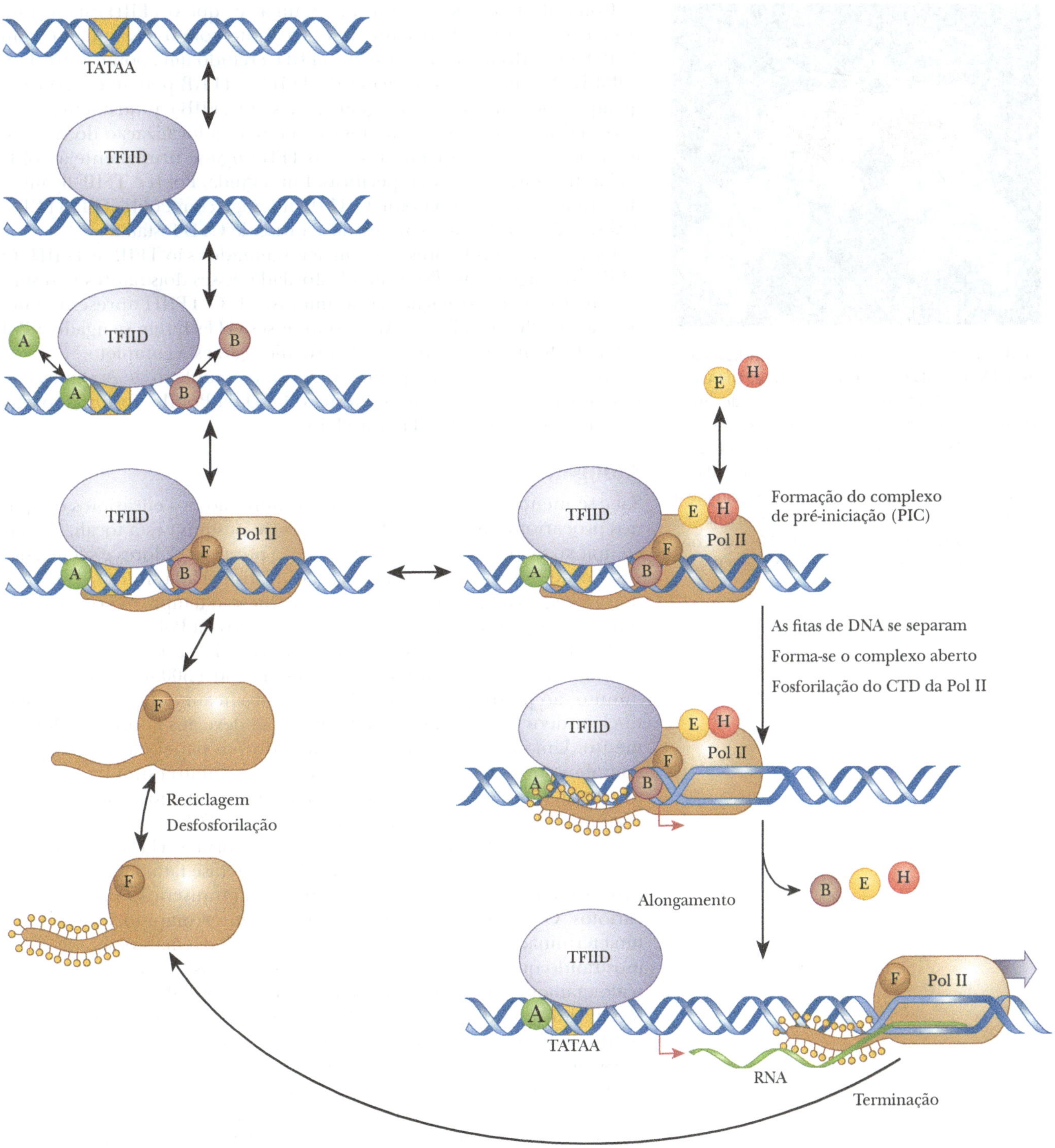
TATAA
TFIID
A
B
E
H
Pol II
F
Formação do complexo de pré-iniciação (PIC)
As fitas de DNA se separam
Forma-se o complexo aberto
Fosforilação do CTD da Pol II
Reciclagem
Desfosforilação
Alongamento
RNA
Terminação

FIGURA 11.18 **Representação esquemática da ordem de eventos de transcrição.** A TFIID (que contém a proteína de ligação ao TATA box, TBP) liga-se ao TATA box. Então, TFIIA e TFIIB se unem, seguido pelo recrutamento da RNA polimerase e de TFIIF. Na sequência, TFIIH e TFIIE ligam-se para formar o complexo de pré-iniciação (PIC). As quinases fosforilam o domínio C-terminal da Pol II, gerando o complexo aberto no qual as fitas do DNA são separadas. O RNA é produzido durante o alongamento quando Pol II e TFIIF deixam o promotor e os demais fatores gerais de transcrição para trás. A Pol II dissocia-se durante a fase de terminação, e a CTD é desfosforilada. O Pol II/TFIIF é, então, reciclado para se ligar a outro promotor.

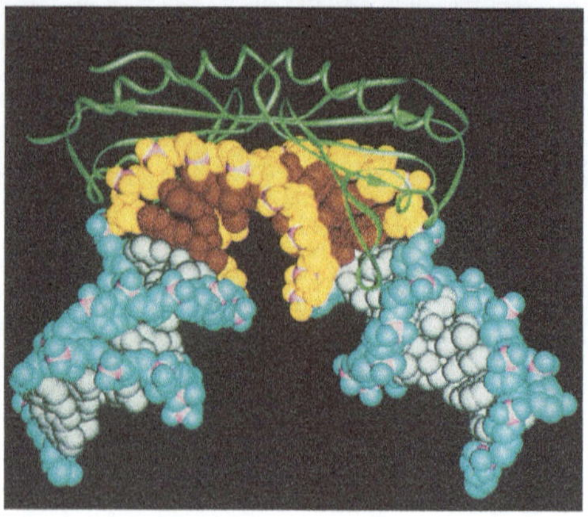

Figura 11.19 Modelo da proteína de ligação ao TATA (TBP) da levedura ligando-se ao DNA. O esqueleto do DNA do TATA box é mostrado em amarelo, e as bases de TATA são mostradas em vermelho. As sequências de DNA adjacentes são mostradas em turquesa. A TBP, que é mostrada em verde, está posicionada sobre o sulco secundário do DNA como uma sela. (Reimpresso com permissão de Crystal Structure of a Yeast TBPTATA-Box Complex. Kim, Y.; Geiger, J. H.; Hahn, S. e Sigler P. B. *Nature* 365, p. 512 [1993].)

Como ilustrado pela Figura 11.18, uma vez que o TFIID está ligado, ocorre a ligação de TFIIA, que interage tanto com o DNA quanto com TFIID. O TFIIB também se liga ao TFIID, criando uma ponte entre TBP e Pol II. Na verdade, as ligações de TFIIA e TFIIB podem ocorrer em qualquer ordem, e não interagem entre si. O TFIIB é fundamental para a formação do complexo de iniciação e para a localização do sítio de início de transição correto. Então, o TFIIF liga-se firmemente à Pol II e elimina as ligações não específicas. Em seguida, Pol II e TFIIF ligam-se de forma estável ao promotor. O TFIIF interage com Pol II, TBP, TFIIB e TAFIIs. Além disso, também regula a atividade CTD fosfatase.

Os últimos dois fatores a serem acrescentados são TFIIE e TFIIH. O TFIIE interage com a Pol II não fosforilada. Esses dois fatores têm sido envolvidos na fosforilação da polimerase II. O TFIIH apresenta também atividade de helicase. Após todos esses GTFs terem se ligado à Pol II não fosforilada, o complexo de pré-iniciação está completo.

Antes de a transcrição poder começar, o complexo de pré-iniciação deve formar o *complexo aberto*. Neste, o CTD da Pol II é fosforilado e as fitas do DNA separadas (Figura 11.18).

Alongamento e Terminação

Sabe-se menos sobre alongamento e terminação nos eucariotos do que nos procariotos. A maioria dos esforços de pesquisa está focalizada no complexo de pré-iniciação e na regulação por reforçadores e silenciadores. Como mostra a Figura 11.18, a Pol II fosforilada sintetiza o RNA e deixa a região do promotor para trás. Ao mesmo tempo, os GTFs encontram-se à esquerda do promotor ou dissociados da Pol II.

A Pol II não alonga o suficiente quando sozinha *in vitro*. Em tais circunstâncias, ela pode sintetizar somente de 100 a 300 nucleotídeos por minuto, ao passo que as velocidades *in vivo* ficam entre 1.500 e 2.000 nucleotídeos por minuto. Essa diferença se deve aos fatores de alongamento. Um deles é o TFIIF, que, além do seu papel na formação do complexo de pré-iniciação, também tem um efeito estimulador independente sobre o alongamento. Mais recentemente, foi descoberto um segundo fator de alongamento, denominado *TFIIS*.

O alongamento é controlado de diversas formas. Há sequências denominadas *sítios de parada*, onde a RNA polimerase fará uma pausa. Esse processo é muito semelhante à atenuação da transcrição vista nos procariotos. O alongamento também pode ser interrompido, acarretando uma terminação prematura. Na realidade, cada dia mais pesquisas estão mostrando que a terminação abortiva ocorre mais frequentemente que o alongamento correto, em geral exatamente após alguns nucleotídeos terem sido unidos. Por fim, o alongamento pode prosseguir além do ponto de terminação normal. A isso se dá o nome de *antiterminação*. A classe de fatores de alongamento TFIIF promove uma rápida leitura por meio dos sítios de parada, talvez travando Pol II em uma forma eficaz de alongamento que não sofrerá pausa nem se dissociará.

Os fatores de alongamento da classe TFIIS são denominados *fatores de liberação de parada*. Eles agem para auxiliar a RNA polimerase a se mover novamente após ter sofrido uma pausa. Uma terceira classe de fatores de alongamento é composta pelas proteínas *P-TEF* e *N-TEF* (*fator de alongamento de transcrição positivo* e *fator de alongamento de transcrição negativo*). Elas aumentam a forma produtiva de transcrição e reduzem a forma abortiva, ou vice-versa. Em dado momento, durante o alongamento ou a terminação, o TFIIF dissocia-se da Pol II.

A terminação começa com a interrupção da RNA polimerase. Existe uma sequência de consenso eucariótica para terminação, que é AAU-AAA. Essa sequência pode ser de 100 a 1.000 bases distante do verdadeiro final do mRNA. Após ocorrer a terminação, a transcrição é liberada e a forma aberta da Pol II (fosforilada) é liberada do DNA. Os fosfatos são removidos por meio de fosfatases, e o complexo Pol II/TFIIF é reciclado para outro ciclo de transcrição (Figura 11.18).

11-5 Regulação da Transcrição nos Eucariotos

Na última seção, vimos como o mecanismo geral de transcrição, que compreende a RNA polimerase e os fatores gerais de transcrição, opera para iniciar esse processo. Esse é um exemplo compatível com toda transcrição de mRNA. Entretanto, esse mecanismo sozinho produz apenas um baixo nível de transcrição, denominado **nível basal**. O nível real de transcrição pode ser muito superior ao basal. A diferença é feita pelos fatores de transcrição específicos dos genes, conhecidos como **reforçadores**. Lembre-se de que o DNA eucariótico é complexado com histonas na cromatina. O DNA enrola-se firmemente em volta das histonas, e muitos dos promotores e demais sequências reguladoras do DNA podem estar inacessíveis em grande parte do tempo.

nível basal (de transcrição) nível de transcrição que ocorre devido unicamente à RNA polimerase e aos fatores gerais de transcrição

reforçadores (de transcrição) moléculas que aumentam o nível de transcrição acima do nível basal

O Papel da Mediadora na Ativação e Repressão da Transcrição

A ativação geral de transcrição exige uma proteína chamada **mediadora**, que serve para fazer uma ponte do promotor, da RNA polimerase e do mecanismo geral de transcrição com os reforçadores e silenciadores remostos. A mediadora é um complexo gigante com massa de mais de 1 milhão de daltons, compreendendo mais de 20 subunidades distintas na levedura e mais de 30 subunidades nos humanos, conhecida como proteína MED. A mediadora é uma proteína com forma crescente, com cabeça, meio e cauda. Oito proteínas MED são encontradas nas regiões da cabeça e do meio, e quatro constituem a cauda. A seção da cauda liga-se aos coativadores ou correpressores que estão, eles mesmos, ligados aos elementos reforçadores e silenciadores, como mostrado na Figura 11.20. As partes da cabeça e do meio ligam-se ao CTD da RNA polimerase II. A região do meio também se liga ao fator geral de transcrição TFIIE. A mediadora faz a ponte da região de promotor com a região de reforçador para ativar a transcrição, como mostrado na Figura 11.20a, ou, em caso contrário, ela liga o elemento silenciador, mas não recruta a RNA pol II para o promotor, como

mediadora complexo proteico gigante que faz uma ponte entre o promotor, os fatores gerais de transcrição e os silenciadores remotos e reforçadores

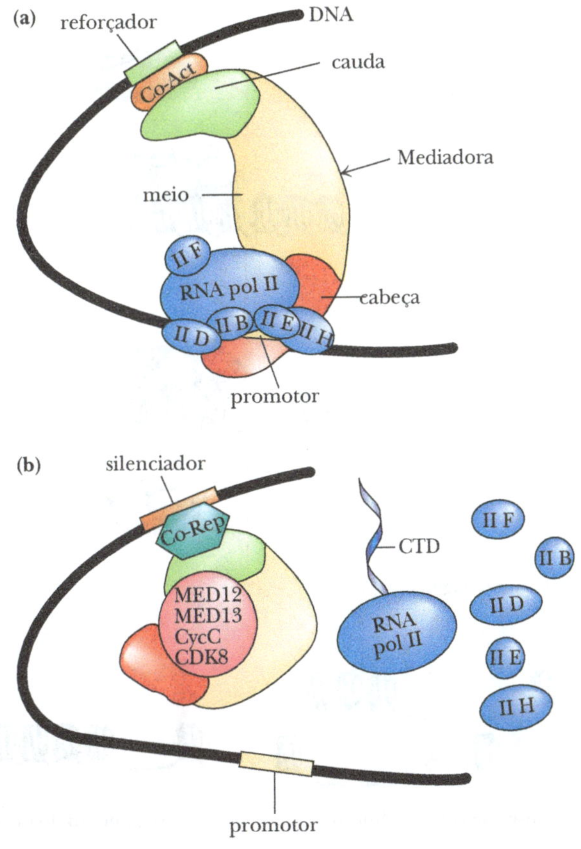

(a)
reforçador
DNA
Co-Act
cauda
Mediadora
meio
II F
RNA pol II
cabeça
II D
II B
II E
II H
promotor
(b)
silenciador
Co-Rep
CTD
MED12
MED13
CycC
CDK8
RNA pol II
II F
II B
II D
II E
II H
promotor

FIGURA 11.20 O papel da mediadora na expressão do gene eucariótico. (a) A mediadora complexa de multiproteína é um ativador de transcrição. Ela faz a ponte da região do promotor com um reforçador, aumentando a transcrição de um gene. (b) A mediadora também pode ajudar a reprimir a transcrição. Ela liga-se a uma região de repressor incluindo o complexo repressivo MED12/MED13/CycC/CDK8; e, então, falha no recrutamento da RNA polimerase para a região do promotor.

mostrado na Figura 11.20b. A mediadora é o final da transcrição eucariótica essencial para a transcrição de quase todo gene dependente da RNA polimerase II. A mediadora é também necessária para a transcrição basal destes genes.

Como a transcrição funciona ao redor dos nucleossomos?

Uma das diferenças mais complicadas entre a transcrição procariótica e eucariótica é o estado em que o DNA é encontrado no último. Como visto na Seção 9-3 e na Figura 9.15, nos eucariotos, o DNA está firmemente enrolado em torno dos nucleossomos, um núcleo de proteínas histonas básicas. No seu estado de empacotamento denso, a RNA polimerase II não tem acesso às regiões do promotor, e a transcrição não pode ocorrer. Basicamente, a presença de nucleossomos represa a transcrição.

A ativação da transcrição eucariótica é dependente de duas circunstâncias. A primeira, que já vimos, é a interação da RNA polimerase com o promotor e mecanismo de transcrição. A segunda é a ajuda de repressão causada pela estrutura da cromatina. Esta ajuda é dependente de fatores que podem reorganizar a cromatina e alterar os nucleossomos de tal forma que os promotores se tornam acessíveis ao mecanismo de transcrição. Os dois conjuntos de fatores são importantes: os **complexos de remodelagem da cromatina**, que medeiam as variações conformacionais dependentes de ATP na estrutura do nucleossomo, e as **enzimas modificadoras da histona**, que introduzem modificações covalentes nas caudas N-terminais do octâmero do núcleo da histona (Seção 9-3). Estes dois processos estão intimamente ligados.

complexos de remodelagem da cromatina complexos enzimáticos que medeiam as variações conformacionais dependentes de ATP na estrutura do nucleossomo que levam à transcrição

enzimas modificadoras da histona enzimas que fazem modificações covalentes no octâmero do núcleo da histona

Complexos de Remodelagem da Cromatina

Esses complexos são montagens imensas (1 megadalton), contendo enzimas dependentes de ATP que soltam as interações DNA:proteína nos nucleossomos através de uma variedade de mecanismos envolvendo deslizamento, ejeção, inserção e, de outra forma, reestruturando os octâmeros do núcleo (Figura 11.21). Existem várias famílias de complexos remodelantes. Os mais bem es-

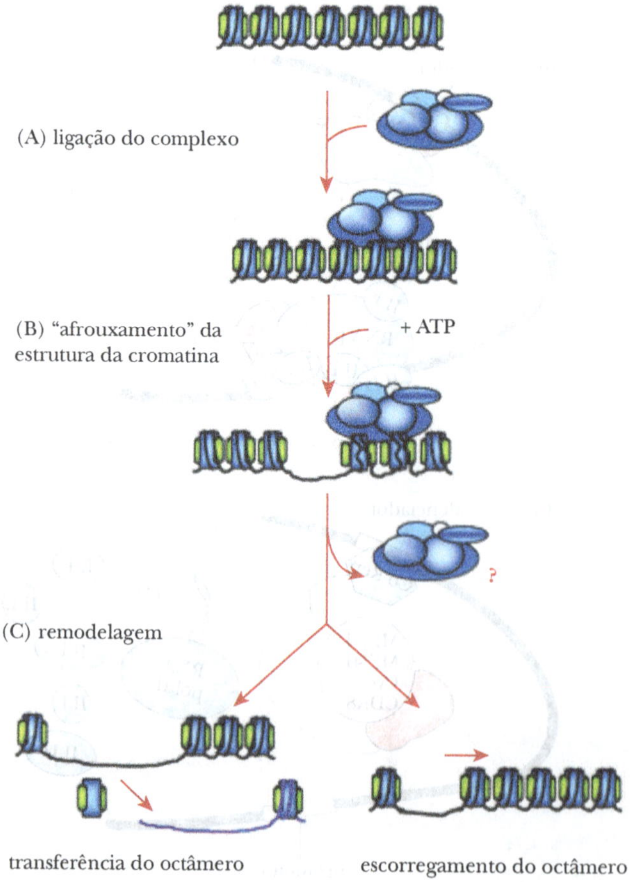
(A) ligação do complexo
(B) "afrouxamento" da estrutura da cromatina
+ ATP
?
(C) remodelagem
transferência do octâmero
escorregamento do octâmero

FIGURA 11.21 Complexos remodeladores de cromatina. (a) Os complexos remodeladores ligam-se à cromatina de maneira dependente do ATP. (b) o ATP é hidrolisado e a a estrutura da cromatina afrouxada. O complexo remodelador é liberado de uma maneira que não é bem compreendida, como indicado pela interrogação. A remodelagem pode tomar múltiplas formas, como o escorregamento dos octâmeros, ou a sua remoção, ou transferência. O resultado final é que o afrouxamento da cromatina permite que o mecanismo de transcrição acesse o DNA.

tudados são o SNF/SWI e as famílias RSC de remodeladores. O objetivo final dos remodeladores é criar espaço entre os nucleossomos e expor o DNA de tal forma que a RNA polimerase possa ser recrutada para o promotor.

Modificação Covalente das Histonas

Outra parte importante da ativação de transcrição via modificação da cromatina envolve a modificação covalente das proteínas de histona. No estado inativo de transcrição, as cargas negativas nos fosfatos do esqueleto de DNA estão fortemente presas às cargas positivas nas proteínas básicas da histona. Para ativar a transcrição, esta forte ligação deve ser relaxada. A modificação mais importante das histonas é a acetilação dos grupos amino ε da lisina nas caudas de histonas por **histona acetiltransferases (HATs, do inglês histane ocetyetransferases)**. Acetilar a lisina remove a carga positiva e afrouxa a ligação do DNA. Este processo pode ser revertido pela **histona desacetilase (HDAC, do inglês histane deacetylase)**. Outras modificações também têm um papel importante na regulação da transcrição através das histonas, incluindo a fosforilação de resíduos de serina e a metilação dos resíduos de lisina e arginina. Como mostrado na Figura 11.22, existem muitos sítios para a modificação covalente de histonas.

histonas acetiltransferases (HATs) enzimas que acetilam os resíduos de lisina nas proteínas de histona

histona desacetilase (HDAC) uma enzima que remove o grupo acetila de uma lisina acetilada em uma proteína de lisina

Além da modificação covalente via pequenas moléculas, como os grupos acetila, proteínas como a ubiquitina também podem ser ligadas. Em uma tentativa de entender a natureza complexa de como a modificação das histonas e a remodelagem da cromatina afetam a transcrição, os cientistas cunharam o termo **código de histona** para descrever todas as variáveis que controlam a ativação da transcrição por estes processos. A Figura 11.23 resume alguns dos nossos entendimentos atuais. Entretanto, a situação é muito complexa para concluir que a metilação sempre favorece a repressão da transcrição, por exemplo, uma vez que existem muitos sítios para a modificação covalente e a metilar alguns deles leva à ativação, a metilação de outros leva à repressão. O mesmo é verdadeiro para a fosforilação de séries e de treominas. Por exemplo, na histona H3, a metilação da lisina 4 está associada com a transcrição ativa, mas a metilação

código de histona um termo para a combinação de eventos revolvendo em torno da remodelagem da cromatina que controla a transcrição

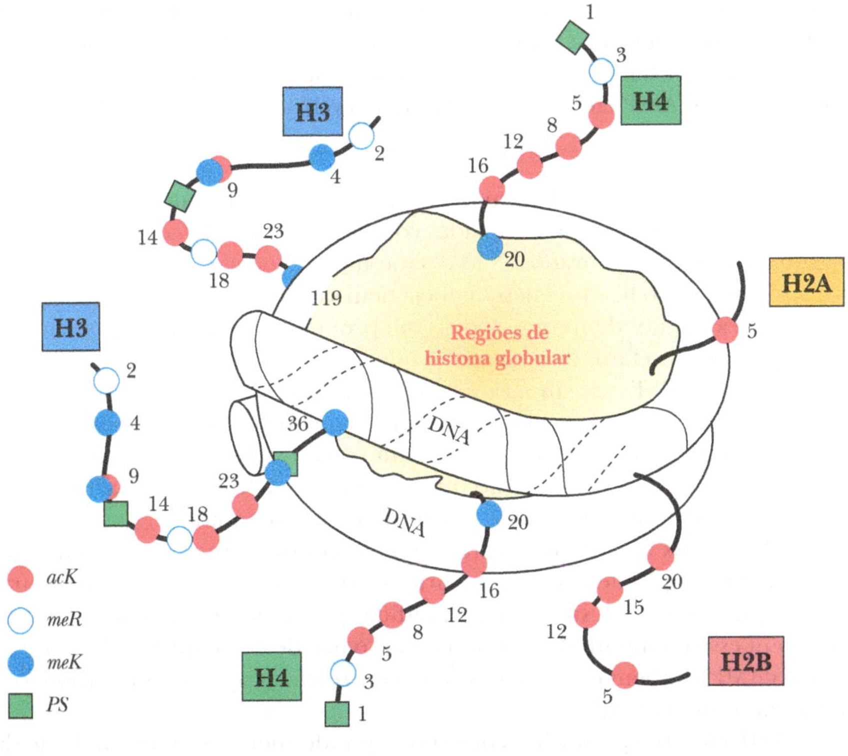
H3
H4
H3
H2A
H2B
H4
Regiões de histona globular
DNA
DNA
1
3
5
8
12
16
20
2
4
9
14
18
23
119
5
36
acK
meR
meK
PS
15

FIGURA 11.22 Modificação covalente de histonas. A transcrição é regulada pela modificação de proteínas de histonas na cromatina. Como mostrado, existem muitos sítios para a modificação, como a acetilação de lisinas (acK), a metilação de argininas (meR), a metilação de lisinas (meK) e a fosforilação de serinas (PS).

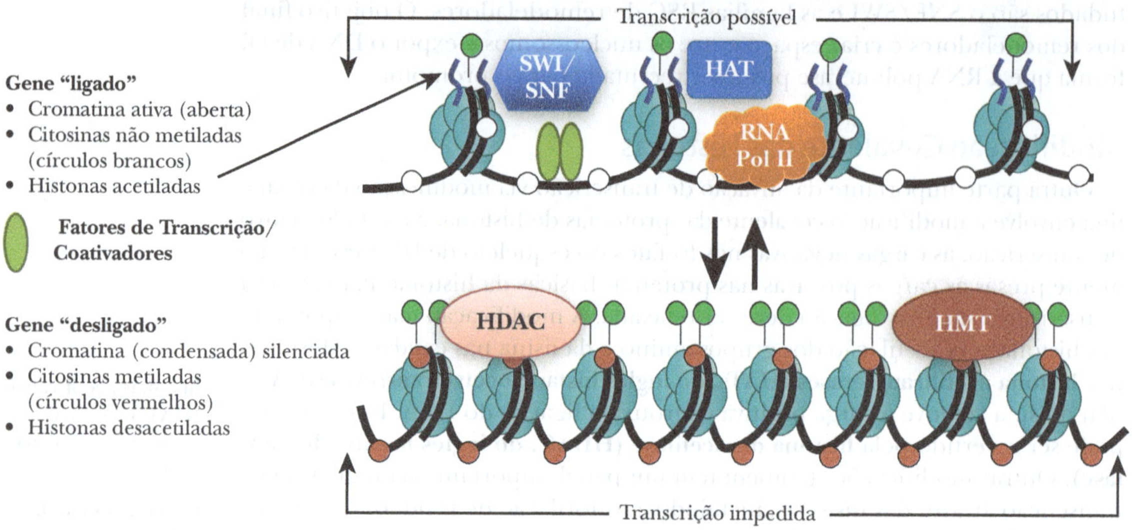
Transcrição possível
Gene "ligado"
• Cromatina ativa (aberta)
• Citosinas não metiladas (círculos brancos)
• Histonas acetiladas
Fatores de Transcrição/ Coativadores
Gene "desligado"
• Cromatina (condensada) silenciada
• Citosinas metiladas (círculos vermelhos)
• Histonas desacetiladas
SWI/ SNF
HAT
RNA Pol II
HDAC
HMT
Transcrição impedida

FIGURA 11.23 O código de histona. Muitos fatores estão envolvidos na troca entre transcrição ativa e inativa de genes eucarióticos. Acima: Transcrição está ativa. Os complexos remodeladores de histona estão presentes (SWI/SNF). Histona acetiltransferase (HAT). Alguns nucleotídeos são fosforilados ("pirulitos" verdes). As histonas estão acetiladas (rasbicos azuis). As citosinas não estão metiladas (círculos brancos). Abaixo: Os fatores de transcrição e a RNA polimerase têm acesso ao DNA. A transcrição não está ativa. Mais nucleotídeos são fosforilados. As histonas são desacetiladas. As citosinas são metiladas (círculos vermelhos).

da lisina 9 está associada com a transferência reprimida. A acetilação e a fosforilação têm também diferenças similares no sítio de modificação *versus* o efeito.

Elementos de Resposta

Alguns mecanismos de controle da transcrição podem ser categorizados com base em uma resposta comum a determinados fatores metabólicos. Os reforçadores responsáveis por esses fatores são denominados elementos de resposta. Exemplos incluem o elemento de choque térmico (HSE, do inglês heat-shock element), o elemento de resposta aos glicocorticoides (GRE, do inglês glucocorticoid-response element), o elemento de resposta ao metal (MRE) e o **elemento de resposta ao AMP cíclico (CRE, do inglês cyclic-AMP-response element)**.

elemento de resposta ao AMP cíclico (CRE) importante elemento de resposta eucariótica que é controlado pela produção de cAMP na célula

Como os elementos de resposta atuam?

Todos esses elementos de resposta ligam-se a proteínas (fatores de transcrição) que são produzidas sob determinadas condições das células, e diversos genes relacionados a eles são ativados. Não é o mesmo que ocorre com um óperon, pois os genes não estão ligados em sequência nem são controlados por um único promotor. Vários genes diferentes, todos com promotores exclusivos, podem ser afetados pelo mesmo fator de transcrição que liga o elemento de resposta.

No caso de HSE, as temperaturas elevadas levam à produção de fatores de transcrição específicos de choque térmico que ativam os genes associados. Os hormônios glicocorticoides ligam-se a um receptor esteroide. Uma vez ligados, tornam-se o fator de transcrição que se ligará ao GRE. A Tabela 11.4 resume alguns dos elementos de resposta mais bem compreendidos.

Analisaremos mais profundamente o elemento de resposta ao AMP cíclico como um exemplo de controle eucariótico da transcrição. Centenas de artigos de pesquisa tratam deste tópico à medida que se descobrem mais genes que possuem esse elemento de resposta como parte de seu controle. Lembre-se de que o cAMP também está envolvido no controle dos óperons procarióticos por meio da proteína CAP.

O AMP cíclico é produzido como um segundo mensageiro derivado de diversos hormônios, como a epinefrina e o glucagon (veja o Capítulo 24). Quando os

TABELA 11.4 Elementos de Resposta e Suas Características

Elemento de Resposta	Sinal Fisiológico	Sequência de Consenso	Fator de Transcrição	Tamanho (kDa)
CRE	Ativação dependente de cAMP da proteína quinase A	TGACGTCA	CREB, CREM, ATF1	43
GRE	Presença de glicocorticoides	TGGTACAAA TGTTCT	Receptor glicocorticoide	94
HSE	Choque térmico	CNNGAANNT CCNNG*	HSTF	93
MRE	Presença de cádmio	CGNCCCGGN CNC*	?	?

*N representa qualquer nucleotídeo.

níveis de cAMP crescem, a atividade da **proteína quinase dependente de cAMP** (proteína quinase A) é estimulada. Essa enzima fosforila muitas outras proteínas e enzimas dentro da célula, e está, geralmente, associada à alteração da célula para um modo catabólico, no qual macromoléculas serão quebradas para produzir energia. A proteína quinase A fosforila uma proteína denominada **proteína de ligação do elemento de resposta ao AMP cíclico (CREB)**, que se liga ao elemento de resposta ao AMP cíclico e ativa os genes associados. Entretanto, a CREB não entra em contato direto com o mecanismo basal de transcrição (RNA polimerase e GTFs), e a ativação requer outra proteína. A **proteína de ligação à CREB (CBP)** liga-se à CREB após sua fosforilação e estabelece uma ponte entre o elemento de resposta e a região do promotor, como mostra a Figura 11.24. Após essa ponte ser estabelecida, a transcrição é ativada acima dos níveis basais. A CBP é chamada *mediadora* ou *coativadora.* Muitas abreviações são utilizadas na linguagem de transcrição; a Tabela 11.5 resume as mais importantes.

A proteína CBP e uma semelhante denominada p300 são as principais pontes para vários sinais hormonais diferentes, como pode ser observado na Figura 11.25. Diversos hormônios que atuam por meio de cAMP causam a fosforilação e a ligação de CREB à CPB. Hormônios esteroides e tireoidianos, além de alguns outros, atuam sobre os receptores no núcleo que irá se ligar à CPB/p300.

proteína quinase dependente de cAMP importante enzima no controle do metabolismo. Ela é estimulada pela cAMP e, quando estimulada, fosforila as proteínas chave

proteína de ligação do elemento de resposta ao AMP cíclico (CREB) importante fator de transcrição nos eucariotos que se liga ao CRE e ativa a transcrição

proteína de ligação à CREB (CBP) importante mediadora de transcrição que une o mecanismo de transcrição basal à CREB

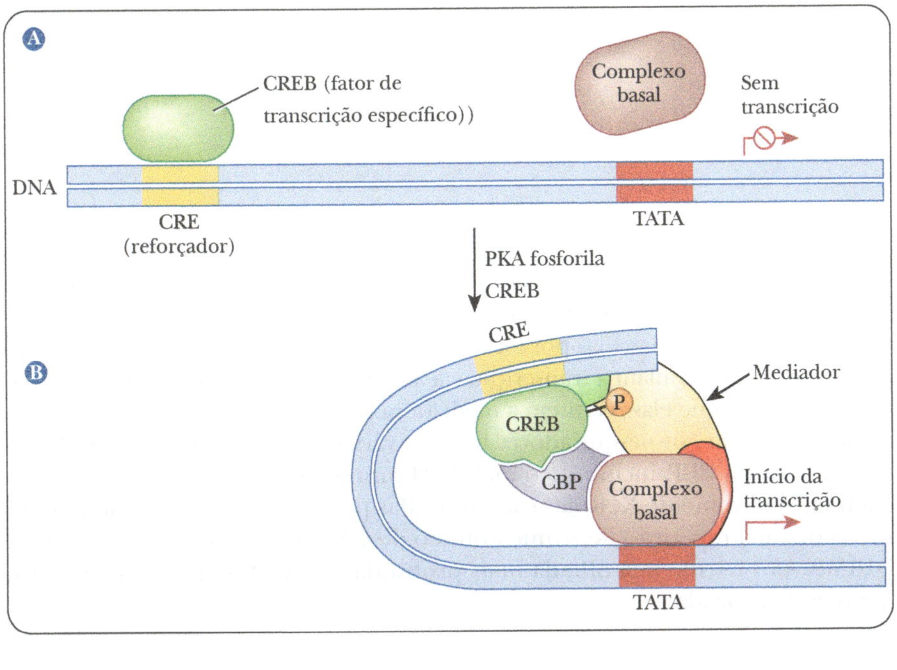
A
CREB (fator de transcrição específico))
Complexo basal
Sem transcrição
DNA
CRE (reforçador)
TATA
PKA fosforila CREB
B
CRE
Mediador
P
CREB
CBP
Complexo basal
Início da transcrição
TATA

FIGURA 11.24 A ativação da transcrição por meio de CREB e CBP. (a) CREB não fosforilada não se liga à sua proteína ligante, não ocorrendo a transcrição. (b) A fosforilação de CREB provoca a ligação de CREB à CBP, formando um complexo com o complexo basal (RNA polimerase e GTFs) e ativando a transcrição por meio dele. (Adaptado, sob permissão, de Weaner, R. F. *Molecular Biology*, McGraw-Hill, 1999.)

Tabela 11.5

Abreviações Usadas na Transcrição

bZIP	Zíper de leucina na região básica	NTD	Domínio do N-terminal
CAP	Proteína ativadora catabólica	N-TEF	Fator de alongamento de transcrição negativo
CBP	Proteína de ligação à CREB	Pol II	RNA polimerase II
CRE	Elemento de resposta ao AMP cíclico	P-TEF	Fator de alongamento de transcrição positivo
CREB	Proteína de ligação do elemento de resposta ao AMP cíclico	RPB	RNA polimerase B (Pol II)
CREM	Proteína de modulação do elemento de resposta ao AMP cíclico	RNP	Partícula de ribonucleoproteína
CTD	Domínio C-terminal	snRNP	Pequena partícula nuclear de ribonucleoproteína ("snurp")
GRE	Elemento de resposta aos glicocorticoides	TAF	Fator associado a TBP
GTF	Fator geral de transcrição	TATA	Elemento promotor de consenso em eucariotos
HSE	Elemento de resposta a choque térmico	TBP	Proteína de ligação ao TATA box
HTH	Hélice–alça–hélice	TCR	Reparo acoplado à transcrição
Inr	Elemento iniciador	TF	Fator de transcrição
MRE	Elemento de resposta ao metal	TSS	Sítio de início de transcrição
MAPK	Proteína quinase ativada por mitógenos	XP	Xeroderma pigmentoso

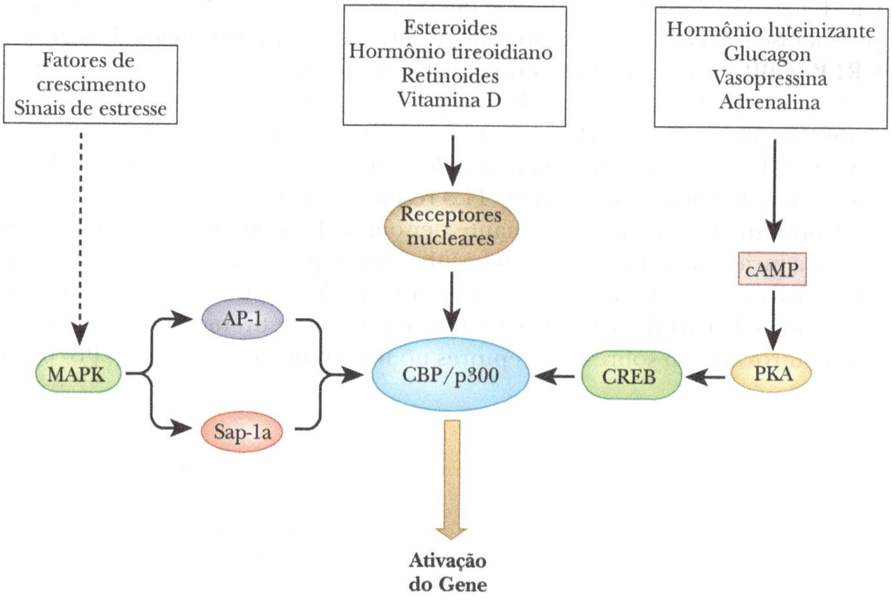

Fatores de crescimento
Sinais de estresse
Esteroides
Hormônio tireoidiano
Retinoides
Vitamina D
Hormônio luteinizante
Glucagon
Vasopressina
Adrenalina
Receptores nucleares
cAMP
AP-1
MAPK
Sap-1a
CBP/p300
CREB
PKA
Ativação do Gene

Figura 11.25 **As múltiplas formas nas quais a proteína de ligação à CREB (CBP) e p300 estão envolvidas na expressão do gene.** MAPK é uma proteína quinase ativada por mitógenos. Ela atua sobre dois fatores de transcrição, AP-1 e Sap-1a, que se ligam à CBP. Os hormônios esteroides afetam os receptores nucleares, que então se ligam à CBP. Outros hormônios ativam uma cascata de cAMP, causando a fosforilação de CREB, que então se liga à CBP. (Adaptado, sob permissão, de Weaver, R. F. *Molecular Biology*, McGraw-Hill, 1999.)

Fatores de crescimento e sinais de estresse causam a fosforilação dos fatores de transcrição *AP-1 (proteína ativadora 1)* e *Sap-1a* pela *proteína quinase ativada por mitógenos (MAPK)*, e ambos se ligam à CBP.

CBP/p300 são conhecidas por ter atividade de histona acetiltransferase, e, portanto, também estimulam a transcrição via afrouxamento dos nucleossomos. Imagina-se também que elas recrutem a mediadora para a região do promotor.

Recentemente, os pesquisadores ligaram várias doenças humanas à redução da atividade da CBP, incluindo o mal de Huntington, a ataxia espinocerebelar e a frágil síndrome de X, todas caracterizadas por mutações que aumentam os níveis de uma repetição de trinucleotídeo de CAG. O quadro CONEXÕES **BIOQUÍMICAS 11.2** dá uma olhada mais profunda na CREB e nos processos nos quais está envolvida.

11.2 Conexões Bioquímicas | genética e endocrinologia

CREB — A Proteína Mais Importante da qual Você Nunca Ouviu Falar?

Centenas de genes são controlados pelo elemento de resposta ao AMP cíclico. Os CREs são ligados por uma família de fatores de transcrição que inclui a CREB, a proteína de modulação do elemento de resposta ao AMP cíclico (*CREM*), e o fator ativador de transcrição 1 (*ATF-1*). Todas essas proteínas compartilham um alto grau de homologia e todas pertencem à classe de zíperes de leucina na região básica dos fatores de transcrição (veja a Seção 11-7). A própria CREB é uma proteína de 43 kDa com uma importante serina na posição 133, que pode ser fosforilada. A transcrição é ativada somente quando a CREB é fosforilada nesse sítio. A CREB pode ser fosforilada por uma série de mecanismos. O mecanismo clássico é por meio da proteína quinase A, que é estimulada pela liberação de cAMP. A CREB também pode ser fosforilada pela proteína quinase C, estimulada pela liberação de Ca^{2+} e por MAPK. Os principais sinais para esses processos podem ser hormônios peptídicos, fatores de crescimento e estresse ou atividade neural. A CREB fosforilada não atua sozinha para estimular a transcrição de seus genes alvo. Ela age em conjunto com uma proteína de 265 kDa, a proteína de ligação à CREB (CBP), que conecta o CREB ao mecanismo de transcrição basal. Mais de 100 fatores de transcrição conhecidos também se ligam à CBP. Para ser acrescentadas à diversidade de controle transcricional, CREB e CREM são sintetizadas em formas alternadas em razão de mecanismos diferentes de *splicing* pós-transcricional (veja a Seção 11-8). No caso da CREM, algumas das isoformas são estimuladoras, enquanto outras são inibidoras.

Embora a pesquisa ainda esteja em progresso, a transcrição mediada por CREB foi implicada em uma enorme variedade de processos fisiológicos, como *proliferação celular, diferenciação celular* e *espermatogênese*. Ela controla a *liberação de somatostatina*, um hormônio que inibe a secreção do hormônio do crescimento. Demonstrou-se ser ela importante para o *desenvolvimento de linfócitos-T maduros* (células do sistema imune) e por conferir *proteção às células nervosas* cerebrais sob condições hipóxicas. Ela está envolvida no *metabolismo da glândula pineal* e no *controle dos ritmos circadianos*. Constataram-se níveis elevados de CREB durante a adaptação do corpo a exercícios físicos intensos. Ela está envolvida na *regulação da gliconeogênese* pelos hormônios peptídicos, glucagon e insulina, e afeta diretamente a *transcrição de enzimas metabólicas*, como o fosfoenolpiruvato carboxiquinase (PEPCK) e a lactato desidrogenase. O mais interessante é que a CREB demonstrou ser *fundamental no aprendizado e no armazenamento da memória a longo prazo*, sendo detectados baixos níveis de CREB no tecido cerebral de indivíduos que sofrem do mal de Alzheimer. ▶

11-6 RNAs Não Codificantes

Embora até agora tenhamos focado na transcrição tradicional de DNA que leva ao mRNA que produz proteína, a realidade é que a maior parte do RNA transcrito em nosso genoma não produz proteína. Os cientistas acreditam que a maioria da transcrição de RNA leva à regulação de gene e explica muito da complexidade dos organismos superiores, bem como as muitas diferenças entre os organismos superiores que têm DNA muito similar. Algumas estimativas sugerem que por volta de 98% do resultado da transcrição de nossos genomas são compreendidos de RNAs não codificantes (ncRNA). Os ncRNAs têm sido associados a muitos processos, incluindo transcrição regular, silenciamento de gene, replicação, processamento de RNA, modificação de RNA, tradução, estabilização de proteína e translocação de proteína. Enquanto o número e tipos de RNAs parecem crescer diariamente, o foco principal da pesquisa está em dois tipos: **micro RNAs (miRNA)** e **RNA curto de interferência (siRNA)**.

micro RNAs (miRNA) pequenos trechos de RNA que afetam a expressão do gene e têm uma função no crescimento e desenvolvimento

RNA curto de interferência (siRNA) trechos curtos de RNA que controlam a expressão de gene pela supressão seletiva de genes

▶ *O que são micro RNAs e RNAs curtos de interferência?*

O micro RNA (miRNA) e o RNA curto de interferência são pequenos RNAs de fita dupla (dsRNA) que estão envolvidos no controle da expressão de gene através de vários mecanismos relacionados. No caso do miRNA, a molécula é endógena em relação à célula e produzido pela transcrição dos genes da célula. Os miRNAs têm aproximadamente 22 nucleotídeos de comprimento e são cortados de RNA maiores que contêm uma alça em forma de grampo pela enzima Dicer, como mostrado na Figura 11.26. Os primeiros genes de miRNA, chamados lin-4 e let-7, foram encontrados no nematelminto *C. elegans* em 1993 e 2000, respectivamente. Embora se tenha pensado inicialmente que eles fossem peculiares a nematelmintos, descobriu-se logo que o let-7 estava pressente em muitas espécies, incluindo os humanos. Atualmente existem centenas de miRNA conhecidos.

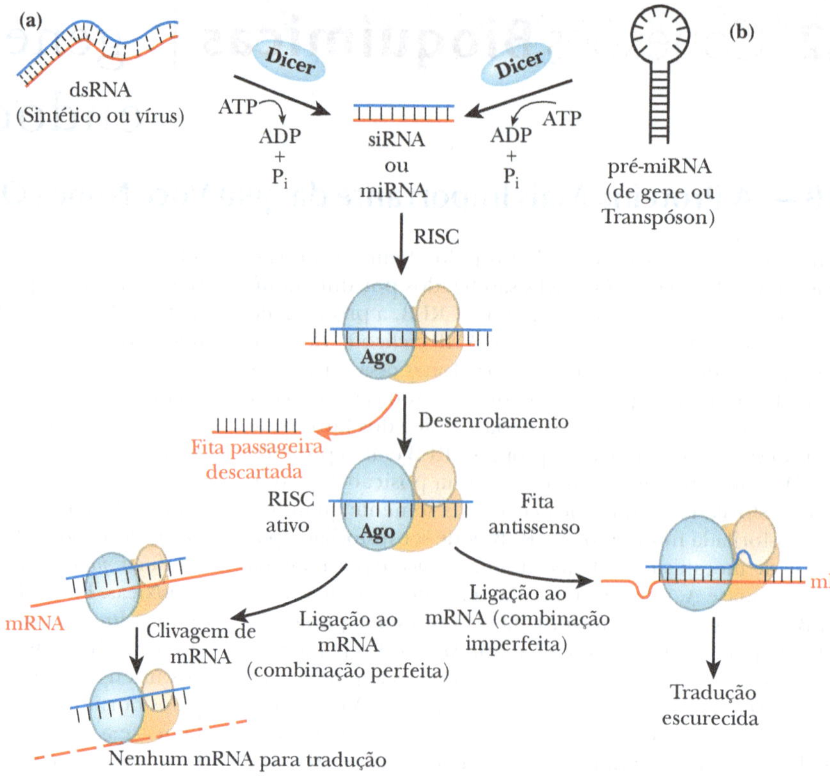
(a)
dsRNA
(Sintético ou vírus)
Dicer
ATP
ADP + P_i
siRNA
ou
miRNA
Dicer
ATP
ADP + P_i
(b)
pré-miRNA
(de gene ou
Transpóson)
RISC
Ago
Desenrolamento
Fita passageira
descartada
RISC
ativo
Ago
Fita
antissenso
mRNA
Clivagem de
mRNA
Ligação ao
mRNA
(combinação perfeita)
Ligação ao
mRNA (combinação
imperfeita)
mRNA
Nenhum mRNA para tradução
Tradução
escurecida

FIGURA 11.26 **A interferência de RNA.** (a) RNA de duplas fitas de fontes exógenas, como de um vírus ou um RNA sintético criado em laboratório, é quebrado pela enzima Dicer para produzir o siRNA. O miRNA e o siRNA são unidos pelo complexo RISC, inluindo a proteína argonauta (Ago). A fita passageira do DS RNA é descartada. O RISC é então recrutado para o mRNA que combina a sequência da fita antissenso. Quando a ligação é perfeita, a enzima slicer quebra o mRNA; logo, não há nada para traduzir (lado inferior esquerdo). Quando a ligação é imperfeita, forma-se uma alça de grampo e o complexo RISC/RNA não pode ser traduzido (lado inferior direito).

Os RNAs curtos de interferência (siRNA)são de fontes exógenas, como uma infecção viral, um elemento transportável ou uma molécula fornecida por um cientista tentando derrubar a função do gene. Esses siRNAs são cortados pela Dicer entre os nucleotídeos 21 e 25, como mostrado na Figura 11.26.

A Dicer está na família de endonucleases conhecidas como RNAase III. Ela pega dsRNAs maiores e as corta em tamanhos pequenos característicos, deixando uma provisão de 3 nucleotídeos de comprimento. Uma vez que a Dicer tenha quebrado o RNA, ela o passa para um complexo de proteína chamado complexo silenciador induzido por RNA (RISC). Em um processo dependente de ATP, o RISC desenrola o RNA de fita dupla e seleciona a fita antissenso, que é chamada de fita guia. A outra fita, chamada passageira, é descartada. Um dos componentes do RISC é sempre uma proteína nuclease na família conhecida como argonauta (Argo). As proteínas argonautas guiam o complexo RISC para o mRNA alvo e facilitam a ligação.

O que é interferência de RNA?

Apesar de suas diferentes fontes, os efeitos do miRNA e do siRNA são similares, uma vez que ambos diminuem a expressão de genes específicos, mas de maneiras diferentes, dependendo da natureza complementar do miRNA ou do siRNA. A extensão da combinação das sequências controla enormemente os efeitos finais, coletivamente chamados de **interferência de RNA (RNAi)** e **silenciador de RNA**, quando existe combinação perfeita entre o siRNA e o mRNA.

interferência de RNA (RNAi) a forma mais entendida de silenciador de RNA pela qual pequenas moléculas de RNA se ligam ao mRNA, provocando sua destruição de tal forma que não possa ser traduzido, ou bloqueiam diretamente sua tradução

silenciador de RNA processo biológico pelo qual o RNA inibe ou suprime completamente a transcrição de um gene

Como a interferência de RNA atua?

A Figura 11.26 mostra a base desses processos. Na parte (a), a célula detecta um dsRNA exógeno. Este pode ser de uma molécula fornecida por um cientista ou de um vírus. A enzima Dicer liga-se ao dsRNA, o ATP é hidrolisado e o dsRNA é cortado em 21 a 27 fragmentos de nucleotídeos do siRNA. Este é então carregado no complexo silenciador induzido por RNA (RISC), incluindo um membro da família argonauta. Em outra reação dependente de ATP, o siRNA é desenrolado e a fita passageira é descartada, deixando o RISC ativo ligado à fita antissenso. O RISC então é recrutado para o mRNA com a sequência alvo. No caso do siRNA mostrado aqui, a combinação da fita antissenso com o mRNA é perfeita. Quando isto acontece, a proteína argonauta, também conhecida como slicer, quebra o mRNA. Desta forma, o gene que produziu o mRNA é silenciado, porque seu mRNA é destruído antes de ser traduzido em proteína.

Onde o miRNA se encaixa dentro da expressão de gene?

O miRNA envolve um processo similar à interferência de RNA, e usa a maioria das mesmas enzimas. Na parte (b) da Figura 11.26, o material de partida é o dsRNA, mas desta vez ele vem de uma fonte endógena. Estas podem ser pré-miRNA que foi transcrito diretamente de um gene, ou uma aberração dos genes, como transpósons, ou o RNA produzido de DNA repetitivo. Uma das características deste tipo de pré-miRNA é a presença de alça na forma de grampo. A Dicer se liga ao pré-miRNA e o quebra. O miRNA é então carregado no RISC como foi com o siRNA. O processo é então o mesmo da interferência de RNA, com uma grande exceção – o miRNA não é uma combinação perfeita para o mRNA alvo. Neste caso, não existe quebra do mRNA, mas o RISC se cola ao mRNA, prevenindo sua tradução.

Por que o silenciador de RNA se desenvolveu?

Os genomas de organismos superiores são alvos para a invasão por viroses e elementos transportáveis. As estimativas são de que aproximadamente 50% do genoma humano sejam demandas de invasões anteriores por viroses e transpósons evoluídos com o tempo. Em essência, nosso DNA luta contra os invasores externos, exatamente como nossos anticorpos têm que lutar contra as proteínas e organismos estranhos, como parasitas e bactérias. Acredita-se atualmente que o silenciador de RNA seja um processo conservado evolucionariamente análogo à proteção de nossos genomas por um sistema imune. Os pesquisadores têm usado uma variedade de técnicas para estabelecer a importância do silenciador de RNA à saúde do organismo, incluindo criar cepas de ratos sem as proteínas que constituem o miRNA. Os resultados foram uma variedade de problemas de saúde para os ratos, incluindo doenças cardíacas e câncer.

Estudos em humanos também têm mostrado a importância dos processos baseados em miRNA. Por exemplo, a perda de um miRNA específico, chamado miRNA-101, leva à superexpressão de uma histona metiltransferase específica que ajuda a progressão do câncer de próstata. Estudos com células infectadas por HIV também têm mostrado que o miRNA é importante para controlar o espalhamento da doença, e que o HIV suprime ativamente a produção dos miRNAs da célula que seriam capazes de lutar contra ele. Os micro RNAs têm sido envolvidos em várias condições cardíacas através da sua influência na produção de cadeia pesada de alfa e beta miosina, as proteínas contráteis predominantes no coração.

No final de 2006, uma equipe de pesquisa baseada na Califórnia reivindicou ter descoberto que moléculas pequenas de RNA também podem atuar como ativadores. Os pesquisadores estavam tentando usar RNAi para bloquear a transcrição do gene supressor de tumor humano *E-caderina*. Quando adicionaram RNAs sintéticos projetados para atingir o gene de DNA, descobriram, em vez disso, que a produção do supressor de tumor aumentou, ao invés de diminuir. Este processo está sendo chamado de ativação de RNA, ou RNAa. Não está claro no momento se esse processo é uma ativação positiva do gene em questão ou uma interferência com algum outro gene que leva à ativação indireta do gene *E-caderina*. Este processo pode ser outra ferramenta importante no arsenal dos cientistas, uma vez que permitirá maneiras expandidas para manipular genes e abordar a luta contra doenças genéticas. O quadro CONEXÕES **BIOQUÍMICAS 11.3** descreve como um micro RNA ajuda a reparar nervos após um ferimento.

11.3 Conexões Bioquímicas | medicina

Um Micro RNA Ajuda a Regenerar as Sinapses Nervosas Após um Ferimento

Nos últimos 15 anos, muitos papéis novos foram encontrados para as centenas de moléculas de miRNA conhecidas, incluindo ligações com várias desordens, como câncer e doenças cardíacas. Recentemente foi descoberto um novo papel para o miRNA. Descobriu-se que o miRNA-206 está envolvido na reinervação da junção neuromuscular após um ferimento. Descobriu-se também que ele melhora a sobrevivência, em um tipo de rato, diante da doença esclerose amiotrófica lateral (ELA), antes conhecida como doença de Lou Gehrig. Sabe-se há algum tempo que o miRNA tem um papel na resposta do músculo ao estresse, e os pesquisadores usaram isso como a base para a hipótese de que as doenças de tecidos musculares podem ser devidas à perda de miRNAs específicos. Usando uma linhagem de ratos que tinham ELA e miRNA-206 inativada, o tempo do início da doença foi encurtado, indicando que o efeito direto do micro RNA tem um efeito protetor nos nervos do músculo. Pesquisa adicional indicou que o efeito direto do micro RNA é reprimir a expressão da histona desacetilase 4 (HDAC4) nas células musculares. A HDAC4 normalmente inibe a reinervação bloqueando a expressão da proteína 1 de ligação do fator de crescimento do fibroblasto (BGFBP1), que age em outros fatores de crescimento de fibroblasto (FGF).

O miRNA-206 liga-se ao mRNA que expressa a histona desacetilase, bloqueando sua tradução. Isto permite a produção do FGFBP1 na fibra muscular, que então passa dentro da junção intramuscular e estimula o FGF. Este fator de crescimento move-se para o neurônio motor e promove a reinervação. Foi mostrado que esta rota funciona tanto com nervos danificados quanto com nervos doentios dos ratos portadores de ELA. Essa descoberta suporta um crescente corpo de evidências para a importância do miRNA para a função neurológica e suscetibilidade a doenças. As redes de micro RNA têm sido envolvidas no mal de Parkinson, no mal de Huntington e no mal de Alzheimer. ◗

11-7 Motivos Estruturais nas Proteínas Ligadas ao DNA

As proteínas que se ligam ao DNA no decorrer da transcrição o fazem pelos mesmos tipos de interações que vimos nas estruturas proteicas e enzimas – nas ligações de hidrogênio, nas atrações eletrostáticas e nas interações hidrofóbicas. A maioria das proteínas que ativam ou inibem a transcrição por meio da RNA polimerase II possui dois domínios funcionais. Um deles é o **domínio de ligação ao DNA**, e o outro, **domínio de ativação da transcrição**.

◗ ***Quais são os domínios de ligação de DNA?***

Domínios de Ligação ao DNA

A maioria das proteínas possui domínios que se encaixam em uma de três categorias, **hélice–volta–hélice (HTH, do inglês helix-turn-helix)**, **dedos de zinco** e **zíper de leucina na região básica (bZIP, do inglês basic-regian leucine zipper)**. Esses domínios interagem com o DNA tanto no sulco principal quanto no secundário, sendo mais comum no primeiro.

Motivos Hélice–Volta–Hélice

Uma característica comum observada nas proteínas que se ligam ao DNA é a presença de um segmento de hélice α que se encaixa no sulco principal. As larguras do sulco principal e da hélice α são semelhantes, assim, a hélice proteica pode ficar bem acomodada. Este é o motivo mais comum, pois a forma padrão do DNA, o DNA-B, tem o sulco principal do tamanho exato, não sendo necessária nenhuma alteração em sua topologia. Essas proteínas de ligação são, em geral, dímeros com duas regiões de HTH, como mostra a Figura 11.27.

domínio de ligação ao DNA porção de um fator de transcrição que se liga ao DNA

domínio de ativação da transcrição porção de um fator de transcrição que interage com outras proteínas e complexos, em vez de diretamente com o DNA

hélice-volta-hélice (HTH) um motivo comum encontrado no domínio de ligação de DNA de fatores de transcrição

dedos de zinco motivos comuns encontrados na região de ligação do DNA dos fatores de transcrição

zíper de leucina na região básica (bZIP) motivo comum encontrado nos fatores de transcrição

O motivo HTH é uma sequência de 20 aminoácidos que se encontra relativamente conservada em muitas proteínas diferentes de ligação ao DNA. A Tabela 11.6 mostra a sequência para a região de HTH de vários fatores de transcrição. A primeira região helicoidal é composta pelos oito primeiros resíduos da região. A sequência de três ou quatro aminoácidos a separa da segunda região helicoidal. A posição 9 é uma glicina envolvida em uma volta β (Capítulo 4).

As proteínas que reconhecem o DNA com sequências de bases específicas são mais propensas a se ligar ao sulco maior. A orientação das bases em um pareamento de bases padrão coloca mais dessa estrutura única no sulco maior. A Figura 11.28 mostra como a glutamina e a arginina podem interagir, favoravelmente, com a adenina e a guanina, respectivamente. Entretanto, algumas alterações, incluindo muitas daquelas que ocorrem no sulco menor, leem o DNA apenas indiretamente. Conforme visto no Capítulo 9, a forma B do DNA não é tão constante quanto se pensou. Variações locais da estrutura helicoidal ocorrem com base na sequência original, especialmente quando existem áreas ricas em A–T. As bases são submetidas a grandes torções da hélice. Muitas proteínas ligam-se às extremidades das bases que se projetam para dentro do sulco secundário. Estudos mostraram que moléculas artificiais que imitam as projeções das bases para dentro do sulco menor são igualmente capazes de se ligar a muitos fatores de transcrição.

Dessa forma, embora o pareamento da base seja nitidamente importante para o DNA, às vezes a forma geral das bases é importante por outras razões. Uma proteína de ligação específica poderia não estar reconhecendo a porção da base envolvida nas ligações de hidrogênio, e, sim, mais precisamente, uma porção que se projeta para dentro dos sulcos.

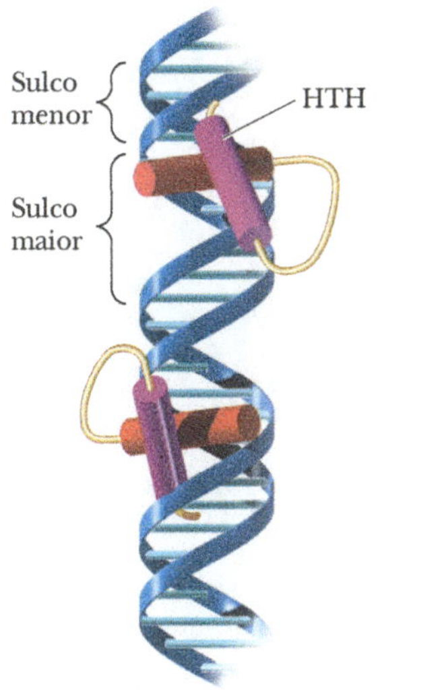
Sulco menor
Sulco maior
HTH

Figura 11.27 O motivo hélice-volta-hélice. As proteínas que contêm o motivo HTH ligam-se ao DNA através do sulco principal. (*Annual Review of Biochemistry*, v. 58 por Richardson Charles C. Reproduzido com permissão de ANNUAL REVIEWS INC no formato Republicado em outro produto publicado via Copyright Clearance Center. © 1989 por Annual Reviews.)

Dedos de Zinco

Em 1985, foi descoberto que o fator de transcrição da RNA polimerase III, TFIIIA, consiste em nove estruturas repetidas com 30 aminoácidos cada. Cada

Tabela 11.6

Sequências de Aminoácidos nas Regiões HTH de Proteínas Reguladoras de Transcrição Selecionadas

434 *Rep* e *Cro* são proteínas 434 de bacteriófagos; *Lam Rep* e *Cro* são proteínas λ de bacteriófagos; CAP, *trp Rep* e *Lac Rep* são proteínas ativadoras catabólicas: repressor rp e repressor *lac* da *E. coli*, respectivamente. *Antp* é uma proteína de homeodomínio do gene *Antennapedia* das moscas de frutas *Drosophila melanogaster*. Os números em cada sequência indicam a localização de HTH nas sequências de aminoácidos dos vários polipeptídeos.

	Hélice							Volta								Hélice				
	1	2	3	4	5	6	7	8	9	10	11	12	13	14	15	16	17	18	19	20
434 Rep	17-Gln	Ala	Glu	**Leu**	**Ala**	Gln	Lys	**Val**	**Gly**	Thr	Thr	Gln	Gln	Ser	**Ile**	Glu	Gln	**Leu**	Glu	Asn-36
434 Cro	17-Gln	Thr	Glu	**Leu**	**Ala**	Thr	Lys	**Ala**	**Gly**	Val	Lys	Gln	Gln	Ser	**Ile**	Gln	Leu	**Ile**	Glu	Ala-36
Lam Rep	33-Gln	Glu	Ser	**Val**	**Ala**	Asp	Lys	**Met**	**Gly**	Met	Gly	Gln	Ser	Gly	**Val**	Gly	Ala	**Leu**	Phe	Asn-52
Lam Cro	16-Gln	Thr	Lys	**Thr**	**Ala**	Lys	Asp	**Leu**	**Gly**	Val	Tyr	Gln	Ser	Ala	**Ile**	Asn	Lys	**Ala**	Ile	His-35
CAP	169-Arg	Gln	Glu	**Ile**	**Gly**	Glu	Ile	**Val**	**Gly**	Cys	Ser	Arg	Glu	Thr	**Val**	Gly	Arg	**Ile**	Leu	Lys-18
Trp Rep	68-Gln	Arg	Glu	**Leu**	**Lys**	Asn	Glu	**Leu**	**Gly**	Ala	Gly	Ile	Ala	Thr	**Ile**	Thr	Arg	**Gly**	Ser	Asn-87
Lac Rep	6-Leu	Tyr	Asp	**Val**	**Ala**	Arg	Leu	**Ala**	**Gly**	Val	Ser	Tyr	Gln	Thr	**Val**	Ser	Arg	**Val**	Val	Asn-25
Antp	31-Arg	Ile	Glu	**Ile**	**Ala**	His	Ala	**Leu**	**Cys**	Leu	Thr	Glu	Arg	Gln	**Ile**	Lys	Ile	**Trp**	Phe	Gln-50

Fonte: Adaptado de Harrison, S. C. e Aggarwal, A. K., 1990. DNA recognition by proteins with the helix–turn–helix motif. *Annual Review of Biochemistry* 59, 933–969.

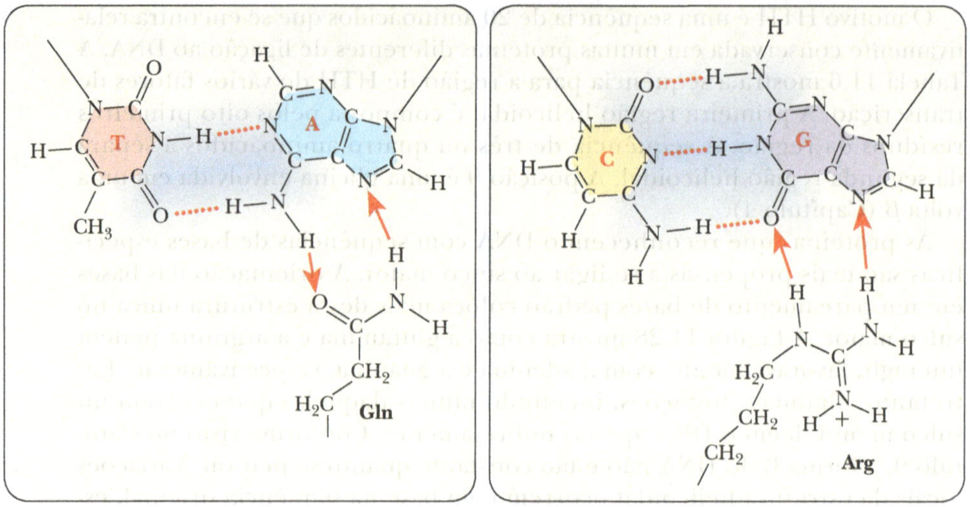
T
A
C
G
Gln
Arg

Ⓐ Interações das ligações de hidrogênio entre a glutamina e a adenina.

Ⓑ Interações das ligações de hidrogênio entre a arginina e a guanina.

FIGURA 11.28 Interações DNA–aminoácidos.

repetição contém duas cisteínas e duas histidinas, ambas com espaçamento pequeno, mas a histidina está 12 aminoácidos à frente. Descobriu-se também que esse fator possui suficientes íons de zinco associados para se ligar a cada uma das repetições, o que acarretou a descoberta do domínio dedo de zinco em proteínas de ligação ao DNA, representado na Figura 11.29.

O motivo recebeu esse nome em razão da forma adotada pelos 12 aminoácidos que estão enrolados fora da interseção das duas cisteínas e das duas histidinas com o íon de zinco. Quando o TFIIIA se liga ao DNA, os dedos de zinco repetidos seguem o sulco maior ao redor do DNA.

Motivo "Zíper de Leucina" na Região Básica

A terceira classe principal de sequência dependente das proteínas de ligação ao DNA é denominada motivo "zíper de leucina" na região básica. Sabe-se que muitos fatores de transcrição possuem este motivo, incluindo CREB. Existe homologia de sequências de vários fatores de transcrição. Metade das proteínas é composta pela região básica com muitos resíduos de lisina, arginina e histidina conservados. A outra metade contém uma série de leucinas a cada sete resíduos. É nítida a significância do espaçamento das leucinas. Ele leva 3,6 aminoácidos para efetuar uma volta em uma hélice α. Com o espaço de sete resíduos, todas as leucinas irão alinhar-se em um dos lados da hélice α, como mostra a Figura 11.30. O motivo recebeu o nome *zíper* pelo fato de a linha de resíduos hidrofóbicos interagir com um segundo fragmento proteico análogo por meio de ligações hidrofóbicas, entrelaçando-os como um zíper. As proteínas de ligação ao DNA com zíperes de leu-

FIGURA 11.29 Os motivos de dedos de zinco Cys_2His_2. (Adaptado de Evans, R. M.; Hollenberg, S. M. *Cell*, n. 52, *p. 1*, Figura 1, 1988.)

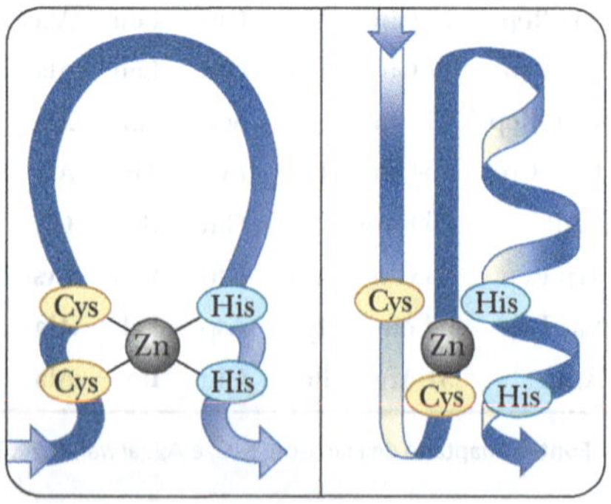
Cys
His
Zn
Cys
His
Cys
His
Zn
Cys
His

Ⓐ Coordenação entre o zinco e a cisteína e com os resíduos de histidina.

Ⓑ Estrutura secundária.

cina ligam-se ao DNA no sulco maior mediante fortes interações eletrostáticas entre a região básica e os açúcares fosfatos. Formam-se dímeros proteicos, e a metade composta por leucinas interage com a outra subunidade, enquanto a parte básica interage com o DNA, como mostra a Figura 11.31.

Quais são os domínios de ativação da transcrição?

Domínios de Ativação da Transcrição

Os três motivos mencionados estão envolvidos na ligação de fatores de transcrição ao DNA. Entretanto, nem todos os fatores de transcrição ligam-se diretamente ao DNA. Alguns ligam-se a outros fatores de transcrição e nunca entram em contato com o DNA. Exemplo é a CBP, que estabelece uma ponte entre CREB e o complexo de iniciação da transcrição da RNA polimerase II. Os motivos por meio dos quais os fatores de transcrição reconhecem outras proteínas podem ser divididos em três categorias.

1. *Domínios ácidos* são regiões ricas em aminoácidos ácidos. O *Gal4* é um fator de transcrição em leveduras que ativa os genes para metabolizar a galactose. Ele apresenta um domínio composto por 49 aminoácidos, 11 dos quais são ácidos.
2. *Domínios ricos em glutamina* são observados em vários fatores de transcrição. A *Sp1* é um fator de transcrição a montante que ativa a transcrição na presença de um elemento promotor adicional, denominado *GC box*. Ele possui dois domínios ricos em glutamina, um deles contendo 39 glutaminas em 143 aminoácidos. CREB e CREM (veja o quadro Conexões Bioquímicas 11.2) também apresentam esse domínio.
3. Um *domínio rico em prolina* é observado no ativador *CTF-1*. Ele possui um domínio composto por 84 aminoácidos, 19 dos quais são prolinas. O CTF-1 faz parte de uma classe de fatores de transcrição que se ligam a um elemento promotor estendido, denominado CCAAT box. Tem-se demonstrado que o domínio N-terminal regula a transcrição de determinados genes. A extremidade C-terminal é um regulador de transcrição, e sabe-se que ela se liga às proteínas histônicas por meio das repetições de prolina

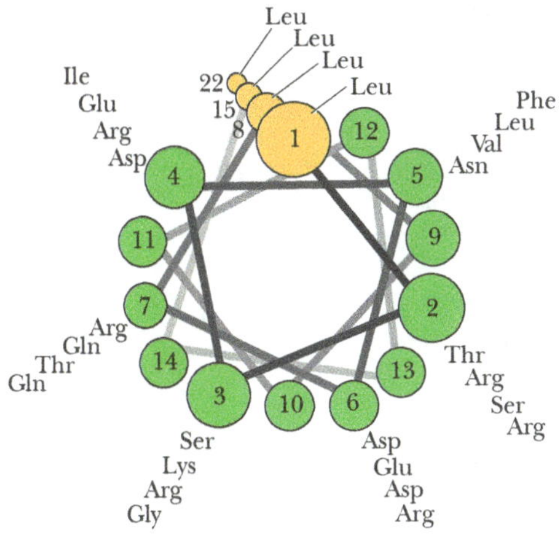
Leu
Leu
Leu
Leu
22
15
8
1
12
Ile
Glu
Arg
Asp
4
Phe
Leu
Val
Asn
5
11
9
7
2
Arg
Gln
Thr
Gln
14
3
10
6
13
Thr
Arg
Ser
Arg
Ser
Lys
Arg
Gly
Asp
Glu
Asp
Arg

FIGURA 11.30 Estrutura de roda helicoidal de um zíper de leucina na região básica de uma típica proteína de ligação ao DNA. Os aminoácidos listados mostram a progressão no sentido descendente da hélice. Observe que as leucinas estão alinhadas ao longo de uma lateral, formando um esqueleto hidrofóbico. (Baseado em Landschulz, W. H.; Johnson, P. F.; McKnight, S. L. *Science*, n. 240, p. 1.759-764, 1988. Copyright © 2015 Cengage Learning.)

Apesar da complexidade – aparentemente enorme – dos fatores de transcrição, sua elucidação tem se tornado mais fácil pelas semelhanças entre os motivos descritos nesta seção. Por exemplo, se for descoberta uma nova proteína ou se uma nova sequência de DNA for elucidada, a constatação de seu papel como um fator de transcrição pode ser feita localizando-se os motivos das proteínas de ligação ao DNA abordados aqui.

11-8 Modificação do RNA Após a Transcrição

Todos os três principais tipos de RNA – tRNA, rRNA e mRNA – são enzimaticamente modificados após a transcrição para gerar a forma funcional do RNA em questão. O tipo de processo nos procariotos pode divergir muito do tipo que

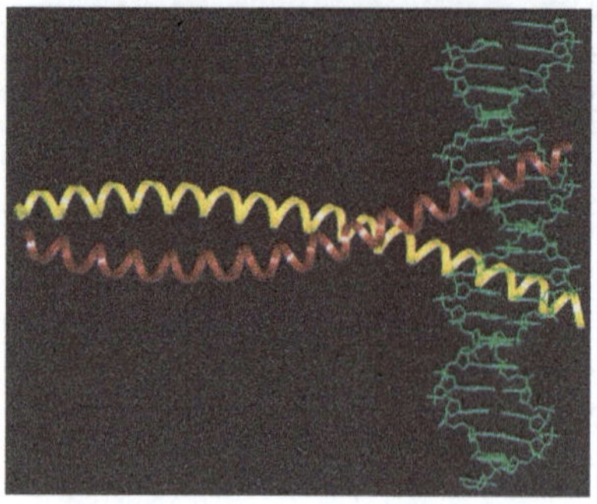

Figura 11.31 Estrutura do fator de transcrição bZIP. A estrutura cristalina do fator de transcrição c-Fos:c-Jun de bZIP ligado a um oligômero do DNA contendo a sequência alvo de consenso AP-1 TGAC--TCA. A região básica liga-se ao DNA, enquanto as regiões de leucina das duas hélices ligam-se mediante interações hidrofóbicas. (Reimpresso com a permissão de Crystal structure of the heterodimerica bZIP transcription factor c-Fos:cJun bound to DNA de Glover, J. N. e Harrison S. C. *Nature 373 257-261[1995].*)

ocorre nos eucariotos, especialmente no caso do mRNA. O tamanho inicial das transcrições de RNA é maior que o tamanho final em razão das sequências líderes na extremidade 5' e às sequências na extremidade 3'. As sequências líder e sinal devem ser removidas, sendo possíveis também outras formas de *edição*. As *sequências terminais* podem ser acrescentadas após a transcrição, sendo frequentemente observada a *modificação das bases*, especialmente no tRNA.

RNA Transportador e RNA Ribossômico

O precursor de várias moléculas de tRNA é frequentemente transcrito em uma sequência longa de polinucleotídeos. Todos os três tipos de modificação – edição, acréscimo de sequências terminais e modificação de base – ocorrem na transformação da transcrição inicial até a obtenção de tRNAs maduros (Figura 11.32). (A enzima responsável por gerar as extremidades 5' de todos os tRNAs da *E. coli*, a *Rnase P*, é composta tanto por RNA quanto por proteínas.) A porção do RNA é responsável pela atividade catalítica. Este foi um dos primeiros exemplos de RNA com propriedade catalítica (Seção 11-9). Algumas modificações de base ocorrem antes da edição, enquanto outras, após. A metilação e a substituição de enxofre por oxigênio são dois dos tipos mais comuns de modificação de base. (Veja a Seção 9-2 e "RNA Transportador", na Seção 9-5, quanto às estruturas de algumas das bases modificadas.) Um tipo de nucleotídeo metilado encontrado somente nos eucariotos é composto por um grupo de 2'-*O*-metil--ribosil (Figura 11.33).

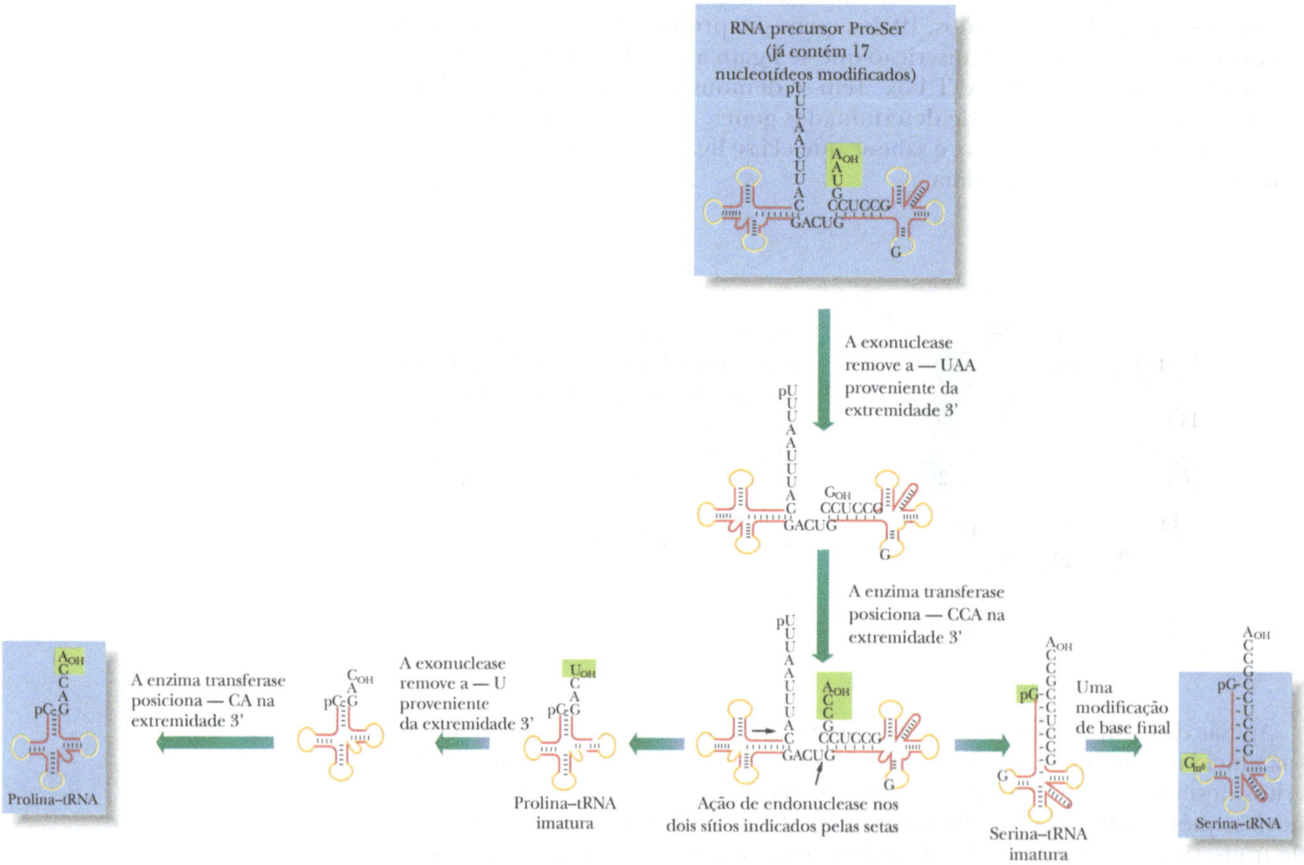
RNA precursor Pro-Ser
(já contém 17
nucleotídeos modificados)
A exonuclease
remove a — UAA
proveniente da
extremidade 3'
A enzima transferase
posiciona — CCA na
extremidade 3'
Ação de endonuclease nos
dois sítios indicados pelas setas
A exonuclease
remove a — U
proveniente
da extremidade 3'
Prolina–tRNA
imatura
A enzima transferase
posiciona — CA na
extremidade 3'
Prolina–tRNA
Uma
modificação
de base final
Serina–tRNA
imatura
Serina–tRNA

Figura 11.32 Modificação pós-transcricional de um precursor de tRNA. Os traços representam as bases pareadas por ligações de hidrogênio. Os símbolos G_{OH}, C_{OH}, A_{OH} e U_{OH} referem-se a uma extremidade 3' livre, sem um grupo fosfato; G_m^6 é uma guanina metilada.

A edição e a adição de nucleotídeos terminais produzem tRNAs com o tamanho e a sequência de bases adequados. Todo tRNA contém uma sequência CCA na extremidade 3'. A presença dessa parte da molécula é muito importante na síntese das proteínas, pois a extremidade 3' é o aceptor para os aminoácidos a serem acrescentados a uma cadeia de proteínas em crescimento (Capítulo 12). A edição de grandes precursores de tRNAs eucarióticos ocorre no núcleo, porém a maioria das enzimas metiladoras ocorre no citosol.

O processamento de rRNAs é basicamente uma questão de metilação e cortes até o tamanho correto. Nos procariotos, existem três rRNAs em cada ribossomo intacto, que apresenta um coeficiente de sedimentação de 70S. (O coeficiente de sedimentação e alguns aspectos da estrutura dos ribossomos são discutidos em "RNA Ribossômico", na Seção 9-5.) Em subunidades menores, com coeficiente de sedimentação de 30S, uma molécula de RNA apresenta coeficiente de sedimentação de 16S. As subunidades com 50S possuem dois tipos de RNA, com coeficientes de sedimentação de 5S e 23S. Os ribossomos de eucariotos têm coeficiente de sedimentação de 80S, com subunidades de 40S e 60S. A subunidade de 40S contém um RNA de 18S, e a subunidade de 60S contém um RNA de 5S, um RNA de 5,8S e um RNA de 28S. As modificações de bases em rRNA, tanto procariótico quanto eucariótico, são realizadas principalmente por metilação.

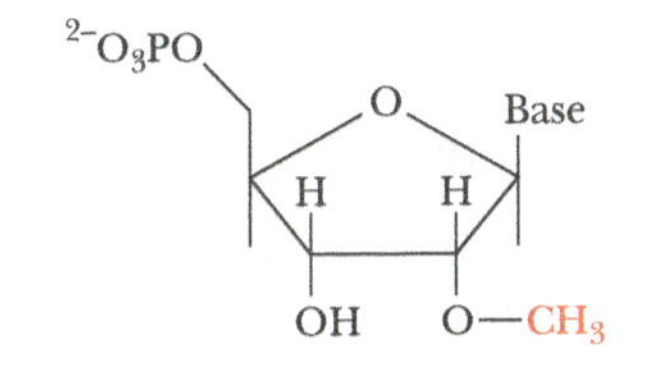
$^{2-}O_3PO$
O
Base
H
H
OH
O—CH_3
Porção do 2'-*O*-metil-ribosil

FIGURA 11.33 **Estrutura de um nucleotídeo contendo um grupo 2'-O-metil-ribosil.**

RNA Mensageiro

Ocorre um processamento extensivo no mRNA eucariótico. As modificações incluem *capping* na extremidade 5', poliadenilação (com acréscimo de uma sequência poli-A) na extremidade 3' e ***splicing*** das sequências codificadoras. Esse processamento não é uma característica da síntese do mRNA procariótico.

splicing processo pelo qual sequências não codificantes de mRNA são removidas e as codificantes são unidas

Por que o mRNA é modificado após a transcrição inicial?

O cap na extremidade 5' do mRNA eucariótico é um resíduo de guanilato que é metilado na posição N-7. Esse resíduo de guanilato modificado é preso ao resíduo vizinho por uma ligação 5'-5' trifosfato (Figura 11.34). O grupo 2'-hidroxil da porção ribosila do resíduo vizinho é frequentemente metilado e, às vezes, ocorre o mesmo com aquele pertencente ao vizinho seguinte. A **cauda de poliadenilato** (abreviado como *poli-A* ou *poli[r(A)$_n$]*) na extremidade 3' de um mensageiro (com comprimento típico de 100 a 200 nucleotídeos) é acrescentada antes que o mRNA deixe o núcleo. Acredita-se que a presença da cauda proteja o mRNA de nucleases e fosfatases, que o degradariam. De acordo com esse ponto de vista, os resíduos de adenilato seriam quebrados antes da porção da molécula que contém a verdadeira mensagem a ser atacada. A presença do cap em 5' também protege o mRNA da degradação por exonucleases.

cauda de poliadenilato (poli-A) sequência longa de resíduos de adenosina na extremidade 39 do mRNA eucariótico

A presença da cauda poli-A tem-se mostrado bastante fortuita para os pesquisadores. Construindo-se uma coluna de cromatografia por afinidade (Capítulos 5 e 13) com uma cauda poli-T (ou cauda poli[d(T)]), é possível conseguir rapidamente o isolamento de mRNA de um lisado celular. Isto possibilita o estudo da transcrição observando-se quais genes estão sendo transcritos em um momento específico sob várias condições celulares.

Os genes dos procariotos são contínuos. Cada par de bases em um gene procariótico contínuo está refletido na sequência de bases do mRNA. Os genes dos eucariotos não são necessariamente contínuos, e, em geral, apresentam sequências intervenientes que não aparecem na sequência final de bases do mRNA, o produto daquele gene. As sequências de DNA que são expressas (que realmente pertencem ao produto final) denomina-se **éxons**. As sequências intervenientes, que não são expressas, denomina-se **íntrons**. Esses genes são, frequentemente, citados como **genes processados**. A expressão de um gene eucariótico envolve não apenas sua transcrição, mas também o processamento da transcrição primária em sua forma final. A Figura 11.35 mostra como um

éxons sequências de DNA que são expressas na sequência de mRNA

íntrons sequências intervenientes no DNA que não aparecem na sequência final do mRNA

genes processados (*split genes*) genes que contêm sequências de intervenção que não estão presentes no RNA maduro

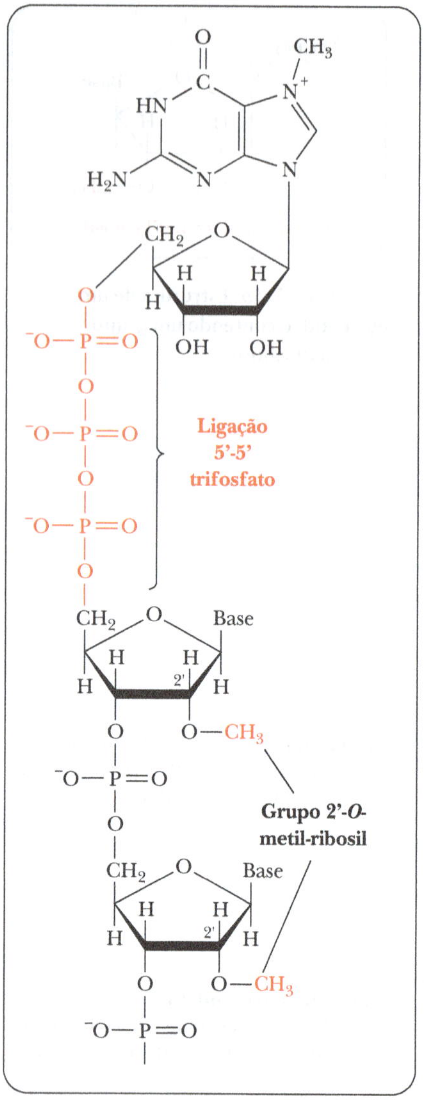
Ligação
5'-5'
trifosfato
Grupo 2'-O-metil-ribosil
Base

FIGURA 11.34 Estruturas de alguns caps típicos de mRNA.

gene processado pode ser produzido. Quando o gene é transcrito, o mRNA transcrito contém regiões nas extremidades 5' e 3' que não são traduzidas, sendo mostrados vários íntrons em verde. Os íntrons são removidos, unindo os éxons. A extremidade 3' é modificada pelo acréscimo de uma cauda poli-A e um cap de 7-mG para produzir o mRNA maduro.

Alguns genes possuem bem poucos íntrons, enquanto outros, muitos. Há um íntron no gene para a actina, uma proteína muscular; dois para as cadeias α e β de hemoglobina; três para a lisozima; e assim por diante, até 50 íntrons em um único gene. O gene colágeno pró-α-2 nas galinhas tem comprimento aproximado de 40 mil pares de bases, mas as reais regiões codificadoras somam apenas 5 mil pares de bases distribuídos por 51 éxons. Com a necessidade de tanto *splicing*, seus mecanismos devem ser muito precisos. O *splicing* é um pouco mais fácil, pois os genes possuem os éxons na ordem correta, mesmo que sejam separados por íntrons. Além disso, a transcrição primária, em geral, é processada nas mesmas posições em todos os tecidos do organismo.

Uma importante exceção ao que foi exposto é o *splicing* que ocorre com as imunoglobulinas, nas quais a diversidade de anticorpos é mantida pela existência de múltiplas formas de se efetuar o *splicing* de mRNA. Nos últimos anos, foram descobertas mais proteínas eucarióticas, produto de *splicing* alternativos. Essa necessidade foi demonstrada, também, pelos dados preliminares do Projeto Genoma Humano. Foram necessários *splicing* diferenciados para explicar o fato de o número conhecido de proteínas exceder o número de genes humanos encontrados.

Como os íntrons são separados para produzir RNA maduro?

Reação de *Splicing*: Estruturas em Laço e Snurps

A remoção de sequências intervenientes ocorre no núcleo, onde o RNA forma **partículas ribonucleoproteicas (RNPs)** por meio da associação com um conjunto de proteínas nucleares. Essas proteínas interagem com o RNA quando ele se forma, mantendo-o em uma forma que pode ser acessada por outras proteínas e enzimas. O substrato para o *splicing* é pré-mRNA poliadenilado com cap. O *splicing* requer a clivagem dos íntrons nas extremidades 5' e 3' e a subsequente união das duas extremidades. Esse processo deve ser realizado com extrema precisão para evitar o deslocamento da sequência do produto de mRNA. Sequências específicas compõem os *sítios de splice* para o processo, com GU na extremidade 5' e AG na extremidade 3' dos íntrons em eucariotos superiores. Um *sítio de ramificação*, localizado nos íntrons, tam-

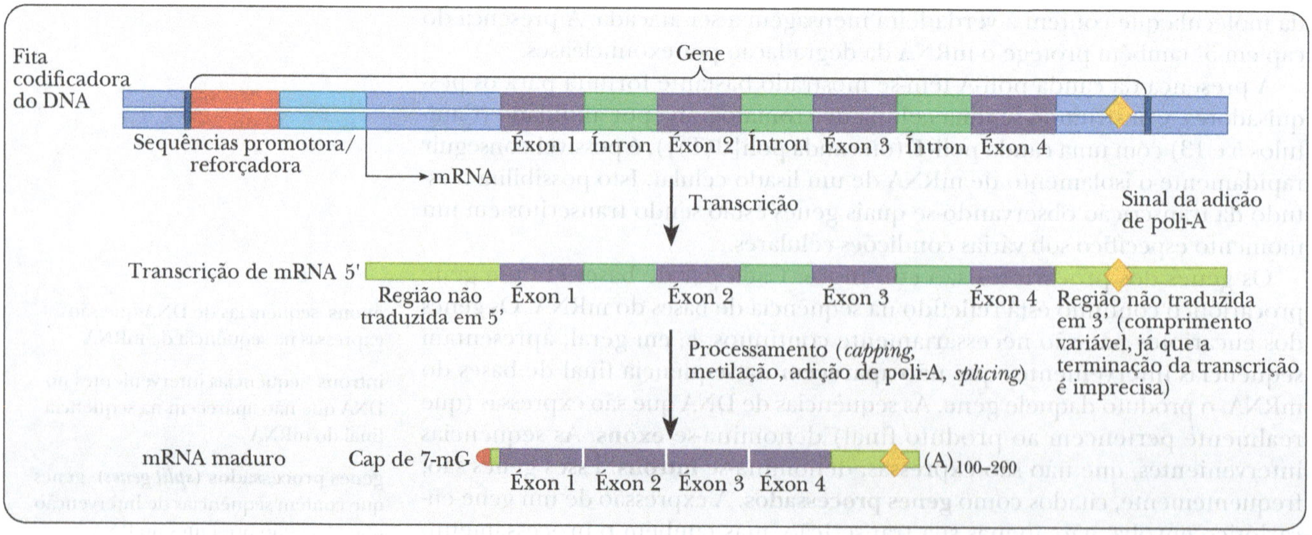
Fita codificadora do DNA
Gene
Sequências promotora/ reforçadora
Éxon 1 Íntron Éxon 2 Íntron Éxon 3 Íntron Éxon 4
mRNA
Transcrição
Sinal da adição de poli-A
Transcrição de mRNA 5'
Região não traduzida em 5'
Éxon 1 Éxon 2 Éxon 3 Éxon 4
Região não traduzida em 3' (comprimento variável, já que a terminação da transcrição é imprecisa)
Processamento (capping, metilação, adição de poli-A, splicing)
mRNA maduro
Cap de 7-mG
(A)100–200
Éxon 1 Éxon 2 Éxon 3 Éxon 4

FIGURA 11.35 Organização de genes processados em eucariotos.

bém apresenta uma sequência conservada. Esse sítio encontra-se 18 a 40 bases a montante do sítio de *splice* em 3'. A sequência do sítio de ramificação nos eucariotos superiores é PyNPyPuAPy, onde Py representa qualquer pirimidina, e Pu qualquer purina. N pode ser qualquer nucleotídeo, e A é invariante.

partículas ribonucleoproteicas (RNPs) combinações de RNA e proteínas no núcleo que são usadas para a modificação do RNA durante as reações de *splicing*

A Figura 11.36 mostra como ocorre o *splicing*. O G que está sempre presente na extremidade 5' do íntron volta-se sobre si mesmo para ficar em contato próximo com o ponto de ramificação A invariante. O 2'-hidroxil de A realiza um ataque nucleofílico sobre o esqueleto fosfodiéster no sítio de *splice* em 5', formando uma estrutura *em laço* e liberando o éxon 1. Em seguida, AG na extremidade 3' do éxon faz o mesmo com G no sítio de *splice* em 3', unindo os dois éxons. Essas estruturas em laço podem ser observadas com um microscópio de elétron, embora a estrutura seja inerentemente instável e logo linearizada.

O *splicing* depende, também, de pequenas ribonucleoproteínas nucleares, ou snRNPs (pronuncia-se "snurps"), para mediar o processo. Essa snRNP é um quarto tipo básico de RNA, independente de mRNA, tRNA e rRNA. As snRNPs, como diz o nome, contêm tanto RNA quanto proteínas. A porção RNA está entre 100 e 200 nucleotídeos nos eucariotos superiores, e existem dez ou mais proteínas. Com mais de 100 mil cópias de algumas snRNPs nas células eucarióticas, as snRNPs representam um dos produtos genéticos mais abundantes. Elas são enriquecidas nos resíduos de uridina e, consequentemente, com frequência recebem nomes como U1 e U2. As snRNPs também possuem uma sequência de consenso interna de AUUUUUG. Elas se ligam aos RNAs, sofrendo *splice* por meio de regiões complementares entre a snRNP e os sítios de ramificação e de *splice*. O *splicing* envolve uma partícula de 50S a 60S, denominada **spliceossomo**, que é uma partícula multissubunitária grande e semelhante, em tamanho, a um ribossomo. Várias snRNPs diferentes estão envolvidas no processo, sendo acrescentadas em uma ordem determinada ao complexo. Além de seu papel no *splicing*, descobriu-se que certas snRNPs estimulam o alongamento da transcrição. Atualmente, é amplamente reconhecido que alguns RNAs podem catalisar seus auto*splicing*, como será discutido na Seção 11-9. O processo atual envolvendo ribonucleoproteínas pode ter evoluído do auto*splicing* dos RNAs. Uma semelhança importante entre os dois processos é que ambos se desenvolvem por meio de um mecanismo de laço, pelo qual os sítios de *splice* são reunidos.

spliceossomo grande partícula com múltiplas subunidades, e tamanho semelhante ao do ribossomo, envolvida no *splicing* de moléculas de RNA

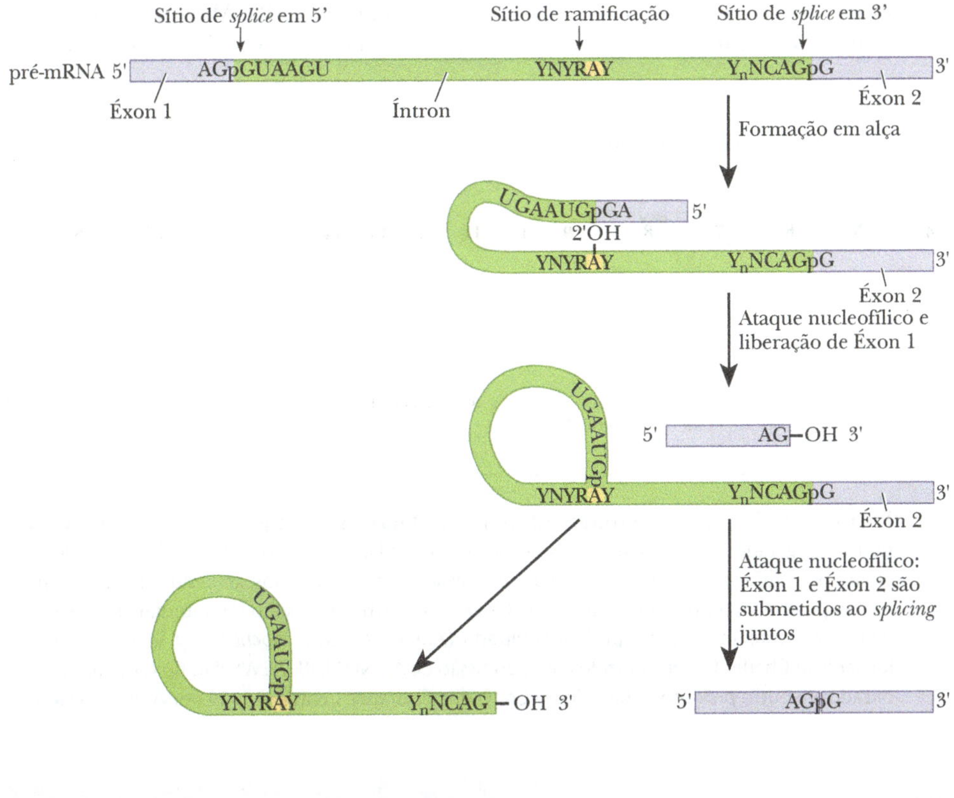
Sítio de *splice* em 5'
Sítio de ramificação
Sítio de *splice* em 3'
pré-mRNA 5'
AGpGUAAGU
YNYRAY
Y_nNCAGpG
3'
Éxon 1
Íntron
Éxon 2
Formação em alça
UGAAUGpGA
5'
2'OH
YNYRAY
Y_nNCAGpG
3'
Éxon 2
Ataque nucleofílico e liberação de Éxon 1
UGAAUGp
5'
AG–OH 3'
YNYRAY
Y_nNCAGpG
3'
Éxon 2
Ataque nucleofílico: Éxon 1 e Éxon 2 são submetidos ao *splicing* juntos
UGAAUGp
YNYRAY
Y_nNCAG–OH 3'
5'
AGpG
3'

FIGURA 11.36 ***Splicing* dos precursores de mRNA.** Éxon 1 e éxon 2 são separados pela sequência interveniente (íntron) mostrada em verde. No *splicing* comum dos dois éxons, forma-se uma estrutura em laço no íntron. (Adaptado de Sharp, P. A. *Science*, n. 235, p. 766, Figura 1, 1987.)

Splicing Alternativo de RNA

isoformas (no *splicing* de RNA) diferentes formas de uma proteína produzida pelas reações alternadas de *splicing*

A expressão do gene pode também ser controlada no *splicing* do RNA. O *splicing* de muitas proteínas ocorre sempre da mesma forma, porém, o de muitas outras pode ocorrer de modos diversos, proporcionando **isoformas** diferentes da proteína a ser produzida. Nos seres humanos, 5% das proteínas produzidas têm isoformas baseadas em *splicing* alternativo. Essas diferenças podem ser observadas pela presença de duas formas do mRNA na mesma célula, ou pode haver somente uma forma em um tecido, mas uma forma diferente no outro. As proteínas reguladoras podem afetar o reconhecimento dos sítios de *splice* e direcionar o *splicing* alternativo.

Descobriu-se que uma proteína denominada Tau se acumula no cérebro de pessoas vítimas do mal de Alzheimer. Essa proteína apresenta seis isoformas geradas por *splicing* diferencial, com as formas surgindo durante estágios específicos do desenvolvimento. O gene humano da troponina T produz uma proteína muscular que possui muitas isoformas resultantes do *splicing* diferencial. A Figura 11.37 mostra a complexidade desse gene. Existem 18 éxons que podem ser ligados uns aos outros para formar o mRNA maduro. Alguns deles estão sempre presentes, como os éxons de 1 a 3 e 9 a 15, que estão sempre ligados entre si em suas respectivas ordens. Entretanto, os éxons de 4 a 8 podem ser acrescentados em qualquer grupo de combinação, com 32 combinações possíveis. No lado direito, é utilizado o éxon 16 ou o 17, mas não os dois. Isso gera um total de 64 moléculas de troponina possíveis, o que destaca a enorme diversidade tanto da estrutura quanto da função proteica que pode derivar do *splicing* do mRNA.

11-9 Ribozimas

Houve uma época em que as proteínas eram consideradas as únicas macromoléculas biológicas capazes de efetuar a catálise. Dessa forma, a descoberta da atividade catalítica do RNA teve um profundo impacto sobre o modo de pensar dos bioquímicos. Foram descobertas algumas enzimas com componentes de RNA, como a telomerase (Capítulo 10) e a RNase P, uma enzima que elimina nucleotídeos extras das extremidades 5' de precursores de tRNA. Posteriormente, concluiu-se que a porção RNA da RNase P possuía atividade catalítica. O campo do RNA catalítico (ribozimas) foi considerado mais seriamente com a descoberta do RNA que catalisa seu auto*splicing*. É fácil observar uma relação entre esse processo e o *splicing* de mRNA pelas snRNPs. Mais recentemente, concluiu-se que os RNAs podem catalisar reações envolvidas na síntese pro-

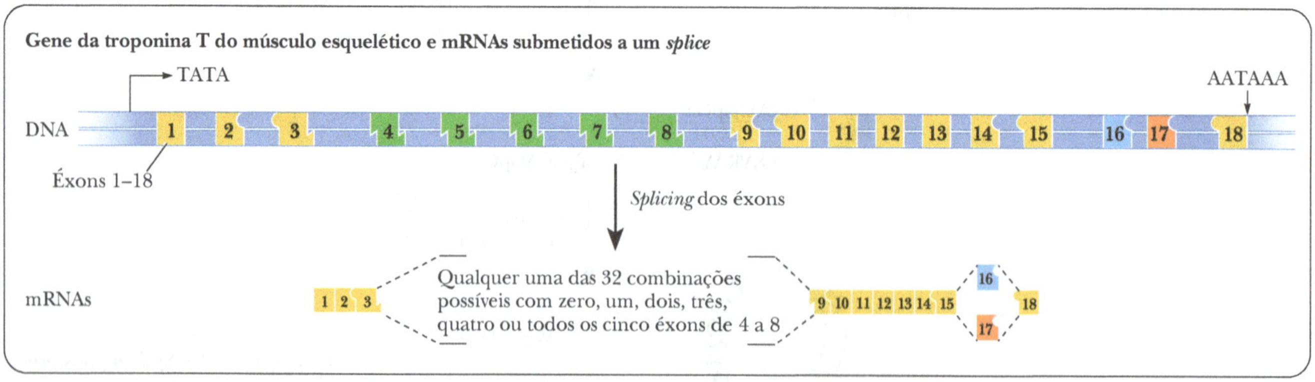
Gene da troponina T do músculo esquelético e mRNAs submetidos a um *splice*
TATA
AATAAA
DNA
1 2 3 4 5 6 7 8 9 10 11 12 13 14 15 16 17 18
Éxons 1–18
Splicing dos éxons
mRNAs
1 2 3
Qualquer uma das 32 combinações possíveis com zero, um, dois, três, quatro ou todos os cinco éxons de 4 a 8
9 10 11 12 13 14 15
16
17
18

FIGURA 11.37 Organização do gene da troponina T do músculo esquelético e os 64 mRNAs que podem ser gerados a partir dele. Os éxons mostrados em laranja são constitutivos, aparecendo em todos os mRNAs produzidos. Os éxons em verde são combinatórios, gerando todas as combinações possíveis a partir do zero até cinco. Os éxons em azul e vermelho são mutuamente excludentes: somente um ou outro pode ser utilizado. (*Annual Review of Biochemistry*, Volume 58 de Richardson Charles C. Reproduzido com permissão de ANNUAL REVIEWS INC no formato Republicado em outro produto publicado via Copyright Clearance Center. © 1989 por Annual Reviews.)

teica, como será explicado no Capítulo 12. A eficiência catalítica dos RNAs catalíticos é menor que a das enzimas proteicas, e a eficiência catalítica dos sistemas de RNA existentes atualmente é muito ampliada pela presença de subunidades proteicas além do RNA. Lembre-se de que muitas coenzimas importantes incluem uma parte de fosfato de adenosina em sua estrutura (Seção 7-8). Compostos de tamanha importância no metabolismo devem ter origem antiga, outra evidência que sustenta a ideia de um mundo baseado no RNA, onde ele era tanto a molécula genética quanto a molécula catalítica originais.

Quais são as características das ribozimas?

É conhecida a existência de vários grupos de ribozimas. Nas *ribozimas do Grupo I* há a necessidade de uma guanosina externa, que é ligada covalentemente ao sítio de *splice* no decorrer da excisão. Um exemplo é o auto*splicing* que ocorre no pré-rRNA da *Tetrahymena*, um protista ciliado (Figura 11.38). A transesterificação (de ésteres de ácido fosfórico) que ocorre libera uma extremidade do íntron. A extremidade 3'-OH livre do éxon ataca a extremidade 5' do outro éxon, causando o *splicing* de ambos e liberando o íntron. A extremidade 3'-OH livre do íntron, então, ataca um nucleotídeo localizado 15 resíduos distante da extremidade 5', gerando um ciclo do íntron e liberando uma sequência terminal em 5'. A precisão dessa sequência de reações depende da conformação enovelada do RNA, que permanece internamente ligado por ligações de hidrogênio durante todo o processo. *In vitro*, esse RNA catalítico pode atuar muitas vezes, retornando à forma usual de um catalisador verdadeiro. *In vivo*, entretanto, ele parece atuar somente uma vez se autoprocessando. As *ribozimas do Grupo II* exibem um mecanismo de operação em laço, semelhante ao mecanismo visto na Seção 11-8, que era facilitado por snRNPs. Não há necessidade de um nucleotídeo externo. O 2'-OH de uma adenosina interna ataca o fosfato no sítio de *splice* em 5'. Obviamente, o DNA não pode realizar seu auto*splicing* dessa forma, pois não possui 2'-OH.

O dobramento do RNA é fundamental para sua atividade catalítica, como acontece com os catalisadores proteicos. É necessário um cátion bivalente (Mg^{2+} ou Mn^{2+}). É muito provável que os íons metálicos estabilizem a estrutura dobrada pela neutralização de algumas das cargas negativas nos grupos de fosfatos do RNA. Um cátion bivalente é essencial para o funcionamento das menores ribozimas conhecidas, as cabeça de martelo, que podem ser ativadas cataliticamente com apenas 43 nucleotídeos. (O nome provém do fato de que suas estruturas se assemelham à cabeça de um martelo quando mostradas em representações convencionais de estrutura secundária mantida por ligações de hidrogênio.) O dobramento do RNA é tal que podem ocorrer alterações conformacionais em larga escala e com grande precisão. Alterações semelhantes em larga escala ocorrem no ribossomo, durante a síntese proteica, e no spliceossomo, durante o processamento do mRNA. Observe que eles permanecem como dispositivos de RNA enquanto as proteínas assumem grande parte das funções catalíticas da célula. A habilidade do RNA para se submeter às alterações conformacionais necessárias em larga escala pode fazer parte do processo. Foi sugerida recentemente uma aplicação clínica das ribozimas. Se puder ser desenvolvida uma ribozima que quebre o genoma do RNA do HIV, vírus que causa a Aids (Seção 14-2), este será um grande passo em direção ao tratamento dessa doença. Estão sendo realizadas pesquisas referentes a este tópico em diversos laboratórios. Para finalizar o capítulo, o quadro CONEXÕES **BIOQUÍMICAS 11.4** revisita o tópico de epigenética.

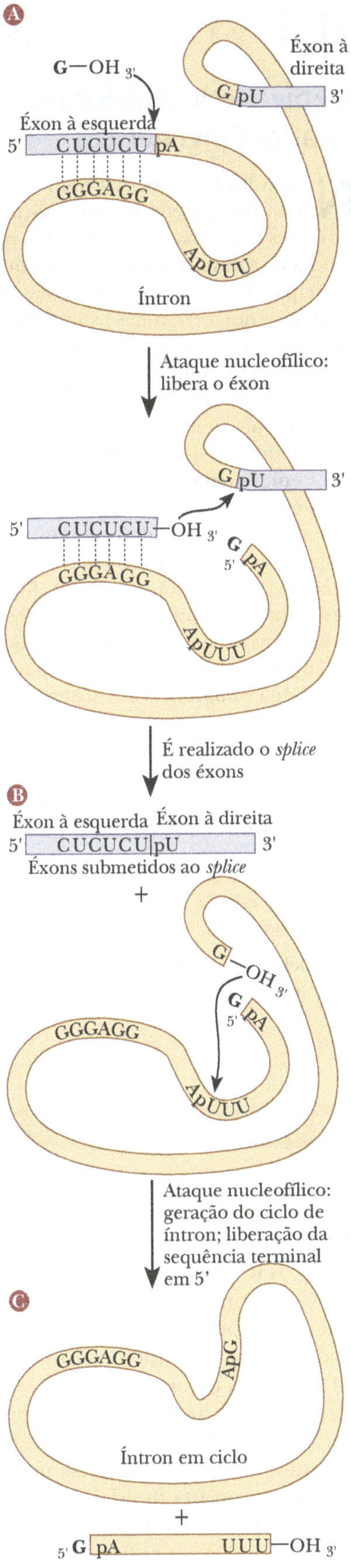
A
G—OH 3'
Éxon à direita
G pU 3'
Éxon à esquerda
5' CUCUCU pA
GGGAGG
ApUUU
Íntron
Ataque nucleofílico: libera o éxon
G pU 3'
5' CUCUCU—OH 3'
G pA 5'
GGGAGG
ApUUU
É realizado o *splice* dos éxons
B
Éxon à esquerda Éxon à direita
5' CUCUCU pU 3'
Éxons submetidos ao *splice*
+
G—OH 3'
G pA 5'
GGGAGG
ApUUU
Ataque nucleofílico: geração do ciclo de íntron; liberação da sequência terminal em 5'
C
GGGAGG
ApG
Íntron em ciclo
+
5' G pA UUU—OH 3'

FIGURA 11.38 **O auto*splicing* do pré-rRNA do protista ciliado *Tetrahymena*, uma ribozima Classe I.** (a) Um nucleotídeo de guanina ataca no sítio de *splice* do éxon à esquerda, gerando uma extremidade 3'-OH livre. (b) A extremidade 3'-OH livre do éxon ataca a extremidade 5' do éxon à direita, realizando o *splicing* dos dois éxons e liberando o íntron. (c) Então, a extremidade 3'-OH do íntron ataca um nucleosídeo localizado 15 resíduos distante da extremidade 5', gerando um ciclo do íntron e liberando uma sequência terminal em 5'.

11.4 Conexões Bioquímicas | genética

A Epigenética Revisitada — Como o Câncer e o Envelhecimento Estão Relacionados aos Estados Epigenéticos

No quadro Conexões Bioquímicas 9.3 introduzimos o conceito de epigenética, que aproximadamente traduz as variações hereditárias no DNA que não envolvem uma variação na estrutura primária ou na sequência do DNA. Um dos principais focos da epigenética é o estudo do código de histona, que descreve todas as modificações para histonas que ocorrem e tenta mapeá-las contra seus efeitos nos processos celulares, tais como replicação, transcrição, reparo de DNA e controle do ciclo da célula. Nos últimos anos, a ciência revelou alguns efeitos surpreendentes de variações nos estados epigenéticos na nossa saúde.

O **epigenoma** é a totalidade de mudanças químicas no DNA e na cromatina, e mais se aprende a cada dia. Estudos recentes têm mostrado que muitas das variações químicas podem ser desenvolvidas pelas interações com compostos oncogênicos ou danos no DNA, levando à noção de *epimutações*, que são similares às mutações de DNA, mas afetam a montagem ou modificações sem afetar a sequência. Têm-se descoberto muitos compostos que atuam como **remodeladores de cromatina (CR)**. Entre modificadores de histona, genes de histona, outros reguladores, remodeladores de nucleossomo e metiladores de DNA, epimutações em mais de 30 moléculas associadas com câncer têm sido descobertas como remodeladoras de cromatina, incluindo a proteína de ligação CREB (CBP) discutida neste capítulo e o gene BRCA 1, discutido no quadro Conexões Bioquímicas 9.1. Um foco principal na medicina será identificar como essas mutações nos CRs levam ao câncer, bem como de que maneira a farmacologia pode parar o processo.

A epigenética também tem sido envolvida no envelhecimento cognitivo. O declínio cognitivo associado à idade começa no final da década de 1940, e é mais pronunciada na memória declarativa a habilidade de lembrar fatos e experiências. Estudos recentes levaram à hipótese de que muito do declínio pode ser rastreado ao estado epigênico das células no córtex pré-frontal e no hipocampo do cérebro. Sabe-se que a remodelagem da cromatina no hipocampo é necessária para estabilizar a memória de longo termo. Um estudo de 2010, por Peleg *et al.*, publicado na *Science*, descobriu que ratos velhos mostraram um distúrbio de modificação epigênica dependente de experiência do sítio de acetilação de lisina 12 na histona 4 (H4K12). Isto foi associado a uma perda concomitante de transcrição associada à memória normal no hipocampo. Eles descobriram também um gene associado à memória, o *Formim 2*, que é necessário para a memória normal. Descobriu-se que a transcrição deste gene é interrompida em ratos velhos. Para amarrar a teoria, eles mostraram que, quando infundiram o hipocampo dos ratos com um inibidor de histona desacetilase (HDAC), aumentou-se a acetilação de H4K12, restaurando a transcrição associada à memória e o comportamento da função de memória.

Esse trabalho amarra três processos: a regulação da cromatina, a regulação da transcrição associada à memória e a base molecular para o declínio na memória cognitiva com o envelhecimento. ◗

epigenoma variações químicas totais no DNA e na cromatina que em um organismo não estão associadas com as mudanças de sequência de base

remodeladores de cromatina (CR) compostos que alteram a transcrição, modificando a forma da cromatina

Resumo

Quais são as características básicas comuns a todas as transcrições? A síntese do RNA é a transcrição da sequência de bases do DNA em uma sequência de RNA. Todos os RNAs são sintetizados a partir de um molde de DNA; a enzima que catalisa o processo é uma RNA polimerase dependente de DNA. São necessários todos os quatro ribonucleosídeos trifosfatados – ATP, GTP, CTP e UTP –, assim como o Mg^{2+}. Não é necessário um primer para a síntese do RNA. Assim como ocorre com a biossíntese do DNA, a cadeia de RNA cresce da extremidade 5' para a 3'. A enzima utiliza uma fita de DNA (ou fita antissenso, ou fita molde) como modelo para a síntese do RNA. O produto de RNA tem uma sequência que combina com a outra fita de DNA, a fita codificadora.

Qual a função das subunidades da RNA polimerase? Nos procariotos, as subunidades de RNA polimerase, α, β, β' e ω, constituem o núcleo da enzima e são responsáveis pela atividade enzimática que catalisa a incorporação de nucleotídeo. A subunidade σ é usada para o reconhecimento do promotor.

Qual das fitas do DNA é usada na transcrição? Para produzir qualquer produto de RNA específico, a RNA polimerase lê uma das fitas do DNA, chamada fita molde. Ela move-se ao longo da fita molde de 3' para 5' e produz o RNA de 5' para 3'. A outra fita de DNA é chamada fita codificadora, e sua sequência combina com aquela do RNA produzido. Nos eucariotos, a fita oposta é normalmente usada para produzir pequenos RNAs não codificadores; a função deles na expressão do gene está sendo ativamente estudada.

Como a RNA polimerase sabe onde começar a transcrição? Na transcrição procariótica, a RNA polimerase é direcionada para o gene a ser transcrito pelas interações entre a subunidade σ da polimerase e as sequências de DNA próximas ao sítio de início, denominadas promotoras. Foram estabelecidas sequências de consenso para promotores procarióticos, e os elementos-chave são as sequências em –35 e –10, esta última denominada Pribnow box. Na transcrição eucariótica, a RNA polimerase também se liga aos promotores, mas não à unidade σ, embora exista uma subunidade específica, RBP4, que está envolvida no reconhecimento do promotor.

Como a transcrição é controlada nos procariotos? A frequência de transcrição é controlada pela sequência promotora. Sequências adicionais a montante podem, também, estar envolvidas na regulação da transcrição procariótica. Essas sequências, chamadas reforçadoras ou silenciadoras, estimulam ou inibem a transcrição, respectivamente. As proteínas denominadas fatores de transcrição podem se ligar a esses elementos reforçadores ou silenciadores. Muitos genes procarióticos que produzem proteínas, as quais fazem parte de uma via, são controlados em grupos denominados óperons, e a expressão de alguns genes é controlada pela atenuação de transcrição.

Qual a diferença entre um reforçador e um promotor? Um promotor é uma sequência de DNA próxima do sítio de começo da transcrição que é ligado à RNA polimerase durante a iniciação da transcrição. Sua posição e orientação são críticas para a sua função. Reforçadores são sequências de DNA que estão mais afastados do sítio de início. Sua posição e sua orientação não são tão importantes. Eles se ligam a proteínas chamadas fatores de transcrição e estimulam a transcrição acima dos níveis basais.

Como a repressão funciona no *lac* óperon? O gene regulador do *lac* óperon, *lacI*, produz uma proteína chamada de repressor. Este monômero de proteína, uma vez transcrito e traduzido, combina para formar um tetrâmero. O tetrâmero é o repressor ativo e se liga à parte do operador do promotor *lac*. Na presença do indutor, a lactose, o repressor não se liga mais e a repressão é liberada.

Como as estruturas secundárias do RNA estão envolvidas na atenuação da transcrição? Nos procariotos a transcrição e a tradução estão ligadas. Com a atenuação, o RNA sendo transcrito também está sendo traduzido. Dependendo da velocidade da tradução simultânea, o RNA produzido pode formar diferentes estruturas de laços em grampo. Em uma orientação, o laço em grampo age como terminador e aborta a transcrição antes que as reais proteínas possam ser traduzidas. Em outra, a transcrição prossegue.

Como a Pol II reconhece o DNA correto para transcrever? Uma das subunidades de RNA Pol II é usada para o reconhecimento do promotor. A região de promotor mais bem estudada é chamada TATA Box. Embora alguns genes não tenham TATA boxes, eles são as partes mais consistentes de promotores eucarióticos que a RNA polimerase reconhece.

O que os fatores de transcrição eucariótica fazem? Existe um grande número de fatores de transcrição. Alguns são chamados de fatores gerais de transcrição e estão envolvidos na iniciação da transcrição. Eles ajudam no reconhecimento e na ligação do promotor, além de ter uma ordem e um local de ligação específicos. Outros fatores de transcrição ligam-se aos reforçadores ou elementos de resposta e aumentam a velocidade de transcrição acima dos níveis basais.

Como a transcrição funciona ao redor dos nucleossomos? Para funcionar em torno do firme enrolamento do DNA nos nucleossomos, a transcrição eucariótica é ativada pelo uso dos complexos de remodelagem de cromatina e enzimas modificadoras de histona. A combinação dos dois permite que a RNA polimerase tenha acesso à região do promotor e comece a transcrição.

Como os elementos de resposta atuam? Os elementos de resposta são sequências de DNA similares aos reforçadores, mas estão envolvidos em um quadro maior de respostas metabólicas. Os elementos de resposta comuns são o elemento de choque térmico (HSE) e o elemento de resposta à AMP cíclica (CRE). Centenas de processos estão ligados à transcrição envolvendo CRE.

O que são micro RNAs e RNAs curtos de interferência? O micro RNA e o RNA curto de interferência são pequenos RNAs de fita dupla que estão envolvidos no controle da expressão de gene. Os miRNAs são endógenos em relação à célula e produzidos pela transcrição dos genes da célula. Os RNAs curtos de interferência são de fontes exógenas, como uma infecção viral, um elemento transportável ou uma molécula fornecida por um cientista tentando derrubar a função do gene.

O que é interferência de RNA? A interferência de RNA é um processo envolvendo o siRNA, pelo qual ele diminui a expressão de genes específicos. Quando a sequência do siRNA é perfeita, o mRNA é degradado antes que tenha uma chance de ser traduzido.

Como a interferência de RNA atua? A interferência de RNA começa quando a célula detecta um dsRNA exógeno. A enzima Dicer liga-se ao dsRNA, o ATP é hidrolisado e o dsRNA é cortado em 21-27 fragmentos de nucleotídeos do siRNA. Este é então carregado no complexo silenciador induzido por RNA (RISC). Em outra reação dependente de ATP, o siRNA é desenrolado e a fita passageira é descartada, deixando o RISC ativo ligado à fita antissenso. O RISC é recrutado para o mRNA com a sequência alvo. A proteína argonauta, também conhecida como *slicer*, quebra o mRNA. Desta forma, o gene que produziu o mRNA é silenciado porque seu mRNA é destruído antes de ser traduzido em proteína.

Onde o miRNA se encaixa dentro da expressão de gene? Os processos envolvendo miRNA são quase os mesmos que aqueles para os silenciadores de RNA com siRNA. A maior diferença é que a combinação das sequências não é perfeita. Quando isso acontece, forma-se uma alça de grampo e o mecanismo de tradução é parado antes que o mRNA seja traduzido.

Por que o silenciador de RNA se desenvolveu? Acredita-se que o silenciador de RNA seja um processo conservado evolucionariamente, que é análogo à proteção de nossos genomas por um sistema imune, uma vez que os silenciadores de RNA protegem nosso DNA de viroses invasoras ou transpósons.

Quais são os domínios de ligação de DNA? Existem alguns domínios comuns e facilmente reconhecíveis nos fatores de transcrição, tais como hélice–volta–hélice, dedos de zinco e zíper de leucina na região básica. Essas seções da proteína permitem fácil ligação ao DNA.

Quais são os domínios de ativação da transcrição? Além de se ligar ao DNA, os fatores de transcrição normalmente se ligam a outras proteínas. Os sítios de interações proteína-proteína também podem ser identificados por motivos comuns, tais como domínios ácidos, domínios ricos em glutamina e domínios ricos em prolina.

Por que o mRNA é modificado após a transcrição inicial? O RNA mensageiro é modificado de várias maneiras nos eucariotos. Acredita-se que duas modificações sejam mecanismos de proteção, 5' *capping* e 3' poliadenilação. O 5' cap usa uma ligação única 5'-5' que as nucleases padrão não seriam capazes de degradar: a 3' do mRNA. Uma vez que o DNA eucariótico não é contínuo, o mRNA produzido tem sequências interventoras que não são corretas. Esses íntrons devem ser removidos por *splicing* para produzir o correto mRNA final.

Como os íntrons são separados para produzir RNA maduro? Os íntrons são removidos por reações de *splicing* específicas envolvendo RNA. Algumas vezes, as reações de *splicing* envolvem uma molécula de ribonucleoproteína separada chamada snRNP ("snurp"). Outras vezes, o RNA sofrendo *splicing* catalisa ele mesmo a reação. O mecanismo geral envolve um ponto de *splice* em 3', um ponto de *splice* em 5' e um ponto de ramificação. Um intermediário no processo tem uma forma laço.

Quais são as características das ribozimas? Ribozimas são moléculas de RNA com habilidade catalítica. Algumas ribozimas são uma combinação de RNA e proteína, e outras são apenas RNA. Para ser uma ribozima, ela deve ser uma parte do RNA que está envolvida na catálise da reação. Os cientistas acreditam que o RNA foi a primeira molécula capaz de combinar a habilidade de carregar a informação genética para a replicação com a habilidade para catalisar reações. Mostrou-se recentemente que o RNA também pode catalisar sua própria revisão durante a transcrição.

Exercícios de Revisão

11-2 Transcrição nos Procariotos

1. **VERIFICAÇÃO DE FATOS** Qual a diferença da necessidade de um primer para a transcrição de RNA comparada à replicação do DNA?
2. **VERIFICAÇÃO DE FATOS** Cite três propriedades importantes de RNA polimerase na *E. coli.*
3. **VERIFICAÇÃO DE FATOS** Qual a composição de subunidades da RNA polimerase na *E. coli*?
4. **VERIFICAÇÃO DE FATOS** Qual a diferença entre o núcleo da enzima e o da holoenzima?
5. **VERIFICAÇÃO DE FATOS** Quais são os diferentes termos utilizados para descrever as duas fitas de DNA envolvidas na transcrição?
6. **VERIFICAÇÃO DE FATOS** Defina *região promotora* e cite três de suas propriedades.
7. **VERIFICAÇÃO DE FATOS** Coloque os itens a seguir em ordem linear: elemento UP, Pribnow box, TSS, região –35, sítio Fis.
8. **VERIFICAÇÃO DE FATOS** Explique a diferença entre terminação dependente de rho e terminação intrínseca.
9. **PERGUNTA DE RACIOCÍNIO** Por meio de um diagrama, represente uma seção de DNA sendo transcrita. Liste os vários nomes dados às duas fitas do DNA.

11-3 A Regulação da Transcrição nos Procariotos

10. **VERIFICAÇÃO DE FATOS** Defina *indutor* e *repressor.*
11. **VERIFICAÇÃO DE FATOS** O que é um fator σ? Por que ele é importante na transcrição?
12. **VERIFICAÇÃO DE FATOS** Qual a diferença entre σ^{70} e σ^{32}?
13. **VERIFICAÇÃO DE FATOS** Qual é a função da proteína ativadora catabólica?
14. **VERIFICAÇÃO DE FATOS** O que é atenuação da transcrição?
15. **PERGUNTA DE RACIOCÍNIO** Qual o papel de um óperon na síntese de enzimas nos procariotos?
16. **PERGUNTA DE RACIOCÍNIO** Faça um diagrama de uma terminação de transcrição mostrando como as repetições invertidas podem estar envolvidas na liberação da transcrição do RNA.
17. **PERGUNTA DE RACIOCÍNIO** Dê um exemplo de um sistema no qual os fatores σ alternativos podem controlar quais genes são transcritos. Explique como isso funciona.
18. **PERGUNTA DE RACIOCÍNIO** Explique, por meio de diagramas, como funciona a atenuação da transcrição no óperon *trp.*

11-4 Transcrição nos Eucariotos

19. **CONEXÕES BIOQUÍMICAS** O que é um aptâmero?
20. **CONEXÕES BIOQUÍMICAS** O que é um ribointerruptor?
21. **CONEXÕES BIOQUÍMICAS** Quais são as várias maneiras pelas quais um ribointerruptor desliga a tradução quando ele se liga à sua molécula alvo?
22. **CONEXÕES BIOQUÍMICAS** Em que sentido a descoberta dos ribointerruptores é relevante para a patologia bacteriana?
23. **VERIFICAÇÃO DE FATOS** Defina *éxon* e *íntron.*
24. **VERIFICAÇÃO DE FATOS** Quais são algumas das principais diferenças entre transcrição em procariotos e em eucariotos?
25. **VERIFICAÇÃO DE FATOS** Quais são os produtos das reações das três RNA polimerases eucarióticas?
26. **VERIFICAÇÃO DE FATOS** Cite os componentes dos promotores da Pol II eucariótica.
27. **VERIFICAÇÃO DE FATOS** Cite os fatores gerais de transcrição de Pol II.
28. **PERGUNTA DE RACIOCÍNIO** Quais são as funções de TFIIH?

11-5 Regulação da Transcrição nos Eucariotos

29. **VERIFICAÇÃO DE FATOS** Descreva a função de três elementos de resposta eucarióticos.
30. **VERIFICAÇÃO DE FATOS** Qual a finalidade da CREB?
31. **PERGUNTA DE RACIOCÍNIO** Como a regulação da transcrição nos eucariotos difere da regulação da transcrição nos procariotos?
32. **PERGUNTA DE RACIOCÍNIO** Qual é o mecanismo de atenuação da transcrição?

33. **PERGUNTA DE RACIOCÍNIO** Como os papéis dos reforçadores e dos silenciadores diferem entre si?
34. **PERGUNTA DE RACIOCÍNIO** Como os elementos de resposta modulam a transcrição do RNA?
35. **PERGUNTA DE RACIOCÍNIO** Faça um diagrama representando o gene que é afetado por CRE e CREB, indicando quais proteínas e ácidos nucleicos estão em contato entre si.
36. **PERGUNTA DE RACIOCÍNIO** Explique a relação entre TFIID, TBP e TAFs.
37. **PERGUNTA DE RACIOCÍNIO** Em relação à seguinte declaração, concorde ou discorde: "Todos os promotores eucarióticos possuem TATA box".
38. **PERGUNTA DE RACIOCÍNIO** Explique os diferentes modos pelos quais o alongamento da transcrição eucariótica é controlado.
39. **PERGUNTA DE RACIOCÍNIO** Explique a importância da CREB, dando exemplos de genes ativados por ela.
40. **PERGUNTA DE RACIOCÍNIO** Dê exemplos de motivos estruturais encontrados nos fatores de transcrição que interagem com outras proteínas, em vez de com o DNA.
41. **VERIFICAÇÃO DE FATOS** O que é mediador e como ele funciona?
42. **VERIFICAÇÃO DE FATOS** Qual é a diferença de como um mediador funciona com a ativação *versus* a repressão da transcrição?
43. **VERIFICAÇÃO DE FATOS** Como os nucleossomos adicionam-se à complexidade da transcrição eucariótica?
44. **VERIFICAÇÃO DE FATOS** Quais são as duas circunstâncias necessárias para a transcrição ativa?
45. **VERIFICAÇÃO DE FATOS** Quais são os dois principais componentes para a ativação da transcrição através de mecanismos epigenéticos?
46. **VERIFICAÇÃO DE FATOS** Quais são os complexos de remodelagem da cromatina?
47. **VERIFICAÇÃO DE FATOS** Por que as enzimas modificadoras de histona são importantes?
48. **VERIFICAÇÃO DE FATOS** Quais são os remodeladores de cromatina mais bem estudados?
49. **VERIFICAÇÃO DE FATOS** Quais são os principais tipos de modificação covalente de histonas?
50. **VERIFICAÇÃO DE FATOS** Quais enzimas estão envolvidas na acetilação e desacetilação de histona?

11-6 RNAs Não Codificantes

51. **VERIFICAÇÃO DE FATOS** O que são micro RNAs?
52. **VERIFICAÇÃO DE FATOS** O que são RNAs de interferência?
53. **VERIFICAÇÃO DE FATOS** Em quais processos os RNAs não codificantes são importantes?
54. **VERIFICAÇÃO DE FATOS** O que é interferência de RNA?
55. **PERGUNTA DE RACIOCÍNIO** Por que os cientistas acreditam que o silenciador de RNA é um processo evolutivamente conservado?
56. **PERGUNTA DE RACIOCÍNIO** Qual é a ligação potencial entre o câncer de próstata e o miRNA-101?
57. **CONEXÕES BIOQUÍMICAS** Qual o benefício do miRNA-206 para um organismo?
58. **CONEXÕES BIOQUÍMICAS** Os micro RNAs têm um papel no nervo físico danificado. Com quais outras doenças neurológicas eles estão envolvidos?
59. **VERIFICAÇÃO DE FATOS** Quais enzimas estão envolvidas na produção tanto do miRNA quanto do siRNA?
60. **VERIFICAÇÃO DE FATOS** O que são as fitas guia e passageira na produção de RNAs?
61. **VERIFICAÇÃO DE FATOS** Qual é a principal diferença entre a ligação de siRNA e miRNA com o mRNA?
62. **VERIFICAÇÃO DE FATOS** Qual a diferença entre a maneira como o miRNA e o siRNA param a expressão do gene?

11-7 Motivos Estruturais nas Proteínas Ligadas ao DNA

63. **VERIFICAÇÃO DE FATOS** Cite três motivos estruturais importantes encontrados nas proteínas de ligação ao DNA.
64. **PERGUNTA DE RACIOCÍNIO** Cite exemplos dos principais motivos estruturais encontrados nas proteínas de ligação ao DNA, e explique como eles se ligam.

11-8 Modificação do RNA Após a Transcrição

65. **VERIFICAÇÃO DE FATOS** Cite várias maneiras pelas quais o RNA é processado após a transcrição.
66. **VERIFICAÇÃO DE FATOS** O que as proteínas Tau e Troponina têm em comum?
67. **PERGUNTA DE RACIOCÍNIO** Por que um processo de divisão é importante na conversão dos precursores de tRNA e rRNA para suas formas ativas?
68. **PERGUNTA DE RACIOCÍNIO** Cite três alterações moleculares que ocorrem no processamento do mRNA eucariótico.
69. **PERGUNTA DE RACIOCÍNIO** O que são snRNPs? Qual o seu papel no processamento dos mRNAs eucarióticos?
70. **PERGUNTA DE RACIOCÍNIO** Quais outros papéis o RNA pode desempenhar além da transmissão da mensagem genética?
71. **PERGUNTA DE RACIOCÍNIO** Faça um diagrama da formação de um laço no processamento do RNA.
72. **PERGUNTA DE RACIOCÍNIO** Explique como o *splicing* diferencial de RNA é considerado relevante para as informações reunidas pelo Projeto Genoma Humano.

11-9 Ribozimas

73. **VERIFICAÇÃO DE FATOS** O que é uma ribozima? Cite alguns exemplos de ribozimas.
74. **PERGUNTA DE RACIOCÍNIO** Esboce um mecanismo pelo qual o RNA pode catalisar seu auto *splicing*.
75. **PERGUNTA DE RACIOCÍNIO** Por que as proteínas são catalisadoras mais eficazes que as moléculas de RNA?
76. **CONEXÕES BIOQUÍMICAS** O que significa "epigenética"?
77. **CONEXÕES BIOQUÍMICAS** O que é uma "epimutação"?
78. **CONEXÕES BIOQUÍMICAS** Qual é a ligação entre epigenética e câncer?
79. **CONEXÕES BIOQUÍMICAS** Qual é a mudança epigenética estudada por Peleg em relação ao envelhecimento de ratos?
80. **CONEXÕES BIOQUÍMICAS** Como os cientistas restauraram a memória em rato? Como isto deu suporte à teoria sobre epigenética e memória cognitiva?

Síntese Proteica: Tradução da Mensagem Genética

12

12-1 Tradução da Mensagem Genética

Biossíntese proteica é um processo complexo que requer ribossomos, RNA mensageiro (mRNA), RNA transportador (tRNA) e uma série de fatores proteicos. O ribossomo é o local da síntese proteica. O mRNA e o tRNA ligados ao ribossomo no decorrer da síntese proteica são responsáveis pela ordem correta dos aminoácidos na cadeia proteica em crescimento.

Antes que um aminoácido possa ser incorporado à cadeia proteica em crescimento, primeiro deve ser **ativado**, processo que envolve tanto o tRNA quanto uma classe específica de enzimas conhecida como **aminoacil-tRNA sintetases**. O aminoácido é ligado covalentemente ao tRNA no processo, formando um aminoacil-tRNA. A formação da cadeia polipeptídica ocorre em três etapas. Na primeira, **iniciação da cadeia**, o primeiro aminoacil-tRNA é ligado ao mRNA no sítio que codifica o início da síntese polipeptídica. Nesse complexo, o mRNA e o ribossomo são ligados entre si. O próximo aminoacil-tRNA forma um complexo com o ribossomo e o mRNA. O sítio da ligação para o segundo aminoacil-tRNA é próximo ao sítio do primeiro aminoacil-tRNA. Na segunda etapa, forma-se uma ligação peptídica entre os aminoácidos, denominada **alongamento da cadeia**. Este processo se autorrepete até que a cadeia polipeptídica esteja completa. Finalmente, na terceira etapa, ocorre a **terminação**

ativado descreve um processo na síntese de proteína pelo qual o aminoácido é ligado ao tRNA

aminoacil-tRNA sintetases enzimas que catalisam a formação de uma ligação éster entre um aminoácido e um tRNA

iniciação da cadeia ligação do primeiro aminoacil-tRNA ao sítio de início no ribossomo

alogamento da cadeia formação de ligações peptídicas entre resíduos de aminoácidos sucessivos

RESUMO DO CAPÍTULO

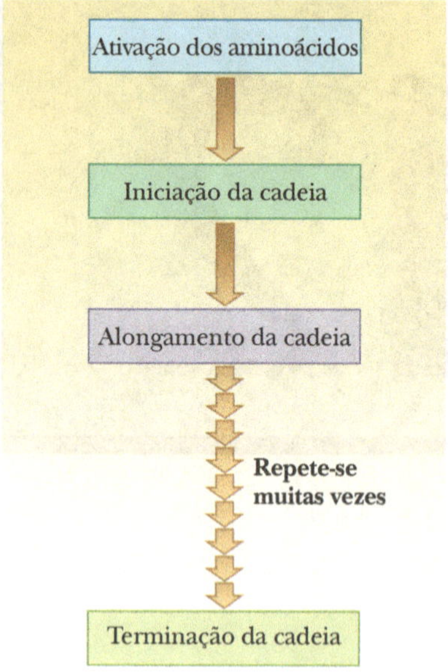
Ativação dos aminoácidos
Iniciação da cadeia
Alongamento da cadeia
Repete-se muitas vezes
Terminação da cadeia

Figura 12.1 Etapas da biossíntese proteica.

terminação da cadeia liberação do ribossomo de uma proteína recém-formada

código triplo (códon) uma sequência de três bases (tripleto) no mRNA que especifica um determinado aminoácido em uma proteína

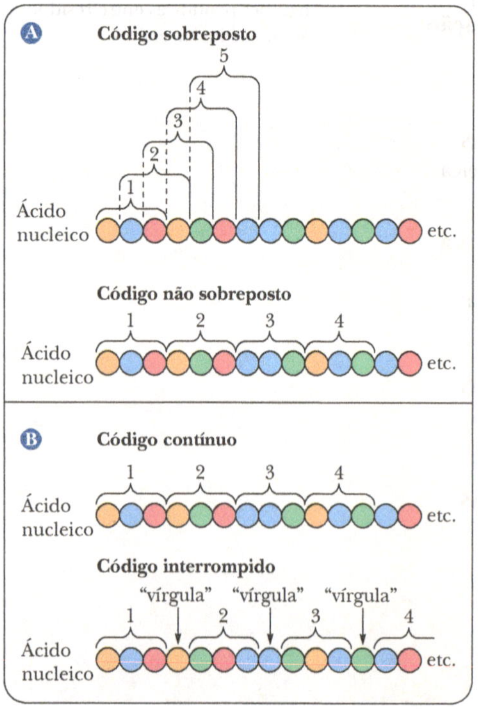
A
Código sobreposto
1
2
3
4
5
Ácido nucleico
etc.
Código não sobreposto
1 2 3 4
Ácido nucleico
etc.
B
Código contínuo
1 2 3 4
Ácido nucleico
etc.
Código interrompido
"vírgula" "vírgula" "vírgula"
1 2 3 4
Ácido nucleico
etc.

Figura 12.2 **Códigos genéticos teoricamente possíveis.** (a) Um código sobreposto *versus* um não sobreposto. (b) Um código contínuo *versus* um interrompido.

da cadeia. Cada uma dessas etapas apresenta diversas características distintas (Figura 12.1), abordaremos cada uma delas detalhadamente.

12-2 O Código Genético

Algumas das características mais importantes do código podem ser especificadas dizendo-se que a mensagem genética está contida em um *código triplo, não sobreposto, sem vírgulas, degenerado* e *universal.* Cada um desses termos tem um significado definido que descreve o modo como o código é traduzido.

Um **código triplo** significa que uma sequência de três bases (denominada **códon**) é necessária para especificar um aminoácido. O código genético deve traduzir a linguagem do DNA, que contém quatro bases, na linguagem dos 20 aminoácidos comuns encontrados nas proteínas. Se houvesse uma relação de um para um entre as bases e os aminoácidos, as quatro bases poderiam codificar somente quatro aminoácidos, e todas as proteínas seriam combinações desses quatro. E se fossem necessárias duas bases para formar um códon, então haveria 4^2 possibilidades, ou 16 aminoácidos possíveis, o que ainda não seria o bastante. Desta forma, pode-se concluir que um códon deveria ter, no mínimo, três bases. Com três bases, existem 4^3 possibilidades, ou 64 códons possíveis, o que é mais que suficiente para codificar os 20 aminoácidos. O termo *não sobreposto* indica que nenhuma base é compartilhada entre códons consecutivos. O ribossomo move-se ao longo de três bases do mRNA de cada vez, e não de uma ou duas por vez (Figura 12.2). Se o ribossomo se movesse ao longo do mRNA mais que três bases por vez, essa situação seria citada como um "código interrompido". Já que não existe nenhuma base interveniente entre os códons, o código é denominado *sem vírgulas.* Em um código *degenerado,* mais de um tripleto pode codificar o mesmo aminoácido. Existem 64 (4 × 4 × 4) tripletos possíveis derivados das quatro bases que ocorrem no RNA, e todos são utilizados para codificar os 20 aminoácidos ou um dos três sinais de parada. Observe que há uma grande diferença entre código degenerado e código ambíguo. Cada aminoácido pode ter mais de um códon. Assim, o código genético é um tanto redundante; entretanto, nenhum códon pode codificar mais de um aminoácido. Se pudesse, o código seria ambíguo e o mecanismo de síntese proteica não saberia qual aminoácido deveria ser inserido na sequência. Foram atribuídos significados a todos os 64 códons, com 61 deles codificando os aminoácidos e os três restantes servindo como sinais de parada (Tabela 12.1).

Dois aminoácidos, o triptofano e a metionina, apresentam apenas um códon cada, porém, os demais aminoácidos possuem mais de um. Um único aminoácido pode ter até seis códons, como é o caso da leucina e da arginina. Originalmente, acreditava-se que o código genético era uma seleção aleatória de bases que codificavam aminoácidos. Mais recentemente, está ficando clara a razão pela qual o código suportou bilhões de anos de seleção natural. Os múltiplos códons para um único aminoácido não são distribuídos aleatoriamente na Tabela 12.1; ao contrário, eles possuem uma ou duas bases em comum. As bases comuns a vários códons são, geralmente, a primeira e a segunda, com mais espaço para variação na terceira base, denominada base "de oscilação". A degenerescência do código atua como um tampão contra mutações deletérias. Por exemplo, para oito dos aminoácidos (L, V, S, P, T, A, G e R), a terceira base é completamente irrelevante. Assim, qualquer mutação na terceira base desses códons não alteraria o aminoácido que estivesse localizado ali. Uma mutação no DNA que não leva a uma variação no aminoácido traduzido é chamada *mutação silenciosa.* Além disso, a segunda base do códon também parece ser muito importante para determinar o tipo de aminoácido. Por exemplo, quando a segunda base é U, todos os aminoácidos gerados a partir das possibilidades desse códon são hidrofóbicos. Dessa forma, se a primeira ou a terceira base sofresse mutação, o dano não seria tão grande porque um aminoácido hidrofóbico seria substituído por outro.

TABELA 12.1 O Código Genético

Primeira Posição (extremidade 5')	Segunda Posição U	Segunda Posição C	Segunda Posição A	Segunda Posição G	Terceira Posição (extremidade 3')
U	UUU Phe	UCU Ser	UAU Tyr	UGU Cys	U
	UUC Phe	UCC Ser	UAC Tyr	UGC Cys	C
	UUA Leu	UCA Ser	UAA Parada	UGA Parada	A
	UUG Leu	UCG Ser	UAG Parada	UGG Trp	G
C	CUU Leu	CCU Pro	CAU His	CGU Arg	U
	CUC Leu	CCC Pro	CAC His	CGC Arg	C
	CUA Leu	CCA Pro	CAA Gln	CGA Arg	A
	CUG Leu	CCG Pro	CAG Gln	CGG Arg	G
A	AUU Ile	ACU Thr	AAU Asn	AGU Ser	U
	AUC Ile	ACC Thr	AAC Asn	AGC Ser	C
	AUA Ile	ACA Thr	AAA Lys	AGA Arg	A
	AUG Met*	ACG Thr	AAG Lys	AGG Arg	G
G	GUU Val	GCU Ala	GAU Asp	GGU Gly	U
	GUC Val	GCC Ala	GAC Asp	GGC Gly	C
	GUA Val	GCA Ala	GAA Glu	GGA Gly	A
	GUG Val	GCG Ala	GAG Glu	GGG Gly	G

A Degeneração da Terceira Base Está Codificada em Cores

Relacionamento com a Terceira base	Terceiras Bases com o Mesmo Significado	Números de Códons
Terceira base irrelevante	U, C, A, G	32 (8 famílias)
Purinas	A ou G	12 (6 pares)
Pirimidinas	U ou C	14 (7 pares)
Três entre quatro	U, C, A	3 (AUX = Ile)
Definições únicas	G apenas	2 (AUG = Met) (UGG = Trp)
Definição única	A apenas	1 (UGA = Parada)

*AUG sinaliza o início da tradução, bem como a codificação para resíduos de Met.

Os códons que compartilham a primeira letra em geral, codificam aminoácidos que são produtos uns dos outros, ou precursores entre si. Um artigo publicado na *Scientific American* analisou a taxa de erro para outros códigos genéticos hipotéticos e calculou que, de um milhão de códigos genéticos possíveis que poderiam ser concebidos, somente 100 deles teriam o efeito de reduzir erros na função proteica quando comparados com o código verdadeiro. Na verdade, parece que o código genético suportou o teste do tempo por ser uma das melhores formas de proteger um organismo das mutações do DNA.

Como os cientistas determinam o código genético?

A atribuição dos tripletos no código genético foi baseada em diversos tipos de experimentos. Um dos mais significativos envolveu a utilização de polirribonucleotídeos sintéticos como mensageiros. Quando homopolinucleotídeos (polirribonucleotídeos contendo somente um tipo de base) são utilizados como um *mRNA sintético* para a síntese polipeptídica em sistemas de laboratório, são produzidos homopolipeptídeos (polipeptídeos contendo somente um tipo de aminoácido). Quando poli U é o mensageiro, o produto é a polifenilalanina. Com poli A como mensageiro, forma-se a polilisina. O produto para poli C é a poliprolina, e o produto para poli G é a poliglicina. Esse procedimento foi utilizado para estabelecer rapidamente o código para os quatro homopolímeros possíveis. Quando um copolímero alternado (polímero com uma sequência alternada de duas bases) é o mensageiro, o produto é um polipeptídeo alternado (polipeptídeo com uma sequência alternada de dois aminoácidos). Por exemplo, quando a sequência do polinucleotídeo for – ACACACACACACACACACAC –, o polipeptídeo produzido possui sequências de treoninas e histidinas alternadas. Existem dois tipos de tripletos codificadores nesse polinucleotídeo, ACA e CAC, porém, esse experimento não pode estabelecer qual deles codifica a treonina e qual codifica a histidina. São necessárias mais informações para uma atribuição não ambígua, mas é

fase de leitura ponto inicial para leitura de uma mensagem genética

ensaio de ligação em filtro método utilizado para determinar a sequência de bases de muitos códons do mRNA

interessante que esse resultado prove que o código é triplo. Se houvesse um código duplo, o produto seria uma mistura de dois homopolímeros, um especificado pelo códon AC, e outro pelo códon CA. (A terminologia para as diferentes formas de ler essa mensagem como uma dupla é dizer que eles têm diferentes **fases de leitura**, /AC/AC/ e /CA/CA/. Em um código triplo, somente uma fase de leitura é possível, isto é, /ACA/CAC/ACA/CAC/, que dá origem a um polipeptídeo alternado.) A utilização de outros polipeptídeos sintéticos pode produzir outras atribuições codificadoras, entretanto, como em nosso exemplo, ainda restam muitas dúvidas.

São necessários outros métodos para responder às questões remanescentes quanto à identificação dos códons. Um dos métodos mais úteis é o **ensaio de ligação em filtro** (Figura 12.3). Nesta técnica, várias moléculas de tRNA, uma das quais é marcada radioativamente com carbono-14 (^{14}C), são misturadas a ribossomos e trinucleotídeos sintéticos que se ligam a um filtro. A mistura de tRNAs é passada pelo filtro, e alguns se ligarão e outros passarão direto. Se a identificação radioativa for detectada no filtro, então, sabe-se que ocorreu a ligação de um tRNA específico. Se a identificação radioativa for encontrada em uma solução que passou pelo filtro, então, não ocorreu a ligação desse tRNA. Esta técnica depende do fato de os aminoacil–tRNAs ligarem-se fortemente aos ribossomos na presença do trinucleotídeo correto. Nesta situação, o trinucleotídeo desempenha o papel de um códon de mRNA. Os trinucleotídeos possíveis são sintetizados por métodos químicos, e os ensaios de ligação são repetidos para cada tipo de trinucleotídeo. Por exemplo, se o aminoacil-tRNA para a histidina ligar-se ao ribossomo na presença do trinucleotídeo CAU, a sequência CAU é estabelecida como um códon para a histidina. Cerca de 50 dos 64 códons foram identificados por meio deste método.

Pareamento e Oscilação Códon–Anticódon

anticódon sequência de três bases (tripleto) no tRNA que se liga por ligações de hidrogênio com o tripleto do mRNA que especifica determinado aminoácido

Um códon pareia com um **anticódon** complementar de um tRNA quando um aminoácido é incorporado durante a síntese proteica. Por haver 64 códons possíveis, seria esperado encontrar 64 tipos de tRNA, porém, na verdade, o número é menor que 64 em todas as células.

Se há 64 códons, como pode haver menos que 64 moléculas de tRNA?

"oscilação" possível variação na terceira base de um códon permitida por diversas formas aceitáveis de pareamento de bases entre mRNA e tRNA

Alguns tRNAs ligam-se a um único códon, mas muitos deles podem reconhecer mais de um códon por causa das variações no padrão permitido das ligações de hidrogênio. Essa variação é denominada **"oscilação"** (Figura 12.4), e aplica-se à primeira base de um anticódon, a que se encontra na extremidade 5', mas não à segunda nem à terceira base. Lembre que o mRNA é lido da extremidade 5' para a 3'. A primeira base (oscilação) do anticódon liga-se por ligação de hidrogênio à terceira base do códon, a que se encontra na extremidade 3'. A base na posição de oscilação do anticódon pode parear com várias bases diferentes no códon, e não apenas com a base especificada pelo pareamento de bases de Watson–Crick (Tabela 12.2).

Quando a base de oscilação do anticódon é a uracila, ela pode parear não apenas com a adenina, como esperado, mas também com a guanina, outra base purínica. Quando a base de oscilação é a guanina, ela pode parear com a citosina, como esperado, além da uracila, outra base pirimídica. A base purínica hipoxantina ocorre, frequentemente, na posição de oscilação em muitos tRNAs, e pode parear com a adenina, a citosina e a uracila no códon (Figura 12.5). A adenina e a citosina não formam qualquer pareamento além dos esperados com a uracila e a guanina, respectivamente (Tabela 12.2). Para resumir, quando a posição de oscilação é ocupada por I (de inosina, nucleotídeo formado por ribose e hipoxantina), G ou U, podem ocorrer variações nas ligações de hidrogênio; quando a posição de oscilação é ocupada por A ou C, essas variações não ocorrem.

O modelo da oscilação possibilita a compreensão de alguns fatos da degenerescência do código. Em muitos casos, os códons degenerados de determinado aminoácido diferem na terceira base, aquela que pareia com a base de oscilação do anticódon. Assim, são necessários menos tRNAs diferentes, pois

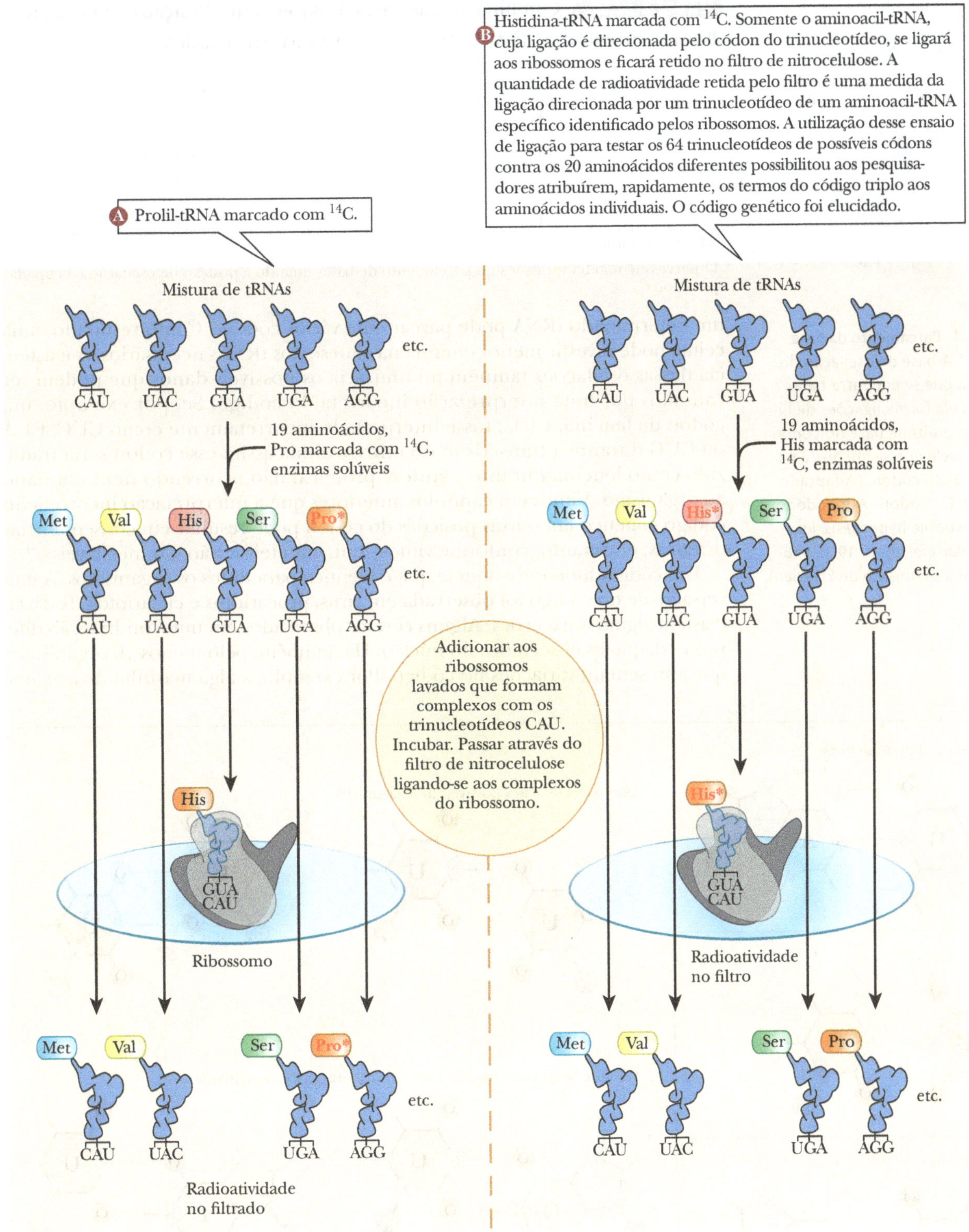

B Histidina-tRNA marcada com ^{14}C. Somente o aminoacil-tRNA, cuja ligação é direcionada pelo códon do trinucleotídeo, se ligará aos ribossomos e ficará retido no filtro de nitrocelulose. A quantidade de radioatividade retida pelo filtro é uma medida da ligação direcionada por um trinucleotídeo de um aminoacil-tRNA específico identificado pelos ribossomos. A utilização desse ensaio de ligação para testar os 64 trinucleotídeos de possíveis códons contra os 20 aminoácidos diferentes possibilitou aos pesquisadores atribuírem, rapidamente, os termos do código triplo aos aminoácidos individuais. O código genético foi elucidado.
A Prolil-tRNA marcado com ^{14}C.
Mistura de tRNAs
CAU UAC GUA UGA AGG etc.
19 aminoácidos, Pro marcada com ^{14}C, enzimas solúveis
Met Val His Ser Pro*
CAU UAC GUA UGA AGG etc.
His
GUA
CAU
Ribossomo
Met Val Ser Pro*
CAU UAC UGA AGG etc.
Radioatividade no filtrado
Adicionar aos ribossomos lavados que formam complexos com os trinucleotídeos CAU. Incubar. Passar através do filtro de nitrocelulose ligando-se aos complexos do ribossomo.
Mistura de tRNAs
CAU UAC GUA UGA AGG etc.
19 aminoácidos, His marcada com ^{14}C, enzimas solúveis
Met Val His* Ser Pro
CAU UAC GUA UGA AGG etc.
His*
GUA
CAU
Radioatividade no filtro
Met Val Ser Pro
CAU UAC UGA AGG etc.

FIGURA 12.3 Ensaio de ligação em filtro para elucidação do código genético. Uma mistura reativa combina ribossomos lavados, Mg^{2+}, um trinucleotídeo específico e todos os 20 aminoacil-tRNAs, um dos quais é marcado radioativamente (^{14}C). (Baseado em Nirenberg, M. W.; Leder, P. RNA Codewords and Protein Synthesis. *Science*, n. 145, p. 1399-407, 1964. Copyright © 2015 Cengage Learning.)

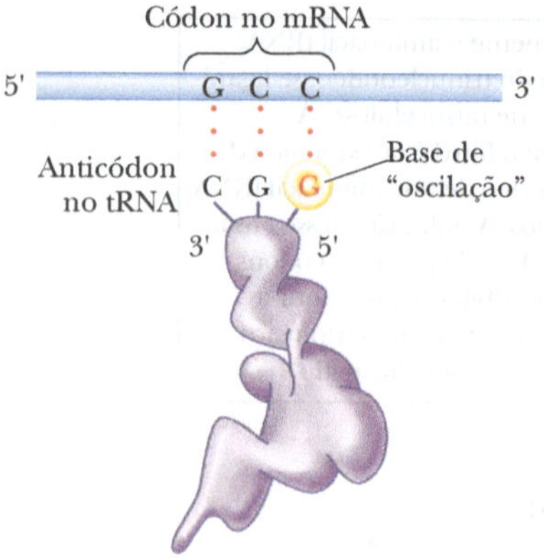
Códon no mRNA
5'
G C C
3'
Anticódon no tRNA
C G G
Base de "oscilação"
3'
5'

FIGURA 12.4 Pareamento da base de "oscilação". A base de oscilação do anticódon é a que se encontra na extremidade 5'; ela forma ligações de hidrogênio com a última base do códon no mRNA, aquele que se encontra na extremidade 3' do códon. (Adaptado de Crick, F. H. C., Codon–Anticodon pairing: The wobble hypothesis. *Journal of Molecular Biology*, n. 19, p. 548-55, 1966, com a permissão de Elsevier.)

TABELA 12.2 Combinações de Pares de Bases com a Posição de Oscilação

Base na Extremidade 5' do Anticódon	Base na Extremidade 5' do Códon
I*	A, C ou U
G	C ou U
U	A ou G
A	U
C	G

* I = hipoxantina.

Observe que não há variações no pareamento de bases quando a posição de oscilação é ocupada por A ou C.

um determinado tRNA pode parear com vários códons. Como resultado, uma célula pode investir menos energia na síntese dos tRNAs necessários. A existência dessas oscilações também minimizaria os possíveis danos que podem ser causados por uma interpretação incorreta do código. Se, por exemplo, um códon de leucina, CUU, fosse interpretado incorretamente como CUC, CUA ou CUG durante a transcrição do mRNA, ainda assim esse códon seria traduzido como leucina durante a síntese proteica, não ocorrendo nenhum dano ao organismo. Vimos em capítulos anteriores que a interpretação incorreta do código genético em outras posições do códon pode resultar em consequências drásticas; entretanto, conforme vimos aqui, tais efeitos não são inevitáveis.

Um código *universal* é aquele que é idêntico para todos os organismos. A universalidade do código foi observada em vírus, procariotos e eucariotos. Todavia, existem algumas exceções. Alguns códons observados em mitocôndrias são diferentes daqueles observados no núcleo. Há, também, pelo menos 16 organismos que apresentam variações no código. Por exemplo, a alga marinha *Acetabularia*

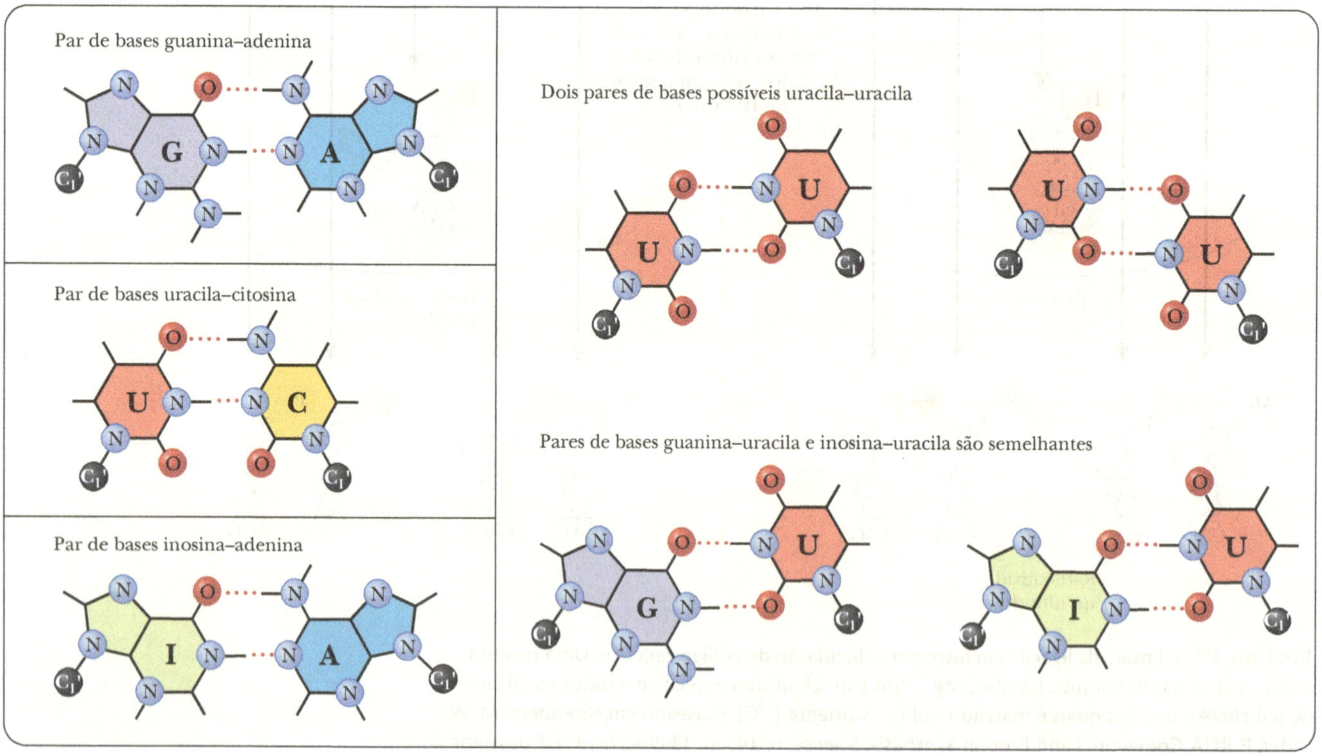
Par de bases guanina–adenina
G
A
Par de bases uracila–citosina
U
C
Par de bases inosina–adenina
I
A
Dois pares de bases possíveis uracila–uracila
U
U
U
U
Pares de bases guanina–uracila e inosina–uracila são semelhantes
G
U
I
U

FIGURA 12.5 Vários pares de bases alternativos. G:A é improvável, pois o 2-NH_2 de G não pode formar uma de suas ligações de H; mesmo a água é estericamente excluída. U:C é possível, embora as duas C=O sejam sobrepostas. Também são viáveis as duas combinações de U:U. Tanto G:U quanto I:U são possíveis e, de certa forma, semelhantes. O par de purinas I:A também é possível. (Adaptado de Crick, F.H. C. Codon-anticodon pairing: The wobble hypothesis. *Journal of Molecular Biology*, n. 19, p. 548-55, 1966, com a permissão de Elsevier.)

traduz os códons de parada padrão, UAG e UAA, como uma glicina, e não como parada. Os fungos do gênero *Candida* traduzem o códon CUG como uma serina, que, na maioria dos organismos, especificaria uma leucina. A origem evolucionária dessas diferenças não é conhecida neste trabalho, porém, muitos pesquisadores acreditam que compreender essas variações de código é importante para entender a evolução.

Embora existam diferentes códons que especificam alguns aminoácidos, nem todos os códons são representados igualmente. Alguns são comuns e outros raros. Isso tem implicações na velocidade de tradução, uma vez que códons raros têm baixas quantidades dos tRNAs combinantes. O quadro CONEXÕES **BIOQUÍMICAS 12.1** descreve um efeito interessante baseado na frequência de códon que é explorado pelo vírus influenza A.

12.1 Conexões **Bioquímicas** | virologia

O Vírus da Influenza A Altera a Estrutura de Leitura para Diminuir seu Estado Mórbido

O vírus da influenza A (IAV) tem estado entre nós por séculos, e permanece como a principal causa de mortalidade humana. O IAV epidêmico de 1918 custou 50 milhões de vidas. Contudo, um vírus tão letal não seria transmitido, portanto, todas as viroses evoluíram com estratégias para equilibrar a transmissibilidade e o estado de morbidez. Um artigo de 2012 na *Science*, publicado por Jagger et al., descreve como o IAV explora a eficiência de tradução para reduzir seu estado de morbidez através do deslocamento da fase ribossômica (isto é, deslocamento da fase de leitura no mRNA).

Uma das proteínas do IAV é uma protease, chamada PA. Pensou-se por muito tempo que a própria PA diminuísse os níveis de determinados produtos de gene de célula de mamíferos, levando a um estado de morbidez diminuído. Entretanto, Jagger mostrou que, na realidade, é uma forma modificada de PA, chamada PA-X, que está sendo produzida. O método de produção é intrigante, como mostrado na figura. O mRNA, quando traduzido, produz 191 aminoácidos da fase de leitura normal do mRNA. Entretanto, o ribossomo encontra um códon CGU, que é um códon raro para arginina (R). Devido à falta relativa de tRNA-Arg, que combina com o códon raro, o ribossomo é paralisado no mRNA. Isto dá tempo ao ribossomo de se reajustar a uma nova fase, chamada de fase +1, onde continua a traduzir, produzindo os próximos 61 aminoácidos que são diferentes em comparação ao padrão PA, uma vez que são expulsos da fase. Descobriu-se que muitas das subcepas de IAV têm sequências muito similares do mRNA de PA que permitiria que isso acontecesse, e a hipótese é de que este efeito permite ao IAV ser menos letal, tornando-o mais provável de ser transmitido. ◗

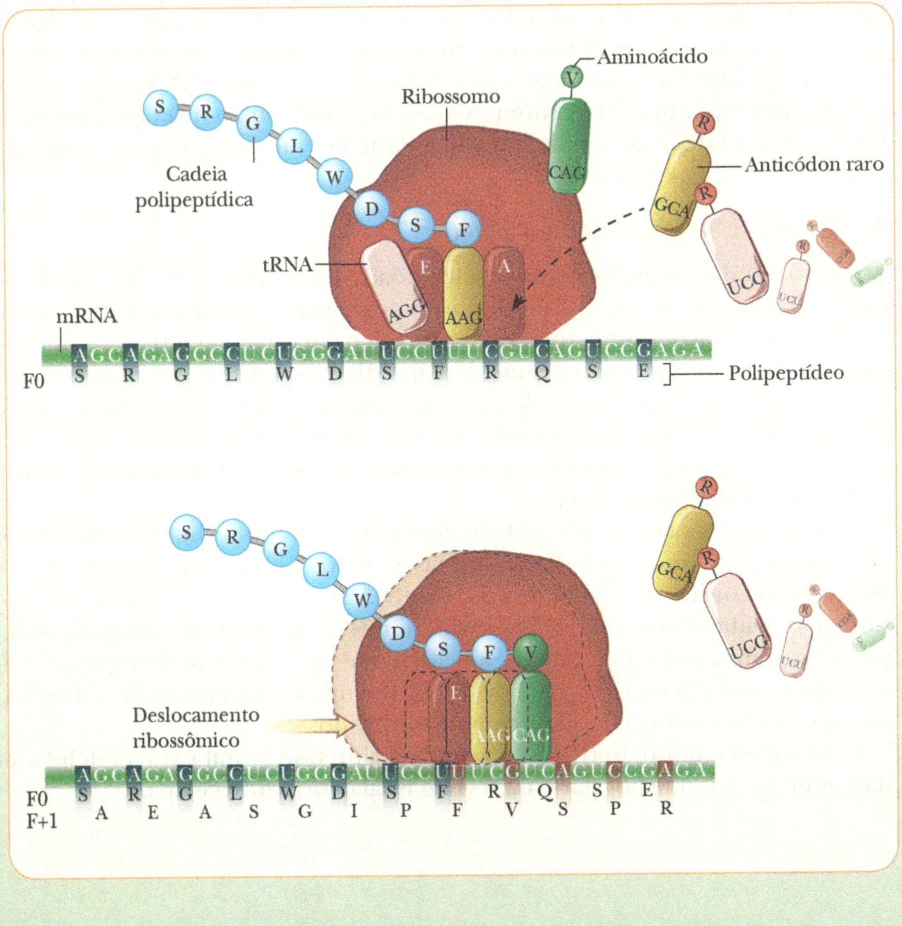

Aminoácido
Ribossomo
Cadeia polipeptídica
Anticódon raro
tRNA
mRNA
CAG
GCA
UCG
AGG
AAG
E
A
F0
S R G L W D S F R Q S E
Polipeptídeo
Deslocamento ribossômico
F0
F+1
S R G L W D S F R Q S E
A E A S G I P F V S P R

Um códon raro paralisa o ribossomo enquanto traduz a proteína PA. Isto faz com que o ribossomo se desloque para a posição +1 e comece a traduzir uma nova sequência para a variante PA-X. (Baseado em Yewdell, J. W. and Ince, W. L. (2012). Frameshifting to Pa-X influenza. *Science* 337, 164. Copyright © 2015 Cengage Learning.)

12-3 Ativação de Aminoácido

A ativação dos aminoácidos e a formação dos aminoacil-tRNAs ocorrem em duas etapas independentes, sendo ambas catalisadas pela aminoacil-tRNA sintetase (Figura 12.6). Primeiro, o aminoácido forma uma ligação covalente com um nucleotídeo de adenina, produzindo um aminoacil-AMP. A energia livre da hidrólise de ATP fornece energia para a formação da ligação. A porção do aminoacil é, então, transferida para o tRNA, formando um aminoacil-tRNA.

$$\begin{array}{c}\text{Aminoácido} + \text{ATP} \rightarrow \text{aminoacil-AMP} + PP_i \\ \text{Aminoacil-AMP} + \text{tRNA} \rightarrow \text{aminoacil-tRNA} + \text{AMP} \\ \hline \text{Aminoácido} + \text{ATP} + \text{tRNA} \rightarrow \text{aminoacil-tRNA} + \text{AMP} + PP_i\end{array}$$

O aminoacil-AMP é um anidrido misto de um ácido carboxílico e um ácido fosfórico. Em razão de os anidridos serem compostos reativos, a variação de energia livre para a hidrólise do aminoacil-AMP favorece a segunda etapa da reação total. Outro ponto que favorece o processo é a energia liberada quando o pirofosfato (PP_i) é hidrolisado para ortofosfato (P_i) para reabastecer o "reservatório" de fosfato na célula.

Na segunda parte da reação, uma ligação éster é formada entre aminoácido e 3'-hidroxila ou 2'-hidroxila da ribose na extremidade 3' do tRNA. Existem duas classes de aminoacil-tRNA sintetases. A classe I carrega o aminoácido sobre a 2'-hidroxila. A classe II utiliza a 3'-hidroxila. Essas duas classes da enzima não parecem estar relacionadas e indicam uma evolução convergente. Pode haver vários tRNAs para cada aminoácido, porém, um determinado tRNA não se ligará a mais de um aminoácido. A enzima sintetase requer Mg^{2+} e é altamente específica tanto para o aminoácido quanto para o tRNA. Existe uma sintetase separada para cada aminoácido, e esta sintetase funciona para todas as diferentes moléculas de tRNA para aquele aminoácido. A especificidade da enzima contribui para a precisão do processo de tradução. Um aluno, que utilizou uma edição anterior deste livro, comparou o modo de agir das aminoacil-tRNA sintetases a um "serviço de encontros" para aminoácidos e tRNAs. A sintetase garante que o aminoácido certo forme par com o tRNA certo, sendo esta sua principal função. A sintetase tem, também, outro nível de atividade. Um nível extra de revisão pela sintetase é parte do que é chamado, às vezes, de "segundo código genético".

O que é o "segundo código genético"?

A reação em dois estágios permite seletividade para operar nos dois níveis: o do aminoácido e o do tRNA. A especificidade do primeiro estágio utiliza o fato de que o aminoacil-AMP permanece ligado à enzima. Por exemplo, a isoleucil-tRNA sintetase pode formar um aminoacil-AMP da isoleucina ou da valina, que é estruturalmente semelhante. Se a porção valil for, então, transferida ao tRNA para a isoleucina, ela será detectada por um sítio de edição na tRNA sintetase, que hidrolisa o aminoacil-tRNA acilado incorretamente. A seletividade reside no tRNA, e não no aminoácido.

O segundo aspecto de seletividade depende do reconhecimento específico dos tRNAs pelas aminoacil-tRNA sintetases. Sítios de ligação específicos nos tRNA são reconhecidos pelas aminoacil-tRNA sintetases. A posição exata do sítio de reconhecimento varia com as diferentes sintetases, e esta característica, por si só, é uma fonte de grande especificidade. Ao contrário do esperado, o anticódon não é sempre a parte do tRNA reconhecida pela aminoacil-tRNA sintetase, embora esteja frequentemente envolvido.

O reconhecimento do tRNA correto pela sintetase é vital para a fidelidade da tradução, pois a maior parte da revisão final ocorre nesta etapa.

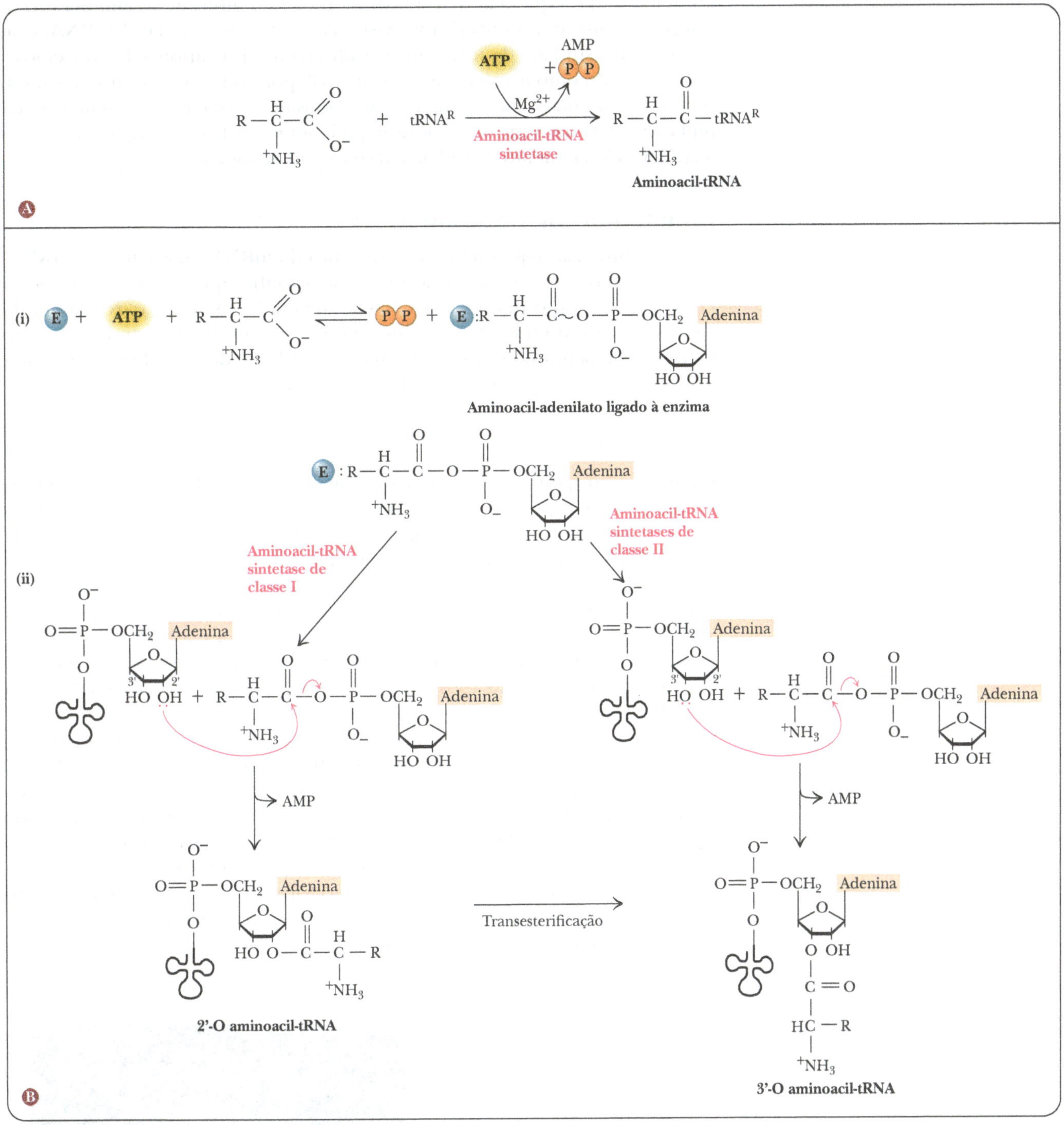

ATP
AMP
+ P P
Mg2+
R — C — C — O
H
+NH3
O−
+ tRNAR
Aminoacil-tRNA sintetase
Aminoacil-tRNA
A
(i)
E
Adenina
HO OH
Aminoacil-adenilato ligado à enzima
(ii)
Aminoacil-tRNA sintetase de classe I
Aminoacil-tRNA sintetases de classe II
AMP
Transesterificação
2'-O aminoacil-tRNA
3'-O aminoacil-tRNA
B

FIGURA 12.6 Reação da aminoacil-tRNA sintetase. (a) A reação total. As pirofosfatases sempre presentes nas células rapidamente hidrolisam o produto de PP_i na reação da aminoacil-tRNA sintetase, tornando a síntese de aminoacil-tRNA termodinamicamente favorável e essencialmente irreversível. (b) A reação total, geralmente, ocorre em duas etapas: (i) formação de um aminoacil-adenilato e (ii) transferência da porção do aminoácido ativado do anidrido misturado para 2'-OH (aminoacil-tRNA sintetase de classe I) ou 3'-OH (aminoacil-tRNA sintetase de classe II) da ribose no ácido adenílico terminal, no terminal 3'-OH comum a todos os tRNAs. Esses aminoacil-tRNAs formados como ésteres 2'-OH passam por uma transesterificação que move o grupo aminoacil para 3'-OH do tRNA. Somente os ésteres de 3' são substratos para a síntese proteica.

12-4 Tradução Procariótica

Os detalhes da sequência de eventos na tradução diferem de alguma forma nos procariotos e nos eucariotos. Assim como a síntese de DNA e RNA, esse processo foi estudado de forma mais profunda nos procariotos. Utilizaremos a *Escherichia coli* como nosso exemplo principal, pois todos os aspectos da síntese proteica foram mais extensivamente estudados nesta bactéria. Como no caso da replicação e da transcrição, a tradução pode ser dividida em estágios – iniciação da cadeia, alongamento da cadeia e terminação da cadeia.

Arquitetura dos Ribossomos

A síntese proteica requer a ligação específica do mRNA e das aminoacil-tRNAs aos ribossomos. Estes têm uma arquitetura específica que facilita a ligação. Na Figura 12.7, a molécula de tRNA (mostrada em laranja) é o pareamento de base com parte do mRNA (dourado) à esquerda. O tRNA estende-se dentro do centro da peptiltransferase à direita. A elucidação dos detalhes da estrutura ribossômica é um triunfo recente da cristalografia de raios X.

Iniciação da Cadeia

Em todos os organismos, a síntese de cadeias polipeptídicas tem início no N--terminal; a cadeia cresce desta extremidade para o C-terminal. Esta é uma das razões pelas quais os cientistas optaram por gravar as sequências do DNA de 5' para 3' e por se concentrar na fita codificadora do DNA e do mRNA. As sequências da fita codificadora são lidas de 5' para 3', o mRNA, de 5' para 3', e as proteínas são formadas do N-terminal para o C-terminal. Nos procariotos, o aminoácido no N-terminal inicial de todas as proteínas é a N-formilmetionina (fmet) (Figura 12.8). Entretanto, esse resíduo geralmente é removido pelo processamento pós-tradução após a cadeia polipeptídica ser sintetizada. Existem dois tRNAs diferentes para a metionina em *E. coli*, um para a metionina não modificada e um para a *N*-formilmetionina. Esses dois tRNAs são denominados $tRNA^{met}$ e $tRNA^{fmet}$, respectivamente (o índice sobrescrito identifica o tRNA). Os aminoacil-tRNAs que eles formam com a metionina são denominados met--$tRNA^{met}$ e met-$tRNA^{fmet}$, respectivamente (o prefixo identifica o aminoácido ao qual estão ligados). No caso de met-$tRNA^{fmet}$, ocorre uma reação de formilação após a ligação da metionina ao tRNA, produzindo *N-formilmetionina-*$tRNA^{fmet}$ (fmet-$tRNA^{fmet}$). A fonte do grupo formil é N^{10}-formiltetraidrofolato (veja "Transferências de Unidades de um Carbono e a Família da Serina" na Seção 23-4). A metionina ligada ao $tRNA^{met}$ não é formilada.

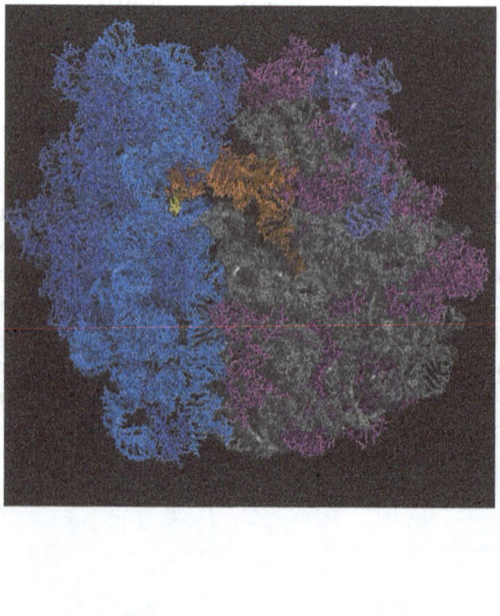

Courtesia de Harry Noller/Center for Molecular Biology of RNA/University of CA, Santa Cruz

FIGURA 12.7 A estrutura ribossômica como determinada por cristalografia de raios X. Um tRNA é mostrado em laranja. A parte do mRNA unido por ligação de hidrogênio ao tRNA pode ser vista à esquerda (dourado). A peptidiltransferase é mostrada em cinza, à direita.

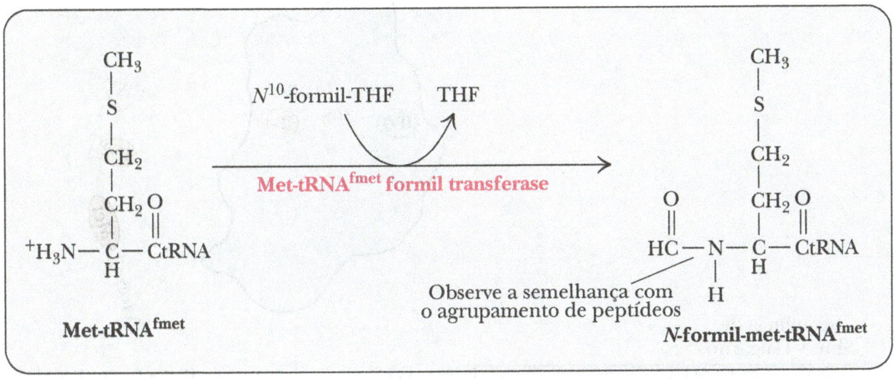
CH_3
S
CH_2
CH_2 O
^+H_3N—C—CtRNA
H
Met-tRNA^{fmet}
N^{10}-formil-THF
THF
Met-tRNA^{fmet} formil transferase
CH_3
S
CH_2
O
CH_2 O
HC—N—C—CtRNA
H
Observe a semelhança com o agrupamento de peptídeos
H
N-formil-met-tRNA^{fmet}

FIGURA 12.8 Formação de *N*-formil-metionina-tRNA^{fmet} (primeira reação). A metionina deve estar ligada ao tRNA^{fmet} para ser formilada.

Os dois tRNAs (tRNA^{met} e tRNA^{fmet}) contêm uma sequência específica de três bases (um tripleto), 3'-UAC-5', que pareia com a sequência *5'-AUG-3'* na sequência do mRNA. O tripleto de tRNA^{fmet} em questão, o 3'-UAC-5', reconhece o tripleto AUG, que é o **sinal de início** quando ocorre no começo da sequência de mRNA que direciona a síntese do polipetídeo. O mesmo tripleto 3'-UAC-5' no tRNA^{met} reconhece o tripleto AUG quando ele é encontrado em uma posição interna na sequência do mRNA.

sinal de início um tripleto de mRNA que começa a sequência que dirige a síntese polipeptídica

Para iniciar a síntese polipeptídica, é necessária a formação de um **complexo de iniciação** (Figura 12.9). Pelo menos oito componentes entram na formação de um complexo de iniciação, incluindo mRNA, a subunidade ribossômica 30S, fmet-tRNA^{fmet}, GTP e três fatores proteicos de iniciação, denominados IF-1, IF-2 e IF-3. A proteína de IF-3 facilita a ligação do mRNA com a subunidade ribossômica 30S. Além disso, ela parece impedir uma ligação prematura da subunidade 50S, que ocorre na etapa seguinte ao processo de iniciação. A IF-2 liga-se a GTP e auxilia na seleção do tRNA iniciador (fmet-tRNA^{fmet}) entre todos os outros aminoacil-tRNAs disponíveis. A função de IF-1 não está tão clara; ele parece ligar-se ao IF-3 e ao IF-2 e facilitar a ação de ambos, além de catalisar a separação das subunidades ribossômicas 30S e 50S que estão sendo recicladas para outro ciclo de tradução. O resultado da combinação de mRNA, subunidade ribossômica 30S e fmet-tRNA^{fmet} é o **complexo de iniciação 30S** (Figura 12.9). Uma subunidade ribossômica 50S liga-se ao complexo de iniciação 30S para gerar o **complexo de iniciação 70S**. A hidrólise de GTP para GDP e P_i favorece o processo fornecendo energia; os fatores de iniciação são liberados ao mesmo tempo. O posicionamento correto do tRNA iniciador é mantido como resultado de uma pequena diferença entre ele e o tRNA para uma metionina interna. Um único par de bases C–A incorreto próximo à haste aceptora permite que a subunidade 30S reconheça o tRNA iniciador.

complexo de iniciação agregado de mRNA, tRNA-*N*-formilmetiona, subunidades ribossomais e fatores de iniciação necessários para o início da síntese proteica

complexo de iniciação 30S combinação de mRNA, aminoacil-tRNA e subunidade ribossomal 30S

complexo de iniciação 70S complexo de iniciação 30S mais uma unidade ribossomal 50S

Como o ribossomo sabe onde começar a tradução?

Para o mRNA ser traduzido corretamente, o ribossomo deve estar posicionado na localização de início correta. O sinal inicial é precedido por um segmento condutor do mRNA rico em purinas, denominado **sequência de Shine-Dalgarno** (5'-GGAGGU-3') (Figura 12.9), que geralmente se localiza dez nucleotídeos a montante do sinal de início AUG (também conhecido como códon de iniciação) e atua como um sítio de ligação ribossômica. A Figura 12.10 apresenta algumas sequências de Shine-Dalgarno características. Essa área rica em purinas liga-se a uma sequência rica em pirimidinas na porção do RNA ribossômico 16S da subunidade 30S, alinhando-a ao códon de início AUG para iniciar corretamente a tradução.

sequência de Shine-Dalgarno sequência líder no mRNA procariótico que precede o sinal inicial

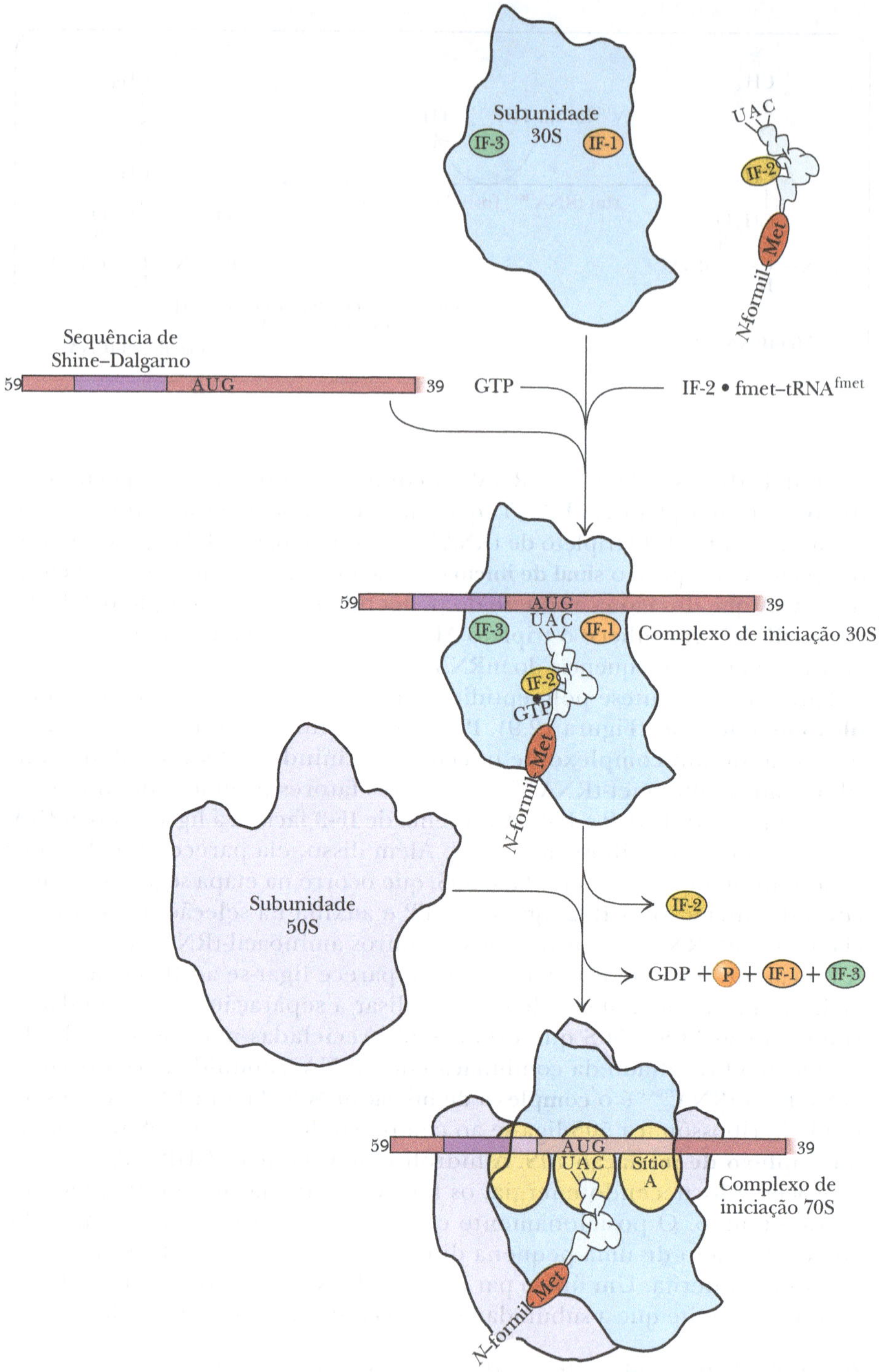
Subunidade 30S
IF-3
IF-1
UAC
IF-2
N-formil-Met
Sequência de Shine–Dalgarno
59
AUG
39
GTP
IF-2 • fmet–tRNA^{fmet}
Complexo de iniciação 30S
Subunidade 50S
IF-2
GDP + P + IF-1 + IF-3
Sítio A
Complexo de iniciação 70S

FIGURA 12.9 Formação de um complexo de iniciação. A subunidade ribossômica 30S liga-se ao mRNA e à fmet-tRNA^{fmet} na presença de GTP e aos três fatores de iniciação, IF-1, IF-2 e IF-3, formando o complexo de iniciação 30S. A subunidade ribossômica 50S é acrescentada, formando o complexo de iniciação 70S.

sítio P (peptidil) o sítio de ligação em um ribossomo para o tRNA que carrega a cadeia peptídica em crescimento

sítio A (aminoacil) o sítio de ligação para o aminoacil-tRNA a ser adicionado à cadeia peptídica em crescimento

sítio E (saída) o sítio de ligação para um tRNA sem carga próximo de ser liberarado do ribossomo

Alongamento da Cadeia

A fase de alongamento da síntese proteica procariótica (Figura 12.11) utiliza o fato de haver três sítios de ligação para o tRNA presentes na subunidade 50S do ribossomo 70S. Os três sítios de ligação tRNA são denominados **sítio P (peptidil)**, **sítio A (aminoacil)** e **sítio E (saída)**. O sítio P liga-se a um tRNA que transporta um cadeia peptídica, e o sítio A liga-se a um aminoacil-tRNA de entrada. O sítio E recebe um tRNA não carregado que está próximo de ser liberado do ribossomo. O alongamento da cadeia começa com a adição do segundo aminoácido especificado pelo mRNA ao complexo de iniciação 70S (Etapa 1). O sítio P no ribossomo é aquele inicialmente ocupado por fmet-tRNA^{fmet} no com-

	Códon de iniciação
araB	- UUUGGAUGGAGUGAAACGAUGGCGAUU -
galE	- AGCCUAAUGGAGCGAAUUAUGAGAGUU -
lacI	- CAAUUCAGGGUGGUGAUUGUGAAACCA -
lacZ	- UUCACACAGGAAACAGCUAUGACCAUG -
fago replicase Q β	- UAACUAAGGAUGAAAUGCAUGUCUAAG -
proteína A do fago ϕX174	- AAUCUUGGAGGCUUUUUUAUGGUUCGU -
proteína que reveste o fago R17	- UCAACCGGGGUUUGAAGCAUGGCUUCU -
proteína ribossômica S12	- AAAACCAGGAGCUAUUUAAUGGCAACA -
proteína ribossômica L10	- CUACCAGGAGCAAAGCUAAUGGCUUUA -
trpE	- CAAAAUUAGAGAAUAACAAUGCAAACA -
trpL líder	- GUAAAAAGGGUAUCGACAAUGAAAGCA -
extremidade 3'do rRNA	3' HOAUUCCUCCACUAG - 5'

Figura 12.10 **As várias sequências de Shine-Dalgarno reconhecidas pelos ribossomos da *E. coli*.** Essas sequências posicionam-se cerca de dez nucleotídeos a montante de seus respectivos códons de iniciação AUG, e são complementares ao elemento de sequência central UCCU do rRNA 16S, da *E. coli*. Esse processo envolve tanto G:U quanto os pares de bases canônicos G:C e A:U.

plexo de iniciação de 70S. O segundo aminoacil-tRNA liga-se ao sítio A. Um tripleto de bases de tRNA (o anticódon AGC neste exemplo) forma ligações de hidrogênio com um tripleto de bases de mRNA (GCU, o códon para alanina, neste exemplo). Além disso, são necessários GTP e três fatores de alongamento proteicos, EF-P, EF-Tu e EF-Ts (fatores de alongamento com temperatura instável e estável, respectivamente) (Etapa 2). O EF-Tu direciona o aminoacil-tRNA para dentro de uma porção do sítio A e alinha o anticódon com o códon do mRNA. Somente quando a combinação está correta, o aminoacil-tRNA é completamente inserido no sítio A. O GTP é hidrolisado e o EF-Tu se dissocia. O EF-P é ligado adjacente aos sítios P, acredita-se que ele ajuda a catalisar a primeira ligação de peptídio formada . O EF-Ts está envolvido na regeneração do EF-Tu-GTP. Essa pequena proteína EF-Tu (43 kDa) é a mais abundante em *E. coli*, compondo 5% do peso seco da célula. O exato mecanismo de hedrólise de GTP e do lançamento do tRNA por EF-Tu é uma área ativa de pesquisa. No final de 2009, os pesquisadores determinaram a estrutura do ribossomo e do complexo EE-Tu em uma resolução de 3,6 angstrom.

Por que o EF-Tu é tão importante na *E. coli*?

Demonstrou-se, recentemente, que o EF-Tu está envolvido em outro nível de fidelidade de tradução. Quando o aminoácido correto é ligado ao tRNA correto, EF-Tu é eficiente ao passar o tRNA ativado ao ribossomo. Se o tRNA e o aminoácido estiverem trocados, então, ou o EF-Tu não liga muito bem o tRNA ativado e, neste caso, não o passa bem ao ribossomo, ou ele liga muito bem o tRNA ativado e, neste caso, não irá liberá-lo do ribossomo.

Em seguida, é formada uma **ligação peptídica** em uma reação catalisada por uma *peptidil transferase*, que faz parte da subunidade 50S (Etapa 3). O mecanismo para essa reação é mostrado na Figura 12.12. O grupo amino-α do aminoácido no sítio A efetua um ataque nucleofílico sobre o grupo carbonila do aminoácido ligado ao tRNA no sítio P. Agora, existe um dipeptidil-tRNA no sítio A e um tRNA sem aminoácidos ligados a ele (um "*tRNA não carregado*") no sítio P.

ligação peptídica ligação de amida entre os aminoácidos em uma proteína

Ocorre, então, uma etapa de **translocação** antes que outro aminoácido possa ser acrescentado à cadeia em crescimento (Figura 12.11, Etapa 4). No processo, o tRNA não carregado move-se do sítio P para o sítio E, do qual ele é liberado em seguida. O peptidil-tRNA move-se do sítio A para o sítio P que está vago. Além disso, o mRNA move-se com relação ao ribossomo. Neste ponto, é necessário outro fator de alongamento, o EF-G (que também é uma proteína) e, mais uma vez, o GTP é hidrolisado a GDP e P_i.

translocação na síntese proteica, o movimento do ribossomo ao longo do mRNA à medida que a mensagem genética está sendo lida

As três etapas do processo de alongamento da cadeia são a ligação do aminoacil-tRNA, a formação da ligação peptídica e a translocação (Etapas 1, 3 e 4 na Figura 12.11). Elas se repetem para cada aminoácido especificado pela

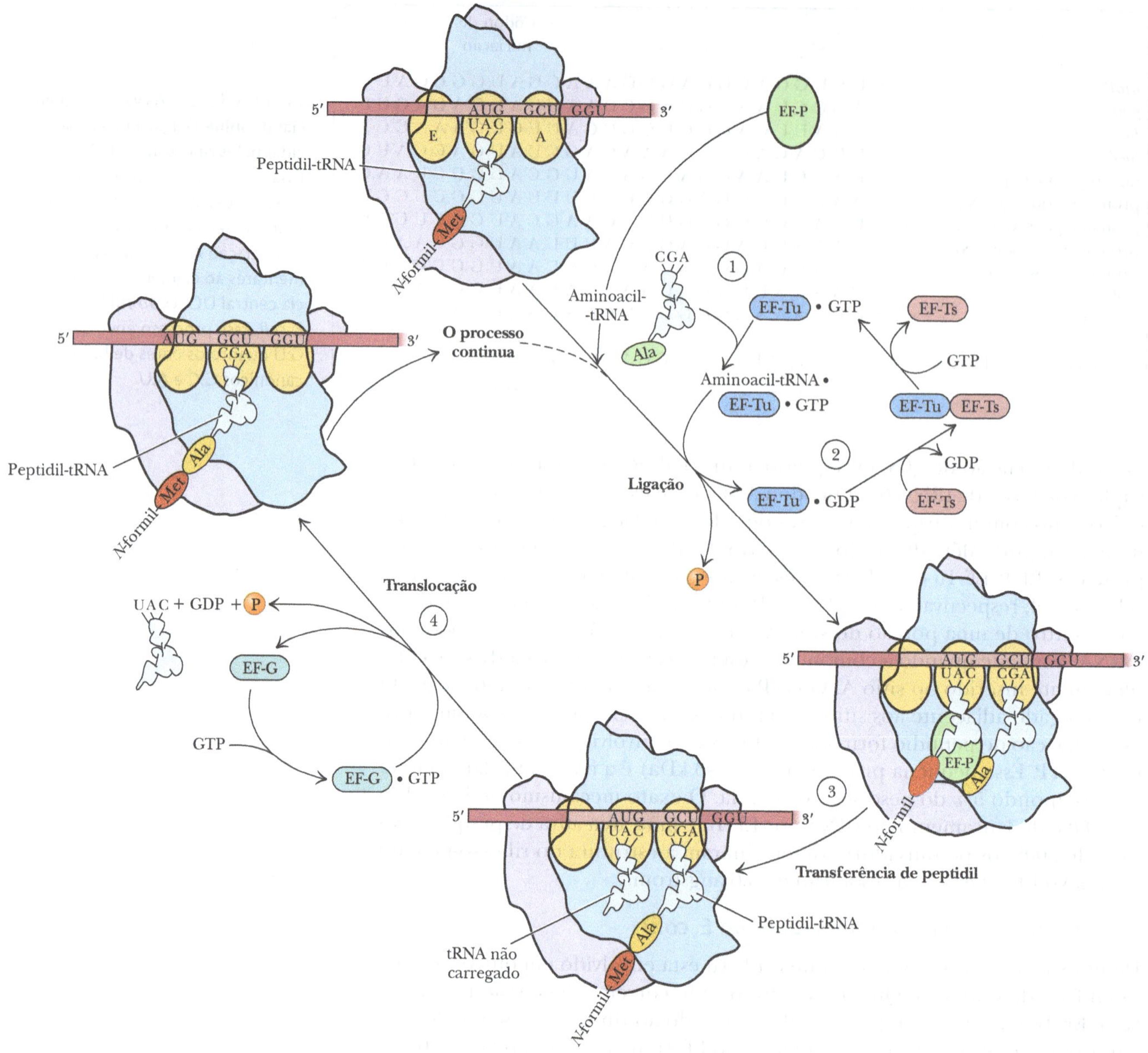
5′
AUG
GCU
GGU
3′
E
UAC
A
Peptidil-tRNA
Met
N-formil
EF-P
CGA
1
Aminoacil-
-tRNA
Ala
EF-Tu • GTP
EF-Ts
GTP
O processo
continua
Aminoacil-tRNA •
EF-Tu • GTP
EF-Tu EF-Ts
2
GDP
Ligação
EF-Tu • GDP
EF-Ts
P
Peptidil-tRNA
Translocação
UAC + GDP + P
4
EF-G
GTP
EF-G • GTP
EF-P
3
Transferência de peptidil
Peptidil-tRNA
tRNA não
carregado

FIGURA 12.11 **Resumo das etapas no alongamento da cadeia.** Etapa 1: Um aminoacil-tRNA liga-se ao sítio A no ribossomo. São necessários os fatores de alongamento EF-Tu (Tu) e GTP. O sítio P no ribossomo já está ocupado. Etapa 2: O fator de alongamento EF-Tu é liberado do ribossomo e regenerado em um processo que requer os fatores de alongamento EF-Ts (Ts) e GTP. Etapa 3: Forma-se a ligação peptídica, deixando um tRNA não carregado no sítio P. Etapa 4: Na etapa de translocação, o tRNA não carregado é liberado. O peptidil-tRNA é translocado para o sítio P, deixando o sítio A vazio. O tRNA não carregado é translocado para o sítio E e, em seguida, liberado. São necessários os fatores de alongamento EF-G e GTP.

mensagem genética de mRNA, até ser encontrado o sinal de parada. A Etapa 2 na Figura 12.11 mostra a regeneração do aminoacil-tRNA.

Grande parte das informações sobre essa fase da síntese proteica foi obtida com o uso de inibidores. A puromicina é um análogo estrutural da extremidade 3' de um aminoacil-tRNA, o que a torna uma ferramenta útil para estudar o alongamento das cadeias (Figura 12.13). Em uma experiência deste tipo, a puromicina liga-se ao sítio A e uma ligação peptídica é formada entre o C-terminal do polipeptídeo em crescimento e a puromicina. A peptidil-puromicina

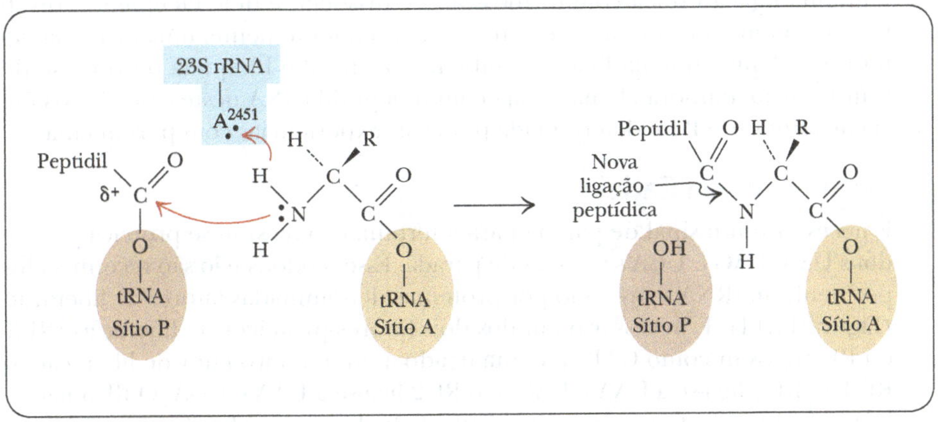

23S rRNA
A2451
Peptidil
δ+
C
O
H
R
H
N
C
O
tRNA
Sítio P
tRNA
Sítio A
Peptidil
Nova ligação peptídica
OH
tRNA
Sítio P
tRNA
Sítio A

FIGURA 12.12 Formação da ligação peptídica na síntese proteica. O ataque nucleofílico pelo grupo amino-α do aminoacil-tRNA, no sítio A, ao grupo carbonila-C do peptidil-tRNA, no sítio P, é facilitado quando a porção purina de tRNA abstrai um próton.

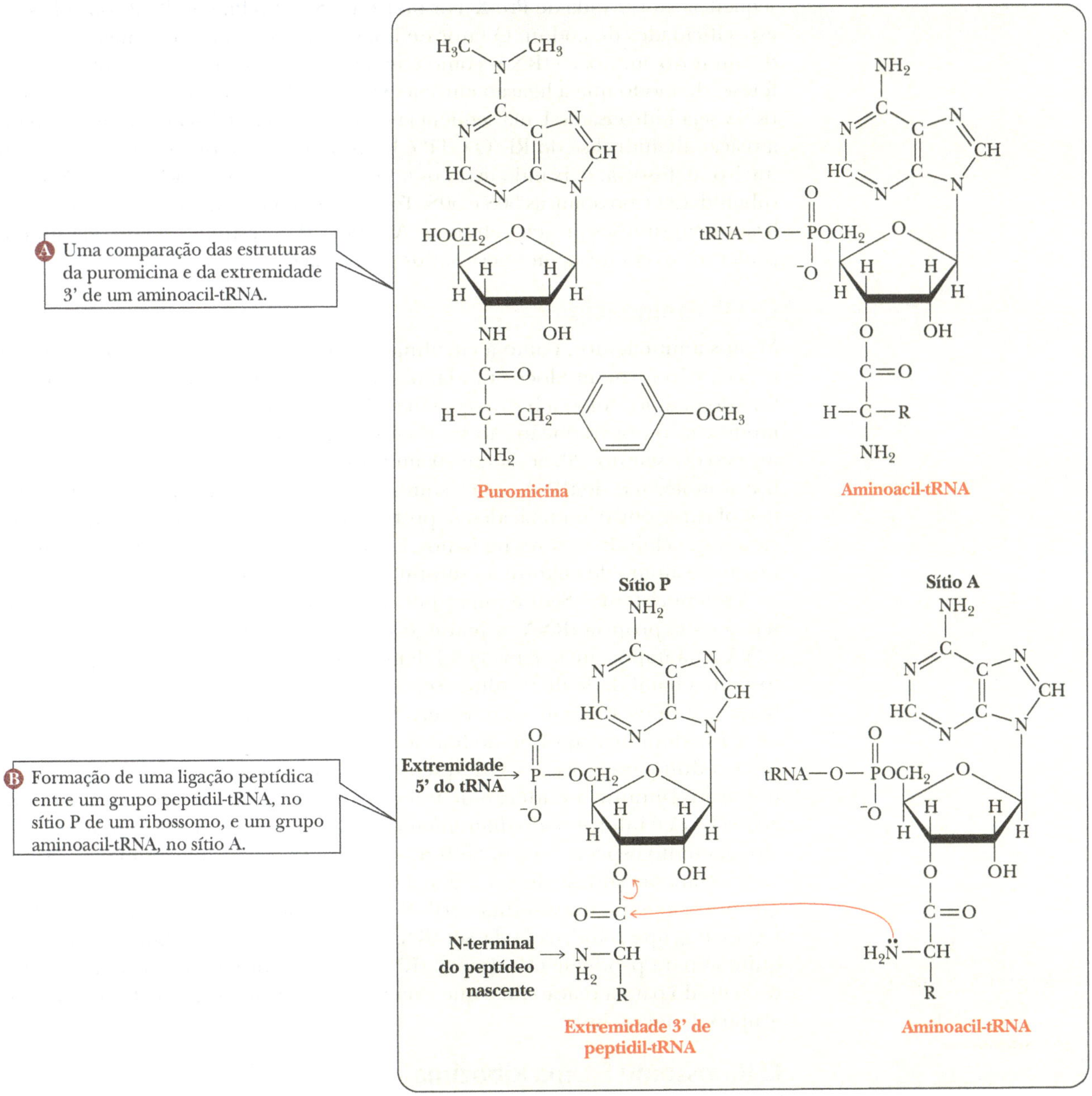

A Uma comparação das estruturas da puromicina e da extremidade 3' de um aminoacil-tRNA.
B Formação de uma ligação peptídica entre um grupo peptidil-tRNA, no sítio P de um ribossomo, e um grupo aminoacil-tRNA, no sítio A.
Puromicina
Aminoacil-tRNA
Sítio P
Sítio A
Extremidade 5' do tRNA
N-terminal do peptídeo nascente
Extremidade 3' de peptidil-tRNA
Aminoacil-tRNA

FIGURA 12.13 Modo de ação da puromicina.

tem uma ligação fraca com o ribossomo e dissocia-se dele facilmente, resultando em uma terminação prematura e, consequentemente, uma proteína defeituosa. A puromicina liga-se, também, ao sítio P e bloqueia o processo de translocação, embora ela não reaja com o peptidil-tRNA neste caso. A existência dos sítios A e P foi determinada por essas experiências com puromicina.

Terminação da Cadeia

É necessário um sinal de parada para a terminação da síntese proteica. Os códons UAA, UAG e UGA são sinais de parada. Esses códons não são reconhecidos por nenhum tRNA, mas o são por proteínas denominadas fatores de liberação (Figura 12.14). É necessário um dos dois fatores proteicos de liberação (RF-1 ou RF-2), assim como GTP, que está ligado a um terceiro fator de liberação, o RF-3. O RF-1 liga-se a UAA e UAG, e o RF-2 liga-se a UAA e UGA. O RF-3 não se liga a nenhum códon, mas facilita a atividade dos outros dois fatores de liberação. O RF-1 ou o RF-2 está ligado próximo ao sítio A do ribossomo quando um dos códons de terminação é atingido. Estudos recentes têm mostrado que uma sequência conservada de Pro-X-Thr no RF-1 e Ser-Pro-Phe no RF-2 controla suas especificidades de códon. O fator de liberação não apenas bloqueia a ligação de um novo aminoacil-tRNA, como também afeta a atividade da peptidil transferase, de modo que a ligação entre a extremidade carboxílica do peptídeo e o tRNA seja hidrolisada. Uma sequência conservada Gly-Gly-Gln é essencial para a reação de hidrólise do RF. O GTP é hidrolisado neste processo. O complexo inteiro se dissocia, deixando livres os fatores de liberação, o tRNA, o mRNA e as subunidades ribossômicas 30S e 50S. Todos esses componentes podem ser reutilizados em sínteses proteicas futuras. A Tabela 12.3 resume as etapas da síntese proteica e os componentes necessários para cada etapa.

O 21º Aminoácido

Muitos aminoácidos, como a citrulina e a ornitina (encontrados no ciclo da ureia), não formam blocos fundamentais de proteínas. Outros aminoácidos fora do padrão, como a hidroxiprolina, são formados após a tradução por uma modificação pós-tradução. Ao se discutir aminoácidos e tradução, o número mágico era sempre 20. Somente 20 aminoácidos padrão eram posicionados sobre as moléculas de tRNA para a síntese proteica. No final da década de 1980, descobriu-se outro aminoácido em proteínas tanto de eucariotos quanto de procariotos, incluindo os seres humanos. É a selenocisteína, um resíduo de cisteína no qual o átomo de enxofre foi substituído por um átomo de selênio.

A selenocisteína (Sec) é ímpar porque é o único aminoácido que, além de não ter sua própria tRNA sintetase, é sintetizada enquanto está ligada ao seu tRNA. Sua importância na vida foi demonstrada pelo fato de que cepas de ratos sem a habilidade de produzir selenocisteína não são viáveis. Ela foi descoberta nos sítios ativos de enzimas envolvidas em moléculas oxidativas reativas de ajuste durante a ativação do hormônio tireoide.

O códon para a Sec é UGA, que normalmente é um códon de parada da tradução. Durante a tradução de um mRNA que levaria à proteína contendo Sec, o UGA é interpretado diferentemente devido às interações com fatores de alongamento especializados, SelB nas bactérias e EFSec nos humanos. A primeira etapa na síntese do Sec é a acilação incorreta do $tRNA^{Sec}$ pela sintetase que normalmente usa a serina, seril-tRNA sintetase, para produzir $Ser\text{-}tRNA^{Sec}$. Então, o grupo β-hidroxila da $Ser\text{-}tRNA^{Sec}$ é fosforilado pela *O*-fosfoseril-tRNA quinase para produzir *O*-fosfoseril-$tRNA^{Sec}$, que, por sua vez, fornece o substrato usado para a reação final que catalisa a conversão do grupo fosfoserila em grupo selenocisteinila.

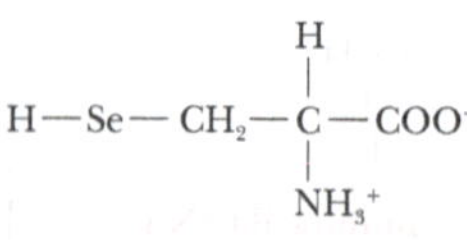

Selenocisteína

Selenocisteína

O Ribossomo É Uma Ribozima

Até recentemente, acreditava-se que as proteínas eram as únicas moléculas com capacidade catalítica. Então, a capacidade de auto *splicing* da *Tetrahymena* snRNP mostrou que o RNA também pode catalisar reações. Em 2000, a

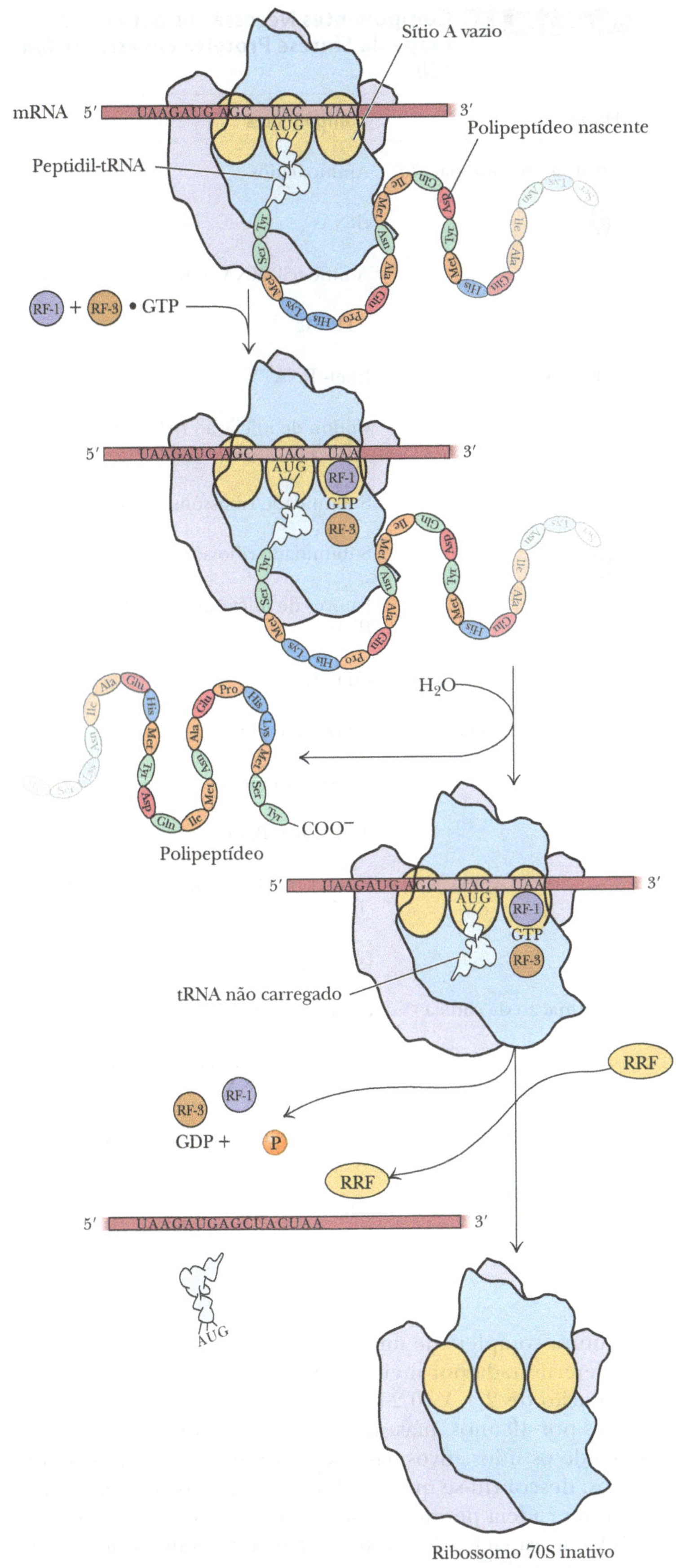
Sítio A vazio
mRNA 5′ UAAGAUGAGC UAC UAA 3′
AUG
Polipeptídeo nascente
Peptidil-tRNA
RF-1 + RF-3 • GTP
5′ UAAGAUGAGC UAC UAA 3′
RF-1
GTP
RF-3
H_2O
COO⁻
Polipeptídeo
tRNA não carregado
RRF
RF-3 RF-1
GDP + P
RRF
5′ UAAGAUGAGCUACUAA 3′
AUG
Ribossomo 70S inativo

FIGURA 12.14 Eventos em uma terminação de cadeia peptídica.

Tabela 12.3 Componentes Necessários para Cada Etapa da Síntese Proteica em *Escherichia coli*

Etapa	Componentes
Ativação do aminoácido	Aminoácidos
	tRNAs
	Aminoacil-tRNA sintetases
	ATP, Mg^{2+}
Iniciação da cadeia	fmet-$tRNA^{fmet}$
	Códon de iniciação (AUG) no mRNA
	Subunidade ribossômica 30S
	Subunidade ribossômica 50S
	Fatores de iniciação (IF-1, IF-2 e IF-3)
	GTP, Mg^{2+}
Alongamento da cadeia	Ribossomo 70S
	Códons do mRNA
	Aminoacil-tRNAs
	Fatores de alongamento (EF-Tu, EF--Ts, EF-P e EF-G)
	GTP, Mg^{2+}
Terminação da cadeia	Ribossomo 70S
	Códons de terminação (UAA, UAG e UGA) de mRNA
	Fatores de liberação (RF-1, RF-2 e RF-3)
	GTP, Mg^{2+}

estrutura completa de uma grande subunidade ribossômica foi determinada por meio da cristalografia de raios X, com resolução de 2,4 Å (0,24 nm). Os ribossomos foram estudados por 40 anos, mas sua estrutura completa era evasiva. Quando os sítios ativos para peptidiltransferase foram analisados, descobriu-se que não há proteína nas proximidades da nova cadeia peptídica, provando-se mais uma vez que o RNA tem capacidade catalítica. Esta é uma descoberta empolgante, pois responde às perguntas que atormentavam os cientistas há décadas. Supunha-se ser o RNA o primeiro material genético e que ele podia codificar proteínas que atuavam como catalisadores; no entanto, uma vez que ele pega as proteínas para fazer a tradução, como as primeiras proteínas poderiam ter sido criadas? Com a descoberta de uma peptidiltransferase com base no RNA, subitamente foi possível imaginar um "mundo baseado no RNA", no qual o RNA tanto transportava a mensagem quanto a processava. Essa descoberta é muito intrigante, mas ainda não foi aceita por muitos pesquisadores, e algumas evidências questionam a natureza do RNA catalítico. Um estudo mostrou que mutações das supostas bases do RNA envolvidas no mecanismo catalítico não reduzem significativamente a eficiência da peptidiltransferase, provocando o questionamento de o RNA estar quimicamente envolvido na catálise.

Polissomos

Em nossa descrição da síntese proteica, até o momento, consideramos as reações ocorridas em um ribossomo. Entretanto, não é apenas possível, mas bastante comum, que vários ribossomos se liguem a um mesmo mRNA. Cada um desses ribossomos terá um polipeptídeo em um dos vários estágios de conclusão, dependendo da posição do ribossomo à medida que se desloca ao longo do mRNA (Figura 12.15). Esse complexo de um mRNA com vários ribossomos é denominado **polissomo**, tendo como nome alternativo *polirribossomo*. Nos procariotos, a tradução começa logo após a transcrição de mRNA. É possível, para uma molécula de mRNA que ainda está sendo transcrita, ter uma série de ribossomos ligados a ela, cada qual em um estágio diferente da tradução desse

polissomo conjunto de diversos ribossomos ligados a um mRNA

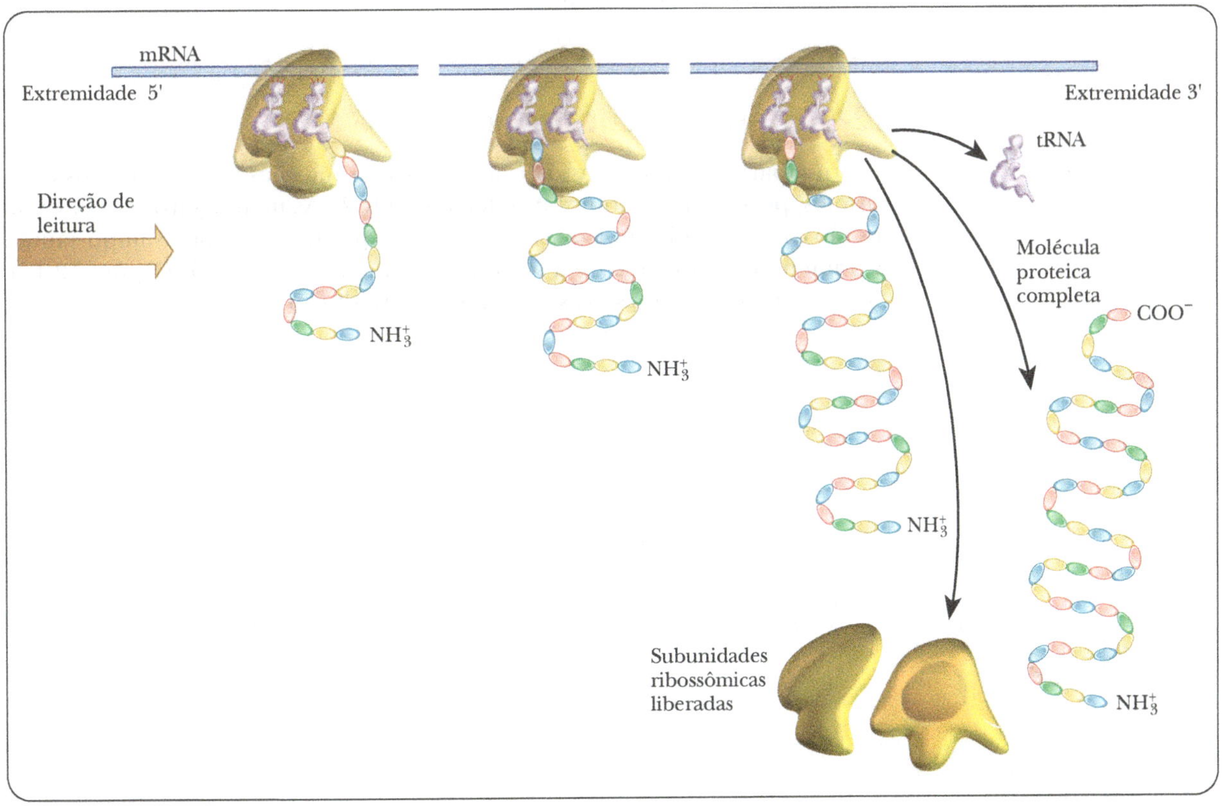
mRNA
Extremidade 5'
Extremidade 3'
Direção de leitura
tRNA
Molécula proteica completa
COO^-
NH_3^+
NH_3^+
NH_3^+
NH_3^+
Subunidades ribossômicas liberadas

Figura 12.15 **Síntese proteica simultânea em polissomos.** Uma única molécula de mRNA é traduzida simultaneamente por vários ribossomos. Cada ribossomo produz uma cópia da cadeia polipeptídica especificada pelo mRNA. Quando a proteína está completa, o ribossomo dissocia-se em subunidades que serão utilizadas em novos ciclos de síntese proteica.

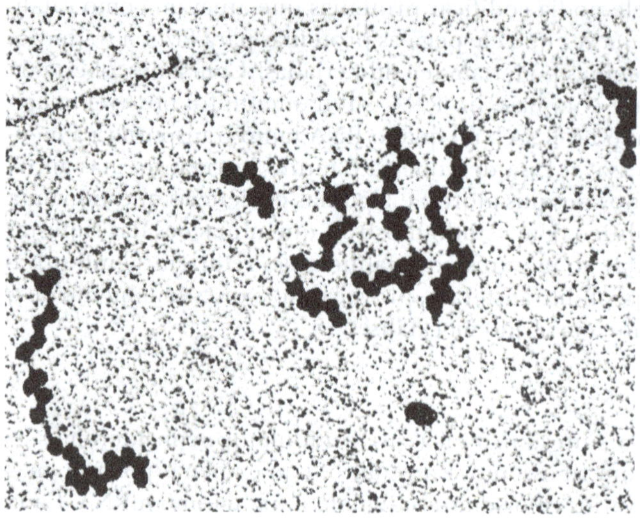

FIGURA 12.16 Micrografia eletrônica mostrando uma tradução acoplada. As manchas escuras são ribossomos, organizados em grupos em uma fita de mRNA. Várias moléculas de mRNA foram transcritas a partir de uma fita de DNA (linha diagonal do centro à esquerda para o alto à direita). (De Visualization of Bacterial Genes in Action por O. L. Miller, Jr., B. A. Hamkalo e C. A. Thomas, Jr. (24 Julho 1970) *Science* 169 (3943), 392. Usado com permissão de AAAS.)

mRNA. É possível também, para o DNA, estar em vários estágios do processo de transcrição. Neste caso, várias moléculas de RNA polimerase estão ligadas a um único gene, dando origem a várias moléculas de mRNA, tendo cada uma delas uma série de ribossomos ligados. O gene procariótico é transcrito e traduzido simultaneamente. Este processo, denominado *tradução acoplada* (Figura 12.16), é possível nos procariotos por causa da falta de compartimentalização das células. Nos eucariotos, o mRNA é produzido no núcleo, e a maior parte da síntese proteica ocorre no citosol.

12-5 Tradução Eucariótica

As principais características da tradução são as mesmas em procariotos e eucariotos, porém, há diferença nos detalhes. Os RNAs mensageiros dos eucariotos são caracterizados por duas modificações pós-transcricionais importantes. A primeira é o cap em 5', e a segunda é a cauda poli-A em 3' (Figura 12.17). Ambas as modificações são essenciais para a tradução eucariótica.

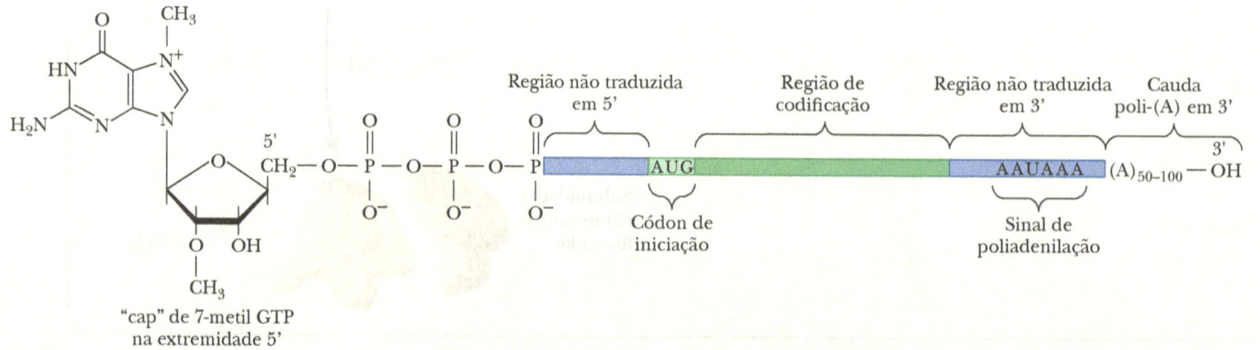
Região não traduzida em 5'
Região de codificação
Região não traduzida em 3'
Cauda poli-(A) em 3'
AUG
AAUAAA
$(A)_{50-100}$ — OH
Códon de iniciação
Sinal de poliadenilação
"cap" de 7-metil GTP na extremidade 5'

FIGURA 12.17 Estrutura característica de mRNAs eucarióticos. As regiões não traduzidas que variam entre 40 e 150 bases de comprimento ocorrem tanto na extremidade 5' quanto na 3' do mRNA maduro. Um códon de iniciação na extremidade 5', invariavelmente AUG, indica o sítio de início da tradução.

Em que sentido a tradução é diferente nos eucariotos?

Iniciação da Cadeia

Esta é a parte da tradução eucariótica que mais difere da que ocorre nos procariotos. Treze fatores de iniciação a mais recebem a designação **eIF**, para **fator de iniciação eucariótico**. Muitos deles são proteínas multissubunitárias. A Tabela 12.4 resume as informações relevantes referentes a esses fatores de iniciação.

A Etapa 1 na iniciação da cadeia envolve a formação de um complexo de pré-iniciação de 43S (Figura 12.18). O aminoácido inicial é a metionina, ligada a um $tRNA_i$ especial, que serve somente como tRNA iniciador. Não existe fmet nos eucariotos. O met-$tRNA_i$ é passado à subunidade ribossômica 40S como um complexo com GTP e eIF2. O ribossomo 40S também está ligado a eIF1A e eIF3. Essa ordem de eventos é diferente daquela presente nos procariotos, em que o primeiro tRNA liga-se ao ribossomo sem a presença do mRNA. Na Etapa 2, o mRNA é recrutado. Não existe sequência de Shine-Dalgarno para a

fator de iniciação eucariótico (eIF) proteína envolvida na iniciação da tradução em eucariotos

TABELA 12.4 Propriedades dos Fatores de Iniciação da Tradução Eucariótica

Fator	Subunidade	Tamanho (kDa)	Função
eIF1		15	Reforça a formação do complexo de iniciação
eIF1A		17	Estabiliza a ligação Met-$tRNA_i$ dos ribossomos 40S
eIF2		125	Ligação Met-$tRNA_i$ GTP dependente dos ribossomos 40S
	α	36	Regulado por fosforilação
	β	50	Liga-se a Met-$tRNA_i$
	γ	55	Liga-se a GTP, Met-$tRNA_i$
eIF2B		270	Promove a troca do nucleotídeo guanina em eIF2
	α	26	Liga-se a GTP
	β	39	Liga-se a ATP
	γ	58	Liga-se a ATP
	δ	67	Regulado por fosforilação
	ε	82	
eIF2C		94	Estabiliza o complexo ternário na presença de RNA
eIF3		550	Promove a ligação entre Met-tRNA e mRNA
	p35	35	
	p36	36	
	p40	40	
	p44	44	
	p47	47	
	p66	66	Liga-se ao RNA
	p115	115	Principal subunidade fosforilada
	p170	170	
eIF4A		46	Liga-se a RNA, ATPase, RNA helicase; promove a ligação de mRNA aos ribossomos 40S
eIF4B		80	Liga-se ao mRNA; promove a atividade de helicase do RNA e a ligação de mRNA aos ribossomos 40S
eIF4E		25	Liga-se aos caps de RNA
eIF4G		153,4	Liga-se a eIF4A, eIF4E e eIF3
eIF4F			O complexo liga-se aos caps de mRNA; atividade de helicase do RNA; promove a ligação de mRNA aos ribossomos 40S
eIF5		48,9	Promove GTPase de eIF2, ejeção de eIF
eIF6			Dissocia-se de 80S; liga-se a 60S

Adaptado de Clark, B. F. C. et al. (Eds.) Prokaryotic and eukaryotic translation factors. *Biochimie*, n. 78, p. 119-22, 1996.

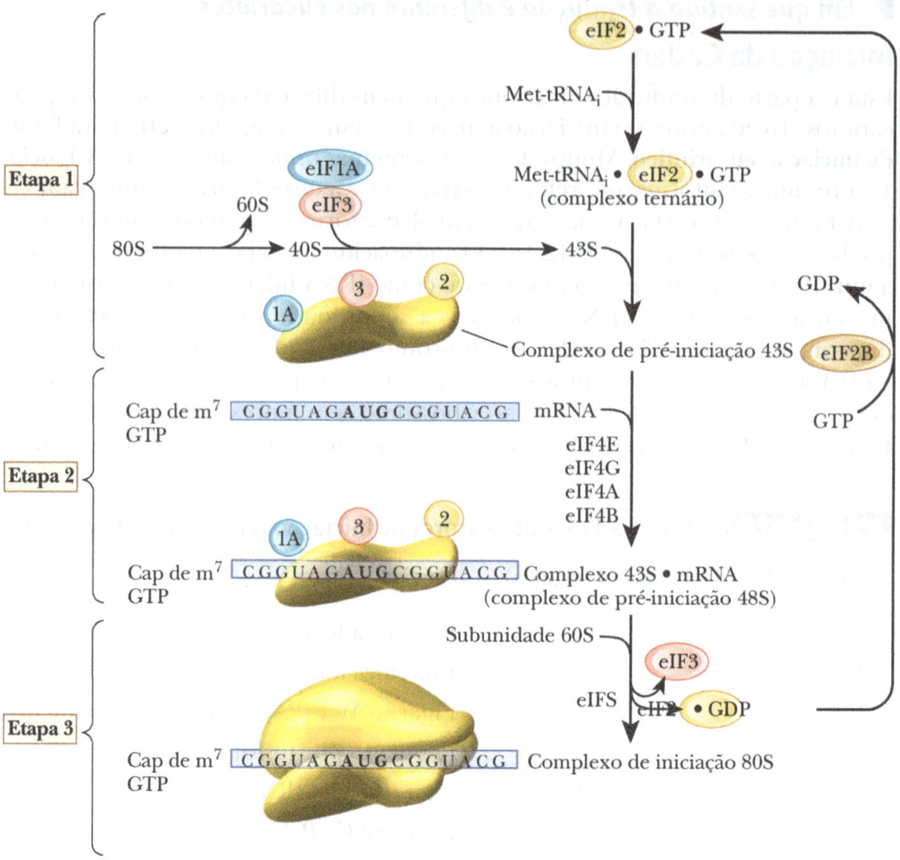
eIF2 • GTP
Met-tRNA$_i$
Met-tRNA$_i$ • eIF2 • GTP
(complexo ternário)
Etapa 1
eIF1A
eIF3
60S
80S
40S
43S
3
2
1A
GDP
Complexo de pré-iniciação 43S
eIF2B
Cap de m^7 GTP
CGGUAGAUGCGGUACG
mRNA
GTP
Etapa 2
eIF4E
eIF4G
eIF4A
eIF4B
Complexo 43S • mRNA
(complexo de pré-iniciação 48S)
Subunidade 60S
eIF3
eIFS
• GDP
Etapa 3
Complexo de iniciação 80S

FIGURA 12.18 Os três estágios que compõem a iniciação da tradução em células eucarióticas. Veja a Tabela 12.4 para uma descrição das funções dos fatores de iniciação eucarióticos (eIFs).

Sequência de Kozak sequência de bases que identifica o códon inicial na síntese proteica eucariótica

localização do códon de início. O cap em 5' direciona o ribossomo para o AUG correto por meio do denominado *mecanismo de varredura*, conduzido pela hidrólise de ATP. O eIF4E também é uma proteína de ligação ao cap que forma um complexo com vários outros eIFs. Uma *proteína de ligação à poli A (Pab1p)* liga a cauda poli A ao eIF4G. O complexo eIF-40S é posicionado, inicialmente, a montante do códon. Ele se move a jusante até encontrar o primeiro AUG no contexto correto. O contexto é determinado por algumas bases ao redor do códon de início, o que se denomina **sequência de Kozak**. Ela se caracteriza pela sequência de consenso $-_3$ACC**AUG**G$_{+4}$. O ribossomo pode pular o primeiro AUG que encontra se o próximo possuir a sequência de Kozak, embora o AUG mais próximo à extremidade 5' do mRNA seja o códon usual de início. Outro fator é a presença da estrutura secundária de mRNA. Se gerar uma alça em forma de grampo a jusante de um AUG, um AUG anterior pode ser escolhido. O mRNA e os sete eIFs compõem o complexo de pré-iniciação 48S. Na Etapa 3, o ribossomo 60S é recrutado, formando o complexo de iniciação 80S. O GTP é hidrolisado e os fatores de iniciação são liberados. A iniciação da tradução eucariótica é também um ponto de controle na expressão global do gene. No último capítulo examinaremos os efeitos do miRNA na expressão do gene, focando principalmente em como a transcrição de mRNA era afetada. Estudos recentes indicam que no mínimo em um caso, aquele do miRNA-430 do peixe-zebra, o efeito principal do miRNA é inibir a iniciação da tradução do correspondente mRNA. O quadro CONEXÕES **BIOQUÍMICAS 12.2** descreve uma importante ligação entre os fatores de iniciação e a memória.

12.2 Conexões Bioquímicas | neurologia

A Síntese Proteica Faz Memórias

As memórias são de dois tipos – recente e de longo prazo. As memórias recentes duram de segundos a minutos, enquanto as de longo prazo, dias, meses ou até mesmo uma vida inteira. Os neurocientistas há muito têm se fascinado com o que faz uma memória permanecer e outra não. Quando você encontra alguém em uma festa e ela lhe diz o nome, você pode esquecê-lo em segundos. Entretanto, o nome do seu melhor amigo é convertido em memória de longo prazo, e pode durar a vida inteira. Embora haja tremendas variações individuais na capacidade de memória, uma coisa que se sabe com certeza é que a produção de memórias de longo prazo baseia-se na síntese proteica. Animais que recebem medicamentos que bloqueiam a síntese de proteínas não podem formar novas memórias de longo prazo, embora a habilidade para produzir memórias decentes seja preservada. Talvez as pessoas com boa memória de longo prazo sejam melhores na produção de novas proteínas do cérebro.

As memórias, tanto de longo prazo quanto recentes, surgem de conexões entre os neurônios, chamadas sinapses, nas quais um neurônio emite um sinal de seu axônio, que é recebido pelo dendrito do próximo neurônio. As memórias são construídas quando a sinapse é mais forte ou mais "sensibilizada" para sinais adicionais. Quando a memória é de longo prazo, essa intensidade é permanente. Para que esta intensidade ocorra, os genes no núcleo dos neurônios devem ser ativados, e as proteínas, produzidas. O paradoxo central para os neurocientistas pesquisadores da memória sempre tem sido "como um gene ativado em um núcleo de neurônio 'sabe' quanto intensificar a sinapse permanentemente?" Na busca por esta resposta, eles partiram para a busca de quais proteínas estão envolvidas no processo. Em meados da década de 1990, os pesquisadores determinaram que o fator de transcrição CREB (Capítulo 11) tem um papel essencial em transformar memórias recentes não compreendi em memórias de longo prazo. Pesquisas mais recentes estão buscando outras proteínas, especialmente aquelas que especificamente intensificam a sinapse.

O processo pode ser visualizado da seguinte forma: ele começa quando um forte estímulo despolariza a membrana celular do nervo. Este estímulo pode vir de descargas múltiplas envolvendo os potenciais de ação de uma única sinapse ou de descargas simultâneas de sinapses múltiplas. Nem todos os impulsos recebidos fazem com que um nervo dispare seu próprio impulso, consequentemente passando-o. Apenas alguns suficientemente fortes farão isto. Esta pode ser uma razão pela qual estímulos rápidos são esquecidos ou por que temos que nos concentrar para lembrar de alguma coisa. Quando o sinal que está chegando é forte o suficiente, o neurônio receptor dispara. A despolarização do neurônio abre os canais de cálcio. O cálcio entra no neurônio e ativa as enzimas chave de sinalização, as quais ativam o CREB. Este ativa os genes para as supostas proteínas intensificadoras de sinapse. Na última etapa, essas proteínas difundem-se através da célula, mas afetam apenas aquelas sinapses que foram temporariamente intensificadas.

A memória é algo complicado, e apenas arranhamos a superfície do seu entendimento. Está claro que uma combinação de fatores externos (o estímulo) e fatores internos (a química) afetam o modo como lembramos. A chave entre os fatores são os vários processos envolvendo a síntese de proteínas. ◗

Alongamento da Cadeia

O alongamento da cadeia peptídica nos eucariotos é muito semelhante ao processo que ocorre nos procariotos, sendo observado o mesmo mecanismo de peptidiltransferase e translocação de ribossomos. A estrutura do ribossomo eucariótico é diferente pelo fato de não existir o sítio E, apenas os sítios A e P. Existem dois fatores de alongamento eucarióticos, o eEF1 e o eEF2. O eEF1 é composto por duas subunidades, eEF1A e eEF1B. A subunidade 1A equivale ao EF-Tu nos procariotos, e a subunidade 1B é o equivalente a EF-Ts. A proteína eEF2 equivale ao EF-G procariótico, que causa a translocação.

Muitas das diferenças entre as traduções em procariotos e eucariotos podem ser observadas na resposta aos inibidores da síntese proteica e às toxinas. O antibiótico cloranfenicol (nome comercial: Cloromicetina) liga-se ao sítio A e inibe a peptidiltransferase nos procariotos, mas não nos eucariotos. Esta propriedade torna o cloranfenicol útil no tratamento de infecções bacterianas. Nos eucariotos, a toxina diftérica é uma proteína que interfere na síntese proteica, reduzindo a atividade do fator de alongamento eucariótico eEF2.

Terminação da Cadeia

Assim como na terminação procariótica, o ribossomo encontrará um códon de parada, UAG, UAA ou UGA, que será reconhecido por uma molécula de tRNA. Nos procariotos, eram utilizados três fatores de liberação diferentes, RF1, RF2 e RF3, com dois deles alternando-se, dependendo de qual códon de parada era encontrado. Nos eucariotos, somente um fator de liberação se liga a todos os três códons de parada e catalisa a hidrólise da ligação entre o aminoácido C-terminal e o tRNA.

tRNAs supressores tRNAs que permitem a continuidade da tradução através de um códon de parada

Existe um tRNA especial, denominado **tRNA supressor**, que permite à tradução continuar através do códon de parada. Os tRNAs supressores tendem a ser encontrados em células nas quais uma mutação introduziu um códon de parada.

Transcrição e Tradução Acopladas nos Eucarióticos?

Até recentemente, o dogma da tradução eucariótica consistia no fato de ela ser fisicamente separada da transcrição. Esta ocorria no núcleo e, em seguida, o mRNA era transportado para o citosol para tradução. Embora este sistema seja aceito como o processo normal, descobertas recentes mostram que o núcleo possui todos os componentes (mRNA, ribossomos, fatores proteicos) necessários à tradução. Além disso, evidências mostram que, em sistemas de análise isolados, as proteínas são traduzidas no núcleo. Alguns pesquisadores sugerem que de 10% a 15% da síntese proteica das células ocorrem no núcleo.

Mais Dogmas São Colocados de Lado

Na última década temos visto muitas mudanças no nosso entendimento sobre a tradução, e a descoberta de que muitas das verdades mantidas afetuosamente nem sempre são verdadeiras. Um artigo de junho de 2012 na *Science* afastou também outra peça de dogma quando foi mostrado que, na tradução eucariótica, o AUG nem sempre é o códon inicial. No sistema imune de mamíferos, os peptídeos são sintetizados com o propósito de apresentá-los na superfície dos principais complexos de histocompatibilidade (Capítulo 14). Os estudos descobriram que tal síntese peptídica frequentemente usa CUG como o códon inicial, ao invés de AUG. Este liga-se ao tRNA-Leu, deixando a leucina como o aminoácido N-terminal. Não se sabe atualmente se outros tipos de peptídeos nos mamíferos também usam diferentes códons iniciais.

12-6 Modificações Proteicas Após a Tradução

Polipeptídeos recém-sintetizados são, frequentemente, processados antes de atingir a forma na qual apresentam atividade biológica. Mencionamos anteriormente que, nos procariotos, a *N*-formilmetionina é eliminada por clivagem. Ligações específicas nos precursores podem ser hidrolisadas, assim como na conversão de pré-pró-insulina em pró-insulina e, depois, da pró-insulina em insulina (Figura 12.19). As proteínas destinadas à exportação para regiões específicas dentro das células ou para o seu exterior apresentam sequências líderes em suas extremidades N-terminais. Essas sequências líderes, que direcionam as proteínas a seus respectivos destinos, são reconhecidas e removidas por proteases específicas associadas ao *retículo endoplasmático*. A proteína finalizada entra, então, no *complexo de Golgi*, que a direciona para seu destino final.

Além do processamento das proteínas pela quebra das ligações, outras substâncias podem ser ligadas ao polipeptídeo recém-formado. Vários cofatores,

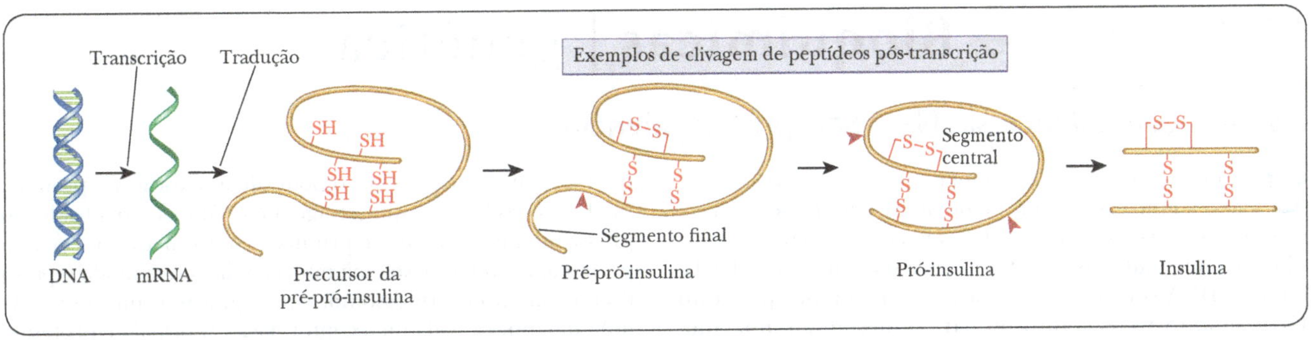
Transcrição
Tradução
Exemplos de clivagem de peptídeos pós-transcrição
SH
SH
SH
SH
SH
SH
S–S
S
S
S
S
Segmento final
Segmento
central
S–S
DNA
mRNA
Precursor da
pré-pró-insulina
Pré-pró-insulina
Pró-insulina
Insulina

FIGURA 12.19 **Alguns exemplos de modificação pós-tradução em proteínas.** Após ser formado um precursor de pré-pró-insulina pelo processo de transcrição–tradução, ele é transformado em pré-pró-insulina pela formação de três ligações dissulfeto. Uma clivagem específica que remove um segmento final converte a pré-pró-insulina em pró-insulina. Por fim, duas outras clivagens específicas removem um segmento central, produzindo a insulina como resultado final.

como os grupos heme, são acrescentados, e ligações dissulfeto são formadas (Figura 12.19). Alguns resíduos de aminoácidos também são modificados covalentemente, como na conversão de prolina a hidroxiprolina. Pode ocorrer outras modificações covalentes, por exemplo, a adição de carboidratos ou lipídeos para produzir a forma final ativa da proteína em questão. As proteínas também podem ser metiladas, fosforiladas e ubiquitinadas (Seção 12-7).

Uma vez modificadas, as proteínas sempre têm a correta estrutura tridimensional?

Uma questão de extrema importância diz respeito ao dobramento correto da proteína recém-sintetizada. Em princípio, a estrutura principal da proteína transporta informações suficientes para especificar sua estrutura tridimensional. Na célula, a complexidade do processo e a quantidade de conformações possíveis tornam pouco provável o dobramento espontâneo da proteína com a conformação correta. O quadro CONEXÕES **BIOQUÍMICAS 12.3** fornece um exemplo de como mutações silenciosas podem afetar a tradução e o dobramento da proteína, e o CONEXÕES **BIOQUÍMICAS 12.4** descreve os processos envolvidos no dobramento proteico *in vivo*.

Os Ribossomos Estão Envolvidos no Dobramento Proteico

Além de decodificar a informação genética e sintetizar os peptídeos nascentes, pesquisa indica que os próprios ribossomos estão também envolvidos no dobramento proteico. Um artigo de 2011 na *Science* descreveu um estudo no qual a síntese da lisozima T4 foi analisada em um único ribossomo e o dobramento do peptídeo comparado a como ele se dobraria em um sistema de tradução livre. Embora a eficiência de tradução por um ribossomo tenha muitas variáveis, como a abundância de tRNA, ordem de códon e estrutura secundária do mRNA, agora parece que a presença do próprio ribossomo é capaz de conferir a habilidade para uma proteína dobrar-se corretamente, talvez em concerto com outras variáveis. Neste sentido, o ribossomo pode agir como sua própria chaperona para evitar que as proteínas se dobrem incorretamente.

12.3 Conexões Bioquímicas | genética

As Mutações Silenciosas Nem Sempre São Silenciosas

Uma mutação silenciosa é aquela que muda o DNA, mas não o aminoácido incorporado. Por exemplo, se a fita codificadora do DNA tem um UUC, ela codifica para fenilalanina. Se uma mutação no DNA muda a sequência para UUU, então o DNA sofreu uma mutação silenciosa porque tanto UUU quanto UUC codificam para o mesmo aminoácido. Pelo menos, isto é no que os cientistas acreditam por décadas. Entretanto, evidência recente mostrou que nem sempre é verdade. Pesquisadores do National Cancer Institute estavam estudando um gene chamado *MDR1*, que foi assim nomeado devido à sua associação com a resistência a múltiplos medicamentos nas células tumorosas. Eles tinham as sequências deste gene e sabiam que havia algumas mutações silenciosas comuns. Curiosamente, eles descobriram que havia uma resposta fenotípica às mutações silenciosas deste gene que influenciava a resposta de pacientes a certos medicamentos. Isto foi supreendente, uma vez que mutações silenciosas não teriam efeito no produto final.

Aparentemente, nem todos os códons são traduzidos igualmente. Códons diferentes podem exigir versões alternativas do tRNA para um aminoácido específico. Mesmo se o aminoácido incorporado for o mesmo, o passo no qual o ribossomo é capaz de incorporar o aminoácido difere dependendo de em qual códon ele está. Esta é uma situação similar da atenuação de transcrição que vimos no Capítulo 11. Como mostrado na figura, a cinética de tradução pode afetar a forma da proteína final. Se o códon do tipo selvagem é usado, então a tradução prossegue normalmente e produz a conformação normal da proteína. Entretanto, se uma mutação silenciosa muda o passo do movimento do ribossomo, então, graças às diferenças de dobramento, é criada uma conformação anormal de proteína.

Nos últimos dez anos, muitos novos exemplos de efeitos fenotípicos devidos a mutações silenciosas têm sido descobertos. Além das diferenças de dobramento de proteínas mostradas anteriormente, existem outros processos baseados nas diferenças de códons sinônimos. Uma das mais frequentes é baseada nas diferenças no processamento dos éxons de mRNA após a transcrição (Seção 11-8). A pesquisa tem mostrado que os éxons de mRNA não apenas contêm o código que deve levar à produção dos aminoácidos corretos, mas também a informação necessária para a correta remoção de íntrons. Existem sequências específicas, chamadas *reforçadores de splicing exônico (ESE, do inglês exonic splicing enhancers)*, que diz ao mecanismo de *splicing* onde remover os íntrons. Ambos os códons GGA e GGG codificam a glicina e ambos podem ocorrer nos ESEs. Entretanto, o GGA é um reforçador de *splicing* muito mais potente. Como mostrado na figura a seguir, uma mudança de mutação silenciosa em um ESE poderia levar à remoção incorreta de íntrons e éxons inteiros sendo deixados no mRNA final.

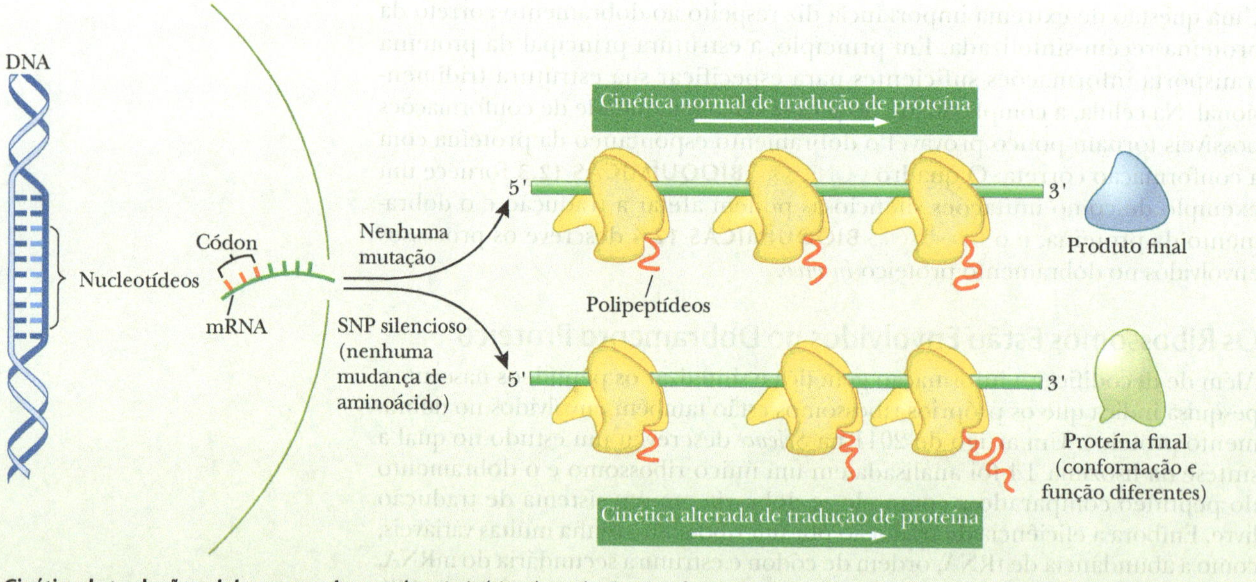
DNA
Nucleotídeos
Códon
mRNA
Nenhuma mutação
SNP silencioso (nenhuma mudança de aminoácido)
Cinética normal de tradução de proteína
5'
3'
Produto final
Polipeptídeos
Proteína final (conformação e função diferentes)
Cinética alterada de tradução de proteína

Cinética de tradução e dobramento de proteína. A cinética de tradução não afetada resulta em uma proteína corretamente dobrada. A cinética anormal, provocada pelo movimento mais rápido ou mais lento do ribossomo através de determinadas regiões do mRNA, pode produzir uma conformação diferente da proteína. A cinética anormal pode surgir de um polimorfismo silencioso único de nucleotídeo (SNP) em um gene que cria um sinônimo de códon para o códon do tipo selvagem. Entretanto, esta substituição de códon sinônimo pode levar a diferente cinética de tradução de mRNA, assim produzindo uma proteína com uma estrutura e função diferentes. (Baseado em Komar, A. A. (2007). SNPs, silent but not invisible. *Science* vol. 315, p. 466-467. Copiright © 2015 Cengage Learning.)

Outro processo envolvendo mutações silenciosas é provocado pelas estruturas secundárias de mRNA. Embora os livros didáticos frequentemente representem o mRNA como uma molécula linear por razões de simplicidade, ele também pode se dobrar em muitas estruturas diferentes. Variação em qualquer nucleotídeo pode mudar potencialmente a maneira como o mRNA se dobra, e tais mudanças podem afetar a velocidade com a qual o mRNA é traduzido, se puder ser traduzido. Pesquisadores estudam um gene envolvido na tolerância descoberta de que as mutações silenciosas em um íntron para o gene COMT (catecol-*O*-metiltransferase) são responsáveis por diferentes níveis de uma enzima importante que afeta como percebemos a dor. Eles mostraram que diferentes mutações levam a diferentes padrões de dobramento do mRNA, o qual é traduzido para diferentes níveis da enzima na célula (veja a figura a seguir).

Os pesquisadores continuam estudando este fenômeno, porque agora se sabe que mais de 50 doenças humanas são causadas por mutações silenciosas, incluindo síndrome de Marfan, síndrome da insensibilidade andrógena, doença de armazenamento de colesteril éster, doença de McArdle e fenilcetonúria. ◗

***SPLICING* NORMAL**
Quando o DNA eucariótico é transcrito, o mRNA nascente tem sequências que codificam todos os aminoácidos, que são chamados éxons, e outras sequências que são não codificadoras, chamadas íntrons. Os éxons contêm sequências curtas chamadas de reforçadores de *splicing* exônico (ESE). As proteínas reguladoras do *splicing* (SR) ligam-se às regiões de ESE e criam o spliceossoma. Os íntrons são removidos, deixando apenas os éxons unidos para formar o mRNA final.

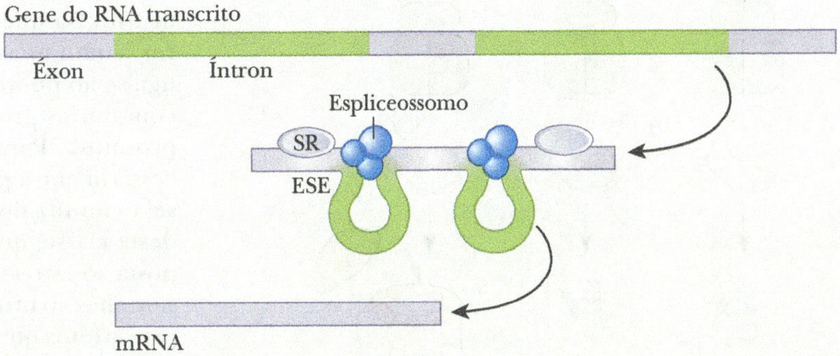
Gene do RNA transcrito
Éxon
Íntron
Espliceossomo
SR
ESE
mRNA

SALTO DE ÉXON
Quando ocorre uma mutação silenciosa na região de ESE, ela pode fazer com que o sítio de remoção seja esquecido pelo mecanismo do SR. Neste caso, um dos éxons pode ser perdido, uma vez que ele é removido com dois íntrons adjacentes, levando a um produto de mRNA incorreto.

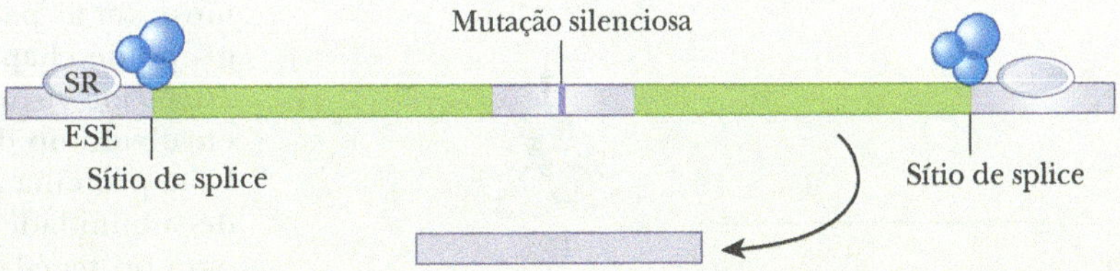
Mutação silenciosa
SR
ESE
Sítio de splice
Sítio de splice

Mudanças na sequência dentro de um íntron podem levar a diferentes variações fenotípicas. Isto pode ser visto com um gene para a tolerância à dor chamado COMT, catecol-*O*-metiltransferase. Existem diferentes sítios envolvidos nas mutações que levam à sensibilidade da dor alterada, envolvendo mutações tanto sinônimas quanto não sinônimas.

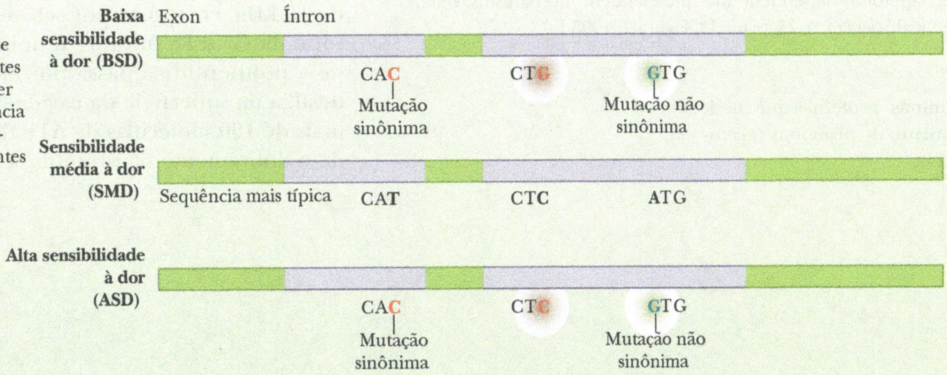
Baixa sensibilidade à dor (BSD)
Exon
Íntron
CAC
Mutação sinônima
CTG
GTG
Mutação não sinônima
Sensibilidade média à dor (SMD)
Sequência mais típica
CAT
CTC
ATG
Alta sensibilidade à dor (ASD)
CAC
Mutação sinônima
CTC
GTG
Mutação não sinônima

Diferentes sequências nos íntrons em um gene podem levar a diferentes fenótipos, como mostrado para um gene para tolerância à dor.

12.4 Conexões Bioquímicas | biofísico-química

Chaperonas: Prevenindo Associações Inadequadas

Às vezes, diz-se que a tarefa de uma chaperona é evitar associações inadequadas. A classe de proteínas conhecidas como chaperonas moleculares opera desta forma, impedindo a agregação de proteínas recém-formadas até que elas se dobrem em suas formas ativas. As informações necessárias para o dobramento das proteínas estão presentes na sequência de aminoácidos, e muitas proteínas procederão ao dobramento de forma correta sem qualquer auxílio externo, como mostra a parte (a) da figura. Entretanto, algumas proteínas podem formar agregados com outras proteínas, ou realizar o dobramento com estruturas secundárias ou terciárias incorretas, a menos que interajam primeiro com uma chaperona. Exemplos bastante conhecidos incluem as proteínas de choque térmico, produzidas pelas células como resultado de um estresse térmico. O principal exemplo disso é a classe de proteínas *Hsp70,* assim denominada em referência à proteína de choque térmico de 70 kDa que ocorre no citosol das células dos mamíferos, como mostra a parte (b) da figura. A proteína Hsp70 liga-se ao polipeptídeo nascente e impede que ele interaja com outras proteínas, ou que se dobre em uma forma não produtiva. Para a conclusão do dobramento correto, é necessário que a proteína se liberte da chaperona e o processo seja conduzido pela hidrólise de ATP. Todas as proteínas desta classe, que foram estudadas primeiro como uma resposta ao estresse térmico em células de todos os tipos, apresentam estruturas extremamente conservadas, tanto nos procariotos quanto nos eucariotos.

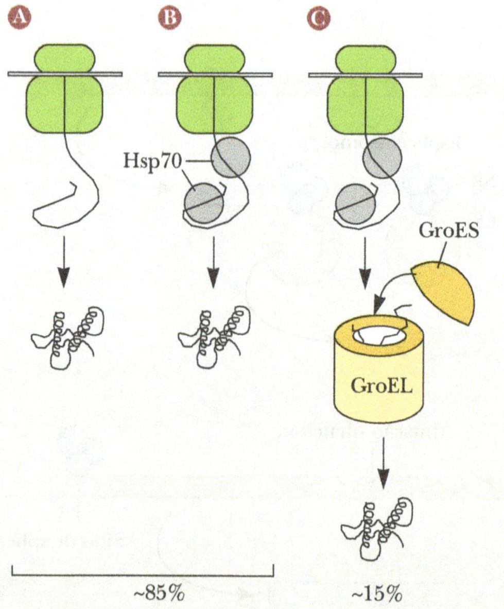
A
B
C
Hsp70
GroES
GroEL
~85%
~15%

As vias de dobramento de proteínas. (a) O dobramento independente de chaperonas. (b) O dobramento facilitado por uma chaperona (cinza) – neste caso, a proteína Hsp70. Aproximadamente 85% das proteínas dobram-se por meio de um dos dois mecanismos mostrados em (a) e (b). (c) O dobramento facilitado por chaperoninas – neste caso, GroEL e GroES. (Adaptado de Netzer, W. J.; Hartl, F. U. Protein folding in the cytosol: Chaperonin-dependent and -independent mechanisms. *Trends in Biochemical Sciences*, n. 23, p. 68-73, Figura 2, 1998.)

chaperoninas proteínas que medeiam o dobramento de proteínas recém-sintetizadas

Aproximadamente 85% das proteínas se dobram como mostram as partes (a) e (b) da figura. Sabe-se que outro grupo de **chaperoninas** (também chamadas de proteínas *Hsp60* em virtude de sua massa molecular de 60 kDa) está envolvido no dobramento dos outros 15% das proteínas. Uma proteína multissubunitária grande forma uma gaiola de subunidades de 60 kDa ao redor da proteína nascente para protegê-la durante o processo de dobramento, como mostra a parte (c) da figura. *GroEL* e *GroES* são as chaperoninas mais bem caracterizadas na *E. coli.* A GroEL é formada por dois anéis simétricos e sobrepostos, de 60 kDa, com sete subunidades cada, com uma cavidade central. O dobramento das proteínas ocorre na cavidade central e depende da hidrólise de ATP. A GroES é formada por um único anel de 10 kDa, composto por sete subunidades e localizado no topo da GroEL. Durante o dobramento da proteína, a cadeia polipeptídica passa por ciclos nos quais se liga à ou desliga da superfície da cavidade central. Em alguns casos, mais de 100 moléculas de ATP devem ser hidrolisadas antes de o dobramento da proteína ser concluído. ◗

12-7 Degradação Proteica

Um dos controles da expressão genética mais estudados ocorre no nível da degradação de proteínas. As proteínas encontram-se em um estado dinâmico no qual estão em constante renovação. Os atletas são extremamente conscientes disso, pois isto significa que eles têm de trabalhar duro para ficar em forma, mas é muito rápido perdê-la. Para algumas classes de proteínas, a taxa de renovação é de 50% a cada três dias. Além disso, proteínas anormais formadas a partir de erros na transcrição ou na tradução são degradadas rapidamente. Acredita-se que uma única quebra na estrutura peptídica de uma proteína seja suficiente para desencadear a rápida degradação das partes, uma vez que produtos de decomposição provenientes de proteínas naturais são raramente observados *in vivo*.

Como as células sabem quais proteínas degradar?

Se a degradação da proteína é tão rápida, este é obviamente um processo que deve ser fortemente controlado para evitar a destruição de polipeptídeos errados. As vias de degradação são restritas a organelas subcelulares degradativas, como o lisossomo, ou a estruturas macromoleculares, denominadas **proteassomos**. As proteínas são direcionadas aos lisossomos por sequências específicas de sinais, geralmente acrescentadas em uma etapa de modificação pós-tradução. Uma vez dentro do lisossomo, a destruição não é específica. Os proteassomos são encontrados tanto nos procariotos quanto nos eucariotos, e existem vias específicas para visar uma proteína de modo que ela forme um complexo com o proteassomo e seja degradada.

Nos eucariotos, o mecanismo mais comum para visar uma proteína para destruição em um proteassomo é pela **ubiquitinação**. A ubiquitina é um pequeno polipeptídeo (76 aminoácidos) altamente conservado nos eucariotos. Há um alto grau de homologia entre as sequências em espécies tão diversas quanto as leveduras e os humanos. Quando a ubiquitina é ligada a uma proteína, ela condena esta proteína à destruição em um proteassomo. A Figura 12.20 mostra o mecanismo de ubiquitinação. Três enzimas estão envolvidas neste processo – a *enzima ativadora da ubiquitina (E1)*, a *proteína transportadora da ubiquitina (E2)* e a *ubiquitina-proteína ligase (E3)*. A ligase transfere a ubiquitina para grupos amina livres na proteína alvo, no N-terminal ou nas cadeias laterais da lisina. As proteínas devem possuir um grupo α-amina livre para ser suscetíveis; desta forma, as proteínas modificadas no N-terminal – com um grupo acetila, por exemplo – estão protegidas da degradação intermediada pela ubiquitina. A natureza do aminoácido N-terminal também influencia em sua suscetibilidade à ubiquitinação. As proteínas com Met, Ser, Ala, Thr, Val, Gly ou Cys no N-terminal são resistentes. Aquelas com Arg, Lys, His, Phe, Tyr, Trp, Lex, Asn, Gln, Asp ou Glu no N-terminal têm meias-vidas muito curtas, entre 2 e 30 minutos. As proteínas com resíduos ácidos no N-terminal têm necessidade de tRNA como parte de sua via de destruição. O tRNA para a arginina, Arg-$tRNA^{arg}$, é utilizado para transferir a arginina para o N-terminal, tornando a proteína muito mais suscetível à ubiquitina ligase (Figura 12.21). Se colocarmos juntos os processos de chaperona e de degradação de proteínas, teremos uma boa imagem de como a célula monitora o controle de qualidade das proteínas. As células começam com as proteínas que podem estar desdobradas ou dobradas incorretamente. Se estão desdobradas, elas podem ir através do processo de chaperonas para o dobramento correto. Se estão dobradas incorretamente, então passam pelo sistema de ubiquitinação e são degradadas. O quadro CONEXÕES **BIOQUÍMICAS 12.5** apresenta um exemplo interessante de como a regulação da transcrição e a degradação proteica trabalham juntas para controlar o processo de aclimatação a grandes altitudes.

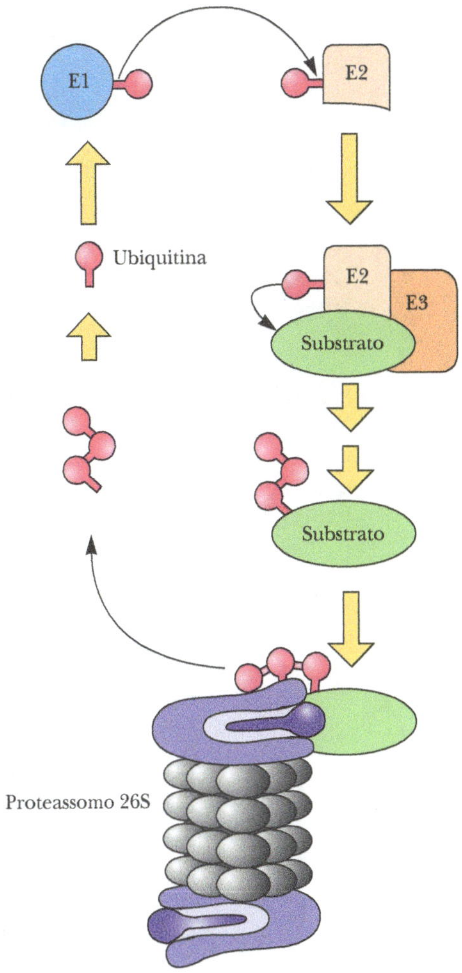
E1
E2
Ubiquitina
E2
E3
Substrato
Substrato
Proteassomo 26S

FIGURA 12.20 Diagrama da via de degradação ubiquitina-proteassomo. As estruturas em forma de "pirulito" cor-de-rosa representam as moléculas de ubiquitina. (Adaptado de Hilt, W.; Wolf, D. H. Proteasomes: Destruction as a program. *Trends in Biochemical Sciences*, n. 21, p. 96-102, Figura 1, 1996, com a permissão de Elsevier.)

proteassomos complexos multissubunitários de proteínas que medeiam a degradação de outras, proteínas adequadamente marcadas

ubiquitinação o processo de ligar um polipeptídeo ubiquina a uma proteína para marcá-la para degradação

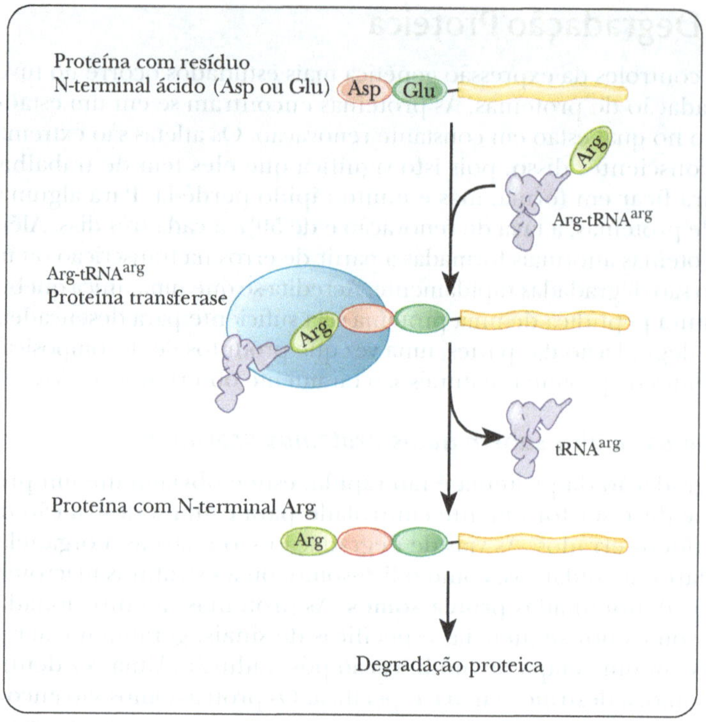

Proteína com resíduo N-terminal ácido (Asp ou Glu)
Asp
Glu
Arg
Arg-tRNAarg
Arg-tRNAarg Proteína transferase
Arg
tRNAarg
Proteína com N-terminal Arg
Arg
Degradação proteica

FIGURA 12.21 **Degradação de proteínas com N-terminais ácidos** As proteínas com N-terminais ácidos necessitam do tRNA para a degradação. A Arginil-tRNA^{arg}:proteína transferase catalisa a transferência de Arg para α-NH_2 livre de proteínas com resíduos no N-terminal Asp ou Glu. A Arg-tRNA^{arg}:proteína transferase atua como parte do sistema de reconhecimento da degradação proteica.

Como os cientistas determinam o código genético? Uma variedade de técnicas foram usadas para determinar o código genético. Os experimentos iniciais usaram sequências sintéticas de mRNA com apenas um nucleotídeo único, como AAAAAAAA. Estes foram traduzidos para ver qual homopolímero de proteína era produzido. Desta forma foi possível determinar a tradução para AAA, UUU, GGG e CCC. O experimento mais abrangente foi o de ligação por filtro de Nirenberg, que usou trinucleotídeos específicos ligados a um filtro para ver quais moléculas de tRNA se ligariam.

Se há 64 códons, como pode haver menos que 64 moléculas de tRNA? Existe apenas aproximadamente metade do número de moléculas de tRNA do que de códons para os aminoácidos. Isto ocorre por causa da oscilação na terceira base (extremidade 5') do anticódon no tRNA. A base de oscilação pode quebrar as regras de pareamento de Watson-Crick sob certas circunstâncias. Por exemplo, se a base de oscilação é uma U, ela pode se ligar a uma A ou a uma G do códon do mRNA e, assim, são necessárias menos moléculas de tRNA.

O que é o "segundo código genético"? O segundo código genético refere-se à especificidade com a qual as aminoacetil-tRNA sintetases colocam o aminoácido correto no tRNA correto. Existe apenas revisão mínima após este ponto, portanto, o correto carregamento de aminoácidos é essencial. Se o aminoácido errado é carregado no tRNA, é rapidamente hidrolisado pela sintetase para evitar erros.

12.5 Conexões Bioquímicas | fisiologia

Como Nos Adaptamos à Alta Altitude?

As pessoas que vivem em baixas altitudes são bastante conscientes quanto às sensações de privação de oxigênio e às alterações fisiológicas associadas que ocorrem quando expostas por períodos prolongados a grandes altitudes. Há muitos anos os fisiologistas vêm estudando este fenômeno e os bioquímicos tentam encontrar um mecanismo que explique como as células sentem a pressão parcial do oxigênio e realizam as alterações adaptativas. Duas das principais alterações são o aumento das hemácias, estimulado pelo hormônio **eritropoetina (EPO)**, e a *angiogênese*, estimulação para a formação de novos vasos sanguíneos, que é provocada pelo **fator de crescimento endotelial vascular (VEGF, do inglês vascular endothelial growth factoe)**. Os pesquisadores aprenderam muito a respeito de como as células respondem à baixa pressão de oxigênio, ou **hipoxia**, e os resultados obtidos têm muitas aplicações, incluindo a produção de medicamentos para o tratamento de inflamações, doenças cardíacas e câncer.

Uma família de fatores de transcrição, denominada *fatores indutores de hipoxia (HIFs)*, é a chave para esses processos. Heterodímeros compostos pelas subunidades HIFα e HIFβ ligam-se ao DNA e ajustam para cima diversos genes quando a pressão parcial do oxigênio no sangue é baixa. O oxigênio pode estar baixo por vários motivos, como quando uma pessoa se encontra a grande altitude, ou um tecido tenha de trabalhar além do normal. Durante um ataque cardíaco ou um derrame, a pressão parcial do oxigênio pode cair e esses fatores de transcrição podem ajudar a reduzir os danos.

Os genes controlados por HIF são responsáveis pela produção de EPO e da angiogênese, assim como pela produção de enzimas glicolíticas que podem fornecer energia para as células quando o metabolismo aeróbico estiver comprometido. Além disso, muitos tipos de câncer são associados a altos níveis de HIF. Isto pode estar relacionado à capacidade de crescimento do tumor, o que requer um grande abastecimento de oxigênio. Como se descobriu, se o crescimento celular estiver descontrolado, a dimerização das duas subunidades de HIF não é verificada, o que levaria a uma constante expressão dos genes adaptativos. Quando isso acontece, ocorre o crescimento acentuado de células endoteliais, gerando tumores. Qualquer célula mantém níveis relativamente constantes da subunidade HIFβ, porém o nível da subunidade HIFα é regulado. O sistema é controlado principalmente pela degradação da subunidade HIFα. A prolina 564 na subunidade HIFα pode ser hidroxilada por uma enzima denominada *prolina hidroxilase (PH)*. Após ser hidroxilada, ela se liga a uma proteína denominada proteína de von Hippel–Lindau (pVHL), descoberta primeiro como um supressor tumoral (veja a Seção 14-8 para obter mais informações sobre supressores tumorais). Após sua ligação à pVHL, ela estimula a organização de um complexo com a *ubiquitina ligase (UL)*, que realiza a ubiquitinação da subunidade HIFα. A ubiquitina é um polipeptídeo composto por 76 resíduos bastante abundantes e conservado nos eucariotos. Quando a ubiquitina é colocada sobre uma proteína, ela visa à proteína para transportá-la a um proteassomo, onde será degradada. A busca pela maneira como essa via está relacionada à capacidade do corpo de sentir a pressão parcial do oxigênio é uma área de pesquisa ativa atualmente. Existem evidências de que a prolina hidroxilase necessita de ferro e oxigênio. É possível que, na ausência de oxigênio suficiente, a prolina hidroxilase de HIF não possa agir. Dessa forma, a subunidade HIFα não é alvo para destruição e estará disponível para se ligar à subunidade HIFβ, formando um dímero ativo e estimulando os efeitos adaptativos da pressão reduzida do oxigênio.

Descobriu-se recentemente que um segundo ponto de controle é intermediado por outra hidroxilase. Dessa vez, o alvo é um resíduo de asparagina no HIFα. Quando a subunidade HIFα é hidroxilada, não pode se ligar ao mediador de transcrição (veja o Capítulo 11), e, por consequência, não pode induzir a transcrição. Assim, quando o nível de oxigênio está baixo, ocorrem duas hidroxilações diferentes em níveis reduzidos.

A redução da reação da hidroxilase da asparagina permite à HIFα realizar essa tarefa, e a redução da reação de prolil hidroxilase interrompe a degradação de HIFα pela via ligada à ubiquitina. Muitos pesquisadores acreditam que essas duas reações sejam o mecanismo para sentir o oxigênio, porém, outros acreditam que sejam apenas incidentais ao verdadeiro mecanismo, que ainda precisa ser descoberto.

O HIF também é controlado de forma positiva pelo fator de crescimento da *insulina 2 (IGF2)* e pelo *fator de crescimento de transformação α (TGFα)*. Esses são fatores de crescimento ativos comuns em várias vias de crescimento e diferenciação não estão relacionados à disponibilidade de oxigênio.

Os pesquisadores estão analisando o HIF como uma possível terapia em potencial contra o câncer, pois descobriu-se que muitas formas de câncer estão associadas a altos níveis de HIF. Uma vez que os tumores necessitam de oxigênio para crescer, interromper a ativação do tumor da transcrição intermediada por HIF poderia reprimir o tumor de forma eficaz antes que ele progredisse. ◗

eritropoetina (EPO) hormônio que estimula a produção de hemácias

fator de crescimento endotelial vascular (VEGF) hormônio que estimula a produção de novos capilares

hipoxia estado em que o organismo ou célula está sob pressão de oxigênio mais baixa que a ideal

Resumo

Como o ribossomo sabe onde começar a tradução? Na tradução procariótica, o correto código inicial AUG é identificado pela sua proximidade a uma sequência de consenso chamada sequência de Shine-Dalgarno. Esta é complementar a uma sequência em uma pequena subunidade do ribossomo procariótico. O ribossomo é inicialmente posicionado na sequência de Shine-Dalgrano, que o alinha para a correta iniciação de tradução do códon inicial.

Por que o EF-Tu é tão importante na *E. coli*? Os fatores de alongamento EF-Tu e EF-Ts adicionam um nível de complexidade ao alongamento de proteínas. Esta complexidade parece, a princípio, ser onerosa, mas na realidade é muito importante, uma vez que leva a outro nível de revisão. O EF-Tu entrega a aminoacil-tRNA ao sítio A do ribossomo apenas quando o códon e o anticódon se combinam. Além disso, se o tRNA não se combina corretamente com o aminoácido, então o EF-Tu não é eficiente na entrega do tRNA ao ribossomo.

Em que sentido a tradução é diferente nos eucariotos? Nos eucariotos, o processo difere em vários detalhes. O mRNA eucariótico passa por uma longa fase de processamento não observada nos procariotos. O mRNA eucariótico tem um cap 5' e uma cauda de poli A 3', ambos os quais estão envolvidos na formação do complexo de iniciação. Não existe uma sequência de Shine-Dalgarno, mas sim uma sequência de Kozak circundando o correto códon inicial AUG. O número de fatores de iniciação e alongamento é muito maior nos eucariotos do que nos procariotos. Os códons de parada nos eucariotos são algumas vezes reconhecidos por tRNAs supressores, o que permite a inserção de aminoácidos fora do padrão, como a selenocisteína.

Uma vez modificadas, as proteínas sempre têm a correta estrutura tridimensional? Na teoria, a estrutura primária da proteína determina sua estrutura tridimensional. Entretanto, na realidade, as proteínas frequentemente precisam da ajuda de uma chaperona para chegar à estrutura correta. Isto é devido às possíveis interações com outras proteínas antes que a cadeia da proteína nascente esteja completa, e também à possibilidade de que uma proteína começará a dobrar-se incorretamente nos seus estágios iniciais de tradução antes que ele se complete.

Como as células sabem quais proteínas degradar? As proteínas são degradadas em organelas subcelulares, como os lisossomos, ou em estruturas macromoleculares, denominadas proteassomos. Muitas proteínas são alvos para destruição ao se ligarem a uma proteína denominada ubiquitina. A natureza da sequência de aminoácidos no N-terminal é, em geral, muito importante para o controle do momento de destruição de uma proteína. As proteínas danificadas são degradadas muito rapidamente.

Exercícios de Revisão

12-1 Tradução da Mensagem Genética

1. **VERIFICAÇÃO DE FATOS** Monte um fluxograma apresentando os estágios da síntese proteica.

12-2 O Código Genético

2. **VERIFICAÇÃO DE FATOS** Um código genético no qual duas bases codificam um único aminoácido não é adequado para síntese proteica. Explique.
3. **VERIFICAÇÃO DE FATOS** Defina *código degenerado*.
4. **VERIFICAÇÃO DE FATOS** Como a técnica de análise por ligação pode ser utilizada para atribuir tripletos de codificação aos aminoácidos correspondentes?
5. **VERIFICAÇÃO DE FATOS** Quais nucleotídeos quebrarão as regras de pareamento de bases de Watson-Crick quando se encontrarem na posição de oscilação do anticódon? Quais não?
6. **VERIFICAÇÃO DE FATOS** Descreva o papel do códon de parada na terminação da síntese proteica.
7. **PERGUNTA DE RACIOCÍNIO** Considere uma sequência de três bases no molde de DNA: 5' ... 123 ... 3', na qual 1, 2 e 3 referem-se às posições de desoxirribonucleotídeos. Comente o provável efeito sobre a proteína resultante caso ocorram as mutações de ponto (substituições de uma base) a seguir.
   (a) Troca de uma purina por outra na posição 1.
   (b) Troca de uma pirimidina por outra na posição 2.
   (c) Troca de uma purina por uma pirimidina na posição 2.
   (d) Troca de uma purina por outra na posição 3.
8. **PERGUNTA DE RACIOCÍNIO** É possível que os códons de um único aminoácido tenham as duas primeiras bases em comum e difiram na terceira base. Por que essa observação experimental é consistente com o conceito de oscilação?
9. **PERGUNTA DE RACIOCÍNIO** O nucleosídeo inosina ocorre, frequentemente, como a terceira base nos códons. Que papel a inosina desempenha no pareamento de bases por oscilação?
10. **PERGUNTA DE RACIOCÍNIO** É razoável que os códons para um mesmo aminoácido tenham um ou dois nucleotídeos em comum? Justifique sua resposta.
11. **PERGUNTA DE RACIOCÍNIO** Como a síntese proteica seria afetada se um único códon pudesse especificar o acréscimo de mais de um aminoácido (um código ambíguo)?
12. **PERGUNTA DE RACIOCÍNIO** Comente sobre as implicações evolucionárias das diferenças no código genético observadas em mitocôndrias.
13. **CONEXÕES BIOQUÍMICAS** Por que o IAV evoluiria para ser menos letal?
14. **CONEXÕES BIOQUÍMICAS** Explique como um deslocamento de fase na leitura do mRNA afeta a tradução do mRNA para a protease viral IAV.

12-3 Ativação de Aminoácido

15. **VERIFICAÇÃO DE FATOS** Qual o papel do ATP na ativação dos aminoácidos?
16. **VERIFICAÇÃO DE FATOS** Descreva os processos de revisão na ativação dos aminoácidos.

17. **VERIFICAÇÃO DE FATOS** O que garante a fidelidade na síntese proteica? Como isto se compara com a fidelidade da transcrição e da replicação?
18. **VERIFICAÇÃO DE FATOS** Uma mesma enzima pode esterificar mais de um aminoácido como seu tRNA correspondente?
19. **PERGUNTA DE RACIOCÍNIO** Uma amiga lhe diz que está iniciando um projeto de pesquisa sobre aminoacil ésteres. Ela pede que você descreva o papel biológico dessa classe de componentes. O que você lhe diz?
20. **PERGUNTA DE RACIOCÍNIO** Sugira uma razão para que a etapa de revisão na síntese proteica ocorra no nível de ativação dos aminoácidos e não no nível de reconhecimento códon-anticódon.
21. **PERGUNTA DE RACIOCÍNIO** A ativação dos aminoácidos é favorecida energeticamente? Justifique sua resposta.

12-4 Tradução Procariótica

22. **VERIFICAÇÃO DE FATOS** Identifique os fatores a seguir descrevendo suas funções: EF-G, EF-Tu, EF-Ts, EF-P e peptidil transferase.
23. **VERIFICAÇÃO DE FATOS** Quais são os componentes do complexo de iniciação na síntese proteica? Como eles interagem entre si?
24. **VERIFICAÇÃO DE FATOS** Qual o papel da subunidade ribossômica 50S na síntese proteica procariótica?
25. **VERIFICAÇÃO DE FATOS** O que são os sítios A e P? Como seus papéis se assemelham na síntese proteica? Como eles diferem? O que é o sítio E?
26. **VERIFICAÇÃO DE FATOS** Como a puromicina atua como um inibidor da síntese proteica?
27. **VERIFICAÇÃO DE FATOS** Descreva o papel dos sinais de parada na síntese proteica.
28. **VERIFICAÇÃO DE FATOS** O mRNA se liga a uma ou a duas subunidades ribossômicas durante a síntese proteica?
29. **VERIFICAÇÃO DE FATOS** O que é a sequência de Shine-Dalgarno? Qual o papel que ela desempenha na síntese proteica?
30. **PERGUNTA DE RACIOCÍNIO** Você está estudando com um amigo que diz que as porções de tRNA unidas por ligações de hidrogênio não desempenham nenhum papel importante na sua função. Qual é a sua resposta?
31. **PERGUNTA DE RACIOCÍNIO** A *E. coli* tem dois tRNAs para a metionina. Qual é a base de distinção entre eles?
32. **PERGUNTA DE RACIOCÍNIO** Na síntese proteica procariótica, a formilmetionina (fmet) é o primeiro aminoácido a ser incorporado, ao passo que a metionina (normal) é incorporada nos eucariotos. O mesmo códon (AUG) serve a ambas. O que impede a metionina de ser inserida no início e a formetionina no interior da cadeia polipeptídica?
33. **PERGUNTA DE RACIOCÍNIO** Descreva o processo de reconhecimento pelo qual o tRNA para *N*-formilmetionina interage com a porção do mRNA que especifica o início da transcrição.
34. **PERGUNTA DE RACIOCÍNIO** A fidelidade da síntese proteica é garantida duas vezes durante seu processo. Como e quando?
35. **PERGUNTA DE RACIOCÍNIO**
    (a) Quantos ciclos de ativação são necessários para uma proteína com 150 aminoácidos?
    (b) Quantos ciclos de iniciação são necessários para uma proteína com 150 aminoácidos?
    (c) Quantos ciclos de alongamento são necessários para uma proteína com 150 aminoácidos?
    (d) Quantos ciclos de terminação são necessários para uma proteína com 150 aminoácidos?
36. **PERGUNTA DE RACIOCÍNIO** Qual o custo energético por aminoácido na síntese proteica procariótica? Relacione isto à baixa entropia.
37. **PERGUNTA DE RACIOCÍNIO** Seria possível calcular o custo da síntese proteica incluindo o custo da produção de mRNA e DNA?
38. **PERGUNTA DE RACIOCÍNIO** Sugira uma conclusão possível para o fato de que a peptidiltransferase é uma das sequências mais bem conservadas em toda a biologia.
39. **PERGUNTA DE RACIOCÍNIO** No início das pesquisas sobre síntese proteica, alguns cientistas observaram que seus preparos de ribossomos com mais alto grau de purificação, contendo quase que exclusivamente ribossomos isolados, eram menos ativos que preparos não tão purificados. Sugira uma explicação para essa observação.
40. **PERGUNTA DE RACIOCÍNIO** Sugira um cenário para a origem e o desenvolvimento da peptidiltransferase como parte integral do ribossomo.
41. **PERGUNTA DE RACIOCÍNIO** Você acredita que a microscopia eletrônica forneça informações detalhadas sobre a estrutura ribossômica? *Dica:* Veja a Figura 12.16.
42. **PERGUNTA DE RACIOCÍNIO** Como a eficácia da síntese proteica é melhorada pelo fato de existirem vários sítios de ligação para tRNAs próximos uns dos outros no ribossomo?
43. **PERGUNTA DE RACIOCÍNIO** Um vírus não contém ribossomos. Como ele faz para garantir a síntese de suas proteínas?

12-5 Tradução Eucariótica

44. **VERIFICAÇÃO DE FATOS** Por que a selenocisteína é chamada de o 21º aminoácido quando existem muito mais aminoácidos encontrados que os 20 básicos codificados para o código genético?
45. **VERIFICAÇÃO DE FATOS** O que é único sobre a selenocisteína?
46. **VERIFICAÇÃO DE FATOS** Quais sequências conservadas são importantes para o reconhecimento do códon nos fatores de liberação procarióticos?
47. **VERIFICAÇÃO DE FATOS** Qual sequência nos fatores de liberação procarióticos é importante para a hidrólise da ligação peptídica?
48. **VERIFICAÇÃO DE FATOS** Quais são as duas principais semelhanças na síntese proteica entre bactérias e eucariotos? Quais são as principais diferenças?
49. **PERGUNTA DE RACIOCÍNIO** Por que outros aminoácidos que não a metionina ocorrem na posição N-terminal de proteínas eucarióticas?
50. **PERGUNTA DE RACIOCÍNIO** A puromicina seria útil no tratamento de uma infecção virótica? Justifique sua resposta. O cloranfenicol seria útil?
51. **PERGUNTA DE RACIOCÍNIO** A síntese proteica ocorre de forma muito mais lenta nos eucariotos do que nos procariotos. Sugira uma razão para isto.
52. **PERGUNTA DE RACIOCÍNIO** Por que é vantajoso ter um mecanismo para anular o efeito dos códons de parada na síntese proteica?
53. **CONEXÕES BIOQUÍMICAS** Qual é o processo que distingue entre uma memória recente e uma de longo prazo?
54. **CONEXÕES BIOQUÍMICAS** Qual fator de transcrição no núcleo de um neurônio é conhecido por ter um papel na criação das memórias de longo prazo?
55. **CONEXÕES BIOQUÍMICAS** Qual é o experimento feito para mostrar que é necessária a síntese proteica para produzir memórias de longo prazo?
56. **CONEXÕES BIOQUÍMICAS** Como a intensidade de um impulso nervoso afeta a memória?

12-6 Modificações Proteicas Após a Tradução

57. **PERGUNTA DE RACIOCÍNIO** O aminoácido hidroxiprolina é encontrado no colágeno. Não existe códon para a hidroxipolina. Explique a ocorrência desse aminoácido em uma proteína comum.

58. **VERIFICAÇÃO DE FATOS** Por que os cientistas agora acreditam que o AUG nem sempre é o códon inicial?
59. **VERIFICAÇÃO DE FATOS** Quais tipos de proteínas sabe-se que são traduzidas usando-se um códon inicial alternativo?
60. **CONEXÕES BIOQUÍMICAS** O que são chaperonas?
61. **CONEXÕES BIOQUÍMICAS** Quais seriam as diferenças na síntese proteica se não houvesse chaperonas?
62. **CONEXÕES BIOQUÍMICAS** Como as chaperonas foram descobertas?
63. **PERGUNTA DE RACIOCÍNIO** As chaperonas são as únicas proteínas que ajudam a corrigir o dobramento proteico?

12-7 Degradação Proteica

64. **VERIFICAÇÃO DE FATOS** Qual o papel desempenhado pela ubiquitina na degradação proteica?
65. **PERGUNTA DE RACIOCÍNIO** Considere a degradação proteica na ausência da ubiquitinação. A probabilidade é de que o processo seja mais ou menos eficaz?
66. **PERGUNTA DE RACIOCÍNIO** É razoável esperar que a degradação proteica ocorra em qualquer local dentro da célula?
67. **CONEXÕES BIOQUÍMICAS** O que são reforçadores de *splicing* exônico e qual a importância deles?
68. **CONEXÕES BIOQUÍMICAS** O que é uma mutação silenciosa? Por que o nome "mutação silenciosa" é um pouco equivocado?
69. **CONEXÕES BIOQUÍMICAS** Como a mutação silenciosa pode levar a "saltos de éxon"?
70. **CONEXÕES BIOQUÍMICAS** Qual processo no dobramento do mRNA leva à sensibilidade à dor devido a um efeito no gene COMT?
71. **CONEXÕES BIOQUÍMICAS** Quais doenças são conhecidas por serem causadas por mutações silenciosas?
72. **CONEXÕES BIOQUÍMICAS** Quais fatores de transcrição são importantes para nos adaptarmos a altas altitudes?
73. **CONEXÕES BIOQUÍMICAS** Como a degradação de proteína desempenha um papel na nossa adaptação a altas altitudes?

Técnicas de Biotecnologia com Ácidos Nucleicos

13

13-1 Purificação e Detecção de Ácidos Nucleicos

No início de 1997, manchetes de todo o mundo anunciavam a clonagem bem-sucedida de uma ovelha, por cientistas escoceses, usando uma técnica chamada transferência nuclear de célula somática. Desde então, mais de vinte espécies de mamíferos foram clonadas por técnicas similares. Esses exemplos impactantes do poder das técnicas de manipulação do DNA desencadearam uma enorme quantidade de discussões. Neste capítulo, concentraremos nossa atenção em alguns dos métodos mais importantes utilizados na biotecnologia.

Experiências com ácidos nucleicos com frequência envolvem quantidades extremamente pequenas de materiais, compostos moleculares de dimensões bastante variáveis. Duas das principais necessidades são a separação dos componentes de uma mistura e a detecção da presença de ácidos nucleicos. Felizmente, existem métodos poderosos para atingir ambos os objetivos.

▶ *Como os ácidos nucleicos são separados?*

Técnicas de Separação

Qualquer método de separação depende das diferenças entre os itens a serem separados. Carga e tamanho são duas propriedades moleculares frequente-

RESUMO DO CAPÍTULO

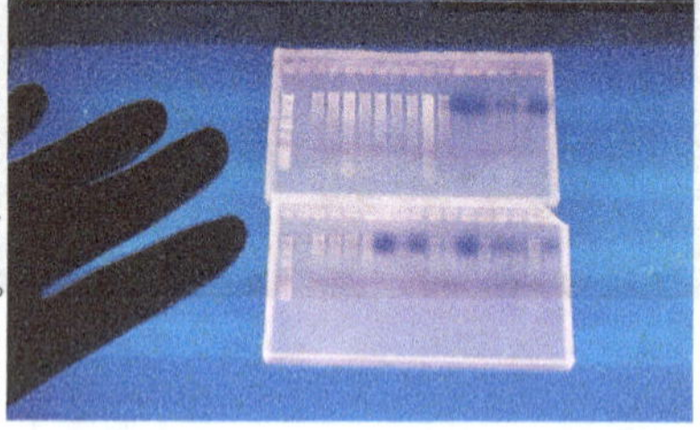

Pascal Goetgheluck/Science Source

Figura 13.1 Separação de oligonucleotídeos por eletroforese em gel. Cada banda visível no gel representa um oligonucleotídeo diferente.

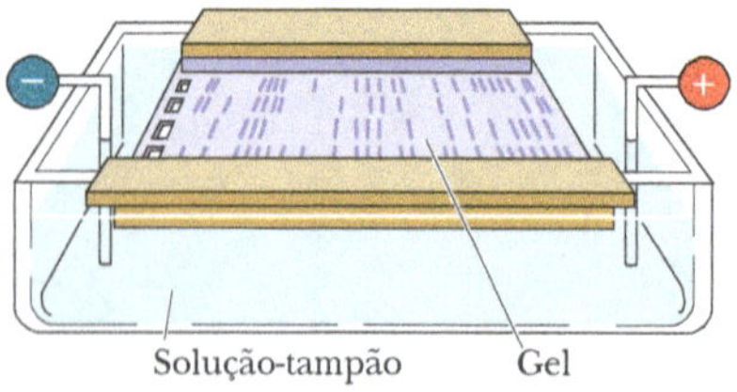

Solução-tampão
Gel

Figura 13.2 Montagem experimental de uma eletroforese em gel. As amostras são dispostas no lado esquerdo do gel. Quando a corrente é aplicada, os oligonucleotídeos com carga negativa migram em direção ao eletrodo positivo.

mente utilizadas para a separação. Uma das técnicas mais utilizadas em biologia molecular, a **eletroforese em gel**, emprega essas duas propriedades (veja a Seção 5-3). A eletroforese baseia-se na movimentação das partículas carregadas em um campo elétrico. Para fins deste estudo, é suficiente saber que a movimentação de uma molécula carregada em um campo elétrico depende da razão entre sua carga e sua massa. Uma amostra é aplicada em algum tipo de meio como suporte. Com a utilização de eletrodos, uma corrente elétrica passa por esse meio para induzir a separação desejada. Géis poliméricos, como agarose e poliacrilamida, são com frequência utilizados como meios de suporte para a eletroforese (Figura 13.1). Eles são preparados e fundidos como uma matriz entrecruzada. Esse padrão entrecruzado dá origem aos poros, e a escolha entre gel de agarose ou de poliacrilamida depende do tamanho das moléculas a serem separadas. A agarose é utilizada para fragmentos maiores (milhares de oligonucleotídeos), e a poliacrilamida, para os menores (centenas de oligonucleotídeos).

A carga das moléculas a serem separadas faz que se movam pelo gel em direção a um eletrodo de carga oposta. Os ácidos nucleicos e os fragmentos de oligonucleotídeos possuem carga negativa em pH neutro, por causa da presença dos grupos fosfato. Quando essas moléculas carregadas negativamente são colocadas em um campo elétrico entre dois eletrodos, elas migram em direção ao eletrodo positivo. Nos ácidos nucleicos, cada resíduo de nucleotídeo contribui com a carga negativa de um fosfato para a carga total da molécula, porém, a massa do ácido nucleico ou do oligonucleotídeo aumenta de forma correspondente. Assim, a razão entre carga e massa permanece aproximadamente a mesma, independente do tamanho da molécula em questão. Como resultado, a separação ocorre simplesmente com base no tamanho, e deve-se à ação da filtragem no gel. Em determinado período de tempo, com uma amostra composta por uma variedade de oligonucleotídeos, os oligonucleotídeos menores deslocam-se mais que os maiores em uma separação eletroforética. Os oligonucleotídeos movem-se em um campo elétrico por causa de suas cargas; a distância que percorrem em certo tempo depende de seus tamanhos.

Em sua maioria, as separações são realizadas com um gel de agarose em posição horizontal, denominado *gel submarino* por estar, na verdade, abaixo do tampão em uma câmara. Entretanto, quando é realizado o sequenciamento do DNA (veja a Seção 13-8), o gel de poliacrilamida é corrido na posição vertical. Muitas amostras diferentes podem ser separadas em um único gel. Cada amostra é depositada em um determinado local (bem distinto) na extremidade com o eletrodo negativo do gel, passando-se uma corrente elétrica até que a separação seja concluída (Figura 13.2).

Métodos de Detecção

Após as porções do DNA terem sido separadas, devem ser tratadas de forma que possam ser vistas. Algumas dessas técnicas permitirão que todo o DNA seja observado, porém outras são mais específicas para determinadas porções do DNA.

Como podemos visualizar o DNA?

O método original de detecção dos produtos separados baseia-se na marcação radioativa da amostra. Marca é um átomo ou uma molécula que permite a visualização de outra molécula. O isótopo do fósforo com número de massa 32 (^{32}P, lê-se "P trinta e dois") foi muito utilizado no passado para esta finalidade. Mais recentemente, ^{35}S, ou isótopo de enxofre com número de massa 35 (lê-se "S trinta e cinco"), tem sido usado. As moléculas de DNA passam por uma reação que incorpora o isótopo radioativo ao DNA. Após os oligonu-

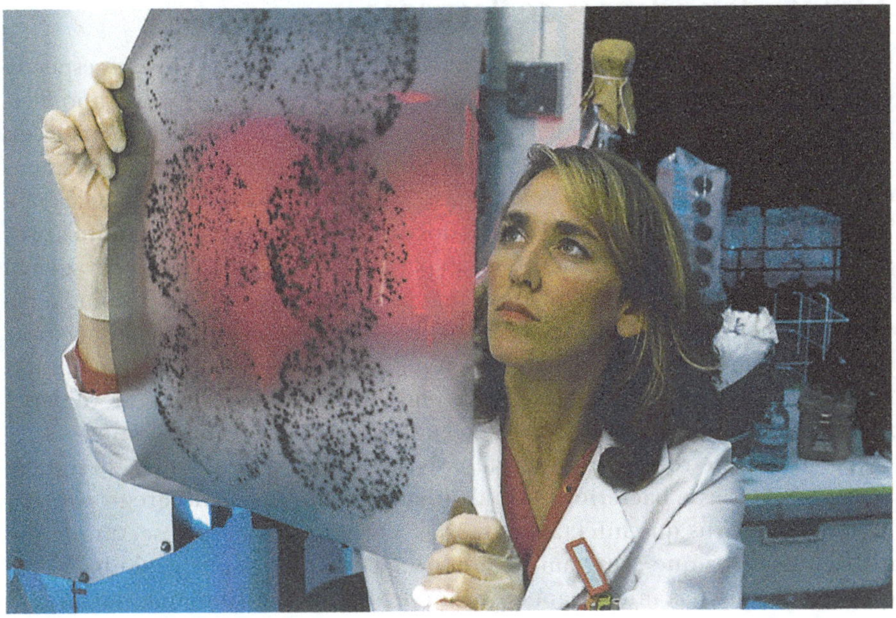

Hank Morgan/Science Source

FIGURA 13.3 **Exemplo de uma autorradiografia.**

cleotídeos marcados serem separados, o gel é colocado em contato com um pedaço de filme de raio X. Os oligonucleotídeos marcados radioativamente expõem as partes do filme com as quais estão em contato. Assim, quando o filme é revelado, as posições das substâncias marcadas aparecem como bandas escuras. Esta técnica, assim como a imagem resultante é denominada **autorradiografia** (Figura 13.3). Apesar de mencionarmos principalmente o DNA nesta seção, a maior parte das técnicas de visualização também, podem ser usadas para o RNA.

autorradiografia técnica de localização de substâncias marcadas radioativamente ao permitir que sejam expostas a um filme fotográfico

Muitos exemplos de autorradiografias podem ser observados na literatura científica, porém, com o passar do tempo, este processo vem sendo substituído por métodos de detecção que não utilizam materiais radioativos, evitando-se os riscos associados. Muitos desses métodos dependem da emissão de luz (**luminescência**) por um marcador químico ligado aos fragmentos e podem detectar quantidades de substâncias medidas em picomols. A forma como os compostos marcados emitem luz depende do tipo da aplicação. Para se determinar a sequência de bases do DNA, utiliza-se uma série de quatro compostos fluorescentes, um para cada base. O gel com os produtos separados é irradiado com laser; o comprimento de onda da luz do laser é aquele absorvido por cada um dos quatro compostos. Cada um dos quatro componentes marcados reemite luz em um comprimento de onda diferente, característico e mais longo. A isto dá-se o nome de **fluorescência**. Outro método de detecção envolve o composto brometo de etídio. Sua estrutura molecular inclui uma porção plana que pode ser inserida entre as bases de DNA, proporcionando propriedades de fluorescência do brometo de etídio associado ao DNA diferentes daquelas observadas quando ele está livre na solução. A solução de brometo de etídio é utilizada como um corante para o DNA em um gel. A solução penetra no gel e os fragmentos de DNA podem ser observados como bandas laranja ao se iluminar o gel com luz ultravioleta.

luminescência emissão de luz como resultado de uma reação química (quimioluminescência) ou reemissão de luz absorvida (fluorescência)

fluorescência método sensível para detecção e identificação de substâncias que absorvem e reemitem luz

O brometo de etídio é um carcinogênico forte, e deve-se ter muito cuidado no seu uso e descarte. Devido a isto, têm sido desenvolvidos corantes fluorescentes mais novos, como o SyBr Verde e o SyBr Dourado, que não são perigosos e podem ser descartados mais facilmente.

13-2 Endonucleases de Restrição

Muitas enzimas agem sobre os ácidos nucleicos. Um grupo de enzimas específicas age em conjunto para garantir a replicação fiel do DNA, e outro grupo direciona a transcrição da sequência de bases do DNA para a sequência de bases do RNA. (Foram necessários os Capítulos 10 e 11 para descrever a maneira como essas enzimas operam.) Outras enzimas, denominadas **nucleases**, catalisam a hidrólise dos esqueletos fosfodiésteres dos ácidos nucleicos. Algumas nucleases são específicas para o DNA, outras o são para o RNA. É conhecida a clivagem a partir das extremidades de uma molécula (por *exo*nucleases), assim como a clivagem no meio da cadeia (por *endo*nucleases). Algumas enzimas são específicas para ácidos nucleicos de fita simples, enquanto outras efetuam a clivagem das fitas duplas. Um grupo de nucleases, as **endonucleases de restrição**, teve papel fundamental no desenvolvimento da tecnologia do DNA recombinante.

nucleases enzimas que hidrolisam ácidos nucleicos; são específicas para DNA ou RNA

endonucleases de restrição enzima que catalisam a hidrólise de fitas duplas de DNA em um determinado ponto de uma sequência específica

bacteriófagos (fagos) vírus que infectam as bactérias; bacteriófagos frequentemente são utilizados na biologia molecular para transferir o DNA entre as células

As enzimas de restrição foram descobertas durante as investigações genéticas de bactérias e **bacteriófagos** (abreviados como **fagos**; do grego *phagein*, "comer"), os vírus que infectam bactérias. Os pesquisadores observaram que os bacteriófagos que cresciam bem em uma cepa das espécies de bactérias que com frequência infectavam cresciam pessimamente (tinham crescimento *restrito*) em outra cepa da mesma espécie. Trabalhos adicionais mostraram que este fenômeno surge da diferença sutil entre o DNA do fago e o DNA da cepa de bactéria na qual o crescimento do fago é restrito. Esta diferença é a presença de bases metiladas em certos sítios específicos de sequência no DNA hospedeiro, e não no DNA do vírus.

As células hospedeiras que restringem o crescimento contêm enzimas de quebra, as endonucleases de restrição, que produzem quebras de cadeia dupla nas sequências específicas não metiladas no DNA do fago; as sequências de DNA correspondentes das próprias células, nas quais ocorrem as bases metiladas, não são atacadas, como mostrado na Figura 13.4. Essas enzimas de quebra consequentemente degradam o DNA de qualquer fonte, *exceto* da célula hospedeira. A consequência mais imediata é uma diminuição no crescimento do fago naquela cepa de bactéria, mas o mais importante para nossa discussão é que o DNA de qualquer fonte pode ser quebrado por uma enzima deste tipo se ela contiver a sequência alvo. Mais de 800 endonucleases de restrição foram descobertas em uma variedade de espécies bacterianas. Mais de 100 sequências específicas são reconhecidas por uma ou mais destas enzimas. A Tabela 13.1 mostra várias sequências alvo.

Muitas Endonucleases de Restrição Produzem Extremidades Adesivas

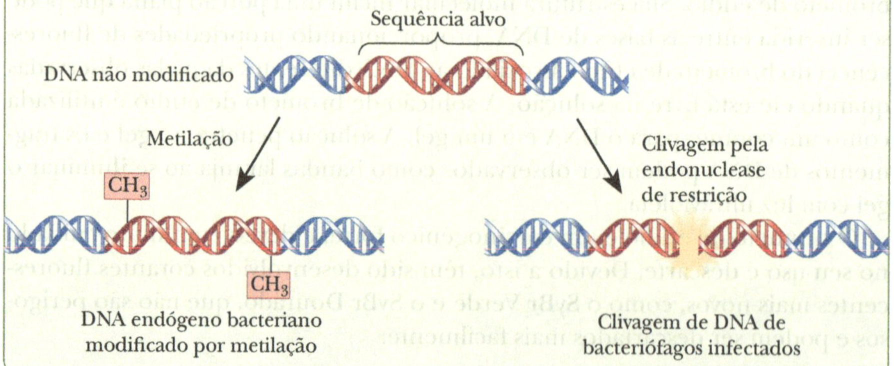
Sequência alvo
DNA não modificado
Metilação
CH_3
CH_3
Clivagem pela endonuclease de restrição
DNA endógeno bacteriano modificado por metilação
Clivagem de DNA de bacteriófagos infectados

Figura 13.4 **Metilação de DNA.** A metilação do DNA endógeno o protege da clivagem pelas próprias endonucleases de restrição.

Tabela 13.1 **Endonucleases de Restrição e Seus Sítios de Clivagem**

Enzima*	Sítio de Reconhecimento e Clivagem	Enzima*	Sítio de Reconhecimento e Clivagem
*Bam*HI	↓ 5'-GGATCC-3' 3'-CCTAGG-5' ↑	*Hpa*II	↓ 5'-CCGG-3' 3'-GGCC-5' ↑
*Eco*RI	↓ 5'-GAATTC-3' 3'-CTTAAG-5' ↑	*Not*I	↓ 5'-GCGGCCGC-3' 3'-CGCCGGCG-5' ↑
*Hae*III	↓ 5'-GGCC-3' 3'-CCGG-5' ↑	*Pst*	↓ 5'-CTGCAG-3' 3'-GACGTC-5' ↑
*Hind*III	↓ 5'-AAGCTT-3' 3'-TTCGAA-5' ↑		

As setas indicam as ligações fosfodiésteres clivadas pelas endonucleases de restrição.
* O nome da endonuclease de restrição é composto por uma abreviação de três letras da espécie bacteriana da qual é derivada; por exemplo, Eco indica *Escherichia coli.*

Cada endonuclease de restrição hidrolisa somente uma ligação específica de uma sequência específica do DNA. As sequências reconhecidas por endonucleases de restrição – seus sítios de ação – são lidas de forma idêntica tanto da esquerda para a direita quanto da direita para a esquerda (na fita complementar). O termo para essa sequência é **palíndromo**. ("*Socorram*-me, subi no ônibus em *Marrocos*!" e "*Roma* me tem *amor*!" são palíndromos linguísticos bastante conhecidos.) Uma endonuclease de restrição típica, denominada *Eco*RI, é isolada da *E. coli* (cada endonuclease de restrição é designada por uma abreviação do nome do organismo no qual ela ocorre. Esta abreviatura são as primeiras letras do nome do gênero e do nome da espécie). O sítio de *Eco*RI no DNA é 5'-GAATTC-3', sendo a sequência de bases na outra fita 3'-CTTAAG-5'. A sequência da esquerda para a direita em uma fita é idêntica à da direita para a esquerda na outra fita. A ligação fosfodiéster entre G e A é a hidrolisada. A mesma clivagem ocorre nas duas fitas do DNA. Existem quatro resíduos de nucleotídeos – duas adeninas e duas timinas em cada fita – entre as duas clivagens nas fitas opostas, gerando **extremidades adesivas**, que ainda podem ser unidas por uma ligação de hidrogênio entre as bases complementares. Com as extremidades fixas por ligações de hidrogênio, as duas quebras podem, então, ser realizadas de forma covalente pela ação de DNA ligases (Figura 13.5). Se não houver ligase presente, as extremidades podem permanecer separadas; a ligação de hidrogênio nas extremidades adesivas mantém a molécula unida até que um ligeiro aquecimento ou um movimento intenso efetue uma separação. Algumas enzimas, como a *Hae*III, cortam de forma a gerar uma extremidade cega.

palíndromo uma mensagem que tem o mesmo significado quando lida da direita para a esquerda e vice-versa

extremidades adesivas pequenos segmentos de fita simples que se estendem a partir das extremidades das fitas duplas de DNA; podem fornecer sítios aos quais outras moléculas de DNA com extremidades adesivas podem se ligar

5'-GGCC-3'   5'-GG   CC-3'

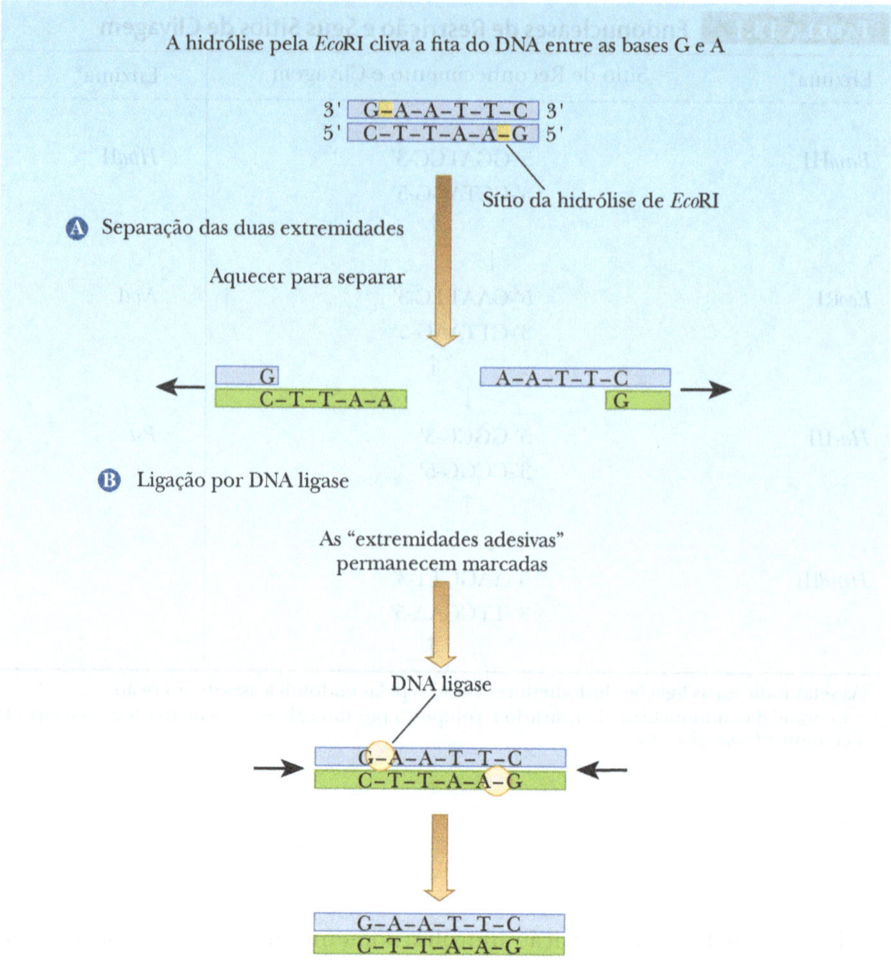
A hidrólise pela *Eco*RI cliva a fita do DNA entre as bases G e A
3' G-A-A-T-T-C 3'
5' C-T-T-A-A-G 5'
Sítio da hidrólise de *Eco*RI
A Separação das duas extremidades
Aquecer para separar
G
C-T-T-A-A
A-A-T-T-C
G
B Ligação por DNA ligase
As "extremidades adesivas" permanecem marcadas
DNA ligase
G-A-A-T-T-C
C-T-T-A-A-G
G-A-A-T-T-C
C-T-T-A-A-G

FIGURA 13.5 Hidrólise do DNA por endonucleases de restrição. (a) Separação das extremidades. (b) Religação das extremidades pela DNA ligase.

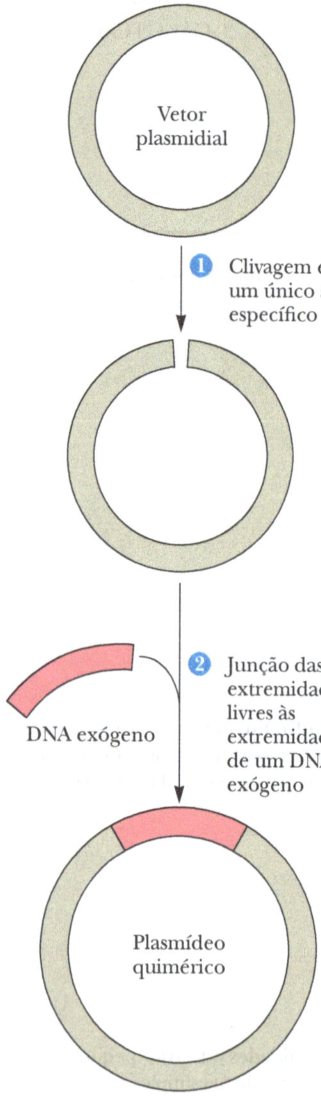
Vetor plasmidial
1 Clivagem em um único sítio específico
2 Junção das extremidades livres às extremidades de um DNA exógeno
DNA exógeno
Plasmídeo quimérico

FIGURA 13.6 Produção de DNA recombinante. (1) As sequências de DNA exógeno podem ser inseridas nos vetores plasmidiais abrindo-se o plasmídeo circular com uma endonuclease de restrição. (2) As extremidades do DNA plasmidial alinhado são, então, unidas às extremidades de uma sequência exógena, fechando novamente o círculo para criar um plasmídeo quimérico.

***Hae*III**

$\rightarrow$

3'-CCGG-5' 3'-CC GG-5'

Corte de extremidade cega

Para levar mais desafios à vida dos biólogos moleculares, algumas enzimas também podem efetuar o corte com menor grau de especificidade. A esse procedimento dá-se o nome de *atividade estrela* (*), e pode ser observado com frequência se a concentração enzimática for muito alta ou se a enzima estiver incubada com o DNA há muito tempo. Além disso, diferentes enzimas de diferentes espécies podem ter a mesma especificidade para cortar sítios. Tais enzimas são chamadas isoesquizômeros.

Por que as extremidades adesivas são importantes?

Como veremos na próxima seção, a produção de extremidades adesivas por uma enzima de restrição é muito importante para o processo de criação de DNA recombinante. Uma vez que o DNA é cortado com uma enzima específica, as extremidades adesivas encaixam-se de volta. Nesse ponto, não interessa se os pedaços vieram do pedaço original do DNA. Em outras palavras, os pedaços de DNA de diferentes fontes podem ser colocados juntos desde que ambos tenham sido cortados com a mesma enzima de restrição.

13-3 Clonagem

As moléculas de DNA contendo segmentos com ligações covalentes derivados de duas ou mais fontes de DNA são denominadas **DNA recombinante**. (Outro nome para o DNA recombinante é **DNA quimérico**, derivado de quimera, monstro da mitologia grega com cabeça de leão, corpo de bode e rabo de serpente.) A produção do DNA recombinante tornou-se possível mediante o isolamento das endonucleases de restrição.

DNA recombinante DNA que foi produzido pela ligação de fragmentos de DNA de origens diferentes

Utilizando as Extremidades Adesivas para Construir o DNA Recombinante

DNA quimérico DNA de mais de uma espécie unido de forma covalente

Se amostras de DNA provenientes de duas fontes diferentes forem digeridas com a mesma enzima de restrição e então misturadas, em alguns casos as extremidades adesivas que irão se anelar entre si serão derivadas de fontes diferentes. As interrupções na estrutura covalente podem ser seladas com **DNA ligases** (Seção 10-4), produzindo o DNA recombinante (Figura 13.6).

Infelizmente, quando dois tipos diferentes de DNA são combinados utilizando enzimas de restrição e DNA ligase, são relativamente poucas as moléculas coletadas. Para experimentos extras com o DNA, são necessárias grandes quantidades para melhor trabalhar, o que se torna possível com a inserção do DNA em uma fonte viral ou bacteriana. O vírus é, em geral, um bacteriófago; o DNA bacteriano é, frequentemente, derivado de um **plasmídeo**, uma pequena molécula circular de DNA que não faz parte do cromossomo circular principal do DNA da bactéria. A utilização do DNA de uma fonte viral ou bacteriana como um dos componentes de um DNA recombinante possibilita aos cientistas se favorecem do rápido crescimento dos vírus e bactérias, dessa forma obtendo maiores quantidades de DNA recombinante. Este processo de produção de cópias idênticas de DNA é denominado **clonagem**.

DNA ligases enzimas que unem segmentos separados de DNA

plasmídeo pequena molécula circular de DNA que normalmente contém genes para resistência antibiótica e é frequentemente utilizado para clonagem

O que é clonagem?

O termo **clone** refere-se a uma população geneticamente idêntica, seja de organismos, células, vírus ou moléculas de DNA. Cada membro dessa população é derivado de uma única célula, vírus ou molécula de DNA. É particularmente fácil observar como os bacteriófagos individuais e as células bacterianas podem produzir grandes quantidades de progênie. As bactérias crescem rapidamente, e podem-se obter grandes populações de forma relativamente fácil sob condições de laboratório.

clonagem (de DNA) introdução de um segmento do DNA em um genoma que pode ser reproduzido muitas vezes

clone população geneticamente idêntica de organismos, células, vírus ou moléculas de DNA

Para clonar células individuais, derivadas de uma fonte bacteriana ou eucariótica, uma pequena quantidade de células é semeada em camadas finas sobre um meio de cultura adequado em uma placa. Semear as células em uma camada fina garante que cada uma delas se multiplicará isoladamente das demais. Cada colônia de células que surgir na placa será um clone derivado de uma única célula. Uma vez que grandes quantidades de bactérias e bacteriófagos podem crescer em um curto intervalo de tempo sob condições de laboratório, é útil introduzir o DNA de um organismo maior com crescimento mais lento na bactéria ou nos fagos, produzindo-se, assim, maior quantidade do DNA desejado por meio da clonagem. Se, por exemplo, desejamos obter uma determinada porção do DNA humano, difícil de conseguir, e cloná-la em um vírus, tratamos o DNA humano e o DNA viral com a mesma endonuclease de restrição e misturamos os dois de forma a permitir que as extremidades adesivas se anelem. Se, em seguida, tratarmos a mistura com DNA ligase, produziremos um DNA recombinante. Para cloná-lo, incorporamos o DNA quimérico nas partículas virais mediante o acréscimo da proteína de revestimento viral e permitindo que o vírus se forme. As partículas virais são, então, semeadas sobre uma colônia de bactérias, e os segmentos clonados em cada placa de lise podem ser identificados. O bacteriófago é chamado de **vetor**, o transportador para o gene de interesse que foi clonado. O gene de interesse recebe várias denominações, como "*DNA exógeno*", "*inserto*", "*geneX*", ou mesmo "*YFG*", (do inglês *your favorite gene*, "seu gene favorito").

vetor molécula transportadora de genes na recombinação de DNA

O que são plasmídeos?

Outro vetor importante é um plasmídeo – um DNA bacteriano que não faz parte do cromossomo circular principal do DNA da bactéria. Esse DNA, que geralmente existe como um círculo fechado, replica-se independente do genoma bacteriano principal e pode ser transferido de uma cepa de uma espécie bacteriana para outra pelo contato célula a célula. O gene exógeno pode ser inserido no plasmídeo por meio de ações sucessivas de endonucleases de restrição e da DNA ligase, como visto na Figura 13.6. Quando o plasmídeo é incorporado por uma bactéria, o inserto de DNA acompanha o processo. A cultura das bactérias que contêm o inserto de DNA pode, então, ser realizada em tanques de fermentação sob condições que lhes permitam se dividir rapidamente, amplificando o gene inserido em muitos milhares a mais.

Embora a teoria de clonagem de DNA em um plasmídeo seja algo simples, existem várias considerações a ser feitas para se obter uma experiência bem-sucedida. Quando as bactérias incorporam um plasmídeo, dizemos que elas foram *transformadas*. A transformação é o processo pelo qual um novo DNA é incorporado em um hospedeiro.

Como vamos saber qual das bactérias incorporou o plasmídeo? Uma vez que a bactéria se divide rapidamente, não desejamos que todas as moléculas cresçam – pelo contrário, só desejamos que se desenvolvam aquelas que possuem o plasmídeo. Este processo é denominado **seleção**. Cada plasmídeo selecionado para clonagem deve ter algum tipo de *marcador selecionável* que nos permita saber que as colônias de bactérias em crescimento contêm o plasmídeo. Esses marcadores, em geral são genes que conferem resistência a antibióticos. Após a transformação, as bactérias são colocadas em um meio contendo o antibiótico ao qual o plasmídeo confere resistência. Desta forma, somente as bactérias que incorporaram os plasmídeos crescerão. Um dos primeiros plasmídeos utilizados para clonagem foi o pBR322 (Figura 13.7), plasmídeo simples criado a partir de um que ocorre naturalmente na *E. coli*. Como todos os plasmídeos, ele tem origem na replicação, assim, pode replicar-se independente do restante do genoma. Ele possui genes que conferem resistência a dois antibióticos, tetraciclina e ampicilina. Os genes são indicados como tet^r e amp^r. O plasmídeo pBR322 apresenta vários sítios de enzimas de restrição. O número e a localização dos sítios de restrição são muito importantes para um experimento de clonagem. O DNA exógeno deve ser inserido em sítios de restrição exclusivos, de forma que a utilização das enzimas de restrição clive o plasmídeo em um único ponto. Além disso, se o sítio de restrição selecionado estiver dentro de um dos marcadores de seleção, a resistência ao antibiótico será perdida na inserção do DNA exógeno. Esta era, de fato, a forma original como a seleção era realizada com os plasmídeos. O DNA exógeno foi inserido no gene tet^r utilizando-se sítios de restrição. A seleção foi obtida observando-se a perda da capacidade de as bactérias crescer em um meio contendo tetraciclina.

seleção processo que permite que a bactéria que foi transformada seja identificada e isolada

Um dos obstáculos iniciais para a clonagem foi encontrar o plasmídeo correto que possuísse sítios de restrição que combinassem com as enzimas necessárias para eliminar o DNA exógeno. Conforme a tecnologia para desenvolvimento de plasmídeos foi aprimorada, eles passaram a ser criados

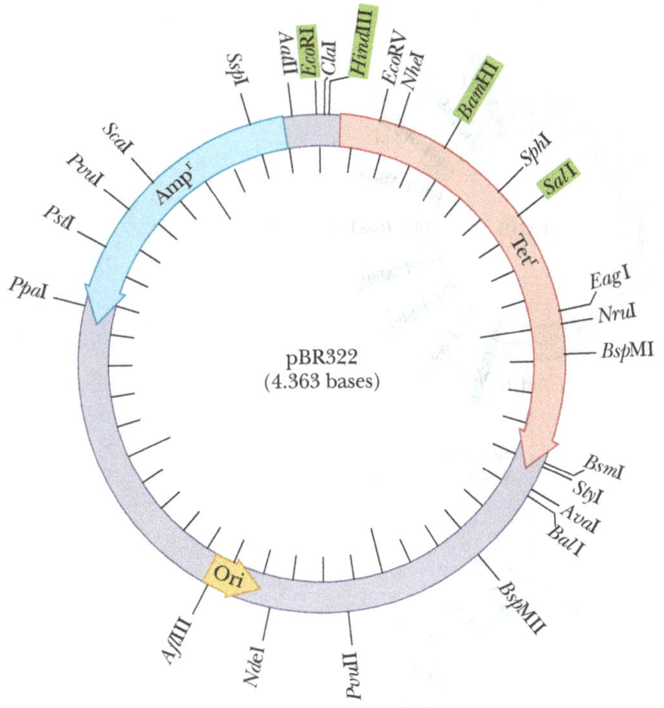
pBR322
(4.363 bases)
Amp^r
Tet^r
Ori
SspI
AatII
EcoRI
ClaI
HindIII
EcoRV
NheI
BamHI
SphI
SalI
EagI
NruI
BspMI
BsmI
StyI
AvaI
BalI
BspMII
PvuII
NdeI
AflIII
PpaI
PstI
PvuI
ScaI

FIGURA 13.7 Plasmídeo pBR322. Um dos primeiros vetores de clonagem amplamente utilizado. Esse plasmídeo, com 4.363 pares de bases, possui uma origem de replicação (*ori*) e genes que codificam a resistência aos medicamentos ampicilina (amp^r) e tetraciclina (tet^r). As localizações dos sítios de clivagem por endonuclease de restrição estão indicadas.

com regiões que possuem muitos sítios de restrição diferentes em um espaço pequeno. Essa região foi denominada **sítio múltiplo de clonagem** (MCS, do inglês multiple cloning site), ou polylinker. Uma série comum de vetores de clonagem é baseada nos plamídeos pUC. A sigla pUC refere-se a *p*lasmídeo *u*niversal de *c*lonagem. Cada um desses vetores de clonagem possui um extenso MCS, que ajuda a solucionar outro problema na clonagem – a direcionalidade do DNA inserido. Dependendo do que for feito com o DNA clonado, pode ser importante controlar sua orientação no vetor. Se apenas uma enzima de restrição for utilizada, como a *Bam*H1, então o DNA exógeno será capaz de entrar no plasmídeo em qualquer das duas direções. Entretanto, se o DNA exógeno for eliminado de sua fonte em uma extremidade com a *Bam*H1 e na outra extremidade com a *Hind*III, e se essas mesmas duas enzimas de restrição forem utilizadas para clivar o plasmídeo, então as extremidades religarão em apenas uma direção (Figura 13.8).

sítio múltiplo de clonagem (MCS) uma região de um plasmídeo bacteriano com muitos sítios de restrição

polylinker uma região do plasmídeo bacteriano com muitos sítios de restrição

O uso dos plasmídeos pUC também auxilia no procedimento de seleção. O plasmídeo mais antigo baseado em pBR322 tinha a falha de que o DNA exógeno era inserido no gene de resistência à tetraciclina. Isto significava que a única forma de identificar as bactérias que haviam incorporado um plasmídeo, que por sua vez também havia incorporado o inserto, era o fato de que a bactéria *não* cresceria em um meio contendo tetraciclina. Essa falta de crescimento pelo clone bem-sucedido tornava um desafio voltar para as pesquisas e descobrir as colônias bacterianas corretas. Os plasmídeos pUC, entretanto, têm uma característica que alivia este procedimento – eles contêm o gene *lacZ*, que é a base para uma técnica de seleção denominada **triagem azul/branco**. O gene *lacZ* codifica a subunidade α da enzima β-galactosidase, utilizada para clivar dissacarídeos, como a lactose (Capítulo 16). O MCS está localizado dentro do gene *lacZ*, assim, quando o DNA exógeno for inserido, ele tornará o gene inativo. O plasmídeo pUC é clivado em seu MCS por enzimas de restrição, e o DNA exógeno é removido de sua fonte pelas mesmas enzimas. Eles são, em seguida, combinados e unidos, juntamente com a DNA ligase, para produzir dois produtos na reação de ligação.

triagem azul/branco método para determinar se as células bacterianas incorporaram um plasmídeo que inclui o gene em estudo

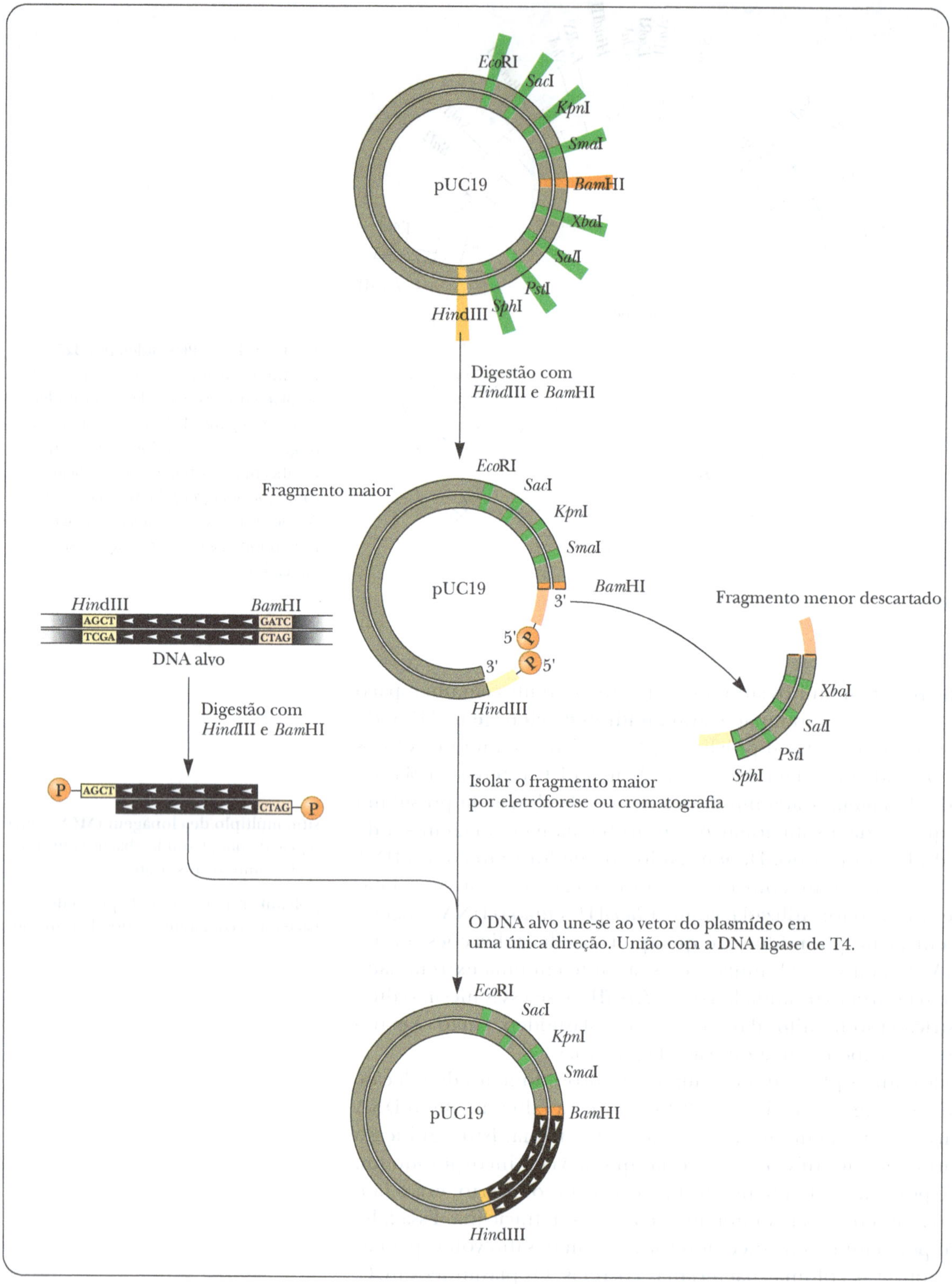

EcoRI
SacI
KpnI
SmaI
BamHI
XbaI
SalI
PstI
SphI
HindIII
pUC19
Digestão com
HindIII e BamHI
Fragmento maior
Fragmento menor descartado
HindIII
BamHI
AGCT
GATC
TCGA
CTAG
DNA alvo
Digestão com
HindIII e BamHI
Isolar o fragmento maior
por eletroforese ou cromatografia
O DNA alvo une-se ao vetor do plasmídeo em
uma única direção. União com a DNA ligase de T4.

Figura 13.8 **Clonagem com plalmídeos pUC.** A série de plasmídeos pUC é muito comum. Eles possuem extensivos sítios múltiplos de clonagem. Aqui, vemos um exemplo de clonagem direcional. Duas enzimas de restrição diferentes são utilizadas para clivar o MCS e eliminar a porção do DNA a ser clonado. Como resultado, o DNA que deverá ser inserido pode ser incorporado em uma única direção.

O produto desejado é o plasmídeo que, agora, contém o DNA exógeno. O outro é um plasmídeo que se fechou novamente sobre si mesmo sem o DNA inserido. Esse tipo é muito menos comum quando duas enzimas de restrição diferentes são utilizadas para abrir o plasmídeo; mesmo assim, ainda ocorre de forma infrequente. Quando essa mistura é utilizada para transformar as bactérias, haverá três produtos possíveis: (1) bactérias que incorporaram o plasmídeo com o inserto, (2) bactérias que incorporaram o plasmídeo sem o inserto, e (3) bactérias que não incorporaram nenhum plasmídeo. A mistura de bactérias provenientes da transformação é colocada em um meio contendo ampicilina e uma solução corante, como o X-gal. A β-galactosidase hidrolisa uma ligação na molécula de X-gal, tornando-a azul. As bactérias a serem transformadas são mutantes que formam uma versão defeituosa da β-galactosidase na qual falta a subunidade α. Se as bactérias não incorporarem nenhum plasmídeo, não apresentarão o gene de resistência à ampicilina e não crescerão. Se as bactérias incorporarem um plasmídeo sem o inserto, terão um gene *lacZ* e produzirão a subunidade α da β-galactosidase. Essas colônias produzirão β-galactosidase ativa, que clivará a solução corante X-gal, e crescerão com uma coloração azul. Se as bactérias incorporarem um plasmídeo que contenha o inserto, o gene *lacZ* ficará inativo. Essas colônias apresentarão uma coloração próxima à cor creme normal às colônias de bactérias crescidas em meio com ágar.

13-4 Engenharia genética

As seções anteriores trataram sobre como o DNA de interesse poderia ser inserido em um vetor e amplificado por meio da clonagem. Umas das finalidades mais importantes para fazê-lo é sermos capazes de produzir o produto genético em quantidades maiores do que aquelas que poderiam ser alcançadas por outros meios. Quando um organismo é intencionalmente alterado no nível molecular de forma a exibir características diferentes, dizemos que ele foi *desenvolvido geneticamente.*

De certo modo, a **engenharia genética** em nível orgânico está presente desde que a humanidade começou a utilizar a criação seletiva em vegetais e animais. Esse procedimento não tratava diretamente com a natureza molecular do material genético, nem o surgimento dos traços característicos estava sob o controle do homem. Os criadores tinham de lidar com alterações surgidas espontaneamente, e a única escolha era desenvolver a característica ou deixá-la morrer. A compreensão da natureza molecular da hereditariedade e a capacidade de manipular essas moléculas em laboratório foram, certamente, acrescidas à nossa capacidade de controlar o surgimento dessas características.

engenharia genética processo de manipulação do genoma de um organismo para atingir um final desejado

Qual o propósito da engenharia genética?

A prática da alteração seletiva dos organismos, tanto para fins de agricultura quanto médicos, beneficiou-se enormemente dos métodos de DNA recombinante. A engenharia genética no cultivo de vegetais é um campo de pesquisas ativo. Genes para aumento de produção, resistência à geada e às pragas foram introduzidos em vegetais de importância comercial, como morango, tomate e milho. De forma semelhante, também são geneticamente alterados animais comercialmente importantes – na maioria, mamíferos, mas também incluindo peixes. Algumas variações introduzidas em animais têm implicações médicas. Camundongos geneticamente alterados são utilizados em pesquisas de laboratório. Em outro campo relacionado à medicina, os pesquisadores que trabalham com doenças causadas por insetos, como a malária, tentam desenvolver cepas de insetos, como o mosquito *Anopheles gambiae*, que não possam mais transmitir infecções aos humanos (Figura 13.9). Em todos os casos, o foco das pesquisas é introduzir *características que possam ser herdadas* pelos descendentes dos organismos tratados. No tratamento de doenças genéticas humanas, entretanto, o objetivo é não produzir alterações hereditárias. Questões éticas sérias surgem com a manipulação da genética humana. Consequentemente, as pesquisas têm como alvo formas de **terapia genética** nas quais as células de tecidos específicos em um indivíduo vivo são alteradas de modo a aliviar os efeitos da doença. Exemplos de doenças que poderão, algum dia, ser tratadas desta forma incluem fibrose cística, hemofilia, distrofia muscular de Duchenne e imunodeficiência associada grave (SCID, do inglês severe combined immune deficiency). Essa última é conhecida também como a síndrome do garoto da bolha, pois suas vítimas têm de viver em isolamento (em uma grande "bolha") para evitar infecções.

James Gathany and the Centers for Disease Control

FIGURA 13.9 **Dois mosquitos *Anopheles gambiae* fêmeas adultos (visão anterior).** O mosquito à esquerda é um mutante. Os cientistas estão tentando produzir linhagens desses mosquitos mutantes que sejam incapazes de transmitir a malária aos humanos, na esperança de que substituam os transmissores da malária.

terapia gênica método para tratar doenças genéticas introduzindo-se uma cópia boa do gene defeituoso

A Recombinação do DNA Ocorre na Natureza

Quando a tecnologia do DNA recombinante estava em seus estágios iniciais, na década de 1970, surgiu uma preocupação considerável com relação tanto à segurança quanto a questões éticas. Algumas dessas questões ainda são objetos de preocupação. Uma questão definitivamente sepultada é se o processo de corte e *splicing* do DNA é ou não um processo natural. Na verdade, a recombinação do DNA é uma parte normal da permutação de cromossomos. Há muitas e variadas razões para a recombinação *in vivo* do DNA, duas das quais são a manutenção da diversidade genética e o reparo de DNA danificado (Seção 10-5).

Até recentemente, as alterações hereditárias nos organismos eram somente aquelas decorrentes de mutações. Os pesquisadores da área favoreceram-se tanto das mutações espontâneas quanto das produzidas pela exposição dos organismos a materiais radioativos e outras substâncias conhecidas por induzir mutações. Os cruzamentos seletivos foram, então, utilizados para aumentar a população dos mutantes desejados. Não foi possível produzir alterações "sob medida" nos genes.

Desde o surgimento da tecnologia do DNA recombinante, é possível (dentro de certos limites) modificar genes específicos, e até mesmo sequências específicas de DNA dentro desses genes, para alterar as características herdáveis do organismo. As bactérias podem ser alteradas para produzir grandes quantidades de proteínas de importância médica e econômica. Os animais podem ser manipulados para curar suas doenças ou aliviar seus sintomas, e vegetais importantes para a agricultura podem produzir safras maiores ou aumentar sua resistência a pragas. O quadro CONEXÕES **BIOQUÍMICAS 13.1** fornece alguns exemplos de aplicações agrícolas da engenharia genética.

Bactérias como "Fábricas de Proteínas"

Podemos utilizar o poder reprodutivo das bactérias para expressar grandes quantidades de uma proteína de mamíferos de interesse. Entretanto, o processo é geralmente mais complicado do que pode parecer, pois a maior parte

13.1 Conexões **Bioquímicas** | botânica

A Engenharia Genética na Agricultura

Em geral, a ideia de engenharia genética em humanos causa indignação às pessoas, por temerem "brincar de Deus". Manipulações genéticas em vegetais parecem gerar menos controvérsia, embora muitas pessoas ainda tenham reservas quanto à sua prática. Entretanto, diversos tipos de modificações foram realizados, e algumas modificações foram introduzidas com pouco alvoroço, demonstrando alguns sinais de sucesso. Vários exemplos são listados aqui. É importante perceber que muitas das modificações realizadas utilizando a engenharia genética são apenas versões controladas de cruzamentos seletivos praticados durante séculos para melhorar a produção animal e vegetal.

1. *Resistência a doenças.* Em razão de a maior parte das plantações com alta produtividade envolver linhagens especiais, muitas são mais suscetíveis a doenças fúngicas e danos causados por insetos. Como consequência, vários herbicidas e inseticidas são aplicados livremente durante a época de plantio. Em muitos casos, outros vegetais apresentam uma resistência natural a essas pragas. Quando o gene que produz essa resistência pode ser isolado, ele pode ser transferido para outros vegetais. Tem-se conseguido um sucesso limitado na transferência dessa resistência às espécies cultivadas. Em 2000, o público tornou-se mais consciente quanto ao cultivo de alimentos geneticamente modificados (GM) em decorrência das notícias sobre o milho Bt, uma cultura que transportava um gene bacteriano produtor de uma toxina venenosa para certas larvas. O gene Bt, de *Bacillus thuringensis,* foi introduzido no milho e no algodão para aumentar a produção das plantações matando as larvas que, de outra forma, as destruiriam. Ele também reduz a quantidade de pesticida necessária para o crescimento das plantações. Do lado negativo, está o risco em potencial para outras espécies. Por exemplo, grupos ambientalistas opõem-se ao plantio do milho Bt por causa de seu efeito sobre a borboleta monarca, detectadas em testes de laboratório.
2. *Fixação do nitrogênio.* Esta fixação, é mais facilmente realizada por bactérias que crescem formando nódulos nas raízes de certas leguminosas, como feijões, ervilhas e alfafas. Agora, percebemos que os genes das bactérias que fixam o nitrogênio, na verdade, são compartilhados com os genes do vegetal hospedeiro. Há muita pesquisa sendo realizada para determinar se esses genes poderiam ser incorporados a outros vegetais, o que reduziria a quantidade de fertilizantes nitrogenados necessária para garantir o crescimento do vegetal e a produção máxima da plantação.
3. *Vegetais livres da geada.* Muitos organismos marinhos, como os peixes encontrados na Antártida, produzem uma proteína dita anticongelante, caracterizada por sua superfície hidrofóbica que impede a formação de cristais de gelo a baixas temperaturas. Em vegetais expostos a temperaturas congelantes, são os cristais de gelo que na verdade provocam os danos causados pela geada. A inserção do gene responsável pela proteína anticongelante em morangos e batatas, por exemplo, resultou em plantações resistentes durante a geada de primaveras tardias ou em áreas com períodos de crescimento muito curtos. Existe muita controvérsia sobre esses produtos agrícolas, pois, em cada caso, um gene exógeno de uma espécie não vegetal foi introduzido nessas plantas. Este tipo de modificação genética entre espécies cruzadas gera uma preocupação generalizada, muito embora não seja possível distinguir o sabor e a textura do produto modificado dos apresentados pelos alimentos feitos com vegetais produzidos sem alterações.
4. *Tomates com longa vida de armazenamento.* O primeiro alimento geneticamente modificado que obteve licença para consumo humano foi o tomate longa vida (Flavr-Savr), criado pela primeira vez por uma empresa de biotecnologia da Califórnia chamada Calgene. Uma enzima que acelera o amaciamento e eventual apodrecimento de frutas é a poligalacturonase (PG), que degrada a pectina nas paredes celulares. A Calgene trabalhou para reduzir os efeitos desta enzima a fim de que os tomates não amoleceriam tão rápido, o que teoricamente permitiria que fossem deixados amadurecer por mais tempo e, então, fossem colhidos enquanto ainda estivessem firmes. Para atacar a PG, eles inseriram um segundo gene de PG, mas na direção antissenso. Quando o gene antissenso é expresso, ele interfere na expressão do gene normal. Os tomates foram produzidos pela primeira vez em 1994. A Calgene foi, mais tarde, comprada pela Monsanto.

   Três companhias, incluindo a Monsanto, adotaram uma abordagem diferente, que foi reduzir a quantidade de etileno produzido naturalmente, um agente de amadurecimento, na fruta. A técnica foi inibir a produção de ácido 1-aminociclopropano-1-carboxílico (ACC), um precursor do etileno. A versão da Monsanto incluiu uma versão bacteriana da ACC desaminase, que degrada a ACC. Embora as técnicas para modificar tomates tenham sido bem-sucedidas no sentido de a fruta amadurecer mais lentamente, nenhuma foi sucesso comercial e, atualmente, não existem tomates GM à venda.
5. *Boa atração de predador.* Pesquisadores na Holanda estavam estudando a planta da mostarda, *Arabidopsis thaliana,* que é muito suscetível ao ataque de pequenas aranhas predadoras herbívoras. Eles introduziram um gene de morango nas plantas da mostarda a que produz um atrativo químico para pequenos predadores que comem as pequenas aranhas. ◗

das proteínas de mamíferos é intensamente processada após sua transcrição e tradução iniciais (Seção 12-7). Em razão de as bactérias apresentarem pouca modificação pós-tradução de suas proteínas, elas não possuem as enzimas necessárias para esse processamento.

Como as proteínas humanas podem ser produzidas por bactérias?

Uma aplicação da engenharia genética de considerável importância prática é a produção da insulina humana por meio da *E. coli.* Esta foi uma das primeiras proteínas humanas produzidas pela engenharia genética, e sua produção eliminou os problemas relacionados à coleta de insulina de uma grande variedade de animais de laboratório e à administração em humanos de um peptídeo derivado de outra espécie. No entanto, o processo está longe de ser totalmente solucionado. Um problema significativo é o fato de o gene da insulina ser fragmentado. Ele contém um **íntron**, uma sequência de DNA que codifica um RNA que futuramente será excluído no processamento do mRNA que direciona a síntese proteica (veja a Seção 11-6). Somente o RNA transcrito das sequências de DNA denominadas **éxons** aparecerá no mRNA maduro. As bactérias não possuem dispositivos celulares para realizar o *splicing* dos íntrons a partir das transcrições de RNA para gerar um mRNA funcional. Pode-se pensar que o problema se resolveria utilizando o cDNA (DNA complementar) (Seção 13-6) obtido do mRNA que codifica a insulina em uma reação catalisada pela transcriptase reversa. O problema, aqui, é que o polipeptídeo codificado por esse mRNA contém um peptídeo final e um peptídeo central, que seriam removidos nas células produtoras de insulina para gerar duas cadeias polipeptídicas, designadas A e B.

íntron sequência interveniente no DNA que não aparece na sequência final do mRNA

éxons sequências de DNA que são expressas como sequências de mRNA

A solução deste problema deve utilizar dois DNAs sintéticos, um que codifica a cadeia A da insulina e o outro que codifica a cadeia B. Esses DNAs sintéticos são produzidos em laboratório utilizando métodos desenvolvidos por profissionais de síntese orgânica. Cada DNA é inserido em um vetor plasmidial independente. Os vetores são incorporados por duas populações diferentes de *E. coli.* Em seguida, os dois grupos são clonados separadamente. Cada grupo de bactérias produz uma das duas cadeias polipeptídicas de insulina. As cadeias A e B são extraídas e misturadas, produzindo, por fim, insulina humana funcional.

Vetores de Expressão Proteica

Os vetores plasmidiais pBR322 e pUC são referidos como *vetores de clonagem.* São utilizados para inserir o DNA exógeno e ampliá-lo. Entretanto, se o objetivo é produzir uma proteína a partir do DNA exógeno, não são adequados. É necessário um **vetor de expressão**.

O que é um vetor de expressão?

Um vetor de expressão tem muitos atributos idênticos aos do vetor de clonagem, como a origem da replicação, um sítio múltiplo de clonagem e, no mínimo, um marcador selecionável. Além disso, deve ser capaz de ser trans-

vetor de expressão plasmídeo que tem o mecanismo para orientar a síntese de uma proteína desejada crito pelo mecanismo genético das bactérias nas quais será transformado. Isto significa que é necessário possuir um promotor para a RNA polimerase, e o RNA transcrito deve possuir um sítio de ligação ribossômico, de forma que possa ser traduzido. Há a necessidade, também, de uma sequência de terminação da transcrição; do contrário, o plasmídeo inteiro será transcrito, em vez de apenas o gene inserido. A Figura 13.10 mostra o esquema de um vetor de expressão. A montante do sítio, onde o DNA exógeno é inserido, encontra-se o promotor de transcrição. Geralmente, este é o promotor para uma RNA polimerase viral, denominada *polimerase T7*. Haverá também um terminador T7 na outra extremidade do MCS. Após a inserção ser ligada de forma satisfatória, o plasmídeo é transformado em uma cepa de expressão de bactérias, como a JM109 DE3 de *E. coli*. O que torna esta cepa única é o fato de possuir um gene produtor da RNA polimerase T7, porém, este gene está sob controle de um óperon *lac* (Capítulo 11). Uma vez que as bactérias estão se desenvolvendo bem com o plasmídeo, as células recebem uma lactose análoga, o IPTG (isopropiltiogalactosídeo). Isto estimula o óperon *lac* nas bactérias, que, então, produzem a RNA polimerase T7, que, em seguida, se liga ao promotor plasmidial T7 e transcreve o gene. Neste ponto, as células bacterianas traduzem o mRNA em proteína. Esse controle seletivo da expressão é importante, porque muitas proteínas exógenas são tóxicas às células. A expressão deve ser cuidadosamente cronometrada. O plasmídeo mostrado na Figura 13.10 possui o gene *lac*I, embora ele seja transcrito na direção oposta. Isto produz o repressor para o óperon *lac*, de forma a ajudar a garantir que nenhuma das proteínas exógenas seja transcrita a menos que o sistema seja induzido pelo IPTG. O quadro CONEXÕES **BIOQUÍMICAS 13.2** fornece um exemplo de como a expressão proteica pode ser relacionada a um esquema de purificação novo.

Engenharia Genética em Eucariotos

Quando o organismo alvo para a engenharia genética é um animal ou um vegetal, deve-se considerar que esses organismos são multicelulares e com diversos tipos de tecidos. Nas bactérias, a alteração genética de uma célula implica a

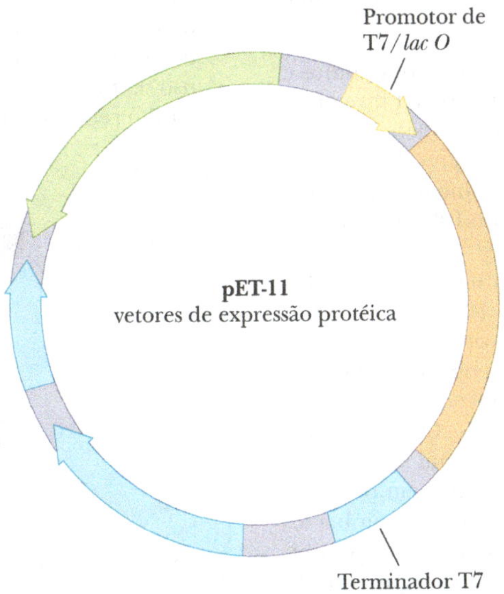
Promotor de
T7/*lac O*
pET-11
vetores de expressão protéica
Terminador T7

FIGURA 13.10 **Vetores de expressão pET.** Esses plasmídeos possuem os componentes plasmidiais usuais, como uma origem de replicação, MCS e um gene resistente ao antibiótico (que confere resistência à ampicilina). Além disso, seus MCS encontram-se entre o promotor para a ligação da RNA polimerase T7 e um sítio de terminação para a RNA polimerase T7. Quando esses vetores carregam insertos, o DNA inserido pode ser transcrito na célula pela RNA polimerase T7. A célula, então, traduz o mRNA em proteína. (*Cortesia de Stratagene.*)

13.2 Conexões Bioquímicas | saúde aliada

Proteínas Humanas através das Técnicas de Recombinação Genética

As técnicas de engenharia genética tornaram possível o desenvolvimento de diversas proteínas com as sequências de aminoácidos encontradas nos seres humanos, por meio do isolamento dos genes que codificam cada proteína e a subsequente incorporação desse gene em uma bactéria ou em células eucarióticas produzidas em cultura de tecidos. O recente trabalho de clonagem de vacas e ovelhas é justificado, em parte, como uma fonte potencial de proteínas humanas que poderiam ser produzidas no leite desses animais. No processo de estabelecimento de sistemas para a produção comercial de qualquer produto proteico, é sempre mais fácil isolar e purificar as proteínas se elas estiverem presentes no fluido extracelular que envolve as células que as produzem.

Frequentemente, são utilizados sistemas bacterianos para a produção de proteínas humanas, pois estas culturas são muito baratas e fáceis de se trabalhar. As células eucarióticas de sistemas experimentais são muito mais difíceis e dispendiosas, apesar de oferecerem a vantagem de acrescentar resíduos de açúcar às glicoproteínas e de haver a possibilidade de auxiliarem no processo de dobramento das proteínas em suas conformações biologicamente ativas. Ainda assim, o uso de bactérias e DNA recombinante bacteriano para a produção de proteínas tem suas complicações. O desenvolvimento de proteínas em bactérias requer o acréscimo da sequência de Shine-Dalgarno (Seção 12-4) do seu mRNA para garantir sua ligação com o ribossomo. É comum a manipulação genética, necessária para desenvolver o produto em um hospedeiro exógeno, resultar em uma proteína ligeiramente modificada, em geral com a presença de alguns aminoácidos extras em seu N-terminal. A presença deles complica o processo de aprovação pela Federal Drugs Administration (FDA), uma vez que a preocupação com os efeitos colaterais é maior.

Alguns sucessos notáveis na produção de proteínas humanas recombinantes incluem:

1. A insulina é tradicionalmente isolada em equinos e suínos e utilizada no tratamento da diabetes melito tipo I. Entretanto, após muitos anos de uso, cerca de 5% dos diabéticos desenvolveram uma grave alergia à proteína exógena. Agora, essas pessoas podem ser tratadas com insulina humana produzida em bactérias, que custa somente cerca de 10% mais que os hormônios de origem animal.
2. No passado, o hormônio de crescimento humano (HGH) era obtido somente por sua extração de glândulas pituitárias de cadáveres, uma prática que trazia o risco de as células estarem contaminadas com HIV ou outras doenças. O HGH é utilizado na terapia de nanismo e em doenças com degeneração muscular, incluindo a Aids. O HGH é um hormônio proteico relativamente grande, com mais de 300 aminoácidos, porém é uma proteína simples sem nenhum resíduo de açúcar, o que facilita sua clonagem em bactérias. É interessante observar que o aumento da disponibilidade de HGH de uso seguro resultou no surgimento de um mercado paralelo para esse produto entre atletas adeptos do desenvolvimento dos músculos (fisioculturismo).
3. Sabe-se que duas proteínas, o ativador tecidual de plasminogênio (TPA) e a enteroquinase (EK), dissolvem coágulos sanguíneos. Se essas proteínas forem injetadas no organismo dentro de um período crítico após um ataque cardíaco ou um derrame, qualquer uma delas pode impedir ou minimizar os efeitos desastrosos de coágulos sanguíneos no coração ou no cérebro. Sem a recombinação genética, não haveria quantidade disponível suficiente dessas proteínas para que o tratamento de coágulos sanguíneos fosse possível. Atualmente, duas empresas diferentes produzem essas duas proteínas.
4. A eritropoietina (EPO) é um hormônio que estimula a medula óssea na produção de eritrócitos, comumente chamados de células vermelhas do sangue (RBCs). Essa proteína relativamente pequena é perdida durante a hemodiálise. Um rim saudável também filtra esse hormônio do sangue, mas depois o organismo é capaz de reabsorvê-lo totalmente. Assim, as pessoas com falência renal crônica submetidas à diálise enquanto aguardam um transplante de rim sofrem com o problema adicional de anemia crônica, por apresentarem muito poucas RBCs. Esses indivíduos devem receber transfusões sanguíneas regulares, o que traz o risco de contaminações ou possíveis reações alérgicas. Hoje, a eritropoietina desenvolvida geneticamente, a Epogen, já está disponível pela Amgen; é o exemplo mais bem-sucedido comercialmente de hormônio humano decorrente da pesquisa genética. A EPO é, também, um dos mais bem-sucedidos exemplos de proteína recombinante que teve seu propósito original desviado. Em razão de alguns atletas de resistência terem utilizado a EPO para aumentar seus níveis de RBCs, proporcionando-lhes uma grande vantagem sobre seus competidores, existe, atualmente, um mercado ilegal para a EPO na indústria esportiva. A situação veio a público durante o Tour de France de 1998, quando o médico de uma das equipes foi preso ao atravessar a fronteira francesa carregando inúmeros frascos de EPO. A EPO foi, posteriormente, investigada e relacionada ao roubo de um hospital. A equipe foi eliminada da corrida e o órgão regulador de ciclismo internacional investiu centenas de milhares de dólares para combater o uso da EPO, incluindo o desenvolvimento de um teste para a EPO recombinante. ◗

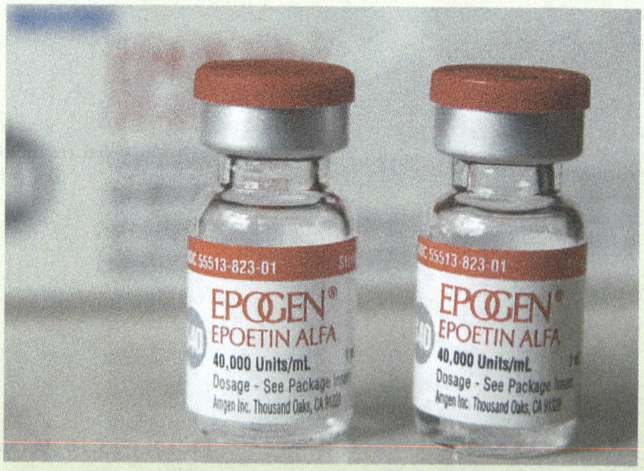
55513-823-01
EPOGEN®
EPOETIN ALFA
40,000 Units/mL
Dosage - See Package
EPOGEN®
EPOETIN ALFA
40,000 Units/mL
Dosage - See Package

AP Photo/Ed Betz

Epogen. A eritropoietina recombinante é um hormônio peptídico humano produzido em bactérias através da clonagem e expressão. Este medicamento é usado para aumentar as células vermelhas em pacientes que perderam sangue em cirurgias ou hemodiálise. Infelizmente, também tornou-se uma das drogas usadas para aumentar ilegalmente a performance atlética.

alteração de todo o organismo unicelular. Nos organismos multicelulares, há a possibilidade de alterar um gene em um tecido específico contendo somente um tipo de célula diferenciada. Em outras palavras, a alteração é *somática*, afetando unicamente os tecidos corporais do organismo alterado. Em contrapartida, alterações em células germinativas (células de óvulos e espermatozoides), denominadas alterações da *linha germinativa*, são transmitidas para as gerações subsequentes. Se as células germinativas tiverem de ser modificadas, a alteração deve ser realizada em um estágio inicial do desenvolvimento, antes que essas células sejam separadas do restante do organismo. As tentativas para produzir tais alterações obtiveram sucesso em um número comparativamente pequeno de organismos, como vegetais, moscas de frutas e alguns outros animais, como os camundongos. A engenharia genética em vegetais frequentemente utiliza um vetor baseado em um plasmídeo bacteriano proveniente da bactéria causadora da galha da coroa, *Agrobacterium tumefaciens*. As células desta bactéria ligam-se ao tecido vegetal danificado, permitindo aos plasmídeos moverem-se das células bacterianas para as vegetais. Alguns DNAs plasmidiais introduzem-se no DNA das células vegetais, constituindo, assim, a única forma conhecida de transferência natural de genes de um plasmídeo bacteriano para um genoma eucariótico. A expressão dos genes plasmidiais em uma planta dá origem a um tumor denominado *galha da coroa*. Em geral, plantas saudáveis podem crescer de células da galha, muito embora não sejam células germinativas. (Este processo, obviamente, não ocorre em animais.) As plantas que crescem a partir de células da galha podem produzir sementes férteis, permitindo que o gene transferido esteja presente em uma nova geração da planta. Os genes de qualquer fonte desejada podem ser incorporados ao plasmídeo de *A. tumefaciens* e ser, então, transferidos para uma planta. Este método foi utilizado para criar geneticamente tomateiros resistentes à desfoliação por lagartas. Um gene que codifica uma proteína tóxica para as lagartas foi retirado da bactéria *Bacillus thuringensis* para gerar essa modificação. O trabalho visa outras modificações úteis em plantas alimentícias. Muitos observadores de toda essa linha de pesquisa levantaram questões sobre a segurança e a ética do processo. O público tornou-se mais consciente da extensão dos produtos geneticamente modificados (GM) dispostos no mercado no ano 2000, quando o milho modificado com o gene do *Bacillus thuringensis* (milho Bt) apareceu em conchas de taco. Isto foi um acidente, uma vez que o milho Bt foi aprovado somente para alimentação animal, e não para consumo humano, pois estavam pendentes resultados de estudos referentes aos efeitos alérgicos potenciais. Os ambientalistas também estão preocupados com o efeito resultante das plantações de GM por duas razões. A primeira é o efeito sobre insetos que não são alvos, como a borboleta monarca, que pode ser particularmente sensível à toxina produzida pelo gene de Bt. A segunda é seu potencial para criar acidentalmente uma super-raça de insetos imune ao efeito da toxina. Do lado positivo, os campos plantados com algodoeiros Bt podem, às vezes, utilizar até 80% menos pesticidas que os plantados com algodão comum.

13-5 Bibliotecas de DNA

Uma vez que existem métodos para selecionar certas regiões de DNA a partir do genoma de um organismo de interesse e clonar essas regiões em vetores adequados, uma questão que vem imediatamente à mente é se podemos pegar *todo* o DNA de um organismo (o genoma total) e cloná-lo em quantidade razoável. A resposta é que podemos, e o resultado é uma **biblioteca de DNA**.

Digamos que queremos construir uma biblioteca do genoma humano. Existem seis bilhões de pares de bases em uma célula humana diploide (célula que possui um conjunto de cromossomos de ambos os progenitores). Se considerarmos que 20.000 pares de bases é um tamanho razoável para um inserto clonado, necessitaremos de, no mínimo, 300.000 DNAs recombinantes diferentes. É uma tarefa árdua arquivar esse número de recombinantes diferentes, e, na prática, necessitaríamos de várias vezes esse mínimo para garantir uma representação abrangente e com-

biblioteca de DNA coletânea de clones que incluem o genoma total de um organismo pensar as moléculas de vetores que não possuem um inserto. Para fins deste estudo, utilizaremos um plasmídeo bacteriano como vetor para formar um número adequado de moléculas de DNA recombinante pelos métodos descritos na Seção 13-3. O quadro CONEXÕES BIOQUÍMICAS 13.3 fornece uma aplicação prática para a engenharia genética criar uma proteína que pode ser facilmente purificada.

A próxima etapa é separar por clonagem os membros individuais da população de moléculas de DNA plasmidiais. O grupo de clones que obteve um plasmídeo com um inserto compõe a biblioteca recombinante. A biblioteca como um todo pode ser armazenada para uso futuro, ou um único clone pode ser se-

proteínas de fusão proteínas produzidas através de técnicas de DNA recombinantes que incluem a sequência proteica desejada, bem como uma sequência líder que ajudará na rápida separação e purificação da proteína

13.3 Conexões **Bioquímicas** | química analítica (cromatografia)

Proteínas de Fusão e Purificações Rápidas

A cromatografia de afinidade foi apresentada no Capítulo 5 como exemplo de uma técnica poderosa para purificação de proteínas. Os biólogos moleculares levaram a ideia um passo adiante e incorporaram os sítios de ligação diretamente à proteína a ser expressa. É criada uma proteína contendo não apenas a sequência de aminoácidos do polipeptídeo desejado, mas também alguns aminoácidos extras no N-terminal ou no C-terminal. Essas novas proteínas são denominadas **proteínas de fusão**. A figura indica como este processo pode ocorrer. É utilizado um vetor de expressão que possui um promotor para polimerase T7, seguido por uma sequência inicial ATG. A sequência *his-tag* que segue a ATG codificará seis resíduos de histidina. Logo após a his-tag, vem uma sequência específica de enzimas proteolíticas, denominada *enteroquinase*. Finalmente, vem o MCS, onde o gene de interesse pode ser clonado. Após o gene desejado ser clonado nesse vetor, ele é transformado em bactéria e expressado. As proteínas de fusão que serão traduzidas apresentarão a metionina inicial, as seis histidinas, a sequência de aminoácidos específica da enteroquinase e, por fim, a proteína desejada. Lembre, do Capítulo 5, que uma resina de cromatografia de afinidade utiliza um ligante, que se liga especificamente à proteína de interesse. Esta técnica é utilizada com uma proteína de fusão his-tag. É montada uma coluna de afinidade ao níquel, que por sua vez é bastante específica para resíduos de histidina. As células são lisadas e passadas sobre a coluna. Todas as proteínas passarão pelo filtro, exceto a proteína de fusão, que se ligará firmemente à coluna de níquel. A proteína de fusão pode ser eluída com imidazol, um análogo da histidina. A enteroquinase é, então, adicionada para eliminar a his-tag, deixando a proteína desejada. Sob circunstâncias ideais, este processo pode ser uma purificação quase perfeita, em uma única etapa, da proteína. ◗

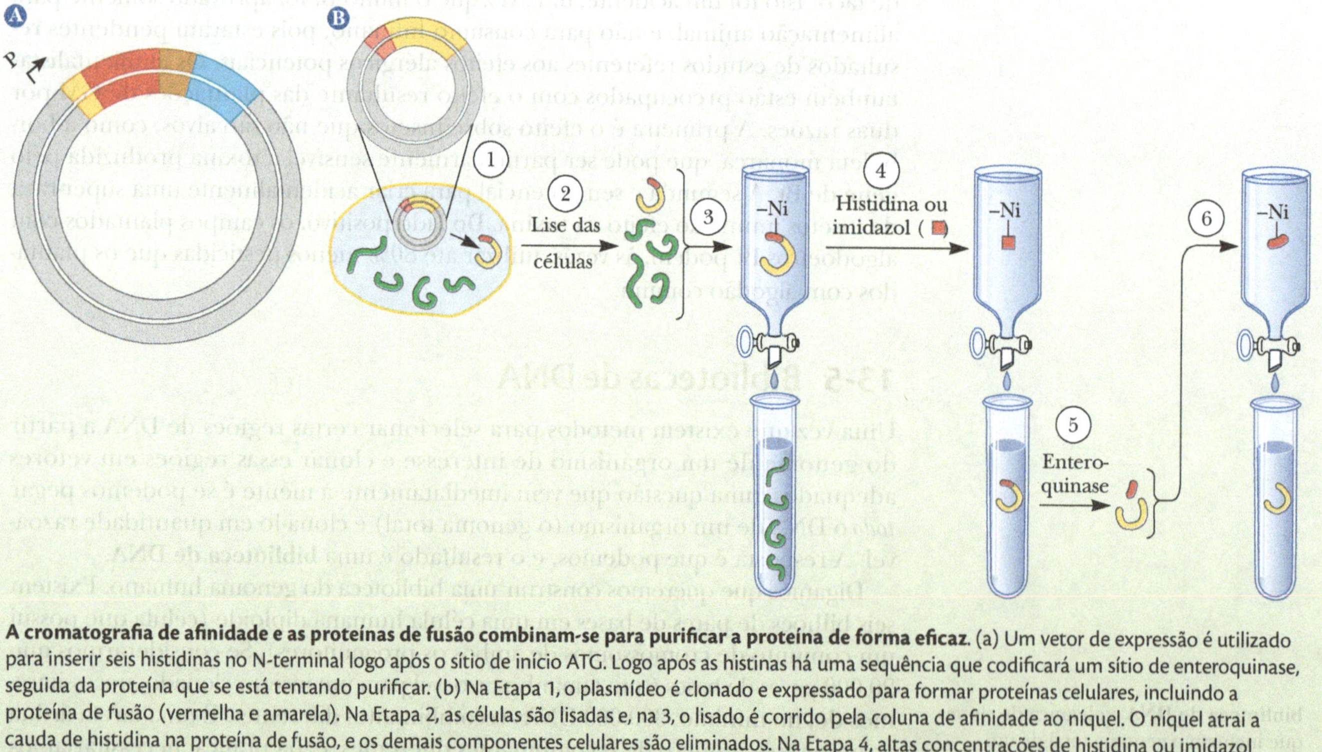
A
B
1
2
Lise das células
3
-Ni
4
Histidina ou imidazol
-Ni
5
Entero-quinase
6
-Ni

A cromatografia de afinidade e as proteínas de fusão combinam-se para purificar a proteína de forma eficaz. (a) Um vetor de expressão é utilizado para inserir seis histidinas no N-terminal logo após o sítio de início ATG. Logo após as histinas há uma sequência que codificará um sítio de enteroquinase, seguida da proteína que se está tentando purificar. (b) Na Etapa 1, o plasmídeo é clonado e expressado para formar proteínas celulares, incluindo a proteína de fusão (vermelha e amarela). Na Etapa 2, as células são lisadas e, na 3, o lisado é corrido pela coluna de afinidade ao níquel. O níquel atrai a cauda de histidina na proteína de fusão, e os demais componentes celulares são eliminados. Na Etapa 4, altas concentrações de histidina ou imidazol (retângulos vermelhos) são utilizadas para que a proteína de fusão seja eluída da coluna de afinidade ao níquel. Então, na Etapa 5, a enteroquinase é utilizada para eliminar as histidinas, deixando (na Etapa 6) a proteína desejada. (Adaptado de *Molecular Biology*, por R. F. Weaver, McGraw-Hill, 1999.)

lecionado para estudo posterior. O processo de construção de uma biblioteca de DNA pode ser bastante trabalhoso, fazendo que muitos pesquisadores obtenham bibliotecas construídas anteriormente por outros laboratórios ou por fontes comerciais. Algumas publicações científicas exigem que as bibliotecas e os clones individuais abordados nos seus artigos estejam disponíveis gratuitamente para outros laboratórios.

Como encontramos o pedaço de DNA que queremos em uma biblioteca?

Encontrando um Clone Individual em uma Biblioteca de DNA

Imagine que, após a construção de uma biblioteca de DNA, alguém deseje encontrar um único clone (por exemplo, um que contenha o gene responsável por uma doença hereditária) entre as centenas de milhares ou, possivelmente, milhões que a compõem. Esse grau de seletividade requer técnicas especiais. Uma das mais úteis depende da separação e do anelamento das fitas complementares. É feita uma impressão da placa de Petri na qual ocorreu a cultura das colônias de bactérias (ou placas de fagos). Um disco de nitrocelulose é colocado sobre a placa e, em seguida, removido. Alguns dos componentes de cada colônia ou da placa são transferidos para o disco e *a posição de cada um é a mesma na qual se encontrava na placa.* O restante das colônias ou placas originais permanece na placa e pode ser armazenado para uso futuro (Figura 13.11).

O disco de nitrocelulose é tratado com um agente desnaturante para desenrolar todo o DNA presente. [O DNA tornou-se acessível pelo rompimento (lise) das células bacterianas ou do fago.] Após ser desnaturado, o DNA é fixado permanentemente ao disco por meio de um tratamento com calor ou luz ultravioleta. A próxima etapa é expor o disco a uma solução contendo uma sonda de DNA (ou RNA) de fita simples que possua uma sequência complementar a uma das fitas do clone de interesse (Figura 13.11). A sonda une-se ao DNA de interesse e somente a este. Qualquer solução em excesso é eliminada do disco de nitrocelulose. No caso de sondas radioativas, o disco é colocado em contato com um filme de raios X (Seção 13-1). Somente aqueles pontos no disco nos quais a sonda se anelou com o DNA apresentam radiotividade, e somente estes são capazes de impressionar o filme de raios X. Uma vez que a placa

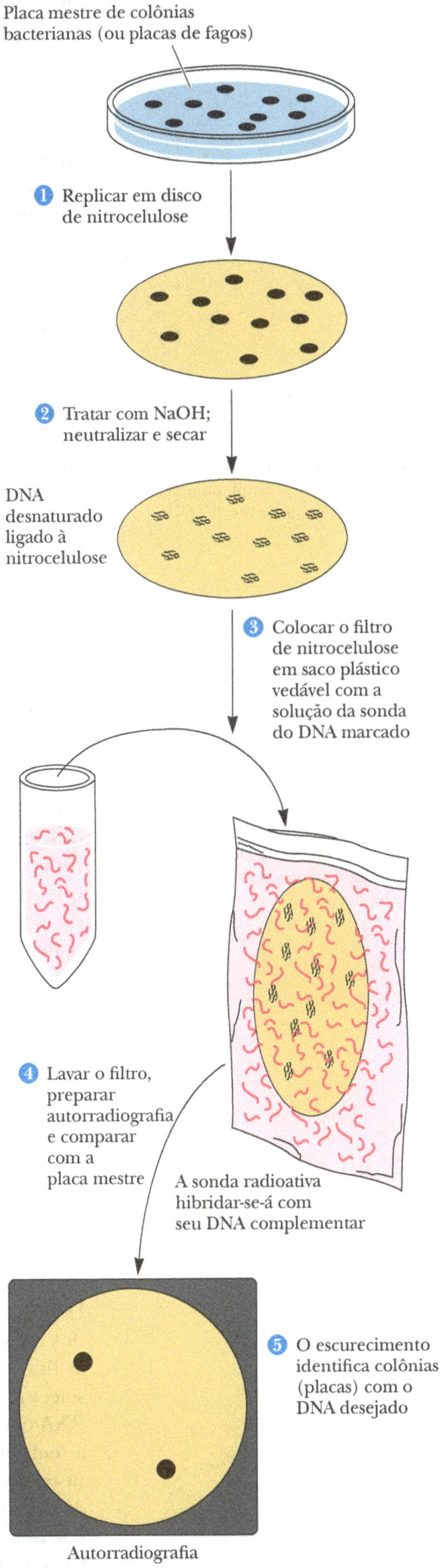
Placa mestre de colônias bacterianas (ou placas de fagos)
1 Replicar em disco de nitrocelulose
2 Tratar com NaOH; neutralizar e secar
DNA desnaturado ligado à nitrocelulose
3 Colocar o filtro de nitrocelulose em saco plástico vedável com a solução da sonda do DNA marcado
4 Lavar o filtro, preparar autorradiografia e comparar com a placa mestre
A sonda radioativa hibridar-se-á com seu DNA complementar
5 O escurecimento identifica colônias (placas) com o DNA desejado
Autorradiografia

FIGURA 13.11 Triagem de uma biblioteca genômica por hibridação de colônias (ou hibridação de placas). As bactérias hospedeiras transformadas com uma biblioteca genômica baseada em plasmídeos, ou infectadas com uma biblioteca genômica baseada em bacteriófagos, são colocadas sobre uma placa de Petri e incubadas durante uma noite para permitir a formação de colônias bacterianas (placas de fagos). Uma réplica das colônias bacterianas (ou placas de fagos) é obtida sobrepondo-se a placa com um disco de nitrocelulose (1). A nitrocelulose liga-se fortemente aos ácidos nucleicos; sua ligação com ácidos nucleicos de fita simples é mais firme do que com ácidos nucleicos de fita dupla. Uma vez que o disco de nitrocelulose absorveu uma impressão das colônias bacterianas (ou placas de fagos), é removido e a placa de Petri é colocada à parte e guardada. O disco é tratado com NaOH 2 mol L^{-1}, neutralizado e seco (2). O NaOH efetua tanto a lise de qualquer bactéria (ou placa de fagos) quanto a dissociação das fitas de DNA. Quando o disco está seco, as fitas de DNA se tornam imobilizadas sobre o filtro. O disco seco é colocado em um saco plástico vedável e uma solução contendo uma sonda marcada e termicamente desnaturada (fita simples) é acrescentada (3). O saco é incubado para permitir o anelamento do DNA da sonda com quaisquer sequências de DNA alvo que possam estar presentes no filtro de nitrocelulose. Em seguida, o filtro é lavado, secado e colocado sobre um filme de raios X para obter uma autorradiografia (4). A posição das manchas sobre o filme de raios X revela onde a sonda marcada hibridou-se com o DNA alvo (5). A localização dessas manchas pode ser utilizada para recuperar o clone genômico das bactérias (ou placas de fagos) na placa de Petri original.

de Petri original foi guardada, o clone desejado pode ser coletado da placa e reproduzido.

Se a sequência de nucleotídeos do segmento de DNA desejado não for conhecida e não houver nenhuma sonda disponível, surge uma complicação. Se o gene de interesse direciona a síntese de determinada proteína, escolhe-se um vetor que permitirá aos genes clonados ser transcritos e traduzidos. Se a presença da proteína desejada puder ser detectada por meio de sua função, isto serve de base para identificá-la. Como alternativa, podem ser utilizados anticorpos marcados como base para a detecção da proteína.

As bibliotecas de RNA não são construídas e clonadas da mesma forma. Ao contrário, o RNA de interesse (geralmente, mRNA) é utilizado como molde para a síntese do DNA complementar (cDNA) em uma reação catalisada por transcriptase reversa. O cDNA é incorporado a um vetor. A ligação de cDNA a um vetor requer a utilização de um ligante sintético. A partir desse ponto, o processo de produção de uma **biblioteca de cDNA** é praticamente idêntico àquele da construção da biblioteca de um DNA genômico. Para determinado organismo, a biblioteca de DNA genômico é a mesma, não importa a fonte do tecido, e o DNA representa tanto o DNA expresso quanto o não expresso. Em contrapartida, uma biblioteca de cDNA será diferente dependendo do tecido utilizado e do perfil de expressão das células.

biblioteca de cDNA biblioteca construída de DNAs complementares obtidos de mRNA, ao invés de DNA genômico

13-6 A Reação em Cadeia da Polimerase

É possível aumentar a quantidade de determinada molécula de DNA muitas vezes sem ser necessário cloná-la. O método que torna essa amplificação possível é a **reação em cadeia da polimerase** (PCR, do inglês polymerase chain reaction). Qualquer DNA selecionado pode ser amplificado, sem precisar ser separado dos demais DNAs de uma amostra antes da aplicação desse procedimento. A PCR copia as duas fitas complementares da sequência do DNA desejada. Há muito tempo os cientistas almejavam um modo automatizado e independente das células para sintetizar o DNA, entretanto, qualquer sistema que pudesse ser automatizado necessitaria de altas temperaturas para operar de modo que as fitas de DNA pudessem ser fisicamente separadas sem necessidade das muitas enzimas encontradas na replicação do DNA, como topoisomerases e helicases. Infelizmente, essas temperaturas elevadas (aproximadamente 90 °C) desnaturariam e tornariam inativas as DNA polimerases que formariam as fitas do DNA. O que tornou o processo possível foi a descoberta de bactérias que vivem em torno de fontes termais no fundo do mar, sob pressões extremas e a temperaturas superiores a 100 °C. Se as bactérias podem viver sob tais condições, então suas enzimas devem ser capazes de atuar a essas temperaturas. A bactéria *Thermus aquaticus*, da qual foi extraída uma polimerase resistente ao calor, faz parte dessas bactérias que vivem em nascentes quentes. Essa enzima é denominada *Taq* polimerase. Vimos no Capítulo 1 que a indústria da biotecnologia busca organismos que vivam sob condições extremas, e, aqui, encontramos um exemplo que justificaria essa procura.

reação em cadeia da polimerase (PCR) método para aumentar uma quantidade pequena de DNA com base na reação de enzimas isoladas, em vez de na clonagem

No início do processo, as duas fitas de DNA são separadas por aquecimento. Depois, pequenos primers (segmentos de oligonucleotídeos) são acrescentados em grande quantidade e, por meio de resfriamento, podem anelar-se com as fitas de DNA. Esses primers são complementares às extremidades do DNA selecionado para a amplificação, e servem ao mesmo propósito dos primers de RNA em uma replicação normal. Após o anelamento dos primers com o DNA, a temperatura é novamente elevada para otimizar a atividade da *Taq* polimerase, que começa a sintetizar o novo DNA a partir da extremidade 3' do primer. As duas fitas complementares crescem na direção de 5' para 3' (Figura 13.12), e a *Taq* polimerase pode atuar até que seja sintetizado o comprimento desejado do DNA. Este primeiro ciclo duplica a quantidade do DNA desejado. O processo de desenrolamento das duas fitas, anelamento dos primers e cópia da

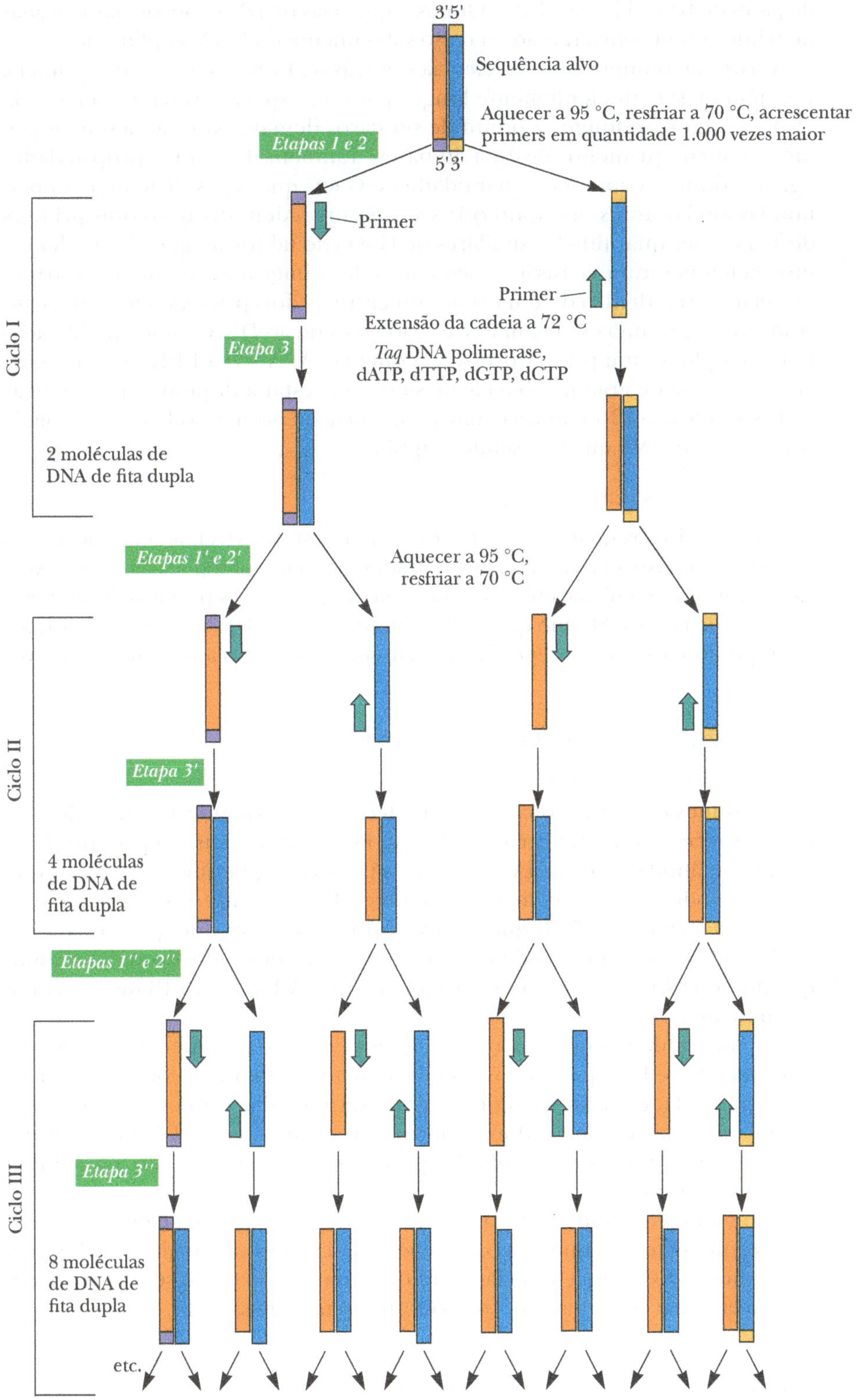
3'5'
Sequência alvo
Aquecer a 95 °C, resfriar a 70 °C, acrescentar primers em quantidade 1.000 vezes maior
Etapas 1 e 2
5'3'
Primer
Primer
Extensão da cadeia a 72 °C
Taq DNA polimerase, dATP, dTTP, dGTP, dCTP
Etapa 3
Ciclo I
2 moléculas de DNA de fita dupla
Etapas 1' e 2'
Aquecer a 95 °C, resfriar a 70 °C
Ciclo II
Etapa 3'
4 moléculas de DNA de fita dupla
Etapas 1'' e 2''
Ciclo III
Etapa 3''
8 moléculas de DNA de fita dupla
etc.

FIGURA 13.12 Reação em cadeia da polimerase (PCR). Os oligonucleotídeos complementares para determinada sequência de DNA preparam somente a síntese desta sequência. A *Taq* DNA polimerase termoestável sobrevive a muitos ciclos de aquecimento. Teoricamente, a quantidade da sequência específica preparada é duplicada a cada ciclo.

fita complementar é repetido, originando uma segunda duplicação do DNA de fita dupla selecionado. Não é necessário acrescentar mais primers, pois há uma grande quantidade excedente. Todo o processo é automatizado. O controle da temperatura à qual as fitas são aquecidas para separá-los é fundamental, assim como a temperatura selecionada para anelamento dos primers.

A quantidade de DNA continua a duplicar em ciclos subsequentes de amplificação. Após aproximadamente uma hora e 25 a 40 ciclos de replicação, obtêm-se de milhões a centenas de milhões de cópias do segmento de DNA desejado, geralmente com comprimento de umas poucas centenas a uns poucos milhares de pares de base (Figura 13.12). Outras sequências de DNA não são amplificadas nem interferem com a reação ou o uso subsequente do DNA amplificado.

A parte mais importante da ciência por trás da PCR é o design dos primers. Eles têm de ser suficientemente longos para ser específicos para a sequência alvo, mas não tão longos a ponto de ser caros demais. Normalmente, os primers têm comprimento de 18 a 30 bases. Também devem ter propriedades ligantes ótimas, como uma quantidade de G e C que seja suficiente para permiti-las anelar antes que todo o DNA renature. Além disso, os dois primers devem conter quantidades similares de G e C de tal forma que eles tenham a mesma temperatura de fusão. A sequência do primer não deve levar a estruturas secundárias dentro de um primer ou entre os dois primers diferentes; caso contrário, os primers se ligam entre si ao invés de ao DNA sendo amplificado. Por exemplo, se um primer tivesse a sequência AAAAATTTTT, formaria uma alça em forma de grampo com ele mesmo e não estaria disponível para se ligar ao DNA. A Seção 13-7 explica como a sequência de primer pode ser controlada para mudar o DNA que está sendo amplificado.

Quais são as vantagens do PCR?

A amplificação das quantidades de DNA em amostras extremamente pequenas tem tornado possível obter análises acuradas que não eram possíveis antes. Aplicações forenses da técnica têm resultado em identificações positivas de vítimas e suspeitos de crimes. Mesmo quantidades minúsculas de DNA ancião, como aqueles disponíveis de múmias egípcias, podem ser pesquisadas após a amplificação.

A PCR Quantitativa Permite a Medida Sensível de Amostras de DNA

Uma das inovações mais recentes na biotecnologia expande a técnica de PCR para fornecer resultados quantitativos. O PCR padrão é usado para produzir grandes quantidades de DNA; portanto, o ponto do experimento é deixar que o ensaio rode até a sua conclusão e colha o DNA de interesse. Uma técnica mais nova é chamada **PCR quantitativo (qPCR)**. Ela permite que a reação de PCR gere dados de pontos de tempo que podem ser usados para determinar quanto do DNA estava na célula originalmente. A Figura 13.13 mostra como isso funciona.

PCR quantitativo (qPCR) técnica de reação em cadeia da polimerase que é usada para determinar a quantidade de um DNA alvo presente inicialmente

O PCR é rodado em amostras múltiplas contendo a sequência de DNA de interesse. À medida que o número de ciclos aumenta, um valor inicial é atingido, no qual a quantidade de DNA pode ser medida. Para este propósito, o DNA é marcado com marcadores fluorescentes. Quanto mais DNA na amostra, mais cedo no processo os resultados podem ser vistos (mostrado pelas linhas de cores diferentes).

Para obter a quantidade de DNA, são usados padrões conhecidos junto com as amostras. O tempo que leva para determinada amostra atingir um valor definido (mostrado como a linha laranja horizontal) pode então ser colocado em gráfico em uma curva padrão, como mostrado na Figura 13.14.

13-7 *Fingerprinting* de DNA

As amostras de DNA podem ser estudadas e comparadas utilizando-se a técnica denominada *fingerprint* do DNA. O DNA é digerido com enzimas de restrição e, em seguida, corrido em um gel de agarose (Figura 13.15). Os fragmentos de DNA podem ser vistos diretamente sobre o gel se ele for embebido em brometo de etídio e observado sob luz ultravioleta (Seção 13-1). Como mostra a Figura 13.15, Etapa 3, isto gerará bandas de tamanhos variados, dependendo da natureza do DNA e das enzimas de restrição utilizadas. Se for necessária uma

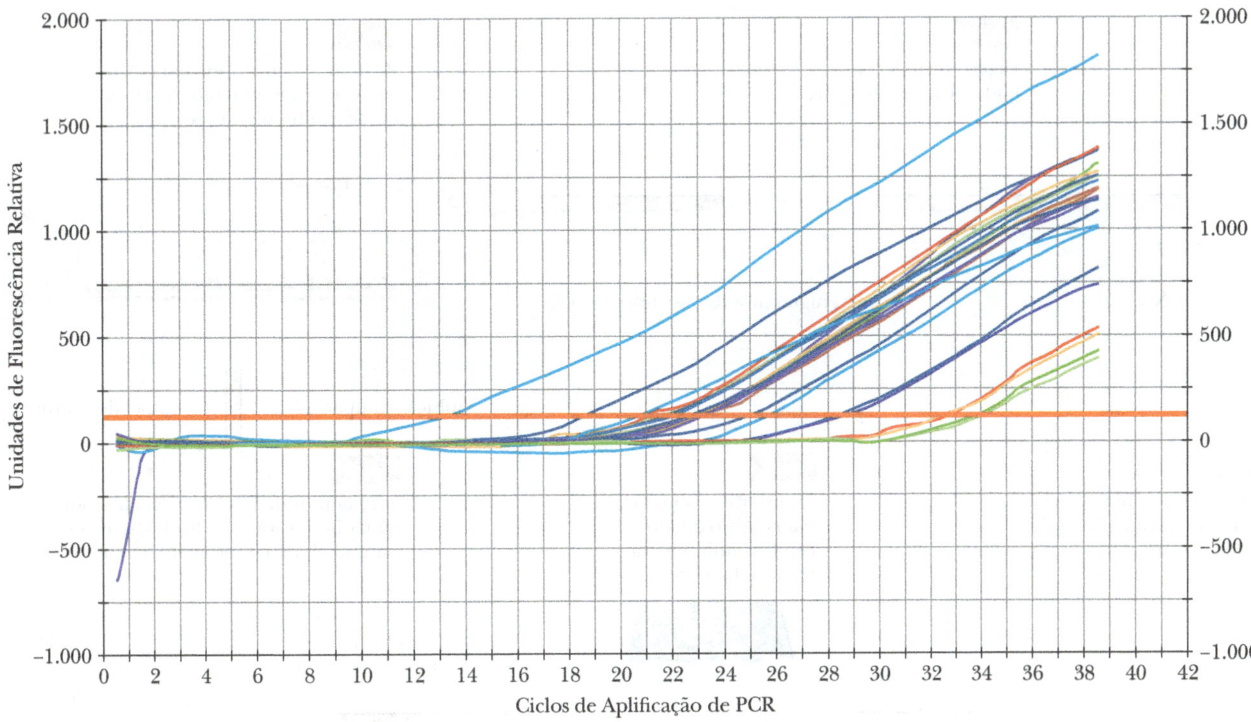
Unidades de Fluorescência Relativa
Ciclos de Aplificação de PCR
2.000
1.500
1.000
500
0
-500
-1.000
0 2 4 6 8 10 12 14 16 18 20 22 24 26 28 30 32 34 36 38 40 42

FIGURA 13.13 **PCR quantitativo.** Os ciclos com diferentes quantidades iniciais de DNA alvo são mostrados com diferentes cores.

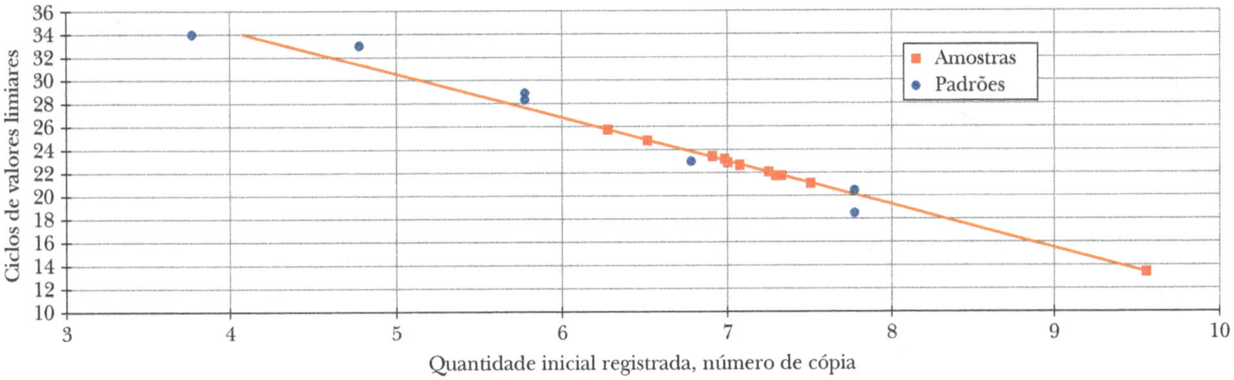
Ciclos de valores liminares
Quantidade inicial registrada, número de cópia
Amostras
Padrões
36 34 32 30 28 26 24 22 20 18 16 14 12 10
3 4 5 6 7 8 9 10

Coeficiente de correlação: 0,980 Inclinação: −3.774 Intersecção: 49.638 Y = −3.774X + 49.638 Eficiência de PCR: 84,1%

FIGURA 13.14 **Curva padrão criada para qPCR.**

sensibilidade maior, ou se o número de fragmentos for muito grande para diferenciar as bandas, esta técnica pode ser modificada para se visualizar somente as sequências de DNA selecionadas. A primeira etapa seria transferir o DNA para uma membrana de nitrocelulose em um procedimento denominado ***Southern blot***, em função de seu inventor, E. M. Southern. O gel de agarose é embebido em NaOH para desnaturar o DNA, pois somente o DNA de fita simples se ligará à nitrocelulose. A membrana é colocada sobre o gel de agarose, que se encontra na parte de cima de um contato de papel-filtro colocado no tampão. O papel absorvente seco é colocado sobre a nitrocelulose. A ação de filtragem transporta a solução-tampão da câmara-tampão para cima, passando através do gel e da nitrocelulose para o papel seco. As bandas de DNA movem-se para fora do gel e aderem à nitrocelulose. A próxima etapa é a visualização das bandas sobre a nitrocelulose. Uma sonda específica para o DNA, marcada com ^{32}P, é incubada com a membrana de nitrocelulose. A sonda do DNA se ligará aos fragmentos complementares. Em seguida, a membrana é colocada sobre o pa-

southern blott uma técnica utilizada para transferir DNA de um gel de agarose após a eletroforese para uma membrana de nitrocelulose

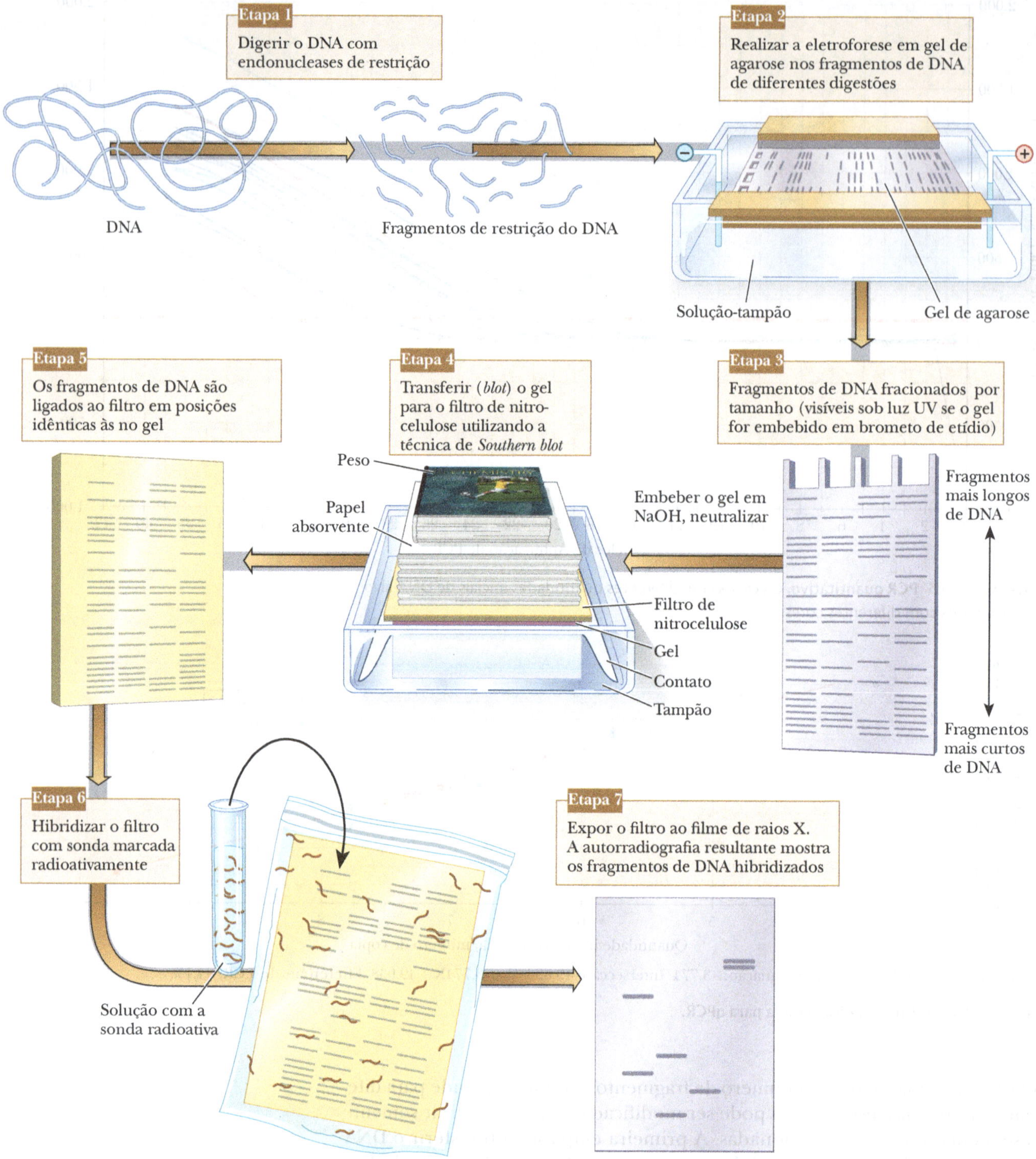
Etapa 1
Digerir o DNA com endonucleases de restrição
Etapa 2
Realizar a eletroforese em gel de agarose nos fragmentos de DNA de diferentes digestões
DNA
Fragmentos de restrição do DNA
Solução-tampão
Gel de agarose
Etapa 5
Os fragmentos de DNA são ligados ao filtro em posições idênticas às no gel
Etapa 4
Transferir (*blot*) o gel para o filtro de nitrocelulose utilizando a técnica de *Southern blot*
Etapa 3
Fragmentos de DNA fracionados por tamanho (visíveis sob luz UV se o gel for embebido em brometo de etídio)
Peso
Papel absorvente
Embeber o gel em NaOH, neutralizar
Filtro de nitrocelulose
Gel
Contato
Tampão
Fragmentos mais longos de DNA
Fragmentos mais curtos de DNA
Etapa 6
Hibridizar o filtro com sonda marcada radioativamente
Solução com a sonda radioativa
Etapa 7
Expor o filtro ao filme de raios X. A autorradiografia resultante mostra os fragmentos de DNA hibridizados

FIGURA 13.15 O ***Southern blot***. Os fragmentos de DNA separados por eletroforese são transferidos para uma membrana de nitrocelulose. Uma sonda marcada radioativamente para determinada sequência de DNA é ligada à nitrocelulose e as bandas são visualizadas por autorradiografia.

pel fotográfico para produzir uma autorradiografia (Seção 13-1). A utilização de uma sonda específica reduz extremamente o número de bandas observadas e isola as sequências de DNA desejadas.

Polimorfismos no Comprimento dos Fragmentos de Restrição: Um Método Poderoso para Análises Forenses

Em organismos (como o ser humano) com dois conjuntos de cromossomos, determinado gene em um cromossomo pode ser ligeiramente diferente de seu gene correspondente. Na linguagem genética, esses genes são denominados **alelos**. Quando eles são idênticos nos cromossomos pareados, diz-se que o organismo é **homozigoto** para aquele gene; quando diferem, diz-se que é **heterozigoto**. Uma diferença entre os alelos, mesmo que seja apenas uma alteração em um par de bases, pode significar que um alelo possui um sítio de reconhecimento para uma endonuclease de restrição, e o outro não. No tratamento com a endonuclease, obtêm-se fragmentos de restrição de tamanhos diferentes, denominados **polimorfismos no comprimento dos fragmentos de restrição**, ou **RFLPs** (pronuncia-se "riflips") para abreviar.

Esses *polimorfismos* ("muitas formas") são analisados por meio de eletroforese em gel para separar os fragmentos por tamanho, seguida pela transferência e pelo anelamento com uma sonda específica para uma sequência pesquisada.

alelos genes correspondentes em cromossomos pareados

homozigoto não exibe diferenças entre determinado gene em um cromossomo e o gene correspondente no cromossomo pareado

heterozigoto exibe diferenças entre determinado gene em um cromossomo e o gene correspondente no cromossomo pareado

polimorfismo no comprimento dos fragmentos de restrição (RFLP do inglês restriction fragment lenght poly morphisms.) diferenças no comprimento de fragmento do DNA de fontes diferentes quando digeridos com enzimas de restrição; técnica forense que utiliza DNA para identificar amostras biológicas

Como podem ser vistas as diferenças no DNA de indivíduos?

Pesquisas mostraram que esses polimorfismos são muito comuns, muito mais ainda que as mutações nas características genéticas, como a cor dos olhos ou as doenças hereditárias, utilizadas antes para fazer o mapeamento genético. Os RFLPs podem ser utilizados como marcadores em um mapa genético da mesma forma que se fazia com as mutações em características visíveis, porque eles são herdados da forma prevista pela genética clássica. Entretanto, por serem muito mais abundantes do que as mutações que acarretam variações fenotípicas, fornecem muito mais marcadores para um mapeamento genético detalhado. Os alelos de um filho provêm um de cada pai, assim, cada fragmento presente no filho deve estar presente em um de seus pais. Desta forma, se um provável pai fosse submetido a um teste de paternidade, seria fácil eliminá-lo. Se o filho apresentasse uma banda de RFLP que a mãe não possuísse, nem o provável pai, então o provável pai seria excluído. Os mesmos tipos de análises são realizados com as evidências encontradas em cenas de crimes. Os suspeitos em casos criminais podem ser descartados se suas amostras de DNA não combinarem com aquelas encontradas no local. A análise de RFLP foi utilizada extensivamente no processo de localização do gene alterado que causa a fibrose cística, uma conhecida doença genética. Uma vez localizado o gene no cromossomo 7, vários marcadores RFLP foram utilizados para ajudar a mapear sua posição exata. Em seguida, o gene foi isolado a partir de digestões com endonucleases de restrição e clonado, e o produto de sua proteína foi então caracterizado. A proteína em questão está envolvida no transporte do íon cloreto (Cl^-) através das membranas. Se essa proteína for defeituosa, o íon cloreto permanece na célula e, por osmose, absorve a água das secreções do muco ao redor. Como resultado, o muco fica mais espesso. Nos pulmões, esta condição favorece infecções, especialmente a pneumonia. Os resultados dessa doença podem ser trágicos, acarretando curto tempo de vida àqueles que são afetados por ela. Essas informações aprofundaram nosso conhecimento sobre a natureza da fibrose cística e fornecem abordagens para novos tratamentos. O quadro CONEXÕES **BIOQUÍMICAS 13.4** descreve como os *fingerprints* de DNA são usados no teste de paternidade.

13.4 Conexões Bioquímicas | ciência forense

CSI: Bioquímica Forense Usa Testes de DNA

Tem sido sugerido que amostras de tecidos sejam retiradas de todos os criminosos para permitir a identificação de sua presença em locais de crimes futuros por meio do processo de *fingerprint* do DNA (Seção 13-7). Isto pode parecer muito útil, mas algumas questões éticas e legais devem ser respondidas primeiro. Entretanto, o teste de DNA tem sido utilizado para determinar se pessoas presas atualmente poderiam estar envolvidas em crimes ainda não solucionados. Um tipo de crime frequentemente examinado desta forma é o estupro, uma vez que os fluidos corporais são em geral deixados para trás. Muitos crimes não solucionados estão sendo resolvidos e, em certos casos, alguns prisioneiros já condenados têm sido inocentados. Em pelo menos um caso bizarro um criminoso foi considerado inocente do crime pelo qual estava preso, para ser preso novamente em poucas semanas porque seu DNA combinava com as amostras encontradas em vítimas de estupro em três outros casos.

O poder do teste de DNA não pode ser superestimado. No julgamento de O. J. Simpson, a identidade do DNA nunca foi questionada, embora a defesa tenha sido bem-sucedida ao levantar questões quanto à possibilidade de as evidências terem sido plantadas. Na grande maioria dos casos, a evidência do DNA resulta na liberação de inocentes suspeitos de um crime. No entanto, quando o DNA combina, o número de acordos quanto à pena cresce e os crimes são solucionados sem a necessidade de julgamentos longos e dispendiosos.

O estabelecimento da paternidade é uma aplicação óbvia para os testes de DNA. Os marcadores do DNA encontrados em um indivíduo são obrigatoriamente provenientes de sua mãe ou de seu pai. Um homem suspeito de ser o pai de alguém em particular será imediatamente excluído de qualquer consideração se o DNA do possível filho contiver marcadores não encontrados no DNA da mãe nem do suposto pai. É mais difícil provar, de forma conclusiva, que uma pessoa é o pai de determinado indivíduo, pois geralmente é muito caro testar marcadores suficientes para fornecer uma prova conclusiva. Entretanto, em casos nos quais existem somente dois ou três candidatos à paternidade, normalmente é possível determinar qual deles é o correto. ◗

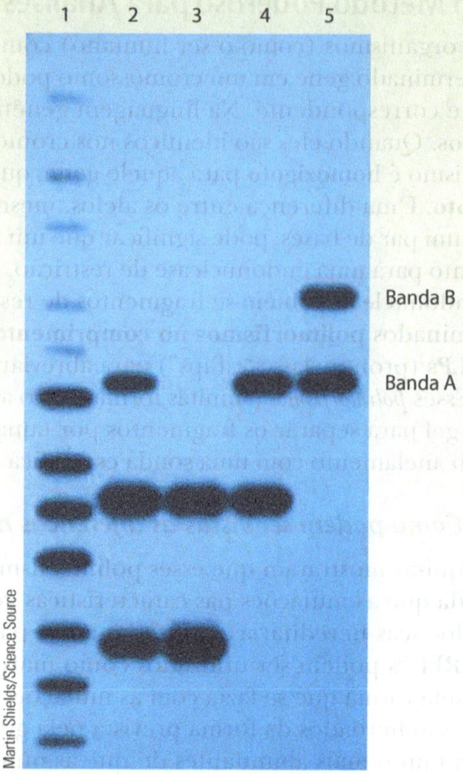
1
2
3
4
5
Banda B
Banda A
Martin Shields/Science Source

***Fingerprint* de DNA de teste de paternidade.** Este gel mostra possíveis resultados de uma *fingerprint* de DNA de um teste de paternidade. A linha 1 mostra um tamanho de DNA em escada usado como controle. A linha 2 é um padrão de DNA da mãe. As linhas 3 e 4 são padrões de DNA de possíveis pais. A linha 5 é o padrão de DNA do filho. Cada banda no DNA do filho deve ter uma banda correspondente no DNA da mãe ou do pai. A banda A no DNA da criança bate com uma banda no DNA da mãe e no possível pai na linha 4. Entretanto, a banda B no DNA da criança não é vista no DNA da mãe nem no DNA dos possíveis pais. Isto exclui ambos como pais da criança.

13-8 Sequenciamento de DNA

Vimos anteriormente que a estrutura primária de uma proteína determina suas estruturas secundária e terciária. O mesmo ocorre com os ácidos nucleicos. A natureza e a ordem das unidades monoméricas determinam as propriedades de toda a molécula. O pareamento de bases, tanto no RNA quanto no DNA, depende de uma série de bases complementares e do fato de essas bases se encontrarem em fitas de polinucleotídeos diferentes, como no DNA, ou na mesma fita, como é frequente no caso do RNA. Hoje, o sequenciamento dos ácidos nucleicos é mera rotina; esta relativa facilidade teria estarrecido os cientistas das décadas de 1950 e 1960.

O método criado por Sanger e Coulson para determinar as sequências de bases dos ácidos nucleicos depende da interrupção seletiva da síntese de oligonucleotídeos. Um fragmento de DNA de fita simples, cuja sequência deve ser determinada, é utilizado como molde para a síntese de uma fita complementar. A nova fita cresce da extremidade 5' para a 3'. Essa direção única de crescimento é a mesma para a síntese de todos os ácidos nucleicos (Capítulo 10). A síntese é interrompida a cada sítio possível em uma população de moléculas. A interrupção da síntese depende da presença de 2',3'-didesoxirribonucleosídeos trifosfatos (ddNTPs).

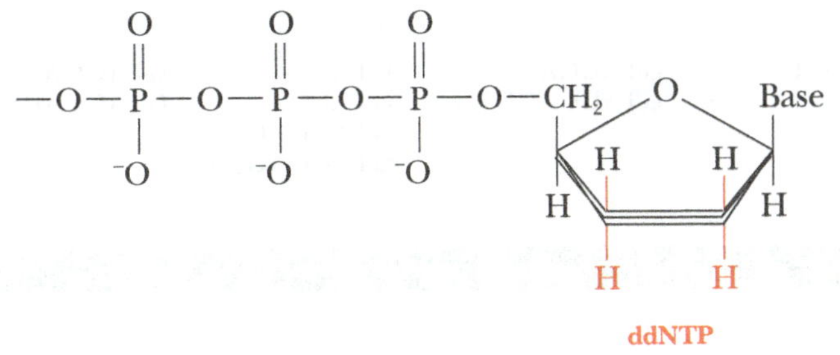
Base
ddNTP

O grupo 3'-hidroxila de desoxirribonucleosídeos trifosfatos (a unidade monomérica usual para a síntese do DNA) foi substituído por um hidrogênio.

Como os didesoxinucleotídeos nos permitem sequenciar o DNA?

Esses ddNTPs podem ser incorporados a uma cadeia de DNA crescente, porém, falta-lhes um grupo 3'-hidroxila para formar uma ligação com outro nucleosídeo trifosfato. A incorporação de um ddNTP na cadeia em crescimento acarreta a terminação nesse ponto. A presença de pequenas quantidades de ddNTPs em uma mistura de replicação gera a terminação aleatória do crescimento da cadeia que está sendo sintetizada.

O DNA a ser sequenciado é misturado com um pequeno oligonucleotídeo que serve como primer para a síntese da fita complementar. O primer é ligado por ligações de hidrogênio com a extremidade 3' do DNA a ser sequenciado. O DNA com o primer é dividido em quatro misturas reativas independentes. Cada mistura reativa contém todos os quatro desoxirribonucleosídeos trifosfatos (dNTPs), um dos quais é marcado para permitir que os fragmentos recém-sintetizados sejam visualizados por meio de autorradiografia ou por fluorescência, como descrito na Seção 13-1. Além disso, cada uma das misturas reativas contém um dos quatro ddNTPs. É possível dar prosseguimento à síntese da cadeia em cada uma das quatro misturas reativas. Em cada uma delas, a terminação da cadeia ocorre em todos os sítios possíveis do nucleotídeo em questão.

Quando a eletroforese em gel é realizada em cada uma das misturas reativas, surge uma banda correspondente a cada posição da terminação da cadeia. A sequência da fita recém-formada, complementar à do DNA molde, pode ser "lida" diretamente no gel de sequenciamento (Figura 13.16). Uma variação desse método é a utilização de uma única mistura reativa com um marcador fluorescente diferente para cada um dos ddNTPs. Cada marcador fluorescente pode ser detectado por seu espectro característico, necessitando apenas de um único experimento de eletroforese em gel. O uso de marcadores fluorescentes torna possível automatizar o sequenciamento do DNA, com todo o processo controlado por computador. Existem kits comerciais disponíveis no mercado para esses métodos de sequenciamento (Figura 13.17).

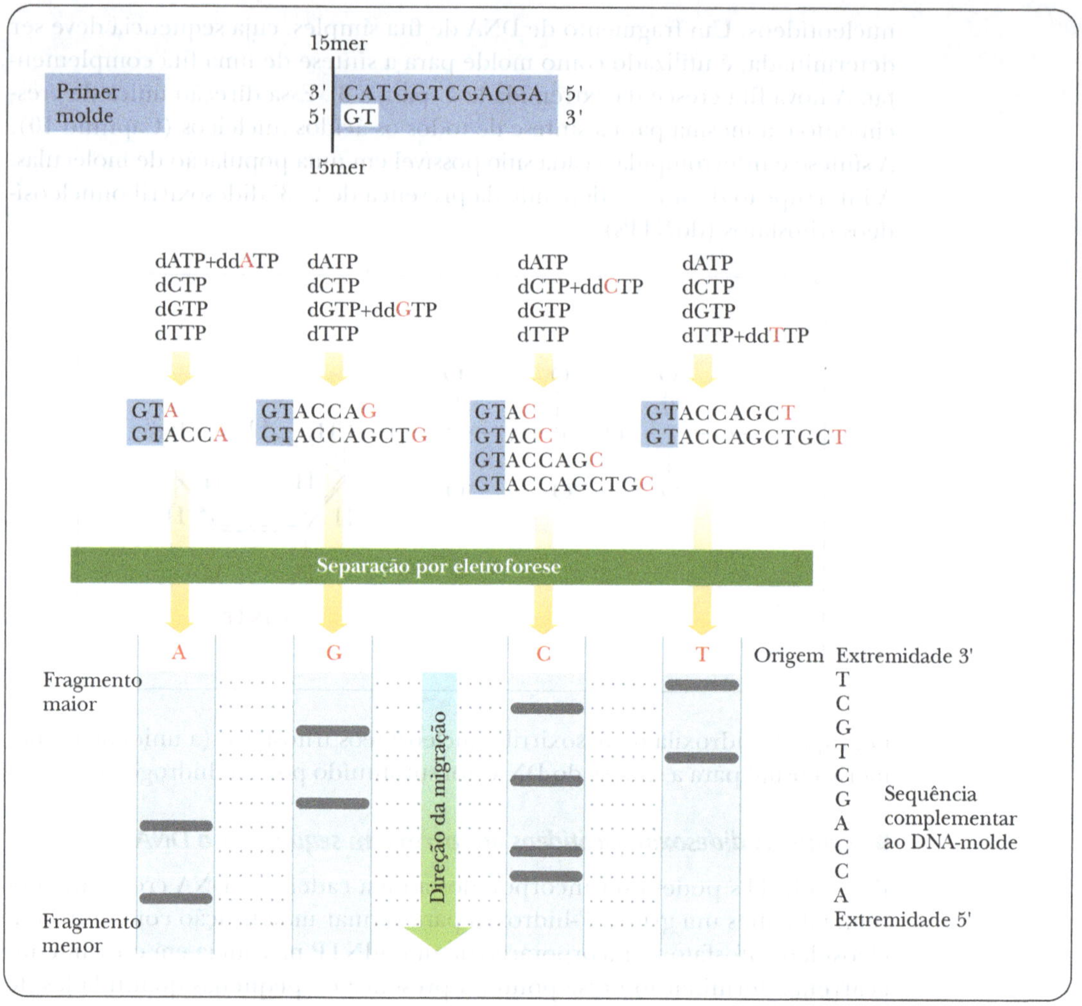
15mer
Primer
molde
3' CATGGTCGACGA 5'
5' GT 3'
15mer
dATP+ddATP
dCTP
dGTP
dTTP
dATP
dCTP
dGTP+ddGTP
dTTP
dATP
dCTP+ddCTP
dGTP
dTTP
dATP
dCTP
dGTP
dTTP+ddTTP
GTA
GTACCA
GTACCAG
GTACCAGCTG
GTAC
GTACC
GTACCAGC
GTACCAGCTGC
GTACCAGCT
GTACCAGCTGCT
Separação por eletroforese
A
G
C
T
Origem
Extremidade 3'
T
C
G
T
C
G
A
C
C
A
Extremidade 5'
Sequência complementar ao DNA-molde
Fragmento maior
Fragmento menor
Direção da migração

FIGURA 13.16 O método de Sanger-Coulson para sequenciamento do DNA. Um primer com comprimento de pelo menos 15 resíduos é ligado por ligações de hidrogênio à extremidade 3' do DNA a ser sequenciado. São preparadas quatro misturas reativas, cada uma contendo os quatro dNTPs e um dos quatro ddNTPs possíveis. A síntese ocorre em cada uma das misturas reativas. Entretanto, em determinada população de moléculas, a síntese é interrompida a cada sítio possível. É produzida uma mistura de oligonucleotídeos de comprimentos variáveis. Os componentes da mistura são separados por eletroforese em gel.

No caso do sequenciamento de RNA, o método de escolha não é analisar o RNA em si, mas, sim, utilizar os métodos de sequenciamento de DNA em uma fita de DNA complementar (cDNA) para o RNA em questão. O cDNA, por sua vez, é gerado com o uso da enzima transcriptase reversa, que catalisa a síntese do DNA a partir de um molde de RNA.

13-9 Genômica e Proteômica

Com cada vez mais sequências integrais de DNA disponíveis, torna-se tentador comparar essas sequências para ver se surgem padrões dos genes que codificam proteínas com funções semelhantes. A quantidade de dados leva à utilização de ferramentas de informática para o processo. Os bancos de dados sobre genoma e sequências proteicas são tão extensos que requerem o melhor da tecnologia de informação para solucionar problemas. Conhecer a sequência integral do DNA do genoma humano, por exemplo, permite-nos abordar as causas das doenças de um modo que não era possível até pouco

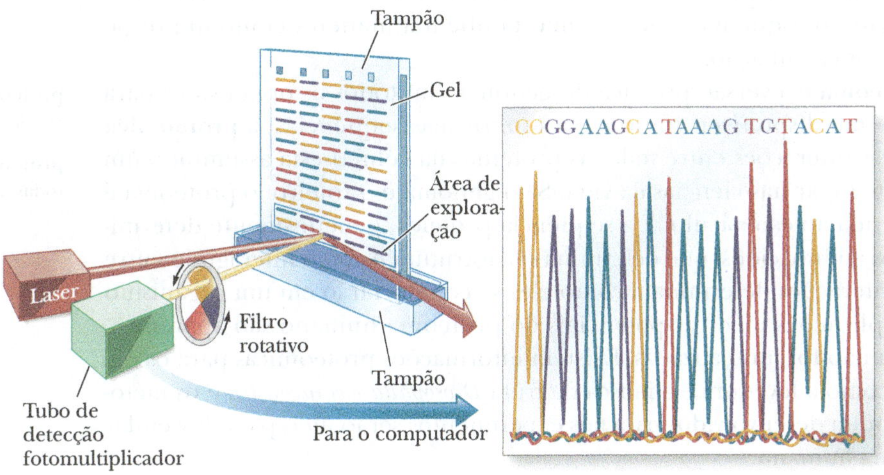

Tampão
Gel
Área de exploração
Laser
Filtro rotativo
Tampão
Tubo de detecção fotomultiplicador
Para o computador
CCGGAAGCATAAAGTGTACAT

Figura 13.17 Marcação fluorescente e sequenciamento automatizado do DNA. Quatro reações são estabelecidas, uma para cada base, e o primer em cada uma delas é marcado na extremidade com um dos quatro corantes fluorescentes diferentes. Os corantes servem para codificar uma base específica durante o sequenciamento (um único corante é utilizado em cada reação de didesoxinucleotídeo). As quatro misturas reativas são, então, combinadas e aplicadas em uma canaleta. Assim, cada canaleta no gel representa um experimento de sequenciamento diferente. Quando os fragmentos de tamanhos diferentes descem pelo gel, um feixe de raio laser estimula a solução corante na área de leitura. A energia emitida passa através do filtro de cores rotativo e é detectada por um fluorímetro. A cor da luz emitida identifica a base final do fragmento. (Adaptado de Biosystems, Inc., Foster City, CA.)

tempo atrás. Essa perspectiva foi um dos maiores incentivos para a realização do Projeto Genoma Humano. O site do National Human Genome Research Institute (Instituto Nacional de Pesquisas do Genona Humano), que faz parte dos National Institutes of Health – NIH (Institutos Nacionais de Saúde), contém informações úteis. O endereço do site é http://www.nhgri.nih.gov/.

Uma série de genomas está disponível on-line, junto com o software para comparações de sequências. Um bom exemplo é o material disponível no Sanger Institute (http://www.sanger.ac.uk). Em novembro de 2003, seus pesquisadores anunciaram que haviam sequenciado dois bilhões de bases a partir do DNA de diversos organismos (humanos, camundongos, peixes-zebra, leveduras e o nematoide *Caenorhabiditis elegans*, entre outros). Se essa quantidade de DNA fosse do tamanho de uma escada em espiral, ela iria da Terra até a Lua.

Uma questão implícita na determinação do genoma de qualquer organismo é quanto à atribuição de sequências para o cromossomo ao qual elas pertencem. Esta é uma tarefa desafiadora, possível somente por meio de algoritmos de computador adequados. Uma vez concluída esta tarefa, podem-se comparar os genomas para observar quais alterações ocorreram no DNA de organismos complexos em comparação com as alterações ocorridas nos organismos mais simples.

Acima desta aplicação, independente do quanto seja desafiadora, está a aplicação na medicina, que está dando origem a uma série de surpresas. Dois genes intimamente relacionados (*BRCA1* e*BRCA2*), envolvidos no desenvolvimento do câncer de mama, interagem com outros genes e proteínas, sendo este um tópico de extensivas pesquisas. A relação entre esses dois genes e uma série de cânceres aparentemente não relacionados está apenas começando a ser desvendada. Obviamente, é necessário determinar não somente o esquema genético, mas também a maneira como um organismo o coloca em ação.

O **proteoma** é a versão proteica do genoma. Em todos os organismos para os quais estão disponíveis informações sobre suas sequências, a **proteômica** (estudo das interações entre todas as proteínas da célula) está assumindo um importante lugar nas ciências da vida. Se o genoma é o roteiro, o proteoma é o que dá vida ao espetáculo. É a sequência proteica, geneticamente determinada pelos aminoácidos, que determina sua estrutura e como interagirão entre si. Essas interações determinam como eles se comportarão em um organismo vivo. As aplicações médicas potenciais do proteoma humano são aparentes, mas ainda não foram realizadas. Existem informações proteômicas para os eucariotos, como a levedura e a mosca da fruta *Drosophila melanogaster*, e os métodos que foram desenvolvidos para tais experimentos serão úteis para desvendar o proteoma humano.

proteoma conteúdo proteico total da célula

proteômica estudo das interações entre todas as proteínas da célula

Esta é verdadeiramente a era "ômica"! À medida que a tecnologia para estudar quantidades massivas de dados melhora, os cientistas têm sido capazes de focar em muitos aspectos diferentes da bioquímica. A genômica foi apenas o começo para a elucidação do genoma humano. Agora, os cientistas estão estudando conceitos como a "transcriptoma", a soma de todos os genes sendo transcritos dentro dos RNAs na célula, o "metaboloma", a soma de todos os componentes das rotas metabólicas, ou a "quinoma", a soma daquelas proteínas envolvidas nas reações de quinase.

O Poder das Microrredes – A Tecnologia Robótica Une-se à Bioquímica

Milhares de genes e seus produtos (isto é, RNA e proteínas) em um determinado organismo vivo atuam de forma complicada e harmoniosa. Infelizmente, os métodos tradicionais em biologia molecular sempre se concentraram na análise de um único gene por experimento. Nos últimos anos, uma nova tecnologia, denominada **microrrede de DNA** (**chip de DNA** ou **chip genético**), tem atraído intensamente o interesse de biólogos moleculares. As microrredes possibilitam a análise de um genoma inteiro em um único experimento e são utilizadas para estudar a expressão dos genes e as taxas de transcrição do genoma *in vivo*. Os genes transcritos em um determinado momento são conhecidos como **transcriptoma**. O princípio por trás da microrrede é a disposição de sequências específicas de nucleotídeos em um arranjo ordenado, o qual formará pares de bases com as sequências complementares de DNA ou RNA marcadas com marcadores fluorescentes de cores diferentes. As localizações onde ocorreram as ligações e as cores observadas são usadas, então, para medir a quantidade de DNA ou RNA ligados. Os chips de microrrede são produzidos por robótica de alta velocidade, capaz de colocar milhares de amostras em um *slide* de vidro com uma área de 1 cm^2, aproximadamente. O diâmetro de uma amostra individual poderia ser 200 mm ou menos. Existem vários métodos diferentes para implantar o DNA a ser estudado no chip, e muitas empresas produzem chips de microrrede.

microrredes de DNA (chip de DNA ou chip genético) microarranjo de amostras de DNA em um único chip de computador, no qual muitas amostras podem ser examinadas simultaneamente

transcriptoma grupo de genes que estão sendo transcritos em determinado momento

Como as microrredes funcionam?

A Figura 13.18 mostra um exemplo de como microrredes poderiam ser usadas para determinar se um novo medicamento em potencial seria danoso para as células hepáticas. Na Etapa 1, uma microrrede é comprada ou construída de tal forma que tenha um DNA de fita única representando milhares de genes diferentes, cada um aplicado em um ponto específico no chip de microrrede.

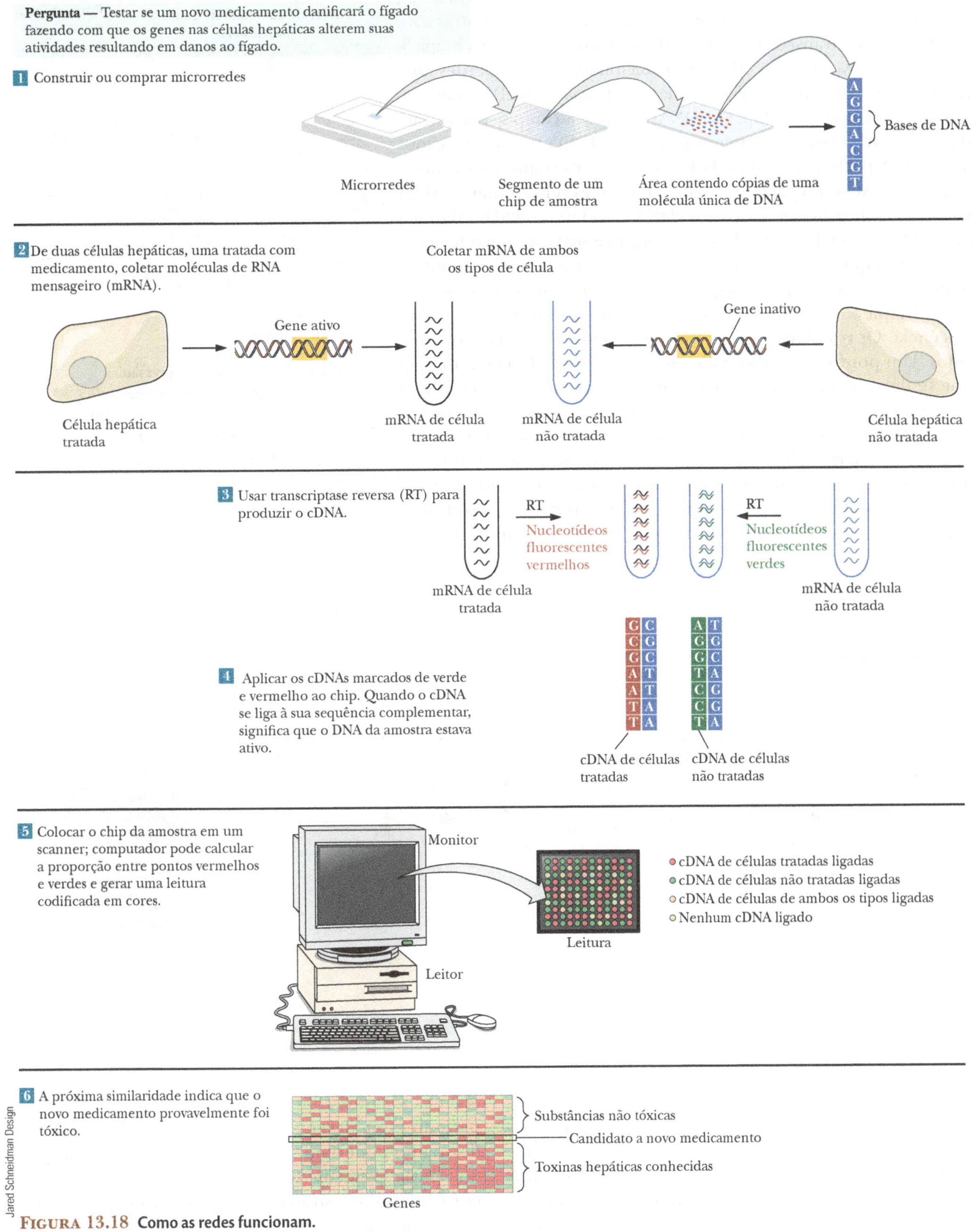
Pergunta — Testar se um novo medicamento danificará o fígado fazendo com que os genes nas células hepáticas alterem suas atividades resultando em danos ao fígado.
1 Construir ou comprar microrredes
Microrredes
Segmento de um chip de amostra
Área contendo cópias de uma molécula única de DNA
A G G A C G T
Bases de DNA
2 De duas células hepáticas, uma tratada com medicamento, coletar moléculas de RNA mensageiro (mRNA).
Coletar mRNA de ambos os tipos de célula
Gene ativo
Gene inativo
Célula hepática tratada
mRNA de célula tratada
mRNA de célula não tratada
Célula hepática não tratada
3 Usar transcriptase reversa (RT) para produzir o cDNA.
RT
Nucleotídeos fluorescentes vermelhos
RT
Nucleotídeos fluorescentes verdes
mRNA de célula tratada
mRNA de célula não tratada
4 Aplicar os cDNAs marcados de verde e vermelho ao chip. Quando o cDNA se liga à sua sequência complementar, significa que o DNA da amostra estava ativo.
G C
C G
G C
A T
A T
T A
T A
A T
G G
G C
T A
C G
C G
T A
cDNA de células tratadas
cDNA de células não tratadas
5 Colocar o chip da amostra em um scanner; computador pode calcular a proporção entre pontos vermelhos e verdes e gerar uma leitura codificada em cores.
Monitor
Leitor
Leitura
cDNA de células tratadas ligadas
cDNA de células não tratadas ligadas
cDNA de células de ambos os tipos ligadas
Nenhum cDNA ligado
6 A próxima similaridade indica que o novo medicamento provavelmente foi tóxico.
Substâncias não tóxicas
Candidato a novo medicamento
Toxinas hepáticas conhecidas
Genes
Jared Schneidman Design

FIGURA 13.18 Como as redes funcionam.

Na Etapa 2, diferentes populações de células hepáticas são coletadas, sendo uma tratada com o medicamento em potencial, e as outras não. O mRNA sendo transcrito nestas células é então coletado. Na Etapa 3, o mRNA é convertido em cDNA. São adicionadas marcas verdes fluorescentes ao cDNA das células tratadas. Na Etapa 4, os cDNAs marcados são adicionados ao chip. Os cDNAs ligam-se ao chip se encontram suas sequências complementares nos DNAs de fita única carregados no chip. A parte expandida da Etapa 4 mostra o que está acontecendo no nível molecular. As sequências pretas representam o DNA ligado ao chip, as vermelhas são os cDNA de células tratadas. Algumas das sequências de DNA no chip não se ligam a nada, algumas ligam-se apenas às sequências vermelhas, enquanto outras ligam-se apenas às sequências verdes. Algumas sequências no chip ligam-se a ambas.

Na Etapa 5, o chip é varrido e um computador analisa a fluorescência. Os resultados aparecem como uma série de pontos coloridos. Um ponto vermelho indica uma sequência de DNA no chip que se ligou ao cDNA de células tratadas, significa que um mRNA estava sendo expresso nas células tratadas. Um ponto verde indica um RNA produzido em células não tratadas, mas não nas tratadas. Um ponto amarelo indicaria um mRNA que foi produzido igualmente nas células tratadas e não tratadas. Os espaços pretos indicam as sequências de DNA no chip para as quais o mRNA foi produzido em qualquer situação. Para responder à pergunta sobre o medicamento em potencial ser tóxico para as células hepáticas, os resultados da microrrede seriam comparados com controles rodados com células hepáticas e medicamentos conhecidos por serem tóxicos *versus* aqueles que se sabe não tóxicos, como mostrado na Etapa 6.

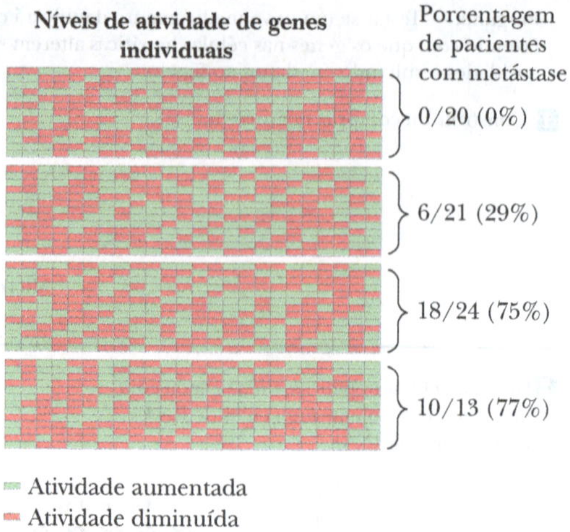

Níveis de atividade de genes individuais
Porcentagem de pacientes com metástase
0/20 (0%)
6/21 (29%)
18/24 (75%)
10/13 (77%)
Atividade aumentada
Atividade diminuída

FIGURA 13.19 Perfis de expressão. Quatro microrredes mostram diferentes padrões de expressão para pacientes com câncer. Estes são comparados ao percentual de pacientes que mais tarde desenvolveram metástase.

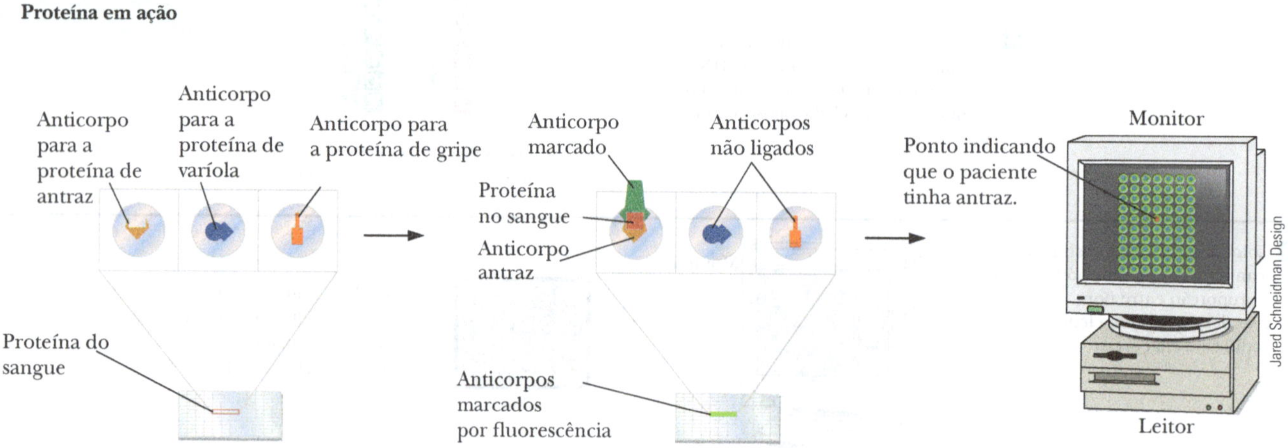

Proteína em ação
Anticorpo para a proteína de antraz
Anticorpo para a proteína de varíola
Anticorpo para a proteína de gripe
Proteína do sangue
Anticorpo marcado
Proteína no sangue
Anticorpo antraz
Anticorpos não ligados
Anticorpos marcados por fluorescência
Monitor
Ponto indicando que o paciente tinha antraz.
Leitor
Jared Schneidman Design

FIGURA 13.20 Redes de proteínas em ação.

A Figura 13.19 mostra os resultados de um estudo projetado para varrer células de pacientes com câncer e correlacionar padrões de microrredes com prognósticos. Os quatro padrões diferentes são comparados e correlacionados com os padrões da porcentagem de pacientes que desenvolveram metástase. Informações desse tipo poderiam ser essenciais para o tratamento do câncer. Os médicos normalmente têm que escolher entre diferentes estratégias. Mas, se tivessem acesso aos dados como estes de seus pacientes, seriam capazes de prever a probabilidade de o paciente desenvolver formas mais sérias de câncer e, consequentemente, escolher um tratamento mais apropriado.

Redes de Proteína

Outro tipo de microchip usa proteína ao invés de DNA. Essas redes de proteínas são baseadas nas interações entre as proteínas e os anticorpos (Capítulo 14). Por exemplo, anticorpos para doenças conhecidas podem ser ligados à microrrede. Uma amostra de sangue de um paciente pode então ser colocada na microrrede. Se o paciente tem uma doença específica, as proteínas específicas daquela doença ligam-se aos anticorpos específicos. Os anticorpos marcados por fluorescência são então adicionados e a microrrede é varrida. A Figura 13.20 mostra como isto funcionaria para identificar que um paciente tinha antraz. Esta técnica está ganhando popularidade e poder, mas é limitada pelo fato de anticorpos purificados terem sido criados para uma doença em particular.

Resumo

Como os ácidos nucleicos são separados? Duas das principais necessidades para um experimento bem-sucedido com ácidos nucleicos são a separação dos componentes de uma mistura e a detecção da presença desses ácidos. O DNA pode ser cortado em porções com enzimas de restrição e, então, separado por eletroforese em gel.

Como podemos visualizar o DNA? O DNA pode ser visualizado com uma variedade de corantes. O método mais padrão é reagir o DNA digerido em um gel contendo brometo de etídio. Bandas de DNA apresentam fluorescência laranja sob luz UV e podem ser facilmente vistas.

Por que as extremidades adesivas são importantes? As endonucleases de restrição desempenham um papel importante na manipulação do DNA. Essas enzimas produzem trechos curtos de fitas simples, denominados extremidades adesivas, nas extremidades do DNA clivado. Essas extremidades adesivas proporcionam uma forma de ligar DNAs provenientes de origens diferentes, até mesmo a ponto de inserir o DNA eucariótico em genomas bacterianos.

O que é clonagem? Amostras de DNA de origens diferentes podem ser cortadas de forma seletiva utilizando-se as endonucleases de restrição e, em seguida, ser unidas à DNA ligase para produzir o DNA recombinante. O DNA de outra origem pode ser inserido no genoma de um vírus ou de uma bactéria. Nas bactérias, o DNA exógeno é, geralmente, inserido em um plasmídeo, um DNA menor e circular independente do cromossomo bacteriano principal. O crescimento do vírus ou da bactéria também produz grandes quantidades do DNA em questão por meio do processo de clonagem.

O que são plasmídeos? Plasmídeos são pequenos pedaços circulares de DNA de origem bacteriana. Eles normalmente carregam vários genes úteis, como um gene de resistência a antibióticos. Uma vez dentro de uma bactéria, eles replicam quando o DNA bactericida replica.

Qual o propósito da engenharia genética? Após a clonagem bem-sucedida do DNA, ele pode ser expresso utilizando-se um vetor de expressão e uma linhagem celular. Isto possibilita a produção de proteínas eucarióticas de forma rápida e barata em hospedeiros bacterianos. Os organismos alterados geneticamente, como camundongos e milho, foram desenvolvidos com propósitos científicos puros e aplicados; e muito mais alterações estão por vir.

Como as proteínas humanas podem ser produzidas por bactérias? Se um gene humano é inserido em um plasmídeo e este é transformado em uma célula bacteriana, quando a célula se divide e replica, o mesmo acontece com o plasmídeo. Se o plasmídeo é um vetor de expressão, então ele pode também transcrever e traduzir a proteína do gene humano sendo carregada pelo plasmídeo. Desta forma, as bactérias podem produzir proteínas humanas para a ciência e a medicina.

O que é um vetor de expressão? Vetor de expressão é um plasmídeo que contém um sítio de ligação ribossômico e um sítio de terminação, de tal forma que o mRNA produzido a partir de um gene inserido que carrega é traduzido na célula hospedeira.

Como encontramos o pedaço de DNA que queremos em uma biblioteca? Uma vez que uma biblioteca de DNA é estabelecida em uma série de placas, as colônias são transferidas para discos de filtro. Esses discos podem reagir com sondas de DNA específicas para uma sequência de interesse. A sonda tem ^{32}P, logo, quando se liga, sua localização pode ser determinada com autorradiografia. A colônia naquela posição pode então ser isolada e ampliada para estudo.

Quais são as vantagens do PCR? Um método alternativo de produzir grandes quantidades de determinado

DNA, denominado reação em cadeia da polimerase, depende somente das reações enzimáticas, e não requer hospedeiros virais ou bacterianos. O procedimento é automatizado e baseia-se em uma forma termoestável de DNA polimerase. A vantagem é que o PCR é mais rápido, produz mais DNA e não requer plasmídeos nem crescimento bacteriano para gerar resultados. O PCR quantitativo permite medidas sensíveis da quantidade de DNA alvo que estava na amostra.

Como podem ser vistas as diferenças no DNA de indivíduos? A capacidade de analisar fragmentos de DNA é importante para a pesquisa básica e para a ciência forense. O *fingerprint* do DNA permite a identificação de indivíduos a partir de amostras de DNA. O DNA é digerido com enzimas de restrição e um padrão de bandas é observado por meio da eletroforese do material digerido. Não existem dois indivíduos que apresentem o mesmo padrão, assim como não há duas pessoas com a mesma impressão digital. Esta técnica é utilizada com frequência em testes de paternidade e também para a identificação de criminosos.

Como os didesoxinucleotídeos nos permite sequenciar o DNA? O método de Sanger-Coulson possibilita determinar a sequência completa do DNA usando didesoxinucleotídeos. Esses nucleotídeos provocam a terminação da cadeia durante a síntese de DNA. Realizando reações paralelas com uma versão didesoxi de cada um dos quatro desoxinucleotídeos, podemos ver um padrão de bandas em um gel que nos permite ler a sequência de DNA.

Como as microrredes funcionam? A tecnologia robótica é usada para carregar milhares de amostras de DNA ou proteína em um microchip. Amostras biológicas são então colocadas em um chip e a ligação é avaliada através do uso de fluorescência. No caso de um chip de DNA, por exemplo, o mRNA de uma célula é um marcador fluorescente vermelho. Quando colocado em um chip, a localização dos pontos vermelhos nos diz quais sequências de DNA foram combinadas pelo mRNA. Outra amostra de célula tomada sob condições diferentes pode ter seu mRNA marcado com um marcador verde fluorescente. A comparação de onde os pontos verde e vermelho estão diz ao pesquisador as diferenças na expressão do mRNA sob as duas condições.

Exercícios de Revisão

13-1 Purificação e Detecção de Ácidos Nucleicos

1. **VERIFICAÇÃO DE FATOS** Quais vantagens a marcação fluorescente oferece sobre os métodos radioativos de marcação do DNA?
2. **VERIFICAÇÃO DE FATOS** Quais métodos são utilizados para visualizar os ácidos nucleicos marcados radioativamente?
3. **PERGUNTA DE RACIOCÍNIO** Quando as proteínas são separadas utlizando-se eletroforese em gel nativo, tamanho, forma e carga controlam sua taxa de migração sobre o gel. Por que o DNA é separado com base no tamanho, e por que não nos importamos muito com sua forma e carga?

13-2 Endonucleases de Restrição

4. **VERIFICAÇÃO DE FATOS** Como a utilização de endonucleases de restrição com especificidades diferentes ajuda no sequenciamento do DNA?
5. **VERIFICAÇÃO DE FATOS** Qual a importância da metilação na atividade das endonucleases de restrição?
6. **VERIFICAÇÃO DE FATOS** Por que as endonucleases de restrição não hidrolisam o DNA do organismo que o produz?
7. **VERIFICAÇÃO DE FATOS** Qual foi o papel desempenhado pelas endonucleases de restrição na localização do gene associado à fibrose cística?
8. **VERIFICAÇÃO DE FATOS** De onde se originou o nome das endonucleases de restrição?
9. **VERIFICAÇÃO DE FATOS** O que as palavras e frases a seguir têm em comum? ANA; OVO; RADAR; AME O POEMA; LUZ AZUL; ROMA ME TEM AMOR.
10. **VERIFICAÇÃO DE FATOS** Cite três exemplos de palíndromos do DNA.
11. **VERIFICAÇÃO DE FATOS** Quais são as três diferenças entre os sítios reconhecidos por *Hae*III e os reconhecidos por *Bam*HI?
12. **VERIFICAÇÃO DE FATOS** O que são extremidades adesivas? Qual sua importância para a tecnologia do DNA recombinante?
13. **VERIFICAÇÃO DE FATOS** Qual seria a vantagem de utilizar *Hae*III para um experimento de clonagem? E qual seria a desvantagem?

13-3 Clonagem

14. **VERIFICAÇÃO DE FATOS** Descreva a clonagem do DNA.
15. **VERIFICAÇÃO DE FATOS** Quais vetores podem ser utilizados para clonagem?
16. **VERIFICAÇÃO DE FATOS** Descreva o método que você utilizaria para testar a absorção de um plasmídeo com um DNA inserido.
17. **VERIFICAÇÃO DE FATOS** O que é a triagem azul/branco? Qual a característica chave de um plasmídeo que é utilizado para esse procedimento?
18. **PERGUNTA DE RACIOCÍNIO** Quais são alguns dos "requisitos" básicos para a tecnologia do DNA recombinante?
19. **PERGUNTA DE RACIOCÍNIO** Quais são alguns dos riscos (e precauções) da tecnologia do DNA recombinante?

13-4 Engenharia genética

20. **VERIFICAÇÃO DE FATOS** Qual a finalidade da engenharia genética na agricultura?

21. **VERIFICAÇÃO DE FATOS** Que proteínas humanas são produzidas pela engenharia genética?
22. **VERIFICAÇÃO DE FATOS** Você sai para um passeio de carro no campo com alguns amigos e passa por uma plantação de milho com uma placa. Eles não entendem a mensagem em código na placa, com as letras "Bt" seguidas por alguns números. Você tem condições de lhes explicar com base na informação fornecida neste capítulo. Qual é essa informação?
23. **PERGUNTA DE RACIOCÍNIO** Utilizando as informações que vimos sobre lactato desidrogenase, como você poderia clonar e expressar a lactato desidrogenase 3 (LDH 3) humana em bactérias?
24. **PERGUNTA DE RACIOCÍNIO** Quais são os requisitos para um vetor de expressão?
25. **PERGUNTA DE RACIOCÍNIO** O que é uma proteína de fusão? Como as proteínas de fusão estão envolvidas na clonagem e expressão?
26. **PERGUNTA DE RACIOCÍNIO** Uma amiga diz a você que não deseja alimentar seu bebê com leite produzido por alta tecnologia, pois teme que o BST interfira no crescimento do bebê por superestimulação. O que você lhe diz?
27. **PERGUNTA DE RACIOCÍNIO** Os genes das cadeias α e β-globina da hemoglobina contêm íntrons (isto é, são genes fragmentados). Como este fato poderia afetar seus planos caso quisesse inserir o gene para α-globina em um plasmídeo bacteriano e fazer que as bactérias produzissem essa proteína?
28. **PERGUNTA DE RACIOCÍNIO** Descreva os métodos que você utilizaria para produzir o hormônio do crescimento humano (substância utilizada no tratamento do nanismo) em bactérias.
29. **PERGUNTA DE RACIOCÍNIO** Sabe-se que bactérias e leveduras não possuem príons (Capítulo 4). O que este fato tem a ver com a popularidade de expressar proteínas de mamíferos utilizando-se vetores bacterianos?

13-5 Bibliotecas de DNA

30. **VERIFICAÇÃO DE FATOS** Quais são as diferenças entre uma biblioteca de DNA e uma biblioteca de cDNA?
31. **PERGUNTA DE RACIOCÍNIO** Por que a construção de uma biblioteca de DNA é uma grande incumbência?
32. **PERGUNTA DE RACIOCÍNIO** Por que algumas publicações exigem que os autores de artigos que descrevem bibliotecas de DNA as tornem disponíveis para outros pesquisadores?

13-6 A Reação em Cadeia da Polimerase

33. **VERIFICAÇÃO DE FATOS** Por que o controle da temperatura é tão importante na reação em cadeia da polimerase?
34. **VERIFICAÇÃO DE FATOS** Por que a utilização de DNA polimerase termoestável é um fator importante na reação em cadeia da polimerase?
35. **VERIFICAÇÃO DE FATOS** Quais são os critérios para "bons" primers em uma reação PCR?
36. **PERGUNTA DE RACIOCÍNIO** Que dificuldades surgem na reação em cadeia da polimerase se houver contaminação do DNA a ser copiado?
37. **PERGUNTA DE RACIOCÍNIO** Cada um dos pares de primers a seguir apresenta um problema. Diga por que esses primers não funcionariam corretamente.
    (a) Primer direto 5' GCCTCCGGAGACCCATTGG 3'
    Primer reverso 5' TTCTAAGAAACTGTTAAGG 3'
    (b) Primer direto 5' GGGGCCCCTCACTCGGGGCCCC 3'
    Primer reverso 5' TCGGCGGCCGTGGCCGAGGCAG 3'
    (c) Primer direto 5' TCGAATTGCCAATGAAGGTCCG 3'
    Primer reverso 5' CGGACCTTCATTGGCAATTCGA 3'
38. **VERIFICAÇÃO DE FATOS** O que é qPCR?
39. **VERIFICAÇÃO DE FATOS** Qual é a diferença funcional entre o PCR normal e o qPCR?

13-7 *Fingerprinting* de DNA

40. **PERGUNTA DE RACIOCÍNIO** Suponha que você seja um promotor de justiça. Como a introdução da reação em cadeia da polimerase alterou seu trabalho?
41. **PERGUNTA DE RACIOCÍNIO** Por que uma evidência de DNA é mais útil como prova excludente do que para a identificação positiva de um suspeito?

13-8 Sequenciamento de DNA

42. **PERGUNTA DE RACIOCÍNIO** Forneça a sequência de DNA para a fita molde que gera o seguinte gel para sequenciamento, preparado utilizando-se o método de Sanger com uma marca radioativa na extremidade 5' do primer.

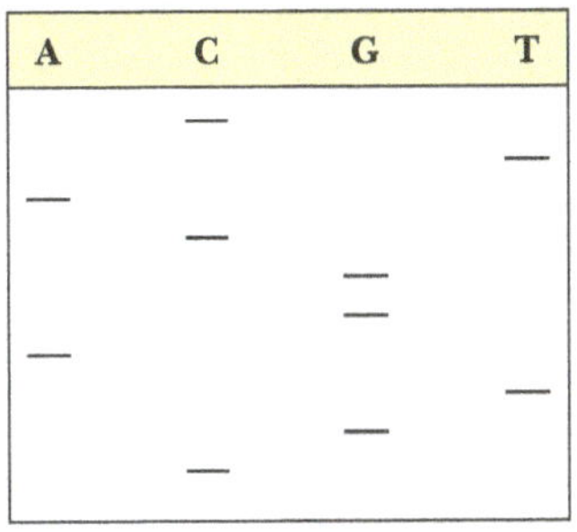
A
C
G
T

43. **PERGUNTA DE RACIOCÍNIO** Embora estejam disponíveis técnicas para determinar as sequências dos aminoácidos nas proteínas, o sequenciamento indireto das proteínas vem se tornando cada vez mais comum para determinar a sequência de bases do gene da proteína e, então, deduzir a sequência dos aminoácidos a partir das relações do código genético. Sugira por que esta técnica tem sido utilizada para as proteínas.
44. **PERGUNTA DE RACIOCÍNIO** Às vezes, conhecer a sequência do DNA de um gene que codifica uma proteína não significa conhecer a sequência dos aminoácidos. Sugira várias razões para isto ocorrer.
45. **PERGUNTA DE RACIOCÍNIO** Essa é uma questão hipotética – não existe uma resposta "correta" – para ser discutida com uma xícara de café e bolinhos. De que forma seria possível impedir a discriminação genética resultante das informações disponibilizadas pelo Projeto Genoma Humano?
46. **PERGUNTA DE RACIOCÍNIO** Um recente comercial de televisão apresentando o ex-ciclista Lance Armstrong falava sobre a possibilidade de as pessoas portarem um cartão com seu genótipo DNA contendo todas as informações necessárias para prever doenças futuras. Por conseguinte, ele poderia ser utilizado para ajudar na prescrição de medicamentos para interromper uma condição médica antes que se tornasse aparente. Forneça alguns exemplos de como essa possibilidade poderia ser utilizada em benefício ou detrimento da raça humana.

13-9 Genômica e Proteômica

47. **VERIFICAÇÃO DE FATOS** Qual a diferença entre genoma e proteoma?
48. **VERIFICAÇÃO DE FATOS** Foi realizada a análise proteômica em eucariotos multicelulares?
49. **VERIFICAÇÃO DE FATOS** Explique como os microchips funcionam.

50. **PERGUNTA DE RACIOCÍNIO** Se você quisesse estudar a natureza da transcrição em levedura sob condições aeróbicas *versus* anaeróbicas, como poderia usar as microrredes de DNA para realizar isso?
51. **VERIFICAÇÃO DE FATOS** Como as microrredes de DNA são usadas para varrer as células de um paciente para um prognóstico de câncer?
52. **VERIFICAÇÃO DE FATOS** Quais são as principais diferenças entre as microrredes de DNA e as microrredes de proteínas e como são usadas na pesquisa?

Vírus, Câncer e Imunologia

14

14-1 Vírus

Sempre foi difícil classificar os vírus seguindo a taxonomia normal. Muitos discutem se deveriam ou não ser considerados seres vivos. Os vírus não podem se reproduzir independentemente, assim como não conseguem criar proteínas ou gerar energia, não preenchendo, portanto, todos os requisitos para a vida como tradicionalmente definida. Porém, se eles não são formas de vida, o que são? A definição mais simples seria uma quantidade relativamente pequena de material genético cercado por um envelope proteico. A vasta maioria dos vírus possui apenas um tipo de ácido nucleico, ou o DNA ou o RNA. Dependendo do vírus, esse ácido nucleico pode ter uma única fita ou fita dupla.

Por que os vírus são importantes?

Os vírus são conhecidos pelas doenças que causam. Eles são patógenos de bactérias, vegetais e animais. Alguns vírus são mortais, como o Ebola, de ação rápida, podendo apresentar uma taxa de mortalidade acima de 85%, e o de ação lenta, porém igualmente mortal, o **vírus da imunodeficiência humana (HIV)**, causador da **síndrome da imunodeficiência adquirida (Aids)**. Outros vírus podem ser simplesmente incômodos, como o rinovírus, que causa o resfriado comum.

vírus da imunodeficiência humana (HIV) retrovírus que ataca o sistema imunológico e é o agente causador da Aids

síndrome da imunodeficiência adquirida (Aids) doença provocada pelo vírus da imunodeficiência humana, que é caracterizado pela baixa contagem de células T, levando a infecções que frequentemente se mostram fatais

RESUMO DO CAPÍTULO

Qual é a estrutura de um vírus?

vírion partícula completa de um vírus que consiste em um ácido nucleico e uma capa proteica

capsídeo envoltório proteico de um vírus

Os vírus são partículas muito pequenas compostas por ácido nucleico e proteína. Toda partícula viral é chamada **vírion**. No centro do vírion está o ácido nucleico, ao redor do qual está o **capsídeo**, um revestimento proteico. A combinação do ácido nucleico e do capsídeo é chamada *nucleocapsídeo*, e, para alguns vírus, como o rinovírus, esta é a partícula toda. Vários outros vírus, incluindo o HIV, possuem um *envelope membranoso* ao redor do nucleocapsídeo. Muitos vírus também possuem *espículas proteicas* que ajudam na fixação à célula hospedeira. A Figura 14.1 mostra as características principais de um vírus.

A forma geral de um vírus varia. A forma viral clássica, observada com maior frequência na literatura, possui um capsídeo hexagonal com um bastão que se projeta dele e se fixa à célula hospedeira, agindo como uma seringa para injetar o ácido nucleico. O bacteriófago T2 da *E. coli* é um exemplo clássico de um vírus deste formato. O vírus mosaico do tabaco (TMV do inglês tabaco mosaic virus), por sua vez, possui a forma de um bastão.

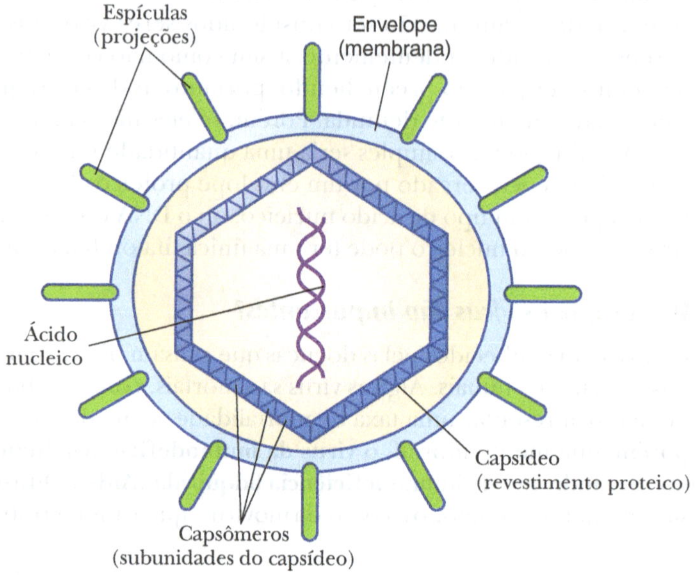
Espículas
(projeções)
Envelope
(membrana)
Ácido
nucleico
Capsídeo
(revestimento proteico)
Capsômeros
(subunidades do capsídeo)

FIGURA 14.1 **Arquitetura de uma partícula viral típica.** O ácido nucleico está no meio, cercado por um revestimento proteico chamado capsídeo. Muitos vírus também possuem um envelope membranoso, em geral, coberto por espículas proteicas.

Famílias de Vírus

Embora existam muitas características que diferenciem os vírus, a maioria está organizada pela condição de apresentar um genoma de DNA ou RNA e um envelope ou não. Além disso, a natureza do ácido nucleico (linear *versus* circular, pequeno *versus* grande, fita simples *versus* fita dupla) e o modo de incorporação (o ácido nucleico permanece separado *versus* interage com o cromossomo hospedeiro) distinguem os diferentes tipos de vírus. A Tabela 14.1 mostra algumas doenças virais conhecidas e as famílias de vírus causadores dessas doenças.

Ciclos de Vida dos Vírus

A maioria dos vírus não consegue sobreviver por longos períodos fora das células às quais devem obter rapidamente acesso. Há vários mecanismos para obter acesso, e evitá-lo tem sido o principal foco das empresas farmacêuticas que tentam desenvolver medicamentos antivirais. A Figura 14.2 mostra um exemplo

Tabela 14.1 Vírus de Vertebrados e as Doenças que Causam

Vírus Contendo DNA, Sem Envelope	
Adenovírus	Doenças respiratórias e gastrintestinais
Circovírus	Anemia em galinhas
Iridovírus	Diversas doenças de insetos, peixes e rãs
Papovavírus	Verrugas
Papilomavírus	Câncer cervical
Papilomavírus humano	
Parvovírus	
Parvovírus humano B19	Quinta doença (erupção cutânea da infância)
Parvovírus canino	Gastroenterite viral em cães

Vírus Contendo DNA, Com Envelope	
Vírus da febre suína africana	Febre suína africana (raramente ocorre em humanos)
Hepadnavírus	Hepatite B
Herpesvírus	
Citomegalovírus	Defeitos congênitos
Vírus Epstein–Barr (EBV)	Mononucleose infecciosa e linfoma de Burkitt
Vírus do herpes simplex (HSV) tipo I	Herbes labial
Vírus do herpes simplex (HSV) tipo 2	Herpes genital
Vírus varicella-zóster (vírus herpes zóster)	Catapora e herpes zóster
Poxvírus	Varíola do macaco
Vírus da varíola do macaco	Varíola
Vírus da varíola maior	

Vírus Contendo RNA, Sem Envelope	
Astrovírus	Gastroenterite
Birnavírus	Diversas doenças de pássaros, peixes e insetos
Calcivírus	Gastroenterite de Norwalk
Picornavírus	
Vírus da hepatite A	Hepatite A
Poliovírus	Poliomielite
Rinovírus	Resfriado comum
Reovírus	
Rotavírus	Gastroenterite infantil

Vírus Contendo RNA, Com Envelope	
Arenavírus	
Vírus lassa	Febre lassa
Artenovírus	
Vírus de arterite	Arterite viral equina
Bunyamwera	
Vírus da encefalite da Califórnia	Encefalite da Califórnia
Hantavírus	Febre hemorrágica epidêmica ou pneumonia
Coronavírus	Doença respiratória, possivelmente gastroenterite
Filovírus	
Vírus Ebola	Doença de Ebola
Vírus Marburg	Doença de Marburg
Flavivírus	
Vírus de dengue	Febre dengue
Vírus da hepatite C	Hepatite C
Vírus da Encefalite de St. Louis	Encefalite de St. Louis
Vírus da febre amarela	Febre amarela
Ortomixovírus	Gripe
Paramixovírus	
Vírus do sarampo	Sarampo
Vírus da caxumba	Caxumba
Vírus sincicial respiratório (VSR)	Pneumonia, bronquite
Retrovírus	Leucemia, linfoma
Vírus T-linfotrópico	
Vírus T-linfotrópico humano (HTLV)	
Vírus da imunodeficiência humana (HIV)	Síndrome da imunodeficiência adquirida (Aids)
Rhabdovírus	
Vírus da raiva	Raiva
Togavírus	
Vírus da rubéola	Rubéola (sarampo alemão)
Vírus da encefalomielite equina do leste (EEE)	Encefalomielite

genérico de um vírus infectando uma célula. O vírus liga-se à membrana celular e libera seu DNA no interior da célula. O DNA é então replicado pelas DNA polimerases do hospedeiro e transcrito pelas RNA polimerases do hospedeiro. A transcrição e a tradução do mRNA produzem as proteínas necessárias para a fabricação das proteínas do revestimento do capsídeo. Novos vírions são produzidos e, então, liberados da célula. Tal processo é conhecido como **via lítica**, e as células hospedeiras são lisadas por eles.

Entretanto, os vírus nem sempre lisam suas células hospedeiras. Um processo separado, chamado **lisogenia**, envolve a incorporação do DNA viral ao cromossomo do hospedeiro. O vírus símio 40 (SV40) é um exemplo de vírus de DNA. Ele parece ser esférico, mas, na verdade, é um icosaedro, uma forma geométrica

via lítica nos ciclos de vida de vírus, esta via envolve o vírus lisar a célula que ele infectou

lisogenia caminho de ciclo de vida viral no qual o DNA viral incorpora-se no DNA hospedeiro mas não lisa a célula

FIGURA 14.2 Ciclo de vida do vírus. Vírus são porções móveis de informação genética encapsuladas em um revestimento proteico. O material genético pode ser DNA ou RNA. Quando esse material genético consegue entrar na célula hospedeira, domina a maquinaria do hospedeiro para a síntese de macromoléculas e a subverte para a síntese de ácidos nucleicos e proteínas específicos do vírus. Esses componentes virais são montados em partículas virais maduras, que são então liberadas da célula. Muitas vezes, esse círculo parasita de infecção viral provoca morte celular e doenças.

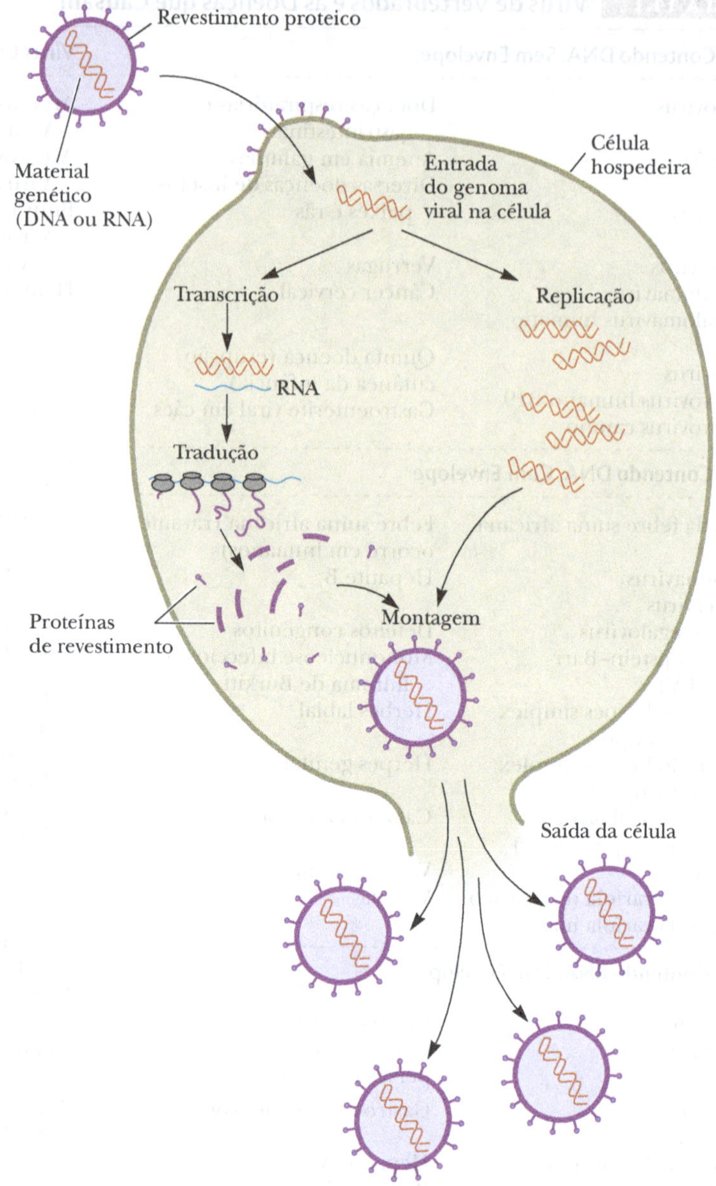
Revestimento proteico
Material genético (DNA ou RNA)
Célula hospedeira
Entrada do genoma viral na célula
Transcrição
Replicação
RNA
Tradução
Proteínas de revestimento
Montagem
Saída da célula

com 20 faces, cada uma delas um triângulo equilátero, como mostra a Figura 14.3. O genoma desse vírus é um círculo fechado de DNA de fita dupla, com genes que codificam as sequências de aminoácidos de cinco proteínas. Três dessas cinco proteínas fazem parte do revestimento. Das duas restantes, uma, a proteína T grande, está envolvida no desenvolvimento do vírus quando ele infecta uma célula. A função da quinta proteína, a proteína T pequena, é ajudar na transformação da célula, inibindo a atividade da proteína fosfatase 2 do hospedeiro.

O resultado da infecção pelo SV40 depende do organismo infectado. Quando células de símios são infectadas, o vírus entra na célula e perde seu revestimento proteico. O DNA viral é expresso inicialmente como mRNA, e então como proteínas. A proteína T grande é a primeira a ser produzida, desencadeando a replicação do DNA viral, seguida pelas proteínas do capsídeo viral. O vírus assume o controle da maquinaria celular tanto para a replicação de DNA quanto para a síntese proteica. Novas partículas virais são montadas e, eventualmente, a célula infectada se rompe, liberando as novas partículas virais para infectar outras células.

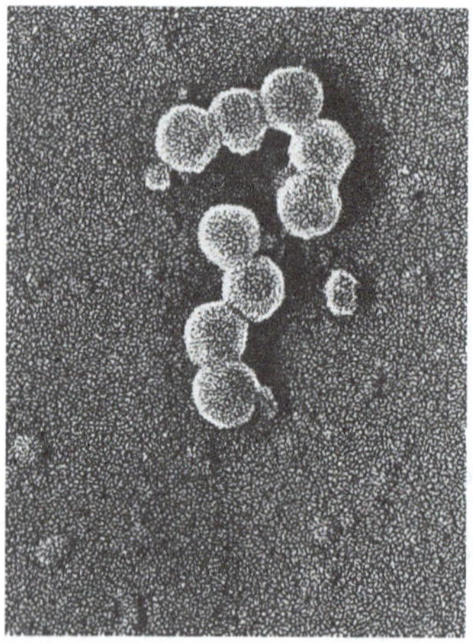

Dr. Jack Griffith/Lineberger Comprehensive Cancer Center, UNC

A Partículas virais parecem quase esféricas em micrografias eletrônicas, porém, em um exame mais atento, pode-se observar uma forma icosaédrica.

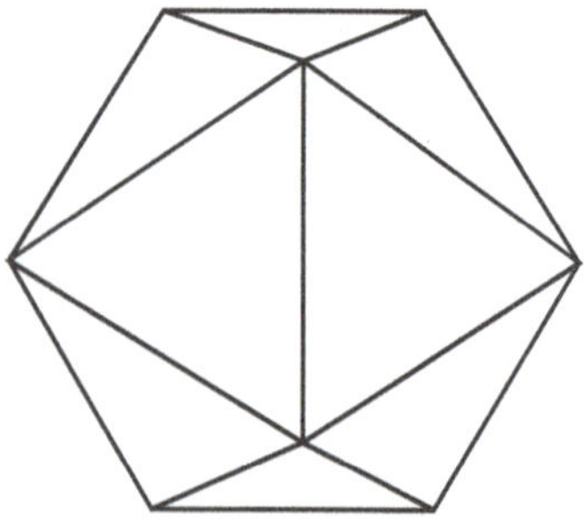

B Geometria de um icosaedro. Esse poliedro regular tem 20 faces, todas elas triângulos equiláteros do mesmo tamanho.

FIGURA 14.3 Arquitetura do vírus símio 40 (SV40)

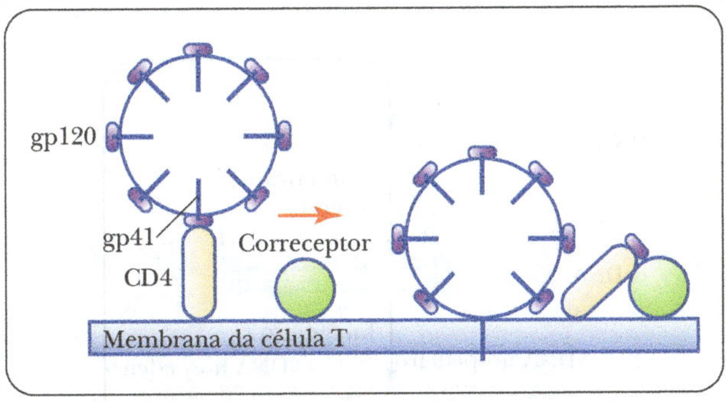
gp120
gp41
CD4
Correceptor
Membrana da célula T

FIGURA 14.4 Ligação do HIV a uma célula T auxiliar. Uma proteína espicular específica chamada gp120 liga-se a um receptor CD4 nas células T auxiliares. Depois que isso acontece, um correceptor forma complexos com CD4 e gp120. Outra proteína capsular, a gp41, perfura então a célula para que o capsídeo possa entrar.

Os resultados são diferentes quando o SV40 infecta células de roedores. O processo é o mesmo até a produção da proteína T grande, porém, a replicação do DNA viral não ocorre. O DNA do SV40 já presente na célula pode ser perdido ou ser integrado ao DNA da célula hospedeira. Se o DNA do SV40 for perdido, não há resultado aparente da infecção. Se ele for integrado ao DNA da célula hospedeira, a célula infectada perde o controle do seu próprio crescimento. Como resultado do acúmulo da proteína T grande, a célula infectada comporta-se como uma célula cancerosa. O gene T grande é um **oncogene**, que causa câncer. Seu mecanismo é tema de intensas pesquisas. A relação entre o vírus e o câncer será analisada com mais detalhes na Seção 14-4.

oncogene gene que causa o câncer quando ocorre um evento indutor

Como um vírus infecta uma célula?

Um vírus deve ligar-se a uma célula hospedeira antes que possa nela penetrar, e é por este motivo que muitas pesquisas envolvem o estudo dos mecanismos precisos de uma ligação viral. Um método comum de ligação envolve a ligação de uma das proteínas espiculares no envelope do vírus a um receptor específico na célula hospedeira. A Figura 14.4 mostra um exemplo de ligação do HIV. Uma proteína espicular específica chamada *gp120* liga-se a um receptor CD4 nas células T auxiliares. Depois que isso acontece, um correceptor forma complexos com o CD4 e a gp120. Outra proteína espicular, a *gp41*, perfura então a célula para que o capsídeo possa entrar.

14-2 Retrovírus

Um retrovírus recebe este nome pelo fato de sua replicação ocorrer de trás para a frente, se comparado ao dogma central da biologia molecular: ele cria DNA a partir do RNA. O genoma de um retrovírus é uma fita simples de RNA. Após infectar a célula, esse RNA é utilizado como modelo para fazer um DNA de fita dupla. A enzima que faz isso é uma transcriptase reversa codificada pelo vírus. Uma das características exclusivas do ciclo de vida dos retrovírus é que o DNA produzido por transcrição reversa deve ser incorporado ao DNA do hospedeiro. Isso ocorre porque as extremidades do DNA produzido contêm repetições terminais longas (LTRs, do inglês long terminal repeats). As LTRs são bem conhecidas em eventos de recombinação de DNA e permitem que o DNA viral se combine ao DNA do hospedeiro. A Figura 14.5 mostra o ciclo de replicação de um retrovírus.

Por que os retrovírus são importantes?

Atualmente, os retrovírus são objeto de uma extensa pesquisa em virologia por três motivos. O primeiro é que foram relacionados ao câncer. O segundo é que o vírus da imunodeficiência humana (HIV) é um retrovírus. O HIV é o agente causador da síndrome da imunodeficiência adquirida (Aids). Os tratamentos da Aids e uma cura definitiva está entre os principais objetivos da pesquisa retroviral (veja a Seção 14-5). O terceiro é que todos os retrovírus podem ser usados em terapias gênicas, como descrito no quadro CONEXÕES **BIOQUÍMICAS 14.1.**

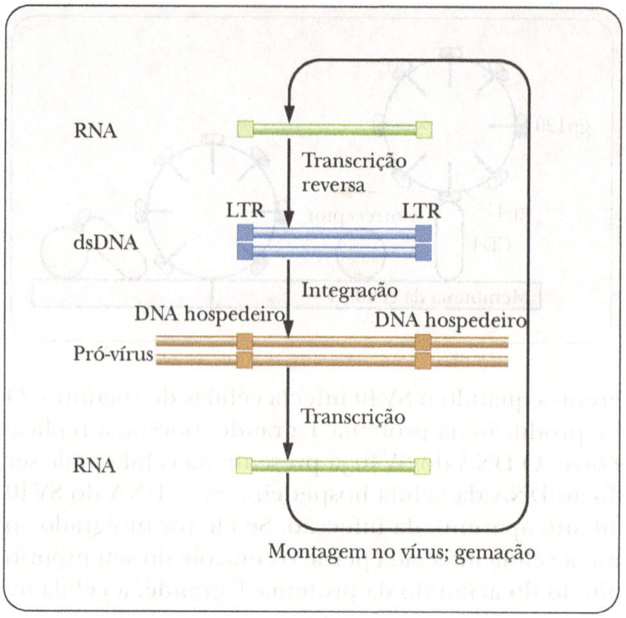
RNA
Transcrição reversa
LTR
LTR
dsDNA
Integração
DNA hospedeiro
DNA hospedeiro
Pró-vírus
Transcrição
RNA
Montagem no vírus; gemação

FIGURA 14.5 Ciclo de vida de um retrovírus. O RNA viral é liberado na célula hospedeira, onde a transcriptase reversa viral sintetiza a fita dupla de DNA a partir dela. O DNA é então incorporado ao DNA do hospedeiro por recombinação usando as sequências de longas repetições terminais (LTR). Eventualmente, o DNA é transcrito em RNA, que é então montado em novas partículas virais.

14.1 Conexões **Bioquímicas** | medicina

Vírus São Usados para Terapia Genética

Embora os vírus geralmente sejam vistos como problemas para os humanos, atualmente existe um campo no qual estão sendo usados com um bom propósito. Os vírus podem ser usados para fazer alterações em células somáticas, com uma doença genética sendo tratada pela introdução de um gene para uma proteína ausente no organismo. Isto é chamado **terapia gênica**. A forma mais bem-sucedida desta terapia até hoje envolve o gene da *adenosina desaminase (ADA)*, uma enzima envolvida no catabolismo das purinas (Seção 23-8). Se essa enzima estiver ausente, o dATP se acumula nos tecidos, inibindo a ação da enzima ribonucleotídeo redutase, o que resulta em uma deficiência dos outros três desoxirribonucleosídeos trifosfatos (dNTPs). O dATP (em excesso) e os outros três dNTPs (deficientes) são precursores para a síntese de DNA. Esse desequilíbrio afeta particularmente a síntese de DNA dos linfócitos, dos quais depende grande parte da resposta imunológica. Indivíduos homozigotos para a deficiência de adenosina desaminase desenvolvem a **imunodeficiência combinada severa (SCID)**, a síndrome do "menino da bolha de plástico". Esses indivíduos são altamente propensos à infecção em decorrência de seus sistemas imunológicos altamente comprometidos. A meta final da terapia gênica planejada é retirar células da medula óssea dos indivíduos afetados; introduzir o gene para adenosina desidrogenase na célula usando um vírus como vetor; e, então, reintroduzir as células de medula óssea no organismo, onde produzirão a enzima desejada. Os primeiros ensaios clínicos para ADA-SCID tiveram início em 1982 e consistiam em simples tera-

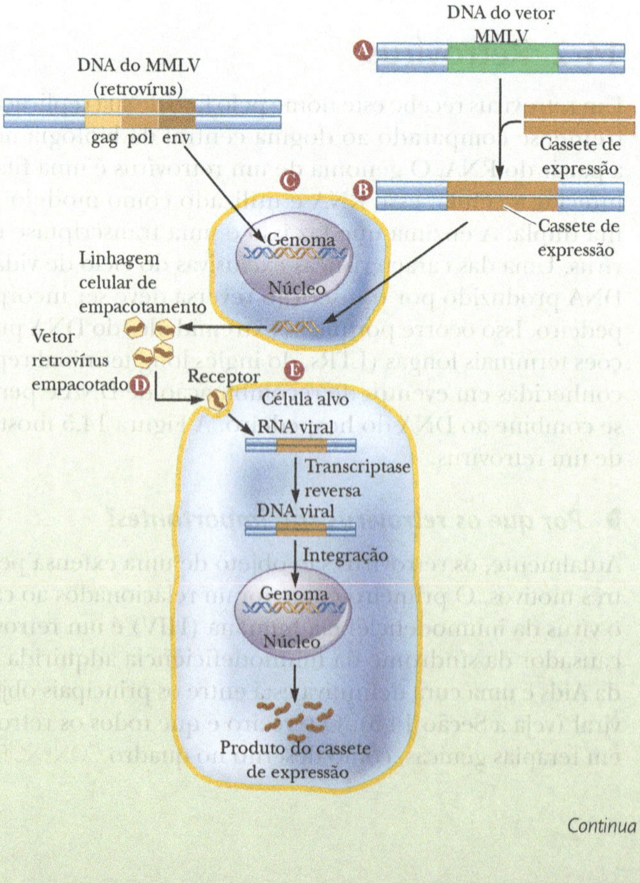
DNA do vetor MMLV
A
DNA do MMLV (retrovírus)
gag pol env
Cassete de expressão
C
B
Cassete de expressão
Genoma
Núcleo
Linhagem celular de empacotamento
Vetor retrovírus empacotado
D
Receptor
E
Célula alvo
RNA viral
Transcriptase reversa
DNA viral
Integração
Genoma
Núcleo
Produto do cassete de expressão

Terapia gênica por retrovírus. O vírus da leucemia murina de Maloney (MMLV, do inglês Maloney murine leukemia virus) é usado para terapia gênica *ex vivo*. (a) Os genes essenciais (*gag, pol* e *env*) são removidos do vírus e (b) substituídos por um cassete de expressão contendo o gene que está sendo reposto com a terapia gênica. A remoção dos genes virais essenciais torna o vírus incapaz de se replicar. (c) O vírus alterado é então cultivado em uma linhagem celular de empacotamento que permita a replicação. (d) Os vírus são coletados e usados para infectar células alvo cultivadas do paciente que precisa da terapia gênica. (e) O vírus alterado produz RNA, que então produz DNA pela transcriptase reversa. O DNA é integrado ao genoma das células do paciente e suas células produzem a proteína desejada. As células cultivadas são administradas novamente ao paciente. (Adaptado da Figura I em Crystal, R. G.. *Transfer of genes to humans:* early lessons and obstacles to success. *Science*, n. 270, p. 404, 1995.)

Continua

Continuação

pias de reposição enzimática. Os pacientes recebiam injeções de ADA. Os ensaios químicos posteriores focalizaram a correção do gene em células T maduras. Em 1990, as células T transformadas foram administradas a receptores por transfusões.

Em ensaios do Instituto Nacional de Saúde (NIH), duas meninas com idades de 4 e 9 anos no início do tratamento apresentaram melhoras em tal extensão, que podiam frequentar escolas públicas regulares e não apresentavam infecções acima da média. A administração de células-tronco de medula óssea além das células T era a etapa seguinte; os ensaios clínicos sobre esse procedimento foram realizados em dois lactentes, com idades de 4 meses e 8 meses, no ano de 2000. Após 10 meses, as crianças estavam saudáveis e haviam recuperado seu sistema imunológico.

Existem dois modos de fornecimento em terapia gênica humana. O primeiro é chamado *ex vivo*, o tipo usado para combater a SCID. O fornecimento *ex vivo* significa que células somáticas são removidas do paciente, alteradas com terapia gênica e então devolvidas a ele. O vetor mais comum para isso é o **vírus da leucemia murina de Maloney (MMLV)**. A figura mostra como o vírus é usado para a terapia gênica. Parte do MMLV é alterada para remover os genes *gag*, *pol* e *env*, tornando o vírus incapaz de se replicar. Esses genes são substituídos por um **cassete de expressão** contendo o gene que está sendo administrado, tal como o gene ADA, com um promotor adequado (Capítulo 11). O vírus mutante é usado para infectar uma linhagem celular de empacotamento. O MMLV normal também é usado para infectar essa linhagem não suscetível ao MMLV. O MMLV normal não se replicará na linhagem celular de empacotamento, porém seus genes *gag*, *pol* e *env* restaurarão a capacidade viral de replicação mutante, mas apenas nessa linhagem celular. Esses controles são necessários para evitar que os vírus mutantes escapem para outros tecidos. As partículas virais mutantes são coletadas da linhagem celular de empacotamento e usadas para infectar as células alvo, como as da medula óssea no caso da SCID. O MMLV é um retrovírus, portanto, infecta a célula alvo e produz DNA a partir de seu genoma RNA, e esse DNA pode então ser incorporado ao genoma hospedeiro, com o promotor e o gene da ADA. Assim, as células alvo coletadas foram transformadas e produzirão ADA. Essas células são então devolvidas para o paciente.

O segundo modo de fornecimento é chamado *in vivo*, e significa que o vírus é usado para infectar diretamente os tecidos do paciente. O vetor mais comum para esse fornecimento é o **adenovírus** (um vírus DNA). Um vetor em particular pode ser selecionado com base nos receptores específicos do tecido alvo. O adenovírus possui receptores nas células pulmonares e hepáticas, e foi usado em ensaios clínicos para terapia gênica da fibrose cística e deficiência da ornitina transcarbamoilase.

Ensaios clínicos usando a terapia gênica para combater a fibrose cística e determinados tumores começaram quase 20 anos atrás, e novas doenças são atacadas por esta técnica todo o tempo. Em 2009, mostrou-se que uma doença desmielinizante do cérebro chamada adrenoleucodistrofia ligada ao X (ALD) responde bem à terapia gênica. Em camundongos, a terapia gênica foi bem-sucedida na luta contra a diabetes. O campo da terapia gênica é excitante e cheio de promessas, mas há muitos obstáculos em humanos. Existem muitos riscos, como o de uma resposta imunológica perigosa ao vetor transportando o gene ou o perigo de um gene tornar-se incorporado ao cromossomo hospedeiro em um local que ative um gene causador de câncer. Esta possibilidade será abordada mais profundamente na Seção 14-4.

Retornando ao caso da fibrose cística, a doença tem sido uma grande frustração para pesquisadores. Depois de muita esperança (e propaganda) em torno do potencial para uma cura por terapia gênica, a realidade não atingiu a promessa. A terapia gênica simplesmente não tem funcionado por uma variedade de motivos. Entretanto, apesar de uma cura ter permanecido enganosa, o prognóstico para os pacientes com FC é muito melhor hoje que 20 anos atrás. Novos medicamentos e tratamentos têm melhorado a qualidade de vida para os pacientes com FC. Uma nova abordagem envolvendo a terapia gênica para curar as infecções por HIV recentemente passou para os ensaios clínicos. ◗

terapia gênica método para tratar uma doença genética introduzindo-se uma cópia boa do gene defeituoso

imunodeficiência severa combinada (SCID) doença genética que afeta a síntese de DNA nas células do sistema imunológico

vírus da leucemia murina de Maloney (MMLV) um vetor comumente utilizado na terapia gênica

cassete de expressão na terapia gênica, a montagem que contém o gene sendo transferido

adenovírus vírus de DNA simples que é frequentemente usado para terapia gênica

proteínas de revestimento (PR) proteínas que constituem o capsídeo, revestimento proteico que circunda o material genético de um vírus

transcriptase reversa (TR) enzima que direciona a síntese de DNA em um modelo de RNA

proteínas do envelope (PE) proteínas encontradas na membrana externa de um vírus

Todos os retrovírus possuem alguns genes em comum. Existe um gene para as proteínas do nucleocapsídeo, frequentemente chamadas **proteínas de revestimento (PR)**. Todos eles apresentam um gene para **transcriptase reversa (TR)** e todos têm um gene para as **proteínas do envelope (PE)**. No caso do retrovírus do sarcoma de Rous, o genoma também contém um oncogene que causa tumores (veja a Seção 14-4).

14-3 O Sistema Imunológico

Sistema imunológico é um termo geral para muitos processos celulares e enzimáticos que permitem ao organismo se defender de vírus, bactérias e parasitas. Todos os vertebrados têm um sistema imunológico e; abordaremos vários aspectos deste importante sistema nesta seção.

Uma característica marcante do sistema imunológico é sua capacidade de diferenciar *self* de *nonself*. Esta habilidade permite que as células e moléculas responsáveis pela imunidade reconheçam e destruam os patógenos (agentes causadores de doenças, como vírus e bactérias) quando invadem o organismo – ou mesmo as próprias células do indivíduo quando se tornam cancerosas. Uma vez que as doenças infecciosas podem ser fatais, a operação do sistema imunológico é uma questão de vida e morte. Uma notável confirmação deste último ponto é visível na vida das pessoas que têm Aids. Esta doença enfraquece o sistema imunológico de tal forma que os pacientes se tornam vítimas de infecções que progridem sem controle, com consequências fatais. A supressão do sistema imunológico tanto pode salvar vidas como tirá-las. O desenvolvimento de medicamentos que suprimem o sistema imunológico possibilitou o *transplante de órgãos.* Os receptores de corações, pulmões, rins ou fígados toleram os órgãos transplantados sem rejeitá-los porque tais drogas bloqueiam o modo como o sistema imunológico tenta atacar o enxerto. Contudo, a supressão imunológica também os torna mais suscetíveis a infecções.

doença autoimune doença na qual o sistema imunológico ataca os próprios tecidos do organismo

vacina forma enfraquecida ou morta de um agente infeccioso que é injetada no organismo de tal forma que ele produzirá anticorpos contra o verdadeiro agente infeccioso

Também é possível que o sistema imunológico apresente erros na distinção do *self* e do *nonself.* O resultado é a **doença autoimune**, na qual o sistema imunológico ataca os próprios tecidos do organismo. Exemplos incluem artrite reumatoide, diabetes dependente de insulina e esclerose múltipla. Uma porção significativa das pesquisas sobre o sistema imunológico está dirigida para o desenvolvimento de métodos para tratamento dessas doenças. As alergias são outro exemplo de funcionamento inadequado do sistema imunológico. Milhões de pessoas sofrem de asma como resultado de alergia ao pólen de plantas ou outros alergênios (substâncias que desencadeiam ataques alérgicos). As alergias alimentares podem induzir reações violentas que chegam a apresentar risco à vida.

Mandy Godbehear/Shutterstock.com

As reações alérgicas surgem quando o sistema imunológico ataca substâncias inócuas. As alergias a pólen de plantas são comuns, produzindo sintomas bem conhecidos, como espirros.

Com o passar dos anos, os pesquisadores esclareceram alguns dos mistérios do sistema imunológico e usaram suas propriedades como auxílio terapêutico. A primeira **vacina**, contra a varíola, foi desenvolvida há aproximadamente 200 anos, e tem sido usada de modo tão efetivo como medida preventiva que a doença foi erradicada. A ação das vacinas deste tipo depende da exposição à forma atenuada do agente infeccioso. O sistema imunológico constrói uma resposta e *retém a "memória" da exposição.* Em encontros subsequentes com o mesmo patógeno, o sistema imunológico pode construir uma defesa mais rápida e eficaz. A capacidade de reter "memória" é outra característica importante do sistema imunológico. Espera-se que as pesquisas atuais sejam conduzidas a ponto de desenvolverem uma vacina que possa tratar a Aids em indivíduos já infectados. Outras estratégias visam encontrar tratamentos para as doenças autoimunes. E há aquelas que tentam usar o sistema imunológico para atacar e destruir células cancerosas. O quadro CONEXÕES **BIOQUÍMICAS 14.2** descreve o trabalho inicial que levou à descoberta das vacinas.

14.2 Conexões **Bioquímicas** | medicina

A Primeira Vacina – A Ciência Ruim Tornando-se Boa

A varíola foi um flagelo por muitos séculos, com cada eclosão levando muitas pessoas à morte e deixando outras desfiguradas por cicatrizes na face e corpo. Uma forma de imunização era praticada na China antiga e no Oriente Médio através da exposição intencional de pessoas às crostas e fluídos das lesões de vítimas da varíola. Esta prática ficou conhecida como a variolização no mundo oriental. A variolização foi introduzida na Inglaterra, nas colônias americanas, em 1721.

Edward Jenner, um físico inglês, observou que as ordenhadoras que tinham contraído varíola bovina de vacas infectadas pareciam ser imunes à varíola. A varíola bovina era uma doença amena, enquanto a humana podia ser letal. Em 1796, Jenner realizou um experimento potencialmente mortal: enfiou uma agulha no pus de uma ordenhadora infectada com varíola bovina e então arranhou a mão de um garoto com a agulha. Dois meses depois, Jenner injetou no garoto uma dose letal de agente carregando a varíola. O garoto sobreviveu e não desenvolveu nenhum sintoma da doença. A notícia se espalhou e Jenner logo se estabeleceu no negócio de imunização. Quando as notícias chegaram à França, céticos por lá cunharam um termo depreciador, vacinação, que literalmente significa "doação da vaca". O menosprezo não durou muito, e a prática logo foi adotada no mundo inteiro. Obviamente, ambos os métodos de vacinação seriam altamente ilegais atualmente por inúmeras violações éticas.

Um século mais tarde, em 1879, Louis Pasteur descobriu que tecidos infectados com a raiva têm muitos vírus enfraquecidos. Quando injetado em pacientes, induz uma resposta imune que protege contra a raiva. Pasteur chamou estes vírus de vacinas de antígenos protetores e atenuados em homenagem ao trabalho de Jenner. Hoje, imunização e vacinação são sinônimos.

Há vacinas disponíveis para várias doenças, incluindo pólio, sarampo e varíola, para citar algumas. Uma vacina pode ser fabricada de vírus ou bactérias mortos ou enfraquecidos.

Continua

Continuação

Por exemplo, a vacina para pólio de Salk é um vírus da pólio que foi transformado em inofensivo por tratamento com formaldeído; ela é administrada por injeção intramuscular. Em contraste, a vacina para pólio de Sabin é uma forma mutante do vírus selvagem; a mutação torna o vírus sensível à temperatura. O vírus vivo que sofreu mutação é tomado oralmente. A temperatura corporal e os sucos gástricos o tornam inofensivo antes que penetre a corrente sanguínea.

Muitos cânceres têm carboidratos específicos, produtores de tumor na superfície da célula. Se tal antígeno pudesse se introduzido por injeção sem colocar em risco o indivíduo, ele poderia fornecer uma vacina ideal. Obviamente, não se pode usar células cancerosas vivas ou atenuadas para vacinação. Entretanto, a expectativa é que um produtor de tumor sintético, análogo ao natural, induzirá a mesma reação imune que os produtores de superfície de câncer fazem. Assim, injetar tais compostos sintéticos inócuos pode induzir o organismo a produzir imunoglobulinas que podem fornecer uma cura para o câncer – ou, no mínimo, a prevenção da sua ocorrência. Um composto chamado 12:13 dEpoB, um derivado do macrolídeo epotilona B, está sendo explorado atualmente pelo seu potencial em se tornar uma vacina anticâncer.

As vacinas transformam linfócitos em células plasmáticas que produzem grandes quantidades de anticorpos para combater qualquer antígeno invasor. Entretanto, esta é a única resposta imediata de curto prazo. Alguns linfócitos tornam-se células de memória, ao invés de células plasmáticas. Essas células de memória não eliminam anticorpos, mas, em vez disso, armazenam-nos para servir como dispositivo de detcção para invasão futura das mesmas células estranhas.

A varíola, que no passado foi um dos piores flagelos da humanidade, foi totalmente dizimada, e a vacinação não é mais necessária. Uma vez que a varíola é uma arma em potencial para o bioterrorismo, o governo dos Estados Unidos começou a engrenar sua produção de vacina contra varíola.

North Wind Picture Archives/Alamy

Edward Jenner desenvolveu a primeira vacina do mundo em 1796. Era segura e uma maneira eficaz de prevenir a varíola e levou à erradicação desta doença. Entretanto, a metodologia não era nem um pouco segura.

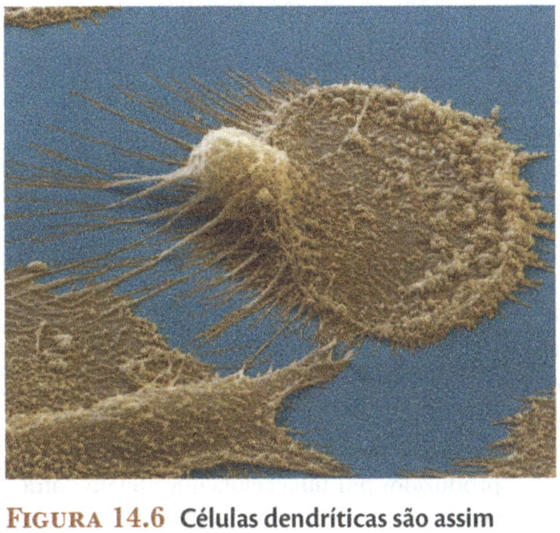

Eye of Science/Science Source/Photo Researchers

FIGURA 14.6 Células dendríticas são assim denominadas por causa de seus prolongamentos semelhantes a tentáculos. A célula mostrada é de origem humana.

leucócitos células brancas do sangue que têm importante papel no funcionamento do sistema imunológico

imunidade inata a primeira linha de defesa no sistema imunológico

Como o sistema imunológico funciona?

Existem dois aspectos importantes no processo: aqueles que operam em nível celular e os que operam em nível molecular. Além disso, é preciso verificar se o sistema imunológico é adquirido ou se está sempre presente. Esses dois aspectos serão discutidos, um de cada vez.

Um componente importante do sistema imunológico é a classe de células chamadas **leucócitos**, também conhecidas como glóbulos brancos. Como todas as células sanguíneas, originam-se de células precursoras comuns (células-tronco) na medula óssea. Ao contrário das outras células sanguíneas, porém, podem deixar os vasos sanguíneos e circular no sistema linfático. Os tecidos linfoides (como os linfonodos, o baço e, principalmente, a glândula timo) desempenham papel importante no funcionamento do sistema imunológico.

Imunidade Inata – As Linhas de Frente da Defesa

Quando se considera o tremendo número de bactérias, vírus, parasitas e toxinas com os quais nossos organismos devem lidar, é uma maravilha que não estejamos constantemente doentes. A maioria dos estudantes aprende sobre os anticorpos no ensino médio, e hoje em dia todos aprendem sobre as células T, por causa de sua relação com a Aids. Contudo, ao se discutir imunidade, existem muitas outras armas de defesa além das células T e dos anticorpos. Na verdade, alguém só descobre que está doente depois que um patógeno conseguiu derrotar sua defesa de primeira linha, que é chamada **imunidade inata**.

Existem várias partes da imunidade inata. Uma delas inclui as barreiras físicas, como pele, muco e lágrimas, que impedem a penetração de patógenos e não exigem células especializadas para combatê-los. Contudo, se um patógeno, como uma bactéria, um vírus ou um parasita, for capaz de quebrar essa camada externa de defesa, os guerreiros celulares do sistema inato entram em ação. As células do sistema imunológico inato que discutiremos são as **células dendríticas**, os **macrófagos** e as **células assassinas naturais (NK, do inglês natural Killer)**. Uma das primeiras e mais importantes células a participar da luta são as dendríticas, assim chamadas por seus dendritos, que são projeções longas semelhantes a tentáculos (veja a Figura 14.6). Essas células são encontradas na pele, nas membranas mucosas, nos pulmões e no baço, e são as primeiras células do sistema inato a ter contato com qualquer vírus ou bactéria que passe em seu caminho. Usando receptores semelhantes a ventosas, elas grudam nos invasores e os englobam por endocitose. Essas células então decompõem os patógenos processados e trazem as porções de suas proteínas até a superfície, onde os fragmentos proteicos são ligados a uma proteína chamada **complexo de histocompatibilidade principal (MHC, do inglês major histocompatibility complex)**. As células dendríticas deslocam-se pela linfa até o baço, onde apresentam esses antígenos a outras células do sistema imunológico, as **células T auxiliares (células T_H)**. As células dendríticas são membros de uma classe de células referidas como **células apresentadoras de antígenos (APCs, do inglês antigem-presenting cells)**, e constituem o ponto inicial da maioria das respostas que tradicionalmente estão associadas ao sistema imunológico. Depois que as células dendríticas apresentam seus antígenos às células T auxiliares, estas liberam substâncias químicas chamadas **citocinas**, que estimulam outros membros do sistema imunológico, como as **células T assassinas** (também chamadas células T citotóxicas ou células T_C) e as **células B**. A Figura 14.7 mostra os fundamentos da relação entre as células dendríticas e outras células imunológicas. Existem duas classes de proteínas MHC (I e II), com base em sua estrutura e no seu local de ligação. A MHC I liga-se às células T assassinas, enquanto a MHC II às células T auxiliares. Além de a relação entre as duas células basear-se na MHC, também há a necessidade de outra ligação (ou talvez duas) antes que ocorra a proliferação celular. O duplo sinal é uma marca registrada da maioria das respostas imunológicas celulares, e acredita-se que o mecanismo sirva para garantir que o sistema imunológico não seja ativado por engano.

Além de seu papel básico na apresentação de antígenos a células T e células B, as células dendríticas recentemente tornaram-se muito populares entre os laboratórios que estão tentando gerar anticorpos para ajudar na luta contra o câncer. Porém, elas apresentam uma desvantagem: foi descoberto que o HIV utiliza um receptor nas células dendríticas para pegar carona no sistema linfático até que possa encontrar uma célula T_H. Alguns laboratórios estão trabalhando em substâncias químicas para bloquear essa interação na esperança de retardar o deslocamento do HIV pelo organismo.

Outro tipo celular importante no sistema de imunidade inata é a célula assassina natural (NK) (Figura 14.8), que é membro de uma classe de leucócitos chamados **linfócitos**, por serem derivados de um tipo de célula-tronco denominada *célula-tronco linfoide*. As células NK exterminam as células infectadas por vírus ou cancerosas e secretam citocinas que podem chamar outras células, como macrófagos, outro tipo celular de imunidade inata que destrói micróbios. Elas também trabalham, de certa forma, com as células dendríticas. Se uma infecção for pequena, as células NK podem acabar exterminando as células dendríticas infectadas antes que o restante do sistema imunológico seja ativado. Portanto, as células NK ajudam a decidir se o sistema de imunidade adquirida precisa ser ativado ou não. As células NK também são importantes no combate ao câncer. Elas são estimuladas pelo interferon, uma glicoproteína antiviral empregada como um dos primeiros tratamentos para o câncer e a primeira proteína a ser clonada e expressa para uso humano (Capítulo 13). Os macrófagos e outras células do sistema imunológico inato infelizmente também têm sido identificados como alguns dos maiores atores no câncer, onde são um tipo de faca de dois gumes. A presença deles pode ser um ataque direto contra células cancerosas, mas também pode levar à inflamação, que promovem a progressão de células cancerosas de um estado pré-maligno para uma proliferação completa.

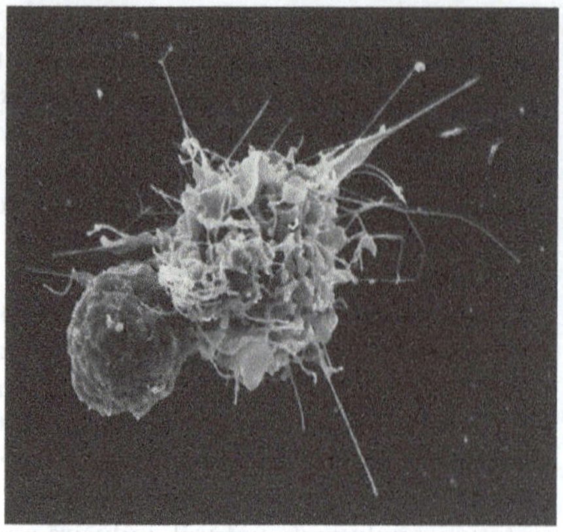

Cortesia de Steve Haley, William Bowers, and Richard Hunt, South Carolina Medical School

FIGURA 14.7 Células dendríticas e outras células do sistema imunológico. A figura mostra uma célula dendrítica de rato interagindo com uma célula T. Por meio dessas interações, as células dendríticas "ensinam" ao sistema de imunidade adquirida o que devem atacar.

células dendríticas células de imunidade inata que são as primeiras a encontrar vírus ou bactérias

macrófagos células do sistema imunológico inato que digerem detritos e patógenos

células assassinas naturais (NK) células do sistema imunológico inato que mata células que foram infectadas ou cancerosas

complexo de histocompatibilidade principal (MHC) proteína que exibe um antígeno na superfície das células do sistema imunológico

células T auxiliares (células T_H) componentes do sistema imunológico humano, alvo do vírus da Aids

células apresentadoras de antígenos (APCs) células do sistema imunológico que exibem antígenos em suas superfícies e ativam o sistema de imunidade adquirida

citocinas fatores proteicos solúveis produzidos por uma célula que afetam outra célula

células T assassinas componentes do sistema imunológico humano

células B células de leucócitos que têm uma função importante no sistema imunológico e na produção de anticorpos

linfócitos um tipo de leucócito; um dos principais componentes do sistema imunológico

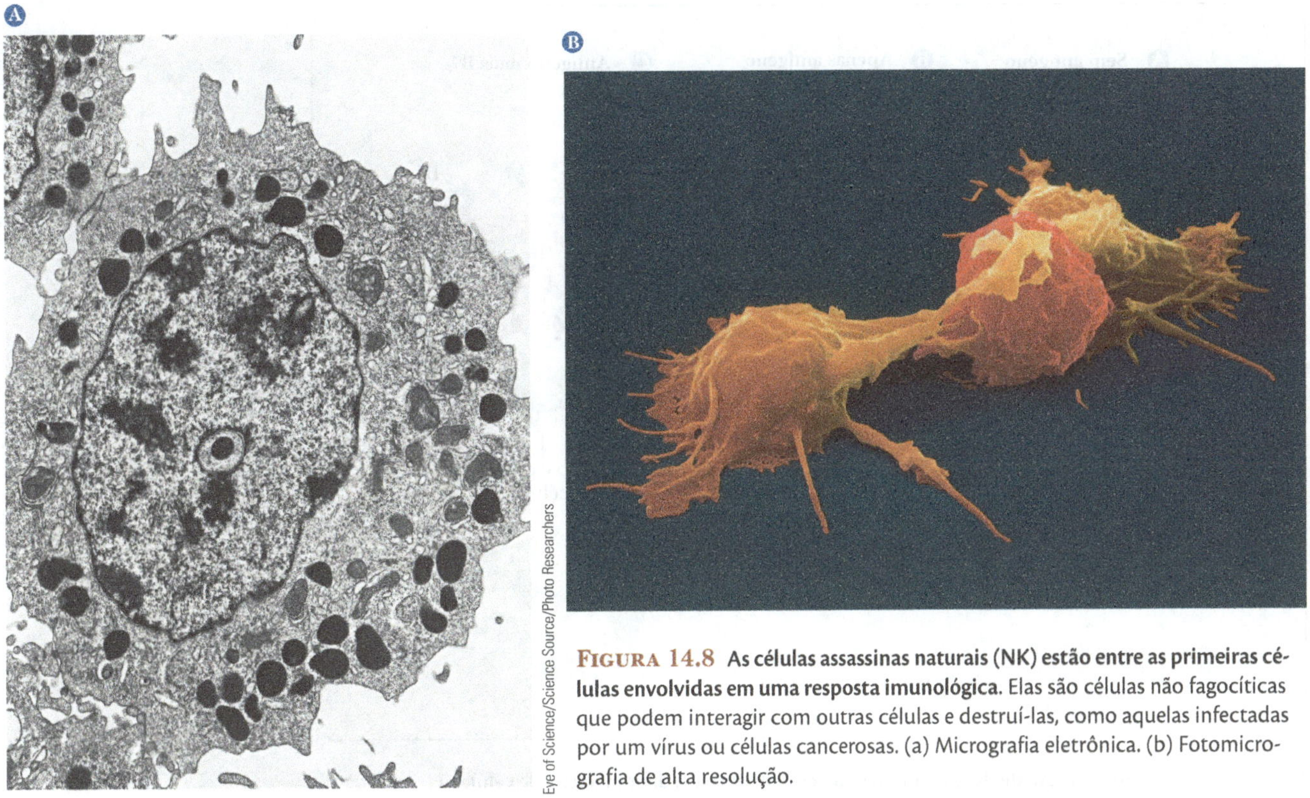
A
B
Eye of Science/Science Source/Photo Researchers
Cortesia de Ann M. Dvorak, M.D., Beth Israel Deaconess Medical Center, Boston, MA

FIGURA 14.8 **As células assassinas naturais (NK) estão entre as primeiras células envolvidas em uma resposta imunológica.** Elas são células não fagocíticas que podem interagir com outras células e destruí-las, como aquelas infectadas por um vírus ou células cancerosas. (a) Micrografia eletrônica. (b) Fotomicrografia de alta resolução.

Imunidade Adquirida: Aspectos Celulares

A imunidade adquirida depende dos dois outros tipos de linfócitos: as células T e as células B. As **células T** desenvolvem-se principalmente no timo, e as células B, na medula óssea (Figura 14.9). Grande parte do aspecto celular da imunidade adquirida é de competência das células T, enquanto grande parte do aspecto da imunidade molecular depende das atividades das células B.

células T um dos dois tipos de leucócitos importantes para o sistema imunológico – a célula T assassina, que destrói células infectadas, ou a célula T auxiliar, que está envolvida no processo de maturação das células B

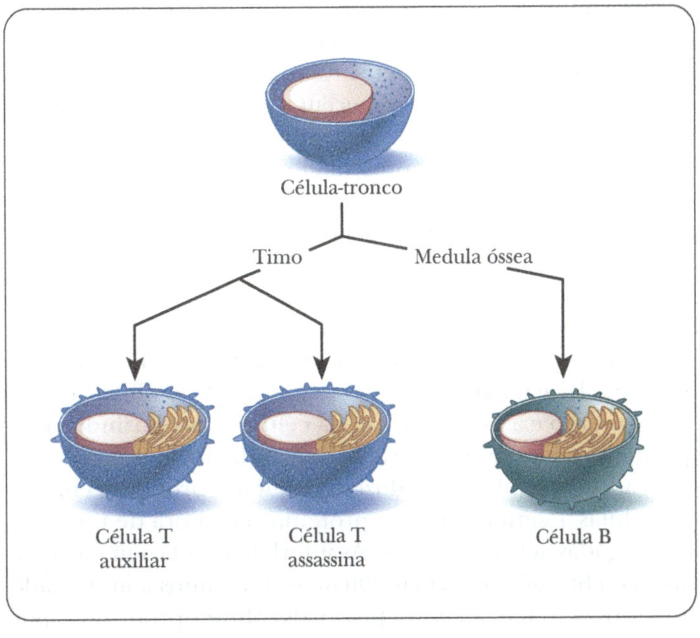
Célula-tronco
Timo
Medula óssea
Célula T auxiliar
Célula T assassina
Célula B

FIGURA 14.9 **O desenvolvimento de linfócitos.** Todos os linfócitos, em última análise, são derivados das células-tronco da medula óssea. No timo, dois tipos de célula T se desenvolvem: as células T auxiliares e as T assassinas. As células B desenvolvem-se na medula óssea.

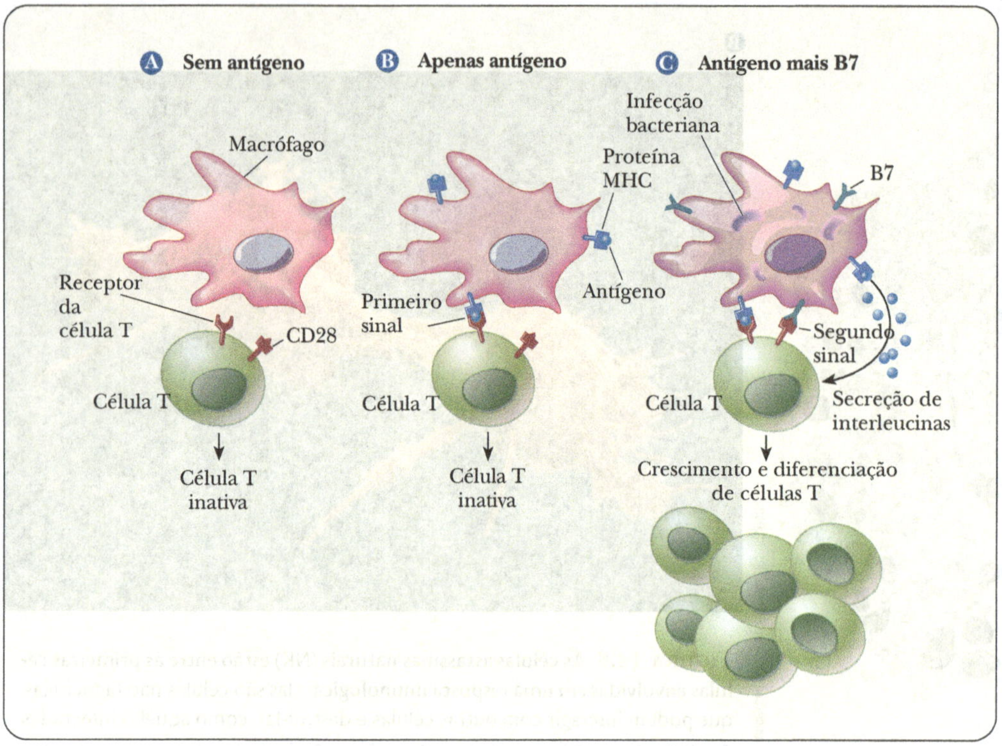
A Sem antígeno
B Apenas antígeno
C Antígeno mais B7
Macrófago
Receptor da célula T
CD28
Célula T
Célula T inativa
Primeiro sinal
Proteína MHC
Antígeno
Célula T
Célula T inativa
Infecção bacteriana
B7
Segundo sinal
Secreção de interleucinas
Célula T
Crescimento e diferenciação de células T

FIGURA 14.10 Um processo de duas etapas leva ao crescimento e à diferenciação de células T. (a) Na ausência de antígenos, a proliferação de células T não ocorre. (b) Na presença de somente um antígeno, o receptor da célula T liga-se ao antígeno apresentado por uma proteína MHC na superfície de um macrófago. Ainda não há proliferação de células T porque o segundo sinal está ausente. Desse modo, o organismo pode evitar uma resposta inadequada a seus próprios antígenos. (c) Quando ocorre uma infecção, uma proteína B7 é produzida em resposta à infecção. A proteína B7 na superfície da célula infectada liga-se à proteína CD28 na superfície da célula T imatura, fornecendo o segundo sinal para que cresça e se prolifere. (Adaptado de *How the immune system recognizes invaders*, por Charles A. Janeway Jr.; ilustração de Ian Warpole. Sci. Amer., n. 269 (3), *1993*.)

Qual a função das células T e B?

Funções das Células T

Estas apresentam diversas funções. À medida que as células T se diferenciam, cada uma se especializa em uma entre várias funções possíveis. A primeira dessas possibilidades, a das células T assassinas, envolve *receptores de célula T (TCRs, do inglês T-cell receptors)* de superfície que reconhecem e se ligam a **antígenos**, as substâncias estranhas que desencadeiam a resposta imunológica. Os antígenos são apresentados às células T pelas células apresentadoras de antígenos (APCs), como macrófagos e células dendríticas. As APCs ingerem e processam os antígenos, e então os apresentam às células T. O antígeno processado assume a forma de um peptídeo curto ligado a uma proteína MHC I na superfície da APC. A Figura 14.10 mostra como isso funciona para os macrófagos. O macrófago também apresenta outra molécula, uma proteína de uma família conhecida como B7, que se liga a outra proteína de superfície da célula T chamada CD28; a natureza exata da proteína B7 é tema de intensas pesquisas. A combinação dos dois sinais leva ao crescimento e à diferenciação da célula T, produzindo células T assassinas. A proliferação de células T assassinas também é desencadeada quando macrófagos ligados às células T produzem pequenas proteínas chamadas **interleucinas**. As células T sintetizam uma proteína receptora de interleucinas somente quando ligadas aos macrófagos. As interleucinas fazem parte de uma classe de substâncias chamadas citocinas. Quando discutimos a imunidade inata, vimos que este termo se refere a fatores proteicos solúveis produzidos por

interleucinas proteínas que têm uma função no sistema imunológico

seleção clonal o processo pelo qual o sistema imunológico reage seletivamente aos anticorpos realmente presentes em um organismo

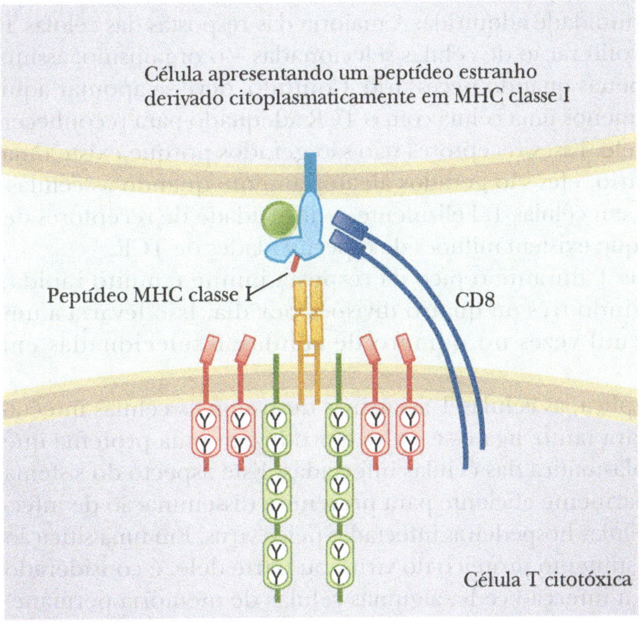

Célula apresentando um peptídeo estranho derivado citoplasmaticamente em MHC classe I
Peptídeo MHC classe I
CD8
Célula T citotóxica

FIGURA 14.11 Interação entre as células T citotóxicas (células T assassinas) e as células apresentadoras de antígeno. Peptídeos estranhos derivados do citoplasma das células infectadas são exibidos na superfície pelas proteínas MHC I. Estas se ligam aos receptores das células T de uma célula T assassina. Uma proteína de acoplamento chamada CD8 ajuda a unir as duas células.

uma célula que afetam especificamente outra célula. Desse modo, as células T não se proliferam de forma descontrolada. Uma célula T assassina também tem outra proteína de membrana chamada CD8, que a ajuda a se acoplar ao MHC da célula apresentadora de antígeno, como mostra a Figura 14.11. Na verdade, a proteína CD8 é uma característica tão diferenciada, que muitos pesquisadores utilizam o termo *células CD8* em vez de *células T assassinas*.

As células T que se ligam a determinado antígeno e *apenas àquele antígeno* proliferam quando essas condições são cumpridas. Observe o grau de especificidade do qual o sistema imunológico é capaz. Muitas substâncias, incluindo aquelas que não pertencem à natureza, podem ser antígenos. A extraordinária adaptabilidade do sistema imunológico para lidar com tantos desafios possíveis é outra de suas principais características. O processo pelo qual apenas as células que respondem a determinado antígeno crescem preferencialmente a outras células T é chamado **seleção clonal** (Figura 14.12). Desse modo, o sistema imunológico

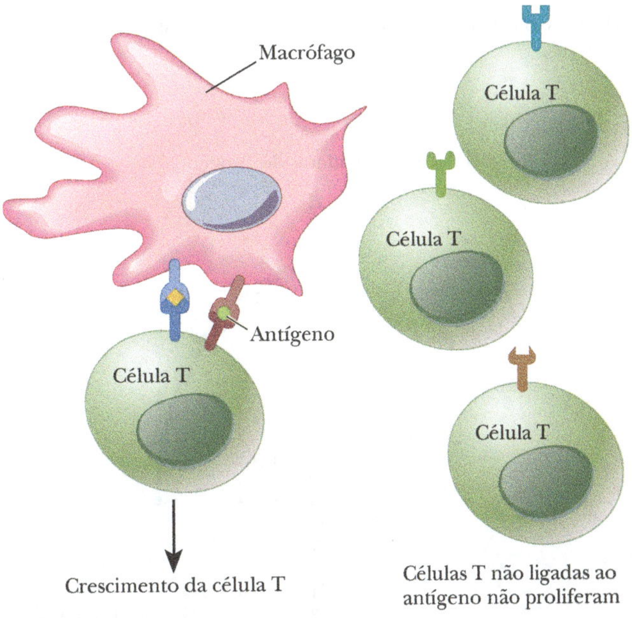

Macrófago
Célula T
Célula T
Antígeno
Célula T
Célula T
Crescimento da célula T
Células T não ligadas ao antígeno não proliferam

FIGURA 14.12 Seleção clonal. A seleção clonal permite que o sistema imunológico seja tanto versátil quanto eficiente ao responder a uma grande variedade de antígenos possíveis. Muitos tipos diferentes de células podem ser produzidos pelo sistema imunológico, permitindo-lhe lidar com quase qualquer desafio. Apenas as células que respondem a um antígeno realmente presente são produzidas em quantidade; este é um uso eficiente de recursos.

pode ser versátil em suas respostas aos desafios que encontra. Seleção clonal é a base da definição de imunidade adquirida. A maioria das respostas das células T se origina da rápida proliferação de células selecionadas – o organismo, assim, produz essas células apenas quando necessário. Contudo, deve-se apontar aqui que é preciso haver ao menos uma célula com o TCR adequado para reconhecer o antígeno e ligar-se a ele. Esses receptores não são gerados porque existe uma necessidade; ao contrário, eles são gerados aleatoriamente quando as células-tronco se diferenciam em células T. Felizmente, a diversidade de receptores de células T é tão grande que existem milhões de especificidades de TCR.

A divisão das células T durante o pico da resposta imune é muito rápida, frequentemente atingindo três ou quatro divisões por dia. Isso levaria a um aumento de mais de mil vezes no número de células T selecionadas em poucos dias.

Como seu nome implica, as células T assassinas destroem as células infectadas pelos antígenos. Para tanto, ligam-se a eles e produzem uma proteína que perfura a membrana plasmática das células infectadas. Este aspecto do sistema imunológico é particularmente eficiente para prevenir a disseminação de infecção viral, matando as células hospedeiras infectadas pelos vírus. Em uma situação como esta, todo o revestimento proteico do vírus, ou parte dele, é considerado um antígeno. Quando a infecção cede, algumas células de memória permanecem, conferindo imunidade contra ataques posteriores do mesmo tipo de vírus.

As células T desempenham um segundo papel no sistema imunológico. Outra classe de células T desenvolvem receptores para um grupo diferente de proteínas MHC apresentadoras de antígenos, neste caso, MHC II. Estas se transformam em células T auxiliares, desenvolvendo-se basicamente do mesmo modo que as células T assassinas. As células T auxiliares também são chamadas *células CD4*, por causa da presença dessa proteína de membrana específica. A CD4 ajuda a célula a se acoplar ao MHC da célula apresentadora de antígeno, como mostra a Figura 14.13. A função das células T auxiliares é ajudar principalmente no desenvolvimento de células B. As células B maduras exibem na sua superfície a proteína MHC II ligada ao antígeno processado. Observe particularmente que as proteínas MHC têm uma função essencial no sistema imunológico. Essa propriedade levou a uma quantidade considerável de pesquisas para determinar sua estrutura, inclusive por cristalografia de raios X. A MHC II das células B é um sítio de ligação para as células T auxiliares. A ligação das células T auxiliares às células B libera interleucinas (IL-2 e IL-4) e desencadeia o desenvolvimento de células B em plasmócitos (Figura 14.14). Tanto as células B quanto os plasmócitos produzem **anticorpos** (também conhecidos como **imunoglobulinas**), as proteínas que ocuparão a maior parte de nosso tempo quando discutirmos os aspectos molecu-

Anticorpos (imunoglobulinas) glicoproteínas que imobilizam e se ligam a uma substância que a célula reconhece como estranha

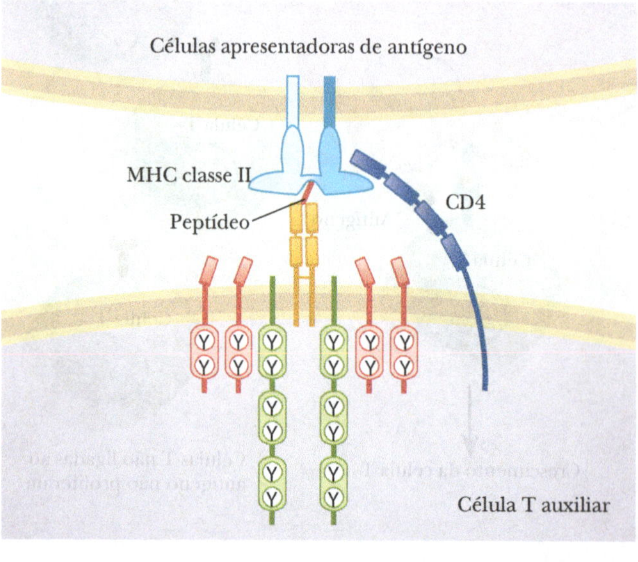
Células apresentadoras de antígeno
MHC classe II
Peptídeo
CD4
Célula T auxiliar

FIGURA 14.13 Interação entre as células T auxiliares e células apresentadoras de antígeno. Os peptídeos estranhos são exibidos na superfície pelas proteínas MHC II. Estas se ligam aos receptores de células T de uma célula T auxiliar. Uma proteína de acoplamento chamada CD4 ajuda a unir as duas células.

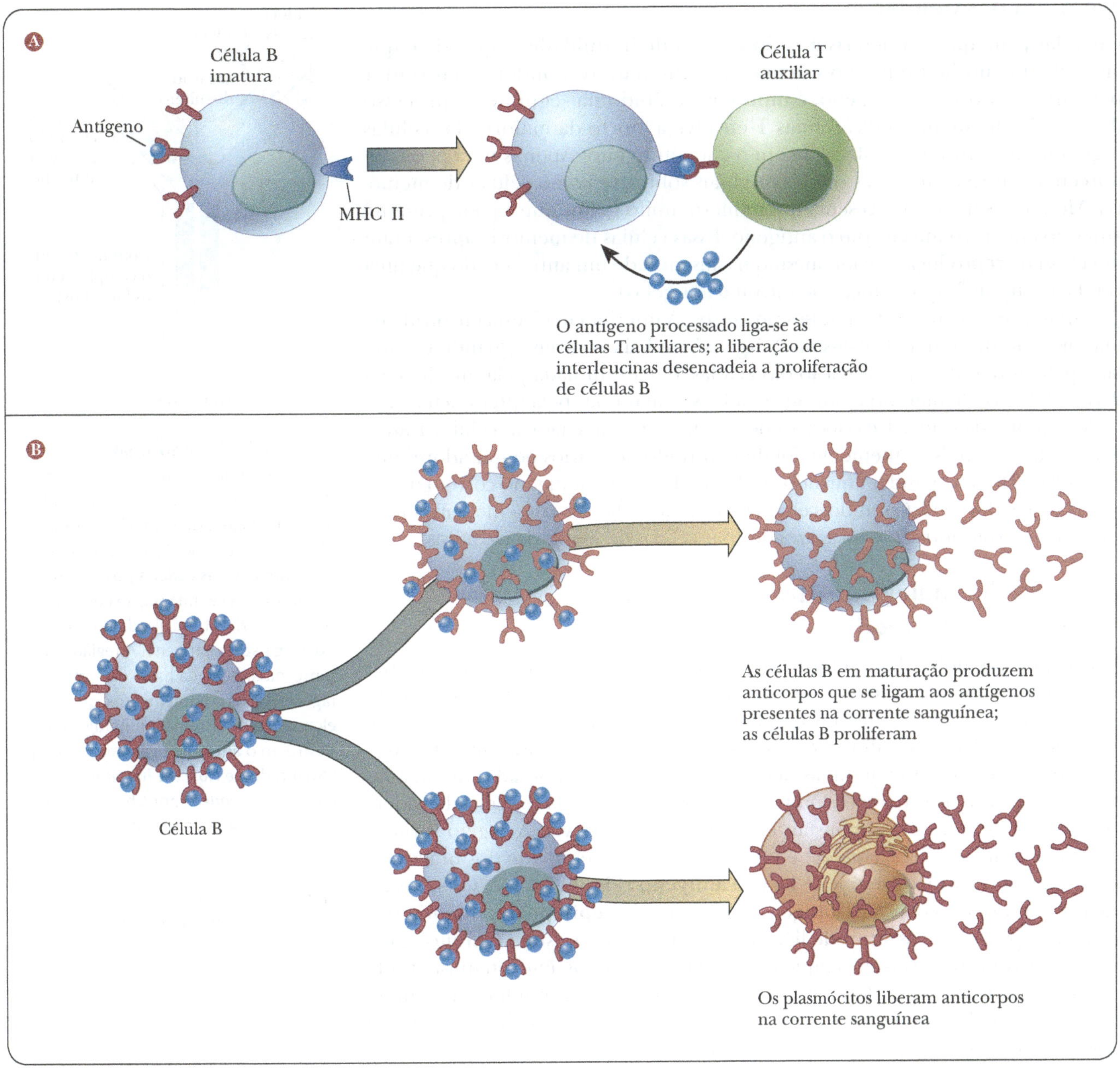
A
Célula B imatura
Antígeno
MHC II
Célula T auxiliar
O antígeno processado liga-se às células T auxiliares; a liberação de interleucinas desencadeia a proliferação de células B
B
Célula B
As células B em maturação produzem anticorpos que se ligam aos antígenos presentes na corrente sanguínea; as células B proliferam
Os plasmócitos liberam anticorpos na corrente sanguínea

FIGURA 14.14 **As células T auxiliares ajudam no desenvolvimento das células B.** (a) Uma célula T auxiliar possui um receptor para a proteína MHC II na superfície de células B imaturas. Quando as células T auxiliares ligam-se ao antígeno processado apresentado pela proteína MHC II, liberam interleucinas e desencadeiam a maturação e a proliferação de células B. (b) As células B possuem anticorpos em sua superfície permitindo que se liguem aos antígenos. Essas células, então, crescem e amadurecem. Quando as células B se diferenciam em plasmócitos, liberam anticorpos para a corrente sanguínea. (Jared Schneidman Design)

lares da resposta imunológica. As células B exibem anticorpos em sua superfície, além das proteínas MHC II. Os anticorpos reconhecem antígenos e se ligam a eles. Tais propriedades permitem que as células B absorvam os antígenos para processamento. Os plasmócitos liberam anticorpos na corrente sanguínea, onde se ligam ao antígeno, marcando-os para que sejam destruídos pelo sistema imunológico. As células T auxiliares ajudam a estimular as células T assassinas e as células apresentadoras de antígenos pela liberação de interleucinas.

Memória das Células T

Uma das principais características do sistema de imunidade adquirida é que ele exibe memória. Embora o sistema seja lento para responder ao encontrar pela primeira vez um antígeno, é muito mais rápido na seguinte. O processo de geração de memória das células T envolve a morte da maioria das células T geradas pela primeira infecção com o dado antígeno. Apenas uma pequena porcentagem (5 a 10%) das células originais sobrevive como células de memória. Mesmo assim, isso representa um número muito maior que aquele presente antes do encontro inicial com o antígeno. Essas células de memória apresentam uma taxa de reprodução maior, mesmo na ausência de um antígeno, do que uma célula T "virgem" (que nunca encontrou o antígeno).

Várias interleucinas atuam nesses processos. A interleucina 7 está envolvida na manutenção de células T assassinas "virgens" em baixos níveis. Quando estimulada pelo antígeno, a proliferação das células T_C é estimulada pela interleucina 2. As células T_C de memória, por outro lado, são mantidas pela interleucina 15.

A memória da célula T é o local onde as células T assassinas e as células T auxiliares se agrupam. Recentemente, foi demonstrado por vários pesquisadores que as células CD8 se expandem quando confrontadas com o antígeno correto na ausência de células CD4. Contudo, células CD8 expandidas clonalmente sem células CD4 foram posteriormente incapazes de criar células de memória tão ativas.

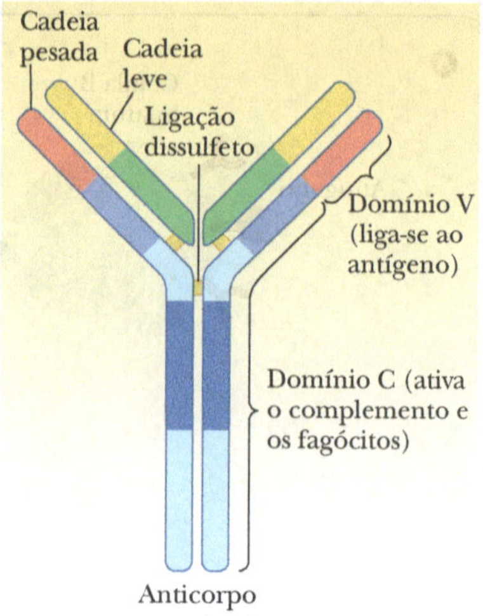
Cadeia pesada
Cadeia leve
Ligação dissulfeto
Domínio V (liga-se ao antígeno)
Domínio C (ativa o complemento e os fagócitos)
Anticorpo

Figura 14.15 **Anticorpos.** Uma molécula típica de anticorpo tem a forma de um Y e é constituída por duas cadeias leves idênticas e duas cadeias pesadas idênticas unidas por ligações dissulfeto. Cada uma dessas cadeias possui uma região variável e uma região constante. A região variável, localizada nos braços do Y, liga-se ao antígeno. A região constante, na direção da haste do Y, ativa os fagócitos e os complementos, que são os elementos do sistema imunológico que destroem o antígeno ligado ao anticorpo. (Adaptado de *How the immune system recognizes invaders*, por Charles A. Janeway Jr.; ilustração de Ian Warpole. Sci. Amer., *set. 1993*.)

epítopos sítios de ligação para anticorpos em um antígeno

O Sistema Imunológico: Aspectos Moleculares

O que são anticorpos?

Anticorpos são moléculas em forma de Y, constituídas por duas cadeias pesadas idênticas e duas cadeias leves também idênticas, unidas por ligações dissulfeto (Figura 14.15). Eles são glicoproteínas com oligossacarídeos ligados a suas cadeias pesadas. Existem diferentes classes de anticorpos baseadas na diferença das cadeias pesadas. Em algumas dessas classes, as cadeias pesadas são ligadas para formar dímeros, trímeros ou pentâmeros. Cada cadeia leve e cada cadeia pesada possui uma região constante e uma região variável. A região variável (também chamada de *domínio V*) é encontrada na extremidade dos braços do Y e é a parte do anticorpo que se liga ao antígeno (Figura 14.16). Os sítios de ligação para o anticorpo no antígeno são chamados **epítopos**. A maioria dos antígenos possui vários sítios de ligação, de modo que o sistema imunológico terá várias rotas possíveis de ataque aos antígenos de ocorrência natural. Cada anticorpo pode ligar-se a dois antígenos, e cada antígeno geralmente possui diversos sítios de ligação para os anticorpos, originando um precipitado que é a base dos métodos experimentais da pesquisa imunológica. A região constante

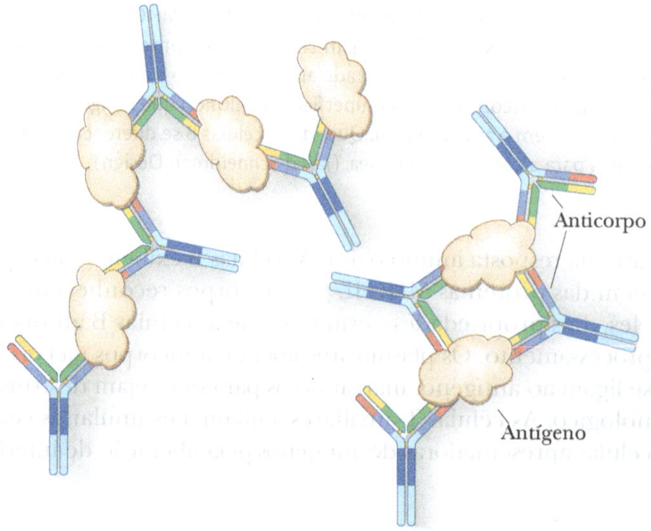
Anticorpo
Antígeno

Figura 14.16 **Uma reação antígeno-anticorpo forma um precipitado.** Um antígeno, como uma bactéria ou um vírus, possui vários sítios de ligação para anticorpos. Cada região variável de um anticorpo (cada braço do Y) pode ligar-se a um antígeno diferente. O agregado assim formado se precipita e é atacado por fagócitos e pelo sistema do complemento.

(o *domínio C*) está localizada na articulação e na haste do Y; essa parte do anticorpo é reconhecida pelos fagócitos e pelo sistema do complemento (a porção do sistema imunológico que destrói o antígeno ligado ao anticorpo).

Como o organismo produz tantos anticorpos tão diversos para responder a qualquer antígeno possível? O número de anticorpos possíveis é praticamente ilimitado, assim como o de palavras em qualquer idioma. Em um idioma, as letras do alfabeto podem ser arranjadas de inúmeros modos para fornecer uma variedade de palavras, e a mesma possibilidade para um número enorme de arranjos existe dentro dos segmentos genéticos que codificam as porções das cadeias de anticorpos. Os genes dos anticorpos são herdados como pequenos fragmentos que se unem para formar um gene completo durante o desenvolvimento das células B individuais (Figura 14.17). Quando segmentos gênicos são unidos, as enzimas que catalisam o processo acrescentam bases de DNA aleatórias nas extremidades dos segmentos que estão sendo divididos, permitindo a grande variedade observada experimentalmente. Esse processo de reorganização ocorre nos genes tanto para as cadeias leves quanto para as pesadas. (Tenha em mente que o *splicing* do éxon e o processamento do mRNA, que discutimos no Capítulo 11, também ocorrem.) Além desses fatores, sabe-se também que os linfócitos B apresentam uma taxa particularmente alta de mutação somática, na qual alterações na sequência de base do DNA ocorrem conforme as células se desenvolvem. As alterações que acontecem nas células não germinativas aplicam-se apenas aos organismos nos quais elas ocorrem e não são passadas para as gerações seguintes.

Cada célula B (e cada plasmócito derivado) produz apenas um tipo de anticorpo. Em princípio, cada uma dessas células deveria ser uma fonte de suprimento de um anticorpo homogêneo por clonagem. Isto não é possível na prática porque os linfócitos não se proliferam de forma contínua em cultura. No final dos anos 1970, Georges Köhler e César Milstein desenvolveram um método para resolver este problema, feito pelo qual receberam o Prêmio Nobel de Fisiologia em 1984. A técnica requer a fusão de linfócitos que produzam o anticorpo desejado com células de mieloma de camundongos. O **hibridoma** (mieloma híbrido) resultante, como todas as células cancerosas, pode ser clonado em cultura (Figura 14.18) e produz o anticorpo desejado. Uma vez que

hibridoma tipo de célula produzida pela fusão de linfócitos e células de mieloma de camundongo

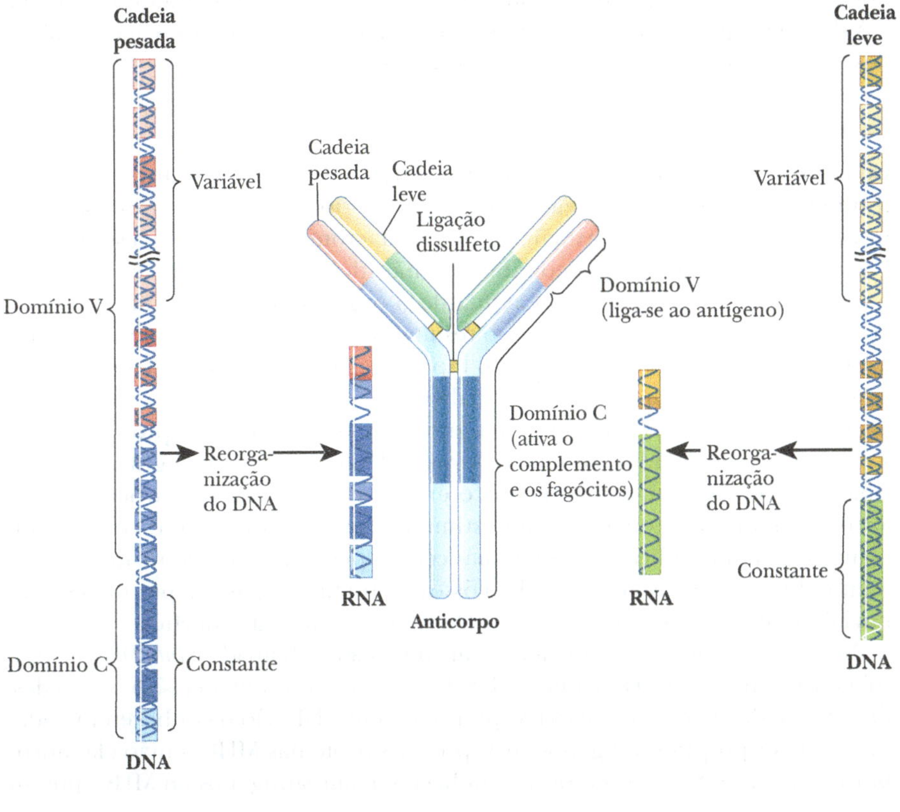
Cadeia pesada
Variável
Domínio V
Domínio C
Constante
DNA
Reorganização do DNA
RNA
Cadeia pesada
Cadeia leve
Ligação dissulfeto
Domínio V (liga-se ao antígeno)
Domínio C (ativa o complemento e os fagócitos)
Anticorpo
RNA
Reorganização do DNA
Cadeia leve
Variável
Constante
DNA

FIGURA 14.17 Cadeias pesadas e leves de anticorpos. As cadeias pesadas e leves dos anticorpos são codificadas por genes que consistem em diversos segmentos de DNA. Esses segmentos se reorganizam e, no processo, originam genes para diferentes cadeias em cada célula B. Uma vez que a combinação é altamente variável, comparativamente poucos segmentos genéticos originam milhões de anticorpos distintos (Adaptado de *How the immune system recognizes invaders*, por Charles A. Janeway Jr.; ilustração de Ian Warpole. Sci. Amer., *set. 1993*.)

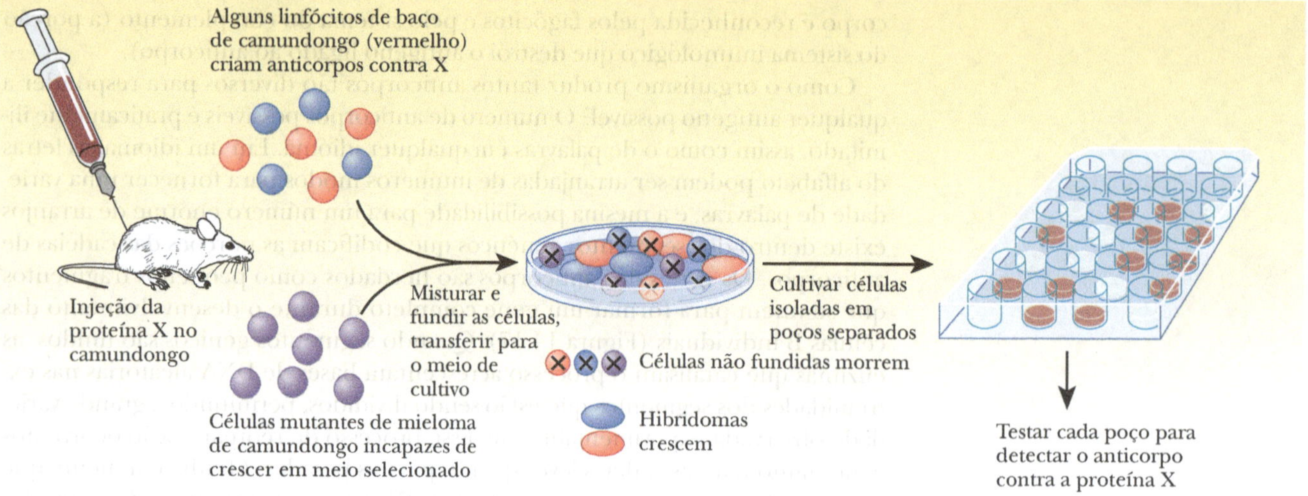

Alguns linfócitos de baço de camundongo (vermelho) criam anticorpos contra X
Injeção da proteína X no camundongo
Misturar e fundir as células, transferir para o meio de cultivo
Células mutantes de mieloma de camundongo incapazes de crescer em meio selecionado
Cultivar células isoladas em poços separados
Células não fundidas morrem
Hibridomas crescem
Testar cada poço para detectar o anticorpo contra a proteína X

FIGURA 14.18 Um procedimento para a produção de anticorpos monoclonais contra um antígeno proteico X. Um camundongo é imunizado com o antígeno X e alguns de seus linfócitos esplênicos produzem anticorpos. Os linfócitos são fundidos com células mutantes de mieloma que não podem crescer em determinado meio por não possuírem uma enzima encontrada nos linfócitos. As células não fundidas morrem porque os linfócitos não conseguem crescer em cultura, e as células mutantes de mieloma não conseguem sobreviver nesse meio. As células individuais são cultivadas em cultura em poços separados e são testadas para um anticorpo contra a proteína X.

os clones são descendentes de uma única célula, eles produzem **anticorpos monoclonais** homogêneos. Desse modo, é possível produzir, em quantidade, anticorpos para quase qualquer antígeno. Os anticorpos monoclonais podem ser usados para analisar substâncias biológicas capazes de atuar como antígenos. Um exemplo notável desta utilidade é o exame de sangue para a presença do HIV, procedimento que se tornou rotineiro nos bancos de sangue públicos.

anticorpos monoclonais anticorpos produzidos a partir da progênie de uma única célula e específicos para um único antígeno

Recentemente, cientistas foram contra o dogma de "um antígeno – um anticorpo" e criaram anticorpos projetados que reconhecem duas proteínas diferentes. Esses anticorpos "dois em um" podem ser ferramentas úteis contra doenças que não respondem bem a tratamentos únicos. Por exemplo, câncer e Aids são frequentemente atacados com tratamentos múltiplos, e a criação de tais anticorpos projetados adiciona outra arma ao arsenal.

Distinção *Self* de *Nonself*

Com todo o poder que o sistema imunológico possui para atacar invasores estranhos, é importante que ele o faça com critério, porque temos nossas próprias células que exibem proteínas e outras macromoléculas em sua superfície. Como o sistema imunológico sabe que não deve atacar essas células é um tópico complicado e fascinante. Quando o organismo comete um engano e ataca uma de suas próprias células, o resultado é uma doença autoimune, cujos exemplos são a artrite reumatoide, o lúpus, esclerose múltipla, esclerodermia, mal de Crohn e algumas formas de diabete.

As células T e as B possuem uma grande variedade de receptores em sua superfície. As afinidades para um determinado antígeno variam grandemente. Abaixo de certo limiar, um encontro entre um receptor de linfócitos e um antígeno não será suficiente para estimular aquela célula a se tornar ativa e começar a se multiplicar. Essas mesmas células possuem estágios de desenvolvimento. Elas amadurecem na medula óssea ou no timo e passam por um estágio inicial no qual os receptores começam a aparecer em sua superfície.

No caso das células T, existe uma forma precursora chamada *célula DP*, que possui tanto a proteína CD4 quanto a CD8. Essa célula é o ponto decisivo para o destino de sua descendência. Se os receptores da célula DP não reconhecerem nada, incluindo os próprios antígenos ou as próprias proteínas MHC, então ela morre por negligência. Se os receptores reconhecerem autoantígenos ou MHC, porém

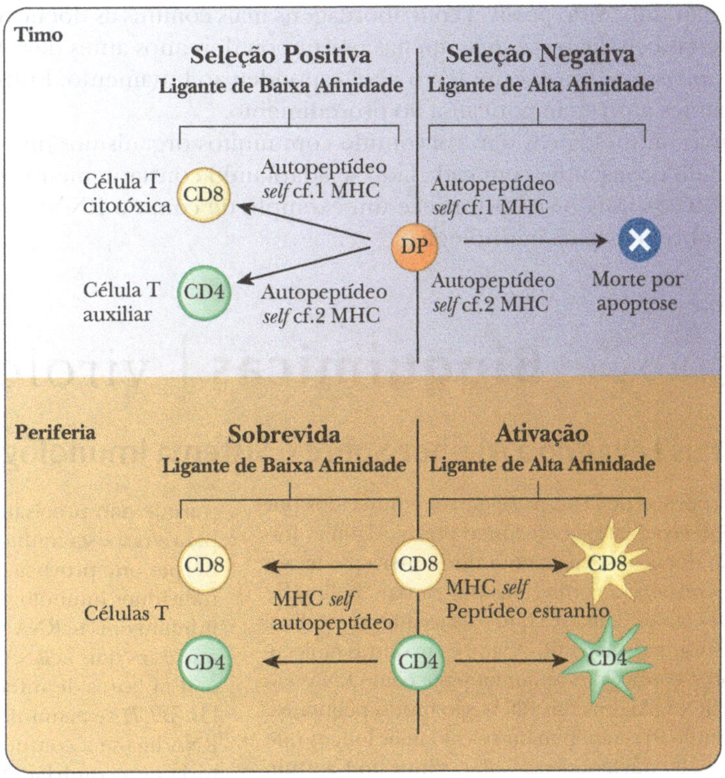
Timo
Seleção Positiva
Ligante de Baixa Afinidade
Seleção Negativa
Ligante de Alta Afinidade
Célula T citotóxica
CD8
Autopeptídeo self cf.1 MHC
Autopeptídeo self cf.1 MHC
DP
Morte por apoptose
Célula T auxiliar
CD4
Autopeptídeo self cf.2 MHC
Autopeptídeo self cf.2 MHC
Periferia
Sobrevida
Ligante de Baixa Afinidade
Ativação
Ligante de Alta Afinidade
CD8
CD8
CD8
Células T
MHC self autopeptídeo
MHC self Peptídeo estranho
CD4
CD4
CD4

Figura 14.19 **A diferenciação de células T.** Um precursor das células T chamado célula DP é o ponto decisivo para o destino da descendência das células T. Se a célula DP não reagir com nada, incluindo autoantígenos ou MHCs, então ela morre por negligência (não mostrado). Se ela reconhecer autoantígenos ou MHCs com alta afinidade, então é programada para apoptose para evitar uma resposta autoimune. Se reconhecer autoantígenos ou MHCs com baixa afinidade, diferencia-se em células T assassinas e células T auxiliares. (Baseado em G. Werlen, B. Hausmann, D. Naeher e E. Palmer (2003). Signaling life and death in the thymus: timing is everything, *Science*, n. 299, p. 1859-1863. Copyright © 2015 Cengage Learning®.)

seleção negativa (de células DP) processo no qual uma célula DP reage a seus próprios antígenos e é programada para sua morte

com baixa afinidade, então a célula é submetida a uma seleção positiva e se diferencia em uma célula T assassina ou uma célula T auxiliar, como mostra a Figura 14.19. Em contrapartida, se os receptores da célula encontrarem autoantígenos que sejam reconhecidos com alta afinidade, ela é submetida a um processo chamado **seleção negativa** e é programada para apoptose, ou morte celular.

No momento em que os linfócitos deixam seu tecido de origem, já foram, portanto, privados das células individuais mais perigosas que tenderiam a reagir com autoantígenos. Ainda haverá algumas células individuais que possuem um receptor com afinidade muito baixa para um autoantígeno. Se estas escaparem da medula óssea ou do timo, não iniciarão uma resposta imunológica porque sua afinidade está abaixo do limiar mínimo e existe sempre a necessidade de um sinal secundário. Elas precisariam que outra célula, tal como um macrófago, também apresentasse um antígeno. No caso das células B, além da ligação de um antígeno ao seu receptor, seria necessário receber uma interleucina 2 de uma célula auxiliar que também tivesse sido estimulada pelo mesmo antígeno.

Todas essas medidas de segurança levam ao delicado equilíbrio que deve ser mantido pelo sistema imunológico, um sistema que simultaneamente tem a diversidade para se ligar a quase qualquer molécula do universo, mas não reage com a miríade de proteínas reconhecidas como próprias.

As doenças autoimunes têm um amplo espectro de efeitos nas vidas dos infectados. Pacientes com lúpus e diabetes tipo I têm alta taxa de sobrevivência e a chance de levar uma vida relativamente normal. Outros, como aqueles com esclerose múltipla ou esclerodermia, experimentam efeitos muito mais trágicos e as perspectivas de sobrevivência de longo prazo não são tão boas. Recentemente, os médicos surgiram com algumas técnicas radicais, tentativas quase desesperadoras, para a cura de tais doenças. Uma das mais radicais é substituir completamente o sistema imunológico do paciente. São usadas quimio e radioterapia intensas para destruir o sistema imunológico. Então, o paciente recebe transplantes de medula óssea de doadores compatíveis em uma tentativa de "reiniciar" o sistema imunológico. Até hoje, aproximadamente 1.500 pessoas receberam tais tratamentos. Até agora os resultados têm sido variadas. Aproximadamente um terço dos participantes teve remissão e não necessitaram mais de tratamentos contínuos. Isso não tinha sido possível com abordagens mais comuns às doenças autoimunes. Outro terço beneficiou-se, mas apenas por um ou dois anos antes de sofrerem uma recaída, e aproximadamente um terço não respondeu ao tratamento. Entre 1% e 5% dos participantes morreram por causa do procedimento.

Nossos sistemas imunológicos têm coevoluído com muitos organismos invasores e vírus. É uma batalha constante, com cada lado se adaptando constantemente. O quadro CONEXÕES **BIOQUÍMICAS 14.3** fornece um exemplo de como o RNA viral tenta levar a melhor sobre o sistema imunológico.

14.3 Conexões **Bioquímicas** | virologia

Os RNAs Virais Levando a Melhor Sobre o Sistema Imunológico

Os vírus da herpes são de DNA patogênicos conhecidos por estabelecer infecções latentes de longo prazo. Algumas formas de herpes são doenças sexualmente transmissíveis e levam a lesões genitais. Outras são conhecidas por causar "bolhas de febre" ao redor dos lábios. Uma vez que o vírus infecta a célula, seu genoma viral é transcrito no mRNA viral e em outras moléculas de RNA menores, conhecidas conjuntamente como RNA não codificador ou ncRNA. Alguns dos RNAs são muito pequenos, micro-RNAs (Capítulo 9), enquanto outros são mais longos que aproximadamente 100 nucleotídeos. Como vimos no Capítulo 11, o miRNA pode inibir coletivamente a expressão de gene. Até recentemente, a função do ncRNA mais longo não estava clara.

Pesquisadores estudando um vírus de herpes chamado citomegalovírus (HCMV) mostraram recentemente que uma das funções do ncRNA mais longo do vírus era permitir que as células infectadas escapassem da resposta da imunidade inata, como mostrado na figura. Os RNAs produzem excelentes armas contra o sistema imunológico. Eles são agentes rápidos porque não precisam ser traduzidos, além de ser alvos ruins para a resposta imunológica adaptativa. O HCMV é um vírus de herpes que provoca uma doença severa nos recém-nascidos e indivíduos imunologicamente comprometidos. Ele codifica no mínimo dois ncRNA longos e 11 miRNAs. Pesquisa atual sugere que estes dois ncRNA são inibidores da resposta imunológica.

Em horas de infecção por HCMV, um ncRNA viral de 2,7 kb (β2,7) se acumula, atingindo 20% do RNA viral total. Este RNA liga-se a componentes do complexo I da cadeia respiratória mitocondrial (MRCC-I), estabilizando sua função como uma contramedida à apoptose. Assim, o β2,7 previne a morte prematura da célula infectada e a produção constante de ATP durante o ciclo de vida viral. Este miRNA inibe a produção de mRNA para um ligante de superfície celular que atrai células assassinas naturais. Portanto, essas duas moléculas de RNA inibem a destruição das célula pelas células NK, bem como a promoção do fortalecimento geral da célula hospedeira para prevenir a morte celular. ◗

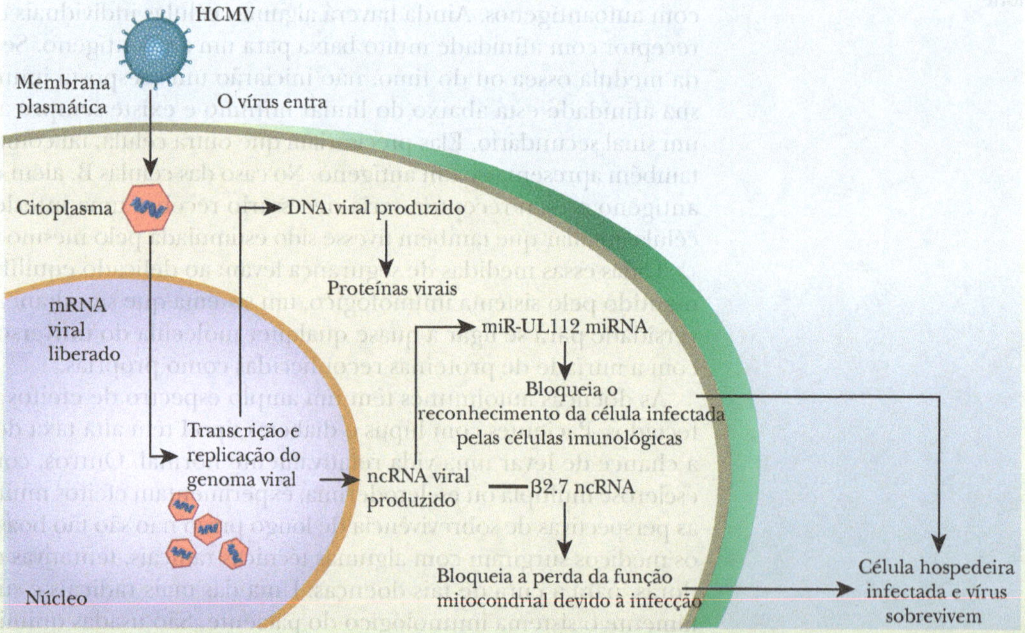
HCMV
Membrana plasmática
O vírus entra
Citoplasma
DNA viral produzido
Proteínas virais
mRNA viral liberado
miR-UL112 miRNA
Bloqueia o reconhecimento da célula infectada pelas células imunológicas
Transcrição e replicação do genoma viral
ncRNA viral produzido
β2.7 ncRNA
Bloqueia a perda da função mitocondrial devido à infecção
Célula hospedeira infectada e vírus sobrevivem
Núcleo

O RNA viral desliga a resposta imunológica. A infecção por HCMV induz um estado de tensão metabólica que normalmente dispararia a resposta imunológica do hospedeiro, incluindo a quebra da célula ou a apoptose (morte da célula). O HCMV previne que essas respostas imunológicas usem dois ncRNAs virais. O ncRNA β2,7 liga-se aos componentes do complexo I da cadeia respiratória mitocondrial (MRCC-I) e estabiliza a produção de energia mitocondrial. O miR-UL112 miRNA bloqueia a expressão do ligante de superfície celular, MICB, que atrai células assassinas naturais e consequentemente previne a quebra por estas células imunológicas que reconheceriam o MICB. (Baseado em Cullen, B. R. (2007). Outwitted by viral RNAs. *Science* 317, p. 329. Copyright © 2015 Cengage Learning®.)

14-4 Câncer

O câncer é uma das principais causas de morte nos seres humanos, levando a 1.500 mortes por dia só nos Estados Unidos. É caracterizado-se por células que crescem e se dividem sem controle, frequentemente espalhando-se para outros tecidos e fazendo que se tornem cancerosos. Algumas estimativas sugerem que um terço de todos os humanos terá câncer durante a vida, portanto, é claramente importante que todos entendam a doença. Contudo, quanto mais velho se torna o indivíduo, maior probabilidade terá de desenvolver um câncer. Um indivíduo de 70 anos de idade tem aproximadamente 100 vezes mais probabilidade de ter câncer que um de 20 anos.

O que caracteriza uma célula cancerosa?

Todos os cânceres que apresentam risco à vida possuem, no mínimo, seis características em comum, e múltiplos problemas devem ocorrer em uma célula antes que ela se torne cancerosa. Deve ser por isso que, embora o câncer seja comum, a maior parte das pessoas envelhecerá e não terá câncer. Em primeiro lugar, as células cancerosas continuam a crescer e a se dividir em situações nas quais as células normais não o fariam. A maioria das células deve receber um sinal químico de crescimento, mas as células cancerosas conseguem continuar crescendo sem esses sinais. Segundo, as células cancerosas continuam a crescer mesmo que as células vizinhas enviem sinais para "interromper o crescimento". Por exemplo, células normais param de crescer quando comprimidas por outras. De alguma forma, os tumores conseguem evitar isso. Terceiro, as células cancerosas conseguem se manter ativas e evitar um sinal de "autodestruição" que geralmente ocorre quando há lesão do DNA. Quarto, elas são capazes de cooptar o sistema vascular do organismo, causando o crescimento de novos vasos sanguíneos para fornecer nutrientes às células cancerosas. Quinto, elas são essencialmente imortais. As células normais podem se dividir apenas em um número finito de vezes, geralmente na faixa de 50 a 70. Contudo, as células cancerosas e os tumores são capazes de se dividir muito mais vezes que isso. A sexta característica é a mais letal: enquanto as células que exibem as cinco primeiras características podem ser um problema, é o fato de as células cancerosas terem capacidade de se desprender, viajar para outras partes do corpo e criar novos tumores que as torna letais. Esse processo é chamado **metástase**. Tumores estacionários frequentemente podem ser removidos por cirurgia. Contudo, quando um câncer começa a se disseminar, é quase impossível detê-lo. Em cada dez mortes decorrentes de câncer – incluindo uma alta porcentagem de cânceres de pulmão, cólon e mama –, nove são decorrentes de cânceres que sofreram metástases. O quadro CONEXÕES **BIOQUÍMICAS 14.4** examina algumas pesquisas centrais na busca pelas origens do câncer.

metástase espalhamento do câncer por todo o corpo

14.4 Conexões **Bioquímicas** | genética

Câncer: O Lado Obscuro do Genoma Humano

Em um sentido muito real, o câncer é a doença genética mais comum. As mutações somáticas (aquelas que não afetam as células germinativas que passam para as gerações seguintes) constantemente ocorrem no organismo humano e se acumulam à medida que a pessoa envelhece. Quando essas mutações atingem um número crítico em locais essenciais no genoma, o câncer se desenvolve. O número de tais mutações pode chegar facilmente a milhares.

Em dezembro de 2009, os cientistas do Wellcome Trust Sanger Institute, no Reino Unido, anunciaram que haviam completado o sequenciamento do melanoma (câncer de pele) e do câncer de pulmão. Eles descobriram mais de 30 mil mutações no genoma do melanoma e mais de 23 mil no câncer de pulmão. O sequenciamento do câncer de mama está em progresso, com grupos ao redor do mundo trabalhando em cânceres do fígado, estômago, cérebro e pâncreas.

Nas palavras de um dos cientistas envolvidos, "Este é um momento fundamental na pesquisa do câncer". Agora será possível determinar os fatores que levam ao desenvolvimento do câncer. Como exemplo, é definitivo que a maioria das mutações associadas com o melanoma surge da exposição excessiva ao sol. Similarmente, o fumo provoca a maioria dos erros

Continua

Continuação

de DNA no câncer de pulmão. Os pesquisadores estimam que uma nova mutação ocorra a cada 15 cigarros fumados. Muitas das mutações não causam dano, mas algumas estarão nas sequências do DNA onde as alterações levam ao câncer.

Esta informação tornará possível diagnosticar o câncer muito mais cedo e levará a um tratamento mais eficaz. Para pacientes individuais, será possível saber quais medicamentos são provavelmente mais eficientes no tratamento do câncer e quais não são. O conhecimento parcial do genoma do câncer de mama já resultou no medicamento Herceptin, um agente quimioterápico que lida com os resultados de um gene superexpressado. O gene em questão, HER2, codifica uma proteína receptora na superfície celular. Em células normais, o receptor liga-se a um composto sinalizador para ativar processos dentro da célula. No câncer, a ativação ocorre sem um sinal, levando à proliferação sem controle, característica de câncer. Desnecessário dizer que o Herceptin não tem efeito em cânceres nos quais o gene em questão não é superexpressado. Ele pode até ser danoso, por causa de sua toxicidade, especialmente para o coração. Este medicamento é um, mas não o único, exemplo dos benefícios que virão do conhecimento do genoma do câncer. Muitos avanços podem ser esperados nos próximos anos.

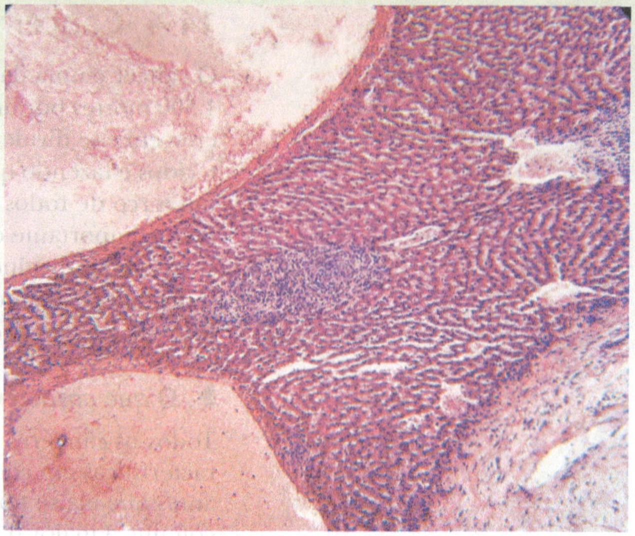
Jubal Harshaw/Shutterstock.com

Micrografia eletrônica de uma célula cancerosa.

O que provoca o câncer?

Frequentemente ouvimos falar de várias coisas que causam câncer. Fumar ou comer carne grelhada causam câncer. A radiação ou o amianto também. Contudo, essas coisas podem não ser realmente a causa final, embora desempenhem seu papel. A causa real pode ser uma combinação de agressões à célula, que a levam a se tornar maligna. O câncer é, em última análise, uma doença do DNA. Ele tem suas raízes nas alterações do DNA no interior de uma célula. De algum modo, essas alterações causam a perda do controle da divisão e as outras características descritas anteriormente.

As mudanças do DNA provocam alterações em proteínas específicas responsáveis pelo controle do ciclo celular. A maior parte das mutações do DNA afeta dois tipos de genes. O primeiro é chamado **supressor de tumor**, que fabrica uma proteína que restringe a capacidade de a célula se dividir. Se a mutação lesar o gene para um supressor tumoral, então a célula terá perdido seus freios e se dividirá sem controle. O segundo tipo de gene, chamado oncogene, é aquele cujo produto proteico estimula o crescimento e a divisão celular. Mutações de oncogenes fazem que eles sejam permanentemente ativos. Os cientistas ainda estão procurando alterações nos genes que sejam uma causa direta do câncer. Até o momento, mais de 100 oncogenes e 15 genes supressores de tumor foram encontrados e relacionados ao câncer. Pesquisas atuais envolvem a compilação de bancos de dados de todas as sequências de DNA conhecidas que sofreram mutações em muitas variedades de cânceres. Essa abordagem identificou aproximadamente 350 genes relacionados ao câncer. O objetivo agora é restringir este número para mutações que são importantes para o desenvolvimento da doença, porque é provável que muitas destas mutações sejam simultâneas, ao invés de casual.

supressor de tumor gene que codifica uma proteína que inibe a divisão celular

Oncogenes

Oncogene é um gene que está implicado no câncer. A raiz da palavra, *onco*, significa câncer. Em 1911, um cientista chamado Peyton Rous demonstrou que soluções retiradas de carcinomas de galinhas poderiam infectar outras células. Essa foi a primeira descoberta dos vírus tumorais, e Rous recebeu o Prêmio Nobel em 1966 por seu feito. O vírus foi chamado de **vírus do sarcoma de Rous**, sendo o primeiro retrovírus demonstrado como causador de câncer. O gene que era específico para o câncer é chamado *v-src*, para *sarcoma viral*. Este gene codifica uma proteína causadora de transformação da célula do hospedeiro em

vírus do sarcoma de Rous primeiro vírus a ser conhecido como causador de câncer

TABELA 14.2 Lista Representativa dos Proto-Oncogenes Implicados nos Tumores Humanos

Proto-Oncogene	Neoplasia(s)
abl	Leucemia mielogênica crônica
*erb*B-1	Carcinoma de células escamosas; astrocitoma
*erb*B-2 *(neu)*	Adenocarcinoma de mama, ovário e estômago
myc	Linfoma de Burkitt, carcinoma de pulmão, mama e colo uterino
H-*ras*	Carcinoma de cólon, pulmão e pâncreas; melanoma
N-*ras*	Carcinoma do trato urogenital e da tireoide, melanoma
ros	Astrocitoma
src	
	Carcinoma do cólon
jun	Diversos
fos	Diversos

Adaptado de Bishop, J. M. Molecular themes in oncogenesis, *Cell* 64, p. 235-48, 1991.

proto-oncogenes genes eucarióticos normais muito similares na sequência a um gene causador de câncer

proteína quinase ativada por mitógeno (MAPK) enzima que reage ao crescimento celular e a sinais de estresse e fosforila as principais proteínas que agem como fatores de transcrição

uma célula cancerosa. Portanto, o gene recebeu o nome de *oncogene*. A proteína foi chamada de pp60^{src}, que indica uma fosfoproteína de massa molecular de 60.000 Da, derivada do vírus do sarcoma (*src*).

Contudo, mais tarde foi descoberto que a sequência do gene era muito semelhante à do gene normal em eucariotos. Esses genes são chamados **proto-oncogenes**. Muitos proto-oncogenes são normais e necessários para o crescimento e o desenvolvimento adequados de células eucarióticas. No entanto, algum evento transformador faz que o proto-oncogene perca o controle. Às vezes isso é decorrente de uma infecção viral. Em outros casos, o evento que resulta na transformação do proto-oncogene em um oncogene não é conhecido. A Tabela 14.2 mostra alguns proto-oncogenes implicados nos tumores humanos. Muitos desses genes estão envolvidos nas vias de transdução de sinal que afetam a transcrição dos genes que aceleram a divisão celular. No Capítulo 11 analisamos o controle da transcrição em eucariotos, e notamos que havia muitas vias de sinalização que passavam pelo coativador CBP/p300 (veja a Figura 11.22). Uma dessas vias envolvia a **proteína quinase ativada por mitógeno (MAPK, do inglês mitagem-activated Protein Kinase)** e um fator de transcrição chamado AP-1. Para compreender a natureza dos diversos oncogenes mostrados na Tabela 14.2, devemos analisar novamente essa rota.

O processo começa quando um sinal extracelular liga-se a um receptor na membrana celular (veja a Figura 14.20). Esse receptor é uma tirosina quinase dimerizada, e então cada porção fosforila a outra. Após a fosforilação, os receptores são ligados por uma molécula adaptadora, uma proteína chamada GRB2, que possui um domínio de ligação fosfotirosina muito semelhante ao domínio encontrado na proteína pp60^{src}. A outra extremidade da GRB2 liga-se a uma proteína chamada Sos.

Nesse ponto, ocorre uma interação com uma proteína de 21 kDa muito importante. Esta proteína, chamada P21^{ras}, ou apenas Ras, está envolvida em aproximadamente 30% dos tumores humanos. A designação *Ras* vem de sarcoma de *Ra* t, o tecido original no qual foi descoberto. A família de proteínas Ras é composta por proteínas de ligação ao GTP. Em seu estado de repouso, estão ligadas ao GDP. Após o sinal celular, Sos substitui o GDP por GTP. A hidrólise intrínseca do GTP devolve a proteína a seu estado inativo, porém esse processo é lento. Proteínas conhecidas como ativadoras de GTPase (GAPs) aceleram essa hidrólise e estão envolvidas no controle das proteínas Ras. GAPs inativam Ras acelerando a hidrólise de GTP. As formas oncogênicas de Ras exibem prejuízo na atividade da GTPase e são insensíveis a GAPs, deixando-as, portanto, ligadas ao GTP, o que faz que estimulem continuamente a divisão celular.

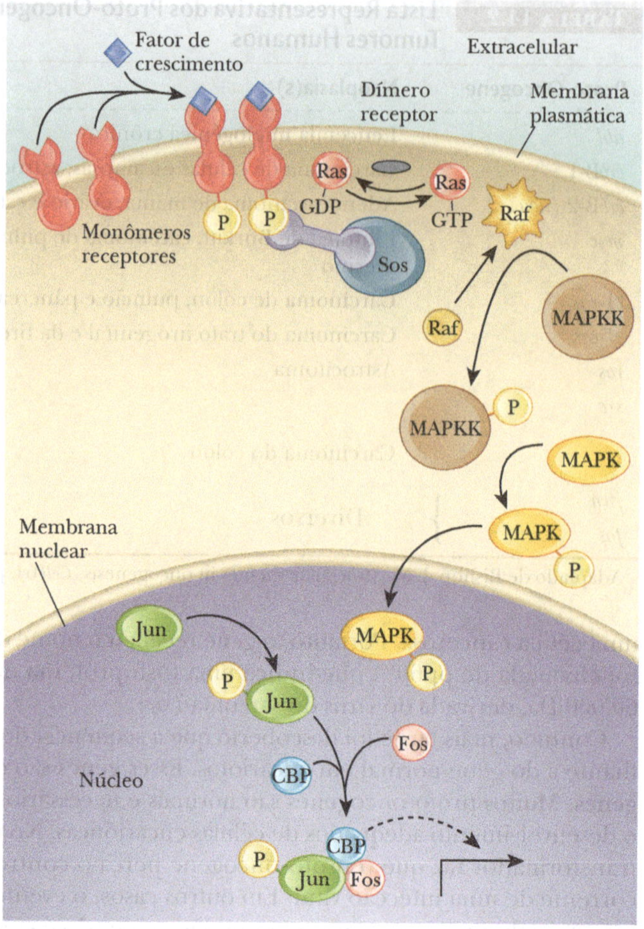
Fator de crescimento
Extracelular
Dímero receptor
Membrana plasmática
Monômeros receptores
P
P
Ras
GDP
Ras
GTP
Raf
Sos
Raf
MAPKK
MAPKK
P
MAPK
MAPK
P
Membrana nuclear
Jun
MAPK
P
P
Jun
Fos
Núcleo
CBP
CBP
P
Jun
Fos

FIGURA 14.20 Transdução de sinal da MAP quinase. A transdução de um sinal começa quando um fator de crescimento (azul) liga-se a um receptor monomérico (vermelho) na membrana celular. O receptor é uma tirosina quinase, que fosforila seu parceiro receptor. O receptor fosforilado é então reconhecido pela GRB2 (púrpura-claro), que se liga à Sos trocadora de Ras (azul). Sos é ativada para trocar GDP por GTP em Ras (rosa), ativando-a. Ras move Raf (castanho) para a membrana celular, onde ela se torna ativa. Raf fosforila MAP quinase quinase, que então fosforila MAP quinase (amarelo). A MAP quinase (MAPK) entra no núcleo e fosforila Jun (verde-claro). O Jun fosforilado liga-se a Fos e CBP, e a transcrição é ativada. (Adaptado com permissão de *Molecular Biology*, de R. F. Weaver. 2. ed., p. 375, McGraw-Hill.)

Embora as mutações Ras sejam algumas das que levam ao câncer mais estudadas, pode-se ver que Ras é encontrada bastante precocemente no processo que leva finalmente à divisão celular. A Ras ativada atrai outra proteína chamada Raf, que fosforila serinas e treoninas na *proteína quinase quinase ativada por mitógeno (MAPKK do inglês mitogem-activated protein kinase kinase)*. Como se pode imaginar pelo nome, essa enzima fosforila a proteína quinase ativada por mitógeno (MAPK): ela entra no núcleo e fosforila um fator de transcrição chamado *Jun*, que se liga a outro fator de transcrição chamado *Fos*. Juntos, Jun e Fos produzem o fator de transcrição que vimos anteriormente, chamado AP-1, que se liga a CBP e estimula a transcrição de genes que levam a uma divisão celular rápida. Como é possível ver na tabela, os oncogenes *Jun* e *Fos* codificam essas proteínas. Em 2002, os pesquisadores, ao fazer uma triagem em 20 genes diferentes em 378 amostras de câncer, descobriram que o gene Raf sofreu mutação em 70% das amostras de melanoma maligno.

Supressores de Tumor

Muitos genes humanos produzem proteínas chamadas supressores de tumor. Eles inibem a transcrição de genes que causariam aumento da replicação. Quando ocorre uma mutação em qualquer um desses supressores, a replicação e a divisão tornam-se descontroladas, o que resulta nos tumores. A Tabela 14.3 lista alguns genes supressores de tumores humanos.

Uma proteína de 53-kDa designada *p53* tornou-se o foco de uma grande atividade na pesquisa do câncer. As mutações do gene que codifica p53 são encontradas em mais da metade de todos os cânceres humanos. Quando o gene está operando normalmente, ele atua como supressor de tumor; quando sofre mutação, está envolvido em uma grande variedade de cânceres. No final de 1993, foram encontradas mutações no gene *p53* em 51 tipos de tumores huma-

TABELA 14.3 **Genes Supressores de Tumor Representativos Implicados em Tumores Humanos**

Gene Supressor de Tumor	Neoplasia(s)
RBI	Retinoblastoma, osteossarcoma, carcinoma de mama, bexiga e pulmão
p53	Astrocitoma, carcinoma de mama, cólon e pulmão, osteossarcoma
WT1	Tumor de Wilms
DCC	Carcinoma do cólon
NF1	Neurofibromatose tipo 1
FAP	Carcinoma do cólon
MEN-1	Tumores de paratireoide, pâncreas, hipófise e córtex adrenal

Adaptado de Bishop, J. M. Molecular themes in oncogenesis. *Cell* n. 64, p. 235-48, 1991.

nos. O papel do p53 é retardar a divisão celular e promover a morte celular (apoptose) sob certas circunstâncias, incluindo aquela quando o DNA é lesado ou quando as células são infectadas por vírus.

Sabe-se que a p53 liga-se ao mecanismo de transcrição basal (um dos TAFs ligados a TFIID; veja o Capítulo 11). Quando ocorrem mutações causadoras de câncer no p53, ele já não pode se ligar ao DNA de um modo normal. O modo de ação do p53 como supressor de tumor é dobrado. Como mostrado na Figura 14.21, ele é um ativador da transcrição de RNA; "ativa" a transcrição e a tradução de vários genes. Um deles, o *Pic1*, codifica uma proteína de 21 kDa, a *P21*, que é um regulador essencial da síntese de DNA e, consequentemente, da divisão celular. A proteína P21, presente em células normais, mas ausente (ou alterada) em células cancerosas, liga-se a enzimas conhecidas como *proteínas quinases dependentes de ciclina (CDKs, do inglês cyclin-dependent protein kinases)*, as quais, como seu nome implica, são ativadas apenas quando se associam a proteínas chamadas ciclinas. Lembre-se, da Seção 10-6, de que a divisão celular depende da atividade de quinases dependentes de ciclina. Alguns dos oncogenes vistos anteriormente atuam de tal modo que o resultado é uma produção excessiva de proteína CDK, o que mantém as células em constante divisão. Níveis normais da proteína p53 não conseguem desativar esses genes nas células cancerosas, porém conseguiriam em células normais. Nas células normais, o resultado é que o ciclo celular permanece no estado entre mitose (no qual as células se dividem) e a replicação de DNA para a próxima divisão celular. O reparo do DNA pode ocorrer nesse estágio. Se as tentativas de reparo do DNA falharem, a proteína p53 pode induzir a apoptose, a morte celular programada de células normais, mas não de células cancerosas.

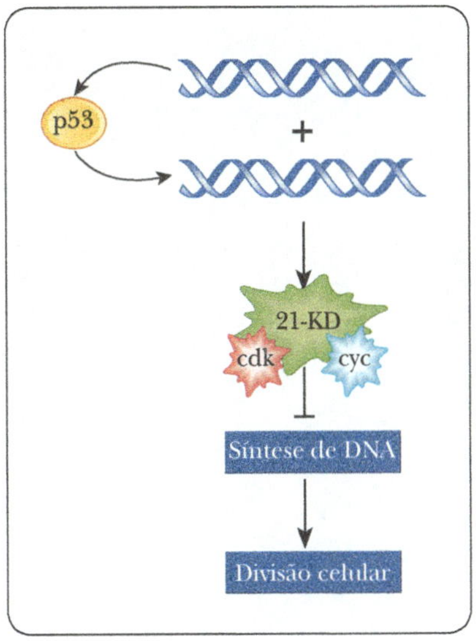
p53
+
21-KD
cdk
cyc
Síntese de DNA
Divisão celular

FIGURA 14.21 **A ação da p53.** A proteína p53 ativa a produção de uma proteína de 21 kDa, que se liga a complexos de quinases dependentes de ciclina (CDKs) e ciclinas. O resultado da ligação é a inibição da síntese de DNA e do crescimento celular. (Baseado em K. Sutliff (1993). *Science*, 262, 1644, Figura 1, Copyright © Cengage Learning.)

O ponto importante é que dois mecanismos diferentes estão operando aqui. Um é análogo aos freios que falham no seu carro (proteína p53 inadequada ou defeituosa), e o outro (superprodução de CDKs) é equivalente ao acelerador que trava na posição acionada – dois mecanismos opostos com o mesmo resultado: o carro acaba colidindo.

Diversos fatores atuam em conjunto para explicar a variedade de doenças que chamamos de câncer. As mutações do DNA levam a alterações nas proteínas que controlam o crescimento celular, seja causando diretamente a divisão celular ou permitindo que ela ocorra por falha. Ainda, outras mutações interferem no reparo do DNA. A possibilidade de encontrar novas terapias – e talvez novas curas – para o câncer é ampliada pela compreensão desses fatores contribuintes e de como um afeta o outro.

Vírus e Câncer

O trabalho original de Rous mostrou como os vírus poderiam causar câncer em determinadas situações. A homologia próxima entre a sequência de oncogenes encontrada em alguns vírus e a sequência do proto-oncogene no genoma de mamíferos levou muitos pesquisadores a sugerir que os oncogenes possam ter tido origem nos mamíferos. É possível que, no curso de infecções e deslocamentos repetidos, o vírus recolha um fragmento de DNA do hospedeiro e forneça outro para o hospedeiro. No decorrer de uma mutação rápida que ocorre nos retrovírus, esses proto-oncogenes poderiam sofrer mutações para uma forma oncogênica.

Os retrovírus causadores de câncer em humanos são conhecidos; algumas formas de leucemia (causada pelo HTLV-I e pelo HTLV-II, que infectam as células T no sistema imunológico) são exemplos bem conhecidos, assim como o câncer cervical causado pelo papilomavírus cervical. Teoricamente, qualquer retrovírus que introduza seu DNA no cromossomo do hospedeiro poderia acidentalmente desabilitar um gene supressor de tumor ou habilitar um oncogene pela inserção de uma sequência promotora forte próxima ao proto-oncogene. Um dos maiores temores da utilização de técnicas de fornecimento *in vivo* para terapia gênica humana (veja a Seção 14-2) é que o DNA viral inserido em um cromossomo humano possa ser incorporado em um supressor de tumor, de outro modo, saudável. Isso resolveria potencialmente um dos problemas do indivíduo ao lhe fornecer um gene funcional que estava ausente, mas ao mesmo tempo causaria um problema ainda maior. Infelizmente, foi o que aconteceu em 2003, quando pesquisadores na França usaram a terapia gênica viral para tratar pacientes com SCID ligada ao cromossomo X (veja a Seção 14-2). Em 9 de 11 casos, a terapia gênica viral foi capaz de restaurar os sistemas imunológicos dos pacientes. Contudo, em dois casos, os pacientes desenvolveram leucemia. Mais tarde foi constatado que o vírus havia se inserido, em cada caso, próximo a um gene que se descobriu ser um oncogene de leucemia. Este foi um revés trágico na terapia gênica viral, e agora muitas agências governamentais estão discutindo seu futuro.

Como lutamos contra o câncer?

O câncer pode ser tratado de várias maneiras. As abordagens mais tradicionais incluem cirurgias para remover os tumores, radiação e quimioterapia para matar as células cancerosas e tratamento com anticorpos monoclonais que miram tumores específicos.

Um dos focos mais atuais para a pesquisa é a tentativa de reativar o p53 nos tecidos cancerosos que perderam sua função. Uma vez que se descobriu que esse único gene é o culpado por tantos tipos de câncer, esta se tornou uma estratégia óbvia. Ensaios clínicos com camundongos mostraram que, em tumores que perderam a função do p53, a restauração da sua atividade para o crescimento do tumor até fazendo que o tumor diminua. Lembre-se de que o p53 tem um ataque bidentado em células tumorais – ele impede o crescimento da célula e promove sua morte (apoptose). Muitos dos primeiros ensaios envolveram a administração específica de um gene p53 ativo via terapia gênica (Seção 14-2). Entretanto, tal administração é impraticável para pacientes humanos em muitos casos. O foco atual é encontrar medicamentos que aumentem os níveis de p53. Dois medicamentos, *Prima-1* e *CP-31398*, reativam o p53 mutante, talvez ao ajudá-lo a se dobrar mais corretamente que sua forma que sofreu mutação. Outro tipo de medicamento, chamado *nutlins*, inibe uma proteína chamada MDM2, que é um inibidor natural do p53. Como frequentemente tem sido o caso com pesquisas em câncer, os cientistas e médicos devem ter muito cuidado ao reparar processos envolvendo o crescimento celular. Em alguns estudos, a reativação do p53 em certos animais de laboratório teve efeitos fatais, uma vez que provocou morte celular generalizada além dos tumores alvo.

Vírus Ajudando a Curar o Câncer

Como vimos neste capítulo, os vírus apresentam-se em diversos tipos e causam muitas doenças. Os vírus podem ser específicos para um único tipo celular porque dependem de um receptor proteico na célula para obter entrada. As células hepáticas exibem receptores que as células nervosas não possuem, e vice-versa. Os oncologistas (médicos que tratam o câncer) têm tratado o câncer há anos com técnicas como radioterapia e quimioterapia, que tentam atingir as células cancerosas, mas que, no final, também são destrutivas para as outras células. De algum modo, a meta da quimioterapia é matar o câncer antes que o tratamento mate o paciente. Se os médicos conseguissem desenvolver um tratamento completamente específico para células cancerosas, seria um enorme progresso tanto para deter o câncer quanto para tornar a vida do paciente mais confortável durante o tratamento. Essa foi outra oportunidade para os pesquisadores encontrarem algo útil sobre os vírus.

viroterapia forma de tratamento do câncer que usa os vírus

Na década de 1990, iniciou-se um novo tipo de tratamento para o câncer, chamado **viroterapia**. Foi demonstrado que esta técnica era direcionada para células tumorais humanas enxertadas em camundongos. O tratamento eliminava os tumores humanos. O vírus de escolha foi o adenovírus, que vimos na seção sobre terapia gênica. Existem duas estratégias para a viroterapia. Uma consiste em usar o vírus para atacar e matar a célula cancerosa diretamente. A segunda consiste em fazer o vírus carregar um gene para a célula cancerosa, que a tornará mais suscetível ao agente quimioterápico.

direcionamento de transdução técnica de luta contra o câncer onde os anticorpos são fixados a um vírus que infectará uma célula cancerosa, entregando o anticorpo

direcionamento de transcrição técnica de luta contra o câncer na qual um vírus é construído para ser mais ativo em células cancerosas

Um dos maiores desafios da viroterapia é certificar-se de que o vírus atinja especificamente a célula cancerosa. O adenovírus comum não é específico para células cancerosas, portanto, para usá-lo em viroterapia, outras técnicas também devem ser empregadas. Uma delas é chamada **direcionamento de transdução**. Nesta técnica, os anticorpos são fixados aos vírus. Esses anticorpos são criados de modo a serem direcionados para as células cancerosas. Assim, o adenovírus normalmente não discriminador atacará apenas as células cancerosas. Uma vez no interior da célula, o vírus se reproduz e eventualmente provoca a lise da célula.

A outra abordagem é chamada **direcionamento de transcrição**. Com esta técnica, os genes de replicação para o adenovírus são inseridos após um promotor específico para uma célula cancerosa. Por exemplo, as células da pele criam muito mais pigmento melanina do que outras células. Portanto, os genes para as enzimas que produzem melanina são ativados mais frequentemente nas células da pele que em outras. O adenovírus pode ser submetido a um processo de engenharia genética de modo que apresente um promotor para a enzima produtora de melanina próximo aos genes para replicação viral. Nas células de pele cancerosas, esses promotores são acionados com mais frequência, portanto, o adenovírus se replica mais rapidamente em células com câncer de pele, matando-as de modo específico. Técnicas semelhantes foram usadas para atingir células cancerosas hepáticas e células cancerosas da próstata.

Outra estratégia básica consiste em fazer o vírus carregar um gene que tornará a célula cancerosa mais suscetível à quimioterapia. Esse sistema utiliza um vírus que atinge preferencialmente células em divisão rápida. No interior de tais células, e apenas nelas, o gene transportado pelo vírus converte um pró-medicamento inócuo em um medicamento anticanceroso. Tais vírus geralmente são chamados "vírus inteligentes" por sua capacidade de selecionar apenas as células cancerosas. Eles permitem o uso de medicamentos sem que estes sejam prejudiciais às células normais.

O quadro CONEXÕES **BIOQUÍMICAS 14.5** descreve o uso de nanotecnologia para a luta contra o câncer. Para finalizar esta seção sobre câncer, o quadro CONEXÕES **BIOQUÍMICAS 14.6** examina câncer e inflamação.

14.5 Conexões Bioquímicas | biotecnologia

A Nanotecnologia Ataca o Câncer

A explosão de tecnologia nos últimos dez anos tornou possível o surgimento de procedimentos médicos mais rápidos, mais baratos e mais eficazes que muitos tratamentos tradicionais. Um dos objetivos dos tratamentos contra o câncer é minimizar o dano causado aos tecidos e às células saudáveis enquanto miram as células cancerosas. Com a radiação ou a quimioterapia tradicionais isso tem sido difícil. Como descrito no final desta seção, o uso de vírus para levar o tratamento a alvos específicos é uma abordagem muito promissora. Outra abordagem que está sendo estudada e está em fase de testes clínicos é o uso de **nanopartículas**. Estas partículas artificiais podem ser criadas com vários tamanhos e materiais, e ser preenchidas com uma molécula específica a ser levada para o alvo. Os tamanhos interessantes delas são entre 10 e 100 nm. As partículas menores que 10 nm são rapidamente removidas do organismo. As maiores que 100 nm não podem acessar as células que desejamos como alvo. Entretanto, partículas construídas para estar entre este limite de tamanho podem acessar as células cancerosas melhor que as células saudáveis, devido à natureza do câncer. Muitos tumores e células cancerosas têm vasculatura danificada e porosa. Consequentemente, à medida que as nanopartículas viajam pela corrente sanguínea, passarão continuamente pelos tecidos saudáveis, mas poderão vazar os poros nos tecidos cancerosos, como mostrado na figura.

As nanopartículas são criadas para ter moléculas em sua superfície que serão atraídas pelas células cancerosas. Neste caso, é uma molécula de polietileno glicol ligada à proteína transferrina. A partícula é constituída de polímero sintético e preenchida com um siRNA específico. As partículas movem-se através da corrente sanguínea e entram nas células cancerosas, conforme mostrado. As células cancerosas têm receptores para a proteína transferrina e ligam-se a elas. As nanopartículas são então levadas para dentro por endócitos, depois dos quais elas degradam e liberam seus conteúdos de siRNA. Testes clínicos estão sendo feitos com vários tipos diferentes de nanopartícula, e esta tecnologia mostra tremenda promessa para melhorar a qualidade de vida de pacientes com câncer que estão em tratamento. ◗

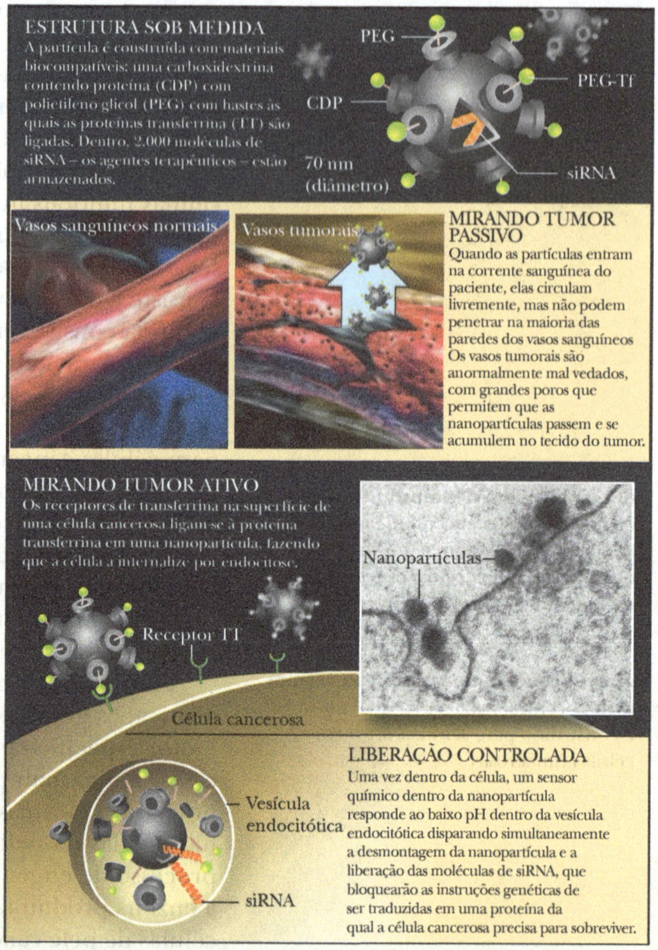
ESTRUTURA SOB MEDIDA
A partícula é construída com materiais biocompatíveis: uma carboxidextrina contendo proteína (CDP) com polietileno glicol (PEG) com hastes às quais as proteínas transferrina (TT) são ligadas. Dentro, 2.000 moléculas de siRNA – os agentes terapêuticos – estão armazenados.
PEG
PEG-Tf
CDP
70 nm (diâmetro)
siRNA
Vasos sanguíneos normais
Vasos tumorais
MIRANDO TUMOR PASSIVO
Quando as partículas entram na corrente sanguínea do paciente, elas circulam livremente, mas não podem penetrar na maioria das paredes dos vasos sanguíneos Os vasos tumorais são anormalmente mal vedados, com grandes poros que permitem que as nanopartículas passem e se acumulem no tecido do tumor.
MIRANDO TUMOR ATIVO
Os receptores de transferrina na superfície de uma célula cancerosa ligam-se à proteína transferrina em uma nanopartícula, fazendo que a célula a internalize por endocitose.
Receptor TT
Nanopartículas
Célula cancerosa
LIBERAÇÃO CONTROLADA
Uma vez dentro da célula, um sensor químico dentro da nanopartícula responde ao baixo pH dentro da vesícula endocitótica disparando simultaneamente a desmontagem da nanopartícula e a liberação das moléculas de siRNA, que bloquearão as instruções genéticas de ser traduzidas em uma proteína da qual a célula cancerosa precisa para sobreviver.
Vesícula endocitótica
siRNA

(Reimpresso com permissão. Copyright © 2009 Scientific American, uma divisão de Nature America Inc. Todos os direitos reservados.)

nanopartícula partículas artificiais de 10 a 100 nm de diâmetro que são usadas na medicina para transportar compostos específicos para dentro das células

14.6 Conexões Bioquímicas | imunologia e oncologia

Atacando os Sintomas ao Invés da Doença

Na seção anterior examinamos a imunidade inata. Este aspecto do sistema imunológico foi o "primo pobre" da imunidade adquirida por décadas, mas recentemente tem se graduado a um *status* mais alto por causa de sua relação com a inflamação. Muitos dos processos envolvendo os macrófagos e outros tipos de células de imunidade inata levam à inflamação. Sabe-se que a inflamação é o contribuinte fundamental para quase todas as doenças crônicas humanas que se conhece, incluindo a artrite, o mal de Crohn, a diabetes, doenças cardíacas, mal de Alzheimer e infarto. Mostrou-se recentemente que a inflamação também está ligada ao câncer.

O câncer começa com uma série de mudanças genéticas que levam as células a se super-replicar, progredindo então para um estágio no qual as células se quebram e montam novas colônias cancerosas em outros locais. Entretanto, os estágios no desenvolvimento são controlados por muitos fatores, e os pesquisadores perceberam que os cânceres invasivos precisam de células do sistema imunológico inato. Estas células normalmente vêm nos socorrer para proteger contra danos e doenças, mas, no câncer, podem ser subvertidas para o bem do tumor e a doença do paciente. Como mostrado na figura, as células do sistema imunológico podem ser tanto benéficas quanto danosas para a luta contra o câncer. Como as células apresentando antígenos, as dendríticas ou macrófagos estimulam as células T e B, que levam a um ataque em uma célula tumoral. Entretanto, elas também levam a uma resposta inflamatória que causam o crescimento do tumor através da produção de citocinas e fatores de crescimento. Evidências indicam que a inflamação ao redor dos macrófagos encoraja a conversão de tecido pré-canceroso em completamente maligno.

Esta percepção levou os pesquisadores a questionarem a busca dogmática para uma cura do câncer. Talvez deva-se gastar mais tempo e mais dinheiro no tratamento dos sintomas. Embora não tenha sido encontrada nenhuma cura para a Aids, muito progresso tem-se conseguido em relação ao aumento do curto período de vida e à qualidade da vida das pessoas portadoras. Os pesquisadores de câncer têm sempre buscado a cura, mas, se eles pudessem tratar os sintomas de infecção, então poderiam ser capazes de parar o progresso da doença, basicamente transformando o câncer em uma doença de longo prazo gerenciável. Os pacientes raramente morrem do câncer primário; ao invés disso, morrem devido à metástase. Pesquisa atual está buscando terapias medicamentosas, incluindo o simples uso de medicamentos anti-inflamatórios não sensoriais (NSAIDs), como a aspirina, inibição mais seletiva da prostaglandina E_2 e inibição específica de citocinas tais como IL-6 e IL-8. ◗

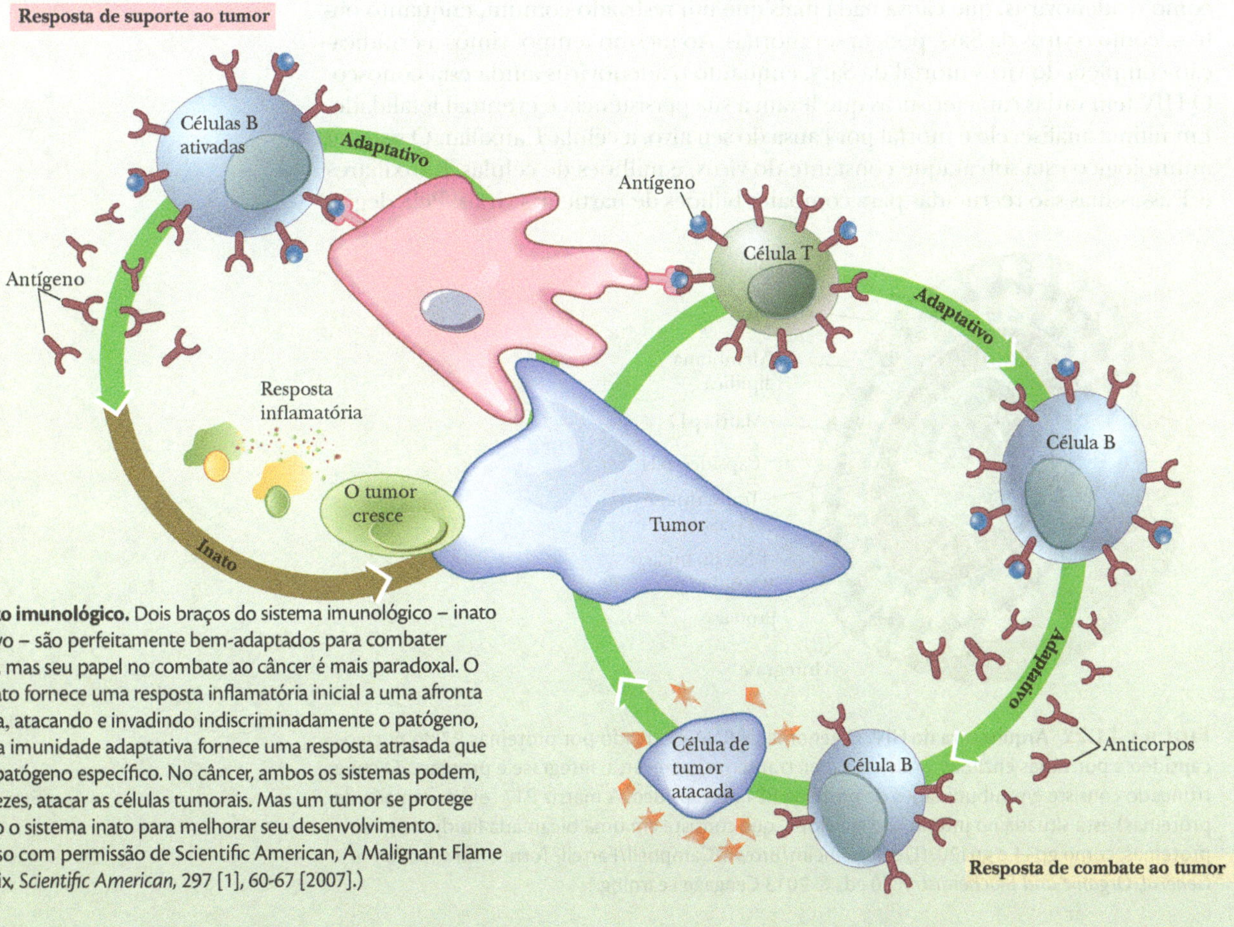
Resposta de suporte ao tumor
Células B ativadas
Adaptativo
Antígeno
Antígeno
Célula T
Adaptativo
Resposta inflamatória
Célula B
O tumor cresce
Tumor
Inato
Adaptativo
Anticorpos
Célula de tumor atacada
Célula B
Resposta de combate ao tumor

O paradoxo imunológico. Dois braços do sistema imunológico – inato e adaptativo – são perfeitamente bem-adaptados para combater patógenos, mas seu papel no combate ao câncer é mais paradoxal. O sistema inato fornece uma resposta inflamatória inicial a uma afronta microbiana, atacando e invadindo indiscriminadamente o patógeno, enquanto a imunidade adaptativa fornece uma resposta atrasada que ataca um patógeno específico. No câncer, ambos os sistemas podem, algumas vezes, atacar as células tumorais. Mas um tumor se protege recrutando o sistema inato para melhorar seu desenvolvimento. (Reimpresso com permissão de Scientific American, A Malignant Flame de Gary Stix, *Scientific American*, 297 [1], 60-67 [2007].)

14-5 Aids

O vírus da imunodeficiência humana (HIV) é o mais infame dos retrovírus porque é o agente causador da síndrome da imunodeficiência adquirida, ou Aids. Essa doença afeta mais de 40 milhões de pessoas no mundo todo e tem frustrado as tentativas de erradicação. Os melhores medicamentos da atualidade podem retardar sua progressão, mas nada foi capaz de detê-la.

O genoma do HIV é um RNA de fita simples com várias proteínas empacotadas ao seu redor, incluindo a transcriptase reversa e a protease específica do vírus. Existe um revestimento proteico ao redor do complexo RNA–proteína, fornecendo a forma final de um cone truncado. Finalmente, há um envelope membranoso ao redor do revestimento proteico. O envelope consiste em uma bicamada fosfolipídica formada a partir da membrana plasmática de células anteriormente infectadas no ciclo de vida do vírus, assim como algumas glicoproteínas específicas, como gp41 e gp120, como mostra a Figura 14.22.

O modo de ação do HIV é um exemplo clássico do modo de operação dos retrovírus. A infecção por HIV começa quando as partículas virais se ligam a receptores na superfície das células (Figura 14.23). O núcleo viral é inserido na célula e se desintegra parcialmente. A transcriptase reversa catalisa a produção de DNA a partir do RNA viral. O DNA viral é integrado ao DNA da célula hospedeira. O DNA, incluindo o DNA viral integrado, é transcrito em RNA. RNAs menores são produzidos primeiro, especificando a sequência de aminoácidos das proteínas reguladoras do vírus. RNAs maiores, que especificam as sequências de aminoácidos das enzimas virais e proteínas de revestimento, são produzidos a seguir. A protease viral assume especial importância na gemação de novas partículas virais. Tanto o RNA viral quanto as proteínas virais são incluídos na gemação do vírus, assim como parte da membrana da célula infectada.

Como o HIV confunde o sistema imunológico?

Por que esse vírus é tão mortal e tão difícil de deter? Vimos exemplos de vírus, como o adenovírus, que causa nada mais que um resfriado comum, enquanto outros, como o vírus da Sars, podem ser mortais. Ao mesmo tempo, vimos a erradicação completa do vírus mortal da Sars, enquanto o adenovírus ainda está conosco. O HIV tem várias características que levam à sua persistência e eventual letalidade. Em última análise, ele é mortal por causa do seu alvo, a célula T auxiliar. O sistema imunológico está sob ataque constante do vírus, e milhões de células T auxiliares e T assassinas são recrutadas para combater bilhões de partículas virais. Pela degra-

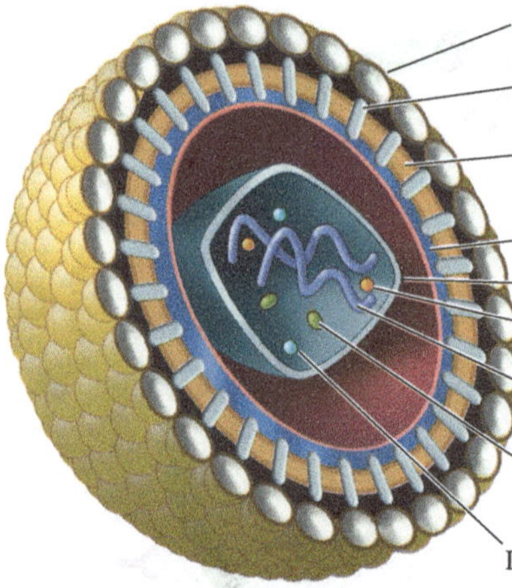
gp120
gp41
Membrana lipídica
Matriz p17
Capsídeo p24
Transcriptase reversa
RNA no núcleo capsídeo p7
Protease
Integrase

FIGURA 14.22 **Arquitetura do HIV.** O genoma de RNA é cercado por proteínas P7 do nucleocapsídeo e por várias enzimas virais – a saber, transcriptase reversa, integrase e protease. O cone truncado consiste em subunidades da proteína P24 do capsídeo. A matriz P17 (outra camada de proteínas) está situada no interior do envelope, que consiste em uma bicamada lipídica e glicoproteínas, como gp41 e gp120. (De Bettelheim/Brown/Campbell/Farrell/Torres, *Introduction to General, Organic and Biochemistry*, 10 ed., © 2013 Cengage Learning.)

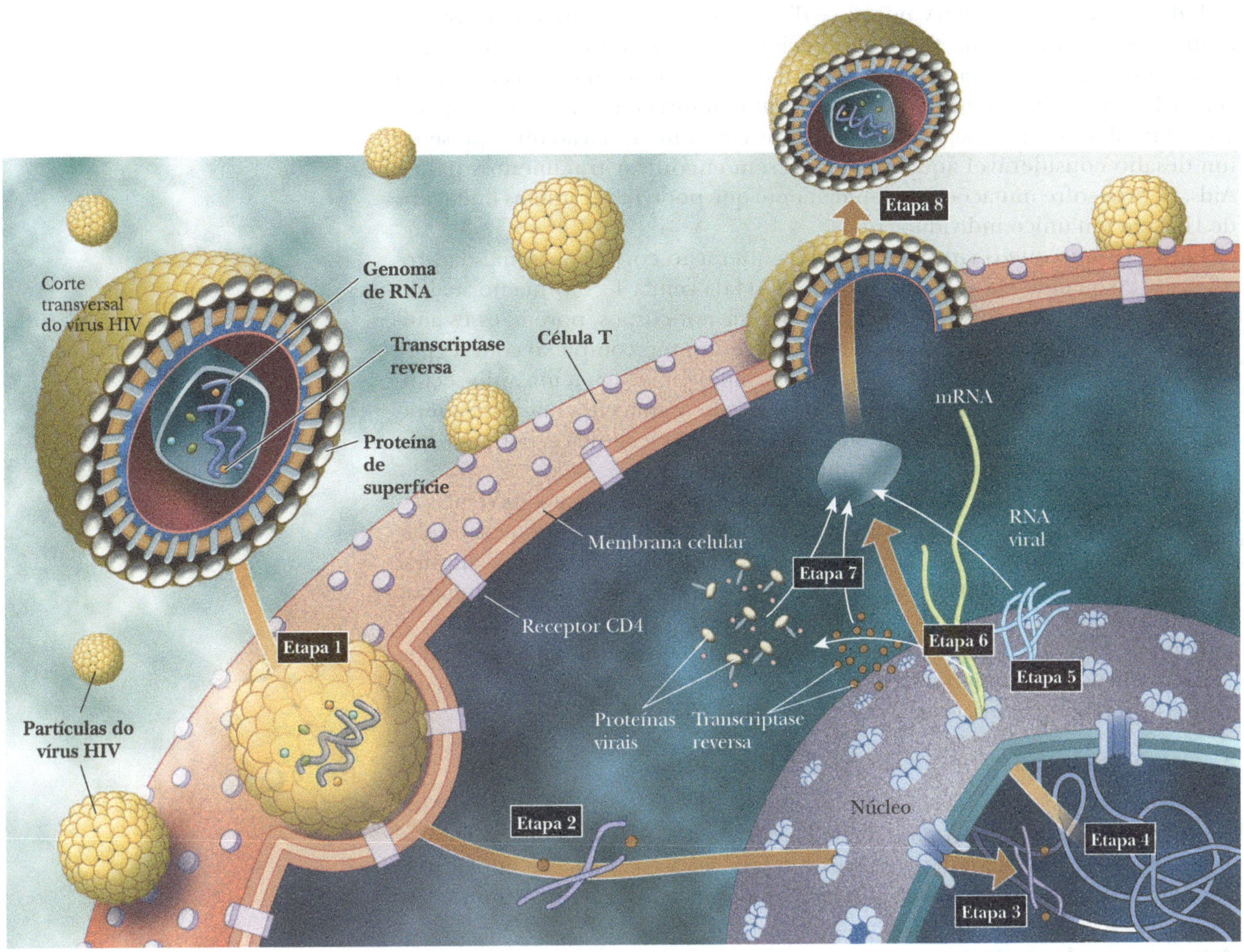
Corte transversal do vírus HIV
Genoma de RNA
Transcriptase reversa
Célula T
Proteína de superfície
Etapa 8
mRNA
RNA viral
Membrana celular
Etapa 7
Receptor CD4
Etapa 6
Etapa 5
Etapa 1
Partículas do vírus HIV
Proteínas virais
Transcriptase reversa
Núcleo
Etapa 2
Etapa 4
Etapa 3

FIGURA 14.23 A infecção pelo HIV começa quando a partícula viral se liga aos receptores CD4 na superfície da célula (Etapa 1). O núcleo viral é inserido na célula e se desintegra parcialmente (Etapa 2). A transcriptase reversa catalisa a produção de DNA a partir do RNA viral. O DNA viral integra-se ao DNA da célula hospedeira (Etapa 3). O DNA, incluindo o DNA viral integrado, é transcrito em RNA (Etapa 4). RNAs menores são produzidos primeiro, especificando a sequência de aminoácidos das proteínas virais reguladoras (Etapa 5). Os RNAs maiores, aqueles que especificam as sequências de aminoácidos das enzimas virais e das proteínas do revestimento, são produzidos a seguir (Etapa 6). A protease viral assume especial importância na gemação de novas partículas virais (Etapa 7). Tanto o RNA viral quanto as proteínas virais são incluídos na gemação do vírus, assim como parte da membrana da célula infectada (Etapa 8). (De Bettelheim/Brown/Campbell/Farrell/Torres, *Introduction to General, Organic and Biochemistry*, 10 ed., © 2013 Cengage Learning.)

dação da membrana da célula T decorrente da gemação e da ativação de caspases que levam à morte celular, o número de células T diminui até o ponto em que a pessoa infectada já não é capaz de montar uma resposta imunológica adequada, eventualmente sucumbindo à pneumonia ou a outra doença oportunista.

Existem muitos motivos pelos quais a doença é tão persistente. Um deles é que ela apresenta ação lenta. A principal razão pela qual a Sars foi erradicada tão rapidamente é que o vírus tinha ação rápida, o que facilitou o processo de encontrar as pessoas infectadas antes que tivessem uma chance de disseminar a doença. Em contraste, pessoas infectadas com HIV podem viver anos antes de tomar conhecimento de que têm a doença. Há uma pequena porcentagem de pessoas, chamadas controladoras, que consegue viver até idades avançadas com o HIV, mas nunca desenvolver a Aids, embora possa carregar e passar o vírus para outra pessoa. Contudo, esta é uma pequena parte do motivo pelo qual é tão difícil exterminar o HIV.

É difícil exterminar o HIV porque é difícil encontrá-lo. Para que o sistema imunológico combata um vírus, ele precisa ser capaz de localizar macromoléculas específicas que possam estar ligadas a anticorpos ou a receptores da célula T. A transcriptase reversa do HIV é muito imprecisa durante sua replicação. O resultado é a mutação rápida do vírus HIV, uma situação que apresenta um desafio considerável àqueles que querem encontrar tratamentos para a Aids. O vírus sofre mutações tão rapidamente que pode haver muitas linhagens de HIV em um único indivíduo.

Outro truque que o vírus utiliza é uma alteração conformacional da proteína gp120 quando ela se liga ao receptor CD4 da célula T. A forma normal do monômero gp120 pode induzir uma resposta de anticorpos, porém, esses anticorpos são largamente ineficazes. A gp120 constitui um complexo com o gp41 e muda de forma quando se liga a CD4. Ela também se liga a um sítio secundário na célula T que normalmente estaria ligado a uma citocina. Essa alteração expõe uma parte da gp120 que estava parcialmente escondida e, portanto, não é capaz de estimular a produção de anticorpos.

O HIV também consegue escapar do sistema de imunidade inato. As células assassinas naturais tentam atacar o vírus, porém o HIV se liga a uma proteína celular específica, chamada ciclofilina, em seu capsídeo, o que bloqueia o agente antiviral conhecido como fator de restrição-1. Outra proteína do HIV bloqueia o inibidor viral chamado CEM-15, que normalmente interrompe o ciclo de vida viral.

Por fim, o HIV esconde-se do sistema imunológico recobrindo sua membrana externa com açúcares muito semelhantes aos naturais encontrados na maioria das células de seu hospedeiro, tornando o sistema imunológico cego a ele.

Como os cientistas lutam contra o HIV e a Aids?

A ciência vem participando de uma batalha frustrante contra o HIV e a Aids desde que esta foi descoberta no início da década de 1980. Se alguém pudesse imputar qualidades humanas a um vírus, o HIV seria chamado de implacável. Por bem mais que uma década, a luta vem sendo realizada em duas frentes.

A Busca por Uma Vacina

A tentativa de descobrir uma vacina para o HIV é semelhante à busca do Santo Graal, e tem encontrado o mesmo sucesso. Uma estratégia de uso de uma vacina para estimular a imunidade do organismo ao HIV é mostrada na Figura 14.24. O DNA para um gene específico do HIV, tal como o gene *gag*, é injetado no músculo. O gene *gag* produz a proteína *gag*, captada pelas células apresentadoras de antígenos e exibida em suas superfícies celulares. Isso induz uma resposta imunológica celular, estimulando as células T assassinas e auxiliares. Também estimula a resposta imunológica humoral, promovendo a produção de anticorpos. A Figura 14.24 também mostra uma segunda parte do tratamento, que consiste em uma dose de reforço de um adenovírus alterado portador do gene *gag*.

Infelizmente, a maioria das tentativas de criar anticorpos tem sido infrutífera até hoje, embora ainda haja muita pesquisa ativa nesta área, especialmente combinada com outras técnicas.

Terapia Antiviral

Embora a pesquisa de uma vacina efetiva contra a Aids tenha continuado com pouco ou nenhum sucesso, as empresas farmacêuticas floresceram projetando drogas que inibissem o retrovírus. Em 1996, havia 16 medicamentos usados para inibir a transcriptase reversa ou a protease do HIV. Vários outros estão em ensaios clínicos, incluindo medicamentos que têm como alvo gp41 e gp120, na tentativa de evitar a entrada do vírus. Uma combinação de drogas inibidoras dos retrovírus é chamada terapia antirretroviral altamente ativa (HAART). As tentativas iniciais com HAART foram muito bem-sucedidas, reduzindo a carga viral

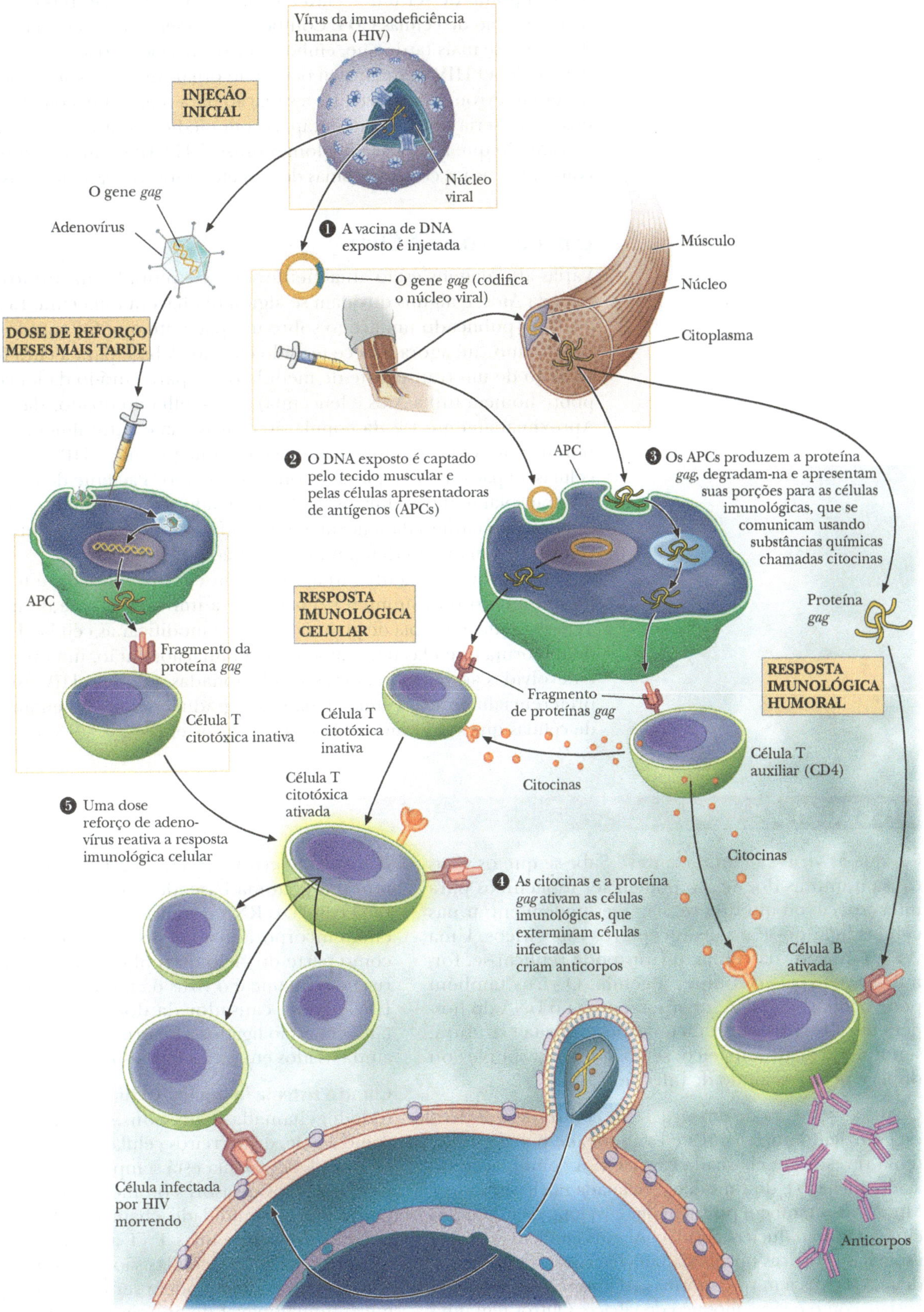
Vírus da imunodeficiência humana (HIV)
INJEÇÃO INICIAL
Núcleo viral
O gene gag
Adenovírus
❶ A vacina de DNA exposto é injetada
Músculo
O gene gag (codifica o núcleo viral)
Núcleo
Citoplasma
DOSE DE REFORÇO MESES MAIS TARDE
❷ O DNA exposto é captado pelo tecido muscular e pelas células apresentadoras de antígenos (APCs)
APC
❸ Os APCs produzem a proteína gag, degradam-na e apresentam suas porções para as células imunológicas, que se comunicam usando substâncias químicas chamadas citocinas
APC
RESPOSTA IMUNOLÓGICA CELULAR
Proteína gag
Fragmento da proteína gag
RESPOSTA IMUNOLÓGICA HUMORAL
Fragmento de proteínas gag
Célula T citotóxica inativa
Célula T citotóxica inativa
Célula T auxiliar (CD4)
Citocinas
Célula T citotóxica ativada
❺ Uma dose reforço de adenovírus reativa a resposta imunológica celular
Citocinas
❹ As citocinas e a proteína gag ativam as células imunológicas, que exterminam células infectadas ou criam anticorpos
Célula B ativada
Célula infectada por HIV morrendo
Anticorpos

FIGURA 14.24 **Uma estratégia para uma vacina contra a Aids.** (Adaptado de © 2003 Terese Winslow) quase a ponto de ser indetectável, com uma repercussão rebote concomitante na população de células CD4. Contudo, como sempre parece ser o caso do HIV, descobriu-se mais tarde que, embora o vírus tivesse sido abatido, não havia sido derrotado. O HIV permaneceu oculto no organismo, e voltava assim que a terapia era interrompida. Portanto, a situação para o paciente com Aids, no melhor dos casos, seria uma vida de terapias com medicamentos caros. Além disso, foi constatado que a exposição a longo prazo à HAART causava náusea e anemia constantes, assim como sintomas de diabete, ossos frágeis e doenças cardíacas.

Esperança para a Cura

Várias abordagens estão atualmente sendo exploradas na ardilosa busca pela cura da Aids, e alguns duvidam se algum dia haverá uma cura. Entretanto, em 2010 foi publicado um artigo sobre um paciente que foi curado da Aids, ou, no mínimo, até agora parece ter sido curado. A base para a cura foi uma combinação de um transplante de medula óssea para curá-lo da leucemia (sim, o pobre homem tinha Aids e leucemia) e a escolha do doador da medula óssea. Aproximadamente 1% da população caucasiana é naturalmente imune à Aids porque apresenta uma mutação específica que previne o HIV de entrar em suas células. O paciente em questão, conhecido como "Paciente de Berlim", recebeu um transplante de medula óssea de um doador com esta mutação. Consequentemente, ao curá-lo da leucemia, ele também foi curado da Aids, porque suas células T resultantes eram imunes à invasão de HIV.

Uma pesquisa recente, atualmente em ensaios clínicos, é tentar imitar o mesmo efeito sem submeter o paciente a um transplante de medula óssea. Tem-se usado a terapia de gene *in vivo* para modificar as células T de pacientes, de tal forma que elas tenham a mesma mutação; então, uma vez amplificadas e devolvidas ao paciente, elas são selecionadas, já que o HIV está destruindo preferencialmente as células T naturais, gradualmente aumentando o número de células que sofreram mutações em seus sistemas.

Resumo

Por que os vírus são importantes? Sabe-se que os vírus causam muitas doenças e podem ser específicos para uma espécie ou um tipo celular. Eles podem entrar nas células ligando-se a seus receptores específicos. Uma vez no interior da célula, o vírus pode replicar-se, formar novos vírus e romper a célula. O vírus também pode ocultar seu DNA incorporando-o no DNA do hospedeiro. Os vírus são caracterizados por sua estrutura, seu tipo de ácido nucleico, se possuem fita simples ou dupla e pelo seu modo de infecção.

Qual é a estrutura de um vírus? No centro de um vírus está seu ácido nucleico. Este está rodeado por uma proteína revestidora chamada capsídeo. A combinação do ácido nucleico e do capsídeo é chamada nucleocapsídeo. Muitos vírus também possuem um envelope membranoso circundando o nucleocapsídeo. Alguns também possuem espículas proteicas que ajudam na fixação à célula hospedeira. Os vírus têm várias formas. Alguns são em forma de bastão, como o vírus mosaico do tabaco. Outros têm uma forma hexagonal, como o vírus bacteriófago T2.

Como um vírus infecta uma célula? Um método comum de fixação envolve a ligação de uma espícula proteica no envelope do vírus a um receptor específico na célula hospedeira.

Por que os retrovírus são importantes? Os retrovírus têm um genoma baseado no RNA. Quando infectam uma célula, o RNA é transformado em DNA. O DNA é então incorporado ao genoma de DNA do hospedeiro como parte do ciclo de replicação do vírus. O retrovírus mais infame é o vírus da imunodeficiência humana, HIV, agente causador da doença Aids. Os retrovírus também estão ligados a determinados cânceres. Eles são ainda usados em várias formas da terapia gênica.

Como o sistema imunológico funciona? Um tipo de imunidade, chamada inata, consiste em barreiras físicas, como a pele, e guerreiros celulares, como as células dendríticas. Esse sistema está sempre presente e esperando para atacar os invasores ou mesmo células cancerosas. Outro tipo de imunidade, chamada adquirida, é baseada em dois tipos de células T (T assassinas e T auxiliares) e em células B. Tais células são geradas aleatoriamente com receptores que podem ser específicos para um número inimaginável de antígenos. Quando elas encontram seus antígenos específicos, são estimuladas a se multiplicar, aumentando exponencialmente o número de células que podem combater o organismo invasor. As células de imunidade adquirida também deixam para trás células de memória, de modo que, se o mesmo patógeno for encontrado novamente, o organismo o eliminará mais rapidamente.

As células imunológicas também devem ser capazes de reconhecer o *self* e o *nonself*. As células T e as células B são condicionadas, em seus estágios iniciais de desenvolvimento, para não reconhecerem as proteínas daquele indivíduo. Em alguns casos esse sistema falha, e uma pessoa pode ser atacada pelo seu próprio sistema imunológico, causando uma doença autoimune.

Qual a função das células T e B? As células T têm inúmeras funções. Como elas se diferenciam, formam células T assassinas ou células T auxiliares. As T assassinas ligam-se às células que apresentam antígeno, como os macrófagos. Isso faz que a célula T se prolifere. A célula T também excreta reagentes químicos que destroem a célula que apresenta um antígeno. As células T também se ligam a células apresentando antígeno, mas, ao invés de destruí-las, estimulam as células B. As células B produzem anticorpos solúveis que atacam os antígenos estranhos.

O que são anticorpos? Anticorpos são proteínas na forma de Y compostas de duas cadeias, uma leve e uma pesada. Existe uma região constante e uma região variável. A região variável é a parte que se liga especificamente a um antígeno. Os anticorpos ligam-se aos antígenos, criando uma reação que forma um precipitado dos complexos anticorpo–antígeno. Este precipitado é então atacado pelos fagócitos e o sistema complementar.

O que caracteriza uma célula cancerosa? As células de câncer amplificam os sinais externos de crescimento ou produzem os seus próprios. Elas são insensíveis a sinais de anticrescimento emitidos por outras células. As células de câncer podem evitar apoptose quando outras células seriam disparadas para se autodestruir. Elas podem se replicar indefinidamente; as células normais podem se replicar 50 a 70 vezes antes de morrer. As células de câncer emitem sinais químicos que promovem o crescimento de vasos sanguíneos para levar oxigênio aos tecidos cancerosos. Elas desprezam sinais múltiplos que normalmente mantêm as células no lugar, assim movimentando-se e prosperando em outros locais no organismo.

O que provoca o câncer? O câncer é uma doença genética. A causa final do câncer é uma mutação em uma sequência de DNA, seja esta causada por uma condição ingerida ou dano no tecido causado por reagente químico ou radiação. Muitos cânceres têm sido ligados a genes específicos chamados oncogenes, ou a genes supressores de tumor. Quando esses genes sofrem mutação, as células perdem a habilidade de controlar sua replicação. Embora o dano ao DNA comece com o câncer, evidência sugere que a inflamação associada com o sistema imunológico inato dispare muitos cânceres em direção à progressão.

Como lutamos contra o câncer? Existem muitas maneiras clássicas de combater o câncer, como a terapia de radiação e a quimioterapia. Ambas são muito nocivas a células saudáveis e, consequentemente, ao paciente. Novas técnicas utilizando vírus estão sendo tentadas atualmente para alvejar células cancerosas mais diretamente, e algumas têm se mostrado tremendamente promissoras. Uma vez que mais da metade dos cânceres conhecidos envolve um gene p53 que sofreu mutação e não é funcional, a restauração da atividade do p53 é um foco da pesquisa do câncer atualmente.

Como o HIV confunde o sistema imunológico? O vírus da imunodeficiência humana é um vírus mortal que afeta milhões de pessoas, normalmente levando à morte. Ele ataca as células T auxiliares, comprometendo a habilidade de a pessoa montar uma resposta imunológica adequada à doença. Os pacientes acabam morrendo devido a outras infecções quando suas populações de célula T caem abaixo de um nível mínimo. O HIV tem muitos truques em sua bagagem que confundem nossa habilidade de combatê-lo. Ele sofre mutações tão rapidamente, que uma pessoa pode ter várias versões, tornando difícil combatê-lo. Ele se esconde nos tecidos, fica dormente por anos e encontra maneiras de opor-se aos melhores anticorpos que o organismo possa reunir.

Como os cientistas lutam contra o HIV e a Aids? Existem inúmeras técnicas atuais para diminuir o progresso do vírus. O mais eficiente atualmente é o uso de medicamentos antivirais. Estes visam enzimas específicas do HIV, como a transcriptase reversa do HIV. Outra abordagem usa os anticorpos contra proteínas específicas do HIV.

Exercícios de Revisão

14-1 Vírus

1. **VERIFICAÇÃO DE FATOS** Qual é o material genético de um vírus?
2. **VERIFICAÇÃO DE FATOS** Defina:
   a) vírion
   b) capsídeo
   c) nucleocapsídeo
   d) espícula proteica
3. **VERIFICAÇÃO DE FATOS** O que determina a família na qual um vírus é classificado?
4. **VERIFICAÇÃO DE FATOS** Como um vírus infecta uma célula?
5. **VERIFICAÇÃO DE FATOS** Qual é a diferença entre a via lítica e a via lisogênica?
6. **PERGUNTA DE RACIOCÍNIO** Existe uma correlação entre a velocidade de uma infecção viral e sua possível taxa de mortalidade? Explique.
7. **PERGUNTA DE RACIOCÍNIO** Se você fosse desenvolver um medicamento para combater um vírus, quais seriam os prováveis alvos para este desenvolvimento?
8. **PERGUNTA DE RACIOCÍNIO** Alguns vírus podem sofrer lise ou lisogenia inclusive no mesmo hospedeiro. Qual poderia ser a

razão para isso? Em que condições o vírus poderia usar uma estratégia em vez da outra?

9. **PERGUNTA DE RACIOCÍNIO** Quais seriam as características das células de um ser humano imune à infecção por HIV?

14-2 Retrovírus

10. **VERIFICAÇÃO DE FATOS** O que é único no ciclo de vida do retrovírus?
11. **VERIFICAÇÃO DE FATOS** Qual enzima é responsável pela produção do DNA viral de um retrovírus?
12. **VERIFICAÇÃO DE FATOS** Quais são os três motivos pelos quais os retrovírus são muito estudados atualmente?
13. **VERIFICAÇÃO DE FATOS** O que significa terapia gênica?
14. **VERIFICAÇÃO DE FATOS** Quais são os dois tipos de terapia gênica?
15. **VERIFICAÇÃO DE FATOS** Que tipos de vírus são usados para terapia gênica e como são manipulados para se tornarem úteis?
16. **VERIFICAÇÃO DE FATOS** Quais são os possíveis riscos da terapia gênica?
17. **PERGUNTA DE RACIOCÍNIO** Quais são as considerações para a escolha de um vetor na terapia gênica?
18. **PERGUNTA DE RACIOCÍNIO** Tanto a ADA-SCID quanto a diabetes tipo I são doenças baseadas na ausência de uma proteína em particular. Por que o trabalho pioneiro com terapia gênica focalizou a SCID em vez da diabete?

14-3 O Sistema Imunológico

19. **VERIFICAÇÃO DE FATOS** Que condições de saúde estão ligadas ao mau funcionamento do sistema imunológico?
20. **VERIFICAÇÃO DE FATOS** O que é imunidade inata? O que é imunidade adquirida?
21. **VERIFICAÇÃO DE FATOS** Quais são os componentes da imunidade inata?
22. **VERIFICAÇÃO DE FATOS** Quais são os componentes da imunidade adquirida?
23. **VERIFICAÇÃO DE FATOS** Qual é a finalidade de um complexo de histocompatibilidade principal?
24. **VERIFICAÇÃO DE FATOS** O que é seleção clonal?
25. **PERGUNTA DE RACIOCÍNIO** Descreva a relação entre os sistemas de imunidade inata e de imunidade adquirida.
26. **PERGUNTA DE RACIOCÍNIO** Uma das primeiras proteínas humanas clonadas foi o interferon. Por que seria importante a capacidade de produzir interferon em laboratório?
27. **PERGUNTA DE RACIOCÍNIO** Descreva como as células do sistema de imunidade adquirida se desenvolvem de modo a não reconhecer autoantígenos, mas reconhecer antígenos estranhos.
28. **VERIFICAÇÃO DE FATOS** Qual parte do sistema imunológico tem sido ligada à progressão do câncer?
29. **CONEXÕES BIOQUÍMICAS** Qual tipo de RNA dos vírus de herpes confunde o sistema imunológico?
30. **CONEXÕES BIOQUÍMICAS** Explique o modo de ação dos RNAs virais de herpes e como eles confundem o sistema imunológico.

14-4 Câncer

31. **VERIFICAÇÃO DE FATOS** Que características são exibidas pelas células cancerosas?
32. **VERIFICAÇÃO DE FATOS** O que é um supressor de tumor? O que é um oncogene?
33. **VERIFICAÇÃO DE FATOS** Por que as proteínas chamadas p53 e Ras são tão estudadas atualmente?
34. **VERIFICAÇÃO DE FATOS** Como os vírus estão relacionados ao câncer?
35. **PERGUNTA DE RACIOCÍNIO** O que é viroterapia?
36. **PERGUNTA DE RACIOCÍNIO** Por que é incorreto dizer que "fumar causa câncer"?
37. **PERGUNTA DE RACIOCÍNIO** Descreva a diferença entre um supressor de tumor e um oncogene em relação às causas reais do câncer.
38. **PERGUNTA DE RACIOCÍNIO** Descreva as relações entre Ras, Jun e Fos.
39. **PERGUNTA DE RACIOCÍNIO** Descreva a natureza da retivação da p53 como uma estratégia de luta contra o câncer.
40. **PERGUNTA DE RACIOCÍNIO** Qual é a diferença entre Prima-1 e *nutlins* na maneira como lutariam contra o câncer?
41. **PERGUNTA DE RACIOCÍNIO** Descreva as diferentes técnicas que poderiam restaurar a p53 para uma célula que não a tem.
42. **CONEXÕES BIOQUÍMICAS** Descreva os efeitos positivos e negativos do sistema imunológico inato em células cancerosas.
43. **CONEXÕES BIOQUÍMICAS** Explique por que alguns pesquisadores acreditam que a ciência deveria focar sua atenção na inflamação associada ao progresso do câncer ao invés de buscar uma cura.
44. **CONEXÕES BIOQUÍMICAS** Quais foram os resultados de sequenciar os genomas do melanoma humano e do câncer de pulmão?
45. **CONEXÕES BIOQUÍMICAS** O que causa a maioria das mutações encontradas nos melanomas humano e no câncer de pulmão?

14-5 Aids

46. **VERIFICAÇÃO DE FATOS** Quais células são atacadas pelo HIV?
47. **VERIFICAÇÃO DE FATOS** Como o HIV entra nas células que ataca?
48. **VERIFICAÇÃO DE FATOS** Como o HIV confunde o sistema imunológico humano?
49. **VERIFICAÇÃO DE FATOS** Que tipos de terapias são usados para combater a Aids?
50. **PERGUNTA DE RACIOCÍNIO** O vírus do HIV mata um paciente diretamente?
51. **PERGUNTA DE RACIOCÍNIO** Compare o HIV, SARS e a gripe comum em termos de transmissibilidade e letalidade.
52. **PERGUNTA DE RACIOCÍNIO** Como a proteína gp120 é importante para o HIV e como sua habilidade confunde o sistema imunológico?
53. **VERIFICAÇÃO DE FATOS** O que é HAART?
54. **PERGUNTA DE RACIOCÍNIO** Por que alguns cientistas relutam em dizer que o paciente de Berlim está curado?

A Importância das Variações de Energia e do Transporte de Elétrons no Metabolismo

15

15-1 Estados-Padrão para Variações de Energia Livre

A palavra *bioenergética* aparece muitas vezes no estudo da bioquímica. No Capítulo 1 vimos como a redução (liberação) de energia, que na realidade significa dispersão no nível molecular, é espontânea no sentido termodinâmico. Examinamos alguns exemplos de variações de energia, mas não entramos em detalhes. Um exemplo é o transporte de substâncias para dentro e para fora das células através da membrana celular, tais como o sistema de transporte de glicose e a bomba de sódio e potássio descrita na Seção 8-6. Neste capítulo, analisaremos como as considerações energéticas se aplicam ao metabolismo. Compararemos muitos processos diferentes que serão úteis para termos uma referência contra a qual faremos tais comparações. A maior parte do Capítulo 20 será devotada aos detalhes do transporte de prótons (íon hidrogênio, H^+) através das membranas e seu papel na produção de energia nas células aeróbicas.

▶ *Quais são os estados-padrão?*

Podemos definir as *condições padrão* de qualquer processo e então utilizá-las como a base para as reações de comparação. A escolha das condições padrão é arbitrária. Para um processo sob tais condições, todas as substâncias envolvidas na reação

RESUMO DO CAPÍTULO

estado-padrão conjunto de condições padrão utilizadas para comparações de reações químicas

encontram-se em seus **estados-padrão** e, neste caso, dizemos também que estão em *atividade unitária.* No caso de sólidos e líquidos puros, o estado-padrão corresponde à própria substância pura. Para os gases, o estado padrão, em geral, equivale a uma pressão de 1,00 atmosfera do gás. Para os solutos, o estado-padrão é geralmente a concentração de 1 mol L^{-1}. Mais precisamente, essas definições para gases e solutos são estimativas, mas válidas para quase todos os cálculos exigidos.

O que os estados-padrão têm a ver com as variações de energia livre?

Para qualquer reação geral do tipo:

$$aA + bB \rightarrow cC + dD$$

é possível escrever uma equação que relaciona a variação de energia livre (ΔG) para a reação sob *qualquer* condição com a variação de energia livre que ocorre sob condições-*padrão* ($\Delta G°$); o índice sobrescrito ° refere-se às condições-padrão. Essa equação é

$$\Delta G = \Delta G° + RT \ln \frac{[C]^c[D]^d}{[A]^a[B]^b}$$

Nesta equação, os colchetes indicam a concentração molar de cada elemento, R refere-se à constante dos gases (8,31 J mol^{-1} K^{-1}), e T é a temperatura absoluta. A notação ln refere-se aos logaritmos naturais (na base e) em vez dos logaritmos na base 10, para os quais a notação é log. Essa equação é a mesma em quaisquer circunstâncias; a reação não precisa estar em equilíbrio. O valor de ΔG em um determinado conjunto de condições depende do valor de $\Delta G°$ e da concentração dos reagentes e dos produtos (indicados pelo segundo termo na equação). A maioria das reações bioquímicas é descrita em termos de $\Delta G°$, que é o ΔG sob condições padrão (concentração de 1 mol L^{-1} para solutos). Existe apenas um $\Delta G°$ para a reação a determinada temperatura.

Quando a reação está em equilíbrio, $\Delta G = 0$, e, portanto

$$0 = \Delta G° + RT \ln \frac{[C]^c[D]^d}{[A]^a[B]^b}$$

$$\Delta G° = -RT \ln \frac{[C]^c[D]^d}{[A]^a[B]^b}$$

As concentrações estão agora em equilíbrio e, assim, tal equação pode ser reescrita da seguinte forma

$$\Delta G° = -RT \ln K_{eq}$$

onde K_{eq} corresponde à constante de equilíbrio para a reação. Temos agora uma relação entre as concentrações de equilíbrio dos reagentes e dos produtos e a variação da energia livre. Depois de determinar as concentrações de equilíbrio dos reagentes por meio de qualquer método conveniente, é possível calcular a constante de equilíbrio, K_{eq}. Podemos, então, calcular a variação de energia livre padrão, $\Delta G°$, a partir da constante de equilíbrio.

Como os organismos vivos usam energia?

A energia livre de Gibbs, ΔG, é talvez a forma mais adequada de medir as variações de energia nos sistemas vivos, pois mede *a energia disponível para realizar um trabalho a pressão e temperatura constantes,* o que descreve o estado vivo. Até mesmo organismos de sangue frio estão a uma temperatura e pressão constantes em algum dado momento; quaisquer variações na temperatura e na pressão são lentas o suficiente para não afetar as medidas de ΔG.

Espontaneidade e Reversibilidade

O conceito de espontaneidade pode ser confuso, mas significa simplesmente que uma reação pode ocorrer sem adição de energia. Isso é semelhante à água contida em uma represa no topo de uma montanha, que tem a energia potencial para fluir morro abaixo, mas não o fará a menos que alguém abra a represa. Como a água flui somente morro abaixo, esta é a direção com um valor negativo da variação de energia livre ($-\Delta G$); o bombeamento da água morro acima é um processo não espontâneo (requer energia) e possui um valor positivo para a variação de energia livre ($+\Delta G$). Se a variação de energia livre tem apenas 1 kcal mol^{-1} (cerca de 4 kJ mol^{-1}) em qualquer sentido, então a reação é considerada reversível. A reação pode ir em qualquer sentido prontamente. Se adicionarmos reagentes ou se produtos forem removidos, a reação desloca-se para a direita; se reagentes forem removidos ou se produtos adicionados, a reação desloca-se para a esquerda. Este efeito é uma maneira de enunciarmos o Princípio de Le Chatelier, que é bem conhecido na química geral. O enunciado geral diz que quando é aplicada uma tensão a um sistema em equilíbrio, o sistema reage de forma a minimizar o efeito dessa tensão. Aqui, a tensão é uma variação na concentração de um dos componentes da reação. Mesmo que a reação possa parecer energeticamente desfavorável em alguma extensão, uma variação na concentração de reagente ou produto pode produzir mais do produto da reação em comparação à quantidade presente antes da variação na concentração. Este é um aspecto fundamental em várias vias metabólicas; muitas reações no meio da via são reversíveis. Isso significa que as mesmas enzimas podem ser utilizadas quer a via esteja no processo de decomposição, quer no de formação da substância.

Nas vias metabólicas reversíveis, é frequente que apenas as reações terminais sejam irreversíveis, e que estas possam ser ativadas ou desativadas para ativar ou desativar toda a via, ou até mesmo revertê-la (Figura 15.1).

Impulsionando Reações Endergônicas

As reações podem, algumas vezes, ser acopladas. Isto acontece quando a fosforilação da glicose é acoplada com a hidrólise de um grupo fosfato do ATP. Certamente não há duas reações sendo realizadas ao mesmo tempo; as enzimas simplesmente transferem o fosfato do ATP diretamente para a glicose (veja a Seção 15-6). Podemos pensar na fosforilação da glicose e na hidrólise do ATP como duas partes da mesma reação. Sendo assim, podemos somá-las para determinar a variação de energia geral e para garantir que, no total, ela seja exergônica (Figura 15.1).

Balanço de Energia

É importante lembrarmos da Lei de Conservação de Energia. A energia obtida por um organismo é usada de alguma maneira e nunca desaparece. Este é o *balanço de energia*, que pode ser representado pela equação

$$\text{Energia de entrada} = \text{calor interno produzido} + \text{trabalho} + \text{armazenamento}$$

Calor e trabalho não incluem o trabalho mecânico de movimento, mas processos anabólicos e todas as atividades de um organismo. Nos organismos, armazenamento refere-se à energia química, que pode ser convertida em outras formas de energia quando necessário. A energia química armazenada também

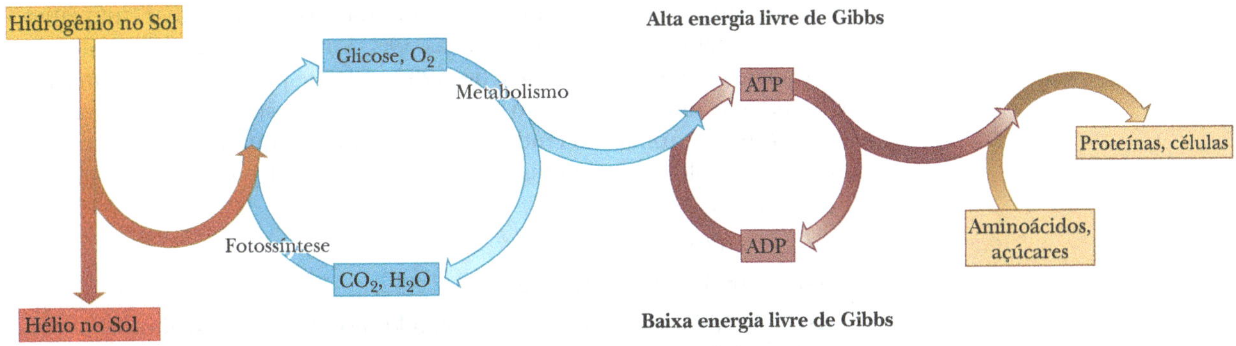

Hidrogênio no Sol
Alta energia livre de Gibbs
Glicose, O_2
Metabolismo
ATP
Proteínas, células
Fotossíntese
ADP
Aminoácidos, açúcares
CO_2, H_2O
Hélio no Sol
Baixa energia livre de Gibbs

FIGURA 15.1 A síntese da glicose e de outros açúcares nos vegetais, a produção de ATP a partir de ADP e a elaboração de proteínas e outras moléculas biológicas são processos nos quais a energia livre de Gibbs no sistema deve aumentar. Esses processos ocorrem somente por meio do acoplamento de outros processos em que a energia livre de Gibbs diminui para uma quantidade comparativamente ainda mais alta. Existe uma diminuição local na entropia à custa de um aumento maior da entropia do Universo.

pode ser acessada quando necessário para realizar reações endergônicas, como acabamos de ver. Aqui exploraremos as implicações destas afirmativas.

15-2 Um Estado-Padrão Modificado para as Aplicações Bioquímicas

▶ *Por que precisamos de um estado-padrão modificado para as aplicações bioquímicas?*

Acabamos de verificar que o cálculo das variações de energia livre inclui a convenção de que todas as substâncias estejam em seus estados-padrão, o que, para os solutos, pode estar próximo de uma concentração de 1 mol L^{-1}. Se a concentração de íon hidrogênio de uma solução for 1 mol L^{-1}, o pH é zero. (Lembre-se de que o logaritmo de 1 para qualquer base é zero.) O interior de uma célula viva é, em vários aspectos, uma solução aquosa dos componentes celulares, e o pH de tal sistema está normalmente no intervalo neutro. Geralmente, as reações bioquímicas em laboratório são realizadas em tampões próximos ao pH neutro. Por este motivo, é conveniente definir, para a prática bioquímica, um estado padrão modificado, que seja diferente do estado padrão original somente na modificação da concentração do íon hidrogênio de 1 mol L^{-1} para 1×10^{-7} mol L^{-1}, implicando um pH 7.

Quando as variações de energia livre são calculadas com base nesse estado padrão modificado, elas são designadas pelo símbolo $\Delta G°'$ (pronuncia-se "delta G zero linha"). O quadro **Aplique Seu Conhecimento 15.1** lhe dará prática em fazer este cálculo.

15.1 Aplique Seu Conhecimento

Uso de Constantes de Equilíbrio para Determinar o $\Delta G°'$

Suponhamos que as concentrações relativas dos reagentes tenham sido determinadas para uma reação realizada em pH 7 e 25 °C (298 K). Tais concentrações podem ser utilizadas para calcular a constante de equilíbrio, K_{eq}, que, por sua vez, pode ser utilizada para determinar a variação de energia livre, $\Delta G°'$, para a reação. Uma reação típica para a qual este tipo de cálculo pode ser aplicado é a hidrólise do ATP em pH 7, produzindo ADP, íon mono-hidrogênio fosfato (escrito como P_i) e H^+ (o oposto de uma reação já vista):

$$\text{ATP} + H_2O \rightleftharpoons \text{ADP} + P_i + H^+$$

$$K'_{eq} = \frac{[\text{ADP}][P_i][H^+]}{[\text{ATP}]} \text{ pH 7, 25 °C}$$

As concentrações dos solutos são utilizadas para aproximar suas atividades; a atividade da água é uma delas. O valor de K_{eq} para essa reação é determinado em laboratório; ele é de $2{,}23 \times 10^5$. De posse dessa informação, é possível determinar a variação de energia livre substituindo, na equação, $\Delta G° = -RT\ln K_{eq}$, tomando cuidado para escolher as quantidades corretas e manter o controle das unidades. Substituindo $R = 8{,}31$ J mol^{-1} K^{-1}, $T = 298$ K e $\ln K_{eq} = 12{,}32$,

$$\Delta G°' = -RT \ln K'_{eq}$$

$$\Delta G°' = (8{,}31 \text{ J mol}^{-1} \text{ K}^{-1})(298 \text{ K})(12{,}32)$$

$$\Delta G°' = -3{,}0500 \times 10^4 \text{ J mol}^{-1} = -30{,}5 \text{ kJ mol}^{-1} = -7{,}29 \text{ kcal mol}^{-1}$$

$$1 \text{ kJ} = 0{,}239 \text{ kcal}$$

Além de ilustrar a utilidade de um estado padrão modificado para o trabalho bioquímico, o valor negativo de $\Delta G°'$ indica que a reação da hidrólise de ATP a partir de ADP é um processo espontâneo em que a energia é liberada.

15-3 A Natureza do Metabolismo

O que é metabolismo?

Até agora, discutimos alguns princípios químicos básicos e investigamos a natureza das moléculas que compõem as células vivas. Ainda é necessário discutir grande parte das reações químicas das biomoléculas propriamente ditas, que constituem o **metabolismo**, a base bioquímica de todos os processos vitais. As moléculas de carboidratos, gorduras e proteínas ingeridas pelos organismos são processadas de várias formas (Figura 15.2). A decomposição de moléculas maiores em moléculas menores é chamada **catabolismo**. As moléculas menores são utilizadas como pontos de partida de uma série de reações para produzir moléculas maiores e mais complexas, incluindo proteínas e ácidos nucleicos; este processo é chamado **anabolismo**. Catabolismo e anabolismo são vias separadas, e não simplesmente o oposto uma da outra.

Catabolismo é um processo oxidativo que libera energia; anabolismo é um processo redutivo que requer energia. Serão necessários vários capítulos para explorar algumas implicações desta declaração. Neste, discutiremos a oxidação e a redução (reações de transferência de elétrons) e suas relações com o uso de energia pelas células vivas. O quadro CONEXÕES **BIOQUÍMICAS 15.1** aborda outro aspecto da energética exclusiva dos seres vivos.

metabolismo soma total de todas as reações bioquímicas que ocorrem em um organismo

catabolismo quebra de nutrientes para fornecer energia

anabolismo síntese de biomoléculas a partir de compostos mais simples

15.1 Conexões **Bioquímicas** | termodinâmica

Seres Vivos São Sistemas Bioquímicos Únicos

Frequentemente surgem dúvidas acerca de os organismos vivos obedecerem ou não às leis da termodinâmica. A resposta é simples: definitivamente sim. A maioria dos tratamentos clássicos da termodinâmica lida com sistemas fechados em equilíbrio. Um sistema fechado pode trocar energia, mas não matéria, com seu meio.

Um organismo vivo não é, obviamente, um sistema fechado, mas, sim, aberto, que pode trocar tanto matéria como energia com seu meio. Como os organismos vivos são sistemas abertos, não podem estar em equilíbrio enquanto estiverem vivos, conforme mostrado na figura a seguir. Podem, no entanto, atingir um *estado estacionário*, que é uma condição estável. É o estado em que os seres vivos podem operar com o máximo de eficiência termodinâmica. Este ponto foi estabelecido por Ilya Prigogine, ganhador do Prêmio Nobel de Química de 1977 por seu trabalho sobre termodinâmica do não equilíbrio. Ele mostrou que, para sistemas que não estão em equilíbrio, as estruturas organizadas podem surgir de estruturas desorganizadas. Esse tratamento da termodinâmica é bastante avançado e altamente matemático, porém, os resultados são mais diretamente aplicáveis a sistemas biológicos do que aos sistemas da termodinâmica clássica. Essa abordagem aplica-se não só aos organismos vivos, como também ao crescimento de cidades e à previsão de condições de tráfego de automóveis.

AFP/Getty Images

Ilya Prigogine (1917–2003) nasceu em Moscou em 1917. Sua família mudou-se para a Alemanha para fugir da Revolução Russa e, subsequentemente, foi para a Bélgica. Estudou na Université Libre em Bruxelas e lá permaneceu como membro do corpo docente para realizar pesquisa em termodinâmica do não equilíbrio. Ele esteve também associado à Universidade do Texas, que descobriu uma maneira exclusiva de marcar seu recebimento do Prêmio Nobel: uma torre no campus do Texas é iluminada quando um das equipes esportivas da universidade vence um campeonato. Ela também foi iluminada no momento do anúncio do Prêmio Nobel.

Continua

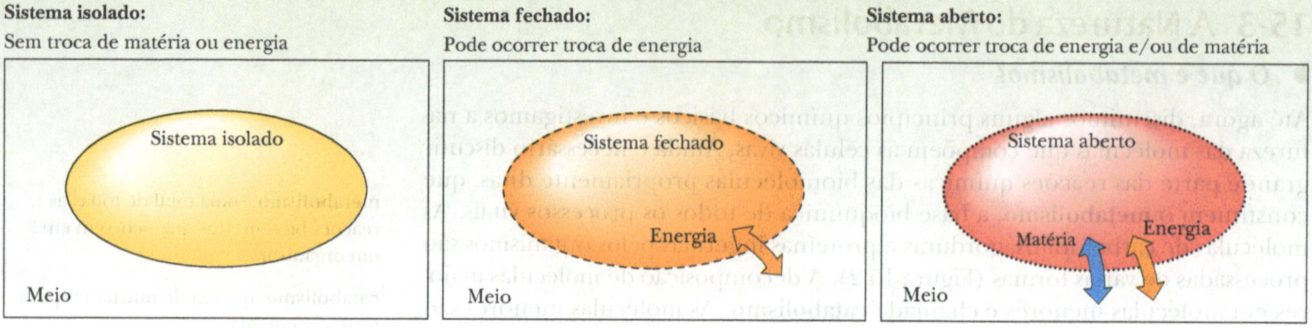
Sistema isolado:
Sem troca de matéria ou energia
Sistema fechado:
Pode ocorrer troca de energia
Sistema aberto:
Pode ocorrer troca de energia e/ou de matéria
Sistema isolado
Meio
Sistema fechado
Energia
Meio
Sistema aberto
Matéria
Energia
Meio

Características dos sistemas isolado, fechado e aberto. Os sistemas isolados não trocam nem matéria nem energia com o meio. Os sistemas fechados podem trocar energia, mas não matéria, com seu meio, enquanto os sistemas abertos podem trocar ambos.

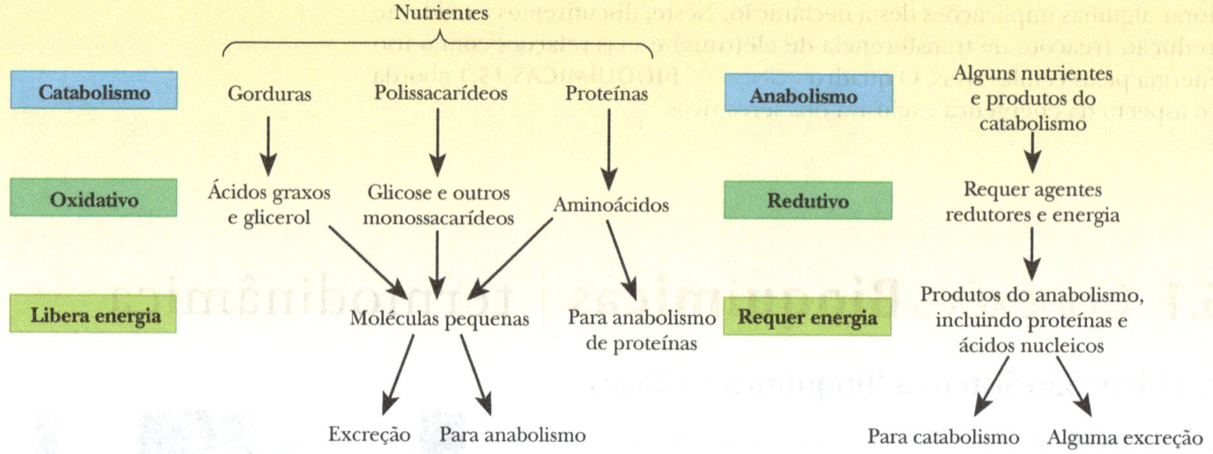
Nutrientes
Catabolismo
Gorduras
Polissacarídeos
Proteínas
Anabolismo
Alguns nutrientes e produtos do catabolismo
Oxidativo
Ácidos graxos e glicerol
Glicose e outros monossacarídeos
Aminoácidos
Redutivo
Requer agentes redutores e energia
Libera energia
Moléculas pequenas
Para anabolismo de proteínas
Requer energia
Produtos do anabolismo, incluindo proteínas e ácidos nucleicos
Excreção
Para anabolismo
Para catabolismo
Alguma excreção

FIGURA 15.2 Comparação entre catabolismo e anabolismo.

Tenha em mente que a Figura 15.2 fornece um esboço bem geral do metabolismo. No caso específico de organismos fotossintéticos, a fonte de energia é a energia radiante do Sol, a fonte fundamental de energia para a Terra. Algumas bactérias podem oxidar materiais inorgânicos, incluindo nitratos, sulfitos e sulfeto de hidrogênio, produzindo ATP. Neste livro, vamos nos concentrar em casos gerais, mas é importante ter em mente que a vida tem muitas variações.

15-4 O Papel da Oxidação e da Redução no Metabolismo

Como a oxidação e a redução estão envolvidas no metabolismo?

As **reações de oxirredução**, também conhecidas como reações *redox*, são aquelas em que os elétrons são transferidos de um doador para um receptor. **Oxidação** é a perda de elétrons, e **redução** é o ganho de elétrons. A substância que perde elétrons (o doador) – ou seja, a que é oxidada – é chamada **agente redutor**, ou redutor. A substância que ganha elétrons (o receptor) – a que é reduzida – é chamada **agente oxidante**, ou oxidante. Tanto os agentes oxidantes como os redutores são necessários para que ocorra a transferência de elétrons (uma reação de oxirredução).

reações de oxirredução reações que envolvem a transferência de elétrons de um reagente para outro

oxidação perda de elétrons

redução ganho de elétrons

agente redutor substância que fornece elétrons para outras substâncias

agente oxidante substância que recebe elétrons de outra substância

Um exemplo de reação de oxirredução é a que ocorre quando uma lâmina de zinco metálico é colocada em uma solução aquosa que contém íons cobre. Embora os íons zinco e cobre desempenhem diversos papéis nos processos vitais, essa reação específica não ocorre em organismos vivos. No entanto, é um

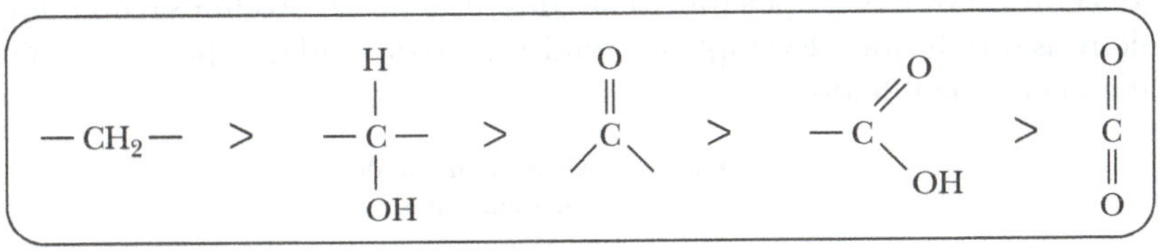

FIGURA 15.3 Comparação do estado de redução dos átomos de carbono em biomoléculas. —CH2— (gorduras) > —CHOH— (carboidratos) > —C=O (carbonilas) > —COOH (carboxilas) > CO_2 (dióxido de carbono, o produto final do catabolismo).

bom início para a discussão da transferência de elétrons, porque, nessa reação comparativamente simples, é muito fácil seguir o destino dos elétrons. (Nem sempre é tão fácil manter o controle dos detalhes em outras reações redox biológicas.) A observação experimental é que o zinco metálico desaparece e os íons zinco se solubilizam, enquanto os íons cobre são removidos da solução e o cobre metálico é depositado. A equação para essa reação é

$$\text{Zn(s)} + \text{Cu}^{2+}\text{(aq)} \rightarrow \text{Zn}^{2+}\text{(aq)} + \text{Cu(s)}$$

A notação (s) indica um sólido e (aq) um soluto em solução aquosa.

Na reação entre o zinco metálico e o íon cobre, o Zn perdeu dois elétrons para se tornar o íon Zn^{2+} e foi oxidado. Uma equação separada pode ser escrita para essa parte da reação geral, chamada **semirreação** da oxidação:

semirreação equação que mostra a parte oxidativa ou redutiva de uma reação de oxirredução

$$\text{Zn} \rightarrow \text{Zn}^{2+} + 2e^-$$

O Zn é agente redutor (perde elétrons; é um doador de elétrons; é oxidado).

De forma semelhante, o íon Cu^{2+} ganhou dois elétrons para formar Cu e foi reduzido. Uma equação também pode ser escrita para essa parte da reação geral, que é chamada semirreação de redução.

$$\text{Cu}^{2+} + 2e^- \rightarrow \text{Cu}$$

O Cu^{2+} é o agente oxidante (ganha elétrons; é um receptor de elétrons; é reduzido).

Se as duas equações das semirreações forem combinadas, o resultado será uma equação para a reação geral:

$\text{Zn} \rightarrow \text{Zn}^{2+} + 2e^-$	Oxidação
$\text{Cu}^{2+} + 2e^- \rightarrow \text{Cu}$	Redução
$\text{Zn} + \text{Cu}^{2} \rightarrow \text{Zn}^{2} + \text{Cu}$	Reação geral

Essa reação é um exemplo particularmente claro da transferência de elétrons. Será útil ter em mente esses princípios básicos ao examinar o fluxo dos elétrons nas mais complexas reações redox do metabolismo aeróbio. Em várias reações redox biológicas com as quais iremos nos deparar, o estado de oxidação de um átomo de carbono é alterado. A Figura 15.3 mostra as variações que ocorrem conforme o carbono em sua forma mais reduzida (um alcano) torna-se oxidado para um álcool, um aldeído, um ácido carboxílico e, finalmente, um dióxido de carbono. Cada uma dessas oxidações requer a perda de dois elétrons.

15-5 Coenzimas Importantes nas Reações de Oxirredução

Quais são as reações de importantes coenzimas de oxirredução?

As reações de oxirredução são discutidas mais detalhadamente em livros sobre química geral e inorgânica, mas a oxidação de nutrientes por organismos vivos para fornecer energia requer um tratamento especial. A descrição das reações redox em termos de números de oxidação, que é amplamente usada com compostos inorgânicos, pode ser utilizada para tratar da oxidação de moléculas que contenham carbono. No entanto, nossa discussão será mais ilustrativa e fácil de entender se escrevermos as equações para cada semirreação e nos concentrarmos nos grupos funcionais dos reagentes e produtos e no número de elétrons transferidos. Exemplo é a semirreação de oxidação para a conversão de etanol em acetaldeído.

A semirreação de oxidação do etanol em acetaldeído

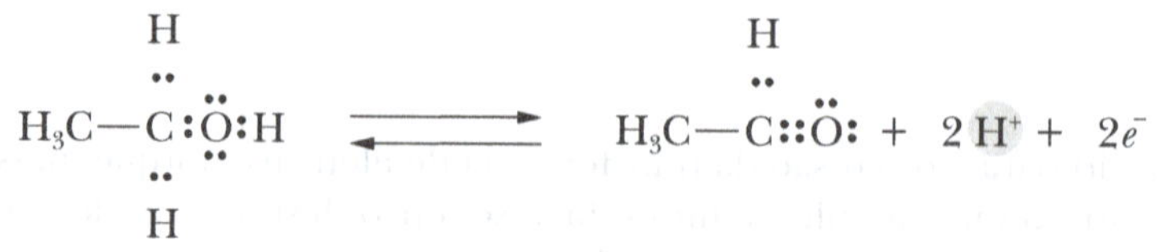

Etanol (12 elétrons em grupos envolvidos na reação)

Acetaldeído (10 elétrons em grupos envolvidos na reação)

Se escrevermos as estruturas de Lewis, com pontos representando elétrons, para os grupos funcionais envolvidos na reação, será possível manter um controle dos elétrons que estão sendo transferidos. Na oxidação do metanol há 12 elétrons na porção da molécula de etanol envolvida na reação, e 10 elétrons na porção correspondente da molécula de acetaldeído; dois elétrons são transferidos para um receptor de elétron (um agente oxidante). Esse tipo de "contabilidade" é útil para lidar com as reações bioquímicas. Várias reações de oxidação biológicas, como neste exemplo, são acompanhadas da transferência de um próton (H^+). A semirreação de oxidação é escrita como uma reação reversível porque a ocorrência da oxidação ou da redução depende dos outros reagentes presentes.

Outro exemplo de uma semirreação de oxidação é a conversão de NADH, a forma reduzida de nicotinamida adenina dinucleotídeo, para a forma oxidada, NAD^+. Essa substância é uma **coenzima** importante em várias reações.

coenzima substância não proteica que participa em uma reação enzimática e é regenerada no final da reação

A Figura 15.4 mostra a estrutura do NAD^+ e do NADH; a porção nicotinamida do grupo funcional envolvido na reação é indicada em vermelho e azul. A nicotinamida é um derivado do ácido nicotínico (também chamado niacina), uma das vitaminas do complexo B (veja a Seção 7-8). Um composto semelhante é o NADPH (cuja forma oxidada é $NADP^+$). O NADPH difere do NADH por

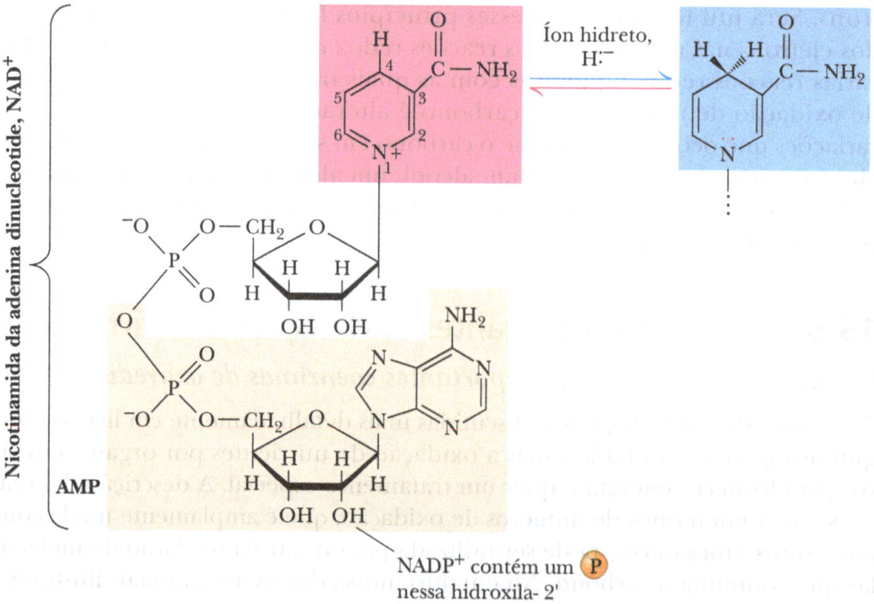
Nicotinamida
(forma oxidada)
Nicotinamida
(forma reduzida)
Íon hidreto,
H:⁻
Nicotinamida da adenina dinucleotide, NAD+
AMP
NADP+ contém um P
nessa hidroxila- 2'

FIGURA 15.4 As estruturas e os estados redox das coenzimas nicotinamida. O íon hidreto (um próton com dois elétrons) transfere-se para o NAD^+ para produzir NADH.

ter um grupo fosfato adicional; o sítio de acoplamento desse grupo fosfato para ribose também é indicado na Figura 15.4. Para simplificar a escrita da equação de oxidação do NADH, somente o anel nicotinamida será representado, com o restante da molécula designado como R. Os dois elétrons, perdidos quando o NADH é convertido em NAD^+, podem ser considerados originados da ligação entre o carbono e o hidrogênio perdido, com os elétrons desemparelhados do nitrogênio envolvidos em uma ligação. Observe que a perda de um hidrogênio e dois elétrons pelo NADH pode ser considerada a perda de um íon hidreto ($H:^-$) e, algumas vezes, é escrita desta forma.

As equações para ambas as reações – de NADH para NAD^+ e de etanol para acetaldeído – foram escritas como semirreações de oxidação. Se o etanol e o NADH forem misturados em um tubo de ensaio, não ocorrerá qualquer reação porque não haverá receptor de elétron. Se, entretanto, o NADH for misturado com acetaldeído, que é uma espécie oxidada, pode acontecer uma transferência de elétrons, produzindo etanol e NAD^+. (Essa reação ocorreria muito lentamente na ausência de uma enzima para catalisá-la. Aqui temos um excelente exemplo da diferença entre os aspectos termodinâmicos e cinéticos de uma reação. A reação é espontânea no sentido termodinâmico, mas muito lenta no sentido cinético.)

$$NADH \rightarrow NAD^+ + H^+ + 2e^- \qquad \text{Semirreação de oxidação}$$

$$CH_3CHO + 2H^+ + 2e^- \rightarrow CH_3CH_2OH \qquad \text{Semirreação de redução}$$

$$NADH + H^+ + \underset{\text{Acetaldeído}}{CH_3CHO} \rightarrow NAD^+ + \underset{\text{Etanol}}{CH_3CH_2OH} \qquad \text{Reação global}$$

Tal reação ocorre em determinados organismos como a última etapa da fermentação alcoólica. O NADH é oxidado, enquanto o acetaldeído é reduzido.

Outro importante receptor de elétrons é o FAD (flavina adenina dinucleotídeo) (Figura 15.5), que é a forma oxidada do $FADH_2$. O símbolo $FADH_2$ reconhece explicitamente que prótons (íons hidrogênio), bem como elétrons, são aceitos pelo FAD. As estruturas mostradas nesta equação destacam novamente que os elétrons são transferidos na reação. Várias outras coenzimas contêm o grupo flavina; elas são derivadas da vitamina riboflavina (vitamina B_2).

A semirreação de redução do FAD para $FADH_2$

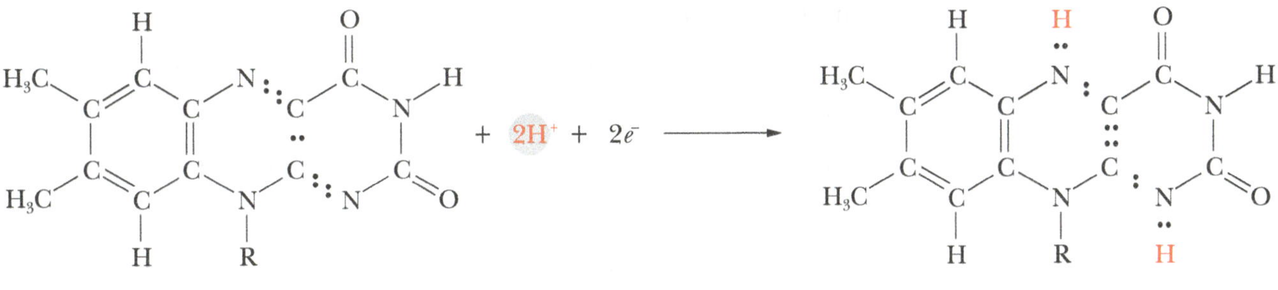

Forma oxidada do FAD **Forma reduzida do $FADH_2$**

A oxidação dos nutrientes para fornecer energia a um organismo não pode ocorrer sem a redução de algum receptor de elétrons. O principal receptor de elétron na oxidação aeróbia é o oxigênio; encontraremos receptores de elétron intermediários conforme discutirmos os processos metabólicos. A redução de metabólitos desempenha papel significativo nos processos anabólicos de organismos vivos. As biomoléculas importantes são sintetizadas nos organismos por várias reações em que um metabólito é reduzido enquanto a forma reduzida de uma coenzima é oxidada.

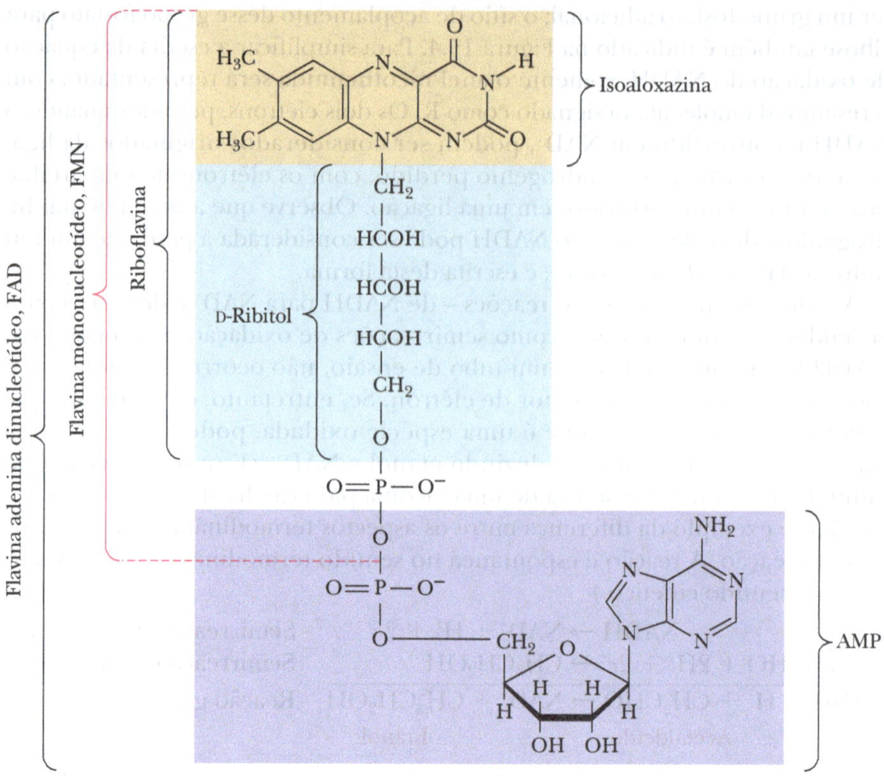
Isoaloxazina
Riboflavina
Flavina mononucleotídeo, FMN
Flavina adenina dinucleotídeo, FAD
D-Ribitol
AMP

FIGURA 15.5 Estruturas da riboflavina, da flavina mononucleotídeo (FMN) e da flavina adenina dinucleotídeo (FAD). Mesmo em organismos que contam com as coenzimas nicotinamida (NADH e NADPH) para vários dos seus ciclos de oxidorredução, as coenzimas de flavina desempenham papéis essenciais. As flavinas são agentes oxidantes mais potentes que o NAD^+ e o NADP. É possível reduzi-las tanto na via de um elétron como na de dois elétrons, e elas podem ser facilmente reoxidadas pelo oxigênio molecular. As enzimas que utilizam flavinas para realizar suas reações – flavoenzimas – estão envolvidas em vários tipos de reações de oxidorredução.

O quadro **Aplique Seu Conhecimento 15.2** lhe fornecerá prática na identificação de agentes oxidantes e redutores biológicos.

15.2 Aplique Seu Conhecimento

Oxidação e Redução

Nas reações a seguir, identifique as substâncias oxidada e reduzida, os agentes oxidante e redutor.

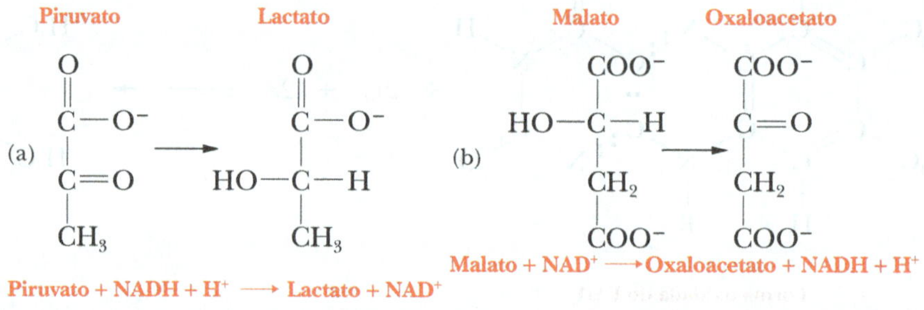
Piruvato
Lactato
Malato
Oxaloacetato
(a)
(b)
Piruvato + NADH + H⁺ ⟶ Lactato + NAD⁺
Malato + NAD⁺ ⟶ Oxaloacetato + NADH + H⁺

Resolução

O modo para abordar esta questão é lembrar que o NADH é a forma reduzida da coenzima. Ele será oxidado e servirá como um agente redutor. O NAD^+ é a forma oxidada. Será reduzido e, portanto, servirá como agente oxidante. Na primeira reação, o piruvato é reduzido e o NADH é oxidado; o piruvato é o agente oxidante e o NADH é o agente redutor. Na segunda reação, o malato é oxidado e o NAD^+ é reduzido; o NAD^+ é o agente oxidante e o malato é o agente redutor.

Na maioria dos capítulos restantes deste livro, veremos muitas reações nas quais NAD^+ ou FAD é o agente oxidante. As biomoléculas, particularmente carboidratos e lipídeos, são oxidadas para produzir energia. Muitas reações intermediárias ocorrem à medida que um açúcar, como a glicose, ou um lipídeo, como os ácidos graxos, sofre completa oxidação em dióxido de carbono e água. Estas rotas são longas e complexas, com um número de reações além das reações redox reais. As reações adicionais transformam o reagente original, como a glicose, em uma molécula que pode ser facilmente oxidada. Quando ocorre uma reação de oxidação, o agente oxidante NAD^+ ou FAD é reduzido, consequentemente ganhando elétrons e produzindo NADH e $FADH_2$. A energia liberada nessas reações é usada para fosforilar o ADP para ATP, em um processo no qual as reações de fosforilação estão acopladas com a reoxidação de NADH e $FADH_2$. A hidrólise de ATP, por sua vez, libera energia que pode ser usada para tornar possíveis reações que requerem energia. Precisaremos dos Capítulos 17, 19 e 20, e parte do 21, para explorar as reações envolvidas neste processo.

Nas rotas anabólicas, os agentes redutores NADH e $FADH_2$, produzidos nas rotas catabólicas, são oxidados, produzindo NAD^+ e FAD. O "poder redutor" do NADH e do $FADH_2$, junto com o ATP produzido nas reações de oxidação do catabolismo, são necessários para as reações de redução endergônicas do anabolismo. Examinaremos algumas dessas reações no Capítulo 22 e em partes do Capítulo 21.

15-6 Acoplamento de Produção e Uso de Energia

Outra questão importante sobre o metabolismo é: "Como a energia liberada pela oxidação dos nutrientes é capturada e utilizada?". Essa energia não pode ser utilizada diretamente, mas deve ser transformada em uma forma de energia química de fácil acesso.

Na Seção 1-11, observamos que diversos compostos que contêm fósforo, como o ATP, podem ser hidrolisados com facilidade, e que a reação libera energia. A formação de ATP está intimamente ligada à liberação de energia originada pela oxidação de nutrientes. O acoplamento de reações que geram energia com as que exigem energia é o aspecto central do metabolismo de todos os organismos.

Como as reações que produzem energia permitem que as reações que necessitam de energia ocorram?

A fosforilação do ADP (difosfato de adenosina) para produzir ATP (trifosfato de adenosina) requer energia, que pode ser fornecida pela oxidação de nutrientes. De forma oposta, a hidrólise do ATP a ADP libera energia (Figura 15.6).

As formas de ADP e ATP mostradas nesta seção estão em seus estados de ionização em pH 7. O símbolo P_i para o íon fosfato originou-se do seu nome no jargão bioquímico, "fosfato inorgânico". Observe que existem quatro cargas negativas no ATP e três no ADP; a repulsão eletrostática torna o ATP menos estável que o ADP. A energia deve ser gasta para inserir um grupo fosfato adicional carregado negativamente no ADP, ou seja, a formação de uma ligação covalente ao grupo fosfato que está sendo adicionado. Além disso, há uma perda de entropia quando o ADP é fosforilado a ATP. O fosfato inorgânico pode adotar várias estruturas de ressonância, e a perda dessas estruturas potenciais resulta na diminuição de entropia quando o fosfato é acoplado ao ADP (Figura 15.7). O $\Delta G°'$ para a reação refere-se à convenção bioquímica usual de pH 7 como o estado padrão para o íon hidrogênio (Seção 15-2). Observe, entretanto, que há uma diminuição marcante na repulsão eletrostática na fosforilação de ADP a ATP (Figura 15.8).

A reação inversa, hidrólise de ATP a ADP e íon fosfato, libera 30,5 kJ mol^{-1} (7,3 kcal mol^{-1}) quando a energia é necessária:

$$ATP + H_2O \rightarrow ADP + P_i + H^+$$
$$\Delta G°' = -30,5 \text{ kJ mol}^{-1} = -7,3 \text{ kcal mol}^{-1}$$

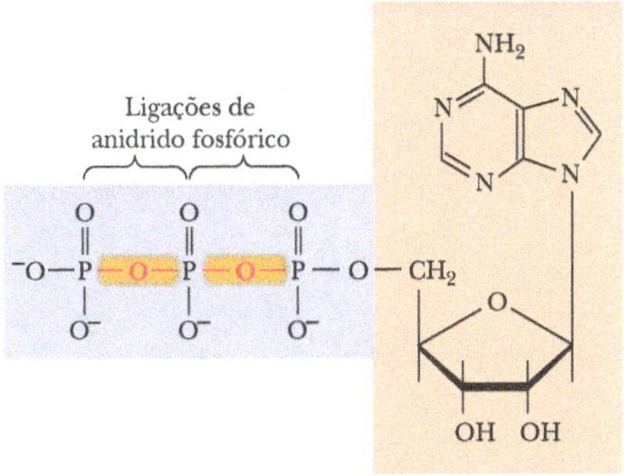
Ligações de anidrido fosfórico
NH2
N
O
P
CH2
OH OH

ATP
(adenosina-5'-trifosfato)

FIGURA 15.6 **As ligações de anidrido fosfórico no ATP são ligações de "alta energia", pelo fato de exigirem e liberarem quantidades convenientes de energia, dependendo do sentido da reação.**

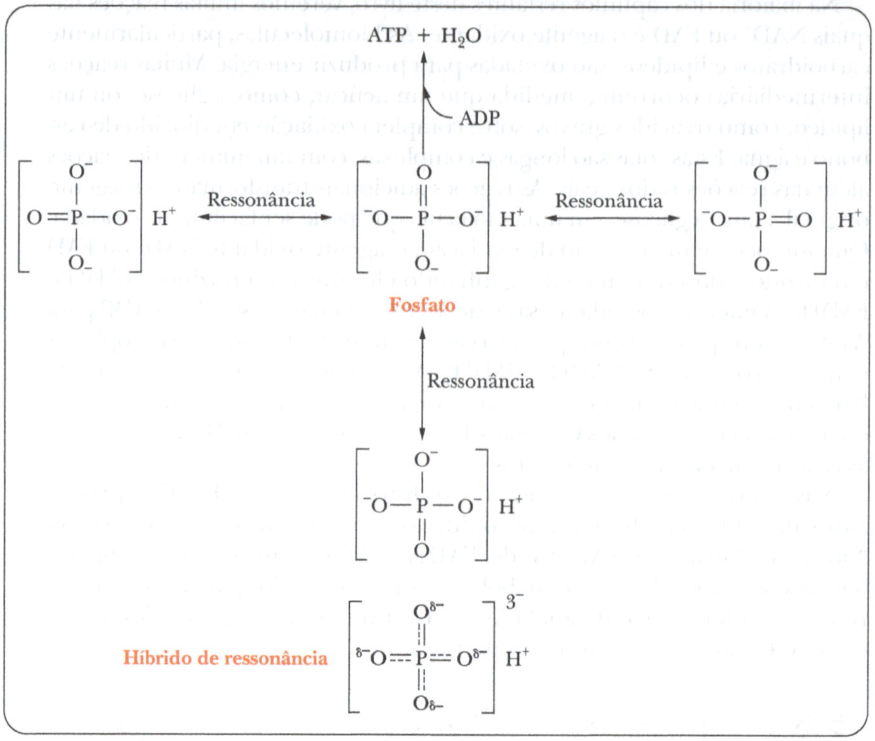
ATP + H_2O
ADP
Ressonância
Ressonância
Fosfato
Ressonância
Híbrido de ressonância

FIGURA 15.7 Perda de um íon fosfato estabilizado por ressonância na produção de ATP. Quando o ADP é fosforilado a ATP, há uma perda de íon fosfato estabilizado por ressonância, resultando na diminuição da entropia. (δ^- denota a carga parcial negativa.)

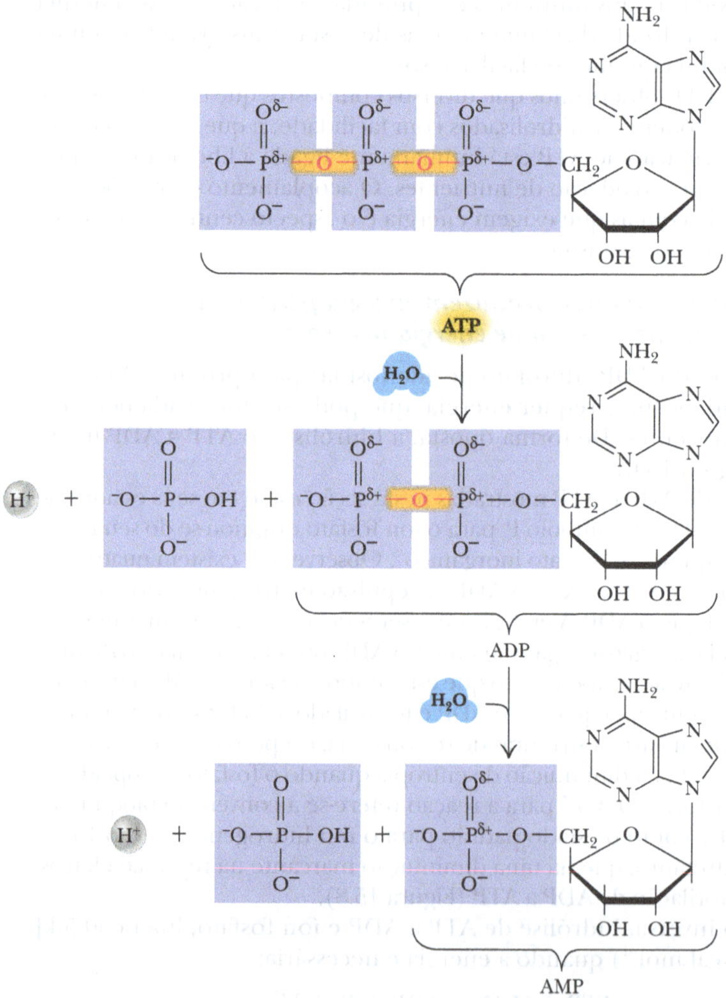
ATP
H_2O
ADP
H_2O
AMP

FIGURA 15.8 Diminuição na repulsão eletrostática na hidrólise de ATP. A hidrólise do ATP a ADP (e/ou hidrólise do ADP a AMP) leva a uma folga da repulsão elétrica.

TABELA 15.1 Energias Livres da Hidrólise de Alguns Organofosfatos

	$\Delta G°'$	
Composto	**kJ mol^{-1}**	**kcal mol^{-1}**
Fosfoenolpiruvato	−61,9	−14,8
Fosfato de carbamila	−51,4	−12,3
Fosfocreatina	−43,1	−10,3
Acetilfosfato	−42,2	−10,1
ATP (a ADP)	−30,5	−7,3
Glicose-1-fosfato	−20,9	−5,0
Glicose-6-fosfato	−12,5	−3,0
Glicerol-3-fosfato	−9,7	−2,3

A ligação que é hidrolisada quando esta reação ocorre é algumas vezes chamada "ligação de alta energia", terminologia resumida para uma reação cuja hidrólise da ligação libera uma quantidade utilizável de energia. Outra forma para indicar tal ligação é por meio do símbolo ~P. Vários compostos organofosfatados com ligações de alta energia desempenham papéis fundamentais no metabolismo, mas o ATP é, sem dúvida, o mais importante (Tabela 15.1). Em alguns casos, a energia livre da hidrólise dos organofosfatos é mais alta que a do ATP, e por isso pode impulsionar a fosforilação do ADP a ATP.

O fosfoenolpiruvato (PEP), uma molécula que encontraremos ao analisarmos a glicólise, é o primeiro da lista. É um composto com energia muito alta em decorrência da estabilização por ressonância do fosfato liberado quando é hidrolisado (o mesmo efeito já visto com o ATP) e também porque o tautomerismo cetoenólico do piruvato é uma possibilidade. Os dois efeitos aumentam a entropia com a hidrólise (Figura 15.9).

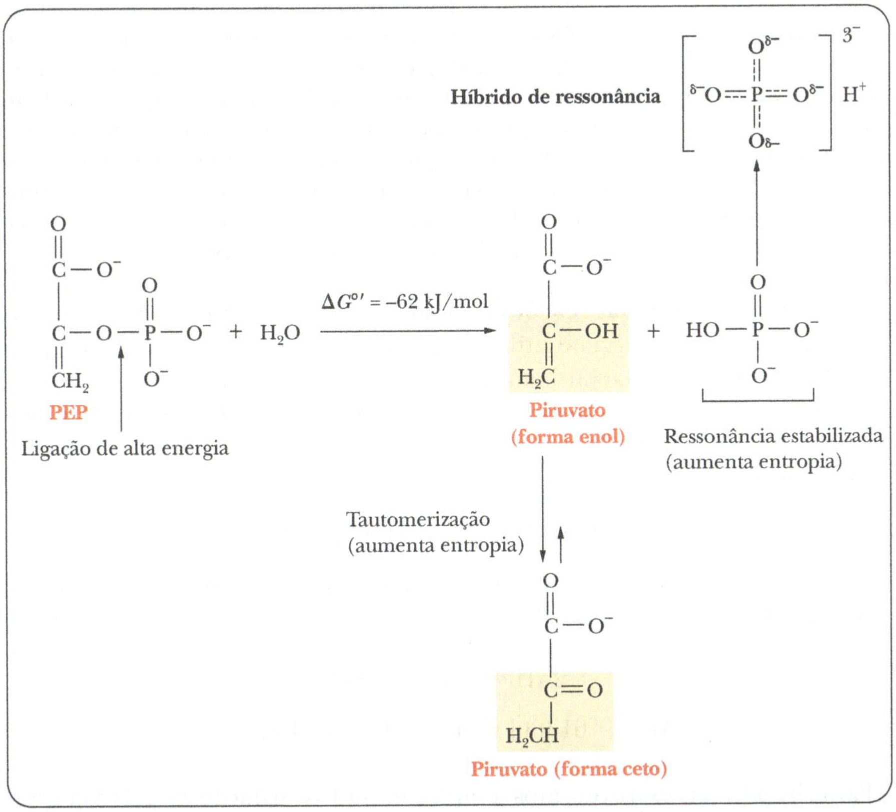

Híbrido de ressonância
PEP
Ligação de alta energia
ΔG°' = −62 kJ/mol
Piruvato (forma enol)
Ressonância estabilizada (aumenta entropia)
Tautomerização (aumenta entropia)
Piruvato (forma ceto)

FIGURA 15.9 Aumento na entropia na hidrólise do fosfopiruvato. Quando o fosfoenolpiruvato é hidrolisado a piruvato e fosfato, acontece um aumento de entropia. Tanto a formação da forma ceto do piruvato como as estruturas de ressonância do fosfato levam a um aumento na entropia.

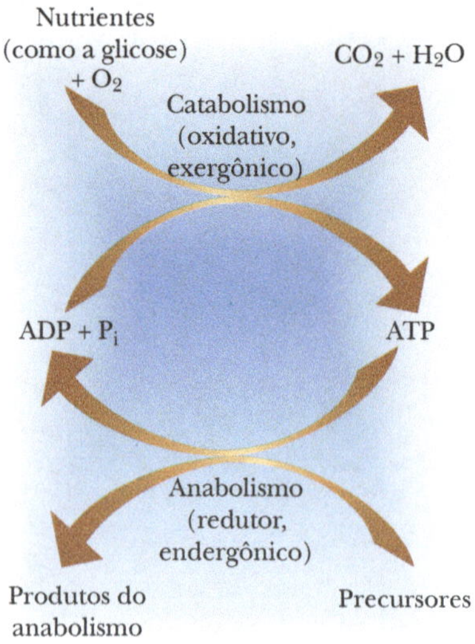
Nutrientes
(como a glicose)
+ O_2
$CO_2 + H_2O$
Catabolismo
(oxidativo,
exergônico)
ADP + P_i
ATP
Anabolismo
(redutor,
endergônico)
Produtos do
anabolismo
Precursores

FIGURA 15.10 **O papel do ATP como moeda energética em processos que liberam ou utilizam energia.**

A energia da hidrólise do ATP não é energia armazenada, da mesma forma que uma corrente elétrica não representa energia armazenada. O ATP e a corrente elétrica devem ser produzidos quando necessário – por organismos ou por usinas de energia elétrica, conforme o caso. O ciclo do ATP e do ADP nos processos metabólicos é uma forma de deslocar energia de sua produção (pela oxidação dos nutrientes) até o local onde será utilizado (nos processos como os de biossíntese de compostos essenciais ou de contração muscular), quando for necessário. Os processos de oxidação ocorrem quando um organismo precisa da energia que pode ser gerada pela hidrólise do ATP. A energia química é armazenada geralmente na forma de gorduras e carboidratos, que são metabolizados conforme a necessidade. Determinadas biomoléculas pequenas, como a fosfocreatina, também podem servir como formas de armazenamento de energia química. A energia que deve ser fornecida para as várias reações endergônicas nos processos vitais vem diretamente da hidrólise do ATP e indiretamente da oxidação de nutrientes. A última produz a energia necessária para fosforilar ADP a ATP (Figura 15.10). Alem deste papel fundamental na bioenergética, o ATP pode fazer outras coisas, especialmente no domínio da comunicação intercelular. O quadro CONEXÕES **BIOQUÍMICAS 15.2** fornece alguns detalhes.

15.2 Conexões **Bioquímicas** | fisiologia

ATP na Sinalização da Célula

O papel do ATP na geração e uso de energia dentro das células é um fato fundamental e bem conhecido. As células produzem ATP em suas mitocôndrias e o usam para fornecer energia para suas atividades, tais como a síntese proteica. Sabe-se bem menos que o ATP está enormemente envolvido na sinalização química entre as células. Por exemplo, durante a transmissão dos sinais nervosos, o ATP é liberado junto com os neurotransmissores.

Ele é hidrolisado pelas enzimas a ADP, AMP e adenosina. Existem receptores específicos na superfície de células receptoras: os receptores P2X para o próprio ATP, os recpetores P2Y para o ATP e ADP, e os receptores P1 para o AMP e adenosina.

A ligação do ATP e seus produtos de degradação em receptores individuais dispara uma resposta dentro da célula. Os efeitos podem variar amplamente tanto na natureza quanto na duração. Em muitos casos, um efeito curto, como a hidrólise de uma ligação química, dispara um efeito de longo prazo. A liberação de íons cálcio de um reservatório intracelular, por exemplo, leva frequentemente à ativação de enzimas-chave. No Capítulo 24, veremos muitos exemplos das respostas de células para gatilhos extracelulares como resultado da ligação de receptor. ◗

Examinemos algumas reações biológicas que liberam energia e vejamos como parte dessa energia é utilizada para fosforilar ADP a ATP. A conversão da glicose a íons lactato em várias etapas é um processo exergônico e anaeróbio. Duas moléculas de ADP são fosforiladas a ATP para cada molécula de glicose metabolizada. As reações básicas são a produção de lactato, que é exergônica,

$$\text{Glicose} \rightarrow 2\ \text{Íons lactato} \quad \Delta G°' = -184{,}5\ \text{kJ mol}^{-1} = -44.1\ \text{kcal mol}^{-1}$$

e a da fosforilação de 2 mol de ADP para cada mol de glicose, que é endergônica.

$$2\text{ADP} + 2\text{P}_i \rightarrow 2\text{ATP}$$

$$\Delta G°' = 61{,}0\ \text{kJ mol}^{-1} = 14{,}6\ \text{kcal mol}^{-1}$$

(Para simplificar, escreveremos a equação da fosforilação do ADP em termos de ADP, Pi e ATP apenas.) A reação geral é

$$\text{Glicose} + 2\text{ADP} + 2\text{P}_i \rightarrow 2 \text{ Íons lactato} + 2\text{ATP}$$

$$\Delta G°' \text{ total} = -184{,}5 + 61{,}0 = -123{,}5 \text{ kJ mol}^{-1} = -29{,}5 \text{ kcal mol}^{-1}$$

Não somente podemos somar as duas reações químicas para obter uma equação para a reação geral, como também somar as variações de energia livre das duas reações de modo a encontrar a variação total da energia livre. Podemos fazer isso porque a variação de energia livre é uma **função de estado**; depende somente dos estados inicial e final do sistema em consideração, e não das vias entre eles. A reação exergônica fornece energia, que impulsiona a reação endergônica. Esse fenômeno é chamado **acoplamento**. A porcentagem de energia liberada utilizada para fosforilar o ADP equivale à eficiência no uso da energia no metabolismo anaeróbio; isto é (61,0/184,5) × 100, ou, aproximadamente, 33%. O número 61,0 vem da quantidade de quilojoules necessários para fosforilar 2 mols de ADP a ATP, e o número 184,5 é a quantidade de quilojoules liberados quando 1 mol de glicose é convertido em 2 mol de lactato.

função de estado função que depende apenas dos estados inicial e final de um sistema, e não do caminho entre eles

acoplamento processo pelo qual uma reação exergônica fornece energia para uma reação endergônica

A decomposição da glicose é mais completa sob condições aeróbias do que sob as anaeróbias. Os produtos finais da oxidação aeróbia são seis moléculas de dióxido de carbono e seis moléculas de água para cada molécula de glicose. Até 32 moléculas de ADP podem ser fosforiladas a ATP quando uma molécula de glicose é decomposta completamente em dióxido de carbono e água.

A reação exergônica para a oxidação completa da glicose é

$$\text{Glicose} + 6\text{O}_2 \rightarrow 6\text{CO}_2 + 6\text{H}_2\text{O}$$

$$\Delta G°' = -2.867 \text{ kJ mol}^{-1} = -685{,}9 \text{ kcal mol}^{-1}$$

A reação endergônica para a fosforilação é

$$32\text{ADP} + 32\text{P}_i \rightarrow 32\text{ATP}$$

$$\Delta G°' = 976 \text{ kJ} = 233{,}5 \text{ kcal}$$

A reação líquida é

$$\text{Glicose} + 6\text{O}_2 + 32\text{ADP} + 32\text{P}_i \rightarrow 6\text{CO}_2 + 6\text{H}_2\text{O} + 32\text{ATP}$$

$$\Delta G°' = -2.867 + 976 = -1.891 \text{ kJ mol}^{-1} = -452{,}4 \text{ kcal mol}^{-1}$$

Observe que, novamente, somamos as duas reações e suas respectivas variações de energia livre para obter a reação geral e sua variação de energia livre. A eficiência da oxidação aeróbia da glicose é (976/2.867) × 100, cerca de 34%. (Realizamos esse cálculo da mesma forma como fizemos no exemplo da oxidação anaeróbia da glicose.) Mais ATP é produzido pelo acoplamento ao processo de oxidação aeróbia da glicose que pelo acoplamento na oxidação anaeróbia. O quadro **Aplique Seu Conhecimento 15.3** fornece uma chance de você praticar este tipo de cálculo.

A hidrólise do ATP produzida pela decomposição (aeróbia ou anaeróbia) da glicose pode ser acoplada a processos endergônicos, como a contração muscular. Como qualquer corredor ou nadador de longa distância sabe, o metabolismo aeróbio envolve grandes quantidades de energia, processadas de uma forma altamente eficiente. Vimos até agora dois exemplos de acoplamento de processos exergônicos e endergônicos, a oxidação aeróbia e a fermentação anaeróbia da glicose, que envolvem quantidades diferentes de energia. Ambos os exemplos de acoplamento, aeróbico e anaeróbico, são versões simplificadas de rotas de etapas múltiplas. Algumas das etapas intermediárias nestas rotas são energeticamente desfavoráveis, mas toda a série de reações pode ser considerada como sendo acoplada. A energia é constantemente transferida a partir de processos nos quais ela é produzida para aqueles nos quais é usada. A energia química nas moléculas sendo oxidadas é liberada à medida que são exigidas pelas reações do metabolismo. Veremos os detalhes da rota anaeróbica no Capítulo 17 e da rota aeróbica no Capítulo 19 e 20. É de suprema importância lembrar que *todas as reações de metabolismo ocorrem simultaneamente.* O metabolismo em um

15.3 Aplique Seu Conhecimento

Prevendo Reações: Cálculos de Energias Livres

Utilizaremos os valores da Tabela 15.1 para calcular o $\Delta G°'$ para as seguintes reações e decidiremos se são ou não espontâneas. O ponto mais importante aqui é a adição de forma algébrica. Em particular, é preciso lembrar de alterar o sinal do $\Delta G°'$ quando invertemos o sentido da reação.

$$\text{ADP + Fosfoenolpiruvato} \rightarrow \text{ATP + Piruvato}$$

Da Tabela 15.1,

$$\text{Fosfoenolpiruvato} + H_2O \rightarrow \text{Piruvato} + P_i$$

$$\Delta G°' = -61{,}9 \text{ kJ mol}^{-1} = -14{,}8 \text{ kcal mol}^{-1}$$

Também,

$$\text{ATP} + H_2O \rightarrow \text{ADP} + P_i \qquad \Delta G°' = -30{,}5 \text{ kJ mol}^{-1} = -7, \text{ kcal mol}^{-1}$$

Desejamos inverter a segunda reação:

$$\text{ADP} + P_i \rightarrow \text{ATP} + H_2O \qquad \Delta G°' = +30{,}5 \text{ kJ mol}^{-1} = +7{,}3 \text{ kcal mol}^{-1}$$

Agora, somamos as duas reações e suas variações de energia livre:

$$\text{Fosfoenolpiruvato} + H_2O \rightarrow \text{Piruvato} + P_i$$

$$\text{ADP} + P_i \rightarrow \text{ATP} + H_2O$$

$$\text{Fosfoenolpiruvato + ADP} \rightarrow \text{Piruvato + ATP} \qquad \textbf{Reação líquida}$$

$$\Delta G°' = -61{,}9 \text{ kJ mol}^{-1} + 30{,}5 \text{ kJ mol}^{-1} = -31{,}4 \text{ kJ mol}^{-1}$$

$$\Delta G°' = -14{,}8 \text{ kcal mol}^{-1} + 7{,}3 \text{ kcal mol}^{-1} = -7{,}5 \text{ kcal mol}^{-1}$$

A reação é espontânea, conforme indicado por $\Delta G°'$. Entretanto, lembre-se de que, mesmo que essa reação seja espontânea, nada aconteceria se você simplesmente adicionasse essas substâncias químicas em um tubo de ensaio. As reações bioquímicas requerem enzimas para catalisá-las.

organismo vivo não pode ocorrer se ele não for energeticamente favorável. Portanto, for possível considerar todo o metabolismo como sendo uma reação acoplada de larga escala.

15-7 Coenzima A na Ativação de Rotas Metabólicas

A oxidação metabólica da glicose abordada na Seção 15-6 não ocorre em uma só etapa. A decomposição anaeróbia da glicose requer várias etapas, e a oxidação aeróbia completa da glicose a dióxido de carbono e água é ainda mais longa. Um dos pontos mais importantes sobre a natureza das várias etapas de todos os processos metabólicos, incluindo a oxidação da glicose, é a presença de vários estágios que permitem a produção e o uso eficientes de energia. Os elétrons produzidos pela oxidação da glicose são enviados ao oxigênio, o último receptor de elétrons, através de receptores intermediários. Muitos dos estágios intermediários da oxidação da glicose são acoplados à produção de ATP pela fosforilação do ADP.

Por que a coenzima A é um bom exemplo de ativação?

Uma etapa encontrada com frequência no metabolismo é o processo de **ativação**. Em uma reação deste tipo, um metabólito (componente da via metabólica) é ligado a outra molécula, por exemplo, uma coenzima, e a variação de ener-

ativação processo de ligar um metabólito a outra molécula de tal forma que a próxima reação do metabólito seja energeticamente favorável

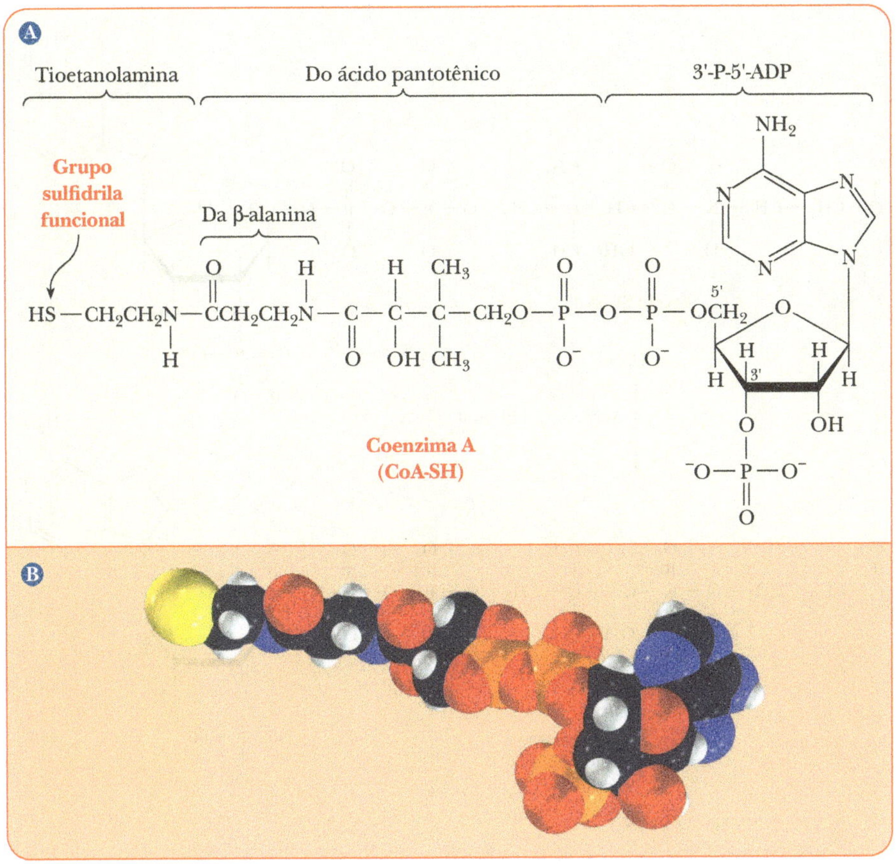
A
Tioetanolamina
Do ácido pantotênico
3'-P-5'-ADP
Grupo sulfidrila funcional
Da β-alanina
Coenzima A
(CoA-SH)
B

FIGURA 15.11 Duas maneiras de examinar a coenzima A. (a) Estrutura da coenzima A. (b) Modelo de preenchimento de espaço da coenzima A.

gia livre para a quebra dessa nova ligação é negativa. Em outras palavras, a próxima reação na via metabólica é exergônica. Por exemplo, se a substância A é o metabólito e reage com a substância B para gerar AB, poderá ocorrer a seguinte série de reações:

A + Coenzima → A—Coenzima **Etapa de ativação**

A—Coenzima + B → AB + Coenzima $\Delta G°' < 0$ **Reação exergônica**

A formação de uma substância mais reativa nessa forma é chamada ativação.

Existem vários exemplos de ativação nos processos metabólicos. Podemos discutir agora um dos mais úteis, que envolve a formação de uma ligação covalente a um composto conhecido como coenzima A (CoA).

A estrutura da CoA é complexa e consiste em vários compostos menores ligados uns aos outros covalentemente (Figura 15.11). Uma parte é 3'-P-5'-ADP, um derivado da adenosina com grupos fosfato esterificados ao açúcar, conforme mostrado na estrutura. A outra parte é derivada da vitamina ácido pantotênico, e a porção da molécula envolvida nas reações de ativação contém um grupo tiol. De fato, a coenzima A é frequentemente escrita como CoA-SH para enfatizar que o grupo tiol é a parte reativa da molécula. Por exemplo, os ácidos carboxílicos formam ligações tioéster com a CoA-SH. A forma metabolicamente ativa de um ácido carboxílico é o tioéster acil-CoA correspondente, cuja ligação tioéster é uma "ligação de alta energia" (Figura 15.12). Os tioésteres são compostos de alta energia em decorrência da possível dissociação dos produtos após a hidrólise e das estruturas de ressonância dos produtos. Por exemplo, quando a acetil-CoA é hidrolisada, o –SH ao final de cada molécula pode dissociar-se levemente para formar H^+ e $CoA\text{-}S^-$. O acetato liberado pela hidrólise é estabilizado pela ressonância. A acetil-CoA é um intermediário metabólico particularmente importante; outras espécies de acil-CoA fazem parte do metabolismo de lipídeos de forma proeminente.

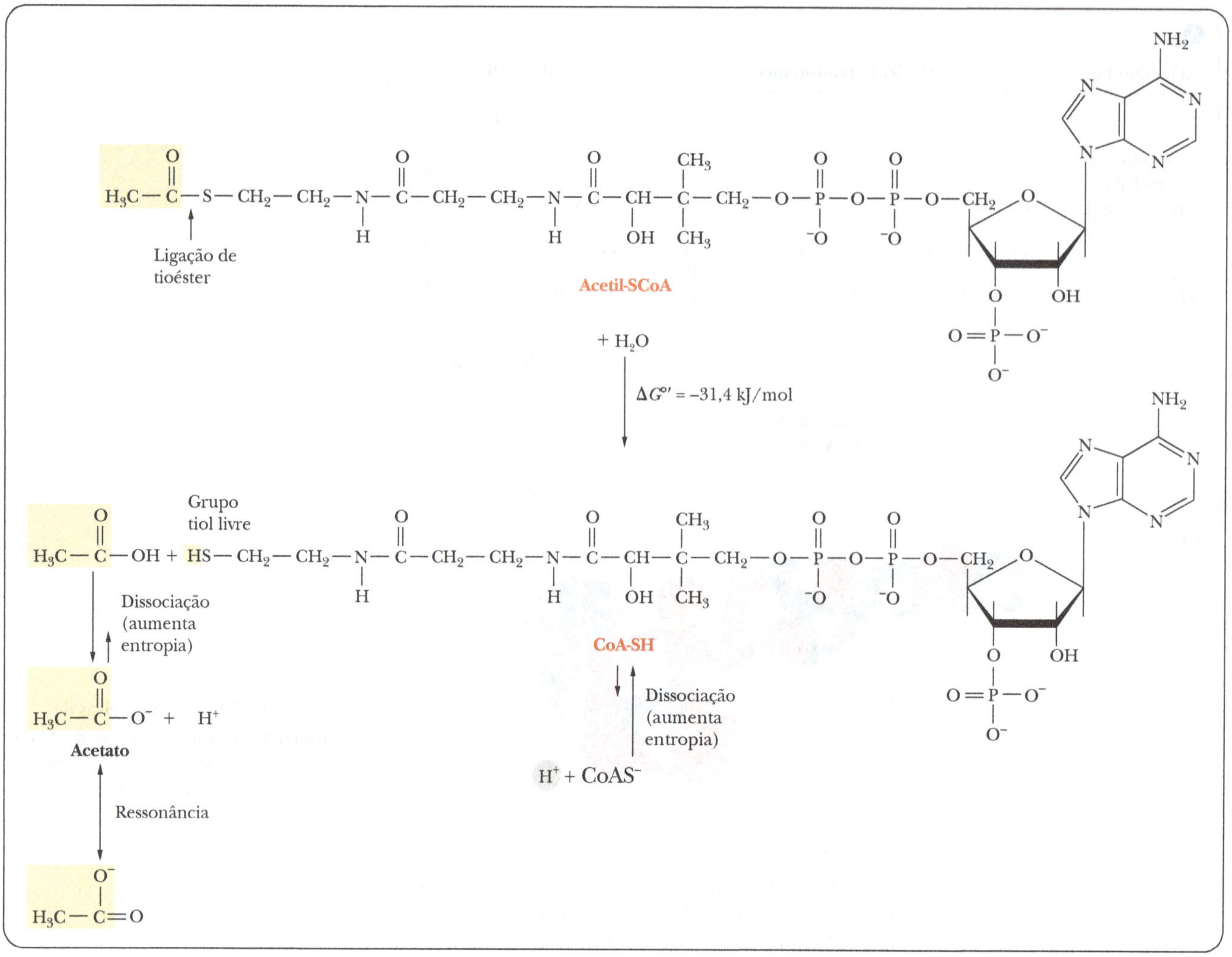

Ligação de tioéster
Acetil-SCoA
$+ H_2O$
$\Delta G°' = -31,4$ kJ/mol
Grupo tiol livre
CoA-SH
Dissociação (aumenta entropia)
Acetato
Ressonância
Dissociação (aumenta entropia)
$H^+ + CoAS^-$

Figura 15.12 **A hidrólise do acetil-CoA.** Os produtos são estabilizados pela ressonância e pela dissociação.

As coenzimas importantes discutidas neste capítulo – NAD^+, $NADP^+$, FAD e a coenzima A – compartilham uma importante característica estrutural: todas contêm ADP. No $NADP^+$, há um grupo fosfato adicional na posição 2' do grupo ribose do ADP. Na CoA, o grupo fosfato adicional está na posição 3'.

Assim como o catabolismo, o anabolismo acontece em etapas. Mas, diferente do catabolismo, que libera energia, o anabolismo requer energia. O ATP produzido pelo catabolismo é hidrolisado para liberar a energia necessária. As reações nas quais os metabólitos são reduzidos fazem parte do anabolismo e requerem agentes redutores, como o NADH, o NADPH e o $FADH_2$, todos formas reduzidas das coenzimas mencionadas neste capítulo. Em suas formas oxidadas, essas coenzimas servem como agentes oxidantes intermediários, necessários no catabolismo. Em suas formas reduzidas, as mesmas coenzimas fornecem a "energia redutora" necessária para os processos anabólicos da biossíntese; neste caso, as coenzimas funcionam como agentes redutores.

A partir deste momento, podemos entrar em detalhes sobre nossas afirmações anteriores a respeito das naturezas do anabolismo e do catabolismo. A Figura 15.13 representa um resumo das vias metabólicas que destacam explicitamente duas importantes características do metabolismo: a função da transferência de elétrons e a participação do ATP

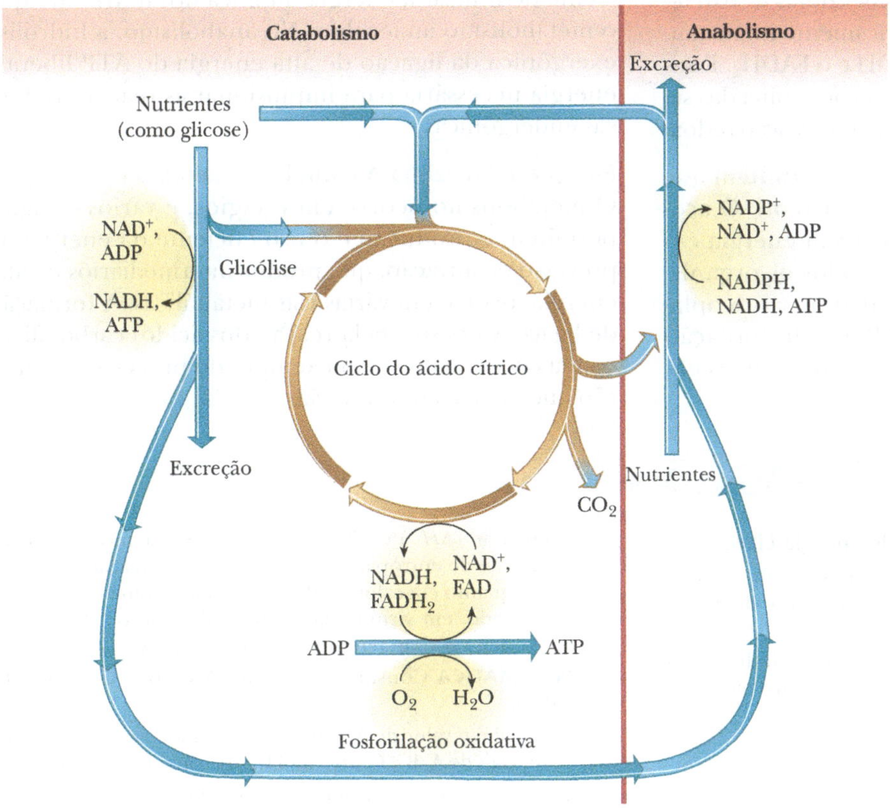
Catabolismo
Anabolismo
Excreção
Nutrientes
(como glicose)
NAD+,
ADP
NADH,
ATP
Glicólise
NADP+,
NAD+, ADP
NADPH,
NADH, ATP
Ciclo do ácido cítrico
Excreção
Nutrientes
CO2
NADH,
FADH2
NAD+,
FAD
ADP
ATP
O2
H2O
Fosforilação oxidativa

FIGURA 15.13 A função da transferência de elétron e da produção de ATP no metabolismo. NAD^+, FAD e ATP são constantemente reciclados.

na liberação e utilização de energia. Embora esse resumo esteja descrito de modo mais detalhado do que na Figura 15.2, é ainda muito genérico. As vias específicas mais importantes foram estudadas em detalhe, e algumas ainda são objetos de intensas pesquisas. Discutiremos algumas das vias metabólicas mais importantes no restante deste livro.

Resumo

Quais são os estados-padrão? A variação de energia livre sob quaisquer conjuntos de condições pode ser comparada com a variação de energia livre nas condições padrão (ΔG°), nas quais a concentração de todos os reagentes em solução é definida a 1 mol L^{-1}.

O que os estados-padrão têm a ver com as variações de energia livre? As variações de energia livre sob condições padrão podem ser relacionadas à constante de equilíbrio da reação por meio da equação $\Delta G^\circ = -RT\ln K_{eq}$.

Como os organismos vivos usam energia? As reações que liberam energia são aquelas mais prováveis de ocorrer. As reações que exigem energia ocorrerão se estiverem acopladas a reações que liberam energia de tal forma que o processo global libere energia.

Por que precisamos de um estado-padrão modificado para as aplicações bioquímicas? Visto que as reações bioquímicas não ocorrem de forma natural em concentrações de íon hidrogênio de 1 mol L^{-1}, um estado bioquímico padrão ($\Delta G^{\circ\prime}$) é utilizado frequentemente, em que $[H^+]$ é definido a 1×10^{-7} mol L^{-1} (pH = 7,0).

O que é metabolismo? As reações das biomoléculas nas células constituem o metabolismo. A decomposição de moléculas maiores em moléculas menores é chamada catabolismo. A reação de moléculas pequenas para produzir moléculas maiores e mais complexas é chamada anabolismo. O catabolismo e o anabolismo são vias separadas, não o oposto um do outro. O metabolismo é a base bioquímica de todos os processos vitais.

Como a oxidação e a redução estão envolvidas no metabolismo? Catabolismo é um processo oxidativo que libera energia; anabolismo é um processo redutivo que requer energia. As reações de oxidorredução (redox) são aquelas em que os elétrons são transferidos de um doador a um receptor. A oxidação é a perda de elétrons, e a redução é o ganho de elétrons.

Quais são as reações de importantes coenzimas de oxirredução? Muitas reações redox biologicamente importantes envolvem coenzimas, como o NADH e o $FADH_2$. Essas coenzimas aparecem em várias reações como uma das semirreações que podem ser escritas para uma reação redox.

Como as reações que produzem energia permitem que as reações que necessitam de energia ocorram? O acoplamento de reações que geram e exigem energia é o aspecto central no metabolismo de todos os organismos. No catabolismo, as reações oxidativas são acopladas à produção endergônica de ATP pela fosforilação do ADP. O metabolismo aeróbio é uma forma mais eficiente de utilizar a energia química dos nutrientes que o metabolismo anaeróbio. No anabolismo, a hidrólise exergônica da ligação de alta energia do ATP libera a energia necessária para impulsionar as reações redutivas endergônicas.

Por que a coenzima A é um bom exemplo de ativação? O metabolismo ocorre em estágios, e vários estágios permitem a produção e o uso eficiente da energia. O processo de ativação, que produz intermediários de alta energia, ocorre em várias vias metabólicas. A formação de ligações tioéster pela reação dos ácidos carboxílicos com a coenzima A é um exemplo do processo de ativação que ocorre em várias vias.

Exercícios de Revisão

15-1 Estados Padrão para Variações de Energia Livre

1. **VERIFICAÇÃO DE FATOS** Existe alguma conexão entre a variação de energia livre para a reação e sua constante de equilíbrio? Se houver, qual é?
2. **PERGUNTA DE RACIOCÍNIO** O que os seguintes indicadores dizem a você sobre uma reação poder continuar como está escrita?
   (a) A variação de energia livre padrão é positiva.
   (b) A variação de energia livre é positiva.
   (c) A reação é exergônica.
3. **PERGUNTA DE RACIOCÍNIO** Considere a reação

$$\text{Glicose-6-fosfato} + H_2O \rightarrow \text{Glicose} + P_i$$

$$K_{eq} = \frac{[\text{glicose}][P_i]}{[\text{glicose-6-P}]}$$

   A K_{eq} a pH 8,5 e 38 °C é 122. É possível determinar a velocidade de reação a partir desta informação?
4. **VERIFICAÇÃO DE FATOS** Quais são as condições necessárias para a variação de energia livre ser usada para prever a espontaneidade de uma reação?
5. **PERGUNTA DE RACIOCÍNIO** Por que é importante que a energia liberada por reações exergônicas possam ser usadas para fornecer energia para reações endergônicas?

15-2 Um Estado Padrão Modificado para as Aplicações Bioquímicas

6. **VERIFICAÇÃO DE FATOS** Por que é necessário definir um estado padrão modificado para as aplicações bioquímicas da termodinâmica?
7. **VERIFICAÇÃO DE FATOS** Qual(is) das seguintes declarações é(são) verdadeira(s) a respeito do estado padrão modificado da bioquímica? Para cada item, justifique sua resposta.
   (a) $[H^+] = 1 \times 10^{-7}$ mol L^{-1}, não 1 L^{-1}.
   (b) A concentração de qualquer soluto é 1×10^{-7} mol L^{-1}.
8. **VERIFICAÇÃO DE FATOS** Como é possível dizer se a energia livre padrão de Gibbs fornecida para a reação destina-se a estados padrão químicos ou estados padrão biológicos?
9. **VERIFICAÇÃO DE FATOS** A propriedade termodinâmica, $\Delta G°$ pode ser utilizada para prever a velocidade da reação em organismos vivos? Justifique sua resposta.
10. **MATEMÁTICA** Calcule $\Delta G°'$ para os seguintes valores de K_{eq}: 1×10^4, 1, 1×10^{-6}.
11. **MATEMÁTICA** Para a hidrólise do ATP a 25 °C (298 K) e pH 7, $ATP + H_2O \rightarrow ADP + P_i + H^+$, a energia livre padrão da hidrólise ($\Delta G°'$) é –30,5 kJ mol^{-1} (–7,3 kcal mol^{-1}), e a variação de entalpia padrão ($\Delta H°'$) é –20,1 kJ mol^{-1} (–4,8 kcal mol^{-1}). Calcule a variação de entropia-padrão ($\Delta S°'$) para a reação, tanto em joules quanto em calorias. Por que o sinal positivo da resposta é esperado, em virtude da natureza da reação? *Dica*: Talvez você queira revisar algum material do Capítulo 1.
12. **MATEMÁTICA** Considere a reação $A \rightleftharpoons B + C$, onde $\Delta G° = 0{,}00$.
   (a) Qual é o valor de ΔG (não $\Delta G°$) quando as concentrações iniciais de A, B e C são 1 mol L^{-1}, 10^{-3} mol L^{-1} e 10^{-6} mol L^{-1}?
   (b) Experimente os mesmos cálculos para a reação $D + E \rightleftharpoons F$ para a mesma ordem relativa das concentrações.
   (c) Experimente os mesmos cálculos para a reação $G \rightleftharpoons H$, se as concentrações forem 1 mol L^{-1} e 10^{-3} mol L^{-1} para G e H, respectivamente.
13. **MATEMÁTICA** Compare suas respostas para as partes (a) e (b) com a parte (c) na Pergunta 10. O que as respostas das partes (a), (b) e (c) dizem a respeito da influência das concentrações dos reagentes e dos produtos nas reações?
14. **MATEMÁTICA** O $\Delta G°'$ para a reação citrato → isocitrato é +6,64 kJ mol^{-1} = +1,59 kcal mol^{-1}. O $\Delta G°'$ para a reação isocitrato → α-cetoglutarato é –267 kJ mol^{-1} = –63,9 kcal mol^{-1}. Qual é o $\Delta G°'$ para a conversão do citrato para α-cetoglutarato? Essa reação é exergônica ou endergônica, por quê?
15. **MATEMÁTICA** Se a reação pode ser escrita A → B e o $\Delta G°'$ é 20 kJ mol^{-1}, qual deve ser a razão do substrato/produto para que a reação seja termodinamicamente favorável?
16. **MATEMÁTICA** Todos os compostos organofosfatados listados na Tabela 15.1 sofrem reações de hidrólise da mesma forma que o ATP. A seguinte equação ilustra a situação para glicose-1-fosfato.

$$\text{Glicose-1-fosfato} + H_2O \rightarrow \text{Glicose} + P_i$$

$$\Delta G°' = -20{,}9 \text{ kJ mol}^{-1}$$

   Utilizando os valores de energia livre da Tabela 15.1, diga se as seguintes reações acontecerão na direção escrita e calcule o $\Delta G°'$ para a reação considerando que os reagentes estejam presentes inicialmente em uma proporção molar 1:1.
   (a) ATP + Creatina → Fosfocreatina + ADP
   (b) ATP + Glicerol → Glicerol-3-fosfato + ADP
   (c) ATP + Piruvato → Fosfoenolpiruvato + ADP
   (d) ATP + Glicose → Glicose-6-fosfato + ADP
17. **PERGUNTA DE RACIOCÍNIO** É possível utilizar a equação $\Delta G°' = -RT\ln K_{eq}$ para obter o $\Delta G°'$ das informações disponíveis na Pergunta 3?
18. **PERGUNTA DE RACIOCÍNIO** Por que os valores de $\Delta G°'$ não são rigorosamente aplicáveis a sistemas bioquímicos?

15-3 A Natureza do Metabolismo

19. **VERIFICAÇÃO DE FATOS** Organize as seguintes palavras em dois grupos relacionados: catabolismo, requisitante de energia, redutivo, anabolismo, oxidativo, produtor de energia.

20. **CONEXÕES BIOQUÍMICAS** Comente a respeito da afirmação de que a existência de vida é uma violação da segunda lei da termodinâmica, adicionando conceitos deste capítulo e daquilo que foi abordado no Capítulo 1.

21. **PERGUNTA DE RACIOCÍNIO** Você esperaria que a produção de açúcares pelos vegetais na fotossíntese fosse um processo exergônico ou endergônico? Justifique sua resposta.

22. **PERGUNTA DE RACIOCÍNIO** Você esperaria que a biossíntese de uma proteína a partir dos aminoácidos constituintes de um organismo fosse um processo exergônico ou endergônico? Justifique sua resposta.

23. **PERGUNTA DE RACIOCÍNIO** Os seres humanos adultos sintetizam grandes quantidades de ATP durante o decorrer do dia, mas não há aumento significativo da massa corporal. Nesse mesmo período, não há alteração visível na estrutura e composição de seus corpos. Explique esta aparente contradição.

15-4 O Papel da Oxidação e da Redução no Metabolismo

24. **VERIFICAÇÃO DE FATOS** Identifique as moléculas oxidadas e reduzidas nas seguintes reações e escreva as semirreações.
    (a) $CH_3CH_2CHO + NADH \rightarrow CH_3CH_2CH_2OH + NAD^+$
    (b) $Cu^{2+}(aq) + Fe^{2+}(aq) \rightarrow Cu^+(aq) + Fe^{3+}(aq)$

25. **VERIFICAÇÃO DE FATOS** Para cada uma das reações na Pergunta 24, informe os agentes oxidantes e redutores.

15-5 Coenzimas Importantes nas Reações de Oxirredução

26. **VERIFICAÇÃO DE FATOS** Qual é característica estrutural comum entre o NAD^+, o $NADP^+$ e o FAD?

27. **VERIFICAÇÃO DE FATOS** Qual é a diferença estrutural entre o NADH e o NADPH?

28. **VERIFICAÇÃO DE FATOS** Como a diferença entre o NADH e o NADPH afeta as reações em que estão envolvidos?

29. **VERIFICAÇÃO DE FATOS** Qual coenzima é um reagente na oxidação de um nutriente, NAD^+ ou NADH? Justifique sua resposta.

30. **VERIFICAÇÃO DE FATOS** A oxidação da glicose em dióxido de carbono e água ocorre em uma ou em várias etapas?

31. **PERGUNTA DE RACIOCÍNIO** Qual das seguintes afirmações é verdadeira? Para cada item, justifique sua resposta.
    (a) Todas as coenzimas são agentes que transferem elétrons.
    (b) As coenzimas não contêm fósforo ou enxofre.
    (c) A geração de ATP é uma forma de armazenar energia.

32. **PERGUNTA DE RACIOCÍNIO** Uma reação bioquímica transfere 60 kJ mol^{-1} (15 kcal mol^{-1}) de energia. Qual é o processo geral que tem mais probabilidade de estar envolvido nessa transferência? Qual cofator (ou cossubstrato) seria mais provavelmente utilizado? E qual cofator provavelmente não seria utilizado?

33. **PERGUNTA DE RACIOCÍNIO** As seguintes semirreações desempenham papel importante no metabolismo.

$$^1/_2 O_2 + 2H^+ + 2e^- \rightarrow H_2O$$

$$NADH + H^+ \rightarrow NAD^+ + 2H^+ + 2e^-$$

Qual delas é uma semirreação de oxidação? E qual é uma semirreação de redução? Escreva a equação para a reação geral. Qual é o reagente oxidante (receptor de elétron)? Qual é o reagente redutor (doador de elétron)?

34. **PERGUNTA DE RACIOCÍNIO** Desenhe NAD^+ e FAD indicando onde ficam os elétrons e hidrogênios quando as moléculas são reduzidas.

35. **PERGUNTA DE RACIOCÍNIO** Há uma reação no metabolismo do carboidrato em que a glicose-6-fosfato reage com o $NADP^+$ para gerar 6-fosfoglucono-δ-lactona e NADPH.

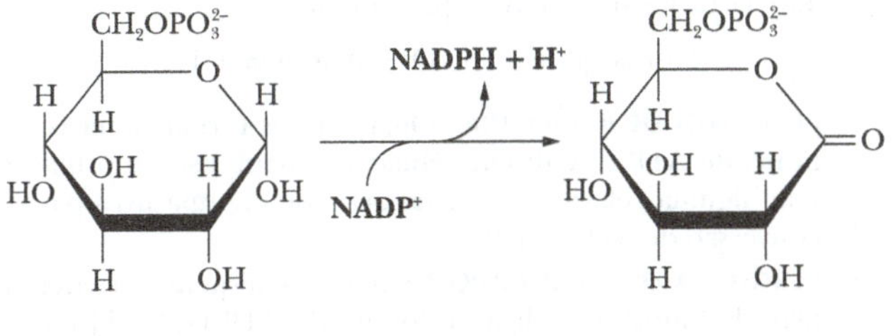
NADPH + H+
NADP+

Glicose-6-fosfato   6-Fostoglucono-δ-lactona

Nessa reação, qual substância é oxidada e qual é reduzida? Qual substância é o agente oxidante e qual é o agente redutor?

36. **PERGUNTA DE RACIOCÍNIO** Há uma reação em que o succinato reage com FAD para gerar fumarato e $FADH_2$.

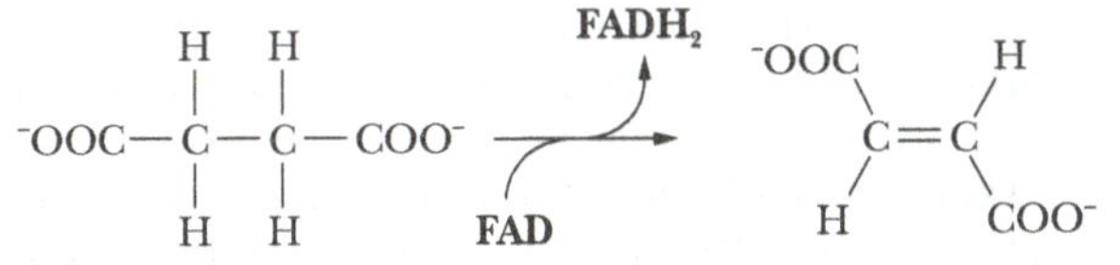
FADH2
FAD

Succinato   Fumarato

Nessa reação, qual substância é oxidada e qual é reduzida? Qual substância é o agente oxidante e qual é o agente redutor?

37. **PERGUNTA DE RACIOCÍNIO** Sugira um motivo pelo qual as vias catabólicas geralmente produzem NADH e $FADH_2$, ao passo que as vias anabólicas geralmente produzem NADPH.

38. **VERIFICAÇÃO DE FATOS** Toda a energia liberada por uma reação exergônica vai dirigir uma reação endergônica acoplada? Dê um exemplo que justifique sua resposta.

39. **PERGUNTA DE RACIOCÍNIO** Como a liberação de energia química torna o metabolismo possível?

15-6 Acoplamento de Produção e Uso de Energia

40. **MATEMÁTICA** Quais concentrações de substrato seriam necessárias para fazer que a reação na Pergunta 16(c) seja do tipo favorável?

41. **MATEMÁTICA** Utilizando os dados da Tabela 15.1, calcule o valor de $\Delta G°'$ para a seguinte reação.

Fosfato de creatina + Glicerol → Creatina + Glicerol-3-fosfato

Dica: Essa reação ocorre em etapas. O ATP é formado na primeira etapa e o grupo fosfato é transferido do ATP para o glicerol na segunda.

42. **MATEMÁTICA** Utilizando as informações disponíveis na Tabela 15.1, calcule o valor de $\Delta G°'$ para a seguinte reação.

Glicose-1-fosfato → Glicose-6-fosfato

43. **MATEMÁTICA** Mostre que a hidrólise de ATP a AMP e 2 P_i libera a mesma quantidade de energia por qualquer uma das duas vias.

Via 1

$$ATP + H_2O \rightarrow ADP + P_i$$
$$ADP + H_2O \rightarrow AMP + P_i$$

Via 2

$$ATP + H_2O \rightarrow AMP + PP_i \text{ (Pirofosfato)}$$
$$PP_i + H_2O \rightarrow 2P_i$$

44. **MATEMÁTICA** A variação de energia livre padrão para a reação

$$\text{Arginina} + \text{ATP} \rightarrow \text{Fosfoarginina} + \text{ADP}$$

é +1,7 kJ mol^{-1}. Com esta informação e os dados contidos na Tabela 15.1, calcule o $\Delta G°'$ para a reação

$$\text{Fosfoarginina} + H_2O \rightarrow \text{Arginina} + P_i$$

45. **PERGUNTA DE RACIOCÍNIO** Quais são as formas iônicas comuns de ATP e ADP em células normais? Esta informação tem alguma relação com a variação de energia livre para a conversão de ATP a ADP?
46. **PERGUNTA DE RACIOCÍNIO** Comente a respeito da energia livre da hidrólise da ligação fosfato do ATP (–30,5 kJ mol^{-1}; –7,3 kcal mol^{-1}) com relação àquelas de outros organofosfatados (por exemplo, fosfatos de açúcar, fosfatos de creatina).
47. **PERGUNTA DE RACIOCÍNIO** Um amigo viu suplementos de creatina à venda em lojas de alimentos naturais e questiona por quê. O que você diz a ele?
48. **PERGUNTA DE RACIOCÍNIO** Você esperaria um aumento ou uma queda de entropia para acompanhar a hidrólise de fosfatidilcolina para as porções constituintes (glicerol, dois ácidos graxos, ácido fosfórico e colina)? Por quê?
49. **PERGUNTA DE RACIOCÍNIO** Explique e mostre por que o fosfoenolpiruvato é um composto de alta energia.
50. **PERGUNTA DE RACIOCÍNIO** Uma reação muito favorável é a produção de ATP e piruvato do ADP e do fosfoenolpiruvato. Considerando a variação de energia padrão para essa reação acoplada, por que a seguinte reação não ocorre?

$$\text{PEP} + 2\text{ADP} \rightarrow \text{Piruvato} + 2\text{ATP}$$

51. **PERGUNTA DE RACIOCÍNIO** Curtos períodos de exercícios, como corridas de pequena distância, são caracterizados pela produção de ácido láctico e a condição conhecida como falta de oxigênio. Comente a respeito deste fato considerando o material discutido neste capítulo.

15-7 Coenzima A na Ativação de Rotas Metabólicas

52. **PERGUNTA DE RACIOCÍNIO** Por que o processo de ativação é uma estratégia útil no metabolismo?
53. **PERGUNTA DE RACIOCÍNIO** Qual é a lógica molecular que faz que uma via com uma série de variações de energia comparativamente pequenas seja mais provável que uma única reação com uma grande variação de energia?
54. **PERGUNTA DE RACIOCÍNIO** Por que os tioésteres são considerados compostos de alta energia?
55. **PERGUNTA DE RACIOCÍNIO** Explique por que diversas vias bioquímicas começam com a introdução da coenzima A na molécula que as iniciam.
56. **PERGUNTA DE RACIOCÍNIO** Esta é uma pergunta conjetural: Se a parte reativa da coenzima A é um tioéster, por que a molécula é tão complicada?

Carboidratos

16

16-1 Açúcares: Suas Estruturas e Estequiometria

Quando a palavra *carboidrato* foi inventada, referia-se originalmente aos compostos com fórmula geral $C_n(H_2O)_n$. No entanto, somente os açúcares simples, ou **monossacarídeos**, encaixam-se exatamente nesta fórmula. Os outros tipos de carboidratos, oligossacarídeos e polissacarídeos baseiam-se em unidades de monossacarídeos e apresentam fórmulas gerais ligeiramente diferentes. Os **oligossacarídeos** são formados quando alguns (do grego *oligos*) monossacarídeos estão ligados; os polissacarídeos são formados quando muitos (do grego *polys*) monossacarídeos estão unidos. A reação que adiciona unidades de monossacarídeos a uma molécula de carboidrato em crescimento envolve a perda de um H_2O para cada nova ligação formada, justificando a diferença na fórmula geral.

monossacarídeos compostos que contêm um único grupo carbonila e dois ou mais grupos hidroxila

oligossacarídeos açúcares ligados por ligações glicosídicas

Vários dos carboidratos normalmente encontrados são polissacarídeos, incluindo o glicogênio, encontrado em animais, o amido e a celulose, que ocor-

RESUMO DO CAPÍTULO

16-1 Açúcares: Suas Estruturas e Estequiometria
- O que é singular sobre as estruturas dos açúcares?
  16.1 CONEXÕES BIOQUÍMICAS NUTRIÇÃO E SAÚDE | Dietas Baixas em Carboidratos
- O que acontece se o açúcar forma uma molécula cíclica?

16-2 Reações de Monossacarídeos
- Quais são algumas das reações de oxirredução dos açúcares?
  16.2 CONEXÕES BIOQUÍMICAS NUTRIÇÃO | A Vitamina C Está Relacionada aos Açúcares
- Quais são algumas das importantes reações de esterificação dos açúcares?
- O que são glicosídeos e como se formam?
- Quais são alguns dos outros importantes derivados de açúcares?

16-3 Alguns Oligossacarídeos Importantes
- O que faz da sacarose um composto importante?
- Existem outros dissacarídeos importantes para nós?

  16.3 CONEXÕES BIOQUÍMICAS NUTRIÇÃO | A Intolerância da Lactose: Por Que Tantas Pessoas Não Querem Tomar Leite?

16-4 Estruturas e Funções dos Polissacarídeos
- Qual a diferença entre amido e celulose?
  16-4 CONEXÕES BIOQUÍMICAS ALIADO À SAÚDE | Por Que uma Dieta com Fibras é Tão Boa Para Você?
- Existe mais de uma forma de amido?
- Como o glicogênio está relacionado ao amido?
- O que é quitina?
- Qual o papel dos polissacarídeos na estrutura das paredes celulares?
- Os polissacarídeos têm papéis específicos no tecido conectivo?

16-5 Glicoproteínas
- Qual a importância dos carboidratos na resposta imunológica?
  16.5 CONEXÕES BIOQUÍMICAS ALIADO À SAÚDE | Glicoproteínas e as Transfusões de Sangue

rem nos vegetais. Os carboidratos desempenham diversos papéis importantes na bioquímica. Primeiro, são a principal fonte de energia (os Capítulos 17 a 20 são dedicados ao metabolismo de carboidratos). Segundo, os oligossacarídeos desempenham um papel fundamental nos processos que ocorrem nas superfícies das células, especialmente nas interações célula–célula e no reconhecimento imunológico. Além disso, os polissacarídeos são componentes estruturais essenciais de várias classes de organismos. A celulose é o principal componente da grama e das árvores, e outros polissacarídeos são os principais componentes de paredes celulares bacterianas.

O que é singular sobre as estruturas dos açúcares?

aldose açúcar que contém um grupo aldeído como parte de sua estrutura

cetose açúcar que contém um grupo cetona como parte de sua estrutura

Os blocos de construção de todos os carboidratos são açúcares simples chamados monossacarídeos, que podem ser poli-hidroxialdeídos (**aldose**) ou poli-hidroxicetonas (**cetose**). Os monossacarídeos mais simples contêm três átomos de carbono e são chamados trioses (*tri* significa "três"). O *gliceraldeído* é a aldose com três carbonos (uma aldotriose), e a *di-hidroxiacetona* é a cetose com três átomos de carbono (uma cetotriose). A Figura 16.1 mostra essas moléculas.

As aldoses com quatro, cinco, seis e sete átomos de carbono são chamadas aldotetroses, aldopentoses, aldo-hexoses e aldo-heptoses, respectivamente. As cetoses correspondentes são cetotetroses, cetopentoses, ceto-hexoses e ceto-

1 Uma comparação do gliceraldeído (uma aldotriose) e da di-hidroxiacetona (uma cetotriose).

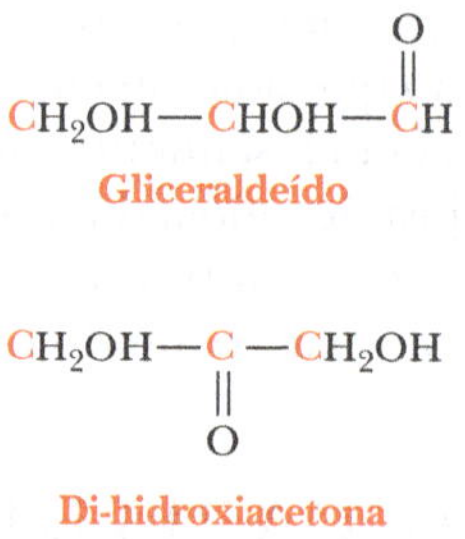
Gliceraldeído
Di-hidroxiacetona

2 A estrutura do D-gliceraldeído e o modelo de preenchimento do seu espaço.

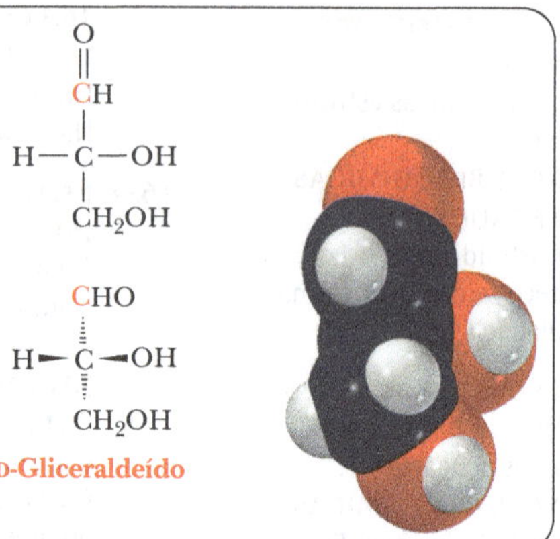
D-Gliceraldeído

3 A estrutura do L-gliceraldeído e o modelo de preenchimento do seu espaço do L-gliceraldeído.

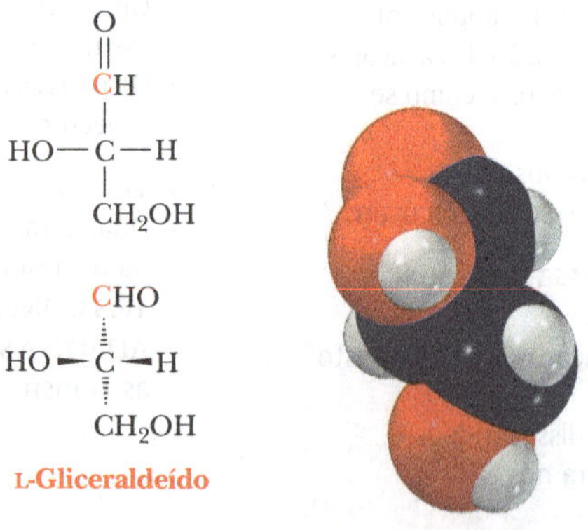
L-Gliceraldeído

FIGURA 16.1 As estruturas dos carboidratos mais simples, as trioses. (Leonard Lessin/Waldo Feng/Mt. Sinai CORE)

-heptoses. Os açúcares com seis carbonos são os mais abundantes na natureza, mas dois açúcares com cinco carbonos, ribose e desoxirribose, são encontrados nas estruturas de RNA e DNA, respectivamente. Os açúcares de quatro e sete carbonos desempenham papéis importantes na fotossíntese e em outras vias metabólicas.

Já vimos (Seção 3-1) que algumas moléculas não são superponíveis com suas imagens especulares, e que essas imagens são **estereoisômeros (isômeros ópticos)** umas das outras. Um átomo de carbono quiral (assimétrico) é a fonte usual da isomeria óptica, como no caso dos aminoácidos. O carboidrato mais simples que contém um carbono quiral é o gliceraldeído, podendo existir em duas formas isoméricas que são imagens especulares uma da outra (Figura 16.1(b) e (c)). Observe que as duas formas diferem na posição do grupo hidroxila ligado ao carbono central. (A di-hidroxiacetona não contém um átomo de carbono quiral e não existe em formas de imagens especulares que podem ser sobrepostas.) As duas formas de gliceraldeído são designadas D-gliceraldeído e L-gliceraldeído. Os estereoisômeros de imagem especular são também chamados **enantiômeros**, e o D-gliceraldeído e o L-gliceraldeído são enantiômeros um do outro. Algumas convenções são utilizadas para desenhos bidimensionais em estruturas tridimensionais de estereoisômeros. Os triângulos tracejados representam ligações direcionadas à distância do observador, abaixo do plano do papel, e os triângulos sólidos, ligações diretamente opostas, em direção ao observador e fora do plano do papel. **Configuração** é o arranjo tridimensional dos grupos em volta de um átomo de carbono quiral, e os estereoisômeros diferem um do outro na sua configuração. O sistema *D,L* para denotar estereoquímica é amplamente utilizado por bioquímicos. Os químicos orgânicos tendem a utilizar um sistema mais recente, o *R,S*. Não há uma correspondência um para um entre esses dois sistemas. Por exemplo, alguns D-isomêros são *R* e alguns são *S*.

estereoisômeros (isômeros ópticos) moléculas que diferem entre si apenas em suas configurações (forma tridimensional)

enantiômeros estereoisômeros cujas imagens especulares não se superpõem

configuração arranjo tridimensional dos grupos em volta de um átomo de carbono quiral

Os dois enantiômeros do gliceraldeído são os únicos estereoisômeros possíveis nos açúcares de três carbonos, mas as possibilidades para o estereoisomerismo aumentam à medida que o número de átomos de carbono cresce. Para mostrar as estruturas das moléculas resultantes, é preciso dizer mais a respeito da convenção para a perspectiva bidimensional da estrutura molecular, denominada método de **projeção de Fischer**, em homenagem ao químico alemão Emil Fischer, que estabeleceu as estruturas de vários açúcares. Serão utilizados alguns açúcares de seis carbonos mais comuns para fins ilustrativos. Na projeção de Fischer, as ligações escritas verticalmente no papel, que é bidimensional, representam as ligações direcionadas *para trás* do papel se forem consideradas três dimensões, ao passo que as ligações escritas horizontalmente representam as ligações direcionadas *para a frente* do papel. A Figura 16.2 mostra que o carbono mais altamente oxidado – neste caso, o envolvido no grupo aldeído – está escrito na parte superior e é designado como carbono 1, ou C-1. Na cetose mostrada, o grupo cetona torna-se C-2, o átomo de carbono próximo à "parte superior". Os açúcares mais comuns são as aldoses, em vez das cetoses, então a discussão se concentrará principalmente nas aldoses. Os outros átomos de carbono são enumerados em sequência, começando pela "parte superior". A designação da configuração como L ou D depende do arranjo do carbono quiral com o número mais alto. Nos casos da glicose e da frutose, esse é o C-5. Na projeção de Fischer da configuração D, o grupo hidroxila está à direita do carbono quiral com o número mais alto, ao passo que na configuração L, o grupo hidroxila está à esquerda. Vejamos o que ocorre quando outro carbono é adicionado ao gliceraldeído para gerar um açúcar de quatro carbonos. Em outras palavras, quais são os estereoisômeros possíveis para uma aldotetrose? As aldotetroses (Figura 16.3) possuem dois carbonos quirais, C-2 e C-3, e há 2^2, ou 4, estereoisômeros possíveis. Dois dos isômeros possuem a configuração D, e dois possuem a configuração L. Os dois isômeros D possuem a mesma configuração no C-3, mas diferem na configuração (arranjo do grupo –OH) do outro carbono quiral, o C-2. Esses dois isômeros são chamados D-eritrose e D-treose,

projeção de Fischer representação bidimensional da estereoquímica das moléculas tridimensionais

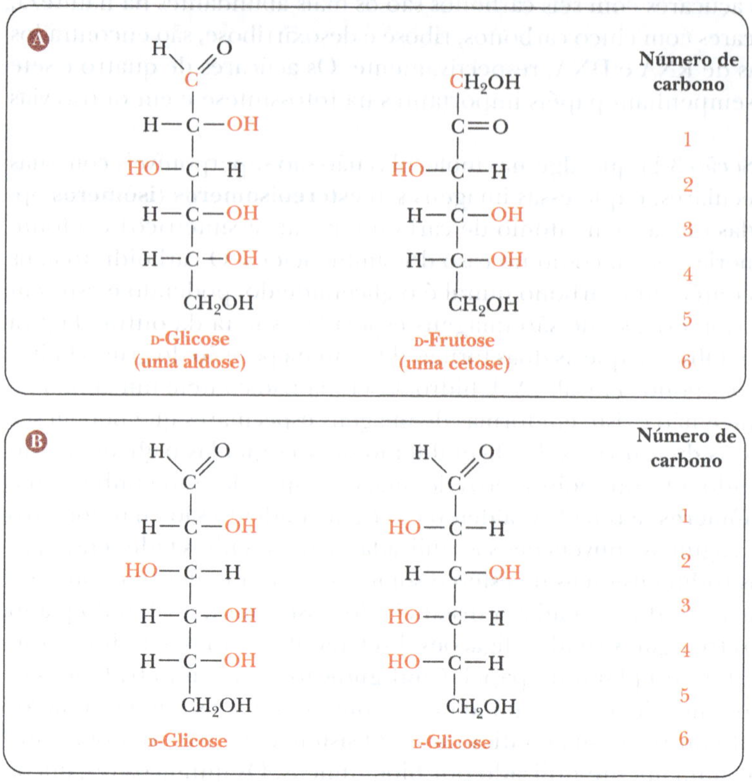
A
D-Glicose
(uma aldose)
D-Frutose
(uma cetose)
Número de carbono
B
D-Glicose
L-Glicose
Número de carbono

FIGURA 16.2 Numeração dos átomos de carbono nos açúcares. (a) Exemplos de uma aldose (D-glicose) e uma cetose (D-frutose), mostrando a numeração dos átomos de carbono. (b) Comparação das estruturas da D-glicose e da L-glicose.

e não são superponíveis entre si, mas também não são imagens especulares um do outro. Tais estereoisômeros de imagens não especulares, e que não podem ser sobrepostos, são chamados **diastereoisômeros**. Os dois isômeros L são L-eritrose e L-treose. A L-eritrose é um enantiômero (imagem especular) da D-eritrose, e a L-treose é o enantiômero da D-treose. A L-treose é o diastereoisômero tanto da D- como da L-eritrose, e esta é um diastereoisômero tanto da D- como da L-treose. Os diastereoisômeros que diferem um do outro na con-

diastereômeros estereoisômeros que não podem ser superpostos e não formam imagens especulares

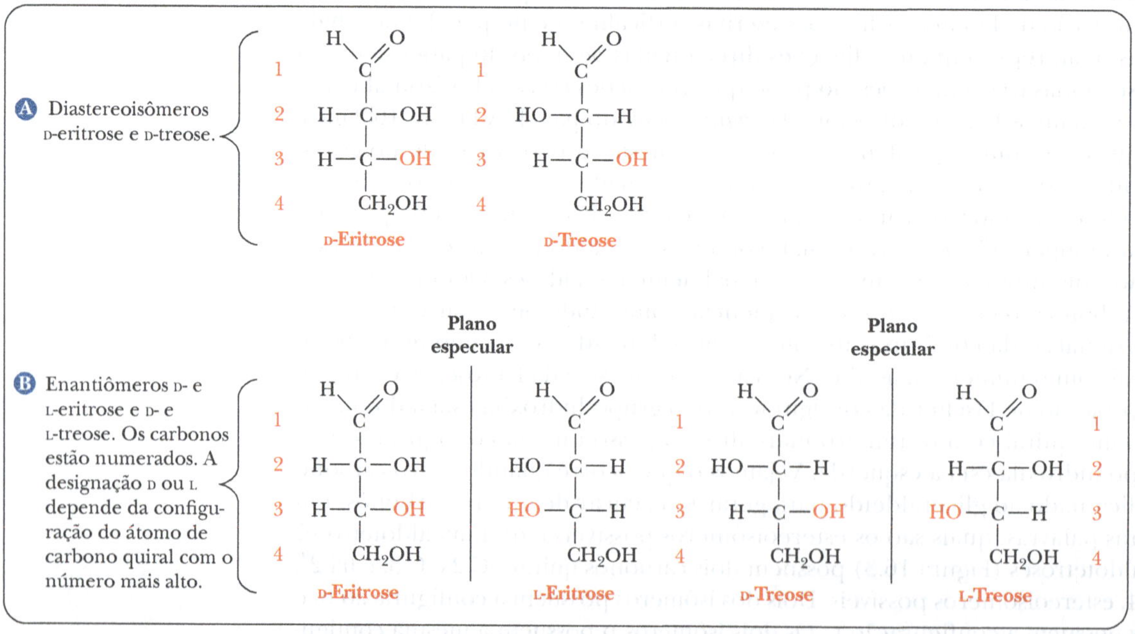
A Diastereoisômeros D-eritrose e D-treose.
D-Eritrose
D-Treose
Plano especular
Plano especular
B Enantiômeros D- e L-eritrose e D- e L-treose. Os carbonos estão numerados. A designação D ou L depende da configuração do átomo de carbono quiral com o número mais alto.
D-Eritrose
L-Eritrose
D-Treose
L-Treose

FIGURA 16.3 Estereoisômeros de uma aldotetrose.

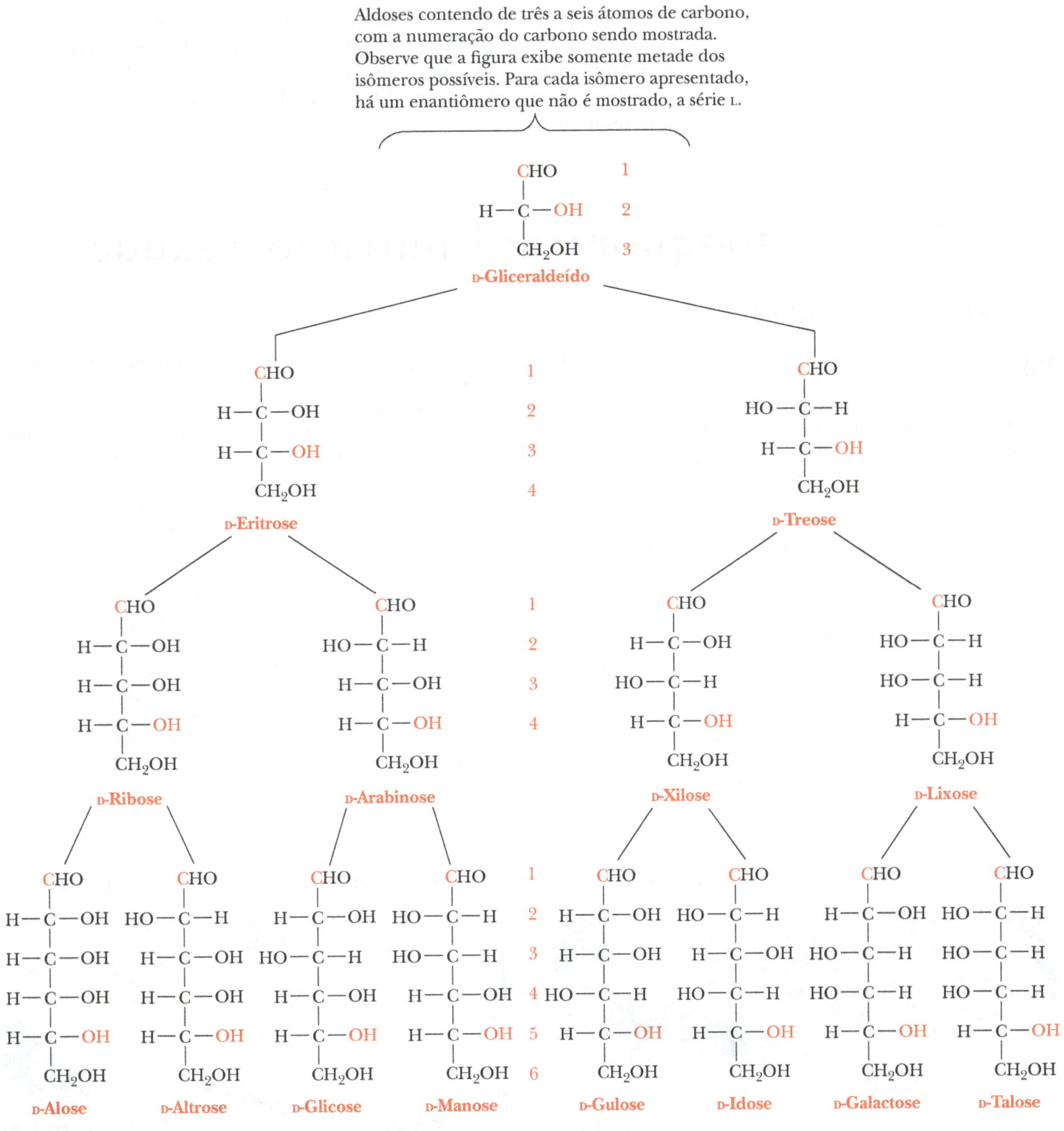
Aldoses contendo de três a seis átomos de carbono, com a numeração do carbono sendo mostrada. Observe que a figura exibe somente metade dos isômeros possíveis. Para cada isômero apresentado, há um enantiômero que não é mostrado, a série L.
D-Gliceraldeído
D-Eritrose
D-Treose
D-Ribose
D-Arabinose
D-Xilose
D-Lixose
D-Alose
D-Altrose
D-Glicose
D-Manose
D-Gulose
D-Idose
D-Galactose
D-Talose

FIGURA 16.4 Relações estereoquímicas entre os monossacarídeos.

figuração apenas em um carbono quiral são chamados **epímeros**; a D-eritrose e a L-treose são epímeros.

As aldopentoses possuem três carbonos quirais, e existem 2^3, ou 8, estereoisômeros possíveis – quatro formas D e quatro formas L. As aldo-hexoses possuem quatro carbonos quirais e 2^4, ou 16, estereoisômeros – oito formas D e oito formas L (Figura 16.4). Alguns dos estereoisômeros possíveis são muito mais comuns na natureza que outros, e a maioria das discussões bioquímicas concentra-se nos açúcares naturais. Por exemplo, os açúcares D são mais abundantes na natureza, em vez dos açúcares L. A maioria dos açúcares encontrados na natureza, especialmente em alimentos, contém cinco ou seis átomos

epímeros estereoisômeros que diferem apenas na configuração em torno de um de vários átomos de carbono quirais de carbono. Discutiremos a D-glicose (uma aldo-hexose) e a D-ribose (uma aldopentose) muito mais que qualquer outro açúcar. A glicose é uma fonte de energia ubíqua, e a ribose desempenha papel importante na estrutura de ácidos nucleicos. O quadro CONEXÕES **BIOQUIMICAS 16.1** aborda um resultado importante da ampla distribuição de carboidratos nos alimentos.

16.1 Conexões **Bioquímicas** | nutrição e saúde

Dietas Baixas em Carboidratos

Nos anos de 1970, supunha-se que a alimentação mais saudável era baixa em gorduras e alta em carboidratos. A "sobretaxa de carbo" era a moda para atletas de todos os tipos, gêneros e idades, bem como para a média das pessoas sedentárias. Mais de 30 anos depois, as coisas mudaram tanto, que você pode comprar um hambúrguer enrolado em um pedaço de alface ao invés de pão. Por que uma macromolécula que se pensava ser saudável tornou-se algo que as pessoas querem evitar? A resposta tem a ver com como a glicose, o monossacarídeo fundamental da vida, é metabolizado. O aumento dos níveis de glicose no sangue provoca um consequente aumento nos níveis da insulina hormonal. A insulina estimula as células a pegar a glicose do sangue de tal forma que as células obtêm energia do sangue e os níveis de glicose no sangue permanecem estáveis. Sabemos agora que a insulina também tem o efeito infeliz de estimular a síntese de gordura e armazená-la, inibindo a queima de gordura.

Algumas dietas populares recentes, como as Zonal e a de Atkins, são baseadas na manutenção de baixos níveis de carboidratos, de tal forma que os níveis de insulina não aumentem ou estimulem este armazenamento de gordura. Os sistemas de dieta populares na atualidade, como o NutriSystem e Vigilantes do Peso, estão também comercializando seus produtos focando no tipo e na quantidade de carboidratos, usando um "índice glicêmico" para distinguir entre "bons carboidratos" e "maus carboidratos".

Entretanto, no caso de atletas, pouca evidência sugere que uma dieta baixa em carboidratos seja eficiente para o desempenho atlético, por causa do tempo estendido necessário para reabastecer os músculos e o glicogênio hepático quando o atleta não tem uma alimentação rica em carboidrato.

No início de 2010, um estudo descobriu que, para a perda total de peso, uma dieta baixa em carboidrato foi tão eficaz quanto um regime que combinou medicamento para a perda de peso com uma dieta baixa em gordura. Apesar da utilidade deste resultado, ele foi acompanhado por outra descoberta com implicações mais amplas. Muitos dos participantes deste estudo tinham problemas crônicos de saúde, como pressão alta ou diabetes, além do sobrepeso ou obesidade. O grupo com alimentação baixa em carboidrato teve uma queda significativa na pressão sanguínea quando comparado ao grupo com alimentação baixa em gordura acrescida de medicamentos para perda de peso. A perda de peso normalmente produz uma queda na pressão sanguínea, com uma redução ou a eliminação da medicação. Entretanto, apenas 21% do grupo de baixa gordura neste estudo atingiu uma redução da pressão nesta extensão, quando comparado à metade daqueles no grupo de baixo carboidrato. ◗

NUTRITION ENERGY BAR / High Protein
BALANCE
/ cookie dough
NET WT 1.76 OZ (50g)
40/30/30 Nutrition
Low Glycemic Index (GI)

Charles D. Winters

Alguns produtos alimentícios apontam seus baixos índices glicêmicos.

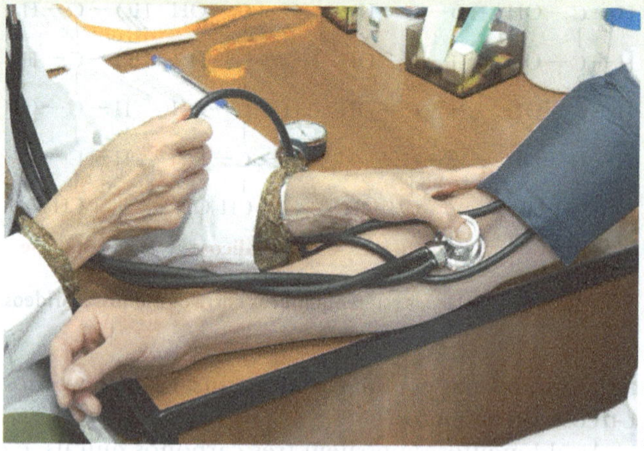

Kokhanchikov/Shutterstock.com

A perda de peso com alimentações baixas em carboidrato pode levar a quedas marcantes na pressão sanguínea.

◗ *O que acontece se o açúcar forma uma molécula cíclica?*

hemiacetal composto formado pela reação de um aldeído com um álcool, encontrado na estrutura cíclica de açúcares

Os açúcares, especialmente aqueles com cinco ou seis átomos de carbono, existem normalmente como moléculas cíclicas em vez das formas de cadeia aberta vistas até agora. A ciclização ocorre como resultado da interação entre os grupos funcionais em carbonos distantes, como C-1 e C-5, para formar um **hemiacetal** cí-

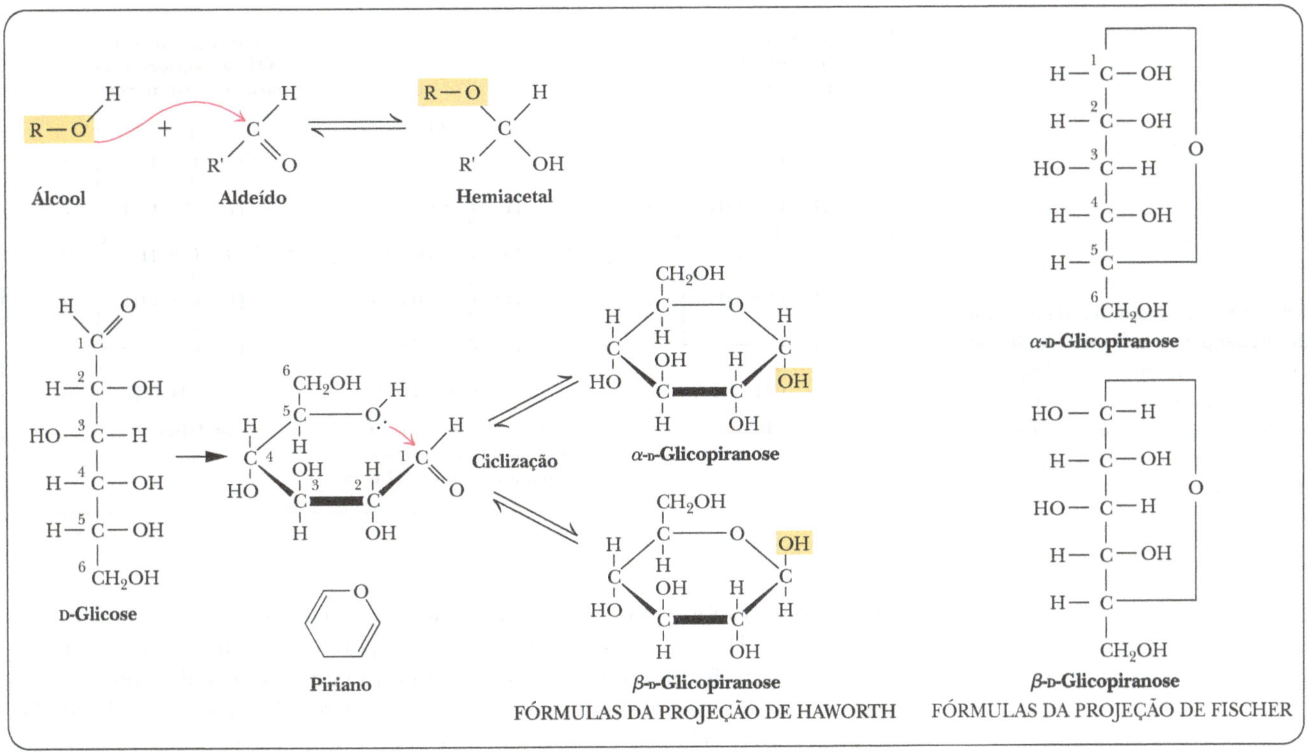

Álcool
Aldeído
Hemiacetal
D-Glicose
Piriano
Ciclização
α-D-Glicopiranose
β-D-Glicopiranose
FÓRMULAS DA PROJEÇÃO DE HAWORTH
α-D-Glicopiranose
β-D-Glicopiranose
FÓRMULAS DA PROJEÇÃO DE FISCHER

FIGURA 16.5 A forma linear da D-glicose sofre uma reação intramolecular para formar um hemiacetal cíclico.

clico (em aldo-hexoses). Outra possibilidade (Figura 16.5) é a interação entre C-2 e C-5 para formar um **hemicetal** cíclico (em ceto-hexoses). Em qualquer um dos casos, o carbono carbonílico torna-se um novo centro quiral chamado **carbono anomérico**. O açúcar cíclico pode assumir qualquer uma das duas diferentes formas, designadas α e β, e são chamados **anômeros** um do outro.

A projeção de Fischer do anômero α de um açúcar D possui o grupo hidroxila anomérico à direita do carbono anomérico (C–OH), e o anômero β de um açúcar D possui o grupo hidroxila anomérico à esquerda (Figura 16.6). As espécies com carbonila livre podem formar imediatamente tanto o anômero α como o β, e estes podem ser interconvertidos de uma forma para outra por meio das espécies de carbonilas livres. Em algumas moléculas bioquímicas, qualquer anômero de determinado açúcar pode ser utilizado, mas, em outros casos, ocorre somente um anômero. Por exemplo, em organismos vivos, somente a β-D-ribose e a β-D--deoxirribose são encontradas no RNA e no DNA, respectivamente.

As fórmulas da projeção de Fischer são úteis para descrever a estereoquímica dos açúcares, mas suas extensas ligações e seus ângulos retos não oferecem uma imagem real da situação de ligação nas formas cíclicas, nem representam precisamente o formato geral das moléculas. As **fórmulas da projeção de Haworth** são mais úteis para este propósito. Nas projeções de Haworth, as estruturas cíclicas dos açúcares são mostradas em desenhos em perspectiva como anéis planares de cinco ou seis membros, visualizados bem próximos da extremidade. O anel de cinco membros é chamado **furanose** por sua semelhança com o furano; o anel de seis membros é chamado **piranose** por sua semelhança com o pirano (Figura 16.7(a) e (b)). Essas fórmulas cíclicas se aproximam melhor dos formatos das moléculas verdadeiras das furanoses do que das piranoses. Os anéis de cinco elementos das furanoses são, na realidade, muito próximos de planos, mas os anéis de seis elementos das piranoses realmente existem em solução na conformação em cadeira (Figura 16.7(c)). A conformação em cadeira é amplamente mostrada em livros de química orgânica. Este tipo de estrutura é particularmente útil

hemicetal composto formado pela reação de uma cetona com um álcool e é encontrado na estrutura cíclica de açúcares

carbono anomérico centro quiral criado quando um açúcar se torna cíclico

anômero um dos possíveis estereoisômeros formados quando um açúcar assume a forma cíclica

fórmulas de projeção de Haworth representação em perspectiva das formas cíclicas dos açúcares

furanose açúcar cíclico com um anel de seis membros, nomeado por sua semelhança com o sistema de anéis no furano

piranose forma cíclica de um açúcar contendo um anel com cinco membros; assim nomeada por sua semelhança com o pirano

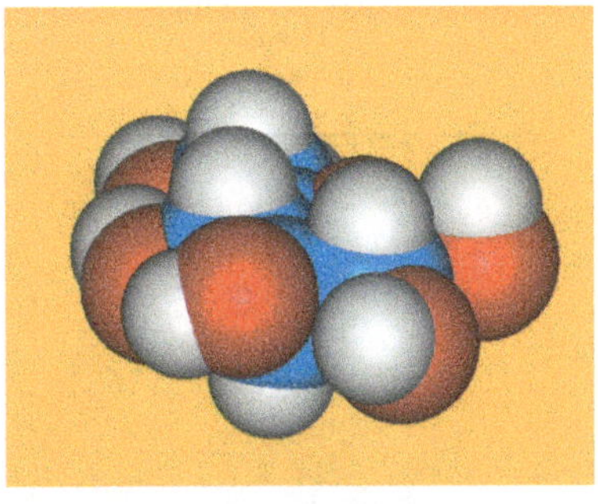

β-D-Glicopiranose

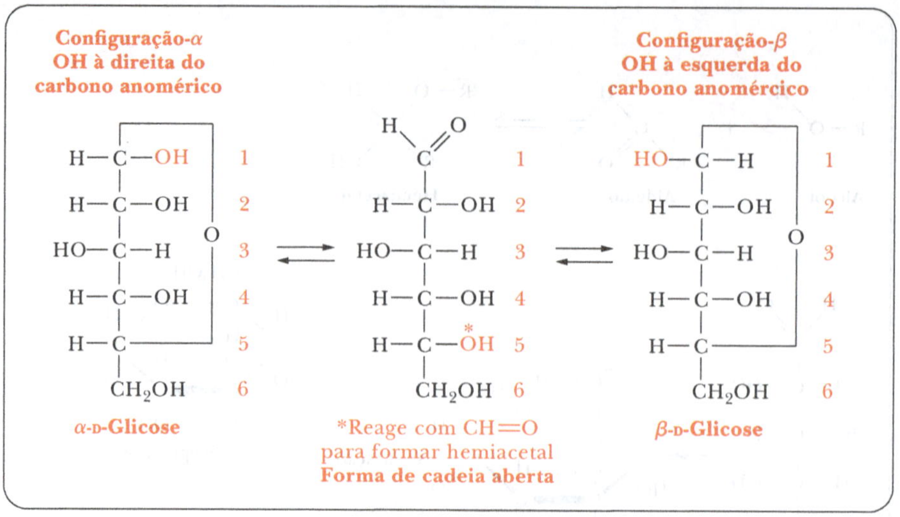
Configuração-α
OH à direita do
carbono anomérico
Configuração-β
OH à esquerda do
carbono anomérico
α-D-Glicose
*Reage com CH=O
para formar hemiacetal
Forma de cadeia aberta
β-D-Glicose

FIGURA 16.6 Fórmulas da projeção de Fischer para três formas de glicose. Observe que as formas α e β podem ser interconvertidas uma na outra por meio da forma de cadeia aberta. A configuração no carbono 5 determina a designação d.

em discussões sobre reconhecimento molecular. A conformação em cadeira e as projeções de Haworth são formas alternativas para expressar a mesma informação. Embora as fórmulas de Haworth sejam estimativas, são atalhos úteis para as estruturas dos reagentes e dos produtos em várias reações que serão abordadas. As projeções de Haworth representam a estereoquímica de açúcares de forma mais real do que as de Fischer, e o esquema de Haworth é adequado para nossos propósitos. Este é o motivo pelo qual os bioquímicos as utilizam, embora os químicos orgânicos prefiram a forma em cadeira. Continuaremos a utilizar as projeções de Haworth na discussão sobre açúcares.

Para um açúcar D, qualquer grupo escrito *à direita* de um carbono em uma projeção de Fischer estará apontando *para baixo* na projeção de Haworth; qualquer grupo escrito *à esquerda* na projeção de Fischer estará apontando *para cima*

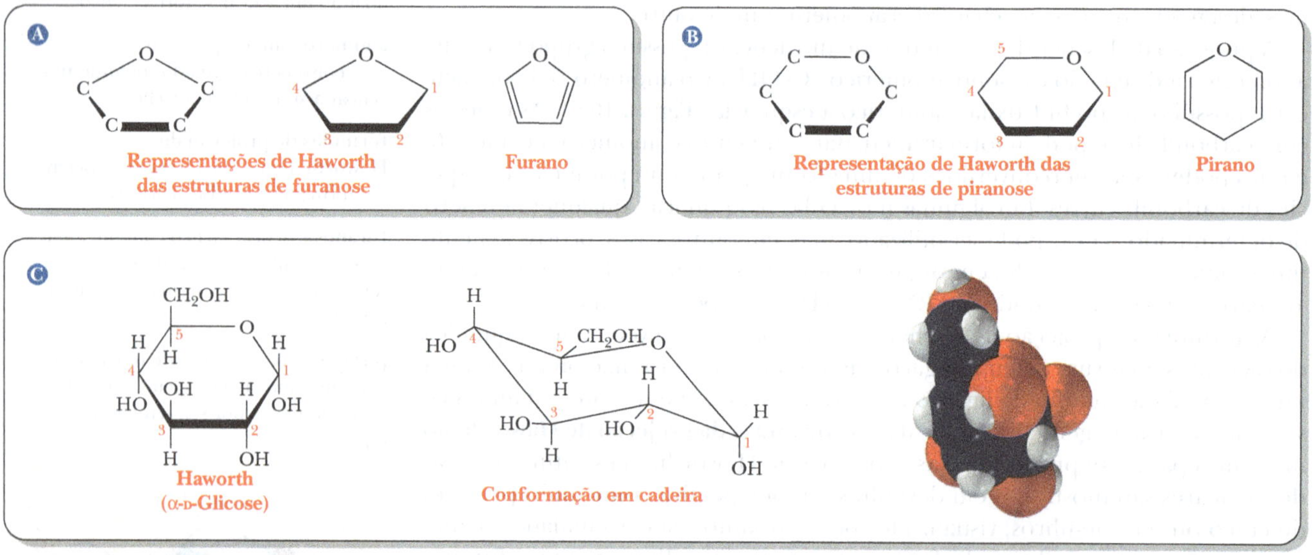
A
Representações de Haworth
das estruturas de furanose
Furano
B
Representação de Haworth das
estruturas de piranose
Pirano
C
Haworth
(α-D-Glicose)
Conformação em cadeira

FIGURA 16.7 Representações de Haworth das estruturas de açúcar. (a) Uma comparação da estrutura do furano com as representações de Haworth das furanoses. (b) Uma comparação da estrutura do pirano com as representações de Haworth das piranoses. (c) A α-D-glicopiranose na representação de Haworth (esquerda), na conformação em cadeira (centro) e como um modelo de preenchimeto de volume (direita). (Leonard Lessin/Waldo Feng/Mt. Sinai CORE)

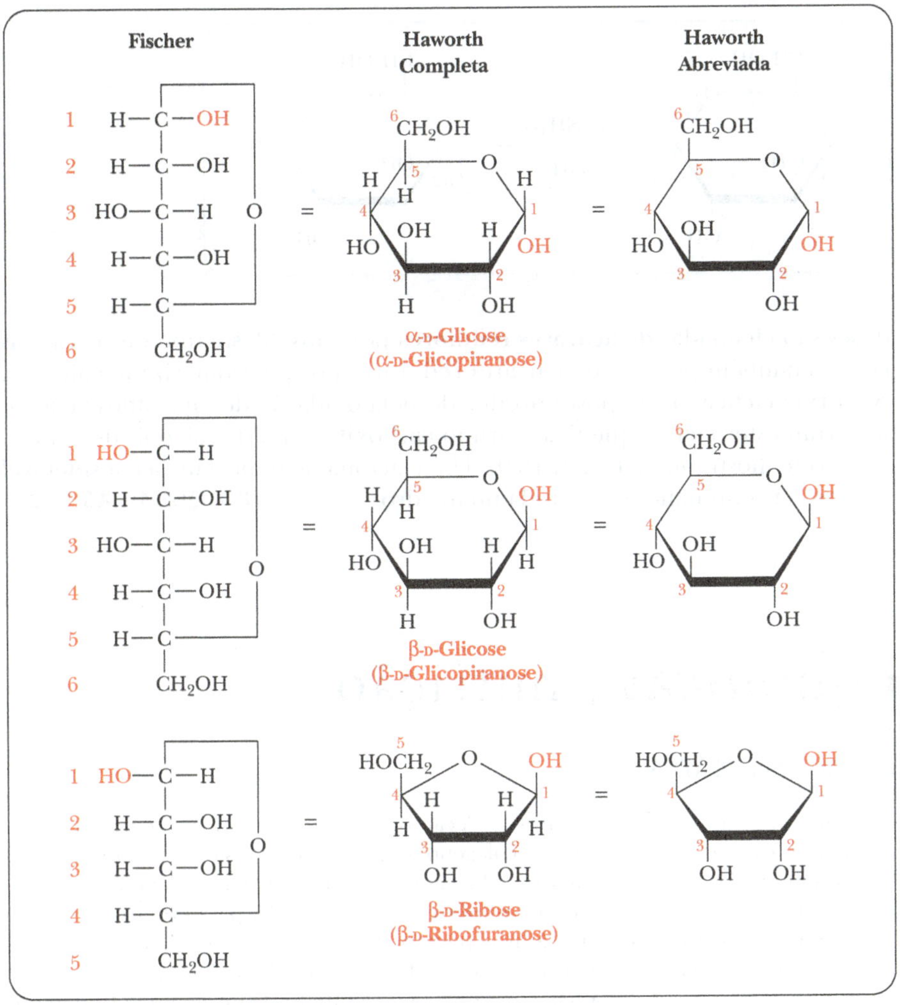
Fischer
Haworth Completa
Haworth Abreviada
α-D-Glicose (α-D-Glicopiranose)
β-D-Glicose (β-D-Glicopiranose)
β-D-Ribose (β-D-Ribofuranose)

FIGURA 16.8 Uma comparação das representações de Fischer, de Haworth completa e de Haworth simplificada da α e β-D-glicose (glicopiranose) e da β-D-ribose (ribofuranose). Na representação de Haworth, o anômero α é representado com o grupo OH (vermelho) voltado para baixo, e o anômero β é representado com o grupo OH (vermelho) voltado para cima.

na projeção de Haworth. O grupo terminal $-CH_2OH$, que contém o átomo de carbono com o número mais alto no esquema de numeração, é mostrado apontando para cima. As estruturas de α e β-D-glicose, que são piranoses, e de β-D-ribose, que é furanose, ilustram esse ponto (Figura 16.8). Observe que, no anômero α, a hidroxila no carbono anomérico está do lado oposto ao anel no grupo terminal $-CH_2OH$ (ou seja, apontando para baixo). No anômero β, está do mesmo lado do anel (apontando para cima). A mesma convenção aplica-se a anômeros α e β de furanoses. Para praticar o desenho de estruturas, veja os Exercícios 13 a 16 no final deste capítulo.

16-2 Reações de Monossacarídeos

Quais são algumas das reações de oxirredução dos açúcares?

As reações de oxidação e redução dos açúcares desempenham papéis fundamentais na bioquímica. A oxidação dos açúcares fornece energia para que os organismos realizem seus processos vitais; o rendimento mais alto de energia dos carboidratos ocorre quando os açúcares são completamente oxidados em CO_2 e H_2O em processos aeróbios. O oposto da oxidação completa de açúcares é a redução de CO_2 e H_2O para formar açúcares, um processo que ocorre na fotossíntese.

Várias reações de oxidação de açúcares são importantes na prática laboratorial porque podem ser utilizadas para identificá-los. Os grupos aldeídos podem ser oxidados para gerar o grupo carboxila, que é característico dos ácidos; esta reação é a base de um teste para verificar a presença de aldoses. Quando o grupo aldeído é oxidado, algum agente oxidante precisa ser reduzido. As al-

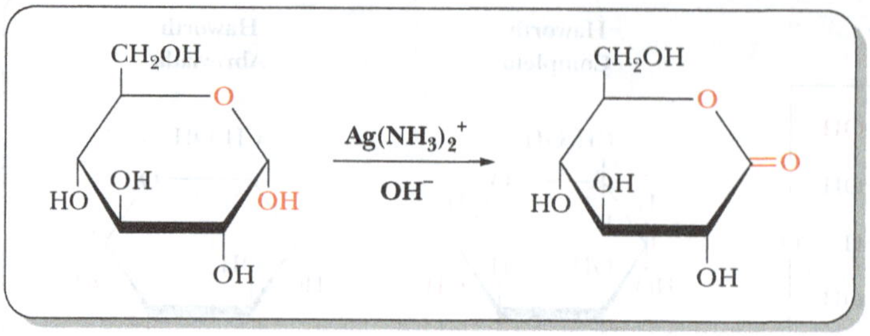
CH2OH
O
HO
OH
OH
OH
Ag(NH3)2+
OH−
CH2OH
O
O
HO
OH
OH

FIGURA 16.9 A oxidação de um açúcar em lactona. Exemplo de uma reação de oxidação de açúcares: a oxidação do hemiacetal α-D-glicose para gerar lactona. O depósito de prata livre como um espelho de prata indica que a reação ocorreu.

doses são chamadas de **açúcares redutores** por causa deste tipo de reação; as cetoses também podem ser açúcares redutores porque isomerizam a aldoses. Na forma cíclica, o composto produzido pela oxidação de uma aldose é a *lactona* (um éster cíclico que liga o grupo carboxila e um dos álcoóis do açúcar, conforme mostrado na Figura 16.9). Uma lactona de importância considerável para os seres humanos é discutida no quadro CONEXÕES **BIOQUÍMICAS 16.2.**

açúcares redutores açúcares que têm um grupo carbonila livre que pode reagir com um agente oxidante

16.2 Conexões **Bioquímicas** | nutrição

A Vitamina C Está Relacionada aos Açúcares

A vitamina C (ácido ascórbico) é uma lactona insaturada com uma estrutura de anel de cinco elementos. Cada carbono está ligado a um grupo hidroxila, exceto pelo carbono da carboxila que está envolvido na ligação éster cíclica. A maioria dos animais pode sintetizar a vitamina C, com exceção dos porquinhos-da-índia e dos primatas, incluindo os homens, que, por isso, necessitam adquirir a vitamina C nas suas dietas alimentares. A oxidação do ácido ascórbico pelo ar, seguida pela hidrólise da ligação éster, leva à perda de sua atividade como vitamina. Consequentemente, a falta de alimento fresco pode causar deficiência de vitamina C, o que, por sua vez, pode levar ao escorbuto (Seção 4-3). Nesta doença, os defeitos na estrutura do colágeno causam lesões na pele e fragilizam os vasos sanguíneos. A presença de hidroxiprolina é necessária para a estabilidade do colágeno, por causa das ligações cruzadas das ligações de hidrogênio entre as fibras do colágeno. O ácido ascórbico, por sua vez, é essencial para a atividade da prolil hidroxilase, que converte os resíduos de prolina no colágeno em hidroxiprolina. A carência de ácido ascórbico, então, leva à fragilidade do colágeno, responsável pelos sintomas do escorbuto.

A marinha britânica introduziu frutas cítricas na alimentação dos marinheiros no século XVIII para evitar o escorbuto durante longas viagens, e as frutas cítricas ainda são consumidas por muitos em virtude da sua vitamina C.

A batata é outra importante fonte de vitamina C, não por conter uma *alta* concentração de ácido ascórbico, mas por ser ingerida em grande quantidade. ◗

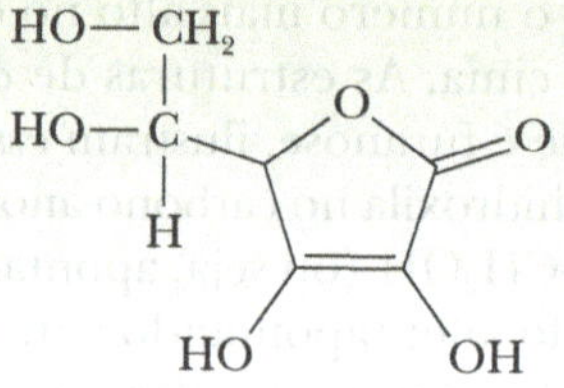
HO—CH2
HO—C
H
O
O
HO
OH

Ácido ascórbico (Vitamina C)

Dois tipos de reagentes são utilizados em laboratórios para detectar a presença de açúcares redutores. O primeiro deles é o reagente de Tollens, que utiliza o íon complexo de prata com amônia, $Ag(NH_3)^{2+}$, como agente oxidante. Um espelho de prata é depositado na parede do tubo de ensaio se um açúcar redutor estiver presente, como resultado de o íon Ag^+ no íon complexo se reduzir a prata metálica livre (Figura 16.10). Um método mais recente de detecção da glicose baseia-se no uso da enzima glicose oxidase, que é específica da glicose.

Além dos açúcares oxidados, há alguns açúcares reduzidos importantes. Nos *desoxiaçúcares*, um grupo hidroxila é substituído por um átomo de hidrogênio. Um desses desoxiaçúcares é a L-fucose (L-6-desoxigalactose), encontrada em porções carboidrato de algumas glicoproteínas (Figura 16.11), incluindo os antígenos do grupo sanguíneo ABO. O nome *glicoproteína* indica que essas substâncias são proteínas conjugadas contendo algum grupo carboidrato (*glykos* é "doce" em grego) além da cadeia polipeptídica. Um exemplo ainda mais importante do desoxiaçúcar é a D-2-desoxirribose, o açúcar encontrado no DNA (Figura 16.11).

Quando o grupo carbonila do açúcar é reduzido ao grupo hidroxila, o composto resultante é um dos poli-hidroxialcoóis conhecidos como *alditóis*. Dois compostos deste tipo, o xilitol e o sorbitol, derivados dos açúcares xilulose e sorbose, respectivamente, têm importância comercial como adoçantes em gomas de mascar e doces sem açúcar.

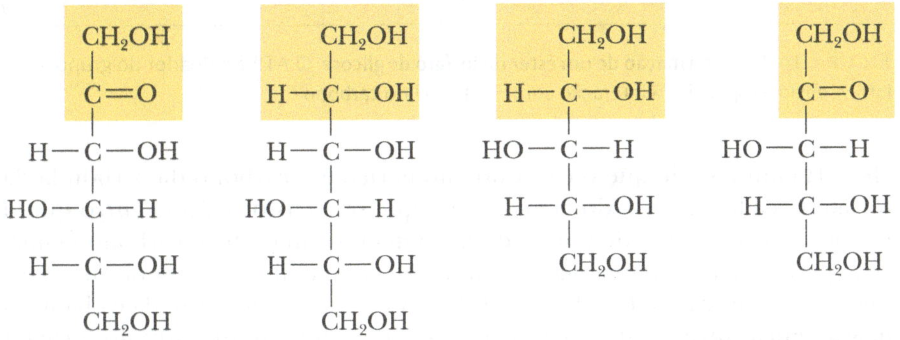

D-Sorbose D-Sorbitol D-Xilitol D-Xilulose

Charles D. Winters

FIGURA 16.10 Um espelho de prata produzido por um aldeído. Ao se adicionar o reagente de Tollens a um aldeído, um espelho de prata é depositado dentro do frasco.

Quais são algumas das importantes reações de esterificação dos açúcares?

Os grupos hidroxila de açúcares comportam-se exatamente como todos os outros alcoóis no sentido de poder reagir com ácidos e derivados de ácidos para formar ésteres. Os ésteres de fosfato são particularmente importantes por serem os intermediários usuais na degradação de carboidratos para fornecer energia. Os ésteres de fosfato são frequentemente formados pela transferência de um grupo fosfato a partir de ATP (trifosfato de adenosina) para gerar o açúcar fosforilado e ADP (difosfato de adenosina), conforme mostrado na Figura 16.12. Tais reações têm funções importantes no metabolismo dos açúcares (Seção 17-2).

O que são glicosídeos e como se formam?

É possível que um grupo hidroxila de açúcar (ROH) ligado a um carbono anomérico reaja com outra hidroxila (R'—OH) para formar uma ligação glicosídica (R'—O—R). Uma ligação glicosídica *não* é um éter (a notação R'—O—R é enganosa), porque os glicosídeos podem ser hidrolisados aos alcoóis originais. Este tipo de reação envolve o carbono anomérico do açúcar em sua forma cí-

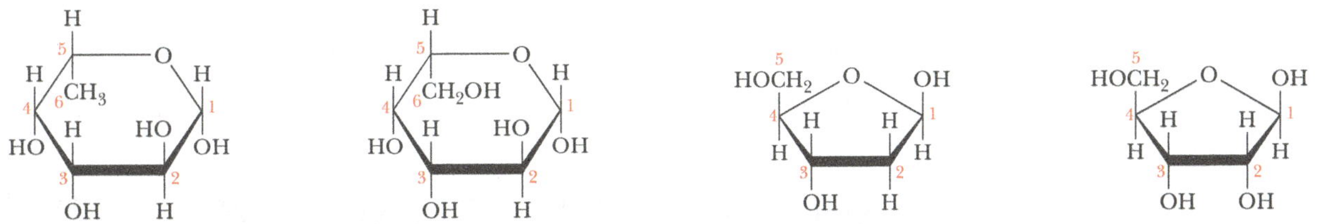

β-L-Fucose (6-Desoxi-β-L-galactose)

β-L-Galactose

β-D-Desoxirribose (2-Desoxi-β-D-ribose)

β-D-Ribose

FIGURA 16.11 Estruturas de dois desoxiaçúcares. As estruturas dos açúcares parentais são mostradas para comparação.

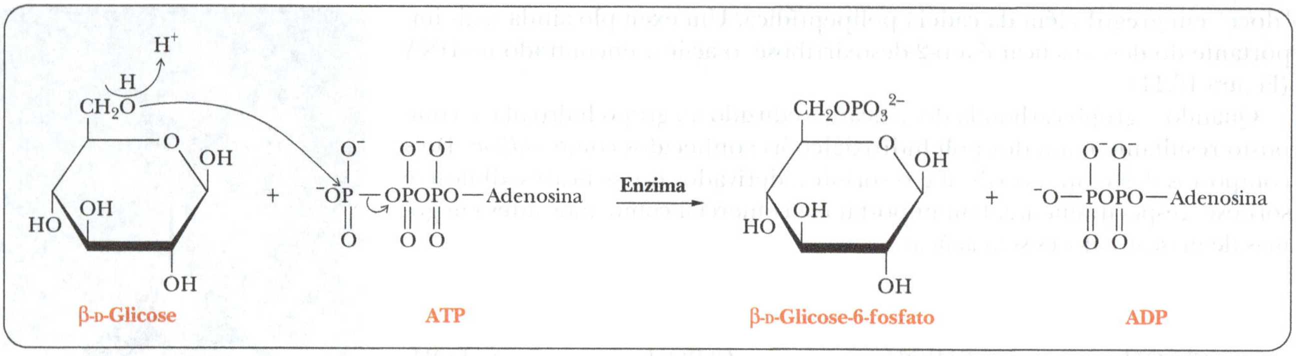
β-D-Glicose
ATP
Enzima
β-D-Glicose-6-fosfato
ADP

FIGURA 16.12 **A formação de um éster de fosfato de glicose.** O ATP é o doador do grupo fosfato. A enzima especifica a interação com —CH_2OH no carbono 6.

glicosídeo composto no qual um ou mais açúcares estão envolvidos em uma ligação com outra molécula

ligação glicosídica ligação entre um açúcar e outra molécula

furanosídeos glicosídeos envolvendo uma furanose

piranosíde glicosídeos envolvendo uma piranose

clica. (Lembre-se de que o carbono anomérico é o carbono da carbonila da forma de cadeia aberta do açúcar e é o que se transforma no centro quiral na forma cíclica.) Dito de um modo ligeiramente diferente, o carbono hemiacetal pode reagir com um álcool, como o álcool metílico, para gerar um *acetal completo*, ou um **glicosídeo** (Figura 16.13). A ligação recém-formada é chamada **ligação glicosídica**. As ligações glicosídicas discutidas neste capítulo formam *O*-glicosídeos, com cada açúcar ligado a um átomo de oxigênio de outra molécula. (Os *N*-glicosídeos foram vistos no Capítulo 9, na discussão sobre nucleosídeos e nucleotídeos, em que o açúcar é ligado a um átomo de nitrogênio de uma base.) Os glicosídeos derivados de furanoses são chamados **furanosídeos**, e os derivados de piranoses são os **piranosídeos.**

As ligações glicosídicas entre unidades de monossacarídeos são a base para a formação de oligossacarídeos e polissacarídeos. As ligações glicosídicas podem assumir várias formas; o carbono anomérico de um açúcar pode estar ligado a qualquer um dos grupos –OH em um segundo açúcar para formar uma ligação α ou β-glicosídica. Várias combinações diferentes são encontradas na natureza. Os grupos –OH são numerados de modo que possam ser distinguidos, e o esquema de numeração segue o dos átomos de carbono. A notação para a ligação glicosídica entre os dois açúcares especifica qual forma anomérica do açúcar está envolvida na ligação e, ainda, quais átomos de carbono dos dois açúcares estão ligados. As duas formas em que duas moléculas de α-D-glicose podem ser ligadas são: α $(1 \rightarrow 4)$ e $\alpha(1 \rightarrow 6)$. No primeiro exemplo, o carbono anomérico α (C-1) da primeira molécula de glicose é unido em uma ligação glicosídica ao quarto átomo de carbono (C-4) da segunda molécula de glicose; o C-1 da primeira molécula de glicose é ligado ao C-6 da segunda molécula de glicose no segundo exemplo (Figura 16.14). Outra possibilidade de ligação glicosídica, desta vez entre duas moléculas β-D-glicose, é uma ligação β, $\beta(1 \rightarrow 1)$. As formas anoméricas nos dois carbonos C-1 devem ser especificadas porque a ligação está entre os dois carbonos anoméricos, em que cada um é C-1 (Figura 16.15).

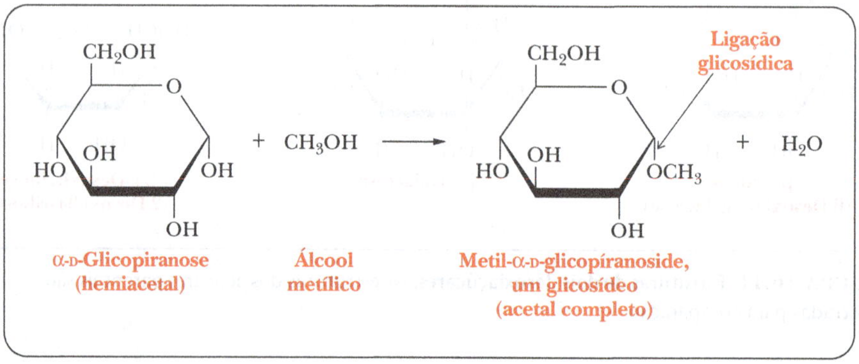
Ligação glicosídica
α-D-Glicopiranose (hemiacetal)
Álcool metílico
Metil-α-D-glicopiranoside, um glicosídeo (acetal completo)

FIGURA 16.13 **Exemplo da formação de um glicosídeo.** O álcool metílico (CH_3OH) e a α-D-glicopiranose reagem para formar o glicosídeo correspondente.

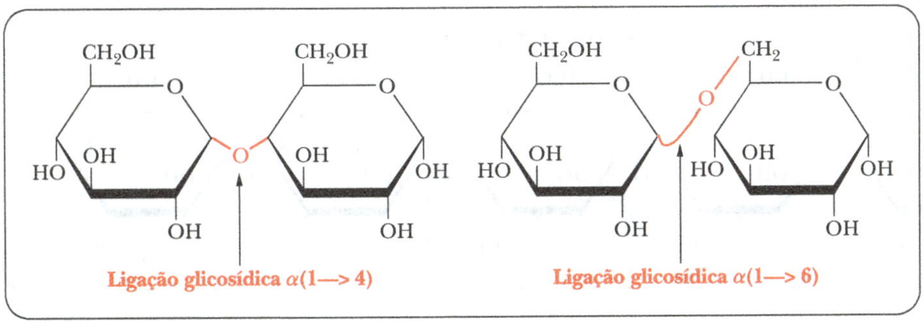

CH₂OH
O
HO
OH
OH
Ligação glicosídica α(1—> 4)
Ligação glicosídica α(1—> 6)
CH₂

FIGURA 16.14 Dois dissacarídeos diferentes da α-D-glicose. Esses dois compostos químicos possuem diferentes propriedades, porque um tem uma ligação $\alpha(1 \rightarrow 4)$ e o outro $\alpha(1 \rightarrow 6)$.

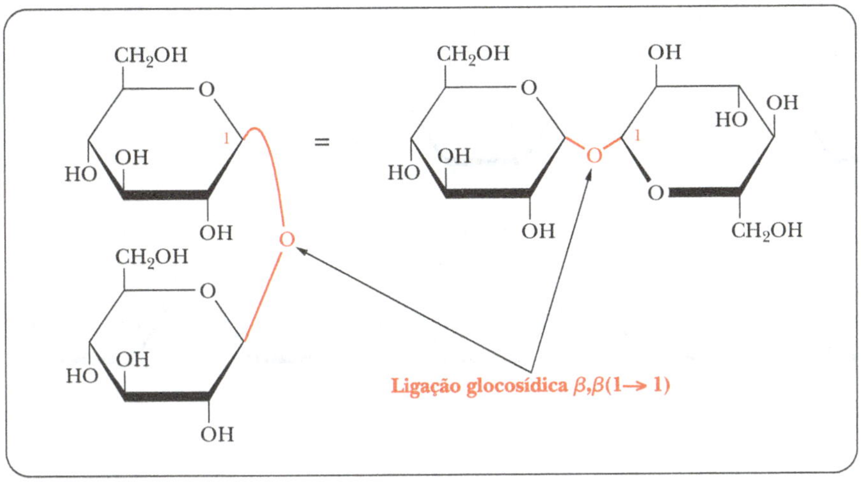

CH₂OH
O
HO
OH
1
=
Ligação glocosídica β,β(1—> 1)

FIGURA 16.15 Um dissacarídeo de β-D-glicose. Os dois carbonos anoméricos (C-1) estão envolvidos na ligação glicosídica.

Quando oligossacarídeos e polissacarídeos são formados como resultado de uma ligação glicosídica, suas naturezas químicas dependerão do monossacarídeo a que estiverem ligados e também da ligação glicosídica formada (ou seja, quais anômeros e quais átomos de carbono estão ligados). A diferença entre a celulose e o amido depende da ligação glicosídica formada entre os monômeros de glicose. Por causa da variação nas ligações glicosídicas, tanto polímeros de cadeia lineares como os de cadeia ramificada podem ser formados. Se os resíduos internos de monossacarídeos que estiverem incorporados em um polissacarídeo formarem somente duas ligações glicosídicas, o polímero será linear. (Obviamente, os resíduos finais estarão envolvidos somente em uma ligação glicosídica.) Alguns resíduos internos poderão formar três ligações glicosídicas, levando à formação de estruturas de cadeia ramificada (Figura 16.16).

É importante mencionar outro ponto sobre os glicosídeos. Já foi visto que o carbono anomérico está envolvido frequentemente na ligação glicosídica, e também que o teste para verificar a presença de açúcares – especificamente açúcares redutores – requer a reação do grupo no carbono anomérico. Os carbonos anoméricos internos em oligossacarídeos não estão livres para testar açúcares redutores. Somente se o resíduo final for um hemiacetal livre, em vez de um glicosídeo, haverá um teste positivo para açúcar redutor (Figura 16.17). O nível de detecção pode ser importante para tal teste. Uma amostra que contenha apenas algumas moléculas de um polissacarídeo grande, cada uma delas com um único final redutor, poderá produzir um teste negativo por não haver finais redutores suficientes a serem detectados.

Quais são alguns dos outros importantes derivados de açúcares?

Os **aminoaçúcares** são uma classe interessante de compostos relacionados aos monossacarídeos. Não abordaremos a química de sua formação, mas será útil ter alguma noção sobre eles quando discutirmos os polissacarídeos. Em açúcares deste tipo, o grupo hidroxila do açúcar parental é substituído por um grupo

aminoaçúcares açúcares com um grupo amino substituído como parte de sua estrutura

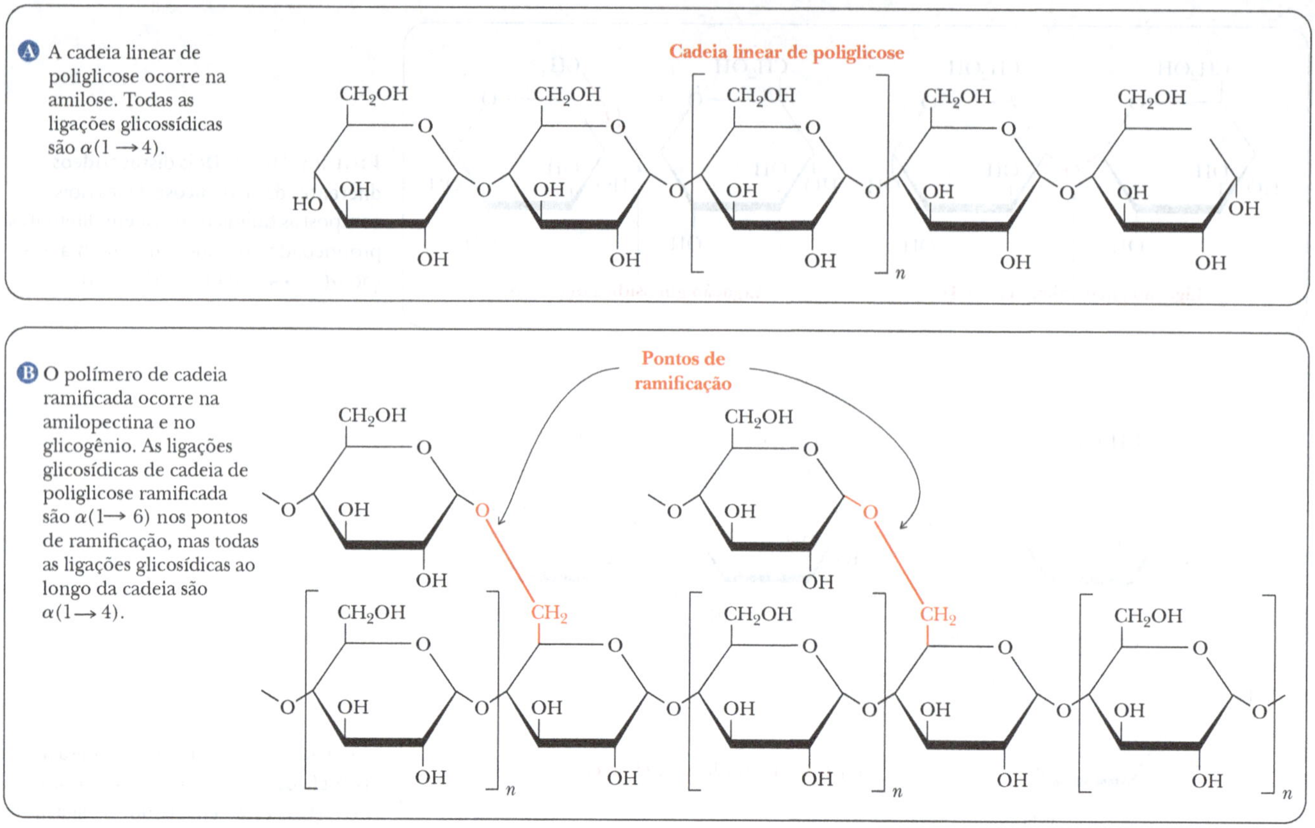
A A cadeia linear de poliglicose ocorre na amilose. Todas as ligações glicossídicas são α(1 → 4).
Cadeia linear de poliglicose
CH2OH
O
OH
HO
n
B O polímero de cadeia ramificada ocorre na amilopectina e no glicogênio. As ligações glicosídicas de cadeia de poliglicose ramificada são α(1→ 6) nos pontos de ramificação, mas todas as ligações glicosídicas ao longo da cadeia são α(1→ 4).
Pontos de ramificação
CH2

FIGURA 16.16 **Polímeros de cadeia linear e ramificada da α-D-glicose.** A cadeia linear de poliglicose.

amina ($-NH_2$) ou um dos seus derivados. Nos aminoaçúcares *N*-acetilados, o próprio grupo amina carrega um grupo acetil (CH_3–CO–) como substituinte.

Dois exemplos particularmente importantes são a *N*-acetil-β-D-glicosamina e seu ácido derivado, o *N*-acetil-β-murâmico, que possui uma cadeia lateral de ácido carboxílico adicionada (Figura 16.18). Esses dois compostos são componentes de paredes celulares bacterianas. Não especificamos se o ácido *N*-acetilmurâmico pertence à série L ou D de configurações, nem o anômero α ou β. Esse tipo de abreviação é prática comum com a β-D-glicose e seus derivados; a configuração D e a forma anomérica β são tão comuns que não é preciso especificá-las o tempo todo, a menos que se deseje destacar algo. A posição do grupo amino também não é especificada, porque a discussão sobre aminoaçúcares geralmente centra-se em alguns compostos cujas estruturas são bastante conhecidas.

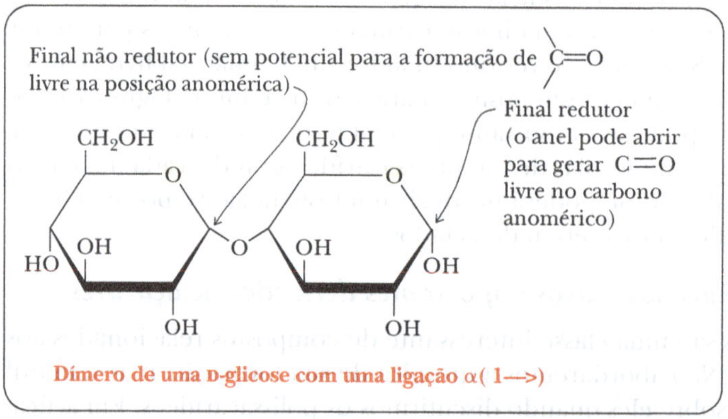
Final não redutor (sem potencial para a formação de C=O livre na posição anomérica)
Final redutor (o anel pode abrir para gerar C=O livre no carbono anomérico)
CH2OH
O
OH
HO
Dímero de uma D-glicose com uma ligação α(1—>)

FIGURA 16.17 **Açucares redutores.** Um dissacarídeo com final hemiacetal livre é um açúcar redutor por causa da presença de um carbonila de aldeído livre ou um grupo aldeído potencial.

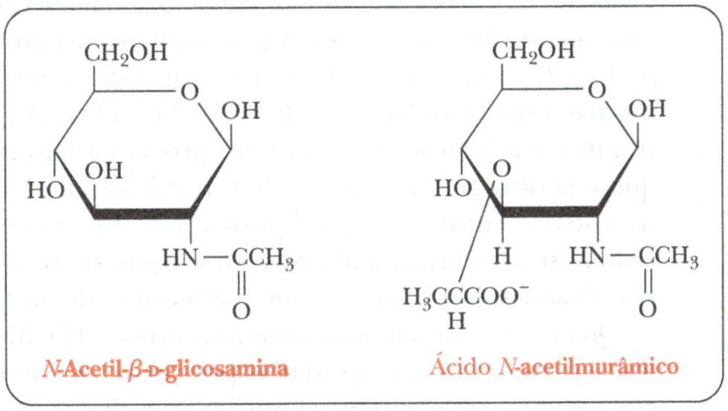

CH2OH
O
OH
OH
HO
HN—CCH3
O
N-Acetil-β-D-glicosamina
CH2OH
O
OH
O
HO
H
HN—CCH3
H3CCCOO−
H
O
Ácido N-acetilmurâmico

FIGURA 16.18 **As estruturas de *N*--acetil-*β*-D-glicosamina e do ácido *N*-acetilmurâmico.**

16-3 Alguns Oligossacarídeos Importantes

Os oligômeros de açúcares ocorrem frequentemente como **dissacarídeos**, formados pela união de duas unidades de monossacarídeos por ligações glicosídicas. Três dos mais importantes exemplos de oligossacarídeos são dissacarídeos. Eles são sacarose, lactose e maltose (Figura 16.19). Dois outros dissacarídeos, isomaltose e celobiose, são mostrados para comparação.

dissacarídeo dois monossacarídeos (açúcares monoméricos) unidos por uma ligação glicosídica

O que faz da sacarose um composto importante?

Sacarose é o açúcar comum, extraído da cana-de-açúcar e da beterraba. As unidades monossacarídicas que compõem a sacarose são α-D-glicose e β-D-frutose. A glicose (uma aldo-hexose) é uma piranose, e a frutose (uma ceto-hexose) é uma

sacarose dissacarídeo formado quando a glicose e a frutose se ligam

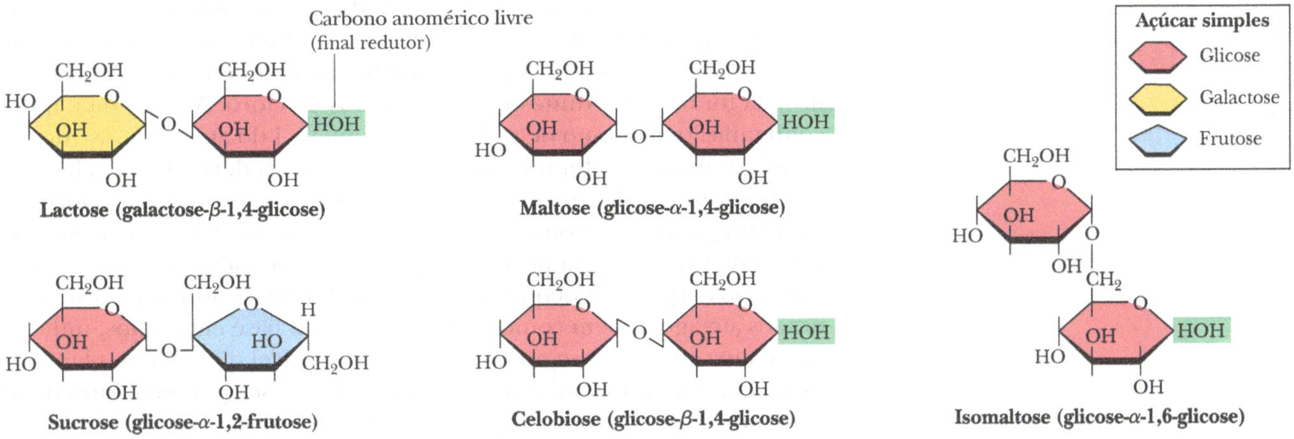

Carbono anomérico livre
(final redutor)
Açúcar simples
Glicose
Galactose
Frutose
Lactose (galactose-β-1,4-glicose)
Maltose (glicose-α-1,4-glicose)
Sucrose (glicose-α-1,2-frutose)
Celobiose (glicose-β-1,4-glicose)
Isomaltose (glicose-α-1,6-glicose)

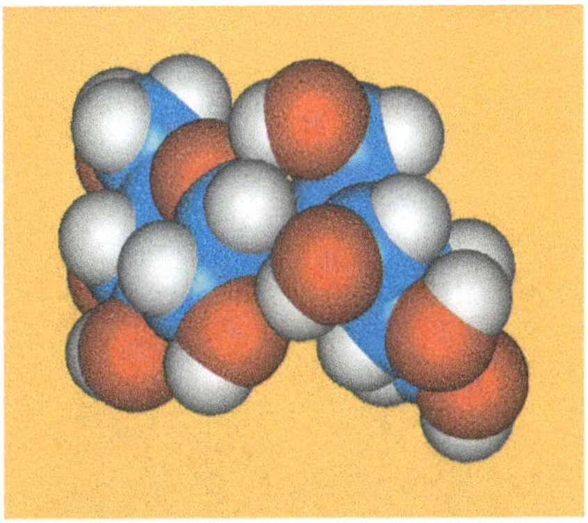

Sacarose

FIGURA 16.19 **As estruturas de vários dissacarídeos importantes.** Observe que a notação —HOH significa que a configuração pode ser α ou β. Quando o açúcar D é desenhado nessa orientação, se o grupo —OH estiver acima do anel, a configuração é designada β. A configuração será designada α se o grupo —OH estiver abaixo do anel. Observe também que a sacarose não possui átomos de carbono anomérico livre.

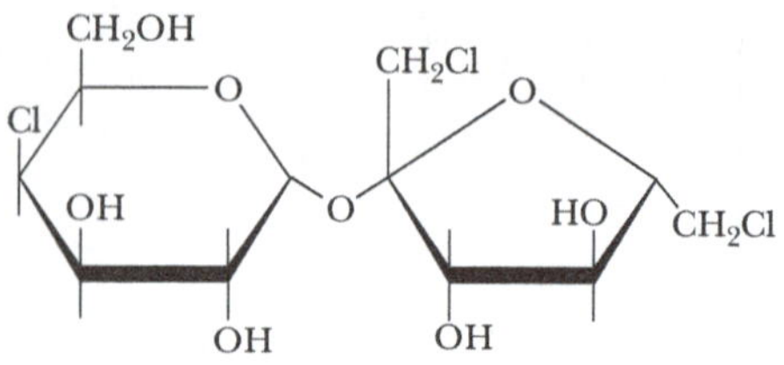
CH₂OH
Cl
O
OH
OH
O
CH₂Cl
O
HO
CH₂Cl
OH

Sucralose

FIGURA 16.20 A estrutura da sucralose. Observe que a sucralose (comercializada sob o nome comercial de Splenda) difere da sacarose na substituição do cloro por três hidroxilas.

furanose. O carbono α C-1 da glicose está ligado ao carbono β C-2 da frutose (Figura 16.19) em uma ligação glicosídica que apresenta a notação α, β $(1 \rightarrow 2)$. A sacarose não é um açúcar redutor porque os dois grupos anoméricos estão envolvidos na ligação glicosídica. A glicose livre é um açúcar redutor, e a frutose livre também proporciona um teste positivo, mesmo que seja uma cetona, em vez de um aldeído, na forma de cadeia aberta. A frutose e as cetoses em geral podem agir como açúcares redutores porque podem se isomerizar a aldoses em reações de rearranjo um tanto complexas. (Não é necessário se preocupar com os detalhes dessa isomerização.)

Quando os animais consomem sacarose, ela é hidrolisada a glicose e frutose, que são então degradadas por processos metabólicos para fornecer energia. Os seres humanos consomem grandes quantidades de sacarose, e o excesso deste consumo pode contribuir para problemas de saúde; tal fato incentivou a busca de outros agentes adoçantes. Um dos adoçantes propostos foi a própria frutose. Ela é mais doce que a sacarose; portanto, uma quantidade menor (em massa) de frutose pode produzir o mesmo efeito com menos calorias. Consequentemente, o xarope de milho com alto teor de frutose é utilizado com frequência no processamento de alimentos. A presença de frutose altera a textura do alimento, e a alteração depende da preferência do consumidor. Adoçantes artificiais têm sido produzidos em laboratório, e suspeita-se que causem efeitos colaterais prejudiciais; as controvérsias resultantes atestam evidências do gosto dos seres humanos por doces. A sacarina, por exemplo, chegou a causar câncer em animais de laboratório, assim como o ciclamato, mas a aplicabilidade desses resultados à carcinogênese humana é questionada por alguns. Há a suspeita de que o aspartame (NutraSweet) cause problemas neurobiológicos, especialmente em indivíduos cujo metabolismo não tolera a fenilalanina.

Outro adoçante artificial é um derivado da sacarose. A substância, sucralose, comercializada sob a marca Splenda, difere da sacarose em dois aspectos (Figura 16.20). A primeira diferença é que três dos grupos hidroxila foram substituídos por três átomos de cloro. A segunda é que a configuração do átomo de carbono de número 4 do anel piranose de seis membros da glicose foi invertido, produzindo um derivado da galactose. Os três grupos hidroxila que foram substituídos por átomos de cloro são aqueles ligados aos átomos de carbono 1 e 6 da porção da frutose e ao átomo de carbono 4 da porção da galactose. A sucralose não é metabolizada pelo corpo e, consequentemente, não fornece calorias. Os testes realizados até agora, bem como as evidências com base em relatos, indicam que é uma substituta segura do açúcar. É provável que seja amplamente usada em um futuro próximo. Com certeza, a busca por adoçantes dietéticos continuará e será acompanhada de controvérsias.

Existem outros dissacarídeos importantes para nós?

lactose dissacarídeo formado quando a galactose e a glicose estão ligadas

A **lactose** (veja o quadro Conexões Bioquímicas 16.3) é um dissacarídeo composto por β-D-galactose e D-glicose. A galactose é um epímero C-4 da glicose. Em outras palavras, a única diferença entre a glicose e a galactose é a inversão da configuração no C-4. A ligação glicosídica é $\beta(1 \rightarrow 4)$, entre o carbono anomérico C-1 da forma β da galactose e o carbono C-4 da glicose (Figura 16.19). Como o carbono anomérico da glicose não está envolvido na ligação glicosídica, ele pode estar na forma α ou β. As duas formas anoméricas da lactose podem ser especificadas, e a designação refere-se ao resíduo da glicose; a galactose deve estar presente como anômero β, visto que a forma β da galactose é necessária para a estrutura da lactose. A lactose é um açúcar redutor porque o grupo no carbono anomérico da porção glicose não está envolvido na ligação glicosídica – portanto, está livre para reagir com agentes oxidantes. A maneira na qual a lactose é metabolizada pelo organismo pode ter implicações importantes na saúde, que são descritas no quadro CONEXÕES **BIOQUÍMICAS 16.3.**

16.3 Conexões Bioquímicas | nutrição

A Intolerância da Lactose: Por Que Tantas Pessoas Não Querem Tomar Leite?

Os seres humanos podem ser intolerantes ao leite e aos seus derivados por vários motivos. A intolerância ao açúcar resulta da impossibilidade de digerir e de metabolizar certos açúcares. Este problema é diferente da alergia a alimentos, que envolve uma resposta imune (Seção 14-5). Uma reação negativa aos açúcares na dieta alimentar geralmente envolve a intolerância, enquanto as proteínas, incluindo as encontradas no leite, tendem a causar alergias. A maioria das intolerâncias ao açúcar decorre da falta de enzimas ou é causada por enzimas defeituosas; este é outro exemplo de erros inatos do metabolismo.

A lactose é, algumas vezes, chamada açúcar do leite, porque ocorre nele. Em alguns adultos, uma deficiência da enzima lactase nas vilosidades intestinais ocasiona o aumento desse dissacarídeo quando são ingeridos produtos do leite. Isto ocorre porque a lactase é necessária para degradar a lactose em galactose e glicose de forma que possa ser absorvida na corrente sanguínea pelas vilosidades intestinais. Sem a enzima, o acúmulo de lactose no intestino pode sofrer ação da lactase das bactérias intestinais (ao contrário do que seria desejável da lactase das vilosidades), produzindo gás hidrogênio, dióxido de carbono e ácidos orgânicos. Os produtos da reação da lactase bacteriana levam a problemas digestivos, como inchaço e diarreia, assim como no caso da presença de lactose não degradada. Além disso, os produtos derivados do extracrescimento bacteriano são retidos no intestino, agravando, portanto, a diarreia. Este distúrbio afeta um décimo da população caucasiana dos Estados Unidos, sendo mais comum entre afro-americanos, asiáticos, americanos nativos e hispânicos.

Lactaid
lactose reduced
lowfat milk
DAIRY EASE

Charles D. Winters

Substitutos de laticínios para a intolerância à lactose. Esses produtos ajudam aqueles com intolerância à lactose a suprir suas necessidades de cálcio.

Mesmo que a enzima lactase esteja presente para que a lactose possa ser degradada pelo organismo, podem acontecer outros problemas. Um problema diferente, porém relacionado, pode ocorrer no metabolismo da galactose. Se a enzima que catalisa uma reação subsequente na via não estiver presente e a galactose aumentar, pode haver um estado conhecido como galactosemia. Este é um problema grave em crianças, porque a galactose não metabolizada acumula-se nas células e é convertida no açúcar hidroxilado galactitol, que fica retido. A água é absorvida por células, e o inchaço e edemas causam danos. O tecido mais crítico é o cerebral, que não está completamente desenvolvido na ocasião do nascimento. As células inchadas podem comprimir o tecido do cérebro, resultando em retardos graves e irreversíveis. O teste clínico para constatar esse distúrbio não é caro, e é exigido por lei em todos os estados dos Estados Unidos.[1]

A terapia alimentar para esses problemas é bem diferente. Indivíduos com intolerância à lactose devem evitá-la durante toda a vida. Felizmente, pastilhas como a Lactaid estão disponíveis para ser adicionadas ao leite normal, assim como os alimentos para bebês sem lactose e galactose. Os produtos alimentícios intensamente fermentados, como o iogurte e diversos queijos (principalmente os envelhecidos), têm uma diminuição na lactose durante a fermentação. No entanto, vários alimentos não são processados dessa forma, e os indivíduos intolerantes à lactose precisam ter cuidado nas suas escolhas alimentares.

Não há forma de tratar o leite de modo a que seja seguro a pessoas que têm galactosemia, portanto, os indivíduos afetados devem evitar leite durante a infância. Felizmente, uma dieta sem galactose é fácil de seguir, basta evitar o leite. Depois da puberdade, o desenvolvimento de outras vias metabólicas para a galactose alivia o problema nos indivíduos mais afetados. Para aqueles que desejam evitar o leite, existem vários substitutos disponíveis, como o leite de soja ou de arroz. Atualmente você pode ate obter seu café com leite ou mocha com leite de soja na Starbucks. ◗

[1] Conhecido no Brasil como o Teste do Pezinho, e desde 2001 é obrigatório.

A *maltose* é um dissacarídeo obtido da hidrólise do amido. Consiste em dois resíduos de D-glicose em uma ligação $\alpha(1 \rightarrow 4)$. A maltose é diferente da *celobiose*, um dissacarídeo obtido pela hidrólise da celulose apenas na ligação glicosídica. Na celobiose, os dois resíduos de D-glicose estão unidos na ligação $\beta(1 \rightarrow 4)$ (Figura 16.19). Os mamíferos podem digerir a maltose, mas não a celobiose. A levedura, especificamente a da cerveja, contém enzimas que hidrolisam o amido no broto da cevada (malte) primeiro em maltose e depois em glicose, que é fermentada na preparação da cerveja. A maltose também é utilizada em outras bebidas, como no leite maltado.

16-4 Estruturas e Funções dos Polissacarídeos

polissacarídeo polímero de açúcares

Quando vários monossacarídeos são ligados, o resultado é um **polissacarídeo**. Os polissacarídeos que ocorrem em organismos são geralmente formados por poucos tipos de monossacarídeos. Um polímero que consiste em apenas um tipo de monossacarídeo é um *homopolissacarídeo*; um polímero que consiste em mais de um tipo de monossacarídeo é um *heteropolissacarídeo*. A glicose é o monômero mais comum. Quando há mais de um tipo de monômero, com frequência somente dois tipos de moléculas ocorrem em uma sequência repetitiva. Uma caracterização completa do polissacarídeo inclui a especificação de quais monômeros estão presentes e, se necessário, a sequência dos monômeros. Também requer que o tipo ou a ligação glicosídica sejam especificados. A importância do tipo de ligação glicosídica será ressaltada conforme forem discutidos polissacarídeos diferentes, já que a natureza das ligações determina a função. A celulose e a quitina são polissacarídeos com ligações β-glicosídicas, e ambas são materiais estruturais. O amido e o glicogênio, também polissacarídeos, possuem ligações α-glicosídicas e servem como polímeros armazenadores de carboidratos em vegetais e animais, respectivamente.

Qual a diferença entre amido e celulose?

A celulose é o principal componente estrutural dos vegetais, principalmente de madeiras e plantas fibrosas. É um homopolissacarídeo linear de β-D-glicose, e todos os resíduos estão unidos por ligações glicosídicas $\beta(1 \rightarrow 4)$. As cadeias individuais de polissacarídeos são ligadas por ligações de hidrogênio, dando às fibras dos vegetais sua força mecânica. Os animais não possuem as enzimas chamadas *celulases*, que hidrolisam celulose em glicose. Tais enzimas atacam as ligações β entre glicoses, que são comuns em polímeros estruturais; a ligação α entre glicoses, que os animais podem digerir, é uma característica dos polímeros que armazenam energia, como o amido. As celulases são encontradas em determinadas bactérias, incluindo a bactéria que habita o trato digestivo de insetos, como os cupins, e os animais de pasto, como gado e cavalos. A presença dessas bactérias explica por que vacas e cavalos podem viver de pastagem e do feno, e os seres humanos não. Os danos causados pelos cupins às partes de madeira em construções surgem de sua capacidade de utilizar a celulose da madeira como nutriente, em razão da presença da bactéria adaptada aos seus tratos digestivos. Embora os animais não possam digerir a celulose, este polímero tem um papel importante como um componente de fibra alimentar descrito no quadro CONEXÕES **BIOQUÍMICAS 16.4.**

16.4 Conexões Bioquímicas | aliado à saúde

Por Que uma Dieta com Fibras é Tão Boa Para Você?

As fibras na alimentação são chamadas coloquialmente de forragem. Elas são compostas principalmente de carboidratos complexos, podendo apresentar alguns componentes de proteína, e são moderada ou totalmente insolúveis. Os benefícios que trazem à saúde estão apenas começando a ser descobertos. Sabe-se há muito tempo que as fibras estimulam o movimento peristáltico e, com isso, ajudam a mover o alimento digerido pelo intestino, diminuindo o tempo de trânsito pelo organismo.

As substâncias potencialmente tóxicas em alimentos e em fluidos da bile ligam-se às fibras e são eliminadas do corpo, evitando que causem danos ao intestino grosso ou que sejam ali reabsorvidas. Evidências estatísticas indicam que a alta taxa de fibras reduz o câncer no cólon e de outros tipos, justamente porque a fibra atrai carcinógenos suspeitos. Também é plausível que o benefício se deva à falta de outros itens em dietas com grande quantidade de fibras. Indivíduos com dieta reforçada em fibras também tendem a ingerir menos gordura e poucas calorias. Qualquer efeito em doenças coronárias ou câncer pode ocorrer devido a essas outras diferenças.

Há muita publicidade sobre o efeito das fibras em dietas para a redução do colesterol. A fibra liga-se ao colesterol, e certamente causa alguma diminuição na sua quantidade no sangue. A redução, expressa em porcentagem, é maior nos casos em que a taxa original de colesterol é mais alta. Não há, no entanto, uma evidência definitiva de que a diminuição do colesterol pela ingestão de fibras resultará em menos doenças coronárias.

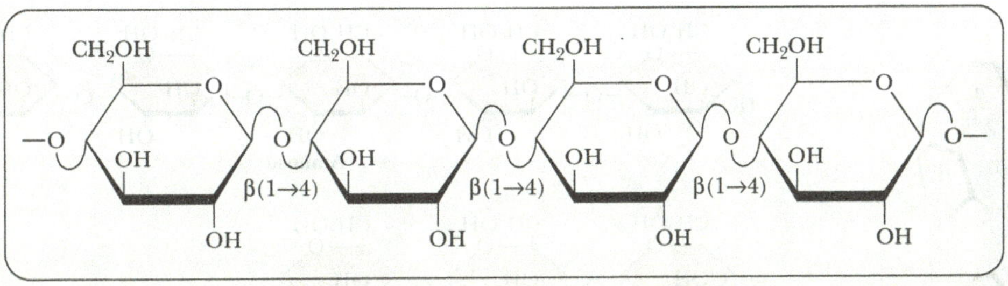
CH₂OH
OH
O
β(1→4)

A fibra existe em duas formas: solúvel e insolúvel. A fibra insolúvel mais comum é a celulose, encontrada em alface, cenoura, broto de feijão, aipo, arroz integral, na maior parte das verduras, cascas de várias frutas e pão de centeio integral. A fibra insolúvel atrai várias moléculas, mas forma apenas volume no intestino grosso. As fibras solúveis incluem a amilopectina e outras pectinas, bem como amidos complexos. Há uma proporção maior deste tipo de fibra em alimentos crus e levemente processados.

As diferenças entre fibras solúveis e insolúveis são aparentes a partir de suas estruturas. Ambos os tipos de fibra são polímeros dos carboidratos simples, que são monossacarídeos ou dissacarídeos. A diferença entre os dois tipos de fibras depende das unidades monoméricas. Observe que, na celulose, as ligações entre as unidades são baseadas na forma anomérica β. Estas ligações não podem ser hidrolisadas por enzimas no organismo.

No amido, por outro lado, a ligação é baseada na forma anomérica α, que pode ser hidrolisada. Lembre-se de que o amido pode existir em duas formas, amilose e amilopectina. A amilose é a forma não ramificada do polímero, enquanto a amilopectina é a forma ramificada.

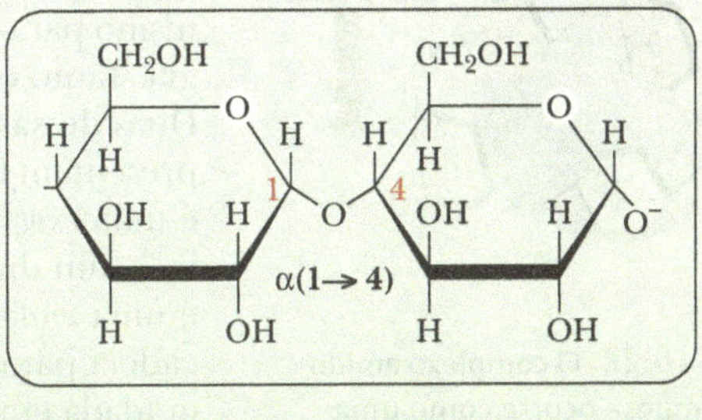
CH₂OH
OH
H
O
1
4
α(1→ 4)

Em virtude da maior área superficial, essas fibras podem ser mais benéficas. Uma boa fonte dessas fibras inclui farelos (principalmente de aveia), cevada e frutas frescas (com casca), couve-de-bruxelas, batata (com casca), feijão e abobrinha. As fibras solúveis aderem bem à água, e, assim, aumentam a saciedade, pois ajudam a encher o estômago.

Foodcollection.com/Alamy

Muitos cereais para o café da manhã anunciam o alto teor em fibras. A presença de frutas acrescenta teor de fibras a esta refeição.

Existe mais de uma forma de amido?

A importância dos carboidratos como fontes de energia sugere que também há algum uso para polissacarídeos no metabolismo. Discutiremos agora com mais detalhes alguns polissacarídeos, como o amido, que servem como veículos para o armazenamento de glicose.

amidos polímeros de glicose com função de armazenamento de energia em plantas

Os **amidos** são polímeros de α-D-glicose que ocorrem em células vegetais, geralmente como grânulos de amido no citosol. Observe que há uma ligação α no amido, em contraste com a ligação β na celulose. Os tipos de amidos podem ser distinguidos um do outro por seus graus de ramificação na cadeia. A amilose é um polímero linear da glicose, com todos os resíduos unidos por ligações $\alpha(1 \rightarrow 4)$. A amilopectina é um polímero de cadeia ramificada, com ramificações iniciando-se nas ligações $\alpha(1 \rightarrow 6)$ ao longo da cadeia de ligações $\alpha(1 \rightarrow 4)$ (Figura 16.21). A conformação mais comum da amilose é uma hélice com seis resíduos por volta. As moléculas de iodo podem encaixar-se dentro da hélice para formar um complexo de amido–iodo, que possui uma cor azul-escura característica (Figura 16.22). A formação desse complexo é um teste bastante conhecido para verificar a presença de amido. Se há uma conformação preferida para a amilopectina, ela ainda não é conhecida. (O que se *sabe* é que a cor do produto obtido quando a amilopectina e o glicogênio reagem com iodo é vermelho-escura, e não azul.)

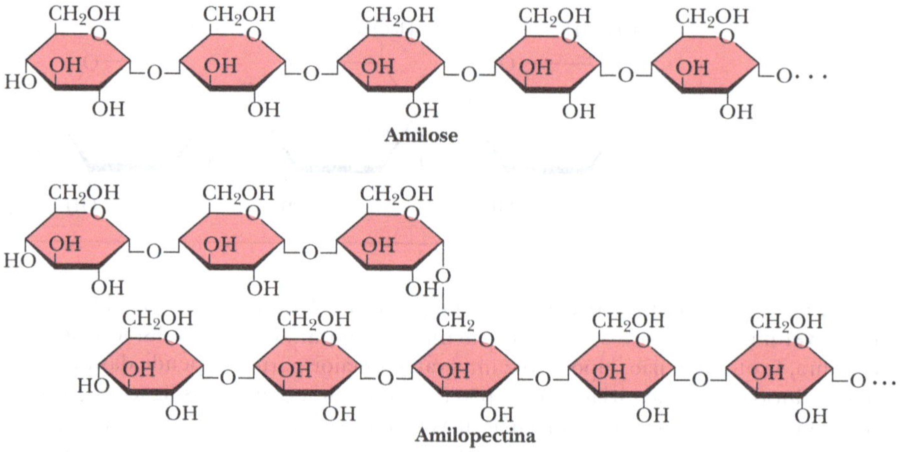
CH$_2$OH
OH
HO
O
Amilose
CH$_2$
Amilopectina

FIGURA 16.21 **A amilose e a amilopectina são duas formas de amido.** Observe que as ligações lineares são $\alpha(1 \rightarrow 4)$, mas as ramificações na amilopectina são $\alpha(1 \rightarrow 6)$. As ramificações em polissacarídeos podem envolver qualquer um dos grupos hidroxila dos componentes do monossacarídeo. A amilopectina é uma estrutura altamente ramificada, com ramificações ocorrendo a cada 12 a 30 resíduos.

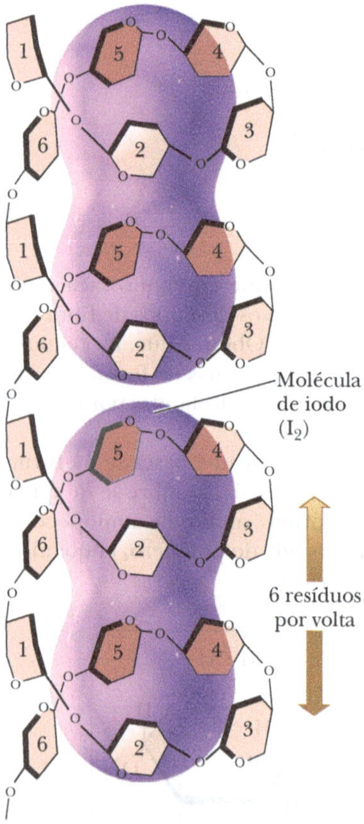
Molécula de iodo (I_2)
6 resíduos por volta
1
2
3
4
5
6

FIGURA 16.22 **O complexo amido–iodo.** A amilose ocorre como uma hélice com seis resíduos por volta. No complexo amido–iodo, as moléculas de iodo são paralelas ao longo do eixo da hélice. Quatro voltas da hélice são mostradas aqui. São necessárias seis voltas da hélice, contendo 36 resíduos de glicosil, para produzir a cor azul característica do complexo.

Como os amidos são moléculas de armazenamento, deve haver um mecanismo para a liberação de glicose do amido quando o organismo precisa de energia. Tanto os vegetais como os animais contêm enzimas que hidrolisam o amido. Duas dessas enzimas, conhecidas como α e β-*amilase* (os símbolos α e β não representam formas anoméricas neste caso), atacam ligações $\alpha(1 \rightarrow 4)$. A β-amilase é uma *exoglicosidase*, que cliva a partir do final não redutor do polímero. A maltose, um dímero da glicose, é o produto da reação. A outra enzima, a α-amilase, é uma *endoglicosidase*, que hidrolisa a ligação glicosídica em qualquer local na cadeia para produzir glicose e maltose. A amilose pode ser completamente degradada em glicose e maltose pelas duas amilases, mas a amilopectina não é completamente degradada porque as ligações das ramificações não são atacadas. No entanto, *enzimas desramificadoras* ocorrem em vegetais e animais; elas degradam as ligações $\alpha(1 \rightarrow 6)$. Quando essas enzimas são combinadas com as amilases, contribuem para a degradação completa das duas formas de amido.

Como o glicogênio está relacionado ao amido?

glicogênio polímero da glicose, uma importante molécula de armazenamento de energia nos animais

Embora o amido ocorra somente em vegetais, existe um polímero de armazenamento de carboidratos em animais. O **glicogênio** é um polímero de cadeia ramificada da α-D-glicose, e neste aspecto é semelhante à fração de amilopectina do amido. Assim como a amilopectina, o glicogênio consiste em uma cadeia de ligações $\alpha(1 \rightarrow 4)$ com ligações $\alpha(1 \rightarrow 6)$ nos pontos de ramificação. A principal diferença entre o glicogênio e a amilopectina é que o glicogênio é muito mais ramificado (Figura 16.23). Os pontos de ramificação ocorrem aproximadamente a cada 10 resíduos no glicogênio e aproximadamente a cada 25 resíduos na amilopectina. No glicogênio, o comprimento médio da cadeia é de 13 resíduos de glicose, e existem 12 camadas de ramificação. No núcleo de cada molécula de glicogênio há uma proteína chamada glicogenina, que será discutida na Seção 18-1. O glicogênio é encontrado em células animais, em grânulos semelhantes aos de amido das células vegetais. Os grânulos de glicogênio são observados em células musculares e de fígado bem alimentadas, mas não são encontrados em alguns outros tipos de célula, como as do cérebro e do coração em condições normais. Alguns atletas, especialmente os corredores de longas distâncias, tentam aumentar suas reservas de glicogênio antes da corrida ingerindo grandes quantidades de carboidratos. Quando o organismo precisa de energia, várias enzimas degradantes

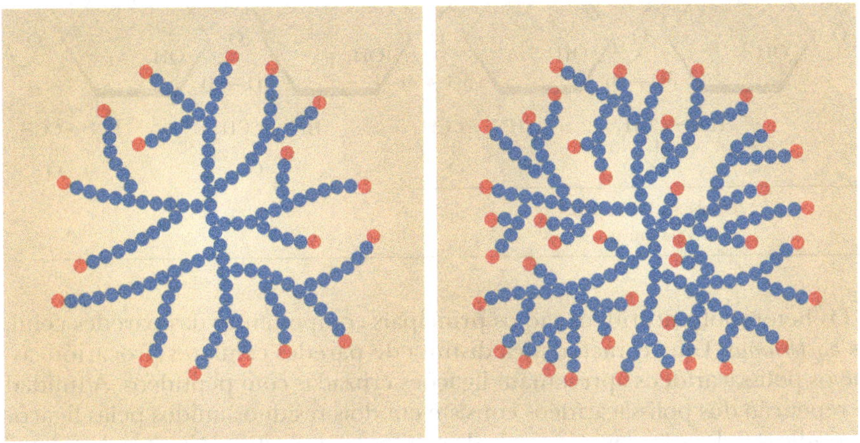
Amilopectina
Glicogênio

FIGURA 16.23 Uma comparação dos graus de ramificação na amilopectina e no glicogênio.

removem as unidades de glicose (Seção 18-1). A glicogênio fosforilase é uma dessas enzimas; ela cliva uma glicose por vez a partir do final não redutor de uma ramificação para produzir glicose-1-fosfato, que, então, entra nas vias metabólicas da degradação do carboidrato. As enzimas desramificadoras também têm função importante na degradação completa do glicogênio. O número de pontos de ramificação é importante por dois motivos. Primeiro, um polissacarídeo mais ramificado é mais solúvel em água. Talvez isto não seja tão importante para os vegetais, mas a quantidade de glicogênio em solução é importante para os mamíferos. Existem doenças de armazenamento de glicogênio causadas por níveis abaixo do normal de enzimas ramificadoras. Os produtos do glicogênio assemelham-se ao amido e podem sair da solução, formando cristais de glicogênio nos músculos e no fígado. Segundo, quando o organismo precisa rapidamente de energia, a glicogênio fosforilase terá mais alvos potenciais se houver mais de uma ramificação, permitindo uma mobilização mais rápida da glicose. Novamente, isto não é tão importante para os vegetais, então não há uma pressão evolucionária para que o amido seja altamente ramificado.

▶ *O que é quitina?*

Um polissacarídeo semelhante à celulose, tanto em estrutura como em função, é a quitina, que também é um homopolissacarídeo linear com todos os resíduos unidos por ligações glicosídicas $\beta(1 \rightarrow 4)$. A quitina difere da celulose quanto à natureza da unidade do monossacarídeo; na celulose, o monômero é a β-D-glicose; na quitina, o monômero é a *N*-acetil-β-D-glicosamina. O último composto é diferente da glicose somente na substituição do grupo *N*-acetilamina (–NH–CO–CH_3) pela hidroxila (–OH) no carbono C-2 (Figura 16.24). Assim como a celulose, a quitina desempenha um papel estrutural e tem uma quantidade considerável de força mecânica porque os filamentos individuais são unidos por ligações de hidrogênio. É o principal componente estrutural dos exoesqueletos de invertebrados, como insetos e crustáceos (grupo que inclui lagostas e camarões), e também ocorre em paredes celulares de algas, fungos e leveduras.

▶ *Qual o papel dos polissacarídeos na estrutura das paredes celulares?*

Nos organismos que possuem parede celular, como bactérias e vegetais, essas paredes consistem basicamente em polissacarídeos. No entanto, as paredes celulares bacterianas e vegetais possuem bioquímicas diferentes.

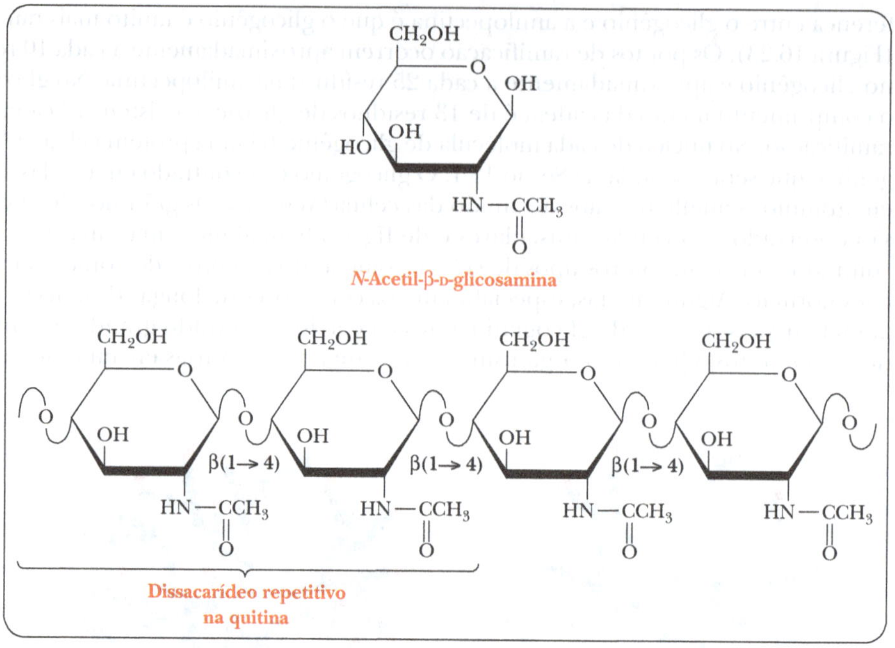
N-Acetil-β-D-glicosamina
β(1→4)
Dissacarídeo repetitivo na quitina

FIGURA 16.24 A estrutura polimérica da quitina. A *N*-acetilglicosamina é o monômero, e um dímero da *N*-acetilglicosamina é o dissacarídeo repetitivo.

Os heteropolissacarídeos são os principais componentes das paredes celulares *bacterianas*. Uma característica distinta de paredes celulares procarióticas é que os polissacarídeos apresentam ligações cruzadas com peptídeos. A unidade de repetição dos polissacarídeos consiste em dois resíduos unidos pelas ligações glicosídicas $\beta(1 \rightarrow 4)$, como no caso da celulose e da quitina. Um dos dois monômeros é *N*-acetil-D-glicosamina, que ocorre na quitina, e o outro monômero é o ácido *N*-acetilmurâmico (Figura 16.25a). A estrutura do ácido *N*-acetilmurâmico difere do *N*-acetilglicosamina pela substituição do grupo hidroxila (—OH) no carbono 3 pela cadeia lateral do ácido láctico [—O—CH(CH_3)—COOH]. O ácido *N*--acetilmurâmico é encontrado somente em paredes celulares procarióticas, não ocorrendo em paredes celulares eucarióticas.

As ligações cruzadas nas paredes celulares bacterianas consistem em pequenos peptídeos. Usaremos um dos exemplos mais conhecidos como ilustração. Na parede celular da bactéria *Staphylococcus aureus*, um oligômero de quatro aminoácidos (um tetrâmero) é ligado ao ácido *N*-acetilmurâmico, formando uma cadeia lateral (Figura 16.25b). Os tetrapeptídeos são intercruzados por outro peptídeo pequeno, neste caso contendo cinco aminoácidos.

O grupo carboxila da cadeia lateral do ácido láctico do ácido *N*-acetilmurâmico forma uma ligação amida com o N-terminal de um tetrapeptídeo com a sequência L-Ala–D-Gln–L-Lys–D-Ala. Lembre-se de que as paredes celulares bacterianas são um dos poucos lugares onde os D-aminoácidos ocorrem na natureza. A ocorrência dos D-aminoácidos e do ácido *N*-acetilmurâmico nas paredes celulares bacterianas, e não nas paredes celulares vegetais, mostra uma diferença bioquímica e estrutural entre procariotos e eucariotos.

O tetrapeptídeo forma duas ligações cruzadas, ambas a um pentapeptídeo que consiste em cinco resíduos de glicina, $(Gly)_5$. O pentâmero de glicina forma ligações peptídicas com o resíduo terminal C e com o grupo ε-amino da cadeia da lisina no tetrapeptídeo (Figura 16.25c). A extensa ligação cruzada produz uma rede tridimensional de potência mecânica considerável, motivo pelo qual as paredes celulares bacterianas são extremamente difíceis de romper. O material que resulta da ligação cruzada dos polissacarídeos por peptídeos é um **peptideoglicano** (Figura 16.25d), nome dado porque contém componentes de peptídeos e de carboidratos.

As *paredes celulares vegetais* consistem basicamente em **celulose**. Outro importante componente polissacarídico encontrado nas paredes celulares vegetais é a **pectina**, um polímero composto basicamente de ácido D-galacturônico, um derivado da galactose, em que o grupo hidroxila no carbono C-6 foi oxidado ao grupo carboxila.

peptideoglicano polissacarídeo que contém ligações cruzadas com peptídeos; é encontrado nas paredes celulares bacterianas

celulose polímero da glicose; um material estrutural importante nas plantas

pectina polímero do ácido galacturônico; ocorre nas paredes celulares das células vegetais

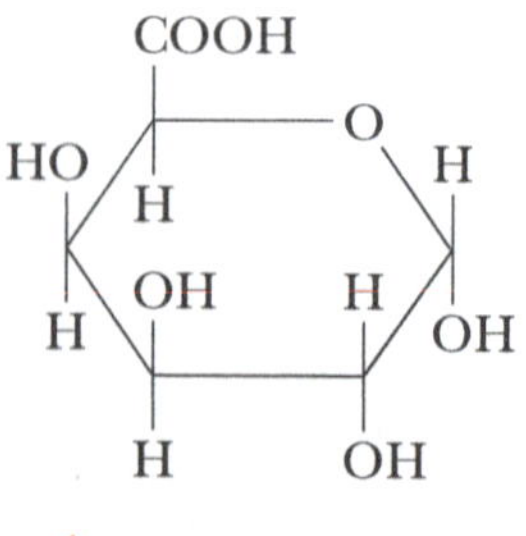

Ácido D-galacturônico

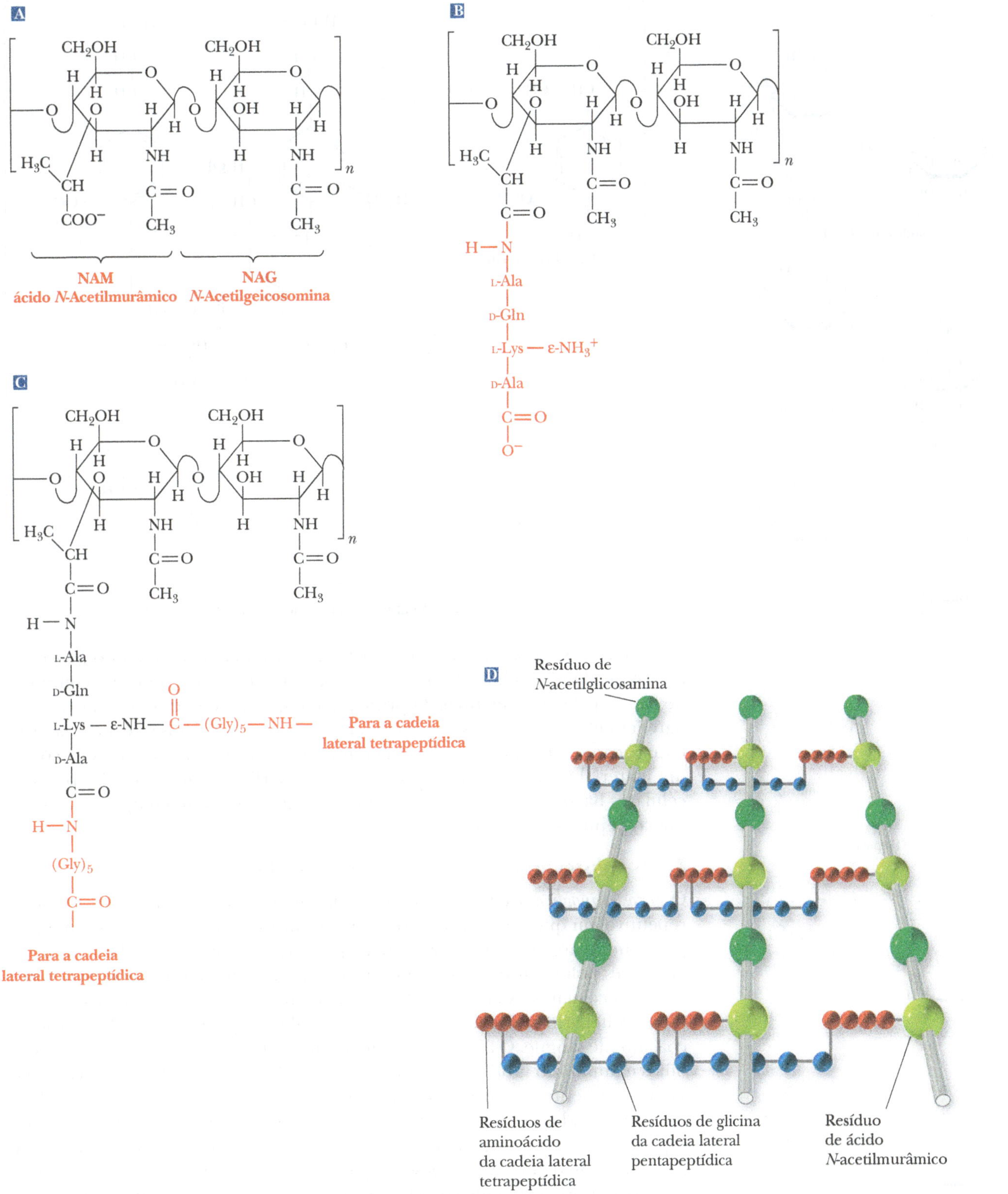
A
NAM
ácido N-Acetilmurâmico
NAG
N-Acetilgeicosomina
B
L-Ala
D-Gln
L-Lys — ε-NH3+
D-Ala
C
L-Ala
D-Gln
L-Lys — ε-NH— C — (Gly)5— NH —
D-Ala
(Gly)5
Para a cadeia lateral tetrapeptídica
Para a cadeia lateral tetrapeptídica
D
Resíduo de N-acetilglicosamina
Resíduos de aminoácido da cadeia lateral tetrapeptídica
Resíduos de glicina da cadeia lateral pentapeptídica
Resíduo de ácido N-acetilmurâmico

FIGURA 16.25 A estrutura do peptideoglicano da parede celular bacteriana do *Staphylococcus aureus*. (a) O dissacarídeo repetitivo. (b) O dissacarídeo repetitivo com a cadeia lateral de tetrapeptídeos (em vermelho). (c) Adição de ligações cruzadas com pentaglicina (em vermelho). (d) Diagrama esquemático do peptideoglicano. Os açúcares são as esferas maiores. As esferas vermelhas são os resíduos de aminoácidos do tetrapeptídeo, e as esferas azuis são os resíduos de glicina do pentapeptídeo.

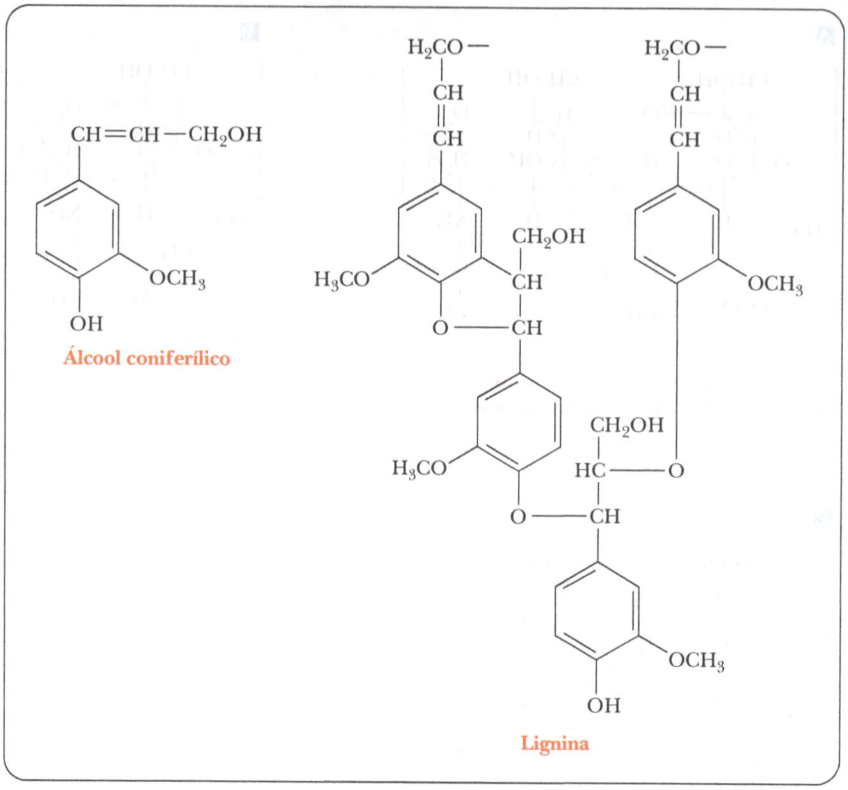

Álcool coniferílico
Lignina

FIGURA 16.26 **A estrutura da lignina, um polímero do álcool coniferílico.**

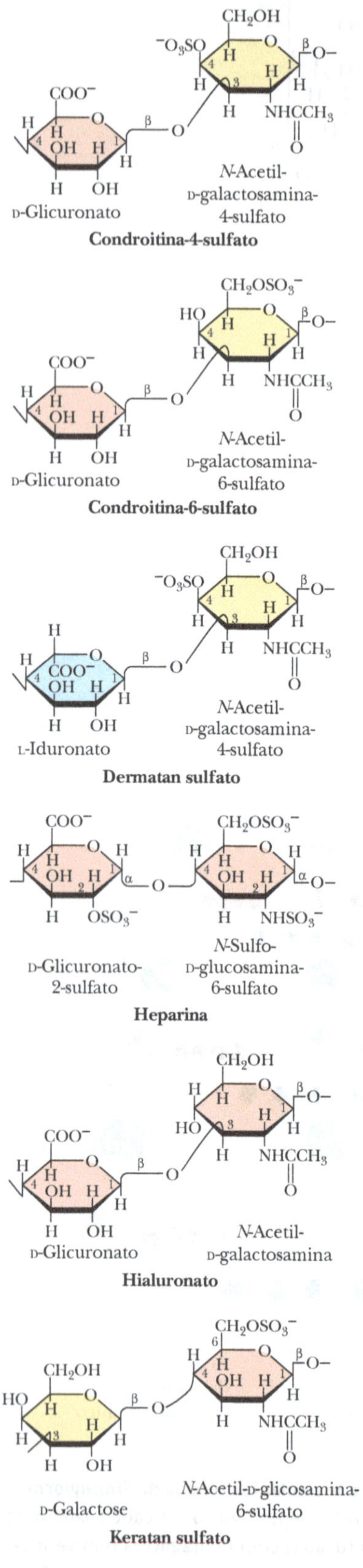

D-Glicuronato
N-Acetil-D-galactosamina-4-sulfato
Condroitina-4-sulfato
D-Glicuronato
N-Acetil-D-galactosamina-6-sulfato
Condroitina-6-sulfato
L-Iduronato
N-Acetil-D-galactosamina-4-sulfato
Dermatan sulfato
D-Glicuronato-2-sulfato
N-Sulfo-D-glucosamina-6-sulfato
Heparina
D-Glicuronato
N-Acetil-D-galactosamina
Hialuronato
D-Galactose
N-Acetil-D-glicosamina-6-sulfato
Keratan sulfato

FIGURA 16.27 **Os glicosaminoglicanos, formados de unidades repetitivas de dissacarídeos, ocorrem frequentemente como componentes dos proteoglicanos.**

A pectina é extraída dos vegetais por ter importância comercial no processamento de alimentos industriais como agente gelificante em iogurtes, compotas de frutas, geleias e gelatinas. O principal componente não polissacarídeo em paredes celulares vegetais, especialmente em plantas lenhosas, é a *lignina* (do latim *lignum*, "madeira"). A lignina é um polímero do álcool coniferílico e é um material bastante rígido e durável (Figura 16.26). Diferente das paredes celulares bacterianas, as paredes celulares vegetais contêm comparativamente pouco peptídeo ou proteína.

Os polissacarídeos têm papéis específicos no tecido conectivo?

O *glicosaminoglicano* é um tipo de polissacarídeo baseado em um dissacarídeo repetitivo em que um dos açúcares é um aminoaçúcar e pelo menos um deles possui uma carga negativa, por causa da presença de um grupo sulfato ou carboxila. Esses polissacarídeos estão envolvidos em uma ampla variedade de funções e tecidos celulares. A Figura 16.27 mostra a estrutura dos dissacarídeos mais comuns. A heparina é um anticoagulante natural que ajuda a evitar a formação de coágulos de sangue. O ácido hialurônico é um componente do humor vítreo dos olhos e um fluido lubrificante das juntas. Os sulfatos de condroitina e ceratano são componentes do tecido conjuntivo. Os sulfatos de glicosamina e condroitina são vendidos em grandes quantidades sem receitas médicas e utilizados para reparar cartilagens desgastadas ou com algum outro tipo de problema, principalmente nos joelhos. Várias pessoas que precisam de cirurgia no joelho para reparar danos nos ligamentos procuram, primeiro, o auxílio de um regime médico de dois ou três meses desses glicosaminoglicanos. Há dúvidas acerca da eficácia desse tratamento, então será interessante ver o que o futuro dirá.

16-5 Glicoproteínas

As glicoproteínas contêm resíduos de carboidratos além da cadeia polipeptídica (Capitulo 4). Alguns dos exemplos mais importantes de glicoproteínas estão envolvidos na resposta imune; por exemplo, os *anticorpos*, que se ligam a antígenos

determinantes antigênicos as partes de moléculas que os anticorpos reconhecem como estranhas e às quais se ligam

(as substâncias que atacam o organismo) e os imobilizam, são glicoproteínas. Os carboidratos também desempenham papel importante como **determinantes antigênicos**, as porções de moléculas antigênicas que os anticorpos reconhecem e às quais irão se ligar.

Qual a importância dos carboidratos na resposta imunológica?

Um exemplo da função da porção oligossacarídica de glicoproteínas como determinantes antigênicos é encontrado nos grupos sanguíneos dos humanos. Existem quatro grupos sanguíneos, A, B, AB e O (veja o quadro Conexões Bioquímicas 16.5). As distinções entre os grupos dependem das porções de oligossacarídeos das glicoproteínas nas superfícies das células sanguíneas chamadas eritrócitos. Em todos os tipos sanguíneos, a porção oligossacarídica da molécula contém o açúcar L-fucose, já mencionado neste capítulo como um exemplo de desoxiaçúcar. A *N*-acetilgalactosamina é encontrada no final não redutor do oligossacarídeo no antígeno do grupo sanguíneo tipo A. No sangue tipo B, a α-D-galactose substitui a *N*-acetilgalactosamina. No sangue tipo O, nenhum desses resíduos terminais está presente, e no sangue AB, ambos os tipos de oligossacarídeos estão presentes (Figura 16.28). O quadro CONEXÕES **BIOQUÍMICAS 16.5** entra em detalhes sobre os antígenos dos grupos sanguíneos.

16.5 Conexões **Bioquímicas** | aliado à saúde

Glicoproteínas e as Transfusões de Sangue

Se uma transfusão sanguínea for realizada entre tipos de sangue incompatíveis, como quando sangue do tipo A é doado a um receptor do tipo B, ocorre uma reação entre o antígeno e os anticorpos porque o receptor do tipo B possui anticorpos contra o sangue do tipo A. Os resíduos de oligossacarídeos característicos das células sanguíneas do tipo A servem como antígenos. Ocorre uma reação de ligação cruzada entre os antígenos e os anticorpos, e as células do sangue acumulam-se. No caso da transfusão do sangue tipo B a um receptor do tipo A, os anticorpos do sangue tipo B produzem o mesmo resultado. O sangue tipo O não possui nenhum determinante antigênico, portanto, os indivíduos com este tipo de sangue são considerados doadores universais. No entanto, essas pessoas possuem anticorpos contra dois tipos sanguíneos, A e B – portanto, não são receptoras universais. Os indivíduos com sangue do tipo AB possuem ambos os determinantes antigênicos. Como resultado, não produzem nenhum tipo de anticorpo, sendo receptores universais.

Relações de Transfusão

Tipo sanguíneo	Produz anticorpos contra	Pode receber de	Pode doar para
O	A, B	O	O, A, B, AB
A	B	O, A	A, AB
B	A	O, B	B, AB
AB	Nenhum	O, A, B, AB	AB

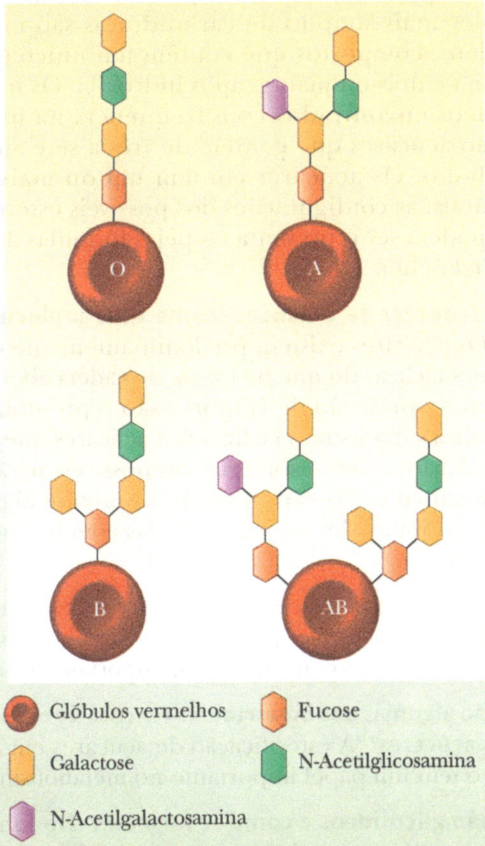
O
A
B
AB
Glóbulos vermelhos
Fucose
Galactose
N-Acetilglicosamina
N-Acetilgalactosamina

β-*N*-Acetilgalactosamina (1→3) β-Galactose (1→3) β-*N*-Acetilgalactosamina
↑ 2
| 1
α-L-Fucose
Final redutor
Antígeno do grupo sanguíneo tipo A

α- Galactose (1→3) β-Galactose (1→3) β-*N*-Acetilgalactosamina
↑ 2
| 1
α-L-Fucose
Final redutor
Antígeno do grupo sanguineo tipo B

FIGURA 16.28 As estruturas dos determinantes antigênicos dos grupos sanguíneos.

As glicoproteínas desempenham papel importante nas membranas celulares eucarióticas. As porções açúcar são adicionadas às proteínas à medida que passam pelo complexo de Golgi a caminho da superfície celular. Essas glicoproteínas com conteúdo de carboidratos extremante alto (85% a 95% em massa) são classificadas como **proteoglicanos**. (Observe a semelhança deste termo com a palavra *peptideoglicano*, que foi vista na Seção 16-4.) Os proteoglicanos estão constantemente sendo sintetizados e decompostos. Se houver falta de lisozimas que os degradem, os proteoglicanos irão se acumular, gerando consequências graves – uma das mais graves é a doença genética conhecida como síndrome de Hurler, na qual o material que se acumula inclui grandes quantidades de aminoaçúcares (Seção 16-2). Essa doença leva a deformações ósseas, grave retardo mental e morte precoce na infância.

proteoglicanos glicoproteínas com alto teor de carboidratos

Resumo

O que é singular sobre as estruturas dos açúcares? Os exemplos mais simples de carboidratos são monossacarídeos, compostos que contêm um único grupo carbonila e dois ou mais grupos hidroxila. Os monossacarídeos encontrados com frequência na bioquímica são açúcares que contêm de três a sete átomos de carbono. Os açúcares contêm um ou mais centros quirais; as configurações dos possíveis estereoisômeros podem ser representadas pelas fórmulas de projeção de Fischer.

O que acontece se o açúcar forma uma molécula cíclica? Os açúcares existem predominantemente como moléculas cíclicas do que na forma de cadeia aberta. As fórmulas de projeção de Haworth são representações mais realistas das formas cíclicas dos açúcares que as de Fischer. Vários estereoisômeros são possíveis para açúcares de cinco e seis carbonos, mas somente algumas poucas possibilidades são encontradas com frequência na natureza.

Quais são algumas das reações de oxirredução dos açúcares? Os monossacarídeos podem sofrer várias reações. As reações de oxidação constituem um importante grupo.

Quais são algumas das importantes reações de esterificação dos açúcares? A esterificação de açúcares em ácido fosfórico tem um papel importante no metabolismo.

O que são glicosídeos e como se formam? De longe, a reação de açúcares mais importante é a formação de ligações glicosídicas, que geram oligossacarídeos e polissacarídeos.

Quais são alguns dos outros importantes derivados de açúcares? Os aminoaçúcares são a base das estruturas das paredes celulares.

O que faz da sacarose um composto importante? Três importantes exemplos de oligossacarídeos são os dissacarídeos sacarose, lactose e maltose. A sacarose é o açúcar comum. Ela é formada quando se forma uma ligação glicosídica entre a glicose e a maltose.

Existem outros dissacarídeos importantes para nós? A lactose é encontrada no leite e a maltose é obtida a partir da hidrólise do amido.

Qual a diferença entre amido e celulose? Nos polissacarídeos, a unidade de repetição do polímero é, com frequência, limitada a um ou dois tipos de monômeros. A celulose e a quitina diferem na forma anomérica das ligações glicossídicas: a forma α no amido e a forma β na celulose.

Existe mais de uma forma de amido? O amido existe em duas formas poliméricas, a amilose linear e a amilopectina ramificada.

Como o glicogênio está relacionado ao amido? O amido, encontrado em vegetais, e o glicogênio, que ocorre em animais, diferem um do outro no grau de ramificação na estrutura dos polímeros.

O que é quitina? A celulose e a quitina são polímeros baseados em unidades monoméricas únicas – a glicose e a *N*-acetilglicosamina, respectivamente. Ambos os polímeros têm papel estrutural importante nos organismos.

Qual o papel dos polissacarídeos na estrutura das paredes celulares? Nas paredes celulares, os polissacarídeos estão unidos por ligações cruzadas aos peptídeos. As paredes celulares vegetais consistem basicamente em glicose.

Os polissacarídeos têm papéis específicos no tecido conectivo? Os glicoaminoglicanos são um tipo de polissacarídeo baseado em dissacarídeos repetidos nos quais um dos açúcares é um aminoaçúcar e no mínimo um deles tem uma carga negativa devido à presença de um grupo sulfato ou um grupo carboxila. Eles têm um papel na lubrificação de juntas e também no processo de coagulação sanguínea.

Qual a importância dos carboidratos na resposta imunológica? Nas glicoproteínas, os resíduos de carboidrato estão ligados covalentemente à cadeia polipeptídica. As glicoproteínas desempenham papel importante nos sítios de reconhecimento dos antígenos. Um exemplo comum é no grupo sanguíneo ABO, no qual os três tipos de sangue são diferenciados por moléculas de açúcar ligadas às proteínas.

Exercícios de Revisão

16-1 Açúcares: Suas Estruturas e Estequiometria

1. **VERIFICAÇÃO DE FATOS** Defina os seguintes termos: polissacarídeo, furanose, piranose, aldose, cetose, ligação glicosídica, oligossacarídeos, glicoproteína.
2. **VERIFICAÇÃO DE FATOS** Indique qual, se houver algum, dos seguintes são epímeros de D-glicose: D-manose, D-galactose, D-ribose.
3. **VERIFICAÇÃO DE FATOS** Indique qual, se houver algum, dos seguintes grupos *não* são pares de aldose-cetose: D-ribose e D-ribulose, D-glicose e D-frutose, D-gliceraldeído e di-hidroxiacetona.
4. **VERIFICAÇÃO DE FATOS** Qual a diferença entre um enantiômero e um diastereoisômero?
5. **VERIFICAÇÃO DE FATOS** Quantos epímeros possíveis de D-glicose existem?
6. **VERIFICAÇÃO DE FATOS** Por que as furanoses e piranoses são as formas cíclicas mais comuns dos açúcares?
7. **VERIFICAÇÃO DE FATOS** Quantos centros quirais existem na forma de cadeia aberta da glicose? E na forma cíclica?
8. **PERGUNTA DE RACIOCÍNIO** A seguir encontram-se as projeções de Fischer para um grupo de açúcares de cinco carbonos, todos aldopentoses. Identifique os pares que são enantiômeros e os pares que são epímeros. (Os açúcares mostrados aqui não são todos os açúcares de cinco carbonos possíveis.)

1
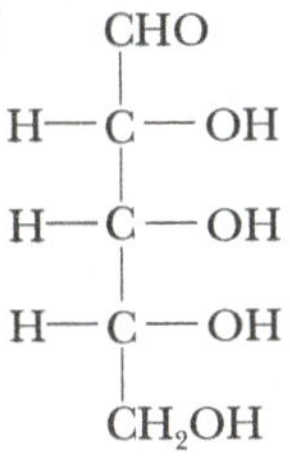

2
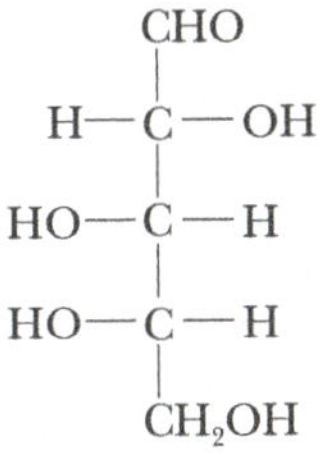

3
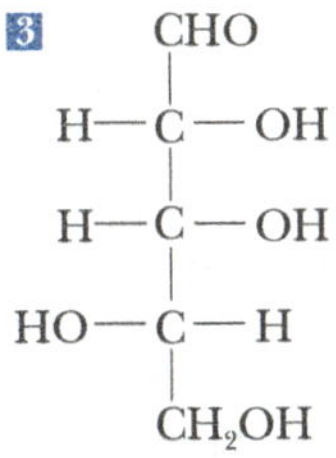

4
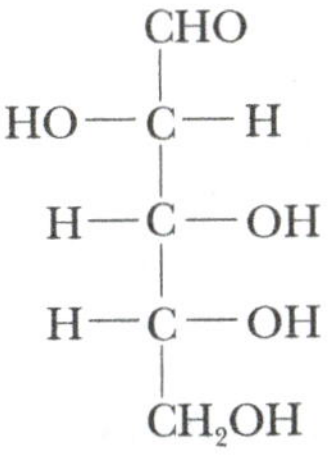

5
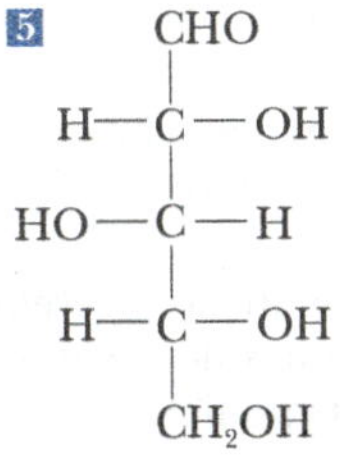

6
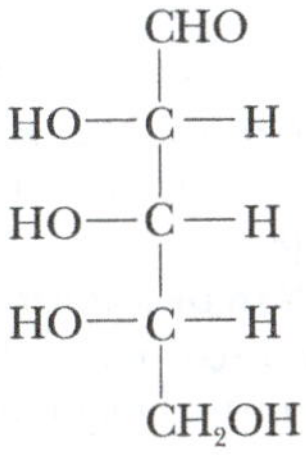

9. **PERGUNTA DE RACIOCÍNIO** O álcool de açúcar utilizado com frequência em gomas de mascar e doces sem açúcar é o L-sorbitol. Grande parte desse álcool é preparada pela redução da D-glicose. Compare essas duas estruturas e explique o motivo disso.
10. **PERGUNTA DE RACIOCÍNIO** Considere as estruturas da arabinose e da ribose. Explique como os nucleotídeos derivados da arabinose, como o ara-C e o ara-A, são venenos metabólicos eficazes.

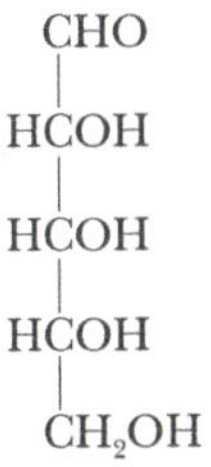

D-Ribose

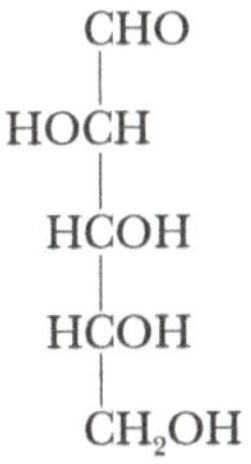

D-Arabinose

11. **PERGUNTA DE RACIOCÍNIO** Dois açúcares são epímeros um do outro. É possível converter um no outro sem quebrar as ligações covalentes?
12. **PERGUNTA DE RACIOCÍNIO** Como a ciclização dos açúcares introduz um novo centro quiral?
13. **PERGUNTA DE RACIOCÍNIO** Converta as seguintes projeções de Haworth em projeções de Fischer. Dê o nome dos monossacarídeos que você desenhou.

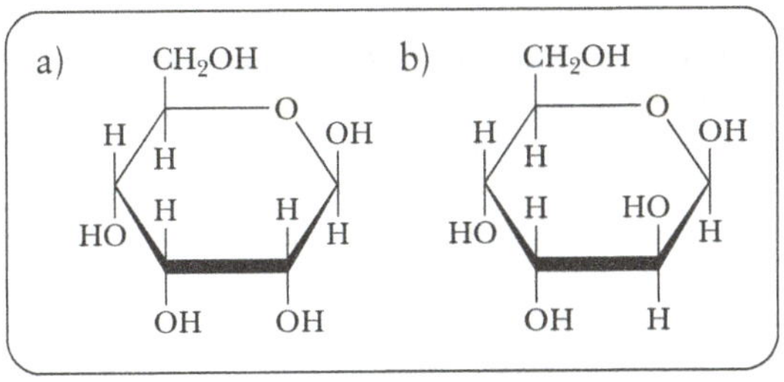

14. **PERGUNTA DE RACIOCÍNIO** Converta cada uma das conformações em cadeira em uma forma de cadeia aberta a partir de e para uma projeção de Fischer. Dê o nome dos monossacarídeos que você desenhou.

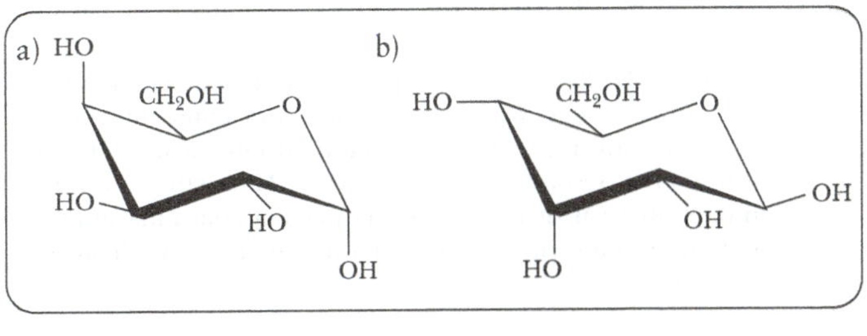

15. **PERGUNTA DE RACIOCÍNIO** Começando com uma projeção de Fischer da D-frutose, escreva as equações mostrando a formação da α-D-frutopiranose, α-D-frutofuranose, β-D-frutopiranose e β-D-frutofuranose.
16. **PERGUNTA DE RACIOCÍNIO** Começando com a forma de cadeia aberta da D-ribose, escreva equações para as reações de ciclização que formam as formas piranose e furanose.

16-2 Reações de Monossacarídeos

17. **VERIFICAÇÃO DE FATOS** O que é incomum sobre a estrutura do ácido *N*-acetilmurâmico (Figura 16.18) comparado com as estruturas de outros carboidratos?
18. **VERIFICAÇÃO DE FATOS** Qual é a diferença química entre o açúcar fosfato e o açúcar envolvido em uma ligação glicosídica?
19. **VERIFICAÇÃO DE FATOS** Defina o termo *açúcar redutor*.
20. **CONEXÕES BIOQUÍMICAS** Quais são as diferenças estruturais entre a vitamina C e os açúcares? Essas diferenças têm papel importante na suscetibilidade dessa vitamina à oxidação do ar?

16-3 Alguns Oligossacarídeos Importantes

21. **VERIFICAÇÃO DE FATOS** Indique duas diferenças entre a sacarose e a lactose. Indique duas semelhanças.
22. **PERGUNTA DE RACIOCÍNIO** Desenhe uma projeção de Haworth para o dissacarídeo gentibiose, considerando as seguintes informações:
    (a) É um dímero da glicose.
    (b) A ligação glicosídica é $\beta(1 \rightarrow 6)$.
    (c) O carbono anomérico não envolvido na ligação glicosídica está na configuração α.
23. **CONEXÕES BIOQUÍMICAS** Qual é a base metabólica para a observação de que vários adultos não podem ingerir grandes quantidades de leite sem que desenvolvam problemas gástricos?
24. **PERGUNTA DE RACIOCÍNIO** Desenhe fórmulas da projeção de Haworth para os dímeros de glicose com os seguintes tipos de ligações glicosídicas:
    (a) Uma ligação $\beta(1 \rightarrow 4)$ (as duas moléculas de glicose na forma β)
    (b) Uma ligação $\alpha,\alpha(1 \rightarrow 1)$
    (c) Uma ligação $\beta(1 \rightarrow 6)$ (as duas moléculas de glicose na forma β)
25. **CONEXÕES BIOQUÍMICAS** Uma amiga lhe pergunta por que alguns pais na escola do seu filho querem outra opção de bebida servida no almoço em vez de somente leite. O que você diz a ela?

16-4 Estruturas e Funções dos Polissacarídeos

26. **VERIFICAÇÃO DE FATOS** Quais são algumas das principais diferenças entre as paredes celulares de vegetais e as das bactérias?
27. **VERIFICAÇÃO DE FATOS** Como a quitina difere da celulose em estrutura e função?
28. **VERIFICAÇÃO DE FATOS** Como o glicogênio difere do amido em estrutura e função?
29. **VERIFICAÇÃO DE FATOS** Qual é a principal diferença estrutural entre a celulose e o amido?
30. **VERIFICAÇÃO DE FATOS** Qual é a principal diferença estrutural entre o glicogênio e o amido?
31. **VERIFICAÇÃO DE FATOS** Como as paredes celulares de bactérias diferem das de vegetais?
32. **PERGUNTA DE RACIOCÍNIO** A pectina, que ocorre em paredes celulares vegetais, existe na natureza como um polímero do ácido D-galacturônico metilado no carbono 6 do monômero. Desenhe uma projeção de Haworth para uma unidade dissacarídea repetitiva de pectina com uma unidade de monômero metilada e uma não metilada na ligação $\alpha(1 \rightarrow 4)$.
33. **PERGUNTA DE RACIOCÍNIO** Anúncios publicitários para um suplemento alimentar para uso por atletas dizem que as barras energéticas contêm dois dos melhores precursores do glicogênio. Quais são eles?
34. **PERGUNTA DE RACIOCÍNIO** Explique como as pequenas diferenças estruturais entre α e β glicose estão relacionadas com a diferença em estrutura e função nos polímeros formados a partir desses dois monômeros.
35. **PERGUNTA DE RACIOCÍNIO** Todos os polissacarídeos naturais possuem um resíduo terminal que contém um carbono anomérico livre. Por que esses polissacarídeos *não* resultam em um teste químico positivo para o açúcar redutor?
36. **PERGUNTA DE RACIOCÍNIO** Uma cadeia de amilose contém 5.000 unidades de glicose. Em quantos locais ela precisa ser clivada para reduzir seu tamanho médio para 2.500 unidades? Para 1.000 unidades? Para 200 unidades? Qual é a porcentagem de ligações glicosídicas hidrolisadas em cada caso? (Até mesmo a hidrólise parcial pode alterar drasticamente as propriedades físicas dos polissacarídeos, e, assim, afetar suas funções estruturais nos organismos.)
37. **PERGUNTA DE RACIOCÍNIO** Suponha que um polímero de glicose com ligações glicosídicas $\alpha(1 \rightarrow 4)$ e $\beta(1 \rightarrow 4)$ alternadas tenha acabado de ser descoberto. Desenhe uma projeção de Haworth para o tetrâmero de repetição (dois dímeros repetidos) de tal polissacarídeo. Você esperaria que esse polímero tivesse uma função principalmente estrutural ou de armazenamento de energia nos organismos? Que tipo de organismo, se houver algum, poderia utilizar esse polissacarídeo como fonte de alimento?
38. **PERGUNTA DE RACIOCÍNIO** O glicogênio é altamente ramificado. Que vantagem, caso haja alguma, isso representa para um animal?
39. **PERGUNTA DE RACIOCÍNIO** Nenhum animal pode digerir celulose. Combine esta afirmação com o fato de vários animais serem herbívoros dependerem muito da celulose como fonte de alimento.
40. **PERGUNTA DE RACIOCÍNIO** Como a presença de ligações α *versus* ligações β influencia a capacidade de digestão de polímeros de glicose pelos seres humanos? *Dica*: há *dois* efeitos.
41. **PERGUNTA DE RACIOCÍNIO** Como os sítios de clivagem do amido diferem um do outro quando a reação de clivagem é catalisada pela α-amilase e pela β-amilase?
42. **CONEXÕES BIOQUÍMICAS** Qual é o benefício das fibras na alimentação?
43. **PERGUNTA DE RACIOCÍNIO** Como você espera que o sítio ativo da celulase seja diferente do sítio ativo de uma enzima que degrada o amido?
44. **PERGUNTA DE RACIOCÍNIO** Você espera que a ligação cruzada desempenhe um papel importante na estrutura de polissacarídeos? Em caso afirmativo, como essas ligações cruzadas seriam formadas?
45. **PERGUNTA DE RACIOCÍNIO** Compare a informação na sequência de monômeros em um polissacarídeo com a da sequência de resíduos de aminoácidos em proteínas.
46. **PERGUNTA DE RACIOCÍNIO** Por que é vantajoso que os polissacarídeos tenham cadeias ramificadas? Como é possível atingir essas características estruturais?
47. **PERGUNTA DE RACIOCÍNIO** Por que o polissacarídeo quitina é o material adequado para o exoesqueleto de invertebrados como as lagostas? Que outro tipo de material pode desempenhar uma função semelhante?
48. **PERGUNTA DE RACIOCÍNIO** As paredes celulares bacterianas poderiam ser constituídas de proteínas grandes? Justifique sua resposta.
49. **PERGUNTA DE RACIOCÍNIO** Alguns atletas ingerem alimentos com alto teor em carboidratos antes de eventos esportivos. Sugira a base bioquímica para esta prática.

50. **PERGUNTA DE RACIOCÍNIO** Você é o assistente do professor em um laboratório de química geral. O próximo experimento é uma titulação de oxirredução envolvendo iodo. Você pega um indicador de amido do estoque. Por que ele é necessário?
51. **PERGUNTA DE RACIOCÍNIO** Amostras de sangue para pesquisas ou testes médicos algumas vezes precisam da adição de heparina. Por que isso é feito?
52. **PERGUNTA DE RACIOCÍNIO** Com base em seus conhecimentos sobre ligações glicosídicas, proponha um esquema para a formação de ligações covalentes entre o carboidrato e as porções de proteína de glicoproteínas.

16-5 Glicoproteínas

53. **VERIFICAÇÃO DE FATOS** O que são glicoproteínas? Quais são algumas de suas funções bioquímicas?
54. **CONEXÕES BIOQUÍMICAS** Indique brevemente a função das glicoproteínas como determinantes antigênicos para grupos sanguíneos.

Glicólise

17

17-1 A Via Total da Glicólise

Passaremos os próximos quatro capítulos falando sobre o metabolismo de carboidrato por causa de seu papel central nos processos da vida. Este capítulo e o seguinte focarão nas reações da glicose, que é um dos açúcares mais amplamente distribuídos na natureza. O assunto deste capítulo é a glicólise, sua conversão em piruvato, e o controle desta via.

O primeiro estágio do metabolismo da glicose em organismos – da bactéria aos humanos – é chamado **glicólise**, e esta foi a primeira via bioquímica elucidada. Na glicólise, uma molécula de glicose (um composto de seis carbonos) é convertida em frutose-1,6-*bis*fosfato (também um composto de seis carbonos), que eventualmente gera duas moléculas de piruvato (um composto de três carbonos) (Figura 17.1). A via glicolítica (também chamada via Embden-Meyerhoff) envolve várias etapas, incluindo as reações em que os metabólitos da glicose são oxidados.

glicólise quebra anaeróbica de glicose em compostos de três carbonos

RESUMO DO CAPÍTULO

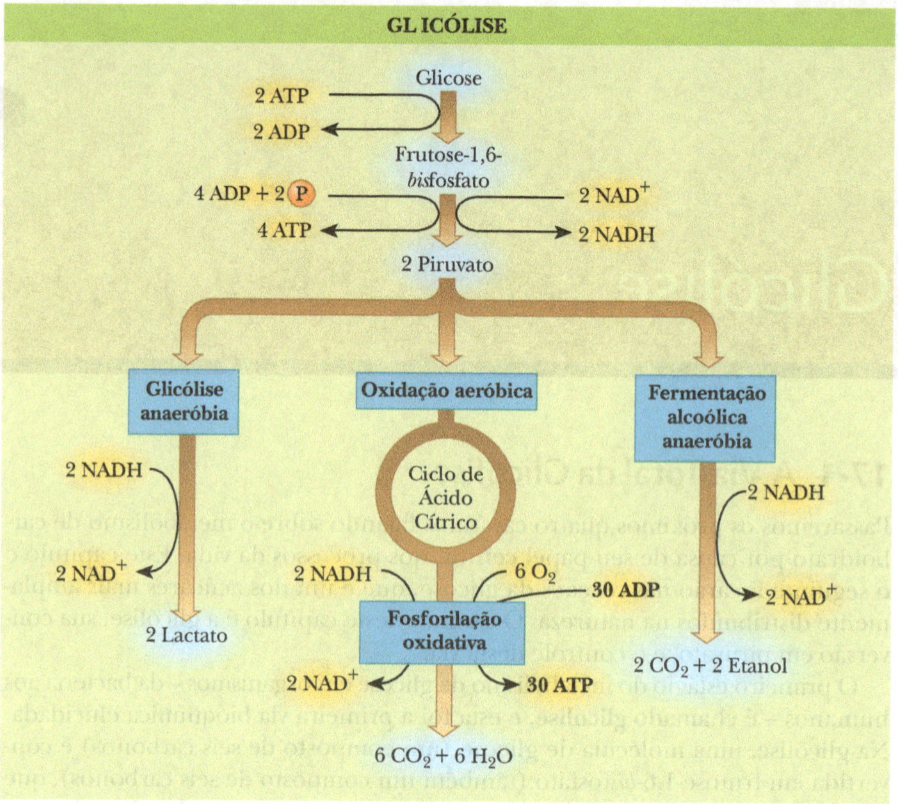
GLICÓLISE
Glicose
2 ATP
2 ADP
Frutose-1,6-bisfosfato
4 ADP + 2 P
4 ATP
2 NAD+
2 NADH
2 Piruvato
Glicólise anaeróbia
Oxidação aeróbica
Fermentação alcoólica anaeróbia
2 NADH
2 NAD+
2 Lactato
Ciclo de Ácido Cítrico
2 NADH
6 O2
30 ADP
Fosforilação oxidativa
2 NAD+
30 ATP
6 CO2 + 6 H2O
2 NADH
2 NAD+
2 CO2 + 2 Etanol

FIGURA 17.1 Uma molécula de glicose é convertida em duas moléculas de piruvato. Sob condições aeróbias, o piruvato é oxidado a CO2 e H2O pelo ciclo do ácido cítrico (Capítulo 19) e pela fosforilação oxidativa (Capítulo 20). Sob condições anaeróbias, o lactato é produzido principalmente nos músculos. A fermentação alcoólica ocorre nas leveduras. O NADH produzido na conversão da glicose a piruvato é reoxidado a NAD+ nas reações subsequentes do piruvato.

Cada reação da via é catalisada por uma enzima específica para tal reação. Em cada uma das duas reações na via, uma molécula de ATP é hidrolisada para cada molécula de glicose metabolizada; a energia liberada na hidrólise dessas duas moléculas de ATP possibilita a ocorrência de reações endergônicas acopladas. Em cada uma das duas outras reações, duas moléculas de ATP são produzidas pela fosforilação do ADP, gerando um total de quatro moléculas ATP produzidas para cada molécula de glicose. Uma comparação do número de moléculas de ATP utilizadas pela hidrólise (duas) e o número produzido (quatro) mostra que há um ganho líquido de duas moléculas de ATP para cada molécula de glicose processada na glicólise (Seção 15-6). A glicólise desempenha um papel fundamental na forma como os organismos extraem energia dos nutrientes.

Quais são os possíveis destinos do piruvato na glicólise?

Quando o piruvato é formado, ele pode ter vários destinos (Figura 17.1). No metabolismo aeróbio (na presença de oxigênio), o piruvato perde dióxido de carbono, e os dois átomos de carbono restantes ficam ligados à coenzima A (Seção 15-7) como um grupo acetila para formar a acetil-CoA que, então, entra no ciclo do ácido cítrico (Capítulo 19). Há dois destinos para o piruvato no metabolismo anaeróbio (ausência de oxigênio). Em organismos capazes de fermentação alcoólica, o piruvato perde dióxido de carbono, desta vez produzindo acetaldeído, que é então reduzido a etanol (Seção 17-4). O destino mais comum para o piruvato no metabolismo anaeróbio é a sua redução a lactato, chamada **glicólise anaeróbia** para distingui-la da conversão de glicose em piruvato, que é chamada simplesmente glicólise. O metabolismo anaeróbio é a única fonte de energia nas hemácias dos mamíferos, assim como em diversas espécies de bactérias, como o *Lactobacillus* no soro do leite e o *Clostridium botulinum* em alimentos enlatados estragados. O quadro CONEXÕES **BIOQUÍMICAS 17.1** discute algumas aplicações práticas da fermentação.

glicólise anaeróbia via de conversão da glicose em lactato; diferente da glicólise, que é a conversão da glicose em piruvato

17.1 Conexões Bioquímicas | ciência ambiental

Biocombustíveis a Partir da Fermentação

A importante preocupação sobre a diminuição de combustíveis fósseis, especialmente aqueles baseados no petróleo, tem levado ao interesse no desenvolvimento de fontes de energia renováveis. Muitos tipos de matéria orgânica podem ser usadas como combustíveis. Madeira e esterco animal têm sido usados por séculos. Mesmo assim, muitos tipos de motores são projetados para operar com combustíveis líquidos, como a gasolina nos carros. O etanol é um produto líquido comum da fermentação de carboidratos, e seu uso como combustível está sendo discutido amplamente.

BIO 100
zł
dm³
zł / dm³
BIO
BIOESTER

Roobcio/Shutterstock.com

O etanol não é usado como o único combustível em um motor de combustão interna, mas normalmente é misturado com a gasolina.[1] Nos Estados Unidos, a formulação é designada com um número E, como E10, E25 ou E85, onde o número refere-se à porcentagem de etanol na mistura. Nos Estados Unidos, o E10 é frequentemente usado, e o uso do E25 é obrigatório no Brasil. O E85 é usado em alguns países europeus, particularmente na Suécia, onde é o combustível padrão para veículos flex, que podem rodar com gasolina ou misturas contendo etanol. O E85 também está se tornando mais disponível nos Estados Unidos. Apenas determinados veículos com a etiqueta "flex" podem usá-lo. Da mesma forma que as bombas de diesel têm um código de cores especial (verde), o E85 tem o código de cor amarela. Quando a bomba de E85 está localizada na mesma máquina que a gasolina normal, ela vem com um grande aviso que diz "Cuidado, isto não é gasolina", para ajudar as pessoas a evitar erros danosos.

É possível usar diversas fontes de carboidratos para obter etanol. Rejeitos de fábrica de papel, cascas de amendoim, serragem e lixo foram usados no passado. Observe que o papel e a serragem são basicamente celulose, que é um polímero da glicose. Quase qualquer tipo de material vegetal pode ser fermentado para produzir etanol, que é então recuperado por destilação. Talvez a fonte mais amplamente usada de etanol seja o milho.[2] Ele é certamente o grão mais cultivado nos Estados Unidos. O sorgo e a soja também foram sugeridos como fontes e também são amplamente cultivados. Muitas comunidades agrícolas no meio-oeste americano se alegraram com esta tendência no sentido de um crescimento econômico. Por outro lado, tem surgido uma preocupação quanto ao desvio de grãos alimentícios para a energia, e muitos economistas estão prevendo um aumento nos preços de muitos itens alimentícios à medida que o suprimento de grãos alimentícios diminuir para suprir a produção de biocombustíveis. Este ponto é assunto de vários editoriais e cartas ao editor em um amplo espectro de veículos de notícias tanto da ciência quanto de economia. O uso de biocombustíveis, particularmente na forma de etanol, está na sua infância. Podemos esperar ouvir muito mais debate sobre o assunto nos próximos anos. ◗

[1] NT: Como é do conhecimento de todos, este não é o caso no Brasil. O etanol vem sendo usado, por décadas, como o único combustível nos automóveis, além de também ser misturado à gasolina.

[2] NT: Este não é o caso no Brasil, que obtém o etanol da fermentação da cana-de-açúcar.

Em todas essas reações, a conversão de glicose ao produto é uma reação de oxidação, exigindo um acompanhamento das reações de redução onde o NAD^+ é convertido em NADH – um ponto que será retomado quando a via for discutida com detalhes. A quebra da glicose em piruvato pode ser resumida da seguinte maneira:

$$\text{Glicose } (\textbf{6 átomos de carbono}) \rightarrow 2 \text{ Piruvato } (\textbf{3 átomos de carbono})$$

$$2\text{ATP} + 4\text{ADP} + 2\text{P}_i \rightarrow 2\text{ADP} + 4\text{ATP} \ (\textbf{Fosforilação})$$

$$\text{Glicose} + 2\text{ADP} + 2\text{P}_i \rightarrow 2 \text{ Piruvato} + 2\text{ATP} \ (\textbf{Reação final})$$

A Figura 17.2 mostra a sequência de reações com os nomes dos compostos. Todos os açúcares na via têm a configuração D; este ponto será assumido para o capítulo todo.

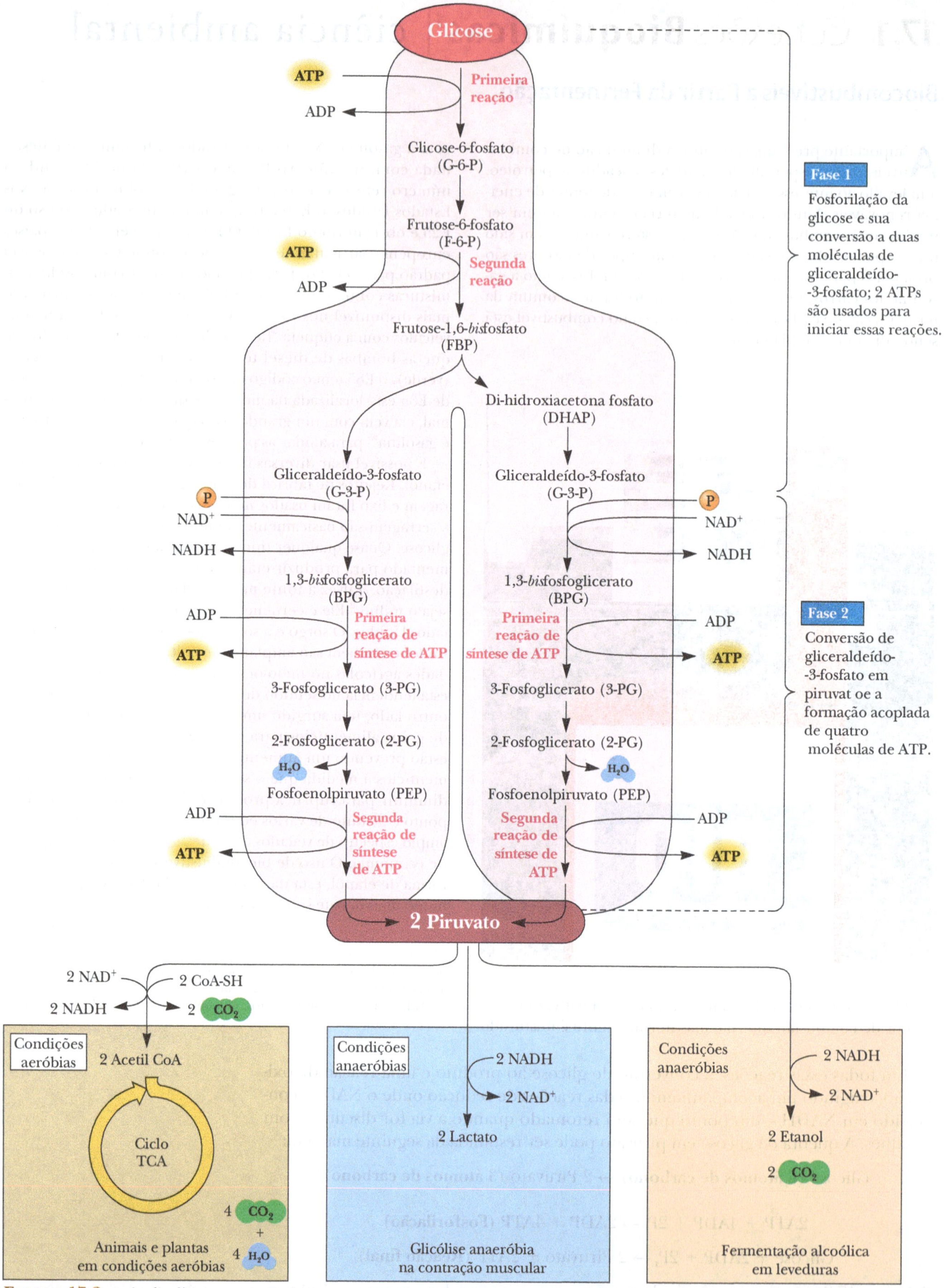

Glicose
ATP
ADP
Primeira reação
Glicose-6-fosfato (G-6-P)
Frutose-6-fosfato (F-6-P)
ATP
ADP
Segunda reação
Frutose-1,6-*bis*fosfato (FBP)
Di-hidroxiacetona fosfato (DHAP)
Gliceraldeído-3-fosfato (G-3-P)
Gliceraldeído-3-fosfato (G-3-P)
P
NAD^+
NADH
1,3-*bis*fosfoglicerato (BPG)
ADP
ATP
Primeira reação de síntese de ATP
3-Fosfoglicerato (3-PG)
2-Fosfoglicerato (2-PG)
H_2O
Fosfoenolpiruvato (PEP)
Segunda reação de síntese de ATP
2 Piruvato
Fase 1
Fosforilação da glicose e sua conversão a duas moléculas de gliceraldeído-3-fosfato; 2 ATPs são usados para iniciar essas reações.
Fase 2
Conversão de gliceraldeído-3-fosfato em piruvat oe a formação acoplada de quatro moléculas de ATP.
2 NAD^+
2 CoA-SH
2 NADH
2 CO_2
Condições aeróbias
2 Acetil CoA
Ciclo TCA
4 CO_2
+
4 H_2O
Animais e plantas em condições aeróbias
Condições anaeróbias
2 NADH
2 NAD^+
2 Lactato
Glicólise anaeróbia na contração muscular
Condições anaeróbias
2 NADH
2 NAD^+
2 Etanol
2 CO_2
Fermentação alcoólica em leveduras

FIGURA 17.2 A via glicolítica.

Quais são as reações da glicólise?

Etapa 1. ***Fosforilação*** da glicose para produzir glicose-6-fosfato (ATP é a fonte do grupo fosfato). (Veja a Equação 17.1.)

Glicose + ATP → Glicose-6-fosfato + ADP

Etapa 2 ***Isomerização*** de glicose-6-fosfato para produzir frutose-6-fosfato. (Veja a Equação 17.2.)

Glicose-6-fosfato → Frutose-6-fosfato

Etapa 3. ***Fosforilação*** de frutose-6-fosfato para produzir frutose-1,6-*bis*fosfato (ATP é a fonte do grupo fosfato). (Veja a Equação 17.3.)

Frutose-6-fosfato + ATP → Frutose-1,6-*bis*fosfato + ADP

Etapa 4. ***Clivagem*** da frutose-1,6-*bis*fosfato para produzir dois fragmentos de 3 carbonos, o gliceraldeído-3-fosfato e a di-hidroxiacetona fosfato. (Veja a Equação 17.4.)

Frutose 1,6-*bis*fosfato → Gliceraldeído-3-fosfato + Di-hidroxiacetona fosfato

Etapa 5. ***Isomerização*** de di-hidroxiacetona fosfato para produzir gliceraldeído-3-fosfato. (Veja a Equação 17.5.)

Di-hidroxiacetona fosfato → Gliceraldeído-3-fosfato

Etapa 6 ***Oxidação*** (e fosforilação) de gliceraldeído-3-fosfato para produzir 1,3-*bis*fosfoglicerato. (Veja a Equação 17.6.)

Gliceraldeído-3-fosfato + NAD^+ + P_i → NADH + 1,3-*bis*fosfoglicerato + H^+

Etapa 7. ***Transferência de um grupo fosfato*** de 1,3-*bis*fosfoglicerato para o ADP (fosforilação do ADP a ATP) para produzir 3-fosfoglicerato. (Veja a Equação 17.7.)

1,3-*bis*fosfoglicerato + ADP → 3-Fosfoglicerato + ATP

Etapa 8. ***Isomerização*** de 3-fosfoglicerato para produzir 2-fosfoglicerato. (Veja a Equação 17.8.)

3-Fosfoglicerato → 2-Fosfoglicerato

Etapa 9. ***Desidratação*** de 2-fosfoglicerato para produzir fosfoenolpiruvato. (Veja a Equação 17.9.)

2-Fosfoglicerato → Fosfoenolpiruvato + H_2O

Etapa 10. ***Transferência de um grupo fosfato*** do fosfoenolpiruvato a ADP (fosforilação do ADP a ATP) para produzir piruvato. (Veja a Equação 17.10.)

Fosfoenolpiruvato + ADP → Piruvato + ATP

Observe que somente uma de dez etapas desta via envolve uma reação de transferência de elétrons. Cada uma dessas reações será vista agora em detalhes.

17-2 Conversão da Glicose de 6 Carbonos no Gliceraldeído-3-Fosfato de 3 Carbonos

As primeiras etapas da via glicolítica preparam a transferência de elétrons e a eventual fosforilação do ADP; essas reações utilizam a energia livre da hidrólise do ATP. A Figura 17.3 resume esta parte da via, que é frequentemente chamada *fase de preparação* da glicólise.

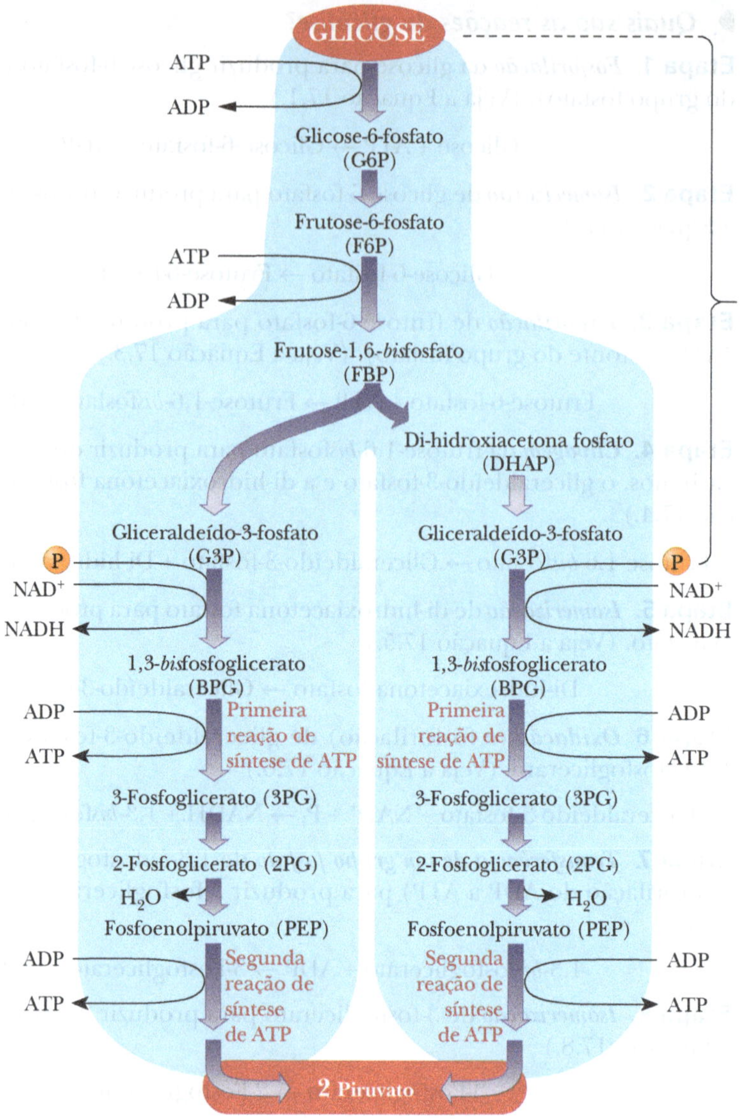
GLICOSE
ATP
ADP
Glicose-6-fosfato
(G6P)
Frutose-6-fosfato
(F6P)
ATP
ADP
Frutose-1,6-bisfosfato
(FBP)
Di-hidroxiacetona fosfato
(DHAP)
Gliceraldeído-3-fosfato
(G3P)
Gliceraldeído-3-fosfato
(G3P)
P
NAD+
NADH
P
NAD+
NADH
1,3-bisfosfoglicerato
(BPG)
1,3-bisfosfoglicerato
(BPG)
ADP
ATP
Primeira reação de síntese de ATP
Primeira reação de síntese de ATP
ADP
ATP
3-Fosfoglicerato (3PG)
3-Fosfoglicerato (3PG)
2-Fosfoglicerato (2PG)
2-Fosfoglicerato (2PG)
H2O
H2O
Fosfoenolpiruvato (PEP)
Fosfoenolpiruvato (PEP)
ADP
ATP
Segunda reação de síntese de ATP
Segunda reação de síntese de ATP
ADP
ATP
2 Piruvato

FIGURA 17.3 **A conversão de glicose em gliceraldeído-3-fosfato.** Na primeira fase da glicólise, cinco reações convertem uma molécula de glicose em duas moléculas de gliceraldeído-3-fosfato. As estruturas estão mostradas na página ao lado.

Quais reações convertem a glicose-6-fosfato em gliceraldeído-3--fosfato?

Etapa 1. A glicose é fosforilada para produzir glicose-6-fosfato. A fosforilação da glicose é uma reação endergônica.

$$\text{Glicose} + P_i \rightarrow \text{Glicose-6-fosfato} + H_2O$$

$$\Delta G^{\circ\prime} = 13{,}8 \text{ kJ mol}^{-1} = 3{,}3 \text{ kcal mol}^{-1}$$

A hidrólise do ATP é exergônica.

$$\text{ATP} + H_2O \rightarrow \text{ADP} + P_i$$

$$\Delta G^{\circ\prime} = -30{,}5 \text{ kJ mol}^{-1} = -7{,}3 \text{ kcal mol}^{-1}$$

Essas duas reações estão acopladas, então a reação geral correspondente à soma das duas e é exergônica.

$$\text{Glicose} + \text{ATP} \rightarrow \text{Glicose-6-fosfato} + \text{ADP}$$

$$\Delta G^{\circ\prime} = (13{,}8 + -30{,}5) \text{ kJ mol}^{-1} = -16{,}7 \text{ kJ mol}^{-1} = -4{,}0 \text{ kcal mol}^{-1}$$

Nas cinco primeiras etapas da glicólise, uma molécula de glicose de 6 carbonos é dividida em dois compostos de 3 carbonos.

Duas moléculas de ATP são necessárias para essas reações.

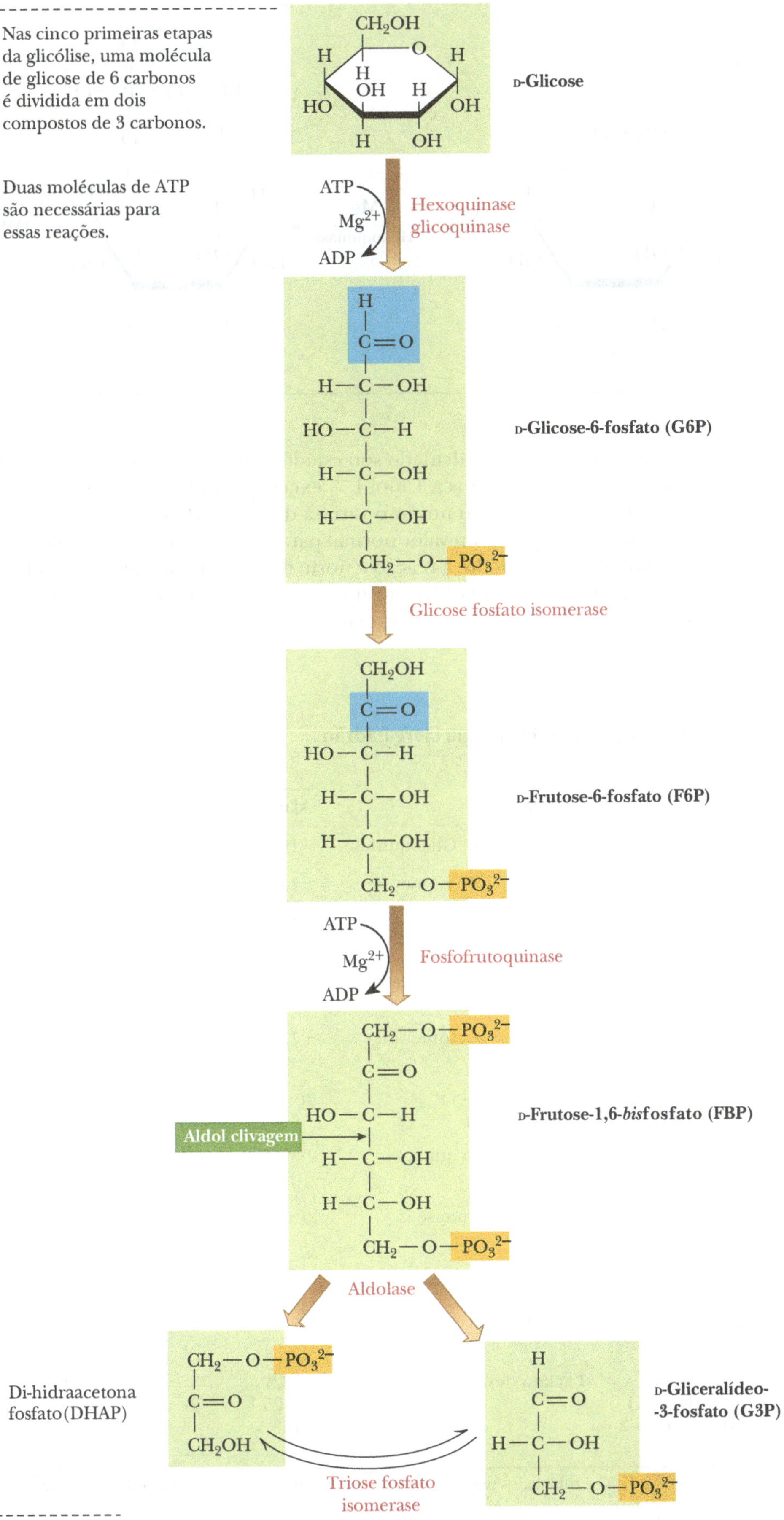
D-Glicose
ATP
Mg^{2+}
ADP
Hexoquinase
glicoquinase
D-Glicose-6-fosfato (G6P)
Glicose fosfato isomerase
D-Frutose-6-fosfato (F6P)
ATP
Mg^{2+}
ADP
Fosfofrutoquinase
D-Frutose-1,6-*bis*fosfato (FBP)
Aldol clivagem
Aldolase
Di-hidraacetona fosfato(DHAP)
D-Gliceralídeo-
-3-fosfato (G3P)
Triose fosfato
isomerase

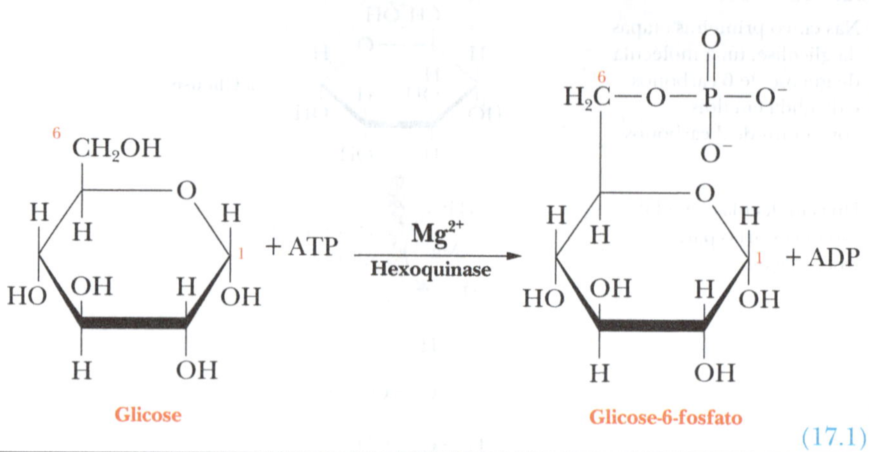
CH₂OH
+ ATP
Mg²⁺
Hexoquinase
+ ADP
Glicose
Glicose-6-fosfato

(17.1)

Lembre-se de que o $\Delta G°'$ é calculado sob estados padrão com concentração de todos os reagentes e produtos a 1 mol L^{-1}, exceto o íon hidrogênio. Se observarmos o ΔG real na célula, o número variará dependendo do tipo de célula e do estado metabólico, mas um valor normal para essa reação é –33,9 kJ mol^{-1} ou –8,12 kcal mol^{-1}. Desse modo, a reação é normalmente ainda mais favorável sob condições celulares. A Tabela 17.1 mostra os valores de $\Delta G°'$ e ΔG para todas as reações da glicólise anaeróbia em eritrócitos.

TABELA 17.1 As Reações da Glicólise e Suas Variações de Energia Livre Padrão

Etapa	Reação	Enzima	$\Delta G°'$* kJ mol^{-1}	$\Delta G°'$* kcal mol^{-1}	ΔG** kJ mol^{-1}
1	Glicose + ATP → Glicose-6-fosfato + ADP	Hexoquinase/Glicoquinase	−16,7	−4,0	−33,9
2	Glicose-6-fosfato → Frutose-6-fosfato	Glicose fosfato isomerase	+1,67	+0,4	−2,92
3	Frutose-6-fosfato + ATP → Frutose-1,6-*bis*fosfato + ADP	Fosfofrutoquinase	−14,2	−3,4	−18,8
4	Frutose-1,6-*bis*fosfato → Di-hidroxiacetona fosfato + Gliceraldeído-3-fosfato	Aldolase	+23,9	+5,7	−0,23
5	Di-hidroxiacetona fosfato → Gliceraldeído-3-fosfato	Triose fosfato isomerase	+7,56	+1,8	+2,41
6	2(Gliceraldeído-3-fosfato + NAD^+ + P_i → 1,3-*bis*fosfoglicerato + NADH + H^+)	Gliceraldeído-3-P desidrogenase	2(+6,20)	2(+1,5)	2(−1,29)
7	2(1,3-*bis*fosfoglicerato + ADP → 3-Fosfoglicerato + ATP)	Fosfoglicerato quinase	2(−18,8)	2(−4,5)	2(+0,1)
8	2(3-Fosfoglicerato → 2-Fosfoglicerato)	Fosfogliceromutase	2(+4,4)	2(+1,1)	2(+0,83)
9	2(2-Fosfoglicerato → Fosfoenolpiruvato + H_2O)	Enolase	2(+1,8)	2(+0,4)	2(+1,1)
10	2(Fosfoenolpiruvato + ADP → Piruvato + ATP)	Piruvato quinase	2(−31,4)	2(−7,5)	2(−23,0)
Total	Glicose + 2ADP + $2P_i$ + NAD^+ → 2Piruvato → 2ATP + NADH + H^+ 2(Piruvato + NADH + H^+ → Lactato + NAD^+) Glicose + 2ADP + $2P_i$ → 2 Lactato + 2ATP	Lactato desidrogenase	−73,3 2(−25,1) −123,5	−17,5 2(−6,0) −29,5	−98,0 2(−14,8) −127,6

* Os valores de $\Delta G°'$ são considerados os mesmos a 25 °C e 37 °C e calculados para as condições de estado padrão (1 mol L–1 de concentração dos reagentes e produtos, pH 7,0).
** Os valores de ΔG são calculados a 310 K (37 °C) utilizando as concentrações de estado padrão desses metabólitos encontrados em eritrócitos.

Essa reação ilustra o uso da energia química originalmente produzida pela oxidação de nutrientes e finalmente capturada pela fosforilação do ADP a ATP. Lembre, da Seção 15-6, que o ATP não representa energia armazenada, assim como uma corrente elétrica não é um modo de armazenamento. A energia química dos nutrientes é liberada pela oxidação e disponibilizada para uso imediato sob demanda ao ser capturada na forma de ATP.

A enzima que catalisa essa reação é a **hexoquinase**. O termo *quinase* é aplicado à classe de enzimas dependentes de ATP que transferem um grupo fosfato do ATP para o substrato. O substrato da hexoquinase não é necessariamente a glicose; ao invés, pode ser qualquer uma das várias hexoses, como a glicose, a frutose e a manose. A glicose-6-fosfato inibe a atividade da hexoquinase; este é um ponto de controle da via. Alguns organismos ou tecidos contêm várias isaenzimas de hexoquinase. Uma isoforma da hexoquinase encontrada no fígado humano, chamada glicoquinase, diminui os níveis de glicose no sangue após as refeições. A glicoquinase do fígado requer um nível de substrato muito maior que a hexoquinase para poder atingir a saturação. Por esse motivo, quando os níveis de glicose estão altos, o fígado pode metabolizar a glicose por meio da glicólise preferencialmente sobre todos os outros tecidos. Quando os níveis de glicose estão baixos, a hexoquinase ainda estará ativa em todos os tecidos. O quadro CONEXÕES **BIOQUÍMICAS 17.2** discute a importância de manter os níveis de glicose no sangue em uma faixa normal.

hexoquinase a primeira enzima da glicólise

17.2 Conexões Bioquímicas | aliado à saúde

Os Golfinhos como Modelo para os Humanos com Diabetes

Os golfinhos fascinam os humanos pelo menos desde os tempos dos gregos antigos. O nível de interesse pode aumentar com o anúncio, em fevereiro de 2010, de que os golfinhos podem compartilhar com os humanos os sintomas típicos da diabetes tipo 2.

Por vários anos, veterinários monitoraram a saúde de 52 golfinhos pertencentes à Marinha norte-americana. As amostras de sangue revelaram que os golfinhos em jejum têm altos níveis de glicose no sangue, similar à diabetes humana. Os níveis de glicose retornam ao normal após uma refeição. Os golfinhos têm sido observados para manter os níveis de glicose em uma alimentação rica em proteínas. Quando os animais têm altos níveis de glicose, também têm altos níveis de ferro e triglicérides no sangue, típicos da diabetes. Os golfinhos e os humanos respondem a dietas baixas em carboidratos e altas em proteínas com mudanças metabólicas similares. Além disso, o sistema nervoso central de ambas as espécies têm uma alta demanda por glicose, em vista da alta proporção entre a massa do corpo e do cérebro comum a ambos. Essas similaridades, combinadas com a maneira como os sintomas podem ser ligados e desligados com a dieta nos golfinhos, os tornam um modelo para os humanos com diabetes. ◗

Quicksnap Photo/Shutterstock.com

Os golfinhos podem compartilhar os sintomas da diabetes tipo 2 com os humanos.

Uma grande alteração conformacional ocorre na hexoquinase quando o substrato é ligado. Foi mostrado por cristalografia de raios X que, na ausência de substrato, dois lobos da enzima que envolvem o sítio de ligação ficam bem distantes. Quando a glicose é ligada os dois lobos aproximam-se, e a glicose fica quase completamente cercada pela proteína (Figura 17.4).

Esse tipo de comportamento é consistente com a teoria de encaixe induzido da ação da enzima (Seção 6-4). Em todas as quinases para as quais a estrutura é conhecida existe uma fenda que se fecha quando o substrato é ligado.

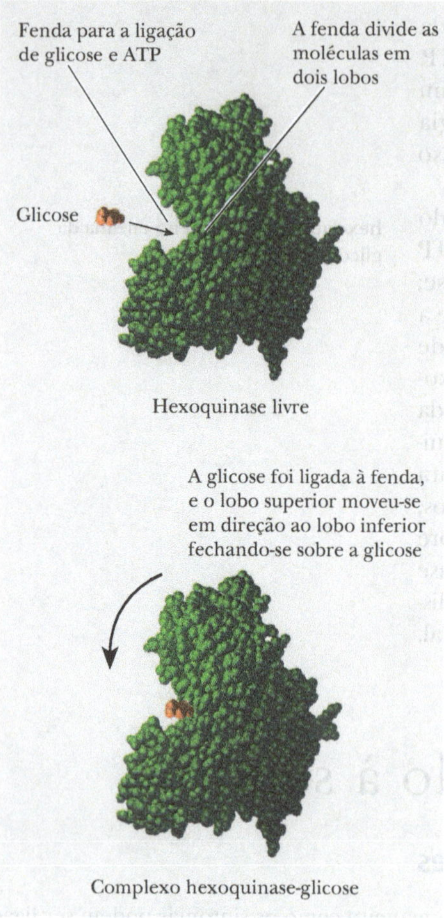
Fenda para a ligação de glicose e ATP
A fenda divide as moléculas em dois lobos
Glicose
Hexoquinase livre
A glicose foi ligada à fenda, e o lobo superior moveu-se em direção ao lobo inferior fechando-se sobre a glicose
Complexo hexoquinase-glicose

FIGURA 17.4 **Uma comparação das conformações da hexoquinase e do complexo hexoquinase-glicose.**

Etapa 2. A glicose-6-fosfato é isomerizada para produzir frutose-6-fosfato. A **glicose fosfato isomerase** é a enzima que catalisa essa reação. O grupo aldeído C-1 da glicose-6-fosfato é reduzido a um grupo hidroxila, e o grupo hidroxila no C-2 é oxidado para produzir o grupo cetona da frutose-6-fosfato, sem nenhuma oxidação ou redução final. (Lembre, da Seção 16-1, que a glicose é uma aldose, um açúcar cuja estrutura acíclica, de cadeia aberta, contém um grupo aldeído, ao passo que a frutose é uma cetose, um açúcar cuja estrutura correspondente contém um grupo cetona.) As formas fosforiladas, glicose-6-fosfato e frutose-6-fosfato, são uma aldose e uma cetose, respectivamente.

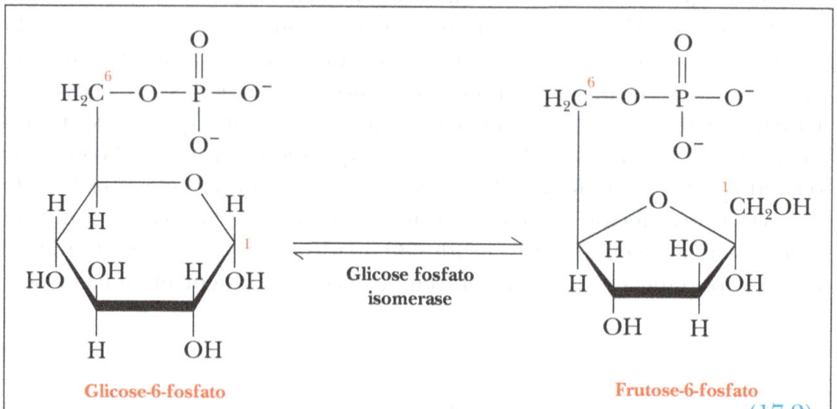
Glicose fosfato isomerase
Glicose-6-fosfato
Frutose-6-fosfato

(17.2)

Etapa 3. A frutose-6-fosfato é novamente fosforilada, produzindo frutose-1,6-*bis*fosfato.

Como na reação descrita na Etapa 1, a reação endergônica da fosforilação de frutose-6-fosfato é acoplada a uma reação exergônica de hidrólise do ATP, e a reação geral é exergônica (veja a Tabela 17.1).

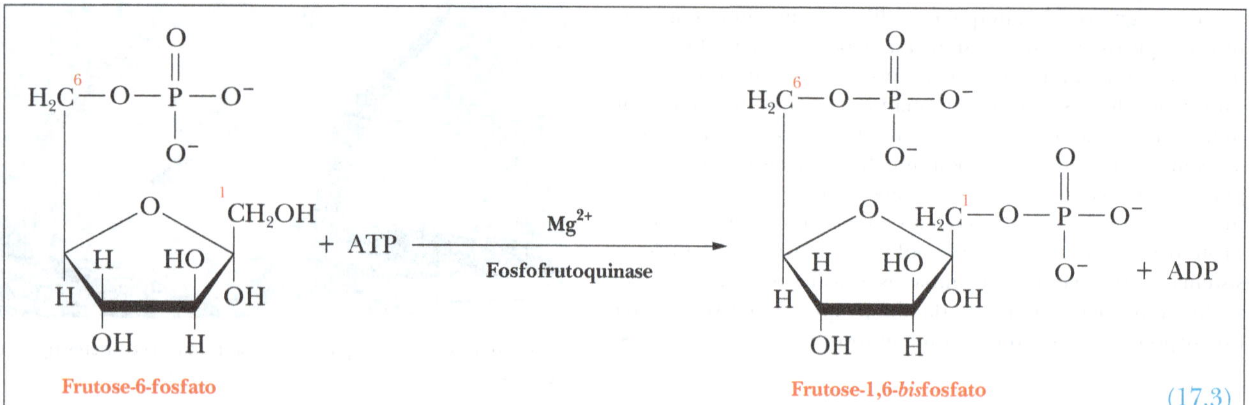
+ ATP
Mg^{2+}
Fosfofrutoquinase
+ ADP
Frutose-6-fosfato
Frutose-1,6-*bis*fosfato

(17.3)

glicose fosfato isomerase enzima que catalisa a conversão de glicose-6-fosfato em frutose-6-fosfato

fosfofrutoquinase principal enzima no controle alostérico na glicólise; catalisa a fosforilação da frutose-6-fosfato

A reação na qual a frutose-6-fosfato é fosforilada para produzir frutose-1,6-*bis*fosfato é uma reação que torna o açúcar comprometido com a glicólise. A glicose-6-fosfato e a frutose-6-fosfato podem desempenhar papéis em outras vias, mas a frutose-1,6-*bis*fosfato não. Depois que a frutose-1,6-*bis*fosfato é formada a partir do açúcar original, nenhuma outra via está disponível e a molécula deve submeter-se ao restante das reações da glicólise. A fosforilação de frutose-6-fosfato é altamente exergônica e irreversível, e a **fosfofrutoquinase**, enzima que a catalisa, é a principal enzima reguladora da glicólise.

A fosfofrutoquinase é um tetrâmero que está sujeito à regulação alostérica do tipo discutido no Capítulo 7. Há dois tipos de subunidades, designadas M e L, que podem se combinar em tetrâmeros para gerar diferentes permutações (M_4, M_3L, M_2L_2, ML_3 e L_4). Essas combinações de subunidades são denominadas **isoenzimas** e possuem diferenças físicas e cinéticas sutis (Figura 17.5). As subunidades diferem ligeiramente na composição de aminoácidos e, assim, as duas isoenzimas podem ser separadas uma da outra por eletroforese (Capítulo 5). A forma tetramérica que ocorre em músculos é designada M_4, ao passo que a do fígado é designada L_4. Nas hemácias é possível encontrar várias combinações. Indivíduos que não possuem o gene que direciona a síntese da forma M da enzima podem realizar glicólise no fígado, mas sofrem de fraqueza muscular porque não têm a enzima nos músculos.

Quando a velocidade da reação da fosfofrutoquinase é observada em concentrações variáveis de substrato (frutose-6-fosfato), obtém-se a curva sigmoidal normal das enzimas alostéricas. O ATP é um efetor alostérico nessa reação. Altos níveis de ATP diminuem a velocidade dessa reação, e baixos níveis de ATP estimulam a reação (Figura 17.6). Quando há um alto nível de ATP na célula, uma boa quantidade de energia química está prontamente disponível a partir da hidrólise do ATP. A célula não precisa metabolizar glicose para obter energia, então a presença do ATP inibe a via glicolítica nesse ponto. Há também outro efetor alostérico, mais potente, da fosfofrutoquinase. Esse efetor é a frutose-2,6-*bis*fosfato; seu modo de ação será discutido na Seção 18-3, quando forem abordados os mecanismos de controle gerais do metabolismo dos carboidratos.

Etapa 4. A frutose-1,6-*bis*fosfato é dividida em dois fragmentos de três carbonos. A reação de clivagem aqui é o oposto a uma condensação aldólica; a enzima que a catalisa é chamada **aldolase**. Na enzima isolada da maioria das fontes animais (sendo a muscular a mais extensivamente estudada), a cadeia lateral básica de um resíduo essencial de lisina desempenha um papel importante na catálise dessa reação. O grupo tiol de uma cisteína também age como base aqui.

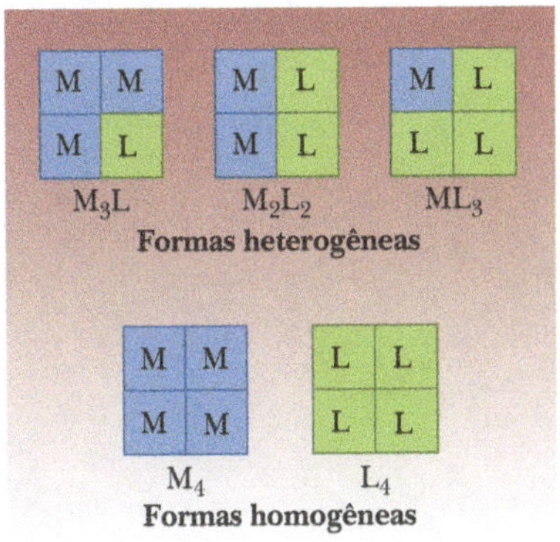
M M
M L
M M
L L
M L
M L
L L
M_3L
M_2L_2
ML_3
Formas heterogêneas
M M
M M
L L
L L
M_4
L_4
Formas homogêneas

FIGURA 17.5 As possíveis isoenzimas da fosfofrutoquinase.

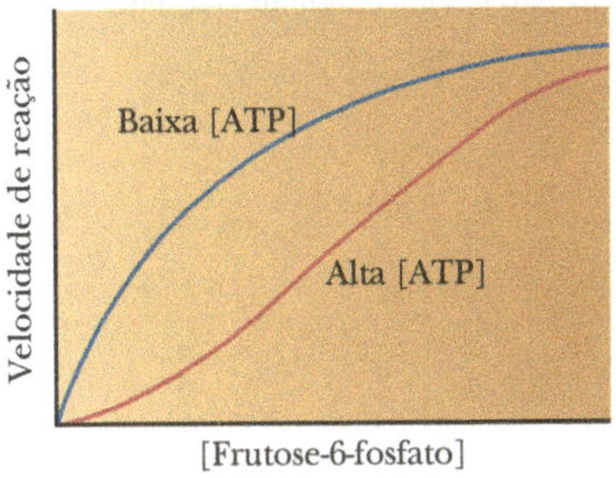
Velocidade de reação
Baixa [ATP]
Alta [ATP]
[Frutose-6-fosfato]

FIGURA 17.6 **Efeitos alostéricos na fosfofrutoquinase.** Em alta [ATP], a fosfofrutoquinase comporta-se cooperativamente e a representação da atividade da enzima em relação à [frutose-6-fosfato] é sigmoidal. Assim, a alta [ATP] inibe a PFK, diminuindo a afinidade da enzima pela frutose-6-fosfato.

isoenzimas formas múltiplas de uma enzima que catalisa a mesma reação total mas têm parâmetros físicos e cinéticos sutis

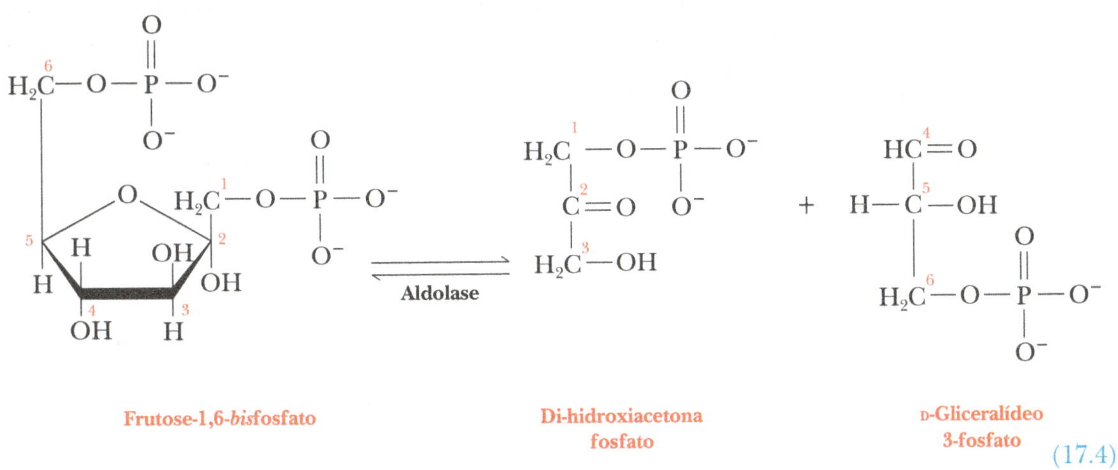
Aldolase
Frutose-1,6-*bis*fosfato
Di-hidroxiacetona fosfato
D-Gliceralídeo 3-fosfato

(17.4)

Etapa 5. A di-hidroxiacetona fosfato é convertida em gliceraldeído-3-fosfato.

aldolase na glicólise, enzima que catalisa a condensação reversa de aldol a partir da frutose-1,6-*bis*fosfato

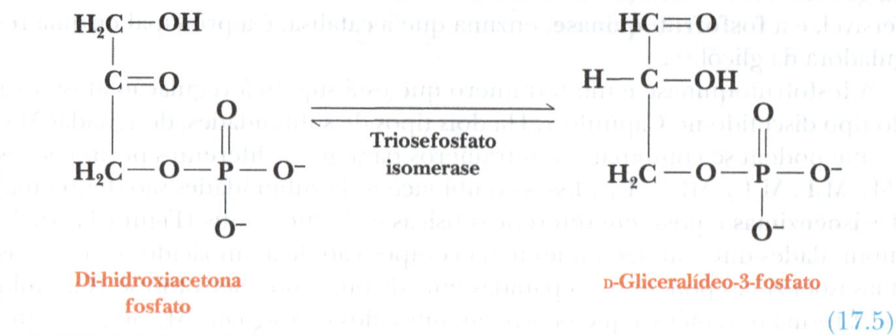
Triosefosfato isomerase
Di-hidroxiacetona fosfato
D-Gliceralídeo-3-fosfato

(17.5)

triosefosfato isomerase enzima que catalisa a conversão de di-hidroxiacetona fosfato em gliceraldeído-3-fosfato

A enzima que catalisa essa reação é a **triosefosfato isomerase**. (A di-hidroxiacetona e o gliceraldeído são trioses.)

Uma molécula de gliceraldeído-3-fosfato já foi produzida pela reação de aldolase; agora há uma segunda molécula de gliceraldeído-3-fosfato, produzida pela reação da triosefosfato isomerase. A molécula original da glicose, que contém seis átomos de carbono, foi convertida em duas moléculas de gliceraldeído-3-fosfato, cada uma contendo três átomos de carbono.

O valor de ΔG para essa reação sob condições fisiológicas é ligeiramente positivo (+2,41 kJ mol^{-1} ou +0,58 kcal mol^{-1}). Talvez seja tentador pensar que a reação não ocorreria e que a glicólise seria interrompida nesta etapa. É preciso lembrar que, assim como as reações acopladas que envolvem a hidrólise de ATP adicionam seus valores de ΔG para a reação geral, a glicólise é composta de várias reações que possuem valores de ΔG muito negativos e que podem levar à finalização da reação. Algumas reações na glicólise possuem valores de ΔG positivos baixos (veja a Tabela 17.1), mas quatro reações possuem valores negativos bem altos, portanto, o ΔG para todo o processo é negativo.

17-3 O Gliceraldeído é Convertido em Piruvato

Nesse momento, uma molécula de glicose (um composto de seis carbonos) que entrou na via foi convertida em duas moléculas de gliceraldeído-3-fosfato. Ainda não foi vista nenhuma reação de oxidação, mas, a partir de agora, elas serão encontradas. Lembre-se de que, no restante da via, duas moléculas de cada um dos compostos de três carbonos farão parte de todas as reações derivadas da molécula de glicose original. A Figura 17.7 resume a segunda parte da via, que é conhecida como *fase de compensação* da glicólise, visto que é nesta fase que o ATP é produzido e não utilizado.

Quais reações convertem o gliceraldeído-3-fosfato em piruvato?

Etapa 6. A oxidação do gliceraldeído-3-fosfato a 1,3-*bis*fosfoglicerato.

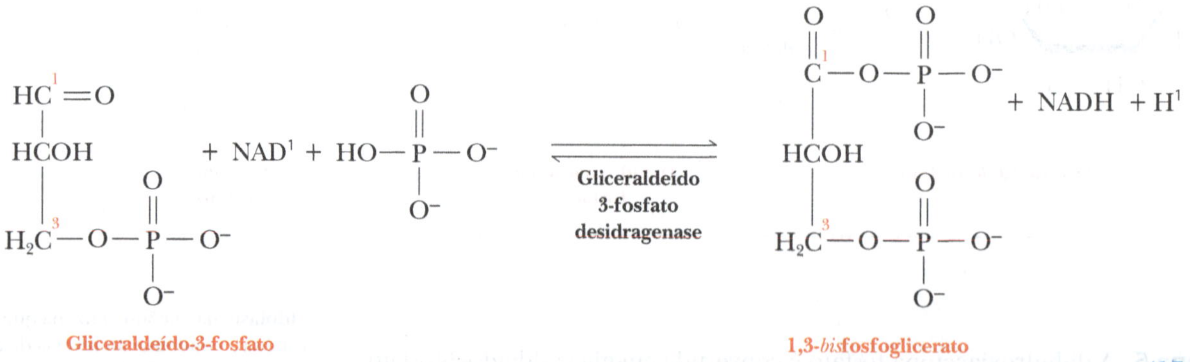
Gliceraldeído 3-fosfato desidragenase
Gliceraldeído-3-fosfato
1,3-bisfosfoglicerato

(17.6)

Esta reação é *a* reação característica da glicólise, e deve ser observada com mais atenção. Ela envolve a adição de um grupo fosfato ao gliceraldeído-3-fosfato, assim como uma reação de transferência de elétrons do gliceraldeído-3--fosfato para o NAD^+. Simplificaremos a discussão considerando as duas partes separadamente.

A semirreação de oxidação é aquela na qual um aldeído se transforma em um grupo de ácido carboxílico, na qual a água pode ser considerada parte da reação.

$$RCHO + H_2O \rightarrow RCOOH + 2H^+ + 2e^-$$

A semirreação de redução é NAD^+ a NADH (Seção 15-9).

$$NAD^+ + 2H^+ + 2e^- \rightarrow NADH + H^+$$

A reação redox geral é, portanto,

$$RCHO + H_2O + NAD^+ \rightarrow RCOOH + H^+ + NADH$$

onde R indica as porções da molécula, em vez dos grupos aldeído e do ácido carboxílico, respectivamente. A reação de oxidação é exergônica sob condições padrão ($\Delta G°' = -43,1$ kJ $mol^{-1} = -10,3$ kcal mol^{-1}), mas a oxidação é somente uma parte da reação geral.

O grupo fosfato que está ligado ao grupo carboxila não forma um éster, uma vez que uma ligação éster requer um álcool e um ácido. Em vez disso, o grupo do ácido carboxílico e o ácido fosfórico formam um anidrido misto de dois ácidos por meio da perda de água (Seção 2-2),

$$\text{3-Fosfoglicerato} + P_i \rightarrow \text{1,3-}bis\text{fosfoglicerato} + H_2O$$

onde as substâncias envolvidas na reação estão na forma ionizada apropriada ao pH 7. Observe que o ATP e o ADP não aparecem na equação. A fonte do grupo fosfato é o próprio íon fosfato, em vez do ATP. A reação de fosforilação é endergônica sob condições padrão ($\Delta G°' = 49,3$ kJ $mol^{-1} = 11,8$ kcal mol^{-1}).

A reação geral, incluindo a transferência de elétrons e a fosforilação, é

$$RCHO + HOPO_3^{22} + NAD^1 \rightleftharpoons RC(=O)—OPO_3^{22} + NADH + H^1$$

ou

Gliceraldeído-3-fosfato + P_i + NAD^+ $\xrightarrow{\text{Gliceraldeído-3-fosfato desidragnase}}$ 1,3-*bis*fosfoglicerato + NADH + H^+

Vejamos as duas reações que formam essa reação.

1. Oxidação do gliceraldeído-3-fosfato ($\Delta G°' =$ 43,1 kJ mol^{-1} = −10,3 kcal mol^{-1})

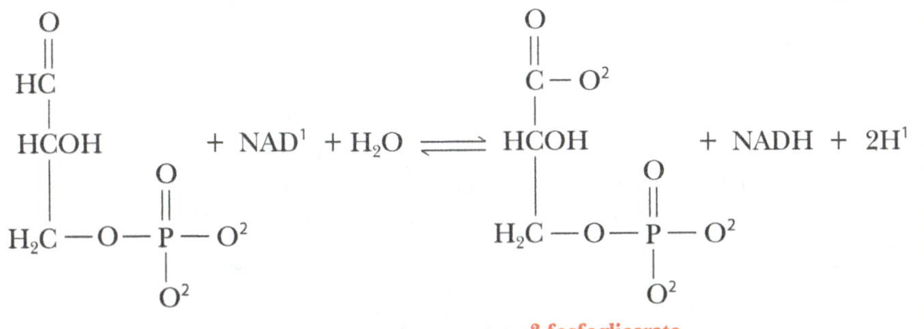
O
HC
HCOH
+ NAD1 + H2O
H2C—O—P—O2
O2
C—O2
HCOH
+ NADH + 2H1

Gliceraldeído 3-fosfato **3-fosfoglicerato**

2. Fostorilação do 3-fosfoglicerato ($\Delta G^{\circ\prime}$ = 49,3 kJ mol^{-1} = 11,8 kcal mol^{-1})

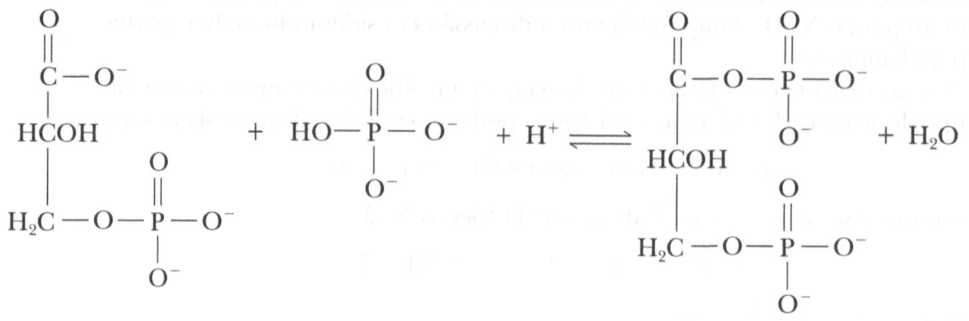

3-fosfoglicerato — **1,3-*bis*fosfoglicerato**

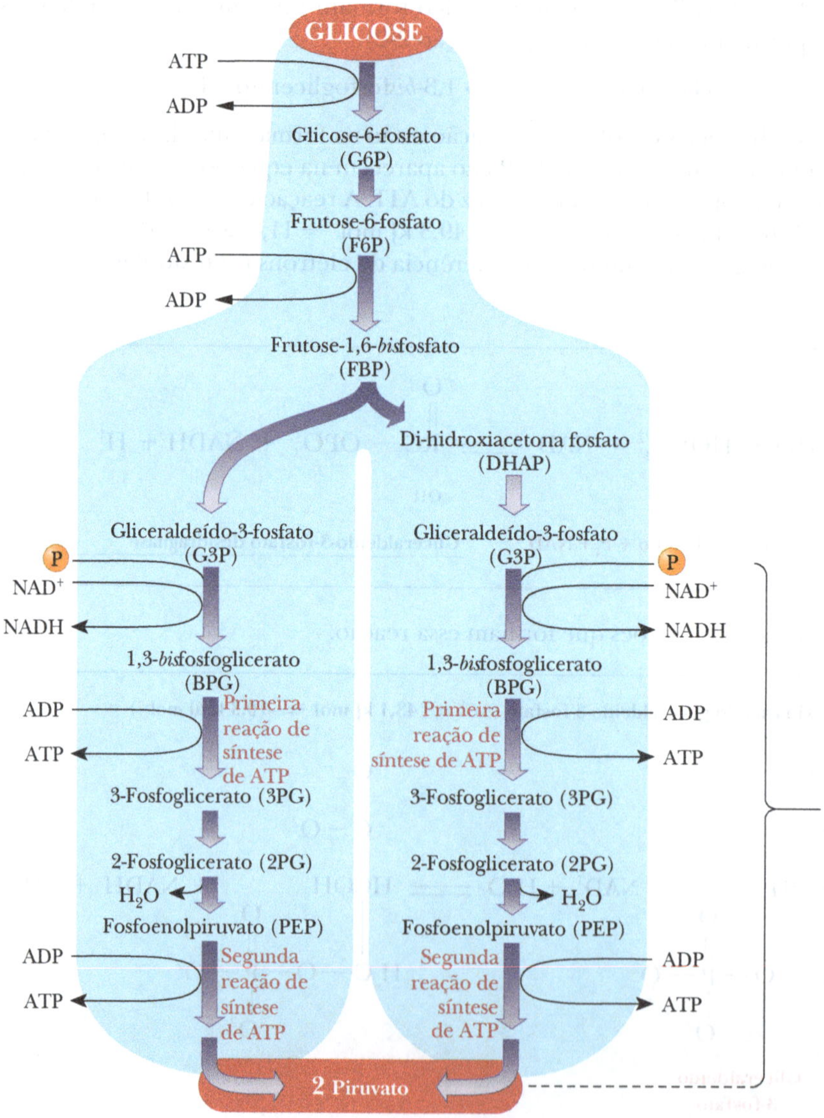
GLICOSE
ATP
ADP
Glicose-6-fosfato (G6P)
Frutose-6-fosfato (F6P)
ATP
ADP
Frutose-1,6-bisfosfato (FBP)
Di-hidroxiacetona fosfato (DHAP)
Gliceraldeído-3-fosfato (G3P)
Gliceraldeído-3-fosfato (G3P)
P
NAD+
NADH
1,3-bisfosfoglicerato (BPG)
ADP
ATP
Primeira reação de síntese de ATP
3-Fosfoglicerato (3PG)
2-Fosfoglicerato (2PG)
H2O
Fosfoenolpiruvato (PEP)
Segunda reação de síntese de ATP
2 Piruvato

FIGURA 17.7 **A segunda fase da glicólise.** As estruturas estão mostradas na página ao lado.

A variação de energia livre padrão para a reação geral corresponde à soma dos valores das reações de oxidação e fosforilação. A reação geral não está longe do equilíbrio, sendo apenas ligeiramente endergônica.

$$\begin{aligned}\Delta G^{\circ\prime}\text{ geral} &= \Delta G^{\circ\prime}\text{ oxidação} + \Delta G^{\circ\prime}\text{ fosforilação}\\ &= (-43{,}1\text{ kJ mol}^{-1}) + (49{,}3\text{ kJ mol}^{-1})\\ &= 6{,}2\text{ kJ mol}^{-1} = 1{,}5\text{ kcal mol}^{-1}\end{aligned}$$

Na segunda fase da glicólise, o gliceraldeído-3-fosfato é convertido em piruvato.

Essas reações produzem quatro moléculas de ATP, duas para cada molécula de piruvato produzida.

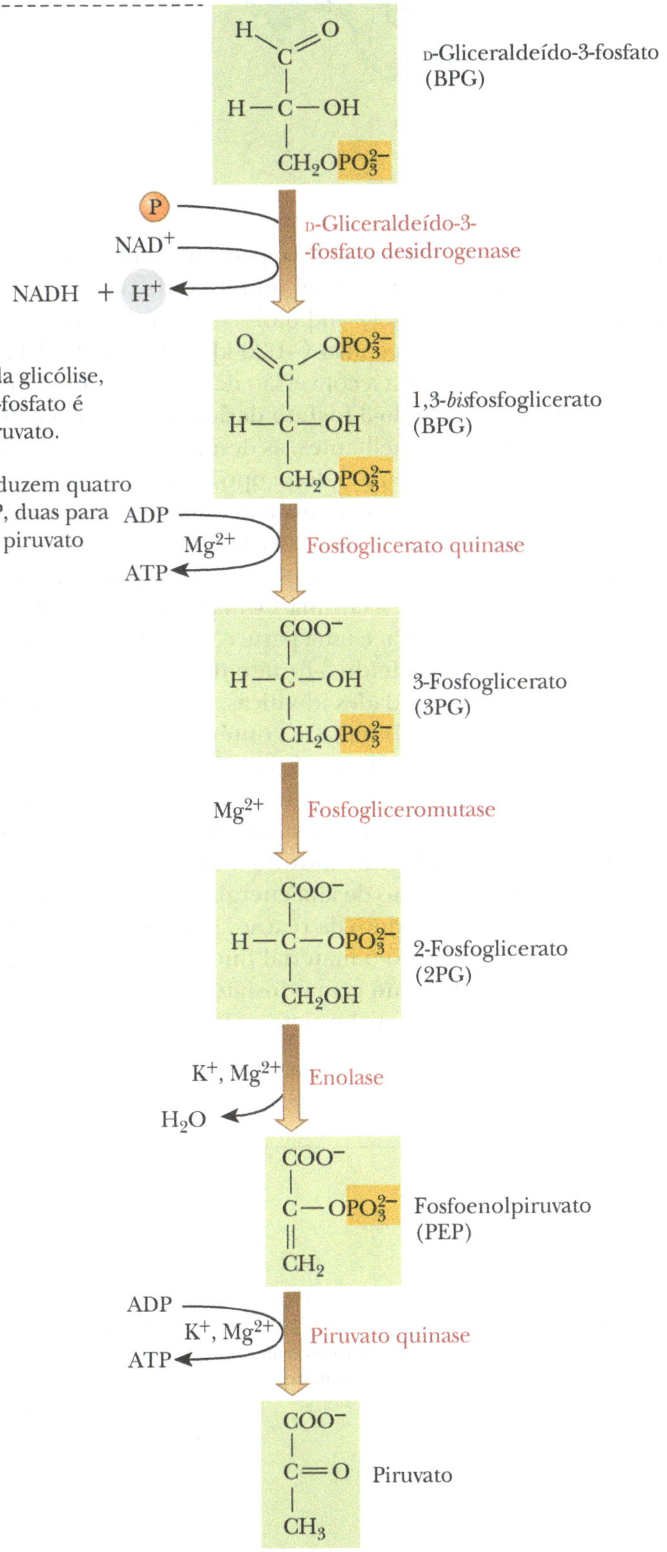
D-Gliceraldeído-3-fosfato
(BPG)
P
NAD+
NADH + H+
D-Gliceraldeído-3-
-fosfato desidrogenase
1,3-*bis*fosfoglicerato
(BPG)
ADP
Mg2+
ATP
Fosfoglicerato quinase
3-Fosfoglicerato
(3PG)
Mg2+
Fosfogliceromutase
2-Fosfoglicerato
(2PG)
K+, Mg2+
H2O
Enolase
Fosfoenolpiruvato
(PEP)
ADP
K+, Mg2+
ATP
Piruvato quinase
Piruvato

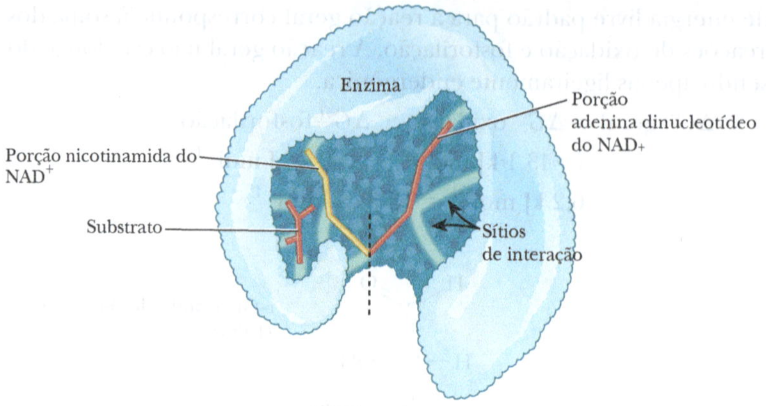
Enzima
Porção adenina dinucleotídeo do NAD+
Porção nicotinamida do NAD+
Substrato
Sítios de interação

FIGURA 17.8 Visão esquemática do sítio de ligação de uma desidrogenase ligada ao NADH. Há sítios específicos de ligação para a porção do nucleotídeo de adenina (exibida em vermelho, à direita da linha pontilhada) e para a porção nicotinamida da coenzima (em amarelo, à esquerda da linha pontilhada), além do sítio de ligação para o substrato. Interações específicas com a enzima mantêm o substrato e a coenzima nas posições apropriadas. Os sítios de interação são mostrados como uma série de linhas verde-claras.

gliceraldeído-3-fosfato desidrogenase importante enzima na glicólise e gliconeogênese

Esse valor da variação de energia livre padrão é para a reação de um mol de gliceraldeído-3-fosfato; o valor deve ser multiplicado por 2 para se obter o valor de cada mol de glicose ($\Delta G^{\circ\prime}$ = 12,4 kJ mol^{-1} = 3,0 kcal mol^{-1}). O ΔG sob condições celulares é ligeiramente negativo (–1,29 kJ mol^{-1} ou –0,31 kcal mol^{-1}) (Tabela 17.1). A enzima que catalisa a conversão de gliceraldeído-3-fosfato em 1,3-*bis*fosfoglicerato é a **gliceraldeído-3-fosfato desidrogenase**. Essa enzima faz parte de uma classe de enzimas semelhantes, as desidrogenases ligadas ao NADH. As estruturas de várias desidrogenases desse tipo foram estudadas por cristalografia de raios X. As estruturas gerais não possuem uma semelhança surpreendente, mas a estrutura do sítio de ligação para NADH é relativamente semelhante em todas elas (Figura 17.8). (O agente oxidante é NAD^+; ambas as formas reduzidas e oxidadas da coenzima ligam-se à enzima.) Uma parte do sítio de ligação é específica para o anel de nicotinamida, e uma parte é específica para o anel de adenina.

A molécula de gliceraldeído-3-fosfato desidrogenase é um tetrâmero, consistindo em quatro subunidades idênticas. Cada subunidade liga-se a uma molécula de NAD^+, e cada subunidade contém um resíduo essencial de cisteína. Um tioéster envolvendo o resíduo de cisteína é o principal intermediário nessa reação. Na etapa de fosforilação, o tioéster age como um intermediário de alta energia (veja o Capítulo 15 para uma discussão sobre tioésteres). O íon fosfato ataca o tioéster, formando um anidrido misto de ácido carboxílico e fosfórico, que também é um composto de alta energia (Figura 17.9). Esse composto é um 1,3-*bis*fosfoglicerato, o produto da reação. A produção de ATP requer um composto de alta energia como o material inicial. O 1,3-*bis*fosfoglicerato atende a esse requisito e transfere um grupo fosfato ao ADP em uma reação altamente exergônica (ou seja, tem um alto potencial de transferência do grupo fosfato).

Etapa 7. A próxima etapa é uma das duas reações em que o ATP é produzido pela fosforilação do ADP.

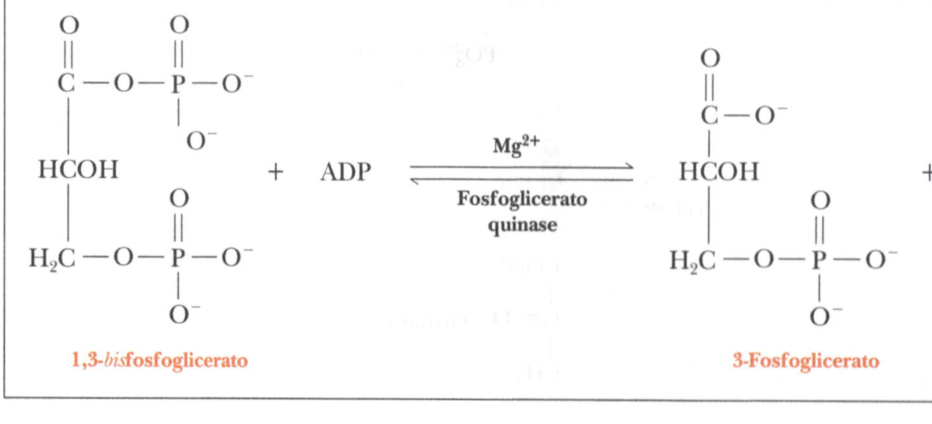
ADP
Mg^{2+}
Fosfoglicerato quinase
ATP
1,3-*bis*fosfoglicerato
3-Fosfoglicerato

(17.7)

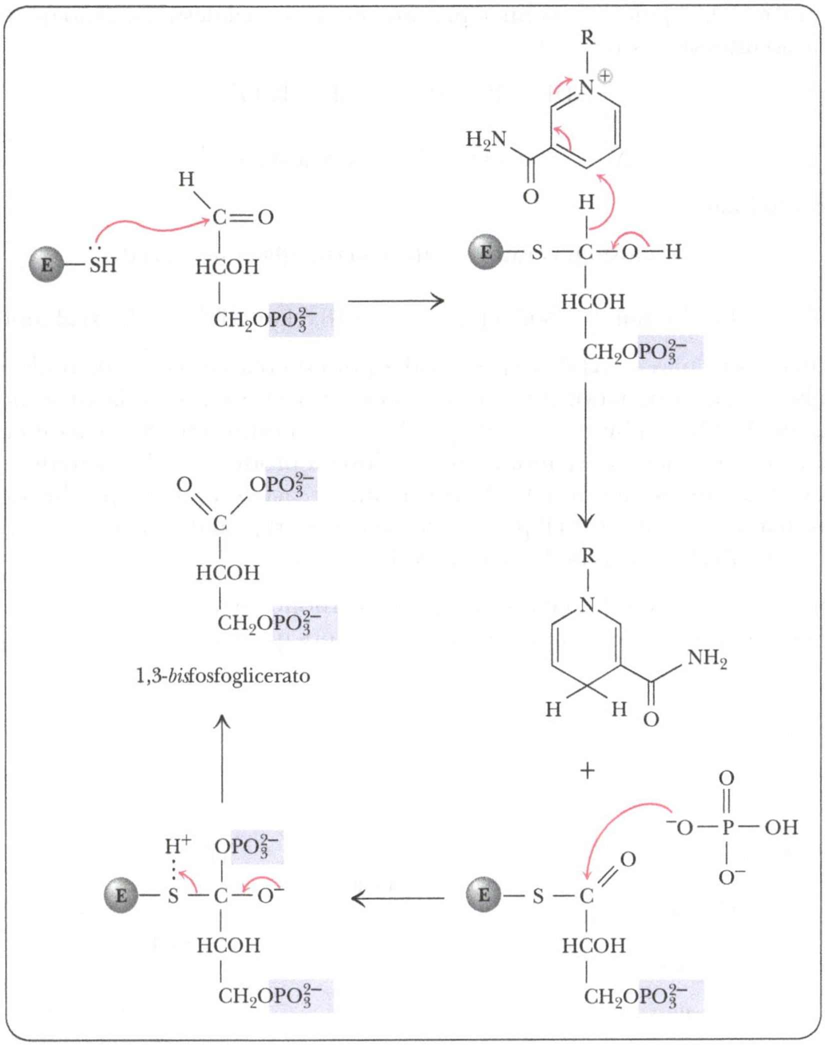

R
H₂N
O
H
C=O
E
SH
HCOH
CH₂OPO₃²⁻
S
C
O
1,3-bisfosfoglicerato
NH₂
OPO₃²⁻
H⁺
P
OH

FIGURA 17.9 O papel do resíduo ativo de cisteína na gliceraldeído-3-fosfato desidrogenase. O íon fosfato ataca o derivado tioéster da gliceraldeído-3-fosfato desidrogenase para produzir 1,3-*bis*fosfoglicerato e para regenerar o grupo tiol da cisteína.

A enzima que catalisa essa reação é a **fosfoglicerato quinase**. Neste momento, o termo *quinase* deve ser familiar, indicando o nome genérico para uma classe de enzimas dependentes de ATP que transferem grupos fosfato. A característica mais surpreendente da reação está relacionada à energética da transferência do grupo fosfato. Nessa etapa da glicólise, um grupo fosfato é transferido do 1,3-*bis*fosfoglicerato para uma molécula de ADP, produzindo ATP, o primeiro dos dois produzidos nas duas reações da via glicolítica. Já foi mencionado que o 1,3-*bis*fosfoglicerato pode transferir facilmente um grupo fosfato a outras substâncias. Observe que um substrato, o 1,3-*bis*fosfoglicerato, transferiu um grupo fosfato para o ADP. Essa transferência é típica de uma **fosforilação em nível de substrato**. É possível distingui-la da fosforilação oxidativa (Seções 20-1 a 20-5), na qual a transferência dos grupos fosfato está ligada às reações de transferência de elétrons, em que o oxigênio é o receptor de elétron definitivo. O único requisito para a fosforilação em nível de substrato é que a variação de energia livre padrão da reação de hidrólise seja mais negativa que a da hidrólise do novo composto fosfato que está sendo formado. Lembre-se de que a variação de energia livre padrão da hidrólise do 1,3-*bis*fosfoglicerato é –49,3 kJ mol^{-1}. Já foi visto que a variação de energia livre padrão da hidrólise

fosfoglicerato quinase enzima que catalisa a transferência de um grupo fosfato do 1,3-*bis*fosfoglicerato para o ADP

fosforilação em nível de substrato reação na qual a fonte de fósforo é o íon fosfato inorgânico, e não o ATP do ATP é –30,5 kJ mol^{-1} e, assim, é preciso alterar o sinal dessa variação quando a reação inversa ocorre:

$$ADP + P_i + H^+ \rightarrow ATP + H_2O$$

$$\Delta G°' = 30{,}5 \text{ kJ mol}^{-1} = 7{,}3 \text{ kcal mol}^{-1}$$

A reação final é

$$\text{1,3-}bis\text{fosfoglicerato} + \text{ADP} \rightarrow \text{3-Fosfoglicerato} + \text{ATP}$$

$$\Delta G°' = -49{,}3 \text{ kJ mol}^{-1} + 30{,}5 \text{ kJ mol}^{-1} = -18{,}8 \text{ kJ mol}^{-1} = -4{,}5 \text{ kcal mol}^{-1}$$

Duas moléculas de ATP são produzidas por esta reação para cada molécula de glicose que entra na via glicolítica. Em estágios anteriores da via, duas moléculas de ATP foram investidas para produzir frutose-1,6-*bis*fosfato, e agora elas foram recuperadas. Nesse momento, o saldo da produção e do gasto de ATP está exatamente no mesmo nível. As próximas reações levarão à produção de mais duas moléculas de ATP para cada molécula original de glicose, causando um ganho final de duas moléculas de ATP na glicólise.

Etapa 8. O grupo fosfato é transferido do carbono 3 para o carbono 2 do esqueleto do ácido glicérico, preparando as reações que seguem.

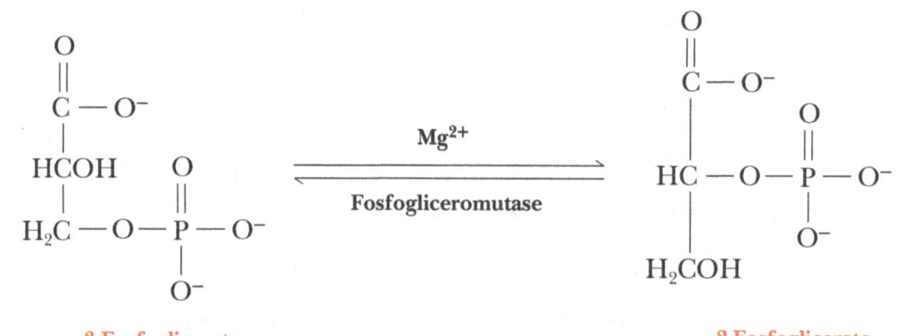
Mg2+
Fosfogliceromutase
3-Fosfoglicerato
2-Fosfoglicerato

(17.8)

fosfogliceromutase enzima que catalisa a isomerização de 3-fosfoglicerato em 2-fosfoglicerato

enolase enzima que catalisa a conversão de 2-fosfoglicerato em fosfoenolpiruvato

A enzima que catalisa essa reação é a **fosfogliceromutase**.

Etapa 9. A molécula 2-fosfoglicerato perde uma molécula de água, produzindo fosfoenolpiruvato. Essa reação não envolve transferência de elétrons; é uma reação de desidratação. A **enolase**, enzima que catalisa essa reação, requer Mg^{2+} como um cofator. A molécula de água que é eliminada liga-se ao Mg^{2+} durante o curso da reação.

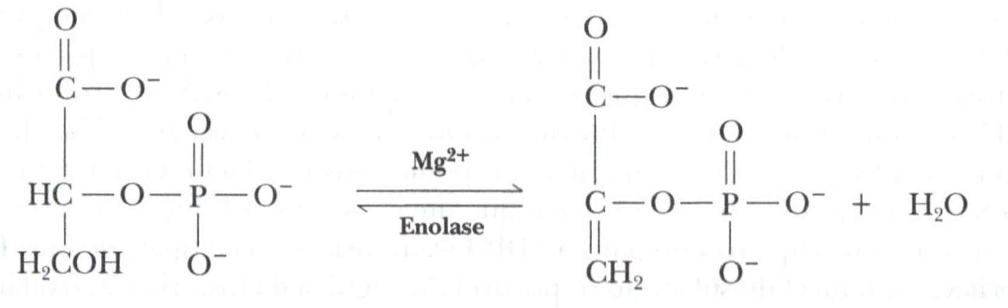
Mg2+
Enolase
2-Fosfoglicerato
Fosfoenolpiruvato (PEP)

(17.9)

Etapa 10. O fosfoenolpiruvato transfere seu grupo fosfato ao ADP, produzindo ATP e piruvato.

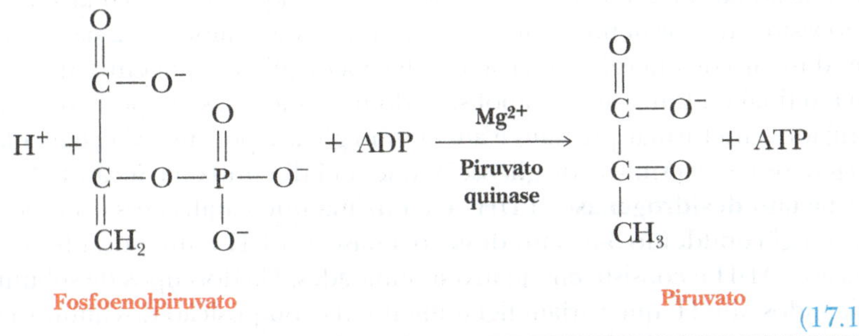
Mg2+
Piruvato quinase
Fosfoenolpiruvato
Piruvato

(17.10)

A ligação dupla desloca-se para o oxigênio no carbono 2 e um hidrogênio desloca-se para o carbono 3. O fosfoenolpiruvato é um composto de alta energia com alto potencial de transferência do grupo fosfato. A energia livre da hidrólise desse composto é mais negativa que a do ATP (–61,9 kJ mol^{-1} em contraste com –30,5 kJ mol^{-1}, ou –14,8 kcal mol^{-1} em contraste com –7,3 kcal mol^{-1}). A reação que ocorre nessa etapa pode ser considerada a soma da hidrólise do fosfoenolpiruvato e da fosforilação do ADP. Essa reação é outro exemplo de uma fosforilação em nível de substrato.

$$\text{Fosfoenolpiruvato} \rightarrow \text{Piruvato} + P_i$$

$$\Delta G^{\circ\prime} = -61{,}9 \text{ kJ mol}^{-1} = -14{,}8 \text{ kcal mol}^{-1}$$

$$\text{ADP} + P_i \rightarrow \text{ATP}$$

$$\Delta G^{\circ\prime} = 30{,}5 \text{ kJ mol}^{-1} = 7{,}3 \text{ kcal mol}^{-1}$$

A reação final é

$$\text{Fosfoenolpiruvato} + \text{ADP} \rightarrow \text{Piruvato} + \text{ATP}$$

$$\Delta G^{\circ\prime} = -31{,}4 \text{ kJ mol}^{-1} = -7{,}5 \text{ kcal mol}^{-1}$$

Como são produzidos dois mols de piruvato para cada mol de glicose, o dobro da energia é liberado para cada mol do material inicial.

A **piruvato quinase** é a enzima que catalisa essa reação. Assim como a fosfofrutoquinase, ela é uma enzima alostérica de quatro subunidades de dois tipos diferentes (M e L), como visto com a fosfofrutoquinase. A piruvato quinase é inibida pelo ATP. A velocidade da conversão de fosfoenolpiruvato a piruvato é reduzida quando a célula possuir alta concentração de ATP, ou seja, quando a célula não tiver muita necessidade de obter energia na forma de ATP. Em razão das diferentes isoenzimas de piruvato quinase encontradas no fígado, em contraste com as do músculo, o controle da glicólise é tratado de forma diferente nesses dois tecidos, o que será abordado em detalhes no Capítulo 18.

piruvato quinase enzima que catalisa a etapa final comum a todas as formas de glicólise

17-4 O Metabolismo Anaeróbico do Piruvato

Como ocorre a conversão do piruvato em lactato no músculo?

A reação final da glicólise anaeróbia é a redução do piruvato a lactato.

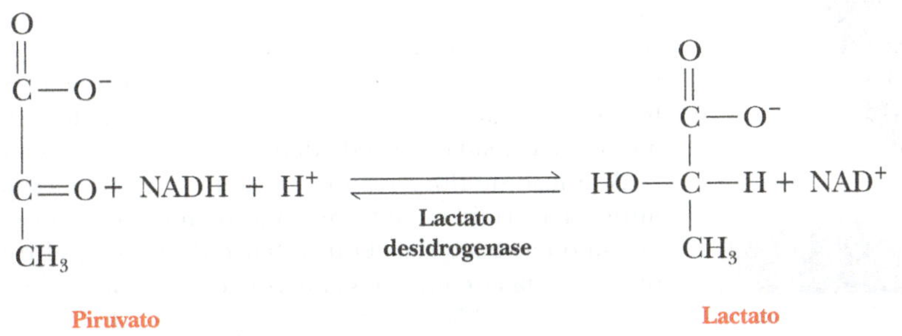
Lactato desidrogenase
Piruvato
Lactato

lactato desidrogenase desidrogenase ligada ao NADH que catalisa a conversão de piruvato em lactato

Essa reação também é exergônica ($\Delta G°' = -25{,}1$ kJ mol^{-1} = $-6{,}0$ kcal mol^{-1}); e, como visto anteriormente, é preciso multiplicar esse valor por 2 para encontrar o rendimento de energia para cada molécula de glicose que entra na via. O lactato é o final da linha no metabolismo do músculo, mas ele pode ser reciclado no fígado para formar piruvato e até mesmo glicose por uma via chamada gliconeogênese ("nova síntese de glicose"), que será discutida na Seção 18-2.

A **lactato desidrogenase** (LDH) é a enzima que catalisa essa reação. Assim como o gliceraldeído-3-fosfato desidrogenase, a LDH é uma desidrogenase ligada ao NADH e consiste em quatro subunidades. Há dois tipos de subunidades, designados M e H, que variam ligeiramente na composição dos aminoácidos. A estrutura quaternária do tetrâmero pode variar de acordo com as quantidades relativas de dois tipos de subunidade, produzindo cinco possíveis isoenzimas. No músculo esquelético humano, o tetrâmero homogêneo do tipo M_4 predomina, e no coração, a outra possibilidade homogênea do tetrâmero, o H_4, é a forma predominante. As formas heterogêneas – M_3H, M_2H_2 e MH_3 – ocorrem no soro sanguíneo. Um teste clínico bastante sensível para constatar doenças coronárias baseia-se na existência de várias isoformas dessa enzima. As quantidades relativas de H_4 e MH_3 no soro sanguíneo aumentam drasticamente após um infarto do miocárdio (ataque cardíaco) em comparação com o soro normal. As diferentes isoenzimas possuem propriedades cinéticas ligeiramente diferentes em razão da composição de suas subunidades. A isoenzima H_4 (também chamada LDH 1) possui uma afinidade maior para lactato como um substrato. A isoenzima M_4 (LDH 5) é inibida alostericamente pelo piruvato. Essas diferenças refletem nas funções gerais das isoenzimas no metabolismo. O músculo é um tecido altamente anaeróbio, ao passo que o coração não. Obviamente, o metabolismo anaeróbico não ocorre exclusivamente no coração e fígado. O quadro CONEXÕES **BIOQUÍMICAS 17.3** descreve outro aspecto deste tópico.

17.3 Conexões **Bioquímicas** | aliado à saúde (odontologia)

Qual é a Conexão entre o Metabolismo Anaeróbico e a Placa Dentária?

A cárie dentária é uma das doenças mais frequentes nos Estados Unidos e provavelmente no mundo, embora tratamentos modernos como o uso de flúor e do fio dental tenham reduzido bastante sua incidência entre os jovens. Os fatores que contribuem para a cárie dentária são a combinação de uma dieta rica em açúcares refinados, o desenvolvimento da placa dentária e o metabolismo anaeróbio.

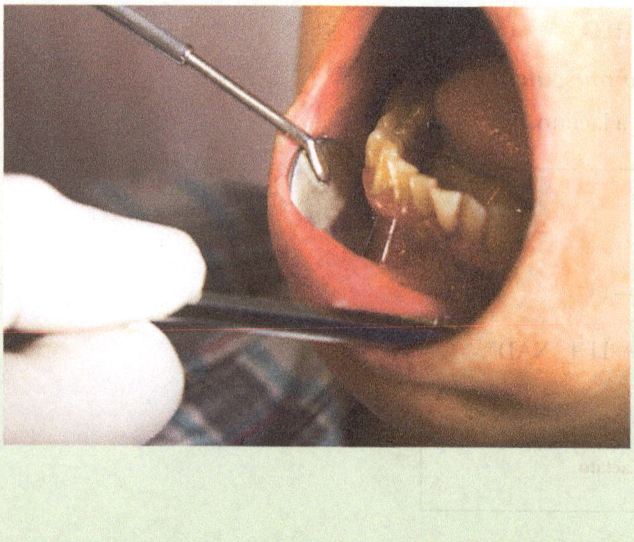
101dalmatians/iStockphoto.com

A dieta rica em açúcar permite o crescimento rápido das bactérias na boca, e a sacarose é talvez o açúcar usado de forma mais fácil porque a bactéria pode fazer que seus polissacarídeos "grudem" mais eficazmente a partir desse açúcar não redutor. A bactéria cresce em colônias pegajosas em expansão, formando a placa na superfície dos dentes. A bactéria que cresce sob a superfície da placa deve utilizar o metabolismo anaeróbio, porque o oxigênio não se difunde facilmente pela superfície cerácea da placa dentária. Os dois derivados predominantes, lactato e piruvato, são ácidos orgânicos relativamente fortes, e esses produtos ácidos realmente destroem a superfície esmaltada. A bactéria, obviamente, cresce com rapidez nas cavidades. Se o esmalte for corroído até o fim, a bactéria cresce ainda mais rapidamente na camada macia de dentina embaixo do esmalte.

A adição de flúor resulta em uma superfície esmaltada muito mais rígida, e o flúor pode realmente inibir o metabolismo das bactérias. O uso diário de fio dental rompe a placa e evita as condições anaeróbias propícias às cáries. ◗

Nesse momento, pode-se perguntar por que a redução do piruvato a lactato (um desperdício nos organismos aeróbios) é a última etapa na glicólise anaeróbia, uma via que fornece energia para o organismo pela oxidação de nutrientes. Há outro ponto a ser considerado sobre essa reação, envolvendo as concentrações relativas de NAD^+ e NADH nas células. A semirreação de redução pode ser escrita da seguinte forma

$$\text{Piruvato} + 2H^+ + 2e^- \rightarrow \text{Lactato}$$

e a semirreação de oxidação é

$$\text{NADH} + H^+ \rightarrow \text{NAD}^+ + 2e^- + 2H^+$$

A reação geral é, como visto anteriormente,

$$\text{Piruvato} + \text{NADH} + H^+ \rightarrow \text{Lactato} + \text{NAD}^+$$

O NADH produzido a partir do NAD^+ pela oxidação do gliceraldeído-3-fosfato é esgotado sem nenhuma variação final nas concentrações relativas de NADH e NAD^+ nas células (Figura 17.10). A regeneração é necessária nas células sob condições anaeróbias de modo que o NAD^+ esteja presente para que ocorra a glicólise. Sem essa regeneração, as reações de oxidação em organismos anaeróbios logo seriam interrompidas, em razão da falta de NAD^+ para servir como agente oxidante nos processos de fermentação. A produção de lactato ganha tempo para o organismo que sofre o metabolismo anaeróbio e transfere parte da carga dos músculos para o fígado, onde a gliconeogênese pode reconverter o lactato em piruvato e glicose (Capítulo 18). As mesmas considerações aplicam-se à fermentação alcoólica (que será discutida a seguir). Por outro lado, o NADH é um agente redutor frequentemente encontrado em várias reações, e é perdido pelo organismo na produção de lactato. O metabolismo aeróbio faz uso mais eficiente dos agentes redutores ("força redutora"), como o NADH, porque a conversão de piruvato a lactato não ocorre no metabolismo aeróbio. O NADH produzido nos estágios da glicólise que leva à produção do piruvato está disponível para uso em outras reações, nas quais é necessário um agente redutor.

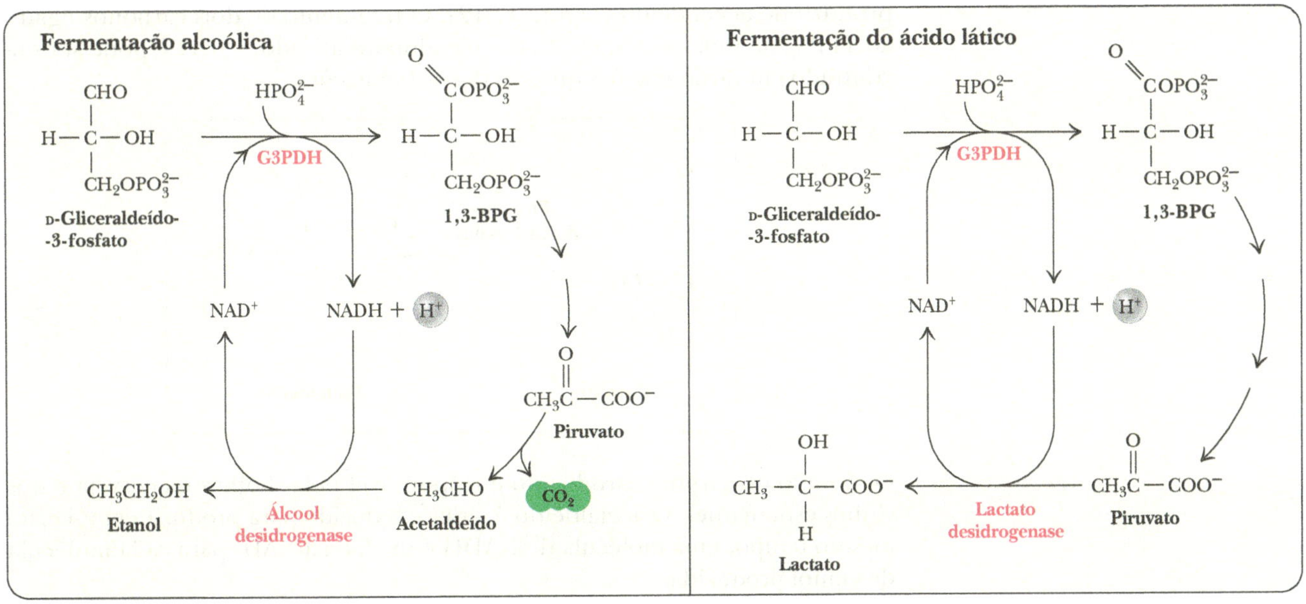
Fermentação alcoólica
D-Gliceraldeído-3-fosfato
G3PDH
1,3-BPG
NAD+
NADH + H+
Piruvato
Etanol
Álcool desidrogenase
Acetaldeído
CO2
Fermentação do ácido lático
Lactato
Lactato desidrogenase

FIGURA 17.10 A reciclagem de NAD^+ e NADH na glicólise anaeróbia.

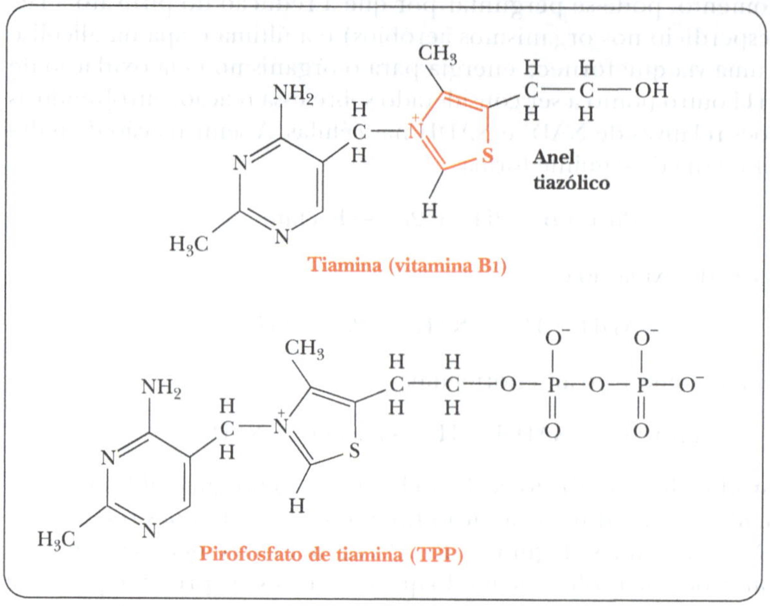
Anel
tiazólico
Tiamina (vitamina B1)
Pirofosfato de tiamina (TPP)

FIGURA 17.11 As estruturas da tiamina (vitamina B_1) e do pirofosfato de tiamina (TPP), a forma ativa da coenzima.

Como ocorre a fermentação alcoólica?

Duas outras reações relacionadas à via glicolítica levam à produção de etanol pela *fermentação alcoólica*. Esse processo é um dos destinos alternativos do piruvato (Seção 17-1). Na primeira das duas reações que levam à produção de etanol, o piruvato é descarboxilado (perde dióxido de carbono) para produzir acetaldeído. A enzima que catalisa essa reação é a *piruvato descarboxilase*.

pirofosfato de tiamina coenzima envolvida na transferência de unidades de dois carbonos

Essa enzima requer Mg^{2+} e um cofator que ainda não foi visto, o **pirofosfato de tiamina** (TPP). (Tiamina é a vitamina B_1.) No TPP, o átomo de carbono entre o nitrogênio e o enxofre no anel tiazol (Figura 17.11) é altamente reativo. Ele forma um carbânion (um íon com uma carga negativa em um átomo de carbono) de modo bastante fácil, e este, por sua vez, ataca o grupo carbonila do piruvato para formar um adutor. O dióxido de carbono é dividido, deixando um fragmento com dois carbonos ligados covalentemente ao TPP. Há um deslocamento de elétrons e o fragmento de dois carbonos é dividido, produzindo acetaldeído (Figura 17.12). O fragmento de dois carbonos ligado ao TPP é, algumas vezes, chamado acetaldeído ativado, e o TPP pode ser encontrado em várias reações que são descarboxilações.

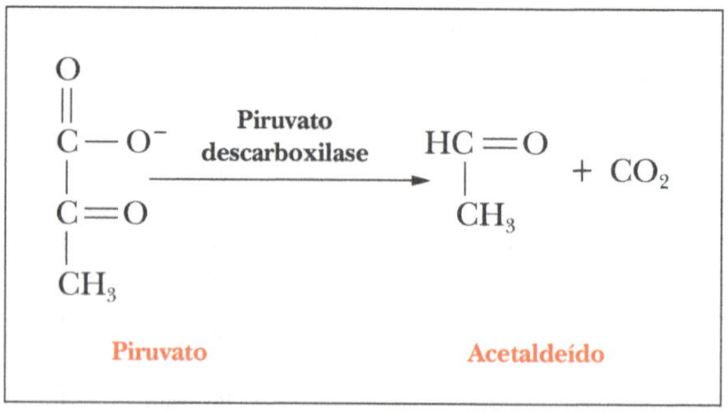
Piruvato
descarboxilase
Piruvato
Acetaldeído

O dióxido de carbono produzido é responsável pelas bolhas na cerveja e nos vinhos espumantes. O acetaldeído é, então, reduzido para produzir etanol e, ao mesmo tempo, uma molécula de NADH é oxidada a NAD^+ para cada molécula de etanol produzida.

$$\text{Acetaldeído} + \text{NADH} \rightarrow \text{Etanol} + \text{NAD}^+$$

A reação de redução da fermentação alcoólica é semelhante à redução do piruvato a lactato, pois possibilita a reciclagem de NAD^+ e, assim, permite as

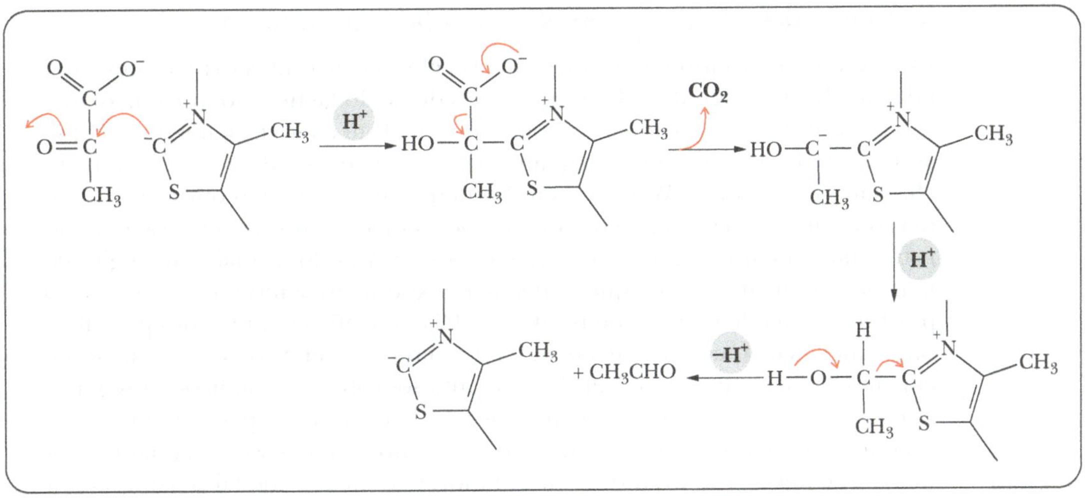

FIGURA 17.12 O mecanismo da reação piruvato descarboxilase. A forma carbânion do anel tiazólico do TPP é fortemente nucleofílica. O carbânion ataca o carbono da carbonila do piruvato para formar um adutor. O dióxido de carbono é dividido, deixando um fragmento com dois carbonos (acetaldeído ativado) ligado covalentemente à coenzima. Um deslocamento de elétrons libera o acetaldeído, regenerando o carbânion.

reações de oxidação anaeróbias (fermentação) posteriores. A reação final para a fermentação alcoólica é

$$\text{Glicose} + 2\text{ADP} + 2\text{P}_i + 2\text{H}^+ \rightarrow 2\ \text{Etanol} + 2\text{ATP} + 2\text{CO}_2 + 2\text{H}_2\text{O}$$

O NAD^+ e o NADH não aparecem explicitamente na equação balanceada. É fundamental que a reciclagem de NADH a NAD^+ ocorra aqui, assim como quando o lactato é produzido, de forma que possa haver a oxidação anaeróbia. A **álcool desidrogenase**, enzima que catalisa a conversão de acetaldeído a etanol, é semelhante à lactato desidrogenase em vários aspectos. A semelhança mais surpreendente é que ambas são desidrogenases ligadas ao NADH e ambas são tetrâmeros. O quadro CONEXÕES **BIOQUÍMICAS 17.4** descreve uma consequência fisiológica importante do consumo de etanol.

álcool desidrogenase enzima que catalisa a conversão de acetaldeído a etanol

17.4 Conexões **Bioquimícas** | aliado à saúde

Síndrome Alcoólica Fetal

A variedade de danos causados ao feto em razão do consumo materno de etanol é chamada síndrome alcoólica fetal. No catabolismo do etanol pelo corpo, a primeira etapa é a conversão a acetaldeído – o oposto da última reação da fermentação alcoólica. O nível de acetaldeído no sangue de uma gestante é a chave para se detectar a síndrome alcoólica fetal. Foi mostrado que o acetaldeído é transferido através da placenta e se acumula no fígado do feto. O acetaldeído é tóxico, e este é um dos fatores mais importantes na síndrome alcoólica fetal.

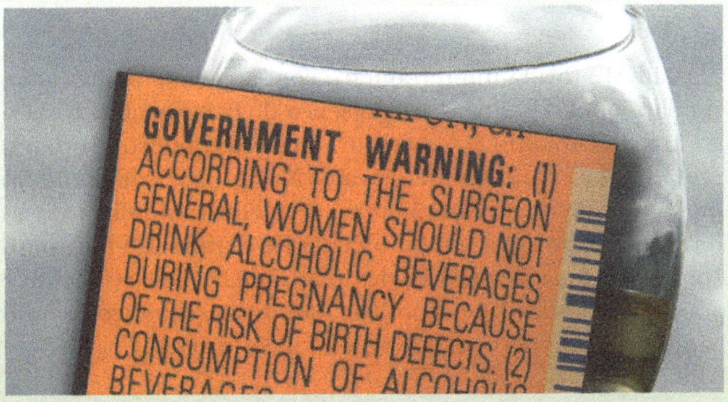
GOVERNMENT WARNING: (1) ACCORDING TO THE SURGEON GENERAL, WOMEN SHOULD NOT DRINK ALCOHOLIC BEVERAGES DURING PREGNANCY BECAUSE OF THE RISK OF BIRTH DEFECTS. (2) CONSUMPTION OF ALCOHOLIC

Charles D. Winters

Além dos efeitos tóxicos do acetaldeído, o consumo de etanol durante a gestação prejudica o feto de outras formas. Diminui a transferência de nutrientes, resultando em níveis baixos de açúcares (hipoglicemia), vitaminas e aminoácidos essenciais. Níveis baixos de oxigênio (hipoxia) também ocorrem. Este último efeito é mais drástico quando a mãe fuma durante a gestação, além de consumir álcool.

Os rótulos das bebidas alcoólicas agora incluem um aviso alertando sobre o consumo durante a gestação. A Associação Médica Americana emitiu um aviso claro dizendo que "não há nível alcoólico seguro para consumo durante a gestação". ▶

Qual a conexão entre a produção de lactato e o câncer?

Está bem estabelecido há décadas que as células cancerosas exibem uma alta taxa de glicólise seguida pela fermentação do ácido láctico, ao invés da oxidação de piruvato em dióxido de carbono e água. Este efeito é chamado glicólise aeróbica porque ocorre mesmo quando o oxigênio é abundante. Ele é também chamado de efeito de Warburg, em homenagem ao seu descobridor, e algumas vezes tem sido chamado de "dente doce molecular do câncer". Ele é usado rotineiramente no diagnóstico do câncer administrando-se análogos da glicose marcados radioativamente que se ligam à hexoquinase e monitorando seu uso por tomografia de emissão de pósitron. Mais especificamente, a pesquisa foca nas maneiras de modular este efeito para tratar o câncer. Sabe-se que vários oncogenes (lembre-se do Capítulo 14) são ativados sob essas condições. Os genes para as enzimas glicolíticas são ativados um de cada vez, especialmente aqueles que têm uma função nas reações de piruvato. Uma possível via para o tratamento é encontrar ativadores ou inibidores adequados de tais enzimas para ligar de volta o metabolismo para a via aeróbica da glicólise normal. O quadro CONEXÕES **BIOQUÍMICAS 17.5** tem um relato de tal pesquisa.

17.5 Conexões **Bioquímicas** | pesquisa do câncer

Usando as Isoenzimas Piruvato Quinase para Tratar o Câncer

Sabe-se há muito que o metabolismo de células cancerosas difere daquele das células normais. No metabolismo de carboidrato, as células cancerosas baseiam-se no metabolismo anaeróbico, enquanto as células normais tendem principalmente a utilizar a degradação aeróbica da glicose para obter energia. Duas isoenzimas de piruvato quinase têm papel fundamental na diferença. A isoenzima PKM1 é encontrada em células normais, mas a forma PKM2 predomina nas células cancerosas. A isoenzima PKM2 catalisa a produção de piruvato menos eficientemente que a PKM1. Como resultado, os metabólitos intermediários de glicólise se acumulam e, por sua vez, são usados nas reações que levam a uma proliferação de células cancerosas.

Pesquisadores no National Institute of Health (NIH) partiram para ativar a isoenzima PKM2 na esperança de deslocar o metabolismo das células cancerosas para aquele das células normais. Eles foram capazes de atingir seu objetivo combinando o ativador alostérico natural de piruvato quinase, frutose-1,6-*bis*fosfato, com um segundo ativador sintético, um membro da classe de moléculas conhecida como diarilsulfonamidas.

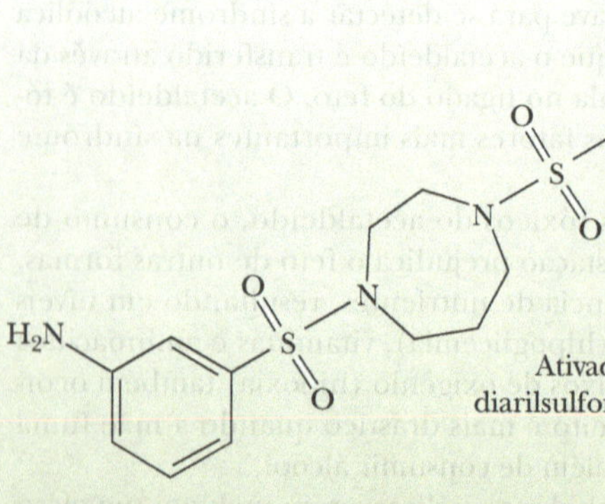
O
S
O
N
N
O
S
O
H_2N
O
O
Ativador diarilsulfonamida

A estrutura do ativador sintético diarilsulfonamida. (De *Chemical and Engineering News*, Fevereiro de 2010, p. 46.)

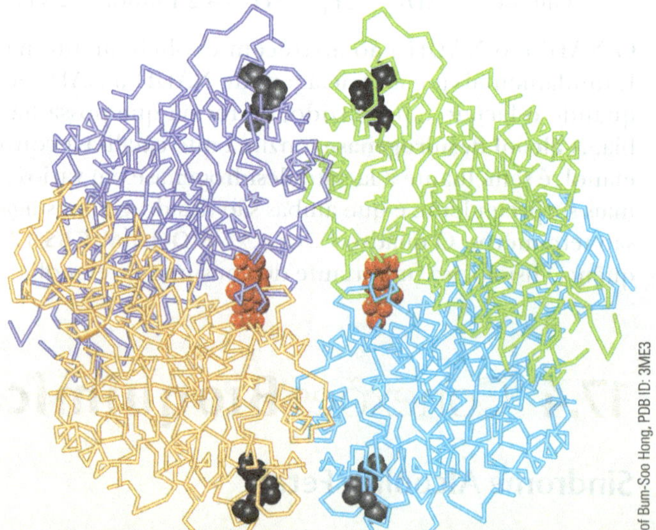
Courtesy of Bum-Soo Hong, PDB ID: 3ME3

Tetrâmero de piruvato quinase na presença do ativador natural (mostrado em preto) e do ativador sintético (mostrado em vermelho).

A PKM2 forma um tetrâmetro com atividade aumentada, similar àquela do PKM1 na presença de frutose-1,6-*bis*fosfato e a diarilulfinamida. A estrutura deste tetrâmero foi determinada por cristalografia de raios X. Na figura acima, duas moléculas da diarilsulfonamida (vermelho) estão ligadas ao tetrâmero, além de uma molécula de frutose-1,6-*bis*fosfato (preto) para cada subunidade do tetrâmero. Este resultado é apenas uma abordagem dos tratamentos metabólicos para o câncer, mas ela pode muito bem levar a outros.

17-5 Produção de Energia na Glicólise

▶ ***Qual é o rendimento energético da glicólise?***

Agora que foram vistas as reações na via glicolítica, podemos fazer alguns registros e determinar a variação de energia livre padrão para a via completa utilizando os dados da Tabela 17.1.

O processo geral da glicólise é exergônico. Calcula-se o $\Delta G°'$ para a reação completa pela adição de valores de $\Delta G°'$ de cada uma das etapas. Lembre-se de que todas as reações, da triosefosfato isomerase até a piruvato quinase, são duplas. Isso oferecerá o valor final da glicose a dois piruvatos de –74,0 kJ mol^{-1} ou –17,5 kcal mol^{-1}. A energia liberada nas fases exergônicas do processo impulsiona as reações endergônicas. A reação final da glicólise inclui de forma explícita um importante processo endergônico, que é a fosforilação de duas moléculas de ADP.

$$2ADP + 2P_i \rightarrow 2ATP$$

$$\Delta G°' \text{ da reação} = 61{,}0 \text{ kJ mol}^{-1} = 14{,}6 \text{ kcal mol}^{-1} \text{ de glicose consumida}$$

Sem a produção de ATP, a reação de uma molécula de glicose para produzir duas moléculas de piruvato seria ainda mais exergônica. Assim, *subtraindo-se* a síntese da ATP:

$$\text{Glicose} + 2ADP + 2P_i \rightarrow 2 \text{ Piruvato} + 2ATP \qquad \Delta G°' = -73{,}4 \text{ kJ mol}^{-1} \; -17{,}5 \text{ kcal mol}^{-1}$$

$$-(2 - ATP + 2P_i \rightarrow 2\,ATP) \qquad \Delta G°' = -61{,}0 \text{ kJ mol}^{-1} \; -14{,}6 \text{ kcal mol}^{-1}$$

$$\text{Glicose} \rightarrow 2 \text{ Piruvato} \qquad \Delta G°' = -134{,}4 \text{ kJ mol}^{-1}$$

$$= -32{,}1 \text{ kcal mol}^{-1} \text{ de glicose consumida}$$

(O valor correspondente para a conversão de um mol de glicose em dois moles de lactato é –184,6 kJ mol^{-1} = –44,1 kcal mol^{-1}.) Sem a produção de ATP, a energia liberada pela conversão da glicose a piruvato seria perdida pelo organismo e dissipada como calor. A energia necessária para produzir duas moléculas de ATP para cada molécula de glicose pode ser recuperada pelo organismo quando o ATP é hidrolisado em algum processo metabólico. Este assunto foi discutido brevemente no Capítulo 15, quando se comparou a eficiência termodinâmica dos metabolismos anaeróbio e aeróbio. A porcentagem de energia liberada pela quebra da glicose em lactato que é "capturada" pelo organismo quando o ADP é fosforilado a ATP corresponde à eficiência de uso de energia na glicólise; ou seja, (61,0/184,6) × 100, ou aproximadamente 33%. Lembre-se de que essa porcentagem foi mencionada na Seção 15-6. Ela vem do cálculo da energia usada para fosforilar dois mols de ATP como uma porcentagem de energia liberada pela conversão de um mol de glicose em dois mols de lactato. A liberação final de energia na glicólise, 123,6 kJ (29,5 kcal) para cada mol de glicose convertida em lactato, é dissipada como calor pelo organismo. Sem a produção de ATP para servir como fonte de energia para outros processos metabólicos, a energia liberada na glicólise não teria nenhum propósito para o organismo, exceto ajudar a manter a temperatura do corpo em animais de sangue quente. Um refrigerante com gelo pode ajudá-lo a se manter quente mesmo no dia mais frio do inverno (se não for uma bebida dietética) em razão do seu alto teor de açúcar.

As variações de energia livre listadas nesta seção são valores padrão, considerando as condições padrão, como 1 mol L^{-1} de concentração de todos os solutos, exceto o íon hidrogênio. As concentrações em condições fisiológicas podem diferir notavelmente dos valores padrão. Felizmente, existem métodos bem conhecidos (Seção 15-3) para calcular a diferença na variação de energia livre. Além disso, grandes variações nas concentrações levam, com frequência, a diferenças relativamente pequenas na variação de energia livre, cerca de alguns quilojoules por mol. Algumas das variações de energia livre podem ser diferentes dos valores listados aqui caso sejam expostas a condições fisiológicas, mas os princípios fundamentais e as conclusões obtidas permanecem os mesmos.

17-6 O Controle da Glicólise

Onde estão os pontos de controle na via glicolítica?

Uma das questões mais importantes sobre qualquer via metabólica é: Até que ponto o controle é exercido? As vias podem ser "desativadas" se um organismo não tiver necessidade imediata de seus produtos, o que gera economia de energia para o organismo. Na glicólise, três reações são os pontos de controle da via. A primeira é a reação da glicose para glicose-6-fosfato, catalisada pela hexoquinase; a segunda é a produção de frutose-1,6-*bis*fosfato, catalisada pela fosfofrutoquinase; e a última é a reação de PEP a piruvato, catalisada pela piruvato quinase (Figura 17.13). É possível observar com frequência que o controle é exercido próximo do início e do final da via, envolvendo os principais pontos intermediários, como a frutose-1,6-*bis*fosfato. Quando tivermos mais conhecimento acerca do metabolismo dos carboidratos, poderemos retornar à função da fosfofrutoquinase e frutose-1,6-*bis*fosfato na regulação de várias vias do metabolismo dos carboidratos (Seção 18-3).

Quais os papéis das primeira e última etapas da glicólise no controle do metabolismo de carboidrato?

A etapa final da glicólise é também um ponto de controle importante no metabolismo da glicose. A piruvato quinase (PK) é afetada alostericamnte por vários compostos. Tanto o ATP quanto a alanina a inibem. O ATP faz sentido por-

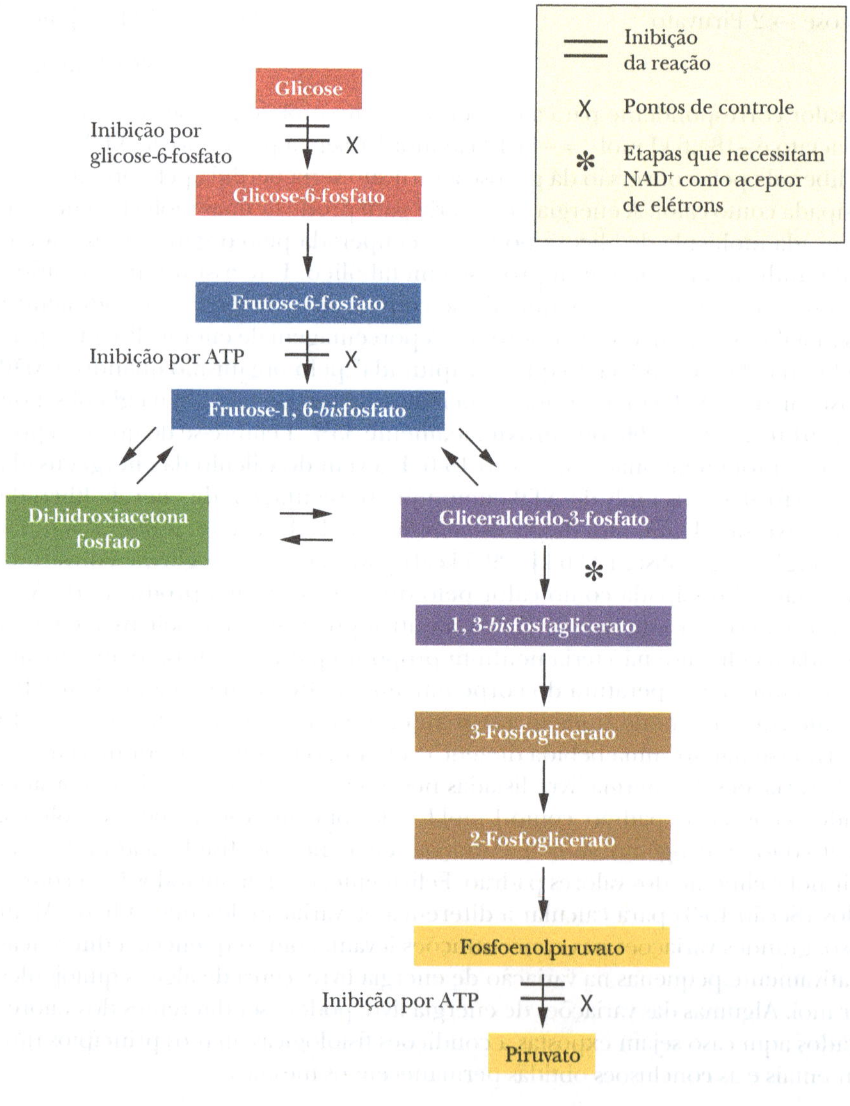
Inibição da reação
X Pontos de controle
* Etapas que necessitam NAD⁺ como aceptor de elétrons
Glicose
Inibição por glicose-6-fosfato
Glicose-6-fosfato
Frutose-6-fosfato
Inibição por ATP
Frutose-1, 6-bisfosfato
Di-hidroxiacetona fosfato
Gliceraldeído-3-fosfato
1, 3-bisfosfaglicerato
3-Fosfoglicerato
2-Fosfoglicerato
Fosfoenolpiruvato
Inibição por ATP
Piruvato

FIGURA 17.13 Pontos de controle da glicólise.

que não haveria razão para sacrificar a glicose para produzir mais energia se existe bastante ATP. A alanina pode ser menos intuitiva. A alanina é a versão de aminoácido do piruvato. Em outras palavras, é uma reação antes de piruvato via uma enzima chamada transaminase. Consequentemente, um alto nível de alanina indica que já existe um alto nível de piruvato, logo, a enzima que produziria mais piruvato pode ser desligada. A frutose-1,6-*bis*fosfato ativa alostericamente a PK de tal forma que os produtos que chegam das primeiras reações da glicólise podem ser processados.

A piruvato quinase também é encontrada como isoenzimas com três tipos diferentes de subunidades, M, L e A. A subunidade M predomina no músculo; a L, no fígado; e a A em outros tecidos. Uma molécula nativa de piruvato quinase tem quatro subunidades, similar à lactato desidrogenase e à fosfofrutoquinase. Além dos controles alostéricos já mencionados, as isoenzimas do fígado também estão sujeitas a modificações covalentes, como mostrado na Figura 17.14. Baixos níveis de açúcar no sangue disparam a produção de proteína quinase. A proteína quinase fosforila a PK, que deixa a PK menos ativa. Desta forma, a glicólise é desligada no fígado quando a glicose no sangue está baixa.

A hexoquinase é inibida pelos altos níveis de seu produto, a glicose-6-fosfato. Quando a glicólise é inibida através da fosfofrutoquinase, a glicose-6-fosfato acumula, desligando a hexoquinase. Isto faz que a glicose não seja metabolizada no fígado quando é necessária no sangue e outros tecidos. Entretanto, o fígado contém uma segunda enzima, a glicoquinase, que fosforila a quinase (veja o quadro Conexões Bioquímicas 6.3). A glicoquinase tem um K_M mais alto para a glicose que a hexoquinase, logo, ela funciona apenas quando a glicose é abundante. Se existe um excesso de glicose no fígado, a glicoquinase a fosforila para glicose-6-fosfato. O propósito desta fosforilação é que ela possa ser eventualmente polimerizada em glicogênio.

Um nível ainda mais alto de controle é exercido pela ação dos hormônios. A insulina e outros hormônios controlam o nível de glicose na corrente sanguínea, ativando e desativando as vias metabólicas quando necessário. Até aqui, vimos apenas um aspecto do metabolismo da glicose, sua conversão em piruvato na glicólise. Veremos no próximo capítulo como a glicose pode se polimerizar nos sistemas dos mamíferos para dar origem à forma de armazenamento conhecida como glicogênio. O glicogênio pode se quebrar para liberar glicose quando necessário, e o piruvato pode reagir para produzir glicose. Todas essas reações ocorrem quando necessário e vários mecanismos de controle regulam sua extensão. Discutiremos os mecanismos de controle com mais detalhes depois de vermos as reações reais. Para facilitar a aprendizagem de tópicos complexos, os abordaremos com base na informação que temos disponíveis no momento, da maneira que abordamos agora o controle da glicólise. Depois que tivermos mais informações sobre o metabolismo de carboidrato (o que veremos no próximo capítulo), poderemos retornar ao tópico e discuti-lo com maior profundidade. Esta abordagem tem sido útil para muitos estudantes por anos.

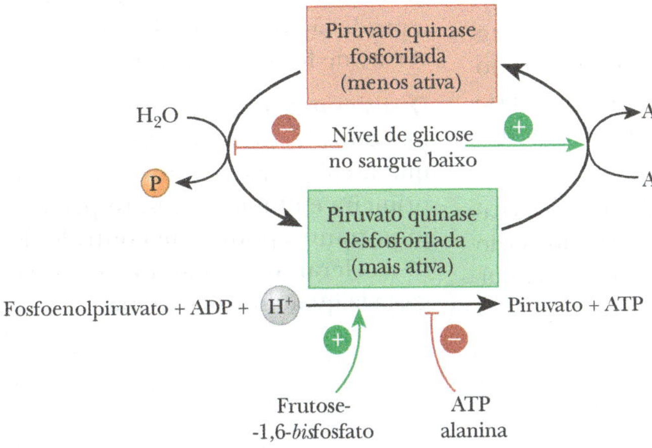
Piruvato quinase fosforilada (menos ativa)
H_2O
P
Nível de glicose no sangue baixo
ADP
ATP
Piruvato quinase desfosforilada (mais ativa)
Fosfoenolpiruvato + ADP + H^+
Piruvato + ATP
Frutose-1,6-*bis*fosfato
ATP
alanina

FIGURA 17.14 Controle de piruvato quinase pela fosforilação. Quando a glicose sanguínea está baixa, a fosforilação de piruvato quinase é favorecida. A forma fosforilada é menos ativa, consequentemente, diminui a glicólise e permite que o piruvato produza glicose pela gliconeogênese.

Resumo

Quais são os possíveis destinos do piruvato na glicólise? Na glicólise, uma molécula de glicose gera, após uma longa série de reações, duas moléculas de piruvato. Durante esse percurso, há um ganho de duas moléculas de ATP e de NADH. No metabolismo anaeróbico, o produto é o lactato, ou, nos organismos com capacidade de fermentação alcoólica, o etanol.

Quais são as reações da glicólise? Uma série de dez reações converte uma molécula de glicose em duas moléculas de piruvato. Quatro dessas reações transferem um grupo fosfato, três são isomerizações, uma é a quebra, outra uma desidratação e apenas uma é oxidação.

Quais reações convertem a glicose-6-fosfato em gliceraldeído-3-fosfato? Na primeira metade da glicólise, a glicose é fosforilada a glicose-6-fosfato, utilizando um ATP no processo. A glicose-6-fosfato é isomerizada a frutose-6-fosfato, que é então novamente fosforilada a frutose-1,6-*bis*fosfato, utilizando outro ATP. A frutose-1,6-*bis*fosfato é um intermediário fundamental, e a enzima que catalisa sua formação, a fosfofrutoquinase, é um importante fator de controle na via. A frutose-1,6-*bis*fosfato é então dividida em dois compostos de três carbonos, o gliceraldeído-3-fosfato e a di-hidroxiacetona fosfato, sendo esta última também convertida em gliceraldeído-3-fosfato. A reação geral na primeira metade da via é a conversão de uma molécula de glicose em duas moléculas de gliceraldeído-3-fosfato, pelo custo de duas moléculas de ATP.

Quais reações convertem o gliceraldeído-3-fosfato em piruvato? O gliceraldeído-3-fosfato é oxidado a 1,3-*bis*fosfoglicerato e o NAD^+ é reduzido a NADH. O 1,3-*bis*fosfoglicerato é então convertido em 3-fosfoglicerato e há a produção de ATP. O 3-fosfoglicerato é convertido em duas etapas a fosfoenolpiruvato, um importante composto de alta energia. Este é então convertido em piruvato e novamente há produção de ATP. A reação geral da segunda metade da via é aquela na qual duas moléculas de gliceraldeído-3-fosfato são convertidas em duas moléculas de piruvato e quatro moléculas de ATP são produzidas.

Como ocorre a conversão do piruvato em lactato no músculo? Há dois destinos metabólicos para o piruvato no metabolismo anaeróbico. O resultado comum é a redução a lactato, catalisada pela enzima lactato desidrogenase. O NAD^+ é reciclado no processo.

Como ocorre a fermentação alcoólica? Em organismos capazes de realizar a fermentação alcoólica, o piruvato perde dióxido de carbono para produzir acetaldeído, que, por sua vez, é reduzido para produzir etanol. O fosfato de tiamina é uma coenzima necessária para o processo.

Qual a conexão entre a produção de lactato e o câncer? As células cancerosas exibem uma alta taxa de glicólise, mesmo em altos níveis de oxigênio. Esta característica pode ser usada para diagnosticar o câncer. Está em andamento pesquisa para encontrar métodos de tratar o câncer restaurando os padrões mais usuais de metabolismo.

Qual é o rendimento energético da glicólise? Em cada uma de duas reações da via, uma molécula de ATP é hidrolisada para cada molécula de glicose metabolizada. Em cada uma das duas outras reações, as duas moléculas de ATP são produzidas pela fosforilação do ADP a partir de cada molécula de glicose, gerando um total de quatro moléculas de ATP. Há um ganho final de duas moléculas de ATP para cada molécula de glicose processada na glicólise. A quebra anaeróbia da glicose a lactato pode ser resumida da seguinte forma:

$$\text{Glicose} + 2\text{ADP} + 2\text{P}_i \rightarrow 2\ \text{Lactato} + 2\text{ATP}$$

O processo geral da glicólise é exergônico.

Reação	$\Delta G^{\circ\prime}$ kJ mol^{-1}	$\Delta G^{\circ\prime}$ kcal mol^{-1}
Glicose + 2ADP + 2Pi → 2 Piruvato + 2ATP	−73,3	−17,5
2(Piruvato + NADH + H^+ → Lactato + NAD^+)	−50,2	−12,0
Glicose + 2ADP + 2Pi → 2 Lactato + 2ATP	−123,5	−29,5

Sem a produção de ATP, a glicólise seria ainda mais exergônica, mas a energia liberada seria perdida pelo organismo e dissipada como calor.

Onde estão os pontos de controle na via glicolítica? Existem três pontos de controle na via glicolítica. O primeiro é no início, onde a glicose é convertida em glicose-6-fosfato. O segundo é na etapa comprometida, a produção de frutose-1,6-*bis*fosfate. A terceira é a conversão de fosfoenolpiruvato em piruvato.

Quais os papéis das primeira e última etapas da glicólise no controle do metabolismo de carboidrato? A hexoquinase e piruvato quinase, as enzimas que catalisam a primeira e última etapas, respectivamente, também são importantes pontos de controle. Elas têm o efeito de desacelerar a via quando a energia não é necessária e gastá-la quando é necessária.

Exercícios de Revisão

17-1 A Via Total da Glicólise

1. **VERIFICAÇÃO DE FATOS** Qual(is) reação(ões) abordada(s) neste capítulo requer(em) ATP? Qual(is) reação(ões) produz(em) ATP? Liste as enzimas que catalisam as reações que requerem e as que produzem ATP.
2. **VERIFICAÇÃO DE FATOS** Qual(is) reação(ões) abordada(s) neste capítulo requer(em) NADH? Qual(is) reação(ões) requer(em) NAD^+? Liste as enzimas que catalisam as reações que requerem NADH e as que requerem NAD^+.
3. **VERIFICAÇÃO DE FATOS** Quais são os possíveis destinos metabólicos do piruvato?

17-2 Conversão da Glicose de 6 Carbonos no Gliceraldeído-3-Fosfato de 3 Carbonos

4. **VERIFICAÇÃO DE FATOS** Explique a origem do nome da enzima aldolase.
5. **VERIFICAÇÃO DE FATOS** Defina *isoenzimas* e dê um exemplo com base no material discutido neste capítulo.
6. **VERIFICAÇÃO DE FATOS** Por que as enzimas seriam encontradas como isoenzimas?
7. **VERIFICAÇÃO DE FATOS** Por que a formação de frutose-1,6-*bis*fosfato é a etapa comprometida na glicólise?
8. **PERGUNTA DE RACIOCÍNIO** Mostre que a reação Glicose → 2 Gliceraldeído-3-fosfato é ligeiramente endergônica ($\Delta G°'$ = 2,2 kJ mol^{-1} = 0,53 kcal mol^{-1}), ou seja, não está muito longe do equilíbrio. Utilize os dados disponíveis na Tabela 17.1.
9. **PERGUNTA DE RACIOCÍNIO** Qual é a vantagem metabólica de fazer que hexoquinase e glicoquinase fosforilem a glicose?
10. **PERGUNTA DE RACIOCÍNIO** Quais são os efeitos metabólicos de não se produzir a subunidade M da fosfofrutoquinase?
11. **PERGUNTA DE RACIOCÍNIO** De que modo a forma de ação observada da hexoquinase é consistente com a teoria de encaixe induzido de ação da enzima?
12. **PERGUNTA DE RACIOCÍNIO** De que modo o ATP age como um efetor alostérico na forma de ação da fosfofrutoquinase?

17-3 O Gliceraldeído é Convertido em Piruvato

13. **VERIFICAÇÃO DE FATOS** Em que ponto na glicólise todas as reações são consideradas duplas?
14. **VERIFICAÇÃO DE FATOS** Quais das enzimas discutidas neste capítulo são desidrogenases ligadas ao NADH?
15. **VERIFICAÇÃO DE FATOS** Defina *fosforilação em nível substrato* e dê um exemplo com base nas reações discutidas neste capítulo.
16. **VERIFICAÇÃO DE FATOS** Quais reações são pontos de controle na glicólise?
17. **VERIFICAÇÃO DE FATOS** Quais moléculas agem como inibidoras da glicólise? Quais moléculas agem como ativadoras?
18. **VERIFICAÇÃO DE FATOS** Existem várias desidrogenases ligadas por NADH que possuem sítios ativos semelhantes. Que parte da gliceraldeído-3-fosfato desidrogenase seria mais conservada entre as outras enzimas?
19. **VERIFICAÇÃO DE FATOS** Várias das enzimas da glicólise encaixam-se em classes que serão vistas com frequência no metabolismo. Quais são os tipos de reação catalisados para cada um dos seguintes itens:
    (a) Quinases
    (b) Isomerases
    (c) Aldolases
    (d) Desidrogenases
20. **VERIFICAÇÃO DE FATOS** Qual é a diferença entre isomerase e mutase?
21. **PERGUNTA DE RACIOCÍNIO** A reação de 2-fosfoglicerato a fosfoenolpiruvato é uma reação redox? Dê uma justificativa para a resposta.
22. **PERGUNTA DE RACIOCÍNIO** Mostre o átomo de carbono que altera o estado de oxidação durante a reação catalisada pela gliceraldeído-3-fosfato desidrogenase. Qual é o grupo funcional que muda durante a reação?
23. **PERGUNTA DE RACIOCÍNIO** Discuta a lógica da natureza dos inibidores e ativadores alostéricos da glicólise. Por que essas moléculas seriam utilizadas?
24. **PERGUNTA DE RACIOCÍNIO** Várias espécies possuem um terceiro tipo de subunidade LDH que é encontrada predominantemente nos testículos. Se essa subunidade, chamada C, fosse expressa em todos os outros tecidos e pudesse ser combinada com subunidades M e H, quantas isoenzimas LDH seriam possíveis? Quais seriam suas composições?
25. **PERGUNTA DE RACIOCÍNIO** As subunidades M e H da lactato desidrogenase possuem tamanhos e formatos semelhantes, mas diferem na composição de aminoácidos. Se a única diferença entre as duas for que a subunidade H possui um ácido glutâmico em uma posição na qual a subunidade M possui uma serina, como as cinco isoenzimas de LDH seriam separadas na eletroforese utilizando um gel em pH 8,6? (Veja o Capítulo 5 para obter informações detalhadas sobre a eletroforese.)
26. **PERGUNTA DE RACIOCÍNIO** A maioria das vias metabólicas é relativamente longa e aparenta ser muito complexa. Por exemplo, há dez reações químicas individuais na glicólise, convertendo glicose em piruvato. Sugira um motivo para esta complexidade.
27. **PERGUNTA DE RACIOCÍNIO** O mecanismo envolvido na reação catalisada pelo fosfogliceromutase é conhecido por envolver uma enzima fosforilada intermediária. Se 3-fosfoglicerato estiver marcado radioativamente com ^{32}P, o produto da reação, 2-fosfoglicerato, não possui nenhuma identificação de radioatividade. Desenhe um mecanismo para explicar esses fatos.

17-4 O Metabolismo Anaeróbico do Piruvato

28. **VERIFICAÇÃO DE FATOS** Que relação o material deste capítulo tem com a cerveja? E com músculos cansados e doloridos?
29. **VERIFICAÇÃO DE FATOS** Se o ácido láctico é o produto acumulado pela atividade muscular intensa, por que o lactato de sódio é administrado frequentemente por via intravenosa nos hospitais?
30. **VERIFICAÇÃO DE FATOS** Qual é a finalidade metabólica da produção de ácido láctico?
31. **PERGUNTA DE RACIOCÍNIO** Utilizando a notação ponto-elétron de Lewis, mostre explicitamente a transferência de elétrons nas seguintes reações redox.
    (a) Piruvato + NADH + H^+ → Lactato + NAD^+
    (b) Acetaldeído + NADH + H^+ → Etanol + NAD^+
    (c) Gliceraldeído-3-fosfato + NAD^+ → 3-Fosfoglicerato + NADH + H^+ (somente reação redox)
32. **PERGUNTA DE RACIOCÍNIO** Discuta brevemente a função do pirofosfato de tiamina nas reações enzimáticas utilizando o material deste capítulo para ilustrar seus pontos.
33. **PERGUNTA DE RACIOCÍNIO** O que é único no TPP que o torna útil nas reações de descarboxilação?
34. **CONEXÕES BIOQUÍMICAS** Beribéri é uma doença causada pela deficiência de vitamina B_1 (tiamina) na dieta. A tiamina é o precursor do pirofosfato de tiamina. Considerando o que foi abordado neste capítulo, por que não é surpresa que os alcoólatras tenham uma tendência a desenvolver essa doença?

35. **PERGUNTA DE RACIOCÍNIO** É sabido entre os caçadores que a carne de animais que correram antes de morrer tem um sabor ácido. Sugira um motivo para essa observação.
36. **PERGUNTA DE RACIOCÍNIO** Qual é a vantagem metabólica na conversão de glicose a lactato, já que não há oxidação ou redução *líquida*?
37. **CONEXÕES BIOQUÍMICAS** As células cancerosas crescem tão rapidamente que possuem uma taxa mais alta de metabolismo anaeróbio que a maioria dos tecidos, especialmente no centro dos tumores. É possível utilizar medicamentos que envenenem as enzimas do metabolismo anaeróbio no tratamento contra o câncer? Justifique sua resposta.
38. **VERIFICAÇÃO DE FATOS** O que é o efeito Warburg e o que ele tem a ver com os tópicos deste capítulo?
39. **CONEXÕES BIOQUÍMICAS** A modificação de enzimas de glicólise aeróbica pode ter uma função no tratamento do câncer?

17-5 Produção de Energia na Glicólise

40. **PERGUNTA DE RACIOCÍNIO** Mostre como se obtém a estimativa de eficiência de 33% do uso de energia na glicólise anaeróbia.
41. **VERIFICAÇÃO DE FATOS** Qual é o ganho líquido das moléculas de ATP derivadas das reações de glicólise?
42. **VERIFICAÇÃO DE FATOS** Como o resultado da Pergunta 41 difere da produção bruta de ATP?
43. **VERIFICAÇÃO DE FATOS** Que reações na glicólise são reações acopladas?
44. **VERIFICAÇÃO DE FATOS** Quais etapas na glicólise são fisiologicamente irreversíveis?
45. **PERGUNTA DE RACIOCÍNIO** Mostre, por uma série de equações, a energética da fosforilação do ADP pelo fosfoenolpiruvato.
46. **PERGUNTA DE RACIOCÍNIO** Qual seria a produção final de ATP para a glicólise quando frutose, manose e galactose são utilizadas como o composto inicial? Justifique sua resposta.
47. **PERGUNTA DE RACIOCÍNIO** Nos músculos, o glicogênio é quebrado pela seguinte reação:

$$(\text{Glicose})_n + P_i \rightarrow \text{Glicose-1-fosfato} + (\text{Glicose})_{n-1}$$

Qual seria a produção de ATP por molécula de glicose no músculo se o glicogênio fosse a fonte da glicose?
48. **PERGUNTA DE RACIOCÍNIO** Utilizando os dados da Tabela 17.1, diga se a seguinte reação é termodinamicamente possível:

$$\text{Fosfoenolpiruvato} + P_i + 2\text{ADP} \rightarrow \text{Piruvato} + 2\text{ATP}$$

49. **PERGUNTA DE RACIOCÍNIO** A reação apresentada na Pergunta 48 ocorre na natureza? Em caso negativo, diga por quê.
50. **PERGUNTA DE RACIOCÍNIO** De acordo com a Tabela 17.1, várias reações possuem valores $\Delta G°'$ muito positivos. Como isto pode ser explicado, considerando que essas reações realmente ocorrem na célula?
51. **PERGUNTA DE RACIOCÍNIO** De acordo com os dados da Tabela 17.1, quatro reações possuem valores ΔG positivos. Como isto pode ser explicado?
52. **PERGUNTA DE RACIOCÍNIO** Por que a formação de frutose-1-6-*bis*fosfato é uma etapa em que o controle provavelmente é exercitado na via glicolítica?
53. **PERGUNTA DE RACIOCÍNIO** Altos níveis de glicose-6-fosfato inibem a glicólise. Se a concentração de glicose-6-fosfato diminuir, a atividade é restaurada. Por quê?

17-6 O Controle da Glicólise

54. **VERIFICAÇÃO DE FATOS** Os hormônios têm uma função no controle do metabolismo? A glicólise é uma possível via para este controle?
55. **PERGUNTA DE RACIOCÍNIO** Por que é razoável esperar que o controle possa ser exercido próximo ao final de uma via bem como próximo ao começo?

Mecanismos de Armazenamento e Controle no Metabolismo de Carboidratos

18

18-1 Como o Glicogênio é Produzido e Degradado

Quando alguém ingere uma refeição rica em carboidratos, seu suprimento de glicose excede suas necessidades imediatas. A glicose é armazenada como um polímero, o glicogênio (Seção 16-4), que é similar ao amido encontrado nas plantas. O glicogênio difere do amido apenas no grau de ramificação da cadeia, por isso, às vezes é chamado de "amido animal" por causa dessa similaridade. Uma análise do metabolismo do glicogênio fornecerá alguma ideia de como a glicose pode ser armazenada dessa forma e disponibilizada quando houver demanda. Na degradação do glicogênio, diversos resíduos de glicose podem ser liberados simultaneamente, um de cada extremidade de uma ramificação, em vez de um por vez, como seria no caso do polímero linear.

Esta característica é útil para que um organismo possa satisfazer às demandas de energia a curto prazo, aumentando o suprimento de glicose o mais rapidamente possível (Figura 18.1). Foi demonstrado por modelagem matemática que a estrutura do glicogênio é *otimizada* para essa capacidade de armazenar e fornecer energia rapidamente e durante o tempo mais longo possível. A chave para tal otimização é o comprimento médio da cadeia das ramificações (13

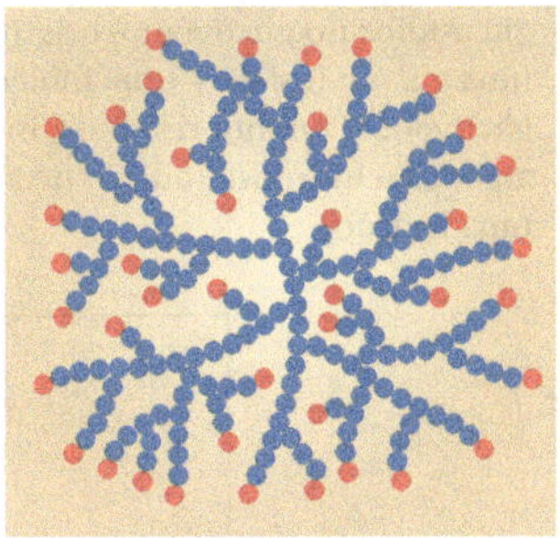

Glicogênio

FIGURA 18.1 A estrutura de cadeia ramificada do glicogênio. A estrutura altamente ramificada do glicogênio possibilita a liberação de diversos resíduos de glicose ao mesmo tempo para satisfazer às necessidades energéticas. Isto não seria possível com um polímero linear. Os pontos vermelhos indicam os resíduos de glicose terminais liberados pelo glicogênio. Quanto mais pontos de ramificação houver, mais desses resíduos terminais estarão disponíveis em determinado momento.

RESUMO DO CAPÍTULO

resíduos). Se esse comprimento fosse muito maior ou muito menor, o glicogênio não seria tão eficiente como veículo para armazenamento de energia e liberação por demanda. Os resultados experimentais corroboram as conclusões obtidas a partir de modelagem matemática.

Como ocorre a quebra do glicogênio?

O glicogênio é encontrado principalmente no fígado e nos músculos. A liberação do glicogênio armazenado no fígado é desencadeada pelos baixos níveis de glicose no sangue. O glicogênio hepático é desdobrado em glicose-6-fosfato, que, por sua vez, é hidrolisada para fornecer glicose. A liberação da glicose do fígado por meio dessa degradação do glicogênio reabastece o suprimento de glicose sanguínea. Nos músculos, a glicose-6-fosfato obtida a partir da decomposição do glicogênio entra diretamente na via glicolítica, em vez de ser hidrolisada em glicose, e, então, ser exportada para a corrente sanguínea.

fosforólise adição de ácido fosfórico a uma ligação, tal como a ligação glicosídica no glicogênio, originando uma glicose fosfato e uma molécula de glicogênio com um resíduo a menos; é análoga à hidrólise (adição de água a uma ligação)

Três reações atuam na conversão do glicogênio para glicose-6-fosfato. Na primeira, cada resíduo de glicose quebrado a partir do glicogênio reage com o fosfato para fornecer glicose-1-fosfato. Observe, particularmente, que essa reação de clivagem é uma **fosforólise**, e não uma hidrólise.

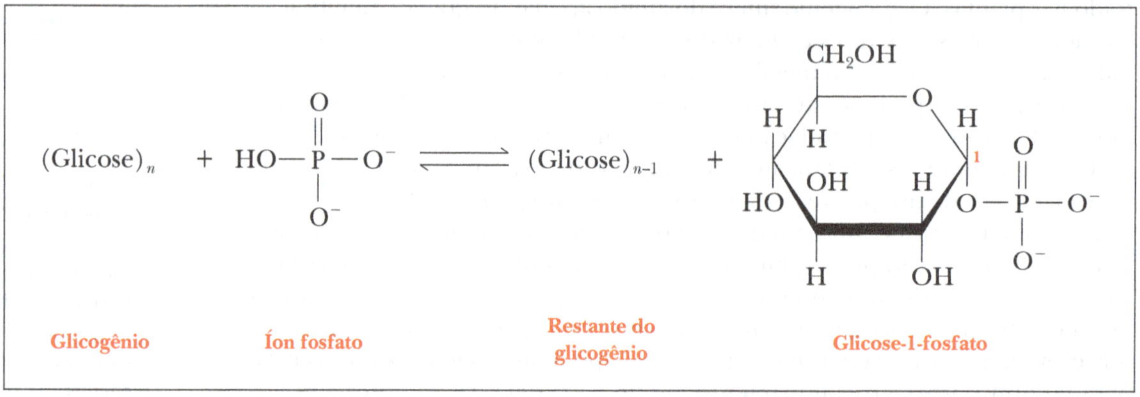
(Glicose)n
HO—P—O⁻
(Glicose)n–1
CH2OH
Glicogênio
Íon fosfato
Restante do glicogênio
Glicose-1-fosfato

Na segunda reação, a glicose-1-fosfato é isomerizada para originar a glicose-6-fosfato.

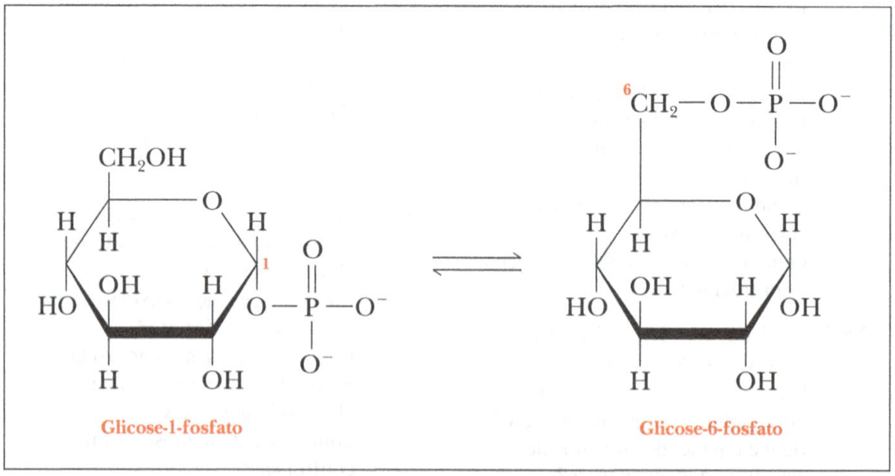
CH2OH
CH2—O—P—O⁻
Glicose-1-fosfato
Glicose-6-fosfato

glicogênio fosforilase enzima que catalisa a fosforólise de glicogênio para fornecer a glicose-1-fosfato

fosfoglicomutase enzima que catalisa a isomerização de glicose-1-fosfato em glicose-6-fosfato

A decomposição completa do glicogênio também requer uma reação de desramificação para hidrolisar as ligações glicosídicas dos resíduos de glicose nos pontos de ramificação da estrutura de glicogênio. A enzima que catalisa a primeira dessas reações é a **glicogênio fosforilase**; a segunda reação é catalisada por **fosfoglicomutase**.

$$\text{Glicogênio} + P_i \xrightarrow{\text{Glicogênio fosforilase}} \text{Glicose-1-fosfato} + \text{Restante de glicogênio}$$

$$\text{Glicose-1-fosfato} \xrightarrow{\text{Fosfoglicomutase}} \text{Glicose-6-fosfato}$$

O glicogênio fosforilase cliva as ligações $\alpha(1 \rightarrow 4)$ no glicogênio. A degradação completa requer **enzimas de desramificação** que degradem as ligações $\alpha(1 \rightarrow 6)$. Observe que nenhum ATP é hidrolisado na primeira reação. Na via glicolítica, foi visto outro exemplo de fosforilação de um substrato diretamente por fosfato, sem o envolvimento do ATP: a fosforilação de gliceraldeído-3-fosfato a 1,3-*bis*fosfoglicerato. Este é um modo alternativo de entrada na via glicolítica que "economiza" uma molécula de ATP para cada molécula de glicose, uma vez que evita a primeira etapa da glicólise. Quando o glicogênio, em vez de glicose, é o material inicial para a glicólise, há um ganho final de três moléculas de ATP para cada monômero de glicose, ao invés de duas moléculas de ATP, como quando a própria glicose é o ponto inicial. Portanto, o glicogênio é uma fonte de energia mais eficaz que a glicose. Obviamente, não existe "almoço grátis" em bioquímica e, como se pode ver, ocorre consumo de energia para reunir as glicoses em glicogênio.

enzimas de desramificação enzimas que hidrolisam as ligações em um polímero de cadeia ramificada como a amilopectina

A desramificação do glicogênio envolve a transferência de uma "ramificação limite" de três resíduos de glicose para a extremidade de outra ramificação, onde são subsequentemente removidos pela glicogênio fosforilase. A mesma enzima de desramificação do glicogênio hidrolisa então a ligação glicosídica $\alpha(1 \rightarrow 6)$ do último resíduo de glicose remanescente no ponto de ramificação (Figura 18.2).

Quando o organismo precisa de energia rapidamente, a degradação do glicogênio é importante. O tecido muscular pode mobilizar mais facilmente glicogênio que gordura, e pode fazê-lo de um modo anaeróbio. Nos exer-

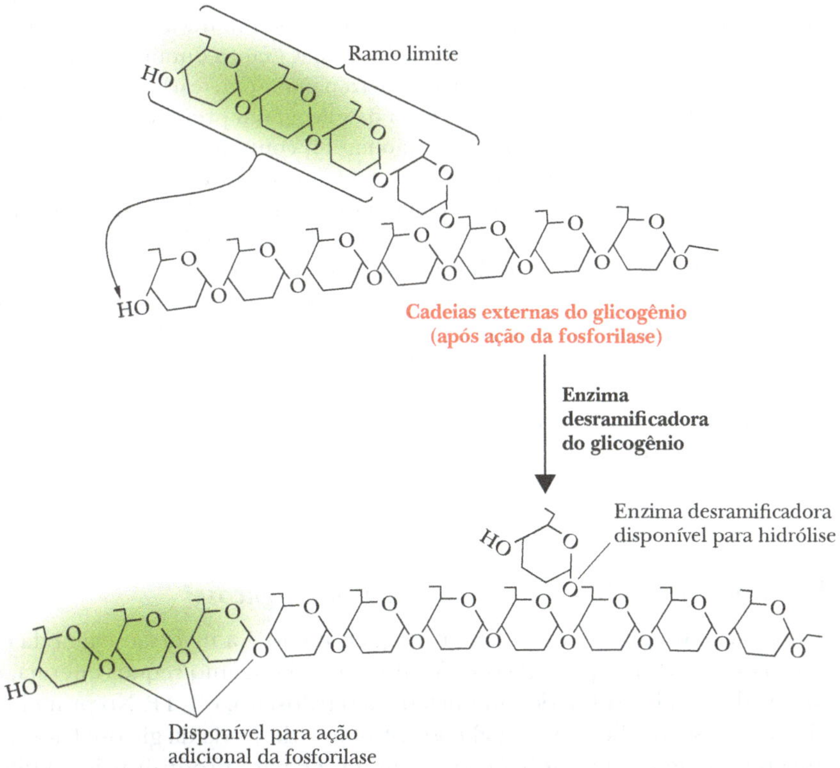

Ramo limite
HO
Cadeias externas do glicogênio (após ação da fosforilase)
Enzima desramificadora do glicogênio
Enzima desramificadora disponível para hidrólise
Disponível para ação adicional da fosforilase

FIGURA 18.2 O modo de ação da enzima desramificadora na degradação do glicogênio. A enzima transfere três resíduos de glicose com ligação $\alpha(1 \rightarrow 4)$ de uma ramificação limite para a extremidade de outra ramificação. A mesma enzima também catalisa a hidrólise do resíduo com ligação $\alpha(1 \rightarrow 6)$ no ponto da ramificação.

cícios de baixa intensidade, como corrida em marcha contínua ou corrida de longa distância, a gordura é o combustível preferido, mas, conforme a intensidade aumenta, o glicogênio dos músculos e do fígado torna-se mais importante. Alguns atletas, particularmente corredores de médias distâncias e ciclistas, tentam acumular reservas de glicogênio antes de uma corrida comendo grandes quantidades de carboidratos. O quadro CONEXÕES BIOQUÍMICAS 18.1 traz mais informações sobre este assunto.

18.1 Conexões **Bioquímicas** | fisiologia do exercício

Por que os Atletas se Abastecem de Glicogênio?

O glicogênio é a principal fonte de energia para o músculo que estava em repouso e então começa a trabalhar vigorosamente. A energia da hidrólise do ATP derivado da degradação do glicogênio inicialmente é produzida *anaerobiamente*, com o produto ácido láctico sendo novamente processado a glicose no fígado. À medida que o atleta melhora seu condicionamento, as células musculares apresentam mais mitocôndrias, permitindo a maior ocorrência de metabolismo *aeróbio* de gorduras e carboidratos para obter energia.

A passagem para o metabolismo aeróbio demora alguns minutos, e é por isso que os atletas devem se aquecer antes de um evento. Em eventos de longa distância, os atletas dependem mais do metabolismo da gordura que nos de curta distância, porém, em qualquer corrida haverá uma arrancada final, na qual o nível de glicogênio muscular pode determinar o vencedor.

A ideia por trás do armazenamento de glicogênio é que, se houver mais glicogênio disponível, então o indivíduo pode realizar metabolismo anaeróbio por um período de tempo maior, seja no final de um evento de distância, seja durante todo o evento, se o nível de esforço for alto o suficiente. Isto provavelmente é verdade, mas várias questões vêm à mente: Quanto tempo dura o glicogênio? Qual é o melhor modo de "armazenar" glicogênio? É seguro? Cálculos teóricos estimam que o organismo leva de 8 a 12 minutos para usar todo o glicogênio no músculo esquelético, embora essa faixa varie grandemente dependendo do nível de intensidade. Ao se permitir um armazenamento de glicogênio extra, esse intervalo poderia durar meia hora. Há evidências de que o glicogênio pode ser usado mais vagarosamente por atletas bem condicionados porque estes apresentam maior utilização de gordura.

Os primeiros métodos de armazenamento envolviam o gasto de glicogênio por três dias por meio de uma dieta rica em proteínas e de exercícios extremos, seguida pela dieta rica em carboidratos e repouso. Esse método produz um aumento acentuado de glicogênio, porém uma parte dele é armazenada no coração (que geralmente tem pouco ou nenhum glicogênio). Esta prática, na verdade, estressa o músculo cardíaco, com perigo evidente. Também existem perigos associados às dietas ricas em proteína, porque proteínas em excesso geralmente levam a um desequilíbrio mineral, o que também estressa o coração e os rins. Mais uma vez, há perigo. Além disso, muitas vezes o treinamento durante a semana não era ideal porque o atleta apresentava problemas de desempenho durante a dieta pobre em carboidratos e não treinava tanto durante a fase de armazenamento. Um armazenamento de carboidratos simples sem redução extrema de glicogênio previamente aumenta o glicogênio, mas não muito; contudo, esse aumento não causa um risco potencial de estresse cardíaco.

O armazenamento simples envolve basicamente a ingestão de dietas ricas em massas, amidos e carboidratos complexos durante alguns dias antes do exercício extenuante. Não está claro se o armazenamento simples funciona. Certamente, é possível aumentar a carga de glicogênio no músculo, mas ainda existe uma dúvida sobre quanto tempo ela dura durante exercício vigoroso. Em última análise, todas as considerações de dieta para atletas são muito individuais, e o que funciona para um pode não funcionar para outro. ◗

◗ *Como o glicogênio é formado a partir da glicose?*

A formação do glicogênio a partir da glicose não é a inversão exata da degradação de glicogênio para glicose. A síntese de glicogênio requer energia, que é fornecida pela hidrólise de um nucleosídeo trifosfato, o UTP. No primeiro estágio da síntese de glicogênio, a glicose-1-fosfato (derivada da glicose-6-fosfato por uma reação de isomerização) reage com o UTP para produzir uridina difosfato glicose (também chamada UDP-glicose ou UDPG) e pirofosfato (PP_i).

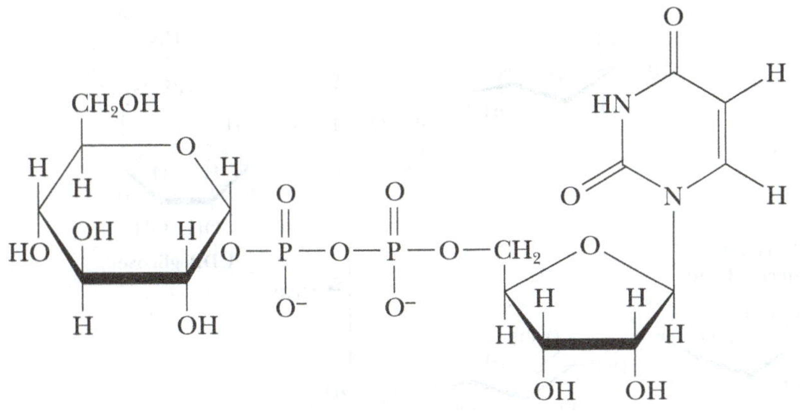
CH2OH
O
H
H
H
OH
H
HO
H
OH
O
P
O
P
O
CH2
O⁻
O⁻
O
HN
H
O
N
H
O
H
H
H
H
OH
OH

Uridina difosfato glicose
(UDPG)

A enzima que catalisa esta reação é a *UDP-glicose pirofosforilase.* A troca de uma ligação anidrido fosfórica por outra apresenta uma alteração de energia livre próxima a zero. A liberação de energia ocorre quando a enzima pirofosfatase inorgânica catalisa a hidrólise do pirofosfato a dois fosfatos, uma reação altamente exergônica.

É comum em bioquímica observar a energia liberada pela hidrólise do pirofosfato combinada à energia livre da hidrólise de um nucleosídeo trifosfato. O acoplamento dessas duas reações exergônicas a uma reação que não é energeticamente favorável permite que ocorra uma reação endergônica. O suprimento de UTP é reabastecido por uma reação de troca com o ATP, que é catalisada pela nucleosídeo fosfatoquinase:

$$\text{UDP} + \text{ATP} \leftrightarrows \text{UTP} + \text{ADP}$$

Essa reação de troca faz que a hidrólise de qualquer nucleosídeo trifosfato seja energeticamente equivalente à hidrólise do ATP.

A adição de UDPG a uma cadeia crescente de glicogênio constitui a etapa seguinte na síntese do glicogênio. Cada etapa envolve a formação de uma nova ligação glicosídica $\alpha(1 \rightarrow 4)$ na reação catalisada pela enzima **glicogênio sintase** (Figura 18.3). Essa enzima não pode simplesmente formar uma ligação entre duas moléculas de glicose isoladas, mas deve acrescentar uma cadeia existente contendo ligações glicosídicas $\alpha(1 \rightarrow 4)$. Por tal motivo, o início da síntese de glicogênio requer um primer. O grupo hidroxila de uma tirosina específica da proteína *glicogenina* (37.300 Da) serve para este fim. Na primeira etapa da síntese de glicogênio, o resíduo de glicose é ligado a essa hidroxila de tirosina, e os resíduos de glicose são sucessivamente acrescentados ao primeiro. A própria molécula de glicogenina age como catalisadora para a adição de glicoses até que haja aproximadamente oito delas unidas em conjunto. Nesse ponto, a glicogênio sintase assume o comando.

glicogênio sintase enzima que catalisa o crescimento das cadeias de glicogênio

	$\Delta G^{\circ\prime}$	
	kJ mol^{-1}	kcal mol^{-1}
Glicose-1-fosfato + UTP $\leftrightarrows$ UDPG + PP_i	~0	~0
H_2O + PP_i $\rightarrow$ $2P_i$	−30,5	−7,3
Total: Glicose-1-fosfato + UTP $\rightarrow$ UDPG + $2P_i$	−30,5	−7,3

A síntese de glicogênio requer a formação de ligações glicosídicas $\alpha(1 \rightarrow 6)$ assim como $\alpha(1 \rightarrow 4)$. Uma **enzima de ramificação** realiza esta tarefa. Ela atua transferindo um segmento de aproximadamente sete resíduos de compri-

enzima de ramificação enzima que catalisa as reações necessárias para introduzir um ponto de ramificação durante a síntese de glicogênio

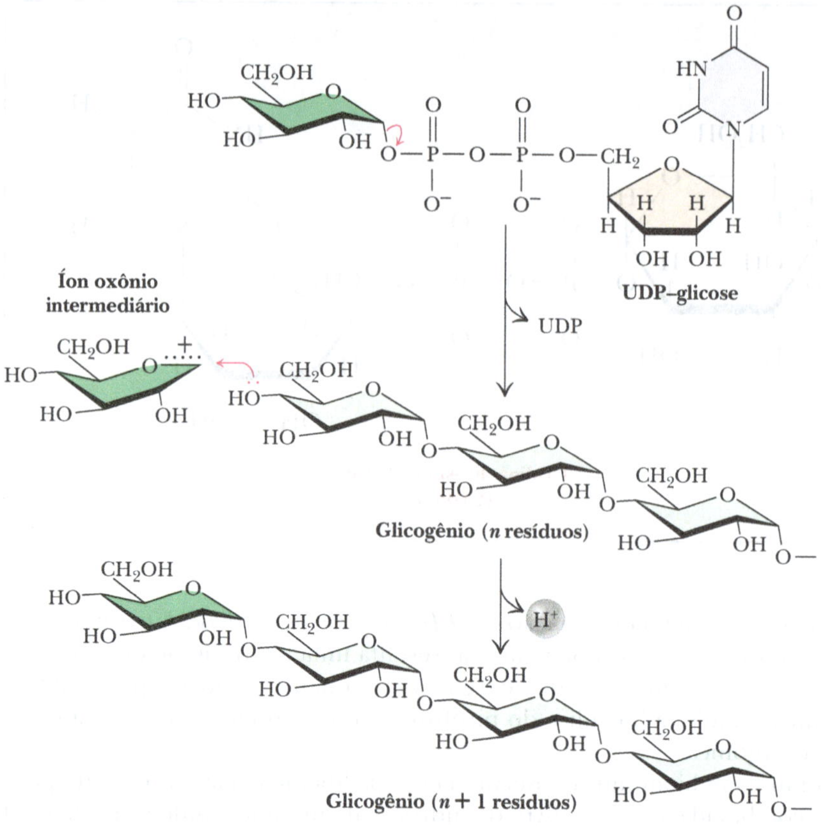
UDP–glicose
UDP
Íon oxônio intermediário
Glicogênio (n resíduos)
Glicogênio (n + 1 resíduos)

FIGURA 18.3 **A reação catalisada pela glicogênio sintase.** O resíduo de glicose é transferido do UDPG para a extremidade em crescimento de uma cadeia de glicogênio em uma ligação $\alpha(1 \rightarrow 4)$.

mento da extremidade de uma cadeia crescente para um ponto da ramificação onde catalisa a formação da ligação glicosídica $\alpha(1 \rightarrow 6)$ necessária (Figura 18.4). Observe que essa enzima já catalisou a degradação de uma ligação glicosídica $\alpha(1 \rightarrow 4)$ no processo de transferência do segmento oligossacarídeo. Cada segmento transferido deve vir de uma cadeia com pelo menos 11 resíduos de comprimento; cada novo ponto da ramificação deve estar no mínimo a quatro resíduos de distância do ponto mais próximo de ramificação existente.

Como o metabolismo do glicogênio é controlado?

Como um organismo garante que a síntese de glicogênio e a degradação do glicogênio não operem simultaneamente? Se isso ocorresse, o principal resultado seria a hidrólise do UTP, o que desperdiçaria a energia química armazenada nas ligações anidrido fosfóricas. Um fator de controle importante consiste no comportamento da glicogênio fosforilase. Essa enzima está sujeita não apenas ao controle alostérico, mas também a outra característica de controle: a modificação covalente. Um exemplo anterior desse tipo de controle foi visto na bomba de sódio e potássio na Seção 8-6. Naquele exemplo, a fosforilação e a desfosforilação de uma enzima determinavam se ela estava ou não ativa, efeito semelhante ao que ocorre aqui.

A Figura 18.5 resume algumas características do mecanismo de controle que afetam a atividade da glicogênio fosforilase. A enzima é um dímero que existe em duas formas, a forma T (tensa) inativa e a forma R (relaxada) ativa. Na forma T (e *apenas* nela), ela pode ser modificada pela fosforilação de um resíduo específico de serina em cada uma das duas subunidades. A esterificação da serina com ácido fosfórico é catalisada pela enzima *fosforilase quinase*; a desfosforilação é catalisada pela *fosfoproteína fosfatase.* A forma fosforilada da glicogênio fosforilase é chamada **fosforilase *a***, e a forma desfosforilada é chamada **fosforilase *b***. A alternância da fosforilase *b* para a fosforilase *a* é a principal forma de controle da atividade da fosforilase. O tempo de resposta das alterações é da ordem de segundos a minutos. A fosforilase também é controlada

fosforilase *a* forma fosforilada do glicogênio fosforilase

fosforilase *b* forma desfosforilada do glicogênio fosforilase

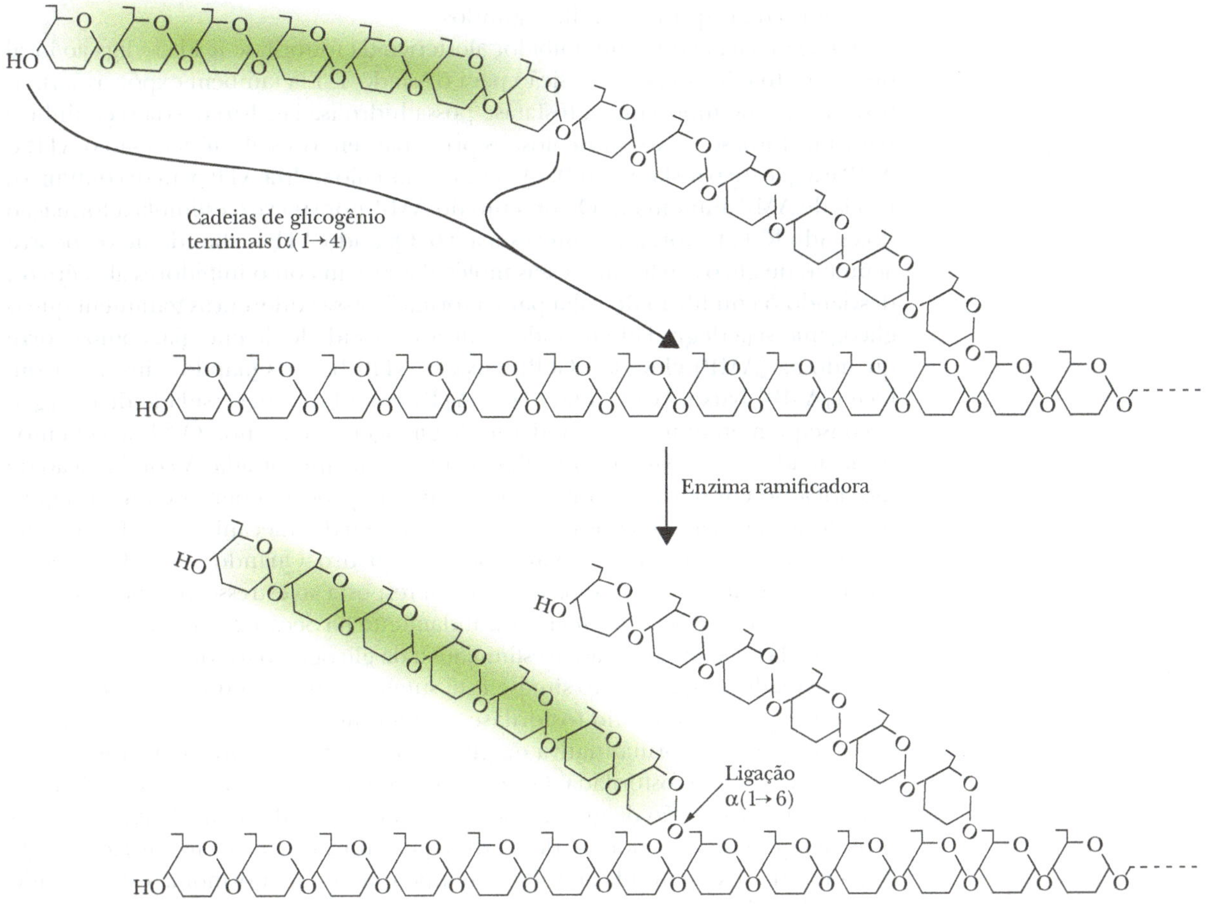
Cadeias de glicogênio
terminais α(1→4)
Enzima ramificadora
Ligação
α(1→6)

FIGURA 18.4 Modo de ação da enzima ramificadora na síntese de glicogênio. Um segmento de sete resíduos de comprimento é transferido de uma ramificação em crescimento para um novo ponto de ramificação, onde uma ligação $\alpha(1 \longrightarrow 6)$ é formada.

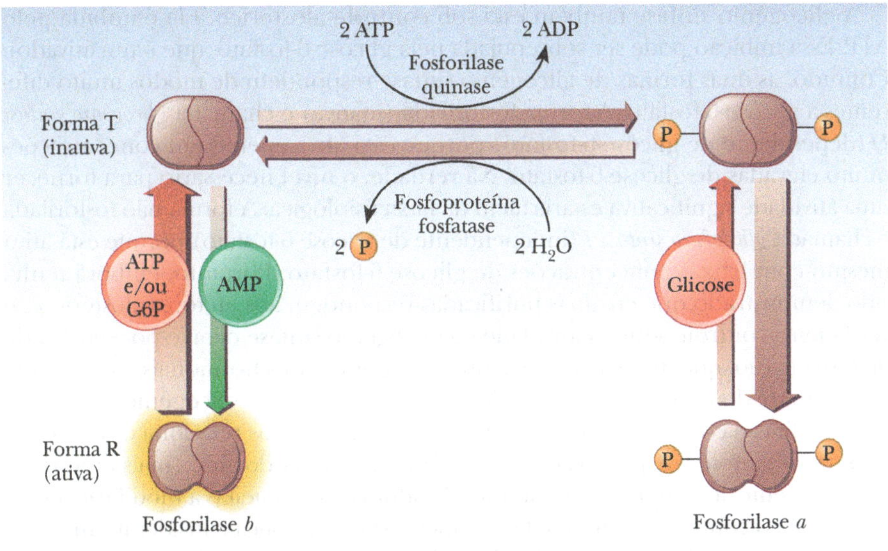
2 ATP
2 ADP
Fosforilase
quinase
Forma T
(inativa)
Fosfoproteína
fosfatase
2 P
2 H₂O
ATP
e/ou
G6P
AMP
Glicose
Forma R
(ativa)
Fosforilase b
Fosforilase a

FIGURA 18.5 A atividade da glicogênio fosforilase está sujeita ao controle alostérico e à modificação covalente. A fosforilação da forma *a* da enzima a converte na forma *b*. Apenas a forma T está sujeita a essa modificação reversível. As formas *a* e *b* respondem a diferentes efetores alostéricos (veja o texto). O ATP e a glicose são inibidores alostéricos. A AMP é um ativador alostérico.

mais rapidamente em momentos de emergência por efetores alostéricos, com um tempo de resposta de milissegundos.

No fígado, a glicose é um inibidor alostérico da fosforilase *a*. Ela se liga ao local do substrato e favorece a transição para o estado T. Ela também expõe as serinas fosforiladas, de modo que a fosfatase possa hidrolisá-las. Isto desvia o equilíbrio para a fosforilase *b*. Nos músculos, os principais efetores alostéricos são o ATP, o AMP e a glicose-6-fosfato (G6P). Quando o músculo utiliza ATP para se contrair, os níveis de AMP aumentam. O aumento do AMP, por sua vez, estimula a formação do estado R da fosforilase *b*, que está ativo. Quando ATP é abundante ou ocorre acúmulo de glicose-6-fosfato, essas moléculas atuam como inibidores alostéricos, desviando o equilíbrio de volta para a forma T. Essas diferenças garantem que o glicogênio seja degradado quando houver necessidade de energia, como ocorre quando há [AMP] elevada, [G6P] baixa e [ATP] baixa. Quando o inverso acontece ([AMP] baixa, [G6P] elevada e [ATP] elevada), a necessidade de energia, e, consequentemente, de degradação de glicogênio, é menor. O "desligamento" da atividade da glicogênio fosforilase é a resposta apropriada. A combinação de modificação covalente e controle alostérico do processo permite um alto grau de sintonia que não seria possível com qualquer um dos mecanismos isoladamente. O controle hormonal também participa desse quadro. Quando a epinefrina (adrenalina) é liberada pela glândula adrenal em resposta ao estresse, desencadeia uma série de eventos (discutidos mais profundamente na Seção 24-4) que suprimem a atividade da glicogênio sintase e estimulam a da glicogênio fosforilase.

A atividade da glicogênio sintase está sujeita ao mesmo tipo de modificação covalente que a glicogênio fosforilase. A diferença é que a resposta ocorre no sentido oposto. A forma inativa da glicogênio sintase é a forma fosforilada. A forma ativa é a não fosforilada. Os sinais hormonais (glucagon ou epinefrina) estimulam a fosforilação da glicogênio sintase por meio de uma enzima chamada proteína quinase dependente de cAMP (Capítulo 24). Após a fosforilação, a glicogênio sintase é inativada ao mesmo tempo que o sinal hormonal está ativando a fosforilase. Ela também pode ser fosforilada por outras enzimas, incluindo fosforilase quinase e várias enzimas chamadas glicogênio sintase quinases. A glicogênio sintase é desfosforilada pela mesma fosfoproteína fosfatase que remove o fosfato da fosforilase. A fosforilação da glicogênio sintase também é mais complicada pelo fato de existirem múltiplos locais de fosforilação. Foi descoberto que até nove resíduos de aminoácidos diferentes são fosforilados. À medida que o nível progressivo de fosforilação aumenta, a atividade da enzima diminui.

A glicogênio sintase também está sob controle alostérico. Ela é inibida pelo ATP. Essa inibição pode ser sobrepujada pela glicose-6-fosfato, que é um ativador. Contudo, as duas formas de glicogênio sintase respondem de modos muito diferentes à glicose-6-fosfato. A forma fosforilada (inativa) é chamada *glicogênio sintase D* (dependente de glicose-6-fosfato) porque está ativa apenas em concentrações muito elevadas de glicose-6-fosfato. Na verdade, o nível necessário para fornecer uma atividade significativa estaria além da faixa fisiológica. A forma não fosforilada é chamada *glicogênio sintase I* (independente de glicose-6-fosfato) porque está ativa mesmo com baixas concentrações de glicose-6-fosfato. Portanto, embora tenha sido demonstrado que enzimas purificadas respondem aos efetores alostéricos, o verdadeiro controle sobre a atividade da glicogênio sintase ocorre por seu estado de fosforilação, que, por sua vez, é controlado por estados hormonais.

O fato de duas enzimas alvo, a glicogênio fosforilase e a glicogênio sintase, serem modificadas da mesma maneira pelas mesmas enzimas relaciona os processos opostos de síntese e degradação do glicogênio de um modo ainda mais íntimo.

Finalmente, as próprias enzimas modificadoras estão sujeitas a modificações covalentes e ao controle alostérico. Esta característica complica consideravelmente o processo, mas acrescenta a possibilidade de uma resposta amplificada a pequenas alterações nas condições. Uma pequena alteração na concentração de um efetor alostérico de uma enzima modificadora pode causar uma grande mudança na concentração de uma enzima alvo, modificada para a forma ativa; essa resposta de amplificação é decorrente do fato de que o substrato para a enzima modificadora é por si só uma enzima. Neste ponto, a situação realmente é muito complexa, mas é um bom exemplo de como processos opostos de degradação e síntese podem ser controlados de modo vantajoso para o organismo. Quando estudarmos, na próxima seção, como a glicose é sintetizada a partir do lactato, teremos outro exemplo, que poderemos comparar com a glicólise para explorar com mais detalhes como o metabolismo dos carboidratos é controlado.

18-2 A Gliconeogênese Produz Glicose de Piruvato

A conversão do piruvato a glicose ocorre por um processo chamado **gliconeogênese**. A gliconeogênese não é a reversão exata do processo de glicólise. Inicialmente, o piruvato é encontrado como um produto da glicólise, porém ele pode surgir de outras fontes, passando a ser o ponto inicial do anabolismo da glicose. Algumas reações da glicólise são essencialmente irreversíveis; tais reações são evitadas na gliconeogênese. Uma analogia seria a de um andarilho que desce uma ladeira íngreme diretamente, mas retorna à montanha por uma rota alternativa e mais fácil. Pode-se ver que a biossíntese e a degradação de muitas biomoléculas importantes seguem rotas diferentes.

gliconeogênese via da síntese da glicose a partir do lactato

Há três etapas irreversíveis na glicólise, e as diferenças entre a glicólise e a gliconeogênese são encontradas nessas três reações. A primeira das reações glicolíticas é a produção de piruvato (e ATP) a partir de fosfoenolpiruvato. A segunda é a produção de frutose-1,6-*bis*fosfato a partir de frutose-6-fosfato; a terceira é a produção de glicose-6-fosfato a partir da glicose. Uma vez que a primeira dessas reações é exergônica, a reação inversa é endergônica. A reversão da segunda e da terceira reações exige a produção de ATP a partir de ADP, que também é uma reação endergônica. O resultado da gliconeogênese é a reversão dessas três reações glicolíticas, porém por uma rota diferente, com reações diversas e enzimas diferentes (Figura 18.6).

Por que o oxaloacetato é um intermediário na gliconeogênese?

A conversão de piruvato a fosfoenolpiruvato na gliconeogênese ocorre em duas etapas. A primeira é a reação do piruvato e dióxido de carbono para fornecer oxaloacetato e requer energia, que é disponibilizada pela hidrólise do ATP.

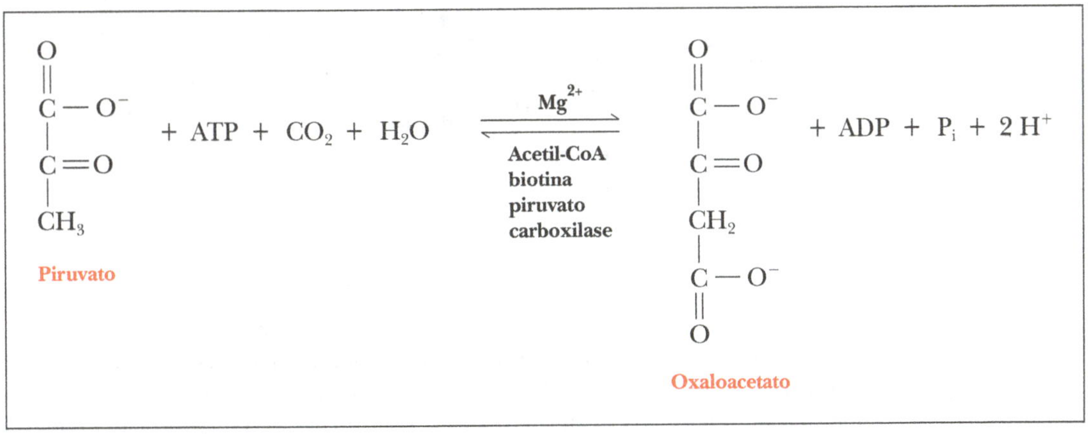
+ ATP + CO2 + H2O
Mg2+
Acetil-CoA
biotina
piruvato
carboxilase
+ ADP + Pi + 2 H+
Piruvato
Oxaloacetato

A enzima que catalisa essa reação é a *piruvato carboxilase*, uma enzima alostérica encontrada nas mitocôndrias. O acetil-CoA é um efetor alostérico que ativa a piruvato carboxilase. Se níveis elevados de acetil-CoA estiverem presentes (em outras palavras, se houver mais acetil-CoA que o necessário para suprir o ciclo do ácido cítrico), o piruvato (um precursor da acetil-CoA) pode ser desviado para a gliconeogênese. (O oxaloacetato do ciclo do ácido cítrico também, e com frequência, pode ser um ponto de início para a gliconeogênese.) O íon magnésio (Mg^{2+}) e a biotina

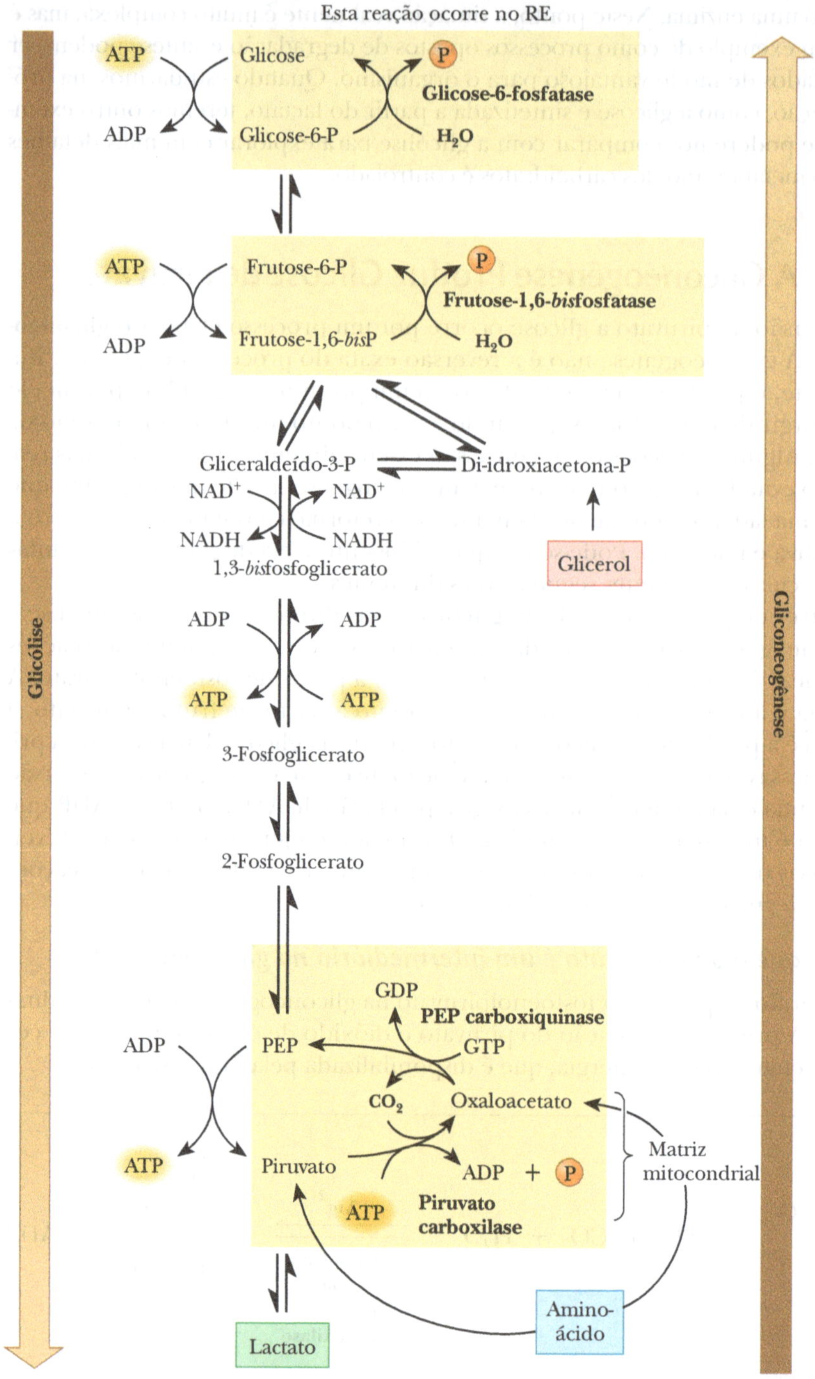
Esta reação ocorre no RE
ATP
ADP
Glicose
Glicose-6-P
P
Glicose-6-fosfatase
H_2O
ATP
ADP
Frutose-6-P
Frutose-1,6-*bis*P
P
Frutose-1,6-*bis*fosfatase
H_2O
Gliceraldeído-3-P
Di-idroxiacetona-P
NAD^+
NAD^+
NADH
NADH
1,3-*bis*fosfoglicerato
Glicerol
ADP
ADP
ATP
ATP
3-Fosfoglicerato
2-Fosfoglicerato
GDP
PEP carboxiquinase
ADP
PEP
GTP
CO_2
Oxaloacetato
Matriz mitocondrial
ATP
Piruvato
ADP + P
ATP
Piruvato carboxilase
Amino-ácido
Lactato
Glicólise
Gliconeogênese

FIGURA 18.6 **As vias da gliconeogênese e da glicólise.** As espécies nas caixas sombreadas em azul, verde e rosa indicam outros pontos de entrada para gliconeogênese (além do piruvato).

também são necessários para uma catálise eficaz. O Mg^{2+} já foi visto como cofator, mas não havíamos abordado a biotina, o que requer alguns esclarecimentos.

biotina molécula transportadora de CO_2

A **biotina** é um transportador de dióxido de carbono; ela possui um sítio específico para fixação covalente do CO_2 (Figura 18.7). O grupo carboxila da biotina forma uma ligação amida com o grupo ε-amina de uma cadeia lateral de uma lisina específica da piruvato carboxilase. O CO_2 é ligado à biotina, que, por sua vez, é unida de forma covalente à enzima, e assim o CO_2 é desviado para o piruvato para formar oxaloacetato (Figura 18.8). Observe que é necessário ATP para essa reação.

A conversão do oxaloacetato a fosfoenolpiruvato é catalisada pela enzima *fosfoenolpiruvato carboxiquinase (PEPCK)*, que é encontrada nas mitocôndrias e no citosol. Essa reação também envolve hidrólise de um nucleosídeo trifosfato – neste caso, GTP em vez de ATP.

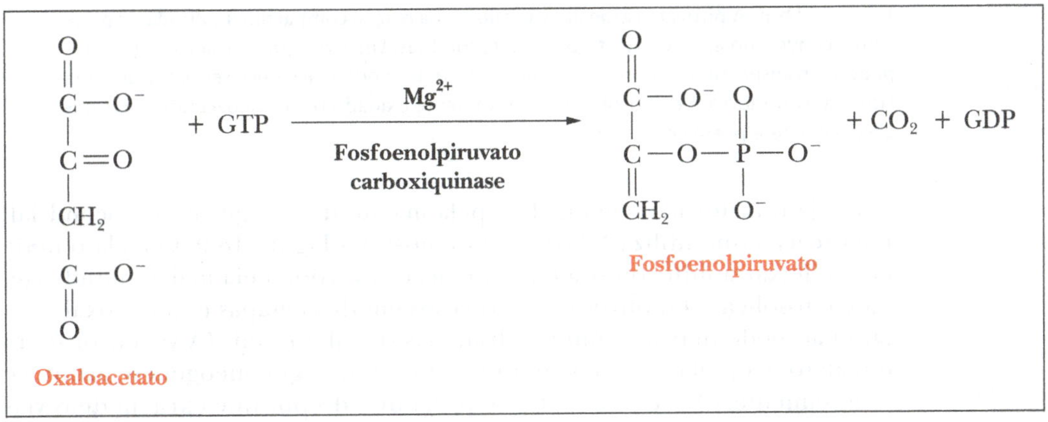

+ GTP
Mg^{2+}
Fosfoenolpiruvato carboxiquinase
+ CO_2 + GDP
Oxaloacetato
Fosfoenolpiruvato

As reações sucessivas de carboxilação e descarboxilação estão próximas ao equilíbrio (apresentam baixos valores de energia livre padrão); como resultado, a conversão do piruvato em fosfoenolpiruvato também está próxima do equilíbrio ($\Delta G°' = 2{,}1$ kJ mol^{-1} = 0,5 kcal mol^{-1}). Um pequeno aumento no nível de oxaloacetato pode desviar o equilíbrio para a direita, e um pequeno aumento no nível de fosfoenolpiruvato pode desviá-lo para a esquerda. Um conceito bem conhecido na química geral, a **lei da ação das massas**, relaciona as concentrações dos reagentes e dos produtos em um sistema em equilíbrio. A alteração da concentração de reagentes ou produtos causará um desvio para restabelecer o equilíbrio. Uma reação ocorrerá para a direita com a adição de reagentes e para a esquerda com a adição de produtos.

$$\text{Piruvato} + \text{ATP} + \text{GTP} \rightarrow \text{Fosfoenolpiruvato} + \text{ADP} + \text{GDP} + P_i$$

O oxaloacetato formado nas mitocôndrias pode ter dois destinos em relação à gliconeogênese. Ele pode continuar para formar PEP, que pode então deixar a mitocôndria por meio de um transportador específico para continuar a gliconeogênese no citosol. A outra possibilidade é que o oxaloace-

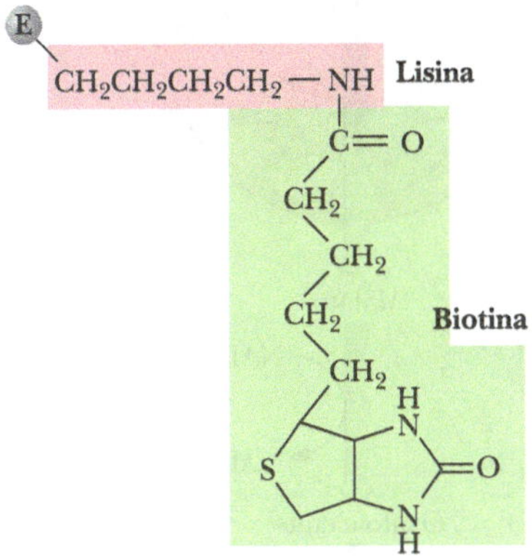

Lisina
Biotina

Figura 18.7 Estrutura da biotina e seu modo de ligação à piruvato carboxilase.

lei da ação das massas na química, a relação entre as concentrações de produtos e reagentes em um sistema no equilíbrio

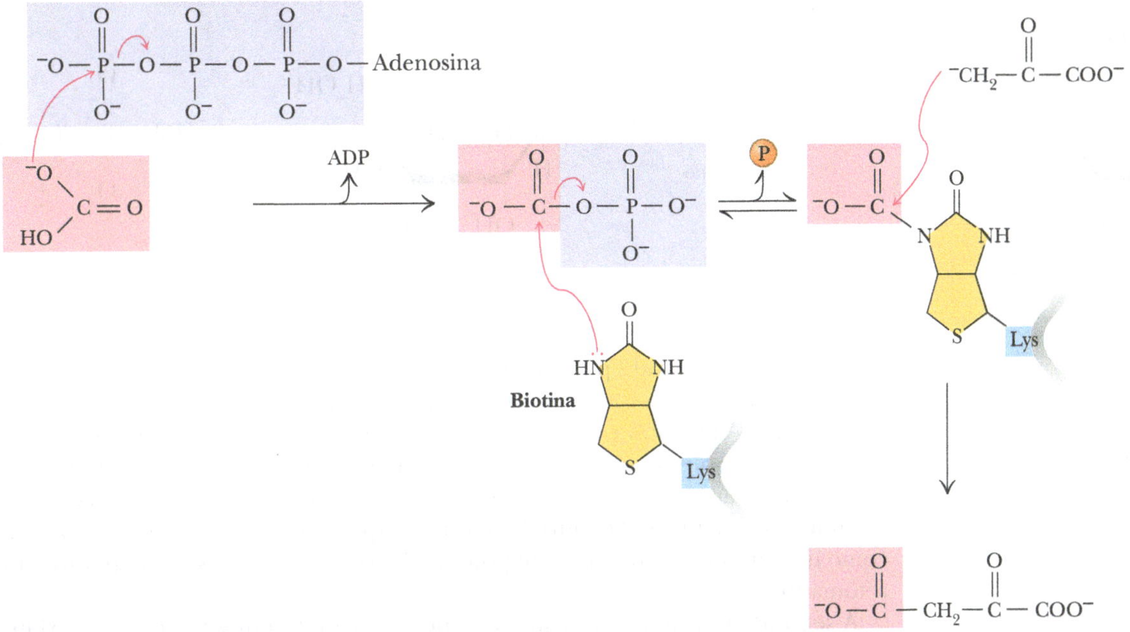

Adenosina
ADP
Biotina
Lys

Figura 18.8 Os dois estágios da reação da piruvato carboxilase. O CO_2 é ligado à enzima biotinilada. O CO_2 é transferido da enzima biotinilada para o piruvato, formando oxaloacetato. É necessário ATP na primeira parte da reação.

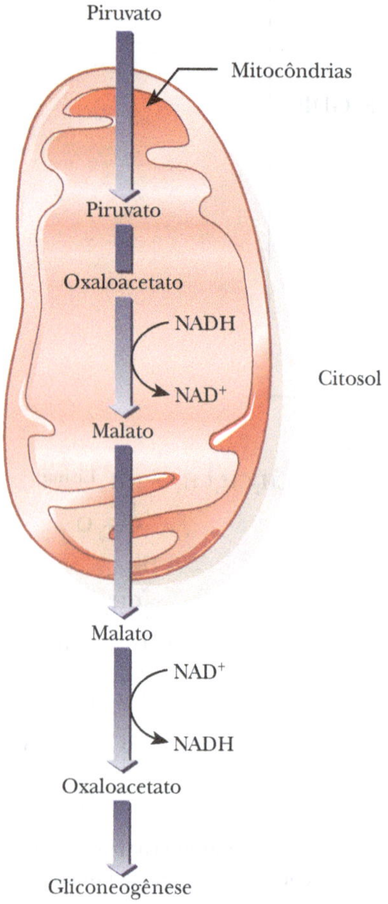
Piruvato
Mitocôndrias
Piruvato
Oxaloacetato
NADH
NAD+
Malato
Citosol
Malato
NAD+
NADH
Oxaloacetato
Gliconeogênese

FIGURA 18.9 **A piruvato carboxilase catalisa uma reação compartimentalizada.** O piruvato é convertido em oxaloacetato nas mitocôndrias. Uma vez que o oxaloacetato não pode ser transportado por meio da membrana mitocondrial, ele deve ser reduzido a malato, transportado até o citosol e então novamente oxidado para oxaloacetato antes que a gliconeogênese possa continuar.

tato seja transformado em malato pela malato desidrogenase mitocondrial, uma reação que utiliza NADH, como mostra a Figura 18.9. O malato pode então deixar a mitocôndria e ter a reação revertida pela malato desidrogenase citosólica. O motivo desse processo em duas etapas é que o oxaloacetato não pode deixar a mitocôndria, mas o malato, sim. (A via envolvendo o malato é aquela que ocorre no fígado, onde a gliconeogênese acontece intensamente.) Você pode estar se perguntando por que existem duas vias para introdução de PEP no citosol para poder continuar a gliconeogênese. A resposta retoma uma enzima familiar vista na glicólise, a gliceraldeído-3--fosfato desidrogenase. Lembre, do Capítulo 17, que a finalidade da lactato desidrogenase é reduzir o piruvato a lactato de modo que o NADH possa ser oxidado para formar NAD^+, necessário para continuar a glicólise. Essa reação deve ser revertida na gliconeogênese, e o citosol possui uma baixa proporção de NADH para NAD^+. A finalidade dessa via circular para remoção do oxaloacetato da mitocôndria pela malato desidrogenase é produzir NADH no citosol para que a gliconeogênese possa continuar.

Qual é o papel dos fosfatos de açúcar na gliconeogênse?

As outras duas reações nas quais a gliconeogênese difere da glicólise são aquelas em que uma ligação éster fosfato com um grupo hidroxila de açúcar é hidrolisada. As duas reações são catalisadas por fosfatases e ambas são exergônicas. A primeira reação consiste na hidrólise da frutose-1,6-*bis*fosfato para produzir frutose-6-fosfato e íon fosfato ($\Delta G°' = -16{,}7\ kJ\ mol^{-1} = -4{,}0\ kcal\ mol^{-1}$).

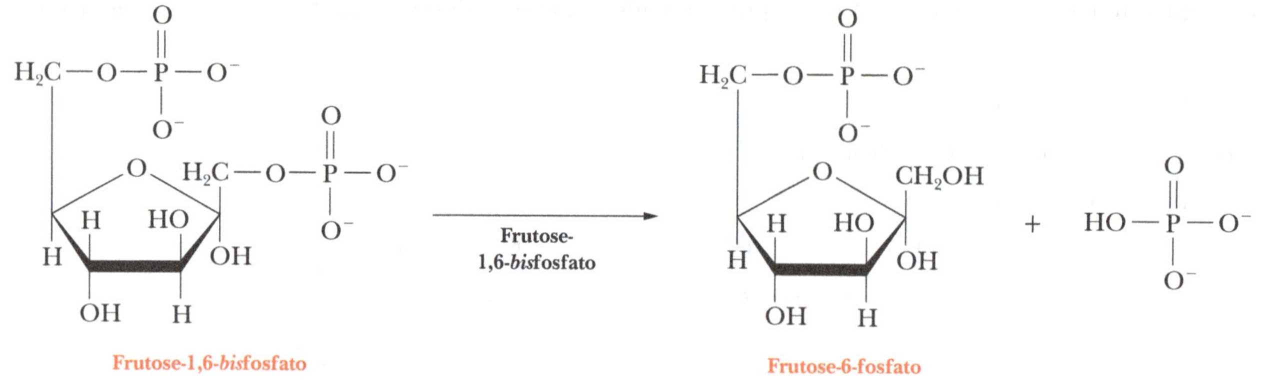
Frutose-1,6-bisfosfato
Frutose-6-fosfato

Essa reação é catalisada pela enzima frutose-*1*,6-*bis*fosfatase, uma enzima alostérica fortemente inibida pelo monofosfato de adenosina (AMP), porém estimulada pelo ATP. Em razão da regulação alostérica, essa reação também é um ponto de controle na rota. Quando a célula possui um amplo suprimento de ATP, a formação da glicose é favorecida, em vez da sua degradação. Essa enzima é inibida pela frutose-2,6-*bis*fosfato, um composto encontrado na Seção 17-2 como um ativador extremamente potente da fosfofrutoquinase. Este ponto será retomado na próxima seção.

A segunda reação é a hidrólise da glicose-6-fosfato em glicose e íon fosfato ($\Delta G°' = -13{,}8\ kJ\ mol^{-1} = -3{,}3\ kcal\ mol^{-1}$). A enzima que catalisa esta reação é a *glicose-6-fosfatase.*

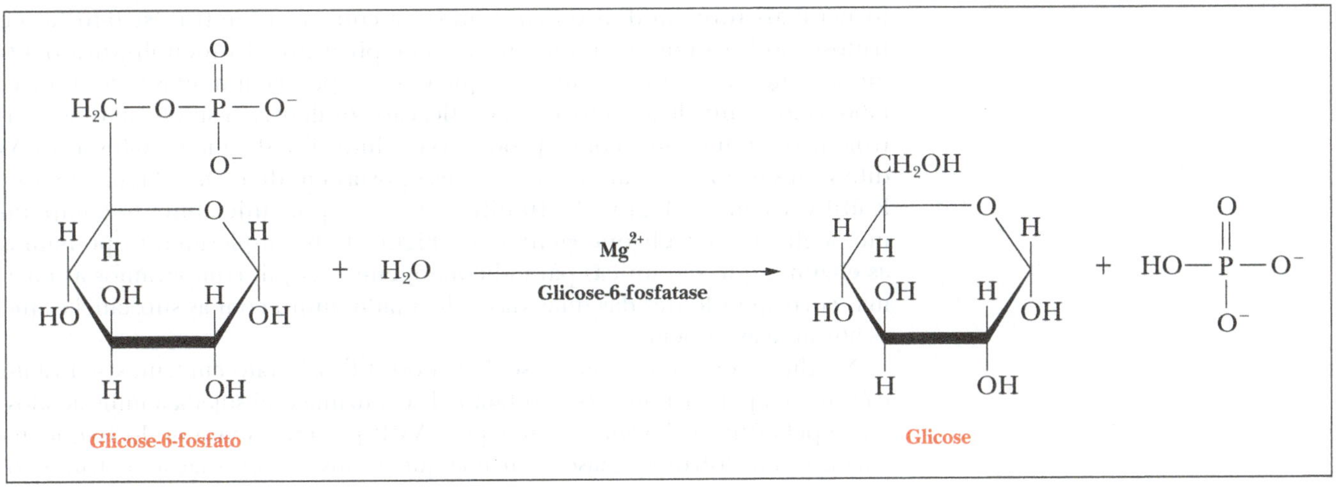

Mg2+
Glicose-6-fosfatase
Glicose-6-fosfato
Glicose

Quando foi discutida a glicólise, viu-se que as duas reações de fosforilação, que representam o inverso dessas duas reações catalisadas pela fosfatase, são endergônicas. Na glicólise, as reações de fosforilação devem ser acopladas à hidrólise do ATP para se tornarem exergônicas, e, portanto, energeticamente permitidas. Na gliconeogênese, o organismo pode fazer uso direto do fato de que as reações de hidrólise dos açúcares fosfato são exergônicas. As reações correspondentes não representam o inverso umas das outras nas duas vias. Elas diferem entre si por exigirem ATP ou não e na função das enzimas envolvidas. A hidrólise de glicose-6-fosfato para glicose ocorre no retículo endoplasmático. Este é um exemplo de uma via interessante que requer três locais celulares (mitocôndria, citosol, retículo endoplasmático).

18-3 O Controle do Metabolismo de Carboidrato

Até agora já foram abordados vários aspectos do metabolismo dos carboidratos: glicólise, gliconeogênese e degradação e síntese recíproca de glicogênio. A glicose tem um papel central em todos esses processos. Ela é o ponto inicial da glicólise, na qual é degradada a piruvato, e da síntese de glicogênio, na qual muitos resíduos de glicose se combinam para fornecer o polímero glicogênio. A glicose também é o produto da gliconeogênese, que tem o efeito final de inverter a glicólise; e também é obtida a partir da degradação do glicogênio. Cada via oposta, a glicólise e a gliconeogênese por um lado, e a degradação e síntese de glicogênio por outro, não constitui exatamente o inverso exato da outra, embora os resultados finais o sejam. Em outras palavras, uma via diferente é usada para chegar ao mesmo local. Este é o momento de ver como todas essas vias relacionadas são controladas.

Por que a regulação recíproca é uma característica-chave do metabolismo da glicose?

É importante lembrar que estes dois conjuntos de vias opostas – glicolise e gliconeogênese e degradação e síntese de glicogênio – são *reguladas reciprocamente*. É um desperdício de recursos para um organismo ter vias opostas funcionando simultaneamente em um alto nível. Vamos examinar cada um desses dois conjuntos.

A primeira etapa da glicólise, a conversão de glicose em glicose-6-fosfato, difere da reação inversa na gliconeogênese, com diferentes enzimas nas duas vias. Nesta reação, a ligação da glicose-6-fosfato à fosfatase é a característica principal, com a velocidade de reação dependendo principalmente da concentração do substrato. A glicólise e a gliconeogênese também diferem de forma marcante em dois outros pontos, a conversão de frutose-6-fosfato e frutose-1,6-*bis*fosfato e a interconversão de piruvato e fosfoenolpiruvato. Os mecanismos de controle aqui são aqueles que aparecem muitas vezes no metabolismo: controle alostérico e modificação covalente. (Estas formas de controle não são um fator com a produção e a hidrólise de glicose-6-fosfato.) As diferentes enzimas catalisam as reações opostas em duas vias (Figura 18.10). É útil ver como a Figura 18.10 difere da 18.6, pois inicialmente comparamos a glicólise e a gliconeogênese. Na Figura 18.6, simplesmente apontamos as enzimas que são únicas para gliconeogênese. Aqui, comparamos as enzimas correspondentes das duas vias lado a lado, junto com as substâncias que as ativam e as inibem.

Na gliconeogênese, a hidrólise da frutose-1,6-*bis*fosfato em frutose-6-fosfato é catalisada pela frutose-1,6-*bis*fosfatase. Esta enzima está sujeita à inibição alostérica pela frutose-2,6-*bis*fosfatase e pelo AMP. Já vimos no Capítulo 16 que, na glicólise, a fosfofrutoquinase, a enzima que catalisa a fosforilação da frutose-6--fosfato em frutose-1,6-*bis*fosfato exibe o comportamento alostérico oposto. A fosfofrutoquinase é ativada pela frutose-2,6-*bis*fosfato e pelo AMP, enquanto é inibida pelo ATP e citrato.

O nível intracelular de frutose-2,6-*bis*fosfato (F2,6P) é um ponto importante aqui. Já mencionamos que esse composto é um ativador alostérico importante da fosfofrutoquinase (PFK), a enzima-chave da glicólise; ele tam-

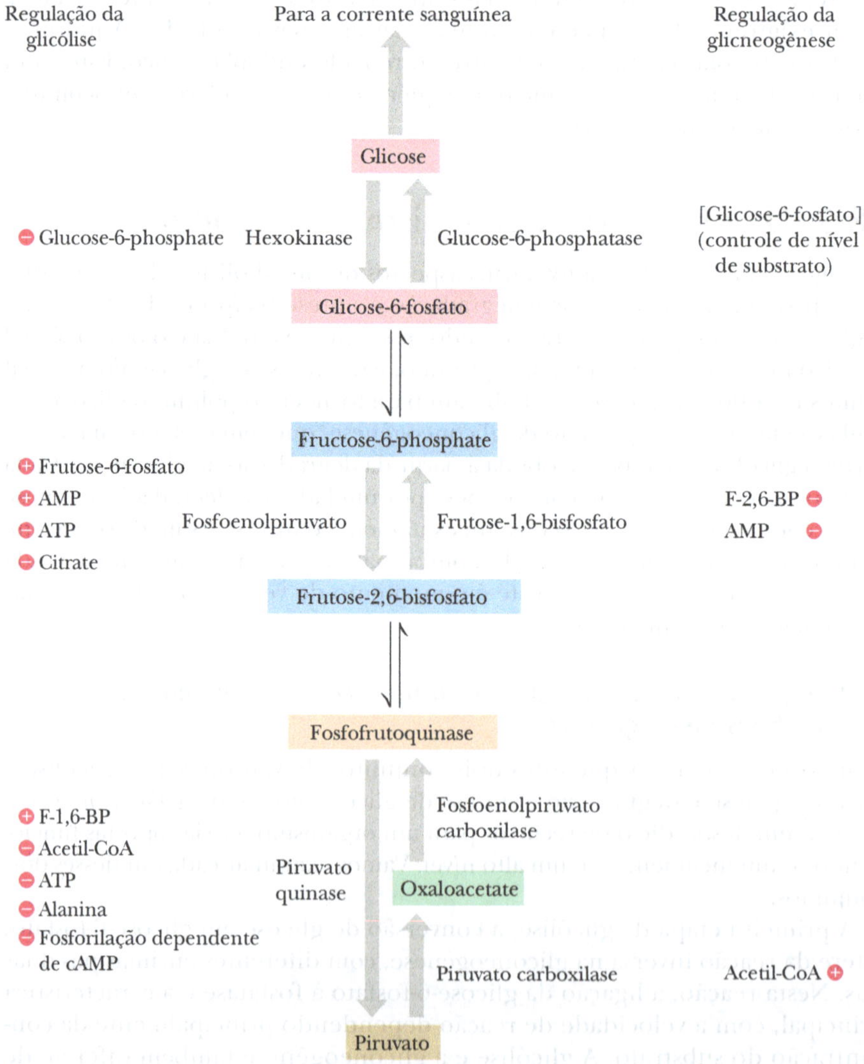

Regulação da glicólise
Para a corrente sanguínea
Regulação da glicneogênese
Glicose
Glucose-6-phosphate
Hexokinase
Glucose-6-phosphatase
[Glicose-6-fosfato] (controle de nível de substrato)
Glicose-6-fosfato
Fructose-6-phosphate
Frutose-6-fosfato
AMP
ATP
Citrate
Fosfoenolpiruvato
Frutose-1,6-bisfosfato
F-2,6-BP
AMP
Frutose-2,6-bisfosfato
Fosfofrutoquinase
F-1,6-BP
Acetil-CoA
ATP
Alanina
Fosforilação dependente de cAMP
Piruvato quinase
Fosfoenolpiruvato carboxilase
Oxaloacetate
Piruvato carboxilase
Acetil-CoA
Piruvato

Figura 18.10 Os principais mecanismos regulatórios na glicólise e gliconegênese. Os ativadores são indicados pelo sinal de mais e os inibidores, pelo sinal de menos. (*De* GARRETT/GRISHAM, Biochemistry, *4E.* ©*2009 Cengage Learning.*)

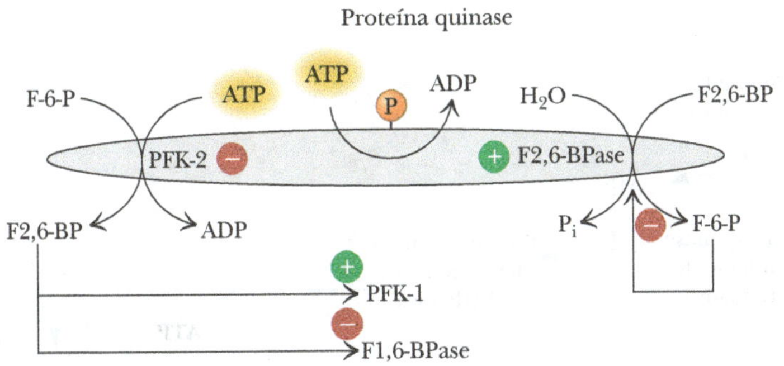
Proteína quinase
ATP
ATP
ADP
P
F-6-P
H2O
F2,6-BP
PFK-2
F2,6-BPase
F2,6-BP
ADP
Pi
F-6-P
PFK-1
F1,6-BPase

FIGURA 18.11 A formação e a degradação de frutose-2,6-*bis*fosfato (F2,6P). Estes dois processos são catalisados por duas atividades enzimáticas da mesma proteína. Essas duas atividades enzimáticas são controladas por um mecanismo de fosforilação-desfosforilação. A fosforilação ativa a enzima que degrada a F2,6P, enquanto a desfosforilação ativa a enzima que a produz.

bém é um inibidor da frutose *bis*fosfato fosfatase (FBPase), que desempenha um papel na gliconeogênese. Uma alta concentração de F2,6P estimula a glicólise, enquanto uma baixa concentração estimula a gliconeogênese. A concentração de F2,6P em uma célula depende do equilíbrio entre sua síntese, catalisada pela *fosfofrutoquinase-2* (PFK-2), e sua degradação, catalisada pela *frutose-*bis*fosfatase-2* (FBPase-2). As enzimas que controlam a formação e a degradação de F2,6P são controladas por um mecanismo de fosforilação-desfosforilação semelhante ao já visto no caso da glicogênio fosforilase e da glicogênio sintase (Figura 18.11). As duas atividades enzimáticas estão situadas na mesma proteína (um dímero de aproximadamente 100 kDa de massa molecular). A fosforilação da proteína dimérica leva a um aumento na atividade de FBPase-2 e a uma diminuição na concentração de F2,6P, estimulando, assim, a glicólise. O resultado é semelhante ao controle da síntese e degradação do glicogênio visto na Seção 18-1.

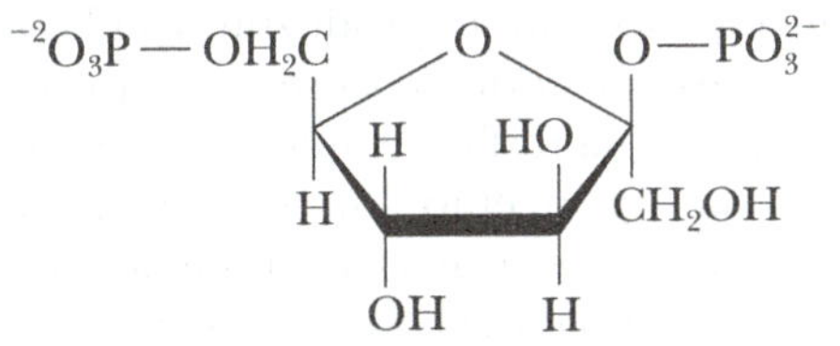
$^{-2}O_3P-OH_2C$
O
$O-PO_3^{2-}$
H
HO
H
CH_2OH
OH
H

Frutose-2,6-*bis*fosfato
(F2,6P)

A Figura 18.12 mostra o efeito da frutose-2,6-*bis*fosfato sobre a atividade de FBPase. O inibidor funciona independente, porém seu efeito é intensamente aumentado pela presença do inibidor alostérico AMP.

A degradação e a síntese de glicogênio exibe regulação recíproca similar. Lembre-se, da Seção 18-1, de que tanto a glicogênio sintase quanto a glicogênio fosforilase são controladas pela modificação covalente (fosforilação e desfoforilação), bem como pelo controle alostérico. Lembre-se também de que o mesmo sistema de enzima é responsável pela modificação tanto da sintase quanto da fosforilase. Além disso, o controle hormonal é de suprema importância na síntese e degradação do glicogênio.

Uma cascata enzimática dispara a ativação de glicogênio fosforilase. A Figura 18.13 mostra a cadeia de eventos que leva à ativação da glicogênio fosforilase. A Figura 18.14 mostra a primeira reação nesta cascata, a da adenilato ciclase. Os produtos desta reação são o AMP cíclico, que é um ativador da próxima quinase na série. Pirofosfato é o outro produto dessa reação. A hidrólise do pirofosfato libera a energia para dirigir a reação. O produto final é a forma fosforilada ativa da glicogênio fosforilase *a*. Podemos ver, pela comparação da Figura 18.13 com a 18.15, que a modificação

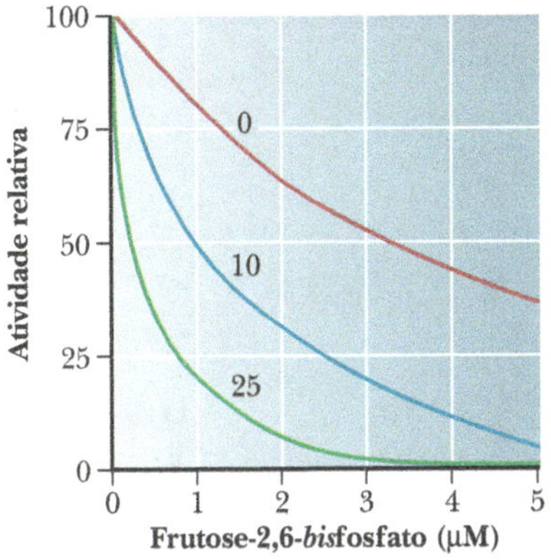
100
75
50
25
0
Atividade relativa
0
10
25
0
1
2
3
4
5
Frutose-2,6-*bis*fosfato (μM)

FIGURA 18.12 Os efeitos alostéricos no controle do metabolismo de carboidrato. O efeito do AMP (0,10 e 25 μmol L^{-1}) sobre a inibição da frutose-1,6-*bis*fosfatase pela frutose-2,6-*bis*fosfato. A atividade foi medida na presença de frutose-1,6-*bis*fosfato 10 μmol L^{-1}. (Adaptado de E. Van Schaftingen e H. G. Hers, 1981. Inhibition of fructose-1,6-bisphosphatase by fructose-2,6- bisphosphate. *Proc. Nat'l Acad. of Sci.*, Estados Unidos, v. 78, p. 2.861-63.)

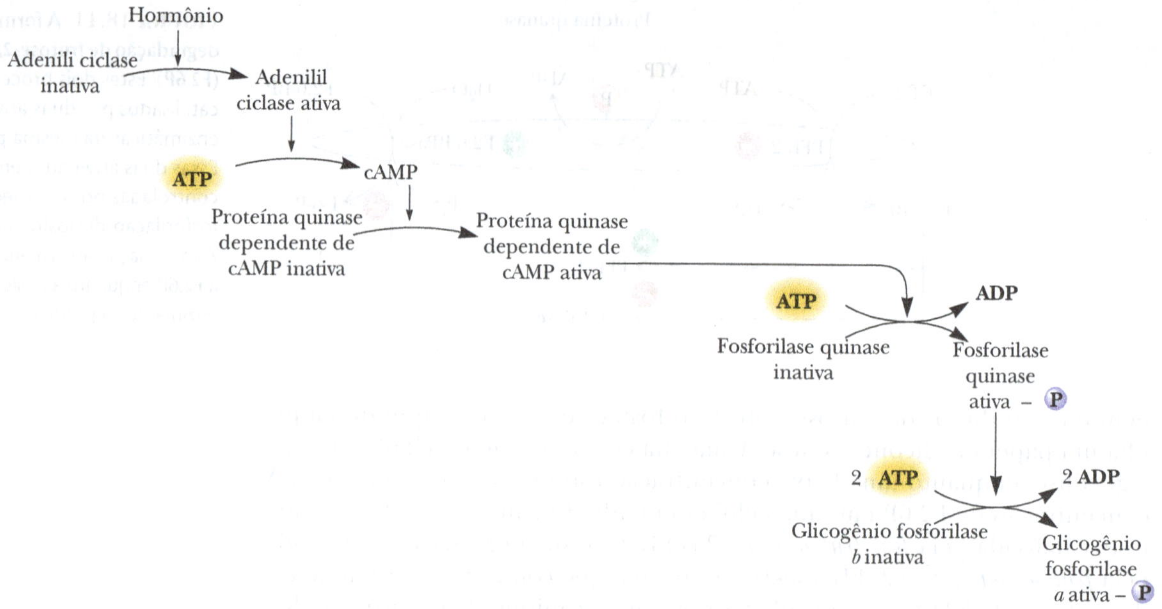
Hormônio
Adenili ciclase inativa
Adenilil ciclase ativa
ATP
cAMP
Proteína quinase dependente de cAMP inativa
Proteína quinase dependente de cAMP ativa
ATP
ADP
Fosforilase quinase inativa
Fosforilase quinase ativa – P
2 ATP
2 ADP
Glicogênio fosforilase b inativa
Glicogênio fosforilase a ativa – P

FIGURA 18.13 A cascata enzimática ativada por hormônio que leva à ativação da glicogênio fosforilase. (De GARRETT/GRISHAM, *Biochemistry*, 4 ed. ©2009 Cengage Learning.)

covalente é uma característica mais importante que a interação alostérica na regulação da degradação do glicogênio, embora ambas tenham uma função.

No caso da síntese de glicogênio, uma cascata enzimática disparada pela insulina ligando a receptores na superfície celular começa uma série de modificações covalentes, eventualmente ativando a glicogênio sintase quinase. Esta quinase fosforila a glicogênio sintase, produzindo a glicogênio sintase D, que pode ser ativada pelo efetor alostérico glicose-6-fosfato (lembre-se deste ponto da Seção 18-1). A fosfoproteína fosfatase, que tem uma função na degradação de glicogênio, desfosforila a glicogênio sintase I, que não está sujeita à ativação alostérica pela glicose-6-fosfato e é mais ativa que a glicogênio sintase D. Os vários aspectos do metabolismo da glicose estão conectados a muitos níveis de regulação recíproca.

Qual é o papel dos hormônios na regulação da síntese e quebra de glicogênio?

Três hormônios importantes – insulina, glucagon e epinefrina – têm papel significativo na regulação do metabolismo de carboidrato.

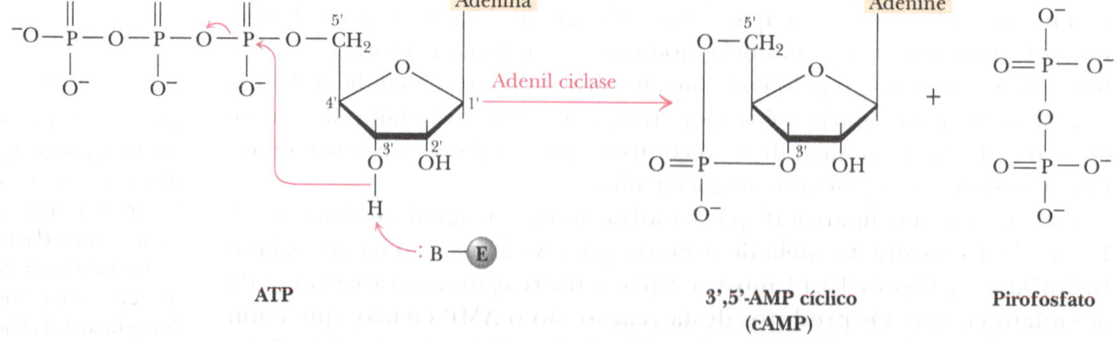
Adenina
Adenil ciclase
Adenine
ATP
3',5'-AMP cíclico (cAMP)
Pirofosfato

FIGURA 18.14 A reação da adenilil ciclase. A reação é levada à frente por subsequente hidrólise de pirofosfato pela enzima inorgânica pirofosfatase. (De GARRETT/GRISHAM, *Biochemistry*, 4 ed. ©2009 Cengage Learning.)

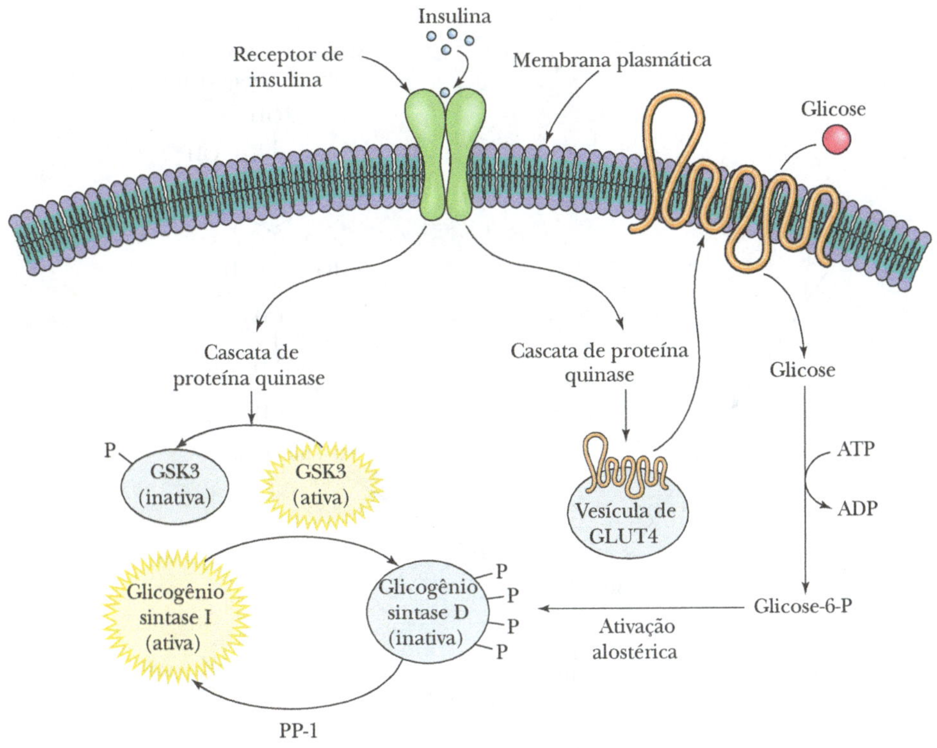
Insulina
Receptor de insulina
Membrana plasmática
Glicose
Cascata de proteína quinase
Cascata de proteína quinase
Glicose
P
GSK3 (inativa)
GSK3 (ativa)
Vesícula de GLUT4
ATP
ADP
Glicogênio sintase I (ativa)
Glicogênio sintase D (inativa)
P
P
P
P
Glicose-6-P
Ativação alostérica
PP-1

FIGURA 18.15 A ligação de insulina aos receptores da membrana plasmática dispara as cascatas de proteína quinase que estimulam a síntese de glicogênio. A glicose ingerida leva à síntese de glicogênio e de glicose-6-fosfato, que ativa alostericamente a, por outro lado, inativa glicogênio sintase. (De GARRETT/GRISHAM, *Biochemistry*, 4 ed. ©2009 Cengage Learning.)

A insulina é secretada pelas células β das ilhotas de Langerhans no pâncreas em resposta aos níveis aumentados de glicose no sangue, como ocorre, por exemplo, após as refeições. A entrada de insulina nas células, como resultado de insulina ligada aos receptores na superfície, dispara a cascata de proteína quinase que eventualmente leva à síntese de glicogênio. Outra cascata de proteína quinase disparada pela ligação de insulina aos receptores estimula a ação de GLUT4, uma proteína de transporte de glicose. A GLUT4 é liberada a partir de vesículas dentro da célula para a superfície celular, que leva a glicose para dentro da célula. Dentro da célula, a glicose é convertida em glicose-6-fosfato, que pode ter dois destinos. Ela pode ser incorporada em glicogênio (após a conversão em glicose-1-fosfato) ou servir como ativador alostérico da glicogênio sintase fosforilada. A Figura 18.15 resume os eventos no processo.

Quando os níveis de glicose no sangue diminuem, os hormônios glucagon e epinefrina têm funções importantes. O glucagon é um hormônio peptídico secretado pelas células α das ilhotas de Langerhans, enquanto a epinefrina (também chamada adrenalina) é um derivado de aminoácido. A ligação de um destes dois hormônios inibe a glicogênio sintase (Figura 18.16). Em ambos os casos, a cascata de fosforilase amplifica o sinal original de ligação de hormônio. Os dois hormônios diferem na escala de tempo de suas ações. A epinefrina é importante em uma escala de tempo muito curta de resposta "lutar ou lutar". O glucagon opera com a insulina por um período de tempo mais longo para estabilizar os níveis de glicose no sangue. O tempo de resposta de determinado mecanismo de controle pode ser uma das suas características mais importantes.

Quais são as principais categorias de controle metabólico?

Já vimos que os mecanismos de controle operam para modular a ação de enzimas. As diversas maneiras de fazer isso permitem uma maior flexibilidade para atingir este objetivo, especialmente ao permitir tempos de resposta diferentes.

A Tabela 18.1 resume mecanismos importantes de controle metabólico. Embora tenham sido discutidos no contexto do metabolismo dos carboidratos, eles se aplicam a todos os aspectos do metabolismo. Entre os quatro tipos de mecanismos de controle relacionados nesta tabela – controle alostérico, modificação covalente, ciclos de substrato e controle genético –, foram vistos

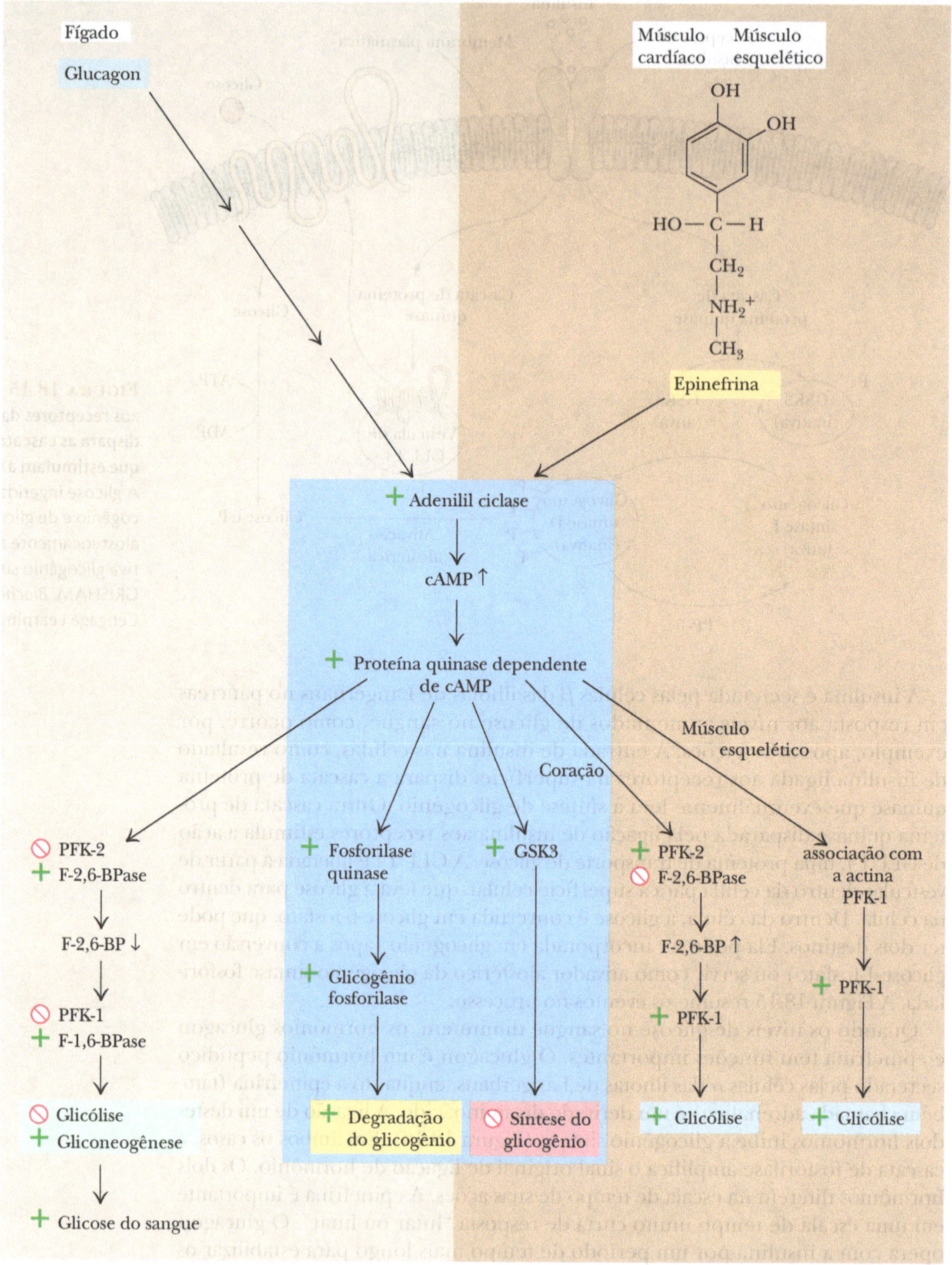

Fígado
Glucagon
Músculo cardíaco
Músculo esquelético
Epinefrina
Adenilil ciclase
cAMP ↑
Proteína quinase dependente de cAMP
Músculo esquelético
Coração
PFK-2
F-2,6-BPase
F-2,6-BP ↓
PFK-1
F-1,6-BPase
Glicólise
Gliconeogênese
Glicose do sangue
Fosforilase quinase
Glicogênio fosforilase
Degradação do glicogênio
GSK3
Síntese do glicogênio
PFK-2
F-2,6-BPase
F-2,6-BP ↑
PFK-1
Glicólise
associação com a actina PFK-1
PFK-1
Glicólise

FIGURA 18.16 **O glucagon e a epinefrina ativam uma cascata de reações que estimula a degradação de glicogênio e inibe a síntese de glicogênio no fígado e músculo.** Os aspectos específicos das vias dependem do tecido envolvido.

exemplos de controle alostérico e modificação covalente e, no Capítulo 11, discutiu-se o controle genético usando-se o óperon *lac* como exemplo. O ciclo de substrato é um mecanismo que vale a pena abordar aqui.

ciclo de substrato processo de controle opondo reações que são catalisadas por enzimas diferentes

O termo **ciclo de substrato** refere-se ao fato de que reações opostas podem ser catalisadas por enzimas diferentes. Consequentemente, as reações opostas podem ser reguladas de modo independente e apresentar velocidades diferentes. Não seria possível apresentar velocidades diferentes com a mesma enzima porque um

Tabela 18.1 **Mecanismos de Controle Metabólico**

Tipo de Controle	Modo de Operação	Exemplos
Alostérico	Efetores (substratos, produtos ou coenzimas) de uma via inibem ou ativam uma enzima. (Responde rapidamente a estímulos externos.)	ATCase (Seção 7-1); fosfofrutoquinase (Seção 17-2)
Modificação covalente	A inibição ou ativação da enzima depende da formação ou quebra de uma ligação, frequentemente por fosforilação ou desfosforilação. (Responde rapidamente a estímulos externos.)	Bomba de íons sódio-potássio (Seção 8-6); glicogênio fosforilase, glicogênio sintase (Seção 18-1)
Ciclos de substrato	Duas reações opostas, como a de formação e de degradação de determinada substância, são catalisadas por enzimas diferentes, que podem ser ativadas ou inibidas separadamente. (Responde rapidamente a estímulos externos.)	Glicólise (Capítulo 17) e gliconeogênese (Seção 18-2)
Controle genético	A quantidade de enzima presente é aumentada pela síntese proteica. (Controle em prazo mais longo que os outros mecanismos aqui relacionados.)	Indução da β-galactosidase (Seção 11-3)

catalisador acelera uma reação e a reversão da reação na mesma velocidade (Seção 6-2). Pode-se usar a conversão de frutose-6-fosfato para frutose-1,6-*bis*fosfato e então novamente para frutose-6-fosfato como um exemplo de um ciclo de substrato. Na glicólise, a reação catalisada pela fosfofrutoquinase é altamente exergônica em condições fisiológicas ($\Delta G = -25{,}9$ kJ mol^{-1} = $-6{,}2$ kcal mol^{-1}).

$$\text{Frutose-6-fosfato} + \text{ATP} \rightarrow \text{Frutose-1,6-}\textit{bis}\text{fosfato} + \text{ADP}$$

A reação oposta, que faz parte da gliconeogênese, também é exergônica ($\Delta G =$ $-8{,}6$ kJ mol^{-1} = $-2{,}1$ kcal mol^{-1} em condições fisiológicas) e é catalisada por outra enzima chamada frutose-1,6-*bis*fosfatase.

$$\text{Frutose-1,6-}\textit{bis}\text{fosfato} + H_2O \rightarrow \text{Frutose-6-fosfato} + P_i$$

Observe que as reações opostas não constituem o inverso exato uma da outra. Se reunidas as duas reações opostas, será obtida a reação final.

$$\text{ATP} + H_2O \leftrightarrows \text{ADP} + P_i$$

A hidrólise do ATP é o preço energético pago pelo controle independente das reações opostas.

Como diferentes órgãos compartilham o metabolismo de carboidrato?

Usando combinações desses mecanismos, o organismo pode determinar uma divisão de trabalho entre os tecidos e os órgãos para manter o controle do metabolismo da glicose. Um exemplo particularmente claro é encontrado no ciclo de Cori. Como mostra a Figura 18.17, o ciclo de Cori recebeu este nome por causa de Gerty e Carl Cori, que o descreveram pela primeira vez. Há um ciclo de glicose decorrente da glicólise no músculo e da gliconeogênese no fígado.

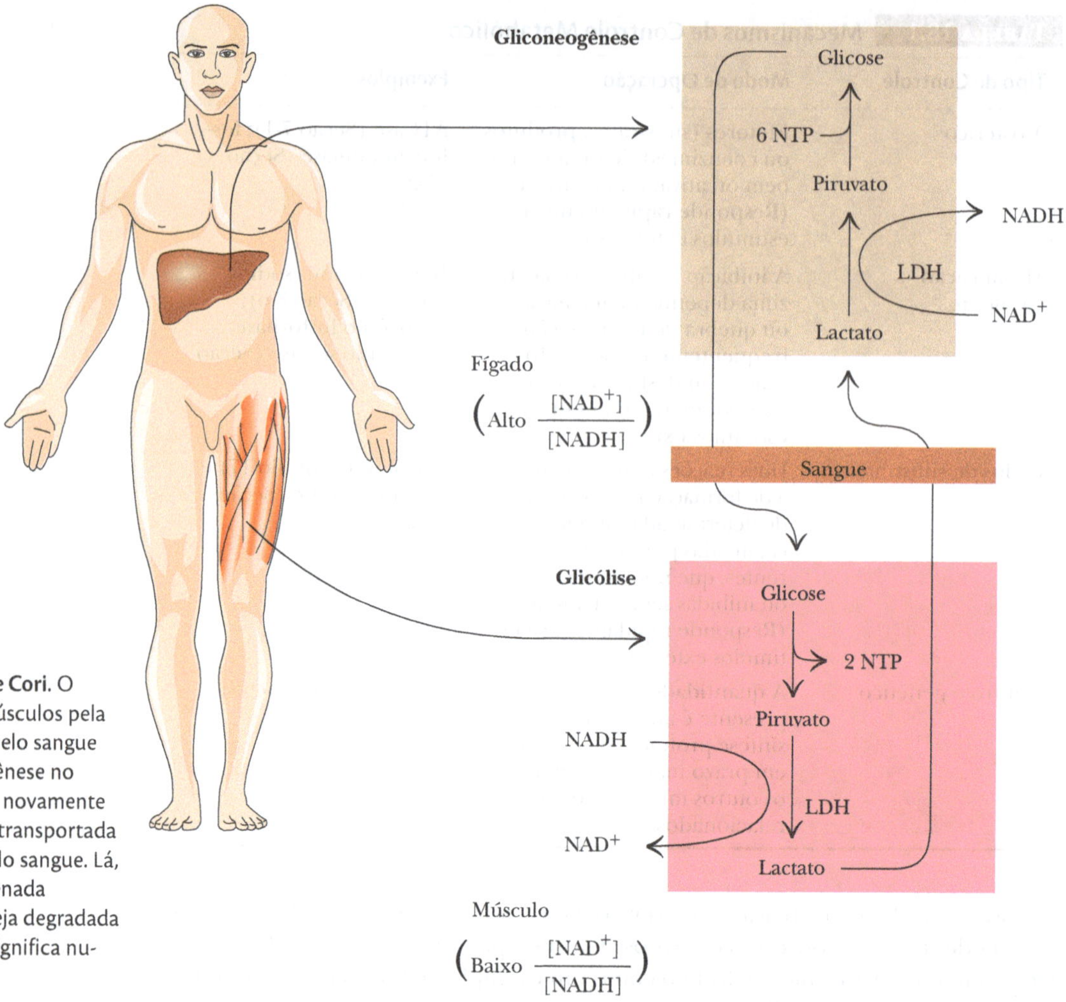
Gliconeogênese
Glicose
6 NTP
Piruvato
NADH
LDH
NAD+
Lactato
Fígado
(Alto [NAD+]/[NADH])
Sangue
Glicólise
Glicose
2 NTP
Piruvato
NADH
LDH
NAD+
Lactato
Músculo
(Baixo [NAD+]/[NADH])

FIGURA 18.17 Ciclo de Cori. O lactato produzido nos músculos pela glicólise é transportado pelo sangue até o fígado. A gliconeogênese no fígado converte o lactato novamente em glicose, que pode ser transportada de volta aos músculos pelo sangue. Lá, a glicose pode ser armazenada pelo glicogênio até que seja degradada pela glicogenólise (NTP significa nucleosídeo trifosfato).

A glicólise na musculatura esquelética de contração rápida produz lactato em condições de falta de oxigênio, como na corrida de curta distância. O músculo de contração rápida tem, comparativamente, poucas mitocôndrias, portanto o metabolismo é, em grande parte, anaeróbio nesse tecido. O acúmulo de lactato contribui para as dores musculares que surgem após um exercício extenuante. A gliconeogênese recicla o lactato produzido (o lactato é inicialmente oxidado a piruvato). O processo ocorre em grande parte no fígado depois que o lactato é transportado para lá pelo sangue. A glicose produzida no fígado é transportada de volta para o músculo esquelético pelo sangue, onde se transforma em um depósito energético para a próxima série de exercícios. Esta é a principal razão pela qual os atletas recebem massagens logo após um evento e por que sempre desaquecem depois dele. O desaquecimento mantém o sangue circulando pelos músculos e permite que o lactato e outros ácidos deixem as células e entrem no sangue. As massagens aumentam esse movimento das células para o sangue. Observe que há uma divisão de trabalho entre dois tipos de órgãos diferentes – músculo e fígado. Na mesma célula (de qualquer tipo), essas duas vias metabólicas – glicólise e gliconeogênese – não são altamente ativas ao mesmo tempo. Quando a célula precisa de ATP, a glicólise é mais ativa; quando há pouca necessidade de ATP, a gliconeogênese é mais ativa. Uma vez que a hidrólise de ATP e GTP nas reações de gliconeogênese é diferente da observada na glicólise, a via geral da volta das duas moléculas de piruvato para uma molécula de glicose é exergônica ($\Delta G°' = -37{,}6 \text{ kJ mol}^{-1} = -9{,}0 \text{ kcal mol}^{-1}$, para um mol de glicose). A conversão do piruvato a lactato é exergônica, o que significa que a reação inversa é endergônica. A energia liberada pela conversão exergônica de piruvato a glicose pela gliconeogênese facilita a conversão endergônica do lactato a piruvato.

Observe que o ciclo de Cori requer a hidrólise líquida de dois ATP e dois GTP. O ATP é produzido pela parte glicolítica do ciclo, porém a porção envolvendo a gliconeogênese requer ainda mais ATP, além do GTP.

Glicólise:

$$\text{Glicose} + 2\text{NAD}^+ + 2\text{ADP} + 2\text{P}_i \rightarrow$$
$$2\ \text{Piruvato} + 2\text{NADH} + 4\text{H}^+ + \mathbf{2ATP} + 2\text{H}_2\text{O}$$

Gliconeogênese:

$$2\ \text{Piruvato} + 2\text{NADH} + 4\text{H}^+ + \mathbf{4ATP} + \mathbf{2GTP} + 6\text{H}_2\text{O} \rightarrow$$
$$\text{Glicose} + 2\text{NAD}^+ + 4\text{ADP} + 2\text{GDP} + 6\text{P}_i$$

Geral:

$$2\text{ATP} + 2\text{GTP} + 4\text{H}_2\text{O} \rightarrow 2\text{ADP} + 2\text{GDP} + 4\text{P}_i$$

A hidrólise tanto de ATP quanto de GTP é o preço de um controle simultâneo mais apurado das duas vias opostas.

18-4 A Glicose Algumas Vezes é Desviada através da Via da Pentose Fosfato

A **via da pentose fosfato** é uma alternativa à glicólise e difere desta em vários aspectos importantes. Na glicólise, uma das preocupações mais importantes é a produção de ATP. Na via da pentose fosfato, a produção de ATP não é uma questão essencial. Como o nome da via indica, açúcares de cinco carbonos, incluindo a ribose, são produzidos a partir da glicose. A ribose e sua derivada desoxirribose desempenham um papel importante na estrutura dos ácidos nucleicos. Outra faceta importante da via da pentose fosfato é a produção de nicotinamida adenina dinucleotídeo fosfato (NADPH), um composto que difere da nicotinamida adenina nucleotídeo (NADH) por apresentar um grupo fosfato extra esterificado para o anel de ribose da porção nucleotídeo de adenina da molécula (Figura 18.18). Uma diferença ainda mais importante é o modo como essas duas coenzimas funcionam. O NADH é produzido nas reações oxidativas que produzem ATP. O NADPH é um agente redutor na biossíntese, que, por sua natureza, é um processo redutor. Por exemplo, no Capítulo 21, será visto o importante papel que o NADPH desempenha na biossíntese dos lipídeos.

via da pentose fosfato via no metabolismo de açúcar que origina açúcares de cinco carbonos e NADPH

A via da pentose fosfato começa com uma série de reações de oxidação que produzem NADPH e açúcares de cinco carbonos. O restante da via envolve a reorganização não oxidativa dos esqueletos de carbono dos açúcares envolvidos. Os produtos das reações não oxidativas incluem substâncias como a frutose-6-fosfato e o gliceraldeído-3-fosfato, que participam da glicólise. Algumas dessas reações de reorganização aparecerão novamente quando se estudar a produção dos açúcares na fotossíntese.

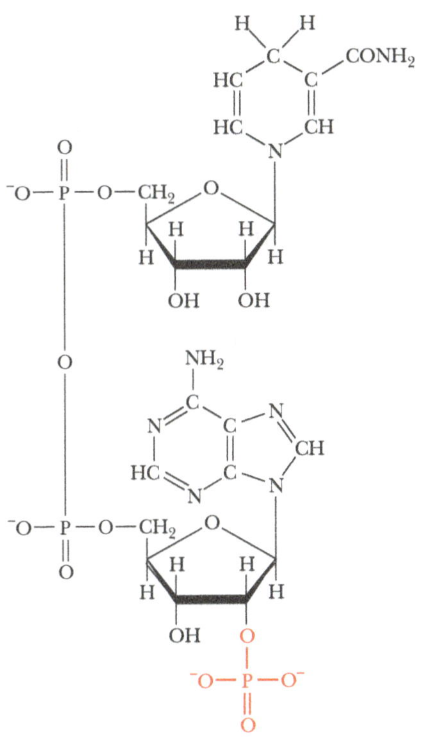

FIGURA 18.18 Estrutura da adenina dinucleotídeo fosfato reduzida (NADPH).

Quais são as reações oxidativas da via da pentose fosfato?

Na primeira reação da via, a glicose-6-fosfato é oxidada a 6-fosfogluconato (Figura 18.19, *parte superior*). A enzima que catalisa essa reação é a *glicose-6--fosfato desidrogenase.* Observe que o NADPH é produzido pela reação.

A reação seguinte é uma descarboxilação oxidativa e novamente há a produção de NADPH. A molécula de 6-fosfogluconato perde seu grupo carboxila, que é liberado como dióxido de carbono, e o açúcar ceto (cetose) de cinco carbonos, a ribulose-5-fosfato, é o outro produto. A enzima que catalisa essa reação é a *6-fosfogluconato desidrogenase.* No processo, o

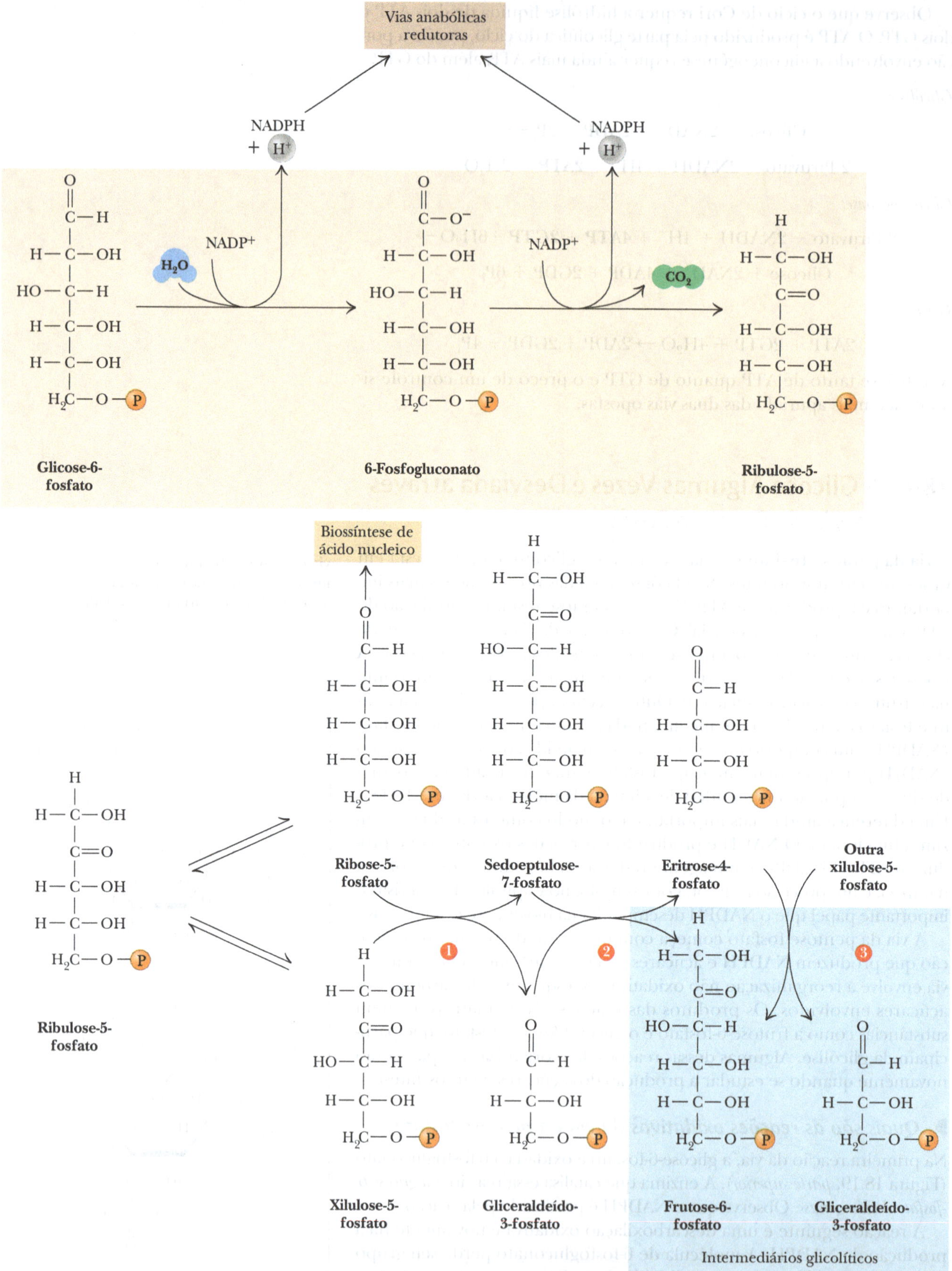

Vias anabólicas redutoras
NADPH + H+
NADPH + H+
NADP+
NADP+
H2O
CO2
Glicose-6-fosfato
6-Fosfogluconato
Ribulose-5-fosfato
Biossíntese de ácido nucleico
Ribulose-5-fosfato
Ribose-5-fosfato
Sedoeptulose-7-fosfato
Eritrose-4-fosfato
Outra xilulose-5-fosfato
Xilulose-5-fosfato
Gliceraldeído-3-fosfato
Frutose-6-fosfato
Gliceraldeído-3-fosfato
Intermediários glicolíticos

FIGURA 18.19 Via da pentose fosfato. Os numerais nos círculos vermelhos indicam as etapas discutidas no texto.

grupo hidroxila C-3 do 6-fosfogluconato é oxidado para formar um β-cetoácido, que é instável e facilmente descarboxilado para formar ribulose-5-fosfato.

Quais são as reações não oxidativas da via da pentose fosfato e por que elas são importantes?

Nas etapas restantes da via da pentose fosfato, várias reações envolvem a transferência de unidades de dois e três carbonos. Para observar a estrutura de carbono dos açúcares e de seus grupos funcionais aldeídos e cetonas é preciso escrever as fórmulas na forma de cadeia aberta.

Há duas reações diferentes nas quais a ribulose-5-fosfato é isomerizada. Em uma dessas reações, catalisada pela *fosfopentose-3-epimerase*, ocorre uma inversão da configuração ao redor do átomo de carbono 3, produzindo xilulose-5-fosfato, que também é uma cetose (Figura 18.19, *parte inferior*). A outra reação de isomerização, catalisada pela *fosfopentose isomerase*, produz um açúcar com um grupo aldeído (uma aldose) em vez de uma cetona. Nessa segunda reação, a ribulose-5-fosfato é isomerizada a ribose-5-fosfato (Figura 18.19, *parte inferior*). A ribose-5-fosfato é um componente necessário para a síntese de ácidos nucleicos e coenzimas como o NADH.

As reações de transferência de grupos que ligam a via da pentose fosfato à glicólise exigem os dois açúcares de cinco carbonos produzidos pela isomerização da ribulose-5-fosfato. Duas moléculas de xilulose-5-fosfato e uma molécula de ribose-5-fosfato são rearranjadas para fornecer duas moléculas de frutose-6-fosfato e uma molécula de gliceraldeído-3-fosfato. Em outras palavras, três moléculas de pentose (com cinco átomos de carbono cada) fornecem duas moléculas de hexose (com seis átomos de carbono cada) e uma molécula de uma triose (com três átomos de carbono). O número total de átomos de carbono (15) não é alterado, porém ocorre uma reorganização considerável como resultado da transferência de grupos.

Duas enzimas, a *transcetolase* e a *transaldolase*, são responsáveis pela reorganização dos átomos de carbono de açúcares como a ribose-5-fosfato e a xilulose-5-fosfato no restante da via, que consiste em três reações. A transcetolase transfere uma unidade de dois carbonos. A transaldolase transfere uma unidade de três carbonos. A transcetolase catalisa a primeira e a terceira reações no processo de reorganização, e a transaldolase catalisa a segunda reação. Os resultados dessas transferências estão resumidos na Tabela 18.2. Na primeira dessas reações, uma unidade de dois carbonos da xilulose-5-fosfato (cinco carbonos) é transferida para a ribose-5-fosfato (cinco carbonos), originando a sedo-heptulose-7-fosfato (sete carbonos) e o gliceraldeído-3-fosfato (três carbonos), como mostra a Figura 18.19, na *parte inferior*, indicado pelo numeral em vermelho 1.

Na reação catalisada pela transaldolase, uma unidade de três carbonos é transferida da sedo-heptulose-7-fosfato (de sete carbonos) para o gliceraldeído-3-fosfato (de três carbonos) (Figura 18.19, numeral vermelho 2). Os

TABELA 18.2 Reações de Transferência de Grupo na Via da Pentose Fosfato

	Reagente	Enzima	Produto
Troca de dois carbonos	$C_5 + C_5$	Transcetolase $\leftrightarrows$	$C_7 + C_3$
Troca de três carbonos	$C_7 + C_3$	Transaldolase $\leftrightarrows$	$C_6 + C_4$
Troca de dois carbonos	$C_5 + C_4$	Transcetolase $\leftrightarrows$	$C_6 + C_3$
Reação líquida	$3C_5$	$\leftrightarrows$	$2C_6 + C_3$

produtos da reação são a frutose-6-fosfato (seis carbonos) e a eritrose-4-fosfato (quatro carbonos).

Na última reação desse tipo na via, a xilulose-5-fosfato reage com a eritrose-4-fosfato. A reação é catalisada pela transcetolase. Os produtos da reação são a frutose-6-fosfato e o gliceraldeído-3-fosfato (Figura 18.19, numeral vermelho 3).

Na via da pentose fosfato, a glicose-6-fosfato pode ser convertida em frutose-6-fosfato e a gliceraldeído-3-fosfato por um meio diferente da via glicolítica. Por este motivo, a via da pentose fosfato também é chamada *desvio das hexose monofosfato*, nome usado em alguns livros. Uma característica importante da via é a produção de ribose-5-fosfato e NADPH. Seus mecanismos de controle podem responder às necessidades variáveis de organismos para um ou para ambos os compostos.

Como a via da pentose fosfato é controlada?

Como já visto, as reações catalisadas pela transcetolase e pela transaldolase são reversíveis, o que permite que a via da pentose fosfato responda às necessidades de um organismo. A matéria-prima, glicose-6-fosfato, sofrerá diferentes reações dependendo da maior ou menor necessidade de ribose-5-fosfato ou de NADPH. A operação da porção oxidativa da via depende fortemente das necessidades de NADPH no organismo. A necessidade de ribose-5-fosfato pode ser satisfeita por outros modos, uma vez que ela pode ser obtida a partir de intermediários glicolíticos sem as reações oxidativas dessa via (Figura 18.20).

Se o organismo precisar mais de NADPH que de ribose-5-fosfato, a série de reações percorre toda a via que acabamos de discutir. As reações oxidativas no

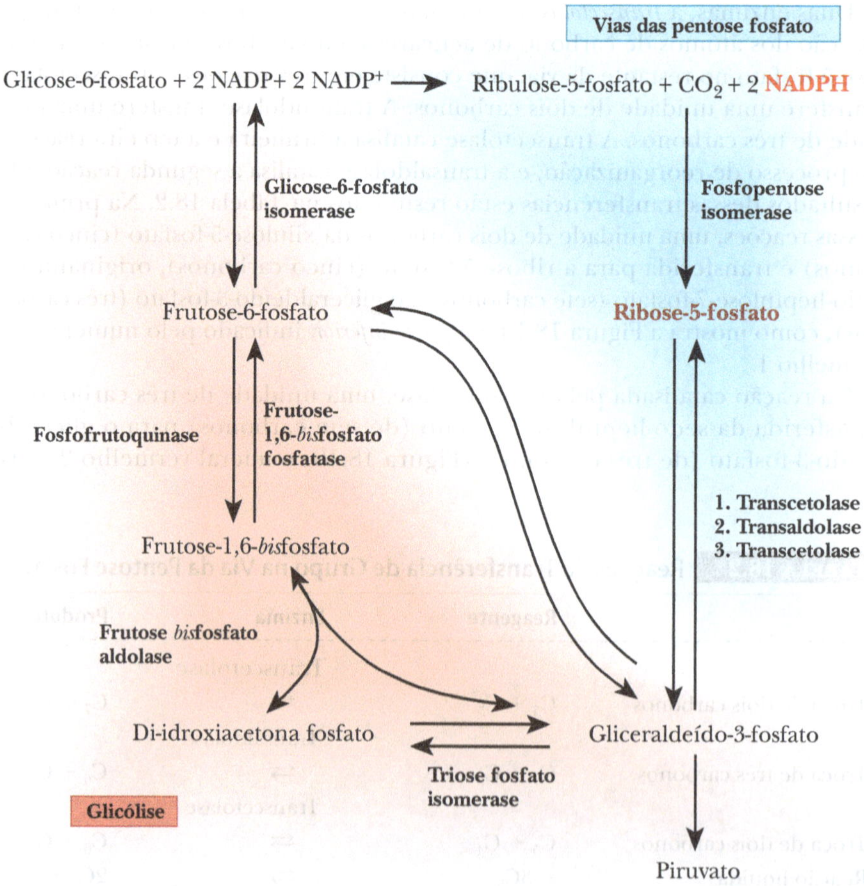
Vias das pentose fosfato
Glicose-6-fosfato + 2 NADP+ 2 NADP⁺
Ribulose-5-fosfato + CO₂ + 2 NADPH
Glicose-6-fosfato isomerase
Fosfopentose isomerase
Frutose-6-fosfato
Ribose-5-fosfato
Fosfofrutoquinase
Frutose-1,6-bisfosfato fosfatase
1. Transcetolase
2. Transaldolase
3. Transcetolase
Frutose-1,6-bisfosfato
Frutose bisfosfato aldolase
Di-idroxiacetona fosfato
Gliceraldeído-3-fosfato
Triose fosfato isomerase
Glicólise
Piruvato

FIGURA 18.20 Relações entre a via da pentose fosfato e a glicólise. Se o organismo precisar mais de NADPH que de ribose-5-fosfato, toda a via é operacional. Se o organismo precisar mais de ribose-5-fosfato que de NADPH, as reações não oxidativas da via da pentose fosfato, operando inversamente, produzem ribose-5-fosfato (veja o texto).

início da via são necessárias para produzir NADPH. A reação líquida para a porção oxidativa da via é

$$6\ \text{Glicose-6-fosfato} + 12NADP^+ + 6H_2O \rightarrow$$
$$6\ \text{Ribose-5-fosfato} + 6CO_2 + 12NADPH + 12H^+$$

O quadro CONEXÕES **BIOQUÍMICAS 18.2** discute uma manifestação clínica de uma disfunção enzimática na via da pentose fosfato.

18.2 Conexões **Bioquímicas** | aliado à saúde

A Via da Pentose Fosfato e a Anemia Hemolítica

A via da pentose fosfato é a única fonte de NADPH nos eritrócitos, que, como resultado, são altamente dependentes do funcionamento adequado das enzimas envolvidas. Uma deficiência de glicose-6-fosfato desidrogenase leva a uma deficiência de NADPH, o que pode, por sua vez, produzir uma *anemia hemolítica* em decorrência da destruição em massa dos eritrócitos.

A relação entre a deficiência de NADPH e a anemia é indireta. O NADPH é necessário para reduzir o peptídeo glutationa na forma dissulfeto para a forma tiol livre. Os eritrócitos dos mamíferos não possuem as mitocôndrias que abrigam muitas reações redox.

Consequentemente, essas células são limitadas quanto aos modos pelos quais podem lidar com o equilíbrio redox. Uma substância como a glutationa, que pode participar das reações redox, assume maior importância do que seria o caso nas células com grande número de mitocôndrias. A presença da forma reduzida da glutationa é necessária para a manutenção dos grupos sulfidrila da hemoglobina e de outras proteínas em suas formas reduzidas, assim como para manter o Fe(II) da hemoglobina em sua forma reduzida.

Além disso, a glutationa também mantém a integridade dos eritrócitos ao reagir com peróxidos que, de outro modo, degradariam as cadeias laterais de ácido graxo na membrana celular. Aproximadamente 11% dos afro-americanos são afetados pela deficiência de glicose-6-fosfato desidrogenase.

Essa condição, assim como a anemia falciforme, provoca maior resistência à malária, justificando parte da persistência desta condição no conjunto de genes da população citada, apesar de suas consequências nocivas em outros aspectos. ◗

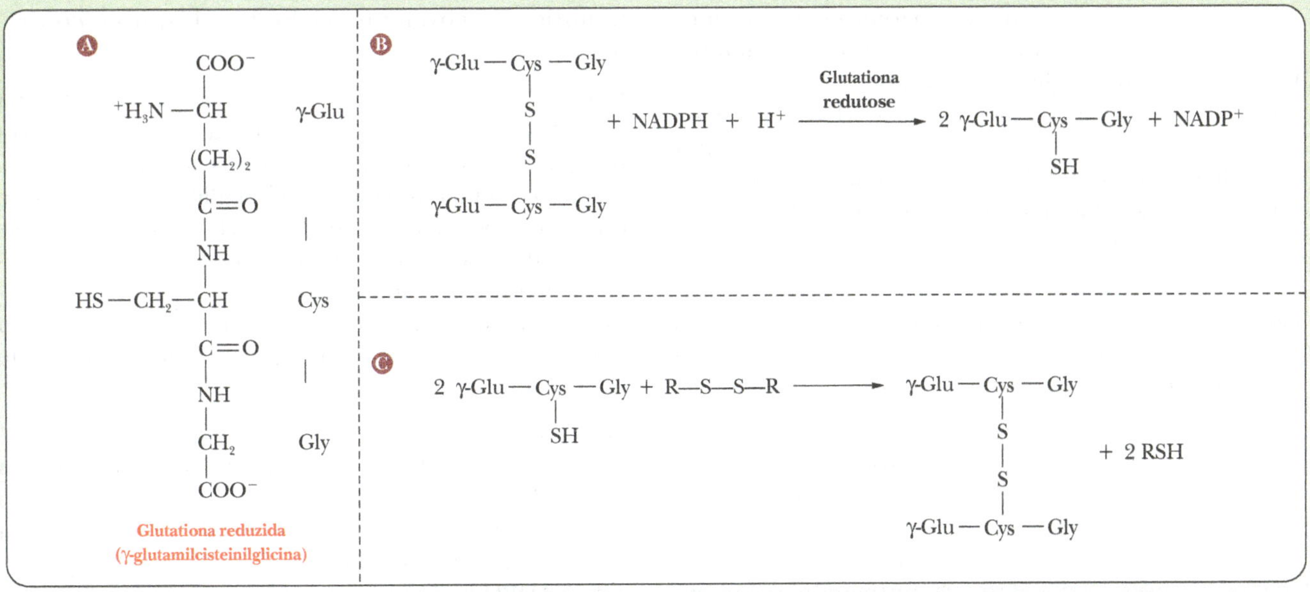
A
COO⁻
⁺H₃N — CH
(CH₂)₂
C=O
NH
HS — CH₂ — CH
C=O
NH
CH₂
COO⁻
γ-Glu
Cys
Gly
Glutationa reduzida
(γ-glutamilcisteinilglicina)
B
γ-Glu — Cys — Gly
S
S
γ-Glu — Cys — Gly
+ NADPH + H⁺
Glutationa redutose
2 γ-Glu — Cys — Gly + NADP⁺
SH
C
2 γ-Glu — Cys — Gly + R—S—S—R
SH
γ-Glu — Cys — Gly
S
S
γ-Glu — Cys — Gly
+ 2 RSH

A glutationa e suas reações. (a) A estrutura da glutationa. (b) O papel do NADPH na produção de glutationa. (c) O papel da glutationa na manutenção da forma reduzida dos grupos sulfidrila das proteínas.

Se o organismo apresentar maior necessidade de ribose-5-fosfato que de NADPH, a frutose-6-fosfato e o gliceraldeído-3-fosfato podem proporcionar um aumento de ribose-5-fosfato por reações sucessivas da transcetolase e transaldolase, evitando a porção oxidativa da via (acompanhe o trajeto em vermelho para baixo até gliceraldeído-3-fosfato e então para cima até ribose-5-fosfato)

(Figura 18.20). As reações catalisadas pela transcetolase e pela transaldolase são reversíveis, e este fato desempenha um papel importante na capacidade do organismo em ajustar seu metabolismo conforme as alterações das condições. Agora é possível analisar o modo de ação dessas duas enzimas.

A transaldolase possui muitas características em comum com a enzima aldolase, que conhecemos na via glicolítica. Tanto uma clivagem quanto uma condensação aldólica ocorrem em diferentes estágios da reação. Já foi visto o mecanismo da clivagem do aldol, envolvendo a formação de uma base de Schiff, quando abordamos a reação da aldolase na glicólise, e não é preciso discutir ainda mais este ponto.

A transcetolase lembra a piruvato descarboxilase, a enzima que converte piruvato em acetaldeído (Seção 17-4), pelo fato de que também requer Mg^{2+} e pirofosfato de tiamina (TPP). Como ocorre na reação da piruvato descarboxilase, um carbânion desempenha papel crucial no mecanismo da reação, que é semelhante à conversão de piruvato a acetaldeído.

Resumo

Como ocorre a quebra do glicogênio? O glicogênio pode ser quebrado facilmente em glicose em resposta às necessidades de energia. A glicogênio fosforilase usa o fosfato para quebrar uma ligação $\alpha(1 \rightarrow 4)$, produzindo a glicose-1-fosfato e uma molécula de glicogênio mais curta em uma glicose. A enzima de desramificação ajuda na degradação da molécula em torno das ligações $\alpha(1 \rightarrow 6)$.

Como o glicogênio é formado a partir da glicose? Quando um organismo possui um suprimento disponível extra de glicose mais que o necessário como fonte de energia imediata extraída na glicólise, ele forma glicogênio, um polímero da glicose. A glicogênio sintase catalisa a reação entre uma molécula de glicogênio e de UDP-glicose para acrescentar uma molécula de glicose ao glicogênio por meio de uma ligação $\alpha(1 \rightarrow 4)$. A enzima de ramificação move seções de uma cadeia de glicose de modo que existam pontos de ramificação $\alpha(1 \rightarrow 6)$.

Como o metabolismo do glicogênio é controlado? Os mecanismos de controle garantem que tanto a formação quanto a degradação do glicogênio não estejam ativas simultaneamente, uma situação que desperdiçaria energia.

Por que o oxaloacetato é um intermediário na gliconeogênese? A conversão do piruvato (o produto da glicólise) em glicose ocorre por um processo chamado gliconeogênese. A gliconeogênese não é o inverso exato da glicólise. Há três etapas irreversíveis na glicólise. Uma destas etapas irreversíveis é a conversão de fosfoenolpiruvato em piruvato. É favorável converter piruvato em oxaloacetato para facilitar a conversão em fosfoenolpiruvato.

Qual é o papel dos fosfatos de açúcar na gliconeogênse? A hidrólise de açúcares fosfatos é energeticamente favorável, logo, estas etapas têm o efeito de reverter a etapas iniciais da glicólise que necessitam de energia.

Por que a regulação recíproca é uma característica-chave do metabolismo da glicose? Se diferentes enzimas catalisam vias opostas, ambas as vias não podem estar ativas ao mesmo tempo, economizando recursos para a célula.

Qual é o papel dos hormônios na regulação da síntese e quebra de glicogênio? A ligação de insulina aos receptores na superfície celular dispara a cascata de proteína quinase que leva à síntese de gligogênio. A ligação de glucagon e epinefrina aos seus receptores leva à cascata que inibe a glicogênio sintase.

Quais são as principais categorias de controle metabólico? São possíveis quatro categorias principais de controle metabólico. Elas são: controle alostérico, modificação covalente, ciclo de substrato e controle genético.

Como diferentes órgãos compartilham o metabolismo de carboidrato? Na mesma célula, a glicólise e a gliconeogênese não são altamente ativas ao mesmo tempo. Quando a célula precisa de ATP, a glicólise é mais ativa; quando há pouca necessidade de ATP, a gliconeogênese é mais ativa. A glicose e a gliconeogênese atuam no ciclo de Cori. A divisão de trabalho entre fígado e músculos permite que a glicólise e a gliconeogênese ocorram em diferentes órgãos para atender às necessidades de um organismo.

Quais são as reações oxidativas da via pentose fosfato? A via da pentose fosfato é uma rota alternativa para o metabolismo da glicose. Nessa via, açúcares de cinco carbonos, incluindo ribose, são produzidos a partir da glicose. Nas reações oxidativas da via, também é produzido NADPH.

Quais são as reações não oxidativas da via da pentose fosfato e por que elas são importantes? As reações não oxidativas da via da pentose fosfato produzem açúcares de cinco membros, especialmente a ribose. Elas são importantes quando um órgão tem menos necessidade de NADPH mas necessita de açúcares.

Como a via da pentose fosfato é controlada? O controle da via permite que o organismo ajuste os níveis relativos de produção de açúcares de cinco carbonos e NADPH conforme sua necessidade.

Exercícios de Revisão

18-1 Como o Glicogênio é Produzido e Degradado

1. **VERIFICAÇÃO DE FATOS** Por que é essencial que os mecanismos que ativam a síntese de glicogênio também desativem a glicogênio fosforilase?
2. **VERIFICAÇÃO DE FATOS** Como a fosforólise difere da hidrólise?
3. **VERIFICAÇÃO DE FATOS** Por que é vantajoso que a degradação de glicogênio origine glicose-6-fosfato em vez de glicose?
4. **VERIFICAÇÃO DE FATOS** Resuma brevemente o papel de UDPG na biossíntese de glicogênio.
5. **VERIFICAÇÃO DE FATOS** Nomeie dois mecanismos de controle que atuam na biossíntese de glicogênio. Dê um exemplo de cada.
6. **PERGUNTA DE RACIOCÍNIO** O ganho final de ATP na glicólise é diferente quando glicogênio, em vez de glicose, é a matéria-prima? Se sua resposta for positiva, qual é a variação?
7. **PERGUNTA DE RACIOCÍNIO** No metabolismo, a glicose-6-fosfato (G6P) pode ser usada para a síntese de glicogênio ou para a glicólise, entre outros destinos. Qual é o custo, em termos de equivalência de ATP, de armazenar G6P como glicogênio, em vez de utilizá-lo para a produção de energia na glicólise? *Dica*: A estrutura ramificada do glicogênio faz que 90% dos resíduos de glicose sejam liberados como glicose-1-fosfato e 10% como glicose.
8. **PERGUNTA DE RACIOCÍNIO** Como o custo de armazenamento de glicose-6-fosfato (G6P) na forma de glicogênio seria diferente da resposta que você obteve na Pergunta 7 se a G6P fosse usada para energia no metabolismo aeróbio?
9. **CONEXÕES BIOQUÍMICAS** Você está planejando fazer uma caminhada extenuante e é aconselhado a aumentar a ingestão de alimentos ricos em carboidratos, como pães e massas, com vários dias de antecedência. Sugira um motivo para este conselho.
10. **CONEXÕES BIOQUÍMICAS** A ingestão de barras de doces, ricas em sacarose em vez de carboidratos complexos, ajudaria a formar reservas de glicogênio?
11. **CONEXÕES BIOQUÍMICAS** Seria vantajoso consumir uma barra de doces com alta concentração de açúcar refinado *imediatamente* antes de começar a caminhada extenuante da Pergunta 9?
12. **PERGUNTA DE RACIOCÍNIO** A concentração de lactato no sangue aumenta rapidamente durante uma corrida e declina lentamente durante aproximadamente uma hora depois. O que causa o aumento rápido da concentração de lactato? O que causa o declínio na concentração de lactato após a corrida?
13. **PERGUNTA DE RACIOCÍNIO** Um pesquisador afirma ter descoberto uma forma variante de glicogênio. A variação é que ele possui bem poucas ramificações (a cada 50 resíduos de glicose aproximadamente) e que as ramificações têm apenas três resíduos de comprimento. É provável que essa descoberta seja confirmada por um trabalho posterior?
14. **PERGUNTA DE RACIOCÍNIO** Qual é a fonte de energia necessária para incorporar os resíduos de glicose ao glicogênio? Como é usada?
15. **PERGUNTA DE RACIOCÍNIO** Por que é útil ter um primer na síntese de glicogênio?
16. **PERGUNTA DE RACIOCÍNIO** A reação da glicogênio sintase é exergônica ou endergônica? Justifique sua resposta?
17. **PERGUNTA DE RACIOCÍNIO** Qual é o efeito da gliconeogênese e da síntese de glicogênio sobre (a) aumento do nível de ATP, (b) diminuição da concentração de frutose-1,6-*bis*fosfato, e (c) aumento da concentração de frutose-6-fosfato?
18. **PERGUNTA DE RACIOCÍNIO** Descreva brevemente a expressão "queimar calorias" durante um exercício em termos do material deste capítulo.
19. **PERGUNTA DE RACIOCÍNIO** Sugira um motivo pelo qual os nucleotídeos de açúcar, como UDPG, desempenham um papel na síntese de glicogênio, em vez dos açúcares fosfato, como a glicose-6-fosfato.

18-2 A Gliconeogênese Produz Glicose de Piruvato

20. **VERIFICAÇÃO DE FATOS** Quais reações neste capítulo requerem acetil-CoA ou biotina?
21. **VERIFICAÇÃO DE FATOS** Quais etapas da glicólise são irreversíveis? Que importância esta observação tem nas reações nas quais a gliconeogênese difere da glicólise?
22. **VERIFICAÇÃO DE FATOS** Qual é o papel da biotina na gliconeogênese?
23. **VERIFICAÇÃO DE FATOS** Como o papel da glicose-6-fosfato na gliconeogênese difere daquele na glicólise?
24. **PERGUNTA DE RACIOCÍNIO** A avidina, uma proteína encontrada na clara do ovo, liga-se à biotina tão fortemente que inibe as enzimas que requerem biotina. Qual o efeito da avidina sobre a formação de glicogênio? Sobre a gliconeogênese? Sobre a via das pentose fosfato?
25. **PERGUNTA DE RACIOCÍNIO** Como a hidrólise da frutose-1,6-*bis*fosfato provoca a inversão de uma das etapas fisiologicamente irreversíveis da glicólise?

18-3 O Controle do Metabolismo de Carboidrato

26. **VERIFICAÇÃO DE FATOS** Que reação ou reações discutidas neste capítulo requerem ATP? Que reação ou reações produzem ATP? Relacione as enzimas que catalisam as reações que requerem e que produzem ATP.
27. **VERIFICAÇÃO DE FATOS** Como a frutose-2,6-*bis*fosfato atua como efetor alostérico?
28. **VERIFICAÇÃO DE FATOS** Como a glicoquinase e a hexoquinase diferem em função?
29. **VERIFICAÇÃO DE FATOS** O que é o ciclo de Cori?
30. **PERGUNTA DE RACIOCÍNIO** Os primeiros bioquímicos chamavam os ciclos de substrato de "ciclos fúteis". Por que eles escolheram esse nome? Por que de alguma forma esta é uma nomenclatura errônea?
31. **PERGUNTA DE RACIOCÍNIO** Por que é vantajoso que dois mecanismos de controle – alostérico e modificação covalente – estejam envolvidos no metabolismo do glicogênio?
32. **PERGUNTA DE RACIOCÍNIO** Como diferentes escalas de tempo para resposta podem ser obtidas nos mecanismos de controle?
33. **PERGUNTA DE RACIOCÍNIO** Como os mecanismos de controle no metabolismo do glicogênio levam à amplificação da resposta a um estímulo?
34. **PERGUNTA DE RACIOCÍNIO** Por que seria esperado observar que as reações do ciclo de substrato envolvem enzimas diferentes para direções diferentes?
35. **PERGUNTA DE RACIOCÍNIO** Sugira um motivo ou mais pelos quais o ciclo de Cori ocorre no fígado e no músculo.
36. **PERGUNTA DE RACIOCÍNIO** Explique como a frutose-2,6-*bis*fosfato pode atuar em mais de uma via metabólica.
37. **PERGUNTA DE RACIOCÍNIO** Como a síntese e a degradação da frutose-2,6-*bis*fosfato podem ser controladas de modo independente?
38. **PERGUNTA DE RACIOCÍNIO** Qual é a vantagem, para os animais, da conversão do amido ingerido como glicose seguida pela incorporação da glicose como glicogênio?
39. **VERIFICAÇÃO DE FATOS** Como o controle da reação da glicose-6-fosfatase difere daquela da frutose-1,6-*bis*fosfatase?
40. **VERIFICAÇÃO DE FATOS** Como a ação dos efetores alostéricos diferem nas reações catalisadas por fosfofrutoquinase e frutose-1,6-*bis*fosfotase?
41. **VERIFICAÇÃO DE FATOS** Nomeie duas formas de controle de ação enzimática. Qual das duas é mais importante no controle da degradação de glicogênio?

42. **VERIFICAÇÃO DE FATOS** Qual a função da insulina na síntese de glicogênio?
43. **VERIFICAÇÃO DE FATOS** Qual a função do glucagon e da epinefrina na degradação do glicogênio?
44. **VERIFICAÇÃO DE FATOS** Qual a diferença do glucagon e da epinefrina em termos de estrutura química?

18-4 A Glicose Algumas Vezes é Desviada através da Via da Pentose Fosfato

45. **VERIFICAÇÃO DE FATOS** Relacione três diferenças na estrutura ou na função entre NADH e NADPH.
46. **VERIFICAÇÃO DE FATOS** Quais são os quatro destinos metabólicos possíveis para a glicose-6-fosfato?
47. **CONEXÕES BIOQUÍMICAS** Qual é a conexão entre o material deste capítulo e a anemia hemolítica?
48. **VERIFICAÇÃO DE FATOS** Mostre como a via da pentose fosfato, que está conectada à via glicolítica, pode realizar o seguinte:
    (a) Gerar tanto NADPH quanto pentose fosfato em quantidades aproximadamente iguais
    (b) Gerar mais ou apenas NADPH
    (c) Gerar mais ou apenas pentose fosfato
49. **VERIFICAÇÃO DE FATOS** Qual é a principal diferença entre a transcetolase e a transaldolase?
50. **CONEXÕES BIOQUÍMICAS** Relacione dois modos pelos quais a glutationa atua nos eritrócitos.
51. **VERIFICAÇÃO DE FATOS** O pirofosfato de tiamina desempenha um papel na via da pentose fosfato? Em caso positivo, qual é este papel?
52. **PERGUNTA DE RACIOCÍNIO** Usando a notação de pontos de elétrons de Lewis, mostre explicitamente a transferência de elétrons na seguinte reação redox:

$$\text{Glicose-6-fosfato} + \text{NADP}^+ \rightarrow$$

$$\text{6-Fosfoglicono-}\delta\text{-lactona} + \text{NADPH} + \text{H}^+$$

A lactona é um éster cíclico intermediário na produção de 6-fosfogluconato.

53. **PERGUNTA DE RACIOCÍNIO** Sugira um motivo pelo qual um agente redutor diferente (NADPH) é usado em reações anabólicas em vez de NADH, que atua nas catabólicas.
54. **PERGUNTA DE RACIOCÍNIO** Explique como a via da pentose fosfato pode responder às necessidades de ATP, NADPH e ribose-5-fosfato de uma célula.
55. **PERGUNTA DE RACIOCÍNIO** Por que é razoável esperar que a glicose-6-fosfato seja oxidada a lactona (veja a pergunta 52) em vez de um composto de cadeia aberta?
56. **PERGUNTA DE RACIOCÍNIO** Como as reações da via das pentose fosfato seriam afetadas se contassem com uma epimerase e não uma isomerase para catalisar as reações de reorganização?

19

O Ciclo do Ácido Cítrico

19-1 O Papel Central do Ciclo do Ácido Cítrico no Metabolismo

A evolução do metabolismo aeróbio, pelo qual os nutrientes são oxidados a dióxido de carbono e água, foi uma etapa importante na história da vida na Terra. Os organismos podem obter muito mais energia a partir dos nutrientes por meio da oxidação aeróbia do que pela oxidação anaeróbia. (Mesmo a levedura – que geralmente é considerada em termos das reações anaeróbias de fermentação alcoólica e é responsável pela produção de pão, cerveja e vinho – utiliza o ciclo do ácido cítrico para degradar aerobiamente a glicose em dióxido de carbono e água.) Vimos no Capítulo 17 que a glicólise produz apenas duas moléculas de ATP para cada molécula de glicose metabolizada. Neste capítulo e no seguinte veremos como 30 a 32 moléculas de ATP podem ser produzidas a partir de cada molécula de glicose na oxidação aeróbia completa até dióxido de carbono e água. Três processos atuam no metabolismo aeróbio: o **ciclo do ácido cítrico**, discutido neste capítulo,

ciclo do ácido cítrico via metabólica central; parte do metabolismo anaeróbio

RESUMO DO CAPÍTULO

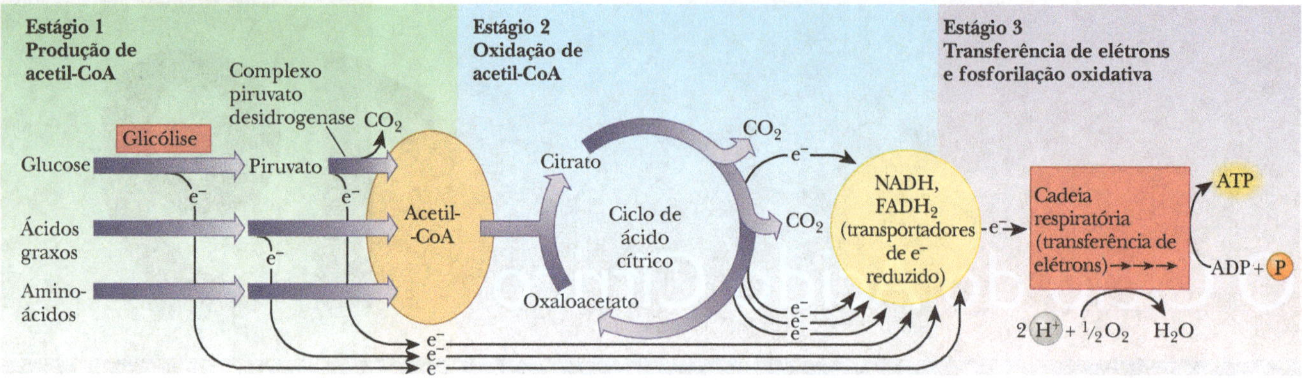
Estágio 1
Produção de acetil-CoA
Complexo piruvato desidrogenase
Glicólise
CO_2
Glucose
Piruvato
Ácidos graxos
Amino-ácidos
Acetil-CoA
Estágio 2
Oxidação de acetil-CoA
Citrato
Ciclo de ácido cítrico
Oxaloacetato
CO_2
CO_2
Estágio 3
Transferência de elétrons e fosforilação oxidativa
NADH, $FADH_2$ (transportadores de e^- reduzido)
Cadeia respiratória (transferência de elétrons)
ATP
ADP + P
$2H^+ + 1/2 O_2$
H_2O

FIGURA 19.1 **A relação principal entre o ciclo do ácido cítrico e o catabolismo.** Aminoácidos, ácidos graxos e glicose, todos podem produzir acetil-CoA no estágio 1 do catabolismo. No estágio 2, a acetil-CoA entra no ciclo do ácido cítrico. Os estágios 1 e 2 produzem transportadores de elétrons reduzidos (mostrados aqui como e^-). No estágio 3, os elétrons entram na cadeia transportadora de elétrons, que então produz ATP.

transporte de elétrons (para o oxigênio) série de reações de oxirredução pelas quais os elétrons derivados da oxidação de nutrientes passam para o oxigênio

fosforilação oxidativa processo para geração de ATP; depende da formação de um gradiente de pH dentro da mitocôndria como resultado do transporte de elétrons

anfibólico capaz de fazer parte tanto do anabolismo como do catabolismo

o **transporte de elétrons** e a **fosforilação oxidativa**, que serão discutidos no Capítulo 20 (Figura 19.1). Esses três processos operam em conjunto no metabolismo aeróbio; discuti-los separadamente é apenas uma questão de conveniência.

O metabolismo consiste em catabolismo, que é a decomposição oxidativa dos nutrientes, e em anabolismo, que é a síntese redutora de biomoléculas. O ciclo do ácido cítrico é **anfibólico**, indicando que atua tanto no catabolismo quanto no anabolismo. Embora o ciclo do ácido cítrico faça parte da via de oxidação aeróbia de nutrientes (uma via catabólica; veja a Seção 19-7), algumas das moléculas incluídas neste ciclo constituem os pontos de partida para as vias biossintéticas (anabólicas) (veja a Seção 19-8). As vias metabólicas operam simultaneamente, embora sejam discutidas aqui separadamente. Sempre se deve ter este ponto em mente.

Há dois outros nomes comuns para o ciclo do ácido cítrico. Um é o *ciclo de Krebs*, nome derivado de *Sir* Hans Krebs, que investigou inicialmente a via (trabalho pelo qual recebeu o prêmio Nobel em 1953). O outro nome é *ciclo do ácido tricarboxílico* (ou *ciclo TCA*), pelo fato de algumas moléculas envolvidas serem ácidos com três grupos carboxila. A discussão se iniciará com uma visão geral da via e, em seguida, serão discutidas as reações específicas.

19-2 A Via Total do Ciclo do Ácido Cítrico

Uma diferença importante entre a glicólise e o ciclo do ácido cítrico é o local da célula onde a via ocorre. Nos eucariotos, a glicólise ocorre no citosol, enquanto o ciclo do ácido cítrico ocorre na mitocôndria. A maioria das enzimas do ciclo do ácido cítrico está presente na matriz mitocondrial.

Onde o ciclo do ácido cítrico ocorre na célula?

matriz mitocondrial parte da mitocôndria contida pela membrana mitocondrial interna

espaço intermembranas região entre as membranas interna e externa das mitocôndrias

Uma rápida revisão de alguns aspectos da estrutura mitocondrial é importante neste ponto, porque é necessário descrever o local exato de cada componente do ciclo do ácido cítrico e da cadeia transportadora de elétrons. Lembre, do Capítulo 1, que uma mitocôndria possui uma membrana interna e uma externa (Figura 19.2). A região delimitada pela membrana interna é chamada **matriz mitocondrial** e há um **espaço intermembranas** entre as membranas interna e externa. A membrana interna constitui uma barreira hermética entre a matriz e o citosol, e bem poucos compostos podem cruzá-la sem uma proteína transportadora específica (Seção 8-4). As reações do ciclo do ácido cítrico ocorrem na matriz, exceto por uma na qual o receptor intermediário de elétrons é o FAD. A enzima ligada ao FAD que catalisa a reação é parte integrante da mem-

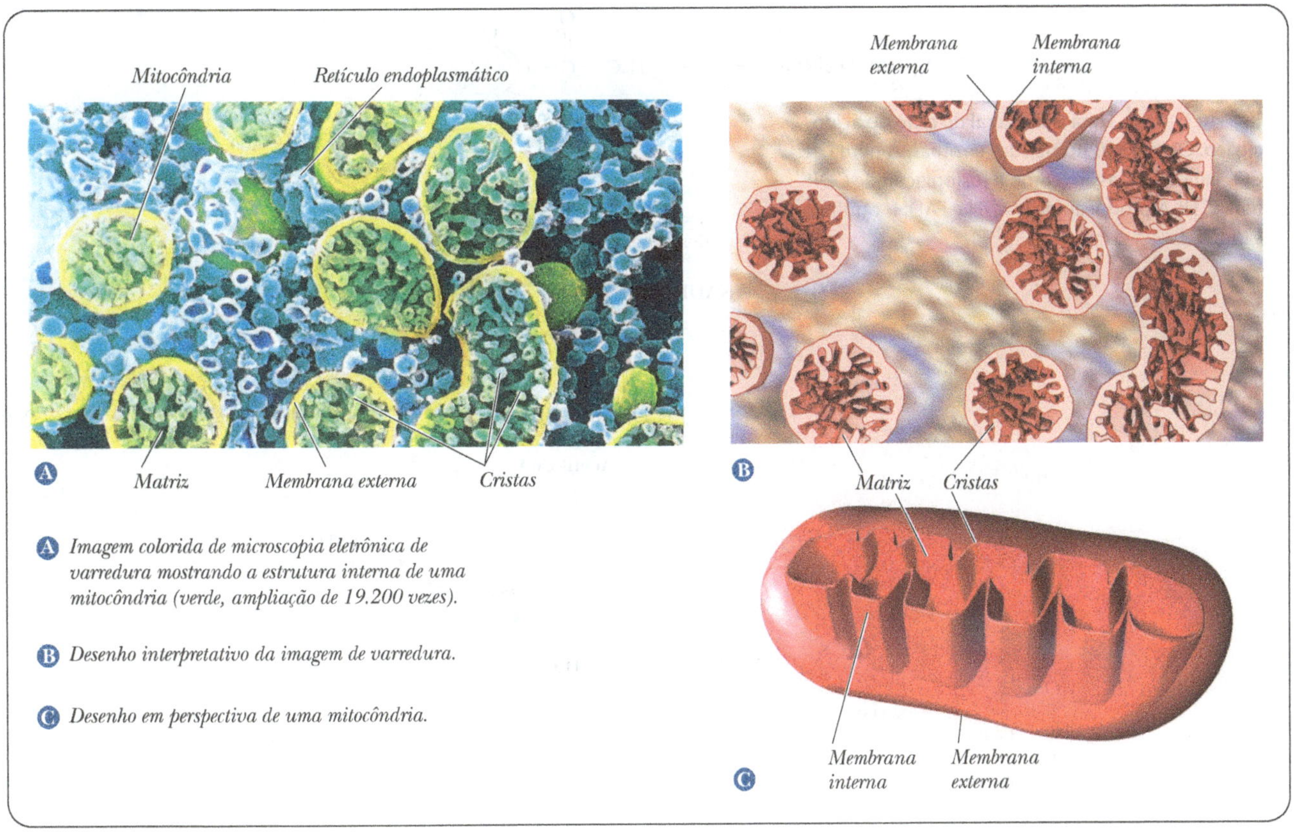

Mitocôndria
Retículo endoplasmático
Membrana externa
Membrana interna
A
Matriz
Membrana externa
Cristas
B
Matriz
Cristas
C
Membrana interna
Membrana externa
Professors P. M. Motta, S. Makabe, and T. Naguro/Science Photo Library/Science Source

A *Imagem colorida de microscopia eletrônica de varredura mostrando a estrutura interna de uma mitocôndria (verde, ampliação de 19.200 vezes).*

B *Desenho interpretativo da imagem de varredura.*

C *Desenho em perspectiva de uma mitocôndria.*

FIGURA 19.2 **Estrutura de uma mitocôndria.** (Para uma micrografia eletrônica da estrutura mitocondrial, veja a Figura 1.15).

brana mitocondrial interna e está ligada diretamente à cadeia transportadora de elétrons (Capítulo 20).

Quais são as características principais do ciclo do ácido cítrico?

O ciclo do ácido cítrico é mostrado de forma esquemática na Figura 19.3. Em condições aeróbias, a oxidação do piruvato produzido pela glicólise prossegue, com a formação de dióxido de carbono e água como produtos finais. Inicialmente, o piruvato é oxidado a uma molécula de dióxido de carbono e um grupo acetila, que se liga a um intermediário, a coenzima A (CoA) (Seção 15-7). A acetil-CoA entra no ciclo do ácido cítrico. Nele, mais duas moléculas de dióxido de carbono são produzidas para cada molécula de acetil-CoA processada, e os elétrons são transferidos no processo. Com exceção de um caso, normalmente o receptor imediato de elétrons é o NAD, que é reduzido a NADH. No único caso no qual existe outro receptor de elétrons intermediários, o FAD (flavina adenina dinucleotídeo), que é derivado da riboflavina (vitamina B_2), retira dois elétrons de dois íons hidrogênio para produzir $FADH_2$. Os elétrons são passados do NADH e do $FADH_2$ por vários estágios de uma cadeia transportadora de elétrons com uma reação redox diferente em cada etapa. O receptor final de elétrons é o oxigênio, tendo água como produto. Observe que, a partir do piruvato (um composto de três carbonos), três carbonos são perdidos como CO_2 pela produção de acetil-CoA em uma rodada do ciclo. O ciclo produz energia na forma de equivalentes de elétrons reduzidos (NADH e $FADH_2$ que entrarão na cadeia transportadora de elétrons), porém os esqueletos de carbono são efetivamente perdidos. O ciclo também produz diretamente um composto de alta energia, o GTP (trifosfato de guanosina).

Na primeira reação do ciclo, o grupo acetila de dois carbonos condensa-se com o íon oxaloacetato de quatro carbonos para produzir o íon citrato de seis carbonos. Nas etapas seguintes, o citrato é isomerizado e, em seguida, perde dióxido de carbono e é oxidado. Esse processo, conhecido como

FIGURA 19.3 Uma visão geral do ciclo do ácido cítrico. Observe os nomes das enzimas. A perda de CO_2 é indicada, assim como a fosforilação de GDP para GTP. A produção de NADH e $FADH_2$ também é indicada.

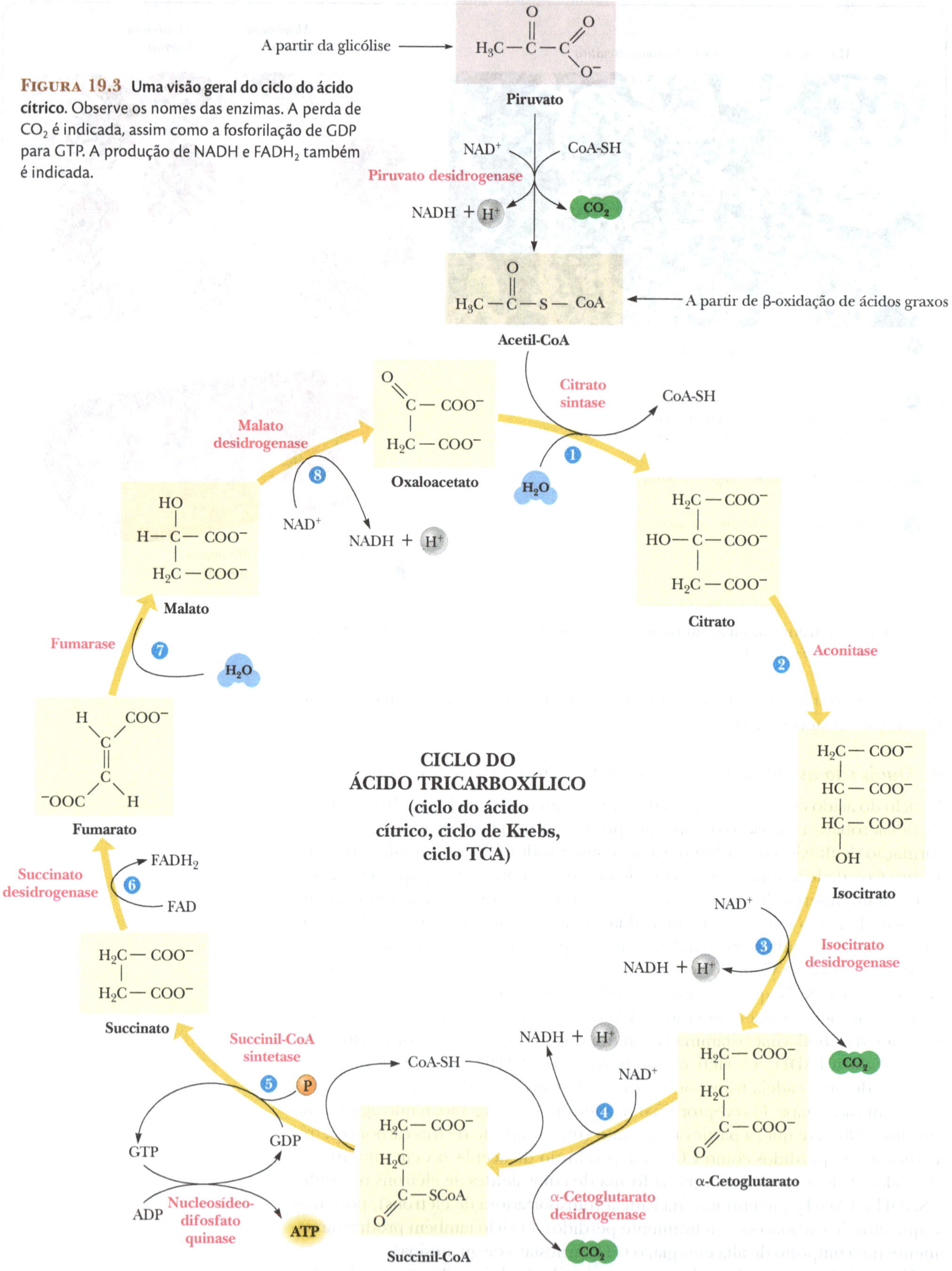
A partir da glicólise
Piruvato
NAD+
CoA-SH
Piruvato desidrogenase
NADH + H+
CO2
Acetil-CoA
A partir de β-oxidação de ácidos graxos
Citrato sintase
CoA-SH
H2O
Oxaloacetato
Malato desidrogenase
NAD+
NADH + H+
Citrato
Aconitase
Isocitrato
NAD+
NADH + H+
Isocitrato desidrogenase
CO2
α-Cetoglutarato
NADH + H+
NAD+
CoA-SH
α-Cetoglutarato desidrogenase
CO2
Succinil-CoA
Succinil-CoA sintetase
P
GDP
GTP
ADP
Nucleosídeo-difosfato quinase
ATP
Succinato
Succinato desidrogenase
FADH2
FAD
Fumarato
Fumarase
H2O
Malato
CICLO DO ÁCIDO TRICARBOXÍLICO (ciclo do ácido cítrico, ciclo de Krebs, ciclo TCA)

descarboxilação oxidativa, produz o composto de cinco carbonos chamado α-cetoglutarato, que novamente é descarboxilado e oxidado para produzir um composto de quatro carbonos, o succinato. O ciclo é completado pela regeneração de oxaloacetato a partir de succinato em várias etapas. Veremos muitos desses intermediários novamente em outras vias, especialmente a do α-cetoglutarato, que é muito importante no metabolismo de aminoácidos e proteínas.

descarboxilação oxidativa perda de dióxido de carbono acompanhada por oxidação

Há oito etapas no ciclo do ácido cítrico, cada uma catalisada por uma enzima diferente. Quatro das oito etapas – etapas 3, 4, 6 e 8 – são reações de oxidação (veja a Figura 19.3). O agente oxidante é o NAD^+ em todas, exceto na etapa 6, na qual o FAD desempenha o mesmo papel. Na etapa 5, uma molécula de GDP (difosfato de guanosina) é fosforilada para produzir GTP. Essa reação é equivalente à produção de um ATP porque o grupo fosfato é transferido facilmente para ADP, produzindo GDP e ATP.

19-3 Como o Piruvato é Convertido em Acetil-CoA

O piruvato pode ser derivado de várias fontes, incluindo a glicólise, como já visto. Ele se desloca do citosol para a mitocôndria por meio de um transportador específico. Ali, um sistema enzimático chamado **complexo piruvato desidrogenase** é responsável pela conversão do piruvato a dióxido de carbono e à porção acetil da acetil-CoA. Há um grupo –SH em uma extremidade da molécula da CoA, que é o ponto no qual o grupo acetila é fixado. Como resultado, a CoA é frequentemente mostrada em equações como CoA-SH. Uma vez que a CoA é um tiol (o análogo sulfúrico [*tio*] de um álcool), a acetil-CoA é um **tioéster**, com o átomo de enxofre substituindo o oxigênio de um éster carboxílico normal. Essa diferença é importante, pois tioésteres são compostos de alta energia (Capítulo 15). Em outras palavras, a hidrólise do tioéster libera energia suficiente para a ativação de outras reações. Uma reação de oxidação precede a transferência do grupo acetila para a CoA. O processo todo envolve várias enzimas, que fazem parte do complexo piruvato desidrogenase. A reação geral

complexo piruvato desidrogenase complexo multienzimático que catalisa a conversão do piruvato em acetil-CoA e dióxido de carbono

tioéster análogo de um éster que contém enxofre

$$\text{Piruvato} + \text{CoA-SH} + NAD^+ \rightarrow \text{Acetil-CoA} + CO_2 + H^+ + \text{NADH}$$

é exergônica ($\Delta G°' = -33{,}4\ \text{kJ mol}^{-1} = -8{,}0\ \text{kcal mol}^{-1}$), e NADH pode então ser usado para gerar ATP através da cadeia transportadora de elétrons (Capítulo 20).

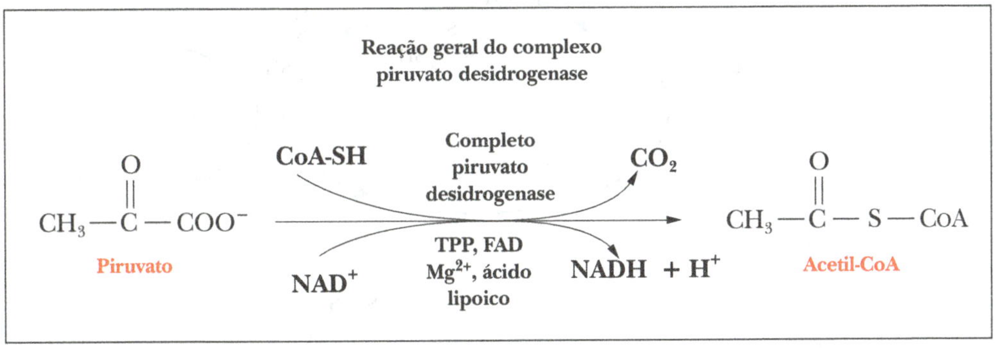
Reação geral do complexo piruvato desidrogenase
CoA-SH
Completo piruvato desidrogenase
CO2
O
CH3—C—COO−
Piruvato
TPP, FAD Mg2+, ácido lipoico
NAD+
NADH + H+
O
CH3—C—S—CoA
Acetil-CoA

Quantas enzimas são necessárias para converter o piruvato em acetil-CoA?

Cinco enzimas compõem o complexo piruvato desidrogenase em mamíferos. Elas são *piruvato desidrogenase (PDH), di-idrolipoil transacetilase, di-idrolipoil desidrogenase, piruvato desidrogenase quinase* e *piruvato desidrogenase fosfatase*. As três primeiras estão envolvidas na conversão de piruvato a acetil-CoA. A quinase e a fosfatase são enzimas usadas no controle de PDH (Seção 19-5) e estão presentes em um único polipeptídeo. A reação ocorre em cinco etapas. Duas enzimas catalisam reações do *ácido lipoico*, um composto que possui um grupo dissulfeto em sua forma oxidada e dois grupos sulfidrila na sua forma reduzida.

O ácido lipoico pode agir como agente oxidante; a reação envolve transferência de hidrogênios, que frequentemente acompanha reações biológicas de oxidorredução (Seção 15-5). Outra reação deste ácido é a formação de uma ligação tioéster com o grupo acetila antes que este seja transferido para a acetil-CoA. O ácido lipoico pode atuar simplesmente como agente oxidante ou participar simultaneamente em duas reações – uma reação redox e o deslocamento de um grupo acetila por transesterificação.

A primeira etapa na sequência de reações que converte o piruvato em dióxido de carbono e acetil-CoA é catalisada pela piruvato desidrogenase, como mostra a Figura 19.4. Essa enzima requer pirofosfato de tiamina (TPP; um metabólito da vitamina B_1, ou tiamina) como coenzima. A coenzima não é ligada de modo covalente à enzima; elas são mantidas unidas por interações não covalentes. O íon Mg^{2+} também é necessário. Vimos a ação de TPP como coenzima na conversão de piruvato a acetaldeído, catalisada pela piruvato descarboxilase (Seção 17-4). Na reação da piruvato desidrogenase, um α-cetoácido, o piruvato, perde dióxido de carbono; a unidade de dois carbonos remanescentes é então ligada de modo covalente ao TPP.

A segunda etapa da reação é catalisada pela di-idrolipoil transacetilase. Esta enzima requer o ácido lipoico como coenzima, e ele está ligado de modo covalente à enzima por uma ligação amida para o grupo ε-amino de uma cadeia lateral de lisina. A unidade de dois carbonos derivada originalmente do piruvato é transferida do pirofosfato de tiamina para o ácido lipoico e, no processo, um grupo hidroxila é oxidado a um grupo acetila. O grupo dissulfeto do ácido lipoico é o agente oxidante, sendo ele mesmo reduzido, e o produto da reação é um tioéster. Em outras palavras, o grupo acetila agora está covalentemente ligado ao ácido lipoico por uma ligação tioéster (veja a Figura 19-4).

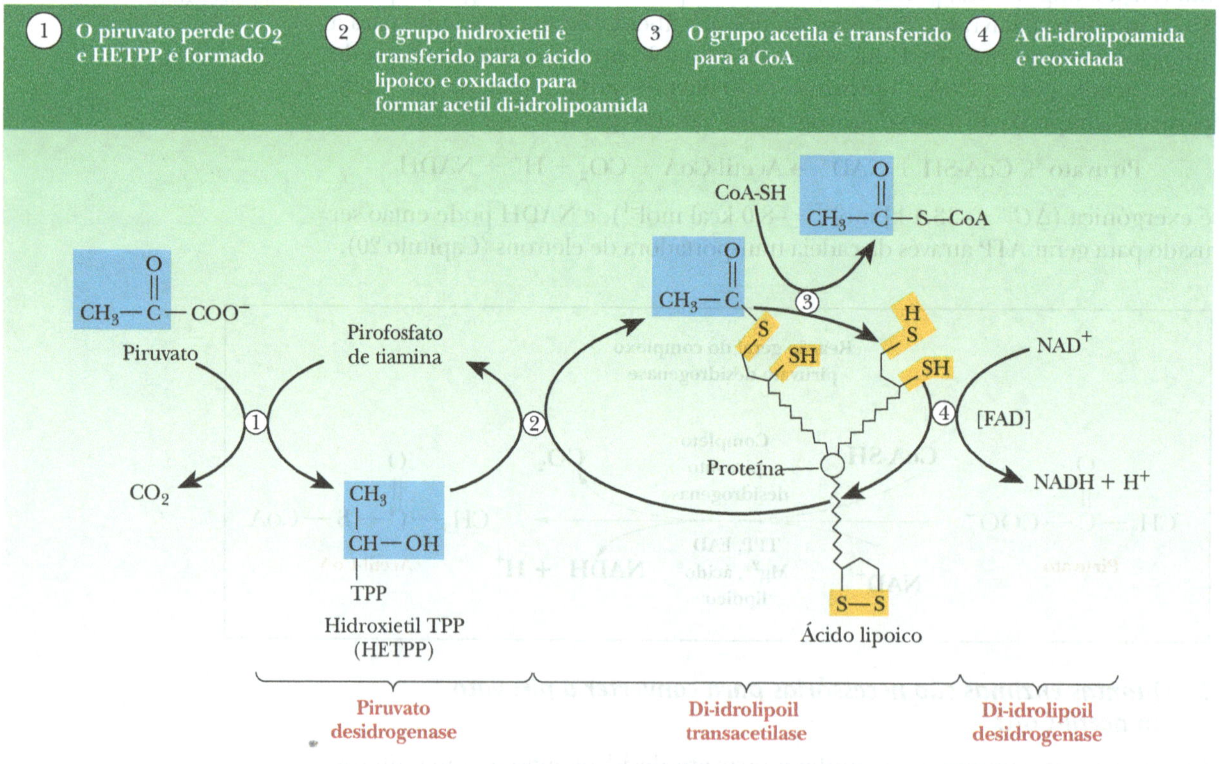

1 O piruvato perde CO_2 e HETPP é formado
2 O grupo hidroxietil é transferido para o ácido lipoico e oxidado para formar acetil di-idrolipoamida
3 O grupo acetila é transferido para a CoA
4 A di-idrolipoamida é reoxidada
Piruvato
Pirofosfato de tiamina
CO_2
Hidroxietil TPP (HETPP)
TPP
CoA-SH
Proteína
Ácido lipoico
NAD^+
[FAD]
$NADH + H^+$
Piruvato desidrogenase
Di-idrolipoil transacetilase
Di-idrolipoil desidrogenase

FIGURA 19.4 Mecanismo da reação da piruvato desidrogenase. A descarboxilação do piruvato ocorre com a formação de hidroxietil-TPP (Etapa 1). A transferência de dois carbonos para o ácido lipoico na Etapa 2 é seguida pela formação de acetil-CoA na Etapa 3. O ácido lipoico é reoxidado na Etapa 4 da reação.

A terceira etapa da reação também é catalisada pela di-idrolipoil transacetilase. Uma molécula de CoA-SH ataca a ligação tioéster, e o grupo acetila é transferido para ela. O grupo acetila permanece ligado como uma ligação tioéster, agora como acetil-CoA em vez de ser esterificado ao ácido lipoico. A forma reduzida do ácido lipoico permanece ligada de modo covalente à di-idrolipoil transacetilase (veja a Figura 19.4). A reação de piruvato e CoA-SH agora atingiu o estágio dos respectivos produtos, o dióxido de carbono e a acetil-CoA, porém a coenzima ácido lipoico ainda está na forma reduzida. O restante das etapas serve para regenerar o ácido lipoico, de modo que reações adicionais possam ser catalisadas pela transacetilase.

Na quarta etapa da reação geral, a enzima di-idrolipoil desidrogenase reoxida o ácido lipoico reduzido, que passa da forma sulfidrila para dissulfeto. O ácido lipoico ainda permanece ligado de modo covalente à enzima transacetilase. A desidrogenase também tem uma coenzima, o FAD (Seção 15-5), que está ligada à enzima por meio de interações não covalentes. Como resultado, o FAD é reduzido a $FADH_2$. Este, por sua vez, é reoxidado. O agente oxidante agora é o NAD^+, e o NADH juntamente com o FAD reoxidado são os produtos finais. Enzimas como a piruvato desidrogenase são chamadas flavoproteínas em razão de seus FADs anexados.

A redução de NAD^+ para NADH acompanha a oxidação de piruvato para o grupo acetila, e a equação geral mostra que ocorre uma transferência de dois elétrons do piruvato para o NAD^+. Os elétrons ganhos pelo NAD^+ na regeneração do NADH nessa etapa são passados para a cadeia transportadora de elétrons (a etapa seguinte do metabolismo aeróbio). No Capítulo 20, veremos que a transferência de elétrons do NADH para o oxigênio originará 2,5 ATPs no final. Duas moléculas de piruvato são produzidas para cada molécula de glicose, de modo que, eventualmente, serão formados cinco ATPs a partir de cada glicose apenas nesta etapa.

A reação que transforma o piruvato em acetil-CoA é complexa e exige três enzimas, cada uma com sua própria coenzima além do NAD^+. A orientação espacial das moléculas individuais das enzimas entre si já é complexa. Esta estrutura complexa torna possível um arranjo compacto no qual os vários estágios da reação podem ocorrer de forma mais eficiente.

Um arranjo compacto como o do complexo multienzimático da piruvato desidrogenase tem duas grandes vantagens se comparado com um arranjo no qual os diferentes componentes estejam mais dispersos. Em primeiro lugar, as várias etapas da reação podem ocorrer de modo mais eficiente porque os reagentes e as enzimas estão próximos entre si. O papel do ácido lipoico é particularmente importante aqui. Lembre-se de que o ácido lipoico é fixado covalentemente à enzima transacetilase, que ocupa uma posição central no complexo. O ácido lipoico e a cadeia lateral da lisina, à qual ele está ligado, são suficientemente longos para agir como um "braço oscilante", que pode se mover para o sítio de cada uma das etapas da reação (Figura 19.4). Como resultado da ação de braço oscilante, o ácido lipoico pode mover-se para o sítio da piruvato desidrogenase para aceitar a unidade de dois carbonos e então transferi-la ao sítio ativo da transacetilase. O grupo acetila pode assim ser transesterificado para CoA-SH a partir do ácido lipoico. Finalmente, o ácido lipoico pode oscilar para o sítio ativo da desidrogenase de modo que os grupos sulfidrílicos sejam reoxidados a um dissulfeto.

Uma segunda vantagem de um complexo multienzimático é que os controles reguladores podem ser aplicados de modo mais eficiente em um sistema deste tipo do que em uma molécula enzimática única. No caso do complexo piruvato desidrogenase, os fatores de controle estão intimamente associados ao próprio complexo multienzimático, o que será estudado na Seção 19-5.

19-4 As Reações Individuais do Ciclo do Ácido Cítrico

As reações do ciclo do ácido cítrico propriamente ditas e as enzimas que as catalisam estão relacionadas na Tabela 19.1. Discutiremos a seguir cada uma dessas reações.

TABELA 19.1 Reações do Ciclo do Ácido Cítrico

Etapa	Reação	Enzima
1	Acetil-CoA + Oxaloacetato + H_2O → Citrato + CoA-SH	Citrato sintase
2	Citrato → Isocitrato	Aconitase
3	Isocitrato + NAD^+ → α-Cetoglutarato + NADH + CO_2 + H^+	Isocitrato desidrogenase
4	α-Cetoglutarato + NAD^+ + CoA-SH → Succinil-CoA + NADH + CO_2 + H^+	α-Cetoglutarato desidrogenase
5	Succinil-CoA + GDP + P_i → Succinato + GTP + CoA-SH	Succinil-CoA sintetase
6	Succinato + FAD → Fumarato + $FADH_2$	Succinato desidrogenase
7	Fumarato + H_2O → L-Malato	Fumarase
8	L-Malato + NAD^+ → Oxaloacetato + NADH + H^+	Malato desidrogenase

Etapa 1. ***Formação de Citrato*** A primeira etapa do ciclo do ácido cítrico é a reação entre a acetil-CoA e o oxaloacetato para formar citrato e CoA-SH. Esta reação é chamada de condensação porque uma nova ligação carbono–carbono é formada. A reação de condensação de acetil-CoA e oxaloacetato para formar citril-CoA ocorre no primeiro estágio da reação. A condensação é seguida pela hidrólise de citril-CoA para fornecer citrato e CoA-SH.

Condensação de Acetil-CoA e de oxaloacetato para formar citrato

Reação geral

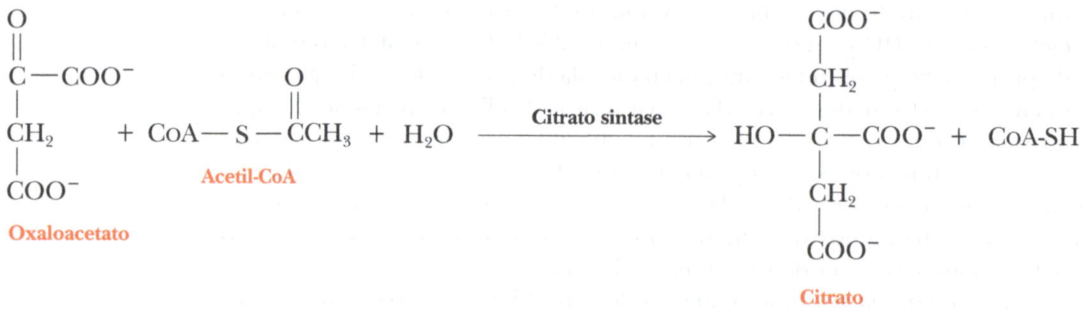
Citrato sintase
Oxaloacetato
Acetil-CoA
Citrato

citrato sintase enzima que catalisa a primeira etapa do ciclo do ácido cítrico

A reação é catalisada pela enzima **citrato sintase**, originalmente chamada "enzima condensadora". Uma sintase é uma enzima que cria uma nova ligação covalente durante a reação, porém não requer a entrada direta de ATP. É uma reação exergônica ($\Delta G°'$ = –32,8 kJ mol^{-1} = –7,8 kcal mol^{-1}) porque a hidrólise de um tioéster libera energia. Tioésteres são considerados compostos de alta energia.

Etapa 2. ***Isomerização de Citrato para Isocitrato*** A segunda reação do ciclo do ácido cítrico, aquela catalisada pela aconitase, é a isomerização de citrato para isocitrato. A enzima requer Fe^{2+}. Uma das características mais interessantes dessa reação é que o citrato, um composto simétrico (aquiral), é convertido em isocitrato, um composto quiral, uma molécula que não pode ser sobreposta sobre sua imagem especular.

Formação de isocitrato (um composto quiral) a partir de citrato (um composto aquiral)

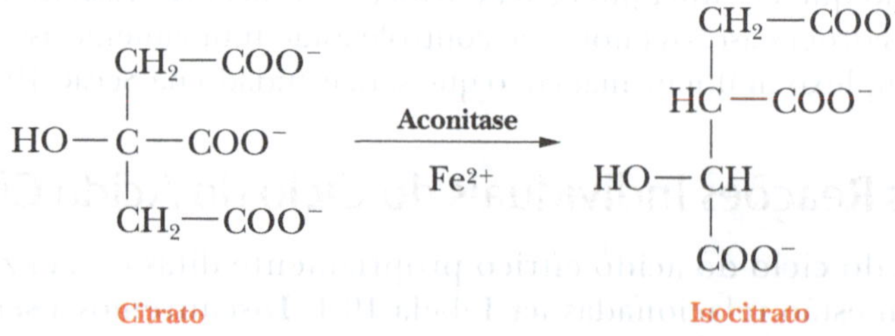
Aconitase
Fe2+
Citrato
Isocitrato

Muitas vezes, é possível que um composto quiral possua vários isômeros diferentes. O isocitrato tem quatro isômeros possíveis, porém apenas um dos quatro é produzido por essa reação. (Não discutiremos a nomenclatura dos isômeros de isocitrato aqui. Veja a Pergunta 30 sobre os outros isômeros no final deste capítulo.) A aconitase, enzima que catalisa a conversão de citrato em isocitrato, é capaz de selecionar uma extremidade da molécula de citrato preferencialmente a outra. O quadro CONEXÕES **BIOQUÍMICAS 19.1** aborda algumas reações de inibidores da aconitase.

19.1 Conexões **Bioquímicas** | toxicologia

Os Compostos de Flúor e o Metabolismo de Carboidrato

Os compostos de flúor são mais bem conhecidos do público em geral no contexto da calorosa controvérsia sobre a adição de íons fluoreto (normalmente como fluoreto de sódio) à água com o objetivo de prevenir a cárie. É bem menos conhecido que os compostos de flúor, tanto iônicos quanto covalentes, têm um papel no metabolismo de carboidrato. Na forma iônica, sabe-se que o íon fluoreto é um inibidor das enzimas glicolíticas fosfogliceromutase, enolase e piruvato quinase. Dois compostos com ligação covalente, o fluoroacetaro e o fluorocitrato, atuam na inibição do ciclo do ácido cítrico. Destes dois, o fluoroacetato é notável pelo seu papel no desenvolvimento de vegetais; ele é um precursor de *fluoroacetil-CoA*, que é um inibidor da citrato sintase.

A fonte do fluoroacetil-CoA é o fluoroacetato, que é encontrado nas folhas de vários tipos de plantas venenosas, incluindo o astrágalo. Os animais que ingerem essas plantas formam o fluoroacetil-CoA, que, por sua vez, é convertido em fluorocitrato pela sua citrato sintase. O fluorocitrato, por seu turno, é um potente inibidor da aconitase, enzima que catalisa a reação seguinte do ciclo do ácido cítrico. Essas plantas são venenosas porque produzem um potente inibidor dos processos vitais.

Linda Armstrong/Shutterstock.com

O veneno chamado Composto 1080 (pronunciado "dez--oitenta") é o fluoroacetato de sódio. Fazendeiros que querem proteger suas ovelhas dos ataques de coiotes colocam o veneno do lado de fora da cerca da fazenda. Ao ingeri-lo, os coiotes morrem. O mecanismo de envenenamento pelo Composto 1080 é o mesmo que o dos venenos produzidos pelas plantas.

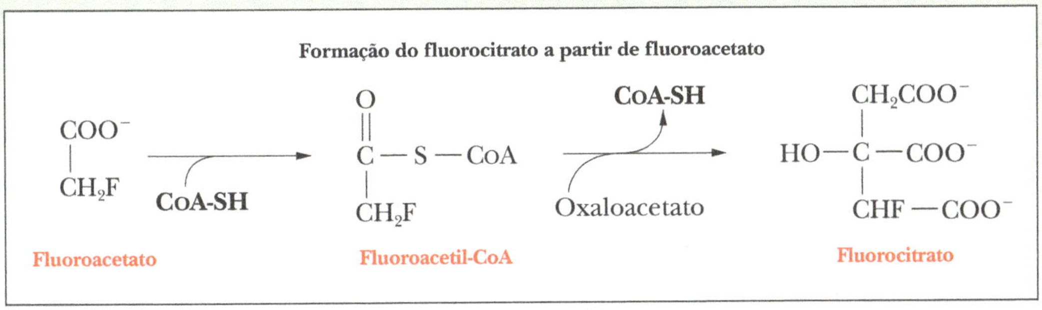
Formação do fluorocitrato a partir de fluoroacetato
COO⁻
CH₂F
CoA-SH
O
C — S — CoA
CH₂F
CoA-SH
Oxaloacetato
CH₂COO⁻
HO — C — COO⁻
CHF — COO⁻
Fluoroacetato
Fluoroacetil-CoA
Fluorocitrato

Esse tipo de comportamento significa que a enzima pode estar ligada a um substrato simétrico em um sítio de ligação não simétrico. Na Seção 7-6, mencionou-se que esta possibilidade existe, e aqui há um exemplo. A enzima forma três pontos de contato não simétricos com a molécula de citrato (Figura 19.5). A reação prossegue pela remoção de uma molécula de água do citrato produzindo *cis*-aconitato, e em seguida a água é novamente adicionada ao *cis*-aconitato para fornecer isocitrato.

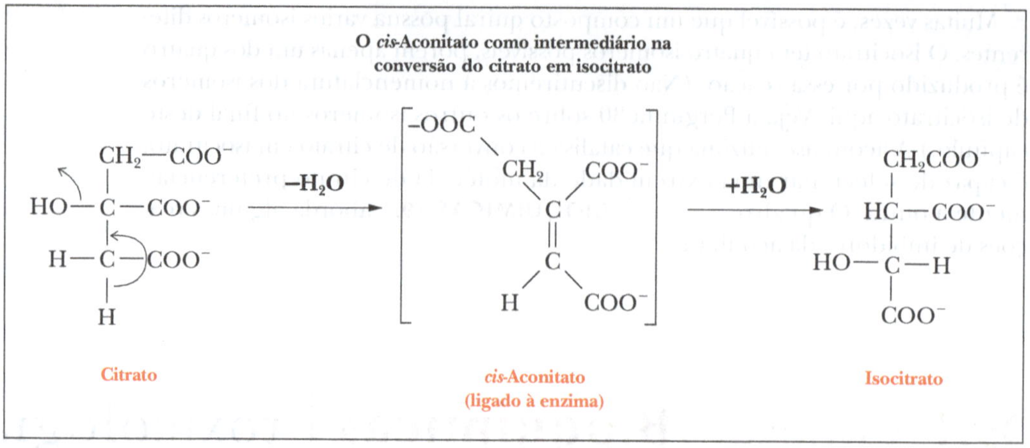
O cis-Aconitato como intermediário na conversão do citrato em isocitrato
–H₂O
+H₂O
Citrato
cis-Aconitato (ligado à enzima)
Isocitrato

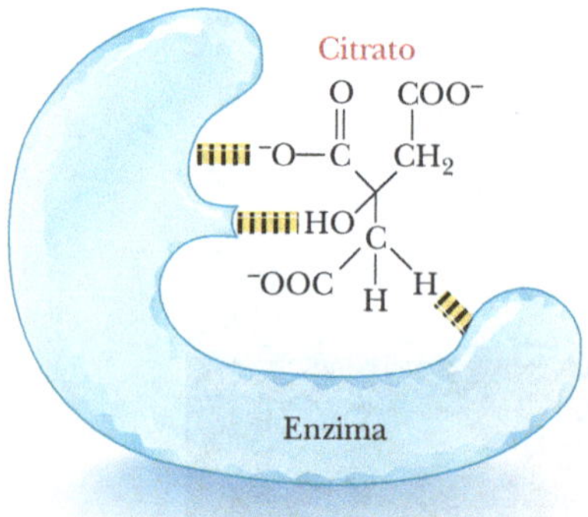
Citrato
Enzima

Figura 19.5 A fixação de três pontos à enzima aconitase torna as duas extremidades —CH_2—COO^- do citrato não equivalentes do ponto de vista estereoquímico.

O intermediário, *cis*-aconitato, permanece ligado a essa enzima durante o curso da reação. Existem algumas evidências de que o citrato forma complexos com Fe(II) no sítio ativo da enzima, de tal modo que o citrato dobra sobre si mesmo em uma conformação quase circular. Vários autores não resistiram à tentação de chamar tal situação de "roda ferrosa".

Etapa 3. ***Formação de α-Cetoglutarato e de CO_2 – Primeira Oxidação*** A terceira etapa do ciclo do ácido cítrico é a descarboxilação oxidativa do isocitrato a α-cetoglutarato e dióxido de carbono. Esta reação é a primeira das duas descarboxilações oxidativas do ciclo do ácido cítrico; a enzima que a catalisa é a **isocitrato desidrogenase**. A reação ocorre em duas etapas (Figura 19.6). Primeiro, o isocitrato é oxidado a oxalosuccinato e permanece ligado à enzima. Em seguida, o oxalosuccinato é descarboxilado, liberando dióxido de carbono e α-cetoglutarato.

Esta é a primeira das reações nas quais ocorre a produção de NADH. Uma molécula de NADH é produzida a partir de NAD^+ nesse estágio pela perda de dois elétrons na oxidação. Como visto na discussão sobre o complexo piruvato desidrogenase, cada NADH produzido levará à produção de 2,5 ATPs nos es-

isocitrato desidrogenase enzima que catalisa a primeira das duas descarboxilações oxidativas do ciclo do ácido cítrico

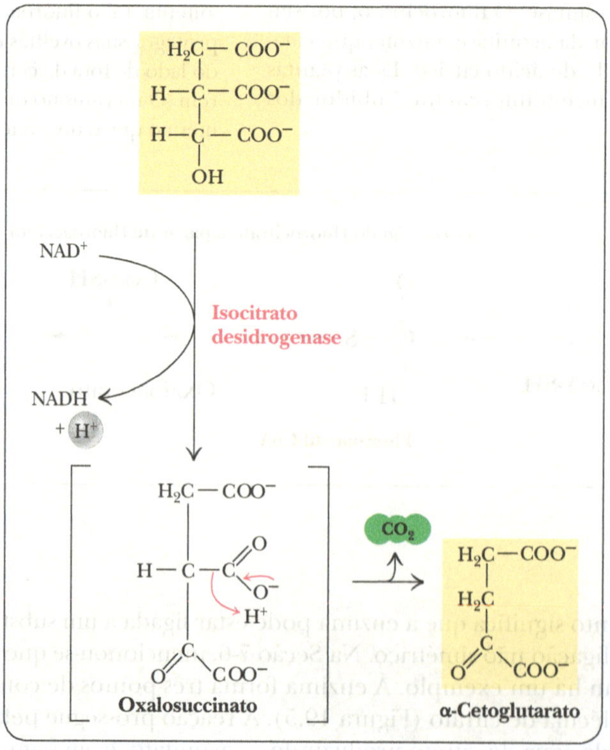
NAD⁺
Isocitrato desidrogenase
NADH
+ H⁺
CO₂
Oxalosuccinato
α-Cetoglutarato

Figura 19.6 A reação da isocitrato desidrogenase.

tágios posteriores do metabolismo aeróbio. Lembre-se também de que haverá dois NADH, equivalentes a cinco ATPs para cada molécula original de glicose.

Etapa 4. *Formação de Succinil-CoA e de CO_2 — Segunda Oxidação* A segunda descarboxilação oxidativa ocorre na Etapa 4 do ciclo do ácido cítrico, na qual dióxido de carbono e succinil-CoA são formados a partir de α-cetoglutarato e de CoA.

A conversão de α-cetoglutarato a succinil-CoA

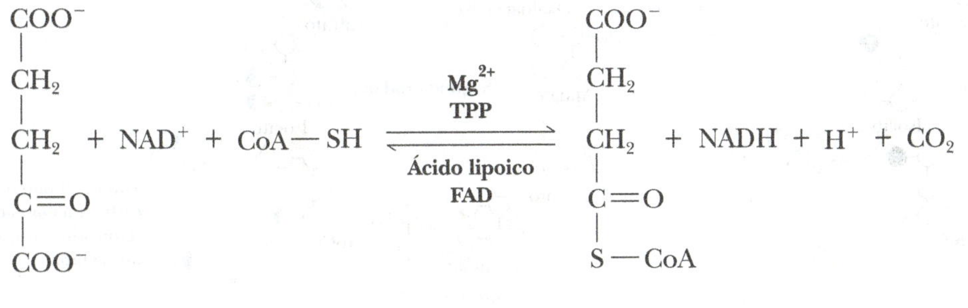

$$\text{COO}^- \text{—CH}_2\text{—CH}_2\text{—C(=O)—COO}^- + \text{NAD}^+ + \text{CoA—SH} \underset{\text{Ácido lipoico, FAD}}{\overset{\text{Mg}^{2+}, \text{TPP}}{\rightleftharpoons}} \text{COO}^-\text{—CH}_2\text{—CH}_2\text{—C(=O)—S—CoA} + \text{NADH} + \text{H}^+ + \text{CO}_2$$

α-Cetoglutarato → Succinil-CoA

Essa reação é similar àquela em que a acetil-CoA é formada a partir do piruvato, com produção de NADH a partir de NAD^+. Mais uma vez, cada NADH eventualmente originará 2,5 ATPs, com cinco ATPs a partir de cada molécula inicial de glicose.

A reação ocorre em vários estágios e é catalisada por um sistema enzimático chamado **complexo α-cetoglutarato desidrogenase**, que é muito semelhante ao complexo piruvato desidrogenase. Cada um desses sistemas multienzimáticos consiste em três enzimas que catalisam a reação geral. A reação ocorre em várias etapas, e novamente há a necessidade de pirofosfato de tiamina (TPP), FAD, ácido lipoico e Mg^{2+}. Essa reação é altamente exergônica ($\Delta G°' = -33{,}4$ kJ mol^{-1} = $-8{,}0$ kcal mol^{-1}), assim como aquela catalisada pela piruvato desidrogenase.

Neste ponto, duas moléculas de CO_2 foram produzidas pelas descarboxilações oxidativas do ciclo do ácido cítrico. A remoção do CO_2 torna o ciclo do ácido cítrico irreversível *in vivo*, embora, *in vitro*, cada reação separada seja reversível. Pode-se suspeitar que as duas moléculas de CO_2 originem-se dos dois átomos de carbono da acetil-CoA. Estudos de marcação mostraram que este não é o caso, e o quadro CONEXÕES BIOQUÍMICAS 19.2 entra em detalhes sobre este ponto.

complexo α-cetoglutarato desidrogenase uma das enzimas do ciclo do ácido cítrico; ela catalisa a conversão do α-cetoglutarato para succinil-CoA

19.2 Conexões Bioquímicas | métodos de marcação

Qual é a Origem do CO_2 Liberado pelo Ciclo do Ácido Cítrico?

É fácil supor que os dois carbonos que são liberados como CO_2 no ciclo do ácido cítrico vêm da acetil-CoA que entrou no ciclo. O uso de marcações radioativas para mostrar que este não é o caso não é simplesmente uma maneira de satisfazer a curiosidade. Os resultados fornecem informações detalhadas sobre como as reações do ciclo ocorrem.

Não apenas os dois CO_2 liberados no ácido cítrico não vêm da acetil-CoA que se condensa com o oxaloacetato no começo do ciclo; ocorrem várias rodadas para que sejam liberados ambos os carbonos. Para complicar o assunto, o destino do carbono da carbonila da acetil-CoA é diferente daquele do carbono do metil, como mostrado na figura. A parte (a) mostra o destino do carbono da carbonila da acetil-CoA. Aquele carbono é mantido enquanto os dois carbonos do oxaloacetato com o qual ela é condensada são perdidos em sucessão, formando succinil-CoA. Quando a succinil-CoA e hidrolisada para regenerar o oxaloacetato, a marcação pode aparecer em um dos dois carbonos da carboxila. Eles são ambos perdidos na segunda rodada do ciclo.

A parte (b) da figura mostra o destino do carbono do metil da acetil-CoA original. Na primeira rodada do ciclo, o carbono de metila entrando torna-se eventualmente distribuído entre o metileno e os carbonos do metileno e da carbonila do oxaloacetato. Estes carbonos do metileno e da carbonila são mantidos na segunda rodada do ciclo. Na terceira rodada, metade do carbono do grupo metila original tornou-se um dos carbonos da carboxila do oxaloacetato e subsequentemente será perdido como CO_2. Na quarta rodada do ciclo, a metade restante do carbono é perdida. O carbono da metila original é mantido nas duas primeiras rodadas do ciclo e 50% são perdidos em cada rodada restante. ▶

Continua

Continuação

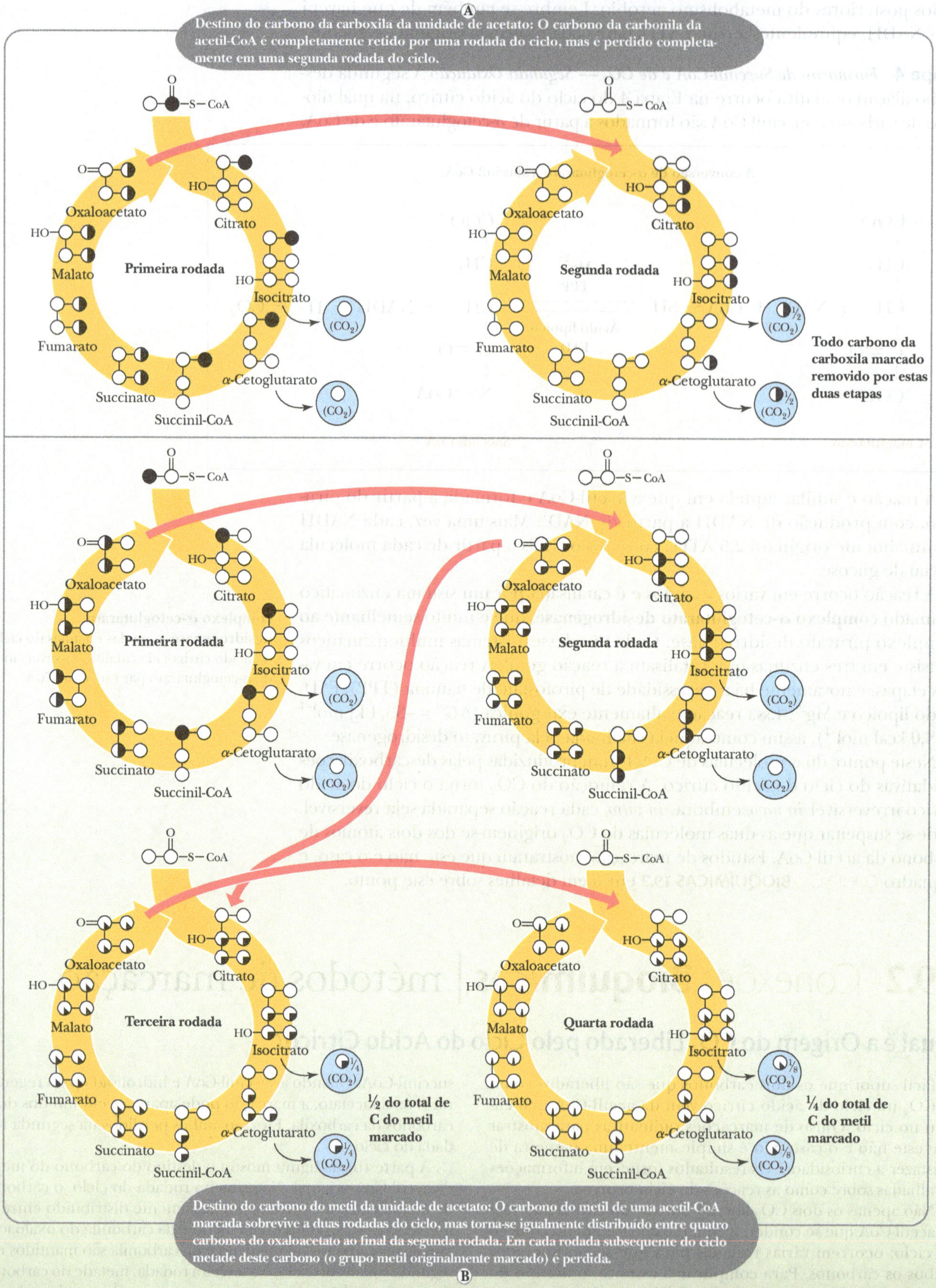
A
Destino do carbono da carboxila da unidade de acetato: O carbono da carbonila da acetil-CoA é completamente retido por uma rodada do ciclo, mas é perdido completamente em uma segunda rodada do ciclo.
S–CoA
Oxaloacetato
Citrato
Malato
Primeira rodada
Isocitrato
Fumarato
Succinato
α-Cetoglutarato
Succinil-CoA
Segunda rodada
Todo carbono da carboxila marcado removido por estas duas etapas
Terceira rodada
Quarta rodada
½ do total de C do metil marcado
¼ do total de C do metil marcado
Destino do carbono do metil da unidade de acetato: O carbono do metil de uma acetil-CoA marcada sobrevive a duas rodadas do ciclo, mas torna-se igualmente distribuído entre quatro carbonos do oxaloacetato ao final da segunda rodada. Em cada rodada subsequente do ciclo metade deste carbono (o grupo metil originalmente marcado) é perdida.
B

O destino dos átomos de carbono nos ciclos sucessivos de TCA. Suponha no início, o acetaro marcado é adicionado a células contendo metabólitos não marcados. (De GARRETT/GRISHAM. *Biochemistry*, 4ed. ©2009 Cengage Leraning.)

As duas moléculas de CO_2 surgem dos átomos de carbono que faziam parte do oxaloacetato com o qual o grupo acetila estava condensado. Os carbonos desse grupo acetila são incorporados ao oxaloacetato que será regenerado para a próxima rodada do ciclo. A liberação de moléculas de CO_2 tem uma influência profunda sobre a fisiologia dos mamíferos, como se discutirá adiante neste capítulo. É preciso mencionar também que a reação do complexo α-cetoglutarato desidrogenase é a terceira na qual se encontra uma enzima que requer TPP.

Etapa 5. *Formação de Succinato* Na etapa seguinte do ciclo, a ligação tioéster da succinil-CoA é hidrolisada para produzir succinato e CoA-SH – uma reação que é acompanhada pela fosforilação de GDP para GTP. Toda a reação é catalisada pela enzima **succinil-CoA sintetase**. A sintetase é uma enzima que cria uma nova ligação covalente e requer a entrada direta de energia de um fosfato de alta energia. Lembre-se de que encontramos uma sintase (citrato sintase) anteriormente. A diferença entre uma sintase e uma sintetase é que a primeira não requer energia derivada da hidrólise de ligações de fosfato, enquanto a segunda sim. No mecanismo de reação, um grupo fosfato ligado de modo covalente à enzima é transferido diretamente para a GDP. A fosforilação de GDP para GTP é endergônica, assim como a reação de ADP para ATP correspondente ($\Delta G^{\circ\prime}$ = 30,5 kJ mol^{-1} = 7,3 kcal mol^{-1}).

succinil-CoA sintetase a enzima que catalisa a conversão de succinil-CoA e GDP a succinato e GTP, liberando CoA-SH

A conversão de succinil-CoA em succinato

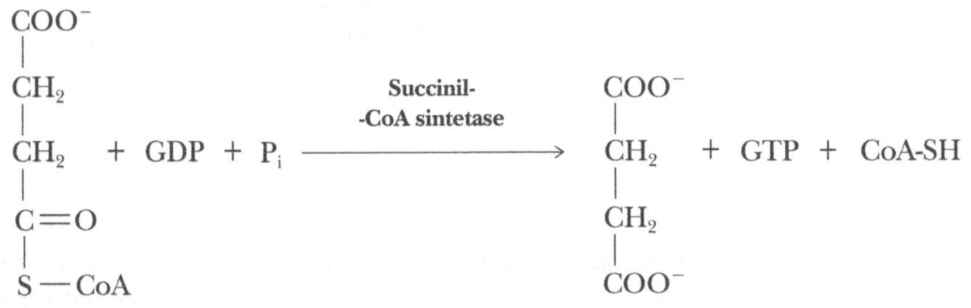

$$\begin{array}{c}COO^-\\|\\CH_2\\|\\CH_2\\|\\C=O\\|\\S-CoA\end{array} + GDP + P_i \xrightarrow{\text{Succinil-CoA sintetase}} \begin{array}{c}COO^-\\|\\CH_2\\|\\CH_2\\|\\COO^-\end{array} + GTP + CoA\text{-}SH$$

Succinil-CoA   Succinato

A energia necessária para a fosforilação de GDP a GTP é fornecida pela hidrólise de succinil-CoA produzindo succinato e CoA. A energia livre da hidrólise ($\Delta G^{\circ\prime}$) do succinil-CoA é –33,4 kJ mol^{-1} (–8,0 kcal mol^{-1}). A reação geral é ligeiramente exergônica ($\Delta G^{\circ\prime}$ = –3,3 kJ mol^{-1} = –0,8 kcal mol^{-1}) e, como resultado, não contribui grandemente para a produção geral de energia pela mitocôndria. Observe que o nome da enzima descreve a reação inversa. A succinil-CoA sintetase produziria succinil-CoA utilizando um ATP ou outro fosfato de alta energia. Essa reação é o oposto daquela.

A enzima *nucleosídeodifosfato quinase* catalisa a transferência de um grupo fosfato de GTP para ADP para fornecer GDP e ATP.

$$GTP + ADP \rightarrow GDP + ATP$$

Esta etapa da reação é chamada *fosforilação em nível de substrato* para distingui-la do tipo de reação de produção de ATP que está acoplada à cadeia transportadora de elétrons. Já vimos outro exemplo de fosforilação em nível de substrato na produção de ATP na glicólise. A distinção entre fosforilação em nível de substrato e fosforilação oxidativa é importante. Na fosforilação em nível de substrato, a energia livre da hidrólise do outro composto (aqui succinil-CoA) fornece a energia para a reação de fosforilação. A produção de ATP nessa reação é o único ponto do ciclo do ácido cítrico no qual a energia química na forma de ATP é disponibilizada para a célula. No

Capítulo 20 veremos a fosforilação oxidativa, que está acoplada à cadeia de transporte de elétron.

Nas três etapas seguintes do ciclo do ácido cítrico (6 a 8), o íon succinato de quatro carbonos é convertido em íon oxaloacetato para completar o ciclo.

Estágios finais do ciclo do ácido cítrico

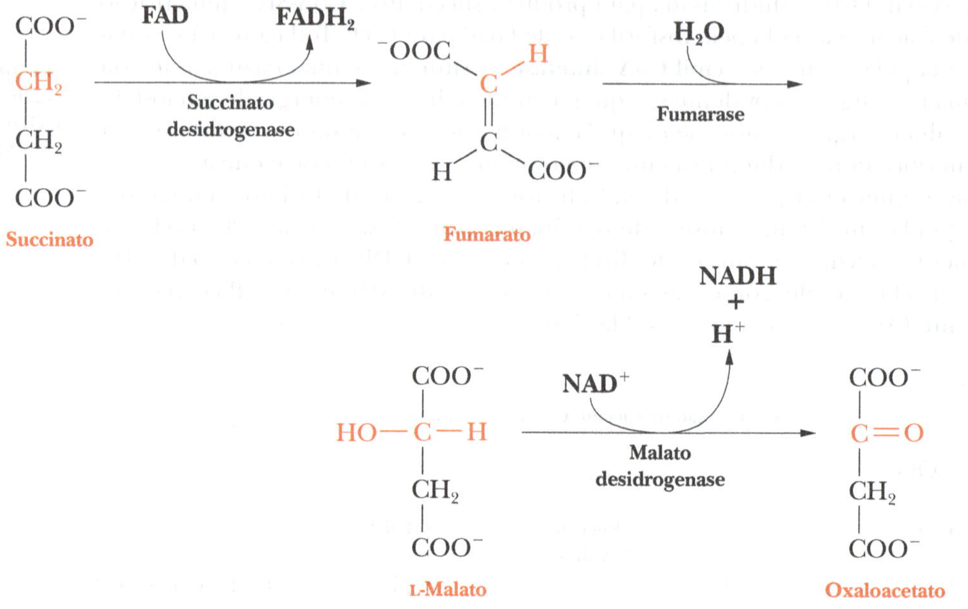
FAD
$FADH_2$
Succinato desidrogenase
Succinato
Fumarato
H_2O
Fumarase
NADH + H^+
NAD^+
Malato desidrogenase
L-Malato
Oxaloacetato

Etapa 6. ***Formação de Fumarato – Oxidação Relacionada ao FAD*** O succinato é oxidado a fumarato, uma reação que é catalisada pela enzima **succinato desidrogenase**. Essa enzima é uma proteína integrante da membrana mitocondrial interna. Muito mais será dito sobre as enzimas ligadas à membrana mitocondrial interna no Capítulo 20. As outras enzimas individuais do ciclo do ácido cítrico estão na matriz mitocondrial. O receptor de elétrons, que aqui é o FAD em vez do NAD^+, é ligado de modo covalente à enzima; a succinato desidrogenase também é chamada de flavoproteína em razão da presença de FAD com sua metade flavina. Na reação da succinato desidrogenase, o FAD é reduzido a $FADH_2$ e o succinato é oxidado em fumarato.

succinato desidrogenase enzima que catalisa a conversão de succinato a fumarato

A conversão de succinato a fumarato

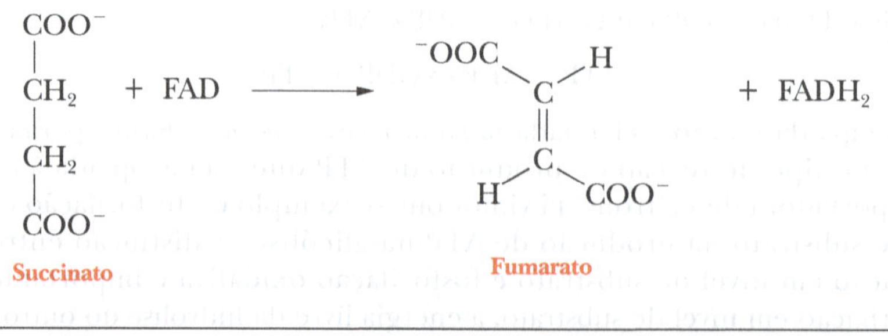
+ FAD
+ $FADH_2$
Succinato
Fumarato

A reação geral é

$$\text{Succinato} + \text{E-FAD} \rightarrow \text{Fumarato} + \text{E-FADH}_2$$

E-FAD e E-$FADH_2$ na equação indicam que o receptor de elétrons está ligado de modo covalente à enzima. O grupo $FADH_2$ passa elétrons para a cadeia transportadora de elétrons e, eventualmente, para o oxigênio, e origina 1,5 ATP em vez de 2,5, como é o caso com NADH.

A succinato desidrogenase contém átomos de ferro, mas não um grupo heme; ela é chamada **proteína de ferro não heme** ou *proteína ferro-enxofre*. O último nome refere-se ao fato de que a proteína contém vários grupos que consistem em quatro átomos de ferro e enxofre cada.

proteína de ferro não heme proteína que contém ferro e enxofre, mas nenhum grupo heme; também chamada *proteína ferro-enxofre*

Etapa 7. ***Formação de L-Malato*** Na Etapa 7, catalisada pela enzima fumarase, água é acrescentada à ligação dupla do fumarato em uma reação de hidratação para fornecer malato. Novamente, há estereoespecificidade na reação. O malato tem dois enantiômeros, L e D-malato, porém apenas L-malato é produzido.

fumarase a enzima que catalisa a conversão de fumarato a malato

A conversão de fumarato em L-malato

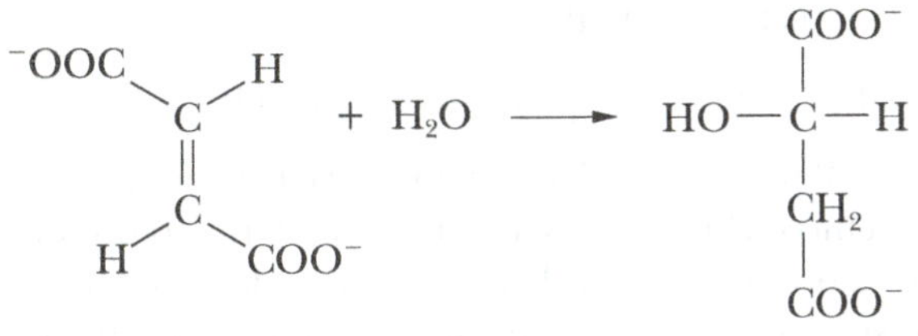
$^-$OOC
H
C
C
H
COO$^-$
+ H_2O
COO$^-$
HO—C—H
CH_2
COO$^-$

Fumarato　　L-Malato

Etapa 8 ***Regeneração do Oxaloacetato – Etapa Final de Oxidação*** O malato é oxidado a oxaloacetato, e outra molécula de NAD^+ é reduzida a NADH. Esta reação é catalisada pela enzima **malato desidrogenase**. O oxaloacetato pode então reagir com outra molécula de acetil-CoA para iniciar outra rodada do ciclo.

malato desidrogenase enzima que catalisa a conversão de malato em oxaloacetato

A conversão de L-malato em oxaloacetato

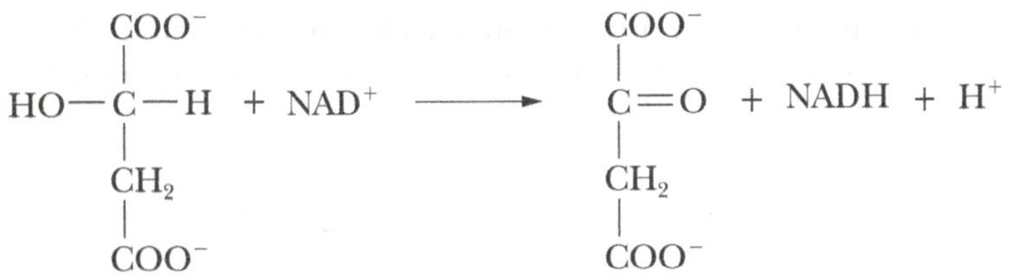
COO$^-$
HO—C—H
CH_2
COO$^-$
+ NAD^+
COO$^-$
C=O
CH_2
COO$^-$
+ NADH + H^+

L-Malato　　Oxaloacetato

A oxidação do piruvato pelo complexo piruvato desidrogenase e pelo ciclo do ácido cítrico resulta na produção de três moléculas de CO_2. Como resultado dessas reações de oxidação, uma molécula de GDP é fosforilada a GTP, uma molécula de FAD é reduzida a $FADH_2$, e quatro moléculas de NAD^+ são reduzidas a NADH. Das quatro moléculas de NADH produzidas, três são derivadas do ciclo do ácido cítrico, e uma da reação do complexo piruvato desidrogenase. A estequiometria geral das reações de oxidação corresponde à soma da reação da piruvato desidrogenase e às do ciclo do ácido cítrico. Observe que apenas um fosfato de alta energia, o GTP, é produzido *diretamente* a partir do ciclo do ácido cítrico, porém, mais ATPs surgirão a partir da reoxidação do NADH e do $FADH_2$.

O complexo piruvato desidrogenase:

$$\text{Piruvato} + \text{CoA-SH} + NAD^+ \rightarrow \text{Acetil-CoA} + NADH + CO_2 + H^+$$

Ciclo do ácido cítrico:

$$\text{Acetil-CoA} + 3NAD^+ + FAD + GDP + P_i + 2H_2O \rightarrow$$
$$2CO_2 + \text{CoA-SH} + 3NADH + 3H^+ + FADH_2 + GTP$$

Reação geral:

$$\text{Piruvato} + 4NAD^+ + FAD + GDP + P_i + 2H_2O \rightarrow$$
$$3CO_2 + 4NADH + FADH_2 + GTP + 4H^+$$

Eventual produção de ATP por piruvato:

4NADH → 10ATP (2,5ATP para cada NADH)

1FADH → 1,5ATP (1,5ATP para cada $FADH_2$)

1GTP → 1ATP

Total 12,5 ATPs por piruvato ou 25 ATPs por glicose

Também há dois ATP para cada glicose e dois NADH produzidos na glicólise, que originarão outros cinco ATPs (mais sete ATPs no total). No próximo capítulo, discutiremos melhor a produção de ATP a partir da oxidação completa da glicose.

Neste ponto, seria interessante recapitular o que foi dito sobre o ciclo do ácido cítrico (veja a Figura 19.3). Ao estudarmos uma via como esta, podemos aprender muitos detalhes, mas também seremos capazes de ver o quadro de forma mais ampla. Toda a via é mostrada com o nome das enzimas fora do círculo. As reações mais importantes podem ser identificadas por aquelas que possuem cofatores importantes (NADH, $FADH_2$, GTP). Também são essenciais as etapas nas quais CO_2 é liberado.

Essas reações importantes também atuam grandemente na contribuição do ciclo para o nosso metabolismo. Uma das finalidades do ciclo é produzir energia. Isto é obtido pela produção direta de GTP e pela produção de transportadores de elétrons reduzidos (NADH e $FADH_2$). As três descarboxilações significam que, para cada três carbonos que entram como piruvato, três carbonos são efetivamente perdidos durante o ciclo, fato que tem muitas implicações para o nosso metabolismo, como se verá mais tarde neste capítulo.

19-5 A Energética e o Controle do Ciclo do Ácido Cítrico

A reação do piruvato para acetil-CoA é exergônica, como já visto ($\Delta G°' = -33{,}4$ kJ mol^{-1} = $-8{,}0$ kcal mol^{-1}). O próprio ciclo do ácido cítrico também é exergônico ($\Delta G°' = -44{,}3$ kJ mol^{-1} = $-10{,}6$ kcal mol^{-1}), e será solicitado na Pergunta 40 que você confirme esta informação. As variações de energia livre padrão para as reações individuais estão relacionadas na Tabela 19.2. Entre elas, apenas uma é fortemente endergônica: a oxidação de malato a oxaloacetato ($\Delta G°' = +29{,}2$ kJ mol^{-1} = $+7{,}0$ kcal mol^{-1}). Entretanto, essa reação endergônica está associada a uma das reações mais fortemente exergônicas do ciclo, a condensação da acetil-CoA e do oxaloacetato para produzir citrato e coenzima A ($\Delta G°' = -32{,}2$ kJ mol^{-1} = $-7{,}7$ kcal mol^{-1}). (Lembre-se de que esses valores para variações de energia livre referem-se às condições padrão. O efeito das concentrações de metabólitos *in vivo* pode mudar a questão drasticamente.) Além da energia liberada pelas reações de oxidação, haverá uma liberação ainda maior de energia que virá da cadeia transportadora de elétrons. Quando os quatro NADH e o único $FADH_2$ produzidos pelo complexo piruvato desidrogenase e pelo ciclo do ácido cítrico forem reoxidados na cadeia transportadora de elétrons, uma quantidade consi-

TABELA 19.2 A Energética da Conversão do Piruvato a CO_2

Etapa	Reação	$\Delta G°'$ kJ mol^{-1}	$\Delta G°'$ kcal mol^{-1}
	Piruvato + CoA-SH + NAD^+ → Acetil-CoA + NADH + CO_2	−33,4	−8,0
1	Acetil-CoA + Oxaloacetato + H_2O → Citrato + CoA-SH + H^+	−32,2	−7,7
2	Citrato → Isocitrato	+6,3	+1,5
3	Isocitrato + NAD^+ → α-Cetoglutarato + NADH + CO_2 + H^+	−7,1	−1,7
4	α-Cetoglutarato + NAD^+ + CoA-SH → Succinil-CoA + NADH + CO_2 + H	−33,4	−8,0
5	Succinil-CoA + GDP + P_i → Succinato + GTP + CoA-SH	−3,3	−0,8
6	Succinato + FAD → Fumarato + $FADH_2$	~0	~0
7	Fumarato + H_2O → L-Malato	−3,8	−0,9
8	L-Malato + NAD^+ → Oxaloacetato + NADH + H^+	+29,2	+7,0
Geral:	Piruvato + 4NAD^+ + FAD + GDP + P_i + 2H_2O → CO_2 + 4NADH + $FADH_2$ + GTP + 4H^+	−77,7	−18,6

derável de ATP será produzida. O *controle do ciclo do ácido cítrico é exercido em três pontos*; ou seja, três enzimas dentro do ciclo possuem um papel regulador (Figura 19.7). Também há um controle de acesso ao ciclo pela piruvato desidrogenase.

Como a reação da piruvato desidrogenase controla o ciclo do ácido cítrico?

A reação geral faz parte de uma via que libera energia. Não é surpreendente que a enzima que inicia a reação seja inibida por ATP e NADH, porque ambos os compostos são abundantes quando uma célula tem boa quantidade de energia facilmente disponível. Os produtos finais de uma série de reações inibem a primeira reação da série, e as reações intermediárias não ocorrem quando seus produtos não são necessários. De modo consistente com este quadro, o complexo piruvato desidrogenase (PDH) é ativado por ADP, que é abundante quando uma célula precisa de energia. Em mamíferos, o verdadeiro mecanismo pelo qual ocorre a inibição é a fosforilação da piruvato desidrogenase. Um grupo fosfato

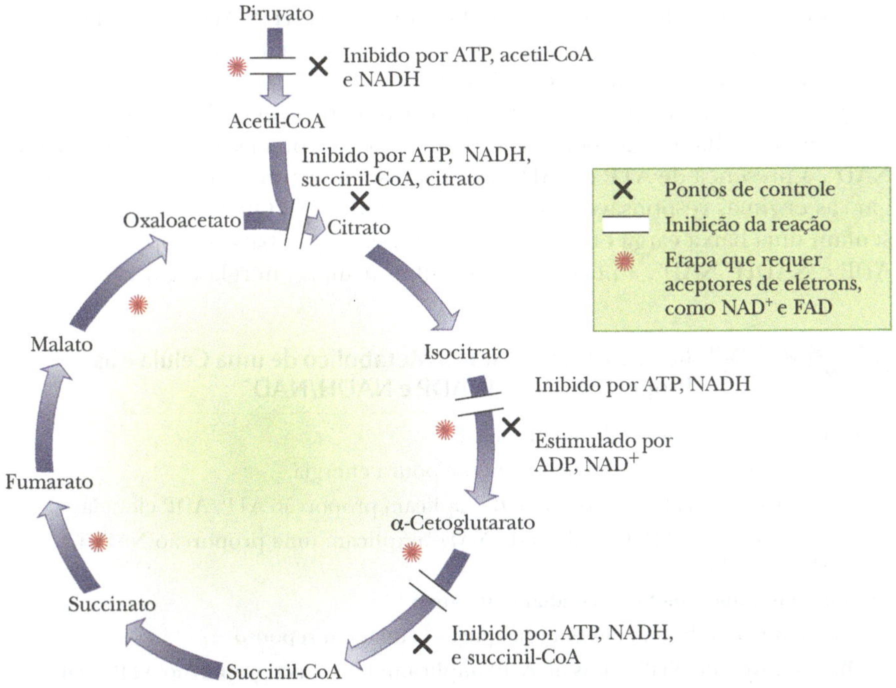

Piruvato
Inibido por ATP, acetil-CoA e NADH
Acetil-CoA
Inibido por ATP, NADH, succinil-CoA, citrato
Oxaloacetato
Citrato
Isocitrato
Inibido por ATP, NADH
Estimulado por ADP, NAD^+
α-Cetoglutarato
Inibido por ATP, NADH, e succinil-CoA
Succinil-CoA
Succinato
Fumarato
Malato
Pontos de controle
Inibição da reação
Etapa que requer aceptores de elétrons, como NAD^+ e FAD

FIGURA 19.7 Pontos de controle na conversão de piruvato a acetil-CoA e no ciclo do ácido cítrico.

é ligado covalentemente à enzima em uma reação catalisada pela enzima *piruvato desidrogenase quinase.* Quando surge a necessidade de ativação da piruvato desidrogenase, a hidrólise da ligação éster do fosfato (desfosforilação) é catalisada por outra enzima, a *fosfoproteína fosfatase.* Esta última é ativada pelo Ca^{2+}. As duas enzimas estão associadas ao complexo piruvato desidrogenase de mamíferos, permitindo o controle efetivo da reação geral de piruvato para acetil-CoA. A PDH quinase e a PDH fosfatase são encontradas na mesma cadeia polipeptídica. Níveis elevados de ATP ativam a quinase. A piruvato desidrogenase também é inibida por altos níveis de acetil-CoA. Isto faz muito sentido do ponto de vista metabólico. Quando as gorduras são abundantes e estão sendo degradadas para gerar energia, seu produto é a acetil-CoA (Capítulo 21). Se a acetil-CoA for abundante, não há motivo para enviar carboidratos para o ciclo do ácido cítrico. A piruvato desidrogenase é inibida, e a acetil-CoA para o ciclo TCA vem de outras fontes.

Como o controle é exercido dentro do ciclo do ácido cítrico?

Dentro do próprio ciclo do ácido cítrico, os três pontos de controle são as reações catalisadas pela citrato sintase, a isocitrato desidrogenase e o complexo α-cetoglutarato desidrogenase. Já foi mencionado que a primeira reação do ciclo é aquela sujeita ao controle regulador, como esperado para a primeira reação de qualquer via. A citrato sintase é uma enzima alostérica inibida por ATP, NADH, succinil-CoA e seu produto, o citrato.

O segundo local de regulação é a reação da isocitrato desidrogenase. Neste caso, ADP e NAD^+ são ativadores alostéricos da enzima. Já se chamou a atenção para o padrão recorrente no qual ATP e NADH inibem as enzimas da via e são ativadas por ADP e NAD^+.

O complexo α-cetoglutarato desidrogenase é o terceiro local de regulação. Como antes, o ATP e o NADH são inibidores. A succinil-CoA também é uma inibidora desta reação. Esta característica recorrente no metabolismo reflete o modo como a célula pode se ajustar para um estado ativo ou de repouso.

Quando uma célula está metabolicamente ativa, ela utiliza ATP e NADH em grande velocidade, produzindo grandes quantidades de ADP e NAD^+ (Tabela 19.3). Em outras palavras, quando a proporção ATP/ADP for baixa, a célula estará utilizando energia e precisa liberar mais energia dos nutrientes armazenados. Uma baixa proporção $NADH/NAD^+$ também é característica de um estado metabólico ativo. Por outro lado, uma célula em repouso tem níveis razoavelmente altos de ATP e NADH. As proporções ATP/ADP e $NADH/NAD^+$ também são elevadas nas células em repouso, que não precisam manter um alto nível de oxidação para produzir energia.

Quando as células apresentam baixa necessidade de energia (ou seja, quando possuem uma alta "carga energética") com altas proporções ATP/ADP e $NADH/NAD^+$, a presença de ATP e NADH em excesso atua como um sinal para "desligar" as enzimas responsáveis pelas reações oxidativas. Quando as células apresentam uma baixa carga energética, caracterizada por baixas proporções ATP/ADP e $NADH/NAD^+$, a necessidade de liberar mais energia e gerar mais ATP

Tabela 19.3 **Relação entre o Estado Metabólico de uma Célula e as Proporções de ATP/ADP e $NADH/NAD^+$**

Células em estado metabólico de repouso

- Requerem e utilizam comparativamente pouca energia.
- Altos níveis de ATP e baixos de ADP implicam proporção ATP/ADP elevada.
- Altos níveis de NADH e baixos de NAD^+ implicam uma proporção $NADH/NAD^+$ elevada.

Células em estado metabólico altamente ativo

- Requerem e utilizam mais energia que as células em repouso
- Baixos níveis de ATP e altos de ADP implicam uma baixa proporção ATP/ADP
- Baixos níveis de NADH e altos de NAD^+ implicam uma baixa proporção $NADH/NAD^+$

funciona como um sinal para "ligar" as enzimas oxidativas. A relação entre as necessidades energéticas e a atividade enzimática é a base do mecanismo regulador geral exercido em alguns pontos de controle centrais nas vias metabólicas.

19-6 O Ciclo do Glioxalato: Uma Via Relacionada

Nos vegetais e em algumas bactérias, mas não nos animais, a acetil-CoA pode atuar como matéria-prima para a biossíntese de carboidratos. Os animais podem converter carboidratos em gordura, mas não o inverso. (A acetil-CoA é produzida no catabolismo de ácidos graxos.) Duas enzimas são responsáveis pela capacidade de vegetais e bactérias produzirem glicose a partir de ácidos graxos. A **isocitrato liase** cliva o isocitrato, produzindo glioxilato e succinato. A **malato sintase** catalisa a reação do glioxilato com a acetil-CoA para produzir malato.

isocitrato liase enzima que catalisa a quebra de isocitrato em glioxilato e succinato

malato sintase enzima que catalisa a reação de glioxilato com acetil-CoA para produzir malato

A

Reações específicas do ciclo do glioxilato

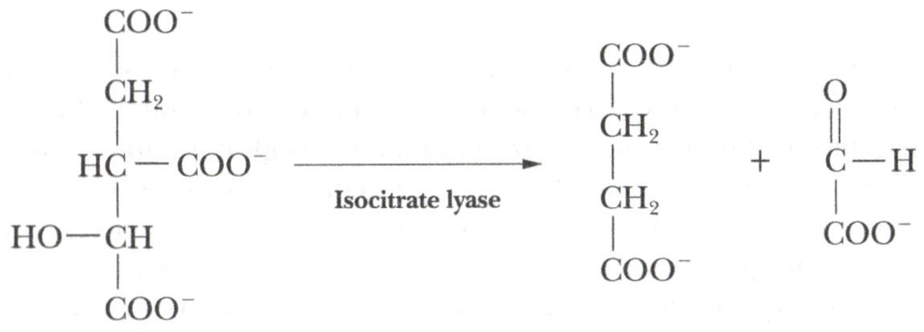
Isocitrate lyase

Isocitrato — Succinato — Glioxilato

Conversão de isocitrato em glioxilato e succinato

B

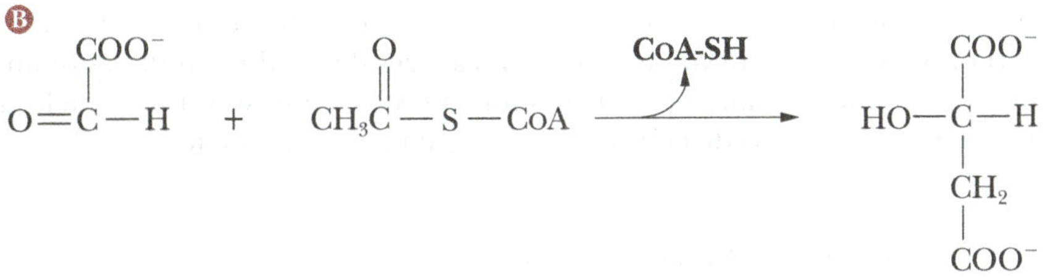
CoA-SH

Glioxilato — Acetil-CoA — Malato

Reação de glioxilato com acetil-CoA para produzir malato

Essas duas reações sucessivas evitam as duas etapas de descarboxilação oxidativa do ciclo do ácido cítrico. O resultado líquido é uma via alternativa, o **ciclo do glioxilato** (Figura 19.8). Duas moléculas de acetil-CoA entram no ciclo do glioxilato; elas originam uma molécula de malato e, eventualmente, uma molécula de oxaloacetato. As unidades de dois carbonos (os grupos acetil da acetil-CoA) originam uma unidade de quatro carbonos (malato), que é então convertida em oxaloacetato (também um composto de quatro carbonos). A glicose pode então ser produzida a partir de oxaloacetato pela gliconeogênese. Esta é uma diferença sutil, porém muito importante, entre o ciclo do glioxilato e o ciclo do ácido cítrico. Os esqueletos de carbono que entram no ciclo do ácido cítrico como acetil-CoA são efetivamente perdidos pelas etapas de descarboxilação. Isto significa que, se o oxaloacetato (OAA) for retirado para gerar glicose, não haverá OAA para continuar o ciclo. Por tal motivo, as gorduras não conseguem levar a uma produção *líquida* de glicose. Com o ciclo do glioxilato, as reações derivadas contornam as descarboxi-

ciclo do glioxilato via nos vegetais que é uma alternativa ao ciclo do ácido cítrico e que ignora várias reações do ciclo do ácido cítrico

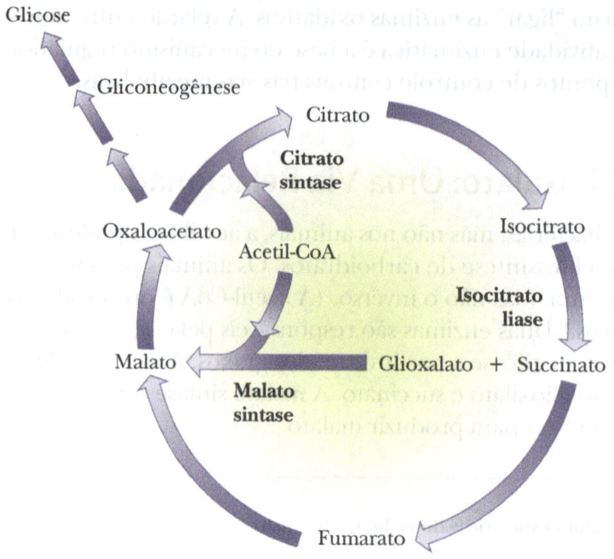
Glicose
Gliconeogênese
Citrato
Citrato sintase
Oxaloacetato
Isocitrato
Acetil-CoA
Isocitrato liase
Malato
Glioxalato + Succinato
Malato sintase
Fumarato

FIGURA 19.8 Ciclo do glioxilato. Esta via resulta na conversão líquida de duas acetil-CoA em um oxaloacetato. Todas as reações são mostradas em roxo. As reações específicas do ciclo do glioxilato são mostradas com um destaque verde-claro no centro do círculo.

lações, criando um composto *extra* de quatro carbonos que pode ser retirado para gerar glicose sem reduzir o ciclo do ácido cítrico de seu composto inicial.

glioxissomos organelas envoltas por membrana que contêm as enzimas do ciclo do glioxilato

Nos vegetais, organelas especializadas, chamadas **glioxissomos**, são os sítios onde ocorre o ciclo do glioxilato. Essa via é particularmente importante na germinação de sementes. Os ácidos graxos armazenados nas sementes são decompostos para produzir energia durante a germinação. Inicialmente, os ácidos graxos originam a acetil-CoA, que pode entrar para o ciclo do ácido cítrico e prosseguir para liberar energia pelas vias que já abordamos. Os ciclos do ácido cítrico e do glioxilato podem operar simultaneamente. A acetil-CoA também serve como ponto inicial para a síntese da glicose e qualquer outro composto necessário para a semente em crescimento. (Lembre-se de que os carboidratos desempenham um papel estrutural importante, assim como produtor de energia, nas plantas.)

O ciclo do glioxilato também ocorre nas bactérias, fato que não é surpreendente, pois muitos tipos de bactérias podem viver com fontes muito limitadas de carbono. Elas possuem vias metabólicas capazes de produzir todas as biomoléculas de que necessitam a partir de moléculas bastante simples. O ciclo do glioxilato é um exemplo de como as bactérias conseguem este feito.

19-7 O Ciclo do Ácido Cítrico no Catabolismo

Os nutrientes ingeridos por um organismo podem incluir moléculas grandes. Essa observação é especialmente verdadeira no caso de animais que ingerem polímeros como polissacarídeos e proteínas, assim como lipídeos. Os ácidos nucleicos constituem uma porcentagem muito pequena dos nutrientes presentes nos alimentos, e não vamos considerar seu catabolismo.

A primeira etapa da decomposição dos nutrientes é a degradação de moléculas grandes em outras menores. Os polissacarídeos são hidrolisados por enzimas específicas para produzir monômeros de açúcar; um exemplo é a decomposição do amido pelas amilases. As lipases hidrolisam triacilgliceróis para fornecer ácidos graxos e glicerol. As proteínas são digeridas pelas proteases, produzindo aminoácidos como produtos finais. Açúcar, ácidos graxos e aminoácidos entram então em suas vias catabólicas específicas.

No Capítulo 17, discutimos a via glicolítica pela qual os açúcares são convertidos em piruvato, que então entra no ciclo do ácido cítrico. No Capítulo 21, será abordado como os ácidos graxos são convertidos em acetil-CoA; aprendemos sobre o destino da acetil-CoA no ciclo do ácido cítrico no início deste capítulo. Os aminoácidos entram no ciclo por vários caminhos. As reações catabólicas dos aminoácidos serão discutidas no Capítulo 23.

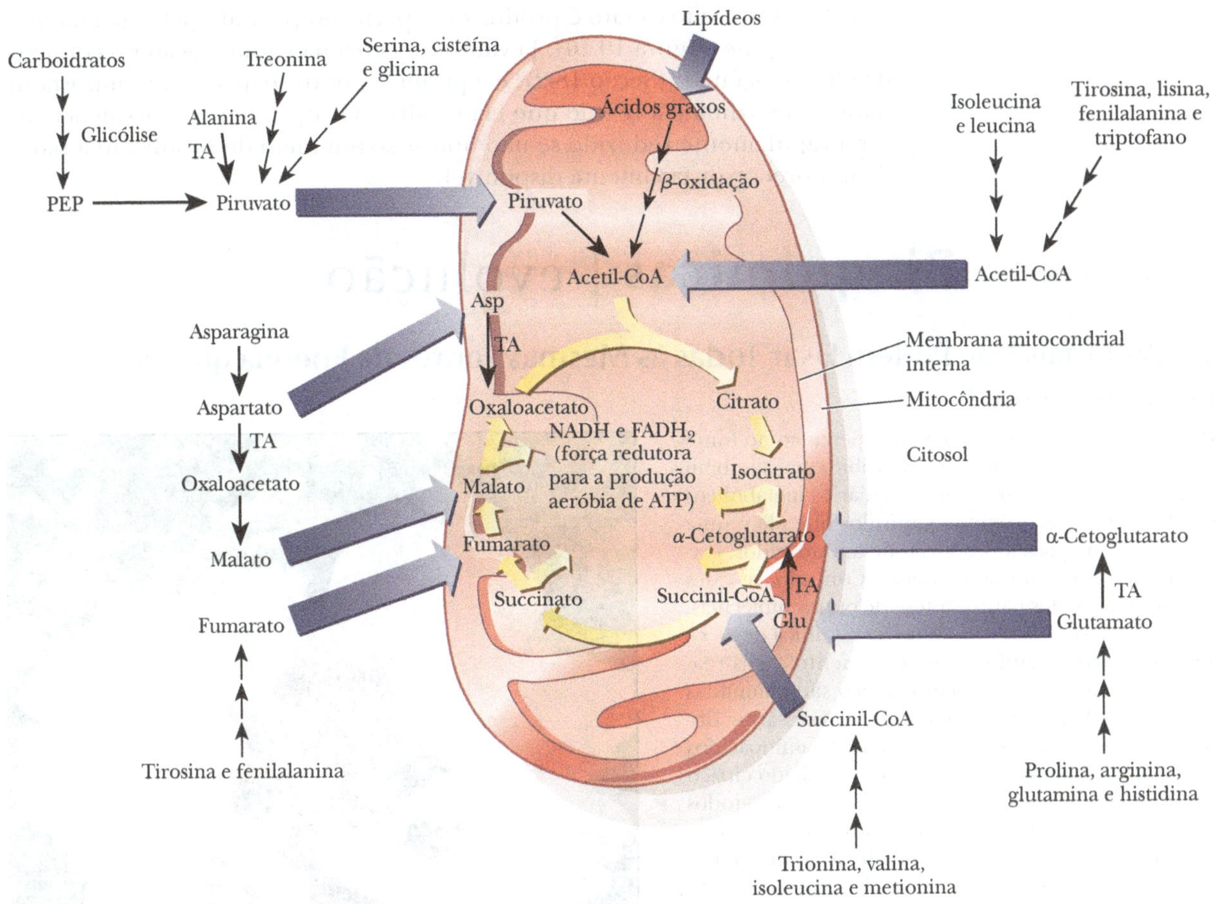
Lipídeos
Carboidratos
Treonina
Serina, cisteína e glicina
Ácidos graxos
Isoleucina e leucina
Tirosina, lisina, fenilalanina e triptofano
Alanina
Glicólise
TA
β-oxidação
PEP
Piruvato
Piruvato
Acetil-CoA
Acetil-CoA
Asp
Asparagina
TA
Membrana mitocondrial interna
Aspartato
Oxaloacetato
Citrato
Mitocôndria
TA
NADH e FADH2 (força redutora para a produção aeróbia de ATP)
Citosol
Oxaloacetato
Malato
Isocitrato
Fumarato
α-Cetoglutarato
α-Cetoglutarato
Malato
TA
TA
Succinato
Succinil-CoA
Glu
Glutamato
Fumarato
Succinil-CoA
Tirosina e fenilalanina
Prolina, arginina, glutamina e histidina
Trionina, valina, isoleucina e metionina

FIGURA 19.9 **Um resumo do catabolismo, mostrando o papel central do ciclo do ácido cítrico.** Observe que todos os produtos finais do catabolismo de carboidratos, lipídeos e aminoácidos estão indicados (PEP significa fosfoenolpiruvato; α-KG corresponde a α-cetoglutarato; TA é transaminação; →→→ indica uma via de múltiplas etapas).

A Figura 19.9 mostra esquematicamente as diversas vias catabólicas que alimentam o ciclo do ácido cítrico. As reações catabólicas ocorrem no citosol; o ciclo do ácido cítrico ocorre na mitocôndria. Muitos produtos finais do catabolismo atravessam a membrana mitocondrial e então participam do ciclo do ácido cítrico. Esta figura também mostra a descrição das vias pelas quais os aminoácidos são convertidos em componentes do ciclo do ácido cítrico. Observe que açúcares, ácidos graxos e aminoácidos estão todos incluídos neste esquema catabólico geral. Assim como "todos os caminhos levam a Roma", todas as vias levam ao ciclo do ácido cítrico.

19-8 O Ciclo do Ácido Cítrico no Anabolismo

O ciclo do ácido cítrico é uma fonte de matéria-prima para a biossíntese de muitas biomoléculas importantes, porém o suprimento de matérias-primas que compõem o ciclo deve ser reabastecido se ele precisar continuar em operação. Veja o quadro CONEXÕES **BIOQUÍMICAS 19.3** para mais detalhes sobre este assunto. Em particular, o oxaloacetato em um organismo deve ser mantido em um nível suficiente para permitir que a acetil-CoA entre no ciclo. Uma reação que reabastece um intermediário do ciclo do ácido cítrico é chamada **reação anaplerótica**. Em alguns organismos, a acetil-CoA pode ser convertida em oxaloacetato e outros intermediários do ciclo do ácido cítrico pelo ciclo do glioxilato (Seção 19-6), porém, os mamíferos não conseguem fazer

reação anaplerótica reação que garante fornecimento adequado de um metabólito importante isso. Neles, o oxaloacetato é produzido a partir do piruvato pela enzima *piruvato carboxilase* (Figura 19.10). Já vimos esta enzima e esta reação no contexto da gliconeogênese (Seção 18-2), e aqui temos outro papel muito importante para essa enzima e a reação que ela catalisa. O suprimento de oxaloacetato seria rapidamente reduzido se não houvesse um meio de produzi-lo a partir de um precursor facilmente disponível.

19.3 Conexões **Bioquímicas** | evolução

Por que os Animais Não Podem Usar Todas as Mesmas Fontes de Energia que os Vegetais e as Bactérias?

HamsterMan/Shutterstock.com

O ciclo do ácido cítrico é importante não apenas como fonte de energia durante o metabolismo aeróbio, mas também como uma via central na síntese de intermediários metabólicos importantes. Veremos nos próximos capítulos que ele é uma fonte de matéria-prima para a produção de aminoácidos, carboidratos, vitaminas, nucleotídeos e heme. Contudo, se esses intermediários forem usados para a síntese de outras moléculas, devem ser renovados para manter a natureza catalítica desse ciclo. O termo *anaplerótico* significa "preenchimento", e as reações que reabastecem o ciclo do ácido cítrico são chamadas reações anapleróticas. Uma fonte de compostos necessários, disponível para todos os organismos, é a do grupo de aminoácidos que podem ser convertidos em intermediários do ácido cítrico em uma única reação. Uma reação simples disponível para todos os organismos consiste em adicionar dióxido de carbono ao piruvato e ao fosfoenolpiruvato gerados no metabolismo dos açúcares. Outra fonte, importante em bactérias e plantas, é o ciclo do glioxilato discutido na Seção 19-6. Esta fonte é vital para a capacidade das plantas de fixar dióxido de carbono a carboidratos.

Alguns organismos anaeróbios desenvolveram apenas partes do ciclo do ácido cítrico, que utilizam exclusivamente para gerar os precursores importantes. Essas reações simples, porém importantes, enfatizam a natureza realmente combinada daquilo que muitas vezes separamos artificialmente em "vias". Elas também ilustram a convergência da evolução para algumas poucas moléculas e etapas metabólicas essenciais.

Qual molécula é indiscutivelmente o intermediário metabólico mais importante? A acetil-CoA é talvez a molécula central do metabolismo. Quando fazemos um gráfico de todas as vias metabólicas conhecidas, a acetil-CoA termina próxima ao centro do gráfico.

As razões são muito simples. Este importante composto realmente une o metabolismo das três principais classes de nutrientes. Todos os açúcares, todos os ácidos graxos e todos os aminoácidos passam através da acetil-CoA em seus caminhos para se transformarem em água e dióxido de carbono. Igualmente importante é o principal uso deste intermediário na síntese das principais biomoléculas. Alguns, mas nem todos, organismos podem realizar todas essas conversões. As bactérias fornecem um exemplo de organismos que podem fazer isto, enquanto os humanos são os exemplos dos que não podem. Muitas bactérias podem viver de ácido acético como sua única fonte de carbono; entretanto, ele é primeiro convertido em acetil-CoA. A acetil-CoA é convertida em ácidos graxos, terpenos e esteroides. Mais importante é a conversão de duas moléculas de acetil-CoA em malato nos vegetais e bactérias através da via glioxilato. Este composto chave é o ponto de partida para a síntese tanto de aminoácidos quanto de carboidratos. É interessante observar, como mencionado na Seção 19-6, que falta nos humanos esta reação chave de glioxilato. ◗

Andrew Cutterwall/Alamy

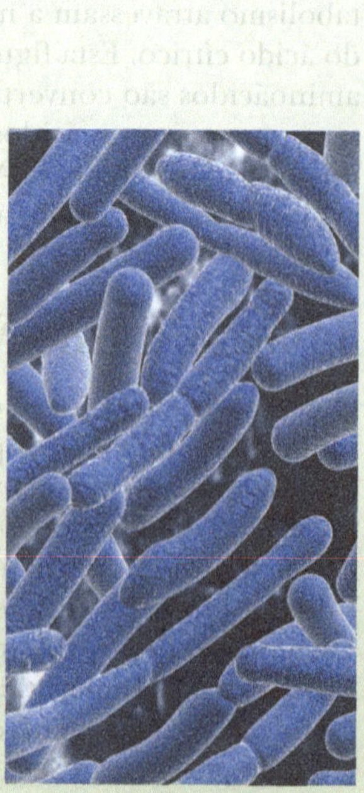
Fedorov Oleksiy/Shutterstock.com

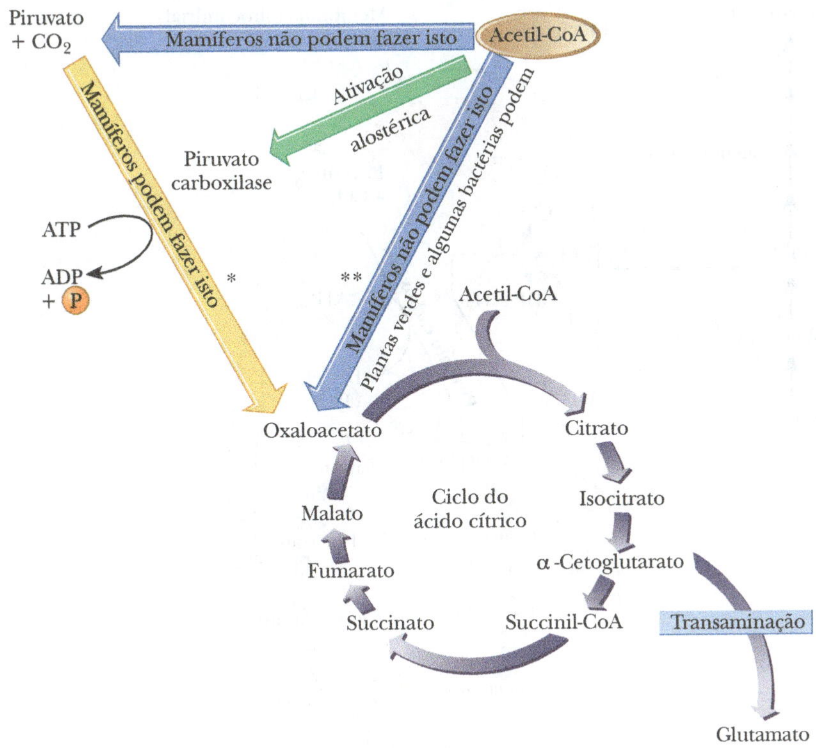
Piruvato
+ CO_2
Mamíferos não podem fazer isto
Acetil-CoA
Ativação
alostérica
Piruvato
carboxilase
Mamíferos podem fazer isto
Mamíferos não podem fazer isto
Plantas verdes e algumas bactérias podem
ATP
ADP
+ P
*
**
Acetil-CoA
Oxaloacetato
Citrato
Isocitrato
Ciclo do
ácido cítrico
Malato
Fumarato
α-Cetoglutarato
Succinato
Succinil-CoA
Transaminação
Glutamato

FIGURA 19.10 A forma como os mamíferos mantêm o suprimento adequado de intermediários metabólicos. Uma reação anabólica utiliza um intermediário do ciclo do ácido cítrico (α-cetoglutarato é transaminado para glutamato no exemplo), competindo com o restante do ciclo. A concentração de acetil-CoA aumenta e sinaliza a ativação alostérica da piruvato carboxilase para produzir mais oxaloacetato.
* Reação anaplerótica.
** Parte da via do glioxilato.

Essa reação, que produz oxaloacetato a partir de piruvato, fornece uma conexão entre o ciclo do ácido cítrico anfibólico e o anabolismo de açúcares pela gliconeogênese. Neste mesmo tópico de anabolismo de carboidratos é preciso observar novamente que o piruvato não pode ser produzido a partir de acetil-CoA em mamíferos. Uma vez que a acetil-CoA é o produto final do catabolismo de ácidos graxos, vê-se que os mamíferos não poderiam ter gorduras ou acetato como única fonte de carbono. Os intermediários do metabolismo dos carboidratos logo seriam reduzidos. Os carboidratos são a principal fonte de energia e carbono nos animais (Figura 19.11), e a glicose é especialmente crítica em humanos porque é o combustível preferido das nossas células cerebrais. Os vegetais podem realizar a conversão da acetil-CoA em piruvato e oxaloacetato; portanto, podem existir sem carboidratos como fonte de carbono. A conversão de piruvato em acetil-CoA ocorre tanto em vegetais como em animais (veja a Seção 19-3).

As reações anabólicas de gliconeogênese ocorrem no citosol, mas o oxaloacetato não é transportado pela membrana mitocondrial. Existem dois mecanismos para a transferência das moléculas necessárias para a gliconeogênese da mitocôndria para o citosol. Um desses tira vantagem do fato de que o fosfoenolpiruvato pode ser formado a partir de oxaloacetato na matriz mitocondrial (essa reação é a etapa seguinte na gliconeogênese); o fosfoenolpiruvato é então transferido para o citosol, onde as reações restantes ocorrem (Figura 19.12). O outro mecanismo baseia-se no fato de que o malato, outro intermediário do ciclo do ácido cítrico, pode ser transferido para o citosol. A enzima *malato desidrogenase* existe tanto no citosol como na mitocôndria, de forma que o malato pode ser convertido em oxaloacetato no citosol.

$$\text{Malato} + NAD^+ \rightarrow \text{Oxaloacetato} + NADH + H^+$$

O oxaloacetato é então convertido em fosfoenolpiruvato, levando às etapas restantes da gliconeogênese (Figura 19.11).

A gliconeogênese tem muitas etapas em comum com a produção de glicose na fotossíntese, mas esta também possui muitas reações em comum com a via da pentose fosfato. Portanto, a natureza desenvolveu estratégias comuns para lidar com o metabolismo dos carboidratos em todos os seus aspectos.

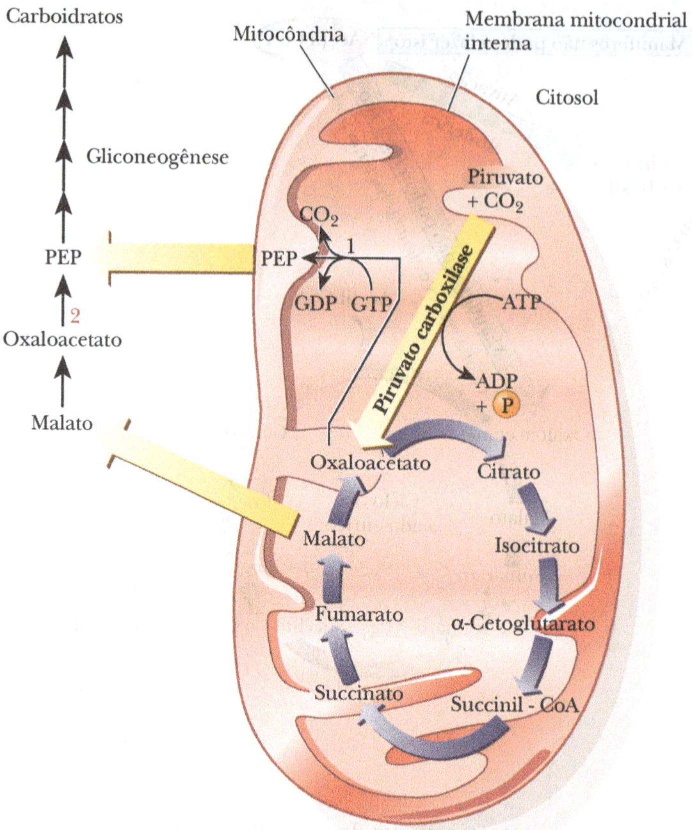
Carboidratos
Gliconeogênese
PEP
2
Oxaloacetato
Malato
Mitocôndria
Membrana mitocondrial interna
Citosol
Piruvato + CO_2
CO_2
PEP
1
GDP GTP
Piruvato carboxilase
ATP
ADP + P
Oxaloacetato
Citrato
Malato
Isocitrato
Fumarato
α-Cetoglutarato
Succinato
Succinil - CoA

Figura 19.11 Transferência dos materiais de partida da gliconeogênese da mitocôndria para o citosol. Observe que o fosfoenolpiruvato (PEP) pode ser transferido da mitocôndria para o citosol, assim como o malato. O oxaloacetato não é transportado pela membrana mitocondrial (1 significa PEP carboxiquinase na mitocôndria; 2 significa PEP carboxiquinase no citosol; os outros símbolos são iguais aos da Figura 19.10).

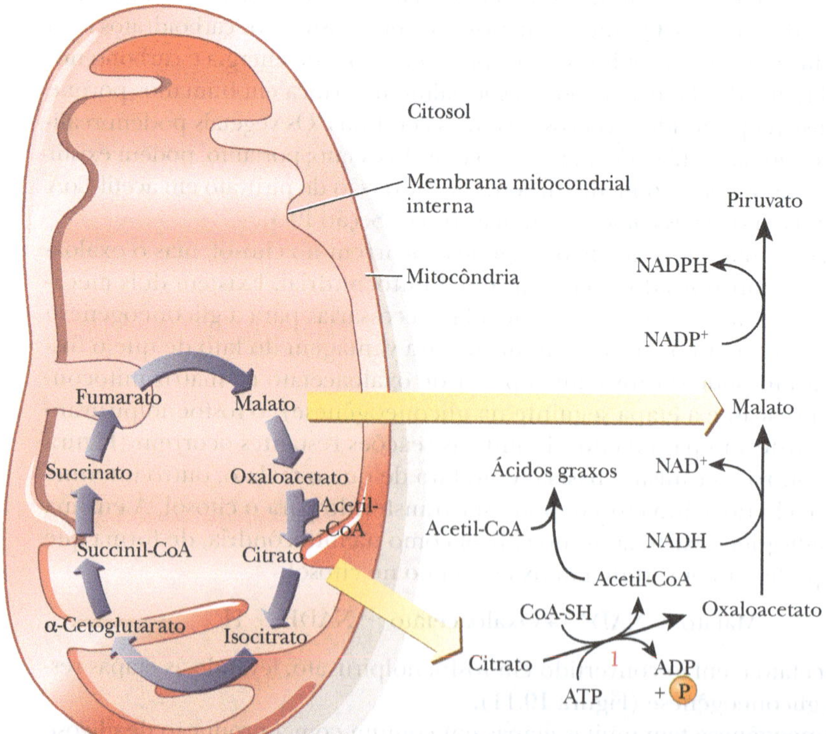
Citosol
Membrana mitocondrial interna
Mitocôndria
Piruvato
NADPH
NADP+
Fumarato
Malato
Malato
Succinato
Oxaloacetato
Ácidos graxos
NAD+
Acetil-CoA
Acetil-CoA
NADH
Succinil-CoA
Citrato
Acetil-CoA
CoA-SH
Oxaloacetato
α-Cetoglutarato
Isocitrato
Citrato
1
ADP
ATP
+ P

Figura 19.12 Transferência dos materiais de partida do anabolismo de lipídeos da mitocôndria para o citosol. (1 corresponde a ATP-citrato-liase; os outros símbolos são iguais aos da Figura 19.9). Não está definitivamente estabelecido se a acetil-CoA é transportada da mitocôndria para o citosol.

Como o anabolismo de lipídeos está relacionado ao Ciclo do Ácido Cítrico?

O ponto inicial do anabolismo de lipídeos é a acetil-CoA. As reações anabólicas do metabolismo lipídico, assim como as do metabolismo dos carboidratos, ocorrem no citosol; elas são catalisadas por enzimas solúveis que não estão ligadas às membranas. A acetil-CoA é catalisada principalmente na mitocôndria, tanto a partir de piruvato quanto da decomposição de ácido graxos. Existe um mecanismo indireto de transferência para levar a acetil-CoA, por meio do citrato, para o citosol (Figura 19.12). O citrato reage com CoA-SH para produzir citril-CoA, que é então clivado para produzir oxaloacetato e acetil-CoA. A enzima que catalisa essa reação requer ATP e é chamada ATP-citrato liase. A reação geral é

$$\text{Citrato} + \text{CoA-SH} + \text{ATP} \rightarrow \text{Acetil-CoA} + \text{Oxaloacetato} + \text{ADP} + P_i$$

A acetil-CoA é o ponto inicial para o anabolismo de lipídeos tanto em vegetais quanto em animais. Uma fonte importante de acetil-CoA é o catabolismo de carboidratos. Já foi dito que os animais não podem converter lipídeos em carboidratos, porém, podem converter carboidratos em lipídeos. A eficiência da conversão dos carboidratos em lipídeos nos animais é uma fonte de considerável desconforto para muitos humanos. Veja o quadro CONEXÕES **BIOQUÍMICAS 19.4.**

19.4 Conexões **Bioquímicas** | nutrição

Por que é Tão Difícil Perder Peso?

Uma das grandes dificuldades de ser humano é o fato de que é muito fácil ganhar peso, e muito mais difícil perdê-lo. Se tivermos de analisar as reações químicas específicas que fazem disto uma realidade, devemos olhar atentamente para o ciclo do ácido cítrico, especialmente as reações de descarboxilação.

Como sabemos, todo tipo de alimento em excesso pode ser armazenado como gordura. Isto é verdadeiro para carboidratos, proteínas e, claro, gorduras. Além disso, essas moléculas podem ser interconvertidas, com exceção das gorduras, que não podem originar uma produção final de carboidratos, como vimos na Seção 19-6. Por que as gorduras não podem produzir carboidratos? A verdadeira resposta reside no fato de que o único modo que uma molécula de gordura teria para gerar glicose seria entrar no ciclo do ácido cítrico como acetil-CoA e então ser retirada como oxaloacetato para a gliconeogênese. Infelizmente, os dois carbonos que entram são efetivamente perdidos pelas descarboxilações. (Já vimos que, em uma rodada do ciclo do ácido cítrico, na verdade não são exatamente esses dois carbonos que são perdidos; todavia, uma perda de dois carbonos é uma perda de dois carbonos, independente de quais sejam eles.) Isto leva a um desequilíbrio nas vias catabólicas em relação às vias anabólicas.

Todos os caminhos levam à gordura, porém a gordura não pode ir de volta aos carboidratos. Os humanos são muito sensíveis aos níveis de glicose no sangue porque grande parte do nosso metabolismo é acionada para proteger nossas células cerebrais, que preferem glicose como combustível. Se ingerirmos mais carboidratos do que precisamos, o excesso de carboidratos será transformado em gordura. Como sabemos, é muito fácil acumular gordura, especialmente à medida que envelhecemos. E o contrário? Por que simplesmente não paramos de comer? Isto não reverteria o processo? A resposta é sim e não. Quando começamos a comer menos, os depósitos de gordura são mobilizados para energia. A gordura é uma excelente fonte de energia porque forma acetil-CoA e fornece um fluxo estável para o ciclo

BlueMoon Stock/Alamy

Continua

Continuação

do ácido cítrico. Portanto, podemos perder algum peso reduzindo nossa ingestão calórica. Infelizmente, nosso açúcar sanguíneo também cairá assim que nossos depósitos de glicogênio forem esgotados. Não possuímos muito glicogênio armazenado para que possamos manter nossos níveis de glicose sanguínea.

Quando os níveis de glicose sanguínea diminuem, ficamos deprimidos, lentos e irritáveis. Começamos a ter pensamentos negativos, como "Esta coisa de dieta é realmente estúpida. Eu poderia tomar um pouquinho de sorvete". E, considerando que não podemos transformar a gordura em carboidratos, de onde virá a glicose sanguínea? Existe apenas uma fonte sobrando, que são as proteínas. As proteínas serão degradadas em aminoácidos e estes eventualmente convertidos em piruvato para gliconeogênese. Portanto, começaremos a perder músculos, assim como gordura.

Porém, existe um lado positivo em tudo isso. Utilizando nossos conhecimentos de bioquímica, podemos ver que há um melhor modo de perder peso do que a dieta – exercício! Se você fizer exercícios corretamente, pode treinar seu corpo para usar as gorduras para suprir de acetil-CoA o ciclo do ácido cítrico. Se mantiver uma dieta normal, manterá sua glicose sanguínea e não degradará proteínas para este fim; sua ingestão de carboidratos será suficiente para manter a glicose sanguínea e os depósitos de carboidrato. Com o equilíbrio adequado de exercícios e consumo de alimentos, assim como o consumo dos tipos corretos de nutrientes, podemos aumentar a decomposição de gordura sem sacrificar nossos depósitos de carboidratos ou nossas proteínas. Em essência, é mais fácil e mais saudável exercitar-se do que fazer dieta para perder peso. Isto já é conhecido há muito tempo. Agora podemos entender por que tal fato acontece do ponto de vista bioquímico. ◗

O oxaloacetato pode ser reduzido a malato pela reação inversa vista na última seção, no contexto de anabolismo dos carboidratos.

$$\text{Oxaloacetato} + \text{NADH} + \text{H}^+ \rightarrow \text{Malato} + \text{NAD}^+$$

O malato pode entrar e sair da mitocôndria por processos de transporte ativo, e o malato produzido nesta reação pode ser usado novamente no ciclo do ácido cítrico. Contudo, o malato não precisa ser transportado de volta para a mitocôndria, mas pode sofrer descarboxilação oxidativa a piruvato pela *enzima málica*, que requer NADP^+.

$$\text{Malato} + \text{NADP}^+ \rightarrow \text{Piruvato} + \text{CO}_2 + \text{NADPH} + \text{H}^+$$

Essas últimas duas reações de redução são seguidas por uma oxidação; *não ocorre oxidação líquida*. Há, contudo, uma *substituição de NADH por NADPH*.

Este último ponto é importante porque muitas enzimas da síntese de ácidos graxos requerem as NADPH. A via da pentose fosfato (Seção 18-4) é a principal fonte de NADPH na maioria dos organismos, mas aqui temos uma fonte alternativa (Figura 19.13).

As duas vias de produção de NADPH indicam claramente que todas as vias metabólicas estão relacionadas. As reações de troca envolvendo o malato e a citril-CoA constituem um mecanismo de controle no anabolismo de lipídeos, enquanto a via da pentose fosfato faz parte do metabolismo dos carboidratos. Tanto carboidratos quanto lipídeos são importantes fontes de energia em muitos organismos, particularmente em animais.

◗ *Como o metabolismo de aminoácidos está relacionado ao Ciclo do Ácido Cítrico?*

As reações anabólicas que produzem aminoácidos têm, como ponto inicial, os intermediários do ciclo do ácido cítrico que conseguem cruzar a membrana mitocondrial para o citosol. Já vimos que o malato pode cruzar a membrana mitocondrial e originar oxaloacetato no citosol. Este, por sua vez, pode so-

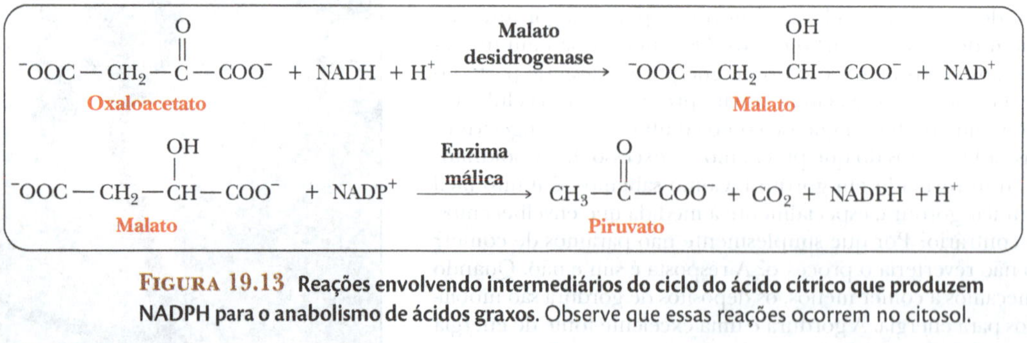
Oxaloacetato
Malato desidrogenase
Malato
Enzima málica
Malato
Piruvato

FIGURA 19.13 **Reações envolvendo intermediários do ciclo do ácido cítrico que produzem NADPH para o anabolismo de ácidos graxos.** Observe que essas reações ocorrem no citosol.

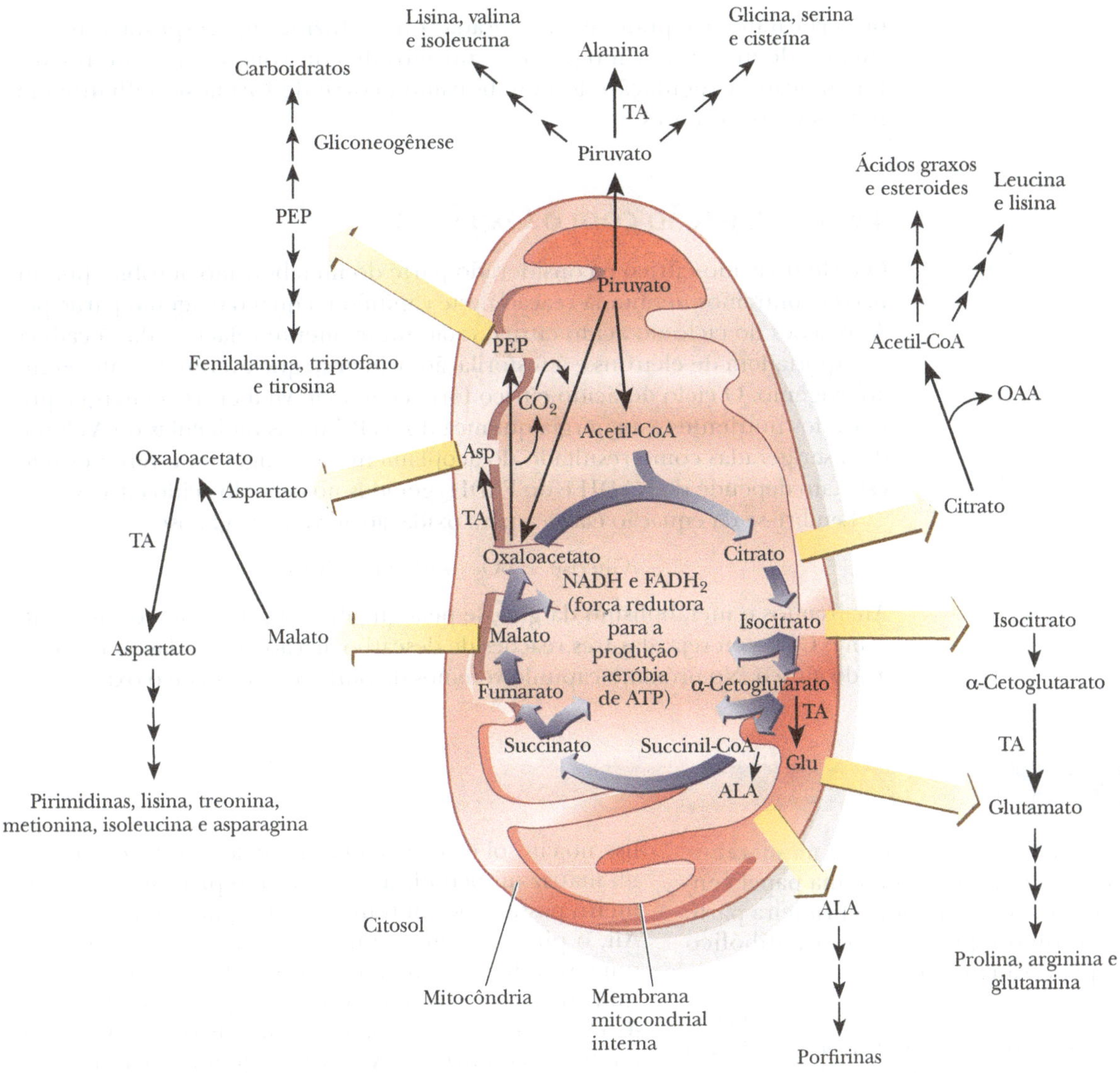

Lisina, valina e isoleucina
Alanina
Glicina, serina e cisteína
Carboidratos
Gliconeogênese
TA
Piruvato
PEP
Ácidos graxos e esteroides
Leucina e lisina
Piruvato
Acetil-CoA
Fenilalanina, triptofano e tirosina
PEP
CO_2
OAA
Acetil-CoA
Oxaloacetato
Asp
Aspartato
TA
Citrato
TA
Oxaloacetato
Citrato
NADH e $FADH_2$ (força redutora para a produção aeróbia de ATP)
Isocitrato
Isocitrato
Aspartato
Malato
Malato
Fumarato
α-Cetoglutarato
α-Cetoglutarato
TA
TA
Succinato
Succinil-CoA
Glu
ALA
Glutamato
Pirimidinas, lisina, treonina, metionina, isoleucina e asparagina
Citosol
ALA
Prolina, arginina e glutamina
Mitocôndria
Membrana mitocondrial interna
Porfirinas

Figura 19.14 Um resumo do anabolismo, mostrando o papel central do ciclo do ácido cítrico. Observe que existem vias para a biossíntese de carboidratos, lipídeos e aminoácidos. OAA significa oxaloacetato, e ALA é ácido δ-aminolevulínico. Os símbolos são os mesmos dos da Figura 19.9.

frer uma reação de transaminação para produzir aspartato, e este, então, pode ser submetido a reações adicionais para formar não apenas aminoácidos, mas também outros metabólitos contendo nitrogênio, como as pirimidinas. Do mesmo modo, o isocitrato pode cruzar a membrana mitocondrial e produzir α-cetoglutarato no citosol. O glutamato surge do α-cetoglutarato como resultado de outra reação de transaminação, e o glutamato é submetido a reações adicionais para formar ainda mais aminoácidos. A succinil-CoA não origina aminoácidos, mas, sim, o anel de porfirina do grupo heme. Outra diferença é que a primeira reação da biossíntese de heme, a condensação de succinil-CoA e glicina para formar ácido δ-aminolevulínico, ocorre na matriz mitocondrial, enquanto o restante da via ocorre no citosol.

A descrição geral das reações anabólicas é mostrada na Figura 19.14. Utilizamos o mesmo tipo de diagrama na Figura 19.9 para exibir a descrição geral do catabolismo. A semelhança entre os dois diagramas indica que, embora catabolismo e anabolismo não sejam a mesma coisa, estão intimamente relacionados. A operação de qualquer via metabólica, seja anabólica, ou seja catabólica, pode ser "acelerada" ou "reduzida" em resposta às necessidades de um organismo por mecanismos de controle, como o de retroalimentação. A regulação do metabolismo ocorre de forma semelhante em muitas vias diferentes.

19-9 A Ligação com o Oxigênio

O ciclo do ácido cítrico é considerado parte do metabolismo aeróbio, porém não encontramos nenhuma reação neste capítulo na qual o oxigênio participe. As reações do ciclo do ácido cítrico estão intimamente relacionadas à cadeia transportadora de elétrons e à fosforilação oxidativa, que eventualmente levam ao oxigênio. O ciclo do ácido cítrico fornece um elo vital entre a energia química dos nutrientes e a energia química do ATP. Muitas moléculas de ATP podem ser geradas como resultado do acoplamento ao oxigênio, e veremos que este fato depende do NADH e do $FADH_2$ gerados no ciclo do ácido cítrico.

Lembre-se da equação clássica para oxidação aeróbia da glicose:

$$\text{Glicose} + 6O_2 \rightarrow 6H_2O + 6CO_2$$

Analisamos o metabolismo da glicose pela glicólise. Agora sabemos de onde vem o CO_2 – ou seja, das três reações de descarboxilação associadas ao ciclo do ácido cítrico. No próximo capítulo veremos de onde vêm a água e o oxigênio.

Resumo

O papel central do ciclo do ácido cítrico no metabolismo O ciclo do ácido cítrico desempenha papel central no metabolismo. Ele corresponde à primeira parte do metabolismo aeróbio e possui caráter anfibólico (tanto catabólico quanto anabólico).

Onde o ciclo do ácido cítrico ocorre na célula? Ao contrário da glicólise, que ocorre no citosol, o ciclo do ácido cítrico ocorre na mitocôndria. A maior parte das enzimas do ciclo do ácido cítrico está na matriz mitocondrial. A única exceção, a succinato desidrogenase, está localizada na membrana mitocondrial interna.

Quais são as características principais do ciclo do ácido cítrico? O piruvato produzido pela glicólise é transformado por descarboxilação oxidativa em acetil-CoA na presença da coenzima A. A acetil-CoA entra então no ciclo do ácido cítrico reagindo com oxaloacetato para produzir citrato. As reações do ciclo do ácido cítrico incluem duas outras descarboxilações oxidativas, que transformam o citrato, composto de seis carbonos, em succinato, composto de quatro carbonos. O ciclo completa-se com a regeneração do oxaloacetato a partir de succinato em um processo de múltiplas etapas que inclui duas outras reações de oxidação. A reação geral, começando por piruvato, é

$$\text{Piruvato} + 4NAD^+ + FAD + GDP + P_i + 2H_2O \rightarrow$$
$$3CO_2 + 4NADH + FADH_2 + GTP + 4H^+$$

onde NAD^+ e FAD são os receptores de elétrons nas reações de oxidação. O ciclo é fortemente exergônico.

Quantas enzimas são necessárias para converter o piruvato em acetil-CoA? O piruvato é produzido pela glicólise no citosol da célula. O ciclo do ácido cítrico ocorre na matriz mitocondrial; portanto, o piruvato deve primeiro passar por um transportador para essa organela. Ali, o piruvato encontrará a piruvato desidrogenase, uma grande proteína com multissubunidades, constituída por três enzimas envolvidas na produção de acetil-CoA, e mais duas atividades enzimáticas envolvidas no controle das enzimas. A reação requer diversos cofatores, incluindo FAD, ácido lipoico e TPP.

As reações individuais do ciclo do ácido cítrico A acetil-CoA sofre condensação com o oxaloacetato para fornecer citrato, um composto de seis carbonos. O citrato é isomerizado a isocitrato, que sofre então uma descarboxilação oxidativa para α-cetoglutarato, um composto de cinco carbonos. Este é então submetido a outra descarboxilação oxidativa, produzindo succinil-CoA, um composto de quatro carbonos. As duas etapas de descarboxilação também produzem NADH. O succinil-CoA é convertido em succinato com a produção concomitante de GTP. O succinato é oxidado a fumarato, e $FADH_2$ é produzido. O fumarato é convertido em malato, que é então oxidado em oxaloacetato enquanto outro NADH é produzido.

A via geral possui um $\Delta G°'$ de –77,7 kJ mol^{-1}. Durante o curso do ciclo, quatro moléculas de NADH e um $FADH_2$ são produzidos. Entre o GTP formado diretamente e a reoxidação dos transportadores de elétrons reduzidos pela cadeia transportadora de elétrons, o ciclo do ácido cítrico produz 25 ATPs. O controle do ciclo do ácido cítrico é exercido em três pontos.

Como a reação da piruvato desidrogenase controla o ciclo do ácido cítrico? Existe um ponto de controle fora do ciclo, a reação na qual o piruvato produz acetil-CoA.

Como o controle é exercido dentro do ciclo do ácido cítrico? Dentro do ciclo do ácido cítrico, os três pontos de controle são as reações catalisadas pela citrato sintase, a isocitrato desidrogenase e o complexo α-cetoglutarato desidrogenase.

Em geral, o ATP e o NADH são inibidores, e o ADP e o NAD^+ são ativadores das enzimas nos pontos de controle.

Nos vegetais e nas bactérias existe uma via relacionada ao ciclo do ácido cítrico: o ciclo do glioxilato. As duas descarboxilações oxidativas do ciclo do ácido cítrico são evitadas. Essa via desempenha um papel na capacidade de as plantas converterem a acetil-CoA em carboidratos, processo que não ocorre em animais.

Como uma gigantesca via de tráfego, o ciclo do ácido cítrico possui muitas vias de entrada. Vários membros dos três tipos básicos de nutrientes, proteínas, gorduras e carboidratos, são metabolizados em moléculas menores que podem cruzar a membrana mitocondrial e entrar no ciclo do ácido cítrico como uma das moléculas intermediárias. Desse modo, o ciclo permite que obtenhamos energia a partir dos alimentos que ingerimos. Os carboidratos e muitos aminoácidos podem entrar no ciclo como piruvato ou como acetil-CoA. Os lipídeos entram como acetil-CoA. Em razão da reação de transaminação possível para glutamato e α-cetoglutarato, quase qualquer aminoácido pode ser transaminado a glutamato, produzindo α-cetoglutarato, que pode entrar no ciclo. Diversas outras vias permitem a entrada de aminoácidos no ciclo, como succinato, fumarato ou malato.

Embora o ciclo do ácido cítrico ocorra na mitocôndria, muitas reações anabólicas ocorrem no citosol. O oxaloacetato, a matéria-prima da gliconeogênese, é um componente do ciclo do ácido cítrico. O malato (mas não o oxaloacetato) pode ser transportado pela membrana mitocondrial. Depois que o malato da mitocôndria é carregado até o citosol, ele pode ser convertido em oxaloacetato pela malato desidrogenase, uma enzima que requer NAD^+. O malato, que cruza a membrana mitocondrial, desempenha um papel no anabolismo de lipídeos em uma reação na qual o malato é descarboxilado oxidativamente a piruvato por uma enzima que requer $NADP^+$, produzindo NADPH.

Como o anabolismo de lipídeos está relacionado ao ciclo do ácido cítrico? A reação do malato é uma fonte importante de NADPH para o anabolismo de lipídeos, e a via da pentose fosfato é a única outra fonte.

Como o metabolismo de aminoácidos está relacionado ao ciclo do ácido cítrico? Além disso, a maioria dos intermediários possui vias anabólicas que levam a aminoácidos e ácidos graxos, assim como algumas que levam a porfirinas ou pirimidinas.

A glicólise e o ciclo do ácido cítrico respondem por uma parte da equação geral para a oxidação da glicose:

$$C_6H_{12}O_6 + O_2 \rightarrow 6CO_2 + 6H_2O$$

A glicose é vista na glicólise. As etapas de descarboxilação do ciclo do ácido cítrico representam o CO_2. Contudo, o oxigênio na equação não aparece até a última etapa da cadeia transportadora de elétrons. Se houver oxigênio insuficiente disponível, a cadeia transportadora de elétrons não será capaz de processar os transportadores de elétrons reduzidos a partir do ciclo TCA, e também terá sua velocidade reduzida. A atividade contínua nessas circunstâncias fará que o piruvato produzido pela glicólise seja processado anaerobiamente a lactato.

Exercícios de Revisão

19-1 O Papel Central do Ciclo do Ácido Cítrico no Metabolismo

1. **VERIFICAÇÃO DE FATOS** Quais vias estão envolvidas no metabolismo anaeróbio da glicose? Quais vias estão envolvidas no metabolismo aeróbio da glicose?
2. **VERIFICAÇÃO DE FATOS** Quantos ATPs podem ser produzidos a partir de uma molécula de glicose pela via anaeróbia? E pela via aeróbia?
3. **VERIFICAÇÃO DE FATOS** Quais são os diferentes nomes usados para descrever a via discutida neste capítulo?
4. **VERIFICAÇÃO DE FATOS** O que queremos dizer com a declaração de que uma via é anfibólica?

19-2 A Via Total do Ciclo do Ácido Cítrico

5. **VERIFICAÇÃO DE FATOS** Em que parte da célula ocorre o ciclo do ácido cítrico? Ela é diferente da parte da célula onde ocorre a glicólise?
6. **VERIFICAÇÃO DE FATOS** Como o piruvato da glicólise chega ao complexo piruvato desidrogenase?
7. **VERIFICAÇÃO DE FATOS** Quais receptores de elétrons atuam no ciclo do ácido cítrico?
8. **VERIFICAÇÃO DE FATOS** Quais são as três moléculas produzidas durante o ciclo do ácido cítrico que constituem uma fonte indireta ou direta de compostos de alta energia?

19-3 Como o Piruvato é Convertido em Acetil-CoA

9. **VERIFICAÇÃO DE FATOS** Quantas enzimas estão envolvidas na piruvato desidrogenase de mamíferos? Quais são suas funções?
10. **VERIFICAÇÃO DE FATOS** Descreva brevemente o duplo papel do ácido lipoico no complexo piruvato desidrogenase.
11. **VERIFICAÇÃO DE FATOS** Qual é a vantagem da organização do complexo PDH?
12. **VERIFICAÇÃO DE FATOS** Na reação PDH isolada, podem-se ver cofatores originados de quatro vitaminas diferentes. Quais são elas?
13. **PERGUNTA DE RACIOCÍNIO** Desenhe as estruturas dos grupos de carbono ativado ligados ao pirofosfato de tiamina nas três enzimas que contêm essa coenzima. *Dica*: O tautomerismo cetoenólico pode entrar nesta figura.
14. **PERGUNTA DE RACIOCÍNIO** Prepare um esboço mostrando como as reações individuais das três enzimas do complexo piruvato desidrogenase originam a reação geral.

19-4 As Reações Individuais do Ciclo do Ácido Cítrico

15. **VERIFICAÇÃO DE FATOS** Por que a reação catalisada pela citrato sintase é considerada uma reação de condensação?
16. **VERIFICAÇÃO DE FATOS** O que significa quando uma enzima recebe o nome de *sintase*?
17. **CONEXÕES BIOQUÍMICAS** O que é fluoroacetato? Para que é usado?
18. **VERIFICAÇÃO DE FATOS** Quanto à estereoquímica, o que é único na reação catalisada pela aconitase?
19. **VERIFICAÇÃO DE FATOS** Em quais etapas do processamento aeróbio do piruvato o CO_2 é produzido?

20. **VERIFICAÇÃO DE FATOS** Em quais etapas do processamento aeróbio do piruvato são produzidos os transportadores de elétron reduzidos?
21. **VERIFICAÇÃO DE FATOS** Que tipo de reação é catalisada pela isocitrato desidrogenase e pela α-cetoglutarato desidrogenase?
22. **VERIFICAÇÃO DE FATOS** Quais são as semelhanças e as diferenças entre as reações catalisadas pela piruvato desidrogenase e pela α-cetoglutarato desidrogenase?
23. **VERIFICAÇÃO DE FATOS** O que significa quando uma enzima é chamada sintetase?
24. **VERIFICAÇÃO DE FATOS** Qual a diferença entre a fosforilação em nível de substrato e a fosforilação ligada à cadeia de transporte de elétron?
25. **VERIFICAÇÃO DE FATOS** Dê um exemplo de fosforilação em nível de substrato e uma via diferente do ciclo do ácido cítrico.
26. **VERIFICAÇÃO DE FATOS** Por que se pode dizer que a produção de um GTP é equivalente à de um ATP?
27. **VERIFICAÇÃO DE FATOS** Quais são as principais diferenças entre as oxidações do ciclo do ácido cítrico que utilizam NAD^+ como receptor de elétron e aquela que utiliza FAD?
28. **PERGUNTA DE RACIOCÍNIO** O ATP é um inibidor competitivo da ligação de NADH à malato desidrogenase, assim como o ADP e o AMP. Sugira uma base estrutural para essa inibição.
29. **PERGUNTA DE RACIOCÍNIO** A conversão de fumarato em malato é uma reação redox (transferência de elétrons) ou não? Justifique sua resposta.
30. **PERGUNTA DE RACIOCÍNIO** Vimos um dos quatro isômeros possíveis do isocitrato, aquele produzido na reação da aconitase. Desenhe a configuração dos outros três.
31. **PERGUNTA DE RACIOCÍNIO** Demonstre, usando a representação de elétrons de Lewis como pontos das porções apropriadas das moléculas, onde os elétrons são perdidos nas seguintes conversões:
    (a) Piruvato em acetil-CoA
    (b) Isocitrato em α-cetoglutarato
    (c) α-Cetoglutarato em succinil-CoA
    (d) Succinato em fumarato
    (e) Malato em oxaloacetato

19-5 A Energética e o Controle do Ciclo do Ácido Cítrico

32. **VERIFICAÇÃO DE FATOS** Que etapas do metabolismo aeróbio do piruvato pelo ciclo do ácido cítrico constituem pontos de controle?
33. **VERIFICAÇÃO DE FATOS** Descreva os múltiplos modos pelos quais o PDH é controlado.
34. **VERIFICAÇÃO DE FATOS** Quais são os dois inibidores mais comuns das etapas do ciclo do ácido cítrico e da reação catalisada pela piruvato desidrogenase?
35. **PERGUNTA DE RACIOCÍNIO** Como um aumento na proporção ADP/ATP afeta a atividade da isocitrato desidrogenase?
36. **PERGUNTA DE RACIOCÍNIO** Como um aumento na proporção $NADH/NAD^+$ afeta a atividade da piruvato desidrogenase?
37. **PERGUNTA DE RACIOCÍNIO** Você esperaria que o ciclo do ácido cítrico fosse mais ou menos ativo quando uma célula apresentasse uma elevada proporção ATP/ADP e de NADH/NAD^+? Justifique sua resposta.
38. **PERGUNTA DE RACIOCÍNIO** Você esperaria que $\Delta G°'$ para a hidrólise de um tioéster fosse (a) grande e negativa, (b) grande e positiva, (c) pequena e negativa ou (d) pequena e positiva? Justifique sua resposta.
39. **PERGUNTA DE RACIOCÍNIO** A acetil-CoA e a succinil-CoA são tioésteres de alta energia, porém sua energia química é aplicada em usos diferentes. Elabore.
40. **PERGUNTA DE RACIOCÍNIO** Algumas reações do ciclo do ácido cítrico são endergônicas. Mostre como o ciclo geral é exergônico. (Veja a Tabela 19.2.)
41. **PERGUNTA DE RACIOCÍNIO** Como a expressão "extrair tudo que for possível" se relaciona ao ciclo do ácido cítrico?
42. **PERGUNTA DE RACIOCÍNIO** Utilizando as informações dos Capítulos 17 e 19, calcule a quantidade de ATP que pode ser produzido a partir de uma molécula de lactose metabolizada aerobiamente pela glicólise e pelo ciclo do ácido cítrico.

19-6 O Ciclo do Glioxalato: Uma Via Relacionada

43. **VERIFICAÇÃO DE FATOS** Quais enzimas do ciclo do ácido cítrico estão ausentes no ciclo do glioxilato?
44. **VERIFICAÇÃO DE FATOS** Quais são as reações específicas do ciclo do glioxilato?
45. **CONEXÕES BIOQUÍMICAS** Por que as bactérias podem sobreviver apenas com ácido acético como única fonte de carbono e os seres humanos não?

19-7 O Ciclo do Ácido Cítrico no Catabolismo

46. **VERIFICAÇÃO DE FATOS** Descreva as várias finalidades do ciclo do ácido cítrico.
47. **PERGUNTA DE RACIOCÍNIO** Os intermediários da glicólise são fosforilados, mas os do ácido cítrico não. Sugira um motivo para isso.
48. **PERGUNTA DE RACIOCÍNIO** Discuta a descarboxilação oxidativa utilizando uma reação deste capítulo para ilustrar seus pontos.
49. **PERGUNTA DE RACIOCÍNIO** Muitos refrigerantes contêm ácido cítrico como parte considerável de seu sabor. Este ácido é um bom nutriente?

19-8 O Ciclo do Ácido Cítrico no Anabolismo

50. **VERIFICAÇÃO DE FATOS** O NADH é uma coenzima importante em processos catabólicos, enquanto o NADPH aparece em processos anabólicos. Explique como uma troca dos dois pode ser efetuada.
51. **CONEXÕES BIOQUÍMICAS** Quais são as reações anapleróticas nos mamíferos?
52. **PERGUNTA DE RACIOCÍNIO** Por que a acetil-CoA é considerada a molécula principal do metabolismo?

19-9 A Ligação com o Oxigênio

53. **PERGUNTA DE RACIOCÍNIO** Por que o ciclo do ácido cítrico é considerado parte do metabolismo aeróbio, embora o oxigênio molecular não apareça em nenhuma reação?

Transporte de Elétrons e Fosforilação Oxidativa

20

20-1 O Papel do Transporte de Elétrons no Metabolismo

O metabolismo aeróbio é um modo altamente eficiente para um organismo extrair energia a partir dos nutrientes. Em células eucarióticas, o processo aeróbio (incluindo a conversão do piruvato em acetil-CoA, o ciclo do ácido cítrico e o transporte de elétrons) ocorre totalmente na mitocôndria, enquanto o processo anaeróbio, a glicólise, ocorre no lado externo da mitocôndria, o citosol. Ainda não estudamos nenhuma reação da qual o oxigênio participe, mas neste capítulo discutiremos seu papel no metabolismo como receptor final de elétrons na **cadeia transportadora de elétrons**, cujas reações ocorrem na membrana mitocondrial interna.

cadeia transportadora de elétrons série de transportadores intermediários que transferem elétrons do NADH e $FADH_2$ para o oxigênio

Qual é a importância da estrutura mitocondrial na produção de ATP?

A energia liberada pela oxidação de nutrientes é usada pelos organismos na forma de energia química do ATP. A produção do ATP na mitocôndria é o resultado da **fosforilação oxidativa**, na qual o ADP é fosforilado para fornecer ATP. A produção de ATP por fosforilação oxidativa (processo endergônico) é separada do transporte de elétrons para o oxigênio (processo exergônico), porém as reações da cadeia de transporte de elétrons estão intimamente ligadas entre si e associadas

fosforilação oxidativa processo para gerar ATP; depende da criação de um pH dentro da mitocôndria como resultado do transporte de elétrons

RESUMO DO CAPÍTULO

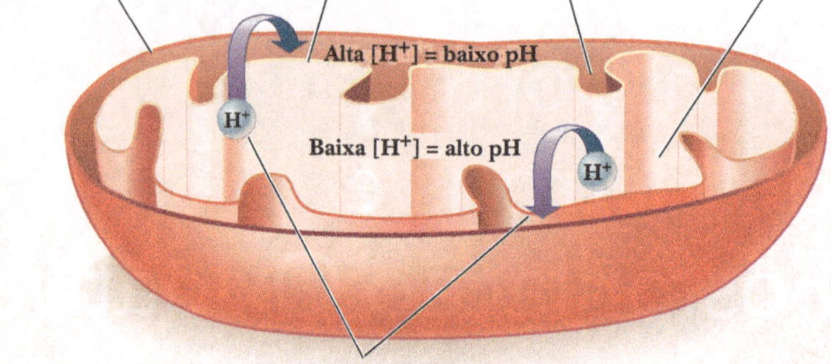

Membrana mitocondrial externa
Membrana mitocondrial interna
Espaço intermembranas
Matriz
Alta [H+] = baixo pH
Baixa [H+] = alto pH
H+
H+
O transporte de elétrons leva ao bombeamento de prótons pela membrana mitocondrial interna

FIGURA 20.1 Um gradiente de prótons é estabelecido na membrana mitocondrial interna como resultado do transporte de elétrons. A transferência de elétrons pela cadeia transportadora de elétrons leva ao bombeamento de prótons da matriz para o espaço intermembranas. O gradiente de prótons (também chamado gradiente de pH), juntamente com o potencial de membrana (uma voltagem pela membrana), fornece a base do mecanismo de acoplamento que orienta a síntese de ATP.

à síntese de ATP pela fosforilação de ADP. A operação da cadeia de transporte de elétrons leva ao bombeamento de prótons (íons hidrogênio) pela membrana mitocondrial interna, criando um gradiente de pH (também chamado **gradiente de prótons**). Esse gradiente representa a energia potencial armazenada e fornece a base do mecanismo de acoplamento (Figura 20.1), que recebe o nome de *acoplamento quimiosmótico* (Seção 20-5). A fosforilação oxidativa origina a maior parte da produção de ATP associada à oxidação completa da glicose.

gradiente de prótons diferença entre as concentrações de íons hidrogênio na matriz mitocondrial e no espaço intermembranas, que é a base do acoplamento entre a oxidação e a fosforilação

As moléculas de NADH e $FADH_2$ geradas na glicólise e no ciclo do ácido cítrico transferem elétrons para o oxigênio na série de reações conhecidas coletivamente como cadeia de transporte de elétrons. O NADH e o $FADH_2$ são oxidados a NAD^+ e FAD e podem ser usados novamente em várias vias metabólicas. O oxigênio, receptor de elétrons final, é reduzido a água, completando assim o processo pelo qual a glicose é completamente oxidada a dióxido de carbono e água.

Já vimos como o dióxido de carbono é produzido a partir do piruvato, que, por sua vez, é produzido a partir da glicólise pelo complexo piruvato desidrogenase e o ciclo do ácido cítrico. Neste capítulo, veremos como a água é produzida.

A série completa de reações de oxirredução da cadeia transportadora de elétrons é apresentada de forma esquemática na Figura 20.2. Um ponto particularmente importante sobre o transporte de elétrons é que, em média, 2,5 mols de ATP são gerados para cada mol de NADH que entra na cadeia de transporte de elétrons e, em média, 1,5 mol de ATP é produzido para cada mol de $FADH_2$. A descrição geral do processo é que o NADH passa elétrons para a coenzima Q, assim como o $FADH_2$, fornecendo um modo alternativo de alimentar a cadeia de transporte de elétrons. Os elétrons são então passados da coenzima Q para uma série de proteínas chamadas citocromos (designados por letras minúsculas) e, eventualmente, ao oxigênio.

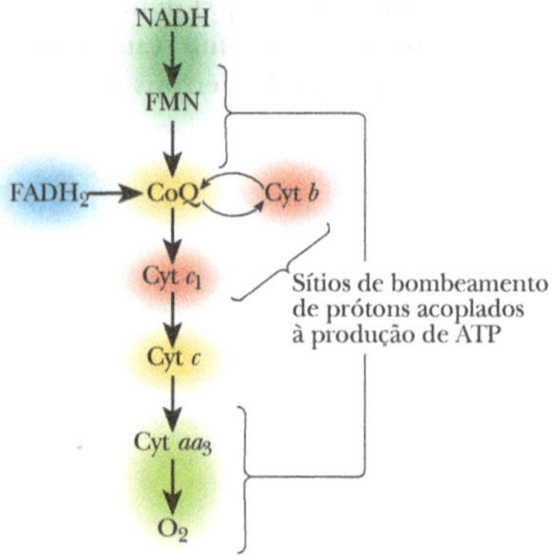

NADH
FMN
$FADH_2$
CoQ
Cyt b
Cyt c_1
Cyt c
Cyt aa_3
O_2
Sítios de bombeamento de prótons acoplados à produção de ATP

FIGURA 20.2 Representação esquemática da cadeia de transporte de elétrons mostrando os sítios de bombeamento de prótons associados à fosforilação oxidativa. A FMN é a coenzima *f*lavina *mono*-*n*ucleotídeo, que difere do FAD por não possuir um nucleotídeo adenina. A CoQ é a coenzima Q (veja a Figura 20.5). Cyt *b*, cyt c_1, cyt *c* e cyt aa_3 são as proteínas que contêm heme – citocromo *b*, citocromo c_1, citocromo *c* e citocromo aa_3, respectivamente.

20-2 Potenciais de Redução na Cadeia de Transporte de Elétrons

Até agora, a maior parte das considerações energéticas estava relacionada aos potenciais de fosforilação. Na Seção 15-6, abordou-se como a variação de energia livre associada à hidrólise de ATP poderia ser usada para estimular reações que, de outra forma, seriam endergônicas. O oposto também é verdade – quando uma reação é altamente exergônica, ela pode levar à formação de ATP. Quando olhamos atentamente as variações energéticas no transporte de elétrons, é mais fácil considerar a variação na energia associada ao movimento de elétrons de um transportador para outro. Cada transportador na cadeia de transporte de elétrons pode ser isolado e estudado, e cada um deles pode existir em uma forma oxidada ou reduzida (Seção 15-5). Na existência de dois possíveis transportadores de elétrons, como NADH e coenzima Q (Seção 20-3), por exemplo, como saber se os elétrons teriam maior probabilidade de ser transferidos do NADH para a coenzima Q ou do modo contrário? Isto é determinado medindo-se o **potencial de redução** de cada um dos transportadores. Uma molécula com alto potencial de redução tende a ser reduzida se for associada a uma molécula com

potencial de redução voltagem padrão que indica a tendência de haver uma semirreação de redução potencial de redução mais baixo – o que se mede criando-se uma célula de bateria simples, como mostra a Figura 20.3. O ponto de referência é a semicélula da direita, na qual o íon hidrogênio está em solução aquosa em equilíbrio com o gás hidrogênio. A redução do íon hidrogênio para gás hidrogênio

$$2H^+ + 2e^- \rightarrow H_2$$

é o controle, e é considerada portadora de uma voltagem (E) de zero. A amostra a ser testada está na outra semicélula. O circuito elétrico é completado por uma ponte com um gel de ágar contendo sal.

Como os potenciais de redução podem ser usados para prever o sentido do transporte de elétrons?

A Figura 20.3(a) mostra o que acontece se etanol e acetaldeído forem colocados na semicélula de amostra. Os elétrons fluem para longe da célula de amostra e na direção da célula de referência. Isto significa que o íon hidrogênio está sendo reduzido a gás hidrogênio e que o etanol está sendo oxidado a acetaldeído. Portanto, o par hidrogênio/H^+ possui um potencial de redução maior que o par etanol/acetaldeído. Ao se observar a Figura 20.3(b), vê-se o contrário. Quando fumarato e succinato são colocados na semicélula de amostra, os elétrons fluem na direção oposta, indicando que o fumarato está sendo reduzido a succinato, enquanto o gás hidrogênio está sendo oxidado a H^+. A direção do fluxo de elétrons e a grandeza da voltagem observada permitem a construção de uma tabela, como mostra a Tabela 20.1. Uma vez que esta é uma tabela de potenciais padrão de redução, todas as reações são exibidas como reduções. O valor que está sendo medido é a voltagem biológica padrão de cada semirreação $E°'$. Este valor é calculado com base nos compostos da célula nas condições de 1 mol L^{-1} com pH 7 na temperatura padrão de 25 °C.

Para interpretar os dados nesta tabela para propósitos de transporte de elétrons, é necessário analisar os potenciais de redução dos transportadores de elétrons envolvidos. Uma reação no topo da tabela tenderá a ocorrer como está escrita se for pareada com uma reação localizada mais abaixo na tabela. Por exemplo, já vimos que a etapa final da cadeia de transporte de elétrons é a redução de oxigênio a água. Essa reação está no topo da Tabela 20.1 com um potencial de redução de 0,816 V, um número muito positivo. Se tal reação fosse pareada diretamente com NAD^+/NADH, o que aconteceria? O potencial padrão de redução para NAD^+ formando NADH é fornecido quase no fim da tabela. Seu potencial de redução é –0,320 V.

$$NAD^+ + 2H^+ + 2e^- \rightarrow NADH + H^+ \quad E°' = -0.320\ V$$

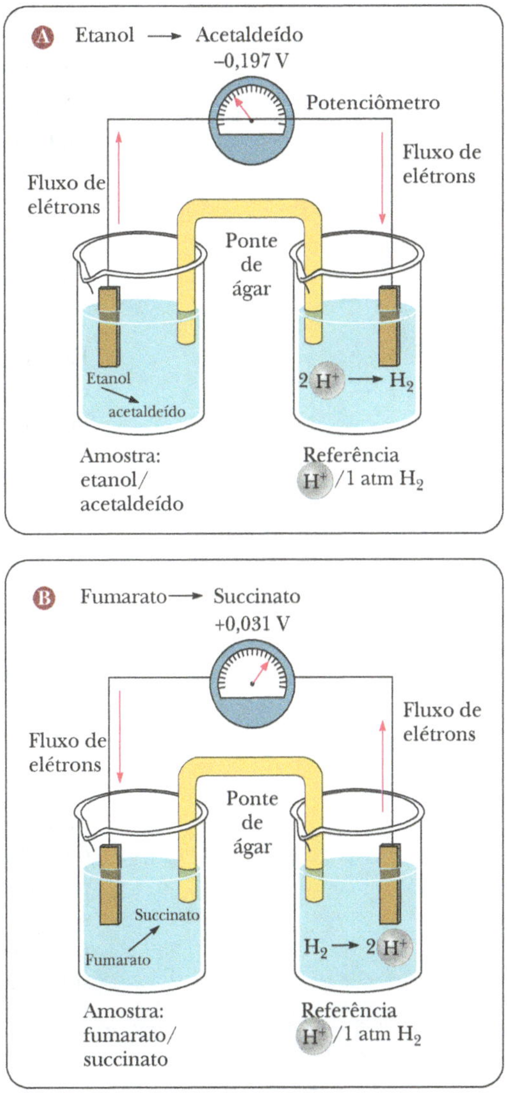
A Etanol → Acetaldeído
–0,197 V
Potenciômetro
Fluxo de elétrons
Fluxo de elétrons
Ponte de ágar
Etanol → acetaldeído
2 H+ → H2
Amostra: etanol/ acetaldeído
Referência H+/1 atm H2
B Fumarato → Succinato
+0,031 V
Fluxo de elétrons
Fluxo de elétrons
Ponte de ágar
Succinato
Fumarato
H2 → 2 H+
Amostra: fumarato/ succinato
Referência H+/1 atm H2

FIGURA 20.3 O aparelho experimental usado para medir o potencial padrão de redução dos acoplamentos redox indicados: (a) o acoplamento etanol/acetaldeído, (b) o acoplamento fumarato/succinato. A parte (a) mostra um par de semicélula como amostra/referência para medir o potencial padrão de redução do acoplamento etanol/acetaldeído. Uma vez que os elétrons fluem na direção da semicélula de referência e para longe da semicélula da amostra, o potencial padrão de redução é negativo, especificamente –0,197 V. Em contraste, o acoplamento fumarato/succinato (b) recebe elétrons da semicélula de referência, ou seja, a redução ocorre espontaneamente no sistema, e o potencial de redução é, portanto, positivo. Para cada semicélula, ocorre uma *reação de semicélula*. Para a semicélula fumarato/succinato acoplada a uma semicélula de referência H^+/H_2 (b), a reação que ocorre é, na verdade, a redução do fumarato.

$$\text{Fumarato} + 2H^+ + 2e^- \rightarrow \text{Succinato}$$
$$E°' = +0{,}031\ V$$

Contudo, a reação que ocorre na semicélula etanol/acetaldeído (a) é a oxidação do etanol, que é o inverso da reação relacionada na Tabela 20.1.

$$\text{Etanol} \rightarrow \text{Acetaldeído} + 2H^+ + 2e^-$$
$$E°' = -0{,}197\ V$$

TABELA 20.1 Potenciais Padrão de Redução para Diversas Semirreações de Redução Biológica

Semirreação de Redução	$E^{\circ\prime}$ (V)
$\frac{1}{2}O_2 + 2H^+ + 2e^- \rightarrow H_2O$	0,816
$Fe^{3+} + e^- \rightarrow Fe^{2+}$	0,771
Citocromo $a_3(Fe^{3+}) + e^- \rightarrow$ Citocromo $a_3(Fe^{2+})$	0,350
Citocromo $a(Fe^{3+}) + e^- \rightarrow$ Citocromo $a(Fe^{2+})$	0,290
Citocromo $c(Fe^{3+}) + e^- \rightarrow$ Citocromo $c(Fe^{2+})$	0,254
Citocromo $c_1(Fe^{3+}) + e^- \rightarrow$ Citocromo $c_1(Fe^{2+})$	0,220
$CoQH^\bullet + H^+ + e^- \rightarrow CoQH_2$ (coenzima Q)	0,190
$CoQ + 2H^+ + 2e^- \rightarrow CoQH_2$	0,060
Citocromo $b_H(Fe^{3+}) + e^- \rightarrow$ Citocromo $b_H(Fe^{2+})$	0,050
Fumarato $+ 2H^+ + 2e^- \rightarrow$ Succinato	0,031
$CoQ + H^+ + e^- \rightarrow CoQH^\bullet$	0,030
$[FAD] + 2H^+ + 2e^- \rightarrow [FADH_2]$	0,003–0,091*
Citocromo $b_L(Fe^{3+}) + e^- \rightarrow$ Citocromo $b_L(Fe^{2+})$	−0,100
Oxaloacetato $+ 2H^+ + 2e^- \rightarrow$ Malato	−0,166
Piruvato $+ 2H^+ + 2e^- \rightarrow$ Lactato	−0,85
Acetaldeído $+ 2H^+ + 2e^- \rightarrow$ Etanol	−0,197
$FMN + 2H^+ + 2e^- \rightarrow FMNH_2$	−0,219
$FAD + 2H^+ + 2e^- \rightarrow FADH_2$	−0,219
1,3-*bis*fosfoglicerato $+ 2H^+ + 2e^- \rightarrow$ Gliceraldeído-3-fosfato $+ P_i$	−0,290
$NAD^+ + 2H^+ + 2e^- \rightarrow NADH + H^+$	−0,320
$NADP^+ + 2H^+ + 2e^- \rightarrow NADPH + H^+$	−0,320
α-Cetoglutarato $+ CO_2 + 2H^+ + 2e^- \rightarrow$ Isocitrato	−0,380
Succinato $+ CO_2 + 2H^+ + 2e^- \rightarrow \alpha$-Cetoglutarato $+ H_2O$	−0,670

* Valores típicos para redução do FAD ligado à flavoproteína como succinato desidrogenase. Observe que foram mostrados diversos componentes da cadeia de transporte de elétrons individualmente. Eles serão encontrados novamente como participantes do complexo. Também foram incluídos os valores para várias reações já vistas em capítulos anteriores.

Isso significa que, se duas semirreações forem pareadas durante uma reação redox, aquela para o NADH terá de ser invertida. O NADH abrirá mão de seus elétrons de modo que o oxigênio possa ser reduzido a água:

	$NADH + H^+ \rightarrow NAD^+ + 2H^+ + 2e^-$	0,320
	$\frac{1}{2}O_2 + 2H^+ + 2e^- \rightarrow H_2O$	0,816
Soma	$NADH + \frac{1}{2}O_2 + H^+ \rightarrow NAD^+ + H_2O$	1,136

A voltagem total para esta reação será a soma dos potenciais padrão de redução – neste caso, 0,816 V + 0,320 V, ou 1,136 V. Observe que é preciso inverter o sinal no potencial padrão de redução para NADH porque foi necessário inverter o sentido de sua reação.

A ΔG° de uma reação redox é calculada usando

$$\Delta G^\circ = -nF\Delta E^{\circ\prime}$$

onde n é a quantidade de matéria de elétrons transferidos, F é a constante de Faraday (96,485 kJ V^{-1} mol^{-1}), e $\Delta E^{\circ\prime}$ é a voltagem total para as duas semirreações. Como podemos ver por esta equação, a ΔG° é negativa quando a $\Delta E^{\circ\prime}$ é positiva. Portanto, sempre se pode calcular o sentido seguido por uma reação redox em condições padrão combinando as duas semirreações no modo que forneça o maior valor positivo para $\Delta E^{\circ\prime}$. Por exemplo, ΔG° seria calculada da seguinte forma:

$$\Delta G^\circ = -(2)(96{,}485 \text{ kJ V}^{-1} \text{ mol}^{-1})(1{,}136 \text{ V}) = -219 \text{ kJ mol}^{-1}$$

Este seria um número muito grande se o NADH reduzisse o oxigênio diretamente. Como se verá na próxima seção, o NADH passa seus elétrons ao longo de uma cadeia que eventualmente leva ao oxigênio, mas não reduz diretamente o oxigênio.

Antes de continuar, deve-se observar que, assim como existe uma diferença entre $\Delta G°$ e ΔG, há uma diferença semelhante entre $\Delta E°$ e ΔE. Lembre-se do Capítulo 15, em que várias seções foram dedicadas à questão dos estados padrão, incluindo o estado padrão modificado para reações bioquímicas. As notações ΔG e ΔE referem-se à variação de energia livre e ao potencial de redução em quaisquer condições, respectivamente. Quando todos os componentes de uma reação estão no estado padrão (pressão de 1 atm, 25 °C, todos os solutos em concentração de 1 mol L^{-1}), escreve-se $\Delta G°$ e $\Delta E°$, respectivamente, para a variação de energia livre padrão e potencial padrão de redução. O estado padrão modificado para reações bioquímicas considera o fato de que, se todos os solutos apresentam concentração de 1 mol L^{-1}, isso inclui a concentração do íon hidrogênio – o que implica um pH igual a zero. Consequentemente, definimos um estado padrão modificado para bioquímica que difere daquele usual apenas em pH = 7. Nessas condições, escreve-se $\Delta G°'$ e $\Delta E°'$ para variação de energia livre padrão e potencial padrão de redução, respectivamente. O verdadeiro sentido do fluxo de elétrons em uma reação redox também será baseado nos valores reais das concentrações para os reagentes e produtos, uma vez que as concentrações celulares nunca são de 1 mol L^{-1}.

20-3 A Organização de Complexos de Transporte de Elétron

As mitocôndrias intactas isoladas de células podem realizar todas as reações da cadeia transportadora de elétrons; o aparato do transporte de elétrons também pode ser decomposto em suas partes componentes por um processo chamado fracionamento. Quatro *complexos respiratórios* separados podem ser isolados da membrana mitocondrial interna. Tais complexos são sistemas multienzimáticos. No último capítulo, encontraremos outros exemplos desses complexos, como o complexo piruvato desidrogenase e o α-cetoglutarato desidrogenase. Cada um dos complexos respiratórios pode realizar as reações de uma porção da cadeia transportadora de elétrons.

NADH-CoQ oxirredutase primeiro complexo da cadeia de transporte de elétrons que catalisa a transferência de elétrons do NADH para a coezima Q

coenzima Q (CoQ) coenzima de oxirredução no transporte mitocondrial de elétrons

Quais reações ocorrem nos complexos respiratórios?

Complexo I O primeiro complexo, **NADH-CoQ oxirredutase**, catalisa as primeiras etapas do transporte de elétrons, a saber, a transferência de elétrons de NADH para a **coenzima Q (CoQ)**. Ele é parte integral da membrana mitocondrial interna e inclui, entre outras subunidades, várias proteínas que contêm um centro ferro–enxofre e a flavoproteína que oxida o NADH. (O número total de subunidades é superior a 20. Este complexo é tema de uma pesquisa ativa, que se mostrou uma tarefa desafiadora em razão de sua complexidade. É particularmente difícil generalizar sobre a natureza dos centros ferro–enxofre porque eles variam de uma espécie para outra.) A flavoproteína possui uma coenzima flavina, chamada flavina mononucleotídeo, ou FMN, que difere do FAD por não possuir uma adenina nucleotídeo (Figura 20.4).

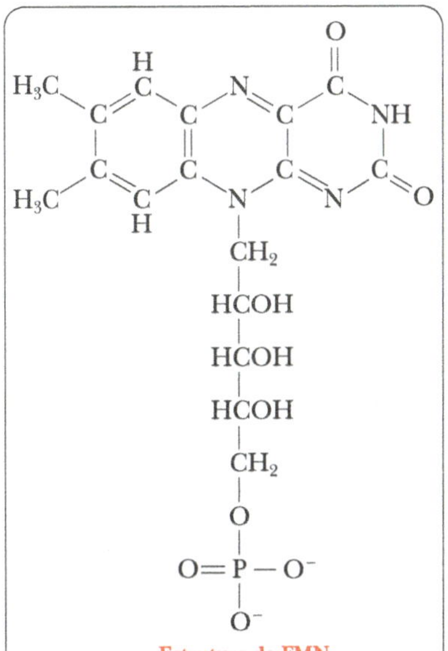
Estrutura da FMN
(Flavina mononucleotídeo)

FIGURA 20.4 **Estrutura da FMN (Flavina mononucleotídeo).**

A reação ocorre em várias etapas, com oxidação e redução sucessivas da flavoproteína e da porção ferro–enxofre. A primeira etapa é a transferência de elétrons do NADH para a porção flavina da flavoproteína:

$$NADH + H^+ + E—FMN \rightarrow NAD^+ + E—FMNH_2$$

na qual a notação E—FMN indica que a flavina está ligada covalentemente à enzima. Na segunda etapa, a flavoproteína reduzida é reoxidada, e a forma oxidada da proteína ferro–enxofre é reduzida. A proteína ferro–enxofre reduzida cede então seus elétrons para a coenzima Q, que é reduzida a $CoQH_2$ (Figura 20.5). A coenzima Q também é chamada de ubiquinona. As equações para a segunda e terceira etapas são mostradas aqui:

$$E—FMNH_2 + 2Fe—S_{oxidado} \rightarrow E—FMN + 2Fe—S_{reduzido} + 2H^+$$

$$2Fe—S_{reduzido} + CoQ + 2H^+ \rightarrow 2Fe—S_{oxidado} + CoQH_2$$

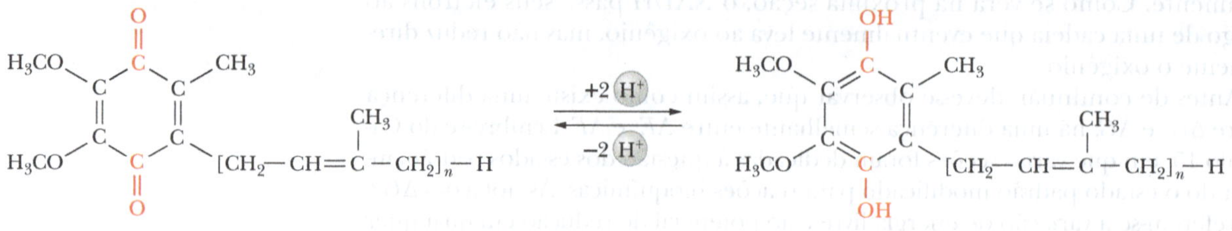
CoQ
(Forma oxidada da quinona)
+2 H+
−2 H+
CoQH2
(Forma reduzida da hidroquinona)

FIGURA 20.5 As formas oxidada e reduzida da coenzima Q, também chamada ubiquinona.

A notação Fe—S indica os centros ferro–enxofre. A equação geral para a reação é

$$\text{NADH} + \text{H}^+ + \text{CoQ} \rightarrow \text{NAD}^+ + \text{CoQH}_2$$

Essa reação é uma das três responsáveis pelo bombeamento de prótons (Figura 20.6) que gera o gradiente de pH (de prótons). A variação de energia livre padrão ($\Delta G°' = -81$ kJ mol^{-1} = $-19{,}4$ kcal mol^{-1}) indica que a reação é fortemente exergônica, liberando energia suficiente para acionar a fosforilação do ADP em ATP (Figura 20.7). Uma consideração importante sobre o bombeamento de prótons e o transporte de elétrons são as sutis diferenças entre os transportadores de elétrons. Embora todos eles possam existir em uma forma oxidada ou reduzida, há uma ordem na qual alguns tenderão a reduzir os outros, como visto na Seção 20-2. Em outras palavras, o NADH reduzido doará seus elétrons para a coenzima Q, mas não o contrário. Portanto, há uma direção para o fluxo de elétrons nos complexos que estudaremos.

A outra sutileza importante é que alguns dos transportadores, como o NADH, carregam elétrons e hidrogênios em suas formas reduzidas, enquanto outros, como a proteína ferro–enxofre, que acabou de ser abordada, podem transportar apenas elétrons. Essa é a base do bombeamento de prótons que, em última análise, leva à produção de ATP. Quando um transportador como o NADH reduz a proteína ferro–enxofre, ele transfere seus elétrons, mas não seus hidrogênios. A arquitetura da membrana mitocondrial interna e dos transportadores de elétrons permite que os íons hidrogênio passem para o lado oposto da membrana. Isto será estudado mais atentamente na Seção 20-5.

O receptor final de elétrons do complexo I, a coenzima Q, é móvel, ou seja, é livre para se mover na membrana e transferir os elétrons que recebeu para o terceiro complexo e, subsequentemente, até o oxigênio. Como se verá, o segundo complexo também transfere elétrons de um substrato oxidável para a coenzima Q.

succinato-CoQ oxirredutase segundo complexo da cadeia de transporte de elétron que catalisa a transferência de elétrons do succinato para a coenzima Q

Complexo II O segundo dos quatro complexos ligados à membrana, a **succinato-CoQ oxirredutase**, também catalisa a transferência de elétrons para a coenzima Q. Contudo, sua fonte de elétrons (em outras palavras, o substrato que está sendo oxidado) difere do substrato oxidável (NADH) utilizado pela NADH-CoQ oxirredutase. Neste caso, o substrato é o succinato, vindo do ciclo do ácido cítrico, que é oxidado a fumarato por uma flavoenzima (veja a Figura 20.6).

$$\text{Succinato} + \text{E—FAD} \rightarrow \text{Fumarato} + \text{E—FADH}_2$$

A notação E—FAD indica que a porção flavina está ligada covalentemente à enzima. O grupo flavina é reoxidado na próxima etapa da reação enquanto outra proteína ferro–enxofre é reduzida:

$$\text{E—FADH}_2 + \text{Fe—S}_{\text{oxidado}} \rightarrow \text{E—FAD} + \text{Fe—S}_{\text{reduzido}}$$

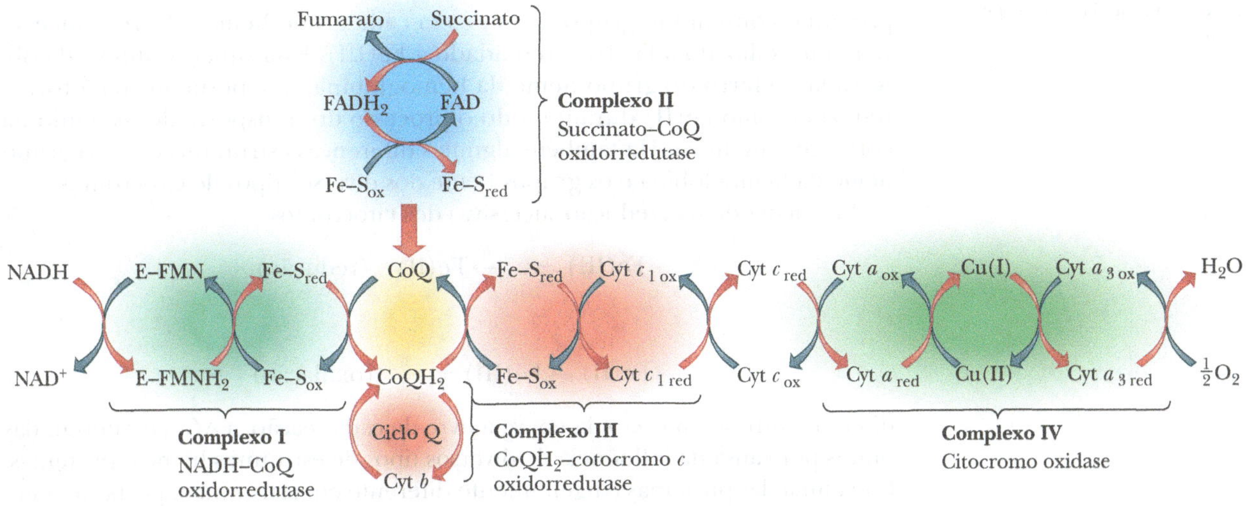
Fumarato
Succinato
$FADH_2$
FAD
Fe–S$_{ox}$
Fe–S$_{red}$
Complexo II
Succinato–CoQ
oxidorredutase
NADH
NAD$^+$
E–FMN
E–FMNH$_2$
Fe–S$_{red}$
Fe–S$_{ox}$
CoQ
$CoQH_2$
Fe–S$_{red}$
Fe–S$_{ox}$
Cyt c_1 ox
Cyt c_1 red
Cyt c red
Cyt c ox
Cyt a ox
Cyt a red
Cu(I)
Cu(II)
Cyt a_3 ox
Cyt a_3 red
H_2O
$\frac{1}{2}O_2$
Complexo I
NADH–CoQ
oxidorredutase
Ciclo Q
Cyt b
Complexo III
$CoQH_2$–cotocromo c
oxidorredutase
Complexo IV
Citocromo oxidase

FIGURA 20.6 A cadeia transportadora de elétrons mostrando os complexos respiratórios. Nos citocromos reduzidos, o ferro está no estado de oxidação Fe(II); nos citocromos oxidados, o oxigênio está no estado de oxidação Fe(III).

Essa proteína ferro–enxofre reduzida doa seus elétrons para a coenzima Q oxidada, e a coenzima Q é, então, reduzida.

$$\text{Fe—S}_{\text{reduzido}} + \text{CoQ} + 2\text{H}^+ \rightarrow \text{Fe—S}_{\text{oxidado}} + \text{CoQH}_2$$

A reação geral é:

$$\text{Succinato} + \text{CoQ} \rightarrow \text{Fumarato} + \text{CoQH}_2$$

Já vimos a primeira etapa dessa reação quando discutimos a oxidação de succinato a fumarato como parte do ciclo do ácido cítrico. Foi demonstrado em um trabalho posterior que a enzima tradicionalmente chamada succinato desidrogenase, que catalisa a oxidação do succinato a fumarato (Seção 19-3), faz parte desse complexo enzimático. Lembre-se de que a porção succinato desidrogenase consiste em uma flavoproteína e em uma proteína ferro–enxofre. Os outros componentes do Complexo II são um citocromo tipo *b* e duas proteínas ferro–enxofre. Todo complexo é parte integrante da membrana mitocondrial interna. A variação de energia livre padrão ($\Delta G°'$) é –13,5 kJ mol^{-1} = –3,2 kcal mol^{-1}. A reação geral é exergônica, porém não há liberação de energia suficiente para ativar a produção de ATP, e nenhum íon hidrogênio é bombeado para fora da matriz durante essa etapa.

Nas etapas seguintes da cadeia transportadora de elétrons, os elétrons são transferidos da coenzima Q, que é então reoxidada, para a primeira de uma

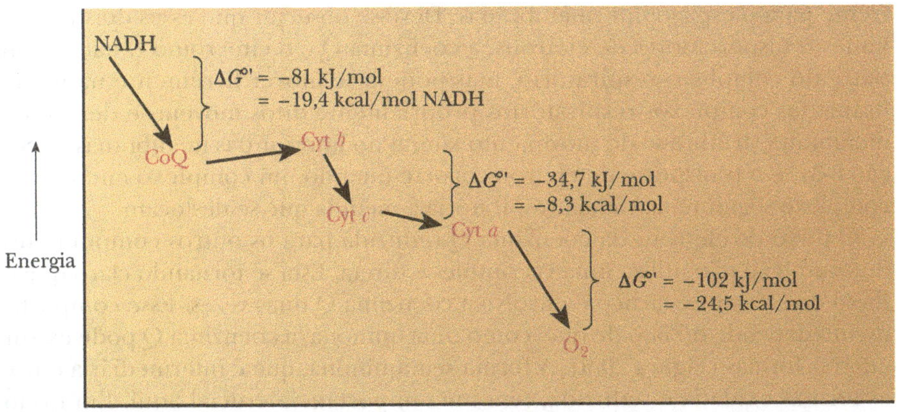
NADH
$\Delta G°'$ = –81 kJ/mol
= –19,4 kcal/mol NADH
CoQ
Cyt b
Cyt c
Cyt a
$\Delta G°'$ = –34,7 kJ/mol
= –8,3 kcal/mol
$\Delta G°'$ = –102 kJ/mol
= –24,5 kcal/mol
O_2
Energia

FIGURA 20.7 A energética do transporte de elétrons.

citocromo grupos de proteínas que contém heme na cadeia de transporte de elétrons

série de proteínas muito semelhantes chamadas **citocromos**. Cada uma dessas proteínas contém um grupo heme, e em cada grupo heme o ferro é sucessivamente reduzido a Fe(II) e reoxidado a Fe(III). Essa situação difere da observada no ferro do grupo heme da hemoglobina, que permanece na forma reduzida como Fe(II) durante todo o processo do transporte de oxigênio na corrente sanguínea. Há também algumas diferenças estruturais entre o grupo heme da hemoglobina e os grupos heme dos diversos tipos de citocromos.

As reações de oxirredução sucessivas dos citocromos

$$\text{Fe(III)} + e^- \rightarrow \text{Fe(II)} \quad \text{(redução)}$$

e

$$\text{Fe(II)} \rightarrow \text{Fe(III)} + e^- \quad \text{(oxidação)}$$

diferem entre si em razão da energia livre de cada reação, a $\Delta G°'$, e diferem das outras por causa da influência de diversos tipos de estruturas heme e proteínas. Cada uma das proteínas é ligeiramente diferente em estrutura e, portanto, também em suas propriedades, incluindo a tendência a participar nas reações de oxirredução. Os diferentes tipos de citocromos são distinguidos por letras minúsculas em itálico (*a*, *b*, *c*); e as distinções adicionais são possíveis com índices inferiores, como em c_1.

$CoQH_2$-citocromo *c* oxirredutase terceiro complexo da cadeia de transporte de elétrons que catalisa a transferência de elétrons da coenzima Q reduzida para o citocromo *c*

Complexo III O terceiro complexo, a **$CoQH_2$-citocromo *c* oxirredutase** (também chamada citocromo redutase), catalisa a oxidação da coenzima Q reduzida ($CoQH_2$). Os elétrons produzidos por essa reação de oxidação são transferidos para o citocromo *c* em um processo de múltiplas etapas. A reação geral é

$$CoQH_2 + 2\text{ Cyt } c[\text{Fe(III)}] \rightarrow CoQ + 2\text{ Cyt } c[\text{Fe(II)}] + 2H^+$$

Lembre-se de que a oxidação da coenzima Q envolve dois elétrons, enquanto a redução de Fe(III) a Fe(II) requer apenas um elétron. Portanto, duas moléculas de citocromo *c* são necessárias para cada molécula da coenzima Q. Os componentes desse complexo incluem o citocromo *b* (na verdade, dois citocromos do tipo *b*, um citocromo b_H e um b_L), o citocromo c_1 e várias proteínas ferro–enxofre (Figura 20.6). Os citocromos podem carregar elétrons, mas não hidrogênios. Esse é outro local por onde os íons hidrogênio deixam a matriz. Quando a $CoQH_2$ é oxidada a CoQ, os íons hidrogênio passam para o outro lado da membrana.

O terceiro complexo é parte integrante da membrana mitocondrial interna. A coenzima Q é solúvel no componente lipídico da membrana mitocondrial. Ela se separa do complexo no processo de fracionamento que divide a cadeia transportadora de elétrons em suas partes componentes, porém a coenzima provavelmente estará próxima aos complexos respiratórios na membrana intacta (Figura 20.8). O citocromo *c* em si não faz parte do complexo, mas está fracamente ligado à superfície externa da membrana mitocondrial interna, de frente para o espaço intermembranas. Deve-se observar que esses dois importantes transportadores de elétrons, a coenzima Q e o citocromo *c*, não fazem parte do complexo respiratório, mas podem se mover livremente na membrana. Os complexos respiratórios propriamente ditos movem-se dentro da membrana (lembre-se do movimento lateral no interior das membranas da Seção 8-3), e o transporte de elétrons ocorre quando um complexo encontra o complexo seguinte na cadeia respiratória à medida que se deslocam.

O fluxo de elétrons da coenzima Q reduzida para os outros componentes do complexo não utiliza uma via simples e direta. Está se tornando claro que o fluxo de elétrons é cíclico e envolve a coenzima Q duas vezes. Esse comportamento depende do fato de que, como uma quinona, a coenzima Q pode existir em três formas (Figura 20.9). A forma semiquinona, que é intermediária entre as formas oxidada e reduzida, tem uma importância crucial aqui. Em razão deste tipo de envolvimento, essa porção da via é chamada de **ciclo Q**.

ciclo Q série de reações na cadeia de transporte de elétrons que fazem ligação entre as transferências de dois elétrons e as transferências de um elétron

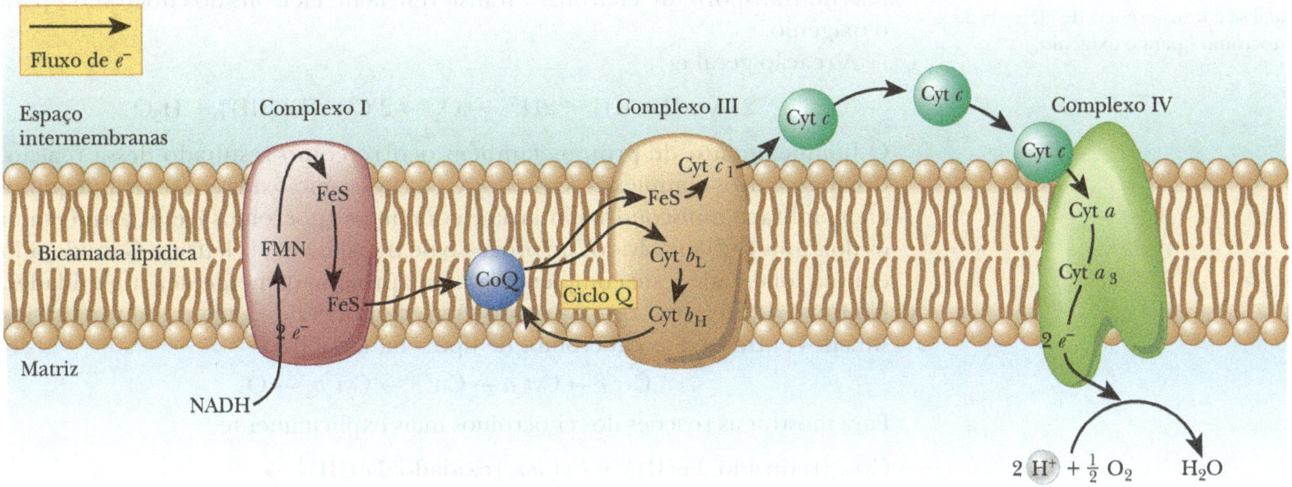
Fluxo de e^-
Espaço intermembranas
Complexo I
Complexo III
Cyt c
Cyt c
Complexo IV
Cyt c
Cyt c_1
FeS
FeS
Cyt a
Bicamada lipídica
FMN
CoQ
Cyt b_L
Cyt a_3
FeS
Ciclo Q
Cyt b_H
2 e^-
2 e^-
Matriz
NADH
2 H^+ + $\frac{1}{2}$ O_2
H_2O

FIGURA 20.8 Composições e localizações dos complexos respiratórios na membrana mitocondrial interna mostrando o fluxo de elétrons de NADH para O_2. O Complexo II não está envolvido e, portanto, não é mostrado. O NADH recebe elétrons de substratos como piruvato, isocitrato, α-cetoglutarato e malato. Observe que o sítio de ligação para o NADH está no lado voltado para a matriz da membrana. A coenzima Q é solúvel na bicamada lipídica. O Complexo III contém dois citocromos do tipo *b*, que estão envolvidos no ciclo Q. O citocromo *c* é fracamente ligado à membrana, de frente para o espaço intermembranas. No Complexo IV, o sítio de ligação para o oxigênio está situado no lado voltado para a matriz.

Em uma parte do ciclo Q, *um* elétron é passado da coenzima Q reduzida para os centros ferro–enxofre e ao citocromo c_1, deixando a coenzima Q na forma de semiquinona.

$$CoQH_2 \rightarrow Fe—S \rightarrow Cyt\ c_1$$

A notação Fe—S indica os centros ferro–enxofre. A série de reações envolvendo a coenzima Q e o citocromo c_1, porém omitindo a proteína ferro–enxofre, pode ser escrita como

$$CoQH_2 + Cyt\ c_1(\text{oxidado}) \rightarrow$$

$$Cyt\ c_1(\text{reduzido}) + CoQ^-\ (\text{ânion semiquinona}) + 2H^+$$

A semiquinona, juntamente com as formas oxidada e reduzida da coenzima Q, participam em um processo cíclico, no qual os dois citocromos *b* são reduzidos e oxidados alternadamente. Uma segunda molécula de coenzima Q está envolvida, transferindo um segundo elétron para o citocromo c_1 e de lá para o transportador móvel citocromo *c*. Serão omitidos diversos detalhes do processo para manter a simplicidade. As duas moléculas da coenzima Q envolvidas no ciclo Q perdem um elétron. O resultado líquido é o mesmo que se uma molécula de CoQ tivesse perdido dois elétrons. Sabe-se que uma molécula de $CoQH_2$ é regenerada, e uma é oxidada para CoQ, o que é consistente com este quadro. Acima de tudo, o ciclo Q fornece um mecanismo para que os elétrons sejam transferidos um de cada vez da coenzima Q para o citocromo c_1.

O bombeamento de prótons, ao qual a produção de ATP está associada, ocorre como resultado das reações desse complexo. O ciclo Q está envolvido no processo, e todo o tema está sendo ativamente investigado. A variação de energia livre padrão ($\Delta G°'$) é –34,2 kJ = –8,2 kcal para cada mol de NADH que entra na cadeia de transporte de elétrons (veja a Figura 20.7). A fosforilação de ADP requer 30,5 kJ mol^{-1} = 7,3 kcal mol^{-1}, e a reação catalisada pelo terceiro complexo fornece energia suficiente para acionar a produção de ATP.

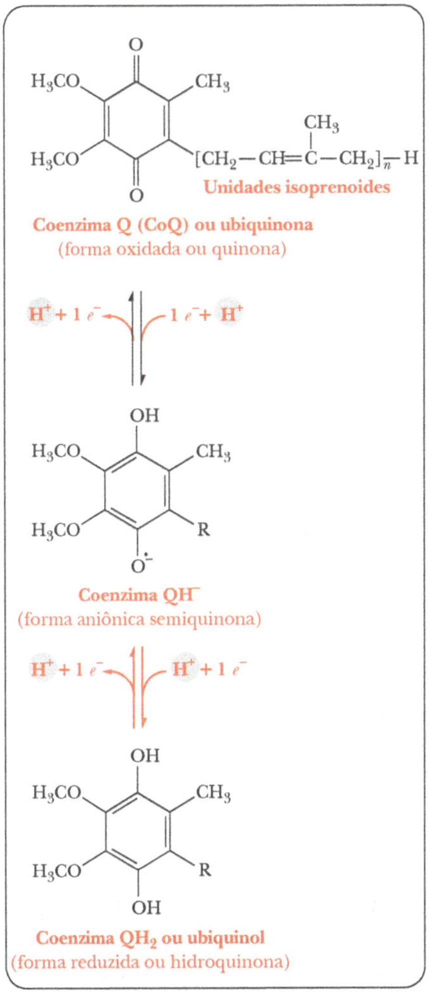
Unidades isoprenoides
Coenzima Q (CoQ) ou ubiquinona
(forma oxidada ou quinona)
H^+ + 1 e^-
1 e^- + H^+
Coenzima QH^-
(forma aniônica semiquinona)
H^+ + 1 e^-
H^+ + 1 e^-
Coenzima QH_2 ou ubiquinol
(forma reduzida ou hidroquinona)

FIGURA 20.9 As formas oxidada e reduzida da coenzima Q mostrando o ânion intermediário semiquinona envolvido no ciclo Q.

citocromo *c* oxidase quarto complexo da cadeia de transporte de elétron que catalisa a transferência de elétrons do citocromo *c* para o oxigênio

Complexo IV O quarto complexo, a **citocromo *c* oxidase**, catalisa as etapas finais do transporte de elétrons, a transferência de elétrons do citocromo *c* para o oxigênio.

A reação geral é:

$$2\ \text{Cyt}\ c[\text{Fe(II)}] + 2\text{H}^+ + \tfrac{1}{2}\text{O}_2 \rightarrow 2\ \text{Cyt}\ c[\text{Fe(III)}] + \text{H}_2\text{O}$$

O bombeamento de prótons também ocorre como resultado dessa reação. Como os outros complexos respiratórios, a citocromo oxidase é parte integrante da membrana mitocondrial interna e contém os citocromos a e a_3, assim como os dois íons Cu^{2+} envolvidos no processo de transporte de elétrons. Considerado em sua totalidade, este complexo contém aproximadamente dez subunidades. No fluxo de elétrons, os íons cobre são receptores de elétrons intermediários situados entre os dois citocromos de tipo *a* na sequência

$$\text{Cyt}\ c \rightarrow \text{Cyt}\ a \rightarrow \text{Cu}^{2+} \rightarrow \text{Cyt}\ a_3 \rightarrow \text{O}_2$$

Para mostrar as reações dos citocromos mais explicitamente,

$$\text{Cyt}\ c\ [\text{reduzido, Fe(II)}] + \text{Cyt}\ aa_3\ [\text{oxidado, Fe(III)}] \rightarrow \text{Cyt}\ aa_3\ [\text{reduzido, Fe(II)}] + \text{Cyt}\ c\ [\text{oxidado, Fe(III)}]$$

Os citocromos a e a_3, juntos, formam o complexo conhecido como citocromo oxidase. A citocromo oxidase reduzida é então oxidada pelo oxigênio, que, por sua vez, é reduzido a água. A semirreação para a redução do oxigênio (o oxigênio atua como agente oxidante) é

$$\text{O}_2 + 2\text{H}^+ + 2e^- \rightarrow \text{H}_2\text{O}$$

A reação global é

$$2\ \text{Cyt}\ aa_3\ [\text{reduzido, Fe(II)}] + \tfrac{1}{2}\text{O}_2 + 2\text{H}^+ \rightarrow 2\ \text{Cyt}\ aa_3\ [\text{oxidado, Fe(III)}] + \text{H}_2\text{O}$$

Observe que nessa reação global vemos a ligação com o oxigênio molecular no metabolismo aeróbio.

A variação de energia livre padrão ($\Delta G°'$) é –110 kJ = –26,3 kcal para cada mol de NADH que entra na cadeia de transporte de elétrons (veja a Figura 20.7). Até agora foram vistos os três locais da cadeia respiratória onde o transporte de elétrons está associado à produção de ATP pelo bombeamento de prótons. Esses locais são: reação de NADH desidrogenase, oxidação do citocromo *b* e reação da citocromo oxidase com o oxigênio, embora o mecanismo para transferência de prótons na citocromo oxidase ainda permaneça um mistério. A Tabela 20.2 resume as reações energéticas do transporte de elétrons.

Como um tema de interesse histórico, podemos mencionar como foi estabelecida a ordem dos complexos respiratórios na cadeia de transporte de elétrons. Este feito foi realizado usando técnicas espectroscópicas especializadas em mitocôndrias intactas capazes de realizar o transporte de elétrons. Quando as mitocôndrias eram expostas a compostos chamados inibidores respiratórios,

TABELA 20.2 As Reações Energéticas do Transporte de Elétrons

Reação	$\Delta G°'$ kJ (mol NADH)$^{-1}$	$\Delta G°'$ kcal (mol NADH)$^{-1}$
$\text{NADH} + \text{H}^+ + \text{E—FMN} \rightarrow \text{NAD}^+ + \text{E—FMNH}_2$	−38,6	−9,2
$\text{E—FMNH}_2 + \text{CoQ} \rightarrow \text{E—FMN} + \text{CoQH}_2$	−42,5	−10,2
$\text{CoQH}_2 + 2\ \text{Cyt}\ b[\text{Fe(III)}] \rightarrow \text{CoQ} + 2\text{H}^+ + 2\ \text{Cyt}\ b[\text{Fe(II)}]$	+11,6	+2,8
$2\ \text{Cyt}\ b[\text{Fe(II)}] + 2\ \text{Cyt}\ c_1[\text{Fe(III)}] \rightarrow 2\ \text{Cyt}\ c_1[\text{Fe(II)}] + 2\ \text{Cyt}\ b[\text{Fe(III)}]$	−34,7	−8,3
$2\ \text{Cyt}\ c_1[\text{Fe(II)}] + 2\ \text{Cyt}\ c[\text{Fe(III)}] \rightarrow 2\ \text{Cyt}\ c[\text{Fe(II)}] + 2\ \text{Cyt}\ c_1[\text{Fe(III)}]$	−5,8	−1,4
$2\ \text{Cyt}\ c[\text{Fe(II)}] + 2\ \text{Cyt}\ (aa_3)[\text{Fe(III)}] \rightarrow 2\ \text{Cyt}\ (aa_3)[\text{Fe(II)}] + 2\ \text{Cyt}\ c[\text{Fe(III)}]$	−7,7	−1,8
$2\ \text{Cyt}\ (aa_3)[\text{Fe(II)}] + \tfrac{1}{2}\text{O}_2 + 2\text{H}^+ \rightarrow 2\ \text{Cyt}\ (aa_3)[\text{Fe(III)}] + \text{H}_2\text{O}$	−102,3	−24,5
Reação geral: $\text{NADH} + \text{H}^+ + \tfrac{1}{2}\text{O}_2 \rightarrow \text{NAD}^+ + \text{H}_2\text{O}$	−220	−52,6

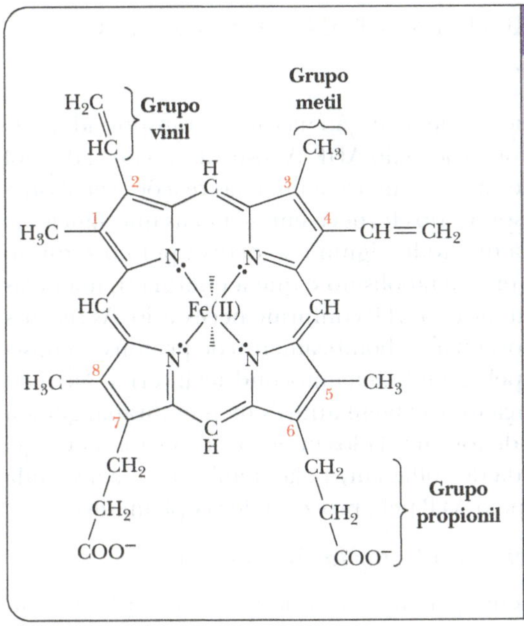

Grupo metil
H_2C
HC
Grupo vinil
CH_3
H_3C
$CH=CH_2$
Fe(II)
CH_3
CH_2
COO^-
Grupo propionil
1
2
3
4
5
6
7
8

POSIÇÃO	CITOCROMOS *a*	CITOCROMOS *c*
1	A mesma	A mesma
2 (em *a*)	$-CH(OH)-CH_2-(CH_2-CH=C(CH_3)-CH_2)_3H$	
2 (em *c*)		$-CHCH_3$ — S — proteína (Ligação covalente)
3	A mesma	A mesma
4	A mesma	$-CHCH_3$ — S — proteína
5	A mesma	A mesma
6	A mesma	A mesma
7	A mesma	A mesma
8	$-C(H)=O$ (Grupo formil)	A mesma

Ⓐ As estrutura dos hemes de todos os citocromos b, da hemoglobina e da mioglobina. As ligações em cunha mostram o quinto e o sexto locais de coordenacão do átomo de ferro.

Ⓑ Uma comparação das cadeias laterais dos citocromos a e c com as do citocromo b.

FIGURA 20.10 **O grupo heme dos citocromos.**

reações de transferência de elétrons específicas eram inibidas. A reação especificamente inibida depende da natureza do inibidor. Os componentes da cadeia de transporte de elétrons antes da reação bloqueada acumulam-se em suas formas reduzidas e podem ser detectados espectroscopicamente. Similarmente, as formas oxidadas de componentes depois da reação bloqueada na cadeia acumulam-se e também podem ser detectadas espectroscopicamente.

Qual a natureza das proteínas contendo ferro de transporte de elétrons?

Em contraste com os transportadores de elétrons nos estágios iniciais do transporte de elétrons, como o NADH, o FMN e a CoQ, os citocromos são macromoléculas. Essas proteínas são encontradas em todos os tipos de organismos e normalmente estão localizadas nas membranas. Nos eucariotos, o local usual é a membrana mitocondrial interna, porém os citocromos também podem ocorrer no retículo endoplasmático.

Todos os citocromos contêm o grupo heme, que também faz parte da estrutura da hemoglobina e da mioglobina (Seção 4-5). Nos citocromos, o ferro do grupo heme não se liga ao oxigênio; em vez disso, o ferro está envolvido na série de reações redox, já vistas anteriormente. Existem diferenças nas cadeias laterais do grupo heme dos citocromos envolvidos nos diversos estágios do transporte de elétrons (Figura 20.10). Essas diferenças estruturais, combinadas com as variações na cadeia polipeptídica e no modo como a cadeia polipeptídica é ligada ao heme, explicam as diferenças de propriedades entre os citocromos na cadeia transportadora de elétrons.

As proteínas de ferro não heme não contêm o grupo heme, como seu nome indica. Muitas das proteínas mais importantes dessa categoria contêm enxofre, como é o caso das proteínas ferro–enxofre que compõem os complexos respiratórios. O ferro geralmente está ligado à cisteína ou ao S^{2-}. Há ainda muitas dúvidas sobre a localização e o modo de ação das proteínas ferro–enxofre nas mitocôndrias.

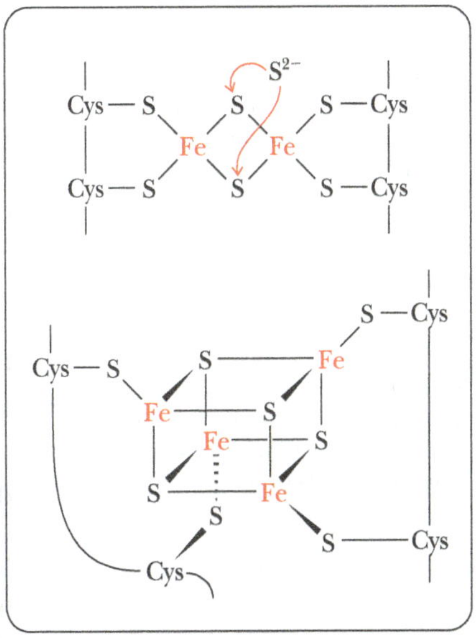

S^{2-}
Cys
S
Fe

FIGURA 20.11 **Ligação ferro-enxofre nas proteínas de ferro não heme.**

20-4 A Conexão entre o Transporte de Elétron e a Fosforilação

Parte da energia liberada pelas reações de oxidação na cadeia transportadora de elétrons é usada para acionar a fosforilação do ADP. A fosforilação de cada mol de ADP requer 30,5 kJ = 7,3 kcal, e vimos como cada uma das reações catalisadas por três dos quatro complexos respiratórios fornece energia mais que suficiente para acionar essa reação, embora de modo algum isso ocorra pelo uso direto dessa energia. Um tema comum em metabolismo é que a energia usada pelas células é convertida na energia química do ATP conforme necessário. As reações de oxidação que liberam energia originam o bombeamento de prótons e, consequentemente, o gradiente de pH pela membrana mitocondrial interna. Além do gradiente de pH, há uma diferença de voltagem através da membrana, gerada pelas diferenças de concentração de íons nos lados interno e externo. A energia do potencial eletroquímico (queda de voltagem) pela membrana é convertida em energia química armazenada pelo ATP pelo processo de acoplamento.

Qual é o fator de acoplamento na fosforilação oxidativa?

É necessário um fator de acoplamento para ligar a oxidação e a fosforilação. Um complexo proteico oligomérico, separado dos complexos de transporte de elétrons, exerce essa função; a proteína completa atravessa a membrana mitocondrial interna e se projeta para a matriz. A porção da proteína que se estende pela membrana é chamada F_0. Ela consiste em três diferentes tipos de cadeias polipeptídicas (a, b e c), e as pesquisas estão em progresso para caracterizá-las com mais detalhes. A porção que se projeta para a matriz é chamada F_1; ela consiste em cinco tipos diferentes de cadeias polipeptídicas na proporção $\alpha_3\beta_3\gamma\delta\varepsilon$. Micrografias eletrônicas da mitocôndria mostram as projeções para a matriz a partir da membrana mitocondrial interna (Figura 20.12). A organização esquemática da proteína pode ser vista na Figura 20.13. A esfera F_1 é o sítio da síntese de ATP. Todo o complexo proteico é chamado de **ATP sintase**. Ele também é conhecido como ATPase mitocondrial, porque a reação inversa da hidrólise do ATP, assim como a fosforilação, podem ser catalisadas pela enzima. A reação hidrolítica foi descoberta antes da reação da síntese do ATP, daí o nome. O Prêmio Nobel de Química em 1997 foi dividido entre um cientista norte-americano, Paul Boyer, da UCLA, e um cientista britânico, John Walker, do Medical Research Council em Cambridge, Inglaterra, pela elucidação da estrutura e do mecanismo dessa enzima. (Este prêmio foi ainda dividido com outro cientista, dinamarquês, Jens Skou, por seu trabalho sobre a bomba de sódio–potássio [Seção 8-6], que também funciona como uma ATPase.)

ATP sintase enzima responsável pela produção de ATP nas mitocôndrias

Compostos conhecidos como **desacopladores** inibem a fosforilação do ADP sem afetar o transporte de elétrons. Um exemplo bem conhecido de desacoplador é o *2,4-dinitrofenol*. Vários antibióticos, como *valinomicina* e *gramicidina A*, também são desacopladores (Figura 20.14). Quando os processos de oxidação mitocondrial estão operando normalmente, o transporte de elétrons do NADH ou do $FADH_2$ para o oxigênio resulta na produção de ATP. Quando um desacoplador está presente, o oxigênio ainda é reduzido a H_2O, porém não se produz ATP. Se o desacoplador for removido, a síntese de ATP ligada ao transporte de elétrons é reiniciada.

desacopladores substâncias que isolam o gradiente de prótons nas mitocôndrias, permitindo que haja o transporte de elétrons na ausência de fosforilação

Um termo chamado **razão P/O** é usado para indicar o acoplamento da produção de ATP ao transporte de elétrons. A razão P/O fornece a quantidade de matéria de P_i consumida na reação ADP + $P_i \rightarrow$ ATP para cada mol de átomos de oxigênio consumidos na reação $\frac{1}{2}$ O_2 + $2H^+$ + $2e^- \rightarrow H_2O$. Como já mencionado, 2,5 mols de ATP são produzidos quando um mol de NADH é oxidado a NAD^+. Lembre-se de que o oxigênio é o receptor final de elétrons do NADH, e que $\frac{1}{2}$ mol de moléculas de O_2 (um mol de átomos de oxigênio) é reduzido para cada mol de NADH oxidado. A razão P/O determinada experimentalmente é 2,5 quando NADH é o substrato oxidado. A razão P/O é 1,5 quando $FADH_2$ é o substrato oxidado (também um valor experimental). Até recentemente, os

razão P/O razão entre o ATP produzido pela fosforilação oxidativa e os átomos de oxigênio consumidos no transporte de elétrons

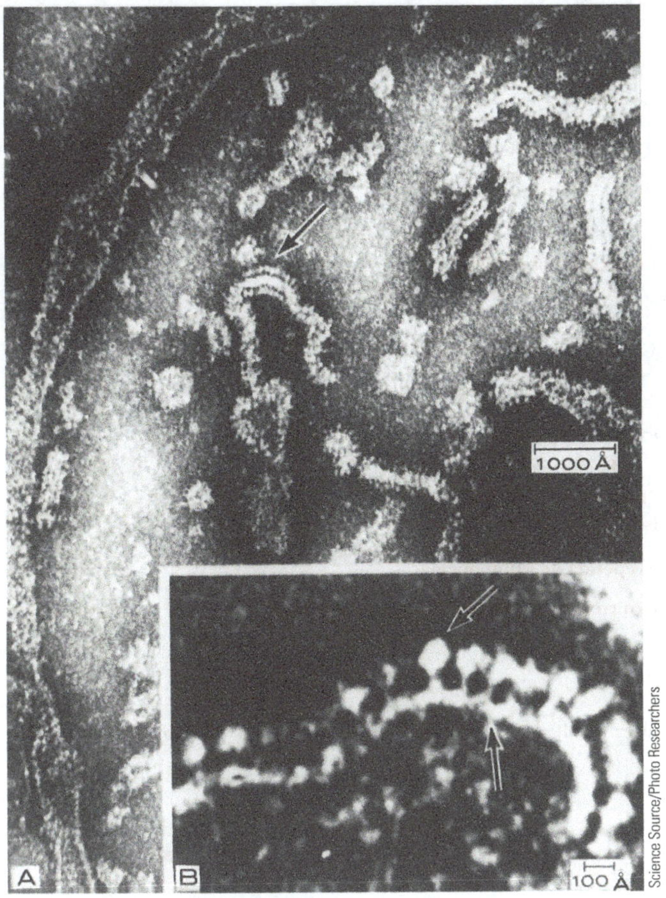
1000 Å
A
B
100 Å
Science Source/Photo Researchers

FIGURA 20.12 Micrografia eletrônica das projeções para o espaço matricial de uma mitocôndria. Observe a diferença na escala entre as partes A e B. As setas superiores indicam o lado da matriz e a subunidade F_1. A seta inferior na parte B indica o espaço intermembranas.

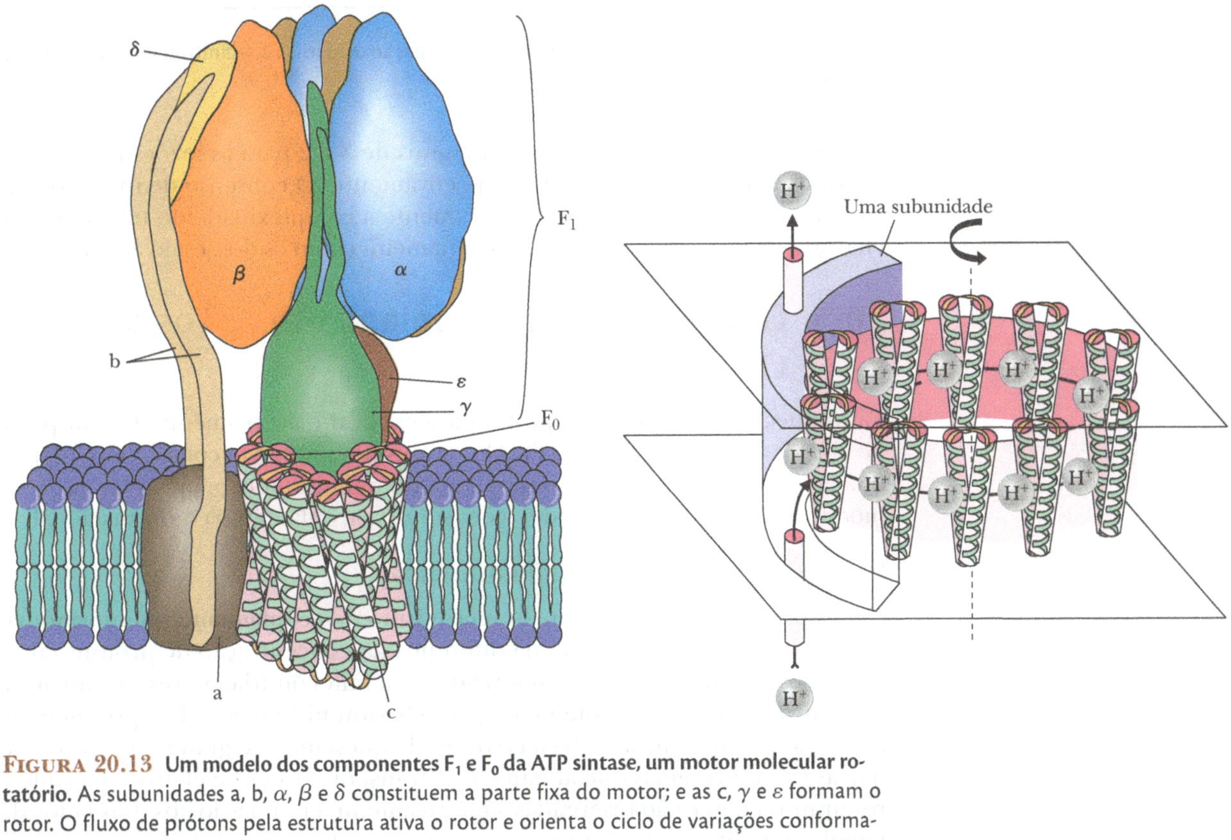
δ
β
α
b
ε
γ
F_1
F_0
a
c
H^+
Uma subunidade

FIGURA 20.13 Um modelo dos componentes F_1 e F_0 da ATP sintase, um motor molecular rotatório. As subunidades a, b, α, β e δ constituem a parte fixa do motor; e as c, γ e ε formam o rotor. O fluxo de prótons pela estrutura ativa o rotor e orienta o ciclo de variações conformacionais em α e β que sintetizam ATP.

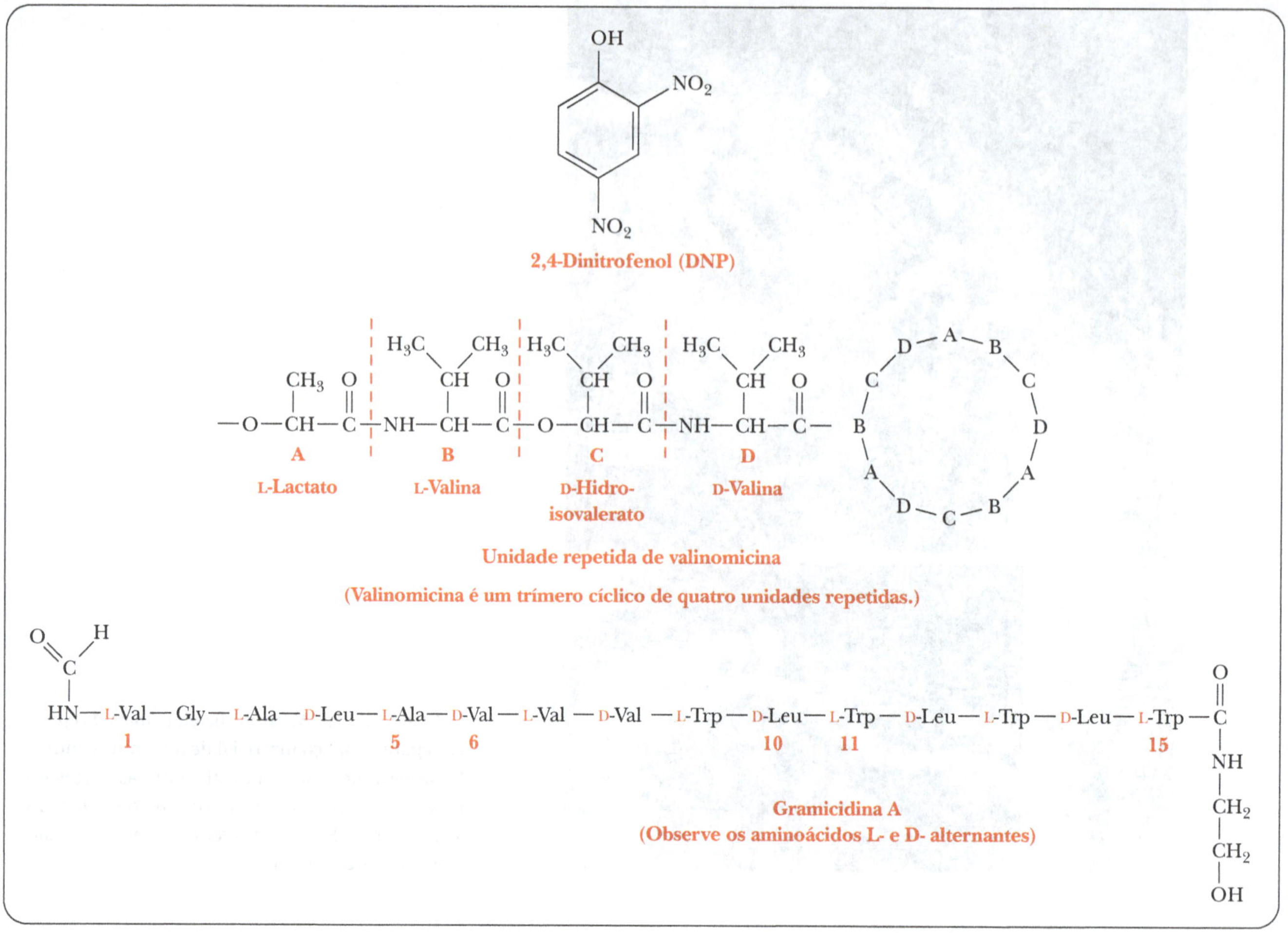

OH
NO_2
NO_2
2,4-Dinitrofenol (DNP)
A
B
C
D
L-Lactato
L-Valina
D-Hidro-isovalerato
D-Valina
Unidade repetida de valinomicina
(Valinomicina é um trímero cíclico de quatro unidades repetidas.)
HN—L-Val—Gly—L-Ala—D-Leu—L-Ala—D-Val—L-Val—D-Val—L-Trp—D-Leu—L-Trp—D-Leu—L-Trp—D-Leu—L-Trp—C
1
5
6
10
11
15
Gramicidina A
(Observe os aminoácidos L- e D- alternantes)

FIGURA 20.14 Alguns desacopladores da fosforilação oxidativa: 2,4-dinitrofenol, valinomicina e gramicidina A.

bioquímicos utilizavam os valores integrais de 3 e 2 para as razões P/O para a reoxidação de NADH e $FADH_2$, respectivamente. O consenso de números fracionários utilizados aqui destaca claramente a complexidade do transporte de elétrons, da fosforilação oxidativa e da maneira como os dois estão acoplados.

20-5 O Mecanismo de Acoplamento na Fosforilação Oxidativa

Vários mecanismos foram propostos para explicar o acoplamento de transporte de elétrons e a produção de ATP. O mecanismo que serviu como ponto de partida em todas as discussões é o acoplamento quimiosmótico, que mais tarde foi modificado para incluir considerações sobre o acoplamento conformacional.

O que é acoplamento quimiosmótico?

acoplamento quimiosmótico mecanismo para o acoplamento do transporte de elétrons à fosforilação oxidativa; ele exige um gradiente de prótons ao longo da membrana mitocondrial interna

Como proposto originalmente, o mecanismo de **acoplamento quimiosmótico** foi completamente embasado na diferença da concentração de prótons entre o espaço intermembranas e a matriz de uma mitocôndria em respiração ativa. Em outras palavras, o gradiente de prótons (íon hidrogênio, H^+) por meio da membrana mitocondrial interna é o "X" da questão. Esse gradiente existe porque as várias proteínas que atuam como transportadores de elétrons na cadeia respiratória não estão orientadas simetricamente em relação aos dois lados da membrana mitocondrial interna, nem reagem da mesma forma em relação à matriz e ao espaço intermembranas (Figura 20.15). Observe que a Figura 20.15

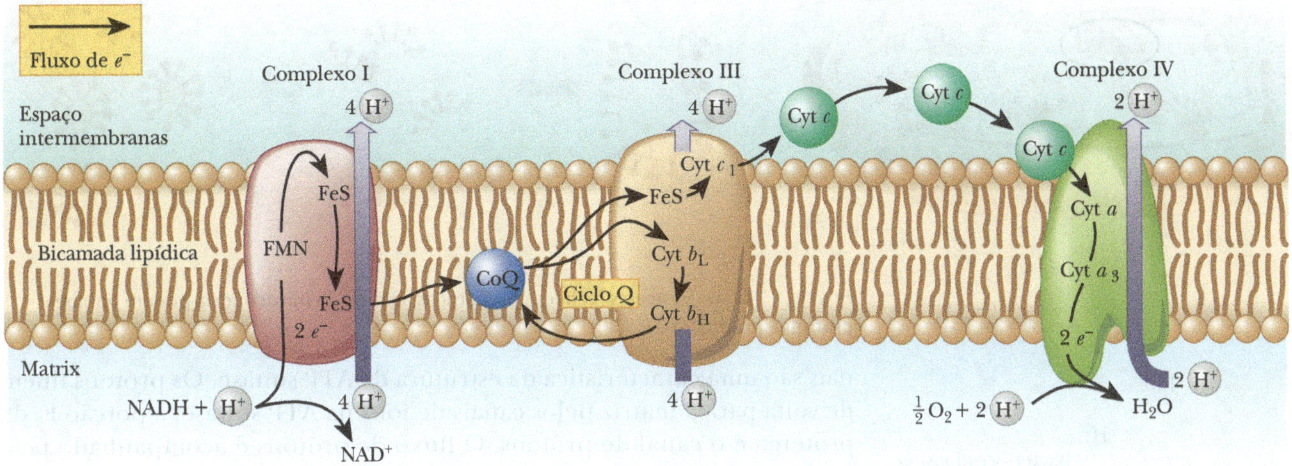
Fluxo de e^-
Complexo I
Complexo III
Complexo IV
Espaço intermembranas
4 H^+
4 H^+
2 H^+
Cyt c
Cyt c
Cyt c
Cyt c_1
FeS
FeS
FeS
FMN
Bicamada lipídica
CoQ
Ciclo Q
Cyt b_L
Cyt b_H
Cyt a
Cyt a_3
2 e^-
2 e^-
Matrix
NADH + H^+
4 H^+
4 H^+
NAD$^+$
$\frac{1}{2}O_2 + 2H^+$
2 H^+
H_2O

FIGURA 20.15 A criação de um gradiente de prótons no acoplamento quimiosmótico. O efeito final da série de reações do transporte de elétrons é mover os prótons (H^+) para dentro do espaço intermembranas, retirando-os da matriz e criando uma diferença de pH pela membrana.

repete as informações encontradas na Figura 20.8, com a adição do fluxo de prótons. O número de prótons transportados pelos complexos respiratórios é incerto e, na verdade, é tema de algumas controvérsias. A Figura 20.15 mostra uma estimativa consensual para cada complexo. No processo de transporte de elétrons, as proteínas dos complexos respiratórios recebem prótons da matriz para transferi-los em reações redox; ao ser reoxidados, esses transportadores de elétrons liberam prótons para dentro do espaço intermembranas, criando um gradiente de prótons. Como resultado, há uma concentração mais elevada de prótons no espaço intermembranas que na matriz; isto é precisamente o que se quer dizer quando se fala em gradiente de prótons. Sabe-se que o espaço intermembranas possui um pH menor que a matriz, o que é outro modo de dizer que existe uma concentração maior de prótons no espaço intermembranas que na matriz. O gradiente de prótons, por sua vez, pode acionar a produção de ATP, que ocorre quando os prótons fluem de volta para a matriz.

Desde que o acoplamento quimiosmótico foi sugerido pelo cientista britânico Peter Mitchell, em 1961, um número considerável de evidências experimentais foi acumulado para apoiar essa teoria.

1. Um sistema com compartimentos interno e externo definidos (vesículas fechadas) é essencial para que ocorra a fosforilação oxidativa. O processo não ocorre em preparações solúveis ou em fragmentos da membrana sem compartimentalização.
2. Preparações submitocondriais que contenham vesículas fechadas podem ser preparadas; essas vesículas podem efetuar a fosforilação oxidativa, e a orientação assimétrica dos complexos respiratórios em relação à membrana pode ser demonstrada (Figura 20.16).
3. Um sistema modelo para fosforilação oxidativa pode ser construído a partir do bombeamento de prótons na ausência de transporte de elétrons. Tal sistema consiste em vesículas de membranas reconstituídas, de ATP sintase mitocondrial e de uma bomba de prótons. A bomba é a bacteriorrodopsina, uma proteína encontrada na membrana de halobactérias. O bombeamento de prótons ocorre quando a proteína é iluminada (Figura 20.17).
4. A existência de um gradiente de pH foi demonstrada e confirmada experimentalmente.

O modo como o gradiente de prótons leva à produção de ATP depende dos canais de íons presentes na membrana mitocondrial interna; esses ca-

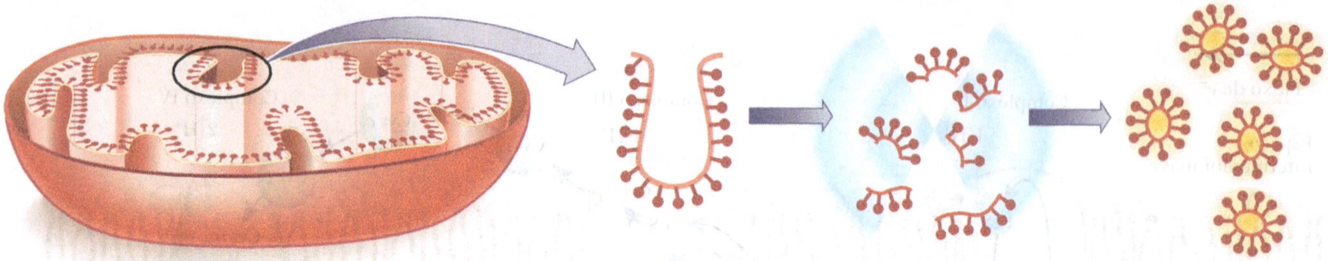

FIGURA 20.16 Vesículas fechadas preparadas a partir da mitocôndria podem bombear prótons e produzir ATP.

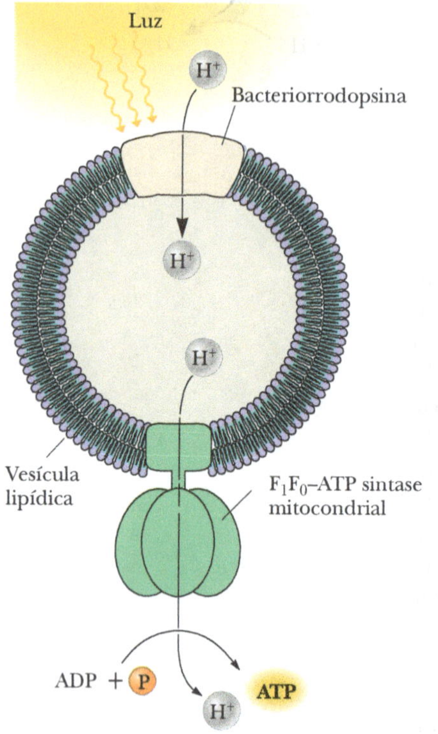
Luz
H^+
Bacteriorrodopsina
H^+
H^+
Vesícula lipídica
F_1F_0–ATP sintase mitocondrial
ADP + P
ATP
H^+

FIGURA 20.17 O ATP pode ser produzido por vesículas fechadas contendo bacteriorrodopsina, que atua como uma bomba de prótons.

ionóforos substâncias que criam canais para os íons passarem através de uma membrana mitocondrial interna

nais são uma característica da estrutura da ATP sintase. Os prótons fluem de volta para a matriz pelos canais de íons na ATP sintase; a porção F_0 da proteína é o canal de prótons. O fluxo de prótons é acompanhado pela formação de ATP, que ocorre na unidade de F_1 (Figura 20.18). A característica marcante do acoplamento quimiosmótico é a ligação direta do gradiente de prótons com a reação de fosforilação. Os detalhes precisos do modo como a fosforilação ocorre como resultado do gradiente de prótons ainda não estão explicitamente especificados neste mecanismo.

Um modo de ação razoável para os desacopladores pode ser proposto com base na existência de um gradiente de prótons. O dinitrofenol é um ácido; sua base conjugada, o ânion dinitrofenolato, é o verdadeiro desacoplador, uma vez que pode reagir com prótons no espaço intermembranas, reduzindo, dessa forma, a diferença na concentração de prótons entre os dois lados da membrana mitocondrial interna.

Os antibióticos desacopladores, como a gramicidina A e a valinomicina, são **ionóforos**, criando um canal pelo qual íons como H^+, K^+ e Na^+ podem atravessar a membrana. O gradiente de prótons é anulado, levando ao desacoplamento da oxidação e da fosforilação. O quadro CONEXÕES **BIOQUÍMICAS 20.1** discute um desacoplador natural.

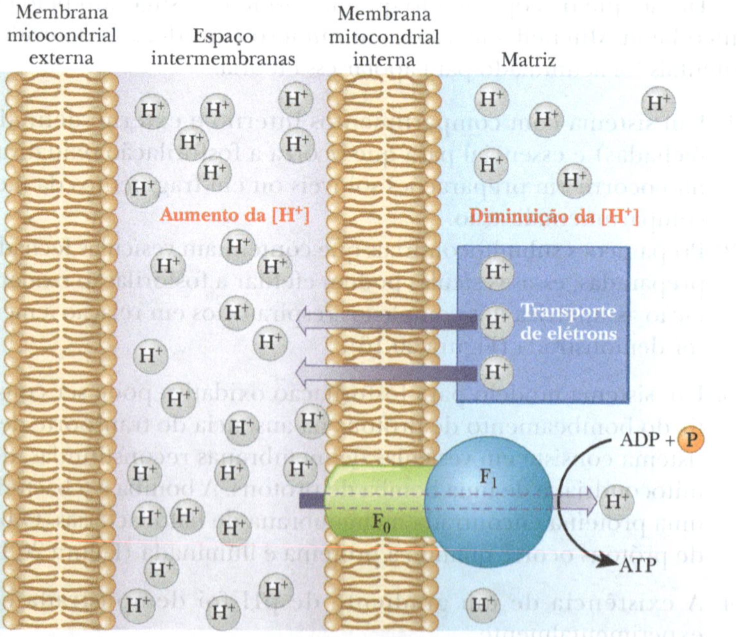
Membrana mitocondrial externa
Espaço intermembranas
Membrana mitocondrial interna
Matriz
Aumento da [H^+]
Diminuição da [H^+]
Transporte de elétrons
F_1
F_0
ADP + P
ATP

FIGURA 20.18 A formação de ATP acompanha o fluxo de prótons de volta para a matriz mitocondrial.

20.1 Conexões Bioquímicas | nutrição

O Que o Tecido Adiposo Marrom Tem a Ver com a Obesidade?

Quando o transporte de elétrons gera um gradiente de prótons, parte da energia produzida assume a forma de calor. Há duas situações nas quais a dissipação da energia como calor é útil para o organismo: a termogênese sem tremores induzida pelo frio (produção de calor) e a termogênese induzida pela dieta. A termogênese sem tremores, induzida pelo frio, permite que os animais sobrevivam em baixas temperaturas após terem se adaptado a essas condições, e a termogênese induzida pela dieta evita o desenvolvimento da obesidade apesar da alimentação excessiva prolongada. (A energia é dissipada como calor na medida em que as moléculas de alimento são metabolizadas, em vez de ser armazenadas como gordura.) Esses dois processos podem ser bioquimicamente iguais, ocorrendo principalmente, se não exclusivamente, no tecido adiposo marrom (TAM), rico em mitocôndrias. (O tecido adiposo marrom obtém sua cor por causa do grande número de mitocôndrias presentes nele, em vez das gorduras brancas usuais.) A chave para esse uso "ineficiente" de energia no tecido adiposo marrom parece ser uma proteína mitocondrial chamada termogenina, também conhecida como "proteína desacopladora". Quando tal proteína ligada à membrana é ativada na termogênese, ela funciona como um canal de prótons através da membrana mitocondrial interna. Como todos os outros desacopladores, ela "abre um buraco" na membrana mitocondrial e diminui o efeito do gradiente de prótons. Os prótons fluem de volta para a matriz por meio da termogenina, desviando-se do complexo ATP sintase.

Poucas pesquisas sobre a bioquímica ou a fisiologia do tecido adiposo marrom foram realizadas em seres humanos. A maioria dos trabalhos, tanto sobre a obesidade quanto sobre a adaptação do estresse ao frio, foi realizada em pequenos mamíferos, como ratos, camundongos e hamsters. O papel desempenhado pelos depósitos de gordura marrom no desenvolvimento ou na prevenção da obesidade em humanos, se houver, é uma questão aberta para os pesquisadores. Recentemente, os pesquisadores dedicaram grandes esforços para identificar o gene que codifica a proteína desacopladora envolvida na obesidade. A meta final desta pesquisa é usar a proteína ou medicamentos que possam controlar a obesidade.

Alguns pesquisadores também propuseram uma ligação entre a síndrome da morte súbita do lactente (SMSL), popularmente conhecida como morte no berço, e o metabolismo no tecido adiposo marrom. Eles acreditam que uma ausência de TAM, ou mesmo uma mudança para tecido adiposo normal muito precocemente, poderia levar ao resfriamento da temperatura corporal de modo a poder afetar o sistema nervoso central. ◗

Dynamics Graphic Group/IT Stock/Alamy

◗ *O que é acoplamento conformacional?*

No **acoplamento conformacional**, o gradiente de prótons está indiretamente relacionado à produção de ATP. O gradiente de prótons leva a variações conformacionais em diversas proteínas, particularmente na própria ATP sintase. A partir de resultados recentes, parece que o gradiente de prótons está envolvido na liberação de ATP firmemente ligado à sintase como resultado de uma variação conformacional (Figura 20.19). Há três sítios para o substrato na sintase e três possíveis estados conformacionais: o aberto (O), com baixa afinidade pelo substrato; a ligação fraca (L), que não é cataliticamente ativa; e a ligação forte (T), que é cataliticamente ativa. Em determinado momento, cada um desses sítios está em um desses três estados conformacionais diferentes. Esses estados são interconversíveis como resultado do fluxo de prótons pela sintase. O ATP já formado pela sintase é ligado a um sítio na conformação T, enquanto o ADP e o P_i ligam-se a um sítio na conformação L. O fluxo de prótons converte o sítio na conformação T para a conformação O, liberando ATP. O sítio no qual o ADP e o P_i estão ligados assume a conformação T, que pode, então, originar ATP. Mais recentemente foi demonstrado que a porção F_1 da ATP sintase atua como um motor rotatório. As subunidades c, γ e ε constituem o rotor, girando dentro de um barril estacionário do domínio ε associado ao hexâmero $\alpha_3\beta_3$ e às subunidades a e b (consulte a Figura 20.13 para uma ilustração detalhada da subunidade). As subunidades γ e ε constituem o "eixo" rotatório que faz a mediação da troca energética entre o fluxo de prótons por intermédio de F_0 e a síntese de ATP em F_1. Essencialmente, a energia química do gradiente de prótons é convertida em energia mecânica na forma das pro-

acoplamento conformacional mecanismo para acoplamento do transporte de elétrons com a fosforilação oxidativa que depende de uma mudança conformacional na ATP sintetase

circuito glicerol–fosfato mecanismo para a transferência de elétrons do NADH no citosol para o $FADH_2$ na mitocôndria

teínas rotatórias. Essa energia mecânica é então convertida em energia química armazenada nas ligações de fosfato de alta energia do ATP.

Micrografias eletrônicas mostraram que a conformação da membrana mitocondrial interna e das cristas é distinta nos estados de repouso e de atividade. Essa evidência suporta a ideia de que as variações conformacionais desempenham um papel importante no acoplamento da oxidação e da fosforilação.

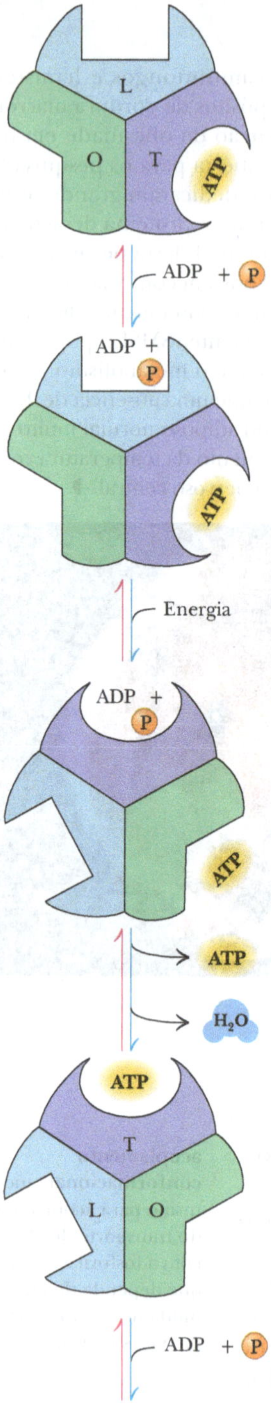

L
O
T
ATP
ADP + P
ADP + P
ATP
Energia
ADP + P
ATP
ATP
H_2O
ATP
T
L
O
ADP + P
Repetição do ciclo

Figura 20.19 O papel da variação conformacional na liberação do ATP da ATP sintase. De acordo com o mecanismo de mudança da ligação, o efeito do fluxo de prótons consiste em causar uma variação conformacional que leva à liberação do ATP já formado pela ATP sintase.

20-6 Mecanismos de Circuito

O NADH é produzido pela glicólise, que ocorre no citosol, porém o NADH no citosol não pode cruzar a membrana mitocondrial interna para entrar na cadeia transportadora de elétrons. Contudo, os elétrons podem ser transferidos para um transportador que atravesse a membrana. O número de moléculas de ATP gerado depende da natureza do transportador, que varia de acordo com o tipo de célula na qual o processo ocorre.

Como os mecanismos de circuito diferem entre si?

Um sistema transportador que foi extensivamente estudado no músculo do voo de insetos é o **circuito glicerol–fosfato**. Esse mecanismo usa uma enzima dependente de FAD presente na face externa da membrana mitocondrial interna que oxida o glicerol fosfato. O glicerol fosfato é produzido pela redução de di-idroxiacetona fosfato; no curso da reação, o NADH é oxidado a NAD^+. Nessa reação, o agente oxidante (que também é reduzido) é o FAD, e o produto é o $FADH_2$ (Figura 20.20). O $FADH_2$ passa, então, os elétrons pela cadeia transportadora de elétrons, levando à produção de 1,5 mol de ATP

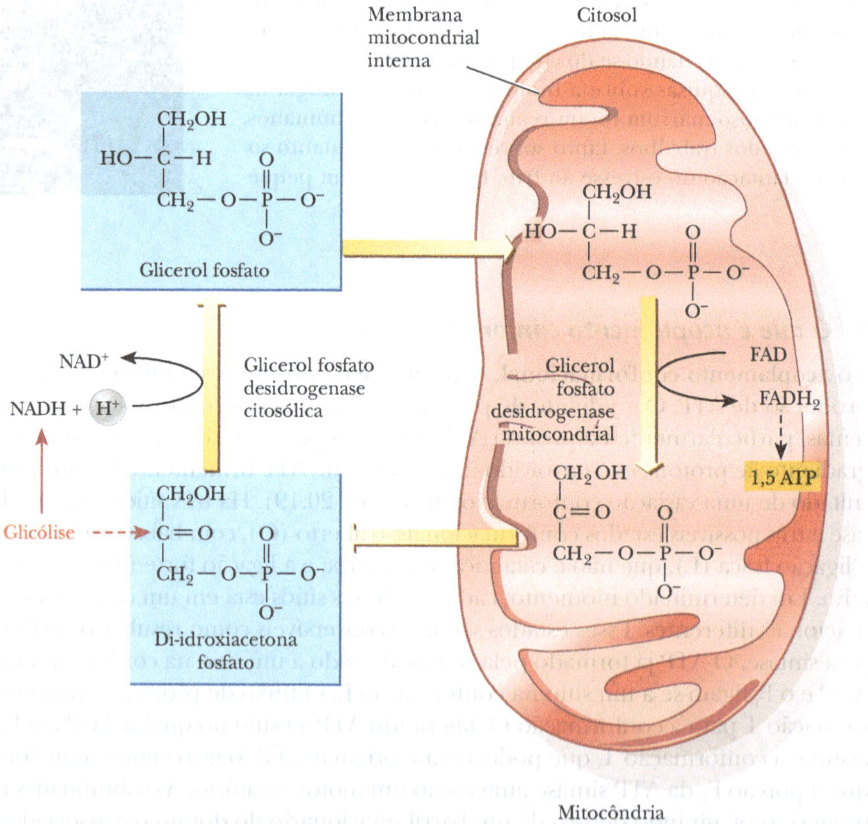

Membrana mitocondrial interna
Citosol
CH_2OH
$HO-C-H$
$CH_2-O-P-O^-$
Glicerol fosfato
NAD^+
$NADH + H^+$
Glicerol fosfato desidrogenase citosólica
Glicólise
CH_2OH
$C=O$
$CH_2-O-P-O^-$
Di-idroxiacetona fosfato
CH_2OH
$HO-C-H$
$CH_2-O-P-O^-$
Glicerol fosfato desidrogenase mitocondrial
FAD
$FADH_2$
1,5 ATP
CH_2OH
$C=O$
$CH_2-O-P-O^-$
Mitocôndria

Figura 20.20 O circuito glicerol–fosfato.

para cada mol de NADH citosólico. Esse mecanismo também foi observado no músculo e no cérebro de mamíferos.

Um mecanismo de transporte mais complexo e mais eficiente é o **circuito malato–aspartato**, detectado no rim, no fígado e no coração de mamíferos. Esse circuito baseia-se no fato de que o malato pode atravessar a membrana mitocondrial, enquanto o oxaloacetato não. O ponto interessante sobre tal circuito é que a transferência de elétrons do NADH no citosol produz NADH na mitocôndria. No citosol, o oxaloacetato é reduzido a malato pela malato desidrogenase citosólica, acompanhado pela oxidação de NADH citosólico a NAD^+ (Figura 20.21). O malato cruza, então, a membrana mitocondrial. Na mitocôndria, a conversão de malato novamente a oxaloacetato é catalisada pela malato desidrogenase mitocondrial (uma das enzimas do ciclo do ácido cítrico). O oxaloacetato é convertido em aspartato, que também pode cruzar a membrana mitocondrial. O aspartato é convertido em oxaloacetato no citosol, completando o ciclo de reações.

circuito malato-aspartato mecanismo para a transferência de elétrons de NADH no citosol para o NADH na mitocôndria

O NADH que é produzido na mitocôndria transfere os elétrons, então, para a cadeia de transporte de elétrons. Com o circuito malato–aspartato, 2,5 mols de ATP são produzidos para cada mol de NADH citosólico, em vez de 1,5 mol de ATP no circuito glicerol–fosfato, que utiliza o $FADH_2$ como transportador. O quadro CONEXÕES **BIOQUÍMICAS 20.2** discute algumas aplicações práticas da nossa compreensão das vias catabólicas.

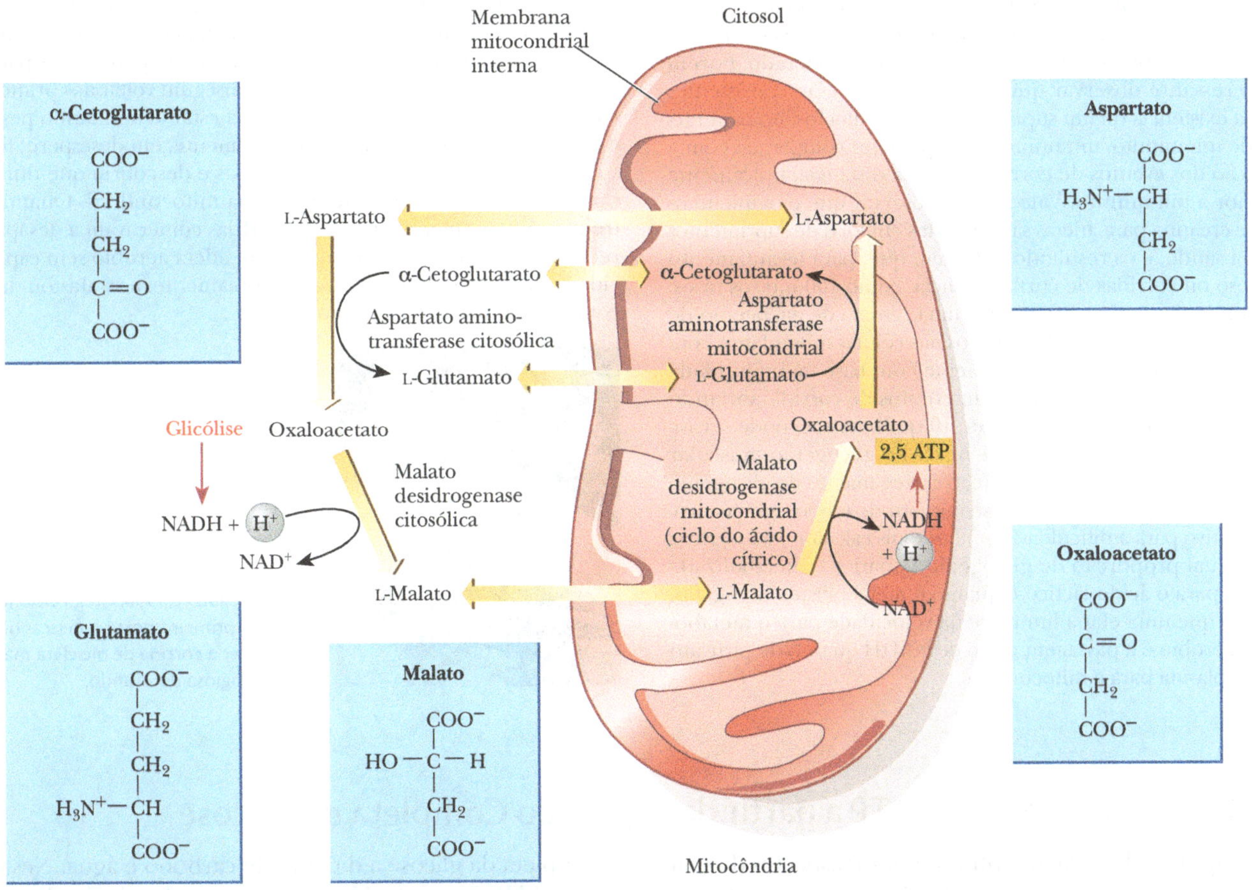

Membrana mitocondrial interna
Citosol
α-Cetoglutarato
Aspartato
L-Aspartato
L-Aspartato
α-Cetoglutarato
α-Cetoglutarato
Aspartato amino-transferase citosólica
Aspartato aminotransferase mitocondrial
L-Glutamato
L-Glutamato
Glicólise
Oxaloacetato
Oxaloacetato
2,5 ATP
Malato desidrogenase citosólica
Malato desidrogenase mitocondrial (ciclo do ácido cítrico)
NADH + H+
NAD+
NADH
+ H+
NAD+
L-Malato
L-Malato
Oxaloacetato
Glutamato
Malato
Mitocôndria

FIGURA 20.21 O circuito malato–aspartato.

20.2 Conexões Bioquímicas | aliado à saúde

Esportes e Metabolismo

Atletas treinados, especialmente no nível de elite, estão mais conscientes do resultado do metabolismo anaeróbio e aeróbio que pessoas que não são atletas. As características genéticas e o treinamento são importantes no sucesso do atleta, porém uma compreensão aguda da fisiologia e do metabolismo é igualmente importante. Visando planejar a nutrição adequada para o desempenho, um atleta sério deve compreender a natureza do metabolismo e como ele se relaciona ao esporte escolhido. A musculatura, ao trabalhar, tem quatro diferentes fontes de energia disponíveis após um período de repouso:

1. A creatina fosfato, que reage diretamente com o ADP na fosforilação em nível de substrato para produzir ATP.
2. A glicose derivada dos depósitos musculares de glicogênio, consumida inicialmente pelo metabolismo anaeróbio.
3. A glicose do fígado, derivada tanto de depósitos de glicogênio quanto da gliconeogênese a partir do ácido láctico produzido no músculo (ciclo de Cori), novamente consumida inicialmente pelo metabolismo anaeróbio.
4. Metabolismo aeróbio nas mitocôndrias musculares.

Inicialmente, todas as quatro fontes de energia estão disponíveis para o músculo. Quando a creatina fosfato se esgota, restam apenas as outras fontes. Quando o glicogênio muscular termina, o estímulo anaeróbio fornecido por ele diminui proporcionalmente, e quando o glicogênio hepático acaba, resta apenas o metabolismo aeróbio a dióxido de carbono e água.

É difícil fazer cálculos precisos de quanto desses nutrientes poderia suprir um músculo em trabalho acelerado, porém é interessante observar que cálculos simples são consistentes com a existência de um suprimento de creatina fosfato para menos de um minuto, um número que pode ser comparado com a duração dos eventos de corrida de curta distância, tipicamente inferior a um minuto. Vale a pena observar que os suplementos de creatina para atletas são vendidos em lojas de suprimentos para a saúde, e os resultados sugerem que, para levantamento de peso ou corridas de curta distância, como 100 metros rasos, essa suplementação é efetiva. Há uma reserva de glicogênio de aproximadamente 10 a 30 minutos nas células musculares, com esse número variando drasticamente com base na intensidade do exercício. O desempenho em eventos de corrida, variando em distância de 1.500 metros até 10 quilômetros, pode ser intensamente influenciado pelos níveis de glicogênio muscular no início do evento. Obviamente, o carregamento de glicogênio (Capítulo 18) poderia afetar esse número de modo significativo. Um motivo para a dificuldade em fazer tais cálculos é a incerteza sobre qual proporção de glicogênio hepático é metabolizada apenas para o ácido láctico e quanto é metabolizada no fígado. Sabe-se que uma etapa limitante da velocidade para o metabolismo aeróbio é a passagem tanto de NADH quanto de piruvato do citoplasma para a mitocôndria.

Nesse aspecto, vale a pena notar que atletas bem condicionados e bem treinados, na verdade, apresentam um maior número de mitocôndrias em suas células musculares. Para eventos de longa distância, como a maratona ou eventos de ciclismo, o metabolismo aeróbio certamente entra em ação. "Queima de gorduras" é o termo frequentemente usado, e reflete o fato metabólico. Os ácidos graxos são degradados a acetil-CoA, que então entra no ciclo do ácido cítrico; maratonistas e ciclistas são conhecidos por suas estruturas notavelmente magras, com uma quantidade mínima de gordura corporal acumulada. É interessante observar que uma corrida de maratona, que geralmente leva entre duas e três horas para corredores muito bem preparados, utiliza mais ácidos graxos e é realizada em um nível inferior de captação de oxigênio que a participação em um evento de ciclismo profissional, que pode levar até sete horas. Claramente, há diferenças no metabolismo até para esportes em uma categoria conhecida como eventos de *endurance* (resistência).

Para ressaltar a importância da cadeia transportadora de elétrons e das mitocôndrias para o atleta, veja a história do grande campeão de ciclismo, Greg LeMond, que foi o primeiro norte-americano a ganhar o Tour de France, do qual foi campeão três vezes. Greg LeMond sofreu uma tragédia no meio de sua carreira, um acidente de caça. Ele levou um tiro de chumbo grosso nas costas após sua primeira vitória no Tour de France. De modo impressionante, recuperou-se e prosseguiu para ganhar mais dois Tours de France. Contudo, ele nunca se sentiu realmente bem novamente, e mais tarde comentou que, mesmo na sua vitória final no Tour de France em 1990, alguma coisa estava definitivamente errada. Os anos seguintes foram desapontadores para LeMond e seus fãs, e ele nunca mais conseguiu voltar aos primeiros lugares de uma corrida. Ele parecia estar acumulando peso e não respondia ao treinamento. Finalmente, em desespero, foi submetido a algumas biópsias dolorosas e descobriu que tinha uma rara condição chamada miopatia mitocondrial. Quando treinava intensamente, suas mitocôndrias começavam a desaparecer. LeMond era essencialmente um atleta aeróbio sem capacidade de processar combustível aerobiamente, e se afastou das competições pouco tempo depois. ◗

AP Photo/Lionel Cironneau

Vencedor do Tour de France de 1986, 1989 e 1990, Greg LeMond foi o primeiro norte-americano a vencer a corrida de bicicleta mais prestigiosa do mundo.

20-7 O Rendimento de ATP a partir da Oxidação Completa de Glicose

Nos Capítulos 17 a 20, discutimos muitos aspectos da oxidação completa da glicose a dióxido de carbono e água. Neste ponto, é útil fazer uma contabilidade para ver quantas moléculas de ATP são produzidas para cada molécula de glicose oxidada. Lembre-se de que parte do ATP é produzida pela glicólise, porém a maior parte do ATP é produzida pelo metabolismo aeróbio. A Tabela 20.3 resume a produção de ATP e também acompanha a reoxidação de NADH e $FADH_2$.

Tabela 20.3 Rendimento de ATP a Partir da Oxidação da Glicose

Via	Produção de ATP por Glicose: Circuito Glicerol–Fosfato	Produção de ATP por Glicose: Circuito Malato–Aspartato	NADH	$FADH_2$
Glicólise: glicose para piruvato (citosol)				
Fosforilação da glicose	−1	−1		
Fosforilação de frutose-6-fosfato	−1	−1		
Desfosforilação de 2 moléculas de 1,3-BPG	+2	+2		
Desfosforilação de 2 moléculas de PEP	+2	+2		
Oxidação de 2 moléculas de gliceraldeído-3-fosfato produzindo 2 NADH			+2	
Conversão de piruvato a acetil-CoA (mitocôndria)				
2 NADH produzidos			+2	
Ciclo do ácido cítrico (mitocôndria)				
2 moléculas de GTP a partir de 2 moléculas de succinil-CoA	+2	+2		
Oxidação de 2 moléculas de isocitrato, α-cetoglutarato e malato produzindo 6 NADH			+6	
Oxidação de 2 moléculas de succinato produzindo 2 $FADH_2$				+2
Fosforilação oxidativa (mitocôndria)				
2 NADH da glicólise produzem 1,5 ATP cada se NADH for oxidado pelo circuito glicerol–fosfato; 2,5 ATPs pelo circuito malato–aspartato	+3	+5	−2	
Descarboxilação oxidativa de 2 piruvatos a 2 acetil-CoA: 2 NADH produzem 2,5 ATPs cada	+5	+5	−2	
2 $FADH_2$ do ciclo do ácido cítrico produzem 1,5 ATP cada	+3	+3		−2
6 NADH do ciclo do ácido cítrico produzem 2,5 ATPs cada	+15	+15	−6	
Rendimento Líquido	+30	+32	0	0

(*Observação*: Essas razões P/O de 2,5 e 1,5 para oxidação mitocondrial de NADH e $FADH_2$ são "valores consensuais". Uma vez que podem não refletir os valores reais, e considerando que essas razões podem mudar dependendo das condições metabólicas, tais estimativas do rendimento de ATP a partir da oxidação da glicose são aproximadas.)

Resumo

Qual é a importância da estrutura mitocondrial na produção de ATP? Nos estágios finais do metabolismo aeróbio, os elétrons são transferidos do NADH ao oxigênio (o receptor final de elétrons) em uma série de reações de oxirredução conhecidas como cadeia de transporte de elétrons. Essa série de eventos depende da presença de oxigênio na etapa final. Essa via permite a reoxidação dos transportadores de elétrons reduzidos produzidos na glicólise, no ciclo do ácido cítrico, e em várias outras vias catabólicas, além de ser a fonte real dos ATPs produzidos pelo catabolismo. A fosforilação depende da estrutura compartimentada das mitocôndrias.

Como os potenciais de redução podem ser usados para prever o sentido do transporte de elétrons? A reação geral da cadeia de transporte de elétrons exibe um $\Delta G°'$ muito grande e negativo em razão das grandes diferenças nos potenciais de redução entre as reações que envolvem o NADH e aquelas que envolvem oxigênio. Se o NADH reduzisse o oxigênio diretamente, a $\Delta E°'$ seria maior que 1 V. Na realidade, ocorrem muitas reações redox intermediárias, e a ordem correta dos eventos na cadeia de transporte de elétrons foi prevista pela comparação dos potenciais de redução das reações individuais muito antes que a ordem fosse estabelecida experimentalmente.

Quais reações ocorrem nos complexos respiratórios? Quatro complexos respiratórios separados podem ser isolados da membrana mitocondrial interna. Cada um dos complexos respiratórios pode executar as reações de uma etapa da cadeia de transporte de elétrons. Além dos complexos respiratórios, dois transportadores de elétrons, a coenzima Q e o citocromo *c*, não estão ligados ao complexo, mas estão livres para se deslocar por dentro e ao longo da membrana, respectivamente. O Complexo I realiza a reoxidação do NADH e envia elétrons para a coenzima Q.

O Complexo II reoxida $FADH_2$ e também envia elétrons para a CoQ. O Complexo III envolve o ciclo Q e transporta elétrons para o citocromo *c*. O Complexo IV recebe os elétrons do citocromo *c* e os passa para o oxigênio na etapa final do transporte de elétrons.

Qual a natureza das proteínas contendo ferro de transporte de elétrons? Várias proteínas contendo ferro são parte da cadeia de transporte de elétrons. Nas proteínas do citocromo, o ferro está ligado ao grupo heme. Em outras proteínas, o ferro está ligado à proteína junto com o enxofre.

Qual é o fator de acoplamento na fosforilação oxidativa? Um oligômero de proteína complexa é o fator de acoplamento que liga a oxidação e a fosforilação. A proteína completa estende-se pela membrana mitocondrial interna e também se projeta para a matriz. A porção da proteína que se estende pela membrana é chamada F_0; ela consiste em três tipos diferentes de cadeias polipeptídicas (a, b e c).

A porção que se projeta para o interior da matriz é chamada F_1, e consiste em cinco tipos diferentes de cadeias polipeptídicas (α, β, γ, δ, e ε, na proporção $\alpha_3\beta_3\gamma\delta\varepsilon$). A porção esférica F_1 é o sítio de síntese de ATP. Todo complexo proteico é chamado ATP sintase, também conhecida como ATPase mitocondrial. Durante o processo de transporte de elétrons, várias reações ocorrem, nas quais os transportadores reduzidos que apresentam tanto elétrons quanto prótons para doação são ligados a transportadores que aceitam apenas elétrons. Nesses pontos, os íons hidrogênio são liberados para o outro lado da membrana mitocondrial interna, promovendo a formação de um gradiente de pH. A energia inerente na carga e na separação química dos íons hidrogênio é usada para fosforilar o ADP a ATP quando os íons hidrogênio retornam para o interior da mitocôndria pela ATP sintase.

O que é acoplamento quimiosmótico? Dois mecanismos, o quimiosmótico e o de acoplamento conformacional, foram propostos para explicar o acoplamento de transporte de elétrons e produção de ATP.

O acoplamento quimiosmótico é o mecanismo mais amplamente utilizado para explicar como o transporte de elétrons e a fosforilação oxidativa estão ligados entre si. Nele, o gradiente de prótons está diretamente ligado ao processo de fosforilação. O modo pelo qual o gradiente de prótons leva à produção de ATP depende dos canais iônicos por meio da membrana mitocondrial interna; esses canais são uma característica da estrutura da ATP sintase. Os prótons fluem de volta para a matriz pelos canais de prótons na porção F_0 da ATP sintase. O fluxo de prótons é acompanhado pela formação de ATP, que ocorre na unidade F_1.

O que é acoplamento conformacional? No mecanismo de acoplamento conformacional, o gradiente de prótons está indiretamente relacionado à produção de ATP. A partir de evidências recentes, parece que o efeito do gradiente de prótons não é a formação de ATP, mas a liberação do ATP firmemente ligado à sintase como resultado da variação conformacional.

Como os mecanismos de circuito diferem entre si? Dois mecanismos de transporte – os circuitos glicerol–fosfato e malato–aspartato – transferem os elétrons, mas não o NADH, produzidos nas reações citosólicas para a mitocôndria. No primeiro circuito, que é encontrado no músculo e no cérebro, os elétrons são transferidos para o FAD; no segundo, presente no rim, fígado e coração, os elétrons são transferidos para o NAD^+. Com o circuito malato–aspartato, 2,5 moléculas de ATP são produzidas para cada molécula de NADH citosólico, em vez de 1,5 ATP no circuito glicerol–fosfato, um ponto que afeta a produção geral de ATP nesses tecidos.

Aproximadamente 2,5 moléculas de ATP são geradas para cada molécula de NADH que entra na cadeia transportadora de elétrons e aproximadamente 1,5 molécula de ATP para cada molécula de $FADH_2$. Quando a glicose é metabolizada anaerobiamente, os únicos ATPs líquidos produzidos são aqueles derivados das etapas de fosforilação em nível de substrato. Isso leva a um total de apenas dois ATPs por glicose que entram na glicólise. Quando o piruvato gerado a partir da glicólise pode entrar no ciclo do ácido cítrico, e as moléculas resultantes de NADH e $FADH_2$ são reoxidadas pela cadeia transportadora de elétrons, um total de 30 ou 32 ATPs é produzido, com a diferença sendo decorrente dos dois transportes possíveis.

Exercícios de Revisão

20-1 O Papel do Transporte de Elétrons no Metabolismo

1. **VERIFICAÇÃO DE FATOS** Resuma as etapas da cadeia de transporte de elétrons do NADH ao oxigênio.
2. **VERIFICAÇÃO DE FATOS** Transporte de elétrons e fosforilação oxidativa são o mesmo processo? Justifique sua resposta.
3. **PERGUNTA DE RACIOCÍNIO** Relacione as reações do transporte de elétrons que liberam energia suficiente para acionar a fosforilação do ADP.
4. **PERGUNTA DE RACIOCÍNIO** Mostre como as reações da cadeia de transporte de elétrons diferem daquelas da Pergunta 3 quando o $FADH_2$ é o ponto de partida para o transporte de elétrons. Mostre como são diferentes as reações que liberam energia para a fosforilação de ADP quando a via tem como ponto de partida o NADH.
5. **PERGUNTA DE RACIOCÍNIO** Como a estrutura mitocondrial contribui para o metabolismo aeróbio, particularmente para a integração do ciclo do ácido cítrico e do transporte de elétrons?

20-2 Potenciais de Redução na Cadeia de Transporte de Elétrons

6. **VERIFICAÇÃO DE FATOS** Por que é razoável comparar o processo de transporte de elétrons a uma bateria?
7. **VERIFICAÇÃO DE FATOS** Por que todas as reações na Tabela 20.1 são escritas como reação de redução?
8. **MATEMÁTICA** Utilizando as informações da Tabela 20.2, calcule o $\Delta G°'$ para a seguinte reação:

   2 Cyt *aa*$_3$ [oxidado; Fe(III)] + 2 Cyt *b* [reduzido; Fe(II)] →
   2 Cyt *aa*$_3$ [reduzido; Fe(II)] + 2 Cyt *b* [oxidado; Fe(III)]

9. **MATEMÁTICA** Calcule E°'para a seguinte reação:

$$NADH + H^+ + \frac{1}{2} O_2 \rightarrow NAD^+ + H_2O$$

10. **MATEMÁTICA** Calcule $E°'$ para a seguinte reação:

$$NADH + H^+ + \text{Piruvato} \rightarrow NAD^+ + \text{Lactato}$$

11. **MATEMÁTICA** Calcule $E°'$ para a seguinte reação:

$$\text{Succinato} + \frac{1}{2} O_2 \rightarrow \text{Fumarato} + H_2O$$

12. **MATEMÁTICA** Para a seguinte reação, identifique o doador e o receptor de elétrons e calcule $E°'$.

$$FAD + 2\ \text{Cyt}\ c\ (Fe^{2+}) + 2H^+ \rightarrow FADH_2 + 2\ \text{Cyt}\ c\ (Fe^{3+})$$

13. **MATEMÁTICA** O que é mais favorável energeticamente: a oxidação de succinato para fumarato por NAD^+ ou por FAD? Justifique sua resposta.

14. **PERGUNTA DE RACIOCÍNIO** Comente o fato de a redução de piruvato a lactato, catalisada pela lactato desidrogenase, ser fortemente exergônica (lembre-se do Capítulo 15), embora a variação de energia padrão para a semirreação

$$\text{Piruvato} + 2H^+ + 2e^- \rightarrow \text{Lactato}$$

seja positiva ($\Delta G°' = 36{,}2\ \text{kJ mol}^{-1} = 8{,}8\ \text{kcal mol}^{-1}$), indicando uma reação endergônica.

20-3 A Organização de Complexos de Transporte de Elétron

15. **VERIFICAÇÃO DE FATOS** O que os citocromos têm em comum com a hemoglobina ou com a mioglobina?

16. **VERIFICAÇÃO DE FATOS** Como os citocromos diferem da hemoglobina e da mioglobina em termos de atividade química?

17. **VERIFICAÇÃO DE FATOS** Qual dos seguintes não possui uma função nos complexos respiratórios: citocromos, flavoproteínas, proteínas ferro–enxofre ou coenzima Q?

18. **VERIFICAÇÃO DE FATOS** Algum dos complexos respiratórios atua no ciclo do ácido cítrico? Se a resposta for positiva, qual é o seu papel?

19. **VERIFICAÇÃO DE FATOS** Todos os complexos respiratórios geram energia suficiente para fosforilar o ADP a ATP?

20. **PERGUNTA DE RACIOCÍNIO** Dois estudantes de bioquímica estão prestes a usar mitocôndrias isoladas de fígado de ratos para um experimento sobre fosforilação oxidativa. As instruções para o experimento especificam a adição de citocromo *c* purificado de qualquer origem para a mistura de reação. Por que a adição de citocromo *c* é necessária? Por que a origem não precisa ser a mesma que a das mitocôndrias?

21. **PERGUNTA DE RACIOCÍNIO** A citocromo oxidase e a succinato-CoQ oxirredutase são isoladas das mitocôndrias e incubadas na presença de oxigênio, juntamente com citocromo *c*, coenzima Q e succinato. Qual é a reação de oxirredução esperada?

22. **PERGUNTA DE RACIOCÍNIO** Quais são as duas vantagens de os componentes da cadeia de transporte de elétrons estarem inseridos na membrana mitocondrial interna?

23. **PERGUNTA DE RACIOCÍNIO** Reflita sobre as implicações evolucionárias das semelhanças estruturais e diferenças funcionais entre os citocromos por um lado e a hemoglobina e a mioglobina por outro.

24. **PERGUNTA DE RACIOCÍNIO** Evidências experimentais sugerem que as porções proteicas do citocromo evoluíram mais lentamente (a julgar pelo número de alterações nos aminoácidos por milhões de anos) que as porções proteicas da hemoglobina e mioglobina, e ainda mais lentamente que as enzimas hidrolíticas. Sugira um motivo para isto.

25. **PERGUNTA DE RACIOCÍNIO** Qual é a vantagem da existência de transportadores de elétrons móveis, além dos grandes complexos de transportadores ligados à membrana?

26. **PERGUNTA DE RACIOCÍNIO** Qual é a vantagem da existência de um ciclo Q no transporte de elétrons apesar de sua complexidade?

27. **PERGUNTA DE RACIOCÍNIO** Por que as reações de transferência de elétrons dos citocromos diferem no potencial padrão de redução, embora todas as reações envolvam a mesma reação de oxirredução do ferro?

28. **PERGUNTA DE RACIOCÍNIO** Existe alguma diferença fundamental entre as reações de um e de dois elétrons na cadeia de transporte de elétrons?

29. **PERGUNTA DE RACIOCÍNIO** Qual é a principal razão para as diferenças das propriedades espectroscópicas entre os citocromos?

30. **PERGUNTA DE RACIOCÍNIO** Quais seriam alguns dos desafios envolvidos na remoção de complexos respiratórios da membrana mitocondrial interna para se poder estudar suas propriedades?

20-4 A Conexão entre o Transporte de Elétron e a Fosforilação

31. **VERIFICAÇÃO DE FATOS** Descreva o papel da porção F_1 da ATP sintase na fosforilação oxidativa.

32. **VERIFICAÇÃO DE FATOS** A ATP sintase mitocondrial é uma proteína integrante da membrana?

33. **VERIFICAÇÃO DE FATOS** Defina o termo *razão P/O* e indique por que ela é importante.

34. **VERIFICAÇÃO DE FATOS** Em que sentido a ATP sintase mitocondrial é uma proteína motora?

35. **PERGUNTA DE RACIOCÍNIO** Qual é a razão P/O aproximada esperada se mitocôndrias intactas forem incubadas na presença de oxigênio juntamente com succinato?

36. **PERGUNTA DE RACIOCÍNIO** Por que é difícil determinar um número exato para razões P/O?

37. **PERGUNTA DE RACIOCÍNIO** Cite as dificuldades para se determinar o número exato de prótons bombeados pela membrana mitocondrial interna pelos complexos respiratórios.

20-5 O Mecanismo de Acoplamento na Fosforilação Oxidativa

38. **VERIFICAÇÃO DE FATOS** Resuma os principais argumentos da hipótese de acoplamento quimiosmótico.

39. **VERIFICAÇÃO DE FATOS** Por que a produção de ATP requer uma membrana mitocondrial intacta?

40. **CONEXÕES BIOQUÍMICAS** Descreva brevemente o papel dos desacopladores na fosforilação oxidativa.

41. **VERIFICAÇÃO DE FATOS** Qual a função do gradiente de prótons no acoplamento quimiosmótico?

42. **CONEXÕES BIOQUÍMICAS** Por que o dinitrofenol já foi usado como droga para dieta?

43. **PERGUNTA DE RACIOCÍNIO** Critique a afirmação: "O papel do gradiente de prótons na quimiosmose é fornecer energia para fosforilar ADP".

44. **PERGUNTA DE RACIOCÍNIO** Um desacoplador de fosforilação oxidativa pode inibir o transporte de elétrons de um componente da cadeia de transporte de elétrons para outra? Justifique sua resposta.

45. **VERIFICAÇÃO DE FATOS** Qual é a evidência experimental de que as mitocôndrias podem mudar a conformação durante a respiração?

46. **VERIFICAÇÃO DE FATOS** É possível ter uma bomba de prótons na ausência de transporte de elétrons?

20-6 Mecanismos de Circuito

47. **VERIFICAÇÃO DE FATOS** Como a produção de ATP derivada da oxidação completa de uma molécula de glicose no músculo e no cérebro difere daquela observada no fígado, no coração e no rim? Qual é a principal razão para essa diferença?

48. **PERGUNTA DE RACIOCÍNIO** O circuito malato–aspartato produz aproximadamente 2,5 mols de ATP para cada mol de NADH citosólico. Por que a natureza utiliza circuito glicerol-fosfato, que produz apenas 1,5 mol de ATP?

20-7 O Rendimento de ATP a partir da Oxidação Completa de Glicose

49. **MATEMÁTICA** Que rendimento de ATP pode-se esperar a partir da oxidação completa de cada um dos seguintes substratos pelas reações de glicólise, do ciclo do ácido cítrico e de fosforilação oxidativa?
   (a) Frutose-1,6-*bis*fosfato
   (b) Glicose
   (c) Fosfoenolpiruvato
   (d) Gliceraldeído-3-fosfato
   (e) NADH
   (f) Piruvato

50. **MATEMÁTICA** A variação de energia livre ($\Delta G°'$) para a oxidação do complexo citocromo aa_3 pelo oxigênio molecular é –102,3 kJ = –24,5 kcal para cada mol de pares de elétrons transferidos. Qual é a quantidade de matéria máxima de ATP que poderia ser produzida no processo? Qual é a quantidade de matéria de ATP realmente produzida? Qual é a eficiência do processo, expressa em porcentagem?

21

Metabolismo de Lipídeos

21-1 Os Lipídeos Estão Envolvidos na Geração e no Armazenamento de Energia

Nos capítulos anteriores, foi visto como a energia pode ser liberada pela degradação catabólica de carboidratos em processos aeróbios e anaeróbios. No Capítulo 16, mostrou-se que existem polímeros de carboidratos (como o amido nos vegetais e o glicogênio nos animais) que representam energia armazenada, no sentido de que esses carboidratos podem ser hidrolisados em monômeros e então oxidados para fornecer energia em resposta às necessidades de um organismo. Neste capítulo, será visto como a oxidação metabólica de lipídeos libera grandes quantidades de energia pela produção de acetil-CoA, NADH e $FADH_2$, e como os lipídeos representam um modo ainda mais eficiente de armazenar energia química.

21-2 Catabolismo de Lipídeos

A oxidação de ácidos graxos é a principal fonte de energia no catabolismo de lipídeos; na verdade, os lipídeos esteróis (esteroides que possuem um grupo hidroxila como parte de sua estrutura; Seção 8-2) não são catabolizados como fonte de energia e são, então, excretados. Tanto os triacilgliceróis, que constituem a principal

RESUMO DO CAPÍTULO

Continua

[Continuação]

21-8 Biossíntese de Colesterol
- Por que a HMG-CoA é tão importante na biossíntese de colesterol?
- Como o colesterol serve de precursor de outros esteroides?
- Qual é o papel do colesterol na doença cardíaca?

21.4 CONEXÕES BIOQUÍMICAS ALIADO À SAÚDE | Aterosclerose

21-9 Controle Hormonal do Apetite
- Qual a função dos hormônios no controle do apetite?

forma de armazenamento de energia química de lipídeos, quanto os fosfoacilgliceróis, componentes importantes das membranas biológicas, possuem ácidos graxos como parte de suas estruturas de ligação covalente. Nos dois tipos de compostos, a ligação entre o ácido graxo e o restante da molécula pode ser hidrolisada (Figura 21.1) em uma reação catalisada por grupos específicos de enzimas – **lipases**, no caso de triacilgliceróis (Seção 8-2), e **fosfolipases**, no caso de fosfoacilgliceróis.

lipases enzimas que hidrolisam os lipídeos

fosfolipases enzimas que hidrolisam os fosfolipídeos

Várias fosfolipases diferentes podem ser distinguidas com base no sítio de hidrólise dos fosfolipídeos (Figura 21.2). A fosfolipase A_2 é amplamente distribuída na natureza; e também está sendo ativamente estudada por bioquímicos interessados em sua estrutura e em seu modo de ação, que envolve a hidrólise de fosfolipídeos na superfície de micelas (Seção 2-1). A fosfolipase D ocorre no veneno de aranhas e é responsável pela lesão tecidual que acompanha suas picadas. Os venenos de serpentes também contêm fosfolipases; a concentração de fosfolipases é particularmente elevada nos venenos com concentrações comparativamente baixas de outras toxinas (geralmente pequenos peptídeos) que são características de alguns tipos de veneno. Os produtos da hidrólise lipídica atuam na lise de eritrócitos, evitando a formação de coágulos. As vítimas de picadas de cobra podem sangrar até a morte nesta situação.

A liberação de ácidos graxos a partir de triacilgliceróis nos adipócitos é controlada por hormônios. Em um esquema que parecerá familiar após as discussões sobre o metabolismo dos carboidratos, um hormônio liga-se a um receptor na membrana plasmática de um adipócito (Figura 21.3). Essa ligação hormonal ativa a adenilato ciclase, que leva à produção da proteína quinase A ativa (proteína quinase dependente de cAMP). A proteína quinase fosforila a triacilglicerol lipase, que realiza a clivagem de ácidos graxos a partir do esqueleto de glicerol. O principal hormônio que possui este efeito é a epinefrina. A cafeína também mimetiza a epinefrina neste aspecto, sendo um motivo pelo qual corredores que participam de competições geralmente tomam cafeína na manhã de uma corrida. Corredores de longas distâncias desejam queimar as gorduras de modo mais eficiente para poupar seus depósitos de carboidratos para os momentos finais da corrida.

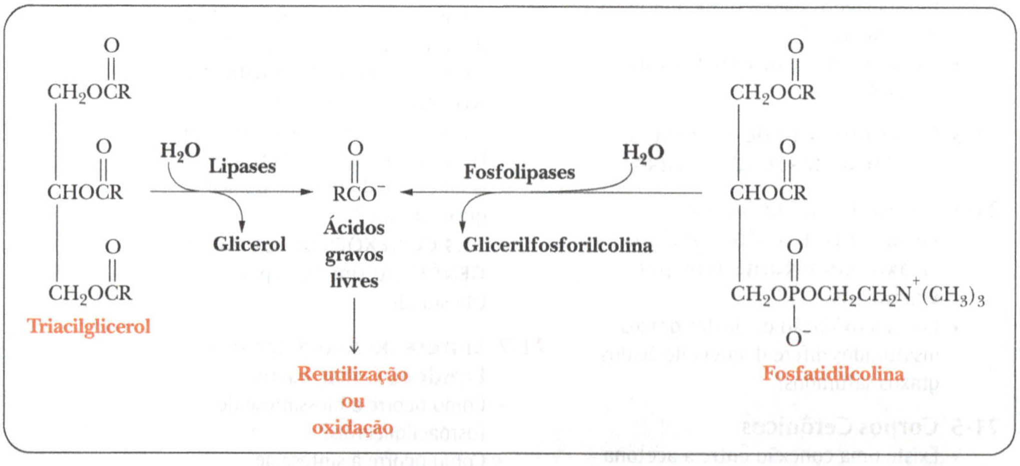

CH_2OCR (O)
$CHOCR$ (O)
CH_2OCR (O)
Triacilglicerol
H_2O
Lipases
Glicerol
RCO^- (O)
Ácidos graxos livres
Reutilização ou oxidação
Fosfolipases
H_2O
Glicerilfosforilcolina
CH_2OCR (O)
$CHOCR$ (O)
$CH_2OPOCH_2CH_2N^+(CH_3)_3$ (O, O^-)
Fosfatidilcolina

FIGURA 21.1 **Liberação de ácidos graxos para uso futuro.** A fonte de ácidos graxos pode ser um triacilglicerol (*à esquerda*) ou um fosfolipídeo como a fosfatidilcolina (*à direita*).

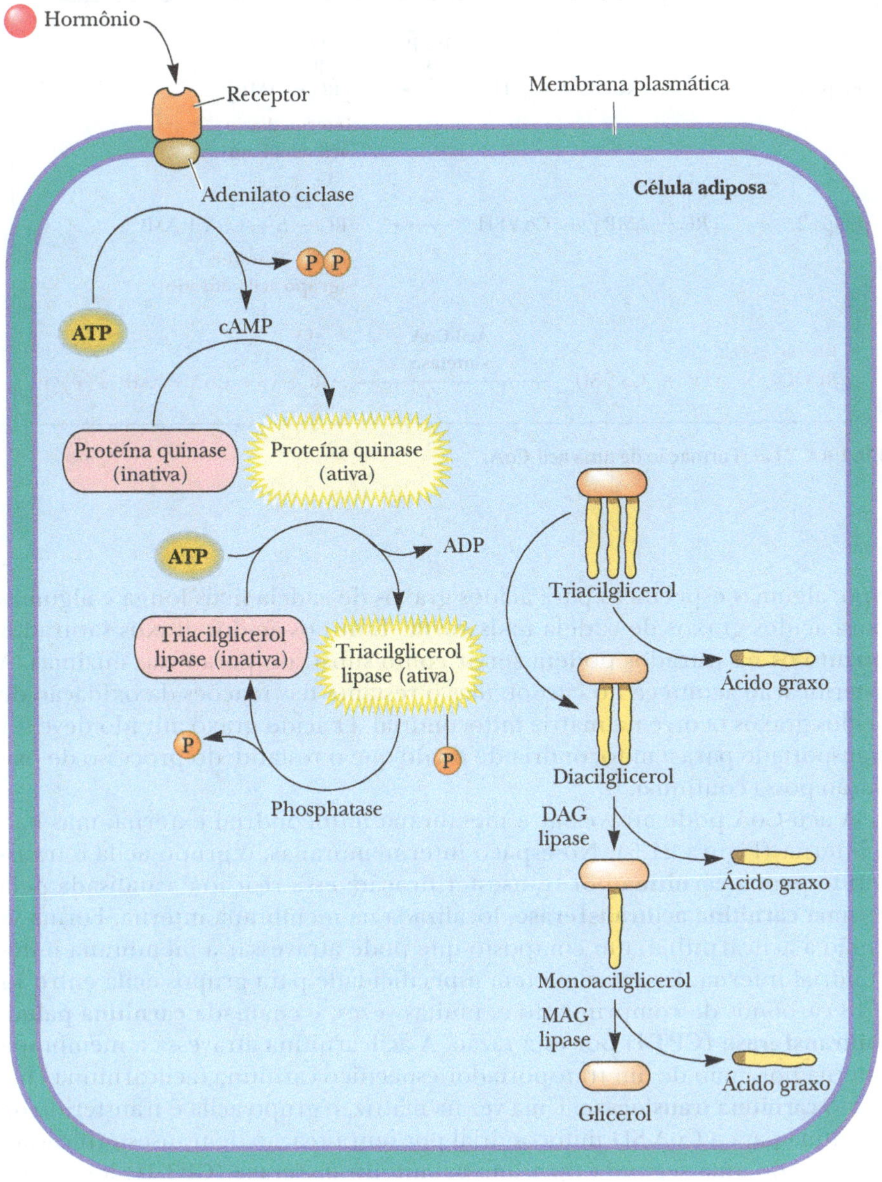
Hormônio
Receptor
Membrana plasmática
Adenilato ciclase
Célula adiposa
P P
ATP
cAMP
Proteína quinase (inativa)
Proteína quinase (ativa)
ATP
ADP
Triacilglicerol
Triacilglicerol lipase (inativa)
Triacilglicerol lipase (ativa)
Ácido graxo
P
P
Diacilglicerol
Phosphatase
DAG lipase
Ácido graxo
Monoacilglicerol
MAG lipase
Ácido graxo
Glicerol

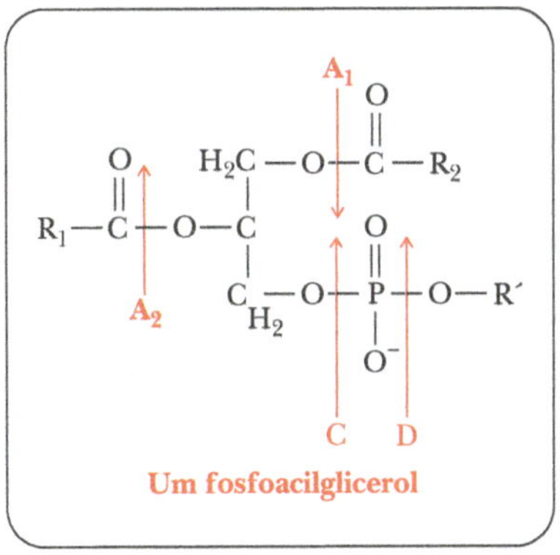
A1
A2
C
D
Um fosfoacilglicerol

FIGURA 21.2 **Várias fosfolipases hidrolisam fosfoacilgliceróis.** Elas são designadas A_1, A_2, C e D. Seus sítios de ação estão indicados. O sítio de ação da fosfolipase A_2 é o sítio B, e o nome fosfolipase A_2 é o resultado de um acidente histórico (veja o texto).

FIGURA 21.3 **Liberação de ácidos graxos de triacilgliceróis no tecido adiposo é dependente de hormônios.**

Como os ácidos graxos são transportados para a mitocôndria para oxidação?

A oxidação de ácidos graxos começa com a **ativação** da molécula. Nessa reação, uma ligação tioéster é formada entre o grupo carboxila do ácido graxo e o grupo tiol da coenzima A (CoA-SH). A forma ativada do ácido graxo é uma acil-CoA, cuja natureza exata depende da natureza do ácido graxo em questão. Tenha em mente durante esta discussão que todas as moléculas de acil-CoA são tioésteres, uma vez que o ácido graxo é esterificado ao grupo tiol da CoA.

ativação no metabolismo de lipídeo, formação de uma ligação tioéster entre um ácido graxo e a acetil-CoA

A enzima que catalisa a formação da ligação éster é a *acil-CoA sintetase*, que requer ATP para sua ação. No curso da reação, um intermediário acil adenilato é formado. O grupo acila é então transferido para a CoA-SH, com o ATP sendo convertido em AMP e PP_i, em vez de ADP e P_i. O PP_i é hidrolisado a 2 P_i; a hidrólise das duas ligações fosfato de "alta energia" fornece energia para a ativação do ácido graxo e é equivalente ao uso de 2 ATPs. A formação da acil-CoA é endergônica sem a energia fornecida pela hidrólise das duas ligações de "alta energia". Observe também que a hidrólise de ATP em AMP e 2 P_i representa um aumento na entropia (Figura 21.4). Há várias enzimas desse

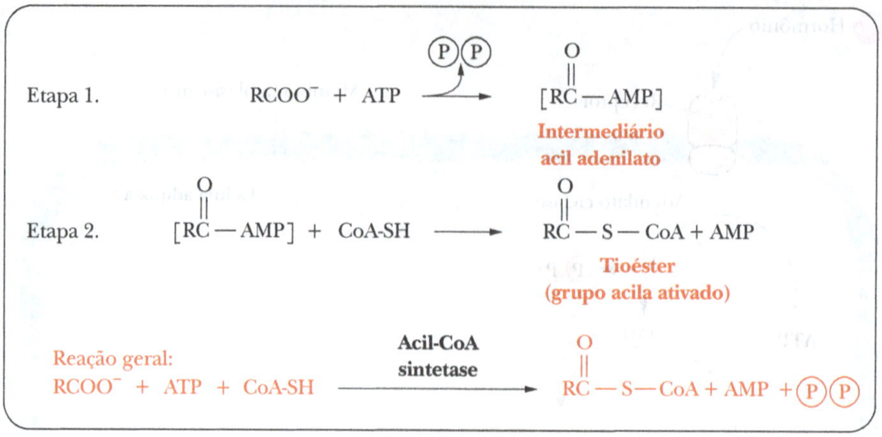
Etapa 1.
RCOO⁻ + ATP
P P
[RC—AMP]
Intermediário acil adenilato
Etapa 2.
[RC—AMP] + CoA-SH
RC—S—CoA + AMP
Tioéster (grupo acila ativado)
Reação geral:
RCOO⁻ + ATP + CoA-SH
Acil-CoA sintetase
RC—S—CoA + AMP + P P

FIGURA 21.4 Formação de uma acil-CoA.

tipo, algumas específicas para ácidos graxos de cadeia mais longa e algumas para ácidos graxos de cadeia mais curta. Tanto os ácidos graxos saturados quanto os insaturados podem servir como substrato para essas enzimas. A esterificação acontece no citosol, mas o restante das reações da oxidação de ácidos graxos ocorre na matriz mitocondrial. O ácido graxo ativado deve ser transportado para a mitocôndria de modo que o restante do processo de oxidação possa continuar.

A acil-CoA pode atravessar a membrana mitocondrial externa, mas não a interna (Figura 21.5). No espaço intermembranas, o grupo acila é transferido para a **carnitina** por transesterificação; essa reação é catalisada pela enzima **carnitina aciltransferase**, localizada na membrana interna. Forma-se então a acilcarnitina, um composto que pode atravessar a membrana mitocondrial interna. Essa enzima tem especificidade para grupos acila entre 14 e 18 carbonos de comprimento e, muitas vezes, é chamada **carnitina palmitoiltransferase (CPT-I)** por esta razão. A acilcarnitina atravessa a membrana interna por meio de um transportador específico carnitina/acilcarnitina chamado **carnitina translocase**. Uma vez na matriz, o grupo acila é transferido da carnitina para a CoA-SH mitocondrial por outra reação de transesterificação, envolvendo uma segunda **carnitina palmitoiltransferase (CPT-II)** localizada na face interna da membrana.

carnitina uma molécula usada no metabolismo de ácidos graxos para transportar grupos através da membrana mitocondrial interna

carnitina acetiltransferase enzima que transfere um grupo acil graxo para a carnitina

carnitina palmitotransferase (CPT-I) forma primária da carnitina aciltransferase, encontrada no lado do citosol da membrana mitocondrial interna; ela funciona para transferir cadeias grandes de grupos acil graxos da Coenzima A para a carnitina

carnitina translocase enzima que move as acilcarnitinas através da membrana mitocondrial interna

carnitina palmitotransferase (CPT-II) outra forma da carnitina aciltransferase, encontrada na matriz mitocondrial; ela funciona para transferir cadeias grandes de grupos acil graxos da carnitina para a Coenzima A

oxidação β principal via do catabolismo de ácidos graxos

Como ocorre a oxidação dos ácidos graxos?

Na matriz, uma sequência repetida de reações cliva sucessivamente duas unidades de carbono do ácido graxo, começando na extremidade carboxila. Este processo é chamado **oxidação β**, uma vez que a clivagem oxidativa ocorre no carbono β do grupo acila esterificado a CoA. O carbono β do ácido graxo original torna-se o carbono carboxila na etapa seguinte da degradação. O ciclo inteiro exige quatro reações (Figura 21.6).

1. A acil-CoA é *oxidada* a uma α, β acil-CoA insaturada (também chamada β-enoil-CoA). O produto apresenta um arranjo *trans* na ligação dupla. Essa reação é catalisada por uma acil-CoA desidrogenase dependente de FAD.
2. A acil-CoA insaturada é *hidratada* para produzir uma β-hidroxiacil-CoA. Essa reação é catalisada pela enzima enoil-CoA hidratase.
3. Uma segunda reação de *oxidação* é catalisada pela β-hidroxiacil-CoA desidrogenase, uma enzima dependente de NAD^+. O produto é β-cetoacil-CoA.

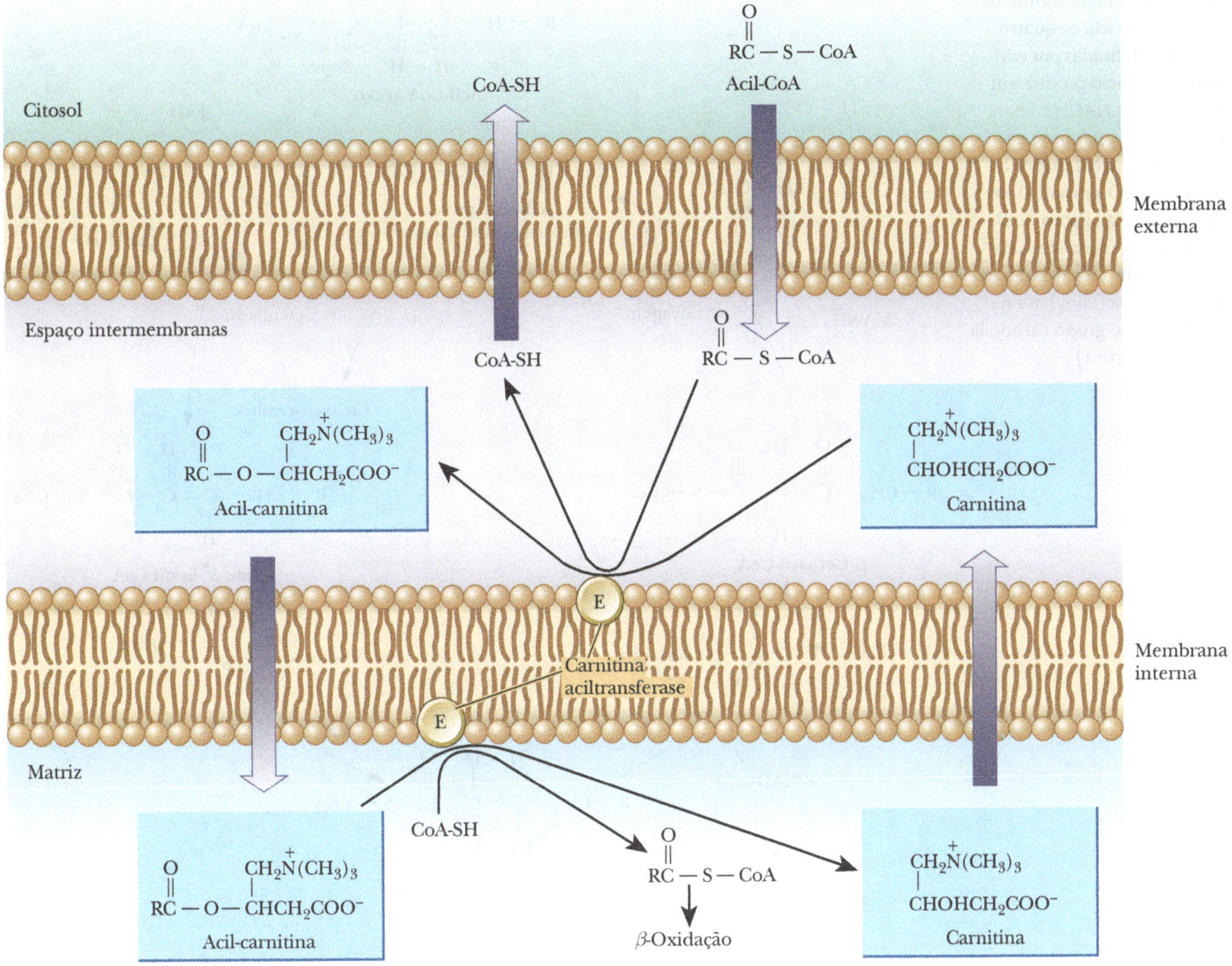
Citosol
CoA-SH
RC — S — CoA
Acil-CoA
Membrana externa
Espaço intermembranas
CoA-SH
RC — S — CoA
CH2N(CH3)3
RC — O — CHCH2COO−
Acil-carnitina
CH2N(CH3)3
CHOHCH2COO−
Carnitina
E
Carnitina aciltransferase
E
Membrana interna
Matriz
CoA-SH
RC — O— CHCH2COO−
Acil-carnitina
RC — S — CoA
β-Oxidação
CHOHCH2COO−
Carnitina

FIGURA 21.5 **Função da carnitina na transferência de grupos acila para a matriz mitocondrial.**

4. A enzima tiolase catalisa a *clivagem* de β-cetoacil-CoA; uma molécula de CoA é necessária para esta reação. Os produtos são uma acetil-CoA e uma acil-CoA dois carbonos mais curta que a molécula original que entrou no ciclo de oxidação β. A CoA é necessária nesta reação para formar uma nova ligação tioéster com a molécula de acil-CoA menor. Essa molécula menor passa então por outro ciclo no ciclo de oxidação β.

Quando um ácido graxo com número par de átomos de carbono é submetido a ciclos sucessivos do ciclo de oxidação β, o produto é a acetil-CoA. (Ácidos graxos com números pares de átomos de carbono são aqueles normalmente encontrados na natureza; portanto, a acetil-CoA é o produto usual do metabolismo de ácidos graxos.) O número de moléculas de acetil-CoA produzidas é igual à metade do número de átomos de carbono no ácido graxo original. Por exemplo, o ácido esteárico contém 18 átomos de carbono e origina 9 moléculas de acetil-CoA. Observe que a conversão de uma molécula de ácido esteárico de 18 carbonos a 9 unidades de 2 carbonos da acetil requer 8, e não 9 ciclos de oxidação β (Figura 21.7). A acetil-CoA entra no ciclo do ácido cítrico, e o restante da oxidação dos ácidos graxos em dióxido de carbono e água ocorre por meio do ciclo do ácido cítrico e da cadeia de transporte de elétrons. Lembre-se de que a maioria das enzimas do ciclo do ácido cítrico

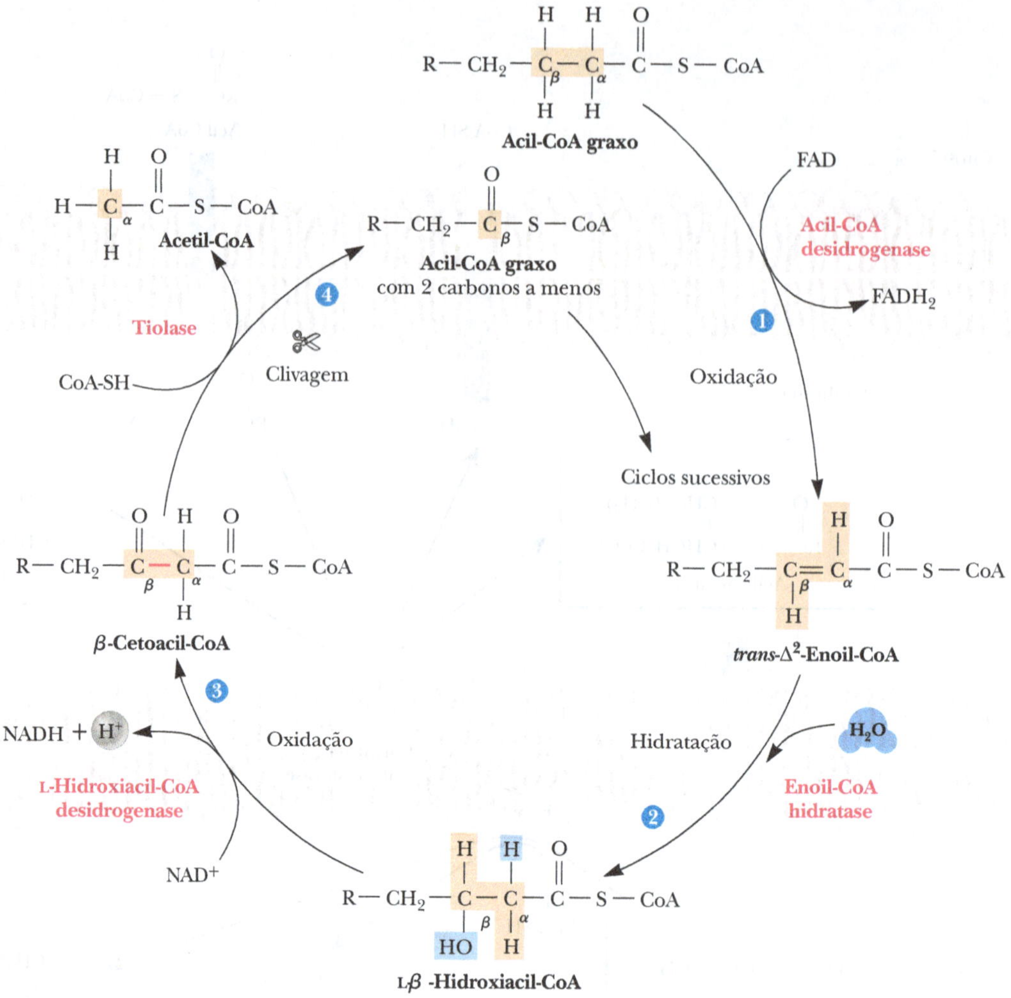
Acil-CoA graxo
FAD
Acil-CoA desidrogenase
FADH2
1
Oxidação
trans-Δ2-Enoil-CoA
Hidratação
H2O
Enoil-CoA hidratase
2
Lβ -Hidroxiacil-CoA
Oxidação
NAD+
NADH + H+
L-Hidroxiacil-CoA desidrogenase
3
β-Cetoacil-CoA
CoA-SH
Tiolase
4
Clivagem
Acetil-CoA
Acil-CoA graxo
com 2 carbonos a menos
Ciclos sucessivos

FIGURA 21.6 **A oxidação β de ácidos graxos saturados envolve um ciclo de quatro reações catalisadas por enzimas.** Cada ciclo produz um $FADH_2$ e um NADH e libera acetil-CoA, resultando em um ácido graxo 2 carbonos mais curto. O símbolo Δ representa uma ligação dupla, e o número associado a ele corresponde à localização da ligação dupla (com base na contagem do grupo carbonila como carbono 1).

está localizada na matriz mitocondrial, e acabamos de ver que o ciclo de oxidação β também ocorre na matriz. Além da mitocôndria, outros sítios de oxidação β são conhecidos. Peroxissomos e glioxissomos (Seção 1-6), organelas que realizam reações de oxidação, também são sítios de oxidação β, embora em uma extensão muito menor que a mitocôndria. Certas drogas, chamadas medicamentos hipolipidêmicos, são usadas na tentativa de controlar a obesidade. Algumas delas atuam estimulando a oxidação β nos peroxissomos.

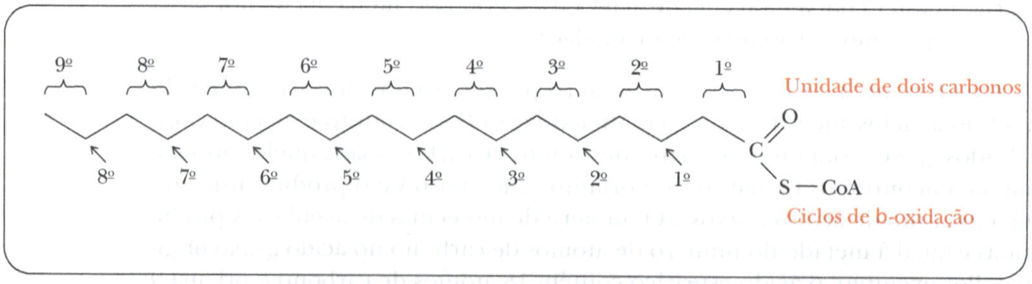
9º 8º 7º 6º 5º 4º 3º 2º 1º
Unidade de dois carbonos
8º 7º 6º 5º 4º 3º 2º 1º
S — CoA
Ciclos de b-oxidação

FIGURA 21.7 **O ácido esteárico (18 carbonos) origina nove unidades de 2 carbonos após oito ciclos de oxidação β.** A nona unidade de 2 carbonos permanece esterificada à CoA após oito ciclos de oxidação β terem removido oito unidades sucessivas de 2 carbonos, começando na extremidade carboxila à direita. Portanto, são necessários apenas oito ciclos de oxidação β para processar completamente um ácido graxo de 18 carbonos em acetil-CoA.

21-3 O Rendimento de Energia da Oxidação dos Ácidos Graxos

No metabolismo do carboidrato, a energia liberada por reações de oxidação é usada para acionar a produção de ATP, com a maior parte dele produzida em processos aeróbios. No mesmo processo aeróbio – a saber, o ciclo do ácido cítrico e a fosforilação oxidativa –, a energia liberada pela oxidação da acetil--CoA formada pela oxidação β de ácidos graxos também pode ser usada para produzir ATP. Há duas fontes de ATP que devemos lembrar para calcular o rendimento total de ATP. A primeira fonte é a reoxidação de NADH e de $FADH_2$ produzidos pela oxidação β do ácido graxo em acetil-CoA. A segunda fonte é a produção de ATP a partir do processamento da acetil-CoA pelo ciclo do ácido cítrico e pela fosforilação oxidativa. Será utilizada a oxidação do ácido esteárico, que contém 18 átomos de carbono, como exemplo.

São necessários oito ciclos de oxidação β para converter um mol de ácido esteárico em nove mols de acetil-CoA; no processo, oito mols de FAD são reduzidos a $FADH_2$, e oito mols de NAD^+ são reduzidos a NADH.

$$CH_3(CH_2)_{16}\overset{\displaystyle O}{\overset{\|}{C}}-S-CoA + 8\,FAD + 8\,NAD^+ + 8\,H_2O + 8\,CoA\text{-}SH \longrightarrow$$

$$9\,CH_3-\overset{\displaystyle O}{\overset{\|}{C}}-S-CoA + 8\,FADH_2 + 8\,NADH + 8\,H^+$$

Os nove mols de acetil-CoA produzidos a partir de cada mol de ácido esteárico entram no ciclo do ácido cítrico. Um mol de $FADH_2$ e três mols de NADH são produzidos para cada mol de acetil-CoA que entra no ciclo. Ao mesmo tempo, um mol de GDP é fosforilado para produzir GTP para cada ciclo do ciclo do ácido cítrico.

$$9\,CH_3\overset{\displaystyle O}{\overset{\|}{C}}-S-CoA + 9\,FAD + 27\,NAD^+ + 9\,GDP + 9\,P_i + 27\,H_2O \longrightarrow$$

$$18\,CO_2 + 9\,CoA\text{-}SH + 9\,FADH_2 + 27\,NADH + 9\,GTP + 27\,H^+$$

O $FADH_2$ e o NADH, produzidos pela oxidação β e pelo ciclo do ácido cítrico, entram na cadeia de transporte de elétrons, e o ATP é produzido por fosforilação oxidativa. No exemplo, há 17 mols de $FADH_2$ (8 derivados da oxidação β e 9 do ciclo do ácido cítrico). Também há 35 mols de NADH, sendo 8 da oxidação β e 27 do ciclo do ácido cítrico. Lembre-se de que são produzidos 2,5 mols de ATP para cada mol de NADH que entra na cadeia transportadora de elétrons e 1,5 mol de ATP resulta de cada mol de $FADH_2$. Uma vez que $17 \times 1{,}5 = 25{,}5$ e $35 \times 2{,}5 = 87{,}5$, pode-se escrever as seguintes equações:

$$17FADH_2 + 8{,}5O_2 + 25{,}5ADP + 25{,}5P_i \rightarrow 17FAD + 25{,}5ATP + 17H_2O$$

$$35NADH + 35H^+ + 17{,}5O_2 + 87{,}5ADP + 87{,}5P_i \rightarrow$$

$$35NAD^+ + 87{,}5ATP + 35H_2O$$

O rendimento total de ATP a partir da oxidação de ácido esteárico pode ser obtido somando-se as equações para oxidação β, para o ciclo do ácido cítrico e para a fosforilação oxidativa. Nesse cálculo, consideramos o GDP como equivalente ao ADP e o GTP como equivalente ao ATP, o que significa que o equivalente a nove ATPs deve ser adicionado àqueles produzidos na reoxidação de $FADH_2$ e NADH. Há nove ATPs equivalentes em relação aos nove GTPs do ciclo do ácido cítrico, 25,5 ATPs da reoxidação de $FADH_2$ e 87,5 ATPs da reoxidação de NADH, perfazendo o total de 122 ATPs.

$$CH_3(CH_2)_{16}\overset{\overset{\displaystyle O}{\|}}{C}-S-CoA + 26\ O_2 + 122\ ADP + 122\ P_i \rightarrow$$
$$18\ CO_2 + 17\ H_2O + 122\ ATP + CoA\text{-}SH$$

A etapa de ativação na qual a estearil-CoA foi formada não está incluída nesse cálculo, e devemos subtrair o ATP que foi utilizado para essa etapa. Embora fosse necessário apenas um ATP, duas ligações fosfato de "alta energia" são perdidas por causa da produção de AMP e PP_i. O pirofosfato deve ser hidrolisado a fosfato (P_i) antes que possa ser reciclado em intermediários metabólicos. Como resultado, deve-se subtrair o equivalente a dois ATPs para a etapa de ativação. O rendimento líquido de ATP passa para 120 mols de ATP para cada mol de ácido esteárico completamente oxidado. Veja a Tabela 21.1 para um balanço. Tenha em mente que esses representam valores de consenso teórico que nem todas as células atingem.

Como comparação, observe que 32 mols de ATP podem ser obtidos a partir da oxidação completa de um mol de glicose; porém a glicose contém 6 átomos de carbono em vez de 18. Três moléculas de glicose contêm 18 átomos de carbono, e uma comparação mais interessante é a produção de ATP derivada da oxidação de três moléculas de glicose, que corresponde a 3 × 32 = 96 ATPs para o mesmo número de átomos de carbono. O rendimento de ATP da oxidação de lipídeos é ainda maior que aquele a partir dos carboidratos, inclusive para o mesmo número de átomos de carbono. O motivo para isso é que o ácido graxo é formado totalmente por hidrocarbonetos, com exceção do grupo carboxila; ou seja, ele existe em um estado altamente reduzido. Um açúcar já é parcialmente oxidado em razão da presença de seus grupos que contêm oxigênio. Uma vez que a oxidação de um combustível leva aos transportadores de elétrons reduzidos utilizados na cadeia de transporte de elétrons, um combustível mais reduzido, tal como um ácido graxo, pode ser mais oxidado que um combustível parcialmente oxidado, assim como o carboidrato.

Outro ponto interessante é a produção de água pela oxidação de ácidos graxos. Já foi visto que a água também é produzida na oxidação de carboidratos. A produção de **água metabólica** é uma característica comum do metabolismo aeróbio. Esse processo pode ser uma fonte de água para organismos que vivem em ambientes desérticos. Os camelos são um exemplo bem conhecido; os lipídeos armazenados em suas corcovas constituem uma fonte tanto de energia quanto de água durante as longas viagens pelo deserto. Os ratos-cangurus fornecem um exemplo ainda mais notável de adaptação a um ambiente árido. Foi observado que esses animais

água metabólica água produzida como resultado da oxidação completa de nutrientes; às vezes, é a única fonte de água de organismos que vivem no deserto

Tabela 21.1 **Balanço para Oxidação de Uma Molécula de Ácido Esteárico**

Reação	Moléculas de NADH	Moléculas de $FADH_2$	Moléculas de ATP
1. Ácido esteárico → Estearil-CoA (etapa de ativação)	+8	+8	−2
2. Estearil-CoA → 9 acetil-CoA (8 ciclos de oxidação β)	+27	+9	
3. 9 Acetil-CoA → 18 CO_2 (ciclo do ácido cítrico); GDP → GTP (9 moléculas)	−8		+9
4. Reoxidação do NADH do ciclo de oxidação β	−27		+20
5. Reoxidação do NADH do ciclo do ácido cítrico		−8	+67,5
6. Reoxidação do $FADH_2$ do ciclo de oxidação β	—	−9	+12
7. Reoxidação do $FADH_2$ do ciclo do ácido cítrico	0	0	+13,5
			+120

Observe que não há alteração no número final de moléculas de NADH ou $FADH_2$.

vivem indefinidamente sem precisar beber água. Vivem com uma dieta à base de sementes, que são ricas em lipídeos, mas contêm pouca água. A água metabólica que os ratos-cangurus produzem é adequada para todas as suas necessidades. Essa resposta metabólica às condições áridas geralmente é acompanhada por uma produção reduzida de urina.

21-4 Catabolismo de Ácidos Graxos Insaturados e Ácidos Graxos com Número Ímpar de Carbonos

Os ácidos graxos com números ímpares de átomos de carbono não são encontrados tão frequentemente na natureza como aqueles com números pares. Ácidos graxos com números ímpares também são submetidos ao processo de oxidação β (Figura 21.8). O último ciclo de oxidação β produz uma molécula de propionil-CoA. Há uma via enzimática para converter propionil-CoA em succinil-CoA, que entra no ciclo do ácido cítrico. Nessa via, a propionil-CoA é inicialmente carboxilada a metil-malonil-CoA em uma reação catalisada pela propionil-CoA-carboxilase, que então sofre uma reorganização para formar a succinil-CoA. Uma vez que a propionil-CoA também é um produto do catabolismo de vários aminoácidos, sua conversão a succinil-CoA também ocorre no metabolismo dos aminoácidos (Seção 23-4). A conversão de metil-malonil-CoA em succinil-CoA requer vitamina B_{12} (cianocobalamina), que possui um íon cobalto(III) em seu estado ativo.

Como a oxidação de ácidos graxos insaturados difere daquela de ácidos graxos saturados?

A conversão de um ácido graxo monoinsaturado em acetil-CoA requer uma reação que não é encontrada na oxidação de ácidos saturados, uma isomerização *cis-trans* (Figura 21.9). Ciclos sucessivos de oxidação β de ácido oleico (18:1) fornecem um exemplo dessas reações. O processo de oxidação β origina ácidos graxos insaturados nos quais a dupla ligação está no arranjo *trans*, enquanto as duplas ligações da maioria dos ácidos graxos de ocorrência natural exibem o arranjo *cis*. No caso do ácido oleico, há uma ligação dupla *cis* entre os carbonos 9 e 10. Três ciclos de oxidação β produzem um ácido graxo insaturado de 12 carbonos com uma ligação dupla *cis* entre os carbonos 3 e 4. A hidratase do ciclo de oxidação β requer uma ligação dupla *trans* entre carbonos 2 e 3 como substrato. Uma *cis-trans* isomerase produz uma ligação dupla *trans* entre os carbonos 2 e 3 a partir da ligação

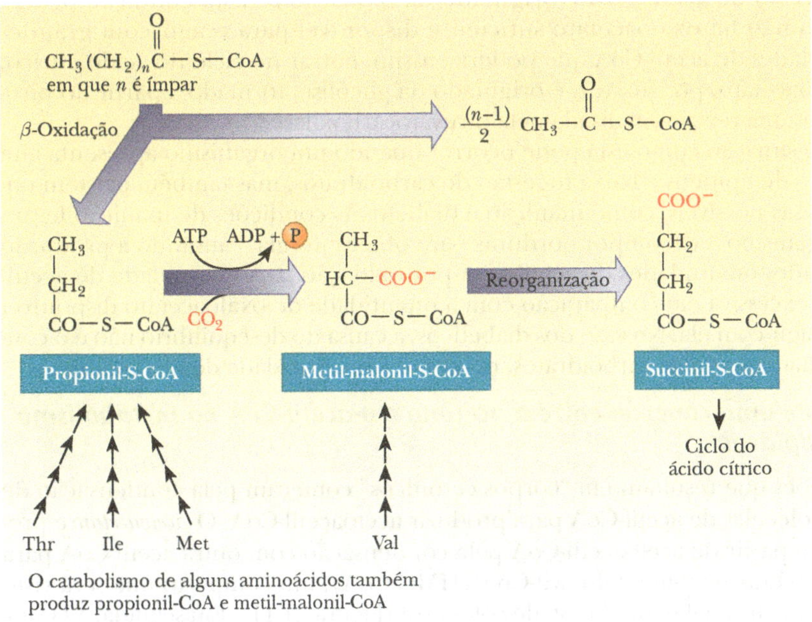

em que n é ímpar
β-Oxidação
Reorganização
Propionil-S-CoA
Metil-malonil-S-CoA
Succinil-S-CoA
Ciclo do ácido cítrico
Thr
Ile
Met
Val
O catabolismo de alguns aminoácidos também produz propionil-CoA e metil-malonil-CoA

FIGURA 21.8 **Oxidação de um ácido graxo contendo número ímpar de átomos de carbono.**

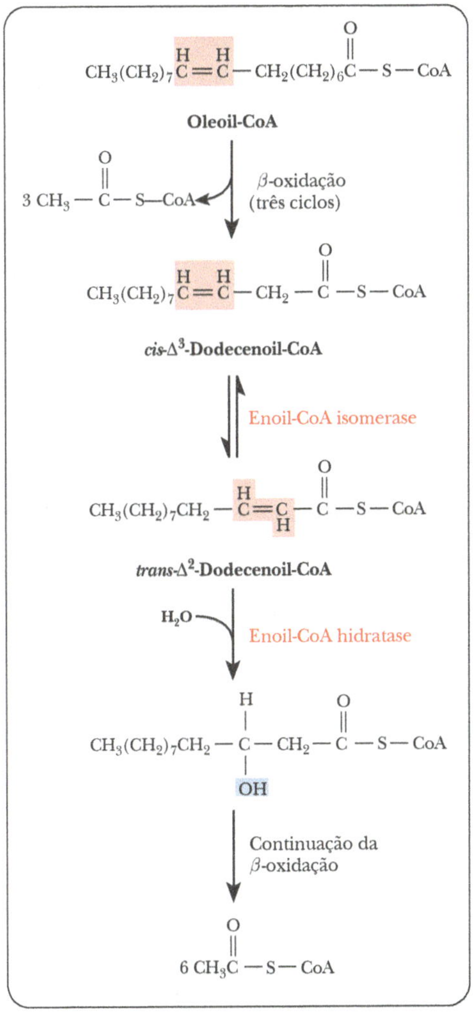

Oleoil-CoA
β-oxidação (três ciclos)
cis-Δ3-Dodecenoil-CoA
Enoil-CoA isomerase
trans-Δ2-Dodecenoil-CoA
Enoil-CoA hidratase
Continuação da β-oxidação

FIGURA 21.9 **Oxidação β de ácidos graxos insaturados.** No caso do oleoil-CoA, três ciclos de oxidação β produzem três moléculas de acetil-CoA e deixam a *cis*-Δ^3-dodecenoil-CoA. A reorganização da enoil-CoA isomerase fornece a espécie *trans*-Δ^2, que então prossegue normalmente pela via de oxidação β.

dupla *cis* entre os carbonos 3 e 4. A partir desse ponto, o ácido graxo é metabolizado do mesmo modo que os ácidos graxos saturados. Quando o ácido oleico sofre oxidação β, a primeira etapa (acil-CoA graxo desidrogenase) não ocorre, e a isomerase lida com a dupla ligação *cis*, colocando-a na posição e orientação adequadas para prosseguir com a via.

Quando os ácidos graxos poli-insaturados sofrem oxidação β, é necessária outra enzima para lidar com a segunda ligação dupla. Considere como o ácido linoleico (18:2) seria metabolizado (Figura 21.10). Esse ácido graxo possui ligações duplas *cis* nas posições 9 e 12, como mostra a Figura 21.10, que são indicadas como *cis*-Δ^9 e *cis*-Δ^{12}. Ocorrem três ciclos normais de oxidação β, como no exemplo com o ácido oleico, antes que a isomerase deva trocar a posição e a orientação da ligação dupla. O ciclo de oxidação β continua até que seja obtido um acil-CoA graxo de 10 carbonos que possua uma ligação dupla *cis* no seu carbono 4 (*cis*-Δ^4). Então ocorre a primeira etapa de oxidação β, inserindo uma ligação dupla *trans* entre os carbonos 2 e 3 (α e β). A oxidação β normal não pode prosseguir nesse ponto porque o ácido graxo com as duas ligações duplas tão próximas constitui um substrato inadequado para a hidratase. Portanto, uma segunda nova enzima, a *2,4-dienoil-CoA redutase*, utiliza o NADPH para reduzir esse intermediário. O resultado é um acil-CoA graxo com uma ligação dupla *trans* entre os carbonos 3 e 4. A isomerase então transfere a ligação dupla *trans* do carbono 3 para o carbono 2, e a oxidação β continua.

Uma molécula com três ligações duplas como o ácido linolênico (18:3) utilizaria as mesmas duas enzimas para lidar com essas ligações. A primeira ligação dupla requer a isomerase. A segunda necessitará da redutase e da isomerase, e a terceira, novamente a isomerase. Na prática, pode-se esquematizar a oxidação β de uma molécula de 18 carbonos com ligações duplas *cis* nas posições 9, 12 e 15 para ver que isto é verdade. Os ácidos graxos insaturados constituem uma porção de ácidos graxos no armazenamento de gordura (40% só para o ácido oleico) grande o suficiente para tornar as reações da *cis-trans* isomerase e da epimerase particularmente importantes.

A oxidação de ácidos graxos insaturados não gera tantos ATPs quanto ocorreria com um ácido graxo saturado com o mesmo número de carbonos. Isto acontece porque a presença de uma ligação dupla significa que a etapa da acil-CoA desidrogenase não ocorrerá. Portanto, serão produzidos menos $FADH_2$.

21-5 Corpos Cetônicos

corpos cetônicos várias moléculas baseadas na acetona produzidas no fígado durante o excesso de utilização dos ácidos graxos quando os carboidratos estão limitados

Substâncias relacionadas à acetona ("**corpos cetônicos**") são produzidas quando um excesso de acetil-CoA é originado da oxidação β. Esta condição ocorre quando não há oxaloacetato suficiente disponível para reagir com grandes quantidades de acetil-CoA que poderia, assim, entrar no ciclo do ácido cítrico. O oxaloacetato, por sua vez, é originado da glicólise, formado a partir do piruvato em uma reação catalisada pela piruvatocarboxilase.

Uma situação como esta pode ocorrer quando um organismo apresenta alta ingestão de lipídeos e baixa ingestão de carboidratos, mas também existem outras causas possíveis, como inanição e diabete. As condições de inanição levam um organismo a decompor gorduras para obter energia, causando a produção de grandes quantidades de acetil-CoA por oxidação β. A quantidade de acetil-CoA é excessiva em comparação com a quantidade de oxaloacetato disponível para reagir com ela. No caso dos diabéticos, a causa do desequilíbrio não é o consumo inadequado de carboidratos, mas, sim, a incapacidade de metabolizá-los.

Existe uma conexão entre a acetona e a acetil-CoA no metabolismo de lipídeo?

As reações que resultam em "corpos cetônicos" começam pela condensação de duas moléculas de acetil-CoA para produzir acetoacetil-CoA. O *acetoacetato* é produzido a partir de acetoacetil-CoA pela condensação com outra acetil-CoA para formar β-hidroxi-β-metilglutaril-CoA (HMG-CoA), um composto que será visto novamente na análise da síntese de colesterol (Figura 21.11). Em seguida, a HMG-CoA-liase libera acetil-CoA para gerar acetoacetato. O acetoacetato pode então ter dois destinos: uma reação de redução produzindo *β-hidroxibutirato* a partir do acetoacetato, ou uma reação de descarboxilação espontânea do acetoacetato para

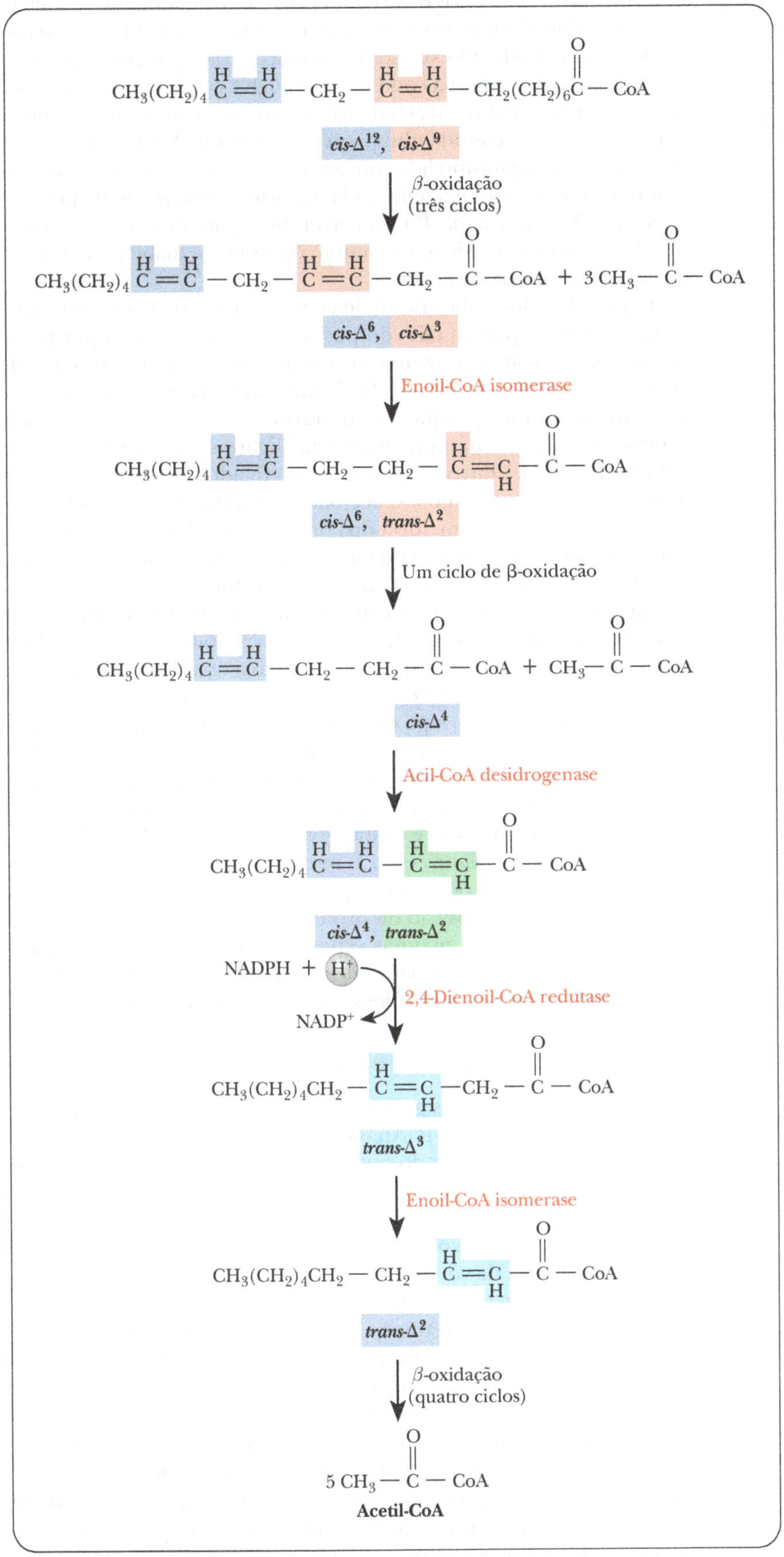
cis-Δ12, cis-Δ9
β-oxidação
(três ciclos)
cis-Δ6, cis-Δ3
Enoil-CoA isomerase
cis-Δ6, trans-Δ2
Um ciclo de β-oxidação
cis-Δ4
Acil-CoA desidrogenase
cis-Δ4, trans-Δ2
NADPH + H+
NADP+
2,4-Dienoil-CoA redutase
trans-Δ3
Enoil-CoA isomerase
trans-Δ2
β-oxidação
(quatro ciclos)
Acetil-CoA

FIGURA 21.10 Via de oxidação para ácidos graxos poli-insaturados, ilustrada para o ácido linoleico. Três ciclos de oxidação β sobre a linoleoil-CoA produzem o intermediário *cis*-Δ^3, *cis*-Δ^6, que é convertido no intermediário *trans*-Δ^2, *cis*-Δ^6. Um ciclo adicional de oxidação β fornece *cis*-Δ^4 enoil-CoA, que é oxidado para a espécie *trans*-Δ^2, *cis*-Δ^4 pela acil-CoA desidrogenase. A ação subsequente da 2,4-dienoil-CoA redutase gera o produto *trans*-Δ^3, que é convertido pela enoil-CoA isomerase na forma *trans*-Δ^2. A oxidação β normal produz então cinco moléculas de acetil-CoA.

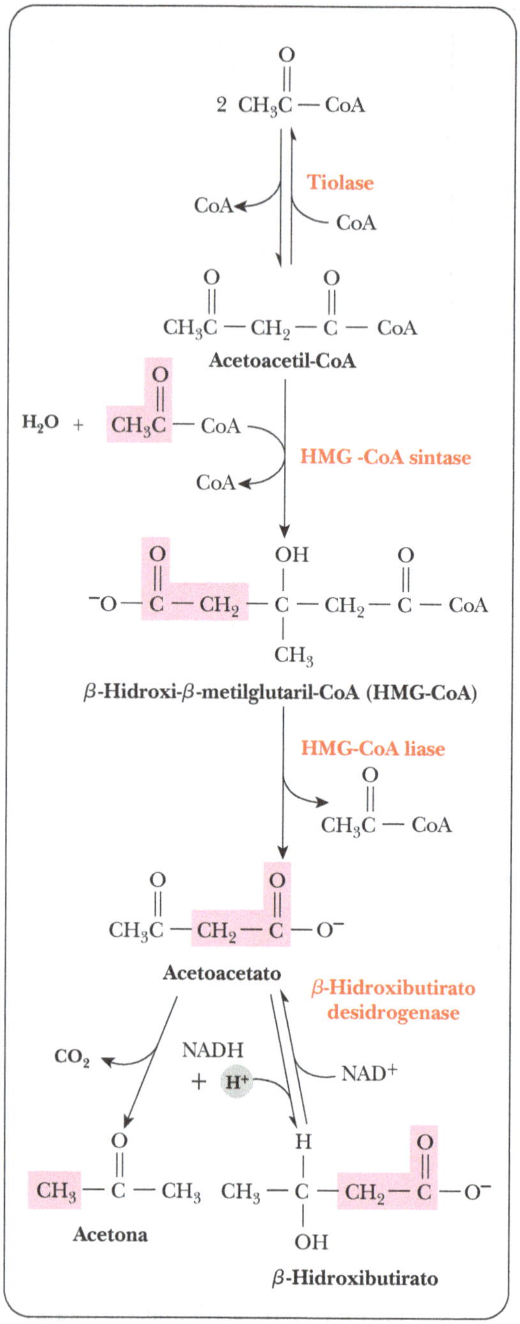
2 CH₃C — CoA
Tiolase
CoA
CoA
CH₃C — CH₂ — C — CoA
Acetoacetil-CoA
H₂O + CH₃C — CoA
HMG -CoA sintase
CoA
⁻O — C — CH₂ — C — CH₂ — C — CoA
OH
CH₃
β-Hidroxi-β-metilglutaril-CoA (HMG-CoA)
HMG-CoA liase
CH₃C — CoA
CH₃C — CH₂ — C — O⁻
Acetoacetato
β-Hidroxibutirato desidrogenase
CO₂
NADH
+ H⁺
NAD⁺
CH₃ — C — CH₃
Acetona
CH₃ — C — CH₂ — C — O⁻
β-Hidroxibutirato

FIGURA 21.11 Formação de corpos cetônicos, sintetizados principalmente no fígado.

produzir *acetona*. O odor de acetona pode ser frequentemente detectado no hálito de diabéticos cuja doença não está controlada pelo tratamento adequado. O excesso de acetoacetato e, por consequência, de acetona constitui uma condição patológica conhecida como *cetose*. Como o acetoacetato e o β-hidroxibutirato são ácidos, sua presença em concentração elevada ultrapassa a capacidade de tamponamento do sangue. O organismo lida com a consequente redução do pH sanguíneo (cetoacidose) excretando H^+ na urina, acompanhado pela excreção de Na^+, K^+ e água. Pode ocorrer uma grave desidratação como resultado (sede excessiva é um sintoma clássico de diabete); e o coma diabético é outro risco possível.

O principal local da síntese de corpos cetônicos são as mitocôndrias hepáticas, porém tais compostos não são usados ali porque o fígado não possui as enzimas necessárias para recuperar a acetil--CoA dos corpos cetônicos. É fácil transportar corpos cetônicos na corrente sanguínea porque, ao contrário dos ácidos graxos, eles são solúveis em água e não precisam estar ligados a proteínas como a albumina sérica. Outros órgãos além do fígado podem usar corpos cetônicos, particularmente o acetoacetato. Embora a glicose seja o combustível usual na maioria dos órgãos e tecidos, o acetoacetato também pode ser usado como tal. No músculo cardíaco e no córtex renal, o acetoacetato é a fonte preferida de energia.

Mesmo em órgãos como o cérebro, onde a glicose é o combustível preferido, condições de inanição podem levar ao uso de acetoacetato para obter energia. Nesta situação, o acetoacetato é convertido em duas moléculas de acetil-CoA que podem, então, entrar no ciclo do ácido cítrico. A questão aqui é que a inanição origina uma regulação em longo prazo, em vez de curto prazo, durante um período de horas a dias, em vez de minutos. O menor nível de glicose no sangue durante dias altera o equilíbrio hormonal do organismo envolvendo particularmente a insulina e o glucagon (veja a Seção 24-4). (A regulação em curto prazo, assim como as interações alostéricas ou modificações covalentes, pode ocorrer em questão de minutos.) As velocidades de síntese e de composição de proteínas estão sujeitas a mudanças nessas condições. As enzimas específicas envolvidas são as mesmas que participam da oxidação de ácidos graxos (em níveis aumentados) e da biossíntese de lipídeos (em níveis diminuídos).

21-6 Biossínteses de Ácidos Graxos

O anabolismo dos ácidos graxos não é simplesmente uma inversão das reações de oxidação β. Anabolismo e catabolismo não são, em geral, o reverso exato um do outro. Por exemplo, a gliconeogênese (Seção 18-2) não é uma simples inversão da reação da glicólise. Um primeiro exemplo das diferenças entre a degradação e a biossíntese dos ácidos graxos é que as reações anabólicas ocorrem no citosol. Acabamos de ver que as reações de degradação da oxidação β ocorrem na matriz mitocondrial. A primeira etapa para a biossíntese de ácidos graxos é o transporte de acetil-CoA até o citosol.

A acetil-CoA pode ser formada pela oxidação β de ácidos graxos ou pela descarboxilação do piruvato. (A degradação de alguns aminoácidos também produz acetil-CoA; veja a Seção 23-6.) A maioria dessas reações ocorre na mitocôndria, exigindo um mecanismo de transporte para exportar a acetil-CoA até o citosol para a biossíntese de ácidos graxos. O mecanismo de transporte é baseado no fato de que o citrato pode atravessar a membrana mitocondrial. A acetil--CoA condensa-se com o oxaloacetato (que não pode atravessar a membrana mitocondrial) para formar citrato (lembre-se de que esta é justamente a primeira reação do ciclo do ácido cítrico). O quadro CONEXÕES **BIOQUÍMICAS 21.1** descreve outra forma de controle na biossíntese de lipídeos.

21.1 Conexões Bioquímicas | expressão de gene

Ativadores de Transcrição na Biossíntese de Lipídeos

Como vimos no Capítulo 11, os fatores de transcrição podem fazer trabalho dobrado nas células. Um exemplo é a ação do fator de transcrição XBP1 no fígado de camundongos. O XBP1 regula os genes que lidam com as proteínas dobradas de maneira imprópria e genes que controlam a síntese de lipídeos. Já está bem estabelecido que outros fatores de transcrição, chamados SREBPs, têm um papel na regulação da expressão do gene levando à síntese de lipídeos. O sinal para a regulação pelos SREBPs é o baixo colesterol no citoplasma, com o sinal sendo passado para o retículo endoplasmático e então para o complexo de Golgi. O processamento das proteínas envolvidas ocorre no complexo de Golgi antes de as proteínas entrarem no núcleo. O papel do XBP1 na regulação da biossíntese de lipídeos segue uma via diferente. Como mostrado na figura, fatores de tensão disparam uma resposta ligando o XBP1 ao complexo de Golgi. Outro fator de transcrição, ATF6, entra no complexo de Golgi de maneira similar. Após o processamento, todos estes fatores de transcrição têm funções na regulação da síntese de lipídeos. O que é novo neste panorama é o até então desconhecido envolvimento do XBP1. ◗

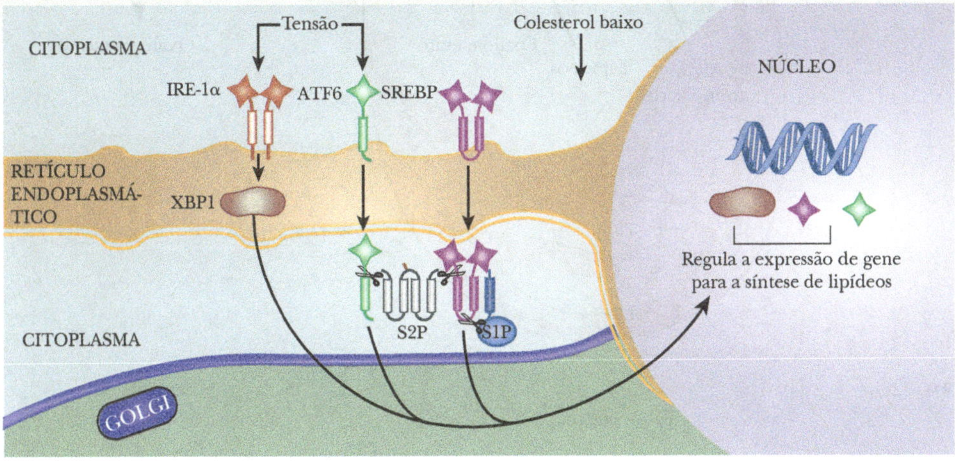

Tensão
Colesterol baixo
CITOPLASMA
NÚCLEO
IRE-1α
ATF6
SREBP
RETÍCULO ENDOPLASMÁTICO
XBP1
Regula a expressão de gene para a síntese de lipídeos
S2P
S1P
CITOPLASMA
GOLGI

Fatores de transcrição na síntese de lipídeos. XBP1, ATF6 e SREBP sofrem processamento no complexo de Golgi antes de entrarem no núcleo. O ATF6 ativa o XBP1. Por sua vez, o XBP1 e o SREBP regulam a expressão dos genes para a síntese de lipídeos. A regulação dos SREBPs pelo colesterol é um processo diferente daquele da ativação de ATF6 e XBP1 na resposta à tensão. (Baseado em Horton, J. D. (2008). *Science*, 320(5882), 1434. Copyright © Cengage Learning.)

◗ *Como ocorrem as primeiras etapas da síntese de ácidos graxos?*

O citrato exportado até o citosol pode sofrer reação inversa, produzindo oxaloacetato e acetil-CoA (Figura 21.12). A acetil-CoA entra na via de biossíntese de ácidos graxos, enquanto o oxaloacetato é submetido a uma série de reações nas quais ocorre uma substituição de NADPH por NADH (veja a discussão do anabolismo de lipídeos na Seção 19-8). Essa substituição exerce um controle sobre a via, pois é necessária a presença de NADPH para o anabolismo de ácidos graxos.

malonil-CoA intermediário de três carbonos importante para a biossíntese de ácidos graxos

No citosol, a acetil-CoA é carboxilada, produzindo **malonil-CoA**, um intermediário essencial na biossíntese de ácidos graxos (Figura 21.13). Essa reação é catalisada pelo complexo *acetil-CoA carboxilase*, que consiste em três enzimas e requer Mn^{2+}, biotina e ATP para sua atividade. Já vimos que as enzimas que catalisam reações que ocorrem em várias etapas frequentemente consistem em diversas moléculas proteicas separadas, e esta enzima segue tal padrão. Neste caso, a acetil-CoA carboxilase consiste em três proteínas, *biotina-carboxilase*, *proteína transportadora de biotina* e *carboxil-transferase*. A biotina-carboxilase catalisa a transferência do grupo carboxila para a biotina. O "CO_2 ativado" (grupo carboxila derivado do íon bicarbonato HCO_3^-) é ligado covalentemente à biotina. Esta (carboxilada ou não) é ligada à proteína transportadora de biotina por uma ligação amida no grupo ε-amino da cadeia lateral de uma lisina. Essa ligação amida é longa e flexível o suficiente para mover a biotina carboxilada posicionada adequadamente para poder transferir o grupo carboxila para a acetil-CoA na reação catalisada pela carboxiltransferase, produzindo malonil-

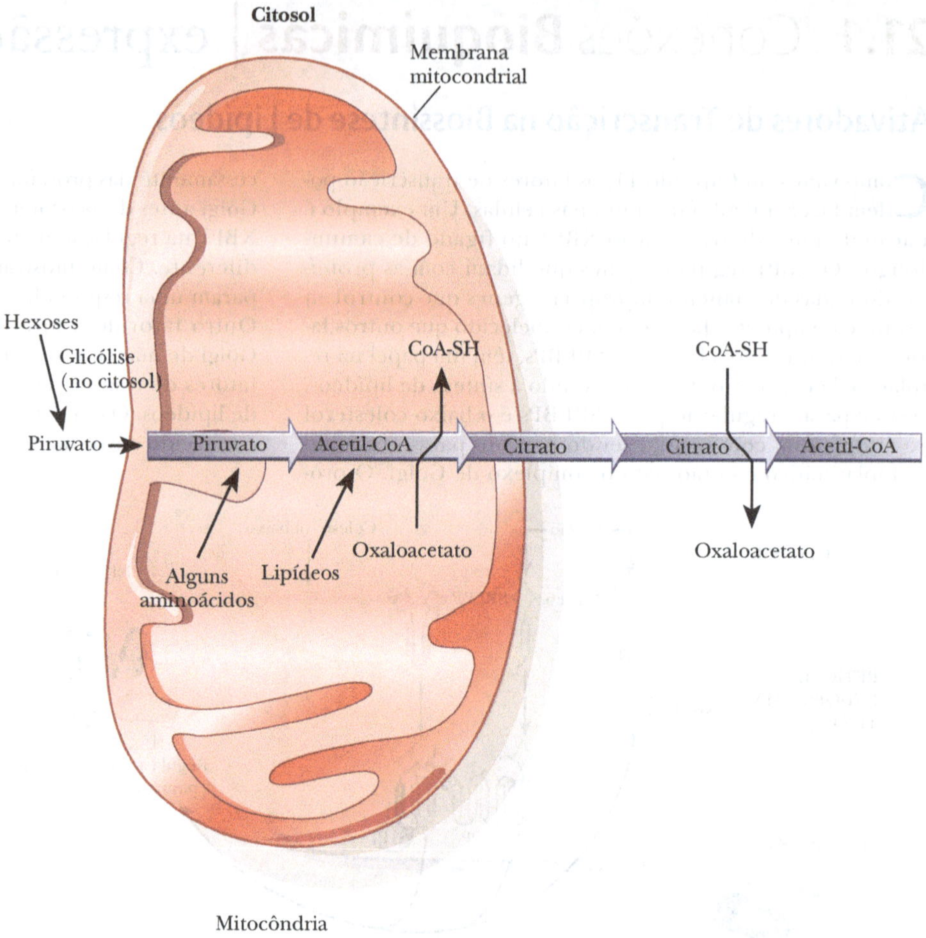

Citosol
Membrana mitocondrial
Hexoses
Glicólise (no citosol)
Piruvato
Piruvato
Acetil-CoA
CoA-SH
Citrato
Citrato
CoA-SH
Acetil-CoA
Alguns aminoácidos
Lipídeos
Oxaloacetato
Oxaloacetato
Mitocôndria

FIGURA 21.12 Transporte dos grupos acetila da mitocôndria para o citosol.

-CoA (Figura 21.14). Além de sua função como ponto inicial na síntese de ácidos graxos, a malonil-CoA inibe fortemente a carnitina-acil-transferase I na face externa da membrana mitocondrial interna. Isto evita um ciclo fútil, no qual os ácidos graxos seriam β-oxidados na mitocôndria para gerar acetil-CoA justamente para ser novamente transformados em ácidos graxos no citosol. O quadro CONEXÕES **BIOQUÍMICAS 19.2** aborda outras maneiras nas quais a malonil-CoA é um ator chave na biossíntese de lipídeos.

21.2 Conexões **Bioquímicas** | nutrição

Acetil-CoA Carboxilase – Um Novo Alvo na Luta Contra a Obesidade?

A malonil-CoA tem duas funções muito importantes no metabolismo. Em primeiro lugar, é um intermediário comprometido na síntese de ácidos graxos. Segundo, inibe fortemente a carnitina palmitoiltransferase I e, portanto, a oxidação de ácidos graxos. O nível de malonil-CoA no citosol pode determinar se a célula oxidará ou armazenará gorduras. A enzima produtora de malonil-CoA é a acetil-CoA carboxilase, ou ACC. Há duas isoformas dessa enzima codificadas por genes separados. A ACC1 é encontrada no fígado e no tecido adiposo, enquanto a ACC2 é nos músculos cardíaco e esquelético. Altas concentrações de glicose e de insulina levam à estimulação de ACC2. Fazer exercícios tem efeito contrário. Durante o exercício, uma proteína quinase dependente de AMP fosforila a ACC2 e a inativa.

Continua

Continuação

Alguns estudos recentes analisaram a natureza do ganho e da perda de peso em relação à ACC2 (veja os artigos de Ruderman e Flier e de Abu-Elheiga et al. citados na bibliografia na internet). Os investigadores criaram uma linhagem de camundongos com a ausência do gene para ACC2. Esses camundongos comiam mais que seus equivalentes de tipo selvagem, porém apresentavam depósitos de lipídeos significativamente menores (30%-40% menos no músculo esquelético e 10% menos no músculo cardíaco). Mesmo o tecido adiposo, que ainda tinha ACC1, apresentou uma redução nos triacilgliceróis armazenados de até 50%. Os camundongos não exibiram outras anormalidades. Cresceram e se reproduziram normalmente, e apresentaram cursos de vida normais. Os investigadores concluíram que *pools* reduzidos de malonil-CoA decorrentes da ausência de ACC2 resultaram em aumento da oxidação β pela remoção do bloqueio na carnitina palmitoiltransferase I e uma redução na síntese de ácidos graxos. Eles especulam que a ACC2 poderia ser um bom alvo para os medicamentos usados no combate à obesidade. ◗

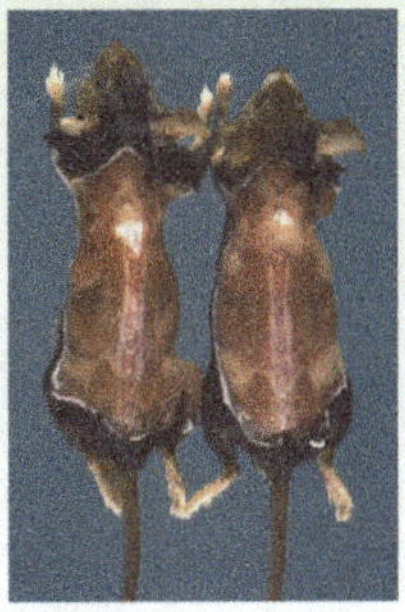

A quantidade de gordura branca sob a pele do camundongo à esquerda, no qual falta o gene para ACC2, é menor que aquela para o camundongo à direita, que tem o gene.

De Continuous Fatty Acid Oxidation and Reduced Fat Storage in Mice Lacking Acetyl-CoA Carboxylase 2 por Lufti Abu-Elheiga et al., (30 de março de 2001), *Science* 291 (5513)2613. Usado com a permissão de AAAS.

◗ *Qual é o modo de ação do ácido graxo sintase?*

A biossíntese de ácidos graxos envolve a adição sucessiva de unidade de 2 carbonos à cadeia crescente. Dois dos três átomos de carbono do grupo malonil da molécula de malonil-CoA são acrescentados à cadeia crescente de ácidos graxos em cada ciclo da reação biossintética. Essa reação, como a própria formação do malonil-CoA, requer um complexo multienzimático localizado no citosol e não ligado à membrana. O complexo, constituído por enzimas individuais, é chamado **ácido graxo sintase**.

ácido graxo sintase complexo enzimático gigante que produz ácidos graxos de cadeias longas a partir de acetil-CoA

O produto usual do anabolismo de ácidos graxos é o *palmitato*, o ácido graxo saturado de 16 carbonos. Todos os 16 carbonos vêm do grupo acetil da acetil-CoA; já vimos como a malonil-CoA, a precursora imediata, também se origina a partir dela. Mas primeiramente ocorre uma etapa de preparação na qual uma molécula da acetil-CoA é necessária para cada molécula de palmitato produzida. Nessa etapa preparatória, o grupo acetila da acetil-CoA é transferido para uma **proteína transportadora de acilas (ACP, do inglês acyl carrier protein)**, considerada parte do complexo do ácido graxo sintase (Figura 21.15). O grupo acetila é ligado à proteína como um tioéster. O grupo na proteína ao qual o grupo acetila é ligado é o da 4-fosfopanteteína, que por sua vez está ligada à cadeia lateral de uma serina; observe na Figura 21.16 que esse grupo é estruturalmente semelhante à própria CoA-SH. O grupo acetila é transferido da CoA-SH, à qual está ligado por uma ligação tioéster, para a ACP, e liga-se a esta por uma ligação tioéster. Embora o grupo funcional da ACP seja semelhante ao da CoA-SH, é interessante observar que a síntese de ácidos graxos no citosol utiliza apenas ACP. Em essência, a ACP é uma etiqueta que marca os grupos acetila para a síntese de ácidos graxos.

proteína transportadora de acila proteína que funciona na síntese de ácidos graxos para carregar grupos de carbono ativados

O grupo acetila é transferido, por sua vez, da ACP para outra proteína, à qual é ligado por meio de uma ligação tioéster com o -SH de uma cisteína. A outra proteína é a β-cetoacil-*S*-ACP-sintase (HS-KSase) (Figura 21.15). Começa nesse ponto a primeira das adições sucessivas de dois dos três carbonos de malonil para o ácido graxo. Assim, o grupo malonil é transferido de uma ligação tioéster com a CoA-SH para outra ligação tioéster com a ACP (Figura 21.15). A etapa seguinte é uma reação de condensação que

$$\underset{\text{Acetil-CoA}}{H_3C-\overset{\overset{\Large O}{\|}}{C}-S-CoA} + ATP + HCO_3^- \xrightarrow[Mn^{2+}]{\text{Biotin}}$$

$$\underset{\text{Malonil-CoA}}{{}^-OOC-CH_2-\overset{\overset{\Large O}{\|}}{C}-S-CoA} + ADP + (P) + H^+$$

FIGURA 21.13 **Formação de malonil-CoA, catalisada pela acetil-CoA-carboxilase.**

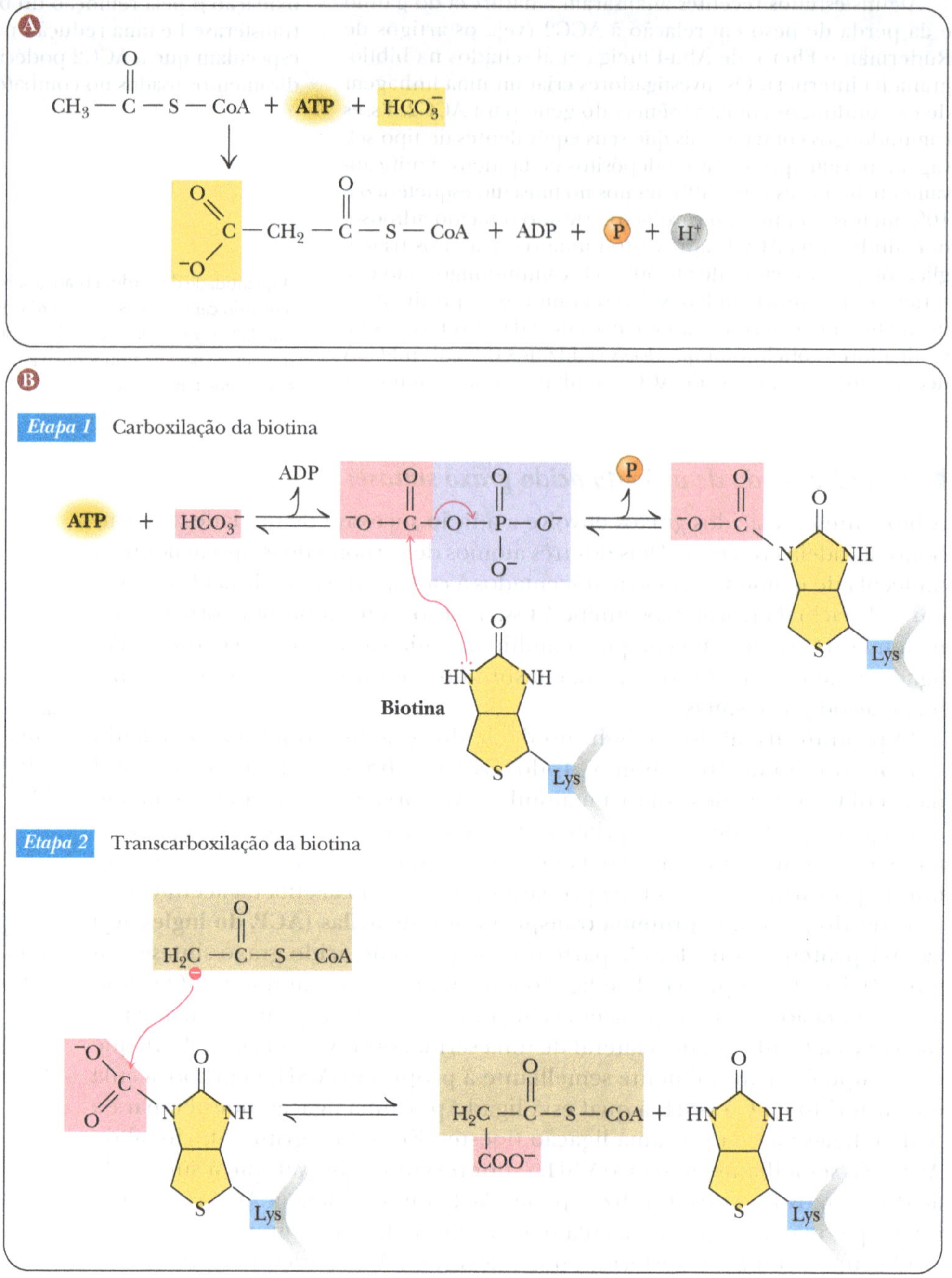
A
O
CH3 — C — S — CoA + ATP + HCO3−
O
C — CH2 — C — S — CoA + ADP + P + H+
−O
B
Etapa 1 Carboxilação da biotina
ADP
ATP + HCO3−
−O — C — O — P — O−
O−
P
−O — C
N NH
S
Lys
HN NH
Biotina
Etapa 2 Transcarboxilação da biotina
H2C — C — S — CoA
H2C — C — S — CoA + HN NH
COO−

Figura 21.14 A reação de acetil-CoA carboxilase. (a) A reação da acetil-CoA carboxilase produz malonil-CoA para a síntese de ácidos graxos. (b) O mecanismo para a reação da acetil-CoA carboxilase. O bicarbonato é ativado para reações de carboxilação pela formação de N-carboxibiotina. O ATP aciona a progressão da reação, com a formação temporária de um intermediário carbonil-fosfato (Etapa 1). Em uma reação dependente de biotina típica, o ataque nucleofílico pelo carbânion da acetil-CoA sobre o carbono carboxila de N-carboxibiotina – uma transcarboxilação – gera o produto carboxilado (Etapa 2).

produz acetoacetil-ACP (Figura 21.15). Em outras palavras, o principal produto dessa reação é um grupo acetoacetil ligado a ACP por uma ligação tioéster. Dois dos quatro carbonos do acetoacetato são originados do grupo acetila do evento inicial, e outros dois, do grupo malonil. Um dos átomos de carbono originados do grupo malonil é ligado diretamente ao enxofre e o outro ao grupo $-CH_2-$ próximo a ele. O grupo CH_3CO- é originado do primeiro grupo acetila. O outro carbono do grupo malonil é liberado como CO_2. Esse CO_2 perdido corresponde ao CO_2 original usado para carboxilar a acetil-CoA na produção de malonil-CoA. Nesse ponto, a sintase já não está envolvida em uma ligação tioéster. Este é um exemplo de uma descarboxilação utilizada para acionar uma reação de condensação que de outra forma seria desfavorável.

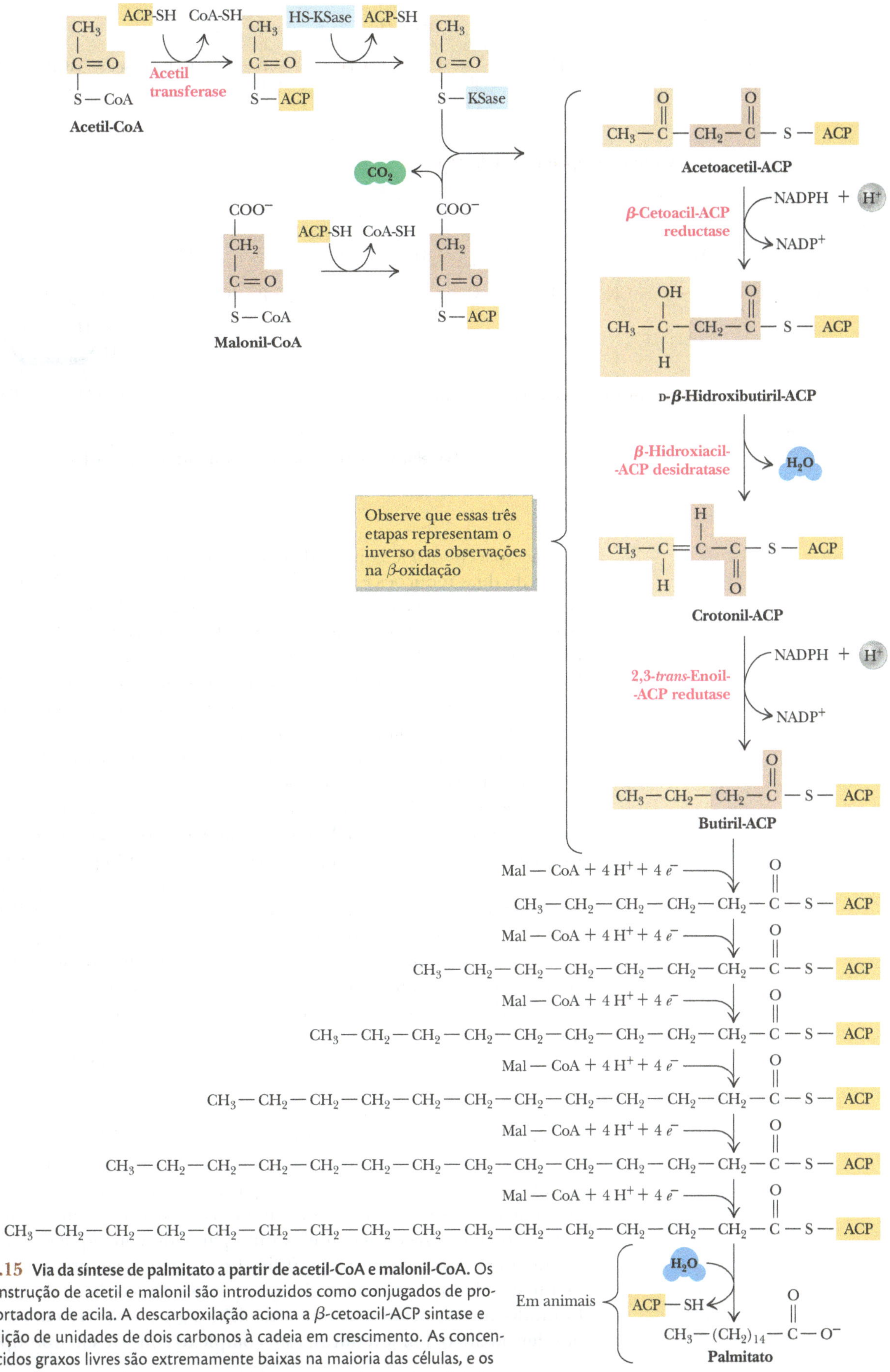
Acetil-CoA
Acetil transferase
ACP-SH
CoA-SH
HS-KSase
CO2
Malonil-CoA
Acetoacetil-ACP
β-Cetoacil-ACP reductase
NADPH + H+
NADP+
D-β-Hidroxibutiril-ACP
β-Hidroxiacil--ACP desidratase
H2O
Observe que essas três etapas representam o inverso das observações na β-oxidação
Crotonil-ACP
2,3-trans-Enoil--ACP redutase
Butiril-ACP
Mal — CoA + 4 H+ + 4 e−
Em animais
Palmitato

FIGURA 21.15 **Via da síntese de palmitato a partir de acetil-CoA e malonil-CoA.** Os blocos de construção de acetil e malonil são introduzidos como conjugados de proteína transportadora de acila. A descarboxilação aciona a β-cetoacil-ACP sintase e resulta na adição de unidades de dois carbonos à cadeia em crescimento. As concentrações de ácidos graxos livres são extremamente baixas na maioria das células, e os ácidos graxos recém-sintetizados existem primariamente como ésteres de acil-CoA.

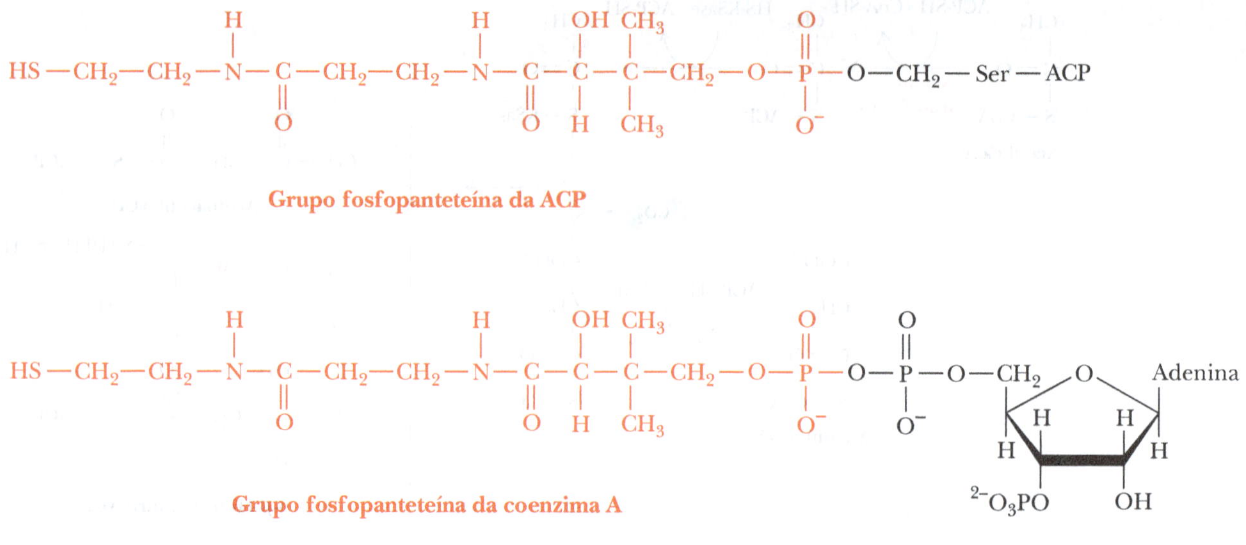

Grupo fosfopanteteína da ACP
Grupo fosfopanteteína da coenzima A

Figura 21.16 Semelhanças estruturais entre coenzima A e o grupo fosfopanteteína da ACP.

A acetoacetil-ACP é convertida em butiril-ACP por uma série de reações envolvendo duas reduções e uma desidratação (Figura 21.15). Na primeira redução, o grupo β-ceto é reduzido a um álcool, originando D-β-hidroxibutiril-ACP. No processo, o NADPH é oxidado a $NADP^+$; e a enzima catalisadora dessa reação é a β-cetoacil-ACP-redutase (Figura 21.15). A etapa de desidratação, catalisada pela β-hidroxiacil-ACP desidratase, produz crotonil-ACP (Figura 21.15). Observe que a ligação dupla está na configuração *trans*. Uma segunda reação de redução, catalisada pela β-enoil-ACP redutase, produz butiril-ACP (Figura 21.15). Nessa reação, assim como ocorreu na primeira reação de redução nessa série, o NADPH age como uma coenzima.

No segundo ciclo da biossíntese de ácidos graxos, a butiril-ACP tem a mesma função que a acetil-ACP no primeiro ciclo. O grupo butiril é transferido para a sintase, e um grupo malonil é transferido para a ACP. Mais uma vez ocorre uma reação de condensação com malonil-ACP (Figura 21.15). Neste segundo ciclo, a condensação produz um β-cetoacil-ACP de 6 carbonos. Os dois átomos de carbono adicionados têm origem no grupo malonil, assim como no primeiro ciclo. As reações de redução e desidratação ocorrem como antes, originando hexanoil-ACP. A mesma série de reações é repetida até a produção de palmitoil-ACP. Em mamíferos, o processo para em C_{16} porque a ácido graxo sintase não produz cadeias mais longas. Os mamíferos produzem ácidos graxos de cadeias mais longas modificando os ácidos graxos formados pela reação da sintase.

Ácido graxo sintases de diferentes tipos de organismos apresentam características acentuadamente distintas. Em *Escherichia coli*, o sistema multienzimático consiste em um agregado de enzimas separadas, incluindo uma ACP, que é de importância fundamental para o complexo, considerando-se que ela ocupa nele uma posição central. O grupo fosfopanteteína desempenha o papel de um "braço oscilante", muito parecido com aquele da biotina, discutido anteriormente neste capítulo. Esse sistema bacteriano foi extensivamente estudado e é considerado um exemplo típico de ácido graxo sintase. Contudo, nos eucariotos, a síntese de ácidos graxos ocorre em um complexo multienzimático. Em leveduras, este complexo consiste em dois tipos diferentes de subunidades, chamadas α e β, organizadas em um complexo $\alpha_6\beta_6$. Nos mamíferos, a ácido graxo sintase contém apenas um tipo de subunidade, porém a enzima ativa é um dímero desta subunidade única. Determinou-se por cristalografia de raios X que a sintase de mamíferos contém duas câmeras de reação nas quais os vários componentes são mantidos na proximidade um do outro à medida que a reação prossegue. Cada uma das subunidades corresponde a uma *enzima multifuncional* que catalisa reações que exigem diversas unidades de proteínas diferentes no sistema da *E. coli*. A estrutura da ácido graxo sintase de fungos foi elucidada recentemente, em até mais detalhes, por cristalografia de raios X. Os resultados demonstraram que os múltiplos sítios ativos para as reações de sintase estão arranjados na câmara de reação de tal forma que um movimento circular dos substratos ligados a ACP podem entregar o substrato a cada sítio ativo específico. A cadeia em crescimento de ácidos graxos oscila para a frente e para trás entre as atividades enzimáticas contidas em diferentes subunidades usando ACP como "braço oscilante". Como o sistema bacteriano, o eucariótico mantém todos os componentes da reação em proximidade uns dos outros, o que mostra outro exemplo das vantagens dos complexos multienzimáticos.

Várias reações adicionais são necessárias para o alongamento das cadeias de ácido graxo e para a introdução de ligações duplas. Quando os mamíferos produzem ácidos graxos de cadeias mais longas que a do palmitato, a reação não envolve mais a ácido graxo sintase citosólica. Há dois sítios para as reações de alongamento da cadeia: o retículo endoplasmático (RE) e a mitocôndria. Nas reações de alongamento de cadeia na mitocôndria, os intermediários são do tipo acil-CoA em vez do tipo acil-ACP. Em outras palavras, as reações de alongamento de cadeia na mitocôndria correspondem ao inverso das reações catabólicas dos ácidos graxos, sendo a acetil-CoA a fonte de átomos de carbono adicionais; esta é uma diferença entre a via principal da biossíntese de ácidos graxos e essas reações de modificação. No RE, a fonte de átomos de carbono adicionais é malonil-CoA. As reações de modificação no RE também diferem da biossíntese de palmitato pelo fato de não existirem intermediários ligados à ACP, como na reação mitocondrial.

As reações que introduzem uma ligação dupla em ácidos graxos ocorrem principalmente no RE. A inserção da ligação dupla é catalisada por uma oxidase de função mista que requer oxigênio molecular (O_2) e NAD(P)H. Durante a reação, tanto o NAD(P)H quanto o ácido graxo são oxidados, enquanto o oxigênio é reduzido a água. Reações ligadas ao oxigênio molecular são relativamente raras (Seção 19-9). Os mamíferos não conseguem introduzir uma ligação dupla além do átomo de carbono 9 (contando a partir da extremidade carboxila) da cadeia de ácido graxo. Como resultado, o linoleato [CH_3—$(CH_2)_4$—CH═CH—CH_2—CH═CH—$(CH_2)_7$—COO^-], com duas ligações duplas, e o linolenato [CH_3—$(CH_2)_4$—CH═CH—CH_2CH═CH—CH_2—CH═CH—$(CH_2)_4$$COO^-$], com três ligações duplas, devem ser incluídos nas dietas de mamíferos. Eles são **ácidos graxos essenciais** porque precursores de outros lipídeos, incluindo as prostaglandinas.

ácidos graxos essenciais ácidos graxos poli-insaturados (como o ácido linoleico) que o organismo não consegue sintetizar; devem ser obtidos de fontes alimentares

Embora tanto o anabolismo quanto o catabolismo de ácidos graxos envolvam reações sucessivas de unidades de 2 carbonos, as duas vias não representam o inverso exato uma da outra. As diferenças entre as duas podem ser resumidas na Tabela 21.2. Os locais na célula onde as diversas reações anabólicas e catabólicas ocorrem são mostrados na Figura 21.17. Podemos concluir esta seção com o quadro CONEXÕES **BIOQUÍMICAS 21.3**, que descreve o resultado da biossíntese excessiva de lipídeos.

21.3 Conexões **Bioquímicas** | genética

Um Gene para a Obesidade

A obesidade há muito tem sido associada com vários estados doentios conhecidos, como a diabete e até mesmo o câncer, tornando-se um tópico atual na sociedade moderna. Pesquisadores identificaram recentemente o primeiro gene que mostrou uma clara relação com a tendência para a obesidade. O gene foi rotulado como *FTO*. De forma interessante, embora este gene esteja positivamente correlacionado com a obesidade, ninguém ainda sabe o que ele faz. Uma equipe britânica de cientistas estudou amostras de mais de 4.000 indivíduos e identificou o gene FTO, que se mostrou estar relacionado ao índice de massa corporal (IMC). Foi encontrada uma variação específica de FTO com a modificação de um único nucleotídeo. Indivíduos que têm duas cópias desta variante tinham 1,67 vezes mais probabilidade de ser obesos que indivíduos que não tinham uma das cópias da variante. Os pesquisadores disseram que mesmo sem ter atualmente uma função para o gene, sua alta correlação com a obesidade fará que as pessoas corram para entendê-lo. ◗

Kalle Kolodziej/Fotolia

Tabela 21.2 Uma Comparação Entre Degradação e Biossíntese de Ácidos Graxos

Degradação	Biossíntese
1. O produto é a acetil-CoA	O precursor é a acetil-CoA
2. A malonil-CoA não está envolvida; não há necessidade de biotina	A malonil-CoA é a fonte das unidades de 2 carbonos; a biotina é necessária
3. É um processo oxidativo; requer NAD^+ e FAD e produz ATP	É um processo redutor; requer NADPH e ATP
4. Ácidos graxos formam tioésteres com CoA-SH	Os ácidos graxos formam tioésteres com as proteínas transportadoras de acila (ACP-SH)
5. Começa na extremidade carboxila ($CH_3CO_2^-$)	Começa na extremidade metila ($CH_3CH_2^-$)
6. Ocorre na matriz mitocondrial, sem envolver um agregado organizado de enzimas	Ocorre no citosol, catalisada por um complexo multienzimático organizado
7. Os intermediários β-hidroxiacil apresentam a configuração L	Os intermediários β-hidroxiacil apresentam a configuração D

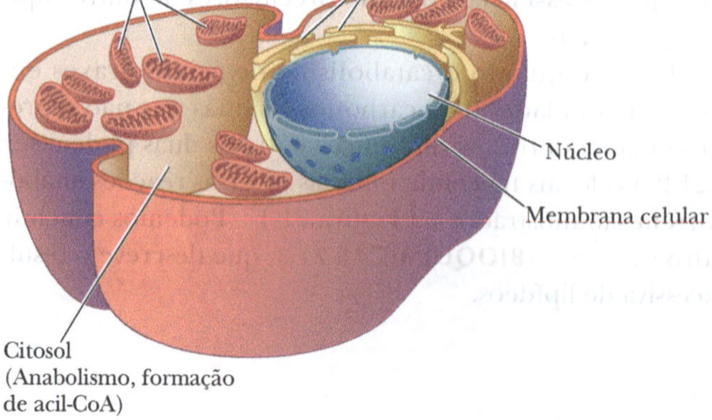
Mitocôndrias
(Catabolismo por β-oxidação, algum alongamento de cadeia)
Retículo endoplasmático (RE)
(Alongamento de cadeia, introdução de ligações duplas)
Núcleo
Membrana celular
Citosol
(Anabolismo, formação de acil-CoA)

Figura 21.17 Porção de uma célula animal mostrando os locais de vários aspectos do metabolismo de ácidos graxos. O citosol é um sítio do anabolismo dos ácidos graxos. Também é o local de formação de acil-CoA, que é transportada para a mitocôndria para o catabolismo pelo processo de oxidação β. Algumas reações de alongamento de cadeia (além de C_{16}) ocorrem nas mitocôndrias. Outras reações de alongamento de cadeia ocorrem no retículo endoplasmático (RE), assim como as reações que introduzem ligações duplas.

21-7 Síntese de Acilgliceróis e Lipídeos Compostos

Outros lipídeos, incluindo triacilgliceróis, fosfoacilgliceróis e esteroides, são derivados dos ácidos graxos e metabólitos de ácidos graxos, como a acetoacetil-CoA. Os ácidos graxos não ocorrem livres na célula em grande quantidade; normalmente são encontrados incorporados a triacilgliceróis e fosfoacilgliceróis. A biossíntese desses dois tipos de compostos ocorre principalmente no RE das células hepáticas ou das células gordurosas (adipócitos).

Triacilgliceróis

A porção glicerol dos lipídeos é derivada do glicerol-3-fosfato, um composto disponível a partir da glicólise. No fígado e nos rins, outra fonte é o glicerol liberado pela degradação de acilgliceróis. Um grupo acila de um ácido graxo é transferido de uma acil-CoA. Os produtos dessa reação são CoA-SH e um *lisofosfatidato* (um monoacilglicerol fosfato) (Figura 21.18). O grupo acila é mostrado esterificado ao átomo de carbono 2 (C-2) nessa série de equações, porém é igualmente provável que esteja esterificado no C-1. Há uma segunda reação de acilação, catalisada pela mesma enzima, produzindo um *fosfatidato* (um diacilgliceril fosfato). Os fosfatidatos ocorrem nas membranas e são precursores de outros fosfolipídeos. O grupo fosfato do fosfatidato é removido por hidrólise, produzindo um *diacilglicerol.* Um terceiro grupo acila é adicionado em uma reação na qual a fonte do grupo acila é uma acil-CoA em vez de um ácido graxo livre.

Como ocorre a biossíntese de fosfoacilgliceróis?

Os fosfoacilgliceróis (fosfoglicérides) são baseados nos fosfatidatos, com um grupo fosfato esterificado a outro álcool, frequentemente um contendo nitrogênio como a etanolamina (veja a discussão sobre fosfoacilgliceróis [fosfoglicérides] na Seção 8-2). A conversão dos fosfatidatos em fosfolipídeos frequentemente requer a presença de nucleosídeos trifosfatos, particularmente o *trifosfato de citidina* (CTP). O papel da CTP depende do tipo de organismo, uma vez que os detalhes da via biossintética não são os mesmos nos mamíferos e nas bactérias. Usaremos uma comparação da síntese de fosfatidiletanolamina nos mamíferos e nas bactérias (Figura 21.19) como exemplo dos tipos de reação comumente encontrados na biossíntese de um fosfoglicerídeo.

Nas bactérias, a CTP reage com fosfatidato para produzir citidina-difosfodiacilglicerol (um CDP diglicerídeo). O CDP diglicerídeo reage com serina para formar fosfatidilserina. Esta é, então, descarboxilada, formando *fosfatidiletanolamina.* Nos eucariotos, a síntese de fosfatidiletanolamina requer duas etapas precedentes nas quais partes dos componentes são processadas (Figura 21.20). A primeira delas consiste na remoção por hidrólise do grupo fosfato do fosfatidato, produzindo um diacilglicerol; a segunda etapa é a reação da etanolamina fosfato com o CTP para produzir pirofosfato (PP_i) e citidina-difosfato-etanolamina (CDP-etanolamina). A CDP-etanolamina e o diacilglicerol reagem para formar fosfatidiletanolamina.

Nos mamíferos, a fosfatidiletanolamina pode ser produzida de outro modo. A troca de álcool da serina para a etanolamina permite a interconversão de fosfatidiletanolamina com a fosfatidilserina (Figura 21.21).

Como ocorre a síntese de esfingolipídeos?

A base estrutural dos esfingolipídeos não é o glicerol, mas a *esfingosina,* uma amina de cadeia longa (veja a discussão sobre esfingolipídeos na Seção 8-2). Os precursores de esfingosina são a palmitoil-CoA e o aminoácido serina, que reagem para produzir di-hidroesfingosina. O grupo carboxila da serina é perdido

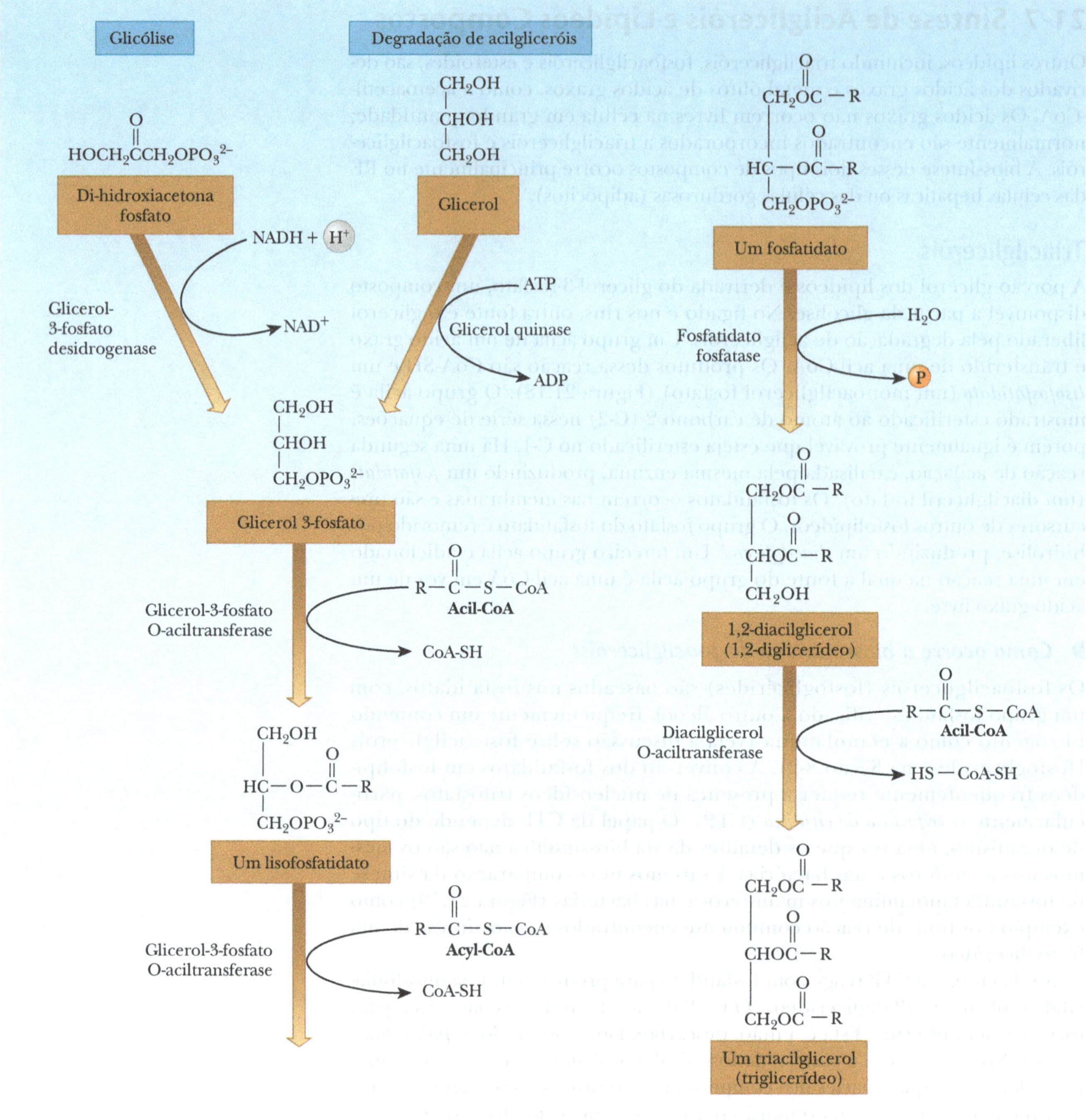

Glicólise
Degradação de acilgliceróis
$HOCH_2CCH_2OPO_3^{2-}$
Di-hidroxiacetona fosfato
CH_2OH CHOH CH_2OH
Glicerol
NADH + H+
NAD+
Glicerol-3-fosfato desidrogenase
ATP
Glicerol quinase
ADP
Glicerol 3-fosfato
Glicerol-3-fosfato O-aciltransferase
R—C—S—CoA
Acil-CoA
CoA-SH
Um lisofosfatidato
Acyl-CoA
Um fosfatidato
H_2O
Fosfatidato fosfatase
P
1,2-diacilglicerol (1,2-diglicerídeo)
Diacilglicerol O-aciltransferase
HS—CoA-SH
Um triacilglicerol (triglicerídeo)

FIGURA 21.18 Vias para a biossíntese de triacilgliceróis.

ceramidas lipídeo que contém ácido graxo ligado à esfingosina por uma ligação amida

como CO_2 no curso dessa reação (Figura 21.22). Uma reação de oxidação introduz uma ligação dupla, com a esfingosina como composto resultante. A reação do grupo amino da esfingosina com outra acil-CoA para formar uma ligação amida resulta em uma *N-acilesfingosina*, também chamada **ceramida**. As ceramidas, por sua vez, são os compostos de origem das esfingomielinas, cerebrosídeos e gangliosídeos. A ligação de fosforilcolina ao grupo álcool primário de uma ceramida produz uma *esfingomielina*, enquanto a ligação de açúcares como a glicose no mesmo local produz *cerebrosídeos*. Os *gangliosídeos* são formados a partir de ceramidas pela ligação de oligossacarídeos que contenham resíduos

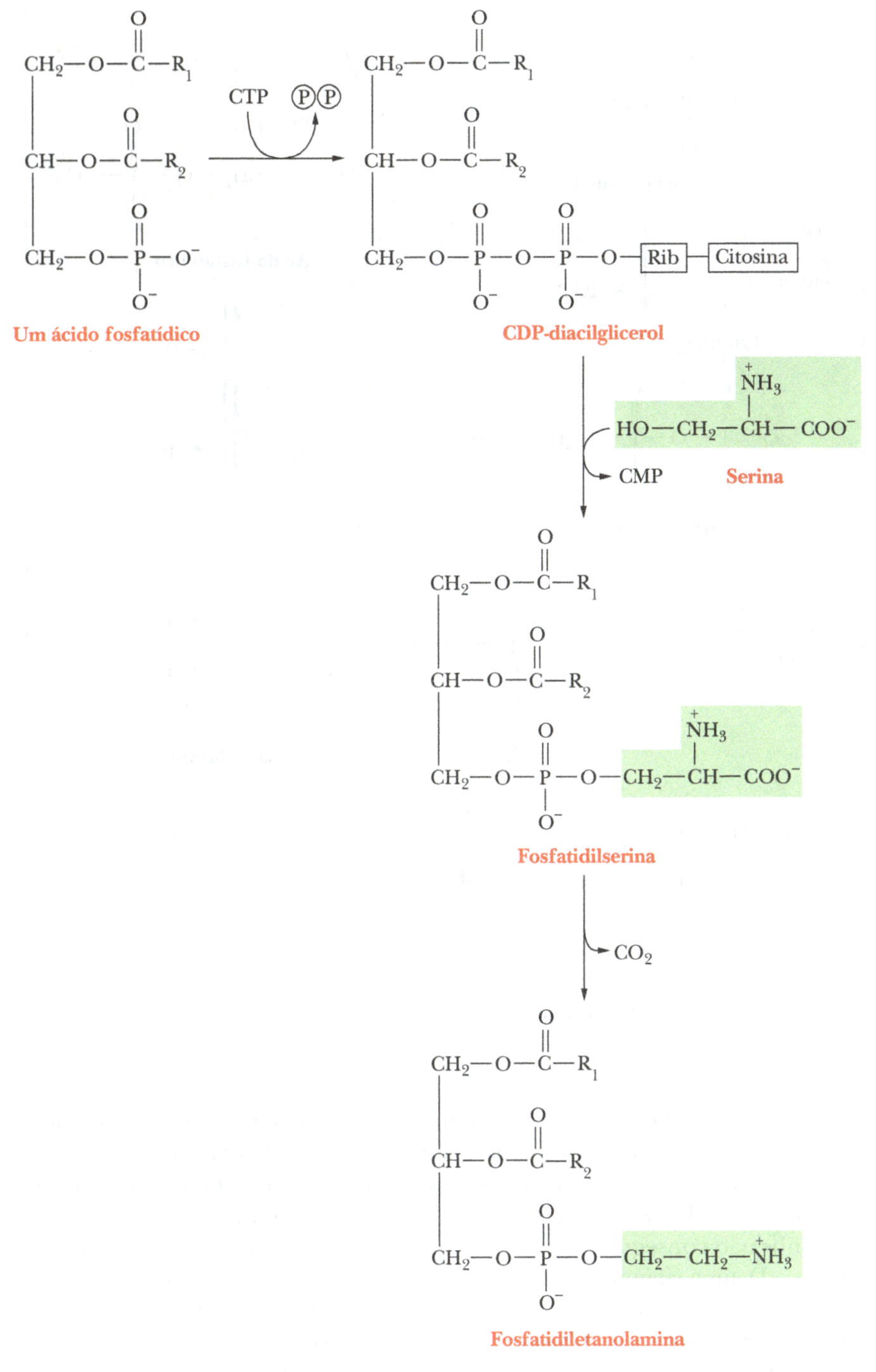
CTP
Um ácido fosfatídico
CDP-diacilglicerol
Rib
Citosina
Serina
CMP
Fosfatidilserina
CO_2
Fosfatidiletanolamina

FIGURA 21.19 Biossíntese de fosfatidiletanolamina nas bactérias. Veja o texto para detalhes sobre como as vias diferem nos mamíferos.

de ácido siálico, também no grupo álcool primário. Veja a discussão sobre esfingolipídeos na Seção 8-2 para as estruturas desses compostos.

21-8 Biossíntese de Colesterol

O precursor final de todos os átomos de carbono no colesterol e em outros de seus esteroides derivados é o grupo acetila da acetil-CoA. Há muitas etapas na biossíntese de esteroides. A condensação de três grupos acetila produz mevalonato, que contém 6 carbonos. A descarboxilação do mevalonato produz uma unidade

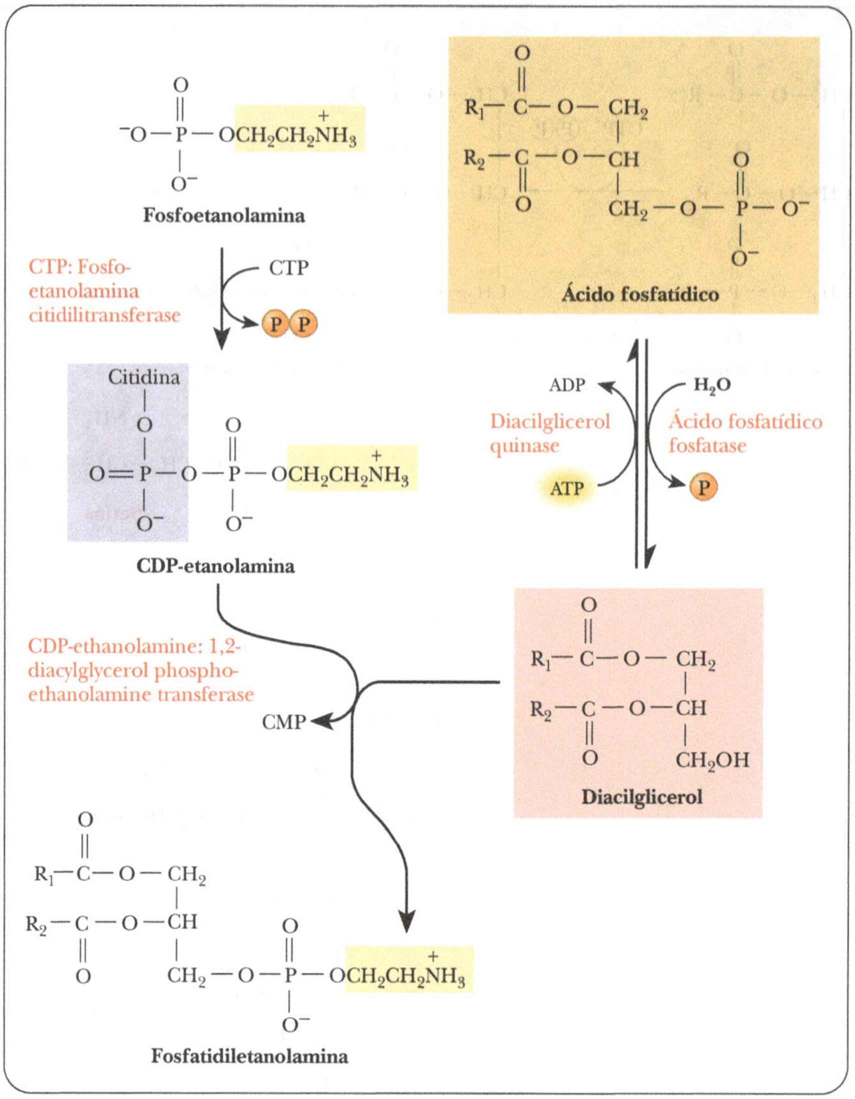
Fosfoetanolamina
CTP: Fosfoetanolamina citidiltransferase
CTP
Citidina
CDP-etanolamina
Ácido fosfatídico
ADP
H_2O
Diacilglicerol quinase
Ácido fosfatídico fosfatase
ATP
CDP-ethanolamine: 1,2-diacylglycerol phosphoethanolamine transferase
CMP
Diacilglicerol
Fosfatidiletanolamina

Figura 21.20 Produção de fosfatidiletanolamina nos eucariotos.

unidades isopreno grupos de 5 carbonos que são usados na biossíntese de esteroides

colesterol esteroide que ocorre nas membranas celulares; o precursor de outros esteroides

isopreno de 5 carbonos frequentemente encontrada na estrutura de lipídeos. O envolvimento de **unidades isopreno** é um ponto fundamental na biossíntese de esteroides e de muitos outros compostos que apresentam o nome genérico *terpenos*. As vitaminas A, E e K são originadas de reações envolvendo terpenos que os seres humanos não conseguem sintetizar e, portanto, devem obtê-las em suas dietas; a vitamina D, uma vitamina lipossolúvel, é derivada do colesterol (Seção 8-7). As unidades isopreno estão envolvidas na biossíntese de ubiquinona (coenzima Q) e de derivados de proteínas e tRNAs com unidades de 5 carbonos específicas ligadas. As unidades isopreno frequentemente são adicionadas a proteínas para atuar como âncoras quando a proteína é fixada a uma membrana.

Seis unidades isopreno condensam-se para formar o esqualeno, que contém 30 átomos de carbono. Finalmente, o esqualeno é convertido em **colesterol**, que contém 27 átomos de carbono (Figura 21.23); o esqualeno também pode ser convertido em outros esteroides.

$$\underset{C_2}{\text{Acetato}} \rightarrow \underset{C_6}{\text{Mevalonato}} \rightarrow \underset{C_5}{[\text{Isopreno}]} \rightarrow \underset{C_{30}}{\text{Esqualeno}} \rightarrow \underset{C_{27}}{\text{Colesterol}}$$

Está bem estabelecido que 12 dos átomos de carbono do colesterol são derivados do carbono carboxila do grupo acetila; esses são os átomos de carbonos identificados como "c" na Figura 21.24. Os outros 15 átomos de carbono são originados do carbono metila do grupo acetila; neste caso, são identificados como "m". Serão analisadas agora as etapas individuais do processo com mais detalhes.

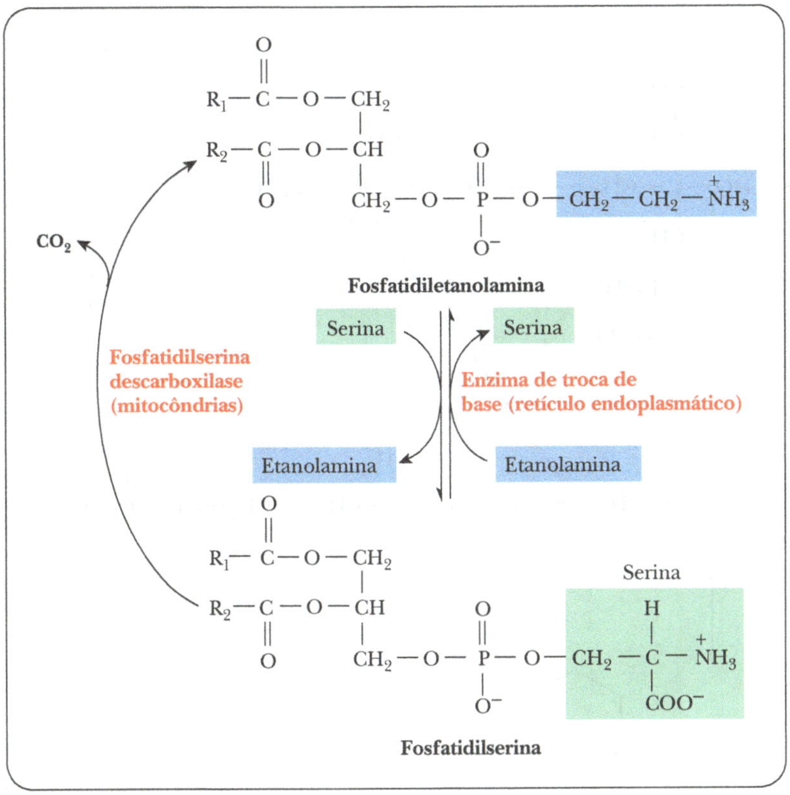

Fosfatidiletanolamina
Serina
Serina
Fosfatidilserina descarboxilase (mitocôndrias)
Enzima de troca de base (retículo endoplasmático)
Etanolamina
Etanolamina
Serina
Fosfatidilserina

FIGURA 21.21 **A interconversão de fosfatidiletanolamina e fosfatidilserina nos mamíferos.**

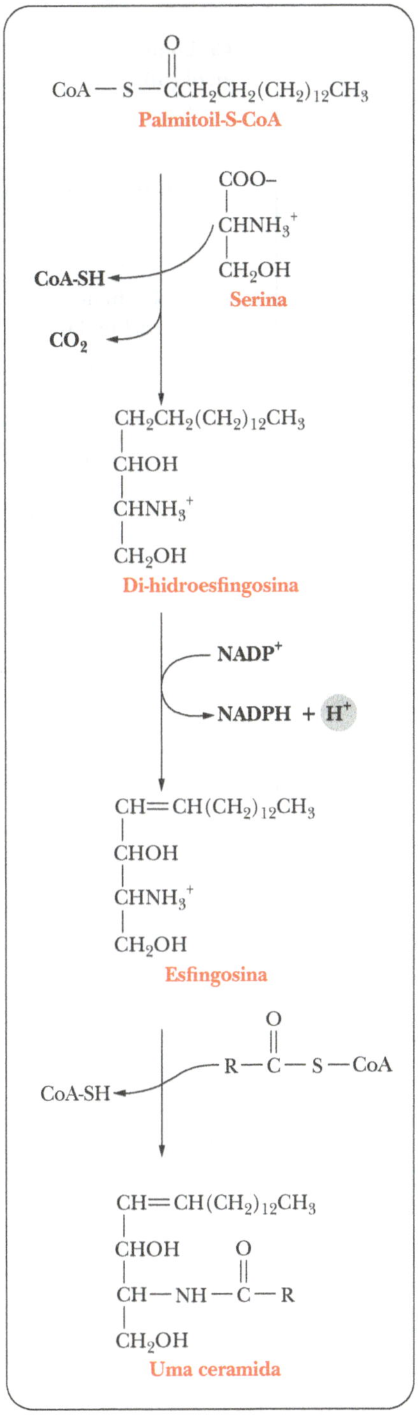

Palmitoil-S-CoA
CoA-SH
Serina
Di-hidroesfingosina
NADPH + H+
Esfingosina
CoA-SH
Uma ceramida

FIGURA 21.22 **A biossíntese de esfingolipídeos.** Quando as ceramidas são formadas, podem reagir (a) com colina para produzir esfingomielinas, (b) com açúcares para produzir cerebrosídeos, ou (c) com açúcares e ácido siálico para produzir gangliosídeos.

A conversão de três grupos acetila da acetil-CoA em *mevalonato* ocorre em várias etapas (Figura 21.25). Já foi vista a primeira dessas etapas, a produção de acetoacetil-CoA a partir de duas moléculas de acetil-CoA, quando se discutiu a formação de corpos cetônicos e o anabolismo de ácidos graxos. Uma terceira molécula de acetil-CoA condensa-se com a acetoacetil-CoA para produzir *β-hidroxi-β-metilglutaril-CoA* (também chamado HMG-CoA ou 3-hidroxi-3-metilglutaril-CoA).

▶ *Por que a HMG-CoA é tão importante na biossíntese de colesterol?*

Essa reação é catalisada pela enzima hidroximetilglutaril-CoA sintase; uma molécula de CoA-SH é liberada no processo. Na reação seguinte, a produção de mevalonato a partir de hidroximetilglutaril-CoA é catalisada pela enzima hidroximetilglutaril-CoA redutase (HMG-CoA redutase). Um grupo carboxila, aquele esterificado a CoA-SH, é reduzido a um grupo hidroxila, e a CoA-SH é liberada. Esta etapa é inibida por altos níveis de colesterol e constitui o principal ponto de controle da síntese de colesterol. Também é alvo para os medicamentos que reduzem os níveis de colesterol no organismo. Drogas como a *lovastatina* são inibidoras da hidroximetil-CoA redutase e são amplamente prescritas para reduzir os níveis de colesterol sanguíneo. O medicamento é metabolizado a ácido mevinolínico, um análogo do estado transacional de um intermediário tetraédrico na reação catalisada por HMG-CoA redutase (Figura 21.26).

O mevalonato é então convertido em uma unidade isoprenoide por uma combinação de reações de fosforilação, descarboxilação e desfosforilação (Figura 21.27). Três reações sucessivas, cada uma das quais catalisada por uma enzima que requer ATP, originam *isopentenil pirofosfato*, um derivado isoprenoide de cinco carbonos. O isopentenil pirofosfato e o *dimetilalil pirofosfato*, outro derivado isoprenoide, podem ser interconvertidos em uma reação de reorganização catalisada pela enzima isopentenil pirofosfato isomerase.

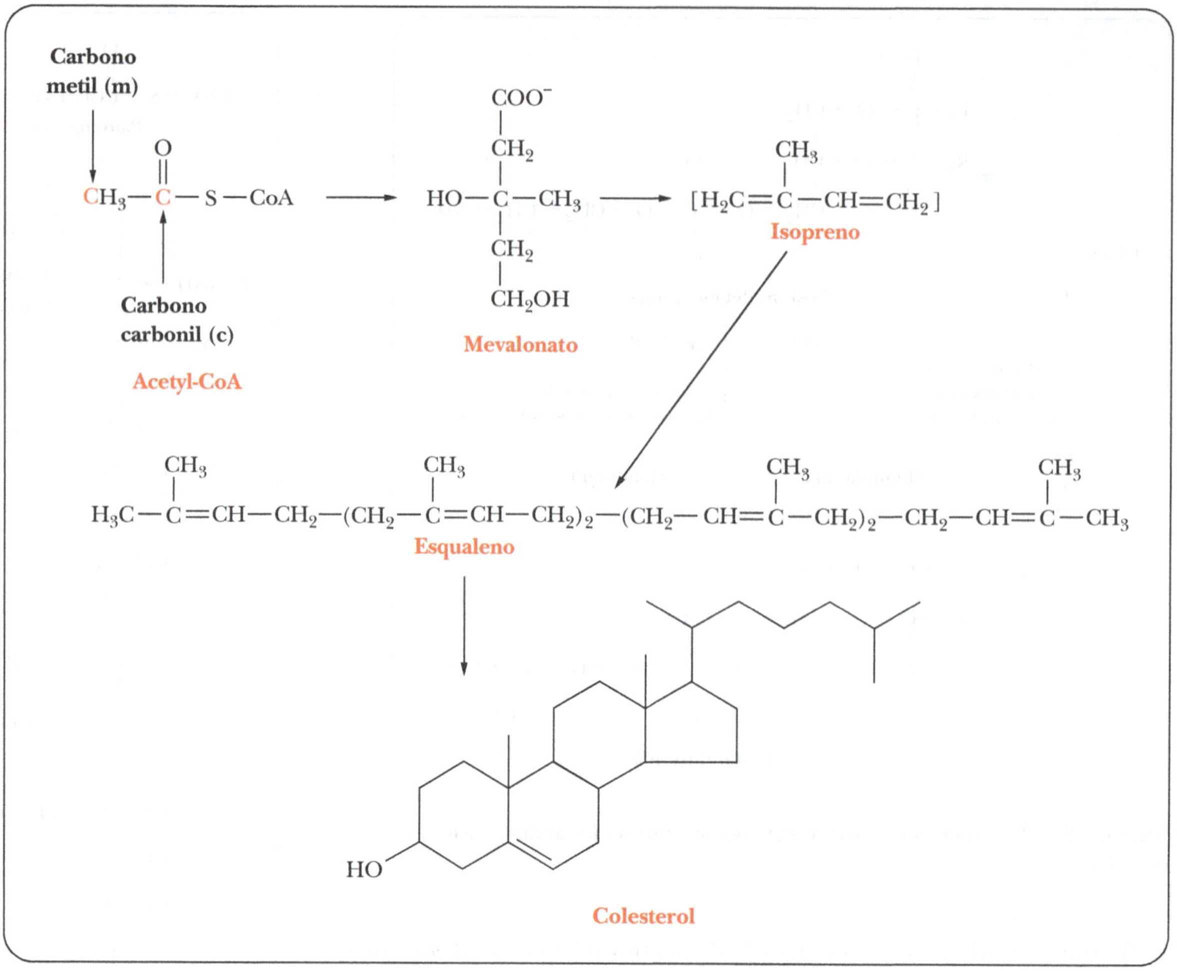
Carbono metil (m)
O
CH3—C—S—CoA
Carbono carbonil (c)
Acetyl-CoA
COO−
CH2
HO—C—CH3
CH2
CH2OH
Mevalonato
CH3
[H2C=C—CH=CH2]
Isopreno
H3C—C=CH—CH2—(CH2—C=CH—CH2)2—(CH2—CH=C—CH2)2—CH2—CH=C—CH3
Esqualeno
HO
Colesterol

FIGURA 21.23 **Resumo da biossíntese de colesterol.**

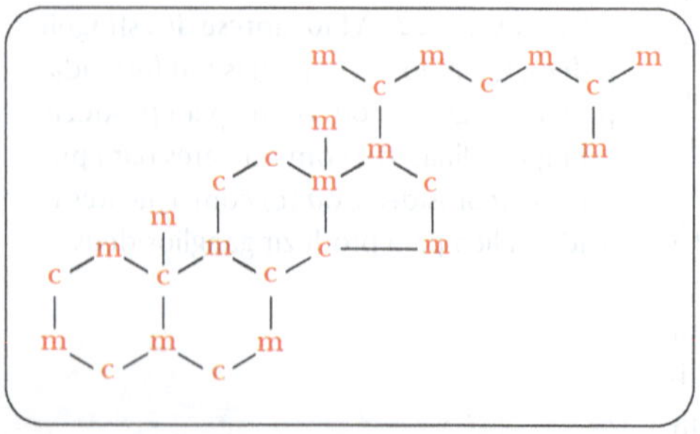

FIGURA 21.24 **Padrão de rotulação do colesterol.** Cada letra "m" indica um carbono metila, e cada letra "c" um carbono de carbonila, todos oriundos da acetil-CoA.

A condensação de unidades isoprenoides leva à produção de esqualeno e, finalmente, de colesterol. Os dois derivados isoprenoides encontrados até aqui são necessários. Ocorrem mais duas reações de condensação. Como resultado, é produzido *farnesil pirofosfato*, um composto de 15 carbonos. Duas moléculas de farnesil pirofosfato condensam-se para formar o *esqualeno*, um composto de 30 carbonos. A reação é catalisada pela esqualeno sintase, e é necessário NADPH para esta reação.

A Figura 21.28 mostra a conversão de esqualeno em colesterol. Os detalhes dessa conversão estão longe de ser simples. O esqualeno é convertido em *epóxido de esqualeno* em uma reação que requer tanto NADPH quanto oxigênio molecular (O_2). Esta reação é catalisada pela esqualeno mono-oxigenase. O epóxido de escaleno sofre uma reação de ciclização complexa para formar *lanosterol*. Esta reação notável é catalisada pela epóxido-esqualeno-ciclase. O mecanismo da reação é uma reação conjunta – ou seja, uma reação na qual cada parte é essencial para a ocorrência de qualquer outra parte. Nenhuma porção de uma reação conjunta pode ser omitida ou alterada, porque tudo ocorre simultaneamente, em vez de em uma sequência de etapas. A conversão de lanosterol em colesterol é um processo complexo. Sabe-se que são necessárias 20 etapas para remover três grupos metila e para mover uma ligação dupla, mas não discutiremos os detalhes do processo.

Como o colesterol serve de precursor de outros esteroides?

Após a formação de colesterol, ele pode ser convertido em outros esteroides com diferentes funções fisiológicas. O RE liso é um local importante tanto para a síntese de colesterol quanto para sua conversão em outros esteroides. A maior parte do colesterol formado no fígado, que é o principal local de síntese de colesterol nos mamíferos, é convertida em *ácidos biliares*, como colato e glicocolato (Figura 21.29). Esses compostos auxiliam na digestão de gotículas lipídicas emulsificando-as e tornando-as mais acessíveis aos ataques enzimáticos.

O colesterol é o precursor de *hormônios esteroides* importantes (Figura 21.30), além dos ácidos biliares. Como todos os hormônios, independente de sua natureza química (Seção 24-3), os hormônios esteroides funcionam como sinais externos de uma célula e regulam seus processos metabólicos internos. Os esteroides são mais conhecidos como hormônios sexuais (são os componentes das pílulas anticoncepcionais), mas também têm outras funções. A *pregnenolona* é formada a partir do colesterol, e a *progesterona* a partir da pregnenolona. A progesterona é um hormônio sexual e o precursor de outros hormônios sexuais, como a *testosterona* e o *estradiol* (um estrógeno). Outros tipos de hormônios esteroides também são derivados da progesterona. O papel dos hormônios sexuais na maturação sexual é discutido na Seção 24-3. A *cortisona* é um exemplo de *glicocorticoide*, um grupo de hormônios que atua no metabolismo dos carboidratos (como o nome indica), assim como no metabolismo de proteínas e ácidos graxos. Os *mineralocorticoides* constituem outra classe de hormônios envolvidos no metabolismo dos eletrólitos, incluindo íons metálicos ("minerais") e água. A *aldosterona* é um exemplo de mineralocorticoide. Nas células nas quais o colesterol é convertido em hormônios esteroides, frequentemente se observa um RE liso aumentado, indicando o local para a ocorrência do processo.

Qual é o papel do colesterol na doença cardíaca?

A aterosclerose é uma condição na qual as artérias são bloqueadas em maior ou menor extensão pelo depósito de placas de colesterol, podendo provocar ataques cardíacos. O processo pelo qual a obstrução das artérias ocorre é complexo. Tanto a alimentação quanto a predisposição genética estão envolvidas no desenvolvimento da aterosclerose. Uma dieta rica em colesterol e gordura, particularmente gorduras saturadas, levará a um maior nível de colesterol na corrente sanguínea. O organismo também gera seu próprio colesterol, porque esse esteroide é um componente necessário das membranas celulares. É possível que mais colesterol seja derivado de fontes endógenas (sintetizado dentro do organismo) que a partir da alimentação.

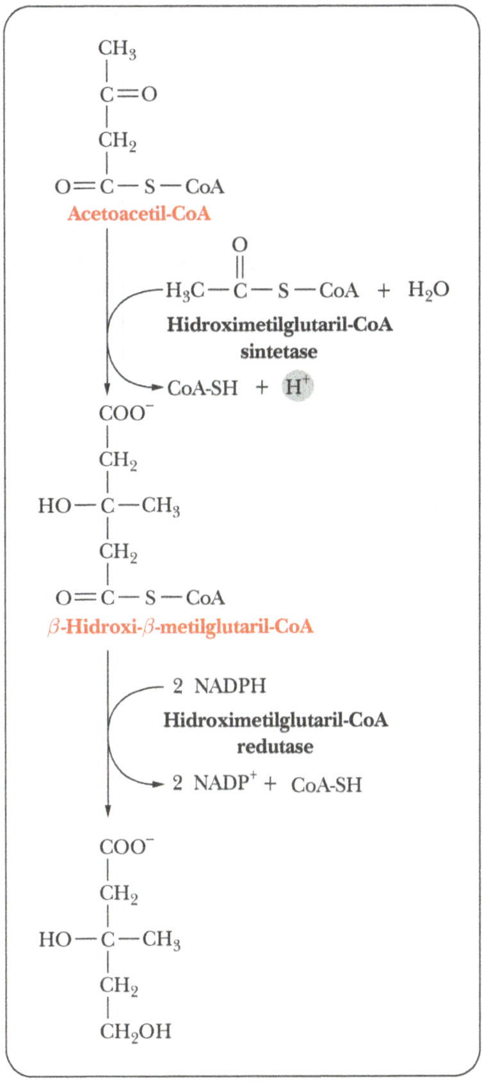
Acetoacetil-CoA
H3C—C(=O)—S—CoA + H2O
Hidroximetilglutaril-CoA sintetase
CoA-SH + H+
β-Hidroxi-β-metilglutaril-CoA
2 NADPH
Hidroximetilglutaril-CoA redutase
2 NADP+ + CoA-SH

FIGURA 21.25 Biossíntese do mevalonato.

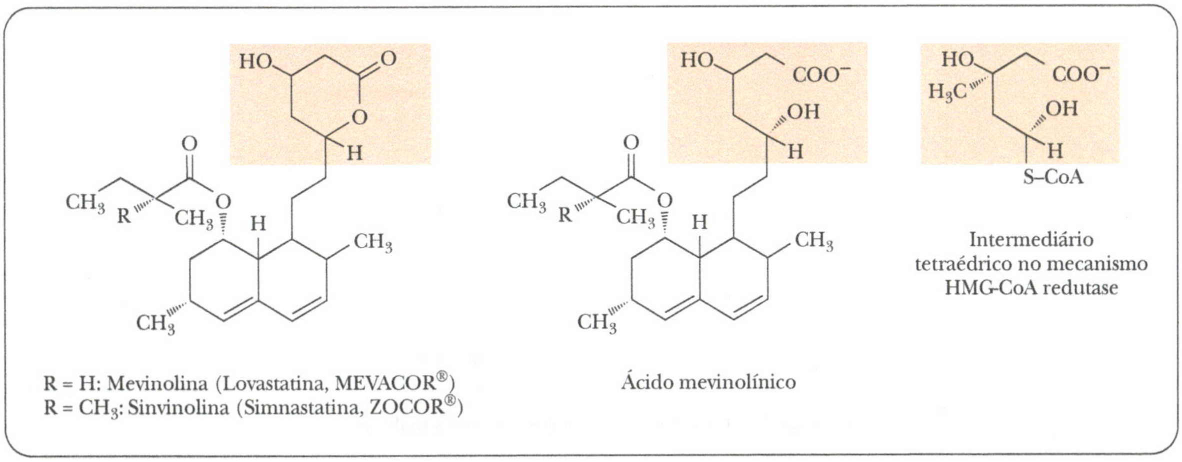
R = H: Mevinolina (Lovastatina, MEVACOR®)
R = CH3: Sinvinolina (Simnastatina, ZOCOR®)
Ácido mevinolínico
Intermediário tetraédrico no mecanismo HMG-CoA redutase

FIGURA 21.26 Estruturas de lovastatina e sinvinolina (inativas), ácido mevinolínico (ativo) e o intermediário tetraédrico no mecanismo de HMG-CoA redutase.

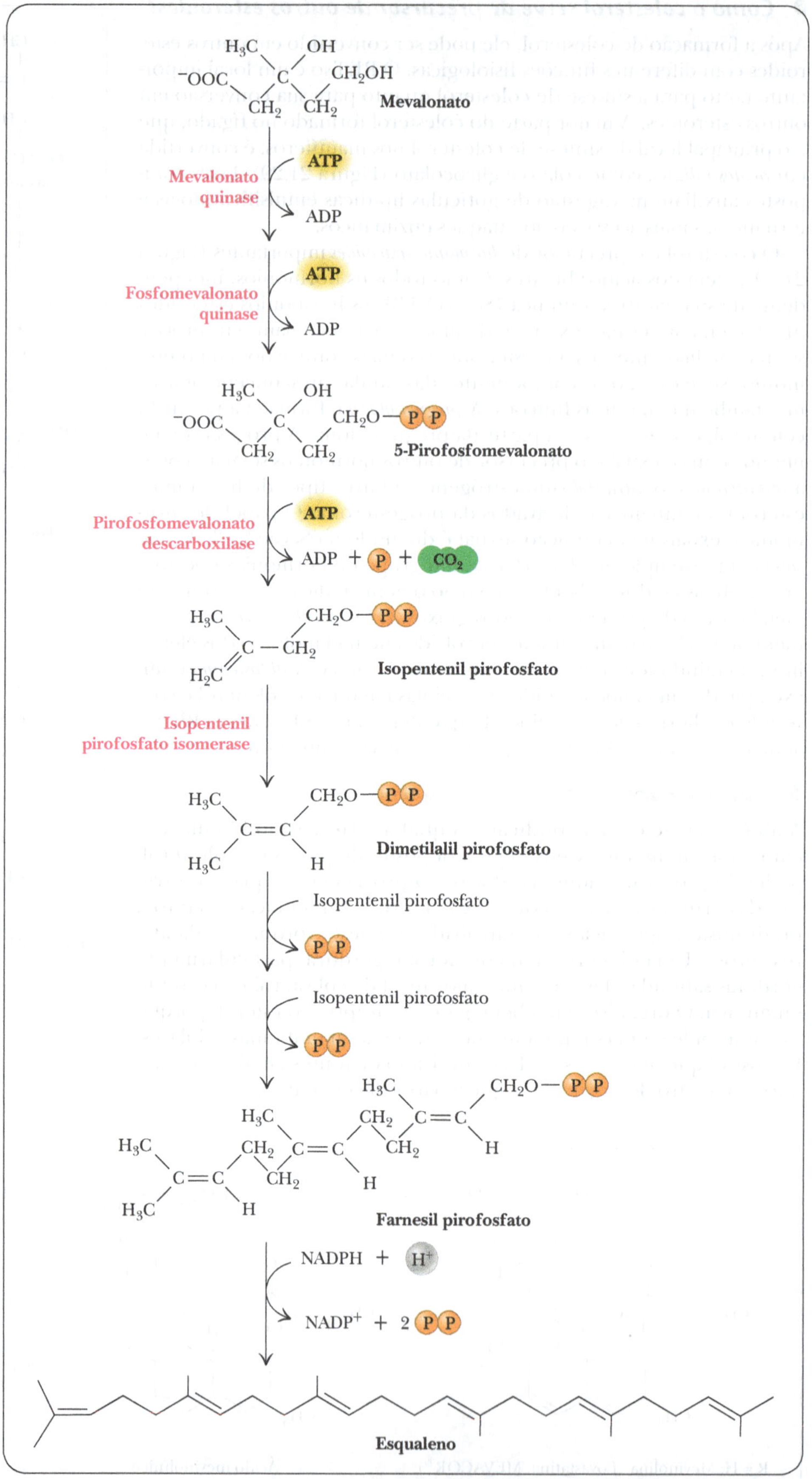
Mevalonato
ATP
Mevalonato quinase
ADP
ATP
Fosfomevalonato quinase
ADP
5-Pirofosfomevalonato
ATP
Pirofosfomevalonato descarboxilase
ADP + P + CO2
Isopentenil pirofosfato
Isopentenil pirofosfato isomerase
Dimetilalil pirofosfato
Isopentenil pirofosfato
Isopentenil pirofosfato
Farnesil pirofosfato
NADPH + H+
NADP+ + 2 PP
Esqualeno

FIGURA 21.27 Conversão de mevalonato em esqualeno.

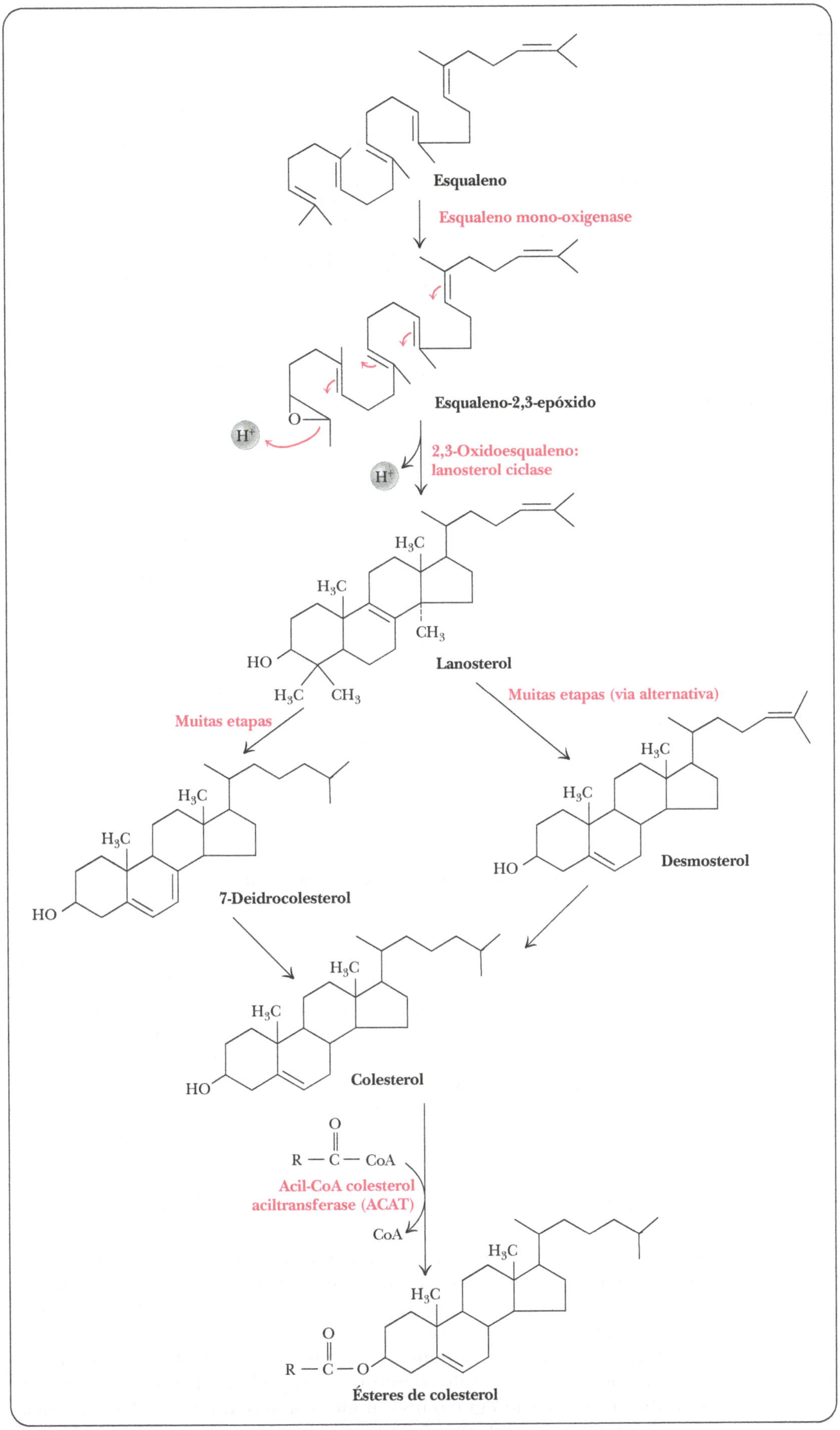
Esqualeno
Esqualeno mono-oxigenase
Esqualeno-2,3-epóxido
H+
2,3-Oxidoesqualeno:
lanosterol ciclase
Lanosterol
Muitas etapas
Muitas etapas (via alternativa)
7-Deidrocolesterol
Desmosterol
Colesterol
Acil-CoA colesterol
aciltransferase (ACAT)
CoA
Ésteres de colesterol

FIGURA 21.28 O colesterol é sintetizado a partir do esqualeno via lanosterol. A via primária do lanosterol envolve 20 etapas, e a última converte 7-deidrocolesterol em colesterol. Uma via alternativa produz desmosterol como penúltimo intermediário.

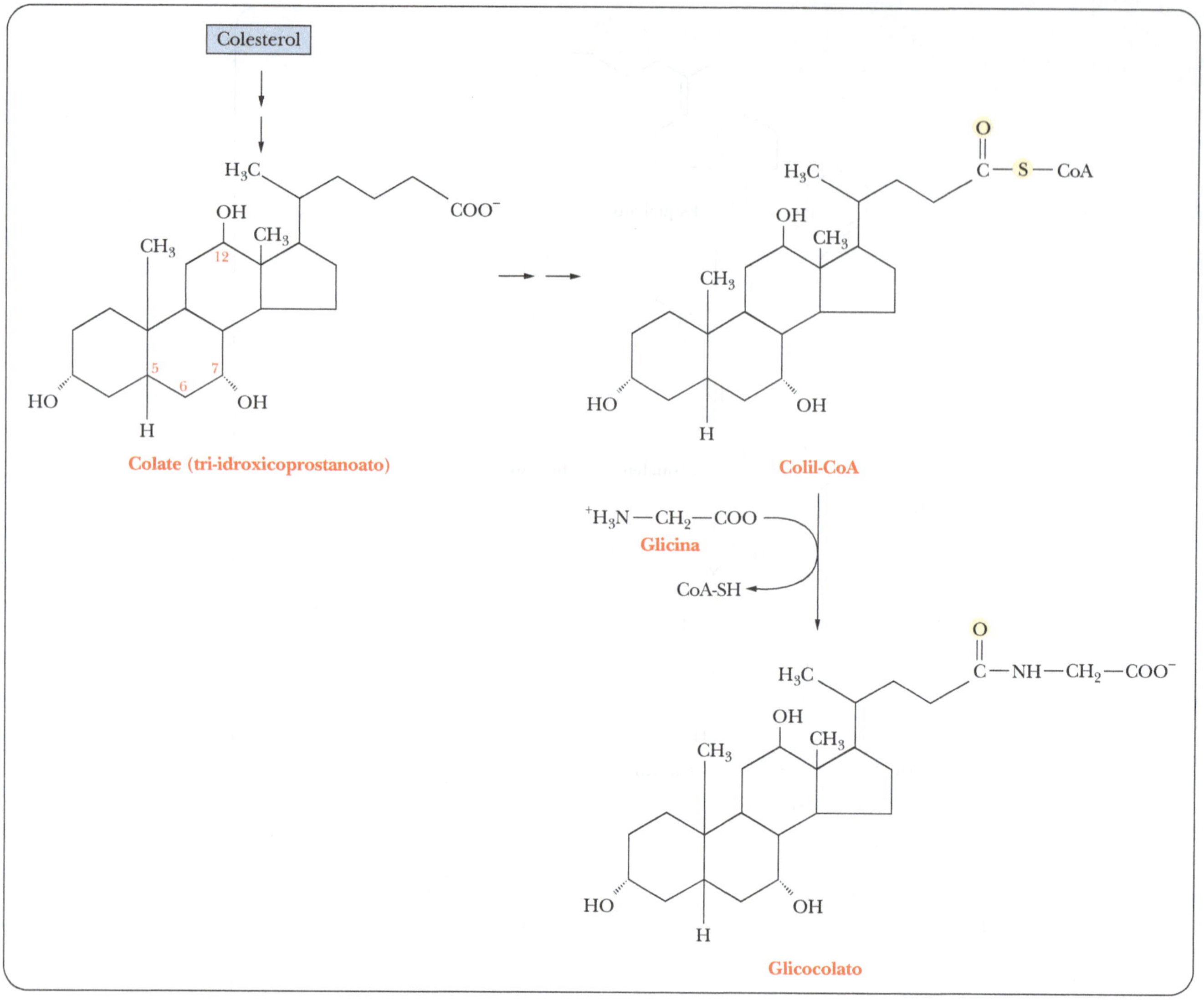
Colesterol
H_3C
COO^-
OH
CH_3
CH_3
12
5
6
7
HO
OH
H
Colate (tri-idroxicoprostanoato)
O
C—S—CoA
H_3C
OH
CH_3
CH_3
HO
OH
H
Colil-CoA
$^+H_3N—CH_2—COO^-$
Glicina
CoA-SH
O
$C—NH—CH_2—COO^-$
H_3C
OH
CH_3
CH_3
HO
OH
H
Glicocolato

FIGURA 21.29 Síntese de ácidos biliares a partir do colesterol.

VLDLs lipoproteínas de densidade muito baixa

IDLs lipoproteínas de densidade intermediária

LDLs lipoproteínas de baixa densidade

HDLs lipoproteínas de alta densidade

O colesterol também pode ser empacotado para transporte na corrente sanguínea; várias classes de lipoproteínas (resumidas na Tabela 21.3) estão envolvidas no transporte de lipídeos no sangue. Esses agregados de lipoproteínas geralmente são classificados por suas densidades. Além dos quilomícrons, elas incluem as lipoproteínas de densidade muito baixas (**VLDL** – *very low density lipoproteins*), de densidade intermediária (**IDL** – *intermediate density lipoprotein*), de baixa densidade (**LDL** – *low density lipoprotein*), e de alta densidade (**HDL** – *high density lipoprotein*). A densidade aumenta à medida que o conteúdo proteico aumenta. LDL e HDL desempenham o papel mais importante em nossa discussão sobre doenças cardíacas. As porções proteicas desses agregados podem variar amplamente. Os principais lipídeos geralmente são o colesterol e seus ésteres, nos quais o grupo hidroxila está esterificado a um ácido graxo; triacilgliceróis também são encontrados nesses agregados. Os quilomícrons estão envolvidos no transporte de lipídeos provenientes da alimentação, enquanto as outras lipoproteínas lidam principalmente com os lipídeos endógenos.

A Figura 21.31 mostra a arquitetura de uma partícula LDL. O interior possui muitas moléculas de éster de colesteril (o grupo hidroxila de colesterol está esterificado a um ácido graxo insaturado, como o linoleato). Na superfície, proteína (apoproteína B-100), fosfolipídeos e colesterol não esterificado estão

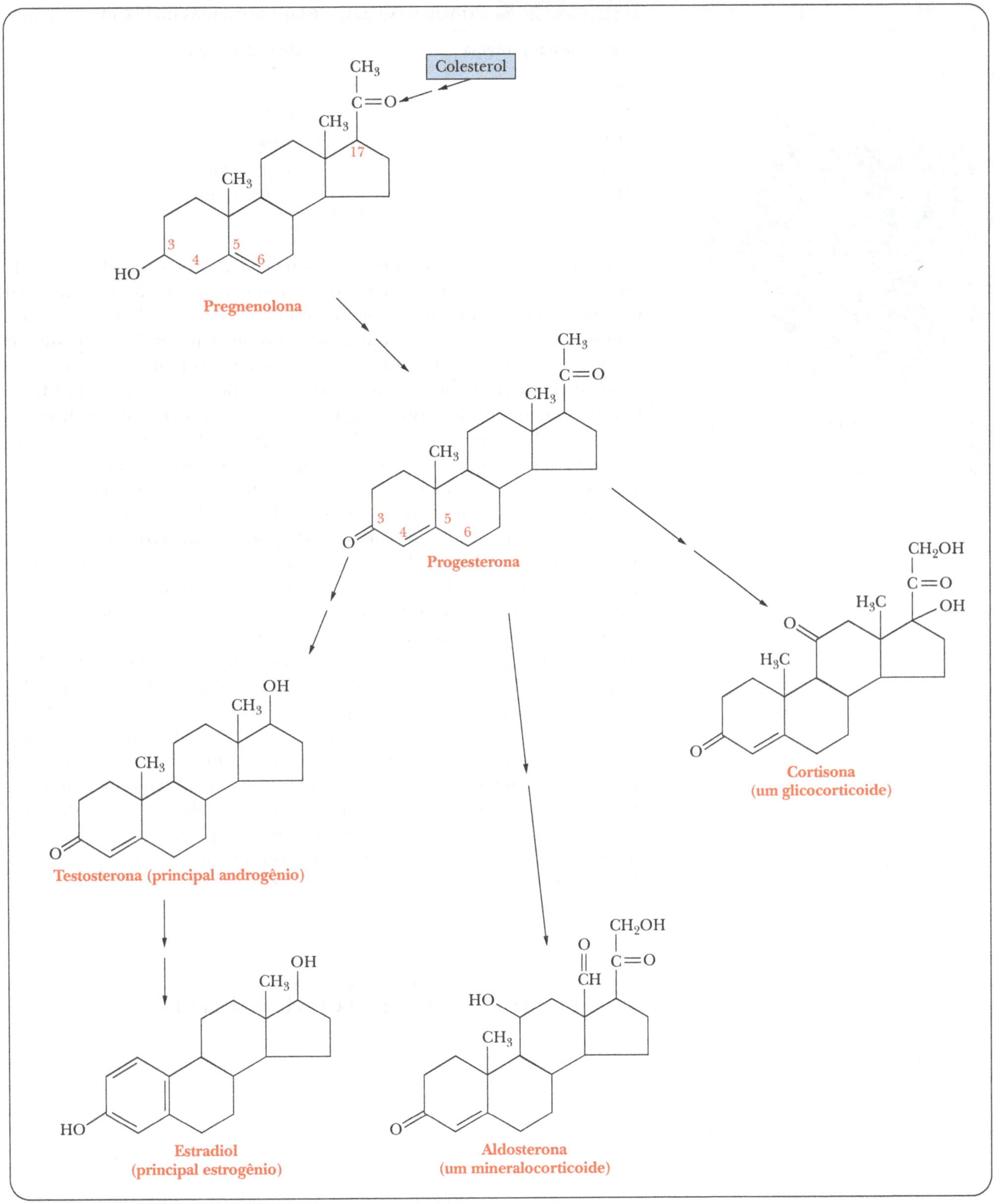

Colesterol
CH3
C=O
CH3
17
CH3
3
5
4
6
HO
Pregnenolona
CH3
C=O
CH3
CH3
3
5
4
6
O
Progesterona
CH2OH
C=O
H3C
OH
O
H3C
O
Cortisona
(um glicocorticoide)
OH
CH3
CH3
O
Testosterona (principal androgênio)
OH
CH3
HO
Estradiol
(principal estrogênio)
CH2OH
O
C=O
CH
HO
CH3
O
Aldosterona
(um mineralocorticoide)

Figura 21.30 Síntese de hormônios esteroides a partir do colesterol.

em contato com o meio aquoso do plasma. As porções proteicas das partículas de LDL ligam-se a sítios receptores na superfície de uma célula típica. Consulte a discussão de receptores de membrana na Seção 8-6 para uma descrição do processo pelo qual as partículas de LDL são incorporadas na célula como um aspecto da ação de receptores. Esse processo é típico do mecanismo de captação de lipídeos pelas células, e utilizaremos o processo de LDL como exemplo. O LDL é o principal responsável no desenvolvimento da aterosclerose.

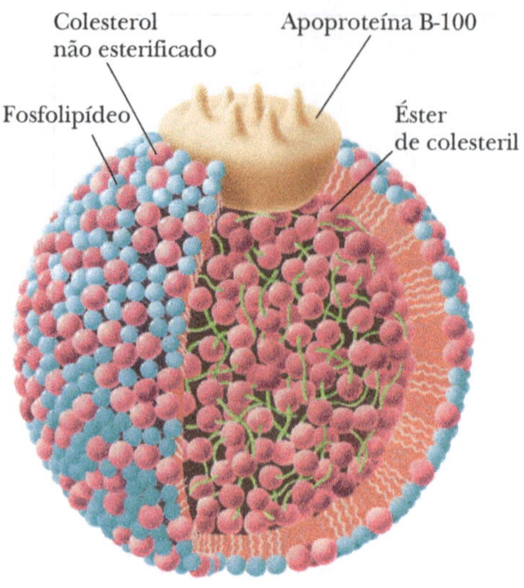
Colesterol não esterificado
Apoproteína B-100
Fosfolipídeo
Éster de colesteril

FIGURA 21.31 **Diagrama esquemático de uma partícula de LDL.** (*De M. S. Brown e J. L. Goldstein, 1984, How LDL Receptors Influence Cholesterol and Atherosclerosis,* Sci. Amer., n. 251, *v. 5, p. 58-66.*)

TABELA 21.3 **Principais Classes de Lipoproteínas no Plasma Humano**

Classe de lipoproteína	Densidade (g mL^{-1})
Quilomícrons	<0,95
VLDL	0,95 – 1,006
IDL	1,006–1,019
LDL	1,019–1,063
HDL	1,063–1,210

As partículas de LDL são degradadas na célula e incorporadas na célula por um processo altamente regulado de endocitose (Seção 8-6), no qual uma porção da membrana celular contendo a partícula de LDL e seu receptor entra na célula. O receptor volta à superfície celular, enquanto as partículas de LDL são degradadas nos lisossomos (organelas que contêm enzimas de degradação; veja a Seção 1-6). A porção proteica do LDL é hidrolisada aos aminoácidos componentes, enquanto os ésteres de colesterol são hidrolisados a colesterol e ácidos graxos. O colesterol livre pode então ser usado diretamente como componente das membranas; os ácidos graxos podem sofrer qualquer um dos destinos catabólicos ou anabólicos discutidos anteriormente neste capítulo (Figura 21.32). O colesterol não necessário para a síntese de membranas pode ser armazenado como ésteres de oleato ou palmitoleato, nos quais o ácido graxo é esterificado ao grupo hidroxila do colesterol. A produção desses ésteres é catalisada pela acil-CoA:colesterol aciltransferase (ACAT), e a presença de colesterol livre aumenta a atividade enzimática de ACAT. Além disso, o colesterol inibe tanto a síntese quanto a atividade da enzima hidroximetilglutaril-CoA redutase (HMG-CoA redutase). Essa enzima catalisa a produção de mevalonato, a reação que é a etapa comprometida na biossíntese de colesterol. Este ponto tem implicações importantes. O colesterol proveniente da alimentação suprime a síntese de colesterol do organismo (o endógeno), especialmente em tecidos que não o fígado. Um terceiro efeito da presença de colesterol livre na célula é a inibição da síntese de receptores de LDL. Como resultado da redução do número de receptores, a síntese celular do colesterol é inibida, e o nível de LDL no sangue aumenta, levando ao depósito de placas ateroscleróticas. O quadro CONEXÕES **BIOQUÍMICAS 21.4** entra em detalhes sobre o processo.

21.4 Conexões **Bioquímicas** | aliado à saúde

Aterosclerose

A aterosclerose provoca mais mortes por ano que o câncer. Ela causa dor no peito, ataque cardíaco e infarto. Por anos ela foi descrita com modelos simples que mostram como as muito malignas moléculas de LDL acumulariam placas nos vasos sanguíneos, levando ao entupimento. Entretanto, evidência mais recente mostra que estes velhos modelos são simplistas. O metabolismo de lipídeo e LDL está certamente envolvido, mas um vilão mais importante no processo é a inflamação.

A figura mostra um cenário mais realista e complicado da formação da aterosclerose. N etapa 1, o excesso de LDL invade o tecido da artéria e torna-se modificado. As moléculas modificadas de LDL estimulam a produção de moléculas de adesão, mostradas como pontos azuis saindo da corrente sanguínea. Estas moléculas de adesão atraem monócitos e células T. As células endoteliais da parede arterial também secretam quimiocinas que atraem os monócitos para a membrana interna da artéria. Na etapa 2, os monócitos maturam em macrófagos ativos e produzem muitas moléculas inflamatórias. Eles também varrem os LDLs modificados. Na Etapa 3, os macrófagos continuam a digerir o LDL e tornam-se preenchidos com gotas de lipídeos, transformando-se nas chamadas células espumosas. Estas células formam uma faixa gordurosa, que é o primeiro sinal aparente de aterosclerose. Na etapa 4, a inflamação promove o crescimento de placa e a formação de uma capa fibrosa sobre os lipídeos. A capa projeta-se para dentro da corrente sanguínea, mas também protege o sangue de se depositar. Na etapa final, mais moléculas inflamatórias podem fazer que a capa se rompa. As células espumosas também liberam fator de tecido, um potente agente de coagulação sanguínea. A ruptura da placa leva à formação de um trombo ou um coágulo sanguíneo. Se o coágulo é grande o suficiente, ele pode provocar um ataque cardíaco – a morte das células cardíacas.

Pesquisa recente mostrou uma conexão direta entre a inflamação e os altos níveis de lipídeos no sangue. As citocinas têm uma função chave na regulação dos níveis de enzimas que controlam o metabolismo de lipídeos. Em camundongos deficientes em receptores de LDL (esses camundongos não podem controlar os níveis de lipídeos em seu sangue), a inibição de enzimas produzidas pelas citocinas levou a uma diminuição dos níveis de LDL. Este resultado mostra claramente que o sistema imune afeta o metabolismo de lipídeo e fornece indicadores para a direção da pesquisa futura no assunto.

Do ponto de vista prático, a mensagem que se leva para casa ainda pode ser a mesma. Práticas que reduzam o LDL ainda são consideradas necessárias para um coração saudável. Entretanto, enquanto os cientistas tentam vir com contramedidas médicas, este completo entendimento de todos os fatores químicos envolvidos na aterosclerose é importante para o desenvolvimento de curas. ◗

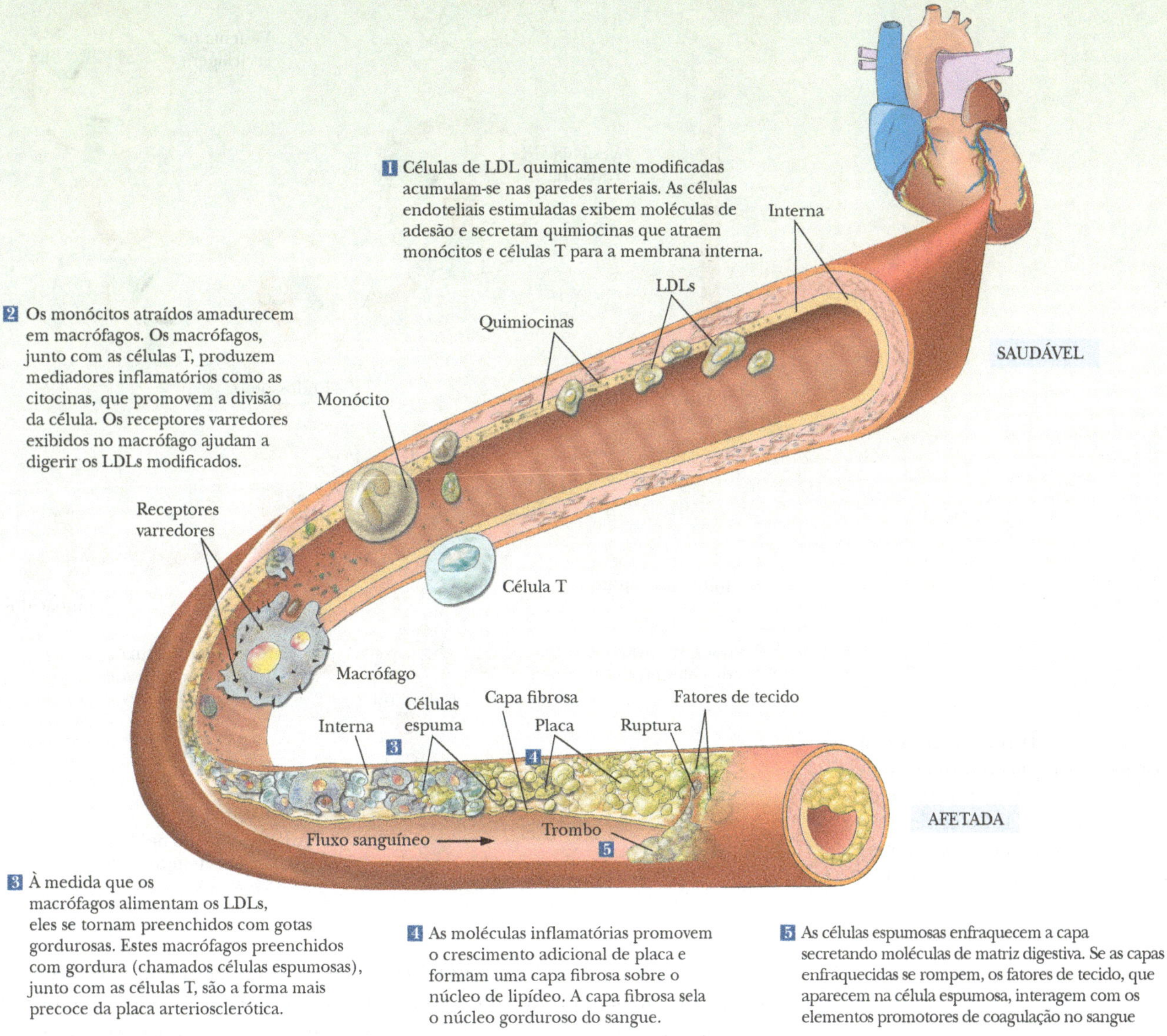
1 Células de LDL quimicamente modificadas acumulam-se nas paredes arteriais. As células endoteliais estimuladas exibem moléculas de adesão e secretam quimiocinas que atraem monócitos e células T para a membrana interna.
Interna
LDLs
Quimiocinas
SAUDÁVEL
2 Os monócitos atraídos amadurecem em macrófagos. Os macrófagos, junto com as células T, produzem mediadores inflamatórios como as citocinas, que promovem a divisão da célula. Os receptores varredores exibidos no macrófago ajudam a digerir os LDLs modificados.
Monócito
Receptores varredores
Célula T
Macrófago
Células espuma
Capa fibrosa
Fatores de tecido
Interna
3
Placa
Ruptura
4
AFETADA
Fluxo sanguíneo
Trombo
5
3 À medida que os macrófagos alimentam os LDLs, eles se tornam preenchidos com gotas gordurosas. Estes macrófagos preenchidos com gordura (chamados células espumosas), junto com as células T, são a forma mais precoce da placa arteriosclerótica.
4 As moléculas inflamatórias promovem o crescimento adicional de placa e formam uma capa fibrosa sobre o núcleo de lipídeo. A capa fibrosa sela o núcleo gorduroso do sangue.
5 As células espumosas enfraquecem a capa secretando moléculas de matriz digestiva. Se as capas enfraquecidas se rompem, os fatores de tecido, que aparecem na célula espumosa, interagem com os elementos promotores de coagulação no sangue

A formação de aterosclerose, representando o crescimento de placas arterioscleróticas em uma artéria coronariana. (De *Scientific American*, vol. 286(5), p. 50-51, Maio de 2002. Reimpresso com a permissão de Keith Kasnot.)

O papel crucial dos receptores de LDL na manutenção do nível de colesterol na corrente sanguínea é especialmente claro no caso da *hipercolesterolemia familiar*, patologia resultante de um defeito nos genes que codificam os receptores ativos. Um indivíduo portador de um gene que codifique o receptor ativo e um gene defeituoso é heterozigoto para esta característica. Os heterozigotos apresentam níveis de colesterol sanguíneo acima da média; portanto, apresentam maior risco de doença cardíaca que a população em geral. Um indivíduo com dois genes de-

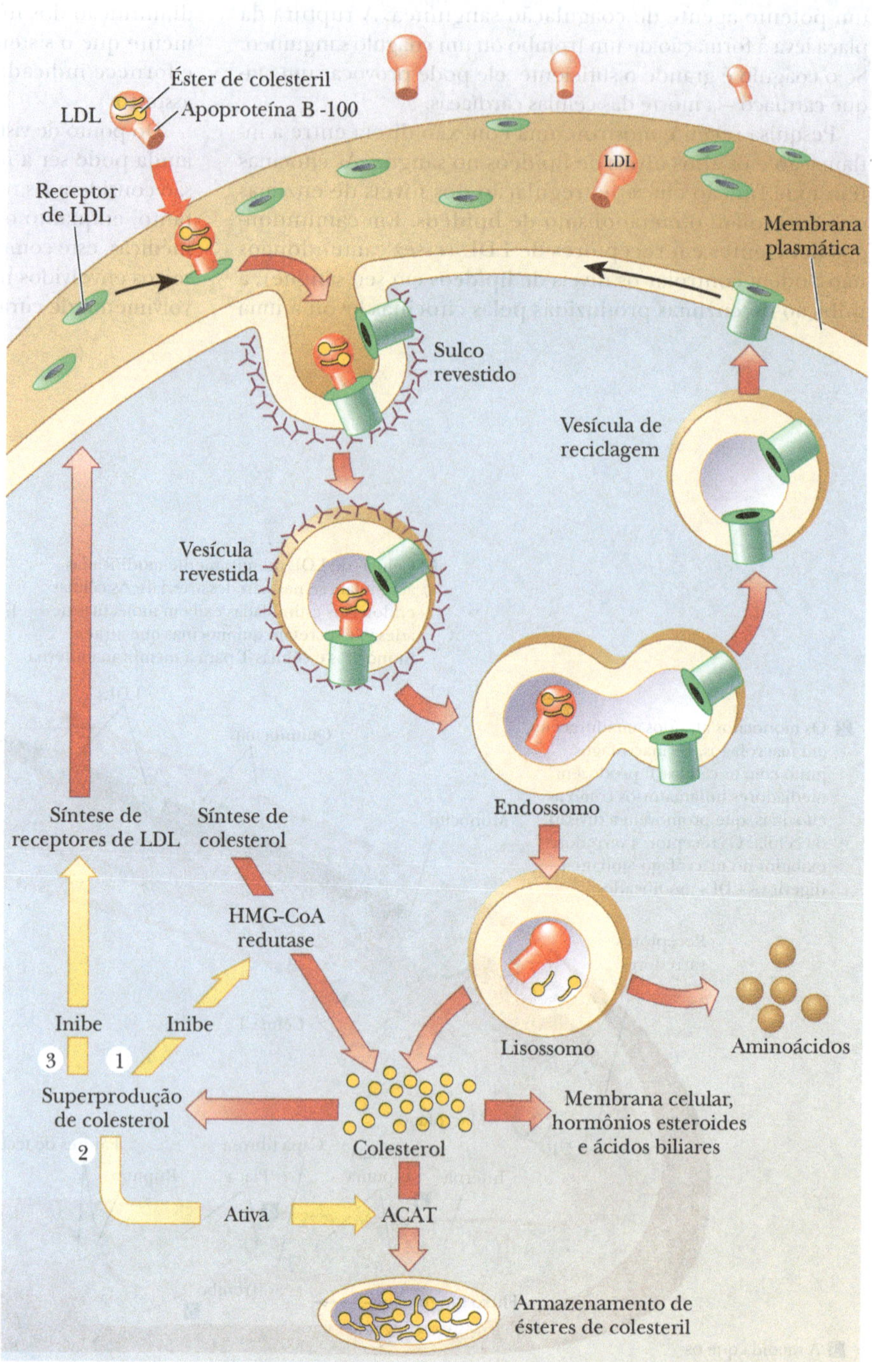
Éster de colesteril
LDL
Apoproteína B -100
Receptor de LDL
LDL
Membrana plasmática
Sulco revestido
Vesícula de reciclagem
Vesícula revestida
Endossomo
Síntese de receptores de LDL
Síntese de colesterol
HMG-CoA redutase
Inibe
Inibe
3
1
Superprodução de colesterol
2
Lisossomo
Aminoácidos
Membrana celular, hormônios esteroides e ácidos biliares
Colesterol
Ativa
ACAT
Armazenamento de ésteres de colesteril

FIGURA 21.32 Destino do colesterol na célula. ACAT é a enzima que esterifica o colesterol para armazenamento. (De M. S. Brown e J. L. Goldstein, 1984, How LDL Receptors Influence Cholesterol and Atherosclerosis, *Sci. Amer.*, n. 251, v. 5, p. 58-66.)

feituosos – e, portanto, sem receptor LDL ativo – é homozigoto para o traço. Os homozigotos apresentam níveis de colesterol sanguíneo extremamente elevados desde o nascimento, e há casos de ataques cardíacos registrados aos 2 anos de idade nessas condições. Pacientes homozigotos para hipercolesterolemia familiar geralmente morrem antes dos 20 anos de idade. Outra anormalidade genética envolvida na hipercolesterolemia é aquela que origina uma apolipoproteína E defeituosa, um componente de IDL e VLDL, que está envolvida na captação de lipídeos pela célula. O resultado desastroso é o mesmo.

Antes de encerrar esta discussão, deve-se mencionar o "bom" colesterol, o HDL. Ao contrário do LDL, que transporta o colesterol do fígado para o restante do organismo, o HDL transporta-o de volta para o fígado, onde será degradado a ácidos biliares. É desejável apresentar baixos níveis de colesterol e LDL na corrente sanguínea, mas também é desejável uma proporção de colesterol total a mais alta possível na forma de HDL. É bem conhecido que níveis elevados de LDL e baixos níveis de HDL estão correlacionados com o desenvolvimento de doenças cardíacas. Os fatores conhecidos por aumentar os níveis de HDL, como exercícios extenuantes regulares, diminuem a possibilidade de doenças cardíacas, enquanto o tabagismo reduz o nível de HDL, aumentando a incidência dessas doenças.

21-9 Controle Hormonal do Apetite

O acúmulo de gorduras nos tecidos, especialmente células de gordura (adipócitos), dá origem ao sobrepeso e à obesidade, que, por sua vez, leva a drásticos problemas de saúde, como diabetes, ataques cardíacos e infartos. Além disso, há evidência de que a obesidade está ligada a alguns tipos de câncer. Esta situação torna útil entender a natureza do apetite e como controlá-lo.

Qual a função dos hormônios no controle do apetite?

Os hormônios do cérebro, estômago, intestinos, pâncreas e tecido adiposo têm uma função no estímulo e na repressão do apetite. Os efeitos tanto de curto quanto de longo prazo têm um papel, lidaremos com eles um por vez. Na parte do cérebro chamada núcleo arqueado, dois conjuntos de neurônios desempenham um papel. Um conjunto de neurônios produz uma proteína que leva ao aumento do ato de comer, e outro conjunto dá origem a produtos que suprimem o ato de comer. Os neurônios que estimulam o ato de comer são chamados neurônios produtores de NPY/AgRP, porque produzem neuropeptídeos Y (NPY), que, por sua vez, estimulam outros neurônios que eventualmente levam ao aumento do apetite. Os neurônios que tendem a inibir o ato de comer produzem melanocortinas, outra classe de hormônios peptídicos que também estimulam outros neurônios. Os neurônios que suprimem o apetite têm receptores para a melanocortina e um de vários tipos de receptores para NPY, bem como para outros hormônios, como a insulina ou leptina. Os neurônios que estimulam o apetite têm vários tipos de receptores de NPY, bem como receptores para a insulina e outros hormônios (Figura 21.33). Na parte seguinte da cadeia de eventos, os efeitos de curto e longo prazos são regulados por outros hormônios.

Os hormônios peptídicos ghrelin e colecistocinina são os principais reguladores de efeitos de curto prazo. O ghrelin é produzido no estômago, basicamente quando o estômago está vazio. A produção de ghrelin é um sinal de fome e diminui à medida que a comida é ingerida. Existe um receptor específico para o ghrelin nos neurônios NPY/AgRP. A colecistocinina e o ghrelin modulam o comportamento no curto prazo, mas não agem sozinhos. Sua atividade é também modulada pelo sistema de controle de longo prazo.

A insulina e a leptina são hormônios mais profundamente envolvidos no controle de longo prazo do comportamento de comer. A insulina, uma pequena proteína consistindo em 51 resíduos de aminoácidos, é produzida nas células β do pâncreas. Seu papel no metabolismo de carboidrato é bem conhecido, incluindo a ligação com a diabete. A insulina estimula a entrada de glicose em muitos tecidos, incluindo o tecido adiposo. Aqui temos uma conexão entre os metabolismos de carboidrato e de lipídeo. Sabe-se muito bem que altos níveis de insulina correlacionam-se com gordura corporal mais alta. A insulina também estimula a produção de leptina nos adipócitos. A leptina é outro hormônio proteico, consistindo em 146 resíduos de aminoácidos. Nos adipócitos, a leptina estimula a quebra de lipídeos e inibe a produção de ácidos graxos. A produção de leptina aumenta quando os depósitos de gordura nos adipócitos se tornam maiores e a leptina aumentada é liberada na corrente sanguínea. Quando o sinal de níveis de leptina mais altos atingem o sistema nervoso central, o resultado é a diminuição do apetite. Altos níveis de leptina são interpretados como sobrealimentação, com uma diminuição subsequente no apetite. Contrariamente, baixos níveis de leptina na corrente sanguínea são interpretados como fome, levando ao aumento no apetite. No hipotálamo, a leptina liga-se a receptores específicos para que diminua a liberação de NPY, o neuropeptídeo que estimula o apetite. Esta conexão implica que a leptina

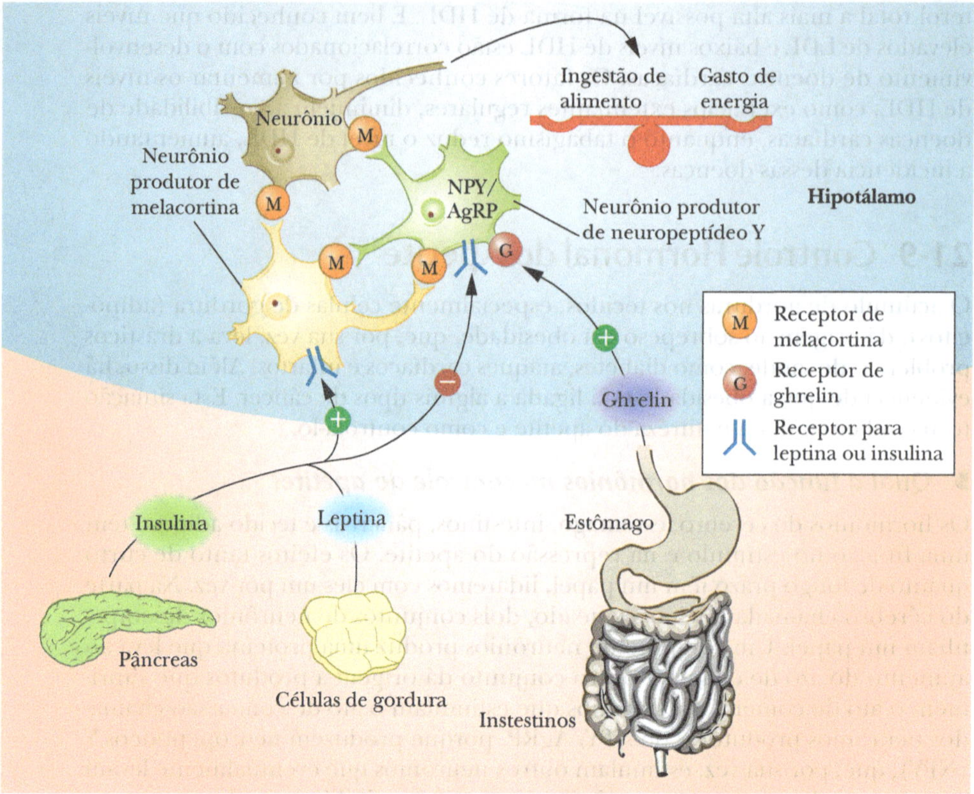
Ingestão de alimento
Gasto de energia
Neurônio
Neurônio produtor de melacortina
NPY/AgRP
Neurônio produtor de neuropeptídeo Y
Hipotálamo
M
G
Receptor de melacortina
Receptor de ghrelin
Receptor para leptina ou insulina
Ghrelin
Insulina
Leptina
Estômago
Pâncreas
Células de gordura
Instestinos

FIGURA 21.33 As vias reguladoras que controlam o ato de comer. (Baseado em Schwartz, M. W., and Morton, G. J. (2002). Obseity: Keeping hunger at bay. *Nature* 418, p. 595-97, Figura 1. Copyright © 2015 Cengage Learning*.)

pode ser considerada um supressor do apetite. Se a gordura corporal diminui como resultado da diminuição do apetite, os níveis de insulina e leptina no sangue também diminuem, mostrando seus efeitos de longo prazo.

Resumo

Como os lipídeos estão envolvidos na geração de energia? Já vimos como os carboidratos são processados catabólica e anabolicamente. Os lipídeos constituem outra classe de nutrientes. A oxidação catabólica de lipídeos libera grandes quantidades de energia, enquanto a formação anabólica de lipídeos representa o modo eficiente de armazenamento de energia química.

Como os ácidos graxos são transportados para a mitocôndria para oxidação? Após uma etapa de ativação inicial no citosol, com a formação de acil-CoA correspondendo a cada ácido graxo, cada grupo acila é transesterificado em carnitina para o transporte através do espaço intermembrana da mitocôndria. O grupo acila é novamente transesterificado para formar uma acetil-CoA.

Como ocorre a oxidação dos ácidos graxos? A oxidação de ácidos graxos, que ocorre na matriz mitocondrial, é a fonte principal de energia no catabolismo de lipídeos. Nesse processo, dois carbonos são sucessivamente removidos da extremidade carboxila do ácido graxo para produzir acetil-CoA, que subsequentemente entra no ciclo do ácido cítrico. As reações que liberam as unidades de acetil-CoA do ácido graxo produzem NADH e $FADH_2$, que eventualmente produzem ATP por meio da cadeia de transporte de elétrons.

Qual é o rendimento energético da oxidação de ácidos graxos? Há um rendimento líquido de 120 moléculas de ATP para cada molécula de ácido esteárico (um composto de 18 carbonos), que é completamente oxidado a dióxido de carbono e água. A fonte dessas moléculas de ATP é a produção de NADH e $FADH_2$ na via de oxidação β, assim como NADH, $FADH_2$ e GTP, produzidos quando as moléculas de acetil-CoA são processadas através da cadeia de transporte de elétrons.

Como a oxidação de ácidos graxos insaturados difere daquela de ácidos graxos saturados? A via catabólica de ácidos graxos inclui reações nas quais ácidos graxos insaturados, assim como saturados, podem ser metabolizados. Os ácidos graxos com número ímpar de átomos de carbono também podem ser metabolizados convertendo seu produto de degradação específico, o propionil-CoA, em succinil-CoA, um intermediário do ciclo do ácido cítrico.

Existe uma conexão entre a acetona e a acetil-CoA no metabolismo de lipídeo? Corpos cetônicos são substâncias relacionadas à acetona, produzidos quando um excesso de acetil-CoA resulta da oxidação β. Essa situação pode surgir após uma grande ingestão de lipídeos e baixa ingestão de carboidratos, ou ocorrer na diabete, quando a incapacidade de metabolizar os carboidratos provoca um desequilíbrio nos produtos de degradação de carboidratos e lipídeos.

Como ocorrem as primeiras etapas da síntese de ácidos graxos? O anabolismo dos ácidos graxos é efetuado por uma via diferente da oxidação β. A acetil-CoA é transportada para o citosol, onde é convertida em malonil-CoA. Algumas das diferenças mais importantes entre os dois processos são a exigência de biotina no anabolismo, mas não no catabolismo, e a necessidade de NADPH no anabolismo em vez do NAD^+ necessário no catabolismo.

Qual é o modo de ação da ácido graxo sintase? A biossíntese de ácidos graxos ocorre no citosol, catalisada por um complexo multienzimático organizado chamado ácido graxo sintase.

Como ocorre a biossíntese de fosfoacilgliceróis? A maioria dos compostos lipídicos, como os triacilgliceróis, fosfoacilgliceróis e esfingolipídeos, apresenta ácidos graxos como precursores. No caso dos fosfoacilgliceróis, dois ácidos graxos e ácido fosfórico são adicionados ao esqueleto de um glicerol. A adição dos grupos restantes exige nucleosídeos trifosfatos e difere entre mamíferos e bactérias.

Como ocorre a síntese de esfingolipídeos? Os ácidos graxos estão ligados a um esqueleto molecular de esfingosina, produzindo ceramidas. Outras unidades, incluindo açúcares, são adicionadas, produzindo gangliosídeos e outros compostos.

Porque a HMG-CoA é tão importante na biossíntese de colesterol? O material de partida para a biossíntese de esteroides é a acetil-CoA. As unidades de isopreno são formadas a partir da acetil-CoA nos estágios iniciais de um processo longo que ao final leva ao colesterol. A HMG-CoA é um intermediário chave e sua formação é um alvo dos medicamentos de diminuição do colesterol.

Como o colesterol serve de precursor de outros esteroides? O colesterol é convertido em outros esteroides, incluindo ácidos biliares, hormônios sexuais, glicocorticoides e mineralocorticoides.

Qual é o papel do colesterol na doença cardíaca? O colesterol deve ser empacotado para transporte na corrente sanguínea; várias classes de lipoproteínas estão envolvidas. Uma classe é a LDL (lipoproteína de baixa densidade, ou "mau colesterol"), enquanto outra classe é a HDL (lipoproteína de alta densidade, ou "bom colesterol"). Tanto o colesterol da alimentação quanto fatores genéticos influenciam a função do colesterol na doença cardíaca.

Qual a função dos hormônios no controle do apetite? Vários hormônios controlam o comportamento do ato de comer. Dois conjuntos de neurônios no sistema nervoso central produzem hormônios peptídicos que podem estimular o apetite (neuropeptídeo Y) ou suprimir o apetite (melanocortinas). O efeito de ambos os conjuntos é mediado por outros hormônios produzidos no estômago e no pâncreas. Novamente, há duas classes de hormônios, uma de efeitos de curto prazo (ghrelin e colecistocinina) e outra com efeitos de longo prazo (insulina e leptina). Tanto os controles de curto prazo quanto os de longo prazo podem estimular ou suprimir o apetite quando necessário.

Exercícios de Revisão

21-1 Os Lipídeos Estão Envolvidos na Geração e Armazenamento de Energia

1. **PERGUNTA DE RACIOCÍNIO** (a) O principal composto de armazenamento de energia dos animais é a gordura (exceto nos músculos). Por que isso é vantajoso? (b) Por que os vegetais não utilizam gordura/óleo como seu *principal* composto de armazenamento energético?

21-2 Catabolismo de Lipídeos

2. **VERIFICAÇÃO DE FATOS** Qual é a diferença entre fosfolipase A_1 e A_2?
3. **VERIFICAÇÃO DE FATOS** Como as lipases são ativadas por via hormonal?
4. **VERIFICAÇÃO DE FATOS** Qual é a finalidade metabólica de ligar um ácido graxo à coenzima A?
5. **VERIFICAÇÃO DE FATOS** Descreva o papel da carnitina no transporte de moléculas de acil-CoA para a mitocôndria. Quantas enzimas estão envolvidas? Quais são os seus nomes?
6. **VERIFICAÇÃO DE FATOS** Qual a diferença entre o tipo de oxidação catalisada pela acil-CoA desidrogenase e a catalisada pela β-hidroxi-CoA desidrogenase?
7. **VERIFICAÇÃO DE FATOS** Desenhe um ácido graxo saturado de 6 carbonos e mostre onde a ligação dupla é formada durante a primeira etapa de oxidação β. Qual é a orientação dessa ligação?
8. **PERGUNTA DE RACIOCÍNIO** Por que a degradação de ácido palmítico (veja a Pergunta 12) a oito moléculas de acetil-CoA requer sete e não oito ciclos do processo de oxidação β?
9. **PERGUNTA DE RACIOCÍNIO** Considerando a natureza da ativação hormonal das lipases, quais vias de carboidratos seriam ativadas ou inibidas nas mesmas condições?

21-3 O Rendimento de Energia da Oxidação dos Ácidos Graxos

10. **VERIFICAÇÃO DE FATOS** Compare os rendimentos energéticos do metabolismo oxidativo da glicose e do ácido esteárico. Para ser exato, calcule com base nos equivalentes de ATP por carbono e também de ATP por grama.
11. **VERIFICAÇÃO DE FATOS** Qual gera mais ATP – o processamento de equivalentes de elétrons reduzidos formados na oxidação β pela cadeia de transporte de elétrons, ou o processamento de acetil-CoA gerado a partir da oxidação β pelo ciclo do ácido cítrico e pela cadeia de transporte de elétrons?
12. **MATEMÁTICA** Calcule o rendimento de ATP na oxidação completa de uma molécula de ácido palmítico (16 carbonos). Como esse número difere daquele obtido para o ácido esteárico (18 carbonos)? Considere as etapas de oxidação β, processamento de acetil-CoA pelo ciclo do ácido cítrico e transporte de elétrons.
13. **PERGUNTA DE RACIOCÍNIO** Frequentemente é dito que os camelos armazenam água em suas corcovas para longas jornadas no deserto. Como você modificaria esta afirmação com base nas informações deste capítulo?

21-4 Catabolismo de Ácidos Graxos Insaturados e Ácidos Graxos com Número Ímpar de Carbonos

14. **VERIFICAÇÃO DE FATOS** Descreva brevemente como a oxidação β de um ácido graxo de cadeia ímpar é diferente daquela de um ácido graxo de cadeia par.
15. **VERIFICAÇÃO DE FATOS** Você ouve um colega estudante dizer que a oxidação de ácidos graxos insaturados requer exatamente o mesmo número de enzimas que a oxidação de ácidos graxos saturados. Esta afirmação é verdadeira ou falsa? Por quê?

16. **VERIFICAÇÃO DE FATOS** Quais são as enzimas específicas necessárias para β-oxidar um ácido graxo monoinsaturado?
17. **VERIFICAÇÃO DE FATOS** Quais são as enzimas específicas necessárias para β-oxidar um ácido graxo poli-insaturado?
18. **MATEMÁTICA** Calcule o rendimento líquido de ATP derivado do processamento completo de um ácido graxo saturado contendo 17 carbonos. Considere as etapas de oxidação β, processamento de acetil-CoA pelo ciclo do ácido cítrico e transporte de elétrons.
19. **MATEMÁTICA** Calcule o rendimento líquido de ATP derivado de ácido oleico (18:1 Δ^9). *Dica*: Lembre-se da etapa que evita a acil-CoA desidrogenase.
20. **MATEMÁTICA** Calcule a produção líquida de ATP derivada de ácido linoleico (18:2 $\Delta^{9,12}$). Para este cálculo, considere que a perda de um NADPH é igual à perda de um NADH.
21. **PERGUNTA DE RACIOCÍNIO** Quantos ciclos de oxidação β são necessários para processar um ácido graxo com 17 carbonos?
22. **PERGUNTA DE RACIOCÍNIO** Foi afirmado muitas vezes que os ácidos graxos não podem produzir um rendimento *líquido* em carboidratos. Por que pode ser considerado que os ácidos graxos de cadeia ímpar quebram esta regra em uma pequena extensão?

21-5 Corpos Cetônicos

23. **VERIFICAÇÃO DE FATOS** Em que condições são produzidos os corpos cetônicos?
24. **VERIFICAÇÃO DE FATOS** Descreva brevemente as reações envolvidas na produção de cetona.
25. **PERGUNTA DE RACIOCÍNIO** Por que um médico pesquisaria o hálito de um paciente diabético que tenha desmaiado?
26. **PERGUNTA DE RACIOCÍNIO** Por que um indivíduo alcoólatra pode ter um "fígado gorduroso"?
27. **PERGUNTA DE RACIOCÍNIO** Um amigo que está tentando perder peso queixa-se de um gosto estranho na boca pela manhã. Ele diz que parece ter perdido uma obturação, e a sensação metálica é incômoda. O que você diria?

21-6 Biossínteses de Ácidos Graxos

28. **VERIFICAÇÃO DE FATOS** Compare e contraste as vias de degradação e biossíntese de ácidos graxos. Que características essas duas vias têm em comum? Como elas diferem?
29. **VERIFICAÇÃO DE FATOS** Descreva as etapas envolvidas na produção de malonil-CoA a partir de acetil-CoA.
30. **VERIFICAÇÃO DE FATOS** Qual é a importância metabólica de malonil-CoA?
31. **VERIFICAÇÃO DE FATOS** Na degradação de ácidos graxos, encontramos a coenzima A, matriz mitocondrial, ligações duplas *trans*, L-alcoóis, oxidação β, NAD^+ e FAD, acetil-CoA e enzimas separadas. Quais são os correspondentes na síntese de ácidos graxos?
32. **VERIFICAÇÃO DE FATOS** Em que as duas reações redox da oxidação β diferem dos seus equivalentes na síntese de ácidos graxos?
33. **VERIFICAÇÃO DE FATOS** Qual é a semelhança entre a ACP e a coenzima A? Qual é a diferença?
34. **VERIFICAÇÃO DE FATOS** Qual é a finalidade de ter ACP como grupo ativador distinto para a síntese de ácidos graxos?
35. **VERIFICAÇÃO DE FATOS** Por que linoleato e linolenato são considerados ácidos graxos essenciais? Qual etapa na produção de ácidos graxos poli-insaturados os mamíferos são incapazes de realizar?
36. **PERGUNTA DE RACIOCÍNIO** É possível converter ácidos graxos em outros lipídeos sem os intermediários acil-CoA?
37. **PERGUNTA DE RACIOCÍNIO** Qual é a função do citrato no transporte de grupos acetila da mitocôndria para o citosol?
38. **PERGUNTA DE RACIOCÍNIO** Na mitocôndria, existe uma carnitina aciltransferase de cadeia curta que pode receber grupos acetila da acetil-CoA e transferi-los para a carnitina. Como isso poderia estar relacionado à biossíntese de lipídeos?
39. **PERGUNTA DE RACIOCÍNIO** Na síntese de ácidos graxos, malonil-CoA, em vez de acetil-CoA, é usado como "grupo condensador". Sugira um motivo para isto.
40. **PERGUNTA DE RACIOCÍNIO** (a) Onde em um capítulo anterior encontramos algo comparável à ação da proteína transportadora de acila (ACP) da síntese de ácidos graxos? (b) Qual é a característica crítica da ação da ACP?

21-7 Síntese de Acilgliceróis e Lipídeos Compostos

41. **VERIFICAÇÃO DE FATOS** Qual é a fonte do glicerol na síntese de triacilglicerol?
42. **VERIFICAÇÃO DE FATOS** Qual é o grupo ativador usado na formação de fosfoacilglicerol?
43. **VERIFICAÇÃO DE FATOS** Quais são as diferenças entre a síntese de fosfatidiletanolamina nos procariotos e eucariotos?

21-8 Biossíntese de Colesterol

44. **VERIFICAÇÃO DE FATOS** Qual é a importância das unidades isoprenoides na biossíntese de colesterol e nas outras rotas bioquímicas?
45. **VERIFICAÇÃO DE FATOS** Uma amostra de colesterol é preparada usando-se acetil-CoA marcada com ^{14}C no grupo carboxila como precursor. Quais átomos de carbono do colesterol ficarão marcados?
46. **VERIFICAÇÃO DE FATOS** Quais moléculas possuem o colesterol como precursor?
47. **PERGUNTA DE RACIOCÍNIO** Qual característica estrutural todos os esteroides têm em comum? Quais são as implicações biossintéticas desta característica comum?
48. **PERGUNTA DE RACIOCÍNIO** Na síntese de esteroides, o esqualeno é oxidado a epóxido de esqualeno. Esta reação é bastante incomum, porque tanto um agente redutor (NADPH) quanto um agente oxidante (O_2) são necessários. Por quê?
49. **PERGUNTA DE RACIOCÍNIO** Por que o colesterol deve ser empacotado para transporte em vez de ocorrer livremente na corrente sanguínea?
50. **PERGUNTA DE RACIOCÍNIO** Um medicamento que reduz o colesterol sanguíneo tem o efeito de estimular a produção de sais biliares. Como isto poderia resultar na diminuição desse colesterol? *Dica*: há dois modos.

21-9 Controle Hormonal do Apetite

51. **VERIFICAÇÃO DE FATOS** Qual a função do neuropeptídeo Y no controle do apetite? Onde ocorre seu efeito?
52. **VERIFICAÇÃO DE FATOS** Qual a função das melacortinas no controle do apetite?
53. **VERIFICAÇÃO DE FATOS** O que é ghrelin? Qual é o seu efeito no apetite? Existe alguma substância que tem um efeito oposto?
54. **VERIFICAÇÃO DE FATOS** Como a leptina afeta o metabolismo de lipídeos?
54. **VERIFICAÇÃO DE FATOS** Qual a ligação entre a produção de insulina e de leptina?

Fotossíntese

22

22-1 Os Cloroplastos São o Local da Fotossíntese

É fato conhecido que os organismos fotossintéticos, como os vegetais verdes, convertem dióxido de carbono (CO_2) e água em carboidratos como a glicose (escrita aqui como $C_6H_{12}O_6$) e o oxigênio molecular (O_2).

$$6CO_2 + 6H_2O \rightarrow C_6H_{12}O_6 + 6O_2$$

Na verdade, a equação representa dois processos. Um deles, a oxidação da água para produzir oxigênio (as reações de luz), precisa da energia solar. As reações de luz da fotossíntese nos procariotos e eucariotos dependem dessa energia, que é absorvida pela **clorofila** para suprir a energia necessária para as reações. As reações de luz também geram NADPH, o agente redutor necessário nas reações no escuro. O outro processo, a fixação de CO_2 para fornecer açúcares (as reações no escuro), não utiliza a energia solar diretamente, mas indiretamente na forma de ATP e NADPH produzidos no decorrer das reações de luz.

clorofila principal pigmento fotossintetizante responsável pela captura de energia luminosa do sol

RESUMO DO CAPÍTULO

22-1 Os Cloroplastos São o Local da Fotossíntese
- Como a estrutura dos cloroplastos afeta a fotossíntese?

  22.1 CONEXÕES BIOQUÍMICAS FÍSICA | A Relação entre o Comprimento de Onda e a Energia da Luz

22-2 Os Fotossistemas I e II e as Reações de Luz da Fotossíntese
- Como o fotossistema II quebra a água para produzir oxigênio?
- Como o fotossistema I reduz o $NADP^+$?
- O que se sabe sobre a estrutura dos centros de reação fotossintética?

22-3 A Fotossíntese e a Produção de ATP
- Como a produção de ATP nos cloroplastos se assemelha ao processo nas mitocôndrias?

22-4 As Implicações Evolucionárias da Fotossíntese Com e Sem Oxigênio
- É possível ter fotossíntese sem produzir oxigênio?

  22.2 CONEXÕES BIOQUÍMICAS GENÉTICA APLICADA | Melhorando o Rendimento de Plantas Antimalária

22-5 As Reações no Escuro da Fotossíntese Fixam CO_2

  22.3 CONEXÕES BIOQUÍMICAS AGRICULTURA | Os Vegetais Alimentam os Animais – Os Vegetais Precisam de Energia – Os Vegetais Podem Produzir Energia
- O que é o ciclo de Calvin?
- Como o material de partida é regenerado no ciclo de Clavin?

  22.4 CONEXÕES BIOQUÍMICAS GENÉTICA | Genes do Cloroplasto

22-6 A Fixação de CO_2 nos Vegetais Tropicais
- O que é diferente na fixação de CO_2 nos vegetais tropicais?

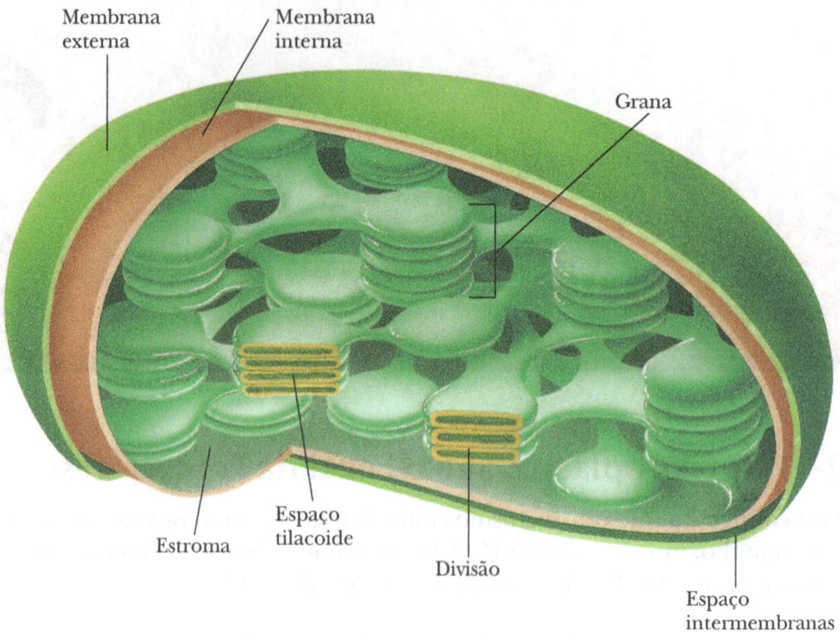
Membrana externa
Membrana interna
Grana
Estroma
Espaço tilacoide
Divisão
Espaço intermembranas

Figura 22.1 Estruturas das membranas nos cloroplastos.

cloroplasto organela que é o sítio da fotossíntese nas plantas verdes

grana corpúsculos no interior do cloroplasto que contêm os discos tilacoides, o sítio da fotossíntese

discos tilacoides sítios de reação de captação de luz em cloroplastos

estroma em um cloroplasto, a porção da organela equivalente à matriz mitocondrial; o sítio de produção de açúcares na fotossíntese

espaço tilacoide porção do cloroplasto entre os discos tilacoides

Nos procariotos, como nas cianobactérias, a fotossíntese ocorre em grânulos ligados à membrana plasmática. O sítio da fotossíntese nos eucariotos como plantas e algas verdes é o **cloroplasto** (Figura 22.1), uma organela envolta por uma membrana, como já visto na Seção 1-6. Da mesma forma que a mitocôndria, o cloroplasto tem uma membrana interna e uma externa e um espaço intermembranas. Além disso, dentro do cloroplasto há corpos chamados **grana**, que consistem em pilhas de membranas achatadas chamadas **discos tilacoides**. Os grana estão conectados por membranas chamadas *lamelas intergranais*. Os discos tilacoides são formados pela dobra de uma terceira membrana dentro do cloroplasto. O dobramento da membrana tilacoide cria dois espaços no cloroplasto além do espaço entre as membranas. O **estroma** fica dentro da membrana interna e fora da membrana tilacoide. Além do estroma, há um **espaço tilacoide** nos próprios discos tilacoides. A absorção de luz e a produção de oxigênio ocorrem nos discos tilacoides. As reações no escuro (também chamadas reações independentes de luz), nas quais o CO_2 é fixado em carboidratos, ocorrem no estroma (Figura 22.2).

Como a estrutura dos cloroplastos afeta a fotossíntese?

É fato estabelecido que o evento principal da fotossíntese é a absorção de luz pela clorofila. Os estados de maior energia (estados excitados) da clorofila são úteis na fotossíntese porque a energia luminosa pode ser transmitida e convertida em energia química nas reações de luz. Há dois tipos principais de clorofila, a *clorofila a* e a *clorofila b*. Os eucariotos, como plantas e algas verdes, contêm clorofila *a* e *b*.

Procariotos, como cianobactérias (antes chamadas algas verde-azuladas) contêm apenas a clorofila *a*. Bactérias fotossintéticas, que não as cianobactérias, possuem bacterioclorofilas, sendo a *bacterioclorofila a* a mais comum. Organismos como bactérias sulfurosas verdes e púrpura, que contêm bacterioclorofilas, não utilizam água como fonte essencial de elétrons para as reações redox da fotossíntese nem produzem oxigênio. Em vez disso, utilizam outras fontes de elétron, como o H_2S, que produz o enxofre elementar em vez de oxigênio. Os organismos que contêm bacterioclorofilas são anaeróbios e têm apenas um fotossistema, enquanto as plantas verdes têm dois fotossistemas diferentes, como veremos.

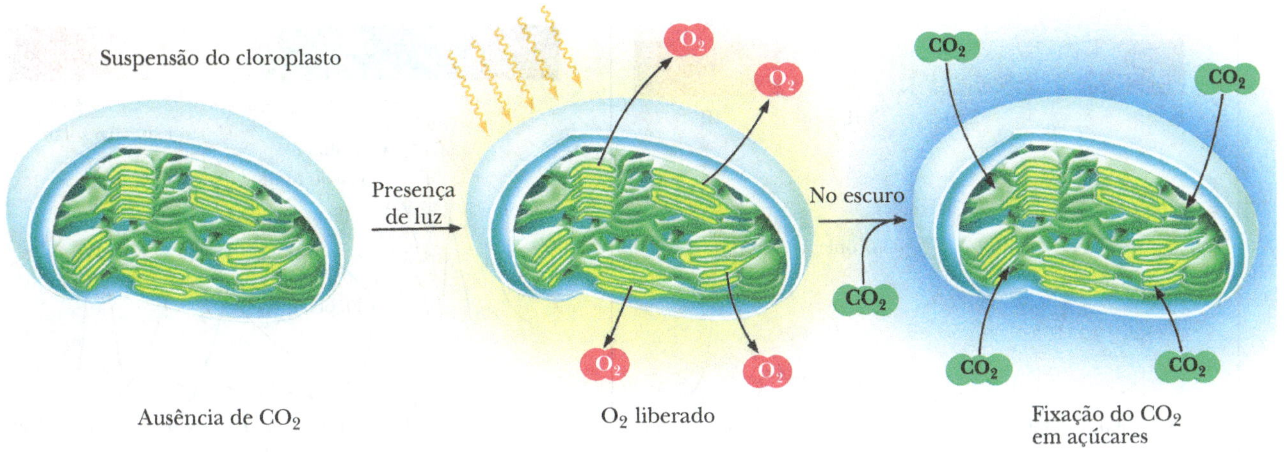
Suspensão do cloroplasto
Presença de luz
O_2
No escuro
CO_2
Ausência de CO_2
O_2 liberado
Fixação do CO_2 em açúcares

FIGURA 22.2 Reações dependente e independente de luz da fotossíntese. As reações de luz estão associadas às membranas tilacoides, e as independentes de luz, ao estroma.

A estrutura da clorofila é semelhante à do grupo heme da mioglobina, da hemoglobina e dos citocromos, que se baseia no anel tetrapirrólico das porfirinas (Figura 22.3) (veja a Seção 4-5). O íon metálico ligado ao anel tetrapirrólico é o magnésio, Mg(II), em vez do ferro, que ocorre no heme. Outra diferença entre a clorofila e o heme é a presença de um anel ciclopentanona fundido ao anel tetrapirrólico. Há uma longa cadeia lateral hidrofóbica, o grupo fitol, com quatro unidades isoprenoides (unidades de 5 carbonos que são os blocos construtores básicos em diversos lipídeos; veja a Seção 21-8), que se liga à membrana tilacoide por interações hidrofóbicas. O grupo fitol é ligado de forma covalente ao restante da molécula de clorofila por uma ligação éster entre o grupo álcool do fitol e uma cadeia lateral de ácido propiônico no anel de porfirina. A diferença entre a clorofila *a* e a clorofila *b* está na substitui-

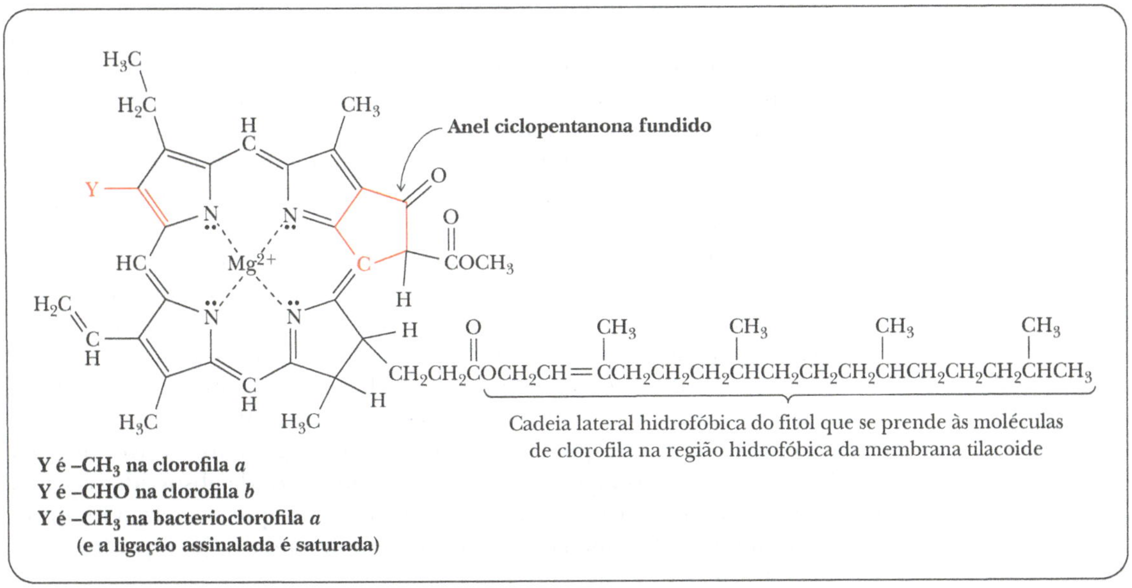
Anel ciclopentanona fundido
Mg^{2+}
$CH_2CH_2COCH_2CH{=}CCH_2CH_2CH_2CHCH_2CH_2CH_2CHCH_2CH_2CH_2CHCH_3$
Cadeia lateral hidrofóbica do fitol que se prende às moléculas de clorofila na região hidrofóbica da membrana tilacoide
Y é $-CH_3$ na clorofila *a*
Y é $-CHO$ na clorofila *b*
Y é $-CH_3$ na bacterioclorofila *a*
(e a ligação assinalada é saturada)

FIGURA 22.3 Estruturas moleculares da clorofila *a*, da clorofila *b* e da bacterioclorofila *a*.

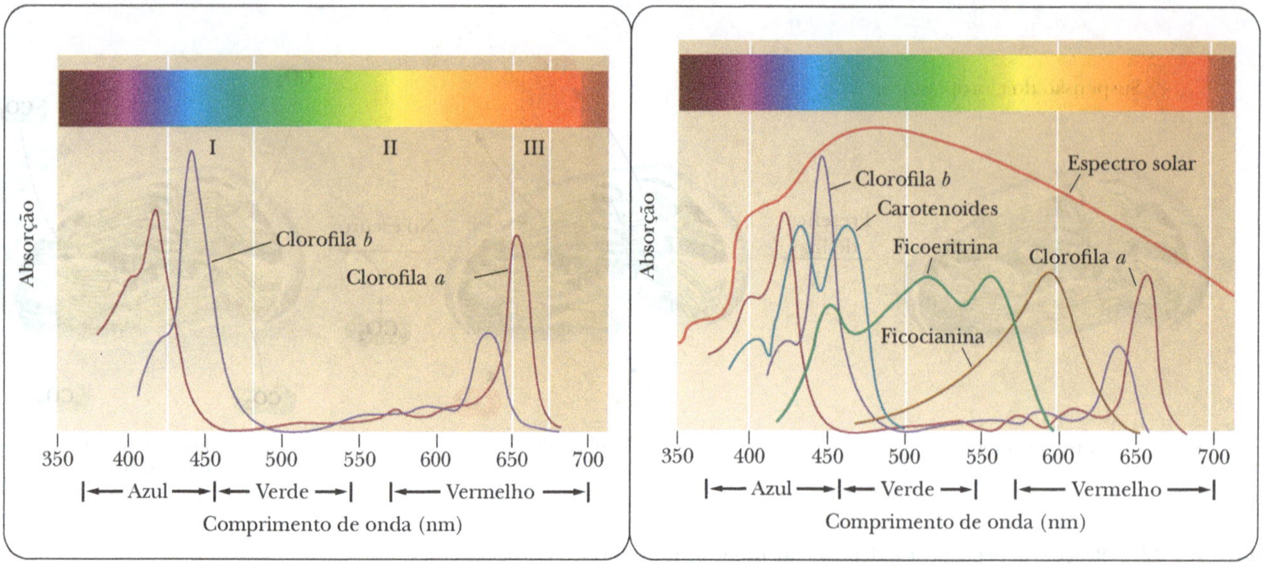

I
II
III
Absorção
Clorofila b
Clorofila a
350
400
450
500
550
600
650
700
Azul
Verde
Vermelho
Comprimento de onda (nm)
Espectro solar
Clorofila b
Carotenoides
Ficoeritrina
Clorofila a
Ficocianina

Ⓐ Absorção da luz visível pelas clorofilas *a* e *b*. As áreas marcadas I, II e III são regiões do espectro que originam a atividade do cloroplasto. Há mais atividade nas regiões I e III, que são próximas aos principais picos de absorção. Ocorrem altos níveis de produção de O_2 quando a luz das regiões I e III é absorvida pelos cloroplastos. Uma menor, mas mensurável, atividade é vista na região II, onde alguns dos pigmentos acessórios absorvem.

Ⓑ Absorção de luz pelos pigmentos acessórios (sobrepostos na absorção das clorofilas *a* e *b*). Os pigmentos acessórios absorvem luz e transferem sua energia para a clorofila.

FIGURA 22.4 Espectros visíveis de clorofilas

ção de um grupo aldeído por um grupo metila no anel porfirínico. A diferença entre a bacterioclorofila *a* e a clorofila *a* é que uma ligação dupla no anel de porfirina da clorofila *a* é saturada na bacterioclorofila *a*. A falta de um sistema conjugado (alternando ligações simples e duplas) nesse anel das bacterioclorofilas causa uma diferença considerável na absorção de luz pela bacterioclorofila *a* em comparação com as clorofilas *a* e *b*.

Os espectros de absorção das clorofilas *a* e *b* são ligeiramente diferentes (Figura 22.4). Ambos absorvem luz nas porções do vermelho e do azul do espectro visível (600 a 700 nm e 400 a 500 nm, respectivamente), e a presença dos dois tipos de clorofila garante que mais comprimentos de onda do espectro visível sejam absorvidos, diferente do que aconteceria se houvesse apenas um deles. Lembre-se de que a clorofila *a* é encontrada em todos os organismos fotossintéticos que produzem oxigênio. A clorofila *b* é encontrada nos eucariotos como plantas e algas verdes, mas ocorre em menores quantidades que a clorofila *a*. A presença de clorofila *b*, no entanto, aumenta a porção do espectro visível que é absorvido, e, assim, aumenta a eficiência da fotossíntese em plantas verdes em comparação com as cianobactérias. Além da clorofila, diversos **pigmentos acessórios** absorvem luz e transferem a energia para as clorofilas (Figura 22.4b). As bacterioclorofilas, forma molecular característica de organismos fotossintéticos que não produzem oxigênio, absorvem luz em comprimentos de onda mais longos. O comprimento de onda de absorção máxima de uma bacterioclorofila *a* é de 780 nm; outras bacterioclorofilas têm absorções máximas a comprimentos ainda maiores, como 870 ou 1.050 nm. A luz de comprimento de onda maior que 800 nm faz parte da região do infravermelho, e não da região visível do espectro. O comprimento de onda absorvido tem uma função essencial na reação de luz da fotossíntese, porque a energia luminosa está inversamente relacionada ao comprimento de onda (veja o quadro CONEXÕES **BIOQUÍMICAS 22.1**).

pigmentos acessórios pigmentos de plantas que não as clorofilas e que atuam na fotossíntese

22.1 Conexões Bioquímicas | física

A Relação entre o Comprimento de Onda e a Energia da Luz

Uma equação bem conhecida relaciona o comprimento de onda e a energia da luz, um ponto de importância vital para nossos propósitos. Max Planck estabeleceu, no início do século XX, que a energia luminosa é diretamente proporcional à sua frequência.

$$E = h\nu$$

onde E é energia, h é uma constante (constante de Planck) e ν é a frequência da luz. O comprimento de onda da luz está relacionado à frequência.

$$\nu = \frac{c}{\lambda}$$

onde λ é o comprimento de onda, ν é a frequência e c é a velocidade da luz. Pode-se reescrever a expressão para a energia luminosa em termos de comprimento de onda em vez da frequência.

$$E = h\nu = \frac{hc}{\lambda}$$

A luz com menor comprimento de onda (maior frequência) tem mais energia que luzes com maior comprimento de onda (menor frequência). ◗

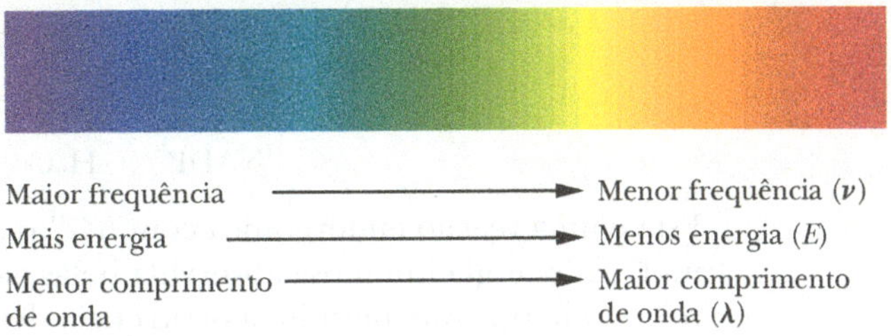
Maior frequência
Menor frequência (ν)
Mais energia
Menos energia (E)
Menor comprimento de onda
Maior comprimento de onda (λ)

As relações entre frequência, energia e comprimento de onda da luz. No espectro visível, a luz no azul tem menor comprimento de onda (λ), maior frequência (ν) e mais energia (E) que a luz no vermelho. Os valores intermediários de todas essas grandezas são observados para outras cores do espectro visível.

A maioria das moléculas de clorofila em um cloroplasto simplesmente acumula luz (clorofilas de antenas). Todas as clorofilas são ligadas a proteínas, seja em complexos de antenas, seja em um dos dois tipos de **fotossistemas** (complexos proteicos ligados a membranas que executam as reações de luz). As moléculas coletoras de luz transmitem então sua energia de excitação a um par especializado de moléculas de clorofila, em um centro de reação característico de cada fotossistema (Figura 22.5). Quando a energia luminosa atinge o **centro de reação**, começam as reações químicas da fotossíntese. Os diferentes ambientes das clorofilas de antenas e as clorofilas do centro de reação fornecem propriedades diferentes aos dois tipos de moléculas. Em um cloroplasto típico, há várias centenas de clorofilas de antenas coletoras de luz para cada clorofila em um centro de reação. A natureza exata dos centros de reação nos procariotos e eucariotos é assunto de intensas pesquisas. Por exemplo, a cristalografia de raios X está sendo usada para determinar a natureza das variações conformacionais nas proteínas na proximidade do par especial de clorofilas.

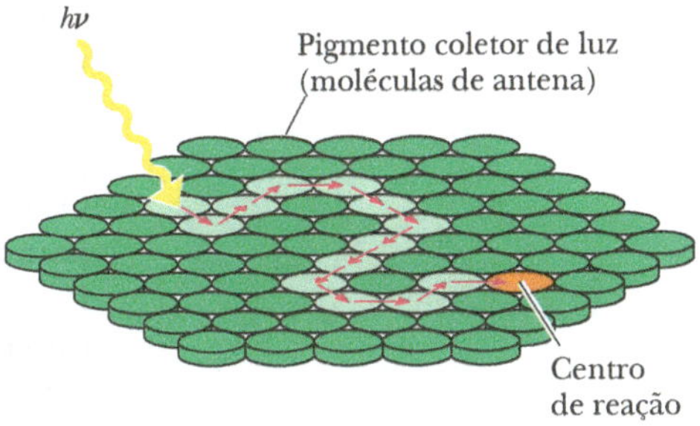
hν
Pigmento coletor de luz (moléculas de antena)
Centro de reação

FIGURA 22.5 Diagrama esquemático de uma unidade fotossintética. Os pigmentos coletores de luz, ou moléculas de antena (em verde), absorvem e transferem a energia luminosa para o dímero especializado da clorofila que constitui o centro de reação (em laranja).

22-2 Os Fotossistemas I e II e as Reações de Luz da Fotossíntese

Nas reações de luz da fotossíntese, a água é convertida em oxigênio pela oxidação e o $NADP^+$ é reduzido a NADPH. A série de reações redox é acoplada à fosforilação do ADP a ATP em um processo chamado **fotofosforilação**.

$$H_2O + NADP^+ \rightarrow NADPH + H^+ + O_2$$

$$ADP + P_i \rightarrow ATP$$

As reações de luz consistem em duas partes, realizadas por dois fotossistemas diferentes, mas relacionados. Uma delas é a redução do $NADP^+$ a NADPH, executada pelo **fotossistema I (PSI)**. A segunda parte da reação é

fotossistemas complexos de proteína ligados à membrana que realizam as reações de luz de fotossíntese

centro de reação sítio do par especial de clorofilas responsável pela coleta de energia solar

fotofosforilação processo no qual a redução de $NADP^+$ a NADPH é acoplada à fosforilação de ADP em ATP

fotossistema I (PSI) porção do aparato fotossintético responsável pela produção de NADPH

fotossistema II porção do aparato fotossintético responsável pela quebra da água em oxigênio

a oxidação da água para produzir oxigênio, executada pelo **fotossistema II (PSII)**. Ambos realizam as reações redox (transporte de elétrons) e interagem entre si indiretamente por meio de uma cadeia de transporte de elétrons que liga os dois sistemas. A produção de ATP é vinculada ao transporte de elétrons em um processo semelhante ao visto na produção de ATP pelo transporte mitocondrial de elétrons.

Nas reações no escuro, o ATP e o NADPH produzidos na reação de luz fornecem a energia e o potencial redutor para a fixação do CO_2. Tais reações também constituem um processo redox, pois o carbono nos carboidratos está em um estado mais reduzido que o carbono altamente oxidado do CO_2. As reações de luz e no escuro não ocorrem isoladamente, mas serão separadas apenas para fins de discussão.

A reação líquida de transporte de elétrons dos dois fotossistemas unidos é, exceto pela substituição de NADPH por NADH, o inverso da que ocorre no transporte mitocondrial de elétrons. A semirreação de redução é a do $NADP^+$ para NADPH, enquanto a semirreação da oxidação é a da água a oxigênio.

$$\mathrm{NADP^+ + 2H^+ + 2}e^- \rightarrow \mathrm{NADPH + H^+}$$

$$\mathrm{H_2O} \rightarrow \tfrac{1}{2}\mathrm{O_2 + 2H^+ + 2}e^-$$

$$\mathrm{NADP^+ + H_2O} \rightarrow \mathrm{NADPH + H^+ + \tfrac{1}{2}O_2}$$

Esta é uma reação endergônica com $\Delta G°'$ positivo = +220 kJ mol^{-1} = +52,6 kcal mol^{-1}. A energia luminosa absorvida pelas clorofilas nos dois fotossistemas fornece a energia que permite a ocorrência dessa reação. Uma série de transportadores de elétrons inseridos na membrana tilacoide liga essas reações. Esses transportadores têm uma organização bastante semelhante à da cadeia de transporte de elétrons.

O fotossistema I pode ser excitado por luz de comprimentos de onda inferiores a 700 nm, mas o fotossistema II precisa de luz com comprimentos de onda inferiores a 680 nm para a excitação. Os dois fotossistemas devem funcionar para que o cloroplasto produza NADPH, ATP e O_2, porque estão conectados pela cadeia de transporte de elétrons. No entanto, tais sistemas são estruturalmente diferentes no cloroplasto: o fotossistema I pode ser liberado preferencialmente da membrana tilacoide por tratamento com detergentes. Os centros de reação dos dois fotossistemas fornecem ambientes diferentes para as suas próprias clorofilas. A clorofila típica do fotossistema I é chamada P_{700}, em que P significa pigmento e 700 refere-se ao maior comprimento de onda de luz absorvido (700 nm) que inicia a reação. Da mesma forma, a clorofila do centro de reação do fotossistema II é chamada P_{680}, porque o maior comprimento de onda da luz absorvido que inicia a reação é 680 nm. Observe que a via dos elétrons começa com as reações no fotossistema II, e não no I. O motivo para usar essa nomenclatura é que o fotossistema I foi estudado exaustivamente antes do II, por aquele ser mais facilmente extraído a partir da membrana tilacoide que este. Há dois locais no esquema de reação dos dois fotossistemas onde a absorção de luz fornece energia para que ocorram as reações endergônicas (Figura 22.6).

FIGURA 22.6 **Esquema Z da fotossíntese.** (a) Esquema Z é uma representação diagramática do fluxo fotossintético de elétrons da H_2O até o $NADP^+$. As relações de energia podem ser derivadas da escala $E°'$, ao lado do diagrama Z, com menores potenciais padrão e, portanto, mais energia, se observado de baixo para cima. A entrada de energia como luz é indicada por duas setas largas, um fóton aparecendo em P_{680} e outro em P_{700}. P_{680}* e P_{700}* representam estados excitados. A perda de elétrons de P_{680}* e P_{700}* gera P_{680} e P_{700}. Os componentes representativos dos três complexos supramoleculares (PSI, PSII e o complexo de citocromos b_6–f) estão nas caixas sombreadas com bordas pretas. Diversos componentes são representados por letras do alfabeto – clorofilas e quinonas por *A* e *Q*, respectivamente, e ferredoxinas por *F*, assim como são diferenciados por índices subscritos. As translocações de prótons que estabelecem a força motriz de prótons que aciona a síntese de ATP também estão ilustradas. (b) Figura mostrando as relações funcionais entre PSII, o complexo de citocromos b_6–f, PSI e a CF_1CF_0–ATP sintase fotossintética dentro da membrana tilacoide. Observe que os receptores e^- Q_A (para PSII) e A_1 (para PSI) estão no lado estromal da membrana tilacoide, enquanto os doadores e^- para P_{680} e P_{700} estão localizados no lado do lúmen da membrana. A consequência é a separação de cargas (estroma, lúmen) ao longo da membrana. Observe também que os prótons são translocados para dentro do lúmen tilacoide, originando um gradiente quimiosmótico que é a força motriz para síntese de ATP pela CF_1CF_0–ATP sintase.

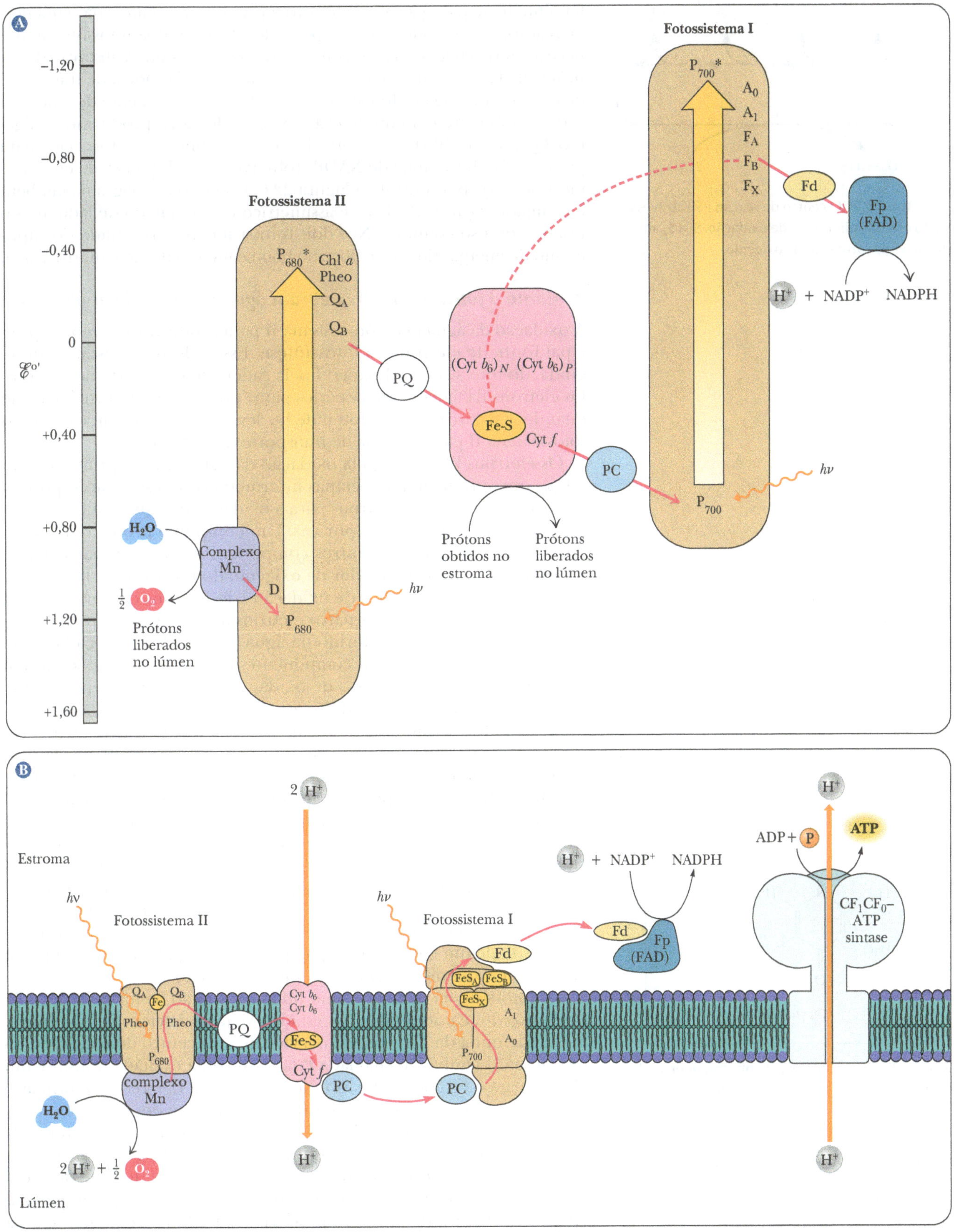
A
Fotossistema I
Fotossistema II
−1,20
−0,80
−0,40
0
+0,40
+0,80
+1,20
+1,60
P680*
Chl a
Pheo
QA
QB
PQ
(Cyt b6)N (Cyt b6)P
Fe-S
Cyt f
PC
P700*
A0
A1
FA
FB
FX
Fd
Fp (FAD)
H+ + NADP+ NADPH
P700
hν
Prótons obtidos no estroma
Prótons liberados no lúmen
H2O
Complexo Mn
D
P680
hν
1/2 O2
Prótons liberados no lúmen
B
Estroma
hν
Fotossistema II
2 H+
hν
Fotossistema I
H+ + NADP+ NADPH
Fd
Fp (FAD)
ADP + P
ATP
H+
CF1CF0–ATP sintase
QA
Fe
QB
Pheo
Pheo
P680
complexo Mn
PQ
Cyt b6
Cyt b6
Fe-S
Cyt f
PC
PC
Fd
FeSA
FeSB
FeSX
A1
A0
P700
H2O
2 H+ + 1/2 O2
H+
H+
Lúmen

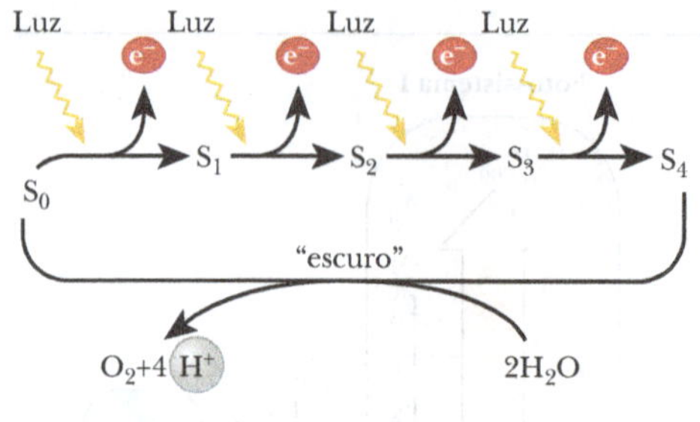

Luz
Luz
Luz
Luz
e⁻
S_0
S_1
S_2
S_3
S_4
"escuro"
O_2+4 H^+
$2H_2O$

FIGURA 22.7 **O centro de reação PSII atravessa cinco estados diferentes de oxidação, S_0 a S_4, no decorrer da formação de oxigênio.**

Nenhuma clorofila do centro de reação é um agente redutor suficientemente forte para passar os elétrons à próxima substância na sequência de reação, mas a absorção de luz pelas clorofilas dos dois fotossistemas fornece a energia necessária para que tais reações ocorram. A absorção de luz pela Chl (P_{680}) permite que os elétrons passem pela cadeia de transporte de elétrons que liga os fotossistemas I e II e gera um agente de oxidação forte o suficiente para quebrar a molécula de água, produzindo oxigênio. Quando a Chl (P_{700}) absorve luz, energia suficiente é fornecida para permitir a redução final de $NADP^+$ (observe que a diferença de energia é mostrada no eixo vertical da Figura 22.6. Este tipo de diagrama também é chamado *esquema Z.* O "Z" é assimétrico e fica deitado de lado, mas o nome é de uso comum). Nos dois fotossistemas, o resultado do suprimento de energia (luz) é análogo ao bombeamento de água morro acima.

Como o fotossistema II quebra a água para produzir oxigênio?

A oxidação da água pelo fotossistema II para produzir oxigênio é a principal fonte de elétrons na fotossíntese. Esses elétrons passam, em seguida, do fotossistema II para o I pela cadeia de transporte de elétrons. Os elétrons da água são necessários para "preencher o buraco" deixado quando a absorção de um fóton de luz leva à doação de um elétron do fotossistema II para a cadeia de transporte de elétrons.

Os elétrons liberados pela oxidação da água passam primeiro para a P_{680}, que é reduzida. Há etapas intermediárias nessa reação porque são necessários quatro elétrons para a oxidação da água, e a P_{680}* pode aceitar apenas um elétron por vez. Um complexo proteico que contém manganês e diversos outros componentes proteicos participa do processo. O **complexo gerador de oxigênio** do fotossistema II atravessa uma série de cinco estados de oxidação (designados como S_0 a S_4) ao longo da transferência de quatro elétrons ao liberar oxigênio (Figura 22.7). Um elétron é transferido da água para o PSII para cada quantum de luz. No processo, os componentes do centro de reação passam sucessivamente pelos estados de oxidação S_1 a S_4. O S_4 decompõe-se espontaneamente até o estado S_0, e, no processo, oxida duas moléculas de água formando uma molécula de oxigênio. Observe que quatro prótons são liberados simultaneamente. O doador imediato de elétrons para a clorofila P_{680}, mostrado como D na Figura 22.6, é um resíduo de tirosina de um dos componentes proteicos que não contêm manganês. Diversas quinonas servem como agentes intermediários na transferência de elétrons para acomodar os quatro elétrons doados pela molécula de água. As reações redox do manganês também participam aqui. Mesmo este mecanismo é uma simplificação. Tentativas de observar a produção direta de oxigênio pelo estado S_4 implica que algum intermediário (S_4') produz diretamente oxigênio depois da desprotonação de S_3 e perda de um elétron por S_4. O ponto principal é que o complexo gerador de oxigênio é realmente muito complexo.

complexo gerador de oxigênio parte do fotossistema II que quebra a molécula de água para produzir oxigênio

No fotossistema II, assim como no I, a absorção de luz pela clorofila no centro de reação produz um estado excitado da clorofila. O comprimento de onda da luz é 680 nm; a clorofila do centro de reação do fotossistema II também é chamada P_{680}. A clorofila excitada transfere um elétron para o receptor primário. No fotossistema II, o receptor primário de elétrons é uma molécula de **feofitina** (Pheo), um dos pigmentos acessórios do aparelho fotossintético. A estrutura da feofitina é diferente da dessa clorofila apenas pela substituição de dois hidrogênios pelo magnésio. A transferência de elétrons é mediada por eventos que ocorrem no centro de reação. O próximo receptor de elétrons é a **plastoquinona** (PQ). A estrutura da plastoquinona (Figura 22.8) é semelhante à da coenzima Q (ubiquinona), uma parte da cadeia de transporte de elétrons respiratória (Seção 20-2), e sua finalidade é bastante parecida ao transporte de elétrons e de íons hidrogênio.

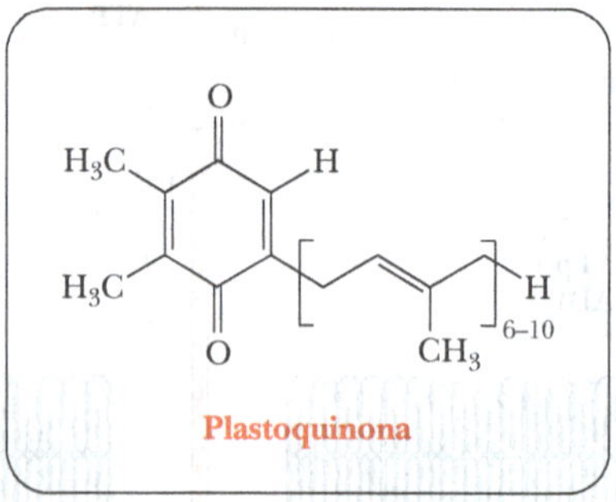

O
H_3C
H
H_3C
H
O
CH_3
6–10
Plastoquinona

FIGURA 22.8 **Estrutura da plastoquinona.** O comprimento da cadeia lateral alifática varia em diferentes organismos.

feofitina pigmento fotossintético que difere da estrutura da clorofila apenas por ter dois hidrogênios no lugar do magnésio

plastoquinona substância semelhante à coenzima Q, parte da cadeia de transporte de elétrons que une os dois fotossistemas na fotossíntese

A cadeia de transporte de elétrons que liga os dois fotossistemas consiste em feofitina, plastoquinona, um complexo de citocromos vegetais (o complexo b_6–f), uma proteína que contém cobre, chamada **plastocianina** (PC), e a forma oxidada da P_{700} (veja a Figura 22.6). O complexo b_6–f dos citocromos vegetais consiste em dois citocromos tipo *b* (citocromo b_6) e um tipo *c* (citocromo *f*). Esse complexo tem estrutura semelhante à do complexo bc_1 nas mitocôndrias e ocupa uma posição central similar na cadeia de transporte de elétrons. Essa parte do aparelho fotossintético é objeto de intensas pesquisas. Há a possibilidade de que o ciclo Q (lembre-se da Seção 20-2) também possa operar aqui, e o objetivo de parte dessas pesquisas é estabelecer definitivamente se isso acontece. Na plastocianina, o íon cobre é o verdadeiro transportador de elétrons; ele existe como Cu(II) e Cu(I) nas formas oxidada e reduzida, respectivamente. Esta cadeia de transporte de elétrons tem outra similaridade com aquela na mitocôndria, a de acoplamento à geração de ATP.

plastocianina uma proteína que contém cobre; ela faz parte da cadeia de transporte de elétrons que une os dois fotossistemas na fotossíntese

Quando a clorofila oxidada da P_{700} aceita elétrons da cadeia de transporte de elétrons, ela é reduzida e, em seguida, passa um elétron para o fotossistema I, que absorve um segundo fóton de luz. A absorção de luz pelo fotossistema II não leva os elétrons até um nível de energia suficientemente alto para reduzir o $NADP^+$; o segundo fóton absorvido pelo fotossistema I fornece a energia necessária. Essa diferença na energia faz que o Z do esquema Z seja bastante assimétrico, mas a transferência de elétrons é completa.

Como o fotossistema I reduz o $NADP^+$?

A absorção de luz pelo P_{700} leva à série de reações de transferência de elétrons do fotossistema I. A substância à qual a clorofila em estado excitado, P_{700}*, fornece um elétron é aparentemente uma molécula da clorofila *a*; essa transferência de elétrons é mediada por processos que ocorrem no centro de reação. O próximo receptor de elétrons na série é a ferredoxina, uma proteína ferro–enxofre que ocorre ligada à membrana do fotossistema I. A ferredoxina ligada passa seu elétron para uma molécula de ferredoxina solúvel. Esta, por sua vez, reduz uma enzima que contém FAD chamada ferredoxina $NADP^+$ redutase. A porção FAD da enzima reduz o $NADP^+$ a NADPH (Figura 22.6). Pode-se resumir os principais recursos do processo em duas equações, nas quais a notação ferredoxina se refere à forma solúvel da proteína.

$$\text{Chl}^* + \text{Ferredoxina}_{\text{oxidada}} \rightarrow \text{Chl}^+ + \text{Ferredoxina}_{\text{reduzida}}$$

$$2\ \text{Ferredoxina}_{\text{reduzida}} + H^+ + \text{NADP}^+ \xrightarrow{\text{Ferredoxina-NADP redutase}} 2\ \text{Ferredoxina}_{\text{oxidada}} + \text{NADPH}$$

A Chl* doa um elétron à ferredoxina, mas as reações de transferência de elétrons do FAD e do $NADP^+$ envolvem dois elétrons. Assim, um elétron de cada uma das duas ferredoxinas é necessário para a produção de NADPH.

A reação líquida para os dois fotossistemas juntos é o fluxo de elétrons da H_2O para o $NADP^+$ (veja a Figura 22.6).

$$2H_2O + 2NADP^+ \rightarrow O_2 + 2NADPH + 2H^+$$

Transporte Cíclico de Elétrons no Fotossistema I

Além das reações de transferência de elétrons recém-descritas, é possível que o transporte cíclico de elétrons no fotossistema I seja acoplado à produção de ATP (Figura 22.9). Nenhum NADPH é produzido nesse processo. O fotossistema II não está envolvido e nenhum O_2 é produzido. A fosforilação cíclica ocorre quando há uma alta proporção $NADPH/NADP^+$ na célula; assim, não há $NADP^+$ suficiente na célula para aceitar todos os elétrons gerados pela excitação da P_{700}.

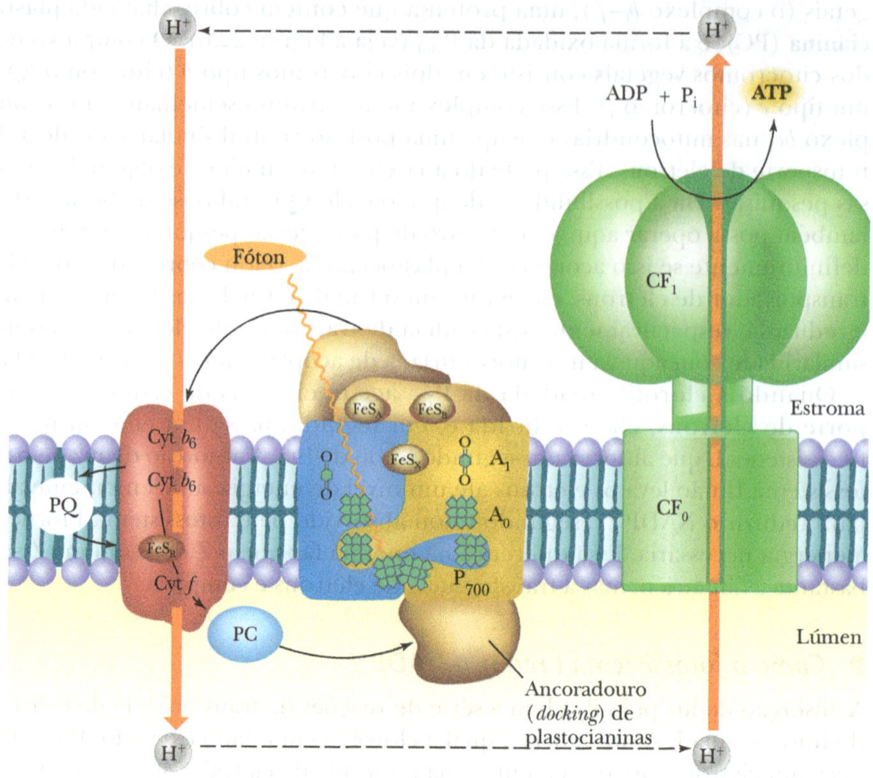
H+
H+
ADP + P_i
ATP
Fóton
CF1
Estroma
FeSA
FeSB
FeSX
A1
A0
Cyt b6
Cyt b6
PQ
FeSR
Cyt f
CF0
P700
PC
Lúmen
Ancoradouro
(docking) de
plastocianinas
H+
H+

FIGURA 22.9 Rota da fotofosforilação cíclica pelo PSI. Observe que a água não é clivada e não é produzido NADPH. (Adaptado de Arnon, D. I. The discovery of photosynthetic phosphorylation. *Trends in Biochemical Sciences*, n. 9, p. 258-62, 1984.)

O que se sabe sobre a estrutura dos centros de reação fotossintética?

A estrutura molecular dos fotossistemas é um assunto de grande interesse para os bioquímicos. O sistema mais amplamente estudado é o das bactérias fototrópicas anaeróbias do gênero *Rhodopseudomonas*. Essas bactérias não produzem oxigênio molecular como resultado de suas atividades fotossintéticas, mas há semelhanças suficientes entre as reações fotossintéticas de *Rhodopseudomonas* e a fotossíntese ligada ao oxigênio para levarem os cientistas a tirar conclusões sobre a natureza dos centros de reação em todos os organismos. Como a estrutura desse fotossistema foi elucidada pela cristalografia de raios X, as estruturas do PSI e do PSII também foram determinadas, e mostrou-se que são notavelmente semelhantes. Consequentemente, o processo detalhado que ocorre no centro de reação das *Rhodopseudomonas* é importante o suficiente para merecer uma discussão mais detalhada.

É fato estabelecido que há um par de moléculas de bacterioclorofilas (designadas P_{870} porque a luz de 870 nm é o comprimento máximo de onda de excitação) no centro de reação da *Rhodopseudomonas viridis*; o par principal de clorofilas está inserido em um complexo proteico que é, por sua vez, parte integrante da membrana fotossintética (mencionaremos as bacterioclorofilas simplesmente como clorofilas para facilitar a discussão).

Os pigmentos acessórios, que também atuam no processo de obtenção de luz, têm posições específicas próximas ao par especial de clorofilas. A absorção de luz por esse par leva um de seus elétrons a um nível mais alto de energia (Figura 22.10). Esse elétron passa para uma série de pigmentos acessórios. O primeiro deles é a feofitina, que é estruturalmente semelhante à clorofila, diferindo apenas no fato de ter dois hidrogênios no lugar do magnésio. O elétron é transferido para a feofitina, levando-a, por sua vez, a um estado excitado de energia (observe que o elétron vai por apenas uma das feofitinas possíveis, mas não para a outra. Há pesquisas em andamento para determinar por que isto ocorre). O próximo receptor de elétron é a menaquinona (QA); ela é estruturalmente semelhante à

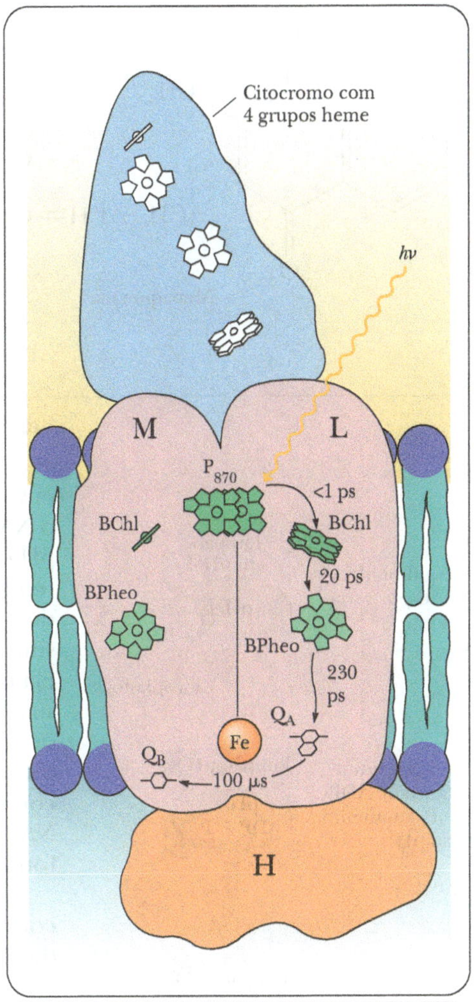
Citocromo com
4 grupos heme
$h\nu$
M
L
P_{870}
<1 ps
BChl
BChl
20 ps
BPheo
BPheo
230
ps
Q_A
Fe
Q_B
100 μs
H

Observação: A subunidade do citocromo é associada à membrana por meio da metade diacilglicerol em seu resíduo Cys N-terminal:

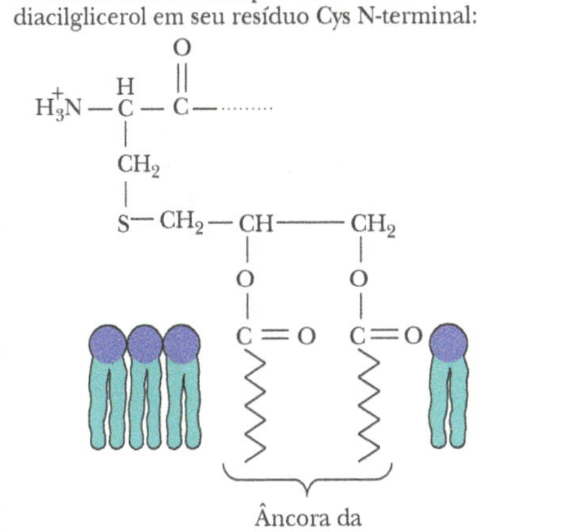
Âncora da
membrana

FIGURA 22.10 Modelo da estrutura e atividade do centro de reação das *Rhodopseudomonas viridis*. Quatro polipeptídeos (chamados citocromo, M, L e H) compõem o centro de reação, um complexo integrante da membrana. O citocromo mantém sua associação com a membrana por meio de um grupo diacilglicerol ligado ao seu resíduo Cys N-terminal por uma ligação tioéter. M e L consistem em cinco α-hélices que cobrem a membrana; H tem uma única α-hélice cobrindo a membrana. Os grupos prostéticos estão localizados espacialmente de forma que a transferência rápida de e^- de P_{870}* para QB seja facilitada. A fotoexcitação de P_{870} leva à redução apenas da BChl de ramo L em menos de 1 picossegundo (ps). A P_{870} é novamente reduzida por intermédio do elétron fornecido pelos grupos heme do citocromo.

coenzima Q, que atua na cadeia de transporte de elétrons mitocondrial (Figura 22.11). O receptor final de elétrons, que também é levado a um estado de excitação, é a própria coenzima Q (ubiquinona, chamada aqui de QB). O elétron transferido para QB é substituído por outro doado por um citocromo, que adquire carga positiva no processo. O citocromo não está ligado à membrana e se difunde, levando consigo sua carga positiva. Todo o processo ocorre em menos de 10^{-3} s. As cargas positivas e negativas movem-se em sentidos opostos a partir do par de clorofilas e se separam. Esta situação é semelhante ao gradiente de prótons nas mitocôndrias, onde a existência desse gradiente é essencialmente responsável pela fosforilação oxidativa.

A separação de cargas é equivalente a uma bateria, uma forma de energia armazenada. O centro de reação age como um transdutor, convertendo energia luminosa em uma forma utilizável pela célula para executar as reações da fotossíntese que precisam de energia. Os processos que ocorrem na *Rhodopseudomonas* servem de modelo para centros de reação na fotossíntese ligada ao oxigênio. Pesquisa mais recente tem mostrado que um resíduo específico de tirosina no polipeptídeo L se move quando o par especial de clorofilas é ativado pela luz. Esta variação conformacional é importante na estabilização da separação de carga que fornece energia para as reações que necessitam de energia.

22-3 A Fotossíntese e a Produção de ATP

No Capítulo 20, vimos que um gradiente de prótons ao longo da membrana mitocondrial interna aciona a fosforilação de ADP na respiração. O mecanismo da fotofosforilação é essencialmente o mesmo da produção de ATP na cadeia respiratória de transporte de elétrons. Na verdade, algumas das evidências mais fortes para o acoplamento quimiosmótico da fosforilação com o transporte de elétrons foram obtidas a partir de experiências em cloroplastos, em vez de nas mitocôndrias. Os cloroplastos podem sintetizar ATP a partir de ADP e P_i *no escuro* na presença de um gradiente de pH.

Se os cloroplastos isolados puderem se equilibrar em um tampão em pH 4 por várias horas, seu pH interno será igual a 4. Se o pH do tampão aumentar rapidamente para 8 e se ADP e P_i forem adicionados simultaneamente, será produzido ATP (Figura 22.12). A produção de ATP não exige a presença de luz; o gradiente de prótons produzido pela diferença de pH fornece a força motriz para a fosforilação. Essa experiência traz forte evidência para o mecanismo de acoplamento quimiosmótico.

Como a produção de ATP nos cloroplastos se assemelha ao processo nas mitocôndrias?

Diversas reações contribuem para a geração de um gradiente de prótons nos cloroplastos em uma célula que fotossintetiza ativamente. A oxidação da água libera H^+ no espaço tilacoide. A transferência de elétrons dos fotossistemas II e I também ajuda a criar o gradiente de prótons ao

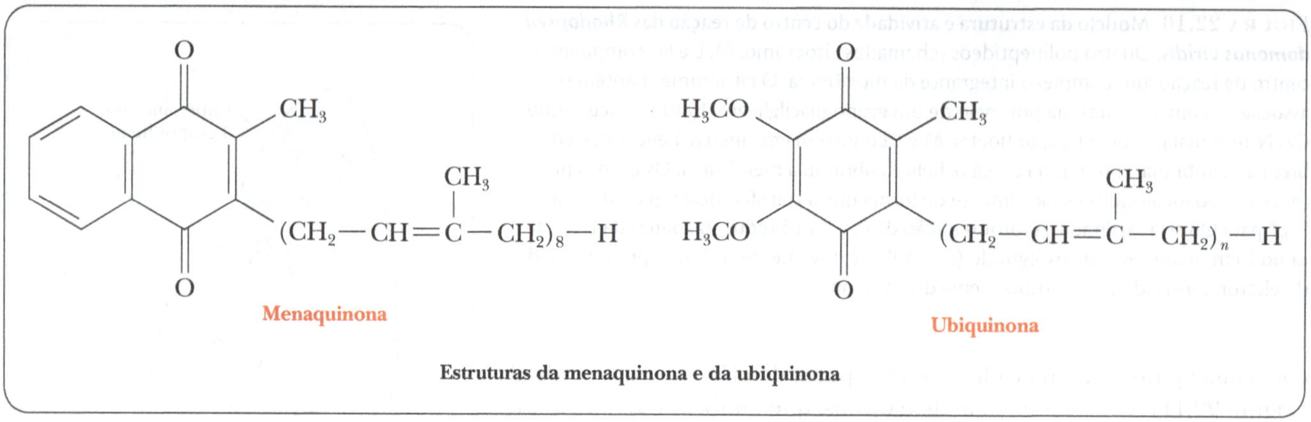
Menaquinona
Ubiquinona
Estruturas da menaquinona e da ubiquinona

FIGURA 22.11 Estruturas da menaquinona e da ubiquinina.

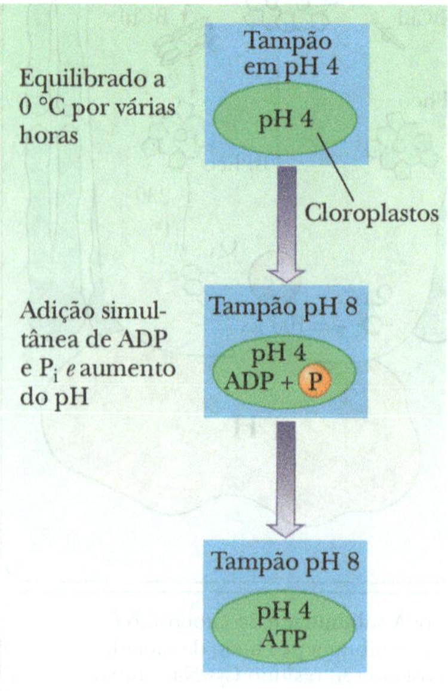
Equilibrado a 0 °C por várias horas
Tampão em pH 4
pH 4
Cloroplastos
Adição simultânea de ADP e Pi e aumento do pH
Tampão pH 8
pH 4
ADP + P
Tampão pH 8
pH 4
ATP

FIGURA 22.12 O ATP é sintetizado pelos cloroplastos no escuro na presença de um gradiente de prótons, ADP e P_i.

envolver plastoquinona e citocromos no processo. Então, o fotossistema I reduz o $NADP^+$ utilizando H^+ no estroma para produzir NADPH. Como resultado, o pH do espaço tilacoide é menor que o do estroma (Figura 22.13). Uma situação semelhante foi observada no Capítulo 20, quando se discutiu o bombeamento de prótons da matriz mitocondrial para o espaço entre as membranas. A ATP sintase nos cloroplastos é semelhante à enzima mitocondrial; particularmente, ela consiste em duas partes, CF_1 e CF_0, em que C serve para diferenciá-las de suas contrapartes mitocondriais, F_1 e F_0, respectivamente. Há evidência de que os componentes da cadeia de elétrons nos cloroplastos são organizados de forma assimétrica na membrana tilacoide, como é o caso na mitocôndria. Uma consequência importante dessa organização assimétrica é a liberação de ATP e NADPH produzidos pela reação de luz no estroma, onde fornecem energia e força redutora para as reações no escuro da fotossíntese.

No transporte mitocondrial de elétrons, há quatro complexos respiratórios conectados por transportadores solúveis de elétrons. O aparelho transportador de elétrons da membrana tilacoide é semelhante a ele por consistir em diversos grandes complexos ligados a membranas. Eles são o PSII (complexo do fotossistema II), o complexo de citocromos b_6–f e o PSI (complexo do fotossistema I). Assim como no transporte de elétrons mitocondrial, vários transportadores solúveis de elétrons formam a conexão entre os complexos proteicos. Na membrana tilacoide, os transportadores solúveis são a plastoquinona e a plastocianina, que têm função semelhante à da coenzima Q e do citocromo *c* nas mitocôndrias (Figura 22.13). O gradiente de prótons criado pelo transporte de elétrons aciona a síntese de ATP nos cloroplastos, assim como nas mitocôndrias.

22-4 As Implicações Evolucionárias da Fotossíntese Com e Sem Oxigênio

Outros procariotos fotossintéticos que não as cianobactérias têm apenas um fotossistema e não produzem oxigênio. A clorofila nesses organismos é diferente da encontrada nos fotossistemas relacionados ao oxigênio (Figura 22.14). A fotossíntese anaeróbia não é tão eficiente quanto a fotossíntese ligada ao oxigênio, mas a versão anaeróbia do processo parece ser uma etapa evolutiva. A fotossíntese anaeróbia é um meio de o organismo utilizar a energia solar para obter alimento e energia. Embora seja eficiente na produção de ATP, sua eficiência para a fixação de carbono é inferior à da fotossíntese aeróbia.

É possível ter fotossíntese sem produzir oxigênio?

Um possível cenário para o desenvolvimento da fotossíntese começa com as bactérias heterotróficas que contêm alguma forma de clorofila, provavelmente as bacterioclorofilas. (*Heterótrofos* são organismos que dependem do seu ambiente para obter nutrientes orgânicos e energia.) Em tais organismos, a energia luminosa absorvida pela clorofila pode ser armazenada nas formas de ATP e NADPH. O ponto importante sobre tal série de reações é que há fotofosforilação, que ga-

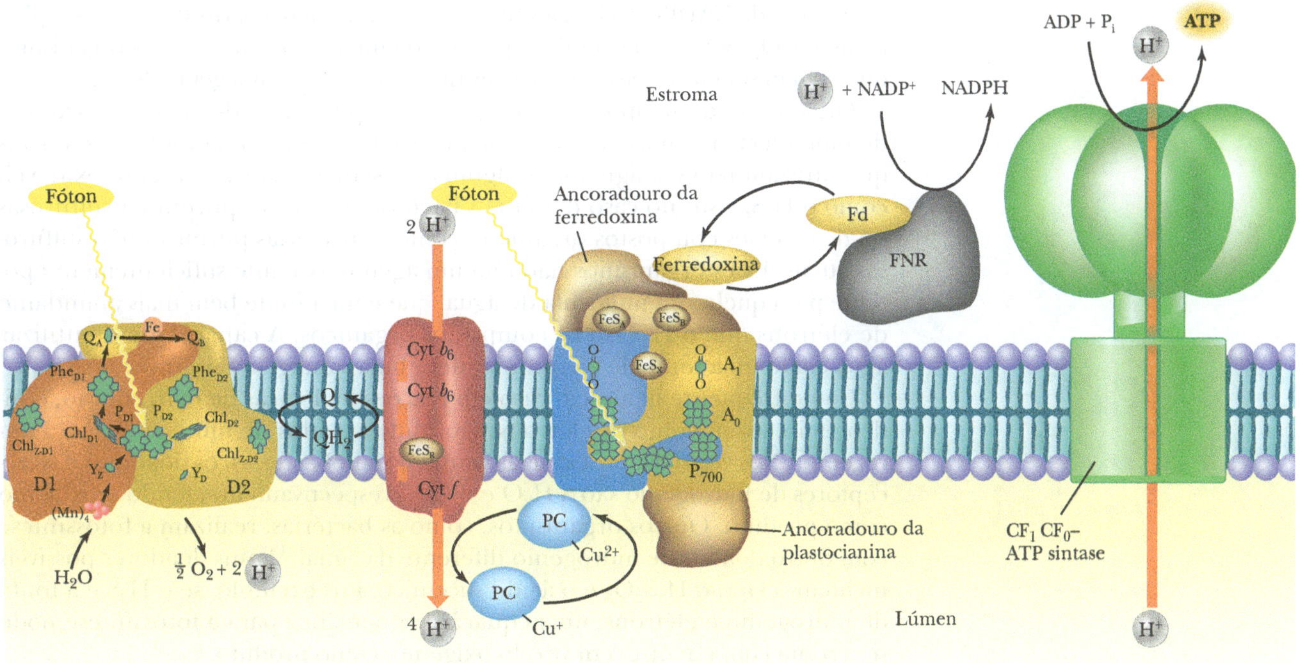
ADP + P_i
ATP
H^+
Estroma
H^+ + $NADP^+$
NADPH
Fóton
Fóton
$2 H^+$
Ancoradouro da ferredoxina
Fd
Ferredoxina
FNR
Fe
Q_A
Q_B
Phe_{D1}
Phe_{D2}
P_{D1}
P_{D2}
Chl_{D1}
Chl_{D2}
Chl_{Z-D1}
Chl_{Z-D2}
Y_Z
Y_D
D1
D2
$(Mn)_4$
Q
QH_2
Cyt b_6
Cyt b_6
FeS_R
Cyt f
FeS_A
FeS_B
FeS_X
A_1
A_0
P_{700}
PC
Cu^{2+}
PC
Cu^+
H_2O
$\frac{1}{2} O_2 + 2 H^+$
$4 H^+$
Ancoradouro da plastocianina
Lúmen
$CF_1 CF_0$–ATP sintase
H^+

FIGURA 22.13 Mecanismo da fotofosforilação. O transporte fotossintético de elétrons estabelece um gradiente de prótons interceptado pela CF_1CF_0—ATP sintase para acionar a síntese de ATP. Essencial para este mecanismo é o fato de que componentes ligados à membrana do transporte de elétrons induzido pela luz e pela síntese de ATP são assimétricos com relação à membrana tilacoide para que a descarga direcional e a absorção de H^+ ocorram em seguida, gerando a força motriz de prótons.

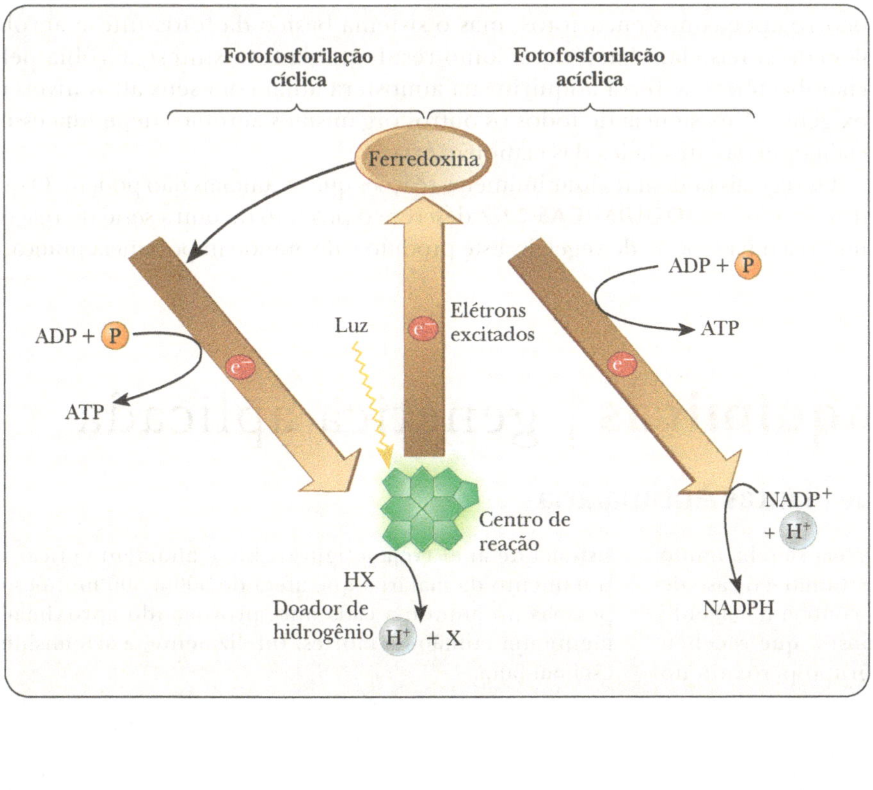
Fotofosforilação cíclica
Fotofosforilação acíclica
Ferredoxina
ADP + P
ATP
ADP + P
ATP
Luz
Elétrons excitados
Centro de reação
HX
Doador de hidrogênio
H^+ + X
$NADP^+$
+ H^+
NADPH

FIGURA 22.14 As duas etapas de transporte de elétrons possíveis em um organismo anaeróbio fotossintético. As formas cíclicas e acíclicas da fotofosforilação são mostradas. HX é qualquer composto (como H_2S) que possa ser doador de hidrogênio. (De Margulis L., *Early Life*, Science Books International, Boston, p. 45, 1985.)

rante um suprimento independente de ATP para o organismo. Além disso, o fornecimento de NADPH facilita a síntese de biomoléculas a partir de fontes simples, como o CO_2. Sob condições de suprimento limitado de alimento, os organismos que podem sintetizar seus próprios nutrientes têm uma vantagem seletiva.

Organismos deste tipo são *autótrofos* (não dependentes de uma fonte externa de biomoléculas), mas são também anaeróbios. A principal fonte de elétrons que utilizam não é a água, mas alguma substância mais facilmente oxidável, como o H_2S, visto no caso das atuais bactérias verdes (e púrpuras) sulfurosas ou de diversos compostos orgânicos, como as bactérias púrpuras não sulfurosas atuais. Esses organismos não têm um agente oxidante suficientemente potente para quebrar a molécula de água, que é uma fonte bem mais abundante de elétrons que o H_2S ou os compostos orgânicos. A capacidade de utilizar água como uma fonte de elétrons confere uma vantagem evolutiva adicional.

Como frequentemente é o caso em reações biológicas de oxirredução, o hidrogênio, assim como os elétrons, são transportados de um doador para um receptor. Nos vegetais verdes, algas verdes e cianobactérias, os doadores e os receptores de hidrogênio são a H_2O e o CO_2, respectivamente, tendo o oxigênio como produto. Outros organismos, como as bactérias, realizam a fotossíntese com outro doador de hidrogênio diferente da água. Alguns doadores possíveis incluem o H_2S, o $H_2S_2O_3$ e o ácido succínico. Por exemplo, se o H_2S é a fonte de hidrogênio e elétrons, uma equação esquemática para a fotossíntese pode ser escrita com enxofre, em vez do oxigênio, como produto.

$$\underset{\text{Receptor de H}}{CO_2} + \underset{\text{Doador de H}}{2H_2S} \rightarrow \underset{\text{Carboidrato}}{(CH_2O)} + 2S + H_2O$$

Também é possível que o receptor de hidrogênio seja o NO_2^- ou o NO_3^- e, nesses casos, teremos NH_3 como produto. A fotossíntese ligada ao oxigênio com dióxido de carbono como o principal receptor de hidrogênio é um caso especial de um processo bem mais geral, amplamente distribuído entre muitas classes de organismos.

Aparentemente, as cianobactérias foram os primeiros organismos a desenvolver a capacidade de utilizar água como o principal agente redutor na fotossíntese. Como vimos, este feito exigiu o desenvolvimento de um segundo fotossistema, além de uma nova variedade de clorofila, a clorofila *a*, em vez da bacterioclorofila. A clorofila *b* ainda não havia aparecido, uma vez que ela ocorre apenas nos eucariotos, mas o sistema básico da fotossíntese aeróbia já ocorria nas cianobactérias. Como resultado da fotossíntese aeróbia pelas cianobactérias, a Terra adquiriu sua atmosfera atual com seus altos níveis de oxigênio. A existência de todos os outros organismos aeróbios dependia essencialmente das atividades das cianobactérias.

Os vegetais podem realizar inúmeras reações que os animais não podem. O quadro CONEXÕES **BIOQUÍMICAS 22.2** descreve o produto de outra série de reações únicas a uma espécie de vegetais. Este produto é de grande importância prática.

22.2 Conexões **Bioquímicas** | genética aplicada

Melhorando o Rendimento de Plantas Antimalária

Uma planta chamada *Artemisia annua* tem sido há muito usada na medicina popular chinesa. Como é o caso de muitos remédios populares, esta planta contém um agente farmacologicamente ativo. Este composto, que recebeu o nome de artemisinina, contém um grupo peróxido no sistema de anel (veja a figura). Ele é altamente eficaz no tratamento da malária, que afeta de 300 a 500 milhões de pessoas no mundo a cada ano, provocando aproximadamente um milhão de mortes. Infelizmente, a artemisinina está em falta.

Continua

Continuação

O mapa genético desta planta foi recentemente determinado. Neste processo, foi possível identificar os locais que podem ser usados para melhorar significativamente o rendimento. Têm sido feitos esforços para sintetizar no laboratório a artemisinina e compostos relacionados. Têm sido feitas outras tentativas para produzi-la em levedura e bactérias, usando a tecnologia de DNA recombinante. Mais recentemente, têm sido usadas células de levedura geneticamente projetadas para produzir um precursor de artemisinina, que é então convertido ao desejado composto por um de vários métodos. Até maio de 2013 nenhum destes métodos foi usado para produzir artemisinina comercialmente. Plantas ainda são a principal fonte, e rendimentos melhorados ainda são a opção mais viável para obter este composto. ◗

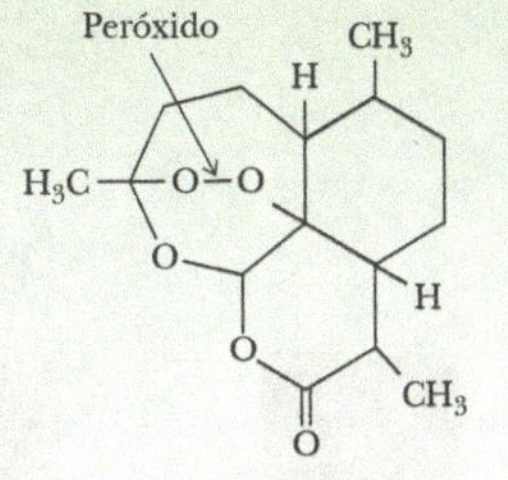
Peróxido
CH_3
H
H_3C
O
O
O
H
O
CH_3
O
Artemisinina

Estrutura do composto antimalária artemisinina, extraído da planta *Artemisia annua*. O mapa genético da planta é conhecido, incluindo os locais que permitirão o desenvolvimento de plantas com alto rendimento. (Baseado em Graham, I. A., et. al. (2010). The genetic map of Artemisia annua L. identifies loci affecting yield of the antimalarial drug artemisinin. *Science* 327 (5963), p. 328. Copyright © 2015 Cengage Learning.)

22-5 As Reações no Escuro da Fotossíntese Fixam CO_2

A forma real de armazenamento dos carboidratos produzidos a partir do dióxido de carbono pela fotossíntese não é a glicose, mas dissacarídeos (por exemplo, sacarose na cana-de-açúcar e na beterraba) e polissacarídeos (amido e celulose). No entanto, é comum e conveniente escrever o produto carboidrato como glicose, e seguiremos esta prática consagrada por tanto tempo. O quadro CONEXÕES **BIOQUÍMICAS 22.3** entra em detalhes sobre os aspectos energéticos da produção de carboidratos pelos vegetais.

22.3 Conexões **Bioquímicas** | agricultura

Os Vegetais Alimentam os Animais – Os Vegetais Precisam de Energia – Os Vegetais Podem Produzir Energia

Todos os seres vivos na Terra dependem dos vegetais fotossintéticos para a alimentação. Este tópico é tão importante, que o periódico *Science* dedicou uma seção especial no seu número de 12 de fevereiro de 2010 ao tópico segurança alimentar. Vários pontos nesta seção relacionam-se diretamente com a bioquímica. Engenheiros genéticos, em especial, podem tratar de objetivos desejáveis. Estes objetivos incluem melhorar o teor de nutrientes de sementes e partes comestíveis das plantas, bem como melhorar a resistência à seca. O fortalecimento de defesas contra pestes também usa os genes adicionados. Se as plantas podem ser projetadas para realizar fixação de nitrogênio, esta modificação pode levar à diminuição do uso de fertilizantes.

A energia necessária para cultivar grãos, especialmente aqueles usados para alimentação de animais, é outra consideração importante. A figura mostra os resultados de um estudo sueco sobre necessidades energéticas para a produção de alimentos. As quantidades de energia são dadas em megajoule. Observe as quantidades de energia para a produção de alimentos para animais.

Além de nutrientes, os vegetais produzem grandes quantidades de celulose, que os humanos não podem digerir, mas que pode ser uma fonte de biocombustíveis. Os biocombustíveis de origem vegetal são amplamente abordados como alternativas às fontes de energia baseadas em petróleo. Embora vegetais como o milho sejam necessários para a alimentação de humanos e animais, eles contêm partes que não são. Por exemplo, as folhas, caules e sabugos que sobram podem fornecer uma importante fonte de celulose. Pedaços de madeira e restos de fábricas de papel são outra fonte possível. Vegetais como o sorgo, que não é uma fonte alimentar importante, são outra fonte possível.

A próxima etapa é transformar a celulose em combustível utilizável, preferencialmente na forma líquida. O processo é fundamentalmente o de quebrar um polímero rico em oxigênio para obter moléculas pequenas que contêm basicamente carbono e hidrogênio. O objetivo é atingido por pirólise catalítica rápida. O método funciona bem e é promissor. A grande questão no desenvolvimento futuro é o custo. Os biocombustíveis precisam competir com os combustíveis com base no petróleo. As flutuações no preço de um barril de óleo cru terão uma grande papel no futuro dos biocombustíveis.

Na pirólise catalítica rápida, a celulose é introduzida em uma câmara mantida a 500 °C. O polímero de celulose quebra-se em um segundo. O catalisador tridimensional remove o oxigênio dos fragmentos e induz as reações de ciclização. Os produtos finais são compostos aromáticos similares àqueles encontrados na gasolina. ◗

Continua

Continuação

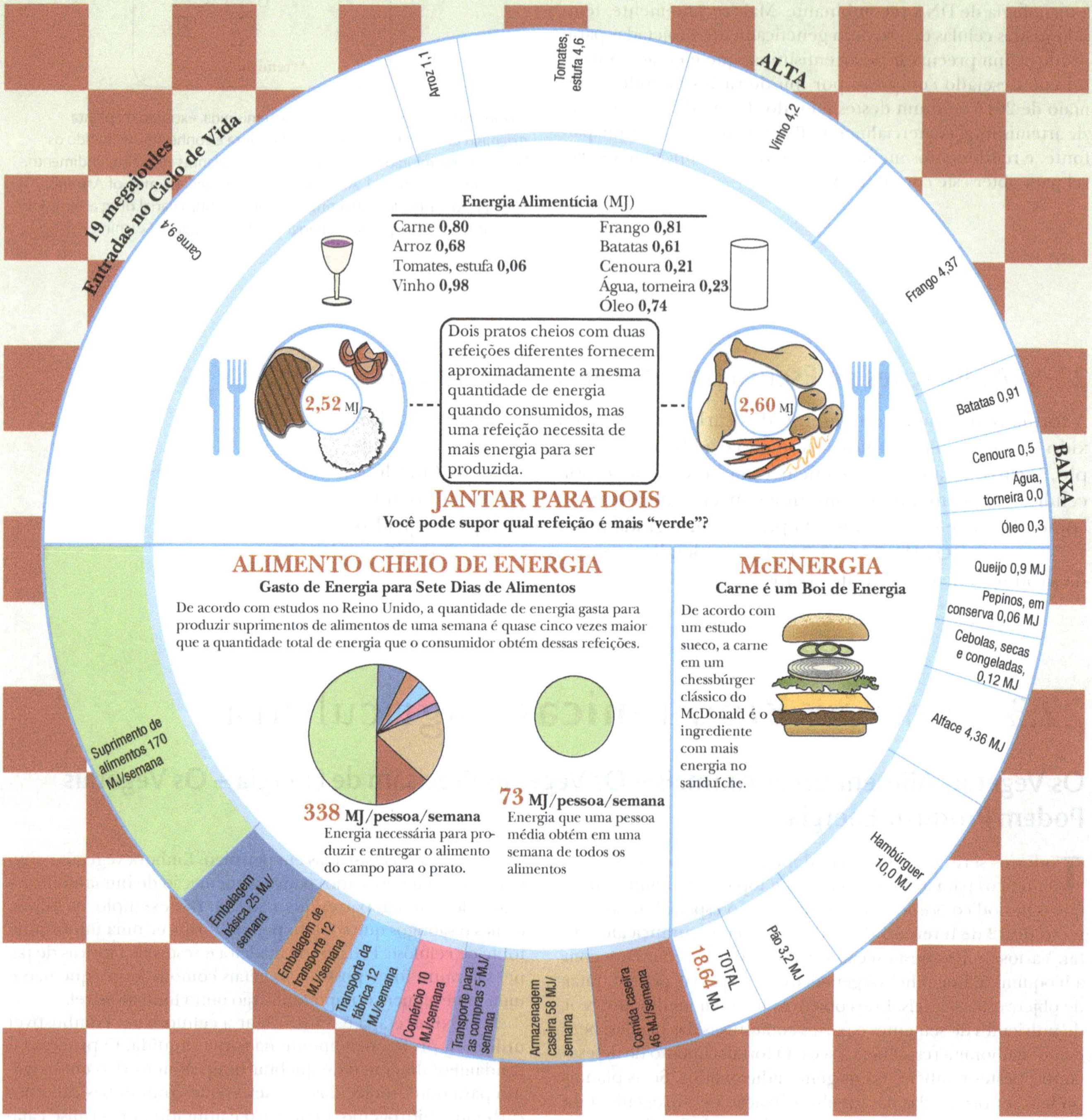
19 megajoules
Entradas no Ciclo de Vida
Carne 9,4
Arroz 1,1
Tomates, estufa 4,6
ALTA
Vinho 4,2
Frango 4,37
Batatas 0,91
Cenoura 0,5
Água, torneira 0,0
BAIXA
Óleo 0,3
Energia Alimentícia (MJ)
Carne 0,80
Arroz 0,68
Tomates, estufa 0,06
Vinho 0,98
Frango 0,81
Batatas 0,61
Cenoura 0,21
Água, torneira 0,23
Óleo 0,74
2,52 MJ
Dois pratos cheios com duas refeições diferentes fornecem aproximadamente a mesma quantidade de energia quando consumidos, mas uma refeição necessita de mais energia para ser produzida.
2,60 MJ
JANTAR PARA DOIS
Você pode supor qual refeição é mais "verde"?
ALIMENTO CHEIO DE ENERGIA
Gasto de Energia para Sete Dias de Alimentos
De acordo com estudos no Reino Unido, a quantidade de energia gasta para produzir suprimentos de alimentos de uma semana é quase cinco vezes maior que a quantidade total de energia que o consumidor obtém dessas refeições.
338 MJ/pessoa/semana
Energia necessária para produzir e entregar o alimento do campo para o prato.
73 MJ/pessoa/semana
Energia que uma pessoa média obtém em uma semana de todos os alimentos
McENERGIA
Carne é um Boi de Energia
De acordo com um estudo sueco, a carne em um chessbúrger clássico do McDonald é o ingrediente com mais energia no sanduíche.
Queijo 0,9 MJ
Pepinos, em conserva 0,06 MJ
Cebolas, secas e congeladas, 0,12 MJ
Alface 4,36 MJ
Hambúrguer 10,0 MJ
Pão 3,2 MJ
TOTAL 18,64 MJ
Suprimento de alimentos 170 MJ/semana
Embalagem básica 25 MJ/semana
Embalagem de transporte 12 MJ/semana
Transporte da fábrica 12 MJ/semana
Comércio 10 MJ/semana
Transporte para as compras 5 MJ/semana
Armazenagem caseira 58 MJ/semana
Comida caseira 46 MJ/semana

(Baseado em *Science* 327 (5967), p. 809, 2010. Copyright © 2015 Cengage Learning.)

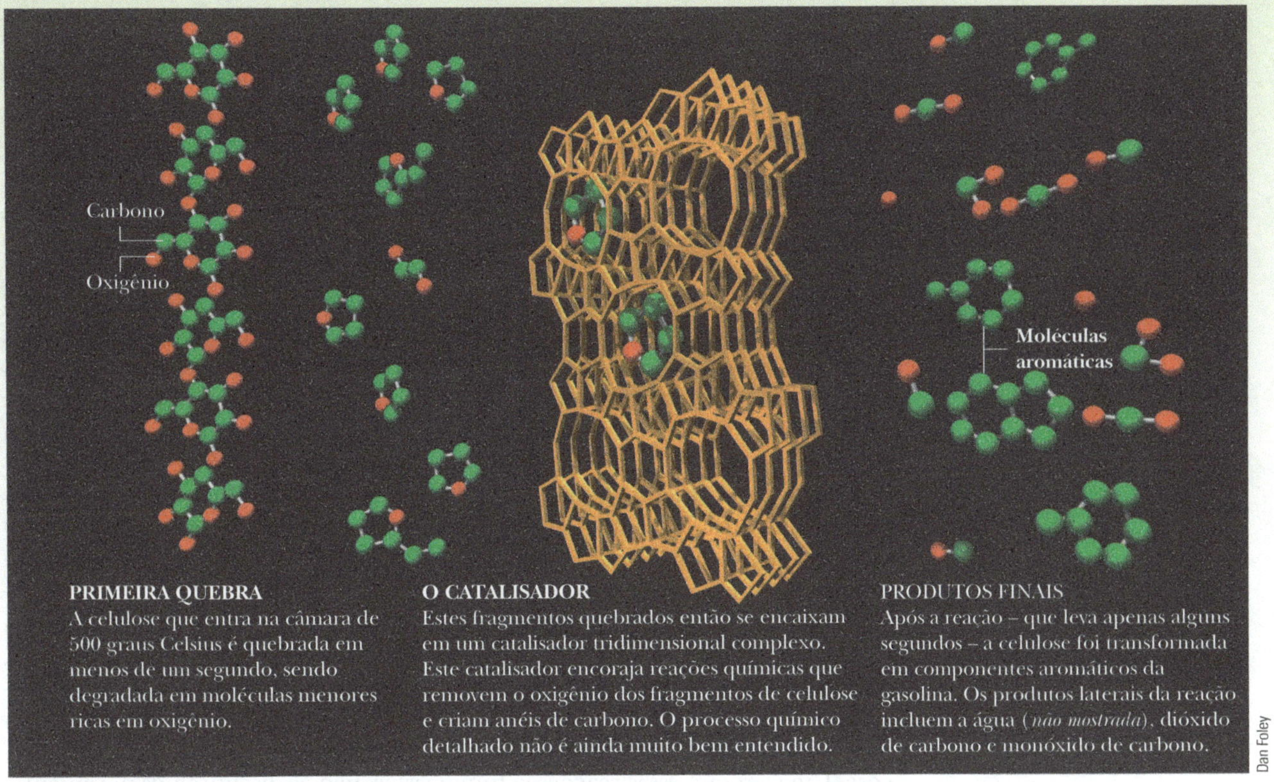
Carbono
Oxigênio
Moléculas aromáticas
PRIMEIRA QUEBRA
A celulose que entra na câmara de 500 graus Celsius é quebrada em menos de um segundo, sendo degradada em moléculas menores ricas em oxigênio.
O CATALISADOR
Estes fragmentos quebrados então se encaixam em um catalisador tridimensional complexo. Este catalisador encoraja reações químicas que removem o oxigênio dos fragmentos de celulose e criam anéis de carbono. O processo químico detalhado não é ainda muito bem entendido.
PRODUTOS FINAIS
Após a reação – que leva apenas alguns segundos – a celulose foi transformada em componentes aromáticos da gasolina. Os produtos laterais da reação incluem a água (*não mostrada*), dióxido de carbono e monóxido de carbono.
Dan Foley

(De *Scientific American*, julho de 2009, vol. 301, n. 1, p. 55.)

A fixação do dióxido de carbono ocorre no estroma. A equação para esta reação geral, assim como todas as equações para os processos fotossintéticos, é enganosamente simples.

$$6CO_2 + 12NADPH + 18ATP \xrightarrow{\text{Enzimas}} C_6H_{12}O_6 + 12NADP^+ + 18ADP + 18P_i$$

A verdadeira reação da via tem algumas características em comum com a glicólise e outras com a via da pentose fosfato.

A reação líquida de seis moléculas de dióxido de carbono para produzir uma molécula de glicose requer a carboxilação de seis moléculas de um intermediário principal com cinco carbonos, a ribulose-1,5-*bis*fosfato, para formar seis moléculas de um intermediário instável com 6 carbonos, que, então, quebra-se para fornecer 12 moléculas de 3-fosfoglicerato. Dessas, duas moléculas de 3-fosfoglicerato reagem em seguida, finalmente produzindo glicose. As dez moléculas restantes de 3-fosfoglicerato são utilizadas para regenerar as seis moléculas de ribulose-1,5-*bis*fosfato. A via completa da reação é cíclica, chamada *ciclo de Calvin* (Figura 22.15) em homenagem ao cientista que a investigou pela primeira vez, Melvin Calvin, vencedor do Prêmio Nobel de Química de 1961.

O que é o ciclo de Calvin?

A primeira reação do ciclo de Calvin é a condensação da ribulose-1,5-*bis*fosfato com o dióxido de carbono para formar um intermediário de seis carbonos, o 2-carboxi-3-cetorribitol-1,5-*bis*fosfato, que rapidamente se hidrolisa para fornecer duas moléculas de 3-fosfoglicerato (Figura 22.16). A reação é catalisada pela enzima *ribulose-1,5-*bis*fosfato carboxilase/oxigenase* (**rubisco**). Esta enzima está localizada na face da membrana tilacoide virada para o estroma e provavelmente é uma das proteínas mais abundantes na natureza, pois é responsável por 15% do total de proteína nos cloroplastos. A massa molecular da ribulose-1,5-*bis*fosfato carboxilase/oxigenase é de cerca de 560.000, e consiste

rubisco enzima que catalisa a primeira etapa na fixação do dióxido de carbono na fotossíntese; abreviatura para *ribulose-1,5-*bis*fosfato carboxilase/oxigenase* em oito grandes subunidades (massa molecular de 55.000) e oito pequenas subunidades (massa molecular de 15.000) (Figura 22.17). A sequência da subunidade maior é codificada por um gene do cloroplasto, e a da subunidade menor por um gene nuclear. A teoria endossimbiótica para o desenvolvimento dos eucariotos (Seção 1-7) é coerente com a ideia de um material genético independente presente nas organelas. A subunidade grande (gene do cloroplasto) é catalítica, enquanto a pequena (gene nuclear) tem uma função regulatória, uma observação coerente com uma origem endossimbiótica para organelas como os cloroplastos.

A incorporação de CO_2 ao 3-fosfoglicerato representa o processo real de fixação; as reações restantes são aquelas típicas dos carboidratos. As duas reações seguintes levam à redução do 3-fosfoglicerato para formar gliceraldeído-3-fosfato. A redução ocorre da mesma forma que na gliconeogênese, exceto por uma característica exclusiva (Figura 22.15): as reações no cloroplasto exigem NADPH em vez de NADH para a redução de 1,3-*bis*fosfoglicerato a gliceraldeído-3-fosfato. Quando o gliceraldeído-3-fosfato é formado, pode ter dois destinos diferentes: um é a produção de açúcares com 6 carbonos, e o outro é a regeneração da ribulose-1,5-*bis*fosfato. A Tabela 22.1 resume as reações que ocorrem e indica sua estequiometria.

A formação de glicose a partir do gliceraldeído-3-fosfato ocorre da mesma forma que na gliconeogênese (Figura 22.15 e reações 4 a 8 da Tabela 22.1). A conversão de gliceraldeído-3-fosfato em di-hidroxiacetona fosfato acontece facilmente (Seção 17-2). Esta, por sua vez, reage com o gliceraldeído-3-fosfato em uma série de reações já vistas para originar a frutose-6-fosfato e, por fim, a glicose. Uma vez que essas reações já foram vistas, não as discutiremos novamente.

Como o material de partida é regenerado no ciclo de Clavin?

Esse processo pode ser dividido em quatro etapas: *preparação*, *reorientação*, *isomerização* e *fosforilação*. A preparação começa com a conversão de uma parte do gliceraldeído-3-fosfato em di-hidroxiacetona fosfato (catalisada pela triose fosfato isomerase). Essa reação também funciona na produção de açúcares de 6 carbonos. Porções do gliceraldeído-3-fosfato e da di-hidroxiacetona fosfato são, então, condensadas para formar frutose-1,6-*bis*fosfato (catalisada pela aldolase). A frutose-1,6-*bis*fosfato é hidrolisada em frutose-6-fosfato (catalisada pela frutose-1,6-*bis*fosfatase) (veja a Figura 22.15; as reações 4 a 6 na Tabela 22.1 estão envolvidas aqui). Com um suprimento disponível de gliceraldeído-3-fosfato, di-hidroxiacetona fosfato e frutose-6-fosfato, a reorientação pode começar.

A maioria das reações no processo de reorientação é a mesma já vista como parte da via da pentose fosfato (Seção 18-4). Em consequência, veremos mais tarde a descrição principal do processo, pois os resultados estão resumidos na Figura 22.15 e na Tabela 22.1. As reações catalisadas de forma cíclica pela *transcetolase*, *aldolase* e *sedo-heptulose* bis*fosfatase* (reações 9 a 12 na Tabela 22.1) são as reações da reorganização de esqueletos de carbono na fase de reorientação do ciclo de Calvin.

A etapa de isomerização (reações 13 e 14 na Tabela 22.1) envolve a conversão de ribose-5-fosfato e xilulose-5-fosfato em ribulose-5-fosfato. A *ribose-5-fosfato isomerase* catalisa a conversão da ribose-5-fosfato em ribulose-5-fosfato, e a *xilulose-5-fosfato epimerase* catalisa a conversão de xilulose-5-fosfato em ribulose-5--fosfato (Figura 22.15). O inverso dessas duas reações ocorre na via da pentose fosfato, catalisada pelas mesmas enzimas.

FIGURA 22.15 **As reações do ciclo de Calvin.** O número associado à seta em cada etapa indica o número de moléculas reagindo em uma rodada do ciclo que produz uma molécula de glicose. As reações estão numeradas na Tabela 22.1.

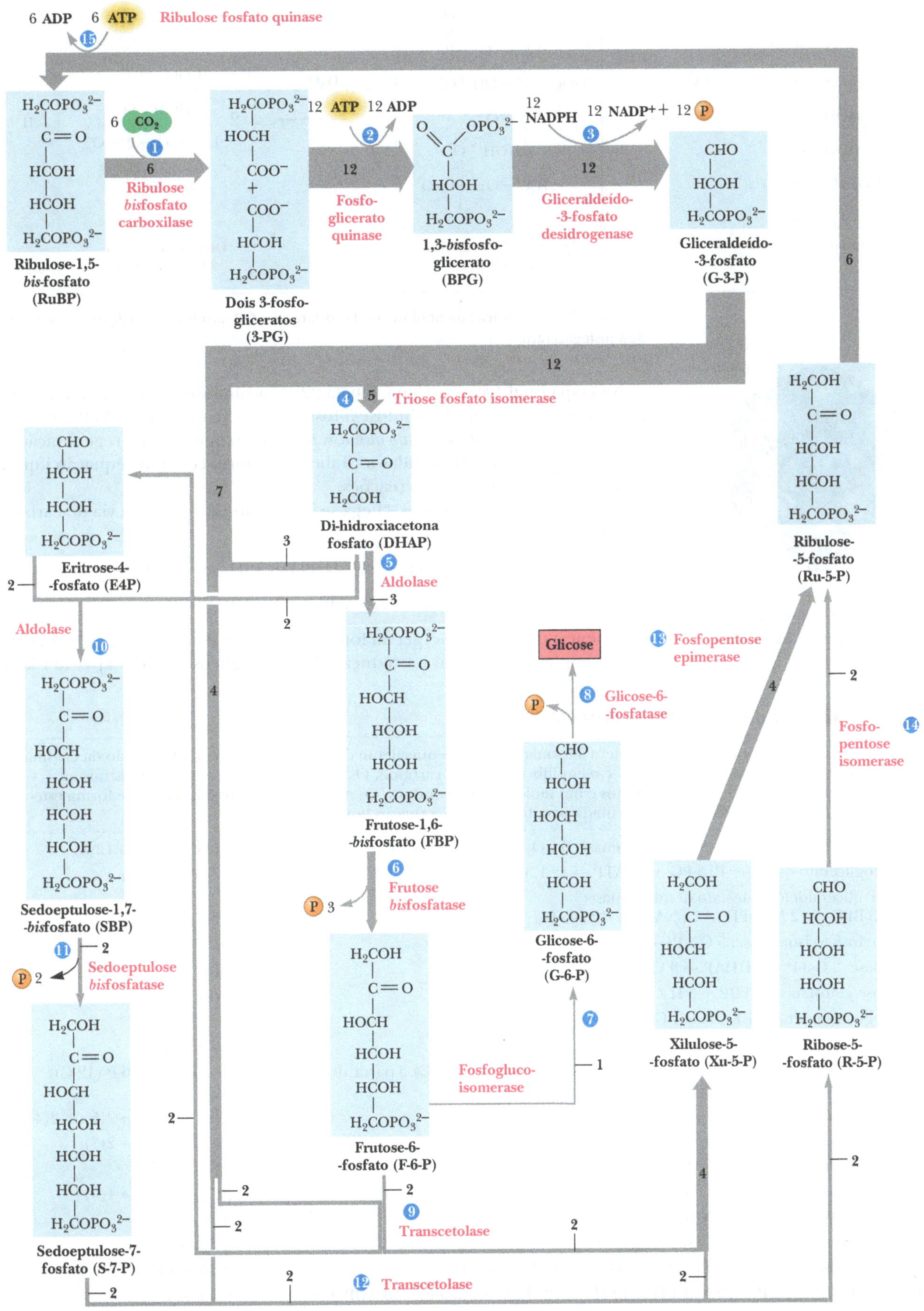

6 ADP
6 ATP
15
Ribulose fosfato quinase
6 CO_2
1
6
Ribulose bisfosfato carboxilase
Ribulose-1,5-bis-fosfato (RuBP)
Dois 3-fosfo-gliceratos (3-PG)
12 ATP
12 ADP
2
12
Fosfo-glicerato quinase
1,3-bisfosfo-glicerato (BPG)
12 NADPH
12 NADP+ + 12 P
3
12
Gliceraldeído-3-fosfato desidrogenase
Gliceraldeído-3-fosfato (G-3-P)
6
12
4
5
Triose fosfato isomerase
7
Di-hidroxiacetona fosfato (DHAP)
Eritrose-4-fosfato (E4P)
5
Aldolase
Aldolase
10
Sedoeptulose-1,7-bisfosfato (SBP)
11
Sedoeptulose bisfosfatase
Sedoeptulose-7-fosfato (S-7-P)
Frutose-1,6-bisfosfato (FBP)
6
Frutose bisfosfatase
Frutose-6-fosfato (F-6-P)
Fosfoglucoisomerase
7
Glicose
8
Glicose-6-fosfatase
Glicose-6-fosfato (G-6-P)
13
Fosfopentose epimerase
Ribulose-5-fosfato (Ru-5-P)
14
Fosfopentose isomerase
Xilulose-5-fosfato (Xu-5-P)
Ribose-5-fosfato (R-5-P)
9
Transcetolase
12
Transcetolase

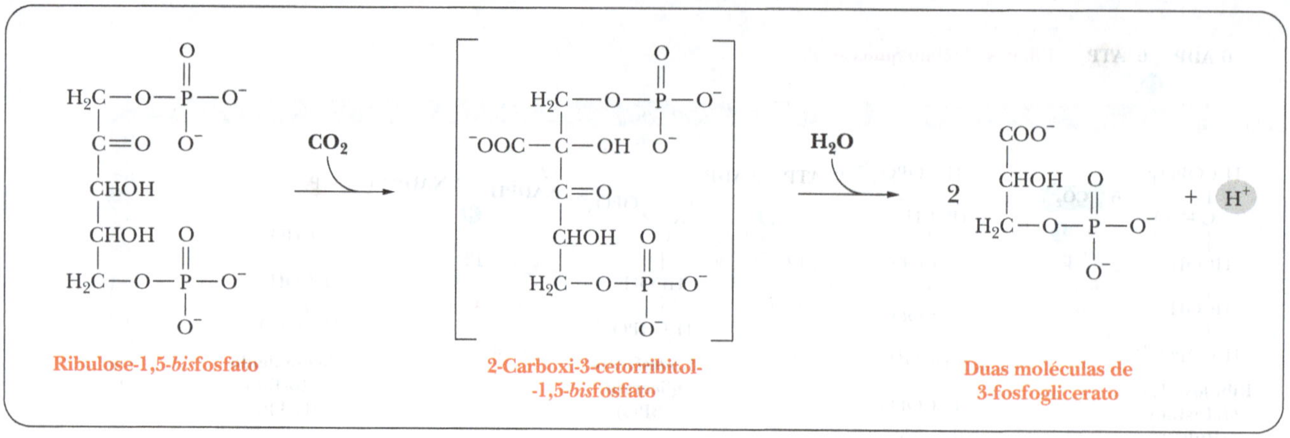

CO2
H2O
Ribulose-1,5-bisfosfato
2-Carboxi-3-cetorribitol-
-1,5-bisfosfato
Duas moléculas de
3-fosfoglicerato

FIGURA 22.16 **A reação da ribulose-1,5-*bis*fosfato com CO_2 produz, no final, duas moléculas de 3-fosfoglicerato.**

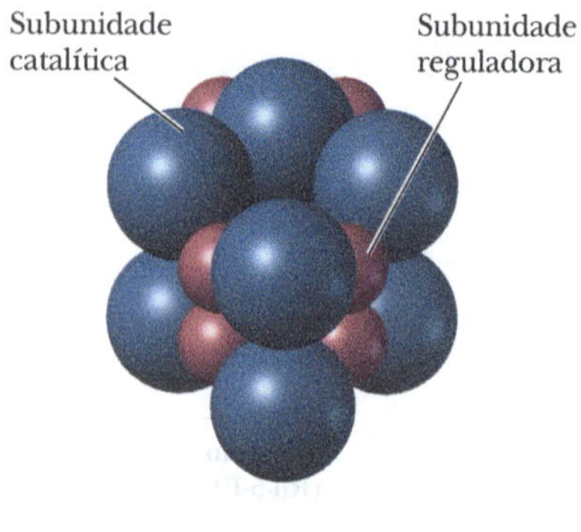

Subunidade
catalítica
Subunidade
reguladora

FIGURA 22.17 **Estrutura da subunidade da ribulose-1,5-*bis*fosfato carboxilase.**

Na etapa final (reação 15 na Tabela 22.1), a ribulose-1,5-*bis*fosfato é regenerada pela fosforilação da ribulose-5-fosfato. Essa reação exige ATP e é catalisada pela enzima *ribulose fosfato quinase.* As reações que levam à regeneração da ribulose-1,5-*bis*fosfato resumidas na Tabela 22.1 fornecem uma equação líquida obtida pela soma de todas as reações.

Considerando esses pontos, chega-se à equação *líquida* para a via do carbono na fotossíntese.

$$6CO_2 + 18ATP + 12NADPH + 12H^+ + 12H_2O \rightarrow$$
$$\text{Glicose} + 12NADP^+ + 18ADP + 18P_i$$

A eficiência do uso de energia na fotossíntese pode ser calculada de forma bastante simples. O $\Delta G°'$ para a redução de CO_2 a glicose é +478 kJ (+114 kcal)

TABELA 22.1 **Série de Reações do Ciclo de Calvin**

As reações de 1 a 15 constituem o ciclo que leva à formação de um equivalente da glicose. Observe a informação da enzima que catalisa cada etapa, uma reação concisa, e o equilíbrio geral de carbono. Os números entre parênteses mostram os números de átomos de carbono nos substratos e nas moléculas do produto. Os números de prefixo indicam de forma estequiométrica quantas vezes cada etapa é executada para fornecer uma reação líquida equilibrada.

1. Ribulose-1,5-*bis*fosfato carboxilase/oxigenase: 6 CO_2 + 6 H_2O + 6 RuBP → 12 3-PG	6(1) + 6(5) → 12(3)
2. 3-fosfoglicerato quinase: 12 3-PG + 12 ATP → 12 1,3-BPG + 12 ADP	12(3) → 12(3)
3. NADP-gliceraldeído-3-fosfato desidrogenase: 12 1,3-BPG + 12 NADPH → 12 NADP + 12 G-3-P + 12 Pi	12(3) → 12(3)
4. Triose fosfato isomerase: 5 G-3-P → 5 DHAP	5(3) → 5(3)
5. Aldolase: 3 G-3-P + 3 DHAP → 3 FBP	3(3) +3(3) → 3(6)
6. Frutose *bis*fosfatase: 3 FBP + 3 H_2O + 3 F-6-P 1 → 3 P_i	3(6) → 3(6)
7. Fosfoglicoisomerase: 1 F-6-P → 1 G-6-P	1(6) → 1(6)
8. Glicose-6-fosfatase: 1 G-6-P + 1 H_2O → 1 Glicose + 1 P_i	1(6) → 1(6)
O restante da rota envolve a regeneração de seis aceptores RuBP (30 C) a partir dos remanescentes de dois F-6-P (12 C), quatro G-3-P (12 C) e dois DHAP (6 C).	
9. Transcetolase: 2 F-6-P + 2 G-3-P → 2 Xu-5-P + 2 E4P	2(6) + 2(3) → 2(5) + 2(4)
10. Aldolase: 2 E4P + 2 DHAP → 2 SBP	2(4) + 2(3) → 2(7)
11. Sedo-heptulose *bis*fosfatase: 2 SBP + 2 H_2O → 2 S-7-P + 2 P_i	2(7) → 2(7)
12. Transcetolase: 2 S-7-P + 2 G-3-P → 2 Xu-5-P + 2 R-5-P	2(7) + 2(3) → 4(5)
13. Fosfopentose epimerase: 4 Xu-5-P → 4 Ru-5-P	4(5) → 4(5)
14. Fosfopentose isomerase: 2 R-5-P → 2 Ru-5-P	2(5) → 2(5)
15. Ribulose fosfato quinase: 6 Ru-5-P + 6 ATP → 6 RuBP + 6 ADP	6(5) → 6(5)
Líquida: 6 CO_2 + 18 ATP + 12 NADPH + 12 H^+ + 12 H_2O → Glicose + 18 ADP + 18 P_i + 12 NADP	6(1) → 1(6)

para cada mol de CO_2 (veja a Pergunta 37), e a energia luminosa de comprimento de onda de 600 nm é de 1.593 kJ mol^{-1} (381 kcal mol^{-1}). Não explicaremos em detalhes como este número para a energia da luz é obtido, mas ele vem principalmente da equação $E = h\nu$. A luz com comprimento de onda de 680 a 700 nm tem menos energia que a luz a 600 nm. Assim, a eficiência da fotossíntese é de, pelo menos, (478/1.593) × 100, ou 30%. O quadro CONEXÕES **BIOQUÍMICAS 22.4** aborda outra característica única da bioquímica de vegetais.

22.4 Conexões **Bioquímicas** | genética

Genes do Cloroplasto

Os cloroplastos, como as mitocôndrias, têm seu próprio DNA. Os cientistas especulam se essas organelas poderiam ter sido organismos de vida independente no início da evolução. A teoria endossimbiótica (Seção 1-8) fornece esse cenário. Algumas interações interessantes, e até mesmo elaboradas, evoluíram da relação recíproca entre os genes do núcleo e das organelas. Existem cerca de 3 mil proteínas do cloroplasto, mas 95% delas são codificadas pelos genes nucleares.

Uma das interações mais interessantes envolve a rubisco, a principal enzima de fixação do CO_2. A subunidade maior dessa enzima é codificada por um gene do cloroplasto, e a subunidade menor por um gene nuclear. Os mecanismos ainda desconhecidos devem coordenar as duas sínteses para garantir uma produção equimolar das duas subunidades.

O gene nuclear é traduzido no citoplasma e a proteína é, então, transportada ao cloroplasto, protegida por uma chaperonina, por meio de mecanismos específicos (veja a Seção 12-6). Sequências especiais de direcionamento são utilizadas para orientar diversos produtos nucleares para locais apropriados no cloroplasto, utilizando reações que requerem a hidrólise do ATP. A chaperonina ajuda na formação do complexo ativo final.

O cloroplasto codifica sua própria RNA polimerase, seus RNAs ribossômicos e transportadores e cerca de um terço das proteínas ribossômicas.

A DNA polimerase, as aminoacil sintetases e o restante das proteínas ribossômicas têm origem nos genes nucleares. Diferentes genes nucleares podem ser utilizados para os cloroplastos em diversos tecidos especializados da planta. Em outras classes de plantas, diferentes genes são codificados pelo núcleo, embora todas as mesmas proteínas constituam o cloroplasto. As sequências de várias dessas enzimas codificadas no núcleo são mais parecidas com as encontradas nas bactérias do que as sequências proteicas codificadas por outros genes nucleares. Da mesma forma, os rRNAs do cloroplasto se parecem com os rRNAs bacterianos. As quatro subunidades da RNA polimerase codificada pelo cloroplasto são homólogas às quatro subunidades da RNA polimerase bacteriana. Além disso, o mRNA do cloroplasto utiliza uma sequência de Shine-Dalgarno para ligar-se ao ribossomo e não tem um cap ou uma cauda poli-A. Essas observações são definitivamente coerentes com a ideia de que o cloroplasto (e a mitocôndria) se originaram de organismos semelhantes a bactérias e foram incorporados simbioticamente pelas células primitivas, com alguma transferência subsequente dos genes da organela para o núcleo.

A separação do material genético entre o núcleo e o cloroplasto exige uma coordenação do transporte de genes nos dois locais diferentes. Como as células vegetais são capazes de realizar isto é uma área de pesquisa ativa. Sabe-se agora que existem comunicações em ambos os sentidos entre as duas organelas. Um sinal vindo do núcleo para o cloroplasto é considerado a rota mais "normal", chamado sinalização anterógrada. Quando o sinal vai de uma outra organela para o núcleo, é chamado sinalização retrógrada. Recentemente, foram descobertos três processos de sinalização retrógrada diferentes em algas e vegetais superiores.

O mais estudado é a sinalização por Mg-fotoporfirina IX, um tetrapirrol gerado durante a biossíntese da clorofila. Os sinais também estudados vêm da expressão dos genes do cloroplasto e aqueles das cadeias fotossintéticas de transporte de elétrons (PET). Sinais de tensão e dano de desenvolvimento do citosol aumentam os níveis de outro conjunto de proteínas relacionadas, GUN4 e GUN5. Tem sido mostrado que estes três sistemas retrógrados agem através de um GUN1 (desacopladores de genes 1), que é um membro de uma grande família de fatores de transcrição enigmáticos em vegetais superiores. Mostrou-se que todas as três rotas de sinais afetam o nível de GUN1 no cloroplasto (veja a figura). Desconhece-se atualmente como o sinal de GUN1 chega até o núcleo. Entretanto, o efeito ali é o de aumentar um fator de transcrição chamado ABI4 (ácido abscísico insensível 4), que então inibe a transcrição de genes nucleares alvo no metabolismo de cloroplasto. Esta rota comum focada na proteína GUN1 permite a coordenação suave da parte nuclear do metabolismo de cloroplasto em resposta a muitos sinais ambientais. Mecanismos epigênicos como a metilação de DNA têm uma função altamente importante na expressão do gene nos vegetais. De fato, os vegetais exibem significativamente mais expressão de gene epigênica que os animias.

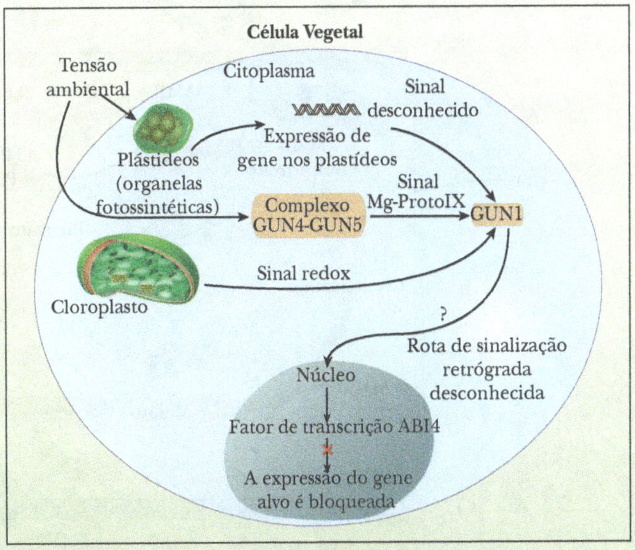
Célula Vegetal
Tensão ambiental
Citoplasma
Sinal desconhecido
Expressão de gene nos plastídeos
Plastídeos (organelas fotossintéticas)
Sinal Mg-ProtoIX
Complexo GUN4-GUN5
GUN1
Sinal redox
Cloroplasto
?
Rota de sinalização retrógrada desconhecida
Núcleo
Fator de transcrição ABI4
A expressão do gene alvo é bloqueada

Três sinais de cloroplasto diferentes são focados em cima de uma molécula de sinal comum, GUN1. Através de um mecanismo desconhecido, este sinal deixa o cloroplasto e afeta a transcrição dos genes nucleares através do fator de transcrição nuclear ABI4. (Baseado em Zhang, D. P. (2007). Signaling to nucleus with a loaded GUN. *Science* 316 (5825), p. 700-01. Copyright © 2015 Cengage Learning.)

22-6 A Fixação de CO_2 nos Vegetais Tropicais

via de Hatch-Slack outro nome para a via C_4, uma maneira alternativa de fixar o CO_2 encontrado nos vegetais tropicais

Nos vegetais tropicais, há uma via C_4 (Figura 22.18), que recebeu este nome por envolver compostos de 4 carbonos. O funcionamento desta via (também chamada **via de Hatch-Slack**) leva à via C_3 (com base no 3-fosfoglicerato) do ciclo de Calvin (há outras vias C_4, mas esta é a mais amplamente estudada. O milho é um exemplo importante de uma planta C_4 e certamente não está restrito aos trópicos).

O que é diferente na fixação de CO_2 nos vegetais tropicais?

Quando o CO_2 entra na folha, através dos poros das células externas, reage primeiro com o fosfoenolpiruvato para produzir oxaloacetato e P_i nas células mesófilas da folha. O oxaloacetato é reduzido a malato, com a oxidação concomitante do NADPH. O malato é, então, transportado para a bainha de feixe vascular (camada seguinte) através de canais que conectam os dois tipos de células.

Na bainha de feixe vascular, o malato é descarboxilado para fornecer piruvato e CO_2. No processo, o $NADP^+$ é reduzido a NADPH (Figura 22.19). O CO_2 reage com a ribulose-1,5-*bis*fosfato para entrar no ciclo de Calvin. O piruvato é transportado de volta para as células mesófilas, onde é fosforilado em fosfoenolpiruvato, que pode reagir com o CO_2 para iniciar outro turno da via C_4. Quando o piruvato é fosforilado, o ATP é hidrolisado em AMP e PP_i. Esta situação representa uma perda de duas ligações fosfato de "alta energia", equivalente ao uso de dois ATPs. Consequentemente, a via C_4 precisa de dois ATPs a mais do que o ciclo de Calvin sozinho para cada CO_2 incorporado à glicose. Embora seja necessário mais ATP para a via C_4 do que para o ciclo de Calvin, há luz abundante para produzir ATP extra nas reações de luz da fotossíntese.

Observe que a via C_4 fixa o CO_2 nas células mesófilas apenas para removê-lo nas células da bainha do feixe vascular, onde o CO_2, então, entra na via C_3. Esta observação levanta a questão da vantagem das plantas tropicais em

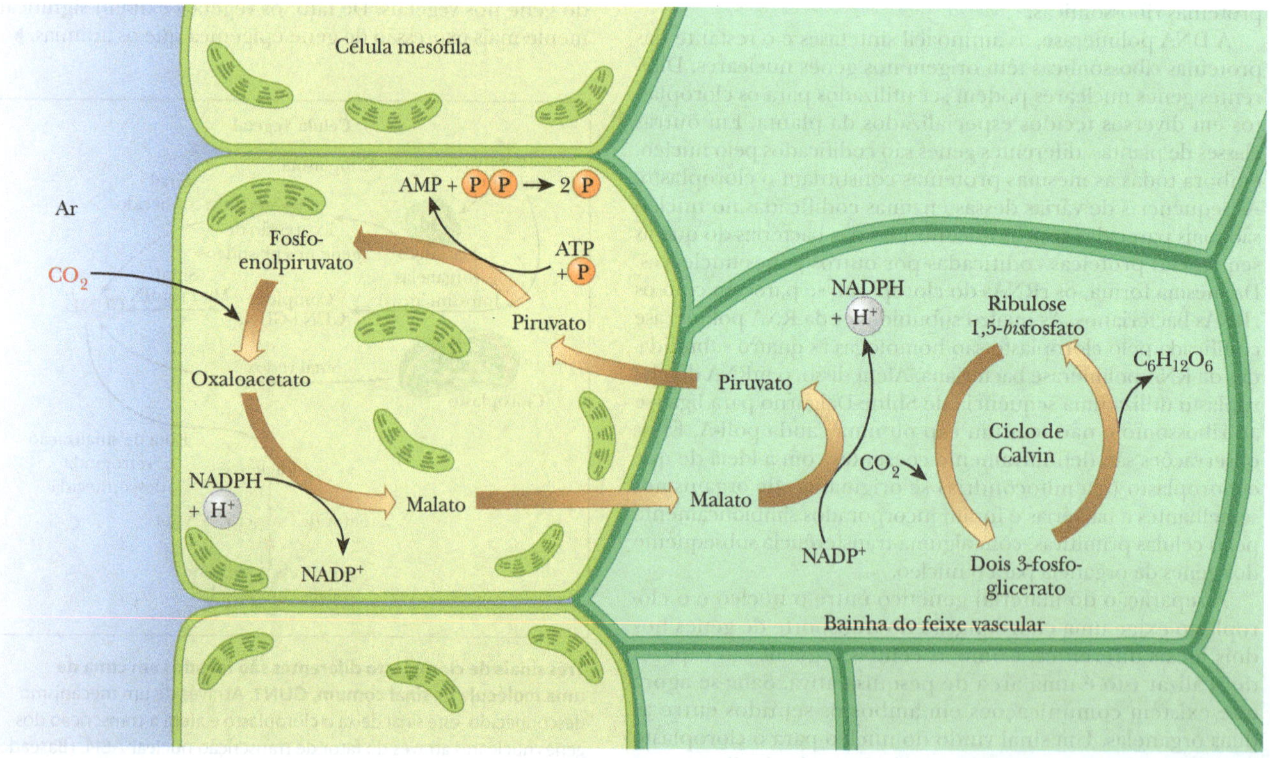
Célula mesófila
Ar
CO_2
AMP + P P → 2 P
Fosfo-enolpiruvato
ATP + P
Piruvato
Oxaloacetato
NADPH + H^+
Malato
$NADP^+$
NADPH + H^+
Ribulose 1,5-*bis*fosfato
$C_6H_{12}O_6$
Piruvato
Ciclo de Calvin
CO_2
Malato
$NADP^+$
Dois 3-fosfo-glicerato
Bainha do feixe vascular

FIGURA 22.18 A via do C_4.

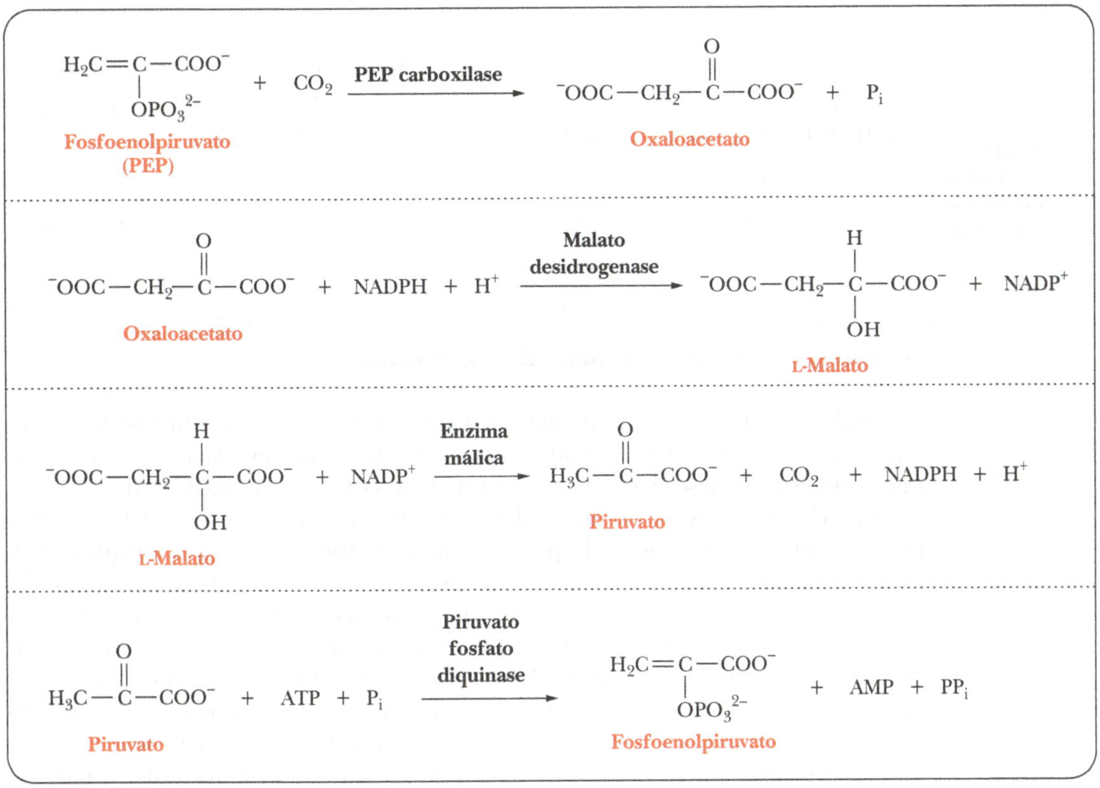
PEP carboxilase
Fosfoenolpiruvato (PEP)
Oxaloacetato
Malato desidrogenase
Oxaloacetato
L-Malato
Enzima málica
L-Malato
Piruvato
Piruvato fosfato diquinase
Piruvato
Fosfoenolpiruvato

FIGURA 22.19 Reações características da via C_4.

utilizar a via C_4. A abordagem convencional sobre o assunto concentra-se no papel do CO_2, mas a situação é mais complexa que isto. De acordo com a opinião geral, a via C_4 concentra CO_2 e, como resultado, acelera o processo da fotossíntese. As folhas de plantas tropicais têm poros pequenos para minimizar a perda de água, e esses pequenos poros diminuem a entrada de CO_2 na planta. Outro item a ser considerado é que o K_M da fosfoenolpiruvato carboxilase para o CO_2 é menor que o da rubisco, permitindo que as células mesófilas externas fixem CO_2 a uma concentração mais baixa. Isto também aumenta o gradiente de concentração de CO_2 pela folha e facilita o movimento do CO_2 dentro dela através dos poros. Em áreas tropicais, onde há luz abundante, a quantia de CO_2 disponível para as plantas controla a taxa de fotossíntese.

A via C_4 lida com a situação, permitindo que as plantas tropicais cresçam mais rapidamente e produzam mais biomassa por unidade de área foliar que as plantas que utilizam a via C_3. Uma visão mais abrangente sobre o assunto inclui uma consideração sobre o papel do oxigênio e o processo de **fotorrespiração**, no qual o oxigênio é utilizado no lugar do CO_2 durante a reação catalisada pela rubisco.

fosforrespiração processo pelo qual os vegetais oxidam os carboidratos aerobicamente na luz

Embora a real função biológica da fotorrespiração não seja conhecida, diversos pontos estão bem estabelecidos. A atividade da oxigenase parece ser uma atividade inevitável e dispendiosa da rubisco. A fotorrespiração é uma via de compensação que resgata parte do carbono perdido em razão da atividade oxigenásica da rubisco. Na verdade, a fotorrespiração é essencial para as plantas, embora tenha um custo com a perda de ATP e da força redutora; as mutações que afetam essa via podem ser letais. O principal substrato oxidado na fotorrespiração é o *glicolato* (Figura 22.20). O produto da reação de oxidação, que ocorre nos peroxissomos de células foliares (Seção 1-6), é o *glioxilato*. (A fotorrespiração ocorre nos peroxissomos). O glicolato aparece, por fim, da degradação oxidativa

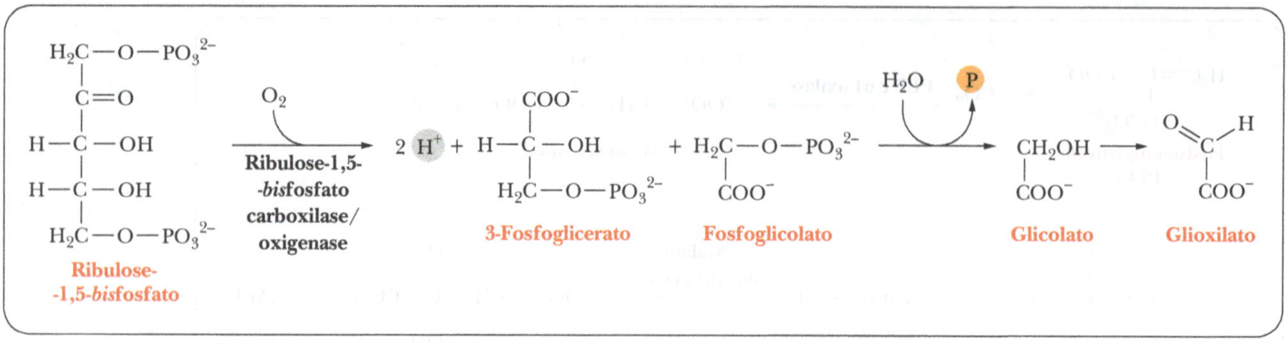
Ribulose-1,5-bisfosfato
Ribulose-1,5-bisfosfato carboxilase/oxigenase
3-Fosfoglicerato
Fosfoglicolato
Glicolato
Glioxilato

FIGURA 22.20 Reações características da fotorrespiração.

da ribulose-1,5-*bis*fosfato. A enzima que catalisa esta reação é a ribulose-1,5-*bis*fosfato carboxilase/oxigenase, agindo como uma oxigenase (ligada ao O_2) em vez de como uma carboxilase (ligada ao CO_2) que fixa o CO_2 no 3-fosfoglicerato.

Quando os níveis de O_2 estão altos em comparação com os de CO_2, a ribulose-1,5-*bis*fosfato é oxigenada para produzir fosfoglicolato (que origina o glicolato) e 3-fosfoglicerato pela fotorrespiração, em vez das duas moléculas de 3-fosfoglicerato que surgem da reação de carboxilação. Esta situação ocorre em plantas C_3. Nas plantas C_4, os poros pequenos diminuem a entrada não apenas de CO_2, mas também de O_2 nas folhas. A razão entre CO_2 e O_2 na borda do feixe vascular é relativamente alta como resultado da operação da via C_4, favorecendo a reação de carboxilação. As plantas C_4 reduziram com sucesso a atividade da oxigenase por meio da compartimentalização e, assim, têm menos necessidade de fotorrespiração. Esta é uma vantagem em climas quentes nos quais as plantas C_4 são principalmente encontradas.

Resumo

Como a estrutura dos cloroplastos afeta a fotossíntese? Nos eucariotos, as reações de luz da fotossíntese ocorrem nas membranas tilacoides dos cloroplastos. Uma série de transportadores de elétrons ligados a membranas e pigmentos é capaz de capturar a energia luminosa do Sol. A equação para a fotossíntese

$$6CO_2 + 6H_2O \rightarrow C_6H_{12}O_6 + 6O_2$$

representa, na verdade, dois processos. Um deles, a oxidação da água para produzir oxigênio, precisa da energia luminosa do Sol, e o outro, a fixação de CO_2 para fornecer açúcares, utiliza a energia solar indiretamente. A obtenção de luz ocorre em um centro de reação dentro do cloroplasto, e o processo requer um par de clorofilas em um ambiente único.

Como o fotossistema II quebra a água para produzir oxigênio? Nas reações de luz, a água é oxidada para produzir oxigênio, acompanhada pela redução de $NADP^+$ em NADPH. As reações de luz consistem em duas etapas, cada uma executada por um fotossistema distinto. Quando o fotossistema II transfere elétrons da água para uma cadeia de transporte de elétrons é produzido oxigênio.

Como o fotossistema I reduz o $NADP^+$? Os elétrons gerados pelo fotossistema II reduzem o $NADP^+$ a NADPH nas reações do fotossistema I.

O que se sabe sobre a estrutura dos centros de reação fotossintética? No centro de reação, as clorofilas específicas estão associadas com polipeptídeos rodeando a membrana. A montagem toda é arranjada para facilitar a transferência de elétrons para realizar as reações de fotossíntese.

Como a produção de ATP nos cloroplastos se assemelha ao processo nas mitocôndrias? Os dois fotossistemas estão unidos por uma cadeia de transporte de elétrons acoplada à produção de ATP. Um gradiente de prótons aciona a produção de ATP na fotossíntese, assim como ocorre na respiração mitocondrial.

É possível ter fotossíntese sem produzir oxigênio? Algumas formas de bactérias também realizam fotossíntese, embora frequentemente tenham sistemas mais simples envolvendo apenas um fotossistema. As bactérias fotossintéticas primitivas provavelmente utilizavam um doador de elétrons que não era a água e não produziam oxigênio. As bactérias que apareceram mais tarde, assim como os eucariotos, eventualmente desenvolveram os fotossistemas atuais e a capacidade de produzir oxigênio a partir da água, o que levou a Terra a ter uma atmosfera de oxigênio.

O que é o ciclo de Calvin? A via de reação geral é cíclica, chamada ciclo de Calvin. As reações no escuro da fotossíntese envolvem a síntese líquida de uma molécula de glicose a partir de seis moléculas de CO_2. A reação líquida de seis moléculas de CO_2 para produzir uma molécula de glicose exige a carboxilação de seis moléculas de um intermediário essencial de 5 carbonos, a ribulose-1,5-*bis*fosfato, formando, ao final, 12 moléculas de 3-fosfoglicerato. Dessas, duas de 3-fosfoglicerato reagem para originar a glicose.

Como o material de partida é regenerado no ciclo de Clavin? As dez moléculas restantes de 3-fosfoglicerato são utilizadas para regenerar as seis moléculas de ribulose-1,5-*bis*fosfato através de uma série de reações que incluem reorganização dos esqueletos de carbono e isomerização.

O que é diferente na fixação de CO_2 nos vegetais tropicais? Além do ciclo de Calvin, há uma via alternativa para a fixação do CO_2 nas plantas tropicais. Ela é chamada via C_4 por envolver compostos de 4 carbonos. Nessa via, o CO_2 reage com o fosfoenolpiruvato nas células externas (mesófilas) para produzir oxaloacetato e P_i. O oxaloacetato, por sua vez, é reduzido a malato. O malato é transportado a partir das células mesófilas, onde é produzido, para as células internas (do feixe vascular), onde passa, por fim, para o ciclo de Calvin. As plantas nas quais a via C_4 opera crescem mais rapidamente e produzem mais biomassa por unidade de área foliar que as plantas C_3, onde apenas o ciclo de Calvin é operante.

Exercícios de Revisão

22-1 Os Cloroplastos São o Local da Fotossíntese

1. **VERIFICAÇÃO DE FATOS** A clorofila é verde porque absorve menos luz verde que luzes de outros comprimentos de onda. Os pigmentos acessórios nas folhas de árvores decíduas tendem a ser vermelhos e amarelos, mas sua cor é mascarada pela cor da clorofila. Sugira uma conexão entre esses aspectos e o aparecimento da folhagem colorida no outono em países setentrionais.
2. **VERIFICAÇÃO DE FATOS** Os brotos de feijão disponíveis nas quitandas podem ser brancos ou incolores, mas não verdes. Por quê?
3. **VERIFICAÇÃO DE FATOS** Quais são os principais íons metálicos utilizados na transferência de elétrons nos cloroplastos? Compare-os aos íons encontrados nas mitocôndrias.
4. **VERIFICAÇÃO DE FATOS** Quais são as similaridades entre a estrutura dos cloroplastos e a das mitocôndrias? Quais as diferenças?
5. **VERIFICAÇÃO DE FATOS** Cite três formas nas quais a estrutura da clorofila é diferente da estrutura do heme.
6. **PERGUNTA DE RACIOCÍNIO** Sugira um motivo para as plantas conterem pigmentos que absorvem luz, além das clorofilas *a* e *b*.
7. **PERGUNTA DE RACIOCÍNIO** O primeiro aminoácido na síntese proteica no cloroplasto é o *N*-formil metionina. Qual é a importância deste fato?

22-2 Os Fotossistemas I e II e as Reações de Luz da Fotossíntese

8. **VERIFICAÇÃO DE FATOS** É certo dizer que a síntese de NADPH nos cloroplastos é meramente o inverso da oxidação de NADH nas mitocôndrias? Explique sua resposta.
9. **VERIFICAÇÃO DE FATOS** Descreva os eventos que ocorrem no centro de reação fotossintética na *Rhodopseudomonas*.
10. **VERIFICAÇÃO DE FATOS** Quais são os dois eventos na reação de luz da fotossíntese nos quais a energia luminosa é necessária? Por que a energia deve ser fornecida exatamente nesses pontos?
11. **VERIFICAÇÃO DE FATOS** Todas as moléculas de clorofila em um centro de reação fotossintético têm as mesmas funções nas reações de luz da fotossíntese?
12. **VERIFICAÇÃO DE FATOS** Descreva algumas semelhanças entre as cadeias de transporte de elétrons nos cloroplastos e nas mitocôndrias.
13. **PERGUNTA DE RACIOCÍNIO** O que parece ter evoluído primeiro, a cadeia de transporte de elétrons nos cloroplastos ou nas mitocôndrias? Explique sua resposta.
14. **PERGUNTA DE RACIOCÍNIO** Os desacopladores da fosforilação oxidativa nas mitocôndrias também desacoplam o transporte de fotoelétrons e a síntese de ATP nos cloroplastos. Explique esta observação.
15. **PERGUNTA DE RACIOCÍNIO** É necessário um gradiente de prótons maior para formar um único ATP nos cloroplastos que nas mitocôndrias. Sugira um motivo para isso. *Dica*: Os íons podem movimentar-se pela membrana tilacoide mais rapidamente que pela membrana mitocondrial interna.
16. **PERGUNTA DE RACIOCÍNIO** Albert Szent-Gyorgi, pioneiro nas pesquisas sobre a fotossíntese, declarou: "O que impulsiona a vida é uma pequena corrente elétrica, mantida ativa pela luz do Sol". O que ele quis dizer com isto?
17. **CONEXÕES BIOQUÍMICAS** Qual é a implicação da necessidade energética dos fotossistemas I e II se considerarmos que há uma diferença no comprimento de onda mínimo da luz necessária para que eles funcionem (700 nm para o fotossistema I e 680 nm para o II)?
18. **PERGUNTA DE RACIOCÍNIO** É razoável listar os potenciais padrão de redução (veja o Capítulo 20) para as reações de fotossíntese? Justifique sua resposta.
19. **PERGUNTA DE RACIOCÍNIO** Por que um centro de reação fotossintética pode ser comparado a uma bateria?
20. **PERGUNTA DE RACIOCÍNIO** A antimicina A é um inibidor da fotossíntese nos cloroplastos. Sugira um possível local de ação e indique o motivo de sua escolha.
21. **PERGUNTA DE RACIOCÍNIO** Você espera que a fonte do oxigênio produzido na fotossíntese seja H_2O ou CO_2? Dê um motivo para sua resposta.
22. **PERGUNTA DE RACIOCÍNIO** Por que descrevemos a via dos elétrons na fotossíntese iniciando no fotossistema II e terminando no fotossistema I? Em outras palavras, por que a nomenclatura está "ao contrário"?
23. **PERGUNTA DE RACIOCÍNIO** Foram necessárias muitas pesquisas para estabelecer o número de prótons bombeados através da membrana mitocondrial nos diversos estágios da transferência de elétrons. Você espera encontrar dificuldades na determinação do número de prótons bombeados nessa transferência através da membrana tilacoide? Justifique sua resposta.
24. **PERGUNTA DE RACIOCÍNIO** A oxidação da água exige quatro elétrons, mas as moléculas de clorofila podem transferir apenas um elétron por vez. Descreva como harmonizar essas duas declarações.
25. **PERGUNTA DE RACIOCÍNIO** Por que um citocromo ligado levemente tem papel especial nos eventos do centro de reação de *Rhodopseudomonas*?
26. **PERGUNTA DE RACIOCÍNIO** Quais são as implicações evolucionárias da semelhança na estrutura e função da ATP sintase nos cloroplastos e nas mitocôndrias?

22-3 A Fotossíntese e a Produção de ATP

27. **VERIFICAÇÃO DE FATOS** Na fotofosforilação cíclica no fotossistema I há a formação de ATP, embora não haja quebra da molécula de água. Explique como ocorre o processo.
28. **VERIFICAÇÃO DE FATOS** Quais são as principais semelhanças e diferenças entre a síntese de ATP nos cloroplastos em comparação com as mitocôndrias?
29. **VERIFICAÇÃO DE FATOS** Como um gradiente de prótons pode ser gerado na fotofosforilação cíclica no fotossistema I?
30. **PERGUNTA DE RACIOCÍNIO** A produção de ATP pode ocorrer nos cloroplastos na ausência de luz? Dê um motivo na sua resposta.
31. **PERGUNTA DE RACIOCÍNIO** Qual é a vantagem para as plantas em ter a opção de vias cíclicas e acíclicas para a fotofosforilação?

22-4 As Implicações Evolucionárias da Fotossíntese com e Sem Oxigênio

32. **VERIFICAÇÃO DE FATOS** A água é o único doador possível de elétrons na fotossíntese? Justifique sua resposta.
33. **PERGUNTA DE RACIOCÍNIO** Suponha que um organismo procariótico que contém as clorofilas *a* e *b* tenha sido descoberto. Comente as implicações evolucionárias de tal descoberta.

22-5 As Reações no Escuro da Fotossíntese Fixam CO_2

34. **VERIFICAÇÃO DE FATOS** Por que a rubisco é provavelmente a proteína mais abundante na natureza?
35. **CONEXÕES BIOQUÍMICAS** A sequência de aminoácidos na rubisco é codificada por genes nucleares ou não? Explique.
36. **VERIFICAÇÃO DE FATOS** Cite outras vias metabólicas que têm reações semelhantes às reações no escuro da fotossíntese.
37. **PERGUNTA DE RACIOCÍNIO** Utilizando informações das Seções 15-3 e 15-6, mostre como a $\Delta G^{\circ\prime}$ de 478 kJ (114 kcal) é obtida para cada mol de CO_2 fixado na fotossíntese. A reação em questão é $6CO_2 + 6H_2O \rightarrow$ Glicose + $6O_2$.
38. **PERGUNTA DE RACIOCÍNIO** Se plantas fotossintetizantes forem cultivadas na presença de $^{14}CO_2$, cada átomo de carbono da glicose produzida é marcado com o carbono radioativo? Justifique sua resposta.
39. **PERGUNTA DE RACIOCÍNIO** A rubisco tem um número de renovação muito baixo, cerca de $3CO_2$ por segundo. O que esse baixo valor pode dizer sobre a evolução da rubisco?
40. **CONEXÕES BIOQUÍMICAS** Quais são os aspectos principais dos cloroplastos (e das mitocôndrias) coerentes com a teoria de que eles podem um dia ter sido bactérias? Cite três características específicas.
41. **PERGUNTA DE RACIOCÍNIO** Sugira um motivo pelo qual a evolução da via de regeneração da ribulose-1,5-*bis*fosfato a partir do gliceraldeído-3-fosfato não foi "nada de mais".
42. **CONEXÕES BIOQUÍMICAS** Por que a natureza desenvolveria uma enzima principal, a rubisco, tão sensível ao oxigênio, resultando na fotorrespiração?
43. **PERGUNTA DE RACIOCÍNIO** O ciclo de Calvin completo representa a fixação de dióxido de carbono? Justifique sua resposta.
44. **PERGUNTA DE RACIOCÍNIO** Qual é a vantagem evolutiva para os organismos de o ciclo de Calvin ter um número de reações em comum com outras vias?
45. **PERGUNTA DE RACIOCÍNIO** Por que nos referimos à conversão de seis moléculas de dióxido de carbono (6 átomos de carbono) para uma molécula de glicose (também 6 átomos de carbono) como uma reação *líquida*?

22-6 A Fixação de CO_2 nos Vegetais Tropicais

46. **VERIFICAÇÃO DE FATOS** Como a produção de açúcares pelas plantas tropicais é diferente das mesmas reações no ciclo de Calvin?
47. **VERIFICAÇÃO DE FATOS** Como a fotossíntese nas plantas C_4 difere do processo nas plantas C_3?
48. **VERIFICAÇÃO DE FATOS** O que é fotorrespiração?
49. **PERGUNTA DE RACIOCÍNIO** Por que é vantajoso para as plantas tropicais utilizarem a via de fixação C_4 em vez da C_3?
50. **PERGUNTA DE RACIOCÍNIO** Qual seria o efeito nas plantas se a fotorrespiração não existisse?

Metabolismo do Nitrogênio

23

23-1 Metabolismo de Nitrogênio: Uma Visão Geral

Vimos as estruturas de muitos tipos de compostos que contêm nitrogênio, incluindo aminoácidos, porfirinas e nucleotídeos, mas não discutimos seus metabolismos. As vias metabólicas com as quais lidamos até agora envolveram principalmente compostos de carbono, hidrogênio e oxigênio, como açúcares e ácidos graxos. Diversos tópicos importantes podem ser incluídos na discussão sobre o metabolismo do nitrogênio. O primeiro deles é a **fixação do nitrogênio**, processo pelo qual o nitrogênio molecular inorgânico da atmosfera (N_2) é incorporado primeiro como amônia e, depois, em compostos orgânicos úteis para os organismos. O íon nitrato (NO_3^-), outro tipo de nitrogênio inorgânico, é a forma na qual o nitrogênio é encontrado no solo; muitos fertilizantes contêm nitratos, mais frequentemente o nitrato de potássio. O processo de **nitrificação** (redução do nitrato a amônia) fornece outra forma de obtenção de nitrogênio pelos organismos. O íon nitrato e o íon nitrito (NO_2^-) também estão envolvidos nas reações de **desnitrificação**, que devolvem o nitrogênio à atmosfera (Figura 23.1).

fixação do nitrogênio conversão do nitrogênio molecular em amônia

nitrificação conversão da amônia em nitratos

desnitrificação processo pelo qual nitratos e nitritos são degradados em nitrogênio molecular

RESUMO DO CAPÍTULO

23-1 Metabolismo de Nitrogênio: Uma Visão Geral

23-2 Fixação de Nitrogênio
- Como o nitrogênio da atmosfera é incorporado nos compostos biologicamente úteis?

  23.1 CONEXÕES BIOQUÍMICAS CIÊNCIA VEGETAL | Por Que o Teor de Nitrogênio nos Fertilizantes é Tão Importante?

23-3 A Inibição por Retroalimentação no Metabolismo de Nitrogênio

23-4 Biossíntese de Aminoácidos
- Quais são algumas características comuns na biossíntese de aminoácidos?
- O que torna as reações de transaminação importantes na biossíntese de aminoácidos?
- Qual é a importância nas transferências de um carbono?

23-5 Aminoácidos Essenciais

23-6 Catabolismo de Aminoácidos
- Qual é o destino do esqueleto de carbono na degradação de aminoácido?

  23.2 CONEXÕES BIOQUÍMICAS FISIOLOGIA | A Água e as Excreções de Nitrogênio
- Qual é o papel do ciclo da ureia na degradação de aminoácidos?

23-7 Biossíntese da Purina
- Como a inosina monofosfato é convertida em AMP e GMP?
- Quais são as exigências de energia para a produção de AMP e GMP?

23-8 Catabolismo da Purina

23-9 Biossíntese e Catabolismo da Pirimidina

23-10 Conversão de Ribonucleotídeos em Desoxirribonucleotídeos

23-10 Conversão de dUDP em dTTP

  23.3 CONEXÕES BIOQUÍMICAS MEDICINA | Quimioterapia e Antibióticos - Tirando Vantagem da Necessidade de Ácido Fólico

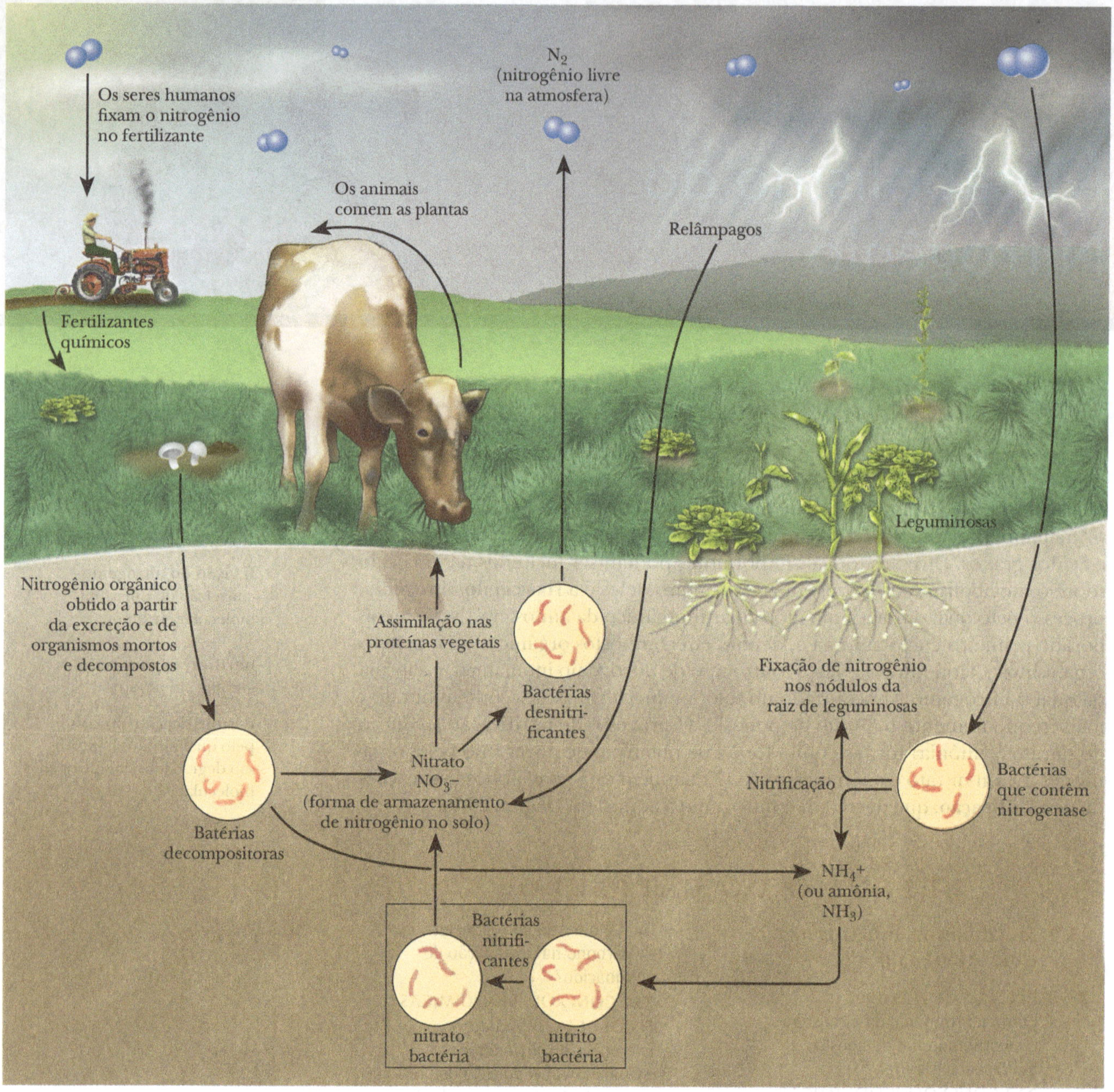
Os seres humanos fixam o nitrogênio no fertilizante
N_2 (nitrogênio livre na atmosfera)
Os animais comem as plantas
Relâmpagos
Fertilizantes químicos
Leguminosas
Nitrogênio orgânico obtido a partir da excreção e de organismos mortos e decompostos
Assimilação nas proteínas vegetais
Bactérias desnitrificantes
Fixação de nitrogênio nos nódulos da raiz de leguminosas
Nitrato NO_3^- (forma de armazenamento de nitrogênio no solo)
Nitrificação
Bactérias que contêm nitrogenase
Batérias decompositoras
NH_4^+ (ou amônia, NH_3)
Bactérias nitrificantes
nitrato bactéria
nitrito bactéria

FIGURA 23.1 Fluxo do nitrogênio na biosfera.

A amônia formada por qualquer uma das vias, fixação de nitrogênio ou nitrificação, entra na biosfera, e é convertida em nitrogênio orgânico pelas plantas, que é transmitido aos animais pelas cadeias alimentares. Por fim, os produtos de excreção animal, como a ureia, são eliminados e degradados em amônia por microrganismos. A palavra "amônia" tem origem no *sal amoníaco* (cloreto de amônio), que foi preparado pela primeira vez a partir de excremento de camelos no templo de Júpiter Ammon, no norte da África. O processo de morte e decomposição libera amônia tanto em plantas como em animais. As bactérias desnitrificantes revertem a conversão de amônia em nitrato, reciclando, assim, o NO_3^- como N_2 livre (Figura 23.1).

O tópico do metabolismo do nitrogênio inclui a biossíntese e a degradação de *aminoácidos*, *purinas* e *pirimidinas*; o metabolismo das *porfirinas* também está relacionado ao dos aminoácidos. Muitas dessas vias, em especial as anabólicas, são longas e complexas. Ao discutirmos essas vias, nas quais a quantidade de material é grande e muito detalhada, nos concentraremos nos aspectos mais importantes – especificamente, nos padrões gerais de reações de maior interesse e de grande aplicabilidade. Também serão abordados os aspectos deste assunto relacionados à saúde. Outras reações serão encontradas no site Bioquímica Interativa para este livro, que pode ser considerado um arquivo de material suplementar para este capítulo; nos referiremos a ele várias vezes.

23-2 Fixação de Nitrogênio

As bactérias são responsáveis pela redução de N_2 em amônia (NH_3). As bactérias fixadoras de nitrogênio típicas são organismos simbióticos que formam nódulos na raiz de plantas leguminosas, como feijões e alfafa. Diversos micróbios que vivem livremente e algumas cianobactérias também fixam nitrogênio. Plantas e animais não são capazes de fixar nitrogênio. A conversão de nitrogênio molecular em amônia é a única fonte de nitrogênio na biosfera, com exceção para a fornecida pelos nitratos. A forma ácida conjugada de NH_3, o íon amônio (NH_4^+), é a forma de nitrogênio utilizada nas primeiras etapas da síntese de compostos orgânicos. Já a NH_3 obtida pela síntese química a partir do nitrogênio e do hidrogênio é o ponto inicial da produção de muitos fertilizantes sintéticos, que frequentemente contêm nitratos.

Como o nitrogênio da atmosfera é incorporado nos compostos biologicamente úteis?

O complexo enzimático da **nitrogenase** encontrado nas bactérias fixadoras de nitrogênio catalisa a produção de amônia a partir do nitrogênio molecular. A semirreação de redução [Figura 23.2(a)] é

nitrogenase complexo enzimático que catalisa a fixação de nitrogênio

$$N_2 + 8e^- + 16ATP + 10H^+ \rightarrow 2NH_4^+ + 16ADP + 16P_i + H_2$$

na qual seis elétrons são utilizados para reduzir o nitrogênio molecular a íon amônio. Outros dois elétrons são utilizados para reduzir o íon hidrogênio a H_2. A reação total catalisada pela nitrogenase é uma redução de oito elétrons.

A semirreação de oxidação varia porque organismos diferentes variam em relação à substância oxidada para fornecer elétrons. Diversas proteínas estão incluídas no complexo nitrogenase. A ferredoxina é uma delas (esta proteína também tem uma função importante na transferência de elétrons na fotossíntese; Seção 22-3). Também há duas proteínas específicas para a reação da nitrogenase. Uma delas é a proteína ferro–enxofre (Fe–S), chamada *dinitrogenase redutase*. A outra é uma proteína ferro–molibdênio (Fe–Mo), chamada

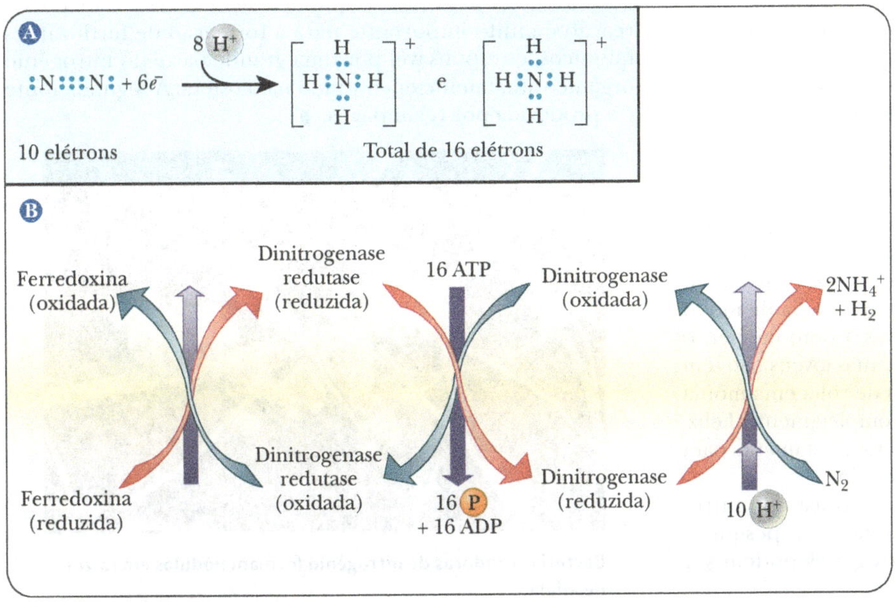
A
8 H+
:N:::N: + 6e⁻
H:N:H
e
H:N:H
10 elétrons
Total de 16 elétrons
B
Ferredoxina (oxidada)
Dinitrogenase redutase (reduzida)
16 ATP
Dinitrogenase (oxidada)
2NH4+ + H2
Ferredoxina (reduzida)
Dinitrogenase redutase (oxidada)
16 P + 16 ADP
Dinitrogenase (reduzida)
10 H+
N2

FIGURA 23.2 Alguns aspectos da reação da nitrogenase. (a) Redução de N_2 a $2NH_4^+$. (b) Caminho dos elétrons da ferredoxina ao N_2.

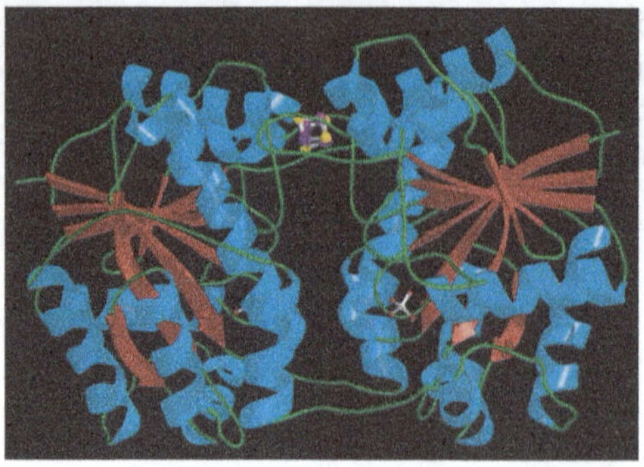

FIGURA 23.3 **A estrutura determinada por raios X do dímero da proteína Fe na *Azotobacter vinelandii*.** (De Crystallographic structure of the nitrogenase iron protein da *Azotobacter vinelandii*. M.M. Georgiadis, H. Kamiya, P. Chakrabarti, D. Woo, J.J. Kornuc, e D.C. Rees. (18 de setembro de 1992) *Science* 257 (5077), 1653. Reimpresso com a permissão de AAAS.)

dinitrogenase. O fluxo de elétrons ocorre da ferredoxina para a dinitrogenase redutase, em seguida, para a dinitrogenase e, por fim, para o nitrogênio [Figura 23.2(b)]. A natureza do complexo nitrogenase é assunto de intensas pesquisas em andamento. Houve um progresso considerável neste trabalho com a determinação, por cristalografia de raios X, da estrutura tridimensional das proteínas Fe e Fe–Mo da *Azotobacter vinelandii* (Figura 23.3). A proteína Fe é um dímero ("borboleta de ferro"), com o grupo ferro–enxofre localizado na cabeça da borboleta. A nitrogenase é ainda mais complicada, com diversos tipos de subunidades organizados em tetrâmeros. Mais estudos recentes sobre a proteína Fe–Mo pela cristalografia de raios X têm revelado detalhes que podem lançar luz no mecanismo da reação da nitrogenase. Uma única unidade de carbono é inserida no sítio ativo da enzima, e esta inserção requer S-adenosilmetionina (SAM), agente de transferência de um carbono que veremos na Seção 23-4 em seu papel na biossíntese de aminoácidos. A remoção de hidrogênios de um grupo metil inserido no sítio ativo pode cumprir um importante papel no mecanismo da reação da nitrogenase. A ferredoxina, a dinitrogenase redutase e a dinitrogenase combinam-se para realizar uma série de transferências de elétrons unitários, eventualmente transferindo os oito elétrons necessários para concluir a redução de N_2 em NH_4^+. Vale observar que as reações de fixação do nitrogênio consomem muita energia. Estima-se que cerca de metade do ATP produzido na fotossíntese em leguminosas seja utilizada para fixar o nitrogênio. O quadro CONEXÕES **BIOQUÍMICAS 23.1** entra em detalhes de algumas consequências importantes da fixação de nitrogênio.

23.1 Conexões **Bioquímicas** | ciência vegetal

Por Que o Teor de Nitrogênio nos Fertilizantes é Tão Importante?

A produção de grãos nos Estados Unidos é maior que em muitas áreas ao redor do mundo. Em parte, este é o resultado do uso intenso de fertilizantes, em especial os que fornecem nitrogênio de uma forma facilmente assimilável pelas plantas. Os íons amônio e nitrato são utilizados; até mesmo o gás amônia pode ser bombeado no solo se houver água suficiente disponível no solo para dissolvê-lo.

Uma vez que a amônia é tóxica para os animais, é surpreendente que o próprio gás amônia possa ser utilizado como fertilizante. As plantas podem assimilar amônia rapidamente, mas em geral não têm a oportunidade de fazê-lo porque as bactérias nitrificantes do solo, em particular *Nitrosomonas* e *Nitrobacter*, convertem a amônia em nitrito e, depois, em nitrato de forma muito rápida. O produto final, o nitrato, é facilmente convertido de volta em amônia, mas precisa de energia para fazê-lo. A amônia é especialmente útil como fertilizante no início da primavera e para plantas em fase de germinação. Na primavera, em geral o solo está úmido o suficiente para dissolver a amônia de modo que ela possa ser incorporada pelas plantas. Como há menos luz disponível no início da primavera, as plantas jovens não têm energia suficiente para converter o nitrato de volta em amônia até que seus cloroplastos se desenvolvam completamente. Felizmente, graças à condição do solo, a amônia vai diretamente para as plantas, ao invés de ir para as bactérias do solo.

Os genes para as enzimas que fazem a fixação de nitrogênio têm sido intensamente estudados. Há várias pesquisas em andamento para determinar se esses genes podem ser incorporados aos grãos, o que reduziria a quantidade de fertilizantes nitrogenados necessária para se obter um bom crescimento das plantas e o máximo de produção agrícola.

Duas outras fontes de fixação de nitrogênio são frequentemente ignoradas. A primeira é a síntese química da amônia a partir de H_2 e N_2, chamada processo de Haber, em homenagem ao seu descobridor, o químico alemão Fritz Haber. Essa reação é muito importante para a formação de fertilizantes químicos, e responsável por uma grande parte do nitrogênio orgânico atualmente encontrado na biosfera. A segunda fonte é a produzida por relâmpagos. ◗

Inga Spence/Alamy

Bactérias fixadoras de nitrogênio formam nódulos em raízes de alfafa.

23-3 A Inibição por Retroalimentação no Metabolismo de Nitrogênio

As vias biossintéticas que produzem aminoácidos e as bases de nucleotídeos (purinas e pirimidinas) são longas e complexas, exigindo que o organismo invista muita energia. Se houver alto nível de algum produto final, como aminoácidos ou nucleotídeos, a célula economiza energia ao não formar esse composto. No entanto, a célula precisa de um sinal que a faça parar de produzir mais desse composto em especial. Esse sinal é frequentemente um mecanismo de **inibição por retroalimentação**, no qual o produto de uma via metabólica inibe uma enzima no início da via. Foi visto um exemplo de tal mecanismo de controle quando se discutiu a enzima alostérica aspartato transcarbamoilase na Seção 7-1. Essa enzima catalisa uma das etapas iniciais da biossíntese de nucleotídeos de pirimidina e é inibida pelo produto final da via – aqui, o trifosfato de citidina (CTP). A inibição por retroalimentação é com frequência encontrada na biossíntese de aminoácidos e de nucleotídeos. Outro ótimo exemplo de regulação alostérica por inibição por retroalimentação com frequência é encontrado na atividade da enzima glutamina sintetase, uma das principais enzimas na biossíntese de aminoácidos (Figura 23.4). Há nada menos que nove inibidores alosté-

inibição por retroalimentação processo pelo qual o produto final de uma série de reações inibe a primeira reação da série

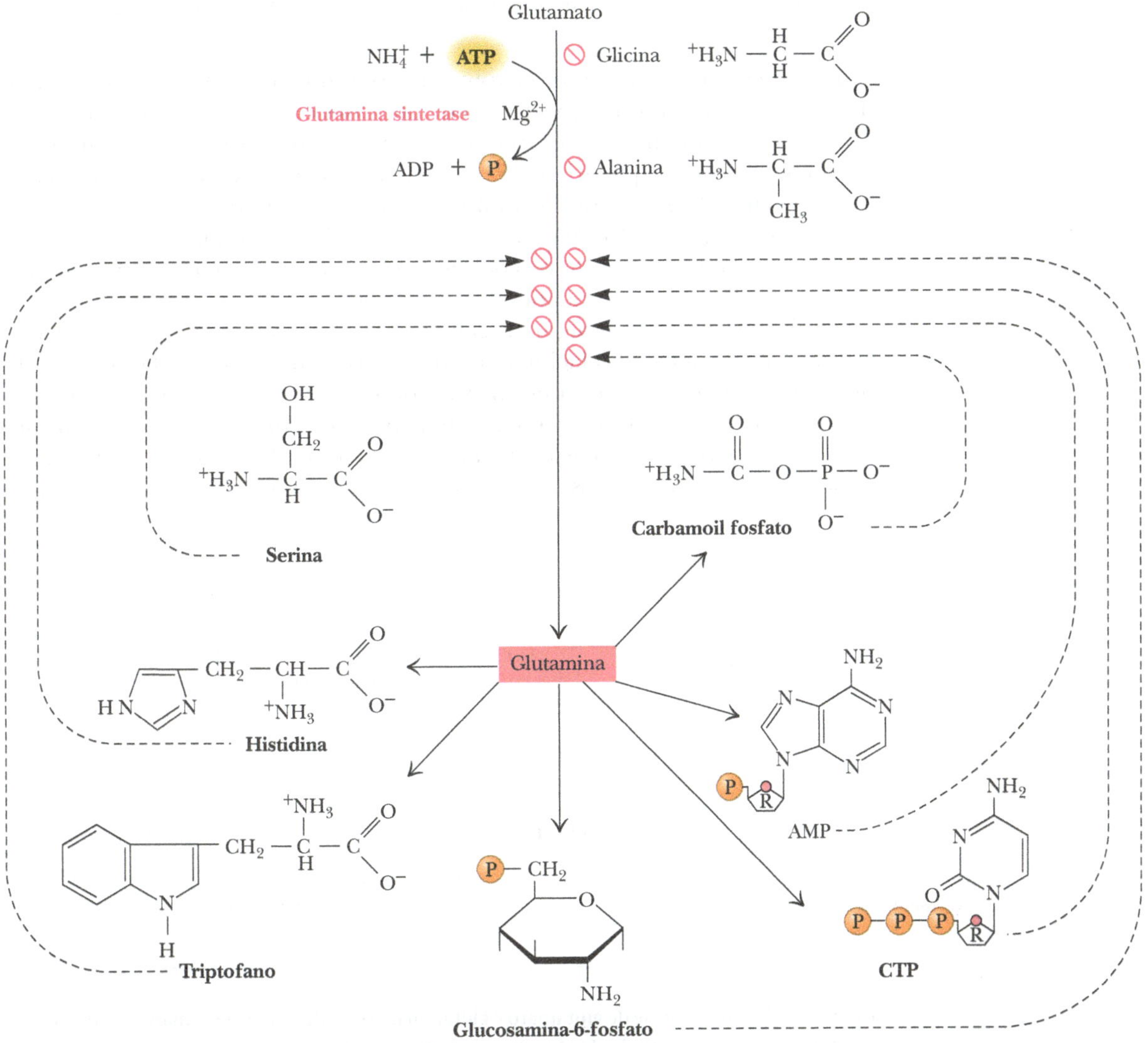
Glutamato
NH_4^+ + ATP
Glutamina sintetase
Mg^{2+}
ADP + P
Glicina
Alanina
Serina
Carbamoil fosfato
Glutamina
Histidina
AMP
Triptofano
Glucosamina-6-fosfato
CTP

FIGURA 23.4 Regulação alostérica da atividade da glutamina sintetase realizada pela inibição por retroalimentação.

ricos envolvidos aqui (glicina, alanina, serina, histidina, triptofano, CTP, AMP, carbamoil fosfato e glucosamina-6-fosfato).

Glicina, alanina e serina são os principais indicadores do metabolismo de aminoácidos na célula. Cada um dos outros seis compostos representa um produto final de uma via biossintética que depende da glutamina. A inibição por retroalimentação é bastante efetiva porque uma única molécula de produto pode inibir uma enzima capaz de sintetizar várias centenas ou milhares de moléculas de produto.

23-4 Biossíntese de Aminoácidos

transaminação transferência de grupos amina de uma molécula para outra; um processo importante no anabolismo e no catabolismo de aminoácidos

A amônia é tóxica em altas concentrações e, portanto, deve ser incorporada a compostos biologicamente úteis quando é formada pelas reações de fixação de nitrogênio, discutidas no início deste capítulo. Os aminoácidos glutamato e glutamina são cruciais nesse processo. O glutamato surge a partir do α-cetoglutarato, e a glutamina é formada a partir do glutamato (Figura 23.5). A produção de glutamato é uma aminação redutiva, e a produção de glutamina é uma aminação. Em outras reações de anabolismo de aminoácidos, o grupo α-amino do glutamato e o grupo amino da cadeia lateral da glutamina são transferidos para outros compostos em reações de **transaminação**.

Quais são algumas características comuns na biossíntese de aminoácidos?

A biossíntese de aminoácidos envolve um conjunto comum de reações. Além das de transaminação, a transferência de unidades com um carbono, como grupos formila ou metila, ocorre frequentemente. Não serão discutidos todos os detalhes das reações que originam os aminoácidos. No entanto, pode-se organizar esse material agrupando os aminoácidos em famílias com base em precursores comuns (Figura 23.6). As reações de algumas dessas famílias de aminoácidos fornecem bons exemplos de reações de importância geral, como a transaminação e a transferência de unidades de um carbono.

Também se pode fazer algumas generalizações sobre o metabolismo de aminoácidos em termos do relacionamento entre o esqueleto de carbono e o ciclo do ácido cítrico e suas reações envolvendo o piruvato e a acetil-CoA (Figura 23.7). O ciclo do ácido cítrico é anfibólico – participa tanto no catabolismo quanto no anabolismo. O aspecto anabólico do ciclo do ácido cítrico tem interesse para a biossíntese dos aminoácidos. Já o catabólico é aparente na degra-

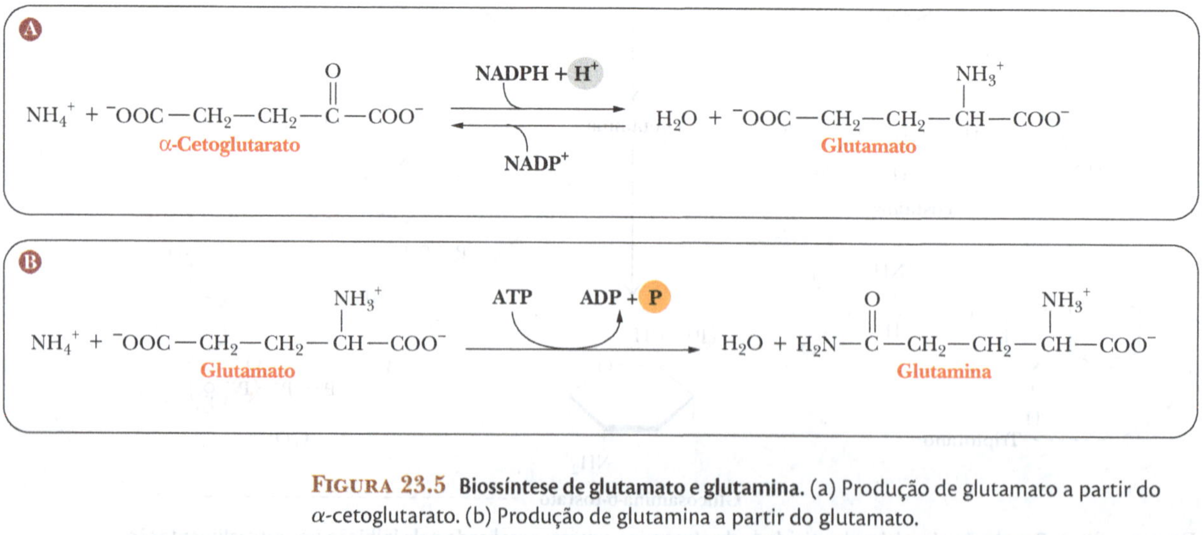
A
NADPH + H+
NADP+
α-Cetoglutarato
Glutamato
B
ATP
ADP + P
Glutamato
Glutamina

FIGURA 23.5 **Biossíntese de glutamato e glutamina.** (a) Produção de glutamato a partir do α-cetoglutarato. (b) Produção de glutamina a partir do glutamato.

dação de aminoácidos, levando à sua eventual excreção, que ocorre em reações relacionadas ao ciclo do ácido cítrico.

O que torna as reações de transaminação importantes na biossíntese de aminoácidos?

Glutamato é formado a partir de NH_4^+ e do α-cetoglutarato em uma aminação redutora que exige NADPH. Essa reação é reversível e catalisada pela *glutamato desidrogenase* (GDH).

Glutamato é o principal doador de grupos amino nas reações, e α-cetoglutarato é o principal receptor dos grupos amino [veja a Figura 23.5(a)]. Observe a necessidade do poder redutor nessas reações.

$$NH_4^+ + \alpha\text{-cetoglutarato} + NADPH + H^+ \rightarrow \text{Glutamato} + NADP^+ + H_2O$$

A conversão de glutamato em glutamina é catalisada pela **glutamina sintetase** (GS), em uma reação que precisa de ATP [veja a Figura 23.5(b)].

$$NH_4^+ + \text{Glutamato} + ATP \rightarrow \text{Glutamina} + ADP + P_i + H_2O$$

Essas reações fixam o nitrogênio inorgânico (NH_3), formando compostos de nitrogênio orgânicos (que contêm carbono), como aminoácidos, mas com frequência não operam nesta forma sequencial. Na verdade, a combinação de GDH e GS é responsável pela maior parte da assimilação da amônia em compostos orgânicos, especialmente em organismos ricos em fontes de nitrogênio. No entanto, a K_M da GS é consideravelmente mais baixa que a da GDH. Quando o nitrogênio é limitante, como é usual no caso em plantas, a conversão de glutamato a glutamina é o modo preferencial de assimilação de nitrogênio. Isto significa que o fornecimento de glutamato se tornará reduzido, a menos que haja alguma forma de reabastecê-lo. A aminação redutiva do α-cetoglutarato com o nitrogênio amídico da glutamina como fonte de nitrogênio é a forma como isto ocorre.

$$\text{Redutor} + \alpha\text{-Cetoglutarato} + \text{Glutamina} \rightarrow 2\ \text{Glutamato} + \text{Redutor oxidado}$$

O redutor pode ser NADH, NADPH (em leveduras e bactérias) ou ferredoxina reduzida (em plantas). A enzima que catalisa essa reação é a glutamato sintase, também conhecida como glutamato-oxoglutaratoaminotransferase (GOGAT). Existe nas plantas um complexo GS/GOGAT que lhes permite lidar com condições de disponibilidade limitada de nitrogênio. As enzimas que catalisam as reações de transaminação precisam de fosfato de piridoxal como coenzima (Figura 23.8). Este composto foi discutido na Seção 7-8 como um exemplo típico de coenzima, e, aqui, pode-se ver seu modo de ação dentro do contexto. Lembre-se, daquela seção, que a pirodoxina é conhecida também como vitamina B_6.

O fosfato de piridoxal (PyrP) forma uma base de Schiff com o grupo amino do Substrato I (doador do grupo amino). A próxima etapa é uma reorganização seguida pela hidrólise, que remove o Produto I (o α-cetoácido correspondente ao Substrato I). A coenzima agora carrega o grupo amino (piridoxamina). O Substrato II (outro α-cetoácido), então, forma uma base de Schiff com a piridoxamina. Novamente, há uma reorganização seguida por uma hidrólise, que origina o Produto II (um aminoácido) e regenera o fosfato de piridoxal. Na reação líquida, um aminoácido (Substrato I) reage com um α-cetoácido (Substrato II) para formar um α-cetoácido (Produto I) e um aminoácido (Produto II). O grupo amino foi transferido do Substrato I para o Substrato II, formando o aminoácido, Produto II. A reação geral pode ser vista para um caso geral e para um caso específico na Figura 23.9. Quando não está envolvido com um dos substratos, o grupo piridoxal está ligado à base de Schiff a um grupo ε-NH_2 do sítio ativo da lisina. O fosfato de piridoxal é uma coenzima versátil que também está envolvida em ou-

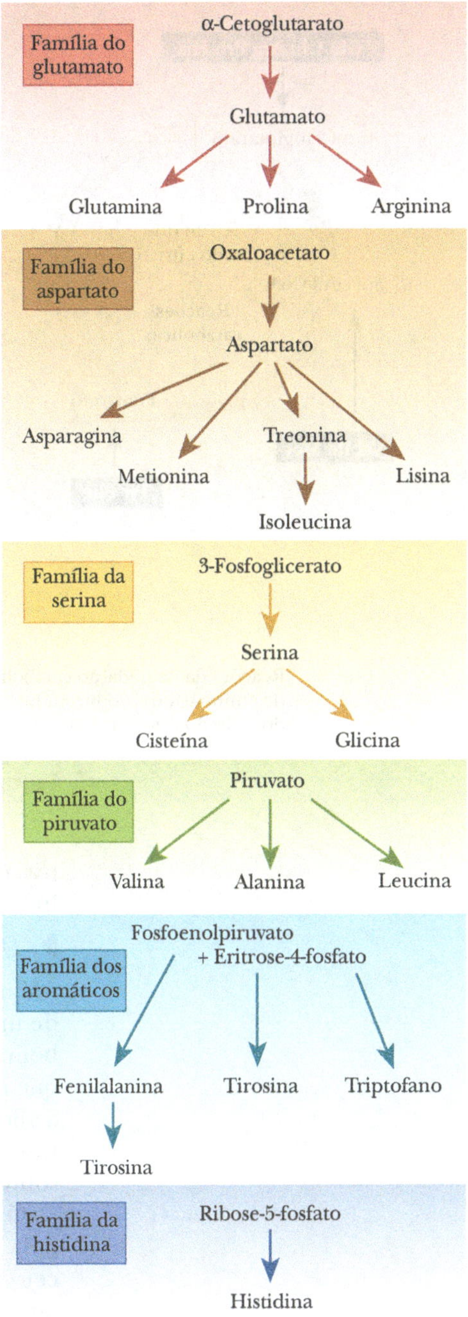
Família do glutamato
α-Cetoglutarato
Glutamato
Glutamina
Prolina
Arginina
Família do aspartato
Oxaloacetato
Aspartato
Asparagina
Treonina
Metionina
Lisina
Isoleucina
Família da serina
3-Fosfoglicerato
Serina
Cisteína
Glicina
Família do piruvato
Piruvato
Valina
Alanina
Leucina
Família dos aromáticos
Fosfoenolpiruvato
+ Eritrose-4-fosfato
Fenilalanina
Tirosina
Triptofano
Tirosina
Família da histidina
Ribose-5-fosfato
Histidina

FIGURA 23.6 **Famílias de aminoácidos com base nas suas vias biossintéticas.** Cada família tem um precursor em comum.

glutamina sintetase enzima que catalisa a conversão de glutamato e íon amônio a glutamina acompanhada pela hidrólise de ATP

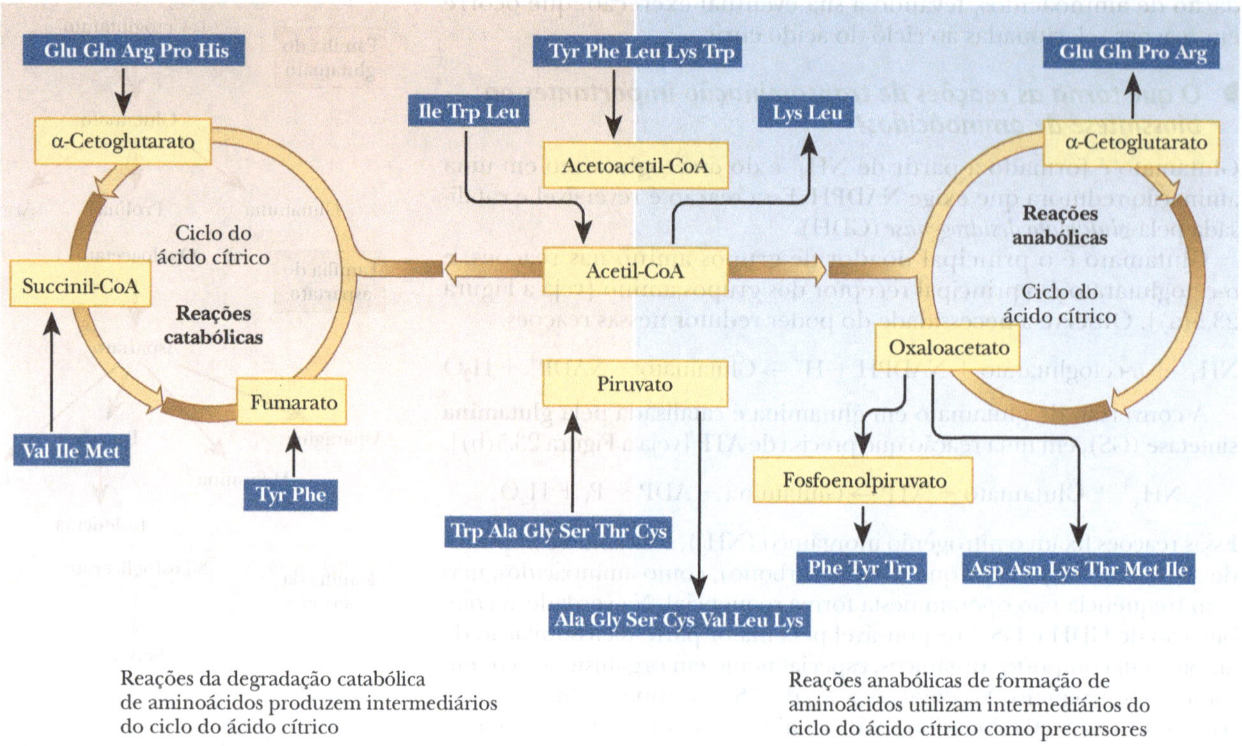
Glu Gln Arg Pro His
α-Cetoglutarato
Ciclo do ácido cítrico
Succinil-CoA
Reações catabólicas
Fumarato
Val Ile Met
Tyr Phe
Ile Trp Leu
Tyr Phe Leu Lys Trp
Acetoacetil-CoA
Lys Leu
Acetil-CoA
Piruvato
Trp Ala Gly Ser Thr Cys
Ala Gly Ser Cys Val Leu Lys
Glu Gln Pro Arg
α-Cetoglutarato
Reações anabólicas
Ciclo do ácido cítrico
Oxaloacetato
Fosfoenolpiruvato
Phe Tyr Trp
Asp Asn Lys Thr Met Ile
Reações da degradação catabólica de aminoácidos produzem intermediários do ciclo do ácido cítrico
Reações anabólicas de formação de aminoácidos utilizam intermediários do ciclo do ácido cítrico como precursores

FIGURA 23.7 A relação entre o metabolismo de aminoácidos e o ciclo do ácido cítrico.

tras reações, incluindo descarboxilações, racemizações e movimento de grupos hidroximetila, como veremos na conversão da serina em glicina.

Qual é a importância nas transferências de um carbono?

Além das reações de transaminação, as reações de transferência de unidades de um carbono ocorrem frequentemente na biossíntese de aminoácidos. Um bom exemplo de transferência dessa unidade pode ser encontrado nas reações que produzem os aminoácidos da família da serina. Esta família também inclui a glicina e a cisteína. A serina e a glicina com frequência são precursoras em outras vias biossintéticas. Uma discussão sobre a síntese da cisteína dará uma visão sobre o metabolismo do enxofre, assim como do nitrogênio.

O principal precursor da serina é o 3-fosfoglicerato, que pode ser obtido pela via glicolítica. O grupo hidroxila no carbono 2 é oxidado a um grupo ceto, fornecendo um α-cetoácido. Uma reação de transaminação na qual o glutamato é o doador de nitrogênio produz a 3-fosfosserina e o α-cetoglutarato. A hidrólise do grupo fosfato, então, origina a serina (Figura 23.10).

A conversão da serina em glicina envolve a transferência de uma unidade com um carbono da serina para um receptor. Essa reação é catalisada pela *serina hidroximetilase*, que tem o fosfato de piridoxal como coenzima. O receptor nesta reação é o **tetraidrofolato**, um derivado do ácido fólico e um transportador de unidades com um carbono frequentemente encontrado nas vias metabólicas. Sua estrutura tem três partes: um anel pteridina substituído, o ácido *p*-aminobenzoico e o ácido glutâmico (Figura 23.11). Ácido fólico é uma vitamina que foi identificada como essencial na prevenção de defeitos congênitos. Por consequência, agora é um suplemento recomendado para todas as mulheres em idade fértil. Também há alguma evidência de que o ácido fólico pode evitar doenças cardíacas em homens e mulheres com mais de 50 anos de idade.

tetraidrofolato forma metabolicamente ativa da vitamina ácido fólico; transportador de grupos de um carbono

$$\text{Serina} + \text{Tetraidrofolato} \rightarrow \text{Glicina} + \text{Metilenotetraidrofolato} + H_2O$$

A unidade de um carbono transferida nessa reação está ligada ao tetraidrofolato, formando o N^5, N^{10}-metilenotetraidrofolato, no qual o metileno (com um carbono) está ligado a dois nitrogênios do transportador (Figura 23.12). O tetraidrofolato não é o único transportador de unidades com um carbono. Já encontramos a biotina, transportadora de CO_2, e discutimos sua função na gliconeogênese (Seção 18-2) e no anabolismo de ácidos graxos (Seção 21-6).

A conversão da serina em cisteína envolve algumas reações interessantes. A fonte de enxofre nos animais é diferente daquela em plantas e bactérias. Nestas, a serina é acetilada para formar *O*-acetilserina. Essa reação é catalisada pela *serina-aciltransferase*, tendo a acetil-CoA como doadora de acilas (Figura 23.13).

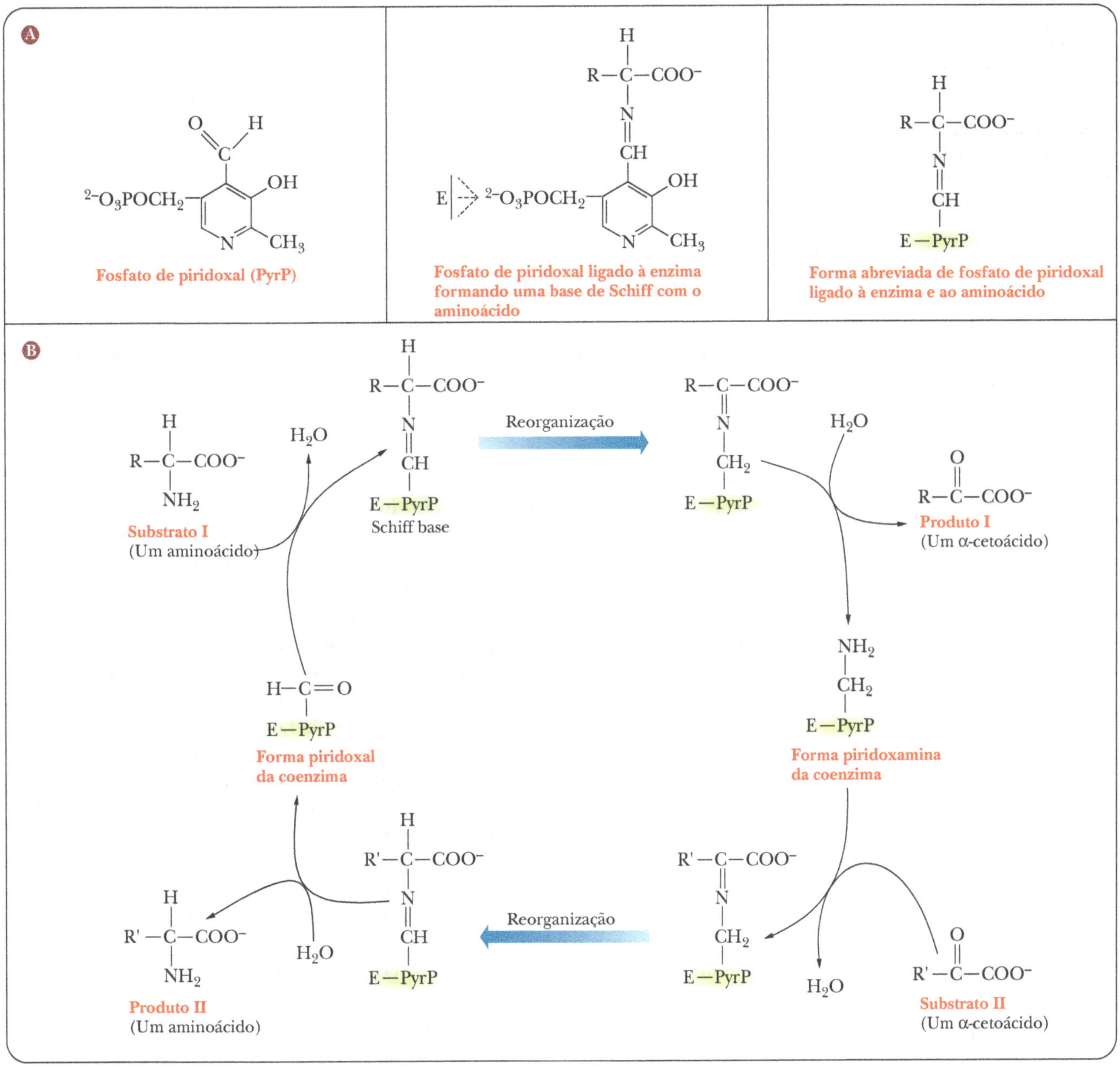
A
Fosfato de piridoxal (PyrP)
Fosfato de piridoxal ligado à enzima formando uma base de Schiff com o aminoácido
Forma abreviada de fosfato de piridoxal ligado à enzima e ao aminoácido
B
Substrato I
(Um aminoácido)
Schiff base
Reorganização
Produto I
(Um α-cetoácido)
Forma piridoxal da coenzima
Forma piridoxamina da coenzima
Reorganização
Produto II
(Um aminoácido)
Substrato II
(Um α-cetoácido)

Figura 23.8 **A função do fosfato de piridoxal nas reações de transaminação.** (a) O modo de ligação do fosfato de piridoxal (PyrP) à enzima (E) e ao substrato aminoácido. (b) A reação em si. O substrato original, um aminoácido, é deaminado, enquanto um α-cetoácido é aminado para formar um aminoácido. O resultado líquido da reação é uma transaminação. Observe que a coenzima é regenerada e que o substrato original e o produto final da reação são aminoácidos.

Figura 23.9 As reações de transaminação transferem um grupo amino de um aminoácido para um α-cetoácido. O glutamato e o α-cetoglutarato (α-KG) são um par doador/receptor. *Acima*, um caso geral. *Abaixo*, um caso específico, no qual o outro par doador/receptor é o aspartato e o oxaloacetato.

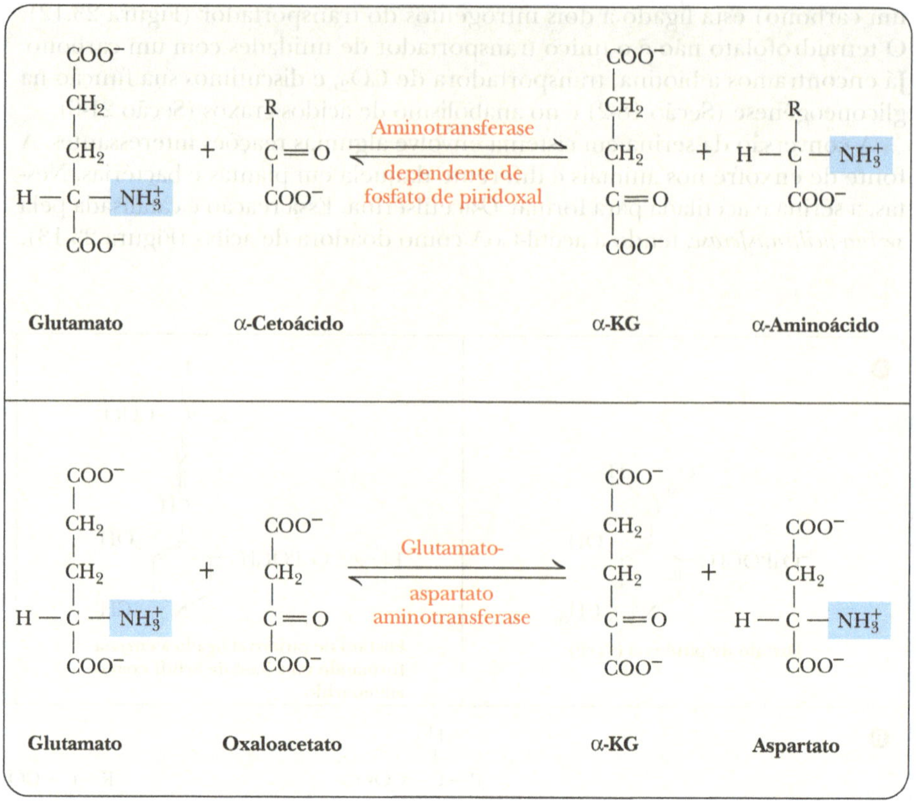
Aminotransferase
dependente de
fosfato de piridoxal
Glutamato
α-Cetoácido
α-KG
α-Aminoácido
Glutamato-
aspartato
aminotransferase
Glutamato
Oxaloacetato
α-KG
Aspartato

aminoácido essencial aminoácido que não pode ser sintetizado pelo organismo e, portanto, deve ser obtido na dieta alimentar

***S*-adenosilmetionina (SAM)** importante molécula transportadora de grupos metila no metabolismo de aminoácidos

A conversão da *O*-acetilserina em cisteína requer a produção de sulfeto por um doador de enxofre. Em plantas e bactérias esse doador é o 3'-fosfo-5'-adenilil sulfato. O grupo sulfato é reduzido primeiro a sulfito e, depois, a sulfeto (Figura 23.14). O sulfeto, na forma ácida conjugada HS^-, desloca o grupo acetila da *O*-acetilserina para produzir cisteína. Os animais formam cisteína a partir da serina por uma via diferente, porque não possuem as enzimas capazes de executar a conversão de sulfato em sulfeto que acabamos de ver. A sequência da reação nos animais envolve o aminoácido metionina.

A metionina, que é produzida por reações da família aspartato nas bactérias e plantas, não pode ser sintetizada por animais. Ela deve ser obtida de fontes alimentares. É considerada um **aminoácido essencial** justamente porque não pode ser sintetizada pelo organismo. A metionina ingerida reage com o ATP para formar a ***S*-adenosilmetionina (SAM)**, que tem um grupo metila altamente reativo (Figura 23.15). Outra função metabólica para a *S*-adenosilmetionina foi recentemente descoberta. Um grupo de pesquisadores de Boston mostrou que o metabolismo da treonina e a *S*-adenosilmetionina pode regular a metilação da histona. Este processo tem sido observado para dar origem a células-tronco pluripotentes de embriões de ratos. Esse composto é um transportador de grupos metila em diversas reações. O grupo metila da *S*-adenosilmetionina pode ser transferido para qualquer um dos diversos receptores, produzindo *S*-adenosil-homocisteína, cuja hidrólise, por sua vez, produz a homocisteína. A cisteína pode ser sintetizada a partir da serina e da homocisteína, e essa via para biossíntese da cisteína é a única disponível para os animais (Figura 23.16). A serina e a homocisteína reagem para produzir cistationina, que se hidrolisa para formar cisteína, NH_4^+ e α-cetobutirato.

Vale observar que, até o momento, foram vistos três importantes transportadores de unidades com um carbono: biotina, um transportador de CO_2; tetraidrofolato (FH_4), um transportador de grupos metileno e grupos formila; e *S*-adenosilmetionina, transportadora de grupos metila.

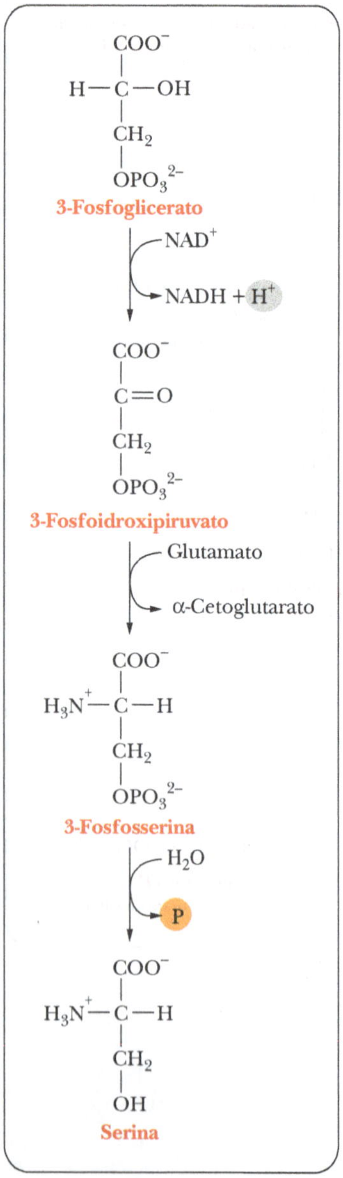
3-Fosfoglicerato
NAD+
NADH + H+
3-Fosfoidroxipiruvato
Glutamato
α-Cetoglutarato
3-Fosfosserina
H2O
P
Serina

Figura 23.10 Biossíntese da serina.

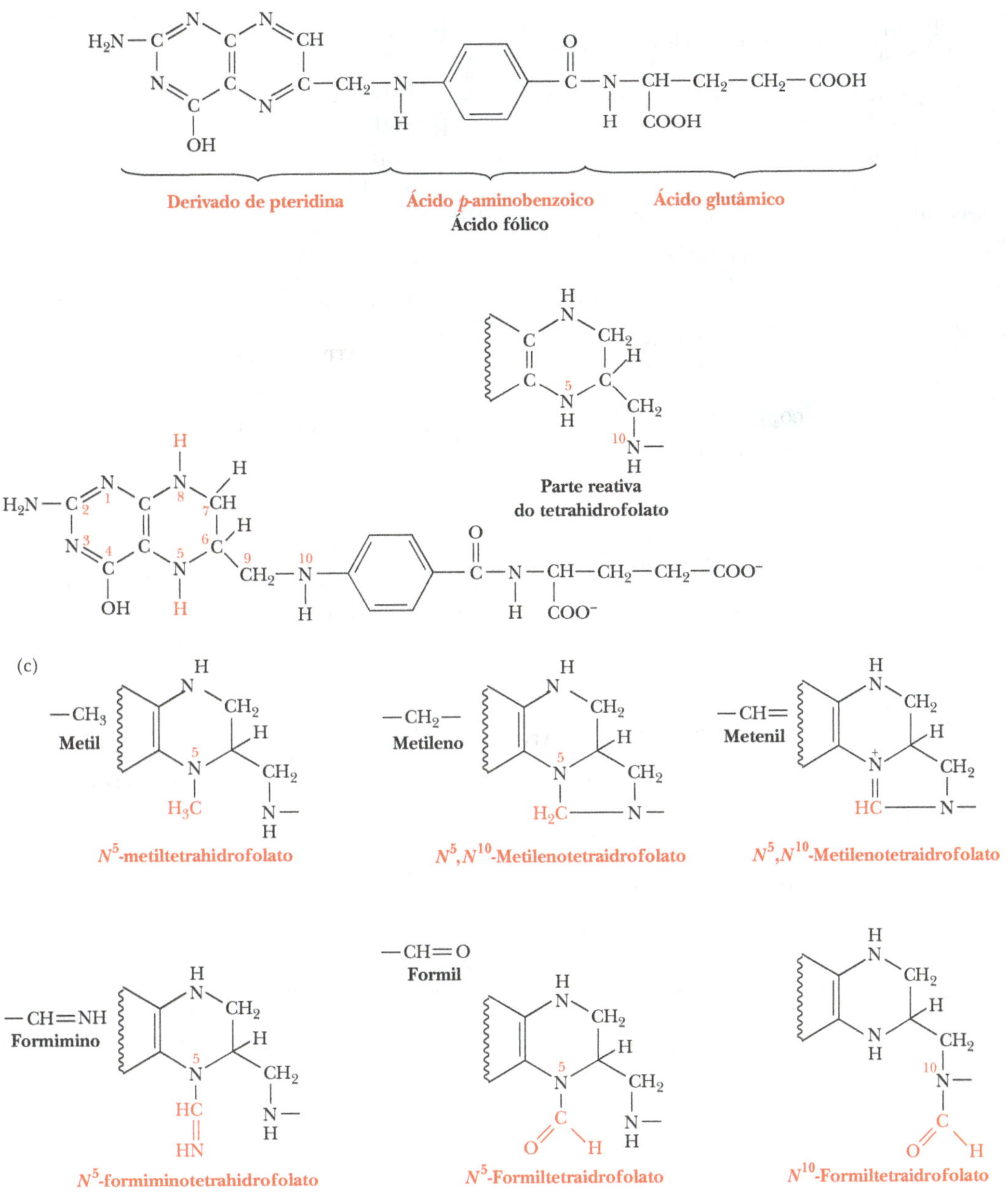
Derivado de pteridina
Ácido p-aminobenzoico
Ácido glutâmico
Ácido fólico
Parte reativa do tetrahidrofolato
(c)
—CH3 Metil
—CH2— Metileno
—CH= Metenil
N^5-metiltetrahidrofolato
N^5,N^{10}-Metilenotetraidrofolato
N^5,N^{10}-Metilenotetraidrofolato
—CH=NH Formimino
—CH=O Formil
N^5-formiminotetrahidrofolato
N^5-Formiltetraidrofolato
N^{10}-Formiltetraidrofolato

(A) A estrutura do ácido fólico, mostrada na forma não ionizada. As estruturas dos derivados de ácido fólico com unidades de um carbono ligadas mostradas na forma ionizada.

Continua

FIGURA 23.11 Estrutura e reações do ácido fólico. (a) Estrutura do ácido fólico, mostrada na forma não ionizada. (b) Reações que introduzem unidades com um carbono no tetraidrofolato (THF) ligam sete intermediários folato diferentes que transportam unidades de um carbono em três estados de oxidação diferentes (−2, 0 e +2). (Adaptado de Brody, T. et al. In: Machain, L. J. *Handbook of Vitamins*. Nova York: Marcel Dekker, 1984.)

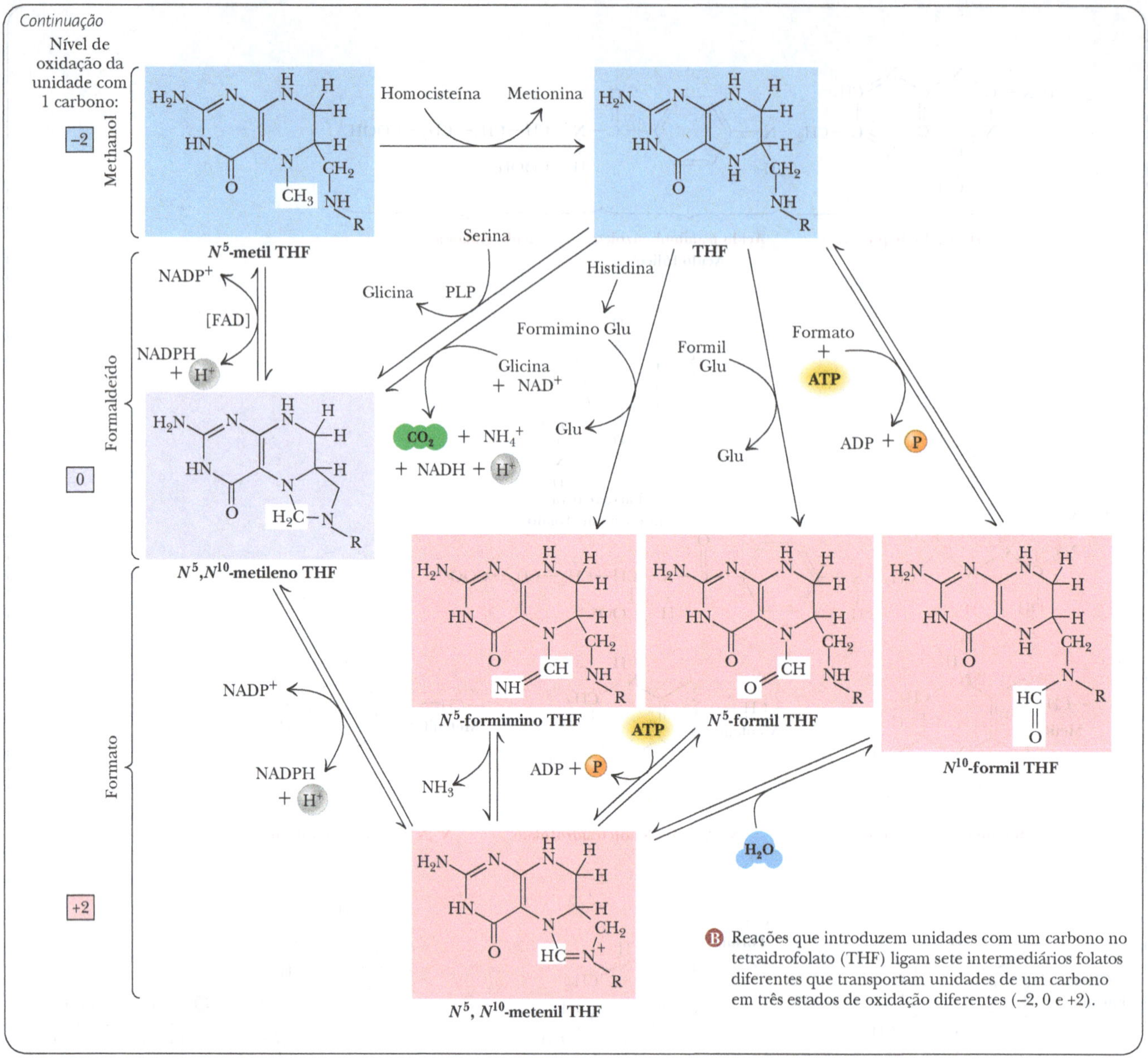
Continuação
Nível de oxidação da unidade com 1 carbono:
–2
Methanol
0
Formaldeído
+2
Formato
N^5-metil THF
Homocisteína
Metionina
THF
Serina
Glicina
PLP
NADP$^+$
[FAD]
NADPH + H^+
Histidina
Formimino Glu
Glicina + NAD$^+$
CO_2 + NH_4^+ + NADH + H^+
Glu
Formil Glu
Formato + ATP
ADP + P
N^5,N^{10}-metileno THF
N^5-formimino THF
N^5-formil THF
N^{10}-formil THF
NADP$^+$
NADPH + H^+
NH_3
ATP
ADP + P
H_2O
N^5, N^{10}-metenil THF

B Reações que introduzem unidades com um carbono no tetraidrofolato (THF) ligam sete intermediários folatos diferentes que transportam unidades de um carbono em três estados de oxidação diferentes (–2, 0 e +2).

FIGURA 23.11—continução

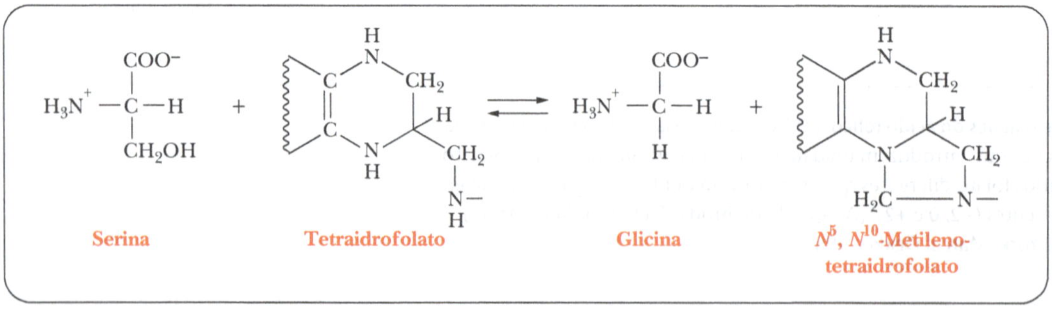
Serina
Tetraidrofolato
Glicina
N^5, N^{10}-Metileno-tetraidrofolato

FIGURA 23.12 Conversão da serina em glicina, mostrando a função do tetraidrofolato.

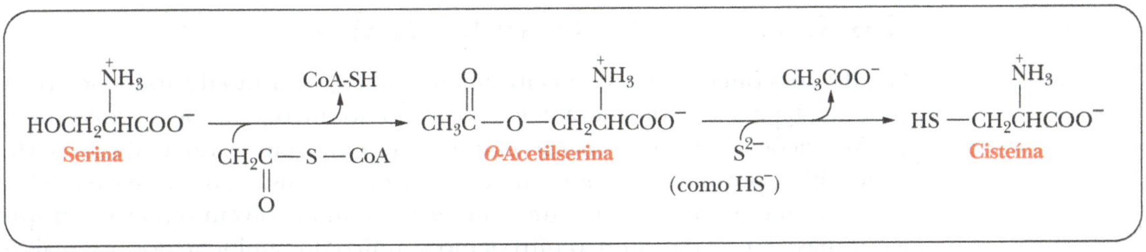
HOCH₂CHCOO⁻
Serina
CoA-SH
CH₂C—S—CoA
CH₃C—O—CH₂CHCOO⁻
O-Acetilserina
CH₃COO⁻
S²⁻
(como HS⁻)
HS—CH₂CHCOO⁻
Cisteína

FIGURA 23.13 Biossíntese da cisteína em plantas e bactérias.

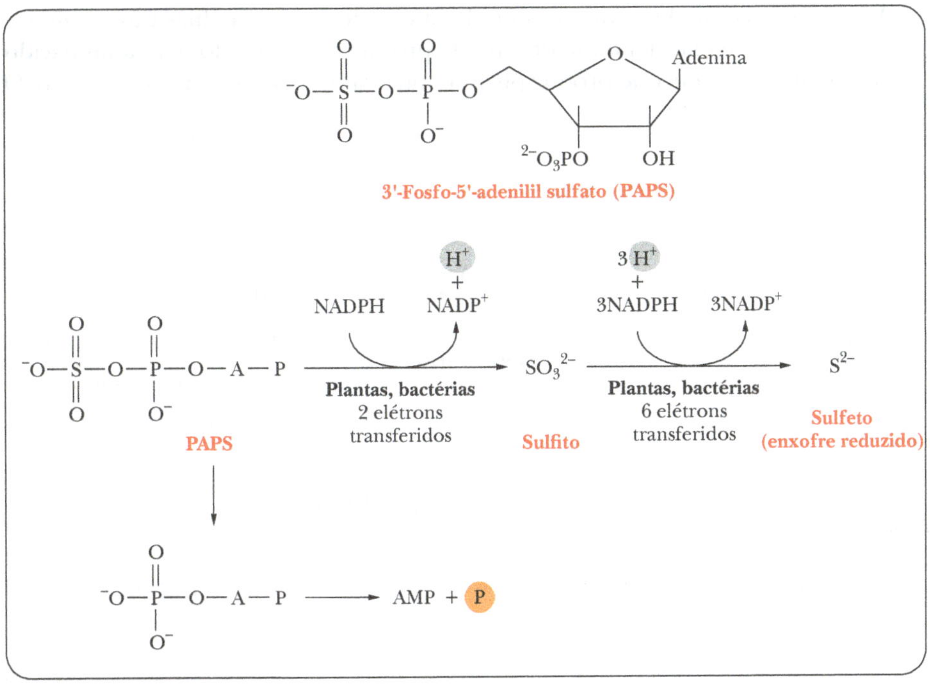
Adenina
3'-Fosfo-5'-adenilil sulfato (PAPS)
NADPH
NADP⁺
3NADPH
3NADP⁺
PAPS
Plantas, bactérias
2 elétrons
transferidos
Sulfito
6 elétrons
Sulfeto
(enxofre reduzido)
AMP + P

FIGURA 23.14 Reações de transferência de elétrons do enxofre em plantas e bactérias.

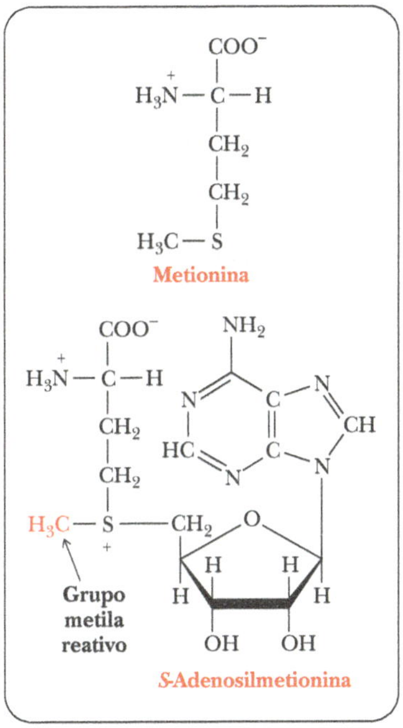
Metionina
Grupo
metila
reativo
S-Adenosilmetionina

FIGURA 23.15 Estrutura da S-adenosilmetionina (SAM), com a estrutura da metionina mostrada para comparação.

23-5 Aminoácidos Essenciais

A biossíntese de proteínas exige a presença de todos os aminoácidos constituintes. Se um dos 20 aminoácidos estiver ausente ou em pouca quantidade, a biossíntese proteica é inibida. Alguns organismos, como a *Escherichia coli*, podem sintetizar todos os aminoácidos de que precisam. Outras espécies, incluindo os seres humanos, devem obter alguns aminoácidos de fontes alimentares. Os aminoácidos essenciais para a nutrição humana estão listados na Tabela 23.1. O organismo pode sintetizar alguns desses aminoácidos, mas não em quantidades suficientes para suas necessidades, especialmente no caso de crianças em fase de crescimento. Este último ponto aplica-se particularmente à necessidade das crianças por arginina e histidina. Os aminoácidos não são armazenados (exceto nas proteínas) e, assim, as fontes alimentares de aminoácidos essenciais são necessárias em intervalos regulares. A falta de proteínas, especialmente uma deficiência prolongada de fontes que contenham aminoácidos essenciais, leva à doença **kwashiorkor.** O problema com esta doença, especialmente grave em crianças em fase de crescimento, não é simplesmente a desnutrição, mas a degradação das proteínas do próprio organismo.

kwashiorkor doença causada por uma séria deficiência proteica

23-6 Catabolismo de Aminoácidos

Quando nos concentramos especificamente no catabolismo de aminoácidos, a primeira etapa a ser considerada é a remoção do nitrogênio pela transaminação. As reações de transaminação também são importantes no anabolismo de aminoácidos, portanto é importante lembrar que as vias anabólica e catabólica não são exatamente o inverso uma da outra, nem envolvem o mesmo grupo de enzimas. No catabolismo, o nitrogênio amínico dos aminoácidos originais é transferido para o α-cetoglutarato para produzir glutamato, deixando os esqueletos de carbono para trás. Os destinos do esqueleto de carbono e do nitrogênio podem ser tratados separadamente.

Qual é o destino do esqueleto de carbono na degradação de aminoácido?

aminoácido glicogênico aminoácido que tem piruvato ou oxaloacetato como produto da degradação catabólica

A quebra dos esqueletos de carbono dos aminoácidos segue duas vias gerais, e a diferença entre elas depende do tipo de produto final obtido. Um **aminoácido glicogênico** é aquele que produz piruvato ou oxaloacetato na sua degradação. O

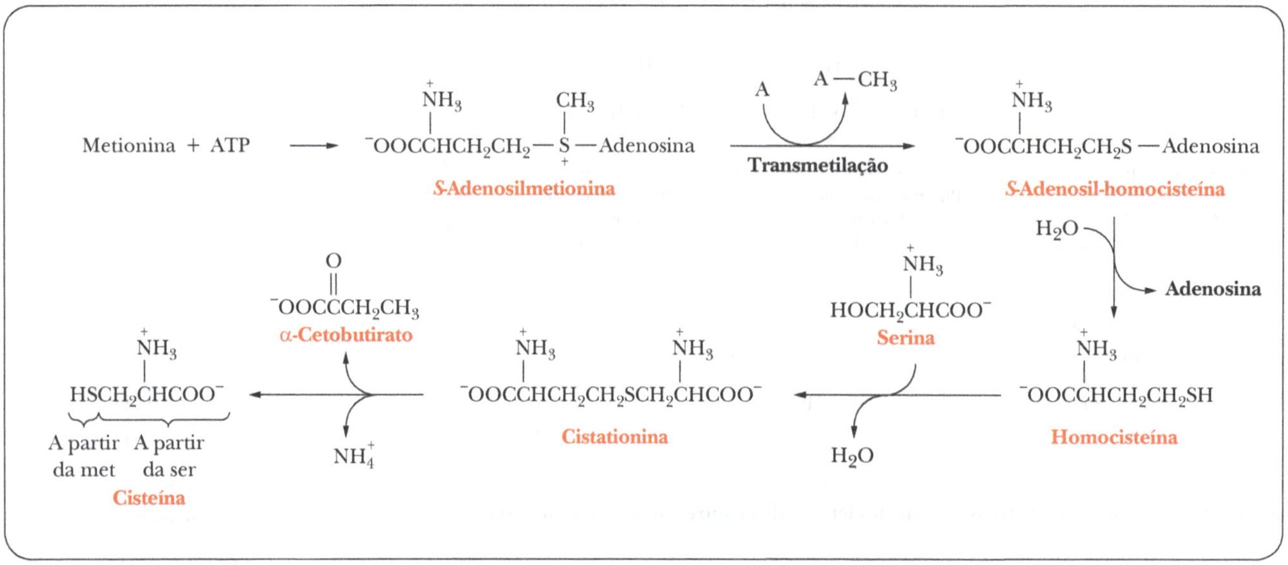
Metionina + ATP
S-Adenosilmetionina
A
A—CH3
Transmetilação
S-Adenosil-homocisteína
H2O
Adenosina
Homocisteína
Serina
H2O
Cistationina
α-Cetobutirato
NH4+
A partir da met
A partir da ser
Cisteína

FIGURA 23.16 **Biossíntese da cisteína em animais.** (A quer dizer "aceptor").

TABELA 23.1 **Necessidades de Aminoácidos para o Ser Humano**

Essenciais	Não Essenciais
Arginina*	Alanina
Histidina†	Asparagina
Isoleucina	Aspartato
Leucina	Cisteína
Lisina	Glutamato
Metionina	Glutamina
Fenilalanina	Glicina
Treonina	Prolina
Triptofano	Serina
Valina	Tirosina

* Os mamíferos sintetizam a arginina, mas quebram a maior parte dela para formar ureia (Seção 23-6).
† Essencial para crianças, mas não necessariamente para adultos.

Tabela 23.2 Aminoácidos Glicogênicos e Cetogênicos

Glicogênico	Cetogênico	Glicogênico e Cetogênico
Aspartato	Leucina	Isoleucina
Asparagina	Lisina	Fenilalanina
Alanina		Triptofano
Glicina		Tirosina
Serina		
Treonina		
Cisteína		
Glutamato		
Glutamina		
Arginina		
Prolina		
Histidina		
Valina		
Metionina		

oxaloacetato é o ponto inicial para a produção de glicose pela gliconeogênese. Um **aminoácido cetogênico** quebra-se em acetil-CoA ou acetoacetil-CoA, levando à formação de corpos cetônicos (Tabela 23.2; veja também a Seção 21-5). Os esqueletos de carbono dos aminoácidos originam os intermediários metabólicos como piruvato, acetil-CoA, acetoacetil-CoA, α-cetoglutarato, succinil-CoA, fumarato e oxaloacetato (veja a Figura 23.7). O oxaloacetato é um intermediário essencial na degradação dos esqueletos de carbono dos aminoácidos graças à sua dupla função no ciclo do ácido cítrico e na gliconeogênese. Os aminoácidos degradados a acetil-CoA e acetoacetil-CoA são utilizados no ciclo do ácido cítrico, mas os mamíferos não conseguem sintetizar a glicose a partir da acetil-CoA. Este fato é a origem da diferença entre os aminoácidos glicogênicos e cetogênicos. Os aminoácidos glicogênicos podem ser convertidos em glicose, tendo o oxaloacetato como intermediário, mas os aminoácidos cetogênicos não podem ser convertidos em glicose. Alguns aminoácidos têm mais de uma via para o catabolismo, e isto explica por que quatro dos aminoácidos estão listados como glicogênico e cetogênico.

aminoácido cetogênico aminoácido que tem acetil-CoA ou acetoacetil-CoA como produto da degradação catabólica

Excreção do Excesso de Nitrogênio

A porção nitrogenada dos aminoácidos está envolvida nas reações de transaminação tanto na degradação como na biossíntese. O excesso de nitrogênio é excretado em uma das três formas: *amônia* (como íon amônio), *ureia* e *ácido úrico* (Figura 23.17).

Os animais que, como os peixes, vivem em ambiente aquático excretam nitrogênio como amônia – eles estão protegidos dos efeitos tóxicos de altas concentrações de amônia não apenas pela remoção desse composto de seus organismos, mas também pela rápida diluição da amônia excretada na água do ambiente. O principal produto de excreção do metabolismo do nitrogênio em animais terrestres é a ureia (um composto solúvel em água). Suas reações fornecem algumas comparações interessantes com o ciclo do ácido cítrico. As aves excretam nitrogênio na forma de ácido úrico, que é insolúvel em água. Assim, não precisam carregar excesso de peso em água, o que comprometeria o voo, para se livrarem das excreções. O quadro CONEXÕES **BIOQUÍMICAS 23.2** entra em detalhes sobre este ponto.

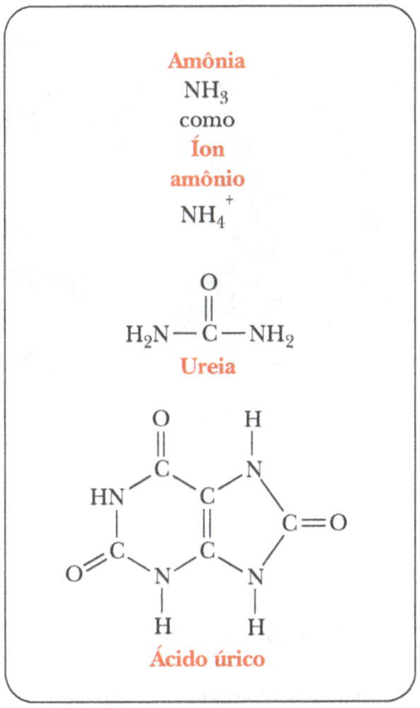
Amônia
NH3
como
Íon
amônio
NH4+
H2N—C—NH2
Ureia
Ácido úrico

Figura 23.17 **Produtos do catabolismo de aminoácidos que contêm nitrogênio.**

23.2 Conexões Bioquímicas | fisiologia

A Água e as Excreções de Nitrogênio

O gás amônia é tóxico para a maioria dos organismos e em geral deve ser rapidamente descartado. De certa ótica, uma pessoa quase pode adivinhar o mecanismo de eliminação de excretas nitrogenadas se souber a quantidade de água disponível para o organismo em questão. Por exemplo, bactérias e peixes, que vivem em ambiente com suprimento "infinito" de água, simplesmente liberam amônia no meio, onde os organismos inferiores na escala evolutiva podem utilizá-la. Às vezes, os peixes produzem trimetilamina, outro composto altamente solúvel em água, que é o característico "cheiro de peixe". A maioria dos animais terrestres não tem suprimento "infinito" de água, mas os mamíferos, por possuírem bexiga, normalmente vivem em condições com disponibilidade adequada de água. Seu mecanismo de descarte da maioria das toxinas é preparar um composto hidrossolúvel e, então, excretá-lo pela urina. Assim, a ureia se torna o mais importante catabólito nitrogenado dos mamíferos.

Répteis e outros animais do deserto normalmente não têm muita água disponível, e as aves não podem carregar o peso de uma bexiga cheia.

Esses animais não produzem ureia – em vez disso, convertem todo o seu excreto nitrogenado em ácido úrico (Figura 23.17), a massa branca sólida tão familiar nos excrementos de pássaros. Alguns mamíferos do deserto, como o rato-canguru, que nunca bebe água, mas sobrevive com a água metabólica, também convertem uma parte de seu excreto nitrogenado em ácido úrico para conservar a água utilizada na formação da urina.

O ácido úrico, produto de excreção típico das purinas, pode resultar em problemas nos primatas em razão de sua pouca solubilidade em água. Depósitos de ácido úrico nas articulações e extremidades causam gota (Seção 23-8). Outros mamíferos não têm problema com ácido úrico porque o convertem em alantoína, que é bastante solúvel em água. ◗

Susan Flashman/shutterstock.com

O rato-canguru algumas vezes converte sua excreção de nitrogênio em ácido úrico.

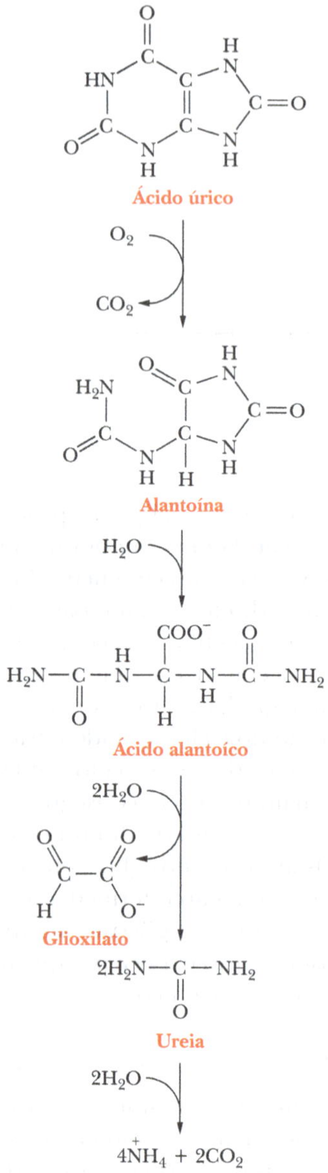
Ácido úrico
O_2
CO_2
Alantoína
H_2O
Ácido alantoíco
$2H_2O$
Glioxilato
Ureia
$2H_2O$
$4\overset{+}{N}H_4 + 2CO_2$

Catabolismo do ácido úrico em amônia e CO_2.

◗ *Qual é o papel do ciclo da ureia na degradação de aminoácidos?*

ciclo da ureia via que leva à excreção de produtos não utilizados do metabolismo do nitrogênio, especialmente os de aminoácidos

Uma via central no metabolismo do nitrogênio é o **ciclo da ureia** (Figura 23.18). As moléculas de nitrogênio que entram no ciclo da ureia vêm de diversas fontes. Uma dessas moléculas de nitrogênio é adicionada nas mitocôndrias e seu precursor imediato é o glutamato, que libera amônia por meio da glutamato desidrogenase. Entretanto, os nitrogênios de amônia do glutamato vieram de diversas fontes como resultado das reações de transaminação. A glutaminase mitocondrial também fornece amônia livre que pode entrar no ciclo. Uma reação de condensação entre o íon amônio e o dióxido de carbono produz *carbamoil fosfato* em uma reação que precisa da hidrólise de duas moléculas de ATP para cada molécula de carbamoil fosfato. Este reage com a *ornitina* (Etapa 1) para formar a *citrulina.* Esta é, então, transportada para o citosol. Um segundo nitrogênio entra no ciclo da ureia quando o aspartato reage com a citrulina para formar *argininossuccinato* em outra reação que precisa de ATP (AMP e PP_i são produzidos nesta reação; Etapa 2). O grupo amino do aspartato é a origem do segundo nitrogênio da ureia que será formada nesta série de reações. O argininossuccinato é quebrado para produzir *arginina* e *fumarato* (Etapa 3). Por fim, a arginina é hidrolisada para formar ureia e regenerar a ornitina, que é transportada de volta à mitocôndria (Etapa 4). A biossíntese da arginina a partir da ornitina é abordada no site Bioquímica Interativa. Outra forma de observar o ciclo da ureia é considerar a arginina como precursor imediato da ureia e vê-la como produtora de ornitina no processo. De acordo com esta perspectiva, o restante do ciclo é a regeneração da arginina a partir da ornitina.

A síntese do fumarato é um elo entre os ciclos da ureia e do ácido cítrico. O fumarato, obviamente, é um intermediário do ciclo do ácido cítrico e pode ser convertido em oxaloacetato. Uma reação de transaminação pode converter o oxaloacetato em aspartato, fornecendo outro elo entre os dois ciclos (Figura 23.19). Na verdade, as duas vias foram descobertas pela mesma pessoa, Hans Krebs. Quatro ligações fosfato de "alta energia" são necessárias por causa da produção de pirofosfato na conversão do aspartato em argininossuccinato.

Nos seres humanos, a síntese da ureia é utilizada para eliminar o excesso de nitrogênio, como pode ser observado após uma refeição rica em proteínas. A via é restrita ao fígado. Observe que a arginina, precursora imediata da ureia, é o aminoácido mais rico em nitrogênio, mas a origem do nitrogênio na arginina varia. O principal ponto de controle é a enzima mitocondrial *carbamoil fosfato sintetase I* (CPS-I), e a formação de carbamoil fosfato é a etapa comprometida no ciclo da ureia. A CPS-I é ativada de forma alostérica pelo *N*-acetilglutamato:

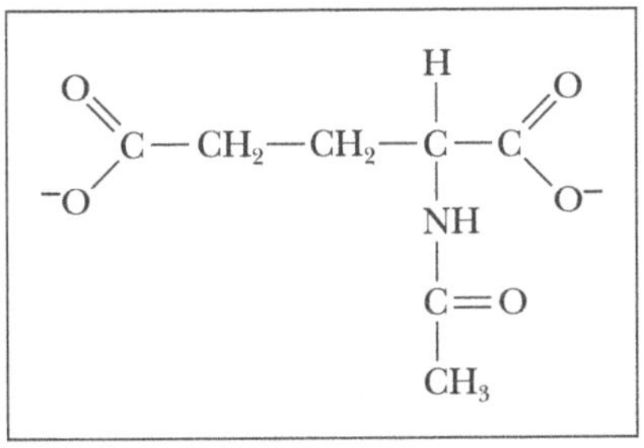

O *N*-acetilglutamato é formado por uma reação entre o glutamato e a acetil-CoA, que é catalisada pela *N*-acetilglutamato sintase. Essa enzima é ativada por concentrações maiores de arginina. Assim, quando o catabolismo do aminoácido é alto, grandes quantidades de glutamato estarão presentes na degradação da glutamina, na síntese por meio da glutamato desidrogenase e nas reações de transaminação. Níveis maiores de glutamato levarão a níveis maiores de *N*-acetilglutamato, seguidos pelo aumento na atividade do ciclo da ureia. Além disso, cada vez que houver acúmulo de arginina, tanto pelo catabolismo proteico como pelo acúmulo de ornitina e pelo baixo nível de atividade da CPS-I, a arginina estimulará a síntese de *N*-acetilglutamato e, portanto, aumentará a atividade da CPS-I.

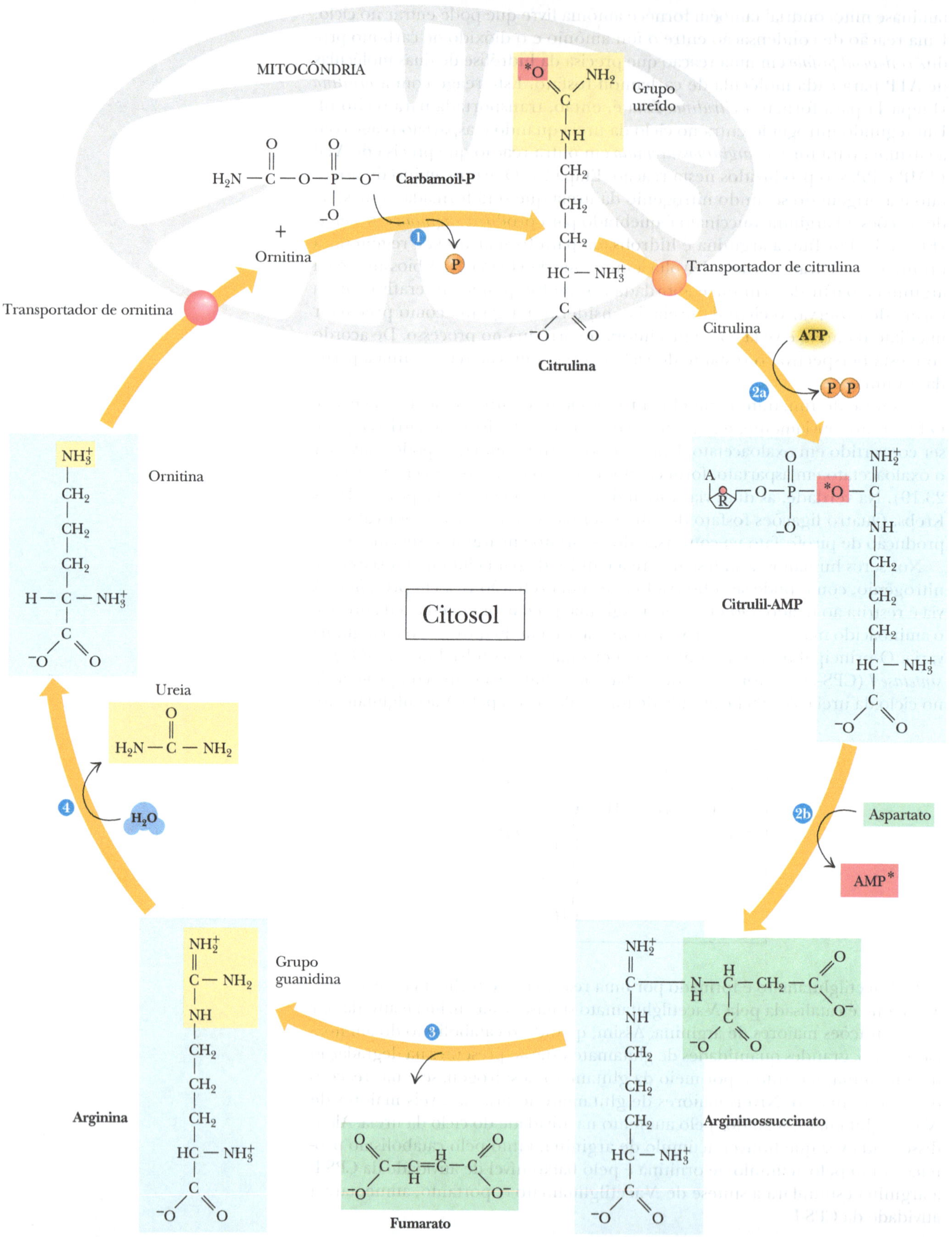
MITOCÔNDRIA
Carbamoil-P
Ornitina
Grupo ureído
Citrulina
Transportador de citrulina
Transportador de ornitina
ATP
Ornitina
Citrulil-AMP
Citosol
Ureia
H_2O
Aspartato
AMP*
Grupo guanidina
Arginina
Fumarato
Argininossuccinato

FIGURA 23.18 Série de reações do ciclo da ureia. A transferência do grupo carbamoila do carbamoil-P para a ornitina pela ornitina transcarbamoilase (OTCase, reação 1) produz a citrulina. O grupo ureído da citrulina é, então, ativado pela reação com o ATP para fornecer o intermediário citrulil–AMP (reação 2a). O AMP é, então, deslocado pelo aspartato, que está ligado à estrutura de carbono da citrulina pelo seu grupo α-amino (reação 2b). No decorrer da reação 2 foi verificado utilizando-se citrulina marcada com ^{18}O. A marca ^{18}O (indicada pelo asterisco, *) foi recuperada no AMP. A citrulina e o AMP são unidos pelo átomo *O do ureído. O produto dessa reação é o argininossuccinato; a enzima que catalisa as duas etapas da reação 2 é a argininossuccinato sintetase. A etapa seguinte (reação 3) é executada por uma argininossuccinase, que catalisa a remoção não hidrolítica do fumarato do argininossuccinato para produzir arginina. A hidrólise da arginina pela arginase (reação 4) produz ureia e ornitina, completando o ciclo da ureia.

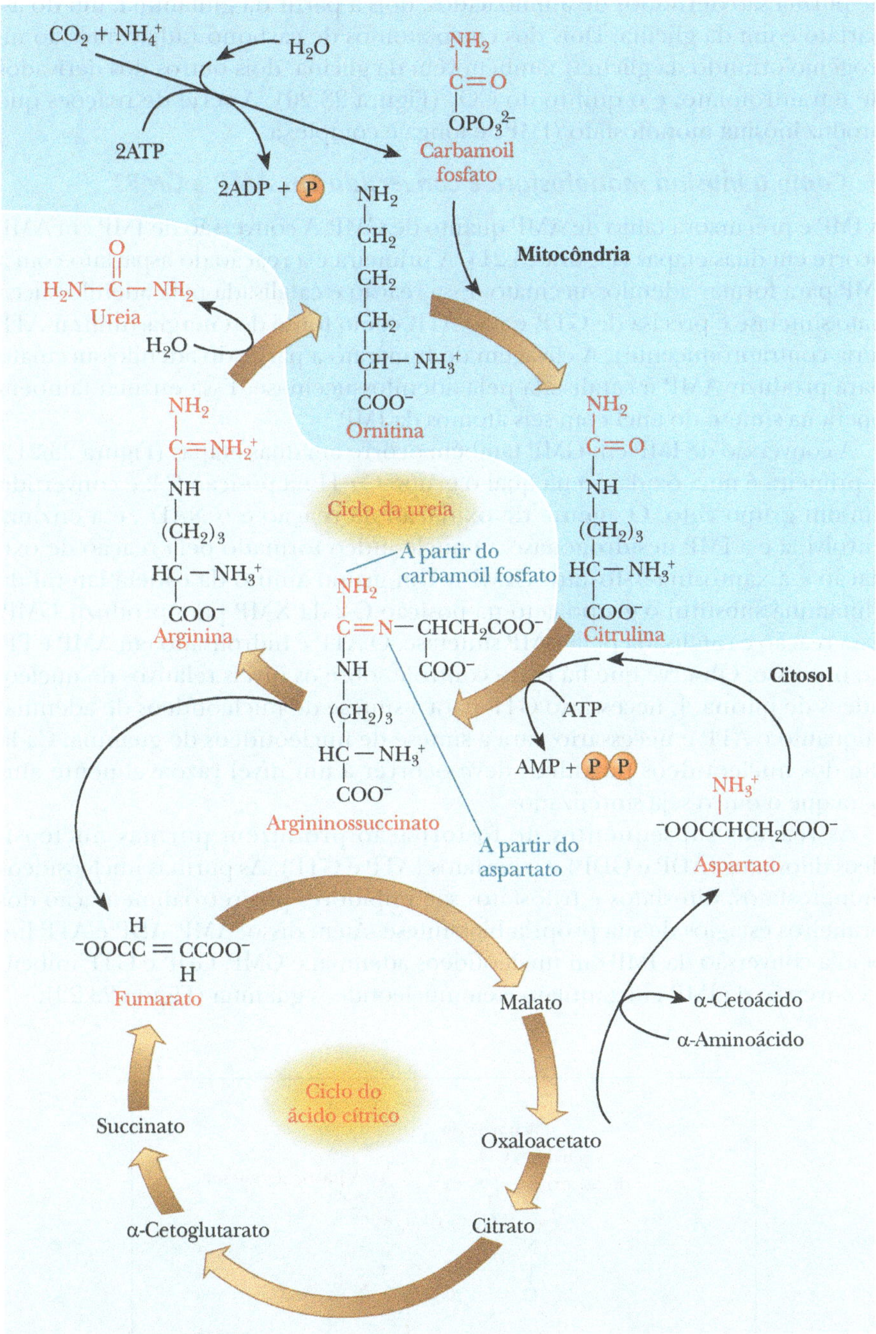
$CO_2 + NH_4^+$
H_2O
2ATP
2ADP + P
Carbamoil fosfato
Mitocôndria
Ureia
H_2O
Ornitina
Citrulina
Arginina
Ciclo da ureia
A partir do carbamoil fosfato
Argininossuccinato
A partir do aspartato
Citosol
ATP
AMP + P P
Aspartato
Fumarato
Malato
α-Cetoácido
α-Aminoácido
Ciclo do ácido cítrico
Succinato
Oxaloacetato
α-Cetoglutarato
Citrato

FIGURA 23.19 O ciclo da ureia e alguns de seus elos com o ciclo do ácido cítrico. Parte deste ciclo ocorre na mitocôndria e parte no citosol. O fumarato e o aspartato são os elos diretos com o ciclo do ácido cítrico. O fumarato é um intermediário do ciclo do ácido cítrico. O aspartato vem da transaminação do oxaloacetato, que também é um intermediário do ciclo do ácido cítrico.

23-7 Biossíntese da Purina

Já discutimos a formação de ribose-5-fosfato como parte da via de pentose fosfato (Seção 18-4). A via biossintética para ambos os nucleotídeos, purina e pirimidina, usa a ribose-5-fosfato formada anteriormente. As purinas e pirimidinas são sintetizadas de diferentes maneiras, e as consideraremos separadamente.

O Anabolismo da Inosina Monofosfato

Na síntese dos nucleotídeos purina, o sistema crescente de anéis é ligado à ribose fosfato enquanto o esqueleto da purina está sendo montado – primeiro, o anel com cinco elementos e, depois, o anel com seis elementos – produzindo, ao final, inosina-5'-monofosfato. Todos os quatro átomos de nitrogênio do anel de purina são derivados de aminoácidos: dois a partir da glutamina, um do aspartato e um da glicina. Dois dos cinco átomos de carbono (adjacentes ao nitrogênio oriundo da glicina) também vêm da glicina, dois outros dos derivados de tetraidrofolato, e o quinto do CO_2 (Figura 23.20). A série de reações que produz inosina monofosfato (IMP) é longa e complexa.

Como a inosina monofosfato é convertida em AMP e GMP?

A IMP é precursora tanto de AMP quanto de GMP. A conversão de IMP em AMP ocorre em duas etapas (Figura 23.21). A primeira é a reação do aspartato com a IMP para formar adenilossuccinato. Essa reação é catalisada pela adenilossuccinato sintetase e precisa de GTP, e não ATP, como fonte de energia (utilizar ATP seria contraproducente). A clivagem do fumarato a partir do adenilossuccinato para produzir AMP é catalisada pela adenilossuccinase. Essa enzima também opera na síntese do anel com seis átomos da IMP.

A conversão de IMP em GMP também ocorre em duas etapas (Figura 23.21). A primeira é uma oxidação na qual o grupo C—H na posição C-2 é convertido em um grupo ceto. O agente de oxidação na reação é o NAD^+, e a enzima envolvida é a IMP desidrogenase. O nucleotídeo formado pela reação de oxidação é a xantosina-5'-fosfato (XMP). Um grupo amino da cadeia lateral da glutamina substitui o grupo ceto na posição C-2 da XMP para produzir GMP. Essa reação é catalisada pela GMP sintetase. O ATP é hidrolisado em AMP e PP_i no processo. Observe que há certo controle sobre os níveis relativos de nucleotídeos de purina. É necessário GTP para a síntese de nucleotídeos de adenina, enquanto o ATP é necessário para a síntese de nucleotídeos de guanina. Cada um dos nucleotídeos purínicos deve ocorrer a um nível razoavelmente alto para que o outro seja sintetizado.

As reações subsequentes de fosforilação produzem purinas nucleosídeos difosfatos (ADP e GDP) e trifosfatos (ATP e GTP). As purinas nucleosídeos monofosfatos, difosfatos e trifosfatos são inibidores por retroalimentação dos primeiros estágios de sua própria biossíntese. Além disso, AMP, ADP e ATP inibem a conversão da IMP em nucleotídeos adenina, e GMP, GDP e GTP inibem a conversão da IMP em xantilato e em nucleotídeos guanina (Figura 23.22).

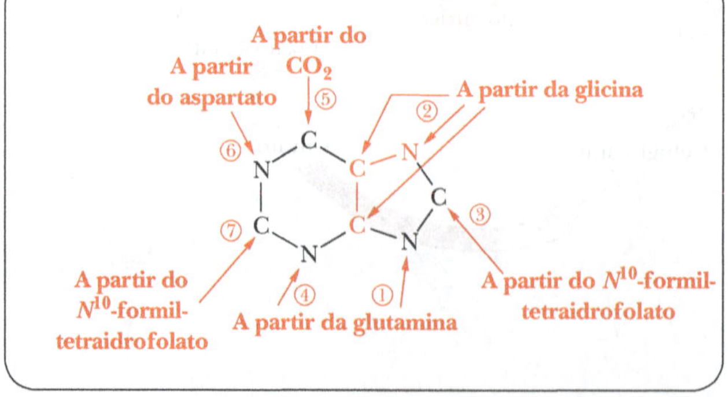
A partir do CO_2
A partir do aspartato
A partir da glicina
A partir do N^{10}-formiltetraidrofolato
A partir da glutamina
A partir do N^{10}-formiltetraidrofolato

FIGURA 23.20 Fontes de átomos no anel purínico na biossíntese do nucleotídeo de purina. O sistema de numeração indica a ordem na qual cada átomo, ou grupo de átomos, é adicionado.

A

Síntese de AMP: (As duas reações da síntese de AMP imitam as etapas na via da purina que levam à IMP.) Na Etapa 1, o 6-*O* da inosina é deslocado pelo aspartato para produzir adenilossuccinato. A energia necessária para acionar essa reação é derivada da hidrólise de GTP. A enzima é a adenilossuccinato sintetase. O AMP é um inibidor competitivo (com relação ao substrato IMP) da adenilossuccinato sintetase. Na Etapa 2, a adenilossuccinase (também conhecida como adenilossuccinato liase, a mesma enzima que catalisa uma das etapas na via da purina) executa a remoção não hidrolítica do fumarato do adenilossuccinato, deixando o AMP.

B

Síntese de GMP: As duas reações da síntese de GMP são de oxidação dependente de NAD^+ seguida por uma reação de amidotransferase. Na Etapa 1, a IMP desidrogenase utiliza os substratos NAD^+ e H_2O na oxidação catalisadora de IMP no C-2. Os produtos são ácido xantílico (XMP ou xantosina monofosfato), NADH e H^+. A GMP é uma inibidora competitiva (com relação à IMP) da IMP desidrogenase. Na Etapa 2, a transferência do amido-N da glutamina para a posição C-2 da XMP produz GMP. Essa reação dependente de ATP é catalisada pela GMP-sintetase. Além da GMP, os produtos são glutamato, AMP e PP_i. A hidrólise de PP_i em $2P_i$ por pirofosfatases orienta essa reação até sua conclusão.

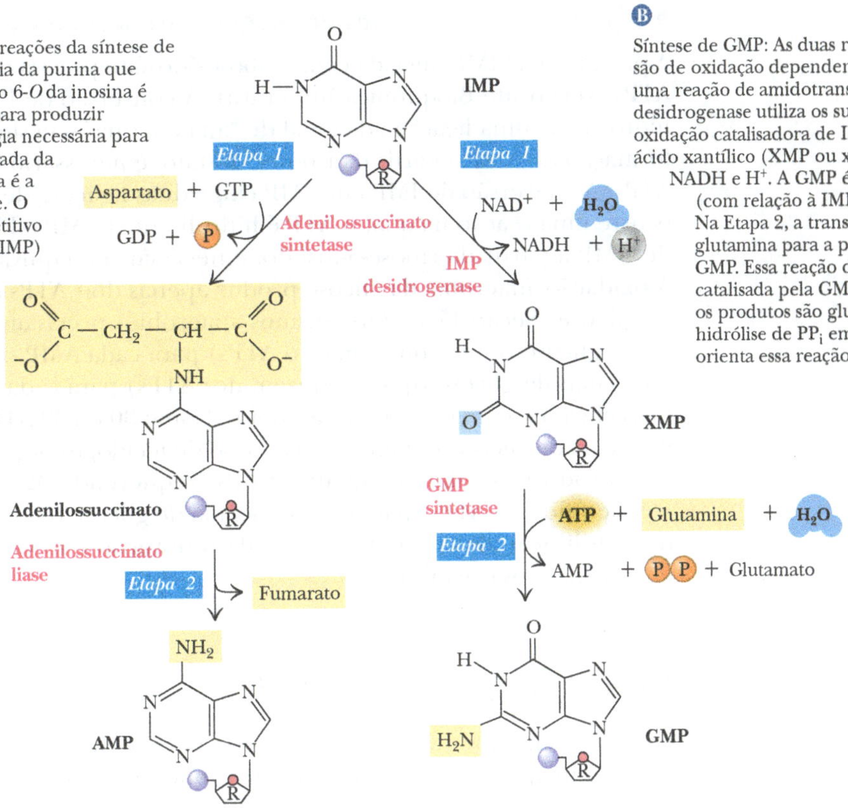

IMP
Etapa 1
Aspartato + GTP
GDP + P
Adenilossuccinato sintetase
Adenilossuccinato
Adenilossuccinato liase
Etapa 2
Fumarato
AMP
Etapa 1
NAD+ + H2O
NADH + H+
IMP desidrogenase
XMP
GMP sintetase
ATP + Glutamina + H2O
Etapa 2
AMP + P P + Glutamato
GMP

FIGURA 23.21 Síntese de AMP e GMP a partir da IMP.

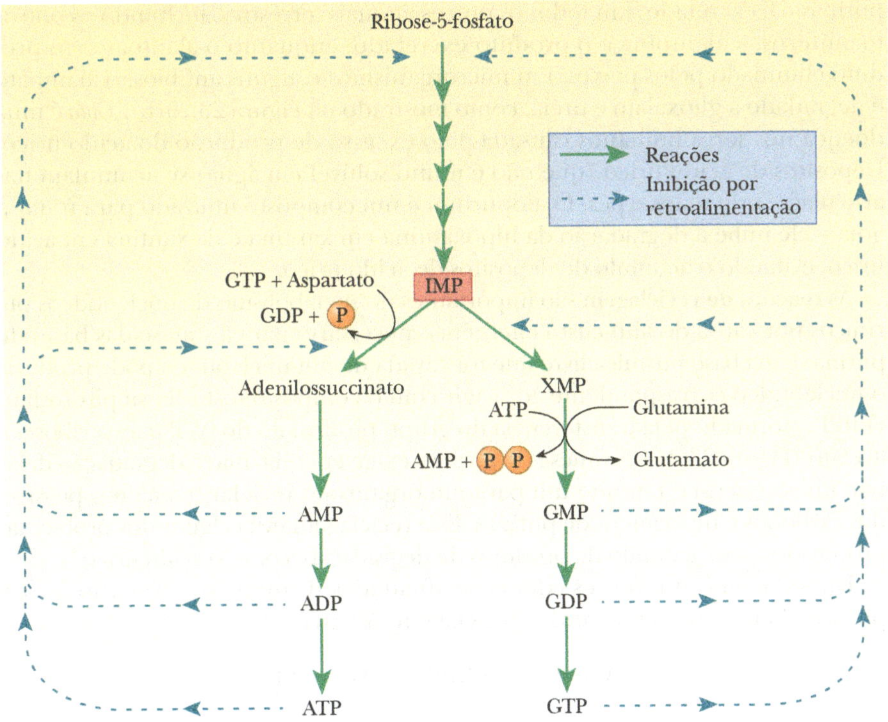

Ribose-5-fosfato
Reações
Inibição por retroalimentação
GTP + Aspartato
GDP + P
IMP
Adenilossuccinato
XMP
ATP
Glutamina
AMP + P P
Glutamato
AMP
GMP
ADP
GDP
ATP
GTP

FIGURA 23.22 Função da inibição por retroalimentação na regulação da biossíntese de um nucleotídeo purínico.

Quais são as exigências de energia para a produção de AMP e GMP?

A produção de IMP iniciada com a ribose-5-fosfato precisa do equivalente a sete ATPs (veja o site Bioquímica Interativa). A conversão de IMP em AMP requer hidrólise de uma ligação adicional de "alta energia" – neste caso, a da GTP. Na formação de AMP a partir da ribose-5-fosfato, é necessário o equivalente a oito ATPs. A conversão de IMP em GMP exige duas ligações de "alta energia", pois ocorre uma reação na qual o ATP é hidrolisado a AMP e PP_i. Para a produção de GMP a partir da ribose-5-fosfato, é necessário o equivalente a nove ATPs. A oxidação anaeróbia da glicose produz apenas dois ATPs para cada molécula de glicose (Seção 17-1). Organismos anaeróbios precisam de quatro moléculas de glicose (que produzem oito ATPs) para cada AMP sintetizado, ou cinco moléculas de glicose (que produzem dez ATPs) para cada GMP. O processo é mais eficiente para organismos aeróbios. Como 30 ou 32 ATPs resultam de cada molécula de glicose, dependendo do tipo de tecido, os organismos aeróbios podem produzir idealmente quatro AMPs (requerendo 32 ATPs) ou três GMPs (requerendo 36 ATPs) para cada molécula de glicose oxidada. Um mecanismo de reutilização das purinas, em vez da renovação e nova síntese, economiza energia para os organismos.

23-8 Catabolismo da Purina

O catabolismo dos nucleotídeos de purina ocorre pela hidrólise até o nucleosídeo e, subsequentemente, até a base livre, que é então degradada. A deaminação da guanina produz a xantina, e a da adenina, hipoxantina, a base correspondente ao nucleosídeo inosina, que é mostrado na Figura 23.23(a). A hipoxantina pode ser oxidada a xantina; portanto, esta base é um produto comum de degradação da adenina e da guanina. A xantina é oxidada, por sua vez, ao **ácido úrico** (Seção 23-6). Em aves, alguns répteis, insetos, cães da raça dálmata e primatas (incluindo o homem), o ácido úrico é o produto final do metabolismo de purinas e é excretado. Em todos os outros animais terrestres, incluindo os outros mamíferos, a alantoína é o produto excretado, enquanto o alantoato é o produto eliminado pelos peixes. Em microrganismos e alguns anfíbios, o alantoato é degradado a glioxalato e ureia, como mostrado na Figura 23.23(b). *Gota* é uma doença nos seres humanos causada pelo excesso de produção do ácido úrico. Depósitos de ácido úrico (que não é muito solúvel em água) se acumulam nas articulações de mãos e pés. O alopurinol é um composto utilizado para tratar a gota – ele inibe a degradação da hipoxantina em xantina e da xantina em ácido úrico, evitando o acúmulo de depósitos de ácido úrico.

ácido úrico produto do catabolismo de compostos nitrogenados, especialmente purinas; o acúmulo de ácido úrico nas articulações causa gota nos humanos

As **reações de reciclagem** são importantes no metabolismo de nucleotídeos purínicos por causa do alto custo energético necessário para a síntese das bases de purina. Uma base purínica livre que foi clivada de um nucleotídeo pode produzir o nucleotídeo correspondente ao reagir com o composto fosforibosil pirofosfato (PRPP), formado pela transferência do grupo pirofosfato do ATP para a ribose-5-fosfato (Figura 23.24). A síntese de purinas exige energia, mas a degradação delas não libera energia. É muito útil para um organismo reciclar o máximo possível dos carbonos e nitrogênios de purinas. Esta reciclagem evita alguns dos problemas provocados pelo acúmulo de produtos de degradação, como o ácido úrico.

reações de reciclagem reações que reutilizam compostos, como as purinas, que precisam de grandes quantidades de energia para ser produzidas

Duas enzimas diferentes com especificidades distintas com relação à base purínica catalisam as reações de reciclagem. A reação

$$\text{Adenina} + \text{PRPP} \rightarrow \text{AMP} + \text{PP}_i$$

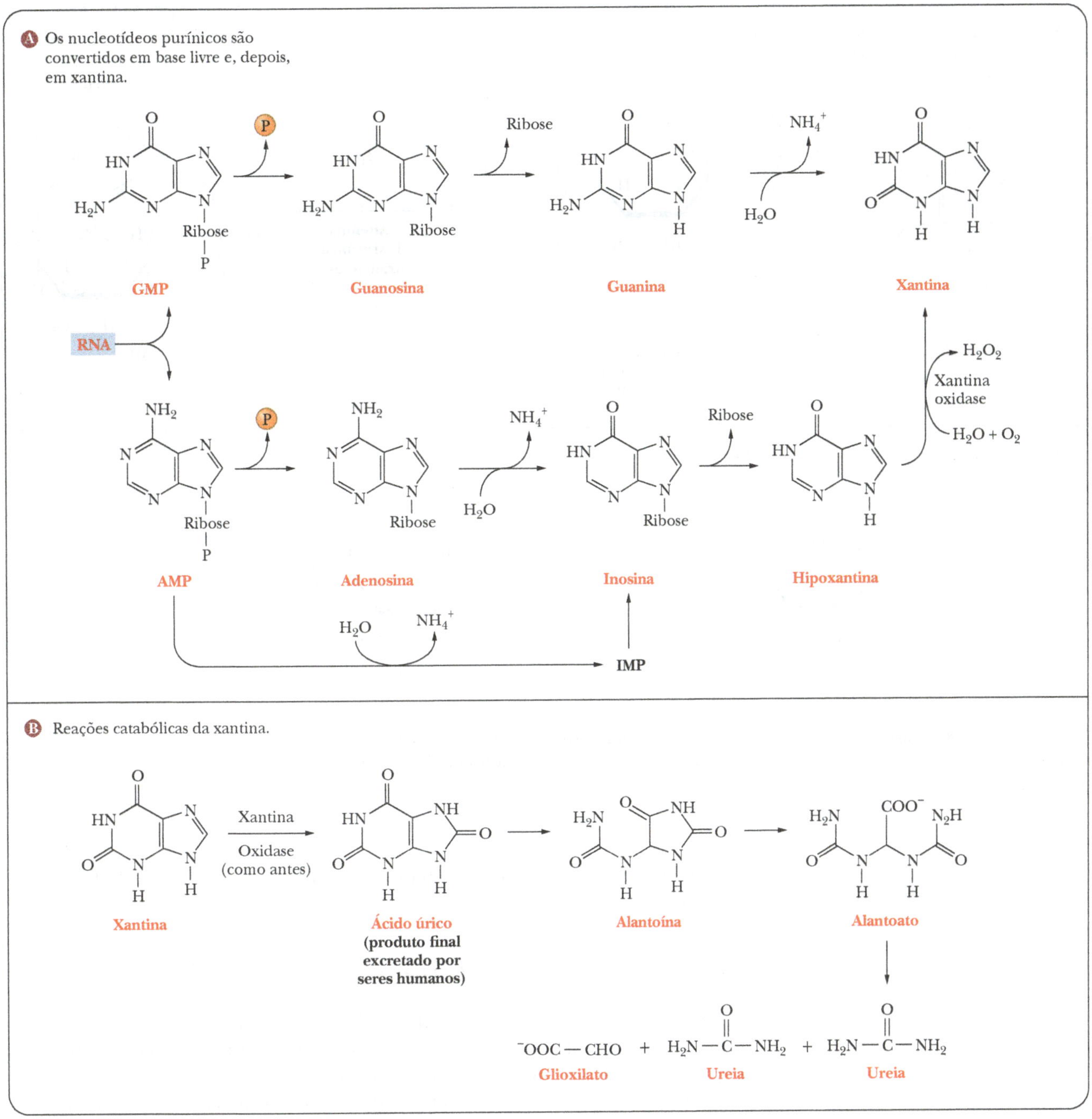
A Os nucleotídeos purínicos são convertidos em base livre e, depois, em xantina.
GMP
Guanosina
Guanina
Xantina
Ribose
NH4+
H2O
RNA
Xantina oxidase
H2O2
H2O + O2
AMP
Adenosina
Inosina
Hipoxantina
IMP
B Reações catabólicas da xantina.
Xantina
Oxidase
(como antes)
Ácido úrico
(produto final excretado por seres humanos)
Alantoína
Alantoato
-OOC — CHO + H2N — C — NH2 + H2N — C — NH2
Glioxilato
Ureia
Ureia

FIGURA 23.23 Reações do catabolismo de purinas. (a) Os nucleotídeos purínicos são convertidos em base livre e, depois, em xantina. (b) Reações catabólicas da xantina.

é catalisada pela adenina-fosforibosil-transferase. As reações correspondentes da guanina e da hipoxantina

$$\text{Hipoxantina} + \text{PRPP} \xrightarrow{\text{HGPRT}} \text{IMP} + \text{PP}_i$$

$$\text{Guanina} + \text{PRPP} \xrightarrow{\text{HGPRT}} \text{GMP} + \text{PP}_i$$

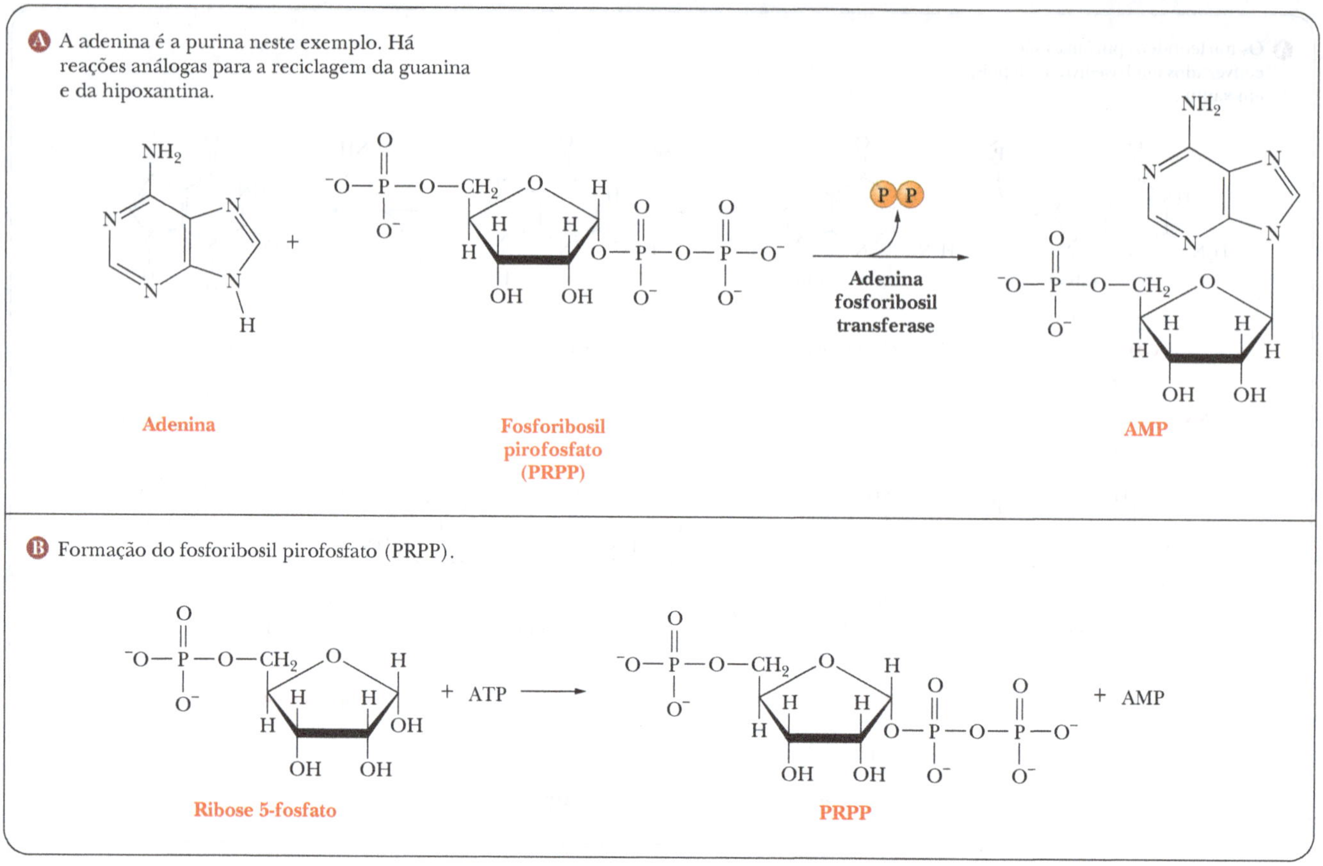
A A adenina é a purina neste exemplo. Há reações análogas para a reciclagem da guanina e da hipoxantina.
Adenina
Fosforibosil pirofosfato (PRPP)
Adenina fosforibosil transferase
AMP
B Formação do fosforibosil pirofosfato (PRPP).
+ ATP
+ AMP
Ribose 5-fosfato
PRPP

FIGURA 23.24 Reciclagem de purina. (a) A adenina é a purina neste exemplo. Há reações análogas para a reciclagem da guanina e da hipoxantina. (b) Formação do fosforibosil pirofosfato (PRPP).

são catalisadas pela hipoxantina-guanina-fosforibosil-transferase (HGPRT) (Figura 23.25).

23-9 Biossíntese e Catabolismo de Pirimidina

O Anabolismo dos Nucleotídeos Pirimidínicos

O esquema geral da biossíntese dos nucleotídeos pirimidínicos é diferente daquele encontrado nos purínicos, porque o anel da pirimidina é montado antes de ser acoplado à ribose-5-fosfato. Os átomos de carbono e nitrogênio do anel de pirimidina vêm do carbamoil fosfato e do aspartato. A produção de carbamoil fosfato para a biossíntese da pirimidina ocorre no citosol e o doador de nitrogênio é a glutamina. (Já vimos uma reação para produção de carbamoil fosfato quando discutimos o ciclo da ureia na Seção 23-6. Esta reação é diferente da que estamos analisando porque ocorre nas mitocôndrias e o doador de nitrogênio é o NH_4^+.)

$$HCO_3^- + \text{Glutamina} + 2\text{ATP} + H_2O \rightarrow \text{Carbamoil fosfato} + \text{Glutamato} + 2\text{ADP} + P_i$$

A reação do carbamoil fosfato com o aspartato para produzir *N*-carbamoil aspartato é a etapa comprometida na biossíntese de pirimidina. Os compostos envolvidos na reação até este ponto na via podem ter outras funções no metabolismo; depois dele, o *N*-carbamoil aspartato poderá ser utilizado apenas

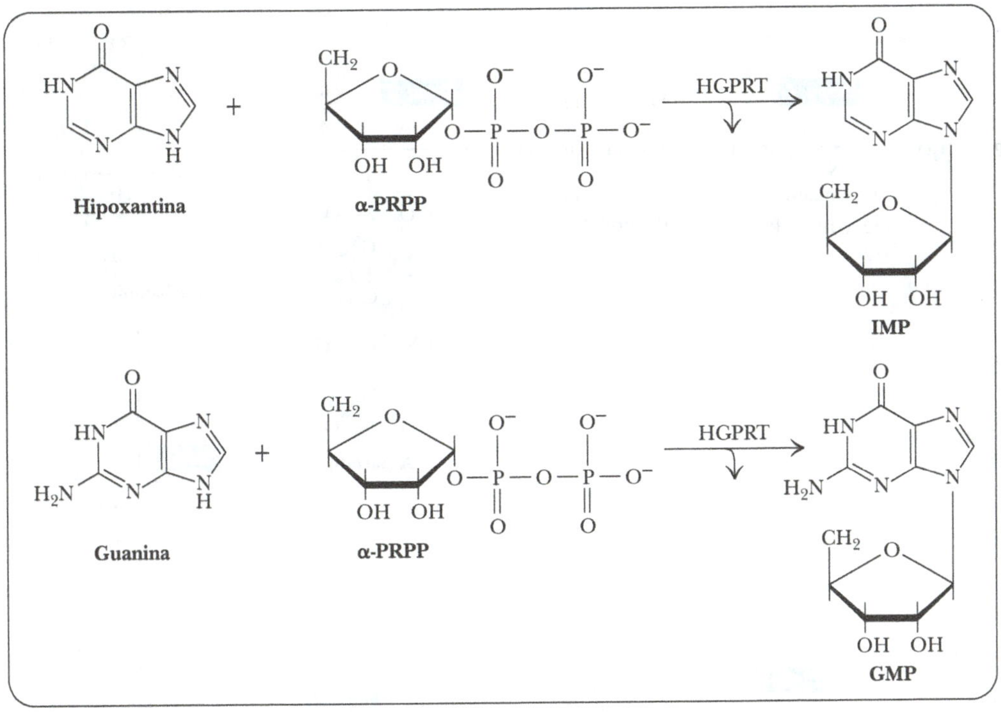
Hipoxantina
α-PRPP
HGPRT
IMP
Guanina
α-PRPP
HGPRT
GMP

Figura 23.25 Reciclagem da purina pela reação da HGPRT.

para produzir pirimidinas – daí o termo "etapa comprometida". Essa reação é catalisada pela aspartato transcarbamoilase, que foi discutida com detalhes no Capítulo 7 como um excelente exemplo de enzima alostérica submetida à regulação por retroalimentação. A próxima etapa, conversão de *N*-carbamoil aspartato a diidro-oviato, ocorre em uma reação que envolve uma desidratação (perda de água) intramolecular, assim como ciclização. Essa reação é catalisada pela diidro-oviase. O diidro-oviato é então convertido em oviato pela diidro-oviato desidrogenase, com a conversão concomitante de NAD^+ em NADH. Um nucleotídeo de pirimidina é formado pela reação do oviato com o PRPP para produzir orotidina-5'-monofosfato (OMP), que é uma reação semelhante à que ocorre na reciclagem das purinas (Seção 23-8). A oviato-fosforibosil-transferase catalisa esta reação. Por fim, a orotidina-5'-fosfato-descarboxilase catalisa a conversão de OMP em UMP (uridina-5'-monofosfato), que é a precursora dos nucleotídeos pirimidínicos restantes (Figura 23.26).

Duas reações sucessivas de fosforilação convertem UMP em UTP (Figura 23.27). A conversão de uracila em citosina ocorre na forma trifosfato, catalisada pela CTP sintetase (Figura 23.28). A glutamina é a doadora de nitrogênio, e ATP é necessário, como já visto em reações semelhantes.

$$\text{UTP} + \text{Glutamina} + \text{ATP} \rightarrow \text{CTP} + \text{Glutamato} + \text{ADP} + \text{P}_i$$

A inibição por retroalimentação na biossíntese de nucleotídeos de pirimidina ocorre de diversas formas. A CTP é inibidora da aspartato transcarbamoilase e da CTP sintetase. A UMP é inibidora de uma etapa anterior, aquela catalisada pela carbamoil fosfato sintetase (Figura 23.29).

O Catabolismo da Pirimidina

Os nucleotídeos pirimidina são inicialmente degradados até seus nucleotídeos e, depois, até a base livre, assim como ocorre com os nucleotídeos purínicos. A citosina pode ser deaminada a uracila, e a ligação dupla do anel de uracila é reduzida para produzir di-idrouracila. O anel se abre formando *N*-carbamoil propionato, que, por sua vez, é decomposto em NH_4^+, CO_2 e *β*-alanina (Figura 23.30).

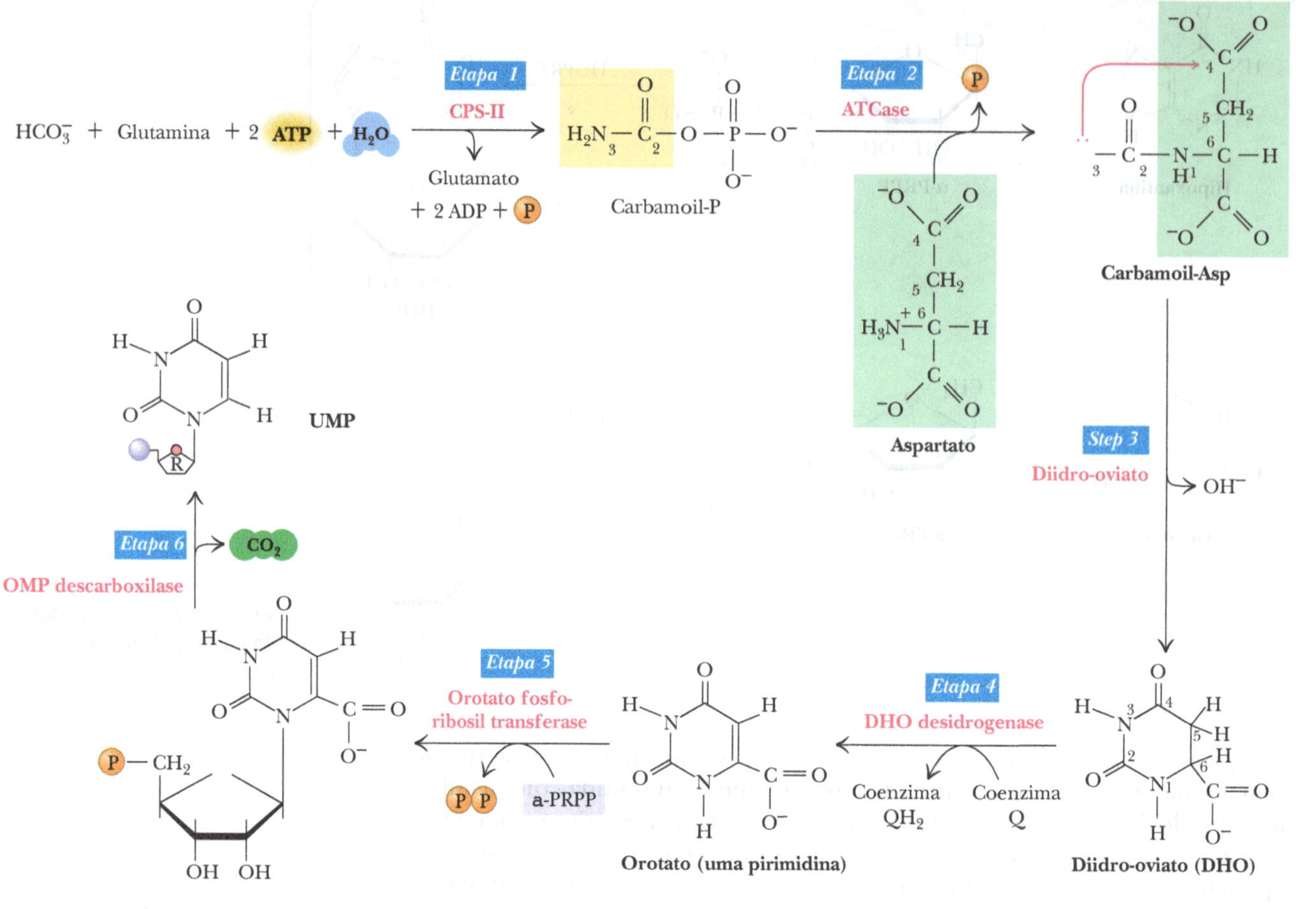

Etapa 1
CPS-II
Glutamina
ATP
Glutamato
+ 2 ADP +
Carbamoil-P
Etapa 2
ATCase
Aspartato
Carbamoil-Asp
Step 3
Diidro-oviato
Diidro-oviato (DHO)
Etapa 4
DHO desidrogenase
Coenzima QH2
Coenzima Q
Orotato (uma pirimidina)
Etapa 5
Orotato fosfo-ribosil transferase
a-PRPP
Orotidina-5′-monofosfato (OMP)
Etapa 6
OMP descarboxilase
UMP

FIGURA 23.26 **Via biossintética da pirimidina.** Etapa 1: Síntese do Carbamoil-P. Etapa 2: A condensação do carbamoil fosfato e aspartato para produzir carbamoil aspartato é catalisada pela aspartato transcarbamoilase (ATCase). Etapa 3: Uma condensação intramolecular catalisada pela diidro-oviato fornece o anel heterocíclico de seis membros característico das pirimidinas. O produto é o diidro-oviato (DHO). Etapa 4: A oxidação do DHO pela diidro-oviato desidrogenase fornece oviato (nas bactérias, o NAD^+ é o receptor de elétrons do DHO). Etapa 5: O PRPP fornece a metade ribose-5-P que transforma o oviato em orotidina-5-monofosfato, um nucleotídeo de pirimidina. Observe que a oviato-fosforibosil-transferase une o N-1 da pirimidina ao grupo ribosil na configuração β adequada. A hidrólise de PP_i torna essa reação termodinamicamente favorável. Etapa 6: A descarboxilação do OMP pela OMP descarboxilase produz UMP.

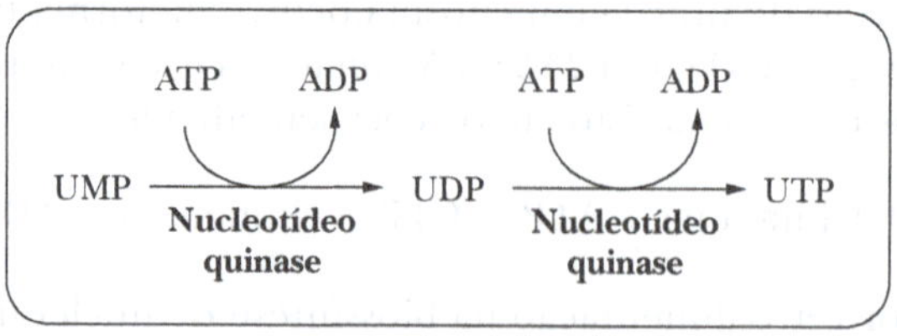

ATP
ADP
ATP
ADP
UMP
UDP
UTP
Nucleotídeo quinase
Nucleotídeo quinase

FIGURA 23.27 **Conversão de UMP em UTP.**

23-10 Conversão de Ribonucleotídeos em Desoxirribonucleotídeos

Em todos os organismos, os ribonucleosídeos difosfatos são reduzidos a 2'-desoxirribonucleosídeos difosfatos [Figura 23.31(a)]; o agente redutor é o NADPH.

$$\text{Ribonucleosídeo difosfato} + \text{NADPH} + \text{H}^+ \rightarrow \text{Desoxirribonucleosídeo difosfato} + \text{NADP}^+ + \text{H}_2\text{O}$$

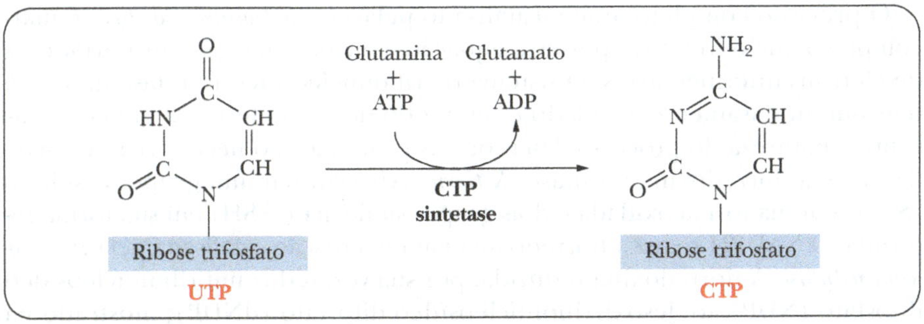
Glutamina
+
ATP
Glutamato
+
ADP
CTP
sintetase
Ribose trifosfato
UTP
Ribose trifosfato
CTP

FIGURA 23.28 Conversão de UTP em CTP.

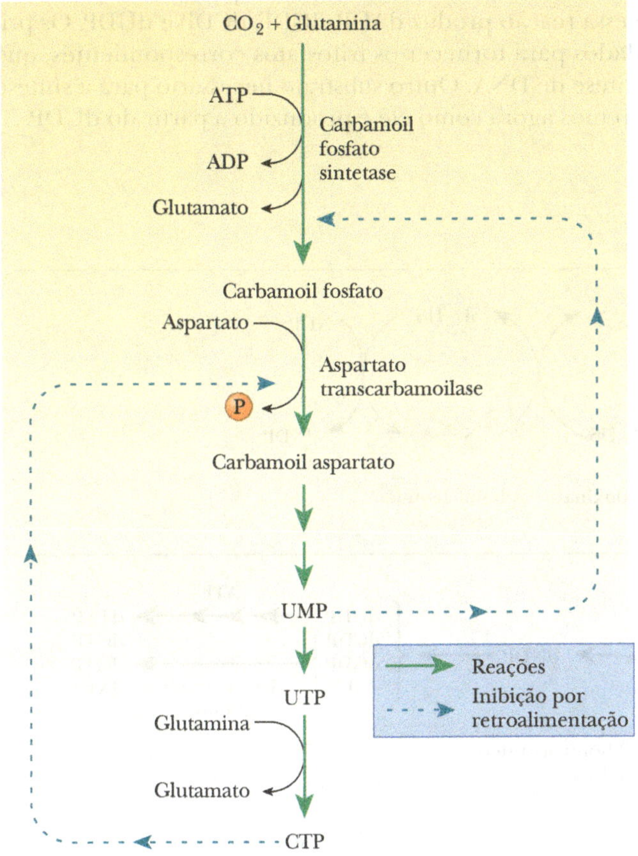
CO2 + Glutamina
ATP
ADP
Glutamato
Carbamoil
fosfato
sintetase
Carbamoil fosfato
Aspartato
Aspartato
transcarbamoilase
P
Carbamoil aspartato
UMP
UTP
Glutamina
Glutamato
CTP
Reações
Inibição por
retroalimentação

FIGURA 23.29 A função da inibição por retroalimentação na regulação da biossíntese de nucleotídeos de pirimidina.

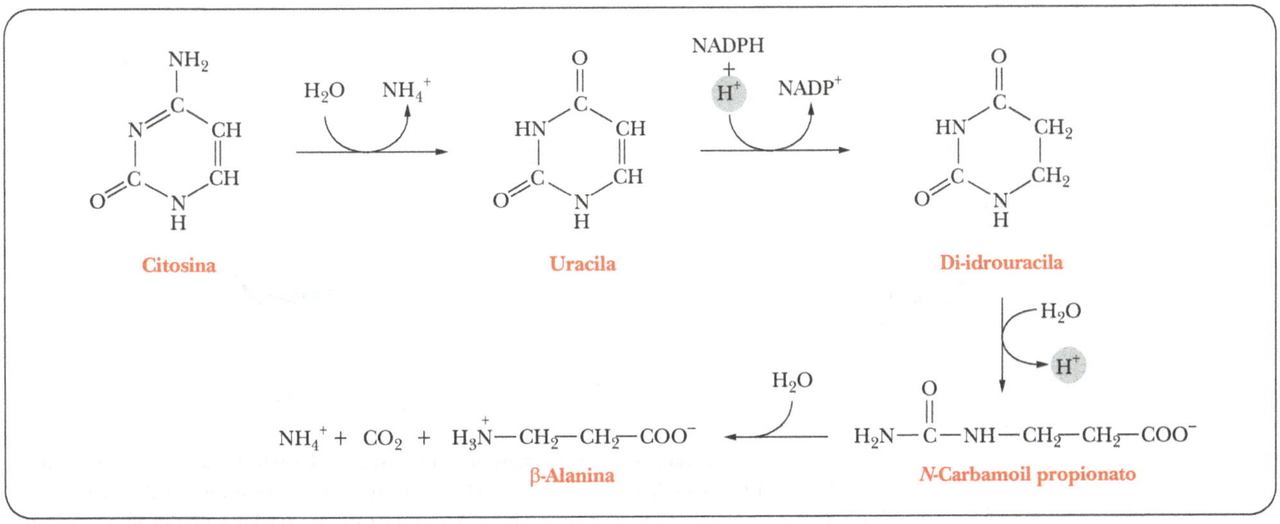
H2O
NH4+
Citosina
Uracila
NADPH
+
H+
NADP+
Di-idrouracila
H2O
H+
H2O
NH4+ + CO2 + H3N—CH2—CH2—COO−
β-Alanina
H2N—C—NH—CH2—CH2—COO−
N-Carbamoil propionato

FIGURA 23.30 Catabolismo das pirimidinas.

O processo completo, que é catalisado pela *ribonucleotídeo redutase*, é mais complexo que o indicado por essa equação e envolve alguns transportadores de elétrons intermediários. O sistema da ribonucleotídeo redutase da *E. coli* tem sido intensamente estudado e seu modo de ação oferece algumas pistas sobre a natureza do processo. Duas outras proteínas são necessárias, a tiorredoxina e a tiorredoxina redutase. A *tiorredoxina* contém um grupo dissulfeto (S—S) em sua forma oxidada e dois grupos sulfidrila (—SH) em sua forma reduzida. O NADPH reduz a tiorredoxina em uma reação catalisada pela *tiorredoxina redutase.* A tiorredoxina reduzida, por sua vez, reduz um ribonucleosídeo difosfato (NDP) ao desoxirribonucleosídeo difosfato (dNDP), mostrado na Figura 23.31(b), e essa reação é, na verdade, catalisada pela ribonucleotídeo redutase. Observe que essa reação produz dADP, dGDP, dCDP e dUDP. Os primeiros três são fosforilados para fornecer os trifosfatos correspondentes, que são substratos para a síntese de DNA. Outro substrato necessário para a síntese de DNA é o dTTP, e veremos agora como ele é produzido a partir do dUDP.

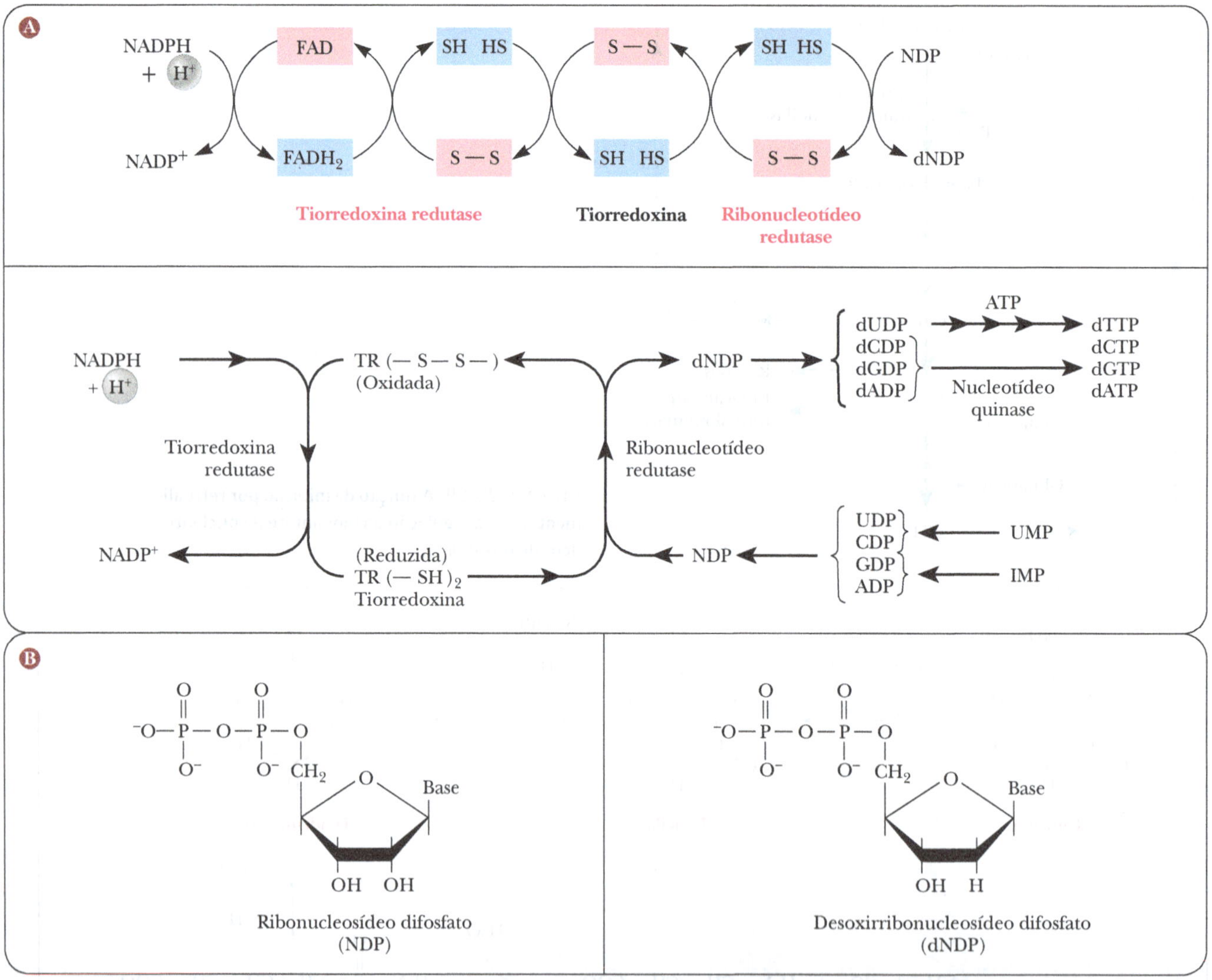
A
NADPH
+ H+
NADP+
FAD
FADH2
SH HS
S—S
S—S
SH HS
SH HS
S—S
NDP
dNDP
Tiorredoxina redutase
Tiorredoxina
Ribonucleotídeo redutase
NADPH
+ H+
NADP+
Tiorredoxina redutase
TR (—S—S—)
(Oxidada)
(Reduzida)
TR (—SH)2
Tiorredoxina
Ribonucleotídeo redutase
dNDP
NDP
ATP
dUDP
dCDP
dGDP
dADP
dTTP
dCTP
dGTP
dATP
Nucleotídeo quinase
UDP
CDP
GDP
ADP
UMP
IMP
B
Base
OH OH
Ribonucleosídeo difosfato (NDP)
Base
OH H
Desoxirribonucleosídeo difosfato (dNDP)

FIGURA 23.31 **Conversão de ribonucleosídeo difosfatos em desoxirribonucleotídeo difosfatos.** (a) Ciclo de oxirredução de (—S—S—)/(—SH HS—) envolvendo a ribonucleotídeo redutase, a tiorredoxina, a tiorredoxina redutase e o NADPH. (b) Estruturas do NDP e do dNDP.

23-11 Conversão de dUDP em dTTP

Para a conversão da uracila em timina é necessária uma transferência de um carbono pelo acoplamento do grupo metila. A reação mais importante nessa conversão é a catalisada pela *timidilato sintase* (Figura 23.32). A fonte da unidade de um carbono é o N^5, N^{10}-metilenotetraidrofolato, que é convertido em di-idrofolato no processo. A forma metabolicamente ativa do transportador de unidades de um carbono é o tetraidrofolato. Então, o di-idrofolato deve ser reduzido a tetraidrofolato para que essa série de reações continue; este processo precisa de NADPH e *di-idrofolato redutase.*

Como é necessário um suprimento de dTTP para a síntese de DNA, a inibição de enzimas que catalisam a produção de dTTP reduzirá o crescimento de células que se dividem rapidamente. As células cancerosas, como todas as células que crescem de forma rápida, dependem da síntese contínua de DNA para o crescimento. Os inibidores da timidilato sintetase, como a fluorouracila (veja a Pergunta 50) e os inibidores da di-idrofolato redutase, como a aminopterina e o metotrexato (análogos estruturais do folato), têm sido utilizados na quimioterapia contra o câncer (Figura 23.33). O propósito de tal terapia é inibir a formação de dTTP e, assim, de DNA nas células cancerosas, provocando sua morte com efeito mínimo sobre as células normais, que crescem mais lentamente. A quimioterapia tem efeitos colaterais adversos em razão da natureza altamente tóxica da maioria dos medicamentos envolvidos – as células normais são afetadas até certo ponto, embora menos do que as células cancerosas. Um número imenso de pesquisas concentra-se na descoberta de formas seguras e efetivas de tratamento. O papel específico do ácido fólico e derivados na medicina é o assunto do quadro CONEXÕES **BIOQUÍMICAS 23.3.**

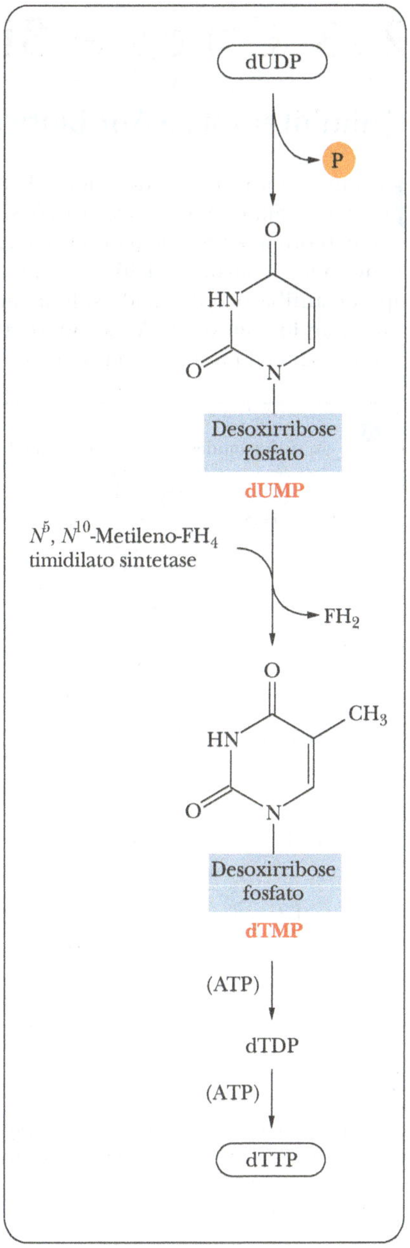
dUDP
P
HN
O
N
Desoxirribose fosfato
dUMP
N^5, N^{10}-Metileno-FH_4
timidilato sintetase
FH_2
CH_3
Desoxirribose fosfato
dTMP
(ATP)
dTDP
(ATP)
dTTP

FIGURA 23.32 Conversão de dUDP em dTTP. (FH_4 é o tetraidrofolato; FH_2 é di-idrofolato.)

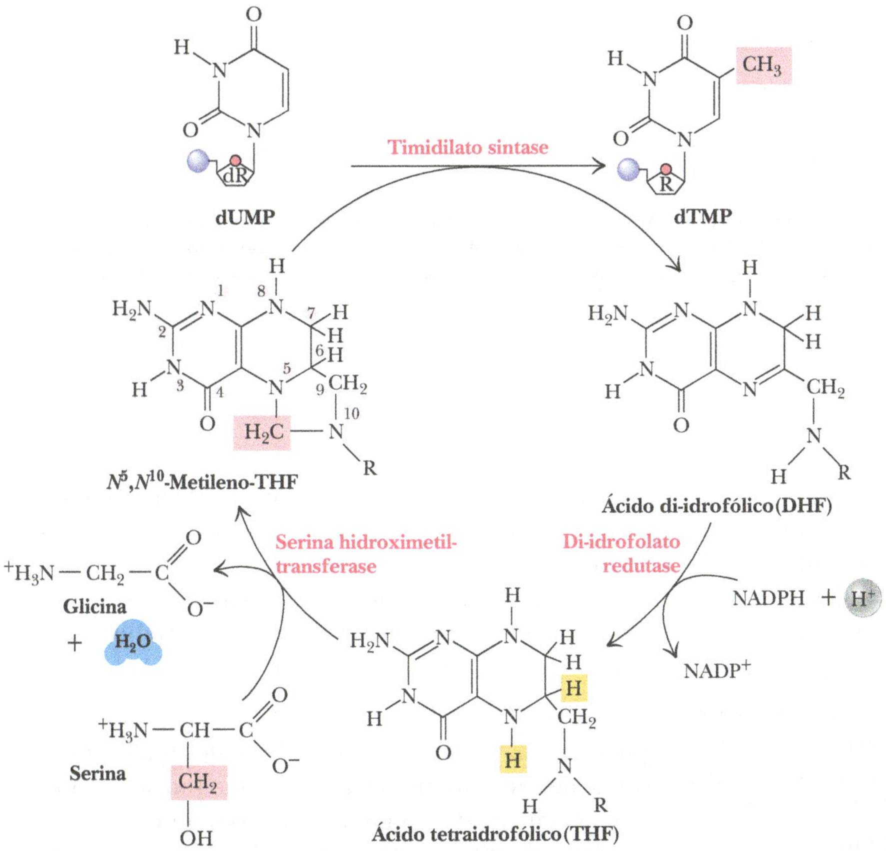
dUMP
Timidilato sintase
dTMP
CH_3
N^5,N^{10}-Metileno-THF
Ácido di-idrofólico (DHF)
Serina hidroximetil-transferase
Di-idrofolato redutase
NADPH + H^+
$NADP^+$
$^+H_3N-CH_2-C$
Glicina
+ H_2O
Serina
Ácido tetraidrofólico (THF)

FIGURA 23.33 Reação da timidilato sintase. O grupo 5-CH_3 é derivado essencialmente do carbono β da serina.

23.3 Conexões Bioquímicas | medicina

Quimioterapia e Antibióticos – Tirando Vantagem da Necessidade de Ácido Fólico

Já vimos a importância do ácido fólico e de seu derivado, o tetraidrofolato, em diversas reações. Tal importância tem sido explorada na medicina humana. As bactérias sintetizam ácido fólico a partir do ácido *p*-aminobenzoico (PABA). Um tipo de antibiótico chamado sulfonamida, Figura (a), opera competindo com o PABA na síntese do ácido fólico. Como este é essencial para a formação de purinas, os antagonistas do metabolismo do ácido fólico são utilizados para inibir a síntese do ácido nucleico e o crescimento celular. Células que se dividem rapidamente, como as encontradas em cânceres e tumores, são mais suscetíveis a esses antagonistas. Muitos compostos relacionados, como o metotrexato, Figura (b), são utilizados na quimioterapia para inibir o crescimento de células cancerosas. ◗

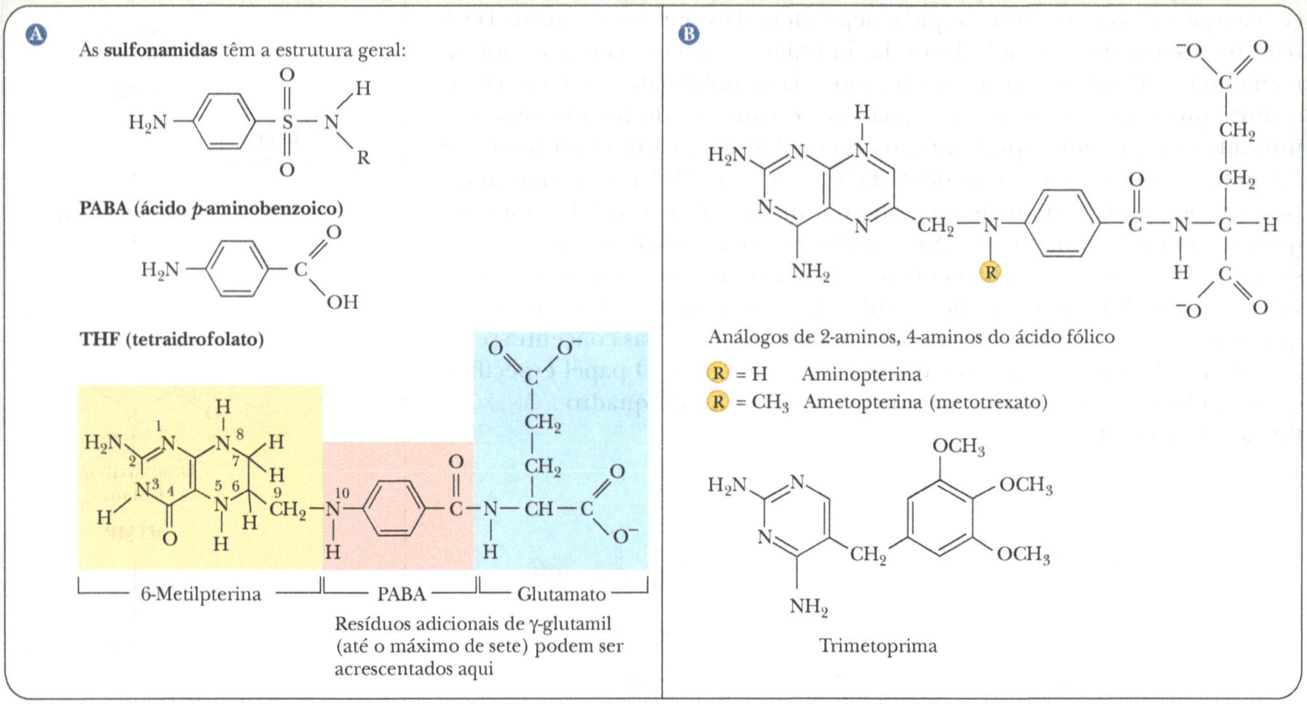
A
As sulfonamidas têm a estrutura geral:
PABA (ácido p-aminobenzoico)
THF (tetraidrofolato)
6-Metilpterina
PABA
Glutamato
Resíduos adicionais de γ-glutamil (até o máximo de sete) podem ser acrescentados aqui
B
Análogos de 2-aminos, 4-aminos do ácido fólico
R = H Aminopterina
R = CH3 Ametopterina (metotrexato)
Trimetoprima

(a) Os medicamentos sulfa (sulfonamidas) agem como antibióticos graças à sua semelhança com o ácido *p*-aminobenzoico (PABA), um precursor da síntese do ácido fólico. Esses medicamentos competem com o PABA e interrompem a síntese do ácido fólico nas bactérias. (b) Três compostos utilizados para quimioterapia por interferirem no metabolismo do ácido fólico. Eles são inibidores quase irreversíveis da di-idrofolato redutase, tendo uma afinidade mil vezes maior que o di-idrofolato.

Resumo

O que é metabolismo de nitrogênio? O metabolismo do nitrogênio abrange diversos tópicos, incluindo o anabolismo e o catabolismo de aminoácidos, porfirinas e nucleotídeos. O nitrogênio atmosférico é a principal fonte desse elemento nas biomoléculas.

Como o nitrogênio da atmosfera é incorporado nos compostos biologicamente úteis? Fixação do nitrogênio é o processo pelo qual o nitrogênio molecular da atmosfera é disponibilizado para organismos na forma de amônia. As reações de nitrificação convertem NO_3^- em NH_3, tornando disponível outra fonte de nitrogênio.

O que é inibição por retroalimentação no metabolismo de nitrogênio? Os mecanismos de controle da inibição por retroalimentação são fatores comuns nas vias biossintéticas que envolvem compostos nitrogenados. A maioria das vias de metabolismo do nitrogênio é longa, complicada e utiliza muita energia. Paralisar esses processos quando há acúmulo suficiente do produto final é importante para o fluxo de energia da célula.

Quais são algumas características comuns na biossíntese de aminoácidos? No anabolismo de aminoácidos, as reações de transaminação têm uma função importante. O glutamato e a glutamina são frequentemente doadores de grupo amino. As enzimas que catalisam as reações de transaminação frequentemente precisam de fosfato de piridoxal como uma coenzima. As transferências de unidades de um carbono também ocorrem no anabolismo de aminoácidos. São necessários transportadores de unidades de um carbono para que ocorra a transferência. O tetraidrofolato é transportador de grupos metileno e formila, e a *S*-adenosilmetionina é uma transportadora de grupos metila.

O que são aminoácidos essenciais? Algumas espécies, incluindo seres humanos, não conseguem sintetizar todos os aminoácidos necessários para a síntese proteica, e devem, portanto, obter tais aminoácidos essenciais de fontes alimentares. Cerca de metade dos 20 aminoácidos padrão são essenciais para o homem, incluindo arginina, histidina, isoleucina, leucina, lisina, metionina, fenilalanina, treonina, triptofano e valina.

Qual é o destino do esqueleto de carbono na degradação de aminoácido? O catabolismo de aminoácidos tem duas etapas: o destino do nitrogênio e o destino do esqueleto de carbono. O esqueleto de carbono é convertido em piruvato ou oxaloacetato, no caso dos aminoácidos glicogênicos, ou a acetil-CoA ou acetoacetil-CoA, no caso de aminoácidos cetogênicos.

Qual é o papel do ciclo da ureia na degradação de aminoácidos? No ciclo da ureia, o nitrogênio liberado pelo catabolismo de aminoácidos é convertido em ureia. O ciclo da ureia também tem um papel na biossíntese de aminoácidos.

Como a inosina monofosfato é convertida em AMP e GMP? A via anabólica da síntese de nucleotídeos envolvendo purinas é diferente da que envolve as pirimidinas. As duas vias utilizam a ribose-5-fosfato pré-formada, mas são diferentes com relação ao ponto na via onde o açúcar fosfato é acoplado à base. No caso dos nucleotídeos de purina, a base crescente é acoplada ao açúcar fosfato durante a sua síntese, dando origem finalmente à inosina monofosfato. Este composto é convertido em AMP e GMP nas reações sujeitas a um alto grau de controle por retroalimentação.

Quais são as exigências de energia para a produção de AMP e GMP? As exigências de energia para a produção de AMP e GMP são altas, mais de 30 equivalentes de ATP em ambos os casos.

O que é catabolismo de purina? No catabolismo, as bases purínicas são frequentemente recicladas e reacopladas a açúcares fosfatos. Caso contrário, as purinas são degradadas a ácido úrico.

O que é biossíntese e catabolismo de pirimidina? Na biossíntese de pirimidinas, a base é a primeira a ser formada e, depois, acoplada ao açúcar fosfato. As pirimidinas são degradadas a β-alanina.

O que é a conversão de ribonucleotídeos em desoxirribonucleotídeos? Os desoxirribonucleotídeos para a síntese de DNA são produzidos pela redução de ribonucleosídeos difosfatos a desoxirribonucleosídeos difosfatos.

O que é a conversão de dUDP em dTTP? Outra reação especificamente necessária para produzir substratos para a síntese de DNA é a conversão de uracila em timina. Essa via, que exige um derivado de tetraidrofolato como transportador de unidades de um carbono, é um alvo para a quimioterapia contra o câncer.

Exercícios de Revisão

23-1 Metabolismo de Nitrogênio: Uma Visão Geral

1. **VERIFICAÇÃO DE FATOS** Que tipos de organismos conseguem fixar nitrogênio? Que tipos não conseguem?

23-2 Fixação de Nitrogênio

2. **VERIFICAÇÃO DE FATOS** Como ocorre a fixação de nitrogênio (conversão de N_2 em NH_4^+)? Como ele é subsequentemente assimilado a compostos orgânicos?
3. **CONEXÕES BIOQUÍMICAS** O que é o processo de Haber?
4. **VERIFICAÇÃO DE FATOS** Escreva a reação geral para fixação do nitrogênio pelo complexo nitrogenase.
5. **VERIFICAÇÃO DE FATOS** Descreva o complexo nitrogenase. Como a enzima é organizada? Quais são seus componentes exclusivos?

23-3 A Inibição por Retroalimentação no Metabolismo de Nitrogênio

6. **VERIFICAÇÃO DE FATOS** Como as vias que utilizam nitrogênio são controladas pela inibição por retroalimentação?
7. **PERGUNTA DE RACIOCÍNIO** Comente brevemente a utilidade dos mecanismos de controle por retroalimentação em longas vias biossintéticas para os organismos.
8. **PERGUNTA DE RACIOCÍNIO** Os ciclos metabólicos são bastante comuns (ciclo de Calvin, ciclo do ácido cítrico, ciclo da ureia). Por que os ciclos são tão úteis para os organismos?

23-4 Biossíntese de Aminoácidos

9. **VERIFICAÇÃO DE FATOS** Qual é a relação entre o α-cetoglutarato, o glutamato e a glutamina no anabolismo dos aminoácidos?
10. **VERIFICAÇÃO DE FATOS** Desenhe uma reação de transaminação entre o α-cetoglutarato e a alanina.
11. **VERIFICAÇÃO DE FATOS** Faça um diagrama das reações que envolvem a glutamato desidrogenase e a glutamina sintetase que produzem glutamina a partir de amônia e α-cetoglutarato.
12. **VERIFICAÇÃO DE FATOS** Qual é a diferença entre glutamina sintetase e glutaminase?
13. **VERIFICAÇÃO DE FATOS** Desenhe o mecanismo de transaminação com o fosfato de piridoxal.
14. **VERIFICAÇÃO DE FATOS** Quais cofatores estão envolvidos nas reações de transferência de um carbono do anabolismo de aminoácidos?
15. **VERIFICAÇÃO DE FATOS** Desenhe a estrutura do ácido fólico. Desenhe também como ele serve de transportador de grupos com um carbono.
16. **VERIFICAÇÃO DE FATOS** Por que não há nenhum ganho líquido de metionina se a homocisteína é convertida em metionina com a *S*-adenosilmetionina como doadora de grupos metila?
17. **VERIFICAÇÃO DE FATOS** Mostre, pela equação para uma reação típica, por que o glutamato tem um papel central na biossíntese de aminoácidos.

18. **VERIFICAÇÃO DE FATOS** Por meio de uma fórmula estrutural, mostre como a *S*-adenosilmetionina é transportadora de grupos metila.
19. **PERGUNTA DE RACIOCÍNIO** A sulfanilamida e medicamentos sulfa relacionados foram amplamente utilizados para tratar doenças de origem bacteriana antes que a penicilina e medicamentos mais avançados fossem disponibilizados. O efeito inibidor da sulfanilamida no crescimento bacteriano pode ser revertido pelo *p*-aminobenzoato. Sugira um modo de ação para a sulfanilamida.

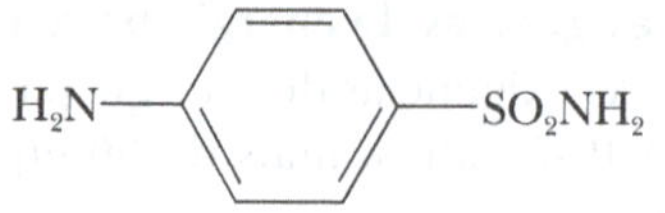
H₂N
SO₂NH₂

Sulfanilamida

20. **PERGUNTA DE RACIOCÍNIO** As proteínas contêm metionina, mas não ácido α-amino-*n*-hexanoico. A única diferença estrutural é a substituição de —S— por —CH_2—. Os dois grupos são semelhantes no tamanho e no caráter hidrofóbico. Por que a metionina é mais vantajosa que o ácido α-amino-*n*-hexanoico?

23-5 Aminoácidos Essenciais

21. **VERIFICAÇÃO DE FATOS** Em geral, quais categorias de aminoácidos são essenciais aos seres humanos e quais não são?
22. **VERIFICAÇÃO DE FATOS** Liste os aminoácidos essenciais para um adulto fenilcetonúrico e os compare com as necessidades de um adulto normal.

23-6 Catabolismo de Aminoácidos

23. **VERIFICAÇÃO DE FATOS** Quantos α-aminoácidos participam diretamente do ciclo da ureia? Desses, quantos podem ser utilizados para a síntese proteica?
24. **VERIFICAÇÃO DE FATOS** Escreva uma equação para a reação líquida do ciclo da ureia. Mostre como o ciclo da ureia está ligado ao do ácido cítrico.
25. **VERIFICAÇÃO DE FATOS** Descreva a citrulina e a ornitina com base em sua semelhança com um dos 20 aminoácidos padrão.
26. **VERIFICAÇÃO DE FATOS** Quais aminoácidos no ciclo da ureia são os elos com o ciclo do ácido cítrico? Mostre como essas ligações ocorrem.
27. **VERIFICAÇÃO DE FATOS** Quantos ATPs são necessários para uma rodada do ciclo da ureia? Onde esses ATPs são utilizados?
28. **VERIFICAÇÃO DE FATOS** Como a carbamoil fosfato sintetase I (CPS-I) é controlada?
29. **VERIFICAÇÃO DE FATOS** Qual é a lógica por trás dos altos níveis de arginina que regulam positivamente a *N*-acetilglutamato sintase?
30. **VERIFICAÇÃO DE FATOS** Como o nível de ácido glutâmico afeta o ciclo da ureia?
31. **VERIFICAÇÃO DE FATOS** Quando os aminoácidos são catabolizados, quais são os produtos finais dos esqueletos de carbono para os aminoácidos glicogênicos? E para os aminoácidos cetogênicos?
32. **VERIFICAÇÃO DE FATOS** Um aminoácido será glicogênico ou cetogênico se for catabolizado para as seguintes moléculas:
    (a) Fosfoenolpiruvato
    (b) α-Cetoglutarato
    (c) Succinil-CoA
    (d) Acetil-CoA
    (e) Oxaloacetato
    (f) Acetoacetato
33. **CONEXÕES BIOQUÍMICAS** Quais espécies excretam excesso de nitrogênio como amônia? Quais o excretam como ácido úrico?
34. **CONEXÕES BIOQUÍMICAS** Você espera que um avestruz excrete excesso de nitrogênio como ácido úrico, ureia ou amônia? Argumentem sua resposta.
35. **PERGUNTA DE RACIOCÍNIO** Por que a arginina é um aminoácido essencial, se é produzida no ciclo da ureia?
36. **PERGUNTA DE RACIOCÍNIO** Pessoas que fazem dietas ricas em proteínas recebem a recomendação de beber muita água. Por quê?
37. **PERGUNTA DE RACIOCÍNIO** Ao correr uma maratona, por que é melhor consumir uma bebida com açúcar em vez de uma com aminoácidos para poder repor energia?
38. **PERGUNTA DE RACIOCÍNIO** Argumente logicamente que o ciclo da ureia não deveria ter evoluído. Depois, contrarie seu argumento de forma lógica.

23-7 Biossíntese de Purina

39. **CONEXÕES BIOQUÍMICAS** Qual é a importância do ácido fólico com relação à quimioterapia?
40. **VERIFICAÇÃO DE FATOS** Quais são as fontes de carbonos e nitrogênios nas bases de purina?
41. **VERIFICAÇÃO DE FATOS** Qual é a diferença estrutural entre a inosina e a adenosina?
42. **VERIFICAÇÃO DE FATOS** Qual é a importância do tetraidrofolato para a síntese da purina?
43. **VERIFICAÇÃO DE FATOS** A conversão de IMP em GMP utiliza ou produz ATP direta ou indiretamente? Justifique sua resposta.
44. **VERIFICAÇÃO DE FATOS** Discuta a função da inibição por retroalimentação no anabolismo de nucleotídeos que contêm purina.

23-8 Catabolismo de Purina

45. **VERIFICAÇÃO DE FATOS** Quantas ligações de fosfato de alta energia devem ser hidrolisadas na via que produz GMP a partir da guanina e PRPP pela reação de reciclagem de PRPP, em comparação com o número de tais ligações hidrolisadas na via que leva à IMP e, então, à GMP?
46. **PERGUNTA DE RACIOCÍNIO** Por que a maioria dos mamíferos, com exceção dos primatas, não sofre de gota?

23-9 Biossíntese e Catabolismo de Pirimidina

47. **VERIFICAÇÃO DE FATOS** Qual é uma diferença importante entre a biossíntese de nucleotídeos de purina e a de nucleotídeos de pirimidina?
48. **VERIFICAÇÃO DE FATOS** Compare os destinos dos produtos do catabolismo da purina e da pirimidina.

23-10 Conversão de Ribonucleotídeos em Desoxirribonucleotídeos

49. **VERIFICAÇÃO DE FATOS** Quais são as funções da tiorredoxina e da tiorredoxina redutase no metabolismo de nucleotídeos?

23-11 Conversão de dUDP em dTTP

50. **VERIFICAÇÃO DE FATOS** Sugira um modo de ação para a fluorouracila na quimioterapia contra o câncer.
51. **PERGUNTA DE RACIOCÍNIO** Os pacientes de quimioterapia que recebem agentes citotóxicos (matadores de células) como FdUMP (análogo da UMP que contém fluorouracila) e metotrexato ficam temporariamente carecas. Por que isto acontece?

Integração do Metabolismo: Sinalização Celular

24

24-1 Conexões Entre as Vias Metabólicas

Nos capítulos anteriores, aprendemos sobre diversas vias metabólicas individuais. Alguns metabólitos, como o piruvato, o oxaloacetato e a acetil-CoA, aparecem em mais de uma via. Além disso, as reações do metabolismo podem ocorrer simultaneamente; portanto, é importante considerar os mecanismos de controle pelos quais algumas reações e vias são ativadas e desativadas.

Todo metabolismo está essencialmente ligado à fotossíntese e à energia solar (Figura 24.1). As reações de luz produzem ATP e NADPH, que são, então, utilizados para formar carboidratos nas reações no escuro. Tais carboidratos são as fontes de nutrientes para outros organismos. O ATP e o NADPH são os dois elos consistentes entre formas diferentes de metabolismo. Além de ligar as reações de luz e no escuro da fotossíntese, são o elo mais direto entre o catabolismo e o anabolismo (Figura 24.1). Outras moléculas comuns, como açúcares, PEP, piruvato e acetil-CoA, também formam uma ponte entre os processos anabólico e catabólico. Agora, nos concentraremos em algumas relações entre as vias, considerando algumas das respostas fisiológicas a eventos bioquímicos.

RESUMO DO CAPÍTULO

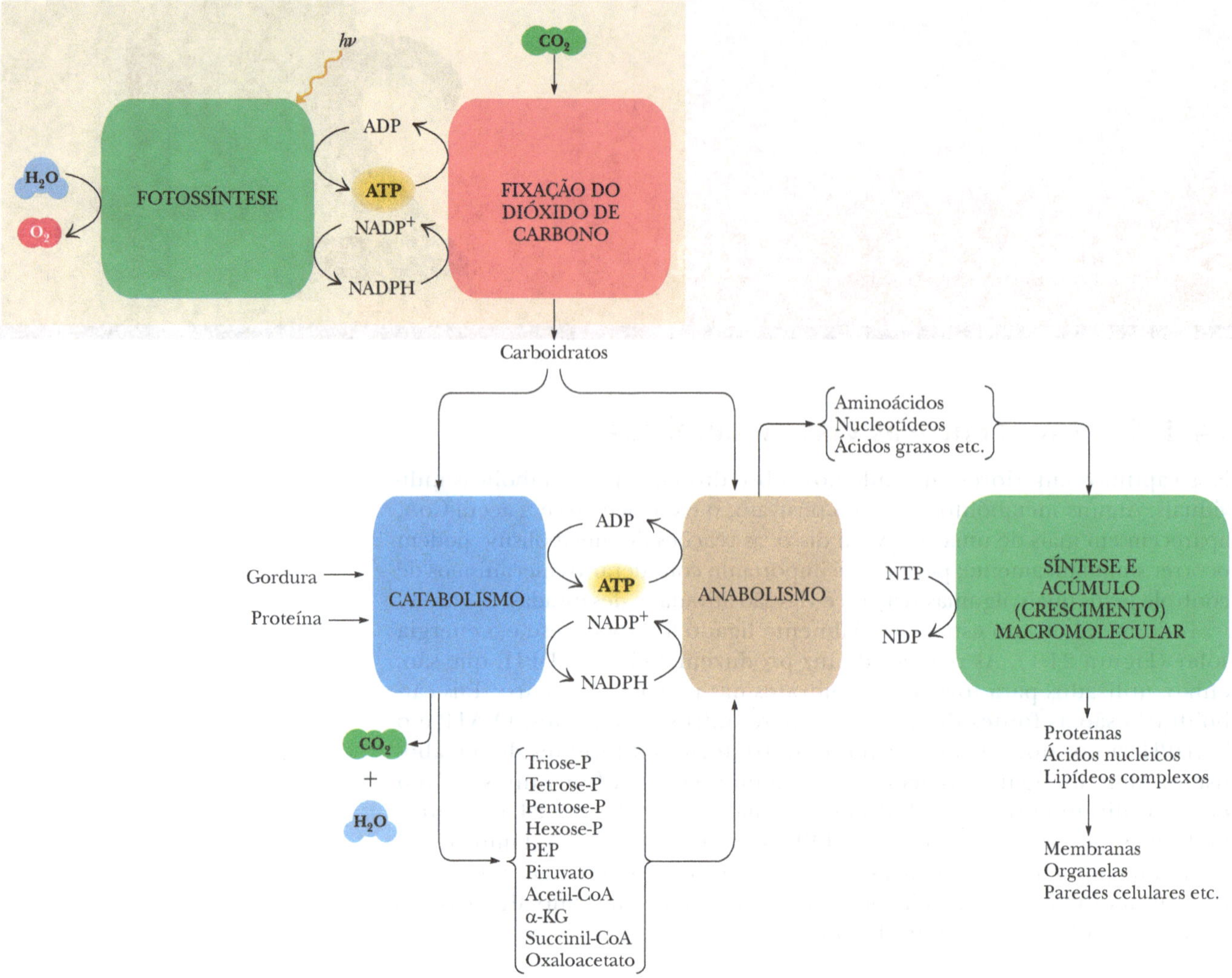

hν
CO_2
H_2O
O_2
FOTOSSÍNTESE
ADP
ATP
NADP+
NADPH
FIXAÇÃO DO DIÓXIDO DE CARBONO
Carboidratos
Aminoácidos
Nucleotídeos
Ácidos graxos etc.
Gordura
Proteína
CATABOLISMO
ADP
ATP
NADP+
NADPH
ANABOLISMO
NTP
NDP
SÍNTESE E ACÚMULO (CRESCIMENTO) MACROMOLECULAR
CO_2
+
H_2O
Triose-P
Tetrose-P
Pentose-P
Hexose-P
PEP
Piruvato
Acetil-CoA
α-KG
Succinil-CoA
Oxaloacetato
Proteínas
Ácidos nucleicos
Lipídeos complexos
Membranas
Organelas
Paredes celulares etc.

FIGURA 24.1 **Metabolismo total conectado.** Diagrama em bloco do metabolismo intermediário mostrando a relação entre os processos anabólico e catabólico e os metabólitos comuns vistos em muitas vias.

ciclo do ácido cítrico via metabólica central; parte do metabolismo anaeróbio

O **ciclo do ácido cítrico** tem função central no metabolismo. Três pontos principais podem ser considerados na atribuição desta função. O primeiro é a sua participação no catabolismo dos principais tipos de nutrientes: carboidratos, lipídeos e proteínas (Seção 19-7). O segundo, a função do ciclo do ácido cítrico no anabolismo de açúcares, lipídeos e aminoácidos (Seção 19-8). O terceiro e último ponto é a relação entre vias metabólicas individuais e o ciclo do ácido cítrico. Ao discutir essas considerações mais amplas, pode-se, e deve-se, abordar questões que envolvem mais que células individuais e as reações que nelas acontecem, como o que ocorre nos tecidos e em órgãos inteiros. Neste capítulo, veremos três desses tópicos – nutrição, controle hormonal e efeitos de longo alcance das rotas de sinalização. O quadro CONEXÕES **BIOQUÍMICAS 24.1** descreve a forma como um composto pode afetar todo um organismo.

24.1 Conexões Bioquímicas | aliado à saúde

Consumo de Álcool e o Vício

O álcool é a droga com maior índice de consumo nos Estados Unidos, e o alcoolismo figura entre as doenças mais comuns. Existem estatísticas disponíveis sobre mortes no trânsito em razão da condução de veículos por indivíduos alcoolizados, mas ninguém sabe quantas outras mortes acidentais podem ser causadas indiretamente pelo álcool. Muitos acreditam que alguma particularidade bioquímica deve estar associada ao alcoolismo. Certamente há uma característica genética, evidenciada em estudos referenciais em gêmeos idênticos criados em ambientes separados. As tentativas de encontrar o "gene do alcoolismo", no entanto, ainda não tiveram sucesso. Provavelmente há uma relação genética complexa envolvida.

A álcool desidrogenase é uma enzima induzível. Seu nível aumenta em resposta ao consumo de álcool. A primeira reação ocorre muito rapidamente nos alcoólatras e, desta forma, o efeito intoxicante do álcool é, na verdade, reduzido (isto é, menos intoxicação por peso). Os alcoólatras podem tolerar níveis de álcool no sangue que seriam fatais para outras pessoas. Para estas, a segunda reação é a etapa limitante. O acetaldeído pode provocar dores de cabeça, náusea e ressaca. A má nutrição é comum entre os alcoólatras, porque o álcool é uma fonte de "calorias vazias" sem nutrientes importantes, especialmente vitaminas.

Os efeitos bioquímicos, psicológicos e nutricionais do álcool não são os mesmos para todas as pessoas. Estudos com gêmeos indicam a possibilidade de um alcoólatra "de nascença" que pode ficar viciado com o primeiro drinque. A síndrome alcoólica fetal (veja o quadro Conexões Bioquímicas 17.4) é particularmente preocupante para as mulheres. O etanol é teratogênico: não há um nível "seguro" de consumo de álcool durante a gravidez. A síndrome alcoólica fetal acontece em até cinco de cada mil nascimentos. Seus indicadores incluem crescimento lento, disfunção do sistema nervoso central e um formato facial característico.

A bioquímica está claramente envolvida no vício. Como diversos medicamentos psicoativos são análogos estruturais da serotonina e da epinefrina, é fácil imaginar a potencialização de seus efeitos ou a competição com esses medicamentos. Há um interesse crescente nos efeitos das drogas (em geral) na produção de endorfinas e encefalinas (Seção 3-5), pequenos peptídeos que são os analgésicos opiáceos endógenos do cérebro. Em pessoas que não são alcoólatras, o etanol inibe a síntese da encefalina porque o efeito agradável do álcool substitui a sua necessidade. Parte do sofrimento de uma ressaca é causada pela falta de encefalinas; e ela permanece até que o nível desses compostos volte ao normal. ◗

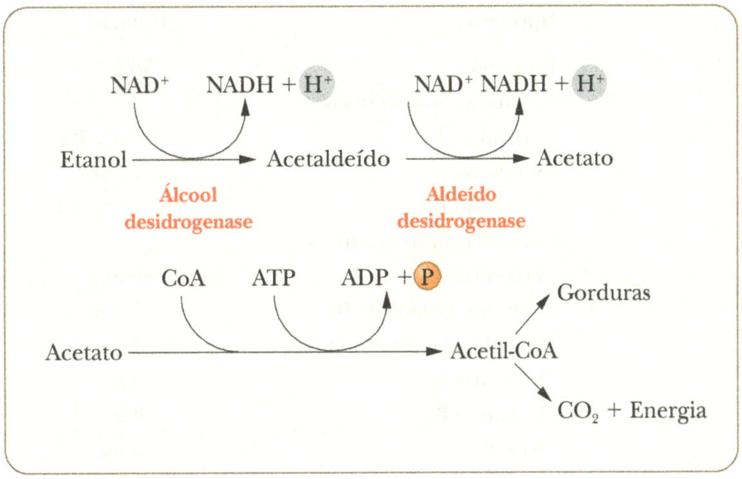
NAD+
NADH + H+
Etanol
Acetaldeído
Álcool desidrogenase
NAD+ NADH + H+
Acetato
Aldeído desidrogenase
CoA
ATP
ADP + P
Acetato
Acetil-CoA
Gorduras
CO2 + Energia

24-2 Bioquímica e Nutrição

As moléculas que processamos por reações catabólicas vêm basicamente de fora do corpo, porque somos organismos heterotróficos (dependentes de fontes externas de alimento). Dedicaremos esta seção a uma breve visão de como os alimentos que ingerimos são fontes de substratos para reações catabólicas. Também é preciso lembrar que a nutrição está relacionada à fisiologia, tanto quanto à bioquímica. Este último ponto certamente é adequado pelo fato de que muitos dos primeiros bioquímicos eram fisiologistas.

◗ *Quais são os nutrientes exigidos?*

Nos seres humanos, o catabolismo de **macronutrientes** (carboidratos, gorduras e proteínas) para obter energia é um aspecto importante da nutrição. Nos Estados Unidos, a maioria das dietas fornece mais que o número adequado de calorias nutricionais. Uma dieta norte-americana típica é tão rica em gorduras, que os níveis de ácidos graxos essenciais (Seção 21-6) são raros, até mesmo deficien-

macronutrientes aqueles necessários em grandes quantidades, tais como proteínas, carboidratos ou gorduras tes. A única preocupação é que a dieta contenha uma quantidade adequada de proteínas. Se o consumo de proteínas for suficiente, o suprimento de aminoácidos essenciais normalmente também será (Seção 23-5). A embalagem de itens alimentícios com frequência lista o conteúdo proteico em termos do número de gramas de proteína e da porcentagem do valor diário (VD) sugerido pelo Food and Nutrition Board (Comitê de Alimentos e Nutrição), sob os auspícios do National Research Council of the National Academy of Sciences (Conselho Nacional de Pesquisas da Academia Nacional de Ciências) (veja a Tabela 24.1). Os valores diários substituíram a ingestão diária recomendada (RDAs) vista anteriormente nas embalagens de alimentos.

Há alguns conceitos bioquímicos essenciais lembrar ao se analisar o teor proteico de uma dieta. Primeiro, não há forma de armazenamento para as proteínas. Isto significa que o consumo de proteínas em excesso não é bom para satisfazer um indivíduo em termos de atendimento de suas necessidades futuras. Toda proteína consumida além do necessário se transformará em carboidrato ou gordura, e o nitrogênio do grupo amino terá de ser eliminado por meio do ciclo da ureia (Seção 23-6). Portanto, ingerir proteína demais pode ser estressante para o fígado e os rins, em razão do excesso de produção de amônia que deve ser eliminado. Este é o mesmo risco enfrentado por alguns atletas que tomam creatina para fortalecer a musculatura, porque a creatina é um composto altamente nitrogenado.

Segundo, os aminoácidos essenciais devem ser consumidos diariamente para que as proteínas sejam formadas. Seria difícil encontrar uma proteína que não tivesse, ao menos, um resíduo de cada um dos 20 aminoácidos comuns.

TABELA 24.1 Valores Diários Médios para Homens e Mulheres entre 19 e 22 Anos

Nutrientes	Homem	Mulher
Proteína	56 g	44 g
Vitaminas lipossolúveis		
Vitamina A	1 mg RE*	8 mg RE*
Vitamina D	7,5 $\mu g^{\dagger}$	7,5 $\mu g^{\dagger}$
Vitamina E	10 mg α-TE‡	8 mg α-TE‡
Vitaminas hidrossolúveis		
Vitamina C	60 mg	60 mg
Tiamina (vitamina B_1)	1,5 mg	1,1 mg
Riboflavina (vitamina B_2)	1,7 mg	1,3 mg
Vitamina B_6	3 μg	3 μg
Vitamina B_{12}	3 μg	3 μg
Niacina	3 μg	3 μg
Ácido fólico	19 mg	14 mg
Ácido pantotênico (estimativa)	10 mg	10 mg
Biotina (estimativa)	0,3 mg	0.3 mg
Minerais		
Cálcio	800 mg	800 mg
Fósforo	800 mg	800 mg
Magnésio	350 mg	300 mg
Zinco	15 mg	15 mg
Ferro	10 mg	18 mg
Cobre (estimativa)	3 mg	3 mg
Iodo	150 μg	150 μg

*RE = equivalente de retinol, em que 1 equivalente de retinol = 1 μg de retinol ou 6 μg de β-caroteno. Veja a Seção 8-7.

†Como colecalciferol. Veja a Seção 8-7.

$^{\ddagger}\alpha$-TE = equivalente de α-tocoferol, em que 1 α-TE = 1 μg D-α-tocoferol. Veja a Seção 8-7. Dados extraídos do Food and Nutrition Board, National Academy of Sciences – National Research Council, Washington, D.C., 1988.

Metade desses aminoácidos é essencial, e, se a dieta não tem ou é pobre em um deles, então a síntese proteica não é possível. Nem todas as proteínas são formadas do mesmo modo. A razão de eficiência proteica (PER) é um indicativo de quão completa uma proteína é. No entanto, misturar proteínas corretamente é muito importante, algo que os vegetarianos conhecem muito bem. Uma proteína pobre em lisina terá um baixo valor de PER. Se uma segunda proteína tiver baixa PER por ser pobre em triptofano, poderá ser combinada com a proteína pobre em lisina para fornecer uma combinação com alta PER. Mas isto só funcionará se ambas forem consumidas juntas.

Terceiro, as proteínas estão sempre sendo degradadas (Capítulo 12). Por causa disso, embora não pareça que um indivíduo esteja fazendo uma atividade que possa precisar de reposição proteica, há uma necessidade constante de proteína de qualidade para manter a estrutura do organismo. Os atletas são dolorosamente cientes disto. Eles devem treinar constantemente, e ficam fora de forma rapidamente quando param, o efeito sendo ainda mais pronunciado à medida que o atleta atinge uma idade média.

Por que precisamos de vitaminas?

Os **micronutrientes** (vitaminas e minerais) também estão listados na embalagem de alimentos. As vitaminas de que precisamos são compostos necessários aos processos metabólicos; ou nosso organismo não pode sintetizá-las, ou não o faz em quantidade suficiente para suprir nossas necessidades. Como resultado, devemos obter vitaminas de fontes alimentares. Os VDs para as vitaminas lipossolúveis estão listados – vitaminas A, D e E (Seção 8-7) –, mas deve-se tomar cuidado para evitar a overdose dessas vitaminas. Os excessos podem ser tóxicos quando grandes quantidades de vitaminas lipossolúveis se acumulam no tecido adiposo. O excesso de vitamina A é especialmente tóxico. Com as vitaminas hidrossolúveis, o *turnover* é rápido o suficiente para fazer que o risco do excesso não seja um problema.

micronutrientes vitaminas e minerais necessários em pequenas quantidades

As vitaminas solúveis em água incluídas nos VDs são a C, necessária para prevenção do escorbuto (Seção 4-3), e as que formam o complexo B – niacina, ácido pantotênico, vitamina B_6, riboflavina, tiamina, ácido fólico, biotina e vitamina B_{12}. As vitaminas do complexo B são precursoras das coenzimas metabolicamente importantes listadas na Tabela 7.1, na qual são dadas referências às reações das quais as coenzimas participam. Vimos diversas vias nas quais NADH, NADPH, FAD, TPP, biotina, fosfato de piridoxal e a coenzima A foram encontrados, todos oriundos das vitaminas. Um resumo das vitaminas e suas funções metabólicas é dado na Tabela 24.2. Com frequência, a verdadeira função bioquímica é exercida por um metabólito da vitamina, ao invés de ser exercida por ela própria, mas isto não afeta a necessidade alimentar.

O que são minerais

Do ponto de vista nutricional, **minerais** são substâncias inorgânicas necessárias para os processos vitais, nas formas iônica ou de elemento livre. Os macrominerais (aqueles necessários em maiores quantidades) são sódio, potássio, cloro, magnésio, fósforo e cálcio. As quantidades de todos esses minerais, com exceção do cálcio, podem ser facilmente supridas por uma dieta normal. Pode haver deficiência de cálcio, o que ocorre com frequência, levando à fragilidade óssea com riscos de fratura – um problema particularmente para as mulheres idosas. Suplementos de cálcio são indicados em tais casos. As necessidades de alguns microminerais (minerais de traços) nem sempre são claras. Sabe-se, por exemplo, a partir de evidências bioquímicas, que o cromo é necessário para o metabolismo da glicose (função sugerida recentemente para o picolinato de cromo), e que o manganês é necessário para a formação dos ossos, mas não foram registradas deficiências desses elementos. Foram estabelecidas as necessidades para ferro, cobre, zinco, iodo e flúor; há VDs para todos esses minerais, com exceção do fluoreto. No caso do cobre e do zinco, as necessidades são facilmente supridas por fontes alimentares, e a overdose pode ser tóxica. A

minerais na nutrição, substâncias inorgânicas necessárias como íon ou elemento livre

Tabela 24.2 Vitaminas: Dados Químicos e Bioquímicos

Vitamina	Função Metabólica	Referências
Hidrossolúvel		
B_1 (tiamina)	Transferência de grupos aldeído, descarboxilação na fermentação alcoólica e no ciclo do ácido cítrico	Seções 17-4, 19-3
B_2 (riboflavina)	Reações de oxidorredução, especialmente no ciclo do ácido cítrico e no transporte de elétrons	Seção 19-2
B_6 (piridoxina)	Reações de transaminação, especialmente de aminoácidos	Seção 23-4
Niacina (ácido nicotínico)	Reações de oxidorredução, encontradas em muitos processos metabólicos	Seções 17-3, 19-3, 20-2
Biotina	Reações de carboxilação no metabolismo de carboidratos e lipídeos	Seções 18-2, 21-6
Ácido pantotênico	Transferência de grupos acila em muitos processos metabólicos	Seções 15-7, 21-6
Ácido fólico	Transferência de grupos de um carbono, especialmente em compostos nitrogenados	Seções 23-4, 23-6, 23-11
C (Ácido ascórbico)	Hidroxilação do colágeno	Conexões Bioquímicas 16.2
Ácido lipoico (?) (Tem sido questionado se este ácido é uma vitamina)	Transferência de grupos acila, oxidorredução	Seção 19-3
Lipossolúvel		
A	Sua isomerização medeia o processo visual	Seção 8-7
D	Regula o metabolismo do cálcio e do fósforo, especialmente nos ossos	Seção 8-7
E	Antioxidante	Seção 8-7
K	Faz a mediação da modificação proteica necessária para a coagulação do sangue	Seção 8-7

deficiência de iodo, que leva ao aumento da glândula tireoide (Seção 24-3), tem sido um problema em algumas partes dos Estados Unidos há muitos anos. O sal iodado é utilizado na prevenção desta deficiência e é incomum encontrar sal de cozinha sem suplementação de iodo. O flúor é administrado para evitar cárie dentária em crianças e, com esta finalidade, tem sido adicionado aos reservatórios de água, causando polêmicas consideráveis. O ferro é importante porque faz parte da estrutura das proteínas que contêm o grupo heme. Mulheres gestantes são mais suscetíveis à falta de ferro que outros segmentos da população, e, em alguns casos, suplementos são aconselháveis. Os níveis recomendados variam com a idade do indivíduo e estão sujeitos a ajuste por nível de atividade. O quadro CONEXÕES **BIOQUÍMICAS 24.2** explora o ferro em mais detalhes.

24.2 Conexões **Bioquímicas** | nutrição

Ferro: Exemplo de Uma Exigência de Mineral

O ferro, na forma Fe(II) ou Fe(III), encontra-se no organismo geralmente associado a proteínas. Pouco ou nada de ferro pode ser encontrado "livre" no sangue. Como as proteínas que contêm ferro são ubíquas, há uma necessidade alimentar deste mineral. A falta acentuada pode levar à anemia por deficiência de ferro.

O ferro normalmente é encontrado na forma Fe(III) nos alimentos. Esta também é a maneira na qual ele é liberado pelas panelas de ferro no cozimento de alimentos. No entanto, para ser absorvido, o ferro deve estar no estado Fe(II). A redução do Fe(III) para Fe(II) pode ser feita pelo ascorbato (vitamina C) ou pelo succinato. Os fatores que afetam sua absorção incluem a solubilidade de determinado composto de ferro, a presença de antiácidos no trato digestivo e a fonte de ferro. Como exemplo, o ferro pode formar complexos insolúveis com fosfato ou oxalato, e a presença de antiácidos no trato digestivo pode diminuir sua absorção. O ferro de carnes é absorvido mais facilmente que o de fontes vegetais.

As necessidades de ferro variam de acordo com a idade e o sexo. Lactentes e homens adultos precisam de 10 mg por dia; os bebês nascem com um suprimento para 3 a 6 meses. Crianças e mulheres (dos 16 aos 50 anos) precisam de 15 a 18 mg por dia. As mulheres perdem de 20 a 23 mg de ferro durante cada período menstrual. Gestantes e lactantes precisam de mais de 18 mg por dia. Depois de uma perda de sangue, qualquer indivíduo, independente de idade ou sexo, precisará de mais do que essas quantidades. Corredores, especialmente maratonistas, também enfrentam o risco de se tornar

Continua

Continuação

anêmicos em razão da perda de células sanguíneas nos pés, causada pelas milhares de passadas durante uma longa corrida. Pessoas com deficiência de ferro podem ter desejo de comer itens não alimentícios, como argila, giz e gelo.

Embora o ferro seja um nutriente essencial, seu excesso também pode trazer consequências. O ferro normalmente está ligado a proteínas, tais como hemoglobina, mioglobina e transferrina. Se uma pessoa tem muito ferro, as proteínas às quais deveria se ligar se sobrecarregarão. O ferro livre é um íon muito reativo e provoca danos oxidativos às células. A toxicidade do ferro pode decorrer de desordens genéticas, que fazem que a habilidade de gerenciamento do teor de ferro seja defeituosa, ou pode decorrer da ingestão de muito ferro. Como é o caso de muitos compostos, mais nem sempre é melhor, pelo menos não no caso de você ultrapassar a quantidade realmente necessária. ◗

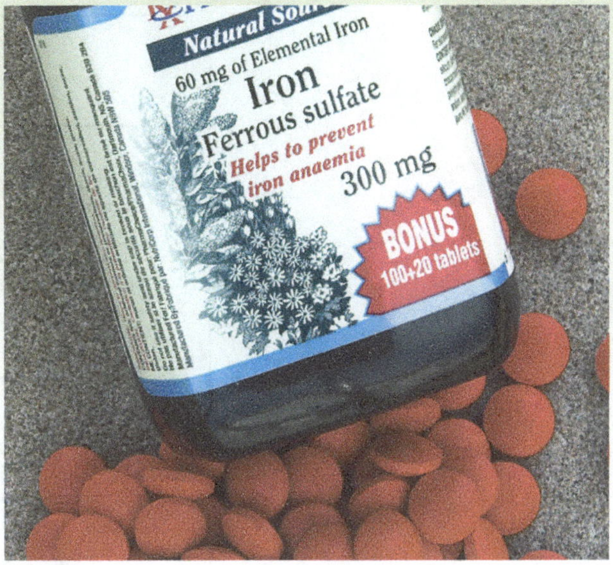
Natural Sol
60 mg of Elemental Iron
Iron
Ferrous sulfate
Helps to prevent iron anaemia
300 mg
BONUS
100+20 tablets

Cengage Learning/Charles D. Winters

A Pirâmide Alimentar

Uma abordagem para divulgar a seleção de alimentos saudáveis foi o desenvolvimento do Guia Alimentar da Pirâmide, um gráfico que foca uma dieta equilibrada em nutrientes, sem excessos (Figura 24.2). O objetivo foi utilizar uma dieta bem selecionada para promover a boa saúde. Para evitar confusão, o desenvolvimento desse esquema teve de considerar o fato de muitas pessoas estarem familiarizadas com as recomendações mais antigas sobre grupos alimentares. As recomendações mais recentes dão atenção especial ao aumento da quantidade de fibras e à diminuição da de gordura. Variedade e moderação foram os principais conceitos da apresentação gráfica. Do ponto de vista bioquímico, essas recomendações são traduzidas em uma dieta com base essencialmente em carboidratos, com proteína suficiente para atender às necessidades de aminoácidos essenciais (Seção 23-5). Observe que, na Figura 24.2, os carboidratos são a base, com a quantidade correta sugerida de 6 a 11 porções de alimentos ricos em carboidratos complexos, como pães, cereais, arroz ou massas. Os lipídeos não devem contribuir com mais de 30% das calorias diárias, embora a dieta norte-americana típica contenha atualmente cerca de 45% de gordura. Dietas ricas em gordura têm sido relacionadas a doenças cardíacas e a alguns tipos de câncer; portanto, a recomendação quanto ao consumo de lipídeos tem importância considerável.

◗ *A velha pirâmide alimentar ainda é válida?*

Diversos cientistas agora questionam alguns detalhes dessa pirâmide alimentar. Sabe-se que alguns tipos de gordura são essenciais para a saúde e, na verdade, reduzem o risco de doenças cardíacas. Além disso, há pouca evidência para respaldar a alegação de que o alto consumo de carboidratos é benéfico. Muitas pessoas acreditam que a pirâmide alimentar original, publicada em 1992, tem falhas graves. Ela glorifica em excesso os carboidratos, enquanto transforma todas as gorduras em vilãs. Além disso, carnes, peixes, aves e ovos estão no mesmo grupo como se fossem equivalentes em termos de saúde. Há muitas evidências relacionando a gordura saturada ao colesterol alto e ao risco de doenças cardíacas, mas as gorduras monoinsaturadas e poli-insaturadas têm o efeito contrário. Embora muitos cientistas soubessem diferenciar os vários tipos de gordura, acreditavam que as pessoas comuns não os entenderiam, e, portanto, a pirâmide original foi desenhada para passar a mensagem simples de que gordura era ruim. A consequência natural subjacente à malignidade da gordura era a de que os carboidratos eram bons. No entanto, após anos de estudo, nenhuma evidência pôde ser mostrada de que uma dieta com 30% ou menos de calorias vindas da gordura é mais saudável do que uma dieta com nível maior de gordura.

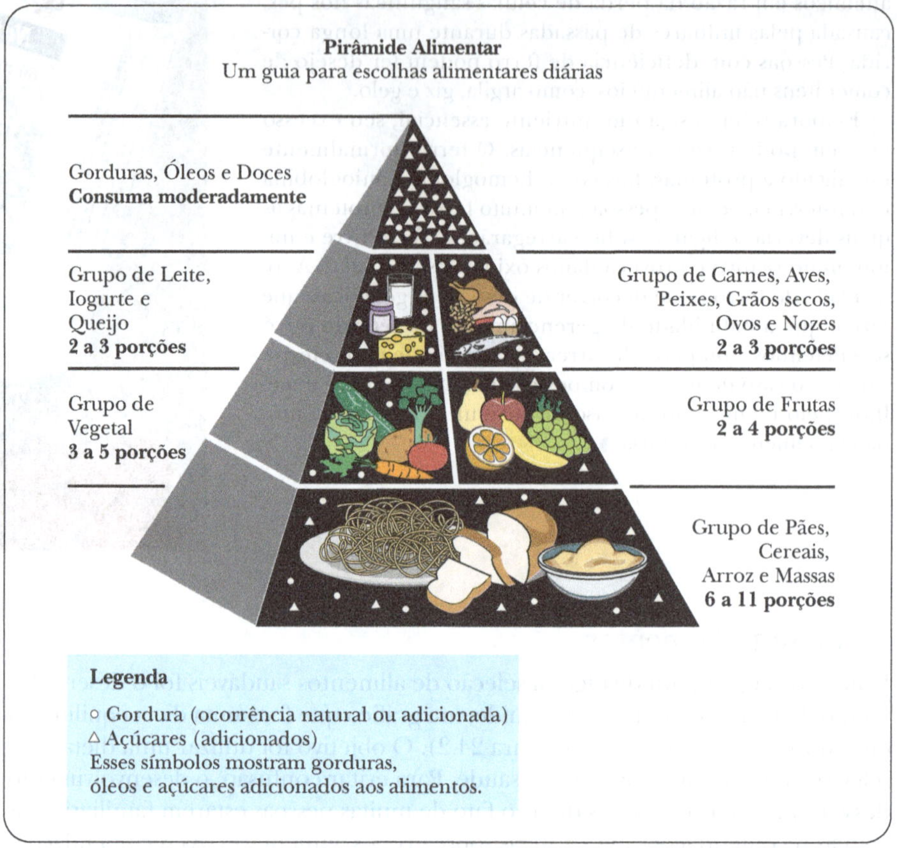
Pirâmide Alimentar
Um guia para escolhas alimentares diárias
Gorduras, Óleos e Doces
Consuma moderadamente
Grupo de Leite, Iogurte e Queijo
2 a 3 porções
Grupo de Carnes, Aves, Peixes, Grãos secos, Ovos e Nozes
2 a 3 porções
Grupo de Vegetal
3 a 5 porções
Grupo de Frutas
2 a 4 porções
Grupo de Pães, Cereais, Arroz e Massas
6 a 11 porções
Legenda
○ Gordura (ocorrência natural ou adicionada)
△ Açúcares (adicionados)
Esses símbolos mostram gorduras, óleos e açúcares adicionados aos alimentos.

Figura 24.2 **Pirâmide Alimentar (USDA).** As escolhas recomendadas refletem uma dieta com base essencialmente em carboidratos. Quantidades menores de proteínas e lipídeos são suficientes para suprir as necessidades do organismo.

Para complicar ainda mais a questão, é preciso lembrar os efeitos das formas ambulantes de colesterol – as lipoproteínas. Ter altos níveis de colesterol circulando como lipoproteínas de alta densidade (HDL) tem sido correlacionado a um coração saudável, enquanto possuir altos níveis de colesterol circulando como lipoproteínas de baixa densidade (LDL) está relacionado ao alto risco de doenças cardíacas (Capítulo 21). Quando as calorias da gordura saturada são substituídas por carboidratos, os níveis de LDL e colesterol total diminuem, assim como o de HDL. Como a proporção entre LDL e HDL não cai consideravelmente, há pouco benefício para a saúde. No entanto, mostrou-se que o aumento na quantidade de carboidrato aumenta a síntese de gordura em razão do crescimento da produção de insulina. Quando as calorias da gordura insaturada são substituídas pelas de carboidratos, os resultados são ainda piores. Os níveis de LDL aumentam em comparação com os níveis de HDL.

A Figura 24.3 mostra uma visão mais moderna de uma pirâmide alimentar que considera as evidências e recomendações mais recentes de alguns nutricionistas. Observe que, na base da pirâmide, está a essência da boa saúde – exercício e controle do peso. Não há substituto para a prática de atividades e a restrição do total de calorias quando se trata de se manter saudável. O nível seguinte mostra que os bons tipos de carboidratos e as boas formas de gordura ocupam uma localização especial. Alimentos integrais são carboidratos complexos digeridos mais lentamente, e, portanto, não têm o efeito de elevar a glicose no sangue e provocar o aumento dos níveis de insulina com a mesma intensidade dos carboidratos refinados, como arroz branco e massas. As gorduras saudáveis vêm de óleos vegetais. Frutas e vegetais ainda ocupam um lugar importante nessa pirâmide, e nozes e legumes estão logo acima deles. Em seguida, há boas fontes de proteína, como peixes, aves e ovos. Observe que a recomendação diz de zero a duas porções. Esta é uma mudança na abordagem, no sentido de que o tipo de proteína é considerado importante e no fato de que o guia mostra que não é necessário comer proteína animal. Os laticínios estão bem em cima na nova pirâmide, porque, apesar dos co-

Multivitaminas
PARA A MAIORIA
Álcool com moderação
EXCETO QUANDO
CONTRAINDICADO
Carne vermelha
e manteiga
CONSUMA MODE-
RADAMENTE
Arroz branco, pão branco,
batatas, massas e doces
CONSUMA MODERADAMENTE
Laticínios ou
suplemento de cálcio
1 A 2 PORÇÕES
Peixes, aves e ovos
0 A 2 PORÇÕES
Nozes e legumes
1 A 3 PORÇÕES
Vegetais
EM ABUNDÂNCIA
Frutas, 2 a 3 PORÇÕES
Alimentos integrais
NA MAIORIA
DAS REFEIÇÕES
Óleos vegetais (de oliva,
canola, soja, milho,
girassol, amendoim e
outros)
NA MAIORIA DAS
REFEIÇÕES
Exercício diário e controle do peso
A NOVA PIRÂMIDE ALIMENTAR
diferencia os tipos saudáveis e não saudáveis de gorduras e carboidratos. Frutas e vegetais
ainda são recomendados, mas o consumo de derivados do leite deve ser limitado.

FIGURA 24.3 Nova pirâmide alimentar. Esta versão das quantidades recomendadas dos diferentes tipos de alimento reflete uma distinção entre tipos saudáveis e não saudáveis de carboidratos e gorduras. O consumo recomendado de derivados do leite também foi reduzido em comparação com a pirâmide original
(© Richard Borge. Adaptado com autorização.)

merciais sugerindo que "todos precisam de leite", há alguns riscos notáveis à saúde no consumo de seus derivados. Algumas culturas que consomem maiores quantidades de laticínios têm maior incidência de doenças cardíacas, provavelmente em razão das altas concentrações de ácidos graxos saturados no leite e na manteiga. Além disso, muitos adultos são alérgicos às proteínas do leite, e muitos são incapazes de digerir a lactose. No topo da pirâmide estão os itens a ser consumidos raramente: carne vermelha e carboidratos refinados, além de algumas fontes naturais de carboidratos, como batatas. Em abril de 2006, o Departamento de Agricultura dos Estados Unidos lançou um site, Interactive Healthy Eating Index (Índice Interativo para Alimentação Saudável) na URL http://mypyramid.gov. Este serviço permite localizar informações sobre alimentos e a função da atividade física para opções de um estilo de vida saudável, incluindo programas interativos para ajudar as pessoas a avaliar suas escolhas de estilo de vida e nutrição, incluindo planilhas para registrar o consumo diário de nutrientes.

O que é obesidade?

A obesidade é o principal problema de saúde pública nos Estados Unidos. Números recentes do Instituto Nacional de Saúde mostram que um terço da população é clinicamente obesa, definida como pesando pelo menos 20% a mais que o ideal. Os adoçantes artificiais foram introduzidos, às vezes com grande controvérsia, para ajudar quem deseja controlar seu peso. Os substitutos de gordura também chegaram ao mercado mais recentemente, seguidos por polêmicas. Uma coisa é clara: o assunto continuará sendo de grande interesse, com trocas entre palatabilidade e preocupações com a saúde fornecendo uma força motriz para a descoberta de novos produtos.

A função da proteína leptina no controle da obesidade tem sido estabelecida em camundongos, e informações sobre seus efeitos nos seres humanos têm surgido. Sabe-se que, nos camundongos, a leptina é uma proteína com 16-kDa e produzida pelo gene da *obesidade (ob)*. Mutações neste gene causam uma deficiência de leptina, o que, por sua vez, leva ao aumento do apetite e à diminuição de atividade, resultando, por fim, em ganho de peso. Injeções desta proteína em camundongos afetados levaram à redução do apetite e ao aumento da atividade, resultando em perda de peso. Foi relatada a administração de leptina a seres humanos apresentando esta deficiência para o tratamento da obesidade. No entanto, em indivíduos clinicamente obesos, os níveis circulantes de leptina frequentemente são altos. É possível que algumas formas de obesidade sejam causadas por uma falta de sensibilidade à leptina, e não pela sua ausência.

A leptina estimula a oxidação de ácidos graxos e a absorção de glicose pelas células musculares. E faz isto através da estimulação da proteína quinase ativada por AMP, que fosforila uma isoforma da acetil-CoA carboxilase (ACC) nas células musculares, tornando-a menos ativa. Lembre-se, da Seção 21-6, de que a ACC tem um papel central no metabolismo da gordura. Quando sua atividade diminui, os níveis de malonil-CoA caem e as mitocôndrias podem absorver e oxidar ácidos graxos. A leptina também inibe a produção do mRNA para a estearoil-CoA desaturase hepática, uma enzima que adiciona ligações duplas aos ácidos graxos saturados, levando à diminuição da síntese de lipídeos.

A leptina também opera diretamente no sistema nervoso. A leptina e a insulina (Seção 24-5) são reguladoras de longo prazo do apetite; circulam no sangue em concentrações quase proporcionais à massa de gordura corporal e reduzem o apetite ao inibir neurônios específicos no hipotálamo. Diversos laboratórios demonstraram interesse no uso dessas informações para desenvolver tratamentos para o controle da obesidade humana.

Embora fosse muito conveniente se os cientistas pudessem encontrar uma solução global para a obesidade, o problema é muito mais complexo que isso, e novos fatores surgem todos os dias. Muitas pessoas referem-se à obesidade e à diabetes do tipo II como "doenças de estilo de vida", uma vez que ambas estão intimamente ligadas ao estilo de vida pessoal. Esta é uma grande preocupação nos Estados Unidos, o país com mais obesos *per capita.* Além da dieta, exercício e genética, muitos outros fatores estão envolvidos. Um artigo recente na *Science* forneceu resultados de um estudo que mostrou uma correlação entre a privação do sono, a diabetes e a obesidade. Foram examinados vários fatores, tais como a quantidade total de sono e quando o ciclo de sono é interrompido. Os humanos evoluíram com um padrão de variação gradual de noites e dias, seguindo as estações do ano. Atualmente, muitas pessoas acordam quando ainda está escuro, dormem apenas algumas horas e/ou trabalham em horários estranhos, como as escalas noturnas. O artigo em questão descobriu que tanto a falta de sono quanto forçar o ritmo do sono a ser quebrado (em relação ao que seria um ciclo de 24 horas mais normal de dia e noite) provocam diversos efeitos deletérios. Com apenas uma semana de sono reduzido, as pessoas estudadas começaram a mostrar resistência à insulina, exatamente como na diabetes tipo II. Os níveis de glicose no sangue também se tornaram elevados para uma faixa que indicaria um estado de pré-diabetes. A taxa metabólica latente também caiu 8%. O artigo concluiu que, se o estudo tivesse continuado por um ano naquele nível, as pessoas teriam engordado 6 quilogramas.

Este fenômeno pode ser contraintuitivo. Uma pessoa ficaria tentada a pensar que, se dormir menos, terá uma maior taxa metabólica, uma vez que terá mais horas totais de atividades. Este estudo indica exatamente o oposto. Um ciclo dia/noite tradicional de 7-8 horas de sono é na realidade mais saudável em termos de manter uma boa taxa metabólica e não ganhar peso.

24-3 Hormônios e o Segundo Mensageiro

Hormônios

sistema endócrino sistema de glândulas sem dutos que liberam hormônios na corrente sanguínea

hormônios substâncias produzidas pelas glândulas endócrinas e enviadas pela corrente sanguínea às células alvo, produzindo um efeito regulador

Os processos metabólicos dentro de determinada célula com frequência são regulados por sinais provenientes de fora dela. Um meio comum de comunicação intercelular ocorre por intermédio do funcionamento do **sistema endócrino,** no qual as glândulas endócrinas produzem **hormônios** como mensageiros intercelulares.

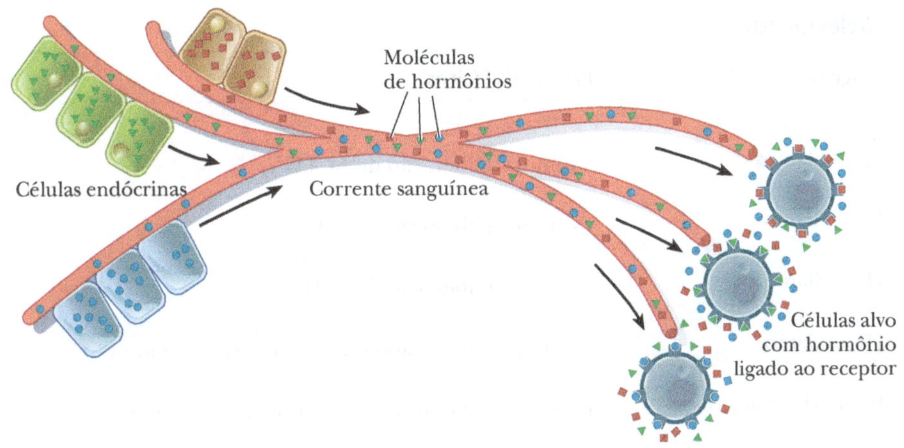
Moléculas de hormônios
Células endócrinas
Corrente sanguínea
Células alvo com hormônio ligado ao receptor

Figura 24.4 O sangue transporta muitos hormônios. As células endócrinas secretam hormônios na corrente sanguínea, que os transporta para as células alvo. Estas têm receptores específicos que se ligam a hormônios específicos, em consequência gerando seus efeitos metabólicos.

O que são hormônios?

Os hormônios são transportados dos locais de sua síntese para os de ação pela corrente sanguínea (Figura 24.4). Em termos da estrutura química, alguns hormônios típicos são esteroides, como estrogênios, androgênios e mineralocorticoides (Seção 21-8); polipeptídeos, como a insulina e as endorfinas (Seção 3-5); e derivados de aminoácidos, como a epinefrina e a norepinefrina (Tabela 24.3).

Os hormônios têm várias funções importantes no organismo. Eles ajudam a manter a **homeostase**, o equilíbrio entre as atividades biológicas. O efeito da insulina na manutenção do nível de glicose no sangue dentro de limites estreitos é um exemplo desta função. O funcionamento da epinefrina e da norepinefrina nas reações "lutar ou fugir" é um exemplo da forma como os hormônios fazem a mediação de respostas a estímulos externos. Por fim, os hormônios têm funções no crescimento e no desenvolvimento, como visto nos papéis dos hormônios do crescimento e sexuais. Os métodos e as descobertas da bioquímica e da fisiologia ajudaram a explicar o funcionamento do sistema endócrino.

A liberação de hormônios exerce controle sobre as células dos órgãos alvo. No entanto, outros mecanismos de controle determinam o funcionamento das glândulas endócrinas que liberam o hormônio em questão. Podem ser postulados mecanismos simples de retroalimentação, nos quais a ação do hormônio leva à inibição de sua liberação (Figura 24.5). O funcionamento do sistema endócrino é, na verdade, muito mais complicado, com a complexidade adicional permitindo um maior nível de controle. Para ilustrar com um exemplo um tanto restrito, a insulina é liberada em resposta a uma elevação no nível de glicose sanguínea. Na ausência de mecanismos de controle, um excesso de insulina pode produzir **hipoglicemia**, condição de pouca glicose no sangue. A ação do hormônio glucagon, além do controle por retroalimentação negativa da liberação da insulina, tendem a aumentar o nível de glicose na corrente sanguínea. Juntos, os dois hormônios regulam a glicose no sangue. Este é um exemplo muito restrito, como veremos na próxima seção. Abordaremos a insulina de forma mais detalhada na Seção 24-5.

Um sistema de controle mais sofisticado envolve a ação do *hipotálamo*, da *pituitária* e de *glândulas endócrinas* específicas (Figura 24.6). O sistema nervoso central envia um sinal para o **hipotálamo**; este secreta um fator de liberação do hormônio, que, por sua vez, estimula a liberação de um hormônio trófico pela pituitária anterior (Tabela 24.3). (A ação do hipotálamo na pituitária posterior é mediada por impulsos nervosos.) Os **hormônios tróficos** atuam em **glândulas endócrinas** específicas, que liberam os hormônios a serem transportados aos órgãos alvo. Observe que o controle por retroalimentação é exercido em cada estágio do processo. Um ajuste ainda mais preciso é possível com os mecanismos de ativação do zimogênio (Seção 7-4), existente para diversos hormônios conhecidos.

A natureza química dos hormônios tem uma função previsivelmente importante na sinalização celular. Os hormônios esteroides, por exemplo, podem en-

homeostase equilíbrio das atividades biológicas no organismo

hipoglicemia condição de baixos níveis de glicose no sangue

hipotálamo porção do cérebro que controla, entre outras coisas, muitas operações do sistema endócrino

hormônios tróficos hormônios produzidos pela glândula pituitária sob o controle do hipotálamo, que, por sua vez, provoca a liberação de hormônios específicos pelas glândulas endócrinas individuais

glândulas endócrinas glândulas do sistema endócrino (pituitária, testículos, ovários, tireoide, pâncreas e adrenais) que secretam seus hormônios diretamente no sangue

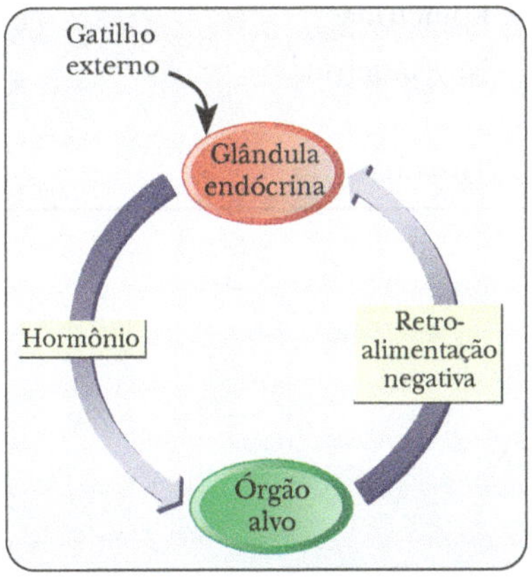
Gatilho externo
Glândula endócrina
Hormônio
Retro-alimentação negativa
Órgão alvo

Figura 24.5 Um sistema simples de controle por retroalimentação envolvendo uma glândula endócrina e um órgão alvo.

TABELA 24.3 Hormônios Humanos Selecionados

Hormônio	Origem	Principais Efeitos
Polipeptídeos		
Fator de liberação da corticotropina (CRF)	Hipotálamo	Estimula a liberação de ACTH
Fator de liberação da gonadotropina (GnRF)	Hipotálamo	Estimula a liberação de FSH e LH
Fator de liberação de tirotropina (TRF)	Hipotálamo	Estimula a liberação de TSH
Fator de liberação do hormônio do crescimento (GRF)	Hipotálamo	Estimula a liberação do hormônio de crescimento
Hormônio adrenocorticotrópico (ACTH)	Pituitária anterior	Estimula a liberação de adrenocorticosteroides
Tirotropina (TSH)	Pituitária anterior	Estimula a liberação de tiroxina
Hormônio estimulante de folículo (FSH)	Pituitária anterior	Nos ovários, estimula a ovulação e a síntese do estrogênio; nos testículos, estimula a espermatogênese
Hormônio luteinizante (LH)	Pituitária anterior	Nos ovários, estimula a síntese de estrogênio e progesterona; nos testículos, estimula a síntese do androgênio
Met-encefalina	Pituitária anterior	Tem efeitos opioides no sistema nervoso central
Leu-encefalina	Pituitária anterior	Tem efeitos opioides no sistema nervoso central
β-endorfina	Pituitária anterior	Tem efeitos opioides no sistema nervoso central
Vasopressina	Pituitária posterior	Estimula a reabsorção da água pelos rins e aumenta a pressão sanguínea
Oxitocina	Pituitária posterior	Estimula as contrações uterinas e o fluxo de leite
Insulina	Pâncreas (células β das ilhotas de Langerhans)	Estimula a absorção de glicose da corrente sanguínea
Glucagon	Pâncreas (células α das ilhotas de Langerhans)	Estimula a liberação de glicose para a corrente sanguínea
Esteroides		
Glicocorticoides	Córtex adrenal	Reduzem inflamações, aumentam a resistência ao estresse
Mineralocorticoides	Córtex adrenal	Mantêm o equilíbrio entre sal e água
Estrogênios	Gônadas e córtex adrenal	Estimulam o desenvolvimento de características sexuais secundárias, especialmente nas mulheres
Androgênios	Gônadas e córtex adrenal	Estimulam o desenvolvimento de características sexuais secundárias, especialmente nos homens
Derivados de aminoácidos		
Epinefrina	Medula adrenal	Aumenta os batimentos cardíacos e a pressão sanguínea
Norepinefrina	Medula adrenal	Diminui a circulação periférica, estimula a lipólise no tecido adiposo
Tiroxina	Tireoide	Estimula o metabolismo em geral

trar na célula diretamente pela membrana plasmática ou se ligar aos receptores da membrana. Os hormônios não esteroides entram na célula exclusivamente como resultado de uma ligação aos receptores da membrana plasmática (Figura 24.7).

Os fatores de liberação e os hormônios tróficos listados na Tabela 24.3 tendem a ser polipeptídeos, mas a natureza química dos hormônios liberados por outras glândulas endócrinas específicas mostra uma variação maior. Por exemplo, a tiroxina, produzida pela tireoide, é um derivado iodado do aminoácido tirosina (Seção 3-2). Níveis anormalmente baixos de tiroxina levam ao **hipotireoidismo**, caracterizado por letargia e obesidade, enquanto níveis elevados produzem o efeito oposto (*hipertireoidismo*). Níveis baixos de iodo na dieta frequentemente levam ao hipotireoidismo e a um aumento da glândula tireoide (*bócio*). Esta condição foi praticamente erradicada com a adição de iodeto de sódio ao sal de cozinha (sal "iodado"). (É praticamente impossível encontrar sal de cozinha que não seja iodado.)

hipotireoidismo estado em que um indivíduo produz menos que os níveis normais de hormônios tireoides

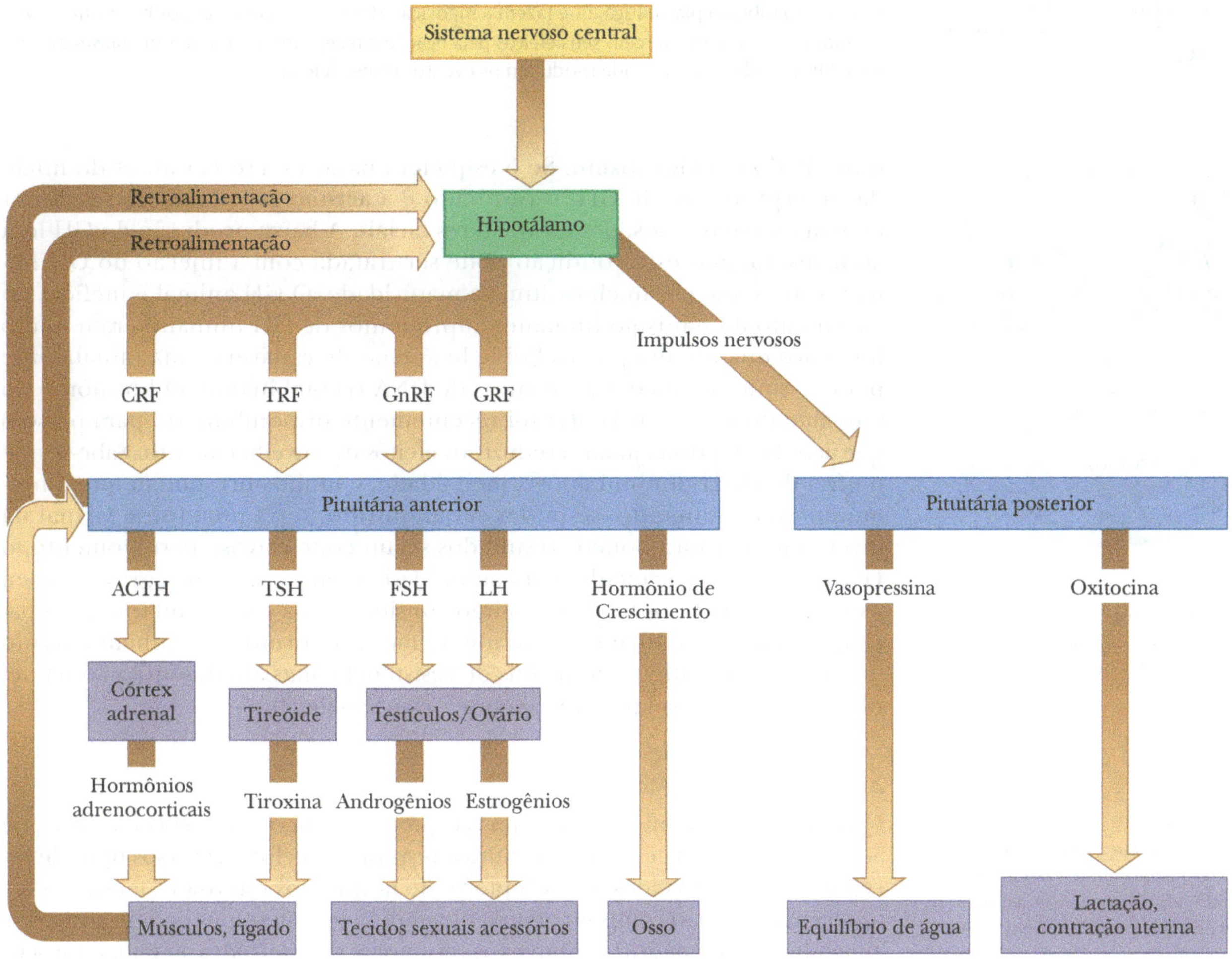

Sistema nervoso central
Retroalimentação
Retroalimentação
Hipotálamo
Impulsos nervosos
CRF
TRF
GnRF
GRF
Pituitária anterior
Pituitária posterior
ACTH
TSH
FSH
LH
Hormônio de Crescimento
Vasopressina
Oxitocina
Córtex adrenal
Tireóide
Testículos/Ovário
Hormônios adrenocorticais
Tiroxina
Androgênios
Estrogênios
Músculos, fígado
Tecidos sexuais acessórios
Osso
Equilíbrio de água
Lactação, contração uterina

FIGURA 24.6 **Controle hormonal.** Este sistema de controle hormonal mostra o papel do hipotálamo, da pituitária e dos tecidos alvo. Veja a Tabela 24.3 para os nomes dos hormônios.

Os hormônios esteroides (Seção 21-8) são produzidos pelo córtex adrenal e pelas gônadas (testículos nos machos, ovários nas fêmeas). Entre os **hormônios adrenocorticais** estão os **glicocorticoides**, que afetam o metabolismo dos carboidratos, modulam as reações inflamatórias e estão envolvidos nas reações ao estresse. Os **mineralocorticoides** controlam o nível de excreção de água e sal pelos rins. Se o córtex adrenal não funcionar adequadamente, um resultado é a *doença de Addison*, caracterizada por hipoglicemia, fraqueza e maior suscetibilidade ao estresse. Esta doença pode ser fatal, a menos que seja tratada com a administração de mineralocorticoides e glicocorticoides para compensar o que está ausente. A condição oposta, *hiperfunção do córtex adrenal*, é frequentemente causada por um tumor no córtex adrenal ou na pituitária. Sua manifestação clínica característica é a *síndrome de Cushing*, marcada por hiperglicemia, retenção de água e a fisionomia facilmente reconhecida de "cara de lua".

hormônios adrenocorticais hormônios esteroides secretados pelo córtex adrenal que têm efeito sobre a inflamação e sobre o equilíbrio entre sal e água

glicocorticoides hormônios esteroides envolvidos no metabolismo de açúcares

mineralocorticoides hormônios esteroides envolvidos na regulação de íons "minerais" inorgânicos

O córtex adrenal produz alguns hormônios sexuais esteroides, *androgênios* e *estrogênios*, mas o principal local de produção fica nas gônadas. Os estrogênios são necessários para a maturação e função sexual das fêmeas mamíferas, mas não para seu desenvolvimento sexual embriológico. Os animais que são geneticamente machos parecerão fêmeas se privados de androgênios durante o desenvolvimento embriológico. Como exemplo final, discutiremos o hormônio do crescimento (GH), que é um polipeptídeo. Quando há superprodução de GH, normalmente se deve a um tumor na pituitária . Se essa condição ocorrer enquanto o esqueleto ainda estiver em crescimento,

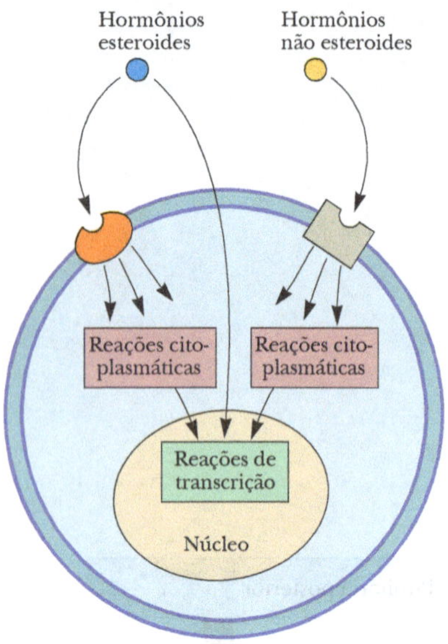
Hormônios esteroides
Hormônios não esteroides
Reações cito-plasmáticas
Reações cito-plasmáticas
Reações de transcrição
Núcleo

FIGURA 24.7 **Ação hormonal.** Os hormônios não esteroides ligam-se exclusivamente a receptores da membrana plasmática, que fazem a mediação das reações celulares aos hormônios. Os hormônios esteroides exercem seus efeitos pela ligação a receptores da membrana plasmática ou pela difusão até o núcleo, onde modulam os eventos transcricionais.

o resultado é o **gigantismo**. Se o esqueleto parar de crescer antes do início da superprodução de GH, o resultado é a **acromegalia**, caracterizada por crescimento das mãos, pés e caracteres faciais. A baixa produção do GH leva ao **nanismo**, mas esta condição pode ser tratada com a injeção do GH humano antes que o esqueleto atinja a maturidade. O GH animal é ineficaz no tratamento do nanismo humano. Suprimentos de GH humano eram muito limitados quando era possível obtê-lo apenas de cadáveres, mas atualmente pode-se sintetizá-lo com as técnicas de DNA recombinante. O hormônio do crescimento humano (HGH) foi recentemente disponibilizado para pessoas que acreditam possa ajudar a reduzir os efeitos do envelhecimento. Sabe-se que o nível de HGH diminui após a meia-idade, e muitos presumem que o hormônio do crescimento, se puder ser adquirido, seria uma fonte virtual da juventude. Embora poucos resultados sejam conclusivos até o momento, o HGH está sendo receitado, e a comunidade médica adotou regras para seu uso. Por exemplo, os médicos só irão considerar sua recomendação para pacientes acima dos 40 anos de idade. O mesmo hormônio também é usado ilegalmente por atletas de provas de resistência, mas atualmente não há nenhum teste confiável para interromper este uso ilegal.

gigantismo doença causada pela produção em excesso do hormônio de crescimento antes que o esqueleto pare de crescer

Segundo Mensageiro

Quando um hormônio se liga a um receptor específico em uma célula alvo, ele aciona uma série de eventos que ativa a resposta na célula. Diversos tipos de receptores são conhecidos. Os receptores de hormônios esteroides tendem a ser intracelulares e não componentes da membrana (os esteroides podem atravessar a membrana plasmática). Complexos receptores de esteroides afetam a transcrição de genes específicos. De forma mais frequente, as proteínas receptoras fazem parte da membrana plasmática. A ligação do hormônio ao receptor aciona uma mudança na concentração de um **segundo mensageiro**, que realiza as alterações dentro da célula como resultado de uma série de reações.

acromegalia doença causada pelo excesso do hormônio de crescimento produzido depois que o esqueleto parou de crescer, caracterizada por aumento das mãos, pés e traços faciais

nanismo doença causada por uma deficiência do hormônio de crescimento

segundo mensageiro substância produzida ou liberada por uma célula em resposta à ligação do hormônio a um receptor na superfície celular; é o que provoca a verdadeira resposta na célula

Como o segundo mensageiro funciona?

AMP Cíclico e Proteínas G

AMP cíclico (adenosina-3',5'-monofosfato, cAMP) é um exemplo de segundo mensageiro. Seu modo de ação começa com a ligação de hormônios a um receptor específico chamado receptor β_1 ou β_2 adrenérgico, que aciona a produção de cAMP a partir de ATP, catalisada pela *adenilato ciclase*. Essa reação é mediada por uma proteína G estimulatória, um trímero que consiste em três subunidades – α, β e γ. A ligação do hormônio ao receptor ativa a proteína G; a subunidade α liga-se ao GTP enquanto libera GDP, originando o nome da proteína. A proteína ativada tem atividade GTPase e lentamente hidrolisa GTP, devolvendo a proteína G ao estado inativo. A GDP continua ligada à subunidade α e deve ser trocada por GTP quando a proteína for novamente ativada (Figura 24.8). A proteína G e a adenilato ciclase são ligadas à membrana plasmática, enquanto a cAMP é liberada no interior da célula para agir como um segundo mensageiro. Como já visto em diversas rotas, a cAMP estimula a proteína quinase A, que fosforila um hospedeiro de enzimas e fatores de transcrição. Alguns exemplos são conhecidos, nos quais a ligação do hormônio ao receptor (um receptor α_2) inibe, em vez de estimular a adenilato ciclase. Uma proteína G com um tipo diferente de subunidade α medeia o processo. A proteína G modificada é chamada *proteína G inibidora*, para diferenciá-la do tipo que estimula a resposta à ligação do hormônio (Figura 24.49).

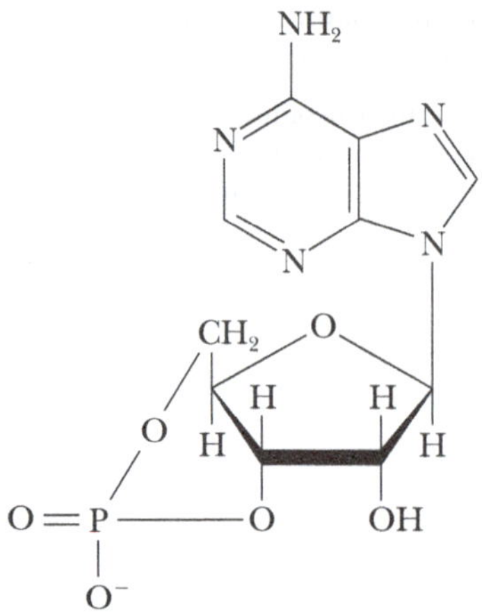
AMP cíclico

AMP cíclico (adenosina-3', 5'-monofosfato cíclico, cAMP).

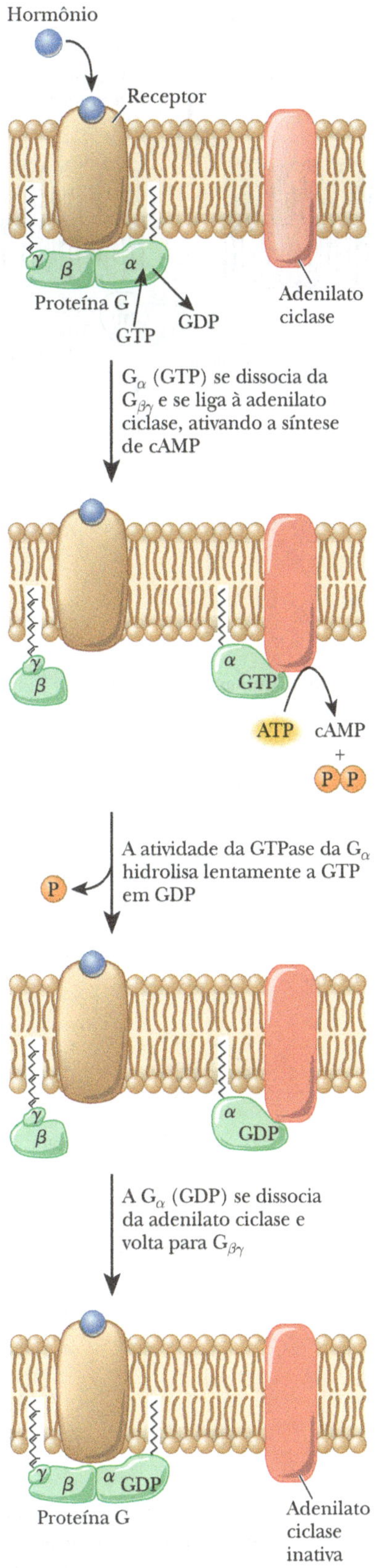
Hormônio
Receptor
Proteína G
GTP
GDP
Adenilato ciclase
G_α (GTP) se dissocia da $G_{\beta\gamma}$ e se liga à adenilato ciclase, ativando a síntese de cAMP
ATP
cAMP
A atividade da GTPase da G_α hidrolisa lentamente a GTP em GDP
A G_α (GDP) se dissocia da adenilato ciclase e volta para $G_{\beta\gamma}$
Adenilato ciclase inativa

Figura 24.8 Ativação da adenilato ciclase pelas proteínas G heterotriméricas. A ligação do hormônio ao seu receptor provoca uma mudança conformacional que induz o receptor a catalisar uma substituição de GDP por GTP na G_α. O complexo G_α (GTP) se dissocia de $G_{\beta\gamma}$ e se liga à adenilato ciclase, estimulando a síntese de cAMP. A GTP ligada é lentamente hidrolisada a GDP pela atividade da GTPase intrínseca da G_α. A G_α (GDP) se dissocia da adenilato ciclase e se reassocia com a $G_{\beta\gamma}$. A G_α e a G_γ são proteínas ancoradas a lipídeos. A adenilato ciclase é uma proteína de membrana integral que consiste em 12 segmentos α-hélice transmembrana.

Nas células eucarióticas, o modo normal de ação da cAMP é estimular uma proteína quinase dependente de cAMP, um tetrâmero que consiste em duas subunidades reguladoras e duas subunidades catalíticas. Quando a cAMP se liga ao dímero das subunidades reguladoras, as duas subunidades catalíticas ativas são liberadas. A quinase ativa catalisa a fosforilação de alguma enzima alvo ou um fator de transcrição (Figura 24.10). No esquema mostrado na Figura 24.10, a fosforilação ativa a enzima. Também são conhecidos casos em que a fosforilação desativa a enzima alvo (por exemplo, a glicogênio sintase, Seção 24-4). O sítio normal de fosforilação é o grupo hidroxila de uma serina ou de uma treonina. O ATP é a fonte do grupo fosfato transferido para a enzima. A enzima alvo, então, provoca a resposta celular.

As proteínas G são moléculas de sinalização muito importantes nos eucariotos. Elas podem ser ativadas por combinações de hormônios. Por exemplo, a epinefrina e o glucagon agem por meio da proteína G estimulatória nas células hepáticas. O efeito pode ser cumulativo, de forma que, se houver liberação de glucagon e epinefrina, o efeito celular será maior. Além do efeito na cAMP, as proteínas G estão envolvidas na ativação de muitos outros processos celulares, incluindo a estimulação da fosfolipase C e a abertura ou o fechamento de canais iônicos da membrana. E também estão envolvidas na visão e no olfato. Atualmente, são conhecidos mais de 100 receptores acoplados a proteínas G, assim como mais de 20 proteínas G.

Uma proteína G é permanentemente ativada pela toxina da cólera, levando ao estímulo excessivo da adenilato ciclase e à elevação crônica dos níveis de cAMP. O principal perigo da doença *cólera*, causada pela bactéria *Vibrio cholerae*, é a desidratação grave resultante da diarreia. A atividade desregulada da adenilato ciclase nas células epiteliais leva à diarreia porque a cAMP nessas células estimula o transporte ativo de Na^+. O excesso de cAMP nas células do intestino delgado produz um aumento do fluxo de Na^+ e de água das células da mucosa para o lúmen do intestino. Se o fluido e os sais perdidos puderem ser repostos nas vítimas da cólera, o sistema imunológico conseguirá eliminar a infecção em poucos dias.

Íon Cálcio como Segundo Mensageiro

O íon cálcio (Ca^{2+}) está envolvido em outro esquema ubíquo de segundo mensageiro. Uma boa parte da resposta mediada pelo cálcio depende da sua liberação dos reservatórios intracelulares, semelhante à liberação de Ca^{2+} do retículo sarcoplasmático na ativação da junção neuromuscular. Um componente da face interna da bicamada fosfolipídica, o *fosfatidilinositol 4,5-*bis*fosfato* (PIP_2), também é necessário nesse esquema (Figura 24.11).

Quando o gatilho externo se liga ao seu receptor na membrana celular, ele ativa a *fosfolipase C* (Seção 21-2), que hidrolisa o PIP_2 a *inositol 1,4,5-trifosfato* (IP_3) e a *diacilglicerol* (DAG), em um processo mediado por um membro diferente da família das proteínas G. O IP_3 é o verdadeiro segundo mensageiro. Difunde-se por meio do citosol até o retículo endoplasmático (RE), onde estimula a liberação de Ca^{2+}. Forma-se um complexo entre a proteína ligante ao cálcio, a calmodulina, e o Ca^{2+}. Esse complexo cálcio–calmodulina ativa a proteína quinase citosólica, que fosforila as enzimas alvo da mesma forma que no esquema mediado pela cAMP. O DAG também tem uma função nesse esquema: ele é apolar e difunde-se pela membrana plasmática. Quando o DAG encontra a proteína quinase C ligada à membrana, também age como um segundo mensageiro ao ativar essa enzima (na ver-

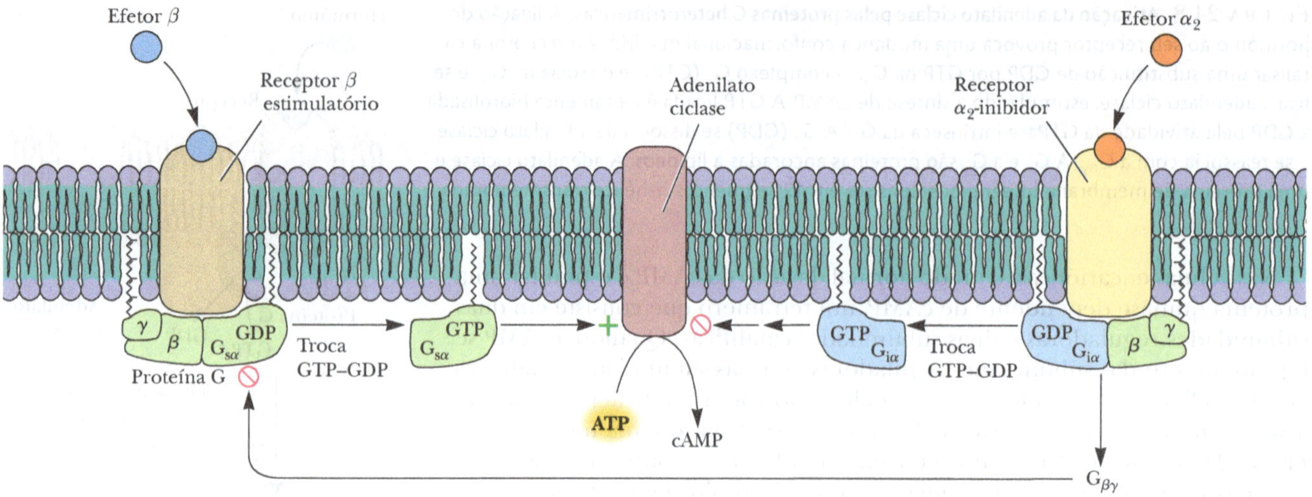

Efetor β
Receptor β estimulatório
Adenilato ciclase
Efetor α_2
Receptor α_2-inibidor
γ
β
GDP
$G_{s\alpha}$
Proteína G
Troca GTP–GDP
GTP
$G_{s\alpha}$
ATP
cAMP
GTP
$G_{i\alpha}$
Troca GTP–GDP
GDP
$G_{i\alpha}$
β
γ
$G_{\beta\gamma}$

FIGURA 24.9 **Controle da adenilato ciclase.** A atividade da adenilato ciclase é modulada pela interoperação das proteínas G estimulatória (G_s) e inibitária (G_i). A ligação dos hormônios a receptores β ativa a adenilato ciclase via G_s, enquanto o hormônio que se liga a receptores α_2 leva à inibição da adenilato ciclase. A inibição pode ocorrer por inibição direta da atividade da ciclase por $G_{i\alpha}$, ou pela ligação da $G_{i\beta\gamma}$ à $G_{s\alpha}$.

proteína quinase C a família de enzimas proteicas quinase envolvidas no controle do metabolismo, que são por si só afetadas pelos níveis de outros compostos, tais como o cálcio e o diacil glicerol

tirosina quinase receptora tipo de receptor celular envolvido no controle do metabolismo celular que rodeia a membrana e fosforila resíduos de tirosina específicos quando ligados ao ligante

dade, uma família de enzimas). A **proteína quinase C** também fosforila as enzimas alvo, incluindo as proteínas de canais que controlam o fluxo de Ca^{2+} para dentro e fora da célula. Ao controlar o fluxo de Ca^{2+}, esse sistema de segundo mensageiro pode produzir respostas sustentadas mesmo quando o suprimento de Ca^{2+} nos reservatórios intracelulares estiver esgotado.

Tirosinas Quinases Receptoras

Outro tipo importante de sistema de segundo mensageiro envolve um tipo de receptor chamado **tirosina quinase receptora**. Esses receptores cobrem a membrana celular e têm um receptor de hormônio na superfície externa e uma porção de

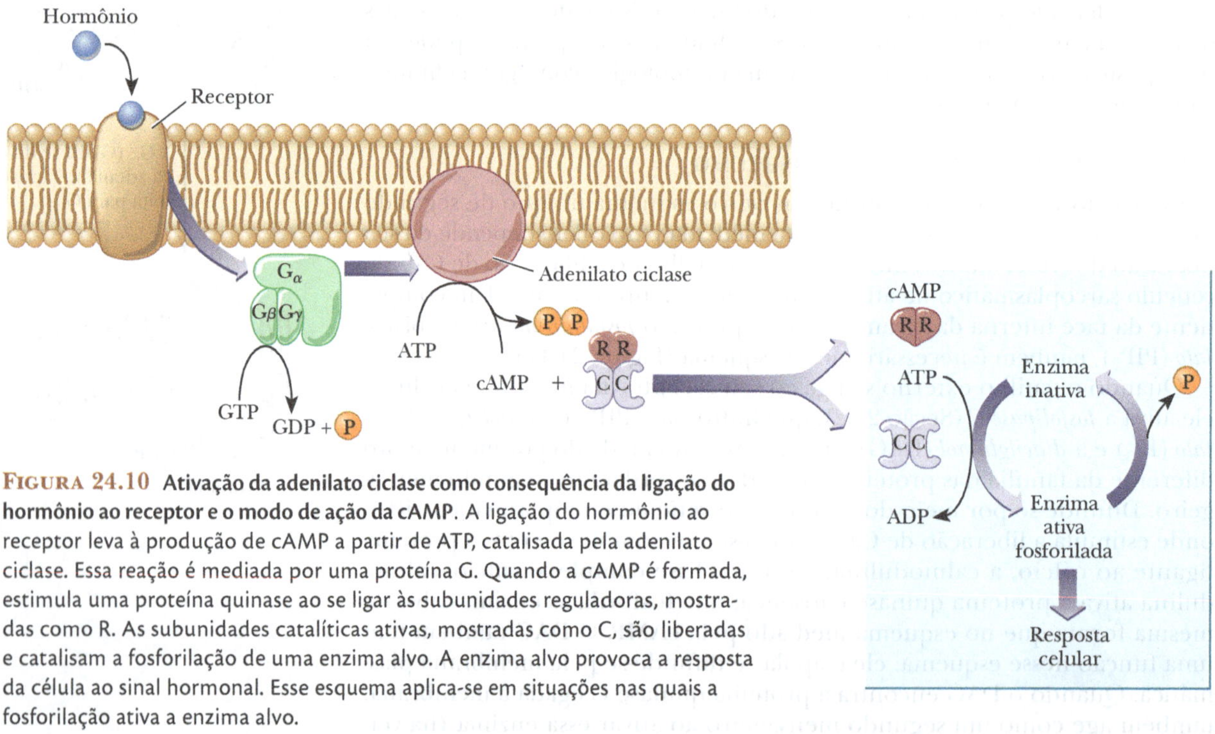

Hormônio
Receptor
G_α
$G\beta G\gamma$
Adenilato ciclase
ATP
P P
GTP
GDP + P
cAMP +
R R
C C
cAMP
R R
ATP
C C
ADP
Enzima inativa
Enzima ativa fosforilada
P
Resposta celular

FIGURA 24.10 **Ativação da adenilato ciclase como consequência da ligação do hormônio ao receptor e o modo de ação da cAMP.** A ligação do hormônio ao receptor leva à produção de cAMP a partir de ATP, catalisada pela adenilato ciclase. Essa reação é mediada por uma proteína G. Quando a cAMP é formada, estimula uma proteína quinase ao se ligar às subunidades reguladoras, mostradas como R. As subunidades catalíticas ativas, mostradas como C, são liberadas e catalisam a fosforilação de uma enzima alvo. A enzima alvo provoca a resposta da célula ao sinal hormonal. Esse esquema aplica-se em situações nas quais a fosforilação ativa a enzima alvo.

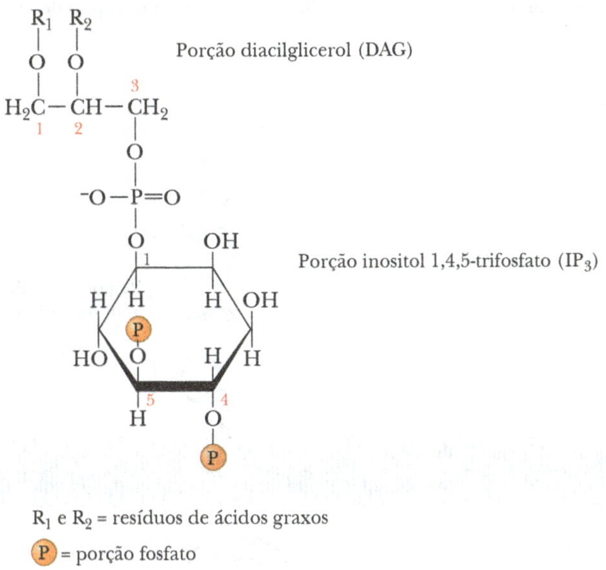
Porção diacilglicerol (DAG)
Porção inositol 1,4,5-trifosfato (IP3)
R1 e R2 = resíduos de ácidos graxos
P = porção fosfato

Fosfatidilinositol 4,5-*bis*fosfato (PIP_2)

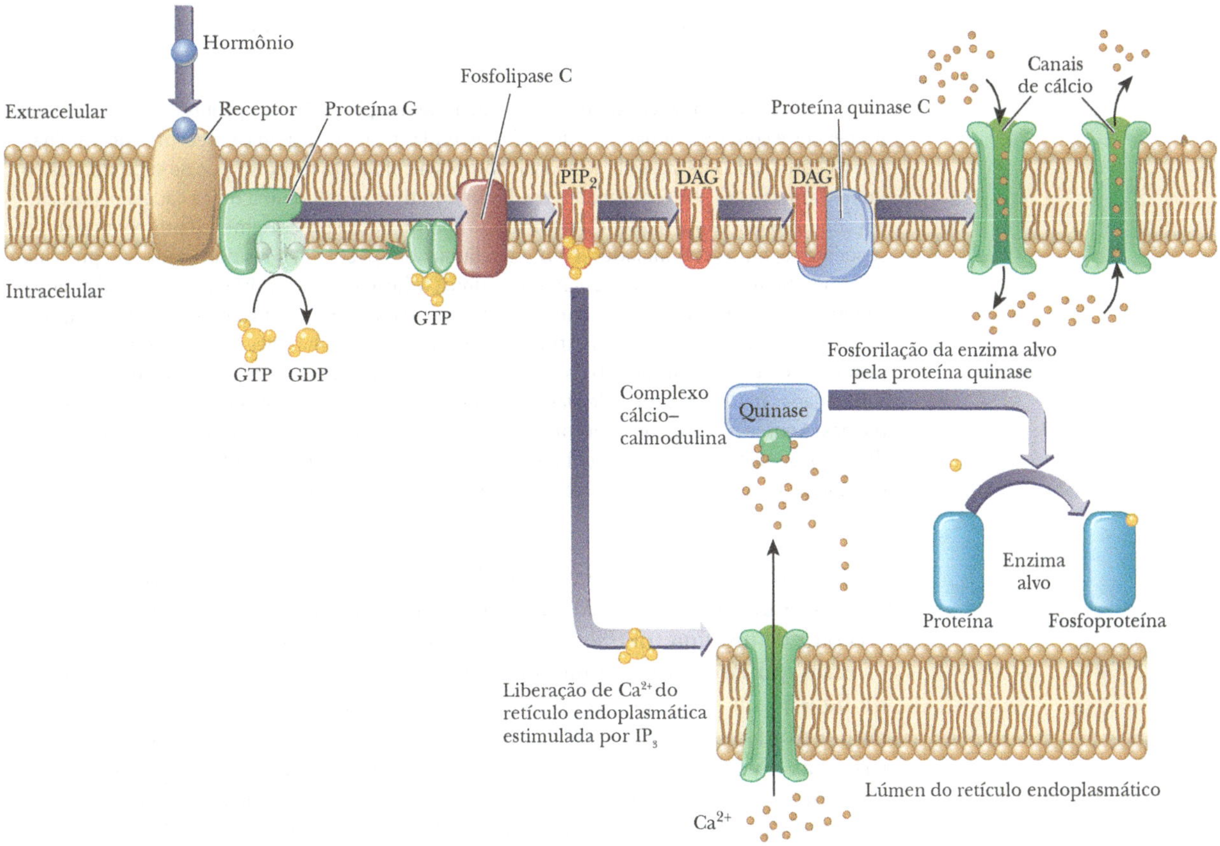
Hormônio
Extracelular
Receptor
Proteína G
Fosfolipase C
Proteína quinase C
Canais de cálcio
PIP2
DAG
DAG
Intracelular
GTP
GTP GDP
Fosforilação da enzima alvo pela proteína quinase
Complexo cálcio–calmodulina
Quinase
Enzima alvo
Proteína
Fosfoproteína
Liberação de Ca2+ do retículo endoplasmática estimulada por IP3
Lúmen do retículo endoplasmático
Ca2+

FIGURA 24.11 **O esquema do segundo mensageiro PIP_2.** Quando um hormônio se liga a um receptor, ativa a fosfolipase C, em um processo mediado por uma proteína G. A fosfolipase C hidrolisa o PIP_2 a IP_3 e DAG. O IP_3 estimula a liberação de Ca^{2+} dos reservatórios intracelulares no RE. O complexo formado entre o Ca^{2+} e a calmodulina (proteína ligante de cálcio) ativa uma proteína quinase citosólica para a fosforilação de uma enzima alvo. O DAG continua ligado à membrana plasmática, onde ativa a proteína quinase C (PKC) ligada à membrana. A PKC está envolvida na fosforilação de muitas proteínas de canal que controlam o fluxo de Ca^{2+} para dentro e fora da célula. O Ca^{2+} de fontes extracelulares pode produzir respostas sustentadas mesmo quando o suprimento de Ca^{2+} nos reservatórios intracelulares está esgotado.

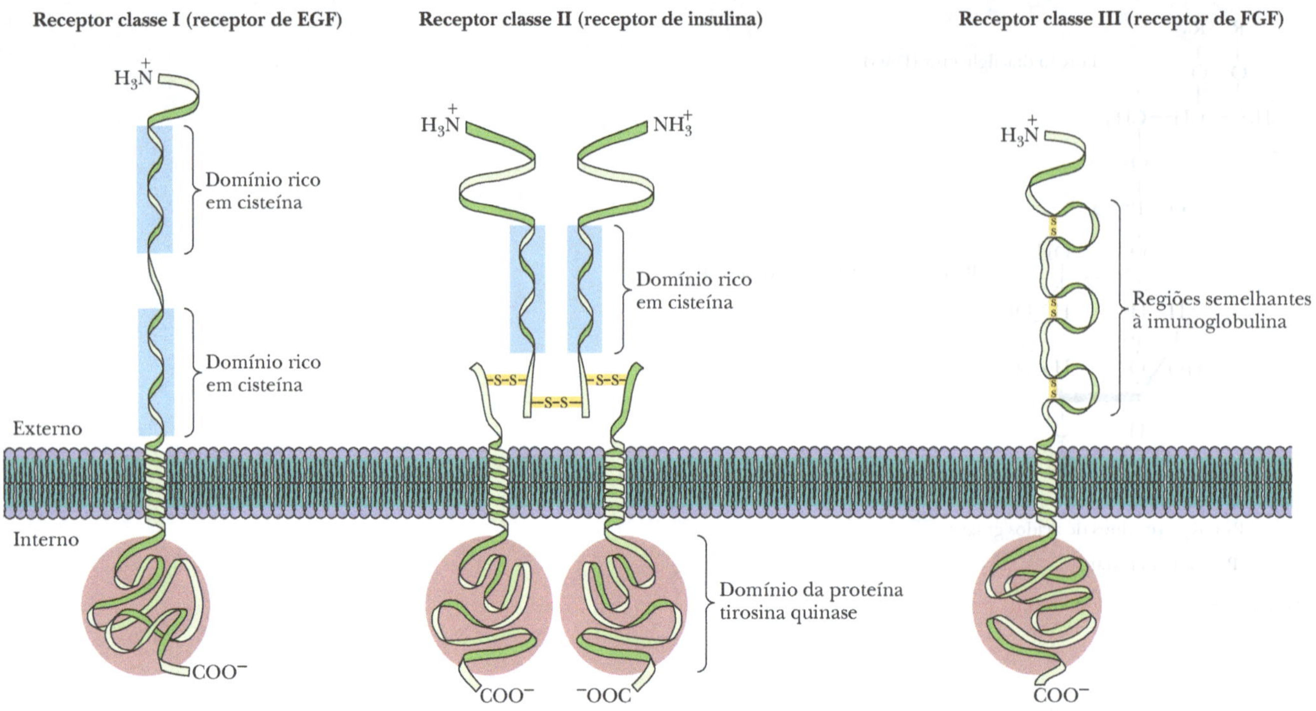

Receptor classe I (receptor de EGF)
Receptor classe II (receptor de insulina)
Receptor classe III (receptor de FGF)
$H_3\overset{+}{N}$
NH_3^+
Domínio rico em cisteína
Domínio rico em cisteína
Domínio rico em cisteína
Regiões semelhantes à imunoglobulina
S-S
Externo
Interno
Domínio da proteína tirosina quinase
COO⁻
⁻OOC

FIGURA 24.12 As três classes de tirosina quinase receptora. Os receptores de classe I são monoméricos e contêm um par de sequências repetidas ricas em cisteína. O receptor de insulina, um receptor típico de classe II, é uma glicoproteína composta de dois tipos de subunidades em um tetrâmero $\alpha_2\beta_2$. As subunidades α e β são sintetizadas como uma única cadeia peptídica, em conjunto com uma sequência de sinais de N-terminal. O processamento proteolítico subsequente separa as subunidades α e β. As subunidades β, com 620 resíduos cada, são proteínas transmembrana integrais, com apenas uma única α-hélice transmembrana, o terminal amino na superfície externa da célula e o terminal carboxila no interior da célula. As subunidades α, com 735 resíduos cada, são proteínas extracelulares unidas às subunidades β e entre si por ligações dissulfeto. O domínio de ligação da insulina está localizado em uma região rica em cisteína nas subunidades α. Os receptores de classe III contêm diversos domínios semelhantes a imunoglobulinas. Aqui se mostra um receptor do fator de crescimento do fibroblasto (FGF), que tem três domínios semelhantes a imunoglobulinas. (Adaptado de Ullrich, A.; Schlessinger, J. Signal Transduction by Receptors with Tyrosine Kinase Activity. *Cell*, n. 61, p. 203-12, 1990.)

tirosina quinase no lado interno. Há diversas subclasses dessas quinases receptoras, como mostrado na Figura 24.12. A mais conhecida delas é a classe II, que inclui o receptor de insulina (que será visto com mais detalhes na Seção 24-5).

Essas quinases são enzimas alostéricas. Quando o hormônio se liga à região de ligação na superfície externa da célula, induz uma mudança conformacional no domínio da tirosina quinase que aciona a atividade da quinase. As tirosinas quinases ativadas fosforilam as tirosinas em diversas proteínas alvo, causando alterações no transporte iônico e de aminoácidos das membranas e na transcrição de determinados genes. A fosfolipase C (vista na Figura 24.11) é um dos alvos das tirosinas quinases. Outro alvo é uma proteína quinase sensível à insulina, que fosforila e ativa a proteína fosfatase 1.

24-4 Hormônios e o Controle do Metabolismo

Agora que sabemos algo sobre os efeitos de hormônios no acionamento de respostas intracelulares, podemos retornar e desenvolver alguns pontos iniciais sobre o controle metabólico. Nos capítulos anteriores, discutimos alguns tópicos sobre mecanismos de controle no metabolismo dos carboidratos. Naquele momento, vimos como a glicólise e a gliconeogênese podem ser reguladas e como a síntese e a degradação do glicogênio podem atender às necessidades do organismo. A fosforilação e a desfosforilação das enzimas adequadas desempenham um importante papel aqui, e todo esse esquema está sujeito à ação hormonal.

Quais hormônios controlam o metabolismo de carboidrato?

Três hormônios atuam na regulação do metabolismo dos carboidratos: epinefrina, glucagon e insulina. A epinefrina atua no tecido muscular elevando os níveis de glicose sob demanda, enquanto o glucagon age no fígado, também para aumentar a disponibilidade de glicose. O controle por retroalimentação tem uma função no processo e garante que a quantidade de glicose disponibilizada não atinja um nível excessivo (Seção 24-3). A função da insulina é ativar a resposta por retroalimentação que atinge esse controle.

A epinefrina (também chamada *adrenalina*) está estruturalmente relacionada ao aminoácido tirosina. É liberada das glândulas adrenais em resposta ao estresse (a reação de "lutar ou fugir"). Quando se liga a receptores específicos, aciona uma cadeia de eventos que leva a um aumento nos níveis de glicose no sangue, maior taxa de glicólise nas células musculares e maior degradação de ácidos graxos para obter energia. O glucagon (peptídeo que contém 29 resíduos de aminoácidos) é liberado pelas células α das ilhotas de Langerhans no pâncreas, e também se liga a receptores específicos para acionar uma série de eventos, disponibilizando glicose para o organismo. Cada vez que uma única molécula de hormônio, seja epinefrina ou glucagon, se liga ao seu receptor específico, diversas proteínas G estimulatórias são ativadas. Esse efeito inicia uma amplificação do sinal hormonal. Cada proteína G ativa, por sua vez, estimula a adenilato ciclase várias vezes, levando a uma amplificação maior antes que a proteína G seja inativada por sua própria atividade de GTPase. A cAMP produzida pela maior atividade da adenilato ciclase permite o aumento da atividade da proteína quinase dependente de cAMP, fosforilando enzimas alvo que levam à elevação dos níveis de glicose. Em especial, isto significa um aumento na atividade das enzimas envolvidas na gliconeogênese e na degradação do glicogênio, assim como uma diminuição da atividade das enzimas envolvidas na glicólise e na síntese do glicogênio. A série de etapas de amplificação é chamada **cascata**, e o efeito cumulativo é o motivo subjacente pelo qual pequenas quantidades de hormônios podem ter efeitos tão notáveis.

cascata série de etapas que ocorrem no controle hormonal do metabolismo, afetando várias enzimas e ampliando o efeito de uma pequena quantidade de hormônio

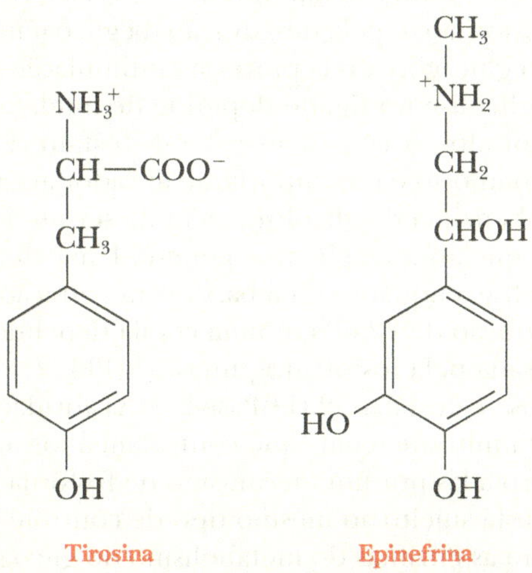
NH3+
CH—COO−
CH3
OH
Tirosina
CH3
+NH2
CH2
CHOH
HO
OH
Epinefrina

Tirosina e epinefrina. O hormônio epinefrina é um derivado metabólico do aminoácido tirosina.

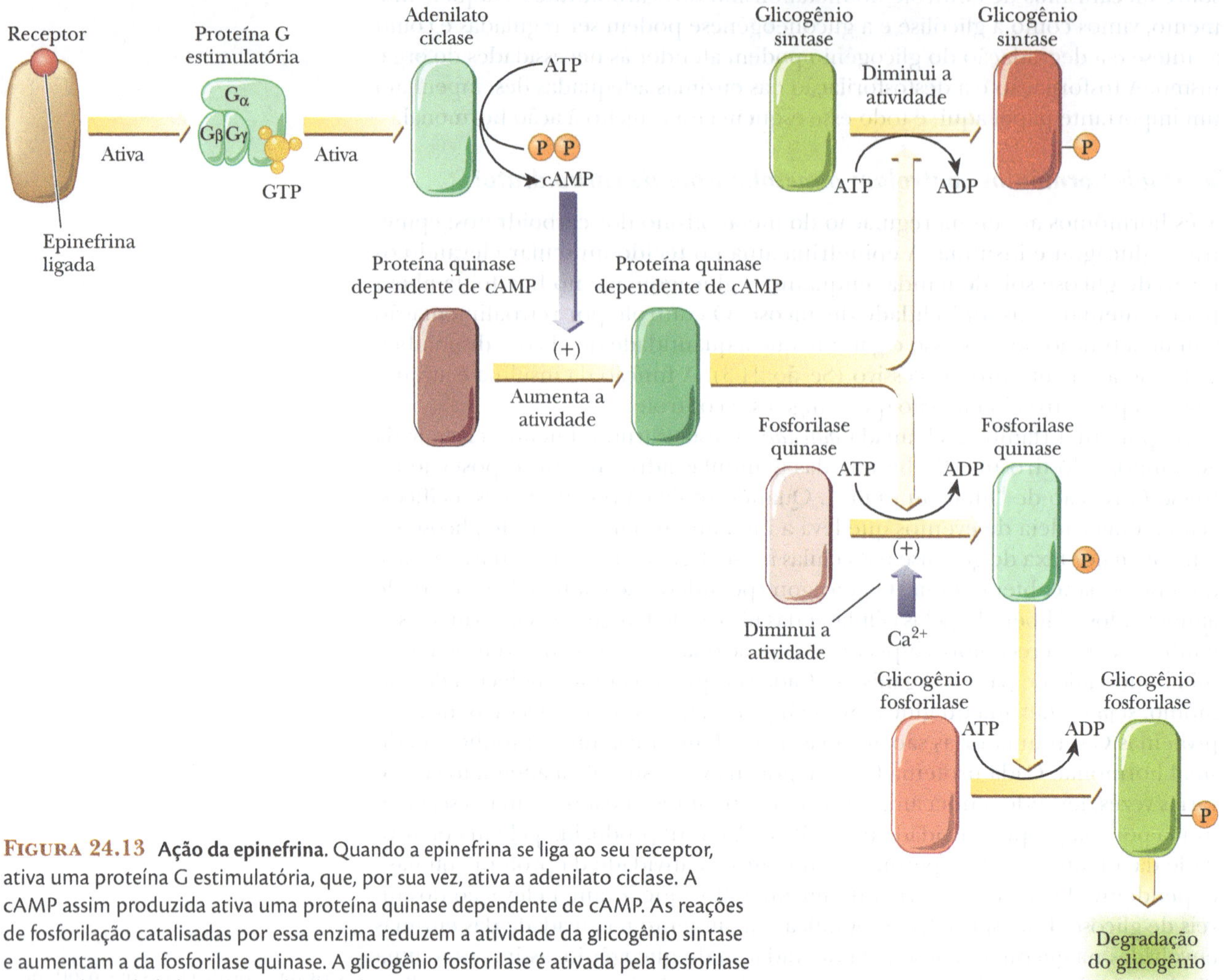
Receptor
Proteína G estimulatória
Gα
GβGγ
GTP
Ativa
Ativa
Epinefrina ligada
Adenilato ciclase
ATP
P P
cAMP
Glicogênio sintase
Diminui a atividade
Glicogênio sintase
ATP
ADP
P
Proteína quinase dependente de cAMP
Proteína quinase dependente de cAMP
(+)
Aumenta a atividade
Fosforilase quinase
Fosforilase quinase
ATP
ADP
(+)
P
Diminui a atividade
Ca2+
Glicogênio fosforilase
Glicogênio fosforilase
ATP
ADP
P
Degradação do glicogênio

FIGURA 24.13 Ação da epinefrina. Quando a epinefrina se liga ao seu receptor, ativa uma proteína G estimulatória, que, por sua vez, ativa a adenilato ciclase. A cAMP assim produzida ativa uma proteína quinase dependente de cAMP. As reações de fosforilação catalisadas por essa enzima reduzem a atividade da glicogênio sintase e aumentam a da fosforilase quinase. A glicogênio fosforilase é ativada pela fosforilase quinase, levando à degradação do glicogênio.

A Figura 24.13 mostra como a ligação da epinefrina a receptores específicos leva a um aumento na degradação do glicogênio e à inibição de sua síntese nos músculos. A estimulação hormonal leva à ativação da adenilato ciclase, que, por sua vez, ativa a proteína quinase dependente de cAMP responsável pela ativação da glicogênio fosforilase e pela desativação da glicogênio sintase.

O efeito da ligação do glucagon a receptores na estimulação da gliconeogênese e na supressão da glicólise no fígado depende de mudanças na concentração do principal efetor alostérico, a frutose-2,6-*bis*fosfato (F2,6P). Foi visto na Seção 18-3 que este composto é um importante ativador alostérico da fosfofrutoquinase, a principal enzima da glicólise, além de ser um inibidor da frutose *bis*fosfato fosfatase, que atua na gliconeogênese. Uma alta concentração de F2,6P estimula a glicólise, enquanto uma baixa concentração estimula a gliconeogênese. A concentração de F2,6P em uma célula depende do equilíbrio entre sua síntese [catalisada pela fosfofrutoquinase-2 (PFK-2)] e sua degradação [catalisada pela frutose-*bis*fosfatase-2 (FBPase-2)]. As atividades enzimáticas (em uma única proteína multifuncional) que controlam a formação e a degradação de F2,6P são controladas por um mecanismo de fosforilação/desfosforilação, que, por sua vez, está sujeito ao mesmo tipo de controle hormonal que acabamos de discutir para as enzimas do metabolismo do glicogênio. A Figura 24.14 resume a cadeia de eventos que leva ao aumento da gliconeogênese no fígado como resultado da ligação do glucagon ao seu receptor específico. O quadro CONEXÕES **BIOQUÍMICAS 24.3** discute o papel da insulina no metabolismo geral e algumas tendências atuais em dietas.

24.3 Conexões Bioquímicas | nutrição

Insulina e Dieta Baixa em Carboidrato

Nos anos 1970, dietas muito ricas em carboidrato se tornaram populares entre os atletas e na população em geral. Acreditava-se que uma dieta consistindo em 60% a 70% de carboidratos e 15% a 20% tanto de gorduras quanto de proteínas seria a mais saudável (por causa da alta proporção entre carboidrato e gordura) e a melhor para os atletas (em razão dos altos níveis de carboidratos para o suprimento de glicogênio). Nos anos 1990, novas dietas baseadas em um nível mais baixo de carboidratos tornaram-se moda. Em vez da razão 70/15/15 entre carboidratos/gorduras/proteínas, essas dietas recomendavam uma razão 60/20/20 ou mesmo 50/25/25. A mais famosa foi a chamada Dieta da Zona, promovida pelo doutor Barry Sears. A ideia por trás de tais dietas é de que uma caloria nem sempre é uma caloria. Em outras palavras, o que importa é a fonte da caloria. As pessoas mantinham dietas ricas em carboidratos porque acreditavam que eles eram mais saudáveis que gorduras, em razão dos diversos problemas de saúde atribuídos ao excesso de gordura alimentar. Embora isso parecesse lógico e poucos argumentassem a favor dos benefícios do excesso de gordura, há um possível ponto negativo ao excesso de carboidratos. Primeiro, carboidratos em excesso se tornam gordura. Isto pode ser um grande argumento para os que não são atletas, que não precisam repor o glicogênio dos músculos e do fígado tão rapidamente e com tanta frequência quanto um atleta de provas de resistência. Além disso, uma refeição rica em carboidrato estimula a produção de insulina. Esta inibe a capacidade do organismo de utilizar gordura para obter energia e estimula a absorção de gordura e seu armazenamento como triacilglicerol. Uma refeição rica em carboidratos também tem o potencial de causar a chamada **hipoglicemia reativa**, que ocorre quando muita glicose no sangue estimula uma grande liberação de insulina, que, então, retira excesso de glicose no sangue, causando uma queda na taxa de açúcar no sangue logo em seguida. Muitas pessoas se sentem fracas, trêmulas ou sonolentas às 10 da manhã depois de um desjejum rico em carboidratos. Como vimos na Seção 24-2, substituir gordura por carboidratos também não ajuda a aumentar a razão HDL/LDL. A Dieta da Zona foi desenvolvida para evitar a hipoglicemia reativa e os efeitos que a insulina tem no armazenamento de gordura. Por causa dessas diferenças entre gorduras e carboidratos, muitas pessoas também tendem a comer muito mais calorias na forma de carboidrato do que consumiriam na forma de gorduras, porque os carboidratos não dão a mesma sensação de "preenchimento" que as gorduras. Dieta é algo muito pessoal. Muitos indivíduos descobriram que se sentem melhor e realmente perdem peso enquanto estão em uma dieta pobre em carboidrato. Outros descobrem justamente o contrário. No entanto, há poucas evidências sugerindo que uma dieta mais pobre em carboidratos seja eficiente para atletas. ◗

Lightworks/Alamy

Jupiter Images/Comstock/Alamy

24-5 Insulina e seus Efeitos

Para um indivíduo comum, a insulina é mais conhecida como o hormônio que falta em pessoas com diabetes, e foi esta relação que certamente incitou o estudo deste hormônio fascinante. Somente agora se percebe que a insulina está envolvida em muitos processos celulares e em muitas formas diferentes das que eram imaginadas antes.

hipoglicemia reativa redução do açúcar no sangue devido à ingestão de uma refeição rica em carboidrato, que então aumenta os níveis de insulina

◗ *O que é insulina?*

A insulina é um hormônio peptídico secretado do pâncreas. Em sua forma ativa, é um peptídeo de 51 aminoácidos com duas cadeias diferentes, A e B, unidas por ligações dissulfeto. Como descrito no Capítulo 13, a insulina foi uma das primeiras proteínas a ser clonada e expressa para as necessidades humanas. Ela é produzida como uma precursora com 86 resíduos, chamada *pró-insulina*. Os resíduos 31 a 65 da pró-insulina são removidos de forma proteolítica para fornecer a forma ativa. A sequência da insulina humana é mostrada na Figura 24.15.

Receptores de Insulina

Como visto na Seção 24-3, o receptor de insulina é um membro da classe das tirosinas quinases receptoras. Quando a insulina se liga aos sítios do receptor na face externa da membrana celular, aciona a subunidade β para autofosforilar

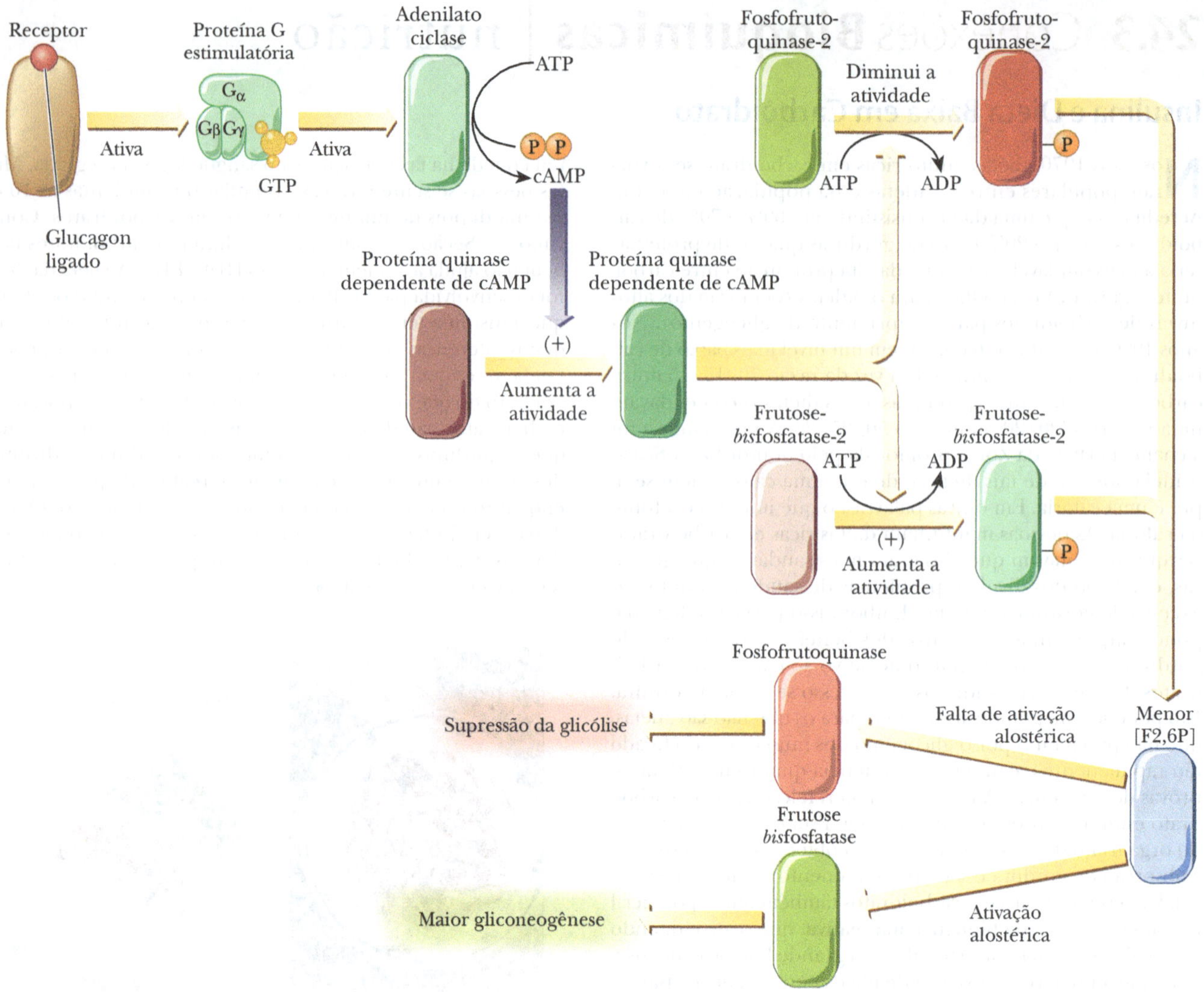
Receptor
Glucagon ligado
Ativa
Proteína G estimulatória
Gα
GβGγ
GTP
Ativa
Adenilato ciclase
ATP
P P
cAMP
Proteína quinase dependente de cAMP
(+)
Aumenta a atividade
Proteína quinase dependente de cAMP
Fosfofruto-quinase-2
Diminui a atividade
ATP
ADP
Fosfofruto-quinase-2
P
Frutose-bisfosfatase-2
ATP
ADP
(+)
Aumenta a atividade
Frutose-bisfosfatase-2
P
Fosfofrutoquinase
Supressão da glicólise
Falta de ativação alostérica
Menor [F2,6P]
Frutose bisfosfatase
Maior gliconeogênese
Ativação alostérica

FIGURA 24.14 **Ação do glucagon.** A ligação do glucagon ao seu receptor aciona a cadeia de eventos que leva à ativação de uma proteína quinase dependente de cAMP. As enzimas fosforiladas neste caso são a fosfofrutoquinase-2, que é desativada, e a frutose-*bis*fosfatase-2, que é ativada. O resultado combinado da fosforilação dessas duas enzimas é a redução da concentração de frutose-2,6-*bis*fosfato (F2,6P), levando à ativação alostérica da enzima frutose-*bis*fosfatase, aumentando, assim, a gliconeogênese. Ao mesmo tempo, a menor concentração de F2,6P significa que a fosfofrutoquinase não tem um ativador alostérico potente, resultando na diminuição da glicólise.

um resíduo de tirosina em sua face interna. Quando as tirosinas no receptor são fosforiladas, o receptor, então, fosforila as tirosinas a proteínas alvo, chamadas **substratos receptores de insulina (IRSs)**, que agem como segundo mensageiro para produzir uma grande variedade de efeitos celulares.

substratos receptores de insulina (IRSs) compostos que são fosforilados pelo receptor tirosina quinase e então provocam uma variedade de efeitos celulares rotativos em torno da insulina

Qual é a função da insulina?

Efeito da Insulina na Absorção de Glicose

O organismo não consegue tolerar grandes mudanças no nível de glicose no sangue. A principal função da insulina é retirar a glicose do sangue através do aumento do transporte dessa glicose para as células musculares e os adipócitos. Utilizando mecanismos que ainda estão sendo estudados, a sinalização da insulina leva ao movimento de uma proteína transportadora de glicose, chamada **GLUT4**, das vesículas intracelulares para a membrana celular. Uma vez

GLUT4 transportador de glicose específico que é afetado pelos níveis de glicose na membrana, a proteína GLUT4 permite que mais glicose entre na célula, reduzindo seu nível no sangue. É por este efeito que a insulina é mais conhecida. A falha no transporte da glicose é a principal característica e o maior risco associado à diabetes.

A Insulina Afeta Diversas Enzimas

A insulina afeta a atividade de várias enzimas, a maioria delas envolvida na eliminação da glicose. No entanto, o metabolismo de gordura também é afetado. A glicoquinase é uma enzima hepática que fosforila a glicose a glicose-6-fosfato (veja o quadro CONEXÕES BIOQUÍMICAS 6.3). Ela é induzida pela insulina, de forma que, quando a insulina estiver presente, a glicose no fígado seja enviada em direção às vias catabólicas, como a das pentoses fosfato ou a da glicólise. A insulina também ativa a glicogênio sintase no fígado e desativa a glicogênio fosforilase, fazendo que a glicose seja colocada em uma forma polimérica. Além disso, estimula a glicólise por meio da ativação da fosfofrutoquinase e da piruvato desidrogenase. A insulina também tem um grande efeito sobre o metabolismo dos ácidos graxos. Ela aumenta a síntese de ácidos graxos me-

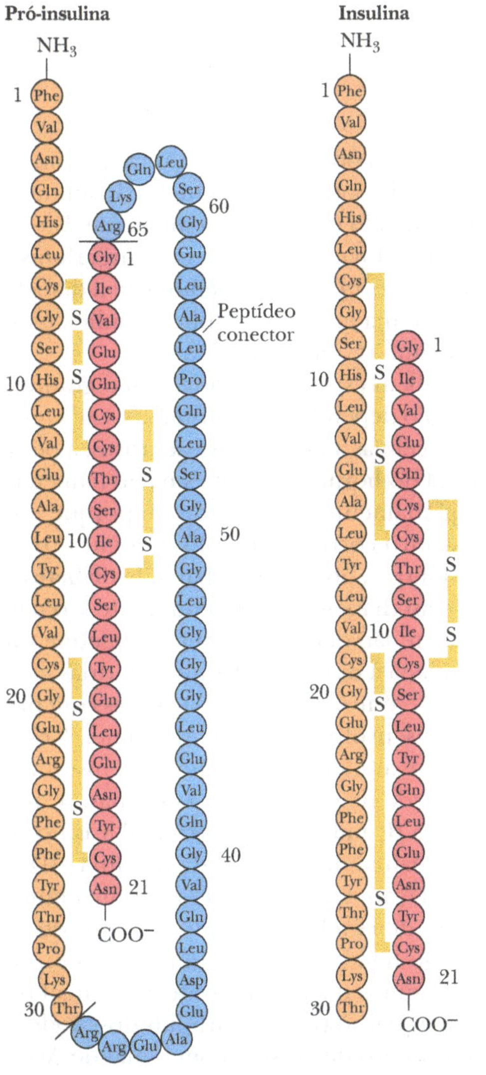
Pró-insulina
Insulina
NH_3
NH_3
Peptídeo conector
COO^-
COO^-

FIGURA 24.15 Sequência da insulina. A pró-insulina é uma precursora de 86 resíduos da insulina (a sequência mostrada aqui é a pró-insulina humana). A remoção proteolítica dos resíduos 31 a 65 produz a insulina. Os resíduos 1 a 30 (cadeia B) continuam ligados aos resíduos 66 a 86 por um par de ligações dissulfeto em ponte intercadeias.

TABELE 24.4 Efeito da Insulina no Metabolismo

Processo Metabólico	Localização	Efeito	Alvo
Absorção de glicose	Músculo	Aumenta	Transportador de GLUT4
Degradação da glicose	Fígado	Aumenta	Glicoquinase
Glicólise	Músculo e fígado	Aumenta	PFK-1
Produção de acetil-CoA	Músculo e fígado	Aumenta	Piruvato desidrogenase
Síntese de glicogênio	Músculo e fígado	Aumenta	Glicogênio sintase
Quebra do glicogênio	Músculo e fígado	Diminui	Glicogênio fosforilase
Síntese de ácidos graxos	Fígado e Músculo	Aumenta	Acetil-CoA carboxilase
Síntese de triacilglicerol	Adipócitos	Aumenta	Lipoproteína lipase

diante o estímulo da acetil-CoA carboxilase (ACC) e aumenta a síntese de triacilglicerol no fígado por meio da ativação da lipoproteína lipase. Além disso, aumenta a síntese de colesterol por intermédio da ativação de hidroximetilglutaril-CoA redutase (Seção 21-8). A Tabela 24.4 resume os efeitos da insulina no metabolismo.

Diabetes

Muito se aprendeu sobre a insulina por causa de sua relação com a diabetes. Na diabetes clássica, do tipo I (ou diabetes dependente de insulina), o indivíduo afetado não produz insulina, ou pelo menos não o suficiente. Isto normalmente é causado pela destruição das células das ilhotas de Langerhans no pâncreas por um tipo de doença autoimune. O único remédio para a diabetes tipo I é tomar injeções periódicas de insulina e, para este fim, a insulina é produzida por tecnologia de DNA recombinante (Capítulo 13).

A comunidade médica também está preocupada com o grande aumento da diabetes tipo II (ou diabetes não dependente de insulina), caracterizada pela ausência de resposta correta das células à insulina. Nesses casos, a pessoa pode produzir uma quantidade normal do hormônio, mas este não tem efeito suficiente, ou porque não se liga adequadamente ao receptor, ou porque o receptor não transmite o segundo mensageiro corretamente. Essa doença frequentemente ocorre em indivíduos mais velhos e, portanto, é chamada **diabetes incidente em adultos**. Enquanto pessoas com diabetes tipo I geralmente são magras, as com diabetes tipo II frequentemente são obesas. Evidências sugerem que a diabetes tipo II nos idosos está relacionada à disfunção das mitocôndrias musculares.

diabetes incidente em adultos outro termo para a diabetes do tipo II; uma doença que começa mais tarde na vida e está baseada no fato de o organismo não responder corretamente aos níveis normais de insulina

Uma das descobertas mais recentes é a de que pacientes com diabetes tipo II também têm maior risco de desenvolver o mal de Alzheimer. Neste tipo de diabetes, a produção de insulina é aumentada porque mais insulina é necessária para retirar a mesma quantidade de glicose para as células. A insulina parece aumentar os níveis da proteína β-amiloide, que forma placas no cérebro. Uma proteína cerebral chamada enzima degradação da insulina (IDE) está envolvida na ligação à, e na degradação da, insulina. Essa enzima também se liga à proteína β-amiloide e a retira do cérebro. Quando os níveis de insulina estão altos, a IDE passa mais tempo ligada à insulina e menos tempo retirando a proteína β-amiloide. Uma vez que a insulina é produzida em altas quantidades quando uma pessoa tem uma refeição rica em carboidratos, pode-se facilmente teorizar que o aumento do número de pessoas com o mal de Alzheimer poderia estar ligado à nossa dieta rica em açúcar ou *fast-foods* e ao estilo de vida. O quadro CONEXÕES **BIOQUÍMICAS 24.4** descreve uma ligação entre fazer exercícios e a insulina.

24.4 Conexões Bioquímicas | aliado à saúde

Um Dia de Exercício Físico Mantém a Diabetes Longe?

Parece haver uma ligação entre a obesidade e a diabetes tipo II, embora não esteja claro se a diabetes leva à obesidade ou vice-versa. O transportador GLUT4 é um dos muitos transportadores de glicose e o mais afetado por níveis de insulina. Também é uma proteína cujos níveis podem ser afetados pelo treinamento físico. Estudos demonstraram que uma das principais mudanças associadas à atividade física é um aumento na quantidade de GLUT4 no músculo. No período de treinamento, um indivíduo transportará mais glicose para dentro da célula do que quando não estiver treinando. Estudos mostram que apenas uma semana de exercícios moderados (1 a 2 horas por dia em um máximo de 70% de aproveitamento de oxigênio) dobraria o teor de proteína GLUT4 dos músculos de pessoas sedentárias.

Por definição, a perda de função de transporte de glicose é a diabetes tipo II. O efeito do treinamento é tal, que só são necessários alguns dias sem treinamento para que a atividade da GLUT4 caia para apenas a metade do seu nível normal. Felizmente, a intensidade do treinamento tem menos a ver com o efeito, pelo menos em pessoas jovens até a meia-idade. Com o aparente elo entre a diabetes tipo II e a obesidade, um método para manter o transporte adequado da glicose parece ser ficar magro e em forma. ◗

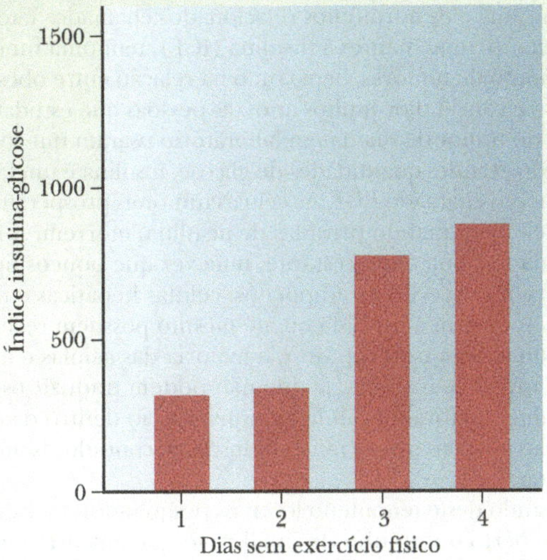

Índice insulina-glicose
1500
1000
500
0
1
2
3
4
Dias sem exercício físico

Índice insulina-glicose *versus* dias sem treinamento. Homens de meia-idade treinados moderadamente foram testados para o efeito da falta de treinamento em relação à habilidade de seus músculos em tirar a glicose do sangue (medida pelo índice insulina-glicose – a quantidade de insulina necessária para tirar a glicose do sangue). Este gráfico mostra que no terceiro dia sem treinamento há um pronunciado aumento na quantidade de insulina necessária para tirar a glicose. (Adaptado de Hardman, A. (1998), Metabolic basics of the health benefitis of exercise. *The Biochemist* 20(3), 18-22.)

Insulina e o Esporte

Os atletas devem ter a capacidade de controlar suas dietas para atingir o desempenho máximo. A insulina representa um grande papel na seleção de um desjejum pré-corrida para atletas aeróbios. Se o atleta consumir um café da manhã farto e rico em carboidratos, haverá um aumento no nível de glicose sanguínea, seguido por um aumento de insulina. Isto frequentemente leva a uma queda na taxa de glicose no sangue abaixo do nível da linha basal. Pode demorar horas até que os níveis de glicose voltem a subir. Além disso, o alto nível de insulina causaria a ativação da síntese de gordura e de glicogênio e inibiria a degradação do glicogênio. Assim, por um período de tempo após o desjejum rico em carboidratos, o atleta correria, essencialmente, sem nada. Por este motivo, muitos corredores não comem antes de um evento matutino, ou, se o fazem, comem pouco e evitam grandes quantidades de alimentos com alto índice glicêmico. Com frequência, atletas tomam café ou chá pela manhã. Além do estímulo geral do sistema nervoso central, a cafeína inibe a produção de insulina e estimula a mobilização de gordura.

Neste capítulo e, na verdade, em todo o livro, exploramos muitos tópicos, a maioria dos quais estão correlacionados. No quadro CONEXÕES **BIOQUÍMICAS 24.5** colocamos muitos deles juntos para discutir a evidência que une insulina, diabetes e câncer.

24.5 Conexões Bioquímicas | aliado à saúde

Insulina, Diabetes e Câncer

Tem surgido um grande número de evidências sugerindo que a insulina e os hormônios relacionados chamados fatores de crescimento, semelhantes à insulina (IGF), têm uma função no crescimento de tumores, bem como na relação entre obesidade, diabetes e câncer. Por muitos anos, as pessoas que estudaram as células do tumor de mama em laboratório usaram um coquetel contendo grandes quantidades de glicose, insulina e um fator de crescimento chamado EGF. As células tumorais prosperam neste coquetel, mas, quando privadas de insulina, morrem. A importância da insulina é interessante, uma vez que poucos tipos de células, com exceção de adipócitos, células hepáticas e musculares, respondem à insulina ou até mesmo possuem receptores de insulina. Sem os receptores, a maioria das células é insensível aos níveis de insulina, já que não podem traduzir os níveis de insulina de fora da célula em uma reação dentro da célula. As células normais prosperam sem insulina, contudo, as tumorais necessitam dela.

O estudo deste fenômeno levou os pesquisadores a examinar mais de perto o caminho de sinalização que envolve o inositol 1,4,5-trifosfato (IP_3) (veja a Seção 24-3 e a Figura 24.11), que também é um dos responsáveis das vias modificadas das células cancerosas. Na realidade, os pesquisadores estão juntando várias observações para ajudar a explicar um fato conhecido há muito tempo: indivíduos obesos e diabéticos têm um risco muito maior de ter câncer que indivíduos magros e saudáveis. Além disso, quando eles têm câncer, o risco de morte por causa dele é muito maior. E, com as taxas de obesidade e diabetes tipo II aumentando astronomicamente no mundo, assim como nos Estados Unidos, isto é um prato cheio para atividades. A mensagem de um grupo de pesquisa é clara. O excesso de gordura corporal responde por uma faixa de um quarto à metade das ocorrências de muitos tipos de câncer, tais como de mama e de colorretal, e a lista está crescendo. Além da relação entre obesidade e câncer, existe uma ligação entre diabetes e câncer, e esta parece também estar centrada em torno dos níveis circulantes de insulina e IGF. Os pacientes com diabetes tipo II que receberam tratamento de insulina ou recebem medicamentos que estimulam sua própria secreção de insulina têm mais probabilidade de ter câncer. Pacientes que receberam um medicamento chamado metformina, que diminui os níveis de insulina circulante, têm menos probabilidade de ter câncer. Parece que as células cancerosas "ardem em uma chama de insulina".

Sabe-se desde 1942 que existe uma ligação entre a longevidade nos animais e as restrições de caloria, após um trabalho realizado por Albert Tannebaum. Camundongos alimentados com uma dieta exatamente suficiente para mantê-los vivos vivem muito mais tempo, em grande parte porque não apresentam tumores, que, no final das contas, afeta os camundongos mais velhos. Os pesquisadores atualmente acham que a diferença subliminar na progressão de um tumor tem ligação com a maneira como a glicose é metabolizada, o que se refere ao efeito de Warburg. Quando banhadas em grandes quantidades de glicose e com insulina suficiente para permitir que a glicose entre nas células, as células cancerosas adotam uma estratégia de processar grande parte da glicose através da glicólise (Capítulo 17), como mostrado na figura. O tipo de glicólise é muito ineficiente em comparação à respiração aeróbica, além de produzir muito menos ATP. Entretanto, diferente da respiração aeróbica, ela também não degrada os esqueletos de carbono, que são finalmente perdidos como CO_2 (veja o Capítulo 19). A teoria atual é que o câncer adota esta estratégia porque, embora seja energeticamente menos eficiente, ela preserva os esqueletos de carbono de que as células precisam para produzir outras moléculas necessárias para se dividir. Isto explica também por que as células cancerosas têm receptores de insulina. Sem estes, elas não poderiam absorver a quantidade de glicose necessária para abastecer a glicólise anaeróbica como sua única fonte de energia. Estudos subsequentes mostraram que o uso de medicamentos que bloqueiam ou desligam os receptores de insulina leva à alta ou completa supressão do crescimento do tumor. Estes resultados sozinhos não podem explicar muito da relação entre obesidade, diabetes e câncer. Em um ambiente rico em glicose e insulina, a insulina permite que a glicose entre nas células cancerosas e que seja o combustível para o efeito de Warburg.

Outro ator no quebra-cabeças é uma enzima chamada PI_3 quinase, que produz fosfoinositol 3-fosfato. Ela interage com os substratos receptores (IRSs) e está envolvida em várias vias – importante para este tópico – que regulam a sensibilidade das células à insulina. Quando a PI_3 quinase está ativa, os receptores de insulina são mais eficazes no transporte de glicose. A enzima está relacionada ao supressor de tumor chamado PTEN (veja o Capítulo 14). Descobriu-se que o PTEN é um gene frequentemente apagado em uma variedade de cânceres. Seu papel na supressão de tumor parece ocorrer através do contra-ataque à ação da PI_3 quinase. A soma destes experimentos foi a demonstração de dois meios diferentes de se chegar ao mesmo lugar: a estimulação do caminho da PI_3 quinase. Em um mecanismo, a mutação ou anulação do PTEN leva à atividade aumentada da enzima. Em outro, níveis anormais de insulina ou IGF levam ao mesmo resultado. Como sabemos, pessoas obesas ou aquelas com diabetes tipo II têm altos níveis de insulina. Enquanto a primeira possui uma base notavelmente genética, a segunda é controlada muito mais por escolhas de estilo de vida. ◗

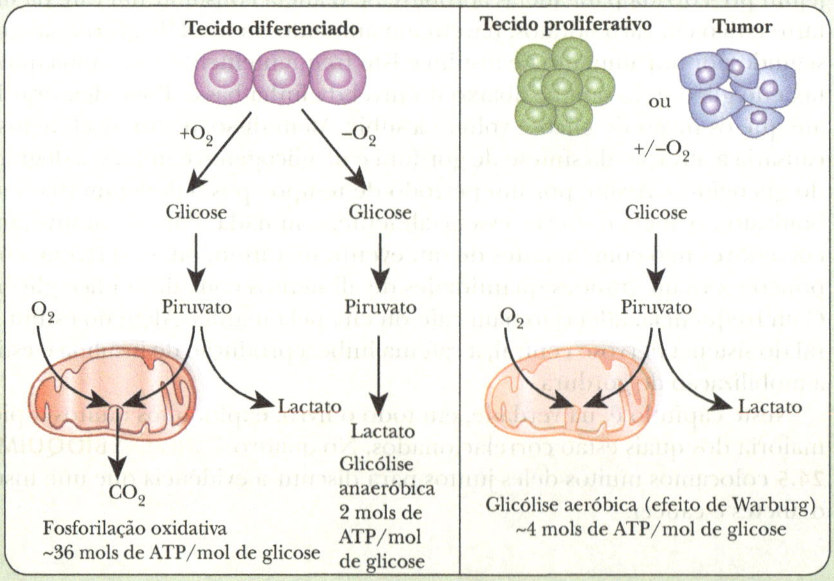
Tecido diferenciado
$+O_2$
$-O_2$
Glicose
Glicose
Piruvato
Piruvato
O_2
Lactato
Lactato
CO_2
Fosforilação oxidativa
~36 mols de ATP/mol de glicose
Glicólise anaeróbica
2 mols de ATP/mol de glicose
Tecido proliferativo
Tumor
ou
$+/-O_2$
Glicose
Piruvato
O_2
Lactato
Glicólise aeróbica (efeito de Warburg)
~4 mols de ATP/mol de glicose

Resumo

Quais são os nutrientes exigidos? Nutrientes exigidos são substâncias que devem ser incluídas na alimentação e que monitoramos. Algumas vezes, isso varia de região para região. Por exemplo, nos Estados Unidos, o único macronutriente que normalmente monitoramos é a proteína, uma vez que os norte-americanos ingerem bastante carboidratos e gorduras. Para os micronutrientes, monitoramos muitas vitaminas e minerais, todos são necessários para uma saúde ótima.

Por que precisamos de vitaminas? Vitaminas são pequenas substâncias necessárias para o metabolismo que nossos organismos não podem sintetizar. Elas incluem as vitaminas lipossolúveis A, D e E e as vitaminas hidrossolúveis C e B. As vitaminas B são precursoras de importantes coenzimas, como a NAD, FAD e TPP.

O que são minerais? No sentido nutricional, minerais referem-se a substâncias inorgânicas, como sódio, potássio, cloro, magnésio, fósforo e cálcio. Foram estabelecidos valores diários mínimos para muitos minerais, e os rótulos de alimentos fornecem as quantidades dessas substâncias.

A velha pirâmide alimentar ainda é válida? Embora você ainda possa encontrar a pirâmide alimentícia mais antiga em publicações, muitos cientistas recomendam o uso da pirâmide mais nova, uma vez que ela reflete melhor a natureza de alguns dos componentes. Por exemplo, nem todas as gorduras são ruins e nem todos os carboidratos são bons. A nova pirâmide distingue entre os tipos de compostos dentro de determinada categoria.

O que é obesidade? Obesidade e um problema importante de saúde pública nos Estados Unidos. A definição clínica de obesidade é um peso corporal maior que 20% acima do peso ideal baseado no índice altura-peso.

O que são hormônios? Hormônios são compostos químicos que são produzidos em uma parte do corpo e afetam as células em outra parte. Isto ocorre através do sistema endócrino. As glândulas produzem hormônios que circulam no sangue até encontrar células que possuem o receptor correto. Uma vez que o hormônio se liga ao receptor celular, ele causa uma mudança no metabolismo da célula. Quimicamente, os hormônios podem ser peptídeos, esteroides ou derivados de aminoácidos.

Como o segundo mensageiro funciona? Segundo mensageiro é uma molécula que age como uma ponte entre a ligação de um hormônio a uma receptor celular e o efeito metabólico que o hormônio tem. Segundos mensageiros comuns incluem AMP cíclico e Ca^{2+}. Quando a cAMP é o segundo mensageiro, um hormônio liga-se a um receptor e ativa uma proteína G. A proteína G estimula a enzima adenilato ciclase, que produz cAMP. A cAMP então afeta as enzimas alvo que levam ao efeito metabólico.

Quais hormônios controlam o metabolismo de carboidrato? Os principais hormônios que controlam o metabolismo de carboidrato são epinefrina, glucagon e insulina. A epinefrina promove o uso de glicose para energia, estimulando o metabolismo catabólico de carboidratos no músculo. O glucagon é disparado quando o corpo precisa de açúcar no sangue. Ele estimula a gliconeogênese no fígado.

O que é insulina? Insulina é um hormônio peptídico produzido no pâncreas. Na sua forma ativa, ela tem um peptídeo com 51 aminoácidos com uma cadeia A e uma cadeia B mantidas juntas por ligações de dissulfeto.

Qual é a função da insulina? A principal função da insulina é estimular as células a retirar a glicose do sangue. Este é o papel mais bem conhecido, basicamente através dos estudos da doença diabetes. Uma pessoa que não produz insulina ou não produz o suficiente tem diabetes tipo I. Uma pessoa que produz insulina, mas possui células que não respondem corretamente a ela, tem diabetes tipo II.

A insulina também afeta muitas enzimas. Em geral, a insulina coloca o organismo em um estado anabólico, estimulando a produção de glicogênio e gordura e inibindo o uso de glicogênio e a degradação de gordura.

Exercícios de Revisão

24-1 Conexões Entre as Vias Metabólicas

1. **VERIFICAÇÃO DE FATOS** Quais são as duas principais moléculas que ligam reações anabólicas e catabólicas?
2. **VERIFICAÇÃO DE FATOS** Cite alguns dos principais intermediários metabólicos vistos em mais de uma via.
3. **VERIFICAÇÃO DE FATOS** Muitos componentes da via glicolítica e do ciclo do ácido cítrico são pontos de entrada ou de saída direta para as vias metabólicas de outras substâncias. Indique outra via disponível para os seguintes compostos:
   (a) Frutose-6-fosfato
   (b) Oxaloacetato
   (c) Glicose-6-fosfato
   (d) Acetil-CoA
   (e) Gliceraldeído-3-fosfato
   (f) α-Cetoglutarato
   (g) Di-idroxiacetona fosfato
   (h) Succinil-CoA
   (i) 3-Fosfoglicerato
   (j) Fumarato
   (k) Fosfoenolpiruvato
   (l) Citrato
   (m) Piruvato
4. **PERGUNTA DE RACIOCÍNIO** Indivíduos que começam a perder peso, em geral perdem rapidamente nos primeiros dias. O senso comum diz que isto é "só" por causa da perda de água do organismo. Por que isto pode ser verdade?
5. **PERGUNTA DE RACIOCÍNIO** O funcionamento de uma via específica em geral depende não apenas das enzimas que a controlam, mas também das enzimas de controle de outras vias. O que acontece nas vias a seguir sob as condições indicadas? Sugira que outra(s) via(s) pode(m) ser influenciada(s).

(a) Alta concentração de ATP ou de NADH e o ciclo do ácido cítrico.
(b) Alta concentração de ATP e a glicólise.
(c) Alta concentração de NADPH e a via da pentose fosfato.
(d) Alta concentração de frutose-2,6-*bis*fosfato e a gliconeogênese.

6. **PERGUNTA DE RACIOCÍNIO** Por que é um tanto enganoso estudar as vias bioquímicas separadamente?
7. **PERGUNTA DE RACIOCÍNIO** Até onde as vias metabólicas podem ser consideradas reversíveis? Por quê?
8. **PERGUNTA DE RACIOCÍNIO** Nas células eucarióticas, as vias metabólicas ocorrem em localizações específicas, como a mitocôndria ou o citosol. Que tipo de mecanismos de transporte são necessários como resultado?
9. **PERGUNTA DE RACIOCÍNIO** Por que é vantajoso para uma via metabólica ter muitas etapas?
10. **PERGUNTA CONJETURAL** Se você tivesse a opção de fazer pesquisa sobre qualquer tópico deste livro, qual escolheria? Por que você considera este tópico interessante e importante?

24-2 Bioquímica e Nutrição

11. **VERIFICAÇÃO DE FATOS** Qual é a diferença entre a antiga pirâmide alimentar e a nova?
12. **VERIFICAÇÃO DE FATOS** O que significa dizer que não há forma de armazenamento para a proteína? Como isto é diferente de gorduras e carboidratos?
13. **VERIFICAÇÃO DE FATOS** Qual é a relação entre os ácidos graxos saturados e a LDL?
14. **VERIFICAÇÃO DE FATOS** O que é a leptina e como funciona?
15. **VERIFICAÇÃO DE FATOS** Muitas pessoas sugerem que a vitamina D pode ser considerada mais adequadamente um hormônio que uma vitamina. Isto é correto?
16. **PERGUNTA DE RACIOCÍNIO** Recomendações recentes sobre dieta sugerem que as fontes de calorias devem ser distribuídas da seguinte maneira: 50% a 55% de carboidratos, 25% a 30% de gorduras e 20% de proteínas. Sugira alguns motivos para essas recomendações.
17. **CONEXÕES BIOQUÍMICAS** Com frequência, indivíduos alcoólatras e expostos a compostos halogênicos morrem em razão de falência hepática. Por que isto pode ser uma consequência lógica?
18. **PERGUNTA DE RACIOCÍNIO** Foi sugerido que sejam colocados limites à dose de suplementos de vitamina A vendidos nas lojas. Qual é um possível motivo para esta limitação?
19. **VERIFICAÇÃO DE FATOS** No início do século XX, o bócio era relativamente comum no centro oeste norte-americano. Por quê? Como ele foi eliminado?
20. **PERGUNTA DE RACIOCÍNIO** Um gato chamado Lucullus é tão mimado que não come nada além de atum em lata recém-aberta. Outra gata, Griselda, come apenas ração seca para gatos dada por seu dono, bem menos indulgente. O atum em lata é essencialmente proteico, enquanto a ração seca pode ser considerada 70% carboidrato e 30% proteína. Presumindo que esses animais não tenham outra fonte de alimento, o que você pode dizer sobre as diferenças e semelhanças em suas atividades catabólicas? (O trocadilho é intencional.)
21. **PERGUNTA DE RACIOCÍNIO** Ratos imaturos são alimentados com todos os aminoácidos essenciais, exceto um. Seis horas mais tarde, são alimentados com o aminoácido ausente. Há falha no crescimento dos ratos. Explique esta observação.
22. **PERGUNTA DE RACIOCÍNIO** A kwashiorkor é uma doença causada por deficiência proteica e ocorre mais comumente em crianças pequenas, que apresentam braços e pernas finos e abdômen inchado e distendido em razão do desequilíbrio hídrico. Quando tais crianças são submetidas a dietas adequadas, tendem a perder peso inicialmente. Explique esta observação.
23. **PERGUNTA DE RACIOCÍNIO** Por que aminoácidos como a arginina e a histidina são necessários em quantidades relativamente altas para as crianças, mas mais baixas para os adultos? O ser humano adulto não é capaz de sintetizar esses aminoácidos.
24. **CONEXÕES BIOQUÍMICAS** Durante a época da colonização, a anemia por deficiência de ferro era quase desconhecida na América do Norte. Por quê? *Dica:* A resposta não tem nada a ver com o tipo de alimentos consumidos.
25. **PERGUNTA DE RACIOCÍNIO** Indivíduos com dietas ricas em fibras com frequência têm menos câncer (especialmente do cólon) e baixos níveis de colesterol no sangue que indivíduos com dietas pobres em fibras, embora a fibra não seja digerível. Sugira motivos para os benefícios da fibra para o organismo.
26. **PERGUNTA DE RACIOCÍNIO** A maioria dos suplementos de cálcio tem carbonato de cálcio como ingrediente principal. Outros suplementos que têm citrato de cálcio como ingrediente principal são anunciados como mais facilmente absorvidos. Você considera esta uma alegação válida? Por quê?
27. **CONEXÕES BIOQUÍMICAS** Os alcoólatras tendem a ser indivíduos malnutridos, com deficiência de tiamina sendo um problema especialmente grave. Sugira um motivo para que isto ocorra.
28. **PERGUNTA DE RACIOCÍNIO** Elementos traço de importância biológica e nutricional tendem a ser metais. Qual é sua provável função bioquímica?
29. **PERGUNTA DE RACIOCÍNIO** Um amigo atleta está se preparando para correr uma maratona e pretende acumular glicogênio antes da corrida. Alguém disse a ele que uma forma de acumular mais glicogênio é exercitar-se excessivamente por dois dias para eliminar completamente as reservas de glicogênio, e é isto que seu amigo pretende fazer. O que você diria sobre esse regime?
30. **PERGUNTA DE RACIOCÍNIO** Durante várias décadas, um ser humano adulto consome toneladas de nutrientes e mais de 20 mil litros de água sem ganho considerável de peso. Como isto é possível? Este é um exemplo de equilíbrio químico?

24-3 Hormônios e o Segundo Mensageiro

31. **VERIFICAÇÃO DE FATOS** Todos os hormônios estão intimamente relacionados quanto a sua estrutura química?
32. **VERIFICAÇÃO DE FATOS** Como a produção de hormônios é afetada pelos danos causados à glândula pituitária ? E ao córtex adrenal?
33. **VERIFICAÇÃO DE FATOS** Como as ações do hipotálamo e da glândula pituitária afetam o funcionamento das glândulas endócrinas?
34. **VERIFICAÇÃO DE FATOS** O hormônio tiroxina é administrado por via oral, mas a insulina precisa ser injetada no organismo. Por quê?
35. **VERIFICAÇÃO DE FATOS** Qual é a diferença entre a proteína G e uma tirosina quinase receptora? Dê um exemplo de um hormônio que usa cada uma.
36. **VERIFICAÇÃO DE FATOS** Dê três exemplos de segundo mensageiro.
37. **PERGUNTA DE RACIOCÍNIO** Um homem comum, com um computador conectado à Internet, recebe milhares de *e-mails* tipo *spam* sobre todos os assuntos, como Viagra, pílulas de emagrecimento e outros que não podem ser mencionados. Entre eles, é possível encontrar ofertas de pílulas de hormônio do crescimento que garantem o rejuvenescimento. Por que isto é improvável?

24-4 Hormônios e o Controle do Metabolismo

38. **VERIFICAÇÃO DE FATOS** Cite dois hormônios que operam por meio do segundo mensageiro cAMP.
39. **VERIFICAÇÃO DE FATOS** Como o glucagon afeta as seguintes enzimas:

(a) Glicogênio fosforilase
(b) Glicogênio sintase
(c) Fosfofrutoquinase I

40. **VERIFICAÇÃO DE FATOS** Como a epinefrina afeta as enzimas listadas na Pergunta 39?
41. **VERIFICAÇÃO DE FATOS** O que para a resposta de um hormônio quando uma proteína G está envolvida?
42. **PERGUNTA DE RACIOCÍNIO** Quando o PIP_2 é hidrolisado, por que o IP_3 se difunde para o citosol enquanto o DAG continua na membrana?
43. **PERGUNTA DE RACIOCÍNIO** Descreva brevemente a série de eventos que ocorre quando cAMP atua como segundo mensageiro.
44. **PERGUNTA DE RACIOCÍNIO** Para cada um dos três hormônios discutidos neste capítulo, dê a sua origem e natureza química. Além disso, discuta seus mecanismos de ação.
45. **PERGUNTA DE RACIOCÍNIO** É provável que qualquer via metabólica possa existir sem mecanismos de controle?
46. **PERGUNTA DE RACIOCÍNIO** A cólera afeta o organismo em razão do seu efeito em um segundo mensageiro. Descreva como isso ocorre.
47. **PERGUNTA DE RACIOCÍNIO** A "cascata de amplificação" mediada pela epinefrina na Figura 24.13 tem seis etapas, todas elas catalíticas, com uma exceção. Essa cascata leva à ativação da glicogênio fosforilase. Esta enzima age, por sua vez, sobre o glicogênio para produzir glicose-1-fosfato (G-1-P).
   (a) Qual é a etapa não catalítica?
   (b) Se cada etapa catalítica tivesse um *turnover* (número de moléculas de substrato produzidas por molécula de enzima) de 10, quantas moléculas de G-1-P resultariam de uma molécula de epinefrina?
   (c) Qual é a vantagem bioquímica de tal cascata?
48. **PERGUNTA DE RACIOCÍNIO** Como a cascata de amplificação da Pergunta 47 pode ser revertida?
49. **CONEXÕES BIOQUÍMICAS** Explique a relação entre a insulina e as dietas pobres em carboidratos.

24-5 Insulina e seus Efeitos

50. **VERIFICAÇÃO DE FATOS** Qual é a principal função da insulina?
51. **VERIFICAÇÃO DE FATOS** Qual é o segundo mensageiro para a resposta da insulina?
52. **VERIFICAÇÃO DE FATOS** Qual é o elo entre a ligação da insulina ao receptor e o eventual segundo mensageiro?
53. **VERIFICAÇÃO DE FATOS** Qual é o efeito da insulina sobre as ações a seguir?
   (a) Degradação do glicogênio
   (b) Síntese do glicogênio
   (c) Glicólise
   (d) Síntese de ácidos graxos
   (e) Armazenamento de ácidos graxos
54. **PERGUNTA DE RACIOCÍNIO** Como é possível que tanto a insulina quanto a epinefrina estimulem a glicólise no músculo?
55. **PERGUNTA DE RACIOCÍNIO** Por que um corredor que tem uma prova de 5 km às 9 horas da manhã se preocuparia com a insulina?
56. **CONEXÕES BIOQUÍMICAS** Por que algumas pessoas chamam a GLUT4 de transportadora de glicose em treinamento?
57. **PERGUNTA DE RACIOCÍNIO** Como a insulina, a GLUT4, a obesidade e a diabetes tipo II estão relacionadas?
58. **CONEXÕES BIOQUÍMICAS** Quais tipos de células normais geralmente têm receptores de insulina?
59. **CONEXÕES BIOQUÍMICAS** Qual é a relação entre a obesidade e o câncer?
60. **CONEXÕES BIOQUÍMICA** O que é o efeito Warburg? Por que as células cancerosas favoreceriam tal metabolismo ineficiente?
61. **CONEXÕES BIOQUÍMICAS** De que forma alguns cânceres podem ser imaginados como uma doença de estilo de vida?
62. **CONEXÕES BIOQUÍMICAS** O que é PTEN e qual sua relação com o câncer?
63. **CONEXÕES BIOQUÍMICAS** Qual é a função natural do PTEN?

Bibliografia Comentada

Capítulo 1

Chen, I. The Emergence of Cells during the Origin of Life. *Science* **314**, 1558–1559 (2006). [Resumo especialmente claro sobre as teorias atuais.]

De Duve, C. The Birth of Complex Cells. *Sci. Amer.* **274** (4), 50–57 (1996). [Um prêmio Nobel resume a endossimbiose e outros aspectos da estrutura e função celular.]

Duke, R., D. Ojcius, and J. Young. Cell Suicide in Health and Disease. *Sci. Amer.* **275** (6), 80-87 (1996). [Artigo sobre morte celular como um processo normal em organismos saudáveis e a falta dele nas células cancerígenas.]

Madigan, M., and B. Marrs. Extremophiles. *Sci. Amer.* **276** (4), 82-87 (1997). [Descrição dos diversos tipos de arqueobactérias que vivem sob condições extremas e algumas das enzimas úteis que podem ser extraídas desses organismos.]

Morell, V. Life's Last Domain. *Science* **273**, 1043-1045 (1996). [Artigo da Research News sobre o genoma da arqueobactéria *Methanococcus jannaschii*. Essa é a primeira sequência de genoma a ser obtida de arqueobactérias. Leia em conjunto com o artigo de pesquisa nas páginas 1058-1073 da mesma edição.]

Pennisi, E. Laboratory Workhorse Decoded: Microbial Genomes Come Tumbling. *Science* **277**, 1432-1434 (1997). [Artigo da Research News sobre o genoma da bactéria *Escherichia coli*. Esse organismo é amplamente utilizado em laboratórios de pesquisas, o que torna seu genoma especialmente importante entre as dezenas de genomas bacterianos já obtidos. Leia em conjunto com o artigo de pesquisa nas páginas 1453-1474 da mesma edição.]

Robertson, H. How Did Replicating and Coding RNAs First Get Together? *Science* **274**, 66-67 (1996). [Breve revisão sobre os possíveis remanescentes de um "mundo de RNA".]

Rothman, J. E. The Compartmental Organization of the Golgi Apparatus. *Sci. Amer.* **253** (3), 74-89 (1985). [Uma descrição das funções do complexo de Golgi.]

Waldrop, M. Goodbye to the Warm Little Pond? *Science* **250**, 1078-1079 (1990). [Fatos e teorias sobre a função dos impactos de meteoritos na Terra primitiva sobre a origem e o desenvolvimento da vida.]

Weber, K., and M. Osborn. The Molecules of the Cell Matrix. *Sci. Amer.* **253** (4), 100-120 (1985). [Ampla descrição do citoesqueleto.]

Capítulo 2

Allen, D., and H. Westerblad. Lactic Acid—The Latest Performance-Enhancing Drug. *Science* **305**, 111221113 (2004). [Artigo refutando certas suposições sobre o acúmulo de ácido láctico e a fadiga muscular.]

Barrow, G. M. *Physical Chemistry for the Life Sciences*, 2ª edição. Nova Iorque: McGraw-Hill, 1981. [As reações ácido-base são discutidas no Capítulo 4, com curvas de titulação tratadas em detalhes.]

Fasman, G. D., ed. *Handbook of Biochemistry and Molecular Biology: Physical and Chemical Data Section*, 2 vols., 3ª edição Cleveland, OH: Chemical Rubber Company, 1976. [Inclui uma seção sobre tampões e métodos de preparação de soluções-tampão (v. 1, p. 353-378). Outras seções cobrem todos os tipos importantes de biomoléculas.]

Ferguson, W. J., and N. E. Good. Hydrogen Ion Buffers. *Anal. Biochem.* **104**, 300–310 (1980). [Descrição de tampões anfotéricos úteis.]

Gerstein, M., and M. Levitt. Simulating Water and the Molecules of Life. *Sci. Amer.* **279** (5), 101-105 (1998). [Uma descrição de modelagem por computador como ferramenta para investigar a interação entre moléculas de água com proteínas e DNA.]

Hellmans, A. Getting to the Bottom of Water. *Science* **283,** 614-615 (1999). [Uma pesquisa recente indica que a ponte de hidrogênio pode ter um caráter covalente, afetando as propriedades da água.]

Jeffrey, G. A. An Introduction to Hydrogen Bonding. Nova York: Oxford Univ. Press, 1997. [Tratado avançado e em livro da ponte de hidrogênio.

O Capítulo 10 é dedicado à ponte de hidrogênio em moléculas biológicas.]

Olson, A., and D. Goodsell. Visualizing Biological Molecules. *Sci. Amer.* **268** (6), 62-68 (1993). [Relato de como gráficos computadorizados podem ser utilizados para representar estruturas e propriedades moleculares.]

Pauling, L. *The Nature of the Chemical Bond*, 3ª edição Ithaca, NY: Cornell Univ. Press, 1960. [Um clássico. O Capítulo 12 é dedicado à ponte de hidrogênio.] Pedersen, T. H., O. B. Nielsen, G. D. Lamb, and D. G. Stephenson. Intracellular Acidosis Enhances the Excitability of Working Muscle. *Science* **305**, 1144–1147 (2004). [Principal artigo sobre ácido láctico e seus efeitos na contração muscular.]

Rand, R. Raising Water to New Heights. *Science* **256**, 618 (1992). [Breve discussão sobre a contribuição da solvatação para o agrupamento molecular e na catálise de proteínas.]

Westhof, E., ed. *Water and Biological Macromolecules*. Boca Raton, FL: CRC Press, 1993. [Série de artigos sobre a função da água na hidratação de macromoléculas biológicas e as forças envolvidas na complexação macromolecular e nas interações célula-célula.]

Capítulo 3

Barrett, G. C., ed. *Chemistry and Biochemistry of the Amino Acids.* Nova York: Chapman and Hall, 1985. [Ampla cobertura de diversos aspectos das reações de aminoácidos.]

Javitt, D. C., and J. T. Coyle. Decoding Schizophrenia. *Sci. Amer.* **290** (1), 48-55 (2004).

Larsson, A., ed. *Functions of Glutathione: Biochemical, Physiological, Toxicological, and Clinical Aspects.* Nova York: Raven Press, 1983. [Coleção de artigos sobre as diversas funções de um peptídeo ubíquo.]

McKenna, K. W.; Pantic, V. (eds.) *Hormonally Active Brain Peptides: Structure and Function.* Nova York: Plenum Press, 1986. [Discussão sobre a química de encefalinas e peptídeos relacionados.]

Siddle, K., and J. C. Hutton. *Peptide Hormone Action—A Practical Approach.* Oxford, Inglaterra: Oxford Univ. Press, 1990. [Um livro que se concentra nos métodos experimentais para o estudo das ações de hormônios peptídicos.]

Stegink, L. D., and L. J. Filer, Jr. *Aspartame—Physiology and Biochemistry.* Nova York: Marcel Dekker, 1984. [Um abrangente tratamento sobre o metabolismo, os aspectos sensoriais e dietéticos, os estudos pré-clínicos e as questões relacionadas ao consumo humano (incluindo ingestão por pessoas com fenilcetonúria e o consumo durante a gestação).]

Wilson, N., E. Barbar, J. Fuchs, and C. Woodward. Aspartic Acid in Reduced *Escherichia coli* Thioredoxin Has a pK_a 9. *Biochem.* **34**, 8931-8939 (1995). [Relatório de pesquisa sobre um valor pK_a notavelmente alto para um aminoácido específico em uma proteína.]

Wold, F. *In Vivo* Chemical Modification of Proteins (Post-Translational Modification). *Ann. Rev. Biochem.* **50**, 788-814 (1981). [Artigo de revisão sobre os aminoácidos modificados encontrados nas proteínas.]

Capítulo 4

Aguzzi, A., and Haass, C. Games Played by Rogue Proteins in Prion Disorders and Alzheimer's Disease. *Science* **302,** 814-818 (2003). Couzin, J. The Prion Protein Has a Good Side? You Bet. *Science* **311**, 1091 (2006).

Ellis, R. J., and Pinheiro, T. J. T. Danger—Misfolding Proteins. *Nature* **416**, 483–484 (2002). Ensrink, M. After the Crisis: More Questions about Prions. *Science* **310,** 1756–1758 (2005).

Ferguson, N. M., A. C. Ghan, C. A. Donnelly, T. J. Hagenaars, and R. M. Anderson. Estimating the Human Health Risk from Possible BSE Infection of the British Sheep Flock. *Nature* **415**, 420-424 (2002). [O título já diz tudo.]

Gibbons, A., and M. Hoffman. New 3-D Protein Structures Revealed. *Science* **253**, 382-383 (1991). [Exemplos do uso de cristalografia por raios X para determinar a estrutura protéica.]

Gierasch, L. M.; King, J. (eds.) *Protein Folding: Deciphering the Second Half of the Genetic Code.* Waldorf, Md.: AAAS Books, 1990. [Coletânea de artigos sobre descobertas recentes relacionadas aos processos envolvidos no dobramento protéico. Ênfase em métodos experimentais para estudo do dobramento protéico.]

Glabe, C. Avoiding Collateral Damage in Alzheimer's Disease Treatment. *Science* **314**, 602-603 (2006).

Hall, S. Protein Images Update Natural History. *Science* **267**, 620-624 (1995). [Combinação entre cristalografia por raios X e software de computador para produzir imagens da estrutura protéica.]

Hauptmann, H. The Direct Methods of X-ray Crystallography. *Science* **233**, 178-183 (1986). [Discussão sobre os aprimoramentos dos métodos de cálculos envolvidos na determinação da estrutura protéica, baseada em um discurso do Prêmio Nobel. Esse artigo deve ser lido em conjunto com o de Karle e oferece um contraste interessante com os artigos de Perutz, ambos descrevendo os marcos iniciais na cristalografia por proteínas.]

Helfand, S. L. Chaperones Take Flight. *Science* **295,** 809-810 (2002). [Artigo sobre o uso de chaperonas para combater o mal de Parkinson.]

Holm, L., and C. Sander. Mapping the Protein Universe. *Science* **273**, 595-602 (1996). [Artigo sobre a busca em bancos de dados quanto à estrutura protéica para prever a estrutura tridimensional de proteínas. Parte de uma série de artigos sobre informática na biologia.]

Karle, J. Phase Information from Intensity Data. *Science* **232**, 837-843 (1986). [Um Prêmio Nobel que abora o tema de cristalografia de raios X. Consulte as observações no artigo de Hauptmann.]

Kasha, K. J. Biotechnology and the World Food Supply. *Genome* **42** (4), 642–645 (1999). [As proteínas são freqüentemente escassas na dieta de muitas pessoas ao redor do mundo, mas a tecnologia pode ajudar a melhorar essa situação.]

Legname, G., I. V. Baskakov, H. B. Nguyen, D. Riesner, F. E. Cohen, S. J. DeArmond, and S. B. Prusiner. Synthetic Mammalian Prions. *Science* **305,** 673-676 (2004).

Luzzatto, L., and R. Notaro. Haemoglobin's Chaperone. *Nature* **417**, 703-705 (2002). Miller, G. Could They All Be Prion Diseases. *Science* **326**, 1337-1339 (2009).

Mitten, D. D., R. MacDonald, and D. Klonus. Regulation of Foods Derived from Genetically Engineered Crops. *Curr. Opin. Biotechnol.* **10**, 298-302 (1999). [Como a engenharia genética pode afetar o suprimento de alimentos, especialmente o de proteínas.]

O'Quinn, P. R., J. L. Nelssen, R. D. Goodband, D. A. Knabe, J. C. Woodworth, M. D. Tokach, and T. T. Lohrmann. Nutritional Value of a Genetically Improved High-Lysine, High-Oil Corn for Young Pigs. *J. Anim. Sci.* **78** (8), 2144-2149 (2000). [A disponibilidade de aminoácidos afeta as proteínas formadas.]

Peretz, D., R. A. Williamson, K. Kaneko, J. Vergara, E. Leclerc, G. Schmitt-Ulms, I. R. Mehlhorn, G. Legname, M. R. Wormald, P. M. Rudd, R. A. Dwek, D. R. Burton, and S. B. Prusiner. Antibodies Inhibit Prion Propagation and Clear Cell Cultures of Prion Infectivity. *Nature* **412**, 739-742 (2001). [Descrição de um possível tratamento para doenças causadas por príons.]

Perutz, M. The Hemoglobin Molecule. *Sci. Amer.* **211** (5), 64-76 (1964). [Descrição do trabalho que levou ao Prêmio Nobel.]

Perutz, M. The Hemoglobin Molecule and Respiratory Transport. *Sci. Amer.* **239** (6), 92-125 (1978). [A relação entre estrutura molecular e ligação cooperativa de oxigênio.]

Ruibal-Mendieta, N. L., and F. A. Lints. Novel and Transgenic Food Crops: Overview of Scientific versus Public

Perception. *Transgenic Res.* 7 (5), 379-386 (1998). [Aplicação prática da pesquisa sobre estruturas protéicas.]

Willem, M., Garratt, A. N., Novak, B., Citron, M., Kaufmann, S., Rittger, A., DeStrooper, B., Saftig, P. Birchmeier, C., and Haass, C. Control of Periph- eral Nerve Myelination by the ß-secretase BACE1. *Science* **314**, 664-666 (2006).

Wolfe, M. S. Shutting Down Alzheimer's. *Sci. Amer.* **294** (5), 73-74 (2006). [Resumo das opções de tratamento para o mal de Alzheimer.]

Yam, P. Mad Cow Disease's Human Toll. *Sci. Amer.* **284** (5), 12-13 (2001). [Panorama da doença da vaca louca e como ela passou a infectar os seres humanos.]

Capítulo 5

Aebersold, R., and Mann, M. Mass Spectrometry-based Proteomics. *Nature* **422**, 198-207 (2003).

Ahern, H. Chromatography, Rooted in Chemistry, Is a Boon for Life Scientists. *The Scientist* **10** (5), 17–19 (1996). [Tratado geral sobre cromatografia.]

Boyer, R. F. *Modern Experimental Biochemistry.* Boston: Addison-Wesley, 1993. [Livro de estudos especializado em técnicas de bioquímica.]

Dayhoff, M. O., ed. *Atlas of Protein Sequence and Structure.* Washington, DC: National Biomedical Research Foundation, 1978. [Uma lista de todas as seqüências de aminoácidos conhecidas, atualizada periodicamente.]

Deutscher, M. P., ed. *Guide to Protein Purification. Methods in Enzymology.* v. 182. San Diego: Academic Press, 1990. [Referência padrão para todos os aspectos de pesquisa sobre proteína.]

Dickerson, R. E.; Geis, I. *The Structure and Action of Proteins.* 2ª edição Menlo Park, Calif.: Benjamin Cummings, 1981. [Introdução geral bem escrita e especialmente bem ilustrada à química protéica.]

Farrell, S. O., and L. Taylor. *Experiments in Biochemistry: A Hands-on Approach.* Menlo Park, CA: Thomson Learning, 2005. [Manual de laboratório para universitários que se concentra nas técnicas de purificação de proteínas.]

Kumar, A. and M. Snyder. Protein Complexes Take the Bait. *Nature* **415**, 123-124 (2002). [Artigo que reúne diversas técnicas de purificação de proteínas e mostra como elas podem ser utilizadas para responder a dúvidas reais na bioquímica de proteínas.]

Robyt, J. F., and B. J. White. *Biochemical Techniques Theory and Practice.* Monterey, CA: Brooks/Cole, 1987. [Revisão de técnicas para todas as finalidades.] Service, R. F. Proteomics Ponders Prime Time. *Science* **321**, 1758-1761 (2008).

Tyers, M., and Mann, M. From Genomics to Proteomics. *Nature* **422**, 193-197 (2003).

Whitaker, J. R. Determination of Molecular Weights of Proteins by Gel Filtration on Sephadex®. *Analytical Chemistry* **35** (12), 1950–1953 (1963). [Publicação clássica que descreve a filtração em gel como uma ferramenta analítica.]

Capítulo 6

Althaus, I., J. Chou, A. Gonzales, M. Deibel, K. Chou, F. Kezdy, D. Romero, J. Palmer, R. Thomas, P. Aristoff, W. Tarpley, and F. Reusser. Kinetic Stud- ies with the Non-Nucleoside HIV-1 Reverse Transcriptase Inhibitor U-88204E. *Biochemistry* **32**, 6548–6554 (1993). [Como a cinética enzimática pode ter um papel nas pesquisas sobre a Aids.]

Bachmair, A., D. Finley, and A. Varshavsky. *In Vivo* Half-Life of a Protein Is a Function of Its Amino Terminal Residue. *Science* **234**, 179-186 (1986). [Exemplo particularmente impressionante da relação entre estrutura e estabilidade nas proteínas.]

Bender, M. L., R. L. Bergeron, and M. Komiyama. *The Bioorganic Chemistry of Enzymatic Catalysis.* Nova York: Wiley, 1984. [Discussão sobre os mecanismos das reações enzimáticas.]

Cohen, J. Novel Attacks on HIV Move Closer to Reality. *Science* **311**, 943 (2006). [Breve resumo sobre o progresso atual do combate contra a AIDS.]

Danishefsky, S. Catalytic Antibodies and Disfavored Reactions. *Science* **259**, 469-470 (1993). [Breve revisão sobre o uso químico de anticorpos como base de catalisadores "sob medida" para reações específicas.]

Dressler, D., and H. Potter. *Discovering Enzymes.* Nova York: Scientific American Library, 1991. [Livro bem ilustrado que introduz conceitos importantes de estrutura e função enzimática.]

Dugas, H., and C. Penney. *Bioorganic Chemistry: A Chemical Approach to Enzyme Action.* Nova York: Springer-Verlag, 1981. [Discute sistemas de modelos, bem como de enzimas.]

Fersht, A. *Enzyme Structure and Mechanism,* 2ª edição Nova Iorque: Freeman, 1985. [Cobertura abrangente da ação enzimática.] Hammes, G. *Enzyme Catalysis and Regulation.* Nova York: Academic Press, 1982. [Bom texto básico sobre os mecanismos enzimáticos.]

Kraut, J. How Do Enzymes Work? *Science* **242**, 533-540 (1988). [Discussão avançada sobre a função dos estados de transição na catálise enzimática.]

Lerner, R., S. Benkovic, and P. Schultz. At the Crossroads of Chemistry and Immunology: Catalytic Antibodies. *Science* **252**, 659-667 (1991). [Revisão de como os anticorpos podem ligar-se a praticamente qualquer molécula de interesse e, depois, catalisar alguma reação dessa molécula.]

Marcus, R. Skiing the Reaction Rate Slopes. *Science* **256**, 1523-1524 (1992). [Visão breve e de nível avançado sobre os estados de transição da reação.] Miller, G. Enzyme Keeps Old Memories Alive. *Science* **317**, 887 (2007).

Miller, G. Enzyme Lets You Enjoy the Bubbly. *Science* **326**, 349 (2009).

Moore, J. W., and R. G. Pearson. *Kinetics and Mechanism,* 3ª ediçãoNova Iorque Wiley Interscience, 1980. [Um tratamento clássico e um tanto avançado do uso de dados cinéticos para determinar os mecanismos.]

Rini, J., U. Schulze-Gahmen, and I. Wilson. Structural Evidence for Induced Fit as a Mechanism for Antibody–Antigen Recognition. *Science* **255**, 959-965 (1992). [Resultados da determinação da estrutura por cristalografia de raios X.]

Sigman, D., ed. *The Enzymes,* v. 20, *Mechanisms of Catalysis.* San Diego: Academic Press, 1992. [Parte de uma série definitiva sobre enzimas e suas estruturas e funções.]

Sigman, D.; Boyer, P. (eds.) *The Enzymes,* v. 19, *Mechanisms of Catalysis.* San Diego: Academic Press, 1990. [Parte de uma série definitiva sobre enzimas e suas estruturas e funções.]

Capítulo 7

Collins, T. J., and C. Walter. Little Green Molecules. *Sci. Amer.* **294** (3): 82-90 (2006). [Artigo que descreve as moléculas construídas com propriedades do tipo de enzimas que limpam a poluição.]

Danishefsky, S. Catalytic Antibodies and Disfavored Reactions. *Science* **259**, 469-470 (1993). [Breve revisão sobre o uso químico de anticorpos como base de catalisadores "sob medida" para reações específicas.]

Dressler, D., and H. Potter. *Discovering Enzymes.* Nova York: Scientific American Library, 1991. [Livro bem ilustrado que introduz conceitos importantes de estrutura e função enzimática.]

Koshland, D., G. Nemethy, and D. Filmer. Comparison of Experimental Binding Data and Theoretical Models in Proteins Containing Subunits.

Biochem. **5**, 365-385 (1966).

Kraut, J. How Do Enzymes Work? *Science* **242**, 533-540 (1988). [Discussão avançada sobre a função dos estados de transição na catálise enzimática.]

Landry, D. W. Immunotherapy for Cocaine Addiction. *Sci. Amer.* **276** (2), 42-45 (1997). [Como os anticorpos catalíticos têm sido usados para tratar o vício em cocaína.]

Landry, D. W., K. Zhao, G. X. Q. Yang, M. Glickman, and T. M. Georgiadis. Antibody Catalyzed Degradation of Cocaine. *Science* **259**, 1899-1901 (1993). [Como os anticorpos podem degradar uma droga viciante.]

Lerner, R., S. Benkovic, and P. Schultz. At the Crossroads of Chemistry and Immunology: Catalytic Antibodies. *Science* **252**, 659-667 (1991). [Revisão de como os anticorpos podem ligar-se a praticamente qualquer molécula de interesse e, depois, catalisar alguma reação dessa molécula.]

Marcus, R. Skiing the Reaction Rate Slopes. *Science* **256**, 1523-1524 (1992). [Visão breve e de nível avançado sobre os estados de transição da reação.] Monod, J., J. Wyman, and J.-P. Changeux. On the Nature of Allosteric Transitions: A Plausible Model. *J. Mol. Biol.* **12**, 88-118 (1965).

Sigman, D., ed. *The Enzymes,* v. 20, *Mechanisms of Catalysis.* San Diego: Academic Press, 1992. [Parte de uma série definitiva sobre enzimas e suas estruturas e funções.]

Sigman, D.; Boyer, P. (eds.) *The Enzymes,* v. 19, *Mechanisms of Catalysis.* San Diego: Academic Press, 1990. [Parte de uma série definitiva sobre enzimas e suas estruturas e funções.]

Wenner, M. A New Kind of Drug Target. *Sci. Amer.* **301** (2), 70-76 (2009).

Wolan, D. W., Zorn, J. A., Gray, D. C., and Wells J. A. Small-Molecule Activators of a Proenzyme. *Science* **326**, 853-858 (2009).

Capítulo 8

Barinaga, M. Forging a Path to Cell Death. *Science* **273**, 735-737 (1996). [Artigo da Research News descrevendo um processo aparentemente ausente nas células cancerosas e que depende de interações entre proteínas receptoras nas superfícies celulares.]

Bayley, H. Building Doors Into Cells. *Sci. Amer.* **277** (3), 62-67 (1997). [A engenharia de proteína pode criar poros artificiais nas membranas para administração de medicamentos.]

Beckman, M. Great Balls of Fat. *Science* **311**, 1232-1234 (2006). [Artigo sobre as gotículas lipídicas e sua natureza organela.]

Bretscher, M. S. The Molecules of The Cell Membrane. *Sci. Amer.* **253** (4), 100-108 (1985). [Descrição particularmente bem ilustrada das funções de lipídeos e proteínas nas membranas celulares.]

Brown, M. S., and J. L. Goldstein. A Receptor-Mediated Pathway for Cholesterol Homeostasis. *Science* **232**, 34-47 (1986). [Descrição da função do colesterol em doenças cardíacas.]

Dautry-Varsat, A., and H. F. Lodish. How Receptors Bring Proteins and Particles into Cells. *Sci. Amer.* **250** (5), 52-58 (1984). [Descrição detalhada da endocitose.]

Engelman, D. Crossing the Hydrophobic Barrier: Insertion of Membrane Proteins. *Science* **274**, 1850-1851 (1996). [Breve revisão dos processos pelos quais as proteínas transmembrana se tornam associadas a bicamadas lipídicas.]

Hajjar, D., and A. Nicholson. Atherosclerosis. *Amer. Scientist* **83**, 460–467 (1995). [A base celular e molecular do depósito de lipídeos nas artérias.] Karow, J. Skin so Fixed. *Sci. Amer.* **284** (3), 21 (2001). [Discussão sobre lipossomos utilizados para fornecer enzimas de reparo de DNA para as células da pele.]

Keuhl, F. A., and R. W. Egan. Prostaglandins, Arachidonic Acid, and Inflammation. *Science* **210**, 978-984 (1980). [Discussão sobre a química desses compostos e seus efeitos fisiológicos.]

Wood, R. D., M. Mitchell, J. Sgouros, and T. Lindahl. Human DNA Repair Genes. *Science* **291** (5507), 1284–1289 (2001).

Capítulo 9

Baltimore, D. Our Genome Unveiled. *Nature* **409**, 814-816 (2001). [Um guia de um ganhador do Prêmio Nobel para a especial questão sobre a descrição do seqüenciamento do genoma humano.]

Berg, P., and M. Singer. *Dealing with Genes: The Language of Heredity.* Mill Valley, CA: University Science Books, 1992. [Dois importantes bioquímicos produziram um livro eminentemente agradável sobre genética molecular; altamente recomendável.]

Cech, T. R. The Ribosome is a Ribozyme. *Science* **289,** 878-879 (2000). [O título já diz tudo.]

Church, G. M. Genomes for All. *Sci. Amer.* **295** (1), 47-54 (2006). [Excelente resumo sobre como os genomas humanos são determinados.]

Claverie, J. M. Fewer Genes, More Noncoding RNA. *Science* **309**, 1529-1530 (2005). [À medida que mais informações sobre o genoma humano são descobertas, o número de genes codificando as proteínas está reduzindo e a quantidade de produtos RNA sem codificação está crescendo.]

Claverie, J. M. What If There Are Only 30.000 Human Genes? *Science* **252,** 1255-1257 (2001). [Implicações do baixo número de genes para a biologia molecular humana.]

Collins, F., et al. (International Human Genome Sequencing Consortium). Initial Sequencing and Analysis of the Human Genome. *Nature* **409**, 860-921 (2001). [Uma das duas publicações simultâneas da seqüência do genoma humano.] Couzin, J. DNA Test for Breast Cancer Draws Criticism. *Science* **322**, 357 (2008).

Couzin, J. Mini RNA Molecules Shield Mouse Liver from Hepatitis. *Science* **299**, 995 (2003). [Um exemplo de interferência de RNA.] Couzin, J. Small RN As Make Big Splash. *Science* **298**, 2296-2297 (2002). [Descrição das formas pequenas do RNA descobertas recentemente.]

Couzin, J. The Twists and Turns in BRCA's Path. *Science* **302**, 591-593 (2003). [Genes envolvidos no câncer de mama proporcionaram e continuam proporcionando grandes surpresas aos pesquisadores.]

Dennis, C. Altered States. *Nature* **421**, 686-688 (2003). [Os estados epigenéticos podem controlar os estados da doença e explicar porquê gêmeos idênticos não são tão idênticos.] Gitlin, L., S. Karelsky, and R. Andino. Short Interfering RNA Confers Intracellular Antiviral Immunity in Human Cells. *Nature* **418**, 430–434 (2002).

[Exemplo de interferência de RNA.]

Jeffords, J. M., and T. Daschle. Political Issues in the Genome Era. *Science* **252**, 1249-1251 (2001). [Comentários sobre o Projeto Genoma Humano por dois membros do Senado dos Estados Unidos.]

Jenuwein, T., and C. D. Allis. Translating the Histone Code. *Science* **293**, 1074-1079 (2001). [Artigo detalhado sobre cromatina, histonas e metilação.]

Lake, J. A. Evolving Ribosome Structure: Domains in Archaebacteria, Eubacteria, Eocytes and Eukaryotes. *Ann. Rev. Biochem.* **54**, 507-530 (1985). [Revisão das implicações evolucionárias da estrutura do ribossomo.]

Lake, J. A. The Ribosome. *Sci. Amer.* **245** (2), 84-97 (1981). [Um olhar sobre as complexidades da estrutura do ribossomo.]

Lau, N. C., and D. P. Bartel. Censors of the Genome. *Sci. Amer.* **289** (2), 34-41 (2003). [Um artigo fundamentalmente sobre a interferência de RNA.]

Levy-Lahad, E., and S. E. Plon. A Risky Business—Assessing Breast Cancer Risk. *Science* **302**, 574-575 (2003). [Discussão sobre os fatores de risco e as probabilidades dos *portadores do gene* BRCA.]

Marshall, E. Lawsuit Challenges Legal Basis for Patenting Human Genes. *Science* **324**, 1000-1001 (2009).

Moffat, A. Triplex DNA Finally Comes of Age. *Science* **252**, 1374-1375 (1991). [Triplas hélices como "tesouras moleculares".]

Paabo, S. The Human Genome and Our View of Ourselves. *Science* **252**, 1219-1220 (2001). [Uma visão do DNA humano e sua comparação com o DNA de outras espécies.]

Peltonen, L., and V. A. McKusick. Dissecting Human Disease in the Postgenomic Era. *Science* **252**, 1224-1229 (2001). [Como as doenças podem ser estudadas na era genômica.]

Pennisi, E. DNA's Molecular Gymnastics. *Science* **312**, 1467-1468 (2006). [Revisão das formas alternativas de DNA.] Pennisi, E. The Evolution of Epigenetics. *Science* **293**, 1063-1105 (2001). [Mini-simpósio sobre epigenética.] Pennisi, E. No Genome Left Behind. *Science* **326**, 794-795 (2009).

Scovell, W. M. Supercoiled DNA. *J. Chem. Ed.* **63**, 562-565 (1986). [Discussão que enfoca principalmente a topologia do DNA circular.] Semple, C. A. M., and Taylor, M. S. The Structure of Change. *Science* **323**, 347 (2009).

Stix, G. Owning the Stuff of Life. *Sci. Amer.* **294** (2), 76-83 (2009).

Venter, J. C., et al. The Sequence of the Human Genome. *Science* **291**, 1304-1351 (2001). [Uma das duas publicações simultâneas da seqüência do genoma humano.]

Watson, J. D., and F. H. C. Crick. Molecular Structure of Nucleic Acid. A Structure for Deoxyribose Nucleic Acid. *Nature* **171**, 737-738 (1953). [O artigo original descrevendo a dupla-hélice. De interesse histórico.]

Wolfsberg, T., J. McEntyre, and G. Schuler. Guide to the Draft Human Genome. *Nature* **409**, 824-826 (2001). [Como analisar os resultados do Projeto Genoma Humano.]

Capítulo 10

Botchan, M. Coordinating DNA Replication with Cell Division: Current Status of the Licensing Concept. *Proc. Nat. Acad. Sci.* **93**, 9997-10.000 (1996). [Artigo sobre o controle da replicação nos eucariotos.]

Buratowski, S. DNA repair and Transcription: The Helicase Connection. *Science* **260**, 37-38 (1993). [Como o reparo e a transcrição estão ligados.] Cheung, V. G., Sherman, S. L., and Feingold, E. Genetic Control of Hotspots. *Science* **327**, 791-792 (2010).

Gibbs, W. W. Evolution in a Bottle. *Sci. Amer.* **300** (4), 18-21 (2009).

Gilbert, D. M. Making Sense of Eukaryotic DNA Replication Origins. *Science* **294**, 96-100 (2001). [As informações mais recentes sobre as origens da replicação em eucariotos.]

Kornberg, A.; Baker, T. DNA Replication.2. ed.Nova York: Freeman, 1991. [A maioria dos aspectos da biossíntese do DNA é abordada. O primeiro autor recebeu o Prêmio Nobel por seu trabalho nesse campo.]

Kucherlapati, R.; DePinho, R. A. Telomerase Meets its Mismatch. *Nature* **411**, 647-648 (2001). [Artigo sobre um possível relacionamento entre a telomerase e o reparo de mau pareamento.]

Radman, M.; Wagner. R. The High Fidelity of DNA Duplication. *Sci. Amer.* **259** (1), 40-46 (1988). [Descrição da replicação, concentrando-se nos mecanismos de minimização de erros.]

Stillman, B. Cell Cycle Control of DNA Replication. *Science* **274**, 1659-1663 (1996). [Descrição de como a replicação eucariótica é controlada e ligada à divisão celular.]

Varmus, H. Reverse Transcription. *Sci. Amer.* **257** (3), 56-64 (1987). [Descrição da síntese do DNA direcionada para o RNA. O autor foi um dos ganhadores do Prêmio Nobel de Medicina de 1989 por seu trabalho no papel da transcrição reversa no câncer.]

Wu, L., and D. Hickson. DNA Ends RecQuire Attention. *Science* **292**, 229-230 (2001). [Artigo que descreve as várias formas de proteção das extremidades dos cromossomos.]

Capítulo 11

Barinaga, M. Ribozymes: Killing the Messenger. *Science* **262**, 1512-1514 (1993). [Relatório sobre pesquisa desenvolvida para utilizar ribozimas para atacar o genoma do RNA do HIV.]

Barrick, J. E., and Breaker, R. R. The Power of Riboswitches. *Sci. Amer.* **296** (1), 50–57 (2007).

Bentley, D. RNA Processing: A Tale of Two Tails. *Nature* **395**, 21-22 (1998). [Relação entre o processamento do RNA e a estrutura da RNA polimerase que ele produz.]

Brivanlou, A. H., and J. E. Darnell. Signal Transduction and the Control of Gene Expression. *Science* **295**, 813-818 (2002). [Revisão abrangente dos fatores de transcrição eucarióticos.]

Brown, R. H. A Reinnervating MicroRNA. *Science* **326**, 1494-1495 (2009).

Bushnell, D. A., K. D. Westover, R. E. Davis, and R. D. Kornberg. Structural Basis of Transcription: An RNA Polymerase II-TFIIB Cocrystal at 4.5 Angstroms. *Science* **303,** 983-988 (2004). [Estudo da estrutura enzimática utilizando a cristalografia de raios X.]

Cammarota, M. et al. Cyclic AMP-Responsive Element Binding Protein in Brain Mitochondria. *J. Neurochem.* **72** (6), 2272-2277 (1999). [Artigo sobre a possível relação de Creb com a memória.]

Cech, T. R. RNA as an Enzyme. *Sci. Amer.* **255** (5), 64-75 (1986). [Descrição da descoberta de que alguns RNAs podem catalisar seu próprio auto-splicing.

O autor ganhou o prêmio Nobel de 1989 de química por seu trabalho.]

Cramer, P. Self-Correcting Messages. *Science* **313**, 447-448 (2006). [Docuemnto recente indicando a capacidade de revisão na transcrição.]

Cramer, P. et al. Architecture of RNA Polymerase II and Implications for the Transcription Mechanism. *Science* **288**, 640-649 (2000). [Boa visão geral da estrutura e função da RNA polimerase.]

De Cesare, D., and P. Sassone-Corsi. Transcriptional Regulation by Cyclic AMP-Responsive Factors. *Prog. Nucleic Acid Res. Mol. Biol.* **64**, 343-369 (2000). [Revisão dos elementos de resposta ao cAMP.]

DeHaseth, P. L.; Nilsen, T. W. When a Part is as Good as the Whole. *Science* **303**, 1307-1308 (2004). [Artigo descrevendo a estrutura e a função da RNA polimerase.]

Doudna, J. A. RNA Structure: A Molecular Contortionist. *Nature* **388**, 830-831 (1997). [Artigo sobre a estrutura do RNA e sua relação com a transcrição.]

Erhard, K. F., Stonaker, J. L., Parkinson, S. E., Lim, J. P., Hale, C. J., and Hollick, J. B. RNA Polymerase IV Functions in Paramutation in Zea Mays.

Science **323**, 1201-1204 (2009).

Fong, Y.W.; Zhou, Q. Stimulatory Effect of Splicing Factors on Transcriptional Elongation. *Nature* **414**, 929-933 (2001). [Artigo sobre a ligação entre transcrição e splicing.]

Garber, K. Small RNAs Reveal an Activating Side. *Science* **314**, 741-742 (2006). [Informações preliminares sobre como os pequenos RNAs também podem regular a transcrição tanro por ativações quanto por interferência.]

Grant, P. A., and J. L. Workman. Transcription: A Lesson in Sharing? *Nature* **396**, 410-411 (1998). [Revisão de TBP e TAFs que discute os requisitos para a transcrição.]

Hanawalt, P. C. DNA Repair: The Bases for Cockayne Syndrome. *Nature* **405**, 415 (2000). [Relação entre o reparo do DNA e os fatores de transcrição.]

Kapanidis, A. N., E. Margaret, S. O. Ho, E. Kortkhonjia, S. Weiss, and R. H. Ebright. Initial Transcription by RNA Polymerase Proceeds through a DNA-Scrunching Mechanism. *Science* **314**, 1144-1147 (2006). [Artigo de pesquisa principal sobre o uso da fluorescência para determinar o mecanismo da ação da polimerase.]

Kuras, L., and K. Struhl. Binding of TBP to Promoters *in vivo* Is Stimulated by Activators and Requires Pol II Holoenzyme. *Nature* **399**, 609-613 (1999). [A natureza TATA box e das proteínas ligantes.]

Kuznedelov, K., L. Minakhin, A. Niedzuda-Majka, S. L. Dove, D. Rogulja, B. E. Nickels, A. Hochschild, T. Heyduk, and K. Severinov. A Role for Inter- action of the RNA Polymerase Flap Domain with the s-Subunit in Promoter Recognition. *Science* **295**, 855-857 (2002). [As informações estruturais mais recentes sobre a ligação da RNA polimerase bacteriana.]

Mandelkow, E. Alzheimer's Disease: The Tangled Tale of Tau. *Nature* **402**, 588-589 (1999). [A fosforilação de uma proteína do neurônio leva a emaranhados neurofibrilares que são associados à demência de Alzheimer.]

Montminy, M. Transcriptional Activation: Something New to Hang Your HAT On. *Nature* **387**, 654-655 (1997). [A transcrição nos eucariotos requer a abertura do complexo DNA/histonas, o qual pode ser controlado pela acetilação.]

Plasterk, R. H. A. RNA Silencing: The Genome's Immune System. *Science* **296**, 1263-1265 (2002).

Revyakin, A., C. Liu, R. H. Ebright, and T. R. Strick. Abortive Initiation and Productive Initiation by RNA Polymerase Involve DNA Scrunching.

Science **314**, 1139-1143 (2006). [Artigo de pesquisa principal sobre o uso da fluorescência para determinar o mecanismo da ação da polimerase.]

Rhodes, D., and A. Klug. Zinc Fingers. *Sci. Amer.* **268** (2), 56-65 (1993). [Como a estrutura dessas proteínas contendo zinco lhes possibilita atuar na regulação da atividade dos genes.]

Riccio, A. et al. Mediation by a CREB Family Transcription Factor of NGF-Dependent Survival of Sympathetic Neurons. *Science* **286**, 2358-2361 (1999). [Como Creb pode ajudar a proteger os neurônios em momentos de tensão.]

Roberts, J. W. RNA Polymerase, a Scrunching Machine. *Science* **314**, 1097-1098 (2006). [Visão geral de dois artigos da *Science* a respeito do mecanismo do movimento da RNA polimerase no alongamento da cadeia.]

Steitz, J. A. Snurps. *Sci. Amer.* **258** (6), 56-63 (1988). [Discussão sobre a função das pequenas ribonucleoproteínas nucleares, ou snRNPs, na remoção de íntrons do mRNA.]

Storz, G. An Expanding Universe of Noncoding RNAs. *Science* **296**, 1260-1262 (2002).

Struhl, K. A. Paradigm for Precision. *Science* **293,** 1054-1055 (2001). [Recente artigo discutindo como os fatores de transcrição, os coativadores, e as histonas acetiltransferases trabalham juntos para melhorar a transcrição.]

Tupler, R., G. Perini, and M. R. Green. Expressing the Human Genome. *Nature* **409**, 832-833 (2001). [Excelente revisão da transcrição e o uso dos dados do Projeto Genoma Humano para busca por fatores de transcrição.]

Westover, K. D., D. A. Bushnell, and R. D. Kornberg. Structural Basis of Transcription: Separation of RNA from DNA by RNA Polymerase II. *Science*

303, 1014-1016 (2004). [Artigo descrevendo o mecanismo de separação do DNA e do RNA durante a transcrição.]

Young, B. A., T. M. Gruber, and C. A. Gross. Minimal Machinery of RNA Polymerase Holoenzyme Sufficient for Promoter Melting. *Science* **303**, 1382– 1384 (2004). [Artigo de pesquisa sobre a estrutura e função da RNA polimerase.]

Zenkin, N., Y. Yuzenkova, and K. Severinov. Transcript-Assisted Transcriptional Proofreading. *Science* **313**, 518-520 (2006). [Pesquisa atual sobre a possível revisão na transcrição com base em estruturas secundárias formadas pelo transcrito de RNA.]

Capítulo 12

Ban, N. The Complete Atomic Structure of the Large Ribosomal Subunit at 2.4 Ângstrom Resolution. *Science* **289**, 905 (-920). (2000). [Informações atuais sobre a estrutura dos ribossomos.]

Blaha, G., Stanley, R. E., and Steitz, T. A. Formation of the First Peptide Bond: The Structure of EF-P Bound to the 70S Ribosome. *Science* **325**, 966-969 (2009).

Cech, T. R. The Ribosome is a Ribozyme. *Science* **289**, 878-879 (2000). [Documento clássico descrevendo a catálise do ribossomo baseada no RNA.] Chamary, J. V., and Hurst, L. D. The Price of Silent Mutations. *Sci. Amer.* **300** (6), 46-53 (2009).

Fabrega, C., M. A. Farrow, B. Mukhopadhyay, V. de Crecy-Lagard, A. R. Ortiz, and P. Schimmel. An Aminoacyl tRNA Synthetase Whose Sequence Fits into Neither of the Two Known Classes. *Nature* **411**, 110-114 (2001). [Artigo descrevendo uma tRNA sintetase que se descobriu não pertencer a nenhuma das duas classes conhecidas].

Freeland, S. J.; L. Hurst. D.; Evolution Encoded. *Sci. Amer.* **290** (4), 84-91 (2004). [Artigo sobre adequação evolucionária do código genético.]

Goldberg, A. Functions of the Proteasome: The Lysis at the End of the Tunnel. *Science* **268**, 522-523 (1995). [Perspectiva das proteínas multissubunitárias envolvidas na degradação protéica.]

Hartl, F. Molecular Chaperones in Cellular Protein Folding. *Nature* **381**, 571-579 (1996). [Artigo de revisão sobre as várias classes de chaperonas moleculares.]

Hentze, M. elF4G: A Multipurpose Ribosome Adapter? *Science* **275**, 500-501 (1997). [Breve revisão da iniciação da tradução em eucariotos.]

Hentze, M. W. Believe It or Not - Translation in the Nucleus. *Science* **293**, 1058-1059 (2001). [Artigo recente apresentando a pesquisa que demonstrou a tradução nuclear.]

Ibba, M. Discriminating Right from Wrong. *Science* **294**, 70-71 (2001). [Resumo da mais recente pesquisa demonstrando um tipo de capacidade de revisão por EF-Tu.]

Iborra, F. J., D. A. Jackson, and P. R. Cook. Coupled Transcription and Translation within Nuclei of Mammalian Cells. *Science* **293**, 1139-1142 (2001). [A primeira pesquisa demonstrando a tradução no núcleo.]

Komar, A. A. SNPs, Silent But Not Invisible. *Science* **315**, 466-467 (2007). [Artigo descrevendo a natureza das alterações cinéticas translacionais com base em mutações silenciosas.]

LaRiviere, F. J., A. D. Wolfson, and O. C. Uhlenbeck. Uniform Binding of Aminoacyl-tRNAs to Elongation Factor Tu by Thermodynamic Compensa- tion. *Science* **294**, 154-168 (2001). [Um estudo profundo sobre as mais novas evidências de que EF-Tu proporciona outro nível de fidelidade na tradução.]

Liljas, A. Getting Close to Termination. *Science* **322**, 863-865 (2008).

Palioura, S., Sherrer, R. L., Steitz, T. A., Soll, D., Simonovic, M. The Human SepSepS-tRNA(sec) Complex Reveals the Mechanism of Selenocysteine Formation. *Science* **325**, 321-325 (2009).

Polacek, N., M. Gaynor, A. Yassin, and A. S. Mankin. Ribosomal Peptidyl Transferase Can Withstand Mutations at the Putative Catalytic Nucleotide. *Nature* **411**, 498-501 (2001). [Artigo que questiona a teoria da ribozima de peptidil transferase.]

Schmeing, T. M., Voorhees, R. M., Kelley, A. C., Gao, Y. G., Murphy, F. V., Weir, J. R., and Ramakrishnan, V. The Crystal Structure of the Ribosome Bound to EF-Tu and Aminoacyle-tRNA. *Science* **326**, 677-678 (2009).

Soares, C. Codon Spell Check. *Sci. Amer.* **296** (5), 23-24 (2007). [Introdução a novas informações sobre como as mutações silenciosas sem sempre são assim.]

Zhu, H., and H. F. Bunn. How do Cells Sense Oxygen? *Science* **292** (5516), 449-451 (2001). [Artigo sobre a degradação protéica e a expressão genética no sistema que permite a adaptação a grandes altitudes.]

Capítulo 13

Anderson, N. L., and G. Valkers. Protein Arrays—A New Option. *Sci. Amer.* **286** (2), 51 (2002). [Boa visão geral sobre os arranjos de proteínas e como eles funcionam.]

Berg, P., and M. Singer. *Dealing with Genes: The Language of Heredity.* Mill Valley, CA: University Science Books, 1992. [Dois importantes bioquímicos produziram um livro eminentemente agradável sobre genética molecular. Altamente recomendável.]

Brown, K. Seeds of Concern. *Sci. Amer.* **284** (4), 52–57 (2000). [Discussão sobre os possíveis problemas ambientais associados aos alimentos geneticamente modificados.]

Butler, D., and T. Reichhardt. Long-Term Effects of GM Crops Serves Up Food for Thought. *Nature* **398**, 651-653 (1999). [Reflexões sobre os possíveis problemas com alimentos geneticamente modificados.]

DeRisi, J. L. Exploring the Metabolic and Genetic Control of Gene Expression on a Genomic Scale. *Science* **278**, 680-686 (1997). [Discussão abrangente sobre o uso do microarranjo para mapear as alterações na transcrição na levedura sob condições anaeróbicas ou aeróbicas.]

Editors of *Science* et al. Genome Issue. *Science* **274**, 533-567 (1996). [Uma série de artigos sobre os genomas dos organismos da levedura aos humanos, incluindo um mapa do genoma humano. Os artigos incluem um editorial sobre questões políticas. Um recurso on-line também está associado a essa questão.]

Editors of *Science* et al. Genome Issue. *Science* **302**, 587-608 (2003). [Uma série de artigos sobre o progresso na aplicação de informações genômicas na medicina.

O artigo de Couzin sobre os genes *BRCA* aparece nas pp. 591–593.]

Friend, S. H., and R. B. Stoughton. The Magic of Microarrays. *Sci. Amer.* **286** (2), 44-49 (2002). [Artigo detalhado sobre as células dendríticas.]

Hannon, G. J. RNA Interference. *Nature* **418**, 244-251 (2002). [Descrição de um dos tópicos mais importantes sobre a manipulação do ácido nucleico.] Hopkin, K. The Risks on the Table. *Sci. Amer.* **284** (4), 60-61 (2000). [Revisão das colheitas geneticamente modificadas; seus prós e contras.]

Li, T., C. Y. Chang, D. Y. Jin, P. J. Lin, A. Khvorova, and D. W. Stafford. Identification of the Gene for Vitamin K Epoxide Reductase. *Nature* **427**, 541-544 (2004). [Relatório sobre um uso importante da interferência por RNA.]

MacBeath, G. Printing Proteins as Microarrays for High-Throughput Function Determination. *Science* **289**, 1760-

1763 (2000). [Artigo de pesquisa sobre microchips de proteínas.]

Marx, J. DNA Arrays Reveal Cancer in Its Many Forms. *Science* **289**, 1670-1672 (2000). [O uso de chips de DNA no estudo de cânceres comuns.]

O'Brien, S., and M. Dean. In Search of AIDS-Resistance Genes. *Sci. Amer.* **277** (3), 44-51 (1997). [A resistência genética à infecção por HIV pode fornecer a base de novas abordagens para prevenção e terapia da AIDS.]

Pennisi, E. Laboratory Workhorse Decoded: Microbial Genomes Come Tumbling. *Science* **277**, 1432-1434 (1997). [Artigo da Research News sobre a determinação do genoma completo da bactéria *Escherichia coli*, com uma discussão sobre as informações disponíveis nos genomas de outros organismos. Leia em conjunto com o artigo de pesquisa nas páginas 1453-1474 da mesma edição.]

Pennisi, E. New Gene Boosts Plant's Defenses against Pests. *Science* **309**, 1976 (2005). [Um artigo aobre como as plantas transgênicas podem auxiliar a produção agrícola ao atrair um tipo benéfico de predador.]

Reichhardt, T. Will Souped Up Salmon Sink or Swim. *Nature* **406**, 10-12 (2000). [Descrição do salmão de tamanho maior geneticamente modificado.]

Ronald, P. Making Rice Disease-Resistant. *Sci. Amer.* **277** (5), 100-105 (1997). [Engeneharia genética com o intuito de melhorar as leveduras de uma das colheitas de alimentos mais importantes do mundo.]

Service, R. F. Protein Arrays Step Out of DNA's Shadow. *Science* **289**, 1673 (2000). [Revisão de uma página sobre microchips de proteínas.]

Capítulo 14

Bakker, T. C. M, and M. Zbinden. Counting on Immunity. *Nature* **414**, 262-263 (2001). [Artigo sobre como, em algumas espécies, os indivíduos selecionam companheiros que apresentam proteínas de histocompatibilidade principais o mais diferentes possíveis das suas.]

Banchereau, J. The Long Arm of the Immune System. *Sci. Amer.* **187** (5), 52-59 (2002). [Artigo detalhado sobre as células dendríticas.]

Batzing, Barry. *Microbiology: An Introduction.* Pacific Grove, CA: Brooks/Cole, 2002. [Livro-texto básico em microbiologia, incluindo capítulo sobre vírus.] Cartier, N., et al. Hematopoietic Stem Cell Gene Therapy with a Lentiviral Vector in X-Linked Adrenoleukodystrophy. *Science* **326**, 818-822 (2009). Check, E. Back to Plan A. *Nature* **423**, 912–914 (2003). [Discussão sobre as diferentes estratégias para o uso de anticorpos no combate à Aids.] Check, E. Trial Suggests Vaccines Could Aid HIV Therapy. *Nature* **422**, 650 (2003). [Artigo sobre a eficácia do uso de anticorpos para combater o HIV.] Cohen, J. A Race Against Time to Vaccinate Against Novel H1N1 Virus. *Science* **325**, 1328-1329 (2009).

Cohen, J. Confronting the Limits of Success. *Science* **296**, 2320-2324 (2002). [Artigo sobre os problemas associados à descoberta de vacinas e outros tratamentos para a Aids.]

Cohen, J. Escape Artist par Excellence. *Science* **299**, 1505-1508 (2003). [Artigo sobre como o HIV confunde o sistema imunológico.] Cohen, J. Straight from the Pig's Mouth: Swine Research with Swine Influenzas. *Science* **325**, 140-141 (2009).

Collins, F. S., and A. D. Barker. Mapping the Cancer Genome. *Sci. Amer.* **291** (3) 50–57 (2007). [Revisão abrangente sobre o status da pesquisa do câncer e os genes envolvidos.]

Couzin-Frankel, J. The Promise of a Cure: 20 Years and Counting. *Science* **324**, 1504-1507 (2009). Couzin-Frankel, J. Replacing an Immune System Gone Haywire. *Science* **327**, 772-774 (2010).

Cullen, B. R. Outwitted by Viral RNAs. *Science* **317**, 329-330 (2007). [Artigo recente sobre como pequenas moléculas de RNA produzidas pelos vírus da herpes podem confundir o sistema imunológico do hospedeiro.]

Editors of *Science, et al.* Challenges in Immunology. *Science* **317**, 611-629 (2007). [Seção especial que cobre algumas das últimas pesquisas na área.]

Ezzell, C. Hope in a Vial. *Sci. Amer.* **286** (6), 40-45 (2002). [Artigo sobre possíveis vacinas contra a Aids.]

Ferbeyere, G.; Lowe, S. W. The Price of Tumour Suppression. *Nature* **415**, 26-27 (2002). [Artigo sobre o intercâmbio entre envelhecimento e supressão de um tumor.]

Gibbs, W. W. Roots of Cancer. *Sci. Amer.* **289** (1), 57-65 (2003). [Artigo aprofundado sobre as diversas causas do câncer.] Gibbs, W. W., and Soares, C. Preparing for a Pandemic. *Sci. Amer.* **293** (5), 45-52 (2005).

Greene, W. Aids and the Immune System. *Sci. Amer.* **269** (3), 98-105 (1993). [Uma descrição do vírus HIV e seu ciclo de vida nas células T.] Heath, J. R., Davis, M. E., and Hood, L. Nanomedicine Targets Cancer. *Sci. Amer.* **300** (2), 44-51 (2009).

Janssen, E. M., E. E. Lemmens, T. Wolfe, U. Christen, M. G. von Herrath, and S. P. Schoenberger. $CD4^+$ T Cells Are Required for Secondary Expan- sion and Memory in $CD8^+$ T Lymphocytes. *Nature* **421**, 852-855 (2003). [Artigo detalhado sobre a pesquisa que levou à compreensão da relação entre as células CD4/CD8 na memória.]

Jardetzky, T Conformational Camouflage. *Nature* **420**, 623-624 (2002). [Artigo sobre como o HIV pode esconder-se dos anticorpos.]

Kaech, S. M., and R. Ahmed. CD8 T Cells Remember with a Little Help. *Science* **300**, 263-265 (2003). [Artigo sobre como a memória se desenvolve em células imunológicas.]

Kaiser, J. Seeking the Cause of Induced Leukemias in X-SCID Trial. *Science* **299**, 495 (2003). [Artigo sobre a pesquisa de informações sobre os motivos pelos quais dois pacientes recebendo terapia gênica desenvolveram leucemia.]

Leslie, M. Flu Antibodies Stir New Hope for Treatment, Vaccine. *Science* **323**, 1160 (2009).

Marx, J. Recruiting the Cell's Own Guardian for Cancer Therapy. *Science* **315**, 1211–1213 (2007) [Artigo recente sobre a pesquisa promissora na reativação do p53 em pacientes com câncer.]

McCune, J. M. The Dynamics of CD4+ T-Cell Depletion in HIV Disease. *Nature* **410**, 974-979 (2001). [Artigo detalhado sobre as células T e como elas são afetadas pelo HIV.]

McMichael, A. J., and S. L. Rowland-Jones. Cellular Immune Responses to HIV. *Nature* **410**, 980-987 (2001). [Revisão detalhada sobre a resposta imunológica à infecção por HIV.]

Nettelbeck, D. M., and D. T. Curiel. Tumor-Busting Viruses. *Sci. Amer.* **289** (4), 68-75 (2003). [Artigo descrevendo um novo uso para o vírus como armas específicas contra o câncer.]

Nossal, G. J. V. A Purgative Mastery. *Nature* **412,** 685-686 (2001). [Artigo sobre a diversidade do sistema imunológico.] Parham, P. The Unsung Heroes. *Nature* **423**, 20 (2003). [Artigo sobre o sistema de imunidade inata.]

Parren, P. W. H. I., and Burton, D. R. Two-in-One Designer Antibodies. *Science* **323**, 1567-1568 (2009).

Piot, P., et al. The Global Impact of HIV/Aids. *Nature* **410**, 968-973 (2001). [Resumo sobre o impacto social e econômico da Aids no mundo todo.] Reusch, T. B. H., M. A. Häberli, P. B. Aeschlimann, and M. Milinski. Female Sticklebacks Count Alleles in a Strategy of Sexual Selection Explaining

MHC Polymorphism. *Nature* **414**, 300-302 (2001). [Artigo sobre como esgana-gatas fêmeas selecionam parceiros com base na diversidade das proteínas MHC.]

Serbina, N. V.; Pamer, E. G. Giving Credit Where Credit is Due. *Science* **301**, 1856-1857 (2003). [Artigo sobre a importância das células dendríticas.]

Soares, C. Eyes on the Swine. *Sci. Amer.* **301** (5), 15-16 (2009).

Soares, C. Pandemic Payoff. *Sci. Amer.* **301** (5), 19-20 (2009).

Sprent, J., and D. F. Tough. T Cell Death and Memory. *Science* **293**, 245-247 (2001). [Artigo sobre como as células T são selecionadas.] Stix, G. A Malignant Flame. *Sci. Amer.* **297** (1), 60-67 (2007). [Artigo abrangente sobre inflamação e câncer.]

Straus, E. Cancer-Stalling System Accelerates Aging. *Science* **295,** 28-29 (2002). [Artigo sobre a aparente relação entre o envelhecimento e a proteção contra o câncer.]

Weiss, R. A. Guilliver's Travels in HIVland. *Nature* **410**, 963-967 (2001). [Uma excelente revisão das informações atuais sobre HIV e Aids.]

Werlen, G., B. Hausmann, D. Naeher, and E. Palmer. Signaling Life and Death in the Thymus: Timing Is Everything. *Science* **299**, 1859-1863 (2003). [Artigo sobre como as células imunológicas devem ser selecionadas para reconhecer moléculas estranhas, mas não self.]

Capítulo 15

Duas referências-padrão disponíveis em vários volumes abordam em detalhe aspectos específicos do metabolismo. One of these, the third edition of *The Enzymes* (P. D. Boyer, ed.; New York: Academic Press), is a series that has been in production since 1970. The other, *Comprehensive Biochemistry* (M. Florkin and E. H. Stotz, eds.; New York: Elsevier), has been in production since 1962.

Atkins, P. W. The second law. San Francisco: Freeman, 1984. [Uma discussão não-matemática altamente legível sobre a termodinâmica.]

Chang, R. *Physical Chemistry with Applications to Biological Systems*, 2ª edição. Nova Iorque: Macmillan, 1981. [O Capítulo 12 contém um tratamento detalhado da termodinâmica.]

Fasman, G. D., ed. *Handbook of Biochemistry and Molecular Biology*, 3ª edição, Sec. D, *Physical and Chemical Data*. Cleveland, OH: CRC Press, 1976. [O Volume 1 contém dados sobre as energias livres da hidrólise de muitos compostos importantes, sobretudo os organofosfatos.]

Harold, F. M. *The Vital Force: A Study of Bioenergetics*. Nova York: Freeman, 1986. [Aspectos energéticos de diversos processos vitais importantes.]

Hinkle, P. C., and R. E. McCarty. How Cells Make ATP. *Sci. Amer.* **238** (3), 104-125 (1978). [Obsoleto, mas ainda é um tratamento particularmente bom do acoplamento de energia.]

Khakh, B., and Burnstock, G. The Double Life of ATP. *Sci. Amer.* **301** (6), 84-92 (2009). [Descrição da função do ATP na sinalização celular.] Prigogine.I.; Stengers, I. *Order out of chaos*. Toronto: Bantam Press, 1984. [Um tratamento comparativamente acessível da termodinâmica de sistemas biológicos.

logical systems. Prigogine ganhou o Prêmio Nobel de Química em 1977 por seu trabalho pioneiro sobre a termodinâmica de sistemas complexos.]

Capítulo 16

A maioria dos livros didáticos de química tem um ou mais capítulos sobre as estruturas e as reações dos carboidratos.

Kritchevsky, K., C. Bonfield, and J. Anderson, eds. *Dietary Fiber: Chemistry, Physiology, and Health Effects*. Nova York: Plenum Press, 1990. [Um tópico de considerável interesse na atualidade, com ligações explícitas com a bioquímica de paredes celulares vegetais.]

Sharon, N. Carbohydrates. *Sci. Amer.* **243** (5), 90-102 (1980). [Uma boa visão geral das estruturas.]

Sharon, N., and H. Lis. Carbohydrates in Cell Recognition. *Sci. Amer.* **268** (1), 82-89 (1993). [O desenvolvimento de drogas para interromper infecções e inflamações atacando os carboidratos na superfície das células.]

Takahashi, N., and T. Muramatsu. *Handbook of Endoglycosidases and Glyco-Amidases*. Boca Raton, FL: CRC Press, 1992. [Uma fonte de informações práticas sobre como manipular carboidratos importantes biologicamente.]

Capítulo 17

Bodner, G. M. Metabolism: Part I, Glycolysis, or the Embden-Meyerhoff Pathway. *J. Chem. Ed.* **63**, 566-570 (1986). [Resumo claro e conciso da via. Parte de uma série sobre o metabolismo de carboidratos e lipídeos.]

Boyer, P. D., ed. *The Enzymes*, Vols. 5–9. Nova York: Academic Press, 1972. [Referência-padrão com artigos sobre enzimas glicolíticas; lactato desidrogenase e desidrogenase alcoólica aparecem no Volume 10.]

Florkin, M.; Stotz, E. H. (eds.) *Comprehensive Biochemistry*. Nova York: Elsevier, 1967. [Outra referência-padrão. V. 17, *Carbohydrate Metabolism*,aborda a glicólise.]

Karl, P. I., B. H. J. Gordon, C. S. Lieber, and S. E. Fisher. Acetaldehyde Production and Transfer by the Perfused Human Placental Cotyledon. *Science*

242, 273-275 (1988). [Relatório que descreve alguns dos processos envolvidos na síndrome alcoólica fetal.]

Light, W. J. *Alcoholism and Women, Genetics, and Fetal Development*. Springfield, IL: Thomas, 1988. [Livro que dedica boa parte à síndrome alcoólica fetal.]

Lipmann, F. A Long Life in Times of Great Upheaval. *Ann. Rev. Biochem.* **53**, 1-33 (1984). [As reminiscências de um ganhador do Prêmio Nobel cuja pesquisa contribuiu grandemente para a compreensão do metabolismo dos carboidratos. Leitura bastante interessante do ponto de vista autobiográfico e das contribuições do autor para a bioquímica.]

Capítulo 18

Florkin, M.; Stotz, E. H. (eds.) *Comprehensive Biochemistry*. Nova York: Elsevier, 1969. [Uma referência-padrão. O v. 17, *Carbohydrate Metabolism*, aborda a glicólise e tópicos relacionados.]

Horecker, B. L., in Florkin, M., and E. H. Stotz, eds. *Comprehensive Biochemistry*. Nova York: Elsevier, 1964. Transaldolase and Transketolase. [O v. 15,

é uma revisão dessas duas enzimas e seu mecanismo de ação.]

Lipmann, F. A Long Life in Times of Great Upheaval. *Ann. Rev. Biochem.* **53,** 1-33 (1984). [As reminiscências de um ganhador do Prêmio Nobel cuja pesquisa contribuiu grandemente para a compreensão do metabolismo dos carboidratos. Uma leitura muito interessante do ponto de vista da autobiografia e das contribuições do autor para a bioquímica.]

Shulman, R. G., and D. L. Rothman. Enzymatic Phosphorylation of Muscle Glycogen Synthase: A Mechanism for Maintenance of Metabolic Homeostasis. *Proc. Nat. Acad. Sci.* **93**, 7491-7495 (1996). [Um artigo em profundidade sobre o fluxo metabólico e modificação covalente de enzimas.]

Capítulo 19

Bodner, C. M. The Tricarboxylic Acid (TCA), Citric Acid, or Krebs Cycle. *J. Chem. Ed.* **63**, 673-677 (1986). [Resumo conciso e bem escrito sobre o ciclo do ácido cítrico. Parte de uma série sobre metabolismo.]

Boyer, P. D., ed. *The Enzymes.* 3ª edição Nova Iorque Academic Press, 1975. [Há revisões sobre aconitase no Volume 5 e sobre desidrogenases no Volume 11.]

Krebs, H. A. *Reminiscences and Reflections.* Nova York: Oxford Univ. Press, 1981. [Revisão do ciclo do ácido cítrico, juntamente com a autobiografia.] Popjak, G. Stereospecificity of Enzyme Reactions. In Boyer, P. D., ed., *The Enzymes,* 3ª edição, v. 2, *Kinetics and Mechanism.* Nova York: Academic Press,

(1970). [Revisão dos aspectos esteroquímicos do ciclo do ácido cítrico.

Veja também as bibliografias comentadas para os Capítulos 16 a 18.

Capítulo 20

Cannon, B., and J. Nedergaard. The Biochemistry of an Inefficient Tissue: Brown Adipose Tissue. *Essays in Biochemistry* **20**, 110–164 (1985). [Revisão descrevendo a utilidade para os mamíferos da produção "ineficiente" de calor na gordura marrom.]

Dickerson, R. E. Cytochrome c and the Evolution of Energy Metabolism. *Sci. Amer.* **242** (3), 136-152 (1980). [Explicação das implicações evolucionárias da estrutura do citocromo c.]

Fillingame, R. The Proton-Translocating Pumps of Oxidative Phosphorylation. *Ann. Rev. Biochem.* **49**, 1079-1114 (1980). [Revisão do acoplamento quimiosmótico.]

Fillingame, R. H. Molecular Rotary Motors. *Science* **286**, 1687-1688 (1999). [Revisão da pesquisa sobre ATP sintase.]

Hatefi, Y The Mitochondrial Electron Transport and Oxidative Phosphorylation System. *Ann. Rev. Biochem.* **54**, 1015-1069 (1985). [Revisão que enfatiza o acoplamento entre a oxidação e a fosforilação.]

Hinkle, P. C., and R. E. McCarty. How Cells Make ATP. *Sci. Amer.* **238** (3), 104-123 (1978). [Acoplamento quimiosmótico e o modo de ação dos desacopladores.]

Lane, M. D., P. L. Pedersen, and A. S. Mildvan. The Mitochondrion Updated. *Science* **234**, 526-527 (1986). [Relatório de uma conferência internacional sobre bioenergética e acoplamento energético.]

Mitchell, P. Keilin's Respiratory Chain Concept and Its Chemiosmotic Consequences. *Science* **206**, 1148-1159 (1979). [Palestra de um Prêmio Nobel pelo cientista que propôs pela primeira vez a hipótese do acoplamento quimiosmótico.]

Moser, C. C. et al. Nature of Biological Electron Transfer. *Nature* **355**, 796-802 (1992). [Tratamento avançado da transferência de elétrons em sistemas biológicos.]

Stock, D., A. G. W. Leslie, and J. F. Walker. Molecular Architecture of the Rotary Motor in ATP Synthase. *Science* **286**, 1700-1705 (1999). [Artigo sobre a estrutura e a função da ATP sintase.]

Trumpower, B. The Protonmotive Q Cycle: Energy Transduction by Coupling of Proton Translocation to Electron Transfer by the Cytochrome bc1 Complex.

J. Biol. Chem. **265**, 11409-11412 (1990). [Artigo avançado que fornece detalhes sobre o ciclo Q.]

Vignais, P. V., and J. Lunardi. Chemical Probes of the Mitochondrial ATP Synthesis and Translocation. *Ann. Rev. Biochem.* **54,** 977-1014 (1985). [Revisão sobre a síntese e o uso de ATP.]

Xu, H., DeLuca, S. Z., and O'Farrell, P. H. Manipulating the Metazoan Mitochondrial Genome with Targeted Restriction Enzymes. *Science* **321**, 575-577 (2008). [Artigo sobre o uso das mutações no DNA mitocondrial da *Drosophila* como modelo para a doença humana.]

Capítulo 21

Abu-Elheiga, L., M. M. Matzuk, K. A. H. Abo-Hashema, and S. J. Wakil. Continuous Fatty Acid Oxidation and Reduced Fat Storage in Mice Lacking ACC2. *Science* **291**, 2613-2616 (2001). [Artigo sobre os efeitos metabólicos observados em camundongos sem uma das isoformas de acetil-CoA carboxilase.]

Bodner, C. M. Lipids. *J. Chem. Ed.* **63**, 772-775 (1986). [Parte de uma série de artigos concisos e claramente escritos sobre o metabolismo.]

Brown, M. S., and J. L. Goldstein. How LDL Receptors Influence Cholesterol and Atherosclerosis. *Sci. Amer.* **251** (5), 58-66 (1984). [Descrição do papel do colesterol na doença cardíaca pelos vencedores do Prêmio Nobel em medicina de 1985.]

Horton, J. Unfolding Lipid Metabolism. *Science* **320**, 1433-1434 (2008). [O papel duplo de um fator de transcrição que regula os genes para a resposta às proteínas e genes impropriamente enovelados para a síntese lipídica.]

Jenni, S., M. Leibundgut, D. Boehringer, C. Frick, B. Mikolasek, B., and N. Ban. Structure of Fungal Fatty Acid Synthase and Implications for Itera- tive Substrate Shuttling. *Science* **316**, 254-261 (2007). [Olhar mais atento sobre os locais de reação para uam enzima com múltiplas subunidades].

Kaiser, J. Mysterious, Widespread Obesity Gene Found through Diabetes Study. *Science* **316**, 185 (2007). [Artigo de uma página que descreve a descoberta de um gene altamente correlacionado com a obesidade.]

Krutch, J. W. The Voice of the Desert. Nova York: Morrow, 1975. [O capítulo 7, "O Rato que Nunca Bebe", é uma descrição, apartir de um ponto de vista primariamente naturalista, do rato-canguru, mostrando claramente que a água metabólica é a única fonte de água desse animal.]

Lawn, R. Lipoprotein (a) in Heart Disease. *Sci. Amer.* **266** (6), 54-60 (1992). [Relaciona as propriedades de lipídeos e a estrutura de proteínas no bloqueio de artérias características da doença cardíaca.]

Libby, P. Atherosclerosis: The New View. *Sci. Amer.* **286** (5), 47-55 (2002). [O papel da inflamação no desenvolvimento da doença cardíaca.]

Lo, J., Wang, Y., Tumanov, A., Bamji, M., Yao, Z., Reardon, C., Getz, G., and Fu., Y. Lymphotoxin (beta) Receptor-Dependent Control of Lipid Ho- meostasis. *Science* **316,** 285-288 (2007). [O papel das células imunológicas no fígado no controle dos níveis lipídicos no sangue.]

Maier, T., S. Jenni, and N. Ban. Architecture of Mammalian Fatty Acid Synthase at 4.5 Å Resolution. *Science* **311,** 1258-1262 (2006). [Visualização ilustrada do local ativo de uma grande enzima.]

Ruderman, N., and J. S. Flier. Chewing the Fat—ACC and Energy Balance. *Science* **291**, 2558-2561 (2001). [Resumo das informações sobre acetil-CoA carboxilase e metabolismo de lipídeos.]

Wakil, S. J., and E. M. Barnes. Fatty Acid Metabolism. *Compr. Biochem.* **18**, 57-104 (1971). [Extensiva cobertura do tópico.]

Capítulo 22

Bering, C. L. Energy Interconversions in Photosynthesis. *J. Chem. Ed.* **62**, 659-664 (1985). [Discussão sobre os conceitos básicos da fotossíntese, concentrada nas reações de luz e nos fotossistemas.]

Bishop, M. B., and C. B. Bishop. Photosynthesis and Carbon Dioxide Fixation. *J. Chem. Ed.* **64**, 302-305 (1987). [Concentra-se no ciclo de Calvin.] Danks, S. M., E. H. Evans, and P. A. Whittaker. *Photosynthetic Systems: Structure, Function and Assembly.* Nova York: Wiley, 1983. [Pequeno livro com excelentes microfotografias de cloroplastos e estruturas relacionadas no Capítulo 1.]

Deisenhofer, J., and H. Michel. Deisenhofer, J.; Michel, H. The Photosynthetic Reaction Center from the Purple Bacterium Rhodopseudomonas viridis. *Science* **245**, 1463-1473 (1989). [Declaração dos vencedores do Prêmio Nobel descrevendo seu trabalho na estrutura do centro de reação.]

Deisenhofer, J., H. Michel, and R. Huber. The Structural Basis of Photosynthetic Light Reactions in Bacteria. *Trends Biochem. Sci.* **10**, 243-248 (1985). [Discussão sobre o centro de reação fotossintética nas bactérias.]

Dennis, D. T. The Biochemistry of Energy Utilization in Plants. Nova York: Chapman and Hall, 1987. [Pequeno livro sobre bioquímica vegetal.]

Editors of *Science* and several authors. Food Security. *Science* **327**, 797-834 (2010). [Seção especial sobre inúmeros tópicos importantes sobre agricultura.]

Govindjee and W. J. Coleman. How Plants Make Oxygen. *Sci. Amer.* **262** (2), 50-58 (1990). [Concentra-se no aparelho de oxidação da água do fotossistema II.] Halliwell, B. *Chloroplast Metabolism: The Structure and Function of Chloroplasts in Green Leaf Cells.* Nova York: Oxford Univ. Press, 1981. [Descrição detalhada da atividade do cloroplasto.]

Hathway, D. Molecular Mechanisms of Herbicide Selectivity. Nova York: Oxford Univ. Press, 1989. [Pequeno livro dedicado essencialmente às diferenças na atividade enzimática de ervas daninhas e plantas desejáveis.]

Haumann, M., P. Liebisch, C. Muller, M. Barra, M. Grabolle, and H. Dau. Photosynthetic O_2 Formation by Time-Resolved X-Ray Experiments. *Science* **310**, 1019-1021 (2007). [Observação experimental do estado produtor de oxigênio e dos possíveis intermediários na evolução do oxigênio.]

Hipkins, M. F.; Baker, N. R. (eds.). *Photosynthesis: Energy Transduction: A Practical Approach.* Oxford, Inglaterra: IRL Press, 1986. [Coletânea de artigos sobre métodos de pesquisa utilizados para estudar a fotossíntese.]

Huber, G., and Dale, B. Grassoline at the Pump. *Sci. Amer.* **301** (1), 52-59 (2009). [Artigo sobre resíduos de plasntas e ervas daninha como possíveis fontes de biocombustíveis.]

Karplus, P., M. Daniels, and J. Herriott. Atomic Structure of Ferredoxin-NADP+ Reductase: Prototype for a Structurally Novel Flavoenzyme Family. *Science* **251**, 60-66 (1991). [A estrutura de uma enzima principal envolvida no metabolismo de nitrogênio e enxofre, assim como na fotossíntese.]

Koussevitzky, S., A. Nott, T. C. Mockler, F. Hong, G. Sachetto-Martins, M. Surpin, J. Lim, R. Mittler, and J. Chory. Signals from Chloroplasts Converge to Regulate Nuclear Gene Expression. *Science* **316**, 715-718 (2007). [Artigo de pesquisa principal sobre como o cloroplasto e a expressão genética são coordenados.]

Margulis, L. Early Life. Boston: Science Books International, 1982. [Os Capítulos 2 e 3 discutem o desenvolvimento evolutivo da fotossíntese.]

Milhous, W., and Weina, P. The Botanical Solution for Malaria. *Science* **327**, 279-280 (2010). [Relatório sobre um medicamento derivado de plantas para o tratamento de malária.]

Wohri, A., et al. Light-Induced Structural Changes in a Photosynthetic Reaction Center Caught by Laue Diffraction. *Science* **328**, 630-633 (2010). [Relatório sobre a alteração conformacional induzida pela luz em um centro de reação fotossintética.]

Youvan, D. C., and B. L. Marrs. Molecular Mechanisms of Photosynthesis. *Sci. Amer.* **256** (6), 42-48 (1987). [Descrição detalhada de um centro de reação fotossintética bacteriana e dos eventos moleculares que ali ocorrem.]

Zhang, D. Signaling to the Nucleus with a Loaded GUN. *Science* **316**, 700-701 (2007). [Prelúdio ao artigo de Koussevitzky a respeito da coordenação da expressão genética nuclear e do cloroplasto.]

Zuber, H. Structure of Light-Harvesting Antenna Complexes of Photosynthetic Bacteria, Cyanobacteria and Red Algae. *Trends Biochem. Sci.* **11**, 414– 419 (1986). [Concentra-se na porção protéica do centro de reação fotossintética.]

Capítulo 23

Bender, D. A. *Amino Acid Metabolism*, 2nd ed. New York: John Wiley, 1985. [Tratado geral sobre o tópico, com uma seção particularmente boa sobre o metabolismo do triptofano.]

Benkovic, S. On the Mechanism of Action of Folate- and Biopterin-Requiring Enzymes. *Ann. Rev. Biochem.* **49**, 227-254 (1980). [Revisão de uma transferência de carbono.]

Braunstein, A. E. Amino Group Transfer. In Boyer, P. D., ed. *The Enzymes,* v. 9, 3ª edição Nova Iorque Academic Press, 1973. [Uma referência antiga, mas padrão.]

Karplus, P., M. Daniels, and J. Herriott. Atomic Structure of Ferredoxin-NADP+ Reductase: Prototype for a Structurally Novel Flavoenzyme Family.

Science **251**, 60-66 (1991). [A estrutura de uma enzima principal envolvida no metabolismo de nitrogênio e enxofre, assim como na fotossíntese.]

Kim, J., and D. Rees. Crystallographic Structure and Functional Implications of the Nitrogenase Molybdenum-Iron Protein from *Azotobacter vinelan- dii*. *Nature* **360**, 553-560 (1992). [A cristalografia de raios X dá uma importante contribuição para o entendimento da estrutura de uma proteína essencial no processo de fixação do nitrogênio.]

Leslie, M. Internal Affairs. *Science* **326**, 929-931 (2009). [Descrição das respostas citoplásmicas à gota e às doenças.]

Meyer, E., N. Leonard, B. Bhat, J. Stubbe, and J. Smith. Purification and Characterization of the *pur* E, *pur* K, and *pur* C Gene Products: Identification of a Previously Unrecognized Energy Requirement in the Purine Biosynthetic Pathway. *Biochem.* **31**, 5022-5032 (1992). [Descoberta de uma necessidade até então insuspeita de ATP adicional na biossíntese das purinas.]

Orme-Johnson, W. Nitrogenase Structure: Where To Now? *Science* **257**, 1639-1640 (1992). [Considerações sobre a fixação do nitrogênio com base na determinação da estrutura da nitrogenase por cristalografia de raios X.]

Stadtman, E. R. Mechanisms of Enzyme Regulation in Metabolism. In Boyer, P. D., ed. *The Enzymes*, v. 1, 3ª edição Nova Iorque Academic Press, 1970. [Revisão que trata da importância dos mecanismos de controle de feedback.]

Capítulo 24

Bose, A.; Guilherme, A.; Robida, S. I.; Nicoloro, S. M. C.; Zhou, Q.L.; Jiang, Z.Y.; Pomerleau, D. P.; Czech, M. P. Glucose Transporter Recycling in Response to Insulin Is Facilitated by Myosin Myolc. *Nature* **420**, 821-824 (2002). [Artigo sobre os fatores de transcrição que comprovadamente afetam o transporte da glicose.]

Cohen, P., Miyazaki, M.; Socci, N. D.; Hagge-Greenberg, A.; Liedtke; W.; Soukas, A. A.; Sharma, R.; Hudgins, L. C.; Ntambi, J. M.; Friedman, J. M.

Role for Stearoyl-CoA Desaturase-1 in Leptin-Mediated Weight Loss. *Science* **297**, 240-243 (2002). [Artigo sobre um mecanismo pelo qual a leptina afeta a perda de peso.]

Cowley, M. A., J. L. Smart, M. Rubinstein, M. G. Cerdan, S. Diano, T. L. Horvath, R. D. Cone, and M. J. Low. Leptin Activates Anorexigenic POMC Neurons through a Neural Network in the Arcuate Nucleus. *Nature* **411**, 480–484 (2001). [Artigo sobre leptina e obesidade.]

Friedman, J. Fat in All the Wrong Places. *Nature* **415**, 268-269 (2002). [Artigo de revisão sobre a obesidade.]

Gura, T. Obesity Sheds Its Secrets. *Science* **275**, 751-753 (1997). [Artigo da Research News sobre a função do hormônio protéico leptina em pesquisas da obesidade e sobre a possibilidade de terapias contra a obesidade que possam surgir dessas pesquisas.]

Kaeberlein, M., and Kapahi, P. Aging is RSKy Business. *Science* **326**, 55-56 (2009).

Minokoshi, Y., Kim, Y.B.; Odile, D. P.; Fryer, L. G. D.; Muller, C.; Carling, D.; Kahn, B. B. Leptin Stimulates Fatty-Acid Oxidation by Activating AMP-Activated Protein Kinase. *Nature* **415**, 339-343 (2002). [Artigo sobre outro mecanismo para perda de peso associada à leptina.]

Rasmussen, H. The Cycling of Calcium as an Intracellular Messenger. *Sci. Amer.* **261** (4), 66-73 (1989). [Artigo sobre a função do cálcio como segundo mensageiro.]

Saunders, L. R., and Verdin, E. Stress Response and Aging. *Science* **323**, 1021-1022 (2009).

Schwartz, M. W., and G. J. Morton. Keeping Hunger at Bay. *Nature* **418**, 595-597 (2002). [Artigo sobre fome, hormônios e perda de peso.] Selman, C., et al. Ribosomal Protein S6 Kinase 1 Signaling Regulates Mammalian Life Span. *Science* **326**, 140-144 (2009).

Sinclair, D. A., and L. Guarente. Unlocking the Secrets of Longevity Genes. *Sci. Amer.* **294** (3), 48–57 (2006). [Artigo fascinante sobre uma família de genes que conferem longevidade nas espécies da levedura aos mamíferos.]

Taubes, G. Insulin Insults May Spur Alzheimer's Disease. *Science* **301**, 40-41 (2003). [Artigo recente ligando o mal de Alzheimer a altos níveis de insulina.] White, M. F. Insulin Signaling in Health and Disease. *Science* **302**, 1710–1711 (2003). [Uma revisão sobre a insulina e seus efeitos na saúde.]

Willett, W. Diet and Health: What Should We Eat? *Science* **264**, 532-537 (1994). [Excelente resumo de diversos aspectos de um assunto complexo.]

Willett, W. C., and M. J. Stampfer. Rebuilding the Food Pyramid. *Sci. Amer.* **288** (1), 64-71 (2003). [Explicação detalhada das mudanças nas recomendações de nutrição desde que a pirâmide alimentar antiga foi publicada.]

Respostas dos Exercícios de Revisão

Capítulo 1

1-1 Temas Básicos

1. Polímero é uma molécula muito grande formada pela união de unidades menores (monômeros). Proteína é um polímero formado pela união de aminoácidos. Ácido nucleico é um polímero formado pela união de nucleotídeos. A catálise é um processo que aumenta a velocidade de reações químicas em comparação com a velocidade das reações não catalisadas. Os catalisadores biológicos são proteínas em quase todos os casos; as únicas exceções são alguns tipos de RNA, capazes de catalisar algumas reações do seu próprio metabolismo. O código genético é o meio pelo qual as informações para a estrutura e o funcionamento de todos os seres vivos são transmitidas de uma geração para a seguinte. A sequência de purinas e pirimidinas do DNA contém o código genético (o RNA é o material de codificação em alguns vírus).

1-2 Fundamentos Químicos da Bioquímica

2. A correspondência correta entre os grupos funcionais e os compostos que contêm tais grupos funcionais é dada na lista a seguir.

Grupo amino	$CH_3CH_2NH_2$
Grupo carbonila (cetona)	CH_3COCH_3
Grupo hidroxila	CH_3OH
Grupo carboxila	CH_3COOH
Grupo carbonila (aldeído)	CH_3CH_2CHO
Grupo tiol	CH_3SH
Ligação éster	$CH_3COOCH_2CH_3$
Ligação dupla	$CH_3CH{=}CHCH_3$
Ligação amida	$CH_3CON(CH_3)_2$
Éter	$CH_3CH_2OCH_2CH_3$

3. Veja a seguir os grupos funcionais nos compostos:

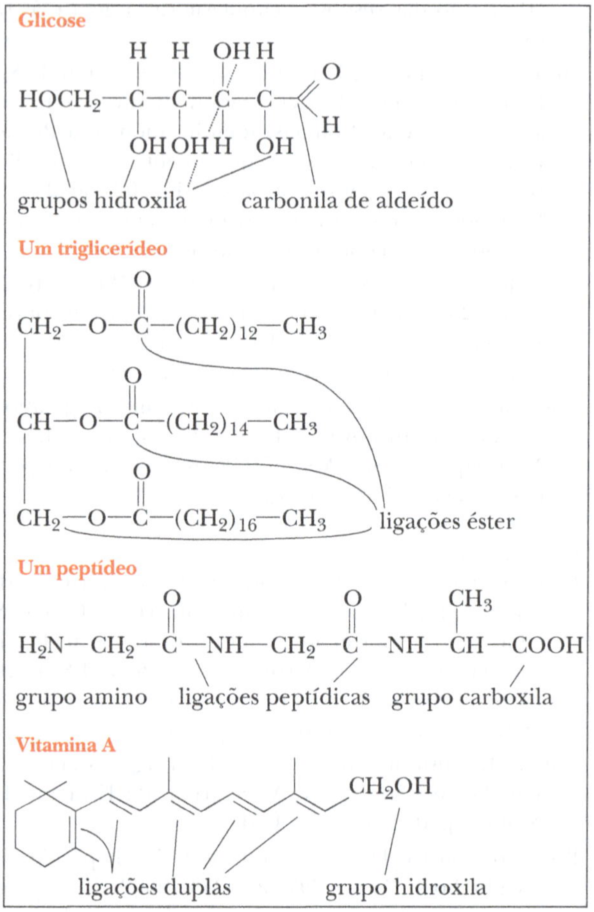

Glicose
grupos hidroxila
carbonila de aldeído
Um triglicerídeo
ligações éster
Um peptídeo
grupo amino
ligações peptídicas
grupo carboxila
Vitamina A
ligações duplas
grupo hidroxila

4. Antes de 1828, o conceito de vitalismo alegava que os compostos orgânicos podiam ser formados apenas por sistemas vivos e estavam além do alcance das pesquisas em laboratório. A síntese de Wöhler mostrou que compostos orgânicos, assim como os inorgânicos, não precisavam de uma explicação vitalística, obedeciam às leis da química e da física e, portanto, estavam sujeitos a pesquisas em laboratório. Subsequentemente, o conceito foi estendido para a muito mais complexa, mas ainda testável, disciplina da bioquímica.

5. A ureia, como todos os compostos orgânicos, tem a mesma estrutura molecular, seja ela produzida por um organismo vivo ou não.

6.

Item	Orgânico	Bioquímico
Solvente	Varia (malcheiroso)	Água (normalmente)
Concentrações	Altas	Baixa (mM, μM, nM)
Utiliza catalisador	Normalmente não	Quase sempre (enzimas)
Velocidade	Min, hora, dia	μseq, nseq
Temperatura	Varia (alta)	Isotérmica, ambiente
Rendimento	Baixo – bom (90%)	Alto (pode ser 100%)
Reações secundárias	Frequentemente*	Nenhuma
Controle interno	Baixo	Muito alto** – opções
Polímeros (produtos)	Normalmente não	Geralmente (proteínas, ácidos nucleicos, sacarídeos)
Força das ligações	Alta (covalente)	Alta, fraca (em polímeros)
Distâncias das ligações	Não é crítica	Crítica (encaixe preciso)
Compartimentado	Não	Sim (especialmente eucariotos)
Ênfase	Uma reação	Rotas, interconectadas (opções de controle**)†
Sistema	Fechado ou aberto	Aberto (sujeito a $+\Delta G$)

* Exemplo de reações secundárias: Glicose → G6P *ou* G1P *ou* G2P.
** Níveis de controle: enzima, hormônio, gene.
† Exemplo de opções:

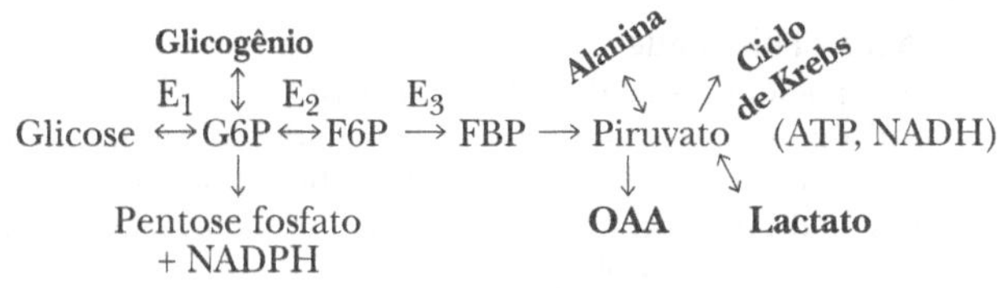
Glicogênio
E1 E2 E3
Glicose ↔ G6P ↔ F6P → FBP → Piruvato (ATP, NADH)
Alanina
Ciclo de Krebs
Pentose fosfato + NADPH
OAA
Lactato

1-3 O Começo da Biologia: Origem da Vida

7. Em geral, acredita-se que o carbono é a base provável de todas as formas de vida, terrestres ou extraterrestres.
8. Dezoito resíduos forneceriam 20^{18}, ou $2{,}6 \times 10^{23}$ possibilidades. Assim, pelo menos 19 resíduos seriam necessários para ter um número de Avogadro ($6{,}022 \times 10^{23}$) de possibilidades.
9. O número é 4^{40}, ou $1{,}2 \times 10^{24}$, que é duas vezes o número de Avogadro.
10. O RNA é capaz de codificação e de catálise.
11. A catálise permite que organismos vivos executem reações químicas de maneira muito mais eficiente do que sem a catálise.
12. Duas das vantagens mais óbvias são: a velocidade e a especificidade; elas também funcionam a temperatura constante ou produzem pouco calor.
13. A codificação permite a reprodução de células.
14. Com relação à codificação, os polinucleotídeos do tipo do RNA foram produzidos a partir de monômeros na ausência de um RNA preexistente para ser copiado, ou de uma enzima para catalisar o processo. A observação de que algumas moléculas de RNA existentes podem catalisar seu próprio processamento sugere uma função catalítica para o RNA. Com esta função dupla, o RNA pode ter sido a macromolécula original portadora de informações na origem da vida.
15. É improvável que as células possam ter surgido apenas como um citoplasma nu, sem uma membrana plasmática. A presença da membrana protege os componentes celulares do ambiente e evita que se afastem uns dos outros. As moléculas dentro de uma célula podem reagir mais facilmente se estiverem próximas umas das outras.

1-4 A Maior Distinção Biológica – Procariotos e Eucariotos

16. As cinco diferenças entre procariotos e eucariotos são: (1) Procariotos não têm um núcleo bem definido, mas os eucariotos têm um núcleo separado do restante da célula por uma membrana dupla. (2) Procariotos têm apenas uma membrana plasmática (celular); os eucariotos têm um amplo sistema interno de membranas. (3) Células eucarióticas contêm organelas delimitadas por membranas, e as células procarióticas não. (4) Células eucarióticas normalmente são maiores que as dos procariotos. (5) Procariotos são organismos unicelulares, enquanto eucariotos podem ser uni ou pluricelulares.
17. A síntese proteica ocorre nos ribossomos, tanto nos eucariotos como nos procariotos. Nos eucariotos, os ribossomos podem estar ligados ao retículo endoplasmático ou ser encontrados livres no citoplasma; nos procariotos, os ribossomos só são encontrados livres no citoplasma.

1-5 Células Procarióticas

18. É improvável que mitocôndrias sejam encontradas em bactérias. Essas organelas eucarióticas são envoltas por uma membrana dupla, e as bactérias não têm um sistema interno de membranas. As mitocôndrias encontradas nas células eucarióticas têm aproximadamente o mesmo tamanho da maioria das bactérias.

1-6 Células Eucarióticas

19. Veja a Seção 1-6 para as funções das partes de uma célula animal, mostradas na Figura 1.13.
20. Veja a Seção 1-6 para as funções das partes de uma célula vegetal, mostradas na Figura 1.13.
21. Nos vegetais verdes, a fotossíntese ocorre no sistema de membranas dos cloroplastos, que são grandes organelas envoltas por membranas. Nas bactérias fotossintéticas, há extensões da membrana plasmática voltadas para o interior da célula, chamadas cromatóforos, que são os sítios da fotossíntese.
22. Núcleos, mitocôndrias e cloroplastos são envoltos por membranas duplas.
23. Núcleos, mitocôndrias e cloroplastos contêm DNA. O DNA encontrado nas mitocôndrias e nos cloroplastos é diferente daquele encontrado nos núcleos.
24. As mitocôndrias executam uma alta porcentagem das reações de oxidação (liberação de energia) da célula. Elas são sítios primários da síntese de ATP.
25. O complexo de Golgi está envolvido na glicosilação de proteínas e na exportação de substâncias da célula. Os lisossomos contêm enzimas hidrolíticas, os peroxis-

somos contêm catalase (necessária para o metabolismo de peróxidos) e os glioxissomos contêm enzimas de que as plantas precisam para o ciclo do glioxilato. Todas essas organelas parecem vesículas achatadas, e cada uma delas é envolta por uma membrana simples.

1-7 Como Classificamos os Eucariotos e Procariotos

26. Monera inclui as bactérias (p. ex., *E. coli*) e as cianobactérias. Protista, organismos como *Euglena, Volvox, Amoeba* e *Paramecium*. Fungi, bolores e cogumelos. Plantae, licopódios e carvalhos. Animalia, aranhas, minhocas, salmões, cobras, pássaros e cães.
27. O reino Monera consiste em procariotos. Cada um dos outros quatro reinos consiste em eucariotos.
28. A classificação em cinco reinos leva em consideração o fato de que bactérias, fungos e protistas não se encaixam na divisão vegetal/animal.
29. A principal vantagem de ser eucarioto é ter compartimentos (organelas) com funções especializadas (e, assim, divisão de trabalho). Outra vantagem é que as células podem ser muito maiores, sem que as considerações entre área de superfície e volume sejam críticas por causa da compartimentalização.
30. Veja a discussão sobre a teoria endossimbiótica na Seção 1-7.
31. Veja a Questão 30. A divisão de trabalho nas células origina mais eficiência e um número maior de indivíduos. Isso, por sua vez, permite mais oportunidade para evolução e especiação.

1-8 Energia Bioquímica

32. Os processos que liberam energia são favorecidos.

1-9 Energia e Variação

33. O termo "espontâneo" significa energeticamente favorecido. Não significa que seja necessariamente rápido.

1-10 Espontaneidade e Reações Bioquímicas

34. O sistema consiste em soluto apolar e água, e torna-se mais desorganizado quando uma solução é formada; ΔS_{sis} é positiva, mas comparativamente pequena. ΔS_{viz} é negativa e comparativamente grande, porque é um reflexo da variação de entalpia desfavorável para formar a solução (ΔH_{sis}).
35. Os processos (a) e (b) são espontâneos, enquanto os (c) e (d) não. Os processos espontâneos representam um aumento na desordem (aumento na entropia do Universo) e têm uma $\Delta G°$ negativa a temperatura e pressão constantes, enquanto o oposto é verdadeiro para os processos não espontâneos.
36. Em todos os casos, há um aumento na entropia, e o estado final tem mais arranjos aleatórios possíveis que o estado inicial.
37. Como a equação envolve a multiplicação de ΔS por T, o valor de ΔG depende da temperatura.
38. Se a entropia for considerada uma medida de dispersão de energia, então, a temperaturas mais altas, é lógico que as moléculas tenham mais arranjos possíveis em razão do aumento do movimento molecular.
39. Presumindo que o valor de ΔS é positivo, um aumento da temperatura aumentará a contribuição de $-\Delta G$ do componente da entropia para a variação global de energia.
40. A troca de calor, quando a solução fica mais fria, reflete-se apenas na entalpia ou no componente ΔH da variação de energia. A troca de entropia deve ser alta o suficiente para compensar o componente entalpia e mudar a $-\Delta G$ geral.
41. A entropia aumentaria. Há mais maneiras pelas quais duas moléculas, ADP e P_i, podem ser randomizadas do que a única molécula de ATP.

1-11 Vida e Termodinâmica

42. A redução da entropia necessária para originar as organelas leva à maior entropia nos arredores, aumentando, assim, a entropia do Universo no total.
43. A compartimentalização nas organelas aproxima os componentes das reações. A variação de energia da reação não é afetada, mas a disponibilidade dos componentes permite que ela ocorra mais rapidamente.
44. O DNA teria maior entropia com as fitas separadas. Há duas fitas simples, em vez de uma fita dupla, e as fitas simples têm mais mobilidade conformacional.
45. Veja a resposta da Questão 41. Ainda é improvável que as células possam ter surgido como citoplasmas nus, mas a questão da proximidade dos reagentes é mais pertinente aqui do que a variação de energia de determinada reação.
46. Seria improvável que as células do tipo que conhecemos tenham evoluído para um gigante gasoso. A falta de sólidos e líquidos nos quais os agregados poderiam se formar faria uma enorme diferença.
47. Os materiais disponíveis são diferentes dos que teriam sido encontrados na Terra, e as condições de temperatura e pressão são muito diferentes.
48. Marte, por causa das condições mais parecidas com as da Terra.
49. Diversas reações energeticamente favoráveis orientam o processo de dobramento proteico, aumentando, por fim, a entropia do Universo.
50. A fotossíntese é endergônica, precisando da energia luminosa do Sol. A oxidação aeróbia completa da glicose é exergônica e fonte de energia para vários organismos, incluindo os seres humanos. Seria razoável esperar que os dois processos ocorressem de forma diferente para fornecer energia ao processo endergônico.

Capítulo 2

2-1 Água e Polaridade

1. A capacidade peculiar da água para formar ligações de hidrogênio determina as propriedades de muitas biomoléculas importantes. A água também pode agir como um ácido e como uma base, o que lhe dá ótima versatilidade nas reações bioquímicas.
2. Se os átomos não tivessem diferentes eletronegatividades, não haveria ligações polares. Isto afetaria drasticamente todas as reações que envolvem grupos funcionais contendo oxigênio ou nitrogênio – isto é, a maioria das reações bioquímicas.
3. As forças de van der Waals são forças intermoleculares fracas que não envolvem uma interação iônica completa, como interações dipolo-dipolo e dipolo-dipolo induzido.
4. Um dipolo induzido é um dipolo momentâneo criado pela distorção transitória de uma nuvem eletrônica de um átomo devido à proximidade de outro átomo.
5. Ponte salina refere-se às atrações eletrostáticas de partes de moléculas com outras. Exemplo seria uma cadeia lateral carregada negativamente de um resíduo de aspartato em uma proteína com um resíduo de lisina carregado positivamente.
6. Se o dipolo é cancelado por outro de orientação igual e oposta. Exemplo clássico é o CO_2. Cada ligação carbono-

-oxigênio é um dipolo, mas os dois se cancelam entre si e a molécula é apolar.

7. Íon sódio é um cátion completamente carregado. Consequentemente, sua interação com a carga negativa parcial no oxigênio do etanol seria mais forte que a interação do mesmo oxigênio com uma carga parcialmente positiva do hidrogênio de outra molécula de etanol.
8. Dipolo – dipolo > dipolo – dipolo induzido > dipolo induzido – dipolo induzido

2-2 Ligações de Hidrogênio

9. Ligação dipolo – dipolo
10. Ligação de hidrogênio é um tipo de ligação dipolo – dipolo, e uma ligação dipolo – dipolo é um tipo de força de van der Waals. Entretanto, as ligações de hidrogênio são particularmente exemplos fortes de uma ligação dipolo-dipolo, por vezes aproximando-se da força de uma ligação íon – dipolo. Por esta razão, muitas pessoas não classificam uma ligação de hidrogênio como uma força de van der Waals.
11. Proteínas e ácidos nucleicos têm ligações de hidrogênio como parte importante de suas estruturas.
12. A replicação do DNA e sua transcrição em RNA requerem a ligação de hidrogênio de bases complementares para a fita do DNA modelo.
13. A ligação C—H não é suficientemente polar para induzir cargas em suas duas extremidades. Além disso, não há pares de elétrons não compartilhados para servir como aceptores da ligação de hidrogênio.
14. Muitas moléculas podem formar ligações de hidrogênio. Exemplos podem ser H_2O, CH_3OH ou NH_3.
15. Para que uma ligação seja chamada ligação de hidrogênio, ela deve ter um hidrogênio ligado de forma covalente ao O, N ou F. Esse hidrogênio, então, forma uma ligação de hidrogênio com outro O, N ou F.
16. Em um dímero de ácido acético unido por ligação de hidrogênio, o grupo —OH da carboxila de uma molécula forma uma ligação de hidrogênio com o grupo —C=O da carboxila da outra molécula, e vice-versa.
17. Glicose = 17 e sorbitol = 18, ribitol = 15; cada grupo álcool pode se ligar a três moléculas de água, e o oxigênio do anel se liga a duas. Os alcoóis do açúcar ligam mais moléculas de água do que os açúcares correspondentes.
18. Íons carregados positivamente se ligarão a ácidos nucleicos como resultado da atração eletrostática aos grupos fosfato carregados negativamente.

2-3 Ácidos, Bases e pH

19. (a) $(CH_3)_3NH^+$ (ácido conjugado), $(CH_3)_3N$ (base conjugada)
    (b) $^+H_3N—CH_2—COOH$ (ácido conjugado), $^+H_3N—CH_2—COO^-$ (base conjugada)
    (c) $^+H_3N—CH_2—COO^-$ (ácido conjugado), $H_2N—CH_2—COO^-$ (base conjugada)
    (d) $^-OOC—CH_2—COOH$ (ácido conjugado), $^-OOC—CH_2—COO^-$ (base conjugada)
    (e) $^-OOC—CH_2—COOH$ (base conjugada), $HOOC—CH_2—COOH$ (ácido conjugado)
20. 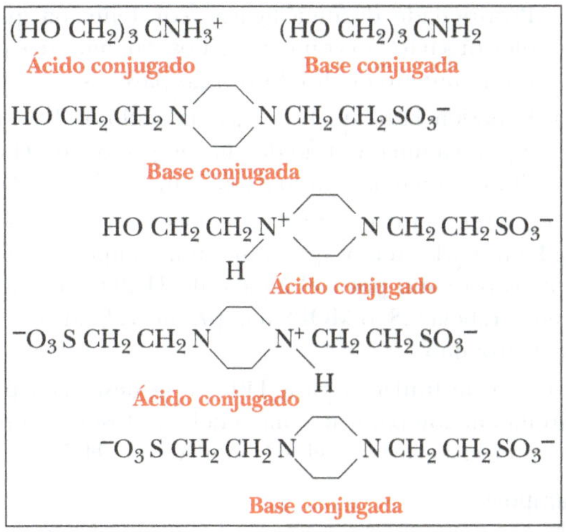
(HO CH2)3 CNH3+
Ácido conjugado
(HO CH2)3 CNH2
Base conjugada
HO CH2 CH2 N N CH2 CH2 SO3−
Base conjugada
HO CH2 CH2 N+ N CH2 CH2 SO3−
H
Ácido conjugado
−O3 S CH2 CH2 N N+ CH2 CH2 SO3−
H
Ácido conjugado
−O3 S CH2 CH2 N N CH2 CH2 SO3−
Base conjugada
21. A aspirina é eletricamente neutra no pH do estômago, e, assim, consegue atravessar a membrana mais facilmente do que no intestino delgado.
22. A definição de pH é $-\log[H^+]$. Em razão da função de log, uma variação na concentração de 10 levará a uma variação no pH de 1. O log de 10 é 1, o log de 100 é 2 etc.

23.	Plasma sanguíneo, pH 7,4	$[H^+] = 4,0 \times 10^{-8}$ M
	Suco de laranja, pH 3,5	$[H^+] = 3,2 \times 10^{-4}$ M
	Urina humana, pH 6,2	$[H^+] = 6,3 \times 10^{-7}$ M
	Água sanitária, pH 11,5	$[H^+] = 3,2 \times 10^{-12}$ M
	Suco gástrico, pH 1,8	$[H^+] = 1,6 \times 10^{-2}$ M
24.	Saliva, pH 6,5	$[H^+] = 3,2 \times 10^{-7}$ M
	Fluido intracelular (fígado), pH 6,9	$[H^+] = 1,6 \times 10^{-7}$ M
	Suco de tomate, pH 4,3	$[H^+] = 5,0 \times 10^{-5}$ M
	Suco de laranja (*grapefruit*), pH 3,2	$[H^+] = 6,3 \times 10^{-4}$ M
25.	Saliva, pH 6,5	$[OH^-] = 3,2 \times 10^{-8}$ M
	Fluido intracelular (fígado), pH 6,9	$[OH^-] = 7,9 \times 10^{-8}$ M
	Suco de tomate, pH 4,3	$[OH^-] = 2,0 \times 10^{-10}$ M
	Suco de laranja (*grapefruit*), pH 3,2	$[OH^-] = 1,6 \times 10^{-11}$ M

2-4 Curvas de Titulação

26. (a) Constante numérica igual à concentração dos produtos da dissociação dividida pela concentração da forma ácida não dissociada: $([H^+][A^-])/[HA]$.
    (b) Descrição quali ou quantitativa de quanto ácido (HA) se dissocia em íons hidrogênio.
    (c) Propriedade de uma molécula que tem uma região polar e uma região apolar.
    (d) Quantidade de ácido ou base que pode ser adicionada a um tampão antes de ter uma mudança drástica de pH.
    (e) Ponto em uma curva de titulação no qual o ácido ou a base adicionada é igual à quantidade de tampão originalmente presente.
    (f) Propriedade de uma molécula que se dissolve rapidamente em água (isto é, que gosta de água).
    (g) Propriedade de uma molécula insolúvel em água (isto é, que não gosta de água).
    (h) Propriedade de uma molécula que não é solúvel em água. Propriedade de uma ligação covalente na qual há compartilhamento de elétrons e nenhum momento de dipolo (cargas parciais).
    (i) Propriedade de uma molécula solúvel em água.

Propriedade de uma ligação covalente na qual os elétrons não são compartilhados igualmente e existe um momento de dipolo (cargas parciais).

(j) Experiência na qual se adiciona ácido ou base passo a passo a uma solução de um composto e o pH é medido como uma função da substância adicionada.

27. Para obter a curva de titulação mais semelhante àquela da Figura 2.15, temos que titular um composto com pK_a o mais próximo possível àquele do $H_2PO_4^-$. De acordo com a Tabela 2.8, o MOPS tem pK_a de 7,2, que é o valor mais próximo.

28. A curva de titulação para TRIS seria deslocada para a direita em comparação com aquela do fosfato. O ponto de interseção seria o pH 8,3, ao invés do pH 7,2.

2-5 Tampões

29. O pK do tampão deve estar próximo do pH do tampão desejado, e a substância escolhida não deve interferir na reação sendo estudada.

30. O intervalo útil do pH de um tampão é uma unidade de pH acima e uma abaixo de seu pK_a.

31. Utilize a equação de Henderson-Hasselbalch:

$$\text{ph} = pK_a + \log\left(\frac{[CH_3COO^-]}{[CH_3COOH]}\right)$$

$$5{,}00 = 4{,}76 + \log\left(\frac{[CH_3COO^-]}{[CH_3COOH]}\right)$$

$$0{,}24 = \log\left(\frac{[CH_3COO^-]}{[CH_3COOH]}\right)$$

$$\frac{[CH_3COO^-]}{[CH_3COOH]} = \text{inverso do log de } 0{,}24 = \frac{1{,}7}{1}$$

32. Utilize a equação de Henderson-Hasselbalch:

$$\text{pH} = pK_4 + \log\left(\frac{[CH_3COO^-]}{[CH_3COOH]}\right)$$

$$4{,}00 = 4{,}76 + \log\left(\frac{[CH_3COO^-]}{[CH_3COOH]}\right)$$

$$-{,}076 = \log\left(\frac{[CH_3COO^-]}{[CH_3COOH]}\right)$$

$$\frac{[CH_3COO^-]}{[CH_3COOH]} = \text{inverso do log de } -0{,}76 = \frac{0{,}17}{1}$$

33. Utilize a equação de Henderson-Hasselbalch:

$$\text{pH} = pK_4 + \log\left(\frac{[\text{TRIS}]}{[\text{TRIS-H}^+]}\right)$$

$$8{,}7 = 8{,}3 + \log\left(\frac{[\text{TRIS}]}{[\text{TRIS-H}^+]}\right)$$

$$0{,}4 = \log\left(\frac{[\text{TRIS}]}{[\text{TRIS-H}^+]}\right)$$

$$\frac{[\text{TRIS}]}{[\text{TRIS-H}^+]} = \text{inverso do log de } 0{,}4 = \frac{2{,}5}{1}$$

34. Utilize a equação de Henderson-Hasselbalch:

$$\text{pH} = pK_4 + \log\left(\frac{[\text{HEPES}]}{[\text{HEPES-H}^+]}\right)$$

$$7{,}9 = 7{,}55 + \log\left(\frac{[\text{HEPES}]}{[\text{HEPES-H}^+]}\right)$$

$$0{,}35 = \log\left(\frac{[\text{HEPES}]}{[\text{HEPES-H}^+]}\right)$$

$$\frac{[\text{HEPES}]}{[\text{HEPES-H}^+]} = \text{inverso do log de } 0{,}35 = \frac{2{,}2}{1}$$

35. Em pH 7,5, a razão $[HPO_4^{2-}]/[H_2PO_4^-]$ é 2/1 (o pK_a do $H_2PO_4^-$ = 7,2), como calculado utilizando a equação de Henderson-Hasselbalch. O K_2HPO_4 é uma fonte da forma básica, e deve-se adicionar HCl para converter um terço para a forma ácida, de acordo com a razão base/ácido de 2/1. Pegue 8,7 gramas de K_2HPO_4 (0,05 mol, considerando a massa molecular de 174 g mol^{-1}), dissolva-o em uma pequena quantidade de água destilada, adicione 16,7 mL de HCl 1 mol L^{-1} (fornecendo 1/3 de 0,05 mol de íon hidrogênio, que converte 1/3 de 0,05 mol de HPO_4^{2-} em $H_2PO_4^-$) e dilua a mistura restante para 1 L.

36. Uma razão de 2/1 da forma básica com relação à forma ácida ainda é necessária, porque o pH do tampão é o mesmo nos dois problemas. NaH_2PO_4 é a fonte da forma ácida, e o NaOH deve ser adicionado para converter dois terços deste para a forma básica. Pegue 6,0 g de NaH_2PO_4 (0,05 mol, considerando a massa molecular de 120 g mol^{-1}), dissolva-o em uma pequena quantidade de água destilada, adicione 33,3 mL de NaOH 1 mol L^{-1} (fornecendo 2/3 de 0,05 mol de íon hidróxido, que converte 2/3 de 0,05 mol de $H_2PO_4^-$ em HPO_4^{2-}) e dilua a mistura restante para 1 L.

37. Após a mistura, a solução-tampão (100 mL) contém 0,75 mol L^{-1} de ácido láctico e 0,25 mol L^{-1} de lactato de sódio. O pK_a do ácido láctico é 3,86. Utilize a equação de Henderson-Hasselbalch:

$$\text{pH} = pK_4 + \log\left(\frac{[CH_3CHOHCOO^-]}{[CH_3CHOHCOOH]}\right)$$

$$\text{pH} = 3{,}86 + \log\left(\frac{[CH_3CHOHCOO^-]}{[CH_3CHOHCOOH]}\right)$$

$$\text{pH} = 3{,}86 + \log(0{,}25 \text{ mol L}^{-1}/0{,}75 \text{ mol L}^{-1})$$

$$\text{pH} = 3{,}86 + (-0{,}48)$$

$$\text{pH} = 3{,}38$$

38. Após a mistura, a solução-tampão (100 mL) contém 0,25 mol L^{-1} de ácido láctico e 0,75 mol L^{-1} de lactato de sódio. O pK_a do ácido láctico é 3,86. Utilize a equação de Henderson-Hasselbalch:

$$\text{pH} = pK_4 + \log\left(\frac{[CH_3CHOHCOO^-]}{[CH_3CHOHCOOH]}\right)$$

$$\text{pH} = 3{,}86 + \log\left(\frac{[CH_3CHOHCOO^-]}{[CH_3CHOHCOOH]}\right)$$

$$\text{pH} = 3{,}86 + \log(0{,}75 \text{ mol L}^{-1}/0{,}25 \text{ mol L}^{-1})$$

$$\text{pH} = 3{,}86 + (0{,}48)$$

$$\text{pH} = 4{,}34$$

39. Utilize a equação de Henderson-Hasselbalch:

$$\text{pH} = pK_4 + \log\left(\frac{[CH_3COO^-]}{[CH_3COOH]}\right)$$

$$\text{pH} = 4{,}76 + \log\left(\frac{[CH_3COOH^-]}{[CH_3COOH]}\right)$$

$$\text{pH} = 4{,}76 + \log(0{,}25 \text{ mol L}^{-1}/0{,}10 \text{ mol L}^{-1})$$

$$\text{pH} = 4{,}76 + 0{,}40$$

$$\text{pH} = 5{,}16$$

40. Sim, está correta; calcule as quantidades molares das duas formas e insira na equação de Henderson-Hasselbalch (2,02 g = 0,0167 mol e 5,25 g = 0,0333 mol).

41. A solução é um tampão porque contém concentrações iguais de TRIS nas formas ácida e amina livre. Quando

as duas soluções são misturadas, as concentrações da solução resultante (na ausência de reação) são de HCl 0,05 mol L^{-1} e de TRIS 0,1 mol L^{-1} por causa da diluição. O HCl reage com metade do TRIS presente, fornecendo 0,05 mol L^{-1} de TRIS (forma protonada) e 0,05 mol L^{-1} de TRIS (forma amina livre).

42. Qualquer tampão que tenha concentrações iguais das formas ácida e básica terá pH igual ao seu pK_a. Portanto, o tampão da Questão 41 terá pH de 8,3.

43. Primeiro, calcule a quantidade de matéria do tampão que você tem: 100 mL = 0,1 L, e 0,1 L de 0,1 mol L^{-1} de tampão TRIS é 0,01 mol. Como o tampão está em seu pK_a, há concentrações iguais das formas ácida e básica; portanto, a quantidade de TRIS é de 0,005 mol, e a quantidade de TRIS-H^+ é de 0,005 mol. Se você adicionar então 3 mL de HCl 1 mol L^{-1}, adicionará 0,003 mol de H^+. Isto reagirá da seguinte forma:

$$\text{TRIS} + H^+ \rightarrow \text{TRIS-}H^+$$

até que você perca algo, que será o H^+, porque ele é o reagente limitante. As novas quantidades podem ser calculadas como mostrado a seguir:

$$\text{TRIS-}H^+ = 0{,}005 \text{ mol} + 0{,}003 \text{ mol} = 0{,}008 \text{ mol}$$
$$\text{TRIS} = 0{,}005 \text{ mol} - 0{,}003 \text{ mol} = 0{,}002 \text{ mol}$$

Agora, coloque esses valores na equação de Henderson-Hasselbalch:

$$pH = 8{,}3 + \log([\text{TRIS}]/[\text{TRIS-}H^+]) = 8{,}3 + \log(0{,}002/0{,}008)$$
$$pH = 7{,}70$$

44. Primeiro, calcule a quantidade de matéria do tampão que você tem (faremos alguns arredondamentos): 100 mL = 0,1 L, e 0,1 L de 0,1 mol L^{-1} de tampão TRIS é 0,01 mol. Como o tampão está em pH 7,70, vimos na Questão 25 que a quantidade de TRIS é 0,002 mol e a quantidade de TRIS-H^+ é de 0,008 mol. Se você adicionar então 1 mL de 1 mol L^{-1} de HCl, adicionará 0,001 mol de H^+. Isto reagirá como mostrado:

$$\text{TRIS} + H^+ \rightarrow \text{TRIS-}H^+$$

até que você perca algo, que será TRIS, porque ele é o reagente limitante. Todo o TRIS é convertido em TRIS-H^+:

$$\text{TRIS-}H^+ = 0{,}01 \text{ mol}$$
$$\text{TRIS} = \sim 0 \text{ mol}$$

Utilizamos toda a capacidade de tampão do TRIS. Agora, temos 0,001 mol de H^+ em aproximadamente 0,1 L de solução. Isto é aproximadamente 0,01 mol L^{-1} de H^+.

$$pH = -\log 0{,}01$$
$$pH = 2{,}0$$

45. $[H^+] = [A^-]$ para ácido puro, assim, $K_a = [H^+]^2/[HA]$

$$[H^+]^2 = K_a \times [HA] \qquad -2\log[H^+] = pK_a - \log[HA]$$
$$pH = ½(pK_a - \log[HA])$$

46. Utilize a equação de Henderson-Hasselbalch:

$$[\text{Íon acetato}]/[\text{Ácido acético}] = 2{,}3/1$$

47. Uma substância com pK_a de 3,9 tem faixa de tamponamento de 2,9 a 4,9. Ela não será um tampão eficiente em pH 7,5.

48. Utilize a equação de Henderson-Hasselbalch. A razão de $[A^-]/[HA]$ seria 3.981 para 1.

49. Em todos os casos, a faixa adequada de um tampão cobre um intervalo de pH de pK_a +/– 1 unidade de pH.
   (a) Ácido lático (pK_a = 3,86) e seu sal de sódio, pH 2,86-4,86
   (b) Ácido acético (pK_a = 4,76) e seu sal de sódio, pH 3,76-5,76
   (c) TRIS (veja a Tabela 2.8, pK_a = 8,3) em sua forma protonada e na sua forma amina livre, pH 7,3-9,3
   (d) HEPES (veja a Tabela 2.8, pK_a = 7,55) em sua forma zwitteriônica e em sua forma aniônica, pH 6,55-8,55.

50. Diversos tampões seriam adequados, como TES, HEPES, MOPS e PIPES, mas o melhor tampão seria MOPS, porque seu pK_a de 7,2 é o mais próximo do pH desejado de 7,3.

51. As concentrações de tampão são normalmente relatadas como sendo a soma de duas formas iônicas.

52. No ponto de equivalência da titulação, uma pequena quantidade de ácido acético ainda permanece por causa do equilíbrio $CH_3COOH \rightarrow H^+ + CH_3COO^-$. Há uma pequena quantidade, mas não nula, de ácido acético restante.

53. A capacidade de tamponamento baseia-se nas quantidades das formas ácida e básica presentes na solução tampão. Uma solução com alta capacidade de tamponamento pode reagir com uma grande quantidade de ácido ou base adicionada sem mudanças drásticas no pH. Uma solução com baixa capacidade de tamponamento pode reagir apenas com quantidades comparativamente pequenas de ácido ou base antes de apresentar mudanças no pH. Quanto mais concentrado o tampão, maior é sua capacidade de tamponamento. O primeiro tampão listado aqui tem um décimo da capacidade de tamponamento do segundo, que, por sua vez, tem um décimo da capacidade de tamponamento do terceiro. Todos os três tampões têm o mesmo pH, porque possuem as mesmas proporções das formas ácida e básica.

54. Seria mais eficiente começar com a base HEPES. Você deseja um tampão com pH maior que o pK_a, o que significa que a forma básica será predominante quando terminar de prepará-lo. É mais fácil converter uma parte da forma básica em forma ácida do que a maior parte da forma ácida na forma básica.

55. Em um tampão com o pH acima do pK_a, a forma básica predomina. Isto seria útil como um tampão para uma reação que produz H^+ porque haverá muito da forma básica para reagir com o íon hidrogênio produzido.

56. Zwitterions tendem a não interferir nas reações bioquímicas.

57. É útil ter um tampão que mantenha pH estável mesmo se as condições de ensaio mudarem. A diluição é uma mudança possível.

58. É útil ter um tampão que mantenha pH estável mesmo se as condições de ensaio mudarem. A variação de temperatura é uma mudança possível.

59. O único zwitterion é $^+H_3N—CH_2—COO^-$.

60. A hipoventilação diminui o pH do sangue.

Capítulo 3

3-1 Os Aminoácidos Existem no Mundo Tridimensional

1. Os aminoácidos D e L têm estereoquímica diferente em torno do carbono-α. Peptídeos que contêm aminoácidos D são encontrados nas paredes celulares bacterianas e em alguns antibióticos.

3-2 Aminoácidos Individuais: Suas Estruturas e Propriedades

2. Tecnicamente, a prolina não é um aminoácido. A glicina não contém átomos de carbono quirais.

3. Estão listados aqui os aminoácidos nos quais o grupo R contenha o seguinte: um grupo hidroxila (serina, treonina ou tirosina), um átomo de enxofre (cisteína ou metionina), um

segundo átomo de carbono quiral (isoleucina ou treonina), um grupo amina (lisina), um grupo amida (asparagina ou glutamina), um grupo ácido (aspartato ou glutamato), um anel aromático (fenilalanina, tirosina ou triptofano), uma cadeia lateral ramificada (leucina ou valina).

4. No peptídeo Val–Met–Ser–Ile–Phe–Arg–Cys–Tyr–Leu, os aminoácidos polares são Ser, Arg, Cys e Tyr; os aminoácidos aromáticos são Phe e Tyr; e os aminoácidos que contêm enxofre são Met e Cys.
5. No peptídeo Glu–Thr–Val–Asp–Ile–Ser–Ala, os aminoácidos apolares são Val, Ile e Ala; os aminoácidos acídicos são Glu e Asp.
6. Aminoácidos que não os 20 normais são produzidos pela modificação de um dos aminoácidos comuns. Veja a Figura 3.4 para as estruturas de alguns aminoácidos modificados. A hidroxiprolina e a hidroxilisina são encontradas no colágeno; a tiroxina é encontrada na tireoglobulina.

3-3 Aminoácidos Podem Agir Tanto como Ácidos Quanto como Bases

7. As formas ionizadas em pH 7 de cada um dos seguintes aminoácidos – ácido glutâmico, leucina, treonina, histidina e arginina – são:

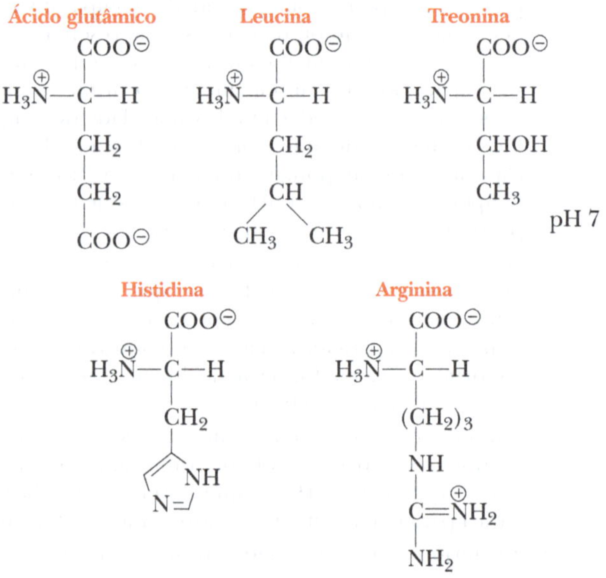
Ácido glutâmico
Leucina
Treonina
Histidina
Arginina
pH 7

8.

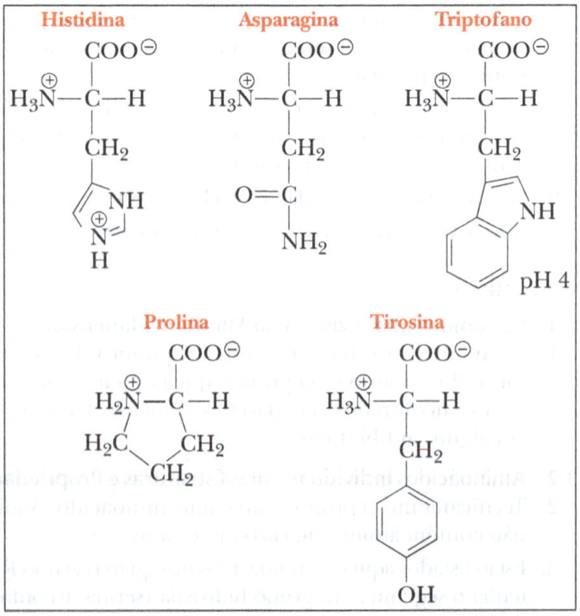
Histidina
Asparagina
Triptofano
Prolina
Tirosina
pH 4

9. Histidina: o imidazol é desprotonado, o grupo α-amina é predominantemente desprotonado. Asparagina: o grupo α-amina é desprotonado. Triptofano: o grupo α-amina é predominantemente desprotonado. Prolina: o grupo α-amina é parcialmente desprotonado. Tirosina: o grupo α-amina é predominantemente desprotonado, a hidroxila fenólica é aproximadamente uma mistura 50-50 das formas protonada e desprotonada.
10. Ácido glutâmico: 3,25; serina: 5,7; histidina: 7,58; lisina: 9,75; tirosina: 5,65; arginina: 10,75.
11. A cisteína não terá carga líquida a pH 5,02 = (1,71 + + 8,33)/2 (veja a curva de titulação a seguir).

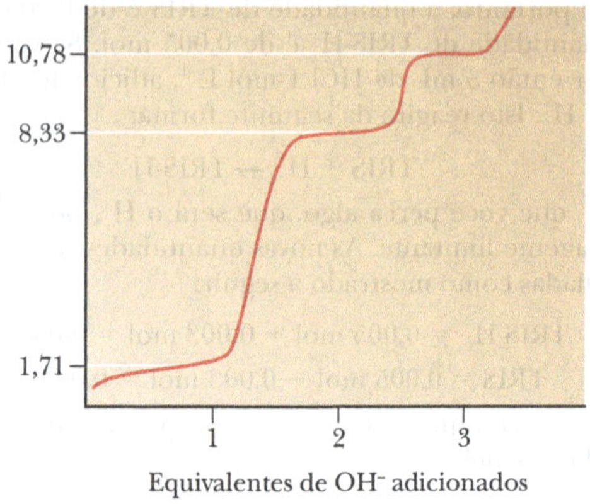
10,78
8,33
pH
1,71
1
2
3
Equivalentes de OH⁻ adicionados

12.

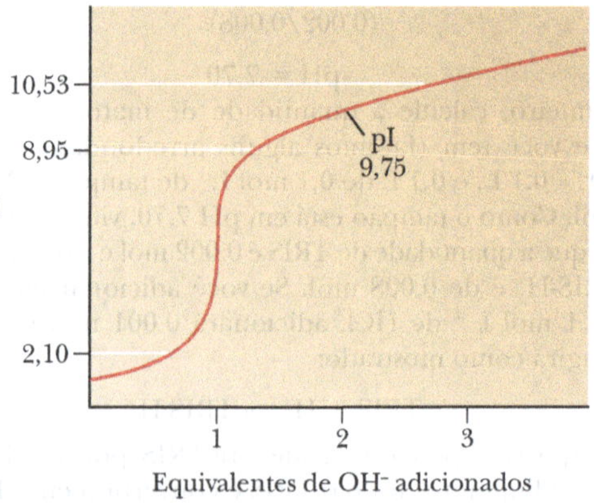
10,53
8,95
pI
9,75
pH
2,10
1
2
3
Equivalentes de OH⁻ adicionados

13. Em todos os casos, o rendimento é de $0{,}95^n$. Para 10 resíduos, isto significa 60% de rendimento. Para 50 resíduos, 8%; e para 100 resíduos, 0,6%. Esses rendimentos não são satisfatórios. Assim, a especificidade da enzima resolve o problema.
14. O par conjugado ácido-base agirá como tampão na faixa de pH 1,09-3,09.

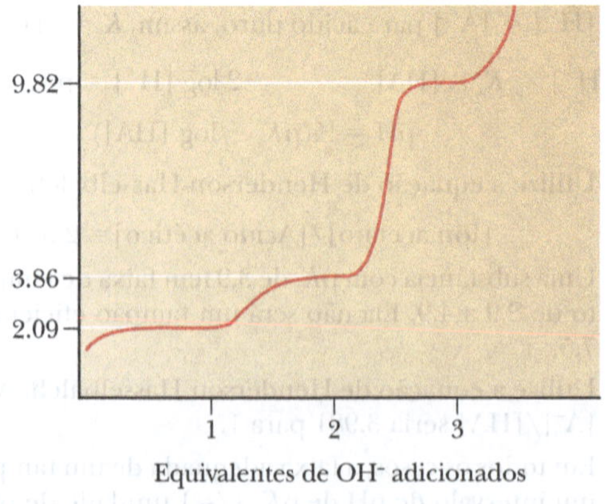
9.82
pH
3.86
2.09
1
2
3
Equivalentes de OH⁻ adicionados

15. Eles têm uma carga líquida em pH extremos, e as moléculas tendem a repelir umas às outras. Quando a carga molecular é zero, os aminoácidos podem se agregar mais facilmente.

16. As reações de dissociação iônica dos aminoácidos ácido aspártico, valina, histidina, serina e lisina são:

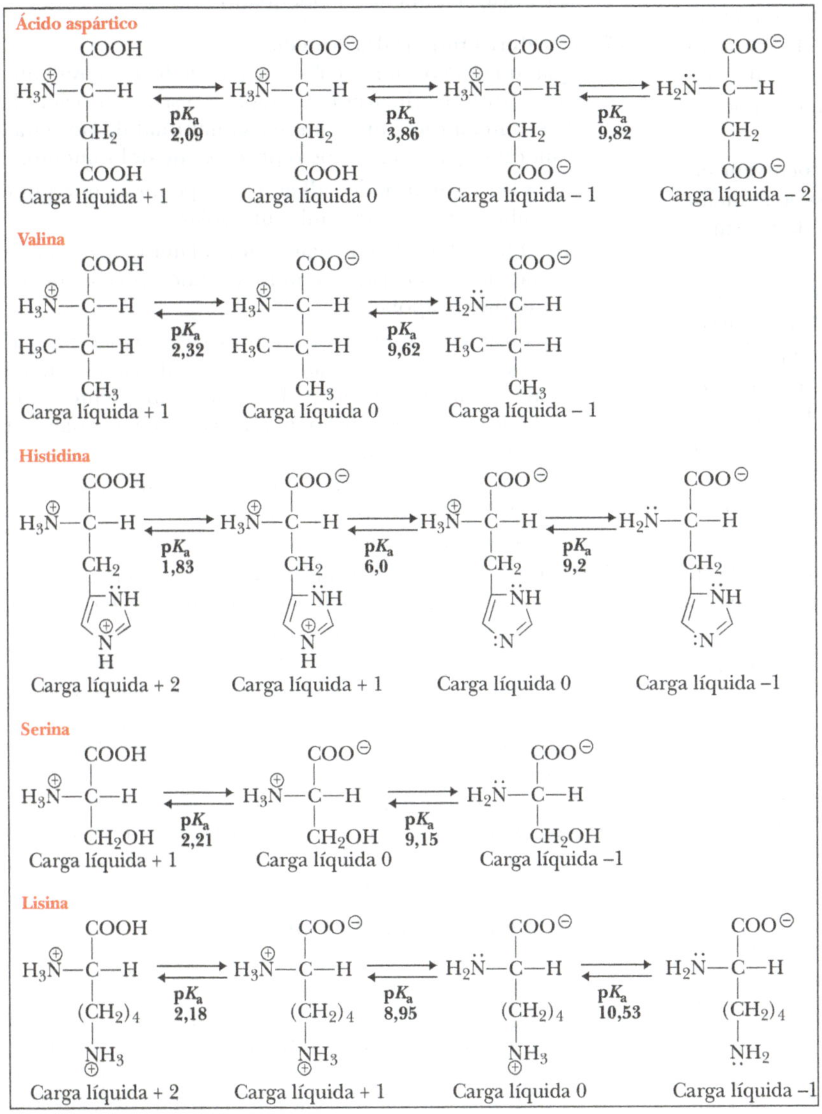
Ácido aspártico
Carga líquida + 1
Carga líquida 0
Carga líquida – 1
Carga líquida – 2
Valina
Carga líquida + 1
Carga líquida 0
Carga líquida – 1
Histidina
Carga líquida + 2
Carga líquida + 1
Carga líquida 0
Carga líquida –1
Serina
Carga líquida + 1
Carga líquida 0
Carga líquida –1
Lisina
Carga líquida + 2
Carga líquida + 1
Carga líquida 0
Carga líquida –1

17. O pK_a para a ionização do grupo tiol da cisteína é de 8,33, portanto, esse aminoácido pode servir de tampão nas formas —SH e S^{2-} na faixa de pH entre 7,33 e 9,33. Os grupos α-amina da asparagina e da lisina têm valores de pK_a de 8,80 e 8,95, respectivamente; esses também são tampões possíveis, mas estão próximos do final de suas capacidades de tamponamento.

18. Em pH 4, o grupo α-carboxila é desprotonado a carboxilato, a carboxila da cadeia lateral é mais de 50% protonada e os dois grupos amina são protonados. Em pH 7, o grupo α-carbonila e o grupo carboxila da cadeia lateral são desprotonados em um carboxilato, e os dois grupos amina são protonados. A pH 10, o grupo α-carboxila e o grupo carboxila da cadeia lateral são desprotonados em um carboxilato, um dos grupos amina é desprotonado primariamente e o outro é uma mistura das formas protonada e desprotonada.

19. O pI refere-se à forma na qual os dois grupos carboxila são desprotonados e os dois grupos amina são protonados em pH 6,96.

20. Em pH 1, os grupos carregados são o N-terminal NH_3^+ na valina e o grupo guanidina protonado na arginina, produzindo carga líquida +2. Os grupos carregados em pH 7 são os mesmos dos grupos carregados em pH 1, com a adição do grupo carboxilato no C-terminal da leucina, produzindo carga líquida de +1.

21. Os dois peptídeos, Phe–Glu–Ser–Met e Val–Trp–Cys–Leu, têm carga +1 em pH 1 por causa do grupo amina protonado N-terminal. Em pH 7, o peptídeo à direita não tem carga líquida por causa do grupo amina protonado N-terminal e da carga negativa do carboxilato C-terminal ionizado. O peptídeo à esquerda tem carga líquida de –1 em pH 7 devido ao grupo carboxilato da cadeia lateral no glutamato, além das cargas nos grupos C-terminal e N-terminal.

22. (a) Lisina, por causa do grupo amina da cadeia lateral.
(b) Serina, por causa da ausência de uma carboxila da cadeia lateral.

23. A glicina é frequentemente utilizada como base de um tampão na faixa ácida próxima do p*K* de seu grupo carboxila. A faixa útil de tamponamento é em pH 1,3 a 3,3.

3-4 Ligação Peptídica

24. Veja a Figura 3.10.

25. As estruturas de ressonância contribuem para o arranjo planar ao fornecer o caráter de ligação dupla à ligação CON.

26. O grupo peptídeo ainda será plano porque os átomos que formam a ligação são os mesmos.

27. O grupo carboxila livre e o grupo amina livre de um peptídeo são tituláveis e poderiam servir como um tampão. O mesmo é verdade para quaisquer grupos tituláveis nas cadeias laterais. Ele não seria necessariamente um tampão especialmente eficaz.

28. Os dois peptídeos são diferentes na sequência de aminoácidos, mas não na composição.

29. As curvas de titulação dos dois peptídeos terão o mesmo formato geral. Os valores de pK_a dos grupos α-amina e α-carboxila serão diferentes. Um trabalho bastante cuidadoso mostrará leves diferenças nos valores de pK_a da cadeia lateral por causa das diferentes distâncias até os grupos carregados nas extremidades do peptídeo. Tais mudanças são particularmente marcantes nas proteínas.

30. Asp—Leu—Phe; Leu—Asp—Phe; Phe—Asp—Leu; Asp—Phe—Leu; Leu—Phe—Asp; Phe—Leu—Asp.

31. DLF; LDF; FDL; DFL; LFD; FLD.

32. Você obteria $20^{100} \approx 1{,}27 \times 10^{130}$ moléculas, o que é cerca de 10^{84} o volume da Terra. O mesmo cálculo para um pentapeptídeo fornece resultados mais compreensíveis.

33. Existem dois produtos possíveis, alanil glicina (grupo amino livre na alanina, carboxila livre na glicina) e glicil alnanina (grupo amino livre na glicina, grupo carboxila livre na alanina).

34. As cadeias laterais não são ligadas diretamente a quaisquer átomos da ligação peptídica.

35. As cadeias laterais não entram na ligação peptídica, mas grupos grandes com centros quirais poderiam impedir estericamente a formação da ligação.
36. Eles são relativamente estáveis porque são zwitterions. Normalmente, têm altos pontos de fusão.
37. Sem dúvida não. Compare com as propriedades da água a partir do que você sabe sobre as propriedades do hidrogênio e do oxigênio, na forma atômica ou molecular. Se você conhecesse as propriedades da proteína, poderia fazer o cálculo inverso até certo ponto.
38. Os aminoácidos tiroxina e hidroxiprolina ocorrem em pouquíssimas proteínas. O código genético não as inclui, portanto, são produzidas pela modificação da tirosina e da prolina, respectivamente.
39. Esses dois peptídeos são quimicamente diferentes. A cadeia aberta tem um C-terminal e um N-terminal livres, mas o peptídeo cíclico tem apenas ligações peptídicas.
40. O C-terminal e o N-terminal do peptídeo de cadeia aberta podem estar carregados em valores de pH adequados, o que não é o caso do peptídeo cíclico. Isto pode fornecer uma base para a separação por eletroforese.
41. Os carboidratos não são uma fonte do nitrogênio necessário para a biossíntese de aminoácidos.
42. Sugira que seu amigo mostre o grupo carboxila como um carboxilato carregado (—COO^-) e o grupo amina em sua forma carregada (—NH_3^+).
43. Há pouquíssimas cadeias laterais com grupos funcionais para formar ligações entrecruzadas.
44. Haveria muito mais conformações possíveis por causa da rotação livre em torno da ligação peptídica.
45. Não haveria possibilidade de ligações dissulfeto entrecruzadas dentro ou entre cadeias peptídicas, fornecendo mais conformações possíveis. Não haveria a possibilidade de reações de oxirredução envolvendo os grupos sulfidrila e dissulfeto.
46. A grande diferença seria a perda de estereoespecificidade na conformação de qualquer peptídeo ou proteína. Isto faria que houvesse consequências drásticas para os tipos de reação da proteína.

3-5 Peptídeos Pequenos com Atividade Fisiológica

47. A oxitocina tem uma isoleucina na posição 3 e uma leucina na posição 8. A vasopressina tem uma fenilalanina na posição 3 e uma arginina na posição 8.
48. A oxitocina estimula a contração dos músculos lisos no útero durante o trabalho de parto e nas glândulas mamárias durante a lactação. A vasopressina estimula a reabsorção de água pelos rins, aumentando assim a pressão sanguínea.
49. A ligação de dissulfeto é responsável pela estrutura cíclica tanto da oxitocina quanto da vasopressina.
50. As ligações peptídicas dobram-se em si mesmas para formar uma ligação cíclica.

Capítulo 4

4-1 Estrutura e Função da Proteína

1. (a) (iii); (b) (i); (c) (iv); (d) (ii).
2. Quando uma proteína é desnaturada, as interações que determinam as estruturas secundária, terciária e quaternária são superadas pela presença do agente desnaturante. Apenas a estrutura primária continua intacta.
3. As porções aleatórias de uma proteína não contêm motivos estruturais que são repetidos dentro da proteína, como a α-hélice ou a folha β pregueada, mas as características tridimensionais dessas partes da proteína são repetidas de uma molécula para outra. Assim, o termo "aleatório" é um tanto inadequado.

4-2 Estrutura Primária das Proteínas

4. Quando uma proteína é modificada de forma covalente, sua estrutura primária é alterada. A estrutura primária determina a estrutura tridimensional final da proteína. A modificação interrompe o processo de dobramento.
5. (a) A serina tem uma cadeia lateral pequena que pode caber em qualquer ambiente polar.
   (b) O triptofano tem a maior cadeia lateral de qualquer um dos aminoácidos comuns, e tende a precisar de um ambiente apolar.
   (c) A lisina e a arginina são aminoácidos básicos; trocar uma pela outra não afetaria o pK_a da cadeia lateral de forma significativa. Um raciocínio semelhante aplica-se à substituição de uma isoleucina apolar por uma leucina apolar.
6. A glicina é um resíduo frequentemente conservado porque sua cadeia lateral é tão pequena, que pode caber em espaços que não acomodariam cadeias laterais maiores.
7. Quando a alanina é substituída pela isoleucina, não há espaço suficiente na conformação nativa para a nova cadeia lateral maior da isoleucina. Em consequência, há uma mudança na conformação da proteína, grande o suficiente para que perca a sua atividade. Quando, por sua vez, a isoleucina é substituída pela glicina, a presença de uma cadeia lateral menor leva à restauração da conformação ativa.
8. A carne consiste, em sua maior parte, em proteínas e gorduras animais. As temperaturas envolvidas no cozimento normalmente são mais que suficientes para desnaturar a parte proteica da carne.

4-3 Estrutura Secundária das Proteínas

9. Forma, solubilidade e tipo de função biológica (estática, estrutural *versus* dinâmica, catalítica).
10. Os ângulos dos planos das aminas à medida que giram em torno do carbono α. Ambos os ângulos são definidos como zero quando os dois planos estiverem superpostos de tal forma que o grupo carbonila de um entra em contato com o N—H do outro.
11. Uma prega β é uma irregularidade não repetitiva encontrada em folhas β antiparalelas. Ocorre um desalinhamento entre as fitas da folha β, fazendo que um lado se dobre para fora.
12. Volta reversa é uma região de um polipeptídio onde a direção muda por aproximadamente 180°. Existem dois tipos – aquelas que contêm prolina e as que não contêm. Veja a Figura 4.5 para exemplos.
13. A hélice α não está completamente estendida e suas ligações de hidrogênio são paralelas às fibras da proteína. A estrutura de folha β pregueada é quase totalmente estendida e suas ligações de hidrogênio são perpendiculares às fibras da proteína.
14. As unidades $\alpha\alpha$ e $\beta\alpha\beta$, o meandro β, a letra grega e o barril β.
15. A geometria do resíduo de prolina é tal que não se acomoda na α-hélice, mas encaixa-se perfeitamente em uma volta reversa. Veja a Figura 4.5.

16. A glicina é o único resíduo pequeno o suficiente para se acomodar em pontos essenciais na tripla hélice do colágeno.
17. O principal componente da lã é a proteína queratina, que é um exemplo clássico de estrutura em α-hélice. O principal componente da seda é a proteína fibroína, exemplo clássico da estrutura de folha β pregueada. A afirmativa é excessivamente simplificada, mas fundamentalmente válida.
18. A lã, que consiste essencialmente na proteína queratina, encolhe por causa de sua conformação em hélice α. Ela pode se esticar e, depois, encolher. A seda consiste, em sua maior parte, na proteína fibroína, que tem a conformação em folha β pregueada totalmente estendida, cuja tendência a se esticar ou encolher é bem menor.

4-4 Estrutura Terciária das Proteínas

19. Veja a Figura 4.8 para uma ligação de hidrogênio que faz parte da estrutura terciária (ligação de hidrogênio da cadeia lateral).
20. Veja a Figura 4.8 para as interações eletrostáticas, como as que podem ser vistas entre as cadeias laterais da lisina e do aspartato.
21. Veja a Figura 4.8 para um exemplo de ligações dissulfeto.
22. Veja a Figura 4.8 para um exemplo de ligações hidrofóbicas.
23. *Configuração* refere-se à posição de grupos por causa da ligação covalente. Exemplos: isômeros *cis* e *trans* e isômeros óticos. *Conformação* refere-se ao posicionamento de grupos no espaço por causa da rotação em torno de ligações simples. Um exemplo é a diferença entre as conformações eclipsada e alternada do etano.
24. Cinco características limitam as possíveis configurações e conformações das proteínas. (1) Embora seja possível a presença de qualquer um dos 20 aminoácidos em cada posição, apenas um é utilizado, como ditado pelo gene que codifica aquela proteína. (2) Um aminoácido L ou D pode ser utilizado em cada posição (exceto na glicina), mas apenas os aminoácidos L são utilizados. (3) O grupo peptídico é plano, fazendo que apenas as disposições *cis* e *trans* sejam observadas. A forma *trans* é mais estável e é a normalmente encontrada nas proteínas. (4) Os ângulos ϕ e ψ podem teoricamente assumir qualquer valor entre 0° e 360°, mas alguns não são possíveis por causa do impedimento estérico; os ângulos que são permitidos estericamente podem não possuir interações estabilizadoras, como as da hélice α. (5) A estrutura primária determina uma estrutura terciária ideal, de acordo com a "segunda metade do código genético".
25. Tecnicamente, o colágeno tem estrutura quaternária porque possui múltiplas cadeias polipeptídicas. No entanto, a maioria das discussões sobre a estrutura quaternária envolve as subunidades de proteínas globulares, e não de proteínas fibrosas como o colágeno. Muitos cientistas consideram a hélice tripla do colágeno um exemplo de estrutura secundária.

4-5 Estrutura Quaternária das Proteínas

26. *Semelhanças*: ambas contêm o grupo heme; ambas se ligam ao oxigênio; e a estrutura secundária é essencialmente hélice α. *Diferenças*: a hemoglobina é um tetrâmero, enquanto a mioglobina é um monômero; a ligação ao oxigênio na hemoglobina é cooperativa, enquanto na mioglobina é não cooperativa.
27. Os resíduos essenciais nas duas proteínas são histidinas.
28. O maior nível de organização da mioglobina é terciário. O da hemoglobina é quaternário.
29. A função da hemoglobina é o transporte de oxigênio; sua curva sigmoidal de saturação reflete o fato de que ela pode se ligar facilmente ao oxigênio em pressões comparativamente altas e liberar oxigênio em pressões menores. A função da mioglobina é o armazenamento de oxigênio; como resultado, é facilmente saturada com oxigênio em pressões baixas, como mostra sua curva hiperbólica de saturação com o gás.
30. A capacidade de ligação ao oxigênio da hemoglobina diminui na presença de H^+ e CO_2, aos quais ela também se liga.
31. Na ausência de 2,3-*bis*fosfoglicerato, a ligação do oxigênio pela hemoglobina se assemelha com a da mioglobina, caracterizada pela falta de cooperatividade. O 2,3-*bis*fosfoglicerato se liga ao centro da molécula de hemoglobina, aumenta a cooperatividade, estabiliza a conformação desoxi da hemoglobina e modula a ligação de oxigênio para que este possa ser facilmente liberado nos capilares.
32. A hemoglobina fetal liga-se ao oxigênio de forma mais forte do que a hemoglobina adulta. Veja a Figura 4.22.
33. A histidina 143 em uma cadeia β é substituída por uma serina na cadeia γ.
34. A hemoglobina desoxigenada é um ácido mais fraco (tem maior pK_a) que a hemoglobina oxigenada. Em outras palavras, a hemoglobina desoxigenada liga-se mais fortemente ao H^+ do que a hemoglobina oxigenada. A ligação de H^+ (e de CO_2) à hemoglobina favorece a mudança da estrutura quaternária para a forma desoxigenada.
35. A principal falha no raciocínio de seu amigo é a inversão da definição de pH, que é $pH = -\log [H^+]$. Se a liberação ou a ligação do íon hidrogênio pela hemoglobina fosse o principal fator no efeito Bohr, as mudanças de pH seriam o oposto das realmente observadas. A reação da hemoglobina às mudanças de pH é o ponto central. Quando o pH aumenta a concentração de íon hidrogênio diminui, e vice-versa.
36. A troca de uma histidina por uma serina na cadeia γ remove um aminoácido carregado positivamente que possa ter interagido com o BPG. Assim, há menos pontes salinas para quebrar; portanto, a ligação é mais fácil do que em uma cadeia β.
37. Portadores de anemia falciforme têm algumas hemoglobinas anormais. A altas altitudes, há menos oxigênio e a concentração da forma desoxi da hemoglobina anormal aumenta. Menos oxigênio pode ser ligado à hemoglobina, causando as dificuldades de respiração observadas.
38. Na hemoglobina fetal, a composição da subunidade é $\alpha_2\gamma_2$, com substituição das cadeias β pelas γ. A mutação da anemia falciforme afeta a cadeia β; portanto, um feto homozigoto para Hb S tem hemoglobina fetal normal.
39. As afinidades relativas por oxigênio permitem que seja levado pela Hb materna para as células fetais.
40. Uma vez que indivíduos com anemia falciforme são cronicamente anêmicos, algumas células com Hb fetal são produzidas para ajudar a superar o problema do sistema de fornecimento de oxigênio deficiente.
41. A forma cristalina mudou porque o oxigênio entrou sob a lamínula, transformando a desoxiemoglobina em oxiemoglobina.

42. Na cadeia β da Hb S existe uma valina na posição 6, onde existe um ácido glutâmico na forma normal.
43. A valina é um aminoácido hidrofóbico, e está do lado de fora da proteína globular onde os aminoácidos têm que interagir com a água. A presença do aminoácido hidrofóbico naquela posição faz que as hemoglobinas, se juntem através de interações hidrofóbicas. Este ajuntamento provoca a deformação da célula.
44. Parece que no genótipo heterozigoto existe uma vantagem nas áreas propensas à malária.
45. A hidroxiureia estimula a medula óssea a produzir hemoglobina fetal. A hemoglobina fetal não tem cadeia β; portanto, o efeito das interações daquelas cadeias é reduzido na presença de Hb F aumentada.
46. BCL11A é uma proteína que reprime a produção de Hb F. Ela é relevante porque se a própria BCL11A pode se reprimida, então um adulto ainda produziria Hb F, o que ajudaria a aliviar os sintomas da anemia falciforme.
47. A teoria é de que a Hb F é envolvida de tal forma que a hemoglobina fetal não teria uma afinidade por oxigênio mais alta que a hemoglobina adulta. Isto favoreceria a transferência de oxigênio da mãe para o feto. Existe um aspecto adverso para isso no adulto? Ninguém conhece com certeza, uma vez que até o momento o foco é em quão melhor seria ter Hb F em comparação com Hb S. Entretanto, podemos pensar que ter hemoglobina com uma afinidade alta anormal por oxigênio pode ter um aspecto negativo. Por exemplo, um atleta trabalhando seus músculos de forma bem pesada precisa ter hemoglobina que libere oxigênio para tecidos com muita necessidade de oxigênio. Talvez a Hb F seja muito lenta para realizar isto. Em outras palavras, uma hipótese seria que a pessoa com toda a Hb F não seria um bom atleta aeróbico.

4-6 Dinâmica do Dobramento Proteico

48. Esse nível de homologia da sequência é insuficiente para o uso de modelagem comparativa. É melhor tentar aquele método, mas, depois, comparar os resultados com os obtidos na abordagem de reconhecimento da dobra.
49. O dobramento proteico é dirigido por muitos processos. Os intuitivos são as interações de grupos funcionais através de ligações covalentes, atrações eletrostáticas e ligações de hidrogênio. Isto explica o motivo pelo qual partes da proteína são atraídas entre si e porque uma proteína tenderia a adotar uma forma que torne essas interações possíveis. Entretanto, a maioria dos processos de dobramento proteico é dirigida por um efeito entrópico. Referimo-nos às interações hidrofóbicas como uma explanação dos motivos pelos quais regiões apolares da proteína tendem a formar *clusters*, normalmente no interior da proteína. Entretanto, não é a interação de aminoácidos apolares que dirige este processo. É, na realidade, o aumento na entropia do solvente, a água. Quando as regiões hidrofóbicas da proteína são isoladas para o interior, as moléculas de água circundando a proteína estão mais livres para girar e se mover de maneiras menos restritas. Portanto, o que dirige muito do dobramento proteico não é a variação de ΔH com a ligação de aminoácidos específicos, mas sim um aumento na ΔS do solvente.
50. Veja o Protein Data Bank.
51. Chaperona é uma proteína que ajuda outra proteína a se dobrar corretamente, evitando que se associe a outras proteínas antes de atingir sua forma final.
52. Príon é uma proteína potencialmente infecciosa encontrada em diversas formas de mamíferos, com frequência concentrada no tecido nervoso. É uma forma anormal de uma proteína celular normal. Ela tende a formar placas que destroem o tecido nervoso. Descobriu-se que os príons são transmissíveis de uma espécie a outra.
53. Descobriu-se que uma série de encefalopatias são causadas por príons. Nas vacas, a doença causada por príons é chamada encefalopatia espongiforme bovina, ou, mais comumente, doença da vaca louca. Nas ovelhas, a doença é chamada *scrapie*. Nos seres humanos, é chamada doença de Creutzfeld-Jakob.
54. A forma normal da proteína príon tem maior conteúdo de hélice α quando comparado com a quantidade de folhas β. A forma anormal tem maior conteúdo de folha β.
55. O mal de Alzheimer, o mal de Parkinson e a doença de Huntington são causadas pelo acúmulo de depósitos de proteínas de agregados provocados pelo dobramento errado de proteínas. Este capítulo também examina as doenças de príon. Quando os príons são dobrados errados, podem causar encefalopatias esponjosas, como a doença da vaca louca e sua forma humana, a doença de Creutzfeldt-Jakob.
56. Agregados de proteínas formam-se quando existem áreas expostas em uma superfície proteica que são apolares. As proteínas então se unem através destas regiões apolares provocando os agregados. Um exemplo é a doença de príon na qual uma área da molécula normal que seria uma hélice α adota uma conformação de folha em β.
57. O problema raiz com os genes de globina e os tópicos em potencial com a formação de hemoglobina é baseado no fato de que existem dois genes α-globina para cada gene β-globina, embora, para produzir a hemoglobina, eles devam se combinar na proporção 1:1. Portanto, uma solução teórica possível seria não haver uma proporção 2:1 destes genes. Outro tópico é que os dois genes são diferentes em cromossomos. E são, então, mais provavelmente controlados de forma separada. Se os dois genes fossem bem próximos em cromossomos, então poderiam ser controlados juntos pelo mesmo sinal e produzidos em quantidades corretas.
58. A sequência do príon mutante que confere a mais extrema sensibilidade para causar uma doença de príon é a substituição do aminoácido na posição 129 por uma metionina.
59. As doenças de príon são transmissíveis, enquanto outras doenças neurodegenerativas, como o mal de Alzheimer, não são.
60. As encefalopatites espongiformes que conhecemos têm características tanto de doenças hereditárias quanto de doenças transmissíveis. Por um lado, os animais podem ser infectados pelo consumo de carne ou outros tecidos que possuem as proteínas príon que sofreram mutação. Como o exemplo das ovelhas da Nova Zelândia mostraram, mesmo aquelas mais suscetíveis a uma doença de príon podem permanecer livres da doença se nunca forem expostas. Entretanto, a predisposição para adquirir uma doença de príon também tem um componente hereditário. A proteína de príon tem muitas mutações conhecidas, algumas das quais conferem ao indivíduo muita suscetibilidade à doença. Estas mutações podem ser rastreadas e são passadas ao longo das linhas da família.

61. As duas enzimas associadas com a doença são chamadas de β-secretase e γ-secretase.
62. A amiloide β e τ são as duas proteínas que formam placas destrutivas. A última é formada por pedaços cortados de uma proteína precursora chamada proteína precursora amiloide.
63. O mal de Alzheimer começa com o acúmulo de Aβ, que é cortada da APP. Na primeira etapa, a enzima β--secretase corta APP fora da membrana celular. Então, a enzima γ-secretase corta a parte restante da APP dentro da membrana, liberando Aβ.
64. A β-secretase tem a função natural de estar envolvida na mielinação dos nervos.
65. A doença de príon tem sido associada ao sistema imunológico. Acredita-se que as proteínas príon trafegam no sistema linfático ligadas aos linfócitos, e eventualmente chegam aos tecidos nervosos, onde começam a transformar uma proteína celular normal em anormal (um príon).
66. Embora possam existir fortes predisposições genéticas para se adquirir *scrapie*, só isto não provocará a doença. A doença deve ser iniciada pela ingestão de um príon que já tem a conformação modificada, PrPsc.

Capítulo 5

5-1 Extração de Proteínas Puras de Células

1. Utilizando um liquidificador, um homogeneizador Potter-Elvejhem ou um sonicador.
2. Se você precisasse manter a integridade estrutural das organelas subcelulares, um homogeneizador Potter--Elvejhem seria melhor porque é mais suave. O tecido, como o fígado, deve ser macio o suficiente para ser usado com este aparelho.
3. *Salting out* é um processo no qual um sal altamente iônico é utilizado para reduzir a solubilidade de uma proteína até que saia da solução e possa ser centrifugada. O sal forma ligações íon-dipolo com a água na solução, o que deixa menos água disponível para hidratar a proteína. As cadeias laterais apolares começam a interagir entre as moléculas da proteína e se tornam insolúveis.
4. O conteúdo e os arranjos de aminoácidos tornam algumas proteínas mais solúveis que outras. Uma proteína com mais aminoácidos altamente polares na superfície será mais solúvel que outra com mais aminoácidos hidrofóbicos na superfície.
5. Primeiro, homogeneíze as células hepáticas utilizando um homogeneizador Potter-Elvejhem. Depois, centrifugue o homogenato a 500 x *g* para sedimentar as células e os núcleos não rompidos. Centrifugue o sobrenadante a 15.000 x *g* e colete o *pellet* (precipitado), que contém as mitocôndrias.
6. Não, peroxissomos e mitocôndrias têm características de sedimentação de sobreposição. Outras técnicas, como a centrifugação do gradiente de sacarose, teriam de ser utilizadas para separar as duas organelas.
7. Se a proteína fosse citosólica, quando as células fossem rompidas, você centrifugaria a 100.000 × *g* e todas as organelas estariam no *pellet*. Sua enzima estaria no sobrenadante, com todas as outras enzimas citosólicas.
8. Isole as mitocôndrias via centrifugação diferencial ou pelo gradiente de sacarose. Utilize outra técnica de homogeneização, combinada com um detergente forte, para liberar a enzima da membrana.
9. As tabelas existem para lhe indicar quantos gramas de sulfato de amônio [$(NH_4)_2SO_4$] você deve adicionar para obter determinada porcentagem de saturação. Um bom plano seria pegar o homogenato e adicionar sulfato de amônio suficiente para produzir uma solução 20% saturada. Deixe a amostra descansar por 15 minutos no gelo e, depois, centrifugue. Separe o sobrenadante do precipitado. Analise ambos para a proteína com a qual está trabalhando. Adicione mais sulfato de amônio ao sobrenadante para chegar a uma solução 40% saturada e repita o processo. Desta forma, você descobrirá de qual porcentagem de saturação de sulfato de amônio precisará para precipitar a proteína.
10. A homogeneização razoavelmente brusca poderia liberar a proteína solúvel X dos peroxissomos (que são frágeis). A centrifugação a 15.000 × *g* sedimentaria as mitocôndrias (rompidas ou intactas). O sobrenadante, então, teria a proteína X, mas nenhuma proteína Y. Técnicas de congelamento/descongelamento e sonicação obteriam o mesmo resultado, ou as mitocôndrias e os peroxissomos poderiam ser inicialmente separados por centrifugação por gradiente de sacarose.

5-2 Cromatografia em Coluna

11. (a) Tamanho.
    (b) Capacidades específicas de ligação ao ligante.
    (c) Carga líquida.
    (d) Polaridade.
12. As proteínas maiores eluem primeiro; as menores por último. As proteínas maiores são excluídas do interior dos grãos de gel, de forma que têm menos espaço em coluna disponível para trafegar. Essencialmente, elas percorrem uma distância menor e eluem primeiro.
13. Um composto pode ser eluído com a elevação da concentração de sal ou pela adição de um ligante móvel que tenha maior afinidade pela proteína ligada do que o ligante à resina. O sal é mais barato, mas menos específico. Determinado ligante pode ser mais específico, mas provavelmente mais caro.
14. Um composto pode ser eluído com a elevação da concentração de sal ou a mudança no pH. O sal é barato, mas pode não ser tão específico para determinada proteína. Mudar o pH pode ser mais específico para uma faixa estreita de pI, mas extremos de pH também podem desnaturar a proteína.
15. Aumentar a concentração de sal é relativamente seguro. A maioria das proteínas eluirá desta forma, e, se a proteína for uma enzima, ainda estará ativa. Se necessário, o sal pode ser removido mais tarde por diálise. Mudar o pH o suficiente para remover a carga pode fazer que as proteínas se tornem desnaturadas. Muitas proteínas não são solúveis nos pontos isoelétricos.
16. A base da maioria das resinas é agarose, celulose, dextrana ou poliacrilamida.
17. Veja a Figura 5.7.
18. Dentro do intervalo de fracionamento de uma coluna de gel-filtração, as moléculas eluirão com uma relação linear do log MM *versus* seus volumes de eluição. Uma série de padrões pode ocorrer para padronizar a coluna, e, então, uma molécula desconhecida pode ser determinada ao se medir seu volume de eluição e compará-lo com uma curva-padrão.

19. As duas proteínas eluiriam no volume morto juntas e não seriam separadas.
20. Sim, a β-amilase sairia no volume morto, mas a albumina de soro bovino seria incluída nos grãos da coluna e eluiria mais lentamente.
21. Na maioria dos sistemas de cromatografia, os ligantes e solventes são polares. Na HPLC de fase reversa, uma solução de compostos apolares é colocada através de uma coluna que tem um líquido apolar imobilizado em uma matriz inerte. Um líquido mais polar serve como a fase móvel e é passado sobre a matriz. As moléculas de soluto são eluídas na proporção de suas solubilidades no líquido mais polar.
22. A cromatografia de troca iônica é um tipo específico de separação baseada em uma carga líquida das moléculas sendo separadas. O termo HPLC refere-se aos procedimentos cromatográficos realizados sob alta pressão, mas a base da separação poderia ser cromatografia de troca iônica, de filtração a gel, de fase reversa ou de afinidade.
23. Configure uma coluna de troca aniônica, como a Q-sepharose (amina quaternária). Opere a coluna em pH 8,5, um pH no qual a proteína X tem carga líquida negativa. Coloque um homogenato contendo a proteína X na coluna e lave com o tampão inicial. A proteína X se ligará à coluna. Então, elua utilizando um gradiente salino.
24. Utilize uma coluna de troca catiônica, como a CM--sepharose, e a utilize em pH 6.A proteína X terá uma carga positiva e aderirá à coluna.
25. Com uma amina quaternária, a resina da coluna sempre terá carga líquida positiva, e você não terá de se preocupar se o pH de seu tampão alterará a forma da coluna. Com uma amina terciária, há um hidrogênio dissociável, e a resina pode ser carregada neutra ou positivamente, dependendo do pH do tampão.
26. A forma mais fácil seria utilizar um gradiente de sacarose para separar as mitocôndrias dos peroxissomos primeiro. Então, rompa as mitocôndrias por homogeneização brusca ou por sonicação e, depois, as centrifugue. O *pellet* conteria a proteína B, enquanto o sobrenadante teria a proteína A. Ainda poderia haver contaminantes, mas eles poderiam ser eliminados executando-se uma filtração em gel em Sephadex G-75 (que separaria a enzima C das enzimas A e B) e, depois, a cromatografia de troca iônica em Q-sepharose em pH 7,5. A enzima B seria neutra e eluiria, enquanto a enzima A aderiria à coluna.
27. O ácido glutâmico seria eluído primeiro porque o pH da coluna é próximo de seu pI. A leucina e a lisina serão carregadas positivamente e aderirão à coluna. Para eluir a leucina, eleve o pH para em torno de 6. Para eluir a lisina, eleve o pH para cerca de 11.
28. Um solvente móvel apolar moverá os aminoácidos apolares mais rapidamente; portanto, a fenilalanina será a primeira a eluir, seguida pela glicina, e, depois, pelo ácido glutâmico.
29. Os aminoácidos apolares aderirão mais à fase estacionária; portanto, o ácido glutâmico se moverá mais rapidamente, seguido pela glicina, e, depois, pela fenilalanina.
30. Uma solução proteica de uma preparação de sulfato de amônio passa por uma coluna de filtração em gel, onde as proteínas de interesse eluirão no volume morto. O sal, sendo muito pequeno, irá movimentar-se lentamente pela coluna. Dessa forma, as proteínas deixarão o sal para trás e sairão da coluna sem ele.

5-3 Eletroforese

31. Tamanho, formato e carga.
32. Agarose e poliacrilamida.
33. Poliacrilamida.
34. O DNA é a molécula com mais frequência separada na eletroforese em agarose, embora as proteínas também possam ser separadas.
35. Aquelas com maior razão carga/massa se moverão mais rapidamente. Há três variáveis a serem consideradas, e a maioria das eletroforeses é feita de forma a eliminar duas das variáveis para que a separação seja por tamanho ou carga, mas não por ambos.
36. Eletroforese em gel de poliacrilamida dodecil sulfato de sódio. Com a SDS-PAGE, as diferenças de carga e formato das proteínas são eliminadas para que o único parâmetro que determine a migração seja o tamanho da proteína.
37. O SDS liga-se à proteína a uma razão constante de 1,4 g de SDS por grama de proteína. Ele reveste a proteína com cargas negativas e a coloca em um formato de espiral aleatória. Assim, a carga e o formato são eliminados.
38. Em um gel de poliacrilamida utilizado para cromatografia de filtração em gel, as proteínas maiores podem trafegar em torno dos grãos, tendo, assim, um caminho mais curto para percorrer e, portanto, eluindo mais rapidamente. Com a eletroforese, as proteínas são forçadas a atravessar a matriz; portanto, as maiores trafegam mais lentamente porque há mais fricção.
39. A MM é de 37.000 Da.

5-4 Determinando a Estrutura Primária de uma Proteína

40. A degradação de Edman fornecerá a identidade do aminoácido N-terminal em seu primeiro ciclo; portanto, realizar uma experiência separada não é necessário.
41. Ela poderá dizer se a proteína era pura ou se havia subunidades.
42.

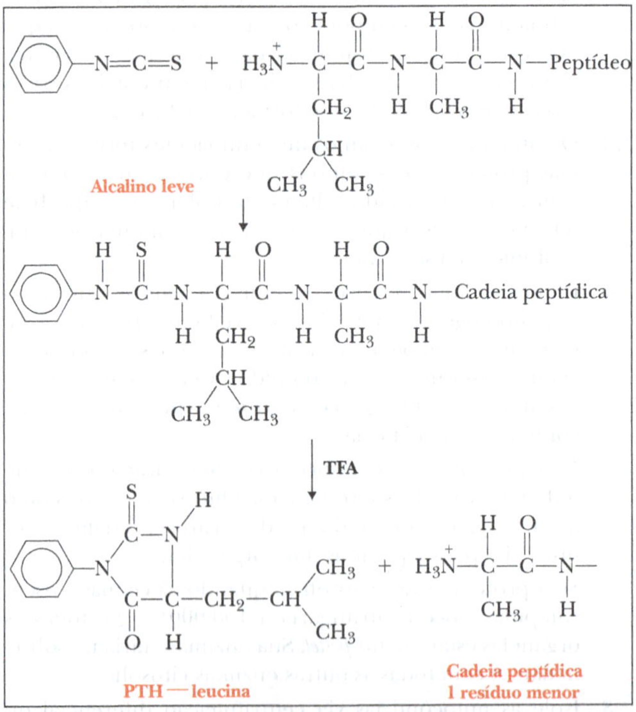
Peptídeo
Alcalino leve
Cadeia peptídica
TFA
PTH — leucina
Cadeia peptídica
1 resíduo menor

43. A quantidade do reagente de Edman deve corresponder exatamente à quantidade de N-terminais na primeira

reação. Se houver pouco reagente de Edman, alguns dos N-terminais não reagirão. Se houver excesso, uma parte do segundo aminoácido reagirá. Nos dois casos haverá uma pequena quantidade de derivados contaminantes de feniltioidantoína (PTH). Esse erro cresce com o número de ciclos executados até o ponto em que dois aminoácidos são liberados em quantidades iguais e não se pode dizer qual deveria ser o correto.

44. No primeiro ciclo, o primeiro e o segundo aminoácidos da extremidade N-terminal reagiriam e seriam liberados como derivados de PTH. Você obteria um sinal duplo e não saberia qual seria o verdadeiro N-terminal.

45. Val—Leu—Gly—Met—Ser—Arg—Asn—Thr—Trp—Met —Ile—Lys—Gly—Tyr—Met—Gln—Phe.

46. Met—Val—Ser—Thr—Lys—Leu—Phe—Asn—Glu—Ser —Arg—Val—Ile—Trp—Thr—Leu—Met—Ile.

47. É possível que sua proteína não seja pura e precise de etapas adicionais de purificação para chegar a um único polipeptídeo. Também é possível que a proteína tenha subunidades; portanto, diversas cadeias polipeptídicas poderiam produzir resultados contraditórios.

48. Há dois fragmentos com C-terminais que não são lisina ou arginina, e a tripsina é específica por isso. Normalmente, haveria apenas um fragmento terminando com um aminoácido que não seria Arg ou Lys, e saberíamos imediatamente que ele seria o C-terminal. A histidina é um aminoácido básico, embora seja normalmente neutra e, portanto, não reaja com a tripsina. É possível que, no ambiente do pH da reação, a histidina estivesse carregada positivamente e fosse reconhecida pela tripsina.

49. Ela lhe diria uma concentração relativa dos diversos aminoácidos. Isto é importante porque o ajudaria a planejar melhor sua experiência de sequenciamento. Por exemplo, se você tivesse uma proteína cuja composição não mostrasse aminoácidos aromáticos, seria perda de tempo utilizar uma digestão por quimotripsina.

50. O brometo de cianogênio seria inútil, porque não há metionina. A tripsina seria um pouco melhor, porque a proteína tem 35% de resíduos básicos. A tripsina quebraria a proteína em mais de 30 pedaços, o que seria muito difícil de analisar.

51. A quimotripsina seria uma boa escolha. Há mais de quatro resíduos de aminoácidos aromáticos. A proteína, contendo 100 aminoácidos, seria cortada quatro vezes, possivelmente produzindo bons fragmentos com aproximadamente 20 a 30 aminoácidos de comprimento, que podem ser efetivamente sequenciados pelo método de degradação de Edman.

52. Funcionaria melhor se os resíduos básicos fossem espalhados na proteína. Desta forma, seriam gerados fragmentos no intervalo de tamanho adequado. Se todos os quatro resíduos básicos estivessem nos primeiros dez aminoácidos, haveria um longo fragmento que não poderia ser sequenciado.

53. A ionização por eletrospray (ESI-MS) e ionização por desorção por laser assistida por matriz–tempo de voo (MALDI-TOF MS).

54. MALDI-TOF MS é muito sensível e muito acurada. Quantidades de atomol (10^{-18}) de uma molécula podem ser determinadas.

5-5 Técnicas de Identificação de Proteínas

55. ELISA é baseada em interações anticorpo-proteína. Os anticorpos específicos, chamados anticorpos primários, são colocados em placas de microtituladores para localizar as proteínas alvo. Um anticorpo secundário contendo algum tipo de alvo para torná-lo visível é também adicionado. Se a proteína alvo está lá, então a combinação proteína–anticorpo primário–anticorpo secundário será visível.

56. Um anticorpo primário é específico para uma proteína alvo que um pesquisador está procurando. Um anticorpo secundário reagirá com o anticorpo primário. O anticorpo secundário carrega o alvo que torna o complexo visível.

57. Os complexos proteína–anticorpos podem ser vistos com base na natureza da marcação carregada pelo anticorpo secundário. Esta marcação pode ser uma enzima que produz uma cor visível quando abastece seus substratos, um marcador fluorescente ou um composto radioativo.

58. A primeira etapa no *western blot* é a separação de proteínas via eletroforese. A etapa seguinte pega o gel da eletroforese e transfere as proteínas do gel para uma membrana fina de nitrocelulose ou outro composto absorvente. Uma vez que as proteínas foram transferidas, são incubadas com o anticorpo primário. Então, são incubadas com o anticorpo secundário. Por fim, as bandas são tornadas visíveis através das reações com substratos para a marcação da enzima do anticorpo secundário ou são visualizadas com um fluorômetro ou papel de raios X.

59. O nome *western blot* tem a origem bem-humorada da técnica original de *blotting* chamada *Southern blotting*. A técnica original de *blotting* era para DNA e foi desenvolvida por um pesquisador chamado Southern; portanto, eles chamaram a técnica de *Southern blot*. O próximo tipo de molécula a sofrer *blot* foi o RNA; logo, para distinguir de um *Southern blot*, ela foi chamada de *northen blot*. Depois disso, a técnica para o *blotting* de proteína foi desenvolvida e chamada *western blot*.

60. As vantagens de um ELISA seria a facilidade de uso, baixo custo e pronta disponibilidade para qualquer pesquisador. As desvantagens são que, em comparação a uma microrrede, relativamente poucas proteínas podem ser testadas de uma só vez. Uma microrrede pode testar milhares de proteínas em um único experimento, logo, é muito mais poderosa. Entretanto, é também muito mais cara e exige equipamento especializado não disponível prontamente.

61. As proteínas são transferidas para a nitrocelulose porque todas as proteínas terminam cobertas por uma fina membrana. Isto significa que pequenos volumes das soluções de anticorpos podem ser usados para ligar-se às proteínas. Estes anticorpos são muito caros; logo, quanto menos usados, melhor. Da mesma forma, uma vez que as proteínas originais foram embebidas em um gel, se o gel reagisse diretamente com os anticorpos, estes não teriam acesso fácil ao gel, uma vez que permeariam facilmente através dos poros do gel sem o benefício de uma corrente elétrica para empurrá-los.

62. Existem milhares de anticorpos primários que podem ser adquiridos comercialmente. Outra pesquisa exige que um novo anticorpo primário seja criado. O processo de ligar uma enzima, um marcador fluorescente ou um composto radioativo é uma tarefa longa e difícil. Se todo anticorpo primário tivesse que ser marcado, seria um exercício desanimador para as companhias que tentassem fazê-lo. Ao invés disso, uma companhia pode se especializar na marcação de um anticorpo secundário

direcionado contra anticorpos de cabra, de coelho ou de rato. Esses anticorpos secundários podem então ser usados para qualquer experimento no qual o anticorpo primário venha de um desses animais. Além disso, existe um efeito de multiplicação de sinal do uso de um anticorpo primário, uma vez que vários anticorpos secundários se ligarão a uma única molécula de anticorpo primário.

5-6 Proteômica

63. Proteômica é a análise sistemática de um complemento de organismo completo de proteínas, ou seu proteoma. Exatamente como aprendemos o dogma básico da biologia molecular (DNA → RNA → proteína), a tecnologia disponível agora tem permitido aos cientistas descrever todo o DNA de um organismo como seu genoma, todo o RNA como seu transcriptoma, e todas as proteínas como seu proteoma. Entender o fluxo de proteínas em uma célula é entender seu metabolismo.
64. A proteína isca é construída para ter um marcador de afinidade específico. Ela interage com as proteínas da célula de interesse e então se liga a uma coluna de afinidade via o marcador. Desta maneira, as proteínas da célula de interesse podem ser encontradas e isoladas.

Capítulo 6

6-1 As Enzimas São Catalisadores Biológicos Eficientes

1. As enzimas são muitas ordens de grandeza mais eficientes como catalisadores do que os catalisadores não enzimáticos.
2. Em sua maioria, as enzimas são proteínas, mas são conhecidos alguns RNAs catalíticos (ribozimas).
3. Cerca de 3 segundos (1 ano × 1 evento/10^7 eventos × 365 dias/ano × 24 horas/dia × 3.600 segundos/hora = = 3,15 segundos).
4. As enzimas mantêm os substratos em posições espaciais favoráveis e se ligam efetivamente ao estado de transição para estabilizá-lo. Observe que *todos* os catalisadores reduzem a energia de ativação; portanto, esta não é uma função particular das enzimas.

6-2 Cinética *versus* Termodinâmica

5. A reação da glicose com o oxigênio é termodinamicamente favorecida, como mostrado pela variação negativa de energia livre. O fato de que a glicose pode ser mantida em uma atmosfera de oxigênio é um reflexo dos aspectos cinéticos da reação, que requer a superação de uma barreira de energia de ativação.
6. Para a primeira questão, bastante provável: as concentrações locais (lei de ação das massas) poderiam facilmente ditar a direção da reação. Para a segunda, provavelmente não: as concentrações locais raramente seriam suficientes para superar uma $\Delta G°$ relativamente grande de –5,3 kcal na reação reversa (veja, no entanto, a reação da aldolase na glicólise).
7. Aquecer uma proteína a desnatura. A atividade enzimática depende da estrutura tridimensional correta da proteína. A presença do substrato ligado pode tornar a proteína mais difícil de desnaturar.
8. Os resultados não provam que o mecanismo é correto porque resultados de experiências diferentes podem contradizer o mecanismo proposto. Neste caso, o mecanismo teria de ser modificado para acomodar os novos resultados experimentais.
9. A presença de um catalisador afeta a velocidade de uma reação. A variação de energia livre padrão é uma propriedade termodinâmica que não depende da velocidade de reação. Em consequência, a presença do catalisador não tem efeito.
10. A presença de um catalisador diminui a energia de ativação de uma reação.
11. As enzimas, como todos os catalisadores, aumentam a velocidade da reação direta ou reversa da mesma forma.
12. A quantidade de produto obtida em uma reação depende da constante de equilíbrio. Um catalisador não afeta este fato.

6-3 Equações Cinéticas de Enzimas

13. A reação é de primeira ordem com relação a A; primeira ordem com relação a B; e segunda ordem no geral. O mecanismo detalhado da reação provavelmente envolve uma molécula de A e uma de B.
14. A forma mais fácil de seguir a velocidade dessa reação é monitorar a diminuição de absorbância em 340 nm, refletindo o desaparecimento de NADH.
15. O uso de um medidor de pH não seria uma boa forma de monitorar a velocidade da reação. Você provavelmente está executando essa reação em uma solução tampão para manter o pH relativamente constante. Se não estiver executando a reação em uma solução tampão, correrá o risco de desnaturação ácida da enzima.
16. As enzimas tendem a ter valores de pH razoavelmente ideais. É necessário garantir que o pH da mistura da reação permaneça no valor ideal. Isto é especialmente verdadeiro para reações que precisam de íons hidrogênio ou os produzem.

6-4 Ligação Enzima-Substrato

17. No modelo chave-fechadura, o substrato encaixa-se em uma proteína comparativamente pequena que tem um sítio ativo com formato bem definido. No modelo de encaixe induzido, a enzima sofre uma mudança conformacional quando se liga ao substrato. O sítio ativo assume um formato em torno do substrato.
18.

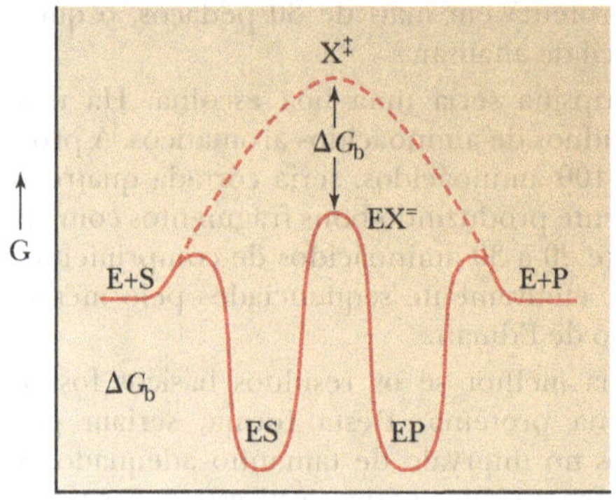
X‡
ΔG_b
EX=
G
E+S
E+P
ΔG_b
ES
EP

Sem desestabilização;
portanto, sem catálise

19. O complexo ES estaria em um "vale de energia", consequentemente com grande energia de ativação para chegar ao estado de transição.
20. Aminoácidos distantes na sequência de aminoácido podem estar próximos uns dos outros nas dimensões tridimensionais por causa do dobramento proteico. Os aminoácidos essenciais estão no sítio ativo.
21. A estrutura geral da proteína é necessária para garantir a disposição correta dos aminoácidos no sítio ativo.

6-5 A Abordagem de Michaelis-Menten para a Cinética Enzimática

22. A velocidade da reação continua a mesma com concentração crescente de enzima. É possível teoricamente, mas altamente improvável, que uma reação fique saturada com enzima.
23. A hipótese de estado de equilíbrio é a de que a concentração do complexo enzima-substrato não muda consideravelmente ao longo do tempo em que a experiência ocorre. A velocidade de aparecimento do complexo é definida como igual à sua velocidade de desaparecimento, simplificando as equações para cinética enzimática.
24. Número de renovação enzimática= $V_{máx}/[ET]$.
25. Utilize a Equação 6.12.
    (a) $V = 0{,}5V_{máx}$
    (b) $V = 0{,}33V_{máx}$
    (c) $V = 0{,}09V_{máx}$
    (d) $V = 0{,}67V_{máx}$
    (e) $V = 0{,}91V_{máx}$
26. Veja o gráfico: $V_{máx} = 0{,}681$ Mmol L^{-1} min^{-1}, $K_M = 0{,}421$ mol L^{-1}.

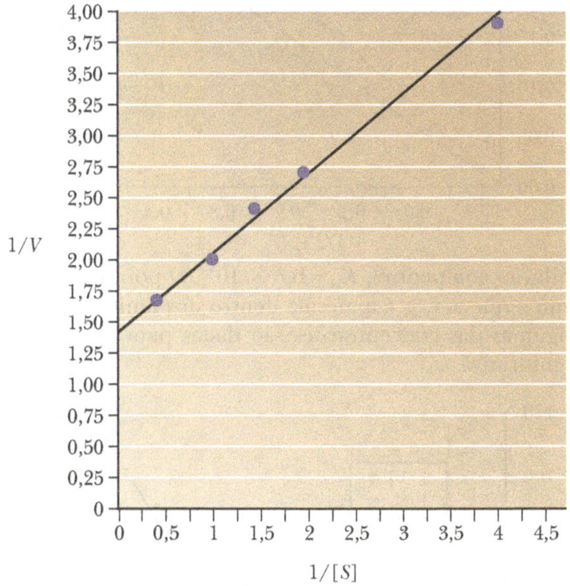
1/V
4,00
3,75
3,50
3,25
3,00
2,75
2,50
2,25
2,00
1,75
1,50
1,25
1,00
0,75
0,50
0,25
0
0 0,5 1 1,5 2 2,5 3 3,5 4 4,5
1/[S]

27. Veja o gráfico: $V_{máx} = 2{,}5 \times 10^{-4}$ mol L^{-1} s^{-1}, $K_M = 1{,}6 \times 10^{8}$ mol L^{-1}.

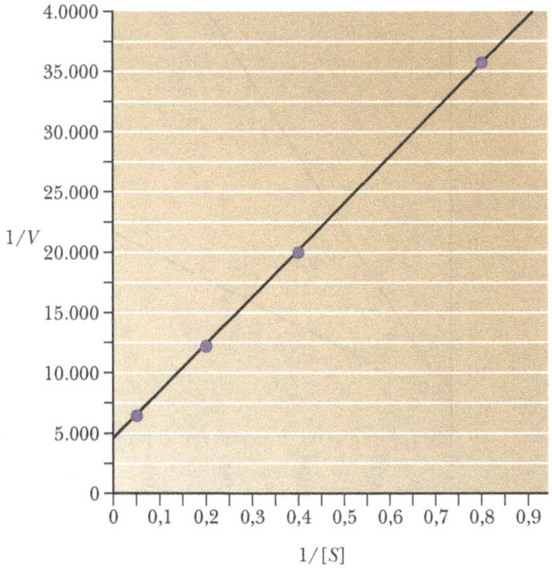
1/V
4.0000
35.000
30.000
25.000
20.000
15.000
10.000
5.000
0
0 0,1 0,2 0,3 0,4 0,5 0,6 0,7 0,8 0,9
1/[S]

28. Veja o gráfico: $K_M = 2{,}86 \times 10^{-2}$ mol L^{-1}. As concentrações não foram determinadas diretamente. Os valores de absorção foram utilizados em seu lugar por conveniência.
29. Veja o gráfico: $V_{máx} = 1{,}32 \times 10^{-3}$ mol L^{-1} min^{-1}, $K_M = 1{,}23 \times 10^{-3}$ mol L^{-1}.

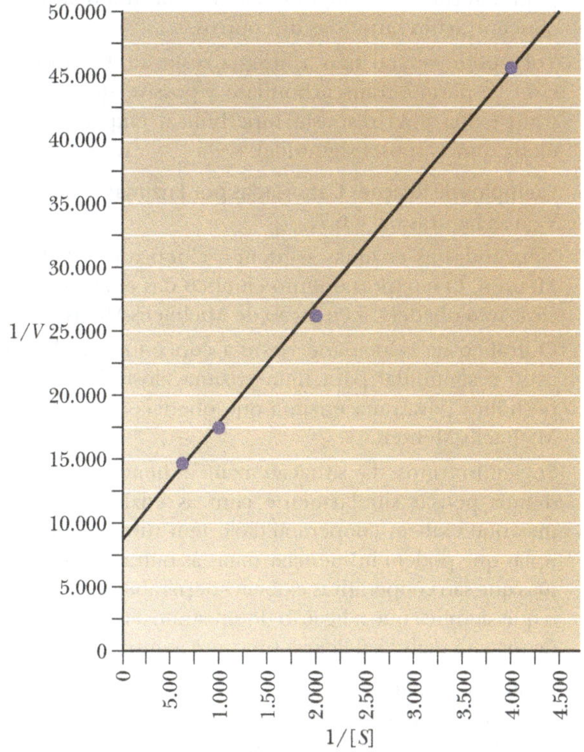
1/V
50.000
45.000
40.000
35.000
30.000
25.000
20.000
15.000
10.000
5.000
0
0 5.00 1.000 1.500 2.000 2.500 3.000 3.500 4.000 4.500
1/[S]

30. O número de renovação enzimática é de 20,43 por minuto.
31. A quantidade de matéria da enzima é $1{,}56 \times 10^{-10}$. Número de renovação enzimática = 10.700 s^{-1}.
32. O baixo K_M para os aminoácidos aromáticos indica que eles serão preferencialmente oxidados.
33. É mais fácil detectar desvios de pontos individuais de uma linha reta do que de uma curva.
34. A hipótese de que a K_M é uma indicação da afinidade de ligação entre o substrato e a enzima é válida quando a velocidade de dissociação do complexo substrato-enzima para formar o produto e a enzima é muito menor que a velocidade de dissociação do complexo para formar enzima e substrato.
35. O acetamidazol é um inibidor da anidrase carbônica, que é parte de um receptor de paladar que responde ao CO_2.
36. Os cientistas estavam tomando acetamidazol para ajudar a combater a doença da altitude e perceberam o gosto terrível da cerveja. Eles então estudaram a anidrase carbônica e descobriram que era um sensor químico para CO_2.
37. A hexoquinase é encontrada predominantemente nos músculos e age durante a glicólise da glicose muscular. A glicoquinase é encontrada no fígado. O maior K_M da glicoquinase pode ser explicado pela necessidade do corpo de ter a função da enzima muscular em níveis mais baixos de glicose que a enzima do fígado em condições onde se necessita de energia rápida.
38. Sob condições de baixa concentração de substrato.

39. Ordenado, aleatório e pingue-pongue.
40. Com um mecanismo pingue-pongue, um produto é liberado antes de se ligar ao segundo substrato. Com os outros dois, ambos os substratos são ligados antes de qualquer produto ser liberado.
41. Quando se quer que haja múltiplos substratos, o truque para determinar K_M de um deles é realizar a reação com concentrações saturadas dos outros.
42. Você pode ver ou não a mesma resposta. Como vimos com a aspartato transcarbonilase, é possível que um substrato exiba uma resposta hiperbólica, enquanto outro exiba uma resposta sigmoidal.

6-6 Exemplos de Reações Catalisadas por Enzimas

43. Veja as Figuras 6.6 e 6.7.
44. Nem todas as enzimas seguem a cinética de Michaelis-Menten. O comportamento cinético das enzimas alostéricas não obedece à equação de Michaelis-Menten.
45. O gráfico da velocidade *versus* a concentração de substrato é sigmoidal para uma enzima alostérica, mas hiperbólica para uma enzima que obedece à equação de Michaelis-Menten.
46. Se lembrarmos da situação com a hemoglobina, podemos pensar similarmente com as enzimas. As enzimas que exibem cooperabilidade têm subunidades múltiplas que podem influenciar umas às outras. Muitas enzimas que são cooperativas exibem cooperabilidade positiva, o que significa que a ligação do substrato a uma subunidade tornará mais fácil ligar o substrato a outra subunidade.

6-7 Inibição Enzimática

47. No caso da inibição competitiva, o valor de K_M aumenta; na inibição não competitiva, permanece inalterado.
48. Um inibidor competitivo bloqueia a ligação, não a catálise.
49. Um inibidor não competitivo não muda a afinidade entre a enzima e seu substrato.
50. Um inibidor competitivo liga-se ao sítio ativo de uma enzima, evitando a ligação do substrato. Um inibidor não competitivo liga-se a um sítio diferente do sítio ativo, causando uma mudança conformacional, o que torna o sítio ativo menos capaz de ligar o substrato e convertê-lo em produto.
51. A inibição competitiva pode ser superada com adição suficiente de substrato, mas isto não é verdadeiro para todas as formas de inibição enzimática.
52. Um gráfico de Lineweaver-Burk é útil porque fornece uma linha reta. É mais fácil determinar quão bem os pontos se encaixam em uma linha reta do que em uma curva.
53. No gráfico de Lineweaver-Burk para inibição competitiva, as linhas se interceptam na interseção do eixo *y*, que é igual a $1/V_{máx}$. Neste gráfico para inibição não competitiva, as linhas se interceptam na interseção do eixo *x*, que é igual a $-1/K_M$.
54. Com a inibição competitiva pura, a ligação do inibidor não muda a afinidade da enzima pelo substrato, e vice-versa; logo, o K_M não varia. Com a inibição mista, o substrato e o inibidor afetam-se entre si de tal forma que o K_M para o substrato é diferente na presença do inibidor.
55. Uma vez que o inibidor pode se ligar ao E ou ao ES igualmente bem, a qualquer momento há inibidor presente, parte da enzima estará ligada na forma ESI, que não leva à catálise. Por esta razão parecerá que a enzima não está presente.
56. A linha de Lineweaver-Burk para a enzima mais o inibidor teria um ângulo na outra direção da não inibida em comparação à normal.
57. A ligação do inibidor ao complexo ES para formar o EIS remove parte do ES. Pelo princípio de Le Chatelier, isto tenderá a forçar a reação para a direita, formando mais ES. Estimulando-se a ligação de E e S desta maneira, o gráfico mostrará que o K_M é reduzido.
58. É um substrato que se liga irreversivelmente ao sítio ativo, inativado permanentemente pela enzima. Eles são importantes porque podem ser usados como medicamentos em potencial para inativar uma enzima com um foco nas interações no sítio ativo.
59. Não competitiva pura.
60. K_M = 7,42 mmol L^{-1}; $V_{máx}$ = 15,9 mmol min^{-1}; inibição não competitiva.

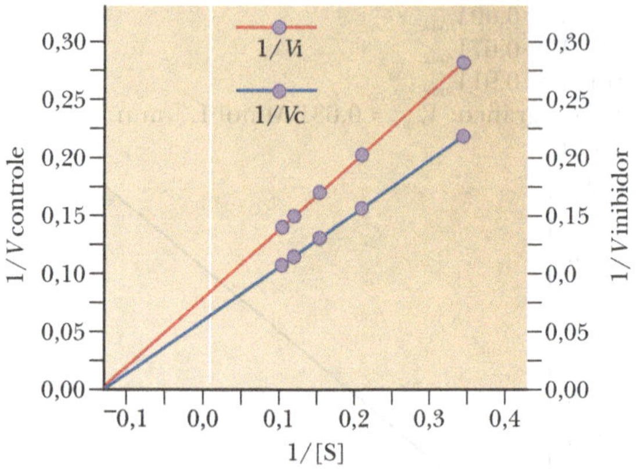
1/Vi
1/Vc
0,30
0,25
0,20
0,15
0,10
0,05
0,00
1/V controle
1/V inibidor
0,30
0,25
0,20
0,15
0,0
0,05
0,00
−0,1
0,0
0,1
0,2
0,3
0,4
1/[S]

61. Inibição competitiva, $K_M = 6,5 \times 10^{-4}$. O ponto principal aqui é que a $V_{máx}$ é a mesma dentro dos limites de erro. Algumas das concentrações são dadas para uma figura significativa.

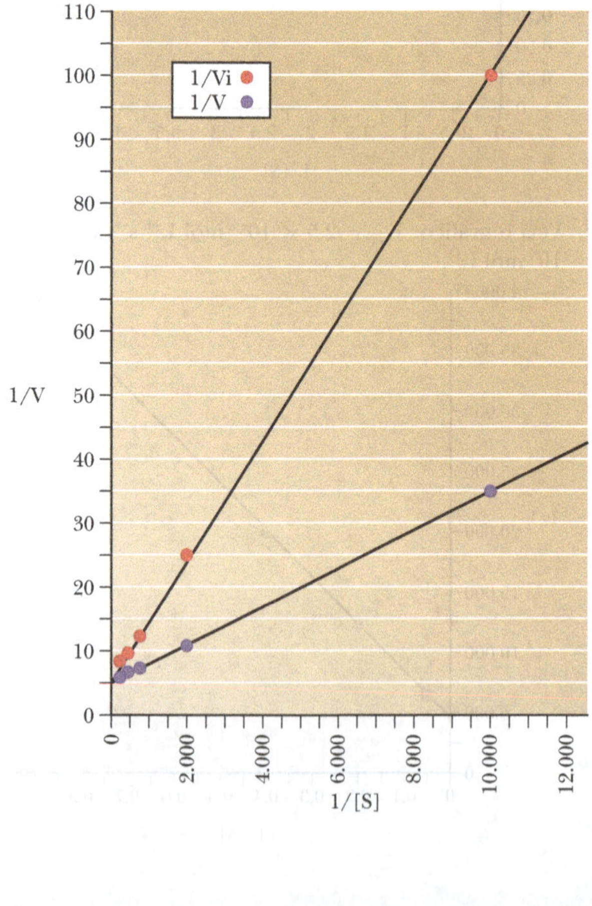
110
100
90
80
70
60
50
40
30
20
10
0
1/V
1/Vi
1/V
0
2.000
4.000
6.000
8.000
10.000
12.000
1/[S]

62. É *muito* bom, no caso de inibidores não competitivos. Muito do controle metabólico depende da retroalimentação por inibidores não competitivos a jusante. A questão talvez seja discutível no caso de inibidores competitivos, que são muito mais difíceis de ser encontrados *in vivo*. Alguns antibióticos, no entanto, são inibidores competitivos (bom para o doente, ruim para as bactérias).
63. Tanto a inclinação como as interseções mudarão. As linhas se interceptarão acima do eixo x em valores negativos de $1/[S]$.
64. Nem todos os medicamentos para a Aids são inibidores de enzima, mas uma classe importante de tais medicamentos inibe a HIV protease. Você precisaria entender os conceitos de ligação do substrato, inibição e ligação a inibidor.
65. Um inibidor irreversível é ligado covalentemente. As interações não covalentes são relativamente fracas e facilmente rompidas.
66. Um inibidor não competitivo não se liga ao sítio ativo de uma enzima. Sua estrutura não precisa ter relação com a do substrato.
67. A produção de novas partículas de vírus dentro da célula infectada via a inibição da HIV protease.
68. A replicação do genoma de HIV dentro de uma célula infectada via a inibição do HIV integrase.

Capítulo 7

7-1 O Comportamento de Enzimas Alostéricas

1. As enzimas alostéricas exibem cinética sigmoidal quando é feito um gráfico das velocidades *versus* a concentração de substrato. As enzimas que obedecem à equação de Michaelis-Menten exibem cinética hiperbólica. As enzimas alostéricas normalmente têm diversas subunidades, e a ligação de substratos ou moléculas do efetor a uma subunidade muda o comportamento da ligação das outras subunidades.
2. É uma enzima utilizada nos estágios iniciais da síntese do nucleotídeo citidina.
3. O ATP age como um efetor positivo da ATCase, e o CTP como inibidor.
4. O termo K_M deve ser utilizado para enzimas que exibem a cinética de Michaelis-Menten. Assim, não é utilizado com enzimas alostéricas. Tecnicamente, inibição competitiva e inibição não competitiva também são termos restritos a enzimas de Michaelis-Menten, embora os conceitos sejam aplicáveis a qualquer enzima. Um inibidor que se liga a uma enzima alostérica no mesmo sítio do substrato é semelhante a um inibidor competitivo clássico. Um inibidor que se liga a um sítio diferente é semelhante a um inibidor não competitivo, mas as equações e os gráficos característicos de inibições competitivas e não competitivas não funcionam da mesma forma com uma enzima alostérica.
5. Sistema K é uma enzima alostérica na qual a ligação do inibidor altera a concentração aparente de substrato necessária para atingir meia $V_{máx}$, $S_{0,5}$.
6. Sistema V é uma enzima alostérica na qual a ligação do inibidor muda a $V_{máx}$ da enzima, mas não a $S_{0,5}$.
7. Os efeitos homotrópicos são interações alostéricas que ocorrem quando diversas moléculas idênticas são ligadas a uma proteína. A ligação de moléculas de substrato a diferentes sítios em uma enzima, como a ligação do aspartato à ATCase, é um exemplo de efeito homotrópico. Os efeitos heterotrópicos são interações alostéricas que ocorrem quando substâncias diferentes (como o inibidor e o substrato) são ligadas à proteína. Na reação da ATCase, a inibição por CTP e a ativação por ATP são efeitos heterotrópicos.
8. A ATCase é composta de dois tipos diferentes de subunidades. Uma delas é a subunidade catalítica, e há seis delas organizadas em dois trímeros. A outra é a subunidade reguladora, que consiste em seis subunidades proteicas organizadas em três dímeros.
9. As enzimas que exibem cooperatividade não mostram curvas hiperbólicas da velocidade *versus* a concentração de substrato. Suas curvas são sigmoidais. O grau de cooperatividade pode ser visto pelo formato da curva sigmoidal.
10. Os inibidores tornam a forma da curva mais sigmoidal.
11. Os ativadores tornam a forma da curva menos sigmoidal.
12. $K_{0,5}$ é a concentração de substrato que leva à metade da velocidade máxima. Este termo é utilizado com enzimas alostéricas em que o termo K_M não é adequado.
13. Um composto de mercúrio foi utilizado para separar as unidades da ATCase. Quando as subunidades foram separadas, um tipo de subunidade mantinha atividade catalítica, mas não era mais alostérica nem inibida por CTP. O outro tipo de subunidade não tinha atividade de ATCase, mas ligava-se ao CTP e ao ATP.

7-2 Os Modelos Concertado e Sequencial para Enzimas Alostéricas

14. No modelo concertado, todas as subunidades em uma enzima alostérica são encontradas da mesma forma, seja T ou R. Elas estão em equilíbrio, com cada enzima tendo uma razão característica de T/R. No modelo sequencial, as subunidades mudam individualmente de T para R.
15. O modelo sequencial pode explicar a cooperatividade negativa, porque um substrato que se liga à forma T pode induzir outras subunidades a trocar para a forma T, reduzindo, assim, a afinidade da ligação.
16. Maior cooperatividade é favorecida por ter uma maior razão da forma T/R. Também é favorecida por ter uma constante de dissociação mais alta para a ligação do substrato à forma T.
17. O valor L é a razão de equilíbrio da forma T/R. O valor c é a razão das constantes de dissociação para substrato e as duas formas de enzima, tal como $c = K_R/K_T$.
18. Muitos modelos são possíveis. Nunca sabemos com certeza como a enzima trabalha. Em vez disso, criamos um modelo que explica o comportamento observado. É muito possível que outro modelo também o faça.

7-3 Controle da Atividade Enzimática pela Fosforilação

19. Os cientistas buscam medicamentos que imitam o comportamento de moléculas sinalizadoras, tais como hormônios e neurotransmissores.
20. Os efeitos colaterais ocorrem porque o medicamento que se espera afetar um tipo de receptor provavelmente afetará sem intenção vários outros.
21. Primeiro, os efetores alostéricos modulam a resposta de uma maneira mais sutil que os ortostéricos. Segundo, um medicamento alostérico é mais específico para um ou mais tipos de receptores. Terceiro, os medicamentos alostéricos podem ser mais seguros porque não têm nenhum efeito, a não ser se estejam presentes ligantes naturais.

22. Valium é um medicamento alostérico que se liga a um sítio diferente nos receptores para o ácido γ-aminobutírico (GABA). Ele aumenta a resposta do receptor para o GABA. Quando está ligado, a resposta do GABA aumenta várias vezes.
23. Tomar muito Valium não é tão mortal quanto tomar muito Fenobarbital, porque o Valium não tem um efeito direto. Ao invés disso, modula o efeito do ligante natural ligado.
24. Um é o Cincalcet da Amgen, um medicamento projetado para combater a insuficiência renal crônica melhorando a ação dos receptores de cálcio. O outro é uma medicação de HIV da Pfizer chamada Maraviroc. Ela interage com o HIV que entra nas células.
25. Quinase é uma enzima que fosforila uma proteína utilizando um fosfato de alta energia, como o ATP, e um doador de fosfato.
26. Serina, treonina e tirosina são os três aminoácidos fosforilados mais frequentemente encontrados nas proteínas que sofrem o efeito das quinases. O aspartato é outro aminoácido frequentemente fosforilado.
27. O efeito alostérico pode ser mais rápido porque se baseia no simples equilíbrio de ligação. Por exemplo, se o AMP for um ativador alostérico da glicogênio fosforilase, o aumento imediato de AMP quando os músculos se contraem pode fazer que a fosforilase do músculo se torne mais ativa e forneça energia para os músculos em contração. O efeito de fosforilação requer que a cascata de hormônios comece com o glucagon ou a epinefrina. Há muitas etapas antes que a glicogênio fosforilase seja fosforilada; portanto, o tempo de resposta é mais lento. No entanto, o efeito cascata produz muito mais moléculas de fosforilase ativadas, então os efeitos são mais fortes e duradouros.
28. Como parte do mecanismo, a ATPase sódio-potássio tem um resíduo de aspartato que se torna fosforilado. Essa fosforilação altera a conformação da enzima e faz que ela se feche de um lado da membrana e abra do outro, movendo íons no processo.
29. A glicogênio fosforilase é controlada de forma alostérica por diversas moléculas. No músculo, o AMP é um ativador alostérico. No fígado, a glicose é um inibidor alostérico. A glicogênio fosforilase também existe na forma fosforilada e não fosforilada, com a primeira sendo mais ativa.

7-4 Zimogênios

30. O ácido salicílico, que vem da casca do salgueiro.
31. O salicilato estimula a AMPK, que estimula a queima de gordura. Os pesquisadores acreditam que este efeito diminui os ácidos graxos do plasma e reduz o risco de ataques cardíacos e diabetes do tipo 2.
32. As enzimas digestivas tripsina e quimotripsina são exemplos clássicos de regulação por zimogênios. Trombina, a proteína de coagulação, é outro exemplo.
33. Tripsina, quimotripsina e trombina são proteases. A tripsina quebra as ligações peptídicas em que há aminoácidos com cadeias laterais carregadas positivamente (Lys e Arg). A quimotripsina quebra peptídeos em aminoácidos com cadeias laterais aromáticas. A trombina quebra a proteína fibrinogênio em fibrina.
34. Caspases são uma família de homodímeros de cisteína proteases responsáveis por muitos processos na biologia celular, incluindo apoptose, sinalização dentro do sistema imunológico e diferenciação de células-tronco.
35. Quimotripsinogênio é um zimogênio inativo. É ativado pela tripsina, que quebra peptídeos nos resíduos básicos, como arginina. Quando a tripsina quebra entre a arginina e a isoleucina, o quimotripsinogênio se torna semiativo, formando π-quimotripsina. Essa molécula se autodigere, formando a α-quimotripsina ativa. No fim, o grupo α-amina da isoleucina produzida pela primeira quebra está próximo do sítio ativo da α-quimotripsina e é necessário para sua atividade.
36. Frequentemente, vimos os zimogênios como enzimas digestivas produzidas em um tecido e utilizadas em outro. Se a enzima estivesse prontamente ativa na produção, digeriria outras proteínas celulares e causaria um grande dano. Tendo essa enzima produzida como um zimogênio, ela pode ser formada com segurança e, depois, transportada ao tecido digestivo, como estômago ou intestino delgado, onde poderá, então, ser ativada.
37. Isso permite uma reação mais rápida quando o hormônio é necessário. O hormônio já está sintetizado e normalmente precisa apenas da quebra de uma ou duas ligações para se tornar ativo. O hormônio pode ser ajustado e liberado sob demanda.
38. A apoptose é um fenômeno natural de morte celular programada.
39. A interrupção da apoptose pode levar a formas de câncer e morte indesejada de células, tais como os neurônios circundantes que morrem a partir de um infarto.

7-5 A Natureza do Sítio Ativo

40. Serina e histidina são os dois aminoácidos mais essenciais no sítio ativo da quimotripsina.
41. A fase inicial libera o primeiro produto e envolve um intermediário acil-enzima. Essa etapa é mais rápida que a segunda parte, em que a água entra no sítio ativo e quebra a ligação enzima-acil.
42. Na primeira etapa da reação, a hidroxila da serina é o nucleófilo que ataca a ligação peptídica do substrato. Na segunda etapa, a água é o nucleófilo que ataca o intermediário acil-enzima.
43. A histidina 57 executa uma série de etapas envolvendo a catálise geral básica seguida por uma catálise geral ácida. Na primeira fase, ela leva um hidrogênio da serina 195, agindo como uma base geral. Isso é imediatamente seguido por uma etapa de catálise ácida, que fornece o hidrogênio para o grupo amida da ligação peptídica sendo rompida. Um esquema semelhante ocorre na segunda fase da reação.
44. A primeira fase é mais rápida por muitos motivos. A serina na posição 195 é um nucleófilo forte para o ataque nucleofílico inicial. Ela forma, então, um intermediário acil-enzima. Na segunda fase, a água é o nucleófilo e demora até que ela vá ao local certo para realizar seu ataque nucleofílico. Ela também não é um nucleófilo tão forte quanto a serina. Portanto, demora mais para a água realizar seu ataque nucleofílico e quebrar o intermediário acil-enzima do que para a serina criá-lo.
45. A histidina 57 existe nas formas protonada e desprotonada durante a reação da quimotripsina. Seu pK_a de 6,0 torna isso possível na faixa do pH fisiológico.

46. Em vez de uma porção fenilalanina (semelhante aos substratos normais da quimotripsina), utilize um grupo básico que contenha nitrogênio semelhante aos substratos normais da tripsina.

7-6 Reações Químicas Envolvidas nos Mecanismos Enzimáticos

47. Eles agem como ácidos de Lewis (receptores de pares de elétrons) e podem participar dos mecanismos de catálise enzimática das enzimas.
48. O carbono de um grupo carbonila é frequentemente atacado por um nucleófilo.
49. Catálise geral ácida é a parte de um mecanismo enzimático na qual um aminoácido ou outra molécula doa um íon hidrogênio para outra molécula.
50. S_N1 significa substituição nucleofílica unimolecular. A parte unimolecular significa que ela obedece à cinética de primeira ordem. Se a reação for $R{:}X + Z{:} \rightarrow R{:}Z + X{:}$, com uma reação S_N1, a taxa depende da velocidade com a qual X se afasta de R. O grupo Z vem por último e rapidamente, em comparação com a quebra de R:X. S_N2 significa substituição nucleofílica bimolecular. Isto acontece com o mesmo esquema de reação se Z ataca a molécula R:X antes que ela se rompa. Assim, tanto a concentração de R:X como a de Z: são importantes, e a velocidade exibe cinética de segunda ordem.
51. A reação S_N1 leva à perda de estereoespecificidade quando o grupo X sai antes de o nucleófilo entrar. Isto significa que o nucleófilo pode entrar por diferentes ângulos, levando a isômeros diferentes.
52. Os resultados não provam que o mecanismo é correto, porque resultados de experiências diferentes podem contradizer o mecanismo proposto. Neste caso, o mecanismo teria de ser modificado para acomodar os novos resultados experimentais.

7-7 O Sítio Ativo e os Estados de Transição

53. Um bom análogo do estado de transição deveria ter um átomo de carbono tetraédrico onde o grupo carbonila da amida foi encontrado originalmente, já que o estado de transição envolve uma forma tetraédrica temporária. Ele também deveria ter oxigênios no mesmo carbono, para que houvesse especificidade suficiente para o sítio ativo.
54. O modelo de ajuste induzido presume que a enzima e o substrato devam se mover e mudar para se encaixarem perfeitamente um no outro. Assim, o ajuste verdadeiro não é entre a enzima e o substrato, mas sim entre a enzima e o estado de transição do substrato em sua via até o produto. Um análogo do estado de transição se ajustará bem à enzima nesse modelo.
55. Uma abzima é criada com a injeção de um análogo do estado de transição de uma reação desejada em um animal hospedeiro. Este formará anticorpos contra as moléculas estranhas e esses anticorpos terão pontos de ligação específicos que imitam uma enzima em torno de um estado de transição. A finalidade é criar um anticorpo com atividade catalítica.
56. A cocaína bloqueia a reabsorção do neurotransmissor dopamina nas sinapses. Assim, a dopamina fica no sistema por mais tempo, estimulando em excesso o neurônio e fazendo que os sinais de recompensa no cérebro levem ao vício. Utilizar uma droga para bloquear um receptor seria inútil contra o vício em cocaína, e provavelmente tornaria a remoção da dopamina ainda mais improvável.
57. A cocaína pode ser degradada por uma enzima específica, que hidrolisa uma ligação éster que faz parte da sua estrutura. No processo dessa hidrólise, a cocaína deve passar por um estado de transição que muda seu formato. Os anticorpos catalíticos ao estado de transição da hidrólise de cocaína hidrolisam a droga em dois produtos inofensivos da degradação – o ácido benzoico e a ecgonina metil éster. Quando degradada, a cocaína não consegue bloquear a reabsorção de dopamina. Não há prolongamento do estímulo neural e os efeitos viciantes da droga desaparecem com o tempo.

7-8 Coenzimas

58. Nicotinamida adenina dinucleotídeo, oxidorredução; flavina adenina dinucleotídeo, oxidorredução; coenzima A, transferência de acila; fosfato de piridoxal, transaminação; biotina, carboxilação; ácido lipoico, transferência de acila.
59. A maioria das coenzimas deriva de compostos que chamamos vitaminas. Por exemplo, a nicotinamida adenina dinucleotídeo é produzida a partir da niacina vitamina B. A flavina adenina dinucleotídeo vem da riboflavina.
60. A vitamina B_6 é a fonte de fosfato de piridoxal, que é utilizado nas reações de transaminação.
61. As coenzimas podem atingir os mesmos mecanismos que os aminoácidos em uma reação. Por exemplo, um íon metálico pode agir como ácido ou base geral. Partes de uma coenzima, como o carbânion reativo da tiamina pirofosfato, podem agir como um nucleófilo para catalisar a reação.
62. Sim, haveria preferência. Como a coenzima e o outro substrato serão trancados dentro da enzima, o íon hidreto viria de algum grupo funcional que tivesse uma posição fixa. Portanto, o hidreto viria apenas de um lado.
63. Química verde refere-se às técnicas modernas que substituem grandes quantidades de produtos químicos tóxicos usados anteriormente por quantidades menores de produtos químicos menos tóxicos.
64. Os TAML são usados para tirar a toxicidade de poluentes naturais e sintéticos.

Capítulo 8

8-1 Definição de um Lipídeo

1. As propriedades de solubilidade (insolúvel em solventes aquosos ou polares, solúvel em solventes apolares). Alguns lipídeos não são estruturalmente relacionados de forma alguma.

8-2 Naturezas Químicas dos Tipos de Lipídeos

2. Nos dois tipos de lipídeos, o glicerol é esterificado a ácidos carboxílicos, com três dessas ligações ésteres formadas nos triacilgliceróis e duas nas fosfatidiletanolaminas. A diferença estrutural vem na natureza da terceira ligação éster ao glicerol. Nas fosfatidiletanolaminas, o terceiro grupo hidroxila do glicerol é esterificado não a um ácido carboxílico, mas ao ácido fosfórico. A molécula de ácido fosfórico é esterificada, por sua vez, a etanolamina (Veja a Figura 8.4).

3.

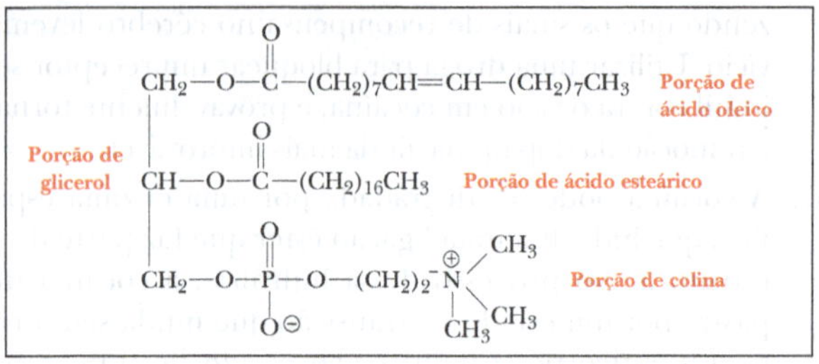
Porção de ácido oleico
Porção de glicerol
Porção de ácido esteárico
Porção de colina

4. Tanto as esfingomielinas como as fosfatidilcolinas têm ácido fosfórico esterificado a um álcool aminado, que deve ser a colina no caso de uma fosfatidilcolina, e pode ser colina no caso da esfingomielina. Elas são diferent3es no segundo álcool, ao qual o ácido fosfórico está esterificado. Nas fosfatidilcolinas, o segundo álcool é o glicerol, que também forma ligações de éster a dois ácidos carboxílicos. Nas esfingomielinas, o segundo álcool é outro amino álcool, a esfingosina, que formou uma ligação de amida com um ácido graxo (veja a Figura 8.5).
5. Esse lipídeo é uma ceramida, que é um tipo de esfingolipídeo.
6. Os esfingolipídeos contêm ligações amida, assim como as proteínas. Ambos podem ter partes hidrofóbicas e hidrofílicas e ocorrer nas membranas celulares, mas suas funções são diferentes.
7. Qualquer combinação de ácidos graxos é possível.

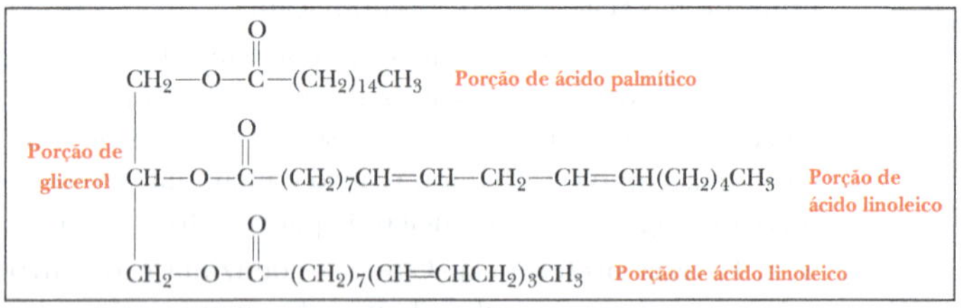
Porção de ácido palmítico
Porção de glicerol
Porção de ácido linoleico
Porção de ácido linoleico

8. Os esteroides contêm uma estrutura característica de anel fundido que os outros lipídeos não têm.
9. Graxas são ésteres de ácidos carboxílicos de cadeia longa e álcoois de cadeia longa. Elas tendem a ser encontradas como coberturas protetoras.
10. Os fosfolipídeos são mais hidrofílicos que o colesterol. O grupo fosfato é carregado e o álcool ligado é carregado ou polar. Esses grupos interagem imediatamente com a água. O colesterol tem apenas um grupo polar, um —OH.
11.

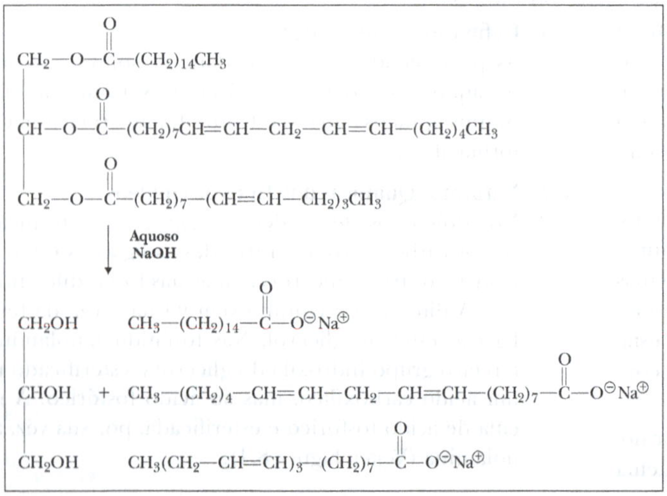
Aquoso
NaOH

12. A cobertura superficial com cera é uma barreira que evita a perda de água.
13. A cera da superfície mantém os produtos frescos ao evitar a perda de água.
14. O colesterol não é muito solúvel em água, mas a lecitina é um bom detergente natural, que, na verdade, faz parte das lipoproteínas que transportam as gorduras menos solúveis através do sangue.
15. A lecitina nas gemas de ovo serve como agente emulsificante ao formar vesículas fechadas. Os lipídeos da manteiga (normalmente triacilgliceróis) são retidos nas vesículas e não formam uma fase separada.
16. A remoção do petróleo também retira óleos e ceras naturais das penas. Esses óleos e ceras devem se regenerar antes que as aves possam ser soltas.

8-3 Membranas Biológicas

17. Os triacilgliceróis não são encontrados em membranas animais.
18. As afirmações (c) e (d) são coerentes com o que se sabe sobre membranas. A ligação covalente entre lipídeos e proteínas [afirmativa (e)] ocorre em alguns motivos de ancoragem, mas não é muito difundida fora deles. As proteínas "flutuam" nas bicamadas lipídicas em vez de ser prensadas entre elas [afirmativa (a)]. Moléculas maiores tendem a ser encontradas na camada externa lipídica [afirmativa (b)].
19. O público em geral aceita a ideia de que gorduras poli-insaturadas são saudáveis. A configuração *trans* fornece uma consistência mais palatável. No entanto, recentemente surgiram certas preocupações sobre até que ponto tais produtos imitam gorduras saturadas.
20. Os óleos vegetais parcialmente hidrogenados têm a consistência desejada para diversos alimentos, como a margarina líquida e componentes de refeições prontas.
21. Muitas das duplas ligações foram saturadas. A margarina para culinária contém "óleos vegetais parcialmente hidrogenados".
22. As dietas pobres em ácidos graxos saturados estão associadas a menos doenças cardíacas.
23. A temperatura de transição é mais baixa em uma bicamada lipídica com altos níveis de ácidos graxos insaturados em comparação com uma bicamada com alto percentual de ácidos graxos saturados. A bicamada com ácidos graxos insaturados, por sua vez, é mais desorganizada que aquela com alta porcentagem de ácidos graxos saturados.
24. A mielina é uma cobertura de diversas camadas consistindo principalmente em lipídeos (com algumas proteínas) que isola os axônios de células nervosas, facilitando a transmissão de impulsos nervosos.
25. Em temperaturas mais baixas, a membrana tenderia a ser menos fluida. A presença de mais ácidos graxos insaturados tenderia a compensar este fato aumentando a fluidez da membrana quando comparada com a membrana na mesma temperatura mas com maior proporção de ácidos graxos saturados.

26. A maior porcentagem de ácidos graxos insaturados ajuda a fluidez nas membranas em climas frios.
27. As interações hidrofóbicas entre as caudas de hidrocarboneto são a principal força motriz energética na formação de bicamadas lipídicas.
28. As quantidades relativas de colesterol e fosfatidilcolina podem variar amplamente nos diferentes tipos de membranas na mesma célula (veja Tabela 8.3).

8-4 Tipos de Proteínas de Membranas

29. Os lipídeos podem ser "marcados" com uma unidade fluorescente para observar seu movimento nas membranas. As proteínas têm fluorescência intrínseca e podem ser monitoradas diretamente.
30. Uma glicoproteína é formada por ligações covalentes entre um carboidrato e uma proteína, enquanto um glicolipídeo é formado pela ligação covalente entre um carboidrato e um lipídeo.
31. As proteínas associadas a membranas não têm de cobrir essa membrana. Algumas podem estar parcialmente inseridas nela, e outras, associadas à membrana por interações não covalentes com seu exterior.
32. Em uma amostra de 100 g de membrana, há 50 g de proteína e 50 g de fosfoglicerídeos.

$$50 \text{ g de lipídeo} \times \frac{1 \text{ mol de lipídeo}}{800 \text{ g de lipídeo}} = 0{,}0625 \text{ mol de lipídeo}$$

$$50 \text{ g de proteína} \times \frac{1 \text{ mol de proteína}}{50.000 \text{ g de proteína}} = 0.001 \text{ mol de proteína}$$

A razão molar entre lipídeo e proteína é de 0,0625/0,001, ou 62,5/1.

33. A natureza escolhe o que funciona. Este é um uso eficiente de uma grande proteína e da energia do ATP.
34. Em uma proteína que cobre uma membrana, os resíduos apolares são os que estão no lado externo; eles interagem com os lipídeos da membrana celular. Os resíduos polares estão na parte interna, revestindo o canal através do qual os íons entram e saem da célula.

8-5 O Modelo do Mosaico Fluido para a Estrutura da Membrana

35. As afirmações (c) e (d) estão corretas. A difusão transversal é observada apenas raramente [afirmativa (b)], e o termo "mosaico" refere-se ao padrão de distribuição de proteínas na bicamada lipídica [afirmativa (e)]. As proteínas periféricas também são consideradas parte da membrana [afirmativa (a)].
36. A fosforilação de resíduos de tirosina podem ativar ou desativar um receptor de proteína, dependendo do sistema específico.
37. A ação de inúmeras proteínas receptoras exige a ligação de GTP a uma subunidade específica seguida pela subsequente hidrólise.

8-6 As Funções das Membranas

38. Membranas biológicas são ambientes altamente apolares. Íons carregados tendem a ser excluídos de tais ambientes, em vez de se dissolver neles, como teriam de fazer para atravessar a membrana por difusão simples.
39. As afirmações (a) e (c) estão corretas; a (b) não está correta porque íons e moléculas maiores, especialmente as polares, precisam de proteínas de canal.

8-7 As Vitaminas Lipossolúveis e Suas Funções

40. O colesterol é um precursor da vitamina D_3; a reação de conversão envolve a abertura do anel.
41. A vitamina E é um antioxidante.
42. As unidades de isopreno são porções de cinco carbonos que têm uma função na estrutura de diversos produtos naturais, incluindo as vitaminas lipossolúveis.
43. Veja a Tabela 8.4.
44. A isomerização *cis-trans* na retina da rodopsina aciona a transmissão de um impulso para o nervo óptico e é o principal evento fotoquímico da visão.
45. A vitamina D pode ser produzida pelo organismo.
46. As vitaminas lipossolúveis se acumulam no tecido adiposo, levando a efeitos tóxicos. As vitaminas solúveis em água são excretadas, reduzindo drasticamente as chances de uma overdose.
47. A vitamina K tem um papel no processo de coagulação do sangue. Bloquear seu modo de ação pode ter um efeito anticoagulante.
48. As vitaminas A e E são conhecidas por eliminar radicais livres, que podem causar danos oxidativos às células.
49. Comer cenouras é bom para ambas. A vitamina A, que é abundante nas cenouras, tem uma função na visão. As dietas que incluem quantias generosas de vegetais estão associadas à menor incidência de câncer.

8-8 Prostaglandinas e Leucotrienos

50. Um ácido graxo ômega-3 tem uma ligação dupla no terceiro carbono a partir da extremidade metil.
51. Leucotrienos são ácidos carboxílicos com três ligações duplas conjugadas.
52. Prostaglandinas são ácidos carboxílicos que incluem um anel com cinco membros em sua estrutura.
53. As prostaglandinas e os leucotrienos derivam do ácido araquidônico. Eles atuam em inflamações e nos ataques de alergia e asma.
54. As prostaglandinas nas plaquetas do sangue podem inibir sua agregação. Este é um dos efeitos fisiológicos importantes das prostaglandinas.

Capítulo 9

9-1 Níveis de Estrutura nos Ácidos Nucleicos

1. (a) Normalmente, considera-se que o DNA de dupla- hélice tem estrutura secundária, exceto se considerarmos seu superenrolamento (terciária) ou sua associação a proteínas (quaternária).
   (b) O tRNA é uma estrutura terciária com muitas dobras e torções em três dimensões.
   (c) Normalmente, considera-se que o mRNA tem estrutura primária.

9-2 A Estrutura Covalente dos Polinucleotídeos

2. A timina tem um grupo metil acoplado ao carbono 5, enquanto a uracila não.
3. Na adenina, o carbono 6 tem um grupo amino acoplado. Na hipoxantina, o carbono 6 é um grupo carbonila.

4.

A	Adenina	Adenosina ou desoxiadenosina	Adenosina-5′-trifosfato ou desoxiadenosina-5′-trifosfato
G	Guanina	Guanosina ou desoxiguanosina	Guanosina-5′-trifosfato ou desoxiguanosina-5′-trifosfato
C	Citosina	Citidina ou desoxicitidina	Citidina-5′-trifosfato ou desoxicitidina-5′-trifosfato
T	Timina	Desoxitimidina	Desoxitimidina-5′-trifosfato
U	Uracila	Uridina	Uridina-5'-trifosfato

5. A ATP é feita de adenina, ribose e três fosfatos ligados ao grupo hidroxila da extremidade 5' da ribose. A dATP é a mesma, exceto que o açúcar é a desoxirribose.
6. A sequência da fita oposta para cada um dos seguintes (todos lidos 5′ → 3′) é ACGTAT TGCATA AGATCT TCTAGA ATGGTA TACCAT.
7. Elas são sequências de DNA por causa da presença de timina em vez de uracila.
8. (a) Definitivamente sim! Se há alguma coisa que você não quer ver desabando é seu armazém de instruções genéticas (compare a efetividade de um computador se todos os arquivos *.exe fossem excluídos).
   (b) No caso do RNA mensageiro, sim. O mRNA é o transmissor de informações para a síntese proteica, mas é necessário apenas enquanto uma proteína em especial for necessária. Se tivesse vida longa, a proteína continuaria sendo sintetizada até mesmo quando não necessária; isto gastaria energia e poderia causar efeitos prejudiciais mais diretos. Assim, a maioria dos mRNAs tem vida curta (minutos); se mais proteína for necessária, mais mRNA será produzido.
9. Quatro tipos diferentes de bases – adenina, citosina, guanina e uracila – formam a maioria preponderante das bases encontradas no RNA, mas não são as únicas. Podem ocorrer também algumas bases modificadas, principalmente no tRNA.
10. Essa especulação surgiu do fato de que a ribose tem três grupos hidroxila que podem ser esterificados com o ácido fosfórico (nas posições 2′, 3′ e 5′), enquanto a desoxirribose tem hidroxilas livres apenas nas posições 3′ e 5′.
11. A hidrólise de RNA é bastante aumentada pela formação de um intermediário 2′-3′ fosfodiéster cíclico. O DNA, que não tem o grupo hidroxila 2′, não consegue formar o intermediário e, assim, é relativamente resistente à hidrólise.

9-3 A Estrutura do DNA

12.

Estrutura	Tipo de Ácido Nucleico
Hélices de forma A	RNA de fita dupla
Hélices de forma B	DNA
Hélices de forma Z	DNA com sequências CGCGCG repetitivas
Nucleossomos	Cromossomos eucarióticos
DNA circular	DNA bacteriano, mitocondrial, plasmidial

13. Veja a Figura 9.8.
14. As afirmativas (c) e (d) são verdadeiras; as (a) e (b) não.
15. Os proponentes do sistema de patente dizem que pesquisas demandam dinheiro. As companhias não vão querer investir centenas de milhares, ou milhões, de dólares na pesquisa se não puderem conseguir um ganho real. Os opositores acreditam que uma patente no que corresponde à informação abafa mais a pesquisa e impede os avanços da medicina.
16. A ideia de patentear informação começou com um caso marco em 1972, quando Amanda M. Chakrabarty, uma engenheira da General Eletric, entrou com um pedido de uma patente de uma cepa de bactérias *Pseudomonas* que podia quebrar manchas de óleo de maneira mais eficaz.
17. Dois genes relacionados ao câncer de mama, *BRCA 1* e *BRCA 2*. Em 2009, um grupo de pacientes, médicos e profissionais de pesquisa entraram com uma ação para invalidar aquelas patentes. Eles argumentaram que, para começar, os dois genes são "produtos da natureza" e nunca deveriam ter sido patenteados.
18. Os sulcos maior e menor no DNA-B têm dimensões muito diferentes (largura), enquanto os sulcos no DNA-A têm largura mais semelhante.
19. A afirmativa (c) é verdadeira. As (a) e (b) são falsas. A afirmativa (d) é verdadeira para a forma B do DNA, mas não para as formas A e Z.
20. Superenrolamento refere-se a torções no DNA além e acima das torções da dupla-hélice. Superenrolamento positivo refere-se a uma torção adicional no DNA causada pelo excesso de enrolamento da hélice antes de vedar as extremidades para produzir DNA circular. Topoisomerase é uma enzima que induz uma quebra na fita simples no DNA superenrolado, relaxa o superenrolamento e sela a ruptura novamente. Superenrolamento negativo refere-se ao desenrolamento da dupla-hélice antes de selar as extremidades para produzir o DNA circular.
21. A torção da hélice é um movimento das duas bases em um par de bases que não estão no mesmo plano.
22. Uma etapa AG/CT é uma pequena porção do DNA de dupla-hélice onde uma fita é 5'-AG-3' e a outra é 5'-CT-3'. A natureza exata de tais etapas influencia muito o formato geral de uma dupla-hélice.
23. A torção da hélice reduz a força da ligação de hidrogênio, mas move a região hidrofóbica da base para fora do ambiente aquoso, sendo, assim, entropicamente mais favorável.
24. O DNA-B é uma hélice enrolada para a direita com dimensões específicas (10 pares de bases por volta, diferenças consideráveis entre os sulcos maior e menor etc.). O DNA-Z é uma dupla-hélice enrolada para a esquerda com dimensões diferentes (12 pares de bases por volta, sulcos maior e menor semelhantes etc.).
25. Os superenrolamentos positivos no DNA circular serão para a esquerda.
26. Cromatina é o complexo que consiste em DNA e proteínas básicas encontradas nos núcleos eucarióticos (veja a Figura 9.15).
27. O Projeto Genoma 10K propõe sequenciar 10.000 genomas nos próximos 5 anos.

28. Superenrolamento negativo, enrolamento de nucleossomo, forma Z do DNA.
29. Ela se liga ao DNA, formando alças em torno de si mesma. Então, corta as duas fitas do DNA em uma parte da alça, passa as extremidades pela outra alça e sela novamente.
30. As histonas são proteínas extremamente básicas com muitos resíduos de arginina e lisina. Esses resíduos têm cadeias laterais carregadas positivamente em pH fisiológico. Essa é uma fonte de atração entre o DNA e as histonas porque o DNA tem fosfatos carregados negativamente: a Histona-NH_3^+ atrai a cadeia $^-$O—P—O—DNA.

    Quando as histonas se tornam acetiladas, perdem sua carga positiva: Histona—NH—$COCH_3$. Portanto, não têm nenhuma atração aos fosfatos, no DNA. A situação é ainda menos favorável se elas forem fosforiladas, porque, agora, a histona e o DNA têm cargas negativas.
31. Os pares de bases adenina–guanina ocupam mais espaço do que o disponível no interior da dupla-hélice, enquanto os pares de bases citosina–timina são muito pequenos para cobrir a distância até o sítio ao qual as bases complementares estão ligadas. Normalmente, não se esperaria encontrar tais pares de bases no DNA.
32. Os grupos fosfato no DNA são carregados negativamente em pH fisiológico. Se estivessem agrupados próximos um do outro, como no centro de uma fibra longa, o resultado seria uma considerável repulsão eletrostática. Tal estrutura seria instável.
33. A porcentagem de citosina é igual à da guanina, 22%. Assim, esse DNA tem um conteúdo G–C de 44%, o que significa um conteúdo A–T de 56%. A porcentagem de adenina é igual à de timina, portanto, a adenina e a timina têm 28% do total de bases do DNA cada.
34. Se o DNA não fosse de fita dupla, não existiria a exigência G=C e A=T .
35. A distribuição de bases não teria mais A=T e G=C, e o total de purina não seria igual ao de pirimidina.
36. A finalidade do Projeto Genoma Humano era o sequenciamento completo do genoma humano. Há muitos motivos para fazer isso. Alguns estão relacionados a pesquisas básicas (isto é, o desejo de saber tudo o que pode ser conhecido, especialmente sobre nossa espécie); outros são de interesse médico (melhor compreensão das doenças genéticas e como seu crescimento e desenvolvimento são controlados). Alguns têm natureza comparativa, buscando-se semelhanças e diferenças com genomas de outras espécies. Nosso DNA é, pelo menos, 95% igual ao de um chimpanzé, mas somos claramente diferentes. A compreensão do nosso genoma nos ajudará a entender o que separa a humanidade de outros primatas e não primatas.
37. Há muitas considerações legais e éticas com relação à terapia gênica humana. Algumas são morais e filosóficas: Temos o direito de manipular o DNA humano? Estamos brincando de Deus? A geração de humanos "sob medida" deve ser permitida? Algumas são mais científicas: Temos o conhecimento para fazer isso direito? O que acontecerá se cometermos um erro? Será que um paciente morrerá, o que não aconteceria com outros tratamentos?
38. As vantagens seriam que as pessoas poderiam escolher seu estilo de vida. Uma pessoa com um genótipo que sabidamente leva à aterosclerose pode mudar seus hábitos alimentares e de exercícios desde a tenra idade para ajudar a combater esse possível problema, além de buscar terapias medicamentosas preventivas. As desvantagens podem envolver questões legais sobre o direito de saber tais informações. Empregadores poderiam discriminar funcionários em potencial baseados na indicação de uma provável suscetibilidade ao uso abusivo de drogas, alcoolismo, ou mesmo de doenças, mostrada por marcadores genéticos. Poderia surgir um sistema de castas com base na genética.
39. Como qualquer sistema que envolve a replicação de DNA por DNA polimerases deve ter um primer para iniciar a reação, o primer pode ser RNA ou DNA, mas deve ligar-se à fita molde sendo lida. Portanto, deve-se conhecer a sequência o suficiente para criar o primer correto.

9-4 Denaturação do DNA

40. Os pares de bases A–T têm duas ligações de hidrogênio, enquanto os G–C têm três. São necessárias mais energia e temperatura mais alta para romper a estrutura de um DNA rico em pares de bases G–C.

9-5 Os Principais Tipos de RNA e Suas Estruturas

41. Veja as Figuras 9.18 e 9.23.
42. O RNA nuclear pequeno (snRNA) é encontrado no núcleo eucariótico e está envolvido nas reações de *splicing* de outros tipos de RNA. O snRNP é uma pequena partícula nuclear de ribonucleoproteína. Um complexo de RNA nuclear pequeno e proteína catalisa o *splicing* de RNA.
43. O RNA ribossômico (rRNA) é o maior. Os siRNA e miRNA são os menores em 20 a 30 nucleotídeos.
44. O RNA mensageiro (mRNA) tem a menor quantidade de estrutura secundária (ligação de hidrogênio).
45. As bases em uma cadeia de fita dupla são parcialmente escondidas do feixe de luz de um espectrofotômetro pelas outras bases em grande proximidade, como se estivessem à sombra das outras bases. Quando essas fitas se desenrolam, essas bases se tornam expostas à luz e a absorvem. Portanto, a absorção aumenta.
46. Interferência de RNA é o processo pelo qual pequenos RNAs evitam a expressão de genes.
47. Ocorre um número maior de ligações de hidrogênio no tRNA do que no mRNA. A estrutura dobrada do tRNA, que determina sua ligação aos ribossomos no decorrer da síntese proteica, depende do arranjo por ligações de hidrogênio de seus átomos. As sequências de codificação do mRNA devem estar acessíveis para orientar a ordem dos aminoácidos nas proteínas, e não deveriam ser consideradas inacessíveis pela formação de ligações de hidrogênio.
48. Elas evitam a formação de ligações de hidrogênio intramoleculares (que ocorre no tRNA via associações A–U e C–G normais), possibilitando, assim, a formação de alças que são essenciais para o funcionamento da molécula, sendo a mais importante a alça do anticódon.
49. A renovação do mRNA deve ser rápida para garantir que a célula possa reagir rapidamente quando proteínas específicas são necessárias. As subunidades ribossômicas, incluindo seu componente de rRNA, podem ser recicladas para vários ciclos de síntese proteica. Como resultado, o mRNA é degradado mais rapidamente que o rRNA.
50. O erro no DNA seria mais nocivo porque cada divisão celular o propagaria. Um erro na transcrição produziria uma molécula de RNA errada que pode ser substituída pela versão correta na próxima transcrição.

51. O mRNA eucariótico é formado inicialmente no núcleo pela transcrição do DNA. O mRNA transcrito passa pelo processo de *splicing* para remover íntrons; uma cauda poli-A é adicionada na extremidade 3' e um cap de 5' é colocado. Este é o mRNA final, que é, então, transportado, na maioria dos casos, para fora do núcleo para tradução pelos ribossomos.
52. Os números 50S, 30S etc. referem-se à velocidade relativa de sedimentação em uma ultracentrífuga e não podem ser adicionados diretamente. Muitas coisas além da massa molecular influenciam as características de sedimentação, como seu formato e sua densidade.

Capítulo 10

10-1 O Fluxo de Informação Genética na Célula

1. Replicação é a produção de um novo DNA a partir de um molde de DNA. Transcrição é a produção de um novo RNA a partir de um molde de DNA. Tradução é a síntese de proteínas dirigida pelo mRNA, que reflete a sequência de bases do DNA.
2. Falso. Nos retrovírus, o fluxo de informações é RNA → DNA.
3. O DNA representa a cópia permanente das informações genéticas, enquanto o RNA é temporário. A célula pode sobreviver à produção de algumas proteínas mutantes, mas não à mutação do DNA.

10-2 A Replicação do DNA

4. Replicação semiconservativa do DNA significa que uma molécula de DNA recém-formada tem uma nova fita e uma fita de DNA original. A evidência experimental para a replicação semiconservativa baseia-se no resultado da centrifugação em gradientes de densidade (Figura 10.3). Se a replicação fosse um processo conservativo, o DNA original teria duas fitas pesadas e todos os DNAs recém-formados fitas leves.
5. Uma forquilha de replicação é o sítio de formação de novo DNA. As duas fitas do DNA original se separam e uma nova é formada em cada fita original.
6. Uma origem da replicação consiste em uma bolha no DNA. Há dois lugares nas extremidades opostas onde novas cadeias de polinucleotídeos são formadas (Figura 10.4).
7. Separar as duas fitas de DNA exige o desenrolar da hélice.
8. Se a experiência original de Meselson-Stahl tivesse utilizado pedaços maiores de DNA, os resultados não teriam sido tão precisos. A menos que as bactérias fossem sincronizadas com relação ao seu estágio de desenvolvimento, o DNA poderia ser representado por muitas gerações de uma só vez.
9. Replicação exige a separação das fitas de DNA. Isto não pode acontecer a menos que o DNA seja desenrolado.

10-3 DNA Polimerase

10. A maioria das enzimas DNA polimerase também tem atividade exonucleásica.
11. A DNA polimerase I é essencialmente uma enzima de reparo. A DNA polimerase III é a principal responsável pela síntese de novo DNA. Veja a Tabela 10.1.
12. A processividade de uma DNA polimerase é o número de nucleotídeos incorporados antes que a enzima se dissocie do molde. Quanto maior o número, mais eficiente é o processo de replicação.
13. Os reagentes são desoxirribonucleotídeos trifosfatados. Eles fornecem não apenas a porção a ser inserida (o desoxirribonucleotídeo) no DNA, mas também a energia para acionar a reação (dNTP → NMP inserido + PP_i, PP_i → 2 P_i).
14. A hidrólise do produto pirofosfato evita a inversão da reação ao remover um produto.
15. Uma fita de DNA recém-formada utiliza a fita 3' a 5' como modelo. O problema surge com a fita 5' a 3'. A natureza lida com esta questão utilizando segmentos curtos desta fita para diversos trechos de um DNA recém-formado. Eles são, então, ligados pela DNA ligase (Figura 10.5).
16. A extremidade 3' livre é necessária no sítio ao qual os nucleotídeos adicionados se ligarão. Diversos medicamentos antivirais removem, de alguma forma, esta extremidade.
17. Um grande valor negativo de ΔG° garante que a reação inversa da despolimerização não ocorra. O desperdício de energia é uma estratégia comum quando é crucialmente importante que o processo não entre na direção contrária.
18. A substituição nucleofílica é um mecanismo comum de reação, e o grupo hidroxila na extremidade 3' da fita de DNA em crescimento é um exemplo de um nucleófilo frequentemente encontrado.
19. Em algumas enzimas, há um sítio de reconhecimento que não é o sítio ativo. No caso específico da DNA polimerase III, o grampo deslizante prende o restante da enzima ao molde. Isto garante um alto nível de processividade.

10-4 As Proteínas Necessárias para a Replicação do DNA

20. Todos os quatro desoxirribonucleosídeos trifosfatados, o DNA molde, a DNA polimerase, todos os quatro ribonucleosídeos trifosfatados, a primase, a helicase, a proteína de ligação de fita simples, a DNA girase e a DNA ligase.
21. O DNA é sintetizado da extremidade 5' para a 3', e a nova fita é antiparalela à fita molde. Uma das fitas é exposta da extremidade 5' para a 3' como resultado do seu desenrolamento. Pequenos segmentos do novo DNA são sintetizados, ainda em sentido antiparalelo da extremidade 5' para a 3', e são ligados pela DNA ligase. Veja a Figura 10.5.
22. A DNA girase introduz um ponto de rotação na molécula de DNA à frente da forquilha de replicação. A primase sintetiza o RNA primer. A DNA ligase une pequenas fitas recém-formadas para produzir fitas mais longas.
23. No processo de replicação, as porções de fita simples do DNA são complexadas em proteínas específicas.
24. A DNA ligase veda os cortes no DNA recém-sintetizado.
25. O primer na replicação do DNA é uma sequência curta de RNA à qual a cadeia de DNA em crescimento é ligada.
26. Há enzimas específicas para cortar o DNA e fornecer uma configuração superenrolada na forquilha de replicação, permitindo que este processo ocorra.
27. A polimerase III não inserirá um desoxirribonucleotídeo sem verificar se a base anterior está correta. Sem uma base anterior para verificação, ela não consegue iniciar a síntese. Assim, essa base pode ser um ribonucleotídeo.
28. As DNA polimerases têm uma estrutura muito comum que frequentemente é comparada com mão direita, com os domínios referindo-se aos dedos, palma e polegar. O sítio ativo onde a reação de polimerase é catalisada localiza-se

na fenda dentro do domínio da palma. O domínio dos dedos age no reconhecimento e na ligação do desoxinucleotídeo, e o polegar é responsável pela ligação do DNA.

29. Concluiu-se recentemente que a enzimas de três pol III estão associadas com o replissoma ao invés de duas.
30. Marcação fluorescente.
31. É necessário um carregador de grampo porque o grampo de deslize da DNA polimerase é um círculo fechado. Ele não seria capaz de rodear o DNA sem uma enzima para abri-lo.

10-5 Revisão e Reparo

32. Quando um nucleotídeo incorreto é inserido em uma cadeia crescente de DNA como resultado de um mau pareamento de bases, a DNA polimerase age como uma exonuclease 3', removendo o nucleotídeo incorreto. A mesma enzima, em seguida, incorpora o nucleotídeo correto.
33. Na *E. coli*, dois tipos diferentes de atividade exonucleásica são possíveis para a DNA polimerase I, que funciona como uma enzima de reparo.
34. Uma exonuclease quebra o DNA perto do sítio dos dímeros de timina. A polimerase I age então como uma nuclease e retira os nucleotídeos incorretos, depois age como uma polimerase para incorporar os nucleotídeos corretos. A DNA ligase sela o local clivado.
35. No DNA, a citosina é desaminada espontaneamente para formar uracila. A presença do grupo metila em T é uma indicação clara de que a timina realmente pertence a esta posição, e não uma citosina que foi desaminada.
36. Cerca de 5 mil livros: 10^{10} caracteres/erro $\times$ 1 livro/(2×10^6 caracteres) = 5×10^3 livros/erro.
37. 1.000/caracteres/segundo $\times$ 1 palavra/5 caracteres $\times$ $\times$ 60 segundos/minuto = 12.000 palavras/minuto.
38. 1 segundo/1.000 caracteres $\times$ 10^{10} caracteres/erro = 107 segundos/erro = 16,5 semanas/erro sem parar.
39. Os procariotos metilam seu DNA logo após a replicação. Isto auxilia o processo de reparo de mau pareamento. As enzimas que executam o processo podem reconhecer a fita correta por seus grupos metila. A fita recém-formada, que contém a base incorreta, não tem grupos metila.
40. O DNA está constantemente sendo danificado por fatores ambientais e por mutações espontâneas. Se esses erros se acumulam, o aminoácido prejudicial muda ou podem surgir deleções. Como resultado, proteínas essenciais, incluindo aquelas que controlam a divisão celular e a morte celular programada, ficam inativas ou superativas, eventualmente levando ao câncer.
41. Os procariotos têm um mecanismo como último recurso para lidar com danos drásticos ao DNA. Este mecanismo, chamado resposta SOS, inclui a permuta no DNA. A replicação se torna altamente propensa a erros, mas atende à necessidade de sobrevivência da célula.
42. União de pontas não homólogas do DNA (NHEJ) ou recombinação.
43. Ku 70/80, DNA ligase IV e várias outras.
44. É uma propensão ao erro à medida que o reparo prossegue sem um modelo.
45. Ela se liga à extremidade quebrada do DNA de tal forma que a replicação possa continuar.

10-6 Recombinação de DNA

46. Recombinação que envolve uma reação entre sequências homólogas.
47. Eles usaram diferentes fagos para infectar bactérias. Um dos fagos tinha DNA leve e outro pesado. Sem a recombinação, o DNA leve sempre empacotaria em partículas de vírus leves, e os pesados em partículas pesadas. Isto levaria a apenas duas populações de fagos após a infecção. Os resultados mostraram, entretanto, que havia combinações intermediárias que tinham DNA de diferentes massas. Isto demonstrou que o DNA de fago foi recombinado.
48. Similar ao experimento descrito na questão 47, o uso de isótopos pesados demonstrou a natureza semiconservativa de replicação. Produtos de peso intermediário de replicação demonstraram que o DNA de progênie contém uma fita pai e uma nova fita.
49. A recombinação ocorre pela quebra e reunião de fitas de DNA de tal forma que ocorra a troca física de partes de DNA. O mecanismo foi deduzido em 1964 por Robin Holliday e é chamado modelo de Holliday.

10-7 A Replicação do DNA Eucariótico

50. Os eucariotos normalmente têm diversas origens de replicação, enquanto os procariotos têm apenas uma.
51. As características gerais da replicação de DNA são semelhantes nos procariotos e nos eucariotos. As principais diferenças são que as DNA polimerases eucarióticas não têm atividade exonucleásica. Após a síntese, o DNA eucariótico é complexado com proteínas, enquanto o DNA procariótico não.
52. Histonas são proteínas complexadas ao DNA eucariótico. Sua síntese deve ocorrer na mesma velocidade da do DNA. As proteínas e o DNA, então, devem-se organizar de forma adequada.
53. (a) A replicação do DNA eucariótico envolve histonas; a molécula de DNA linear nos eucariotos é muito maior e precisa de tratamento especial nas suas extremidades.
    (b) Polimerases especiais são utilizadas nas organelas de células eucarióticas.
54. Os eucariotos têm mais DNA polimerases, que tendem a ser moléculas maiores. As DNA polimerases eucarióticas tendem a não ter atividade exonucleásica. Há mais origens de replicação nos eucariotos e fragmentos de Okazaki menores. Veja a Tabela 10.5.
55. Há mecanismos para garantir que a síntese de DNA ocorra apenas uma vez no ciclo eucariótico, durante a fase S. A preparação para a síntese de DNA pode ocorrer e acontece na fase G1, mas a duração real da síntese é estritamente controlada.
56. Se a enzima telomerase estivesse desativada, a síntese de DNA pararia em algum momento. Esta enzima mantém a fita molde da extremidade 3' de forma que não sofra degradação com cada ciclo da síntese de DNA. A degradação, por sua vez, surge da remoção do RNA primer em cada ciclo da síntese de DNA.
57. Se a síntese de histona acontecesse mais rapidamente que a de DNA, seria altamente desvantajoso investir a energia necessária para a síntese proteica. As histonas não teriam DNA ao qual se ligar.

58. Os fatores de licenciamento da replicação (RLFs) são proteínas que se ligam ao DNA eucariótico. Elas recebem este nome pelo fato de que a replicação não pode ocorrer até que elas estejam ligadas. Descobriu-se que algumas das proteínas RLF são citosólicas. Elas têm acesso ao cromossomo apenas quando a membrana nuclear se dissolve durante a mitose. Até que estejam ligadas, a replicação não pode ocorrer. Essa propriedade liga a replicação do DNA eucariótico e o ciclo celular. Quando as RLFs forem ligadas, o DNA, então, estará apto para a replicação.
59. Será mais rápida nos procariotos. O DNA é menor e a falta de compartimentalização dentro da célula facilita o processo. A replicação de DNA nos eucariotos está ligada ao ciclo celular, e as células procarióticas proliferam-se mais rapidamente que as eucarióticas.
60. Na ação da transcriptase reversa, a única fita de RNA serve de modelo para a síntese de uma única fita de DNA. A fita de DNA, por sua vez, serve de modelo para a síntese da segunda fita do DNA.
61. O DNA circular não tem extremidades. Isto elimina a necessidade de manter a extremidade molde 3' na remoção do primer de RNA. Os telômeros e a telomerase não são necessários no DNA circular.
62. A presença de uma DNA polimerase que opera apenas nas mitocôndrias é coerente com a visão de que essas organelas derivam de bactérias incorporadas por endossimbiose. As bactérias originalmente eram organismos de vida livre nos primórdios da história evolucionária.
63. A hipótese de que o RNA era a molécula original de hereditariedade e foi a primeira que pegou compostos simples e os transformou em moléculas maiores com uma função.
64. Porque a descoberta de que o RNA pode se autorreplicar leva à crença da hipótese do mundo de RNA e nos traz uma etapa mais próxima do entendimento de como a evolução começou.

Capítulo 11

11-2 Transcrição nos Procariotos

1. Não há necessidade de um primer para a transcrição de DNA em RNA.
2. A RNA polimerase da *E. coli* tem massa molecular de cerca de 500.000 e quatro tipos diferentes de subunidades. Ela utiliza uma das fitas do molde de DNA para orientar a síntese de RNA, e catalisa a polimerização da extremidade 5' para a 3'.
3. A composição da subunidade para a holoenzima é $\alpha_2\beta\beta'\sigma$.
4. A enzima central não tem a subunidade σ, mas a holoenzima sim.
5. A fita que a RNA polimerase utiliza como molde para seu RNA é chamada fita molde, fita não codificadora, fita antissenso e fita (–). A outra fita, cuja sequência corresponde ao RNA produzido, exceto pela troca T–U, é chamada fita não molde, fita codificadora, fita senso e fita (+).
6. A região promotora é a porção do DNA à qual a RNA polimerase se liga no início da transcrição. Essa região fica a montante (mais próxima da extremidade 3' do DNA molde) do gene para o RNA. As regiões promotoras do DNA de muitos organismos têm sequências em comum (sequências de consenso). As sequências de consenso frequentemente ficam 10 pares de bases e 35 pares de bases a montante do início da transcrição.
7. Indo de 5' para 3' na fita codificadora, a ordem é a seguinte: sítio Fis, elemento UP, região –35, Pribnow box e TSS.
8. A terminação intrínseca da transcrição envolve a formação de uma alça em forma de grampo no RNA sendo formado, o que confina a RNA polimerase a uma região rica em pares de bases A–U. Isto causa a terminação da transcrição e a liberação do transcrito. A terminação dependente de Rho envolve uma alça em forma de grampo semelhante, mas, além disso, uma proteína Rho se liga ao RNA e se desloca ao longo dele em direção à bolha de transcrição. Quando a proteína Rho atinge a bolha de transcrição provoca a terminação.
9. Veja a Figura 11.1. A fita de DNA superior é a não molde, porque não é utilizada para criar o RNA. É chamada fita codificadora porque tem a mesma sequência do RNA produzido, exceto pela troca de T para U. É chamada fita senso porque sua sequência fornece a sequência correta de aminoácidos do produto proteína. É chamada fita (+) novamente porque tem a sequência correta. A fita inferior é chamada fita molde porque é a utilizada para formar o RNA. Também é a fita não codificadora porque sua sequência não corresponde ao RNA produzido. É a fita antissenso e (–) pelo mesmo motivo.

11-3 A Regulação da Transcrição nos Procariotos

10. Indutor é uma substância que leva à transcrição dos genes estruturais em um óperon. Repressor é uma substância que evita a transcrição dos genes estruturais em um óperon.
11. O fator σ é uma subunidade da RNA polimerase procariótica. Ele direciona a polimerase para promotores específicos e é uma das formas em que a expressão dos genes é controlada nos procariotos.
12. A σ^{70} é a subunidade σ normal para a RNA polimerase na *E. coli*. Ela orienta a RNA polimerase para a maioria dos genes que é transcrita em circunstâncias normais. A σ^{32} é uma subunidade alternativa produzida quando as células são cultivadas a temperaturas mais altas. Ela direciona a RNA polimerase para outros genes que precisam ser expressos durante condições de choque térmico.
13. A proteína ativadora catabólica é um fator de transcrição em *E. coli* que estimula a transcrição dos genes estruturais do óperon *lac*. Ela reage a níveis de cAMP tais que o óperon *lac* é transcrito apenas quando as células devem utilizar lactose como fonte de combustível.
14. Atenuação da transcrição é o processo encontrado nos procariotos pelo qual a transcrição pode continuar ou ser prematuramente interrompida com base na tradução simultânea do mRNA produzido. Isto é frequentemente visto em genes cujos produtos da proteína levam à síntese de aminoácidos.
15. Óperon consiste em um gene operador, um gene promotor e genes estruturais. Quando um repressor é ligado ao operador, a RNA polimerase não pode se ligar ao promotor para iniciar a transcrição dos genes estruturais. Quando um indutor está presente, ele se liga ao repressor, tornando-o inativo. O repressor inativo não pode mais se ligar ao operador. Como resultado, a RNA polimerase pode ligar-se ao promotor, levando à eventual transcrição dos genes estruturais.
16. Veja a Figura 11.6.

17. Com o fago SPO1, que infecta as bactérias *B. subtilis*, o vírus tem um conjunto de genes chamados genes precoces, que são transcritos pela RNA polimerase do hospedeiro utilizando sua subunidade σ regular. Um dos genes precoces virais codifica uma proteína chamada gp28. Essa proteína é outra subunidade σ, que orienta a RNA polimerase para transcrever preferencialmente mais dos genes virais durante a fase intermediária. Os produtos da transcrição da fase intermediária são gp33 e gp34, que, juntos, formam outro fator σ que direciona a transcrição dos genes tardios.
18. Veja a Figura 11.16. Quando o nível de triptofano está baixo, o *trp*-$tRNA^{trp}$ se torna limitante. Isto confina o ribossomo aos códons de triptofano no mRNA. Com os ribossomos confinados ali, a alça antiterminação pode ser formada, a transcrição não é interrompida e o mRNA inteiro é produzido. Se o ribossomo não for confinado ali, a alça de terminação se forma e o mRNA líder se dissocia.

11-4 Transcrição nos Eucariotos

19. É o domínio sensorial de um ribointerruptor encontrado na extremidade 5'.
20. É um mRNA que tem duas funções: sensorial e tomada de decisão.
21. A tradução pode ser prevenida quando uma alça na forma de grampo bloqueia o sítio iniciador da tradução. Outro processo que suspende a tradução ocorre quando um grampo finalizador é criado, similar àquele que se forma durante a atenuação da transcrição. Além disso, na presença de um determinado metabólito, o mRNA pode se autodestruir.
22. Pesquisadores têm a esperança de encontrar moléculas que possam agir como um inibidor competitivo e fazer que o ribointerruptor aja como se um substrato natural estivesse presente. Se o ribointerruptor controlou um processo vital, então desligá-lo mataria o patógeno.
23. Éxons são as porções do DNA que são expressas, o que significa que são refletidos na sequência de bases do mRNA final. Íntrons são as sequências intervenientes que não aparecem no produto final, mas são removidas durante o *splicing* do mRNA.
24. Há três RNA polimerases nos eucariotos, em comparação com uma nos procariotos. Há muito mais fatores de transcrição nos eucariotos, inclusive complexos necessários para o recrutamento da polimerase. O RNA é amplamente processado após a transcrição nos eucariotos, e, na maioria dos casos, o mRNA deve sair do núcleo a ser traduzido, enquanto a tradução e a transcrição podem ocorrer ao mesmo tempo nos procariotos.
25. A RNA polimerase I produz a maior parte do rRNA. A RNA polimerase II produz o mRNA e a RNA polimerase III o tRNA, a subunidade ribossômica 5S e o sn-RNA.
26. O primeiro componente inclui uma variedade de elementos a montante, que agem como reforçadores e silenciadores. Dois elementos comuns estão próximos do promotor central e são a GC Box (–40), que tem uma sequência de consenso de GGGCGG, e a CAAT box (estendendo até –110), que tem uma sequência de consenso de GGCCAATCT. O segundo componente, encontrado na posição –25, é o TATA box, que tem uma sequência de consenso de TATAA(T/A). O terceiro componente inclui o sítio de início da transcrição na posição +1 e é cercado por uma sequência chamada elemento iniciador (*Inr*). O componente final é um possível regulador a jusante.
27. TFIIA, TFIIB, TFIID, TFIIE, TFIIF e TFIIH são os fatores gerais de transcrição. TFIID também é a proteína de ligação ao TATA box e está associado a TAFs (fatores associados a TBP).
28. Sua função principal é como fator geral de transcrição envolvido na formação do complexo aberto para início da transcrição. Ele se liga à unidade basal e está envolvido na fusão do DNA por meio de uma atividade de helicase, além da liberação do promotor via fosforilação do CTD da RNA polimerase. Além disso, ele também tem uma atividade de quinase dependente da ciclina. Assim, o TFIIH está envolvido na finalização da transcrição e na divisão celular, além de também nos mecanismos de reparo de DNA.

11-5 Regulação da Transcrição nos Eucariotos

29. O elemento de choque térmico reage ao aumento de temperatura. O elemento de resposta ao metal reage à presença de metais pesados, como cádmio, e o elemento de resposta a AMP cíclico controla uma ampla variedade de genes com base nos níveis de cAMP na célula.
30. CREB é um fator de transcrição que se liga ao elemento de resposta a cAMP. Ela está envolvida na transcrição de centenas de genes com base nos níveis de cAMP da célula. Quando há cAMP, a CREB é fosforilada, o que lhe permite ligar-se à proteína de ligação de CREB, que conecta o CRE ao mecanismo de transcrição basal, estimulando a transcrição.
31. A regulação nos eucariotos é muito mais complicada. A regulação procariótica é controlada pela escolha da subunidade σ, a natureza dos promotores e o uso de repressores/indutores. Nos eucariotos, há muito mais elementos promotores, fatores de transcrição e coativadores. Além disso, o DNA deve ser liberado das proteínas histona para que a transcrição do DNA esteja ligada às modificações da histona.
32. Enquanto o mRNA é produzido, os ribossomos são ligados e começam a traduzir. Uma sequência líder do mRNA leva a um peptídeo líder. As alças podem ser formadas no mRNA de diferentes formas. Algumas combinações de alça levam à terminação da transcrição. A velocidade com a qual o ribossomo é capaz de se deslocar no mRNA controla quais combinações de alça serão formadas, e esta velocidade, normalmente, é regida pelo nível de um tRNA específico disponível para a tradução.
33. Presumindo que haja uma taxa de transcrição basal para um gene em particular, um reforçador se ligaria a um fator de transcrição e levaria a um maior nível de transcrição, enquanto um silenciador se ligaria a um fator de transcrição e reduziria o nível de transcrição para abaixo da taxa basal.
34. Elemento de resposta é um elemento reforçador que se ligará a um fator de transcrição específico e aumentará o nível de transcrição dos genes alvo. No caso dos elementos de resposta, no entanto, isto é uma reação a um sinal celular mais geral, como a presença de cAMP, glicocorticoides ou metais pesados. Elementos de resposta podem controlar um conjunto grande de genes e um determinado gene pode estar sob o controle de mais de um elemento de resposta.

35. Como podemos ver na figura, o CREB se liga ao CRE. Quando fosforilado, ele também se liga à CBP e faz uma ponte até o complexo de transcrição basal.

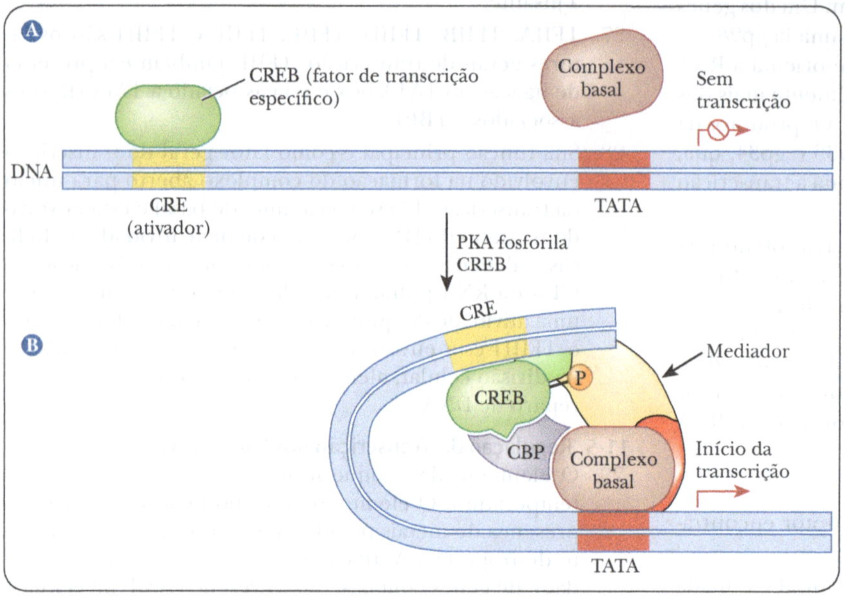
A
CREB (fator de transcrição específico)
Complexo basal
Sem transcrição
DNA
CRE (ativador)
TATA
PKA fosforila CREB
B
CRE
Mediador
P
CREB
CBP
Complexo basal
Início da transcrição
TATA

36. TFIID é um dos fatores gerais de transcrição para a RNA polimerase II. Parte dele é uma proteína que se liga ao TATA box nos promotores eucarióticos. Associadas em complexo com o TATA box e a TBP estão muitas proteínas chamadas TAFs, que significa fatores associados à TBP.
37. A afirmativa é falsa. Muitos promotores eucarióticos têm TATA box, mas também há genes que não a possuem.
38. O alongamento da transcrição nos eucariotos é controlado de diversas formas. Há sítios de pausa nos quais a RNA polimerase tende a hesitar. Também há a antiterminação, na qual a RNA polimerase pode transcrever após um ponto normal de terminação. O fator geral de transcrição TFIIF estimula o alongamento, assim como a iniciação, ao ajudar a RNA polimerase II a ler através de sítios de pausa. Um fator de alongamento separado, o TFIIS, é chamado fator de liberação de parada porque estimula a RNA polimerase a retomar a transcrição depois de hesitar em um sítio de pausa. Também há proteínas separadas, chamadas P-TEF e N-TEF, que agem para afetar o alongamento de forma positiva ou negativa.
39. CREB é um fator de transcrição ubíquo que se encontra envolvido em diversos genes. Ele é fosforilado quando os níveis de cAMP estão altos, o que dispara a ativação dos genes. A transcrição mediada por CREB está envolvida na proliferação celular, na diferenciação celular, na espermatogênese, na liberação de somatostatina, no desenvolvimento de células T maduras, na proteção de células nervosas sob condições hipóxicas, nos ritmos circadianos, na adaptação a exercícios, na regulação da gliconeogênese, na regulação da transcrição de fosfoenolpiruvato carboxiquinase e lactato desidrogenase, além de no aprendizado e armazenamento na memória de longo prazo.
40. Domínios ácidos, domínios ricos em glutamina e domínios ricos em prolina.
41. O mediador é um complexo gigante com uma massa de mais de 1 milhão de dáltons compreendido em mais de 20 subunidades distintas na levedura e mais de 30 subunidades nos humanos. O mediador faz a ponte com o promotor, a RNA polimerase e a máquina de transcrição geral com os melhoradores e silenciadores remotos específicos.
42. O mediador faz uma ponte entre as regiões do promotor e do melhorador para ativar a transcrição, ou no caso oposto, ele se liga ao elemento silenciador, mas não recruta a RNA pol II para o promotor neste caso.
43. O DNA eucariótico é envolvido fortemente nos nucleossomos. Antes que o DNA possa ser transcrito, ele tem que estar disponível para o mecanismo de transcrição; portanto, a abertura dos nucleossomos é uma primeira etapa necessária.
44. A primeira é a interação da RNA polimerase com o promotor e o mecanismo de transcrição. A segunda é a liberação da repressão provocada pela estrutura da cromatina.
45. Dois conjuntos de fatores são importantes: os complexos remodeladores de cromatina que fazem a mediação das variações conformacionais dependentes de ATP na estrutura de nucleossomo e as enzimas modificadoras de histona que introduzem as modificações covalentes nas caudas N-terminais octâmero do núcleo da histona.
46. Os complexos remodeladores de cromatina são grandes montagens contendo enzimas dependentes de ATP que enfraquecem as interações de proteínas do DNA nos nucleossomos por uma variedade de mecanismos envolvendo escorregamento, ejeção, inserção e, por outro lado, reestruturam os octâmeros do núcleo.
47. A ativação da transcrição via modificação da cromatina envolve a modificação covalente de proteínas da histona. No estado transcricionalmente inativo, as cargas negativas nos fosfatos da espinha dorsal do DNA estão fortemente ligadas às cargas positivas nas proteínas básicas da histona. Para a transcrição ativa, esta ligação firme deve ser relaxada.
48. Existem várias famílias de complexos remodeladores. As mais bem estudadas são as de remodeladores SNF/SWI e RSC.
49. A mais importante modificação de histona é a acetilação dos grupos ϵ-amino da lisina nas caudas de histona. A acetilação da lisina remove a carga positiva e enfraquece a ligação do DNA. Outras modificações também têm uma papel na regulação da transcrição através da histona, incluindo a fosforilação dos resíduos de serina e a metilação dos resíduos de lisina e arginina.
50. As histonas são acetiladas pelas histonas acetiltransferases (HATs). Elas também são desacetiladas pela histona desacetilase (HDAC).

11-6 RNAs Não Codificantes

51. MicroRNAs têm aproximadamente 22 nucleotídeos de comprimento e são cortados de um RNA mais longo em forma de grampo pela enzima Dicer. (Estes miRNAs ligam-se de forma imperfeita a mRNAs específicos e bloqueiam sua transcrição.)
52. Os siRNAs são formados de maneira similar ao miRNA, pela enzima Dicer. Quando uma célula detecta moléculas específicas de RNA de fita dupla, a dicer as corta em pedaços menores de 21 a 25 nucleotídeos. Estes então se ligam as moléculas de mRNA nos processos conhecidos como RNA de interferência (RNAi), mirando-os para destruição.

53. Os ncRNAs têm sido associados a muitos processos, incluindo transcrição regular, silenciador de gene, replicação, processamento de RNA, modificação de RNA, tradução, estabilidade de proteína e translocação de proteína.
54. Os siRNAs ligam-se às moléculas de mRNA, mirando-as para destruição.
55. Acredita-se que o silenciador de RNA seja um processo evolucionário conservado que é análogo a um sistema imunológico para a proteção de nosso genoma. Pesquisadores têm usado uma variedade de técnicas para estabelecer a importância do silenciador de RNA para a saúde do organismo, incluindo criar cepas de camundongos que não têm as proteínas que constituem o miRNA. Isto resultou em uma variedade de problemas de saúde para os camundongos, incluindo doença cardíaca e câncer.
56. A perda de miRNA-101 leva à superexpressão de uma histona metiltransferase específica que ajuda a progressão do câncer de próstata.
57. Em camundongos normais, ferimentos do nervo ciático levam à perda da função do nervo no músculo e a um aumento no miRNA-206. Usar uma linhagem de camundongos que tinham ELA e o miRNA-206 inativo levou ao encurtamento do tempo de início da doença, indicando que este miRNA tinha um efeito protetor nos nervos no músculo.
58. O trabalho com camundongos com ELA suporta um corpo crescente de evidências da importância do miRNA para a função neurológica e a suscetibilidade à doença. As redes de microRNA têm sido implicadas no mal de Parkinson, doença de Huntington e mal de Alzheimer.
59. Dicer e RISC.
60. A fita guia é a fita antissenso de uma molécula de RNA de fita dupla. A fita passageira é a fita senso.
61. A ligação do siRNA é uma combinação perfeita ao mRNA, enquanto a ligação de miRNA não é perfeita, formando uma alça.
62. Quando o siRNA se liga ao mRNA, este é degradado pela enzima *slicer*. Quando o miRNA é ligado ao mRNA, não existe tradução da mensagem, mas o mRNA não é degradado pela *slicer*.

11-7 Motivos Estruturais nas Proteínas Ligadas ao DNA

63. Motivos hélice–volta–hélice, dedos de zinco e zíperes de leucina da região básica.
64. Os principais motivos de proteínas de ligação do DNA são hélice–volta–hélice, dedos de zinco e zíperes de leucina da região básica. Os motivos hélice–volta–hélice são organizados para que as duas hélices da proteína caibam no sulco maior do DNA. Os dedos de zinco são formados por combinações de cisteína e/ou histidina complexadas com íons zinco. Uma alça proteica forma-se em torno desse complexo e tais alças se encaixam no sulco maior do DNA. Várias dessas alças podem ser encontradas formando espirais em volta do DNA com o sulco maior. O zíper de leucina da região básica tem dois domínios. Trata-se de uma área de resíduos de leucina espaçados a cada sete aminoácidos. Isto os coloca do mesmo lado de uma α hélice, o que lhes permite formar dímeros com outra tal proteína. A região básica é rica em lisina e arginina, que se ligam firmemente ao esqueleto de DNA por atração eletrostática.

11-8 Modificação do RNA Após a Transcrição

65. Os íntrons são emendados (*spliced out*). As bases são modificadas. Uma cauda poli-A é colocada na extremidade 3' do mRNA. Um cap 5' é colocado no mRNA.
66. Ambas têm múltiplas isoformas criadas pelo *splicing* diferencial do mRNA.
67. O corte é necessário para obter transcritos de RNA do tamanho adequado. Com frequência, diversos tRNAs são transcritos em uma longa molécula de RNA e devem ser cortados para obter tRNAs ativos.
68. *Capping*, poliadenilação e *splicing* de sequências codificadoras ocorrem no processamento de mRNA eucariótico.
69. snRNPs são pequenas partículas de ribonucleoproteínas nucleares. Elas são o sítio de *splicing* de mRNA.
70. Além de sua função tradicional no mRNA, tRNA e rRNA, o RNA tem outras funções, como reações de *splicing*, reação de corte e de síntese peptídica da peptidil transferase. Também se demonstrou que alguns pequenos RNAs são produzidos; eles atuam como silenciadores de genes ao se ligarem a sequências de DNA específicas e bloquear sua transcrição.
71. Veja a Figura 11.36.
72. O Projeto Genoma Humano concluiu que os humanos têm muito menos genes do que se imaginava; ainda assim, parecemos ser mais complexos biológica e bioquimicamente. Uma possibilidade sugerida para explicar como tão poucos genes podem levar a tantas proteínas é que mais proteínas podem ser produzidas via *splicing* diferencial do mRNA. Assim, a mesma quantidade de DNA pode levar a mais produtos de genes.

11-9 Ribozimas

73. Ribozima é um RNA que tem atividade catalítica sem a intervenção da proteína no sítio ativo. A porção catalítica da RNase P é uma ribozima. O rRNA de auto*splicing* da *Tetrahymena* é um exemplo clássico e, recentemente, demonstrou-se que a atividade da peptidil transferase do ribossomo é, na verdade, uma ribozima.
74. Dois mecanismos para o auto*splicing* do RNA são conhecidos. Em ribozimas do Grupo I, uma guanosina externa é ligada de forma covalente no sítio de *splice*, liberando uma extremidade do íntron. A extremidade livre do éxon assim produzido ataca a extremidade do outro éxon para realizar o *splice* dos dois. O íntron cicliza o processo (veja a Figura 11.38). As ribozimas do Grupo II exibem um mecanismo de estrutura em laço. O 2'-OH de uma adenosina interna ataca o sítio de *splice* (veja a Figura 11.36).
75. Proteínas são catalisadores mais eficientes que o RNA porque têm maiores variações de estrutura e, assim, podem moldar o sítio ativo para o máximo de eficiência para determinada reação.
76. A epigenética traduz grosseiramente para variações hereditárias no DNA que não envolvem uma variação na estrutura primária ou sequência do DNA.
77. Epimutações são similares às mutações de DNA, mas afetam a montagem ou modificações do DNA sem afetar a sequência.
78. Descobriu-se que mais de 30 moléculas associadas com o câncer são remodeladores de cromatina.
79. Peleg mostrou que ratos velhos tinham um rompimento de modificação epigenética dependente de experiência do sítio de acetilação da lisina 12 na histona 4 (H4K12). Isto estava associado a uma perda concomitante de transcrição associada à memória normal no hipocampo.

80. Eles mostraram que quando infundiam os hipocampos dos ratos com um inibidor de histona desacetilase (HDAC), a acetilação de H4K12 aumentava, restaurando a transcrição associada a memória e à função de memória comportamental.

Capítulo 12

12-1 Tradução da Mensagem Genética

1. Veja a Figura 12.1.

12-2 O Código Genético

2. Código no qual duas bases codificam um único aminoácido e permite apenas 16 (4 × 4) códons possíveis, o que não é adequado para codificar 20 aminoácidos.
3. Código degenerado é aquele no qual mais de uma trinca pode especificar um determinado aminoácido.
4. Na técnica de ensaio da ligação, diversas moléculas de tRNA, uma das quais é radiomarcada com ^{14}C, são misturadas com ribossomos e trinucleotídeos sintéticos ligados a um filtro. Se a marcação radioativa for detectada no filtro, então sabe-se que o tRNA em particular se ligou à trinca. Experiências de ligação podem ser repetidas até que todas as trincas sejam designadas.
5. A base oscilante pode ser uracila, guanina ou hipoxantina.
6. Os códons UAA, UAG e UGA são os sinais de parada. Esses códons não são reconhecidos por nenhum tRNA, mas o são por proteínas chamadas fatores de liberação. Um fator de liberação não apenas bloqueia a ligação de um novo aminoacil-tRNA, mas também afeta a atividade da peptidil transferase para que a ligação entre a extremidade carboxila do peptídeo e o tRNA seja hidrolisada.
7. Observe que a sequência no códon do mRNA é invertida porque a síntese do mRNA é antiparalela.
   (a) A posição 1 tem efeito intermediário. Para mudanças em purinas, resultará um aminoácido diferente em todos os casos. As mudanças tendem a ser conservadoras, com apenas quatro das 16 mudanças possíveis resultando em diferenças hidrofóbicas/hidrofílicas. Para nosso objetivo, a glicina não é considerada hidrofóbica nem hidrofílica. A proteína resultante teria melhor chance de funcionamento do que em uma mudança na segunda base, mas uma probabilidade menor do que em uma mudança na terceira base.
   (b) A posição 2 é a mais informativa: um aminoácido diferente resulta de qualquer mudança. Neste caso, no entanto, as chances de uma mutação ser conservadora são altas (75%), com um aminoácido hidrofóbico substituindo outro; portanto, a proteína ainda teria boa chance de ser ativa. Uma mudança envolvendo serina ou treonina (25% de chance) alteraria a polaridade, mas não introduziria uma carga na cadeia lateral; a proteína ainda pode funcionar.
   (c) Há uma grande probabilidade de mudança no tipo de aminoácido, incluindo diferenças de carga; a probabilidade de a proteína resultante ter funcionamento adequado é considerada baixa.
   (d) A posição 3 é a menos informativa. Há uma grande probabilidade de obter o mesmo aminoácido. A proteína, assim, tem uma chance muito boa de continuar funcionando.
8. O conceito de "oscilação" especifica que as primeiras duas bases de um códon permanecem as mesmas, enquanto há espaço para ocorrer variações na terceira base. Isto é exatamente o que observamos experimentalmente.
9. A hipoxantina é a mais variável das bases "oscilantes". Ela pode parear com adenina, citosina ou uracila.
10. É bastante razoável. Quando os códons de determinado aminoácido têm um ou dois nucleotídeos em comum, é menos provável que uma mutação origine uma proteína não funcional. O valor de sobrevivência de tal característica garante sua seleção na evolução.
11. Um código ambíguo permitiria a variação na sequência de aminoácidos das proteínas. Consequentemente, haveria variação na função, incluindo diversas proteínas não funcionais.
12. Variações no código genético das mitocôndrias apoiam a ideia de sua existência como bactérias de vida livre nos primórdios da história evolucionária.
13. Um vírus muito letal matará seu hospedeiro antes de ter tempo de se espalhar para outros hospedeiros. Com a ciência moderna, tal vírus seria isolado e destruído rapidamente. Sendo menos letal, um vírus pode passar de um hospedeiro para outro e se tornar difícil de ser isolado.
14. O mRNA, quando traduzido, produz 191 aminoácidos do esqueleto de leitura normal do mRNA. Entretanto, o ribossomo, então, encontra um códon CGU, que é um códon raro para a arginina (R). Devido à relativa falta de tRNA-Arg que se combina com o códon raro, o ribossomo é paralisado no mRNA. Isto dá ao ribossomo tempo para se recompor para um novo esqueleto, chamado esqueleto +1, onde ele continua a tradução, produzindo os próximos 61 aminoácidos que são diferentes em comparação com o PA padrão, uma vez que são a etapa de leitura de esqueleto.

12-3 Ativação de Aminoácido

15. A hidrólise de ATP em AMP e PP_i fornece a energia para acionar a etapa de ativação.
16. A revisão na ativação de aminoácidos ocorre em dois estágios. O primeiro exige um sítio hidrolítico na aminoacil-tRNA sintetase; aminoácidos incorretamente esterificados ao tRNA são removidos. O segundo estágio da revisão precisa do sítio de reconhecimento na aminoacil-tRNA sintetase em relação ao próprio tRNA. O tRNA incorreto não se liga firmemente à enzima.
17. Os fatores a seguir garantem a fidelidade na síntese proteica. A formação de aminoacil-tRNA inclui um alto nível de especificidade enzimática para conectar o aminoácido correto ao tRNA certo, revisão na formação de alguns aminoacil-adenilatos e "desperdício" de energia. Outros fatores incluem as ligações de hidrogênio do mRNA ao ribossomo e entre códon e anticódon (esta é uma associação relativamente lenta, permitindo tempo para que maus pareamentos se dissociem antes que a ligação peptídica seja formada). A fidelidade da síntese proteica é baixa quando comparada à de DNA, que tem mais procedimentos de revisão além do desperdício de energia e pareamento adequado das bases. A fidelidade da síntese proteica é relativamente alta em comparação com a síntese de RNA, que tem apenas desperdício de energia e pareamento adequado das bases.
18. Há uma sintetase separada para cada aminoácido, e esta sintetase funciona para todas as diferentes moléculas de tRNA para tal aminoácido.

19. A ligação de aminoácidos ao tRNA é como um aminoacil éster.

20. A revisão na etapa de ativação permite a seleção tanto do aminoácido como do tRNA. Se a revisão ocorresse quanto ao reconhecimento de códon-anticódon, não haveria um mecanismo para garantir que o aminoácido correto teria sido esterificado para o tRNA.

21. O processo geral de ativação de aminoácidos é energeticamente favorecido por causa da energia produzida pela hidrólise de duas ligações fosfato. Sem essa entrada de energia, o processo não seria favorável.

12-4 Tradução Procariótica

22. A peptidil transferase catalisa a formação de novas ligações peptídicas na síntese proteica. Os fatores de alongamento, EF-Tu e EF-Ts, são necessários para a ligação do aminoacil tRNA ao sítio A. O terceiro fator de alongamento, EF-G, é necessário para a etapa de translocação, em que o mRNA se move com relação ao ribossomo, expondo o códon para o próximo aminoácido. EF-P é necessário para ajudar a catalisar a formação da primeira ligação peptídica.

23. O complexo de iniciação na *E. coli* exige o mRNA, a subunidade ribossômica 30S, fmet-$tRNA^{fmet}$, GTP e três fatores de iniciação proteicos, chamados IF-1, IF-2 e IF-3. A proteína IF-3 é necessária para a ligação do mRNA à subunidade ribossômica. Os outros dois fatores proteicos são necessários para a ligação de fmet-$tRNA^{fmet}$ ao complexo mRNA–30S.

24. O acoplamento da subunidade ribossômica 50S à subunidade 30S no complexo de iniciação é necessário para que a síntese proteica ocorra até a fase de alongamento.

25. Os sítios A e P no ribossomo são sítios de ligação para tRNAs carregados durante a síntese proteica. O sítio P (peptidil) liga-se a um tRNA ao qual a cadeia polipeptídica em crescimento está ligada. O sítio A (aminoacil) se liga a um aminoacil tRNA. A porção aminoácido será a próxima a ser adicionada à proteína nascente. O sítio E (saída) liga o tRNA não carregado até que seja liberado do ribossomo.

26. A puromicina provoca o término da cadeia polipeptídica em crescimento ao formar uma ligação peptídica com seu C-terminal, o que evita a formação de novas ligações peptídicas (veja a Figura 12.13).

27. Os códons de parada ligam-se para liberar fatores, proteínas que bloqueiam a ligação de aminoacil tRNAs ao ribossomo, e para liberar a proteína recém-formada.

28. No decorrer da síntese proteica, o mRNA liga-se à subunidade ribossômica menor.

29. A sequência de Shine-Dalgarno é um segmento líder rico em purina do mRNA procariótico. Ela se liga a uma sequência rica em pirimidina na porção 16S rRNA da subunidade ribossômica 30S e a alinha para uma tradução adequada, começando com o códon inicial AUG.

30. Seu amigo está enganado. As regiões com ligações de hidrogênio contribuem para o formato geral do tRNA. Essas regiões também são importantes para o reconhecimento dos tRNAs pelas aminoacil-tRNA sintetases.

31. A metionina ligada ao $tRNA^{fmet}$ pode ser formilada, mas a metionina ligada a $tRNA^{met}$ não.

32. Diferentes tRNAs e diferentes fatores estão envolvidos. A iniciação precisa de IF-2, que reconhece fmet-$tRNA^{fmet}$, mas não met-$tRNA^{fmet}$. Por outro lado, no alongamento, EF-Tu reconhece o metRNA^{met}, mas não o fmet-$tRNA^{fmet}$.

33. O anticódon para metionina (UAC) pareia no tRNA com o códon da metionina AUG na sequência do mRNA que sinaliza o início da síntese proteica.

34. A fidelidade da síntese proteica é garantida duas vezes durante o processo – a primeira durante a ativação de aminoácidos, e a segunda durante o pareamento do códon ao anticódon no mRNA.

35. (a) Ciclos de ativação necessários para uma proteína com 150 AA: 150.

(b) Ciclos de iniciação necessários para uma proteína com 150 AA: 1.

(c) Ciclos de alongamento necessários para uma proteína com 150 AA: 149.

(d) Ciclos de terminação necessários para uma proteína com 150 AA: 1.

36. Quatro ligações fosfato de alta energia por aminoácido: duas na formação de aminoacil-tRNA, uma no alongamento com EF-Tu e uma na translocação do sítio A ao P, envolvendo o EF-G. Formar uma ligação peptídica exige cerca de 5 kcal mol^{-1}. Esse processo gasta cerca de 30 kcal mol^{-1} para formar ligações peptídicas. Este é o preço para uma baixa entropia e alta fidelidade.

37. Não com muita precisão. Ignorando qualquer custo de edição ou revisão, um valor máximo pode ser calculado em termos de ligações fosfato de alta energia. Designaremos cada ligação fosfato como ~P. São necessárias quatro por aminoácido, e duas por ribonucleotídeo ou desoxirribonucleotídeo. Portanto, quatro ~P por aminoácido × seis ~P por códon × seis ~P por trinca de DNA = 144 ~P por aminoácido (aproximadamente 1.050 kcal por mol de aminoácido). No entanto, o valor real seria muito menor por causa de vários fatores. Uma única molécula de mRNA pode estar envolvida na síntese de diversas moléculas de proteína antes de ser degradada. Um gene pode estar envolvido na síntese de muitas moléculas de mRNA, com a replicação ocorrendo apenas uma vez em cada geração celular. Além disso, o rRNA e o tRNA têm vida relativamente longa e estão disponíveis para repetidas sínteses proteicas.

38. O fato de a peptidil transferase ser uma das sequências mais conservadas em toda a biologia pode indicar que ela surgiu muito cedo na evolução e que é tão essencial para todos os organismos vivos que não pode ser modificada.

39. As preparações de ribossomo menos altamente purificadas continham polissomos, que são mais ativos na síntese proteica do que ribossomos isolados.

40. Inicialmente, a formação de ligação peptídica foi catalisada pelo RNA. Com o tempo, à medida que os catalisadores proteicos se desenvolviam e se tornavam mais eficientes, as proteínas se tornaram parte integrante do ribossomo.

41. A microscopia eletrônica pode fornecer informações sobre a estrutura e o funcionamento dos ribossomos, mas a cristalografia por raios X tem oferecido informações bem mais detalhadas.

42. Como os tRNAs são ligados próximos entre si no ribossomo, a cadeia polipeptídica em crescimento e o aminoácido a ser adicionado também estão próximos um do outro. Isto facilitará a formação da próxima ligação peptídica.

43. Um vírus assume o mecanismo de síntese proteica da célula. Ele utiliza seus próprios ácidos nucleicos e os ribossomos da célula.

12-5 Tradução Eucariótica

44. Os outros aminoácidos encontrados em proteínas são criados pela modificação de um dos 20 aminoácidos padrão após a proteína ser produzida. A selenocisteína é formada enquanto o aminoácido está ligado ao tRNA. Portanto, este aminoácido é inserido na proteína durante a tradução exatamente como são os outros 20 aminoácidos padrão.
45. É quimicamente única porque ela contém o íon selênio, que toma o lugar de um enxofre na cisteína. Ela também e única pelo fato de parecer ser codificada na sequência de DNA, mesmo o códon sendo normalmente um códon de parada.
46. A Pro-X-Thr é conservada na RF-1 e a Ser-Pro-Phe na RF-2.
47. A sequência Gly-Gly-Gln.
48. Semelhanças entre a síntese proteica nas bactérias e nos eucariotos: mesmos códons de início e parada; mesmo código genético; mesmos mecanismos químicos de síntese; tRNAs intercambiáveis. Principais diferenças: nos procariotos, a sequência de Shine-Dalgarno e nenhum íntron; nos eucariotos, o cap 5' e a cauda 3' no mRNA e os íntrons foram *spliced out*.
49. A metionina N-terminal original pode ser removida pela modificação pós-tradução.
50. A puromicina seria útil para o tratamento de uma infecção viral, mas o cloranfenicol não. Os mRNAs virais são traduzidos por sistemas de tradução eucarióticos; portanto, deve-se utilizar um antibiótico ativo nos sistemas eucarióticos.
51. A síntese proteica nos procariotos ocorre como um processo acoplado à transcrição simultânea do mRNA e à tradução da mensagem na síntese proteica. Isso é possível por causa da falta de compartimentalização nas células procarióticas. Nos eucariotos, o mRNA é transcrito e processado no núcleo e só então exportado ao citoplasma para orientar a síntese proteica.
52. Algumas mutações podem introduzir códons de parada. É útil para uma célula ter algum mecanismo para evitar a formação de proteínas incompletas.
53. A síntese de nova proteína está envolvida nas memórias de longo prazo.
54. O fator de transcrição CREB (Capítulo 11) tem um papel crucial na transformação das memórias de curto prazo em memórias de longo prazo.
55. Animais que tomam medicamentos que bloqueiam a síntese proteica não podem formar novas memórias de longo prazo, embora sua habilidade em produzir memórias de curto prazo seja preservada.
56. A intensidade, seja devido a um único impulso forte ou impulsos repetidos, despolariza a membrana celular do nervo. Apenas aqueles que são fortes o suficiente serão passados juntos para um neurônio receptor. Este controla se uma memória pode se tornar de longo prazo.

12-6 Modificações Proteicas Após a Tradução

57. A hidroxiprolina é formada a partir da prolina, um aminoácido para o qual há quatro códons, por modificação pós-tradução do precursor colágeno.
58. Um artigo na *Science* mostrou que na tradução eucariótica, AUG nem sempre é o códon de início. No sistema imunológico de mamíferos, os peptídeos são sintetizados para o propósito de ser apresentados na superfície dos principais complexos de histocompatibilidade. Estudos descobriram que tal síntese de peptídeo frequentemente usa CGU como o códon de início, ao invés do AUG. Este se liga ao tRNA-Leu, deixando a leucina como o aminoácido N-terminal.
59. Os peptídeos do sistema imunológico que são exibidos na superfície dos principais complexos de histocompatibilidade.
60. Proteínas que se ligam às proteínas enquanto estão sendo sintetizadas e ajudam no seu correto dobramento, prevenindo-as de associação com outras proteínas com as quais não deveriam se associar.
61. A síntese proteica seria menos eficiente e muitas proteínas seriam mal dobradas e inúteis.
62. Estudando as proteínas de choque térmico na bactéria.
63. Não, foi descoberto que os próprios ribossomos ajudam no dobramento de proteína.

12-7 Degradação Proteica

64. Ubiquitina é um pequeno polipeptídeo (76 aminoácidos) que é altamente conservado nos eucariotos. Quando a ubiquitina é ligada a uma proteína, marca-a para degradação em um proteassomo.
65. Se as proteínas a ser degradadas não tivessem algum sinal marcando-as, o processo aconteceria de forma mais aleatória e, assim, seria menos eficiente.
66. Se a degradação de proteína acontecesse em qualquer local da célula, poderia haver a degradação indiscriminada de proteínas funcionais; portanto, esta é uma ocorrência improvável. É muito mais útil para a célula ter um mecanismo para marcar proteínas a serem degradadas e fazer isso em um local específico da célula.
67. São sequências específicas que dizem ao mecanismo de *splicing* onde separar os íntrons. Uma mutação em um ESE poderia levar à remoção incorreta de íntrons e todo o éxon sendo deixado de fora do mRNA final.
68. Mutação silenciosa é uma mudança na sequência do DNA de um códon que levaria ao mesmo aminoácido sendo inserido. É um nome equivocado, porque sabemos agora que algumas vezes diferenças nos códons para o mesmo aminoácido afetam o produto global da proteína.
69. Se a mutação silenciosa é um melhorado de *splicing* exônico, então o *splicing* de íntrons poderia ser incorreto e o éxon correto ser pulado.
70. Mutações silenciosas no mRNA para as estruturas secundárias de controle enzimático do mRNA, que controla a velocidade e com que frequência o mRNA é traduzido, levando a diferentes níveis de enzima relacionada com a tolerância da dor.
71. A síndrome de Marfan, a síndrome de intensividade de andrógeno, a doença de armazenamento de colesteril éster, a doença de McArdle e a fenilcetonureia.
72. Fatores induzíveis de hipoxia (HIFs).
73. Quando o oxigênio está baixo, uma prolil hidroxilase não pode funcionar para hidrolisar um resíduo de prolina específico no HIFα. Quando hidroxilado, o HIFα é mirado para a degradação de proteína. Portanto, com baixo oxigênio, o HIFα sobrevive o suficiente para fazer seu trabalho, que é ligar-se ao HIFβ e ativar a transcrição dos genes que produzem mais glóbulos vermelhos.

Capítulo 13

13-1 Purificação e Detecção de Ácidos Nucleicos

1. Segurança, além de não haver necessidade de licenciamento especial para lidar com esses compostos que são facilmente eliminados.
2. O DNA é marcado com ^{32}P e corre em um gel. O gel é colocado perto do papel de raio X, que é, então, revelado. A radioatividade aparece como faixas pretas no papel de raio X. Isto é chamado de autorradiografia.
3. O DNA que corre nos géis de eletroforese normalmente é clivado com enzimas de restrição para fornecer pedaços lineares; assim, o formato é uniforme para o DNA. A carga é uma constante para o DNA, pois cada nucleotídeo tem a mesma carga em razão dos grupos fosfato; assim, o DNA tem formato uniforme e uma razão uniforme entre carga e massa, e, portanto, se separa apenas no tamanho, com os fragmentos menores percorrendo o gel mais rapidamente.

13-2 Endonucleases de Restrição

4. O uso de endonucleases de restrição com diferentes especificidades fornece sequências sobrepostas que podem ser combinadas para oferecer uma sequência completa.
5. As endonucleases de restrição não hidrolisam um sítio de restrição metilado.
6. O sítio de restrição do DNA do organismo que produz uma endonuclease de restrição é modificado, normalmente por metilação.
7. Os fragmentos de restrição de tamanhos diferentes (polimorfismos no comprimento de fragmentos de restrição, ou RFLPs) que aparecem como resultado de diferentes sequências de bases em cromossomos pareados foram utilizados como marcadores genéticos para determinar a posição exata do gene da fibrose cística no cromossomo 7.
8. Endonuclease é uma enzima que corta as cadeias de ácido nucleico no meio, em oposição à clivagem das extremidades para o lado de dentro. O termo *restrição* veio do crescimento restrito visto nas células hospedeiras infectadas com bacteriófagos quando as bactérias têm enzimas de restrição que podem clivar o DNA viral.
9. São palíndromos (ignorando-se pontuação e espaçamento), análogos às sequências de palíndromos de bases no DNA. Assim como os cinco exemplos são distinguidos por serem pronunciados de forma diferente, vários palíndromos no DNA são diferenciados e sofrem ação de endonucleases de restrição muito específicas e diferentes.
10. GGATCC, GAATTC, AAGCTT (lembre-se de que elas são listadas de 5' para 3', portanto, você deve ler a fita complementar de 5' para 3' para ver que a sequência é a mesma).
11. *Hae*III corta em uma sequência de quatro bases, corta a sequência no meio e deixa extremidades retas. *Bam*HI corta em uma sequência de seis bases, corta na segunda base a partir da extremidade 5' e deixa extremidades adesivas.
12. Extremidades adesivas são regiões curtas de DNA de fita simples que se estendem das extremidades de moléculas de DNA de fita dupla. Elas são produzidas por algumas enzimas de restrição ou podem ser adicionadas quimicamente ao DNA de fita dupla com extremidade reta. Elas são importantes porque fornecem um meio para DNAs de origens diferentes (p. ex.: gene "exógeno" e plasmídeo, ambos contendo extremidades adesivas) se encontrar em ligações de hidrogênio entre bases complementares. Então, uma ligase é utilizada para ligar covalentemente as duas moléculas.
13. Uma das vantagens de se utilizar a *Hae*III é que ela produz extremidades retas. Assim, pode-se combinar o corte do DNA com essa enzima com outro DNA que também tenha extremidades retas. Há enzimas que removem rapidamente as projeções adesivas de outras enzimas de restrição. A desvantagem é que a *Hae*III é específica para uma sequência de quatro bases que provavelmente ocorrerá muitas vezes em um genoma; portanto, o DNA alvo também pode ser clivado em algum outro lugar no meio. Além disso, as extremidades retas fazem que seja mais difícil obter uma ligação específica dos dois tipos de DNA.

13-3 Clonagem

14. Uma porção do DNA exógeno é introduzida em um vetor adequado, frequentemente um plasmídeo bacteriano, e muitas cópias do DNA são produzidas quando as bactérias crescem. Vírus também são utilizados comumente como vetores.
15. Os vetores mais comuns são plasmídeos bacterianos. Vírus e cosmídeos também podem ser utilizados, dependendo do tamanho do DNA exógeno que deve ser inserido.
16. O plasmídeo a ser utilizado como vetor precisa de marcadores para a absorção da sequência de DNA alvo no plasmídeo e também para a inserção do plasmídeo em células hospedeiras. Normalmente, um plasmídeo tem um gene para resistência à ampicilina. Apenas as células que incorporaram um plasmídeo podem crescer em placas de ampicilina. O DNA exógeno normalmente é inserido em um segundo marcador para selecionar os plasmídeos que incorporaram o DNA alvo. Esse segundo marcador pode ser outro gene resistente a antibióticos ou algum outro gene, como o gene da β-galactosidase.
17. A principal característica de um plasmídeo capaz de realizar a triagem azul/branco é o gene para a subunidade α da enzima *β*-galactosidase. Esses plasmídeos são utilizados com uma fita de *E. coli* deficiente na subunidade α dessa enzima. A *β*-galactosidase pode converter um derivado incolor do açúcar, chamado X-gal, em um derivado azul. O sítio para a clivagem do plasmídeo por uma endonuclease de restrição está dentro do gene da β-galactosidase. As células que adquiriram um plasmídeo poderão crescer na ampicilina. Se o plasmídeo se fechou novamente em si mesmo sem o DNA alvo, as colônias que incorporaram esse plasmídeo crescerão azuis. As células que adquiriram o enxerto de DNA não conseguirão produzir uma cor azul.
18. Enzimas de restrição para cortar o DNA, DNA ligase para ligar o DNA, um vetor adequado para carregar o DNA exógeno, uma linhagem celular para aceitar o vetor e uma forma de seleção para os transformadores corretos.
19. Como a maioria dos DNAs recombinantes ocorre em vetores bacterianos e virais, uma grande preocupação é que um vírus ou uma bactéria que sofreu mutação seja liberado e, assim, infecte outras espécies e seja resistente a medicamentos, criando, desta forma, uma nova doença possivelmente letal. As precauções incluem a esterilização frequente das culturas para garantir que todas estejam mortas antes do descarte, trabalho em capelas laminares que isolam o DNA recombinante do ambiente

externo, e cuidado na seleção de vetores. Alguns vetores deficientes em replicação fora de determinados tipos de célula são utilizados para que não possam se replicar fora do ambiente laboratorial.

13-4 Engenharia genética

20. Para aumentar a resistência a doenças, resistência a pestes, a vida útil, o nível de fixação de nitrogênio (conteúdo proteico) e a resistência a temperaturas extremas.
21. Insulina, hormônio do crescimento humano, ativador plasminogênico de tecido, enteroquinase, eritropoietina e interferon.
22. O milho cultivado no campo foi geneticamente modificado. O gene introduzido veio da bactéria *Bacillus thuringensis*.
23. A LDH 3 tem a composição de subunidade H_2M_2. Cada subunidade é codificada por um gene separado; portanto, para clonar a LDH 3, os geneses para a subunidade M e para a subunidade H deveriam ser clonados. Essas seriam experiências separadas de clonagem. Cada gene seria clonado em uma linhagem celular de expressão e as proteínas seriam expressas. As subunidades individuais, então, poderiam ser combinadas e formariam tetrâmeros, alguns dos quais poderiam ser LDH 3. Isto poderia ser verificado pela eletroforese em gel nativo.
24. Um vetor de expressão, como o plasmídeo pET 5, tem os componentes de qualquer vetor normal de clonagem (p. ex., origem da replicação, marcador selecionável, sítio de clonagem múltipla), mas também tem a capacidade de fazer que o DNA inserido seja transcrito. Ele possui um promotor para RNA polimerase, tal como a T7 polimerase, e uma sequência de terminação, que fazem fronteira com o sítio de clonagem múltipla. Esses vetores são utilizados com uma linhagem celular que formará a T7 RNA polimerase quando induzida.
25. Proteína de fusão é uma combinação de uma proteína codificada por um vetor de expressão e o gene alvo. Proteína de fusão comum é uma cauda de histidina e enteroquinase, que será ligada à proteína alvo quando transcrita e traduzida. Elas são utilizadas para ajudar na eventual purificação da proteína alvo. A proteína alvo excessivamente expressa pode rapidamente ser separada do restante das proteínas do hospedeiro ao se purificar a proteína de fusão, que terá características que a tornam fácil de purificar.
26. O hormônio de crescimento bovino é uma proteína que será desnaturada e digerida no trato intestinal. Além disso, todo leite de vaca contém um pouco desse hormônio.
27. A sequência de DNA a ser inserida no plasmídeo bacteriano para orientar a produção de α-globina deve ser cDNA, que é uma sequência complementar ao mRNA para a α-globina. O cDNA pode ser produzido no modelo de mRNA em uma reação catalisada pela transcriptase reversa.
28. Isole o DNA que codifica o fator de crescimento por meio de sondas adequadas. Introduza o DNA em um genoma bacteriano. Permita que a bactéria cresça e produza o hormônio do crescimento humano.
29. A população está preocupada com a contaminação por príons, que vêm de fontes de alimentos derivados de mamíferos. Se uma proteína de mamífero pode ser expressa em grandes quantidades nas bactérias, não haverá risco de contaminação por príons.

13-5 Bibliotecas de DNA

30. Biblioteca de DNA é uma coletânea de células que carregam pedaços clonados de todo o genoma do DNA de um organismo. Uma biblioteca de cDNA é formada ao se pegar o mRNA de um organismo, convertê-lo em cDNA e cloná-lo para a biblioteca. Desta forma, a sequência de DNA ativa é armazenada.
31. Se uma biblioteca de DNA for representar o genoma total de um organismo, deve conter, pelo menos, um clone de cada sequência de DNA. Isto exige várias centenas de milhares de clones separados para garantir que cada sequência seja representada.
32. A quantidade de trabalho envolvida na construção de uma biblioteca de DNA torna desejável ter tais bibliotecas disponíveis para toda a comunidade científica, evitando, assim, a duplicação de esforços.

13-6 A Reação em Cadeia da Polimerase

33. A reação em cadeia da polimerase depende de ciclos repetitivos de separação das fitas de DNA seguidos pelo anelamento de primers. A primeira etapa exige uma temperatura consideravelmente mais alta que a segunda, originando a necessidade de um controle rigoroso da temperatura.
34. Parte do procedimento da reação em cadeia da polimerase exige o uso de altas temperaturas. Quando uma RNA polimerase de temperatura estável é utilizada, não há necessidade de adicionar lotes frescos de enzima para cada ciclo de amplificação. Este precisaria ser o caso, no entanto, se a RNA polimerase não pudesse suportar altas temperaturas.
35. Bons primers têm conteúdo G–C semelhante para as reações diretas e reversas, têm possibilidades mínimas de estrutura secundária entre si ou consigo mesmo e são longos o bastante para fornecer especificidade suficiente para o gene a ser duplicado, sem aumentar o custo.
36. O DNA contaminado, bem como o DNA desejado, são amplificados em cada estágio da reação em cadeia da polimerase, originando um produto impuro.
37. (a) Os primers têm conteúdo G–C muito diferente;
    (b) O primer direto terá estrutura secundária significativa consigo mesmo (alça em forma de grampo em razão dos Gs e Cs invertidos na extremidade);
    (c) Os primers diretos e reversos se ligarão entre si.
38. É uma técnica que permite a reação de PCR gerar dados de ponto de tempo que podem ser usados para determinar quanto do DNA estava originalmente na célula.
39. Uma PCR normal é projetada para criar grandes quantidades de DNA; logo, deixa-se a reação ir até o final. Com a qPCR, a reação não vai até o final, uma vez que necessário é o dado de ponto para determinar a quantidade de material de partida.

13-7 *Fingerprinting* de DNA

40. A reação em cadeia da polimerase pode aumentar a quantidade de uma amostra de DNA desejada de forma considerável, possibilitando a identificação definida de amostras de DNA que antes eram muito pequenas para ser caracterizadas por outros meios. Ela pode ser utilizada em amostras de cabelo e sangue encontradas na cena de um crime para estabelecer a presença de um suspeito. Este método também pode ser utilizado para identificar restos de possíveis vítimas de assassinato.

41. É mais fácil mostrar que duas amostras de DNA não correspondem do que provar que são idênticas.

13-8 Sequenciamento de DNA

42. 5′GATGCCTACG3′.
43. Dois fatores estão envolvidos aqui. Primeiro, grandes polímeros devem ser clivados em fragmentos menores e gerenciáveis para o sequenciamento. As enzimas (endoproteases) que clivam proteínas, enquanto mostram alguma especificidade, estão longe de ser absolutamente específicas, resultando em misturas caóticas. Por outro lado, as endonucleases de restrição são absolutamente específicas para sequências de bases palindrômicas no DNA, resultando em cortes "limpos" e permitindo uma purificação mais fácil (observe que, se o gene para uma proteína não estiver disponível, mas o mRNA sim, o cDNA resultante pode ser formado utilizando-se a transcriptase reversa). O segundo fator é que apenas fragmentos relativamente curtos de proteína podem ser sequenciados sem clivagem interna adicional. Por exemplo, a degradação de Edman é limitada a peptídeos com cerca de 50 aminoácidos ou menos. Com o DNA, o método didesoxi acoplado com a separação em gel de acrilamida pode lidar com fragmentos de DNA 10 a 20 vezes mais longos.
44. O DNA frequentemente tem íntrons no gene; portanto, saber a sequência de DNA pode fornecer a resposta errada para a sequência proteica final. Além disso, as proteínas são modificadas de forma pós-tradução, então, pode haver modificações na sequência proteica não refletidas no DNA.
45. Resposta aberta.
46. *Benefícios:* Uma pessoa com possibilidade de futura doença cardíaca pode ser mais cuidadosa com sua dieta e exercícios. Tal pessoa também poderia tomar antecipadamente medicamentos que ajudariam a evitar que essa condição se desenvolvesse. Médicos com acesso a tais informações seriam capazes de fazer diagnósticos melhores e sugerir tratamentos mais rápidos.

    Desvantagens: A obtenção de um emprego poderia basear-se em uma ideia preconcebida sobre o que é um bom genótipo. Convênios médicos e seguros de vida poderiam recusar pessoas consideradas de genótipo de risco. Um novo tipo de preconceito contra os "deficientes em genótipo" poderia surgir.

13-9 Genômica e Proteômica

47. Genoma é o DNA total de uma célula, contendo todos os genes de tal organismo. Proteoma é o complemento total das proteínas.
48. Uma análise proteômica foi feita na mosca de fruta *Drosophila melanogaster.*
49. Usando a tecnologia de robótica, um slide ou "chip" é carreado com milhares de sequências de DNA de fita única. O RNA é coletado de amostras para ser testadas e convertidas para cDNA carregando um marcador fluorescente. A amostra é colocada sobre o chip e deixa-se que o cDNA se ligue. Um fluorímetro mede a fluorescência do chip com seus correspondentes cDNA. Isto diz aos pesquisadores quais genes estavam ativos, uma vez que apenas estes produziriam RNA.
50. A levedura poderia ser cultivada sob as duas condições e o mRNA coletado. O mRNA poderia ser então convertido para cDNA e cada população ser rotulada com um marcador fluorescente de cor diferente. Essas amostras poderiam então ser revestidas em um chip de gene contendo o genoma da levedura. A cor da fluorescência no chip de gene nos diria quais genes eram ativos sob as duas condições.
51. Células cancerosas têm o metabolismo alterado no nível genético. Os padrões de expressão de gene vistos em pacientes com tipos de câncer conhecidos agem como uma impressão digital daquele tipo de câncer. Amostras de tecido de pacientes a ser diagnosticados podem ser usadas para coletar o RNA e convertê-lo em cDNA. Estas amostras de cDNA são então revestidas em um chip de gene do genoma humano e o padrão de ligação é analisado através da fluorescência. O padrão visto pode, assim, ser comparado com os padrões nos cânceres conhecidos para ajudar no diagnóstico.
52. Os *microarrays* do DNA têm milhares de pontos de DNA de fita única. Eles podem ser usados para testar a presença do mRNA correspondente em uma amostra biológica através do cDNA produzido a partir do mRNA. *Microarrays* de proteínas, por outro lado, têm amostras aplicadas de anticorpos puros e muito específicos. As amostras de tecidos biológicos são colocadas no chip de proteína. Se os antígenos para os anticorpos específicos estão presentes, eles se ligam aos anticorpos. Outro conjunto de anticorpos com marcações fluorescentes é então adicionado, e o chip analisado com um fluorímetro. Os padrões vistos mostram quais antígenos a amostra de tecido tinha e que podem ser usados para diagnosticar o paciente.

Capítulo 14

14-1 Vírus

1. Alguns vírus têm DNA e outros RNA. Em alguns casos, um genoma viral é de fita simples e, em outros, é de fita dupla.
2. (a) Vírion é a partícula completa do vírus.
    (b) Capsídeo é o envoltório de proteína que cerca o ácido nucleico viral.
    (c) Nucleocapsídeo é a combinação de ácido nucleico e capsídeo.
    (d) Espícula proteica é uma proteína envolta por membrana utilizada para ajudar o vírus a se acoplar a seu hospedeiro.
3. Os principais fatores que determinam a família de um vírus são: o fato de o genoma possuir DNA ou RNA, e se possui um envelope membranoso ou não. O fato de o ácido nucleico ser de fita simples ou de fita dupla e o método de incorporação do vírus também são considerados.
4. O vírus se acopla a uma proteína específica na membrana da célula hospedeira e injeta seu ácido nucleico no interior da célula.
5. Na via lítica, o ácido nucleico viral é replicado na célula hospedeira e empacotado em novas partículas de vírus que quebram a célula hospedeira. Na via lisogênica, o DNA viral é incorporado ao DNA do hospedeiro.
6. Não há correlação. Alguns vírus, como o ebola, têm ação rápida e são bastante letais, enquanto outros, como o HIV, são lentos e igualmente mortais. O vírus da gripe tem ação rápida, mas, nos dias de hoje, raramente é letal.
7. Uma boa opção seria um medicamento que atacasse uma das espículas proteicas específicas do vírus. Este poderia ser um anticorpo que o ataca ou um medicamento que

bloqueia sua capacidade de se acoplar à célula hospedeira. Outra opção seria um medicamento que inibisse a enzima viral principal, como a transcriptase reversa de um retrovírus, ou as enzimas envolvidas na recompactação dos vírus.

8. Os vírus frequentemente podem ir de uma via para outra, dependendo da condição das células hospedeiras. Se a hospedeira for saudável, haverá material suficiente para permitir que o vírus se replique e produza novos víríons. Se a célula hospedeira estiver faminta ou doente, poderá haver energia e material insuficientes para a replicação. Neste caso, a lisogenia permitirá que o DNA se incorpore à célula hospedeira, onde pode esperar até que a saúde da célula melhore.
9. Um exemplo seria alguém cujas células T auxiliares não tivessem um receptor CD4. O vírus HIV deve ligar-se ao receptor CD4 como parte de seu processo de acoplamento.

14-2 Retrovírus

10. Retrovírus tem um genoma de RNA que deve passar por um estágio no qual é transcrito de forma reversa em DNA, e esse DNA deve se recombinar com o DNA do hospedeiro.
11. Transcriptase reversa.
12. Primeiro, é que os retrovírus têm sido relacionados ao câncer. Segundo, é que o vírus da imunodeficiência humana (HIV) é um retrovírus. Terceiro, é que os retrovírus podem ser utilizados na terapia gênica.
13. Terapia gênica é o processo de introdução de um gene nas células de um organismo que não tenha cópias funcionais do gene.
14. Terapia gênica *ex vivo*, na qual as células são removidas do paciente antes de ser infectado com o vírus que carrega o gene terapêutico, e terapia gênica *in vivo*, na qual o paciente é diretamente infeccionado com o vírus que carrega o gene.
15. Os dois mais comuns são o vírus da leucemia murina de Maloney (MMLV) e o adenovírus. Ambos devem ser manipulados de forma que os genes essenciais para a replicação sejam removidos e substituídos por um cassete de expressão contendo o gene terapêutico.
16. Quando os retrovírus, como o MMLV, são utilizados, há o risco de o gene terapêutico se incorporar a um local que irá interromper outro gene. Em mais casos do que seria previsto por chance aleatória, isto parece ocorrer em um local que interrompe um gene supressor de tumores, causando câncer. Também há o risco de o paciente ter uma forte reação ao vírus utilizado para introduzir o gene terapêutico. Em pelo menos um caso isto teve consequências fatais.
17. A maior consideração é aonde o gene terapêutico tem que ir. Alguns vírus são muito específicos para suas células alvo; portanto, se o problema estiver nos pulmões, então um vírus que seja bom em atacar células pulmonares, como o adenovírus, é uma boa escolha. Neste caso, o fornecimento *in vivo* seria superior, porque as células pulmonares não podem ser removidas do organismo e substituídas. No entanto, se o problema estiver em uma célula imunológica, as células da medula óssea poderão ser removidas, transformadas e, posteriormente, devolvidas ao paciente, tornando o fornecimento *ex vivo* uma opção.
18. Há perigos inerentes a todas as formas de terapia gênica. Pessoas com SCID têm sistemas imunológicos tão comprometidos, que não podem ter vida normal, e há pouquíssimas outras soluções para que possam. Isto fez da SCID uma candidata excelente para técnicas experimentais. A diabetes pode ser controlada de forma eficaz por outras técnicas que são bem estabelecidas e não tão arriscadas.

14-3 O Sistema Imunológico

19. A Aids é o problema mais conhecido de mau funcionamento de um sistema imunológico. A SCID também está no topo da lista. Todas as alergias são problemas do sistema imunológico, assim como as doenças autoimunes. Muitas formas de diabete são causadas por doenças autoimunes nas quais as células pancreáticas de uma pessoa são atacadas pelo sistema imunológico.
20. Imunidade inata refere-se a uma variedade de processos protetores, incluindo pele, muco e lágrimas como primeira linha de defesa, e, como segunda, células dendríticas, fagócitos, macrófagos e células assassinas naturais. Esses processos protetores estão sempre presentes e as células de imunidade inata estão sempre circulando pelo organismo. A imunidade adquirida refere-se aos processos envolvendo células B e células T: seus conjuntos específicos são ativados em resposta a um desafio do antígeno e, então, esses subconjuntos se multiplicam.
21. Uma parte inclui barreiras físicas, como pele, muco e lágrimas. As células do sistema imunológico inato são as dendríticas, os macrófagos e as células assassinas naturais (NK).
22. As células B, que produzem os anticorpos, as células T assassinas, que atacam células infectadas, e as células T auxiliares, que ajudam a ativar as células B.
23. MHCs são receptores nas células que apresentam antígenos. Eles se ligam a fragmentos de antígenos que foram degradados pela célula infectada e os exibem em sua superfície. As células T, então, se ligam às infectadas.
24. Seleção clonal refere-se ao processo no qual uma célula T ou uma célula B em particular é estimulada a se dividir. Apenas aquela que tiver o receptor correto para os antígenos apresentados será selecionada.
25. As células do sistema inato inicialmente atacam um patógeno, como um vírus, uma bactéria ou mesmo uma célula cancerosa. Elas, então, apresentam antígenos do patógeno em suas superfícies por intermédio de suas proteínas MHC. As células de imunidade adquirida reconhecem o complexo MHC/antígeno, ligam-se a ele e começam o envolvimento do sistema imunológico adquirido.
26. Interferon é uma citocina produzida em quantidades muito pequenas que estimula as células assassinas naturais, que atacam as células cancerosas. Um dos primeiros tratamentos do câncer era dar interferon ao paciente para estimular as células NK. Ter um grande suprimento de interferon clonado é útil, portanto, na luta contra o câncer.
27. Quando células B e T estão se desenvolvendo, são, de certa forma, "treinadas". Se elas contêm receptores que reconhecem autoantígenos, são eliminadas ainda jovens. Se nunca veem um antígeno que reconhecem, morrem por negligência. Isto deixa uma série de precursores

para células B e T que têm receptores que reconhecerão antígenos exógenos, mas não autoantígenos.

28. Os macrófagos, parte do sistema imunológico inato, são a "espada de dois gumes". Sua presença é importante para atacar as células cancerosas e, se fazem todo o trabalho, então as células cancerosas são todas destruídas. Entretanto, eles também provocam inflamação, o que se mostrou recentemente levar indiretamente à progressão das células cancerosas que sobrevivem.

29. O pequeno RNA não codificado (ncRNA) do vírus da herpes tem sido associado com sua habilidade fugir do sistema imunológico.

30. O vírus da herpes produz um ncRNA que estabiliza a cadeia respiratória da mitocôndria da célula hospedeira. Isto previne a destruição precoce da célula infectada pelo sistema imunológico do hospedeiro. Ao mesmo tempo, um microRNA (miRNA) produzido pelo vírus inibe a produção de uma proteína na superfície da célula, que, de outra forma, atacaria as células NK.

14-4 Câncer

31. As células cancerosas continuarão crescendo e se dividindo em situações nas quais células normais não o fariam, tal como quando não recebem sinais de crescimento das células vizinhas. Elas também continuarão crescendo mesmo se os tecidos vizinhos enviarem sinais de "parada de crescimento". São capazes também de se apropriar do sistema vascular do organismo, fazendo que o crescimento de novos vasos sanguíneos lhes forneça nutrientes. Células cancerosas são essencialmente imortais e podem continuar a crescer e se dividir indefinidamente. Elas têm capacidade de se soltar, ir para outras partes do organismo e criar novas áreas de câncer, um processo conhecido como metástase.

32. Supressor tumoral é uma molécula que restringe a capacidade de uma célula crescer e se dividir. Oncogene é um gene cujo produto estimula o crescimento e a divisão de uma célula.

33. A proteína chamada p53 é um supressor tumoral. Mutações da p53 foram encontradas em mais da metade de todos os cânceres humanos. A proteína Ras está envolvida na divisão celular, e pode-se encontrar mutações dessa proteína em 30% dos tumores humanos.

34. Os vírus estão envolvidos em muitos tipos de câncer. Os retrovírus são especialmente perigosos porque inserem seu DNA no DNA hospedeiro. Quando isso acontece em um gene supressor de tumor, o supressor tumoral é desativado, causando o câncer. Além disso, a homologia entre proto-oncogenes e oncogenes faz que o ciclo de infecção dos vírus provavelmente seja responsável pelo fato de alguns proto-oncogenes se tornarem oncogênicos.

35. Viroterapia é o processo de utilização de um vírus para tentar tratar o câncer. Há duas estratégias para a viroterapia. Uma é utilizar o vírus para atacar e matar as células cancerosas diretamente. Neste caso, o vírus tem uma proteína em sua superfície que é específica para uma célula cancerosa. Uma vez em seu interior, mata a célula cancerosa. A segunda é fazer que o vírus transporte um gene para dentro da célula cancerosa que a tornará mais suscetível a um agente quimioterapêutico.

36. Se fumar causasse câncer, todos os fumantes teriam câncer, mas isto não é verdadeiro. O fumo tem sido relacionado ao câncer, e é um forte indicador de um futuro câncer, mas este é o resultado de diversas coisas que dão errado em uma célula, e não há uma causa única definitiva.

37. Supressor tumoral é uma proteína que ajuda a controlar o crescimento e a divisão celular. É como o freio de um carro tentando desacelerar um processo. Muitos tipos de câncer estão relacionados à mutação de supressores tumorais. Um oncogene produz algo que estimula o crescimento e a divisão. Isto é como o acelerador do carro. Muitos outros tipos de câncer são causados essencialmente pela ativação excessiva de um oncogene.

38. Ras, Jun e Fos são consideradas oncogenes. No processo de divisão celular, a Ras é um componente necessário, mas normalmente está ativa apenas quando a célula deveria estar se dividindo. As formas oncogênicas de Ras são superativas e levam a um excesso de divisão celular. A Ras está em uma etapa inicial do processo. Jun e Fos são fatores de transcrição que, juntos, formam AP-1, que está envolvido na rota de ativação da transcrição que envolve a CBP.

39. Muitos dos ensaios iniciais envolviam administração específica de um gene p53 específico via a terapia gênica. Entretanto, tal administração é impraticável para pacientes humanos em muitos casos. Atualmente os pesquisadores estão procurando medicamentos que possam ser tomados e que aumentarão os níveis de p53.

40. Dois medicamentos, Prima-1 e mutante reativo p53 CP-31398, reativam o mutante p53; nutlin inibe uma proteína chamada MDM2, que é em si um inibidor natural de p53.

41. A p53 pode ser restaurada de várias maneiras. Uma maneira seria através da terapia gênica para dar ao paciente cópias funcionais do gene p53 se não a tiver. Outra é neutralizar as moléculas que inibem naturalmente a p53. Outra, ainda, é fornecer ao paciente medicamentos que estimulam a transcrição do gene p53. Finalmente, poder-se-ia usar medicamentos que inibiriam a transcrição de moléculas que agem como inibidores da p53.

42. O sistema imunológico inato é instrumental na luta contra células cancerosas. Células que se tornam cancerosas exibem moléculas específicas em suas superfícies que agem como um sinal auxiliar. As células do sistema imunológico, como os macrófagos e células assassinas naturais, atacam as células que exibem estes antígenos ligados ao câncer em suas superfícies. Normalmente eles destroem as células cancerosas, finalizando a ameaça. Entretanto, se não o fazem, a presença de célula imunológica inata pode levar à inflamação. Mais e mais pesquisa está mostrando que a inflamação é o interruptor que pega uma célula pré-cancerosa e a transforma em uma cancerosa plena. Portanto, as células imunológicas inatas que atacam uma célula de câncer, mas não a matam, podem torná-la mais forte.

43. A compreensão de que a progressão do câncer é alimentada pela inflamação tem levado a uma teoria criada por alguns cientistas de que devemos gastar mais tempo focando nos sintomas ao invés de na cura. Eles acreditam que seja possível que, embora existam células cancerosas em potencial, elas podem nem crescer e se espalhar se pudermos parar a inflamação.

44. Eles encontraram mais de 30.000 mutações no genoma do melanoma e mais de 23.000 no câncer de pulmão. Esta informação tornará possível diagnosticar o câncer

mais cedo e levar a um tratamento mais eficiente. Para pacientes individuais, será possível ver quais medicamentos têm maior probabilidade de ser eficazes no tratamento do câncer e quais não têm.

45. Muitas das mutações associadas com o melanoma surgem de muita exposição ao sol. De maneira similar, o hábito de fumar provoca muitos dos erros no DNA no câncer de pulmão.

14-5 Aids

46. Células T auxiliares.
47. O vírus liga-se ao receptor CD4 na célula auxiliar T através de uma proteína viral chamada gp120.
48. O HIV é difícil de matar porque é difícil de ser encontrado. A transcriptase reversa de HIV é muito inexata na replicação. O resultado é a rápida mutação do HIV. Existe também uma mudança conformacional da proteína gp120 quando esta se liga ao receptor CD4 em uma célula T, tornando difícil a criação de anticorpos que montarão um ataque útil. O HIV é também adepto em fugir do sistema imunológico inato. Por último, o HIV esconde-se do sistema imunológico mascarando sua membrana externa em açúcares que são muito semelhantes aos açúcares naturais encontrados na maioria de suas células hospedeiras, tornando o sistema imunológico cego a ele.
49. As duas principais abordagens são a criação de vacinas para o vírus e o uso de terapia antiviral.
50. Não, o vírus não mata sua célula hospedeira diretamente. Ele enfraquece o sistema imunológico através do seu ataque às células T auxiliares. Quando o sistema imunológico está suficientemente fraco, o hospedeiro morre de infecções oportunistas.
51. Em geral, a gripe comum é a menos letal, embora tenha havido epidemias de gripe no passado que foram muito letais. A SARS e também muito letal. Uma alta proporção daqueles que contraem SARS morrem devido a ela em comparação àqueles que contraíram HIV ou a gripe. O HIV é extremamente transmissível porque age muito lentamente. As pessoas podem ter HIV por décadas e não saber que têm, dando a ele a oportunidade de de se espalhar para muitas outras pessoas. A SARS era efetivamente menos transmissível porque era muito rápida em agir, de tal forma que o hospedeiro ficava doente rapidamente e era isolado.
52. A proteína gp120 no vírus HIV é a molécula que ancora o receptor CD4 na célula T auxiliar, portanto, é muito importante para a ação do HIV. O problema é que a proteína gp120 muda a conformação quando se liga, tornando ineficiente a tentativa de usar gp120 purificada para fazer anticorpos. Existe também uma alta taxa de mutação da proteína gp120.
53. HAART significa terapia antirretroviral altamente ativa. Baseada no uso de uma combinação de medicamentos para atacar partes múltiplas do ciclo de vida do HIV.
54. Para estar 100% curado, teria que haver zero partícula de vírus no paciente ou zero célula T auxiliar que fosse suscetível ao vírus. É sempre difícil dizer com certeza se um vírus se foi por completo, especialmente com um tão bom em se esconder como o HIV. Com as altas taxas de mutação do HIV, existe sempre uma pequena chance de que poucas partículas de vírus possam gerar uma nova forma capaz de atacar um novo paciente, presumivelmente células imunológicas T auxiliares.

Capítulo 15

15-1 Estados-Padrão para Variações de Energia Livre

1. Há uma conexão, e este é um dos pontos mais importantes neste capítulo. Ela pode ser expressa na equação $\Delta G°' = -RT \ln K_{eq}$.
2. A reação (a) ocorreria apenas se fosse acoplada a uma reação exergônica. A reação (b) prosseguiria apenas se acoplada a uma reação exergônica. A reação (c) prosseguiria como escrita.
3. As informações fornecidas aqui lidam com a termodinâmica da reação, não a cinética. Não é possível prever a velocidade da reação.
4. A variação de energia livre pode ser usada para prever a espontaneidade de uma reação sob condições de temperatura e pressão constantes.
5. Muitas reações endergônicas são necessárias ao processo da vida. Elas precisam de uma fonte para a energia de que necessitam, e esta fonte é a energia liberada pelas reações exergônicas.

15-2 Um Estado-Padrão Modificado para as Aplicações Bioquímicas

6. O estado padrão termodinâmico normal se refere ao pH = 0. Isto não é muito útil em bioquímica.
7. A afirmativa (a) é verdadeira, mas a segunda, (b), não. O estado padrão dos solutos normalmente é definido como uma unidade de atividade (1 mol L^{-1} para todos, exceto em cálculos mais cuidadosos). Em sistemas biológicos, o pH frequentemente está no intervalo neutro (isto é, $[H^+]$ próxima de 10^{-7} mol L^{-1}); a modificação é uma questão de conveniência. A água é o solvente, não um soluto, e seu estado padrão é líquido.
8. A designação $\Delta G°'$ indica um estado padrão biológico. Se o pico estiver oculto, será para estados padrão químicos.
9. Não, não há relação entre a grandeza termodinâmica, $\Delta G°$, e a velocidade. $\Delta G°$ reflete a possibilidade termodinâmica sob estados padrão. Velocidade é uma grandeza cinética que se baseia na capacidade de uma enzima catalisar a reação e as concentrações reais de substratos na célula.
10. Supondo um número considerável, 20 kJ mol^{-1}, 0 kJ mol^{-1}, +30 kJ mol^{-1}.
11. $\Delta G°' = \Delta H°' - T\Delta S°'$ e $\Delta S°' = 34{,}9$ J mol^{-1} K^{-1} = 8,39 cal mol^{-1} K^{-1}. Há duas partículas no lado do reagente da equação e três no lado do produto, representando um aumento na desordem.
12. Supondo 298 K e um algarismo significativo:
    (a) −50 kJ.
    (b) −20 kJ.
    (c) −20 kJ.
13. Os níveis de substratos e produtos podem afetar a ΔG real de uma reação, mudando-a de zero para um número alto como no item (a). ΔG é negativa quando há uma quantidade maior de substrato do que de produto.
14. $\Delta G°'$ geral = −260,4 kJ mol^{-1} ou −62,3 kcal mol^{-1}. A reação é exergônica porque tem uma $\Delta G°'$ grande e negativa.
15. Maior do que 3.333 para 1.
16. A reação (a) não ocorrerá como escrita; $\Delta G°' = +12{,}6$ kJ. A reação (b) ocorrerá como escrita; $\Delta G°' = -20{,}8$ kJ. A reação (c) não ocorrerá como escrita; $\Delta G°' = +31{,}4$ kJ. A reação (d) ocorrerá como escrita; $\Delta G°' = -18{,}0$ kJ.

17. Sim, *se* você corrigir para a diferença na temperatura e nas concentrações dos valores padrão.

18. Dois aspectos estão envolvidos aqui: (a) Muito raramente, ou nunca, os reagentes *in vivo* estão nas concentrações padrão. Os valores de ΔG reais (não $\Delta G°$) são muito dependentes das concentrações locais, especialmente se o número de moléculas de reagentes e de moléculas de produtos não for o mesmo. (b) Os valores de $\Delta G°$ se aplicam rigorosamente apenas a sistemas *fechados* que podem atingir o equilíbrio. Sistemas bioquímicos, no entanto, são sistemas *abertos* e não atingem o equilíbrio. Se você estivesse no equilíbrio, estaria morto. As vias metabólicas são interconectadas e envolvem uma série de reações, incluindo processos que absorvem material do meio e liberam produtos para ele.

15-3 A Natureza do Metabolismo

19. Grupo 1: Catabolismo, oxidativo, produtor de energia. Grupo 2: Anabolismo, redutivo, precisa de energia.

20. A diminuição local de entropia associada aos organismos vivos é equilibrada pelo aumento na entropia do meio, causado pela sua presença. O acoplamento de reações leva à dispersão geral de energia no Universo.

21. A síntese de açúcares pelas plantas na fotossíntese é endergônica e precisa da energia luminosa do Sol.

22. A biossíntese de proteína é endergônica e acompanhada por uma grande queda de entropia.

23. O ATP gerado constantemente por organismos vivos é utilizado como fonte de energia química para processos endergônicos. Há um grande controle de renovação de moléculas, mas nenhuma variação líquida.

15-4 O Papel da Oxidação e da Redução no Metabolismo

24. (a) NADH é oxidado, $H^+ + NADH \rightarrow NAD^+ + 2e^- + 2H^+$. O acetaldeído é reduzido, $CH_3CH_2CHO + 2e^- + 2H^+ \rightarrow CH_3CH_2CH_2OH$.
    (b) Fe^{2+} é oxidado, $Fe^{2+} \rightarrow Fe^{3+} + e^-$. Cu^{2+} é reduzido, $Cu^{2+} + e^- \rightarrow Cu^+$.

25. (a) Acetaldeído é o agente oxidante; NADH é o agente redutor.
    (b) Cu^{2+} é o agente oxidante; Fe^{2+} é o agente redutor.

15-5 Coenzimas Importantes nas Reações de Oxirredução

26. NAD^+, $NADP^+$ e FAD contêm uma porção ADP.

27. No NADPH, a hidroxila 2' da ribose acoplada à adenina tem um fosfato acoplado.

28. Há pouco efeito nas reações. Ambas são coenzimas envolvidas nas reações de oxirredução. A presença do fosfato serve para distinguir dois grupos separados de coenzimas para que as diferentes razões $NADPH/NADP^+$ *versus* $NADH/NAD^+$ possam ser mantidas.

29. NAD^+ é o agente oxidante nas reações nas quais um nutriente é a substância a ser oxidada. Da mesma forma que todos os agentes oxidantes, o NAD^+ é reduzido produzindo NADH.

30. A oxidação de glicose em dióxido de carbono e água ocorre em muitas etapas. Este arranjo permite o uso das coenzimas envolvidas e favorece a produção de ATP.

31. Nenhuma das afirmativas é verdadeira. Algumas coenzimas estão envolvidas nas reações de transferência de grupos (lembre-se do Capítulo 7). Muitas coenzimas contêm grupos fosfato e a CoA contém enxofre. O ATP não representa energia armazenada, mas é gerado sob demanda.

32. Reações redox. Em um processo anabólico, o NAD^+ ou o NADPH provavelmente seria utilizado. O FAD provavelmente não seria utilizado porque sua variação de energia livre é muito baixa.

33. A segunda semirreação (aquela envolvendo NADH) é de oxidação, enquanto a primeira semirreação (aquela envolvendo O_2) é de redução. A reação geral é $\frac{1}{2}O_2 + NADH + H^+ \rightarrow H_2O + NAD^+$. O_2 é o agente oxidante e NADH o redutor.

34. Veja as Figuras 15.4 e 15.5.

35. A glicose-6-fosfato é oxidada e o $NADP^+$ é reduzido. O $NADP^+$ é o agente oxidante e a glicose-6-fosfato o redutor.

36. O FAD é reduzido e o succinato oxidado. O FAD é o agente oxidante e o succinato o agente redutor.

37. É importante ter dois grupos diferentes de coenzimas redox. No citosol, a razão $NAD^+/NADH$ é alta, mas a razão $NADPH/NADP^+$ também é. Isto significa que reações anabólicas podem ocorrer no citosol, assim como as reações catabólicas, como a glicólise. Se não houvesse dois grupos diferentes dessas coenzimas, nenhuma localidade celular poderia ter catabolismo e anabolismo. Ter dois agentes redutores diferentes, mas estruturalmente relacionados, ajuda a manter as reações anabólica e catabólica diferenciadas uma da outra.

38. Apenas uma parte da energia liberada pelas reações exergônicas dirige as reações endergônicas. Exemplo é a oxidação endergônica de glicose em dois íons lactato, que libera 184,5 kJ para cada mol de glicose. Esta reação é acoplada à fosforilação de dois ADP em dois ATP, uma reação endergônica que exige 61 kJ para cada mol de glicose. As duas quantidades de energia não são as mesmas.

39. Sem a liberação de energia química nas reações exergônicas, as reações endergônicas de metabolismo, especialmente aquelas de biossíntese de DNA e proteínas, não ocorreriam.

15-6 Acoplamento de Produção e Uso de Energia

40. A razão entre substratos e produtos teria de ser de 321.258 para 1.

41. Fosfato de creatina + ADP $\rightarrow$ Creatina + ATP;
    $\Delta G°' = -12,6$ kJ
    ATP + Glicerol $\rightarrow$ ADP + Glicerol-3-fosfato;
    $\Delta G°' = -20,8$ kJ
    Fosfato de creatina + Glicerol $\rightarrow$ Creatina + Glicerol-3-fosfato;
    $\Delta G°'$ geral $= -33,4$ kJ

42. Glicose-L-fosfato $\rightarrow$ Glicose + P_i;
    $\Delta G°' = -20,9$ kJ mol^{-1}
    Glicose + P_i $\rightarrow$ Glicose-6-fosfato;
    $\Delta G°' = +12,5$ kJ mol^{-1}
    Glicose-L-fosfato $\rightarrow$ Glicose-6-fosfato;
    $\Delta G°' = -8,4$ kJ mol^{-1}

43. Nas duas vias a reação geral é ATP + 2 H_2O $\rightarrow$ AMP + 2P_i. Os parâmetros termodinâmicos, como a energia, são aditivos. A energia geral é a mesma porque a via geral é a mesma.

44. Fosfoarginina + ADP $\rightarrow$ Arginina + ATP;
    $\Delta G°' = -1,7$ kJ
    ATP + H_2O $\rightarrow$ ADP + P_i;
    $\Delta G°' = -30,5$ kJ
    Fosfato de arginina + H_2O $\rightarrow$ Arginina + P_i;
    $\Delta G°' = -32,2$ kJ

45. O ATP é menos estável que o ADP e P_i por causa da distribuição de carga e da perda de estabilidade de ressonância no íon fosfato. Há estabilização (dispersão de energia) quando o ATP é hidrolisado, gerando uma variação de energia livre negativa.

$$ADP + P_i + H^+ \longrightarrow ATP + H_2O \qquad \Delta G^{\circ\prime} = 30{,}5\ kJ\ mol^{-1} = 7{,}3\ kcal\ mol^{-1}$$

ou, em forma estrutural,

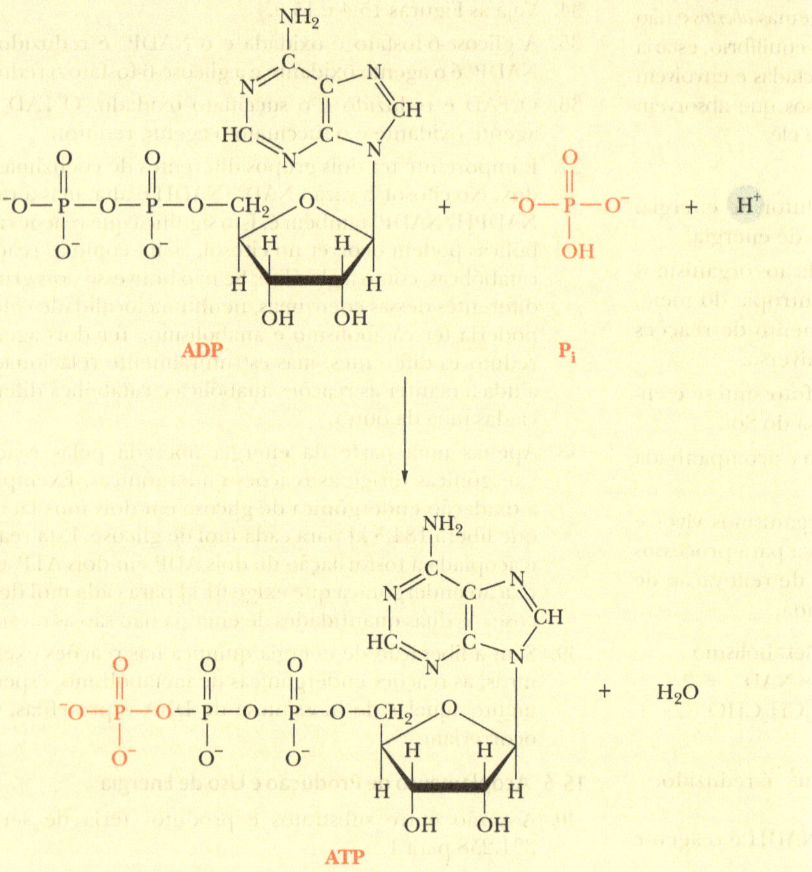
ADP
P_i
ATP

46. É intermediária; assim, o ATP é posicionado idealmente para servir como doador ou (como ADP) receptor de fosfato, dependendo das concentrações locais.
47. A fosfato de creatina pode fosforilar ADP a ATP. Há um "germe de verdade" bioquímico aqui, mas a eficácia de tal suplemento é outra questão.
48. Há um grande aumento na entropia acompanhando a hidrólise de uma molécula, que se divide em cinco moléculas diferentes.
49. PEP é um composto com alta energia porque há energia liberada em sua hidrólise, graças à estabilização da ressonância do fosfato inorgânico liberado e à possível tautomerização cetoenol de seu produto, o piruvato. Veja a Figura 15.9.
50. O fato de uma reação ser termodinamicamente favorável não significa que ela ocorrerá biologicamente. Embora pareça haver muita energia para catalisar a produção de 2 ATPs a partir de PEP, não há enzima que catalise esta reação.
51. Corridas de 100 m e exercícios semelhantes realizados em curtos períodos dependem do metabolismo anaeróbio como fonte de energia, produzindo ácido láctico. Períodos mais longos de exercício também utilizam o metabolismo aeróbio.

15-7 Coenzima A na Ativação de Rotas Metabólicas

52. Uma etapa de ativação leva à próxima etapa exergônica em uma via. É semelhante à forma na qual os químicos orgânicos querem acoplar um bom grupo de saída para a etapa seguinte em uma série de reações.
53. Pequenas variações de energia normalmente envolverão condições brandas. Além disso, tais reações serão mais sensíveis a mudanças relativamente pequenas na concentração e, assim, serão mais fáceis de controlar.
54. Tioésteres são compostos de alta energia. A possível dissociação dos produtos após a hidrólise e as estruturas de ressonância dos produtos facilitam a reação.
55. A coenzima A serve para diversas finalidades. É um composto de alta energia, ativando as etapas iniciais da via metabólica. É utilizada como uma etiqueta para "marcar" uma molécula para uma via específica. É grande e não pode atravessar membranas; portanto, a compartimentalização das vias pode ser afetada pela ligação de metabólitos à coenzima A.
56. O tamanho e a complexidade da molécula a tornam mais específica para reações particulares catalisadas por enzimas. Além disso, ela não pode atravessar membra-

nas; portanto, moléculas de acil-CoA e outros derivados de CoA podem ser segregados.

Capítulo 16

16-1 Açúcares: Suas Estruturas e Estequiometria

1. Polissacarídeo é um polímero de açúcares simples, que são compostos que contêm um único grupo carbonila e diversos grupos hidroxila. Furanose é um açúcar cíclico que contém um anel de cinco membros semelhante ao do furano. Piranose é um açúcar cíclico que contém um anel de seis membros semelhante ao do pirano. Aldose é um açúcar que contém um grupo aldeído; cetose é um açúcar que contém um grupo cetona. Ligação glicosídica é uma ligação acetal que une dois açúcares. Oligossacarídeo é um composto formado pela união de vários açúcares simples (monossacarídeos) por ligações glicosídicas. Glicoproteína é formada pela ligação covalente de açúcares a uma proteína.

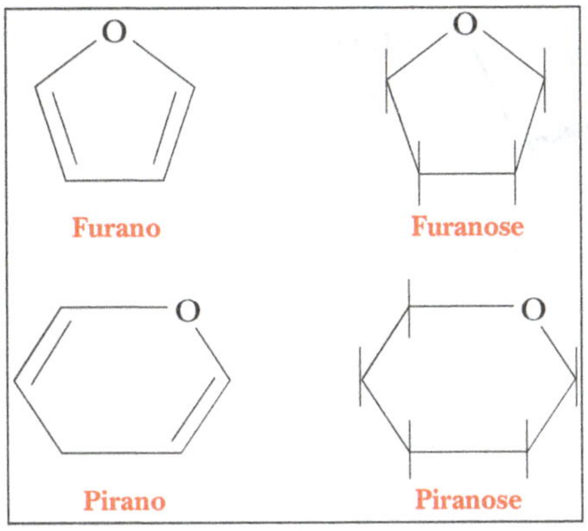
O
Furano
O
Furanose
O
Pirano
O
Piranose

2. A D-manose e a D-galactose são epímeros da D-glicose, com uma inversão da configuração em torno dos átomos de carbono 2 e 4, respectivamente; a D-ribose tem apenas cinco carbonos, mas o restante dos açúcares citados nesta questão tem seis.
3. Todos os grupos são pares aldose-cetose.
4. Enantiômeros são estereoisômeros de imagem especular que não podem ser sobrepostos. Diastereômeros são estereoisômeros que não têm imagem especular e não podem ser sobrepostos.
5. Há quatro epímeros de D-glicose, com inversão de configuração em um único carbono. Os possíveis carbonos nos quais isso acontece são aqueles numerados de dois a cinco.
6. Furanoses e piranoses têm anéis com cinco e seis membros, respectivamente. É bastante conhecido na química orgânica o fato de que anéis desse tamanho são os mais estáveis e os mais imediatamente formados.
7. Há quatro centros quirais na forma de cadeia aberta da glicose (carbonos dois a cinco). A ciclização introduz outro centro quiral no carbono envolvido na formação hemiacetal, fornecendo um total de cinco centros quirais na forma cíclica.
8. Enantiômeros: (a) e (f), (b) e (d). Epímeros: (a) e (c),(a) e (d), (a) e (e), (b) e (f).

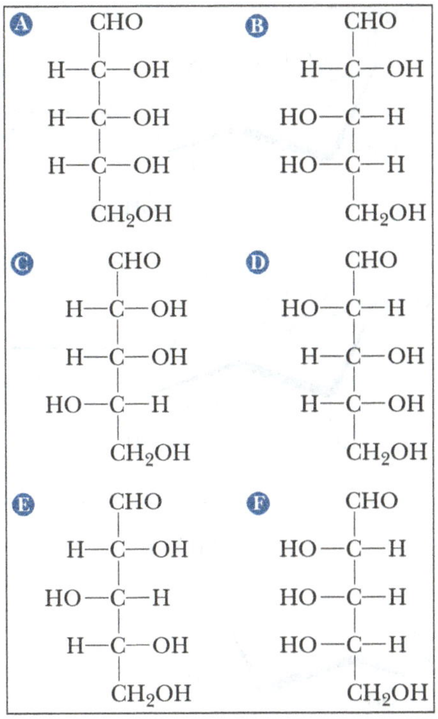
A
CHO
H—C—OH
H—C—OH
H—C—OH
CH_2OH
B
CHO
H—C—OH
HO—C—H
HO—C—H
CH_2OH
C
CHO
H—C—OH
H—C—OH
HO—C—H
CH_2OH
D
CHO
HO—C—H
H—C—OH
H—C—OH
CH_2OH
E
CHO
H—C—OH
HO—C—H
H—C—OH
CH_2OH
F
CHO
HO—C—H
HO—C—H
HO—C—H
CH_2OH

9. O L-sorbitol foi nomeado no início da história da bioquímica como um derivado da L-sorbose. A redução da D-glicose fornece um hidroxiaçúcar que poderia ser facilmente chamado de D-glicitol, mas foi originalmente chamado de L-sorbitol e o nome permaneceu.
10. Arabinose é um epímero da ribose. Os nucleosídeos nos quais a arabinose é substituída pela ribose agem como inibidores em reações de ribonucleosídeos.

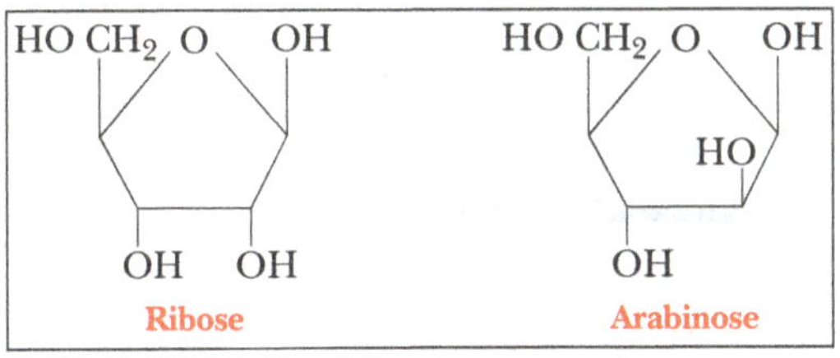
HO CH_2 O OH
OH OH
Ribose
HO CH_2 O OH
HO
OH
Arabinose

11. Converter um açúcar em um epímero exige a inversão da configuração em um centro quiral. Isto só pode ser feito ao se quebrar e reformar ligações covalentes.
12. Duas orientações diferentes com relação ao anel de açúcar são possíveis para o grupo hidroxila no carbono anomérico. As duas possibilidades originam o novo centro quiral.
13.

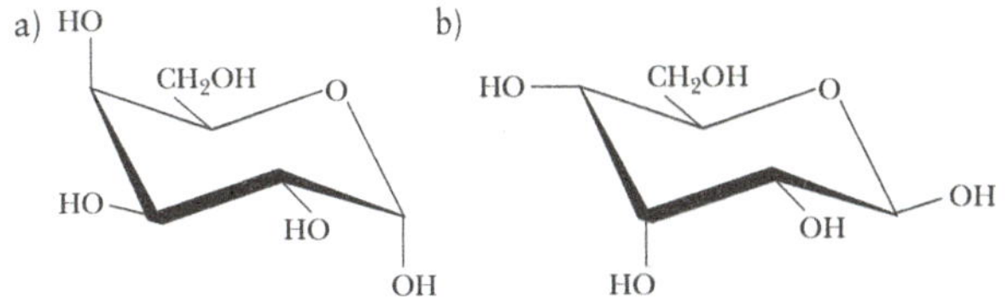
a) HO
CH_2OH
O
HO
HO
OH
b)
HO
CH_2OH
O
OH
OH
HO

14.

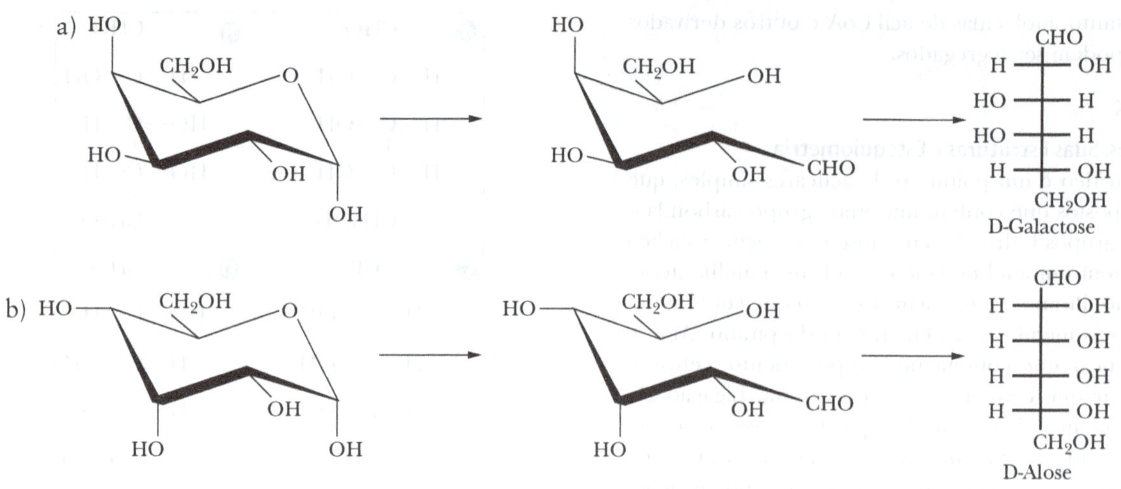
D-Galactose
D-Alose

15.

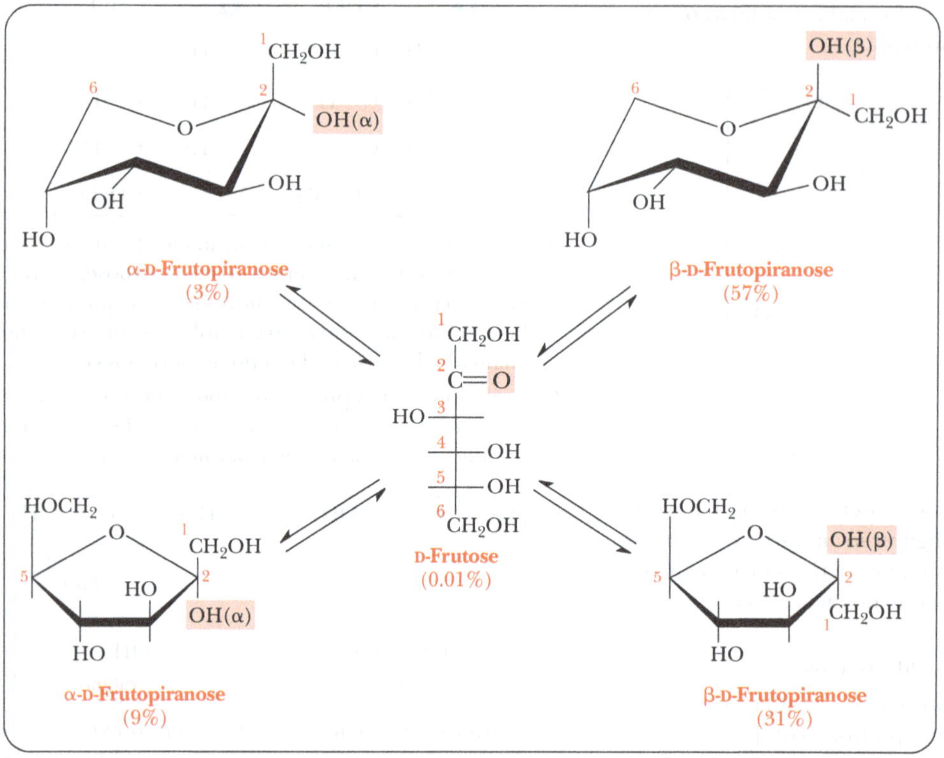
α-D-Frutopiranose
(3%)
β-D-Frutopiranose
(57%)
D-Frutose
(0.01%)
α-D-Frutopiranose
(9%)
β-D-Frutopiranose
(31%)

16.

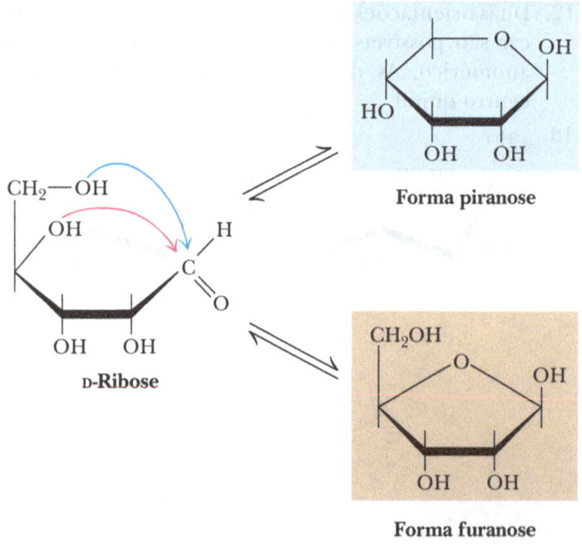
D-Ribose
Forma piranose
Forma furanose

16-2 Reações de Monossacarídeos

17. Esse composto contém uma cadeia lateral de ácido láctico.
18. Em um fosfato de açúcar, uma ligação éster é formada entre uma das hidroxilas do açúcar e o ácido fosfórico. Uma ligação glicosídica é um acetal, que pode ser hidrolisado para regenerar as duas hidroxilas de açúcar originais.
19. Açúcar redutor é aquele que tem um grupo aldeído livre. O aldeído é facilmente oxidado, reduzindo, assim, o agente oxidante.
20. Vitamina C é uma lactona (um éster cíclico) com uma dupla ligação entre dois dos carbonos do anel. A presença da dupla ligação a torna suscetível à oxidação no ar.

16-3 Alguns Oligossacarídeos Importantes

21. Semelhanças: A sacarose e a lactose são dissacarídeos, e ambas contêm glicose. Diferenças: A sacarose contém frutose, enquanto a lactose contém galactose. A sacarose tem uma ligação glicosídica α,β $(1 \rightarrow 2)$, enquanto a galactose tem uma ligação glicosídica β $(1 \rightarrow 4)$.

22.

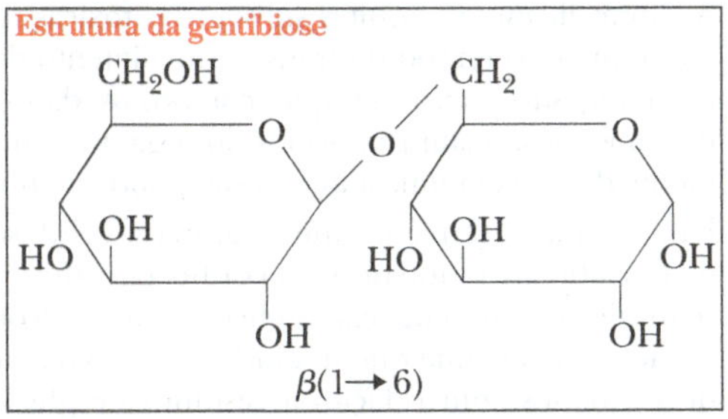
Estrutura da gentibiose
CH2OH
CH2
O
O
O
OH
HO
OH
HO
OH
OH
OH
β(1→6)

23. Em alguns casos, a enzima que degrada a lactose (açúcar do leite) em seus componentes – glicose e galactose – está ausente. Em outros, a enzima isomeriza a galactose em glicose para futura degradação metabólica.

24.

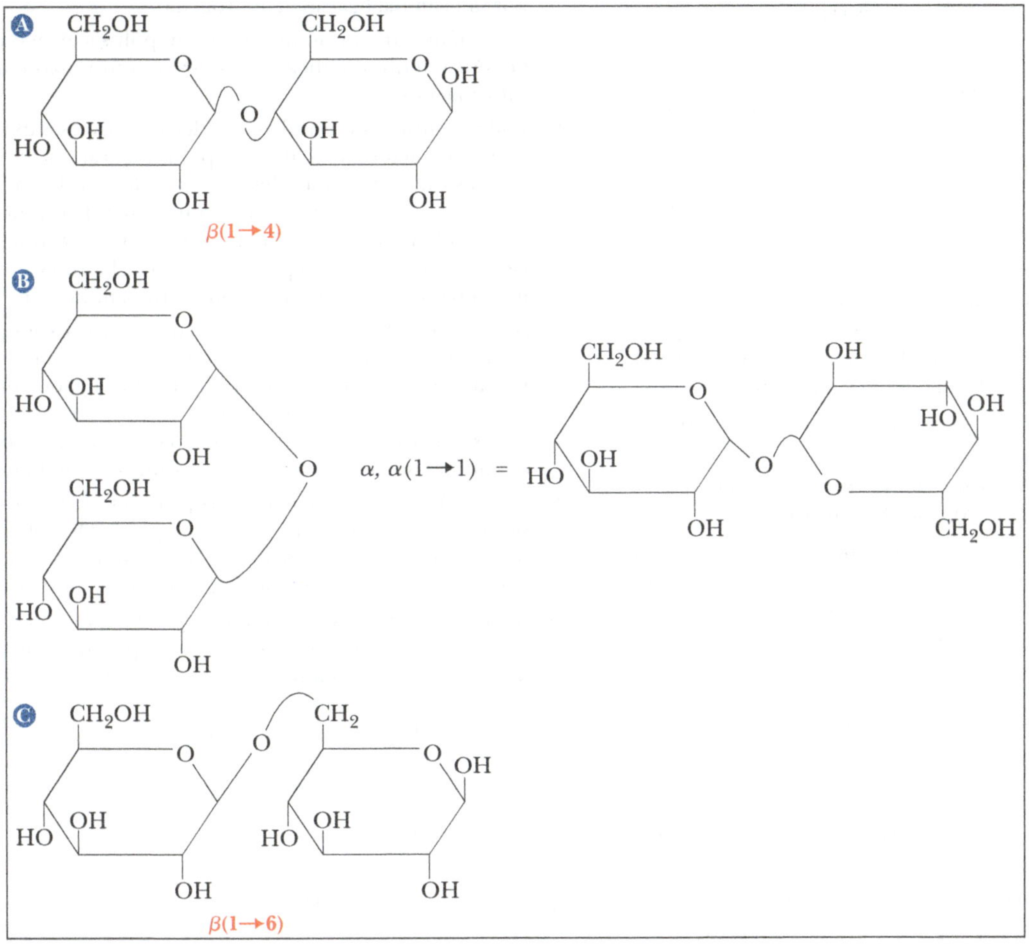
A
CH2OH
CH2OH
OH
HO
OH
OH
OH
OH
β(1→4)
B
CH2OH
OH
HO
OH
CH2OH
OH
HO
OH
α, α(1→1) =
CH2OH
OH
HO
OH
OH
HO
OH
CH2OH
C
CH2OH
CH2
OH
HO
OH
HO
OH
OH
OH
β(1→6)

25. O leite contém lactose. Muitas pessoas são sensíveis à lactose e necessitam de uma bebida alternativa.

16-4 Estruturas e Funções dos Polissacarídeos

26. As paredes celulares das plantas consistem principalmente em celulose, enquanto as das bactérias em polissacarídeos com ligações peptídicas cruzadas.

27. A quitina é um polímero de *N*-acetil-*β*-D-glicosamina, enquanto a celulose é um polímero da D-glicose. Os dois polímeros têm função estrutural, mas a quitina ocorre nos exoesqueletos dos invertebrados, e a celulose essencialmente nas plantas.

28. O glicogênio e o amido são diferentes principalmente quanto ao grau de ramificação da cadeia. Os dois polímeros servem como veículos para armazenamento de energia, glicogênio nos animais e amido nas plantas.

29. A celulose e o amido são polímeros da glicose. Na celulose, os monômeros são unidos por uma ligação *β*-glicosídica, enquanto no amido são unidos por uma ligação α-glicosídica.

30. O glicogênio existe como um polímero altamente ramificado. O amido pode ter uma forma linear e uma ramificada, que não é tão ramificada como a do glicogênio.

31. As paredes celulares das plantas consistem quase exclusivamente em carboidratos, enquanto as paredes celulares bacterianas contêm peptídeos.

32. Repetindo o dissacarídeo da pectina:

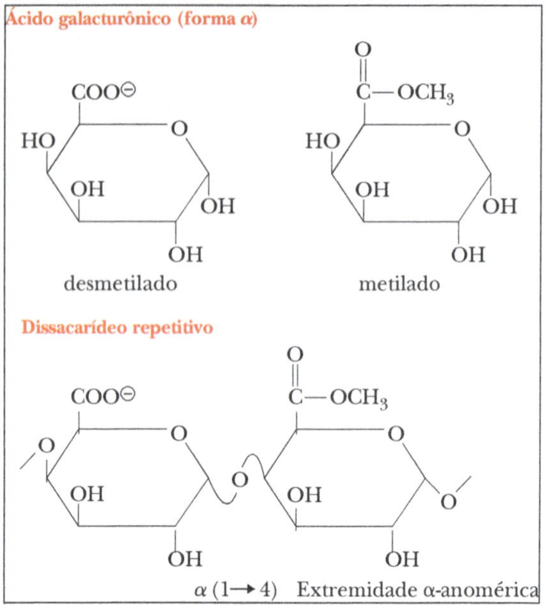
Ácido galacturônico (forma α)
desmetilado
metilado
Dissacarídeo repetitivo
α (1→4) Extremidade α-anomérica

33. Glicose e frutose.
34. Diferenças na estrutura: a celulose consiste em fibras lineares, enquanto o amido tem a forma de espiral. Diferenças na função: a celulose tem função estrutural, mas o amido é utilizado para armazenamento de energia.
35. A concentração de grupos redutores é muito pequena para ser detectada.
36. Para 2.500, em um local (0,02%). Para 1.000, em quatro locais (0,08%). Para 200, em 24 locais (0,48%).
37. Espera-se que esse polímero tenha uma função estrutural. A presença da ligação β-glicosídica o torna útil como alimento apenas para animais como os cupins, ou ruminantes, como vacas e cavalos; esses animais abrigam bactérias capazes de atacar a ligação β em seus tratos digestivos.
42. As fibras ligam-se a muitas substâncias tóxicas nas vísceras e diminuem o tempo de trânsito do alimento digerido no trato digestivo, fazendo que compostos danosos, como carcinógenos, sejam removidos do organismo mais rapidamente do que em uma alimentação pobre em fibras.
43. Uma celulase (enzima que degrada a celulose) precisa de um sítio ativo que possa reconhecer resíduos de glicose unidos em uma ligação β-glicosídica e hidrolise essa ligação. Uma enzima que degrada o amido tem as mesmas necessidades com relação a resíduos de glicose unidos em uma ligação α-glicosídica.
44. Pode-se esperar que a ligação cruzada tenha uma função nas estruturas de polissacarídeos nos quais a força mecânica seja um problema. Exemplos incluem celulose e quitina. Essas ligações cruzadas podem ser formadas imediatamente por uma ampla ligação de hidrogênio.
45. A sequência de monômeros em um polissacarídeo não é geneticamente codificada e, neste sentido, não contém informações.
46. Pode ser útil para os polissacarídeos ter diversas extremidades, características de um polímero ramificado, em vez das duas extremidades de um polímero linear. Este seria o caso quando fosse necessário liberar resíduos das extremidades o mais rapidamente possível. Os polissacarídeos conseguem isto por ter ligações glicosídicas 1 → 4 e 1 → 6 com um resíduo no ponto de ramificação.
47. A quitina é um material adequado para o exoesqueleto dos invertebrados por causa de sua força mecânica. Filamentos individuais de polímeros são ligados de forma cruzada pela ligação de hidrogênio, sendo responsáveis pela força. A celulose é outro polissacarídeo ligado da mesma forma, e pode ter uma função semelhante.
48. As paredes celulares bacterianas provavelmente não consistem em proteínas em sua maior parte. Os polissacarídeos são facilmente formados e conferem força mecânica considerável. Provavelmente, eles têm uma grande função.
49. Atletas tentam aumentar seus estoques de glicogênio antes de um evento esportivo. A forma mais rápida de aumentar a quantidade desse polímero de glicose é comer carboidratos.

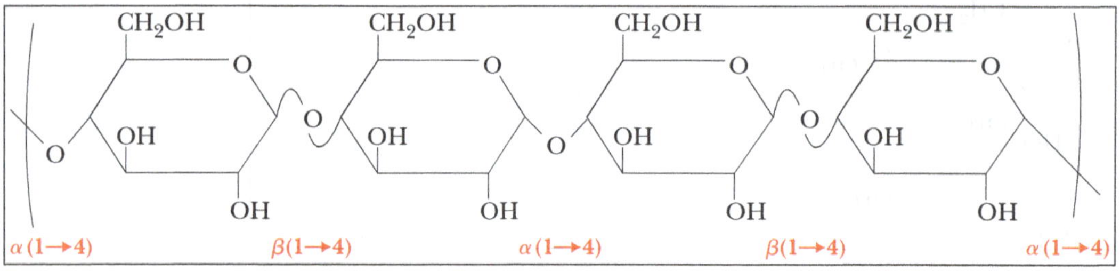
α (1→4)
β(1→4)
α (1→4)
β(1→4)
α (1→4)

38. Por causa da ramificação, a molécula de glicogênio origina diversas moléculas de glicose disponíveis por vez quando está sendo hidrolisada para fornecer energia. Uma molécula linear poderia produzir apenas uma glicose por vez.
39. O trato digestivo desses animais contém bactérias que possuem enzimas específicas para hidrolisar a celulose.
40. Os seres humanos não têm a enzima para hidrolisar a celulose. Além disso, a estrutura fibrosa da celulose a torna muito insolúvel para digerir, mesmo se os humanos tivessem a enzima necessária.
41. A enzima β-amilase é uma exoglicosidase, degradando sacarídeos a partir das suas extremidades. A enzima α-amilase é uma endoglicosidase, clivando ligações glicosídicas internas.
50. Iodo é o reagente que será adicionado à mistura da reação na titulação. Quando o ponto final for atingido, a gota seguinte de iodo produzirá uma cor azul característica na presença do indicador.
51. Heparina é um anticoagulante. Sua presença evita a coagulação do sangue.
52. As ligações glicosídicas podem ser formadas entre as hidroxilas da cadeia lateral de resíduos de serina ou treonina e as do açúcar hidroxila. Além disso, há a possibilidade de formação de ligações éster entre os grupos carboxila de cadeia lateral do aspartato ou glutamato e as do açúcar hidroxila.

16-5 Glicoproteínas

53. Glicoproteínas são aquelas nas quais os carboidratos são ligados de forma covalente às proteínas. Elas têm uma função nas membranas celulares eucarióticas, frequentemente

como sítios de reconhecimento para moléculas exógenas. Os anticorpos (imunoglobulinas) são glicoproteínas.

54. As porções açúcar das glicoproteínas do grupo sanguíneo são a fonte da diferença antigênica.

Capítulo 17

17-1 A Via Total da Glicólise

1. Reações que necessitam de ATP: fosforilação da glicose para fornecer glicose-6-fosfato e fosforilação da frutose-6-fosfato para fornecer frutose-1,6-*bis*fosfato. Reações que produzem ATP: transferência de grupo fosfato do 1,3-*bis*-fosfoglicerato para o ADP e transferência de grupo fosfato do fosfoenolpiruvato para o ADP. Enzimas que catalisam reações requerem ATP: hexoquinase, glicoquinase e fosfofrutoquinase. Enzimas que catalisam reações e produzem ATP: fosfoglicerato quinase e piruvato quinase.
2. Reações que necessitam de NADH: redução do piruvato a lactato e redução do acetaldeído a etanol. Reações que requerem NAD^+: oxidação do gliceraldeído-3-fosfato para fornecer 1,3-difosfoglicerato. Enzimas que catalisam reações que necessitam de NADH: lactato desidrogenase e álcool desidrogenase. Enzimas que catalisam reações que requerem NAD^+: gliceraldeído-3-fosfato desidrogenase.
3. O piruvato pode ser convertido em lactato, etanol ou acetil-CoA.

17-2 Conversão da Glicose de 6 Carbonos no Gliceraldeído-3--Fosfato de 3 Carbonos

4. A aldolase catalisa a condensação inversa do aldol da frutose-1,6-*bis*fosfato para gliceraldeído-3-fosfato e di-idroxiacetona fosfato.
5. Isoenzimas são enzimas oligoméricas que têm composições de aminoácido levemente diferentes em órgãos diferentes. A lactato desidrogenase é um exemplo, assim como a fosfofrutoquinase.
6. As isoenzimas permitem que o controle sutil da enzima responda a necessidades celulares diferentes. Por exemplo, no fígado, a lactato desidrogenase é mais frequentemente utilizada para converter lactato em piruvato, mas no músculo a reação em geral é invertida. Ter uma isoenzima diferente no músculo e no fígado permite que tais reações sejam otimizadas.
7. A frutose-1,6-*bis*fosfato pode sofrer apenas as reações da glicólise. Os componentes da via até este ponto podem ter outros destinos metabólicos.
8. Some os valores $\Delta G°'$ mol^{-1} das reações da glicose até gliceraldeído-3-fosfato. O resultado é 2,5 kJ mol^{-1} = 0,6 kcal mol^{-1}.
9. As duas enzimas podem ter localizações em tecidos e parâmetros cinéticos diferentes. A glicoquinase tem K_M maior para a glicose que a hexoquinase. Assim, sob condições de pouca glicose, o fígado não converterá a glicose em glicose-6-fosfato, utilizando o substrato que é necessário em outro lugar. Quando a concentração de glicose é muito mais alta, no entanto, a glicoquinase funcionará para ajudar a fosforilar a glicose para que ela possa ser armazenada como glicogênio.
10. Indivíduos que não têm o gene que orienta a síntese da forma M da enzima podem executar a glicólise no fígado, mas sofrerão de fraqueza muscular porque não têm a enzima no músculo.
11. A molécula de hexoquinase muda drasticamente de formato na ligação ao substrato, coerente com a teoria do ajuste induzido de uma enzima que se adapta a seu substrato.
12. O ATP inibe a fosfofrutoquinase, coerente com o fato de que o ATP é produzido nas reações finais da glicólise.

17-3 O Gliceraldeído é Convertido em Piruvato

13. Do ponto no qual a aldolase divide a frutose-1,6-*bis*fosfato em di-idroxiacetona fosfato e gliceraldeído-3-fosfato; todas as reações da via são duplicadas (apenas a via de um gliceraldeído-3-fosfato é normalmente mostrada).
14. Desidrogenases ligadas a NADH: gliceraldeído-3-fosfato desidrogenase, lactato desidrogenase e álcool desidrogenase.
15. A energia livre da hidrólise de um substrato é a força motriz energética na fosforilação em nível de substrato. Um exemplo é a conversão de gliceraldeído-3-fosfato em 1,3-*bis*fosfoglicerato.
16. Os pontos de controle na glicólise são as reações catalisadas pela hexoquinase, fosfofrutoquinase e piruvato quinase.
17. A hexoquinase é inibida pela glicose-6-fosfato. A fosfofrutoquinase é inibida por ATP e citrato. A piruvato quinase é inibida por ATP, acetil-CoA e alanina. A fosfofrutoquinase é estimulada pelo AMP e pela frutose-2,6--*bis*fosfato. A piruvato quinase é estimulada pelo AMP e pela frutose-1,6-*bis*fosfato.
18. A parte do sítio ativo que se liga ao NADH seria a parte mais conservada, já que muitas desidrogenases utilizam essa coenzima.
19. (a) Utilizando um fosfato de alta energia para fosforilar um substrato.
    (b) Mudando a forma de uma molécula sem mudar sua fórmula empírica (isto é, substituindo um isômero por outro).
    (c) Realizando uma clivagem de aldol de um açúcar para produzir dois açúcares menores ou derivados de açúcar.
    (d) Mudando o estado de oxidação de um substrato ao remover hidrogênios enquanto simultaneamente muda o estado de oxidação de uma coenzima (NADH, $FADH_2$ etc.).
20. Isomerase é um termo geral para uma enzima que muda a forma de um substrato sem mudar sua fórmula empírica. Mutase é uma enzima que desloca um grupo funcional, como um fosfato, para uma nova localidade em uma molécula de substrato.
21. A reação de 2-fosfoglicerato a fosfoenolpiruvato é uma desidratação (perda de água), em vez de uma reação redox.
22. O carbono 1 do gliceraldeído é o grupo aldeído. Ele muda o estado de oxidação para um ácido carboxílico, que é simultaneamente fosforilado.
23. O ATP é um inibidor de várias etapas da glicólise, assim como de outras vias catabólicas. A finalidade das vias catabólicas é produzir energia, e altos níveis de ATP significam que a célula já tem energia suficiente. A glicose-6-fosfato inibe a hexoquinase e é um exemplo de inibição de produto. Se o nível de glicose-6-fosfato estiver alto, poder indicar que há glicose suficiente disponível da quebra do glicogênio ou que as etapas enzimáticas subsequentes da glicólise estão ocorrendo lentamente. De qualquer forma, não há motivo para produzir mais glicose-6-fosfato. A fosfofrutoquinase é inibida por uma molécula efetora especial, a frutose-2,6-*bis*fosfato, cujos níveis são controlados pelos hormônios. Ela também é inibida pelo citrato, que indica que há energia suficiente do ciclo do ácido cítrico, provavelmente da degradação de gorduras e aminoácidos. A piruvato quinase também é inibida por acetil-CoA, cuja presença indica que ácidos graxos estão sendo utilizados para gerar energia para o ciclo do ácido cítrico. A princi-

pal função da glicólise é fornecer as unidades de carbono ao ciclo do ácido cítrico. Quando esses esqueletos de carbono podem vir de outras fontes, a glicólise é inibida para economizar a glicose para outras finalidades.

24. Haveria 15 possíveis isoenzimas de LDH, misturando três subunidades diferentes em combinações de quatro. Além das cinco isoenzimas que contêm apenas M e H, também haveria C_4, CH_3, C_2H_2, C_3H, CH_2M, C_2HM, C_3M, CHM_2, C_2M_2 e CM_3.
25. O ácido glutâmico tem uma cadeia lateral ácida com pK_a de 4,25. Portanto, seria carregado negativamente em pH 8,6, e a subunidade H se moveria mais em direção ao ânodo (+) do que à subunidade M. Assim, a LDH 1, que é H_4, iria mover-se para mais longe. A LDH 5, que é M_4, iria mover-se menos, com as outras isoenzimas migrando entre esses dois extremos proporcionalmente ao seu conteúdo H.
26. Com poucas exceções, uma reação bioquímica normalmente resulta em uma única modificação química do substrato. De acordo com este fato, várias etapas são necessárias para se atingir a meta essencial.
27. A enzima contém um grupo fosfato em um aminoácido adequado, tal como serina, treonina e histidina. O substrato doa seu grupo fosfato da posição C-3 para outro aminoácido na enzima, subsequentemente recebendo aquele que começou na enzima. Assim, o ^{32}P que estava no substrato é transferido para a enzima, enquanto um fósforo não marcado é colocado na posição C-2.

17-4 O Metabolismo Anaeróbico do Piruvato

28. As bolhas na cerveja são CO_2, produzido pela fermentação alcoólica. Músculos cansados e doloridos são causados, em parte, por um acúmulo de ácido láctico, um produto da glicólise anaeróbia.
29. O problema do ácido láctico é que ele é um ácido. O H^+ produzido a partir da formação do ácido láctico causa a sensação de queimação do músculo. O lactato de sódio é a base fraca conjugada do ácido láctico. Ele é reconvertido a glicose pela gliconeogênese no fígado. Ministrar lactato de sódio de forma intravenosa é uma boa maneira de suprir uma fonte indireta de glicose no sangue.
30. A finalidade da etapa que produz ácido láctico é reduzir o piruvato para que o NADH possa ser oxidado a NAD^+, que é necessário para a etapa catalisada pela gliceraldeído-3-fosfato desidrogenase.
32. O pirofosfato de tiamina é uma coenzima que participa da transferência de unidades com dois carbonos, e é necessária para a catálise da piruvato descarboxilase na fermentação alcoólica.
33. A parte importante do TPP é o anel de cinco elementos, na qual um carbono é encontrado entre um nitrogênio e um enxofre. Esse carbono forma um carbânion e é extremamente reativo, o que o torna capaz de realizar um ataque nucleofílico em grupos carbonila, levando à descarboxilação de diversos compostos em diferentes vias.
34. O pirofosfato de tiamina é uma coenzima necessária na reação catalisada pela piruvato carboxilase. Como essa reação faz parte do metabolismo do etanol, haverá uma quantidade menor disponível para servir como coenzima nas reações com outras enzimas que precisam dela.
35. Animais que correram muito antes de morrer acumularam grandes quantidades de ácido láctico no tecido muscular, o que justifica o sabor ácido de sua carne.
36. A conversão de glicose em lactato em vez de piruvato recicla o NADH.
37. Isso é possível e é fato. Essas drogas também afetam outros tecidos, incluindo pele, cabelo, células do revestimento intestinal e, especialmente, o sistema imunológico e as hemácias. Pessoas passando por quimioterapia normalmente são mais suscetíveis a doenças infecciosas do que pessoas saudáveis e, frequentemente, são um pouco anêmicas.
38. Efeito Warburg é o alto nível de glicólise em células cancerosas, originando o piruvato, seguido pela fermentação de ácido lático. Este efeito é observado mesmo em altos níveis de oxigênio, onde a oxidação adicional a dióxido de carbono e água é esperada. Este é um dos muitos aspectos da glicólise, que é o principal tópico deste capítulo.
39. Está em progresso pesquisa para modificar as isoenzimas piruvato quinase típicas de células cancerosas para lembrar aquelas de células normais. O objetivo é redirecionar o metabolismo para o de células normais, ao invés do de células cancerosas.

17-5 Produção de Energia na Glicólise

40. A energia liberada por todas as reações da glicólise é 184,5 kJ mol^{-1} de glicose. A energia liberada pela glicólise aciona a fosforilação de dois ADPs a ATP para cada

31.

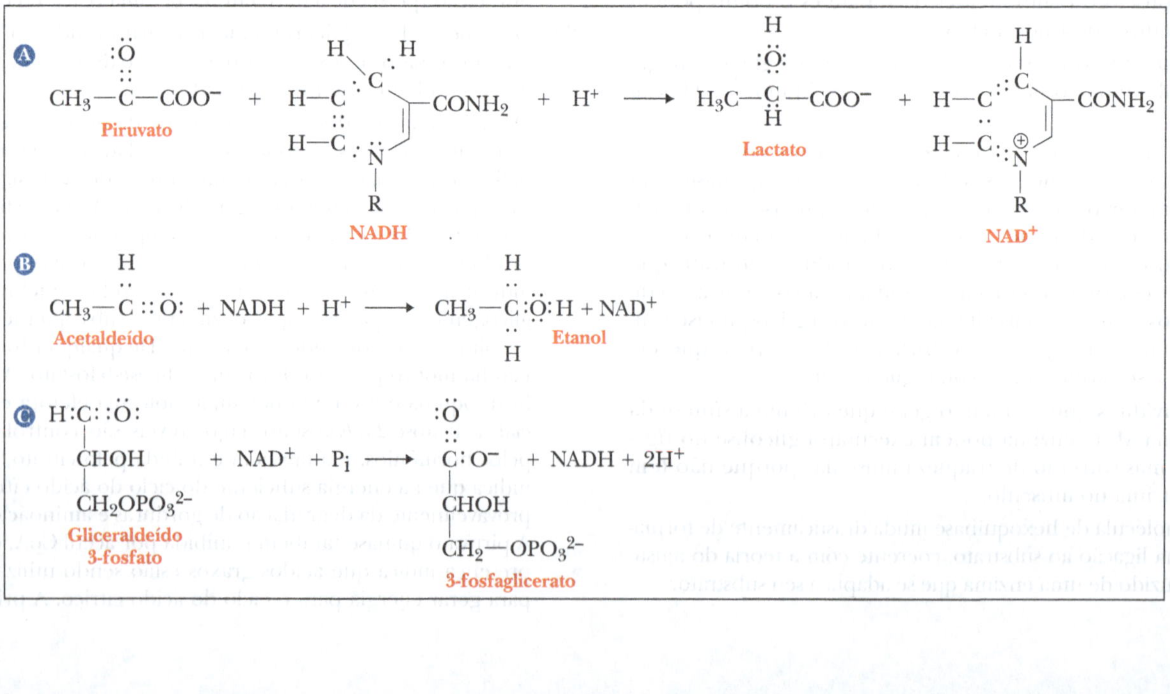
A
Piruvato
NADH
Lactato
NAD+
B
Acetaldeído
Etanol
C
Gliceraldeído 3-fosfato
3-fosfaglicerato

molécula de glicose, coletando 61,0 kJ mol^{-1} de glicose. A estimativa de 33% de eficiência vem do cálculo (61,0/184,5) × 100 = 33%.

41. Há um ganho líquido de duas moléculas de ATP por molécula de glicose consumida na glicólise.
42. O rendimento total é de quatro moléculas de ATP por molécula de glicose, mas as reações da glicólise precisam de duas moléculas de ATP por glicose.
43. As reações catalisadas pela hexoquinase, fosfofrutoquinase, gliceraldeído-3-fosfato desidrogenase, fosfoglicero-quinase e piruvato quinase.
44. As etapas catalisadas pela hexoquinase, fosfofrutoquinase e piruvato quinase.
45. Fosfoenolpiruvato → piruvato + P_i

 $\Delta G°' = -61{,}9$ kJ mol^{-1} = $-14{,}8$ kcal mol^{-1}

 ADP + P_i → ATP

 $\Delta G°' = 30{,}5$ kJ mol^{-1} = 7,3 kcal mol^{-1}

 Fosfoenolpiruvato + ADP → Piruvato + ATP

 $\Delta G°' = -31{,}4$ kJ mol^{-1} = $-7{,}5$ kcal mol^{-1}

46. O rendimento final de ATP a partir da glicólise é o mesmo, dois ATPs, quando qualquer um dos três substratos é utilizado. A energética da conversão de hexoses a piruvato é a mesma, independente do tipo de hexose.
47. Começando com a glicose-1-fosfato, a produção líquida é de três ATPs, porque uma das reações do evento inicial não é mais utilizada. Assim, o glicogênio é um combustível mais eficiente para a glicólise do que a glicose livre.
48. Fosfoenolpiruvato + ADP → Piruvato + ATP

	$\Delta G°' = -31{,}4$ kJ/mol^{-1}
ADP + P_i → ATP	$\Delta G°' = 30{,}5$ kJ/mol^{-1}
Soma	$\Delta G°' = -0{,}9$ kJ/mol

 Assim, a reação é termodinamicamente possível sob condições padrão.

49. Não, a reação mostrada na Pergunta 48 não ocorre na natureza. Pode-se supor que não há nenhuma enzima desenvolvida que possa catalisá-la. A natureza não é 100% eficiente.
50. Uma $\Delta G°'$ positiva não significa necessariamente que a reação tenha ΔG positiva. As concentrações de substrato podem formar uma ΔG negativa a partir de uma $\Delta G°'$ positiva.
51. Toda a via pode ser vista como uma grande reação acoplada. Assim, se a via geral tiver ΔG negativa, uma etapa individual pode ser capaz de ter ΔG positiva, e a via ainda poderá continuar.
52. A formação de frutose-1,6-*bis*fosfato é a etapa comprometida na via glicolítica. Ela é também uma das etapas que necessita de energia para a sua própria formação. O controle é exercido aqui.
53. A glicose-6-fosfato inibe a hexoquinase, a enzima responsável pela sua própria formação. Uma vez que a G-6-P é usada pelas reações adicionais de glicólise, a inibição é abrandada.

17-6 O Controle da Glicólise

54. Os hormônios exercem outro tipo de controle sobre o metabolismo, além daquele alostérico e de retroalimentação. A glicólise pode certamente ser afetada desta maneira. O efeito da insulina no metabolismo de carboidrato é bem conhecido.
55. Exercer o controle no final de uma via é um bom exemplo de controle de retroalimentação; logo, é razoável esperar por isso.

Capítulo 18

18-1 Como o Glicogênio é Produzido e Degradado

1. Essas duas vias ocorrem no mesmo compartimento celular, e, se ambas estão ativas ao mesmo tempo, haverá um ciclo desnecessário de hidrólise de ATP. Utilizar o mesmo mecanismo para ativá-las ou desativá-las é bastante eficiente.
2. Na fosforólise, uma ligação é clivada com a adição de elementos do ácido fosfórico ao longo de tal ligação, enquanto na hidrólise a clivagem ocorre com a adição de elementos da água ao longo da ligação.
3. A glicose-6-fosfato já está fosforilada. Isso economiza um equivalente de ATP nos estágios iniciais da glicólise.
4. Cada resíduo de glicose é adicionado à molécula de glicogênio em crescimento pela transferência da UDPG.
5. A glicogênio sintase está sujeita à modificação covalente e ao controle alostérico. A enzima está ativa em sua forma fosforilada e inativa quando desfosforilada. O AMP é um inibidor alostérico da glicogênio sintase, enquanto o ATP e a glicose-6-fosfato são ativadores alostéricos.
6. Há um ganho líquido de três, em vez de dois, ATPs quando o glicogênio, não a glicose, é o material inicial da glicólise.
7. Adicionar um resíduo de glicose ao glicogênio "custa" o equivalente a 1 ATP (UTP a UDP). Na degradação, cerca de 90% dos resíduos de glicose não precisam de ATP para produzir glicose-1-fosfato. Os outros 10% precisam de ATP para fosforilar a glicose. Em média, isso representa 0,1 ATP. Assim, o "custo" geral é 1,1 ATP, em comparação com os três ATPs que podem derivar da glicose-6-fosfato pela glicólise.
8. O custo de ATP é o mesmo, porém mais de 30 ATPs podem ser produzidos por meio do metabolismo aeróbio.
9. Comer alimentos ricos em carboidratos por muitos dias antes de uma atividade física extenuante tem a finalidade de acumular glicogênio no organismo. O glicogênio estará disponível para fornecer a energia necessária.
10. O dissacarídeo sacarose pode ser hidrolisado a glicose e a frutose, que podem ser prontamente convertidas em glicose-1-fosfato, precursora imediata do glicogênio. Essa não é a forma comum de "armazenamento de glicogênio".
11. Provavelmente não, porque o pico de açúcar inicialmente levará a um rápido aumento nos níveis de insulina, o que resulta na redução dos níveis de glicose no sangue e no aumento do armazenamento de glicogênio no fígado.
12. A corrida é essencialmente anaeróbia e produz lactato da glicose pela glicólise. O lactato é, então, reciclado em glicose pela gliconeogênese.
13. É improvável que essa descoberta seja confirmada por outros pesquisadores. A estrutura altamente ramificada do glicogênio é otimizada para a liberação da glicose sob demanda.
14. Cada resíduo de glicose adicionado a uma cadeia de fosfato em crescimento vem da uridina difosfato glicose. A clivagem da ligação fosfato-éster à parte de nucleosídeo difosfato fornece a energia necessária.

15. A enzima que catalisa a adição de resíduos de glicose a uma cadeia de glicogênio em crescimento não pode formar uma ligação entre resíduos isolados de glicose, tendo, assim, a necessidade de um primer.
16. A reação da glicogênio sintase é, no geral, exergônica porque é acoplada a uma hidrólise de éster fosfato.
17. (a) Diminuir o nível de frutose-1,6-*bis*fosfato tenderia a estimular a glicólise, em vez de a gliconeogênese ou a síntese de glicogênio.

    (b) Diminuir o nível de frutose-1,6-*bis*fosfato tenderia a estimular a glicólise, em vez de a gliconeogênese ou a síntese de glicogênio.

    (c) Os níveis de frutose-6-fosfato não têm um efeito regulador notável nessas vias do metabolismo de carboidratos.
18. "Queimar calorias" em um exercício refere-se à sensação que acompanha o acúmulo de ácido láctico. Isto, por sua vez, surge do metabolismo anaeróbio da glicose no músculo.
19. Os nucleotídeos de açúcar são difosfatos. O resultado líquido é a hidrólise de dois íons fosfato, liberando mais energia e orientando a adição de resíduos de glicose ao glicogênio na direção da polimerização.

18-2 A Gliconeogênese Produz Glicose de Piruvato

20. Reações que necessitam de acetil-CoA: nenhuma. Reações que necessitam de biotina: a carboxilação do piruvato a oxaloacetato.
21. Três reações da glicólise são irreversíveis sob condições fisiológicas. Elas são: a produção de piruvato e ATP a partir do fosfoenolpiruvato; a produção de frutose-1,6-*bis*fosfato a partir da frutose-6-fosfato; e a produção de glicose-6-fosfato a partir da glicose. Essas reações são desviadas na gliconeogênese; as reações da gliconeogênese são diferentes das da glicólise nesses pontos e são catalisadas por enzimas diferentes.
22. Biotina é a molécula à qual o dióxido de carbono é acoplado no processo de sua transferência para o piruvato. A reação produz o oxaloacetato, que, então, sofre as outras reações da gliconeogênese.
23. Na gliconeogênese, a glicose-6-fosfato é desfosforilada a glicose (última etapa da via); na glicólise, ela se isomeriza a frutose-6-fosfato (uma etapa inicial da via).
24. Dos três processos – formação de glicogênio, gliconeogênese e via das pentose fosfato –, apenas um, a gliconeogênese, envolve uma enzima que precisa de biotina. A enzima em questão é a piruvato carboxilase, que catalisa a conversão de piruvato em oxaloacetato, uma etapa inicial na gliconeogênese.
25. A hidrólise da frutose-1,6-*bis*fosfato é uma reação fortemente exergônica. A reação inversa na glicólise, a fosforilação da frutose-6-fosfato, é irreversível por causa da energia fornecida pela hidrólise do ATP.

18-3 O Controle do Metabolismo de Carboidrato

26. Reações que necessitam de ATP: formação de UDP-glicose a partir de glicose-1-fosfato e UTP (necessidade indireta, porque o ATP é necessário para regenerar a UTP), regeneração de UTP e carboxilação de piruvato a oxaloacetato. Reações que produzem ATP: nenhuma. Enzimas que catalisam reações que necessitam de ATP: UDP-glicose fosforilase (necessidade indireta), nucleosídeo fosfato quinase e piruvato carboxilase. Enzimas que catalisam reações que produzem ATP: nenhuma.
27. A frutose-2,6-*bis*fosfato é uma ativadora alostérica da fosfofrutoquinase (uma enzima glicolítica) e uma inibidora alostérica da frutose *bis*fosfato fosfatase (enzima na via da gliconeogênese).
28. A hexoquinase pode adicionar um grupo fosfato a qualquer um dos vários açúcares com seis carbonos, enquanto a glicoquinase é específica para a glicose. A glicoquinase tem menos afinidade com a glicose do que a hexoquinase. Consequentemente, a glicoquinase tende a lidar com um excesso de glicose, especialmente no fígado. A hexoquinase é a enzima comum para a fosforilação de açúcares de seis carbonos.
29. O ciclo de Cori é uma via na qual há ciclização da glicose em razão da glicólise no músculo e da gliconeogênese no fígado. O sangue transporta lactato do músculo para o fígado e glicose do fígado para o músculo.
30. Os ciclos de substrato são fúteis no sentido de que não há mudança líquida, exceto para a hidrólise de ATP. No entanto, os ciclos de substrato permitem maior controle sobre reações que produzem efeitos opostos quando são catalisados por enzimas diferentes.
31. Ter dois mecanismos de controle permite seu ajuste preciso e a possibilidade de amplificação. Os dois mecanismos são capazes de resposta rápida às condições, milissegundos no caso do controle alostérico, e segundos a minutos no caso da modificação covalente.
32. Diferentes mecanismos de controle têm escalas de tempo inerentemente diferentes. O controle alostérico pode ocorrer em milissegundos, enquanto o controle covalente demora de segundos a minutos. O controle genético tem uma escala de tempo maior do que esses dois controles.
33. O aspecto mais importante do esquema de amplificação é que os mecanismos de controle afetam agentes que também são catalisadores. Um aprimoramento em várias potências de dez é aumentado por muitas potências de dez.
34. As enzimas, como todos os catalisadores, aceleram as reações direta e inversa da mesma maneira. Ter catalisadores diferentes é a única forma de garantir um controle independente das velocidades dos processos direto e inverso.
35. O tecido muscular utiliza grandes quantidades de glicose, produzindo lactato nesse processo. O fígado é um sítio importante de gliconeogênese para reciclar lactato a glicose.
36. A frutose-2,6-*bis*fosfato é uma ativadora alostérica da fosfofrutoquinase (uma enzima glicolítica) e uma inibidora alostérica da frutose *bis*fosfato fosfatase (enzima da via da gliconeogênese). Assim, ela tem função nas duas rotas que não são exatamente o inverso uma da outra.
37. A concentração de frutose-2,6-*bis*fosfato em uma célula depende do equilíbrio entre sua síntese (catalisada pela fosfofrutoquinase-2) e sua quebra (catalisada pela frutose *bis*fosfatase-2). As enzimas separadas que controlam a formação e quebra da frutose-2,6-*bis*fosfato são controladas por um mecanismo de fosforilação/desfosforilação.
38. O glicogênio é muito mais ramificado que o amido. É uma forma de armazenamento de glicose mais útil para os animais por poder ser mobilizada mais facilmente quando há necessidade de energia.
39. Na reação de glicose-6-fosfato, a concentração de substrato é o principal determinante da velocidade de reação. Na reação de frutose-6-fosfato, os efeitos alostéricos são o principal determinante da velocidade da reação.
40. AMP e glicose-6-fosfato são ativadores alostéricos da fosfofrutoquinase. Eles são inibidores alostéricos de frutose-1,6-*bis*fosfato.
41. Os efeitos alostéricos e a modificação covalente são duas formas importantes de controle da ação enzimática. A

modificação covalente tem papel mais importante que os efeitos alostéricos na quebra do glicogênio.

42. A insulina dispara a série de eventos que leva à síntese do glicogênio.
43. O glucagon e a epinefrina começam a cadeia de eventos que leva à quebra do glicogênio.
44. O glucagon é um peptídeo, enquanto a epinefrina e um derivado de aminoácido.

18-4 A Glicose Algumas Vezes é Desviada através da Via da Pentose Fosfato

45. O NADPH tem um grupo fosfato a mais que o NADH (na posição 2' do anel de ribose da porção nucleotídeo de adenina da molécula). NADH é produzido nas reações oxidativas que originam o ganho de ATP. NADPH é um agente redutor na biossíntese. As enzimas que utilizam o NADH como coenzima são diferentes das enzimas que precisam de NADPH.
46. A glicose-6-fosfato pode ser convertida em glicose (gliconeogênese), a glicogênio, a pentose fosfato (via da pentose fosfato) ou a piruvato (glicólise).
47. A anemia hemolítica é causada pelo mau funcionamento da via da pentose fosfato. Há uma deficiência de NADPH, que contribui indiretamente para a integrida de das hemácias. A via da pentose fosfato é a única fonte de NADPH nas hemácias.
48. (a) Utilizando apenas as reações oxidativas.
    (b) Utilizando reações oxidativas, reações de transaldolase e transcetolase, e gliconeogênese.
    (c) Utilizando reações glicolíticas e reações de transaldolase e transcetolase no sentido inverso.
49. A transcetolase catalisa a transferência de uma unidade de dois carbonos, enquanto a transaldolase catalisa a transferência de uma unidade de três carbonos.
50. Nas hemácias, a presença da forma reduzida de glutationa é necessária para a manutenção dos grupos sulfidrila da hemoglobina e outras proteínas em suas formas reduzidas, assim como para manter o Fe(II) da hemoglobina em sua forma reduzida. A glutationa também mantém a integridade das hemácias ao reagir com peróxidos que, de outro modo, degradariam cadeias laterais de ácido graxo na membrana celular.
51. A tiamina pirofosfato é um cofator necessário para o funcionamento da transcetolase, uma enzima que catalisa uma das reações na porção não oxidativa da via das pentose fosfato.
52.

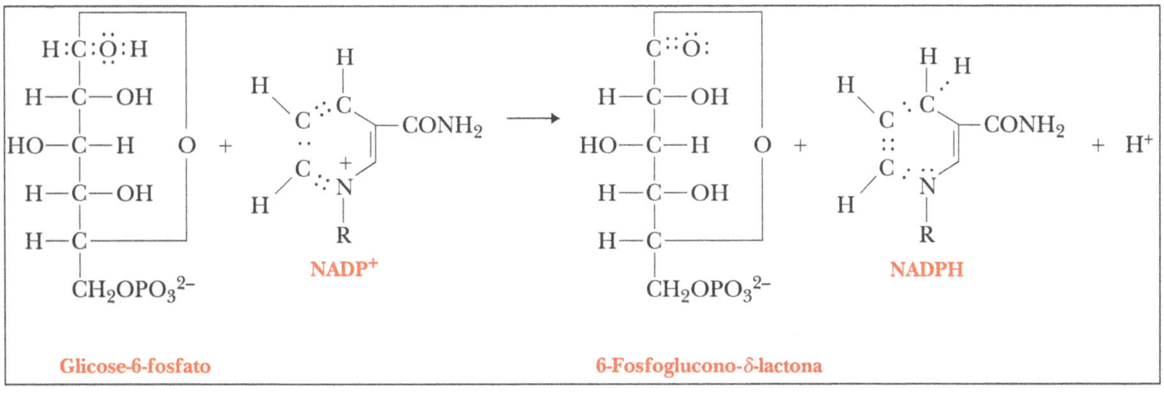

NADP+
NADPH
+ H+
Glicose-6-fosfato
6-Fosfoglucono-δ-lactona

53. Ter agentes redutores diferentes para as vias anabólica e catabólica serve para manter as vias separadas metabolicamente. Assim, elas estão sujeitas a controle independente e não desperdiçam energia.
54. Se uma célula precisa de NADPH, todas as reações da via das pentose fosfato ocorrem. Se uma célula precisa de ribose-5-fosfato, a porção oxidativa da via pode ser desviada; apenas as reações de reorientação não oxidativas ocorrem. A via das pentose fosfato não tem efeito significativo no fornecimento de ATP para a célula.
55. A ligação éster é rompida mais facilmente do que qualquer uma das outras ligações que formam o anel de açúcar. A hidrólise dessa ligação é a etapa seguinte na via.
56. As reações de reorientação da via das pentose fosfato têm uma epimerase e uma isomerase. Sem uma isomerase, todos os açúcares envolvidos são cetoaçúcares, que não são substratos para a transaldolase, uma das principais enzimas no processo de reorientação.

Capítulo 19

19-1 O Papel Central do Ciclo do Ácido Cítrico no Metabolismo

1. A glicólise anaeróbia é a principal via para o metabolismo anaeróbio da glicose. A via das pentose fosfato também pode ser considerada. A glicólise aeróbia e o ciclo do ácido cítrico são responsáveis pelo metabolismo aeróbio da glicose.
2. Anaerobiamente, dois ATPs podem ser produzidos a partir de uma molécula de glicose. Aerobiamente, esse número é de 30 a 32, dependendo do tecido onde esteja ocorrendo.
3. O ciclo do ácido cítrico também é chamado de ciclo de Krebs, ciclo do ácido tricarboxílico e ciclo TCA.
4. Anfibólico significa que a via está envolvida no catabolismo e no anabolismo.

19-2 A Via Total do Ciclo do Ácido Cítrico

5. O ciclo do ácido cítrico ocorre na matriz mitocondrial. A glicólise ocorre no citosol.
6. Há um transportador na matriz mitocondrial interna que permite que o piruvato do citosol entre na mitocôndria.
7. O NAD^+ e o FAD são os únicos receptores de elétrons do ciclo do ácido cítrico.
8. NADH e $FADH_2$ são fontes indiretas da energia produzida no ciclo TCA. O GTP é uma fonte direta de energia.

19-3 Como o Piruvato é Convertido em Acetil-CoA

9. Há cinco enzimas envolvidas no complexo piruvato desidrogenase dos mamíferos. A piruvato desidrogenase transfere uma unidade de dois carbonos para a TPP e libera CO_2. A di-idrolipoil transacetilase transfere a unidade acetila de dois carbonos para o ácido lipoico e, depois, para a coenzima A. A di-idrolipoil desidrogenase oxida o ácido lipoico novamente e reduz o NAD^+ a NADH. A piruvato desidrogenase quinase fosforila PDH. A PDH fosfatase remove o fosfato.
10. O ácido lipoico tem uma função nas reações redox e de transferência de acetilas.
11. Há cinco enzimas muito próximas para um transporte eficiente da unidade acetila entre as moléculas, assim como um controle eficiente do complexo pela fosforilação.
12. O pirofosfato de tiamina vem da vitamina B tiamina. O ácido lipoico é uma vitamina. O NAD^+ vem da vitamina B niacina. O FAD vem da vitamina B riboflavina.
13. 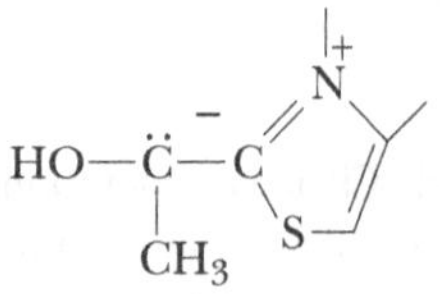
HO—C—C
N
S
CH_3
14. Veja a Figura 19.4.

19-4 As Reações Individuais do Ciclo do Ácido Cítrico

15. Uma reação de condensação é aquela na qual uma nova ligação carbono–carbono é formada. A reação de acetil-CoA e oxaloacetato para produzir citrato envolve a formação da tal ligação carbono–carbono.
16. Significa que a reação catalisada pela enzima produz o produto, que é parte do nome e não precisa de uma entrada direta de energia de um fosfato de alta energia. Assim, a citrato sintase catalisa a síntese de citrato sem necessidade de utilizar ATP.
17. Fluoroacetato é um veneno produzido naturalmente em algumas plantas e também utilizado como veneno contra pragas indesejáveis. É venenoso porque é utilizado pela citrato sintase para formar fluorocitrato, que é um inibidor do ciclo do ácido cítrico.
18. A reação envolve uma molécula aquiral (citrato) sendo convertida em uma molécula quiral (isocitrato).
19. Conversão do piruvato em acetil-CoA, conversão do isocitrato em α-cetoglutarato e conversão do α-cetoglutarato em succinil-CoA.
20. Conversão do piruvato em acetil-CoA, conversão do isocitrato em α-cetoglutarato, conversão do α-cetoglutarato em succinil-CoA, conversão do succinato em fumarato e conversão do malato em oxaloacetato.
21. Essas enzimas catalisam descarboxilações oxidativas.
22. As reações ocorrem pelo mesmo mecanismo e utilizam os mesmos cofatores. A diferença é o substrato inicial, o piruvato ou o α-cetoglutarato. No decorrer da reação, a piruvato desidrogenase transporta uma unidade acetila pela reação, enquanto a α-cetoglutarato desidrogenase transporta uma unidade succinila.
23. Sintetase é uma enzima que sintetiza uma molécula e utiliza um fosfato de alta energia no processo.
24. Na fosforilação no nível de substrato, a energia de hidrólise de alguns compostos fornece energia suficiente para permitir que a fosforilação endergônica de ADP em ATP ocorra. No próximo capítulo, veremos como a cadeia de transporte de elétrons gera energia para permitir a conversão de ADP em ATP.
25. Encontramos anteriormente a fosforilação no nível de substrato na glicólise. Um exemplo é a transferência de um fosfato do 1,3-*bis*fosfoglicerato para o ADP para produzir 3-fosfoglicerato e ATP.
26. O GTP é equivalente ao ATP porque uma enzima, a nucleosídeo difosfato quinase, é capaz de interconverter GTP e ATP.
27. As enzimas que reduzem NAD^+ são todas solúveis, enzimas da matriz, enquanto a succinato desidrogenase é ligada à membrana. As desidrogenases ligadas a NAD^+ catalisam as oxidações que envolvem carbonos e oxigênios, como um grupo álcool sendo oxidado a um aldeído ou um aldeído a ácido carboxílico. A desidrogenase ligada a FAD oxida uma ligação simples carbono–carbono em uma dupla ligação.
28. Há uma porção nucleotídeo de adenina na estrutura do NADH, que se encaixa em um sítio específico de ligação nas desidrogenases ligadas ao NADH.
29. A conversão de fumarato em malato é uma reação de hidratação, não uma reação redox.
30. 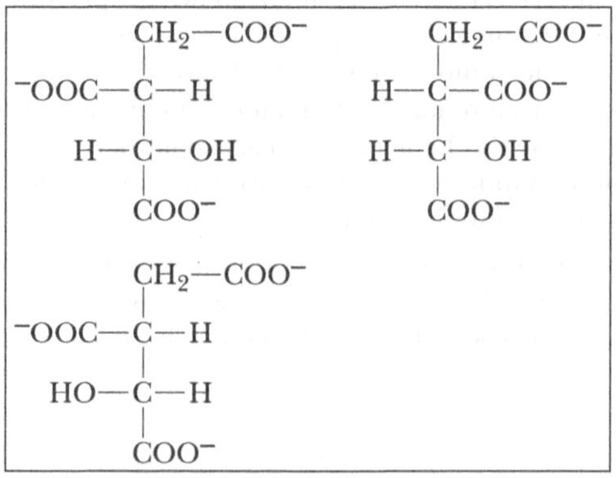
CH_2—COO^-
^-OOC—C—H
H—C—OH
COO^-
CH_2—COO^-
H—C—COO^-
H—C—OH
COO^-
CH_2—COO^-
^-OOC—C—H
HO—C—H
COO^-

31.

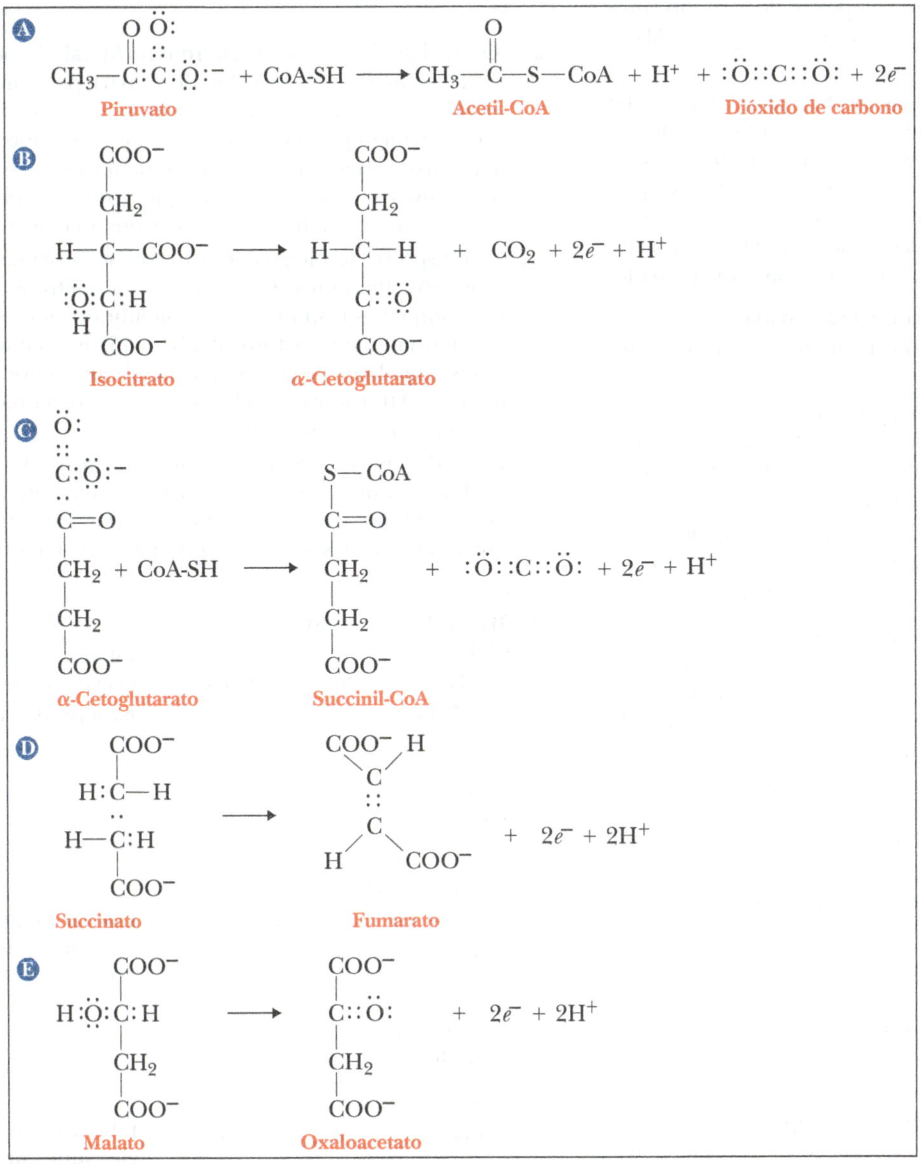
A
Piruvato
Acetil-CoA
Dióxido de carbono
B
Isocitrato
α-Cetoglutarato
C
α-Cetoglutarato
Succinil-CoA
D
Succinato
Fumarato
E
Malato
Oxaloacetato

19-5 A Energética e o Controle do Ciclo do Ácido Cítrico

32. As reações são catalisadas pela piruvato desidrogenase, citrato sintase, isocitrato desidrogenase e α-cetoglutarato desidrogenase.

33. A PDH é controlada alostericamente. É inibida por ATP, acetil-CoA e NADH. Além disso, está sujeita a controle pela fosforilação. Quando a PDH quinase fosforila PDH, torna-se inativa. Remover o fosfato com a PDH fosfatase a torna novamente ativa.

34. ATP e NADH são os dois inibidores mais comuns.

35. Se a quantidade de ADP em uma célula aumentar com relação à quantidade de ATP, a célula precisa de energia (ATP). Essa situação favorece não apenas as reações do ciclo do ácido cítrico, que liberam energia ativando a isocitrato desidrogenase, como também estimula a formação de NADH e $FADH_2$ para a produção de ATP pelo transporte de elétrons e da fosforilação oxidativa.

36. Se a quantidade de NADH em uma célula aumentar com relação à quantidade de NAD^+, a célula concluirá diversas reações liberadoras de energia. Há uma necessidade menor de que o ciclo do ácido cítrico esteja ativo e, como resultado, a atividade da piruvato desidrogenase diminui.

37. O ciclo do ácido cítrico está menos ativo quando uma célula tem alta proporção ATP/ADP e de $NADH/NAD^+$. Ambas as razões indicam alta "carga energética" na célula, mostrando menor necessidade das reações liberadoras de energia do ciclo do ácido cítrico.

38. Tioésteres são compostos "de alta energia" que têm uma função nas reações de transferência de grupos. Consequentemente, sua $\Delta G^{\circ\prime}$ da hidrólise é grande e negativa para fornecer energia para a reação.

39. A energia liberada pela hidrólise de acetil-CoA é necessária para a reação de condensação que liga a porção acetila ao oxaloacetato, produzindo citrato. A energia liberada pela hidrólise da succinil-CoA aciona a fosforilação de GDP, produzindo GTP.

40. A Tabela 19.2 mostra que a soma das energias das reações individuais é –44,3 kJ (–10,6 kcal) para cada mol de acetil-CoA que entra no ciclo.

41. A expressão se relacionaria à extração intensiva de energia de compostos intermediários por reações redox. Incluindo a reação da piruvato desidrogenase, cinco de nove reações são redox (em contraste com apenas uma de dez na glicólise). De acordo com isso, a energia

é rapidamente extraída dos compostos de carbono (produzindo o CO_2 sem energia) e transferida para NAD^+ e FAD para uso posterior.

42. Lactose é um dissacarídeo da glicose e galactose. Não há custo de energia na hidrólise da ligação entre os dois monossacarídeos, portanto, essencialmente há duas hexoses a ser consideradas. Como o processamento de qualquer uma das hexoses produz a mesma quantidade de energia, o processamento aeróbio da lactose levaria a 60 até 64 ATPs, dependendo do tecido e do sistema de transporte utilizado.

19-6 O Ciclo do Glioxalato: Uma Via Relacionada

43. Isocitrato desidrogenase, α-cetoglutarato desidrogenase e succinil-CoA sintetase.
44. A conversão de isocitrato em succinato e glioxilato catalisada pela isocitrato liase e a conversão de glioxilato e acetil-CoA em malato catalisada pela malato sintetase.
45. Bactérias que têm um ciclo de glioxilato podem converter ácido acético em aminoácidos, carboidratos e lipídeos, mas os seres humanos só conseguem utilizar o ácido acético como fonte de energia ou para produzir lipídeos.

19-7 O Ciclo do Ácido Cítrico no Catabolismo

46. O ciclo do ácido cítrico é a principal via metabólica, e produtora indireta de energia. Ele recebe combustíveis de outras vias em diversos pontos e gera transportadores de elétrons reduzidos que entram na cadeia transportadora de elétrons. Também está envolvido no anabolismo, pois muitos de seus intermediários podem ser removidos para sintetizar outros compostos.
47. O ciclo do ácido cítrico ocorre na matriz mitocondrial, que tem permeabilidade mais seletiva que a membrana plasmática.
48. Na descarboxilação oxidativa, a molécula oxidada perde um grupo carboxila como dióxido de carbono. Exemplos de descarboxilação oxidativa incluem a conversão de piruvato em acetil-CoA, isocitrato em *α*-cetoglutarato e *α*-cetoglutarato em succinil-CoA.
49. Sim, não apenas o ácido cítrico é completamente degradado a dióxido de carbono e água, como também é imediatamente absorvido na mitocôndria.

19-8 O Ciclo do Ácido Cítrico no Anabolismo

50. A série de reações a seguir troca NADH por NADPH.

$$\text{Oxaloacetato} + \text{NADH} + \text{H}^+ \rightarrow \text{Malato} + \text{NAD}^+$$

$$\text{Malato} + \text{NADP}^+ \rightarrow \text{Piruvato} + \text{CO}_2 + \text{NADPH} + \text{H}^+$$

51. Diversas reações nas quais os aminoácidos são convertidos em intermediários do ciclo do ácido cítrico são consideradas anapleróticas. Além disso, piruvato + CO_2 pode formar oxaloacetato via piruvato carboxilase.
52. Vários compostos podem formar acetil-CoA, como gorduras, carboidratos e muitos aminoácidos. A acetil-CoA também pode formar gorduras e corpos cetônicos, assim como alimentar diretamente o ciclo do ácido cítrico.

19-9 A Ligação com o Oxigênio

53. O NADH e o $FADH_2$ produzidos pelo ciclo do ácido cítrico são os doadores de elétrons na cadeia transportadora de elétrons ligada ao oxigênio. Por causa dessa conexão, o ciclo do ácido cítrico é considerado parte do metabolismo aeróbio.

Capítulo 20

20-1 O Papel do Transporte de Elétrons no Metabolismo

1. Os elétrons são transferidos do NADH para uma proteína que contém flavina e, então, para a coenzima Q. Da coenzima Q, os elétrons passam para o citocromo *b*, depois para o citocromo *c*, utilizando o ciclo Q, seguidos pelos citocromos *a* e a_3. Do complexo de citocromos aa_3 os elétrons são finalmente transferidos ao oxigênio.
2. O transporte de elétrons e a fosforilação oxidativa são processos diferentes. O transporte de elétrons precisa dos complexos respiratórios da membrana mitocondrial interna, enquanto a fosforilação oxidativa requer ATP sintase, também localizada na membrana mitocondrial interna. O transporte de elétrons pode ocorrer na ausência da fosforilação oxidativa.
3. Em todas as reações, os elétrons passam da forma reduzida de um reagente para a forma oxidada do reagente seguinte na cadeia. A notação [Fe—S] refere-se a qualquer uma das diversas proteínas ferro–enxofre.

Reações do Complexo I

$\text{NADH} + \text{E-FMN} \rightarrow \text{NAD}^+ + \text{E-FMNH}_2$ **$\text{E-FMNH}_2 + 2[\text{Fe—S}]_{ox} \rightarrow \text{E-FMN} + 2[\text{Fe—S}]_{red}$**	**Liberação de energia suficiente para produzir ATP**

Transferência para a Coenzima Q

$2[\text{Fe—S}]_{red} + \text{CoQ} \rightarrow 2[\text{Fe—S}]_{ox} + \text{CoQH}_2$

Reações do Complexo III

Reações do ciclo Q

$[\text{Fe—S}]_{red} + \text{cit } c_{1ox} \rightarrow [\text{Fe—S}]_{ox} + \text{cit } c_{2red}$	**Liberação de energia suficiente para produzir ATP**

Transferência para o citocromo *c*

$\text{cit } c_{2red} + \text{cit } c_{ox} \rightarrow \text{cit } c_{1ox} + \text{cit } c_{red}$

Reações do Complexo IV

$\text{cit } c_{red} + \text{cit } a\text{-}a_{3ox} \rightarrow \text{cit } c_{ox} + \text{cit } a\text{-}a_{3red}$ **$\text{cit } a\text{-}a_{1red} + \frac{1}{2}\text{O}_2 \rightarrow \text{cit } a\text{-}a_{10x} + \text{H}_2\text{O}$**	**Liberação de energia suficiente para produzir ATP**

4. Quando $FADH_2$ é o ponto de partida para o transporte de elétrons, estes passam de $FADH_2$ para a coenzima Q na reação realizada pelo Complexo II, que, por sua vez, é uma via alternativa do Complexo I.

$$\text{FADH}_2 + 2[\text{Fe—S}]_{ox} \rightarrow \text{FAD} + 2[\text{Fe—S}]_{red}$$

$$2[\text{Fe—S}]_{red} + \text{CoQ} \rightarrow 2[\text{Fe—S}]_{ox} + \text{CoQH}_2$$

5. A estrutura mitocondrial confina os transportadores de elétrons reduzidos produzidos pelo ciclo do ácido cítrico à matriz. Ali, eles estão próximos dos complexos respiratórios da cadeia transportadora de elétrons que os transferirá pelo ciclo do ácido cítrico ao oxigênio, o receptor final de elétrons e hidrogênios.

20-2 Potenciais de Redução na Cadeia de Transporte de Elétrons

6. A cadeia transportadora de elétrons transfere partículas carregadas por meios químicos. A interconversão de energia química e elétrica funciona exatamente como uma bateria.
7. As reações são todas escritas na mesma direção para poder haver comparação. Por convenção, elas são escritas como reações de redução, em vez de oxidação.
8. $\Delta G°' = -60$ kJ/mol.

9. Somamos basicamente as semirreações na Tabela 20.1.

	$E°'$ (V)
$NAD^+ + 2H^+ + 2e^- \rightarrow NADH + H^+$	−0,320

Essa é a direção incorreta, portanto, invertemos a equação e o sinal da diferença de potencial.

$NADH + H^+ \rightarrow NAD^+ + 2H^+ + 2e^-$	0,820
$\frac{1}{2}O_2 + 2H^+ + 2e^- \rightarrow H_2O$	0,816
$NADH + H^+ + \frac{1}{2}O_2 \rightarrow NAD^+ + H_2O$	1,136

10. Somamos basicamente as semirreações na Tabela 20.1.

	$E°'$ (V)
$NAD^+ + 2H^+ + 2e^- \rightarrow NADH + H^+$	−0,320

Essa é a direção incorreta, portanto, invertemos a equação e o sinal da diferença de potencial.

$NADH + H^+ \rightarrow NAD^+ + 2H^+ + 2e^-$	0,820
Piruvato + $2H^+ + 2e^- \rightarrow$ Lactato	−0,185
$NADH + H^+$ + Piruvato $\rightarrow NAD^+$ + Lactato	0,135

11. Somamos basicamente as semirreações na Tabela 20.1.

	$E°'$ (V)
Fumarato + $2H^+ + 2e^- \rightarrow$ Succinato	0,031

Essa é a direção incorreta, portanto, invertemos a equação e o sinal da diferença de potencial.

Succinato $\rightarrow$ Fumarato + $2H^+ + 2e^-$	−0,031
$\frac{1}{2}O_2 + 2H^+ + 2e^- \rightarrow H_2O$	0,816
Succinato + $\frac{1}{2}O_2 \rightarrow$ Fumarato + H_2O	0,785

12. O citocromo é o doador de elétrons, e a porção flavina é a receptora de elétrons. Mais uma vez, somamos as semirreações na Tabela 20.1.

	$E°'$ (V)
Citocromo $c(Fe^{3+}) + e^- \rightarrow$ Citocromo $c(Fe^{2+})$	0,254

Essa é a direção incorreta, portanto, invertemos a equação e o sinal da diferença de potencial.

2 Citocromo $c(Fe^{2+}) + 2e^- \rightarrow$ 2 Citocromo $c(Fe^{3+})$	−0,254
$[FAD] + 2H^+ + 2e^- \rightarrow [FADH_2]$	0,091
[FAD] + 2 Cit $c(Fe^{2+}) + 2H^+ \rightarrow$ $[FADH_2]$ + 2 Cit $c(Fe^{3+})$	−0,068

Esse foi o valor máximo para uma flavina ligada. O sinal negativo indica que essa reação não ocorrerá como escrito porque não é energeticamente favorável.

13. Veja uma ilustração com base nos potenciais padrão de redução.

	$E°'$ (V)
Fumarato + $2H^+ + 2e^- \rightarrow$ Succinato	0,081

Essa é a direção incorreta, portanto, invertemos a equação e o sinal da diferença de potencial.

Succinato $\rightarrow$ Fumarato + $2H^+ + 2e^-$	−0,081
$FAD + 2H^+ + 2e^- \rightarrow FADH_2$	−0,219
Succinato + FAD $\rightarrow$ Fumarato + $FADH_2$	−0,250

A outra possibilidade pode ser calculada da mesma forma.

Succinato $\rightarrow$ Fumarato + $2H^+ + 2e^-$	−0,081
$NAD^+ + 2H^+ + 2e^- + NADH + H^+$	0,320
Succinato + $NAD^+ \rightarrow$ Fumarato + NADH	−0,851

Os dois potenciais de redução indicam uma reação que não é energeticamente favorável, ainda menos com FAD do que com NAD^+. No entanto, outros fatores entram em consideração em uma célula viva. O primeiro é que as reações não ocorrem sob condições padrão, alterando os valores dos potenciais de redução. O segundo é que os transportadores de elétrons reduzidos (NADH e $FADH_2$) são oxidados novamente. O acoplamento das reações que vimos aqui com outras também as torna menos desfavoráveis.

14. A semirreaçãode oxidação $NADH + H^+ \rightarrow NAD^+ + 2H^+ + 2e^-$ é fortemente exergônica ($\Delta G°'$ = −61,3 kJ mol^{-1} = = −14,8 kcal mol^{-1}), assim como a reação final piruvato + + NADH + $H^+ \rightarrow$ Lactato + NAD^+ ($\Delta G°'$ = −25,1 kJ mol^{-1} = = −6,0 kcal mol^{-1}).

20-3 A Organização de Complexos de Transporte de Elétron

15. Todos contêm o grupo heme, com pequenas diferenças nas cadeias laterais heme na maioria dos citocromos.
16. Citocromos são proteínas transportadoras de elétrons; o íon heme se alterna entre os estados Fe(II) e Fe(III). As funções da hemoglobina e da mioglobina são transporte e armazenamento de oxigênio, respectivamente. O ferro permanece no estado Fe(II).
17. A coenzima Q não é ligada a nenhum complexo respiratório. Ela se move livremente na membrana mitocondrial interna.
18. Uma parte do Complexo II catalisa a conversão do succinato a fumarato no ciclo do ácido cítrico.
19. Três dos quatro complexos respiratórios geram energia suficiente para fosforilar ADP a ATP. O Complexo II é a única exceção.
20. O citocromo *c* não está firmemente ligado à membrana mitocondrial e pode ser facilmente perdido no decorrer do fracionamento celular. Essa proteína é tão semelhante na maioria dos organismos aeróbios que o citocromo *c* de uma fonte pode ser facilmente substituído pelo de outra fonte.
21. Succinato + $\frac{1}{2}O_2 \rightarrow$ Fumarato + H_2O.
22. Os componentes estão na direção correta para que os elétrons sejam transferidos rapidamente de um componente para o seguinte. Se os componentes estivessem em solução, a velocidade seria limitada à taxa de difusão. Uma segunda vantagem, que é, na verdade, uma necessidade, é de que os componentes estejam posicionados adequadamente para facilitar o transporte de prótons da matriz para o espaço intermembranas.
23. Do ponto de vista evolucionário, duas funções diferentes podem ser executadas por estruturas idênticas ou quase idênticas, com apenas pequenas diferenças nas porções proteicas. O organismo economiza uma quantia considerável de energia por não desenvolver – e operar – duas vias.
24. O ponto principal aqui não é o sítio ativo, que tem baixa tolerância a mutações, mas as moléculas com as quais as proteínas em questão estão associadas. Os citocromos estão ligados às membranas e devem se associar a outros membros da cadeia transportadora de elétrons; a maioria das mutações pode interferir nessa associação e, assim, não é preservada (por ser letal). As globinas, por serem solúveis, ainda formam algumas associações, portanto, mais mutações podem ser toleradas, com alguns limites. As enzimas hidrolíticas são solúveis e improváveis

de se associarem a outros polipeptídeos, exceto substratos. Elas podem tolerar uma proporção mais alta de mutações.

25. Ter mais transportadores de elétrons móveis além de complexos respiratórios ligados às membranas permite que o transporte de elétrons utilize o complexo disponível mais próximo, em vez de usar o mesmo complexo o tempo todo.
26. O ciclo Q permite uma transição suave de transportadores de dois elétrons (NADH e $FADH_2$) para transportadores de um elétron (citocromos).
27. O ambiente proteico do ferro é diferente em cada um dos citocromos, causando diferenças no potencial de redução.
28. Todas as reações na cadeia transportadora de elétrons são reações de transferência de elétrons, mas alguns reagentes e produtos transferem de forma inerente um ou dois elétrons, conforme o caso.
29. Os grupos heme são levemente diferentes nos diversos tipos de citocromos. Esta é a principal diferença, com alguma modificação em razão dos ambientes proteicos diferentes.
30. Os complexos respiratórios contêm diversas proteínas, algumas delas muito grandes. Esta é a primeira dificuldade. Como a maioria das proteínas ligadas a membranas, os componentes de complexos respiratórios são facilmente desnaturados ao ser removidos de seu ambiente.

20-4 A Conexão entre o Transporte de Elétron e a Fosforilação

31. A porção F_1 da ATP sintase mitocondrial, que se projeta para dentro da matriz, é o sítio da síntese de ATP.
32. A porção F_0 da ATP sintase mitocondrial fica dentro da membrana mitocondrial interna, mas a parte F_1 se projeta para o interior da matriz.
33. A razão P/O fornece a quantidade de matéria de P_i consumida na reação ADP + P_i $\rightarrow$ ATP para cada mol de átomos de oxigênio consumido na reação $\frac{1}{2}O_2 + 2H^+ \rightarrow$ $\rightarrow 2H_2O$. É uma medida de rendimento da produção de ATP no acoplamento ao transporte de elétrons.
34. A porção F_1 da ATP sintase mitocondrial tem um domínio estacionário (domínio $\alpha_3\beta_3\delta$) e um domínio que gira (domínio $\gamma\varepsilon$). Esta é exatamente a organização necessária para um motor.
35. Uma razão P/O de 1,5 pode ser esperada porque a oxidação do succinato transfere elétrons para a coenzima Q por uma flavoproteína intermediária, desviando do primeiro complexo respiratório.
36. Valores exatos para a razão P/O são de difícil determinação por causa da complexidade dos sistemas que bombeiam prótons e fosforilam ADP. O número de moléculas de ADP fosforiladas está diretamente relacionado ao de prótons bombeados ao longo da membrana. Esse número tem sido tópico de certa controvérsia. É difícil, para químicos e bioquímicos, aceitar uma estequiometria incerta.
37. As dificuldades na determinação do número de prótons bombeados pela membrana mitocondrial interna por complexos respiratórios são aquelas inerentes ao trabalho com grandes conjuntos de proteínas que devem ser ligadas a um ambiente membranoso para se tornar ativas. À medida que os métodos experimentais melhoram, a tarefa se torna menos difícil.

20-5 O Mecanismo de Acoplamento na Fosforilação Oxidativa

38. O mecanismo de acoplamento quimiosmótico baseia-se na diferença da concentração de íons hidrogênio entre o espaço intermembranas e a matriz da mitocôndria na respiração ativa. O gradiente de íons hidrogênio é criado pelo bombeamento de prótons que acompanha a transferência de elétrons. O fluxo desses íons de volta para a matriz por um canal dentro da ATP sintase está diretamente acoplado à fosforilação do ADP.
39. Uma membrana mitocondrial intacta é necessária para a compartimentalização, que, por sua vez, é necessária para o bombeamento de prótons.
40. Desacopladores superam o gradiente de prótons do qual depende a fosforilação oxidativa.
41. No acoplamento quimiosmótico, o gradiente de prótons está relacionado à produção de ATP. O gradiente de prótons leva a mudanças conformacionais em diversas proteínas, liberando o ATP firmemente ligado à sintase como resultado da mudança conformacional.
42. O dinitrofenol é um desacoplador de fosforilação oxidativa. A lógica era dissipar energia em forma de calor.
43. A energia liberada enquanto os prótons atravessam as partículas F é, na verdade, utilizada para provocar alterações conformacionais nas proteínas F_1, liberando, assim, ATP. A conformação "tensa" (uma das três) fornece um ambiente hidrofóbico no qual o ADP é fosforilado com a adição de P_i sem necessidade de energia *imediata*.
44. Os desacopladores e inibidores respiratórios agem de maneiras diferentes. Os desacopladores levam a uma permeabilidade aumentada da membrana mitocondrial interna, tornando a fosforilação oxidativa menos eficaz. Os inibidores respiratórios bloqueiam a transferência de elétrons de um componente da cadeia transportadora de elétrons para o próximo componente.
45. As micrografias eletrônicas mostram conformações diferentes na mitocôndria ativa e em descanso.
46. Experimentos com sistemas modelo têm mostrado que o transporte de elétrons e o bombeamento de prótons podem ocorrer separadamente.

20-6 Mecanismos de Circuito

47. A oxidação completa da glicose produz 30 moléculas de ATP no músculo e no cérebro e 32 ATPs no fígado, no coração e nos rins. As razões são as diferenças nos mecanismos de transporte para a transferência de elétrons do NADH produzido no citosol pela glicólise para as mitocôndrias.
48. O "produto" transportador (na matriz) do circuito malato–aspartato é o NADH, enquanto o produto do circuito glicerol–fosfato é o $FADH_2$. Este último circuito pode, assim, ir *contra* um gradiente de concentração de NADH por meio da membrana, enquanto o primeiro não.

20-7 O Rendimento de ATP a partir da Oxidação Completa de Glicose

49. (a) 34;
    (b) 32;
    (c) 13,5;
    (d) 17;
    (e) 2,5;
    (f) 12,5.
50. O rendimento máximo de ATP, para o número inteiro mais próximo, é 3.

$$102{,}3 \text{ kJ liberados} \times \frac{1 \text{ ATP}}{30{,}5 \text{ kJ}} = 3{,}35 \text{ ATPs}$$

Apenas um ATP é realmente produzido, portanto, a eficiência do processo é:

$$\frac{1\ \text{ATP}}{3\ \text{ATP}} \times 100 = 33{,}3\%$$

Capítulo 21

21-1 Os Lipídeos Estão Envolvidos na Geração e no Armazenamento de Energia

1. (a) Para organismos móveis – por exemplo, um beija-flor em migração –, o peso pode ser um fator crítico, e armazenar o máximo de energia no mínimo de peso é decididamente vantajoso. Um beija-flor de 2,5 g precisa armazenar cerca de 2 g de gordura para obter energia para migrar, o que aumentaria o peso corporal em 80%. A quantidade equivalente a essa energia armazenada como glicogênio seria de 5 g, o que aumentaria o peso corporal em 200%. O pássaro nunca sairia do chão!

   (b) Para plantas imóveis, o peso não é um fator crítico, e é necessário mais energia para formar gordura ou óleo do que para formar amido. (A segunda lei da termodinâmica diria que a energia obtida a partir do óleo seria inferior à gasta para a síntese deste. Você pode verificar isto numericamente se desejar.) No caso de *sementes* vegetais, a energia "compacta" é benéfica porque a semente deve ser autossuficiente até que tenha havido crescimento o bastante para permitir a fotossíntese.

21-2 Catabolismo de Lipídeos

2. A fosfolipase A_1 hidrolisa a ligação éster ao carbono 1 do esqueleto de glicerol, enquanto a fosfolipase A_2 hidrolisa a ligação éster ao carbono 2 do esqueleto.
3. Um sinal do hormônio ativa a adenilato ciclase, que forma cAMP. Isto ativa as proteínas quinases, que fosforilam as lipases, portanto, ativando-as.
4. Acil-CoAs são compostos de alta energia. Uma acil-CoA tem energia suficiente para iniciar o processo de β-oxidação. A CoA também é um sinal indicando que a molécula destina-se à oxidação.
5. Grupos acila são esterificados a carnitina para atravessar a membrana mitocondrial interna. Há reações de transesterificação da acil-CoA para a carnitina e da acilcarnitina para a CoA (veja a Figura 21.5).
6. A acil-CoA desidrogenase remove hidrogênios de carbonos adjacentes, criando uma ligação dupla e utilizando o FAD como coenzima. A β-hidroxi-CoA desidrogenase oxida um grupo álcool a um grupo cetona e utiliza o NAD^+ como coenzima.
7. $CH_3CH_2CH_2CH_2CH_2{-}C({=}O){-}S{-}CoA$

   Os dois carbonos mostrados em negrito são os que terão a dupla ligação entre eles. A direção será *trans.*
8. Sete ligações carbono–carbono são quebradas no decorrer da β-oxidação (veja a Figura 21.6).
9. No fígado, haveria a quebra do glicogênio e ocorreria a gliconeogênese. No músculo, haveria a quebra do glicogênio e a glicólise ocorreria.

21-3 O Rendimento de Energia da Oxidação dos Ácidos Graxos

10. Uma obtém 6,7 ATPs por carbono e 0,42 ATP por grama de ácido esteárico *versus* 5 ATPs por carbono e 0,17 ATP por grama de glicose. Há mais energia disponível proveniente do ácido esteárico do que da glicose.
11. O processamento da acetil-CoA pelo ciclo do ácido cítrico e pela cadeia transportadora de elétrons produz mais energia do que o processamento de NADH e $FADH_2$ produzidos durante a β-oxidação.
12. De sete ciclos de β-oxidação: 8 acetil-CoA, 7 $FADH_2$ e 7 NADH. Do processamento de 8 acetil-CoA no ciclo do ácido cítrico: 8 $FADH_2$, 24 NADH e 8 GTP. Da reoxidação de todo o $FADH_2$ e NADH: 22,5 ATP de 15 $FADH_2$, 77,5 ATP de 31 NADH. De 8 GTP: 8 ATP. Subtotal: 108 ATP. Um equivalente a 2 ATP foi utilizado na etapa de ativação. Total geral: 106 ATP. O rendimento total para um mol de ácido esteárico foi de 120 ATP.
13. As corcovas dos camelos contêm lipídeos que podem ser degradados como fonte de água metabólica, em vez da água em si.

21-4 Catabolismo de Ácidos Graxos Insaturados e Ácidos Graxos com Número Impar de Carbono

14. Para um ácido graxo de cadeia ímpar, a β-oxidação ocorre normalmente até o último ciclo. Quando restam cinco carbonos, esse ciclo da β-oxidação libera uma acetil-CoA e um propionil-CoA. Este não pode mais ser metabolizado pela β-oxidação. No entanto, um conjunto separado de enzimas converte propionil-CoA em succinil-CoA, que pode, então, entrar no ciclo do ácido cítrico.
15. Falso. A oxidação de ácidos graxos insaturados a acetil-CoA exige uma isomerização *cis-trans* e uma epimerização, reações que não são encontradas na oxidação de ácidos graxos saturados.
16. Para um ácido graxo monoinsaturado é necessária uma enzima adicional, a enoil-CoA isomerase.
17. Para um ácido graxo poli-insaturado, duas enzimas adicionais são necessárias, a enoil-CoA isomerase e a 2,4-dienoil-CoA redutase.
18. De sete ciclos de β-oxidação: 7 acetil-CoA, 1 propionil-CoA, 7 $FADH_2$, 7 NADH. Do processamento de 7 acetil-CoA no ciclo do ácido cítrico: 7 $FADH_2$, 21 NADH e 7 GTP. Do processamento do propionil-CoA: –1 ATP para a conversão em succinil-CoA, –1 GTP do ciclo do ácido cítrico e 1 NADH e 1 $FADH_2$ do ciclo do ácido cítrico. Da reoxidação de todo o $FADH_2$ e NADH: 22,5 ATP de 15 $FADH_2$ e 72,5 ATP de 29 NADH. De 8 GTP: 8 ATP. Subtotal: 103 ATP. Subtraia um equivalente a 2 ATP usados na etapa de ativação e o equivalente a 1 ATP utilizado na conversão em succinil-CoA para um total geral de 100 ATP.
19. Um ácido graxo saturado de 18 carbonos produz 120 ATPs. Para um ácido graxo monoinsaturado, a ligação dupla elimina a etapa que produz $FADH_2$, portanto, haveria menos 1,5 ATP para o ácido oleico, ou 118,5 ATPs no total.
20. Um ácido graxo saturado de 18 carbonos produz 120 ATPs. Para um ácido graxo di-insaturado com ligações nas posições Δ^9 e Δ^{12}, a primeira ligação dupla elimina um $FADH_2$. A segunda utiliza um NADPH, o que, imaginamos, tem o mesmo custo do uso de NADH. Assim, um total de 4 ATPs é perdido, se comparado a um ácido graxo saturado; portanto, o total é de 116 ATPs.

21. Seriam necessários sete ciclos de β-oxidação para liberar 14 carbonos como acetil-CoA, com os últimos três sendo liberados como propionil-CoA.
22. Gorduras não podem produzir um rendimento líquido de glicose porque devem entrar no ciclo do ácido cítrico como a unidade de dois carbonos da acetil-CoA. Nas primeiras etapas, dois carbonos são liberados como CO_2. No entanto, um ácido graxo de cadeia ímpar pode ser considerado parcialmente glicogênico porque os três carbonos finais se tornam succinil-CoA e entram no ciclo do ácido cítrico depois das etapas de descarboxilação. Assim, se uma succinil-CoA extra for adicionada, poderá, então, ser retirada mais tarde como malato e utilizada para a gliconeogênese sem remover o nível de estado de equilíbrio dos intermediários do ciclo do ácido cítrico.

21-5 Corpos Cetônicos

23. Cetonas são produzidas quando há um desequilíbrio no catabolismo lipídico, em comparação com o catabolismo de carboidratos. Se ácidos graxos estão sendo β-oxidados para produzir acetil-CoA, mas houver oxaloacetato insuficiente porque ele está sendo utilizado para a gliconeogênese, as moléculas de acetil-CoA se combinarão para formar corpos cetônicos.
24. Duas moléculas de acetil-CoA se combinam para formar acetoacetil-CoA. Esta, então, pode liberar a coenzima A para produzir acetoacetato, que pode ser convertido em β-hidroxibutirato ou em acetona.
25. Se o motivo para o desmaio for diabetes descontrolada, o médico espera sentir o cheiro de acetona na respiração, já que os açúcares não utilizados estão sendo convertidos em gorduras e corpos cetônicos.
26. O etanol é convertido em acetaldeído e, depois, em ácido acético. Os seres humanos podem utilizar o ácido acético apenas para energia, ou convertê-lo em ácidos graxos e outros lipídeos.
27. O gosto metálico pode ser em razão da acetona, o que significa que seu amigo pode estar em um leve estado de cetose. Pergunte se ele consultou um médico sobre o regime alimentar, e recomende que saia de uma dieta tão baixa em calorias ou beba mais água para desintoxicar o organismo.

21-6 Biossínteses de Ácidos Graxos

28. As duas vias têm em comum o envolvimento de acetil-CoA e tioésteres, e cada ciclo de quebra ou síntese envolve unidades com dois carbonos. As diferenças são muitas: o malonil-CoA está envolvido na biossíntese, não na quebra; os tioésteres envolvem CoA na quebra, enquanto a biossíntese utiliza proteínas transportadoras de acila e ocorre no citosol. A quebra ocorre na matriz mitocondrial; e degradação é um processo oxidativo que exige NAD^+ e FAD e produz ATP por meio do transporte de elétrons e da fosforilação oxidativa, enquanto a biossíntese é um processo redutivo que requer NADPH e ATP.
29. Etapa 1: a biotina é carboxilada utilizando íon bicarbonato (HCO_3^-) como fonte do grupo carboxila. Etapa 2: a biotina carboxilada aproxima-se da acetil-CoA ligada à enzima por uma proteína transportadora de biotina. Etapa 3: o grupo carboxila é transferido para a acetil-CoA, formando malonil-CoA.
30. É uma molécula que se compromete com a síntese de ácidos graxos. É também um potente inibidor da carnitina aciltransferase I, desativando, portanto, a β-oxidação.
31. ACP, citrato, citosol, duplas ligações *trans*, D-álcoóis, β-redução, NADPH, malonil-CoA (exceto para uma acetil-CoA) e um complexo enzimático multifuncional.
32. Na β-oxidação, o FAD é a coenzima para a primeira reação de oxidação, enquanto o NAD^+ é a coenzima para a segunda. Na síntese de ácidos graxos, o NADPH é a coenzima para as duas reações. O grupo β-hidroxiacila tem a configuração L na β-oxidação, enquanto tem a configuração D na síntese de ácidos graxos.
33. Ambas têm um grupo fosfopanteteína na extremidade ativa. Na coenzima A, esse grupo está acoplado ao 2'-fosfo-AMP, enquanto na ACP, está acoplado a um resíduo de serina de uma proteína.
34. ACP é uma molécula que destina grupos acila para a síntese de ácidos graxos. Ela pode ser gerenciada separadamente a partir de grupos acil-CoA. Além disso, a ACP se acopla a grupos acila como um "braço oscilante" que a prende ao complexo sintase de ácidos graxos.
35. Linoleato e linolenato não podem ser sintetizados pelo organismo, e, portanto, devem ser obtidos de fontes alimentares. Os mamíferos não conseguem produzir uma dupla ligação além do átomo de carbono 9 dos ácidos graxos.
36. Os intermediários de acil-CoA são essenciais na conversão de ácidos graxos em outros lipídeos.
37. Os grupos acetila se condensam com oxaloacetato para formar citrato, que pode atravessar a membrana mitocondrial. Os grupos acetila são regenerados no citosol pela reação reversa.
38. Se a acetil-carnitina se forma na matriz da mitocôndria, ela pode ser transferida ao citosol via carnitina translocase. Assim, isso poderia representar outra forma de transportar unidades acetila para a síntese fora das mitocôndrias.
39. A energia é necessária para condensar um grupo acetila ao ácido graxo em crescimento. Teoricamente, isso pode ser feito com a acetil-CoA, utilizando ATP. Na prática, o ATP é utilizado para converter acetil-CoA em malonil-CoA; a condensação da porção acetil do malonil-CoA é dirigida, em parte, pela reação de descarboxilação que a acompanha e não precisa de energia adicional. Um possível motivo para isso é evitar uma confusão metabólica de vias, particularmente importante em procariotos (não compartimentalizados). Pode-se prever uma acetil-CoA proveniente da degradação sendo imediatamente utilizada para síntese. No malonil-CoA, sinaliza para "síntese"; na acetil-CoA, para a "degradação".
40. (a) O "braço oscilante" lipoato do complexo piruvato desidrogenase.

    (b) O "braço" ou a ACP leva o grupo a ser modificado de uma enzima para outra (evitando um processo limitado pela difusão e, também, posicionando os principais grupos corretamente). No caso da ACP, o grupo a ser modificado (carbono β) está sempre à mesma distância da ACP, independente do comprimento do ácido graxo crescente, e, assim, o grupo essencial sempre está próximo dos sítios ativos das várias enzimas relevantes.

21-7 Síntese de Acilgliceróis e Lipídeos Compostos

41. O glicerol provém da degradação de outros acilgliceróis ou do glicerol-3-fosfato derivado da glicólise.

42. O grupo ativador encontrado no acilglicerol é a citidina difosfato.

43. Nos procariotos, a CTP reage com o ácido fosfatídico para gerar um CDP-diacilglicerol. Este reage com a serina para fornecer fosfatidilserina, que se descarboxila em fosfatidiletanolamina. Nos eucariotos, a CDP-etanolamina reage com um diacilglicerol para formar fosfatidiletanolamina.

21-8 Biossíntese de Colesterol

44. Na biossíntese de esteroides, três moléculas de acetil-CoA condensam-se para formar o mevalonato de seis carbonos, que, então, origina uma unidade isoprenoide de cinco carbonos. Uma segunda e, depois, uma terceira unidade isoprenoide se condensam, formando uma unidade de dez carbonos e, depois, uma de 15 carbonos. Duas das unidades de 15 carbonos tornam a se condensar, formando o precursor de 30 carbonos do colesterol.

45. Veja a Figura 21.24.

46. Ácidos biliares e hormônios esteroides.

47. Todos os esteroides têm uma estrutura característica em anel fundido, o que significa uma origem biossintética comum.

48. Um átomo de oxigênio da molécula de O_2 é necessário para formar o epóxido. O NADPH é necessário para reduzir o outro átomo de oxigênio a água.

49. O colesterol é apolar e não pode se dissolver no sangue, que é um meio aquoso.

50. Os sais biliares são feitos de colesterol, e o colesterol é retirado do organismo indo para o intestino por meio do fluido biliar.

21-9 Controle Hormonal do Apetite

51. O neuropeptídeo Y atua no sistema nervoso central. Sua função é começar uma cadeia de eventos que estimula o apetite.

52. A melanocortina estimula uma cadeia de eventos que suprime o apetite.

53. Grelin é um hormônio peptídico que serve como um sinal da fome. A colecistoquinina tem o efeito oposto.

54. A leptina estimula a quebra de lipídeos e inibe a produção de ácidos graxos.

55. A insulina estimula a produção de leptina nos adipócitos. Além disso, a gordura corporal diminui como um resultado da diminuição do apetite, e os níveis de insulina e leptina também diminuem.

Capítulo 22

22-1 Os Cloroplastos São o Local da Fotossíntese

1. No outono, há perda de clorofila nas folhas, e as cores amarela e vermelha dos pigmentos acessórios se tornam visíveis, sendo responsáveis pelas cores da folhagem outonal.

2. Os brotos de feijão são cultivados no escuro para evitar que fiquem verdes; a maioria dos consumidores não comprará brotos verdes.

3. Ferro e manganês nos cloroplastos; ferro e cobre nas mitocôndrias. Observe que todos eles são metais de transição, que podem facilmente sofrer reações redox.

4. Os cloroplastos e as mitocôndrias têm membranas interna e externa. Ambos têm seus próprios DNA e ribossomos. No entanto, os cloroplastos têm uma terceira membrana, a membrana tilacoide.

5. A clorofila tem um anel ciclopentanona fundido ao anel tetrapirrólico, uma característica que não existe no heme. A clorofila contém magnésio, enquanto o heme contém ferro. A clorofila tem uma longa cadeia lateral que se baseia em unidades isoprenoides, que não são encontradas no heme.

6. Apenas uma porção relativamente pequena do espectro visível é absorvida pelas clorofilas. Os pigmentos acessórios absorvem luz em outros comprimentos de onda. Como resultado, a maior parte do espectro visível pode ser aproveitada em reações dependentes de luz.

7. É mais uma evidência coerente com a evolução dos cloroplastos a partir de organismos bacterianos independentes.

22-2 Os Fotossistemas I e II e as Reações de Luz da Fotossíntese

8. No geral, a síntese de NADPH nos cloroplastos é o inverso da oxidação de NADH nas mitocôndrias. O fluxo líquido de elétrons nos cloroplastos é o inverso do fluxo nas mitocôndrias, embora os transportadores envolvidos sejam diferentes.

9. Quando a luz atinge o centro de reação da *Rhodopseudomonas*, o par especial de clorofilas ali é elevado até um nível excitado de energia. Um elétron passa do par especial para os pigmentos acessórios, primeiro a feofitina, depois a menaquinona e, por fim, a ubiquinona. O elétron perdido pelo par especial de clorofilas é substituído por um citocromo solúvel, que se difunde. A separação de carga representa energia armazenada (veja a Figura 22.10).

10. Nos fotossistemas I e II, a energia solar é necessária para elevar as clorofilas do centro de reação até um nível mais alto de energia. A energia é necessária para gerar agentes redutores suficientemente fortes para passar elétrons até o próximo da série de componentes da via.

11. Não. Muitas clorofilas são moléculas coletoras de luz que transferem energia para o par especial que participa das reações de luz.

12. A cadeia transportadora de elétrons nos cloroplastos, assim como a das mitocôndrias, consiste em proteínas, como a plastocianina, e complexos proteicos, como o complexo de citocromos b_6-*f*. Ela também contém transportadores de elétrons móveis, como a feofitina e a plastoquinona (equivalente à coenzima Q), o que também é verdadeiro para a cadeia transportadora de elétrons mitocondrial.

13. Provavelmente a cadeia de transporte de elétrons nos cloroplastos. Os cloroplastos geram oxigênio molecular; as mitocôndrias o utilizam. É quase certo que a atmosfera primitiva não tinha oxigênio molecular. Apenas quando a fotossíntese introduziu oxigênio na atmosfera, este se tornou necessário.

14. O transporte de elétrons e a produção de ATP estão acoplados pelo mesmo mecanismo nas mitocôndrias e nos cloroplastos. Nos dois casos, o acoplamento depende da geração de um gradiente de prótons ao longo da membrana mitocondrial interna ou da membrana tilacoide, conforme o caso.

15. Nas mitocôndrias, um gradiente de prótons (químico) e um gradiente eletroquímico (com base em carga) são formados, ambos contribuindo para a energia potencial total. Nos cloroplastos, apenas um gradiente de prótons é formado, porque os íons se movem ao longo da membrana tilacoide e neutralizam a carga. O gradiente de prótons sozinho é consideravelmente menos eficiente.

16. Com pouquíssimas exceções, a vida depende direta ou indiretamente da fotossíntese. A corrente elétrica é o fluxo de elétrons da água para $NADP^+$, um processo que precisa de luz. A "corrente" continua nas reações independentes de luz, com os elétrons fluindo do NADPH para o *bis*fosfoglicerato, que, por fim, produz glicose.

17. O fotossistema II precisa de mais energia que o I. O menor comprimento de onda de luz significa uma frequência maior. A frequência, por sua vez, é diretamente proporcional à energia.

18. É bastante razoável listar os potenciais de redução para as reações de transferência de elétrons da fotossíntese. Eles são totalmente análogos às reações de transferência de elétrons nas mitocôndrias, para as quais listamos os potenciais padrão de redução no Capítulo 20.

19. Um centro de reação fotossintética é análogo a uma bateria porque suas reações produzem uma separação de cargas. Tal separação é comparável à energia armazenada da bateria.

20. As cadeias transportadoras de elétrons das mitocôndrias e dos cloroplastos são semelhantes. Nas mitocôndrias, a antimicina A inibe a transferência de elétrons do citocromo *b* para a coenzima Q no ciclo Q. Por analogia, pode-se argumentar que a antimicina A inibe o fluxo de elétrons da plastoquinona para o citocromo b_6-*f*. Um ciclo Q também pode operar nos cloroplastos.

21. O oxigênio produzido na fotossíntese vem da água. O complexo que envolve o oxigênio faz parte de uma série de reações de transferência de elétrons da água para o NADPH. O dióxido de carbono está envolvido nas reações no escuro, que são reações diferentes que ocorrem em outra parte do cloroplasto.

22. Está bem estabelecido que a via dos elétrons na fotossíntese vai do fotossistema II para o I. O motivo para a nomenclatura é que o fotossistema I é mais fácil de ser isolado do que o II, e foi estudado mais intensamente em uma época anterior.

23. Seria necessário muito trabalho para estabelecer o número de prótons bombeados pela membrana tilacoide. Ele é parcialmente o resultado da experiência com mitocôndrias e uma previsão parcial com base na maior complexidade da estrutura no cloroplasto.

24. O complexo que envolve o oxigênio do fotossistema II atravessa uma série de cinco estados de oxidação (nomeados de S_0 a S_4) na transferência de quatro elétrons no processo de liberação de oxigênio (Figura 22.7). Um elétron passa da água para o fotossistema II para cada quantum de luz. No processo, os componentes do centro de reação atravessam com sucesso os estados de oxidação S_1 a S_4. O S_4 degrada-se espontaneamente até o estado S_0 e, no processo, oxida duas moléculas de água para uma molécula de oxigênio. Quatro prótons são liberados simultaneamente.

25. Quando o citocromo levemente ligado se difunde, uma separação de cargas é induzida. Essa separação representa energia armazenada.

26. A semelhança da ATP sintase nos cloroplastos e nas mitocôndrias fundamenta a ideia de que ambos possam ter surgido de bactérias de vida livre.

22-3 A Fotossíntese e a Produção de ATP

27. Na fotofosforilação cíclica, a clorofila excitada do fotossistema I passa elétrons diretamente para a cadeia transportadora de elétrons que normalmente liga o fotossistema II ao I. Essa cadeia é acoplada à produção de ATP (veja a Figura 22.9).

28. Ambas dependem de um gradiente de prótons, resultante do fluxo de elétrons. Nos cloroplastos, os prótons originam-se da quebra da água para produzir oxigênio. Nas mitocôndrias, os prótons vêm da oxidação de NADH e, por fim, consomem oxigênio e produzem água.

29. O gradiente de prótons é criado pelo funcionamento da cadeia transportadora de elétrons que une os dois fotossistemas na fotofosforilação acíclica.

30. O ATP pode ser produzido pelos cloroplastos na ausência de luz se houver uma maneira de formar um gradiente de prótons.

31. A fotofosforilação cíclica pode ocorrer quando a planta precisa de ATP, mas não tem grande necessidade de NADPH. A fotofosforilação acíclica pode ocorrer quando a planta precisa de ambos.

22-4 As Implicações Evolucionárias da Fotossíntese com e sem Oxigênio

32. Muitos doadores de elétrons, além da água, são possíveis na fotossíntese. Este é especialmente o caso nas bactérias, cujos fotossistemas não têm agentes oxidantes suficientemente fortes para oxidar a água. Alguns doadores alternativos de elétrons são o H_2S e os compostos orgânicos.

33. Um organismo procariótico que contenha tanto a clorofila *a* quando a *b* pode ser um remanescente de um estágio evolutivo no desenvolvimento dos cloroplastos.

22-5 As Reações no Escuro da Fotossíntese Fixam CO_2

34. Rubisco é a principal proteína nos cloroplastos em todas as plantas verdes. Essa ampla distribuição faz que provavelmente seja a proteína mais abundante na natureza.

35. A sequência de aminoácidos das subunidades catalíticas da rubisco é codificada pelos genes dos cloroplastos, enquanto a sequência das subunidades reguladoras é codificada pelos genes nucleares.

36. A gliconeogênese e a via da pentose fosfato têm diversas reações semelhantes àquelas que acontecem no escuro da fotossíntese.

37. Do ponto de vista da termodinâmica, a produção de açúcares na fotossíntese é o inverso da oxidação completa de um açúcar como a glicose em CO_2 e água. A reação de oxidação completa produz seis mols de CO_2 para cada mol de glicose oxidada. Para obter a variação de energia para a fixação de um mol de CO_2, mude o sinal da variação de energia para a oxidação completa da glicose e divida por 6.

38. A glicose sintetizada pela fotossíntese não é marcada uniformemente porque apenas uma molécula de CO_2 é incorporada em cada molécula de ribulose-1,5-*bis*fosfato, que, então, origina os açúcares.

39. Se a rubisco fosse uma das primeiras enzimas proteicas a surgir no início da evolução da vida, talvez não tivesse a eficiência das enzimas proteicas que evoluíram mais tar-

de, quando a evolução dependia mais de modificações e adaptações das proteínas existentes.

40. Seu DNA é circular. Seus ribossomos se parecem mais com os das bactérias do que com os dos eucariotos. Suas aminoacil-tRNA sintetases utilizam tRNAs bacterianos, mas não tRNAs eucarióticos. Em geral, eles não têm íntrons em seus genomas. Seu mRNA utiliza uma sequência de Shine-Dalgarno.
41. A via empresta muito da ramificação não oxidativa da via das pentoses fosfato e da gliconeogênese. Sem dúvida, a etapa produz açúcares e NADPH para a biossíntese redutiva. Assim, apenas um número pequeno de novas enzimas teria de evoluir por meio de mutações para permitir o funcionamento completo do ciclo de Calvin.
42. O oxigênio atmosférico é uma consequência da fotossíntese. A rubisco evoluiu antes que houvesse uma quantia considerável de oxigênio na atmosfera.
43. A condensação de ribulose-1,5-*bis*fosfato com o dióxido de carbono para formar duas moléculas de 3-fosfoglicerato é a verdadeira fixação do dióxido de carbono. O restante do ciclo de Calvin regenera a ribulose-1,5-*bis*fosfato.
44. Os organismos precisariam apenas de algumas mutações que originariam as enzimas exclusivas do ciclo de Calvin. O restante da via já está em ordem.
45. Seis moléculas de dióxido de carbono fixadas no ciclo de Calvin não acabam na mesma molécula de glicose. No entanto, experiências de marcação demonstram que seis átomos de carbono são incorporados em açúcares para cada seis moléculas de dióxido de carbono que entram no ciclo de Calvin.

22-6 A Fixação de CO_2 nos Vegetais Tropicais

46. Nas plantas tropicais, a via C_4 opera com o ciclo de Calvin.
47. Nas plantas C_4, quando o CO_2 entra na folha pelos poros nas células externas, reage primeiro com o fosfoenolpiruvato para produzir oxaloacetato e P_i nas células mesófilas da folha. O oxaloacetato é reduzido a malato, com a oxidação concomitante de NADPH. O malato, então, é transportado para as bainhas do feixe vascular (a camada seguinte) por meio de canais que contatam os dois tipos de células. Essas reações não ocorrem em plantas C_3.
48. A fotorrespiração é uma via na qual o glicolato é um substrato oxidado pela rubisco agindo como uma oxigenase, em vez de como uma carboxilase. A fotorrespiração não é completamente entendida.
49. Três motivos aparecem. (1) A energia luminosa normalmente não é limitante. (2) As plantas têm pequenos poros para evitar a perda de água, mas isso também limita a absorção de CO_2. (3) A via C_4 permite o aumento da concentração de CO_2 no interior do cloroplasto, o que não seria possível de outra forma com os pequenos poros.
50. A maioria das plantas seria mais produtiva na falta de fotorrespiração. No entanto, há outro lado nessa história. A atividade de oxigenase parece ser inevitável e dispendiosa da rubisco. A fotorrespiração é uma via de economia que preserva uma parte do carbono, que se perderia em razão da atividade oxigenásica da rubisco. A fotorrespiração é essencial para as plantas, embora elas paguem o preço com a perda de ATP e de força redutora. As mutações que afetam essa via podem ser letais.

Capítulo 23

23-1 Metabolismo de Nitrogênio: Uma Visão Geral

1. As bactérias fixadoras de nitrogênio (organismos simbióticos que formam nódulos nas raízes de plantas leguminosas, como o feijão e a alfafa) e alguns micróbios e cianobactérias de vida livre podem fixar o nitrogênio. Planta e animais não.

23-2 Fixação de Nitrogênio

2. O nitrogênio é fixado pela reação da nitrogenase, na qual o N_2 é convertido em NH_4^+. Pouquíssimos organismos têm essa enzima, que pode catalisar a quebra da ligação tripla no nitrogênio molecular. As reações da glutamato desidrogenase e da glutamina sintase assimilam o nitrogênio:

$$NH_4^+ + \alpha\text{-Cetoglutarato} \rightleftharpoons \text{Glutamato} + \text{Água (requer NADPH)}$$

$$NH_4^+ + \text{Glutamato} \rightleftharpoons \text{Glutamina (requer ATP)}$$

3. A síntese química de amônia a partir de H_2 e N_2.
4. $N_2 + 8e^- + 16ATP + 10H^+ \rightarrow 2NH_4^+ + 16ADP + 16P_i + H_2$ é a semirreação para redução pela nitrogenase. A reação de oxidação varia de acordo com a espécie.
5. O complexo nitrogenase é composto de ferredoxina, dinitrogenase redutase e nitrogenase. A dinitrogenase redutase é uma proteína ferro–enxofre, enquanto a nitrogenase é uma proteína ferro–molibdênio. A proteína Fe—S é um dímero ("borboleta de ferro"), com o grupo ferro–enxofre localizado na cabeça da borboleta. A nitrogenase é ainda mais complicada, com diversos tipos de subunidades organizados em tetrâmeros.

23-3 A Inibição por Retroalimentação no Metabolismo de Nitrogênio

6. As rotas que utilizam nitrogênio para formar aminoácidos, purinas e pirimidinas são controladas pela inibição por retroalimentação. O produto final, como a CTP, inibe a primeira ou uma etapa inicial nessa síntese.
7. Os mecanismos de controle por retroalimentação desaceleram longas rotas biossintéticas em ou perto de suas reações iniciais, economizando energia para o organismo.
8. Uma vez que todos os componentes do ciclo são regenerados, apenas pequenas quantidades ("quantidades catalíticas") são necessárias. Isto é importante não só do ponto de vista energético, mas também porque alguns compostos teriam problemas de insolubilidade em concentrações mais altas.

23-4 Biossíntese de Aminoácidos

9. Todos estão inter-relacionados. O α-cetoglutarato pode ser alterado para glutamato por transaminação ou pela glutamato desidrogenase. A glutamina sintetase forma glutamina a partir do glutamato.

10.

$$\begin{array}{c}COO^- \\ | \\ C=O \\ | \\ CH_2 \\ | \\ CH_2 \\ | \\ COO^-\end{array} + \begin{array}{c}COO^- \\ | \\ H_3\overset{+}{N}-C-H \\ | \\ CH_3\end{array} \rightleftharpoons \begin{array}{c}COO^- \\ | \\ H_3\overset{+}{N}-C-H \\ | \\ CH_2 \\ | \\ CH_2 \\ | \\ COO^-\end{array} + \begin{array}{c}COO^- \\ | \\ C=O \\ | \\ CH_3\end{array}$$

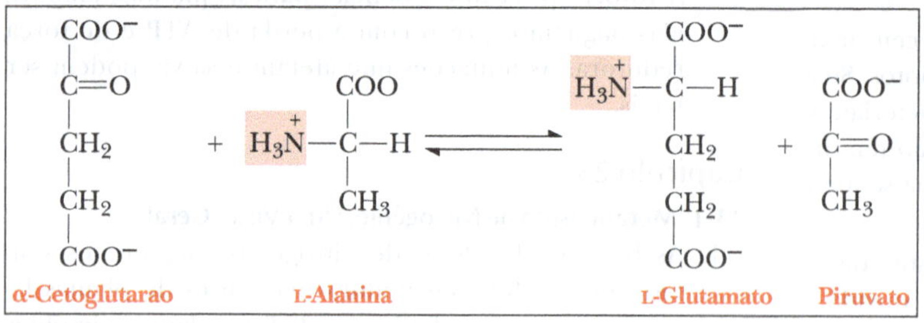

α-Cetoglutarao   L-Alanina   L-Glutamato   Piruvato

11.

$$NH_4^+ + {}^-OOC-CH_2-CH_2-\overset{O}{\underset{}{C}}-COO^- \underset{NADP^+}{\overset{NADPH + H^+}{\rightleftharpoons}} H_2O + {}^-OOC-CH_2-CH_2-\overset{\overset{NH_3^+}{|}}{CH}-COO^-$$

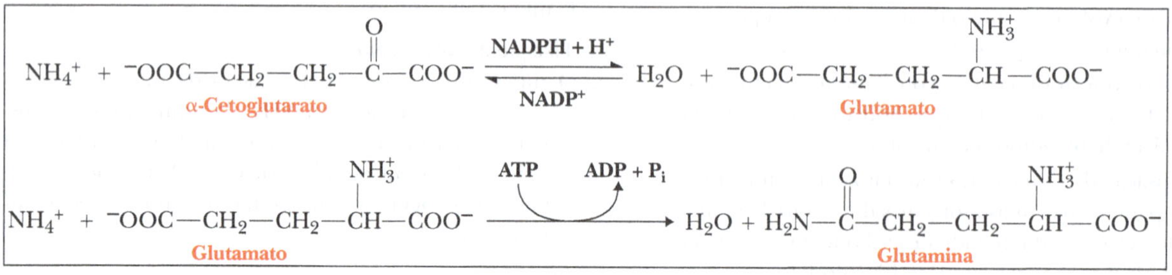

α-Cetoglutarato   Glutamato

$$NH_4^+ + {}^-OOC-CH_2-CH_2-\overset{\overset{NH_3^+}{|}}{CH}-COO^- \xrightarrow{ATP \quad ADP + P_i} H_2O + H_2N-\overset{O}{\underset{}{C}}-CH_2-CH_2-\overset{\overset{NH_3^+}{|}}{CH}-COO^-$$

Glutamato   Glutamina

12. A glutamina sintetase catalisa a reação a seguir e utiliza energia: NH_4^+ + Glutamato + ATP → Glutamina + ADP + + P_i + H_2O. A glutaminase catalisa a reação a seguir e não utiliza energia diretamente: Glutamina + H_2O → → Glutamato + NH_4^+.
13. Veja a Figura 23.8.
14. Os principais são o tetraidrofolato e a S-adenosilmetionina.
15. Veja a Figura 23.11.
16. A conversão de homocisteína em metionina utilizando a S-adenosilmetionina como doadora de metila não fornece nenhum ganho líquido porque é necessária uma metionina para produzir outra.
17. Glutamato + α-Cetoácido → α-Cetoglutarato + + Aminoácido.
18. Veja a estrutura da S-adenosilmetionina na Figura 23.15. O grupo metila reativo está indicado.
19. A sulfanilamida inibe a biossíntese do ácido fólico.
20. A metionina pode ter uma função dupla. Além de fornecer um grupo hidrofóbico, a metionina (na forma de S-adenosilmetionina) pode agir como doadora do grupo metila.

23-5 Aminoácidos Essenciais
21. Os aminoácidos essenciais são aqueles com cadeias ramificadas, anéis aromáticos ou cadeias laterais básicas.
22. Nos dois casos, as necessidades são aquelas fornecidas na Tabela 23.1.

23-6 Catabolismo de Aminoácidos
23. Cinco α-aminoácidos estão diretamente envolvidos no ciclo da ureia (ornitina, citrulina, aspartato, arginossuccinato e arginina). Desses, apenas o aspartato e a arginina são encontrados nas proteínas.
24. $H^+ + HCO_3^- + 2NH_3 + 3ATP \rightarrow NH_2CONH_2 + 2ADP + 2P_i +$ + AMP + PP_i + $2H_2O$. O ciclo da ureia está ligado ao do ácido cítrico pelo fumarato e pelo aspartato, que podem ser convertidos em malato por transaminação (veja a Figura 23.19).
25. A ornitina é semelhante à lisina, mas tem um grupo metileno a menos na cadeia lateral. A citrulina é uma versão ceto da arginina com uma cadeia lateral $C=NH_2^+$ substituída por $C=O$.
26. O aspartato e o arginossuccinato são os aminoácidos que unem as duas rotas. O aspartato é formado pela transaminação de OAA. O aspartato, então, combina-se com a citrulina para formar arginossuccinato, que, então, libera um fumarato para voltar ao ciclo TCA.
27. Cada turno do ciclo da ureia tem o custo de 4 ATPs, dois para formar o carbamoil fosfato e efetivamente dois (ATP → AMP) para formar arginossuccinato.
28. É controlada por uma molécula efetora especial, o N-acetilglutamato, que é controlado por níveis de arginina.
29. Quando os níveis de arginina se acumulam, significa que o ciclo da ureia está ocorrendo de forma excessivamente lenta e não há carbamoil fosfato suficiente disponível para reagir com a ornitina.
30. O glutamato traz grupos amônia para a matriz das mitocôndrias para o ciclo da ureia. Altos níveis de glutamato estimulam o ciclo da ureia.
31. Os aminoácidos glicogênicos são degradados a piruvato ou a um dos intermediários do ciclo do ácido cítrico encontrados após as etapas de descarboxilação, como o succinato ou o malato. Os aminoácidos cetogênicos são degradados a acetil-CoA ou acetoacetil-CoA.
32. (a) glicogênico
    (b) glicogênico
    (c) glicogênico
    (d) cetogênico
    (e) glicogênico
    (f) cetogênico

33. Peixes excretam o excesso de nitrogênio como amônia, e aves o excretam como ácido úrico. Os mamíferos o excretam como ureia.
34. Como avestruzes não voam, pode-se argumentar que excretariam seu excesso de nitrogênio como ureia. Por outro lado, avestruzes são aves e, como tal, provavelmente têm o mesmo metabolismo de seus companheiros mais leves e, possivelmente, excretam o excesso de nitrogênio como ácido úrico.
35. As quantidades de arginina necessárias no ciclo da ureia são apenas catalíticas. Se a arginina do ciclo é utilizada para síntese proteica, o ciclo se tornará reduzido.
36. Uma dieta rica em proteínas leva ao aumento na produção de ureia. Beber mais água aumenta o volume de urina, garantindo a eliminação de ureia do organismo com menos esforço para os rins do que se a ureia estivesse em maior concentração.
37. O metabolismo de aminoácidos estimulará a formação de urina provocando mais sede, e, portanto, aumentando a necessidade de água.
38. Muitas enzimas, resultantes de mutações, são necessárias para o ciclo da ureia. A maioria das mutações tende a ser perdida a não ser que seja importante para a sobrevivência. Parece improvável que todas as mutações necessárias para gerar todas as enzimas do ciclo surjam quase simultaneamente. No entanto, a origem do ciclo pode ser facilmente explicada pela premissa de que apenas uma nova enzima (arginase) era necessária. As outras enzimas do ciclo são necessárias para a biossíntese da arginina. Como um componente de proteínas, a arginina presumidamente era necessária antes do aparecimento do ciclo da ureia. Este é um exemplo da natureza utilizando recursos já disponíveis para realizar uma nova função.

23-7 Biossíntese da Purina

39. Como o ácido fólico é essencial para a formação de purinas, os antagonistas do metabolismo do ácido fólico são utilizados como medicamentos de quimioterapia para inibir a síntese do ácido nucleico e o crescimento celular. Células que se dividem rapidamente, como as encontradas no câncer e em tumores, são mais suscetíveis a esses antagonistas.
40. Todos os quatro átomos de nitrogênio do anel de purina derivam dos aminoácidos: dois da glutamina, um do aspartato e um da glicina. Dois dos cinco átomos de carbono (adjacentes ao nitrogênio da glicina) também vêm da glicina, os outros dois originam-se dos derivados de tetraidrofolato, e o quinto do CO_2.
41. Na inosina, o carbono 6 do anel é um grupo cetona, enquanto na adenosina o carbono 6 está ligado a um grupo amino.
42. O tetraidrofolato é um transportador de grupos carbono. Dois dos carbonos no anel de purina são doados pelo tetraidrofolato.
43. A conversão de IMP em GMP produz um NADH e utiliza o equivalente a 2 ATPs porque um ATP é convertido em AMP. Como o NADH origina 2,5 ATPs se entra na cadeia transportadora de elétrons, pode-se dizer que a conversão resulta em uma produção líquida de ATP.
44. Há um sistema complicado de inibição por retroalimentação para a produção de nucleotídeos que contêm purina. Os produtos finais, ATP e GTP, são retroalimentados para inibir as primeiras etapas começando a partir da ribose-5-fosfato. Além disso, cada intermediário, como o AMP ou o ADP, também pode inibir a primeira etapa, e cada uma das três formas para cada nucleotídeo inibe a reação comprometida da IMP que eventualmente decide qual nucleotídeo purina será formado.

23-8 Catabolismo da Purina

45. A reação de reciclagem da purina que produz GMP precisa do equivalente a 2 ATPs. A rota da IMP e, depois, a da GMP, precisam do equivalente a 8 ATPs.
46. Na maioria dos mamíferos, o ácido úrico é convertido em ácido alantoico, que é muito mais solúvel em água que o ácido úrico.

23-9 Biossíntese e Catabolismo de Pirimidina

47. Na biossíntese de nucleotídeos purínicos, o anel de purina em crescimento é ligado de forma covalente à ribose, enquanto na biossíntese de nucleotídeos pirimidínicos a ribose é adicionada depois que o anel é sintetizado.
48. As purinas se decompõem em diversos produtos, dependendo da espécie. Esses produtos são então eliminados, representando um meio importante de excreção do nitrogênio para diversos organismos. O catabolismo da pirimidina produz, além de NH4+ e CO2, a β-alanina reciclável, que é um produto da decomposição da citosina e da uracila.

23-10 Conversão de Ribonucleotídeos em Desoxirribonucleotídeos

49. A tiorredoxina e a tiorredoxina redutase são proteínas envolvidas na conversão de ribonucleotídeos em desoxirribonucleotídeos. A tiorredoxina é um transportador intermediário de elétrons e hidrogênios, e a tiorredoxina redutase é a enzima que catalisa o processo.

23-11 Conversão de dUDP em dTTP

50. A fluorouracila substitui a timina na síntese do DNA. Em células que se dividem rapidamente, como as cancerosas, o resultado é a produção de DNA defeituoso, causando a morte celular.
51. O DNA de células que crescem rapidamente, como as dos folículos capilares, é danificado por agentes quimioterapêuticos.

Capítulo 24

24-1 Conexões Entre as Vias Metabólicas

1. O ATP e o NADPH são as duas moléculas que conectam a maioria das vias.
2. A acetil-CoA, o piruvato, a PEP, o α-cetoglutarato, a succinil-CoA, o oxaloacetato e diversos fosfatos de açúcar, como a glicose-6-fosfato e a frutose-6-fosfato.
3. (a) Frutose-6-fosfato – a partir da via das pentoses fosfato (PPP)
   (b) Oxaloacetato – para fosfoenolpiruvato na gliconeogênese, a partir do e para o aspartato, para o ciclo do glioxilato utilizando o citrato.
   (c) Glicose-6-fosfato – para PPP, a partir do e para o glicogênio nos animais, para o amido nas plantas.
   (d) Acetil-CoA – a partir de e para ácidos graxos, para esteroides (e isoprenoides), algumas degradações de aminoácidos, para o ciclo do glioxilato utilizando o citrato.
   (e) Gliceraldeído-3-fosfato – para reverter a PPP.
   (f) α-Cetoglutarato – a partir do e para o glutamato.

(g) Di-idroxiacetona fosfato – a partir do e para a porção glicerol de triacilgliceróis e fosfoacilgliceróis.

(h) Succinil-CoA – degradação de ácidos graxos com número ímpar de átomos de carbono, degradação de alguns aminoácidos.

(i) 3-Fosfoglicerato – aparece no ciclo de Calvin.

(j) Fumarato – degradações de alguns aminoácidos.

(k) Fosfoenolpiruvato – a partir do oxaloacetato na gliconeogênese.

(l) Citrato – para o ciclo do glioxilato, transporte ao longo da membrana mitocondrial para síntese de ácidos graxos e de esteroides.

(m) Piruvato – fermentação, para a gliconeogênese, também a partir de e para a alanina.

4. Quando o organismo degrada proteínas para fornecer material para a gliconeogênese, a maior produção de ureia resulta em maior produção de urina, que utiliza a água armazenada no organismo. O metabolismo de gorduras também produz muita água metabólica.

5. (a) Alta concentração de ATP ou NADH e ciclo do ácido cítrico: a isocitrato desidrogenase (e o ciclo do ácido cítrico) seria inibida. O acúmulo de acetil-CoA (ou citrato) resultante estimularia a síntese de ácidos graxos e esteroides, a gliconeogênese e o ciclo do glioxilato (em plantas e alguns microrganismos).

(b) Alta concentração de ATP e glicólise: a fosfofrutoquinase-1 (e a glicólise) seria inibida. A glicose-6-fosfato se acumularia, estimulando a síntese de glicogênio (ou amido), a via oxidativa das pentoses fosfato ou a formação de glicose.

(c) Alta concentração de NADPH e via das pentoses fosfato: a ramificação oxidativa dessa via seria inibida, tornando a glicose-6-fosfato disponível para outras finalidades, como, por exemplo, a glicólise, a síntese do glicogênio, a síntese da glicose e a via "reversa" das pentoses fosfato (produzindo apenas pentoses fosfato).

(d) Alta concentração de frutose-2,6-*bis*fosfato e gliconeogênese: a frutose-2,6-*bis*fosfato inibe a frutose-1,6--*bis*fosfatase e ativa a fosfofrutoquinase-1. A gliconeogênese, então, seria inibida e a glicólise seria estimulada, assim como a via reversa das pentoses fosfato e a produção de glicerol fosfato para os lipídeos.

6. Diversos compostos, como oxaloacetato, piruvato e acetil-CoA, têm uma função em diversas reações. Mais especificamente, os produtos finais de algumas vias são os pontos iniciais de outras. Cada via é um aspecto de um esquema metabólico geral.

7. O *efeito* das rotas bioquímicas pode ser revertido. Exemplos incluem a glicólise e a gliconeogênese, a formação e síntese de glicogênio e a via das pentoses fosfato. Os detalhes não são completamente reversíveis. Uma etapa irreversível em uma via tenderá a ser substituída por outra reação, catalisada por outra enzima.

8. Os processos de transporte são especialmente importantes para as substâncias, como o oxaloacetato, que não podem atravessar a membrana mitocondrial. O mesmo é válido para os elétrons. Deve haver mecanismos de transferência para transportar elétrons como a forma reduzida de compostos importantes. Compostos que não conseguem atravessar a membrana devem ser convertidos em compostos que o fazem e, assim, serem convertidos de volta à sua forma original no outro lado da membrana.

9. Quando uma via tem várias etapas, é possível que haja variações de energia em etapas de tamanho gerenciável. Ela também permite que o controle de uma via seja exercido em mais pontos do que seria o caso se houvesse apenas poucas etapas.

10. As possibilidades são ilimitadas. Mais especificamente, uma descoberta que ninguém espera pode trazer ainda mais possibilidades.

24-2 Bioquímica e Nutrição

11. A pirâmide antiga presumia que todos os carboidratos e gorduras eram iguais e que os carboidratos eram bons, e as gorduras ruins. A nova pirâmide reconhece que nem todos os carboidratos são bons e nem todas as gorduras são ruins. Carboidratos complexos são colocados na parte de baixo da nova pirâmide, enquanto os carboidratos processados são colocados mais em cima. Gorduras e óleos essenciais estão incluídos como tipos necessários de alimento. Além disso, as recomendações de consumo de derivados do leite foram reduzidas.

12. Gorduras e carboidratos podem ser armazenados quando são consumidos em excesso. Gorduras são armazenadas como triacilgliceróis, e carboidratos, como glicogênio. No entanto, as proteínas consumidas em excesso não são armazenadas. A proteína adicional será degradada. Os grupos amino serão liberados como ureia e os esqueletos carbônicos serão armazenados como carboidrato ou gordura.

13. Os ácidos graxos saturados têm sido correlacionados a níveis crescentes de LDL, que mostraram ser um indicador de alto risco de doenças cardíacas.

14. A leptina é um hormônio que afeta o metabolismo. Ela afeta o cérebro para reduzir o apetite e o metabolismo diretamente ao estimular a oxidação de ácidos graxos e inibir a síntese de ácidos graxos.

15. Sim, o colecalciferol é produzido no organismo e muitas de suas funções na natureza são do tipo hormonal.

16. Os carboidratos são a principal fonte de energia. O consumo de gorduras em excesso pode levar à formação de "corpos cetônicos" e à aterosclerose. Dietas extremamente ricas em proteína podem sobrecarregar os rins.

17. O fígado é o principal órgão para o metabolismo do álcool e para o descarte de drogas (legais, ilegais e acidentais) e compostos halocarbonados. Enquanto o fígado gasta tempo degradando esses compostos, pode não ser capaz de executar suas outras funções normais, ou seja, a exposição prolongada a qualquer "toxina" desse tipo sobrecarrega o fígado.

18. A vitamina A é uma vitamina lipossolúvel, que pode se acumular no organismo. Overdoses dessa vitamina podem ser tóxicas.

19. Baixos níveis de iodo na dieta frequentemente levam ao hipotireoidismo e a um aumento na glândula tireoide (bócio). Esta condição foi praticamente erradicada com a adição de iodeto de sal ao sal de cozinha.

20. Lucullus degrada a proteína do atum a aminoácidos, que, por sua vez, participam do ciclo da ureia e têm seu esqueleto carbônico quebrado conforme descrito no Capítulo 23, eventualmente levando ao ciclo do ácido cítrico e à cadeia transportadora de elétrons. Além do catabolismo de proteínas, Griselda degrada os carboidratos a açúcares, que, então, sofrem glicólise e entram no ciclo do ácido cítrico. (Informação: Lucullus era um famoso glutão romano. Na literatura medieval, Griselda era o nome normalmente dado a uma mulher tolerante e sofredora.)

21. Todos os aminoácidos devem estar presentes ao mesmo tempo para que haja a síntese proteica. Proteínas recém-sintetizadas são necessárias para o crescimento em ratos imaturos.
22. A perda de peso se deve à correção do inchaço causado pela retenção de líquidos.
23. Depois que um indivíduo atinge o crescimento completo, muitos aminoácidos são removidos e reciclados pelo organismo. Como todas as proteínas contêm, pelo menos, alguns resíduos desses dois aminoácidos, há quantidade suficiente para sua manutenção. Deve-se observar que ambos se tornam novamente essenciais se houver uma doença ou dano a tecidos, e que a arginina é necessária para a produção de esperma nos machos.
24. Os primeiros colonizadores sempre cozinhavam em panelas de ferro, que liberam ferro suficiente para fornecer as necessidades corporais, desde que o organismo possa absorvê-lo (os refratários de vidro não existiam até a Primeira Guerra Mundial, e as panelas de alumínio só depois da Segunda Guerra Mundial).
25. Dietas ricas em fibra normalmente têm menos gorduras, especialmente gorduras saturadas; a fibra absorve muitas substâncias potencialmente tóxicas, como o colesterol e os halocarbonados, evitando sua absorção pelo organismo. Além disso, as fibras diminuem o tempo de trajeto pelo intestino; portanto, qualquer material tóxico no alimento fica no organismo por menos tempo, tendo menos chance de ser absorvido ou de causar problemas.
26. Essa alegação tem base química. O carbonato de cálcio se dissolverá no ácido estomacal, liberando íon cálcio em sua forma hidratada normal. O citrato de cálcio provavelmente tem o íon cálcio ligado ao citrato de forma semelhante ao ferro no heme. Consequentemente, a carga do íon cálcio é efetivamente reduzida. O cálcio ligado ao citrato pode atravessar uma membrana celular mais facilmente que o íon cálcio hidratado.
27. O álcool fornece calorias, mas não vitaminas. Esta é uma das principais causas da desnutrição. O metabolismo do álcool envolve uma enzima (a álcool desidrogenase) com a tiamina pirofosfato (TPP) como cofator. O cofator, por sua vez, é um metabólito da vitamina B_1, gerando deficiências graves.
28. Os íons metálicos atuam na estrutura e no funcionamento das proteínas e de algumas coenzimas. Eles tendem a fazê-lo porque operam como ácidos de Lewis.
29. Uma grande redução de glicogênio frequentemente resulta em um efeito rebote, no qual se produz tanto, que uma parte do glicogênio produzido é armazenado em tecidos inadequados, incluindo o cardíaco, além de com frequência ocorrer desequilíbrios minerais. É melhor se exercitar moderadamente antes do armazenamento de glicogênio, porque, assim, o glicogênio é armazenado de forma mais eficiente e segura no fígado e no tecido muscular, onde é mais necessário.
30. Os nutrientes e a água se renovam no organismo, às vezes com certa frequência. Isto significa que um organismo é um sistema aberto. O equilíbrio exige um sistema fechado. Em consequência, um organismo pode atingir a estabilidade, mas nunca o equilíbrio.

24-3 Hormônios e o Segundo Mensageiro

31. Os hormônios podem ter muitos tipos diferentes de estruturas químicas, incluindo esteroides, polipeptídeos e derivados de aminoácidos.
32. A pituitária anterior estimula a liberação de hormônios tróficos, que, por sua vez, estimulam as glândulas endócrinas específicas; como resultado, o funcionamento do córtex adrenal, da tireoide e das gônadas pode ser afetado. O córtex adrenal produz hormônios adrenocorticais, incluindo os glicocorticoides (envolvidos no metabolismo dos carboidratos, em reações inflamatórias e reação ao estresse) e os mineralocorticoides, que controlam o nível de excreção de água e sal pelos rins. Se o córtex adrenal não funciona adequadamente, o resultado é a doença de Addison, caracterizada por hipoglicemia, fraqueza e maior suscetibilidade ao estresse. A condição oposta, o hiperadrenocorticismo, causa a síndrome de Cushing.
33. O hipotálamo secreta fatores liberadores de hormônio. Sob a influência desses fatores, a pituitária secreta hormônios tróficos, que agem em glândulas endócrinas específicas, que liberam, então, seus próprios hormônios.
34. A tiroxina é um derivado de aminoácido e é absorvida diretamente do intestino pela corrente sanguínea. Se a insulina fosse administrada oralmente, seria hidrolisada a aminoácidos no estômago e no intestino.
35. As proteínas G recebem este nome porque ligam GTP como parte de seu efeito. Um exemplo é a proteína G ligada ao receptor de epinefrina, que leva à produção de cAMP como segundo mensageiro. As tirosinas quinases receptoras têm um modo diferente de ação. Quando ligam seus hormônios, fosforilam resíduos de tirosina nelas próprias e em outras proteínas alvo, que, então, agem como um segundo mensageiro. A insulina é um exemplo de hormônio que se liga a uma tirosina quinase receptora.
36. cAMP, Ca^{2+}, substrato receptor de insulina.
37. O hormônio do crescimento humano é um hormônio peptídico. Se ele fosse administrado oralmente, o peptídeo seria degradado a seus aminoácidos componentes no intestino delgado e seria inutilizado.

24-4 Hormônios e o Controle do Metabolismo

38. Epinefrina e glucagon são os dois mais discutidos neste livro.
39. O glucagon provoca a ativação da glicogênio fosforilase, a inibição da glicogênio sintase e a inibição da fosfofrutoquinase-1.
40. A epinefrina tem o mesmo efeito na glicogênio fosforilase e na glicogênio sintase, mas tem efeito oposto na fosfofrutoquinase-1.
41. A proteína G é ligada à GTP. Eventualmente, a GTP é hidrolisada a GDP, o que faz que ela se dissocie da adenilato ciclase. Isso interrompe a resposta hormonal até que o hormônio se dissocie do seu receptor, os trímeros da proteína G sejam reunidos e o processo recomece.
42. IP_3 é um composto polar que pode se dissolver no ambiente aquoso do citosol, ao passo que o DAG é apolar e interage com as cadeias laterais dos fosfolipídeos das membranas.
43. Quando um hormônio estimulatório se liga ao seu receptor na superfície celular, estimula a ação da adenilato ciclase, mediada pela proteína G. O cAMP produzido provoca o efeito desejado na célula ao estimular uma quinase que fosforila uma enzima alvo.
44. Veja a Tabela 24.2.
45. É mais improvável que uma via metabólica possa existir sem mecanismos de controle. Muitas vias precisam de

energia; portanto, é vantajoso para um organismo desativar uma via quando seus produtos não são necessários. Mesmo se uma via não precisar de grandes quantidades de energia, as muitas conexões entre elas fazem que o controle provavelmente seja estabelecido nos níveis de metabólitos importantes.

46. Na cólera, a adenilato ciclase está permanentemente "ativada". Isto, por sua vez, estimula o transporte ativo de Na^+ e água das células epiteliais, levando à diarreia.

47. (a) São necessárias quantidades estequiométricas de cAMP para ativar a proteína quinase dependente de cAMP.
    (b) Seis etapas catalíticas, incluindo a reação catalisada pela glicogênio fosforilase, com dez moléculas que sofrem a ação em cada etapa, resultariam em 10^6 (um milhão) moléculas de G-1-P para cada molécula de epinefrina.
    (c) Um fator importante é a velocidade. É importante ser capaz de utilizar energia armazenada rapidamente em situações de "lutar ou fugir". Um segundo fator é o controle. Observe que a glicogênio fosforilase é ativada por quinases. O processo concorrente de armazenamento de glicogênio, catalisado pela glicogênio sintetase, é desativado pelas quinases. Um terceiro fator é a economia. Uma única molécula de epinefrina ativa muitas moléculas de glicogênio fosforilase e ainda resulta em mais moléculas de G-1-P.

48. Uma fosfatase desfosforila a glicogênio fosforilase e a glicogênio sintetase, desativando e ativando as duas, respectivamente. A fosfatase se torna ativa em resposta a altas concentrações de glicose.

49. Dietas pobres em carboidratos são desenvolvidas para evitar os altos níveis de açúcar no sangue que surgem quando grandes quantidades de carboidratos são consumidas. Muito açúcar no sangue levará a um rápido aumento na insulina. A insulina é conhecida por estimular a síntese de gordura e inibir a oxidação de ácidos graxos. Assim, dietas pobres em carboidratos são planejadas para ajudar a combater o ganho de peso.

24-5 Insulina e seus Efeitos

50. A principal função da insulina é estimular o transporte de glicose para fora do sangue e para dentro da célula.

51. O segundo mensageiro é uma proteína chamada substrato receptor de insulina, que é fosforilado a uma tirosina pela quinase receptora de insulina.

52. Quando a insulina se liga ao seu receptor, a subunidade β da quinase receptora se autofosforila. Quando isto acontece, a quinase receptora é capaz de fosforilar tirosinas na quinase receptora de insulina.

53. A insulina causa os seguintes efeitos:
    (a) A degradação de glicogênio diminui.
    (b) A síntese de glicogênio aumenta.
    (c) A glicólise aumenta.
    (d) A síntese de ácidos graxos aumenta.
    (e) O armazenamento de ácidos graxos aumenta.

54. A insulina e a epinefrina normalmente têm efeitos opostos, mas ambas estimulam a glicólise nos músculos. A epinefrina é o hormônio que sinaliza a necessidade imediata de energia, o que significa que as células musculares poderão utilizar a glicose por meio da glicólise. A insulina estimula vias que utilizam a glicose para que a glicose no sangue diminua, portanto, faz sentido que ela também estimule a glicólise. A epinefrina estimula a glicólise nos músculos ao ativar a adenilato ciclase, que forma cAMP. Esta, por sua vez, ativa a proteína quinase A, que fosforila a fosfofrutoquinase-2 e a frutose-*bis*fosfatase-2. Nos músculos, a fosforilação da fosfofrutoquinase-2 a ativa, produzindo mais frutose-2,6--*bis*fosfato, que por sua vez ativa a fosfofrutoquinase-1 e a glicólise. Nos músculos, a insulina estimula a glicólise ao ativar a fosfofrutoquinase e a piruvato desidrogenase.

55. A dieta pré-corrida pode ser crucial para um corredor. Se a corrida for às 9 horas e o atleta se levantar às 7 horas e, depois, tomar um café da manhã tipicamente norte-americano, com cereal, torrada ou panqueca, terá um alto nível de açúcar no sangue em meia hora, o que elevará o nível de insulina logo em seguida. Nesse cenário, na hora em que o atleta chegar à linha de partida, terá um metabolismo dedicado à síntese de gorduras e de glicogênio, e não queimará gordura ou carboidratos. O corredor será como um carro com o tanque cheio de gasolina e um condutor de combustível entupido.

56. Demonstrou-se que o transportador GLUT4 reage à atividade física. Quando uma pessoa está ativa, o transportador está ativo e reage bem à insulina. Depois de alguns dias sem treinamento, esse transportador mostra apenas a metade da atividade anterior.

57. GLUT4 é um dos transportadores de glicose nas células musculares. Ele reage à insulina ao mover a glicose para fora do sangue e para dentro da célula. Na diabetes tipo II, a insulina está presente, mas não tem o mesmo efeito. É necessária mais insulina para realizar o mesmo movimento de retirada da circulação para o interior da célula. Indivíduos com diabetes tipo II normalmente mostram sinais claros de obesidade e há uma correlação entre a diminuição da atividade do GLUT4, a obesidade e a diabetes.

58. Adipócitos, células hepáticas e células musculares.

59. Indivíduos obesos e diabéticos têm risco muito maior de ter câncer que pessoas magras e saudáveis. Além disso, quando têm câncer, o risco de morte é muito maior.

60. O efeito Warburg descreve uma situação na qual, quando banhada com grandes quantidades de glicose e com insulina significativa para permitir que a glicose entre nas células, as células cancerosas adotam uma estratégia de consumir toda a glicose através de glicólise anaeróbica. Embora energeticamente ineficiente, a glicólise anaeróbica evita a perda dos esqueletos de carbono associados com o metabolismo aeróbico.

61. Por causa da associação entre alguns cânceres, obesidade e diabetes, pode-se pensar o câncer como sendo uma doença de estilo de vida, uma vez que pessoas magras, em forma e saudáveis têm consequentemente menos probabilidade de ter câncer.

62. PTEN é um gene supressor de tumor frequentemente encontrado como mutado em muitos cânceres.

63. O papel dos PTENs na supressão de tumor parece ser via contra-ataque da ação da PI_3 quinase.

Índice Remissivo

OBSERVAÇÃO: Os números de página em **negrito** referem-se a uma abordagem importante do termo; "*f*" após um número de página refere-se a uma figura ou a uma fórmula estrutural; "t" após um número de página refere-se a uma tabela. As designações de posição e configuração em nomes químicos (por exemplo, 3-, *N*, α-) são ignoradas na classificação por ordem alfabética.

A

B

C

D

E

F

G

H

M

N

O

P

S

T

U

V

W

X

Z

Lista de Abreviaturas

A	Adenina
ACAT	Acil-CoA colesterol aciltransferase
ACP	Proteína transportadora de acila
ADP	Difosfato de adenosina
Aids	Síndrome da imunodeficiência adquirida
AMP	Monofosfato de adenosina
ATCase	Aspartato transcarbamoilase
ATP	Trifosfato de adenosina
bp	Pares de bases
C	Citosina
cAMP	Adenosina monofosfato cíclico
CAP	Proteína ativadora por catabólito
CDP	Difosfato de citidina
Chl	Clorofila
CMP	Monofosfato de citidina
CoA (CoA-SH)	Coenzima A
CoQ	Coenzima Q
CTP	Trifosfato de citidina
d	Desoxi
DNA	Ácido desoxirribonucleico
DNase	Desoxirribonuclease
DV	Valor diário
EF	Fator de elongação
ER	Retículo endoplasmático
FAD	Flavina adenina dinucleotídeo (forma oxidada)
$FADH_2$	Flavina adenina dinucleotídeo (forma reduzida)
fMet	N-formilmetionina
FMN	Flavina mononucleotídeo
G	Guanina
GDP	Difosfato de guanosina
GMP	Monofosfato de guanosina
GSH	Glutationa (forma reduzida)
GSSG	Glutationa (forma oxidada)
GTP	Trifosfato de guanosina
Hb	Hemoglobina
HDL	Lipoproteína de alta densidade

HIV	Vírus da imunodeficiência humana
HMG-CoA	3-hidroxi-3-metilglutaril CoA
HPLC	Cromatografia líquida de alta eficiência
IF	Fator de iniciação
K_M	Constante de Michaelis
LDL	Lipoproteína de baixa densidade
Mb	Mioglobina
NAD^+	Nicotinamida adenina dinucleotídeo (forma oxidada)
NADH	Nicotinamida adenina dinucleotídeo (forma reduzida)
$NADP^+$	Nicotinamida adenina dinucleotídeo fosfato (forma oxidada)
NADPH	Nicotinamida adenina dinucleotídeo fosfato (forma reduzida)
P_i	Íon fosfato
PAGE	Eletroforese em gel de poliacrilamida
PCR	Reação em cadeia da polimerase
PEP	Fosfoenolpiruvato
PIP_2	Fosfatidilinositol bifosfato
PKU	Fenilcetonúria
Pol	DNA polimerase
PP_i	Íon pirofosfato
PRPP	Fosforibolsil pirofosfato
PS	Fotossistema
RF	Fator de liberação
RFLPs	Polimorfismos no comprimento de fragmentos de restrição
RNA	Ácido ribonucleico
RNase	Ribonuclease
mRNA	RNA mensageiro
rRNA	RNA ribossômico
tRNA	RNA transportador
snRNP	Ribonucleoproteína nuclear pequena
S	Unidade de Svedberg
SCID	Imunodeficiência combinada severa
SSB	Proteína ligadora unifilamentar
SV40	Vírus símio 40
T	Timina
TDP	Difosfato de timidina
TMP	Monofosfato de timidina
TTP	Trifosfato de timidina
U	Uracil
UDP	Difosfato de uridina
UMP	Monofosfato de uridina
UTP	Trifosfato de uridina
$V_{máx}$	Velocidade máxima

Código genético padrão

Primeira posição (extremidade 5′)	Segunda posição				Terceira posição (extremidade 3′)
	U	C	A	G	
U	UUU Phe	UCU Ser	UAU Tyr	UGU Cys	U
	UUC Phe	UCC Ser	UAC Tyr	UGC Cys	C
	UUA Leu	UCA Ser	UAA Stop	UGA Stop	A
	UUG Leu	UCG Ser	UAG Stop	UGG Trp	G
C	CUU Leu	CCU Pro	CAU His	CGU Arg	U
	CUC Leu	CCC Pro	CAC His	CGC Arg	C
	CUA Leu	CCA Pro	CAA Gln	CGA Arg	A
	CUG Leu	CCG Pro	CAG Gln	CGG Arg	G
A	AUU Ile	ACU Thr	AAU Asn	AGU Ser	U
	AUC Ile	ACC Thr	AAC Asn	AGC Ser	C
	AUA Ile	ACA Thr	AAA Lys	AGA Arg	A
	AUG Met*	ACG Thr	AAG Lys	AGG Arg	G
G	GUU Val	GCU Ala	GAU Asp	GGU Gly	U
	GUC Val	GCC Ala	GAC Asp	GGC Gly	C
	GUA Val	GCA Ala	GAC Glu	GGA Gly	A
	GUG Val	GCG Ala	GAG Glu	GGG Gly	G

* AUG forma parte do sinal de iniciação bem como codifica os resíduos internos de metionina

Nomes e abreviações dos aminoácidos comuns

Aminoácido	Abreviação de três letras	Abreviação de uma letra
Alanina	Ala	A
Arginina	Arg	R
Asparagina	Asn	N
Ácido aspártico	Asp	D
Cisteína	Cys	C
Glutamina	Gln	Q
Ácido glutâmico	Glu	E
Glicina	Gly	G
Histidina	His	H
Isoleucina	Ile	I
Leucina	Leu	L
Lisina	Lys	K
Metionina	Met	M
Fenilalanina	Phe	F
Prolina	Pro	P
Serina	Ser	S
Treonina	Thr	T
Triptofano	Trp	W
Tirosina	Tyr	Y
Valina	Val	V